bt. DM 198,-
geb. DM 216,-

Lienert / Verteilungsfreie Methoden in der Biostatistik

Verteilungsfreie Methoden in der Biostatistik

G. A. Lienert

Zweite, völlig neu bearbeitete Auflage

Band II

1978

Verlag Anton Hain · Meisenheim am Glan

CIP-Kurztitelaufnahme der Deutschen Bibliothek
Lienert, Gustav A.:
Verteilungsfreie Methoden in der Biostatistik /
G. A. Lienert. — Meisenheim am Glan : Hain.

Bd. 2. — 2., völlig neu bearb. Aufl. — 1978.
    ISBN 3-445-01547-3 brosch.
    ISBN 3-445-11547-8 geb.

© 1978 Verlag Anton Hain Meisenheim GmbH
Herstellung: Hain-Druck KG, Meisenheim/Glan
Umschlagentwurf: Ursula Sander
Printed in Germany
ISBN 3-445-11547-8 (Lw)
ISBN 3-445-01547-3 (Pp)

Erna Weber
meiner Mentorin in mente
dankbar zugeeignet

VORWORT ZUR ZWEITEN AUFLAGE

Konnte die erste Auflage der ‚Verteilungsfreien Methoden' (LIENERT 1962) noch als Lokalvariante von Sidney SIEGELS (1956) ‚Nonparametric Statistics' angesehen werden, so hat die zweite Auflage schon mit Band 1 (LIENERT 1973) dessen Rahmen weit überschritten, vornehmlich in Richtung auf die biostatistische Beurteilung kleiner Stichproben von Individuen mittels exakter (oder finiter) verteilungsfreier Tests. Die Signifikanztafeln zur ökonomischen Benutzung solch exakter Tests sind in einem eigenen Tafelband (LIENERT 1975) erschienen, worin die Tafeln für den nunmehr vorliegenden Band 2 bzw. dessen exakte Tests bereits enthalten sind.

Im Unterschied zu den englischsprachigen Standard-Lehrbüchern der Nichtparametrik (wie LEHMANN 1975 oder BISHOP et al. 1975) enthält Band 2 der VFM auch ausgewählte neue Verfahren aus dem deutschen Sprachgebiet. Sie stammen z.T. aus der durch ‚das grüne Büchlein' (KRAUTH und LIENERT 1973) bekannt gewordenen Zusammenarbeit mit Joachim KRAUTH. Diese Zusammenarbeit hat vor allem in folgenden drei Anwendungsbereichen der Biostatistik zwischenzeitlich ihren Niederschlag gefunden:

(1) Die Auswertung mehrdimensionaler Kontingenztalfen mit t untereinander abhängigen Beobachtungsmerkmalen durch die ‚Konfigurationsfrequenzanalyse', wie sie vom Vf. (1968) heuristisch initiiert und von KRAUTH (in KRAUTH und LIENERT 1973) inferentiell begründet wurde (vgl. Kapital 16–18).

(2) Die Auswertung multivariater Untersuchungspläne mit r unabhängigen Einfluß-Merkmalen und t-r von ihnen abhängigen Beobachtungsmerkmalen mittels ‚Interaktionsstrukturanalyse', wie sie von KRAUTH (in KRAUTH und LIENERT 1974) durch eine Neu-Definition von Wechselwirkungen zweiter und höherer Ordnung in t-dimensionalen Kontingenztafeln konzipiert wurde, um ANOVA und MANOVA-Hypothesen verteilungsfrei zu prüfen (Kap. 19).

(3) Die Auswertung von Verlaufskurven (Zeit-Wirkungskurven) durch Anpassung von Polynomen (KRAUTH 1973), in welchen die Polynomialkoeffizienten orthogonaler Polynome (KRAUTH und LIENERT 1978) als kurvenbeschreibende Zufallsvariablen fungieren (Kapitel 14 und 19); diese Methode – bislang noch nicht genutzt – eröffnet einen neuen Zugang zur verteilungsfreien Auswertung uni- wie multivariater ‚Repeated Measurements Designs', die bei seriell-abhängigen Kurvenmaßen kaum jemals valide mittels ANOVA auszuwerten sind (auch wenn nach GREENHOUSE und GEISSER, 1959, vorgegangen wird).

Der Leser, der die verteilungsfreien Methoden auch nur aus ihrer Sekundärliteratur her kennt, wird band-vergleichend dreierlei feststellen: (1) Band 2 ist noch weniger als Band 1 eine Kompilation aus anderen Textbüchern, ist aber ebensosehr an den Bedürfnissen des biostatistischen Anwenders orientiert; (2) Band 2 ist − trotz Einführung multivariater Nichtparametrik − kaum schwieriger zu bewältigen als Band 1, jedenfalls mit weniger Voraussetzungen behaftet als die einfachste Darstellung der multivariaten Parametrik (von HOPE 1975). Schließlich sind (3) alle vorgestellten Methoden in Band 2 ebenso wie in Band 1 an Beispielen aus der Psychologie, der Medizin, der Biologie und den Erziehungswissenschaften praktisch erprobt und numerisch Schritt für Schritt ausgewertet worden.

Vor allem diese konsequent durchgehaltene Schritt-für-Schritt-Auswertung numerischer Beispiele und die substanzwissenschaftliche Begründung der in den Beispielen zu prüfenden Hypothesen waren es, die den Umfang des Bandes 2 über den des Bandes 1 haben wachsen lassen; sie waren es auch, die − neben meinem Wechsel von Düsseldorf nach Erlangen-Nürnberg − sein gegenüber Planung und Ankündigung (für 1976 im Tafelband 1975) verspätetes Erscheinen mitbedingt haben.

Die Beispiele durchkontrolliert und die Korrekturen mitgelesen hat mein Düsseldorfer Mitarbeiter G. D. BARTOSZYK; ihm, seiner Gattin Jutta BARTOSZYK, die das nun für beide Textbände vollständig vorliegende Literaturverzeichnis mitbearbeitet hat, dem Verleger Dieter HAIN und dem mit der Band-Herstellung betrauten Ehepaar SCHARPING danke ich für Engagement und Umsicht. Meinen Nürnberger Mitarbeitern H.-P. KRÜGER, A. GEBERT und R. KOHNEN danke ich für das, was ich von ihnen gelernt, und für die Entlastung, die ich durch sie im Lehr- und Prüfungsbetrieb erfahren habe. ‚Danke schön' sage ich nicht zuletzt auch meiner Sekretärin Melita APAT-TILLEY, die Autoren- und Verlagskorrespondenz geführt, Kongresse an meinerstatt organisiert und den Lehrstuhl ‚Psychologie' verwaltet hat in der Zeit, die mich Band 2 gefesselt hat.

Da die weitere Entwicklung der nichtparametrischen Statistik ökonomisch nur noch von einem Mathematiker, nicht mehr von einem Mediziner und/oder Psychologen zu verfolgen und didaktisch aufzuarbeiten ist, soll eine dritte Auflage der ‚Verteilungsfreien Methoden' lt. Verlagsvertrag von Prof. Dr. J. KRAUTH vorbereitet und in Koautorenschaft mit ihm verantwortet werden. Mängel-Reklamationen und Ergänzungshinweise zu beiden Bänden der zweiten Auflage sind durch mich an ihn erbeten.

Nürnberg, im November 1978   G. A. Lienert

INHALTSVERZEICHNIS

Kapitel 10 Quantitative Methoden der subjektiven Merkmalsbeurteilung
(Boniturmethoden) 1

10.1 Beurteiler-Qualifikationskriterien. 1
10.2 Konkordanzanalyse nach KENDALL 3
    10.2.1 Das Rationale für KENDALLS Konkordanzkoeffizient 5
        Herleitung − Rangdevianzen − Definition
    10.2.2 Der Konkordanzkoeffizient bei Rangbindungen 7
    10.2.3 Die Konkordanzprüfung 9
        Der exakte Konkordanztest − der asymptotische
        Konkordanztest − Folgerungen
    10.2.4 Die Q-Sort-Konkordanz. 11
    10.2.5 GEBERTS Binärdaten-Konkordanz (Q-Konkordanz) 14
    10.2.6 FRICKES Binärdaten-Konkordanz (U-Konkordanz) 16
10.3 Konkordanzanalysen nach YOUDEN-DURBIN 20
    10.3.1 YOUDENS Boniturenplan 20
    10.3.2 YOUDENS Konkordanzkoeffizient 21
    10.3.3 Konstruktion von YOUDEN-PLÄNEN 23
    10.3.4 YOUDENsche Konkordanzkalküle 24
        YOUDEN-Konkordanz in der Psychometrie − YOUDEN-Konkordanz
        in der Soziometrie
    10.3.5 Skalierung von Rangbonituren 30
    10.3.6 Konkordanzanalyse als Lokationstest 32
    10.3.7 Die Zweigruppen-Konkordanz (L-Konkordanz) 33
10.4 Konsistenzanalyse nach KENDALL. 36
    10.4.1 Die Paarvergleichsbonitur (Präferenzbonitur) 37
    10.4.2 Der Konsistenzkoeffizient 38
        Definitionsformel − Zirkulärtriaden-Zählung
    10.4.3 Die Konsistenzprüfung 41
        Der exakte Konsistenztest − der asymptotische Konsistenztest
    10.4.4 Anmerkungen 44
10.5 Akkordanzanalyse nach KENDALL. 45
    10.5.1 Akkordanz als Präferenzenkonkordanz 45
    10.5.2 Der Akkordanzkoeffizient (Coefficient of agreement) 47
        Akkordanzenzählung − Akkordanzen-Maximum −
        Akkordanzen-Minima
    10.5.3 Akkordanz bei Gleichurteilen 51
    10.5.4 Konsistenz und Akkordanz in der Soziometrie 52
    10.5.5 Akkordanz und Konkordanz 55
    10.5.6 Akkordanz und Tau-Korrelation 56
    10.5.7 Die Akkordanzprüfung 57
        Der asymptotische Akkordanztest
    10.5.8 Akkordanz mit und ohne Konsistenz 58

10.6	Akkordanzanalysen nach KENDALL-BOSE	59
	10.6.1 Der einfach verkettete Paarvergleich	59
	10.6.2 Ein 4 x 3 Verkettungsplan	60
	10.6.3 Der komplex verkettete Paarvergleich	62
10.7	Die Bonizurenvalidität	63
10.8	DEUCHLERS Paarvergleichskorrelation	64
10.9	Bonitur qualitativer Daten	66
Kapitel 11	**Verteilungsfreie Schätzmethoden**	68
11.1	Schätzen und Testen	68
	11.1.1 Konfidenzgrenzen einer Statistik: Testen	69
	11.1.2 Konfidenzgrenzen eines Parameters: Schätzen	69
	11.1.3 Intervallschätzungen	70
	11.1.4 Schätzen und Testen: Indikationen	71
11.2	Konfidenzintervalle für Häufigkeitsanteile	73
	11.2.1 Klassische Intervalle nach CLOPPER-PEARSON	74
	11.2.2 Neue Intervalle nach BUNKE	76
	11.2.3 Asymptotische Konfidenzintervalle	77
	Normalverteilungsapproximation – F-Verteilungsapproximation	
	11.2.4 Konfidenzintervalle für seltene Ereignisse	79
	11.2.5 Konfidenzintervall der Differenz zweier Häufigkeitsanteile	81
	11.2.6 Konfidenzintervalle für polynomiale Häufigkeitsanteile	82
11.3	Konfidenzintervalle für Lokationsparameter	83
	11.3.1 Konfidenzintervall für den Median beliebig verteilter Meßwerte	83
	Exakte Konfidenzgrenzen – Konfidenzgrenzen bei Rangbindungen – Asymptotische Konfidenzgrenzen	
	11.3.2 Konfidenzintervall für den Median beliebig verteilter Differenzen von Meßwerten	86
	11.3.3 Konfidenzintervalle für Quantile	88
	11.3.4 Konfidenzintervall für den Median (Mittelwert) symmetrisch verteilter Meßwerte	89
	TUKEYS Konfidenzgrenzen für den Lokationsparameter – Konfidenzgrenzen nach WALTERS Maximum-Test – TUKEYS Konfidenzgrenzen für Differenzen von Meßwertepaaren	
	11.3.5 MOSES' Konfidenzintervall für die Dislokation zweier unabhängiger Meßreihen	96
	Algebraische Prozedur – graphische Prozedur	
	11.3.6 LEVENES Konfidenzintervall für den Dispersionsunterschied zweier unabhängiger Meßreihen	100
11.4	Konfidenzgürtel der Verteilungsfunktion eines stetigen Merkmals	102
11.5	Konfidenzgrenzen für Korrelations- und Regressionsparameter	104
	11.5.1 NOETHERS Konfidenzgrenzen für KENDALLS Tau	104

	11.5.2	Konfidenzgrenzen für andere Korrelationsmaße 107
	11.5.3	Konfidenzgrenzen für Regressionsmaße 108
		Rangregression – Zweigruppen-Regression – Dreigruppen-Regression

11.6 Verteilungsfreie Toleranzgrenzen. 112
    11.6.1 Inklusionsanwendungen 113
    11.6.2 Exklusionsanwendungen 114

11.7 Verteilungsfreie Dichteschätzungen. 116

Kapitel 12 Verteilungsfreie Sequenzanalyse 117

12.1 Einführung und Übersicht 117
    12.1.1 Sequentielle und nicht-sequentielle Tests 117
    12.1.2 Der Stichprobenumfang als Variable 118
    12.1.3 Sequentialtests und Binomialtests 119

12.2 Sequentielle Tests mit zwei Entscheidungen. 119
    12.2.1 Sequentialtests für Alternativen mit spezifizierter H_1 120
        Prozedur – Entscheidungskriterien – Wahl der Risiken α und ß
    12.2.2 WALDS Wahrscheinlichkeitsverhältnistest: Rationale 122
    12.2.3 WALDS Wahrscheinlichkeitsverhältnistest: Durchführung . . . 123
        Der Testplan – die Stichprobenspur
    12.2.4 Die operationscharakteristische Kurve 126
        Punkttabellierung der OC-Kurve – Gesamtverlauf der OC-Kurve
    12.2.5 Der Erwartungswert des Stichprobenumfangs 128
        Extremanteilsfälle – Normanteilsfälle – der Intermediäranteilsfall – die ASN-Kurve
    12.2.6 WALDS Wahrscheinlichkeitsverhältnistest mit $\pi = 1/2$ 131

12.3 Sequentialtests für Binärdaten mit nur einer Alternativhypothese 132
    12.3.1 Vereinfachungsvereinbarungen 132
    12.3.2 Der sequentielle Binomialtest 133
        Rationale – Durchführung – Einstichproben-Anwendung – Mehrstichproben-Anwendung – Hinweise
    12.3.3 Der sequentielle Vorzeichentest 138
        Anwendung auf Meßwertpaare – Binär- und Rangdatenpaare
    12.3.4 Der sequentielle NcNEMAR-Test 144
        WALDS Binärdatenanwendung – SARRIS' Meßwertdifferenzenanwendung – Voraussetzungen und Implikationen
    12.3.5 WALDS sequentieller Test mit Zufallspaaren 147
        Paarlingsbildung – Gruppierung – Auswertung
    12.3.6 Der sequentielle Vierfeldertest 150
        Erhebungsmodelle – der sequentielle G-Test – Vierfelder- versus Vorzeichentest
    12.3.7 Ein sequentieller Quasi-Mediantest 154
        Vorzeichentest als Quasimediantest – Implikationen und Modifikationen
    12.3.8 Offene und geschlossene Testpläne 156

12.4	Sequentialtests mit mehr als einer Alternative		156
	12.4.1	Testplan für Binärdaten	157
	12.4.2	Testpläne für Meßreihen	158
12.5	Sequentialtests auf Zufallsmäßigkeit		160
	12.5.1	MOORES sequentieller Iterationstest für Binärdaten Indikation und Anwendung – Graphische Auswertung – Kommentar und Ausblick	160
	12.5.2	NOETHERS Omnibus-Sequentialtest für Meßreihen Rationale – Anwendung	163
	12.5.3	Intraindividuelle Sequentialtests und ihre Agglutination	167
12.6	Spezielle 2- und k-Stichproben-Sequentialtests		168
	12.6.1	Sequentielle Zweistichproben-Quadrupeltests Quadrupel-Test für 2 unabhängige Stichproben – Quadrupel-Test für 2 abhängige Stichproben	168
	12.6.2	Ein sequentieller k-Stichproben-Trendtest (MOSTELLER- SARRIS-Test) Rationale – Anwendung – Kommentar	172
12.7	Pseudosequentialtests		175
	12.7.1	Pseudosequentialpläne mit Simultanstart	176
	12.7.2	Pseudosequentialpläne mit Sukzessivstart	176
	12.7.3	Auswertungsmöglichkeiten pseudosequentieller Pläne	177
	12.7.4	EPSTEINS Exzedenzentest Rationale und Anwendung – Implikationen – Empfehlungen – die EPSTEIN-Tafeln	178
	12.7.5	NELSONS Präzedenzentest Die NELSON-ROSENBAUM-Tafeln – asymptotische Schranken – NELSONS exakter Test – Vierfelder-Auswertung des NELSON- Tests	182
	12.7.6	Der pseudosequentielle Rangsummentest	189
12.8	Quasi-Pseudosequentialtests		190
12.9	Weitere Anwendungen der Sequenzanalyse		192

Kapitel 13	**Verteilungsfreie Zeitreihenanalyse**		196
13.1	Klassifikation von Zeitreihen		196
	13.1.1	Trait- und State-Zeitreihen	197
	13.1.2	Intra- und interindividuelle ZRn	197
	13.1.3	Stationarität und Autokorrelation Stationäre ZRn – autokorrelierte ZRn – Autokorrelationsgenese	199
	13.1.4	Trendfreie und trendtypische Zeitreihen	201
	13.1.5	Andere ZRn-Aspekte Quantitative und qualitative ZRn – lineare und zirkuläre ZRn – uni- und multivariate ZRn – stetige und diskrete ZRn – punktuelle und intervall-akkumulierte ZRn – distinke und kumulierte ZRn – verlaufshomogene und -inhomogene ZRn	202

13.1.6	Trendkomponenten-Modelle für ZRn	206
	Das additive Modell – das multiplikative Modell – PFANZAGLS Kombiniertes Modell	
13.1.7	Dekomposition von ZRn	209

13.2 Methoden der hypothesengeleiteten ZRn-Trendschätzung ... 211
    13.2.1 ZRn als Regressionskurven 211
    13.2.2 Trendhypothesen über ZRn 212
    13.2.3 Analytische Trendschätzungen 213
        Der lineare ZRn-Trend – der quadratische ZRn-Trend – der kubische ZRn-Trend
    13.2.4 Die Differenzenmethode der Trendschätzung. 219
    13.2.5 Die Quotientenmethode der Trendschätzung. 221
    13.2.6 Die Dreipunktmethode der Trendschätzung 223
    13.2.7 Die Zweipunktmethode der Trendschätzung. 226

13.3 Methoden der hypothesenfreien ZRn-Trendschätzung. 227
    13.3.1 Die Methode der gleitenden Durchschnitte 227
        Die Gleitspanne – geradzahlige Gleitspannen
    13.3.2 Die Methode der Orthogonalpolynome. 233
        Berechnung der Polynome X_i – Graphen der Polynome X_i – Berechnung der orthogonalen Polynomialkoeffizienten – Kurzauswertung über Summen und Differenzen
    13.3.3 Hinweise zur Anwendung von Orthogonalpolynomen 240

13.4 Zeitreihen-Korrelationen 241
    13.4.1 Zeitreihen-Autokorrelationen. 242
        Autokorrelationen erster Ordnung – Autokorrelationen höherer Ordnung – das Autokorrelogramm – die partielle Autokorrelation
    13.4.2 Zeitreihen-Interkorrelationen. 247
        ZRn ohne generellen Trend – ZRn mit generellem Trend
    13.3.3 Zeitreihen-Lagkorrelationen 250

13.5 Die Periodogrammanalyse 250
    13.5.1 Das einfache Periodogramm 251
    13.5.2 Erstellung eines einfachen Periodogramms 253
    13.5.3 Erstellung eines trendadjustierten Periodogramms 255
    13.5.4 Die Cosinor-Methode. 256

Kapitel 14 **Verteilungsfreie Zeitreihentests** 260

14.1 Test für ZRn von Binärdaten 260
    14.1.1 Iterationstests als ZRn-Omnibustests 261
        Indikation für den Iterationshäufigkeitstests – Indikation für einen Iterationslängentest
    14.1.2 Iterationstest als Residualkomponententests 263
    14.1.3 KENDALL-Tests als ZRn-Trendtest 263
        MEYER-BAHLBURGS Rangsummentest – ein OFENHEIMER-Rangsummentest

	14.1.4	Cox' Kumulierungstest gegen logistischen Trend 265
		Die Prüfgröße R – der asymptotische Test –
		der agglutinierte Kumulierungstest
	14.1.5	Cox' Test gegen Markoff-Ketten 268
14.2	Tests für ZRn von Polynärdaten 269	
	14.2.1	Der MIH-Test als ZRn-Omnibustest 269
	14.2.2	Der H-Test als ZRn-Omnibustest 270
	14.2.3	Der S_J-Test als ZRn-Test gegen monotonen Trend 272
14.3	Test für ZRn von Meßwerten: Omnibustests 272	
	14.3.1	Der Phasenverteilungstest von WALLIS und MOORE 273
		Numerisches Beispiel – die Prüfgröße χ_P^2 – Testanwendung
	14.3.2	Der Phasenhäufigkeitstest 277
		Der asymptotische Test von WALLIS und MOORE – der exakte
		Test von EDGINGTON – die Tests von LEVENE und WOLFOWITZ –
		der Längstphasentest von OLMSTEAD – Anmerkungen zur
		Testindikation
	14.3.3	Der Punkt-Paare-Test nach QUENOUILLE 281
		Der exakte Test – der asymptotische Test – die
		Punktpaar-Autokorrelation
	14.3.4	Andere Omnibustests für Messwert-ZRn 284
14.4	Zeitreihentest gegen monotonen Trend 285	
	14.4.1	Der Trendtest von MANN-KENDALL 285
		Rationale und Test – der Limitationskoeffizient
	14.4.2	Der Erst-Differenzentest von MOORE und WALLIS 289
		Der exakte Test – der asymptotische Test
	14.4.3	Die S_J-Tests von COX und STUART 291
		Der S_J-Lokationstest – der S_J-Dispersionstest – andere
		Zeitreihen-S-Test
	14.4.4	FOSTER-STUART-Tests gegen linearen Trend 296
		Der exakte Rekordbrechertest – das asymptotische Rekordbrecher-
		test – der Round-Trip-Test – der Rekordsummentest
	14.4.5	NOETHERS Test gegen zyklischen Trend 300
		Der Terzettentest – der Quartettentest
	14.4.6	Niveau-Vergleich zweier Abschnitte einer ZRe 304
		Der Test von COCHRAN gegen abrupte Niveauänderung –
		der Test von COX und STUART gegen protrahierte Niveauänderung
	14.4.7	Richtungs-Vergleich zweier Abschnitte einer ZRe 306
14.5	Zeitreihen-Autokorrelationstests 307	
	14.5.1	Der Autokorrelationstest von WALD und WOLFOWITZ 307
		Der exakte Test – der asymptotische Test – der
		Autokorrelationskoeffizient
	14.5.2	O. ANDERSONS Autokorrelationstest 311
		Der zirkuläre Test – der lineare Test
	14.5.3	R. L. ANDERSONS Autokorrelationstest 313
	14.5.4	Von NEUMANNS Erstdifferenzentest 314
	14.5.5	Das Autokorrelationsmodell 317

14.6	Zweistichproben-Zeitreihen-Tests (Verlaufskurventests)	319
	14.6.1 Vergleich zweier unabhängiger Stichproben von Verlaufskurven	320
	KRAUTHS T_1-Test — Anwendungshinweise zum T_1-Test	
	14.6.2 Vergleich zweier abhängiger Stichproben von Verlaufskurven	324
	KRAUTHS T_2-Test — der asymptotische Test — der exakte Test — Testverschärfungen — Anwendungshinweise	
	14.6.3 Andere Zweistichproben-Verlaufskurventests nach KRAUTH.	332
	Polynomiale Verlaufskurventests — ausgangswertabhängige Verlaufskurventests	
	14.6.4 Der Rangpermutationstest von IMMICH und SONNEMANN	334
	14.6.5 Der Binarisierungstest nach BIERSCHENK	337
	14.6.6 Der LEHMACHER-WALLsche Stützstellen-Lokationstest	339
	14.6.7 Der LEHMACHER-WALLsche Stützstellen-Omnibustest.	341
	Lokation und Interaktion — Prüfgrößen und Tests	
	14.6.8 Vergleich zweier Einzelfall-Verlaufskurven	345
14.7	Einstichproben-Zeitreihen-Probleme	346
	14.7.1 Verlaufshomogenität und Verlaufsklumpung	346
	14.7.2 Verlaufsklassifikation	347
	Hierarchisch Klassifikation — Klassifikationsstrategien	
	14.7.3 Verlaufskompatibilität und Verlaufsprädiktion	352
	Modifikationen des MOSTELLER-Tests	
14.8	Die Zeitverteilung von Individual-Ereignissen	354
	14.8.1 Verteilungsmodelle von Ereignisdaten	355
	14.8.2 Der Okkupanzentest von STEVENS-DAVID.	356
	Rationale — die HETZ-KLINGER-Tafeln als Kongregationstests — die NICHOLSON-Tafeln als Segregationstests — THOMAS' asymptotischer Okkupanzentests	
	14.8.3 Die Ereignisdispersionstests von FISHER und THOMAS	360
	Rationale nach FISHER — Testverschärfung nach THOMAS — Anmerkungen	
	14.8.4 COCHRANS Ereignis-Häufungstests	363
	Test auf abrupte Häufung — Test auf lineare Häufungszunahme	
	14.8.5 COCHRANS Sprungstellen-Detektionstest	364
14.9	Die Zeitverteilung von Ereignisalternativen	366
	14.9.1 COCHRANS $n \cdot 2$-Feldertests	366
	14.9.2 Intervall-Agglutinationstests	367
14.10	Zeitreihen-Interkorrelationen und -Tests	368
	14.10.1 Konkomitanz zweier Zeitreihen	368
	Konkomitanzkoeffizienten — Konkomitanzinterpretation — Konkomitanz als ‚Parallelität im Kleinen' — der Parallelitätstest von PFANZAGL	
	14.10.2 Konkomitanz und Autokorrelation	373
	14.10.3 Konkomitanzkoeffiziententests	376
	14.10.4 Multiple Konkomitanz	377
14.11	Zeitreihen im Einzelfallexperiment	379
	14.11.1 ZRn-Abschnitte als Behandlungsstufen	379

	14.11.2	Zeitpunkte als Behandlungsstufen	380
	14.11.3	Kontrollierte Einzelfall-ZRn	382

Kapitel 15 **Analyse zweidimensionaler Kontingenztafeln: Globalauswertung** 386

15.1 Homogenität und Unabhängigkeit in kxm-Feldertafeln 386
    15.1.1 Homogenitäts- und Kontingenzbetrachtung 386
    15.1.2 k-Stichprobenerhebung und Heterogenität 387
    15.1.3 Die Heterogenitätsinterpretation 388
    15.1.4 Einstichprobenerhebung und Kontingenz 389
    15.1.5 Die Kontingenzinterpretation 389
    15.1.6 Mon- und binobservable Kontingenztafeln. 391

15.2 Globale Auswertung von Kontingenztafeln 392
    15.2.1 Die kxm-Felder-χ^2-Kontingenzprüfung. 392
    Kalküle bei beliebigen Zeilensummen — Kalküle bei gleichen Zeilensummen — Restriktionen — die Chiquadrat-Tafelvarianten — χ^2-Normalverteilungsapproximation — Tafelablesungs- und Approximationsvergleich
    15.2.2 Alternativen zur χ^2-Kontingenzprüfung 398
    Der tafelkondensierte χ^2-Test — konkurrierende Kontingenztests
    15.2.3 Der HALDANE-DAWSON-Test für große schwach besetzte Tafeln . 399
    15.2.4 Der FREEMAN-HALTON-Test für kleine schwach besetzte Tafeln . 404
    Rationale — Datentafel — Enumeration der Nulltafel — Testanwendung — Auswertungsökonomisierung — die FREEMAN-HALTON-KRÜGER-Tafeln
    15.2.5 KRAUTHS exakter χ^2-Kontingenztest 413
    15.2.6 CRADDOCK-FLOODS approximierter χ^2-Test. 416
    15.2.7 Der χ^2-Kontingenztest bei gleichverteilten Randsummen . . 417
    CONOVERS Korrelationstrendtest — der Gleichverteilungs-Kontingenztest
    15.2.8 Kontingenztests bei bekannten Randverteilungen 420
    Der polynomiale Kontingenztest — der binomiale Kontingenztest
    15.2.9 Homogenität und Unabhängigkeit in kx2-Feldertafeln 424
    HALDANES quasi-exakter kx2-Felder-χ^2-Test — Anmerkungen — BAUERS Median-Quartile-Test — exakte kx2-Feldertests nach FREEMAN-HALTON — LEYTONS exakter 3x2-Feldertest — die LEYTON-STEGIE-WALLschen Tafeln — die KRÜGER-WALLschen Tafeln für den 2-Stichprobenvergleich — die BENNETT-NAKAMURA-Tafeln für den 3-Stichprobenvergleich — Verallgemeinerung des LEYTONAlgorithmus — niedrige Erwartungswerte in kx2-Feldertafeln
    15.2.10 Kontingenzmaße in Mehrfeldertafeln 437

15.3 Kontingenz-Auswertung von Vierfeldertafeln 439
    15.3.1 Der exakte Vierfelderkontingenztest (FREEMAN-HALTON-WALL-Test) 439
    Die FELDMAN-KLINGER-Rekursionsformel — die Fakultätenauswertung — die WALLschen Tafeln

	15.3.2	Asymptotische Vierfelderkontingenztests	445
	15.3.3	Kontingenzmenssung in Vierfeldertafeln	446
	15.3.4	Korrelationsschätzung aus Vierfeldertafeln	446
		Der tetrachorische Korrelationskoeffizient – Vierfelder Regression	
	15.3.5	Erhebungsmodelle für Vierfeldertafeln	449
15.4	Homogenitätsauswertung von Vierfeldertafeln		450
	15.4.1	Das asymptotische Test auf Anteilshomogenität	451
	15.4.2	Konfidenzgrenzen des Anteilsunterschiedes	452
	15.4.3	Der exakte Vierfelder-Homogenitätstest (FISHER-YATES-HENZE-Test)	453
		Umfangsgleiche Stichproben – umfangsverschiedene Stichproben – die HENZE-Tafeln – Anmerkungen	
	15.4.4	Heterogenitätsmessung in Vierfeldertafeln	457
		Die Anteilsdifferenz – das relative Risiko	
	15.4.5	Der Kreuzproduktquotient (odd ratio) als Heterogenitätsmaß	459
		Der nullenkorrigierte Kreuzproduktquotient – Interpretation des Kreuzproduktquotienten	
	15.4.6	Die Kreuzproduktquotienten-Agglutination	461
15.5	Planungsüberlegungen zum Anteilsvergleich		464
	15.5.1	Die Erfolgsquoten-Konzeption	464
	15.5.2	Die relative Erfolgsdifferenz nach SHEPS	465
	15.5.3	Der Kreuzproduktquotient als relative Erfolgsdifferenz	466
	15.5.4	Vorausschätzung von Vierfelder-Stichprobenumfängen	466
15.6	Likelihooverhältnis-Kontingenztests		468
	15.6.1	Der Likelihood-Anpassungstest	468
	15.6.2	Der Likelihood-Kontingenztest (2I-Test)	471
	15.6.3	KUS nullenkorrigierter 2I-Test	474
	15.6.4	GARTS besetzungskorrigierter 2I-Test	475
	15.6.5	Der G-Test von WOOLF	476
15.7	Das Log-lineare Modell der Kontingenzprüfung		478
	15.7.1	Grundgedanken des Unabhängigkeitsmodells	478
	15.7.2	Die Alternative des Kontingenzmodells	480

Kapitel 16	Spezifierte Kontingenzprüfungen in Mehrfeldertafeln		482
16.1	Mehrfelderaufteilung von Mehrfeldertafeln		483
	16.1.1	χ^2-Zerlegung von Gesamt- und Teilkontingenz	484
		Globalanpassung einer Teiltafel – die Marginalanpassung einer Teiltafel – die Kontingenzanpassung einer Teiltafel	
	16.1.2	Korrelationstrendtest nach EHLERS	489
	16.1.3	χ^2-Zerlegung einer Korrelationstafel	490
	16.1.4	Vierfeldertests in Mehrfeldertafeln	491
	16.1.5	χ^2-Zerlegung in verdichteten Mehrfeldertafeln	493

XVIII

      16.1.6   JESDINSKY-Tests in Mehrfeldertafeln 494
                 Vier-Fuss-Kontingenztafeln und -tests – Vierfenster
                 Kontingenztafeln und -tests – tetrachorische Kontingenztafeln
                 und -tests
      16.1.7   Teiltafel-Tests in Mehrfeldertafeln 498
                 Zwei-Streifen-Tests nach JESDINSKY – die Brandt-SNEDECOR-
                 χ^2-Zerlegung – EDWARDS, ‚Test of Technique' – Tests gegen
                 homeo- und heteropoetische Wirkungen
      16.1.8   Simultane Tests und Alpha-Adjustierung 503
                 Alpha-Projektion nach GOODMAN und SCHEFFE – Alpha-
                 Adjustierung nach BONFERRONI und KRAUTH – Alpha-
                 Adjustierung nach BRUNDEN
      16.1.9   Kontingenz-Kontraste in Mehrfeldertafeln 506
                 χ^2-Kontingenztests nach JESDINSKY – 2I-Kontingenztest-
                 Äquivalente
      16.1.10 Kontingenz-Kontrastanalyse 509
                 Kontrastkoeffizienten-Zuordnung – Orthogonalitätsbeurteilung
      16.1.11 Strukturell-unvollständige Kontingenztafeln 512
      16.1.12 Quasi-Unabhängigkeit in Kontingenztafeln 513

Vierfelderaufteilung von Mehrfeldertafeln 514
      16.2.1   Die aposteriorische χ^2-Zerlegung nach IRWIN-LANCASTER . . . 514
      16.2.2   KIMBALL-Tests für 3 x 2-Feldertafeln 515
      16.2.3   KIMBALL-Tests für monordinale 3 x 3-Feldertafeln 517
                 Orthogonale Aufteilungen – Nicht-orthogonale Aufteilungen
      16.2.4   KIMBALL-Tests für binordinale 3 x 3-Feldertafeln 521
      16.2.5   KIMBALL-Test für k x 2-Feldertafeln 524
      16.2.6   Vierfeldertests in k x m-Feldertafeln 527
                 Maximalkontingenz-Aufteilung – Aufteilung in 3 x 4-Felder-
                 tafeln
      16.2.7   BRUNDEN-EVERITT-Tests in kx2-Feldertafeln 528
      16.2.8   GARTS Tests für Überkreuzungspläne 529
      16.2.9   Implikationen der Vierfelderaufteilung 532

16.3   Einfeldaufteilung von Mehrfeldertafeln 533
      16.3.1   Die Konfigurationsfrequenzanalyse (KFA) 534
                 Mms-Konfigurationen – Konfigurations-χ^2-Komponenten –
                 Konfigurationstypen – Prägnanz von Konfigurationstypen
      16.3.2   Simultane Tests zur Einstichproben-KFA 536
                 χ^2-Komponententests nach KRAUTH – Binomialtests nach
                 KRAUTH – Residual-Adjustierungstest nach HABERMAN
      16.3.3   Die Zweistichproben-KFA 539
                 Besetzungshomogenität zweier Kontingenztafeln – simultane
                 Vierfelder-χ^2-Tests – Diskriminationstypen – Prägnanz von
                 Diskriminationstypen – Interpretation von Diskriminationstypen –
                 apriorische und aposteriorische KFA-Tests – exakte versus
                 asymptotische KFA-Tests
      16.3.4   Die Mehrstichproben-KFA 544
                 Asymptotische KFA-Tests – Prägnanzüberlegungen – exakte
                 KFA-Tests
      16.3.5   Die Prädiktions-KFA 546

16.4	Lokationshomogenität in monordinalen Kontingentafeln	547
	16.4.1 Der Lagehomogenitäts-H-Test von RAATZ	548
	16.4.2 Der Lagehomogenitäts-Q-Test von YATES	549
	16.4.3 Das Rangkorrelations Eta^2	551
	16.4.4 Lagehomogenität in 2 x m-Feldertafeln	552
	16.4.5 Multiple Lagevergleiche in k x m-Feldertafeln	553
16.5	Kontingenztrend in binordinalen Mehrfeldertafeln	554
	16.5.1 GOODMAN-KRUSKALS tau in kxm-Feldertafeln	554
	Der tau**-Koeffizient und GOODMAN-KRUSKALS tau'-Koeffizient – der asymptotische tau**-Test (GOODMAN-KRUSKAL-Test)	
	16.5.2 HÁJEKS rho in k x m-Feldertafeln	557
	16.5.3 YATES' k x m-Felder-Regressionstests	560
	Regressionshypothesen – der Regressionskoeffizient – der Linearitätstest – der Nichtlinearitätstest – Konfidenzintervall des Regressionskoeffizienten – Metrifizierungshinweise	
	16.5.4 ARMITAGES k x 2 – Felder-Regressionstest	566
	Der Linearitätstest – der Nichtlinearitätstest	
	16.5.5 ULEMANS k x 2 – Felder-U-Tests	569
	WALTERS asymptotischer U-Test – BUCKS exakter ULEMAN-Test – der k x 2-Felder-Tau-Koeffizient	
	16.5.6 ULEMAN-LUDWIGS Äquiarelaskalen-U-Test	574
	Der asymptotische Test – der exakte Test – der Multi-Rater-U-Test	
	16.5.7 R- und Q-Ratings-Korrelationen	578
	Rho-Korrelation von Q-Ratings des Multobservablen-Ähnlichkeit – Rho-Korrelationstest von Q-Ratings	
	16.5.8 Anteilsgradienten-Tafeln	583
	16.5.9 Der χ^2-Gradiententest von BARTHOLOMEW	584
	Die Anteilsangleichung – Prüfgrößenberechnung – Tafeln für den 3x2-Feldertest – Tafeln für den 4x2-Feldertest – Tests für spezielle kx2-Feldertafeln	
	16.5.10 PFANZAGLS Gradienten-T-Test (Kontingenztrendtest)	590
16.6	Positionstrendtests	592
	16.6.1 Der Positionstrendtest von PFANZAGL	593
	Der asymptotische Test – eine exakte Testversion – Test gegen nicht monotonen Trend	
	16.6.2 Positionskomponenten-Zerlegung	598
	Residualkomponententest – Trendanpassungstest	
	16.6.3 Einzelpositionen-Tests	599
16.7	Diagonalsymetrie in k x k-Feldertafeln	601
	16.7.1 Varianten der Diagonalsymmetrie	601
	Isoasymmetrie – Anisoasymmetrie – Allasymmetrie	
	16.7.2 Der Marginalhomogenitätstest von FLEISS und EVERITT	604
	Die χ^2-Statistik – P-Wert-Ablesung	
	16.7.3 Andere Marginalhomogenitätstests	606
	16.7.4 Asymmetrie-Indizes in McNEAMR-Tafeln	607
	Ein B-Koeffizient nach BARTOSZYK – der Kreuzquotient nach MANTEL – die relative Differenz nach FLEISS	

	16.7.5	Asymmetrie-Indizes in BOWKER-Tafeln 610
		Der Isoasymmetriekoeffizient Beta – der Allasymmetriekoeffizient Wita
	16.7.6	Iso-Asymmetrietest in Korrelationstafeln (WILCOXON-RAATZ-BUCK-Tests) 612
	16.7.7	Andere Symmetrie-Aspekte in Quadrattafeln. 614
16.8		Individuumszentrierte Kontingenztafeln 616
	16.8.1	Univariate N x m – Feldertafeln. 616
	16.8.2	Multivariate N x m – Feldertafeln 617
	16.8.3	Der Q-Test als Kontingenztest 618
		Die χ^2-Approximation – die TATE-BROWN-Tafeln – Tafelauswertung
	16.8.4	Simultane MCNEMAR-Tests 621
	16.8.5	Die Q-Partitionierung 622
	16.8.6	Zwei-Stichproben-Q-Test 623
	16.8.7	Der Lokationsmediantest von TATE-BROWN........ 627
16.9		Kreuzklassifikation in Beurteilertafeln............ 629
	16.9.1	Reliabilität der Beurteilung eines Alternativ-Mms 630
	16.9.2	Validität der Beurteilung eines Alternativ-Mms 631
		Validitätsbeispiele – Validitätsmessung- und -prüfung
	16.9.3	Fehlklassifikationsaspekte 632
		Sensitivität – Spezifität – Präventivität – klinische Interpretation
	16.9.4	Reliabilität k-klassiger Mme 635
	16.9.5	COHENS Kappa-Konzeption 636
	16.9.6	Das Kardinalskalen-kappa 638
		Kappa-Reliabilität – Diskrepanzgewichtungs-Konvention – Nullverteilung von kappa – Gewicht-Metrifizierung – Kappa als Validitätsmaß
	16.9.7	Ein Ordinalskalen-Kappa 645
	16.9.8	Mehr-Beurteiler Kappa-Koeffizienten 646
	16.9.9	Kappa-Nachlese 647

Kapitel 17		**Analyse dreidimensionaler Kontingenztafeln** 648
17.1		Kontingenzen in Dreiwegtafeln 648
	17.1.1	Bedeutung von Dreiwegkontingenzen 648
	17.1.2	Der Kontingenzquader 650
		Die Untertafeln – die Randtafeln
	17.1.3	Der Kontingenzwürfel 652
	17.1.4	Kontingenzaspekte in Dreiwegtafeln. 654
		Quasiparametrische Kontingenz – antiparametrische Kontingenz – semiparametrische Kontingenz
	17.1.5	Kontingenzkomponenten in Dreiwegtafeln 656
	17.1.6	Erhebungsmodelle in Dreiwegtafeln............ 656
		Ternobservabel Dreiwegtafeln – binobservable Dreiwegtafeln – monobservable Dreiwegtafeln

	17.1.7	Modellgerechte Fragestellungen in Dreiwegtafeln . . . . . . 659 Kontingenzfragen in ternobservablen Tafeln — Kontingenzfragen in binobservablen Tafeln — Kontingenzfragen in monobservablen Tafeln	

17.2 Dreiweg-Kontingenztests 661
    17.2.1 Der kms-Fledertest auf allseitige Unabhängigkeit 661
    17.2.2 Dreidimenionale χ^2-Zerlegung nach LANCASTER 665
          Kontingenzkomponenten der kms-Tafel — Doublekontingenztests (Randtafeltests) — Tripelkontingenztest (Residualkomponententest)
    17.2.3 2I-Zerlegung von kms-Tafeln 669
    17.2.4 Assoziationsmasse in 2^3-Feldertafeln 672
          Messung von Doubleassoziationen durch λ-Koeffizienten — Messung von Tripelassoziationen durch λ'-Koeffizienten — Assoziationsmessung durch ϕ-Koeffizienten
    17.2.5 Tripelassoziationsinterpretation durch LANCASTER-Erwartungswerte 674
    17.2.6 χ^2-Zerlegung von 2^3-Feldertafeln 675
    17.2.7 Vergleich von χ^2- und 2I-Zerlegung 679
    17.2.8 Der χ^2-Oktantentest (χ^2-KEUCHEL-Test) 682
    17.2.9 Der 2I-Oktantentest (2I-KEUCHEL-Test) 686
    17.2.10 Der exakte 2^3-Felder-Kontingenztest (BHK-Test) 686
          Rationale — Felderfrequenzen in Untertafeln — Vertafelung — Tafelbenutzung
    17.2.11 WOLFRUMS-χ^2-Tests für spezifizierte Dreiwegtafeln 690
          Test für den allgemeinen Kontingenzquader (kms-Tafel) — Tests für den 2-Schichten-Kontingenzquader (km2-Tafel) — Tests für die Vierfelder-Kontingenzsäule (22s-Tafel) — Tests für den 2^3-Felder-Kontingenzwürfel
    17.2.12 Komponenten-Versionen der WOLFRUM-Tests 693

17.3 Zweiwegkontingenzen in Dreiwegtafeln 694
    17.3.1 Bedingte Kontingenzen in Dreiwegtafeln 694
    17.3.2 Unbedingte und bedingte Kontingenz 696
    17.3.3 Test auf bedingte Kontingenz 697
          Anwendung bedingter Kontingenztests
    17.3.4 Messung der bedingten Kontingenz 698
    17.3.5 Kontingenz in Zweiweg-Untertafeln 699
    17.3.6 Bedingte Prädikation durch KFA-Tests 700
    17.3.7 Multiple Kontingenz in Dreiwegtafeln 702
    17.3.8 Multiple Prädikation durch KFA-Tests 705
    17.3.9 Messung der multiplen Kontingenz 706
    17.3.10 Kontingenzverdeckung in Zweiweg-Randtafeln 706
    17.3.11 Scheinkontingenz in Zweiweg-Randtafeln 708
    17.3.12 Kanonische Kontingenz in Vierwegtafeln 710

17.4 VICTORS Dreiweg-Kontingenztypen 711
    17.4.1 Der Allunabhängigkeitstyp 711
    17.4.2 Der Kontingenzhomogenitätstyp 713

	17.4.3	Der Typ der Dreifach-Kontingenzverdeckung. 715
	17.4.4	Der Typ der Zweifach-Kontingenzverdeckung 717
	17.4.5	Der Typ der Einfach-Kontingenzverdeckung 719
	17.4.6	Der Typ der Scheinkontingenz 721
	17.4.7	Der Allabhängigkeitstyp 723
Lambda-gleiche Kontingenzwürfel – quasiparametrische Kontingenzquader
	17.4.8	Typen-Klassifikation von Dreiwegtafeln 727
Klassifikationsprozedur – Klassifikations-Prüfgrößen – Erwartungswert-Berechnung – Typen-Identifikation
	17.4.9	Gezielte Typen-Klassifikation (Modellverifizierung) 735
17.5		Dreiweg-Analyse mit 2I-Tests 737
	17.5.1	2I-Auswertungsalgorithmen nach ADAM und ENKE. 737
	17.5.2	2I-Auswertung monobservabler Tafeln (Das ENKE-3-Modell). . . 738
Schichtungsabhängige Behandlungswirkung – Kombinierte Wirkung zweier Behandlungen – Beobachtungen in Kreuzklassifizierten Schichten
	17.5.3	2I-Auswertung binobservabler Tafeln (Das ENKE-2-Modell) . . . 744
	17.5.4	2I-Klassifikation ternobservabler Tafeln (Das VICTOR-ENKE-1-Modell) 745
	17.5.5	2I-Vergleich von Untertafel-Kontingenzen: Der χ^2-Differenzentest 747
	17.5.6	2I-Vergleich von Untertafel-Assoziationen: Der Log-lambda-Differenzentest 749
17.6		Die Dreiweg-KFA 751
	17.6.1	Asymptotische Einstichproben-KFA 751
	17.6.2	Exakte Einstichproben-KFA 752
	17.6.3	Zweistichproben-KFA in Dreiwegtafeln 754
	17.6.4	Mehrstichproben-KFA in Dreiwegtafeln 755
	17.6.5	Teilkontingenzen und Dreiwegtafeln 757
	17.6.6	KFA-Vergleich zweier Dreiwegtafeln 757
17.7		Symmetrie in kubischen Dreiwegtafeln 761
	17.7.1	Axialsymmetrie in 2^3-Feldertafeln 761
Axial-Symmetrie von Aufgaben-Tripeln – Austauschbarkeitseigenschaft – Skalenkonstruktionsrelevanz – WALLS Axialsymmetrietest – Asymmetrie in Zweiweg-Randtafeln – Assoziation in Zweiweg-Randtafeln – Axialsymmetrie mehrstufiger Merkmale
	17.7.2	Punktsymmetrie in 2^3-Feldertafeln 770
	17.7.3	Punktaxialsymmetrie in 2^3-Feldertafeln 772
	17.7.4	Symmetrie und Multinormalität (GEBERT-v. EYE-Tests) 773
17.8		Vergleich einer beobachteten mit einer erwarteten Dreiwegtafel . 775
	17.8.1	SUTCLIFFS χ^2-Zerlegung 775
	17.8.2	Mögliche χ^2-Anpassungstests 776
Globalanpassungstest – Anpassungstypen
	17.8.3	Gezielte χ^2-Anpassungstests 778

17.9 Vergleich zweier abhängiger Dreiwegtafeln 780
    17.9.1 KRAUTH-BOWKER und KRAUTH-STRAUBE-Tests 780
    17.9.2 Trivariate Vorzeichentests 784

Kapitel 18   Mehrdimensionale Kontingenztafeln 789

18.1   Unabhängigkeitstests in Mehrwegtafeln 790
    18.1.1 Der globale Mehrweg-Kontingenztest 790
        Der χ^2-Test auf allseitige Unabhängigkeit – χ^2-Tests auf
        quasiparametrische Kontingenz
    18.1.2 Die Mehrweg-KFA 795
    18.1.3 Die hierarchische Mehrweg-KFA 795
        Normaltransformation von χ^2-Werten – Hierarchische KFA
        einer Fünfwegtafel
    18.1.4 Vergleich zweier Mehrwegtafeln (2-Stichproben-KFA) 798
        Globaler und differentieller Vergleich – vollzählige und
        unvollzählige Konfigurationen – apriorische und aposteriorische
        KFA-Tests – simultane Zweistichproben-KFA-Tests
    18.1.5 Vergleich mehrerer Mehrwegtafeln 803
    18.1.6 Exakte Mehrstichproben-Vergleiche 805
    18.1.7 Simultane Agglutinations-Vergleiche 807

18.2   Assoziations- und Kontingenzstruktur in Mehrwegtafeln 808
    18.2.1 Assoziationsstrukturanalyse (ASA) 809
        Doubleassoziationstests – Tripelassoziationstests –
        Quadrupelassoziationstests – Quintupelassoziationstest –
        Assoziationsanalysenergebnis – Assoziationsgraphenschemata
    18.2.2 Komplexassoziationsanalyse 823
        Die ZENTGRAF-KFA – Tripelassoziationstypen –
        Komplexassozationstypen
    18.2.3 Die Kontingenzstrukturanalyse (KSA) 829
        χ^2-Algorithmik von ASA und KSA – Numerik der ASA
    18.2.4 Kritik von ASA und KSA 834

18.3   Die Interaktionsstrukturanalyse (ISA) nach KRAUTH 835
    18.3.1 Interaktions-Definitionen 836
    18.3.2 Die monobservable Mehrweg-ISA 837
    18.3.3 Die multobservable Mehrweg-ISA 840
    18.3.4 Die kanonische Mehrweg-ISA 841
    18.3.5 Interaktionen in Randtafeln 842
        ISA in 3-dimensionalen Randtafeln – ISA in 2-dimensionalen
        Randtafeln
    18.3.6 Interaktionen einer Fünfwegtafel 844
    18.3.7 Fünfweg-ISA mittels 2I-Tests 845
    18.3.8 Apriorische und aposteriorische ISA 851
    18.3.9 ISA-Graphen-Schemata 854
    18.3.10 Komplexe ISA 856

18.4	Kontingenzkettenanalyse (KKA) nach ENKE	858
	18.4.1 Ergänzungsketten-Kontingenzanalyse (EKKA) EKKA mit unbedingter Zielhypothese – EKKA mit bedingter Zielhypothese	859
	18.4.2 Verzweigungsketten-Kontingenzanalyse (VKKA) Kettenglieder-Entwicklung – Kettenglieder-Interpretation	861
	18.4.3 ISA-Kontingenzkettenanalyse (IKKA) Strukturelle Hypothesenketten – funktionelle Hypothesenketten – andere Hypothesenketten	862
	18.4.4 ENKES Algorithmen für 2I-Tests	868
	18.4.5 2I-Komponententests	874
	18.4.6 Kontingenz-Ambiguitäten	876
	18.4.7 ISA-Aufspaltung in Mehrwegtafeln	878
18.5	Symmetrie in quadratischen Mehrwegtafeln	880
	18.5.1 Axialsymmetrie in 2^t-Feldertafeln Multaxialsymmetrietests – Randtafeln-Symmetrietests – Symmetriekomponententests – Axialsymmetrie in Zweiweg-Randtafeln – Axialsymmetrie und Interkorrelationen – Axialsymmetrie und Faktorenanalyse – Gleichwirksamkeit und Gleichwertigkeit	880
	18.5.2 Punkt- und Punktaxialsymmetrie	888
	18.5.3 Test auf Punktsymmetrie Halbanteilsbeurteilung – Multinormalitätsbeurteilung – Punktsymmetrie in schwach besetzten Mehrwegtafeln	889
	18.5.4 Test auf Punktaxialsymmetrie Testprozedur – Testkonsequenzen	893
	18.5.5 Punktsymmetriemedian dichotomierter Observablen	896
	18.5.6 Punktsymmetrie trichotomierter Observablen	897
	18.5.7 Punktsymmetrie und Korrelation ternärer Mme Popularität und Aktualität ternärer Items – Interkorrelation ternärer Iterms – Item-Symmetrie und Testkonstruktion	899
	18.5.8 Punktsymmetrie und Hyperlinearität	903
18.6	Vergleich zweier abhängiger Mehrwegtafeln	905
	18.6.1 Multivariate Vorzeichentests	906
	18.6.2 Multivariate KRAUTH-STRAUBE-Tests	906
18.7	Vergleich einer beobachteten mit einer erwarteten Mehrwegtafel	907
Kapitel 19	**Verteilungsfreie Auswertung uni- und multivariater Versuchspläne**	**908**
19.1	Fragen zur Untersuchungsplanung	908
	19.1.1 Eine Systematik der Untersuchungspläne	910
	19.1.2 Uni- und multivariate Auswertungsmethoden	912
19.2	Afaktorielle Pläne ohne Meßwiederholung	914
	19.2.1 Ein-Observablen-Tests (Plan 1)	914
	19.2.2 Zwei-Observablen-Tests (Plan 2)	916
	19.2.3 Mehr-Observablen-Tests (Plan 3)	918

19.3	Unifaktorielle Pläne ohne Meßwiederholung	919
	19.3.1 Ein-Faktoren-ISA mit einer Observablen (Plan 4)	919
	Der Globalwirkungstest – der Faktorstufen-Bewertungstest – der Faktorstufen-Vergleichstest – der Interaktionstypentest	
	19.3.2 Ein-Faktoren-ISA mit 2 Observablen (Plan 5)	924
	19.3.3 Ein-Faktoren-ISA mit t Observablen (Plan 6)	928
19.4	Bifaktorielle Pläne ohne Meßwiederholung	934
	19.4.1 Zwei-Faktoren-ISA mit 1 Observablen (Plan 7)	935
	19.4.2 Zwei-Faktoren ISA mit Alignement (Exkurs)	940
	19.4.3 Zwei-Faktoren-ISA mit 2 Observablen (Plan 8)	943
	19.4.4 Zwei-Faktoren-ISA mit t Observablen (Plan 9)	950
19.5	Multifaktorielle Pläne ohne Meßwiederholung	952
	19.5.1 Mehr-Faktoren-ISA mit 1 Observablen (Plan 10)	953
	19.5.2 Mehr-Faktoren-ISA mit Alignement (Exkurs)	955
	19.5.3 Mehr-Faktoren-ISA mit polychotomen Observablen (Exkurs)	956
	19.5.4 Mehr-Faktoren-ISA mit 2 Observablen (Plan 11)	959
	19.5.5 Mehr-Faktoren-ISA mit t Observablen (Plan 12)	965
19.6	Untersuchungspläne mit einmaliger Meßwiederholung	966
	19.6.1 Untersuchungen mit Ausgangs- und Endwerten	966
	19.6.2 Differenzen als Quasi-Observablen	967
	19.6.3 Geradenkennwerte als Pseudo-Observablen	968
19.7	Afaktorielle Untersuchungen mit Differenzen	969
	19.7.1 Ein-Differenzen-Vorzeichentests (Plan 13)	970
	19.7.2 Zwei-Differenzen-Vorzeichentests (Plan 14)	971
	Krauths bivariater Vorzeichentest – Bennetts bivariater Vorzeichentest – Sarris' bivariater Vorzeichentest – Kohnens bivariater Vorzeichentest	
	19.7.3 Mehr-Differenzen-Vorzeichentests (Plan 15)	976
19.8	Unifaktorielle Untersuchungen mit Differenzen	978
	19.8.1 Ein-Faktoren-ISA mit 1 Quasi-Observablen (Plan 16)	978
	Der Paardifferenzen-Vorzeichentest – der Paardifferenzen-Median-Test – Bucks Paardifferenzen-U-Test	
	19.8.2 Ein-Faktoren-ISA mit 2 Quasi-Observablen (Plan 17)	981
	Der Zweistichproben-McNeamar-Test (Sarris-Carl-Test) – Zweistichproben-Korrelationsvergleiche – Zweistichproben-Vergleiche mit Alignation	
	19.8.3 Ein-Faktoren-ISA mit t Observablen (Plan 18)	984
19.9	Bifaktorielle Untersuchungen mit Differenzen	986
	19.9.1 Zwei-Faktoren-ISA mit 1 Quasi-Observablen (Plan 19)	986
	19.9.2 Zwei-Faktoren-ISA mit 2 Quasi-Observablen (Plan 20)	988
	19.9.3 Zwei-Faktoren-ISA mit t Observablen (Plan 21)	989
19.10	Multifaktorielle Untersuchungen mit Differenzen (Pläne 22–24)	993

19.11	Afaktorielle Untersuchungen mit Verlaufskurven (Pläne 25–27). 994	
	19.11.1 KRAUTHS Folgedifferenzen als Verlaufsobservablen . . . . . 995 Variante Verlaufstypen – bivariate Verlaufstypen – Alternativen zur Folgedifferenzen-Auswertung	
	19.11.2 Polynomkoeffizienten als Verlaufsobservablen . . . . 998 Orthogonalpolynome und ihre Anwendung – polynomiale Verlaufstypen – Verlaufstypen-Agglutination	
	19.11.3 Polynomkoeffizienten bivariater Verläufe . . . . .1004 Bivariate Verlaufstypen – Verlaufsprädiktion – bivariat-polynomiale Verlaufstypen – Verlaufstypenerkundung	
	19.11.4 Polynomkoeffizienten multivariater Verläufe. 1007	
19.12	Faktorielle Untersuchungen mit Verlaufskurven 1008	
	19.12.1 Unifaktorielle Untersuchungen mit Verlaufskurven (Pläne 28–30) 1009 Der univariate Verlaufskurvenvergleich – der bivariate Verlaufskurvenvergleich – der multivariate Verlaufskurvenvergleich	
	19.12.2 Bifaktorielle Untersuchungen mit Verlaufskurven (Pläne 31–33) .1013 Faktorenreduktion – Observablenelimination	
	19.12.3 Median-versus vorzeichendichotomierte Trendmasse (Exkurs) . .1021	
	19.12.4 Multifaktorielle Untersuchungen mit Verlaufskurven (Pläne 34–36) 1022	
	19.12.5 Untersuchungen mit fraktionierten Verläufen 1022	
	19.12.6 Interaktionsbeurteilung von Verlaufskurven 1024	
19.13	Multivariate Zweistichprobentests 1025	
	19.13.1 Multivariate Mediantests nach KRAUTH (Median-Kodislokations-tests) . . . . .1025 Der trivariate Mediantest – der bivariate Mediantest – Anwendungshinweise	
	19.13.2 Hierarchische Multimediantests (Multimediandiskriminanzanalyse) 1029	
	19.13.3 Multimediantests mit Verlaufskurven 1032	
	19.13.4 WALLS Multimedian-Kontingenztrendtest. 1033	
	19.13.5 Mehr-Stichproben-Multimediantests. 1035	
19.14	Rangvarianzanalyse faktorieller Versuchspläne 1036	
	19.14.1 BREDENKAMPS H-Test mit 2 Gruppierungsfaktoren 1036	
	19.14.2 BREDENKAMPS H-Test mit n Gruppierungsfaktoren 1039	
	19.14.3 KRÜGERS simultane U-Tests 1040	
	19.14.4 Zur Auswertung nicht-orthogonaler Versuchspläne (Exkurs) . .1044	
	19.14.5 BREDENKAMPS F-Test mit Wiederholungsfaktoren . . . . .1045 Der bifaktorielle FRIEDMAN-Test – der multifaktorielle FRIEDMAN-Test	
	19.14.6 GEBERTS simlutane W-Tests 1048	
	19.14.7 BREDENKAMPS F-Tests mit gemischten Faktoren . . . . .1051 Ein Gruppierungs- und ein Wiederholungsfaktor – zwei Gruppierungsfaktoren und ein Wiederholungsfaktor – ein Gruppierungsfaktor und zwei Wiederholungsfaktoren	
	19.14.8 SEIDENSTÜCKERS F-Tests für lateinische Quadrate. 1057	
	19.14.9 F-Auswertung von Überkreuzungsplänen 1060	
	19.14.10 Rang-Kovarianzanalysen 1061	

19.15	Trendauswertung von Blockplänen		.1063
	19.15.1	FERGUSONS FRIEDMAN-Tests	.1063
	19.15.2	SARRIS' Trendkomponentenanalyse. Prüfgrößenberechnung durch Paarvergleich – simultane FERGUSON-Tests	.1064
	19.15.3	Tests für prädizierten Trend MOSTELLERS binomialer Trendtest – SARRIS-WILKENINGS Folgevorzeichentests	.1067
	19.15.4	Trendvergleich zweier Blockpläne Der IMMICH-SONNEMANN-Trendvergleich – der KRAUTH-SARRIS-Trendvergleich	.1071
	19.15.5	Zeitabhängige Behandlungswirkungen in Blockplänen (Das Medizinische Modell)	.1074
19.16.	Rangauswertung von Verschachtelungsplänen (Nested Designs)		.1075
	19.16.1	H-Test für den einfachen Verschachtelungsplan	.1076
	19.16.2	H-Tests für den zweifachen Verschachtelungsplan	.1078
19.17	Rangauswertung bivariater Zweistichprobenpläne		.1079
	19.17.1	Der kovariate Rangsummentest (DAVID-FIX-Test)	.1080
	19.17.2	Der bivariate Rangsummentest (CHAT-SEN-Test)	.1082
	19.17.3	Der paarig-univariate Rangsummentest (KRAUTH-SEN-Test)	.1085
	19.17.4	Multivariate und Mehrstichproben-Rangsummentests	.1086
19.18	Versuchsauswertung und Ausreißerbeobachtung		.1087

Kapitel 20	**Analyse von Richtungs- und Zyklusmaßen**		.1090
20.1	Richtungs- und Zyklusmaße		.1090
	20.1.1	Richtungs- und Ortungsmaße	.1090
	20.1.2	Darstellung von Richtungsmaßen Singuläre Richtungsmaße – gruppierte Richtungsmaße	.1091
	20.1.3	Richtungsmaß-Statistiken Die Durchschnittsrichtung – die Medianrichtung – Richtungsdispersionskennwerte	.1093
	20.1.4	Axiale Richtungsmaße	.1097
	20.1.5	Darstellung von Ortungsmaßen Ortung durch kartesische Koordinaten – Ortung durch Polarkoordinaten	.1099
	20.1.6	Zeit- und Zyklusmaße	.1101
20.2	Vergleiche einer beobachteten mit einer Gleichverteilung von Richtungsmaßen: Lokationstests		.1101
	20.2.1	RAYLEIGHS Test gegen Richtungspräferenz Der Richtungstest – der Ortungstest	.1102
	20.2.2	DURANDS Test auf Richtungsanpassung	.1103
	20.2.3	SCHACHS Test gegen Richtungsabweichung	.1105
	20.2.4	AJNES Test gegen Sichelpräferenz	.1107

	20.2.5	Zirkuläre ‚Spacing-Tests' (Radspeichentests) . . . . .1109 Der LAUBSCHER-RUDOLPH-Test – RAOS Radspeichentest	
	20.2.6	LEHMACHERS sektoraler Binomialtest 1112	
20.3		Vergleich einer beobachteten mit einer Gleichverteilung von Richtungsmaßen: Omnibustests 1114	
	20.3.1	Multiple Richtungspräferenzen 1114	
	20.3.2	KUIPERS zirkulärer KOLMOGOROFF-Test 1115	
	20.3.3	Der zirkuläre χ^2-Anpassungstest 1117	
20.4		Vergleich zweier unabhängiger Stichproben von Richtungsmaßen1119	
	20.4.1	Der MARDIA-WHEELER-WATSON-Test . . . . .1119 WHEELER-WATSONS Prüfgröße – MARDIAS asymptotischer Test	
	20.4.2	Zirkuläre KOLMOGOROFF-SMIRNOV-Tests . . . . .1122 KUIPERS KSO-Test für 2 umfangsgleiche Stichproben – WATSONS U^2-Test für ungleiche Stichprobenumfänge	
	20.4.3	Der zirkuläre WALD-WOLFOWITZ-Test 1126	
	20.4.4	LEHMACHERS sektorale Vierfeldertests . . . . .1127 LEHMACHERS sektoraler BARNARD-Test – LEHMACHERS sektoraler FISHER-YATES-Test	
	20.4.5	BATSCHELETS zirkulärer U-Test 1130	
	20.4.6	Der zirkuläre Zweistichproben-χ^2-Omnibustest 1131	
	20.4.7	PFANZAGLS zirkulärer Kontingenztrendtest 1131	
	20.4.8	BAUERS zirkulärer Median-Quartile-Test 1133	
20.5		Vergleich mehrerer unabhängiger Stichproben von Richtungsmaßen 1135	
	20.5.1	MARDIAS k-Stichproben-W-Test 1135	
	20.5.2	Andere Mehrstichprobentests für Richtungsmaße 1138	
20.6		Vergleich zweier abhängiger Stichproben von Richtungsmaßen .1139	
	20.6.1	SCHACHS zirkulärer Vorzeichentest 1140	
	20.6.2	SCHACHS zirkulärer Vorzeichenrangtest 1141	
	20.6.3	Korrelation von Richtungsmaßen 1142	
20.7		Raumrichtungs- und Raumortungsmaße 1143	
	20.7.1	Möglichkeiten der Koordinatendarstellung . . . . . . .1143 Darstellung von Raumortungsmaßen – Darstellung von Raumrichtungsmaßen	
	20.7.2	Raumbeschreibende Lokations-Statistiken . . . . .1146 Raumortungslokation – Raumrichtungslokation	
	20.7.3	Raumbeschreibende Dispersions-Statistiken . . . . . . .1148 Raumortungs-Dispersion – Raumrichtungs-Dispersion	
	20.7.4	Kleinstichproben-Deskription von Richtungsmaßen. 1150	
20.8		Tests für Stichproben von Raumrichtungsmaßen 1151	
	20.8.1	Der RAYLEIGH-WATSON-Test gegen Kappenpräferenz 1151	
	20.8.2	Der AJNE-BERAN-Test gegen Haubenpräferenz 1152	
	20.8.3	Der WATSON-WILLIAMS-Test gegen Präferenzunterschiede . . .1153	

XXIX

      20.8.4   Andere sphärische Tests 1156
      20.8.5   Hypersphärische und zylindrische Beobachtungen 1157

20.9   Einzelfallprobleme der Richtungsbeobachtung 1158

Übersichtstabelle zu den wichtigsten Testindikationen der Praxis 1161
Hinweise zur Sekundärliteratur 1175
Literaturverzeichnis 1179
Autorenverzeichnis 1222
Sachverzeichnis 1231

KAPITEL 10: QUANTITATIVE METHODEN DER SUBJEKTIVEN MERKMALSBEURTEILUNG (Boniturmethoden)

10.1 Beurteiler – Qualifikationskriterien

In Kapitel 9 haben wir uns mit dem Zusammenhang der Rangreihen *zweier Merkmale* (Mme) befaßt und die Möglichkeit von Rangreihen von 3 und mehr Mmn außer acht gelassen. Wir hätten damals auch die Rangordnungen *zweier Beurteiler* von N Trägern ein und desselben Mms in Form eines Rangkorrelationskoeffizienten (rho, tau) berechnen und damit angeben können, wieweit die beiden Beurteiler hinsichtlich ihrer Beurteilung der Merkmalsträger (Mmt) *übereinstimmen*. Man nennt die Rangordnungen von Mmtn durch unabhängige Beurteiler oft *Bonituren* (Evaluationen) eines Mms.

1. Bonituren von Mmn spielen gerade in den Verhaltenswissenschaften und in der Medizin eine besondere Rolle, da hier oft *subjektive Schätzungen* eines Mms durch sog. Kundige (Experten) an die Stelle von Messungen i.e.S. zu treten haben, wenn das untersuchte Mm zu komplex ist, als daß es operational zu definieren und damit einer Messung zugänglich zu machen wäre: Man denke an die Bonituren von Sporthöchstleistungen durch Jury-Mitglieder, an die Prämierung von Zuchterfolgstieren oder an die Wertung von Gebilden künstlerischen Schaffens; man denke aber auch an so triviale Dinge wie Schulaufsätze, die von verschiedenen, vermeintlich gleich kompetenten Lehrern in oft recht unterschiedlicher Weise benotet und damit boniturt werden.

Gehen wir zunächst davon aus, daß eine Stichprobe von N Merkmalsträgern (Bonitanden = Individuen oder Objekten) durch eine Stichprobe von m Beurteilern (Bonitoren) bezüglich eines als eindimensional verteilt angenommenen Mms in je eine Rangordnung gebracht worden sei, und zwar der Einfachheit halber zunächst unter *Vermeidung von Rangaufteilungen* oder *Rangbindungen*. Angesichts der m Rangreihen für die N Mmt stellt sich naturgemäß als erste die Frage: Stimmen die m Beurteiler hinsichtlich des zu beurteilenden Mms in hinreichendem Maße überein – urteilen sie, wie man sagt, konkordant?

Erst wenn die Frage der *Konkordanz* bejaht werden kann, lohnt es, auch zu fragen, nach welchem Verfahren, wie Rangmittelung, Rangmedianisierung oder Rangmodalisierung, eine *definitive Rangordnung* (Rangskalierung) der Mmt vorzunehmen sei, eine Rangordnung, die den Anspruch erheben könne, als ‚wahre' Rangordnung der Mmte angesehen zu werden[1].

---

[1] Die international empfohlene Boniturenskala umfaßt die Ränge von 1 bis 9, wobei 1 die höchste und 9 die niedrigste Ausprägungseinschätzung eines Mms bezeichnet. Oft

‚Wahr' heißt in diesem Fall allerdings nur, daß diese definitive Rangordnung einem allgemeinen *Konsens der Kundigen* (d.h. der Beurteiler) folgt und — gemessen an einem etwa verfügbaren objektiven Mm-Kriterium — durchaus mit systematischen Fehlern behaftet sein mag. Fehlt ein solcher Konsens der Kundigen, d.h. eine Konkordanz ihrer Bonituren, dann muß bezweifelt werden, ob dem beurteilten Mm überhaupt die Dignität eines skalierbaren Mms zugebilligt werden kann. Besteht hingegen offenbar eine Konkordanz, dann läßt sich diese bezüglich ihrer Größe messen und bezüglich ihrer Echtheit auf Signifikanz prüfen. Wir werden hierzu im nächsten Abschnitt den von KENDALL (vgl. 1955, S.94—106) entwickelten *Konkordanzkoeffizienten W* und seine Prüfverteilung kennenlernen.

2. Kapitel 10 wird uns aber auch noch mit einem anderen Problem konfrontieren, mit der Frage nämlich, ob ein einzelner Beurteiler überhaupt imstande ist, eine Gruppe von Mmtn (Individuen oder Objekten) nach einem durchgehend gleichbleibenden Gesichtspunkt zu beurteilen, oder ob er möglicherweise an jeden Mmt einen jeweils anderen *Beurteilungsmaßstab* anlegt, wenn er Bonituren vergibt. KENDALL (1955, S. 144) bringt hierzu ein instruktives Beispiel, wenn er schreibt, daß die Wahl (Bonitur) von Wohnbezirken durch Wohnungssuchende (Bonitoren) sehr schwer fallen kann, wenn einzelne Wohnbezirke für ihn Vor- und Nachteile bringen, die auf verschiedenen Ebenen (privat, beruflich, ökonomisch, sozial, verkehrsmäßig, klimatisch etc.) gelegen sind.

Die Frage, ob ein Mm, wie die *Präferenz* der Wohngegend, von einem einzelnen Beurteiler (Wohnungssuchenden oder Makler) nach einem und nur einem durchgängigen Mms-Aspekt beurteilt wird oder nicht, läßt sich mittels des ebenfalls von KENDALL (vgl. 1955, S. 146—147) entwickelten *Konsistenzkoeffizienten K* beantworten und — im Sinne einer sog. Einzelfallstatistik — auch zufallskritisch überprüfen. Indem für jeden von mehreren Beurteilern ein Konsistenzkoeffizient für die Beurteilung ein und derselben Stichprobe von N Mmtn ermittelt und geprüft wird, lassen sich qualifizierte von weniger qualifizierten Beurteilern (Bonitoren) unterscheiden, und zwar danach, in welchem Grade sie konsistent urteilen.

3. Verbindet man Konsistenz- und Konkordanzbestimmung in geeigneter Weise, so kann man darauf eine Beurteilerbeurteilung bzw. eine Beurteilerauslese aufbauen: Auch dieses Problem hat KENDALL (vgl. 1955, S. 148—151) in eleganter Weise in seinem *Übereinstimmungsmaß* (coefficient of agreement) gelöst: Es geht hierbei darum, die Konsistenz innerhalb der

---

wird aber auch mit Rangwerten als Bonituren gearbeitet, wo die niedrigste Bonitur die geringste und die höchste Bonitur die stärkste Mms-Ausprägung symbolisiert, und Rangwerteskalen beliebigen, wenn auch im Regelfall nicht zu großen Umfangs verwendet werden. U.U. wird vereinbart, eine Bonitur O dann zu vergeben, wenn ein Mmt nicht zu beurteilen ist.

Urteile *eines* Beurteilers mit der Konkordanz zwischen *mehreren* Beurteilern in einem Untersuchungsakt zu messen bzw. zu prüfen: Die Beurteilerauslese erfolgt sodann nach den beiden *Qualifikationskriterien* der Beurteilung in 2 hierarchischen Stufen: (1) Man scheidet die inkonsistenten Beurteiler *vor* der Konkordanzprüfung und (2) die diskordanten Beurteiler *nach* der Konkordanzprüfung für weitere Bonituren an Stichproben der gleichen Population von Mmtn als unqualifiziert aus.

Inkonsistenz und Diskordanz der Beurteilung von Mmtn brauchen aber nicht immer an den Beurteilern bzw. deren mangelnder Qualitikation zu liegen; sie können auch das Resultat eines *nicht eindimensional* zu beurteilenden Mms sein, woran besonders dann zu denken ist, wenn die Beurteiler sämtlich als Experten bekannt und anerkannt sind. In diesem Fall muß eine sog. multidimensionale Skalierung der Mmt nach Mms-Ähnlichkeit (vgl. SIXTL, 1967, Kap. 6, und FRIEDRICH, 1970, Kap. 10) vorklären, ob Eindimensionalität des zu beurteilenden Mms überhaupt als Voraussetzung für Konsistenz- und Konkordanzprüfung gegeben ist.

Sind Konsistenz und Konkordanz für eine Gruppe von Beurteilern erfüllt, so besagt dies nicht nur, daß ein *eindimensional* verteiltes Merkmal vorliegt, sondern zugleich, daß jedes einzelne Mitglied der Beurteilergruppe ein anderes im Beurteilungsvorgang ersetzen kann, daß die Beurteiler vergleichbar bonitieren und damit als ‚Quasi-Meßinstrumente' fungieren können. Konsistenz und Konkordanz sind die Voraussetzungen einer jeden *subjektiven* Beurteilung nicht objektiv meßbarer Merkmale, wie sie von KENDALL definiert wurden. Immer dann, wenn für eine der in Band 1 beschriebenen Methoden statt Meßwerten *Schätzwerte* zugrunde gelegt werden, sollte Konsistenz der Schätzungen gefordert werden.

10.2 Konkordanzanalyse nach KENDALL

Bis zur 1. Auflage des KENDALLschen Buches über Rangkorrelationsmethoden (1948) wurde die Frage, in welchem Maße m Rangreihen übereinstimmen, so beantwortet, daß man *Rangkorrelationskoeffizienten* (rho oder tau) zwischen *je 2* der m Rangreihen berechnete und die resultierenden $\binom{m}{2}$ Koeffizienten zu einem Durchschnittswert vereinigte. Dieser Durchschnittswert war aber nicht immer sinnvoll zu interpretieren, wie das folgende Beispiel zeigt:

Angenommen, m = 2 Beurteiler 1 und 2 ordnen N Objekte vollständig gegengleich; das gibt einen SPEARMAN-Koeffizienten von $rho_{12} = -1$. Nun nehmen wir einen dritten Beurteiler 3 hinzu, der mit dem ersten Beurteiler voll übereinstimmt, so daß ein $rho_{13} = +1$ resultiert. Dieser dritte Beurteiler muß aber notwendigerweise mit dem zweiten Beurteiler zu $rho_{23} = -1$ übereinstimmen. Mittelt man die 3 rho-Koeffizienten, so erhält man eine *durchschnittliche Übereinstimmung* von $\bar{rho} = -0{,}33$. Dieser Wert ist aber unplausibel, denn wenn von 3 Beurteilern 2 vollständig übereinstimmen und nur der dritte eine gegenteilige Rangordnung produziert, bedeutet dies doch offenbar eine *positive* und keine negative Übereinstimmung (Konkordanz) zwischen den 3 Rangreihen! Aus diesen Überlegungen folgt, daß der durchschnittliche Rangkorrelationskoeffizient zwischen Paaren von Rangreihen kein optimales Übereinstimmungsmaß ist, und es bedarf einer anderen Definition der Konkordanz[2].

Die erste Frage zur *Definition eines Konkordanzmaßes* lautet: Welchen Skalenbereich sollte ein Konkordanzmaß umfassen? Es ist unmittelbar evident, daß volle Übereinstimmung in m Rangreihen von N Mmtn einer Konkordanz von +1 entsprechen soll. Welchen Wert soll nun aber volle Diskordanz annehmen? Überlegen wir uns die Antwort auf diese Frage anhand eines *Extrembeispiels*: Wenn von $m=4$ Beurteilern zwei in der einen und die übrigen zwei in der Gegenrichtung bonitieren, dann entspricht dies, intuitiv betrachtet, einer Konkordanz von Null (einer perfekten Diskordanz also). Wenn nun zu den 4 Beurteilern ein weiterer (fünfter) hinzukommt, so muß er mit einer der beiden Zweiergruppen von Beurteilern mehr übereinstimmen als mit der anderen, wodurch sich die Konkordanz in positiver Richtung ändert.

Wir suchen also ein Konkordanzmaß W, das in den *Grenzen* zwischen 0 und 1 variiert, wobei wir im Auge behalten, daß analog zu unserem Extrembeispiel eine Konkordanz von Null nur in dem realiter sehr seltenen Fall erreicht werden kann, in dem eine geradzahlige Beurteilergruppe je zur Hälfte so oder gegengleich bonitiert. Unter der Nullhypothese *zufallsmäßig* geordneter Rangreihen erwarten wir — wie sich zeigen läßt — eine Konkordanz von $E(W) = 1/m$.

Im folgenden gehen wir davon aus, daß N Träger eines Merkmals eine eindimensionale Rangordnung bilden, diese Ordnung aber nicht bekannt ist und von den m Beurteilern geschätzt (skaliert) werden soll. In diesem Fall werden die N Merkmalsträger hinsichtlich ihrer Merkmalsausprägung von den m Beurteilern skaliert, d.h. in eine Rangreihe gebracht (Indikatorskalierung nach ESSER, 1970).

---

[2] Die allgemeine Frage, welche Fehlerquellen bei der Mittelung von Korrelationen ins Spiel kommen und die resultierenden Korrelationskoeffizienten verzerren können, wird von HORNKE (1973) diskutiert und durch Vorschläge zur Vermeidung solcher Verzerrungen ergänzt.

10.2.1 Das Rationale für KENDALLS Konkordanzkoeffizient

Die *Herleitung* des Konkordanzkoeffizienten W von KENDALL und BABINGTON-SMITH (1939) sei an einem einfachen Zahlenbeispiel demonstriert: Angenommen, es wären N=6 Infarkt-Patienten (A B C D E F) mittels des Elektrokardiogramms (EKGs) von m=3 Kardiologen (x y z) untersucht und quoad prognosim unabhängig voneinander in je eine Rangordnung gebracht worden, worin 1 Harmlosigkeit und 6 ernste Bedrohlichkeit kennzeichnen. Dabei sei das Ergebnis der Tabelle 10.2.1.1 erzielt worden.

Tabelle 10.2.1.1

m	A	B	C	D	E	F
x	1	6	3	2	5	4
y	1	5	6	2	4	3
z	2	3	6	5	4	1
R_i	4	14	15	9	13	8

Es ist intuitiv plausibel, daß sich der Grad der Konkordanz für die Infarkt-Prognosen an den Spaltensummen der vergebenen Bonituren abzeichnet:

Wäre *perfekte Konkordanz* erzielt worden, dann betrüge die niedrigste Spaltensumme der Bonituren

$$R_1 = 1 + 1 + 1 = 3 = m \tag{10.2.1.1a}$$

Die nächstniedrigere Spaltensumme ergäbe bei perfekter Konkordanz

$$R_2 = 2 + 2 + 2 = 6 = 2m \tag{10.2.1.1b}$$

u.s.f. bis zur höchsten Spaltensumme der Bonituren mit dem Wert

$$R_N = 6 + 6 + 6 = 18 = 6m = Nm \tag{10.2.1.1c}$$

Die Spaltensummen der Rangbonituren besäßen mithin bei perfekter Konkordanz ein Maximum an Varianz mit einer Spannweite von $R_1 = m$ bis $R_N = Nm$.

Die Rangdevianzen

Man kann die *maximale Rangsummenvarianz* für den allgemeinen Fall von N Mntn und m Beurteilern leicht berechnen, wenn man bedenkt, daß die durchschnittliche Rangsumme der Bonituren

$$\bar{R} = \Sigma R_i / N = \frac{m}{2}(N+1) \tag{10.2.1.2}$$

ausmacht, d. h. in unserem Beispiel mit N=6 Mmtn und m=3 Beurteilern

$$\bar{R} = (3+6+9+12+15+18)/6 = \frac{3}{2}(6+1) = 10{,}5$$

beträgt. Die Abweichungen der Spaltensummen R_i (i=1,...,N) von ihrem Durchschnitt (Erwartungswert) betragen dann bei perfekter Konkordanz der m Beurteiler in bezug auf die N Mmt

$$R_1 - \bar{R},\ R_2 - \bar{R},\ \ldots, R_N - \bar{R}$$

oder durch Einsetzen von 10.1.1.1 abc und 10.1.1.2 mit Umformung

$$m - \frac{m}{2}(N+1),\ 2m - \frac{m}{2}(N+1),\ \ldots,\ Nm - \frac{m}{2}(N+1),\ \text{d.h.}$$

$$-\frac{m}{2}(N-1),\ -\frac{m}{2}(N-3),\ \ldots,\ +\frac{m}{2}(N-1)$$

1. Quadriert und summiert man diese Abweichungen bei perfekter Konkordanz, dann ergibt sich die maximale Abweichungsquadratsumme der Spalten-Rangsummen (Rangdevianz) zu

$$\text{max. QSR} = (-\frac{m}{2})^2 (N-1)^2 + (-\frac{m}{2})^2 (N-3)^2 + \ldots + (\frac{m}{2})^2 (N-1)^2 =$$

$$= \frac{m^2}{4} [(N-1)^2 + (N-3)^2 + \ldots + (N-1)^2]$$

$$= \frac{m^2}{4} \left(\frac{N^3 - N}{3} \right),\ \text{oder}$$

$$\text{max. QSR} = m^2 (N^3 - N)/12 \qquad (10.2.1.3)$$

Auf unser Beispiel angewandt, ergibt sich für N=6 und m=3 eine *maximale Rangdevianz* von

$$\text{max. QSR} = 3^2 (6^3 - 6)/12 = 157{,}5$$

2. Die *minimale Rangdevianz* min. QSR ist, wie leicht einzusehen, stets gleich Null; sie entsteht immer dann, wenn alle Spaltensummen in Tabelle 10.2.1.1 gleich ihrem Erwartungswert m(N+1)/2 sind, was impliziert, daß m geradzahlig ist oder Boniturautteilungen (Boniturbindungen) zugelassen werden.

3. Die *beobachtete Rangdevianz* QSR, z.B. die der Tabelle 10.2.1.1, erhält man, wie aus der Elementarstatistik bekannt, nach einer der Formeln

$$QSR = \Sigma (R_i - \bar{R})^2 \qquad (10.2.1.4)$$

$$QSR = \Sigma R_i^2 - (\Sigma R_i)^2 / N \qquad (10.2.1.5)$$

Auf Tabelle 10.2.1.1 angewandt, ergibt sich die beobachtete Rangdevianz nach (10.2.1.4) zu

$$QSR = (4-10{,}5)^2 + (14-10{,}5)^2 + \ldots + (8-10{,}5)^2 = 89{,}5$$

Da die beobachtete Rangdevianz halbwegs zwischen der minimalen (0) und der maximalen (157,5) Rangdevianz gelegen ist, erwarten wir intuitiv eine mittlere Konkordanz!

Der Konkordanzkoeffizient: Definition

Zwecks *Definition* seines Konkordanzkoeffizienten W setzt nun KENDALL die beobachtete zur maximalen Rangdevianz in Beziehung gemäß der Formel

$$W = QSR/\max.QSR \qquad (10.2.1.6)$$

Demgemäß liefert unser Beispiel in Tabelle 10.2.1.1 einen Konkordanzkoeffizienten $W = 89{,}5/157{,}5 = 0{,}57$.

Ersetzt man max. QSR gemäß (10.2.1.3) durch $m^2(N^3-N)/12$, so resultiert eine zu (10.2.1.6) *äquivalente* Definitionsformel

$$W = \frac{12\,QSR}{m^2(N^3-N)} \qquad (10.2.1.7)$$

Ohne also die maximale Rangdevianz erst ausrechnen zu müssen, erhalten wir für unser Beispiel mit $N=6$ und $m=3$ ein $W = 12(89{,}5)/3^2(6^3-6) = 0{,}57$ und mithin denselben Wert wie oben!

Für die *Interpretation* von W ist interessant: Wenn man Zähler und Nenner von (10.2.1.6) durch N dividiert, erhält man W als den Quotienten aus beobachteter und maximaler Varianz der Spaltenrangsummen (Rangvarianzen):

$$W = s_R^2 / \max. s_R^2 \qquad (10.2.1.8)$$

wobei $s_R^2 = QSR/N$ und analog $\max. s_R^2 = \max.QSR/N$ definiert sind. Man darf mithin den Konkordanzkoeffizienten von KENDALL als Anteil der beobachteten an der maximalen Rangsummenvarianz der Bonituren definieren bzw. interpretieren.

10.2.2 Der Konkordanzkoeffizient bei Rangbindungen

Ergibt sich für einen oder für mehrere der m Beurteiler die Notwendigkeit, *Rangaufteilungen* vorzunehmen, weil sie zwischen einigen der N Mmt nicht zu unterscheiden vermögen, dann wird die maximale Rangdevianz der Bonituren mit Rangbindungen etwas *geringer* als sie ohne Zulassung von Rangbindungen geworden wäre. Der Konkordanzkoeffizient W errechnet sich dann zu

$$W' = \frac{12 \cdot QSR}{m^2(N^3-N) - m\Sigma(t_i^3-t_i)} \qquad (10.2.2.1)$$

Darin ist QSR wie in (10.2.1.4–5) definiert und t_i (i=1, ..., b) ist eine beliebige Bindung i der Länge t unter den insgesamt b Bindungen der m Beurteiler, von denen einige mit vielen, andere mit wenigen Bindungen unterschiedlicher Länge bonitiert haben mögen. Bei bindungsfreien Bonituren sind alle $t_i = 1$, womit der Subtrahent im Nenner entfällt und (10.2.1.7) resultiert.

In dem folgenden Beispiel wird ein *anderer Aspekt der Konkordanz* behandelt als der, den wir bislang im Blickfeld hatten: Es wird nämlich gefragt, ob N Mmt, die bezüglich m Merkmalen beurteilt wurden, konkordant sind. Hier steht also die *Merkmalskonkordanz* im Vordergrund des Interesses, während es bislang die *Beurteilerkonkordanz* war! Je konkordanter m Merkmale sind, um so eher dürfen sie als Manifestationen ein und desselben Grundmerkmals (eines Generalfaktors im Sinne der parametrischen Faktorenanalyse) aufgefaßt werden.

Unser Beispiel 10.2.2.1 zeigt weiterhin, daß Rangaufteilungen immer auch dann notwendig werden, wenn *Meßwerte* als Ausgangsinformationen vorliegen, wobei unterstellt wird, daß *gleiche* Meßwerte aus ungenauer Messung eines an sich stetig verteilten Merkmals stammen.

Beispiel 10.2.2.1

Problem: Wir wollen untersuchen, ob m=3 verschiedene Auswertungsaspekte einer Testleistung, nämlich X = Zahl der richtig gelösten Aufgaben, Y = Zahl der richtig minus Zahl der falsch gelösten Aufgaben und Z = Zahl der überhaupt in Angriff genommenen Aufgaben eines auf Schnelligkeit (speed) abzielenden Tests mit 20 Aufgaben hinreichend konkordant und damit für die Praxis austauschbar sind.

Untersuchung: N=10 zufällig ausgewählte Testpersonen (Probanden) werden nach X, Y und Z ausgewertet und die teilweise numerisch gleichen Testwerte in teilweise gebundene Rangwerte transformiert. Die Rangreihen für die m=3 Auswertungsaspekte sind in Tabelle 10.2.2.1 verzeichnet.

Auswertung: Wir berechnen zuerst die Rangdevianz nach (10.2.1.4) und erhalten mit $\bar{R} = 165/10 = 16{,}5$

$$QSR = (5{,}5-16{,}5)^2 + (6{,}5-16{,}5)^2 + \ldots + (26{,}5-16{,}5)^2 = 591$$

Tab. 10.2.2.1

Vari-able	Objekt										
	a	b	c	d	e	f	g	h	i	j	N = 10
X	1	4,5	2	4,5	3	7,5	6	9	7,5	10	
Y	2,5	1	2,5	4,5	4,5	8	9	6,5	10	6,5	
Z	2	1	4,5	4,5	4,5	4,5	8	8	8	10	
R_i	5,5	6,5	9	13,5	12	20	23	23,5	25,5	26,5	165 = ΣR_i

mit Objekt = Proband und Variable = Aspekt

Sodann berechnen wir den Korrektur-Term $\Sigma(t_i^3 - t_i)$ wie folgt:

Für X: $(2^3-2) + (2^3-2)$ = 12
Für Y: $(2^3-2) + (2^3-2) + (2^3-2)$ = 18
Für Z: $(4^3-4) + (3^3-3)$ = $\underline{84}$
114

Um W zu erhalten, setzen wir in Formel (10.2.2.1) ein, womit ein

$$W' = \frac{12(591)}{3^2(10^3-10) - 3(114)} = 0{,}83$$

resultiert, das hohe Konkordanz der 3 Merkmalsaspekte anzeigt. Diese hohe Konkordanz rührt aber offenbar daher, daß die 3 Auswertungsaspekte algebraisch miteinander verknüpft sind, denn Y = X−F und Z = X+F+A, wobei F die Zahl der Fehler und A die Zahl der Auslassungen (nicht in Angriff genommene Aufgaben) bezeichnet.

Anmerkung: Hätten wir die Rangaufteilungen unberücksichtigt gelassen und schlicht nach Formel (10.2.1.7) ausgewertet, so hätte sich ein nur wenig niedrigerer Konkordanzkoeffizient von W = 0,80 ergeben. Bei gegebenen QSR ist W' stets größer als W; man bedenke aber, daß Bindungen meist auch die Rangdevianz vermindern und daher in der Instruktion nicht zugelassen werden sollten, wenn man auf Konkordanz hin untersucht!

10.2.3 Die Konkordanzprüfung

Um die Frage zu beantworten, ob m Rangreihen von N Merkmalsträgern überzufällig gut übereinstimmen, müssen folgende *Bedingungen* erfüllt sein: (1) Die Prüfverteilung der einzigen, in Formel (10.2.1.7) eingehenden Variablen QSR muß bekannt sein, (2) es muß gewährleistet sein, daß die m Beurteiler unabhängig voneinander urteilen, und (3) muß angenommen werden, daß die m Beurteiler (nicht die N Merkmalsträger) eine Zufallsstichprobe aus einer definierten Population möglicher Beurteiler darstellen.

Unter diesen Voraussetzungen kann man W, bzw. QSR über eine *Rangvarianzanalyse* nach FRIEDMAN (1940) auf Signifikanz prüfen (vgl. 6.5.1), indem man die m Zeilen (Beurteiler) als Blöcke (von Individuen oder Gruppen zu je N homogener Individuen) und die N Spalten als N systematisch ausgewählte Behandlungen auffaßt. Die Prüfung auf Konkordanz der Rangreihen von m Beurteilern ist daher mit der Prüfung auf Lageunterschiede zwischen N Behandlungen identisch, wenn man χ_r^2 anstelle von QSR als Prüfgröße benutzt et vice versa (vgl. BREJCHA, 1965).

Der exakte Konkordanztest

Ein exakter Konkordanztest könnte nach dem Gesagten auf Tafel VI-5-1 aufbauen, wenn man χ_r^2 anstelle von QSR als Prüfgröße benutzt. Bleiben wir aber bei *QSR als Prüfgröße*, so benutzen wir Tafel X-1, um unser W = 0,57 exakt zu prüfen: für die N = 6 Merkmalsträger und die m = 3 Beurteiler unseres Beispiels (Tabelle 10.2.1.1) finden wir dort bei α = 0,05 eine *obere Schranke* von QSR = 103,9. Da das von uns beobachtete QSR = 89,5 diese Schranke nicht überschreitet, behalten wir die Nullhypothese, wonach die 3 Beurteiler ihre Rangreihen nach Zufall erstellt haben könnten, bis auf weiteres bei.

Die Entscheidung zugunsten der Nullhypothese ist trotz eines Konkordanzkoeffizienten von W = 0,57 gar nicht so unplausibel, wenn man bedenkt, daß der *Erwartungswert von W* unter der Nullhypothese

$$E(W) = 1/m, \qquad (10.2.3.1)$$

d. h. in unserem Beispiel E(W) = 1/3 $\approx$ 0,33 beträgt und der beobachtete Wert W = 0,57 nicht allzuweit darüber liegt.

Für *spezielle Kombinationen* von N = 3(1)5 Merkmalsträgern (Behandlungen im FRIEDMAN-Test) und m = 2(1)10 Beurteilern (Individuen oder Blöcken im FRIEDMAN-Test) hat KENDALL (1962, Tables 5A–D) exakte Überschreitungswahrscheinlichkeiten für das Auftreten einer bestimmten Prüfgröße QSR = S angegeben. Diese Tafeln sind in den Tafeln X-2-ABCD des Anhangs wiedergegeben.

Der asymptotische Konkordanztest

1. Zur Durchführung eines asymptotischen Konkordanztests, der jenseits von N = 3(1)7 und m = 3(1)6(2)10 notwendig wird, prüft man den asymptotischen Konkordanzkoeffizienten W über die *Chiquadratverteilung* nach

$$\chi^2 = W \cdot m(N-1) \qquad (10.2.3.2)$$

unter Zugrundelegung von N–1 Fgn. Hat man W noch nicht berechnet, sondern lediglich QSR, dann prüfe man über

$$\chi^2 = \frac{12 \cdot QSR}{mN(N+1)} \qquad (10.2.3.3)$$

mit ebenfalls N–1 Fgn. In unserem Textbeispiel der Tabelle 10.2.1 ergibt sich ein χ^2 = 12(89,5)/3 · 6(6+1) = 8,52, ein Wert, der für 6–1 = 5 Fge lt. Tafel III nicht signifikant ist.

2. Konkordanzkoeffizienten W', die auf *Rangbindungen* von Bonituren basieren, prüft man asymptotisch über (10.2.3.2), wenn N und m nicht zu klein sind. Exakte Tests stehen für W' leider noch nicht zur Verfügung.

Folgerungen

Wurde Konkordanz zwischen den m Rangreihen zu N Gliedern nachgewiesen, dann wird man die *wahre Rangreihe* der N Glieder (Mmt) aus den Spaltensummen R_i entnehmen, wenn diese von Interesse ist. Man sollte überprüfen, ob die *Mediane* der Spalten die gleiche Rangordnung ergeben wie deren Summen, die den *Durchschnitten* entsprechen.

In unserem Beispiel (Tab. 10.2.1) ergibt sich aufgrund der Spaltensummen die Rangskala 1 5 6 3 4 2 und aufgrund der Spaltenmediane die Skala 1 5 6 2 4 3. Daraus folgt, daß nur die Rangplätze der Patienten D und F nicht übereinstimmen. In einem *Kompromiß* wären die Ptn wie folgt bzgl. ihrer Infarkt-Prognose zu skalieren: A $\frac{D}{F}$ E B C, wobei A die beste und C die schlechteste Prognose hätten.

Wird erwartete Konkordanz *vermißt*, dann sollte man diejenigen Beurteiler einer näheren Betrachtung unterziehen, die von der durchschnittlichen (oder medianisierten) Rangordnung am meisten abweichen, die *nonkonform* bonitieren. Solche Nonkonformisten *post hoc* als Bonitoren auszuschließen, nachdem sie *anthac* als Experten anerkannt wurden, ist nur gerechtfertigt, wenn dies sachlogisch oder instruktionskritisch begründet werden kann.

Da parametrische Tests für die Übereinstimmung von mehr als 2 (multivariat normal verteilten) Meßreihen noch fehlen, ist die Frage der *relativen asymptotischen Effizienz* (ARE) des Konkordanztests irrelevant. Auch die Frage nach Unterschieden zwischen 2 Konkordanzkoeffizienten kann derzeit noch nicht beantwortet werden.

10.2.4 Die Q-Sort-Konkordanz

Treten Rangbindungen als Folge mangelnder Diskriminationsfähigkeit oder -bereitschaft des Beurteilers auf, so spricht man von frei gewählten (free choice) Rangbindungen. Treten sie hingegen deshalb auf, weil der Beurteiler *instruiert* wird, die N Beurteilungsgegenstände auf einer Rangskala mit *weniger* als N Rangplätzen (b < N) anzuordnen, so spricht man von instruktionsbedingten (forced choice) Rangbindungen.

Instruktionsbedingte Rangbindungen werden einem Beurteiler meist dann abgefordert, wenn N ≫ b Objekte bonitiert werden sollen, und zwar meist so, daß eine *unimodal-symmetrische Verteilung* der N Objekte über den b Skalenpunkten resultiert. Man nennt solche ‚gruppierten Rangordnungen' seit STEPHENSON (1953) *Q-Sorts*[3] (vgl. BLOCK, 1961).

Ein *Beispiel* für einen 3-Punkt-Q-Sort (b=3) von N = 12 Beurteilungsobjekten (Al bis Zi) gibt Tabelle 10.2.4.1 wieder:

Tabelle 10.2.4.1

	6	Zi		
	5	Nu		
	4	He		
Frequenzen:	3	Ra	St	Al
	2	Li	Pf	Kr
	1	Kl	Dr	Mo
3-Punkte-Rangskala:		1	2	3

Die *gruppierte* Rangskala der Tabelle 10.2.4.1 wäre vor der Konkordanzberechnung (und -Prüfung) mit Q-Sorts von m−1 anderen Beurteilern (rater) wie folgt in eine *singuläre* Rangskala mit b=3 Rangbindungen der Längen $t_1 = t_3 = 3$ und $t_2 = 6$ mit $\Sigma t = N = 12$ Beurteilten (ratees) aufzulösen:

Tabelle 10.2.4.2

Beurteilte	Al	Dr	He	Kl	Kr	Li	Mo	Nu	Pf	Ra	St	Zi
Rangwerte	11	7	7	2	11	2	11	7	7	2	7	7

1. Die je Skalenpunkt zugelassenen *Frequenzanteile* für einen einzelnen Beurteiler — man wählt eine *ungerade* Punktzahl b = 2n+1 — werden meist aus der Binomialentwicklung hergeleitet:

---

[3] Die Q-Sort-Methode wurde und wird meist dazu benutzt, Individuen über Merkmale zu korrelieren, indem man für jedes Individuum die Merkmale nach ihrem intraindividuellen Ausprägungsgrad nach Art eines Q-Sort anordnet. Man spricht im Sinne von CATTELL (1966, S. 115) von ipsativer Rangordnung (von N Merkmalen an einem Individuum, wie bei einer Inter-Korrelation von Individuen über Merkmale) und von einer normativen Rangordnung (von N Individuen nach einem Merkmal, wie bei der Q-Sort-Konkordanz).

$$\left(\frac{1}{2}+\frac{1}{2}\right)^{2n} = \binom{2n}{0}\left(\frac{1}{2}\right)^n + \binom{2n}{1}\left(\frac{1}{2}\right)^n + \ldots + \binom{2n}{2n}\left(\frac{1}{2}\right)^n$$

Für unseren 3-Punkt-Q-Sort mit 2n = 2 ergeben sich folgende Frequenzanteile:

Für die Skalenpunke 1 und 3

$$\binom{2}{0}\left(\frac{1}{2}\right)^2 = \binom{2}{2}\left(\frac{1}{2}\right)^2 = 1\left(\frac{1}{4}\right) = 0{,}25 = 25\,\% \text{ von } N=12 \text{ ist } 3$$

Für den Skalenpunkt 2

$$\binom{2}{1}\left(\frac{1}{2}\right)^2 = 2\left(\frac{1}{4}\right) = 0{,}5 = 50\,\% \text{ von } N=12 \text{ ist } 6$$

2. Manchmal werden Q-Sort-Verteilungen auch aus der *Normalverteilung* hergeleitet, indem man die zu den b Rangwerten behörigen Flächenanteile unter der Standardnormalverteilung ($\mu=0$ und $\sigma=1$) festlegt. So gilt für einen 11-Punkte-Q-Sort Tabelle 10.2.4.3 mit $\mu=5$ und $\sigma=2$ sowie $u=\mu-\sigma$ (vgl. Tafel II)

Tabelle 10.2.4.3

Rangwert	0	1	2	3	4	5	6	7	8	9	10
u-Wert	−2,5	−2,0	−1,5	−1,0	−0,5	0,0	0,5	1,0	1,5	2,0	2,5
p% von N	1%	3%	7%	12%	17%	20%	17%	12%	7%	3%	1%

3. Gewöhnlich faßt man die Rangwerte 0 und 1 sowie 9 und 10 der sog. *Dezilskala* zu je einem Rangwert zusammen und erhält damit die sogenannte *Stanine*-Skala (Standard nine scale). Die Frequenzanteile der Stanine-Skala mit der Spannweite von 1 bis 9 sind in Tabelle 10.2.4.4 verzeichnet:

Tabelle 10.2.4.4

Stanine-Wert	1	2	3	4	5	6	7	8	9
p% von N	4%	7%	12%	17%	20%	17%	12%	7%	4%

Wären also etwa N = 100 Schrifturheber auf Intelligenz hin zu beurteilen, so bekämen die niedrigsten 4 die Stanine-Bonitur 1 und die höchsten 4 die Stanine-Bonitur 9 zuerkannt. Nach Rangaufteilung ist W' über (10.2.2.1) zu berechnen.

Da eine Untersuchung über die Stichprobenverteilung von W(Q) unter H_0 noch aussteht, prüfe man *hilfsweise* über die bindungskorrigierte Prüfgröße (10.2.3.2) nach

$$\chi^2 = W(Q) \cdot m(N-1), \qquad (10.2.4.1)$$

wobei N−1 Fge zugrunde zu legen sind. Der Test ist um so verläßlicher, je mehr sich die Zahl der Skalenpunkte b der Zahl der Beurteilungsobjekte N nähert, und je größer m(N−1) ist. In Grenzfällen entscheide man konservativ.

10.2.5 GEBERTS Binärdaten-Konkordanz (Q-Konkordanz)

Wird aus sachlichen oder dokumentationstechnischen Gründen nur *alternativ* bonitiert, also die Bonituren 0 und 1 für ‚Merkmal vorhanden' oder ‚fehlend' vergeben, dann liegt ein Extremfall von $t_0 + t_1 = N$ Rangbindungen vor. Auch hier kann der Beurteiler entweder t_0 und t_1 *frei* wählen, oder aber durch Instruktion veranlaßt werden, wie im Q-Sort, an bestimmten Frequenzen von t_0 und t_1 *fest*zuhalten.

Ordnet man wie in Tabelle 10.2.1 die m Beurteiler in Zeilen und die N Beurteilten in Spalten an, wobei die Beurteiler statt der Rangwerte nur Nullen oder Einsen an die Beurteilten vergeben, dann errechnet sich die Binärdaten- oder *Q-Konkordanz* nach GEBERT und LIENERT (1971) gemäß Def. (10.2.1.6) wie folgt

$$Q = \frac{QSR}{\max.QSR} = \frac{\Sigma T_j^2 - (\Sigma T_j)^2 / N}{\Sigma (L_i - L_{i+1}) i^2 - \Sigma (L_i)^2 / N} \qquad (10.2.5.1)$$

Dabei bedeuten
QSR, max.QSR die beobachtete, bzw. maximale Spaltensummendevianz
T_j die Summe der Einsen in Spalte j (j=1(1)N)
L_i die Summe der Einsen in Zeile i (i=1(1)m), wobei die i nach fallenden L_i zu ordnen sind und für i=m $L_{i+1} = 0$ zu nehmen ist.

Die der Q-Konkordanz zugrunde liegende Datenmatrix ist mit der des COCHRANschen Q-Tests identisch − daher die Bezeichnung Q-Konkordanz −, woraus folgt, daß W(Q) mittels des Q-Tests von COCHRAN (vgl. 5.5.3) gegen die Nullhypothese fehlender Q-Konkordanz geprüft werden kann[4].

$$\chi_Q^2 = \frac{(N-1)\,[\Sigma T_j^2 - (\Sigma T_j)^2 / N]}{\Sigma L_i - \Sigma L_i^2 / N} \qquad (10.2.5.2) \,.$$

[4] Bezüglich der Notation ist zu beachten: Den N Beurteilungsobjekten in der Konkordanzprüfung entsprechen die k Behandlungen beim Friedman-Test und den m Beurteilern die N Individuen (oder Blöcke homogener Individuen).

Dieser Chiquadratwert ist asymptotisch wie χ^2 nach N−1 Fgn zu beurteilen, wenn $m(N-1) \geqslant 30$ ist.

Beispiel 10.2.5.1

Problem: Es soll untersucht werden, ob m=5 Psychologen in der Beurteilung eines projektiven Tests (Farbpyramidentest) darin übereinstimmen, ob N=8 Testprotokolle psychopathologisch verdächtig erscheinen (1) oder nicht (0).

Ergebnis: Die unabhängig von einander durchgeführten 5 Alternativbonituren und deren einfache und quadrierte Randsummen sind in Tabelle 10.2.5.1 aufgeführt (aus GEBERT und LIENERT, 1971).

Tabelle 10.2.5.1

m=5 Beurteiler i	\multicolumn{8}{c}{N = Testprotokolle j}	L_i	L_i^2
	1	2	3	4	5	6	7	8		
1	1	1	1	0	1	1	0	1	6	36
2	1	1	1	0	0	1	1	0	5	25
3	0	1	1	0	1	1	0	0	4	16
4	1	1	0	0	1	0	1	0	4	16
5	0	1	0	0	1	1	0	0	3	9
T_j	3	5	3	0	4	4	2	1	22	102
T_j^2	9	25	9	0	16	16	4	1	80	

Auswertung: Wir berechnen zuerst den Minuenden in (10.2.5.1) und erhalten

$$\Sigma(L_i - L_{i+1})i^2 = (6-5)1^2 + (5-4)2^2 + (4-4)3^2 + (4-3)4^2 + (3-0)5^2 = 96.$$

Sodann ist $W(Q) = \dfrac{80 - 22^2/8}{96 - 22^2/8} = 0{,}55$ und

$$\chi_Q^2 = \frac{(8-1)(80-22^2/8)}{22 - 102/8} = 14{,}76,$$

das die χ^2-Schranke für 7 Fge (14,07) und $\alpha = 0{,}05$ eben überschreitet.

Konklusion: Die Q-Konkordanz ist zwar statistisch signifikant, numerisch aber zu niedrig, um den einzelnen Beurteiler (Psychologen) darüber entscheiden zu lassen, ob das Testprotokoll eines künftig zu untersuchenden Pbn pathologische Zeichen aufweist; hierzu bedürfte es einer Konkordanz, die den üblichen Testreliabilitätsforderungen (von 0,9) entsprechen müßte.

Anmerkung: Welche der 5 Psychologen valide geurteilt haben, kann erst aufgrund einer Katamnese mit definitiven klinischen Diagnosen über Normalität oder Abnormalität der 8 Beurteilten entschieden werden: Es wären je Beurteiler eine Vierfeldertafel zu erstellen und phi-koeffizienten (vgl. 9.2.1) zu berechnen. Als Testexperten sollten nur jene Psychologen gelten, die ein phi > 0,8 produzieren.

Der Konkordanzkoeffizient Q hat verschiedene *Nachteile* bei bestimmten Anwendungsbedingungen:
(1) Q ist nicht definiert, wenn alle m Beurteiler alle N Beurteilungsobjekte mit Null oder mit Eins beurteilen, obschon er sinngemäß gleich 1 sein sollte,
(2) Q ist nicht definiert, wenn die verschiedenen Beurteiler entweder nur Einsen oder nur Nullen vergeben, da hier wie bei (1) QSR sowohl wie max.QSR gleich Null werden.
(3) Geringfügige Änderungen der Datenmatrix bewirken, daß Q von 1 auf 0 et vice versa springt, wie FRICKE (1972) an folgendem Beispiel illustriert:

```
0 0 0 0 0 0              0 0 0 0 0 0
0 0 0 0 0 1              0 0 0 0 0 1
1 1 1 1 1 1   Q=1        1 1 1 1 1 0   Q=0
1 1 1 1 1 1              1 1 1 1 1 1
```

Datenkörper der letzteren Art mögen realiter dann auftreten, wenn die Reizschwellen für die Erkennung eines Mms bei den Beurteilern verschieden hoch sind, so verschieden, daß sie die Unterschiede zwischen den Mms-Trägern überdecken. Diese Nachteile vermeidet das folgende Konkordanzmaß.

10.2.6 FRICKES Binärdaten-Konkordanz (Ü-Konkordanz)

GEBERTS Binärdatenkonkordanz ist entsprechend der KENDALLSchen Definition des Konkordanzkoeffizienten W davon ausgegangen, daß die *Zeilensummen* der Ränge, d. h. die Zahl der Einsen, die ein Beurteiler vergibt, *festliegen* bzw. ein für ihn typischer Beurteiler-Parameter ist. Läßt man diese Annahme jedoch fallen und die Zeilensummen L_i (i=1,...,m) *frei variieren*, dann sind die maximale Spaltensummendevianz nicht mehr durch den Nenner von (10.2.5.1) restringiert und so die Definitionsschwierigkeiten für Q vermieden.

FRICKE (1972) hat für die Ja–Nein-Beurteilung lehrzielorientierter Tests (criterion references tests or mastery tests) einen *Konkordanzkoeffizienten Ü* wie folgt definiert

$$\text{Ü} = \text{D}/\text{max.D} \qquad (10.2.6.1)$$

Darin bedeutet D die *empirische* Quadratsumme der Differenzen $T_j - (m-T_j)$, wobei T_j die Spaltensumme der Einsen und $m-T_j$ die Spaltensumme der Nullen bezeichnet, so daß für N Mm-Träger gilt

$$D = \Sigma[T_j - (m - T_j)]^2$$
$$= \Sigma(2T_j - m)^2$$
$$= \Sigma(4T_j^2 - 4mT_j + m^2) \qquad (10.2.6.2)$$
$$= 4\Sigma T_j^2 - 4m\Sigma T_j + Nm^2$$

Die *maximale* Differenzenquadratsumme max.D wird dann erreicht, wenn alle Nm Zellen entweder ausschließlich mit Einsen oder ausschließlich mit Nullen besetzt sind. In diesem Fall sind alle Differenzen $T_j - (m - T_j)$ gleich m und die Summe ihrer Quadrate Σm^2 ergibt über alle N Merkmalsträger

$$\max.D = Nm^2 \qquad (10.2.6.3)$$

Durch Einsetzen von (10.2.6.2) und (10.2.6.3) in (10.2.6.1) ergibt sich FRICKES Ü-Konkordanz zu

$$Ü = \frac{4\Sigma T_j^2 - 4m\Sigma T_j + Nm^2}{Nm^2} \qquad (10.2.6.4)$$

oder, algebraisch umgeformt,

$$Ü = 1 - \frac{4[m\Sigma T_j - \Sigma T_j^2]}{Nm^2} \qquad (10.2.6.5)$$

Es läßt sich zeigen, daß der so definierte Konkordanzkoeffizient Ü in dem speziellen Fall *zweier Beurteiler* (M=2) mit dem G-Index von HOLLEY und GUILFORD (1964) identisch ist, indem man

$$Ü = (a+d)/N \qquad (10.2.6.6)$$

bei der üblichen Vierfelderbezeichnung annimmt.

In der Tat ist G ebensowenig wie Ü durch feste Zeilensummen beschränkt (vgl. FRICKE, 1968), so daß für m > 2 ein *verallgemeinerter G-Index* durch Ü wie folgt definiert werden kann:

$$G' = 2Ü - 1 \qquad (10.2.6.7)$$

Dieser Index G' variiert wie G in den Grenzen von −1 bis +1, wobei G' = −1 maximale Diskordanz und G' = +1 maximale Konkordanz bezeichnet, während Ü in den Grenzen zwischen 0 und 1 variiert. G' ist mithin eine lineare Transformation von Ü.

Eine *Signifikanzprüfung* von Ü ist nur im asymptotischen Fall einer genügend großen Zahl von Merkmalsträgern (N) möglich. FRICKE gibt hierzu an, daß die Prüfgröße

$$\chi^2(Ü) = \frac{4N}{m(N-1)}[m\Sigma T_j - \Sigma T_j^2] \qquad (10.2.6.8)$$

unter der Nullhypothese fehlender Übereinstimmung, E(Ü) = 0, wie Chiquadrat mit N(m−1) Fgn verteilt ist. Bei bestehender Übereinstimmung unterschreitet χ^2(Ü) die für 1−α gültige linksseitige Schranke. Man beachte also, daß zu niedrige Werte von χ^2(Ü) gegen H_0 sprechen!

FRICKE benutzt den Konkordanzkoeffizienten Ü dazu, um Objektivität, Zuverlässigkeit (Reliabilität) und Gültigkeit (Validität) von *lernzielorientierten Prüfungen* (Tests) feszustellen:

Bei der *Objektivitäts*feststellung wird untersucht, inwieweit m Lehrer bezüglich der Frage, ob und welche von N Schülern ein bestimmtes Lehrziel erreicht haben, übereinstimmen.

Bei der *Reliabilitäts*feststellung wird untersucht, (1) ob m Paralleltests in ihrer Aussage (Ja−Nein) über N Schüler (Probanden) übereinstimmen (Paralleltest-Reliabilität) oder (2) ob m Aufgaben vom Ja−Nein-Beantwortungstyp von N Probanden übereinstimmend beantwortet werden (Reliabilität i.S. der inneren Konsistenz).

Beispiel 10.2.6.1

Problem: Lernzielorientierte Prüfungsfragen sollen konkordant sein, wenn sie ein und dasselbe Prüfungsfach betreffen. Diese Forderung ist gleichbedeutend mit der Forderung nach Zuverlässigkeit eines aus m Aufgaben bestehenden und an N Probanden zu untersuchenden Tests.

Ergebnis der Datenerhebung: In der folgenden Tabelle wurden m=5 Aufgaben an N=6 Probanden zur Lösung vorgegeben, wobei 1 Lösung, 0 Verfehlung oder Auslassung bedeutet (aus FRICKE, 1972, Abb. 11).

Tabelle 10.2.6.1

Aufgaben	Probanden (N=6)						Zeilensummen
	A	B	C	D	E	F	
1	1	0	1	0	0	1	
2	1	0	1	0	0	1	
3	1	0	1	0	0	1	
4	0	1	1	0	0	1	
5	1	1	1	1	0	1	
T_j	4	2	5	1	0	5	$\Sigma T_j = 17$
T_j^2	16	4	25	1	0	25	$\Sigma T_j^2 = 71$

Auswertung: Für m=5 Aufgaben und N=6 Probanden resultiert nach (10.2.6.5) eine Ü-Konkordanz von

$$\text{Ü} = 1 - \frac{4(5 \cdot 17 - 71)}{6 \cdot 25} = 0{,}627$$

Diese Konkordanz entspricht bei so wenig Aufgaben einer hinreichenden Zuverlässigkeit des aus diesen Aufgaben bestehenden Tests, denn sie zeigt, daß Probanden (wie C und F), die das Prüfungsfach ‚beherrschen', alle Aufgaben lösen, während Probanden (wie D und E), die es nicht beherrschen, kaum eine Aufgabe gelöst haben.
Signifikanzprüfung. Setzen wir unter der Annahme, daß ein asymptotischer Test bei so kleinem N wenigstens heuristischen Wert besitzt, in (10.2.6.8) ein, so resultiert

$$\chi^2(\ddot{U}) = \frac{4(6)}{5(6-1)} (5 \cdot 17 - 71) = 13{,}44$$

Dieser χ^2-Wert ist für 6(5-1) = 24 Fge auf dem 5%-Niveau nicht signifikant, da er die 95%-Schranke von 13,85 knapp unterschreitet. Die Übereinstimmung der 5 Aufgaben in bezug auf das gemeinsame, durch sie selbst definierte Lehrziel ist mithin als ungesichert anzusehen.

Wir haben noch auf die *Gültigkeits*feststellung mittels Ü kurz einzugehen: Durch sie wird untersucht, ob eine lehrzielorientierte Aufgabe oder ein (aus mehreren Aufgaben bestehender) lehrzielorientierter Test bzw. ein kritischer (cut off) Punktwert in diesem Test mit einem Lehrzielkriterium übereinstimmt.

Wollen wir etwa wissen, ob eine der in Tabelle 10.2.6.1 aufgeführten Aufgaben mit dem Kriterium ‚Lehrzielunterweisung' übereinstimmt, so halbieren wir eine Stichprobe von N Pbn und unterweisen die eine Hälfte (1), die andere nicht (0), ehe wir die Aufgabe zur Beantwortung vorgeben. Wenn sich dabei die Matrix der Tabelle 10.2.6.2 bei N=10 Probanden mit $N_0 = N_1 = 5$ ergeben hat, läßt sich Ü nach (10.2.6.6) höchst einfach berechnen:

Tabelle 10.2.6.2

Probanden	A	B	C	D	E	F	G	H	I	J
Aufgabenlösung	0	0	1	1	1	0	1	1	0	1
Hälftenzugehör.	0	1	1	0	1	0	0	1	0	1

Überträgt man die Daten in eine Vierfeldertafel, so resultieren a=5 und d=2 Paare von Einsen und Nullen (Übereinstimmungen) und somit ein Ü = (5+2)/10 = 0,7.

Ob ein Ü dieser Größe bei m=2 und N=8 signifikant ist, beurteilt man über den Vorzeichentest, da unter H_0 gleich viel Übereinstimmungen x = a+d wie Nicht-Übereinstimmungen N-x = b+c zwischen Paarlingen in Tabelle 10.2.6.2 erwartet werden. Offensichtlich ist ein Verhältnis von 7 : 3 nicht signifikant.

10.3 Konkordanzanalysen nach YOUDEN-DURBIN

Ist die Zahl N der zu beurteilenden Merkmalsträger groß, dann ist die Forderung, jeder Beurteiler solle alle N Träger des als ordinal skalierbar angenommenen Merkmals in eine Rangordnung bringen, unbillig, wenn nicht unmöglich. Hier bieten sich *3 Auswege* an:

Den *ersten* haben wir bereits als Q-Sortierung der Merkmalsträger (Objekte) kennengelernt. Der *zweite* Ausweg wurde von YOUDEN (1937) begründet und von DURBIN (1951) für die Boniturmethoden adaptiert; er besteht darin, daß — wie wir sogleich sehen werden — jeder Beurteiler nur einen Teil der zu beurteilenden Objekte bonitiert. Der *dritte* schon von FECHNER (1860) beschrittene und von THURSTONE (1927) ausformulierte Weg geht dahin, daß jeder Beurteiler Paare von Objekten danach beurteilt, welcher der zwei Paarlinge das Mm in stärkerer Ausprägung aufweist, welchen Paarling er ‚präferiert'.

Wenden wir uns dem zweiten Weg zu und illustrieren ihn anhand des Beispiels von KENDALL (1955, S. 103—104).

10.3.1 YOUDENS Boniturenplan

Angenommen, ein Eiscreme-Fabrikant möchte seine N=7 Creme-Sorten auf Konkordanz des Wohlgeschmacks prüfen lassen, etwa um die konkordant minder gut beurteilten Sorten aus dem Sortiment herauszunehmen und die konkordant gut beurteilten werbeintensiver anzubieten. Weil die Geschmackswahrnehmung und -differenzierung nun beim einzelnen naiven Konsumenten bekanntermaßen rasch abstumpft (adaptiert) und die Speicherkapazität für gustatorische Informationen gering ist, entschließt sich der Untersucher, dem Beurteiler nicht mehr als k=3 Eiscreme-Proben zur Rangordnung bezüglich Wohlgeschmack darzubieten.

Wenn wir uns an der Planung des Untersuchers beteiligen und mit ihm vereinbaren, soviele naive Beurteiler (Konsumenten) heranzuziehen als Sorten zu beurteilen sind — also m = N = 7 —, dann können wir es bei einigem Geschick so einrichten, daß jede Sorte mit jeder anderen genau *ein*mal ($\lambda = 1$) als Paar unter den k=3 Proben, die jedem Beurteiler zur Rangbonitur vorgegeben werden, in Erscheinung tritt. Wie das auch ohne besonderes Geschick zu schaffen ist, haben YOUDEN und HUNTER (1955) wie HEDAYT und FEDERER (1970) unter dem Aspekt der Versuchsplanung (vgl. auch z.B. WINER, 1957, Ch.9.7) behandelt. Wir wollen für den Zweck der *Boniturenpaarung* nur das Wesentliche einer unvollständigen, aber ausgewogenen Rangordnung von Merkmalsträgern (Objekten, Chargen) kennenlernen.

1. Wie man eine YOUDEN-Bonitur als eine *unvollständige*, aber *ausgewogene* Bonitur plant, macht man sich am besten anhand einer diagonalsymmetrischen Quadratanordnung der 7 Sorten — wir bezeichnen sie mit A B C D E F G — klar:

A B C D E F G
B C D E F G A
C D E F G A B
D E F G A B C
E F G A B C D
F G A B C D E
G A B C D E F

Wenn wir aus diesem *vollständigen* Boniturplan nach dem bekannten Lateinischen Quadrat (vgl. FISHER-YATES, 1957, Table XV) k=3 beliebige Zeilen, zwei benachbarte und eine dritte mit einem Abstand von einer Zwischenzeile auswählen, erhalten wir ein *YOUDENsches Quadrat* (Rechteck), das die obige Paarbildungsbedingung erfüllt.

2. Daß die Paarbildungen so realisiert wurden, können wir feststellen, wenn wir z. B. die erste, zweite und vierte Zeile herausgreifen und deren Spalten zufällig oder *pseudozufällig* (z. B. nach den Anfangsbuchstaben der Namen) den 7 Beurteilern (Em Go Hi Ma Pl Re Wu) zuordnen, wie dies in Tabelle 10.3.1 geschehen ist:

Tabelle 10.3.1

m=7 Beurteiler	Em	Go	Hi	Ma	Pl	Re	Wu	
	A	B	C	D	E	F	G	
N=7 Sorten	B	C	D	E	F	G	A	k=3 Vorgaben
	D	E	F	G	A	B	C	

Man sieht: Die Sorte A wird den Beurteilern Em, Pl und Wu zur Bonitur vorgegeben; sie ist beim Beurteiler Em mit den Sorten B und D gepaart, beim Beurteiler Pl mit den Sorten E und F und beim Beurteiler Wu mit den Sorten C und G. Die Sorte B wird den Beurteilern Em, Go und Re vorgegeben und erfüllt die gleichen Paarbildungsbedingungen wie die Sorte A. Analoges gilt für die übrigen Sorten.

10.3.2 YOUDENS Konkordanzkoeffizient

YOUDENS Bonituren-Plan wird nun wie folgt realisiert: Jeder der 7 Beurteiler erhält die Anweisung, die ihm zugeteilten 3 Sorten zu probieren und der Sorte, die ihm am meisten zusagt, die Bonitur 3 zu geben und der, die ihm am wenigsten zusagt, die Bonitur 1 (oder umgekehrt, falls in der Instruktion die Assoziation zu Schulnoten nahegelegt wurde).

Nehmen wir an, es haben sich bei der Durchführung der Bonitur die folgenden *Rangwert-Zuordnungen* ergeben:

A=2 B=2 C=1 D=1 E=1 F=2 G=2
B=1 C=3 D=2 E=3 F=3 G=3 A=1
D=3 E=1 F=3 G=2 A=2 B=1 C=3

Wir bilden nun die Bonitursummen für die N=7 Sorten und erhalten für die Eiscreme A eine Summe von 2 (Zeile 1) + 1 (Zeile 2) + 2 (Zeile 3) = 5, für die Sorte B eine Summe von 4 u.s.f. wie im folgenden angegeben:

Sorte:	A	B	C	D	E	F	G
Bonitursumme:	5	4	7	6	5	8	7

1. Wären die Beurteiler maximal *einig* (perfekt konkordant) gewesen, dann hätten sich folgende Bonitursummen ergeben:

R_1 = 1+1+1 = k + 0λ = 3 + 0 = 3
 ·   = 1+1+2 = k + 1λ = 3 + 1 = 4
 ·   = 1+2+2 = k + 2λ = 3 + 2 = 5
 ·   = 2+2+2 = k + 3λ = 3 + 3 = 6 = $\overline{R}$
 ·   = 2+2+3 = k + 4λ = 3 + 4 = 7
 ·   = 2+3+3 = k + 5λ = 3 + 5 = 8
 ·   = 3+3+3 = k + 6λ = 3 + 6 = 9

Diese Bonituren oder Rangsummen hätten bei einem $\overline{R}$ = 6 eine *maximale* Rangdevianz von

$$\max. QSR = (3-6)^2 + (4-6)^2 + \ldots + (9-6)^2 = 28$$

geliefert (vgl. 10.2.1.4).

2. Die tatsächlich *beobachtete* Rangdevianz beträgt aber nur

$$QSR = (5-6)^2 + (4-6)^2 + \ldots + (7-6)^2 = 12$$

wie man aus der obigen Zuordnung von Sorten und Bonitursummen entnimmt. Gemäß der Definition des Konkordanzkoeffizienten nach (10.2.1.6) erhalten wir eine YOUDEN-*Konkordanz* von

$$W = 12/28 = 0{,}43$$

Wir werden später prüfen, ob dieser W-Koeffizient signifikant ist; zuvor wollen wir uns jedoch noch einer allgemeineren Überlegung zur Konstruktion von YOUDENschen Boniturplänen zuwenden.

10.3.3 Konstruktion von YOUDEN-Plänen

Die typische Anordnung der Merkmalsträger oder Beurteilungsobjekte (Chargen) ist die Form eines varianzanalytischen Untersuchungsplans, der Unvollständigkeit mit Ausgewogenheit verbindet (vgl. Cox und COCHRAN, 1957, S. 520–544). *Unvollständigkeit* bedeutet hier, daß jeder der m Beurteiler nur k < N Chargen bonitiert; *Ausgewogenheit* meint, daß jedes der $\binom{N}{2}$ Chargenpaare einmal und nur einmal ($\lambda = 1$) zur Bonitur geboten wird. Es lassen sich nun verschiedene YOUDEN-Anordnungen konstruieren, die beide Bedingungen erfüllen, wobei Ausgewogenheit auch dann zu erreichen ist, wenn jedes Chargenpaar zweimal, dreimal oder allgemein λmal zur Bonitur geboten wird.

Wir wollen uns diese Verallgemeinerungsmöglichkeit sogleich wieder anhand eines Beispiels vor Augen führen:

Beispiel 10.3.3.1

Nehmen wir N=5 Schülerzeichnungen (die für eine Prämierung in Aussicht genommen wurden) und ordnen wir diese in Form eines Lateinischen Quadrats an wie vorhin die 7 Eiscreme-Sorten. Prüfen wir nun durch Versuch und Irrtum, wieviel Zeilen wir im Minimum benötigen, um einen ausgewogenen Boniturenplan herzustellen. Wir erinnern uns: Bei N=7 Chargen waren es k=3, womit wir erreicht haben, daß jedes Chargenpaar einmal in Erscheinung trat ($\lambda = 1$).

Versuchen wir Ähnliches mit den N=5 Schülerzeichnungen, so stellen wir fest, daß dies nur möglich ist, wenn wir (beliebige) vier (k=4) der N=5 Chargen auswählen, z. B. die der Tab. 10.3.3.1

Tabelle 10.3.3.1

Schülerzeichnung	Be	Gr	Ha	Sc	Ur	N=5
Zeile 1	A	B	C	D	E	
3	C	D	E	A	B	
4	D	E	A	B	C	k=4
5	E	A	B	C	D	

In dieser YOUDEN-Anordnung kommt jedes der $\binom{5}{2}$ = 10 Paare von Schülerzeichnungen $\lambda = 3$ mal vor, wovon man sich durch Inspektion überzeugen kann: Das Paar AB tritt in der zweiten, dritten und vierten Spalte auf; das Paar AC in der ersten, dritten und vierten Spalte u.s.f. bis zum Paar DE, das in der ersten, zweiten und fünften Spalte zu finden ist. Bei N=5 Schülerzeichnungen lassen sich mithin nur je k=4 in einem YOUDEN-Plan unterbringen. Dieser Fall wäre dann von praktischer Bedeutung, wenn statt 5 nur 4 kompetente Zeichenlehrer als Bonitoren für die 5 prämierungswürdigen Zeichnungen zur Verfügung stünden.

Andere YOUDEN-Pläne lassen sich nach analogen Konstruktionsprinzipien entwickeln: Wählen wir aus einem Lateinischen 7 x 7-Quadrat die erste, zweite, vierte und siebente Zeile aus, so resultiert ein YOUDEN-Plan mit N=7 Chargen, m=7 Beurteilern, k=4 je Beurteiler zu beurteilenden Chargen und $\lambda = 2$ Beurteilern je Chargenpaar. Wählt man aus einem 11x11-Quadrat die erste, zweite, vierte und siebente Zeile aus, so resultiert ein YOUDEN-Plan mit N=m=11, k=4 und $\lambda=2$.

1. Da die Konkordanzprüfung nach YOUDEN naturgemäß dann von besonderem Interesse ist, wenn die Zahl der Chargen (N) und Beurteiler m=N *groß* und die Zahl der Boniturmöglichkeiten (k) *gering* ist, sind in Tabelle 10.3.3.2 jene YOUDEN-Pläne aufgeführt, in welchen ein großes N mit einem kleinen k kombiniert ist und dabei ein durch N und k festgelegtes λ ergibt (vgl. COCHRAN und COX, 1957).

Tabelle 10.3.3.2

m=N	5	6	7	7	8	11	11	13	13	15	15	16	16
k	4	5	3	4	7	5	6	4	9	7	8	6	10
λ	3	4	1	2	6	2	3	1	6	3	4	2	6

2. Im einfachen YOUDEN-Plan ist die Zahl m der Beurteiler stets *gleich* der Zahl der zu beurteilenden Chargen N. Will man die Konkordanzprüfung auf eine möglichst breite inferentielle Basis stellen, dann kann man die Zahl der Beurteiler verdoppeln (2m), verdreifachen (3m) oder vervielfachen (rm); es resultieren dann *YOUDEN-Pläne mit r-facher Replikation*.

Es versteht sich, daß die Zeilenauswahl bei jeder neuen Replikation mit einer anderen (zufällig auszuwählenden) Zeile beginnen und analog der vorangehenden fortgesetzt werden muß. Hinweise zu einer optimalen Konstruktion von YOUDEN-Plänen finden sich bei WINER (1962, Ch.9.7) sowie bei HEDAYTE und FEDERER (1970).

10.3.4 YOUDENsche Konkordanzkalküle

1. Kennt man die Parameter eines YOUDEN-Planes, nämlich N=Zahl der Chargen, k = Zahl der von jedem Beurteiler bonitierten Chargen und n = rm = rN als die Zahl der Beurteiler mit r als der Zahl der *Replikationen* des Planes, dann ergibt sich die Zahl der Paare von Chargen, die von jedem Beurteiler bonitiert werden, zu

$$\lambda = \frac{rk(k-1)}{N-1} \qquad (10.3.4.1)$$

2. Hat man in üblicher Weise die Rangdevianz QSR der N Chargen ermittelt, dann erhält man den Youdenschen *Konkordanzkoeffizienten* wie folgt

$$W = \frac{12(QSR)}{\lambda^2 N(N^2-1)} \qquad (10.3.4.2)$$

3. Ist N nicht zu klein und n = rm = rN genügend groß, so prüft man asymptotisch über die Chiquadratverteilung, ob ein ermittelter Konkordanzkoeffizient *signifikant* ist, nach

$$\chi^2 = \frac{\lambda(N^2-1)}{k+1} \cdot W \qquad (10.3.4.3)$$

unter Zugrundelegung von N–1 Fgn.

4. Genauer prüft man über die F-Verteilung, wenn nur eine geringe Zahl von Beurteilern bonitiert hat:

$$F = \frac{W}{1-W} \cdot \left[\frac{\lambda(N+1)}{k+1} - 1 \right] \qquad (10.3.4.4)$$

Die Freiheitsgrade für Zähler (Fg$_1$) und Nenner (Fg$_2$) von (10.3.4.4) betragen:

$$Fg(\text{Zähler}) = \frac{nk\left[1 - \frac{k+1}{\lambda(N+1)}\right]}{\frac{Nn}{N-1} - \frac{k}{k-1}} - \frac{2(k+1)}{\lambda(N+1)} \qquad (10.3.4.5)$$

$$Fg(\text{Nenner}) = Fg(\text{Zähler}) \cdot \left[\frac{\lambda(N+1)}{k+1} - 1 \right] \qquad (10.3.4.6)$$

Da die beiden Fge in der Regel nicht ganzzahlig sind, ist man auf der ‚sicheren Seite', wenn man jeweils die nächstniedrige ganze Zahl von Fgn zugrunde legt.

Youden-Konkordanz in der Psychometrie

Der *Markt einer Konsumgesellschaft* zeichnet sich durch viele miteinander rivalisierende und oft nur durch Verpackung und Werbung unterscheidbare Produkte (Beurteilungsobjekte) aus. Hier kommt es in der Marktchancenbeurteilung eines neuen Produktes mit rivalisierenden alten Produkten darauf an, viele Konsumenten, die 2 oder 3 gängige Produkte kennen, mit dem neuen Produkt als Werbegabe zu versorgen und die Konsumenten einzuladen, eine Güterangordnung der 2+1 oder 3+1 Produkte aufzustellen. Der Psychometriker einer Werbeagentur wählt dann gemäß einem r-fachen replizierten YOUDEN-Plan nach Zufall bestimmte Konsumenten mit bestimmten Produktkombinationen aus und wertet sie auf Konkordanz als einer notwendigen Voraussetzung zur Produktbewertung durch die Konsumenten aus.

Wir wollen den für die Marktforschungspraxis wichtigeren Fall *replizierter* YOUDEN-Bonituren an dem Eiscreme-Beispiel mit replizierten Bonituren veranschaulichen.

Beispiel 10.3.4.1

Problem: Verständlicherweise ist dem Eiscreme-Hersteller (vgl. 10.3.1) daran gelegen, die Beliebtheitskonkordanz seiner N=7 Sorten an einer möglichst großen Stichprobe von Konsumenten festzustellen. Deshalb sollen die k=3 Bonituren nicht nur von m = 1m = n = 7 Beurteilern (wie in 10.3.1), sondern von n = 2m = 14 Beurteilern herangezogen werden.

Methode: Da wir bei der ersten Siebener-Gruppe von Bonitoren pseudozufällig mit der ersten Zeile des 7 x 7-Quadrates begonnen haben, verbleiben noch 6 Zeilen, mit denen wir bei der zweiten Siebenergruppe beginnen können. Ein geworfener Würfel zeigt 3 Augen und so beginnen wir bei der zweiten Zeilenauswahl mit Zeile 3 und ergänzen sie durch die Zeilen 4 und 6 des 7 x 7-Quadrats. Die beiden Siebenergruppen wurden durch Zufallshalbierung einer repräsentativen Stichprobe von Eiscreme-Konsumenten gewonnen.

Ergebnisse: Die Bonituren der beiden Siebenergruppen (r=2) von Beurteilern sind in Tabelle 10.3.4.1 verzeichnet, wobei 1=gut und 3=schlecht ist.

Tabelle 10.3.4.1

Gr. 1	Em	Go	Hi	Ma	Pl	Re	Wu
	A=2	B=2	C=1	D=1	E=1	F=2	G=2
	B=1	C=3	D=2	E=3	F=3	G=3	A=1
	D=3	E=1	F=3	G=2	A=2	B=1	C=3
Gr. 2	Ar	Fi	Ko	Na	Sc	Tr	Vy
	C=3	D=2	E=1	F=3	G=3	A=1	B=2
	D=1	E=1	F=3	G=2	A=1	B=3	C=3
	F=2	G=3	A=2	B=1	C=2	D=2	E=1

Wir summieren die Bonituren über jede einzelne der N=7 Sorten und erhalten die folgenden Rangsummen R_i:

Tabelle 10.3.4.2

Sorte	A	B	C	D	E	F	G	N = 7
R_i=Rangsumme	9	10	15	11	8	16	15	$\Sigma R_i = 84$
								$\bar{R} = 12$

Zur Kontrolle, ob wir richtig summiert haben, prüfen wir, ob die Rangsumme 84 gleich ist nk(k+1)/2 = 14 · 3 · 4/2 = 84, was zutrifft.

Konkordanzmessung: Wir bilden QST nach (10.2.1.4)

$$QSR = (9-12)^2 + (10-12)^2 + \ldots + (15-12)^2 = 54$$

und erhalten durch Einsetzen in (10.3.4.1) einen Lambda-Koeffizienten von

$$\lambda = \frac{2 \cdot 3(3-1)}{7-1} = 2$$

Mit diesem Lambda-Koeffizienten gehen wir in (10.3.4.2) ein und erhalten einen Konkordanzkoeffizienten von

$$W = \frac{12(54)}{2^2 7(7^2-1)} = 0,48215$$

Konkordanzprüfung: Prüfen wir trotz der kleinen Beurteilerzahl von rN = 2 · 7 = 14 asymptotisch über χ^2, so erhalten wir nach (10.3.4.3)

$$\chi^2 = \frac{2(7^2-1)}{3-1} \cdot 0,48215 = 23,14$$

ein Chiquadrat-Wert, der bei 7-1 = 6 Fgn sogar auf der 0,1%-Stufe signifikant wäre.

Interpretation: Ein hoch signifikanter Konkordanzkoeffizient von 0,5 deutet auf weitgehende Übereinstimmung der 14 Beurteiler hinsichtlich des Wohlgeschmacks der 7 Eissorten. Je nach Intention wird der Hersteller z. B. die drei am wenigsten schmeckenden Sorten C, G und F aufgeben oder die wohlschmeckenden Sorten E und A vermehrt anbieten oder in der Werbung hervorheben. In jedem Fall wird der Hersteller prüfen, ob der bisherige Absatz der 7 Sorten in etwa ihrer Wohlgeschmacksrangfolge E A B D ^C_G F entspricht, um zu beurteilen, ob der Wohlgeschmack den Absatz bestimmt.

Folgerungen: Sollte sich eine relativ niedrige Korrelation zwischen Wohlgeschmacksfolge und Absatzmenge ergeben, so wäre in einer Konsumgesellschaft daran zu denken, nur jene Beurteiler für künftig anzubietende Eiscreme-Sorten heranzuziehen, deren Bonituren mit dem Absatz am höchsten korreliert sind.

Wären in dem vorstehenden Beispiel die Chargen A bis F Standardprodukte z. B. eines Hundefutterangebots, und G ein neues Produkt, so kämen aufgrund der Konkordanzanalyse (vgl. Tabelle 10.3.4.2) als Konkurrenten für G nur C und F in Betracht. Der Marktforscher würde dann im Sinne einer effektiven Werbung versuchen, neue Bonituraspekte für die 3 Produkte aufzufinden, und jenen im Werbeprospekt herauszustellen, der F und C weniger attraktiv erscheinen läßt als G.

YOUDEN-Konkordanz in der Soziometrie

Eine in der Soziometrie häufig gestellte Aufgabe ist die, daß jedes Mitglied einer sozialen Gruppe jedes andere (außer sich selbst) in eine Rangreihe bringt, und zwar meist nach einem kommunikationsrelevanten Merkmal wie Beliebtheit, Sprecherqualifikation oder Organisationstalent. Das *besondere* dieser Aufgabe ist, daß jedes der N Beurteilungsobjekte (Gruppenmitglieder) mit einem der m Beurteiler *identisch* ist und daß jeder Beurteiler nur k = N–1 Mitglieder beurteilt, um in W(Q) einen sogenannten *Konsens-Index* zu gewinnen (vgl. JONES, 1959).

Wie LEWIS und JOHNSON (1971) gezeigt haben, läßt sich diese Aufgabe mittels einer YOUDEN-Bonitur lösen, in der *jedes Paar* von Gruppenmitgliedern durch *jedes Mitglied* λ = N–2 mal beurteilt wird. Das sieht man unmittelbar ein, wenn von N=3 Mitgliedern A die Ränge 1 und 2 an B und C vergibt, B die Ränge 1 und 2 an C und A etwa, sowie C die Ränge 1 und 2 an B und A: Jedes Paar von Mitgliedern der Kleingruppe mit N=3 ist dann je N–2=1 mal vertreten (BC, CA, BA oder AB, AC, BC), so daß λ=1. Bei Gruppen von N=4 Mitgliedern ist λ=4–2=2 und bei Gruppen von N=5 Mitgliedern ist λ=5–2=3, wie man sich leicht überzeugen kann.

Setzt man λ = N–2 in (10.3.4.2) ein, so erhält man einen soziometrischen *„Konsens-Koeffizienten'* von

$$W(K) = \frac{12(QSR)}{N^2(N^2-1)} \qquad (10.3.4.8)$$

der bei nicht zu kleinem Gruppenumfang N ($\geqslant$10) *asymptotisch* über Chiquadrat auf Signifikanz geprüft werden kann. Setzt man nämlich k=N–1 und λ=N–2 in (10.3.4.3) ein, so resultiert ein

$$\chi^2(K) = \frac{12(QSR)}{N^2(N-2)} \qquad (10.3.4.9)$$

Dieses χ^2 ist nach N–1 Fgn zu beurteilen, wenn N genügend *groß* ist.

Für *kleine* Gruppenumfänge haben LEWIS und JOHNSON (1971) über Monte-Carlo-Läufe die ‚exakte Prüfverteilung' von QSR simuliert. Die folgende Tabelle 10.3.4.3 gibt sie für N=4(1)10 wieder. Wie man sie benutzt, zeigt das Beispiel 10.3.4.2.

Beispiel 10.3.4.2

Zielsetzung: Von den N=4 Mitgliedern (A B C D) eines studentischen Forschungsprojektes wird (zwecks Motivationssteigerung) im voraus vereinbart, den Beitrag des einzelnen Mitglieds von den übrigen Mitgliedern evaluieren zu lassen, und zwar in Form einer Rangbonitur.

Tabelle 10.3.4.3

P ≤	4	5	6	7	8	9	10
.990	2	4	10	22	44	88	146
.980	4	4	12	26	54	104	178
.900	4	10	22	50	96	176	292
.500	8	24	56	114	208	358	566
.250	14	36	82	164	288	488	758
.100	16	48	108	214	372	624	956
.050	..	56	126	246	428	712	1094
.025	20	62	142	276	480	796	1214
.010	..	68	158	312	542	900	1363
.005	..	74	170	338	586	966	1462
.001	..	80	194	396	686	1106	1710
S_{max}	20	90	280	700	1512	2940	5280

Überschreitungswahrscheinlichkeiten für QSR.

Ergebnis: Nach Abschluß des Projektes werden die Bonituren erhoben und zunächst auf Konkordanz geprüft, da diese — ebenfalls gemäß Vorvereinbarung — signifikant sein muß, ehe die Beiträge skaliert (und etwa durch Scheinzensuren repräsentiert) werden. Erhebung und Prüfung nach LEWIS-JOHNSON ergeben den Datensatz der Tabelle 10.3.4.2.

Tabelle 10.3.4.2

Mitglieder	A	B	C	D	
A	–	3	1	2	
B	3	–	1	2	
C	3	1	–	2	
D	3	2	1	–	
Summe = R	9	6	3	6	
Durchschnitt = $\bar{R}$	6	6	6	6	
$(R - \bar{R})^2$	9	0	9	0	QSR = 18

Bemerkung: Wie ein Vergleich der Spaltensummen und der Spalteneintragungen von B und D ergibt, haben die beiden Mitglieder trotz gleicher Rangsummen unterschiedliche Rangstreuungen: Der Beitrag von D wird homogen, der von B heterogen bonitiert. Bezüglich D haben die Kommilitonen einen einheitlichen, bezüglich B einen je unterschiedlichen Bewertungsaspekt im Auge gehabt.

Auswertung: Der Beitragskonsens zwischen den N=4 Mitgliedern entspricht nach (10.3.4.8) einem Konsenskoeffizienten von W = $12(18)/4^2(4^2-1)$ = 0,9, der auf eine hohe Urteilskonkordanz hinweist. Ob er nicht trotz seines numerisch hohen Wertes wegen des kleinen N zufallsbedingt entstanden gedacht werden kann, entscheiden wir über Tabelle 10.3.4.3: Dort finden wir für N=4 (Spalte) und QSR = 18 (Zeile) in der Vorspalte ein $P \leqslant 0{,}05$, so daß der beobachtete Konsens auch auf der 5%-Stufe gesichert ist.

Folgerungen: Nach der soziometrischen YOUDEN-Konkordanz ist der Leistungsbeitrag von A eindeutig am höchsten und der von C eindeutig am niedrigsten eingestuft worden. Die 2 dazwischenliegenden Beiträge unterscheiden sich insofern, als D eindeutig auf der von A und C aufgespannten Dimension liegt, während dies von B nicht behauptet werden kann. Eine Umsetzung der Leistungsbeiträge in Zensuren müßte diesem Umstand Rechnung tragen.

Die LEWIS-JOHNSON-Rangbonitur ist nicht in der vorgezeichneten Weise anzuwenden, wenn zwischen den Mitgliedern einer Gruppe hierarchische Beziehungen bestehen und nach ‚Schlüsselmerkmalen' wie Beliebtheit oder Sympathie bonitiert werden soll (vgl. HOMANS, 1961). Für diesen Fall geben LEWIS und JOHNSON ein Rationale für Rangumordnungen, die auch den Fall einer hierarchisch strukturierten Gruppe abdeckt. Untersuchungen dieser Art sind wesentlich für die Erforschung der Grundlagen der sog. sozialen Wahrnehmung (vgl. TAGIURI et al. 1953).

Es versteht sich, daß mangelnder Konsens zweierlei bedeuten kann, nämlich (1) mangelnde Kompetenz in der wechselseitigen Beurteilung der Gruppenmitglieder im Hinblick auf ein eindimensional konzipiertes Schlüsselmerkmal oder (2) ungenügend scharfe Definition des Merkmals als eines eindimensionalen Merkmals durch unzureichende Instruktion oder durch semantische Konfundierung zweier und mehrerer eindimensionaler Merkmale. Methodische und inhaltliche Perspektiven für eine mehrdimensionale Soziometrie hat ERTEL (1965) aufgezeigt.

10.3.5 Skalierung von Rangbonituren

Wir haben in der Konkordanzanalyse Rangsummen (Spaltensummen) R_j erhalten, und es stellt sich die Frage, welche Skalendignität diese Summen besitzen. Da die R_i (i=1,...,m) Summen von Rangwerten sind, haben sie offenbar selbst nur Rangskalendignität. Skaliert man die Boniturensummen des Beispiels 10.3.4.1, dann erhält man Tabelle 10.3.5.1.

Die Tabelle 10.3.5.1 führt zu folgender Rangordnung der Eiscreme-Sorten: E A B D ^C_G F mit einer Bindung zwischen dem fünften und dem sechsten Rangplatz.

Will man sich auch über die Streuung der Rangbonituren innerhalb der 2k=6 Beurteiler (der insgesamt 2m=14 Beurteiler), die eine bestimmte Creme-Sorte bonitiert haben, informieren, so bestimmt man die mittlere

Spannweite $\overline{w}(R_i)$ der Bonituren; sie sind Ausdruck der Interbeurteiler-Übereinstimmung (Inter-Rater-Reliabilität), die wie folgt definiert werden kann[5]:

$$\text{IRR} = 1 - \frac{\overline{w}(R_i)}{k} \qquad (10.3.5.1)$$

Darin ist k die Zahl der Ränge, die jeder Beurteiler vergibt.

Tabelle 10.3.5.1

Objekte	A	B	C	D	E	F	G
	2	2	1	1	1	2	2
Gr. 1	1	1	3	2	3	3	3
	2	1	3	3	1	3	2
Beurteiler							
	1	2	3	2	1	3	3
Gr. 2	1	3	3	1	1	3	2
	2	1	2	2	1	2	3
R_i	9	10	15	11	8	16	15
$w(R_i)$	$\frac{1}{2}$	$\frac{2}{2}$	$\frac{2}{2}$	$\frac{2}{2}$	$\frac{2}{2}$	$\frac{1}{2}$	$\frac{1}{2}$

Andere Möglichkeiten zur Skalierung von Rangwerten finden sich bei TORGERSON (1958, Ch. 14) sowie bei GUILFORD (1954, S. 181) und SIXTL (1967, Kap. 5).

Wichtiger als die Frage der Skalierung, aber mit ihr verknüpft, ist die Vorschaltfrage, zwischen welchen der N Chargen (Creme-Sorten) signifikante Unterschiede bestehen. Da das Konkordanzproblem nur eine andere Sichtweise des Problems, Lokationsunterschiede zwischen abhängigen Stichproben nachzuweisen, darstellt, sind hierfür die in Kap. 6.5 aufgeführten *multiplen Vergleiche* ausschlaggebend (vgl. auch ROSENTHAL und FERGUSON, 1965).

---

[5] Bei 10 und mehr Bonituren pro Charge können Dezilspannweiten zugrunde gelegt werden, um Ausreißer-Bonituren auszuschließen: Man eliminiert dann die 10% extremen Bonituren, ehe man Rangsummen und Spannweitenmittel bestimmt. In dieser oder ähnlicher Weise verfährt man bei der Expertenbonitur (z. B. im Sport), um ‚Befangenheitsbonituren' unberücksichtigt zu lassen. Die Struktur von (10.3.5.1) entspricht dem metrischen Reliabilitätskonzept (vgl. GUILFORD, 1954, S. 383), das man erhält, wenn man statt der Zählerwerte die beobachtete Varianz der Spaltensummen und in den Nenner die maximale Varianz einsetzt.

10.3.6 Konkordanzanalyse als Lokationstest

Wie schon in Abschnitt 10.2.3 erwähnt, geht die Konkordanzanalyse nach KENDALL von den gleichen Voraussetzungen aus wie der Friedman-Test für den *Lagevergleich mehrerer abhängiger Stichproben* von Meßwerten: Es werden zeilenweise Rangreihen gebildet und die Spaltensummen auf Unterschiede geprüft. Große Unterschiede deuten hier auf Lagedifferenzen, dort auf Urteilskonkordanz. Es ist daher prinzipiell gleichgültig, ob man über W bzw. QSR oder über χ_r^2 gegen die Nullhypothese fehlender Lageunterschiede oder fehlender Konkordanz prüft, wenn *keine* Rangbindungen vorliegen.

Liegen *Rangbindungen* vor, so prüft man auch auf Lageunterschiede mittels des bindungskorrigierten Konkordanzkoeffizienten (vgl. (10.2.1.9) und (10.2.1.10)) um so effizienter, je *mehr* Bindungen vorliegen.

1. Um die *Effizienzsteigerung* zu illustrieren, definieren wir die Ergebnistabelle des Beispiels 10.2.2 so um, daß X, Y und Z drei verschiedene Probanden sind und a bis j aufeinanderfolgende N=10 Vorgaben eines Tests. Mittels des FRIEDMAN-Tests (vgl. 6.5.1.5) ergibt sich ohne Berücksichtigung der Bindungen

$$\chi_r^2 = \frac{12}{3 \cdot 10(10+1)} (5{,}5^2 + 6{,}5^2 + \ldots + 26{,}5^2) - 3 \cdot 3(10+1) = 21{,}47$$

ein Wert, der für 9 Fge die 1%-Signifikanzschranke knapp verfehlt (21,67). Mittels des Konkordanztests ergibt sich bei Berücksichtigung der Bindungen gemäß (10.2.1.10) ein

$$\chi^2 = (W')m(N-1) \qquad (10.3.6.1)$$

Da wir ein W' = 0,82773 = 0,83 in Beispiel 10.2.2 erhalten hatten, resultiert ein χ^2 = (0,82773)(3)(10–1) = 22,35, das die obige Schranke überschreitet.

2. In der klassischen Rangvarianzanalyse, wie sie in Abschnitt 6.5.1 beschrieben wurde, müssen jedem Individuum (oder Block homogener Individuen) sämtliche Behandlungen zuteil werden. Ist es nun – aus welchen Gründen immer – unmöglich oder auch nur unzweckmäßig, alle Individuen allen Behandlungen auszusetzen, dann kann der *Behandlungseffekt* auf dem Weg über eine YOUDENSche Konkordanzanalyse nachgewiesen werden. Wie man hierbei vorgeht, zeigt das folgende Beispiel:

Beispiel 10.3.6

Versuchsplan: Angenommen, es wären in Beispiel 10.3.4.1 N=7 Behandlungen (A bis G) an 2N = 14 Probanden (Em bis Vy) verabreicht worden, und zwar so, daß jede Pb nur k=3 Behandlungen ‚zu erdulden' braucht, weil es zweistündige Streßbehandlungen der folgenden Art sind:

A = Soziale Isolierung in stetig beschalltem, hellen Raum
B = "   "   im schalltoten hellen Raum
C = "   "   im schalltoten dunklen Raum
D = "   "   im intermittierend beschallten hellen Raum
E = "   "   im intermittierend beschallten dunklen Raum
F = "   "   mit Immobilisierung (Fesselung) im stetig beschallten hellen Raum
G = "   "   mit Immobilisierung im stetig beschallten dunklen Raum

Auswertung und Ergebnisse: Es mögen sich die Resultate der Tabellen 10.3.2.1–2 ergeben haben, wobei als Observable X die (bloß ordinal skalierten) Punktwerte eines vom Pbn auszufüllenden Fragebogens für Unannehmlichkeit (discomfort) bzw. deren Rangwerte R_x verarbeitet wurden. Wie die Konkordanzprüfung (oder eine Rangvarianzanalyse nach FRIEDMAN) zeigt, haben sich die 7 Behandlungen unterschiedlich stark ausgewirkt.

Interpretation: Wie aus den Rangsummen der Tabelle 10.3.4.2 zu entnehmen, wirken sich soziale Isolierung im schalltoten Raum (C) sowie beide Varianten der mit sozialer Isolierung kombinierten Immobilisierung besonders unangenehm auf das Befinden der Pbn aus.

Anmerkung: In diesem Beispiel wird evident, daß auch unvollständig-ausgewogene Versuchspläne vom Typ der YOUDEN-Pläne (vgl. z. B. WINER, 1962, S.492) verteilungsfrei und wirksam ausgewertet werden können.

Die *Modellimplikationen* der YOUDENschen Lokationsprüfung als einem ausbalancierten inkompletten Blockplan (vgl. WINER, 1962, Ch.9.5) sind die gleichen wie die des kompletten Blockplans (KENDALL-Plan), wie er dem FRIEDMAN-Test zugrunde liegt: Die N Merkmalträger gelten als Stufen eines festen Faktors, die m Beurteiler als Stufen eines Zufallsfaktors. Das bedeutet für die Konkordanzanalyse, daß die Merkmalträger nach sachlogischen Argumenten systematisch, die Beurteiler hingegen stichprobenartig aus einer Population möglicher Beurteiler ausgewählt werden müssen.

10.3.7 Die Zweigruppen-Konkordanz (L-Konkordanz)

Gelegentlich stellt sich die Frage, ob *zwischen zwei Gruppen* von m_1 und m_2 Beurteilern, die ein und dieselben k Objekte (oder Individuen) auf Konkordanz beurteilt haben, eine signifikante Konkordanz besteht, ob also etwa französische und amerikanische ‚Weinbeißer' in der Güterreihung von 4 Weinsorten übereinstimmen.

Die Frage wurde jüngst von SCHUCANY und FRAWLEY (1973) durch Modifizierung des L-Tests von PAGE (1963) beantwortet (vgl. 6.5.2), indem die Prüfgröße $L = \Sigma j T_j$ mit $j=1(1)k$ durch die *Prüfgröße* L_W des *L-Konkordanztests*

$$L_W = \Sigma S_j T_j, \quad j = 1(1)k \tag{10.3.7.1}$$

ersetzt wurde. Darin bedeuten S_j die Rangsummen der m_1 Beurteiler über die k Objekte, und T_j die Rangsummen der m_2 Beurteiler. Die Prüfgröße wächst in dem Maße, in dem die Rangsummen der beiden Beurteilergruppen konkordant sind.

Wie die beiden Autoren gezeigt haben, ist L_W unter der *Nullhypothese* fehlender L-Konkordanz zwischen S_j und T_j bei nicht zu kleinen m_1 und m_2 über einem *Erwartungswert* von

$$\mu(L_W) = \frac{m_1 m_2 k(k+1)^2}{4} \tag{10.3.7.2}$$

mit einer *Standardabweichung* von

$$\sigma(L_W) = \frac{k(k+1)}{12} \sqrt{m_1 m_2 (k-1)} \tag{10.3.7.3}$$

angenähert normal verteilt. Daraus folgt, daß die Standardnormalvariable

$$u = \frac{L_W - \mu(L_W)}{\sigma(L_W)} \tag{10.3.7.4}$$

nach Tafel III des Anhangs beurteilt werden kann, und zwar *einseitig*, wenn nur eine positive Konkordanz in Frage steht.

Will man nicht nur auf L-Konkordanz prüfen (was oft angesichts der Rangsummen trivial erscheint), sondern eine Maßzahl zur Beschreibung der Höhe dieser Konkordanz angeben, so benutze man den *‚Zweigruppen-Konkordanzkoeffizienten'*

$$W_W = \frac{L_W - \mu(L_W)}{\text{Max.} L_W - \mu(L_W)} \tag{10.3.7.5}$$

worin Max. L_W als höchstmöglicher Prüfgrößenwert wie folgt definiert ist:

$$\text{Max.} L_W = m_1 m_2 k(k+1)(2k+1)/6 \tag{10.3.7.6}$$

(Der niedrigstmögliche Wert Min. L_W ergibt sich, indem man $2k+1$ durch $k+2$ ersetzt.)

Wie Li und Schucany (1975) gezeigt haben, ist W_w gleich dem Durchschnitt aller Tau-Korrelationen zwischen je einer Rangreihe aus der einen Gruppe mit je einer Rangreihe aus der anderen Gruppe.

Beispiel 10.3.7.1

Im *Beispiel* der Verfasser haben $m_1=6$ französische Weinbeißer und $m_2=9$ amerikanische Weinbeißer über k=4 Weinsorten die folgenden Rangboniturensummen S_j und T_j erzielt:

Tabelle 10.3.7.1

Weinsorten j:	1	2	3	4	L_W
S_j der m_1 Beurteiler:	9	14	17	20	
T_j der m_2 Beurteiler:	17	14	25	34	
Produktsumme $S_j T_j$:	153	196	425	680	1454

Die offenkundig positive L-Konkordanz von S_j und T_j läßt sich auch statistisch sichern:

$\mu(L_W) = 6 \cdot 9 \cdot 4(4+1)^2/4 = 1350$

$\sigma(L_W) = \dfrac{4(4+1)}{12} \cdot \sqrt{6 \cdot 9(4-1)} = 21{,}213$

$u = (1454-1350)/21{,}213 = 4{,}90 \qquad (P < 0{,}001)$

Die Übereinstimmung zwischen französischen und amerikanischen Weinbeißern ergibt sich über

$\text{Max.} L_W = 6 \cdot 9 \cdot 4(4+1)(8+1)/6 = 1620$

zu

$W_W = (1454 - 1350)/(1620 - 1350) = 0{,}39$

Im *Spezialfall*, daß $m_1=1$, daß also die Gruppe 1 aus nur einem einzigen Beurteiler (oder einem objektiven Gültigkeitskriterium für die Rangbonitur) besteht, ist die Prüfgröße L_W mit der Prüfgröße L von PAGE (1963) identisch. Für $m_2=k$ ergibt sich die Möglichkeit, nach Tafel VI-5-2 *exakt zu prüfen*, ob zwischen dem einen Beurteiler und den k Beurteilern ein signifikanter Zusammenhang besteht. Exakte Tests für $m_1 > 1$ sind zwar ebenfalls möglich, aber für die praktische Durchführung zu aufwendig; für bestimmte Kombinationen von m_1 und m_2 sind die exakten Prüfverteilungen, auf dem Permutationsprinzip aufbauend, von FRAWLEY und SCHUCANY (1972) *vertafelt* worden.

Der Zweigruppen-Konkordanztest kann auch dazu benutzt werden, die Ergebnisse *zweier* FRIEDMAN-*Tests* zu vergleichen: So könnten wir in Beispiel 6.5.1.1 fragen, ob $m_2 = 7$ Paß-Quadrupel von Mäusen dieselben

Behandlungswirkungen erkennen lassen wie die $m_1 = k = 5$ Paß-Quadrupel von Ratten. Wollten wir den Vergleich auch noch auf eine Gruppe von $m_3 = 5$ Meerschweinchen ausdehnen, so kann der Zweigruppen-Konkordanztest ohne Schwierigkeiten zu einem *Mehrgruppen-Konkordanztest* verallgemeinert werden (vgl. SCHUCANY und FRAWLEY, 1973).

10.4 Konsistenzanalyse nach KENDALL

Theorie und Empirie lehren, daß Rangbonituren nur dann konkordant sein können, wenn der einzelne Beurteiler auch *konsistent* urteilt, d. h. während des Beurteilungsprozesses das Bezugssystem seiner Beurteilung nicht ändert.

Vergegenwärtigen wir uns das Konzept der Urteilskonsistenz an einem *Paarvergleichsurteil* (Präferenzurteil) aus dem Alltag der Gastlichkeit:

Angenommen, Sie fragen Ihren Gast: Was trinken Sie, Campari-Soda oder Ouzo-Tonic? Antwortet der Gast: Ouzo-Tonic (unter dem Motiv: den kenne ich noch nicht). Die zögernde Antwort läßt Sie weiter fragen: Oder würden Sie Wodka-Orange dem Ouzo vorziehen? ‚Ja' sagt der Gast (unter dem Motiv: Mal seh'n, ob der auch einen Echten hat). Während Sie zur Hausbar gehen, fragen Sie noch einmal: Oder soll es doch Campari sein? ‚Der ist mir noch am liebsten, sagt Ihr Gast (unter dem Motiv: ich bin ja Autofahrer, da ist Campari harmloser als Wodka!).

Bei konsistentem Präferenzurteil hätte unser Gast bei Wodka bleiben müssen, denn wenn Campari < Ouzo und Ouzo < Wodka geurteilt wird, dann sollte auch Campari < Wodka geurteilt worden sein. Unser Gast hat inkonsistenterweise Campari > Wodka gewählt, weil er sein Motivationssystem im Verlauf der 3 Paarvergleiche geändert hat[6].

Was für 3 Long-drinks gilt, kann auf N Vergleichsobjekte (Chargen) verallgemeinert werden, und damit sind wir bei der kritischen Frage: Wie können wir entscheiden, ob ein Beurteiler, der sich als Experte ausgibt, wenigstens das Minimum-Erfordernis eines konsistenten Urteils erfüllt, unter der Voraussetzung natürlich, daß die Beurteilungsinstruktion auf einen eindimensionalen Aspekt eines (u.U. komplexen) Merkmals zugeschnitten wird?

---

[6] Der Paarvergleich Campari versus Ouzo stand unter dem Aspekt der Novität, der Paarvergleich zwischen Ouzo und Whisky unter dem der Sozialprestige-Rivalität und der Paarvergleich zwischen Whisky und Campari unter dem der Opportunität, so daß das Bezugssystem für die Entscheidung durch 3 Dimensionen bestimmt ist.

10.4.1 Die Paarvergleichsbonitur (Präferenzbonitur)

Angenommen, es liegen N Beurteilungsobjekte zur eindimensionalen Bonitur vor. Ein auf Urteilskonsistenz zu untersuchender Beurteiler erhält dann die Instruktion, $\binom{N}{2}$ Vergleiche zwischen Paaren von Objekten (Paarvergleiche) durchzuführen und bei jedem Paarvergleich eine *Präferenzbonitur* (2-Punkt-Skalenbonitur mit den Bonituren 0 und 1 oder − und +) vorzunehmen. Wenn seine Präferenzen auf subjektiv realen Unterschieden zwischen den Objekten beruhen, so gilt für N=3 Objekte (A>B>C), daß A > B, wenn A dem Objekt B vorgezogen wird bzw. B > C, wenn B gegenüber C bevorzugt wird und A > C, wenn konsistenterweise A gegenüber C präferiert wird. Zur Theorie vergleiche KAISER und SERLIN (1978).

Zur Veranschaulichung lassen wir die 3 Objekte die Ecken eines gleichseitigen Dreiecks bilden, in dessen Seiten die *Größer–Kleiner-Relationen* als Pfeile eingelassen sind. Wenn alle 3 Präferenzen transitiv, d. h. die Vergleichsurteile konsistent sind, dann sind die Pfeile nicht kreisförmig (azirkulär) angeordnet, und es resultiert das Schema der Abbildung 10.4.1.1. Wenn die Präferenzen hingegen intransitiv und damit die Vergleichsurteile inkonsistent sind, dann ordnen sich die Pfeile entlang einer Kreislinie (zirkulär) und es resultiert das Schema der Abbildung 10.4.1.2:

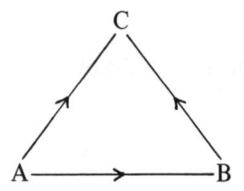

konsistent: inkonsistent:

Abbildung 10.4.1.1 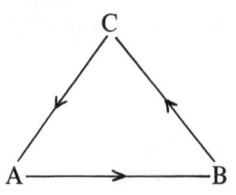   *Abbildung 10.4.1.2*

Betrachten wir statt dreier Objekte N Objekte, so läßt sich ein Maß für den Grad der Konsistenz der Paarvergleichsurteile aus der Zahl der ‚*zirkulären Triaden'*, die man sich durch Linienverbindungen zwischen allen Ecken eines N-seitigen Polygons veranschaulichen mag, gewinnen. Je *größer* die Zahl der zirkulären Triaden, um so *geringer* die Konsistenz des Urteils, um so niedriger der (noch zu definierende) Konsistenzkoeffizient des betreffenden Beurteilers.

Es versteht sich, daß ein und dieselben N Objekte von m verschiedenen Beurteilern in unterschiedlichem Maße konsistent beurteilt werden können, und es versteht sich ebenso, daß ein und derselbe Beurteiler in bezug auf unterschiedliche Aspekte der Beurteilungsobjekte mehr oder weniger konsistent zu urteilen vermag.

10.4.2 Der Konsistenzkoeffizient

Um einen für einen bestimmten Beurteiler geltenden *Konsistenzkoeffizienten* zu definieren, müssen wir fragen: Wie groß kann bei N Vergleichsobjekten (Individuen, Chargen) die Zahl der zirkulären (urteilsinkonsistenzbedingten) Triaden *maximal* werden? Betrachten wir zur Beantwortung dieser Frage die Abbildung 10.4.2.1 mit N=5 Vergleichsobjekten!

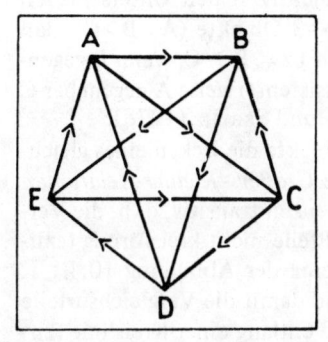

Abb. 10.4.2.1: N = 5 Objekte und $\binom{5}{3}$ = 10 mögliche Triaden

Die *Gesamtzahl* aller Triaden beträgt $\binom{N}{3} = \binom{5}{3} = \frac{5 \cdot 4 \cdot 3}{3 \cdot 2 \cdot 1} = 10$, die der zirkulären Triaden beträgt 5, wie man sich durch Auszählen überzeugen kann, denn es gilt für die Paarvergleiche:

ABC =	konsistent	ABD =	inkonsistent (zirkulär)
ACE =	"	ABE =	"
ADE =	"	ACD =	"
BCD =	"	BCE =	"
BDE =	"	CDE =	"

Wollten wir in Abbildung 10.4.2.1 eine ‚konsistente' (azirkuläre) Triade ‚inkonsistent' (zirkulär) machen, indem wir die Relation etwa zwischen A und B umkehren, so würden dadurch die inkonsistenten Triaden ABD und ABE konsistent werden. Die inkonsistenten Triaden würden also nicht, wie beabsichtigt, um eine vermehrt, sondern um eine vermindert.

1. Was immer wir sonst versuchen, die Zahl der *inkonsistenten* Triaden läßt sich in Abbildung 10.4.2.1 *nicht vermehren*, sondern nur vermindern. Daraus ergibt sich, daß hier ein Maximum inkonsistenter Triaden vorliegt. Der Beurteiler, der durch seine Paarvergleiche diese *Maximalzahl* inkonsistenter Triaden hervorgebracht hat, urteilt absolut inkonsistent; seinem Urteil entspräche intuitiv ein Konsistenzkoeffizient K von Null, wenn man K wie W von 0 bis 1 variieren läßt.

2. Ein anderer Beurteiler, der die 5 Objekte in Abbildung 10.4.2.1 so bonitiert, daß *keine inkonsistenten* Triaden entstehen, urteilt entsprechend absolut konsistent und verdient einen Konsistenzkoeffizienten von K=1. Daß die *Minimalzahl* inkonsistenter Triaden gleich Null sein muß, ergibt sich intuitiv aus der Tatsache, daß eine subjektiv eindeutig differenzierende Rangordnung der 5 Objekte, z. B. A < B < C < D < E, *nur konsistente* Triaden zur Folge haben kann.

Definitionsformel

3. Bezeichnen wir die *beobachtete Zahl* der inkonsistenten (zirkulären) Triaden eines Beurteilers (die sich leichter auszählen lassen als die konsistenten Triaden) mit d, und die Maximalzahl inkonsistenter Triaden mit d_{max}, so läßt sich ein individueller Konsistenzkoeffizient K dadurch definieren, daß man den Anteil der beobachteten an den höchstmöglichen Zirkulärtriaden von 1 subtrahiert:

$$K = 1 - d/d_{max} \qquad (10.4.2.1)$$

Fehlen inkonsistente Triaden, ist also d=0, so ist K=1. Erreichen die inkonsistenten Triaden wie in Abbildung 10.4.2.1 ein Maximum, ist also $d = d_{max}$, dann ist K = 0.

Wie sich zeigen läßt, gelten für gerad- und ungeradzahlige N die folgenden *Bestimmungskalküle* (vgl. KENDALL, 1955, S. 155—156)

N ungeradzahlig: $\quad d_{max} = N(N^2-1)/24 \qquad (10.4.2.2)$

N geradzahlig: $\quad d_{max} = N(N^2-4)/24 \qquad (10.4.2.3)$

Für N=5 ist entsprechend der Anschauung in Abbildung 10.4.2.1 $d_{max} = 5(5^2-1)/24 = 5$; wäre d = 4 gewesen (wie nach Manipulation einer Triade), dann hätte sich K = 1 − 4/5 = 0,2 ergeben, was einer nur geringen Urteilskonsistenz entspricht.

Die Bestimmung von K und noch mehr dessen Signifikanzprüfung (auf die wir noch zu sprechen kommen) impliziert Unabhängigkeit der Paarvergleiche, was intraindividuell am ehesten dann erreicht wird, wenn man die $\binom{N}{2}$ Paare nach Zufall vorgibt. Vergleicht man Urteilskonsistenz mit dem testpsychologischen Konzept der Reliabilität i. S. der ‚inneren Konsistenz' (vgl. LIENERT, 1969), dann sollten K-Werte von mindestens 0,7 für einen kompetenten Beurteiler als Minimum gefordert werden. Beurteiler mit geringeren K-Werten sollten nicht als Bonitoren in Anspruch genommen werden.

Zirkulärtriaden-Zählung

Liegt eine größere Zahl von Beurteilungsobjekten — etwa mehr als 6 — zur Konsistenzanalyse vor, dann wird es sehr mühevoll, das *graphische Verfahren* zur Abzählung der Zirkulärtriaden heranzuziehen. Man geht hier zweckmäßigerweise so vor, daß man die Ergebnisse der $\binom{N}{2}$ Paarvergleiche in einer quadratischen, nicht-symmetrischen Matrix zur Darstellung bringt. Wie dies geschieht, wollen wir uns anhand des EEG-Beurteilungs*beispiels* (vgl. 10.2.1) überlegen:

Beispiel 10.4.2.1

Angenommen, ein Neurologe hätte N = 6 Elektroenzephalogramme von je einem Epileptiker (A B C D E F) in $\binom{6}{2}$ = 15 Paarvergleichen danach zu beurteilen, ob eine bestimmte antikonvulsive Therapie mehr oder weniger ‚angeschlagen' habe. Das Ergebnis der 15 Paarvergleiche ist in Tabelle 10.4.2.1 verzeichnet.

Tabelle 10.4.2.1

N = 6	A	B	C	D	E	F	S
A		+	+	+	+	+	5
B	−		−	+	−	+	2
C	−	+		−	−	−	1
D	−	−	+		+	+	3
E	−	+	+	−		+	3
F	−	−	+	−	−		1

Wir haben ein *Plus* signiert, wenn der Neurologe einen Patienten (Pt) des Zeilenkopfes therapeutisch günstiger beurteilt als einen Ptn des Spaltenkopfes, und ein *Minus*, wenn das Gegenteil der Fall war. Unser Neurologe hat also den Ptn A im Vergleich zu allen anderen Ptn günstiger beurteilt; dagegen hat er den Ptn B zwar günstiger als D und F, aber ungünstiger als A, C und E beurteilt u.s.f. wie in Tabelle 10.4.2.1.

Bildet man nun die *Zeilensummen* der Plussignaturen (Präferenzen) und bezeichnet diese mit S_i (i = 1,...,N), so läßt sich zeigen (vgl. LIENERT, 1962, S. 228–229), daß die Zahl der inkonsistenten Triaden *algebraisch* gegeben ist durch

$$d = \frac{N(N-1)(2N-1)}{12} - \frac{1}{2}\Sigma S_i^2 \qquad (10.4.2.4)$$

Diesen — stets ganzzahligen — Wert setzen wir in (10.4.2.1) ein und erhalten so auf einfachste Weise den gesuchten Konsistenzkoeffizienten K.

Für Tabelle 10.4.2.1 sind die S_i in der rechten Randspalte verzeichnet, so daß nach (10.4.2.4)

$$d = \frac{6(6-1)(2 \cdot 6-1)}{12} - \frac{1}{2}(5^2+2^2+1^2+3^2+3^2+1^2) = 3$$

d. h. nach der ersten der folgenden Formeln rechnet

N geradzahlig: $\quad K = 1 - \dfrac{24d}{N^3 - N}$ \hfill (10.4.2.5)

N ungeradzahlig: $\quad K = 1 - \dfrac{24d}{N^3 - 4N}$ \hfill (10.4.2.6)

erhält man ein $K = 1 - 24 \cdot 3/(6^3 - 6) = 0{,}66$. An dem Desiderat eines Konsistenzkoeffizienten von $K \equiv 0{,}7$ gemessen, ist die Urteilskonsistenz des Neurologen offenbar nicht die eines EEG-Experten, von dem man ein K um 0,9 erwarten sollte.

10.4.3 Die Konsistenzprüfung

Ein Test zur Beantwortung der Frage, ob ein Konsistenzkoeffizient K überzufällig hoch (oder überzufällig niedrig) ist, muß *prüfen*, ob die Zahl der Zirkulärtriaden d größer (oder geringer) ist als nach Zufall – z.B. durch Paarvergleich nach Münzenwurf – zu erwarten. Wie ist solch ein Test zu konstruieren?

Wir haben gesehen, daß bei N Vergleichsobjekten $\binom{N}{2}$ Paarvergleiche möglich sind. Jeder dieser Vergleiche kann mit Wahrscheinlichkeit 1/2 in der einen oder anderen Richtung ausfallen, wenn die *Nullhypothese* einer Zufallsentscheidung gilt. Versieht man die $\binom{N}{2}$ Verbindungen zwischen den Eckpunkten eines N-seitigen Polygons wie in Abbildung 10.4.2.1 geschehen, mit Pfeilzeichen, so ergeben sich $2^{\binom{N}{2}}$ Pfeilzeichenpermutationen. Für alle diese Permutationen bleibt die gesamtzahl der Triaden gleich, nämlich $\binom{N}{3}$, nicht jedoch die Zahl d der Zirkulärtriaden, die von den jeweiligen Pfeilrichtungen abhängt.

Der exakte Konsistenztest

Kombinatorisch läßt sich nun ermitteln, *wieviele* der $2^{\binom{N}{2}}$ Pfeilrichtungspermutationen $d = 0(1)d_{max}$ Zirkulärtriaden liefern: Tabelle 10.4.3.1 zeigt, daß für die N=5 Objekte der Abbildung 10.4.2.1 insgesamt f=24 Permutationen mit d=5 Zirkulärtriaden, f=280 Permutationen mit d=4 Zirkulärtriaden, f=240 Permutationen mit d=3 oder d=2 Zirkulärtriaden, f=120 Permutationen mit d=1 und d=0 Zirkulärtriaden möglich sind. Die Summe aller Permutationen ist $24+280+240+240+120+120 = 2^{\binom{5}{2}} = 2^{10} =$ $= 1024$, wie als Spaltensumme in Tabelle 10.4.3.1 angegeben.

1. Wir hatten per inspectionem in Abbildung 10.4.2.1 genau d=5 Zirkulärtriaden ermittelt, und wir können fragen, wie groß die *Punktwahrscheinlichkeit* p ist, genau 5 Zirkulärtriaden bei Geltung von H_0 zu finden. Die Antwort lautet $p = f(d=5)/2^{\binom{N}{2}} = 24/1024 = 0{,}023$. Die *Überschreitungswahrscheinlichkeit* P, 5 oder mehr Zirkulärtriaden zu finden, beträgt natürlich ebenfalls $P = 0{,}023$, da mehr als 5 Zirkulärtriaden, wie festge-

Tabelle 10.4.3.1

d	n=2 f	n=2 P	n=3 f	n=3 P	n=4 f	n=4 P	n=5 f	n=5 P	n=6 f	n=6 P	n=7 f	n=7 P	n=8 f	n=8 P
0	2	1·000	6	1·000	24	1·000	120	1·000	720	1·000	5 040	1·000	40 320	1·000
1			2	0·250	16	0·625	120	0·883	960	0·978	8 400	0·998	80 640	0·9³85
2					24	0·375	240	0·766	2 240	0·949	21 840	0·994	228 480	0·9³55
3							240	0·531	2 880	0·880	33 600	0·983	403 200	0·9²87
4							280	0·297	6 240	0·792	75 600	0·967	954 240	0·9²72
5							24	0·023	3 648	0·602	90 384	0·931	1 304 576	0·9²36
6									8 640	0·491	179 760	0·888	3 042 816	0·989
7									4 800	0·227	188 160	0·802	3 870 720	0·977
8									2 640	0·081	277 200	0·713	6 926 080	0·963
9											280 560	0·580	8 332 800	0·937
10											384 048	0·447	15 821 568	0·906
11											244 160	0·263	14 755 328	0·847
12											233 520	0·147	24 487 680	0·792
13											72 240	0·036	24 514 560	0·701
14											2 640	0·001	34 762 240	0·610
15													29 288 448	0·480
16													37 188 480	0·371
17													24 487 680	0·232
18													24 312 960	0·141
19													10 402 560	0·051
Total	2	—	8	—	64	—	1 024	—	32 768	—	2 097 152	—		

stellt, nicht möglich sind und auch in Tabelle 10.4.3.1 nicht in Erscheinung treten. Legt man $\alpha = 0{,}05$ zugrunde, so sind die d=5 Zirkulärtriaden der Abbildung 10.4.2.1 nicht durch Zufall (sondern vielleicht durch Manipulation zum Zweck der Demonstration) entstanden.

Eine minimale Urteilskonsistenz von K=0 kann somit als *signifikante Inkonsistenz* bezeichnet werden; sie wäre bei einem intelligenten Beurteiler bestenfalls als Ausdruck gezielter Simulationstendenz, z. B. einem, den Unzurechnungsparagraphen beanspruchenden Delinquenten, zu erwarten.

2. Wie man sieht, ist in Tabelle 10.4.3.1 die *Nullverteilung* der Prüfgröße d als die Zahl der Zirkulärtriaden von KENDALL (1962, Table 9) ‚invers' kumuliert worden, so daß die Überschreitungswahrscheinlichkeiten auf Urteilsinkonsistenz gerichtet sind statt auf Urteilskonsistenz. Will man auf Urteils*konsistenz* prüfen, was die Regel ist, muß man

$$P' = P(d-1) - P(d+1) \qquad (10.4.3.1)$$

bilden und dieses P' mit dem vorgegebenen Alpha-Risiko vergleichen.

Hätten wir in Abbildung 10.4.2.1 ein d=1 und damit ein $K = 1 - 1/5 = 0{,}8$ beobachtet, dann betrüge die *Unter*schreitungswahrscheinlichkeit P', ein $d \leq 1$ unter H_0 zu erhalten, nach (10.4.3.1) $P' = P(d=0) - P(d=2) = 1{,}000 - 0{,}766 = 0{,}234$, wie aus Tabelle 10.4.3.1 zu entnehmen oder über die Prüfverteilung von d zu berechnen ist: $P' = (120+120)/1024 = 0{,}234 = [f(d=1) + f(d=0)]/2 \cdot \binom{N}{2}$. Ein $K = 0{,}8$ ist offensichtlich bei $\alpha = 0{,}05$ und N=5 noch nicht signifikant.

Beide Tests — der rechtsseitige für d = 5 und der linksseitig für d = 1 — sind einseitige Tests, die vorweg begründet werden müssen (was im Fall des linksseitigen Tests auf Konsistenz nicht schwer fällt). Natürlich kann man auch zweiseitig testen, indem man fragt, ob $d \leq 1$ oder $d_{max} - 1 \geq 4$. Hierbei ergibt sich eine zweiseitige Über- und Unterschreitungswahrscheinlichkeit von $P'' = (120+120+280+24)/1024 = 0{,}531$.

Der asymptotische Konsistenztest

Für *größere* Stichproben von Beurteilungsobjekten (N > 10) ist die folgende Funktion der Prüfgröße d asymptotisch chiquadratverteilt (vgl. KENDALL, 1962, S. 147)

$$\chi^2 = \frac{8}{N-4} \left(\frac{1}{4} \binom{N}{3} - d + \frac{1}{2} \right) + Fg \qquad (10.4.3.2)$$

wobei

$$Fg = N(N-1)(N-2)/(N-4)^2 \qquad (10.4.3.3)$$

zugrunde zu legen sind. In diesem Fall gilt nicht, daß die zu χ^2_{Fg} gehörige *einseitige* Irrtumswahrscheinlichkeit eine Unterschreitungswahrscheinlichkeit P' = 1 - P ist, da d mit negativem Vorzeichen in (10.4.3.2) eingeht. Werden z. B. N = 8 Weinsorten durch einen anerkannten ‚Weinbeißer' im *Paarvergleich* bonitiert, so resultiert bei d = 5 Zirkulärtriaden ein K = 1 - 5/20 = 0,75. Diesem K-Wert entspricht ein exaktes P' = 0,9972 - 0,989 = 0,009 (Tabelle 10.4.3.1) und ein asymptotisches P', das wie folgt zu schätzen ist:

$$Fg = 8(8-1)(8-2)/(8-4)^2 = 21$$

$$\chi^2 = \frac{8}{8-4}\left(\frac{1}{4}\left(\frac{8\cdot 7\cdot 6}{3\cdot 2\cdot 1}\right) - 5 + \frac{1}{2}\right) + 21 = 40,0$$

Dieser χ^2-Wert überschreitet die 1%-Schranke für 21 Fge (38,93) und führt mithin zur gleichen Entscheidung wie der exakte Test.

10.4.4 Anmerkungen

1. Beide Konsistenztests sind sog. *Einzelfalltests* (für einen einzigen Beurteiler). Dabei wird angenommen, daß die $\binom{N}{2}$ Paarvergleiche eine Zufallsstichprobe aus einer Population möglicher Paarvergleiche der zu beurteilenden Objekte sind, was impliziert, daß sie als wechselseitig unabhängig betrachtet werden müssen. Diese Implikation ist aber im Einzelfall nicht immer realistisch, da sich bei vielen, einem Beurteiler abgeforderten Paarvergleichen *Adaptationseffekte* einstellen, die neben den modellgerechten zufälligen auch systematische Beurteilungsfehler mit einbringen (vgl. SARRIS, 1972). In jedem Fall ist untersuchungstechnisch auszuschließen, daß der Beurteiler vor der Beurteilung alle Beurteilungsobjekte kennt, da er sich in diesem Fall eine ‚geistige Rangreihe' bilden kann, aus der heraus er keine inkonsistenten Paarvergleichsurteile abzugeben braucht.

Will man eine Konsistenzanalyse nicht als Einzelfalluntersuchung sondern als *Stichprobenuntersuchung* aufziehen, so verteilt man die $\binom{N}{2}$ Paarvergleiche nach Zufall auf m = $\binom{N}{2}$ Beurteiler so, daß jeder Beurteiler nur ein einziges Paarvergleichsurteil abgibt. Auf diese Weise wird die Unabhängigkeit der Paarvergleiche gewährleistet und die Voraussetzung für die Anwendung eines Konsistenztests bestmöglich erfüllt. Der so entstehende Konsistenzkoeffizient gibt Aufschluß darüber, ob und inwieweit das untersuchte Merkmal (z. B. die Beliebtheit von Schulfächern) von allen Beurteilern (Schülern) nach dem gleichen Bezugssystem beurteilt wird.

Statt jedem Beurteiler nur einen Paarvergleich zuzugestehen, kann man im anderen Extremfall zweimal N(N−1)/2 Paarvergleiche von ihm fordern, also eine *Paarvergleichswiederholung* (etwa zu einem späteren Zeitpunkt) durchführen. Man kann durch eine solche Wiederholung u. U. zwischen systematischen und zufälligen Inkonsistenzen (Zirkulärtriaden) unterscheiden: Von einer systematischen Zirkulärtriade erwarten wir, daß sie auch im Wiederholungsversuch auftritt, von einer zufälligen erwarten wir dies nicht.

Wir sind bislang davon ausgegangen, daß in jedem der $\binom{N}{2}$ Paarvergleiche eine eindeutige Präferenz möglich war und *Gleichurteile* (Nonpräferenzen) vermieden worden sind. Da die Konsistenzanalyse auf den Fall von Paarbindungen noch nicht adaptiert worden ist, bleibt im Fall unvermeidbarer Paarbindungen nur die Möglichkeit, die resultierenden *halbkonsistenten* Dreiecksurteile (semizirkuläre Triaden) mit einem halben Punkt für d zu verrechnen, ähnlich wie dies nachfolgend bei einer, durch mehrere Beurteiler replizierten Konsistenzanalyse vorgeschlagen wird.

10.5. Akkordanzanalyse nach KENDALL

Nachdem wir die Begriffe Konkordanz und Konsistenz geklärt haben, liegt die Frage nahe, ob sich nicht — wie schon vorweggenommen — beide Konzepte sinnvoll und ökonomisch vereinen lassen, d. h. ob Konsistenz eines Einzelbeurteilers und Konkordanz einer Stichprobe von m Beurteilern nicht in einem Akt gemessen und geprüft werden können. Das ist — wie KENDALL (1962, Ch. 11.8) gezeigt hat — tatsächlich möglich: Der Übereinstimmungs- oder *Akkordanzkoeffizient* (coefficient of agreement) ist ein Konkordanzkoeffizient auf der Basis des Paarvergleichs, der abzuschätzen gestattet, wieweit mangelnde Konkordanz zwischen den Beurteilern auf mangelnde Konsistenz innerhalb der Beurteiler zurückzuführen ist.

10.5.1 Akkordanz als Präferenzenkonkordanz

Wir wollen das Prinzip der Akkordanz als einer auf Paarvergleichsbonituren basierenden und damit Konsistenz implizierenden Konkordanz von Präferenzen zunächst anhand der in Abbildung 10.5.1.1 gezeigten *Handschriften* verdeutlichen:

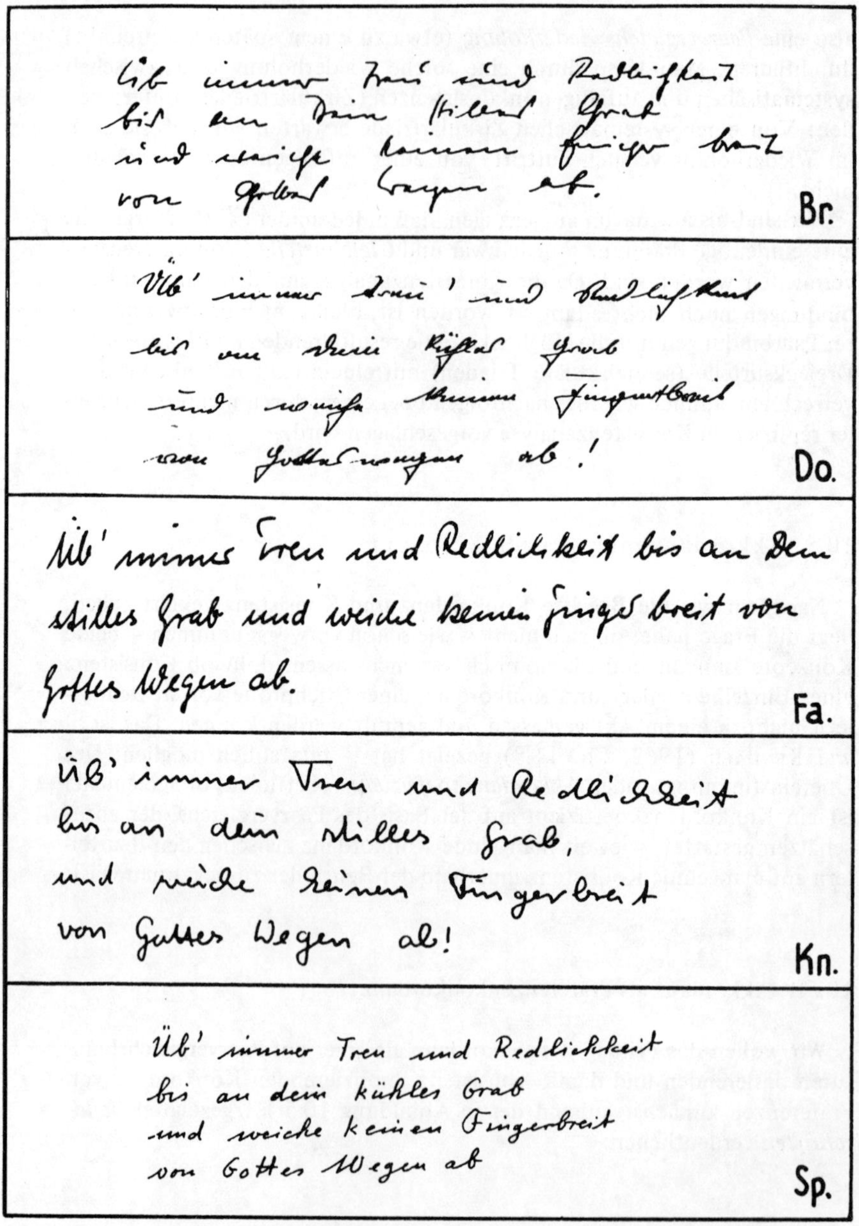

> Üb immer Treu und Redlichkeit
> bis an dein stilles Grab
> und weiche keinen Finger breit
> von Gottes Wegen ab.
>
> **Br.**

> Üb' immer Treu' und Redlichkeit
> bis an dein kühles Grab
> und weiche keinen Fingerbreit
> von Gottes wegen ab.'
>
> **Do.**

> Üb' immer Treu und Redlichkeit bis an dein
> stilles Grab und weiche keinen Finger breit von
> Gottes Wegen ab.
>
> **Fa.**

> Üb' immer Treu und Redlichkeit
> bis an dein stilles Grab,
> und weiche keinen Fingerbreit
> von Gottes Wegen ab!
>
> **Kn.**

> Üb' immer Treu und Redlichkeit
> bis an dein kühles Grab
> und weiche keinen Fingerbreit
> von Gottes Wegen ab
>
> **Sp.**

Abbildung 10.5.1.1: Handschriften von 5 Pbn mit unterschiedlicher Intelligenz.

Die in Abbildung 10.5.1.1 reproduzierten Handschriften stammen von N = 5 Probanden (Br Do Fa Kn Sp) mit unterschiedlicher Intelligenz. Diese Handschriften wurden von m = 4 graphologisch eingewiesenen Psychologie-Studenten (,Graphologen' I, II, III, IV) paarweise nach vermuteter Intelligenz ihrer Urheber in der Weise verglichen, wie wir das bei der Konsistenzanalyse kennengelernt haben. Tabelle 10.5.1.1 stellt die 4 *Präferenzmatrizen* nach Abbildung 10.5.1.1 nebeneinander.

Tabelle 10.5.1.1

| Beurteiler I | | | | | Beurteiler II | | | | | Beurteiler III | | | | | Beurteiler IV | | | | |
Br	Do	Fa	Kn	Sp	Br	Do	Fa	Kn	Sp	Br	Do	Fa	Kn	Sp	Br	Do	Fa	Kn	Sp
Br		+	+	+	+		+	+	+	+		+	−	+	+		+	+	+	−
Do	−		−	−	+	−		−	−	+	−		−	−	−	−		−	−	−
Fa	−	+		+	+	−	+		−	+	+	+		+	+	−	+		−	+
Kn	−	+	−		+	−	+	+		+	−	+	−		+	−	+	+		+
Sp	−	−	−	−		−	−	−	−		−	+	−	−		+	+	−	−	
K = 1					K = 1					K = 1					K = 0,6				

Nun sollen *3 Fragen* in 3 methodischen Schritten beantwortet werden, und zwar:
1. Wie konsistent beurteilen die einzelnen Graphologen die 5 Handschriften bezüglich Intelligenz ihrer Urheber?
2. Wie gut stimmen die Graphologen in der Beurteilung der Intelligenz überein? Wie ist ihre Konkordanz (Akkordanz)?
3. Wie gut treffen die einzelnen Graphologen die (vorher gemessenen) Intelligenzquotienten der Schrifturheber?

Frage 1 haben wir bereits dadurch beantwortet, daß wir in Tabelle 10.5.1.1 alle m = 4 Konsistenzkoeffizienten berechnet haben: Wie man sieht, urteilen die Graphologen I, II und III voll konsistent (K = 1), der Graphologe IV hingegen nur *partiell* konsistent (K = 0,6). Drei von Vier sind sich also ,ihrer Sache sicher'. Jeder von ihnen urteilt konsistent nach jenem Aspekt des Schriftbildes, das er (und nur er) für intelligenzrelevant hält. Ob dies für alle 3 bzw. 4 Beurteiler derselbe Aspekt ist, wollen wir durch die Beantwortung der zweiten Frage klären. Dazu bedarf es eines Aspekt-Ähnlichkeitsindikators, den wir nachfolgend entwickeln wollen.

10.5.2 Der Akkordanzkoeffizient (Coefficient of aggrement)

Um die Übereinstimmung der 4 Konsistenztabellen in Tabelle 10.5.1.1 zu beurteilen, legen wir sie unter der Annahme, sie seien gleich aussagekräftig (was für IV nur bedingt gilt) gewissermaßen übereinander und summieren die Pluszeichen zu J_{ij} oberhalb der Hauptdiagonale. Da die *vereinte Matrix* in Tabelle 10.5.2.1 ebenso wie jede Einzelmatrix diagonal nichtsymmetrisch ist, ergeben sich die Plus-Summen unterhalb der Hauptdiagonale, $J_{ji} = m - J_{ij} = 4 - J_{ij}$, wenn man mit J_{ij} die in der i-ten Zeile und der j-ten Spalte eingetragene Zahl bezeichnet.

Tabelle 10.5.2.1

	Br	Do	Fa	Kn	Sp	Σ
Br		4	3	4	3	14
Do	0		0	0	2	2
Fa	1	4		2	4	11
Kn	0	4	2		4	10
Sp	1	2	0	0		3

Nun fragen wir: Wieviele *Paarvergleichsübereinstimmungen* (Akkordanzen) bestehen, wenn wir alle Paare von Beurteilern daraufhin untersuchen?

Akkordanzen-Zählung

Wenn in Tabelle 10.5.2.1 alle 4 Graphologen Herrn Br für intelligenter halten als Herrn Do, dann gibt das $\binom{4}{2} = 6$ übereinstimmende Paarvergleichsurteile, also je ein Plus für I–II, I–III, I–IV, II–III, II–IV und III–IV und damit $J_{12} = 6$ *Akkordanzen*. Wenn – wie in der nächsten Zeile der ersten Spalte – 3 Graphologen Herrn Br für intelligenter halten als Herrn Fa, dann gibt das entsprechend $\binom{3}{2} = 3$ übereinstimmende Paarvergleichsbonituren (I–II, I–IV, II–IV) und damit $J_{13} = 3$ Akkordanzen usf. bis $J_{45} = \binom{4}{2} = 6$ Akkordanzen. Das Ergebnis dieser Akkordanzüberlegungen ist in Tabelle 10.5.2.2 zusammengefaßt:

Tabelle 10.5.2.2

	Br	Do	Fa	Kn	Sp	$\Sigma_j C_2$
Br		6	3	6	3	18
Do	0		0	0	1	1
Fa	0	6		1	6	13
Kn	0	6	1		6	13
Sp	0	1	0	0		1

$$J = \Sigma(\Sigma_j C_2) = 46$$

Wir bilden schließlich die Summe J der in Plus übereinstimmenden Paarvergleiche (Akkordanzen) über alle $2\binom{N}{2}$ Felder (ausschließlich der leeren Diagonalfelder) und erhalten in Tabelle 10.5.2.2 ein *Akkordanzmaß* von J = 46 nach einer der beiden Formeln mit N = 5 und m = 4:

$$J = \sum_{i \neq j} \binom{J_{ij}}{2} = \frac{1}{2}\sum_{i \neq j} J_{ij}(J_{ij}-1) = \frac{1}{2}\sum_{i \neq j} J_{ij}^2 - \binom{N}{2} \cdot \frac{m}{2} \qquad (10.5.2.1)$$

oder umgeformt

$$J = \sum_{\substack{i<j \\ (>)}} J_{ij}^2 - m \sum_{\substack{i<j \\ (>)}} J_{ij} + \binom{N}{2}\binom{m}{2} \qquad (10.5.2.2)$$

Rechnet man nach (10.5.2.2), so hat man nur die J-Werte unterhalb (oder oberhalb) der Hauptdiagonale bzw. deren Quadrate zu summieren (was manche Tischrechner in einem Gang leisten).

Um J auf N und m zu relativieren, definiert KENDALL (1962, S. 149) ein standardisiertes Akkordanzmaß, den — von uns sogenannten — *Akkordanzkoeffizienten*, wie folgt:

$$A = \frac{J - \frac{1}{2}\binom{N}{2}\binom{m}{2}}{\frac{1}{2}\binom{N}{2}\binom{m}{2}} \qquad (10.5.2.3)$$

oder vereinfacht

$$A = \frac{8J}{N(N-1)\,m(m-1)} - 1 \qquad (10.5.2.4)$$

In (10.5.2.3) ist $E(J) = (\frac{1}{2})\binom{N}{2}\binom{m}{2}$ der Erwartungswert für die Zahl der Akkordanzen unter der Nullhypothese rein zufällig übereinstimmender Paarvergleiche.

Für unser Beispiel mit N = 5 Handschriften und m = 4 Graphologen beträgt bei J = 46 die Akkordanz A = 8(46)/5(5–1) 4(4–1) – 1 = 0,53, was auf eine nur mäßige Übereinstimmung hindeutet.

Akkordanzen-Maximum

Um einen vorgefundenen Akkordanzkoeffizienten wie A = 0,53 interpretieren zu können, muß man sein Minimum und sein Maximum kennen. Halten wir zuerst nach dem Maximum Ausschau.

Die folgende Überlegung wird uns zeigen, daß A bei beliebiger Zahl von Objekten und Beurteilern stets gleich 1 ist: Die maximale Zahl von Pluszeichen in einer der 4 Präferenzmatrizen (Tabelle 10.5.1.1) beträgt $\binom{N}{2}$ = $\binom{5}{2}$ = 10. Bei m = 4 Matrizen kann jede mit jeder anderen feldweise verglichen werden, so daß $\binom{m}{2}$ = $\binom{4}{2}$ = 6 Paarvergleiche resultieren. Wenn jede Beurteilermatrix jeder anderen gleicht, — etwa indem bei aufsteigend geordneten Objekten die Pluszeichen oberhalb und die Minuszeichen unterhalb der Hauptdiagonale loziert sind —, ergeben sich bei einem Paarvergleich der m = 4 Matrizen in einer *Überlagerungsmatrix* wie Tabelle 10.5.2.1

$$J_{max} = \binom{N}{2}\binom{m}{2} \tag{10.5.2.5}$$

Übereinstimmungen in den Pluszeichen (Akkordanzen). Setzt man (10.5.2.5) in (10.5.2.3) ein, so resultiert ein maximaler Akkordanzkoeffizient von $A_{max} = 1$.

Akkordanzen-Minima

1. Während also bei maximaler Akkordanz in den Feldern der Überlagerungsmatrix bei einer *geraden Zahl* von m = 4 Beurteilern nur Vierer oder Nullen auftreten können, erwarten wir bei minimaler Akkordanz und *gerader Zahl* von Beurteilern, daß alle Felder der Überlagerungsmatrix mit Zweiern (m/2 = 2) besetzt sind. Daraus resultiert ein Akkordanzmaß von

$$_gJ_{min} = \binom{N}{2}\binom{m/2}{2} \text{ mit m geradzahlig} \tag{10.5.2.6}$$

und nach Einsetzen in (10.5.2.3) ein *minimaler* Akkordanzkoeffizient von

$$_gA_{min} = -1/(m-1). \tag{10.5.2.7}$$

Bei m = 4 Graphologen ergibt sich mithin ein $A_{min} = -1/4 = -0{,}25$, so daß ein beobachtetes A = +0,53 eine höhere Übereinstimmung anzeigt, als wenn $A_{min} = 0$ hätte vorausgesetzt werden müssen.

2. Bei einer *ungeraden Zahl* von m Beurteilern führen analoge Überlegungen zu einem Akkordanzmaß von

$$_uJ_{min} = \binom{N}{2}\binom{m\pm 1}{2} \text{ mit m ungeradzahlig}, \tag{10.5.2.8}$$

d. h. dazu, daß die Hälfte der Felder der Überlagerungsmatrix mit (m+1)/2 und die andere Hälfte mit (m−1)/2 Pluszeichen besetzt ist. Setzt man das daraus folgende Akkordanzmaß

$$_uJ_{min} = \frac{1}{2}\binom{N}{2}\binom{m+1}{2} + \frac{1}{2}\binom{N}{2}\binom{m-1}{2} \tag{10.5.2.9}$$

in (10.5.2.3) ein, so erhält man einen *minimalen* Akkordanzkoeffizienten von

$$_uA_{min} = -1/m \ . \tag{10.5.2.10}$$

Der Minimalwert von A ist mithin für den Spezialfall von m = 2 Beurteilern mit $A_{min} = -1$ gleich dem mit ihm identischen minimalen Tau-Koeffizienten. A_{min} wächst also mit der Zahl der Beurteiler von -1 (bei m = 2) bis 0 (bei m → ∞).

10.5.3 Akkordanz bei Gleichurteilen

Wir sind bislang davon ausgegangen, daß im Akkordanzmodell Paarvergleiche ohne eindeutige Präferenz eines Paarlings — sogenannte *Gleichurteile* — ausgeschlossen werden, nötigenfalls durch eine Verbotsinstruktion. Treten Gleichurteile aus welchen Gründen auch immer dennoch auf, können sie mit Gleichheitszeichen symbolisiert und mit je 1/2 Punkt für die J_{ij} verrechnet werden. Dieses Vorgehen führt im allgemeinen Fall zu teilweise nicht-ganzzahligen Felderwerten J_{ij} und deren Komplementen $J_{ji} = m - J_{ij}$, die symmetrisch zur Hauptdiagonale gelegen sind.

Wie verfährt man nun mit *nichtganzzahligen* J_{ij}- und J_{ji}-Werten?

Man kann ihren Beitrag zu dem Akkordanzmaß J entweder so berechnen, als ob sie ganzzahlig wären, also nach $J_{ij}(J_{ij}-1)/2 + J_{ji}(J_{ji}-1)/2$; man kann aber auch konservativ vorgehen und die nicht ganzzahligen Komplementärwerte J_{ij} und J_{ji} so runden, daß ihre Differenz ein Minimum wird. Wir wollen das erstgenannte Vorgehen an KENDALLS (1962, S. 151) eigenem Beispiel illustrieren.

Beispiel 10.5.3.1

Problem: m = 46 Arbeiter eines Betriebs sollen im Paarvergleich angeben, welches von N = 12 sozialen Anliegen ihnen jeweils wichtiger zu realisieren erscheint, und zwar

Bl = Belüftung	Ag = geregelte Arbeit
Ka = Kantinenversorgung	Be = gute Beleuchtung
Va = Verantwortungsübernahme	Ai = interessante Arbeit
Pf = Pensionsfondverbesserung	Az = Arbeitszeitverkürzung
Fk = berufliches Fortkommen	Si = Sicherheit des Arbeitsplatzes
Wr = Waschraumausbau	Zu = Zufriedenheit am Arbeitsplatz

Untersuchung: Jeder der $\binom{N}{2} = 66$ Paarvergleiche wurde mit 0 bewertet, wenn das Spaltenanliegen dem Zeilenanliegen vorgezogen wurde, mit 1/2 bewertet, wenn beide Anliegen als gleichwertig beurteilt wurden und mit 1, wenn ein Zeilenanliegen einem Spaltenanliegen in Tabelle 10.5.3.1 vorgezogen wurde.

Tabelle 10.5.3.1

	Bl	Ka	Va	Pf	Fk	Wr	Ag	Be	Ai	Az	Si	Zu	Σ
Bl	–	14	10	10	20	16	3	20	20	24	$28\frac{1}{2}$	27	$192\frac{1}{2}$
Ka	32	–	$24\frac{1}{2}$	$26\frac{1}{2}$	$30\frac{1}{2}$	25	0	35	28	30	34	$32\frac{1}{2}$	298
Va	36	$21\frac{1}{2}$	–	21	40	33	0	$35\frac{1}{2}$	36	32	37	28	320
Pf	36	$19\frac{1}{2}$	25	–	$31\frac{1}{2}$	26	2	32	32	29	32	$29\frac{1}{2}$	$294\frac{1}{2}$
Fk	26	$15\frac{1}{2}$	6	$14\frac{1}{2}$	–	23	1	27	$28\frac{1}{2}$	26	$25\frac{1}{2}$	23	216
Wr	30	21	13	20	23	–	0	18	$22\frac{1}{2}$	22	24	$30\frac{1}{2}$	224
Ag	43	46	46	44	45	46	–	46	46	44	46	$44\frac{1}{2}$	$496\frac{1}{2}$
Be	26	11	$10\frac{1}{2}$	14	19	28	0	–	26	25	$27\frac{1}{2}$	20	207
Ai	26	18	10	14	$17\frac{1}{2}$	$23\frac{1}{2}$	0	20	–	14	33	23	199
Az	22	16	14	17	20	24	2	21	32	–	32	$18\frac{1}{2}$	$218\frac{1}{2}$
Si	$17\frac{1}{2}$	12	9	14	$20\frac{1}{2}$	22	0	$18\frac{1}{2}$	13	14	–	$26\frac{1}{2}$	167
Zu	19	$13\frac{1}{2}$	18	$16\frac{1}{2}$	23	$15\frac{1}{2}$	$1\frac{1}{2}$	26	23	$27\frac{1}{2}$	$19\frac{1}{2}$	–	203
Σ	$313\frac{1}{2}$	208	186	$211\frac{1}{2}$	290	282	$9\frac{1}{2}$	299	307	$287\frac{1}{2}$	339	303	3036

Auswertung: Summe und Quadratsumme der Felderwerte links unterhalb der Hauptdiagonale betragen $\Sigma J_{ji} = 3036$ und $\Sigma J_{ji}^2 = 86392$. Setzen wir in (10.5.2.1) ein, so erhalten wir ein

$$J = \frac{1}{2}(86392 - 3036) = 41678$$

und damit nach (10.5.2.4) ein $A = 8(41678)/(12 \cdot 11 \cdot 46 \cdot 45) - 1 = 0{,}22$.

Folgerung: Eine so geringe Akkordanz der sozialen Anliegen bei den Arbeitern wird die Betriebsleistung schwerlich motivieren, eine Dringlichkeitsfolge ihrer Realisierung aufzustellen.

10.5.4 Konsistenz und Akkordanz in der Soziometrie

Bei Anwendung des Konkordanzkoeffizienten auf Beurteiler, die sich wechselseitig selbst beurteilen, sind wir davon ausgegangen, daß jedes Mitglied einer Gruppe von N Personen alle übrigen bezüglich eines Schlüsselmerkmals *direkt* in eine Rangordnung zu bringen vermag. Wir können nun solche individuellen Rangordnungen auch *indirekt* über die Paarvergleichspräferenz erzielen mit dem Vorteil, daß wir dann auch die Konsistenz der Urteile des einzelnen Beurteilers abzuschätzen und inkonsistent urteilende Beurteiler zu eliminieren vermögen.

Wenn wir also von dem Modell ausgehen, wonach die m Beurteiler mit den N Beurteilten *identisch* sind, und ausgeschlossen wird, daß ein Beurteiler seine eigene Person in den Paarvergleich miteinbezieht (um Selbstwertkonflikte bei kritischen Schlüsselmerkmalen und damit Objektivitätseinbußen vom Beurteilungsprozeß fernzuhalten), gilt nach KRÜGER und LIENERT (1979) der folgende Kalkül für die Akkordanz von *Präferenzen* bei N Gruppenmitgliedern:

$$A = \frac{J - \frac{1}{2}\binom{N}{2}\binom{N-2}{2}}{\frac{1}{2}\binom{N}{2}\binom{N-2}{2}} \qquad (10.5.4.1)$$

Dabei ist das Akkordanzmaß J am einfachsten zu berechnen, wenn man die Mitglieder nach ihrem Durchschnittsrang reiht und in (10.5.2.2) mit m = N−2 eingeht.

Die dem Akkordanzmaß zugrunde liegende *Gruppen-Präferenzmatrix* mit den Frequenzen $J_{ij} = (N-2) - J_{ji}$ erhält man durch Überlagerung der Einzel-Präferenzmatrizen für die Konsistenzanalyse; man beachte, daß diese Einzel-Präferenzmatrizen nicht nur in der Diagonale, sondern auch in Zeile und Spalte des jeweiligen Beurteilers leer sind, weil dieser sich selbst nicht mit den anderen Gruppenmitgliedern vergleichen darf.

Wie man wechselseitige Beurteilungen von Mitgliedern einer Gruppe sich selbst auf Konkordanz beurteilen läßt, um damit zu einer von den Mitgliedern in ‚demokratischer Weise' selbst verantworteten Rangordnung bezüglich eines üblicherweise ‚autoritätsverantworteten' Schlüsselmerkmals zu gelangen, illustriert das folgende Beispiel.

Beispiel 10.5.4.1

Zielsetzung. Eine Kleingruppe von N = 5 Teilnehmern (Studenten A B C D E) eines ‚Methodologischen Konversatoriums' regte am Anfang des Semesters zwecks Motivierung eine Paarvergleichsbeurteilung der im Verlauf des Semesters geleisteten Beiträge an. Der am Ende des Semesters durchgeführte Paarvergleich unter Ausschluß der Person des Beurteilenden (Raters) ist in Tabelle 10.5.4.1 wiedergegeben.

Konsistenzanalyse: Da die Erstellung einer Rangordnung der Beurteilten (Ratees) nur bei genügend hoher Akkordanz sinnvoll ist und die Höhe der Akkordanz von der Konsistenz der Paarvergleiche der einzelnen Rater abhängt, wurden für die N' = N−1 = 4 Rater Konsistenzkoeffizienten nach (10.4.2.4) und (10.4.2.5) berechnet und in Tabelle 10.5.4.1 aufgeführt: Nur der Rater A weist ein inkonsistentes Urteilstripel (d = 1) auf; die übrigen Rater haben sich durch Gleichurteile (1/2) ‚drohenden' Inkonsistenzen entzogen. Da alle K's genügend hoch sind, brauchen wir keinen Rater von der Akkordanzanalyse auszuschließen (was sowohl für Rater wie auch Ratees zu geschehen hätte, wenn es notwendig würde).

Tabelle 10.5.4.1

N = 5 Rater	Ratees A B C D E	a_i	a_i^2	$d=\frac{4\cdot 3\cdot 7}{12}-\frac{1}{2}\Sigma a_i^2$	$\xi=1-\frac{24d}{64-15}$
A	A – – – – – B – – 1 0 1 C – 0 – 1 1 D – 1 0 – 1 E – 0 0 0 –	– 2 2 2 0	– 4,00 4,00 4,00 0,00	$7-\frac{12,00}{2}$	$1-\frac{24(1)}{63}$
	– 1 1 1 3	12,00	1,00		0,62
B	A – – 1 1 1 B – – – – – C 0 – – ½ 1 D 0 – ½ – 0 E 0 – 0 1 –	3 – 1,5 0,5 1	9,00 – 2,25 0,25 1,00	$7-\frac{12,50}{2}$	$1-\frac{24(0,75)}{63}$
	0 – 1½ 2½ 2	12,50	0,75		0,71
C	A – 1 – 1 1 B 0 – – 1 1 C – – – – – D 0 0 – – ½ E 0 0 – ½ –	3 2 – 0,5 0,5	9 4 – 0,25 0,25	$7-\frac{13,50}{2}$	$1-\frac{24(0,25)}{63}$
	0 1 – 2½ 2½	13,50	0,25		0,90
D	A – 1 1 – 1 B 0 – 1 – 1 C 0 0 – – 1 D – – – – – E 0 0 0 – –	3 2 1 – 0	9 4 1 – 0	$7-\frac{14,00}{2}$	$1-\frac{24(0,00)}{63}$
	0 1 2 – 3	14,00	0,00		1,00
E	A – ½ 1 1 – B ½ – 1 1 – C 0 0 – 1 – D 0 0 0 – – E – – – – –	2,5 2,5 1 1 –	6,25 6,25 1 1 –	$7-\frac{10,50}{2}$	$1-\frac{24(0,25)}{63}$
	½ ½ 2 3 –	13,50	0,25		0,90

Akkordanzanalyse: Durch Überlagerung der 5 individuellen Präferenzmatrizen aus Tabelle 10.5.4.1 erhalten wir die Gruppen-Präferenzmatrix der Tabelle 10.5.4.2

Tabelle 10.5.4.2

		A	B	C	D	E
	A	–	$2\frac{1}{2}$	3	3	3
	B	$\frac{1}{2}$	–	3	2	3
Raters oder Ratees	C	0	0	–	$2\frac{1}{2}$	3
	D	0	1	$\frac{1}{2}$	–	$1\frac{1}{2}$
	E	0	0	0	$1\frac{1}{2}$	–

Das Akkordanzmaß J erhalten wir über (10.5.4.1) mit Substitution von m = N–2 zu

$$J = \left(\frac{1}{2} + 1 + \frac{1}{2} + 1\frac{1}{2}\right) - (5-2)\left(\frac{1}{4} + 1 + \frac{1}{4} + 2\frac{1}{4}\right) + \left(\frac{5 \cdot 4}{2 \cdot 1}\right)\left(\frac{3 \cdot 2}{2 \cdot 1}\right) =$$
$$= 3{,}5 - 11{,}25 + 30 = 22{,}25$$

Daraus ergibt sich nach (10.5.4.1) ein A = (22,25 – 15)/15 = 0,483.

Folgerungen: Die Akkordanz der Rater (Studenten) ist zwar nicht so hoch wie zu wünschen, doch genügend hoch, um eine Rangskalierung der Gruppenmitglieder zu rechtfertigen: Sie entspricht der Rangreihe der Spaltensummen in Tabelle 10.5.4.2, aus der man sieht, daß die Rater bzw. Ratees bereits aufsteigend geordnet worden sind, um die Anwendung der einfachsten Rechenformel zur Bestimmung von Zirkulärtriaden (10.5.2.2 oben) zu gewährleisten.

Bemerkung: Da der mittlere Konsistenzkoeffizient mit $\bar{K}$ = 0,86 wesentlich höher liegt als der Akkordanzkoeffizient mit A = 0,48, müssen wir annehmen, daß die einzelnen Teilnehmer unter den ‚Beiträgen' zum Seminarerfolg offenbar nicht das gleiche verstanden haben. Näheren Aufschluß über die Unterschiede im Verständnis geben die Spaltensummen der individuellen Präferenzmatrizen in Tabelle 10.5.4.1: Danach sieht Rater A einen großen Unterschied zwischen den Beiträgen von D und E, während die Rater B und C keinen Unterschied erkennen.

10.5.5. Akkordanz und Konkordanz

1. Kehren wir nach diesen Ausführungen zu unserem Einführungsbeispiel zurück in der Absicht, die Akkordanz der m = 4 Graphologen in der Intelligenzbeurteilung der N = 5 Handschriftenurheber zu bestimmen: Wir hatten in Tabelle 10.5.2.2 ein J = 46 erhalten, was nach (10.5.2.4) einem Akkordanzkoeffizienten von

$$A = \frac{8(46)}{5(5-1)\,4\,(4-1)} - 1 = 0{,}53$$

entspricht. Dieser Wert deutet i. S. der Frage 2 auf eine mäßige Übereinstimmung der 4 Graphologen in Hinblick auf die Intelligenzbeurteilung von Schrifturhebern.

2. Betrachten wir nochmals Tabelle 10.5.1.1 und bilden wir die Spaltensummen S der Pluszeichen:

Tabelle 10.5.5.1

Beurteiler I					Beurteiler II					Beurteiler III					Beurteiler IV				
Br	Do	Fa	Kn	Sp	Br	Do	Fa	Kn	Sp	Br	Do	Fa	Kn	Sp	Br	Do	Fa	Kn	Sp
S:0	3	1	2	4	0	3	2	1	4	1	4	0	2	3	1	4	2	1	2
R:1	4	2	3	5	1	4	3	2	5	2	5	1	3	4	$1\frac{1}{2}$	5	$3\frac{1}{2}$	$1\frac{1}{2}$	$3\frac{1}{2}$

Wie man aus Tabelle 10.5.5.1 erkennt, ergeben nur die Spaltensummen der 3 konsistent urteilenden Graphologen eindeutige, d. h. *bindungsfreie* Rangordnungen R der N = 5 Handschriftenurheber, während der relativ inkonsistent urteilende Graphologe keine eindeutige, sondern eine *bindungsbehaftete* Rangordnung ergibt.

Berechnet man für die 4 Rangreihen einen Konkordanzkoeffizienten, so erhält man W = 0,76 > A = 0,53. Die beiden Übereinstimmungskoeffizienten sind nicht direkt vergleichbar; dies schon deshalb, weil $W_{min} = 1/m$ und $A_{min} = -1/m$ (m geradzahlig!).

10.5.6 Akkordanz und Tau-Korrelation

Betrachten wir den Spezialfall von nur 2 Beurteilern (m = 2), so geht (10.5.2.4) in die schon bekannte Formel (9.5.3.10) für den Rangkorrelationskoeffizienten *Tau* über, die sich hier wie folgt schreibt:

$$A(m=2) = Tau = \frac{4J}{N(N-1)} - 1 \qquad (10.5.6.1)$$

Berechnet man alle $\binom{m}{2} = \binom{4}{2} = 6$ Tau-Korrelationen (ohne Berücksichtigung der Rangbindungen bei IV), so erhält man Tau (I,II) = 0,8, Tau (I,III) = 0,6, Tau (I,IV) = 0,4, Tau (II,III) = 0,4, Tau (II,IV) = 0,6 und Tau (III,IV) = 0,4. Das *arithmetische Mittel* $\overline{tau}$ = 0,53 dieser 6 Taukoeffizienten ist mit dem Akkordanzkoeffizienten identisch.

Akkordanz kann daher auch als mittlere Tau-Korrelation zwischen Rangreihen, die aufgrund von Paarvergleichsbonituren gewonnen worden sind, definiert werden, wenn Rangbindungen fehlen oder, wie hier, nicht berücksichtigt werden.

10.5.7 Die Akkordanzprüfung

Wie Konkordanz und Konsistenz, so läßt sich auch Akkordanz gegen die *Nullhypothese* bloß zufallsbedingter Paarvergleichsurteile in exakter und asymptotischer Weise prüfen, wenn man annimmt, daß — wie beim Konsistenztest — die Vergleiche innerhalb eines Beurteilers voneinander unabhängig sind und das gleiche für die Paarvergleiche zwischen verschiedenen Beurteilern gilt.

Der exakte Akkordanztest

Um zu einem *exakten* Test für den Akkordanzkoeffizienten A zu gelangen, müssen wir folgende *Überlegungen* anstellen:
Ein Beurteiler hat 2 Möglichkeiten, einen von zwei zum Paarvergleich gebotene Handschriften zu bevorzugen (A > B oder A < B). Für jede dieser 2 Möglichkeiten hat ein anderer Beurteiler wiederum 2 Möglichkeiten der Präferenz usf. Wenn wir m Beurteiler heranziehen, gibt es 2^m Möglichkeiten der Präferenz für ein einzelnes Schriftenpaar. Sofern wir aber, wie in unserem Beispiel, nicht mit 2 Schriften, sondern mit N (=5) Schriften operieren, aus denen wir $\binom{N}{2}$ Schriftenpaare bilden müssen, ergeben sich insgesamt

$$T = (2^m)^{\binom{N}{2}} = 2^{mN(N-1)/2} \qquad (10.5.7.1)$$

Präferenzmöglichkeiten von der Art, wie sie als Matrix in Tabelle 10.5.1.2 dargestellt wurden (für N = 5 und m = 4).
Aus jeder dieser T Tabellen resultiert ein Akkordanzmaß J, das wir als *Prüfgröße* definieren. Die Verteilung dieser J-Werte ergibt die von KENDALL (1962, Table 10A–10D) tabellierte Prüfverteilung von J (= Σ bei KENDALL). Tafel X–5 enthält die zu beobachteten J-Werten verschiedener N und m gehörigen *Überschreitungswahrscheinlichkeiten P*.
Für die N = 5 Handschriften und die m = 4 Graphologen lesen wir zu einem J = 46 in Tafel X–5(B) ein P = 0,00041 ab. Damit ist der Akkordanzkoeffizient von A = 0,53 selbst bei einer Signifikanzanforderung von 0,1 % gesichert.

Der asymptotische Akkordanztest

Wenn die Zahl der Paarvergleichsobjekte, N, oder die der Beurteiler, m, *größer* ist als in Tafel X–5 angegeben, dann prüfe man *asymptotisch* über die χ^2-Verteilung unter Benutzung von J wie folgt (KENDALL, 1962, S. 153):

$$\chi^2 = \frac{4}{m-2} \left(J - \frac{1}{2} \binom{N}{2} \right) \binom{m}{2} \frac{m-3}{m-2} \tag{10.5.7.2}$$

$$Fg = \binom{N}{2} \frac{m(m-1)}{(m-2)^2} \tag{10.5.7.3}$$

Für weniger als 30 Fge empfiehlt es sich, mit *Kontinuitätskorrektur* zu testen und J durch $J' = J-1$ zu ersetzen.

Auf unser Handschriftenbeispiel angewendet ergibt sich für $N = 5$ und $m = 4$ mit $J' = 46-1 = 45$ ein

$$\chi^2 = \frac{4}{4-2} \left(45 - \frac{1}{2} \left(\frac{5 \cdot 4}{2 \cdot 1}\right) \left(\frac{4 \cdot 3}{2 \cdot 1}\right) \frac{4-3}{4-2} \right) = 60{,}0$$

$$Fg = \left(\frac{5 \cdot 4}{2 \cdot 1}\right) \frac{4(4-1)}{(4-2)^2} = 30$$

Dieser χ^2-Wert ist nach Tafel II auf der 0,1%-Stufe signifikant; er entspricht dem Ergebnis des exakten Akkordanztests.

10.5.8 Akkordanz mit und ohne Konsistenz

Intuitiv ist man geneigt anzunehmen, daß perfekte Akkordanz ($A = 1$) auch perfekte Konsistenz impliziert; dem ist aber nicht so, und zwar aus folgendem Grunde: Wenn alle Beurteiler die *gleichen* (zahlreichen) Zirkulärtriaden produzieren, wird bei fehlender oder niedriger Konsistenz der Beurteiler hohe Akkordanz erreicht. Akkordanz besagt ja auch nur, daß die Beurteiler im Paarvergleich übereinstimmen, auch wenn dieser selbst inkonsistent ist. Hieraus ersieht man, daß sich Konsistenz und Akkordanz keineswegs so zueinander verhalten wie Konsistenz und Konkordanz: Ohne Konsistenz gibt es keine Konkordanz, wohl aber gibt es *Akkordanz ohne Konsistenz*, wenn nur die Beurteiler auf gleiche Weise inkonsistent urteilen.

Umgekehrt gilt jedoch, daß volle Konsistenz aller Beurteiler mit mangelnder oder fehlender Akkordanz verknüpft sein kann, und zwar dann, wenn jeder Beurteiler nach einem *anderen* Bezugssystem konsistent urteilt. Dieselbe Beziehung gilt auch, wie schon früher erwähnt, für Konsistenz und Konkordanz.

10.6 Akkordanzanalysen nach KENDALL–BOSE

In der Akkordanzanalyse nach KENDALL hatte jeder der m Beurteiler jedes von $\binom{N}{2}$ Objektpaaren zu beurteilen. Diese Prozedur bringt solange keinerlei Schwierigkeiten, so lange die Zahl der zu beurteilenden Objekte (Chargen) nicht zu groß ist, oder die Zahl der dem einzelnen Beurteiler zuzumutenden Paarvergleiche nicht beschränkt werden muß.

Wie geht man nun vor, wenn eine *Vielzahl* von Objekten beurteilt werden soll, aber jedem einzelnen Beurteiler nur wenige Paarvergleiche zuzumuten sind? Wie gelangt man hier zu einer Akkordanzanalyse?

Die Antwort lautet: Man wende das gleiche Prinzip an, das wir bereits angewendet haben, um von der KENDALLschen zur YOUDENschen Konkordanzanalyse hinüberzuwechseln! Danach erhält jeder Beurteiler *nur einen Teil* der $\binom{N}{2}$ Objektpaare zum Präferenzvergleich angeboten, allerdings so, daß – wie bei KENDALL-YOUDEN – die Symmetrie des Angebots gewahrt bleibt. KENDALL (1955) und BOSE (1956) haben untersucht, wie man die Zahl der Objekte, die Zahl der Beurteiler, die der Paarvergleiche und die Zahl der einem Beurteiler zu bietenden Paarvergleiche so ausbalancieren kann, daß ein sog. symmetrischer Boniturenplan entsteht. Dies geschieht mittels ‚*Verkettung von Paarvergleichen*'.

10.6.1 Der einfach verkettete Paarvergleich

Angenommen, wir wollen N Objekte durch m Beurteiler paarweise vergleichen lassen, und zwar so, daß jeder Beurteiler *r Paare* von Objekten (r > 1) zum Vergleich geboten erhält. Vorausgesetzt wird dabei, daß die N Objekte bezüglich des zu beurteilenden Schlüsselmerkmals eine ordinale Struktur besitzen, und daß der Beurteiler in jedem Paarvergleich ein eindeutiges Präferenzurteil abzugeben vermag.

Um Symmetrie zwischen Objekten und Beurteilern zu erzielen, müssen nachfolgende *Bedingungen* erfüllt sein:

1. Unter den r Objektpaaren, die von jedem Beurteiler verglichen werden, muß jedes Objekt gleich oft, sagen wir c-Mal, auftreten.
2. Jedes beliebige der $\binom{N}{2}$ Paare wird von k Beurteilern (k > 1) unter den insgesamt m Beurteilern verglichen.
3. Für 2 beliebige Beurteiler muß es genau λ Objektpaare geben, die von beiden Beurteilern verglichen werden.

Paarvergleichs- oder Akkordanzpläne, die alle 3 Erfordernisse erfüllen, nennt BOSE (1956) verkettete Paarvergleichsanordnungen (linked paired comparison designs). Für diese Pläne gilt die Beziehung

$$r = c\frac{1}{2}N \qquad (10.6.1.1)$$

In dem speziellen Fall, wenn c = 2, besteht zwischen den Plan-Parametern (N, r, k und λ) folgende Beziehung:

$$m = \binom{N-1}{2}, \quad r = N, k = N-2 \text{ und } \lambda = 2. \qquad (10.6.1.2)$$

Symmetrie wird dann und nur dann erzielt, wenn N = 4, 5, 6 oder 9 beträgt, wie Bose gezeigt hat. Für genau diese Fälle hat Bose (1956) die in Tafel X−6 bezeichneten Möglichkeiten eines *einfach verketteten* Bonituren-Paarvergleiches angegeben. Wir wollen eine dieser Möglichkeiten stellvertretend für die übrigen näher kennenlernen, wobei wir aus didaktischen und auswertungsökonomischen Gründen den für kleinstes N und m auswählen, obschon gerade er für die Praxis mit großem N nur in Sonderfällen wie dem folgenden Bedeutung gewinnt.

10.6.2 Ein 4 x 3 Verkettungsplan

Greifen wir zum Zweck der Demonstration einer KENDALL-BOSE Akkordanzanalyse auf die Ergebnisse des Schriftenvergleiches in Tabelle 10.5.1.1 zurück und nehmen wir im Sinne des 4 x 3-Verkettungsplans (1) der Tafel X−6 an, es seien N = 4 Parfüm-Chargen (Br ≙ A, Do ≙ B, Fa ≙ C, Kn ≙ D) von m = 3 Experten (I, II, III) paarweise miteinander verglichen worden und zwar bezüglich ihrer erotisierenden Wirkung[7].

Der Beurteiler I hat nach diesem Plan nur die Chargen AD, AC, BD und BC verglichen, wobei wir annehmen, daß die Ergebnisse dieses Vergleichs ebenso ausgefallen sein mögen wie in Tabelle 10.5.1.1. Der Beurteiler II hat nur AC, BD, AB, und CD verglichen, und der Beurteiler III tat das gleiche für die Chargenpaare AD, AB, BC und CD. Das *Ergebnis* der bindungsfrei-abgeforderten Präferenzen ist in Tabelle 10.6.2.1 zusammengefaßt:

---

[7] Der unvollständige Paarvergleich nach KENDALL-BOSE wurde hier dem vollständigen nach KENDALL (vgl. 10.5) aus 2 Gründen vorgezogen: Erstens adaptiert der Geruchssinn auch eines Experten sehr rasch, und zum zweiten sollten die Experten im Blindversuch präferieren und daher nicht alle Kombinationen geboten bekommen.

Tabelle 10.6.2.1

Chargen:	A	B	C	D	Σ(+)
A	Experten	II + III +	I + II +	I + III +	6
B	II − III −	Experten	I − III −	I − II −	0
C	I − II −	I + III +	Experten	II − III +	3
D	I − III −	I + II +	II + III −	Experten	3

Die Eintragungen im zweiten Feld der ersten Zeile von Tabelle 10.6.2.1 bedeuten: Die Charge A wurde der Charge B sowohl von Beurteiler II wie von Beurteiler III vorgezogen usf. bis zu den Eintragungen im letzten Feld der vierten Zeile, wo D gegenüber C von II bevorzugt, von III benachlägigt wird.

Bezeichnen wir die *Zahl der Pluszeichen* in einem Feld mit J_{ij}, so ergibt sich das Akkordanzmaß nach (10.5.2.1) zu

$$J = \binom{2}{2} + \binom{2}{2} + \binom{2}{2} + \binom{0}{2} + \binom{0}{2} + \binom{0}{2} + \binom{0}{2} + \binom{2}{2} + \binom{1}{2} + \binom{0}{2} + \binom{2}{2} + \binom{1}{2} =$$
$$= 1 + 1 + 1 + 0 + 0 + 0 + 0 + 1 + 0 + 0 + 1 + 0 = 5$$

Setzen wir J in die nach m = k modifizierte Formel (10.5.2.4) für den Akkordanzkoeffizienten

$$A = \frac{8J}{N(N-1)k(k-1)} \qquad (10.6.2.1)$$

ein, so resultiert ein A = 8 · 5/4(4−1) 2(2−1) − 1 = 0,67, was auf eine wider Erwarten gute Übereinstimmung bezüglich eines so schwierig zu beurteilenden Schlüsselmerkmals (wie der Erotisierungswirkung von einschlägigen Duftstoffen) der 3 Beurteiler hindeutet.

Zwecks *Prüfung*, ob ein Akkordanzkoeffizient von A = 0,67 signifikant ist, müßten wir im Sinne eines exakten Tests in Tafel X−5 des Anhangs nachlesen; dort aber fehlt eine Subtafel für k = m = 2. Wir erinnern uns aber, daß für m = 2 der Akkordanz- mit dem Tau-Koeffizienten identisch ist: Nach (10.5.2.9) erhalten wir für J = 5 mit N = 4 ein Tau = 4(5)/4(4−1)− −1 = 0,67, also denselben numerischen Wert wie oben. Da Tau über die Kendall-Summe S nach

$$\text{Tau} = \frac{2S}{N(N-1)} = \frac{4J}{N(N-1)} - 1 \qquad (10.6.2.2)$$

definiert ist, ergibt sich die Prüfgröße S aus der Prüfgröße J für k = m = 2 zu

$$S = 2J - N(N-1)/2 \qquad (10.6.2.3)$$

Da J = 5 und N = 4, ergibt sich für unser Beispiel ein S = 10–6 = 4, das nach Tafel IX–5–3–1 eine Überschreitungswahrscheinlichkeit von P = = 0,167 für das Fehlen jeglicher Akkordanz. Unser Akkordanzkoeffizient von 0,67 ist mithin lediglich bei α = 20% signifikant.

Der vorgeschlagene Tau-Test impliziert die Annahme, daß nicht nur zwischen den Urteilspräferenzen verschiedener Beurteiler, sondern auch innerhalb der Beurteiler Unabhängigkeit besteht, und er nur unter dieser Annahme aussagekräftig ist.

Die Signifikanz von Tau impliziert zugleich auch, daß die in der rechten Randspalte aufgeführten Plus-Summen eine wahre Rangskala konstituieren. Diese Skala wird von den Parfüm-Chargen A (stärkste Wirkung) und B (schwächste Wirkung i. S. der Bonitureninstruktion) aufgespannt; die Chargen C und D liegen etwa in der Spannweitenmitte von A und B.

10.6.3 Der komplex verkettete Paarvergleich

Unter den einfach verketteten Paarvergleichsanordnungen haben wir Boniturenpläne verstanden, bei welchen unter den r Objektpaaren, die von jedem Beurteiler verglichen wurden, jedes Objekt zweimal in Erscheinung trat, und bei welchen es für je zwei Beurteiler genau 2 Objektpaare gibt, die von beiden Beurteilern verglichen werden (λ = 2). Wann immer möglich wird man sich mit einfach verketteter Anordnung behelfen. Nur wenn die Zahl der Vergleichsobjekte N = 7 oder N = 8 beträgt, führt eine einfache Verkettung nicht zu der gewünschten Symmetrie des Boniturenplanes. In diesem Fall verwende man eine der in Tafel X–6 unter (5) und (6) verzeichneten, *komplex verketteten* Boniturenpläne (aus BOSE, 1956, Table 2).

Durchführung und Auswertung dieser beiden Verkettungspläne folgen dem gleichen Prinzip wie für einfach verkettete r Pläne: Man erstellt die individuellen Paarvergleichsmatrizen eines jeden Beurteilers für die von ihm beurteilten Objekte und summiert diese Matrizen wie bei der YOUDEN-Bonitur, ermittelt J und setzt in (10.5.2.3) ein.

Wie YOUDEN-Pläne, so können auch BOSE-Pläne 2- oder s-fach repliziert werden, wenn eine größere Beurteilerstichprobe erwünscht oder verfügbar ist. So könnte der Verkettungsplan No (5) mit 3 weiteren Beurteilern

(IV, V und VI) realisiert werden, wodurch sich nur die Parameter m und r verdoppeln würden. Es versteht sich, daß die in den Plänen alphabetisch aufgeführten Objektpaare in Zufallsfolge zur Präferenz angeboten werden müssen.

10.7 Boniturenvalidität

Unter *Validität* (Gültigkeit) wird nach 10.1 die Übereinstimmung der Ergebnisse einer Messung (einer Merkmal-Beurteilung) eines Merkmals mit einem ‚wahren', von der Messung unabhängigen Aussenkriterium verstanden (vgl. LIENERT, 1969, Kap. 1). Es versteht sich, daß diese Definition der Validität (Kriteriumsvalidität) nur dann bestimmt werden kann, wenn über die Stichprobe der Beurteilungsobjekte neben den Bonituren auch Kriteriumswerte (vgl. LAHAYE et al., 1978) erhoben worden sind. Wie eine Validitätsbestimmung der Akkordanz durchgeführt werden kann, wollen wir uns wiederum anhand unseres Graphologenbeispiels veranschaulichen.

Nachdem wir die Akkordanz der 5 Graphologen hinsichtlich der Intelligenz der 5 Handschriftenurheber als signifikant nachgewiesen haben, schulden wir uns noch die Antwort auf unsere dritte Frage, die in Abschnitt 10.5.1 lautete: Ist die Intelligenzbeurteilung der Handschriftenurheber durch einen beliebigen der 5 Graphologen valide?

Es liegt nahe, einen *Validitätskoeffizienten* zu definieren, der die Paarvergleichbeurteilung der Handschriften mit einem objektiven Intelligenzmaß, dem Intelligenzquotienten (IQ) der Schrifturheber vergleicht, und zwar für jeden der 5 Graphologen gesondert. Dieses Ziel erreicht man am einfachsten, wenn man die Bonituren-Rangordnungen der Tabelle 10.5.1.5 je einzeln mit der IQ-Rangordnung der Schrifturheber vergleicht und einen *Tau-Koeffizienten* je Beurteiler errechnet, der, wie wir in (10.5.2.9) gesehen haben, mit dem Akkordanzkoeffizienten für m = 2 Beurteiler — einem subjektiven und einem ‚objektiven' Beurteiler identisch ist.

Der objektive Beurteiler in Form des Intelligenztests als *Beurteilungsinstrument* hat als Validitätskriterium folgende IQ's erbracht:

Schrifturheber	Br	Do	Fa	Kn	Sp
IQ	115	110	121	116	118
Rang (IQ)	2	1	5	3	4

Indem wir die IQ-Ränge mit den Boniturenrängen der Tabelle 10.5.1.1 vergleichen, erhalten wir nach (9.5.3.10) aus Band 1 Bonituren-Validitäten von tau(I) = 0,0, tau(II) = +0,2, tau(III) = −0,4 und tau(IV) = 0,0.

Wie man an den um Null streuenden Validitätskoeffizienten ersehen kann, haben sich die Graphologen bei ihrer Beurteilung offenbar nicht an der ‚psychometrischen' durch den Intelligenztest gemessenen Intelligenz orientiert, sondern nach einem davon mehr oder weniger unabhängigen (aber signifikant akkordanten) Intelligenzkonzept bonitiert[8].

Es sei noch erwähnt, daß individuelle Rangbonituren, wie sie *direkt* in der Konkordanzanalyse verwendet werden, in gleicher Weise wie die *indirekten* Rangbonituren aufgrund einer Akkordanzanalyse auf ihre Validität hin untersucht werden können.

10.8 DEUCHLERS Paarvergleichskorrelation

Zwecks Gültigkeitsprüfung wird oft ein dichotomes Kriterium herangezogen (Eignung, Nicht-Eignung eines Applikanden, Normalität oder Abnormalität eines Probanden, Überleben oder Sterben eines Versuchstieres). Hätten wir unsere Graphologen darum gebeten, die Kreativität (als Intelligenzaspekt) der Urheber unserer 5 Schriften (Tabelle 10.5.1.1) im Paarvergleich zu beurteilen, und die Schriften so ausgewählt, daß 2 von Schriftstellern und 3 von Nicht-Schriftstellern stammten, so hätten wir die Validität der Kreativitätspräferenzen eines Graphologen durch Korrelation der Paarvergleichsurteile mit dem dichotomen Kreativitätskriterium (Schriftsteller versus Nicht-Schriftsteller) bestimmen können.

Ein offenbar nie bekanntgewordenes Korrelationsmaß für diesen Fall wurde von dem Hamburger Pädagogen DEUCHLER (1914) entwickelt. DEUCHLER hat auch – längst vor der verteilungsfreien Ära – dessen Prüfverteilung exakt und asymptotisch angegeben. Diesem Pionier des nichtparametrischen Denkens in der Bio- und Soziostatistik (vgl. KRUSKAL 1957) sei der letzte Abschnitt dieses Kapitels gewidmet:

Wir rekapitulieren: Ist eines von 2 Merkmalen dichotom oder binär gegeben, das andere aber stetig verteilt, ohne daß es direkt meßbar sei, erhält man eine punktbiseriale Rangkorrelation, wenn das stetig verteilte Merkmal über eine Rangbonitur eines kompetenten Beurteilers erfaßt wurde. Wurde es hingegen über eine Paarvergleichsbonitur erfaßt, so verfährt man nach DEUCHLERS *Paarvergleichskorrelation* in einer Weise, wie das folgende Beispiel zeigt.

---

[8]) Bei dieser Interpretation wird unterstellt, daß die 5 IQ's eine eindeutige Rangreihe bilden, was angesichts der geringen Spannweite der IQ's bezweifelt werden kann. Möglicherweise sind also die Nullvaliditäten Ausdruck von fehlenden Intelligenzunterschieden der Schrifturheber.

Beispiel 10.8.1.1

Um die ‚Pygmalion-Hypothese' zu überprüfen, wurde eine Klasse von Schulanfängern auf Begabung getestet, die Testbogen aber nicht ausgewertet, sondern vernichtet. Der Klassenlehrerin wurde berichtet, daß $N_b = 4$ namentlich genannte, aber nach einer Zufallstabelle ermittelte Schulanfänger Intelligenzquotienten über 120 und $N_u = 5$ ebenfalls namentlich bezeichnete und zufällig ausgewählte Anfänger IQ's unter 90 besäßen.

Ein Jahr später wurde die Klasse von einer erfahrenen Eingangsstufenlehrerin übernommen; ihr wurde die Aufgabe gestellt, jeden Schüler der Gruppe der ‚Begabten' (B_1 bis B_4) mit jedem Schüler der Gruppe der ‚Unbegabten' (U_1 bis U_5) paarweise zu vergleichen. Das Ergebnis des Vergleichs ist in der folgenden Tabelle verzeichnet.

Tabelle 10.8.1.1

‚Unbegabte':		U_1	U_2	U_3	U_4	U_5	$\Sigma(+)$	$\Sigma(-)$
	B_1	+	+	+	+	+	5	0
‚Begabte'	B_2	+	0	–	+	0	2	1
	B_3	+	–	+	+	+	4	1
	B_4	+	–	+	+	+	4	1
							15 – 3 = 12	

Da ein Plus bedeutet, daß ein ‚Zeilenkind' begabter erscheint als ein ‚Spaltenkind', überwiegen die Pluszeichen, und das weist auf eine positive Korrelation zwischen vorausgesagter und beobachteter Begabung, wie ihn die Pygmalionhypothese (self fulfilling prophecy) postuliert[9] (vgl. ROSENTHAL und JACOBSON, 1968). Offenbar wäre die Korrelation gleich +1, wenn nur Pluszeichen und –1, wenn nur Minuszeichen in Tabelle 10.8.1.1 aufgetreten wären.

DEUCHLER (1914) hat nun in Anlehnung an FECHNERS Vierfelderkorrelationskoeffizienten (vgl. Biometrisches Wörterbuch, 1968, S. 166) einen *Paarvergleichskorrelationskoeffizienten* r_{pv} wie folgt definiert

$$r_{pv} = \frac{\Sigma(+) - \Sigma(-)}{(N+)(N-)} \qquad (10.8.1.1)$$

Darin sind die Zählerglieder wie in Tabelle 10.8.1.1 definiert, wobei Nullen (Nonpräferenzen) nicht berücksichtigt werden, und der Nenner ist die Zahl der Paarvergleiche bzw. die höchstmögliche Zahl von Pluszeichen (Minuszeichen) in der Präferenzmatrix der Tabelle 10.8.1.1. In unserem

---

[9] Offenbar hat die ‚wissende' Lehrerin den angeblich begabten Schülern mehr Zuwendung entgegengebracht als den angeblich unbegabten Schülern, oder diese weniger gefördert und strenger und weniger vertrauensvoll kontrolliert als jene. Daher die bessere schulische Entwicklung der einen gegenüber der anderen Gruppe.

Beispiel ist $r_{pv} = + 12/(4 \cdot 5) = +0{,}60$, da $(N+) = N_b$ und $(N-) = N_u$, was dem Pygmalion-Effekt entspricht.

Wie prüft man nun, ob eine beobachtete Paarvergleichskorrelation signifikant von ihrem Erwartungswert unter der Nullhypothese, $E(r_{pv}) = 0$, abweicht?

Im Sinne eines exakten Tests bildet man bei kleinen N+ und N− alle 2^n, $n = (N+)(N-)$, Vorzeichenvariationen und die zugehörigen r_{pv}-Werte und erhält so deren Prüfverteilung. Befindet sich der beobachtete r_{pv}-Wert unter den $\alpha\%$ höchsten (niedrigsten) r_{pv}-Werten der Prüfverteilung, dann ist er signifikant positiv (negativ), was einem einseitigen Test entspricht. Dieses Vorgehen ist identisch mit der verteilungsfreien Prüfung des Produktmoment-Koeffizienten (vgl. 9.7.1.1) und impliziert die wechselseitige Unabhängigkeit aller (N+) (N−) Paarvergleiche, mit der man beim Paarvergleich durch einen einzigen Beurteiler nicht unbedingt rechnen darf.

Für größere Präferenztafeln, $(N+), (N-) \geqslant 5$, ist r_{pv} über einem Erwartungswert von Null mit einer Varianz von $\dfrac{1}{(N+)(N-)}$ asymptotisch normal verteilt, so daß

$$u = \frac{r_{pv}}{1/\sqrt{(N+)(N-)}} = r_{pv}\sqrt{(N+)(N-)} \qquad (10.8.1.2)$$

wie eine Standardnormalvariable (ein- oder zweiseitig) beurteilt werden kann. Erachten wir Tabelle 10.8.1.1 als hinreichend groß, so ist $u = 0{,}60\sqrt{4 \cdot 5} = 2{,}68$. Dieser Wert ist selbst bei zweiseitigem Text mit $\alpha = 0{,}01$ noch signifikant, da hierfür $u \geqslant 2{,}32$ gefordert wird (vgl. Tafeln II, II−1).

Die Paarvergleichskorrelation erscheint vor allem bei kleinen Stichprobenumfängen (N+) und (N−) einer punktbiserialen Rangkorrelation überlegen zu sein, desgleichen, wenn eine der beiden Varianten des Alternativmerkmals (+ oder −) viel häufiger als die andere auftritt. Vergleichende Untersuchungen über die relative Effizienz der Paarvergleichs- zur punktbiserialen Rangkorrelation fehlen jedoch derzeit noch (zum Paarvergleich in Relation zur Rangordnung vgl. Rounds et al., 1978).

10.9 Bonitur qualitativer Merkmale

Alle besprochenen Boniturmethoden setzen quantitative oder quantitativ abgestufte qualitative Merkmale voraus. Rein qualitative Mme (wie Psychiatrische Diagnosen) können in der besprochenen Weise weder auf Konkordanz noch auf Konsistenz und Akkordanz untersucht werden, da weder Rangordnungen noch Paarvergleiche möglich bzw. sinnvoll sind.

Ein globales Maß für die Übereinstimmung *zweier* Beurteiler (Psychiater) im Hinblick auf k = 3 Nominalklassen (wie rivalisierende Schizophrenie-Diagnosen: S.simplex, S.pseudopsychopathica und S.latens) bei N Ptn ist der Anteil p = Ü/N ihrer übereinstimmenden Diagnosen (BISHOP et al. 1975, p. 394). Differentielle Übereinstimmungsmaße können je Diagnose gesondert als $p_i = Ü_i/N$ definiert werden, wobei $Ü_i$ die Zahl der Übereinstimmungen unter den N Ptn bzgl. der Diagnose i ist.

Für *mehr als 2* Beurteiler läßt sich ein globales Maß der Übereinstimmung als Durchschnitt $\bar{p}$ der globalen Übereinstimmungen zwischen Paaren von Beurteilern definieren. Analog wären Maße der differentiellen Übereinstimmung zu definieren.

Ob eine Gruppe von m Beurteilern (Psychiatern) in der Lage ist, nach einem vereinbarten Klassifikationssystem zu diagnostizieren (wie dem Diagnoseschlüssel psychiatrischer Krankheiten; 1971), hängt aber nicht nur von ihrer globalen Übereinstimmung (Omni-Rater-Reliabilität), sondern auch von ihren *paarigen* Übereinstimmungen (Inter-Rater-Reliability) ab: Ein Rater j, der mit den übrigen m−1 Ratern im Schnitt hoch übereinstimmt, sollte einem Rater i, der mit den übrigen Ratern nur wenig übereinstimmt, vorgezogen werden. Die Streuung der paarigen Übereinstimmungsmaße $\bar{p}_j$, j = 1(1)m, muß also bei hoher globaler Übereinstimmung $\bar{p}$ niedrig sein.

Das Konzept der *Streuung* paariger Übereinstimmungsmaße kann – wie oben – auch auf bestimmte Nominalklassen (Diagnosen) spezifiziert und damit die Quellen etwaiger Nichtübereinstimmung eines individuellen Raters mit seinen Co-Ratern aufgeklärt werden. Maße dieser und anderer Art wurden für k = 2 Nominalklassen (Binärklassen) von ARMITAGE et al. (1966) definiert. Da die Bonitur qualitativer Mme mit k Klassen ein Problem der Kontingenz innerhalb einer k x k-Feldertafel ist, wenn 2 Bonitoren (Rater) tätig sind, werden wir dieses Problem in Kapitel 15 wieder aufgreifen: Wir werden dort den sog. *Kappa-Koeffizienten* kennenlernen, der als Nominalskalen-Reliabilitätskoeffizient definiert ist und zwischen 0 und 1 variiert. Dieser Kappa-Koeffizient müßte in Anwendung auf m Rater über eine m-dimensionale Kontingenztafel mit k Klassen je Dimension verallgemeinert werden (was als Aufgabe derzeit noch offensteht).

Ob und ggf. wie man die Paarvergleichsmethode adjustieren müßte, um sie auch auf qualitative Klassen eines Mms (Diagnoseklassen einer psychiatrischen Erkrankung) zur Konsistenz- und Akkordanzprüfung anwenden zu können, verdient ebenfalls einer noch ausstehenden Klärung. Zur Logik und Methodologie der Klinischen Diagnostik lese man bei SADEGH-ZADEH (1972) nach.

KAPITEL 11: VERTEILUNGSFREIE SCHÄTZMETHODEN

Im vorangehenden Kapitel wurde der *Begriff des Schätzens* implizit oder gelegentlich auch explizit im Sinne des Bonitierens (Evaluierens) von Merkmalsausprägungen gebraucht, also quasi dem Begriff des Messens entgegengestellt. Schätzen bedeutete danach eine subjektive Art der Beurteilung von objektiv nicht meßbaren Merkmalen.

In dem folgenden Kapitel wird nun aber der Begriff des Schätzens in einer völlig anderen Weise gebraucht, in einer Weise, die objektives Messen (auch in der Form der Enumeration, des Zählens) geradezu voraussetzt. Der Begriff des Schätzens, wie er fortan verwendet wird, widersteht nämlich nicht nur dem des *Einschätzens* (Bonitierens), sondern auch dem des *Abschätzens* von Merkmalsausprägungen im Sinne einer ungenauen oder auch nur überschlagsmäßigen Messung anstelle einer genauen Messung: Unter Schätzen soll im Gegenteil eine *möglichst genaue Bestimmung* eines unbekannten oder einer Messung praktisch unzugänglichen Populationskennwertes, eines *Parameters* (wie des Mittelwertes), durch einen Stichprobenkennwert, eine *Statistik* (wie des Durchschnittes) verstanden werden. Das ist denn auch der Sinn des englischen Begriffs von estimation[1].

Im Sinne dieser Begriffsbestimmung werden wir im Folgenden ausschließlich mit Stichproben zu tun haben, die *zufallsmäßig* aus einer definierten Population entnommen werden.

11.1 Schätzen und Testen

Wir haben in den Eingangskapiteln erkannt, daß es die Aufgabe der Statistik ist, *Schlußfolgerungen* auf Zufallsstichproben von Beobachtungen im Hinblick auf eine Grundgesamtheit möglicher Beobachtungen (Population) zu ziehen. Diese Schlußfolgerungen implizierten bislang Entscheidungen für oder gegen eine Nullhypothese; sie wurden deshalb als *Tests* bezeichnet. Schlußfolgerungen aus Stichproben müssen nun aber nicht immer in Form von Testentscheidungen erfolgen; sie können auch als sogenannte *Schätzverfahren* in Erscheinung treten und hier als Entscheidungshilfen oder auch nur als Informationsergänzungen dienen. Wie sich der Zusammenhang zwischen Test und Schätzmethode darstellt, wollen wir am einfachsten Beispiel der Alternativbeobachtungen (Ja–Nein-Beobachtungen oder Binärdaten) aufzeigen.

---

[1] Vgl. dazu die Anmerkung des Übersetzers (P. Ihm) zu ‚Schätzung' bei CAMPBELL (1971, S.29).

11.1.1 Konfidenzgrenzen einer Statistik: Testen

Wir haben im Zusammenhang mit der Anwendung des *Binomialtests* gefragt, ob ein in einer Stichprobe von Ja—Nein-Beobachtungen festgestellter Ja-Anteil p (Stichprobenstatistik) dem als bekannt angenommenen Ja-Anteil π in der Population entspricht (Nullhypothese) oder nicht (Alternativhypothese). Wir haben die Nullhypothese abgelehnt, wenn p soweit von π entfernt lag, daß die Wahrscheinlichkeit P einer bloß zufälligen Abweichung zu gering (kleiner als α) war.

Zur *gleichen Entscheidung* — Ablehnung von H_0 — wären wir gelangt, wenn wir gefragt hätten, innerhalb welcher Grenzen p mit einer vorgegebenen Sicherheit $1-\alpha$ erwartet werden kann, wenn π bekannt ist. In Kenntnis dieser Grenzen hätten wir H_0 verworfen, wenn ein beobachtetes p außerhalb dieser Grenzen vorgefunden worden wäre.

So haben wir als Grenzen für den Annahmebereich eines statistischen Tests — hier einer Modifikation des asymptotischen Binomialtests — bei zweiseitiger Fragestellung für die untere Grenze UG und die obere Grenze OG

$$UG(p) = \pi - u_{\alpha/2}\sqrt{\pi(1-\pi)/N} \qquad (11.1.1.1)$$

$$OG(p) = \pi + u_{\alpha/2}\sqrt{\pi(1-\pi)/N} \qquad (11.1.1.2)$$

bzw.

$$p \in (\pi - u_{\alpha/2}\sqrt{\pi(1-\pi)/N},\ \pi + u_{\alpha/2}\sqrt{\pi(1-\pi)/N}) \qquad (11.1.1.3)$$

11.1.2 Konfidenzgrenze eines Parameters: Schätzen

Wir haben es nun mit einem neuen Problem zu tun, wenn wir den unbekannten *Populationsparameter* — hier den Anteil π der Ja-Beobachtungen in einer Grundgesamtheit mittels einer bekannten Stichprobenstatistik — schätzen wollen.

Für diese Schätzung können wir entweder einen einzelnen Wert angeben — etwa p als Schätzung für π —, also eine sogenannte *Punktschätzung* vornehmen, oder aber ein Intervall angeben, innerhalb dessen wir den Parameter mit einer vorvereinbarten Sicherheit $1-\alpha$ erwarten, d.h. eine sogenannte *Intervallschätzung* vornehmen. Beide Schätzungen sollen entsprechend der Intention dieses Buches *verteilungsfrei*, also unabhängig von der speziellen Form der Populationsverteilung erfolgen, sofern diese Verteilung nicht bereits durch die Eigenart der Stichprobendaten festliegt.

Mit den Punktschätzungen wollen wir uns hier nicht weiter auseinandersetzen, da sie meist mit der Stichprobenstatistik zusammenfallen. Es sei nur erwähnt, daß sie bestimmten *Gütekriterien* wie Konsistenz, Erwartungstreue (Unbiasedness), Effizienz und Suffizienz genügen sollen[2]. Das wichtigste dieser Gütekriterien ist die *Erwartungstreue*, wonach der Erwartungswert einer Statistik gleich ist dem Populationsparameter. Empirizistisch gedacht bedeutet dies, daß die Entnahme sehr vieler Stichproben eines beliebigen Umfangs (N) Statistiken, p-Werte liefert, deren Mittelwert $\bar{p} \approx \pi$ ist. Wir sagen dann: p ist ein erwartungstreuer Schätzer für π, wenn wir nur eine einzige Stichprobe erhoben und eine Punktschätzung vorgenommen haben.

11.1.3 Intervallschätzungen

1. *Punktschätzungen* sind für den Anwender trivial, da er eo ipso aus einer Stichprobe von Beobachtungen all jene Statistiken ermittelt, die ihn interessieren, ohne sich immer auch bewußt zu sein, daß er damit eine Punktschätzung für den entsprechenden Parameter durchgeführt hat. Nicht trivial sind hingegen *Intervallschätzungen*, da sie dem Anwender eine Zusatzinformation liefern, die Information nämlich, innerhalb welcher Grenzen er den interessierenden Parameter erwarten darf, wenn er eine bestimmte Irrtumswahrscheinlichkeit α, daß der Parameter außerhalb dieser Grenzen liegt, explizit zuläßt[3].

$$UG(\pi) = U = p + u_{\alpha/2}\sqrt{p(1-p)/N} \qquad (11.1.3.1)$$

$$OG(\pi) = O = p + u_{\alpha/2}\sqrt{p(1-p)/N} \qquad (11.1.3.2)$$

Das zwischen den Grenzen U und O eingeschlossene Intervall heißt *zweiseitiges* Konfidenzintervall für den Parameter π. Man beachte, daß dieses Intervall *nicht konstant* ist, sondern von Stichprobe zu Stichprobe zu-

---

2 Die Gütekriterien nach R. A. FISHER sind, verbal formuliert und am Binomialbeispiel illustriert:
1. Die Konsistenz, wonach p mit wachsendem N einem festen Wert (der nicht mit π identisch sein muß) zustrebt,
2. Die Effizienz, wonach die p's eine kleinstmögliche Streuung haben sollen, und
3. Die Suffizienz, wonach p möglichst viel Information aus der Stichprobe enthalten soll.
3 Das Konfidenzintervall wird dabei so bestimmt, daß es den Parameter in $(1-\alpha)$% der Fälle überdeckt, wobei α die zugelassene Irrtumswahrscheinlichkeit ist. Das heißt in empirischer Sprachversion: Wenn man aus einer Population mit einem bestimmten Wert des unbekannten Parameters Θ fortlaufend Stichproben entnimmt und immer wieder mit dem vorgegebenen α das Konfidenzintervall bestimmt, dann schließen $(1-\alpha)$% der Intervalle den Parameter Θ ein; dies ist die Häufigkeitsinterpretation des Konfidenzintervalls (vgl. Biometrisches Wörterbuch, 1968, S.317).

fällig variiert, da es von der Stichprobenstatistik p abhängt, und dieses p auch bei gleichen Umfängen N von Stichprobe zu Stichprobe variiert. Es gibt deshalb soviele Konfidenzintervalle (U, O) als Stichproben erhoben werden können.

Wie das H_0-Annahmeintervall für die Statistik (UG, OG) so *verkürzt* sich auch das Konfidenzintervall für den Parameter (U, O) mit *wachsendem* Stichprobenumfang, und wenn N gegen unendlich strebt, fallen beide Grenzen mit dem Parameterwert zusammen, auch wenn man das Alpha-Risiko beliebig klein wählt.

2. Während dem einseitigen Test, wie wir immer wieder gesehen haben, eine große Bedeutung zukommt, trifft dies für das *einseitige* Konfidenzintervall, z. B. mit der oberen Konfidenzgrenze

$$O(\text{einseitig}) = p + u_\alpha \sqrt{p(1-p)/N} \qquad (11.1.3.3)$$

nicht zu, es sei denn, den Untersucher interessiere nur, wie weit der Parameter π oberhalb seiner Punktschätzung durch die Statistik p liegen kann, und nicht zugleich auch, wie weit er unterhalb von p liegen kann[4].

11.1.4 Schätzen und Testen: Indikationen

Wir haben eingangs das Schätzen dem Testen gegenübergestellt, und es hätte schon dort gefragt werden sollen, wann man testen und wann man schätzen soll.

In der biostatistischen Praxis wird selten, wie es geschehen sollte, *vor* der Untersuchung entschieden, ob eine Hypothese getestet oder ein Parameter geschätzt werden soll, eine Unterscheidung, die *formallogisch* zwingend, aber sachlogisch oft unerheblich ist, besonders, wo es sich um zweiseitige Fragestellungen handelt:

Wenn man eine Stichprobe von N Lungenkrebskranken auf die Geschlechterverteilung hin untersucht und x = Np Männer sowie N−x = N(1−p) Frauen vorfindet, so ist es *sachlogisch* ziemlich unerheblich, ob man ein Konfidenzintervall für π, den Anteil der Männer unter den Karzinomkranken bestimmt, oder ob man prüft, ob der Anteil p der Männer unter den Kranken von dem Anteil der Männer in der Population, er sei $\pi_0 = 1/2$, abweicht. Wenn man in beiden Fällen die gleiche Irrtumswahr-

---

4 Ein einseitiges Intervall kann ein offenes oder ein geschlossenes Intervall sein: Das einseitige Konfidenzintervall für p ist ein geschlossenes Intervall, da es von OG als obere Grenze bis 0 als untere Grenze reicht. Das einseitige Intervall eines Mittelwertes aus einer Population, die sich von −∞ bis +∞ erstreckt, ist ein offenes Intervall, das etwa von OG bis +∞ reicht.

scheinlichkeit α zugrunde legt, so erhält man aufgrund beider Verfahren die gleiche Information: Der Test sagt etwa, daß die Männer zu einem höheren Anteil als die Frauen an Lungenkrebs erkranken (wegen des größeren Raucheranteils unter ihnen?), und das Konfidenzintervall liegt oberhalb von $\pi_0 = 1/2$, was zur gleichen Schlußfolgerung veranlaßt und nur noch Zusatzinformationen über die Grenzen $U(\pi_1)$ und $O(\pi_1)$ liefert.

1. Post-hoc ist zu fragen: Was wollte der Untersucher eigentlich? Vermutlich wollte der Untersucher *schätzen*, mit welchem Männeranteil unter den Krebskranken mindestens und höchstens zu rechnen ist, denn daß Männer häufiger als Frauen Lungenkrebs bekommen, ist ein ‚alter Hut'. Er wollte offenbar mehr, als diesen Trivialbefund konfirmiert zu wissen.

Was ist die Folgerung aus diesem Beispiel? Ein Schätzproblem zu formulieren ist offenbar dann *indiziert*, wenn das Testproblem als solches nicht mehr existiert, wenn über die Frage des ‚Ob' bereits entschieden ist. Man könnte diese Indikation die *konfirmative Schätzung* nennen.

2. Es gibt aber auch noch eine andere Indikation zur Intervallschätzung, die völlig *unabhängig* von der Beantwortung einer Vorfrage nach dem ‚Ob' ist, eine Indikation, die sehr viel ursprünglicher und praxisnäher ist als das Testproblem mit seinen Entscheidungsintentionen: Man gibt sich nicht zufrieden mit einer aus einer Stichprobe gewonnenen Punktschätzung eines Parameters als einer deskriptiven Statistik, sondern fragt nach ihrer Zuverlässigkeit, nach ihren Fehlergrenzen als einem ersten Schritt in Richtung auf eine inferentielle Statistik.

Diese Schätzung hat explorative Ambitionen und sollte deshalb *explorative Schätzung* genannt werden: Fragen wir etwa, wie hoch der Anteil der Lungenkarzinome an dem Gesamtanteil aller Karzinome einer bestimmten Alterspopulation (über 60-Jähriger etwa) ist, dann stellt sich die Frage des Testens überhaupt nicht, weil keine Entscheidung gefordert wird und auch keine Nullhypothese formuliert werden kann. Hier ist nur nach dem Konfidenzintervall dieses Anteils π aufgrund eines Stichprobenanteils p gefragt.

3. Schließlich existiert noch eine dritte Indikation zur Intervallschätzung, eine Indikation, die theoretisch unsauber, praktisch aber sehr vorteilhaft ist: Man hatte ursprünglich ein Testproblem vor Augen, mußte aber — etwa wegen zu kleinen Stichprobenumfangs — die Nullhypothese beibehalten, obschon sie unplausibel erscheint. Um sich nun einen Ausweg für eine ‚Dennoch-Interpretation' offen zu halten, formuliert man post hoc das Testproblem explizit oder implizit in ein Schätzproblem um. Schätzen als Ersatz für erfolgloses Testen, so könnte man diese *surrogative Schätzung* wohl auch nennen[5].

---

[5] Diese Indikation vertritt KOLLER (1969, S.15), wenn er im Zusammenhang mit der Prüfung von Häufigkeitsunterschieden empfiehlt, Konfidenzintervalle dann zu berech-

4. Im Sinne einer klaren Distinktion zwischen Schätzen und Testen, ebenso unsauber wie die surrogative, ist die bei erfolgreichem Test zusätzlich durchgeführte *addiktive Schätzung:* Hierbei hat der Test bzw. seine Prüfgröße die vereinbarte Alpha-Schranke soweit überschritten, daß neben der statistischen auch die praktische Signifikanz beurteilt werden soll: Und genau dies leistet die Bestimmung eines Konfidenzintervalls, eine Intervallschätzung für einen Dislokationsparameter etwa (vgl. 11.3.2).

Um *zusammenzufassen:* Theoretisch und aussagelogisch ist vor jeder Untersuchung zu klären, ob ein Test oder ein Schätzproblem vorliegt, und zu begründen, warum entweder getestet oder geschätzt werden soll. Praktisch und sachlogisch gesehen ist diese Distinktion nicht recht am Platze, und tatsächlich wird sie anwendungsseitig als puristische Restriktion empfunden, wie dies die surogative und die addiktive Indikation des Schätzens denn auch nahelegt. Die übliche Art Statistik zu lehren und vor allem zu lernen veranlaßt den Untersucher allzu oft, auch dort ein Testproblem zu sehen, wo ein Schätzproblem vorliegt, und Schätzen als eine methodologisch hybride, zwischen deskriptiver und inferentieller Statistik angesiedelte Methode zu betrachten, obschon Schätzen genau wie Testen eine echt inferentielle Methode ist.

11.2 Konfidenzintervalle für Häufigkeitsanteile

Vorstehend sind wir von der Annahme ausgegangen, daß in einer Stichprobe von N Individuen x ein bestimmtes Merkmal aufweisen (Ja-Beobachtungen) und N–x nicht (Nein-Beobachtungen). Solch eine Stichprobe darf als Zufalls-Stichprobe aus einer binomial verteilten Population aufgefaßt werden, wenn die Entnahmestrategie dies rechtfertigt.

Die *Punktschätzung* des Ja-Anteils-Parameters dieser Stichprobe ist erwartungstreu und beträgt

$$p = x/N \qquad (11.2.1.1)$$

Wenn wir wissen wollen, in welchen Grenzen wir die Ja-Anteile π der Grundgesamtheit erwarten dürfen, müssen wir das Konfidenzintervall für den Anteilsparameter π bestimmen, d. h. eine obere und eine untere Konfidenzgrenze für π, die wir mit $\bar{p}$ und $\underline{p}$ bezeichnen wollen, um die Formeln möglichst einfach zu halten.

---

nen, ‚wenn kein signifikanter Unterschied zwischen den beobachteten Häufigkeiten besteht. Dann kann man mit dem Hinweis auf die mögliche Größenordnung der vielleicht trotzdem zugrunde liegenden Differenz den Fehlschluß verhindern, daß fehlende Signifikanz mit dem Nachweis fehlender Unterschiede gleichgesetzt wird'.

11.2.1 Klassische Intervalle nach CLOPPER-PEARSON

Schon früh haben CLOPPER und PEARSON (1934) Konfidenzintervalle für *Häufigkeitsanteile* dadurch bestimmt und graphisch dargestellt (vgl. SACHS, 1969, Abb. 38, oder DIXON und MASSEY, 1957, Tables 9a–d), daß sie die folgenden beiden Gleichungen

$$\sum_{i=0}^{x} \binom{N}{i} (\bar{p})^i (1 - \bar{p})^{N-i} = 1 - \frac{\alpha}{2} \tag{11.2.1.2}$$

und

$$\sum_{i=x}^{N} \binom{N}{i} (\underline{p})^i (1 - \underline{p})^{N-i} = \frac{\alpha}{2} \tag{11.2.1.3}$$

nach $\bar{p}$ bzw. $\underline{p}$ hin auflösen, wobei $\bar{p}$ die obere und $\underline{p}$ die untere Konfidenzgrenze bezeichnet[6].

Praktisch geht man dabei so vor, daß man die Tafel XI–1 (Tafelband) – die kumulierte Binomialverteilung für $\pi = 0{,}05(0{,}05)0{,}95$ (aus CONOVER, 1971, Table 3) – in einer Weise benutzt, wie in dem nachfolgenden Beispiel gezeigt[7].

Beispiel 11.2.1.1

Zielsetzung: Ein Zoopathologe gibt einem Bienenvolk Gelegenheit zur Infektion mit einer Milbe, um deren Anfälligkeit zu untersuchen. Nach Ablauf der Inkubationszeit entnimmt er dem Bienenvolk per Zufall N = 16 Bienen und untersucht sie (aufwendig) auf Milbenträgerschaft. Gefragt wird nach dem Anteil befallener Bienen und nach den Konfidenzgrenzen dieses Anteils, wobei $\alpha = 0{,}05$ vereinbart wird.

Ergebnis: Unter den N = 16 Bienen finden sich x = 5 Milbenträger, so daß der (erwartungstreu) geschätzte Populationsanteil befallener Bienen p = 5/16 = 0,3125 = 31,25 % beträgt.

Untere Konfidenzgrenze: Wir benutzen Tafel XI–1 des Anhangs, suchen den ‚Kasten' für N = 16 auf und gehen in der Zeile x–1 = 4 soweit von links nach rechts, bis wir auf einen P-Wert von (1 – 0,05/2) = 0,9750 oder auf den nächst höheren P-Wert stoßen: Das ist der Wert $P_1 = 0{,}9830$, der zu einem Anteil von $p_1 = 0{,}10$ (im Zeilenkopf) gehört. Dann suchen wir den nächstniedrigeren P-Wert $P_2 = 0{,}9209$, der zu einem Anteil von $p_2 = 0{,}15$ gehört. Nun interpolieren wir linear und erhalten den

---

[6] Eine andere, auf der Normaltransformation der Binomialverteilung basierende graphische Methode wurde von MOSTELLER und TUKEY (1949) zur Anwendung empfohlen; sie ist zwar genauer, aber weniger ökonomisch als die CLOPPER-PEARSON-Methode.
[7] Genauer als mit den 5%-Intervalltafeln von 5% bis 95% arbeitet man mit 1%-Intervalltafeln, wie sie etwa in den ‚Tables of the cumulative Binomial Probability Distribution' der Harvard University Press, Cambridge/Mass., 1955 vorliegen.

Quotienten q = (0,9830 − 0,9750)/(0,9830 − 0,9209) = 0,13, nach $\underline{p}$ = p$_1$ + (p$_2$−p$_1$)q = 0,10 + 0,05(0,13) = 0,106 die 11 % als untere Konfidenzgrenze des Populationsanteils milbenbefallener Bienen.

Obere Konfidenzgrenze: Um $\bar{p}$ zu finden, gehen wir im gleichen Kasten (N = 16) in der Zeile x = 5 (nicht x−1 = 4!) soweit nach rechts, bis wir auf 2 P-Werte treffen, die den P = (0,05/2 = 0,025) einschließen: P$_1$ = 0,0486 und P$_2$ = 0,0191 mit p$_1$ = 0,55 und p$_2$ = 0,60. Lineare Interpolation ergibt ein q = (0,0486 − 0,0250)/(0,0486 − 0,0191) = 0,80, woraus $\underline{p}$ = 0,55 + 0,05(0,80) = 0,590 oder 59,0 % als obere Konfidenzgrenze folgt.

Entscheidung: Der Populationsanteil der milbenkranken Bienen muß zwischen 11 % und 59 % liegen, wenn man 95 % Aussagesicherheit zugrunde legt. Enger liegende Grenzen erhielte man bei größerem N oder niedrigerem Konfidenzkoeffizienten 1−α.

Anmerkung: Wie man sieht, liegt die Punktschätzung p = 31,25 % des Anteilsparameters nicht in der Spannweiten- oder Bereichsmitte der beiden Konfidenzgrenzen, denn (10 % + 59,0 %)/2 = 34,5 % statt 31,25 %. Das hängt mit der Linksgipfeligkeit der Binomialverteilung bei π < 1/2 zusammen; nur bei π = 1/2 liegen die Konfidenzgrenzen symmetrisch zur Punktschätzung p = 1/2. Das Beispiel stammt aus dem Buch von Erna WEBER (1967, S. 226).

Statt umständlich und ungenau über die (in Tafel XI−1 nur für ausgewählte p-Werte abgedruckten) Binomialverteilungsfunktion die *zweiseitigen* Konfidenzgrenzen zu bestimmen, benutzen wir Tafel XI−2−1 mit den Eingängen x (als Spalte) und N−x (als Zeile): Dort lesen wir für x = 5 und N−x = 11 in der Vorspalte unter 1−α = 0,950 die Grenzen $\underline{p}$ = 0,1102 = 11 % und $\bar{p}$ = 0,5866 = 59 % — also praktisch dieselben Werte wie in Beispiel 11.2.1.1 ab, ohne umständlich interpolieren zu müssen. Die Tafeln sind über die mit der Binomialverteilung verknüpfte F-Verteilung (siehe 11.2.3) erstellt worden.

Die Tafel XI−2−1 erlaubt auch, die obere oder die untere Konfidenzgrenze *einseitig* abzulesen. Einseitig abzulesende Grenzen liegen cet. par. *näher* an der Punktschätzung p = x/N als zweiseitige; sie sind unter 1−2α als Konfidenzkoeffizient abzulesen. Order: Ein $\bar{p}$ hat als einseitige obere Grenze eine Konfidenz von γ = 1−α/2.

Die Tafel XI−1 kann naturgemäß auch zur Durchführung eines *exakten Binomialtests* herangezogen werden: Wenn x = 2 Ja-Beobachtungen in einer Stichprobe von N = 7 Beobachtungen aufgefunden wurden und unter H$_0$ angenommen wurde, diese Stichprobe stamme aus einer Population mit π = 3/4 = 0,75 = 75 % Ja-Beobachtungen, dann liest man im Block N = 7 unter p = 0,75 für x = 2 eine einseitige Überschreitungswahrscheinlichkeit von P = 0,0129 ab (vgl. Beispiel 5.1.1.1 in Bd. 1).

OWENS Tafel — als solche ist XI−2−1 bekannt — kumuliert die Punktwahrscheinlichkeiten p der Binomialverteilung von x = 0 bis x = N (antero-

grad). Eine andere bekannte Tafel der kumulierten Binomialverteilung —
Die HARVARD-Tafeln (Tables of the cumulative binomial probability distribution, 1955) — sie ist tabelliert in Intervallen von 0,01 und erübrigt daher praktisch eine Interpolation — kumuliert die p-Werte in umgekehrter Richtung (retrograd) von x = N bis x = 0[8]. Für kleine Populationsanteile von π = 0,00001 über 0,001 und 0,0009 bis 0,001 (0,01) 0,100 benutze man die Tafeln von WEINTRAUB (1963) zur Bestimmung von Konfidenzintervallen (oder zum Testen); sie ist ebenfalls retrograd tabelliert unter Weglassung von x = 0 mit P = 1,000.

11.2.2 Neue Intervalle nach BUNKE

Die klassischen Intervalle nach CLOPPER-PEARSON werden so bestimmt, daß die tatsächliche (faktische) Aussagesicherheit 1–P nicht kleiner als die vereinbarte (nominelle) ist:

$$1 - P \geqslant 1 - \alpha \qquad (11.2.2.1)$$

1. BUNKE (1959) hat nun neue, von ihm sogenannte *extremale* Konfidenzintervalle definiert und tabuliert, für welche exakt gilt

$$1 - P = 1 - \alpha \qquad (11.2.2.2)$$

Diese Intervalle sind bei Erna WEBER (1975, Tafeln 8 und 8a des Anhangs) abgedruckt für N = 5(1)500 mit α = 0,01.

2. BUNKE (1959) hat darüber hinaus sogenannte *optimale mittlere* Konfidenzintervalle bestimmt, bei welchen die Irrtumswahrscheinlichkeit im Durchschnitt α = 5% beträgt und stets kleiner als 10% ist (nach WEBER, 1972, S. 230). Diese neuen mittleren Intervalle sind in Tafel XI–2–2 für N = 5(1)49 und α = 0,05 aufgeführt (Tafel 8a aus WEBER, 1975).

Ermitteln wir die Konfidenzgrenzen unseres Beispiels 11.2.1.1 nach BUNKES optimalem mittleren Intervall, dann lesen wir in Tafel XI–2–2 für z = 5 unter Spalte N = 16 eine untere Grenze von 14,8% und eine obere Grenze von 56,7% ab. Dieses Intervall ist kürzer als das nach CLOPPER-PEARSON ermittelte Intervall von 11% bis 59%.

---

[8] Neuerdings wird die Binomialverteilung für den Zweck des Testens, insbesondere des zweieitigen Testens, auch zentrograd kumuliert, d. h. von x = 0 bis x = Mod. x und von x = N bis x = Mod. x, wie bei KRAFT und VAN EEDEN (1972).

11.2.3 Asymptotische Konfidenzintervalle

Normalverteilungsapproximation

Bekanntlich nähert sich, wie wir schon in Kapitel 5.2 gesehen haben, die Binomialverteilung bei *wachsendem* Stichprobenumfang N einer Normalverteilung; dies um so rascher, je näher die Punktschätzung des Ja-Anteils bei p = 1/2 liegt. Wenn also etwa p zwischen 1/4 und 3/4 liegt und N > 20 ist, dann kann man die Konfidenzgrenzen auch über die Normalverteilung bestimmen:

$$\underline{p} = p - (u_{\alpha/2})\sqrt{p(1-p)/N} \qquad (11.2.3.1)$$

$$\bar{p} = p + (u_{\alpha/2})\sqrt{p(1-p)/N} \qquad (11.2.3.2)$$

Darin bedeutet $\underline{p}$ die untere und $\bar{p}$ die obere Konfidenzgrenze, p = x/N den Ja-Anteil in der Stichprobe vom Umfang N und $u_{\alpha/2}$ das zu $\alpha/2$ gehörige Quantil der Standardnormalvariablen, also 1,96 für α = 0,05 und 2,56 für α = 0,01.

F-Verteilungsapproximation

Bei kleineren Stichprobenumfängen N < 30 mit *extremen* Ja-Anteilen p < 0,10 oder p > 0,90, die nicht in Tafel XI–2–1 verzeichnet sind, lassen sich die Formeln 11.1.1.1–3 über die F-Verteilung genauer als über die Normalverteilung approximieren:

1. Um die *untere Konfidenzgrenze* $\underline{p}$ zu bestimmen, berechnet man die Freiheitsgrade

$$Fg_1 = 2(N-x+1) \qquad (11.2.3.3)$$

$$Fg_2 = 2x \qquad (11.2.3.4)$$

Man geht mit diesen Fgn in eine Tafel der F-Verteilung ein und sucht den F-Wert für Fg_1 Zähler- und Fg_2 Nenner-Freiheitsgrade mit dem Alpha-Risiko $\alpha/2$ auf. Diesen F-Wert setzt man in die Formel

$$\underline{p} = \frac{x}{x + F_{\alpha/2}(N-x+1)} \qquad (11.2.3.5)$$

ein und rechnet die gesuchte untere Konfidenzgrenze des Konfidenzintervalls mit dem Konfidenzkoeffizienten $1 - \alpha$ aus.

2. Für die *obere Konfidenzgrenze* berechnet man die Freiheitsgrade

$$Fg_1 = 2(x+1) \qquad (11.2.3.6)$$

$$Fg_2 = 1(N-x) \qquad (11.2.3.7)$$

und geht mit diesen Fgn in analoger Weise wie oben in die Rechenformel

$$\bar{p} = \frac{F_{\alpha/2}(x+1)}{N - x + F_{\alpha/2}(x+1)} \tag{11.2.3.8}$$

3. Interessiert aus sachlogischer Sicht nur *eine* der beiden Konfidenzgrenzen, dann gehe man mit F_α statt mit $F_{\alpha/2}$ in die Formel für $\underline{p}$ oder $\bar{p}$ ein. Man bestimmt hier eine einseitige Konfidenzgrenze.

Da in den meisten Textbüchern und Tafelwerken die F-Werte aufgeführt sind, wird auf eine eigene F-Tafel im Tafelband verzichtet. Da für zweiseitige Konfidenzgrenzenbestimmung auch unübliche Alpha's von 0,005 und 0,025 benötigt werden, sei auf die Tafel der F-Werte in dem Buch von WEBER (1975, Tafeln 7 und 7a) verwiesen.

Beispiel 11.2.3.1

Untersuchung: Von N = 24 mit einem neuen Impfstoff aktiv schutzgeimpften Meerschweinchen erkrankte nach Reinfektion nur x = 1 Meerschweinchen. Der Impfstoff scheint demnach in 95,8 % der Fälle wirksam zu sein, wenn man sich auf die Stichprobe der 24 Tiere bezieht. Wie liegen nun aber die 90 %igen Konfidenzgrenzen in einer Population von Meerschweinchen, aus der die 24 eine Zufallsstichprobe sind? Wir definieren p = x/N als Morbiditätsanteil.

Auswertung: Da $p < 0{,}1$ und N relativ klein ist, werten wir über die F-Verteilung aus und erhalten mit $\alpha/2 = 0{,}05$ für die untere Grenze

$Fg_1 = 2(24 - 1 + 1) = 48$

$Fg_2 = 2 \cdot 1 = 2$

$F_{0,05}(48,2) = 19{,}47$

$$\underline{p} = \frac{1}{1 + 19{,}47(24-1+1)} = 0{,}0021$$

Die Morbidität beträgt in der Population also *mindestens* 0,21 %. Für die obere Grenze gilt entsprechend

$Fg_1 = 2(1+1) = 4$

$Fg_2 = 2(24-1) = 46$

$F_{0,05}(4,46) = 2{,}57$

$$\bar{p} = \frac{2{,}57(1+1)}{24 - 1 + 2{,}57(1+1)} = 0{,}183$$

Die Morbidität der Meerschweinchenpopulation nach der Impfung beträgt mithin *höchstens* 18,3 %.

Folgerung: Die Konfidenzgrenzen für die Schutzwirkung der Impfung sind dazu komplementär: $\underline{p} = 100\% - 18{,}3\% = 81{,}7\%$ und $\bar{p} = 100\% - 0{,}21\% = 99{,}8\%$. Eine

Näherungsablesung für N = 25 (statt N = 24) in Tafel XI–2–1 hätte die Grenzen p = 0,0020 und p̄ = 0,1699 ergeben.

Anmerkung: Unter Verwendung der ‚optimalen mittleren Konfidenzgrenzen' nach BUNKE hatten wir unter Benutzung von Tafel XI–2–2 des Anhangs die Grenzen p = 0,4% und 18,9% unter N = 24 und z = 1 abgelesen. Beide Grenzen liegen bei dieser Intervallschätzung des Anteilsparameters höher, besonders die untere. Aber die Intervalle sind ja nicht direkt vergleichbar!

Wir haben die Konfidenzintervalle für Häufigkeitsanteile nach Binomialverteilungsmodell definiert; wir können sie aber ebenso gut als *Absoluthäufigkeiten* angeben, wenn wir p̄ und p mit dem Stichprobenumfang N multiplizieren: In wiederholten Untersuchungen vom Typ des obigen Beispiels mit je N = 24 geimpften Versuchstieren werden wir bei vereinbartem α = 10% mindestens $\underline{x}$ = 24(0,0021) = 0,05 ≈ 0 und höchstens $\bar{x}$ = 24(0,1830) = 4,392, d. h. 4 bis 5 Impfschutzausfälle erwarten müssen. Es versteht sich, daß $\bar{x}$ das obere und $\underline{x}$ das untere Konfidenzintervall der Häufigkeit des Auftretens der Schlüsselalternative (Ja-Beobachtung) entspricht.

Andere als die vorstehend angegebenen Näherungsverfahren zur Bestimmung von Konfidenzgrenzen von Häufigkeitsanteilen haben – insbesondere für einseitige (obere oder untere) Grenzen – ANDERSON und BURSTEIN (1967, 1968) angegeben.

11.2.4 Konfidenzintervalle für seltene Ereignisse

Ist die apriori-Wahrscheinlichkeit π einer *‚Schlüsselalternative'* (Ja-Beobachtung) sehr gering, ist also x ≪ N–x, dann läßt sich bekanntlich die Binomialverteilung durch die *Poisson-Verteilung* approximieren, wobei angenommen wird, daß $N\pi = \lambda$ eine positive Konstante ist.

Die Poisson-Verteilung wird meist für sog. *seltene* Ereignisse angenommen, insbesondere, wenn die Zahl der Beobachtungen (N) sehr groß oder durch den Untersucher ‚definitorisch zu manipulieren' ist[9].

---

9 In letzterem Zusammenhang unterscheidet BEINHAUER (1970) zwischen *‚örtlichen'* und *‚zeitlichen'* Poisson-Verteilungen, da die seltenen Ereignisse meist Beobachtungen auf Flächeneinheiten (wie die Zahl der Bakterienkolonien auf einer gerasterten Agarplatte) oder entlang einer intervallmarkierten Zeitskala sind (wie Spikes pro Minute im Nachtschlaf-EEG eines Epileptikers). Man braucht bloß die Flächen- bzw. Zeiteinheiten genügend klein und damit N, deren Zahl, genügend groß zu wählen, um auch absolut *häufig* auftretende Ereignisse zu seltenen werden zu lassen. Das ist es, was mit definitorischer Manipulation – besser: Operationalisierung – gemeint war.

Der Poisson-Parameter $N\pi = \lambda$, der Mittelwert (und zugleich Varianz) eines Poisson-verteilten Merkmals ist, hat eine untere Konfidenzgrenze $\underline{I}$ und eine obere Konfidenzgrenze $\bar{I}$. Man bestimmt die obere Konfidenzgrenze $\bar{I}$ nach CLOPPER-PEARSON, indem man die Gleichung

$$\sum_{i=0}^{x} \frac{\bar{I}^i}{i!} e^{-i} \geq \alpha \qquad \text{mit } i = 1, 2, ..., x \qquad (11.2.4.1)$$

nach $\bar{I}$ hin auflöst. Die so erhältlichen oberen Konfidenzgrenzen sind für $\alpha = 0,001$ bis $\alpha = 0,05$ in Tafel XI-2-3 des Anhangs einschließlich der ebenfalls einseitig bestimmten unteren Grenzen aufgeführt (aus PEARSON und HARTLEY, 1966, Vol.I, Table 40). Ein Beispiel soll die Benutzung der Tafel illustrieren.

Beispiel 11.2.4.1

Frage: In einer unfallchirurgischen Ambulanz einer Großstadt stellt sich die Frage, mit wie viel Notoperationen man in einer Nacht von Samstag auf Sonntag rechnen muß (äußerstenfalls, bei $\alpha = 1\%$), wenn aufgrund der bisherigen Erfahrung im Durchschnitt in einer Wochenend-Nacht $x = 1,6$ Notoperationen durchgeführt wurden.

Antwort: Aus Tafel XI-2-3 entnehmen wir, daß unter der Vorannahme poissongemäß verteilter Notoperationen folgende Konfidenzgrenzen für den Parameter λ gelten:

bei $x = 1$: $\bar{I} = 6,64$

bei $x = 2$: $\bar{I} = 8,41$

Interpolieren wir näherungsweise, so können wir mit 99% Sicherheit vermuten, daß nicht mehr als 8 Noteingriffe erforderlich sein werden, wenn der Poisson-Parameter λ, den wir nicht kennen, sondern mit $x = 1,6$ nur (erwartungstreu) geschätzt haben, auch für die nächste Zeit unverändert das Unfallsgeschehen bestimmt.

Folgerung: Es muß dafür gesorgt werden, daß genügend ärztliches Personal (notfalls rasch) verfügbar ist, um einen Eventualfall von 8 Operationen (einschließlich allfällig notwendiger Wachstationsbetreuung) zu bewältigen.

Anmerkung: Unsere Aussage bezieht sich auf beliebige Wochenenden. Angenommen, unter diesen Wochenenden wäre ein ‚langes Wochenende' mit $x = 3$ Notoperationen aufgetreten, dann gilt für lange Wochenenden eine obere Konfidenzgrenze von $\bar{I} = 10,05$, wenn wir Tafel XI-2-3 zu Rate ziehen. Für lange Wochenenden muß demnach Vorsorge bis zu 10 Notoperationen getroffen werden.

Wie das Beispiel zeigt, gehört der Poisson-Parameter λ zu den wenigen Parametern, für die aus praktischer Sicht lediglich *eine der beiden Konfidenzgrenzen* — hier die obere — interessant ist, wir also lediglich fragen, mit wieviel seltenen Ereignissen wir im Höchstfall rechnen müssen. Einseitige Konfidenzintervalle dieser Art werden uns später nur noch bei den Korrelationsparametern begegnen.

Neue extremale, allerdings nur zweiseitige und auf 5% und 1% bezogene Konfidenzgrenzen für den Poisson-Parameter hat BUNKE (1959) ermittelt und vertafelt; sie sind im Lehrbuch von Erna WEBER (1975, Tafel 9 des Anhangs) abgedruckt und entsprechen numerisch den einseitigen Grenzen der Tafel XI–2–3.

Zur *asymptotischen* Auswertung von (11.2.3.2) hat MOLENAAR (1973) die einfach zu handhabende und auch für nicht-ganzzahlige x-Werte geeignete Formel

$$\bar{l} = (\sqrt{x+1} + \frac{1}{2}u_\alpha)^2 \tag{11.2.4.2}$$

angegeben; sie approximiert mit dem einseitig abzulesenden u-Wert den *rechten* Ast der Poisson-Verteilung und damit die obere Konfidenzgrenze von λ hinreichend gut.

Setzen wir wie in obigem Beispiel 11.2.4.1 ein $\alpha = 0{,}01$ fest, dann ist $u_{0{,}01}$ (einseitig) = 2,33, und $\sqrt{1{,}6+1} = 1{,}61$, so daß $\bar{l} = (1{,}61 + 2{,}33/2)^2 = 7{,}70$. Dieser Wert liegt erwartungsgemäß zwischen den Werten 6,64 und 8,41 der Tafel XI–2–3.

11.2.5 Konfidenzintervall der Differenz zweier Häufigkeitsanteile

Eine in der biostatistischen Praxis häufige und wichtige Frage stellt sich dann, wenn *zwei unabhängige Stichproben* von Alternativdaten (z. B. Anteil der rhesus-negativen Männer verglichen mit dem Anteil von rhesus-negativen Frauen) über eine Vierfeldertafel (mit den Zeilen als Stichproben und den Spalten als Merkmalsalternativen, wie in Kapitel 5.3) bezüglich ihres ‚Ja-Anteils' verglichen werden.

Leider gibt es zur Bestimmung der Konfidenzgrenzen der *Differenz von Häufigkeitsanteilen* Δ_p kein exaktes, sondern nur ein asymptotisches, bei größeren (aber nicht zu unterschiedlich großen) Stichproben N_1 und N_2 arbeitendes Verfahren; es beruht auf einer Verbindung der Normalapproximationen *zweier* Binomialverteilungen und schätzt den Anteilsparameter π in der zu den beiden Stichproben gehörigen Population (unter H_0) über die gewogenen Stichprobenanteile p_1 und p_2 der Ja-Beobachtungen:

Die *untere* $\underline{d}_p$ und die *obere* Konfidenzgrenze $\bar{d}_p$ der Differenz $d = p_2 - p_1$ betragen sodann

$$\underline{d}_p = d_p - (u_{\alpha/2})\sqrt{\operatorname{Var}(p_2-p_1)} \tag{11.2.5.1}$$

$$\bar{d}_p = d_p + (u_{\alpha/2})\sqrt{\operatorname{Var}(p_2-p_1)} \tag{11.2.5.2}$$

wobei die *Varianz der Anteilsdifferenz* p_2-p_1 wie folgt geschätzt wird:

$$\text{Var}(p_2-p_1) = \frac{p_2(1-p_2)}{N_2} + \frac{p_1(1-p_1)}{N_1} \qquad (11.2.5.3)$$

Das Verfahren sollte nur benutzt werden, wenn (1) $\alpha \geqslant 0{,}05$ und (2) sowohl $N_1 p_1 \geqslant 5$ wie auch $N_2 p_2 \geqslant 5$, da nur in diesem Fall die Normalapproximation vertretbar erscheint.

Hätten wir in Beispiel 11.2.3.1 einen neuen Impfstoff 1 mit einem Standardimpfstoff 2 verglichen und hierbei $x_1 = 6$ erkrankte unter $N_1 = 50$ geimpften Tieren, sowie $x_2 = 11$ unter $N_2 = 40$ Tieren gefunden, so betrüge die Punktschätzung der Anteilsdifferenz $d_p = 11/40 - 6/50 = 0{,}155$ mit $p_1 = 0{,}275$ und $p_2 = 0{,}120$. Ferner ist $\text{Var}(p_2-p_1) = 0{,}120(1-0{,}120)/40 + 0{,}275(1-0{,}275)/50 = 0{,}00553$ und die Quadratwurzel daraus ist $0{,}0744$. Damit ergibt sich für ein 90%iges Konfidenzintervall ein $\underline{d}_p = 0{,}155 - 1{,}64(0{,}0744) = 0{,}033$ und ein $\overline{d}_p = 0{,}277$. Der neue Impfstoff 1 ist mithin – interpretativ gesehen – mindestens um 3%, höchstens aber um 28% besser als der Standardimpfstoff.

Das asymptotische Verfahren zur Abschätzung des Konfidenzintervalls des Parameters Δ_p liefert *symmetrisch* um d_p lozierte Grenzen, deren Intervall-Länge von d_p abhängt: Das ist intuitiv plausibel, wenn man bedenkt, daß eine Differenz bestimmter Größe (z. B. $d_p = 10\%$) in den Extrembereichen der Anteilsskala (z. B. zwischen $p_1 = 2\%$ und $p_2 = 12\%$) ‚mehr' bedeutet als im Mittelbereich der Skala (z. B. zwischen 46% und 56%).

Das Verfahren kann auch auf den Vergleich der Anteile zweier Poissonverteilter Stichproben von Alternativdaten angewendet werden, wenn α groß und die Lambda's größer als 5 sind: Statt d_p setzt man d_l in (11.2.5.1-2) und aus $\text{Var}(l_2-l_1)$ ergibt sich $\text{Est.Var}(l_2-l_1)$ zu l_2+l_1, wenn man allgemein von p zu $l = Np$ übergeht.

11.2.6 Konfidenzintervalle für Polynomiale Häufigkeitsanteile

Wir haben uns bislang nur mit binomialen Häufigkeitsanteilen beschäftigt. In Kapitel 5 wurden aber nach den Tests für die Binomialverteilung auch Tests für die Poly- oder Multinomialverteilung erörtert. Entsprechend sollten hier, im Anschluß an die Konfidenzintervalle für Häufigkeitsanteile von Merkmalen mit *Alternativausprägung* (einschließlich des Spezialfalls von seltenen Ereignissen), Konfidenzintervalle für Anteile von Merkmalen mit *Mehrfachausprägung* diskutiert werden.

Eine solche Intention bringt jedoch eine neue Problematik mit ins Spiel, nämlich, daß Konfidenzintervalle für mehr als einen Parameter (wie π) einer Population sog. *simultane Konfidenzintervalle* darstellen (analog den simultanen oder multiplen Tests in Kapital 6). Da diese Problematik wegen der geringen praktischen Bedeutung von Konfidenzintervallen für polynomiale Häufigkeitsanteile hier nicht angeschnitten werden soll, wird der interessierte Leser auf die einschlägigen Arbeiten von QUESENBERRY und HURST (1964) und GOODMAN (1965) verwiesen.

11.3 Konfidenzintervalle für Lokationsparameter

Wenden wir uns von den binär verteilten Merkmalen direkt den stetig verteilten Merkmalen zu: Welches sind hier die Parameter, deren Konfidenzintervalle den Anwender interessieren? Die Antwort ist einfach und lautet: Es sind nahezu immer die Lokationsparameter und unter ihnen im besonderen der *Medianwert* als derjenige Lageparameter, der bei unbekannter oder asymmetrischer Merkmalsverteilung die ‚mittlere' Ausprägung eines Merkmals in einer Population von Merkmalsträgern am besten charakterisiert.

Wir beginnen mit der Betrachtung des *allgemeinsten Falles*, wonach eine Zufallsstichprobe von N Beobachtungen x_i (i = 1, ..., N) aus einer ihrer Verteilungsform nach völlig unbekannten Population mit endlicher Dispersion erhoben worden ist. Bekannt ist der Median Md dieser Stichprobe von (angenommenermaßen) singulären, also bindungsfreien Beobachtungen (Meßwerten), und es stellt sich die Frage, innerhalb welcher Grenzen der Populationsmedian η mit vorvereinbarter Sicherheit $1-\alpha$ vermutet werden kann: Das ist die Frage nach den Konfidenzgrenzen des Medianwertes einer beliebigen Populationsverteilung.

11.3.1 Konfidenzintervall für den Median beliebig verteilter Meßwerte

Exakte Konfidenzgrenzen

Sind die Meßwerte einer Zufallsstichprobe vom Umfang N aus einer stetigen[10] Population mit dem Median η entnommen und *aufsteigend* geordnet worden, so daß $x_1, x_2, ..., x_r, ..., x_s, ..., x_N$ eine Rangreihe mit den In-

---

10 Stammen die als singulär angenommenen Meßwerte x_i nicht aus einer stetig, sondern aus einer diskret verteilten Population, dann ist es nicht gleichgültig, ob man die Intervallgrenzen nach (11.3.1.1) mit oder ohne ihre Endpunkte x_r und x_s definiert. NOETHER (1967) hat gezeigt, daß x_r und x_s bei diskret verteilten Populationen einem Konfidenzkoeffizienten von mindestens $1-\alpha$ entsprechen, wenn man sie selbst — wie bei auftretenden Bindungen nötig — mit einbezieht. Bezieht man die Endpunkte hin-

dizes als Rangwerten bilden, dann läßt sich über die Binomialverteilung zeigen (vgl. LIENERT, 1962, S. 239), daß folgende Gleichung gilt:

$$P(x_r \leqslant \eta \leqslant x_s) = (\frac{1}{2})^N \sum_{i=r}^{s-1} \binom{N}{i} \qquad (11.3.1.1)$$

Die Gleichung besagt, daß der Populationsmedian η mit der Wahrscheinlichkeit P zwischen x_r und x_s eingeschlossen ist.

Am *Beispiel* illustriert: Für N = 6 Meßwerte x_i = 3, 5, 7, 7, 8, 11 mit Md = 7 als dem Stichprobenmedian (rangmittlerer Meßwert, hier mit einem anderen numerisch gleichen gebunden) liegt η mit folgender Wahrscheinlichkeit zwischen dem ersten (x_1 = 3) und dem letzten Meßwert (x_6 = 11) eingeschlossen:

$$P(3 < \eta < 11) = (\frac{1}{2})^6 (\binom{6}{1} + \binom{6}{2} + \binom{6}{3} + \binom{6}{4} + \binom{6}{5}) = 0{,}97$$

Anders formuliert: Der Konfidenzkoeffizient $1-\alpha$ = 0,97 besagt, daß der Populationsmedian mit einer Sicherheit von 97% zwischen der unteren Konfidenzgrenze Md = x_1 = 3 und der oberen Konfidenzgrenze $\overline{Md}$ = x_6 = 11 gelegen ist.

Wird — wie im vorstehenden Beispiel — s zu r symmetrisch gelegen angenommen, dann ist stets s = N−r+1 zu wählen, um Konfidenzgrenzen Md und $\overline{Md}$ für ein vorgegebenes P ⩾ $1-\alpha$ zu erhalten, wie sie erstmalig THOMPSON (1936) und später NAIR (1940) und andere ermittelt haben. Tafel XI−3 wurde aus OWEN (1962, Table 12.1) adaptiert, und zwar für N = 4(1)50(2)80 und α = 0,01, α = 0,05, α = 0,10 und α = 0,20. Der Populationsmedian einer Stichprobe aus einer beliebig verteilten Grundgesamtheit liegt nach diesen Tafeln im Intervall zwischen dem Meßwert mit dem Rangplatz r und dem Meßwert mit dem Rangplatz N−r+1. (Man braucht also nur von jedem Ende der Stichprobe r Meßwerte abzuzählen, um auf x_r = Md als unterer und x_{n-r+1} = $\overline{Md}$ als oberer Grenze zu stoßen.) Umfangreiche Tafeln bis N = 1000 für Stichproben aus beliebig verteilten Populationen mit endlicher Dispersion finden sich bei MacKINNON (1964).

Konfidenzgrenzen bei Rangbindungen

Wenn trotz stetiger Verteilung eines Merkmals bei dessen Messung gleiche Meßwerte (Bindungen) auftreten, so sind diese solange für die Bestimmung von Konfidenzintervallen nach dem Binomialverfahren ohne Bedeutung, als r und s = N−r+1 auf je einen singulären Meßwert fallen. Auch

---

gegen in das Intervall nicht mit ein, dann gilt für diskret verteilte Populationen, daß das durch x_r und x_s definierte Intervall einem Konfidenzkoeffizienten von höchstens $1-\alpha$ entspricht. Im Fall des Vorzeichenrangtests ist r=s=$T_{\alpha/2}$.

wenn r und/oder s auf einen Meßwert fallen, der mit mindestens einem anderen Meßwert gebunden ist, ergeben sich keine Entscheidungsschwierigkeiten. Man ist stets auf der sicheren Seite, wenn man bei vereinzelten Rangbindungen so verfährt, wie man bindungsfrei verfahren wäre.

Kritisch wird das Verfahren erst bei *massierten Rangbindungen* aller Meßwerte, wie sie bei deren Gruppierung nach Intervallen auf einer Merkmalskala auftreten. Hier wird man die Konfidenzgrenzen in *bester Näherung* so bestimmen, daß man das Intervall, in das die untere oder obere Konfidenzgrenze fällt, danach, wo r oder s in diesem f Meßwerte enthaltenden Intervall liegen, so aufteilt, als ob die f Meßwerte gleichverteilt wären. Das folgende Beispiel illustriert den Prozeß der *proportionalen Intervallaufteilung*:

X-Intervalle	10	20	30	40	50	60	70	80	90
f=Frequenzen		4	7	11	15	10	8	3	2
cum. f.		4	11	22	37	47	55	58	60
				Md		Md̄			

Aus Tafel XI–3 entnehmen wir für $\alpha = 0{,}05$, daß der Meßwert mit dem Rang 22 die untere (Md) und der Meßwert mit dem Rang 39 die obere Konfidenzgrenze des Populationsmedians η bildet, wenn eine Zufallsstichprobe von $N = 60$ Beobachtungen – hier gruppierten Beobachtungen – vorliegt. Aus den fortlaufend aufsummierten (kumulierten) Frequenzen cum. f entnehmen wir, daß der Meßwert mit dem Rang 22 das Intervall von 30 bis 40 abschließt (und der Meßwert mit dem Rang 23 das neue Intervall von 40 bis 50 eröffnet); also liegt die *untere* Konfidenzgrenze bei Md = 40,0.

Der Rang 39 ragt mit 2 Beobachtungen in das 10 Meßwerte enthaltende Intervall von 50 bis 60 hinein. Nehmen wir der Einfachheit halber an, die 10 Meßwerte verteilten sich gleich (rechteckig) über dieses Intervall, so resultiert eine *obere* Konfidenzgrenze von M̄d = 52. Der Populationsmedian von X–(gruppiert) liegt mithin offenbar im Intervall zwischen 40 und 52.

Das empfohlene Näherungsverfahren garantiert *nicht* den Schutz des nominellen Alpha-Risikos, so daß die tatsächliche Irrtumswahrscheinlichkeit P u. U. etwas größer und nicht, wie im stetigen Fall, höchstens gleich α sein kann.

Asymptotische Konfidenzgrenzen

Ist der Stichprobenumfang *groß* – es genügt bereits ein $N > 10$ – so lassen sich die Konfidenzgrenzen des unbekannten Populationsmedians η

auch asymptotisch über die *Normalverteilung* bestimmen: Die N Rangwerte haben einen *Erwartungswert* von N/2 und eine *Varianz* von N/4, wenn man die Binomialverteilung mit Np als Erwartungswert und Np(1–p) als Varianz zugrunde legt und für p = 1/2 einsetzt[11]. Daraus ergibt sich für die Berechnung von r:

$$r = \frac{N}{2} - u_{\alpha/2}\sqrt{\frac{N}{4}} \qquad (11.3.1.2)$$

wobei u wie üblich die für α gültige Standardnormalvariable bezeichnet, und r ganzzahlig *ab*zurunden ist, so daß s = N–r+1.

Wenden wir die asymptotische Formel auf unser Zahlenbeispiel mit N = 60 gruppierten Meßwerten an, so erhalten wir bei $u_{0,025} = 1,96$ ein r = 60/2 – 1,96($\sqrt{60/4}$) = 22,4 ≈ 22 und s = 60 – 22 + 1 = 39 und somit dieselben Werte wie aufgrund von Tafel XI–3 (s. oben).

11.3.2 Konfidenzintervall für den Median beliebig verteilter Differenzen von Meßwertepaaren

Viel interessanter und praktisch bedeutsamer als die Konfidenzgrenzen des Median von Meßwerten sind die Konfidenzgrenzen des Medians aus *Paardifferenzen* von Meßwerten, wie sie bei Anwendung des Vorzeichentests (vgl. 5.1.2) oder eines anderen auf verbundenen Stichproben von Beobachtungen resultierenden Testplans anfallen[12].

Wir werden anhand des folgenden Beispiels mit den Differenzen so verfahren wie mit Originalmeßwerten, wobei wir nur bei den Differenzen auch deren Vorzeichen beachten müssen, wenn wir sie – wie Meßwerte – aufsteigend anordnen und durchnumerieren.

Beispiel 11.3.2.1

Ausgangsposition: Verbundene (abhängige, gepaarte) Beobachtungen über die Erträge zweier Getreidesorten A und B haben ergeben, daß (nach dem Vorzeichentest) A signifikant besser war als B. Der Versuch war mit einer 6-fach geschichteten (stratifizierten) Stichprobe durchgeführt worden, so daß keine andere Auswertung als die mittels des Vorzeichentests indiziert war.

---

11 Die Wahrscheinlichkeit, daß eine zufällig gezogene Beobachtung oberhalb des Medians der Population liegt, ist gleich der Wahrscheinlichkeit, daß sie unterhalb des Medians liegt, mithin 1/2.
12 Differenzen von Meßwertepaaren, die nicht symmetrisch verteilt sind oder aus inhomogenen Gruppen wie aus inhomogenen Paaren stammen, dürfen mit keinem anderen als dem Vorzeichentest auf Lageunterschiede geprüft werden!

Ergebnis: Die N = 20 Meßwertdifferenzen zwischen den Sorten $d = x_a - x_b$ und ihre Schichtung sind im folgenden verzeichnet (aus WEBER, 1967, S. 511):

Tabelle 11.3.2.1

Standorte:	I	II	III	IV	V	VI
A–B	−17	+97	−32	+ 5	+6	+ 7
	+15	+31	+ 7	+10	+7	+14
	+ 6	+15		− 7	−4	+12
	+56	−13				+16
N = 20	$N_I = 4$	$N_{II} = 4$	$N_{III} = 2$	$N_{IV} = 3$	$N_V = 3$	$N_{VI} = 4$

Fragestellung: Der Vorzeichentest mit den (hyperexzessiv verteilten) Differenzen soll durch eine Schätzung des Intervalls ergänzt werden, aufgrund dessen zu beurteilen ist, um wieviel der Ertrag von Sorte A mindestens und höchstens höher ist als der der Sorte B. Dazu ordnen wir die Differenzen d aufsteigend und versehen sie mit Rangwerten R.

d: −32 −17 −13 −7 −4 +6 +6 +7 +7 +7 +7 10 12 14 15 15 16 31 56 97

R: 1   2   3   4   5 $6\frac{1}{2}$ $6\frac{1}{2}$ $9\frac{1}{2}$ $9\frac{1}{2}$ $9\frac{1}{2}$ $9\frac{1}{2}$ 12 13 14 15 17 17 17 19 20

Folgerung: Aus Tafel XI–3 entnehmen wir für N = 20 und $\alpha = 0{,}05$ ein r = 6 und ein s = 15. Die Konfidenzgrenzen des Differenzenmedians sind mithin: $\underline{Md} = 6$ und $\overline{Md} = 15$. Sorte A ist folglich um mindestens 6, höchstens aber 15 Gewichtseinheiten des Ertrages besser als Sorte B. Da eine Skala von Meßwertdifferenzen (auch wenn es sich nur um eine Intervallskala wie die Centigrad-Temperaturskala gehandelt hätte) stets einen absoluten Nullpunkt besitzt, ist es zulässig zu sagen, daß die Höchst-Ertragssteigerung zweieinhalbmal so groß ist wie die Mindest-Ertragssteigerung.

Mehr als bei Meßwerten stellt sich bei Meßwertdifferenzen die Frage, ob eine *einseitige Intervallbegrenzung* nicht sinnvoller ist als eine zweiseitige. In unserem Beispiel war die Konfidenzintervallschätzung mit einem zweiseitigen Test verbunden und daher nur eine zweiseitige Intervallschätzung sinnvoll. Wäre guten Rechtes einseitig geprüft worden, dann wäre eine einseitige untere Intervallgrenze sinnvoller gewesen: Man hätte damit nach der Mindest-Ertragssteigerung fragen und die Höchst-Ertragssteigerung unberücksichtigt lassen können. In diesem Fall wäre r höher als bei beidseitiger Intervallbegrenzung ausgefallen. Es versteht sich, daß eine einseitige Intervallschätzung ebenso gut sachlogisch begründet werden muß wie ein einseitiger Lokationstest.

11.3.3 Konfidenzintervalle für Quantile

Der Median η ist nur einer unter mehreren möglichen Lageparametern, wie etwa den beiden Quartilen Q_1 und Q_3 mit Q_2 als dem Median, oder dem ersten und neunten Dezil D_1 und D_9 einer Populationsverteilung. Allgemein spricht man vom p-ten *Quantil* ξ_p einer Verteilung bzw. einer Zufallsvariablen X, wenn

$$P(X < \xi_p) \geq p \tag{11.3.3.1}$$

Ist p = 1/2, so handelt es sich um den Populationsmedian $\xi_{1/2}$ bzw. um dessen Punktschätzung $x_{1/2}$, das 2-te Quantil = 5. Dezil oder 50.Perzentil.

Auch für Quantile lassen sich Konfidenzgrenzen bestimmen, *ohne* daß die Populationsverteilung bekannt sein muß. Man geht hier analog vor wie bei der Bestimmung von Konfidenzgrenzen des Medianwertes. Da die Quantilgrenzen aber nicht einmal für ausgewählte Quantile vertafelt sind, muß man sich der Tafel XI–1 mit der kumulierten Binomialverteilung wie im Beispiel 11.3.3.1 bedienen:

Beispiel 11.3.3.1

Erhebungsdaten: N = 16 Patienten mit Bandscheibenbeschwerden wurden einer stationären Physiotherapie unterworfen und nach folgender Behandlungszeit (in Tagen) aus der Klink als gebessert entlassen (mit einer Ausnahme, wo die Behandlung nach 6 Wochen abgebrochen wurde).

Tage: 10 13 14 14 | 16 16 18 19 | 21 21 24 29 | 31 35 42 42(–)
Rang: 1 2 3 4 | 5 6 7 8 | 9 10 11 12 | 13 14 15 16
                                   $\underline{Q}$ Q $\overline{Q}$

Fragestellung: Es sollen aufgrund dieser Patientenstichprobe Empfehlungen an die Verweildauer gegeben werden und zwar so, daß 75 % der Patientenpopulation innerhalb von $x_{0,75}$ Tagen ansprechen (Punktschätzung des oberen Quartils); dazu soll noch eine Intervallschätzung der 1–α = 10%igen Konfidenzgrenzen dieses Quartils ($\xi_{0,75}$) angegeben werden.

Schätzungen: Die Punktschätzung des dritten Quartils $Q_3 = Q$ beträgt $x_{3/4} = 30$ Tage (nach Interpolation); es muß also – um 75% Behandlungserfolg zu erzielen – mit einer Behandlungsdauer von 1 Monat gerechnet werden.

Zwecks Intervallschätzung gehen wir in die Tafel XI–1 der kumulativen Binomialverteilung mit N = 16 und p = 0,75 ein und lesen von oben nach unten, bis wir auf $P_1 = 0,0271 < \alpha/2 = 0,5$ stoßen. Dazu gehört ein x = 8 und ein r = x+1 = 9. Wir lesen weiter bis $1-P_2 = 0,9365 < 1-\alpha/2 = 0,95$ und erhalten x = 14 und s = x+1 = 15. Daraus folgt, daß die untere Konfidenzgrenze des Populationsquartils $\xi_{0,75}$ bei $\underline{Q}$ = 21 Tagen (3 Wochen) und die obere Grenze bei $\overline{Q}$ = 42 Tagen (6 Wochen) liegt.

Folgerung: Will man ‚im Schnitt" einen 75%igen Behandlungserfolg oder besser bei 75% der Patienten einen Behandlungserfolg erzielen, so muß man mindestens 3 Wochen und höchstens 6 Wochen, ‚in der Regel' aber 30 Tage (1 Monat) lang behandeln. (Diese Information wird an Ärzte und Kostenträger, auch Patienten, weitergegeben.)

Anmerkung: Der tatsächliche Konfidenzkoeffizient ist bei dieser Prozedur nicht $1-\alpha = 90\%$, sondern $1 - P_1 - P_2 = 1 - 0{,}0271 - 0{,}0635 = 0{,}9094$, also ein wenig größer als gefordert, wie dies im Sinne eines konservativen Vorgehens zu empfehlen ist.

Bei Stichprobenumfängen von $N > 20$ und nicht zu extremen Quantilen ($10\% < p < 90\%$) schätzt man r und s *asymptotisch* über die Standardnormalverteilung nach

$$r = Np - (u_{\alpha/2})\sqrt{Np(1-p)} \qquad (11.3.3.1)$$

$$s = Np + (u_{\alpha/2})\sqrt{Np(1-p)} \qquad (11.3.3.2)$$

Im obigen Beispiel mit $N = 16$ und $p = 0{,}75$ wäre $u_{0,10/2} = 1{,}65$ zu setzen, woraus $r = 12 - 1{,}65\sqrt{3} = 9{,}14$ oder $-$ *ab*gerundet $-$ $r = 9$ wie oben resultiert, und s durch $12 + 1{,}65\sqrt{3} = 14{,}86 = 15$ (aufgerundet) gegeben ist. Man beachte, daß nur im Falle des mittleren Quantils (Median) die Beziehung $s = N-r+1$ gilt, weil nur in diesem Fall die Konfidenzgrenzen symmetrisch bezüglich ihrer Rangwerte r und s gelegen sind.

Da Differenzen zwischen Quantilen, wie der *Quartilabstand* oder der *Dezilabstand* (vgl. 2.1.6) oft als nichtparametrische Dispersionsmaße verwendet werden, bietet sich die Möglichkeit, neben Punktschätzungen für entsprechende Parameter, wie $\xi_{0,75} - \xi_{0,25}$ auch Intervallschätzungen in Form von $\underline{x}_{0,75} - \overline{x}_{0,25}$ als dem kürzesten und $\overline{x}_{0,75} - \underline{x}_{0,25}$ als dem längsten Intervall des Populationsquartilabstandes als Dispersionsparameter anzugeben (vgl. auch PFANZAGL, 1976).

11.3.4 Konfidenzintervall für den Median (Mittelwert) symmetrisch verteilter Meßwerte

Haben wir empirische oder theoretische Argumente für die Annahme, daß Meßwerte eines Merkmals in der Population der Merkmalsträger nicht beliebig, sondern *symmetrisch* (wenn schon nicht normal) verteilt sind, dann lassen sich wirksamere Schätzmethoden anwenden als bei beliebigen Verteilungen[13]. Da bei symmetrisch verteilten Populationen der Median η

---

13 Ob die zu einer Stichprobe gehörige Population symmetrisch verteilt ist (H_0), kann man nur prüfen, wenn der Populationsmittelwert μ bekannt ist: Man bildet dann die Differenzen $x_i - \mu$ mit $i=1,...,N$ und prüft mittels des WILCOXON-Vorzeichenrangtests,

mit dem Mittelwert μ identisch ist, kann man auch von einer nichtparametrischen Schätzung des Populationsmittelwertes sprechen.

Die *Punktschätzung* erfolgt wie bei beliebigen Verteilungen, wenn man den Stichprobenmedian als erwartungstreue Schätzung des Populationsmedians gelten läßt.

Die Intervallschätzung kann bei *symmetrischen* Verteilungen hingegen über die Prüfverteilung des Vorzeichenrangtests wesentlich effizienter (wirksamer) erfolgen als über die Binomialverteilung (wie bei beliebigen Verteilungen). Die Grundlagen für die folgende Schätzung hat TUKEY (1949) gelegt, obschon sie erst durch WALKER und LEV (1953, S. 445) bekannt geworden ist[14].

TUKEYS Konfidenzgrenzen für den Lokationsparameter

Angenommen, wir haben eine Stichprobe von N = 8 *Temperaturmessungen* erhoben (in °F) entsprechend den Temperaturen, die eine Stichprobe von N = 8 Personen unter Konstanthaltung der übrigen bioklimatischen Faktoren als ‚angenehm' empfunden hat (aus CONOVER, 1970, S. 218), und folgende Temperaturen x_i (i = 1, ..., N) erhalten:

i = Person	D	F	G	A	C	E	B	H
x_i = Temperatur (°F)	79	80	82	83	86	86	87	89

Unter der plausiblen Annahme, daß die Temperaturmessungen in der unbekannten Population symmetrisch verteilt sind, bilden wir nach TUKEY die $N(N+1)/2$ *Durchschnitte* $(x_i + x_j)/2$, wobei wir i = j zulassen, also auch jede Person mit sich selbst paaren[15]: Wir erhalten dann für unsere N = 8 Personen $8(8+1)/2 = 36$ Durchschnitte, von denen wir aber nur – wie später erkennbar – die T extremen 6 oder 7 wirklich zu berechnen brauchen:

---

ob H_0 (Symmetriehypothese) beibehalten werden kann. Ersetzt man bei diesem ‚Vortest' μ durch seine Punktschätzung $\bar{x} = \Sigma x_i/N$, so entscheidet der Test konservativ (was hier von Nachteil ist); bei Bindungen vgl. CONOVER (1973).

14 Gegen den WILCOXON-Vorzeichenrangtest, auf dem die Intervallschätzung beruht, läßt sich einwenden, daß die $N(N+1)/2$ Durchschnitte nicht wie gefordert wechselseitig unabhängig, sondern algebraisch abhängig sind, worauf J. KRAUTH, Düsseldorf, mit einem Brief vom 3. 9. 1973 hingewiesen hat. Möglicherweise ist dies der Grund, daß J. W. TUKEY selbst dieses Verfahren nur als Mimeograph und nicht als Zeitschriftenartikel publiziert hat. Der Einwand gilt analog auch für die graphische Version der Schätzung; er scheint den Lehrbuchautoren, die diese Schätzung bekannt gemacht haben (WALKER, 1953, und CONOVER, 1971 z.B.) nicht oder nicht als gewichtig bewußt geworden zu sein.

15 Statt der Durchschnitte kann man natürlich auch mit den Summen arbeiten; aus Gründen der Vergleichbarkeit mit dem nachfolgend dargestellten Graphischen Verfahren bleiben wir bei den Durchschnitten.

79 79½ 80 80½ 81 <u>81</u> 82 ... 86½ <u>86½</u> 87 87½ 87½ 88 89

1   2   3   4   5   <u>6</u>   7   ... 30   <u>31</u> 32 33   34   35 36

DD DF FF DG DA FG GG   CB EB BB CH EH BH HH

Um ein Konfidenzintervall von $1-\alpha = 90\%$ zu gewinnen, suchen wir in der Tafel für WILCOXONS *Vorzeichenrangtest* (Tafel VI–4–1–2) die Schranke $T_{\alpha/2} = T_{0,10/2} = T_{0,05} = 5$ für $N = 8$ und zählen von jeder Seite der aufsteigend geordneten Durchschnitte 6 ab, um auf die mittels des Vorzeichenrangtests nach TUKEY erhaltenen Konfidenzgrenzen $\underline{X} = 81$ und $\bar{X} = 86{,}5$ zu treffen.

Wir haben die TUKEYschen Konfidenzgrenzen des Lageparameters (Medians) einer symmetrischen Populationsverteilung mit Großbuchstaben bezeichnet, um sie von den binomialen Grenzen zu unterscheiden. Man kann sich leicht davon überzeugen, daß TUKEYS Konfidenzintervall *kürzer* ist als das binomiale, wenn man aus Tafel XI–3 für $N = 8$ und $\alpha = 10\%$ die Rangziffern $r = 2$ und $s = 7$ entnimmt und damit ein Konfidenzintervall von $\underline{x} = 80$ bis $\bar{x} = 87$ als dem Intervall zwischen den Personen F und B in aufsteigender Anordnung erhält[16].

Die Verkürzung des Intervalls von $87 - 80 = 7$ auf $86{,}5 - 81 = 5{,}5$ mag gering erscheinen, sie fällt jedoch bei größeren und stärker streuenden Populationen augenfälliger ins Gewicht. Der *Effizienzgewinn* resultiert aus der Zusatzannahme einer symmetrischen Populationsverteilung; er ist nichtig, wenn diese Annahme in Wahrheit nicht zutrifft. Wendet man TUKEYS Intervallschätzung des Lageparameters zu Unrecht an, etwa auf schief verteilte Grundgesamtheiten, dann ist die wahre Aussagesicherheit $1-P$ i. a. geringer als die vorab vereinbarte $1-\alpha$.

Wie man TUKEYS Konfidenzgrenzen in einfacher Weise *graphisch* bestimmt, wird in dem folgenden Abschnitt besprochen.

Konfidenzgrenzen nach WALTERS Maximum-Test

Eine Variante des Vorzeichentests, die im Abschnitt 5.1.3 nicht besprochen wurde, führt bei symmetrisch verteilten Differenzen zweier abhängiger Stichproben zu einem engeren Konfidenzintervall für den Populationsmittelwert der *Differenzen aus verbundenen Stichproben*. WALTER (1956, 1958) hat mit seinem sog. *Maximum-Test* gezeigt, daß die Nullhypothese symmetrisch bezüglich Null verteilter Differenzen genau dann verworfen werden darf, wenn die k absolut größten Differenzen das gleiche Vor-

---

16 Die Methode von TUKEY läßt sich nicht nur auf Konfidenzintervalle, sondern auch auf die Konstruktion von Tests anwenden; sie ist ausführlich bei KURTZ (1963, Ch.7 und 8) beschrieben. Kritisch diskutiert wird die Methode bei LEHMANN (1963).

zeichen haben. Denn die einseitige Überschreitungswahrscheinlichkeit, daß k oder mehr Differenzen das gleiche Vorzeichen (positiv oder negativ) haben, beträgt unter H_0 (die Differenzen sind bzgl. Null symmetrisch verteilt)

$$P = \frac{1}{2^{k-1}}, \qquad (11.3.4.1)$$

und zwar unabhängig vom Umfang N der Stichprobe. Haben z. B. die k=6 größten Differenzen einer Stichprobe beliebigen Umfangs das gleiche Vorzeichen, dann ist $P = 1/(2^5) = 0{,}03125 < 0{,}05 = 5\%$. Für $\alpha = 1\%$ muß k=8 und für $\alpha = 0{,}1\%$ muß k=10 sein, wenn H_0 verworfen werden soll.

Über diesen Maximum-Test lassen sich nun auch Konfidenzintervalle für den *Differenzen-Median* nach folgender Vorschrift konstruieren: Man erhält ein 95 %-Konfidenzintervall (genauer $1 - 0{,}03125 = 96{,}875\%$), indem man das Mittel aus der kleinsten und der sechstgrößten Differenz (algebraisch angeordnet) bildet und andererseits das Mittel aus der größten und der sechstkleinsten Differenz; das erste Mittel ist die untere, das zweite die obere Konfidenzgrenze. Für das 1 %ige Intervall benutzt man entsprechend die achte und für das 0,1 %ige Intervall die 10. Differenz.

Nach dem numerischen Beispiel von WALTER (1958, S. 83) haben die N = 10 Differenzen d = $x_2 - x_1$

```
      1    2    3    4    5    6
d:  -1,9 -0,1  0,7  1,4  1,5  2,3  2,8  3,0  3,7  4,0
                           6    5    4    3    2    1
```

wenn sie als Gewichtszunahmen (in kg) von N = 10 Vtn gedeutet werden, einen Zunahme-Mittelwert mit einer unteren Konfidenzgrenze von $(-1{,}9 + 1{,}5)/2 = -0{,}20$ und einer oberen Konfidenzgrenze von $(4{,}0 + 2{,}3)/2 = +3{,}15$. Da das Konfidenzintervall die Null einschließt, unterscheiden sich die beiden verbundenen Stichproben, aus denen die Differenzen gebildet wurden, nicht signifikant.

Das Konfidenzintervall des Medianwerts via Maximum-Test fällt meist dann enger aus als das des Medianwerts nach dem Vorzeichentest, wenn die Behandlung an einem Skalenpol homeopoetisch, am anderen heteropoetisch wirkt (vgl. 6.4.1). In diesem Fall interessiert naturgemäß eher die gegen den homeopoetischen Pol gelegene Konfidenzgrenze.

Als Beispiel nehme man Abb. 6.8.1, in welchem hohe Blutdruckwerte unter der Behandlung regelhaft stark sinken, während normale bzw. altersgemäße Blutdruckwerte gleichbleiben oder ansteigen. Die sechs Differenzen für die Ptn A bis L betragen, algebraisch angeordnet,

-20 -15 -10 -10 -10 -10 -10 -5   5   5   5   10.

Die untere 95%-Konfidenzgrenze wäre demnach $(-20-10)/2 = -15$. Das bedeutet, daß die Behandlung mindestens eine durchschnittliche Blutdrucksenkung um 15 mm Hg bei der zugehörigen Population bewirkt. Die obere Konfidenzgrenze interessiert den Kliniker naturgemäß nicht, da evident und bekannt ist, daß einige Ptn ‚paradox' reagieren.

TUKEYS Konfidenzgrenzen für Differenzen von Meßwertepaaren

Gehen wir nunmehr davon aus, daß wir es mit *Differenzen* von Meßwerten zu tun haben, deren Verteilung in der Population aller Differenzen eine *symmetrische* ist, wie dies bei Anwendung von WILCOXONS Vorzeichenrangtest (vgl. 6.4.1) gefordert wird.

Angenommen, wir haben eine Stichprobe von N = 8 Individuen (Patienten oder Versuchstiere) einmal mit A und ein anderes Mal mit B behandelt und jedesmal den *Behandlungseffekt* gemessen. Die Differenzen $d_i = x_{ai} - x_{bi}$ mögen die Werte

d_i: -8   -7   3   9   13   17   20   28   (N = 8)

ergeben haben. Offenbar hat die experimentelle Behandlung A gegenüber der Kontrollbehandlung B zu einer Lageverschiebung nach ‚oben', zu einer ‚Ultra-Dislokation' δ geführt.

1. Machen wir *keine Annahme über die Verteilung* der Differenzen d_i in der Population aller möglichen Differenzen, so ist der Populationsmedian der Differenzen δ wie folgt zu schätzen: d = (9+13)/2 = 11 als Punktschätzung, sowie $\underline{d} = -7$ und $\overline{d} = 20$ als Intervallschätzung (vgl. Tafel XI–3). Das so geschätzte Intervall schließt die Null mit ein; das impliziert, daß ein Vorzeichentest nicht signifikant ausfallen kann, wenn man $\alpha = 5\%$ zugrunde legt (bei zweiseitigem Test).

2. Nehmen wir nun aber an, die Differenzen seien nicht nur in der Stichprobe (wie es den Anschein hat), sondern auch in der Population *symmetrisch verteilt*, dann lassen sich *kürzere* Konfidenzintervalle für den *Dislokationsparameter* δ (Mittel der Populationsdifferenzen) via TUKEY ermitteln. Wir gehen diesmal *graphisch* wie folgt vor:

Wir zeichnen eine *vertikale* Meßwertlatte und tragen auf dieser Latte die Differenzen d_i als Punktmarken ab, wobei wir die Extrempunkte mit B und C bezeichnen. Im Punkt der Bereichsmitte (Spannweitenmitte) A zwischen B und C zeichnen wir eine *Horizontale* und wählen auf dieser einen Punkt rechts von A. Indem wir D mit B und C verbinden, erhalten wir ein gleichseitiges Dreieck. In diesem Dreieck ziehen wir die in Abbildung 11.3.3.1 eingezeichneten *Parallelen* zu den beiden Schenkeln des gleichseitigen Dreiecks und markieren auch die Schnittpunkte mit Punktmarken.

Einschließlich der Punktmarken auf der Vertikalen ergeben sich damit — wie vorhin algebraisch — $N(N+1)/2 = 8(8+1)/2 = 36$ Punktmarken.

Wählen wir diesmal einen Konfidenzkoeffizienten von $1-\alpha = 95\%$ (in Übereinstimmung mit dem oben erwogenen Vorzeichentest), dann müssen wir gemäß dem algebraischen Verfahren aus Tafel VI–4–1–1 die *Schranke* $T_{\alpha/2} = T_{0,025} = 4$ dazu benützen, von oben und von unten $r = s = 4+1 = 5$ Punktmarken abzuzählen und in der jeweils fünften eine Horizontale zu zeichnen. Die *Schnittpunkte* dieser Horizontalen mit der Vertikalachse ergeben die untere ($\underline{X} = -2$) und die obere ($\overline{X} = 20$) Konfidenzgrenze des unbekannten Dislokations- oder Translationsparameters δ.

Auch nach dem Vorzeichenrangtest von WILCOXON wäre mithin der Lageunterschied zwischen den beiden verbundenen Stichproben *nicht* signifikant ($\alpha = 5\%$), weil die Null als Dislokationsparameter in dem graphisch ermittelten Konfidenzintervall mit eingeschlossen ist.

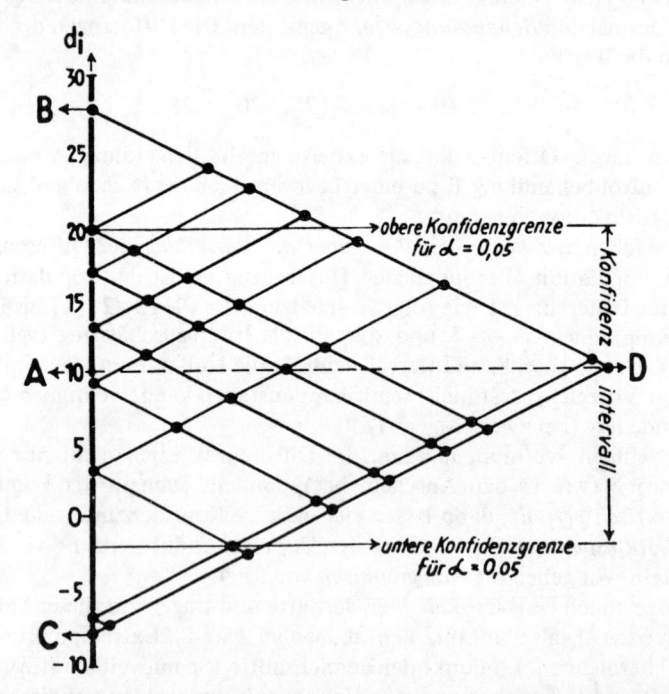

Abb. 11.3.4.1 Graphisches Verfahrensschema zur Bestimmung der Konfidenzgrenzen der Translation für zwei korrelierende = abhängige Stichproben.

Treten *Rangbindungen* (gleiche Differenzen) als Folge ungenauer Messung eines stetig verteilten Merkmals auf, so muß dies bei der graphischen

Methode berücksichtigt werden (durch Punktdoppelung, Tripelung, ein- oder Mehrfachumkreisung etc.). Sicherer ist hier die Anwendung der algebraischen Methode. Sind die Rangbindungen *zahlreich*, dann verliert die Schätzung an Wirksamkeit, wenn die Konfidenzgrenzen durch mehr als einen beobachteten Vertikalskalenpunkt repräsentiert werden (vgl. McNeil, 1967).

Interessiert in einem konkreten Fall aus sachlogischen Gründen nur *eine* der beiden Konfidenzgrenzen (z. B. die untere als Maßzahl für das Minimum der gegenüber Null existierenden Dislokation), dann sind einseitige Konfidenzgrenzen zu konstruieren und T_α statt $T_{\alpha/2}$ dem Verfahren zugrunde zu legen. Es ergeben sich bei diesem Vorgehen einseitig (rechtsseitig) *offene* Konfidenzintervalle, deren (untere) Grenze mediannäher (höher) liegt als die des entsprechenden *geschlossenen* Konfidenzintervalls.

Wie man im Fall der Clopper-Pearson-Schätzung von Konfidenzintervallen r und s, so kann man auch im Fall der Wilcoxon-Tukey-Schätzung T und $T' = N(N+1)/4 - T$ *asymptotisch* über die Normalverteilung bestimmen, wenn N groß ist oder Tafeln zur Ablesung von T fehlen:

$$T_{\alpha/2} = \frac{N(N+1)}{4} - (u_{\alpha/2}) \sqrt{\frac{N(N+1)(2N+1)}{24}} \qquad (11.3.4.2)$$

Die Näherungsbestimmung ist, wenn $\alpha \geq 0{,}05$ vereinbart wird, auch bei kleinen Stichproben ($N \geq 10$) gültig. Aus der Benutzung von T als Prüfgröße des Vorzeichenrangtests ergibt sich wiederum der Zusammenhang zwischen Testen und Schätzen.

Wie bei der Konfidenzschätzung zu verfahren ist, wenn *Nulldifferenzen* auftreten, wird in der Sekundärliteratur (wie etwa bei Conover, 1971, S. 215–222) tunlichst ausgespart, da das Problem der Handhabung von Nullen im Vorzeichenrangtest offenbar noch immer umstritten ist (vgl. Vorličková, 1970). Der Autor (Lienert) empfiehlt, bei der Konfidenzintervallschätzung im Unterschied zur Signifikanzprüfung die Nullen beizubehalten, d. h. nach Pratts (1959) nullenpräservierender Version des Wilcoxon-Tests zu verfahren, wie von Buck (1975) beschrieben.

Treten neben Nulldifferenzen auch numerisch gleiche Differenzen und damit *Rangbindungen* in größerer Zahl auf, dann bediene man sich zur Konfidenzschätzung der Buckschen (1979) Version des Wilcoxon-Tests.

Will man nicht nur für homogene Stichproben von Differenzen, sondern auch für *geschichtete Stichproben* Konfidenzintervalle nach dem Vorzeichenrangtest (und nicht nur, wie in Beispiel 11.3.2.1 nach dem Vorzeichentest) bestimmen, so konsultiere man die Arbeit von McCarthy (1965).

11.3.5 Moses' Konfidenzintervall für die Dislokation zweier unabhängiger Meßreihen

Wir haben nun nach der vorweggenommenen Behandlung der Lokationsdifferenz zweier *abhängiger* Stichproben bzw. deren Differenzen den Fall zweier *unabhängiger* Stichproben zu N_1 Meßwerten x_{1i} und zu N_2 Meßwerten x_{2j} zu betrachten und zu fragen, ob neben einer Punktschätzung des Unterschiedes einer geeigneten Lagestatistik (Median, Durchschnitt) auch eine Intervallschätzung möglich ist. Bei abhängigen Stichproben haben wir diese Schätzung auf dem Vorzeichenrangtest aufgebaut, und es liegt nahe anzunehmen, daß ein analoges Verfahren auf dem für unabhängige Stichproben zuständigen Rangsummen- bzw. U-Test aufgebaut werden kann. Derjenige, der diesen Analogieschluß als erster vollzogen oder zumindest publiziert hat, ist E. L. Moses; er hat das Kapitel über nichtparametrische Methoden im Lehrbuch von Walker (1953, Ch. 18) verfaßt (vgl. auch Moses, 1965) und dort das Verfahren beschrieben (vgl. auch Conover, 1971, S. 241).

Wenn wir annehmen, daß die beiden unabhängigen Stichproben aus Populationen stammen, die bis auf Lageunterschiede *identisch* (homomer) verteilt sind − und nur unter diesen Bedingungen ist die Anwendung des U-Tests indiziert und der Test selbst nur gegenüber Lokationsdifferenzen sensitiv −, dann können wir die Konfidenzgrenzen des Dislokationsparameters Γ, nämlich $\underline{G}$ und $\overline{G}$ in folgender Weise bestimmen[17]:

Algebraische Prozedur

Angenommen, *eine* Stichprobe von $N_1 = 7$ Vpn hat einen Psycho-Neurotizismus-Test unter Wirkung von 30 g Alkohol (in Grape fruit Saft) und eine *andere*, aus derselben Population stammende Stichprobe von $N_2 = 10$ Vpn denselben Test ohne Alkohol (nur Saft) bekommen; es wurden folgende Testwerte (mit halben Punkten für nicht beantwortete Alternativfragen) erzielt:

x_1 (mit Alkohol):   13   14   16   17 $19\frac{1}{2}$ 21   23

x_2 (ohne Alkohol): $14\frac{1}{2}$ $15\frac{1}{2}$ 18   19   20   22 $24\frac{1}{2}$ 25   27   29

---

17 Merkwürdigerweise ist − wie an einschlägiger Stelle besprochen wurde − der Lageparameter, auf den der Rangsummentest anspricht, gar nicht allgemein definiert: Bei asymmetrischen Verteilungen ist es ein ‚zwischen Median und Mittelwert' gelegener, als Punktschätzung aber nicht definierter Lagedifferenzenparameter, den wir mit Γ(groß gamma) bezeichnen.

Zur Vereinfachung der Auswertung ziehen wir von allen $N_1+N_2=N=17$ Testwerten eine Konstante c = 12 ab und erhalten:

X_1 mit N_1 = 7:   1   2   4   5 $7\tfrac{1}{2}$ 9   11

X_2 mit N_2 = 10: $2\tfrac{1}{2}$ $3\tfrac{1}{2}$ 6   7   8   10 $12\tfrac{1}{2}$ 13   15   17

Zur Bestimmung von Konfidenzgrenzen $\underline{G}$ und $\overline{G}$ im Sinne von MOSES bilden wir alle möglichen $N_1 N_2$ *Differenzen* d zwischen Testwerten aus je einer Stichprobe[18]. In praxi begnügen wir uns wie bei TUKEYS Test mit den U+1 extremen Differenzen, wobei U nach Tafel VI–1–1 die für N_1 und N_2 gültige α/2%-Schranke ist. Für N_1 = 7 und N_2 = 10 bei α/2 = 0,01 gilt $U_{0,009}$ = 11, so daß wir nur je 11+1 = 12 extreme Differenzen auszurechnen brauchen, wie in den Tabellen 11.3.5.1–2 geschehen:

Tabelle 11.3.5.1

	$x_{2j} - x_{1i} = d_{ji}$	Rang (d_{ji})
	17 - 1 = +16	70 = $N_1 N_2$
	....	
$\overline{G}$ =	15 - 5 = +$\underline{10}$	$\underline{59}$
	....	
$\underline{G}$ =	6 - 7,5 = -1,5	$\underline{12}$
	....	
	2,5 - 11 = -8,5	1

Die Differenzen mit den Rangwerten 1 bis 12 wurden nach folgendem Schema, das Irrtümer ausschließt, ermittelt (Tabelle 11.3.5.2):

Tabelle 11.3.5.2

2,5 - 11 = -8,5	1	3,5 - 11 = -7,5	3	6 - 11 = -5	6
2,5 - 9 = -7,5	2	3,5 - 9 = -5,5	4	6 - 9 = -3	8
2,5 - 7,5 = -5	5	3,5 - 7,5 = -4	7	6 - 7,5 = -1,5	$\underline{12}$
2,5 - 5 = -2,5	9	3,5 - 5 = -1,5	11	6 - 5 = +1	
2,5 - 4 = -1,5	10	3,5 - 4 = -0,5		....	
2,5 - 2 = -0,5		....			
....					
Rang (d)		Rang (d)		Rang (d)	

[18] Wie in TUKEYS Verfahren die Summen, so sind auch in MOSES' Verfahren die Differenzen nicht wechselseitig unabhängig, so daß die Anwendung des U-Tests im strengen Sinne unzulässig erscheint.

Analog wurden die Differenzen mit den Rangwerten von 70 bis 59 ermittelt. Daher resultiert aus Tabelle 11.3.5.1 eine obere Konfidenzgrenze von $\overline{G} = +10$ Testpunkten und eine untere Konfidenzgrenze von $\underline{G} = -1{,}5$ Testpunkten für den Dislokationsparameter Γ bei einem Konfidenzkoeffizienten von $1-P \geq 1-\alpha = 0{,}98$.

Da das ermittelte Konfidenzintervall die Null ($\Gamma = 0$) umschließt, würde die Anwendung des U-Tests, auf dem das Verfahren theoretisch beruht (vgl. Conover, 1970, S. 241), bei $\alpha = 0{,}02$ zur Beibehaltung der Nullhypothese identisch lozierter Populationen führen.

Graphische Prozedur

Moses' Intervallschätzung für den Dislokationsparameter Γ für 2 unabhängige Stichproben läßt sich analog der Schätzung des Dislokationsparameters δ für 2 abhängige Stichproben auch *graphisch* durchführen. Zu diesem Zweck stellen wir uns die (kodierten) Wertepaare (X_{2j}, X_{1i}) als Punktmarken in einem rechtwinkeligen Koordinatensystem wie dem der Abbildung 11.3.5.1 dar:

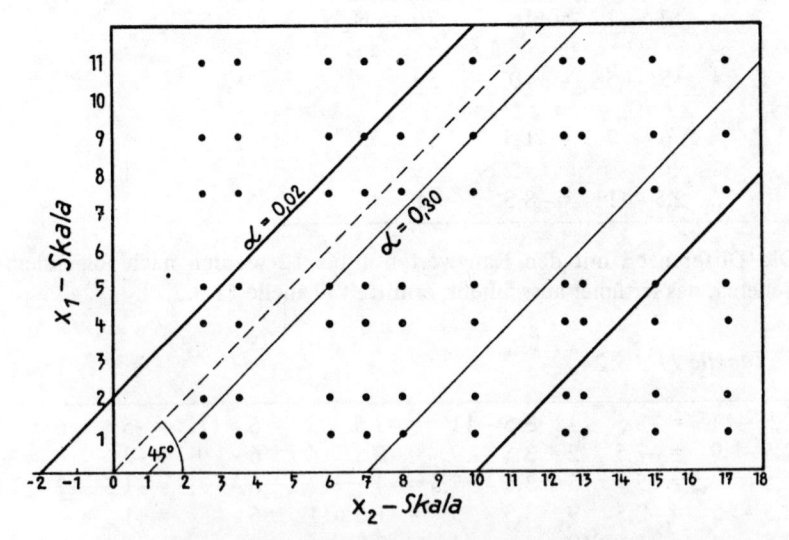

Abb. 11.3.5.1 Graphisches Verfahrensschema zur Bestimmung der Konfidenzgrenzen der Translation für zwei unabhängige Stichproben

Wir haben durch den Ursprung des Koordinatensystems eine (gestrichelte) Gerade mit 45° Steigung gelegt; sie teilt die Punktmarken in *2 Gruppen*: Eine Gruppe links oben, für die $X_1 > X_2$ und eine rechts unten, für die $X_1 < X_2$ gilt. Ein Vergleich der beiden Stichproben nach dem U-Test würde ergeben, daß die Punktmarkenzahl links oberhalb der gestrichelten Linie gleich der Prüfgröße U, die rechts unterhalb gleich der Komplementärgröße $U' = N_1 N_2 - U$ ist.

Um die *untere* Konfidenzgrenze des Dislokationsparameters Γ zu erhalten, verschieben wir die gestrichelte Gerade so weit nach links oben, bis nur noch $U_{0,02/2} = 11$ jenseits der neuen (ausgezogenen) Geraden liegen. Der Schnittpunkt dieser Geraden mit der Abszissenachse liefert die graphische Schätzung von $\underline{G} = -2$ (die von der algebraischen um eine halbe Einheit in konservativer Richtung abweicht).

Die *obere* Konfidenzgrenze erhalten wir, indem wir von der rechten unteren Ecke aus 11 Punktmarken in Richtung der Diagonallinie abzählen und durch die 12. Punktmarke eine Parallele zu ihr ziehen; ihr Schnittpunkt mit der Abszissenachse bezeichnet die obere Konfidenzgrenze $\overline{G}=10$ (die mit der algebraisch gewonnenen Grenze identisch ist).

Treten − was in Abbildung 11.3.5.1 nicht der Fall ist − *Rangbindungen* auf, so verfährt man wie bei TUKEYS graphischem Test (vgl. 11.5.2): Man signiert die doppelt oder dreifach zu zählenden Punktmarken (z. B. durch umgebende Kreise, wie bei CONOVER, 1970, Fig. 4) und achtet darauf, daß mindestens je $U_{\alpha/2}$ Punktmarken außerhalb der beiden ‚Konfidenzgeraden' zu liegen kommen; damit entscheidet man in jedem Fall so, daß der wahre Konfidenzkoeffizient 1−P stets größer oder gleich dem vereinbarten Konfidenzkoeffizienten 1−α ist.

Für *große Stichproben* und Schranken der Prüfgröße U, die *nicht* vertafelt sind, bestimmt man die U-Schranke *asymptotisch* über die Normalverteilung:

$$U_{\alpha/2} = \frac{N_1 N_2}{2} - (u_{\alpha/2})\sqrt{\frac{N_1 N_2 (N_1 + N_2 + 1)}{12}} \qquad (11.3.5.1)$$

Die erhaltene Schranke ist nach *unten* abzurunden! Auf unser Beispiel angewandt ergibt sich $N_1 N_2/2 = 7 \cdot 10/2 = 35$ und $N_1 N_2 (N_1+N_2+1)/12 = 7 \cdot 10 \cdot 18/12 = 105$, dessen Wurzelwert 10,2 beträgt. Nach (11.3.5.1) ist dann $U_{0,02/2} = 35 - 2,33 (10,2) = 11,12 = 11$ (abgerundet) gleich der in Tafel VI−1−1 abgelesenen Schranke.

Zusammenfassend darf folglich gesagt werden: Die Alkoholbehandlung 1 hat zwar gegenüber der Kontrollbehandlung 2 zu einer Verminderung der Psychoneurotizismus-Werte geführt, doch ist diese nach dem U-Test auf der vereinbarten 2%-Stufe für zweiseitige Fragestellung (oder auf der 1%-Stufe für einseitige Fragestellung) nicht signifikant. Immerhin zeigt aber das 98%-ige Konfidenzintervall, daß die beiden Behandlungen einen Dislokationsparameter Γ verursachen, dessen Konfidenzintervall sich von −2 bis +10 Testwerten erstreckt. Da die Differenzen X_2-X_1 anstelle X_1-X_2

ausgewertet wurden, bedeutet dies, daß Alkohol im ‚ungünstigsten Fall' die Neurosebereitschaft um 2 Testpunkte *steigert*, sie ‚im günstigsten Fall' aber um 10 Testpunkte *mindert* (aus welchem Grund Alkohol von Neurotikern als Tranquilizer konsumiert wird).

Wir haben also trotz eines insignifikanten Testergebnisses gewisse Hinweise auf die möglichen Grenzen der Behandlungswirkung dadurch bekommen, daß wir die Konfidenzgrenzen des Dislokationsparameters, auf den der U-Test anspricht, ermitteln konnten.

Statt auf der Basis des U-Tests gibt TUKEY (1959) auf Grundlage von Überschreitungen (exceedances) der einen über die andere Stichprobe (vgl. 6.1.8) eine Schnellschätzung der Konfidenzgrenzen des Dislokationsparameters. Die numerische wie die graphische Version dieser Schnellschätzung ist im Lehrbuch von CONOVER (1971, S. 330–332 und Table 21) ausführlich abgehandelt. Im Fall großer Stichproben und nur in diesem Fall ist die Schnellschätzung praktisch ebenso wirksam wie die Schätzung via U-Test.

11.3.6 LEVENES Konfidenzintervall für den Dispersionsunterschied zweier unabhängiger Messreihen

Wie für Unterschiede zwischen Lageparametern, so lassen sich auch für *Differenzen von Streuungsparametern* Konfidenzintervalle bestimmen. NOETHER (1966, Ch. 9.4) hat diesbezüglich sowohl die theoretischen Möglichkeiten wie auch die praktischen Grenzen aufgezeigt. Die brauchbaren Methoden laufen durchweg darauf hinaus, das Dispersions- in ein Lokationsproblem umzuwandeln, wie dies im Dispersionstest von SIEGEL und TUKEY geschehen ist (vgl. 6.7.2).

Wir wollen im folgenden nur eine *vereinfachte* und auf einem robusten Test von LEVENE (1960) basierende Anwendung besprechen, und zwar deshalb, weil sie praktisch keine Voraussetzungen bezüglich der beiden Populationen bzw. der aus ihnen entnommenen unabhängigen Stichproben impliziert, auch wenn Stichprobenmittelwerte darin auftreten.

Wir definieren als Punktschätzung des Dispersionsparameters einer Verteilung 1 die *mittlere Abweichung* der Meßwerte von ihrem Populationsmittel $D_1 = \Sigma(|x_1-\bar{x}_1|)/N_1$; entsprechend wird der Dispersionsparameter einer Verteilung 2 durch $D_2 = \Sigma(|x_2-\bar{x}_2|)/N_2$ geschätzt. Die Punktschätzung des Dispersionsunterschiedsparameters ist dann $D = D_2 - D_1$.

Um Konfidenzgrenzen für den *Unterschiedsparameter* zu erstellen, betrachten wir $d_1 = |x_1-\bar{x}_1|$ und $d_2 = |x_2-\bar{x}_2|$ als Dispersionsmeßwerte der Stichprobe 1 mit N_1 Beobachtungen und der Stichprobe 2 mit N_2 Beobachtungen. Auf die d_1- und d_2-Werte wenden wir dann das Verfahren von MOSES (6.7.1) an, um die Konfidenzgrenzen der Dispersionsunterschiede der Populationen $\underline{D}$ und $\overline{D}$ für den Parameter $\Delta = \Delta_2 - \Delta_1$ zu bestimmen. Wir illustrieren das Vorgehen an einem Beispiel.

Beispiel 11.3.6.1

Problem: Es ist bekannt, daß ein Antibiotikum 1 wirksamer ist als ein Antibiotikum 2, wenn man die Wirkung — wie üblich — an der Wachstumshemmung (in %) von Bakterienkulturen mißt. Leider scheint aber das Antibiotikum 1 wesentlich stärker in seiner Wirkung zu streuen, so daß man einmal mit einer starken, dann aber wieder mit einer schwachen Wirkung bei einem konkreten Anwendungsfall rechnen muß.

Aufgabe: Es soll auf dem Weg über die untere Konfidenzgrenze $\underline{D}$ der mittleren Abweichung (1) entschieden werden, ob der Dispersionsunterschied signifikant ist ($\alpha = 0{,}01$) und, wenn nicht, wo (2) die obere Konfidenzgrenze $\overline{D}$ des Dispersionsunterschiedes liegt.

Ergebnisse: Eine Untersuchung hat für die beiden Antibiotika die folgenden Hemmungspromillwerte erbracht (adaptiert aus CAMPBELL, 1971, Tabelle 29), wobei $N_1 = 11$ und $N_2 = 10$ Kulturen ausgemessen wurden.

x_1: 414 483 512 303 568 457 517 624 368 573 476 705; $\bar{x}_1 = 500$

x_2: 107 163 272 187 219 132 151 83 256 231 179; $\bar{x}_2 = 180$

$d_1 = |x_1 - \bar{x}_1|$: 86 17 12 197 68 43 17 124 132 73 24 205

$d_2 = |x_2 - \bar{x}_2|$: 73 17 92 7 39 48 29 97 76 51 1

Für den Lagevergleich zweier Stichproben der Umfänge 10 und 11 gilt als untere Schranke eine Rangsumme von $T_{0,01}$ (einseitig) = 67 (vgl. Tafel VI–1–2), was einem $U_{0,01} = 22$ entspricht. Wir bilden also die U+1 = 23 höchsten Differenzen $d = d_2 - d_1$ und erhalten:

97–12 = 85	1	92–17 = 75	5,5	76–17 = 59	11,5	51–12 = 39	19
–17 = 80	3	–17 = 75	5,5	–24 = 52	16	–17 = 34	21,5
–17 = 80	3	·		–43 = 33	23	·	
·		·		73–12 = 61	10	·	
·		76–12 = 64	9	·		48–12 = 36	20
92–12 = 80	3	–17 = 59	11,5	·		–17 = 31	24

Folgerung: Die obere Konfidenzgrenze des einseitig beurteilten Dispersionsunterschiedes (in Einheiten der mittleren Abweichung) beträgt mithin 33 oder 3,3%. Da sie über Null liegt, ist der Dispersionsunterschied signifikant ($\alpha = 0{,}01$ einseitig) zugunsten der vorausgesagten größeren Streuung der Wirkung des Antibiotikums 1 im Vergleich zu der des Antibiotikums 2.

Man sollte bei der Anwendung des LEVENEschen Tests darauf achten, daß die *Voraussetzungen des U-Tests* erfüllt sind: Unabhängigkeit der $N = N_1 + N_2$ Meßwerte x und homomere Verteilung von d_1 und d_2. Ob die letzte Forderung in unserem Beispiel erfüllt ist, scheint fraglich, da die Spannweite der $d_1 = 205 - 12 = 193$ und die Spannweite der $d_2 = 97 - 1 = 96$, so daß ein Dispersionsunterschied in den zu d_1 und d_2 gehörigen Populationen vermutet werden darf, wo im U-Test nur Lokationsunterschiede zugelassen sind.

11.4 Konfidenzgürtel der Verteilungsfunktion eines stetigen Merkmals

Oft ist der Untersucher nicht daran interessiert, die Konfidenzgrenzen eines bestimmten Parameters (Lage- oder Streuungsparameters) der als stetig angenommenen Verteilung eines untersuchten Merkmals zu erfahren, sondern daran abzuschätzen, in welchen Grenzen die kumulative Verteilung, die Verteilungsfunktion F(x) dieses Merkmals, um dessen kumulierter Stichprobenverteilung $F_N(x)$ = Summenkurve oder *Treppenfunktion*, bei Inkaufnahme einer vorgegebenen Irrtumswahrscheinlichkeit α zu vermuten ist. Es handelt sich also um das Problem, einen *Konfidenzgürtel* (confidence band) um die durch die Stichproben-Meßwerte gegebene Treppenfunktion so zu legen, daß er die Verteilungsfunktion des Merkmals mit einer Sicherheit von $1-\alpha$ einschließt.

Wenn man bedenkt, daß im *Anpassungstest von KOLMOGOROV* (vgl. 7.3.1) die umgekehrte Aufgabe gestellt wurde, nämlich zu prüfen, ob sich eine empirische Verteilung einer bekannten oder theoretisch geforderten hinlänglich gut anpaßt, ist leicht einzusehen, daß mittels der dort verwendeten Prüfgröße D auch das gewünschte Konfidenzband konstruiert werden kann: Wir kennen den Stichprobenumfang, legen α fest und suchen in Tafel VII–3 jene Schranke D_α, die einem Konfidenzkoeffizienten von $1-\alpha$ entspricht. Sodann bilden wir das Produkt ND_α und tragen von jedem Punkt der empirischen Treppen- oder Summenkurve dieses Produkt nach oben und unten ab. Es resultiert die obere (linke) und die untere (rechte) *Konfidenzkontur* und der dazwischen eingeschlossene Konfidenzgürtel.

Während also die Konfidenzgrenzen durch 2 Punkte auf der *Zahlengeraden* definiert waren, ist der Konfidenzgürtel durch 2 Treppenkurven in einem *rechtwinkeligen Koordinatensystem* definiert. Die Abszissenachse ist die Merkmalsskala, und die Ordinatenachse wird von den kumulierten Frequenzen cum f. = F oder einer entsprechenden, von 0% bis 100% sich erstreckenden Summenhäufigkeitsskala konstituiert.

Veranschaulichen wir uns das Verfahren anhand einer Stichprobe von N = 20 Kindern, die folgende Aggressivitäts-Testwerte in einem Aggressionstest (mit nur ordinal skalierten Testwerten) geliefert haben

$$\begin{array}{cc} & 20 & 23 \\ & 19 \; 20 \; 21 & 23 \end{array}$$

x_i: 7 13 15 17 18 19 20 21 22 23 24 25 28

Abbildung 11.4.1.1 stellt die *empirische* Verteilungsfunktion dieser 20 Testwerte als dick ausgezogene Treppenkurve dar. Um Konfidenzkonturen einzuzeichnen, wählen wir $1-\alpha = 95\%$ und suchen in Tafel VII–3 die zugehörige Schranke $D_{0,05/2} = 0,294$ auf. Die einseitige ‚Gürtelbreite' beträgt $20(0,294) = 5,9$; sie ist — soweit nicht durch 0 nach unten und durch 20 nach oben begrenzt — in Abbildung 11.4.1.1 zur Konstruktion der beiden, schwach ausgezogenen Treppenkonturenkurven herangezogen worden.

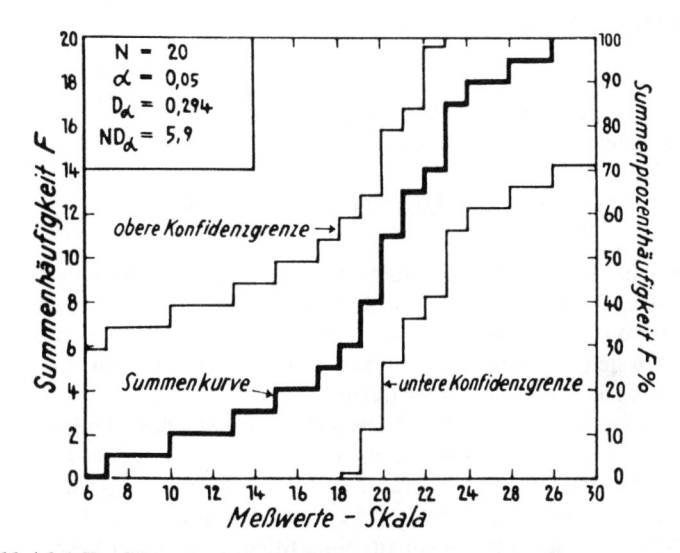

Abb. 11.4.1.1 Konfidenzgürtel der Summenhäufigkeitskurve einer Stichprobe: Die Summenkurve der Population, ausgedrückt als Prozentsummenhäufigkeitskurve, liegt mit 95 % Wahrscheinlichkeit innerhalb des Konfidenz-Konfidenzgürtels

Wenn wir fragen: Könnten die 20 Aggressionstestwerte aus einer symmetrisch, ja normal verteilten Grundgesamtheit stammen, so müssen wir diese Möglichkeit *bejahen*, da der Konfidenzgürtel eine Normalogive, d.h. die Verteilungsfunktion einer normal verteilten Population von Testwerten mit einschließt, insbesondere, wenn deren Parameter (μ und σ^2) nicht bekannt sind. Wären sie bekannt, dann könnte man die *Normalogive* konstruieren und feststellen, ob sie innerhalb des Konfidenzgürtels bleibt (Nullhypothese der Anpassung beibehalten!) oder nicht (H_0 ablehnen); worin sich abermals die *Dualität zwischen Schätzen und Testen manifestiert*[19].

Fehlen Tafeln zur Ablesung der *exakten* Schranke D_α und ist $N \geqslant 25$, dann berechne man die Schranke *asymptotisch* nach

$$D_\alpha = K_\alpha / \sqrt{N}, \qquad (11.4.1.1)$$

wobei $K_{0,20} = 1{,}07$, $K_{0,10} = 1{,}22$, $K_{0,05} = 1{,}36$ und $K_{0,01} = 1{,}63$ nach MASSEY (1951) einzusetzen ist. In unserem Beispiel mit $N = 20$ und $\alpha = 0{,}05$ ist $D_{0,05} = 1{,}36/\sqrt{20} = 0{,}304$ ein wenig größer als bei exakter Ablesung, womit der Konfidenzgürtel aufgrund der asymptotisch berechneten Schranke etwas *breiter* würde.

11.5. Konfidenzgrenzen für Korrelations- und Regressionsparameter

11.5.1 NOETHERS Konfidenzgrenzen für KENDALLS Tau

Bisher haben wir uns ausschließlich mit *univariaten* Merkmalen, deren Parametern und deren Verteilungsfunktion befaßt. In einer *bivariaten* Population von Merkmalsträgern mit stetig verteilten Merkmalen X und Y kommt zu den Einzelparametern aus den Randverteilungen von X und Y noch ein *Korrelationsparameter* hinzu.

Wenn wir uns auf *monoton korrelierte Merkmale* beschränken und den Korrelationsparameter τ von KENDALL (vgl. 1962, Ch.2, oder Kap.9.5) als Maß zur Beschreibung (und Prüfung) des Zusammenhangs zwischen den beiden Merkmalen heranziehen, so besteht nach NOETHER (1966, Ch.10.5) die Möglichkeit, auch zu einem aus einer Stichprobe von N Beobachtungspaaren (Meßwert- oder Rangpaaren) gewonnenen tau-Koeffizienten ein Konfidenzintervall zu berechnen.

---

19 Wollten wir anstelle der Parameter μ und σ^2 deren erwartungstreue Punktschätzungen $\bar{x} = \Sigma x_i / N$ und $s^2 = \Sigma(x_i - \bar{x})/(N-1)$ aufgrund unserer Stichprobe mit $N = 20$ Messungen einsetzen und die zugehörige Normalogive konstruieren, so entspräche dieses Vorgehen dem Normalanpassungstest von LILLIEFORS (1967) als einer konservativen Variante des Normalanpassungstests nach KOLMOGOROFF. Ein Beispiel für diese Art einer konservativen Anwendung findet sich in der 1. Auflage (Tab.41), wobei statt stetiger oder (wie oben) mit wenigen Bindungen versehener singulärer Meßwerte gruppierte Meßwerte als Quelle zusätzlich konservativer Wirkung herangezogen werden.

Wüßten wir, daß in der Population eine *Nullkorrelation* besteht ($\tau = 0$) oder eine von Null nicht wesentlich verschiedene Korrelation, dann könnten wir mit der Varianz von tau (KENDALL, 1962, S.71),

$$\text{Var.tau} = 2(2N+5)/9N(N-1) \qquad (11.5.1.1)$$

operieren und ein *Konfidenzintervall* über die Normalverteilung erstellen, sofern der Stichprobenumfang N der Beobachtungspaare $x_i y_i$ (i=1,...,N) nicht zu klein ist:

$$\underline{\text{tau}} = \text{tau} - (u_{\alpha/2})\sqrt{\text{Var.tau}} \qquad (11.5.1.2)$$

$$\overline{\text{tau}} = \text{tau} + (u_{\alpha/2})\sqrt{\text{Var.tau}} \qquad (11.5.1.3)$$

Ist tau jedoch von Null wesentlich verschieden, ist es insbesondere signifikant von Null verschieden, dann muß die *Approximation* von NOETHER (1966, Ch.10.5) in Funktion treten, um zu vermeiden, daß man bei hohem |tau| u. U. eine obere Grenze erhält, die über |1| liegt.

Sofern *keine* Rangbindungen vorliegen, weder innerhalb noch zwischen den verbundenen Meßreihen x_i, y_i, sind NOETHERS Konfidenzgrenzen für den Korrelationsparameter τ

$$\underline{\text{tau}} = \text{tau} - \frac{2u_{\alpha/2}}{N(N-1)}\sqrt{\text{Var.S}'} \qquad (11.5.1.4)$$

$$\overline{\text{tau}} = \text{tau} + \frac{2u_{\alpha/2}}{N(N-1)}\sqrt{\text{Var.S}'} \qquad (11.5.1.5)$$

Dabei ist die für den Nicht-Null-Fall *adjustierte Varianz* S' der Prüfgröße S wie folgt definiert:

$$\text{Var.S}' = 4\Sigma C_i^2 - 2\Sigma C_i - \frac{2(2N-3)}{N(N-1)}(\Sigma C_i)^2 \qquad (11.5.1.6)$$

Die C_i sind die Zahl der ‚Konkordanzen', die ein Beobachtungspaar $x_i y_i$ mit den übrigen N-1 Beobachtungspaaren bildet: So ist nach dem folgenden Beispiel ($x_2=2$, $y_2=4$) mit ($x_3=3$, $y_3=2$) nicht konkordant (diskordant), weil x von 2 nach 3 steigt, während y von 2 nach 3 fällt; hingegen sind ($x_3=3$, $y_3=2$) und ($x_4=4$, $y_4=3$) konkordant, weil beide, x und y, steigen (von 3 nach 4 gesehen) oder fallen (von 4 nach 3 gesehen).

Beispiel 11.5.1.1

In einer Voruntersuchung soll abgeklärt werden, in welchen Grenzen ein Zusammenhang zwischen der ‚Stärke' der schnellen Augenbewegungen (rapid eye movements) und dem emotionalen Gehalt von Träumen, die während solcher Augenbewegungen ablaufen, vermutet werden darf.

Untersuchungsplan: N = 5 freiwillige Vpn werden nach 2 Vorschlafnächten (zur Eingewöhnung in die Laborsituation) beim erstmaligen Auftreten einer REM-Phase geweckt und aufgefordert, den Trauminhalt auf ein Tonband zu sprechen und bestimmte standardisierte Zusatzfragen zu beantworten. Die Stärke der Augenbewegungen wird durch EEG-Experten rangbonitiert; die emotionale Beteiligung (Ego involvement) des Träumers wird aufgrund der Tonbandaufnahmen und der Beantwortung der Zusatzfragen ebenfalls rangbonitiert.

Ergebnisse: Es resultieren die Rangreihen x_i (i=1,...,5) für die Stärke der Augenbewegungen und y_i (i=1,...,5) für die Stärke der emotionalen Traumbeteiligung, wie sie in Tabelle 11.5.1.1 aufgezeichnet worden sind:

Tabelle 11.5.1.1

i	1	2	3	4	5	Summen
x_i	1	2	3	4	5	N = 5
y_i	1	4	2	3	5	
C_i	4	2	3	3	4	$\Sigma C_i = 16$
C_i^2	16	4	9	9	16	$\Sigma C_i^2 = 54$
$C_i+1-y_i = S_i$	+4	−1	+2	+1	0	S = 6
						tau = 0,6

Auswertung: Die Konkordanzen, die ein Beobachtungspaar i mit den 5−1=4 anderen Paaren bildet, ergeben sich nach folgendem Algorithmus: $C_1 = 4$, weil auf $y_1 = 1$ vier höhere y-Werte folgen. $C_2 = 2$, weil ein niedrigerer y-Wert, 1, vorausgeht, und ein höherer, 5, folgt. $C_3 = 3$, weil 1 vorausgeht und 3 wie 5 folgt. $C_4 = 3$, weil 1 und 2 vorausgehen und 5 folgt. $C_5 = 4$, weil 4 niedrigere y-Werte vorausgehen! Der Algorithmus setzt voraus, daß die x-Werte natürlich geordnet und die Indizes i nach ihnen vergeben worden sind.

Da wir bereits in Tabelle 11.5.1.1 Summen und Quadratsummen der C_i-Werte gebildet haben, können wir sogleich in (11.5.1.5) einsetzen und erhalten für die Kendall-Summe S = 6 eine Varianz[20]

$$\text{Var. } S' = 4(54) - 2(16) - \frac{2(2 \cdot 5 - 3)}{5(5-1)} (16)^2 = 4,8$$

Resultat: Vereinbaren wir wegen des kleinen N = 5 ein $\alpha = 0{,}10$, so ist $u_{0,10/2} = 1{,}64$. Durch Einsetzen in (11.5.1.4−5) erhalten wir die Konfidenzgrenzen des unbekannten τ-Parameters, dessen Punktschätzung wir in Tabelle 11.5.1.1 zu tau = 0,6 berechnet haben (vgl. 9.5.3)

$$\underline{\text{tau}} = 0{,}6 - \frac{2(1{,}64)}{5(5-1)} \sqrt{4{,}8} = 0{,}24$$

[20] Zur Berechnung von S verfährt man wie in Tabelle 11.5.1.1, indem man für jedes y abzählt, wieviel höhere (+) und wieviel niedrigere (−) y-Werte rechts von ihm liegen.

$$\overline{\text{tau}} = 0{,}6 + \frac{2(1{,}64)}{5(5-1)}\sqrt{4{,}8} = 0{,}96$$

Hinweis: Wegen des *zu kleinen* Stichprobenumfangs ist das resultierende Konfidenzintervall von 0,24 bis 0,96 mit Vorsicht zu bewerten, da Kendalls Prüfgröße S erst bei $N \geqslant 10$ angenähert normal verteilt ist. Bei kleineren Umfängen liegen die Konfidenzgrenzen nicht symmetrisch zu ihrer Punktschätzung in dem Sinn, daß das untere Halbintervall länger, das obere kürzer ist.

Für Korrelationsparameter sind ebenso wie für Poisson-Parameter *einseitig offene Intervalle* sinnvoll: Man fragt in Fällen, in denen ein einseitiger Korrelationstest am Platze ist, nach dem Mindestbetrag des Korrelationsparameters, bei positiver Korrelation also nach tau und bei negativer nach $\overline{\text{tau}}$. In diesen Fällen darf man statt $u_{\alpha/2}$ den Wert u_α einsetzen, um eine wirksamere Schätzung zu erhalten. In unserem Beispiel wäre für tau $u_{0,10} = 1{,}28$ einzusetzen gewesen, wenn lediglich nach der unteren (nicht auch nach der oberen) Konfidenzgrenze bei $\alpha = 10\%$ gefragt worden wäre.

11.5.2 Konfidenzgrenzen für andere Korrelationsmaße

1. Die in (11.5.1.3–4) definierten Konfidenzgrenzen des Korrelationsparameters τ gelten, wie schon vermerkt, nur für bindungsfreie Beobachtungspaare und großes N. Treten *Bindungen* vereinzelt auf, so wird man eine daraus resultierende ‚Semikonkordanz' mit 1/2 Punkt in die entsprechenden C_i's eingehen lassen. Bei zahlreichen Bindungen oder bei gruppierten Beobachtungspaaren in einer ‚geordneten Kontingenztafel' sind das von GOODMAN und KRUSKAL beschriebene tau-Äquivalent als Punktschätzung für den Parameter τ' zu berechnen und dessen Konfidenzintervalle nach einem, ebenfalls von NOETHER (1966, S.80) beschriebenen Verfahren näherungsweise abzuschätzen.
2. Wie DANIELS (1950) gezeigt hat, ist weder KENDALLS tau noch SPEARMANS rho ein erwartungstreuer Schätzer von PEARSONS ρ, auch nicht in Stichproben aus bivariat normalverteilten Populationen, wo tau die Korrelation unterschätzt und rho sie überschätzt (WALTER, 1963). Punktschätzungen für ρ erhält man nach 9.5.13; über Intervallschätzungen für ρ ist offenbar noch nichts bekannt.
3. Im Spezialfall einer Vierfeldertafel können bekanntlich verschiedene *Assoziationsmaße* (wie PEARSONS Phi-Koeffizient und die YULESschen Koeffizienten Q und Y) als Punktschätzungen des Zusammenhangs zwischen binären oder dichotomen Merkmalen herangezogen werden. Allerdings sind deren Stichprobenfehler nur bei Geltung der Nullhypothese (eines Null-Assoziationsparameters), nicht aber bei Geltung einer Alternativhy-

pothese (eines Nonnull-Assoziationsparameters) (vgl. KENDALL und STUART, 1967, S. 540—541), asymptotisch definiert.

4. Sind in einer Vierfeldertafel alle 4 Randsummen (etwa) gleich, dann kann man *Phi* als Punktschätzung r des *Produktmoment-Korrelationsparameters* ρ auffassen und sein Konfidenzintervall über die FISHERsche z-Transformation $z = 1/2 \log (1+r)/(1-r)$ erstellen. Es gilt dann $\underline{z} = z - (u_{\alpha/2})\sqrt{\text{Var.}(z)}$ (und analog $\bar{z}$), wobei $\text{Var.}(z) = 1/(N-3)$ von ρ unabhängig ist, und der Stichprobenumfang N nicht zu klein ist. Die Konfidenzgrenzen $\underline{z}$ und $\bar{z}$ werden dann nach $\underline{r}$ und $\bar{r}$ rücktransformiert (vgl. FISHER-YATES, 1957, Table XI und THÖNI, 1977).

Mit den Korrelationsparametern haben wir implizit bivariate Stichproben im Auge gehabt, und wir hätten statt nach dem Korrelationsparameter und dessen Konfidenzintervall auch nach dem gemeinsamen, aus den N Meßwertepaaren (x_i, y_i) gebildeten (elliptischen, ovoiden oder nierenförmigen) Flächenbereich fragen können, innerhalb dessen mit der Wahrscheinlichkeit $1-\alpha$ das *Medianwertepaar* der Population (μ_x, μ_y) zu vermuten ist. Damit definieren wir statt eines eindimensionalen Konfidenzintervalls einen zweidimensionalen *Konfidenzellipsoid*. Die Grundlagen für zwei- und mehrdimensionale Konfidenzbereiche sind jedoch nur in der parametrischen Statistik anwendungsreif gediehen (vgl. SCHMETTERER, 1959 und 1966, Kap. 4).

11.5.3 Konfidenzgrenzen für Regressionsmaße

Wir haben in Kapitel 9.10 zwei Maße der einseitigen Abhängigkeit eines stetigverteilten, aber nur ordinal gemessenen Merkmals Y von einem kardinal gemessenen Merkmal x kennengelernt, und zwar den *Rangregressionskoeffizienten* $b_{Yx} = b$, und den Zweigruppen-Regressionskoeffizienten b_{yx} von MOOD (1950, S.406) für 2 kardinal gemessene, aber nicht linear verknüpfte Meßreihen y und x. Fragen wir, ob sich für diese beiden Abhängigkeits- oder Regressionsmaße bzw. deren Parameter β_{Yx} und β_{yx} Konfidenzgrenzen bestimmen lassen, so ist folgendes festzustellen:

Rangregression

Der *Rangregressionskoeffizient* konnte gegen die Nullhypothese $\beta_{Yx} = 0$ geprüft werden, und zwar sowohl exakt via Randomisierung wie asymptotisch über die Normalverteilung. Wir können den asymptotischen Test zur Grundlage von Intervallschätzungen des Parameters β_{Yx} machen, indem wir die Produktsumme

$$B = \Sigma x_i Y_i \tag{11.5.3.1}$$

einer Stichprobe von N paarigen Beobachtungen (i=1,...,N) des Regressors x und des Regressanden Y mit x_i als Meßwerten und Y_i als Rangwerten als Funktion der Punktschätzung des *Rang-Regressionsparameters*

$$b_{Yx} = b = \frac{NB - N\mu_B}{12\sigma_B^2/(N+1)}$$

$$= (\frac{N(N+1)}{12}) \frac{B - \mu_B}{\sigma_B^2} \quad (11.5.3.2)$$

auffassen, wobei Erwartungswert μ_B und Varianz σ_B^2 von B unter H_0 ($\beta_{Yx} = 0$) wie folgt definiert sind:

$$\mu_B = \frac{N+1}{2} \Sigma x_i \quad (11.5.3.3)$$

$$\sigma_B^2 = \frac{N+1}{12} (N\Sigma x_i^2 - (\Sigma x_i)^2) \quad (11.5.3.4)$$

Ist der Stichprobenumfang nicht zu klein ($N \geq 10$) und β_{Yx} nicht *extrem* von Null verschieden, dann gelten für die Produktsumme B bzw. deren Parameter folgende asymptotische und *zweiseitige Konfidenzgrenzen*:

$$\underline{B} = U(B) = B - (u_{\alpha/2})\sqrt{\sigma_B^2/N} \quad (11.5.3.5)$$

$$\overline{B} = O(B) = B + (u_{\alpha/2})\sqrt{\sigma_B^2/N} \quad (11.5.3.6)$$

Um zu den korrespondierenden Konfidenzgrenzen von β_{Yx} zu gelangen, brauchen wir nur U(B) und O(B) anstelle von B in (11.5.3.2) einzusetzen.

Interessiert nur die untere (obere) Konfidenzgrenze, so ist in (11.5.3.5) bzw. (11.5.3.6) die Standardnormalvariable $u_{\alpha/2}$ durch u_α zu ersetzen, um eine Minimum-Schätzung (Maximum-Schätzung), d. h. eine *einseitige Konfidenzgrenze* des Regressionsparameters β_{Yx} zu gewinnen. Diese Schätzung kann dann auch der Regressionsgleichung $Y' = a + b_{Yx}(x)$ zugrunde gelegt werden, um die Mindestabhängigkeit (Höchstabhängigkeit) des Regressanden (oder Prädikanden) Y vom Regressor (oder Prädiktor) x zu beschreiben.

Beispiel 11.5.3.1
Bezug: Wir haben in Beispiel 9.10.1.1 die Reaktionszeiten von N = 11 Verkehrsteilnehmern in Abhängigkeit von den Blutalkoholspiegeln x untersucht und zum Zweck der Linearisierung der Regression die (linksgipfelig verteilten und fehlerbehafteten) Reaktionszeiten in Rangwerte Y transformiert und die (annähernd gleichverteilten und relativ fehlerfreien) Alkoholwerte (Promille) als Meßwerte x belassen:

x_i	0,4	0,5	0,6	0,8	0,9	0,9	1,0	1,2	1,3	1,7	1,7
Y_i	2	4	1	5	3	9	8	7	10	6	11

Zwischenergebnisse: Die Rechnung ergibt eine Produktsumme B = $\Sigma x_i Y_i$ = 76,5 und die Summen Σx_i = 11,0 und Σx_i^2 = 12,94. Die Punktschätzung des Rangregressionskoeffizienten beträgt b_{Yx} = 5,41, da μ_B = 6(11,0) = 66,0 und σ_B^2 = 1(11·12,94 – –11²) = 21,34 nach (11.5.3.3–4), so daß b = 11(76,5 – 66,0)/21,34 = 5,41 nach (11.5.3.2). Die Regressionskoeffizientschätzung besagt, daß bei Erhöhung des Blutalkoholspiegels um 1 Promille die Reaktionszeit um mehr als 5 Ränge steigt.

Fragestellung: Um zu beurteilen, mit welcher maximalen Reaktionszeitsteigerung gerechnet werden muß, soll die obere Konfidenzgrenze von β_{Yx} für 1-α = 1 - 0,05 (einseitig) bestimmt werden.

Auswertung: Wir gehen mit $u_{0,05}$ = 1,65 (einseitig) in (11.5.3.6) ein und erhalten O(B) = 76,5 + 1,65(21,34/11) = 79,7. Damit erhalten wir O(b) = 11(79,7-66,0)/21,34 = = 6,42, was besagt, daß wir mit einer Steigerung von mehr als 6 Rängen bei einer Spannweite von insgesamt 12 Y-Rängen (0,5 bis 11,5) rechnen müssen.

Wollte man in unserem Beispiel den zu der oberen Konfidenzgrenze des Rang-Regressionsparameters β_{Yx} gehörigen *Ordinatenachsabschnitt* O(a) bestimmen, so wäre in die allgemein gültige Formel

$$a_o = a(O(b)) = \overline{Y} - (O(b))\overline{x} \qquad (11.5.3.7)$$

oder

$$a_o = a(O(b)) = \frac{N+1}{2} - (O(b))(\Sigma x_i/N) \qquad (11.5.3.8)$$

einzusetzen: a_0 = 6 - 6,42(11,0/11) = -0,42, wobei $\overline{x} = \Sigma x_i/N$. Damit lautet die *Vorhersagegleichung* von Y aufgrund von x wie folgt: Y' = –0,42 + + 6,42(x). Man beachte, daß a_0 nicht die obere Konfidenzgrenze des Achsabschnittsparameters α_{Yx}, sondern eine Funktion von O(b) ist: Wenn O(b) > b, dann ist a_0 < a, welch letzteres wir in Beispiel 9.10.1.1 zu a = +0,59 berechnet hatten. Der ursprünglich positive Achsabschnitt ist also durch Einsetzen der oberen Konfidenzgrenze von β_{Yx} negativ geworden.

Zwar ließen sich auch die durch *Parallelverschiebung* der Regressionsgeraden herleitbaren Konfidenzgrenzen des Achsabschnittes berechnen, doch kommt diesem Vorgehen im Rahmen eines nur ordinal gemessenen Regressanden kaum praktische Bedeutung zu. Das gleiche gilt für die Berechnung bivariater Konfidenzbereiche des Parameter-Paares β_{Yx} und α_{Yx}. Auf die Konfidenzgrenzen des Achsabschnittes bei kardinal gemessenem Regressanden kommen wir jedoch im Folgenden noch einmal zurück.

Zweigruppen-Regression

Die Rangregression setzt einen (fast) fehlerfreien Regressor und lineare Abhängigkeit des Regressanden bzw. dessen Rangwerten Y vom Regressor x voraus, des weiteren Stetigkeit beider Merkmale und damit Bindungsfreiheit oder -armut in den Merkmalsobservablen.

Sind diese Voraussetzungen nicht erfüllt, und treten neben Bindungen oder Gruppierungen womöglich auch *Ausreißerwerte* in einer oder beiden Observablen auf, dann empfiehlt sich, wie in 9.10.3 ausgeführt, das bivariate Streuungsdiagramm der N Meßwertepaare $x_i y_i$ (i=1,...,N) durch eine vertikale Mediangerade zu dichotomieren und für die linke und die rechte Hälfte getrennt die *Koordinaten der Medianwertepaare* (L_x, L_y) und (R_x, R_y) zu bestimmen.

Durch die Verbindungsgerade ist eine verteilungsfreie, wenngleich nicht erwartungstreue *Punkt-Schätzung* des Regressionsparameters der Population β_{yx} bestimmt durch die *Zweigruppen-Regression:*

$$b = b_{yx} = \frac{R_y - L_y}{R_x - L_x} \tag{11.5.3.9}$$

Die Punktschätzung ihres Ordinatenachsabschnittes ergibt sich aus

$$a = a_{yx} = L_y - b(L_x) = R_y - b(R_x) \tag{11.5.3.10}$$

1. Eine *Intervallschätzung* des Regressionsparameters ermöglicht folgende Überlegung: Wir zeichnen neben der vertikalen auch noch eine horizontale Mediangerade in das Streuungsdiagramm ein. Unter der Annahme, daß N geradzahlig ist und keine Medianbindungen vorliegen, resultiert die Situation des Quadrantentests (vgl. 9.7.5) mit den diagonal-symmetrisch besetzten Feldern a = d und b = c (Beispiel in LIENERT, 1962).

Für diagonalsymmetrische Vierfeldertafeln ist der Phi-Koeffizient nicht nur ein Äquivalent des Produktmoment-Korrelationskoeffizienten für (0, 1)-verteilte Meßwerte, sondern zugleich ein Äquivalent des entsprechenden Regressionskoeffizienten. Also können nach der unter 11.5.2 in Punkt 4 angegebenen Methode Konfidenzgrenzen für ihn bestimmt werden.

2. Eine schärfere, wirksamere Intervallschätzung bringt das Verfahren von MOSES (11.3.5), wenn man das Regressionsproblem in ein *Dislokationsproblem* umformuliert: Die Punktschätzung des Regressionsparameters b_{yx} ist ‚Ausdruck' der Dislokation der linken und der rechten Hälfte ($x \leqslant Md_x$ und $x > Md_x$) in bezug auf die abhängigen Meßwerte y; allerdings ist nur bei streng homomer verteilten Hälften die Differenz $R_y - L_y$ identisch mit der Dislokationsstatistik G in Abschnitt 11.3.5. Wenn man also die Konfidenzgrenzen $\underline{G}$ und $\overline{G}$ berechnet und sie anstelle von $R_y - L_y$ in (11.5.3.9) einsetzt, erhält man nur Näherungswerte für die Konfidenzgrenzen des der MOOD-Statistik zugrunde liegenden Regressionsparameters.

Dreigruppen-Regression

Statt die bivariate Stichprobe der Merkmalspaare nach der unabhängigen Observablen (dem Regressor) x zu dichotomieren und damit eine Zwei-Gruppen-Regression zu etablieren, kann man mit Effizienzvorteil auch auf eine seit WALD (1940) und BARTLETT (1949) gebräuchliche *Drei-Gruppen-Regression* zurückgreifen, wenn es darum geht, die Abhängigkeit allein durch die *extremer* liegenden Beobachtungspaare bestimmen zu lassen, was oft sachlogisch sinnvoll ist. Man geht dabei so vor, daß man die bivariate Stichprobe mit N Beobachtungspaaren (x, y) nach x so *trichotomiert*, daß $N_1 = N_2 = N_3 = N/3$, sofern die x-Werte in etwa symmetrisch verteilt sind[21].

Zur *Punktschätzung* des linearen Regressionskoeffizienten benützt man dann allein die beiden polaren Gruppen mit N_1 und N_3 Beobachtungspaaren unter Außerachtlassung der Mittelgruppe mit N_2 Beobachtungspaaren. Von diesen *Polgruppen* berechnet man die Medianpaare (wie bei MOOD im dichotomen Fall) oder die Mittelwertspaare und verbindet sie durch eine Gerade mit b als Steigung und a als Achsabschnitt.

Zwecks Erstellung von *Konfidenzgrenzen für β* verfährt man wie im Zweigruppen-Fall: Man bestimmt die Konfidenzgrenzen $\underline{G}$ und $\overline{G}$ des Dislokationsparameters von G für die beiden polaren Gruppen mit N_1 und N_3 y-Beobachtungen: Je nach dem Skalenniveau der x-Beobachtungen bildet man $X_2 - X_1$ als Mediandifferenz oder $\overline{x}_3 - \overline{x}_1$ als Mittelwertsdifferenz. Daraus erhält man $\underline{b} = \underline{G}/(X_3 - X_1)$ bzw. $\underline{b} = \underline{G}/(\overline{x}_3 - \overline{x}_1)$ und $\overline{b} = \overline{G}/(X_3 - X_1)$ bzw. $\overline{b} = \overline{G}/(\overline{x}_3 - \overline{x}_1)$ als Konfidenzgrenzen des unbekannten Regressionsparameters.

Wie KONIJN (1961) ausführt, kann die Drei-Gruppen-Regression auch durch eine *Mehr-Gruppen-Regression* ersetzt werden, etwa durch eine Fünf-Gruppen-Regression mit den Polgewichten 2 1 0 1 2 anstelle der Polgewichte 1 0 1 in der Drei-Gruppen-Regression. Analog wie oben lassen sich durch Kombination polarer Gruppen Punkt- und Intervallschätzungen für den Regressionskoeffizienten entwickeln.

11.6 Verteilungsfreie Toleranzgrenzen

Die *Konfidenzgrenzen* sind die Grenzen eines unbekannten Populationsparameters einer beliebigen (weder normalen noch auch nur symmetri-

---

[21] Dreiteilungsempfehlungen für nichtsymmetrisch verteilte Regressoren geben GIBSON und JOWETT (1957): Bei glockenförmiger Verteilung von x genügt $N_1 = N_3 = N/4$, bei U-förmiger $N_1 = N_3 = 2N/5$ und bei J-förmiger (linksgipfeliger) Verteilung ist $N_1 = 3N/7$ und $N_3 = N/7$ zu bevorzugen.

schen) Verteilung, innerhalb welcher dieser Parameter mit einer vorgegebenen Aussagesicherheit 1-α liegt. Das gilt auch für jedes Quantil als Lageparameter einer stetigen Verteilung und dessen Konfidenzgrenzen $\underline{x}_p$ und $\bar{x}_p$.

Toleranzgrenzen unterscheiden sich nun von den Konfidenzgrenzen in der Hinsicht, daß nicht nach einem Intervall für einen Parameter gefragt wird, sondern nach einem Intervall, innerhalb dessen ein bestimmter Mindest-Anteil aller Populationsmeßwerte mit einer Aussagesicherheit von 1-α vermutet werden kann. Nennen wir diesen Anteil (in Ermangelung eines griechischen Symbols für den Populationsanteil) p, so gilt für Toleranzgrenzen in der laxeren Notation von CONOVER (1971)[22]

$$P(x_r \leqslant \text{Mindest-p} \geqslant x_s) \geqslant 1 - \alpha, \qquad (11.6.1.1)$$

wobei x_r die untere und x_s die obere Toleranzgrenze ist: In Worten: Die Wahrscheinlichkeit, daß ein Mindest-Anteil p der Population zwischen den Stichprobenmeßwerten x mit den Rangnummern r und s liegen, ist mindestens gleich 1-α.

Die von WILKS (1941) definierten verteilungsfreien Toleranzgrenzen x_r und x_s einer Stichprobe von steigend geordneten Beobachtungen eines stetig verteilten Merkmals mit i = 1,2,...,r,...,s,...,N erhält man durch Auflösung der Gleichung von NOETHER (1967, S.26)

$$\sum_{i=r}^{r+s-1} \binom{N}{i} p^i (1-p)^{N-i} \geqslant 1 - \alpha \qquad (11.6.1.2)$$

für beliebige r und s, die der Beziehung r+s ⩽ N+1 genügen. Dazu kann man Tafel XI−2 des Anhangs benutzen, wenn einer der dort verzeichneten Anteilswerte p in Frage steht; doch das ist frustrierend und überdies obsolet, und zwar bei folgenden Anwendungs-Zielsetzungen:

11.6.1 Inklusionsanwendungen

In der Forschungspraxis wird kaum jemals gefragt, welcher Mindest-Populationsteil p zwischen zwei Meßwerten mit den Ranggrößen r und s liegt, sondern es interessiert — wenn überhaupt — die Frage: Welchen Mindestanteil kann man zwischen r = 1 als dem niedrigsten und r = N als dem höchsten Meßwert in der Stichprobe mit dem Umfang N erwarten? Wirk-

---

[22] In exakter Notation ist ein p-prozentiges verteilungsfreies Konfidenzintervall mit der (auch sogenannten) Rückschlußsicherheit 1-α wie folgt definiert:
$P(P(x_r < X < x_s) \geqslant p) \geqslant 1-\alpha$.
Dabei ist s = N−r+1 zu setzen, was impliziert, daß s = N für r = 1.

lich interessiert aber letztlich nur die Frage, wie groß muß man den *Umfang N* einer Stichprobe von Beobachtungen *wählen*, um sicher (1-α) zu gehen, daß ein Mindestanteil von p Beobachtungen innerhalb der Stichprobenspannweite zwischen r = 1 und s = N gelegen sind und damit von x_1 und x_N *umschlossen* (inkludiert) werden.

Für die *Inklusions-Anwendung* des Toleranzgrenzen-Konzeptes existieren Tafeln. In Tafel XI–6–1 ist jener *Stichprobenumfang* N angegeben, den man bei Untersuchung eines beliebig verteilten Merkmals erheben muß, um mit der Sicherheit 1-α einen Mindestanteil p zwischen dem niedrigsten und dem höchsten Meßwert erwarten zu können. Aus Tafel XI–6–1 entnehmen wir z. B., daß mindestens N = 18 Merkmalsträger gemessen werden müssen, wenn wir mit der Sicherheit 1-α = 95% darauf bauen wollen, daß mindestens 3/4 der Population (p = 0,75) zwischen dem niedrigsten und dem höchsten der 18 Meßwerte eingeschlossen sind. Oder: Wir benötigen mindestens N = 64 Beobachtungen eines wie immer verteilten Merkmals, wenn wir einen Mindestanteil von 90% der Population mit 99% Sicherheit zwischen dem kleinsten und dem größten Stichprobenwert eingeschlossen wissen wollen.

11.6.2 Exklusionsanwendungen

Wie Konfidenzgrenzen, so lassen sich auch Toleranzgrenzen nicht nur zweiseitig, sondern auch einseitig definieren, indem man in (11.6.1.2) entweder r oder s gleich Null setzt:

$$P(x_r \leqslant p \text{ der Population}) \geqslant 1 - \alpha \qquad (11.6.2.1)$$

oder

$$P(p \text{ der Population} \geqslant x_s) \geqslant 1 - \alpha \qquad (11.6.2.2)$$

Die praktische Anwendung *einseitiger* Toleranzgrenzen läuft auf die Frage hinaus: Welcher Mindest-Anteil p der Population liegt *oberhalb* des Meßwertes x mit dem Rangplatz r bzw. *unterhalb* des Meßwertes x mit dem Rang s, wobei wieder eine Stichprobe von N Meßwerten aus einer beliebig verteilten Population erhoben und α vereinbart worden ist.

In praxi fragt man einseitig allerdings häufiger in umgekehrter Richtung: Welchen Höchstanteil der Population 1-p muß man unterhalb von x_r oder oberhalb von x_s vermuten? Noch spezifizierter und damit praxisnäher lautet die Frage: Welcher Höchstanteil der Population liegt unterhalb des niedrigsten Stichprobenwertes (r=1) oder oberhalb des höchsten Stichprobenwertes (s=N)? Oder wie oben: Wie groß muß man den Beobachtungsumfang N wählen, um sicher (1-α) zu gehen, daß höchstens q% der

Population unterhalb des niedrigsten oder oberhalb des höchsten Stichprobenwertes zu liegen kommen. Die Antwort auf die Frage nach Exklusionsanteilen liefert Tafel XI–6–2 in Beispiel 11.6.2.1.

Beispiel 11.6.2.1

Frage: Angenommen, ein neues Antirheumatikum ist zwar hoch wirksam, habe aber Nebenwirkungen auf die Leukopoese des Knochenmarks. Wieviele Patienten (N) muß man behandeln, daß höchstens 1-p = q = 0,10 = 10% der Patientenpopulation den zu erwartenden niedrigsten Leukozytenwert der N Patienten (gefährlich) unterschreiten, und zwar mit an Sicherheit grenzender Wahrscheinlichkeit von $1-\alpha = 0,99$.

Antwort: Laut Tafel XI–6–2 lesen wir für p = 0,90 und $1-\alpha = 0,99$ einen Stichprobenumfang von N = 44 ab. Wenn etwa 44 Patienten nach einer Standardvorschrift behandelt werden und der niedrigste nach Abschluß der Behandlung gemessene Leukozytenwert 2050/mm^3 Blut beträgt, dann muß überlegt werden, ob das Risiko, daß bis zu 10% der künftig zu behandelnden Patienten unter diesen (schon kritischen Wert) herabsinken, noch vertretbar erscheint, auch wenn diese 10% eine obere Schätzung (im numerischen Sinne) darstellen[23].

Für die in den beiden Tafeln XI–6–1 und XI–6–2 des Anhangs *nicht* angegebenen p- und $1-\alpha$-Werte, sowie insbesondere für von 1 und N verschiedene Stichprobenranggrößen r und s lassen sich ein- und zweiseitige verteilungsfreie Toleranzgrenzen bzw. die hierzu erforderlichen Stichprobenumfänge N wie folgt *asymptotisch* berechnen (vgl. SCHEFFÉ und TUKEY, 1949, und CONOVER, 1971, S.117).

$$N = \frac{1}{4}(\chi_\alpha^2)\frac{1+p}{1-p} + \frac{1}{2}(r+s-1), \qquad (11.6.2.3)$$

wobei χ^2 für 2(r+s) Fge aufzusuchen ist (in Tafel III).

Die Anwendung dieser *Näherungsformel* empfiehlt sich dann, wenn in einer Stichprobe mit Ausreißern zu rechnen ist, bzw. wenn die zugrunde liegende Population hoch exzessiv (binexponentiell) verteilt ist. Hier wird man zweckmäßigerweise r=s=2 oder noch höher wählen! Mit p = 0,80 und $1-\alpha = 0,90$ ergibt die obige Formel bei r=s=1 und $\chi_{0,10}^2 = 7,779$ für 2(1+1) = 4 Fge ein N = 18,003, also denselben Wert, den wir auch in Tafel XI–6–1 ablesen: N = 18.

Formel (11.6.2.3) ist auch *einseitig* anzuwenden: man braucht dann nur entweder r oder s gleich Null zu setzen: Angenommen, die niedrigste Leukozytenzahl $x_1 = 2050$ sei als 'technischer Ausreißer' anzusehen, denn der

---

23 Die Leukozytenwerte sind zwar in der Population von Gesunden in etwa normal verteilt, aber in der Population der behandelten Kranken mit Leukopeniewirkung rechtsgipfelig.

nächsthöhere betrüge $x_2 = 2900$. Daraus ergibt sich für $p = 90\%$ und $1-\alpha = 99\%$ nach (11.6.2.3) bei $Fg = 2(2+0-1) = 2$

$$N = \frac{1}{4}(9{,}210)\frac{1+0{,}90}{1-0{,}90} + \frac{1}{2} = 44{,}24 = 45$$

Wenn wir mithin einen weiteren Patienten behandeln (44+1 = 45) und dessen Leukozyten am Ende der Behandlung zählen, dann dürfen wir für die zweitniedrigsten Leukozytenzahl die gleiche Aussage treffen wie oben für die niedrigste Leukozytenzahl[24].

Es braucht nicht eigens erwähnt zu werden, daß sich Toleranzgrenzen sinnvollerweise auch für Populationen von *Differenzwerten* aus Beobachtungspaaren bestimmen lassen: Man denke etwa an zwei verbundene Stichproben von Ptn mit den Behandlungen A und B oder an Wirkungs-Nebenwirkungsfragebogen, die so konstruiert sind, daß positive Werte das Überwiegen der erwünschten, negative das Überwiegen unerwünschter Wirkungen anzeigen: Hier stellt sich die Exklusionsfrage: Welcher Anteil der Patientenpopulation reagiert auf eine Behandlung in unerwünschtem Sinne? Von der Beantwortung dieser Frage hängt es u. U. ab, ob die Behandlung überhaupt eingeführt wird.

Mit der Bestimmung verteilungsfreier Toleranzgruppen verlassen wir das Problem des Schätzens von unbekannten Populationsparametern aufgrund bekannter Stichproben-Kennwerte und wenden uns wiederum den Testproblem zu, allerdings in einer Form, wie wir es bisher noch nicht betrachtet haben.

11.7 Verteilungsfreie Dichteschätzungen

Soll statt eines Parameters oder eines Flächenanteils der Population die Verteilungsform, die *Dichte* einer stetigen Observablen X geschätzt werden, so benutzt man das von Victor (1978) sog. *Gleithistogramm*. Asymptotisch erwartungstreue Dichteschätzungen ermöglichen sog. (variable) *Kernschätzer*. Eine Schätzung mit Dreieckskernen errichtet über jedem Observablenpunkt ein gleichseitiges Dreieck der Fläche 1/N mit der Grundlinie 2a, wobei a die Distanz zum jeweils nächsten oder zweitnächsten Beobachtungspunkt ist. Die Fläche der Kerne, bzw. ihre Überlagerungsflächen bestimmen dann ein *Polynom*, das die Dichte der Observablen X mehr oder weniger ‚glatt' schätzt. Eine Übersicht zu dieser und anderen Schätzmethoden gibt Trampisch (1980).

---

24 Streng genommen müßten wir den Therapieversuch mit neuen 45 Patienten wiederholen, da bei ‚Stichprobenauffüllung' das Alpha-Risiko nicht mehr gewahrt erscheint.

KAPITEL 12: VERTEILUNGSFREIE SEQUENZANALYSE

12.1 Einführung und Übersicht

Unter Sequenzanalyse versteht man ein seit 1943 von der Statistical Research Group der Columbia Universität New York (1945) entwickeltes Entscheidungsverfahren, das während des Krieges geheim gehalten, von ihr (1945) und ihrem Sprecher WALD (1947) veröffentlicht wurde[1]. Die ersten deutschsprachigen Publikationen stammen von SCHMETTERER (1949) und WETTE (1953), der den Begriff des Ergebnis-Folgeverfahrens (Folgetests) empfohlen hat. Jüngere Monographien stammen von ARMITAGE (1975) für Biologen und von WETHERILL (1975) für Meteorologen, ferner − im Blick auf Mustererkennungsanwendungen − von FU (1968). Der Mediziner wird am meisten von den Ausführungen MAINLANDS (1967, 1968), COLTONS (1968) und dem Buch von ARMITAGE (1975) profitieren. Eine gute Einführung bringt das Lehrbuch von Erna WEBER (1975, Kap. 55−63), eine anwendungsbezogene Kurzfassung das Buch von SACHS (1969), Kap. 22). Eine neuere mathematische Darstellung stammt von GOVINDARAJULU (1975). Im folgenden behandeln wir nach einer allgemeinen Grundlegung nur die verteilungsfreien Anwendungsmöglichkeiten der Sequenzanalyse.

12.1.1 Sequentielle und nicht-sequentielle Tests

Sequenzanalytische Tests zeichnen sich vor nichtsequentiellen Tests der bislang behandelten Art durch folgende *Besonderheiten* aus:
1. Die Beobachtungen werden nicht ‚simultan', sondern in *zeitlicher Folge* (sequentiell) in einer Zahl n erhoben, die eben ausreicht, eine statistische Entscheidung zu fällen; damit wird der Stichprobenumfang zu einer (mit Kleinbuchstaben zu symbolisierenden) Variablen n.
2. Neben dem Risiko erster Art α wird auch das *Risiko zweiter Art* β (die Nullhypothese anzunehmen, obschon sie falsch ist) numerisch festgelegt; $\alpha + \beta < 1$ ist dann das Gesamt-Risiko einer falschen Entscheidung durch den Sequentialtest.
3. Während der nichtsequentielle Test den unbekannten Parameter θ (Lokations- oder Anteilsparameter) nur unter der Nullhypothese (H_0)

---

[1] Die Sequenzanalyse wurde sogleich als ein hoch-ökonomisches Mittel zur fortlaufenden Qualitätskontrolle kriegsindustrieller Fertigungsprodukte eingesetzt. Ein hier einschlägiges Buchkapitel stammt von DAVIS (1956, Ch. 3).

festlegt, wird er im sequentiellen Test auch unter der Alternativhypothese (H_1) festgelegt, und zwar nach dem Erfordernis der *praktischen Signifikanz*.

4. Im nichtsequentiellen Test kann H_0 nur *beibehalten*, nicht eigentlich angenommen werden, da β nicht spezifiziert ist, sondern von der Effizienz des jeweiligen Tests abhängt; im sequentiellen Test wird die Nullhypothese stets zu Recht *angenommen*, weil β spezifiziert wird, und damit zwischen H_0 und H_1 eine ‚Indifferenzzone' verbleibt.

5. Die klassischen Tests kennen nur eine Entscheidung zwischen *zwei* Hypothesen, in der Regel zwischen H_0 und H_1; die sequentiellen Tests können auf Entscheidungen zwischen *mehr als zwei* Hypothesen modifiziert werden (vgl. MALY, 1960, 1961; KRETSCHMER und HILDEBRANDT, 1976).

6. Die sequentiellen Tests verzichten auf Prüfgrößen und -verteilungen und gründen ihre Entscheidungen auf dem später zu besprechenden Wahrscheinlichkeitsverhältnis, weshalb der Test auch SPR-Test (Sequential probability ratio test) heißt.

Beginnen wir mit dem wichtigsten Punkt 1, dem Prinzip der sequentiellen Stichprobenerhebung.

12.1.2 Der Stichprobenumfang als Variable

Die Sequenzanalyse basiert nach dem Gesagten also auf folgendem Grundkonzept: Wenn wir neben dem Risiko α (H_0 zu verwerfen, obschon sie gilt) auch das Risiko β (H_0 beizubehalten, obschon sie falsch ist) *vor* der Untersuchung festlegen, so wird bei den durch H_0 und H_1 postulierten Parametern θ_0 und θ_1 mit $\theta_1 - \theta_0 = \Delta$ zwischen zwei Populationen der zur Sicherung dieses Unterschiedes Δ (Lageunterschied, Anteilsunterschied) erforderliche *Stichprobenumfang* eine Variable. Je größer Δ und/oder das Beta-Risiko gewählt werden, um so kleiner ist cet. par. der zum Signifikanznachweis nötige Stichprobenumfang n[2].

Indem man diese Beziehungen zwischen Δ, β und n praktisch nützt, sichert man sich den Vorteil höchstmöglicher *Versuchsökonomie*: Man braucht jeweils nur soviele Beobachtungen sequentiell aus einer als zeitkonstant (stationär) angenommenen Grundgesamtheit zu entnehmen als zur Fällung einer Entscheidung notwendig sind. Dieser Vorteil macht sich vor allem dann bezahlt, wenn die Beobachtungen kostspielig oder zeitraubend sind, aber auch wenn nur wenige Beobachtungen in begrenzten Zeiträumen spontan anfallen (wie seltene Erkrankungen).

2 Im Zweistichprobenvergleich ergeben sich bei unterschiedlichen Behandlungswirkungen Ersparnisse von 30–50% bei sequentiellem im Vergleich zu nicht sequentiellem Vorgehen (vgl. WEBER, 1972, S. 463).

12.1.3 Sequentialtests und Binomialtests

Alle Sequentialtests für Alternativdaten gehen von der Annahme aus, daß Individuen, die durch ein Alternativmerkmal (Ja-, Nein-Beobachtung) gekennzeichnet sind, eins nach dem anderen zufallsmäßig aus einer bezüglich ihres Parameters π *stationären Binomialpopulation* entnommen werden. Der Sequentialtest für Alternativen entspricht somit bis auf die Art der Stichprobenentnahme − sequentiell statt simultan − dem Binomialtest (vgl. 5.1.1).

In beiden Tests wird gefragt, ob eine Stichprobe mit einem beobachteten Ja-Anteil aus einer Population mit einem bekannten Ja-Anteil von Ja-Beobachtungen stammen kann (H_0) oder nicht (H_1). Der *Unterschied* besteht nur darin, daß im sequentiellen Binomialtest nicht nur der Anteil π_0 unter der Nullhypothese, sondern auch der Anteil π_1 unter der Alternativhypothese festgelegt wird. Ein weiterer Unterschied ergibt sich daraus, daß im sequentiellen Test nicht nur *eine*, sondern 2 oder *mehr* Alternativhypothesen einer Nullhypothese gegenübergestellt werden können, so daß bei 2 Alternativen neben einem Ja-Anteil π_1 auch ein Ja-Anteil π_{-1} zur Diskussion gestellt werden kann (vgl. DE BOER, 1953).

12.2 Sequentielle Tests mit zwei Entscheidungen

Die Sequentialtests gliedern sich in mehrere Verfahrensweisen, die unterschiedlich formulierten Null- und Alternativhypothesen entsprechen und mit Daten unterschiedlichen Skalenniveaus arbeiten. Gemäß der Zielsetzung des Buches wollen wir diejenigen sequentiellen Tests, die parametrische Voraussetzungen implizieren, ignorieren und uns auf die nichtparametrischen, und das heißt, auf die von *Binärdaten* ausgehenden oder auf solche zurückführbaren Tests beschränken, zumal Rangversionen sequentieller Tests derzeit noch fehlen und wegen des variablen Stichprobenumfangs wohl auch nicht erstellt werden können.

In der Folge werden wir uns zunächst mit jenen Sequentialtests − auch Ergebnis-Folge-Tests genannt (vgl. WETTE, 1953) − beschäftigen, die analog den nicht-sequentiellen Tests *zwei* Entscheidungen herbeiführen: *Annahme* oder *Ablehnung* einer Hypothese (einer Nullhypothese) bzw. Annahme einer von zwei Hypothesen, wobei wir zunächst davon ausgehen, daß einer H_0 eine spezifizierte Alternativhypothese H_1 gegenübergestellt wird.

12.2.1 Sequentialtests für Alternativen mit spezifizierter H_1

Das gedankliche Grundkonzept, auf dem die Entscheidung im Rahmen eines sequentiellen Tests aufbaut, läßt sich in folgende *drei Feststellungen* verdichten:

Prozedur

1. Wir sammeln in zeitlicher Abfolge singuläre Beobachtungsdaten (oder Datenpaare) und geben uns einen *Schlüssel* vor, nach welchem wir die Beobachtungen aus einer stationären Binomialpopulation mit x = 1 (oder x = +1) als Ja-Beobachtungen oder mit x = 0 (oder x = -1) als Neinbeobachtungen klassifizieren.

2. Nach jeder einzelnen der n = 1, 2, 3, ... Beobachtungen treffen wir eine Entscheidung im Sinne einer der folgenden *3 Möglichkeiten:*

1. H_0 akzeptieren, wonach die Beobachtungsreihe aus einer Binomialpopulation mit dem Ja-Anteilsparameter π_0 stammt,

2. H_1 akzeptieren, wonach die beobachtete Datenfolge aus einer Binomialpopulation mit dem Anteilsparameter π_1 stammt, und

3. Weder H_0 noch H_1 akzeptieren, sondern eine weitere Beobachtung erheben (Indifferenzentscheidung).

Welche *Kriterien* müssen nun erfüllt sein, damit wir die eine oder die andere der 3 Entscheidungen treffen?

Entscheidungskriterien

Bezeichnen wir die Punktwahrscheinlichkeit (likelihood), daß eine bestimmte Beobachtungsfolge (z. B. 100011010) unter H_0 aus einer Population mit dem Ja-Anteil π_0 (z. B. 1/2) stammt, mit p_0; bezeichnen wir weiter die Wahrscheinlichkeit, daß dieselbe Abfolge unter H_1 aus einer Population mit einem Ja-Anteil von π_1 stammt, mit p_1, so werden wir auf *intuitiver Grundlage* wie folgt entscheiden:

1. Wir akzeptieren H_0, wenn $p_0 \gg p_1$,
2. Wir akzeptieren H_1, wenn $p_1 \gg p_0$ und
3. Wir setzen die Beobachtung fort, wenn $p_0 \sim p_1$.

Welches ist nun aber die *rationale Grundlage*, nach der wir eine der beiden Punktwahrscheinlichkeiten als ‚viel größer' als die andere, bzw. beide als annähernd gleich betrachten?

Um diese Frage zu beantworten, fassen wir die Relation zwischen p_1 und p_0 in das sog. *Wahrscheinlichkeitsverhältnis* (Likelihood-Quotient)

$$L = p_1/p_0 \qquad (12.2.1.1)$$

Bezeichnen wir wie gewohnt den Fehler erster Art (H_1 anzunehmen, obschon H_0 gilt) mit α und das im Sequentialverfahren neu einzuführende und numerisch festzulegende Risiko zweiter Art (H_0 anzunehmen, obschon H_1 gilt) mit β, so läßt sich mathematisch beweisen, daß folgende *Ungleichungen* als Entscheidungskriterien dienen können:

1. Wenn $p_1/p_0 \geq \beta/(1-\alpha)$ ist H_0 anzunehmen   (12.2.1.2)

2. Wenn $p_1/p_0 \leq (1-\beta)/\alpha$ ist H_1 anzunehmen, und   (12.2.1.3)

3. Wenn $\beta/(1-\alpha) < p_1/p_0 < (1-\beta)/\alpha$ (12.2.1.4)

ist keine Entscheidung zu fällen, sondern eine weitere Beobachtung zu erheben[3].

Wahl der Risiken α und β

Für die Wahl von α und β gilt das in Kapitel 2.2.7 Gesagte: Man wählt $\alpha \leq \beta$, wenn ein *Entscheidungsexperiment*, und $\alpha \geq \beta$, wenn ein *Erkundungsexperiment* durchgeführt werden soll. Beim Erkundungsexperiment sucht man nach Alternativhypothesen zur Nullhypothese, im Entscheidungsexperiment prüft man, ob die in einem Erkundungsexperiment gewonnene Hypothese zutrifft (METZGER, 1952).

Für Experimente oder Untersuchungen, die weder dem einen noch dem anderen Typ zugehören (wie viele medizinisch-biologische Untersuchungen), wählt man zweckmäßigerweise *beide Risiken gleich hoch*, weil H_0 und H_1 in diesem Fall als „*symmetrische*' Hypothesen gelten

$\alpha = \beta = c$ (12.2.1.5)

Mit $\alpha = \beta = c$ stellen sich die obigen Ungleichungen wir folgt dar:

1. Wenn $p_1/p_0 \geq c/(1-c)$, ist H_0 anzunehmen,   (12.2.1.6)

2. Wenn $p_1/p_0 \leq (1-c)/c$, ist H_1 anzunehmen und   (12.2.1.7)

3. Wenn $c/(c-1) < p_1/p_0 < (1-c)/c$, ist weiter zu beobachten.(12.2.1.8)

Für $\alpha = \beta = c = 0,10$ ergibt sich danach, daß $p_1/p_0 = L$ kleiner—gleich sein muß $0,10/0,90 = 0,111$, wenn H_0 angenommen und daß L größer—gleich $0,90/0,10 = 9,0$ sein muß, wenn H_1 angenommen werden soll. Wählt man $c = 0,05$ als häufigstes Risiko, dann ist H_0 anzunehmen, wenn

---

[3] Die mathematische Herleitung dieser 3 Ungleichungen impliziert einige Näherungen, doch garantiert diese Entscheidungsregel, daß die Summe der beiden Risiken α und β nicht anwächst und die einzelnen Risiken höchstens geringfügig sinken und dadurch den zur Entscheidung erforderlichen Stichprobenumfang n nur unwesentlich erhöhen (vgl. WALD, 1947).

$L_0 = 0{,}05/\,0{,}95 = 0{,}05$ erreicht oder unterschritten wird, bzw. H_1 anzunehmen, wenn $L_1 = 0{,}95/0{,}05 = 19{,}0$ erreicht oder überschritten wird. Für $c = 0{,}01$ sind die entsprechenden Schranken $L_0 = 0{,}01/0{,}99 = 0{,}01$ und $L_1 = 0{,}99/0{,}01 = 99{,}0$.

12.2.2 WALDS Wahrscheinlichkeitsverhältnistest: Rationale

Betrachten wir ein numerisches *Beispiel:* Die Punktwahrscheinlichkeit, eine Eins, eine Null und eine Eins bei n = 3 Beobachtungen 101 mit x = 2 und N–x = 1 aus einer Binomial-Population mit einem Anteil von π_0 Einsen und $1 - \pi_0$ Nullen zu erheben, beträgt

$$p_0 = \pi_0(1-\pi_0)\pi_0 = \pi_0^2(1-\pi_0)^1 \qquad (12.2.2.1)$$

Stammt dieselbe Beobachtungsreihe aus einer Population mit einem Anteil von π_1 Einsen und $1 - \pi_1$ Nullen, so resultiert

$$p_1 = \pi_1(1-\pi_1)\pi_1 = \pi_1^2(1-\pi_1)^1 \ . \qquad (12.2.2.2)$$

Sind die folgenden beiden Beobachtungen Nullen, so resultiert mit 10100

$$p_0 = \pi_0^2(1-\pi_0)^3 \quad \text{und} \quad p_1 = \pi_1^2(1-\pi_1)^3 \qquad (12.2.2.3)$$

und das *Wahrscheinlichkeitsverhältnis L* ist für die n = 5 Alternativbeobachtungen

$$\frac{p_1}{p_0} = \left(\frac{\pi_1}{\pi_0}\right)^2 \left(\frac{1-\pi_1}{1-\pi_0}\right)^3 = L \qquad (12.2.2.4)$$

Wir setzen die Beobachtungen solange fort, bis eine der *Schranken* L_1 oder L_0 erreicht ist.

Das ist das *Prinzip* aller Folgetests mit Alternativdaten: Wir entnehmen 1, 2, ..., n Beobachtungen vom Ja- Nein-Typ (Einsen und Nullen oder Plus und Minus) und entscheiden, ob diese Beobachtungsstichprobe aus einer Binomialpopulation mit einem Ja-Anteil von π_0 (unter H_0) oder einem Ja-Anteil von π_1 stammt! Stammt sie tatsächlich aus einer Population mit einem Anteil π', der halbwegs zwischen π_0 und π_1 liegt, werden wir vermutlich keine Entscheidung herbeiführen können.

Beispiel 12.2.2.1

Problem: Ein neues, sehr wirksames Antirheumatikum (Cortisonkombination) soll nur dann eingeführt werden, wenn der Anteil der Patienten, die Nebenwirkungen (Blutbildungsschädigung) zeigen, mit einem Alpha-Risiko von 1% in der Patientenpopulation $\pi_0 = 0{,}10$ beträgt, und nicht eingeführt werden, wenn bei einem Beta-Risiko von 5% in der Population $\pi_1 = 0{,}20 = 20\%$ der Patienten Nebenwirkungen zeigen. Die Entscheidung soll sequentiell erfolgen.

Hypothesen und Risiken: H_0: $p = x/n = \pi_0 = 0{,}10$
H_1: $p = x/n = \pi_1 = 0{,}20$
$\alpha = 1\%$ und $\beta = 5\%$

Schranken: $L_0 = \beta/(1-\alpha) = 0{,}05$ und $(1-\beta)/\alpha = 95 = L_1$

Ergebnis: Die sequentielle Beobachtung hat erst bei n = 21 Patienten, von denen x = 9 Nebenwirkungen zeigten und als Einsen in der Folge (aus DIXON und MASSEY, 1950, S. 268) auftreten

n = 21:   x =: 0 0 0 1 0 1 0 0 1 0 0 0 1 1 0 1 0 1 1 0 1

zu einer Entscheidung im Sinne von H_1 geführt, wie die folgende Rechnung zeigt:

$$p_0 = (0{,}10)^9 (1 - 0{,}10)^{12} = 2{,}8 \cdot 10^{-10} \tag{12.2.2.1}$$

$$p_1 = (0{,}20)^9 (1 - 0{,}20)^{12} = 3{,}5 \cdot 10^{-8} \tag{12.2.2.2}$$

$$p_1/p_0 = \left(\frac{0{,}20}{0{,}10}\right)^9 \left(\frac{0{,}80}{0{,}90}\right)^{12} = 124{,}6 > 95 = L_1$$

Ohne die 21. Beobachtung 1 wäre H_1 noch nicht anzunehmen, sondern die Beobachtungsreihe fortzusetzen gewesen.

Interpretation: Es muß nach dem Test angenommen werden, daß die Stichprobe der n = 21 Patienten aus einer Patientenpopulation mit einer Nebenwirkungsquote von 20% und nicht aus einer solchen mit 10% stammt; das bedeutet, daß das neue Antirheumatikum nicht eingeführt wird, weil es die zugelassene, bei wirksamen Antirheumatika dieser Art unvermeidliche Nebenwirkungsquote von 10% übersteigt.

12.2.3 WALDS Wahrscheinlichkeitsverhältnistest: Durchführung

Wie man aus dem Beispiel 12.2.2.1 ersieht, ist es mühselig und auswendig, nach jeder Beobachtung erneut das Wahrscheinlichkeitsverhältnis L zu berechnen und es mit den Schranken L_0 und L_1 zu vergleichen. Wir werden im folgenden das viel einfachere und allgemein bevorzugte *graphische Verfahren* kennenlernen, das uns der Mühe des Rechnens völlig enthebt.

Der Testplan

Setzen wir zur Vereinfachung der Schreibweise und des Rechenganges

$$\pi_1/\pi_0 = P \tag{12.2.3.1}$$

$$(1-\pi_1)/(1-\pi_0) = Q \tag{12.2.3.2}$$

so kann man das Wahrscheinlichkeitsverhältnis L auch wie folgt schreiben:

$$L = P^x Q^{n-x} \qquad (12.2.3.3)$$

Schreiben wir in dieser Notation die beiden Ungleichungen (12.2.1.2–3) als Gleichungen, so resultieren die folgenden *Schranken*[4]

$$\text{Für } H_0: \quad \frac{\beta}{1-\alpha} = P^x Q^{n-x} \qquad (12.2.3.4)$$

$$\text{Für } H_1: \quad \frac{1-\beta}{\alpha} = P^x Q^{n-x} \qquad (12.2.3.5)$$

Lösen wir die beiden Gleichungen mit den Exponenten x und n-x logarithmisch auf – wir benutzen den *natürlichen* Logarithmus anstelle des dekadischen nach Tafel XIII–3–1 –, so ergibt sich:

$$\text{Für } H_0: \quad \ln\frac{\beta}{1-\alpha} = (x)\ln(P) + (n-x)\ln(Q) \qquad (12.2.3.6)$$

$$\text{Für } H_1: \quad \ln\frac{1-\beta}{\alpha} = (x)\ln(P) + (n-x)\ln(Q) \qquad (12.2.3.7)$$

Durch die beiden Gleichungen sind die *Annahmegeraden* L_0 für H_0 und L_1 für H_1 bestimmt. Beide Geraden haben den gleichen Steigungsparameter

$$b_0 = b_1 = -\frac{\ln(Q)}{\ln(P)} \qquad (12.2.3.8)$$

aber unterschiedliche Parameter der Ordinatenachsabschnitte, nämlich

$$a_0 = \ln\frac{\beta}{1-\alpha} / \ln(P) \qquad (12.2.3.9)$$

$$a_1 = \ln\frac{1-\beta}{\alpha} / \ln(P) \qquad (12.2.3.10)$$

Mittels dieser Parameter lassen sich die *Geradengleichungen* $L_0: x = a_0 + b_0(N-x)$ und $L_1: x = a_1 + b_0(N-x)$ in einem rechtwinkeligen Koordinatensystem graphisch darstellen: Man spricht von einem (graphischen) *Testplan*.

Die Stichprobenspur

Wie wir aufgrund eines Stichprobenplanes zu einer sequentiellen Entscheidung nach fortlaufend erhobenen n Beobachtungen gelangen, wollen wir unter Rückgriff auf das Beispiel 12.2.2.1 illustrieren:

---

[4] WALD (1947, S. 44) hat nachgewiesen, daß diese Umschreibung praktisch keine Konsequenzen nach sich zieht, d. h. die nominellen Risiken und n faktisch nur unwesentlich erhöht.

Im Beispiel 12.2.2.1 betragen $\alpha = 0{,}01$, $\beta = 0{,}05$ und $P = \pi_1/\pi_0 = 0{,}2/0{,}1 = 2$, bzw. $Q = (1-\pi_1)/(1-\pi_0) = 0{,}8/0{,}9 = 0{,}889$

$$b_0 = b_1 = -\frac{\ln(0{,}889)}{\ln(2)} = -(-0{,}118)/0{,}693 = +0{,}170$$

$$a_0 = \ln(0{,}0505)/\ln(2) = (-2{,}986)/0{,}693 = -4{,}307$$

$$a_1 = \ln(95)/\ln(2) = 4{,}554/0{,}693 = +6{,}571.$$

Mittels dieser Parameter erhalten wir die in Abbildung 12.2.3.1 eingezeichneten Annahmegeraden L_0 (unten) und L_1 (oben), wenn wir a_0 und a_1 auf der Ordinatenachse x markieren und den Schnittpunkt von L_0 mit der Abszissenachse N–x dadurch gewinnen, daß wir x = 0 in der Geradengleichung $x = -4{,}309 + 0{,}170(N-x)$ einsetzen: $0 = -4{,}309 + 0{,}170(N-x)$, woraus $N-x = +4{,}307/0{,}170 = 25{,}3$ als Schnittpunkt folgt.

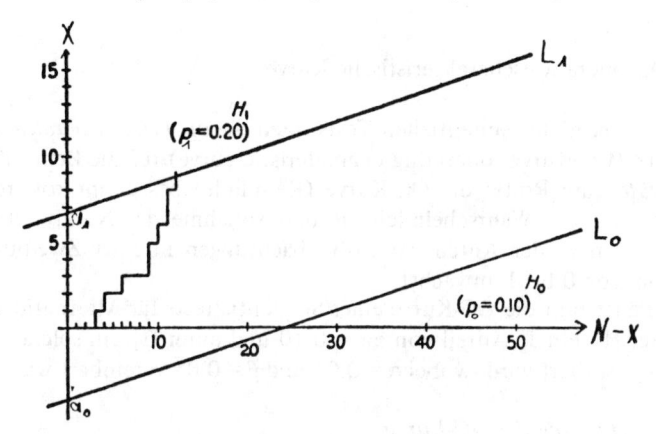

Abb. 12.2.3.1
Graphenschema einer Sequenzanalyse mit $\alpha = 1\%$, $\beta = 5\%$, $\pi_1 = 0{,}2$ und $\pi_0 = 0{,}1$ der Stichprobenspur der Beobachtungsfolge 000101001000110101101 (aus DIXON and MASSEY, 1957, Fig. 18–1).

Das rechtwinkelige Koordinatensystem der Abbildung 12.2.3.1 wird von der Ordinatenachse x (Zahl der Einsen oder der Ja-Beobachtungen) und der Abszissenachse n–x (Zahl der Nullen oder Nein-Beobachtungen) gebildet. Die eingezeichnete Treppenkurve heißt *Stichprobenspur*; sie wird von der (angenommenen) Beobachtungsfolge 000101001000110101101 mit (bislang) n = 21 Beobachtungen gebildet und verläuft vom Koordinatenursprung aus jeweils eine Abszisseneinheit nach rechts, wenn eine Null beobachtet wurde, bzw. eine Ordinateneinheit nach oben, wenn eine Eins beobachtet wurde.

Die Untersuchung wurde mit der 21. Beobachtung *abgebrochen* und H_1 angenommen, da die Stichprobenspur die Annahmegerade L_1 mit der 21. Beobachtung *kreuzt*: Wenn x = 9 behandelte Patienten Nebenwirkungen (= Einsen) aufweisen, so ist diese Zahl groß genug, um mit H_1 anzunehmen, daß 20% (π_1 = 0,2) der behandelten Patientenpopulation Nebenwirkungen zeigen und nicht 10% (π_0 = 0,1) wie unter H_0 postuliert.

Wie wir gesehen haben, kann (und soll) der Testplan in Abb. 12.2.3.1 aufgrund der vereinbarten Parameter α, β, π_1 und π_0 erstellt werden, so daß der Untersucher nur jeweils die fortlaufenden Beobachtungen als Stichprobenspur einzuzeichnen hat. Gegebenenfalls können Testpläne mit unterschiedlichen *Parameterkombinationen* für sequentielle Untersuchungspläne bereitgehalten werden.

12.2.4 Die operationscharakteristische Kurve

Mehr als bei nicht-sequentiellen Tests spielt die *operationscharakteristische Kurve* (OC-Kurve, operating characteristic curve) für die Beurteilung der *Testgüte* eine Rolle: die OC-Kurve (Kennlinie) besagt im konkreten Fall, wie groß die Wahrscheinlichkeit der Annahme der Nullhypothese (H_0) ist, wenn π, der Anteil der Ja-Beobachtungen in einer Zweipunktpopulation, von 0 bis 1 anwächst.

Wie verläuft nun die OC-Kurve eines Sequentialtests für Alternatidaten, wenn unter H_0 ein Ja-Anteil von π_0 = 0,10 und unter H_1 ein solcher von π_1 = 0,20 postuliert wird, wobei α = 0,01 und β = 0,05 vereinbart wurde?

Punkttabellierung der OC-Kurve

1. Offenbar ist für π = 0 die OC-Funktion 1 = 100%, denn wenn in der Population *keine* Ja-Beobachtungen auftreten, können solche auch nicht in der Stichprobe auftreten, so daß H_0 mit π_0 = 0,10 immer angenommen werden muß, wenn man nur genügend Stichprobenelemente entnimmt.

2. Für π = π_0 = 0,10 ist die Wahrscheinlichkeit, H_0 anzunehmen, gleich $1 - \alpha$ = 0,99 = 99%.

3. Wächst π auf π_1 = 0,20, so sinkt die Wahrscheinlichkeit, H_0 anzunehmen, auf β = 0,05 = 5%.

4. Erreicht π schließlich den Wert 1, dann sinkt die Wahrscheinlichkeit, H_0 mit π_0 = 0,10 anzunehmen, auf 0.

5. Zur ergänzenden Bestimmung der OC-Kurve berechnen wir noch die Wahrscheinlichkeit eines *zwischen* π_0 und π_1 liegenden π',

$$\pi' = \frac{\ln \frac{1-\pi_1}{1-\pi_0}}{\ln \frac{1-\pi_1}{1-\pi_0} - \ln \frac{\pi_1}{\pi_0}} \qquad (12.2.4.1)$$

Die *Höhe* der OC-Kurve im Abszissenpunkt π' ergibt sich aus der Formel

$$\mathrm{OC}(\pi') = \frac{\ln \frac{1-\beta}{\alpha}}{\ln \frac{1-\beta}{\alpha} - \ln \frac{\beta}{1-\alpha}} \qquad (12.2.4.2)$$

In unserem Beispiel ergibt sich $\pi' = 0{,}146$ und $\mathrm{OC}(\pi') = 0{,}604$, womit die OC-Funktion in 5 Punkten *numerisch* präzisiert ist, wie Tabelle 12.2.4.1 zeigt

Tabelle 12.2.4.1

π	OC-Funktion
0	1
$\pi_0 = 0{,}10$	$0{,}99 = 1-\alpha$
$\pi' = 0{,}146$	$0{,}604 = \mathrm{OC}(\pi')$
$\pi_1 = 0{,}20$	$0{,}05 = \beta$
1	0

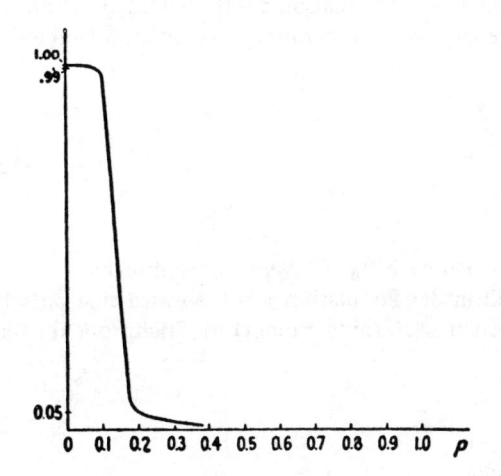

Abb. 12.2.4.1
OC-Funktion des Sequentialtests für Alternativdaten für $\pi = \pi_0 = 0{,}10$ vs. $\pi = \pi_1 = 0{,}20$ mit $\alpha = 0{,}01$ und $\beta = 0{,}05$.

Gesamtverlauf der OC-Kurve

Die graphische Darstellung der OC-Kurve findet sich in Abbildung 12.2.4.1 (aus Dixon and Massey, 1957, Fig. 18–2) für den gesamten Verlauf, d.h. für beliebige π-Werte.

Aus Tabelle und Kurve erkennt man: Wenn H_0 gilt, werden wir H_0 gemäß $\alpha = 1\%$ in 99 von 100 Tests annehmen; wenn H_1 gilt, werden wir H_0 nur in 5 von 100 Tests annehmen, wie mit $\beta = 5\%$ vereinbart. Nur wenn weder H_0 noch H_1 gelten, sondern eine Hypothese H' mit $\pi' = 0{,}146$, werden wir 60 Mal H_0 und 40 Mal H_1 in 100 Tests annehmen. Leider ist der letzte Fall ein praktisch wichtiger, und deshalb müssen wir uns noch ein wenig mit ihm befassen.

12.2.5 Der Erwartungswert des Stichprobenumfangs

Für den Untersucher, der einen Sequentialtest der vorstehenden Art in Erwägung zieht, ist es wichtig zu wissen, mit *wievielen Beobachtungen* er rechnen muß, ehe er zu einer Entscheidung gelangt: Betrachten wir wiederum unser Beispiel und die Tabelle 12.2.4.1 mit der Operationscharakteristik dieses Tests.

Extremanteilsfälle

1. Ist der Ja-Anteil in der Population $\pi = 0$, so wird eine Entscheidung zugunsten von H_0 genau nach (aufgerundet) n_0 Stichprobenbeobachtungen (Nullen)

$$E(n) = n_0 = \frac{\ln\dfrac{1-\beta}{\alpha}}{\ln\dfrac{\pi_1}{\pi_0}} \tag{12.2.5.1}$$

fallen, in unserem Beispiel nach $n_0 = 7$ *Nein*beobachtungen.

2. Ist der Ja-Anteil in der Population $\pi = 1$, so wird eine Entscheidung zugunsten von H_1 genau nach (aufgerundet) n_1 Stichprobenbeobachtungen (Einsen)

$$E(n) = n_1 = \frac{\ln\dfrac{\beta}{1-\alpha}}{\ln\dfrac{1-\pi_1}{1-\pi_0}} \tag{12.2.5.2}$$

fallen, wobei $n_1 = 26$ *Ja*-Beobachtungen in unserem Beispiel.

Beide Feststellungen, $n_0 = 7$ und $n_1 = 26$, lassen sich unmittelbar aus der Abbildung 12.2.3.1 ablesen: Man muß 7 Schritte vom Ursprung nach *oben* gehen, um L_1 zu kreuzen, und 26 Schritte nach rechts, um L_0 zu kreuzen; die Stichprobenspur ist im ersten Fall eine Vertikale, im zweiten eine Horizontale.

Normanteilsfälle

1. Ist der Ja-Anteil in der Population $\pi_0 = 0{,}10$, so beträgt der *Erwartungswert* des zu einer Entscheidung *für* H_0 nötigen Stichprobenumfangs, die sog. average sample number (A.S.N.):

$$E(n_0) = \frac{(1-\alpha)\ln\frac{\beta}{1-\alpha} + \alpha \cdot \ln\frac{1-\beta}{\alpha}}{\pi_0 \ln\frac{\pi_1}{\pi_0} + (1-\pi_0)\ln\frac{1-\pi_1}{1-\pi_0}} \qquad (12.2.5.3)$$

2. Analog ist $E(n_1)$ der Erwartungswert des zu einer Entscheidung *für* H_1 führenden Stichprobenumfangs, wenn der Populationsanteil der Ja-Beobachtungen $\pi_1 = 0{,}20$ beträgt

$$E(n_1) = \frac{\beta \cdot \ln\frac{\beta}{1-\alpha} + (1-\beta)\ln\frac{1-\beta}{\alpha}}{\pi_1 \ln\frac{\pi_1}{\pi_0} + (1-\pi_1)\ln\frac{1-\pi_1}{1-\pi_0}} \qquad (12.2.5.4)$$

3. Angewendet auf unser *Beispiel* mit $\alpha = 0{,}01$, $\beta = 0{,}05$ und $\pi_0 = 0{,}10$, $\pi_1 = 0{,}20$ ergeben sich folgende Stichprobenumfänge

$$E(n_0) = \frac{0{,}99(-2{,}986) + 0{,}01(4{,}554)}{0{,}10(0{,}693) + 0{,}90(-0{,}118)} = 79$$

$$E(n_1) = \frac{0{,}05(-2{,}986) + 0{,}95(4{,}554)}{0{,}20(0{,}693) + 0{,}80(-0{,}118)} = 95$$

Da wir nur 21 Beobachtungen benötigt haben, um H_1 anzunehmen, wo wir mit 95 Beobachtungen hätten rechnen müssen, schließen wir, daß der Populationsanteil π der Patienten, die auf das neue Antirheumatikum mit Nebenwirkungen reagieren, wahrscheinlich wesentlich größer ist als 0,2. Damit ist die Entscheidung, das Medikament nicht einzuführen, nicht nur wegen der Annahme von H_1, sondern auch wegen des niedrigen hierzu nötigen Stichprobenumfangs von n = 21 Beobachtungen mehr als gerechtfertigt.

Der Intermediäranteilsfall

Wie groß ist nun der Erwartungswert des Stichprobenumfangs, wenn die Hypothese $\pi = \pi'$ zutrifft, also der wahre Anteil von Ja-Beobachtungen halbwegs zwischen π_0 und π_1 liegt? Offenbar erreicht hier ASN-Funktion ein *Maximum:*

$$E(n') = \frac{\ln\frac{\beta}{1-\alpha} \ln\frac{1-\beta}{\alpha}}{\ln\frac{\pi_1}{\pi_0} \ln\frac{1-\pi_1}{1-\pi_0}} \qquad (12.2.5.5)$$

Dieses Maximum beträgt in unserem Beispiel mit den bekannten Parametern

$$E(n') = \frac{(-2{,}986)\,(4{,}554)}{(0{,}693)\,(-0{,}118)} = 167$$

Wäre in unserem Beispiel auch nach Erhebung von $E(n_1) = 95$ Beobachtungen noch keine Entscheidung für H_1 gefallen, dann hätte damit gerechnet werden müssen, daß die Nebenwirkungsrate des neuen Antirheumatikums zwischen 10% und 20% gelegen ist. Man wird in solchen Fällen erwägen, π_1 niedriger (z. B. 0,15) anzusetzen, was post hoc allerdings nicht mehr den Schutz der beiden Risiken garantiert.

Die ASN-Kurve

Abbildung 12.2.5.1 stellt den ‚im Schnitt' zu erwartenden Stichprobenumfang (ASN) als Funktion des wahren Populationsanteils der Ja-Beobachtungen dar:

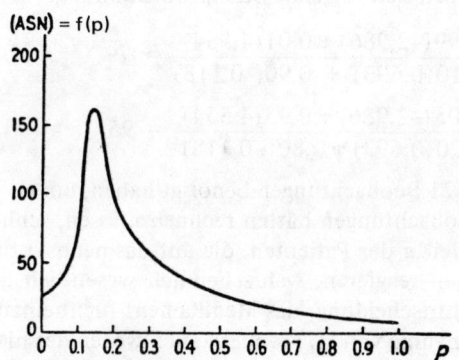

Abb. 12.2.5.1
Die zu Abbildung 12.2.4.1 gehörige ASN-Funktion des Sequentialtests.

In Abbildung 12.2.5.1 sind zugleich auch die numerisch gewonnenen Zuordnungen zwischen dem Populationsanteil π der Ja-Elemente und der durchschnittlich für eine Entscheidung benötigten Beobachtungszahl (ASN) rechts oben eingetragen[5].

Aus der ASN-Kurve läßt sich auch *abschätzen*, mit welchem Anteil π wir in unserem Beispiel zu rechnen haben, wenn bereits nach n = 21 Beobachtungen eine Entscheidung zugunsten von H_1 (mit π_1 = 0,20) zustande kam: Wir brauchen bloß vom Ordinatenpunkt x = 21 eine Horizontale bis zum Schnittpunkt mit dem rechten Ast der ASN-Kurve zu ziehen. Dieser Schnittpunkt liegt bei einem Anteil von π um 0,5. Das bedeutet, daß nach einer etwaigen Einführung des Antirheumatikums bei 50% der Patienten mit Nebenwirkungen (Blutbildschädigungen) gerechnet werden müßte.

12.2.6 WALDS Wahrscheinlichkeitsverhältnistest mit $\pi = 1/2$

Einer der praktisch bedeutsamsten Tests ist, wie wir noch im sequentiellen Vorzeichentest erkennen werden, der SPR-Test, in welchem unter der Nullhypothese ein Populationsanteil von $\pi_0 = 1/2$ Ja-Beobachtungen angenommen wird, und unter der Alternativhypothese ein Anteil von $\pi_1 = \pi_0 + d$, so daß $d = \pi_1 - 1/2$. Wie sich für $\alpha = \beta = 0,05$ die *Konstanten* der Annahmegeraden a_0 und a_1 sowie b verhalten, ist in Tafel XII−2−6 verzeichnet; desgleichen finden sich dort die Erwartungswerte für die *Stichprobenumfänge*, mit denen man bei Geltung von H_0 bzw. von H_1 bis zu einer Entscheidung rechnen muß.

Wie man diese Tafel XII−2−6 zu benutzen hat, möge folgendes *Beispiel* (5.1.1.2) illustrieren: Unter H_0 ist der Anteil männlicher Neugeborener $\pi_0 = 0,5$, unter H_1 − nach Einhaltung einer bestimmten Diät vor der Konzeption − wird eine 20%ige Steigerung dieses Anteils, also $\pi_1 = 0,7$ gefordert. Frage: Mit welchem Stichprobenumfang muß man bei sequentieller Prüfung mit den Risiken $\alpha = \beta = 0,05$ rechnen? Antwort: Wenn die Diät unwirksam ist, muß man $E(n_0) = 30,40$ ‚vorbehandelte' Geburten beobachten, um H_0 anzunehmen; wenn die Diät wirksam ist, muß man $E(n_1) = 32,21$ Geburten beobachten und x, die Zahl der männlichen Neugeborenen, auszählen und als Stichprobenspur in den Testplan mit $\pi_0 = 1/2$ und d = 0,20 eintragen. Die Annahmegeraden dieses Testplans haben Achsabschnitte von $a_0 = -3,4752$ und $a_1 = +3,4752$ und eine gemeinsame Steigung von b = 0,6029, wie man aus Tafel XII−2−6 entnimmt.

---

[5] Es handelt sich hier um die OC- und ASN-Funktionen sog. offener Sequentialtests; über die Berechnung dieser Funktionen bzw. ihre Computer-Simulierung berichtet SCHEIBER (1971).

12.3 Sequentialtests für Binärdaten mit nur einer Alternativhypothese

In Abschnitt 12.1 sind wir davon ausgegangen, daß einer anteilsmäßig spezifizierten Nullhypothese (H_0 mit π_0) eine ebenfalls spezifizierte Alternativhypothese (H_1 mit π_1) gegenübergestellt wurde. Im folgenden wollen wir von der realistischeren Annahme ausgehen, daß unsere Stichprobe von *Binärdaten* aus einer unter der Nullhypothese spezifizierten, aber unter der Alternativhypothese anteilsmäßig nicht spezifizierten Binomialpopulation stammt. Wir bleiben aber bei der Annahme unter 12.1, wonach der Nullhypothese eine und nur *eine Alternativhypothese* gegenübergestellt wird, also bei einer einseitigen Formulierung des Testproblems.

12.3.1 Vereinfachungsvereinbarungen

1. Wir wollen zur Vereinfachung unserer weiteren Überlegungen annehmen, der Untersucher betrachte das *Beta-Risiko* als ebenso wichtig wie das Alpha-Risiko, und daher vereinbaren, in Hinkunft

$$\beta = \alpha \qquad (12.3.1.1)$$

gelten zu lassen. Tatsächlich läßt sich diese Vereinbarung, eine falsche Nullhypothese ebenso oft zu Unrecht anzunehmen wie eine richtige Nullhypothese abzulehnen, oft auch sachlogisch rechtfertigen, insbesondere wenn es sich um Wirkstoffprüfungen oder Therapiekontrollen handelt, in denen die Zielbeobachtung dem *Alles-oder-Nichts-Prinzip* folgt.

2. Zur weiteren Vereinfachung — vor allem der graphischen Prozedur — wollen wir statt x als der Zahl der Ja-Beobachtungen (Ordinate) und n–x als der Zahl der Nein-Beobachtungen (Abszisse) künftig zu deren *Differenz* als Ordinatenendpunkt der Stichprobenspur

$$z = x - (n-x) = 2x - n \qquad (12.3.1.2)$$

und deren *Summe* als Abszissenendpunkt der Stichprobenspur

$$n = x + (n-x) = n \qquad (12.3.1.3)$$

übergehen; dabei ist n der Stichprobenumfang und z der sogenannte numerische Wert der Stichprobe (Stichprobenwert).

Den *Stichprobenwert* z erhält man, wenn man fortlaufend eine Ja-Beobachtung mit +1 (statt mit 1) und eine Neinbeobachtung mit –1 (statt mit 0) bewertet. Fehlen Ja-Beobachtungen, dann ist z = –n, fehlen Nein-Beobachtungen, dann ist z = +n; z variiert also in den Grenzen zwischen –

−n und +n. Die Benutzung von z gegenüber x hat manche Vorteile und geht − soweit sich verfolgen läßt − auf Darwin (1959) zurück.

Während sich die Waldsche Stichprobenspur (x, n−x) als Treppenkurve darstellen ließ (vgl. 12.2.3), repräsentiert die Darwinsche Spur eine *Zickzackkurve* (vgl. Abb. 12.3.2.1); man erhält sie, indem man im Ursprung beginnend, entweder um eine Abszisseneinheit schräg nach oben (Ja-Beobachtung) oder schräg nach unten (Nein-Beobachtung) rückt und soviele Beobachtungen erhebt, bis die Spur eine der beiden Geraden schneidet.

3. Für die *Durchführung* der im folgenden zu besprechenden und praktisch bedeutsamen Sequentialtests werden nur noch *graphische Testpläne* − so nennt man Schemata vom Typ der Abbildung 12.2.3.1 − verwendet, in welchen auf der Abszisse der Beobachtungsumfang n (oder m, bei Fortlassung von Beobachtungen, die nichts zur Entscheidung beitragen), und entlang der Ordinate der Stichprobenwert z abgetragen wird. Die *Darwinsche Stichprobenspur* hat also jeweils die Koordinatenendpunkte (z, n) im jeweiligen Testplan.

Als Vorbild für unsere weiteren Betrachtungen dient weithin die Arbeit von Wohlzogen und Wohlzogen-Bukovics (1966), die − obzwar sie sich mit der sequentiellen Parameterschätzung befaßt − die Testkonzepte so konzise darstellt, daß gerade die *praktischen Belange* des sequentiellen Prüfens in das Blickfeld des Anwenders geraten.

12.3.2 Der sequentielle Binomialtest

Im folgenden soll geprüft werden, ob ein beobachteter Ja-Anteil p in den bislang erhobenen n Beobachtungen die Annahme, daß die Population, aus der die Stichprobe entnommen wurde, einen Ja-Anteil $\pi \geq p$ enthält, rechtfertigt.

Eine solche Frage stellt sich in der *Therapiekontrolle* z. B. dann, wenn eine bewährte Behandlung (Operationstechnik, Bestrahlungs- oder Pharmakotherapie) mit bekannter, über längere Zeit gleichbleibender Erfolgsrate p' mit einer anderen, neuen und daher noch nicht hinreichend erprobten Behandlung verglichen werden soll, wobei die bislang sequentiell behandelten Patienten eine Erfolgsrate $\geq p$ erkennen lassen.

Es sei also p' der *Erfolgsanteil nach dem alten* und p der *geforderte Mindestanteil* der Erfolge nach dem *neuen* Verfahren.

Der Untersucher wird nun sinnvollerweise fordern, daß $p = p' + d$ ist, wobei d den zu fordernden *Mindestunterschied* in den Erfolgsraten bezeichnet (z. B. $d = 0,10 = 10\%$). Es ist danach zu prüfen, ob der tatsächliche Erfolgsanteil π mit der neuen Behandlungsmethode mindestens $p = p' + d$ ist, ob also

$$\pi \geqslant p = p' + d \qquad (12.3.2.1)$$

War der Erfolgsanteil nach der alten Behandlung etwa $p' = 60\%$, so wird, wenn die neue Behandlung um $d = 10\%$ besser sein soll, gefordert, daß die neue Behandlung in $\pi \geqslant 70\%$ der Fälle erfolgreich sein soll.

Rationale

Die Hypothese $\pi \geqslant p$, wie sie oben formuliert worden ist, wird mittels eines *sequentiellen Wahrscheinlichkeitsverhältnistests* (SPR = sequential probability ratio test) nach WOHLZOGEN und WOHLZOGEN-BUKOVICS (1966) wie folgt geprüft: Wir vereinbaren

$$p_+ = p+d \quad \text{und} \quad p_- = p-d \qquad (12.3.2.2)$$

wobei d so zu wählen ist, daß folgende Ungleichung erfüllt ist:

$$0 < d < p < 1 - d^2 \qquad (12.3.2.3)$$

Dann werden die folgenden beiden *Hypothesen* analog 12.2.1 gegeneinander geprüft[6]

$$H_+: \quad \pi = p_+ \quad \text{versus} \quad H_-: \quad \pi = p_- \qquad (12.3.2.4)$$

Die *Punktwahrscheinlichkeiten* für eine bereits sequentiell erhobene Stichprobe mit $x = r$ Ja-Beobachtungen und $n-x = s$ Nein-Beobachtungen seien unter H_+ gleich $p(H_+)$ und unter H_- gleich $p(H_-)$. Das Wahrscheinlichkeitsverhältnis (der Likelihoodquotient) ergibt sich daher zu

$$L = \frac{p(H_+)}{p(H_-)} = \frac{p_+^r (1-p_+)^s}{p_-^r (1-p_-)^s} \qquad (12.3.2.5)$$

Aufgrund dieses L-Wertes läßt sich bereits im Sinn des *numerischen* Verfahrens (vgl. 12.2.2) eine Entscheidung fällen, wenn man die Ungleichungen (12.2.1.2–4) für $\alpha \neq \beta$ oder die Ungleichungen (12.2.1.6–8) für $\alpha = \beta$ zu Rate zieht.

Durchführung

Zwecks Anwendung des *graphischen* Verfahrens formen wir (12.3.2.5) nach Logarithmieren algebraisch wie folgt um:

---

[6] Im Unterschied zu 12.2.1 handelt es sich hier nicht um eine Null- und eine Alternativhypothese, sondern um zwei gleichwertige miteinander rivalisierende Hypothesen, wobei allerdings sinngemäß H_- die Null- und H_+ die Alternativhypothese repräsentieren.

$$L = (r-s)\frac{1}{2}\ln\frac{p_+(1-p_-)}{p_-(1-p_+)} + (r+s)\frac{1}{2}\ln\frac{p_+(1-p_+)}{p_-(1-p_-)} \qquad (12.3.2.6)$$

Zur Vereinfachung der Schreibweise und des Rechnens führen wir folgende Symbole ein, wobei, wie oben vereinbart, $\beta = \alpha$

$$A = \ln\frac{1-\beta}{\alpha} = A' = -\ln\frac{\beta}{1-\alpha} \qquad (12.3.2.7)$$

$$B = \frac{1}{2}\ln\frac{p_+(1-p_-)}{p_-(1-p_+)} \qquad (12.3.2.8)$$

$$C = \frac{1}{2}\ln\frac{p_+(1-p_+)}{p_-(1-p_-)} \qquad (12.3.2.9)$$

Die Gerade $L_{+(-)}$ für die Annahme der Hypothese $\pi \geq p$ hat sodann einen Achsabschnitt auf der Ordinatenachse von

$$a_+ = A/B = a \qquad (12.3.2.10)$$

und die Gerade $L_{-(+)}$ für die Ablehnung der Hypothese $\pi \geq p$ hat einen Achsabschnitt von

$$a_- = -(A/B) = -a \qquad (12.3.2.11)$$

Beide Geraden haben ein und denselben Steigungsparameter

$$b_+ = b_- = -(C/B) = b \qquad (12.3.2.12)$$

Der Parameter b ist gleich Null, wenn $C = 0$, d. h., wenn $p_+ = 1-p_-$, was impliziert, daß $\pi = 1/2$. Im Fall des Binomialparameters $\pi = 1/2$ verlaufen also die beiden Annahmegeraden parallel zur Abszissenachse je in einem Abstand von $a_+ = |a_-| = A/B$, wenn $\beta = \alpha$ gewählt wurde.

Zur numerischen Bestimmung der Parameter der Annahmegeraden benutzen wir Tafel VIII–3–1, die die natürlichen Logarithmen enthält. Für ausgewählte Testpläne sind die Geradenparameter bereits ermittelt und in Tafel XII–3–2–1 wiedergegeben. Wegen der praktischen Bedeutung der Testpläne mit $\pi = 1/2$ sind diese in einer eigenen Tafel XII–3–2–2 erfaßt[7].

Die beiden Annahmegeraden haben folgende Gleichungen

$$L_{+(-)} \equiv z = a + bn \qquad (12.3.2.13)$$

$$L_{-(+)} \equiv z = -a + bn \qquad (12.3.2.14)$$

---

[7] Beide Tafeln stammen aus der Arbeit von BARTOSZYK und LIENERT (1976), auf die hier verwiesen sei. Dort werden für eine große Anzahl von Kombinationen von α, β, π und d die Parameter der Annahmegeraden berechnet.

Darin bedeuten z die Ordinaten- und n die Abszissenpunkte der beiden Geraden. Kreuzt die Stichprobenspur die Annahme-Gerade $L_{+(-)}$, so wird die Hypothese $\pi \geqslant p$ angenommen, kreuzt sie die Ablehnungsgerade $L_{-(+)}$, wird die Hypothese abgelehnt; ansonsten wird die Beobachtungsreihe fortgesetzt.

Greifen wir auf die eingangs erwähnte Fragestellung zurück, um die graphische Prozedur zu erläutern.

Einstichproben-Anwendung

Angenommen, der Erfolgsanteil der *bewährten* Behandlung sei $p' = 0,5$ und es sei ein $d = 0,15$ vereinbart worden, d. h. es wird gefordert, daß die *neue* Behandlung einen Erfolgsanteil von $p = 0,65$ habe mit einem Minimum von $p_- = 0,5$ und einem Maximum von $p_+ = 0,8$. Das Risiko α, die Hypothese $\pi \geqslant 0,65$ abzulehnen, obschon $\pi \geqslant 0,8$ und das Risiko β, die Hypothese $\pi \geqslant 0,65$ anzunehmen, obwohl $\pi \leqslant 0,5$, mögen $\alpha = \beta = 0,025$ sein, damit das gesamte Risiko einer *Fehlentscheidung* nur $\alpha + \beta = 0,05$ beträgt.

Setzt man obige Werte in die Gleichungen (12.3.2.7–14) ein, so resultieren die in Abbildung 12.3.2.1 eingezeichneten Geraden $L_{+(-)} \equiv z = 5,3 + 0,32n$ und $L_{-(+)} \equiv z = -5,3 + 0,32n$ mit den aus Tafel XII–3–2–1 für $\pi = 0,65$ abzulesenden Parametern $a_+ = 5,3$ und $a_- = -5,3$ und $b = = +0,32$.

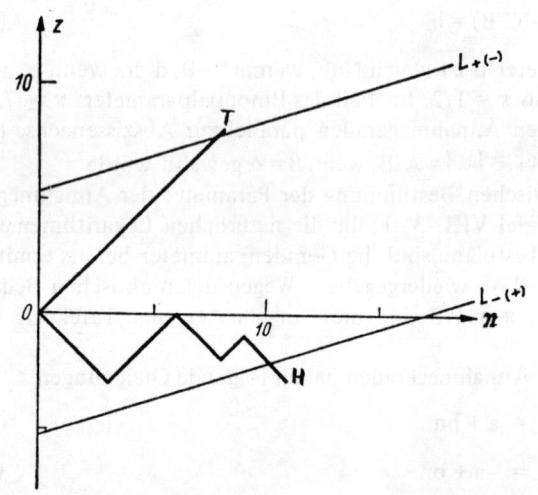

Abb. 12.3.2.1:
Graphischer Testplan zur Prüfung der Hypothese $\pi \geqslant 0,65$ mit $\alpha = \beta = 0,025$ und $d = 0,15$ (aus WOHLZOGEN und WOHLZOGEN-BUKOVICS, 1966, Abb.2).

Konkretisieren wir unsere klinischen Annahmen in dem Sinne, daß $1-p' = 0{,}5$ die Komplikationsrate bei Gallenblasenoperationen an alten (über 75-jährigen) Patienten sei, und zwar bei Benutzung der *tradierten* Narkose (Inhalationsnarkose) H. Eine *neue* Narkoseform (die Intubationsnarkose) T soll die Komplikationsrate $1-p$ erheblich gesenkt bzw. die Erfolgsrate p erhöht haben.

Unter Heranziehung des *Testplanes* in Abbildung 12.3.2.1 wird von dem Zeitpunkt der Einführung der neuen Narkose jeder Operierte, der komplikationslos bleibt, als Erfolg gewertet und mit einem Aufwärtsteilstrich in der Stichprobenspur T symbolisiert. Wie man sieht, schneidet die so erstellte Stichprobenspur bereits nach $n = r = 8$ komplikationslos gebliebenen Operierten die Annahmegerade $L_{+(-)}$, so daß wir den vermuteten Erfolg bestätigen und p nach BAUER et al. (1976) schätzen können.

Mehrstichproben-Anwendung

Machen wir neben der *anterograden* auch zum Vergleich noch eine *retrograde* Studie, indem wir die Krankengeschichten von dem Zeitpunkt des Wechsels der Narkosetechnik zurückverfolgen, so erhalten wir in Abb. 12.3.2.1 statt der ausschließlich positiven Beobachtungsreihe (++++++++) eine Beobachtungsreihe (---+++--+--) mit $r = 4$ komplikationsfreien und $s = 7$ komplikationsbehafteten Operationsverläufen; ihre Stichprobenspur H schneidet die Ablehnungsgerade $L_{-(+)}$ nach $n = r+s = 11$ Beobachtungen, so daß die Hypothese einer Erfolgsrate von $\pi \geq 0{,}65$ für diese Narkoseform abgelehnt werden muß.

Da die beiden Stichproben voneinander *unabhängig* sind (wenngleich sie nur unter Stationaritätsannahme als Zufallsstichproben aus ein und derselben Patientenpopulation betrachtet werden dürfen), gilt für beide Tests das vereinbarte $\alpha = \beta$ Risiko. Dieses Verfahren entspricht somit einem Vierfelder-Vergleich zweier unabhängiger Stichproben von Alternativen (vgl. Kap. 5.3.1).

Wir haben in Abbildung 12.3.2.1 *zwei* Behandlungen T und H miteinander verglichen und für T die Hypothese von $\pi \geq 0{,}65$ (Erfolgsrate) angenommen, sie für H hingegen verworfen. Ebensogut hätten wir *drei* Stichproben sequentiell ziehen und unterschiedlich (A, B und C) behandeln können, um für jede Behandlung gesondert über die Hypothese $\pi \geq 0{,}65$ befinden zu können. Dieses sequentielle Vorgehen entspräche unter nichtsequentieller Erhebung dem Anteilsvergleich dreier unabhängiger Stichproben von Alternativen in einer 2 x 3-Feldertafel (vgl. 5.4.3). Nichts spricht dagegen, auch $k \geq 4$ unabhängige Stichproben (Behandlungen) von Alternativen auf diese Weise sequentiell zu vergleichen. Es empfiehlt sich, in einem solchen Fall die k Stichprobenspuren als unterschiedliche kenntlich zu machen, etwa durch Strichlieren, Punktieren oder durch verschiedene Farben.

Hinweise

Für den Anwender sei noch ein Hinweis zum *Verlauf der Stichprobenspur* gegeben: Bei zeitstationären Populationen, wie sie das Folgetestverfahren unterstellt, erwartet man von jeder Stichprobenspur, daß sie ihre *Richtungstendenz* wenigstens grundsätzlich beibehält und nicht etwa zu einem bestimmten Zeitpunkt *abrupt ändert*! Letzteres wäre ein Hinweis auf eine zum Zeitpunkt der Richtungsänderung erfolgte Anteilsänderung in der Population. Sequentiellen Tests mit wechselnden Trends der Stichprobenspur ist, soweit diese systematisch und nicht zufallsbedingt erscheinen (was man durch Iterationstests beurteilen kann), zu mißtrauen.

Ein anderer anwendungsrelevanter Hinweis betrifft die Frage, wie man die Hypothese $\pi \leqslant p$ prüft. Die Antwort dazu lautet schlicht: Der zu 12.3.2 komplementäre Folgetest $\pi \leqslant p$ braucht nicht extra besprochen zu werden, da die Beobachtungsalternativen stets so verschlüsselt werden können (ggf. Nein anstelle von Ja), daß der Folgetest $\pi \geqslant p$ resultiert. Ähnliche Ansätze wie die bisher besprochenen finden sich bei SIMON, WEISS und HOEL (1975).

12.3.3 Der sequentielle Vorzeichentest

Unter den Binomialverteilungen kommt der mit dem Parameter $\pi = 1/2$ eine besondere Bedeutung zu, und zwar nicht nur in der mathematischen, sondern gerade auch in der biologischen Statistik. Denn die Binomialverteilung mit $\pi = 1/2$ ist die Grundlage des so überaus nützlichen *Vorzeichentests* (vgl. 5.1.2), mit dem wir zwei *abhängige* (verbundene oder paarige) Stichproben von Meß- oder Rangwertepaaren auf Lageunterschiede hin untersuchen. Dieser Vorzeichentest läßt sich nun auch sequentiell modifizieren, und zwar nicht nur in bezug auf Meßwerte und singuläre Rangwerte, sondern auch in bezug auf gruppierte Rangwerte und deren Spezialfall, die Alternativdaten. Wir betrachten zunächst dessen Anwendung auf Meßwerte bzw. Meßwertepaare.

Anwendung auf Meßwertepaare

Bekanntlich erwarten wir bei Anwendung des *nichtsequentiellen* Vorzeichentests, daß unter der Nullhypothese fehlender Lokationsunterschiede die Vorzeichen der Meßwertdifferenzen $d = x_a - x_b$ eines stetig verteilten und unter den Bedingungen A und B gemessenen Merkmals X binomial mit $\pi = 1/2$ verteilt sind. Im *sequentiellen* Vorzeichentest formulieren wir die Nullhypothese als $\pi \geq 1/2$ entsprechend dem sequentiellen Binomialtest mit $p = 1/2$ um. Gilt die Hypothese $\pi \geq 1/2$, so nehmen wir sie nach endlich vielen, sequentiell erhobenen Beobachtungspaaren an, andernfalls lehnen wir sie ab[8].

Wir wollen im folgenden den Test 12.3.2 dahin *spezifizieren*, daß wir auf $\pi \geq 1/2$ prüfen, indem wir analog (12.3.2.4) die beiden Hypothesen:

$$H_+ := p_+ = \frac{1}{2} + d \quad \text{versus} \quad H_- := p_- = \frac{1}{2} - d \qquad (12.3.3.1)$$

gegeneinander stellen und d nach sachlogischen Argumenten gemäß (12.3.2.3) festlegen. Wir entnehmen sodann aus einer Paarlingspopulation Beobachtungspaare (x_a, x_b) und zählen positive (r) und negative Paare (s) fortlaufend aus. Wenn das fortlaufend zu bildende bzw. zu adjustierende Wahrscheinlichkeitsverhältnis (12.3.2.5) die Schranke $\beta/(1-\alpha)$ unterschreitet oder die Schranke $(1-\beta)/\alpha$ überschreitet, akzeptieren wir H_+ bzw. H_-.

Wie man graphisch vorgeht, veranschaulicht das folgende Beispiel mit einem Testplan aus WOHLZOGEN und WOHLZOGEN-BUKOVICS (1966, Abb.1) und einem realen Datensatz aus STEGIE (1973, Tab.4 d. Anh.), dem ein *stetig* verteiltes Merkmal, das unter 2 Bedingungen beobachtet wurde, zugrunde liegt: Man zeichnet aufgrund von $\text{sgn}(x_a - x_b)$ die DARWINSCHE Stichprobenspur (z, n) und akzeptiert H_+, wenn die *abszissenparallele* Annahmegerade $L_{+(-)} = a_+$ berührt oder gekreuzt wird und akzeptiert H_-, wenn $L_{-(+)} = a_-$ berührt oder gekreuzt wird. Die *Ordinatenachsabschnitte* a_+ und a_- zur Einzeichnung der beiden Geraden in den Testplan, sind für verschiedene $\alpha \leq \beta$ in Tafel XII–3–2–2 zusammengestellt, so daß sie gar nicht berechnet zu werden brauchen. Im folgenden Beispiel werden wir sie jedoch aus didaktischen Erwägungen nicht aus Tafel XII–3–2–2 ablesen, sondern numerisch berechnen.

Beispiel 12.3.3.1

Problem: In einer Voruntersuchung sollte eruiert werden, wie sich Herzfrequenzen von Versuchspersonen (Vpn) bei Darbietung emotional erregender und emotional beruhigenden Filmszenen verhalten. Da die psychophysiologischen Reaktionen bekanntermaßen persönlichkeitsspezifisch (größer oder geringer) sind, sollten alle Vpn unter beiden Bedingungen bei losbedingter Abfolge untersucht und die Unterschiede mittels Vorzeichentest (der auch heterogene Paare zuläßt i.U. zum Vorzeichenrangtest) ausgewertet werden. Aus Ökonomiegründen und wegen der Möglichkeit, eine praktisch relevante Mindestdifferenz d festzulegen, sollte die Auswertung mittels des Vorzeichenfolgetests vorgenommen werden.

---

[8] Eine Entscheidung fällt, wie bei allen Sequentialtests, mit Wahrscheinlichkeit 1; das hat WALD (1947) bewiesen.

Hypothesen: Unter H_0 erwarten wir $\pi = 1/2 = 50\%$ positive und 50% negative Vorzeichen der Differenzen $x_e - x_b$ bei festem Stichprobenumfang. Bei variablem Stichprobenumfang des Folgetests sollen die beiden rivalisierenden Hypothesen lauten

$$H_+: p_+ = 0{,}5 + 0{,}15 \quad \text{versus} \quad H_-: p_- = 0{,}5 - 0{,}15.$$

Es wird damit gefordert, daß $d = 0{,}15 = 15\%$ mehr Vpn als unter H_0 zu erwarten Frequenzsteigerungen (oder Senkungen) bei erregenden (e) im Vergleich zu beruhigenden (b) Filmszenen erfahren. Wir vereinbaren $\beta = \alpha = 0{,}025$, damit das Gesamtrisiko einer Fehlentscheidung höchstens 5% beträgt.

Folgetestplan: Wir setzen $\beta = \alpha = 0{,}025$ in (12.3.2.7) ein, ferner $p_+ = 0{,}65$ und $p_- = 0{,}35$ in (12.3.2.8–9) und erhalten A = 3,663 und B = 0,619 mit C = 0. Daraus folgt nach (12.3.2.10–12) ein $a_+ = +5{,}92$ und ein $a_- = -5{,}92$ mit b = 0. Die horizontal verlaufende Annahmegerade $L_{+(-)} \equiv z = +5{,}92$ und die dazu parallele Ablehnungsgerade $L_{-(+)} \equiv z = -5{,}92$ für die Hypothese $\pi \geq 1/2$ sind in Abbildung 12.3.3.1 verzeichnet.

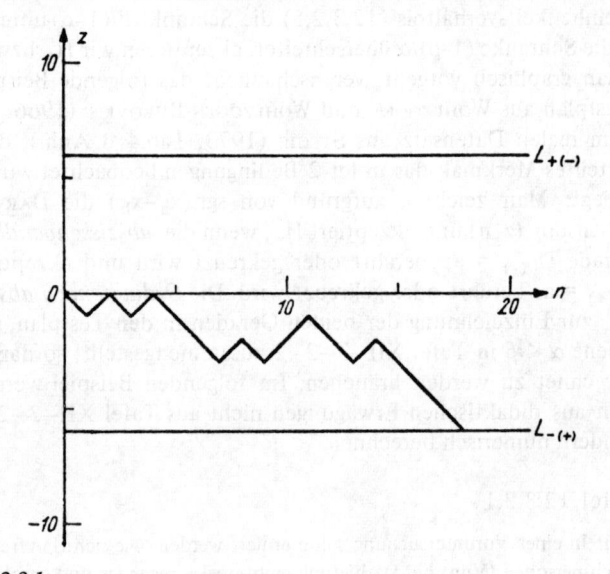

Abb. 12.3.3.1:
Graphischer Testplan zur Prüfung der Hypothese $\pi \geq 0{,}50$ mit $\alpha = \beta = 0{,}025$ und $d = 0{,}15$ für die Daten aus Tabelle 12.3.3.1.

Ergebnisse: Die durchschnittlichen Herzfrequenzen pro Minute bei Betrachtung erregender Filmszenen (x_e) und die bei Betrachtung beruhigender Szenen (x_b) sind für N = 20 Vpn mit den Reihungsnummern 1 bis 20 in Tabelle 12.3.3.1 als Meßwertepaare samt den Vorzeichen ihrer (asymmetrisch verteilten) Differenzen verzeichnet.

Tabelle 12.3.3.1

Vp.Nr.	x_e	x_b	sgn(x_e-x_b)	Vp.Nr.	x_e	x_b	sgn(x_e-x_b)
1	79,9	82,2	−	11	98,6	98,4	+
2	102,4	101,1	+	12	75,7	76,9	−
3	67,8	68,0	−	13	93,3	94,5	−
4	79,4	78,7	+	14	54,5	52,8	+
5	73,3	74,7	−	15	63,2	63,9	−
6	75,8	78,4	−	16	69,1	70,0	−
7	96,4	97,6	−	17	88,6	89,1	−
8	72,7	70,5	+	18*	78,3	81,6	−
9	92,7	93,7	−	19	88,2	87,6	+
10	64,3	63,2	+	20	83,4	84,7	−

Die durch die Vorzeichenfolge der Tabelle 12.3.3.1 gebildete Stichprobenspur schneidet die Ablehngerade $L_{-(+)}$ bereits nach n = 18 von den insgesamt N = 20 Beobachtungspaaren.

Entscheidung und Interpretation: Wir verwerfen die (plausible) Hypothese $\pi \geq 1/2$, wonach erregende Filmszenen von höheren Herzfrequenzen begleitet sind als beruhigende Szenen und akzeptieren die (unplausible) Alternative $\pi < 1/2$, wonach das Gegenteil der Fall ist. Das bedeutet entweder, daß die Herzfrequenz entgegen landläufiger Auffassung kein Erregungsindikator ist, oder daß die als emotional erregend bonitierten Szenen (mit Ekel, Sex und Aggression) eher beruhigend gewirkt haben als die als beruhigend eingestuften Szenen (mit Landschaften und Idyllen).

Meßwertdifferenzen werden im sequentiellen Vorzeichentest unter dem Aspekt des Lageunterschiedes verbundener Stichproben gesehen. Führt nun eine Behandlung nicht zu Lage-Änderung im Vergleich zu einer Kontrollbedingung, sondern zu einer *Dispersionsänderung*, so kann auch der Vorzeichendispersionstest (vgl. 6.8.1) bzw. der *Vektorvorzeichentest* (LIENERT und MEYER-BAHLBURG, 1973) sequentiell modifiziert und als sequentieller Vektorvorzeichentest angewendet werden:
Man definiert einen *Bezugspunkt* — am besten den Populationsmedian — und beobachtet, ob ein Meßwertepaar $x_a - x_b$ mit x_a als Messung eines Individuums (oder Paßpaares) vor einer Behandlung und x_b als Messung nach einer Behandlung sich in Richtung der Erwartung unter der Alternativhypothese (Dispersionsminderung oder -steigerung) ändert (+1), indifferent bleibt (0) oder sich in Gegenrichtung ändert (−1). Kennt man den Median einer als symmetrisch angenommenen Populationsverteilung nicht, so kann man auch ein *Intervall* definieren, innerhalb dessen ein Beobachtungspaar, auch wenn es nur mit einem der beiden Meßwerte x_a oder x_b hineinragt, als indifferent gewertet wird (vgl. Abb. 6.8.1).

Binär- und Rangdatenpaare

Bekanntlich setzt der Vorzeichentest ein stetig verteiltes, entlang einer Kardinal- oder Ordinalskala gemessenes Merkmal voraus, das *Nulldifferenzen* ausschließt. Treten solche dennoch als Ausdruck unzureichender Meßgenauigkeit auf, so verfährt man beim sequentiellen Vorzeichentest* genau so wie beim nicht-sequentiellen Test: Man läßt die Nulldifferenzen außer acht, setzt also die Stichprobenspur nicht fort, sondern erhebt ein neues Beobachtungspaar, ein Meßwertepaar oder ein Rangzahlenpaar.

Wie bei Nulldifferenzen im Vorzeichentest, so verfährt man mit *Bindungen* 00 und 11 bei binär verteilten Beobachtungspaaren: Man läßt die gebundenen (homonymen) Beobachtungspaare, 00 und 11, außer acht und signiert die nicht-gebundenen (heteronymen) Beobachtungspaare 10 mit + und 01 mit − (oder umgekehrt). Auf diesem Prinzip beruht das im folgenden besprochene Beispiel.

Beispiel 12.3.3.2

Problem: Es soll untersucht werden, ob der Harn von Schwangeren unmittelbar nach Ausfall der nächstfälligen Menstruation den Schwangerschaftsindikator HCG (Human chorionic gonadotrophin) in einer Menge enthält, die bei mindestens 50% von männlichen Wechselkröten (Bufo viridis) eine Spermiationsreaktion auslöst. Diese Reaktion ist vom Typus einer Alles-oder-Nichts-Reaktion, so daß nur festgestellt zu werden braucht, ob das aus dem Harn extrahierte Gonadotrophin bei einem Versuchstier zu einer Spermienausscheidung führt (+) oder nicht (−). Problem und Daten stammen aus WOHLZOGEN (1966).

Folgetestplan: Um möglichst bald zu einer Entscheidung zu gelangen, wird ein Folgetestplan im Sinn eines einseitigen Vorzeichentests erstellt, wobei p = 0,5 und d = = 0,15 vereinbart wird; daraus resultieren die Grenzen p_+ = 0,65 und p_- = 0,35, innerhalb derer keine Entscheidung fallen soll. Die Risiken α (eine Schwangerschaft nachzuweisen, ohne daß eine solche besteht) und β (sie nicht nachzuweisen, obschon sie besteht) sollen als gleich bedeutsam gelten und mit je 0,025 angesetzt werden, um das Gesamtrisiko einer Fehlentscheidung 0,05 nicht zu überschreiten.

Annahme- und Ablehnungsgeraden: Mit α = β = 0,025 sowie p_+ = 0,65 und p_- = = 0,35 erhalten wir die Annahmegerade $L_{+(-)}$ ≡ z = +5,92 und die Ablehnungsgerade $L_{-(+)}$ ≡ z = −5,92. Der Rechengang ist der gleiche wie in Beispiel 12.3.3.1. Die Abbildung 12.3.3.2 zeigt die Geraden und die Stichprobenspur.

Ergebnisse einer Untersuchung: Der Harn einer Schwangeren mit einem Gonadotropingehalt, auf den üblicherweise 73% der Wechselkröten mit Spermienausscheidung reagieren (Effektive Dosis 73 = ED-73), wird im Extrakt einer Kröte nach der anderen

---

*) Eine sequentielle Modifikation des Rangvorzeichentests stammt von WEED und BRADLEY (1971).

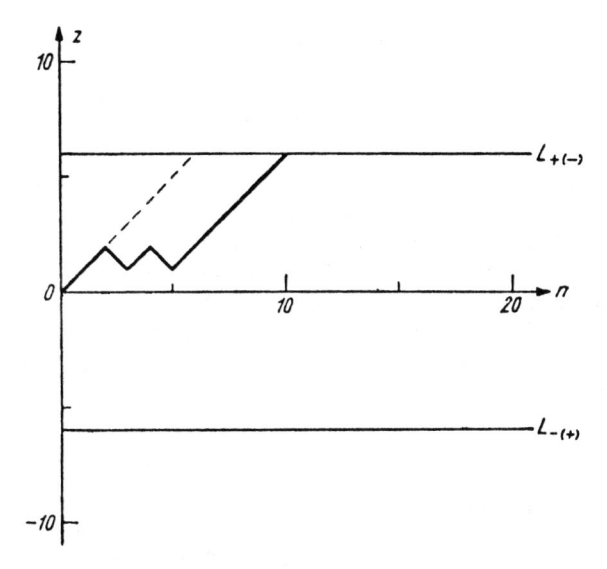

Abb. 12.3.3.2:
Graphischer Testplan zur Prüfung der Hypothese $\pi \geq 0{,}50$ mit $\alpha = \beta = 0{,}025$ und d = = 0,15 aus WOHLZOGEN und WOHLZOGEN-BUKOVICS (1966).

injiziert, wobei sich folgende Reaktionen zeigen: ++-+-+++++. Die resultierende Stichprobenspur berührt nach der positiven Reaktion des 10. Tieres (n = 10) die Annahmegerade $L_{+(-)}$, womit die Untersuchung abgebrochen und H_+ angenommen werden kann.

Hypothesen: H_+: $p_+ = 0{,}65$ angenommen besagt, daß mehr als 50% aller Wechselkröten auf Harn mit einer ED-73 von Gonadotropin positiv reagieren. Nur wenn man dieses Ergebnis als für eine Schwangerschaftsdiagnose ausreichend ansieht, ist die Annahme von H_+ gleichbedeutend mit dem Nachweis einer Schwangerschaft. Daß die Hypothese H_-: $p_- = 0{,}35$ damit abgelehnt wurde, ergibt sich aus der Annahme von H_+.

Folgerung: Bei Frühschwangeren mit einem höheren HCG-Spiegel als ED-73 wird man weniger, bei Schwangeren mit einem niedrigeren Spiegel mehr Tiere zum Schwangerschaftsnachweis via Folgetest benötigen. Verlängert man das erste Teilstück der oberen Stichprobenspur in Abbildung 12.3.3.2 (-----), so schneidet sie die Annahmegerade bei n = 6 positiv reagierenden Tieren; man braucht also bei $\alpha = \beta = 0{,}025$ mindestens 6 positiv reagierende Tiere zum Schwangerschaftsnachweis. Bei größeren Risiken kommt man natürlich mit entsprechend weniger durchweg positiv reagierenden Tieren aus.

12.3.4 Der sequentielle McNemar-Test

Wie in den Anmerkungen zu 5.5.1 ausgeführt, kann der Vorzeichentest auch dazu benutzt werden, eine Vierfeldertafel auf *Symmetrie* zu prüfen. Diese Prüfung erfolgt mit dem sog. McNemar-Test (5.5.1).

Dieser Test dient zur Beantwortung der Frage, (1) ob in zwei abhängigen Stichproben x_1 und x_2 eines Alternativmerkmals X im Verlauf der Zeit oder unter dem Einfluß einer Behandlung eine Veränderung der Ja-Beobachtungen eintritt (univariater Test), oder (2) ob sich in einer bivariaten Stichprobe xy die Ja-Anteile der beiden Merkmale X und Y unterscheiden (bivariater Test). Sieht man von Langzeitveränderungen ab, so kann der Test von McNemar auch sequentiell, d. h. als sequentieller Vorzeichentest durchgeführt werden.

Walds Binärdatenanwendung

Als *Beispiel* für den univariaten Test sei angenommen, daß die b = 15 Patienten, die in Tabelle 5.5.1.2 auf einen Wirkstoff stark (+) und auf ein Leerpräparat schwach (−) reagiert hatten, und die c = 4 Patienten, die auf den Wirkstoff W schwach und auf das Leerpräparat L stark reagiert hatten, in nachstehender Aufeinanderfolge n beobachtet worden sind

Tabelle 12.3.4.1

n	3	4	6	7	8	9	12	15	16	19	20	21	22	25	26	28	29	33	38
W	−	+	+	+	−	+	+	+	+	+	+	+	+	−	−	+	+	+	+
L	+	−	−	−	+	−	−	−	−	−	−	−	−	+	+	−	−	−	−
z	−1	0	+1	+2	+1	+2	+3	+4	+5	+6	+7	+8	+9	+8	+7	+8	+9	10	11
m	1	2	3	4	5	6	7	8	9	10	11	12	13	14	15	16	17	18	19

Der sequentielle Test auf die plausible Hypothese $\pi \geqslant 1/2$ liefert eine Stichprobenspur (z,m), die in Tabelle 12.3.4.1 die Annahmegerade bei m = 10 und z = +6 berührt und bei m = 11 und z = +7 eindeutig überschreitet. Wir nehmen danach zu Recht an, daß die Behandlung mit dem Wirkstoff W zu einem *mindestens gleich* guten (d. h. im allgemeinen besseren) Erfolg führt als die Behandlung mit einem Leerpräparat L.

In analoger Weise läßt sich die bivariate Anwendung des Tests von McNemar, wie sie in Beispiel 5.5.1.2 vorgestellt wurde, sequentiell modifizieren. Ihrer praktischen Bedeutung wegen wird auch diese Modifikation im folgenden Beispiel 12.3.4.1 konkretisiert.

Beispiel 12.3.4.1

Problem: Um festzustellen, ob Aufgabe 1 des Beispiels 5.5.1.2 die gleiche Schwierigkeit besitzt wie Aufgabe 2, prüfen wir — falls die Aufgaben individuell und zeitaufwendig zu bearbeiten sind — zweckmäßigerweise sequentiell, indem wir je einer Vp beide Aufgaben in Losabfolge zur Lösung vorlegen.

Ergebnis: Wir lassen alle Vpn, die beide Aufgaben lösen (++) ebenso außer acht wie die Vpn, die beide Aufgaben nicht lösen (--), und betrachten im folgenden nur die Vpn mit Lösung einer der beiden Aufgaben (+- oder -+) samt ihren Reihungsnummern n

n	1	5	11	14	21	26	32	39	45	54	60	65	73	87
Aufg.1	+	+	-	+	-	+	+	+	+	+	-	+	+	-
Aufg.2	-	-	+	-	+	-	-	-	-	-	+	-	-	+
z	+1	+2	+1	+2	+1	+2	+3	+4	+5	+6				
m	1	2	3	4	5	6	7	8	9	10				

Die jeweiligen Endpunktkoordinaten der Stichprobenspur sind durch den Stichprobenwert z und den Stichprobenumfang m der heteronymen (diskordanten) Paare (+-) oder (-+), die mit +1 bzw. -1 bewertet wurden, gegeben.

Entscheidung: Das Testverfahren nach sequentiellem Testplan der Abbildung 12.3.3.2, den wir auch hier zugrunde legen, kann nach dem 10. diskordanten Beobachtungspaar abgebrochen werden, da die Annahmegerade $L_{+(-)}$ mit diesem Paar berührt und damit die Hypothese $\pi(1+2-) \geq 0{,}5$ angenommen wird.

Interpretation: Die Aufgabe 1 ist offenbar leichter zu lösen als die Aufgabe 2, denn sie hat einen gleich großen oder größeren Lösungsanteil als Aufgabe 2 aufzuweisen.

SARRIS' Meßwertdifferenzenanwendung

McNEMARS Test kann im Sinne der Version von SARRIS (1967, vgl. 5.5.2) auch sequentiell auf zwei stetig verteilte Observablen angewendet werden, um etwa zu beurteilen, wie sich die beiden Observablen unter dem Einfluß einer Behandlung verhalten. Diese Zielsetzung illustriert das folgende Beispiel 12.3.4.2.

Beispiel 12.3.4.2

Zielsetzung: Wir haben in Beispiel 12.3.3.1 die Herzfrequenzen X (mit EKG) bzw. deren Differenzen zwischen erregenden (e) und beruhigenden (b) Filmszenen untersucht, und wir haben gleichzeitig auch die Atmungsfrequenzen Y unter beiden Bedingungen (mit Thermistor) registriert. Wir betrachten nunmehr die Beobachtungspaare $\text{sgn}(x_e - x_b)$ und $\text{sgn}(y_e - y_b)$, wobei die Y-Werte nachfolgend (Tabelle 12.3.4.2) für die N = 20 Vpn aufgeführt sind (Quelle wie Beispiel 12.3.3.1).

Tabelle 12.3.4.2

Vp-Nr.	y_e	y_b	YX	Vp-Nr.	y_e	y_b	YX
1	13,59	13,43	+-	11	17,53	15,02	+
2	17,05	16,48	+	12	17,61	15,60	+-
3	15,82	15,61	+-	13*	19,55	18,98	+-
4	15,84	13,53	+	14	16,77	16,00	+
5	16,94	17,14	-	15	15,03	15,37	-
6	17,54	16,02	+-	16	10,39	9,28	+-
7	19,04	17,71	+-	17	12,82	11,17	+-
8	14,85	13,72	+	18	15,89	15,51	+-
9	10,76	10,81	-	19	13,76	13,30	+
10	15,32	11,07	+	20	22,67	22,30	+-

Ergebnisse: Tabelle 12.3.4.2 enthält die Atmungsfrequenzen pro Minute einer jeden Vpn unter erregenden und beruhigenden Filmszenen, deren Differenzenvorzeichen Y = = sgn(y_e-y_b) und die ihnen zugeordneten Differenzenvorzeichen X = sgn(x_e-x_b) der heteronymen Paare:
-+ =: Atmungsfrequenz fällt, Herzfrequenz steigt unter Erregung
+- =: Atmungsfrequenz steigt, Herzfrequenz fällt unter Erregung.
Die Vorzeichen der X-Differenzen stammen aus Tabelle 12.3.3.1.

Entscheidung: Bezeichnet man die (vorhandenen) Paare +- mit z = +1 und die (fehlenden) Paare -+ mit z = -1, so ist deren Spur aus Abbildung 12.3.3.2 zu entnehmen: Bereits nach dem sechsten Paar +- wird die Annahmegerade $L_{+(-)}$ überschritten, und somit H_+ gegen H_- angenommen, wonach der Populationsanteil π_{+-} der Vpn, aus der die Stichprobe stammt, größer ist als der Anteil $\pi_{-+} = (1 - \pi_{+-})$. Damit hat der sequentielle MCNEMAR-Test gezeigt, daß erregende (versus beruhigende Filmszenen) die Atmungsfrequenz (orthodoxerweise) erhöhen, die Herzfrequenzen jedoch (paradoxerweise) vermindern, und dieses bereits nach n = 13 Beobachtungspaaren! Die Hypothesen H_+ und H_- sind formaliter identisch mit den entsprechenden Hypothesen aus Beispiel 12.3.3.1; gestrichelte Spur in Abb. 12.3.3.2.

Interpretation: Damit wurde gezeigt, daß erregende im Vergleich zu beruhigenden Filmszenen bei (männlichen) Vpn die Atmungsfrequenz erhöhen, die Herzfrequenz jedoch senken! Diese Diskordanz (negative Korrelation) der beiden Aktivationsindikatoren widerspricht der geltenden Aktivationstheorie, nach der beide Aktivationsindikatoren X und Y unter Erregung ansteigen sollten (positive Korrelation der Differenzen), so daß $\pi_{+-} = \pi_{-+}$, womit die Spurlinie in Abbildung 12.3.3.2 zwischen beiden Geraden hätte verlaufen sollen.

Vergleich: Der nichtsequentielle MCNEMAR-Test mit N' = 10 heteronymen Vorzeichenpaaren ergibt für x = 0 und N-x = 10 ein zweiseitiges P = $2(1/2^{10})$ = 0,00195 = α bei unbekanntem β. Der sequentielle Test hat bei $\alpha = \beta = 0,025$, also bei höherem α und gleichem β zur selben Entscheidung geführt.

Voraussetzungen und Implikationen

Wie der sequentielle Vorzeichentest, so setzt auch der sequentielle McNemar-Test nicht voraus, daß alle Paare von Beobachtungen aus ein und derselben Population stammen (Homogenitätspostulat). Er begnügt sich im Gegenteil mit der viel *schwächeren* und daher praktisch leichter zu erfüllenden Voraussetzung, daß die beiden Paarlinge einer *Meßwiederholung* oder eines sog. *Paßpaares* aus einer Population stammen und läßt explizit zu, daß verschiedene Paare aus verschiedenen Populationen stammen dürfen[9]. So können Tierpaare aus verschiedenen Rassen, Ertragspaare aus verschiedenen Böden, Patientenpaare mit verschiedenen Diagnosen, Versuchspersonenpaare unterschiedlicher Sozialschicht und Boniturenpaare differenter Beurteiler sequentiell geprüft werden. Wichtig ist nur, daß die Implikation, wonach eine Behandlung 1 gegenüber einer Kontrolle 0 bei allen Paaren in gleicher Richtung wirkt, also den Observablenwert etwa erhöht, ohne daß die Betragserhöhung eine Rolle spielt.

12.3.5 Walds sequentieller Test mit Zufallspaaren

Ist man planungstechnisch weder in der Lage, Beobachtungspaare am gleichen Individuum noch an Paßpaaren von Individuen zu erheben, dann müssen zum Vergleich zweier Behandlungen notwendigerweise statt abhängiger (verbundener) *unabhängige* (unverbundene) Stichproben von Alternativdaten herangezogen werden. Da aber in sequentiellen Tests, die auf dem Binomialansatz basieren, eine Paarung unterschiedlich behandelter und alternativ reagierender Individuen erforderlich ist, bleibt nur der Ausweg, je zwei unterschiedlich behandelte, in diesem Fall allerdings im Unterschied zur Paßpaarung aus einer homogenen Population von Individuen (Versuchstieren, Patienten, Probanden) entnommene Individuen *nach Zufall zu paaren*.

Paarlingsbildung

Je nachdem, welchen Zufallsmechanismus man bei der Paarlingsbildung benutzt, kann man zwischen (1) simultaner, (2) konsekutiver und (3) serieller Paarung unterscheiden.

1. Die *simultane Paarung* besteht darin, daß man gleichzeitig je 2 Individuen aus der Population entnimmt, ihnen nach Los die Behandlungen 1 und 2 (Kontrolle oder Standard) zuteilt, ihre Alternativreaktionen

---

9 Der Ausdruck Paßpaar für matched pair soll passend zusammengestellte Paarlinge, für die es noch keinen Terminus gibt, bezeichnen. Er wird im Fachjargon zunehmend häufiger gebraucht, ist aber in der Literatur noch nicht eingeführt.

(+ oder −) abwartet und sie (etwa) mit +1 bewertet, wenn das experimentell behandelte Individuum eine Plus-Reaktion, das kontrollbehandelte eine Minus-Reaktion zeigt, oder sie im umgekehrten Fall mit −1 bewertet (diskordante oder heteronyme Reaktionspaare). Gleichartige Reaktionen (mit konkordanten oder homonymen Reaktionspaaren) so gepaarter Individuen bleiben unbewertet (wie Nullen im Vorzeichentest) und damit außer Betracht.

2. Die *konsekutive* (ausgleichend alternierende) *Paarung* besteht darin, daß man zunächst ein Individuum entnimmt, ihm nach Los eine der beiden Behandlungen zuteilt, seine Reaktion auf die Behandlung abwartet (und notiert), dann das zweite Individuum entnimmt, ihm die jeweils andere Behandlung angedeihen läßt und auch dessen Reaktion abwartet. Die Bewertung erfolgt wie bei simultaner Paarung.

3. Die *serielle Paarung* besteht darin, daß man ein Individuum nach dem anderen entnimmt, ihm nach Los eine der beiden Behandlungen zuteilt (wobei 2 oder mehr aufeinanderfolgende Individuen auch die gleiche Behandlung erfahren können) und die Individuen fortlaufend nach Behandlungen getrennt durchnumeriert, wie die folgende Reihe illustriert:

Behandlung: 0 1 1 1 0 0 1 0 1 1 1 1 1 0 0 1 0 0 0

Serien-Nr.: $\underline{1}\,\overline{1}\,\overline{2}\,\overline{3}\,\underline{2}\,\underline{3}\,\overline{4}\,\underline{4}\,\overline{5}\,\overline{6}\,\overline{7}\,\overline{8}\,\overline{9}\,\underline{5}\,\underline{6}\,\overline{10}\,\underline{7}\,\underline{8}\,\underline{9}$

Schließlich werden Individuen mit gleichen Serien-Nummern zusammengefaßt, wobei man den ökonomischen Nachteil in Kauf nimmt, daß man auf den Paarling u. U. auch länger ‚warten' muß.

Gruppierung

Die unter 1 genannte Simultanpaarung ist ein Spezialfall eines allgemeineren und sehr nützlichen Vorgehens, nämlich nicht nur Paare, sondern Quadrupel (als Paarpaare), Sextupel (als Dreifachpaare) etc. zu entnehmen und diese Gruppen simultan zu behandeln. Solche *Gruppierungspläne*, wie sie von WOHLZOGEN und SCHEIBER (1970) beschrieben wurden, sind nicht nur für Zufalls −, sondern auch für Paßpaare immer dann mit Vorteil anzuwenden, wenn mehrere Individuen aus ein und derselben Population (Schicht) gleichzeitig untersucht werden können oder sollen. Wie HAVELEC et al. (1971) gezeigt haben, dürfen solche gruppierten Testpläne praktisch wie ungruppierte Pläne der bisher beschriebenen Art ausgewertet, d. h. die Stichprobenspur *‚teilstückweise'* fortgeführt werden, ohne daß sich die OC- und ASN-Kurven substantiell ändern (wie Monte-Carlo-Läufe bewiesen haben).

Eine andere, allerdings mehr an technischen Problemen orientierte Darstellung stammt von EHRENFELD (1972); sie enthält für Gruppierungspläne auch Optimalprozeduren für *allmähliches Stoppen*, wonach die Gruppengrößen (batshes) bei nahender Entscheidung verkleinert werden.

Auswertung

Die sequentielle Auswertung von Zufallspaaren gleicht im übrigen völlig der Auswertung von Paßpaaren: Man zählt fortlaufend aus, wieviele der m (aus insgesamt n) *diskordanten* Paare den Stichprobenwert z erhöhen oder senken, und zwar solange, bis die Stichprobenspur mit den Koordinaten (z, m) eine der beiden Annahmegeraden des Testplanes kreuzen.

Es versteht sich, daß die Reaktion eines Individuums auf eine Behandlung nicht auf Alles-oder-Nichts-Antworten beschränkt ist; es können ebensogut *graduiert* abgestufte oder zu *messende* (normal wie nichtnormal verteilte) Antwortobservablen registriert werden. Das folgende Beispiel 12.3.5.1 operiert mit *gruppierten Rangzahlen* als Beurteilungen eines Behandlungserfolges unter 2 verschiedenen Bedingungen und benutzt den Zufallsmechanismus der Konsekutivpaarung.

Beispiel 12.3.5.1

Wenn therapiesuchende Klienten sequentiell gepaart und die Paarlinge je einem E = erfahrenen und einem U = unerfahrenen Therapeuten T zugeordnet worden sind, mag sich der in Schulnotenpaaren bonitierte Therapieerfolg y wie folgt geäußert haben.

Tabelle 12.3.5.1

m	1	2	3	4	5	6	7	8	9	10	11	12	13*	14	15	...
T:	EU	UE	EU	EU	UE	EU	EU	UE	UE	UE	EU	UE	EU	EU	UE	...
y:	12	21	34	23	41	13	45	33	32	12	13	42	23	24	33	...
x:	+1	-1	+1	+1	+1	+1	+1	0	+1	-1	+1	+1	+1	+1		...

Ein Paar wurde mit +1 bewertet, wenn y(E) > y(U), mit -1, wenn y(E) < y(U) und mit 0, wenn y(E) = y(U). Als Stichprobenspur in Abbildung 12.3.5.1 (———) eingezeichnet, kreuzt sie die Annahmegerade $L_{+(-)}$ mit dem 13. Beobachtungspaar (n = 12). Damit wäre H_1 anzunehmen und darauf zu vertrauen, daß erfahrene Therapeuten erfolgreicher als unerfahrene sind.

Im vorstehenden Beispiel 12.3.5.1 wurde explizit zugelassen, daß — wie im sequentiellen Vorzeichentest mit Paßpaaren — jedes Zufallspaar von einem *anderen Beurteiler* bezüglich des Therapieerfolges eingestuft wird; man spricht von *ipsativer* Beurteilung der Zufallspaare. Wäre der Therapieerfolg *normativ* beurteilt worden — etwa durch Vorgabe und Beantwortung eines für alle Klienten einheitlichen Beschwerdefragebogens mit *Cut-*

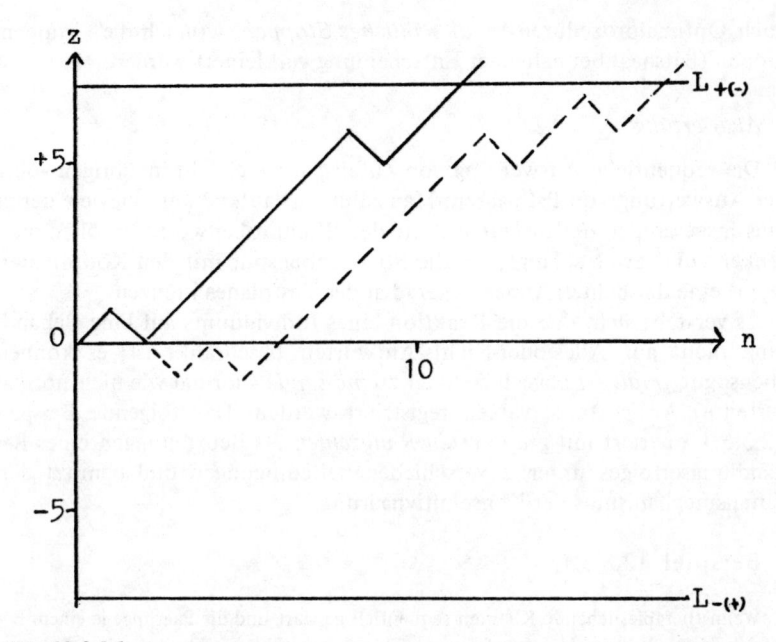

Abb. 12.3.5.1:
Graphischer Testplan zur Prüfung der Hypothese $\pi \geq 0{,}50$ mit $\alpha = \beta = 0{,}05$ und $d = 0{,}10$ mit den Stichprobenspuren für Beispiel 12.3.5.1 (———) und Tabelle 12.3.6.2 (----)

off-Werten oder durch den Tatbestand der Klinikentlassung stationärer Patienten — dann hätte eine Vierfeldertafel sequentiell erstellt und in der nachfolgend beschriebenen Weise, *effizienter* als in Beispiel 12.3.5.1 geschehen, ausgewertet werden können.

Eine Zweistufenversion dieses Tests für den klinischen Gebrauch empfehlen CORNFIELD et. al. (1969). In der ersten Stufe werden die Patienten nach Zufall einer der beiden Behandlungen zugeteilt, in der zweiten Stufe werden die Patienten ausschließlich der offenbar wirksameren Behandlung zugeführt, was mit dem ärztlichen Ethos am besten zu vereinbaren ist.

12.3.6 Der sequentielle Vierfeldertest

Angenommen, der Therapieerfolg wäre in Beispiel 12.3.5.1 *normativ* mittels eines Selbstbeurteilungsfragebogens erhoben worden. Gute Therapieerfolge (1–2) seien mit 1, schlechte (3–5) mit 0 bewertet worden, und eine Zufallspaarung habe nicht stattgefunden. In diesem Fall ergibt sich die *Zuordnung* zwischen Therapeutenerfahrung (E und U) einerseits und Therapieerfolg (1 und 0) andererseits aus Tabelle 12.3.6.1. Die Zuordnungen E1, E0, U1 und U0 ergeben eine *Vierfeldertafel*[10], worin E und U erfahrene und unerfahrene Therapeuten bezeichnen.

Tabelle 12.3.6.1

n:	1	2	3	4	5	6	7	8	9	10	11	12*13	14	15	16	17	18	19	20
T:	E	U	U	E	E	U	E	U	U	E	E	U	E	U	U	E	U	E	U	E
y:	1	1	1	1	0	0	1	0	0	1	1	0	0	0	0	0	0	1	1	1
x:	+	–	–	+	–	+	+	+	+	+	+	+	–	+	+	–	+	+	–	+
n:	21	22	23	24	25	26	27	28	29	30	...								
T:	E	U	U	E	E	U	E	U	U	E	...								
y:	1	0	0	1	1	0	1	0	0	0	...								
x:	+	+	+	+	+	+	+	+	+	–	...								

Erhebungsmodelle

Die Beobachtungsreihe der Tabelle 12.3.6.1 ist eine *Folge-Vierfeldertafel*, die mit jeder weiteren Beobachtung um eine Stichprobeneinheit ‚expandiert'. Die Tafel kann durch zwei verschiedene Erhebungstechniken modelliert werden:
1. Man ordnet E und U den Individuen nach Zufall zu, wie dies in Beispiel 12.3.5.1 geschehen ist: Hier handelt es sich um den *Vergleich zweier Behandlungen* (E und U) in bezug auf ein dichotomes Erfolgskriterium.
2. E und U werden nicht nach Zufall zugeordnet, sondern als Präferenzen aufgefaßt, etwa in dem Sinn, daß jeder Klient seinen Therapeuten oder jeder Therapeut seinen Klienten auswählt: Hier handelt es sich um den *Zusammenhang zwischen zwei Alternativ-Merkmalen*, einer Therapeuteneigenschaft (Erfahrungsgrad) und einer Klientenwirkung (Therapieerfolg).

Beide Erhebungsmodelle werden, obschon sachlogisch different, formallogisch über ein und dieselben Vierfeldertests (5.3.1–2) ausgewertet, jedoch ist bezgl. der *Behandlungswirkung* nur 1. konklusiv, nicht aber 2.

10 Wegen der Übernahme der Daten aus der Simultanpaarung der Tab. 12.3.5.1 können nur Iterationen der Länge 1 und 2 (UEU und UEEU) auftreten, nicht aber Iterationen größerer Länge (wie UEEEEU), die bei serieller Paarung ohne weiteres auftreten können.

(weil etwa erfahrene Therapeuten zur Verbesserung ihrer ‚Erfolgsstatistik' nur leichtere Fälle annehmen!). Weil sich die Vierfeldertests 5.3.1 für eine sequentielle Auswertung nicht eignen, da sie 4 Ergebnisklassen liefern, greifen wir auf einen Vierfeldertest zurück, der nur 2 Ergebnisklassen impliziert, der G-Test von HOLLEY und GUILFORD (1964), der in Abschnitt 9.2.4 abgehandelt wurde.

Der sequentielle G-Test

Sind die Randsummen einer Vierfeldertafel größenordnungsmäßig gleich, so kann als *Assoziationsmaß* auch der *G-Index* von HOLLEY und GUILFORD (1964) und der dazu gehörige Signifikanztest dienen.

Wie ein sequentieller G-Test funktioniert, überlegen wir uns anhand der Tabelle 12.3.5.1: Unter der *Nullhypothese* besteht kein Zusammenhang zwischen Therapeutenerfahrung (E versus U) und Therapieerfolg (1 versus 0). Unter der *Alternativhypothese* erwarten wir einen Zusammenhang derart, daß mehr Erfahrung häufiger Erfolg bringt (einseitige Hypothese). Wenn wir nun E1 und U0 als *homonyme* (unter H_1 erwartete) Ergebnisse mit ‚Plus' signieren (wie in Tabelle 12.3.5.1) und entsprechend E0 und U1 als *heteronyme* (unter H_1 nicht erwartete) Ergebnisse mit ‚Minus' signieren, dann ergibt sich für die bivariate Beobachtungsreihe der Tabelle 12.3.6.1 die Möglichkeit der Auswertung nach dem Vorzeichentest (LIENERT, 1972) bzw. dem sequentiellen Vorzeichentest:

Tabelle 12.3.6.2

z:	+1	0	-1	0	-1	0	+1	+2	+3	+4	+5	+6	+5	+6	+7	+6	+7	+8	+7	+8
n:	1	2	3	4	5	6	7	8	9	10	11	12	13	14	15	16	17	18	19	20

Tabelle 12.3.6.2 verzeichnet die Stichprobenspur (n, z) der Tabelle 12.3.6.1. Das Bild der Stichprobenspur in Abbildung 12.3.5.1 (----) zeigt, daß wir bereits nach der 18. Paarbeobachtung (9. Paar) die Hypothese $\pi \geq 1/2$, wonach die homonymen (unter H_1 erwarteten) Ergebnisse in der Population aller Klienten-Therapeuten-Paare mindestens ebenso zahlreich sind wie die heteronymen (unter H_1 nicht erwarteten) Ergebnisse, annehmen.

Da in unserem Beispiel 12.3.5.1 die Zuordnung der Therapeuten zu den Klienten nach Zufall erfolgte (randomisiert wurde), ist die Interpretation, wonach erfahrene Therapeuten erfolgreicher sind als unerfahrene, nicht nur plausibel, sondern auch konklusiv.

Hätten wir E und U *nicht randomisiert*, so wäre einfach festzustellen, daß zwischen Erfahrung und Behandlung eine positive Assoziation im Sinne des G-Index besteht, ohne jeglichen Anspruch darauf, den Behandlungserfolg auf den Erfahrungsgrad zurückzuführen. Kommt es einem Untersucher nur darauf an, sequentiell zu prüfen, ob eine *Assoziation* zwischen zwei, am selben Individuum beobachteten (individuumsinhärenten) Alternativmerkmalen (Dichotomien) existiere, dann genügt der sequentielle Nachweis einer G-Assoziation dem impliziten Untersuchungsziel vollkommen.

Nichts spricht dagegen, unter Informationsverlust auch *stetig* verteilte Merkmale auf dem Weg über den sequentiellen G-Test auf Zusammenhang zu prüfen, wenn man ein *Dichotomie-Kriterium* (etwa normale versus pathologische Werte einer biologischen Observablen) für beide Merkmale ausmachen oder sinnvoll vereinbaren kann. Man achte nur darauf daß die Dichotomien nicht zu *extrem* ausfallen, da andernfalls der G-Index, den man auch im Gefolge einer sequentiellen Assoziationsprüfung berechnen darf, nicht mehr mit dem Phi-Koeffizienten als dem häufigsten Vierfelder-Assoziationsmaß übereinstimmt (vgl. auch 9.2.4).

Vierfelder- versus Vorzeichentest

Durch die Annahme einer *normativen* Messung des Therapieerfolges, etwa über einen für alle n Patienten zuständigen Therapieerfolgssupervisor oder über einen Fragebogen, der die nach der Therapie noch verbliebenen Beschwerden erfaßt und 5-stufig skaliert, konnte die Effizienz des Vierfeldertests gegenüber der des Vorzeichentests mit *ipsativer* Beurteilung von Patientenpaaren wesentlich erhöht werden: Im sequentiellen Vierfeldertest waren nur n = 12 Patienten erforderlich, um denselben Nachweis zu führen wie im sequentiellen Vorzeichentest mit 2(13) = 26 Patienten (vgl. Tabelle 12.3.6.1)[11].

Dennoch ist die *Paarlings*methode des Vorzeichentests der ‚*Einlings*'-methode des Vierfeldertests immer dann vorzuziehen, wenn (1) ein und dasselbe Individuum zweimal beobachtet werden kann — etwa vor und nach einer Therapie oder einer Wartezeit — und (2) die Patienten nicht als sequentielle Stichprobe aus einer homogenen Population aufgefaßt werden dürfen, was bei klinischen Prüfungen die Regel ist.

---

11 Wollte man die Assoziation zwischen der Erfahrung des Therapeuten und seinem Therapieerfolg auf der Skala des G-Index messen, so erhielte man nach n = 12 Beobachtungspaaren r = a+d = 9 homonyme (+) und s = b+c = 3 heteronyme (-), so daß G = (9-3)/12 = +0,50. Zieht man alle N = 30 Beobachtungspaare der Tabelle 12.3.6.1 in die Berechnung mit ein, so ergibt sich r = 23 und s = 30-23 = 7, so daß G = (23-7)/30 = +0,53. Der G-Index aufgrund des sequentiellen Vierfeldertests mit n = 12 stimmt somit praktisch voll mit dem G-Index aufgrund des mit N = 30 angenommenen nichtsequentiellen Vierfeldertests überein.

Auch der Rangvorzeichentest kann sequentiell modifiziert werden, wenn man fortlaufend N Beobachtungspaare entnimmt und innerhalb der Paare Vorzeichenrangwerte vergibt (WEED und BRADLEY, 1971).

12.3.7 Ein sequentieller Quasi-Mediantest

Wir haben bislang als Ausgangsdaten für sequentielle Vierfeldertests nur Alternativ- oder gruppierte Rangdaten angenommen und die Möglichkeit, zwei unabhängige Stichproben 1 und 2 von *Meßwerten* x_1 und x_2 sequentiell zu erheben und auf Lokationsunterschiede zu prüfen, noch nicht in Betracht gezogen.

Da der Mediantest (vgl. 5.3.3) ein sehr voraussetzungsarmes Verfahren zum Lokationsvergleich beliebig verteilter Stichproben darstellt, liegt es nahe, ihn sequentiell zu modifizieren. Dieser Intention steht nur eine Schwierigkeit entgegen, für den Median, der bei festen Stichprobenumfängen N_1 und N_2 und fehlenden Medianbindungen eindeutig festliegt, auch für ein sequentielles Verfahren mit variablen Stichprobenumfängen n_1 und n_2 ein *Medianäquivalent* festzulegen, so daß jedes — nach Zufallspaarung gewonnene — Meßwertepaar in ein bestimmtes Feld einer Vierfeldertafel einzubringen ist.

Vorzeichentest als Quasimediantest

Um die Schwierigkeit der Festlegung eines Medianäquivalents zu umgehen, kann man von den zwei *unabhängigen* Stichproben zu zwei *abhängigen* Stichproben übergehen, indem man Stichprobenelemente (Individuen) aus je einer Stichprobe zufallsmäßig oder pseudozufallsmäßig — nach gleichen Erhebungsnummern oder paariger Entnahme ebenso wie nach aufeinanderfolgenden Erhebungsnummern oder alphabetischer Reihenfolge innerhalb der beiden Stichproben — seriell paart: Damit reduziert man unabhängige auf abhängige Stichproben und kann anstelle eines sequentiellen *Mediantests* den sequentiellen *Vorzeichentest* als *Quasimediantest* zur Anwendung bringen, wie Beispiel 12.3.7.1 zeigt.

Beispiel 12.3.7.1

Datensatz: Angenommen, die Meßwerte des Wortschatzes x_1 von Knaben und der Meßwerte x_2 von Mädchen seien in Beispiel 5.3.3 sequentiell in der dort angegebenen Reihenfolge (n) erhoben worden, und zwar derart, daß jeweils ein Mädchen zusammen mit einem Jungen nach Zufall ausgewählt und auf seinen Wortschatz geprüft wurde.

n:	1	2	3	4	5	6	7	8	9	10	11	12	13	14	15...
Knaben x_1:	7	6	14	14	11	6	11	9	5	13	12	6	10	13	11...
Mädchen x_2	10	9	5	7	4	8	11	9	12	13	4	6	6	10	10...
sgn(x_1-x_2):	−	−	+	+	+	−	=	=	−	=	+	=	+	+	+...
z:	−1	−2	−1	0	+1	0			−1		0		+1	+2	+3...
m:	1	2	3	4	5	6			7		8		9	10	11...

Ergebnisse: Tragen wir die resultierende Stichprobenspur (z,m) in den Testplan 12.3.3.1 ein, so bleibt sie innerhalb der beiden Annahmegeraden, woraus folgt, daß die Hypothese des sequentiellen Vorzeichentests $\pi_+ \geqslant 0{,}5$ weder angenommen noch abgelehnt werden kann. Die Erhebung müßte fortgeführt werden, um vielleicht doch noch innerhalb eines begrenzten n eine Entscheidung herbeizuführen.

Anmerkung: Daß keine Entscheidung mit n = 15 bzw. m = 11 differenten Beobachtungspaaren in sequentiellen Tests möglich war, entspricht der Beibehaltung der Nullhypothese (gleicher Lokation) im nicht-sequentiellen Mediantest (vgl. 5.3.3).

Implikationen und Modifikationen

Im Unterschied zum sequentiellen Vorzeichentest setzt der von ihm abgeleitete Quasi-Mediantest voraus, daß alle Paare aus ein und derselben Population stammen und die Paarlinge sich nur durch das Stichproben-Spezifikum (Geschlecht) unterscheiden. In bezug auf das Beispiel wäre also zu fordern, daß Knaben und Mädchen sich in Alter, Sozialstatus, Schulbildung etc. gleichen.

Werden anstelle singulärer Meßwerte gruppierte Rangwerte (wie Schulnoten in 2 Fächern) zugrunde gelegt, so ist ein Quasi-Mediantest nur indiziert, wenn die Rangeinstufung *normativ*, d. h. für alle 2n Individuen einheitlich erfolgt ist. Eine *ipsative* Rangeinstufung ist aber zulässig, wenn die Paarlinge ein und desselben Paares nach dem gleichen Bezugssystem (vom gleichen Beurteiler) beurteilt werden, da dann trotz etwa unterschiedlichen Anspruchsniveaus der n Beurteiler das *Vorzeichen* der Rangstufendifferenz gewahrt bleibt.

Werden anstelle von Rangwerten *Binärdaten* erhoben, so geht der Quasi-Mediantest in WALDS Sequentialtest für Zufallspaare über, der seinerseits nicht notwendig auf Alternativdaten beschränkt ist.

Die Methode der Zufallspaarung bei unabhängigen Stichproben und die Methode der Paßpaarung in abhängigen Stichproben sind Grenzmöglichkeiten sequentiellen Vergleichs. Dazwischen liegen die Vergleiche mit *geschichteten* Stichproben (vgl. WEBER, 1972, S. 465) und die entsprechenden *Gruppierungspläne* − auch *sequentielle Mehrstufenpläne* genannt − (vgl. HAVELEC et al. 1974), auf die wir hier nicht eingehen wollen.

12.3.8 Offene und geschlossene Testpläne

Den besprochenen sequentiellen Tests liegt ein sogenannter *offener* Testplan zugrunde: Offen heißt hier, daß eine Entscheidung zwischen H_0 und H_1 prinzipiell offen bleiben kann, auch wenn man noch so viele (n) Beobachtungen anstellt. In Praxi wird man aber die Beobachtungen dann beenden, wenn jener Stichprobenumfang erreicht ist, den man einem nicht-sequentiellen Test zugrunde gelegt hätte.

Ein ebenfalls auf dem Prinzip des Vorzeichentests aufbauender, aber bezüglich der Erhebungszahl (n) durch bestimmte Vereinbarungen *geschlossener* Testplan kann so konstruiert werden, daß er nach einem Maximum differenter (nicht gebundener) Beobachtungen stets zu einer Entscheidung führt. Unter den einschlägigen Testplänen ist der von BROSS (1952) den meisten Medizinern zumindest aus der Erinnerungsanschauung (,Schwalbenschwanztestplan') her bekannt; Biologen und Ökologen kennen und nutzen oft COLES (1962) Schnelltestversion um zu entscheiden, welche von 2 Bedingungen sich im Paßpaar-Vergleich als die wirksamere erweist.

BROSS' Testplan ist ein *zweiseitig* geschlossener; der unserem *einseitig* benutzten Vorzeichentest entsprechende geschlossene Testplan ist der von SPICER (1962, vgl. ALLING, 1966). Beide Testpläne sind bei SACHS beschrieben (SACHS, 1959, Kap. 22) und gewürdigt. Beide geschlossenen Testpläne benutzen allerdings die klassische Treppenspur mit den Koordinaten (x, n–x), nicht die voran bevorzugte DARWINsche Zickzackspur mit den Koordinaten (2x–n, n). Geschlossene Sequentialpläne für Alternativdaten finden sich bei COHEN (1970) und Hinweise zur ASN-Funktion für solche Pläne bei SHAH und PHATAK (1972).

Wir verzichten hier darauf, die geschlossenen Folgetestpläne kennenzulernen (vgl. WEISS et al., 1974), nicht aber darauf, Testpläne mit 2 Alternativen nachfolgend zu besprechen.

12.4 Sequentialtests mit mehr als einer Alternativhypothese

Wir haben bislang eine Nullhypothese $H_0: p = \pi$ einer Alternativhypothese $H_1: p \geqslant \pi$ gegenübergestellt und quasi *einseitig* geprüft. Wir können im sequentiellen Verfahren aber genau so wie im nicht-sequentiellen Verfahren auch *zweiseitig* prüfen, indem wir einer Nullhypothese zwei Alternativhypothesen gegenüberstellen, etwa H_1 mit $p \geqslant \pi$ und H_{-1} mit $p \leqslant \pi$. Wir haben damit einen Testplan, in welchem 3 Entscheidungen möglich sind, nämlich H_0, H_1 oder H_{-1} anzunehmen oder aber – wie sonst – die Beobachtungsreihe der Binärdaten fortzusetzen.

12.4.1 Testplan für Binärdaten

Ein Testplan mit 3 Entscheidungsmöglichkeiten ist in Abbildung 12.4.1.1 veranschaulicht, wobei die zugrunde liegenden *Hypothesen* lauten:

H_0: $p = \pi = \frac{1}{2} = 0{,}50$

H_1: $p \geqslant \pi = \frac{1}{2} + d = 0{,}65$

H_{-1}: $p \leqslant \pi = \frac{1}{2} - d = 0{,}35$

Die mit 0,15 vereinbarte *Minimaldifferenz* d muß, wie im einseitigen Test, nach dem Aspekt der praktischen Bedeutsamkeit eines postulierten Unterschiedes festgelegt werden.

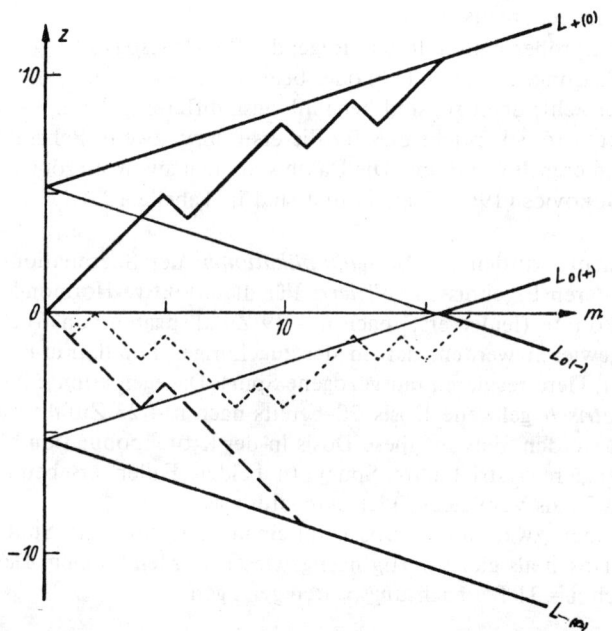

Abb. 12.4.1.1:
Graphische Darstellung des Testplans zur Prüfung auf die Hypothese $\pi = 0{,}50$ mit $\alpha = \beta = 0{,}025$ und $d = 0{,}3$ (aus WOHLZOGEN und WOHLZOGEN-BUKOVICS, 1966, Abb. 3).

Weil der Abbildung 12.4.1.1 die *gleichen Parameter* des Testplans zugrunde liegen wie der Abbildung 12.3.2.1, nämlich $\pi = 1/2$ und $d = 0{,}15$ sowie $\alpha = \beta = 0{,}025$, ist die Annahmegerade $L_{+(0)}$ für H_1 gegenüber H_0 mit der

Annahmegeraden $L_{+(-)}$ identisch. Die Annahmegerade für H_{-1} ist zu der von H_1 um die Abszissenachse gespiegelt. Dasselbe gilt für die Gerade $L_{0(+)}$ der Annahme von H_0 gegenüber H_1 und $L_{0(-)}$ gegenüber H_{-1}.

Kreuzt eine Stichprobenspur (DARWIN-Spur) $L_{+(0)}$, wird H_1 angenommen, kreuzt sie $L_{-(0)}$, wird H_{-1} angenommen; tritt eine Stichprobenspur in die *„Scherenöffnung'* von $L_{0(+)}$ und $L_{0(-)}$ (Nullzwickel) ein, so wird H_0 angenommen.

Die in Abbildung 12.4.1.1 eingetragenen Stichprobenspuren entstammen *Modellversuchen* (Plasmodenversuchen) des Inhalts aus Beispiel 12.3.3.2, wo verschiedene Dosen von Gonadotropin Spermiationsreaktionen bei Wechselkröten auslösen (oder nicht auslösen). Die Versuche wurden durch *serielle Paarung* (Reihungspaarung) von Kröten, die verschiedene Dosen von Choriongenadotropin (ED-80 versus ED-50 in der ausgezogenen Spur z.B.) erhalten hatten, realisiert.

Den 3 Stichprobenspuren liegen folgende *Reaktionspaare* zugrunde: Wenn beide Paarlinge reagieren (++) oder beide nicht reagieren (--), bleibt das Paar außer acht, denn sie sind behandlungsindifferent. Wenn +- oder -+ beobachtet wird, so spricht dies für die erste bzw. zweite Behandlung als der wirksameren Behandlung. Die Daten stammen aus WOHLZOGEN und WOHLZOGEN-BUKOVICS (1966, Tab. 1) und sind in Tabelle 12.4.1.1 zusammengefaßt.

Wie man sieht, wurden die *Modellimplikationen* der Spermiationsversuche durch deren Ergebnisse *expliziert*: Für die effektive Hormon-Dosis 80 (ED-80) konnte (leider erst) nach n = 39 Zufallspaaren von Wechselkröten nachgewiesen werden, daß in der zugehörigen Population mindestens 65% der Tiere reagieren (ausgezogene Spur). Dagegen konnte für die zu 80 *symmetrisch* gelegene Dosis 20 bereits nach n = 23 Zufallspaaren nachgewiesen werden, daß auf diese Dosis in der Krötenpopulation höchstens 35% reagieren (strichlierte Spur). In beiden Fällen erscheint die mittlere Dosis 50 als Vergleichs- oder Standarddosis.

Vergleicht man zwei gleiche Dosen miteinander (punktierte Spur) so sollten diese Dosen als gleichwertig nachgewiesen werden können: Das ist in der Tat nach n = 31 Beobachtungspaaren gelungen.

12.4.2 Testpläne für Meßreihen

Im Beispiel der Tabelle 12.4.1.1 wurden *Alternativreaktionen* beobachtet und daher nur die diskordanten, nicht die konkordanten Reaktionspaare in den Entscheidungsprozeß mit einbezogen. Wäre die Reaktion in *Abstufungen* (Rangwerten) oder in *Intervallen* (Meßwerten) beobachtet worden, wäre die Entscheidung durchweg viel rascher gefallen, da die Zufallspaare

Tabelle 12.4.1.1

Ausgezogene Spur				Strichlierte Spur				Punktierte Spur			
n	Dosen 80 50	z	m	n	Dosen 20 50	z	m	n	Dosen 50 50	z	m
1	+ −	+1	1	1	− −			1	− −		
2	+ −	+2	2	2	− −			2	− −		
3	+ +			3	− +	−1	1	3	− +	−1	1
4	+ +			4	− +	−2	2	4	+ +		
5	+ −	+3	3	5	− −			5	+ −	0	2
6	+ +			6	− +	−3	3	6	+ +		
7	+ +			7	− +	−4	4	7	− +	−1	3
8	+ −	+4	4	8	+ −	−3	5	8	− −		
9	+ +			9	− +	−4	6	9	+ +		
10	+ −	+5	5	10	− −			10	− −		
11	− +	+4	6	11	+ +			11	− +	−2	4
12	− −			12	− −			12	+ −	−1	5
13	+ −	+5	7	13	− −			13	− −		
14	− −			14	− −			14	− −		
15	+ +			15	+ +			15	− +	−2	6
16	− −			16	− −			16	− −		
17	+ +			17	− +	−5	7	17	+ +		
18	+ +			18	− +	−6	8	18	− +	−3	7
19	+ +			19	+ +			19	− +	−4	8
20	+ +			20	− +	−7	9	20	+ +		
21	+ −	+6	8	21	− −			21	− −		
22	+ −	+7	9	22	− −			22	+ −	−3	9
23	+ +			23*	− +	−8	10	23	− +	−4	10
24	+ −	+8	10	24	− −			24	− −		
25	− −							25	+ −	−3	11
26	+ +							26	+ −	−2	12
27	+ +							27	+ −	−1	13
28	+ +							28	+ +		
29	− −							29	− +	−2	14
30	− +	+7	11					30	+ −	−1	15
31	+ −	+8	12					31*	− +	0	16
32	+ +							32	+ +		
33	+ +										
33	+ +										
34	+ +										
35	+ −	+9	13								
36	− +	+8	14								
37	+ +										
38	+ −	+10	15								
39*	+ −	+11	16								
40	+ +										

dann mehr oder weniger vollständig in den Entscheidungsprozeß *mit* einbezogen worden wären; der Test wäre *wirksamer* geworden. Noch wirksamer wäre er aber, wenn wir statt Zufallspaare *Paßpaare* gebildet und nach Art eines sequentiellen Vorzeichentests zweiseitig ausgewertet hätten.

12.5 Sequentialtests auf Zufallsmäßigkeit

Die Aufgabe der eingangs beschriebenen Sequentialtests ging dahin zu entscheiden, ob in einer Binärpopulation, aus der sequentiell eine Stichprobe gezogen wurde, die Ja-Beobachtungen mit einem Anteil von π_0 (unter H_0) oder mit einem Anteil π_1 (unter H_1) vertreten sein können.

Wir wollen dem Ergebnis-Folge-Verfahren nun noch eine andere Aufgabe stellen: Es soll entscheiden, ob die *Aufeinanderfolge* der beiden *Alternativen* (Ja–Nein oder Eins–Null oder Plus–Minus) in der sequentiell erhobenen Stichprobe als eine *zufallsmäßige* angesehen werden kann (H_0) oder nicht (H_1). Dabei beschränken wir uns auf den wichtigsten Fall, daß die beiden Alternativen (Ja–Nein) in der Population *gleich häufig* vertreten sind (wie Männer und Frauen in der Bevölkerung), daß $\pi = (1-\pi)$ in der Binärpopulation.

Zur Beantwortung obiger Frage greifen wir auf einen Test zurück, der gegenüber verschiedenen Abweichungen von einer Zufallsreihung relativ sensitiv ist, auf den *Iterationstest* von SHEWHART (1941) als einem Iterationshäufigkeitstest (vgl. 8.1.2), der nicht nur auf Alternativdaten, sondern auch auf *mediandichotomierte Meßwerte* anzuwenden ist. Diesen Iterationstest bzw. dessen kombinatorischen Grundlagen hat MOORE (1953) zur Entwicklung eines sequentiellen Iterationstests herangezogen[12].

12.5.1 MOORES sequentieller Iterationstest für Binärdaten

Bezeichnen wir wie in 12.2. die Wahrscheinlichkeit, daß eine Binärdatenfolge mit einer bestimmten Zahl von *Einser-Iterationen* unter H_0 mit $\pi_0 = 0,5$ zustande kommt, mit p_0, und die Wahrscheinlichkeit, daß sie unter H_1 mit $\pi_1 = 0,5 + d$ zustande kommt (wobei d auch negativ sein kann), mit p_1, so gilt für das Wahrscheinlichkeitsverhältnis $L = p_1/p_0$

$$L = p_1/p_0 = (1 + 2d)^{n-2t}(1 - 2d)^{2t-1} \tag{12.5.1.1}$$

---

[12] MOORES Test geht jedoch im Unterschied zu SHEWHARTS Test nicht von der Gesamtzahl der beobachteten Iterationen, sondern von der Zahl t der Einser- oder Plus-Iterationen aus, deren Zahl im Verlauf der Erhebung stetig expandiert.

Darin ist n die Anzahl der bislang erhobenen Beobachtungen und t die Zahl der dabei entstandenen Einser-Iterationen (Ja-Beobachtungs-Iterationen); L ist nach (12.2.1.6–8) zu beurteilen.

Wie legen wir nun aber d fest? Unter H_0 folgt bei Anteilsgleichheit von Einsen und Nullen in der Population, daß bei Zufallsentnahme mit 50% Wahrscheinlichkeit auf eine Eins wieder eine Eins folgt. Hat man Grund zu der Annahme, daß unter H_1 mit mehr als 50% Wahrscheinlichkeit auf eine Eins wieder eine Eins folgt, so entstehen längere und daher *weniger zahlreiche* Einser-Iterationen. Hat man Grund zu der umgekehrten Annahme, so entstehen kürzere und damit *zahlreiche* Einser-Iterationen. Je nachdem, ob nur große Unterschiede oder auch kleinere interessieren, wird man $|d| = 0{,}2$ bis $|d| = 0{,}1$ vereinbaren und damit in (12.5.1.1) eingehen.

Indikation und Anwendung

Zur Anwendung des Tests ein *Beispiel:* In einer psychopharmakologischen Versuchsreihe an freiwilligen Vpn wurde an bislang 15 Vpn beobachtet, daß männliche (Einsen) und weibliche Vpn stärker sequentiell durchmischt waren als unter H_0 zu erwarten: Wir beschließen, die Hypothese H_1: $\pi_1 = 0{,}5 - d$ mit $d = 0{,}2$ in einem *graphischen Testplan* nach MOORE zu prüfen. Unter Zugrundelegung von $\alpha = \beta = 0{,}05$ erhalten wir den in Abbildung 12.5.1.1 dargestellten Ausschnitt mit einer *Stichprobenspur* (t, n), die nach der 29. Vpn die Annahmegerade für H_1 (zu häufiger Geschlechterwechsel) kreuzt[13].

Wie eine Nachbefragung ergeben hat, ist der zu häufige Geschlechterwechsel dadurch zustandegekommen, daß die Vpn vorzugsweise ihre Partner (Freundinnen oder Freunde) ‚nachzogen', sofern sie den Versuch als interessant erlebt hatten.

Graphische Auswertung

Die *Annahmegeraden* in Abbildung 12.5.1.1 ergeben sich, indem man L unter H_0 gleich $\beta/(1-\alpha)$ und unter H_1 gleich $(1-\beta)/\alpha$ setzt und die Gleichungen logarithmisch löst: Wir hatten $\alpha = \beta = 0{,}05$ vereinbart und $d = -0{,}2$ gesetzt und benutzen Tafel XII zur Auflösung.

$$H_0: \ln \frac{\beta}{1-\alpha} = (n-2t) \ln(1+2d) + (2t-1) \ln(1-2d)$$

---

13 Testplan und Stichprobenspur unterscheiden sich von WALDS Plan und Spur (vgl. Abb. 12.3.3.1–2) dadurch, daß x und n-x komplementär sind, x + (n-x) = n, während eine analoge Beziehung zwischen t und n nicht gilt. Es empfiehlt sich daher auch nicht, auf der Abszissenachse n-t statt n abzutragen, zumal n-t im Unterschied zu n-x (als Zahl der Nein-Antworten) eine sinnleere Größe ist.

$$\ln\frac{0.05}{0.95} = (n-2t)\ln(0.6) + (2t-1)\ln(1.4)$$

$$-2{,}996 - (-0{,}051) = -0{,}511(n-2t) + 0{,}337(2t-1)$$

$$-2{,}945 = -0{,}511n + 1{,}022t + 0{,}674t - 0{,}337$$

$$1{,}696t = 0{,}511n - 2{,}608$$

$$t = 0{,}301n - 1{,}539$$

H_1: $-0{,}051 - (-2{,}996) = -0{,}511n + 1{,}696t - 0{,}337$
$t = 0{,}301n + 1{,}936$

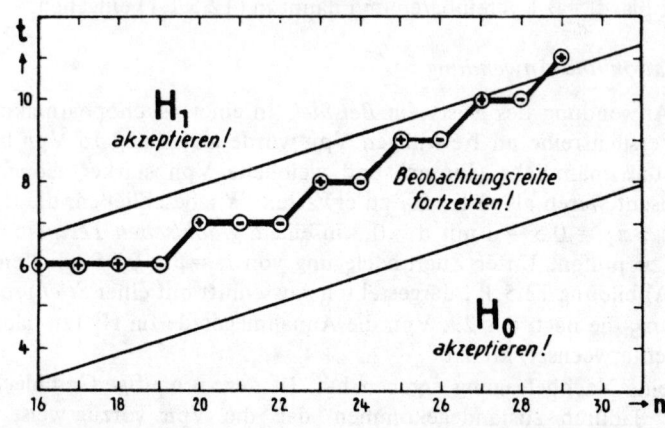

Abb. 12.5.1.1
Ausschnitt aus MOORES Sequentialtest für die Zufallsmäßigkeit gleich häufiger Alternativen für $16 < n < 29$.

Setzen wir z. B. in die letzte Gleichung einmal n = 16, dann n = 31 ein, so erhalten wir t = 6,76 und t = 11,27; das sind die Schnittpunkte der Annahmegeraden für H_1 mit den Seitenrandbegrenzungen der Abbildung 12.5.1.1. Der Abstand zwischen beiden Geraden beträgt 1,936 − (−1,539) = = 3,475 Ordinateneinheiten.

Die ‚schrägtreppenartige' Stichprobenspur (t, n) in Abbildung 12.5.1.1 ist das zweite Teilstück der folgenden Geschlechterfolge (+ = m und − = w) mit t Plus-Iterationen:

Folge: + − − − + + − + − + + − + − − ¦ + + + − + − − + − + − +
 t: 1   2   3   4   5   ¦6   7   8   9   10 11

Diese Folge hat t = 11 Plus-Iterationen und 10 Minus-Iterationen. Die Beobachtungen von der 6. Plus-Iteration an sind in Abbildung 12.5.1.1 in den Kreismarken der Stichprobenspur eingezeichnet; dies war als Beobachtungsergebnis zur Entstehung der MOORESchen Stichprobenspur noch nachzutragen.

Kommentar und Ausblick

Statt Binärdaten können auch *Rangdaten* und *Meßwerte* sequentiell auf Zufallsmäßigkeit des Erhebungsvorgangs geprüft werden, wenn deren Populationsmedian bekannt ist oder aufgrund von Vorerhebungen geschätzt werden kann. Man teilt dann die Meßwerte in supra- und inframediane Meßwerte und ordnet ihnen Plus- und Minuszeichen, wie oben, zu.

Hätten wir keine Hypothese über die *Richtung* der Abweichung der Minimaldifferenz d von π_0 = 1/2 gehabt, dann wäre ein zweiseitiger MOOREscher Test nach Art von 12.4 am Platz gewesen; dabei wären in Abbildung 12.5.1.1 zwei Geradenpaare einzuzeichnen, ein Geradenpaar für d = 0,2 und ein Geradenpaar für d = -0,2 (wie oben). Mit diesem Testplan würden ‚oszillierende' Folgen mit zu häufigem Wechsel ebenso gut erfaßt wie ‚undulierende' Folgen mit zu seltenem Wechsel[14].

Der MOORESche Test läßt sich als Test auf *richtige Erhebungstechnik* auffassen und als solcher anwenden, falls man neben dem Zielmerkmal X noch ein (mit ihm korreliertes) Kontrollmerkmal Y beobachtet, dessen Stichprobenspur in den Nullzwickel des zweiseitigen MOOREschen Test einmünden sollte, wenn zufallsmäßig erheben wurde und die Population bzgl. des Kontrollmerkmals stationär bleibt.

12.5.2 NOETHERS Omnibus-Sequentialtest für Meßreihen

Wir haben schon erwähnt, daß MOORES Test auch auf Folgen von Meßwerten angewendet werden kann, wenn man diese nach dem Populationsmedian in supra- (+) und inframediane (-) Meßwerte dichotomiert. Ein so adaptierter sequentieller Iterationstest ist naturgemäß relativ ineffizient, und es stellt sich die Frage, ob der Informationsgehalt sequentiell erhobener Meßwerte nicht voll ausgeschöpft werden kann, um über Zufallsmäßigkeit bzw. Stationarität zu entscheiden.

---

14 Bekannte Beispiele für undulierende Folgen sind sonnige und trübe Tage, weil sich die Großwetterlage nur allmählich ändert, und Warteschlangen von Jugendlichen und Erwachsenen. Ertragreiche und -arme Jahre folgen dagegen eher oszillierend aufeinander (wie unsere Vpn), da die Nutzpflanzen jeweils oft ein ‚Ruhejahr' zur Regeneration einlegen. Eine reine Zufallsfolge, weder oszillierend noch undulierend, bilden die Mitglieder einer Geschwister- oder Generationenfolge (m und w).

Der wirksamste Test dieser Art, der auf *Abweichungen aller Art* anspricht (Omnibus-Sequentialtest) ist offenbar ein von NOETHER (1956) entwickelter Test, der zwar stetige Merkmalsverteilung, nicht aber die Kenntnis des Populationsmedians voraussetzt.

Rationale

NOETHERS auf Zufallsmäßigkeit (gegen Trends aller Art gerichteter) *Omnibus-Sequentialtest* gründet auf folgender Überlegung: Bildet man *Dreierfolgen* (Terzette) einer Zufallsreihe von Meßwerten aus einer stetig verteilten Population, so kann man zwischen *monotonen* (wie 125 oder 431) und *nicht-monotonen* Terzetten (432 oder 301) unterscheiden.

Permutiert man die 3 Meßwerte 1,2 und 3, so erhält man die 2! = 6 Permutationen: *123* 132 213 231 312 *321*. Unter diesen 6 Permutationen, die unter H_0 gleichwahrscheinlich sind, finden sich nur 2 monotone Permutationen, so daß der *Anteil monotoner Terzette* in der Nullpopulation offenbar $\pi_0 = 1/3$ beträgt.

Folgen die Meßwerte nun *nicht zufallsmäßig* aufeinander oder *fluktuiert* ein Parameter, meist *der Lageparameter* der Population über die Entnahmezeit hinweg, so resultiert in der Meßreihe ein (monotoner, bitoner oder phasischer) Trend, der den Anteil der monotonen Terzette auf $\pi_1 > 1/3$ *anwachsen* läßt[15]. Hat man keinerlei Vermutung, wie groß der Anteil von monotonen Terzetten unter der Alternativhypothese H_1 tatsächlich ist, so wähle man den durch theoretische Überlegungen begründeten Alternativanteil $\pi_1 = 1/2$ und verfahre entweder gemäß Abschnitt 12.2, wobei x die Zahl der monotonen und n–x die Zahl der nicht-monotonen Terzette bezeichnet, oder nach folgender Prozedur:

Anwendung

Folgt man dem Testautor mit seinem Vorschlag eines Anteils von $\pi_1 = 1/2$ monotoner Terzette unter H_1 und des unter H_0 erwarteten Anteils von $\pi_0 = 1/3$, dann folgt ein dem MOORESchen Testplan nachgebildeter Testplan mit n als der Zahl der *beobachteten* Terzette und t als der Zahl der *monotonen* (steigenden oder fallenden) Terzette. Jetzt lassen sich die *Achsabschnitte* für verschiedene Risiken α und β vorweg berechnen, wie dies in Tabelle 12.5.2.1 geschehen ist (aus NOETHER, 1956, S.448); für

---

15 Eine Ausnahme bildet nur der Fall einer negativen seriellen Korrelation der Meßwerte, in welchem Fall auf einen hohen Meßwert meist ein niedriger folgt et vice versa, so daß der Anteil der monotonen Terzette sinkt. Dieser Fall spielt in der Forschungspraxis jedoch kaum eine Rolle, da sich der Lageparameter in aller Regel nur allmählich (undulierend etwa) und nicht sprunghaft (oszillierend) ändert.

$\alpha = \beta = 0{,}05$ beträgt $a_0 = -4{,}25$ und $a_1 = +4{,}25$, für $\alpha = \beta + 0{,}01$ ist $a_0 = -6{,}63$ und $a_1 = +6{,}63$.

Tabelle 12.5.2.1

α	β	a_0	a_1
.01	.001	−9.95	6.64
.01	.01	−6.63	6.63
.01	.05	−4.31	6.57
.05	.001	−9.89	4.32
.05	.01	−6.57	4.31
.05	.05	−4.25	4.25
.05	.10	−3.25	4.17
.10	.01	−6.49	3.31
.10	.05	−4.17	3.25
.10	.10	−3.17	3.17

Steigung b = +0,41504 (= const.)

Da die *Neigung* der Annahmegeraden nur von den beiden Anteilen monotoner Terzette bestimmt wird, beträgt sie für alle α und β's — wie sich zeigen läßt — $\beta_0 = \beta_1 = +0{,}415 =$ constans.

Die *Stichprobenspur* ergibt sich wie folgt: Vom Ursprung des graphischen Testplans aus geht man eine Einheit entlang der *Abszissenachse*, falls die erste Dreierfolge eine nicht-monotone ist, und *zugleich* eine Einheit in Richtung der *Ordinatenachse*, wenn die erste Dreierfolge von Meßwerten eine monotone ist. Entsprechend verfährt man bei allen weiteren Dreierfolgen, bis MOORES Stichprobenspur eine der beiden Annahmegeraden L_0 oder L_1 kreuzt.

Wir wollen die Anwendung von NOETHERS sequentiellem Trendtest anhand eines Einzelfallexperiments illustrieren und zugleich die Möglichkeit, Einzelfallexperimente mit Alternativentscheidungen (H_1 versus H_0) zu agglutinieren (vgl. 8.3.1), in Erinnerung bringen.

Beispiel 12.5.2.1

Problem: Angenommen, wir wollen untersuchen, ob die Vigilanzleistung, erfaßt durch die Reaktionszeit auf in weisses Rauschen eingebettete kritische Signale über einen längeren Zeitraum (Arbeitszeit) hinweg ‚konstant' bleibt (H_0) oder zufolge nichtkontrollierbarer Einflußgrößen (wie Monotonie, Ermüdung oder gegenregulatorische Aktivierung) ‚wechselt' (H_1). Der Versuch soll an einer einschlägig tätigen Vpn (Kontrolleur) durchgeführt werden, und zwar als sequentieller Versuch, um die Vpn nicht über Gebühr zeitlich und konzentrativ zu belasten.

Testplan: Wir erheben stetig verteilte bindungsfreie Reaktionszeiten (in Millisekunden) auf Signale, die einer stochastischen Gleichverteilung über die Zeit mit einem Durchschnittsabstand von 2 Minuten entsprechen. Geprüft werden die Reaktionszeiten nach NOETHERS sequentiellem Omnibustest, um Trends aller Art – vor allem auch phasische Trends der Vigilanz – zu erfassen. Die Risiken werden mit $\alpha = \beta = 0{,}10$ festgesetzt, so daß nach Tab. 12.5.2.1 $a_0 = -0{,}317$ und $a_1 = +3{,}17$ bei einem konstanten $b_0 = b_1 = +0{,}415$ gilt. Wir tragen die so festgelegten Annahmegeraden in das Schema der Abbildung 12.5.2.1 ein, indem wir a_0 und a_1 auf der Ordinatenachse markieren und von ihnen aus Geraden mit einer Steigung von 22 1/2 Grad (Winkel, der zum Tangens +0,4142 gehört) konstruieren.

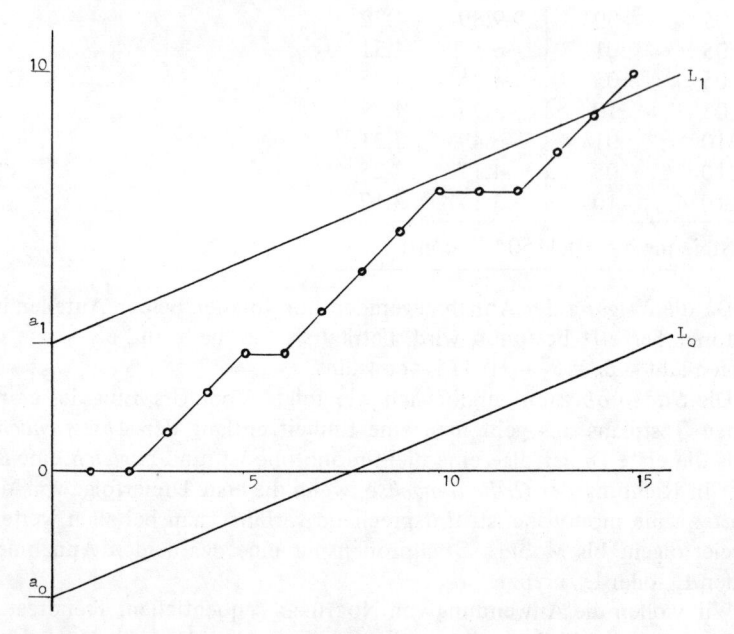

Abb. 12.5.2.1:
Graphischer Testplan für NOETHERS Omnibus-Sequentialtest mit $\alpha = \beta = 0{,}10$ und der MOORESCHEN Stichprobenspur aus Beispiel 12.5.2.1.

Ergebnis: Der Versuch erbrachte die folgenden (kodierten) Reaktionszeiten, die als Terzette formal gegliedert wurden, um sie leichter abgrenzen zu können:

72 69 70   71 73 70   <u>68 69 70</u>   <u>69 71 72</u>   <u>72 73 75</u>   76 63 74   <u>77 76 74</u>   <u>75 78 80</u>   <u>81 83 86</u>   <u>88 89 91</u>   92 95 90   91 87 93   <u>95 99 102</u>   <u>101 104 107</u>   <u>109 116 121</u>

Bezeichnen wir ein monotones Terzett mit 1 und ein nicht-monotones mit 0, so ergibt sich die Null-Eins-Folge 001110111100111. Tragen wir diese Folge als Stichprobenspur in den oben beschriebenen Testplan ein, so kreuzt die Spur die Gerade L_1 nach dem 15. Terzett, d. h. nach der 45. Reaktionszeitmessung.

Entscheidung: Damit brechen wir den Ergebnis-Folgeversuch ab und akzeptieren H_1, wonach die Reaktionszeit als Indikator der Vigilanz bei der untersuchten Vpn nicht zeitkonstant (stationär) bleibt.

Interpretation: Wenn man die Daten betrachtet, gewinnt man den Eindruck, daß die Reaktionszeiten, mit einigen Plateaus dazwischen, im Verlauf des 1 1/2-stündigen Versuchs zunehmend länger werden (was man sich am besten graphisch veranschaulicht). Das Ergebnis ist im Sinne der Ermüdungshypothese plausibel.

Anmerkung: Wollten wir prüfen, ob die Einzelfallentscheidung auch für eine Stichprobe von Individuen aus einer definierten Population (von Kontrolleuren) gilt, würden wir NOETHERS Test an einer Stichprobe von k Individuen durchführen und deren Ergebnisse nach WILKINSONS Binomialtest (vgl. 8.3.1) agglutinieren, wie nachstehend vorgeschlagen.

12.5.3 Intraindividuelle Sequentialtests und ihre Agglutination

Hat man Sequentialtests für Binärdaten— oder für Meßwertfolgen (12.5.1 oder 12.5.2) an N Individuen als *Einzelfalltests* gemäß Beispiel 12.5.2.1 durchgeführt und für x Individuen die Alternativhypothese bzw. für N-x Individuen die Nullhypothese angenommen, so stellt sich die Frage, ob für die *Population* H_0 oder H_1 gilt, sofern es überhaupt sinnvoll und wünschenswert ist, in dieser Weise zu *generalisieren*.

Es liegt nahe, bei *zwei* Alternativentscheidungen (H_1 versus H_0) WILKINSONS *Agglutinationstest* (vgl. 8.3.1) heranzuziehen, um die Frage der Generalisierbarkeit zu beantworten. Welchen Parameter π soll man aber im Fall der sequentiellen Einzelfalltests zugrunde legen?

Wurde $\alpha = \beta$ gewählt, sind beide Fehlentscheidungen *gleich wahrscheinlich*, und es erscheint plausibel, hier $\pi = 1/2$ zu setzen, wenn jedes Einzelfallexperiment bis zur Annahme einer der beiden Hypothesen (H_1 oder H_0) geführt wird. Wurde $\alpha \neq \beta$ gewählt, so wäre entsprechend

$$\pi = \alpha/(\alpha+\beta) \tag{12.5.3.1}$$

zu setzen, bzw. α durch π in Formel (8.3.1.2) zu substituieren.

Falls $\alpha = \beta$ vereinbart wurde, kann man nach dem *Vorzeichentest* (vgl. 5.1.2) entscheiden, ob für die Population H_1 oder H_0 gilt: Haben in Beispiel 12.5.2.1 etwa N-x = 7 von N = 10 Vpn Abweichungen von der Zufallsmäßigkeit ihrer sequentiell erhobenen Daten gezeigt, dann entsrpicht dies einer einseitigen Überschreitungswahrscheinlichkeit von P = 0,172, wenn man Tafel I konsultiert.

Legt man dem Agglutinationstest das gleiche α wie den Einzelfalltest, $\alpha = 0,10$, zugrunde, so muß entsprechendd dem Vorgehen in einem nichtsequentiellen Test die Nullhypothese der Zufallsmäßigkeit *beibehalten* werden, obschon sie unplausibel erscheint[16]. Wäre N–x = 8 beobachtet worden, so hätte sie – bei einseitiger Fragestellung – mit P = 0,55 verworfen werden dürfen.

Wenn trotz größerer Zahl von Einzelfalltests eine Entscheidung im Sinne der Ablehnung von H_0 nicht zu treffen ist, muß angenommen werden, daß *individuelle Unterschiede* existieren, die bewirken, daß einige Vpn Datenfolgen produzieren, die als zufalls*mäßig* gelten dürfen, andere hingegen Datenfolgen, die als zufalls*widrig* angesehen werden müssen. In einer solchen Situation ist ein Generalisierungsversuch offenbar *fehl* am Platze.

12.6 Spezielle 2- und k-Stichproben-Sequentialtests

Wir haben bereits im Zusammenhang mit den Sequentialtests für Binärdaten darauf hingewiesen, daß diese zum großen Teil *auch* auf Meßwerte anzuwenden sind. Geradezu paradigmatisch hierfür war die Darstellung des Vorzeichentests, der ja viel zutreffender auf Meßwertepaare (Paßpaare oder Zufallspaare) denn auf Binärdatenpaare anzuwenden ist.

Wir wollen in der Folge nur noch einige verteilungsfreie Sequentialtests kennenlernen, die wir *nicht* schon explizit oder implizit im Zusammenhang mit den Binärdaten behandelt haben. Mit dem folgenden Test knüpfen wir unmittelbar an den sequentiellen Vorzeichentest und seine Anwendung auf den Vergleich zweier Stichproben von verbundenen oder unverbundenen Meßwerten an.

12.6.1 Sequentielle Zweistichproben-Quadrupeltests

Wir haben bislang im sequentiellen Vorzeichentest ein Instrument kennengelernt, mit dem zwei *verbundene*, aus lageunterschiedlichen Populationen stammende Stichproben verglichen werden; wir haben ferner in WALDS Zufallspaarlingstest einen sequentiellen Test mit gleicher Intention in bezug auf *unverbundene* Stichproben kennen gelernt (vgl. 12.3.5). Was uns noch fehlt, ist ein Test, der nicht nur auf Lageunterschiede zwischen zwei Populationen, sondern auf *Verteilungsunterschiede aller Art* anspricht, ein sequentieller Test analog dem nichtsequentiellen Zweistichprobentest von KOLMOGOROFF-SMIRNOV (vgl. 7.2.1) oder dem WALD-WOL-

---

16 Man beachte, daß bei Anwendung des Agglutinationstests im sequentiellen Verfahren zwischen Annahme von H_1 und H_0 unterschieden wird und nicht – wie im nichtsequentiellen Verfahren – zwischen Ablehnung und Beibehaltung von H_0. Deshalb bedarf es zur Generalisierung nichtsequentieller Einzeltests viel weniger Einzelfallsignifikanzen (vgl. Anm. 3, S. 508, Bd.1) als bei sequentiellen Einzelfalltests.

FOWITZschen Iterationstest (vgl. 8.1.3); beide Tests sind sogenannte *Omnibustests* und reagieren auf Verteilungsunterschiede aller Art, insbesondere auf die in praxi so häufigen Kombinationen von Lokations- und Dispersionsunterschieden.

Ein Test mit Omnibuscharakter, der als nichtsequentieller Test nur en passant abgehandelt wurde (vgl. 6.7.7), ist der *Quadrupeltest* von LEHMANN (1951) und SUNDRUM (1954). Dieser Test hat als einziger Omnibustest den Vorteil, auch sequentiell modifiziert zu werden, wie KRAUTH und LIENERT (1974) gezeigt haben. Wir beginnen mit einer sequentiellen Version dieses Tests für unverbundene Stichproben gleichen Umfangs und stellen im Anschluß daran auch eine Version für verbundene Stichproben zur Diskussion.

Quadrupel-Test für 2 unabhängige Stichproben

LEHMANNS *Quadrupeltest* für zwei unverbundene Stichproben geht davon aus, daß alle $\binom{N_1}{2}\binom{N_2}{2}$ möglichen Quadrupel aus den N_1 Beobachtungen x_1 und den N_2 Beobachtungen x_2 eines stetig verteilten Merkmals gebildet werden.

Eine *sequentielle Modifikation* dieses Tests muß sich auf fortlaufend gebildete Quadrupel aus 2 x_1-Werten und 2 x_2-Werten stützen und beurteilen, ob beide x_1-Werte höher oder tiefer liegen als die beiden x_2-Werte. In dem einen wie dem anderen Fall wird ein ‚Sequentialquadrupel' mit +1 bewertet, in allen anderen Fällen mit –1. Es läßt sich zeigen, daß die Wahrscheinlichkeit für ein *ausgezeichnetes*, weil mit +1 bewertetes Quadrupel, bei Geltung der Nullhypothese zweier identisch verteilter Populationen 1 und 2 genau $\pi_0 = 1/3$ beträgt. Unter der nicht-spezifizierten Alternativhypothese unterschiedlicher Verteilungen ist die Zahl der ausgezeichneten Quadrupel *größer*, gleichgültig, ob es sich um Lokations- und/oder Dispersionsunterschiede (oder solche der höheren Verteilungsmomente) handelt.

Wir haben somit die Hypothese $\pi \geq 1/3$ zu prüfen, und benutzen hierzu den *sequentiellen Binomialtest*, wie er in 12.3.2 beschrieben wurde. Zweckmäßigerweise setzen wir $\pi_1 = 1/3 + d$ mit $d = 1/6$, so daß $\pi_1 = 1/2$. Die Entscheidung für H_0 oder H_1 fällen wir nach dem Testplan der Abbildung 12.3.3.1. Die *Stichprobenspur* (z, n) ist eine Zickzack-Linie mit den Ordinaten z über der nach der Zahl n der beobachteten Quadrupel skalierten Abszissenachse (DARWIN-Spur).

Quadrupel-Test für 2 abhängige Stichproben

Der Quadrupeltest läßt sich wesentlich *verschärfen*, wenn man anstelle zweier unverbundener zwei verbundene Meßreihen x_a und x_b heranzieht. Im einfachsten Fall beobachtet man jedes Individuum einmal unter der

Behandlung A und ein zweites Mal – vor- oder nachher – unter der Behandlung B. Die Meßwertepaare x_{a1} und x_{b2} dieses Individuums werden dann mit den homologen Meßwertepaaren x_{a2} und x_{b2} zum ersten Quadrupel zusammengefügt. Das dritte und das vierte der sequentiell erhobenen Individuen bilden dann das *zweite* Quadrupel usf.

Unter der *Nullhypothese*, wonach sich die Behandlungen A und B in ihrer Auswirkung auf die Zielvariable X nicht unterscheiden, gilt auch hier ein $\pi_0 = 1/3$, so daß der Test für verbundene Stichproben dem gleichen Stichprobenplan folgt wie der für unverbundene Stichproben. Es handelt sich hierbei um eine *Modellanalogie*, wie wir sie bereits bei dem auf Zufallspaare wie auf Paßpaare angewendeten sequentiellen Vorzeichentest kennengelernt haben, mit dem einzigen Unterschied, daß hier die Hypothese $\pi \geqslant 1/3$ statt der Hypothese $\pi \geqslant 1/2$ mittels des sequentiellen Binomialtests (12.2.1) geprüft wird.

Beispiel 12.6.1.1

Im folgenden Beispiel sind Paßpaare gebildet worden, indem eine visumotorische Koordinationsleistung (Dotting oder Zielpunktieren) einmal mit der linken und das

Tabelle 12.6.1.1

Erhebungs-folge	Rechte Hand		Linke Hand	z	n	Vpn-Schichtung
1 3	30 44	+	20 26	+1	1	Re, männlich
2 5	36 21	–	25 24	0	2	Re, weiblich
6 8	38 32	+	31 27	+1	3	Re, männlich
4 7	24 18	+	25 30	+2	4	Li, männlich
9 11	28 25	–	26 22	+1	5	Re, männlich
10 12	31 37	+	29 28	+2	6	Re, männlich
13 16	19 23	+	24 28	+3	7	Li, weiblich
14 15	32 27	+	23 23	+4	8	Re, männlich

andere Mal — wechselweise — mit der rechten Hand zu erbringen war. Darüber hinaus wurden die Quadrupel derart geschichtet, daß Geschlecht und Händigkeit in jedem Quadrupel homogen vertreten war. Die Ergebnisse sind in Tab. 12.6.1.1 verzeichnet.

Dateninspektion: Wie man sieht, unterscheiden sich die Leistungen der beiden Hände bei unseren Pbn — es handelt sich um verhaltensgestörte Jugendliche — in der Hauptsache durch ihre *Dispersionen*: Die rechten Hände haben eine Spannweite von 18 bis 44, die linken nur eine Spannweite von 20 bis 31 Testpunktwerten.

Testdurchführung: Wir benutzen hier den Quadrupeltest für 2 verbundene Stichproben zum Nachweis eines Dispersionsunterschiedes (der allerdings mit einem gewissen Lokationsunterschied zugunsten der rechten Hände verknüpft ist) in seiner sequentiellen Version.

Legt man — wie empfohlen — eine Minimaldifferenz $d = 1/6$ zugrunde, so daß $p_+ = 1/3 + 1/6 = 1/2$ und $p_- = 1/3 - 1/6 = 1/6$, so erhält man mit dem Formelapparat 12.3.3 bei gleichen Risiken $\beta = \alpha = 0{,}01$ die Konstanten $a = \pm 5{,}71$ und $b = -0{,}365$. In Abbildung 12.6.1.1 sieht man, daß die Stichprobenspur nach dem achten Quadrupel den Annahmebereich für $\pi \geq 1/3$ erreicht.

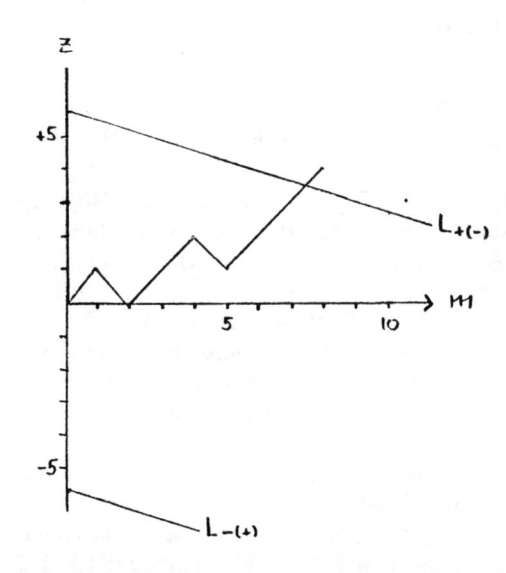

Abb. 12.6.1.1:
Testplan für Beispiel 12.6.1.1 mit $p_+ = 0{,}50$, $p_- = 0{,}17$, $d = 0{,}17$ und $\alpha = \beta = 0{,}01$.

Hinweis: Man beachte, daß der Richtungskoeffizient der beiden Annahmegeraden in diesem Testplan stets *negativ* ist, daß also die Annahmegeraden von links oben nach rechts unten verlaufen.

In Tabelle 12.6.1.1 wurde ein Quadrupel nur dann mit Plus (+) bewertet, wenn beide rechten Hände höher *oder* niedriger lagen als beide linken Hände. Eine eindeutige Bewertung setzt stetige Merkmalverteilung voraus. Treten *Meßwertbindungen* innerhalb eines Quadrupels auf, dann muß dieses Quadrupel entsprechend dem bislang geübten Usus außer acht gelassen oder durch einen dritten Paarling ergänzt werden (der dann zur Bewertungsentscheidung herangezogen wird). Bindungen zwischen den Quadrupeln sind ohne Belang.

Über die *relative Effizienz* des Quadrupeltests im Vergleich zum sequentiellen Vorzeichentest kann derzeit noch nichts gesagt werden. Allem Eindruck nach ist der Paßpaartest zur Prüfung auf Lageunterschiede wenig wirksam, aber dafür ist er ja auch nicht indiziert. Insofern spielt die Frage der Effizienz nur eine untergeordnete Rolle.

Wir haben es im Quadrupeltest mit einem Zweistichprobentest zu tun, und es stellt sich sogleich die Frage, ob nicht auch einer der Mehrstichprobentests sequentiell modifiziert werden kann. Diese Frage soll im folgenden angeschnitten werden.

12.6.2 Ein sequentieller k-Stichproben-Trendtest (Mosteller-Sarris-Test)

Wir haben im sequentiellen Vorzeichentest die Möglichkeit zu prüfen, ob eine Behandlung B wirksamer ist als eine Behandlung A, ob ein 2-Stichproben-Trend A < B besteht. Hätten wir 3 Behandlungen, etwa A = Placebo, B = einfache und C = doppelte Dosis eines Wirkstoffes zu vergleichen, dann erwarten wir einen 3-*Stichprobentrend* A < B < C. Den gleichen Trend erwarten wir, wenn Vpn oder Tiere einem Lern- oder Konditionierungsexperiment unterworfen werden: mit jedem weiteren Durchgang (A, B, C, ..., H) sollte unter der Alternativhypothese eines Lerneffektes eine Zunahme des Lernerfolges X eintreten.

Nichtsequentiell prüft man auf einen k-Stichprobentrend mittels des Trendtests von Page (1963) oder nach einem, in Abschnitt 6.5.2 nicht genannten, weil weniger wirksamen Trendtest von Mosteller (1955), der in den Tafeln der kumulativen Binomialverteilung (STAFF OF THE COMPUTATION LABORATORY, 1955, Introduction, pp. 36–37) als ‚*test of predicted order*' angegeben ist[17].

---

17 Die Urheberschaft Mostellers ist nur daraus zu erkennen, daß er die Einleitung zu diesem Tafelwerk mit seinem Namen zeichnet; offenbar hat er selbst diesen Test nicht als ‚seine Entdeckung' ausgeben wollen.

Rationale

Der *Trendtest* von MOOSTELLER basiert auf dem Binomialmodell und ergibt sich aus folgender einfachen Überlegung: Unter H_0 (kein Lernerfolg) sind die k Erfolgsmessungen in jeder der k! Anordnungen gleichwahrscheinlich, so daß die a priori-Wahrscheinlichkeit einer *prädizierten* Anordnung (z. B. der eines monotonen Trends) gleich $\pi_0 = 1/k!$ ist. Unter der Alternativhypothese (eines wachsenden Lernerfolgs) ist $\pi_1 \geqslant \pi_0$. Von den Autoren, die diese *sequentielle Modifikation* von MOSTELLERS Test vorgeschlagen haben (LIENERT und SARRIS, 1968) wird nun aus Gründen, auf die hier näher einzugehen ist, empfohlen, $\pi_1 = k\pi_0$ zu setzen. Für k = 3 gilt also $\pi_0 = 1/3! = 1/6$ und $\pi_1 = 3(1/6) = 1/2$; für k = 4 Behandlungen oder Meßwiederholungen gilt entsprechend $\pi_0 = 1/4! = 1/24$ und $\pi_1 = 4(1/24) = 1/6$ etc.

Anwendung

Betrachten wir ein *Beispiel*: Es sei zu prüfen, ob ein psychomotorischer Test bei wiederholter Vorgabe einem Übungsfortschritt unterliege (was nicht erwünscht ist)[18]. Da es sich um einen relativ aufwendigen Individualtest handelt, soll bei k = 3 Vorgaben auf monotonen Trend (Übungsgewinn, Transfer) sequentiell geprüft werden.

Wir benutzen den WALDschen Testplan und bestimmen die Gleichungen der *Annahmegeraden* für $\pi_0 = 1/6$ und $\pi_1 = 1/2$ mit $\beta = \alpha = 0,05$ zu

$$x = 0,3173n \pm 1,8295$$
$$x - 0,3173 x = 0,3173n - 0,3173x \pm 1,8295$$
$$0,6827 x = 0,3173(n-x) \pm 1,8295$$
$$x = 0,4648(n-x) \pm 2,6798$$

Die beiden letzten Geraden tragen wir (in mente oder provisorim) in Abbildung 12.6.1.1 ein. Sodann beginnen wir mit der je 3-fach wiederholten Untersuchung je einer Vpn und bewerten das Ergebnis der Untersuchung mit ‚Plus‘, wenn die 3 Werte monoton ansteigen; andernfalls bewerten wir das Ergebnis mit ‚Minus‘.

Wie man sieht, bedarf es zu einer *Entscheidung* im Sinne von H_1 (Existenz eines Übungsfortschrittes) nur der Untersuchung von 9 Vpn, wenn sie die in Tabelle 12.6.2.1 verzeichneten Ergebnisse liefern (Daten aus LIENERT und SARRIS, 1968, Tabelle 1)

---

18 Es handelt sich um den Kugeltest von BRÜNER und DIETMANN, der von der Vp verlangt, sie solle fortlaufend Kugeln verschiedener Größen in entsprechende Löcher einer rotierenden Walze einlegen.

Tabelle 12.6.2.1

Vp-Nr. n	Testvorgabe 1	2	3	Bewertung	x	n-x
1	30,0	28,7	26,7	–	0	1
2	29,0	35,0	37,0	+	1	1
3	30,0	26,7	31,3	–	1	2
4	27,7	30,7	36,0	+	2	2
5	26,0	31,7	33,0	+	3	2
6	26,0	24,0	25,3	–	3	3
7	21,3	29,7	31,3	+	4	3
8	34,3	38,0	36,7	–	4	4
9*	35,3	37,7	38,3	+	5	4
10	41,7	43,7	40,3			

Die *Stichprobenspur* mit den Endpunktkoordinaten n–4 = 4 und x = 5 schneidet die Annahmegerade x = 0,4648(n–x) + 2,6798, so daß der Test dem Desiderat fehlenden Übungseinflusses nicht genügt.

Man beachte, daß Tab. 12.6.2.1 einen graphischen Testplan mit WALDscher Treppenspur nach Abb. 12.2.3.1 unterstellt, in welchem n–x die Abszissen- und x die Ordinatenachse bildet; die Annahmegerade hat eine Steigung von +0,46 und schneidet die Ordinatenachse im Punkte +2,68.

Kommentar

Ist eine wiederholte Beobachtung am gleichen Individuum nicht möglich, so versucht man, *k-Tupel homogener Individuen* (Blöcke) zu bilden, um den sequentiellen Trendtest so wirksam wie möglich zu halten. Ist auch eine Blockbildung nicht möglich, so faßt man zufällig entnommene Gruppen von je k Individuen zu ‚*Zufallsblöcken*' zusammen und teilt ihnen – ebenfalls nach Zufall – die k vorgesehenen Behandlungen zu, ehe man sie bezüglich der interessierenden Zielvariablen untersucht.

Ein *prädizierter Trend* braucht nicht notwendig ein *monoton* steigender (wie beim Übungsfortschritt), sondern kann auch ein monoton fallender (wie bei Ermüdungswirkung) oder ein nicht-monotoner sein (wie bei initialer Übung und terminaler Ermüdung). In jedem Fall muß aber eine aus theoretischen Überlegungen hergeleitete Voraussage darüber gemacht werden, *welche Relation* zwischen den Beobachtungswerten, die nur ipsativ (jede für sich) rangskaliert zu sein brauchen, als *ausgezeichnete* und mit Plus zu bewertende betrachtet wird.

Die Möglichkeit einer *ipsativen Rangskalierung* schließt ausdrücklich auch die Selbstbeurteilung von Vpn oder Patienten unter k Bedingungen

(Behandlungen) oder zu k aufeinanderfolgenden Zeitpunkten (Behandlungsetappen) mit ein. Im letzteren Fall brauchen die Zeitpunkte nicht einmal genau definiert zu sein; es genügt etwa, Anfang, Mitte und Ende der Wirkung eines therapeutischen Prozesses zu beurteilen oder beurteilen zu lassen (Selbst- und Fremdbeurteilung). Dabei braucht man sich keineswegs auf eine einzige Erfolgsvariable zu beschränken, wenn man den sequentiellen Trend-Test nur zur Hypothesenfindung und nicht auch zur Hypothesenprüfung einsetzt[19].

Abschließend sei nur noch darauf hingewiesen, daß der Vorzeichentest als *Spezialfall* des MOSTELLER-Tests betrachtet werden kann, und zwar auch in seiner sequentiellen Modifikation: Für k = 2 gilt offenbar π_0 = = 1/2! = 1/2 und π_1 = 2(1/2) = 1, welche Festsetzung impliziert, daß p = 3/4 und d = 1/4 vereinbart werden sollte, wenn man den obigen Empfehlungen für MOSTELLERS Trendtest folgt. Umgekehrt ist MOSTELLERS Test eine Verallgemeinerung des Vorzeichentests von 2 auf k Behandlungen, so daß er auch in seiner sequentiellen Form ein Substitut des FRIEDMAN-Tests (vgl. 6.5.1) ist, bzw. eine sequentielle Auswertung des FRIEDMAN-Tests ermöglicht, wenn die Alternativhypothese analog spezifiziert, wie sie in PAGES (1963) Test im Sinne eines monotonen Trends spezifiziert worden ist.

Bindungen von Meß- oder Rangwerten sind nur dann relevant, wenn sie innerhalb ein und desselben k-Tupels auftreten: Man hilft sich hier, indem man solche nicht zu bewertenden k-Tupel außer acht läßt. Besser ist es aber, durch eine geeignete Instruktion den Beurteiler eines k-Tupels mit Bindungen zu einer Entscheidung zu veranlassen, da Bindungen ja nur bei diskreten Merkmalsabstufungen in Erscheinung treten, wie sie in gruppierten Rangskalen benutzt werden.

Mit dem MOSTELLER-SARRIS-Test schließen wir die Besprechung der eigentlichen Sequentialtests ab und weisen im nächsten Abschnitt noch auf einige ‚uneigentliche' Sequentialtests hin, d. h. auf Sequentialtests, die gar keine sind, sich aber in einigen Anwendungsfällen als willkommene Hilfsmittel für heuristische Zwecke wie solche erwiesen haben.

12.7 Pseudosequentialtests

Unter ‚Pseudosequentialtests' wollen wir nichtsequentielle Tests verstehen, die (1) mit sequentiell anfallenden Zeitwerten als Zielvariablen (Ob-

---

19 Aus einer Stichprobe darf im Regelfall nur eine Inferenz gezogen werden, es sei denn, daß 2 oder mehr Tests (wie bei der parametrischen Varianzanalyse) orthogonal zueinander sind.

servablen) operieren und die (2) eine frühzeitige Entscheidung (early decision) herbeiführen (antizipieren), noch ehe alle N Zeitwerte angefallen sind[20]. Was mit Pseudosequentialtests gemeint ist, soll an drei Beispielen illustriert werden.

12.7.1 Pseudosequentialpläne mit Simultanstart

Wir betrachten zunächst den Fall, wo zwei unabhängige Stichproben von Individuen *,simultan starten'*.

(1) Wenn eine *Kontrollgruppe* von Mäusen einer ionisierenden Bestrahlung ausgesetzt wird und eine *Versuchsgruppe* vor der Bestrahlung eine ionisierungshemmende Vorbehandlung erhält, dann erwartet der Strahlenbiologe, daß die vorbehandelten Versuchstiere länger überleben als die nicht-vorbehandelten Kontrolltiere; er könnte sein Experiment spätestens dann *abbrechen* und H_0 (gleiche Überlebensraten) verwerfen, wenn alle Kontrolltiere verendet sind noch ehe das erste Versuchstier stirbt.

(2) In einem Schulversuch erhält ein (zufällig ausgewählter) Teil der Klasse ein Kreativitätstraining (Versuchsgruppe), ein anderer Teil ein kreativitätsneutrales Testtraining (Kontrollgruppe). Dann wird beiden Gruppen *simultan* ein Kreativitätsproblem aufgegeben und die *Lösungszeiten* werden registriert. Der Test wird nach Ablauf der Unterrichtsstunde abgebrochen in der Erwartung, daß unter jenen Schülern, die das Problem in dieser Zeit haben lösen können, mehr der Versuchs- als der Kontrollgruppe zugehören; d. h., daß die Vpn der Versuchsgruppe kürzere Lösungszeiten aufweisen als die der Kontrollgruppe. Hier können aus versuchstechnischen Gründen die längeren Lösungszeiten überhaupt nicht abgewartet werden.

12.7.2 Pseudosequentialpläne mit Sukzessivstart

In beiden Beispielen ,starten' die Individuen von Versuchs- und Kontrollgruppe zum gleichen Zeitpunkt, und das kritische Ereignis (Tod, Lösung) wird von diesem gemeinsamen Zeitpunkt aus gemessen. Wenn die Beobachtungszeiten im Verhältnis zur gesamten Beobachtungszeit kurz sind, kann ein Pseudosequentialtest auch mit Individuen geplant und durchgeführt werden, die nicht zum gleichen Zeitpunkt ,starten'; es handelt sich hier um Vergleiche mit *,Sukzessivstart'*:

---

20 Wie ALLING (1963) berichtet, wurde bereits A. WALD gesprächsweise von FRIEDMAN und WALLIS auf diese Möglichkeit hingewiesen.

(3) Um den Wert der *Lithium-Prophylaxe* für die Depressionsbehandlung abzuklären, werden Depressive nach Entlassung aus der stationären Behandlung nach Zufall entweder mit Lithium (Versuchsgruppe) oder mit einem (niedrig dosierten) Neuroleptikum behandelt (Kontrollgruppe). Haben die Verfechter der Lithium-Prophylaxe recht, so sollten bei der Versuchsgruppe der Depressiven *längere freie Intervalle* bis zur jeweils nächsten Einweisung zur stationären Behandlung auftreten. Wenn man den Stichprobenumfang so bemißt, daß das Zeitintervall, während dessen die Patienten starten, *kurz* ist (z. B. 3 Monate) im Vergleich zu der vorgesehenen Beobachtungszeit (z. B. 3 Jahre), dann kann auch hier über H_0 (gleich lange Phasen-Intervalle) befunden werden, noch ehe der letzte Patient wieder eingewiesen wird.

12.7.3 Auswertungsmöglichkeiten pseudosequentieller Pläne

In allen 3 Beispielen ist die Observable ein *Indikator des Behandlungserfolges* (als Indikand) mit der Besonderheit, daß einige Observablenwerte erst gar nicht abgewartet werden (können), ehe der Versuch abgeschlossen und ausgewertet wird. U. U. tritt das erfolgsindizierende Ereignis (z. B. die Wiedereinweisung eines Depressiven) *gar nicht ein* oder zumindest nicht innerhalb der vorgesehenen Beobachtungszeit.

Um den Erfolg von Behandlungen, der sich erst im Verlauf der Zeit an dem Eintritt eines *operational* definierten Kriteriums (Tod, Lösung, Wiedereinweisung) beurteilen läßt, auch statistisch zu erhärten, bedarf es spezieller Tests, die (1) dem Tatbestand des sequentiellen Anfallens der Beobachtungswerte und (2) der Möglichkeit, daß einige Beobachtungswerte zu spät oder überhaupt nicht anfallen, Rechnung tragen.

Möglichkeiten, die Beobachtung eines Merkmals wie der (von uns sogenannten) Erfolgszeit skalenbereichsmäßig zu begrenzen, haben wir bereits in der ‚*Stutzung*‘ (Winsorisierung) kennengelernt (vgl. 6.1.6); danach würden die noch ausstehenden Erfolgszeiten mit der längsten beobachteten Erfolgszeit gleichzusetzen sein. Eine andere Möglichkeit könnte darin gesehen werden, die Erfolgszeiten von vornherein nur innerhalb eines substanzwissenschaftlich relevanten Skalenbereichs zu erheben oder auszuwerten, in welchem Fall man von ‚Zensurieren‘ (oder Trimmen, vgl. RYTZ, 1967) spricht[21].

---

21 Während der Ausdruck ‚Zensurieren‘ das Beobachtungsvorgehen unmittelbar beschreibt, stammt der Ausdruck ‚Winsorisieren‘ = Stutzen von DIXON (1960): Er hat ihn zu Ehren von Charles P. Winsor, der Stutzung zum Zweck von extremwertunabhängiger Schätzung und Prüfung empfohlen hat (vgl. TUKEY und McLAUGHIN, 1963), in die Fachsprache eingeführt.

Wir werden in der Folge auf Zensurierung wie auf Stutzung verzichten und uns einiger in der *Überlebungsbeurteilung* (life testing) eingeführter Verfahren bedienen.

12.7.4 EPSTEINS Exzedenzentest

Ein Test, der als erster seiner Art explizit die Aufgaben eines pseudosequentiellen Tests wahrnimmt, basiert auf dem von GUMBEL und von SCHELLING (1950) begründeten Rationale der *Überschreitungen* (exceedances), von dem wir bereits im Zusammenhang mit dem Dispersionsvergleich zweier unabhängiger Stichproben von Meßwerten Gebrauch gemacht haben (vgl. 6.7.1). Wir haben dort nur *zweiseitige* Überschreitungen in Betracht gezogen, und wir werden in dem von EPSTEIN (1954) angegebenen Test nun *einseitige* Überschreitungen kennenlernen mit dem Ziel, zu einer frühzeitigen Testentscheidung die Prüfgröße eines Pseudoequentialtests (vgl. auch 8.1.8) heranzuziehen.

Greifen wir auf das Eingangsbeispiel (I') zurück und betrachten wir folgenden *Versuchsplan*:

Es seien $n_1 = m$ Ratten der Versuchsgruppe 1 vorbehandelt und $n_2 = n$ Ratten *un*vorbehandelt einer tödlichen Strahlungsdosis ausgesetzt worden. Das Ergebnis des Versuchs mit Simultanstart von $m = 4$ und $n = 5$ Ratten seien *Überlebenszeiten* x_1 für die Versuchs- und x_2 für die Kontrollgruppe; sie mögen (ohne Spezifikation der Zeitachse) unter Wahrung ihrer Rangfolge in Tabelle 12.7.4.1 schematisch aufgezeichnet worden sein.

Tabelle 12.7.4.1

	r=1	r=2	r=3	r=4
Versuch: x_1 ($n_1=m=4$)	0	0	0	0
Kontrolle: x_2 ($n_2=n=5$)	0 0 0 0 $\vdots$		0	
	$\vdots$------ x=1 -----			

Überlebenszeiten - -

Wie wir aus Tabelle 12.7.4.1 ersehen, sind 3 Ratten der Kontrollgruppe bereits verendet, ehe die *erste* Ratte der Versuchsgruppe stirbt. Oder im Sinne von EPSTEIN formuliert: Es überleben noch 2 Ratten der Kontrollgruppe, nachdem die erste Ratte der Versuchsgruppe zu Tode gekommen ist.

Wollten wir das Experiment nach dem Tod der ersten Ratte der Versuchsgruppe *abbrechen*, so wäre zu prüfen, ob $x = 2$ überlebende Ratten der Kontrollgruppe — wir sprechen von *Exzedenzen* x — genügen, um die Nullhypothese einer fehlenden Wirkung der Strahlungsvorbehandlung zu widerlegen.

Wollen wir das Experiment nicht schon so *früh* abbrechen, so können wir den Tod der *zweiten* Experimental-Ratte (r = 2) abwarten und dann die noch überlebenden Kontroll-Ratten zählen: es sind x = 1 überlebende Ratten (Exzedenzen), und auf sie wollen wir nun unsere Entscheidung gründen, wie die *Vertikalpunktierung* in Tabelle 12.7.4.1 andeutet.

Rationale und Anwendung

Unter der *Nullhypothese*, wonach die Ratten der Versuchsgruppe *nicht* länger als die der Kontrollgruppe überleben, beträgt — wie schon GUMBEL und VON SCHELLING (1950) gezeigt haben, die *Punktwahrscheinlichkeit*, daß genau x Ratten der Versuchsgruppe den Tod der r-ten Ratte der Kontrollgruppe überleben, bei m Versuchs- und n Kontrolltieren nach EPSTEIN[22]

$$p_x = \frac{\binom{m-x+r-1}{r-1}\binom{n-r+x}{x}}{\binom{m+n}{m}} \qquad (12.7.4.1)$$

Die testrelevante *Überschreitungswahrscheinlichkeit*, daß x oder mehr als x Ratten der Kontrollgruppe die r-te Ratte der Versuchsgruppe überleben, ist die Summe der Punktwahrscheinlichkeiten p(x) + p(x-1) + ... p(0), oder allgemein,

$$P = \sum_{i=0}^{x} p_i \qquad (12.7.4.2)$$

Für Tabelle 12.7.4.1 wären also die Punktwahrscheinlichkeiten p(x=1) als die (*beobachtete*) zu p(x=0), als der noch *extremeren*, Punktwahrscheinlichkeit zu addieren:

$$p(x=1) = \frac{\binom{4-1+2-1}{2-1}\binom{5-2+1}{1}}{\binom{4+5}{4}} = \frac{\binom{4}{1}\binom{4}{1}}{\binom{9}{4}} = \frac{16}{126}$$

$$p(x=0) = \frac{\binom{4-0+2-1}{2-1}\binom{5-2+0}{0}}{\binom{4+5}{4}} = \frac{\binom{5}{1}\binom{3}{0}}{\binom{9}{4}} = \frac{21}{126}$$

---

[22] Die Formel wird hier gleich für den allgemeinen Fall m ≠ n eingeführt, da aus ihr später die spezielle Formel von NELSON (1963) leicht herzuleiten ist. Die Formel ist mit der ursprünglich von GUMBEL und VON SCHELLING (1950) gegebenen identisch.

Somit ergibt sich die gesuchte Überschreitungswahrscheinlichkeit zu $P = 37/126 = 0{,}294$, womit auch bei einem (einseitigen) $\alpha = 0{,}10$ die Nullhypothese *beibehalten* werden muß. Diese Entscheidung ist aufgrund der Inspektion von Tabelle 12.7.4.1 intuitiv plausibel; sie würde sich nur ändern, wenn der Versuch nicht abgebrochen und das Ergebnis des nicht abgebrochenen Versuchs nach dem Rangsummentest (vgl. 6.1.2) ausgewertet worden wäre[23].

Der Exzedenztest läßt sich nicht nur auf eindimensionale, sondern auch auf zwei- und mehrdimensionale Messungen (Vektoren) anwenden. Wenn x etwa die Überlebenszeit und y die präfinale Leukozytenzahl (als weiterer Behandlungserfolgsindikator) bezeichnet, dann kann $z^2 = x^2 + y^2$ oder dessen Wurzelwert als zweidimensionale Observable wie die eindimensionale der Überlebenszeit mit dem Exzedenztest auf Behandlungswirksamkeit geprüft werden. Wie MORGENSTERN (1967/68) gezeigt hat, gelten alle Exzedenzformeln für eindimensionale auch für mehrdimensionale Überschreitungen. Sollen alle eindimensionalen in der mehrdimensionalen Obervablen gleichwertig vertreten sein, so müssen sie zuvor je einzeln standardisiert, z.B. T-transformiert werden.

Implikationen

Der Exzedenztest ist in seiner originalen wie in seiner pseudosequentiellen (abbruchbehafteten) Anwendungsform nur dann ein Test auf Lokationsverschiebung im generellen Sinn, wenn die beiden Populationen (von Überlebenszeiten) stetig und homomer verteilt sind, also bis auf Lageunterschiede identische Verteilungsformen (mit gleicher Dispersion, Schiefe und Exzeß) besitzen. Sieht man sich die Daten der Tabelle 12.7.4.1 an, so scheint die Homomeritätsimplikation nicht erfüllt zu sein, denn die Versuchsgruppe ist eher symmetrisch, die Kontrollgruppe eher linksgipfelig verteilt.

Wie ist nun ohne Homomeritätsimplikation ein signifikantes Testergebnis zu *interpretieren*? Die Antwort lautet: Allein aufgrund des Unterschiedes jener Verteilungsäste, die — wie hier die *linken Äste* — den Unterschied bedingt haben: So kann in unserem Beispiel der Unterschied darin liegen, daß die Frühtodesfälle in der Kontrollgruppe verhütet werden, obschon etwa in der durchschnittlichen Überlebenszeit beider Gruppen kein Unterschied besteht[24].

---

23 Die Rangsumme T der kleineren Stichprobe (m=4) beträgt $4+6+7+9 = 26$ und deren Komplement $T' = m(N+1) - T = 4 \cdot 10 - 26 = 14$, welcher Wert nach Tafel VI−1−2 der 10%-Schranke gleicht. In diesem Unterschied manifestiert sich die geringere Effizienz des EPSTEIN-Tests mit r=2 im Vergleich zum Rangsummentest.
24 Diese Situation ergibt sich in der Präventivmedizin, wo es nicht um eine Verlänge-

Empfehlungen

Die *Effizienz* des Exzedenztests hängt wesentlich auch von der Wahl des r ab, und diese Wahl muß *vor* der Datenerhebung erfolgt sein, da andernfalls das faktische Alpha-Risiko größer wird als das nominell vereinbarte.

Um einer *Posthoc-Manipulation* der Testeffizienz vorzubeugen, sollten die folgenden *Empfehlungen* beachtet werden:

(1) Man wähle r = 1 (wie in dem nachfolgend beschriebenen NELSON-Test), wenn eine *frühestmögliche* und/oder *praktisch* signifikante Entscheidung gewünscht wird.

(2) Man wähle r = 2 mit der Zielsetzung von (1), aber unter der Vermutung, daß r = 1 ein sog. *Linksausreißer* sein könnte: An dem Ergebnis des EPSTEIN-Tests hätte sich z. B. nichts geändert, wenn als allererste eine Experimental-Ratte verendet wäre (etwa, weil die Vorbehandlung wegen einer bestehenden Leberschädigung selbst nicht nur nicht genützt, sondern vielleicht sogar geschadet hat).

(3) Man wähle r gleich m/2 bei geradzahligem m und gleich (m-1)/2 bei ungeradzahligen m ≪ n, wenn man eine *möglichst effiziente* Entscheidung wünscht. Ist m der Umfang der Kontrollgruppe, dann ist diese Wahl mit dem pseudosequentiellen *Kontrollmediantest* von KIMBALL et al. (1957) praktisch identisch[25]. Ist m der Umfang jener Gruppe in einem zweiseitigen Test, deren Median als erster durch r erreicht wird, dann entspricht sie dem ‚*First-Median-Test*' von GASTWIRTH (1968).

(4) Will man in jedem Fall den Versuch nach der *ersten Hälfte* aller N = m+n Beobachtungen abbrechen, d. h. nach der Beobachtung mit der Rangnummer N/2 (bei geradzahligem N) oder (N-1)/2 bei ungeradzahligem N, dann benutze man jenes r, daß dieser Forderung entspricht. Es handelt sich hierbei — um wiederum ein Namensetikett einzuführen — um einen pseudosequentiellen *Standard-Mediantest* von der Art, wie er in Abschnitt 5.3.3 als Mediantest schlechthin beschrieben wurde[26].

Hat der Untersucher im Fall (1) mit einem Ausreißer gerechnet, sind aber deren 2 aufgetreten (und als solche post hoc nachgewiesen worden), dann ist es formallogisch unzulässig, r = 3 zu wählen, sachlogisch wird diesem Vorgehen jedoch gewiß nicht widersprochen werden. Wie man bei den

---

rung der Lebenserwartung generell, sondern nur um eine Verhütung zu kurzer Lebenserwartungen geht (Infarktprophylaxe, Diabetesvorsorge etc.).

25 Der Kontrollmediantest wurde von GART (1963) in echt sequentiellem Sinne modifiziert, speziell für das pharmakolog. Screening.

26 Bei diesem Test sollte $n_1 \approx n_2$, wie in Beispiel der Tabelle 12.7.4.1: Dort wäre vorm Tod der fünften Ratte abzubrechen und r=1 zu setzen: Man kann das Ergebnis auch über eine Vierfeldertafel mit a=1, c=3 (beobachtet) und b=4-1=3 bzw. d=5-3=2 (berechnet) nach dem FISHER-YATES-Test (vgl. 5.3.2) auswerten, um zur gleichen Entscheidung wie nach EPSTEINS Test zu gelangen.

4 Empfehlungen auswertungsmäßig vorgeht, zeigen die nachgenannten Testversionen.

Die EPSTEIN-Tafeln

In experimentellen Pseudosequentialvergleichen mit Simultanstart kann es fast immer so eingerichtet werden, daß *gleich große Stichprobenumfänge* $n_1 = n_2$ bzw. $m = n$ gewählt werden. In diesem Fall benutzt man statt der Formel (12.7.4.2) die Tafel XII–7–4. Die dort abzulesenden *einseitigen* P-Werte der Prüfgröße x (Zahl der nach $r = 1$, $r = 2$, $r = 3$ etc. verendeten Experimentaltiere noch überlebenden Kontrolltiere) gelten für Stichprobenumfänge von $n = 2(1)15$ und 20, mit r-Werten von $r = 1(1)n/2$ für geradzahlige und $r = 1(1)(n-1)/2$ für ungeradzahlige (umfangsgleiche) Stichproben; bei *zweiseitigen* Tests sind die abgelesenen P-Werte zu verdoppeln[27].

Angenommen, es gäbe in Tabelle 12.7.4 noch ein $r = 5$, so daß $m = n = 5$ Ratten je Gruppe 'were set on *life testing*': Wir lesen in Tafel XII–7–5 für $n = 5$ und $x = 1$ ein $P = 0{,}1032$, das eine gewisse Strahlenschutzwirkung vermuten ließe, wenn es *heuristisch* gedeutet würde. Mit der Wahl von $r = 3$ hätten wir ‚Pech gehabt', denn dieser Fall ist in Tafel XII–7–4 nicht mehr verzeichnet. Wäre $r = 1$ vereinbart worden, so hätte sich $x = 2$ ergeben mit einem (einseitigen) $P = 0{,}0833$: Wir hätten also dank ‚günstiger' Verteilung in unserer Stichprobe paradoxerweise bei Abbruch nach dem Tod der *ersten* Experimental-Ratte ein niedrigeres P erhalten als bei Abbruch nach dem Tod der *zweiten* Experimental-Ratte. Daraus erkennt man, wie leicht dieser Test post hoc ohne die Beachtung unserer Empfehlungen manipuliert werden kann.

Ist $m \neq n$, dann muß P nach (12.7.4.2) berechnet werden; sofern man sich aber entschließt, $r = 1$ zu wählen, kann der folgende Test benutzt werden, um pseudosequentiell zu entscheiden.

12.7.5 NELSONS Präzedenzentest

In Zweistichprobenuntersuchungen, in welchen mindestens eine Stichprobe – meist die Versuchsgruppe – nur *wenige Individuen* umfaßt, bewährt sich der ursprünglich von ROSENBAUM (1954) konzipierte und für die pseudosequentielle Anwendung von NELSON (1963) adaptierte Test, bei

---

[27] Eine einfache Verdoppelung des nach Formel (12.7.1.2) erhältlichen P-Wertes ist nur bei m=n zulässig. Für $m \neq n$ müssen die einseitigen P-Werte berechnet werden, indem man m mit n in Formel (12.7.1.2) vertauscht; ihre Summe ergibt dann das gesuchte zweiseitige P'.

dem das Auftreten der *ersten* Beobachtung (r = 1) in der *kleineren* Stichprobe zum Abbruch der Untersuchung und zur Entscheidung über die Nullhypothese führt. Wir wollen im folgenden zunächst die Tafeln von NELSON benutzen und dann erst den Test selbst kennenlernen.

Die NELSON-ROSENBAUM-Tafeln

Um NELSONS Tafeln zum pseudosequentiellen Vergleich zweier unabhängiger Stichproben benutzen zu können, müssen wir neben r = 1 für EPSTEINS Test noch zwei *weitere Vereinbarungen* treffen: Wir müssen die Prüfgröße x als die Zahl der Exzedenzen umdefinieren in die Prüfgröße y = n−x als die Zahl der *Präzedenzen*, die Zahl der Kontrolltiere in Tabelle 12.7.4.1, die vor dem ersten (r = 1) Versuchstier verendet sind: Wir erhalten y = 3 Präzedenzen (und x = 2 Exzedenzen), wenn wir von r = 1 aus vertikal punktieren. Wir müssen weiter $n_1 \leqslant n_2$ vereinbaren und genau beachten, ob die Präzedenzen in der kleineren Stichprobe mit n_1 Meßwerten oder in der größeren mit n_2 Meßwerten auftreten.

Die Tafel XII−7−5a gibt verschiedene *Schranken* $y_{0,05}$, $y_{0,025}$ und $y_{0,005}$ an, die von der beobachteten Zahl y der Präzedenzen erreicht oder überschritten werden müssen, wenn die Nullhypothese gleich verteilter Populationen (1 und 2) verworfen werden soll. Werden die Präzedenzen von der kleineren Stichprobe (n_1 per definitionem), so gilt die obere Schranke des Schrankenpaares, werden die Präzedenzen y hingegen von der größeren Stichprobe (n_2 per definitionem) gebildet, dann gilt die untere Schranke des Schrankenpaares für n_1 (Spaltenkopf) und n_2 (Vorspalte) in Tafel XII−7−5a. Die Schranken für $y_{0,01}$ wurden von ROSENBAUM berechnet und sind in Tafel XII−7−5b verzeichnet.

In Tabelle 12.7.4.1 werden die y = 3 Präzedenzen von der größeren Stichprobe mit n_2 = 5 gebildet, so daß die für n_2 = 5 und n_1 = 4 untere (d. h. tiefer angeordnete) Schranke von $y_{0,05}$ = 4 (einseitig) von den y = 3 Präzedenzen nicht erreicht wird. H_0 wird deshalb auf der 5%-Stufe nicht durch *NELSONS Präzedenzentest* verworfen.

Asymptotische Schranken

Für Stichprobenumfänge, die in Tafel XII−7−5a *nicht* mehr verzeichnet sind, oder für andere als die aufgeführten Testniveaus berechnet man die *einseitigen Schranken* asymptotisch wie folgt (NELSON, 1963).

$$s'_\alpha = \frac{\log \alpha}{\log \left[q - \frac{1}{n_i} \left(\frac{1}{5} + \frac{7}{2} \log \alpha \right) q^{9/5} \right]} \qquad (12.7.5.1)$$

mit: n_i = Umfang der Stichprobe, die die y Präzedenzen liefert,

$q = n_i/(n_1 + n_2)$
α = Alpha-Risiko für einseitigen Test
s'_α = ganzzahlig zu s_α aufzurundende Schranke.

Zur Berechnung der *zweiseitigen Schranken* setzt man einmal $n_i = $ Min(n_1, n_2) und zum anderen $n_i = $ Max(n_1, n_2); sie entsprechen den Schrankenpaaren in Tafel XII–7–5a.

Für $n_1 = 25$ und $n_2 = 30$ gelten bei Annahme von α (einseitig) = 0,025 bzw. α (zweiseitig) = 0,05 die *Größen* $n_i = 25$ und $q = 25/55$; es resultiert für $\alpha = 0,025$ ein $s'_\alpha = 4,429 \rightarrow 5 = s_\alpha$ für die von der Stichprobe 1 mit $n_1 = 25$ gebildeten Präzedenzen; für die Stichprobe 2 bzw. deren Präzedenzen gilt $n_i = 30$ und $q = 30/55$, woraus $s'_\alpha = 5,684 \rightarrow 6 = s_\alpha$ folgt. Finden sich in Stichprobe 1 mehr als 4 oder in Stichprobe 2 mehr als 5 Präzedenzen, so ist der zweiseitige NELSON-Test signifikant.

Ist die Stichprobe i, die die Präzedenzen liefert, *groß* ($n_i \rightarrow \infty$), dann entfällt das Korrekturglied im Nenner von (12.7.5.1) und es verbleibt

$$s''_\alpha = (\log \alpha)/\log q \qquad (12.7.5.2)$$

Anstelle des dekadischen Logarithmus kann natürlich auch der natürliche Logarithmus für die Lösung der Schrankengleichungen (12.7.5.1–2) herangezogen werden.

Für *große und nicht zu unterschiedliche* Stichproben ($q \cong 1/2$) ergeben sich nach Formel (12.7.5.1) folgende Schrankenpaare, deren Paarlinge wegen $n_1 = n_2$ numerisch gleich sind (Tabelle 12.7.5.1):

Tabelle 12.7.5.1

α (einseitig)	α (zweiseitig)	s_α
0,05	0,10	5
0,025	0,05	6
0,01	0,02	7
0,005	0,01	8
0,0025	0,005	9
0,001	0,002	10
0,0005	0,001	11

Sind etwa 2 Agarplatten, die hochverdünnte Chargen (1 und 2) von Antibiotika enthalten, mit $n_1 = n_2 = 50$ Bakterienkolonien beimpft worden, so ist diejenige Charge die unwirksamere ($\alpha = 0,01$ zweiseitig), bei der $s \geq 8$ Kolonien ‚aufgehen‘, ehe die erste Kolonie der rivalisierenden Charge aufgeht.

Nelsons exakter Test

Will man für eine beobachtete Zahl von y Präzedenzen in der Stichprobe mit dem Umfang n_i die exakte Überschreitungswahrscheinlichkeit ermitteln, so kann man entweder in Formel 12.7.1.1–2 eingehen mit r = 1 und x = n_i – y und auswerten, oder, wie NELSON gezeigt hat, *direkt* in Formel

$$P_i = \frac{\binom{n_i}{y}}{\binom{n_1+n_2}{y}} \qquad (12.7.5.3)$$

einsetzen; dabei ist i = 1, 2 je nachdem, *welche* der beiden Stichproben die y Präzedenzen liefert. Das resultierende P_i entspricht der unter H_1 vorausgesagten *einseitigen* Überschreitungswahrscheinlichkeit. Für $n_i \leqslant 20$ kann man dafür Tafel XV–2–4 benutzen.

Will man mangels einer Hypothese über die Wirkungsrichtung einer Behandlung *zweiseitig* testen, so darf man nicht – wie bei $n_1 = n_2$ – den P-Wert einfach verdoppeln. Man muß vielmehr davon ausgehen, daß die y Präzedenzen sowohl von der Stichprobe 1 wie von der Stichprobe 2 gebildet worden sein können, und daher $P' = P_1 + P_2$ berechnen; P_1 erhält man via (12.7.5.3) durch Einsetzen von n_1, P_2 durch Einsetzen von n_2.

NELSON empfiehlt, H_0 (zweiseitig) auch dann zu verwerfen, wenn zwar $P' \leqslant \alpha$, aber u. U. einer der beiden P-Werte *größer* als $\alpha/2$ ist. Folgt man dieser Empfehlung, dann darf man bei Benutzung von NELSONS Tafeln die hinter den Schranken in Tafel XII–7–5a *apponierten Vorzeichen* in dem Sinne (bei zweiseitigem Test) berücksichtigen, daß man im Fall eines Pluszeichens die Schranke um eine Einheit erhöht, sie im Fall eines Minuszeichens um eine Einheit vermindert. Auf diese Weise erreicht man bei der Beurteilung der Prüfgröße y, daß sowohl $P' \leqslant \alpha$, wie auch daß P_1 und P_2 möglichst wenig differieren.

Die Vorzeichenappositionen fehlen in der ROSENBAUM-Tafel XII–7–5b für die Schranken von $\alpha = 0,01$. Diese Tafel dient nur dem einseitigen Test; die NELSONsche Empfehlung für den zweiseitigen Test konnte hier nicht berücksichtigt werden.

Im folgenden Beispiel 12.7.5.1 wird gezeigt, daß Präzedenztests nicht nur auf stetige Zeitmeßwerte (wie eingangs hervorgehoben), sondern auch auf diskrete Frequenzmeßwerte angewendet werden können.

Beispiel 12.7.5.1

Problem: Es soll möglichst rasch entschieden werden, ob muskuläre Entspannung besser durch direkte (muskuläre) als durch indirekte (hirnelektrische Rückmeldung (biofeedback) der Wirkungen eines Entspannungstrainings erreicht werden kann.

Versuchsplan: Eine Gruppe in ambulanter Behandlung befindlicher Patienten, die an Verspannungsschmerzen leiden, werden einem Entspannungstraining unterzogen, das in mehreren Sitzungen so oft durchgeführt wird, bis eine völlige muskuläre Entspannung des Stirnmuskels (m. frontalis) erzielt wird. Nach individuellem Losentscheid und im sukzessiven Startverfahren wird der Grad der erzielten Entspannung entweder (1) über das Elektromyogramm des Frontalis oder (2) über die Theta-Wellen-Aktivität des Elektroenzephalogramms rückgemeldet (wobei wenig Klicks im Kopfhörer geringe Spannung signalisieren). Der Erfolg des Entspannungstrainings wird an der Zahl x der zur völligen Entspannung nötigen Sitzungen gemessen (wobei die Möglichkeit, daß einige Ptn nicht zu voller Entspannung gelangen, durchaus mit in Betracht gezogen wird).

Hypothesen und Testwahl: H_0: Die beiden Rückmeldemethoden sind gleich wirksam. H_1: Die direkte (muskuläre) Rückmeldung ist wirksamer als die indirekte (hirnelektrische). Geprüft werden soll mit NELSONs Test, weil — wie erwähnt — einige Ptn vermutlich überhaupt nicht voll entspannen können. Wir vereinbaren ein Alpha von 5%.

Ergebnisse: Innerhalb des für das Sukzessivverfahren vorgesehenen Beobachtungszeitraumes werden $n_1 = 11$ Ptn direkt und $n_2 = 16$ Ptn indirekt behandelt; Tabelle 12.7.5.2 bildet diejenigen Ptn der beiden Gruppen ab, die früher oder später (nach mehr oder weniger Sitzungen) völlig entspannen.

Tabelle 12.7.5.2

x_2 ($n_2=16$)			r=1:	0 0	0 0 0	0		0		indirekte R.
x_1 ($n_1=11$)		0 0 0	0	0			0		0	direkte R.
			y=4							
Sitzungen:	2	4	6	8	10	12	14	16	18	20

Der erste (r = 1) voll entspannte Pt der ‚indirekten' Gruppe hat 7 Sitzungen hinter sich; ihm gehen y = 4 Ptn der ‚direkten' Gruppe voraus (4 und 5 und 2 Mal 6 Sitzungen). Die Bindung zwischen zwei Ptn verschiedener Gruppen bei r = 1 widerspricht zwar dem Postulat der Stetigkeit, wird aber zugelassen und $x_1 = 7$ zählt definitionsgemäß nicht als Präzedenz, wie die Punktierung anzeigt.

Zwischenbemerkung: Wäre die Untersuchung im Simultanstartverfahren durchgeführt worden, so hätte bereits nach der siebenten Sitzung über H_0 entschieden werden müssen. Beim Sukzessivstart mußten aber mehr Ptn untersucht werden, da die Sitzungen zeitlich verschachtelt sind. In Tabelle 12.7.5.2 sind alle 15 Vpn aufgeführt, die innerhalb von 20 Sitzungen voll entspannten.

Testauswertung: Da die Präzedenzen von der Stichprobe mit $n_1 = 11$ gebildet werden und y = 4, gilt nach Formel (12.7.5.3)

$$P = \binom{11}{4} / \binom{27}{4} = \frac{11 \cdot 10 \cdot 9 \cdot 8}{4 \cdot 3 \cdot 2 \cdot 1} / \frac{27 \cdot 26 \cdot 25 \cdot 24}{4 \cdot 3 \cdot 2 \cdot 1} = \frac{330}{17550} = 0{,}0188$$

Das vereinbarte $\alpha = 0{,}05$ wird unterschritten, so daß wir H_0 zugunsten von H_1 verwerfen. Zur gleichen Entscheidung führt die Konsultation von Tafel XII–7 für $\alpha = 0{,}05$ (einseitig): Wir lesen zu $n_1 = 11$ und $n_2 = 16$ die Schranke $y_{0,05} = 4$ ab, eine Schranke, die von der beobachteten Präzedenzenzahl $y = 4$ eben erreicht wird.

Interpretation: Wie hypostasiert, führt eine direkte Rückmeldung der Muskelspannung rascher zum Entspannungserfolg als eine indirekte Rückmeldung (Problem aus SITTENFELD, 1973).

Kommentar: Die Testaussage ist wegen der Zweierbindung im kritischen r-Punkt nur bedingt valide; wir werden in Beispiel 12.7.5.2 auf eine andere, auch bei Mehrlingsbindungen unbedingt valide Auswertungsmethode der pseudosequentiellen Untersuchung zu sprechen kommen.

Die Anwendung des NELSON-Tests auf das vorstehende Beispiel 12.7.5.1 ist in zweifacher Hinsicht *problematisch*: Erstens fanden wir eine modellwidrige *Bindung*, und zweitens haben wir einseitig geprüft, obschon nach dem Stand der Forschung eine *zweiseitig* formulierte Alternativhypothese angemessener gewesen wäre als die einseitig formulierte. Wir werden das Testproblem daher in dem folgenden Abschnitt in einer Weise reformulieren, die beiden Desideraten – der Zulässigkeit von Bindungen und der zweiseitigen Fragestellung – gerecht wird.

Vierfelder-Auswertung des NELSON-Tests

NELSONS Test setzt *Stetigkeit* und damit Bindungsfreiheit der Beobachtungen voraus, zumindest außerhalb des kritischen Bereichs von r. Verfährt man mit Rangbindungen so, wie in Tabelle 12.7.5.2 geschehen, so entscheidet man formal inkonklusiv. Obzwar von NELSON nicht vorgesehen, läßt sich sein Test konklusiv auswerten, wenn man bei kritischen Rangbindungen eine *Vierfeldertafel* erstellt und diese nach dem exakten FISHER-YATES-Test auswertet (vgl. 5.3.2)[28]. Dazu das folgende Beispiel!

Beispiel 12.7.5.2

Daten-Rückgriff: In unserem Beispiel ergibt sich nach der 7. Sitzung aus Tabelle 12.7.5.2 folgende Vierfeldertafel (Tabelle 12.7.5.3), die *zweiseitig* auf *Homogenität* der beiden Stichproben 1 und 2 geprüft werden soll ($\alpha = 0{,}05$).

---

28 Ein ökonomischer Algorithmus zur exakten Auswertung nach FISHER-YATES stammt von FELDMAN und KLINGER (1963). Man berechnet $p = p_0$ in üblicher Weise; die extremeren p's erhält man sodann nach $p_{i+1} = (a_i d_i / b_{i+1} c_{i+1}) p_i$ für $i = 0, 1$ mit $a_i = a - i$ in Einserschritten bis 0. Es wird dabei eine Tafel mit a als kleinster Frequenz vorausgesetzt.

Tabelle 12.7.5.3

Stichproben:	2	a=r=1	b=16−1=15	16 = n_2
	1	c = 5	d=11−5= 6	11 = n_1
		a+c=6	b+d =21	27 = N
		beobachtete	berechnete	
			Frequenzen	

Vierfeldertest: Nach Tafel V−3 des Anhangs läßt sich die Kombination a+b=16 und c+d=11 nicht auswerten. Andererseits ist eine asymptotische Auswertung wegen zu schwach besetzter erster Spalte (a, c) nicht zu empfehlen. Wir rechnen daher in klassischer Weise gemäß Beispiel 5.3.2 und erhalten:

Tabelle 12.7.5.4

$$p(a=1, b=15, c=5, d=6) = \binom{1+5}{1}\binom{15+6}{15} / \binom{27}{16} = \binom{6}{1}\binom{21}{6} / \binom{27}{11} = \frac{112}{4485}$$

$$p(a=0, b=16, c=6, d=5) = \binom{0+6}{0}\binom{16+5}{16} / \binom{27}{16} = \binom{6}{0}\binom{21}{5} / \binom{27}{11} = \frac{7}{4485}$$

$$P(a=1, b=15, c=5, d=6) = 0{,}0265 = \longleftarrow = \frac{119}{4485}$$

Ergebnis: Der erhaltene P-Wert gilt für einseitige Fragestellung. Da aber zweiseitig gefragt wurde, muß zusätzlich noch der P-Wert, wonach 5 Beobachtungen in der Stichprobe 2 zum Zeitpunkt der ersten Beobachtung in Stichprobe 1 aufgetreten sind (was wahrscheinlicher ist unter H_0, da die Stichprobe 2 größer ist als die Stichprobe 1), berechnet werden:

Tabelle 12.7.5.5

$$p(a=5, b=11, c=1, d=10) = \binom{5+1}{5}\binom{11+10}{11} / \binom{27}{11} = \binom{6}{1}\binom{21}{10} / \binom{27}{11} = \frac{168}{1035}$$

$$p(a=6, b=10, c=0, d=11) = \binom{6+0}{6}\binom{10+11}{11} / \binom{27}{11} = \binom{6}{0}\binom{21}{10} / \binom{27}{11} = \frac{28}{1035}$$

$$P(a=5, b=11, c=1, d=10) = P_2 = 0{,}189 = \longleftarrow = \frac{196}{1035}$$

Die gesuchte zweiseitige Überschreitungswahrscheinlichkeit ergibt sich als Summe der beiden einseitigen P-Werte mit $P_1 = P = 0{,}0265$ zu $P' = P_1 + P_2 = 0{,}216$.

Entscheidung und Interpretation: Wäre in Beispiel 12.7.5.1 zweiseitig (statt einseitig) geprüft worden, so hätte die Nullhypothese beibehalten werden müssen. Es kann danach nicht behauptet werden, eine der beiden Rückmeldemethoden (biofeed-back-Methoden) sei wirksamer als die andere.

Wir hätten auf das Beispiel 12.7.5.2 auch einen *anderen* Vierfeldertest anwenden und ihn wie folgt begründen können: Wir betrachten nur die N = 15 Ptn, die überhaupt entspannt haben, teilen sie in 2 Hälften − in eine erste mit 7 und eine zweite mit 8 strichlier-geteilten Patienten − und gliedern sie nach Tabelle 12.7.5.2 in 4 Felder auf: In diesem Fall wäre a = 2, b = 6, c = 1 und d = 6 zu setzen gewesen, um Bindungen zu vermeiden und so nahe am Median wie möglich (paramedian) zu teilen. Man mag diesen Test als pseudosequentiellen *Paramediantest* bezeichnen, wenn man eine Wortmarke dafür benutzen will.

Wir haben schon festgestellt, daß alle Überschreitungstests (Exzedenz- wie Präzedenztest) sowohl in ihrer Ursprungsform wie in ihrer pseudosequentiellen Anwendung an sich *keine Homomerität* der beiden Populationsverteilungen voraussetzen, was die Interpretation auf den linken Verteilungsast reduziert.

Hat man Kenntnis oder begründete Vermutung darüber, daß die zu untersuchende Zeit- oder Frequenz-Observable trotz unterschiedlicher Behandlungen *homomer* verteilt ist, dann prüft man nicht nur *genereller*, sondern auch *wirksamer* mit der erstmals von ALLING (1963) angegebenen pseudosequentiellen Version des Rangsummentests (vgl. 6.1.2). Mit diesem zwar bei erfüllten Voraussetzungen sehr wirksamen, aber gegenüber Linksausreißern außerordentlich empfindlichen Test beschließen wir die Reihe der Pseudosequentialtests.

12.7.6 Der pseudosequentielle Rangsummentest

ALLINGS (1963) *pseudosequentieller Rangsummentest* basiert auf folgendem einfachen Gedanken: Wenn wir die Meßwerte in der Reihenfolge, wie sie anfallen, mit *Rangwerten* von 1, 2, 3, ... signieren und zugleich ihre *Stichprobenzugehörigkeit* berücksichtigen, können wir u. U. vorzeitig entscheiden, ob H_0 gilt oder nicht. Wie eine solche *Frühentscheidung* zu begründen ist, machen wir uns am besten an dem einfachen Beispiel der Tabelle 12.7.4.1 mit n_1 = 4 Versuchs- und n_2 = 5 Kontrollbeobachtungen klar.

Die ersten 3 verendeten Ratten der Kontrollgruppe mit n = 5 Ratten erhalten die Rangwerte 1, 2 und 3, und es stellt sich die Frage, ob dieser Befund schon ausreicht, die *Nullhypothese* gleicher Lokationen der beiden Überlebenszeiten zu widerlegen. Um ‚sicher zu gehen' müssen wir annehmen, daß die noch ausstehenden zwei Kontrollratten erst nach den (ebenfalls noch ausstehenden) m = 4 Versuchsratten verenden, so daß wir ihnen im *ersten Testversuch* Ränge von 8 und 9 zuerkennen. Die Rangsumme der Kontrolltiere ergibt sich zu T = 1+2+3+8+9 = 23, liegt also nahe am

Erwartungswert von 5(9+1)/2 = 25 für die Kontrollgruppe mit n = 5 Ratten.

Wir beobachten mithin weiter: Die vierte Ratte gehört zu der Versuchsgruppe und die fünfte wieder zur Kontrollgruppe: Das ist ein Signal zu einem *zweiten Testversuch*: Jetzt kann die Rangsumme der Kontrollratten höchstens noch T = 1+2+3+5+9 = 20 betragen. Aber auch dieser T-Wert ist von der Erwartung unter H_0 noch zu wenig weit entfernt, um signifikant zu sein. Warten wir schließlich den Tod der letzten Kontrollratte ab, so resultiert ein T = 1+2+3+5+8 = 19, das mit dem T des nichtsequentiellen Rangsummentests identisch ist, wenn man die Rangsumme nicht, wie üblich, für die kleinere, sondern für die größere Stichprobe bildet und asymptotisch (über 6.1.2.5) prüft.

Will man ökonomisch und exakt nach Tafel VI–1–2 prüfen, muß man die Ränge der kleineren Stichprobe – hier die der Versuchsgruppe – summieren, um T oder sein Komplement T' = m(N+1) – T zu gewinnen: Bei dieser Anwendung erhalten wir eine auf die Versuchsgruppe bezogene Rangsumme am besten dadurch, daß wir für r = 1, r = 2 usf. die dem Erwartungswert m(N+1)/2 = 4 · 9/2 = 18 *nächstgelegene Rangsumme* bilden, um stets auf der sicheren Seite zu sein. Diese Prozedur ergibt

für r=1:   T = 4+5+6+7 = 23 und T' = 4 · 9 – 23 = 13 n. s.

für r=2:   T = 4+6+7+8 = 25 und T' = 36 – 25 = 11 < 12 = $T_{0,05}$

für r=3:   T = 4+6+7+8 = 25 und T' = 36 – 25 = 11 dito

für r=4:   T = 4+6+7+9 = 26 und T' = 36 – 26 = 10 = 10 = $T_{0,01}$

Danach kann bei vereinbartem α = 5% die Untersuchung bereits nach dem Tod des ersten Versuchstieres abgebrochen und die (einseitige) *Alternativhypothese* einer überlebensverlängernden Wirkung der Vorbehandlung angenommen werden. Bei α = 0,01 hätte man den Tod des achten der N = 9 Versuchstiere abwarten müssen und praktisch keinen Ökonomiegewinn durch die sequentielle Anwendung des Rangsummentests erzielt.

12.8 Quasi-Pseudosequentialtests

Wir sind bei allen Pseudosequentialtests davon ausgegangen, daß eine Versuchs- und eine von ihr unabhängige Kontrollgruppe simultan oder sukzessiv dem Überlebenstest ausgesetzt wird. Vielfach liegen aber Kontrollstichproben als nicht sequentielle *bereit*, und es besteht die Verlokkung, solch eine verfügbare, meist ebenfalls sequentiell erhobene Kontrollstichprobe mit einer ‚Experimentalstichprobe' pseudosequentiell zu vergleichen. Dieses Bedrüfnis ist besonders durch die *Praxis des Therapiewir-*

kungsvergleiches begründet: Man behandelte eine nosologisch definierte und ätiologisch einheitliche Gruppe von ‚Kontrollpatienten' bislang nach einem Standardverfahren und verfügt über die Krankheitsverweilzeiten innerhalb einer Klinik. Nun wird ein neues Behandlungsverfahren propagiert, und damit stellt sich die Frage, ob man möglichst rasch entscheiden könne, ob die neue Behandlung zu *kürzeren* Verweilzeiten führe als die Standardbehandlung.

Sofern man annehmen darf, daß die Population der Patienten vor und nach Einführung der neuen Behandlung in allen erfolgsrelevanten Parametern *unverändert* (stationär) bleibt, kann auch für diesen unüblichen (unobtrusiven) Untersuchungsplan ein Pseudosequentialtest erwogen werden: Man registriert die Verweilzeiten sovieler Ptn unter der neuen Behandlung und zählt die Präzedenzen y, also die Zahl der Patienten, die in *Zukunft* früher entlassen werden als der am frühesten entlassene Pt in der *Vergangenheit*: Liegt eine große Stichprobe von Verweilzeiten aus der Vergangenheit vor (n=n_2 > 30) und ist eine vergleichbar große Stichprobe für die Zukunft in Aussicht genommen, so betragen die einseitigen Schranken des *Nelson-Tests* $y_{0,05} = 5$, $y_{0,01} = 7$ und $y_{0,001} = 10$ (vgl. Tabelle 12.7.5.1). Haben mindestens 5, 7 oder 10 Patienten in Zukunft kürzere Verweilzeiten als die kürzeste aus der Vergangenheit — dies müssen keineswegs auch die ersten 5, 7 bzw. 10 neu behandelten Ptn sein —, so darf unter den eingangs betonten Kautelen angenommen werden, daß die neue Behandlung rascher als die alte zur Entlassung führe, genauer: daß die neue Behandlung häufiger zu Frühentlassung führe als die alte.

Wenn man annehmen darf, daß die neue Behandlung *allen* Ptn in gleichem Ausmaß zugute kommt (und nicht einigen sehr und anderen gar nicht, wie bei differentieller Behandlungswirkung mit Dispersionserhöhung der Verweilzeiten), dann kommt auch die pseudosequentielle Anwendung des schärferen *Rangsummentests* (12.7.5) in Betracht. Es ist evident, daß für den Rangsummentest im Unterschied zum asymptotischen Nelson-Test die in der Vergangenheit erhobene Kontrollstichprobe umfangsmäßig (n) *definiert* sein muß, ebenso wie die in Zukunft zu erhebende Experimentalstichprobe (m ⩽ n). Während n meist durch einen definitierten Beobachtungszeitraum (z. B. 1 Jahr) festliegt, muß der Posthoc-Manipulation von m durch ein quasi-notarielles Verfahren oder durch die Vereinbarung m = n vorgebeugt werden, um den Schutz des vereinbarten Alpha-Risikos zu gewährleisten.

Will man auch für diese besonders zu begründende Art des pseudosequentiellen Prüfens eine Verbalisierungsmarke prägen, so spreche man von einem *quasipseudosequentiellen Test*.

Andere Möglichkeiten, unüblich zu planen und diese Pläne ggf. pseudosequentiell auszuwerten, ergeben sich aus dem Studium der sehr lesenswerten Monographien von WEBB et al. (1966) und KLAUER (1973) oder CAMPBELL und STANLEY (1966).

Mit diesem Hinweis schließen wir das Kapitel 12.7 im allgemeinen und diesen Abschnitt 12.8 im besonderen: Sollte dem Leser aufgefallen sein, daß unter den pseudosequentiellen und quasisequentiellen Tests solche für 2 *abhängige* Stichproben fehlen, so halte er sich vor Augen, daß Paare von Überlebenszeiten bei Paß-Tieren oder -Ptn im Sukzessivverfahren bei kurzer Überlebenszeit und langer Beobachtungszeit echt sequentiell (mittels Vorzeichentest) auszuwerten sind. Andererseits gilt für das Simultanstartverfahren, daß die numerisch größte Differenz u. U. erst nach dem Tod des letzten Tieres anfällt und damit alle Paardifferenzen abgewartet werden müssen, ehe entschieden werden darf; und dies wäre kein Pseudosequentialtest, weil vor der Entscheidung sämtliche Beobachtungen vorliegen müssen.

Exzedenz- und Präzedenztest verlieren in dem Maße an Wirksamkeit, als sich die beiden Stichproben umfangsmäßig unterscheiden. Bei großer in Aussicht genommener Experimentalstichprobe und kleiner vorliegender Kontrollstichprobe Y kann man den von WEISS (1961) stammenden sog. *Spacing-Test* auch pseudosequentiell anwenden. Das Prinzip besteht darin, das man zwischen den zwei engstbenachbarten Y-Beobachtungen auftretenden X-Beobachtungen abzählt und sie zur Erwartung unter H_0 identisch verteilter X und Y in Beziehung setzt. Gilt H_0, dann sind relativ viele X-Beobachtungen im kürzesten Y-Intervall, gilt H_1 (Lageunterschied), dann sind es relativ wenige. Eine echt sequentielle, auf den Prinzipien des Spacing basierende Zweistichprobenversion stammt von BLUMENTHAL und GREENSTREET (1971).

12.9 Weitere Anwendungen der Sequenzanalyse

Wir haben im wesentlichen die Sequenzanalyse von Binärvariablen behandelt und stetige Variablen vor ihrer sequenzanalytischen Auswertung in Binärvariable transformiert, d. h. dichotomisiert. Mit jeder Dichotomisierung stetig verteilter Variablen geht natürlich ein Informationsverlust einher, und es stellt sich die Frage, wie ein solcher vermieden werden kann.

Im nichtsequentiellen Zweistichprobenfall vermeidet man Informationsverlust bei stetigen Variablen, indem man sie nicht (median-)dichotomisiert und per Mediantest auswertet, sondern einem Rangtest (etwa U-Test) unterwirft, um Lageunterschiede nachzuweisen.

1. Als eine der ersten haben WILCOXON et al. (1963) zwei gruppierte Rangtests entwickelt, bei denen man sequentiell je zwei kleine Zufalls-

gruppen (Experimental- und Kontrollbehandlung) zieht, für jede Gruppe eine Rangsumme bildet und die Rangsummen (als Prüfgrößen) nach Art einer Stichprobenspur von Gruppe zu Gruppe fortschreibt, bis eine der beiden rivalisierenden Hypothesen (H_0 oder H_1) angenommen werden kann. Beide Tests werden an einem Beispiel illustriert. Ein modifizierter Zweistichprobensequentialtest wurde später von BRADLEY et al. (1966) empfohlen. Hierbei muß die Rangsumme bei jeder anzutreffenden Gruppe auch neu berechnet werden, wodurch der Test verschärft wird, wie an einem Beispiel gezeigt wird.

2. Hat man Paßpaare von Individuen zur Verfügung, so ist der entsprechende adaptierte Vorzeichenrangtest von WEED und BRADLEY (1971) schärfer als die für Zufallsstichproben geltenden Tests von WILCOXON et al. (1963).

3. Ist die Beobachtungsvariable (Observable) weder alternativ noch stetig, sondern mehrstufig (polynomial) verteilt, dann kann gefragt werden, welche der k Mehrfachalternativen (wie therapeutische Wirksamkeit, Unwirksamkeit oder Unverträglichkeit mit und ohne therapeutische Wirkung) in der Zielpopulation am häufigsten auftritt. Ein geeigneter Sequenztest stammt von ALAM et al. (1971). Für zweistufige Observable testet man nach BERRY und SOBEL (1973).

4. Interessiert der Zusammenhang zweier Observablen (etwa Wirkung und Nebenwirkung eines Arzneimittels), dann ist auf Korrelation (Phi, rho, r als Produkt-Moment-Koeffizienten) auch sequentiell zu testen (vgl. KOWALSKI, 1971).

5. Interessieren die Konfidenzgrenzen eines Anteilsparameters von Positivreaktionen (Heilungen), dann können diese sowohl auf der Basis eines sequentiellen Vorzeichen- wie eines sequentiellen Vorzeichenrangtests ermittelt werden (GEERTSEMA, 1970).

6. Eine neue Art der sequentiellen Stichprobenerhebung für alternative Observablen haben SOBEL und WEISS (1970) mit dem auf ZELEN (1969) zurückgehenden *Play the Winner Sampling* (PW) eingeführt. Das PW-Sampling schreibt im Zweistichprobenfall vor: Man bleibe bei derselben Behandlung, wenn sie im vorangegangenen Durchgang erfolgreich war, man wechsele zur anderen Behandlung, wenn sie erfolglos war. Nach jeder Behandlung eines Ptn bilde man die Differenz der Erfolge unter der neuen und der Kontrollbehandlung. Wenn diese Differenz erstmals eine kritische Grenze erreicht, ist die Behandlung mit der größeren Zahl der Erfolge als die wirksamere zu betrachten. Das PW-Sampling ist dem Pseudosequentialsampling überlegen, wenn die mittlere Erfolgsrate beider Behandlungen über 75% liegt, was in der klinischen Praxis oft zutrifft.

RAHUNDANDANAN (1974) hat gezeigt, daß die Zahl der zur Entscheidung nötigen Versuche (Ptn) herabgesetzt werden kann, wenn gleichzeitig die

Zahl der Mißerfolge berücksichtigt wird. D. h., die PW-Sampling-Methode kann verschärft werden. Gibt eine der beiden Behandlungen (z. B. die Kontrolle) viel weniger Erfolge als die andere (experimentelle), dann ist eine von NORDBROCK (1976) entwickelte PW-Version der Sequentialanalyse zu empfehlen.

7. Eine klinisch ebenfalls interessante Modifikation ist die sog. *Two-Arm Play the Winner Rule* von HSI und LOUIS (1975). Man startet mit Paaren von Ptn, die einer von zwei Behandlungen nach Zufall zugeteilt werden und registriert je nach Erfolg E oder Mißerfolg M. Tabelle 12.9.1.1 zeigt das weitere Vorgehen:

Tabelle 12.9.1.1

Schritt i	1	2	3	4	5	6	7	8	9	10	11	12 ...
Behandlung 1	E	E	M	-	E	E	E	E	E	M	M	E ...
Behandlung 2	E	E	E	M	E	E	M	-	-	-	M	E ...
Folge		I					II				III	IV

Man bricht jede Behandlung (1 oder 2) nach dem ersten Mißerfolg ab (Behandlung 1 nach dem 3., Behandlung 2 nach dem 4. Schritt). Damit ist eine Behandlungsfolge (I) abgeschlossen, und es wird die Anzahl der Erfolge je Behandlung ausgezählt und anschließend die Differenz d_I der Erfolge der Behandlung 1 und der Behandlung 2 gebildet ($d_I = 2 - 3 = -1$). Man beginnt dann mit der Behandlungsfolge II, die abgeschlossen ist, wenn beide Behandlungen wieder ihren ersten Mißerfolg aufweisen. Man zählt wieder die Anzahl der Erfolge je Behandlung (insgesamt) aus und berechnet die Differenz d_{II} ($d_{II} = 7 - 5 = +2$). Erreicht die kumulierte Prüfgröße der Erfolgsdifferenzen einen kritischen d-Wert, so wird H_0 verworfen. Da im Unterschied zum PW-Sampling jeweils zwei Ptn simultan behandelt werden, kommt man rascher zu einer Entscheidung, auch wenn man überschießend operiert, wo jede Behandlungsfolge abgeschlossen werden muß. Beim Two-Arm PW-Sampling wird die Zahl der Ptn, die der schlechteren Behandlung unterzogen wurden, minimiert, was auch klinisch wünschenswert erscheint.

8. Will man k Stichproben hinsichtlich ihrer unbekannten Lokation sequentiell vergleichen und ihren größten Wert schätzen, so kann man sich der Prozedur von BLUMENTHAL (1975) bedienen, oder den Vorschlägen GEERTSEMAS (1972) folgen. Eine Spezifikation auf binomialverteilte Stichproben stammt von PAULSON (1967); hier geht es dann darum, die Population mit dem höchsten Ja-Anteil zu finden.

Zusammenfassend ist festzustellen: Leider wird anwendungsseitig von den zahlreichen Möglichkeiten sequentieller und pseudosenquentieller Wirkungsprüfung nicht in dem Maße Gebrauch gemacht, wie dies vom Parsimonitätsprinzip der Forschung her geboten scheint. Eine generallisierende Darstellung findet sich bei SKARABIS et al. (1978).

KAPITEL 13: VERTEILUNGSFREIE ZEITREIHENANALYSE

In der verteilungsfreien Sequenzanalyse haben wir in zeitlicher Folge soviele Beobachtungen erhoben als zur Entscheidung über die Nullhypothese erforderlich waren; wir haben dabei von den Zeitpunkten, zu welchen die Beobachtungen erhoben wurden, explizit abgesehen.

Verfährt man bei der Beobachtungserhebung so, daß (1) die Ausprägung eines Merkmals (Y) zum Beobachtungszeitpunkt t im Beobachtungswert y_t zum Ausdruck kommt und (2) die Zahl n der Beobachtungen im Untersuchungsplan festgelegt wird (und nicht wie in der Sequenzanalyse variabel bleibt), dann erhält man eine *Zeitreihe* von Beobachtungen $y_1, y_2, ..., y_t, ... , y_n$ oder genauer: von *Beobachtungspaaren* $(y_1, t_1), ... , (y_n, t_n)$, die als Realisationen eines stochastischen Prozesses aufgefaßt werden (vgl. 4.2.7).

Bleibt die Population von Individuen, aus der die n Einzelindividuen als Merkmalsträger nach festgelegtem Zeitplan (Zeitmuster) *zufallsmäßig und wechselseitig unabhängig* entnommen werden, über den Beobachtungszeitraum hinweg konstant (stationär), so resultiert eine sog. *stationäre* (trendfreie) *Zeitreihe* (Nullhypothese). Ändert sich hingegen die Population etwa hinsichtlich ihrer Lage (oder hinsichtlich anderer Verteilungsparameter), so resultiert eine *astationäre* (trendbehaftete) Zeitreihe (Omnibus-Alternative).

Wie man unter parametrischen Bedingungen prüft, ob die Nullhypothese gegenüber einer Trendhypothese beibehalten werden kann, wurde eingangs in aller Kürze angedeutet (vgl. 4.2.7). Wie man ohne die Annahme parametrischer Bedingungen auf Existenz eines *Zeitreihentrends*, der zeitabhängigen Änderung eines Populationsparameters (Lokationsparameters) der Verteilung des untersuchten Merkmals Y auf H_0 prüft, soll Aufgabe des begonnenen Kapitels sein.

13.1 Klassifikation von Zeitreihen

Ehe wir uns der inferentiellen Analyse von Zeitreihen zuwenden, wollen wir versuchen, sie aus verschiedenen, für die biologischen und sozialwissenschaftlichen Gesichtspunkte relevanten Kriterien zu *klassifizieren*. Eine solche Klassifikation ist u.a. auch deshalb erforderlich, weil die Zeitreihenanalyse eine Domäne der wirtschaftswissenschaftlichen Statistik ist und dort unter sehr spezifischen, für biologische und soziologische Perspektiven und Bedingungen unüblichen Voraussetzungen und Implikationen abgehandelt wird. Leider ist die Analyse biologischer Zeitreihen in der einschlägigen Literatur weit *zurückgeblieben*, was aber nicht dazu veranlassen soll, dem Beispiel anderer Lehrbücher zu folgen und auf eine eigenständige Behandlung von Zeitreihen im Rahmen eines eigenständigen Kapitels zu verzichten.

Wir wollen in der Folge die *Einteilungsgesichtspunkte* mehr nach ihrer praktischen Bedeutung als nach ihrem formal- oder sachlogischen Bezug zueinander der Reihe nach aufführen.

13.1.1 Trait- und State-Zeitreihen

Die vielleicht wichtigste (aber in den Wirtschaftswissenschaften nicht terminologisierte) Unterscheidung ist die zwischen Zeitreihen, die ein zustands*unabhängiges* Merkmal eines Individuums betreffen, gewissermaßen als Eigenschaft eines Individuums imponieren (Trait-Merkmale in der Psychologie) und Zeitreihen, die ein zustands*abhängiges* Merkmal eines Individuums oder eine Stichprobe von Individuen beschreiben (State-Merkmale in der Psychologie). Viele Merkmale können jedoch, je nach dem Zeitmuster der Beobachtung, sowohl als Trait- wie als State-Merkmale in Erscheinung treten.

Um den Sachverhalt dieser Unterscheidung zu illustrieren, betrachten wir als Mm die Pulsfrequenz eines Individuums: Messen wir jeweils am Morgen die Zahl der Pulsschläge eines Individuums pro Minute, dann erhalten wir eine *Trait-Zeitreihe*, die Zeitreihe der Ruhepulsfrequenzen. Messen wir jedoch die Pulsfrequenz desselben Individuums in Abständen von je einer Stunde, so gewinnen wir eine *State-Zeitreihe*, die Zeitreihe der tagesrhythmischen Pulsfrequenzänderungen. Hier haben wir durch die Meßvorschrift eine Unterscheidung getroffen, da das Mm Pulsfrequenz sowohl einen Trait- wie einen State-Aspekt besitzt.

Merkmale, die (wie Gewicht und IQ eines Kindes) von *habituellen Faktoren* bestimmt sind und nur längerfristigen Änderungen unterliegen, haben praktisch nur einen Trait-Aspekt; Merkmale andererseits, die vornehmlich von *situativen Faktoren* bedingt werden und daher kurzfristigen Änderungen unterliegen (wie motorische Aktivität = Motilität oder Ängstlichkeit eines Kindes), haben praktisch nur einen State-Aspekt, auch wenn sie nach *festem Zeitmuster* in längeren Intervallen beobachtet werden.

13.1.2 Intra- und interindividuelle ZRn

1. Wir haben vorstehend nur einen, wenngleich wichtigen Fall einer ZRe behandelt: die *intraindividuelle ZRe*, bei welchem ein Individuum

nach festem oder variablem Zeitmuster wiederholt beobachtet wird. Bei intraindividuell wiederholter (repetitiver) Beobachtung muß das Individuum zumindest physisch im Zustand quo ante erhalten werden, wodurch allein eine sog. *konservierende* (das Leben und seine Funktion erhaltende) Beobachtung möglich ist. Die n Beobachtungen einer intraindividuellen ZRe können u.U. als Zeitstichprobe aus einer Population möglicher intraindividueller ZRn angesehen werden; man spricht dann von einer Einzelfallstatistik[1].

2. Besteht eine ZRe aus Beobachtungen, die an je verschiedenen Individuen vorgenommen wurden, dann sprechen wir von einer *interindividuellen ZRe*. Interindividuelle ZRn können aus konservierenden oder aus *destruierenden* Beobachtungen bestehen: Man denke z.B. an eine ZRe, die entsteht, wenn man n Hühnerembryonen, die t = 1(1)12 Tage bebrütet wurden, hinsichtlich ihrer Zelldichte y_t beurteilt[2]. Hier hat man gar keine Möglichkeit, eine intraindividuelle ZRe zu erheben und wie oben bezüglich eines etwaigen Trends des untersuchten Trait- oder State-Merkmals zu untersuchen.

Verschiedentlich hat man die *Wahl*, eine intra- *oder* eine interindividuelle ZRe zu erheben: Man denke an die Möglichkeit, Kücken verschiedenen Alters (zu n Tagen) bzgl. der aufgenommenen Nahrungsmenge zu untersuchen: Führt man die Untersuchung mit nur einem Kücken (intraindividuell) an n aufeinanderfolgenden Tagen (z.B. vom ersten bis zum 15. Tag) durch, dann ergibt sich eine *Einzelfall-ZRe*, die nur ideographische Schlußfolgerungen in bezug auf eben dieses Kücken zuläßt. Untersucht man n verschiedene (zufällig ausgewählte) Kücken verschiedenen Alters (je eines des Alters 1 Tag, 2 Tage usf.), dann erhält man eine *Stichproben-RZe* (interindividuelle ZRe), die nur (nomothetische) Schlußfolgerungen in bezug auf die Population, aus der die Kücken stammen, zuläßt.

Werden N Individuen als Stichprobe aus einer Population zu n Zeitpunkten beobachtet, so wird die interindividuelle mit der intraindividuellen ZRn-Beobachtung kombiniert: Man erhält dann eine Stichprobe von N ZRn der Länge n. Diese N ZRn können im Sinne des *Einstichprobenproblems* (vgl. 5.2 und 6.9) daraufhin untersucht werden, ob sie mit einer

---

[1] Wenn die einzelnen ZRn-Beobachtungen unter verschiedenen Behandlungen ausgewogen erfolgen, so kommt auch eine inferenzstatistische Beurteilung in Betracht (vgl. HUBER, 1967).

[2] Eine destruierende Beobachtung muß nicht notwendig den Tod des Individuums, ja nicht einmal eine Dauerschädigung zur Folge haben; sie liegt auch dann vor, wenn das Individuum für eine weitere Beobachtung nicht mehr brauchbar ist: Ein solcher Fall tritt ein, wenn eine Vpn einen Problemlösungstest nimmt; sie erwirbt damit soviel kritische Erfahrung, daß eine Testwiederholung sinnlos ist.

bekannten oder theoretisch erwarteten ZRe hinreichend gut übereinstimmen (vgl. 14.7).

Werden N_1 Individuen unter einer Behandlung 1 (z.B. einer eiweißreichen Fütterung) zu n Zeitpunkten beobachtet (bzgl. ihres Gewichts gemessen) und N_2 Individuen unter einer Behandlung 2 (z.B. kohlehydratreiche Fütterung), dann können die beiden Stichproben von Zeitreihen nach Art eines *Zweistichprobenproblems* (vgl. 5.3 und 6.1) miteinander verglichen werden (vgl. auch 14.6).

13.1.3 Stationarität und Autokorrelation

Intraindividuelle ZRn unterscheiden sich von interindividuellen ZRn i. d. R. dadurch, daß aufeinanderfolgende Beobachtungen intraindividueller ZRn meist nicht unabhängig voneinander sind, auch wenn die ZRe keinerlei erkennbaren Trend aufweist. Was es mit der Abhängigkeit und Unabhängigkeit aufeinanderfolgender Beobachtungen auf sich hat, wollen wir an den Begriffen der Stationarität und der Autokorrelation kennenlernen.

Stationäre Zeitreihen

Eine Zeitreihe heißt *stationär*, wenn sich die Population der Merkmalsträger, aus der (interindividuelle) Zeitreihenbeobachtungen zufallsmäßig und wechselseitig unabhängig entnommen worden sind, über die Beobachtungszeit hinweg *nicht ändert*, wenn mithin alle Verteilungsparameter (wie Mittelwert, Streuung, Schiefe und Exzeß) konstant bleiben.

Diese Definition der *Stationarität* impliziert, daß (1) beliebige Abschnitte der Zeitreihe bis auf Zufallsunterschiede gleiche Lokation und gleiche Dispersion besitzen, und daß (2) nachfolgende Beobachtungen in keiner Weise von vorangehenden Beobachtungen in ihrer Richtung und Größe beeinflußt werden. Zeitreihen dieser Art heißen stationär im engeren (strengeren) Sinne (vgl. ZSCHOMMLER, 1968).

Ein Beispiel für eine *streng-stationäre* intraindividuelle Zeitreihe ist der Ruhepuls eines Pbn, wenn er über einige Wochen hinweg täglich morgens vor dem Aufstehen gemessen wird; denn der Ruhepuls kann ebenso als Trait-Mm betrachtet werden wie das monatlich erhobene Körpergewicht oder die täglich gemessene Reaktionszeit.

Streng stationäre Zeitreihen halten nicht nur ihren Mittelwert (oder Median) und ihre Streuung über die Beobachtungszeit konstant, sondern lassen darüber hinaus keinerlei Tendenz zur Ausbildung von kürzer- oder längerphasigen *Schwankungen* erkennen. Treten bei gleichbleibenden Lage- und Streuungskennwerten solche Schwankungen in einer Zeitreihe auf, dann liegt der Verdacht, daß es sich hierbei um keine stationäre ZRe handelt, sehr nahe. Wir vergewissern uns in diesem Fall, ob Abhängigkeiten zwischen aufeinanderfolgenden Beobachtungen – sog. Autokorrelationen (Reihenkorrelationen) – bestehen, in der nachstehend beschriebenen Weise (vgl. 13.4.1).

Autokorrelierte Zeitreihen

Eine Zeitreihe heißt nicht-stationär, wenn sie entweder einen *Trend* (Lagetrend) aufweist, oder wenn ihre Beobachtungselemente y_t *autokorreliert* sind, obschon ein Trend fehlt; im letzteren Fall spricht man allerdings auch von *schwach-stationären* oder im weiteren Sinn stationären ZRn.

Autokorrelation bedeutet, daß zwischen den Beobachtungswerten y_t und ihren Nachfolgern $y_{t+1}, y_{t+2}, ..., y_{t+h}$ ein Zusammenhang besteht, der sich als Kovarianz (Autokovarianz) oder als normierte Autokovarianz (Autokorrelation) in einer später zu besprechenden Weise (vgl. 13.4.1) bestimmen läßt. Gewöhnlich ist die Autokorrelation zwischen unmittelbar benachbarten Beobachtungen (y_t und y_{t+1}) größer als zwischen mittelbar benachbarten Beobachtungen (wie y_t und y_{t+4}).

Besteht zwischen unmittelbar benachbarten Beobachtungen y_t und y_{t+1} eine *positive* Autokorrelation, so äußert sich diese darin, daß die Differenzen zwischen aufeinanderfolgenden Beobachtungen – die sogenannten *ersten Differenzen* (vgl. 13.2.4) – eine geringere Streuung haben als die Differenzen zwischen beliebig herausgegriffenen Beobachtungspaaren; sie äußert sich ferner darin, daß die Zeitreihe zyklische Schwankungen aufweist, die bei hoch positiver Autokorrelation zwischen y_t und y_{t+1} mit freiem Auge erkennbar sind.

Ein Beispiel für eine *schwach stationäre* und damit autokorrelierte intraindividuelle Meßreihe ist auch hier wieder die Pulsfrequenz, wenn man sie nicht nur einmal am Morgen, sondern etwa alle Stunden mißt: Die Trait-Variable Ruhepuls wird bei dieser Messung durch die State-Variable Stunden-Puls zyklisch überlagert, so daß die stationäre in eine autokorrelierte Zeitreihe übergeht. Wie man an diesem Beispiel erkennt, kann ein und dasselbe Merkmal, je nach Meßvorschrift und *Zeitmuster* der Messung, einmal als stationäre und ein anderes Mal als autokorrelierte Zeitreihe in Erscheinung treten, obschon in beiden Fällen Mittelwert und Streuung über die Beobachtungszeit hinweg konstant bleiben.

Die Korrelation zwischen y_t und y_{t+1} bezeichnet man als Autokorrelation *erster Ordnung*; die Korrelation zwischen y_t und y_{t+k} bezeichnet man als Autokorrelation *k-ter Ordnung*. Nur wenn alle Autokorrelationen gleich Null sind (mit Ausnahme der Autokorrelation nullter Ordnung, die stets gleich 1 ist), darf eine im strengen Sinn stationäre Zeitreihe angenommen werden.

Autokorrelationsgenese

Fragt man, wodurch in schwach stationären ZRn Autokorrelationen erster ($k = 1$) oder höherer Ordnung ($k > 1$) zustande kommen, so ergibt sich:

(1) Autokorrelationen kommen durch state-bedingte Überlagerung von Trait-Merkmalen zustande und äußern sich in Schwankungen der Zeitreihe um eine das *Zeitmittel* repräsentierende Horizontale;

(2) Autokorrelationen können aber nicht nur durch state-bedingte Merkmalsänderungen, sondern auch durch abhängige Beobachtungsfehler entstehen: Unterstellt ein Beobachter, daß sich ein Mm, wie die Pulsfrequenz, nur allmählich ändern kann, dann wird er geneigt sein, seine Beobachtung im Sinn seiner Erwartung zu adjustieren; damit werden *autokorrelierte Beobachtungsfehler* produziert, die Schwankungen der ZRe verursachen, ohne daß eine state-bedingte Überlagerung eines Trait-Merkmals stattgefunden hat.

Autokorrelationen können demnach *echten Merkmalsfluktuationen* (als state-überlagerte Traits) oder aber beobachtungsbedingte *Fluktuationsartefakte* darstellen. Fluktuationsartefakte sind insbesondere dann zu erwarten, wenn die Merkmalsausprägung (wie bei den bekannten Schulnoten-Zeitreihen) subjektiv geschätzt und nicht objektiv gemessen werden (wie bei Zeitreihen von Testergebnissen des Schulerfolgs).

13.1.4 Trendfreie und trendtypische Zeitreihen

Zeigt eine Zeitreihe weder bezüglich ihrer Lokation noch bezüglich anderer Verteilungsparameter (wie vor allem der Dispersion) irgend einen Trend über die Beobachtungszeit hinweg, so geht man unter der Nullhypothese davon aus, daß eine stationäre oder *trendfreie* Zeitreihe vorliegt.

Zeigt eine Zeitreihe hingegen einen Trend — wir wollen zunächst nur einen *Lokationstrend* ins Auge fassen —, so ist zu unterscheiden, welchen Typs dieser Lokationstrend ist.

Wir haben bereits im Zusammenhang mit der parametrischen Analyse von Zeitreihen (vgl. 4.2.7) darauf hingewiesen, daß man zwischen linearen und periodischen Trends sowie der Überlagerung beider Trendtypen sprechen kann. In der nichtparametrischen Analyse unterscheidet man analog zwischen monotonem und phasischem Trend.

Der *monotone ZRn-Trend* entspricht einer monotonen Korrelation zwischen einem stetig verteilten Merkmal X und der Zeit t (vgl. 9.8), wir sprechen von einem steigenden (progressiven) oder einem fallenden (degressiven) monotonen ZRn-Trend. Der Spezialfall eines monotonen Trends ist der lineare Trend.

Der *phasische Trend* kann je nach der Zahl seiner monotonen Trendäste ein bitoner, tritoner oder polytoner Trend sein (vgl. 9.8.1). Sind die Trendäste gleich lang, so spricht man auch von einem *periodischen* (oder zyklischen) Trend. Sind die Äste eines polytonen Zeitreihentrends ‚kurz‘, so soll er *oszillierender* Trend genannt werden, sind sie ‚lang‘, so soll er *undulierender* Trend heißen.

Ist das untersuchte Merkmal *intervallskaliert* (und nicht nur ordinal skaliert), dann können monotone und phasische ZRn-Trends wie folgt *spezifiziert* werden (Tabelle 13.1.4.1):

Tabelle 13.1.4.1

Trends	
monotone	phasische

1. lineare
  a) steigende
  b) fallende
	1. quadratische (2-ästige)
	  a) U-förmige
	  b) umgekehrt-U-förmige

2. exponentielle
  a) steigende
  b) fallende
	2. kubische (3-ästige)
	  a) S-förmige
	  b) umgekehrt-S-förmige

	3. polynomiale (mehrästige)
	  a) undulierende
	  b) oszillierende

Wie man den Trend einer ZRe als Regression der Beobachtungswerte in bezug auf die Zeitachse analytisch bestimmt bzw. hinsichtlich seiner Populationsparameter schätzt, werden wir später (13.2.) besprechen.

13.1.5 Andere Zeitreihen-Aspekte

Im Folgenden werden weitere Einteilungsgesichtspunkte für ZRn zur Diskussion gestellt. Sie sollen es dem Leser ermöglichen, ZRn in ein einheitlich untergliedertes Ordnungs- und Denkschema einzureihen.

Quantitative und qualitative Zeitreihen

Wir sind bisher mehr oder weniger dezidiert davon ausgegangen, daß die Beobachtungen einer Zeitreihe *quantitativ* erfaßt worden sind, daß es sich um quantitative, u.U. intervallskalierte Beobachtungen handelt. Diese Voraussetzung braucht jedoch nicht gemacht zu werden, denn eine ZRe kann auch aus nominal skalierten und im speziellen Fall aus Null-Eins-verteilten (binären) Beobachtungen aufgebaut sein; man spricht dann von einer *qualitativen* ZRe. Auch bei qualitativen ZRn tritt die Frage der Stationarität und eines etwaigen Trends ins Blickfeld, nur kann ein Trend hier höchstens bei binären Observablen analog zu den quantitativen ZRn definiert werden.

Lineare und zirkuläre Zeitreihen

Unter den quantitativen wie den qualitativen ZRn lassen sich in bezug auf Anfang und Ende zwei Varianten unterscheiden: Die *lineare* ZRe beginnt an einem bestimmten Zeitpunkt und endet zu einem späteren, durch die ZRn-Planung bestimmten Zeitpunkt wie z.B. Geburt und Tod eines Individuums, Anfang und Ende einer Behandlung, Start und Stopp eines Versuchs.

Erstreckt sich nun eine ZRe über mehrere, in sich kreisförmig geschlossene Zeitperioden (wie Stunden zweier Tage oder Quartale mehrerer Jahre) mit biologisch relevanten und sich periodengemäß ändernden Zeiteinflüssen (wie diurne Rhythmen, jahreszeitliche Besonderheiten), dann spricht man von einer *zirkulären* ZRe, wenn Anfang und Ende der ZRe so vereinbart oder die Zeitreihe so adjustiert wird, daß sich der Zirkel schließt (vgl. Kap. 20).

Im Zusammenhang mit der Beurteilung von *seriellen* Korrelationen (Autokorrelationen, vgl. 13.4.1) werden wir auch artifiziell lineare ZRn zirkulär schließen unter der Annahme, daß hierdurch kein systematischer Fehler eingebracht wird.

Uni- und multivariate Zeitreihen

In der Forschungspraxis ist es eher selten, daß ein Individuum im Verlauf der Zeit nur bezüglich eines einzigen Merkmals beobachtet wird, da die meisten, auf Zeitreihen rekurrierenden Untersuchungen *multivariate* statt *univariate* Beobachtungen vorsehen. Hier ist es oft schon ein Gebot der Informationsausschöpfung, jeweils zwei oder mehr Merkmale zu beobachten und bezüglich ihres Verlaufes zu vergleichen, also bivariate oder multivariate ZRn zu erheben und sie auf ‚Konkomitanz' hin zu untersuchen (vgl. PFANZAGL, 1963). Vielfach bedeutet die Hinzunahme weiterer Observablen nicht einmal einen wesentlichen Mehraufwand.

Auch hier stellt sich zunächst die heuristische Frage, wie einzelne multivariate ZRn zu beurteilen sind, und weiterhin die, was mit Stichproben multivariater ZRn heuristisch geschehen kann und soll. Erste Ansätze für die Typisierung multivariater Verläufe auf verteilungsfreier Grundlage bietet ein von KRAUTH und LIENERT (1973) entwickeltes und unter dem Sammelbegriff ‚Konfigurationsfrequenzanalyse' subsumiertes Methodenarsenal[3] (Konstellationstypen und Polynomkoeffiziententypen; 19.11.4).

Stetige und diskrete Zeitreihen

Je nachdem, ob das entlang der Zeitachse zu untersuchende Merkmal bzw. dessen Träger *ständig vorhanden* ist (wie ein Individuum, dessen Wachstum interessiert), oder ob es (wie Niederschläge, deren Intensität gemessen wird) nur *zu bestimmten Zeitpunkten eintritt*, bildet dieses Merkmal eine *stetige* oder eine *diskrete* Zeitreihe.

Stetige Merkmale können in *festen* oder *variablen Intervallen* beobachtet werden, die vom Untersucher kleiner oder größer gewählt werden, je nachdem, ob er kürzer- oder längerfristige Änderungen dieses Merkmals zu erfassen wünscht. Die Intervalle können *gleich* sein (wie die Morgentemperatur-Messung eines Ptn) oder *ungleich* (wie Morgentemperatur als Minimum und Nachmittagstemperatur als Maximum). Man spricht vom *Zeitmuster*, das einer Zeitreihe zugrunde liegt.

Zeitreihen (z. B. Fieberkurven) sind nur *vergleichbar* — oder wie man auch sagt, inter se komparabel —, wenn sie dem gleichen Zeitmuster folgen (also z.B. die Fieberkurven nur aus Morgen-Messungen bestehen). Besteht das Zeitmuster aus äquidistanten und inter-se-komparablen Beobachtungen (wie den Morgentemperaturen eines Ptn oder den Ernteerträgen aufeinanderfolgender Jahre), dann spricht man von *Standardzeitreihen*, deren Intervalle je gleich 1 gesetzt werden können.

Punktuelle und intervall-akkumulierte ZRn

Diskrete Zeitreihen können als *punktuelle* oder als *intervall-akkumulierte* Beobachtungen imponieren, je nachdem, ob (wie bei der Temperaturmessung) eine punktuelle (blitzlichtartige) oder (wie bei der Niederschlagsmenge) eine akkumulierte (über ein Zeitintervall sich summierende) Merkmalsbeurteilung erwünscht ist. Akkumulierte Zeitreihenbeobachtungen sind *partiell* akkumuliert, wenn (wie bei der Niederschlagsmenge) nur über einen Teil des Intervalls von einer bis zur nächsten Beobachtung (von Beginn bis zum Ende des Niederschlags) akkumuliert wird, sie sind *total*, wenn (wie bei Wachstumsvorgängen) über das gesamte Intervall von einer bis zur nächsten Beobachtung akkumuliert wird.

Das Begriffspaar ‚punktuell versus akkumuliert' bezieht sich nicht nur auf sog. *organismische Variablen* (EDWARDS, 1970, S. 8), sondern auch auf

---

[3] Die parametrische Auswertung multivariater Zeitreihen hätte über die multivariate Varianzanalyse (MANOVA) in analoger Weise geschehen können.

Verhaltensvariablen, die in den meisten Fällen nach einem Standardzeitmuster im Verlauf eines Langzeitversuches erhoben werden: Man kann die Spontanmotilität eines Vt in aufeinanderfolgenden Zeitintervallen akkumulativ messen und zugleich am Ende eines jeden Intervalls prüfen, ob eine Konditionierungsreaktion auf einen Reiz eintritt oder ausbleibt.

Distinkte und kumulierte Zeitreihen

Wohl zu unterscheiden von der vorangehenden Einteilung ist die nach *distinkten* und *kumulierten* Zeitreihen:

Punktuelle und akkumulierte Beobachtungen sind stets auch distinkte Beobachtungen, da sie sich auf den ‚*Querschnitt*' oder auf den ‚*Längsschnitt*' eines einzelnen Beobachtungsintervalls beziehen.

Bezieht hingegen eine Zeitreihenbeobachtung nicht nur ein bestimmtes Intervall, sondern bezieht sie auch vorangehende Intervalle mit ein, so spricht man von einer kumulierten Beobachtung.

Die Unterscheidung nach distinkten und kumulierten Zeitreihen läßt sich leicht an der Beobachtung von Wachstumsprozessen erläutern: Registriert man den *Gewichtszuwachs* (x_t), den ein Nutztier von einer bis zur nächstfolgenden Wägung erfährt, so erhält man eine distinkte Zeitreihe; mißt man hingegen *schlicht das Gewicht* des Nutztieres an aufeinanderfolgenden Zeitpunkten, so erhält man eine kumulierte Zeitreihe, für welche gilt, daß

$$y_t = \sum_{i=1}^{i-1} x_i + y_1 \qquad (13.1.5.1)$$

Das heißt, das Gewicht y_t zum Zeitpunkt t setzt sich aus dem Ausgangsgewicht y_1 und den t-1 Gewichtszuwächsen x_i zusammen.

Naturgemäß kann eine kumulierte Zeitreihe *keine stationäre* sein, und es wäre sinnlos, sie gegen die Nullhypothese einer stationären Zeitreihe zu prüfen. Man kann jedoch jede kumulierte ZRe in eine distinkte ZRe transformieren, indem man sie nach

$$x_t = y_{t+1} - y_t \qquad (13.1.5.2)$$

dekumuliert, also statt der Gewichte y_t die Gewichtszuwachsraten x_t betrachtet.

Während interindividuelle Zeitreihen im Regelfall als distinkte betrachtet werden können, muß bei intraindividuellen ZRn stets vorgeklärt werden, ob y_{t+1} mit y_t additiv verknüpft ist.

Die Notwendigkeit zu dekumulieren entfällt, wenn eine ZRe *nur beschrieben* werden soll — graphisch oder analytisch —, wie dies für Wachstumskurven der Fall zu sein pflegt.

Verlaufshomogene und -inhomogene Zeitreihen

Falls angenommen werden darf, daß 2, 3 oder N Individuen *verlaufshomogene* (nicht notwendig auch niveau-homogene) Zeitreihen liefern, dürfen diese N Einzel-ZRn zu einer einzigen ‚aufsummiert' werden. Meist wird damit versucht, einen gewissen Fehlerausgleich zu erreichen, indem sich die Beobachtungsfehler verschiedener Individuen zu jedem der t Zeitpunkte wechselseitig aufheben und so in der *Summen-* oder *Durchschnitts-Zeitreihe* der wahre generelle Zeitreihentrend zum Ausdruck kommt (vgl. Beispiel 13.2.5.1).

Ist die Voraussetzung der *Verlaufshomogenität nicht erfüllt*, dann können Summenwert-Zeitreihen den wahren Trend nicht nur verschleiern, sondern einen Trend produzieren, der u. U. nichts anderes als ein bloßer *Artefakt* ist. Wo Zweifel an der Verlaufshomogenität bestehen, sollte der Untersucher die Einzelwert-Zeitreihen gesondert darstellen und, so weit wie zulässig, zu Gruppen homogener ZRn (*Zeitreihen-Cluster*) zusammenfassen (vgl. 19.11).

Nächst interindividuellen können auch intraindividuelle Zeitreihen, d.h. ZRn des gleichen Individuums ‚aufsummiert' werden, wenn sie als homogen erkannt oder als solche postuliert werden (vgl. Beispiel 13.3.1.1).

Homogene ZRn mit einzelnen *Ausreißer-ZRn* sind besser durch ‚Medianisieren' als durch Aufsummieren hinsichtlich ihres Trends oder ihrer *Trendkomponenten* wie in Abschnitt 13.1.6 zu beschreiben.

13.1.6 Trendkomponenten-Modelle für ZRn

Das additive Modell

Betrachten wir eine einzelne ZRe eines stetigen Mms, so kann man sich diese – falls sie eine nicht-stationäre ist – *additiv* aus mindestens drei Komponenten zusammengesetzt denken:

$$y_t = g_t + z_t + e_t \qquad (13.1.6.1)$$

Darin bedeuten:

y_t = die Beobachtung zum Zeitpunkt t
g_t = die monotone (glatte) Grundrichtungskomponente oder den generellen Trend zum Zeitpunkt t
z_t = die (zyklische oder phasische) Bewegungskomponente zum Zeitpunkt t, und
e_t = die als stationär (orthogonal) gedachte Restschwankung (den Beobachtungsfehler).

Dieses *additive Modell* der Zeitreihenkomposition stammt aus den Wirtschaftswissenschaften (vgl. WETZEL, 1969), läßt sich aber auch für biologische, medizinische und sozialwissenschaftliche Zeitreihen übernehmen.

Die *drei Komponenten* lassen sich veranschaulichen, wenn man eine ZRe einmal durch einen den Daten grob angepaßten monotonen Linienzug (m_t) und ein anderes Mal durch einen sich enger an die Daten schmiegenden Linienzug (z_t) wiedergibt. Liegt etwa der Beobachtungspunkt y_t zum Zeitpunkt t über dem Linienzug z_t und dieser wiederum über dem Linienzug m_t, so haben alle drei Komponenten von (13.1.6.1) ein positives Vorzeichen; liegt der Beobachtungspunkt zwischen den Linienzügen z_t und m_t, wobei $z_t > m_t$, dann hat die Komponente e_t ein negatives Vorzeichen usf. Die zwei Trendkomponenten m_t und z_t hat man sich also als glatt verlaufende rationale Funktionen der Zeit vorzustellen, während die unregelmäßige dritte Komponente e_t als Auswirkung von zufälligen Einflüssen gedacht wird, also den Error-Term repräsentiert.

Zur *Veranschaulichung* des additiven Zeitreihenmodells betrachte man Abbildung 13.1.6.1, den Milchertrag je Kuh über n=48 Monate

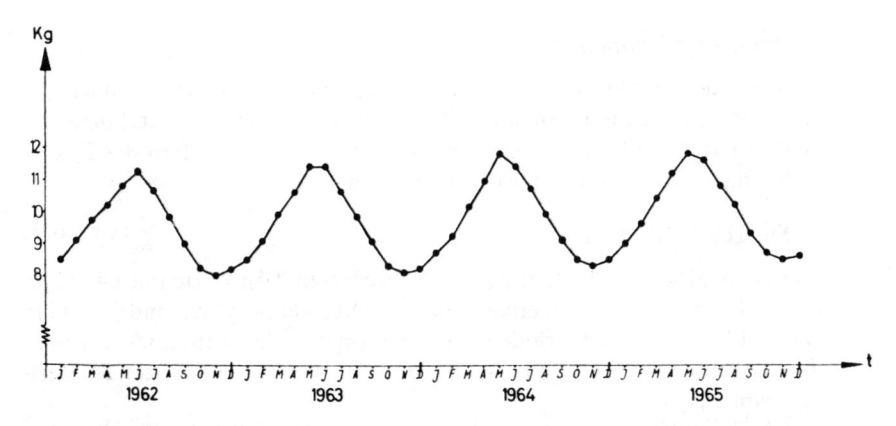

Abb. 13.1.6.1:
Durchschnittlicher Milchertrag je Kuh von Januar 62 bis Dezember 65 (aus WETZEL, 1969).

Wie man sieht, ist der generelle Trend schwach steigend und linear; der zyklische (hier: saisonale) Trend ist stark ausgeprägt und sinusförmig entsprechend den saisonal bedingten Erzeugungsschwankungen. Die Abweichungen der Beobachtungspunkte in Abb. 13.1.6.1 von einer linear steigenden Sinuskurve sind die Restschwankungen.

Das multiplikative Modell

Das additive Modell ist für jene Zeitreihen adäquat, deren zyklische Schwankungen trotz eines etwa bestehenden generellen Trends größenordnungsmäßig *gleiche* Amplituden haben. *Ungleiche* und insbesondere mit steigender Grundrichtung *wachsende Amplituden* einer ZRe repräsentiert man besser durch ein *multiplikatives Modell:*

$$y_t = (g_t)(z_t)(e_t) \tag{13.1.6.2}$$

Das multiplikative Modell kann aber leicht in ein additives übergeführt werden, wenn man die Zeitmeßwerte und ihre Trendkomponenten *logarithmiert:*

$$\log y_t = \log g_t + \log z_t + \log e_t \tag{13.1.6.3}$$

Zeitreihen des multiplikativen Modells darf man immer dann erwarten, wenn das untersuchte Merkmal nicht nur in der ‚temporalen' Längsschnittbeobachtung, sondern auch in der ‚spatialen' Querschnittsbeobachtung in etwa logarithmisch (linksgipfelig) verteilt ist.

Pfanzagls kombiniertes Modell

Sind die Amplitudengrößen nicht vom monotonen Trend abhängig, dann ist auch das multiplikative Modell inadäquat; man benutzt dann am besten das *kombinierte Modell* von Pfanzagl (1958), sofern die Zyklen (wie Tages- oder Jahreszeiten) gleich lang sind:

$$y_{ij} = g_{ij} + A_i z_j + e_{ij} \tag{13.1.6.4}$$

In diesem Modell bedeuten: y_{ij} die beobachteten ZRn-Werte mit $i = 1(1)m$ die m Beobachtungen innerhalb eines (24-Stunden)-Zyklus und $j = 1(1)p$ die Zahl der Zyklen (Perioden), $A_i z_j$ die (maximale) Amplitude der i-ten Beobachtung im j-ten Zyklus und e_{ij} wie oben eine orthogonale Restschwankung.

Die *Normierungskonstante* A_i wird so gewählt, daß ihr Durchschnitt $\bar{A} = 1$ ist, so daß nach

$$\bar{y}_j = \bar{g}_j + z_j + \bar{e}_j \qquad \text{mit } j = 1(1)p \tag{13.1.6.5}$$

für die Durchschnitte das additive Modell gilt (vgl. 13.1.6.1).

Der generelle und der zyklische Trend einer gemischten Zeitreihe sind die sog. *strukturkonstitutiven Komponenten* einer Zeitreihe, die man durch graphische (von-Hand-Anpassung) oder durch analytische Methoden, wie wir sie später kennenlernen werden (vgl. 13.3), zu beschreiben versucht; die Restkomponente ist eine als *strukturneutral* gedachte Komponente, von der man abzusehen wünscht, wenn man die strukturkonstitutiven Komponenten einer ZRe graphisch oder analytisch zu beschreiben versucht (vgl. auch PFANZAGL, 1972, Kap. 8)

13.1.7 Dekomposition von ZRn

Soll eine Komponente — gewöhnlich die generelle Trendkomponente — von der Betrachtung *eliminiert* werden, so bereinigt (detrendisiert) man die ZRe nach der entsprechenden Komponente. Bereinigt man eine ZRe einmal von ihrer generellen und ein anderes Mal von ihrer zyklischen Komponente, so kann man sie in ihre drei Komponenten zerlegen (dekomponieren).

Wie eine solche *Dekomposition* nach dem additiven Modell (13.1.6.1) zu bewerkstelligen ist, veranschaulichen wir uns am besten anhand der Abbildung 13.1.6.1 mit den Milchertragsbeobachtungen:

Man bildet das *Zeitmittel* $\bar{y}_t$ aller n = 48 Beobachtungen und repräsentiert es durch eine Horizontale. Sodann repräsentiert man die Zeitreihe gemäß ihrem *generellen Trend* durch eine flach steigende Gerade; ihr Abstand von der Horizontalen zum Zeitpunkt t ist die generelle Trendkomponente m_t.

Um die *zyklische* Trendkomponente zu gewinnen, stellen wir uns die vom generellen Trend bereinigte ZRe dar, indem wir die Abweichungen der Beobachtungen von der Trendkurve, die selbst als *Horizontale* zur Darstellung gebracht wurde, als trendbereinigte Beobachtungen y'_t in ein rechtwinkeliges Koordinatensystem abtragen. Legt man dann durch die trendbereinigten Beobachtungen (über gleitende Durchschnitte etwa, vgl. 13.3.1) eine sinusartige Kurve und mißt die Abweichungen der Kurvenpunkte zum Zeitpunkt t von der Horizontalen, so erhält man die zyklische Komponente z_t der Abbildung 13.1.6.1:

Die *Restschwankungs*komponente e_t ergibt sich sodann eo ipso als Abweichung der trendbereinigten Beobachtungen y'_t von der sinusartigen Kurve. Diese Restschwankungen sollten, wenn das Modell der Zeitreihendekomposition angemessen ist, nicht autokorreliert sein (was man zu überprüfen hätte).

Der Vorgang der ZRn-Trend-Dekomposition kann natürlich *wirksamer* mittels entsprechender algebraischer (analytischer) Anpassungsmethoden durchgeführt werden als mittels der hier erwogenen graphischen Anpassung der generellen und der zyklischen Trendkomponente. Abbildung 13.1.7.1 spiegelt das Ergebnis einer numerischen Anpassung einer zyklischen Zeitreihe nach PFANZAGLS (1958) Modell graphisch wider:

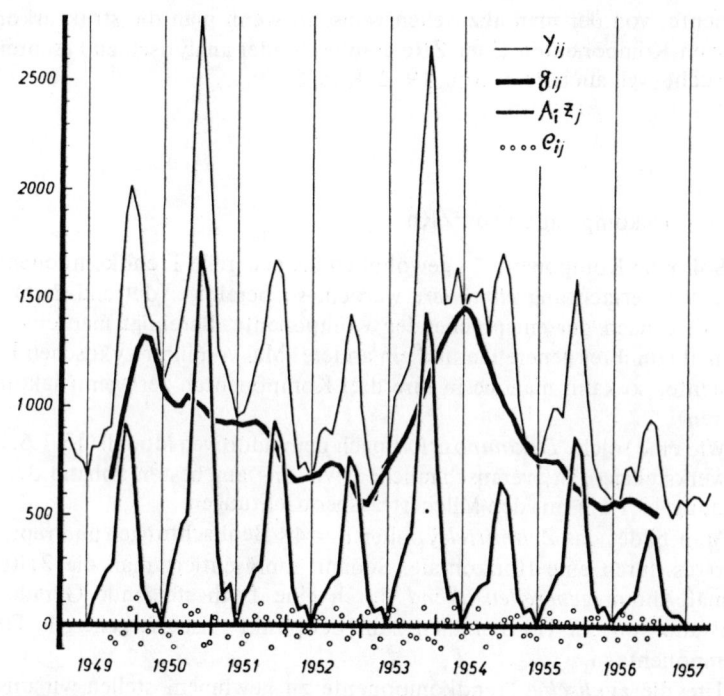

Abb. 13.1.7.1
Wöchentlich gemeldete Neuerkrankungen an Scharlach: von 1949–1957. Es bedeuten y_{ij} die Zeitreihenwerte (dünn ausgezogen), g_{ij} die glatte (monotone) Trendkomponente (dick ausgezogen) und $A_i z_j$ die zyklische Komponente (mäßig ausgezogen) und e_{ij} die Restkomponente (offene Kreise).

Der interessierte Leser findet bei PFANZAGL ein *durchgerechnetes Beispiel*, auf dessen Nachvollzug hier wegen des aufwendigen Rechenganges und der begrenzten praktischen Bedeutung verzichtet werden soll. Wie man aber aus Abb. 13.1.7.1 sieht, ist die *Zeitreihen-Dekomposition* in diesem Beispiel mit der genannten Methode gut gelungen, da die Restschwankungen (offene Kreise) allem Anschein nach zufallsgerecht um die Abszissenachse streuen. In etwa stimmt auch, daß das ‚Aufsetzen' der zyklischen auf die glatte Trendkomponente zu der ursprünglichen Zeitreihe führt.

Ein Vergleich verschiedener praktisch bedeutsamer Modelle der ZRn-Dekomposition findet sich bei TIAO und HILLMER (1978).

13.2 Methoden der hypothesengeleiteten Zeitreihen-Trendschätzung

Wir haben schon gehört, daß jede Zeitreihe, wieviele (n) Glieder sie auch haben mag, durch ein *Polynom n-ter Ordnung* vollständig und eindeutig beschrieben wird, einschließlich der sie kennzeichnenden Beobachtungsfehler. Für kurze Zeitreihen mit wenigen (n < 5) Gliedern kommt eine Polynomialbeschreibung solcher Art auch ohne EDV-Einsatz in Betracht, für längere Zeitreihen ist sie nur über EDV-Methoden möglich: Das Anwendungsziel ist jedoch in beiden Fällen nicht eine exakte Verlaufsbeschreibung, sondern eine ‚Destillation' der einer Zeitreihe zugrundeliegenden strukturkonstitutiven *Zeitreihenregression* des aus den Komponenten $m_t + z_t$ bestehenden Zeitreihentrends.

13.2.1 Zeitreihen als Regressionskurven

Es wurde in Tabelle 13.1.3.1 schon vorweggenommen, daß die grundlegenden Zeitreihentrends als lineare, quadratische und kubische, sowie deren ‚Legierungen' aufgefaßt werden können, wenn man von polytonen und zyklischen Trends nach Art der Abbildung 13.1.7.1 zunächst einmal absieht. Das bedeutet, daß wir eine Zeitreihe unter dieser Beschränkung mittels einer linearen, quadratischen oder kubischen *Regressionsgleichung* beschreiben können.

Da wir bei Zeitreihenregressionen die Zeit t entlang einer Intervallskala messen und die zeitabhängige Observable zunächst auch als intervallskaliert gedacht werden soll (selbst wenn sie nur Null-Eins skaliert ist), gelten folgende *Bestimmungsgleichungen* für den Regressionstrend einer Zeitreihe:

Linearer Trend angenommen: $\quad Y = a + bt \quad$ (13.2.1.1)

Quadratischer Trend angenommen: $Y = a + bt + ct^2 \quad$ (13.2.1.2)

Kubischer Trend angenommen: $\quad Y = a + bt + ct^2 + dt^3 \quad$ (13.2.1.3)

Für polytone Trends mit mehr als drei (m) monotonen Teilstücken gilt die Polynomialgleichung

$Y = a + bt + ct^2 + ... + nt^m \quad$ (13.2.1.4)

Der Einfachheit halber und in Anlehnung an die Forschungspraxis wollen wir im folgenden davon ausgehen, daß die n Beobachtungen y_i (i = 1, ..., n) nach einem *Standardzeitmuster* zu äquidistanten Zeitpunkten t_i

erfolgt seien, die wir zur weiteren Vereinfachung mit den natürlichen Zahlen $t_1, ..., t_n = 1, 2, ..., n$ gleichsetzen.

Wenn wir eine individuelle Zeitreihe als eine Realisation eines diskreten stochastischen Prozesses (vgl. 4.2.7) auffassen, so sind die Polynomialkoeffizienten a, b, c usf. als Schätzungen der zugehörigen Parameter α, β, γ etc. zu betrachten[4].

13.2.2 Trendhypothesen über Zeitreihen

Wie entscheiden wir nun im konkreten Fall einer erhobenen Zeitreihe, welcher Trend ihr zugrunde liegt, bzw. durch welchen Trend (erster, zweiter oder höherer Ordnung) sie beschrieben werden sollte? Die Entscheidung über die bestangemessene *Trendhypothese* kann nicht formallogisch, sondern nur sachlogisch getroffen werden:

(1) Die sicherste Entscheidungsgrundlage besteht in einer *Theorie* über die Entstehung der Zeitreihe, aus der die Art des Zeitreihentrends ‚hypothetikodeduktiv' zu erschließen ist, unabhängig davon, ob die Zeitreihe per inspectionem den erschlossenen Trend auch als solchen erkennen läßt oder nicht.

So wird man Zeitreihen, die Wachstums- oder Lernprozesse beschreiben, durch eine Exponentialfunktion

$$Y = C + a(b^t) \tag{13.2.2.1}$$

oder, bei logarithmisch unterteilter Zeitachse, durch eine Gerade

$$\log Y' = \log a + (\log b)t$$

beschreiben, wobei man den Asymptotenwert C (Wachstumsendwert, maximale Lernleistung) kennen (oder begründet schätzen) muß, um aus $Y = Y' + C$ den Achsabschnitt log a (Ausgangswert, Startleistung) und die Steigung log b über die Methode der kleinsten Quadrate (vgl. FRÖHLICH und BECKER, 1971, Kap. 2.3.3 oder, am ausführlichsten, LEWIS, 1960) schätzen.

(2) Weniger sichere Entscheidungsgrundlagen für die Wahl eines Zeitreihenregressionsmodells stellen *Hypothesen* oder Erfahrungen aus vorgängigen Befunden dar. In Langzeitbelastungen sieht man zumeist einen monoton steigenden Ast als Ausdruck der Übungswirkung und einen mono-

---

[4] Wenn wir $x(\mu)$ als eine Zufallsrealisation x aller möglichen Testleistungen eines Individuums mit dem Leistungsparameter auffassen, so ist $x(t,\mu) = x_t(\mu) = x_t$ eine Zufallsrealisation zum Zeitpunkt t. Aus der Zufallsvariablen $x(\mu) = x$ ist damit eine Zufallsfunktion (stochastischer Prozeß) $x(t,\mu) = x_t$ geworden (vgl. UHLMANN, 1961, S. 168).

ton fallenden Ast als Ausdruck der Ermüdungswirkung. Hier ist also mit einem quadratischen Trend zu rechnen.

(3) Hat man *keinerlei Hypothesen* über die Art des zugrundeliegenden Zeitreihentrends, wird man sich an dem Prinzip der wissenschaftlichen Ökonomie (Parsimonie) orientieren und den einfachst möglichen Trend wählen. Stehen mehrere Zeitreihen als Stichprobe aus einer Population von ZRn zur Verfügung, dann wird man jenes *Polynom* mit einer Minimalzahl von Koeffizienten (a, b, etc.) zugrunde legen, das die allen Zeitreihen gemeinsamen Charakteristika erfaßt: Finden sich z.B. neben linearen auch kurvilinear-monotone und -bitone Zeitreihen, dann sollten sämtliche Zeitreihen, also auch solche mit linearem Trend, durch quadratische Trendgleichungen beschrieben werden.

Im folgenden wollen wir die Anpassung beobachteter Zeitreihen an theoretische Zeitreihentrends (Zeitreihen-Trendschätzungen) des linearen und quadratischen Typs *explizit angeben*, da sie in der Forschungspraxis der Bio- und Sozialwissenschaften häufig auftreten. Es sei zugleich darauf hingewiesen, daß für solch eine Anpassung, auch wenn sie über die Methode der kleinsten Quadrate erfolgt, nicht gefordert wird, daß sich die empirischen Beobachtungen um die theoretische Trendlinie normal verteilen. Gefordert werden muß hingegen, daß sich die Beobachtungen um den Gesamtverlauf der Trendlinie homomer verteilen[5].

13.2.3 Analytische Trendschätzungen

Hat man eine Trendhypothese aufgrund theoretischer oder empirischer Argumente entwickelt, dann geht es darum, die Parameter der den Trend kennzeichnenden Regressionsgeraden zu schätzen. Wir wollen hier nur die Möglichkeiten der *polynomialen Anpassung* besprechen, wie sie sich in der Gleichung

$$Y = a + bt + ct^2 + ... \qquad (13.2.3.1)$$

darstellt, wobei wir der Einfachheit halber annehmen wollen, die Beobachtungen seien in äquidistanten Zeitintervallen vorgenommen worden, so daß $t = 1, 2, ..., n$ die Zeitpunkte der Messung bezeichnet.

In Gleichung (13.2.3.1) bedeuten: a das Niveau (die Höhe) der Trendkurve als Schätzung der *Lagekomponente* der Population zum Zeitpunkt 0

---

5 Bei stark asymmetrischer Verteilung der Beobachtungen um eine (gedachte oder von Hand eingezeichnete) Trendlinie sollten die Y-Meßwerte in Richtung auf Symmetrie transformiert werden. Wachsende Dispersion mit steigender Regressionslinie kann u.U. durch eine logarithmische oder durch eine Wurzeltransformation beseitigt werden.

(bzw. 1), b die lineare *Steigungskomponente* als Schätzung der zeitbedingten Lageverschiebung und c die *Krümmungskomponente* als Schätzung eines Krümmungsparameters der zeitbedingten Lageverschiebung.

Je nach der *Zahl der Glieder* in (13.2.3.1) unterscheidet man zwischen einem Trend nullter Ordnung (Y = a: abszissenparallele Gerade), einem Trend erster Ordnung (Y = a + bt: nicht-abszissenparallele Gerade), einem Trend zweiter Ordnung (Y = a + bt + ct^2: Wurfparabel) und Trends höherer Ordnung (13.2.3.1: höhere Parabel)[6]. Die folgenden Explikationen stammen aus dem Buch von YEOMANS (1968).

Der lineare Zeitreihentrend

Geht man von der Hypothese aus, wonach eine Saprophytenkolonie in den vom Experimentator gesetzten Grenzen von n = 5 Wochen *linear wächst*, dann ist die Anpassung der in Tabelle 13.2.3.1 verzeichneten Zuwachsraten (y) an die Gerade

$$Y = a + bt \qquad (13.2.3.2)$$

angezeigt; a und b sind der Ordinatenabstand und die Steigung der Geraden.

Mißt man — was bei ungradzahliger Zeitreihenlänge besonders sinnvoll ist — die einzelnen Zeitpunkte t als *Abweichungen* z von ihrem Durchschnitt

$$z = t - \bar{t} = t - \frac{n+1}{2} \qquad (13.2.3.3)$$

aus, dann lautet die Gleichung (13.2.3.2) wie folgt:

$$Y = a + bz \qquad (13.2.3.4)$$

Darin ist a die Höhe der Trendgeraden im durchschnittlichen Zeitpunkt (und daher ein besserer Repräsentant des Niveaus einer Zeitreihe als die Lagekomponente aus (13.2.3.2)).

Außerdem lassen sich für die Abweichungswerte z der Zeitpunkte von ihrem Durchschnitt die Geradenparameter *besonders einfach* über die Methode der *kleinsten Quadrate* wie folgt schätzen:

$$a = \Sigma y/N \qquad (13.2.3.5.1)$$

$$b = \Sigma zy/\Sigma z^2 \qquad (13.2.3.5.2)$$

---

[6] Polynome sind ganze rationale Funktionen, deren Koeffizienten a, b, c usf. jedoch nicht orthogonal sind. Man kann jeden Trend auch mit Vorteil durch orthogonale rationale Funktionen anpassen, deren Koeffizienten vertafelt sind (vgl. LORENZ, 1970 und Abschnitt 13.3.2).

Wenden wir die beiden Kalküle auf Tabelle 13.2.3.1 an, so erhalten wir ein a = 58/5 = 11,6 und ein b = 36/10 = 3,6.

Tabelle 13.2.3.1

t	z	y	zy	z^2	
1	−2	5	−10	4	
2	−1	7	− 7	1	
3	0	12	0	0	
4	+1	15	+15	1	
5	+2	19	+38	4	
n = 5	0	58	36	10	Σ

Danach wächst die Saprophytenkolonie wöchentlich im Durchschnitt um 3,6 Einheiten (cm^2) und hat in der Mitte der dritten Woche eine Größe von 11,6 Einheiten erreicht.

Der quadratische ZRn-Trend

Monoton verlaufende Zeitreihen wie die Wachstumskurven der Tabelle 13.2.3.1 oder *biton* mit einem steigenden (fallenden) und einem fallenden (steigenden) Ast verlaufende Zeitreihen (wie Übungskurven mit Ermüdungsfolge) können oft gut durch eine Parabel bzw. einen *Parabelast* (bei monotonem Trend) beschrieben werden. Hier kommt zu der linearen noch eine quadratische Trendkomponente hinzu:

$$Y = a + bt + ct^2 \qquad (13.2.1.2)$$

Die 3 Koeffizienten sind als *Schätzwerte* für Niveau-, Steigungs- und Krümmungsparameter leicht zu ermitteln, wenn man die Zeit t vom Durchschnitt der Zeitachse mißt: $z = t - \bar{t}$

$$Y = a + bz + cz^2 \qquad (13.2.3.6)$$

$$b = \Sigma zy / \Sigma z^2 \qquad (13.2.3.7)$$

$$c = \frac{n(\Sigma z^2 y) - (\Sigma z^2)(\Sigma y)}{n\Sigma z^4 - (\Sigma z^2)^2} \qquad (13.2.3.8)$$

$$a = \frac{\Sigma y - c\Sigma z^2}{n} \qquad (13.2.3.9)$$

Wenn wir bedenken, daß die auf einen Nährboden (Agarplatte) überimpften Saprophyten der Tabelle 13.2.3.1 bei zunehmender Erschöpfung des Nährbodens geringere bis fehlende Zuwachsraten (als einer dekumulierten Zeitreihe) zeigen würden, sofern wir die Beobachtung über t = 5 hinaus fortsetzten, dann wäre dieser Trend am einfachsten durch eine *Parabel* zu beschreiben wie dies in Beispiel 13.2.3.1 geschieht.

Beispiel 13.2.3.1

Problem: Es soll untersucht werden, wie sich die Vigilanz eines bestimmten Überwachungsangestellten in der Zeit von 6 Uhr abends bis 8.30 Uhr morgens ändert. Als Indikator der Vigilanz Y dient die Zahl y der in weißem Rauschen zufallsmäßig eingestreuten akustischen Signale (maskierte Signale), die von dem Angestellten in je halbstündigen Intervallen richtig beantwortet werden: n = 30.

Trendhypothese: Aufgrund bisheriger Erfahrungen und Untersuchungen wird ein U-förmiger (quadratischer) Vigilanztrend erwartet mit einem Vigilanztiefpunkt in den späten Nachtstunden. Es wird daher in Aussicht genommen, diesen Trend durch ein Polynom zweiten Grades zu beschreiben. Ferner wird in Aussicht genommen, die Beobachtungswerte y durch deren Ränge R_y zu substituieren, falls durch Kurzschlafphasen Tiefausreißer (unplausibel niedrige Vigilanzwerte y) auftreten sollten.

Ergebnisse: Die n = 30 Beobachtungszeitpunkte t samt den zugehörigen Vigilanzwerten y sind in Tabelle 13.2.3.2 zusammengefaßt worden (Daten aus YEOMANS, 1968, Bd. 2, S. 244).

Die Kodierung der Zeitpunkte t erfolgte nach $z = 2(t-\bar{t})$, um bei geradzahligem n = 30 ganzzahlige Kodewerte z zu erhalten; dies ändert jedoch nichts am Rechengang zur Ermittlung der drei Polynomialkoeffizienten a, b und c.

Trendanpassung: Da keine Ausreißer aufgetreten sind, benutzen wir die Originalbeobachtungen y zur Anpassung des U-förmigen Trends bzw. deren Funktionen von z, wie sie in Tabelle 13.2.3.2 spaltenweise aufgeführt sind, und berechnen nach (13.2.3. 7–9)

$$b = -1367/8990 = -0{,}153059$$

$$c = \frac{30(914269) - 8990(2909)}{30(4842014) - 8990^2} = 0{,}019804$$

$$a = \frac{2909 - 0{,}019804(8990)}{30} = 91{,}032068$$

Die Werte der Trendkurve y_t der letzten Spalten in Tabelle 13.2.3.2 gewinnt man, indem man in die folgende Gleichung einsetzt:

$$y_t = 91{,}032068 - 0{,}153059\,z + 0{,}019804\,z^2.$$

Trendanpassungsgraph: Der Graph der vorstehenden Parabelgleichung ist in Abbildung 13.2.3.1 veranschaulicht und der in Tabelle 13.2.3.2 beobachteten ZRe angepaßt.

Tabelle 13.2.3.2

t	y	z	z^2	z^4	zy	z^2y	y_t
18.00	111	−29	841	707281	−3219	93351	112·126
18.30	108	−27	729	531441	−2916	78732	109·602
19.00	106	−25	625	390625	−2650	66250	107·236
19.30	103	−23	529	279841	−2369	54487	105·029
20.00	97	−21	441	194481	−2037	42777	102·980
20.30	106	−19	361	130321	−2014	38266	101·089
21.00	104	−17	289	83521	−1768	30056	99·357
21.30	91	−15	225	50625	−1365	20475	97·784
22.00	95	−13	169	28561	−1235	16055	96·369
22.30	102	−11	121	14641	−1122	12342	95·112
23.00	94	− 9	81	6561	− 846	7614	94·014
23.30	102	− 7	49	2401	− 714	4998	93·074
24.00	99	− 5	25	625	− 495	2475	92·293
00.30	99	− 3	9	81	− 297	891	91·669
01.00	92	− 1	1	1	− 92	92	91·205
01.30	89	1	1	1	89	89	90·899
02.00	91	3	9	81	273	819	90·751
02.30	90	5	25	625	450	2250	90·763
03.00	80	7	49	2401	560	3920	90·931
03.30	85	9	81	6561	765	6885	91·259
04.00	90	11	121	14641	990	10890	91·745
04.30	90	13	169	28561	1170	15210	92·389
05.00	89	15	225	50625	1335	20025	93·192
05.30	91	17	289	83521	1547	26299	94·153
06.00	94	19	361	130321	1786	33934	95·273
06.30	100	21	441	194481	2100	44100	96·551
07.00	100	23	529	279841	2300	52900	97·988
07.30	101	25	625	390625	2525	63125	99·583
08.00	104	27	729	531441	2808	75816	101·337
08.30	106	29	841	707281	3074	89146	103·249
	2909	0	8990	4842014	−1367	914269	

Interpretation: Anhand der Graphen lassen sich die Kurvenparameter bzw. deren Schätzwerte leicht interpretieren: Der Scheitel der Kurve liegt bei a = 91 als dem Vigilanztiefstpunkt bei 3.00 Uhr morgens. Eine nach Augenschein durch die Beobachtungskurve gezogene Gerade hat eine (negative) Steigung von b = −0,15, fällt z.B. von z = 0 bis z = 1, d.h. innerhalb einer Viertelstunde um 0,15 y-Einheiten, also innerhalb der 60 Viertelstunden um 60(0,15) = 9 Einheiten ab.

Die Krümmung c = 0,02 = 2% besagt, daß die Kurve von ihrem Scheitel bei a = 91 nach beiden Seiten hin eine je z-Einheit um 2% wachsende Steigung aufweist. Wäre der

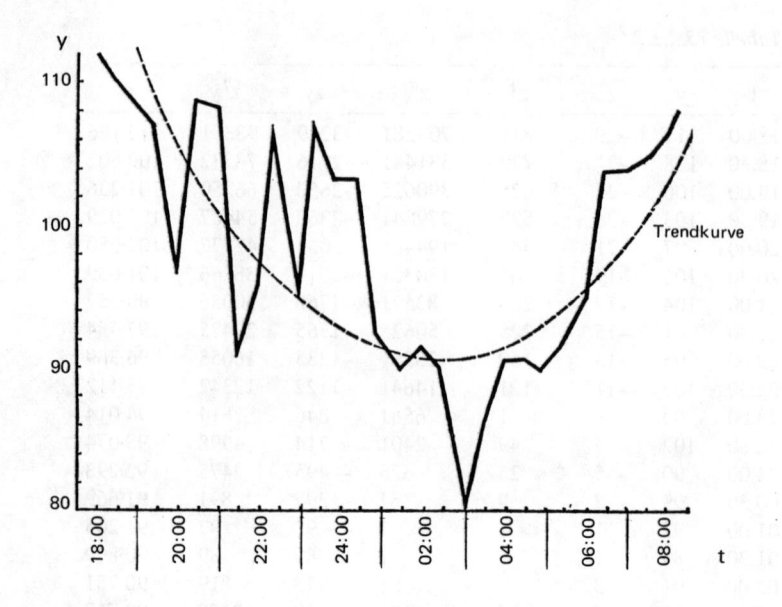

Abbildung 13.2.3.1
Trendanpassung zu den Daten aus Tabelle 13.2.3.2 (aus YEOMANS, 1968, Bd.2, Fig.64)

Krümmungsparameter größer, so wäre die Vigilanzkurve typischer U-förmig, andernfalls noch mehr schüsselförmig als die in Abbildung 13.2.3.1 vorliegende Kurve.

Anmerkung: Falls mehrere Vpn auf diese Weise bezüglich ihres Vigilanzverlaufs untersucht werden und jeder der drei Koeffizienten eingipfelig und möglichst symmetrisch verteilt ist, läßt sich eine Durchschnittskurve aufgrund der je arithmetisch gemittelten Koeffizienten rechtfertigen.

Möchten wir eine Parabel auch an die Zeitreihe des Saprophytenwachstums aus der Tabelle 13.2.3.1 anpassen, dann müssen wir noch die Terme

$\Sigma z^2 y = 4(5) + 1(7) + 0(12) + 1(15) + 4(19) = 118$

$\Sigma z^4 = 16 + 1 + 0 + 1 + 16 = 34$

berechnen. Mit diesen *Zusatzinformationen* erhielten wir die 3 Parabelgleichungskoeffizienten nach (13.2.3.7–9) wie folgt:

$b = 36/10 = 3{,}6$

$a = (34 \cdot 58 - 10 \cdot 118)/(5 \cdot 34 - 10^2) = 11{,}314$

$c = (118 - 113{,}14)/34 = 0{,}172$

Wie man sieht, ist c nicht wesentlich von Null verschieden, so daß die Zeitreihe unter Fortlassung von c durch eine Gerade beschrieben werden kann, wenn wir nur — wie geschehen — t = 5 Wochen lang die Zuwachsraten der Saprophytenkolonie beobachten.

Der kubische ZRn-Trend

Ein zweiästiger Trend ist nur dann auch ein quadratischer Trend, wenn die beiden Äste — obschon u.U. verschieden lang — *vertikalsymmetrisch* verlaufen. Ist ein Ast steiler als der andere oder liegt ein dreiästiger Trend vor, dann wird man versuchen, ihn als kubischen Trend zu schätzen.

Die Koeffizienten a und c schätzt man wie bei quadratischen Trends; die Polynomialkoeffizienten b und d erhält man wie folgt

$$d = \frac{(\Sigma z^2)(\Sigma z^3 y) - (\Sigma zy)(\Sigma z^4)}{(\Sigma z^2)(\Sigma z^6) - (\Sigma z^4)^2} \qquad (13.2.3.10)$$

und

$$b = \frac{\Sigma zy - d(\Sigma z^4)}{\Sigma z^2} \qquad (13.2.3.11)$$

Die 4 Koeffizienten setzt man in die Gleichung

$$Y = a + bt + ct^2 + dt^3 \qquad (13.2.3.12)$$

ein, um die beobachtete Zeitreihe durch eine *kubische Parabel* (Parabel zweiten Grades) zu beschreiben. Es versteht sich, daß die Summen in den obigen Formeln wie bisher von i = 1 bis i = n, d.h. über alle Zeitreihenpaare (t, y) laufen. Auch hier gilt, daß die Zeitmeßwerte von ihrem Durchschnitt aus gemessen worden sind, $z = t - \bar{t}$, was beim Standardzeitmuster t = 1, 2, ..., n mit ungeradzahligem n rechnerisch besonders konveniert.

Im folgenden wollen wir sehen, wie man bei Zeitreihen in einfacher Weise beurteilt, ob sie einem linearen, quadratischen, kubischen oder höheren polynomialen Trend folgen.

13.2.4 Die Differenzenmethode der Trendschätzung

Wir hätten im Beispiel der Tabelle 13.2.3.1 die Koeffizienten der Trendlinien einer Zeitreihe mit Standardzeitmuster auch in anderer Weise als nach der Methode der kleinsten Quadrate schätzen können: nach der *Differenzenmethode* (variate difference method).

1. Die Höhe der Trendlinie im Zeitpunkt $\bar{t} = z_p$ ergibt sich nach (13.2.3.5) aus dem arithmetischen Mittel der Zeitreihenmeßwerte:

$$a = \Sigma y_t / n \qquad (13.2.4.1)$$

$$a = (5 + 7 + 12 + 15 + 19)/5 = 11,6$$

oder − wie wir auch sagen wollen − aus den *nullten Differenzen* der Zeitreihe. Was unter nullten Differenzen zu verstehen ist, erkennen wir sogleich aus den nachfolgend benutzten ersten Differenzen (vgl. GOLLNICK, 1968, S. 39).

2. Die Steigung der Trendlinie (lineare Komponente) ergibt sich aus den sogenannten *ersten Differenzen* (oder von Neumann-Differenzen, vgl. v. NEUMANN, 1941) zu

$$b = \Sigma (y_{t+1} - y_t)/(n-1) \qquad (13.2.4.2)$$

$$b = \frac{7-5}{4} + \frac{12-7}{4} + \frac{15-12}{4} + \frac{19-15}{4} = 3,50$$

Wie man sieht, ist diese Schätzung des Steigungsparameters nur unwesentlich von der Schätzung über die kleinsten Quadrate (mit b = 3,6) verschieden.

3. Wollten wir überschlagmäßig feststellen, ob neben der linearen noch eine quadratische Trendkomponente vorliegt, so bilden wir die sogenannten *zweiten Differenzen* nach dem folgenden, auf die Daten der Tabelle 13.2.3.1 angewandten Schema und erhalten (vgl. YAMANE, 1964, S. 703)

y	5		7		12		15		19	
D_1		2		5		3		4		$b = \bar{D}_1 = 3,5$
D_2			3		-2		+1			$2c = \bar{D}_2 = +2/3$

Über D_2 sehen wir hingegen, daß das über die zweiten Differenzen geschätzte c = 1/3 = 0,3 ... von dem nach der Methode der kleinsten Quadrate geschätzen c = $(5 \cdot 118 - 10 \cdot 58)/(5 \cdot 34 - 10^2)$ = 0,143 abweicht (Formel 13.2.3.8).

4. Es ist leicht einzusehen, daß man über die *Fortsetzung der Differenzenbildung* (dritte, vierte usw. Differenzen) bei längeren Zeitreihen grobe Schätzwerte für die entsprechenden Polynomialkoeffizienten erlangen kann, wie dies Tabelle 13.2.4.1 an einer Summen-ZRe veranschaulicht.

Betrachten wir die Zeitreihe eines *Drei-Vpn-Experiments,* in dem eine fortlaufende, in n = 13 Abschnitten zu je 3 Minuten registrierte Routine-Leistung (y) gefordert wurde: Der Meßwert y ist die Summe der 3 Einzelleistungen in Tab. 13.2.4.1:

Tabelle 13.2.4.1

y:	133	136	137	137	136	135	133	130	126	122	118	113	107	$\bar{D}_0 = 127{,}9$
D_1		+3	+1	0	-1	-1	-2	-3	-4	-4	-4	-5	-6	$1b = \bar{D}_1 = -2{,}17$
D_2			-2	-1	-1	0	-1	-1	-1	0	0	-1	-1	$2c = \bar{D}_2 = -0{,}82$
D_3				+1	0	-1	-1	0	0	+1	0	-1	0	$3d = \bar{D}_3 = -0{,}10$

Wie man sieht, ist auch diese Leistungsverlaufskurve durch einen quadratischen Trend gekennzeichnet, denn $c = \bar{D}_2/2 = -0{,}41$ ist noch substantiell von Null verschieden, nicht hingegen mehr $d = \bar{D}_3/3 = -0{,}03$.[7]

Die wirksame Schätzung der Polynomialkoeffizienten aus nullten, ersten, zweiten usw. Differenzen setzt voraus, daß die Zeitreihenmeßwerte mit möglichst *wenig Fehlervarianz* behaftet sind, wie das in Zeitreihen von Summen oder Durchschnitten zumeist der Fall ist; deshalb haben wir zur Beurteilung des Dauerleistungsverlaufes in Tabelle 13.2.3.2 ein Drei-Vpn- und nicht ein Einzelfallexperiment durchgeführt.

Zusammenfassend stellen wir fest: (1) Liegt ein Trend erster Ordnung (linearer Trend) vor, dann sind die ersten Differenzen numerisch annähernd gleich, (2) liegt ein Trend zweiter Ordnung (quadratischer Trend) vor, dann sind die zweiten Differenzen numerisch annähernd gleich und (3) liegt ein Trend h-ter Ordnung vor, dann sind die h-ten Differenzen numerisch annähernd gleich. Liegt keinerlei Trend vor, dann sind die nullten Differenzen, d.h. die Meßwerte selbst annähernd gleich.

13.2.5 Die Quotientenmethode der Trendschätzung

Wir haben schon erwähnt, daß Lernen und Vergessen zumeist einem *einfachen exponentiellen Trend* nach 13.2.2.1 folgen, und es stellt sich die Frage, wie man auf einfache verteilungsfreie Weise die Parameter der Gleichung (13.2.2.5) schätzt. Es ist ein Charakteristikum exponentieller Zeitreihen, daß die *Quotienten der ersten Differenzen* numerisch annähernd gleich sind und einen Schätzwert für den Krümmungsparameter b liefern (vgl. STRECKER, 1970).

Die Niveau-Konstante C schätzt man am besten, indem man die Zeitreihe graphisch extrapoliert, d.h. in eine zur Abszissenachse parallelen

---

[7] Wären die 3 Vpn, deren Summenleistung registriert wurde, über die Dauer des Experiments vorweg informiert worden, so hätten sie aller Erfahrung nach einen Endspurteffekt gezeigt, woraus ein nochmaliger Anstieg entstanden wäre. In diesem Fall wären die Summe bzw. die dritten Differenzen noch von Null verschieden gewesen, d.h. es hätte ein kubischer (umgekehrt S-förmiger) Zeitreihentrend vorgelegen.

Gerade auslaufen läßt. Den Steigungsparameter a schätzt man aus C − y (z=0), also aus dem Abstand der Trendlinie von der Asymptote, den sie zur ‚Halbwertzeit' mit t = (n+1)/2 bzw. mit z = 0 bei ungeradem n besitzt: Bei fallenden exponentiellen Trends ist a positiv, bei steigenden negativ. Man kann auch sagen: Der Betrag a gibt an, wie nahe die Zeitreihe zur Halbwertszeit der Asymptote ist.

Auch für die *Quotientenmethode* gilt, daß sie nur dann halbwegs gute Schätzwerte liefert bzw. sich überhaupt zur Beurteilung, ob ein exponentieller Trend vorliegt, eignet, wenn die Zeitreihenmeßwerte nur mit *geringen Beobachtungsfehlern* behaftet sind. Wie die Quotientenmethode angewendet wird, zeigt das folgende Beispiel mit 2 kumulierten ZRn.

Beispiel 13.2.5.1

Problem: Wir wissen seit EBBINGHAUS (1885), daß die Vergessenskurve einen exponentiellen Trend aufweist, und wir möchten erfahren, welchen Einfluß die programmierte (1) anstelle der konventionellen (2) Instruktion auf den Kurvenverlauf nimmt.

Versuchsplan: Ein geographischer Lehrstoff (Wissensstoff) wird in einer zufällig ausgewählten Hälfte einer Schulklasse programmiert, in der anderen konventionell vermittelt und von den Schülern bis zur Perfektion gelernt. Als Maß des Behaltens (y) fungiert die Zahl der richtigen Antworten, die auf kritische Fragen im Abstand von je 1 Woche gegeben worden sind; y ist die Summe der richtigen Antworten von je 10 Schülern (Tabelle 13.2.5.1).

Tabelle 13.2.5.1

z	−2	−1	0	+1	+2	Summe
y_1 (prog.)	167	144	132	126	123	692
y_2 (konv.)	164	133	116	108	104	625
$y_1 - y_2$:	3	11	16	18	19	67

Trendhypothese: Da nicht die beiden Zeitreihen interessieren (es handelt sich um negativ kumulierte), sondern deren Unterschied, betrachten wir die Zeitreihendifferenzen der beiden über die t = 5 Zeitpunkte hinweg verbundenen Differenzen $y_1 - y_2$: Wenn die programmierte Instruktion zu einem dauerhafteren Behalten führt, wie aufgrund von Vorversuchen vermutet, dann sollte die Zeitreihe der Differenzen einen positiv-exponentiellen Verlauf nehmen und eine Asymptote aufweisen, die nur wenig über den zuletzt beobachteten Differenzen liegt: Wir unterstellen, es sei dies C = 20.

Trendbeurteilung: Wir beurteilen den Trend der Differenzen nach der Quotienten-Methode und erhalten

d	3		11		16		18		19
D_1		+8		+5		+2		+1	
Q_1				+5/8		+2/5		+1/2	

Wir sehen, daß die Quotienten Q_1 mit 0,625, 0,400 und 0,500 größenmäßig gleich sind, womit die Hypothese eines exponentiellen Trends der Differenzen gestützt wird.

Parameterschätzung: Die Extrapolation der Differenzenreihe ergibt die schon unterstellte Asymptote von C = 20 (nach 18 und 19). Zur Halbzeit liegt die Zeitreihe mit y(z=0) = 16 um 4 Einheiten unter der Asymptote, woraus wir den Steigungsparameter a = 16-20 = −4 (als Parameter der negativen Beschleunigung) schätzen. Und der Krümmungsparameter liegt offenbar nahe am arithmetischen Mittel der Q_1-Werte, beträgt also b = (0,625 + 0,400 + 0,500)/3 = +0,51.

Interpretation: Faßt man die Behaltensleistung als intervallskaliert auf, dann ist die Behaltensdifferenz als rationalskaliert anzusehen (mit Nullpunkt bei $y_1-y_2=0$). Das impliziert, daß die programmierte gegenüber der konventionellen Instruktion nach der 1. Woche mit 3/20 = 15% im Vorteil ist, nach der 2. Woche mit 55%, nach der 3. Woche mit 80%, nach der 4. Woche mit 90% und nach der 5. Woche mit 95% der letztlich erzielten Behaltensverbesserung. Diese letztlich erzielte Verbesserung betrüge ihrerseits allerdings nur 20/100 = 20% der unter konventioneller Instruktion erzielten Behaltensleistung, wenn sie (nach 108, 104) zu 100 angenommen und als rational skaliert angesehen würde (also y=0 als absoluter Leistungs-Nullpunkt gelten dürfte).

Nachschrift: Man kann sich leicht davon überzeugen, daß auch die beiden Vergessenskurven (y_1 und y_2) selbst exponentielle Zeitreihen bilden, wenn man deren erste Differenzen und die zu ihnen gehörigen Quotienten bildet: So gilt für die konventionelle Instruktion D_1 =: −31 −17 −8 −4 und Q_1 =: 17/31 ≈ 8/17 ≈ 4/8. Vergleicht man die Steigungsparameter a (prog.) = 120 − 132 = −12 und a (konv.) = 100 − 116 = −16 mit den inspektiv geschätzten Asymptoten C (prog.) = 120 und C (konv.) = 100, so besagt der Unterschied, daß der programmiert vermittelte Lernstoff langsamer vergessen wird als der konventionell vermittelte Lernstoff. Die Beschleunigungsraten des Vergessens sind hingegen für beide Unterweisungsmethoden mit b = 0,5 praktisch gleich; offenbar sind sie eine Funktion des (gleichen) Lernstoffes und/oder der (gleichen) zentralnervösen Speicherentleerung.

13.2.6 Die Dreipunktmethode der Trendschätzung

Hat man keine Hypothese über die Höhe der Asymptote eines einfachen exponentiellen Zeitreihentrends nach (13.2.2.5), dann schätzt man die Parameter a, b und C über *drei äquidistant gelegene Punkte* 1−2−3 der Zeitreihe. Diese 3 Punkte gewinnt man, indem man 3 Gruppen zu je m = n/3 aufeinanderfolgenden Zeitreihenwerten bildet und deren Durchschnitte oder deren Summen S_1, S_2 und S_3 ermittelt (vgl. YEOMANS, 1968, S. 248). Zu beachten ist dabei, daß die 3 Gruppen symmetrisch um den

Durchschnitt der Zeitreihe $\bar{t} = 0$ angeordnet sind und der Gruppenumfang m so gewählt wird, daß bei durch 3 nicht teilbarem n die Anfangswerte in jedem Fall vollzählig berücksichtigt werden.

Hat man die 3 *Teilzeitsummen* S_1, S_2 und S_3 berechnet, so erhält man a, b und C wie folgt:

$$b = \sqrt[m]{\frac{S_3 - S_2}{S_2 - S_1}} \qquad (13.2.6.1)$$

$$a = \frac{(S_2 - S_1)(b-1)}{(b^m - 1)^2} \qquad (13.2.6.2)$$

$$C = \frac{S_1}{m} - \frac{S_2 - S_1}{m(b^m - 1)} \qquad (13.2.6.3)$$

Die *Begründung* für diese 3 Formeln ist unschwer einzusehen, wenn man den einfachsten Fall einer Zeitreihe der Länge n = 6 mit 3 Gruppen (Teilzeiten) der Länge m = 2 rekurriert. Für diesen Spezialfall gilt

$$S_1 = (C + ab^0) + (C + ab^1) = 2C + a(b+1) \qquad (13.2.6.4)$$

$$S_2 = (C + ab^2) + (C + ab^3) = 2C + ab^2(b+1) \qquad (13.2.6.5)$$

$$S_3 = (C + ab^4) + (C + ab^5) = 2C + ab^4(b+1) \qquad (13.2.6.6)$$

Aus den 3 bekannten Teilzeitsummen lassen sich die unbekannten 3 Parameterschätzwerte a, b und C ermitteln. Bei dieser Bestimmung geht implizit die Hypothese mit ein, daß eine exponentielle (und nicht etwa eine ebenfalls durch 3 Punkte bestimmte quadratische) Zeitreihe vorliegt; diese Hypothese muß vorweg theoretisch begründet werden.

Bestimmt man nach (13.2.2.5) die theoretische Trendlinie, so kann man – wie wir später noch sehen werden – beurteilen, wie sich die empirischen Zeitreihenmeßwerte um die Trendlinie gruppieren. Häufig, wie auch im folgenden Beispiel, beobachtet man Schwingungen der Beobachtungspunkte um die Trendlinie.

Beispiel 13.2.6.1

Untersuchung: In einem „Assoziationsentleerungsversuch" hatten 30 Studenten fortlaufend Hunderassen auf einem Zettel untereinanderzuschreiben. Nach jeder Minute wurde ein Querstrich vom Vl. gefordert. Nach dem Versuch ist ausgezählt worden, wieviele (y) Assoziationen im Durchschnitt bis zur ersten Minute entleert wurden (y_1), wieviele bis zur zweiten Minute entleert wurden (y_2) usw. bis zur 9. Minute.

Ergebnisse: Die y_t (t = 1, ..., 9) bilden eine kumulierte Zeitreihe, deren Ergebnisse in Tabelle 13.2.6.1 verzeichnet sind. Unter der Annahme, daß die Assoziationsentleerung einer exponentiellen, auf oberster Höhe auslaufenden Zeitreihe entspricht, sollen die 3 Parameter des der Zeitreihe zugrunde liegenden stochastischen Prozesses vermittels der Dreipunkt-Methode geschätzt werden (Daten aus HOFSTÄTTER und WENDT, 1966, S. 225).

Tabelle 13.2.6.1

t	z	y	S_i	Parameter-Schätzwerte
0	-4	8,0	i=1	
1	-3	11,6		$b = \left(\dfrac{62,7-55,5}{55,5-34,3}\right)^{\frac{1}{3}} = 0{,}698$
2	-2	14,7	34,3	
3	-1	16,9	i=2	
4	0	18,7		$a = \dfrac{(55,5-34,3)\,(0,698-1)}{(0,698^3-1)^2} = -15{,}624$
5	1	19,9	55,5	
6	2	20,5	i=3	
7	3	21,0		$C = \dfrac{34,3}{3} - \dfrac{55,5-34,3}{3(0,698^3-1)^2} = 22{,}255$
8	4	21,2	62,7	

Anpassungsbeurteilung: Um inspektiv zu beurteilen, wie gut sich die Trendlinie mit den Parametern a, b und C den empirischen Daten anpaßt, berechnen wir $Y_t = C + ab^t$ für t = 0(1)8 und erhalten

$Y_0 = 22{,}255 - 15{,}624(0{,}698^0) = 6{,}601$
$Y_1 = 22{,}255 - 15{,}624(0{,}698^1) = 11{,}349$
$Y_2 = 22{,}255 - 15{,}624(0{,}698^2) = 14{,}613$
$Y_3 = \phantom{22{,}255 - 15{,}624(0{,}698^0) = } 16{,}912$
$Y_4 = \phantom{22{,}255 - 15{,}624(0{,}698^0) = } 18{,}516$
$Y_5 = \phantom{22{,}255 - 15{,}624(0{,}698^0) = } 19{,}636$
$Y_6 = \phantom{22{,}255 - 15{,}624(0{,}698^0) = } 20{,}406$
$Y_7 = \phantom{22{,}255 - 15{,}624(0{,}698^0) = } 20{,}964$
$Y_8 = 22{,}255 - 15{,}624(0{,}698^8) = 21{,}345$

Die Beobachtungen schmiegen sich eng an die Trendlinie an; ob die Abweichungen sgn(y-Y) = +++-+++- zufallsmäßig sind, ist hingegen nach dem COCHRAN-GRANT-Test (vgl. 8.2.2), für den $\pi = 1/2$ zu setzen wäre, weil je zur Hälfte positive und negative Abweichungen unter der Nullhypothese erwartet werden, zu bezweifeln.

Anmerkung: Ein Test auf Anpassung ist wegen des kumulativen Typs der Zeitreihe kontraindiziert. Um auf Anpassung zu prüfen, müßte die Zeitreihe dekumuliert werden: 8,0 3,6 2,2 1,8 1,2 0,6 0,5 0,2. Es handelt sich hier um die in der ersten, der zweiten usw. Minute produzierten Assoziationen bzw. deren Durchschnitte aus 30 Vpn. Für diese ebenfalls exponentielle Zeitreihe gilt offenbar C = 0, da der Assoziationsvorrat irgendwann einmal erschöpft ist und danach keine Assoziationen mehr erbracht werden können.

Zwei biologisch wichtige Varianten des *exponentiellen Trends* sind die ogivenförmigen Trends (1) der *Gompertz-Kurve*

$$Y_t = C(a^{b^t}) \tag{13.2.6.7}$$

oder

$$\log Y_t = \log C + (\log a) b^t \tag{13.2.6.8}$$

als halblogarithmische Transformation von (13.2.2.5) mit logarithmisch unterteilter Ordinaten-Achse (Merkmalsskala) und (2) der *logistischen Kurve*

$$\frac{1}{Y_t} = C + a(b^t) \tag{13.2.6.9}$$

als Reziproken-Transformation der Exponentialkurve (13.2.2.5) mit

$$\log\left(\frac{1}{Y_t} - C\right) = \log a + (\log b) t . \tag{13.2.6.10}$$

Zeitreihen, die einen ogivenförmigen Verlauf erkennen lassen, wird man nach beiden Methoden linearisieren und daraufhin beurteilen, welche der beiden Transformationen die bessere Anpassung an eine Gerade liefert.

Wie man zwischen verschiedenen Formen des exponentiellen und paraboloiden Trends deskriptiv *heuristisch unterscheidet* und sie als Mittel der Vorhersage für zukünftige Zeitreihenbeobachtungen nutzt, haben GREGG et al. (1964) monographisch beschrieben (vgl. auch YEOMANS, 1968, Ch. 5.4). Da aber eindeutige Zuordnungen mit dieser Methode nur selten gelingen, verzichten wir darauf, sie kennenzulernen.

13.2.7 Die Zweipunktmethode der Trendschätzung

Die Dreipunktmethode der Trendschätzung bezog sich auf verschiedene Formen des monotonen Trends. Ist der monotone Trend einer Zeitreihe als ein *linearer* anzusehen und — wenn möglich — als solcher auch theoretisch zu begründen, dann kann die schon im Zusammenhang mit der linearen Regression (vgl. 9.10.3) besprochene und zur Dreipunktmethode homologe *Zweipunktmethode* zur Schätzung des linearen Regressionstrends herangezogen werden:

Man teilt die Zeitreihe in eine *rechte* (2) und eine *linke* (1) *Hälfte*, bestimmt die durchschnittlichen Zeitpunkte für die rechte ($\bar{t}_2$) und für die linke Hälfte ($\bar{t}_1$) sowie die durchschnittlichen Zeitreihenmeßwerte $\bar{y}_2$ und $\bar{y}_1$ für beide Hälften und schätzt den linearen *Regressionskoeffizienten* nach

$$b = (\bar{y}_2 - \bar{y}_1) / (\bar{t}_2 - \bar{t}_1) \qquad (13.2.7.1)$$

Den *Y-Achsabschnitt* schätzt man sodann nach der Gleichung

$$a = \bar{y}_1 - b(\bar{t}_1) = \bar{y}_2 - b(\bar{t}_2) \qquad (13.2.7.2)$$

Anstelle der Durchschnitte können auch die Medianwerte treten, wenn Ausreißer in kurzen Zeitreihen die Durchschnitte verzerren.

Andere Methoden der linearen Regressionsschätzung, die auch auf Zeitreihen anzuwenden sind, beschreiben KONIJN (1960) und HUBER (1977).

13.3 Methoden der hypothesenfreien Zeitreihen-Trendschätzung

Vorstehend sind wir davon ausgegangen, daß bestimmte Hypothesen über den möglichen Trend einer Zeitreihe aus fachwissenschaftlicher Beurteilung formuliert werden konnten, daß eine *spezifische Trendschätzung* möglich war. Sind solche Hypothesen nicht zu entwickeln, so bleibt nur die Möglichkeit, eine *allgemeine Trendschätzung* in Erwägung zu ziehen, d.h. die Zeitreihe so gut wie möglich durch eine *bestpassende Trendlinie* zu beschreiben. Diese Beschreibung kann auf graphischem oder auf analytischem Weg erfolgen.

Handelt es sich um eine einzelne Zeitreihe, so wird man sich mit einer *graphischen* Beschreibung begnügen; sind mehrere Zeitreihen – z.b. fortlaufende Beobachtungen an N Individuen – vergleichend zu beschreiben und etwa in Verlauftypen zu unterteilen, wird man die *analytische* Beschreibung vorziehen. Daß schließt allerdings nicht aus, daß man die einzelnen Zeitreihen einer Stichprobe von Zeitreihen zunächst über eine graphische Beschreibung vergleichend inspiziert, um eine Vorstellung über die Verlaufsvielfalt, mit der man es zu tun hat, zu gewinnen. Wie man dabei vorgeht, zeigt die Methode der *Zeitreihenglättung* durch gleitende Lagekennwerte, ohne daß hierorts auch auf ihre theoretische Begründung (vgl. WEICHSELBERGER, 1964) eingegangen werden soll.

13.3.1 Die Methode der gleitenden Durchschnitte

Die gröbste Methode der graphischen Trendbeschreibung eines stetig verteilten Ms Y besteht darin, daß man die Zeitreihe, die man beobachtet hat, als eine Serie von Punktmarken in einem rechtwinkeligen Koordinatensystem mit t als der Zeitachse und y als der Merkmalsausprägung zur Darstellung bringt und ihren Trend durch einen ‚*Von-Hand-Linienzug*' (free-hand curve fitting) kennzeichnet. Diese Methode impliziert naturgemäß eine gewisse Willkür in bezug auf die Beurteilung der zufälligen Variationskomponenten (vgl. YEOMANS, 1968, Ch. 6).

Will man dieser Willkür entraten, so zeichnet man die Trendlinie nach der Methode der *gleitenden Durchschnitte* (moving averages). Diese Methode besteht darin, daß man 3, 5 oder allgemein 2w+1 *zeitlich benachbarte Meßwerte* unter der Annahme eines stückhaft-linearen Trends jeweils zu einem Durchschnittswert y vereinigt und die sog. *gleitenden Durchschnitte* für all jene Zeitpunkte t, für welche sie bestimmt werden konnten, graphisch verbindet.

Die Gleitspanne

Bei obiger Methode bedeutet die Wahl der *Gleitspanne* 2w+1 eine Vorentscheidung über den Grad der *Differenziertheit* des Zeitreihentrends: Wählt man w=1, so erhält man eine sehr differenzierte (wenig geglättete) Trendlinie, die sich den Daten eng anschmiegt. Wählt man w > 1, dann erhält man weniger differenzierte (stärker geglättete) Trendlinien, die sich den Daten nur lose anfügen. Je mehr *Glättung* der Untersucher wünscht, um den vorherrschenden Grundtrend herauszusehen, um so höher wird man w wählen, um *Gleitdurchschnitte* zu berechnen.

Um eine *optimale Wahl* der Gleitspanne (des Stützbereichs) zu treffen, ist man auf die Kenntnis des vorherrschenden Trendtyps angewiesen (vgl. YULE und KENDALL, 1950, S. 617–624): Bei monotonem Trend spielt die Wahl von w eine geringe, bei zyklischem (phasischem) Trend oder bei zyklisch überlagertem monotonen Trend hingegen eine große Rolle: Hier können durch zu große Gleitspannen kurzphasige zyklische Trendkomponenten als strukturneutral gewertet werden, obschon sie strukturkonstitutiv für den Regressionstrend sind.

Wie sich eine *inadäquate Wahl der Gleitspanne* auswirken kann, zeigt Abbildung 13.3.1.1 für einen quasilinearen Ausschnitt aus einer (durch kodierte Ordinatenwerte y_t wiedergegebenen) Übungskurve mit n = 33 Teilzeiten t (Abszissenwerte).

Die Inspektion von Abbildung 13.3.1.1 ergibt: Der Fünfer-Gleitdurchschnitt (strichlierte Kurve) gibt den zyklischen Trend offenbar zutreffender wieder als der Neuner-Gleitdurchschnitt (dünn ausgezogene Kurve).

Die Gleitdurchschnitte wurden aus den Originalbeobachtungen y_t (dick ausgezogener Polygonzug) nach folgenden Formeln *berechnet*

$$_9y_t = (y_{t-4} + y_{t-3} + \ldots + y_{t+4})/9 \qquad (13.3.1.1)$$

$$_5y_t = (y_{t-2} + y_{t-1} + y_t + y_{t+1} + y_{t+2})/5 \qquad (13.3.1.2)$$

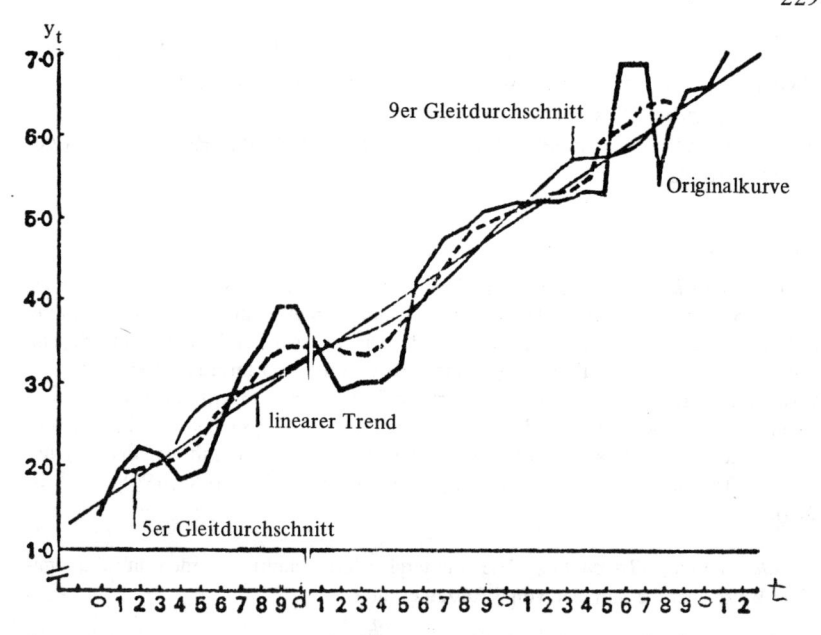

Abb. 13.3.1.1:
Ausschnitt mit n = 33 Teilzeiten t aus einer Übungskurve mit den Leistungswerten y_t (adaptiert aus YEOMANS, 1968, Bd.1, Fig.65) mit Originalwertekurve, linearer Regression, Fünfer- und Neuner-Gleitdurchschnitten.

Wollte man sich möglichst eng an die beobachteten Zeitreihenwerte anschmiegen, so würde man je *drei* benachbarte Werte zu einem Dreierdurchschnitt zusammenfassen und

$$_3 y_t = (y_{t-1} + y_t + y_{t+1})/3 \tag{13.3.1.3}$$

berechnen. Bei diesem Verfahren kann es praktisch nicht vorkommen, daß strukturkonstitutive Trendkomponenten durch die Glättung mittels gleitender Durchschnitte verlorengehen; es können ungünstigenfalls allerdings strukturneutrale Restschwankungen mit berücksichtigt, d.h. als konstitutiv ausgegeben werden.

Die Wahl der Gleitspanne sollte sich auch an der substanzwissenschaftlich erwarteten Streuung der *Beobachtungsfehler* (als Restschwankungen) orientieren: Je größer der Beobachtungsfehler, um so größer wird man die Gleitspanne wählen. Hat man keine begründete Vermutung über das Ausmaß der Fehlerstreuung, dann wird man nach *Versuch und Irrtum*, wie in

Abbildung 13.3.1.1 geschehen, zwei oder drei Gleitdurchschnitte an die ZRe anpassen und die augenscheinlich bestpassende auswählen.

Im folgenden Beispiel wird die in Abbildung 13.3.1.1 dargestellte Graphik numerisch begründet, wobei gewisse Vorteile des Rechenganges genutzt werden.

Beispiel 13.3.1.1

Erhebungsdaten: Um zu beurteilen, wie sich die visumotorische Reagibilität eines hirntumor-operierten Ptn bei Dauerbeanspruchung verhält, wurde er mit dem KIELER Determinationsgerät untersucht. Das Gerät verlangt, daß der Pt bestimmte Signale (Leuchtzeichen, Töne) durch zugeordnete Reaktionen (Tasterdruck, Hebeltritt) beantwortet. Gezählt wurden die Beantwortungsfehler in n = 33 kritischen Reizen nach einem vorgegebenen quasiäquidistanten Zeitmuster. Der Versuch wurde 10 Mal wiederholt, jeweils am Morgen eines Tages, und die Durchschnittszahl der Fehler y berechnet. Tabelle 13.3.1.1 bringt das Ergebnis (Daten aus YEOMANS, 1968, Bd. I, S. 216).

Gleitdurchschnitts-Berechnung: Die Fünfergleitdurchschnitte wurden in ökonomischer Weise über die Summen von 5 Reizen ermittelt:

$n=5$: $1{,}3 + 1{,}8 + 2{,}1 + 2{,}0 + 1{,}8 =$ $9{,}0$

$n=6$ $9{,}0 + (1{,}9 - 1{,}3) =$ $9{,}6$

$n=7$: $9{,}6 + (2{,}3 - 1{,}8) =$ $10{,}1$

....

$n=31$: $30{,}0 + (6{,}4 - 5{,}8) =$ $30{,}6$

Die Fünfersummen sind in Spalte 3 verzeichnet. Aus den Summen für n voraufgehende Beobachtungswerte y erhält man die Gleitdurchschnitte für $n-w = n-2$, indem man die Summen durch 5 dividiert: $9{,}0/5 = 1{,}8$, $9{,}6/5 = 1{,}92$ usf. bis $30{,}9/5 = 6{,}18$. Diese Berechnungsweise ist rascher und sicherer als das wiederholte Aufaddieren und Mitteln von je 5 aufeinanderfolgenden Beobachtungswerten. In gleicher Weise berechnen wir die Neuner-Gleitdurchschnitte. Wie man sieht, können Gleitdurchschnitte nicht für die ersten und die letzten $w=2$ bzw. $w=4$ Beobachtungen berechnet werden. Das schließt aber nicht aus, daß die durch die Gleitdurchschnitte bestimmte Kurve durch Extrapolation nach beiden Enden hin graphisch fortgesetzt wird.

Glättungswirkung: Wie man insbesondere anhand einer graphischen Darstellung erkennt, lassen die Neuner-Durchschnitte nur einen monotonen Fehlertrend erkennen, während die Fünfer-Durchschnitte einen tritonen (aufsteigend bis 3,34, dann fallend bis 3,10 und dann wiederansteigend bis 6,18) Fehlertrend aufweisen.

Interpretation: Der tritone Zeitreihen-Fehlertrend der Fünfer-Durchschnitte läßt vermuten, daß der hirnoperierte Pt noch ein gewisses Maß an gegenregulatorischer visumotorischer Reagibilität besitzt, die als Versuch des Ptn, seine nachlassende Reagibilität zu kompensieren, gedeutet werden kann. Da es sich hier um ein 10-fach wiederholtes Einzelfallexperiment handelt, darf dieses kompensatorische Verhalten als intraindividuell generalisierbar angesehen werden.

Tabelle 13.3.1.1

Reiz-folge	Fehler-zahl y	Σ 5 Reize	Fünfer-Gleit-ϕ	Σ 9 Reize	Neuner-Gleit-ϕ
1	1·3				
2	1·8				
3	2·1		1·80		
4	2·0		1·92		
5	1·8	9·0	2·02		2·16
6	1·9	9·6	2·20		2·42
7	2·3	10·1	2·46		2·62
8	3·0	11·0	2·82		2·74
9	3·3	12·3	3·16	19·5	2·84
10	3·6	14·1	3·34	21·8	2·98
11	3·6	15·8	3·32	23·6	3·11
12	3·2	16·7	3·26	24·7	3·22
13	2·9	16·6	3·16	25·6	3·34
14	3·0	16·3	3·10	26·8	3·48
15	3·1	15·8	3·28	28·0	3·59
16	3·3	15·5	3·60	29·0	3·72
17	4·1	16·4	3·92	30·1	3·91
18	4·5	18·0	4·26	31·3	4·13
19	4·6	19·6	4·58	32·3	4·34
20	4·8	21·3	4·74	33·5	4·56
21	4·9	22·9	4·82	35·2	4·74
22	4·9	23·7	4·90	37·2	4·93
23	4·9	24·1	4·94	39·1	5·16
24	5·0	24·5	5·12	41·0	5·37
25	5·0	24·7	5·44	42·7	5·42
26	5·8	25·6	5·76	44·4	5·53
27	6·5	27·2	5·82	46·4	5·70
28	6·5	28·8	6·00	48·3	5·88
29	5·3	29·1	6·12	48·8	6·08
30	5·9	30·0	6·12	49·8	
31	6·4	30·6	6·18	51·3	
32	6·5	30·6		52·9	
33	6·8	30·9		54·7	

Anmerkung: Da wegen der 10-fachen Replikation des Versuchs die Fehlerkomponenten bereits weitgehend durch die Mittelung von y über die 10 Replikationen ausgeschaltet worden sind, kommt auch ein Dreier-Gleitdurchschnitt für die Trendinterpretation in Betracht: Er läßt einen polytonen Trend erkennen, der für eine einfache gegenregulative Interpretation weniger gut geeignet erscheint.

Was sagen nun gleitende Durchschnitte bzw. deren graphische Verbindungen über den Zeitreihentrend aus? Sie lassen erkennen, wieviele Äste, genauer: wieviele monotone Äste eine Trendlinie besitzt, und ob die Äste von gleicher oder unterschiedlicher Länge sind (vgl. GEBELEIN, 1951). Man spricht von bi-, tri-, oligo- und polyphasigen Trends, wenn 2 oder mehr ungleich lange Äste vorliegen und von bi-, tri usf. zyklischen Trends, wenn Äste gleicher Länge vorherrschen. Häufig sind saisonale zyklische Trends von einem generellen monotonen Trend dominiert.

Geradzahlige Gleitspannen

Wir haben bislang nur *ungeradzahlige* Gleitspannen (2w+1) in Betracht gezogen, da sie am einfachsten zu berechnen sind. Manchmal müssen jedoch *geradzahlige* Spannen zugrunde gelegt werden, da ein geradzahliger saisonaler Zyklus (24 Stunden, 12 Monate, 4 Jahreszeiten) erhalten bzw. bei der Glättung berücksichtigt werden muß. In diesem Fall folgt man der *Konvention* (vgl. YEOMANS 1968, Bd.I, S.219), die ‚mittelständigen' 2w-1 Beobachtungen doppelt und die beiden ‚endständigen' Beobachtungen einfach zu gewichten, ehe man summiert und durch 2(2w) dividiert.

Für Vierergleitdurchschnitte gilt bei w = 2 mit 2(2w) = 8

$$_4MA_t = \tfrac{1}{8}(y_{t-2} + 2y_{t-1} + 2y_t + 2y_{t+1} + t_{y+2}) \qquad (13.3.1.4)$$

Wäre in Beispiel 13.3.1.1 die Reagibilität des Ptn am Morgen (ungeradzahliges t) und am Abend (geradzahliges t) gemessen worden, so hätte wegen des diurnen Zweier-Zyklus ein Vierer-Gleitdurchschnitt statt des Fünfer-Gleitdurchschnittes berechnet werden müssen. Der erste Gleitdurchschnitt, der dem Zeitpunkt t = 3,5 zuzuordnen und damit (mittags) zwischen der 3. und der 4. Beobachtung anzusiedeln ist, ergibt sich nach (13.3.1.4) wie folgt:

$$MA(3,5) = \tfrac{1}{8}[1,3 + 2(1,8) + 2(2,1) + 2(2,0) + 1,8] = 1,8625$$

Der letzte der insgesamt n − 2w −2 = 27 Gleitdurchschnitte zu je 5 Beobachtungen ergibt sich analog zu MA (31,5) = 6,2125.

Wir haben in Beispiel 13.3.1.1 zwei Gleitspannen ad libitum festgesetzt, und es stellt sich die Frage, wie man ohne Kenntnis des Verteilungstyps die Gleitspanne so wählt, daß die Gleitdurchschnitte möglichst nur Fehlerstreuung (Residualkomponenten) absorbieren, nicht auch (wie der Neuner-Durchschnitt) echte Trendkomponenten. Diese Frage wurde schon früh durch MOORE (1941) beantwortet: Man berechnet verschiedene Gleitdurchschnitte (wie Dreier-, Fünfer-, Siebener- und Neuner-Durchschnitte in Beispiel 13.3.1.1 und entscheidet sich für jene Gleitspanne, für welche die Abweichungen der Beobachtungswerte von der Gleitdurchschnittskurve als zufallsmäßig angesehen werden können. Als Test für diese Entscheidung dient der später zu besprechende Phasenverteilungstest von MOORE (14.3.1).

13.3.2 Die Methode der Orthogonalpolynome

Die Methode der gleitenden Durchschnitte ist eine Näherung für eine analytische Methode der Kurvenanpassung, die wir bereits für quadratischen und kubischen Trend explizit kennengelernt haben. Prinzipiell kann jede empirische Kurve exakt durch ein Polynom h-ten Grades angepaßt werden, wenn sie aus n=h+1 äquidistanten Beobachtungen y_i (i=o,...,n) besteht:

$$y_t = b_0 z^0 + b_1 z^1 + b_2 z^2 + b_3 z^3 + \ldots \qquad (13.3.2.1)$$

Die Polynomialkoeffizienten b_0, b_1, b_2, b_3 usf. sind im allgemeinen *nicht* unabhängig voneinander, und damit teilweise *redundant*.

Will man eine empirische Zeitreihe durch voll *irredundante* Polynomialkoeffizienten B_i beschreiben, so benutzt man die von R. A. FISHER eingeführten *orthogonalen* Polynomialkoeffizienten X_1, X_2, X_3 usf. anstelle der Potenzen $z^0=1$, $z^1=z$, z^2, z^3 usf. und schreibt

$$y_t = B_0 X_0 + B_1 X_1 + B_2 X_2 + B_3 X_3 + \ldots \qquad (13.3.2.2)$$

Die B_i sind im Unterschied zu den b_i voneinander unabhängig, orthogonal. Die X_i sind Funktionen von z, die so gewählt werden, daß sie die Eigenschaft besitzen, Null als Summe zu liefern

$$\Sigma X_i = 0 \quad \text{mit } i = 0(1)n \qquad (13.3.2.3)$$

und zu Paaren Produktsummen von Null zu ergeben

$$\Sigma X_i X_j = 0 \quad \text{mit } i \neq j \qquad (13.3.2.4)$$

Diese Eigenschaft kennzeichnet sie als orthogonale Polynome. Sie sind bei FISHER-YATES (1957), Tab. XXIII) für n = 3(1)75 von X_1 bis X_5 *vertafelt*, bei PEARSON und HARTLEY (1966, Tab. 47) für m = 3(1)52 von X_1 bis X_6. Tafel XIX−10 des Anhangs gibt die erstgenannten Tafeln bis n = m = = 10 auszugsweise wieder.

Berechnung der Polymome X_i

Wie die *Tafelwerte* berechnet wurden, soll am einfachsten Beispiel von m=3 Zeitreihenbeobachtungen erläutert werden.

Für den *linearen* Trend sind die vom Durchschnitt gemessenen Zeitwerte $z^1 = (-1\ 0\ +1)$ und $\Sigma z^1 = 0$, wie für orthogonale Polynome gefordert. Damit ist z mit X_1 identisch, d.h.

$$X_1 = z$$

Für den *quadratischen* Trend gilt $z^2 = (-1^2, 0^2, 1^2) = (1\ 0\ 1)$, aber $\Sigma z^2 = 2$ und nicht wie gefordert Null. Wenn wir von den z^2-Werten 1, 0, 1 deren Durchschnitt $\Sigma z^2/n = 2/3$ subtrahieren, erfüllen wir die Forderung $(1 - 2/3) + (0 - 2/3) + (1 - 2/3) = 0$ oder $1/3 - 2/3 + 1/3 = 0$. Wir brauchen nur noch mit n zu multiplizieren, um die ganzzahligen Polynomialwerte $X_2 = (1\ -2\ 1)$ der Tafel XIX−10 für m=3 zu erhalten. Für $n > 3$ gilt

$$X_2 = z^2 - \frac{n^2-1}{12} \qquad (13.3.2.5)$$

Für n=5 ist beispielsweise $(n^2-1)/12$ gleich 2 und $z^2 = (4\ 1\ 0\ 1\ 4)$ aus $z = (-2\ -1\ 0\ 1\ 2)$, so daß $X_2 = (4-2\ 1-2\ 0-2\ 1-2\ 4-2) = (2\ -1\ -2\ -1\ 2)$, welche Werte wir auch in Tafel XIX−10 ablesen können.

Orthogonale Polynome *höherer Ordnung* ergeben sich aufgrund der folgenden Kalküle (vgl. SNEDECOR und COCHRAN, 1967, S. 464 oder PEARSON und HARTLEY, 1966, S. 97) in rechnerisch einfacher Weise wie folgt

$$X_3 = z^3 - \frac{z(3n^2-7)}{20} \qquad (13.3.2.6)$$

$$X_4 = z^4 - \frac{z^2(3n^2-13)}{14} + \frac{3(n^2-1)(n^2-9)}{560} \qquad (13.3.2.7)$$

$$X_5 = z^5 - \frac{5z^2(n^2-7)}{18} + \frac{z(15n^4-230n^2+407)}{1008} \qquad (13.3.2.8)$$

$$X_6 = z^6 - \frac{5z^4(3n^2-31)}{44} + \frac{z^2(4n^4-110n^2+329)}{176} - \frac{5(n^2-1)(n^2-9)(n^2-25)}{14784}$$

$$(13.3.2.9)$$

Für den kubischen Trend bei n = 4 Beobachtungen gilt mit $z = (-1{,}5\ -0{,}5\ +0{,}5\ +1{,}5)$ nach Formel (13.3.2.6), daß $X_3 = (-0{,}3\ +0{,}9\ -0{,}9\ +0{,}3)$. Multipliziert man mit 10/3, so ergeben sich die in Tafel XIX−10 ablesbaren ganzzahligen Werte $(-1\ +3\ -3\ +1)$ für n = 4 (m=4).

Es bleibt noch zu ergänzen, daß der Polynomialkoeffizient nullter Ordnung $X_0 = 1$ ist.

Graphen der Polynome X_i

Will man sich ein Bild vom ‚*Verlauf*' (Graphen) der Funktionen machen, dann betrachte man Abbildung 13.3.2.1, in welcher die X_i für n = 44 mit i = 1(1)23 verzeichnet sind (aus LORENZ, 1970, Bild 11). Die Funktion X_0 = 1 ist für n = 44 eine *Horizontale* und ist daher in Tafel XIX–10 nicht verzeichnet. Die Funktion X_1 = (–43, –41, ..., 43) ist eine *Diagonale*. Die Funktion X_2 = (301, 259, ..., –161, ..., 301) ist eine *Parabel ersten Grades*. Die Funktion X_3 = (–12341, ..., 6327, ..., 483, ..., –6327) ist eine *Parabel zweiten Grades* usf., wie in Abbildung 13.3.2.1 dargestellt, bis zu X_{11} als einer Parabel 10. Grades, deren Funktionswerte an den Rändern weit nach oben und unten ausschlagen. Die Funktionen X_{12} bis X_{23} (rechterseits in Abbildung 13.3.2.1) werden dann zunehmend sinuskurvenähnlicher, indem deren Funktionswerte in der Mitte ebenso weit ausschlagen wie an den Rändern. Die (nicht eingezeichneten) Funktionen X_{24} bis X_{42} schlagen an den Rändern zunehmend weniger und in der Mitte zunehmend mehr aus, bis sie schließlich das Bild der Funktion X_{43} (Abbildung 13.3.2.1 unten) erreichen.

Die Anpassung orthogonaler Polynome arbeitet nach dem *Baukastenprinzip*:

(1) Man versucht zunächst, Parabeln niedriger Ordnung anzupassen und schreitet gliedweise (B_iX_i) zu Parabeln höherer Ordnung fort, falls die Anpassung unzureichend erscheint.

(2) Man bricht den Anpassungsprozeß i. a. dann ab, wenn die (nachfolgend zu errechnenden) zu den Funktionen X_i gehörigen Polynomialkoeffizienten B_i sich dem Wert Null nähern[8].

Man beachte, daß die Graphen in Abb. 13.3.2.1 wie die Funktionswerte X_i (= c_i) in Tafel XIX–10 *positiven* Trendkomponenten B_iX_i mit $B_i > 0$ entsprechen: So bezeichnet X_1 = (–1 0 +1) einen positiven linearen, X_2 = (+1 –2 +1) einen positiven quadratischen (U-förmigen) Trend für n = 3 ZRn-Beobachtungen und X_3 = (–1 +3 –3 +1) einen positiven kubischen (umgekehrt S-förmigen) Trend für n = 4. Die *negativen* Trendkomponenten B_iX_i mit $B_i < 0$ gewinnt man durch Vorzeichenwechsel (fallender, umgekehrt-U-förmiger, S-förmiger Trend) in Tafel XIX–10 bzw. durch Spiegelung an der Abszissenachse in Abb. 13.3.2.1.

---

8 Unter parametrischen Bedingungen kann die Varianz der Beobachtungswerte in orthogonale Komponenten aufgespalten und über F-Tests beurteilt werden (vgl. SNEDECOR und COCHRAN, 1967, Table 15.6.2): Man bricht vor derjenigen Komponente (z.B. X_5) ab, die nicht mehr signifikant ist.

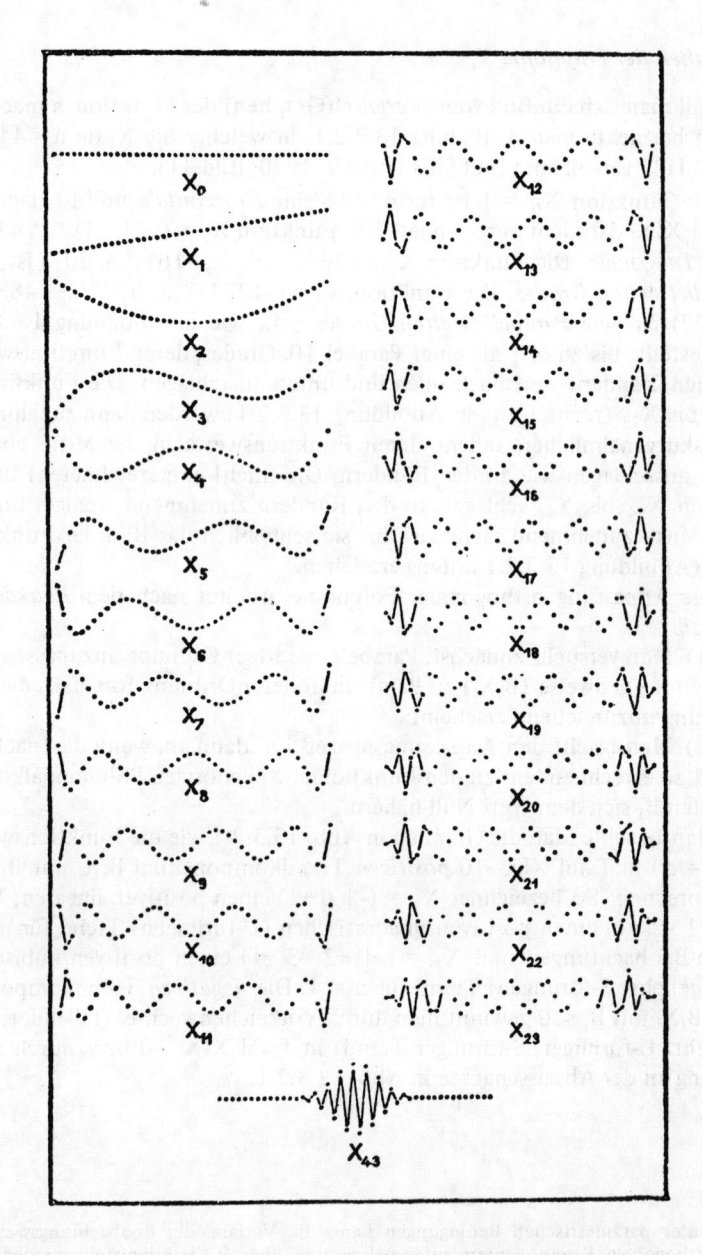

Abb. 13.3.2.1
Die Polynomialfunktionen X_i mit i = 0(1)23,43 für n = 44 ZRn-Beobachtungen

Berechnung der orthogonalen Polynomialkoeffizienten

Wenn wir eine Zeitreihe mit n äquidistent gemessenen Werten y_t bzw. y_z erhoben und die hierzu gehörigen Funktionen X_i einer Tafel (z. B. Tafel XIX–10) entnommen haben, lassen sich die *Polynomialkoeffizienten* nach dem Schema der Tabelle 13.3.2.1 bestimmen.

Tabelle 13.3.2.1 enthält die Trockengewichte y_t von *Hühnerembryonen* aus Eiern, die mindestens t = 6 ($\triangleq$: j = 1) und höchstens t = 16 (j = 11 = n) Tage bebrütet worden sind. Ferner sind die Funktionen X_i für i = 0(1)5 angegeben, da sie nicht mehr in Tafel XIX–10 (die bei n = 10 endet) aufgeführt sind. Es soll ein Orthogonalpolynom möglichst niedrigen Grades angepaßt werden, wobei vorentschieden wird, nicht über den fünften Grad (X_5) hinauszugehen (Daten aus SNEDECOR und COCHRAN, 1967, Table 15.6.1).

Tabelle 13.3.2.1

Alter t(Tage)	j (t-5)	Gewicht y_t(gr)	X_0	X_1	X_2	X_3	X_4	X_5	$_4Y_t$
6	1	0,029	1	-5	15	-30	6	-3	0,026
7	2	0,052	1	-4	6	6	-6	6	0,056
8	3	0,079	1	-3	-1	22	-6	1	0,090
9	4	0,125	1	-2	-6	23	-1	-4	0,119
10	5	0,181	1	-1	-9	14	4	-4	0,171
11	6	0,261	1	0	-10	0	6	0	0,244
12	7	0,425	1	1	-9	-14	4	4	0,434
13	8	0,738	1	2	-6	-23	-1	4	0,718
14	9	1,130	1	3	-1	-22	-6	-1	1,169
15	10	1,882	1	4	6	-6	-6	-6	1,847
16	n=11	2,812	1	5	15	30	6	3	2,822
		$\Sigma y_t X_j$	7,714	25,858	39,768	31,873	1,315	-0,286	
		ΣX_j^2	11	110	858	4290	286	156	
		$B_i = \Sigma y_t X_j / \Sigma X_j^2$	0,7012727	0,2350727	0,0463497	0,0074296	0,0045979	-0,0018333	

In Tabelle 13.3.2.1 sind in der ersten Fußzeile die Summen der *Produkte* $y_t X_j$ ($\equiv y_t X_t \equiv y_j X_j$) gebildet, wobei X_j die jeweilige, zu y_t gehörige Komponente der X_i-Spalte bedeutet. In der zweiten Fußzeile stehen die Summen der *Quadrate* der Komponenten X_j von den X_i, die in den Tafelwerken angegeben sind und sonst nicht berechnet zu werden brauchen. In der letzten Zeile schließlich stehen die *orthogonalen Polynomialkoeffizienten* B_i, berechnet nach

$$B_i = \Sigma y_t X_j / \Sigma X_j^2 \quad \text{für i = 0(1)5 mit} \qquad (13.3.2.10)$$

$$B_0 = \bar{y}_t = \Sigma y_t/n \qquad (13.3.2.11)$$

Die Summen laufen dabei über alle n Beobachtungen der Zeitreihe.

Wie man sieht, sind nur die ersten *drei* B_i substantiell von Null verschieden, so daß man sich mit der Anpassung eines Polynoms *zweiter* Ordnung an die Zeitreihe des Embryonenwachstums begnügen könnte. Nimmt man aber noch zwei weitere B_i hinzu, so erhält man durch Einsetzen in die *Gleichung*

$$Y = B_0 X_0 + B_1 X_1 + B_2 X_2 + B_3 X_3 + B_4 X_4 \qquad (13.3.2.12)$$

die Ordinatenwerte $_4Y_t$ für die Zeitpunkte t als Polynom 4. Grades.

Zum Zeitpunkt t=6 (j=1) ergibt sich so beispielsweise die Gleichung
$Y = {_4Y_6} = 0{,}7012727 \cdot (1) + 0{,}2350727 \cdot (-5) + 0{,}0463497 \cdot (15) +$
$\phantom{Y = {_4Y_6} =} + 0{,}0074296 \cdot (-30) + 0{,}0045979 \cdot (6) = 0{,}026.$

Analog sind die übrigen zu erwartenden Gewichte $_4Y_t$ berechnet und in Tabelle 13.3.2.1 verzeichnet worden.

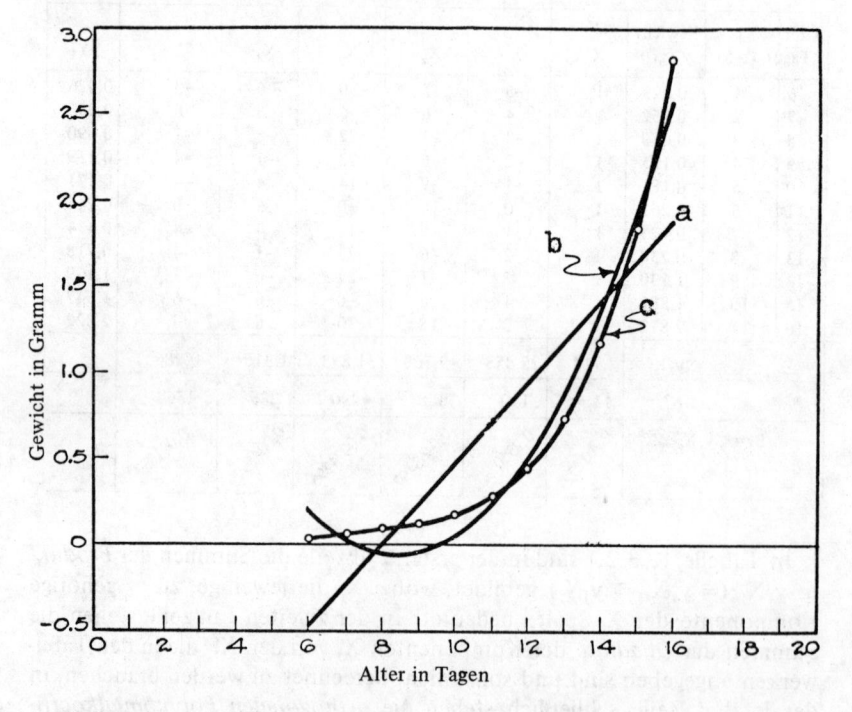

Abb. 13.3.2.2:
Graphen der Anpassung einer Geraden (a), einer Parabel (b) und eines Polynoms 4. Grades (c) (aus SNEDECOR und COCHRAN, 1967, Fig. 15.6.1).

Wie ein inspektiver Vergleich zwischen den *beobachteten* (y_t) und den aufgrund der Trendanpassung *erwarteten* ($_4Y_t$) Werten ergibt, stimmen beide nahezu völlig überein. Die Güte der Anpassung wird in Abbildung 13.3.2.2 für Orthogonalpolynome 1., 2. und 4. Ordnung (a,b,c) illustriert.

Kurzauswertung über Summen und Differenzen

Längere Zeitreihen lassen sich nach einem *Kurzverfahren* auswerten. Es besteht darin, daß man, um etwa $\Sigma X_1 y$ zu berechnen, die y-Werte an beiden Enden der Zeitreihe y_n und y_1 mit 5 bzw. -5 multipliziert. Die y-Werte y_{n-1} und y_2 werden entsprechend mit 4 bzw. -4 multipliziert usf., so daß nur die *Differenzen* y_n-y_1, $y_{n-1}-y_2$ usw. mit 5, 4 usw. multipliziert zu werden brauchen. Dieses Verfahren läßt sich auch auf alle anderen Produktsummen mit *ungeradzahligem* i, also auf $\Sigma X_3 y$ mit den Multiplikatoren 0, -14, -23, -22, -6 und 30 anwenden.

Für Produktsummen mit *geradzahligem* i bildet man die *Summen* y_n+y_1, $y_{n-1}+y_2$ usf. und multipliziert sie für i = 2 mit den Multiplikatoren -10, -9, -6, -1, 6 und 15 sowie für i = 4 mit 6, 4, -1, -6, -6 und 6. Tabelle 13.3.2.2 faßt die Kurzauswertung zusammen:

Tabelle 13.3.2.2

$S = y_{n-i} + y_i$	X_2	X_4	$D = y_{n-i} - y_i$	X_1	X_3
0,261	-10	6	0,261	0	0
0,606	- 9	4	0,244	1	-14
0,863	- 6	-1	0,613	2	-23
1,209	- 1	-6	1,051	3	-22
1,934	6	-6	1,830	4	- 6
n=11 2,841	15	6	2,783	5	30
ΣSX_i 7,714	39,768	1,315	ΣDX_i	25,858	31,875

Wie man sieht, ergeben sich nach dem Kurzverfahren dieselben Produktsummen wie in Tabelle 13.3.2.1.

Die Polynomialkoeffizienten B_i berechnet man dann nach Tabelle 13.3.2.2 unter Benutzung der ΣX_i^2. Den Koeffizienten B_0 erhält man nach

$B_0 = \Sigma S/n$ \hfill (13.3.2.13)

$B_0 = 7,714/11 = 0,71273$

Die Kurzauswertung ist vor allem dann mit Vorteil zu nutzen, wenn *mehrere Zeitreihen* mittels ein und desselben Polynoms anzupassen sind. Man wird dann ein Polynom jenes Grades wählen, daß auch der komplexesten

Zeitreihe eben noch gerecht wird, wobei ggf. für Polynome höheren Grades (i > 6) die entsprechenden Polynomialkoeffizienten mittels einer Rekursionsformel berechnet werden müssen (vgl. LORENZ, 1970, S. 85).

13.3.3 Hinweise zur Anwendung von Orthogonalpolynomen

1. In der Forschungspraxis wird man versuchen, mit Polynomen *möglichst niedriger Ordnung* auszukommen, auch wenn dabei die eine oder andere Zeitreihe nur unzulänglich angepaßt werden kann. Das gilt in Sonderheit für Zeitreihen mit kurzphasigen Schwankungen (Oszillationen). Wie *gut* die Anpassung ist, läßt sich wie bei gleitenden Durchschnitten mittels des Phasenverteilungstests von MOORE (vgl. 14.3.1) beurteilen.

2. Eine Polynomialanpassung unterliegt prinzipiell nur *schwachen Voraussetzungen*: Man unterstellt ein stetig verteiltes Merkmal, dessen Verteilung sich nur bezüglich ihres Lageparameters über die t Beobachtungszeitpunkte hinweg ändert. Wünschenswert ist allerdings eine eingipfelig symmetrische oder eine Gleichverteilung der y-Werte. Eine Gleichverteilung erhält man notfalls durch Rangtransformation $y \to R_y$. Sie ist bei stark asymmetrischen, mehrgipfeligen oder mit Ausreißern behafteten Zeitreihen zu empfehlen. Auch eine *Normalrangtransformation* nach TERRY-HOEFFDING (vgl. 6.1.7) kommt in Betracht, sofern andere, sachlogisch begründbare Transformationen (vgl. 4.3) aus dem parametrischen Bereich fortfallen oder versagen.

3. Oft wird angestrebt, *Zeitreihentrendkurven* von ihrer linearen Trendkomponente zu befreien (linear zu detrendisieren): Man braucht in diesem Fall nach erfolgter Polynomialanpassung bloß den *Steigungs*-Term $B_1 X_1$ in Formel (13.3.2.10) wegzulassen. Interessiert auch das *Niveau* nicht, auf dem die einzelne Zeitreihe liegt, so läßt man darüber hinaus den Term $B_0 X_0$ ebenfalls fort. Man erhält durch die verbliebenen Terme Zeitreihentrendkurven, die allein hinsichtlich ihres *Verlaufes* zu vergleichen sind.

Will man statt der Kurven die *Zeitreihenbeobachtungen* in gleicher Weise detrendisieren, so subtrahiert man von jedem Beobachtungswert den ihm entsprechenden Wert $B_1 X_1$, um eine von der linearen Trendkomponente befreite Zeitreihe zu erhalten.

4. In Kapitel 19 werden wir auf die Anpassung individueller Verlaufskurven durch orthogonale Polynome zurückgreifen. Wir werden dort aber nicht mehr die Polynomialkoeffizienten B_i selbst nach (13.3.2.10) berechnen, sondern sie durch ihre Zählerwerte $S_i = \Sigma y_t X_j$ für i = 0(1)n ersetzen, die zu den B_i proportional sind. Die *Trendmaße* S_i eignen sich zwar nicht zur Aufstellung einer Gleichung vom Typ (13.3.2.12), wohl aber dazu, jede individuelle ZRe durch ein Niveau-Maß S_0, durch ein Steigungsmaß

S_1, durch ein Krümmungsmaß S_2 und allenfalls auch durch ein Schwingungsmaß S_3 zu beschreiben und mit anderen ZRn gleicher Provenienz zu vergleichen.

Man vergesse nicht, daß ZRn nur dann durch *orthogonale* Polynome repräsentiert bzw. durch ihre Trendmaße S_i gekennzeichnet werden dürfen, wenn ihre Beobachtungen zu *äquidistanten Zeitpunkten* erhoben worden sind. Werden ZRn von N Individuen durch ihre Trendmaße verglichen, so muß ihnen das gleiche Zeitmuster mit äquidistanten Zeitpunkten zugrunde liegen. ZRn mit variablem Zeitmuster oder mit interindividuell unterschiedlicher Zahl von Beobachtungen (n) müssen durch ein *allgemeines* Polynom vom Typ (13.3.2.1) beschrieben und verglichen werden.

13.4 Zeitreihen-Korrelationen

Wenn man von Zeitreihenkorrelationen spricht, kann zweierlei gemeint sein: 1) Korrelationen zwischen den Beobachtungen innerhalb einer Zeitreihe, deren wichtigste wir als *Autokorrelation* erster Ordnung bereits in Abschnitt 13.1.3 kennengelernt haben, und 2) Korrelationen zwischen korrespondierenden Beobachtungen zweier Zeitreihen y_t und x_t, wobei X und Y verschiedene stetig verteilte Merkmale bezeichnen; es handelt sich um Zeitreihenkorrelationen im engeren Sinn des Wortes[9]. Wir werden sie später als *Konkomitanzen* bezeichnen.

Werden eine Zeitreihe y_t als die abhängige und andere Zeitreihen (x_t, z_t) als unabhängige definiert, dann läßt sich aufgrund der Interkorrelationen $y_t x_t$, $y_t z_t$ und $x_t z_t$ eine *multiple* Zeitreihenkorrelation gemäß 9.6.3 definieren. Umgekehrt kann auch eine *partielle* Zeitreihenkorrelation gemäß 9.6.2 definiert werden, wenn etwa die Korrelation $y_t x_t$ unter konstant gehaltenem Einfluß von z_t interessiert. Praktische Bedeutung kommt diesen Korrelationen in der Biostatistik jedoch nicht zu, weswegen wir auf eine explizite Erörterung verzichten.

Ehe wir uns den *einfachen* Zeitreihenkorrelationen (Konkomitanzen) zuwenden, befassen wir uns mit der Bestimmung von Autokorrelationen.

---

[9] Zeitreihenkorrelationen sind im allgemeinen nur für stationäre oder quasi-stationäre Zeitreihen ohne generellen Trend von Interesse: Hier bezeichnen sie den parallelen Verlauf zweier Zeitreihen. Für Zeitreihen mit generellen Trends, insbesondere solchen unterschiedlicher Richtung, gilt dies nicht (vgl. YEOMANS, 1968, Bd.1, S.235).

13.4.1 Zeitreihen-Autokorrelationen

Wir haben bereits unter den Einteilungsaspekten (vgl. 13.1.3) angedeutet, daß aufeinanderfolgende Beobachtungen (stetige sowohl wie diskrete) im allgemeinen seriell abhängig sind, insbesondere wenn Beobachtungen an ein und demselben Individuum erhoben werden.

Autokorrelationen erster Ordnung

Besteht eine Abhängigkeit nur zwischen *unmittelbar* aufeinanderfolgenden Beobachtungen, so sprechen wir von einer Autokorrelation *erster Ordnung*; bestehen darüber hinaus Abhängigkeiten zwischen mittelbar aufeinanderfolgenden Beobachtungen, so sprechen wir von Autokorrelationen höherer Ordnung.

Für den wichtigen *Autokorrelationskoeffizienten erster Ordnung* gilt die Maßkorrelationsformel

$$r_1 = \frac{\Sigma h_t h_{t+1}}{\sqrt{\Sigma h_t^2 \cdot \Sigma h_{t+1}^2}} \qquad (13.4.1.1)$$

In dieser Formel bedeutet $h = y - \bar{y}$, also den Abweichungswert einer Beobachtung von ihrem Durchschnitt.

In *größeren Zeitreihen* ($n \geqslant 30$) sind die beiden Ausdrücke unter der Wurzel praktisch gleich, und so vereinfacht sich die Berechnung zu

$$r_1 = \frac{\Sigma h_t h_{t+1}}{\Sigma h_t^2} \qquad (13.4.1.2)$$

Zu summieren ist wie in der Originalformel (13.4.1.1) auch bei (13.4.1.2) über alle n Beobachtungswerte, wobei man zwecks voller Informationsausschöpfung die Zeitreihe kreisförmig (zirkulär) schließt und die fehlende Beobachtung y_{n+1} durch die vorhandene Beobachtung y_1 ersetzt: $y_{n+1} = y_1$ bzw. $h_{n+1} = h_1$.

Legt man anstelle von Meßwerten $h_t = y_t - \bar{y}_t$ die *Rangwerte* Y_t mit $Y_{n+1} = Y_1$ zugrunde und formt (13.4.1.2) algebraisch um, so resultiert die Rangkorrelationsformel

$$\text{rho}_k = 1 - \frac{6\Sigma(Y_t - Y_{t+1})^2}{n(n^2 - 1)} \qquad (13.4.1.3)$$

Die Anwendung von (13.4.1.3) wird anhand der folgenden Zeitreihe von n = 13 Rangwerten illustriert.

Tabelle 13.4.1.1

t	1	2	3	4	5	6	7	8	9	10	11	12	13 = n
Y_t:	4	6	9	7	5	2	3	1	11	12	13	8	10
Y_{t+1}:	(4)	6	9	7	5	2	3	1	11	12	13	8	10 (4)
$\Sigma(Y_t - Y_{t+1})^2 =$	4	+9	+4	+4	+9	+1	+4	+100	+1	+1	+25	+4	+36=202

$$\text{rho}_1 = 1 - \frac{6(202)}{13(13^2 - 1)} = +0{,}45$$

Es besteht also, wie man auch schon inspektiv aus dem phasigen Verlauf der Zeitreihe vermuten konnte, eine mäßig positive Autokorrelation erster Ordnung (Auto-rho-Korrelation).

Wollte man statt eines *zirkulären* einen *linearen* Autokorrelationskoeffizienten rho_1 berechnen, müßten beide Rangreihen für $n' = 12$ Rangpaare rearrangiert werden; damit wird auf den Ringschluß $Y_{n+1} = Y_1 = 4$, der oben vorgenommen wurde, verzichtet.

Wenn Autokorrelationen erster Ordnung von Null verschieden sind, so bedeutet dies, daß der voraufgehende den nachfolgenden Beobachtungswert beeinflußt in dem Sinne, daß auf hohe Werte i.a. wiederum hohe Werte und auf niedrige wiederum niedrige Werte folgen (positive Autokorrelation) aut vice versa (negative Autokorrelation). Positive Autokorrelationen äußern sich in undulierenden, negative in oszillierenden Schwankungen (Phasen) der Zeitreihe.

Autokorrelationen höherer Ordnung

Wie die Autokorrelation erster Ordnung den Zusammenhang zwischen unmittelbar aufeinanderfolgenden Beobachtungen angibt, bezeichnen *Autokorrelationen k-ter Ordnung* den Zusammenhang zwischen *mittelbar* — im Abstand von k-1 Zwischenbeobachtungen — aufeinanderfolgenden Beobachtungen. Sie werden gemäß (13.1.4.1–3) definiert, indem man den Index 1 durch den Index k ersetzt.

Bezogen auf den Maßkorrelationskoeffizienten ergibt sich die Formel für längere Zeitreihen nach (13.4.1.2) zu

$$r_k = \frac{\Sigma h_t h_{t+k}}{\Sigma h_t^2} \qquad (13.4.1.4)$$

Bezeichnet man den Zähler als Produktsumme mit PS_k und den für alle k gleichen Nenner als Quadratsumme mit QS, dann ist

$$r_k = \frac{PS_k}{QS} \qquad (13.4.1.5)$$

Analog lassen sich Rangkorrelationskoeffizienten höherer Ordnung definieren[10].

In vielen intraindividuellen Zeitreihen findet man eine hoch positive Autokorrelation erster Ordnung (k = 1); auf sie folgt dann meist eine niedrigere Autokorrelation zweiter Ordnung (k = 2) und u. U. bereits eine um Null liegende Autokorrelation dritter Ordnung (k = 3).

Zeitreihen, in denen voraufgehende Beobachtungen („Zustände') nachfolgende stochastisch mitbestimmen, nennt man nach dem Entdecker des zugehörigen Modells *MARKOFF-Prozesse* (vgl. WALTER, 1970), genauer: Markoff-Prozesse erster Ordnung. Entsprechend können Autokorrelationen höherer Ordnung auf Markoff-Prozesse höherer Ordnung zurückgeführt werden, wenn dies sachlogisch zu vertreten ist. Solche Modelle können dazu dienen, das Entstehen von Zeitreihenzyklen zu erklären. Näheres darüber ist bei KEMENY und SNELL (1960) nachzulesen.

Das Autokorrelogramm

Will man wissen, ob und ggf. wie aufeinanderfolgende Beobachtungen einer Zeitreihe größeren Umfangs (n > 30) korreliert sind, so erstellt man eine *Autokorrelationsfunktion*, ein Autokorrelogramm: Man trägt die Ordnungsziffer k der Autokorrelation entlang der Abszissenachse und die zugehörigen Autokorrelationskoeffizienten entlang der Ordinatenachse ab und verbindet die Ordinatenendpunkte durch einen Linienzug.

Wie mittels eines Autokorrelogramms eine Periodizität und die Periodenlänge innerhalb einer Zeitreihe identifiziert werden kann, zeigt das folgende Beispiel: In Tabelle 13.4.1.2 wurde die Körpertemperatur eines Hyperthyreotikers zweistündlich über 6 Tage hinweg (telemetrisch) rektal gemessen. Die Beobachtungswerte h_t (t=1,...,72) sind Abweichungswerte vom 6-Tagedurchschnitt, ausgedrückt in Zehnteln von Zentigraden.

Da es sich hier um eine geschlossene *zirkuläre Zeitreihe* handelt, bei der die erste Temperaturmessung um 12.00 des 1. Tages auf die letzte Temperaturmessung um 10.00 des 6. Tages anschließt, können wir sachlogisch gerechtfertigt $h_{n+1} = h_1$ setzen, oder allgemein $h_{t+k} = h_k$, um Autokorre-

---

10 Die Zahl der Beobachtungspaare beträgt bei linear definierter Autokorrelation jeweils n-k, reduziert sich also mit wachsendem k, weshalb nur längere Zeitreihen gewährleisten, daß r_k bzw. rho_k noch hinreichend zuverlässig sind. Die Zahl der Beobachtungspaare braucht nur dann nicht reduziert zu werden, wenn eine Zeitreihe als zirkuläre angesehen werden kann, wie dies bei Beobachtungen über mehrere Jahre der Fall ist, wobei die erste Beobachtung z.B. im März 1972 und die letzte im Februar 1975 erhoben wurde. Hierbei muß allerdings vorausgesetzt werden, daß die Zeitreihe keinen monotonen Trend aufweist oder von einem bestehenden Trend befreit wurde, so daß zwischen letzter und erster Beobachtung kein Sprung auftritt.

lationen k-ter Ordnung zu ermitteln: Da sich die Messungen um Null in etwa symmetrisch verteilen, berechnen wir Produktmoment-Korrelationskoeffizienten r_k nach (13.4.1.2):

Tabelle 13.4.1.2

Uhrzeit	1.	2.	3.	4.	5.	6. Tag
12.00	0	6	8	1	5	6
	3	7	10	6	7	7
	9	8	10	7	12	9
18.00	12	4	6	13	10	6
	5	5	3	4	5	4
	-1	0	-5	0	3	0
00,00	-5	-4	-8	-4	-3	-3
	-9	-11	-12	-6	-2	-8
	-13	-10	-10	-9	-12	-8
06.00	-7	-10	-7	-9	-12	-10
	-1	0	1	-2	-5	-2
	2	1	3	0	-1	1

Tabelle 13.4.1.3

k = 1 (Autokorrelation r_1)								
0	3	9	12	5	-1 ...... -2	1	QS = 3446
3	9	12	5	-1	-5 1	0	PS_1 = 2710
0	27	108	60	-5	5 ...... -2	0	r_1 = +0,79
⋮							

k = 15 (Autokorrelation r_{15})								
0	3	9	12	5	-1 ...... -2	1	QS = 3446
4	5	0	-4	-11	-10 7	8	PS_{15} = 47
0	15	0	-48	-55	10 ...... -14	8	r_{15} = +0,01

k	1	2	3	4	5	6	7	8
r_k	0,79	0,43	-0,04	-0,45	-0,77	-0,89	-0,75	-0,43
k	9	10	11	12	13	14	15	
r_k	-0,02	0,42	0,77	0,89	0,76	0,43	0,01	

mit k als Abszissen- und r_k als Ordinatenwerten.

In *graphischer Darstellung* ergibt sich ein dreiästiges Autokorrelogramm mit einem fallenden, einem steigenden und einem abermals fallenden Ast. Die Tatsache, daß r_1 und r_{12} die beiden Modalwerte des Autokorrelogramms sind, spiegelt die Tagesperiodik der 2-stündigen Temperaturmessungen wider. Die Periodizität ist stark ausgeprägt und offenbar typisch für Schilddrüsenüberfunktion.

Die Berechnung von Autokorrelationen über die Produkt-Moment-Formel setzt nicht voraus, daß die Zeitreihenwerte y_t um die generelle Trendlinie normalverteilt sind, wohl aber, daß sie eingipfelig symmetrisch oder gleichverteilt sind. Asymmetrisch oder zweigipfelig symmetrisch verteilte ZRn-Werte wird man daher rangtransformieren, ehe man die Autokorrelationen ihrer Rangwerte wie oben berechnet. Es empfiehlt sich bei bestehendem generellen Trend statt der Originalwerte y_t deren Abweichungen von der Trendlinie $y-Y$ zu transformieren und die Rangwerte dieser Abweichungen zu autokorrelieren.

Die partielle Autokorrelation

Wollte man in einer Zeitreihe beurteilen, ob die Abhängigkeit aufeinanderfolgender Beobachtungen durch einen einfachen Markoff-Prozeß (MP erster Ordnung) beschrieben werden kann, ob also jede Beobachtung allein von der ihr unmittelbar vorausgehenden Beobachtung beeinflußt wird, bedient man sich nach QUENOUILLE (1952, S. 165) der partiellen Autokorrelation.

An unserem Beispiel einer angenommenermaßen linearen Zeitreihe mit n=70 illustriert, würden wir 3 Zeitreihen bilden (1) die Zeitreihe 1 bis 70, (2) die Zeitreihe 2 bis 71 und (3) die Zeitreihe 3 bis 72. Diese 3 Zeitreihen liefern dann die Autokorrelationen r_{12}, r_{13} und r_{23}, wobei die erste und die letzte einer Autokorrelation erster Ordnung, die mittlere einer Autokorrelation zweiter Ordnung entspricht.

Wenn wir nun beurteilen wollen, ob eine Korrelation zwischen den Reihen 1 und 3 ohne Vermittlung durch die Reihe 2 existiert, berechnen wir die partielle Autokorrelation gemäß (9.6.2.1)

$$r_{13 \cdot 2} = \frac{r_{13} - r_{12} r_{23}}{\sqrt{(1 - r_{12}^2)(1 - r_{23}^2)}} \qquad (13.4.1.6)$$

Betrüge z.B. $r_{12} = 0{,}8218$ und $r_{23} = 0{,}8156$, sowie $r_{13} = 0{,}4360$, so ergäbe sich $r_{13 \cdot 2} = -0{,}711$. Dieser partielle Autokorrelationskoeffizient ist eindeutig von Null verschieden (bei großem n), so daß die Zeitreihe nicht durch einen Markoff-Prozeß erster Ordnung entstanden gedacht werden kann.

Im Fall zirkulärer Zeitreihen sind $r_{12} = r_{23} = r_1$, so daß sich (13.4.1.6) entsprechend vereinfacht. Da $r_{13} = r_2$, also einer Autokorrelation zweiter Ordnung entspricht, gilt für die partielle Autokorrelation die Beziehung

$$r_{13 \cdot 2} = r_{2-1} = \frac{r_2 - r_1^2}{1 - r_1^2} \qquad (13.4.1.7)$$

Auf unser *Beispiel* angewendet, ergibt sich für $r_1 = 0{,}79$ und $r_2 = 0{,}43$ eine partielle Autokorrelation $r_{2-1} = -0{,}52$. Da r_{2-1} nicht in den Grenzen zwischen $-0{,}2$ und $+0{,}2$ verbleibt, läßt sich auch die zirkuläre Zeitreihe unseres Beispiels nicht mit einem Prozeß erster Ordnung erklären (was unter den gegebenen Bedingungen auch nicht zu erwarten war).

Auf analoge Weise lassen sich auch *andere* Partial-Autokorrelationen berechnen: So ist etwa r_{3-2} die um die Autokorrelation zweiter Ordnung bereinigte Autokorrelation dritter Ordnung. Die obigen Formeln gelten nicht nur für Produkt-Momentkorrelationen, sondern auch für Rangkorrelationen (rho oder tau).

Eine beobachtete Zeitreihe darf dann im strengen Sinn als stationäre angesehen werden, wenn sie *trendfrei* ist (vgl. die Tests in Kapitel 14), und wenn alle praktisch relevanten Autokorrelationen *nicht* signifikant von Null verschieden sind. Ist mindestens *eine* Autokorrelation von Null verschieden, dann darf die Zeitreihe als eine schwachstationäre angesehen werden. Ist die Autokorrelation erster Ordnung die einzige von Null verschiedene Autokorrelation, kann die beobachtete Zeitreihe als Auswirkung eines einfachen Markoff-Prozesses betrachtet werden.

13.4.2 Zeitreihen-Interkorrelationen

Will man feststellen, ob sich zwei Merkmale X und Y über die in Aussicht genommene Beobachtungszeit hinweg gleichsinnig ändern, so müssen gewisse *Vorfragen* geklärt werden als da sind:

(1) Folgen die beiden Zeitreihen einem generellen (linearen oder monotonen) Trend und, wenn ja, ist dieser Trend gleich- oder gegensinnig?

(2) Soll in der Interkorrelation der beiden Zeitreihen über die Zeit hinweg der generelle Trend beider Zeitreihen mit berücksichtigt werden oder nicht?

Zeitreihen ohne generellen Trend

Nehmen wir den einfachsten Fall, daß zwei Merkmale, sagen wir die Schulnoten in Deutsch x_t und Mathematik y_t, keinen generellen Trend über die Schulzeit hinweg erkennen lassen. In diesem Fall können die über t Zeitpunkte oder nach einem festliegenden Zeitmuster erhobenen Noten x_t und y_t in üblicher Weise korreliert werden und zwar

(1) mittels Maß- oder Rangkorrelation (r oder tau) bei stetig verteilten Merkmalen,

(2) mittels Mehrfelder-Korrelation (GOODMANS tau, vgl. 9.5.8) bei diskret verteilten und ordinal abgestuften Merkmalen und

(3) mittels Vierfelderassoziation (vgl. 9.2.1) bei binär verteilten Merkmalen.

Die Höhe (und das Vorzeichen) des resultierenden Korrelationskoeffizienten gibt Auskunft über den Grad der Verlaufsähnlichkeit oder, wie man auch sagt, der *Konkomitanz* beider Zeitreihen x_t und y_t mit t = $1(1)n^{11}$. Die Konkomitanz wird bei fehlendem generellen Trend durch die Merkmals-Fluktuationen (saisonalen oder residualen Typs) bedingt; sie kann nur auftreten, wenn beide Merkmale in gleich- oder gegensinniger Weise durch die Zeit oder eine zeitbedingte Einflußgröße zeitweilig verändert werden. Und genau dies ist Sinn und Ausdruck einer Zeitreihenkorrelation.

Welche Schlüsse aus einer bestehenden Konkomitanz zwischen zwei Merkmalen zu ziehen sind, muß substanzwissenschaftlich entschieden werden, ggf. unter Benutzung anderweitiger Informationen: Zeigt sich bei einem Schüler eine positive intraindividuelle Konkomitanz zwischen Deutsch- und Mathematiknote, obschon die beiden Fächer interindividuell kaum korreliert sind, so wird man an längerfristige allgemeinmotivationale Einflüsse denken und die Biographie des Schülers zu Zeiten der gemeinsamen ‚Hochs und Tiefs' näher untersuchen. Zeigt sich eine negative Konkomitanz, so wird man an differentielle Motivationen (‚Hin zu Deutsch, weg von Mathematik' et vice versa) denken.

Zeitreihen mit generellem Trend

Vorstehend wurde angenommen, daß die Vorfrage (1) nach einem generellen Trend verneint werden konnte. Muß diese Frage aber zumindest für eine der beiden Zeitreihen y_t oder x_t bejaht werden, dann müssen weitere Vorfragen gestellt werden, ehe eine diesen Vorfragen entsprechende Zeitreihenkorrelation angesetzt wird.

1. Betrachten wir statt der Schulnoten in Deutsch und Mathematik die Leistungen in einem sprachlichen y_t und einem numerischen Test x_t, die

---

[11] Intraindividuelle Konkomitanzmaße sind Interkorrelationen zwischen je zwei Merkmalen, die an ein und demselben Individuum zu aufeinanderfolgenden Zeitpunkten beobachtet werden; sie sind Grundlage der nach R. B. CATTELL sogenannten P-Faktorenanalyse (vgl. ÜBERLA, 1968, S. 299); sie dem Ziel dient, die gemeinsame zeitliche Variation mehrerer Merkmale bei einem Individuum durch hypothetische, möglichst von einander unabhängige Faktoren zu repräsentieren.

als Schulfortschrittstests in regelmäßigen Abständen durchgeführt worden sein mögen. Es versteht sich in diesem Fall, daß beide Zeitreihen einem *gleichsinnigen positiven Trend* folgen sollten, wenn durch den Unterricht ein Leistungsfortschritt erzielt wird. Wollte man diese — dem Sinne nach triviale — Erwartung bestätigen, so würde man die beiden Zeitreihen durch geeignete Gleitdurchschnitte repräsentieren und diese korrelieren: Man wird in jedem Fall eine positive Korrelation erhalten, auch wenn x und y sich stückweise gegenläufig bewegen.

2. Will man die sehr viel interessantere Frage beantworten, ob eine Verlaufskonkomitanz *unabhängig* von den bestehenden generellen Trends besteht, dann müssen beide Zeitreihen zunächst von ihrem generellen Trend befreit werden. Im einfachsten und praktisch wichtigsten Fall geht man so vor, daß man je Zeitreihe *gleitende Durchschnitte* bildet und die Abweichungen der Beobachtungen (Differenzen: y−Y und x−X) von ihren Gleitkurven korreliert. Statt der Gleitkurven können eleganter auch analytisch angepaßte Kurven zur Bildung von Differenzen y−Y bzw. x−X herangezogen werden.

3. Wollte man bei bestehendem *gegensinnigen Trend* beurteilen, ob und wie zwei Zeitreihen korreliert sind, so müßte man auch hier nach entsprechender Vorfrage im Sinne von (1) verfahren, wenn nur diese gegensinnigen Trends in einem Korrelationskoeffizienten ausgedrückt werden sollen: Man wird in jedem Fall eine mehr oder weniger hohe negative Zeitreihenkorrelation erhalten.

Verzichtet man auf die empfohlenen Vorüberlegungen und korreliert trendbehaftete Zeitreihen wie trendfreie, so werden Korrelationen aufgrund des generellen Trends mit Korrelationen aufgrund der saisonalen Trendkomponenten (Verläufe) *konfundiert*. Diese Vermengung der beiden Korrelationskomponenten führt nur dann zu einer sinnvoll als Gesamtkonkomitanz zu interpretierenden Korrelation, wenn die generellen Trends gleichsinnig und die saisonalen ebenfalls gleichsinnig verlaufen; in allen anderen Fällen ist der resultierende Korrelationskoeffizient nicht eindeutig zu interpretieren.

Je nach dem *Skalenniveau* der beiden Zeitreihen *mit* generellem Trend wird man Maß-, Rang- oder Vierfelderkorrelationskoeffizienten in analoger Weise wie bei Zeitreihen *ohne* generellen Trend berechnen. Ist das Merkmal der einen Zeitreihe stetig, das der anderen binär verteilt, wird man einen punktbiserialen Korrelationskoeffizienten (vgl. 9.5.2 und 9.5.9) als Konkomitanzmaß berechnen.

13.4.3 Zeitreihen-Lagkorrelationen

Vielfach werden Konkomitanzen zwischen 2 Zeitreihen y_t und x_t dadurch *verschleiert*, daß die Ausprägung eines Merkmals (des unabhängigen) mit einer Zeitverzögerung von τ Einheiten (Lag) die Ausprägung eines anderen (abhängigen) Merkmals bedingt: Man denke an das Wachstum einer Pflanze, das erst eine gewisse Zeit nach erfolgtem Niederschlag einsetzt, so daß zwischen Niederschlag und Wachstum eine sogenannte *Lag-Korrelation* zustande kommt. Werden Lag-Korrelationen vermutet, so können die beiden Zeitreihen so gegeneinander verschoben werden, daß dieser Verzögerung Rechnung getragen und eine höchst mögliche Konkomitanz erzielt wird[12].

Werden mehr als zwei Merkmale über die Zeit hinweg beobachtet, und wird deren gleichsinnige Änderung über das Zeitmuster der Beobachtung hinweg erwartet, dann kann die ‚*multiple Konkomitanz*' mittels des KENDALLschen Konkordanzkoeffizienten (vgl. 10.2) beurteilt werden; ggf. müssen jene Merkmale, die mit Verzögerung (Lag) auf zeitabhängige Bedingungen reagieren, durch Horizontaltranslation so adjustiert werden, daß sie den Konkordanzkoeffizienten maximieren.

13.5 Die Periodogrammanalyse

Liegt einer stationären Zeitreihe offenbar ein *zyklischer* (tages- oder jahreszeitlicher) Trend zugrunde, so besteht auch dann, wenn das Zeitreihenmerkmal nicht normal verteilt ist, die Möglichkeit, diesen zyklischen (zirkulären) Trend durch einen *harmonischen Schwingungsvorgang* zu beschreiben.

Für einen einfachen *sinoiden Trend* nach Art der Gezeiten gilt

$$Y_t = A \sin\left(\varphi + \frac{2\pi}{\lambda} t\right) + \bar{y} \qquad (13.5.0.1)$$

Darin bedeuten: Y_t die Höhe der Trendkurve im Zeitpunkt t, A die (als konstant angenommene) Amplitude der Schwingung, φ ein (im Winkel- oder Bogenmaß zu messender) Parameter des Zyklusbeginns (wobei $\varphi = 0$, wenn die Zeitreihe am Anfang eines Zyklus beginnt), π eine Konstante (3, 14 ...), λ die Phasen- oder Periodenlänge und $\bar{y}$ der Durchschnitt aller Zeitreihenmeßwerte oder der ihnen zugeordneten Rangwerte, die bei asymmetrisch verteilten oder mit Ausreißern belasteten Beobachtungswerten zu bevorzugen sind.

[12] Autokorrelationen können als univariate Lag-Korrelationen aufgefaßt werden, wobei der Lag durch die Ordnungszahl der Autokorrelation bestimmt wird.

Kompliziertere Schwingungsvorgänge können durch Summen von Ausdrücken der obigen Art mit A_i und λ_i beschrieben werden, wenn sie sich als *Überlagerungen von Sinusschwingungen* verschiedener Periodenlängen und verschiedener Amplituden darstellen lassen. In jedem Fall aber wird angenommen, daß die Beobachtungswerte so dicht aufeinanderfolgen, daß durch sie die *wahre* Periodik und nicht eine *artifizielle* Periodik erfaßt wird.

Wäre z.B. ein langphasiger Trend ebenso *echt* wie der kurzphasige, so würde eine Trendkurve entstehen, die als Ordinatensumme der beiden separaten Trendkurven resultiert. Eine solche Trendkurve ließe sich *periodographisch* wie folgt darstellen:

$$Y_t = A_1 \sin\left(\varphi_1 + \frac{2\pi}{\lambda_1} t\right) + A_2 \sin\left(\varphi_2 + \frac{2\pi}{\lambda_2} t\right) + \bar{y} \qquad (13.5.0.2)$$

Darin bedeuten A_1 und λ_1 Amplitude und Periodenlänge der höherfrequenten (kürzerphasigen) Schwingung und A_2 bzw. λ_2 Amplitude und Periodenlänge der niedrigerfrequenten (längerphasigen) Schwingung. Solch ein bisinoider Trend entsteht z.B. bei der Überlagerung der kurzphasigen in- und exspiratorischen Arrhythmie des Pulsschlages mit den längerphasigen Hering-Traube-Wellen einer ruhenden Vpn. Läßt man die Vpn eine anspannungsfordernde Dauertätigkeit verrichten, so kommt i.a. noch eine dritte Schwingung mit noch größerer Periodenlänge hinzu (A_3 und λ_3).

Die *praktische Durchführung* einer Periodogrammanalyse beruht im wesentlichen auf der *sukzessiven* Schätzung der Periodenlängen λ_i und der zugehörigen Amplituden A_i einer Sinusschwingung, die man den beobachteten Zeitreihenwerten unterlegt. Nötigenfalls müssen die Schätzungen *iterativ* durchgeführt werden, wenn die jeweils erste Schätzung nicht dem gewünschten Genauigkeitsgrad entspricht.

13.5.1 Das einfache Periodogramm

Angenommen, einer Zeitreihe liege nur ein *einfacher sinoider Trend* zugrunde, oder es interessiere den Untersucher nur einer von mehreren sinoiden Trends, z.B. der Tagesrhythmus eines biologischen Vorganges. Ist, wie im zweiten Fall, die Periodenlänge bekannt, so ordnet man die n Zeitreihenbeobachtungen von p Perioden gemäß dieser Periodenlänge $\lambda = m$ wie in Tabelle 13.5.1.1

Zwecks Aufstellung von Tabelle 13.5.1.1 werden soviele anfangs- oder endständige Zeitreihenwerte fortgelassen, daß nur *vollständige Perioden* entstehen, wobei die erste Periode mit dem Meßwert y_1, die zweite mit

Tabelle 13.5.1.1

y_1	y_2	y_3	.....	y_m	S_1
y_{m+1}	y_{m+2}	y_{m+3}		y_{2m}	S_2
....					..
$y_{(p-1)m+1}$··············				y_{pm}	
T_1	T_2	T_3	....	T_m	$\Sigma T = \Sigma S$

dem Meßwert y_{m+1} und die letzte mit $y_{(p-1)m+1}$ beginnen soll (erster aufsteigender Ast der Sinuskurve). Ist die Periodenlänge *nicht bekannt*, so muß sie inspektiv *geschätzt* werden; die beste Schätzung ist jene, für welche die Spaltensummen $T_1, T_2, ..., T_m$ am meisten und die Zeilensummen am wenigsten streuen.

Ist die Periodenlänge λ *bekannt* oder durch $\lambda = m$ so gut wie möglich geschätzt worden, so schätzt man die benötigte *Amplitude* S_A wie folgt (vgl. YULE und KENDALL, 1958, S. 642–643):

$$S_A = \sqrt{a^2 + b^2} \qquad (13.5.1.1)$$

Die den Katheten eines rechtwinkeligen Dreiecks entsprechenden *Hilfsgrößen* schätzt man für $n = mp$ Zeitreihenmeßwerte nach den Formeln

$$a = \frac{2}{n}\left(T_1 \cos\frac{2\pi}{m}t_1 + T_2 \cos\frac{2\pi}{m}t_2 + ... + T_m \cos\frac{2\pi}{m}t_m\right) \qquad (13.5.1.2)$$

$$b = \frac{2}{n}\left(T_1 \sin\frac{2\pi}{m}t_1 + T_2 \sin\frac{2\pi}{m}t_2 + ... + T_m \sin\frac{2\pi}{m}t_m\right) \qquad (13.5.1.3)$$

In diesen Formeln ist $2\pi = 360°$ (im Winkelmaß) und $2\pi/m$ eine (vorweg zu bestimmende) Konstante, z.B. $360°/24 = 15°$ bei stündlicher Messung über einen Tag mit $m = 24$ Stunden.

Ist die Periodenlänge m optimal geschätzt worden, dann muß die geschätzte Amplitude S_A mit den beobachteten Amplituden der Zeitreihe gut *übereinstimmen*. Ist die geschätzte Amplitude offenbar *kleiner* als die beobachteten Amplituden, dann sollte die Schätzung mit $m+1$ oder mit $m-1$ als Periodenlängen wiederholt werden; weiter muß im Fall zu geringer Übereinstimmung untersucht werden, ob die p Perioden, wie angenommen, *gleich lang* sind. Sofern dies sachlogisch begründet werden kann, sind zu kurze oder zu lange Perioden vor der Periodogramanalyse aus der Zeitreihe herauszunehmen.

13.5.2 Erstellung eines einfachen Periodogramms

Um die Auswertung eines einfachen Periodogramms zu illustrieren, wollen wir annehmen, wir hätten p=2 Perioden mit einer geschätzten Länge zu je m=13 symmetrisch (wenngleich nicht normal) verteilten und als stationäre Zeitreihe imponierenden Meßwerten erhoben. Wir wollen annehmen, es handele sich um kodierte *Fertilitätsraten* aus n = 2(13) = 26 Generationen einer Insektenart, die in Tabelle 13.5.2.1 verzeichnet sind (Daten aus QUENOUILLE, 1952, Tab. 11.1a).

Tabelle 13.5.2.1

t	1	2	3	4	5	6	7	8	9	10	11	12	13	S
y_t	4	7	14	34	45	43	48	42	28	10	8	2	0	285
	1	5	12	14	35	46	41	30	24	16	7	4	2	237
T	5	12	26	48	80	89	89	72	52	26	15	6	2	522

Tabelle 13.5.2.2

t	$\beta=(t\frac{2\pi}{m})^0$	$\cos \beta$	$\sin \beta$	T	$T(\cos \beta)$	$T(\sin \beta)$
1	27,7	+0,886	+0,465	5	4,430	2,324
2	55,4	+0,568	+0,823	12	6,816	9,876
3	83,1	+0,122	+0,993	26	3,172	25,810
4	110,8	−0,355	+0,935	48	−17,040	44,881
5	138,5	−0,749	+0,663	80	−59,920	53,050
6	166,2	−0,971	+0,240	89	−86,419	21,300
7	193,8	−0,971	−0,240	89	−86,419	−21,300
8	221,5	−0,749	−0,663	72	−53,928	−47,745
9	249,2	−0,355	−0,935	52	−18,460	−48,621
10	276,9	+0,121	−0,993	26	3,146	−25,810
11	304,6	+0,567	−0,823	15	8,505	−12,345
12	332,3	+0,885	−0,465	6	5,310	− 2,788
13	360,0	+1,000	0,000	2	2,000	0

$a = \frac{2}{26}(-288{,}807) = -22{,}216$ −288,807

$b = \frac{2}{26}(-1{,}368) \ \ = -0{,}105$ −1,368

Um die Hilfsgrößen a und b nach (13.5.1.2–3) zu berechnen, machen wir uns für $2\pi/m = 350°/13 = 27,692°$ einen Auszug in Tabelle 13.5.2.2, wobei wir die Tafel XX–1 der Sinus- und Kosinusfunktion benutzen.

Wir erinnern uns, daß der *Kosinus* eines Winkels β zwischen 90° und 270° negativ ist, und daß sein numerischer Wert gegeben ist durch die Beziehung $\cos(270° \pm \beta) = \cos(90° \mp \beta) = \sin \beta$. Wir erinnern uns weiterhin, daß der *Sinus* eines Winkels β zwischen 180° und 360° negativ ist und daß $\sin(180° \pm \beta) = \sin(360° \mp \beta) = \sin \beta$ dem Betrage nach.

Aus den in Tabelle 13.5.2.2 berechneten *Hilfsgrößen* a und b berechnen wir nun die gesuchte *Amplitudenschätzung* S_A nach (13.5.1.1) und erhalten

$$S_A = \sqrt{(-22,216)^2 + (-0,105)^2} = 22,216$$

Prüfen wir, ob die erhaltene Schätzung für A *realistisch* ist: Die halbierten Spannweiten der beiden Perioden betragen $(48-0)/2 = 24$ und $(46-1)/2 = 22,5$; sie sind also nur unbedeutend größer als die geschätzte Amplitude; das spricht dafür, daß wir die Periodenlänge mit $m = 13$ gut geschätzt haben[13].

Im Besitz der Schätzung für A können wir den Trend unserer Zeitreihe nunmehr durch (13.5.0.1) beschreiben. Läßt man das Periodogramm eine Zeiteinheit *vor* der ersten Beobachtung ($y_1 = 4$) beginnen, d.h. an dem unteren Wendepunkt der Sinuskurve mit $\varphi = 3\pi/2 = 270°$, dann lautet die *Kurvengleichung* für $A = 22,216$ und $\bar{y} = 522/26 = 20,08$ (vgl. Tabelle 13.5.1.1):

$$Y_t = 22,216 \sin(270° + 27,7°t) + 20,08$$

Das Periodogramm hat seine *Minima* bei $t = 0(13)26$ mit $22,216(-1,000) + 20,08 = -2,136$ und seine *Maxima* bei $t = (0+13)/2 = 6,5$ und $(13+26)/2 = 19,5$ mit $22,216 \sin(270° + 27,7 \cdot 6,5) + 20,08 = 42,3$.

Die Fertilität des Insektenstammes wächst also bis zur sechsten Generation an, fällt bis zur 13. Generation ab, wächst nocmals bis zur 19. Generation und fällt dann wiederum ab, und es wäre zu untersuchen, ob sich der Zyklus in dieser Periodik fortsetzt.

---

13 Zur Sicherheit könnten wir auch noch ein Periodogramm mit $m' = 12$ berechnen und sehen, ob wir eine noch größere Schätzung von S_A erhalten.

13.5.3 Erstellung eines trendadjustierten Periodogramms

Eine graphische Darstellung der beobachteten und der aufgrund des periodischen Trends erwarteten Zeitreihenmeßwerte zeigt nun allerdings, daß die Beobachtungswerte der ersten Periode eher über, die der zweiten Periode eher unter der Kurve liegen. Das kommt daher, daß die ZRe nicht voll stationär ist, bzw. die zweite Periode *tiefer* als die erste liegt, was man aus den Zeilensummen der Tabelle 13.5.1.1 erkennt.

Wollte man das Periodogramm besser als geschehen an die Beobachtungen anpassen, müßte man den angenommenermaßen degressiv linearen Trend in Rechnung stellen: Zu diesem Zweck würde man statt der Zeitreihenmeßwerte y_t deren *Abweichungen y'_t von einer linearen Trendgeraden* (Diagonalen) in die Analyse eingeben. Die Gerade selbst bestimmt man über die Methode der kleinsten Quadrate oder — einfacher — durch Verbindung der beiden Periodendurchschnitte, $\bar{y}(p=1) = 285/13 = 21{,}92$ und $\bar{y}(p=2) = 237/13 = 18{,}23$, die als Ordianten über den Abszissenpunkten $t(p=1) = 6{,}5$ und $t(p=2) = 19{,}5$ zu errichten sind.

Will man das Periodogramm für den bestehenden degressiven Trend adjustieren, so sind zu den Y_t-Werten des obigen Periodogramms noch Größen $b(t-\bar{t})$ zu addieren (algebraisch), wobei $b = (18{,}23 - 21{,}92)/13 = -0{,}284$ der Regressionskoeffizient und $\bar{t} = (n+1)/2 = 13{,}5$ in unserem Beispiel ist.

Die Gleichung des *trendadjustierten Periodogramms* lautet mithin

$$Y'_t = 22{,}187 \sin(270° + 27{,}7°t) - 0{,}284(t - 13{,}5) + 20{,}08.$$

Der adjustierte Wert $Y'_1 = 22{,}187(+0{,}464) - 0{,}284(-12{,}5) + 20{,}08 = 1{,}361$ kommt tatsächlich dem beobachteten Wert $y_1 = 4$ wesentlich *näher* als der nichtadjustierte Wert $Y_1 = 22{,}187(+0{,}464) + 20{,}08 = -2{,}187$. Ähnliches gilt auch für alle übrigen Y-Werte.

Bestünde der Verdacht, daß die obige Zeitreihe mit n = 26 Beobachtungen neben einer 13er Periodik auch noch von einer 5er Periodik *überlagert* wird, würden wir die 26 Meßwerte in Zeilen zu je 5 so anordnen, daß sich die Spaltensummen möglichst stark unterscheiden. Dann würden wir die Amplitude A_5 für die 5er Periodik in gleicher Weise wie A_{13} schätzen und in (13.5.1.1) das Glied $A_5 \sin(\varphi + 72°t)$ anfügen, wobei $72° = 360°/5$ berechnet wurde.

Die Periodogrammanalyse ist insofern eine parametrische Methode, als sie mit Parametern bzw. deren Schätzwerten (λ und A) arbeitet; sie ist aber insofern verteilungsfrei, als sie keine Normalverteilung der stationär angenommenen Zeitreihenwerte impliziert. Als Modell liegt der Periodogrammanalyse (13.5.0.2) zugrunde, wobei die glatte Komponente gleich Null und die Amplitudenfaktoren für alle p Zyklen konstant sind.

Stationäre und zugleich zyklische Zeitreihen, die nach oben stärker ausschwingen als nach unten, entsprechen möglicherweise dem multiplikativen Zeitreihenmodell (13.1.6.2); ihre Beobachtungswerte sollten *logarithmiert* oder rangtransformiert werden.

13.5.4 Die Cosinor-Methode

Ist die Periodenlänge λ eines biologischen Prozesses bekannt (wie im Fall des circadianen Rhythmus), ohne daß aber in gleichen Zeitabständen beobachtet werden kann, dann beschreibe man ein *einzelnes Individuum* periodogrammatisch nach der von HALBERG et al. (1970) begründeten *Cosinor-Methode*, die eine Variante der periodischen Regression (vgl. BLISS, 1970, Ch.17) ist.

Abb. 13.5.4.1 stellt n = 5 circadiane *Temperaturmessungen* (in Celsius-Graden) einer Ratte vor, die tagelang von 0–12 Uhr im Dunkeln gehalten und von 12–24 Uhr einer künstlichen Beleuchtung ausgesetzt wurde (aus BATSCHELET, 1972, Fig. 17): Offenbar läßt sich die beobachtete Temperaturänderung (punktiert) durch eine sinusoidale Kurve der Form

$$Y_t = A \cos(\omega t_i + \phi) + \bar{y}, \quad i = 1(1)n \qquad (13.5.4.1)$$

annähern (ausgezogen), die ihr Maximum etwa bei 7 Uhr aufweist, also in der Mitte der Dunkelphase.

In (13.5.4.1) ist Y_t die modelltheoretisch erwartete *Körpertemperatur* zur Uhrzeit t, A ist die *Amplitude* der Temperaturschwingung (A = 0,86 = = 38,48 – 37,62 in Abb. 13.5.4.1) und $\omega = 2\pi/\lambda = 360°/24 = 15°$ ist die sog. *Winkelfrequenz* mit λ als Phasen- oder *Periodenlänge*. Das Produkt ωt entspricht einem Winkel β in einem Einheitskreis, der seinerseits den Tageszyklus durch Richtungsmaße (vgl. Kap. 20.1) abbildet, die in Abb. 13.5.4. im Uhrzeigersinn gemessen wurden und daher negative Winkelgrade bezeichnen. Der Winkel ϕ bezeichnet den Abstand der sog. *Akrophase* (= Amplitudenmaximum = größte Auslenkung in Richtung hoher Temperaturwerte) von 0 Uhr bzw. von 0°, so daß $\phi = -109°$ in Abb. 13.5.4.1 den zur Akrophase gehörigen Winkel repräsentiert, der – da im Uhrzeigersinn gemessen – nur *negative* Werte annehmen kann[14].

Um die *Amplitude* A in Modell (13.5.4.1) und Lage der *Akrophase* ϕ auf dem Einheitskreis aus den n = 45 beobachteten Temperaturmessungen

---

14 In der Klammer von (13.5.4.1) findet sich also je ein positiver Winkel $\omega t = \beta$ und ein negativer Winkel ϕ, deren Summe positiv oder negativ sein kann. Der Grund, warum der Kosinus (anstelle des Sinus) in der Cosinor-Methode verwendet wird, ist darin zu sehen, daß $\cos(-\alpha) = \cos(+\alpha)$; es ist mithin für die Cosinusablesung gleichgültig, ob die Winkelsumme in der Klammer positiv oder negativ ist.

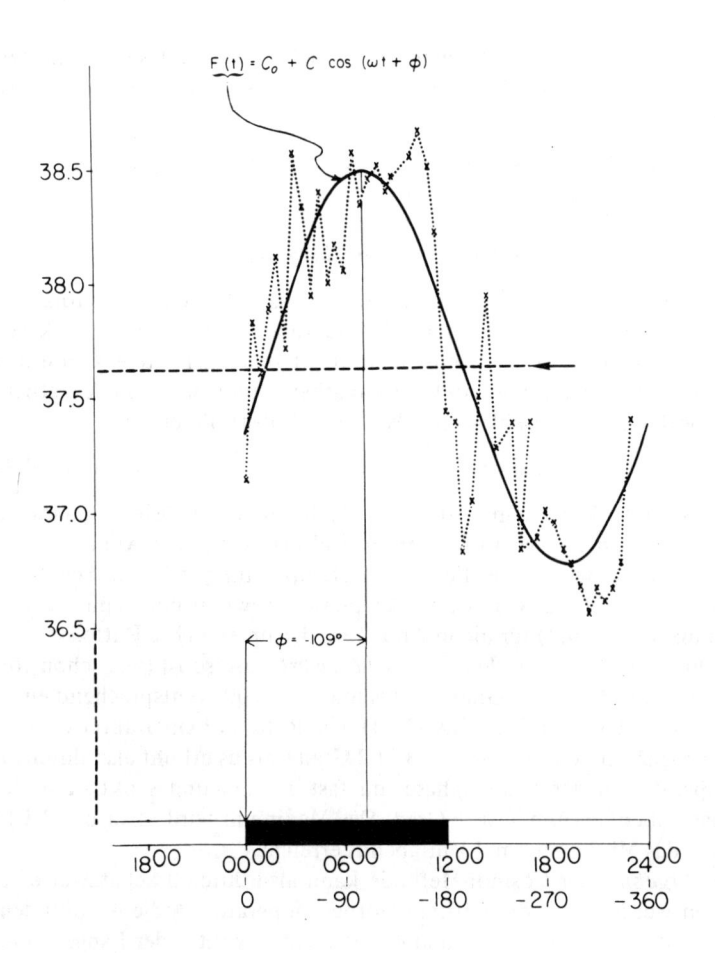

Abb. 13.5.4.1
Die Cosinor-Methode, angewendet auf intraperitonale Temperaturmessungen über eine Dunkelphase von 0 bis 12 Uhr und eine Hellphase von 12 bis 24 Uhr zur Schätzung der Akrophase ϕ (Lage des Temperaturmaximums) und der Amplitude (Höhe des TM über der Durchschnittstemperatur) einer weiblichen Ratte.

$\bar{y}$ = 37,62° = Durchschnittstemperatur (horiz. strichliert) in Celsius-Graden (Ordinatenachse)

A = 38,44−37,62 = +0,86 = theor. Maximaltemperatur minus Durchschnittstemperatur (Vertikale oberhalb d. strichl. Horizontalen)

ω = 360°/24 = 15° = Winkelfrequenz

ϕ = −109° = Akrophase (Lage bzw. Tageszeit der Maximaltemperatur ca. 7 Uhr)

x = t oder C° als Maßstab der Abszissenachse.

(C°) zu schätzen, ‚linearisiert' man das Modell bezüglich des nichtlinearen Parameters ϕ und erhält nach $\cos(\alpha+\beta) = \cos\alpha\cos\beta - \sin\alpha\sin\beta$ die lineare Gleichung

$$A \cos(\omega t_i + \phi) = A \cos(\omega t_i)\cos(\phi) - A \sin(\omega t_i)\sin(\phi) \qquad (13.5.4.2)$$

oder mit $\omega t_i = \beta_i$

$$A \cos(\beta_i + \phi) = A \cos(\beta_i)\cos(\phi) - A \sin(\beta_i) \sin(\phi) \qquad (13.5.4.3)$$

Interpretiert man die Amplitudenhöhe A als Länge eines Vektors, der vom Mittelpunkt des Einheitskreises in Richtung des Akrophasenwinkels ϕ weist, dann ist A die Hypothenuse eines rechtwinkeligen Dreiecks mit den Katheten a (Gegenkathete) und b (Ankathete) und dem von Ankathete und Hypothenuse eingeschlossenen Winkel ϕ. Substituieren wir

$$A \cos \phi = b \quad \text{und} \quad A \sin \phi = a \qquad (13.5.4.4)$$

in (13.5.4.3), so kann man mittels der Methode der kleinsten Quadrate a und b aus den n Beobachtungswerten (Celsiusgraden) der Abb. 13.5.4.1 schätzen, ebenso wie die mittlere Körpertemperatur $\bar{y} = \Sigma y_i/n$. Schätzungen für die Amplitude A und die Akrophase ϕ gewinnt man dann aus den Gleichungen (13.5.4.4) für die in Abb. 13.5.4.1 untersuchte Ratte.

Rechnet man in dieser Weise die *Schätzwerte* aus, so ist (wie schon vorweggenommen) A = 0,86 Grad Celsius und $\phi = -109°$ (entsprechend einer Uhrzeit von 7:16 nach Tafel XX−1−4). Die Ratte mit einer durchschnittlichen Körpertemperatur von $\bar{y} = 37,62$ Grad Celsius erhöht also ihre Körpertemperatur in der Dunkelphase um fast 1 Grad und senkt sie in der Hellphase ebenfalls um fast 1 Grad. Das Maximum wird etwa um 7 Uhr morgens, das Minimum um 7 Uhr abends erreicht.

Das *Ergebnis* der Cosinor-Methode kann also durch 3 Schätzwerte beschrieben werden: $\bar{y}$ = die mittlere Körpertemperatur, A die Amplitudenhöhe und ϕ die Akrophase. A und ϕ bilden einen Vektor der Länge A und mit dem Polarwinkel ϕ in einem Kreis. Dieser Vektor liegt in jener ‚Tiefe' eines Zylinders, die der mittleren Körpertemperatur entspricht.

Obwohl die Cosinor-Methode als parametrisches Verfahren der Einzelfallstatistik konzipiert worden ist, kann sie − auf *rangtransformierte Meßwerte* angewendet − auch als quasi-nichtparametrische Methode zur Beschreibung eines zyklischen Vorgangs dienen. Man beachte, daß es sich um eine deskriptive, nicht um eine inferentielle Methode handelt, und also die Frage der seriellen Abhängigkeit aufeinanderfolgender Beobachtungen ohne Bedeutung ist.

Im Folgenden gehen wir von der deskriptiven zur *inferentiellen Zeitreihenanalyse* über; sie wird sich mit der Frage befassen, ob eine Zeitreihe als im strengen Sinn stationär angesehen werden darf (H_0) oder nicht. Wir werden verschiedene Tests kennenlernen, die gegenüber verschiedenen Alternativhypothesen, besonders gegen die eines Trends allgemeiner oder spezieller Art sensitiv sind, und andere, die die Autokorrelationsstruktur erhellen helfen. Wir werden dabei auch einem Problem Beachtung schenken, das wir deskriptiv nicht behandelt haben, nämlich der *Änderung der Dispersion* einer Zeitreihe um die sie kennzeichnende Linie des generellen Trends.

Mehr als bei anderen Tests ist bei Zeitreihentests darauf zu achten, ob die Voraussetzungen einer *sinnvollen Nullhypothese* im konkreten Fall überhaupt gegeben sind, ob also eine bestimmte Zeitreihe auch bei Wegfall aller trendgenerierenden Einflüsse eine im strengen Sinne stationäre ZRe sein könnte. Leider ist die verfügbare Literatur, soweit sie überhaupt nichtparametrische Perspektiven enthält, viel zu wenig geeignet, dem Anwender weiterzuhelfen (vgl. WHITTLE, 1951, COX und LEWIS, 1966, GRENANDER und ROSENBLATT, 1957, HANNAN, 1960, BOX, 1970), wenn man von der Arbeit GHOSH et al. (1973) als der einzig nichtparametrischen aus neuerer Zeit einmal absieht.

KAPITEL 14: VERTEILUNGSFREIE ZEITREIHEN-TESTS

Im vorigen Kapitel haben wir Methoden der beschreibenden ZRn-Analyse kennengelernt, ohne die Implikation, daß es sich bei diesen Zeitreihen um Zufallsstichproben aus einer definierten Population möglicher Zeitreihen handelt. Macht man jedoch die Annahme der *Zufallserhebung*, dann kann eine einzelne Zeitreihe samt ihren Beschreibungskennwerten als Repräsentant der entsprechenden Population gelten, und die Kennwerte dürfen als erwartungstreue Schätzungen der korrespondierenden Parameter angesehen werden.

Wenn wir die ZRn-*Tests* von den ZRn-*Beschreibungen* trennen, so vor allem deshalb, weil nicht zu jeder beschreibenden Methode ein entsprechender Test zur Verfügung steht, wie dies in Kapitel 9 bei den Korrelationsmethoden und -tests der Fall war. Anderseits werden wir Tests kennenlernen, für welche korrespondierende Maßzahlen fehlen, oder zumindest bis dato noch nicht konzipiert worden sind: Dazu gehört etwa die Änderung der Dispersion einer ZRe entlang der Linie des generellen Trends, und die Verteilung von diskreten Ereignissen entlang der Zeitachse, d.h. ohne vorgegebenes Zeitmuster der Erhebung.

Wir werden in diesem Kapitel insoweit *hierarchisch* vorgehen, als wir uns zunächst den sog. Omnibustests zuwenden, also jenen Tests, die auf alle Abweichungen einer ZRe von der Stationarität mehr oder weniger gut ansprechen, um danach spezielle Trend- und Trendänderungstests einschließlich der mit phasischen Trendänderungen verknüpften Autokorrelationstests zu behandeln.

Vorausgesetzt wird bei ZRn-Tests, daß die beobachtete ZRe eine *Zufallsstichprobe* aus einer Population möglicher ZRn darstellt, wobei die Population von ZRn nicht realiter zu existieren braucht, sondern nur bestimmten Annahmen unter der H_0 zu genügen hat. Diese Annahmen werden für jeden der folgenden Tests plausibel spezifiziert. Je nach der Annahme unter H_1, in welcher Weise die beobachtete ZRe von H_0 abweicht, werden ZRn-Tests vorgestellt, die gegenüber der erwarteten Abweichung bestmöglich ansprechen.

14.1 Tests für ZRn von Binärdaten

In Kapitel V haben wir *simultan* erhobene *Alternativen* (Einsen, Nullen) betrachtet und angenommen, sie seien Zufallsstichproben des Umfangs N aus einer Binomialpopulation mit den Anteilsparametern π_1 und $\pi_0 = 1 - \pi_1$. In Kapitel IX haben wir *sukzessiv* erhobene Alternativdaten betrachtet, jedoch kein bestimmtes *Zeitmuster* der Erhebung zugrundegelegt, und daher ‚nur auf Zufallsmäßigkeit ihrer Abfolge' geprüft. In diesem Kapitel nehmen wir an, daß die Beobachtungen entsprechend einem *festen Zeitmuster*, im allgemeinen entsprechend einem intervalläquivalenten *Standardzeitmuster* erhoben worden sind unter der Nullhypothese, daß der Anteilsparameter von Einsen π_1 über die Erhebungszeit hinweg konstant bleibt.

Wir werden sogleich sehen, daß wir auch unter dieser Nullhypothese der Zufallsmäßigkeit in Richtung auf *Stationarität* von den in Kapitel 9 besprochenen Tests Gebrauch machen können, wenn es nicht darum geht, auf einen spezifischen ZRn-Trend zu prüfen.

14.1.1 Iterationstests als ZRn-Omnibustests

Beginnen wir mit der simplen Frage, ob es an n aufeinanderfolgenden Tagen regnet (1) oder nicht (0). Wenn wir annehmen dürfen, daß die Wahrscheinlichkeit eines Regengusses über die Beobachtungszeit hinweg *konstant* bleibt (π_1 = constans) und weiter darauf vertrauen dürfen, daß das Auftreten eines Regengusses an einem bestimmten Tag *nicht* von seinem Auftreten oder Nichtauftreten an vorangegangenen Tagen *abhängt* (fehlende Autokorrelation = Stationarität im strengen Sinn), dann dürfen wir erwarten, daß Regentage und regenfreie Tage zufallsmäßig aufeinanderfolgen (H_0).

Um nun zu prüfen, ob n in zeitlicher Folge aus einer *Binomialpopulation* mit dem Parameter $\pi_1 = n_1/n$ entnommene Alternativen als im strengen Sinne stationäre ZRe angesehen werden dürfen, benutzen wir die bereits im Kapitel VIII besprochenen *Iterationstests*: Sie gehen von der Nullhypothese aus, wonach alle n! Permutationen der Abfolge der n Alternativen gleichwahrscheinlich sind. Tritt unter H_0 seltene Abfolge auf, dann verwerfen wir H_0, wenn die Wahrscheinlichkeit dieser oder einer ‚noch extremeren' Abfolge kleiner als das vereinbarte Alpha-Risiko ist.

Indikation für den Iterationshäufigkeitstest

Hat man keine Vorwegüberlegungen darüber angestellt, wie die zu erhebende ZRe von Alternativdaten von der Stationarität abweichen könnte, oder ist man trotz solcher Überlegungen zu keinerlei Hypothesen über die *Art der zu erwartenden Abweichungen* gelangt, dann ist der von STEVENS (1939) erstmals angegebene Iterationshäufigkeitstest am besten indiziert, über die Geltung der Nullhypothese zu befinden.

Mit n_1 Einsen und $n_0 = n - n_1$ Nullen innerhalb der ZRe zählt man die Gesamtzahl r der von Einsen und Nullen gebildeten ZRn-Iterationen und

prüft bei genügend *langen* ZRn (n > 30) *asymptotisch* über (8.1.1.12) oder
– bei kleineren ZRn (n > 15) – mit Stetigkeitskorrektur nach (8.1.1.13).
Kurze ZRn prüfe man *exakt* nach (8.1.1.6) oder nach der entsprechenden Tafel VIII–1–1 des Anhangs.

STEVENS' Test spricht cet. par. auf *autokorrelierte* Binärdatenreihen an, da bei Autokorrelation Gruppen von Nullen und Einsen auftreten, ohne daß sich der Anteil der Einsen im Verlauf der ZRe substantiell ändert: *positive* Autokorrelation erster Ordnung führt zu reduzierter, *negative* zu akkumulierter Zahl von Iterationen. Man kann auch hier – wie bei stetigen ZRn – von undulierendem oder oszillierendem Verlauf sprechen. Bei Verdacht auf bestehende Autokorrelation als Alternative zu strenger Stationarität ist mithin eine spezielle Indikation für den Iterationshäufigkeitstest gegeben.

Indikation für einen Iterationslängentest

Erwartet der Untersucher als Alternative gegenüber der Stationarität einer ZRe ‚lokale Häufung' der einen oder anderen Alternative, wie sie z.B. eine Dürreperiode im Fall des Regentage-Beispiels darstellt, dann ist ein Iterations*längen*test (vgl. 8.2) besser indiziert als der Iterations*häufigkeits*test. Die Entscheidung muß jedoch im voraus fallen und darf nicht erst angesichts der ZRe gefällt werden. Lokale Häufung kommt dann zustande, wenn sich der Anteil der Einser (Nullen) in der Population über ein bestimmtes Beobachtungsintervall wesentlich erhöht: So kommen bei fortlaufenden Routine-Tätigkeiten Fehlleistungs-Iterationen größerer Länge immer dann zustande, wenn das Vigilanzniveau passager absinkt.

Auf *Längst-Iterationen* einer bestimmten Art (wie hier der Fehler bzw. der Nullen) prüft man am wirksamsten mit dem einseitigen Längst-Iterationstest (vgl. 8.2.1), bei dem man die längste Iteration von Einsern (Nullen) als Prüfgröße (s) benutzt und sie exakt (8.2.1.5–6) oder asymptotisch (8.2.1.8–9) auswertet.

Lokale Häufung tritt auch zufolge von ‚Nachwirkungen' eines Ereignisses auf: Eine leicht erscheinende, aber schwer lösbare Aufgabe kann im Individualexperiment zu einer Serie von Versagern führen, ein im ZRn-Experiment kurzzeitig (tachistoskopisch) dargebotenes (echtes oder vermeintliches) Sexualsymbol kann das Nicht-Erkennen der nachfolgend dargebotenen Symbole bedingen.

14.1.2 Iterationstest als Residualkomponententest

Iterationstests lassen sich − wie schon vermerkt − mit Vorteil auch dazu verwenden, die Wirksamkeit einer vorgenommenen *Trendbereinigung* (Detrendisierung) zu beurteilen: Man beschreibt eine ZRe nach einem graphischen oder analytischen Verfahren hinsichtlich ihres generellen Trends durch eine Trendlinie und zählt die Iterationen oberhalb und unterhalb dieser Trendlinie. Ist die Trendlinie zugleich die Medianlinie, dann wird man nach SHEWHARTS (8.1.2), sonst nach STEVENS Iterationshäufigkeitstest auf *Stationarität der Residualkomponenten* prüfen.

In Beispiel 8.1.2.1 ist die Trendlinie eine *Horizontale*; sie wäre bei linearem Trend eine *Diagonale* und bei quadratischem Trend eine *Kurve*. Zur überschlagsmäßigen Beurteilung kann die Trendlinie auch freihand gezeichnet werden; andernfalls wird sie nach einer der in Kapitel 13.2 beschriebenen Methoden erstellt.

Der Test spricht im Sinn einer reduzierten Iterationshäufigkeit immer dann gut an, wenn sich die empirische ZRe um die Trendlinie nach Art einer *Schwingung* bewegt; solche Schwingungen sind entweder Ausdruck seriell korrelierter Beobachtungsfehler oder Ausdruck echter Periodizität bzw. zyklischer Überlagerung eines generellen Trends.

Auf die beschriebene Weise läßt sich auch bequem und quasi in einem Gang beurteilen, ob eine auf *gleitenden Durchschnitten* aufbauende Trendlinie die wahren Trendkomponenten zureichend ausschöpft. Ist dies der Fall, dann müssen die Residualabweichungen eine stationäre ZRe bilden (vgl. 13.3.1).

14.1.3 KENDALL-Tests als ZR-Trendtests

Erwartet der Untersucher, daß eine Binärdaten-ZRe einem *monotonen Trend* folgt, wie dies bei der Ausbildung einer nach dem Alles-oder-Nichts-Gesetz funktionierenden bedingten Reaktion (Pawlow-Versuche) der Fall ist, oder erwartet er einen *bitonen* Trend, wie dies bei der Ausbildung und der nachfolgenden Löschung einer bedingten Reaktion zutrifft, dann sind die folgenden beiden Tests indiziert.

MEYER-BAHLBURGS *Rangsummentest*

Liegt eine nach festem oder variablem Zeitmuster erhobene ZRe von Binärdaten (Einser, Nullen) vor, so kann man − wie MEYER-BAHLBURG (1969) gezeigt hat − die ZRe in Einser und Nullen unterteilen, diesen die Ränge der Zeit-Werte zuordnen und mittels des *Rangsummentests* prüfen, ob die Nullhypothese gleicher Lokation beibehalten werden kann (Stationarität) oder nicht (monotoner Trend).

Betrachten wir die folgende ZRe von *Alternativreaktionen*, die dadurch entstanden ist, daß eine Taube konditioniert wurde, in einer bestimmten (der roten) von 4 verschiedenfarbigen Boxen Futter zu finden. Wir bezeichnen mit t die Nummer des Durchgangs und mit $y_t = (1;0)$ Erfolg oder Mißerfolg:

y_t: 0 0 0 0 1 0 0 1 0 1 0 1 1 1 1 1 1

t: 1 2 3 4 5 6 7 8 9 10 11 12 13 14 15 16 17 = n

Die $n_0 = 8$ (selteneren) Mißerfolge und die $n_1 = n - n_0 = 9$ (häufigeren) Erfolge erg ben als Rangsumme $T_0 = 1+2+3+4+6+7+9+11 = 43$ (vgl. 6.1.2). Prüfen wir asymptotisch mit Stetigkeitskorrektur, so erhalten wir nach (6.1.2. 2–5) einen Erwartungswert $E(T_0) = 8(17+1)/2 = 72$ und eine Varianz von $Var(T_0) = 8 \cdot 10(17+1)/12 = 120$. Der einseitige − nur gegen monotonprogressiven Trend gerichtete − u-Test ergibt $u = (|43 - 72| - 0,5)/\sqrt{120} =$ = 2,69; dieser u-Wert ist auf der 1%-Stufe signifikant.

Die *Inspektion der Daten* − Zunehmende Zahl (Anteil) von Erfolgen mit wachsender Zahl (t) von Durchgängen, rechtfertigt es, den monotonsteigenden Trend als Konditionierungswirkung zu interpretieren. Man beachte, daß sich die Inferenz nur auf *das* Individuum bezieht, von dem die intraindividuelle ZRe stammt. Zur gleichen Inferenz führt der exakte Rangsummentest nach Tafel VI−1−2 des Anhangs.

Der ZRn-Rangsummentest läßt sich gemäß dem Titel des Abschnittes 3.1.2 auch als *Korrelationstest* sowohl für SPEARMANS rho (MEYER-BAHLBURG, 1969) als auch für KENDALLS tau (punktbiseriales tau, vgl. KENDALL, 1955, Ch. 3.13) auffassen, sofern man die beiden Alternativen als 2 Gruppen von n_0 und n_1 Rangbindungen umdefiniert. WILCOXONS (1945) Rangsumme T_1 und KENDALLS Prüfgröße S sind in diesem Fall wie folgt verknüpft:

$S = n_1(n_1+1) - 2T_1$ (14.1.3.1)

$S = n_0(n_0+1) - 2T_0$ (14.1.3.2)

Die Prüfgröße S hat gegenüber T_1 den Vorteil, über Null *symmetrisch* verteilt zu sein, so daß es gleichgültig ist, ob man die Rangsumme der Nullen oder die der Einser bildet. Man prüft dann entweder nach KENDALL-SILITTOS Vorschrift (vgl. 9.5.4.1) oder nach dem verbesserten Verfahren von ROBILLARD (1973); beide Verfahren sind nicht nur für Alternativdaten, sondern auch für gruppierte Ordinaldaten anzuwenden, wenn es gilt, monotonen Trend gegen Stationarität zu prüfen.

Ein OFENHEIMER-Rangsummen-Test

Wenn wir unsere konditionierte Taube nach dem 15. Durchgang nicht mehr bekräftigen, sie also in der (roten) Box kein Futter mehr findet, und wir den Versuch bis zu n = 30 Durchgängen fortsetzen, so erwarten wir ein Absinken der Zahl (des Anteils) von Erfolgen (Futter in der roten Box suchen) und damit insgesamt einen umgekehrt *U-förmigen* Zeitreihentrend. Gegen solch einen Trend kann man prüfen, wenn man den auf stetige Observablen gemünzten Trendtest von OFENHEIMER (1971) entsprechend adaptiert (vgl. 9.8.2).

Wir wollen uns diese Adaptation sogleich anhand unseres *Beispiels* plausibel machen.

y_t: 0 0 0 0 1 0 0 1 0 1 0 1 1 1 1   1 1 1 1 1 0 1 1 0 1 0 0 0 1 0

t: 1 . . . . 15 16 30

R: 1 3 5 7   9 11 13   17   20   14 10 8 6   2

Die Rangsumme der $n_0 = 14$ Nullen unter den n = 30 Alternativen beträgt $T_0 = 138$, wenn man die Rangwerte nach SIEGEL-TUKEY (vgl. 6.7.2) den Alternativen zuordnet.

Die Stationaritätsprüfung analog dem MEYER-BAHLBURGschen Rangsummentest ergibt $E(T_0) = 14(30+1)/2 = 217$ und $Var(T_0) = 14 \cdot 16(30+1)/12 = 578{,}67$, dessen Wurzelwert 24,06 beträgt, so daß $u = (138-217)/24{,}06 = 3{,}28$. Der *einseitig* zu beurteilende, weil seinem Typ nach vorausgesagte (umgekehrt U-förmige) Zeitreihentrend ist somit auf der 0,1%-Stufe signifikant, wobei sich die Signifikanz wiederum auf den Einzelfall bezieht, weil eine intraindividuelle ZRe vorliegt.

14.1.4 Cox' Kumulierungstest gegen logistischen Trend

In binären Lernkurven geht es oft darum nachzuweisen, daß die Wahrscheinlichkeit einer erfolgreichen Reaktion von dem Anteil der bereits vorangegangenen Erfolge abhängt, daß also eine Kumulierungswirkung (Cox cumulative score test nach MAXWELL, 1976) resultiert, die zu einer ogivenförmigen (logistischen) Summenkurve von Null-Eins-Daten führt.

Um zu prüfen, ob die Wahrscheinlichkeit p_t eines Erfolges im t-ten Durchgang eines diskreten Lernprozesses eine Funktion der Zahl der Erfolge in den vorangegangenen t-1 Durchgängen ist, hat Cox (1958, 1970, Ch. 5.4) einen Testansatz gewählt, den wir uns an MAXWELLS (1961, S. 134) Beispiel vor Augen halten wollen:

Angenommen, ein Versuchstier findet (nach Art der operanten Konditionierung) bei Druck eines bestimmten von mehreren Hebeln in seiner

Box Futter. Drückt es diesen Hebel, so ist ihm ein Erfolg beschieden (1), andernfalls ein Mißerfolg (0). Ein Versuch mit einem Schimpansen möge die Binärreihe y_t der Tabelle 14.1.4.1 ergeben haben.

Tabelle 14.1.4.1

y_t	0	0	0	1	0	1	1	0	0	1	1	1	0	1	0	1	1	1	1	0
t	1	2	3	4	5	6	7	8	9	10	11	12	13	14	15	16	17	18	19	20

Aus der Tabelle 14.1.4.1 erkennt man, daß die Zahl der Erfolge erst langsam, dann rascher und schließlich wieder langsamer wächst, wie man das von einer ogivenförmigen Lernkurve in der Tat erwartet.

Die Prüfgröße R

Um die Nullhypothese seriell unabhängiger mit gleichbleibender, wenn auch unbekannter Grundwahrscheinlichkeit auftretender Erfolge (H_0) gegen die Alternativhypothese ogivenförmig wachsender Grundwahrscheinlichkeit zu prüfen, bestimmen wir mit MAXWELL (1961) zunächst die sog. *seriellen r-Werte* in Tabelle 14.1.4.2.

Tabelle 14.1.4.2

k	0	1	2	3	4	5	6	7	8	9	10	11 = r
r_k	r_0	r_1	r_2	r_3	r_4	r_5	r_6	r_7	r_8	r_9	r_{10}	r_{11}
r	4	2	1	3	1	1	2	2	1	1	1	1

Die seriellen r-Werte haben wir wie folgt gewonnen: Der erste Erfolg ist beim vierten Durchgang (r = 4) aufgetreten, der zweite Erfolg ist zwei Durchgänge ($r_1 = 2$) nach dem ersten Erfolg aufgetreten: $r_1 = 6-4 = 2$. Der dritte Erfolg ist unmittelbar (= 1 Durchgang) nach dem zweiten Erfolg aufgetreten, so daß $r_2 = 1 = 7-6$ in bezug auf die zugehörigen t-Werte der Tabelle 14.1.4.1 usf. bis zum elften Erfolg mit $r_{11} = 1 = 19-18$ bei insgesamt r = 11 Erfolgen.

Wir bilden nun eine Prüfgröße R dafür, daß ein Erfolg im t-ten Durchgang abhängig ist von der Zahl der Erfolge bis zum (t-1)-ten Durchgang nach

$$R = \Sigma k(r_k) \qquad (14.1.4.1)$$

R beträgt in unserem Beispiel $(0 \cdot 4) + (1 \cdot 2) + \ldots + (11 \cdot 1) = 86$, und es scheint, als ob R für H_0 zu klein wäre, da die hohen r-Werte zu Anfang der

ZRe und die niedrigen am Ende der ZRe liegen, wie wir dies auch von einer Lernkurve erwarten.

Der asymptotische Test

Unter der Nullhypothese ist nun die Prüfgröße R mit einem Erwartungswert von

$$E(R) = \frac{1}{2}(r'-1)n \qquad (14.1.4.2)$$

und mit einer geschätzten Varianz von

$$Var(R) = \frac{r'(r'-1)}{12} \sum_{k=0}^{r} (r_k - \bar{r})^2 \qquad (14.1.4.3)$$

asymptotisch normal verteilt. Dabei ist $r' = r$, wenn der letzte r-Wert eine Null ist und $r' = r+1$, wenn der letzte r-Wert *keine* Null ist.

Da in unserem Beispiel der Tabelle 14.1.4.2 der letzte Wert eine Eins, also keine Null ist, gilt $r' = r+1 = 12$, und es folgt unter der Annahme, daß die Binärdaten-ZRe mit n = 20 für den asymptotischen Test genügend lang ist: $E(R) = \frac{1}{2}(12-1)(20) = 110$ und $Var(R) = (12 \cdot 13/12)(10,67) = 138,71$, wobei $10,67 = (4^2 + 2^2 + 1^2 + \ldots + 1^2 - 20^2/12)$ nach der bekannten Beziehung

$$\sum (r_k - \bar{r})^2 = \sum r_k^2 - (\sum r_k)^2/(r+1) \qquad (14.1.4.4)$$

berechnet worden ist. Wir prüfen nun über die Normalverteilung mit YATES-Korrektur nach

$$u = \frac{|R - E(R)| - \frac{1}{2}}{\sqrt{Var(R)}} \qquad (14.1.4.5)$$

und erhalten ein $u = (|86 - 110| - 0,5)/\sqrt{138,71} = 2,00$. Dieser u-Wert entspricht bei dem gebotenen einseitigen Test (gegen zu kleines R bzw. steigenden Trend der Erfolge) einem $P = 0,023$.

Der agglutinierte Kumulierungstest

Sind p Schimpansen in gleicher Weise konditioniert worden, und haben sich dabei p Prüfgrößen R_i ergeben, so lassen sich diese nach Art eines Subgruppentests agglutinieren. Setzen wir

$$S = \sum d_i = \sum (R_i - E(R_i)) \qquad (14.1.4.6)$$

als neue Prüfgröße an, so ist diese unter H_0 (Stationarität aller p ZRn) über einem Erwartungswert von Null mit einer Varianz von

$$\text{Var}(S) = \text{Var}(\Sigma d_i) = \Sigma \text{Var}(R_i) \tag{14.1.4.7}$$

asymptotisch normal verteilt, so daß man in üblicher Weise mittels des u-Tests nach $u = S/\sqrt{\text{Var}(S)}$ über H_0 befindet. Der agglutinierte Kumulierungstest ist naturgemäß nur dann wirksam, wenn alle ZRn einen positiven (oder negativen) Trend aufweisen; er ist unwirksam, wenn die einzelnen ZRn unterschiedliche Trends (steigend, fallend) aufweisen.

14.1.5 Cox' Test gegen Markoff-Ketten

Vermutet der Untersucher, daß eine binäre ZRe einem Markoff-Prozeß mit zwei Zustandsausprägungen (1 und 0) folgt, so prüft er am wirksamsten mit einem von Cox (1970, Ch. 5.7) entwickelten asymptotischen Test gegen binäre Markoff-Verkettung. Dabei brauchen die Übergangswahrscheinlichkeiten π_{00}, π_{01}, π_{10} und π_{11} mit der auf eine 0 wieder eine 0, auf eine 0 eine 1, auf eine 1 eine 0 und auf eine 1 wieder eine 1 folgt, nicht bekannt zu sein, wie dies für einen parameterfreien Test gefordert wird.

Definiert man f_{00}, f_{01}, f_{10} und f_{11} als die Häufigkeiten, mit denen Sukzessivpaare 00, 01, 10 und 11 in der beobachteten ZRe auftreten, dann gilt bei großem n, daß die f_{ij} als Häufigkeiten einer Vierfeldertafel aufgefaßt und wie diese ausgewertet werden dürfen (Cox, 1970, S. 75).

Für die vom Autor als Beispiel angeführte Binärreihe 10101011011 mit n = 11 gilt demnach $f_{00} = 0$, $f_{01} = 4$, $f_{10} = 4$ und $f_{11} = 2$. Die zugehörige Vierfeldertafel mit a = 2, b = c = 4 und d = 0 hat eine einseitige Überschreitungswahrscheinlichkeit P = p, die sich nach Formel (5.3.2.1) und Tafel XV−2−4 (Binomialkoeffizienten) berechnet zu

$$P = p = \frac{\binom{2+4}{4} \cdot \binom{4+0}{4}}{\binom{2+4+4+0}{2+4}} = \frac{\binom{6}{4} \cdot \binom{4}{4}}{\binom{10}{6}} = \frac{15 \cdot 1}{210} = 0{,}071$$

Die Überschreitungswahrscheinlichkeit ist im vorliegenden Beispiel gleich der Punktwahrscheinlichkeit, weil ein Feld der Vierfeldertafel unbesetzt ist.

Falls wir wegen der Kürze der ZRe $\alpha = 0{,}10$ unter der einseitigen Alternative, es bestünde eine negative Autokorrelation erster Ordnung (Markoff-Kette mit überzufällig häufigem Wechsel von Einsen und Nullen), vereinbart hätten, wäre die Nullhypothese der Unabhängigkeit aufeinanderfolgender Binärdaten zugunsten der genannten Alternative zu verwerfen.

Etwas wirksamer prüft man bei der kurzen ZRe mit n = 11 nach einem anderen von Cox (1958) angegebenen und bei Maxwell (1961, S. 137) wiedergegebenen Vierfeldertest, in welchem a = w, b = r−w, c = n−r−w+1 und d = w−1. Darin bedeuten: w = Zahl der Einser-Iterationen, a = w = 5, r = Zahl der Einser, r = 7, so daß b = 7−5 = 2 und c = 11−7−5+1 = 0 und d = 5−1 = 4. Nach Tafel V−3 des Anhangs lesen wir für a+b = 5+2 = 7 und c+d = 4 unter a = 5 ein P = 0,045 ab, das nicht nur die 10%-, sondern auch die 5%-Schranke unterschreitet, so daß wir auf die Existenz einer alternierenden Markoff-Kette vertrauen dürfen.

Alle Tests aus 14.1.1−5 können für p ZRn agglutiniert werden, wobei man sich der in Abschnitt 8.3.4 beschriebenen Methode bedient. Man achte jedoch darauf, daß die p ZRn einem gleichen (z.B. monotonen) Trend folgen, andernfalls ist eine Agglutination weder statthaft noch wirksam, denn sie basiert auf der Annahme, daß die p Einfall-ZRn aus ein und derselben ZRn-Population stammen.

14.2 Tests für ZRn von Polynärdaten

Nächst Binärdaten kann eine Zeitreihe auch aus *Polynärdaten* aufgebaut sein, aus k Klassen oder k Stufen eines entlang der Zeitachse gemessenen Merkmals. Stationarität bedeutet bei nominal und gruppiert-ordinal skalierten Merkmalen, daß die Populationsanteile der k Klassen oder Stufen über die Beobachtungszeit hinweg konstant bleiben.

14.2.1 Der MIH-Test als ZRn-Omnibustest

Um im Sinne eines *Omnibustests* auf Abweichungen einer polynären ZRe von der so definierten Stationarität zu prüfen, bedient man sich des multiplen Iterationshäufigkeitstests (vgl. 8.1.4).

Angenommen, ein Schüler habe im Verlauf von 4 Jahren nach einem variablen Zeitmuster insgesamt n = 24 Klassenarbeiten in Mathematik geschrieben und dabei die folgenden gruppiert-ordinalen *Zensuren* erworben (Intraindividuelle ZRe):

y_t: 3 3 3 $\overline{2\ 2}$ 1 1 1 $\overline{2\ 3}$ $\overline{4\ 4}$ $\overline{2\ 2}$ $\overline{3}$ $\overline{2\ 2}$ $\overline{4\ 4\ 4}$ 3 3 3 $\overline{2}$ mit r=12

Die Auswertung nach (8.1.4.7) ergibt für r = 12 Iterationen bei n = 24 Zeitreihenwerten asymptotisch ein u = 2,84 (mit Stetigkeitskorrektur), das bei der gebotenen einseitigen Beurteilung (zu wenig Iterationen) auf der 1%-Stufe signifikant ist.

Die *Interpretation* der Nicht-Stationarität ist plausibel: Die Zensuren der Klassenarbeiten sind eine stochastische Funktion verschiedener zeitabhängiger Parameter, wie der überdauernden Motivation (Interesse), des unterweisenden Lehrers und des wechselnden Stoffes, die allesamt jeweils einzeln oder kombiniert längerfristig wirksam sind und daher zu Lokationstrends der Zensuren vom phasischen Typ führen.

Das Zensurenbeispiel besteht aus *quarternären* ordinal skalierten Daten. Bei der Beantwortung psychologischer Testaufgaben resultieren meist *ternäre* und nominal skalierte Daten (wie Aufgabe gelöst, verfehlt und ausgelassen), die ebenfalls als Zeitreihe mit variablem Zeitmuster angesehen werden können[1].

14.2.2 Der H-Test als ZRn-Omnibustest

Ist der phasische Trend einer ZRe aus k nominal oder ordinal skalierten Beobachtungen von Fehlerkomponenten (e_t) durchsetzt, dann bilden sich multiple Iterationen *nicht* in dem Maße aus, daß der MIH-Test stets anspricht. Unter diesen Bedingungen leistet der *H-Test* von KRUSKAL und WALLIS (vgl. 6.2.1) bessere Dienste als Omnibustest gegenüber Trends und Trendkombinationen aller Art.

Um das Gesagte zu illustrieren, betrachten wir eine ZRe von (k = 4) *Schulzensuren*, die sich von der unter 14.2.1 aufgeführten ZRe mit n = 24 Schulnoten nur dadurch unterscheidet, daß an den ‚Nahtstellen' zwischen je zwei Iterationen der Länge 1 ⩾ 3 *Inversionen* vorgenommen worden sind (Tabelle 14.2.2.1).

Die asymptotische Prüfung nach dem H-Test (Formel (6.2.1.1)) wurde bereits in Tabelle 14.2.2.1 vorbereitet, so daß für n = 3+8+8+5 = 24 resultiert

$$H = \frac{12}{24 \cdot 25} \cdot 3892{,}5 - 3(24+1) = 2{,}85$$

Der H-Wert ist für 4−1 = 3 Fge nicht signifikant.

Man hätte per inspectionem mit Folgendem gerechnet: Wie man sieht, sind die verschiedenen Zensuren (Einser, Zweier usw.) auf *verschiedene Abschnitte* der Zeitskala verteilt. Man sieht aber auch, daß nicht nur Lageunterschiede, sondern auch Dispersionsunterschiede in dem Sinne bestehen, daß sich die Dreier über die gesamte Zeitskala verteilen, während sich die Einser nur auf eine kurze Strecke im zweiten Quartil erstrecken. Wollte man diesen Dispersionsunterschied für die k Zensuren nachweisen, wür-

---

[1] Leider hat diese Betrachtungs- und Auswertungsweise psychologischer Tests in Richtung auf Stationarität in der psychologischen Testtheorie noch keinen Eingang gefunden. Möglicherweise stellt Stationarität der Aufgabenbeantwortung durch eine Stichprobe von Pbn ein neues Gütekriterium dar, das Übertragungseffekte von aufeinanderfolgenden Aufgaben zu identifizieren gestattet.

Tabelle 14.2.2.1

y_t	R(y=1)	R(y=2)	R(y=3)	R(y=4)	Σ
3			1		
3			2		
2		3			
3			4		
2		5			
1	6				
1	7				
2		8			
1	9				
3			10		
4				11	
4				12	
2		13			
2		14			
3			15		
2		16			
4				17	
2		18			
4				19	
3			20		
4				21	
3			22		
3			23		
2		24			
Σ	$R_1=22$	$R_2=101$	$R_3=97$	$R_4=80$	300
	$n_1=3$	$n_2=8$	$n_3=8$	$n_4=5$	24
R^2	484	10201	9409	6400	–
$\frac{R^2}{n}$	161,3	1275,1	1176,1	1280	3892,5

de man hierzu MEYER-BAHLBURGS k-Stichprobenversion des SIEGEL-TUKEY-Tests heranziehen (vgl. 6.7.3).

14.2.3 Der S_J-Test als ZRn-Test gegen monotonen Trend

Während der H-Test sowohl für Ordinal wie für nominal skalierte ZRn-Beobachtungen indiziert ist, weil er Abweichungen aller Art von der Stationarität erfaßt, ist er gegenüber der Alternative eines monotonen Trends *ordinal*-gruppierter Beobachtungen relativ ineffizient. Hier ist der S_J-Test von JONCKHEERE (vgl. 6.2.4) effizienter als der H-Test, und zwar im selben Maß als der S_J-Test in Anwendung auf k geordnete Stichproben effizienter ist als der H-Test.

Wie der H-Test, so benutzt auch der S_J-Test die Zeitwerte t als Rangwerte; gleiche y-Werte werden aber nicht über ihre Rangsummen, sondern über die *Kendall-Summe* S daraufhin beurteilt, ob sie die bei monotonem Trend vorausgesagte Rangordnung verwirklichen. Vermuten wir, daß die Schulzensuren über die Schulzeit hinweg schlechter werden, so sollten die Einser niedrige und Vierer hohe Rangwerte (t-Werte) besitzen. Im Prinzip ist der Test identisch mit dem KENDALL-SILITTO-Test, bei dem die t-Werte eine bindungsfreie und die y-Werte eine bindungsbehaftete Rangreihe bilden (vgl. 9.5.4).

Der S_J-Test kann ausnahmsweise auch auf *nominal* skalierte ZRn angewendet werden, wenn die zeitliche Lage der Merkmalsausprägungen unter der Alternativhypothese im Sinne einer bestimmten Ordnung (monotoner Trend) vorausgesagt wird: Man denke an die Fußangel der KRETSCHMERschen Typologie, d.h. an ihre Vermengung mit der Altersvariablen. Wenn man voraussagt, daß Leptosome vorwiegend jüngeren, athletische vorwiegend mittleren und pyknische Psychotiker vorwiegend höheren Alters sind, und diese Voraussage mittels des S_J-Tests stützt, hat man die Vermengung zwischen Psychosen (Schizophrenie, Epilepsie und Zyklophrenie) mit der Altersvariablen nachgewiesen und damit die Schlüssigkeit der Typologie in Frage gestellt.

14.3 Tests für ZRn von Meßwerten: Omnibustests

In Abschnitt 14.1–2 haben wir es mit diskret verteilten Merkmalen oder solchen, die als diskrete (nominal oder gruppiert-ordinal) beobachtet worden sind, zu tun. Im folgenden gehen wir davon aus, daß entlang der Zeitachse zu messende Merkmale *stetig* verteilt und beliebig genau meßbar sind, wobei Meßwertbindungen nur zugelassen werden, wenn sie nicht unmittelbar aufeinanderfolgende Zeitreihen-Meßwerte betreffen.

Im ersten Abschnitt 14.3.1 betrachten wir ZRn, die eine im Verhältnis zu einem etwaigen (monotonen und/oder zyklischen) Trend geringe Fehlerstreuung aufweisen, so daß aufeinanderfolgende ZRn-Meßwerte bzw.

deren *erste Differenzen* vornehmlich Ausdruck der Merkmalsfluktuation und nur zum kleinsten Teil Ausdruck des Beobachtungsfehlers oder korrelierter Beobachtungsfehler sind. Das soll zumindest für die *Vorzeichen* der ersten Differenzen gelten, auf welchen die chronologisch frühesten Stationaritätstests von WALLIS und MOORE (1941) bzw. MOORE und WALLIS (1943) aufbauen.

Geringe Restschwankungsüberlagerung (Fehlerstreuung) ist insbesondere jenen ZRn eigen, die Summen oder Durchschnitte *parallel* verlaufender Einzelzeitreihen zur Grundlage haben. Dabei mögen Summen oder Durchschnitte aus den Rangwerten dieser Einzelzeitreihen gebildet worden sein. Meist handelt es sich darum, daß intraindividuelle ZRn am gleichen Individuum unter gleichen Bedingungen wiederholt werden — man spricht auch von *repetitiven* ZRn — oder darum, daß intraindividuelle ZRn mehrerer Individuen mit *homomorphen* Verläufen superponiert werden — man spricht von *replikativen* ZRn. Repetition wie Replikation von intraindividuellen ZRn führt offenbar zur Minimierung der nach dem additiven Modell (13.1.6) als orthogonal angenommenen Restschwankungen.

14.3.1 Der Phasenverteilungstest von WALLIS und MOORE

Um zu beurteilen, ob die n Meßwerte y_t (t = 1, ..., n) der ZRe eines stetig verteilten Merkmals als stationäre ZRe angesehen werden können, bilden wir die ersten Differenzen $y_{t+1} - y_t$ bzw. deren *Vorzeichen*

$$\text{sgn}(y_{t+1} - y_t) = +, - \tag{14.3.1.1}$$

WALLIS und MOORE (1941) bezeichnen die Iterationen gleicher Vorzeichen als *Phasen* und gründen ihren (hier so genannten) *Phasenverteilungstest* auf die beobachteten Häufigkeiten b_d von Phasen (runs up and down = Auf und Ab-Iterationen) der Länge d. Bei der Phasenzählung berücksichtigen sie nur sog. vollständige Phasen, lassen also die erste und die letzte Vorzeichenphase als unvollständige Phasen außer acht (da ihr Beginn und ihr Ende nicht definiert sind, wenn man die ZRe als Ausschnitt eines stationären Prozesses ansieht).

Nummerisches Beispiel

Der Phasenverteilungstest und seine *Anwendung* läßt sich am besten anhand eines Beispiels, wie der folgenden ZRe mit n = 28 Meßwerten, veranschaulichen (Tab. 14.3.1.1):

Tabelle 14.3.1.1

t:	1	2	3	4	5	6	7	8	9	.	.	.	.	.	.	.	.	.	.	.	.	.	.	.	.	.	.	28=n
y_t:	3	1	2	4	3	2	3	5	6	4	7	8	5	3	4	5	6	7	6	4	2	5	4	1	0	2	3	5
sgn:	−	+	+	−	−	+	+	+	−	+	+	−	−	−	+	+	+	+	−	−	−	+	−	−	−	+	+	+
d:		2			2				3			1			2				2			4			3	1	3	

Die ZRe der n = 28 Meßwerte beginnt mit vollständiger Plus-Phase der Länge d = 2, die, weil sie eine Wegbewegung von der Basis (y = 0) anzeigt, auch als *Expansion* (run up) bezeichnet wird; es folgt dann eine Minusphase der gleichen Länge d = 2, die, weil sie eine Rückkehr der Meßwerte y zur Basis anzeigt, auch als *Kontraktion* (run down) bezeichnet wird. Im weiteren Verlauf der ZRe finden wir Phasen der Längen d = 3, d = 1 usf. bis zur letzten vollständigen Phase (Kontraktion) mit der Länge d = 3.

Länge und Frequenz der Vorzeichenphasen lassen sich als *Häufigkeitsverteilung* wie folgt darstellen (Tab. 14.3.1.2):

Tabelle 14.3.1.2

Phasenlänge d:	1	2	3	4	5	.	.
Frequenz d. Phasenlänge b_d:	2	4	3	1	0		

Der Phasenverteilungstest untersucht nun die Frage, ob die *beobachteten* Frequenzen der Phasenlängen b_d mit der aufgrund der Nullhypothese einer stationären ZRe theoretisch *erwarteten* Frequenzen e_d hinreichend gut übereinstimmen.

Aufgrund *kombinatorischer Überlegungen* läßt sich nachweisen, daß die Häufigkeit, mit der eine Phase der Länge d unter H_0 bei n ZRn-Werten zu erwarten ist, durch den folgenden Ausdruck bestimmt wird:

$$e_d = \frac{2(d^2 + 3d + 1)(n - d - 2)}{(d+3)!} \qquad d=1: \; \frac{2 \cdot 5 \cdot (n-3)}{4 \cdot 3 \cdot 4} \qquad (14.3.1.2)$$

Eine Phase der Länge d = 4, wie sie in Tabelle (14.3.1.2) beobachtet wurde, hat z.B. einen Erwartungswert

$$e_4 = \frac{2(4^2 + 3 \cdot 4 + 1)(28 - 4 - 2)}{(4+3)!} = \frac{1276}{5040} = 0{,}253$$

der wesentlich niedriger liegt als der beobachtete Wert $d_4 = 1$. Da, wie wir sehen, Phasen der Länge d ⩾ 4 *selten* sind, bzw. niedrige Erwartungswerte selbst bei ZRn mittlerer Länge (wie der unsrigen mit n = 28) haben, beschränken sich WALLIS und MOORE (1941) auf Phasen der Längen d = 1, d = 2 und d ⩾ 3, was sinnvoll ist, da die unter H_0 erwartete mittlere Phasenlänge $(3n - 11{,}6194)/(2n - 7) \approx 1{,}5$ beträgt.

Es läßt sich zeigen, daß die *Erwartungswerte* für Phasen der Länge 1 und 2 sowie längere Phasen (⩾ 3) in ZRn des Umfangs n wie folgt bestimmt sind:

$$e_1 = 5(n-4)/12 \qquad (14.3.1.3)$$

$$e_2 = 11(n-4)/60 \qquad (14.3.1.4)$$

$$e_{\geqslant 3} = (4n-21)/60 \qquad (14.3.1.5)$$

Für unser Beispiel mit n = 28 ergibt sich $e_1 = 5(28-3)/12 = 125/12 = 10{,}42$, $e_2 = 11(28-4)/60 = 44/10 = 4{,}40$ und $e_{\geqslant 3} = (4 \cdot 28-21)/60 = 91/60 = 1{,}52$.

Wie man sieht, stimmt nur die Erwartung $e_2 = 4{,}40$ mit unserer Beobachtung in Tabelle 14.3.1.2 von $d_2 = 4$ hinreichend gut überein. Phasen der Länge d = 1 treten mit $b_1 = 2$ seltener als erwartet ($e_1 = 10{,}42$) und Phasen der Länge d ⩾ 3 treten mit $b_{\geqslant 3} = 3+1 = 4$ häufiger als erwartet ($e_{\geqslant 3} = 1{,}52$) auf. Man beachte, daß $\Sigma b \neq \Sigma e$ ist.

Die Prüfgröße χ_p^2

Wie prüft man nun, ob die beobachteten und die unter der Null-Hypothese der Stationarität erwarteten Frequenzen der verschiedenen Phasenlängen in toto hinreichend gut übereinstimmen? Nach WALLIS und MOORE (1941) berechnet man hierzu die *Prüfgröße* des Phasenverteilungstests

$$\chi_p^2 = \sum_{d=1}^{d \geqslant 3} \frac{(b_d - e_d)^2}{e_d} \qquad (14.3.1.6)$$

Die Prüfgröße beurteilt man *exakt* nach Tafel XIV−3−1 des Anhangs (WALLIS und MOORE, 1941, Table 1) für ZRn der Länge N = 6(1)12 und asymptotisch für n = N > 12. Unterschreitet der abzulesende P-Wert das vereinbarte Alpha-Risiko, dann ist die Nullhypothese der Stationarität zu verwerfen und die Nichtstationarität zu interpretieren: Zu wenig kurze und zu viele lange Phasen deuten auf einen *zyklischen* Trend als die praktisch häufigste Alternative zu H_0.

Asymptotisch ist die Prüfgröße χ_p^2 wie χ^2 mit $2\frac{1}{2}$ Fgn verteilt, wobei allerdings die Anpassung im Extrembereich der Chiquadratverteilung nicht allzu gut ist. Eine andere Näherung besteht darin, daß man χ_p^2 um 1/7 seines Wertes vermindert und in der Chiquadrattafel für 2 Fge nachliest[2].

---

[2] Die Zahl von 2 Fgn ergibt sich daraus, daß χ^2 aus 3 Komponenten besteht und 1 Fg durch die (nur bei Geltung von H_0 realisierte) Restriktion $\Sigma e = \Sigma b$ verlorengeht; weil aber $\Sigma e = \Sigma b$ unter H_1 nicht gilt, ist die Anpassung für 2,5 Fge besser.

Testanwendung

Angenommen, unsere ZRe der Länge n = 28 bezeichne die Zahl der über 4 Wochen täglich registrierten *Verkehrsunfälle* (y_t) einer Stadt, und es wird gefragt, ob der beobachtete phasische Trend durch zeitabhängige Faktoren (z.B. Wettereinflüsse) bedingt ist (H_1) oder als Zufallseffekt gedeutet werden darf (H_0).

Die *Auswertung* ist gemäß (14.3.1.6) in Tabelle 14.3.1.3 vollzogen worden:

Tabelle 14.3.1.3

d=Phasenlänge	b_d=beobachtete Frequenz d	e_d=erwartete Frequenz	$(b_d - e_d)^2 / e_d$
1	2	10,42	6,80
2	4	4,40	0,04
⩾3	4	1,52	4,05
n = 28	Σb_d=10 $\neq$	Σe_d = 16,34	χ_p^2 = 10,89

Ein χ_p^2 = 10,89 entspricht nach Tafel XIII−3−1 des Anhangs für n > 12 einer Überschreitungswahrscheinlichkeit von P ⩽ 0,008 ($\chi_{0,008}^2$ = 10,75). Wir verwerfen die Stationaritätshypothese auf der 1%-Stufe und stellen gemäß den χ_p^2-Komponenten der letzten Spalte aus Tabelle 14.3.1.3 fest, daß kurze Phasen zu selten und lange zu häufig sind; dies ist Ausdruck eines *undulierenden Trends*[3].

Der Phasenverteilungstest kann als heuristisches Verfahren dazu benutzt werden, jene *Gleitspanne* zur Trendanpassung via Gleitdurchschnitte zu benutzen, die ein minimales χ_p^2 ergeben (WALLIS und MOORE, 1941, S.405).

Der Phasenverteilungstest ist nur als einseitiger Omnibustest vertafelt, d.h. er ist nur gegen die Alternative der *Nicht*stationarität, nicht auch gegenüber der Alternative einer (manipulierten) *Ideal*stationarität sensitiv. Ebenfalls insensitiv ist der Test gegenüber einem Wechsel von langphasigen (undulierenden) und kurzphasigen (oszillierenden) Schwankungen einer

---

[3] Da man im Fall dieses Beispiels nicht anzunehmen braucht, daß korrelierte Beobachtungsfehler den phasischen Trend bedingt haben, bleibt nur die Annahme, daß der Lageparameter des Merkmals ‚Unfallhäufigkeit' nach Art eines irregulären zyklischen Trends schwingt: Sollten die ‚Unfall-Hochs' an nebligen und die ‚Unfall-Tiefs' an sonnigen Tagen fallen, würde man die Witterungsbedingungen für die Nichtstationarität verantwortlich machen. In dieser oder anderer Weise muß versucht werden, das Testergebnis zu *interpretieren*.

ZRe, denn er bezieht die Zufallsmäßigkeit der Aufeinanderfolge kurzer und langer Phasen in der Prüfgröße nicht mit ein[4].

Die Tatsache, daß die relative asymptotische *Effizienz* (ARE) des Phasenverteilungstests gegenüber der Alternative eines linearen Trends normal verteilter ZRn-Werte vermutlich ebenso gleich Null ist wie seiner Spezifikation im nachfolgend beschriebenen Phasenhäufigkeitstests (STUART, 1956), tut seiner Eignung als Omnibustest in Anwendung auf endliche ZRn keinen Abbruch.

14.3.2 Der Phasenhäufigkeitstest

So wie wir bei den Iterationshäufigkeitstests nur die Anzahl der Iterationen und nicht deren Länge berücksichtigt haben, so können wir auch bei einem Phasenhäufigkeitstest (der als Iterationshäufigkeitstest aus Vorzeichen von ersten Differenzen aufgefaßt werden kann) allein die *Zahl der vollständigen Phasen* abzählen und sie als *Prüfgröße* – wir nennen sie b – gegen die Erwartung unter der Nullhypothese testen.

Der asymptotische Test von WALLIS und MOORE

WALLIS und MOORE (1941) haben gezeigt, daß in *längeren* Reihen (n > 10) die Zahl b der vollständigen Phasen, d.h. die Zahl der Phasen mit der Länge d ⩾ 1, über einem *Erwartungswert* von

$$E(b) = (2n - 1)/3 \qquad (14.3.2.1)$$

mit einer *Varianz* von

$$Var(b) = (16n - 29)/90 \qquad (14.3.2.2)$$

asymptotisch normal verteilt ist, so daß wir mittels des u-Tests wie folgt prüfen

$$u = \frac{b - E(b)}{\sqrt{Var(b)}} \qquad (14.3.2.3)$$

Bei *kürzeren* Zeitreihen (n < 30) wird man i.S. der Stetigkeitskorrektur eine halbe Einheit vom Zählerbetrag subtrahieren, ehe man durch den Nenner dividiert.

---

4 Falls etwa die erste Hälfte einer ZRe unduliert und die zweite Hälfte oszilliert (oder vice versa), muß die Stationaritätshypothese zu Unrecht beibehalten werden. Aus diesem Beispiel erkennt man, daß auch ein Omnibustest gegenüber speziellen Alternativen versagen kann. Der Anwender muß auf diesen Umstand achten.

Im Beispiel der Tabelle 14.3.1.3 haben wir in einer ZRe des Umfangs n = 28 insgesamt Σb_d = b = 10 vollständige Phasen angetroffen, obschon unter der Stationaritätshypothese E(b) = (2·28 − 1)/3 = $18\frac{1}{3}$ zu erwarten waren. Ist die beobachtete Zahl von nur b = 10 Phasen mit $\hat H_0$ vereinbar? Wir berechnen die Varianz Var(b) = (16·28 − 29)/90 = 4,65 und erhalten $\sqrt{\mathrm{Var}(b)}$ = 2,158. Der stetigkeitskorrigierte u-Test ergibt:

u = |(10,5 − 18,33)|/2,158 = 3,63.

Dieser u-Wert ist bei zweiseitiger Fragestellung, wonach entweder zu wenige oder zu viele Phasen auftreten, auf der 1%-Stufe signifikant, da $u_{0,01}$ = 2,56.

Wie man sieht, läßt sich der Phasenhäufigkeitstest im Unterschied zum Phasenverteilungstest auch als *einseitiger* Test anwenden, wenn man unter der Alternativhypothese voraussagt, ob zu wenige (wie oben) oder zu viele Phasen auftreten werden, ob also undulierende oder oszillierende Nichtstationarität erwartet wird.

Der exakte Test von EDGINGTON

Der Phasenhäufigkeitstest von WALLIS und MOORE ist ein asymptotischer Test und daher nur auf längere ZRn anzuwenden. Für kürzere ZRn hat EDGINGTON (1961) die *exakten* Überschreitungswahrscheinlichkeiten P für eine beobachtete Zahl b von Phasen nach dem Rationale der *Auf- und Ab-Iterationen* (vgl. BRADLEY, 1968, Ch. 12) berechnet und für n = 2(1)25 tabelliert. Tafel XIV−3−2−1 führt die P-Werte gegen die einseitige Alternative von ‚zu wenig' Iterationen auf.

Hätten wir bei n = 25 ZRn-Meßwerten b = 10 Phasen erhalten, so entspräche dies nach Tafel XIV−3−2−1 einer Überschreitungswahrscheinlichkeit von P = 0,0018. Da der asymptotische, stetigkeitskorrigierte Test ein u = 2,70 und damit ein P = 0,0035 erbracht hat, ist der exakte Test trotz kürzerer ZRe (25 gegen n = 28) wirksamer; man wird ihn also gegenüber dem asymptotischen Test bevorzugen, sofern n ⩽ 25.

Beide Phasenhäufigkeitstests, der exakte wie der asymptotische, unterscheiden *nicht* zwischen kurzen und langen Phasen und sind daher kontraindiziert, wenn eine ZRe sowohl kurze wie lange Phasen aufweist. Der exakte Test ist darüber hinaus nur gegen zu wenig Phasen vertafelt und somit gegen zu viele Phasen (Oszillationen) nicht anzuwenden. Beide Tests setzen unter H_0 ein stetig verteiltes Merkmal Y voraus, bei dessen ZRe zumindest keine *Nachbarschaftsbindungen* auftreten, so daß alle Erstdifferenzen ihrem Vorzeichen nach eindeutig bestimmt sind.

Die Tests von LEVENE und WOLFOWITZ

Wir haben schon festgestellt: die Phasenhäufigkeit b ist einfach die Zahl der Phasen mit der Mindestlänge d = 1. Betrachtet man allgemein Phasenhäufigkeiten, in welchen nur die vollständigen Phasen der *Mindestlänge d* gezählt werden, so lassen sich, wie LEVENE und WOLFOWITZ (1944) gezeigt haben, auch Phasenhäufigkeitstests konstruieren, die gegenüber spezifizierten Alternativen sensitiver sind als der Phasenhäufigkeitstest von WALLIS und MOORE.

Vermutet man etwa Phasen *mittlerer* Länge (d $\geq$ 2) als Alternative zu H_0, dann wird man mit Vorteil die Prüfgröße $b_{\geq 2} = b_2$ anstelle der Prüfgröße $b_{\geq 1} = b_1 = b$ benutzen. Die Prüfgröße b_2 ist unter H_0 (Stationarität) mit einem *Erwartungswert* von

$$E(b_2) = (3n - 5)/12 \qquad (14.3.2.4)$$

und einer *Varianz* von

$$Var(b_2) = (57n - 43)/720 \qquad (14.3.2.5)$$

asymptotisch normal verteilt. Man prüft folglich gegen zu wenige oder gegen zu viele Phasen der Länge d $\geq$ 2 über die Standardnormalverteilung nach

$$u = \frac{b_2 - E(b_2)}{\sqrt{Var(b_2)}} \qquad (14.3.2.6)$$

Wollten wir diesen b_2-Test trotz fehlender Alternativen-Indikation auf die Daten der Tabelle 14.3.1.3 anwenden, so ergäbe sich für $b_2 = 4+4 = 8$ ein Erwartungswert von $E(b_2) = (3 \cdot 28 - 5)/12 = 6,58$ und eine Varianz von $Var(b_2) = (57 \cdot 28 - 43)/720 = 2,157$ und damit bei Anwendung der Stetigkeitskorrektur ein $u = (7,5 - 6,58)/\sqrt{2,157} = 0,62$. Dieser u.Wert ist selbst bei einseitiger Fragestellung nicht signifikant. Das insignifikante Testergebnis ist plausibel, da gerade Phasen der Länge d $\geq$ 2 in Tabelle 14.3.1.3 etwa so oft beobachtet wie unter H_0 erwartet werden (8 gegen 6,6).

Im obigen Beispiel mit zu vielen Phasen der Länge d $\geq$ 3 würde ein *einseitiger* b_3-Test nach LEVENE und WOLFOWITZ (1944) gut ansprechen. Dieser Test ist asymptotisch gleich dem Chiquadrattest für $b_{\geq 3} = 4$ und $e_{\geq 3} = 1,52$ der Tabelle 14.3.1.3 für 1 Fg: $(4 - 1,52)^2/1,52 = 4,05$. Ein $\chi^2 = u^2 = 4,05$ für 1 Fg entspricht einem u = 2,01, und dieser u-Wert überschreitet die einseitige Schranke $u_{0,05} = 1,65$.

Tatsächlich operiert der asymptotische b_3-Test mit einem Erwartungswert von $E(b_3) = (4n - 11)/60$ und einer Varianz von $Var(b_3) =$

$\dfrac{21496n - 51269}{453600}$, woraus sich bei Anwendung der Stetigkeitskorrektur ein u-Wert von 1,64 für das Beispiel der Tabelle 14.3.1.3 ergibt.

Der Längstphasentest von OLMSTEAD

Ein Test, der optimal auf einen *monotonen Abschnitt* einer *nichtmonotonen* ZRe anspricht und zugleich den monotonen Abschnitt der ZRe durch die Prüfgröße zu identifizieren gestattet, basiert auf der *längsten* der beobachteten Phasen (runs up and down of length p or more), deren Länge wir mit p bezeichnen. Die *Längstphase* p einer ZRe von n stetig verteilten Meßwerten tritt bei Geltung der Nullhypothese (stationäre ZRe) mit einer Überschreitungswahrscheinlichkeit P auf, die OLMSTEAD (1946) tabelliert hat.

Die *Nullverteilung* der Längstphasen der Länge p ergibt sich daraus, daß man alle n! Permutationen der Zahlen von 1 bis n bildet und abzählt, wieviele dieser Permutationen Phasen der Länge p aufweisen (wobei eingeschlossen ist, daß auch mehr als 1 Phase der Länge p auftritt). Zählt man für jedes einzelne p aus, wie oft man unter den n! Permutationen ein p dieser Länge beobachtet – es seien dies Z Permutationen –, und ferner, wie oft man Phasen größerer Länge (> p) beobachtet – es seien dies z Permutationen –, dann resultiert die gesuchte *Überschreitungswahrscheinlichkeit* zu

$$P = (Z + z)/n! \qquad (14.3.2.7)$$

Diese P-Werte sind in Tafel XIV–3–22 für ZRn der Länge n = 2(1)15(5) 20(20)100, 200, 500, 1000, 5000 aufgeführt (aus OWEN, 1962, Ch. 12.6).

Für Zeitreihen bis zur Länge n = 14 sind auch die *Frequenzen* Freq = = Z+z mit angegeben worden: So ergeben sich für n = 3 ZRn-Werte die Permutationen 1+2+3 1+3-2 2-1+3 2+3+1 3-1+2 3-2-1. Unter diesen 3! = 6 Permutationen finden wir 2 Permutationen mit Phasen der Länge p = 2, nämlich 1+2+3 und 3-2-1, so daß Z = 2 und, da längere Phasen (p > 2) nicht möglich sind, ist P = 2/6 = 0,333, wie in Tafel XIV–3–2–2 angegeben.

Der Test spricht, wie schon eingangs erwähnt, besonders gut auf ZRn an, die *stückweise monoton* verlaufen, aber insgesamt keinem monotonen Trend folgen. Der Test von OLMSTEAD spricht ferner auf jene insgesamt monotonen Kurven an, die wie die exponentiellen Kurven (Wachstums- und Lernkurven nach Dekumulierung) in ihrer Asymptote quasi-stationär verlaufen; sie liefern nur in ihrem Anfangsabschnitt eine längere Phase gleicher Erstdifferenzen-Vorzeichen.

Um zu prüfen, ob die nichtmonotone ZRe in Tabelle 14.3.1.3 einen *monotonen Abschnitt* aufweist, lesen wir in Tafel XIV–3–2–2 nach, ob eine Längstphase mit p = 4 in einer ZRe mit n = 28 wenigstens auf der 10%-Stufe (einseitiger Test!) signifikant ist: Durch lineare Interpolation zwischen n = 20 und n = 40 ergibt sich ein $P \approx 0{,}30 > 0{,}10 = \alpha$. Einen genaueren P-Wert erhielten wir über die von WOLFOWITZ (1944) angegebene asymptotische Verteilung der Längstphase unter der Nullhypothese.

Anmerkungen zur Testindikation

Alle Phasen- oder *Auf- und Ab-Iterationstests* (runs up and down-tests) setzen voraus, daß das untersuchte Merkmal stetig verteilt und bindungsfrei gemessen worden ist; das gilt für die Phasenhäufigkeitstests wie für den Phasenverteilungstest. Bindungen wirken sich jedoch nur dann aus, wenn sie aufeinanderfolgende Meßwerte betreffen. Will man in solchen Fällen dennoch mittels Phasentests prüfen, wird man die 2 oder 3 oder t *Sukzessivbindungen* durch einen einzigen Meßwert ersetzen und den Umfang der ZRe entsprechend reduzieren. Obwohl nicht nachgewiesen, dürfte diese Empfehlung zu einer konservativen Entscheidung führen.

Die Anwendung von Phasentests ist nur dann gerechtfertigt, wenn unter der Nullhypothese der Stationarität sinnvollerweise angenommen werden darf, daß aufeinanderfolgende Meßwerte *meßtechnisch unabhängig* sind. Diese Annahme schließt die Prüfung kumulierter ZRn aus und schränkt die Prüfung intraindividueller ZRn auf jene Fälle ein, in welchen korrelierte Beobachtungsfehler praktisch ausgeschlossen werden können: bei objektiver Messung in größeren Zeitintervallen.

Zum Phasenhäufigkeitstest von WALLIS und MOORE ist noch zu ergänzen: Statt der Phasenhäufigkeit b kann als Prüfgröße auch die *Häufigkeit von Wendepunkten* w zwischen Auf und Ab-Iterationen dienen: Die Prüfgröße w ist mit einem Erwartungswert von (2n – 4)/3 und einer Varianz von (16n – 29)/90, also der gleichen Varianz wie der Prüfgröße b, asymptotisch normal verteilt, wenn die Stationaritäts-H_0 zutrifft.

14.3.3 Der Punkt-Paare-Test nach QUENOUILLE

Ein anderer Zeitreihen-Omnibustest, der auf monotone, phasische und kombinierte Trends gleichermaßen anspricht und ursprünglich zur Prüfung nichtlinearer Zusammenhänge zwischen zwei Observablen X und Y diente, ist der bei QUENOUILLE (1952, S. 43 und 187) beschriebene *Punkt-Paare-Test* (point-pairs-test). Wie die Phasentests, so spricht auch er vorzüglich auf autokorrelierte Beobachtungen an, ohne daß jedoch bekannt wäre, wann der Punkt-Paare-Test gegenüber den Phasentests im Vorteil ist.

Der Punkt-Paare-Test geht von der *Nullhypothese* aus, wonach aufeinanderfolgende (sukzedierende) Beobachtungen mit Wahrscheinlichkeit 1/2 über und unter der Medianlinie der ZRe zu liegen kommen. Betrachtet man als Prüfgröße die Paare von aufeinanderfolgenden Beobachtungen, die auf *derselben* Seite des ZRn-Medians gelegen sind, so lassen sich durch Randomisierung der n (rangtransformierten) Beobachtungen einer stationären ZRe die dabei entstehenden Punkt-Paare abzählen und als *Prüfverteilung* darstellen.

Der exakte Test

Für ZRn-Umfänge von n = 8(2)100 hat QUENOUILLE (1952, Table IV) die 1%- und 5%-Schranken der *Prüfgröße* pp = Zahl der Punktpaare vertafelt, und zwar nur gegen die einseitige Alternative einer zu geringen Zahl von Punktpaaren, was einem undulierendenTrend entspricht. Kommt auch ein oszillierender Trend als Alternative in Betracht, so benutze man als Schranken (n-1)/2 - pp. Die Tafel XIV-3-3 gilt für geradzahlige n; bei ungeradzahligem n läßt man den Medianpunkt außer acht und verfährt wie bei geradzahligem n in Beispiel 14.3.3.1:

Beispiel 14.3.3.1

Problem und Methode: Um den Speicherungsprozeß von emotionalen Tageserfahrungen und ihre Verarbeitung im Schlaf zu erforschen, wurde folgende Methode im Einzelfallexperiment verwirklicht: Einer gesunden Vp (W.B.) wurden, nachdem sie mehrere Nächte im Schlaflabor zu Adaptationszwecken vorgeschlafen hatte, vor der ersten Experimentalnacht emotional erregende Testbilder geboten, und sie wurde angewiesen, immer dann den Knopf zu drücken, wenn ‚he was mentally occupied with test pictures during the night'. Dieselbe Anweisung galt für die folgenden 17 Experimentalnächte.

Ergebnisse: Die Zahl y_t der Knopfdruck-Reaktionen pro Nacht t = 1(1)18 ist in Tabelle 14.3.3.1 verzeichnet. (Daten aus H. SCHULZ, in KOELLA und LEVIN (Eds.), 1973, näherungsweise aus Fig. 1 abgelesen.)

Hypothesen: Die Knopfdruck-Reaktionszahl y_t bildet eine stationäre Zeitreihe (H_0)
Die Knopfdruck-Reaktionen bilden keine stationäre Zeitreihe (H_1).

Testwahl: Da die Alternativhypothese H_1 nicht näher spezifiziert wurde, hatten wir die Wahl zwischen einem Phasentest und dem Punkt-Paare-Test. Wir entschieden uns (vor der Datenerhebung) für den Punkt-Paare-Test, weil er (1) auch für kurze Zeitreihen als exakter Test vertafelt ist und (2) Sukzessivbindungen zuläßt.

Auswertung: In Tabelle 14.3.3.1 ist die Medianlinie Md (y_t) = 6 bereits eingezeichnet worden; die Zahl der Punktpaare pp = 10 ist durch die Zahl der Verbindungslinien zwischen aufeinanderfolgenden Zeitreihenwerten symbolisiert. Für eine ZRe des Umfangs n = 18 ist nach Tafel XIV-3-3 erst ein pp $\geq$ 12 auf der 5%-Stufe signifikant.

Tabelle 14.3.3.1

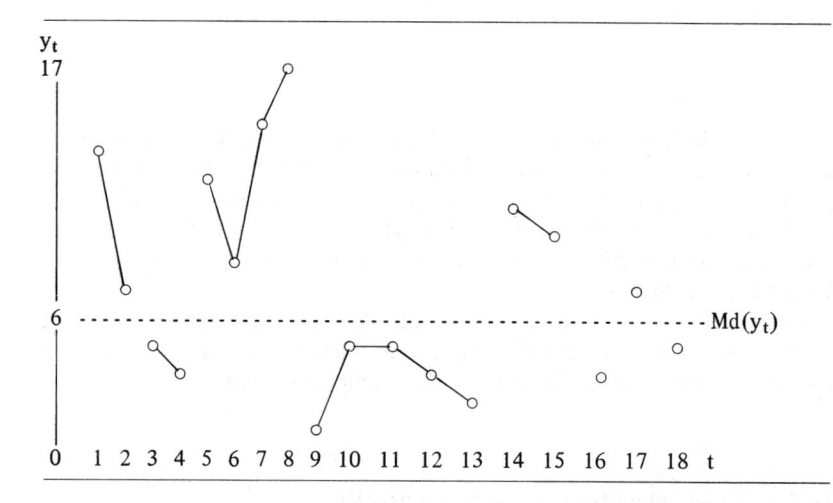

```
y_t
17
```

(graph showing data points over t = 1 to 18, with median line Md(y_t) at 6)

Entscheidung: Da die beobachtete Zahl der Punktpaare die 5%-Schranke nicht erreicht, verwerfen wir die Nullhypothese nicht. Zur gleichen Entscheidung würde der Phasenhäufigkeitstest geführt haben, wenn die Sukzessivbindung $t_{10} = t_{11} = 5$ als eine einzige Beobachtung aufgefaßt wird.

Interpretation: Es muß angenommen werden, daß die Testbilder — vielleicht durch Selbstbekräftigung — über mindestens 18 Nächte gespeichert werden; der zu erwartende degressive Trend ist nicht zu beobachten, und der beobachtete phasische Trend war nicht nachzuweisen (möglicherweise aber bloß zufolge der unzureichenden Effizienz des Punktpaare-Tests).

Der asymptotische Test

Für andere als die in Tafel XIV–3–3 angegebenen Signifikanzstufen prüft man bei genügend langen ZRn (n > 30) über die Normalverteilung: Die Prüfgröße pp ist unter H_0 über einem Erwartungswert von $E(pp) = (n-1)/2$ mit einer Varianz von $Var(pp) = (n-1)/4$ asymptotisch normal verteilt. In unserem Beispiel mit pp = 10 und n = 18 ist $E(pp) = 8,5$ und $Var(pp) = 4,25$, so daß $u = (10 - 8,5)/\sqrt{4,25} = 0,73$. Dieser u-Wert ist bei der gebotenen einseitigen Frage nicht einmal auf der 10%-Stufe signifikant.

Die ‚Punktpaar-Autokorrelation'

Unterstellt man, daß eine Punktpaar-Häufung durch Autokorrelation der ZRn-Meßwerte bedingt ist, dann läßt sich über die Prüfgröße pp auch ein Koeffizient der ‚Punktpaar-Autokorrelation' wie folgt definieren (QUENOUILLE, 1952, S. 45):

$$C(pp) = \frac{2(pp)}{n-1} - 1 \qquad (14.3.3.1)$$

In unserem Beispiel wäre C(pp) = 2 · 10/17 − 1 = +0,18, was einer schwach positiven Autokorrelation der 18 ZRn-Werte entspräche. Daß C(pp) in den Grenzen zwischen +1 und −1 definiert ist, erkennt man unmittelbar, da die Maximalzahl der Punktpaare max(pp) = n−1. Dieser Fall wäre bei perfekt monotonem ZRn-Trend realisiert, wovon man sich anhand einer Graphik überzeugen kann.

Für den Punktpaare-Test gelten die gleichen Voraussetzungen unter der Nullhypothese wie für die Phasentests; je nach Art der ZRe (intra- und interindividuell) sind sie Einzelfall- oder Stichprobentests.

14.3.4 Andere Omnibustests für Meßwert-ZRn

1. Betrachtet man Tabelle 14.3.3.1, so stellt man fest, daß der Punktpaare-Test invers verknüpft ist mit SHEWHARTS *Iterationshäufigkeitstest* (vgl. 8.1.2): Die 5 Linienzüge und die 3 Einzelpunkte sind die r = 8 Iterationen oberhalb und unterhalb der (strichlierten) Medianlinie; sie entsprechen der Binärdaten-Sequenz 221122221111122121 mit n = 18 Beobachtungen und $n_1 = n_2 = n/2 = 9$ Einsen und Zweien. Aus dieser Sequenz mit r = 5 Iterationen der Längen (2 2 4 5 2 1 1 1) ergeben sich 1+1+3+4+1+0+ +0+0 = 10 Punktpaare. Im Fall eines monoton degressiven Trends entspräche die Sequenz 222222222111111111 mit r = 2 Iterationen einer Zahl von pp = 8+8 = 16 Punktpaaren. Ein stationär *monoszillierender Trend* (Zickzack-Trend) mit der Sequenz 212121212121212121 hätte r = 18 Iterationen und pp = 0 Punktpaare. Ein stationär *binoszillierender Trend* (Meandertrend) mit der Sequenz 122112211221122112 hätte r = 10 Iterationen und pp = 8 Punktpaare.

Aus obigen Beispielen ersieht man bereits, daß für geradzahliges n die Prüfgröße r von SHEWHARTS Test zu der des Punktpaare-Tests nach r = n−pp komplementär ist, so daß Tafel VIII−1−2 des SHEWHART-Tests anstelle von Tafel XIV−3−3 zu benutzen ist.

2. Statt eine ZRe nach ihrer *Medianlinie* zu dichotomieren, kann man sie unter weniger Informationsverlust auch nach ihren 2 *Tertillinien* trichotomieren und die r multiplen Iterationen (oder die Punktpaare) innerhalb der 3 Meßwertbereiche (oberes, mittleres und unteres Drittel) auszählen. Damit gewinnt man eine trinäre ZRe mit je n/3 Ternärstufen von

Meßwerten, deren Zahl n durch 3 teilbar sein muß, wenn sie durch eine vereinfachte Formel (8.1.4.7) ausgewertet werden soll.

Der *ternarisierte* SHEWHART-*Test* — wie er zu nennen wäre — spricht offenbar stärker als der binarisierte (originäre) SHEWHART-Test auf Ausreißerbeobachtungen in Richtung des ZRn-Ganges an; ebenso erfaßt er monoton überlagerte Zick-Zack- und Meandertrends mit mehr Erfolg. Beide Tests setzen jedoch stetig gemessene Observablen Y voraus und lassen daher keine *Median-* bzw. *Tertilbindungen* von ZRn-Meßwerten zu, wie sie sich in Tabelle 14.3.3.1 bei Tertilierung mit den Meßwerten $y_t = 5$ ergäben. Beide Tests gehen von der H_0 einer streng stationären ZRe aus und sprechen auf irregulär oszillierende oder undulierende Alternativen (H_1) ohne monotonen Trend (autokorrelierte ZRn) relativ gut an.

14.4 Zeitreihentests gegen monotonen Trend

Im vorigen Abschnitt haben wir ZRn-Tests kennengelernt, die auf monotonen, phasischen und gemischten Trend einer ZRe mehr oder weniger gut ansprechen. Sie sind immer dann indiziert, wenn keinerlei Hypothese über den *Typus des Trends* vor der Datenerhebung möglich ist und man auf alle Arten von Trends ‚gefaßt sein muß'. In vielen praktisch wichtigen ZRn-Erhebungen wird — wenn überhaupt — ein *monotoner*, wenn nicht sogar dessen Spezialfall — der *lineare* Trend — erwartet. In solchen Fällen, wo nur ein monotoner Trend als Alternativhypothese in Betracht kommt oder interessiert, prüft man mit speziell gegen monotonen Trend sensitiven Tests dieses Abschnittes wirksamer als mit den Omnibustests des vorangehenden Abschnittes.

14.4.1 Der Trendtest von MANN-KENDALL

Liegt eine interindividuelle ZRe zur Beurteilung auf *monotonen* Trend vor, ist der von MANN (1945) auf der Basis von WILCOXONS Vorzeichen-Rangtest entwickelte, aber ebenso gut auf Inversionen (QUENOUILLE, 1952, Ch. 3.4) oder auf KENDALLS Prüfgröße S (BRADLEY, 1968, Ch. 13.2) zurückzuführende Trendtest am besten indiziert (vgl. 9.5.6).

Rationale und Test

Wenn man in Abschnitt 9.5.6 die Observable X mit den Beobachtungszeiten t identifiziert und die Observable Y mit den ZRn-Meßwerten y_t, dann läßt sich der Zeitreihen-Test von MANN-KENDALL in gleicher Weise

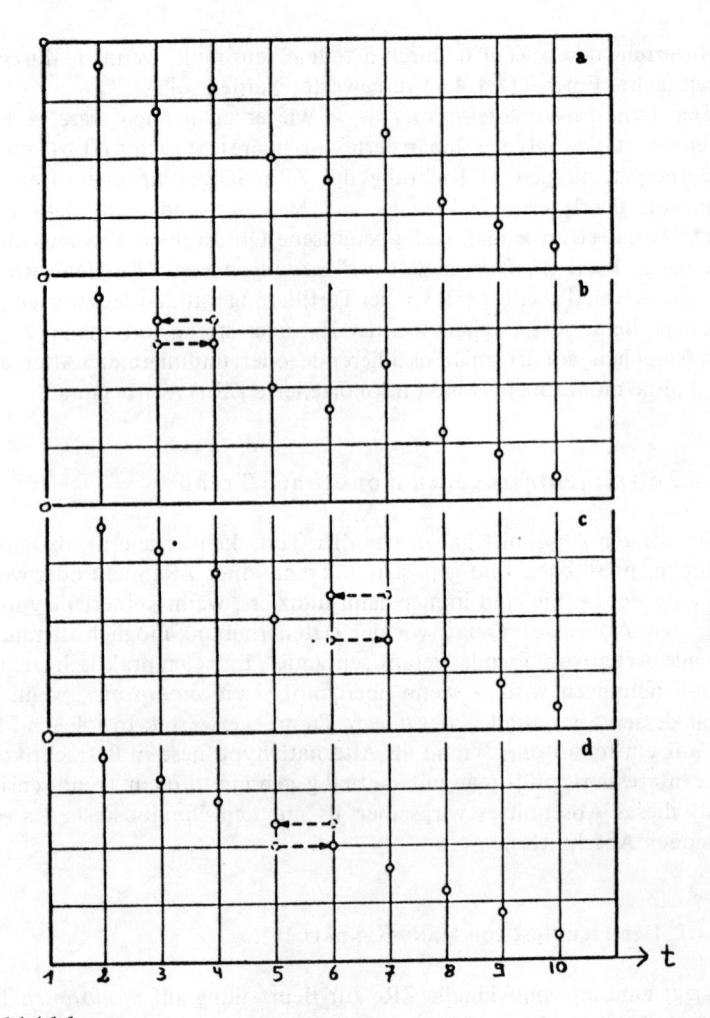

Abb. 14.4.1.1:
Graphische Bestimmung der Inversionszahl I = 6 durch Vertauschungen bis zur Herstellung eines ideal monotonen Trends in einer Zeitreihe von n = 10 Meßwerten (aus QUENOUILLE, 1952, Fig. 30).

durchführen und auswerten wie in Beispiel 9.5.6.1. Man kann aber auch anschaulicher mit *Vertauschungen* (interchanges) von benachbarten Beobachtungen operieren, um die Inversionszahl I zu gewinnen, wie Abbildung 14.4.1.1 zeigt (vgl. auch KREYZIG, 1965, S. 339):

In Abbildung 14.4.1.1a mußten I = 6 Vertauschungen vorgenommen werden (in b, c und d), um eine eindeutige (ideal monotone) ZRe herzustellen. Aus dieser Information gewinnen wir nach (9.5.3.5) die KENDALL-Summe S einer Zeitreihe

$$S = n(n-1)/2 - 2I \qquad (14.4.1.1)$$

In Abbildung 14.4.1.1 mit n = 10 ist somit S = 10 · 9/2 - 2 · 6 = +33. Diese *Prüfgröße* ist nach Tafel IX−5−3−2 des Anhangsbandes auf der 0,5%-Stufe signifikant, wenn man *einseitig* geprüft, d.h. die Richtung des Trends (steigend, fallend) unter H_1 vorausgesagt hat. Auch die asymptotische Prüfung nach (9.5.3.15) führt zur gleichen Entscheidung: Var(S) = = n(n-1) (2n+5)/18 = 10 · 9 · 25/18 = 125 und u = (|+33| - 1)/11,2 = 2,86 > $u_{0,005}$ = 2,57.

Der Limationskoeffizient

Um ein *Maß für die Glätte* einer monoton verlaufenden Zeitreihe zu gewinnen − einen (so zu nennenden) *Limationskoeffizienten* − braucht man nur in (9.5.3.10) einzusetzen oder

$$\tau(L) = 1 - \frac{4I}{n(n-1)} \qquad (14.4.1.2)$$

zu bilden (vgl. QUENOUILLE, 1952, S. 45). In unserem Beispiel ist $\tau(L)$ = = 1 - 4 · 6/10 · 9 = +0,74. Dieser Koeffizient sollte sinngemäß negativ sein, da die Zeitreihe einem degressiven Trend folgt. Positiv ist er deshalb, weil wir in Abbildung 14.4.1.1 eine fallende statt eine (viel aufwendiger herzustellende) steigende Reihe gebildet haben. Um den adäquaten negativen Limations-Koeffizienten zu erhalten, hätten wir nach (9.5.3.2) mit I' = = 10 · 9/2 - 6 = +39 in (14.4.1.2) eingehen müssen.

Statt über Tau kann man gegen monotonen Trend auch über *rho* testen, wie schon DANIELS (1950) gezeigt hat; allerdings ist der rho-Test gegenüber Ausreißerwerten sinsitiver als der tau-Test, wie Beispiel 14.4.1.1 zeigt:

Beispiel 14.4.1.1

Ergebnisse: Die durchschnittliche Gesamtazidität y_t des Magensafts (gemessen in ccm einer 10%igen Natronlauge, die nötig sind, um 100 ccm Magensaft zu neutralisieren), ändert sich im Laufe von n = 7 Dezennien wie aus Tab. 14.4.1.1 erhellt:

Tabelle 14.4.1.1

Dezennium t:	1	2	3	4	5	6	7
Azidität y_t:	27	43	45	44	42	40	37

Die Aziditätswerte sind Mediane aus je 3 gesunden Männern des betreffenden Alters. Wie man sieht, nimmt die Gesamtazidität bis zum 30. Lebensjahr zu und danach allmählich ab.

Tests: Nach dem Tau-Test ergeben sich S = 15 Inversionen, denen für n = 7 nach Tafel IX–5–3–2 ein P = 0,015 (einseitig degressiv) entspricht.

Nach dem rho-Test sind die Daten wie folgt auf monoton degressiven Trend zu prüfen (Tab. 14.4.1.2):

Tabelle 14.4.1.2

t:	1	2	3	4	5	6	7	n = 7
Rang(y_t):	7	3	1	2	4	5	6	
d^2	36	1	4	4	1	1	1	$\Sigma d^2 = S^2 = 48$

Eine SPEARMAN-Summe von $S^2 = 48$ ist für n = 7 nach Tafel IX–5–1–2 nicht signifikant, genauer: mit einem P = 0,391 assoziiert.

Konklusionen: Der Tau-Test spricht auf den längeren monoton degressiven Ast der ZRe im Sinn der Erwartung an, der rho-Test ‚versagt' wegen der einen (ersten) Ausreißerdifferenz 1-7 = 6. Sachlogisch indiziert wäre ein Trendtest gegen bitonen Trend.

Liegt in einer ZRe statt eines monotonen ein *bitoner* Trend vor, so kann man diesen – wie OFENHEIMER (1971) gezeigt hat – durch Faltung der ZRe um ihren Medianwert Md(t) in einen monotonen Trend überführen und als solchen nach KENDALL prüfen. Der Test wurde ebenso wie der Test von MANN-KENDALL bereits unter den Rangkorrelationen abgehandelt (vgl. 9.8.2), bei welchen es um den Nachweis U-förmiger Zusammenhänge zwischen zwei Merkmalen X und Y ging, und wir haben eine Variante dieses Tests bereits in diesem Kapitel kennengelernt (vgl. 14.1.3).

Beide Rangkorrelationstests setzen stetig verteilte ZRn-Meßwerte voraus. Treten vereinzelt *Bindungen* auf, so verfährt man damit wie in Kapitel IX beschrieben (vgl. 9.5.4 und ROBILLARD, 1972). Zahlreich auftretende Bindungen innerhalb einer ZRe schwächen die Wirksamkeit beider Rangtests; sie können versuchsweise mit dem folgenden Test gegen monotonen Trend angegangen werden, insbesondere, wenn keine Sukzessivbindungen vorhanden sind.

An *Voraussetzungen* implizieren MANN-KENDALLS und OFENHEIMER-KENDALLS Trend-Tests in Anwendung auf ZRn, daß die ZRn-Beobachtungen unter der Nullhypothese als wechselseitig unabhängig und als streng stationär gedacht werden müssen. Diese Voraussetzung ist im allgemeinen nur bei interindividuellen ZRn erfüllt. Intraindividuelle ZRn erfüllen im Regelfall diese Voraussetzung nicht und sollen unter H_0 möglichst nur als schwach stationär verteilt angenommen werden; für sie ist der folgende Test modellgerecht.

14.4.2 Der Erst-Differenzen-Test von MOORE und WALLIS

Ein einfacher Test gegen monotonen Trend, der auf den *Vorzeichen der ersten Differenzen* einer ZRe aufbaut, wurde von MOORE und WALLIS (1943) angegeben. Es ist intuitiv plausibel, daß viele Pluszeichen einen steigenden, viele Minuszeichen einen fallenden Trend anzeigen.

Der exakte Test

Das *Rationale* des Erst-Differenzen-Trendtests basiert auf dem Randomisierungsprinzip der ZRn-Meßwerte, wie dies am Beispiel von n = 4 Rangwerten (1 2 3 4) illustriert wird (Tab. 14.4.2.1):

Tabelle 14.4.2.1

1 + 2 + 3 + 4	3 − 1 + 2 + 4
1 + 2 + 4 − 3	3 − 1 + 4 − 2
1 + 3 − 2 + 4	3 − 2 − 1 + 4
1 + 3 + 4 − 2	3 − 2 + 4 − 1
1 + 4 − 2 + 3	3 + 4 − 1 + 2
1 + 4 − 3 − 2	3 + 4 − 2 − 1
2 − 1 + 3 + 4	4 − 1 + 2 + 3
2 − 1 + 4 − 3	4 − 1 + 3 − 2
2 + 3 − 1 + 4	4 − 2 − 1 + 3
2 + 3 + 4 − 1	4 − 2 + 3 − 1
2 + 4 − 1 + 3*	4 − 3 − 1 + 2
2 + 4 − 3 − 1	4 − 3 − 2 − 1

Nehmen wir an, es sei die mit einem Stern bezeichnete ZRe beobachtet worden, und wir wollen gegen die Hypothese eines steigenden Trends prüfen. Zu diesem Zweck definieren wir die Zahl s der positiven Erstdifferenzen als *Prüfgröße*. Unsere ZRe hat s = 2 positive Erstdifferenzen.

Im Sinne eines *exakten einseitigen Tests* fragen wir nach der Wahrscheinlichkeit P, s oder mehr als s = 2 positive Erstdifferenzen unter H_0 vorzufinden. Es gilt

$$P = p(s=2) + p(s=3)$$
$$= 11/4! + 1/4! = 12/24 = 1/2,$$

was für die Reihe 2 4 1 3 plausibel erscheint. Definiert man s als Häufigkeit des *selteneren* Vorzeichens der ersten Differenzen einer Zeitreihe mit n Meßwerten, so lassen sich auf analoge Weise exakte Tests durchführen. Tafel XIV−4 (aus MOORE und WALLIS, 1943, Table 1) enthält die exakten Überschreitungswahrscheinlichkeiten für s-Werte von n = 5(1)12. Längere

Zeitreihen (n > 12) beurteilt man nach dem folgenden asymptotischen Test.

Der asymptotische Test

Unter der *Nullhypothese* einer stationären ZRe ist die Zahl s der Pluszeichen (Minuszeichen) der Erstdifferenzen über einem *Erwartungswert*

$$E(s) = (n-1)/2 \qquad (14.4.2.1)$$

mit einer *Varianz* von

$$Var(s) = (n+1)/12 \qquad (14.4.2.2)$$

asymptotisch normal verteilt[5]. Man prüft also über die Normalverteilung nach

$$u = \frac{|s - E(s)| - \frac{1}{2}}{\sqrt{Var(s)}} \qquad (14.4.2.3)$$

am besten unter Benutzung der Stetigkeitskorrektur. Je nach Voraussage mit oder ohne Richtung ist u ein- oder zweiseitig zu beurteilen.

Der Erst-Differenzentest geht im Unterschied zum Tau-Korrelationstest nur von der Nullhypothese einer *schwachen Stationarität* aus, läßt also die Möglichkeit der Autokorrelation explizit zu; er ist daher dort indiziert, wo – wie bei intraindividuellen ZRn – mit positiv korrelierten Beobachtungsfehlern zu rechnen ist.

Der Erstdifferenzentest ist im allgemeinen *weniger effizient* als der Tau-Korrelationstest, wie man daran erkennt, daß er im Unterschied zum Tau-Test zwischen den ZRn der Rangwerte 1 3 2 4 und 2 4 1 3 nicht unterscheidet; er ist vollständig *ineffizient*, wenn die ZRe ‚sägezahnartig' steigt, also von einer negativen Autokorrelation überlagert wird. Anderseits reagiert der Test aber auf stückweise monotonen Trend, wie in 2 4 6 8 1 3 5 7 als Zeitreihe, während der Tau-Test hier versagt.

Leider fehlen vergleichende Untersuchungen über die *relative Effizienz* der beiden Tests in bezug auf verschiedene Monotoniehypothesen. Im allgemeinen ist aber der Erstdifferenzentest robuster gegenüber den in praxi so häufigen positiven Autokorrelationen erster Ordnung, indem er einen bestehenden monotonen Trend auch dann identifiziert, wenn er von einem Markoff-Prozeß überlagert wird.

---

5 Wenn die Vorzeichen unabhängig voneinander variieren würden, wie im Vorzeichentest, betrüge die Varianz (n–1)/4, da sie aber abhängig voneinander variieren, indem auf ein Pluszeichen mit größerer Wahrscheinlichkeit ein Minuszeichen folgt, wie man aus den Vierer-Permutationen entnimmt, ist die Varianz wesentlich kleiner.

14.4.3 Die S_1-Tests von Cox und Stuart

Der Erst-Differenzentest spricht – so haben wir gesehen – auf monotonen Trend einer ZRe nicht an, wenn sie ‚sägezahnartig' steigt oder fällt. In diesem Fall wie in Fällen stärkerer Fehlerüberlagerung ist der von Cox und Stuart (1955) beschriebene S_1-Test besser indiziert, einen monotonen Lokationstrend nachzuweisen[6].

Der S_1-Lokationstrendtest

Dem verteilungsfreien *Lokationstrendtest* mit der Prüfgröße S_1 liegt folgendes Rationale zugrunde: Wenn dem stochastischen Prozeß, der die ZRe generiert hat, ein positiv monotoner Trend anhaftet, dann wird die Differenz zwischen *‚distalen'* ZRn-Meßwerten (z.B. dem letzten und dem ersten) eher positiv sein als die Differenz zwischen *‚proximalen'* ZRn-Meßwerten (wie den beiden in der Mitte der ZRe gelegenen).

Wenn man gemäß dieser Überlegung die *Vorzeichen* der Differenzen entsprechend ihrem Zeitabstand *gewichtet*, dann läßt sich eine *Prüfgröße* S_1 wie folgt definieren:

$$S_1 = \sum_{i=1}^{n/2} (n-2i+1)(h_i) \qquad (14.4.3.1)$$

In dieser *Produktsumme* ist h_i gleich 0 zu setzen, wenn $y_{n-i+1} < y_i$ und gleich 1 zu setzen, wenn $y_{n-i+1} > y_i$, wobei $i = 1(1)n/2$.

Wie man die Prüfgröße *ökonomisch* ermittelt, sei an dem folgenden *Beispiel* einer ‚gefalteten' ZRe demonstriert (Tab.14.4.3.1).

Tabelle 14.4.3.1

t_i	1	2	3	4	5	6	7	8	9	10	11	12	13	14	15
t_{n-i+1}	30	29	28	27	26	25	24	23	22	21	20	19	18	17	16
y_i	-6	-3	1	3	2	4	1	5	10	7	10	4	4	12	10
y_{n-i+1}	11	13	10	9	11	7	12	14	5	6	7	6	9	11	14
h_i	1	1	1	1	1	1	1	1	0	0	0	1	1	0	1
$n-2i+1$	29	27	25	23	21	19	17	15	13	11	9	7	5	3	1
S_1	29+27+25+23+21+19+17+15								+0	+0	+0	+7	+5	+0	+1 = 189

---

6 In der ersten Auflage des Buches findet sich ein anderer Test aus der gleichen Arbeit, der das mittlere Drittel der ZRe unberücksichtigt läßt.

Ein *exakter Test* kann über die Permutation der n = 25 ZRn-Werte und die n! resultierenden Prüfgrößen bzw. deren Verteilung (die nicht vertafelt ist) berechnet werden.

Für größere ZRn (n > 12) ist die Prüfgröße S_1, wie Cox und Stuart gezeigt haben, über einem Erwartungswert von

$$E(S_1) = n^2/8 \qquad (14.4.3.2)$$

mit einer Varianz von

$$Var(S_1) = n(n^2-1)/24 \qquad (14.4.3.3)$$

asymptotisch normal verteilt. Man beurteilt eine beobachtete Prüfgröße S_1 mithin über die Normalverteilung nach

$$u = \frac{|S_1 - E(S_1)| - \frac{1}{2}}{\sqrt{Var(S_1)}} \qquad (14.4.3.4)$$

Man prüft einseitig, wenn die Richtung der monotonen Trends (fallend, steigend) unter der Alternativhypothese zu H_0 (Stationarität) spezifiziert wurde, sonst zweiseitig.

Im folgenden Beispiel wird erstmalig nicht mit Zeitreihen-Originalwerten, sondern mit *Differenzen zweier Zeitreihen* gearbeitet, um festzustellen, ob 2 Durchschnitts-ZRn *unterschiedlich verlaufen*.

Beispiel 14.4.3.1

Problem: Stadtbewohner reagieren im einfachen Signal-Knopfdruckversuch im Schnitt rascher als Landbewohner. Es gibt aber Hinweise darauf, daß Landbewohner mit wachsender Zahl der Versuche zunehmend rascher reagieren, also eine stärker degressive Verlaufskurve der Reaktionszeitmessungen zeigen als Stadtbewohner.

Hypothesen: Die Differenzen zwischen zwei interindividuellen Durchschnitts-ZRn bilden entweder eine stationäre ZRe (H_0) oder eine monoton steigende ZRe (H_1).

Begründung: Wenn die ZRe der Landbewohner (L) mit längeren Reaktionszeiten beginnt, aber mit kürzeren endet als die der Stadtbewohner (S), so müssen die Differenzen S–L algebraisch wachsen.

Ergebnisse: Eine Untersuchung mit je einer Stichprobe von Stadt- und Landbewohnern (gleichen Umfangs, N = 120) hat die beiden ZRn der Abbildung 14.4.3.1 gebracht (aus Fieandt und Näätänen, in Reinert (Hrsg.), 1973, S. 944).

Testwahl: Da den Untersucher in der Hauptsache das Verhalten der je endständigen Differenzen interessiert (s. Problemstellung), wird ein Test gegen monotonen Trend bevorzugt, der diesen endständigen Differenzen ein höheres Gewicht beimißt als den mittelständigen Differenzen. Es soll einseitig mit einem $\alpha = 0,001$ geprüft werden.

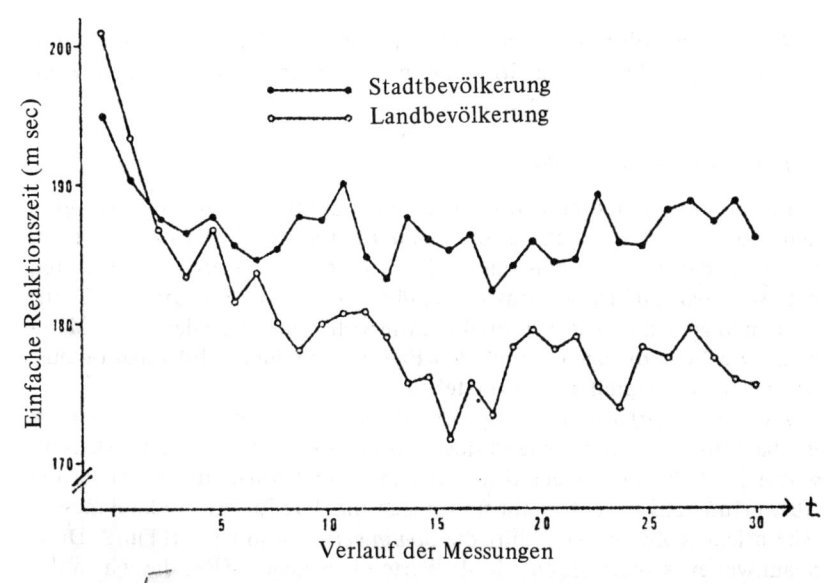

Abbildung 14.4.3.1
Mittelwerte der Reaktionszeiten y_t im Verlauf von t = 30 Messungen bei zwei Bevölkerungsgruppen.

Testdurchführung: Die Differenzen zwischen den beiden Zeitreihen in Abbildung 14.4.3.1 sind bereits in Tabelle 14.4.3.1 gebildet und gemäß der Testvorschrift vorausgewertet worden. Die Prüfgröße S_1 hat sich zu $S_1 = 189$ ergeben. Für n = 30 beträgt ihr Erwartungswert $E(S_1) = 30^2/8 = 112,5$ und ihre Varianz $Var(S_1) = 30(30^2-1)/24 = 1123,75$. Der u-Test ergibt u = (188,5 - 112,5)/33,5 = 2,27, einen Wert also, der die 5%-Stufe mit $u_{0,05} = 1,96$ übersteigt.

Entscheidung: Wir verwerfen H_0 und akzeptieren H_1, wonach ein monotoner Trend der Zeitreihendifferenzen existiert.

Interpretation: Landbewohner lernen rascher, sich den Anforderungen eines Zeitreihen-Reaktionsversuches positiv anzupassen, als Stadtbewohner; eine weitergehende Deutung ist Sache des Fachwissenschaftlers.

Wie wir in Beispiel 14.4.3.1 gesehen haben, spricht der S_1-Lokationstest besonders in jenen Fällen gut an, in welchen sich die *endständigen* ZRn-Werte im Sinne der Erwartung eines monotonen Trends verhalten; auf die mittelständigen ZRn-Werte und deren Verhalten spricht der Test kaum an.

Der S_1-Test gegen monotonen ZRn-Trend hat, wie STUART (1956) berichtet, eine relative asymptotische Effizienz von E = 0,86, wenn er als Test gegen lineare Regression auf normal und streuungshomogen (homoskedastisch) verteilte y-Werte angewendet wird.

Wie wir im folgenden sehen werden, läßt sich der S_1-Test auch zum Nachweis eines Trends der Streuung innerhalb einer ZRe einsetzen, wenn man ihn entsprechend adaptiert.

Der S_1-Dispersionstrendtest

In der Forschungspraxis beobachtet man des öfteren, daß mit wachsendem Lokationstrend auch ein *wachsender Dispersionstrend* verbunden ist, wie man das z.B. bei poissongemäß verteilten ZRn-Werten zu erwarten hat. Wie man auf Dispersionstrend prüft, haben Cox und STUART (1956) für den allgemeinen Fall beschrieben; wir wollen im folgenden — um Manipulationen vorzubeugen — nur den Fall mit maximaler Informationsausschöpfung herausgreifen und vorstellen.

Zwecks *Durchführung* des S_1-Dispersionstests teilen wir die ZRn mit n Beobachtungen y_t von beiden Enden aus in Abschnitte zu je 2 Meßwerten, wobei im Fall eines ungeraden n der mittlere Beobachtungswert für die Auswertung außer acht bleibt und n sich um 1 reduziert. Sodann messen wir in jedem Zweier-Abschnitt die *Spannweiten* s_i mit i = 1(1)n/2. Diese Spannweiten s_i betrachten wir als Werte einer neuen ZRe, die wir in der oben beschriebenen Weise auf Lokationstrend prüfen: Finden wir einen Lokationstrend der Spannweiten s_i, so ist dies gleichbedeutend mit einem Dispersionstrend der Originalbeobachtungen y_t.

Wie man den S_1-Trendtest zum Dispersionsnachweis *anwendet*, wird im folgenden Beispiel 14.4.3.2 beschrieben.

Beispiel 14.4.3.2

Methode: Einem Patienten wurde nach einem Vortraining während der ersten 14 Tage des Haupttrainings ein Leerpräparat (Placebo) und während der folgenden 16 Tage ein Keimdrüsenpräparat (Verum) verabreicht. Gemessen wurde während der n = 30 Tage unter anderem die Qualität (Fehlerprozent) in einem Routine-Rechentest (KLT) y_t.

Ergebnis: Das Ergebnis des Einzelfallexperiments ist in Tab. 14.4.3.2 verzeichnet (aus DÜKER, 1957, S. 102), wobei aufeinanderfolgende y-Werte untereinander stehen.

Tabelle 14.4.3.2

i	1	2	3	4	5	6	7	8	9	10	11	12	13	14	15	
y_t	4,8	6,0	7,6	4,0	3,6	4,2	4,4	2,7	2,4	2,2	2,6	1,8	1,8	1,4	1,8	t = 2n−1
y_t	3,3	6,9	8,2	6,4	4,9	4,1	4,4	2,5	2,3	2,4	2,6	1,8	2,2	1,9	1,5	t = 2n

Fragestellung: Es interessiert den Untersucher, ob neben der offensichtlichen Qualitätsverbesserung (Fehlerprozentminderung) im Verlauf der 30 täglichen Trainings auch eine Stabilisierung der Leistungsqualität erfolgt, indem die y-Werte zunehmend weniger streuen (wie es den Anschein hat).

Hypothesen: Die Dispersion der ZRn-Werte y_t bleibt über die n = 30 Beobachtungen hinweg konstant (H_0).
Die Dispersion fällt monoton (H_1).

Testwahl: Da ein parametrischer Test zum Nachweis von Dispersionsänderungen in ZRn fehlt, benutzen wir den S_1-Dispersionstrendtest und setzen α = 0,05 (einseitig) fest.

Testdurchführung: Wir haben bereits in Tabelle 14.4.3.2 die n = 30 y—Werte in Abschnitten zu je 2 y-Werten gegliedert und erhalten die Spannweiten s_i der Abschnitte, indem wir vom größeren den kleineren Abschnittswert subtrahieren. Die weitere Auswertung erfolgt analog Tabelle 14.4.3.1 in Tabelle 14.4.3.3.

Tabelle 14.4.3.3

s_i	1,5	0,9	0,6	2,4	1,3	0,1	0,0	0,2
s_{n-i+1}	0,3	0,5	0,4	0,0	0,0	0,2	0,1	
h_i	0	0	0	0	0	1	1	$n = 7 \cdot 2 = 14$
$n-2i+1$	13	11	9	7	5	3	1	
$S_1 =$	0 +	0 +	0 +	0 +	0 +	3 +	1	= 4

Der Erwartungswert $E(S_1) = 14^2/8 = 24,5$ und die Varianz $Var(S_1) = 14(14^2-1)/24 =$
$= 113,75$ liefern $u = |(4,5 - 24,5)|/10,67 = 1,88$.

Entscheidung und Interpretation: Wir verwerfen H_0, da $u_{0,05} = 1,65$ und akzeptieren H_1. Neben der offenkundigen qualitativen Verbesserung (Fehlerverminderung = Lokationsverschiebung) hat die Verabreichung von Keimdrüsenhormonen – u.U. vermengt mit der Übungswirkung – zu einer Qualitätsstabilisierung (Fehlerstreuungsminderung = Dispersionsverschiebung) geführt.

Der S_1-Dispersionstest darf ohne Effizienzverlust *neben* dem S_1-Lokationstest angewendet werden, da beide Tests praktisch *unabhängig* voneinander sind – ähnlich dem parametrischen t-Test und dem auf die gleichen Daten angewendeten F-Test. Beide Tests sind – wie man auch sagt – orthogonal zueinander.

Längere Zeitreihen wird man u.U. in Abschnitte mit mehr als 2 Meßwerten unterteilen; in diesem Fall wird man die *Standardabweichungen* in den einzelnen Abschnitten berechnen und zur Grundlage eines S_1-Lokationstests machen; denn man gibt hiermit weniger Information auf als mit den Spannweiten. Die Benutzung der Standardabweichungen (SD) setzt *nicht* voraus, daß sich die ZRn-Meßwerte in den einzelnen Abschnitten normal verteilen, denn die SD wird hier nur als deskriptives Maß benutzt und ist als solches für beliebig verteilte Meßwerte als Streuungsindikator gültig.

Andere Zeitreihen-S-Tests

Wir haben die vorgenannten Tests bzw. deren Prüfgrößen mit dem *Index* 1 bezeichnet, und es liegt nahe zu fragen, warum dieser Index überhaupt vergeben wurde. Der Grund dafür ist der, daß Cox und STUART (1955) in der gleichen Arbeit zwei andere ZRn-Tests gegen monotonen Trend entwickelt haben, deren Prüfgrößen sie mit S_2 und S_3 bezeichnen.

Der S_2-*Test*, der bereits auf THEIL (1950) zurückgeht, ist ein ungewichteter S_1-Test mit der Prüfgröße $S_2 = \Sigma h_i$, $h_i = 0$ oder 1, wie bei S_1; er spricht daher auf endständige Differenzen nicht stärker an als auf mittelständige Differenzen. Der S_3-*Test* nimmt bezüglich der Gewichtung eine Mittelstellung ein: er verzichtet auf das mittlere Drittel der ZRn-Meßwerte und stellt das erste dem dritten Drittel gegenüber in einer Art, wie wir dies bereits bei der verteilungsfreien Regressionsanalyse kennengelernt haben (vgl. 9.10)[7]. Der S_3-Test hat jedoch eine spezielle Indikation als Trendänderungstest, weshalb wir in dem einschlägigen Abschnitt 14.4.6 auf diesen Test explizit zurückkommen.

14.4.4 FOSTER-STUART-Tests gegen linearen Trend

Einen andersartigen Zugang zur Frage, wie man gegen den monotonen Trend einer ZRe prüft, haben FOSTER und STUART (1954) eröffnet: Sie definieren die t-te Beobachtung einer ZRe als *Höhenrekord* ($\bar{r}$), wenn sie höher liegt als alle vorausgehenden Meßwerte, und als *Tiefenrekord* ($\underline{r}$), wenn sie tiefer liegt als alle vorausgehenden Meßwerte. Per definitionem kann die erste Beobachtung (t = 1) weder ein Höhen- noch ein Tiefenrekord sein, wohl aber die letzte Beobachtung sowohl das eine wie das andere sein. Da jeder spätere Rekord jeden früheren bricht, kann man von den Rekorden auch als *Rekordbrechern* sprechen, in welchem Fall auch der erste Meßwert bereits als Rekord, nicht jedoch auch als Rekordbrecher angesehen wird.

Um eine *Prüfgröße* für den — von uns so genannten — *Rekordbrechertest* zu gewinnen, zählen wir die Höhenrekorde (Rekordbrecher) $\bar{R}$ und die Tiefenrekorde $\underline{R}$ und bilden die *Differenz*

---

[7] Der S_3-Test wurde in der 1. Auflage sowohl als Lokations- wie als Dispersionstest en detail beschrieben.

$$R_d = \overline{R} - \underline{R} \qquad (14.4.4.1)$$

die wir als Rekordbrecherdifferenz bezeichnen. Wie ist nun diese Prüfgröße R_d unter der Nullhypothese einer stationären ZRe verteilt?

Intuitiv erwarten wir, daß bei fehlendem ZRn-Trend Höhen- und Tiefenrekorde gleich häufig auftreten werden, so daß der Erwartungswert $E(R_d)$ gleich Null sein sollte. Ist das beobachtete R_d positiv, so überwiegen offenbar die Höhenrekorde, ist sie negativ, so überwiegen die Tiefenrekorde; im ersten Fall steigt, im zweiten fällt die ZRe.

Die Autoren haben gezeigt, daß die Prüfgröße R_d besonders sensitiv gegenüber steigenden und fallenden ZRn ist, wenn ein *linearer* Trend vorliegt, ohne daß die ZRn-Werte um die Trendgerade normal und/oder homoskedastisch verteilt sein müßten.

Der exakte Rekordbrechertest

Wie konstruiert man nun einen exakten Rekordbrechertest? Man geht wie üblich vor und bildet alle n! Permutationen der ZRe und deren Prüfgrößen R_d. Die Häufigkeitsverteilung der so gewonnenen R_d's dient dann zur exakten Beurteilung eines beobachteten R_d. Die exakten einseitigen Überschreitungswahrscheinlichkeiten dafür, daß ein R_d unter H_0 dem *Betrage* nach erreicht oder überschritten wird, sind in Tafel XIV–4–4–1 des Anhangs für kurze ZRn des Umfangs n = 3(1)6 verzeichnet (aus FOSTER und STUART, 1954, Table 2).

Der asymptotische Rekordbrechertest

Bei größerem ZRn-Umfang (n > 6) nähert sich die Verteilung von R_d rasch einer Normalverteilung mit folgenden Parametern: Der *Erwartungswert* von R_d beträgt, wie schon intuitiv vermutet,

$$E(R_d) = 0 \qquad (14.4.4.2)$$

und die *Varianz* ist asymptotisch gleich

$$\text{Var}(R_d) = 2 \sum_{t=2}^{n} \frac{1}{t} \qquad (14.4.4.3)$$

Die Varianz kann entweder mit einer Kehrwerttabelle (z.B. Tafel XIX) berechnet, oder, für n = 10(5)100, in Tafel XIV–4–4–2 direkt abgelesen werden (aus FOSTER und STUART, 1954, Table 3). Man geht sodann mit Stetigkeitskorrektur in

$$u = \frac{|R_d| - \frac{1}{2}}{\sqrt{\text{Var}(R_d)}} \qquad (14.4.4.4)$$

ein und entscheidet ein- oder zweiseitig, je nachdem, ob die Richtung des ZRn-Trends vorausgesagt wurde oder nicht.

Beispiel 14.4.4.1

Zur *Illustration* der Anwendung des Rekordbrechertests nehmen wir an, ein Schimpanse hat n = 6 Mal Gelegenheit, einen Irrgarten zu durchlaufen, um an dessen Ziel eine Banane zu finden; er benötigt hierzu die Lösungszeiten y_t (t = 1, ..., 6) der Tabelle 14.4.4.1.

Tabelle 14.4.4.1

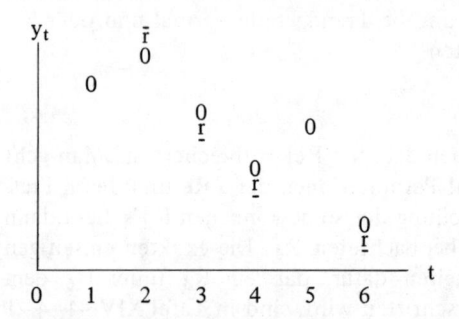

```
yt       r̄
         0
     0
             0       0
             r̲
                 0
                 r̲
                         0
                         r̲
─────────────────────────── t
 0   1   2   3   4   5   6
```

Die kodierten Lösungszeiten (Nullen) lassen einen degressiven Trend erkennen, der als Lerneffekt zu deuten ist.

Unsere *einseitige Frage* lautet: Ist ein degressiver Trend der Lösungszeiten nachzuweisen? Da ein linearer Trend in dem untersuchten Bereich erwartet wird, prüft der Untersucher mit dem Rekordbrechertest. Die ZRe zeigt einen Höhenrekord ($\bar{r}$) und 3 Tiefenrekorde ($\underline{r}$). Die Prüfgröße R_d = 1-3 = -2 ergibt für n = 6 nach Tafel XIV–4–4–1 des Anhangs ein P = 0,198, womit selbst bei α = 0,10 kein Trend nachzuweisen ist.

Prüfen wir der Einfachheit halber am gleichen Beispiel asymptotisch, so ergibt sich Var(R_d) = $2(\frac{1}{2} + \frac{1}{3} + \frac{1}{4} + \frac{1}{5} + \frac{1}{6})$ = 2,90, deren Wurzelwert 1,70 beträgt. Daraus resultiert ein u = $(|-2|-\frac{1}{2})/1,70$ = 0,88, dem nach Tafel III ein P = 0,189 entspricht. Der asymptotische Test führt zum gleichen Ergebnis.

Der Rekordbrechertest setzt ein *stetig* verteiltes Merkmal voraus, da im Fall von Bindungen ‚*Rekordbrecherambiguitäten*' auftreten und R_d nicht mehr eindeutig bestimmt ist. Man entscheidet allerdings konservativ, wenn man im Ambiguitätsfall R_d so bestimmt, daß sein Betrag möglichst nahe bei Null verbleibt.

Der Round-Trip-Test

Eine *Verschärfung* des Rekordbrechertests erreicht man mittels einer Version, die von den Autoren auch round-trip-Test genannt wird. Man bestimmt die Prüfgröße einmal von links nach rechts fortschreitend (wie in Beispiel 14.4.4.1) und ein andermal von rechts nach links fortschreitend: In Beispiel 14.4.4.1 ergäben sich dabei y_5, y_3 und y_2 als die 3 Rekordbrecher mit $R'_d = +3$. Man bildet nun die *Prüfgröße*

$$D = R_d - R'_d, \qquad (14.4.4.5)$$

wobei sich für uns $D = -2 - (+3) = -5$ ergibt. Diese Prüfgröße D ist unter H_0 über einem Erwartungswert von Null *symmetrisch* verteilt.

Der *exakte* D-Test ergibt sich analog dem exakten R_d-Test. Für den *asymptotischen* D-Test haben die Autoren (FOSTER und STUART, 1954, Table 4) folgende Standardabweichungen für ausgewählte Stichprobenumfänge bzw. ZRn-Längen angegeben:

Tabelle 14.4.4.2

n	10	25	50	75	100	125
σ_D	3,26	3,80	4,05	4,30	4,41	4,52

Man prüft über den u-Test nach $u = (|D| - \frac{1}{2})/\sigma_D$, wobei man für σ_D ggf. kurvilinear interpoliert, indem man sich σ_D als Funktion von n graphisch darstellt.

Der Rekordsummentest

Auf der Basis von Rekordzählungen lassen sich auch Änderungen von *Lokation und Dispersion* einer ZRe nachweisen. Man bildet statt der Differenz R_d die *Summe* aus Höhen- und Tiefenrekorden R_s als Prüfgröße. *Wächst* die Dispersion der y-Werte entlang der Zeitachse, dann findet man ein zu großes R_s.

Der *Erwartungswert* der Prüfgröße R_s unter H_0 (Stationarität) beträgt

$$E(R_s) = 2 \sum_{t=2}^{n} \left(\frac{1}{t}\right) \qquad (14.4.4.6)$$

und die *Varianz* asymptotisch

$$\text{Var}(R_s) = 2 \sum_{t=2}^{n} \frac{1}{t} - 4 \sum_{t=2}^{n} \frac{1}{t^2} \qquad (14.4.4.7)$$

Bei nicht zu kleinem n (n < 15) prüft man über die Normalverteilung nach

$$u = \frac{|R_s - E(R_s)| - \frac{1}{2}}{\sqrt{Var(R_s)}} \qquad (14.4.4.8)$$

Da sowohl Erwartungswert wie Varianz nichtstochastische Funktionen von n sind und überdies $E(R_s) = Var(R_d)$, benützt man zweckmäßigerweise die μ_s- und σ_d-Werte der Tafel XIV—4—4—2 (FOSTER u. STUART, Table 3), um asymptotisch zu prüfen.

Um exakt zu testen, benutze man die auf kombinatorischer Grundlage erstellte Tafel XIV—4—4—3 (aus FOSTER und STUART, 1954, Table 1).

Sind in der Summe R_s Höhen- und Tiefenrekorde in etwa gleich häufig vertreten, dann fungiert der R_s-Test als Dispersionstest; andernfalls fungiert er als kombinierter Lokations- und Dispersionstest; d.h., R_s- und R_d-Test sind im Unterschied zum S_1-Dispersions- und Lokationstest nicht orthogonal zueinander. Es ist deshalb auch nicht statthaft, deren Ergebnisse im Sinne FISHER-PEARSONS zu agglutinieren.

Bezüglich etwaiger *Bindungen* im R_s-Test gilt das für den R_d-Test Gesagte. Im übrigen implizieren beide Tests unter H_0 nur *schwache* Stationarität, lassen mithin Autokorrelationen innerhalb der ZRe soweit zu, als diese die Prüfgrößen nicht beeinflussen.

Abschließend ist zu ergänzen, daß der Rekordbrechertest nicht nur auf linearen, sondern auch auf monotonen ZRn-Trend anspricht. Allerdings ist er in Anwendung auf linearen Trend am stärksten; das gilt sowohl für den Lage- wie für den Streuungstrend.

14.4.5 NOETHERS Test gegen zyklischen Trend

Ein auf einem anderen als der Rekordezählung basierender Zeitreihen-Trendtest, der gegenüber *phasischen* und bestimmten *zyklischen* Trends besonders sensitiv ist, wurde bereits als sequentieller Test vorgestellt.

Der Terzettentest

Das Wesentliche im Rationale dieses Tests besteht darin, daß man *Dreierfolgen* von Meßwerten einer als stetig verteilt angenommenen Observablen (Terzette) bildet und sie danach beurteilt, ob sie *monoton steigen* (wie 5 6 7 oder 16 20 21) oder *monoton fallen* (wie 7 3 2 oder 18 13 11). Messen wir etwa den Grundumsatz eines Individuums oder einer Gruppe von Individuen (als Summen-ZRe) um 4 Uhr, 8 Uhr, und 12 Uhr, so erwarten wir ein steigendes Terzett, da der Grundumsatz in der ersten Tageshälfte steigt; messen wir weiterhin um 16 Uhr, 20 Uhr und 24 Uhr, so erwarten wir ein fallendes Terzett, weil der GU in der zweiten Tageshälfte entsprechend dem diurnen Rhythmus fällt.

Gilt für eine ZRe die *Nullhypothese* der starken Stationarität, so erwarten wir insgesamt einen Anteil von $\pi = \pi_0 = 1/3$ solcher monotoner (steigender und fallender) Terzette, wovon wir uns anhand der 3! = 6 Permutationen bereits im Zusammenhang mit der Originalversion des sequentiellen Tests (vgl. 12.5.2) überzeugt haben. Unter der *Alternativhypothese* eines phasischen oder zyklischen Trends erwarten wir einen Anteil von $\pi_1 \geqslant 1/3$ solch monotoner Terzette.

Da wir den unter H_0 *erwarteten* Anteil π monotoner Terzette kennen und der tatsächlich *beobachtete* Anteil p leicht zu ermitteln ist, kann zur Prüfung gegen phasischen oder zyklischen Trend der *Binomialtest* (vgl. 5.1.1) herangezogen werden. Man prüft mithin exakt nach (5.1.1.2) bei kurzen und asymptotisch nach (5.1.1.7) bei längeren ZRn.

Eine wesentliche *Verschärfung* erfährt der Terzetten-Test dadurch, daß man die Terzette einmal beim ersten, ein zweites Mal beim zweiten und ein drittes Mal beim dritten Meßwert der ZRe beginnen läßt und die Anteile von Terzetten mit p_1, p_2 und p_3 bezeichnet. Als beobachteter Anteil — so hat NOETHER gezeigt — darf sodann jenes p dienen, das am meisten von π abweicht. Die Numerik dieses Vorgehens wird im folgenden Beispiel illustriert.

Beispiel 14.4.5.1

Datensatz: Angenommen, wir hätten bei einem Malaria-Patienten (Malaria tertiana) die Körpertemperatur zweimal täglich gemessen und die in Abbildung 14.4.5.1 abgebildete intraindividuelle ZRe der kodierten Temperaturen y_t mit t = 1(1)16 erhalten.

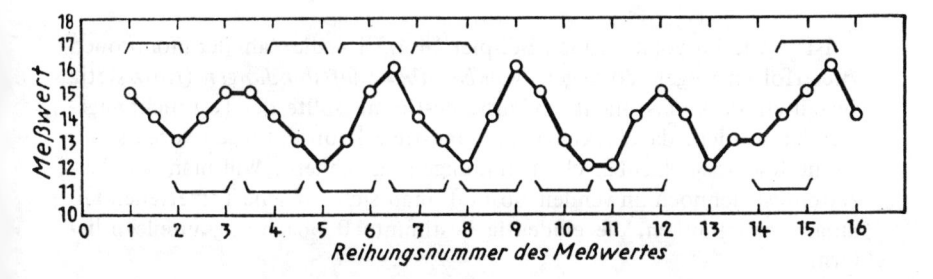

Abb. 14.4.5.1
Fieberkurve eines Malariakranken über 16 Messungen y_t (Ordinate) mit t = 1(1)16 (Abszisse)

Terzettenanteile: Beginnen wir die Terzettenteilung mit dem reihungsersten Wert, so erhalten wir die x = 5 monotonen (oberen Parenthesen in Abb. 14.4.5.1) unter n = 10 möglichen Terzetten, so daß $p_1 = 5/10 = 1/2$ beträgt. Für p = 1/2 beträgt die Abweichung von $\pi = 1/3$ etwa 0,17. Beginnt man die Terzettenzählung mit dem reihungszweiten Wert, so resultieren 3 undefinierte Terzette, weil hier Nachbarschaftsbindungen die Zählung der monotonen Terzette verunmöglichen (keine Parenthesen!).

Beginnt man schließlich beim reihungsdritten Meßwert die Auszählung, so erhält man $x = 8$ monotone Terzette unter $n = 9$, so ergibt sich ein beobachteter Anteil von $p_3 = 8/9$ Terzetten, der von dem unter H_0 erwarteten Anteil $1/3$ um $0,56$ abweicht.

Terzettentest: Wir gründen den Terzettentest auf den maximal abweichenden Anteil $p_3 = p = 8/9$ und erhalten unter der Nullhypothese, wonach die Körpertemperatur des untersuchten Kranken eine streng stationäre ZRe bildet, folgende einseitige Überschreitungswahrscheinlichkeit (Formel (5.1.1.2))

$$P = \sum_{i=8}^{9} \binom{9}{i} \left(\frac{1}{3}\right)^i \left(1 - \frac{1}{3}\right)^{9-i} =$$

$$= \binom{9}{8}\left(\frac{1}{3}\right)^8\left(\frac{2}{3}\right)^1 + \binom{9}{9}\left(\frac{1}{3}\right)^9\left(\frac{2}{3}\right)^0$$

$$= 9\left(\frac{1}{6561}\right)\left(\frac{2}{3}\right) + 1\left(\frac{1}{19683}\right)(1) = 0,00097$$

Man beachte, daß (5.1.1.2) das linksseitige P definiert, hier aber das rechtsseitige P benötigt und berechnet wird.

Entscheidung: Unter der Voraussetzung, daß wir $\alpha = 0,001$ angesetzt haben, verwerfen wir die Nullhypothese der strengen Stationarität der intraindividuellen Temperaturkurve und akzeptieren per inspectionem die Alternative eines zyklischen Trends (Dreitages-Fieber-Periodik der Malaria tertiana), der damit als nachgewiesen erachtet wird.

Ist — wie im vorstehenden Beispiel 14.4.5.1 — die Zahl der monotonen Dreierfolgen wegen Vorliegens von *Nachbarschaftsbindungen* (trotz stetig verteilten Merkmals) nicht eindeutig bestimmt, sollte der Test nicht angewendet werden, da er explizit bindungsfreie Beobachtungen voraussetzt, zumindest aber Nachbarschaftsbindungen ausschließt. Will man den Terzettentest dennoch anwenden, so muß man sich auf jene Terzetteneinteilungen beschränken, die eindeutig bestimmte Beobachtungsanteile p liefern.

Der Quartettentest

NOETHERS ZRn-Trendtest kann auch auf monotone *Vierer-* und *Fünferfolgen* bezogen werden, wenn dies von der Sache her eine höhere Testeffizienz verspricht. So hätte man im Fall einer Malaria quartana mit 4-tägigem Fieberzyklus mit Vorteil einen Quartettentest anzuwenden. In diesem Fall betrüge der Binomialparameter $\pi = 1/12$, da unter $4! = 24$ Permutationen der Zahlen 1 bis 4 nur 2 Permutationen, nämlich 1234 und 4321 monotone Quartette liefern, so daß $\pi = 2/24 = 1/12$.

In Abbildung 14.4.5.1 finden wir $x = 3$ monotone Quartette unter n=8 möglichen Quartetten, wenn wir die Quartettenteilung beim reihungsersten ZRn-Meßwert beginnen.

Ein beobachteter Anteil von $p = 3/8$ monotoner Quartette hat bei strenger Stationarität einer ZRe aber nur eine *Überschreitungswahrscheinlichkeit* P, die sich nach (5.1.1.3) als re-seitiges P wie folgt berechnet:

$$P = 1 - \sum_{i=0}^{2} \binom{8}{i} \left(\frac{1}{12}\right)^i \left(1 - \frac{1}{12}\right)^{8-i}$$

$$= 1 - \binom{8}{0}\left(\frac{1}{12}\right)^0 \left(\frac{11}{12}\right)^8 - \binom{8}{1}\left(\frac{1}{12}\right)^1 \left(\frac{11}{12}\right)^7 - \binom{8}{2}\left(\frac{1}{12}\right)^2 \left(\frac{11}{12}\right)^6 =$$

$$= 0{,}030 < 0{,}05$$

Wie man sieht, spricht der Quartettentest zwar auch auf die zyklische Zeitreihe der Abbildung 14.4.5.1 an, jedoch weniger als der hier besser indizierte (weil mit Zyklen der Länge 3 befaßte) Terzettentest. Umgekehrt würde der Quartettentest auf periodische ZRn mit Zyklen der Länge 4 ansprechen. Je nach der Erwartung unter der Alternativhypothese wird man auch Quintetten- und Sextettentests im Sinne des NOETHERschen Rationales konstruieren und u.U. mit Vorteil einsetzen.

NOETHERS Tests sprechen als einseitige Tests angewendet am besten auf *kürzere zyklische* Zeitreihen an, jedoch sind sie im Prinzip Omnibustests, die auf Abweichungen aller Art von der strengen Stationarität einer ZRe, und damit etwa auch auf monotonen Trend, mehr oder weniger gut ansprechen. Als Alternativen zu NOETHERS Test bieten sich insbesondere bei Vermutung eines zyklischen Trends auch die Iterationstests (vgl. JONES, 1937) und ein von GLEISBERG (1945) angegebener Test an.

Auch die im folgenden zu besprechenden Tests reagieren auf zyklische und phasische Abweichungen von der Stationarität einer ZRe, wenn die Abweichungen durch seriell korrelierte Beobachtungen erklärt werden können.

14.4.6 Niveau-Vergleich zweier Abschnitte einer ZRe

Verschiedentlich stellt sich die Frage, ob eine ZRe zu einem bestimmten Zeitpunkt t ihre *Lage ändert*[8], so daß eine *sprunghafte Niveauverschiebung* eintritt — entweder unter dem Einfluß einer spontan eintretenden Änderung kausaler oder konditionaler Faktoren oder unter dem Einfluß experimentell gesetzter Bedingungen.

Der Test von COCHRAN *gegen abrupte Niveauänderung*

Im *Sprungtest* wird die ZRe mit n Beobachtungen y in *2 Abschnitte* unterteilt, deren Meßwerte wir mit y_1 und y_2 bezeichnen wollen, wobei n_1 Meßwerte dem ersten und $n_2 = n-n_1$ dem zweiten Abschnitt zugehören. Wenn angenommen werden darf, daß y_1 und y_2 je gesondert in etwa symmetrisch (wenngleich nicht normal) verteilt sind, dann kann man mit COCHRAN (1954) die Prüfgröße

$$\chi^2 = \frac{n_1 n_2}{n} \cdot \frac{(\bar{y}_1 - \bar{y}_2)^2}{\bar{y}} \quad \text{mit 1 Fg} \tag{14.4.6.1}$$

berechnen und asymptotisch nach 1 Fg beurteilen. Es bedeuten $\bar{y}_1$ und $\bar{y}_2$ die Durchschnitte der ZRn-Meßwerte im ersten und zweiten Abschnitt sowie $\bar{y}$ den Gesamtdurchschnitt aller n Meßwerte.

Angenommen, der *Rebenertrag* einer Weinsorte sei in den Jahren t_1 bis t_5 durch die Kodewerte 3 5 2 4 4 bestimmt; in den darauffolgenden Jahren t_6 bis t_9 sei die Anbausorte gewechselt worden, worauf Erträge von 6 7 8 7 gewonnen wurden. Nach COCHRANS Test ist $\bar{y}_1 = 3{,}6$ und $\bar{y}_2 = 7$, ferner $\bar{y} = (3+5+2+4+4+6+7+8+7)/9 = 5{,}11$. Mit $n_1 n_2/n = 5 \cdot 4/9$ und $(3{,}6-7)^2 = 11{,}56$, ist $\chi^2 = 5{,}03$. Da die Schranke $\chi^2_{0,05} = 3{,}84$ überschritten wird, verwerfen wir die Nullhypothese gleicher *Abschnittslokation*[9]. In der Erwartung, daß der 2. Abschnitt höhere Erträge als der alte liefern würde, hätten wir nach $\chi^2_{0,10} = 2{,}71$ *einseitig* prüfen können.

COCHRANS Test setzt unabhängige, unter H_0 streng stationär verteilte Beobachtungen voraus und darf daher praktisch nur auf interindividuelle ZRn angewendet werden. Seriell korrelierte Beobachtungen von dem nachfolgend zu besprechenden Typ jedenfalls sind nicht zugelassen.

---

8 Typen solcher Lageänderungen untersuchen LIENERT und LIMBOURG (1977).
9 Damit ist noch keineswegs gesagt, daß die höheren Erträge auf die neue Sorte zurückzuführen sind; es können auch Änderungen der Bepflanzung etc. eine Rolle gespielt haben, und es müssen alle zur Sortenhypothese rivalisierenden Alternativhypothesen gegeneinander abgewogen werden, denn der Faktor Sorte wurde nicht kontrolliert (vgl. WEBB et al. 1975, Kap. 5).

Der Test von Cox und Stuart gegen protrahierte Niveauänderung

Tritt eine Niveauänderung einer ZRe nicht prompt bzw. sprunghaft, sondern *allmählich* von einem Anfangs- zu einem Endabschnitt einer ZRe auf (vgl. 8), dann ist Cochrans Test nicht optimal, auch wenn der Zeitpunkt t, zu dem die Niveauänderung erwartet wird, genau bekannt ist. Hier tritt der bereits in Abschnitt 14.4.3 en passant erwähnte S_3-Test von Cox und Stuart (1955) in sein Recht.

Der S_3-Test spricht *optimal* an auf ZRn, die im ersten Drittel horizontal verlaufen, im zweiten Drittel ihres Verlaufes steigen, und im dritten Drittel wiederum horizontal verlaufen. Ein solcher Verlauf wäre im Rebenertragsbeispiel zu erwarten, wenn die neue Rebensorte erst 4 Jahre benötigt, um jenen vollen Ertrag zu bringen, der allein mit der alten Rebensorte vergleichbar ist.

Der S_3-Test basiert auf folgendem *Rationale*: Man wählt die ZRn-Länge n als durch 3 teilbar und vergleicht jede Beobachtung des ersten Drittels mit der ihr entsprechenden Beobachtung des letzten Drittels. Je nachdem, ob $sgn(y_{1i} - y_{3i})$, $i = 1(1)n/3$, positiv oder negativ ist, signiert man ‚Plus' oder ‚Minus'. Die Summe der Plus- (oder Minus-)Zeichen, die Prüfgröße S_3, ist binomial mit den Parametern n/3 und 1/2 verteilt, kann mithin nach dem Vorzeichentest für $N = n/3$ beurteilt werden (Tafel I), und zwar je nach Alternativhypothese ein- oder zweiseitig.

Anwendungsseitig ist der Test am besten zum Nachweis der Wirkung einer *Intermediärtherapie* geeignet: Man beobachtet im ersten Drittel, therapiert im zweiten Drittel und kontrolliert die therapieüberdauernde Wirkung im dritten Drittel einer RZe. Sind die 3 Abschnitte einer ZRe mit n = 18 etwa durch die Werte y_{1t} = 26 30 21 25 31 32, y_{2t} = 32 33 34 33 34 35 und y_{3t} = 34 37 31 33 33 35 vertreten, dann sind alle 6 $sgn(y_{3t} - y_{1t})$ positiv, so daß für n/3 = 6 ein x = 6-6 = 0 resultiert. Ihm entspricht bei einseitiger Frage ein P = 0,016, das auf der 5%-Stufe signifikant ist.

Ist *n nicht durch 3 teilbar*, so legt man das nächst höhere durch 3 teilbare n der Abzählung von n/3 zugrunde. Durch diese Maßnahme wird das mittlere Drittel um 1 bis 2 Meßwerte verkürzt. Will man eine solche (sich konservativ auswirkende) Verkürzung bei einem asymptotischen Vorzeichentest in Rechnung stellen, so prüft man über

$$u = \frac{|S_3 - \frac{n}{6}| - \frac{1}{2}}{\sqrt{n/12}}, \qquad (14.4.6.2)$$

wobei der Erwartungswert der Prüfgröße S_3 unter H_0 (Stationarität der ZRe) n/6 und die Varianz n/12 beträgt. Im obigen Beispiel ist $S_3 = 6$, n/6 = 3 und n/12 = 3/2, so daß u = $2,5/\sqrt{3/2}$ = 2,04.

Auch der S_3-Test setzt wie COCHRANS Test unabhängige, stetig verteilte Meßwerte voraus. Ist diese Bedingung erfüllt, können beide Tests auch als Tests auf monotonen Trend herangezogen werden.

14.4.7 Richtungsvergleich zweier Abschnitte einer Zeitreihe

Nur relativ selten treten unter dem Einfluß einer Behandlungsintervention bei einem Individuum (Pt, Vp, Vt) prompte Niveauänderungen einer die Behandlungswirkung anzeigenden stetigen Observablen Y auf, und nur im Idealfall führt eine Behandlung zu einer verzögerten Niveauänderung. Oft besteht die Wirkung einer Behandlungsintervention darin, daß sich die *Richtung*, in der sich eine ZRe ‚bewegt', ändert: Eine Dauerleistungsanforderung führt bei einer Vp zu sinkenden Leistungswerten unter dem Einfluß von Ermüdung; wird eine Tasse Kaffee genossen *(Intervention)*, dann steigt die Leistung vom Interventionszeitpunkt wieder an; einem fallenden folgt ein steigender Ast einer intraindividuellen ZRe.

Richtungsänderungen beurteilt man heuristisch am besten mittels Rangtests, indem man n Ränge R_x den n Meßwerten y so zuordnet, daß X und Y möglichst hoch korrelieren, wenn die interventionsbedingte Richtungsänderung tatsächlich eintritt (H_1) und unkorreliert bleiben, wenn sie nicht eintritt (H_0). Erwartet der Untersucher z.B., daß nach n/2 = 4 Teilzeiten eine Leistungsminderung auftritt, die − nach Kaffeegenuß − in weiteren n/2 = 4 Teilzeiten wieder wettgemacht wird, dann benutzt er zum Nachweis der Richtungsänderung die gebundenen Rangpaare R_x = (7,5 5,5 3,5 1,5 ^{I}1,5 3,5 5,5 7,5) mit einem absteigenden und einem aufsteigenden ZRn-Ast, vor und nach der Intervention (I) als sog. *Ankerreihe* (vgl. Bd.1, S. 609).

Ist die ZRe der Leistungswerte y = (18 16 13 12 ^{I}11 14 17 20) bei der genannten Vp erhoben worden, so braucht diese Meßwertreihe nur in eine Rangreihe R_y = (7 5 3 2 ^{I} 1 4 6 8) transformiert und mit der Ankerreihe nach KENDALL-SILITTOS tau (vgl. 9.5.4) auf Korrelation geprüft zu werden. Ein signifikanter *tau-Test* ist zugleich ein Test auf Richtungsänderung vom 1. zum 2. Abschnitt der ZRe. Diese und andere Tests auf Richtungsänderung in 2 aufeinanderfolgenden Abschnitten einer ZRe sind in einem Nachgang (LIENERT und LIMBOURG, 1977) zur Monographie von GLASS et al. (1975) als heuristische Methoden beschrieben worden, um die Wirkung von Behandlungsinterventionen in Zeitreihen-Untersuchungsplänen am Einzelpatienten zu beurteilen.

14.5 Zeitreihen-Autokorrelationstests

In dem folgenden Abschnitt wollen wir einige Tests kennenlernen, die auf *Zusammenhänge innerhalb einer ZRe*, also auf Autokorrelationen prüfen. Autokorrelationen entstehen, wie schon angedeutet, entweder durch phasische Lokationsänderungen als Begleiteffekte oder — häufiger — durch seriell *abhängige Beobachtungsfehler* als Verursachungseffekte. Im letzteren Fall beobachtet man in praxi zumeist undulierende Schwankungen der ZRe als Ausdruck positiver Autokorrelationen erster und meist auch höherer Ordnung.

Ob eine beobachtete und ggf. als Autokorrelationskoeffizient gemessene Autokorrelation signifikant von Null als dem Erwartungswert einer ZRn-Autokorrelation r_h bei Stationarität (im strengen Sinne) verschieden ist, beurteilt man mit dem folgenden Test.

14.5.1 Der Autokorrelationstest von WALD und WOLFOWITZ

Vermutet der Untersucher innerhalb einer ZRe y_t mit $t = 1(1)n$ eine Autokorrelation h-ter Ordnung, $h = 1(1)n-2$, so berechnet er entsprechend Kapitel 13.4 einen Autokorrelationskoeffizienten r_h, indem er jeden Beobachtungswert t mit dem Beobachtungswert t+h paart, wobei die Paarung vollständig ist, wenn die ZRe *zirkulär* geschlossen, also n+h = h gesetzt wird. Man spricht dann von einem zirkulären Autokorrelationskoeffizienten h-ter Ordnung r_h; dabei wird r_h bei symmetrisch verteilten ZRn-Werten als Produktmomentkoeffizient, bei asymmetrisch verteilten zweckmäßiger als Rangkorrelationskoeffizient berechnet, indem man anstelle der Meßwerte deren Ränge in die Produktmomentformel einbringt.

Es genügt auch, statt der Korrelationskoeffizienten r_h die Kovarianzen R_h zu berechnen und gegen die Erwartung $\bar{\rho}_h$ zu prüfen wie in dem folgenden Autokorrelationstest von WALD und WOLFOWITZ (1943).

Der exakte Test

Um exakt zu prüfen, ob eine Autokorrelation r_h h-ter Ordnung signifikant von $\rho_h = 0$ verschieden ist, definieren wir mit WALD und WOLFOWITZ die *Prüfgröße*

$$R_h = \sum_{t=1}^{n} y_t y_{t+h} , \qquad (14.5.1.0)$$

wobei i+h durch i+h-n ersetzt wird, wenn i+h > n, was der *zirkulären* Definition von R_h entspricht.

Ist die ZRe *kurz*, d.h. n klein (n< 10), dann können für alle n! Permutationen der n ZRn-Werte die zugehörigen R_k-Werte berechnet und als Prüfverteilung dargestellt werden. Sind Z Prüfgrößenwerte R_h unter H_0 (strenge Stationarität) größer oder gleich dem beobachteten R_h-Wert, so beträgt die einseitige *Überschreitungswahrscheinlichkeit* für das Auftreten dieses R_h-Wertes unter H_0

$$P = Z/n! \tag{14.5.1.1}$$

Wird unter H_1 nicht nur, wie meist, eine positive, sondern auch eine negative Autokorrelation erwogen, so ist P zweiseitig zu bestimmen, d.h. in praxi zu verdoppeln.

Der asymptotische Test

Exakt auf Autokorrelation zu prüfen, wird schon bei mäßig langen ZRn völlig unökonomisch. Hier wendet man den asymptotischen Test an, der für alle Werte von h gilt, für welche n/h *ganzzahlig* ist. Ganzzahligkeit erreicht man u. U. dadurch, daß man erforderlichenfalls einige zufallsmäßig auszuwählende oder die Zirkulärdefinition störende endständige Beobachtungswerte außer acht läßt.

WALD und WOLFOWITZ haben gezeigt, daß die Prüfgröße R_h unter H_0 über folgende *Hilfsgrößen* zu bestimmen ist:

$$A = (S_1^2 - S_2)/(n-1) \tag{14.5.1.2}$$

$$B = (S_2^2 - S_4)/(n-1) \tag{14.5.1.3}$$

$$C = (S_1^4 - 4S_1^2 S_2 + 4S_1 S_3 + S_2^2 - 2S_4)/(n-1)(n-2) \tag{14.5.1.4}$$

Die Werte S_1 bis S_4 bezeichnen Σy_t, Σy_t^2, Σy_t^3 und Σ_t^4 für $t = 1(1)n$. Wir erhalten aus den Hilfsgrößen *Erwartungswert und Varianz* von R_h zu

$$E(R_h) = A \tag{14.5.1.5}$$

$$Var(R_h) = B + C - A^2 \tag{14.5.1.6}$$

Eine beobachtete Prüfgröße R_h beurteilt man sodann wie üblich über die *Normalverteilung* nach

$$u = (R_h - E(R_h))/\sqrt{Var(R_h)} \tag{14.5.1.7}$$

je nachdem, ob das Vorzeichen von R_h bzw. von r_h unter H_1 vorausgesagt wurde, beurteilt man u *ein*- oder *zwei*seitig.

Beispiel 14.5.1.1

Datenrückgriff: Um die Anwendung des asymptotischen Autokorrelationstests nach WALD und WOLFOWITZ zu illustrieren, greifen wir auf die Daten der Abbildung 14.4.5.1 zurück und fragen nach der Existenz einer Autokorrelation erster Ordnung (h = 1). Zur Vereinfachung des Rechenganges subtrahieren wir von allen ZRn-Werten die Konstante 12 und schließen die Reihe zirkulär, indem wir auf den letzten ZRn-Wert den ersten folgen lassen. Tabelle 14.5.1.1 stellt y_t und y_{t+1} mit t = 1(1)n = 31 als Paare gegenüber:

Tabelle 14.5.1.1

y_t
3 2 1 2 3 3 2 1 0 1 3 4 2 1 0 2 4 3 1 0 0 2 3 2 0 1 1 2 3 4 2
2 1 2 3 3 2 1 0 1 3 4 2 1 0 2 4 3 1 0 0 2 3 2 0 1 1 2 3 4 2 3

y_{t+1}
6 2 2 6 9 6 2 0 0 3 12 8 2 0 0 8 12 3 0 0 0 6 6 0 0 1 2 6 12 8 6

$y_t(y_{t+1})$

Auswertung: Die beobachtete Autokovarianz der in etwa symmetrisch verteilten ZRn-Werte beträgt $R_1 = \Sigma y_t y_{t+1} = 128$. Die S-Werte zur Berechnung der Hilfsgrößen betragen

$S_1 = 3 + 2 + ... + 2 = 58$

$S_2 = 3^2 + 2^2 + ... + 2^2 = 154$

$S_3 = 3^3 + 2^3 + ... + 2^3 = 460$

$S_4 = 3^4 + 2^4 + ... + 2^4 = 1486$

Die *Hilfsgrößen* selbst errechnen sich nach (14.5.1.2–4):

$A = (58^2 - 154)/(31-1) = 107$

$B = (154^2 - 1486)/(31-1) = 741$

$C = (58^4 - 4 \cdot 58^2 \cdot 154 + 4 \cdot 58 \cdot 460 + 154^2 - 2(1486))/(30 \cdot 29) = 10772{,}11$

Erwartungswert und Varianz der Prüfgröße $R_h = R_1$ betragen nach (14.5.1.5–6)

$E(R_1) = A = 107$

$Var(R_1) = 740{,}93 + 10772{,}11 - 107^2 = 64{,}11$, so daß

$u = (128 - 107)/\sqrt{64{,}11} = 2{,}62$

Entscheidung: Bei zweiseitigem Test mit $\alpha = 0{,}05$ besteht eine signifikante Autokorrelation erster Ordnung. Es handelt sich um eine positive Autokorrelation, da die Kovarianz $R_1 = 128$ über dem Erwartungswert 107 liegt.

Anmerkung: Die Zirkelschließung der ZRe ist daraus zu rechtfertigen, daß angenommen wird, die ZRe würde sich in gleicher Weise wie bislang auch künftig entwickeln, also im schwachen Sinne stationär sein. U.U. wären zwischen dem letzten und dem ersten ZRn-Wert zwei Werte fortzulassen, um den Sechserzyklus bestmöglich zu bewahren, der von den Tälern am zweiten, fünften, achten, elften und 14ten Tag gebildet wird.

Der Autokorrelationskoeffizient

Aus der Summe S_1 und der Quadratsumme S_2 läßt sich direkt der *Autokorrelationskoeffizient* nach

$$r_h = \frac{R_h - (S_1/n)^2}{S_2 - (S_1/n)^2} \qquad (14.5.1.8)$$

berechnen. In unserem Beispiel mit n = 31 war R_1 = +128, S_2 = 154 und S_1 = 58, so daß $(S_1/n)^2 = (58/31)^2 = 3,50$ und $r_1 = 124,5/150,5 = +0,83$. Eine Autokorrelation erster Ordnung in dieser Höhe bezeichnet eine *enge* Abhängigkeit des folgenden vom jeweils vorangehenden Beobachtungswert innerhalb der ZRe. Im Beispiel ist sie daraus verständlich, daß die temperaturregulierenden Instanzen vermutlich einen Regelkreis bilden, der nach Art eines einfachen Markoff-Prozesses funktioniert[10].

In analoger Weise wie r_1 läßt sich auch ein Autokorrelationskoeffizient *höherer Ordnung* r_2, r_3 usf. berechnen, wobei gemäß dem Zyklus in Abbildung 14.4.5.1 die Autokorrelation sechster Ordnung mit $r_6 = 132,50/151,50 = 0,87$ noch höher als die erster Ordnung ausfällt, da sie der Autokorrelation nullter Ordnung mit $r_0 = +1$ entspricht, für welche gilt $R_0 = S_2$.

Unter den zahlreich möglichen Autokorrelationstests erster und höherer Ordnung darf für eine bestimmte ZRe nur jeweils ein *einziger Test* geplant und durchgeführt werden, da die Autokorrelationen höherer Ordnung von denen niedrigerer Ordnung *abhängig* sind. Für die Forschungspraxis ist die Autokorrelation erster Ordnung die wichtigste und daher auch am häufigsten auf Signifikanz zu prüfen[11].

Sind Zeitreihen mit phasischem oder zyklischem Trend durch einen monotonen Trend überlagert, so werden, da hier y_{t+h} nicht gleich y_h gesetzt werden kann, die Autokorrelationen durch diesen Trend ‚attenuiert'. Will man eine *Attenuation* vermeiden, so hat man die ZRe zunächst von ihrer monotonen Trendkomponente zu befreien, entweder durch Anpassung eines *Polynoms in der Zeit* oder durch *gleitende Durchschnitte* mit größerer Gleitspanne. Auch die graphische Methode reicht in den meisten Fällen

---

10 Im parametrischen Fall kann auf Markoff-Prozesse bzw. Autokorrelationen erster Ordnung am wirksamsten mittels des VON NEUMANN-Verhältnisses geprüft werden: Man bildet $K = \sigma^2/s^2$, wobei σ^2 die Varianz der ersten Differenzen $y_{t+1} - y_t$ und s^2 die Varianz der ZRn-Meßwerte bezeichnet. VON NEUMANNS (1941) Test ist bei HART (1942) vertafelt.
11 Entgegen manchem Usus empfiehlt es sich daher nicht, anstelle eines Autokorrelogramms eine Signifikanzfunktion von Autokorrelationen wachsender Ordnung zu erstellen.

aus. Durch die Detrendisierung erübrigt sich die Anwendung eines Autokorrelationstests, der speziell für den Fall eines monotonen, bitonen oder polytonen Trends von McGregor (1960) entwickelt wurde.

14.5.2 O. Andersons Autokorrelationstests

Der Autokorrelationstest von Wald und Wolfowitz ist nur gültig, wenn eine Autokorrelation sinnvollerweise zirkulär definiert werden kann. In diesem Fall ist der asymptotische Test, wie Anderson (1963) gezeigt hat, mit folgendem Test identisch:

Der zirkuläre Test

Wir definieren als *Prüfgröße* den zirkulären Autokorrelationskoeffizienten h-ter Ordnung

$$r_h = \frac{\Sigma(y_t - \bar{y})(y_{t+h} - \bar{y})}{\Sigma(y_t - \bar{y})^2}, \qquad (14.5.2.1)$$

wobei über alle n Meßwertepaare summiert und $y_{n+h} = y_h$ gesetzt wird. Unter der Nullhypothese strenger Stationarität ist r_h über einem *Erwartungswert* von Null mit einer *Varianz* von $1/n$ asymptotisch normal verteilt, so daß ein beobachtetes r_h nach

$$u = r_h\sqrt{n} \qquad (14.5.2.2)$$

beurteilt werden kann, in der Regel einseitig.

Ein exakter Test mit r_h als Prüfgröße läßt sich in analoger Weise wie der exakte Text mit R_h als Prüfgröße begründen.

Der lineare Test

Läßt sich eine ZRe sinnvollerweise nicht ringförmig schließen, dann müssen *linear* definierte Autokorrelationskoeffizienten nach

$$r'_h = \frac{n}{n-h} \cdot \left[\frac{\Sigma(y_t - \bar{y})(y_{t+h} - \bar{y})}{\Sigma(y_t - \bar{y})^2} \right] \qquad (14.5.2.3)$$

berechnet werden, wobei die Nenner-Summe von 1 bis n, die Zähler-Summe von t = 1 bis t = n–h läuft. Wie man sogleich erkennt, vermindert sich die Zahl der Summanden mit wachsender Ordnung der Autokorrelation. Dadurch ändert sich zwar der Erwartungswert unter H_0 nicht — er bleibt bei Null — wohl aber die Varianz, die $1/(n-h)$ beträgt. Man prüft *asymptotisch* über die Normalverteilung nach

$$u = r'_h\sqrt{n-h} \qquad (14.5.2.4)$$

Ein *exakter* linearer Test benutzt zweckmäßigerweise die Kovarianz R'_h in analoger Weise wie der exakte WALD-WOLFOWITZ-Test: Man bildet alle möglichen Permutationen , (n-h)! an der Zahl, und deren R'_h-Werte und definiert für die resultierende Prüfverteilung einen Ablehnungsbereich. Fällt der beobachtete R'_h-Wert in den Ablehnungsbereich, so verwirft man die Nullhypothese einer streng stationären ZRe.

Will man einen linear definierten Autokorrelationskoeffizienten r'_h analog dem zirkulär definierten aus den Originalwerten berechnen, so formt man (14.5.2.3) wie folgt um:

$$r'_h = \frac{n}{n-h} \left[\frac{R'_h - S'_1 s'_1/(n-h)^2}{S_2 - (S_1/n)^2} \right] \qquad (14.5.2.5)$$

In dieser Formel bedeuten: R'_h die linear definierte *Autokovarianz*

$$R'_h = \sum_{t=1}^{n-h} y_t y_{t+h} \qquad (14.5.2.6)$$

S'_1 ist die Summe der reihungs*ersten* n-h ZRn-Meßwerte und s'_1 die Summe der reihungs*letzten* n-h Meßwerte

$$S'_1 = \sum_{t=1}^{n-h} y_t \qquad (14.5.2.7)$$

$$s'_1 = \sum_{t=1}^{n-h} y_{t+h} \qquad (14.5.2.8)$$

Die Nenner-Summen $S_1 = \Sigma y_t$ und $S_2 = \Sigma y_t^2$ sind im linearen Fall ebenso definiert wie im zirkulären Fall; die Korrektur erfolgt durch den vor der eckigen Klammer stehenden Faktor in (14.5.2.5)[12].

Statt r'_h asymptotisch nach (14.5.2.4) zu prüfen, kann man auch näherungsweise Tafel XIV-5-3 heranziehen, also die Verteilung des linearen näherungsweise durch die des zirkulären Autokorrelationskoeffizienten ersetzen.

Beispiel 14.5.2.1

Daten: Greifen wir auf die n = 31 ZRn-Werte der Tabelle 14.5.1.1 zurück, und berechnen wir einen linear definierten Autokorrelationskoeffizienten sechster Ordnung (h = 6), indem wir in Tabelle 14.5.2.1 zunächst die linear definierte Autokovarianz R'_h und die ebenso definierte mittlere Summe S'_1 berechnen:

[12] Eine strenge Analogie zum Produktomementkorrelationskoeffizienten fordert, daß bei Wegfall des Korrelaturfaktors n/(n-h) vor der Klammer in (14.5.2.5) der Nenner wie folgt definiert wird: $\sqrt{Q'q'}$, wobei Q' die Summe der Quadrate der ersten n-h Meßwerte und q' die Summe der Quadrate der letzten n-h Meßwerte bezeichnet (vgl. YAMANE, 1964, S. 724).

Tabelle 14.5.2.1

y_t	3 2 1 2 3 3 2 1 0 1 3 4 2 1 0 2 4 3 1 0 0 2 3 2 0	45
y_{t+6}	2 1 0 1 3 4 2 1 0 2 4 3 1 0 0 2 3 2 0 1 1 2 3 4 2	44
$y_t y_{t+6}$	6 2 0 2 9 12 4 1 0 2 12 12 2 0 0 4 12 6 0 0 0 4 9 8 0	107

Deskriptive Auswertung: Wir gehen mit n = 31, h = 6, R'_6 = 107, S'_1 = 45, s'_1 = 44 und den in Beispiel 14.5.1.1 berechneten Werten S_1 = 58 bzw. S_2 = 154 in (14.5.2.5) ein und erhalten als linear definierten Autokorrelationskoeffizienten sechster Ordnung

$$r'_6 = \frac{31}{31-6} \left[\frac{107 - (\frac{45}{25})(\frac{44}{25})}{154 - (58/31)^2} \right] = 1{,}24 \left(\frac{+103{,}832}{150{,}500} \right) = +0{,}86$$

Der linear definierte Autokorrelationskoeffizient r'_6 = +0,86 liegt damit etwas niedriger als der zirkulär definierte mit r_6 = +0,87 (vgl. (14.5.1.8)).

Inferentielle Auswertung: Um zu beurteilen, ob ein r'_6 = +0,86 bei zweiseitiger Fragestellung auf dem 1%-Niveau signifikant ist, setzen wir in (14.5.2.4) ein und erhalten u = +0,86$\sqrt{25}$ = 4,3, das die Schranke 2,58 weit überschreitet. Wollten wir in gleicher Weise auch den zirkulär definierten Autokorrelationskoeffizienten r_6 = +0,87 nach (14.5.2.2) beurteilen, erhielten wir ein u = +0,87$\sqrt{31}$ = 4,84, welcher u-Wert wesentlich über dem nach (14.5.1.7) erhaltenen u = 2,99 liegt.

Interpretation: Auch wenn man nicht annimmt, daß es zulässig sei, die Temperaturkurve zirkulär zu schließen, läßt sich die Autokorrelation sechster Ordnung als signifikant nachweisen. Daraus folgt, daß wir es mit einem Zyklus von 6 Halbtagen (bei täglich zweimaliger Temperaturmessung) oder 3 Ganztagen zu tun haben; dieses Einzelfallergebnis aber entspricht genau der Erwartung, die der Untersucher aufgrund der Diagnose Malaria tertiana hegt.

14.5.3 R. L. ANDERSONS Markoff-Korrelationstest

Ein einfacher Test auf Autokorrelation erster Ordnung (h = 1), der exakt nur auf *zirkulär*, näherungsweise jedoch auch auf *linear* definierte Autokorrelationskoeffizienten angewendet werden darf, stammt von dem (mit O. Anderson nicht verwandten) R. L. ANDERSON (1942). Er ist zwar für normal verteilte ZRn-Meßwerte definiert, darf aber auch auf ZRn-Rangwerte, d.h. auf *rangtransformierte Meßwerte* angewendet werden, ohne daß ein substantieller Effizienzverlust eintritt.

Der *exakte* Test funktioniert wie folgt: Man berechnet den Autokorrelationskoeffizienten erster Ordnung r_1 als Schätzwert für den Parameter ρ_1 des in der Population wirksamen MARKOFF-Prozesses nach

$$r_1 = \frac{\Sigma y_t y_{t+1} - (\Sigma y_t)^2/n}{\Sigma y_t^2 - (\Sigma y_t)^2/n}, \qquad (14.5.3.1)$$

wobei $y_{n+1} = y_1$ mit n als der Zahl der ZRn-Beobachtungen. Sodann liest man in den von ANDERSON (1942) erstellten Tafeln nach, ob ein positiver oder negativer Autokorrelationskoeffizient der beobachteten Höhe auf der 5%- oder der 1%-Stufe signifikant ist. Die Tafel ist für n = 5(1)15(5)75 als Tafel XIV–5–3 ausgewiesen.

Für längere ZRn oder andere Signifikanzniveaus prüft man *asymptotisch* wie folgt über die Normalverteilung

$$u = \frac{(r_1 + \frac{1}{n-1})}{(\sqrt{n-2})/(n-1)}. \qquad (14.5.3.2)$$

Wie man sieht, beträgt der Erwartungswert $E(r_1) = -1/(n-1)$ und die Varianz $Var(r_1) = (n-2)/(n-1)^2$, so daß es numerisch höherer negativer als positiver r_1-Werte bedarf, um die Signifikanzschranke zu erreichen, was auch in Tafel XIV–5–3 besonders bei kleinen n-Werten zum Ausdruck kommt.

ANDERSONS Test kann als *Näherungsverfahren* auch auf Autokorrelationen höherer Ordnung angewendet werden, wenn man r_h zirkulär definiert und mit n–h+1 in Tafel XIV–5–3 eingeht.

14.5.4 VON NEUMANNS Erstdifferenzentest

Ein anderer, ebenfalls ursprünglich auf normalverteilte ZRn-Meßwerte hin konstruierter Test auf einen MARKOFF-Prozeß (erster Ordnung) wird verteilungsfrei, wenn man ihn auf *asymmetrisch* verteilte oder *rangtransformierte* ZRn-Meßwerte anwendet.

Der Test geht von der ZRe $y_1, ..., y_n$ aus und definiert das *mittlere Quadrat der ersten Differenzen* (*Erstdifferenzen-* oder *VON-NEUMANN-Varianz*)

$$\delta^2 = \frac{1}{n-1} \sum_{t=1}^{n-1} (y_{t+1} - y_t)^2 \qquad (14.5.4.1)$$

Dieses Mittlere Quadrat der Erstdifferenzen wird nun zur *ZRn-Varianz*

$$s^2 = \frac{1}{n} \sum_{t=1}^{n} (y_t - \bar{y})^2 \qquad (14.5.4.2)$$

oder

$$s^2 = \sum_{t=1}^{n} y_t^2/n - (\Sigma y_t/n)^2 \qquad (14.5.4.3)$$

in Beziehung gesetzt und als *Von-Neumann-Verhältnis* k definiert:

$$k = \delta^2/s^2 \tag{14.5.4.4}$$

Die *Prüfgröße* k ist von HART (1942) für die unteren ($\underline{k}$) und die oberen 5%- und 1%-Schranken ($\bar{k}$) vertafelt und in Tafel XIV–5–4 für n = 4(1)60 wiederabgedruckt worden (aus YAMANE, 1964, Table 11, Appendix).

Besteht eine positive Autokorrelation erster Ordnung, so wird δ^2 im Verhältnis zu s^2 klein sein, und k u. U. die untere Signifikanzschranke unterschreiten; besteht eine negative Autokorrelation in der ZRe, so wird δ^2 wesentlich größer als s^2 sein und k die obere Signifikanzschranke überschreiten.

Man beachte bei Anwendung des VON NEUMANN-Tests wie des ANDERSON-Tests, daß die ZRe von einem etwa bestehenden generellen Trend befreit werden muß, wenn der Test allein auf einen MARKOFF-Prozeß und nicht zugleich auf diesen generellen Trend ansprechen soll. Wie eine solche *Detrendisierung* im Fall eines linear angenommenen Trends durchgeführt wird, zeigt das Beispiel 14.5.4.1.

Beispiel 14.5.4.1

Autokorrelationstest: Es soll untersucht werden, ob die Zeitreihe der Tabelle 14.5.4.1 (aus YAMANE, 1964, Tab. 23.3) als durch einen Markoff-Prozeß entstanden gedacht werden kann.

Tabelle 14.5.4.1

t	y_t	y_t^2	$y_t y_{t+1}$	$y_{t+1} - y_t$	$(y_{t+1} - y_t)^2$
1	2	4	10	3	9
2	5	25	20	-1	1
3	4	16	24	2	4
4	6	36	48	2	4
5	8	64	16	-6	36
(6=1	2)				
n=5	25	145	118		54

Wir berechnen den zirkulär definierten Autokorrelationskoeffizienten erster Ordnung nach (14.5.3.1) und erhalten

$$r_1 = \frac{118 - 25^2/5}{145 - 25^2/5} = -0,35$$

Nach Tafel XIV–5–3 ist ein $r_1 = -0,35$ für n = 5 auf der 5%-Stufe nicht signifikant, denn es unterschreitet (algebraisch) die 5%-Schranke von -0,753 (für negative r_1-Werte) nicht.

Erstdifferenzentest: Prüfen wir nach dem Erstdifferenzentest, so erhalten wir nach (14.5.4.1) ein $\delta^2 = 54/(5-1) = 13,5$ und nach (14.5.4.3) ein $s^2 = 145/5 - (25/5)^2 = 4$, woraus nach (14.5.4.4) ein $k = 13,5/4 = 3,375$ folgt. Dieser k-Wert erreicht die 5%-Schranke von 3,9745 für n = 5 nicht, so daß auch nach VON NEUMANNS Test die Nullhypothese strenger Stationarität aufrechtzuhalten ist.

Da wir keine Voraussage über das Vorzeichen der Autokorrelation gemacht haben, müssen wir eigentlich zweiseitig prüfen und feststellen, daß ein k = 3,375 innerhalb des 10%-igen Konfidenzintervalls zwischen $\underline{k} = 0,6724$ und $\bar{k} = 3,9745$ gelegen ist.

Detrendisierung: Offensichtlich unterliegt die ZRe der Tabelle 14.5.4 1 einem in etwa linear steigenden generellen Trend. Tabelle 14.5.4.2 eliminiert diesen Trend durch einen linearen Regressionsansatz nach $y'_t = y_t - b(t-\bar{t})$ mit $b = \Sigma(y_t-\bar{y})(t-\bar{t})/\Sigma(t-\bar{t})^2$

Tabelle 14.5.4.2

t	$t-\bar{t}$	$(t-\bar{t})^2$	y_t	$y_t-\bar{y}$	$(y_t-\bar{y})(t-\bar{t})$	$b(t-\bar{t})$	$y_t-b(t-\bar{t}) = y'$
1	-2	4	2	-3	+6	-2,6	4,6
2	-1	1	5	0	0	-1,3	6,3
3	0	0	4	-1	0	0	4,0
4	1	1	6	1	+1	+1,3	4,7
5	2	4	8	3	+6	+2,6	5,4
(6=1		2)					
n=5	0	10	$\bar{y}=5$	0	b=+13/10	0	$\bar{y}'=5,0$

Tests nach Detrendisierung: Wir prüfen nun die detrendisierten ZRn-Werte y'_t in analoger Weise wie die trendbehafteten der Tabelle 14.5.4.1 und gewinnen dabei die Zwischenwerte der Tabelle 14.5.4.3:

Tabelle 14.5.4.3

t	y'_t	y'^2_t	$y'_t y'_{t+1}$	$y'_{t+1} - y'_t$	$(y'_{t+1} - y'_t)^2$
1	4,6	21,16	28,98	+1,7	2,89
2	6,3	39,69	25,20	-2,3	5,29
3	4,0	16,00	18,80	+0,7	0,49
4	4,7	22,09	25,38	+0,7	0,49
5	5,4	29,16	24,84	-0,8	0,64
n=5	25,0	128,10	123,20	0,0	9,80

Der Autokorrelationskoeffizient erster Ordnung für die detrendisierte ZRe beträgt nunmehr nach (14.5.3.1)

$$r'_1 = \frac{123,20 - 25^2/5}{128,10 - 25^2/5} = -0,58$$

Nach ANDERSONS Test ist auch das höhere $r'_1 = -0,58$ nicht auf der 5%-Stufe signifikant, da es den Tafelwert $-0,753$ für $n = 5$ algebraisch nicht unterschreitet (Tafel XIV–5–3).

Die Erstdifferenzenvarianz der detrendisierten ZRn-Werte beträgt $\delta^2 = 9,80/(5-1) = 2,45$ und die Meßwertvarianz $s^2 = 128,10/5 - (25/5)^2 = 0,62$, so daß $k = 2,45/0,62 = 3,952$. Auch dieser k-Wert bleibt, wenn auch knapp, unter der 5%-Schranke von 3,9745 in Tafel XIV–5–4.

Entscheidung: Trotz gewisser Verschärfung beider Tests durch lineare Detrendisierung kann die aufgrund des ‚sägezahnartigen' Verlaufes der RZe in Tabelle 14.5.4.1 vermutete negative Autokorrelation erster Ordnung nicht nachgewiesen werden, so daß wir deren Entstehung durch einen MARKOFF-Prozeß nicht als gesichert annehmen dürfen.

Es läßt sich zeigen, daß praktisch alle Autokorrelationstests einschließlich der hier nicht erwähnten parametrischen von DURBIN und WATSON (1950) und des von MORAN (1957) gegenüber monotonen Transformationen der detrendisierten Werte *gültig* bleiben. Das bedeutet für die Praxis, daß man anstelle der detrendisierten Meßwerte auch deren Rangwerte oder deren Normalrangwerte (vgl. 6.1.7) zugrunde legen darf.

Obwohl die Autokorrelationstests ein stetig verteiltes Merkmal und im schwachen Sinne stationäre, also von einem generellen Trend befreite ZRn voraussetzen, wirken sich auftretende *Bindungen* höchstens effizienzmindernd aus. Das gilt insbesondere für den Grenzfall zweier Gruppen von n_1 und n_2 Bindungen, also für *Null-Eins-verteilte* ZRn, deren Autokorrelationskoeffizienten über Vierfeldertafeln berechnet und nach ANDERSONS Tafel XIV–5–3 geprüft werden dürfen, wenn die ZRn nicht zu kurz und ihr Einser-Anteil weder steigt noch fällt.

14.5.5 Das Autoregressionsmodell

Wir haben in den letzten Abschnitten der Autokorrelation erster Ordnung besonderes Augenmerk zugewendet; das hat seinen Grund in der forschungspraktischen Bedeutung von Abhängigkeiten im Sinne des MARKOFFschen Modells, wobei die jeweils nachfolgende von der vorangehenden Beobachtung bzw. deren wahrem Wert (ohne Fehlerkomponente) bestimmt wird. Diese Abhängigkeit läßt sich als sog. *autoregressives Modell* wie folgt symbolisieren:

$$y_t = ay_{t-1} + b + e_t \qquad (14.5.5.1)$$

wobei a eine Regressions- und b eine Niveaukonstante bezeichnet.

Mißt man vom Durchschnitt der normalrangtransformierten ZRe aus, so fällt die Niveaukonstante b fort und es resultiert die Modellgleichung mit

$E(y_t) = 0$ und $Var(y_t) = 1$:

$$y_t = ay_{t-1} + e_t \qquad (14.5.5.2)$$

Wenn man bedenkt, daß $y_{t-1} = ay_{t-2} + e_{t-1}$ und diesen Ausdruck in (14.5.5.2) einsetzt, erhält man

$$y_t = a(ay_{t-2} + e_{t-1}) + e_t = a^2 y_{t-2} + ae_{t-1} + e_t.$$

Setzt man die Substitution für y_{t-2}, y_{t-3} usw. fort, dann erhält man die *Autoregressionsgleichung*

$$y_t = e_t + ae_{t-1} + a^2 e_{t-2} + a^3 e_{t-3} + ... \qquad (14.5.5.3)$$

Aus dieser Gleichung erhellt, daß eine gegenwärtige Beobachtung y_t durch die vorangegangenen Beobachtungsfehler und durch einen Autoregressionsparameter a bestimmt wird.

Ist $a = 0$, dann ist $y_t = ... = y_1$. Ist $a = 1$, dann ist y_t gleich der algebraischen Summe aller bisherigen Beobachtungsfehler $e_1 + ... + e_t$. Liegt a zwischen 0 und 1, dann wiegen die proximalen Beobachtungsfehler stärker als die distalen und y_t ändert sich praktisch nach Art eines gleitenden Durchschnitts von Beobachtungsfehlern, unter denen der jeweils letzte das größte Gewicht besitzt.

Für die *Praxis* wichtig zu wissen ist in diesem Zusammenhang, daß die gleitenden Durchschnitte von Zufallsfehlern, wie erstmalig von SLUTZKY (1937) erkannt wurde, *sinusartige Schwingungen* bilden. Sinusartige Schwingungen der gleitenden Durchschnitte einer RZe sind daher nicht notwendig Ausdruck einer Nicht-Stationarität im strengen Sinn des Begriffes, sondern u. U. Auswirkungen des *SLUTZKY-Effekts*.

Wir haben hier nur die *Autoregression erster Ordnung* behandelt. Analog zu (14.5.5.2) läßt sich eine Autoregression zweiter Ordnung durch

$$y_t = a_1 y_{t-1} + a_2 y_{t-2} + e_t \qquad (14.5.5.4)$$

definieren. Während die Autoregression erster Ordnung als *Markoff-Prozeß* bekannt ist, wird die Autoregression erster *und* zweiter Ordnung als *Yule-Prozeß* bezeichnet (vgl. KENDALL und STUART, 1966, Ch. 47.18). Im Yule-Prozeß hängt eine gegenwärtige Beobachtung nicht nur von der unmittelbar vorausgegangenen, sondern auch von der mittelbar vorausgegangenen Beobachtung bzw. deren wahrem Wert ab[13].

---

[13] Beispiel für einen Markoff-Prozeß ist die täglich gemessene Körpertemperatur (Basistemperatur), Beispiel für einen Yule-Prozeß ist die Kurve der täglich zweimal (morgens und abends) gemessenen Körpertemperatur.

14.6 Zweistichproben-Zeitreihen-Tests (Verlaufskurventests)

1. Bislang haben wir es stets mit singulären ZRn zu tun gehabt und je nachdem, ob intra- oder interindividuelle ZRn vorlagen, eine Einzelfall- oder eine Populationsinferenz vorgenommen. Ein in der Forschungspraxis häufiges Anliegen betrifft nun die Frage, ob *zwei unabhängige Stichproben* von n_1 und n_2 ZRn y_{1t} und y_{2t} *homogen* verlaufen, wobei vorausgesetzt wird, daß innerhalb der beiden Stichproben Homogenität der Verläufe sachlogisch zu begründen ist.

Um das Gesagte an einem *Beispiel* zu illustrieren: Behandelt man $n_1 = 10$ Hochdruckkranke mit einem Placebo, so erwarten wir, daß die täglich gemessenen Blutdruckwerte 10 stationäre ZRn bilden, also keinerlei Trend aufweisen werden. Behandelt man zugleich andere $n_2 = 8$ Hochdruckkranke mit einem Antihypertonikum, so erwarten wir 8 ZRn mit monotondegressivem Trend. Wenn wir beide Stichproben von ZRn durch ZRn-Mittelwerte oder -mediane repräsentieren, so kann gefragt werden, ob sich diesen Durchschnitts-ZRn bezüglich ihres *generellen Trends* signifikant unterscheiden. Diese Frage haben wir in Beispiel 14.4.3.1 über die Differenzen der beiden Durchschnitts-ZRn beantwortet, dabei aber viel an Information aufgegeben, da die durchschnittsbildenden Einzelfall-ZRn gepoolt worden sind.

2. Statt zwei Stichproben von Ptn unterschiedlich zu behandeln und deren ZRn zu vergleichen, könnte ein Untersucher auch ein und dieselbe Stichprobe von − sagen wir − n = 9 Ptn einmal mit Placebo und ein zweites Mal mit Wirkstoff behandeln; er erhielte so *zwei abhängige Stichproben* von ZRn, und auch hier wäre nach der Homogenität der Verläufe zu fragen, wenn es gilt, den Einfluß der Behandlungen auf die Verläufe nachzuweisen.

Wir haben also die Aufgabe, *Stichproben* von ZRn in ähnlicher Weise zu vergleichen wie Stichproben von (unabhängigen oder abhängigen) Meßwerten. Für Meßwerte haben wir den Mediantest oder den Rangsummentest durchgeführt, wenn zwei unabhängige Stichproben bezüglich Lokation zu vergleichen waren, und den Vorzeichen- oder Vorzeichenrangtest, wenn zwei abhängige Stichproben zu vergleichen waren (vgl. 5.1.2 und 5.3.3). Wie prüfen wir nun aber, ob sich zwei Stichproben von ZRn bezüglich ihrer Verläufe bzw. ihrer Durchschnittsverläufe unterscheiden. Genauer: Wie prüfen wir verteilungsfrei und ohne Rücksicht darauf, ob die Einzel-ZRn autokorreliert sind oder nicht[14].

---

14 Sind die ZRn nicht autokorreliert, so kann das Problem unter sonst parametrischen Bedingungen varianzanalytisch behandelt werden (vgl. KOLLER, 1955); da sich aber bei kurzen ZRn die Autokorrelation nicht nachweisen läßt, tut man gut, auch sie nichtparametrisch zu vergleichen.

Der Zweistichprobenvergleich von ZRn ist eine forschungsstrategisch überaus wichtige Frage, da sich viele Behandlungen weder in Lokationsverschiebungen noch in Dispersionsänderungen manifestieren, sondern allein in zeitlich *unterschiedlichen Wirkungsverläufen* zum Ausdruck kommen. Die Bedeutung des Zweistichprobenvergleichs von ZRn-Verläufen erkannt zu haben, ist das Verdienst von KRAUTH (1973), der adäquate ZRn-Regressionsmodelle zum Vergleich zweier abhängiger und zweier unabhängiger Stichproben von ZRn entwickelt hat.

14.6.1 Vergleich zweier unabhängiger Stichproben von Verlaufskurven nach KRAUTH

KRAUTH (1973) geht bei seinen Überlegungen von dem allgemeinsten Modell einer ZRe aus, deren *Regressionsansatz* wie folgt lautet

$$y_{ijk} = f_i(t_j) + e_{ijk} \qquad (14.6.1.1)$$

wobei $i = 1, 2$ die beiden unabhängigen Stichproben, $j = 1(1)n$ die n Zeitpunkte des Zeitmusters und $k = 1(1)N_i$ die individuellen ZRn der Stichprobe i bezeichnen. Die f_i sind stichprobenspezifische und von den Beobachtungszeitpunkten t_j abhängige Funktionen, die auch Autokorrelationen explizit zulassen. Die e_{ijk} sind unabhängige, stetig verteilte, von i und j abhängige Meßfehler.

Da das obige Modell so allgemein ist, daß es sowohl generelle wie zyklische oder phasische Trends zuläßt, können alle praktisch auftretenden ZRn nach diesem Modell ausgewertet werden. Wir werden in der Folge aus pragmatischen Gründen zwischen kurzen und langen ZRn unterscheiden, weil nur die *kurzen* mit einem einfachen, auf den ersten Differenzen einer Zeitreihe beruhenden Test ausgewertet werden können, einem Test, den wir auch als ersten vorstellen und an einem Beispiel illustrieren.

KRAUTHS T_1-Test

Wir ordnen jeder der n ZRn ein *Vorzeichenmuster* Z_{ik} zu, das wir erhalten, indem wir die ersten Differenzen bilden:

$$Z_{ik} = sgn(y_{i2k} - y_{i1k}), ..., sgn(y_{ink} - y_{i(n-1)k}) \qquad (14.6.1.2)$$

Bei diskret verteilten ZRn erhalten wir drei Vorzeichen $sgn(x) = (+)$ für $x > 0$, $sgn(x) = (0)$ für $x = 0$ und $sgn(x) = (-)$ für $x < 0$.

Um die *Nullhypothese*, daß sich die zwei Stichproben von ZRn bzgl. ihrer Verläufe nicht unterscheiden (H_0) zu prüfen, vergleichen wir die *Häufigkeiten* der Vorzeichenmuster Z_{ik} für die beiden Stichproben. Diese

Häufigkeiten f_{ij} tragen wir in eine Tafel ein mit sovielen Zeilen, als es Vorzeichenmuster gibt — 2^{n-1} bei stetigen und 3^{n-1} bei diskreten Beobachtungen — und zwei Spalten (1 und 2) für die beiden Stichproben ein. Die resultierende r x 2-Feldertafel prüft man dann daraufhin, ob sich die Frequenzen f_{1j} und f_{2j} *homogen* verteilen.

Sind die Erwartungswerte unter H_0, $e_{ij} = n_i f_{.j}/n$ hinreichend groß ($e \geq 5$), so prüft man *asymptotisch* nach χ^2 (5.4.3.1) auf Homogenität und verwirft H_0, wenn eine vorvereinbarte Chiquadratschranke für $2^{n-1}-1$ Fg bzw. $3^{n-1}-1$ Fg von dem ermittelten Chiquadrat, das KRAUTH (1973) mit dem Symbol T_1 bezeichnet, überschritten wird.

Hat man vor dem Versuch die Nullhypothese auf ein *bestimmtes* Vorzeichenmuster, hinsichtlich dessen man Stichprobenunterschiede erwartet, spezifiziert, so prüft man mittels des Vierfeldertests, ob sich die Frequenzen f_{1j} und f_{2j} des betreffenden Musters im Vergleich zum Gesamt aller übrigen Muster unterscheiden.

Die Nullhypothese kann auch auf *zwei* oder *mehr* Vorzeichenmuster bezogen werden, in welchem Fall man eine entsprechend zeilenreduzierte Zweispalten-Kontingenztafel erhält, die wie im Fall des globalen Tests asymptotisch über eine Mehrfeldertafel auszuwerten ist. Man beachte, daß ein spezifizierter Homogenitätstest *unzulässig* ist, wenn die Auswahl bestimmter Vorzeichenmuster nicht *anthac* begründet werden kann. Man beachte weiter, daß bei Anwendung des Vorzeichentests und des Vierfeldertests nur dann *einseitig* geprüft werden darf, wenn auch die *Richtung* des Häufigkeitsunterschiedes unter der Alternativhypothese (der Inhomogenität) vorausgesagt wurde. Das folgende Beispiel wird diesen Sachverhalt konkretisieren.

Beispiel 14.6.1.1

Problem: Es ist bekannt, daß Tranquilizer, in therapeutischer Dosis verabreicht, die Wachsamkeit (Vigilanz) von Vpn nicht beeinflussen. Es ist weiterhin bekannt, daß im zweistündigen Vigilanzversuch nach MACKWORTH (vgl. BÖTTGE und HOLOCH, 1973) die Vigilanz, gemessen an der Zahl der Fehlreaktionen auf kritische Reize, zwischen der ersten und der zweiten halben Stunde rapide abnimmt, um dann allmählich wieder anzusteigen. Gefragt wird nun, ob dieser unter Normalbedingungen zu beobachtende Vigilanzverlauf durch Tranquilizer verändert wird.

Untersuchungsplan: Zwei unabhängige Zufallsstichproben von j $n_1 = n_2 = 10$ Vpn wurden mit Placebo (i = 1 ≙ P), bzw. mit Tranquilizer (i = 2 = T) behandelt und einem zweistündigen, halbstündig auszuwertenden Vigilanzversuch unterworfen. Registriert wurde die Zahl der je Halbstunde erbrachten Richtigreaktionen y_{1jk} und y_{2jk}, j = 1(1)4 = n und k = 1(1)10 = n_i, in den beiden Stichproben von ZRn.

Hypothesen: H_0: Placebo- und Tranquilizer-Stichprobe bedingen den gleichen Verlauf, einen Verlauf, der durch Häufung des Vorzeichenmusters –++ (Abfall von der

1. zur 2. Halbstunde und Anstieg von der 2. zur 3. und von der 3. zur 4. Halbstunde) unter T wie unter P gekennzeichnet ist.

H_1: Placebo und Transquilizer bedingen unterschiedliche ZRn-Verläufe in dem Sinn, daß keine Häufung des Vorzeichenmusters -++ unter T zur Beobachtung gelangt.

Testwahl und Signifikanzniveau: Da ein parametrischer Test zur Beantwortung der obigen Frage bzw. zur Entscheidung über die vorstehenden Hypothesen, der auch Autokorrelationen in den ZRn zuließe, fehlt, bedienen wir uns des KRAUTHschen Vorzeichenmustertests und vereinbaren $\alpha = 0{,}05$ für den einseitigen in Aussicht genommenen Vierfeldertest.

Ergebnisse: Die Fehlerzahl y_{ijk} ist zwar eine diskret verteilte Observable, da sich aber keine Nachbarschaftsbindungen finden, kann sie wie eine stetig verteilte Observable mit $2^{4-1} = 8$ Vorzeichenmustern (+++ ++- +-+ +-- -++ -+- --+ ---) ausgewertet werden. Da in der Tranquilizergruppe eine Vpn aus technischen Gründen ausfiel, sind in Tabelle 14.6.1.1 nur $n_2 = 9$ Vpn verzeichnet.

Tabelle 14.6.1.1

Vp(k) Zeiten	Placebo (i=1) j=1	j=2	j=3	j=4	Z_{1k}	Vp(k)	Tranquilizer (i=2) j=1	j=2	j=3	j=4	Z_{2k}
1	11	9	10	11	-++	1	10	8	7	9	--+
2	6	2	5	4	-+-	2	8	9	8	7	+--
3	9	3	4	6	-++	3	4	5	7	6	++-
4	10	7	9	10	-++	4	7	8	6	8	+-+
5	8	5	7	8	-++	5	12	10	9	10	--+
6	8	6	9	10	-++	6	9	7	5	6	--+
7	5	4	3	5	--+	7	8	6	7	8	-++
8	12	8	9	10	-++	8	7	6	8	5	-+-
9	7	8	6	7	+-+	9	7	9	10	6	++-
10	8	5	7	8	-++						
$\bar{y}_{1j}$	8,4	5,7	6,9	7,9		$\bar{y}_{2j}$	8,0	7,6	7,4	7,2	

Auswertung: Wie man sieht, zeigen 8 der 10 Placebo-ZRn das unter H_0 vorausgesagte Vorzeichenmuster -++, während in der Tranquilizergruppe nur 1 ZRe dieses Muster zeigt. Gemäß den Hypothesen erstellen wir eine Vierfeldertafel mit den Zeilen ‚Muster -++' und ‚andere Muster' und den Spalten Placebo und Tranquilizer. Das Auswertungsergebnis bzw. die Zuordnung der 19 = n ZRn zu den 4 Feldern ergibt sich aus Tabelle 14.6.1.2:

Tabelle 14.6.1.2

Muster -++	a = 8	b = 1	a+b = 9
and. Muster	c = 2	d = 8	c+d = 10
	P a+c = 10	T b+d = 9	n = 19

Wenn wir trotz der niedrigen Besetzungszahlen über Quiquadrat auf Homogenität prüfen, und zwar mit Stetigkeitskorrektur nach (5.3.1.3), so ergibt sich

$$T_1 = \chi^2 = \frac{19(|64-2|-9,5)^2}{9 \cdot 10 \cdot 9 \cdot 10} = 6,47 \quad \text{für 1 Fg}$$

Entscheidung: Da der beobachtete χ^2-Wert die einseitige 1%-Schranke von $\chi^2_{0,02} = 5,41$ überschreitet, verwerfen wir H_0 und akzeptieren H_1, wonach unter Tranquilizer andere Vorzeichenmuster bzw. ZRn-Verläufe vorherrschen als das unter Placebo favorisierte Muster -++. Zum gleichen Ergebnis führt der exakte Vierfeldertest nach FISHER-YATES (vgl. 5.3.2) bzw. Tafel V–3.

Interpretation: Wie man aus den Spaltendurchschnitten der Tabelle 14.6.1.1 ersieht, verläuft die Durchschnitts-ZRe unter Placebo gemäß H_0, während die Durchschnitts-ZRe unter Transquilizer monoton fällt; eine — vermutlich kompensatorische — Vigilanzsteigerung nach initialem Vigilanzabfall erfolgt somit nur unter Placebo, nicht unter Tranquilizer-Vorbehandlung. Wie ein Vergleich des Niveaus (Durchschnitts) beider Durchschnittskurven erkennen läßt, sind die Vigilanzleistungen insgesamt unter beiden Behandlungen etwa gleich, wie im ersten Absatz festgestellt.

Anmerkung: Wäre der Vigilanzverlauf unter Normalbedingungen nicht bekannt gewesen, so hätte H_0 global in dem Sinn formuliert werden müssen, daß die Verteilung der ZRn über den 8 Mustern unter P eine andere ist als unter T. Zur Prüfung dieser globalen H_0 hätte man sich der 8 x 2-Feldertafel 14.6.1.3 bedienen müssen:

Tabelle 14.6.1.3

Muster	+++	++-	+-+	+--	-++	-+-	--+	---	Σ
P=Placebo	0	0	1	0	8	1	0	0	$10^2/19=5,26$
T=Tranqu.	0	2	1	1	1	1	3	0	9
B=Beide		2	2	1	9	2	3		n=19
P^2/B		0	0,5	0	7,11	0,5	0		8,11

BS-Test $T_1 = \chi^2 = \dfrac{19^2}{10 \cdot 9}(8,11 - 5,26) = 11,43$ mit 5 Fgn

Obzwar wegen zu geringer Erwartungswerte nicht zulässig, wurde der globale Homogenitätstest mittels der asymptotischen BRANDT-SNEDECOR-Formel (5.4.1.1) gerechnet, wobei die nicht besetzten Muster außer acht gelassen werden dürfen (KRAUTH, 1973). Für die verbleibenden 6-1 = 5 Fge ist ein $\chi^2 = 11,43$ eben auf der 5%-Stufe signifikant. Das Ergebnis darf und soll aber wegen der Unzulässigkeit dieses Tests nicht weiter interpretiert werden.

Anwendungshinweise zum T_1-Test

Wir haben bereits in Beispiel 14.6.1.1 vorweggenommen, daß die Vorzeichenmuster um all jene reduziert werden dürfen, die *nicht* realisiert worden sind. Rechtfertigen läßt sich diese Reduktion dadurch, daß der dem Chiquadrattest zugrunde liegende exakte Mehrfeldertest ein *bedingter* Test bei festen Zeilen- und Spaltensummen ist.

Die Möglichkeit, *schwach* besetzte Muster *zusammenzufassen*, darf nur dann wahrgenommen werden, wenn vor der Datenerhebung eine sachlogisch begründete Vorschrift darüber formuliert wird, wann und wie eine solche Zusammenfassung vorzunehmen ist. In unserem Beispiel lautet diese Vorschrift: Betrachte das Muster –++ isoliert und fasse alle übrigen Muster zusammen; die Begründung hierfür ergab sich aus einschlägiger Erfahrung.

Wie man mit schwach besetzten Feldern verfährt, wenn eine Zusammenfassung *nicht* zu begründen ist, wurde ebenfalls in Beispiel 14.6.1.1 vorweggenommen: Man benutzt einen exakten Mehrfelder-Homogenitätstest, wie er von FREEMAN und HALTON (1951) angegeben und von KRAUTH (1973) in ökonomischer Weise modifiziert wurde. Wir werden diesen Test und seine kx2-Felder-Modifikationen im Kapitel 15 über Kontingenzanalyse kennen- und anwenden lernen (15.2.4/9).

KRAUTHS Test zum Vergleich zweier unabhängiger Stichproben von ZRn kann auch auf *mehr* als zwei Stichproben *verallgemeinert* werden, ähnlich wie sich der Rangsummentest zum H-Test verallgemeinern läßt. Man erhält dann statt einer k x 2-Feldertafel eine k x m-Feldertafel, die gemäß Abschnitt 5.4.4 auszuwerten ist, wenn die Felder ausreichend besetzt sind; andernfalls benutzt man auch hier den schon angekündigten exakten FREEMAN-HALTON-Test.

14.6.2 Vergleich zweier abhängiger Stichproben von Verlaufskurven nach KRAUTH

Wird jedes von N Individuen *zweimal* nach einem festen Zeitmuster t_1 bis t_n untersucht, so resultieren zwei *abhängige* Stichproben von ZRn oder Verlaufskurven. Statt der Repetition wird dort, wo sie versuchstechnisch oder versuchslogisch nicht möglich ist, eine Paßpaarung (Parallelisierung) von 2n Individuen zum gleichen Ergebnis führen. Im Regelfall werden beide Verlaufskurven unter *verschiedenen Behandlungen* erhoben, und es stellt sich die Frage, ob die Behandlungen zu paarweise ungleichen Verläufen (X, Y) führen. Diese Frage beantwortet man bei kurzen ZRn nach KRAUTH (1973) wie folgt:

J. KRAUTH geht von folgendem *Regressionsmodell* der Zeitreihenzerlegung aus:

$$x_{ij} = f(t_j) + a_i + d_{ij}, \qquad y_{ij} = g(t_j') + b_i + e_{ij} \qquad (14.6.2.1)$$

mit $i = 1(1)N$ und $j = 1(1)n$ und $f(t_1) = g(t_1') = 0$. Weiter sind f und g Funktionen der Zeit, die den beiden Stichproben zugeordnet sind, a_i und b_i individuelle Niveaukonstanten und d_{ij} sowie e_{ij} die Versuchsfehler. Die letzteren gelten als unabhängige Zufallsvariable, die von Individuum zu Individuum verschiedene Verteilungen haben können.

KRAUTHS T_2-Test

Um zwei abhängige Stichproben von ZRn bezüglich ihrer Verläufe oder bzgl. *Formhomogenität*, wie KRAUTH dies nennt, zu vergleichen, ersetzen wir die ZRn durch die *Vorzeichenmuster* ihrer ersten Differenzen. Bezeichnen wir die Behandlungszeitreihe mit x_t und die Kontrollzeitreihe mit y_t für $t = 1(1)n$, so resultieren die paarigen oder *konjugierten Vorzeichenmuster* der $i = 1(1)N$ Individuen

$$U_i = \text{sgn}(x_{i2} - x_{i1}), ..., \text{sgn}(x_{in} - x_{i(n-1)}) \qquad (14.6.2.2)$$

$$V_i = \text{sgn}(y_{i2} - y_{i1}), ..., \text{sgn}(y_{in} - y_{i(n-1)}) \qquad (14.6.2.3)$$

Damit ist jedem der N Individuen der Stichprobe ein *Paar* von Vorzeichenmustern zugeordnet. Wir ordnen nun die N Individuen gemäß ihren Musterpaaren in die Felder einer quadratischen $k \times k$-Feldertafel ein, wobei $k = 2^{n-1}$ die Zahl der Muster bei einem stetig verteilten ZRn-Merkmal bzw. bei fehlenden Nachbarschaftsbindungen bezeichnet. Bei diskretem Mm tritt auch $U_i = (+, =, -)$ auf, so daß $k = 3^{n-1}$ Vorzeichenmuster entstehen.

Der asymptotische Test

Bezeichnet man die *Besetzungszahl* des aus der Zeile i und der Spalte j gebildeten Feldes mit f_{ij}, dann ist die Nullhypothese formhomogener Verläufe immer dann beizubehalten, wenn die Frequenzen f_{ij} bzw. f_{ji} um die Hauptdiagonale mit der Frequenz f_{ii} *symmetrisch* verteilt sind.

Als *Prüfgröße* benutzt man in Übereinstimmung mit dem Test von BOWKER (vgl. 5.5.4) den vom Autor mit T_2 bezeichneten Quotienten

$$T_2 = \frac{(f_{ij} - f_{ji})^2}{f_{ij} + f_{ji}} \qquad (14.6.2.4)$$

Sind die Erwartungswerte $e_{ij} = e_{ji} = (f_{ij} + f_{ji})/2$ durchweg größer als 5, dann ist T_2 unter H_0 (Symmetrie) wie Chiquadrat mit $k(k-1)/2$ Fge verteilt.

Sind u Felderpaare *unbesetzt*, $f_{ij} = f_{ji} = 0$, dann reduziert sich die Zahl der Fge auf $(k-u)(k-u-1)$. Die Frequenzen f_{ii} in den Feldern der Hauptdiagonale bleiben unberücksichtigt, da sie gleiche Verläufe symbolisieren und ähnlich den Nulldifferenzen im Vorzeichentest für die Symmetriefrage unerheblich sind[15].

Der asymptotische T_2-Test erscheint auch dann noch zulässig, wenn die Erwartungswerte zwar *kleiner* als 5, aber größenordnungsmäßig *gleich* sind, also etwa zwischen 2 und 5 liegen (vgl. WISE, 1963); dies gilt auch für den T_1-Test.

Der exakte Test

Für den Fall, daß die Bedingungen einer asymptotischen Symmetrieprüfung nicht erfüllt sind, etwa wegen Erwartungswerten von 1 oder 1/2, hat KRAUTH (1973) einen *exakten* (finiten) Test auf Symmetrie entwickelt, um auch schwach besetzte Tafeln auswerten zu können. Die Rechenformeln lauten

$$P = \sum_{}^{max.T_2} p_T . \qquad (14.6.2.4)$$

Die Summe erstreckt sich über all jene Tafeln mit den Punktwahrscheinlichkeiten

$$P_T = (\frac{1}{2})^{N-m} \prod_{i<j} \binom{f_{ij} + f_{ji}}{f_{ij}} , \qquad (14.6.2.5)$$

deren Prüfgrößen T_2 die beobachtete Prüfgröße erreichen oder überschreiten. Es bedeutet $m = \Sigma f_{ii}$ die Zahl der in den Feldern der Hauptdiagonale der quadratischen Kontingenztafeln gelegenen insgesamt N ZRn-Paare.

Formel (14.6.2.5) läßt sich leichter über die folgende *Umformung*

$$p_T = \prod_{i<j} \binom{f_{ij} + f_{ji}}{f_{ij}} (\frac{1}{2})^{f_{ij}} (\frac{1}{2})^{f_{ji}} \qquad (14.6.2.6)$$

auswerten, wenn man hierzu eine Tafel der Punktwahrscheinlichkeiten des Vorzeichentests (Binomialtest mit $\pi = 1/2$) heranzieht; eine solche Tafel ist Tafel V. Man setzt $f_{ij} = x$ und $f_{ij} + f_{ji} = N$, liest den zugehörigen p-Wert ab und multipliziert die p-Werte gemäß (14.6.2.6) zu p_T.

Felder mit $f_{ij} = f_{ji} = 0$ brauchen in (14.6.2.5–6) *nicht* berücksichtigt zu werden, wodurch sich im asymptotischen T_2-Test bei u Paaren von Leerfeldern die Zahl der Fge auf (k–u) (k–u–1) vermindert. Der exakte Test

---

[15] Sind die Diagonalfelder im Vergleich zu den übrigen Feldern stark besetzt, so spricht dies für die Nullhypothese gleicher Verläufe, auch wenn der T_2-Test signifikant ausfällt. Wir haben hier eine ähnliche Situation wie beim Vorzeichentest mit 9 positiven, einer negativen und 90 Nulldifferenzen bei N = 100 Paarbeobachtungen.

für *konjugierte* ZRn wird, wie das folgende Beispiel zeigt, von Leerfeldern nicht betroffen, wenn man $\binom{0+0}{0} = 0$ setzt.

Beispiel 14.6.2.1

Problem: N = 10 verhaltensschwierige Kinder mit Hypermotilitätssyndrom wurden hinsichtlich ihrer Spontanbewegungen telemetrisch gemessen (vgl. GRÜNEWALD-ZUBERBIER et al., 1971), und zwar die ersten n = 4 Tage unter motilitätsdämpfender Behandlung und die nächsten n = 4 Tage unter Kontrollbedingungen, jeweils zur gleichen Tageszeit (Spielzeit).

Hypothesen: Die Behandlung ist unwirksam, so daß die konjugierten (verbundenen) ZRn der N = 10 Kinder formgleich verlaufen (H_0).
Die Behandlung ist wirksam in dem Sinn, daß die N = 10 ZRn unter Behandlung anders verlaufen als unter Kontrollbedingungen.

Testwahl und Signifikanzniveau: Da nicht erwartet wird, daß sich Behandlungs- und Zeiteffekt im Sinn des parametrischen Modells additiv verhalten, wird anstelle einer bifaktoriellen Varianzanalyse der T_2-Test von KRAUTH in Aussicht genommen und ein $\alpha = 0{,}05$ vereinbart.

Ergebnisse: Die Motilitätsmessungen x_t und y_t während der Spielzeit bei der Behandlung (X) und unter Kontrollbedingungen (Y) an je n = 4 aufeinanderfolgenden Tagen sollen die Ergebnisse der Tabelle 14.6.2.1 geliefert haben (Daten aus KRAUTH, 1973, Tab. 3):

Tabelle 14.6.2.1

Kind (i)	X = Behandlung				U_i	Y = Kontrolle				V_i
	1.	2.	3.	4.		1.	2.	3.	4.	Tag (j)
A	24,2	23,5	22,9	22,7	---	22,8	23,5	24,2	24,0	++-
B	21,2	19,8	18,9	18,6	---	18,7	18,8	19,2	20,1	+++
C	24,5	24,0	24,1	22,1	-+-	23,5	23,6	23,5	25,0	+-+
D	22,0	21,9	21,7	21,8	--+	20,0	21,3	21,5	22,0	+++
E	26,0	24,2	23,4	23,3	---	24,8	25,0	25,2	25,3	+++
F	26,5	26,4	25,1	23,9	---	26,1	26,0	26,5	27,1	-++
G	22,1	21,7	21,4	20,9	---	19,1	20,2	21,4	22,6	+++
H	22,3	21,4	20,9	20,5	---	18,7	19,3	22,4	22,6	+++
I	21,9	21,7	20,3	19,1	---	16,5	18,3	19,5	22,1	+++
J	23,8	22,1	21,0	20,3	---	20,7	21,3	22,5	23,2	+++

Prüfgrößenberechnung: Wir tragen die Musterpaare U_i und V_i in die Felder einer k×k-Feldertafel ein, wobei $k = 2^{n-1} = 2^3 = 8$, und erhalten Tabelle 14.6.2.2 mit den Frequenzen f_{ij} und f_{ji}, $i,j = 1(1)4$

Tabelle 14.6.2.2

U_i / V_i	+++	++-	+-+	+--	-++	-+-	--+	---
+++	0	0	0	0	0	0	0*	0*
++-	0	0	0	0	0	0	0	0*
+-+	0	0	0	0	0	0*	0	0
+--	0	0	0	0	0	0	0	0
-++	0	0	0	0	0	0	0	0*
-+-	0	0	1*	0	0	0	0	0
--+	1*	0	0	0	0	0	0	0
---	6*	1*	0	0	1*	0	0	0

Wie man aus den Besetzungszahlen ersieht, kann die Tafel auf 5 konjugierte Frequenzpaare begrenzt werden, so daß für die Prüfgröße T_2 nur $6(5-1)/2 = 10$ Fg verbleiben. Die Prüfgröße selbst errechnet sich nach (14.6.2.4) zu

$$T_2 = (1-0)^2/1 + (1-0)^2/1 + (6-0)^2/6 + (1-0)^2/1 + (1-0)^2/1 = 10$$

Testdurchführung: Da 4 der 5 Erwartungswerte gleich 1/2 und nur einer gleich 6/2 ist, dürfen wir T_2 nicht nach Chiquadrat für 10 Fge beurteilen, sondern müssen finit prüfen. Dazu fragen wir: (1) Wieviele Möglichkeiten gibt es, 5 Frequenzen auf je 2 diagonal symmetrisch gelegene Felder zu verteilen? Es sind dies offenbar $2^5 = 32$ Möglichkeiten (Konfigurationen), welche in Tabelle 14.6.2.3 zusammengestellt sind (vgl. (1.1.9.4)) wobei lu = links unterhalb und ro = rechts oberhalb nach Tabelle 14.6.2.2, deren Kontiguration unterstrichen ist.

Tabelle 14.6.2.3

<u>11161</u>	11061	10161	10061	01161	01061	00161	00061	lu
<u>00000</u>	00100	01000	01100	10000	10100	11000	11100	ro
11160	11060	10160	10060	01160	01060	00160	00060	lu
00001	00101	01001	01101	10001	10101	11001	11101	ro
11101	11001	10101	10001	01101	01001	00101	00001	lu
00060	00160	01060	01160	10060	10160	11060	11160	ro
11100	11000	10100	10000	01100	01000	00100	00000	lu
00061	00161	01061	01161	10061	10161	11061	11161	ro

Wir fragen weiter: (2) Welche Werte kann die Statistik T_2 überhaupt annehmen, wenn man die Summen $f_{ij} + f_{ji}$ konstant hält. Außer dem beobachteten Wert $T_2 = 10$ kommen offenbar nur noch folgende T_2-Werte in Betracht:

$$T_2 = 4(1-0)^2/1 + (5-1)^2/6 = 6\tfrac{2}{3}, \quad T_2 = 4(1-0)^2/1 + (4-2)^2/6 = 4\tfrac{2}{3} \quad \text{und}$$

$$T_2 = 4(1-0)^2/1 + (3-3)^2/6 = 4$$

Keiner der überhaupt möglichen T_2-Werte ist mithin größer als der beobachtete T_2-Wert.

Um die *exakte Prüfverteilung* von T_2 kennenzulernen, berechnen wir nun nach (14.6.2.5) die Punktwahrscheinlichkeiten für die verschiedenen Prüfgrößenwerte.

$$p = [\binom{1}{0}(\tfrac{1}{2})^1(\tfrac{1}{2})^0]^4 [\binom{6}{0}(\tfrac{1}{2})^6(\tfrac{1}{2})^0] = (\tfrac{1}{2})^4(\tfrac{1}{2})^6 = \frac{1}{1024}$$

Der Wert $T_2 = 10$ wird für 32 verschiedene Felderverteilungen (Konfigurationen) mit der Wahrscheinlichkeit $p(T_2 = 10) = 32/1024 = 0{,}03125$ realisiert. Der Wert $T_2 = 6\tfrac{2}{3}$ wird für 32 Konfigurationen jeweils mit der Wahrscheinlichkeit

$$p = [\binom{1}{0}(\tfrac{1}{2})^1(\tfrac{1}{2})^0]^4 [\binom{6}{1}(\tfrac{1}{2})^5(\tfrac{1}{2})^1] = 6(\tfrac{1}{2})^4(\tfrac{1}{2})^6 = \frac{6}{1024}$$

realisiert, so daß $p(T_2 = 6\tfrac{2}{3}) = 32(6/1024) = 0{,}18750$ beträgt.

Der Wert $T_2 = 4\tfrac{2}{3}$ wird für 32 Konfigurationen jeweils mit Wahrscheinlichkeit

$$p = [\binom{1}{0}(\tfrac{1}{2})^1(\tfrac{1}{2})^0]^4 [\binom{6}{2}(\tfrac{1}{2})^4(\tfrac{1}{2})^2] = 15(\tfrac{1}{2})^{10} = \frac{15}{1024},$$

so daß $p(T_2 = 4\tfrac{2}{3}) = 32(15/1024) = 0{,}46875$ ausmacht.

Der Wert $T_2 = 4$ schließlich gilt für $32/2! = 16$ Konfigurationen jeweils mit Wahrscheinlichkeit

$$p = \binom{6}{3}(\tfrac{1}{2})^{10} = 20(\tfrac{1}{2})^{10} = \frac{20}{1024},$$

so daß $p(T_2 = 4) = 16(20/1024) = 0{,}31250$ beträgt. Wegen der Aufteilung $6 = \underline{3} + \overline{3}$ auf das Felderpaar sind je 2 Variationen nicht unterscheidbar, wie z.B.
$\begin{matrix} 110\underline{3}10 \\ 001\overline{3}01 \end{matrix}$ und $\begin{matrix} 110\overline{3}10 \\ 001\underline{3}01 \end{matrix}$.

Entscheidung: Die Prüfverteilung von T_2 ergibt sich nach diesen Überlegungen aus Tabelle 14.6.2.4

Tabelle 14.6.2.4

Prüfgröße T_2	Punktwahrsch. $p(T_2)$	Überschreitungsw. $P(T_2)$
10	0,03125	0,03125
6,667	0,18750	0,21875
4,667	0,46875	0,68750
4	0,31250	1,00000
$\Sigma = 1{,}00000$		

Tabelle 14.6.2.4 ist wie folgt zu lesen: Ein $T_2 = 10$ (als größtmögliches T_2) hat unter H_0 eine Überschreitungswahrscheinlichkeit von 3%; unser $T_2 = 10$ ist somit auf der vereinbarten 5%-Stufe signifikant. Ein $T_2 \geqslant 6{,}667$ hat unter H_0 ein $P = 22\%$, wäre also auf der 5%-Stufe nicht mehr signifikant usf.

Interpretation: Da H_0 zu verwerfen war, stellt sich die Frage, wodurch sich Behandlungs- und Kontroll-ZRn verlaufsmäßig unterscheiden. Den Hauptbetrag zu T_2 lieferte die Chiquadratkomponente $(6-0)^2/6 = 6$, nach welcher 6 der 10 Verlaufskurvenpaare unter der Behandlung monoton fallen (---) und unter der darauffolgenden Kontrollbeobachtung monoton steigen (+++). Das bedeutet, daß die Behandlung zu einer zunehmenden Reduzierung der Hypermotilität führt, daß aber die Wirkung der Behandlung mit ihrem Absetzen wieder schwindet, was zu einem abermaligen Anstieg der Hypoermotilität führt.

Folgerung: Die Behandlung wirkt offenbar nur symptomatisch und nicht ätiologisch, da mit Absetzung der Behandlung das Symptom (die Hypermotilität) wieder auftritt. Diese Folgerung läßt sich aus den typischen Verläufen begründen.

Testverschärfungen

Hätten wir in Beispiel 14.6.2.1 vor der Untersuchung vereinbart, nur zu prüfen, ob *unter* der Behandlung ein fallender (---) und *nach* der Behandlung ein steigender ZRn-Trend (+++) eintritt, so hätten wir auf Symmetrie mittels des *einseitigen* Vorzeichentests geprüft, ob $x = f(---,+++) = 0$ signifikant kleiner ist als $N-x = f(+++,---) = 6$. Nach (5.1.1.3) oder aus Tafel I des Anhangs erhalten wir für $N = 6$ und $x = 0$ ein $P = 0,016$, das zur gleichen Entscheidung, H_0 auf der 5%-Stufe zu verwerfen, führt, wie der auf 5 Felderpaaren basierende T_2-Test.

Eine *andere* Verschärfung des T_2-Tests erreicht man u. U. auch dadurch, daß man *vor* der Auswertung eine Vorschrift vereinbart, nach der bestimmte Vorzeichenmuster *zusammengefaßt* werden sollen. Argumentiert man etwa, daß die Behandlung möglicherweise noch in die Kontrollphase hinein nachwirkt, dann wäre die erste der 3 Kontrolldifferenzen weitgehend zufallsbedingt. In diesem Fall sollte eine Zusammenfassungsvorschrift wie folgt lauten: Fasse X(--+) und X(---) zu X(--.) auf der Behandlungsseite und Y(+++) und Y(-++) zu Y(.++) zusammen.

In Anwendung auf unser Beispiel ergibt die obige *Zusammenfassung* den Kontingenztafelausschnitt der Tabelle 14.6.2.5.

Tabelle 14.6.2.5

Musterpaar	f_{ij}	Musterpaar	f_{ji}	Musterpaar Zus.fassung		f's	
--- +++	6	+++ ---	0	--.	.++	8	0
--- ++-	1	++- ---	0	---	++-	1	0
--- -++	1	++- ---	0				
--+ +++	1	+++ --+	0				
-+-+-+	1	+-+ -+-	0	-+- +-+		1	0
	10	5 Fge	0	3 Fge		10	0

Bei dieser Zusammenfassung betrüge $T_2 = 2(1-0)^2/1 + (8-0)^2/8 = 10$ wie in Beispiel 14.6.2.1, doch wäre dieses T_2 nicht für 5, sondern nur für 3 Fge zu beurteilen, wenn asymptotisch geprüft werden dürfte. Eine Reduzierung der Fge bei gegebenem T_2 läuft jedoch auf eine Testverschärfung hinaus, wie man sie auch bei Auswertung nach dem exakten Test nachweisen könnte.

Anwendungshinweise

Mehr noch als der T_1-Test ist der T_2-Test auf *kurze* ZRn beschränkt, da die Zahl der Felder der Kontingenztafel quadratisch mit der Zahl der ersten Differenzen wächst. Man wird deshalb in praxi zu überlegen haben, wie man so weit als möglich von apriorischen Musterzusammenfassungen Gebrauch machen kann, nötigenfalls unter Informationsaufgabe. U.U. werden Vorversuche anzustellen sein, um *gerichtete Hypothesen* über die Art der unter einer Behandlung zu erwartenden Musteränderung zu entwickeln und nur sie zu testen.

Obzwar auf einem anderen Rationale basierend, ist der T_2-Test als *Zweistichprobenversion des FRIEDMAN-Tests* (vgl. 6.5.1) aufzufassen, wenn dieselben N Individuen unter den gleichen k Behandlungen (vgl. Tabelle 6.5.1.1) ein zweites Mal untersucht werden, etwa um zu prüfen, ob steigende Dosen im Wiederholungsfall in gleicher Weise ansprechen wie im Erstfall[16]. Diese Frage stellt sich insbesondere beim Trendtest von PAGE (vgl. 6.5.2), wo sich der Trend von einer ersten zu einer zweiten Untersuchung ändern kann.

Wie der T_1-Test, so spricht auch der T_2-Test *nicht* auf Unterschiede des Niveaus zweier Stichproben von ZRn an. Will man auf *Niveauunterschiede* prüfen, so vergleicht man am besten die Mittelwerte oder Mediane der individuellen ZRn nach Art eines Lokationstests für zwei abhängige Stichproben von Meßwerten (z.B. mittels Vorzeichen- oder Vorzeichenrangtest, vgl. 5.1.2 oder 6.4.1).

Im Unterschied zum T_1-Test ist der T_2-Test *nicht* ohne weiteres auf drei und mehr abhängige Stichproben von ZRn zu generalisieren, da dies die Möglichkeit einer Symmetrieprüfung in einer mehrdimensionalen Kontingenztafel zur Voraussetzung hat (vgl. 17.7.1).

Methoden der Analyse qualitativer Zeitreihen beschreiben auch LIENERT et al. (1965).

---

[16] Im Unterschied zum FRIEDMAN-Test läßt der T_2-Test explizit die Möglichkeit autokorrelierter Zeilenmeßwerte zu.

14.6.3 Andere Zweistichprobentests nach KRAUTH

‚Polynomiale' Verlaufskurventests

Die vorgenannten Tests sind praktisch nur auf kurze ZRn anzuwenden (n ⩾ 5). Für *längere* ZRn hat KRAUTH (1973) folgende Vorschläge unterbreitet:

1. Hat man zwei *unabhängige* Stichproben von ZRn zu vergleichen, geht man folgendermaßen vor: Man approximiert die $N_1 + N_2 = N$ ZRn durch *Polynome* eines bestimmten, möglichst niedrigen Grades, und erhält so für jedes Individuum die *Koeffizienten* $b_0, b_1, ..., b_r$ oder − bei orthogonalen Polynomen, die Koeffizienten B_0 bis B_r. In praxis sollte man mit r ⩽ 3 das Auslangen finden.

Will man auf *Niveauunterschiede* prüfen, so vergleicht man die N_1 Niveaukonstanten b_0 nach dem Rangsummentest (vgl. 6.1.2) oder nach dem schwächeren Mediantest (vgl. 5.3.3).

Um auf *Verlaufsunterschiede* zu prüfen, muß man die Regressionskoeffizienten b_1 bis b_n mittels eines verteilungsfreien multivariaten Tests vergleichen. Dazu eignet sich am besten eine mehrdimensionale Verallgemeinerung des H-Tests von PURI und SEN (1966); dieser Test schließt den hier benötigten mehrdimensionalen Rangsummentest mit ein. Schwächer, aber einfacher prüft man mit einem mehrdimensionalen Mediantest, den wir im Kapitel 19 zusammen mit dem 2-dimensionalen Rangsummentest noch kennenlernen wollen (vgl. 19.12.1/3).

2. Im Fall zweier *abhängiger* Stichproben von ZRn geht man analog vor: Man approximiert jede der 2N Verlaufskurven durch ein Polynom (r-1)-ten Grades und erhält so 2N *Koeffizientenvektoren* a_{i1} bis a_{ir} und b_{i1} bis b_{ir} für die erste und die zweite der beiden abhängigen ZRn des Individuums i. Auf die *Vorzeichenmuster*

$$z_i = \text{sgn}(a_{i1} - b_{i1}), \text{sgn}(a_{i2} - b_{i2}), ..., \text{sgn}(a_{ir} - b_{ir}) \qquad (14.6.3.1)$$

wendet man dann zufolge des Umstandes, daß ein multivariater Vorzeichenrangtest für die Differenzenvektoren $(a_{ik} - b_{ik})$ derzeit noch fehlt, den multivariaten Vorzeichentest von BENNETT (1962) an, um auf Verlaufsunterschiede zu prüfen (vgl. 19.7.2).

Im Unterschied zu KRAUTHS T-Tests setzen die Polynomialkoeffizientenstests voraus, daß die *Beobachtungsfehler* für alle Individuen *identisch* verteilt sind, also die Verteilungen nicht von Individuum zu Individuum variieren dürfen. Ob diese Bedingung erfüllt ist, wird man am ehesten aus einem Vergleich der intraindividuellen Streuungen der einzelnen ZRn beurteilen: Streuen die einzelnen ZRn etwa gleich um ihren generellen Trend, dann kann man identisch verteilte Beobachtungsfehler vermuten und die Polynomialkoeffiziententests in Betracht ziehen.

Ausgangswertabhängige Verlaufskurventests

1. Viele empirische ZRn-Untersuchungen haben individuelle Verläufe ergeben, die als Wechselwirkungen zwischen einem *Ausgangswert* einer Observablen (y_0) und einer Behandlung angesehen werden können. Explizit formuliert hat WILDER (1931) sein Ausgangswertgesetz aufgrund von subcutanen Adrenalininjektionen als Behandlung; und er beobachtete, daß Puls und Blutdruck um so weniger anstiegen, je höher sie in Ruhe (unter Ausgangsbedingungen) waren et vice versa (vgl. WALL, 1977).

Will man diesem — zuletzt (1962) ‚basimetrisch' formulierten Gesetz überall dort, wo es relevant erscheint, Rechnung tragen, muß man 2 unabhängige Stichproben bezüglich ihrer individuellen Ausgangswerte *homogenisieren*, ehe man Verlaufs- oder Niveauvergleiche durchführt, da andernfalls unterschiedliche Verläufe y_t als Resultanten unterschiedlicher Ausgangswerte (y_0) resultieren bzw. die Behandlungen mit den (ggf. unterschiedlichen) Ausgangswerten vermengt sind (vgl. auch FAHRENBERG, 1968).

2. Eine Homogenisierung von ZRn-Stichproben nach einem Ausgangs- oder Basiswert erscheint auch dort sinnvoll, wo die Beobachtungsskalen nach oben (ceiling effect) oder nach unten (floor effect) *gestutzt* sind, wie bei Schätzskalen, da bei hoch liegenden Basiswerten formal derselbe Effekt eintritt, wie ihn WILDER bei physiologischen Größen beobachtet hat. Eine Stichprobe subjektiv skalierter ZRn sollte möglichst ein *mittleres Basalniveau* haben, damit sich Auslenkungen nach oben genau so deutlich manifestieren wie Auslenkungen nach unten.

3. Ein anderes Problem der Forschungspraxis tritt auf, wenn ZRn nicht nur von einem Ausgangswert, sondern von einem Ausgangs- oder *Basalverlauf* abhängen: Jedermann weiß, daß einige Vpn bei Dauerleistungsanforderungen rascher ermüden als andere, daß also die Indikator-ZRe einer unter Standardbedingungen von der Vpn geforderten Leistung steiler oder flacher abfällt. Um diesem Unterschied Rechnung dann zu tragen, wenn man die Wirkung einer — sagen wir ermüdungshemmenden — Behandlung beurteilen soll, bedient man sich oft eines auf den Basalverlauf bezogenen Beobachtungswertes, im einfachsten Fall der *Differenzen* $d_t = y_{1t} - y_{2t}$, wobei y_{1t} die ZRn-Werte des Behandlungsverlaufes und y_{2t} die ZRn-Werte des Basalverlaufes bezeichnen (vgl. BARTENWERFER, 1969).

4. Hat man zwei Behandlungen vergleichend zu beurteilen (etwa eine Versuchs- und eine Kontrollbehandlung), dann wird man mit Vorteil *zwei unabhängige Stichproben von Differenzen-ZRn* nach dem T_1-Test von KRAUTH vergleichen, wenn je Vp ein Basal- und ein Behandlungsverlauf erhoben wird. Bei *abhängigen Stichproben* ist die Differenzenauswer-

tung nach dem T_2-Test nur zulässig, wenn zu jedem Behandlungsverlauf auch ein eigener Basalverlauf erhoben und darauf verzichtet wird, ein und denselben Basalverlauf beiden Behandlungsverläufen zugrunde zu legen.

14.6.4 Der Rangpermutationstest von IMMICH und SONNEMANN

Statt die Vorzeichen aufeinanderfolgender Änderungen einer Verlaufskurve zu betrachten, wie im Test von KRAUTH (1973), kann man die Rangwerte der m *Stützstellen* einer Verlaufskurve zur Grundlage eines 2-Stichproben-Kontingenztests machen, wie IMMICH und SONNEMANN (1975) gezeigt haben. Man bildet alle m! Permutationen und ordnet jeder Permutation 2 Frequenzen zu: eine Frequenz f_{1i}, mit der die Permutation i in Stichprobe 1 von N_1 Verlaufskurven auftritt, und eine Frequenz f_{2i}, mit der sie in Stichprobe 2 von N_2 Verlaufskurven auftritt.

Hat man apriori-Hypothesen über c Rangpermutationsklassen, bezüglich deren sich die Behandlungen 1 und 2 unterscheiden, dann begnügt man sich mit einer (c+1) x 2-Kontingenztafel, wobei alle verbleibenden m! − c Rangpermutationen zu einer Zeilenklasse zusammengefaßt werden. Die 2 x (c+1)-Kontingenztafel wird dann ebenso wie eine m! x 2-Kontingenztafel exakt oder asymptotisch ausgewertet.

Man prüft die *Nullhypothese*, wonach die (überhaupt besetzten) Rangpermutationen unter den m! möglichen Permutationen in den beiden Stichproben homogen besetzt sind. Im folgenden Beispiel bezieht sich diese H_0 sogleich auf $k = 3$ *Stichproben* (aus IMMICH und SONNEMANN, 1975, Tab. 1 u. 4), so daß eine (c+1) x 3-Feldertafel resultiert.

Beispiel 14.6.4.1

Versuchsplan: Je $N_1 = N_2 = N_3 = 10$ Kaninchen wurden zufallsmäßig zu k = 3 Behandlungen: (1) Waalers Kontakt-Aktivationsprodukt CAP (das die Koagulationszeit angeblich verlängern und daher Thrombosen verhüten helfen soll), (2), ein Endotoxin E (das die Koagulationszeit definitiv verlängert) und eine Placebo P (physiologische Kochsalzlösung) zugeteilt und die Koagulationszeit X (in Halbminuteneinheiten) des den Tieren entnommenen Blutes gemessen, und zwar (1) vor der Behandlung (0), 10 Minuten (10), 60 Minuten (60), 120 Minuten (120) und 180 Minuten (180) nach der Behandlung, so daß N = 30 Verlaufskurven zu je m = 5 Stützstellen resultieren.

Ergebnisse: Tabelle 14.6.4.1 enthält die je 10 Verlaufswerte X unter den 3 Behandlungen CAP, E und P und deren Rangwerte R mit den Rangbindungen R+ = R + 1/2.

Tabelle 14.5.4.1

Behandlung	Beobachtungszeiten									
	0		10		60		120		180	
	X	R	X	R	X	R	X	R	X	R
CAP	18	1	22	2+	22	2+	23	4	28	5
	17	1	18	2	19	3+	19	3+	20	5
	21	1	25	2	28	2	31	5	30	4
	21	1	22	2+	23	4	22	2+	24	5
	16	1	17	2	19	4	19	4	19	4
	19	1	24	2	25	3	28	4	29	5
	16	1	23	3	22	2	25	4	28	5
	18	1	19	2	20	3	22	4	25	5
	19	1	22	3	22	3	22	3	24	5
	21	1	22	2	23	3+	25	5	23	3+
E	21	1	22	2	23	3+	23	3+	25	5
	15	1	17	2	19	3	21	4	29	5
	16	1	19	2	21	3	22	4	24	5
	15	1	20	2	21	3+	21	3+	23	5
	18	1	23	2	24	3	25	4	26	5
	22	1	26	2	28	3	30	4	37	5
	21	1	27	2+	27	2+	28	4	29	5
	20	1	29	3	23	2	31	4+	31	4+
	16	1	21	2	23	3	25	4	26	5
	18	1	21	2	23	3	27	3	28	5
P	18	2+	18	2+	19	5	18	2+	18	2+
	22	2+	24	5	22	2+	22	2+	22	2+
	22	2+	22	2+	22	2+	22	2+	23	5
	19	1+	21	3+	21	3+	19	1+	21	3+
	18	2	19	4	20	5	18	2	18	2
	23	2	24	4	24	4	24	4	21	1
	22	4+	20	3	22	4+	19	2	18	1
	22	4+	22	4+	20	2	20	2	20	2
	20	4+	19	2	19	2	20	4+	19	2
	20	4	20	4	19	2	20	4	18	1

Permutationsklassen: Vor der Datenerhebung wurden folgende Verlaufsklassen festgelegt (1) streng monoton steigende Kurven der Rangpermutation 12345, (2) nicht fallende Kurven (z.B. 12+2+45 oder 12444 oder 2+2+2+2+5, wobei Pluszeichen Rangbindungen symbolisieren) oder Kurven mit höchstens einer Nachbarschaftsinversion (wie 21345, 13245, 12435 12+2+54 und 12354) und (3) Kurven anderen Verlaufes (wie 12254 oder 12+4+2+5 oder 44241).

Hypothesen: H_0: Die c = 2 spezifierten und die dritte nicht spezifizierten Restklassen sind unter allen k = 3 Behandlungen homogen besetzt. H_1 negiert H_0. Die beiden Hypothesen wurden vor der Datenerhebung formuliert. Es wird ein $\alpha = 0{,}01$ vereinbart.

Testwahl: Die c+1 = 3 Permutationsklassen und die k = 3 Behandlungen konstituieren eine Kontingenztafel mit c+1 = 3 Zeilen und k = 3 Spalten. Die Homogenität der 3 Spaltenhäufigkeiten soll mit dem χ^2-Kontingenztest geprüft werden, wenn keiner der 9 Erwartungswerte kleiner als 2 ist und alle Erwartungswerte zwischen 2 und 4 gelegen sind, andernfalls soll exakt nach FREEMAN-HALTON auf Homogenität geprüft werden.

Entscheidung: Tabelle 14.6.4.2 enthält die beobachteten und die unter H_0 erwarteten Frequenzen der 3x3-Feldertafel samt χ^2-Test:

Tabelle 14.6.4.2

Behandlung		CAP	E	P	Summe
Klassen	(1)	2 (2,67)	6 (2,67)	0 (2,67)	8
von	(2)	6 (3,33)	3 (3,33)	1 (3,33)	10
Verläufen	(3)	2 (4,00)	1 (4,00)	9 (4,00)	12
Summe		10	10	10	30

$\chi^2 = (2 - 2{,}67)^2/2{,}67 + \ldots + (9 - 4{,}00)^2/4{,}00 = 20{,}3;\ Fg = 4$

Das berechnete $\chi^2 = 20{,}3$ übersteigt die 1%-Schranke von $\chi^2 = 13{,}28$ mit 4 Fgn, so daß H_0 zu verwerfen und H_1 (Verlaufsinhomogenität) anzunehmen ist.

Interpretation: Offenbar fördern die wirksamen Behandlungen CAP und E das Auftreten (1) monotoner oder (2) ‚fast' monotoner Verlaufskurven, welche beide anzeigen, daß die Gerinnungszeit mit zunehmendem Abstand von der Chargenapplikation wächst; die unwirksame Behandlung P erzeugt offenbar andere (praktisch trendfreie) Kurven, die ohne Behandlung denn auch zu erwarten sind.

In Tabelle 14.6.4.1 fanden sich *Meßwertbindungen* in vielen Zeilen und entsprechende Rangbindungen. Wie man trotz solcher Rangbindungen zu einer eindeutigen Klassifikation der Verläufe gelangt, hat das Beispiel gezeigt. Man behalte jedoch im Auge, daß bei Rangbindungen die Zahl der Rangpermutationen u.U. wesentlich größer ist als m! und daß auch alle durch Rangbindungen entstehenden Permutationen vor der Datenerhebung klassifiziert werden müssen.

Es liegt nahe, die *Zahl der Klassen* so klein wie möglich zu halten, um die Zellbesetzungen auch bei kleinen Stichproben je Behandlung noch asymptotisch auswerten zu können; dazu wurden in obigem Beispiel sog. *Nachbarschaftsinversionen* (wie 13245 oder 12354) mit nicht fallenden Permutationen (wie 13335) zu einer Klasse ‚schwach-monotoner' Kurven vereint.

Wollte man prüfen (in einem nachgeschobenen Test), ob die beiden wirksamen Behandlungen CAP und E *unterschiedlich* steigende Gerinnungsverläufe liefern, hätte man die 4 Differenzen aufeinanderfolgender Gerinnungszeiten zu bilden, um mit ihnen einen IMMICH-SONNEMANN-Test durchzuführen. Solch ein Vorgehen empfiehlt sich auch bei der Analyse von Lern- und Adaptationskurven, die unter allen möglichen Behandlungen monoton steigen, aber u.U. unter der einen Behandlung eher positiv, unter einer anderen eher negativ beschleunigt steigen, welcher Unterschied sich in den *Folgedifferenzen* manifestiert (vgl. BARTOSZYK und LIENERT 1978).

Der IMMICH-SONNEMANN-Test eignet sich in der Originalform nur für Verläufe bis zu höchstens 6 Beobachtungen; längere Verläufe können aber unter der Annahme, daß sich die individuellen Niveau-Parameter nur allmählich (nicht sprunghaft) ändern, dadurch *verkürzt* werden, daß man 2 oder 3 aufeinanderfolgende Beobachtungen zu einer einzigen zusammenfaßt (z.B. arithmetisch mittelt).

14.6.5 Der Binarisierungstest nach BIERSCHENK

Um auch *längere Kurven* ohne die Annahme stetiger Niveauänderungen von Stichprobe zu Stichprobe vergleichen zu können, braucht man das Rationale von IMMICH-SONNEMANN (1975) nur auf *2 gleich große Gruppen von Rangbindungen* anzuwenden, d.h. bei geradzahligem m die m/2 niedrigsten Beobachtungen (1) einer individuellen Kurve den m/2 höchsten Beobachtungen (2) gegenüberzustellen. Es resultieren sodann $m!/(\frac{m}{2}!\frac{m}{2}!)$ Permutationen von je m/2 *Einsen und Zweien*, also wesentlich weniger als m! Rangpermutationen (vgl. BIERSCHENK und LIENERT, 1977).

Unter der *Nullhypothese* der Verlaufshomogenität zweier Stichproben von N_1 und N_2 individuellen Verlaufskurven, sind die Frequenzen f_{1i} und f_{2i} homogen verteilt. Ob H_0 gilt, prüft man je nach Besetzungszahlen exakt oder asymptotisch mittels einer Kontingenztafel zu 2 Zeilen und 2 Spalten.

Vergleicht man nach dem Binarisierungstest die unter den Behandlungen CAP und E erhobenen m = 4 Koagulationszeiten X aus Tab. 14.6.4.1, so resultieren die folgenden 2x10 Muster von Einsen und Zweien mit und ohne *Bindungen* (=) in Tabelle 14.6.5.1.

Wenn wir nur die „*fast monotonen*' Kurven der Muster 1122 und 1==2 den restlichen Kurven gegenüberstellen, so resultiert eine Vierfeldertafel mit den Zeilen $f_{CAP}(1122,1==2) = a = 6$ und $f_E(1122,1==2) = c = 10$ und den Spalten $f_{CAP}(Rest) = b = 10-6=4$ und $f_E(Rest) = d = 10-10 = 0$. Tafel V–3 des FISHER-YATES-Tests ergibt ein P = 0,043, das bei $\alpha = 0,05$ eine geringere ‚Monotonisierungswirkung' von CAP im Vergleich zu E anzeigt.

Tabelle 14.6.5.1

CAP	E
1 1 2 2	1 = = 2
1 = = 2	1 1 2 2
1 1 2 2	1 1 2 2
1 2 1 2	1 = = 2
1 = = =	1 1 2 2
1 1 2 2	1 1 2 2
1 1 2 2	1 1 2 2
1 1 2 2	1 1 2 2
= = = 2	1 1 2 2
1 = 2 =	1 1 2 2

Der Zweistichproben-*Binarisierungstest* kann ohne weiteres auf *k-Stichproben* verallgemeinert werden, in welchem Fall eine $\binom{m}{2}$ x k-Feldertafel auf Kontingenz bzw. auf Homogenität der k Stichproben in bezug auf die $\binom{m}{2}$ Verlaufsmuster zu prüfen ist.

Ist die Zahl der Stützstellen m von Verlaufskurven durch 3 teilbar, so kann man anstelle der Binarisierung eine *Trinarisierung* vornehmen und alle N Kurven durch $m!/(\frac{m}{3}!\frac{m}{3}!\frac{m}{3}!)$ Permutationen von Einsen und Zweien repräsentieren. Man verliert auf diese Weise weniger an Information als bei der Binarisierung, reduziert aber auch die Zahl der Möglichkeiten nicht im gleichen Maße wie bei Binarisierung.

Verlaufskurven, die sich initial stärker ändern als terminal, lassen sich durch intervalldifferente *Unterteilungen* ökonomisch repräsentieren: Man unterteilt etwa eine exponentiell verlaufende Lernkurve 0 3 5 6 6 6 mit N = 6 Stützstellen dreifach gemäß 0, (3+5)/2 = 4, (6+6+6)/3 = 6 und erhält eine Lernkurve mit nur N' = 3 Stützstellen, ohne daß wesentliche Information verloren geht. Bei dieser ‚*Kurvenverkürzung*' muß der Typus des Verlaufes allerdings anthac bekannt sein oder theoretisch postuliert werden können.

Die wirksamste Möglichkeit, längere Verlaufskurven effizient und ohne allzugroßen Informationsverlust zu *verkürzen*, besteht nach KRAUTH (1973) darin, sie durch (orthogonale) Polynome bzw. durch Polynomkoeffizienten möglichst niedriger Ordnung zu repräsentieren (vgl. Abschn. 14.6.3.1 und 19.11.2–4).

14.6.6 Der LEHMACHER-WALLsche Stützstellen-Lokationstest

Einen Zweistichprobentest, der auch auf *längere* Verlaufskurven mit m Stützstellen anzuwenden ist, um Verlaufsunterschiede nachzuweisen, haben LEHMACHER und WALL (1978) dadurch entwickelt, daß sie 2 oder k Stichproben von Verlaufskurven durch *FRIEDMAN-Tafeln* (vgl. 6.5.1) repräsentieren.

LEHMACHER und WALL (1978) vergleichen die Spaltensummen T_{1j}, j = = 1(1)m, der einen Tafel mit den T_{2j} der anderen Tafel paarweise mittels m *simultaner Stützstellentests* (wie sie hier genannt werden). Bei Restriktion auf k = 2 unabhängige Stichproben von N_1 und N_2 Verlaufskurven gilt für Stützstelle j die *Prüfgröße*

$$V_j^2 = \frac{(N_2 T_{1j} - N_1 T_{2j})^2 (N-1)/N_1 N_2}{N(\Sigma R_{1j}^2 + \Sigma R_{2j}^2) - (T_{1j} + T_{2j})^2}, \qquad (14.6.6.1)$$

wobei R_{1j} den Rangplatz eines Individuums in der Spalte j der Stichprobe (FRIEDMAN-Tafel) 1 bezeichnet und R_{2j} analog definiert ist. Die Prüfgröße (14.6.6.1) ist asymptotisch wie χ^2 mit 1 Fg verteilt und nach $\alpha^* = \alpha/m$ als Alpha-Risiko zu beurteilen.

Anwenderseitig werden zum Vergleich von Stützstellen aus ZRn oft multiple U-Tests ‚querschnittartig' durchgeführt, was nicht zu beanstanden ist, sofern das Alpha-Risiko in gleicher Weise adjustiert wird.

Wie der V^2-Test funktioniert, zeigt Beispiel 14.6.6.1, in welchem die m = 3 Stützstellen einer Dreipunkt-ZRe paarweise hinsichtlich ihrer *Lokation* verglichen und die Ergebnisse des Vergleiches substanzwissenschaftlich interpretiert werden.

Beispiel 14.6.6.1

Versuchsplan: N = 31 Vpn wurden nach Zufall in N_1 = 16 und N_2 = 15 Vpn geteilt und als Versuchs- und Kontrollgruppe bezeichnet. Die Versuchspersonen erhielten 30 ml Alkohol in Limonensaft, die Kontrollpersonen nur Limonensaft, ehe sie einen Intelligenztest (Figure-Reasoning-Test) durchführten. Um dessen Streßwirkung zu beurteilen, wurde (1) vor Beginn, (2) zu Beginn und (3) am Ende des Tests die Pulsfrequenz X gemessen. Tabelle 14.6.6.1 bringt die Pulsverläufe der Alkoholgruppe und der Kontrollgruppe (aus LEHMACHER und WALL, 1978, Tab. 4).

Ergebnis: Wie man aus den Spalten-Rangsummen T_j erkennt, hemmt Alkohol offenbar den Erwartungsstreß (T_{11}=27), der ohne Alkohol auftritt (T_{21}=38), aber mit Einsetzen der Tests nachläßt (T_{22}=22), während er mit Alkohol eher noch ansteigt (T_{12}=35). Die Kontrollgruppe zeigt einen u-förmigen, die Alkoholgruppe einen umgekehrt u-förmigen Verlauf, wenn man ihn an den Rangsummen beurteilt.

Tabelle 14.6.6.1

1. Alkoholgruppe			2. Kontrollgruppe		
X (1)	(2)	(3) R	X (1)	(2)	(3) R
63=1	66=2	77=3	70=3	64=1	69=2
60=1	70=2	80=3	66=3	63=2	61=1
89=3	80=1	88=2	95=3	82=2	80=1
82=2	80=1	83=3	78=2	71=1	80=3
70=1	72=3	21=2	64=2	59=1	65=3
53=1	69=3	66=2	100=3	88=2	84=1
85=1	93=3	92=2	86=2	85=1	92=3
86=3	81=1	84=2	65=2	58=1	67=3
58=1	65=2	68=3	66=1	77=3	73=2
70=1	72=3	71=2	90=3	70=1	82=2
80=3	76=2	72=1	76=3	65=1	74=2
95=3	83=2	82=1	88=3	77=1	86=2
78=1	90=3	84=2	84=3	81=2	64=1
87=3	82=1	86=2	83=2	72=1	86=3
85=1	93=3	92=2	104=3	99=2	86=1
83=1	98=3	88=2			
T_{1j}:=27	35	34	T_{2j}: 38	22	30

V^2-*Test:* Wir prüfen auf Verlaufsunterschiede wegen der zur Interpretation nötigen Stützstellen-Vergleiche nach dem LW-Test mit $\alpha^* = 0{,}05/3 = 0{,}0167$ und erhalten für die Stützstellen j = 1 (Erwartungsstreß) aus den Spalten (1) der Tabelle 14.6.6.1:

$\Sigma R_{11}^2 = 1+1+9+4+1+1+1+9+1+1+9+9+1+9+1+1 = 59$

$\Sigma R_{21}^2 = 9+9+9+4+4+9+4+4+1+9+9+9+9+4+9 = 102$

1. Einsetzen in Formel (14.6.6.1) ergibt den Initial-Stützstellen-Unterschied zu

$$V_1^2 = \frac{(15 \cdot 27 - 16 \cdot 38)^2 (31-1)/16 \cdot 15}{31(59 + 102) - (27 + 38)^2} = 6{,}72,$$

womit die Schranke $\chi^2 = z^2(0{,}017) = 2{,}12^2 = 4{,}49$ überschritten wird. Damit ist nachgewiesen, daß Alkohol die Erwartungsangst im Vergleich zu Nicht-Alkohol mindert.

2. Der Unterschied in der intermediären Stützstelle der Dreipunkt-ZRe ergibt sich analog mit $\Sigma R_{12}^2 = 4+4+\ldots+9 = 87$ und $\Sigma R_{22}^2 = 1+4+\ldots+4 = 38$ zu

$$V_2^2 = \frac{(15 \cdot 35 - 16 \cdot 22)^2 (31-1)/16 \cdot 15}{31(87 + 38) - (35 + 22)^2} = 5{,}98$$

und ist daher ebenfalls auf der 5%-Stufe signifikant: Damit ist nachgewiesen, daß Alkohol das natürliche Absinken der Anspannung mit dem Einsetzen der Leistungsanforderung, wie sie in der Kontrollgruppe auftritt, verhindert.

3. Die terminale Stützstelle ist, wie man schon aus den Rangsummen $T_{13}=34$ und $T_{23}=30$ vermuten kann, mit $V_3^2=0{,}17$ insignifikant, was besagt, daß die Pulsverläufe von Alkohol- und Kontrollgruppe gegen das Testende hin konvergieren (Konvergenzhypothese).

Auf die *Alpha-Adjustierung* ist zu verzichten, wenn nur eine einzige Stützstelle interessiert. Wird unter H_1 auch die Richtung des Lokationsunterschiedes an dieser Stützstelle spezifiziert, so kann 2α anstelle von α zugrunde gelegt, also einseitig geprüft werden. Werden $r \leq m$ Lokationsunterschiede unter H_1 spezifiziert, dann ist $\alpha^* = 2\alpha/r$ zu setzen. Wären in Beispiel 14.6.6.1 die $r = 2$ post hoc nachgewiesenen Stützstellenunterschiede anthac postuliert worden, so wäre $\alpha^* = 2(0{,}05)/2 = 0{,}05$ das angemessene Alpha-Risiko.

Der *Stützstellen-Lokationstest* spricht − wie sein Name sagt − nur auf Lageunterschiede an den geprüften Stützstellen an; er ist am schärfsten, wenn die N_1 und die N_2 Verlaufskurven in sich *homogen* sind, also etwa fast durchweg u- oder durchweg umgekehrt u-förmig aussehen. Die simultanen Tests lassen sich − wie LEHMACHER (1979) gezeigt hat − auch zu einem globalen Test auf Unterschiede des Rangmittelwertverlaufes der zwei Stichproben kombinieren.

Unterscheiden sich die Rangmittelwertsverläufe zweier Stichproben nicht, dann kann dies darin liegen, daß die Verlaufskurven innerhalb einer (oder beider) Stichprobe(n) *heterogen* sind, daß sie − wie andeutungsweise in Tabelle 14.6.6.1 bei der Versuchsgruppe − teilweise steigen (1-2-3) und teilweise fallen (3-2-1). Es handelt sich hierbei um subgruppenspezifisch unterschiedliche Wirkungen einer Behandlung (mit Alkohol), allgemein um Wechselwirkungen zwischen Behandlungen (1 und 2) und Individuen, die mit dem nachfolgend gegebenen Test zu erfassen sind.

14.6.7 Der LEHMACHER-WALLsche Stützstellen-Omnibustest

Zählt man in der Tabelle 14.6.6.1 ab, wie oft die Stützstelle (1) mit dem Rangplatz 1 koinzidiert *(Inzidenz)*, so erhält man für die Alkoholgruppe 1 eine Inzidenzfrequenz von $d_{111} = 10$, denn wir finden 10 Einser-Ränge in der 1. Spalte von Tabelle 14.6.6.1. In derselben Spalte finden wir $d_{112} = 1$ Zweier-Rang und $d_{113} = 5$ Dreier-Ränge. Für die Stützstelle (2) ergeben sich nach derselben Prozedur die Inzidenzfrequenzen $d_{121} = 4$, $d_{122} = 5$ und $d_{123} = 7$. Analog resultieren für die Stützstelle (3) die Frequenzen $d_{131} = 2$, $d_{132} = 10$ und $d_{133} = 4$.

Die ermittelten *Inzidenzfrequenzen* für die Versuchsgruppe 1 sind in Tabelle 14.6.7.1 linkerseits verzeichnet. Mitterseits sind die analogen Frequenzen für die Kontrollgruppe aufgeführt und rechterseits sind beide Inzidenz-Tafeln gepoolt worden.

Tabelle 14.6.7.1

Rang	Versuchsgruppe (1) (2) (3)	Kontrollgruppe (1) (2) (3)	Gesamtgruppe (1) (2) (3)
1	10 4 2	1 9 5	11 13 7
2	1 5 10	5 5 5	6 10 15
3	5 7 4	9 1 5	14 8 9
	d_{1ij} $N_1=16$	d_{2ij} $N_2=15$	d_{ij} $N=31$

Wie man Tabelle 14.6.7.1 entnimmt, ist Rang 1 in Stützstelle (1) bei der Versuchsgruppe 10 Mal, bei der Kontrollgruppe nur 1 Mal vertreten; das bedeutet, daß die Versuchsgruppe (Alkoholgruppe) niedrige Erwartungspulse hat und die Kontrollgruppe hohe Pulse, wie dies auch der Stützstellenlokationstest gezeigt hat. Mit dem Lokationstest stimmt auch eine andere Inzidenz überein: In Stützstelle (2) finden sich 7 Dreier-Ränge der Versuchsgruppe, aber nur 1 Dreier-Rang der Kontrollgruppe: zu Beginn des Tests hat die Alkoholgruppe höhere Pulse als die Kontrollgruppe, wie sie bereits der Stützstellen-Lokationstest nachgewiesen hat. Der Omnibustest spricht mithin auf Lokationsunterschiede an aber nicht nur auf sie, wie wir sogleich sehen werden.

Lokation und Interaktion

Angenommen, die 16 Vpn der Versuchsgruppe in Tabelle 14.6.7.1 hätten durchweg die rangfolgen 1-3-2 und die 15 Vpn der Kontrollgruppe die Rangfolgen 3-1-2. Die ideal *verlaufshomogenen* Gruppen liefern dann die folgenden *Inzidenz-Matrizen* (Lokations-Matrizen)

```
16   0   0        0  15   0
 0   0  16        0   0  15
 0  16   0       15   0   0
```

Man sieht sofort, daß die beiden Matrizen nur Lokationsunterschiede in den Stützstellen 1 und 2 aufweisen, die leicht mit V_1^2- und V_2^2-Tests nachzuweisen wären.

Nehmen wir nun an, 8 Vpn der Versuchsgruppe 1 hätten Rangfolgen 1-3-2 (wie oben) und die restlichen 8 die Rangfolgen 3-1-2 und die 15 Vpn der Kontrollgruppe hätten ideale Zufallsrangfolgen (1-2-3 bis 3-2-1), dann resultieren folgende Inzidenz-Matrizen (Interaktions-Matrizen):

```
8  8   0    5  5  5
0  0  16    5  5  5
8  8   0    5  5  5
```

Hier — wo Lokationsunterschiede fehlen — sprechen V_j^2-Tests nicht an, wohl aber der Omnibustest, der auf paarige Häufigkeitsunterschiede (wie $d_{123} = 16$ und $d_{223} = 5$) anspricht und damit auch *Verlaufsinhomogenitäten* innerhalb der Versuchsgruppe (wie oben) und/oder der Kontrollgruppe erfaßt.

Während die *Nullhypothese* der V^2-Tests paarweise gleiche Spalten-Rangsummen in 2 FRIEDMAN-Tafeln impliziert, impliziert die Nullhypothese des Omnibustests gleiche *Häufigkeitsanteile* in korrespondierenden Feldern der Inzidenz-Matrizen.

Prüfgrößen und Tests

Verlaufsunterschiede (Lokationen) wie Verlaufsinhomogenitäten (Interaktionen) nachzuweisen erlaubt der *Stützstellen-Omnibustest* von LEHMACHER und WALL (1978), der nicht nur auf Lageunterschiede, sondern auch auf Rangverteilungs- bzw. Ranghäufigkeitsunterschiede in den Stützstellen anspricht.

Der Test basiert auf einer Verallgemeinerung von KANNEMANNS (1976) Inzidenztest, der eine Art Omnibus-Test für den Vergleich zweier FRIEDMAN-Tafeln mit hoher Bahadur-Effizienz (SCHACH, 1976) darstellt. Auf nur 2 (statt k) Stichproben angewandt, ergibt sich die Prüfgröße des Tests für ein beliebiges Feld ij der Inzidenztafel wie folgt

$$W_{ij}^2 = \frac{N[d_{1ij}(N_2 - d_{2ij}) - d_{2ij}(N_1 - d_{1ij})]^2}{N_1 N_2 d_{ij}(N - d_{ij})} \qquad (14.6.7.1)$$

Die Prüfgröße W_{ij}^2 ist asymptotisch wie χ^2 mit 1 Fg verteilt und — da aus einer m x m Inzidenztafel stammend — für $\alpha^* = \alpha/m^2$ zu beurteilen. Die Symbole in (14.6.7.1) sind implizit in Tabelle 14.6.7.1 definiert.

Für das Feld 11 (i = 1 und j = 1) der Tabelle 14.6.7.1 ergibt die Rechnung ein

$$W_{11}^2 = \frac{31(10(15-1) - 1(16-10))^2}{16 \cdot 15 \cdot 11(31-11)} = 10{,}54$$

das für 1 Fg und $\alpha^* = 0{,}05/3^2 = 0{,}00556$ die 5%-Schranke von $\chi^2 = z^2(0{,}00556) = 2{,}772^2 = 7{,}68$ überschreitet. Damit ist nachgewiesen, daß niedrige Pulse (mit Rang 1) in der Erwartungssituation (Stützstelle 1) unter Alkohol (mit $d_{111} = 10$) viel häufiger auftreten als unter Kontrollbedingungen (mit $d_{211} = 1$).

Prüft man alle $m^2 = 3^2 = 9$ *Inzidenzfelder* der Tabelle 14.6.7.1 nach dem Stützstellenomnibustest, so ergibt sich die Tabelle 14.6.7.2 der W_{ij}^2-Prüfgrößen.

Tabelle 14.6.7.2

i	j = 1	2	3
1	10,542	3,895	1,922
2	3,688	0,016	2,637
3	2,348	5,560	0,261

Wie man sieht, überschreitet $W_{32} = 5{,}56$ entgegen der Erwartung aus dem Lokationstest die Schranke 7,68 nicht, so daß nach dem Omnibustest ein Unterschied in den Inzidenzverteilungen der Stützstelle (2) mit (4 5 7) gegen (9 5 1) nicht nachzuweisen ist.

Auch unsere Konvergenzhypothese aus Beispiel 14.6.6.1 ist nicht zu stützen, da sich die Inzidenzverteilungen des Rangplatzes 2 mit (1 5 10) gegen (5 5 5) mangels eines in der Mittelzeile signifikanten W_{2j}^2 offenbar nicht unterscheiden. Selbst wenn die Konvergenzhypothese anthac statt posthoc formuliert worden wäre, hätte mit einer einseitigen 5%-Schranke von 2,71 nicht gezeigt werden können, daß $d_{132} = 10$ signifikant größer ist als $d_{232} = 5$. Man beachte, daß die Konvergenzhypothese einer Dispersionsalternative entspricht, wonach die Pulse unter Alkohol am Ende des Tests weniger stark streuen als unter Kontrollbedingungen.

Die Prüfgrößen W_{ij}^2 des Stützstellen-Omnibustests sind *nicht unabhängig* voneinander und daher nicht zeilen- oder spaltenweise zu kumulieren. $W_{2j}^2 = 3{,}688 + 0{,}016 + 2{,}637 = 6{,}341$ darf also in Tabelle 14.6.7.2 zwar gebildet aber nicht nach $\alpha^* = \alpha/3$ wie χ^2 beurteilt, sondern höchstens zur heuristischen Begründung einer Konvergenzhypothese herangezogen werden.

Zusammenfassend ist festzustellen: Die Auswertung von Beispiel 14.6.6.1 mit dem Omnibustest war weniger ergiebig als die mit dem Lokationstest. Der Grund liegt auf der Hand: es bestanden nur Lageunterschiede der Pulsfrequenzen zwischen r = 2 der m = 3 Stützstellen.

Nur wenn unter H_1 *gezielt* vorausgesagt worden wäre, daß mittlere Pulsfrequenzen (Rang 2) in der Erwartungssituation (Stützstelle 2) unter Alkohol überzufällig selten ($d_{121} = 1$) im Vergleich zur Kontrollbedingung ($d_{221} = 5$) auftreten würden, wäre $W_{21}^2 = 3{,}688$ aus Tabelle 14.6.7.2 bei einseitigem Test signifikant, denn die 5%-Schranke $\chi_{2\alpha}^2 = 2{,}71$ wird weit überschritten. Man beachte, daß zu seltenes Auftreten mittlerer Pulse (mit Rang 2) einer *Dispersionswirkung* entspricht: Alkohol reduziert bei den meisten Vpn ($d_{111} = 10$) die Erwartungsspannung, steigert sie offenbar aber bei einigen anderen ($d_{131} = 5$) im Vergleich zur Kontrolle. Statt der bei Nur-Lage-Wirkungen intuitiv erwarteten Inzidenzfrequenzen (10 5 1 gegen 1 5 9) haben wir in Tabelle 14.6.7.1 die Frequenzen (10 1 5 gegen 1 5 9) beobachtet; darin manifestiert sich die kombinierte Lage- und Streuungswirkung des Alkohols auf die Pulsfrequenz als Streßindikator.

Es läßt sich zeigen (LEHMACHER und WALL, 1978), daß der Stützstellen-Lokationstest ein Spezialfall des Stützstellen-Omnibustests ist, der nur auf Lageunterschiede der Rangkurven anspricht. Werden diese Lageunterschiede durch *Alignment* der Pulsfrequenzen in Beispiel 14.6.6.1 beseitigt, dann spricht der Stützstellen-Omnibustest nur mehr auf Unterschied der Verteilungsform der Observablen X in den 2 korrespondierenden Stützstellen an.

14.6.8 Vergleich zweier Einzelfall-Verlaufskurven

WL- und T-Tests lassen sich nicht, wie man leicht einsieht, auf den Fall je einer Stichprobe von N = 1 ZRn spezifizieren. Merkwürdigerweise *fehlen* verteilungsfreie Verfahren, um diesem Problem auch nur heuristisch zu begegnen. Überlegen wir uns aber dennoch wenigstens intuitiv, wie ein Test beschaffen sein müßte, der zwei unabhängige Einzelfall-Verlaufskurven nach (1) Niveau und (2) Verlauf zu vergleichen gestattet.

1. Sind zwei ZRn y_{1t} und y_{2t} unabhängig und seriell nicht korreliert, dann können Werte des gleichen Beobachtungszeitpunktes t gepaart werden. Sind beide ZRn hinsichtlich ihrer wahren Werte identisch, d.h. unterscheiden sie sich lediglich durch die als *homomer* verteilt gedachten Beobachtungsfehler, dann können die Differenzen $d_t = y_{1t} - y_{2t}$ mittels des *Vorzeichenrangtests* von WILCOXON (vgl. 6.4.1) verglichen werden.

Sind die Beobachtungsfehler beider ZRn *nicht homomer* verteilt bzw. die der Differenzen nicht symmetrisch verteilt, dann ist rechtens nur der *Vorzeichentest* zulässig. Beide Tests, der Vorzeichen- wie der Vorzeichenrangtest, sprechen allein auf *Niveau-Unterschiede* zwischen den beiden ZRn an, nicht auf Verlaufsunterschiede.

2. Will man zwei unabhängige ZRn auf *Verlaufsunterschiede* prüfen, betrachtet man die durch die Differenzen d_t gebildete ZRe und wendet auf diese ZRe je nach Voraussage unter der Alternative einen *Omnibustest* oder einen *Trendtest* an. Sind beide ZRn stetig verteilt, empfiehlt sich der Phasenverteilungstest (als Omnibustest) und der Erstdifferenzentest (als Trendtest). Bei diskret verteilten ZRn kann für die Omnibus- wie für die Trendindikation der Iterationstest von SHEWHART herangezogen werden.

Wie man interpretiert, wenn eine *Differenzenzeitreihe* signifikant von der unter der Nullhypothese angenommenen Stationarität abweicht, muß aus der Inspektion der beiden ZRn bzw. deren Vergleich erschlossen werden.

3. Die genannten Verlaufsunterscheidungstests setzen voraus, daß beide ZRn im *gleichen Maßstab* entlang einer Intervallskala gemessen worden sind. Haben die ZRn-Werte nur die Dignität von Rangwerten (wie Schulnoten etc.), dann transformiert man die ZRn-Meßwerte in ZRn-Rangwerte und verfährt mit diesen wie oben empfohlen[17]. In gleicher Weise verfährt man, wenn zwar ZRn-Meßwerte vorliegen, diese aber in unterschiedlichem Ausmaß um die Linie (Regressionslinie) ihres generellen Trends variieren.

4. Paare von Einzelfall-ZRn stammen meist von Paßpaaren von Individuen (Vpn, Ptn), im physiologischen Idealfall von eineiigen Zwillingen, im pathologischen Optimalfall von *Doppelgänger-Patienten* (gleichzeitige Einlieferung, gleiche Diagnose, gleiche Anamnese, gleiche A ıität etc.), die über die Zeit hinweg unterschiedlich behandelt und zu gleichen (nicht notwendig äquidistanten) Zeitpunkten (Stützstellen) bezüglich eines Wirkungsindikators Y beobachtet werden.

5. Um verallgemeinerte Aussagen zu erreichen, können k *homologe* Testergebnisse paßpaariger Einzelfall-ZRn bzw. deren Überschreitungswahrscheinlichkeiten P nach FISHER-PEARSON (8.3.2) oder nach LANCASTER (1967) und O'BRIEN (1978) agglutiniert werden.

14.7 Einstichproben-Zeitreihen-Probleme

Statt abrupt von der Einzelfall-ZRe auf zwei Stichproben von ZRn überzugehen, hätten wir den Fall einer *einzigen Stichprobe* von ZRn betrachten und fragen sollen, ob diese ZRn in solchem Maße *homogen* verlaufen, daß es sinnvoll erscheint, eine Durchschnitts- oder Median-ZRe als Repräsentantin der Einzel-ZRn zu ermitteln. Diese Frage kann man in zweifacher Weise zu beantworten versuchen:

14.7.1 Verlaufshomogenität und Verlaufsklumpung

1. Der einfachste Weg besteht darin, daß man sich die Einzel-ZRn in schlichter Manier *graphisch* veranschaulicht und inspektiv beurteilt, ob die Einzelverläufe in etwa einen vergleichbaren *generellen Trend* (z.B. einem linearen, J-förmigen, U-förmigen etc.) folgen. Überzeugt die Anschauung hinreichend, so kann man unbedenklich auch eine Durchschnitts-ZRe bilden. Je homogener die individuellen ZRn verlaufen, um so seltener

---

[17] Diese Methode entspricht der parametrischen Methode der Standarddifferenzen, bei der beide ZRn in Einheiten ihrer Standardabweichung vom jeweiligen Durchschnitt aus gemessen werden (vgl. FAHRENBERG, 1967, S. 81).

werden sie die Durchschnitts-ZRe kreuzen. Im *Idealfall* werden sie ‚parallel' zur Durchschnittskurve verlaufen, was bedeutet, daß sich die individuellen ZRn nur bezüglich ihrer Niveaukonstanten, nicht bezüglich ihrer Regressionskoeffizienten unterscheiden.

2. Vermittelt die Inspektion der individuellen ZRn einer Stichprobe von Individuen *nicht* den Eindruck der Verlaufshomogenität, dann kann dies zwei Gründe haben: (1) Die ZRn verlaufen *unsystematisch* in dem Sinne, daß keine ZRe der anderen verlaufsmäßig gleicht, (2) Die ZRn verlaufen *systematisch* nach Art von *Verlaufsclustern* in dem Sinn, daß einige ZRn z.b. monoton steigend, andere monoton fallend und wieder andere umgekehrt U-förmig verlaufen. Im Fall (1) herrscht *totale* Verlaufsheterogenität, im Fall (2) *partielle* Verlaufshomogenität.

3. Partielle Verlaufsheterogenität ist oft eine Folge unberücksichtigter *Schichtung* der Stichprobe von Individuen: Läßt man eine Klasse von Studenten den PAULI-ARNOLD-Rechentest durchführen, so findet man u.U. eine Subgruppe horizontaler Leistungsverläufe und eine andere aszendierender Verläufe. Eine Nachbefragung ergibt dann, daß die Studenten mit Horizontalverläufen den Test bereits kennen und daher, im Unterschied zu den Neulingen, keinen Übungsfortschritt mehr aufzuweisen haben. Man hätte in diesem Fall vorher fragen und die Stichprobe in zwei Schichten (Routiniers und Neulinge) teilen sollen. Für jede dieser sodann homogen verlaufenden Teilstichproben wäre *gesondert* eine Durchschnittskurve zu ermitteln (vgl. FEINSTEIN, 1977, Chs. 26–28).

4. Will man den Grad der Verlaufshomogenität in einer Gesamt- oder einer von zwei oder drei, nach einem Außenkriterium gewonnenen Teilstichproben numerisch beurteilen, bedient man sich zweckmäßigerweise des KENDALLschen Konkordanzkoeffizienten (vgl. 10.1); er reiht die Meßwerte unabhängig von ihrem Niveau und bringt daher nur die *Verlaufskonkordanz* zum Ausdruck. Auf Signifikanz zu prüfen, ist hingegen nicht statthaft, da aufeinanderfolgende ZRn-Werte im allgemeinen nicht unabhängig voneinander sind, wie im Konkordanztest (wo die Reihung u.U. eine rein arbiträre ist) gefordert.

14.7.2 Verlaufsklassifikation

1. Hat man durch Inspektion der ZRn-Graphen den Eindruck gewonnen, es handle sich um partiell homogen verlaufende ZRn, so wird man zunächst versuchen, ein Außenkriterium zu finden, das als kausaler oder konditionaler *Schichtungs-Faktor* die Unterschiedlichkeit der Verläufe erklärt (wie die Testsophistikation im PAULI-ARNOLD-Test), und danach — anthac — zu klassifizieren.

2. Mißlingt ein Schichtungsversuch als Mittel zur Verlaufshomogenisierung, so bleibt nur der Weg einer Verlaufsklassifikation *ohne* Außenkriterium. Eine solche *Posthoc-Klassifikation* kann auf dem gleichen Rationale wie der T_1-Test gegründet werden, wenn man die ersten Differenzen der individuellen ZRn bzw. deren *Vorzeichenmuster* ermittelt und sie nach Art der später (in Kapitel 16) zu besprechenden *Konfigurationsfrequenzanalyse* (KFA) auswertet. BARTOSZYK und LIENERT (1978) schlagen zur Prüfung auf Verlaufshomogenität (gegen Verlaufstypen) eine Gegenüberstellung der einzelnen Kurven zur Mediankurve vor; speziell zur Unterscheidung von initialen und terminalen *Lernkurven* empfehlen sie eine konfigurationsanalytische Auswertung der Zweitdifferenzenmuster. Alle diese Wege sind allerdings nur bei *kurzen* ZRn gangbar; bei *längeren* ZRn muß man auch hier *Polynome* anpassen und die Polynomialkoeffizienten (deren Zahl i.a. sehr viel kleiner ist als die Zahl der Erstdifferenzen) via KFA auswerten (vgl. 19.11.2).

Hierarchische Klassifikation

Ein anderer Weg der Klassifikation auch längerer ZRn besteht darin, daß man vorweg gewisse Klassen von Verläufen definiert und dann mit einem *hierarchischen* Klassifizierungsprozeß die einzelnen ZRn zu den apriorischen (und substanzwissenschaftlich begründeten) Klassen zuordnet: Dazu ein Beispiel.

Betrachtet man N Lernkurven, so wird man ohne deren Verlaufsinspektion eine Klasse monoton steigender Kurven definieren, und dieser Klasse all jene k der N Kurven zuordnen, die einen steigenden generellen Trend zu erkennen oder analytisch (z.B. mittels tau –, MANN-KENDALLS tau, 9.5.6) nachzuweisen gestatten. Als zweite Klasse wird man umgekehrt U-förmige Kurven in Betracht ziehen unter der Annahme, daß gegen Ende der Kurve Ermüdung das Lernen überwiegt, und die N−k verbleibenden Kurven inspektiv oder analytisch (z.B. mittels OFENHEIMER-KENDALLS tau, vgl. 9.8.2) als U- oder Nicht-U-Kurven klassifizieren. Schließlich wird man noch eine Klasse phasisch verlaufender Lernkurven definieren, etwa unter der Annahme, daß Aquisition und Konsolidierung im Lernprozeß einander folgen. In diese Klasse wird man alle Kurven einordnen, die weder monoton noch U-förmig verlaufen, sondern einen anderen (phasischen) Trend erkennen oder mittels eines geeigneten Tests (vgl. 9.8.1) nachzuweisen gestatten. Man beachte, daß hier Tests nicht zu inferentiellen, sondern lediglich zu heuristischen Zwecken eingesetzt werden, so daß es auf die Wahrung des Alpha-Risikos nicht ankommt.

Eine hierarchische Klassifikation von ZRn läßt sich auf Lernkurven in einer Weise anwenden, wie das folgende *Beispiel* zeigt (aus LIENERT, 1971).

Beispiel 14.7.2.1

Untersuchung: Eine Stichprobe von N = 30 Vpn wurde einem Dauerleistungstest (unter Wettbewerbsbedingungen) unterworfen und die individuellen Pulsfrequenzen y_t, t = 1(1)n = 20, pro Minute über n = 20 Minuten hinweg gemessen. Es resultieren N = 30 ZRn (des Indikators Pf für den Indikanden ‚Stress'), von welchen apriori nicht angenommen werden kann, daß sie homogen verlaufen. Es wird daher eine Klassifikationsprozedur in Aussicht genommen.

Klassifikationshypothesen: Aufgrund psychophysiologischer Argumente wird folgende hierarchische Klassifizierung intendiert:
N = Verlaufskurvenzahl
1: N_m = Zahl der monotonen Kurven
  1a: N_{m+} = Zahl der monoton steigenden Kurven
  1b: N_{m-} = Zahl der monoton fallenden Kurven
2: $N-N_m$ = Zahl der nicht-monotonen Kurven
  2a: N_b = Zahl der bitonen Kurven
    2aα: N_{b+} = Z. d. umgekehrt U-förmigen Kurven
    2aβ: N_{b-} = Z d. U-förmigen Kurven
  2b: $N-N_m-N_b$ = Zahl der nicht bitonen (und nicht monotonen) Kurven
    2bα: N_p = Zahl der polytonen (phasischen) Kurven
    2bβ: N_a = Zahl der atonen (stationären) Kurven

Klassifikationsprozedur: 1. Wir prüfen (heuristisch) alle N Kurven auf monotonen Trend mittels des asymptotischen MANN-KENDALL-Tests (9.5.6) und klassifizieren eine monotone Kurve als steigend, wenn die Prüfgröße u(S) positiv ist, sonst als fallend.
2. Wir prüfen die $N-N_m$ nicht-monotonen Kurven asymptotisch mittels des OFFEN-HEIMER-KENDALL-Tests (9.8.2) auf bitonen Trend und klassifizieren eine als biton identifizierte Kurve als umgekehrt U-förmig, wenn u(S) positiv ist, sonst als U-förmig.
3. Wir prüfen die verbliebenen $N-N_m-N_b$ Kurven auf polytonen Trend, und zwar mittels des (leider wenig wirksamen) asymptotischen Iterationshäufigkeitstests von SHEWHART (8.1.2) und klassifizieren eine Kurve als polyton (d.h. mindestens als triton = dreiästig), wenn ‚zu wenig' Iterationen auftreten, sonst als aton (als trendfrei im Sinne der Klassifikation, genauer: als nicht zu einer der vorgegebenen Klassen passend).

Tabelle 14.7.2.1

y_t	Einzelfall-Kurvenwerte

Md_y mit Werten: 82, 83, 84, 86, 87, 88, 89, 88, 86, 85, 83, 81, 84, 85, 86, 87, 86, 85, 85, 86

t: 1 2 3 4 5 6 7 8 9 10 11 12 13 14 15 16 17 18 19 20

Ergebnisausschnitt: Wir betrachten in Tabelle 14.7.2.1 nur eine der N = 30 Kurven und illustrieren an ihr alle für die hierarchische Klassifikation nötigen Entscheidungen, nämlich die Kurve y_{ti}, t = 1(1)20, der Vp i, in ihrer numerischen Verlaufsgestalt bzgl. der Medianlinie Md(y_t).

Obschon wir aus Tabelle 14.7.2.1 per inspectionem sogleich für eine Zuordnung dieser Kurve zur apriorischen Klasse der polytonen Kurven plädieren würden, prüfen wir formaliter auch auf Zugehörigkeit zu einer der 2 mal 2 hierarchisch vorausgehenden Klassen, auch um zu rekapitulieren, wie man die KENDALL-Summe S bei monotonem und bitonem Verlauf ermittelt.

Klassifikationskriterien: Wir vereinbaren, eine Kurve dann als monoton (steigend oder fallend) zu klassifizieren, wenn u(S) ⩾ 2,58 (zweiseitiges Kriterium auf der 1%-Stufe bei inferentieller Entscheidung). Die gleiche Vereinbarung treffen wir, um eine nicht-monotone Kurve als biton (umgekehrt U-förmig oder U-förmig) zu klassifizieren. Wir vereinbaren weiterhin: Eine weder monotone noch bitone Kurve soll dann als polyton gelten, wenn die Zahl r der Iterationen r über und unter der Medianlinie (vgl. Tabelle 14.7.2.1) einer Standardnormalvariablen u(r) ⩽ -1,65 entspricht (einseitiges Kriterium auf der 5%-Stufe bei inferentieller Entscheidung); das Polytonie-Kriterium wird deshalb niedriger als die beiden anderen Kriterien angesetzt, weil der Iterationstest schwächer ist als die KENDALL-Tests. (Diese Kriterien brauchen nicht anthac, sondern können auch posthoc vereinbart worden sein, da es sich um eine heuristische, nicht um eine inferentielle Klassifikation handelt.)

Test auf monotonen Trend: Zwecks Prüfung, ob die ZRe monoton verläuft, berechnen wir aus Tabelle 14.7.2.1 die KENDALL-Summe nach MANN-KENDALL und erhalten

S = (18-1) + (16-1) + (14-2) + (5-7) + ... + (1-0) = +12

D.h. der Wert y_1 = 82 wird von 18 nachfolgenden y_t-Werten überschritten und nur von einem Wert (y_{12} = 81) unterschritten; der Wert y_2 = 83 wird von 16 Folgewerten über- und von ebenfalls nur einem Wert (y = 81) unterschritten usf. bis zum vorletzten Wert y_{19} = 85, der von einem Wert (dem letzten) überschritten und von keinem unterschritten wird.

Die KENDALL-Summe S ist unter H_0 (schwach stationäre ZRe) über einem Erwartungswert von Null mit einer Varianz von n(n-1)(2n-5)/18 = 20(19)(35)/18 = 738,9 normal verteilt, so daß nach (9.5.3.15) u(S=+12) = (12-1)/√738,9 = +0,40 das Klassifikationskriterium für monotonen Trend nicht erreicht ($u_{0,01}$ = 2,58). Wäre es erreicht worden, dann hätte die Kurve wegen des positiven Vorzeichens von S als monoton steigende klassifiziert werden müssen.

Test auf bitonen Trend: Da die Kurve der Tabelle 14.7.2.1 per def. nicht zu den monotonen gehört, prüfen wir, ob sie als biton zu klassifizieren ist. Dazu ordnen wir die ZRn-Werte analog der Vorschrift des SIEGEL-TUKEY-Tests (6.7.2) so um, daß sie die Folge x_t bilden:

x_t: 82 86 85 83 84 85 86 86 88 87 86 87 89 85 84 88 86 81 83 85

t: 1 20 19 2 3 18 17 4 5 16 15 6 7 14 13 8 9 12 11 10

Wir haben also die y_t-Werte um den Median von t gefaltet und so die x_t-Werte erhalten; diese beurteilen wir nunmehr nach dem MANN-KENDALL-Test und berechnen

$$S = (18-1) + (5-9) + (9-5) + \ldots + (1-0) = +16$$

analog der Prozedur bei monotonem Trend. Wir erhalten $u(S) = 15/\sqrt{738{,}9} = +0{,}55$, welcher Wert das Klassifikationskriterium $\pm 2{,}58$ dem Betrag nach nicht erreicht. Wäre es erreicht worden, dann hätte die Kurve wegen des positiven Vorzeichens von S als umgekehrt U-förmig klassifiziert werden müssen.

Test auf polytonen Trend: Da die Kurve der Vp i weder monoton noch biton verläuft, prüfen wir auf polytonen Verlauf, ehe wir sie als aton verlaufend klassifizieren. Wir zählen in Tabelle 14.7.2.1 je 6 supra- und inframediane Iterationen, insgesamt also r = 6 Iterationen, bestehend aus je $n_1 = n_2 = 10$ ZRn-Meßwerten. Gemäß Formel (8.1.1.10−11) ist für $n_1 = n_2 = n/2$

$$E(r) = \tfrac{1}{2}(n+2) = 11 \quad \text{und} \quad \text{Var}(r) = n(n-2)/4(n-1) = 360/76 = 4{,}737.$$

Der asymptotische SHEWHART-Test ergibt ein $u(r) = (|16-11| - \tfrac{1}{2})/\sqrt{4{,}737} = -2{,}30$, das das Klassifikationskriterium $u(r) = -1{,}65$ algebraisch unterschreitet bzw. dem Betrage nach überschreitet. Wir klassifizieren die Kurve i somit als eine polytone Kurve.

Ergebnisse: Angenommen, die N = 30 Kurven haben sich in $N_{m+} = 12$ monoton steigende $N_{m-} = 1$ monoton fallende, $N_{b+} = 5$ umgekehrt U-förmige $N_{b-} = 1$ U-förmige, $N_p = 7$ polytone und $N_a = 4$ atone Kurven klassifizieren lassen. Das bedeutet, daß die 30 Vpn mit unterschiedlichen (inhomogenen) Verläufen des Indikators Pulsfrequenz auf den Indikanden Stress reagieren.

Folgerungen: Während für die 12 monoton steigenden und die 5 umgekehrt U-förmigen Verläufe Durchschnitte berechnet werden dürfen, ist dies für die 7 polytonen Kurven nur dann sinnvoll, wenn sie (nach Inspektion) phasenparallel verlaufen (was in unserem Beispiel nicht zutraf).

Anmerkung: Nach Inspektion der 12 monoton steigenden Kurven zeigt sich, daß einige unter ihnen polyton überlagert sind. Diese Überlagerung läßt sich im Einzelfall u. U. auch mittels der SHEWHART-Tests nachweisen, wenn man (nach Augenmaß) eine den generellen Trend beschreibende Medianlinie zeichnet und die entstehenden Iterationen über und unter der Medianlinie abzählt.

Reklassifikation: Sollte sich so ergeben haben, daß 5 der 12 monoton steigenden Kurven polyton überlagert sind, dann wäre eine Reklassifikation nach rein monotonen und polyton überlagerten monotonen Kurven am Platze.

Interpretation: Offenbar ist monotones Steigen der Pulsfrequenz Ausdruck zunehmender Anspannung und deren polytone Variante Ausdruck eines Regelungsvorganges von Anspannung und Entspannung.

Klassifikationsstrategien

1. Wir haben in unserem Beispiel eine *stetige* Verteilung der Observablen angenommen, so daß (ggf. unter Weglassung des Medianwertes) eine Hälftenteilung ($n_1 = n_2$) möglich wurde. Sind die Observablen *diskret* oder gruppiert verteilt, dann läßt sich das Desiderat $n_1 = n_2$ für infra- und supramediane ZRn-Werte nicht erfüllen. Man teilt in diesem Fall so nahe am Median wie möglich (paramedian) und wendet den Test von STEVENS oder den mit ihm identischen, aber auf Meßwerten aufbauende Test von OLMSTEAD (1958) zum Polytonienachweis an.

2. Wir haben in unserem Beispiel zum Nachweis eines polytonen (phasischen oder zyklischen Trends) einen Median-Iterationstest herangezogen und seine geringe Wirksamkeit durch ein *liberaleres Entscheidungskriterium* auszugleichen versucht. Inwieweit dies gelungen ist, wäre im Vergleich mit einen schärferen Test auf polytonen Trend, etwa dem Terzettentest von NOETHER (vgl. 14.4.5) zu beurteilen.

3. *Klassifikationsstrategisch* sind wir im Beispiel von einem monotonen zu einem bitonen und von diesem zu einem polytonen Trend fortgeschritten und haben damit quasi eine Formsiebung erreicht. Wir hätten eine ‚Maschensiebung' erreicht, wenn wir die N = 30 ZRn zunächst mittels eines Omnibustests (z.B. 14.3.1) in trendfreie (atone) und trendbehaftete (mono-, bi-, polytone) klassifizieren können, um sodann die trendbehafteten einer Formsiebung zu unterwerfen. Es versteht sich, daß die *‚Siebungsstrategie'* Zahl und Homogenität der in einer Klasse vereinten ZRn mitbestimmt, und es muß dem Fachwissenschaftler überlassen bleiben, die für seine Zielsetzung bestgeeignete Klassifikation zu finden.

4. Die Klassifikation von Verlaufskurven kann als Spezialfall der *hierarchischen Clusteranalyse* (vgl. ANDERSON, 1973, Ch. 6) aufgefaßt werden, wobei anstelle mehrerer Observablen (X, Y, Z, ...) wiederholte Beobachtungen ein und derselben Observablen an einem Individuum vorgenommen werden. EDV-Methoden der Clusteranalyse sind von ALDENDERFER und BLASHFIELD (1978), bzw. BLASHFIELD und ALDENDERFER (1978) entwickelt worden.

14.7.3 Verlaufskompatibilität und Verlaufsprädiktion

Kann für eine Stichprobe von N ZRn ein bestimmter Trend aus empirischen oder theoretischen Argumenten vorausgesagt werden, dann ist u.U. zu prüfen, ob die Voraussage von den N ZRn in hinreichendem Maße gestützt wird. Hier geht es nicht allein darum, ob die N Kurven weitgehend verlaufshomogen sind, wie unter 14.7.1, sondern darum, ob sie mit dem vorausgesagten Verlauf *kompatibel* sind, nicht als einzelne, sondern als Stichprobe.

Einen Test für einen vorausgesagten Verlauf zeitlich erhobener Beobachtungen haben wir bereits in Kapitel 12 als *Test für prädizierte Ordnung* (vgl. 12.6.2) kennengelernt und MOSTELLER (1955) zugeschrieben.

MOSTELLERS Test basiert auf folgendem *Rationale*: Wenn die ZRe y_{ti} eines Individuums i mit t = 1(1)n eine stationäre ist, dann ist jede der n! Meßwertanordnungen unter H_0 (Stationarität) gleich wahrscheinlich. $\pi_0 = 1/n!$ Unter der Alternative H_1 eines vorausgesagten Trends, in konkreto: eines *monotonen Trends*, wie wir ihn bei Lernkurven erwarten, haben monotone Lernkurven eine größere Realisierungswahrscheinlichkeit, d.h. $\pi_1 > 1/n!$ Für N Lernkurven gilt dann, daß die Zahl der monotonen Lernkurven unter H_0 binomial mit den Parametern $\pi_0 = 1/n!$ und N verteilt ist. Fällt x in den Ablehnungsbereich, so vertrauen wir darauf, daß die Beobachtung mit der Voraussage kompatibel ist.

Der Test setzt eine *stetig* verteilte Observable bzw. Fehlen von Nachbarschaftsbindungen voraus, so daß der Trend einer einzelnen ZRe eindeutig identifiziert werden kann.

Beispiel 14.7.3.1

Angenommen, N = 18 Ratten laufen je n = 4 mal hintereinander durch ein Labyrinth, und es werden die bis zum Ziel benötigten Zeiten y_{ti} t = 1(1)4, i = 1(1)18, registriert. Unter H_0 erwarten wir N = 18 stationäre Zeitreihen von Zeitmeßwerten; unter H_1 sagen wir einen *monoton degressiven* Verlauf, d.h. stetig abnehmende Durchlaufzeiten voraus. Tatsächlich zeigen x = 5 der N = 18 Ratten den vorausgesagten Verlauf, und es stellt sich die Frage, mit welcher Wahrscheinlichkeit 5 oder mehr Ratten diesen Verlauf zeigen, wenn H_0 gilt, wonach die Zufallswahrscheinlichkeit eines solchen monoton degressiven Verlaufs bei n = 4 Wiederholungen $\pi = 1/4! = 1/24$ beträgt?

Prüfen wir trotz des kleinen N und des extremen Binomialparameters *asymptotisch* nach Formel (5.1.1.7), so erhalten wir E(x) = $N\pi$ = 18(1/24) = 3/4 und Var(x) = = $N\pi(1-\pi)$ = 18(1/24)(23/24) = 0,71875. Das gibt ein u = (5-3/4)/$\sqrt{0{,}71875}$ = 5,01. Dieser Wert erscheint zu hoch, deshalb prüfen wir zur Kontrolle quasi exakt über die F-Verteilung und erhalten nach (11.2.3):

$$F = \frac{x(1-\pi)}{(n-x+1)\pi} = \frac{5(23/24)}{14(1/24)} = 8{,}21$$

ist für 2(n-x+1) = 2(14) = 28 Fg des Zählers und 2x = 10 Fge des Nenners auf der 0,1%-Stufe signifikant. Es genügen mithin tatsächlich x = 5 richtig prädizierte Kurven, um die Verlaufskompatibilität nachzuweisen. Man bedenke aber, das viele andere Kurven nur wenig (z.B. durch eine Inversion) von dem vorausgesagten Trend abweichen.

Modifikationen des MOSTELLER-Tests

1. Ist der Untersucher bei längeren Zeitreihen nur am *initialen* oder nur am *terminalen* Verlauf einer Kurve n interessiert, dann mag er sich in der Vorhersage auf die entsprechenden Anfangs- oder Endbeobachtungen beschränken. Müßten wir in unserem Beispiel annehmen, daß einige Ratten bereits nach dem dritten Labyrinthdurchlauf die kürzestmögliche Laufzeit erreichen, dann wären zweckmäßigerweise nur die ersten drei ZRn-Werte auf monoton fallenden Verlauf zu prüfen: In diesem Fall betrüge $\pi = 1/3! = 1/6$ und x wäre die Zahl derjenigen unter den N = 18 Ratten, die in den ersten drei Druchläufen zunehmend schneller werden.

2. Um auch *längere* und von Beobachtungsfehlern überlagerte ZRn auf Verlaufskompatibilität mit einem prädizierten Verlauf prüfen zu können, wird man benachbarte Beobachtungen paarweise, tripelweise etc. *zusammenfassen* (ohne jedoch Gleitdurchschnitte zu bilden, wodurch die Unabhängigkeit aufeinanderfolgender ZRn-Werte verlorenginge). Im Fall eines exponentiell degressiven Verlaufes wie in unserem Beispiel, könnten wir etwa die letzten beiden der n = 4 ZRn-Werte *mitteln* und sodann wie oben verfahren.

Es versteht sich, daß die Entscheidung über jegliche Art der vollständigen Informationsausschöpfung sachlogisch begründet und vor der Datenerhebung vereinbart werden muß; eine Verkürzung der ZRn aufgrund vorheriger Inspektion ist nicht zulässig bzw. erhöht das faktische gegenüber dem nominellen Alpha-Risiko.

14.8 Die Zeitverteilung von Individual-Ereignissen

Vom Spezialfall einer Stichprobe mit zwei ZRn kehren wir nun wieder zum Fall einer *einzelnen* ZRe zurück, wobei wir im Unterschied zu den bisherigen Implikationen von ZRn mit konstantem Zeitmuster ein *variables*, dem Zufall überlassenes *Zeitmuster* von insgesamt k *Ereignis-Beobachtungen* (Uniobservablen) in Betracht ziehen.

Um einfachst mögliche Bedingungen zu haben, unterteilen wir die Zeitachse in n *gleiche Intervalle* (Minuten, Stunden, Tage) und registrieren, ob eine *Uniobservable* (ein Ablesefehler eines Pbn, ein Anfall einer Ptn) in ein bestimmtes Intervall fällt (1) oder nicht (0).

14.8.1 Verteilungsmodelle von Ereignisdaten

1. Wenn es der Untersucher so einrichtet, daß die Zahl x von Uni-Observablen oder, wie man auch sagt, *Individual-Ereignissen*, nicht zu verschieden ist von der Zahl der (willkürlich) festzusetzenden Intervalle n, dann darf er unter der Nullhypothese gleichbleibender Auftretenswahrscheinlichkeit über die n Zeitintervalle eine *Poisson-Verteilung* solcher sogenannter *Individual-Ereignisse* erwarten[18]. Auf der Basis dieser Vereinbarung lassen sich also beliebige, keine vorgegebenen, sondern ‚von der Natur' bestimmten Zeitmustern folgende Ereignisse daraufhin überprüfen, ob sie der Nullhypothese *konstanter* Auftretenswahrscheinlichkeit π folgen, wenn wir n jeweils so wählen, daß $n\pi = \lambda = m$ als konstant angenommen werden darf; dabei ist λ der (einzige) Parameter der Poisson-Verteilung, der sich für $\lambda > 5$ rasch einer Normalverteilung mit $\mu = \sigma^2 = \lambda n$ nähert (vgl. 1.2.7.1–2).

2. Ist die *Zahl der Intervalle* k natürlich vorgegeben und nicht frei wählbar wie bei *retrospektiven* im Vergleich zu *prospektiven* Untersuchungen, dann muß anstelle des Poisson-Modells das der *Polynomialverteilung* herangezogen werden um zu entscheiden, ob sich m Ereignisse auf die n Intervalle so verteilen, daß die Nullhypothese gleicher Auftretenswahrscheinlichkeiten $\pi_1 = \pi_n = 1/k$ gemäß der (auch) sogenannten *Äquinomialverteilung* folgt (vertafelt bei HEINZE und LIENERT, 1979).

3. Die im folgenden zu besprechenden Tests basieren auf einem der beiden Verteilungsmodelle, wobei nur gefragt wird, ob ein bestimmtes Zeitintervall i besetzt (okkupiert) ist (1) oder nicht (0), ohne daß interessiert, ob es von einem oder von mehr als einem Ereignis okkupiert wird. Man nennt solche Tests daher auch *Okkupanzentests* (occupancy tests), wenn die Zahl der besetzten Intervalle als Prüfgröße dient, und, wie bekannt (vgl. 5.2.4), als Nullklassentests (zero classes, empty cell test), wenn die Zahl der nicht-besetzten Intervalle als Prüfgröße fungiert (vgl. STEVENS 1939, DAVID 1950, SCORGO und GUTTMAN 1962). Der Okkupanzentest mit z als der Zahl der besetzten Intervalle ist zum Nullklassentest mit Z als der Zahl der leeren (ereignisfreien) Intervalle ‚komplementär', da z+Z gleich ist der Zahl der Intervalle n[19], die von n+1 Stützstellen gebildet werden.

---

18 Wie ersichtlich, lassen sich damit auch häufig auftretende Ereignisse als seltene definieren, wenn man nur die Zeitintervalle entsprechend kurz bzw. n entsprechend groß wählt.

19 Wir haben den Nullklassentest in 5.2.4 nur für den Spezialfall, in dem die Zahl der Ereignisse n gleich ist der Zahl der Intervalle (k = n = N), welche Einschränkung in Zeitreihen wegfallen soll, weil k nicht immer so manipuliert werden kann, daß k=n.

14.8.2 Der Okkupanzentest von STEVENS-DAVID

Haben wir innerhalb einer Zeitspanne mit k Intervallen n, ihrem Zeitmuster nach variable Ereignisse registriert, so daß z Intervalle *besetzt* (und daher Z = n–z leer) sind, dann läßt sich nach DAVID (1950) durch kombinatorische Überlegungen (vgl. BRADLEY 1968, Kap. 13.7.1) folgendes *Rationale* entwickeln[20].

Rationale

Die *Punktwahrscheinlichkeit*, daß in z der k Intervalle mindestens eines von k Ereignissen fällt, beträgt in der Notation OWENS (1962, S. 454)

$$p = \binom{n}{z} \sum_{j=0}^{z} (-1)^j \binom{z}{j} \left(\frac{z-j}{n}\right)^k \tag{14.8.2.1}$$

Für den Okkupanzentest benötigen wir aber die *Überschreitungswahrscheinlichkeit P*, die Wahrscheinlichkeit also, daß z oder weniger als z der k Intervalle besetzt sind; sie beträgt

$$P = \sum_{i=1}^{z} p_i \tag{14.8.2.2}$$

oder

$$P = \sum_{i=1}^{z} \binom{n}{i} \sum_{j=0}^{i} (-1)^j \binom{i}{j} \left(\frac{i-j}{n}\right)^k \tag{14.8.2.3}$$

Mit dieser Formel läßt sich z.B. beurteilen, ob es mit dem Zufall (nach dem Äquinomialmodell) vereinbar ist, daß alle k = 4 Todesfälle eines Hospitals in einer Woche (mit n = 7 Tagen) auf einen einzigen Tag (z = 1) fallen. Wegen i = 1(1)z = 1 ist P = p, d.h. nach (14.8.2.1)

$$p = \binom{7}{1}\left[(-1)^0\binom{1}{0}\left(\frac{1-0}{7}\right)^4 + (-1)^1\binom{1}{1}\left(\frac{1-1}{7}\right)^4\right] = 0{,}0004 \ .$$

Offenbar ist die *Zusammenballung* (Kongregation) aller k = 4 Todesfälle an einem einzigen (z = 1) der n = 7 Tage unter Annahme gleichbleibender Wahrscheinlichkeit für das Auftreten eines Todesfalls pro Tag (H_0) nicht mehr zu vertreten, wenn man α = 0,05 vereinbart hat. *Exakte* P-Werte nach (14.8.2.3) berechnet, für Z = n–z als Prüfgröße, sind von n = 1(1)10

---

[20] Wie SCORGO und GUTTMAN (1962) hervorheben, ist dieses Rationale unabhängig von DAVID 2 Jahre später auch von dem Japaner OKAMOTO (1952) entdeckt worden. Beide Autoren gehen jedoch von den unbesetzten Intervallen (Nullklassen) als Prüfgröße aus. Der Test geht prinzipiell jedoch bereits auf STEVENS (1937) zurück.

und k = 5(1)50 bei SCORGO und GUTTMAN (1962) berechnet worden (vgl. auch BRADLEY, 1968, Table XIV).

Die HETZ-KLINGER-Tafeln als Konvergationstests

Um die Auswertung des Okkupanzentests zu ökonomisieren, haben HETZ und KLINGER (1958) die *unteren Schranken* z_α der Besetzungszahlen z vertafelt, so daß der Untersucher bei gegebener Zahl n von Zeitintervallen und beobachteter Zahl k von insgesamt beobachteten Ereignissen jene *Minimalzahl okkupierter Intervalle* $z_{k;\alpha}$ mit α = 0,05, 0,01 und 0,001 abzulesen vermag, die eine Zusammenballung (welcher Ausdruck von den Autoren übernommen wird) als signifikant erscheinen lassen.

Die HETZ-KLINGER-Tafel XIV–8–2–1 entspricht einem *einseitigen Okkupanzentest* der Zufallsverteilung von k Ereignissen auf n Zeitintervalle gegen die Zusammenballung dieser k Ereignisse auf relativ wenige Intervalle, der die Wahrscheinlichkeitsunabhängigkeit (H_0) gegen die Wahrscheinlichkeitsansteckung (H_1)[21] sukzedenter Ereignisse prüft.

Um die *Benutzung* der HETZ-KLINGER-Tafeln zu illustrieren, greifen wir auf das obige Beispiel mit n = 7 und k = 4 zurück und fragen, wie groß z höchstens sein darf, wenn man α = 0,05 vereinbart hat. Wir lesen in der Untertafel für n = 7 unter k = 4 ein $z_{k;0,05}$ = 1 nach, womit unsere Beobachtung z = 1 diese Schranke erreicht, so daß eine Zusammenballung angenommen werden darf. Allgemein gilt: Werden die in den Tafeln XIV–8–2–1 angegebenen z_α Schranken von einem beobachteten z-Wert erreicht oder unterschritten, muß die Hypothese gleichbleibender Auftretenswahrscheinlichkeit über die n Zeitintervalle hinweg zugunsten sich zeitlich ändernder Auftretenswahrscheinlichkeiten verworfen werden.

Die NICHOLSON-Tafeln als Segregationstests

Eine Tafel, die als zweite Alternativhypothese auch die Möglichkeit einer überzufälligen *Vereinzelung* (Segregation) der k Ereignisse in ihrer Verteilung auf die n Zeitintervalle in Betracht zieht, also einem *zweiseitigen Okkupanzentest* entspricht, wurde von NICHOLSON (1961) entwickelt; in ihr sind jene Schranken für die Ereignishäufigkeit k angegeben, innerhalb welcher bei einer gegebenen Zahl von Zeitintervallen n und einer beobachteten Zahl z von okkupierten Intervallen die Zahl der Ereignisse k liegen darf, wenn die Hypothese gleicher Auftretenswahrscheinlichkeiten (H_0) beibehalten werden muß.

---

21 Diese Terminologie resultiert aus der Gegenüberstellung von Poissonverteilung gegen die sog. ansteckenden (kontagiösen) Verteilungen (negative Binomialverteilung und NEYMAN-Verteilungen).

Aus Tafel XIV—8—2—2 entnehmen wir z.B., daß die Anzahl k der *Todesfälle*, die auf n = 7 Tage so verteilt sind, daß z = 6 Tage von Todesfällen okkupiert sind, bei α = 0,10 nicht mehr mit H_0 vereinbar ist, wenn k $\geq$ 28 oder k = 6 (weil k < 6 nicht möglich ist). Tatsächlich deutet es auf *Segregation* (Vereinzelung) der Todesfälle, wenn sie sich ‚so schön gleichmäßig' auf 6 der 7 Tage verteilen, und umgekehrt deutet es auf *Kongregation* (Zusammenballung), wenn es bei 28 und mehr Todesfällen überhaupt noch 7-6 = 1 Tag gibt, an dem kein Todesfall beobachtet wird.

Beide Tafeln, die von NICHOLSON wie die von HETZ und KLINGER, sind auf n = 1(1)20 Zeitintervalle *begrenzt*. Bei mehr als 20 Intervallen prüft man seit Marjorie THOMAS mittels eines asymptotischen Okkupanzen- bzw. Nullklassentests, den wir nachfolgend kennenlernen wollen.

THOMAS' asymptotischer Okkupanzentest

Für ZRn, die mehr als 20 Intervalle umfassen, hat Marjorie THOMAS (1951) eine für *Nullklassen* (Z) als Prüfgröße bestimmte Normalapproximation des auf STEVENS (1937) zurückgehenden Nullklassentests angegeben (vgl. LIENERT, 1962, S. 276).

Geht man von Nullklassen auf *Okkupanzen als Prüfgröße* über, x = n–Z, so ändert sich nur der *Erwartungswert* in Richtung auf

$$E(X) = k - k(1 - \tfrac{1}{k})^n ,\qquad(14.8.2.4)$$

während die *Varianz* für Okkupanzen x gleich der für Nullklassen bzw. Leerintervalle ist:

$$\mathrm{Var}(X) = k[(k-1)(1-\tfrac{2}{k})^n + (1-\tfrac{1}{k})^n - k(1-\tfrac{1}{k})^{2n}]\qquad(14.8.2.5)$$

Darin ist n die Zahl der Zeitintervalle und k die Zahl der Ereignisse, die x der n Intervalle okkupieren. Die Okkupanzen x sind für n > 20 mit E(x) und Var(x) angenähert normal verteilt, so daß

$$u = \frac{x - E(x)}{\sqrt{\mathrm{Var}(x)}}\qquad(14.8.2.6)$$

einseitig zu beurteilen ist, wenn man auf Zusammenballungen (Kongregation) prüft, d.h. auf *zu wenig* okkupierte Intervalle (mit zu viel Ereignissen je Intervall). Der Test ist am wirksamsten, wenn die Zahl der Intervalle n und die Zahl der Ereignisse k größenordnungsmäßig gleich sind, also etwa k < n < 2k, wie BRADLEY (1968, S. 308) empfiehlt.

Beispiel 14.8.2.1

Datensatz: Ein Epileptiker (Petit mal) hat über seine insg. k = 100 Anfälle Buch geführt und festgestellt, daß er in nur Z = 3 der n = 52 Wochen im vergangenen Jahr anfallsfrei geblieben ist. Der Neurologe möchte vom Biostatistiker erfahren, ob — wie vermutet — die Anfälle dieses Ptn zu regelmäßig verteilt sind, wenn konstante Anfallsbereitschaft über den Beobachtungszeitraum ($\pi = 1/52$) angenommen wird. Ehe er weitergehende Schlüsse zieht, soll diese Vermutung statistisch erhärtet werden.

Hypothesen: Die $k = 100$ Anfälle verteilen sich poisongemäß über die $n = 52$ Wochen (H_0). Die Anfälle verteilen sich so, daß weniger Wochen ($Z = 3$) anfallsfrei bleiben als nach dem Poisson-Modell zu erwarten. (Das Poisson-Modell fungiert hier als asymptotisches Substitut für das Äquinomial-Modell.)

Testwahl und Signifikanzniveau: Da $n > 20$, prüfen wir nach THOMAS-Test in der oben gewählten Form des Okkupanzentests mit $x = n - Z = 52 - 3 = 49$ von Anfällen besetzten Wochen, und vereinbaren $\alpha = 0{,}01$ einseitig (zu viele Okkupanzen!).

Testdurchführung: Der Erwartungswert für die Zahl der Okkupanzen beträgt bei $n = 52$ Wochen und $k = 100$ insgesamt in diesen 52 Wochen beobachteten Anfällen nach (14.8.2.4)

$$E(x) = 100 - 100(1 - \tfrac{1}{100})^{52} = 40{,}70 \;.$$

Nach (14.8.2.5) berechnen wir die Varianz für die Zahl X der Okkupanzen

$$\mathrm{Var}(X) = 100\,[(100-1)(1 - \tfrac{2}{100})^{52} + (1 - \tfrac{1}{100})^{52} - 100(1 - \tfrac{1}{100})^{104}] = 5{,}72 \;.$$

Einsetzen von $x = 49$ in Formel (14.8.2.6) ergibt die Standardnormalprüfgröße

$$u = \frac{49 - 40{,}70}{2{,}39} = 3{,}77 \;.$$

Entscheidung: Da wir einseitig gefragt haben, überschreitet der u-Wert die 1%-Schranke von $u_{0,01} = 2{,}32$ bei weitem. Wir lehnen H_0 ab und nehmen unsere Alternative H_1 an.

Interpretation: Die Vermutung des Untersuchers, daß die Krampfanfälle dieses Ptn zu regelmäßig vereinzelt seien, ist gerechtfertigt. Die Segregation (Vereinzelung) der Anfälle kann am besten mit der Annahme einer Refraktärphase (einer verminderten Auftretenswahrscheinlichkeit nach Ablauf eines Anfalles) erklärt werden.

Anmerkung: Da es sich hier um ein Einzelfallexperiment bzw. Quasiexperiment handelt, wären weitere Anfallspatienten in analoger Weise zu untersuchen und die resultierenden Überschreitungswahrscheinlichkeiten zu agglutinieren (vgl. 8.3.3), um eine Aussage über ein Kollektiv von Epileptikern machen zu können.

Zusatzauswertung: Angenommen, wir hätten nur das letzte Quartal ($n = 13$ Wochen) mit $k = 23$ Anfällen als zuverlässig registriert angesehen und festgestellt, daß nur $Z = 1$ Woche anfallsfrei bzw. $x = 13 - 1 = 12$ Wochen anfallsokkupiert gewesen seien, dann hätten wir in Tafel XIV–8–2–2 einen kritischen Wert von $k_{0,05} = 17$ abgelesen; da der ‚beobachtete' Wert $k = 23$ diesen kritischen Wert weder erreicht noch unterschreitet, müßten wir für die Beobachtungen des letzten Quartals H_0 beibehalten, obschon wir α wegen der kürzeren Beobachtungszeit auf 0,05 reduziert haben.

Ein etwas schwächerer, aber *ökonomischerer Normalapproximationstest* gründet auf einem Erwartungswert von $k(1-e^{-m})$ und einer Varianz von $ke^{-m}[1-(1+m)e^{-2m}]$, wobei $m = n/k$ ein Schätzwert für den Poisson-Parameter λ. Die Größen e^x sind vertafelt (z.B. Tafel VIII–2–1–2). Der Test ist cet. par. am wirksamsten, wenn $m = 1{,}255$, und n wie k groß sind (vgl. SCORGO und GUTTMAN, 1962).

In obigem *Beispiel* ist $m = 100/52 = 1{,}92$ und $2m = 3{,}84$. Aus Tafel VIII–2–1–2 ergibt sich $e^{-m} = 0{,}1466$ und $e^{-2m} = 0{,}02149$. Wir erhalten damit einen Erwartungswert von $52(1 - 0{,}1466) = 44{,}38$ und eine Varianz von $52(0{,}1466)(1 - 2{,}92 \cdot 0{,}02149) = 7{,}15$. Daraus resultiert $u = (49 - 44{,}38)/\sqrt{7{,}15} = +1{,}73$, das nur wenig unterhalb des Wertes $u = 1{,}92$ liegt; der Effizienzverlust war mithin gering.

Kongregations- und Segregationseffekte müssen, sofern sie mittels des Okkupanzentests nachgewiesen wurden, interpretativ auf *kausale* oder wenigstens auf *konditionale* Einflußgrößen hin exploriert werden: Zusammenballung von Krampfanfällen kann z.B. durch erhöhte Krampfbereitschaft in Stresszeiten (konditionaler Einfluß), Vereinzelung hingegen — wie schon im Beispiel vermutet — auf Refraktärphasen nach Krampfanfällen zurückgeführt werden (kausale Einflußgröße).

Man beachte, daß immer dann, wenn unter H_1 keine Spezifikation in Richtung auf Kon- oder Segregation erfolgt, *zweiseitig* geprüft werden muß, indem man u entsprechend beurteilt oder — bei NICHOLSONS Test — α und $1-(1-\alpha)$ zu 2α addiert (vgl. Spaltenkopf in Tafel XIV–8–2–2).

14.8.3 Die Ereignisdispersionstests von FISHER und THOMAS

Der Okkupanzentest hat den Nachteil, die Verteilung der k Ereignisse auf die n Zeitintervalle unberücksichtigt zu lassen. Er wertet z.B. die Verteilungen 1 und 2 der folgenden Tabelle 14.8.3.1 *gleich*:

Tabelle 14.8.3.1

ZRe 1	x_{1i}	0	0	1	5	1	1	0	k=8 und z=4
	i:	1	2	3	4	5	6	7	n=7
ZRe 2	x_{2i}	0	2	0	0	2	2	2	k=8 und z=4

Tatsächlich haben beide ZRn $z = 4$ okkupierte unter insgesamt $n = 7$ Zeitintervallen mit je $k = 8$ Ereignissen; sie haben beide unter H_0 nach dem Okkupanzentest die gleiche Überschreitungswahrscheinlichkeit. Dennoch erkennt man sofort, daß in ZRe 1 eine *stärkere* Ereigniszusammenballung (im Intervall i = 4 mit $x_4 = 5$) statthat als in ZRe 2.

Wie kann man auf *Extremzusammenballungen* so prüfen, daß diese intuitive Erkenntnis auch im Testergebnis ihren Niederschlag findet? Wie kann man — anders formuliert — auf Abweichungen von H_0 im *rechten* Extrembereich der Poissonverteilung wirksam prüfen?

Rationale nach FISHER

Die Antwort auf diese Frage stammt von R. A. FISHER[22] (1921), der die beobachtete Varianz der Ereignishäufigkeiten zu der aufgrund des Poissonmodells erwarteten Varianz in Beziehung gesetzt und gezeigt hat, daß die Prüfgröße, der sog. *Dispersionsindex*

$$\chi_v^2 = \sum_{i=1}^{n} \frac{(x_i - \bar{x})^2}{\bar{x}} \quad \text{mit n–1 Fgn} \tag{14.8.3.1}$$

χ^2-verteilt ist, wobei die x_i die in den i = 1(1)n Zeitintervallen beobachteten Ereignishäufigkeiten sind (vgl. Tabelle 14.8.3.1).

Da $\Sigma(x_i - \bar{x}) = \Sigma x_i^2/n - (\Sigma x_i/n)^2$ und $\bar{x} = \Sigma x_i/n$ mit $\Sigma x_i = k$, gilt auch

$$\chi_v^2 = \tfrac{n}{k}(\Sigma x_i^2) - k \quad \text{mit n–1 Fgn}, \tag{14.8.3.2}$$

wenn die Nullhypothese einer *Poisson-Verteilung* der k Ereignisse über die n Intervalle erfüllt ist.

Wie man sieht, *streuen* die Besetzungszahlen x_{1i} in Tabelle 14.8.3.1 *stärker* als die Besetzungszahlen x_{2i}, und wir erhalten nach (14.3.8.2)

$$\chi_1^2 = \tfrac{7}{8}(1^2 + 0^2 + \ldots + 0^2) - 8 = 16{,}50^{**} \quad \text{Fg} = 7 - 1 = 6$$

$$\chi_2^2 = \tfrac{7}{8}(2^2 + 2^2 + \ldots + 0^2) - 8 = 6{,}00 \text{ n.s} \quad \text{Fg} = 7 - 1 = 6$$

Daraus erhellt, was intuitiv vermutet wurde: Die Verteilung der je k = 8 Ereignisse auf die n = 7 Intervalle kann in der ZRe 2 mit H_0 vereinbart werden (keine Zusammenballung), nicht jedoch in der ZRe 1 (Zusammenballung im Intervall i = 4).

Testverschärfung nach THOMAS

Obzwar von R. A. FISHER nicht vorgesehen, läßt sich der Dispersionsindex-Test *verschärfen*, wenn vor der Untersuchung spezifiziert wird, in welchen Intervallen Ereigniszusammenballungen erwartet werden.

---

[22] Der Test wurde unter der Bezeichnung variance test (daher der Idex v) von R. A. FISHER in der 1. Auflage seiner Statistical methods for research workers unter dem Abschnitt ‚Small samples of the Poisson series' eingeführt (s. COCHRAN, 1954, S. 422).

Angenommen, $i = 1(1)7 = n$ bezeichnen die ersten 7 Monate eines Kalenderjahres und die x_i sind die Häufigkeiten, mit welchen schwere *Grippefälle* in eine Klinik eingeliefert werden. Interessiert nun den Untersucher, ob im Wechselwetter-Monat April eine größere Häufung von Grippefällen statthat als vor wie nachher, dann wird er folgende 3 ungleiche Intervalle bilden (Tabelle 14.8.3.2 aus Tabelle 14.8.3.1. 2.Re 1)

Tabelle 14.8.3.2

x_i	1	5	2	$k = 8$
i	1+2+3	4	5+6+7	$n = 7$

und deren Okkupationshäufigkeiten x_i nach (14.8.3.2) prüfen: $\chi^2 = (1 - \frac{24}{7})^2 / \frac{24}{7} + (5 - \frac{8}{7})^2 / \frac{8}{7} + (2 - \frac{24}{7})^2 / \frac{24}{7} = 15{,}33$ ist für 2 Fge auf einer höheren Stufe signifikant als $\chi_1^2 = 16{,}500$ für 5 Fge; darin äußert sich die Testverschärfung durch die *Spezifikation der Alternative* zu H_0 nach THOMAS (1951).

Der Dispersionstest von THOMAS *setzt voraus*, daß die Ereignisse unter H_0 wechselseitig unabhängig auftreten und daß die Intervalle natürlicher Art (Tage, Jahre etc.) sind oder zumindest vor der Ereignisregistrierung bzw. unabhängig von ihr gebildet wurden. Der Test spricht auf sogenannte *hyperdisperse Verteilungen* ‚seltener Ereignisse' an, als da sind: Die negative Binomialverteilung und die sog. ansteckenden Verteilungen (vgl. WEBER 1972, Kap. 17), bei welchen in einzelnen Intervallen besonders starke Zusammenballungen (wie in unserem Grippe-Beispiel durch biologische Ansteckung) auftreten[23]. (Als Häufigkeitsverteilung dargestellt, haben die hyperdispersen Verteilungen einen nach rechts weiter auslaufenden Verteilungsast als die normdisperse Poisson-Verteilung mit konstant bleibender Realisationswahrscheinlichkeit des seltenen Ereignisses.)

Anmerkungen

Der Dispersionsindextest ist — obschon er auf die Poissonverteilung Bezug nimmt — in dem Sinn nichtparametrisch, daß der Poisson-Parameter λ nicht bekannt zu sein braucht. Ist der Parameter und damit die Wahrscheinlichkeit, mit der ein Ereignis innerhalb eines Zeitintervalls auftritt, *bekannt*, dann wird man den korrespondierenden parametrischen Test (vgl. THOMAS, 1949) heranziehen, um Zusammenballungen aufzudecken.

---

23 Der Ausdruck ansteckende Verteilungen (kontagiöse Verteilungen) ist eine Wortverdichtung aus der epidemiologischen Statistik, die auf die Beobachtung anspielt, daß nach Ausbruch einer Seuche in einem bestimmten Zeitintervall die Wahrscheinlichkeit ihres Auftretens im folgenden Intervall um so größer wird, je mehr Individuen bereits befallen sind.

FISHERS Dispersionsindextest ist, wie schon BERKSON (1940) gezeigt hat, wesentlich *effizienter* als der Chiquadratanpassungstest, wenn eine beobachtete Häufigkeitsverteilung (über die Zeit) hauptsächlich in ihrem *rechten* Auslauf von einer theoretisch erwarteten Poissonverteilung abweicht. Ist die Anpassung an eine Poissonverteilung ‚zu gut', so daß ein extrem niedriges χ_v^2 resultiert, so beurteilt man die Prüfgröße nach ihrer $(1-\alpha)\%$-Schranke und vermutet ‚*manipulative Zuteilung*' der k Ereignisse (Segregation) zu den n Zeitintervallen.

14.8.4 COCHRANS Ereignishäufungstests

Im Zusammenhang mit dem Auftreten seltener Ereignisse stellt sich gelegentlich die Frage, ob das betrachtete Ereignis *nach* einem durch ein Außenkriterium definierten Zeitintervall häufiger auftritt als *vor* diesem Intervall bzw. seinem Beginn, dem Zeitpunkt t.

Test auf abrupte Häufung

Ist etwa in der ZRe 2 der Tabelle 14.8.3.1 anzunehmen, daß Paratyphusfälle *abrupt* ab Mai (i = 5) häufiger auftreten als vorher, dann prüft man unter der Nullhypothese *gleichbleibender* Auftretenswahrscheinlichkeiten nach COCHRAN (1954) wie folgt

$$\chi^2 = \frac{n_1 n_2}{n} \cdot \frac{(\bar{x}_1 - \bar{x}_2)^2}{\bar{x}} \text{ mit 1 Fg} \qquad (14.8.4.1)$$

oder über die NV bei einseitiger Alternative

$$u = (\bar{x}_2 - \bar{x}_1) \sqrt{\frac{n_1 n_2}{k}}. \qquad (14.8.4.2)$$

Darin bedeuten: k = Zahl der Zeitintervalle, n = Zahl aller Ereignisse, n_1 = Zahl der Ereignisse im Intervallabschnitt 1 und n_2 = Zahl der Ereignisse im Intervallabschnitt 2, ferner $\bar{x}_1$ = durchschnittliche (auf 1 Intervall bezogene) Ereignishäufigkeit im ersten und $\bar{x}_2$ im zweiten Abschnitt. Im *Beispiel* der Tabelle 14.8.3.1 ergibt sich für die ZRe 2: k = 7, n_1 = 4, n_2 = 3, ferner $\bar{x}_1$ = (0+2+0+0)/4 = 1/2 und $\bar{x}_2$ = (2+2+2)/3 = 2. Daraus folgt nach (14.8.4.2) ein u = (2 - 1/2)$\sqrt{12/7}$ = +1,96, welcher Wert bei der gebotenen einseitigen Beurteilung von u auf der 5%-Stufe signifikant ist ($u_{0,05}$ = 1,64).
Der Test hätte mit diesem Datensatz überhaupt nicht durchgeführt werden dürfen, denn es handelt sich um einen asymptotischen Test, bei dem nach WISE (1963) Erwartungswerte von mindestens k/n ⩾ 2 vorliegen

müssen. Daß er dennoch durchgeführt wurde, sollte nur seiner Veranschaulichung dienen und zeigen, daß er *einseitig* angewendet werden darf, wenn eine Vorweg-Hypothese H_1 richtungsmäßig (Häufungszunahme von 1 nach 2) formuliert worden ist.

Test auf lineare Häufungszunahme

Nehmen wir an, daß sich Paratyphusfälle von den Winter- zu den Sommermonaten hin *allmählich* (linear) häufen, so ist der Test (14.8.4.1−2) *nicht* optimal; hier arbeitet man angemessener und wirksamer mit dem folgenden, ebenfalls von Cochran (1954) angegebenen Test:

$$\chi^2 = \frac{[\Sigma(x_i - \bar{x})(i - \bar{i})]^2}{(\bar{x})\Sigma(i - \bar{i})^2} \text{ mit 1 Fg} \qquad (14.8.4.3)$$

oder mit $\bar{x} = \frac{k}{n}$, $\bar{i} = \frac{n+1}{2}$ und $\Sigma(i-\bar{i})^2 = n(n^2-1)/12$

$$u = \frac{\Sigma(x_i - \frac{k}{n})(i - \frac{n+1}{2})}{\sqrt{k(n^2-1)/12}}. \qquad (14.8.4.5)$$

Darin bedeuten: k = Zahl der Ereignisse in allen n Zeitintervallen, x_i = Häufigkeit der Ereignisse im Intervall i, i = 1(1)n, $\bar{x}$ und $\bar{i}$ die jeweiligen Gesamtdurchschnitte. Der Test ist eine Verallgemeinerung des Tests (14.8.4.1) von 2 auf n Zeitabschnitte.

Beziehen wir uns wiederum auf die ZRe 2 der Tabelle 14.8.3.1. Dann ist die Produktsumme des Zählers von (14.8.4.5) wie folgt zu berechnen:

$$(0 - \tfrac{8}{7})(1-4) + (2 - \tfrac{8}{7})(2-4) + \ldots + (2 - \tfrac{8}{7})(7-4) = +8.$$

Der Term unter der Wurzel des Nenners beträgt 8(48)/12 = 32, so daß $u = (+8)/\sqrt{32} = +1{,}41$, das bei der gebotenen einseitigen Frage nach einer *linearen Häufungszunahme* auf der 10%-Stufe signifikant ist ($u_{0,10} = 1{,}28$). Wir vermuten eine lineare Häufungszunahme an Paratyphusfällen.

14.8.5 Cochrans Sprungstellen-Detektionstest

Betrachten wir die Zahl x_i, i = 1(1)n=7, der *Infekterkrankungen* in Tabelle 14.8.3.1 mit $x_i = x_{1i} + x_{2i}$, so ergibt sich die Tabelle 14.8.5.1

Tabelle 14.8.5.1

x_i	0	2	1	5	3	3	2	k=16	$\bar{x} = \dfrac{16}{7}$
i	1	2	3	4	5	6	7	n=7	

Offenbar steigt die Zahl der Infekterkrankungen von Januar ($i = 1$) bis Juli ($i = 7$), und es stellt sich mit COCHRAN (1954) und LANCASTER (1949) die Frage, *ab welchem kritischen Monat* ($i = c$) eine erhöhte Erkrankungszahl anzunehmen ist. Ist dies etwa der April ($i = c = 4$), wie es unsere Daten nahelegen?

Um diese Frage (detecting the point at which a change in level occurs) zu beantworten, gibt COCHRAN folgende Strategie der *Chiquadratzerlegung* an, bei der die Chiquadratkomponenten χ_1^2 bis χ_r^2, $r = n-1$, berechnet werden:

$$\chi_1^2 = \frac{(x_1 - 1 x_2)^2}{1(2)\bar{x}} \text{ mit 1 Fg} \qquad (14.8.5.1)$$

$$\chi_2^2 = \frac{(x_1 + x_2 - 2 x_3)^2}{2(3)\bar{x}} \text{ mit 1 Fg} \qquad (14.8.5.2)$$

. . . .

$$\chi_r^2 = \frac{(x_1 + x_2 + \ldots + x_r - r x_{r+1})^2}{r(r+1)\bar{x}} \text{ mit 1 Fg} . \qquad (14.8.5.3)$$

Wir wenden diese Chiquadratzerlegung auf unseren Datensatz an, da die implizierte Bedingung, wonach die Erwartungswerte $\bar{x} = 16/7$ größer als 2 sind, erfüllt ist:

$$\chi_1^2 = (0-2)^2/2(16/7) = 0{,}875 \text{ n.s.}$$

$$\chi_2^2 = \frac{(0+2-2\cdot 1)^2}{2(3)(16/7)} = 0{,}000 \text{ n.s.}$$

$$\chi_3^2 = \frac{(0+2+1-3\cdot 5)^2}{3(4)(16/7)} = 5{,}25 > 5{,}024 = \chi_{0{,}025}^2 .$$

Wenn nur die ersten $r+1 = 4$ Monate des Kalenderjahres als *Sprungstellen* für eine Zu- oder Abnahme von Infekterkrankungen in Frage stehen, so ist $\alpha = 0{,}05$ nach $\alpha^* = 0{,}05/4 = 0{,}0125$ zu adjustieren, woraus eine Schranke von $\chi^2 = u^2 = 2{,}24^2 = 5{,}024$ resultiert, die von χ_3^2 bereits überschritten wird[24]. Unsere Vermutung, daß Infekterkrankungen ab April häufiger als vorher auftreten, hat COCHRANS Sprungstellen-Detektionstest bestätigt.

Wäre die Sprungstelle ‚April' vor der Datenerhebung spezifiziert und nur eine Zunahme unter H_1 prädiziert worden, dann wäre ohne Alpha-

---

24 Radiziert man die χ^2-Terme, so resultieren u-Werte, für welche es leichter ist, zwischen ein- und zweiseitigem Test zu unterscheiden.

Adjustierung einseitig nach $\chi^2_{2\alpha}$ zu prüfen gewesen, um das *kritische Intervall*, die Sprungstelle, zu entdecken[25].

Ohne jegliche Spezifikation von H_1 sind für die Daten der Tabelle 14.8.5.1 sieben simultane χ^2-Tests durchzuführen, wobei $\alpha^* = \alpha/7$ zu setzen ist. Man beachte, daß die Summe der χ^2-Komponenten dem Gesamt-χ^2 der 2 x 7-Feldertafel gleicht.

14.9 Die Zeitverteilung von Ereignisalternativen

Die χ^2-Tests von COCHRAN setzen unabhängige, unter H_0 *poissongemäß* verteilte Ereignisse voraus, was impliziert, daß je Zeitintervall $x_i = 1,2,3,...$ Ereignisse auftreten können, deren Zahl also theoretisch *nicht begrenzt* ist, wie dies bei den Infekterkrankungen zutrifft. Ist die Zahl der pro Intervall möglichen Ereignisse *begrenzt*, so kann das Poisson-Modell nicht in Anspruch genommen werden; hier muß zwischen Ereignissen und Nichtereignissen bzw. Auftreten und nicht Auftreten eines Ereignisses unterschieden werden: Man denke etwa an einen Vigilanzversuch, in dem pro Minute m Signale erscheinen, auf die x Mal reagiert und m−x Mal nicht reagiert wird. Oder an die grippösen (x_{1i}) und typhösen (x_{2i}) Infekterkrankungen der Tabelle 14.8.3.1.

Falls dererlei *Ereignisalternativen* ohne festes Zeitmuster eintreten und nach ihrer Häufigkeit des Auftretens in einem Zeitintervall i, i = 1(1)n, registriert werden, müssen Tests nach dem *Binomialmodell* analog zu denen nach dem Poisson-Modell aufgebaut werden. Im wesentlichen laufen diese Tests darauf hinaus, daß der geschätzte Poissonparameter $\bar{x}$ jeweils durch die Binomialvarianz np(1−p) ersetzt wird, wobei p = $\Sigma x/n$ geschätzt wird. Der interessierte Leser wird auf COCHRANS grundlegende Arbeit verwiesen.

14.9.1 COCHRANS n · 2-Feldertests

Betrachten wir den Fall, daß der Untersucher nicht an der Zeitverteilung des Auftretens von Infekterkrankungen interessiert ist (wie in Tab. 14.8.5.1), sondern an der *Zeitverteilung der Relation* von grippösen (x_{1i}) und typhosen (x_{2i}) Erkrankungen in Tabelle 14.8.3.1. Setzen wir $x_{2i} = x_i - x_{1i}$ unter Zuhilfenahme von Tabelle 14.8.5.1, so können wir über

---

[25] Die Summe aller r = 6 Chiquadratkomponenten ergibt das Gesamt-Chiquadrat, das man erhielte, wenn man die beobachtete Frequenzverteilung mit f(x=0) = 1, f(x=5) = 1 auf Anpassung an eine Poisson-Verteilung mit dem geschätzten Parameter $\bar{x}$ = 16/7 vergliche. (Eine solche Anpassungsprüfung ist aber wegen zu kleiner Erwartungswerte $e(x_i)$ nicht statthaft.

eine n · 2-Feldertafel prüfen, ob die beiden Zeitverteilungen homogen sind oder nicht.

Unter der Nullhypothese der *Homogenität* ist das am besten nach der BRANDT-SNEDECOR-Formel (5.4.1.1) mit $a_i = x_{1i}$, $N_a = k_1$ und $N_b = k_2$ mit $N = k_1 + k_2 = k$ und $N_i = x_i$ zu berechnende Chiquadrat asymptotisch wie χ^2 mit n-1 Fgn verteilt, wenn die Erwartungswerte nicht zu klein sind, also, wie in unserem Beispiel, mit $\bar{x} = 16/7$ den Wert 2 überschreiten.

Ist diese Minimumbedingung nicht erfüllt, muß man entweder *exakt* nach FREEMAN und HALTON (1951) oder KRAUTH (1973) auswerten. *Asymptotisch* kann nach HALDANE (1939) und DAWSON (1954) geprüft werden, wenn die Zahl der Zeitintervalle bzw. die der Fge 30 übersteigt, da die Prüfgröße χ^2 in diesem Fall über einem *Erwartungswert* von

$$E(\chi^2) = (k-1)\left(1 - \frac{1}{kn}\right) \qquad (14.9.1.1)$$

mit einer *Varianz* von

$$\text{Var}(\chi^2) = 2(k-1)\left(\frac{n-1}{n}\right)\left(1 - \frac{1-7pq}{knpq}\right) \qquad (14.9.1.2)$$

asymptotisch normalverteilt ist (vgl. COCHRAN, 1954, S. 427). Darin ist $p = k_1/n_1$ und $q = 1-p = k_2/n_2$ zu setzen.

14.9.2 Intervallagglutinationstest

Sofern sich dies sachlogisch begründen läßt, führt auch eine *Zusammenfassung* (Agglutination) benachbarter Zeitintervalle zu ausreichend hohen Erwartungswerten wie die Auswertung des Beispiels aus Tabelle 14.8.3.1 zeigt (Tabelle 14.9.2.1)

Tabelle 14.9.2.1

i	1+2+3	4	5+6+7	n = 3
x_{1i}	1	5	2	$k_1 = 8$
x_{2i}	2	0	6	$k_2 = 8$
x_i	3	5	8	k = 16

Wir haben die ersten und die letzten drei Zeitintervalle zusammengefaßt in der Vermutung, daß das ‚Aprilwetter' grippöse Infekte am ehesten begünstigen sollte.

Die *Auswertung* kann über χ^2 erfolgen, da praktisch alle Erwartungswerte (bis auf $k_1 x_{1+2+3}/k = 1{,}5$) über dem Wert 2 liegen. Die BRANDT-SNEDECOR-Formel ergibt:

$$\chi^2 = \frac{8 \cdot 8}{16} \left(\frac{1^2}{3} + \frac{5^2}{5} + \frac{2^2}{8} - \frac{8^2}{16} \right) = 7{,}33 \quad \text{mit 2 Fge.}$$

Dies χ^2 ist für $(3-1)(2-1) = 2$ Fge auf der 5%-Stufe signifikant, was dahin zu interpretieren ist, daß – gemäß Tabelle 14.9.2.1 – grippöse Infekte vorwiegend im April (4), typhöse vorwiegend in den Sommermonaten (5+6+7) auftreten.

Die *Heterogenität der Zeitverläufe* grippöser und typhöser Infekte kann auch als Zusammenhang (Kontingenz) zwischen Zeitintervallen und Infekttyp interpretiert werden: Grippöse Infekte sind mit dem Monat April (4), typhöse mit den Monaten Mai bis Juli (5+6+7) assoziiert. Anders formuliert: Grippöse Erkrankungen steigen bis April und fallen bis Juli; typhöse Erkrankungen fallen bis April und steigen bis Juli: Dieses Zeitverhalten entspricht einem gegensätzlichen Verlauf, einer – wie wir im folgenden sagen werden – *negativen Konkomitanz* der beiden Alternativereignisse. Wie sich Zusammenhänge zwischen zwei stetig verteilten Zeitreihen deskriptiv und inferentiell nachweisen lassen, wird nachstehend diskutiert.

14.10 Zeitreihen-Interkorrelationen und -tests

In den letzten Abschnitten sind wir von qualitativen Beobachtungen ausgegangen, die nicht einem vorgegebenen äquidistanten Zeitmuster folgen, sondern lediglich nach der Zugehörigkeit zu bestimmten Zeitintervallen klassifiziert wurden. Wir kehren in diesen, die Zeitreihenanalyse abschließenden Ausführungen wiederum zu zeitmustergebundenen und quantitativ gemessenen Beobachtungen zurück, beschränken uns aber nicht auf ein einziges stetig verteiltes Merkmal, sondern lassen die Möglichkeit der *simultanen* Beobachtung *zweier oder mehrerer* Merkmale zu. Gelegentlich werden wir allerdings auch noch den Spezialfall zweistufig (binär) gemessener Merkmale ergänzend mit aufgreifen.

14.10.1 Konkomitanz zweier Zeitreihen

Sind zu den Zeitpunkten t_i ($i = 1, ..., n$) je zwei stetig verteilte Merkmale X und Y beobachtet und die Meßwerte x_t und y_t erhoben worden, so ist es sinnvoll zu fragen, ob diese beiden Merkmale bzw. deren ZRn gleichen, verschiedenen oder gegensätzlichen Änderungen unterliegen, ob die beiden Merkmale entlang der Zeitachse kovariieren. Da gewissermaßen eine ZRe die andere begleitet, spricht man auch von der *Konkomitanz* zweier ZRn. Wie kann man nun den zeitbedingten Zusammenhang, die Konkomitanz zweier Merkmale, in eine beschreibende Maßzahl fassen?

Konkomitanzkoeffizienten

Um die Frage nach der Konkomitanz zweier Merkmale sinnvoll zu beantworten, muß man sich zunächst die Frage stellen, ob ein etwa bestehender *genereller Trend* beider ZRn in die Definition der Konkomitanz mit einbezogen werden soll oder nicht. Wir haben diese Frage bereits unter den deskriptiven ZRn-Kapiteln angeschnitten und gehen im weiteren davon aus, daß Konkomitanz in bezug auf den generellen Trend meist ein triviales Phänomen ist und den Untersucher nur selten interessiert. Deshalb wollen wir im folgenden nur die Nonkomitanz zweier *quasi-stationärer*, d.h. ggf. detrendisierten ZRn x_t und y_t betrachten, um Vermengungen des phasischen (zyklischen) Trends, auf den wir den Begriff der Konkomitanz als gleichsinniger Verlaufsgestalt begrenzen wollen, mit dem generellen Trend zu vermeiden.

Unter diesen Bedingungen (zweier quasi-stationärer ZRn) lassen sich *Konkomitanzmaße* gemäß der Skalenqualität der beiden ZRn nach folgenden Regeln definieren:
1. Sind beide Merkmale X und Y singulär gemessen *symmetrisch* verteilt, d.h. intervallskaliert, und über die Zeit hinweg linear (oder annähernd linear) verknüpft, so empfiehlt sich, einen *Produktmomentkorrelationskoeffizienten* r als Konkomitanzmaß zu berechnen. Für alle anderen stetig verteilten ZRn berechne man cet. par. einen Rangkorrelationskoeffizienten (rho oder tau).
2. Ist − unter sonst gleichen Bedingungen − eine der beiden ZRn intervallskaliert, die andere binär skaliert (wie Alternative oder dichotome Merkmale), dann berechnet man einen *punktbiserialen Konkomitanzkoeffizienten* r_{pb} (vgl. SACHS, 1969, S. 395) bei symmetrisch verteiltem Intervallskalenmerkmal, sonst einen punktbiserialen Rangkorrelationskoeffizienten (vgl. 9.5.2 und 9.5.9) als Konkomitanzkoeffizient.
3. Sind beide Merkmale binär skaliert, so berechnet man einen *Vierfelderkorrelationskoeffizienten*, am besten den Phi-Koeffizienten (vgl. 9.2.1), wenn die Merkmalsanteile nicht zu extrem verteilt sind.

Zweckmäßigerweise stellt man sich die Datenpaare (x_t, y_t) zweier stetig verteilter Mme in einem *Korrelationsdiagramm* (Korrelationstafel) dar, um näherungsweise zu beurteilen, ob eine monotone Beziehung zwischen beiden Mmn besteht, denn nur für monotone Konkomitanzen sind die oben empfohlenen Konkomitanzmaße sinnvoll.

Konkomitanzinterpretation

Wie soll man nun einen (positiven) *Konkomitanzkoeffizienten* interpretieren, sofern er — was wir vorwegnehmen wollen — als signifikant ausgewiesen wurde?

Wir können und müssen 3 Möglichkeiten der Interpretation unterscheiden: (1) die kausalanalytische, (2) die konditionalanalytische und die (3) formalanalytische Deutung.

1. Die *kausalanalytische Deutung* geht davon aus, daß die Änderung des als *unabhängig* angenommenen Merkmals X notwendige und hinreichende Bedingung für die Änderungen des abhängigen Mms Y sind: Als Beispiel nehme man die ZRe x_t der wöchentlichen Niederschlagsmenge und die ZRe der Zuwachsraten y_t einer Feldfrucht, wie der Rübe, deren Gewichtszuwachs direkt von der Niederschlagsmenge bestimmt wird.

Treten Kausalwirkungen mit *zeitlicher Verspätung* (Lag) auf, so wird eine Lag-Konkomitanz bzw. ein entsprechender Konkomitanzkoeffizient $r(x_t, y_{t+h})$ das adäquate Konkomitanzmaß sein, wenn h die Differenz (in Beobachtungseinheiten) zwischen Einwirkung von X und deren Auswirkung in Y darstellt. Man berechnet hier einen *Lag-Konkomitanzkoeffizienten* h-ter Ordnung für zwei Mme in gleicher Weise, wie man einen Autokorrelationskoeffizienten h-ter Ordnung für ein und dasselbe Mm berechnet.

2. Die *bedingungsanalytische Deutung* geht davon aus, daß beide Mme X und Y von einem drittseitigen Mm Z beeinflußt werden, einem Mm, das seinerseits genuin (autochthon) zeitabhängig variiert. Wirkt sich Z *prompt* oder mit konstanter Verzögerung h auf X und Y aus, so resultiert eine Konkomitanz von X und Y, wirkt sich Z auf X prompt und auf Y *verzögert* aus, so resultiert eine Lag-Konkomitanz. Versäumt man, an die Möglichkeit einer Lag-Konkomitanz zu denken, so darf man sich nicht wundern, wenn *Scheinkonkomitanzen* resultieren, die nicht zu interpretieren sind.

Machen wir uns den Sachverhalt der verschiedenen konditionalanalytischen Deutungen wiederum an dem einfachen *Niederschlagsbeispiel* klar. Die Niederschlagsmenge Z steigert nicht nur das Wachstum von Feldfrüchten X, sondern senkt zugleich auch die Bodentemperatur Y, so daß bei gleicher Wirkungsverzögerung eine negative Konkomitanz zwischen Wachstum und Bodentemperatur resultiert, die nicht plausibel erschiene, wenn man sie nicht bedingungsanalytisch interpretiert.

3. Die *formalanalytische Deutung* von Konkomitanzen geht davon aus, daß beide ZRn x_t und y_t in gleicher Weise autokorreliert sind, je nachdem, ob die aus den Autokorrelationen resultierenden Schwingungen (Oszillationen, Undulationen, Zyklen) durchgehend gleichsinnig oder durchge-

hend gegensinnig verlaufen, ergibt sich eine *positive* oder eine *negative* Konkomitanz von X und Y. U.U. kann durch eine geeignete Zeitverschiebung der einen gegen die andere ZRe eine negative Konkomitanz in eine positive Lag-Konkomitanz übergeführt werden.

Konkomitanz als ‚Parallelität im Kleinen'

PFANZAGL (1963) geht bei seinen Betrachtungen über die ‚Parallelität von ZRn' davon aus, daß man zwischen ‚Parallelität im Kleinen' und ‚Parallelität im Großen' unterscheiden sollte; er illustriert diese Unterscheidung am Beispiel der Abbildung 14.10.1.1.

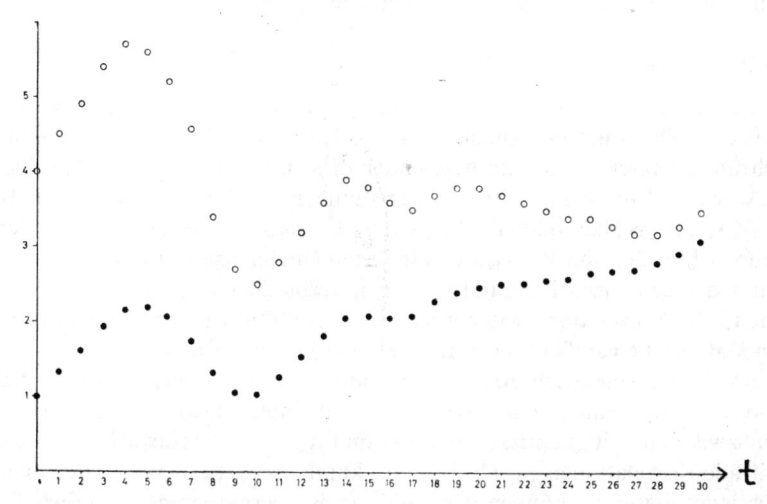

Abb. 14.10.1.1: Zwei Zeitreihen vom Umfang n = 30 (aus PFANZAGL, 1963, Abb.1).

Definiert man in Abbildung 14.10.1.1 Parallelität im Großen durch den je generellen Trend der beiden ZRn, dann erwartete man wegen der Gegenläufigkeit eine negative Parallelität. Definiert man andererseits Parallelität im Kleinen durch die Korrelation der ersten Differenzen, dann besteht offensichtlich eine hoch positive Parallelität. Wirft man beide Parallelitätsaspekte zusammen und berechnet etwa einen Rangkorrelationskoeffizienten als Ausdruck der Parallelität beider ZRn, dann resultiert eine fehlende Parallelität (bzw. eine Rangkorrelation von Null). PFANZAGL (1963) betrachtet in seinen weiteren Ausführungen nur die ‚Parallelität im Kleinen', die im Beispiel der Abbildung einer Korrelation von +1 zwischen den ersten Differenzen entspricht; er diskutiert die Fragen eines Parallelitätstests und – nicht minder bedeutsam – die eines Parallelitätsindikators als Maßzahl für die Enge der Parallelität (Konkomitanz) in einer Stichprobe von N ZRn x_{tj} und y_{tj}, mit j = 1(1)N. Dabei wird die Möglichkeit, daß beide ZRn autokorreliert sind, explizit mit einbezogen.

Wie man nachweist, ob eine vom Zufall verschiedene Parallelität existiert, ergibt sich nach PFANZAGL (1963) aus einem Randomisierungsprinzip, das die Autokorrelationen innerhalb der beiden ZRn unverändert läßt. Unabhängigkeit zweier ZRn wird bei PFANZAGL dann angenommen, wenn zwischen zwei ZRn X und Y ein und desselben Individuums kein engerer Zusammenhang besteht als zwischen den ZRn X und Y zweier verschiedener Individuen[26]. Unter dieser ‚Unabhängigkeitsannahme' lassen sich folgende Parallelitätstests konstruieren.

Der Parallelitätstest von PFANZAGL

Wir gehen von den ersten Differenzen zweier ZRn x_t und y_t – es seien dies etwa Quantität und Qualität einer Leistungskurve mit t = 1(1)n Beobachtungspunkten – aus und bezeichnen diese mit e_t und d_t. Ein plausibles Maß, wie gut die beiden ZRn übereinstimmen, ist der Korrelationskoeffizient r, der als Maß- oder als Rangkorrelationskoeffizient definiert werden kann. Unter der von PFANZAGL definierten Unabhängigkeit könnten die e_t mit jeder beliebigen Permutation der d_t verbunden sein. Bezeichnet man mit r_{jj} die Korrelation zwischen e_t und d_t eines Individuums j, dann ist r_{jj} ein Maß für die Parallelität (im Kleinen) der beiden ZRn.

Haben wir eine Stichprobe von N Individuen, von welchen wir $e_{tj} = e_j$ und $d_{tk} = d_k$ kennen, dann können wir alle interindividuellen Zuordnungen zwischen e_j (Quantitätszuwachs) und d_k (Qualitätszuwachs) und damit alle Korrelationen r_{jk} als ‚Interkonkomitanzkoeffizienten' berechnen. Für jedes dieser r_{jk} können wir die d_k (z.B.) permutieren, indem wir für k_j die Werte j = 1(1)n setzen. Wir erhalten sodann die Korrelationen (Konkomitanzen) r_{jk_j}. Als *Prüfgröße* R wählen wir nun den Durchschnitt der n Korrelationen der individuellen ZRe e_j mit der individuellen ZRe d_k, die ihrerseits über k_j durchpermutiert worden ist

$$R = \frac{1}{n} \sum_{j=1}^{n} r_{jk_j} \qquad (14.10.1.1)$$

Gemäß dem Prinzip des randomisierten Testens haben wir zu untersuchen, welche Verteilung die Prüfgröße R unter allen möglichen Permuta-

---

[26] PFANZAGL betrachtet gemäß seinen Wirtschaftswissenschaftlichen Überlegungen nicht Individuen, sondern Länder, für welche X ein Index der Preisentwicklung und Y ein Index des Wirtschaftswachstums ist. Diese Betrachtung wird hier auf Individuen bzw. individuelle ZRn übertragen.

tionen von k_1 bis k_n, d.h. unter allen möglichen Zuordnungen von Quantitäts- und Qualitätsänderungen verschiedener Individuen annimmt. Dann stellen wir fest, wo innerhalb dieser Verteilung die von uns beobachtete Prüfgröße eines bestimmten Individuums j im Rahmen dieser Prüfverteilung liegt, um die exakte Überschreitungswahrscheinlichkeit von

$$R^* = \frac{1}{n} \sum_{j=1}^{n} r_{jj} \qquad (14.10.1.2)$$

zu bestimmen, d.h. zu bestimmen, wo die durchschnittliche (über die Permutationen von d_j gemittelte) Korrelation $\bar{r}_{jj}$ eines Individuums j in der Verteilung aller n! durchschnittlichen Korrelationen $\bar{r}_{jk}$ mit $j,k = 1(1)n$ gelegen ist (vgl. auch KRÜGER und LIENERT, 1980).

Diesen Test als exakten durchzuführen, ist nur mittels einer EDV-Auswertung möglich, wenn die ZRn nicht so kurz sind, daß die Frage der Konkomitanz kaum von Bedeutung ist. Um den Test von PFANZAGL (1963) auch der Auswertung durch Tischrechenmaschinen zugänglich zu machen, muß er als asymptotischer Test durchgeführt werden.

14.10.2 Konkomitanz und Autokorrelation

Konkomitanzen und Lag-Konkomitanzen auf der Basis von Autokorrelationen können zwischen den unterschiedlichsten Mmn beobachtet werden und haben so lange keinen *Erklärungswert*, als nicht auch die Autokorrelationen auf eine gemeinsame Ursache oder gemeinsame Bedingungsfaktoren zurückgeführt werden können, z.B. auf biologische Regelungsvorgänge bei Kreislauf und Atmung, die durch einen einfachen MARKOFF-Prozeß beschrieben werden können.

Wie Autokorrelationen mit Konkomitanzen zusammenhängen können, zeigt das folgende *Beispiel* (aus QUENOUILLE, 1952, S. 165 und 169).

Beispiel 14.10.2.1

Datensatz: Sonnenfleckenaktivität (S), Nordlichtaktivität (N) und Erdbebenaktivität (E) haben von 1770 bis 1869 in einer Beobachtungsstation die ZRn-Werte s_t, n_t und e_t der Tabelle 14.10.2.1 geliefert (n = 1869−1770+1 = 100).

Wie man sieht, handelt es sich bei allen drei Mmn um periodische (zyklische) Vorgänge an ein und demselben Beobachtungssystem (Sonne−Erde). Daher ist serielle Abhängigkeit zwischen aufeinanderfolgenden ZRn-Werten zu erwarten, die je Mm gesondert untersucht werden sollen.

Autokorrelationen: Unter der (inspektiv schwer zu begründenden) Annahme, daß alle 3 Mme um eine generelle horizontale Trendlinie symmetrisch (im schwachen Sinne

Tabelle 14.10.2.1

Jahr	S	N	E	Jahr	S	N	E
1770	101	155	66	1820	16	71	90
	82	113	62		7	24	86
	66	3	66		4	20	119
	35	10	197		2	22	82
	31	0	63		8	13	79
	7	0	0		17	35	111
	20	12	121		36	84	60
	92	86	0		50	119	118
	154	102	113		62	86	206
	126	20	27		67	71	122
1780	85	98	107	1830	71	115	134
	68	116	50		48	91	131
	38	87	122		28	43	84
	23	131	127		8	67	100
	10	168	152		13	60	99
	24	173	216		57	49	99
	83	238	171		122	100	69
	132	146	70		138	150	67
	131	0	141		103	178	26
	118	0	69		86	187	106
1790	90	0	160	1840	63	76	108
	67	0	92		37	75	155
	60	12	70		24	100	40
	47	0	46		11	68	75
	41	37	96		15	93	99
	21	14	78		40	20	86
	16	11	110		62	51	127
	6	28	79		98	72	201
	4	19	85		124	118	76
	7	30	113		96	146	64
1800	14	11	59	1850	66	101	31
	34	26	86		64	61	138
	45	0	199		54	87	163
	43	29	53		39	53	98
	48	47	81		21	69	70
	42	36	81		7	46	155
	28	35	156		4	47	97
	10	17	27		23	35	82
	8	0	81		55	74	90
	2	3	107		94	104	122
1810	0	6	152	1860	96	97	70
	1	18	99		77	106	96
	5	15	177		59	113	111
	12	0	48		44	103	42
	14	3	70		47	68	97
	35	9	158		30	67	91
	46	64	22		16	82	64
	41	126	43		7	89	81
	30	38	102		37	102	162
	24	33	111		74	110	137

stationär) verteilt sind, berechnen wir Produktmoment-Autokorrelationen erster, zweiter und dritter Ordnung (unter Außerachtlassung möglicher Autokorrelationen höherer Ordnung) und erhalten so Tabelle 14.10.2.2;

Tabelle 14.10.2.2

Autokorrelation Mme:	S	N	E
r_1	+0,817	+0,715	-0,015
r_2	+0,436	+0,427	-0,025
r_3	+0,071	+0,298	+0,006

Sonnenflecken- und Nordlichtaktivität sind offenbar von Jahr zu Jahr positiv autokorreliert, nicht aber die Erdbebenaktivität. Das Autokorrelogramm von S fällt von r_1 nach r_3 bis auf Null ab, nicht jedoch das Autokorrelogramm von N. Das legt die Vermutung nahe, daß die Autokorrelationen von N einem einfachen Markoff-Prozeß entsprechen, nicht aber die von S. Um diese Vermutung zu klären, berechnen wir

Partielle Autokorrelationen: Die partielle Autokorrelation zweiter Ordnung r_{2-1} = = -0,164 ist für N in der Tat praktisch gleich Null, wie Tabelle 14.10.2.3 ausweist:

Tabelle 14.10.2.3

Partielle Autokorrelation	S	N	E
r_{2-1}	-0,711	-0,164	-0,025
r_{3-2}	+0,021	+0,081	-0,005

Wir schließen daraus, daß die Nordlichtaktivität durch einen Markoff-Prozeß (erster Ordnung) zureichend beschrieben werden kann. Für die Sonnenfleckenaktivität wird erst die partielle Autokorrelation dritter Ordnung r_{3-2} null; das spricht dafür, daß die Sonnenfleckenaktivität formal nur durch einen YOUNG-Prozeß (Markoff-Prozeß erster *und* zweiter Ordnung) beschrieben werden kann, für welchen die partielle Autokorrelation erster Ordnung hoch negativ ist (r_{2-1} = -0,711).

Konkomitanzen: Da S und N positive Autokorrelationen aufweisen, wäre — bei gleichsinnigem Phasenablauf — mit einer positiven, bei gegensinnigem Ablauf mit einer negativen Konkomitanz zwischen S und N zu rechnen. Tatsächlich ergeben sich die folgenden 3 Konkomitanzkoeffizienten (Produktmoment-r's)

r(SN) = +0,430 r(SE) = -0,063 r(NE) = +0,060 ,

die eine gewisse positive Konkomitanz in dem angezielten Sinne (SN) erkennen lassen, während alle übrigen Konkomitanzkoeffizienten gleich Null sind. D.h., daß E zeitlich unabhängig von S und N variiert, was plausibel erscheint, da E selbst nicht autokorreliert ist und damit praktisch keine systematischen Schwankungen aufweist.

Anmerkung: Wir haben r-Koeffizienten als Konkomitanzmaße berechnet, obschon die 3 Mme weder normal verteilt noch linear über die Zeit verknüpft sein dürften. Dieses Vorgehen ist damit zu begründen, daß es in langen ZRn keinen Unterschied macht, ob man die inadäquaten r-Korrelationskoeffizienten anstelle der adäquaten rho- oder tau-Korrelationskoeffizienten berechnet. Im übrigen läßt sich PEARSONS r rascher ermitteln als SPEARMANS rho; und drittens ist eine statistische Absicherung bei r eher möglich als bei rho.

In Tabelle 14.10.2.3 wurden *partielle Autokorrelationen* berechnet und aus ihnen geschlossen, daß die Sonnenfleckenaktivität S offenbar einem Markoff-Prozeß erster und zweiter Ordnung als Modell folge. Der partielle Autokorrelationskoeffizient r_{2-1} wurde hierbei nach QUENOUILLE (1952, S. 167) wie ein *partieller Heterokorrelationskoeffizient*

$$r_{2-1} = r_{xz-y} = \frac{r_{xz} - r_{xy}r_{yz}}{\sqrt{(1 - r_{xy}^2)(1 - r_{yz}^2)}} \qquad (14.10.2.1)$$

berechnet, wobei die ZRe der 100 S-Werte in Tabelle 14.10.2.1 in 3 ZRn zu je 98 Werten unterteilt wurde mit X = (101 bis 7), Y = (82 bis 37) und Z = (66 bis 74).

Nach der Produkt-Moment-Formel erhält man die totalen Korrelationskoeffizienten r_{xy} = +0,8218, r_{xz} = +0,4360 und r_{yz} = +0,8156 aus den 3 ZRn und nach Formel (14.10.2.1) ein r_{2-1} = –0,711 als *partiellen Autokorrelationskoeffizienten* zweiter Ordnung. Die ZRn X und Z sind also hoch negativ korreliert, ohne daß diese Korrelation über die ‚vermittelnde' ZRe Y erklärt werden kann. Anders formuliert: X und Z bilden eine echte Autokorrelation 2. Ordnung ebenso wie X auch eine echte Autokorrelation 1. Ordnung mit Y bildet (r_{xy} = +0,82).

Die Sonnenfleckenaktivität S folgt also – über die beobachteten 100 Jahre – einem sog. *YOUNG-Prozeß*, bei dem die Aktivität eines beliebigen Jahres der des Vorjahres ähnelt und zu der des Vor-Vorjahres in Kontrast steht. Wie die partielle Autokorrelation 3. Ordnung r_{3-2} = +0,021 zeigt, wird die Fleckenaktivität von weiter zurück liegenden Jahren nicht mehr beeinflußt.

14.10.3 Konkomitanzkoeffiziententests

Will man Konkomitanzkoeffizienten wie Korrelationskoeffizienten zufallskritisch sichern, so geht dies nur bei *seriell unkorrelierten* ZRn, da nur bei solchen die ZRn-paare (x_t, y_t) als wechselseitig unabhängig angesehen werden dürfen, wie dies bei der Korrelationsprüfung gefordert wird. Serielle Unabhängigkeit kann aber – wenn überhaupt – nur bei interindividuellen ZRn rechtens angenommen werden.

Sind die ZRn oder wenigstens eine von ihnen *autokorreliert*, so kann deren Konkomitanz *nicht* in klassischer Weise geprüft werden, und es gibt derzeit noch keine praktisch brauchbaren statistischen Modelle für die Konkomitanzprüfung. *Hilfsweise* kann man so vorgehen, wie dies schon BARTLETT (1936) empfohlen hat: Man legt der Signifikanzprüfung nur jene ZRn-Paare bzw. soviel von ihnen zugrunde, die als seriell unabhängig angenommen werden können.

In unserem *Beispiel* 14.10.2.1 haben wir festgestellt, daß erst die Autokorrelationen dritter Ordnung bei Sonnenfleckenaktivität und Erdbebengeschehen gleich Null sind, und so könnte man aus jedem vierten Paar von ZRn-Werten (s_t, e_t) einen Konkomitanzkoeffizienten berechnen und diesen in klassischer Weise testen (z. B. mittels eines rho-Tests).

Um eine *Objektivierung* dieses Vorgehens zu gewährleisten, empfiehlt BARTLETT, jene m der n Meßwertepaare — beim ersten beginnend — auszuwählen, die der Gleichung

$$m = \frac{n-2}{1 + 2r_1 r'_1 + 2r_2 r'_2 + \ldots} \qquad (14.10.3.1)$$

genügen. Darin bedeuten r_1 und r'_1 die Autokorrelationen erster Ordnung der beiden ZRn, und analog r_2 und r'_2 usf., bis alle substantiellen Autokorrelationen erschöpft sind.

Wenn wir annehmen, daß in unserem Beispiel die Autokorrelationen *vierter* Ordnung durchweg gleich Null sind, so beträgt der Nenner von (14.10.3.1) aufgrund der Daten aus Tabelle 14.10.2.2 1 + 2(0,817) (0,715) + 2(0,436) (0,427) + 2(0,071) (0,298) = 2,58. Lassen wir den vierten Ausdruck weg — wegen $r_3 = 0,071 \approx 0$ —, so sei 2,58 ≈ 2,5. Das bedeutet, daß bei n = 100 Meßwertepaaren m = 98/2,5 = 39, und damit, daß jedes 2,5te, d.h. 3. Meßwertepaar einem klassischen Korrelationstest zugrunde zu legen wäre.

Streng genommen gilt BARTLETTS Verfahren nur für den PEARSONschen Koeffizienten; es kann jedoch bei langen ZRn auch auf den SPEARMANschen übertragen werden, da dieser ein PEARSON-Koeffizient der Rangwertepaare ist.

14.10.4 Multiple Konkomitanz

Sind mehr als zwei Observablen, als ZRn erhoben, bezüglich ihres Verlaufs zu vergleichen, so entsteht das Problem der *multiplen Konkomitanz*, für das sich folgende Lösungsansätze auf einer intuitiven und elementaren Betrachtungsebene ergeben:

1. Man vergleicht je zwei ZRn, berechnet in der oben beschriebenen Weise für m ZRn m(m−1)/2 Konkomitanzkoeffizienten und stellt diese in Form einer *Interkonkomitanzmatrix* (analog einer Interkorrelationsmatrix) dar. Man sucht sodann nach Gruppen hoch interkonkomittierender Observablen im Sinne der *Clusteranalyse* (TRYON, 1939, und FRUCHTER, 1954, ROLLETT und BARTRAM, 1976; KOPP, 1978), Linkage analysis nach MCQUITTY, 1957, oder der *Verkoppelungsanalyse* (HEIMANN, 1968) und versucht, diese Gruppen von Observablen so zu interpretieren, daß ihre Konkomitanz plausibel erscheint. Man achte darauf, daß die ZRn zuvor *detrendisiert* worden sind; andernfalls erhält man u. U. nur hoch interkonkomittierende Observablen zufolge eines gemeinsamen generellen Trends.

Eine einfache, graphisch zu bewältigende Methode, Interkonkomitanzen zu berechnen, ist die folgende: Man dichotomiert die m ZRn je gesondert durch eine Trendlinie und symbolisiert die oberhalb der Trendlinie gelegenen ZRn-Werte mit 1, die unterhalb gelegenen mit 0. Sodann erstellt man m(m−1)/2 *Vierfeldertafeln* und berechnet Phi-Koeffizienten als Maße der Konkomitanz zwischen je zwei ZRn. Die Interkonkomitanzmatrix läßt sich sodann − weil sie auf Binärdaten gründet − mittels der parametrischen Faktorenanalyse (P-Technik) auswerten (vgl. ÜBERLA, 1968, Kap. 8. 1−2). Konkomittierende ZRn laden dann so zu nennende *Konkomitanzfaktoren*, die − nach geeigneter Rotation − u. U. auch Erklärungswert für die Konkomitanzen haben können.

2. Der methodologisch adäquate Weg zur Auswertung mehrerer ZRn ist die *multiple Zeitreihenanalyse*, wie sie für parametrische Bedingungen einigermaßen anwendungsnah von QUENOUILLE (1968) dargestellt wird. Wenn man anstelle der ZRn-Meßwerte deren Ränge benutzt, kann man hilfsweise auch die dort beschriebenen Fragestellungen behandeln als da sind: Welches sind die Besonderheiten der einzelnen ZRn? Wie hängen ihre Verläufe zusammen? Auf welches *autoregressive Grundmodell* lassen sich die multiplen ZRn zurückführen, und: wie arbeiten die verschiedenen Methoden in der Praxis?

Leider ist die multiple ZRn-Analyse weder im parametrischen noch gar im nichtparametrischen Bereich erschöpfend durchdacht, geschweige denn der Anwendung zugänglich gemacht worden (vgl. HOLTZMAN, 1962). Vorläufig wird man sich mit heuristischen Ansätzen der hier empfohlenen Art begnügen müssen.

14.11 Zeitreihen im Einzelfallexperiment

Im Zusammenhang mit dem Konkomitanzbegriff wurde unterstellt, daß beide ZRn x_t und y_t Realisationen zweier Observablen X und Y darstellen, deren Ausprägung zu n Zeitpunkten beobachtet wird. Beide Observablen wurden implizit als sogenannte *endogene* Observablen betrachtet (vgl. HOLTZMAN, 1962), als Observablen, die einer ‚inneren Dynamik' folgen, wobei es gleichgültig ist, ob sich die Verlaufs-Dynamik der einen aus der der anderen erklären läßt (kausalanalytische Deutung) oder nicht. In jedem Fall wird bei der Konkomitanz vorausgesetzt, daß der Untersucher keine der beiden Observablen manipuliert bzw. experimentell *variiert* hat.

14.11.1 ZRn-Abschnitte als Behandlungsstufen

Betrachten wir nun noch den Fall, daß eine der beiden Variablen, sagen wir X, vom Untersucher *festgelegt* wird (als Behandlungsvariable), während die andere Variable, sagen wir Y, als *Reaktion* auf die Behandlung aufgefaßt wird (Reaktionsvariable). Man spricht in diesem Fall nicht von der Konkomitanz der zwei ZRn, sondern von der ‚Concurrence' oder der *Akkomitanz*.

Als ein konkretes Beispiel, in dem Alternativvariablen X und Y auftreten, betrachten wir einen Konditionierungsversuch mit $y_t = 0,1$ als *bedingte Reaktion* auf einen Bekräftigungsreiz $x_t = 0,1$, wobei im ersten Drittel des ZRn-Versuchs totale Bekräftigung, im zweiten Drittel partielle Bekräftigung im Verhältnis 50%:50% und im dritten Drittel fehlende Bekräftigung vorgesehen ist. Tabelle 14.11.1.1 möge das Ergebnis zeigen:

Tabelle 14.11.1.1

x_t	1 1 1 1 1 1 1 1 0 1 0 1 0 1 0 0 0 0 0 0 0 0 0
y_t	0 0 1 0 1 0 1 1 1 1 1 0 1 0 1 1 1 1 0 1 0 0 1 0

Tritt *keine Verknüpfung* zwischen experimentell gesteuerter Bekräftigung (Futterpille x = 1 bei Hebeldruck y = 1) und bedingter Reaktion des Versuchstieres auf, dann erwarten wir eine stationäre ZRe der Reaktionen y_t (H_0). Tritt eine Verknüpfung ein, dann erwarten wir bei totaler Bekräftigung (Futterpille bei jedem Hebeldruck) ein Ansteigen des Reaktionsanteils, bei partieller Bekräftigung (Futterpille bei jedem zweiten Hebeldruck) eine Kulmination des Anteilsparameters und bei fehlender Bekräftigung (keine Futterpillen) ein Sinken des Reaktionsanteils (H_1).

In diesem Beispiel wurde die Behandlungsvariable so manipuliert, daß ein *bitoner* (bzw. umgekehrt-U-förmiger) *Trend* der Reaktionsvariablen als Alternative (H_1) zur Stationarität von y_t postuliert wurde, so daß sich die inferentielle Auswertung des Einzelfallexperiments auf den Nachweis dieses Trends mittels des OFENHEIMER-KENDALL-Tests (vgl. 14.1.3) beschränken kann. Das Akkomitanzproblem der zwei ZRn wurde dadurch auf ein Trendproblem der Reaktions-ZRe reduziert. Diese Reduktion war nur dadurch möglich, daß definierte Abschnitte der ZRe *unterschiedlich* behandelt worden sind, und zwar in solcher Weise, daß ein bestimmter Reaktionsverlauf vorhergesagt werden konnte. Alle Abschnittsanordnungen der Behandlungsvariablen, die solch eine Voraussage über den Trend der Reaktionsvariablen ermöglichen, können zur Planung eines Einzelfall-ZRn-Experiments herangezogen werden.

Der Trendtest bezieht sich auf das untersuchte *Individuum*; als *Stichprobe* gelten die Situationen (Zeitpunkte), zu denen es untersucht wurde.

14.11.2 Zeitpunkte als Behandlungsstufen

Seit ZUBIN (1950) die *Axiome der Einzelfallstatistik* formuliert hat, bemüht man sich in den Verhaltenswissenschaften, einzelne Individuen (bezüglich eines Antwortverhaltens y_t) zu t definierten Zeitpunkten so zu untersuchen, daß zu bestimmten Zeitpunkten die Behandlungsvariable x_1 und zu anderen die Kontrollvariable x_2 einwirkt. Dabei wird die Auswahl der Zeitpunkte für x_1 und x_2 so arrangiert, daß die beiden Behandlungen über die Beobachtungszeit ausgewogen verteilt sind.

Wie Zeitpunkte in ausgewogener Weise als Behandlungsstufen angesetzt werden können, zeigt der *Einzelfallversuchsplan* von HUBER (1967) und seine Anwendung in Beispiel 14.11.2.1 als ‚*Orthogonalplan*'.

Beispiel 14.11.2.1

Problem: Um den Einfluß der Sprechechoverzögerung (Lee-Effekt) auf die Rechenleistung heuristisch zu untersuchen, mußte eine Pbin im ersten, dritten, siebenten usw. bis zum 11. Versuchsdurchgang verbaliter einstellige Zahlen multiplizieren, welcher Sprechvorgang mit einer Verzögerung von 0,36 Sekunden an sie via Kopfhörer zurückgemeldet wurde (Versuchsbedingung). Im zweiten, vierten usw. bis 12. Durchgang wurde keine Rückmeldung gegeben (Kontrollbedingung).

Methode: Die Versuchsdurchgänge folgten ‚orthogonal' aufeinander für die n=12 Durchgänge und waren diagonalsymmetrisch ausgewogen.

Versuch:	(-11)		(-7)				1	3	5		9	
Kontrolle:		(-9)		(-5)	(-3)	(-1)				7		11
Durchgang:	1	2	3	4	5	6	7	8	9	10	11	12

Die Summe der Polynomialkoeffizienten ist in Versuch und Kontrolle gleich Null, ihre Anordnung ist diagonalsymmetrisch.

Ergebnisse: Die Ergebnisse des Versuchs y_t = Zahl der Multiplikationen pro Zeiteinheit (2 Minuten) sind in Abbildung 14.11.2.1 dargestellt.

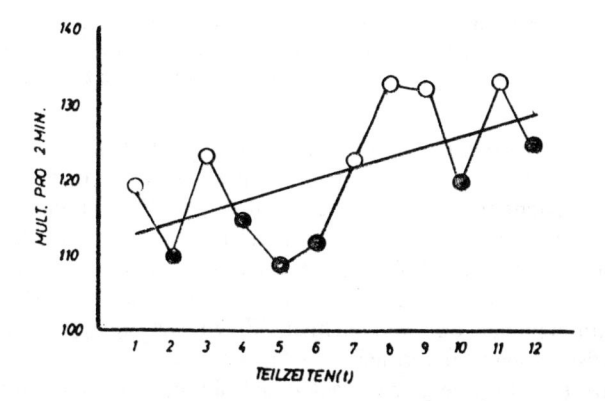

Abb. 14.11.2.1: Die Leistung einer Pbin in 6 Versuchsdurchgängen (t = 1,3,7,8,9,11; $y_t \triangleq \circ$) und 6 Kontrolldurchgängen (t = 2,4,5,6,10,12; $y_t \triangleq \bullet$).

Wie zu erwarten, folgt die Testleistung einem monotonen Übungstrend, der in Abbildung 14.11.2.1 als linearer Trend eingezeichnet wurde unter der Annahme, daß die Übungskurve in dem Beobachtungsbereich nicht wesentlich von einer Geraden abweicht.

Wie man sieht, liegen alle Versuchsleistungen über oder auf der Trendlinie, die Kontrolleistungen hingegen durchweg darunter.

Hypothese: Angenommen, wir hätten das beobachtete Ergebnis theoretisch vorausgesagt mit dem Argument, daß das Sprechecho aktivierend wirke und daher die Leistung steigere (H_1) und diese Voraussage gegen die Annahme geprüft, daß das Sprechecho die Leistung nicht beeinflusse (H_0).

Testwahl: Sofern man unterstellt, daß die n = 12 Durchgänge unabhängige Zufallsstichproben der Leistung dieser Pbin sind, ohne daß man eine Annahme darüber macht, wie sich die als stetig gedachten Leistungen um die Trendlinie verteilen, kann man den Vorzeichentest als Mittel der verteilungsfreien Auswertung dieses Einzelfallexperiments heranziehen: Diejenigen der n = 12 ZRn-Werte, die sich hypothesengerecht verhalten, werden mit einem Pluszeichen, die sich hypothesenwidrig verhalten mit einem Minuszeichen belegt.

Auswertung: In Abbildung 14.11.2.1 liegen 5 Sprechecholeistungen hypothesengemäß über und 6 hypothesengemäß unter der Trendlinie, also ist die Prüfgröße des

Vorzeichentests x = 5+6 = 11. Wenn wir den einen auf der Trendgerade liegenden ZRn-Wert mit Null bewerten, dann ist $n' = n-1 = 11$ und $x' = n'-x = 11-11 = 0$. Daraus folgt nach Tafel I, daß P = 0,001. Nach (5.1.2.2) asymptotisch geprüft, ergibt sich ein $u = (2 \cdot 11 - 11 - 1)/\sqrt{11} = 3{,}02$, woraus P = 0,0013 folgt.

Interpretation: Damit ist die Wirkung des Sprechechos auf die Leistung der Pbin auch dann nachgewiesen ($\alpha = 0{,}01$), wenn zweiseitig beurteilt, also auf eine Voraussage der Wirkungsrichtung verzichtet wird. Um das Ergebnis zu verallgemeinern, wäre eine Stichprobe von Pbn in gleicher Weise zu untersuchen und die Ergebnisse zu agglutinieren.

Zum *gleichen Ergebnis* wären wir gelangt, wenn in Beispiel 14.11.2.1 nicht eine einzige Pbin, sondern eine Stichprobe von Pbn im gleichen Zeitmuster untersucht und die Verläufe, weil vergleichbar (homomorph), *zusammengeworfen* wären. Allerdings verliert man bei dieser Zusammenfassung zuviel an wertvoller Information, als daß sie zu empfehlen wäre. Eine wirksamere Strategie besteht darin, Vpn mit verschiedenen orthogonalen ZRn zu untersuchen und vergleichbare Ergebnisse zu agglutinieren, wie dies im Beispiel angeregt wurde.

Wie Cox (1951) gezeigt hat, lassen sich ähnliche ZRn-Versuche nicht nur auf den Fall eines nichtlinearen Trends, sondern auch auf den Fall von mehr als zwei Behandlungsstufen erweitern. Allerdings sind die *Coxschen Untersuchungspläne* auf parametrische Bedingungen abgestellt und hier nur tentativ einer verteilungsfreien Auswertung zugänglich gemacht worden[27].

14.11.3 Kontrollierte Einzelfall-ZRn

Unter Bedingungen, wie sie in der Klinik vorherrschen, ist es selten möglich, *mehr* als zwei Abschnitte innerhalb eines Behandlungsschemas festzulegen, wie im Konditionisierungsexperiment der Tabelle 14.11.1.1. Meist muß man sich mit zwei Abschnitten begnügen – einem *Kontrollabschnitt* und einem darauffolgenden *Behandlungsabschnitt*. Bezeichnen wir die Kontrollbeobachtungen mit CAMPBELL (1962) mit 0_1 bis 0_4, den Behandlungsbeginn mit X und die darauffolgenden Behandlungsbeobachtungen 0_5 bis 0_8 mit dem Verständnis, daß die 0_i einen Wirkungsindikator der Behandlung entsprechen (Erfolgskriterium), dann läßt sich die unkon-

---

[27] Treffende Ausführungen zur Frage: Welche Modelle zum Vergleich von Verläufen über wenige Meßzeitpunkte sind für die Praxis brauchbar? haben H. IMMICH und E. SONNEMANN (Inst. f. Med. Statistik d. Univ. Heidelberg) auf dem ROES-Seminar 1973 in Wien gegeben (MS unveröff. und vom Zweitautor zu erhalten).

trollierte Einzelfalluntersuchung schematisch wie in Abbildung 14.11.3.1 veranschaulichen:

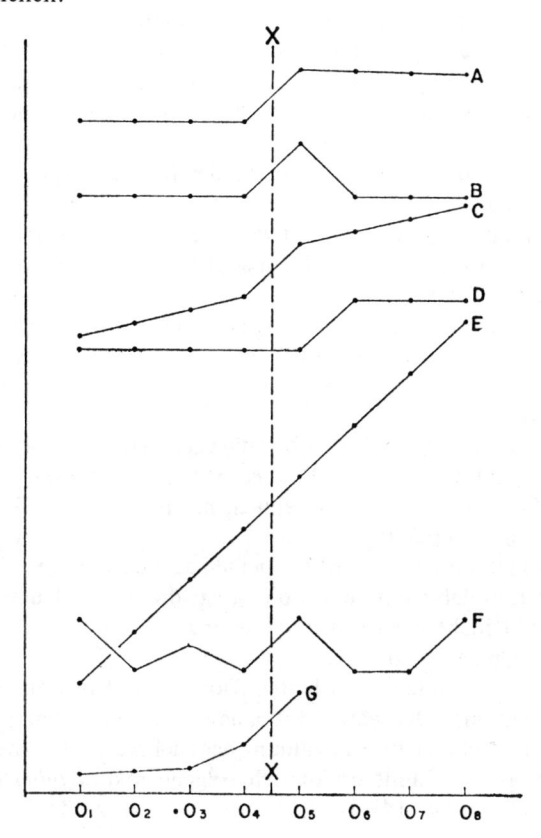

Abb. 14.11.3.1:
Schema unkontrollierter Einzelfallverläufe (A bis G) vor und nach einer bei X einsetzenden Behandlung (aus CAMPBELL, 1962, Fig. 12.1)

1. Wie man sieht, verläuft nur die ZRe A so, daß man intuitiv auf eine *langfristige* Wirkung schließen wird, nämlich stationär *vor* wie *nach* Einsetzen der Behandlung X, danach aber mit höherem Niveau. Zu prüfen wäre am besten mit dem S_3-Test von Cox und Stuart.
2. Die ZRe B verläuft so, daß man entweder nur eine *kurzfristige* Wirkung vermuten darf, oder — als rivalisierende Hypothese — den Behandlungsbeginn als einen unspezifischen ‚Reiz‘ ansehen muß. Ein verteilungs-

freier Test für kurzfristige Auslenkungen innerhalb einer ZRe fehlt derzeit noch.

3. Während A und B physiologische Indikanden sein könnten (weil sie abschnittsweise stationär verlaufen), könnte die ZRe C einem Leistungsindikanden mit *Übungsgewinn* entsprechen. Befreit man diese ZRe von ihrem (linearen) Trend, so resultiert die schon besprochene ZRe A mit ihren interpretativen und inferentiellen Konsequenzen.

4. In der ZRe D scheint die Wirkung der Behandlung X mit einer *Verzögerung* (einem Lag) eines Beobachtungsintervalls in Erscheinung zu treten, und es muß vor jeglicher positiver Interpretation gefragt werden, ob solch eine Verzögerung plausibel gemacht werden kann. Ansonsten wäre sie wie A auszuwerten.

5. Das Erfolgskriterium der ZRe E ist offenbar als solches ungeeignet, denn es unterliegt einem so starken *generellen Trend*, daß eine etwaige Behandlungswirkung nicht zum Ausdruck kommen würde, selbst wenn sie vorhanden wäre.

6. Die ZRn F und G sind ebensowenig geeignet, über eine Behandlungswirkung etwas auszusagen, weil F *keine* systematische Änderung zeigt, die eine Behandlungswirkung wahrscheinlich macht, und weil G nach Beginn der Behandlung X *abbricht*.

Wie kann man nun zumindest die beiden aussagekräftigen ZRn A und B so *kontrollieren*, daß es die Behandlung ist, die die Verlaufsänderung bewirkt hat, und nicht ein externer anderer Faktor, der ‚zufällig' mit dem Behandlungsbeginn koinzidiert?

Die Antwort ist einfach und lautet: Durch eine Kontrolle seitens eines *Paßpaar*-Individuums (Patienten, Probanden), das nach dem gleichen Zeitmuster wie das behandelte Individuum beobachtet wird, ohne daß es eine Behandlung erhält: Damit ergibt sich folgendes *kontrollierte Einzelfallexperiment* der Tabelle 14.11.3.1

Tabelle 14.11.3.1

Versuch	0_1	0_2	0_3	0_4	X	0_5	0_6	0_7	0_8
Kontrolle	0_1	0_2	0_3	0_4	–	0_5	0_6	0_7	0_8
Differenz	y_1	y_2	y_3	y_4		y_5	y_6	y_7	y_8

Bilden wir – wie geschehen – die *Differenzen* y_i (i = 1, ..., 8), so ist im Blick auf die ZRn A (als Versuch) und B (als Kontrolle) sogleich evident, daß die Differenzen des zweiten Abschnittes *größer* sein müssen als die des ersten Abschnittes der beiden ZRn.

Da nun auch die Differenzen selbst eine ZRe konstituieren, liegt es nahe, mittels des Tests zum *Vergleich zweier Abschnitte* einer ZRe (vgl.

14.3.6) zu prüfen, ob eine Behandlungswirkung anzunehmen ist oder nicht.

Es braucht hier nicht erwähnt zu werden, daß man unter klinischen Bedingungen den *Vorbehandlungsabschnitt* nur bei chronisch Kranken länger als ärztlicherseits zu verantworten ausdehnen wird. Ebensowenig braucht kaum vermerkt zu werden, daß man im Regelfall den Paßpaar-Ptn im *Behandlungsabschnitt* nicht unbehandelt lassen, sondern mit einer Standard- oder Vergleichsbehandlung versorgen wird. Selbstverständlich ist auch, daß das kontrollierte Einzelfallexperiment unter *Doppelblindbedingungen* durchgeführt werden muß, wenn es konklusiv sein soll.

Auch wenn ein einzelnes kontrolliertes Einzelfallexperiment sich in der Terminologie von CAMPBELL (1962) als *intern* valide (konklusiv) erweist, bedarf es eines zusätzlichen Nachweises der *externen* Validität (Verallgemeinerungsfähigkeit) dadurch, daß populations- und bedingungsunterschiedliche Einzelfallexperimente der gleichen Art zu vergleichbar konklusiven Resultaten führen.

Ist die Wirkung einer Behandlung nur eine *symptomatische* (auf die Symptome gerichtet) und keine *ätiologische* (auf deren Ursache gerichtet), dann wird man dies daran erkennen, daß nach Ansetzen der Behandlung die Krankheit wieder manifest wird. Um auf eine Remanifestation zu prüfen, müßte der in 14.11.1 genannte ZRn-Versuchsplan mit 3 Behandlungsabschnitten analog kontrolliert werden. Ein Test zum Vergleich dreier Abschnitte könnte analog dem für zwei Abschnitte einer ZRe nach dem gleichen Rationale konstruiert werden.

Über weitere Möglichkeiten der ZRn-Erhebungsplanung unterrichte sich der Leser bei CAMPBELL und STANLEY (1966), bei WEBB et al. (1966), bei KLAUER (1973), bei GLASS et al. (1975) und HUBER (1977). Werden Einzelfallexperimente nicht nur über die Zeit hinweg, sondern auch über mehrere Observablen vor und nach einer Behandlungsintervention untersucht, entstehen sog. ‚multiple baseline designs', über die man bei KAZDIN (1978) nachlesen kann. Möglichkeiten der verteilungsfreien Auswertung solcher Pläne müssen allerdings erst noch entwickelt und erprobt werden.

KAPITEL 15: ANALYSE ZWEIDIMENSIONALER KONTINGENZTAFELN: GLOBALAUSWERTUNG

15.1 Homogenität und Unabhängigkeit in kxm-Feldertafeln

Wir haben in Kapitel 5 und 9 bereits auf Kontingenztafeln Bezug genommen, und wir konnten uns dort auf die bereits in Kapitel 5.4 behandelten Methoden der Homogenitätsprüfung von Mehrfeldertafeln beschränken. Tatsächlich ist aber die Homogenitätsprüfung nur eine *Variante* der Unabhängigkeits- bzw. der Kontingenzprüfung.

Noch genauer wäre zu sagen: Homogenitäts- und Unabhängigkeits- oder Kontingenzprüfungen in Mehrfeldertafeln sind ihrerseits nur verschiedene Varianten der *Wechselwirkung* zwischen zwei Variablen, einem Zeilen-Mm und einem Spalten-Mm in einer Mehrfeldertafel mit zwei Eingängen (vgl. Mood, 1950, S. 188), wobei der Zeileneingang k und der Spalteneingang m Mm-Stufen aufweist.

Welche der beiden Varianten der Wechselwirkung jeweils vorliegt, hängt von der *Fragestellung* und der durch sie bedingten *Stichprobenerhebung* ab.

Die Wechselwirkung selbst wurde bislang in jedem Fall mittels χ^2 geprüft — sowohl in Kapitel 5.4 wie in Kapitel 9.3. Wir werden aber im Rahmen dieses Kapitels weitere Methoden der Prüfung von Wechselwirkungen in Mehrfeldertafeln kennenlernen. Vorerst wollen wir uns aber den Unterschied zwischen Homogenitäts- und Kontingenzbetrachtung[1] anhand eines Beispiels vor Augen führen.

15.1.1 Homogenitäts- und Kontingenzbetrachtung

Betrachten wir ein klassisches Beispiel — die Zuordnung von *Geisteskrankheiten* zu *Körperbautypen* — in Tabelle 15.1.1.1 (aus Westphal, Nervenarzt, 1931), wo m=3 Psychosetypen (Schizophrenie, manisch depressives Irresein und Epilepsie bzw. deren psychopathologischen Manifestationen) den k=5 Körperbautypen (leptosom, pyknisch, athletisch, dysplastisch, atypisch) gegenübergestellt worden sind.

---

[1] Konsistenterweise sollte man von Homogenitäts- versus Unabhängigkeitsprüfung, genauer von Prüfung auf Homogenität oder auf Unabhängigkeit sprechen, oder von Prüfung gegen Heterogenität oder gegen Abhängigkeit (Kontingenz). Im Sprachgebrauch der Anwender aber hat sich die inkonsistente Bezeichnungsweise eingeführt, von Homogenitäts- oder Kontingenzprüfung zu sprechen.

Tabelle 15.1.1.1
Beziehung zwischen Körperbau (k=5) und Geisteskrankheiten (m=3) in einer 5 x 3-Feldertafel aus LIENERT (1962, Tab. 51)

Merkmal:	Geisteskrkh.	schizophren	manisch-depressiv	epileptisch	Zeilensumme
Merkmal:	leptosom	2632	261	378	3271
	pyknisch	717	879	83	1679
Körperbau	athletisch	884	91	435	1410
	dysplastisch	550	15	444	1009
	atypisch	450	115	165	730
Spaltensumme:		5233	1361	1505	8099

Wie kann man anhand dieser Tafel zwischen Homogenitäts- und Kontingenzbetrachtung *unterscheiden*? Wie muß die Stichprobenerhebung vorgenommen worden sein, damit wir einmal von Homogenität, das andere Mal von Kontingenz sprechen können? Wie müssen wir unsere Fragestellung formulieren, wenn wir Tabelle 15.1.1.1 einmal auf Homogenität, das andere Mal auf Kontingenz *inspizieren*? Beginnen wir mit der Homogenitätsbetrachtung.

15.1.2 k-Stichprobenerhebung und Heterogenität

Unter dem *Homogenitätsaspekt* lautet unsere Frage an Tabelle 15.1.1.1: Sind die 3 Psychoseformen auf die 5 Körperbautypen homogen (H_0) oder heterogen (H_1) verteilt? Um die Frage zu beantworten, müssen wir eine psychiatrische Population nach den 5 Körperbautypen *unterteilen* und aus jeder der 5 Subpopulationen eine Stichprobe ziehen. Die Umfänge der 5 Stichproben können entweder *gleich* sein oder aber dem *Anteilsverhältnis* der 5 Subpopulationen folgen: Im letzteren und hier einschlägigen Fall der Tabelle 15.1.1.1 stellt sich der Erhebungsvorgang wie folgt dar:

Angenommen, in der Population aller Psychotiker finden sich 40,4% Leptosome, 20,7% Pykniker, 17,4% Athletiker, 12,5% Dysplastiker und 9,0% Atypische. Wir ziehen gemäß diesem Anteilsschlüssel eine Stichprobe von 3271 Leptosomen aus der Subpopulation der leptosomen Psychotiker, eine weitere Stichprobe von 1679 Pyknikern aus der Subpopulation der pyknischen Psychotiker usf., um eine Gesamtstichprobe von 8099 Patienten (Ptn) zu gewinnen. Sodann teilen wir die 5 Stichproben nach den vereinbarten 3 Psychosediagnosen und erhalten das Ergebnis der Tabelle 15.1.1.1 (*k-Stichprobenerhebung mit Einfachklassifikation*).

Um unsere Frage nach der Homogenität der 5 Körperbautypen in bezug auf die 5 Diagnosen zu beantworten, prüfen wir mittels des $k \times m$-Felder χ^2-Test und erhalten via Formel (5.4.4.1) ein $\chi^2 = 2640$, das für $(5-1)(4-1) = 8$ Fge höchst signifikant ist.

15.1.3 Die Heterogenitätsinterpretation

Wie interpretieren wir nun die nachgewiesene Inhomogenität? Ein Weg ist der folgende: Wir bestimmen die Prozentanteile der 3 Diagnosen und erhalten die in Tabelle 15.1.3.1 verzeichneten *Zeilenprozentwerte* $z_{ij}\% =$ $= 100\% \, f_{ij}/f_{i.}$, wobei f_{ij} die Frequenz j von Feld ij ist und $f_{i.}$ die dazugehörige Zeilensumme. Um die Besonderheiten der nachgewiesenen Heterogenität zu interpretieren, vergleichen wir die Zeilenprozente mit den analog berechneten Prozentwerten $z_{.j}\% = 100\% \, f_{.j}/N$ der Zeilen*summen* $f_{.j}$.

Tabelle 15.1.3.1

Merkmale	Schizophren	Manisch-depressiv	Epileptisch	$\Sigma \%$
leptosom	80,5 %	8,0 %	11,5 %	100 %
pyknisch	42,7 %	52,4 %	4,9 %	100 %
athletisch	62,7 %	6,5 %	30,8 %	100 %
dysplastisch	54,5 %	1,5 %	44,0 %	100 %
atypisch	61,6 %	15,8 %	22,6 %	100 %
$z_{.j}$	64,6 %	16,8 %	18,6 %	100 %

Die so ergänzte Tabelle 15.1.3.1 ist wie folgt zu *interpretieren* (Heterogenitätsinterpretation):

(1) Die leptosomen Psychotiker sind häufiger schizophren und – nicht so ausgeprägt – seltener manisch depressiv als die Gesamtheit aller Psychotiker.

(2) Die pyknischen Psychotiker sind seltener schizophren und viel häufiger manisch-depressiv als die Gesamtpopulation aller Psychotiker.

(3) Athletiker und Dysplastiker sind seltener manisch depressiv und häufiger epileptisch als die Gesamtheit der Psychotiker; sie könnten zu einer einzigen Stichprobe zusammengefaßt (gepoolt) werden.

(4) Die Psychotiker mit atypischem Körperbau verteilen sich auf die 3 Diagnosen in etwa wie die Gesamtpopulation der Psychotiker.

Man bedenke bei dieser Interpretation, daß die Feststellungen bezüglich der Leptosomen als der größten Stichprobe ($N_1 = 3271$) eine *größere Aus-*

sagekraft haben als die Feststellungen bzgl. der Dysplastiker als der kleinsten Stichprobe ($N_5 = 730$).

Wären die 3 Psychosetypen als Stichproben erhoben und nach den 5 Körperbautypen klassifiziert worden (was forschungsstrategisch und sachlogisch näher läge), so wäre analog zu untersuchen gewesen, wie sich die 5 Körperbautypen auf die 3 Diagnosen verteilen: Hierzu sind Zeilen und Spalten in Tabelle 15.1.1.1 zu vertauschen.

15.1.4 Einstichprobenerhebung und Kontingenz

Wir vergessen nunmehr, daß wir nach Homogenität gefragt haben, und fragen jetzt und eigentlich: Besteht zwischen Körperbautypen und Psychosen ein Zusammenhang (Kontingenz), und, wenn ja, ist er von der Art, wie KRETSCHMER ihn postuliert hat?

Um diese Frage zu beantworten, ziehen wir eine *einzige Stichprobe* von N = 8099 Psychotikern aus der Population aller Psychotiker und teilen diese eine Stichprobe nach den *zwei Merkmalen* Körperbautyp und Psychosetyp, wie in Tabelle 15.1.1.1 geschehen, auf. Es handelt sich hier also nicht wie vorhin um 5 *univariate*, sondern um eine einzige *bivariate* Stichprobe, der wir die Frage nach dem Zusammenhang zwischen den zwei, nach k=5 Körperbautypen und m=3 Psychosetypen (nominal) klassifizierten Merkmalen stellen.

Die Kontingenzprüfung wird im übrigen in genau derselben Weise wie bei der Homogenitätsprüfung mittels χ^2 durchgeführt und ergibt dasselbe Resultat wie vorhin. Auch die Zahl der Fge bleibt dieselbe, nur sollte sie formaliter hier anders symbolisiert werden, nämlich mit

$$Fg = km - k - m + t - 1, \qquad (15.1.4.1)$$

wobei t=2 die Zahl der Merkmale bezeichnet, so daß km - k - m + 1 = = (k-1) (m-1). Dies festzustellen ist deshalb wichtig, weil diese Gleichung bei mehr als 2 Mmn nicht mehr gilt[2].

15.1.5 Die Kontingenzinterpretation

Um die über Chiquadrat ($\chi^2 = 2640$ für 6 Fge) nachgewiesene Kontingenz zwischen Körperbau- und Psychosetyp *interpretieren* zu können,

---

[2] Eine dreidimensionale Kontingenztafel mit k, m und p Mm-Stufen hat kmp-k-m-p + 3-1 ≠ (k-1)(m-1)(p-1) Fge.

müssen wir die beobachteten Felderfrequenzen der Tabelle 15.1.1.1 auf den Gesamtumfang der Stichprobe von N = 8099 Ptn *relativieren* und diese

$$f\% = 100\% \, f/N$$

mit den — ebenfalls auf die N = 8099 Ptn relativierten — Felderfrequenzen vergleichen, die wir unter der Nullhypothese der Unabhängigkeit (fehlender Kontingenz) erwarten dürfen

$$e\% = 100\% \, (\text{Zeilensumme} \cdot \text{Spaltensumme})/N^2$$

So ergibt sich für das linke obere Feld: $f\% = 100\% \, (2632)/8099 = 32{,}5\%$ und $e\% = 100\% \, (3271 \cdot 5233)/8099^2 = 26{,}1\%$. Tabelle 15.1.5.1 führt alle *Beobachtungs-* und *Erwartungsprozentwerte* auf[3].

Tabelle 15.1.5.1

Merkmale		Schizophren	Man. Depr.	Epileptisch	Summen
leptosom	f %	32,5 %	3,2 %	4,7 %	40,4 %
	e %	26,1 %	6,8 %	7,5 %	40,4 %
pyknisch	f %	8,9 %	10,8 %+++	1,0 %	20,7 %
	e %	13,4 %	3,5 %	3,9 %	20,8 %
athlet.	f %	10,9 %	1,1 %	5,4 %	17,4 %
	e %	11,2 %	2,9 %	3,2 %	17,3 %
dysplast.	f %	6,8 %	0,2 %	5,5 %+	12,5 %
	e %	8,1 %	2,1 %	2,3 %	12,5 %
atypisch	f %	5,6 %	1,4 %	2,0 %	9,0 %
	e %	5,8 %	1,5 %	1,7 %	9,0 %
Summen	f %	64,7 %	16,7 %	18,6 %	100,0 %
	e %	64,6 %	16,8 %	18,6 %	100,0 %

Nach einem *inspektiven Vergleich* der $f_{ij}\%$ mit den $e_{ij}\%$ in Tabelle 15.1.5.1 wird die Kontingenz zwischen beiden Mmn sehr stark durch das überzufällig häufige Auftreten manisch-depressiver Pykniker bedingt, wie es die KRETSCHMARsche Typologie postuliert[4]. Erst mit Abstand an zweiter

---

[3] Ein inferenzstatistisches Verfahren zur Begründung dieser Interpretation ist die (zugleich auf mehr als 2 Mme verallgemeinerte) Konfigurationsfrequenzanalyse (KRAUTH und LIENERT, 1973).

[4] Selbst die massive Überrepräsentation manisch-depressiver Pykniker spricht nicht vorbehaltlos für die KRETSCHMERsche Typologie, da sie durch ein drittseitiges Mm, das Alter der Ptn, verursacht gedacht werden kann: Manisch Depressive sind näm-

Stelle rangierten die von der Typologie geforderten epileptischen Dysplastiker. Eine Häufung schizophrener Leptosomer oder epileptischer Athletiker, wie sie erwartet werden sollte, ist aufgrund des klassischen Datenmaterials, das einer *Einstichprobenerhebung mit Zweifachklassifikation* entspricht und daher kontingenzanalytisch (nicht homogenitätsanalytisch) zu interpretieren ist, nicht zu erkennen[5].

15.1.6 Mon- und binobservable Kontingenztafeln

Vergleicht man zusammenfassend die Besonderheiten der Homogenitäts- und der Kontingenzprüfung in k×m-Feldertafeln, so läßt sich feststellen:

Eine Homogenitätsprüfung liegt vor, wenn der Zeileneingang einer Mehrfeldertafel einem *unabhängigen Klassifikations*-Mm entspricht, der Spalteneingang aber einem *abhängigen Beobachtungs*merkmal. Es wird nach einem Mm klassifiziert und nach dem anderen – dem einzigen – beobachtet. Bezeichnet man Klassifikations-Mme gemäß der Versuchsplanung als Faktoren und Beobachtungsmerkmale als Observablen, dann sollten solche Kontingenztafeln als *monobservable* bezeichnet werden[6].

Werden Zeilen- und Spalteneingang einer Kontingenztafel von *je einem Beobachtungs-Mm* gebildet, fehlt also ein Klassifikations- oder Faktor-Mm, dann sollte man entsprechend von einer *binobservablen* Kontingenztafel sprechen. Eine binobservable Kontingenztafel ist die Grundlage einer Kontingenzprüfung bzw. einer Kontingenzinterpretation einer nachgewiesenen Wechselwirkung zwischen dem Zeilen- und dem Spalten-Mm.

Im folgenden wollen wir zwischen Homogenität und Kontingenz in dem Sinne unterscheiden, daß Homogenität k-Stichprobenerhebung bzw. monobservable Erhebung impliziert, während Kontingenz Einstichprobenerhebung bzw. binobservable Erhebung voraussetzt[7].

---

lich im Schnitt älter als andere Psychotiker, und weil sie älter sind, sind sie im Schnitt auch ‚fülliger', d.h. dem pyknischen Typ ähnlicher.

5 Verdacht auf eine k-Stichprobenerhebung besteht bei Kontingenztafeln, deren Formalgenese nicht bekannt ist, immer dann, wenn entweder die Zeilen- oder die Spaltensummen numerisch gleich sind; solch eine Gleichheit wird im allgemeinen nicht durch Zufall entstanden, sondern durch den Untersucher herbeigeführt worden sein.

6 Wir haben in unserem Beispiel ein biologisches Mm (den Körperbau) als Klassifikations-Mm benutzt, um das Beobachtungs-Mm (die Psychoseart) zu spezifizieren. Vielfach wird eine Behandlung (Verum vs. Placebo) als Klassifikationsvariable benutzt, um den Behandlungserfolg (+, =, -) zu beobachten. BHAPKAR und KOCH (1968) sprechen hier von Faktor-Respondenztafeln.

7 Die naheliegenden Begriffsalternativen ‚uni- und bivariat' wurden mit Absicht vermieden, da es nicht um die Zahl der Varianten geht (die in einer zweidimensionalen Kontingenztafel stets 2 sein muß), sondern um die vom Untersucher beobachteten Varianten, eben die Observablen.

15.2 Globale Auswertung von Kontingenztafeln

Im folgenden wollen wir uns mit den Möglichkeiten, auf Homogenität oder auf Kontingenz in *Mehrfeldertafeln* zu prüfen, etwas detaillierter auseinandersetzen, als dies bereits in den Kapiteln 5.4 und 9.3 geschehen ist. Dort haben wir den PEARSON-Chiquadrattest als Mittel der Homogenitäts- und Kontingenzprüfung kennengelernt; wir wollen im folgenden noch weitere χ^2-Tests zur Prüfung von Mehrfeldertafeln kennenlernen. Für jene Fälle, in denen der Chiquadrattest als asymptotischer Test nicht zulässig ist, werden wir nach geeigneten exakten Tests Ausschau halten.

Wenn von der *globalen* Kontingenzprüfung die Rede ist, so heißt dies nichts anderes, als daß wir die Kontingenztafel als eine Einheit betrachten und prüfen, ob überhaupt eine Kontingenz zwischen Zeilen- und Spaltenmerkmal bzw. deren k und m Klassen existiert. Wir werden dieser globalen Kontingenz im nächsten Kapitel eine *spezifizierte*, auf bestimmte, vorweg formulierte Alternativhypothesen gerichtete Kontingenz gegenüberstellen. Im wesentlichen läuft die Unterscheidung zwischen globaler und spezifizierter Kontingenzprüfung auf das hinaus, was wir beim Stichprobenvergleich als Omnibus- versus Lokations- oder Dispersionsprüfung kennengelernt haben.

15.2.1 Die k x m-Felder-χ^2-Kontingenzprüfung

Um auf Wechselwirkung zwischen einem k-fach abgestuften Zeilen-Mm (Stichproben) und einem m-fach abgestuften Spalten-Mm (Observablenausprägungen) zu prüfen, geht man von der *Annahme fester Zeilen- und Spaltensummen* aus und prüft, ob die Besetzungszahlen (Frequenzen) der k x m-Feldertafel *proportional* zu den Randsummen verteilt sind (Nullhypothese der Unabhängigkeit bzw. der Homogenität). Tatsächlich sind unter der Annahme fester Randsummen Unabhängigkeit und Homogenität *identisch* zu prüfende Nullhypothesen fehlender *Wechselwirkung* (WW).

Der bekannteste und bei weitem am häufigsten benutzte Test auf WW zwischen den k Zeilen und den m Spalten einer k x m-Feldertafel ist der k x m-Felder-χ^2-Test, den wir bereits im Zusammenhang mit der k-Stichproben-Homogenitätsprüfung (vgl. 5.4.4) kennengelernt und anläßlich der Kontingenzprüfung (9.3.2) wieder aufgegriffen haben.

Kalküle bei beliebigen Zeilensummen

1. Bezeichnet f_{ij} die beobachtete Frequenz des aus der Zeile i und der Spalte j gebildeten Feldes, bezeichnen ferner $f_{i.}$ die Zeilen- und $f_{.j}$ die Spaltensummen, dann ist die *Prüfgröße*

$$\chi^2 = \sum_{i=1}^{k} \sum_{j=1}^{m} (f_{ij} - e_{ij})^2 / e_{ij} \tag{15.2.1.1}$$

unter der Nullhypothese wie χ^2 mit (k-1) (m-1) Fgn verteilt. Die $e_{ij} = f_{i.} f_{.j}/N$ sind die unter H_0 erwarteten Frequenzen, wobei $\Sigma f_{i.} = \Sigma f_{.j}$ den gesamten Beobachtungsumfang bezeichnet.

Sind die e_{ij}-Werte bereits berechnet worden, so kann χ^2 einfacher nach der *Alternativformel*

$$\chi^2 = \sum_{i=1}^{k} \sum_{j=1}^{m} (f_{ij}^2 / e_{ij}) - N \tag{15.2.1.2}$$

berechnet werden.

2. Setzt man in (15.2.1.2) $e_{ij} = f_{i.} f_{.j}/N$ ein, so resultieren jene *Rechenformeln*, die man benutzt, wenn die Erwartungswerte e_{ij} selbst nicht interessieren:

$$\chi^2 = N \left(\sum_{i=1}^{k} \sum_{j=1}^{m} \frac{f_{ij}^2}{f_{i.} f_{.j}} - 1 \right) \tag{15.2.1.3}$$

$$\chi^2 = \sum_{i=1}^{k} \frac{N}{f_{i.}} \sum_{j=1}^{m} \frac{f_{ij}^2}{f_{.j}} - N \tag{15.2.1.4}$$

Weitere Kalküle findet man bei MCDONALD-SCHLICHTING (1979).

Beispiel 15.2.1.1

Kontingenztafel: Um (15.2.1.4) anwenden zu lernen, greifen wir auf Tabelle 15.1.1.1 zurück und setzen ein:

$$\chi^2 = \frac{8099}{3271} \left(\frac{2632^2}{5233} + \frac{261^2}{1361} + \frac{278^2}{1505} \right) + \frac{8099}{1679} \left(\frac{717^2}{5233} + \frac{879^2}{1361} + \frac{83^2}{1505} \right) +$$

$$+ \frac{8099}{1410} \left(\frac{884^2}{5233} + \frac{91^2}{1361} + \frac{435^2}{1505} \right) + \frac{8099}{1009} \left(\frac{550^2}{5233} + \frac{15^2}{1361} + \frac{444^2}{1505} \right) +$$

$$+ \frac{8099}{730} \left(\frac{450^2}{5233} + \frac{115^2}{1361} + \frac{165^2}{1505} \right) - 8099 = 2640 \text{ mit 8 Fgn}$$

Dasselbe Resultat ergäbe sich, wenn die Tabelle 15.1.1.1 um 90° gedreht, d.h. Zeilen und Spalten vertauscht werden; man erhält in diesem Fall statt 5 nur 3 Glieder, deren jedes aber 5 statt 3 Terme in der Klammer besitzt.

Kontingenzprüfung: Tabelle 15.1.1.1 ist als binobservable Kontingenztafel zu interpretieren und ein $\chi^2 = 2640$ für (5-1) (3-1) = 8 Fge überschreitet bei weitem auch die 0,1%-Schranke von 26,12, so daß die Nullhypothese der Unabhängigkeit zwischen Körperbautypen und Psychoseformen zu verwerfen ist.

Kontingenzmessung: Um ein Maß für die Enge des Zusammenhangs der beiden Mm zu gewinnen, berechnen wir 2640/(8099+2640), dessen Wurzelwert nach (9.3.2.10) den PEARSONschen Kontingenzkoeffizienten CC = 0,496 ergibt. Das entspricht einer auch praktisch bedeutsamen Kontingenz zwischen beiden Mmn.

Kalküle bei gleichen Zeilensummen

1. Sind, wie bei der Homogenitätsprüfung häufig, die *Zeilensummen* $f_{i.}$ (Stichprobenumfänge) *numerisch gleich*, dann brauchen diese nicht explizit berücksichtigt zu werden, wenn man folgende Kalküle benutzt (vgl. SACHS 1974, S. 369)

$$\text{Für m=2 Spalten: } \chi^2 = \sum_{j=1}^{m} \frac{(f_{1j}-f_{2j})^2}{f_{.j}} \qquad (15.2.1.5)$$

$$\text{Für m=3 Spalten: } \chi^2 = \sum_{j=1}^{m} \frac{(f_{1j}-f_{2j})^2 + (f_{1j}-f_{3j})^2 + (f_{2j}-f_{3j})^2}{f_{.j}} \qquad (15.2.1.6)$$

Für m = 4 Spalten resultieren $\binom{4}{2}$ = 6 quadrierte Differenzen etc. und für k Spalten $\binom{k}{2}$ = k(k-1)/2 quadrierte Differenzen.

2. Bezeichnet man die gleichen Zeilensummen $f_{i.}$ mit n und setzt in (15.2.1.4) ein, so resultiert die *Alternativversion*

$$\chi^2 = \frac{N}{n} \sum_{j=1}^{m} \frac{f_{1j}^2 + f_{2j}^2 + \ldots + f_{kj}^2}{f_{.j}} - N \qquad (15.2.1.7)$$

Diese Formel ist für k > 3 der obigen vorzuziehen, da sie höchst einfach auszuwerten, nicht aber nach χ^2-*Spaltenkomponenten* zu interpretieren ist.

Beispiel 15.2.1.2

Homogenitätstafel: Um die verkürzte χ^2-Prüfung in einer monobservablen Kontingenztafel (Homogenitätstafel) mit gleichen Zeilensummen nach (15.2.1.6) anzuwenden, greifen wir auf Beispiel 5.4.4 und dessen 4 x 3-Feldertafel zurück und rekapitulieren

Tabelle 15.2.1.2

Sparerverhalten:	a	b	c	n
1	33	25	42	100
Sparer- 2	34	19	47	100
Stichproben: 3	33	19	48	100
4	36	21	43	100
Summen:	136	84	180	N = 400

Homogenitätsprüfung: Um den Einfluß des Alters von Sparern (1 = jung, 4 = alt) auf ihr Entscheidungsverhalten im Krisenfall (a = Geld abheben, b = sich unentschieden verhalten und c = Geld auf der Bank lassen) getrennt zu erfassen, berechnen wir $\chi^2 =$
$= \chi_a^2 + \chi_b^2 + \chi_c^2$ wie folgt:

$$\chi_a^2 = \frac{(33-34)^2 + (33-33)^2 + (33-36)^2 + (34-33)^2 + (34-36)^2 + (33-36)^2}{136} = 0{,}176$$

$$\chi_b^2 = \frac{(25-19)^2 + (25-19)^2 + (25-21)^2 + (19-19)^2 + (19-21)^2 + (19-21)^2}{84} = 1{,}143$$

$$\chi_c^2 = \frac{(42-47)^2 + (42-48)^2 + (42-43)^2 + (47-48)^2 + (47-43)^2 + (48-43)^2}{180} = 0{,}578$$

$\chi^2 = 0{,}176 + 1{,}143 + 0{,}578 = 1{,}897$ mit $(4-1)(3-1) = 6$ Fgn (n.s.)

Interpretation: Weder unterscheiden sich die 4 Altersklassen der Sparer bzgl. ihres Krisenverhaltens, wie aus Tabelle 15.2.1.2 wegen der gleichen n = 100 unmittelbar hervorgeht, noch unterscheiden sie sich bzgl. bestimmter Verhaltensweisen (a, b, c), da alle 3 χ^2-Komponenten gleich niedrig und das Gesamt-χ^2 insignifikant ist.

Anmerkung: Die Auswertung nach (15.2.1.7) ist bereits in Beispiel 5.4.4 vorweggenommen worden. Man beachte, daß anstelle des Bruches N/n wegen n = N/k auch N/n = k gesetzt werden darf.

Restriktionen

Um auf Homogenität oder gegen Kontingenz asymptotisch in der vorab beschriebenen Weise über χ^2 prüfen zu können, müssen folgende *Voraussetzungen* erfüllt sein:
(1) Jede Beobachtung (jedes von N Individuen) muß eindeutig einem der km Felder und nur ihm zugeordnet werden können.
(2) Die Erwartungswerte unter H_0, e_{ij}, müssen für mindestens 4/5 aller Felder größer als 5 und für das restliche Fünftel größer als 1 sein (COCHRANS Postulat, vgl. COCHRAN 1954).

Nur wenn diese beiden Bedingungen *erfüllt* sind, darf der Untersucher darauf vertrauen, daß das empirisch gewonnene χ^2 bei Geltung der Nullhypothese wie das theoretische χ^2 mit (k-1)(m-1) Fgn verteilt ist, und es danach beurteilen.

Die Chiquadrat-Tafel-Varianten

Die χ^2-Verteilung wird uns in diesem und dem folgenden Kapitel immer wieder als Prüfverteilung zur Verfügung stehen müssen, und öfter als in früheren Kapiteln wird der Untersucher wünschen, ein beobachtetes χ^2 mit n Fgn nicht nur nach der vereinbarten Schranke $\chi^2_{\alpha,n}$ zu beurteilen, sondern auch – wie bei der Normalverteilung – eine genaue *Überschreitungs-*

wahrscheinlichkeit P zu einem beobachteten χ^2 mit n Fgn anzugeben. Alle verfügbaren Tafeln sind leider nur für die konventionellen Schranken eingerichtet und gestatten daher nur eine Aussage vom Typ P < α oder vom Typ α_1 < P < α_2; außerdem sind Schranken von α < 0,001 nicht mehr vertafelt.

Um auch für die χ^2-Verteilung detaillierte P-Werte bereitzuhalten, haben KRAUTH und STEINEBACH (1976) die χ^2-Verteilung auf ihrem rechten Ast invers vertafelt, das heißt, zu einzifrigen P-Werten von P = 0,2(0,1)0,10 (0,01)0,001(0,001)0,0001, 0,00001 und 0,000001 die χ^2-Schranken berechnet, und zwar für χ^2-Verteilungen von Fgn = 1(1)10. Für die χ^2-Verteilung mit 1 Fg wurden auch einseitige Schranken angegeben. Die Tafeln sind auszugsweise in Tafel III−2 wiedergegeben.

Schranken für nicht-konventionelle Signifikanz-Niveaus α* = α/r wurden von BEUS und JENSEN (1967) berechnet und bei KRES (1975, Tafel 22) abgedruckt. Man kann dort die (auch) sogenannte *BONFERRONI-Schranke* (vgl. KRAUTH und LIENERT, 1973, Kap. 2) für den Fall ablesen, daß eine Kontingenztafel durch r simultane Tests anstelle eines einzigen globalen χ^2-Tests ausgewertet wird (vgl. 15.2.9, Abs. 3). Nach der *BONFERRONI-Ungleichung* gilt nämlich für die Überschreitungswahrscheinlichkeiten

$$P(\text{globaler Test}) \leq \sum_{i=1}^{r} P(r \text{ simultane Tests}) \qquad (15.2.1.10)$$

Man ist also auf der ‚sicheren Seite', wenn man jeden einzelnen der r simultanen Tests nach α* = α/r beurteilt. (Da die BEUS-JENSEN-Tafeln erst durch H. KRES (1975) allgemein zugänglich wurden, konnten sie in dem 1975 erschienenen Tafelband nicht mehr berücksichtigt werden.)

Tafeln, die zu ganzzahligen χ^2-Werten die exakten Überschreitungswahrscheinlichkeiten P angeben, sind von VAHLE und TEWS (1969) berechnet und in Tafel III−1 des Tafelbandes a gedruckt worden.

Will man χ^2-Werte mit unterschiedlicher Zahl von n Fgn direkt vergleichen, etwa weil es sich um simultane χ^2-Tests aus ein und derselben Kontingenztafel handelt, bedient man sich einer Abbildung der χ^2-Verteilung auf eine Normalverteilung N(0, 1) mit den Abszissenwerten u, wie nachfolgend beschrieben.

χ^2-Normalverteilungsapproximationen

Chiquadratverteilungen mit mehr als 10 Fgn lassen sich gut mit der Transformation von WILSON und HILFERTY (1931) normalisieren, wie VAHLE und TEWS (1969) gezeigt haben: Die Kubikwurzel des standardisierten, auf die Zahl n seiner Fge bezogenen χ^2 ist über einen Erwartungswert von 1 − 2/9n mit einer Varianz von 2/9n genähert normal verteilt, so daß

$$u = \frac{\sqrt[3]{\chi^2/n} - (1-2/9n)}{\sqrt{2/9n}} \qquad (15.2.1.8)$$

einseitig wie eine Standardnormalvariable beurteilt werden kann. Für mehr als 30 Fge benutzt man die schon in Abschnitt 2.2.5 angegebene Normalapproximation von R. A. FISHER: Danach ist die Quadratwurzel aus dem verdoppelten χ^2 über einem Erwartungswert von $\sqrt{2n-1}$ mit einer Varianz von 1 genähert normal verteilt, so daß

$$u = \sqrt{2\chi^2} - \sqrt{2n-1} \qquad (15.2.1.9)$$

wie eine Standardnormalvariable einseitig zu beurteilen ist. Diese einfache Beziehung kann auch zur überschlagsmäßigen Bewertung eines beobachteten χ^2 herangezogen werden, und zwar unabhängig von der Zahl n der Fge. Im speziellen Fall einer χ^2-Verteilung mit 2 Fgn ist der χ^2-Wert funktionell mit der Überschreitungswahrscheinlichkeit P wie folgt verknüpft:

$$\ln P = -\chi^2/2 \qquad (15.2.1.10)$$

Den zu P gehörigen Abszissenwert u der Standardnormalverteilung liest man sodann in Tafel I nach, wenn er mit u-Werten aus (15.2.1.8–9) verglichen werden soll.

Für mehr als 2 aber weniger als 10 Fge sucht man zum χ^2-Wert den P-Wert in Tafel III–1 auf und liest zu diesem P-Wert in Tafel II den zugehörigen u-Wert nach.

Tafelablesungs- und Approximationsvergleich

Vergleicht man die Ablesung nach Tafel III–2 mit den beiden Normalapproximationen anhand eines Beispiels (etwa 9.3.2.1) mit $\chi^2 = 24{,}93$ bei 6 Fgn, so lesen wir in Tafel III–2 ein P = 0,0004 ab.

Die WILSON-HILFERTY-Transformation liefert nach (15.2.1.8)

$$u = \frac{\sqrt[3]{24{,}93/6} - (1 - \tfrac{2}{9\cdot 6})}{\sqrt{2/9\cdot 6}} = \frac{1{,}608 - 0{,}963}{0{,}1924} = +3{,}35$$

Einem u = 3,35 entspricht nach Tafel II (oder II–1) ein P = 0,0004, was mit dem aus Tafel III–1 abgelesenen Wert übereinstimmt.

Die FISHERsche Transformation (FISHER, 1925) liefert nach (15.2.1.9) eine Standardnormalvariable von

$$u = \sqrt{2(24{,}93)} - \sqrt{2\cdot 6 - 1} = 7{,}06 - 3{,}32 = +3{,}74$$

Einem u = 3,74 entspricht nach Tafel II ein P = 0,00009; die FISHER-Transformation führt mithin bei zu kleiner Zahl von (nur 6 statt > 30) Fgn zu einer antikonservativen Entscheidung.

Für die Benutzung von Tafel III−2 müssen die Voraussetzungen einer χ^2-Prüfung − vor allem ausreichend hohe Erwartungswerte (5) ebenso erfüllt sein wie für die beiden Transformationen. Sind die Voraussetzungen genügend hoher Erwartungswerte nicht erfüllt, müssen die nachfolgend besprochenen Alternativen der χ^2-Kontingenzprüfung in Betracht gezogen werden.

15.2.2 Alternativen zur χ^2-Kontingenzprüfung

Ist eine χ^2-Prüfung einer Kontingenztafel nach dem Desiderat von COCHRAN *nicht zulässig* oder auch nur fragwürdig, dann stellt sich dem Anwender die Frage, welche Alternativen zur χ^2-Prüfung in Betracht zu ziehen sind, oder wie er auf *andere* Weise die Bedingungen für seine Anwendung erfüllen kann. Beginnen wir mit der letzteren Möglichkeit.

Der tafelkondensierte χ^2-Test
1. Die meisten Anwender neigen angesichts einer zeilen- oder spaltenweise schwach besetzten k x m-Feldertafel dazu, eine *Zusammenfassung* (Kondensierung) der schwach besetzten Zeile oder Spalte mit einer anderen, u. U. ebenfalls schwach besetzten Zeile oder Spalte zu erwägen.
Diese Strategie des *Kondensierens* (Poolens) von Merkmalsklassen in einer oder in beiden Eingängen einer binobservablen Mehrfeldertafel bzw. des Poolens von Stichproben und/oder Mms-Klassen in einer monobservablen Tafel ist jedoch nach erfolgter Datenerhebung, wenn überhaupt, nur unter *einer* von zwei Voraussetzungen zulässig:
(1) Die Zusammenfassung muß *vor* der Datenerhebung als Eventualfall in Aussicht genommen und sachlogisch *begründet* werden, oder
(2) die zu poolenden Mms-Klassen müssen (wie Schulnoten) *ordinal* skaliert und *benachbart* (skalenkontingent) sein (wie die Noten 5 und 6); Bedingung (2) gilt auch für Stichproben als Klassen eines Zeilen-Mms (wie Alters-Stichproben, vgl. Beispiel 15.2.1.2). Allenfalls darf
(3) noch zugelassen werden, daß auch *nominal* skalierte Mms-Klassen zusammengefaßt werden, wenn sie eine für die Interpretation der Kontingenz (Inhomogenität) irrelevante *Restklasse* bilden (wie ‚Diagnose nicht abgeklärt' und ‚Diagnose widerrufen' in Krankengeschichten).
Bringt eine Zusammenfassung stärker besetzte Felder und *ausreichend hohe Erwartungswerte*, dann besteht die Alternative zur χ^2-Prüfung einer k x m-Feldertafel in der χ^2-Prüfung einer entsprechend kondensierten (k-1) x m − oder k x (m-1)-Feldertafel. Mehr als 2 Zeilen oder 2 Spalten zusammenzufassen, sollte *vermieden* werden, wenn sie nicht vom Untersu-

chungsziel her indiziert ist (wie etwa eine Vierfelder-Interassoziation von mediandichotomierten Schulnoten)[8].

Konkurrierende Kontingenztests

Ist eine Zusammenfassung von Mms-Klassen nicht zulässig oder vom Untersucher *nicht intendiert*, dann muß er entscheiden, ob eine *globale* Kontingenz- oder Homogenitätsprüfung erforderlich ist, oder ob er sich mit einer *spezifizierten* – auf die hinreichend besetzten Zeilen und Spalten reduzierten – Kontingenzprüfung begnügen will (vgl. dazu Kapitel 16). Wird eine spezifizierte oder ‚kondensierte' Kontingenzprüfung mittels χ^2 *nicht* in Betracht gezogen – etwa weil alle km Felder schwach besetzt sind –, dann müssen folgende Alternativen zur klassischen χ^2-Prüfung erwogen werden.

(1) Ist die Kontingenztafel *klein* (2 x 3 oder 3 x 3 Felder) und alle Felder *schwach* besetzt, dann kommen sogenannte *exakte Kontingenztests* in Betracht von der Art, wie sie FREEMAN und HALTON (1951) und KRAUTH (1973) begründet haben.

(2) Haben schwach besetzte Kontingenztafeln *höchstens* 5 x 5 Felder, und sind alle Erwartungswerte größer als 1, dann kommt der empirisch *approximierte* χ^2-Test von CRADDOCK und FLOOD (1970) in Betracht, da er effizienter ist als ein etwa noch zugelassener PEARSONscher χ^2-Test.

(3) Ein nicht-approximierter χ^2-Test kann am ehesten dann noch zugelassen werden, wenn bei mehr als 3 x 3 Feldern die Erwartungswerte zwar kleiner als 5 aber numerisch annähernd *gleich groß* sind (WISE, 1963), also etwa zwischen 3 und 5 liegen (vgl. auch EVERITT, 1977, Ch. 3.3).

(4) Haben Kontingenztafel mit niedrigen Besetzungszahlen *mehr* als 5 x 5 Felder, dann prüft man, selbst wenn die Erwartungswerte teilweise *kleiner* als 1 sind, mittels eines für diese Bedingungen *modifizierten* χ^2-Tests, den wir im nächsten Abschnitt unter der Bezeichnung HALDANE-DAWSON-Test sogleich kennenlernen wollen.

15.2.3 Der HALDANE-DAWSON-Test für große schwach besetzte Tafeln

Aus detaillierten binobservablen Erhebungen resultieren oft Kontingenztafeln mit *zahlreichen*, aber durchweg *schwach* besetzten Feldern, d. h. mit vielen Erwartungswerten kleiner als 5. Da der klassische Chiquadrat-

---

8 Völlig unzulässig, aber hin und wieder geübt, wird vom unerfahrenen Anwender eine Zusammenfassung jener Zeilen (Spalten), deren Besetzungszahlen ‚gut zusammenmenpassen'. Mittels solch einer Post-hoc-Maßnahme läßt sich H_0 verwerfen, obschon sie gilt, da das Alpha-Risiko in unkontrollierter Weise erhöht wird.

test hier *kontraindiziert* ist, stellt sich die Frage, wie man solche Tafeln auf Unabhängigkeit der beiden Mm oder auf Homogenität der k Zeilen in bezug auf die m Spalten prüft (Nullhypothese).

Gelingt es dem Untersucher, die beiden Mme so differenziert aufzugliedern, daß trotz kleiner Erwartungswerte die *Zahl der Freiheitsgrade* größer als 30 wird, so läßt sich ein von HALDANE (1939) entwickeltes und von DAWSON (1954) vereinfachtes Chiquadratverfahren zur Anwendung bringen, das keine Voraussetzungen bzgl. der Erwartungswerte impliziert.

Der hier sogenannte HALDANE-DAWSON-Test (vgl. auch MAXWELL, 1961, Ch.2) operiert mit der wie üblich definierten Prüfgröße χ^2 einer k x m-Feldertafel; er vergleicht sie aber wegen der kleinen Erwartungswerte nicht mit der theoretischen Chiquadratverteilung für (k-1)(m-1) Fge, sondern mit der für die betreffende Tafel unter der Nullhypothese geltenden *exakten* Chiquadratverteilung. Da diese Verteilung aber bei großen Tafeln ohne kapazitive EDV-Anlagen nicht zu erstellen ist, wird sie von den Autoren asymptotisch *approximiert*.

Erwartungswert und *Varianz* der für große, aber schwach besetzte Kontingenztafeln berechneten *Prüfgröße* χ^2 sind wie folgt zu berechnen:

$$E(\chi^2) = \frac{N(k-1)(m-1)}{N-1} \qquad (15.2.3.1)$$

$$Var(\chi^2) = \frac{2N}{N-3}(v_1-w_1)(v_2-w_2) + \frac{N^2}{N-1}(w_1 w_2) \qquad (15.2.3.2)$$

Die *Hilfsgrößen* v und w in der Varianzformel sind ihrerseits wie folgt definiert:

$$v_1 = (k-1)(N-k)/(N-1) \qquad (15.2.3.3)$$

$$v_2 = (m-1)(N-m)/(N-1) \qquad (15.2.3.4)$$

$$w_1 = (\Sigma N/N_i - k^2)/(N-2), \quad i = 1(1)k \qquad (15.2.3.5)$$

$$w_2 = (\Sigma N/N_j - m^2)/(N-2), \quad j = 1(1)m \qquad (15.2.3.6)$$

Die Prüfgröße χ^2 ist bei Geltung der *Nullhypothese* — keine Wechselwirkung zwischen dem Zeilen- und dem Spaltenmerkmal — über dem Erwartungswert $E(\chi^2)$ mit der Varianz $Var(\chi^2)$ genähert *normal* verteilt, so daß man über den u-Test auf Kontingenz prüft:

$$u = \frac{\chi^2 - E(\chi^2)}{\sqrt{Var(\chi^2)}} \qquad (15.2.3.7)$$

Da nur ein *zu großes* χ^2 auf Kontingenz hinweist (nicht aber ein zu kleines χ^2), beurteilt man u *einseitig* und vergleicht den zugehörigen einseitigen P-Wert mit dem vorvereinbarten Alpha-Risiko. Wie der Test durchgeführt wird, zeigt das folgende Beispiel 15.2.3.1.

Beispiel 15.2.3.1

Problem: Nach den theoretischen Voraussetzungen des Farbpyramidentestes wählt jede Versuchsperson mit Vorliebe bestimmte Farbplättchen (zum Bau einer Pyramide); es wird also eine Wechselwirkung zwischen dem Merkmal ‚Versuchspersonen' und dem Merkmal ‚Farbwahl' unterstellt. Wir wollen im folgenden prüfen, ob diese Voraussetzung auch für die (relativ selten gewählten) ‚Unbuntfarben' WEISS-GRAU-SCHWARZ Geltung hat.

Versuchsanordnung: Da wir mit niedrigen Besetzungszahlen für die 3 Unbuntfarben rechnen und das Observablen-Merkmal ‚Farbwahl' nur (3-1) = 2 Freiheitsgrade beisteuert, müssen wir, um insgesamt genügend (30) Freiheitsgrade zu erhalten, wenigstens 16 Vpn (als Stufen eines Faktor-Merkmals mit 15 Freiheitsgraden) zum Versuch heranziehen. Tatsächlich wählen wir aber 30 Vpn (Studenten) aus, lassen jede dieser Vpn eine (aus 45 Farbplättchen bestehende) ‚schöne' Pyramide legen und registrieren je Vp die Zahl der verwendeten WEISS-, GRAU- und SCHWARZ-Plättchen. Daraus resultiert eine monobservable Kontingenztafel mit k = 30 Zeilen und m = 3 Spalten.

H_0: Versuchspersonen und Farbwahlen stehen in keinerlei Wechselwirkung, oder: Die Häufigkeitsanteile der 3 Unbuntfarben sind von Vp zu Vp in etwa gleich.

H_1: Versuchspersonen und Farbwahlen stehen in Wechselwirkung derart, daß bestimmte Vpn bestimmte Unbuntfarben bevorzugen.

Testwahl: Da wir eine Kontingenztafel mit niedrigen Besetzungszahlen und vielen (29 · 2 = 58) Freiheitsgraden erwarten, müssen wir den HALDANE-DAWSON-Test anwenden.

Signifikanzniveau: Wir setzen α = 0,01 bei einseitiger Fragestellung.

Ergebnis: Der durchgeführte Versuch lieferte die in der 30 · 3 Kontingenz-Tafel verzeichneten Wahlhäufigkeiten (aus LIENERT, 1961)

Vor-Auswertung: Wir berechnen zuerst das für die vorliegende Tafel gültige χ^2. Dabei beobachten wir, daß Brüche mit Nullen in Zähler *und* Nenner auftreten, deren Wert unbestimmt ist. Um diese Schwierigkeit zu umgehen, schalten wir alle Vpn aus der Betrachtung aus, die nicht wenigstens eine Unbuntwahl getroffen haben. (Das bedingt zugleich, daß sich unsere Aussage über etwaige Wechselwirkungen zwischen Vpn und Farbwahl nur auf solche Vpn bezieht, die mindestens eine Wahl vorgenommen haben, was von der Fragestellung her ohne weiteres zu rechtfertigen ist.) Durch Exklusion von 8 Vpn (mit Zeilensummen von Null) — sie sind in Parenthese gesetzt worden — reduziert sich die Zahl der Freiheitsgrade der Kontingenztafel auf 21 · 2 = 42, was für die Beurteilung von H_0 nach HALDANE-DAWSON jedoch voll ausreicht.

Wir setzen in (15.2.1.1) ein und erhalten:

$$\chi^2 = \frac{172}{29}\left(\frac{0^2}{8}+\frac{3^2}{7}+\frac{4^2}{10}+\ldots+\frac{0^2}{17}\right)+\frac{172}{24}\left(\frac{5^2}{8}+\frac{1^2}{7}+\ldots+\frac{0^2}{17}\right)+$$

Tabelle 15.2.3.1

Vp		Farbwahl		Zeilen-summen: N_i
	weiß	grau	schwarz	
(Fa	0	0	0	0)
Sm	0	5	3	8
Hf	3	1	3	7
Pe	4	0	6	10
Kn	0	0	4	4
(Br	0	0	0	0)
Ki	5	0	8	13
He	3	0	5	8
Pi	8	0	7	15
Ja	0	0	18	18
Do	1	1	2	4
(Sn	0	0	0	0)
Su	0	0	2	2
(Ha	0	0	0	0)
Sl	0	0	2	2
(Be	0	0	0	0)
Bi	0	0	4	4
Ze	0	0	3	3
Ka	0	11	0	11
(Ot	0	0	0	0)
(Du	0	0	0	0)
Si	0	0	7	7
Re	3	1	0	4
Kk	2	5	10	17
Kb	0	0	6	6
Te	0	0	1	1
Kd	0	0	5	5
Kl	0	0	6	6
(Hm	0	0	0	0)
Me	0	0	17	17
Spalten-summen: N_j	29	24	119	172 = N

$$+\frac{172}{119}(\frac{3^2}{8}+\frac{3^2}{7}+\ldots+\frac{17^2}{17}) = 164{,}4915$$

Zwischen-Auswertung: Wir bestimmen nunmehr Mittelwert und Varianz der einschlägigen χ^2-Verteilung mittels (15.2.3.1) bis (15.2.3.6):

$$\mu(\chi^2) = \frac{172(22-1)(3-1)}{172-1} = 42{,}2456$$

$v_1 = (22-1)(172-22)/(172-1) = 18{,}4211$

$v_2 = (3-1)(172-3)/(172-1) = 1{,}9766$

$w_1 = (\dfrac{172}{8} + \dfrac{172}{7} + \ldots + \dfrac{172}{17} - 22^2) / (172-2) = 360{,}1344/170 = 2{,}118438$

$w_2 = (\dfrac{172}{29} + \dfrac{172}{24} + \dfrac{172}{119} - 3^2) / (172-2) = 0{,}032606$

$\sigma^2(\chi^2) = \dfrac{2 \cdot 172}{172-3}(18{,}2456 - 2{,}1184)(1{,}9766 - 0{,}0326) +$

$\qquad + \dfrac{172^2}{172-1}(2{,}118438) \cdot (0{,}032606) = 75{,}7658$

End-Auswertung: Zur Berechnung des kritischen Bruches benötigen wir die Streuung, nicht die Varianz; also ist $\sqrt{75{,}7658} = 8{,}7044$. Der kritische Bruch ergibt sich danach zu

$$u = \dfrac{164{,}4915 - 42{,}2456}{8{,}7044} = 14{,}04$$

Dieser u-Wert entspricht einer einseitigen Überschreitungswahrscheinlichkeit von weniger als 0,1 %.

Entscheidung: Wir verwerfen H_0 und akzeptieren H_1. Die bestehende Kontingenz ist offenbar als Auswirkung einer individuell spezifischen Wahl der Unbuntfarben im Farbpyramidentest.

Anmerkung: Im Unterschied zu den bisherigen Anwendungen des Chiquadrattests, in welchen stets N Individuen auf die km Felder aufgeteilt wurden, sind im vorstehenden Beispiel Reaktionen (Farbwahlen) von Individuen auf die km Felder verteilt worden. Dabei wurde jede Reaktion nach zwei Merkmalen klassifiziert, (1) nach der Person, von der sie stammt, und (2) nach der Farbe, die sie in den Pyramidenbau einbringt. Man mag bezweifeln, ob H_0, wonach diese beiden Klassifikationskriterien überhaupt als wechselseitig unabhängig gedacht werden müssen, bei der Identität der Reaktoren überhaupt sinnvoll ist bzw. ob nicht H_1 die sinnvollere Ausgangshypothese und H_0 die Alternative hierzu bilden sollte.

Kontingenzmessung: Angesichts des hohen u-Wertes ist ein enger Zusammenhang zwischen Persönlichkeit und Farbwahl zu vermuten. Man erhält den PEARSONschen Kontingenzkoeffizienten aus u nach der Beziehung

$C = u/\sqrt{N + \chi^2} = 14{,}04/\sqrt{172 + 164{,}49} = 0{,}765.$

Bedenkt man, daß der maximale Kontingenzkoeffizient $\sqrt{(k-1)/k} = \sqrt{2/3} = 0{,}816$ beträgt (vgl. PAWLIKs Korrektur 9.3.2), so handelt es sich in der Tat um einen engen Zusammenhang.

Wie wir aus dem Beispiel 15.2.3.1 erkannt haben, müssen *nicht* besetzte Zeilen und/oder Spalten außer acht gelassen werden. Dadurch reduziert sich die Kontingenztafel, *ohne* daß sich der Stichprobenumfang ändert. Dieser Umstand muß bei der Interpretation berücksichtigt werden: In unserem Fall gilt die Kontingenzaussage daher nur für jene Individuen (Zeilen), die mindestens *eine* Unbunt-Wahl getroffen haben.

An *Voraussetzungen* impliziert der Test von HALDANE-DAWSON wie alle Kontingenztests, daß jedes Element (Individuum, Reaktion) eindeutig einem und nur einem Feld der Tafel zugeordnet werden kann, und daß die Elemente wechselseitig unabhängig und zufallsmäßig aus einer definierten bivariaten Population von Elementen entnommen worden sind.

15.2.4 Der FREEMAN-HALTON-Test für kleine schwach besetzte Tafeln

Wir haben einen Test für große schwach besetzte Mehrfeldertafeln kennengelernt. Wie prüft man nun bei kleinen schwach besetzten Tafeln auf Kontingenz bzw. auf Homogenität?

Zur Beantwortung dieser Frage erinnern wir uns, daß wir anstelle des asymptotischen Vierfelder-χ^2-Tests (vgl. 5.1.1) einen exakten, kombinatorisch erstellten Test, den Vierfeldertest von FISHER und YATES (5.2.1) einführten. In analoger Weise läßt sich auch für einen Mehrfelder-χ^2-Test ein exakter Test konstruieren. Das Rationale für diesen Test stammt von FREEMAN und HALTON (1951).

Rationale

Gehen wir von der Frage aus: Wie groß ist die Wahrscheinlichkeit p, die beobachteten Besetzungszahlen f_{ij} einer k x m-Feldertafel bei festgehaltenen Randsummen $f_{i.}$ und $f_{.j}$ durch Zufall zu erhalten? Die Antwort ergibt sich aus dem Polynomialansatz (1.2.5) dadurch, daß wir die Parameter $\pi_{ij} = p_{ij}$ der Polynomialverteilung aus den festgehaltenen Randsummen durch die Erwartungswerte $e_{ij} = f_{i.}f_{.j}/N$ bestimmen. Setzen wir $p_{ij} = e_{ij}/N = f_{i.}f_{.j}/N^2$ in Formel (1.2.5.1) ein, so resultiert die gesuchte Punktwahrscheinlichkeit

$$p = \frac{N!}{f_{11}!\,f_{12}!\,\ldots\,f_{km}!} \left(\frac{f_{1.}f_{.1}}{N^2}\right)^{f_{11}} \left(\frac{f_{1.}f_{.2}}{N^2}\right)^{f_{12}} \ldots \left(\frac{f_{k.}f_{.m}}{N^2}\right)^{f_{km}} \quad (15.2.4.1)$$

Durch Ausführung und algebraische Vereinfachung erhält man die Formel

$$p = \frac{(f_{1.}!\,f_{2.}!\,\ldots\,f_{k.}!)\,(f_{.1}!\,f_{.2}!\,\ldots\,f_{.m}!)}{N!\,(f_{11}!\,f_{12}!\,\ldots\,f_{km}!)} \quad (15.2.4.2)$$

Verwendet man den Produktoperator Π, so ist p wie folgt definiert

$$p = \frac{\prod\limits^{k}(f_{i.}!) \prod\limits^{m}(f_{.j}!)}{N! \prod\limits^{k}\prod\limits^{m}(f_{ij}!)} \qquad (15.2.4.3)$$

Man erkennt diesen Ausdruck sofort als eine Verallgemeinerung des entsprechenden Ausdruckes (5.3.2.2) einer Vierfeldertafel.

Zwecks numerischer Auswertung bedient man sich, wenn man von Hand auswertet, der logarithmischen Form

$$\log p = \sum\limits^{k}\log(f_{i.}!) + \sum\limits^{m}\log(f_{.j}!) - \log N! - \sum\limits^{k}\sum\limits^{m}\log(f_{ij}!) \qquad (15.2.4.4)$$

Die Logarithmen der Fakultäten log(n!) und diese selbst sind in Tafel XV-2 abzulesen.

Wie kommt man nun von der Punktwahrscheinlichkeit p zu der für eine Testentscheidung notwendigen Überschreitungswahrscheinlichkeit?

FREEMAN und HALTON (1951) geben folgende Testvorschrift: Man erstelle alle bei festen Randsummen möglichen k x m-Feldertafeln, berechne deren Punktwahrscheinlichkeiten p_t und summiere all jene p_t^*-Werte, die kleiner oder gleich sind der Punktwahrscheinlichkeit $p = p^*$ der beobachteten k x m-Feldertafel:

$$P = \Sigma p_t^* \qquad (15.2.4.5)$$

Durch diese Testvorschrift werden implizit alle jene Tafeln als extremer von H_0 abweichend definiert, deren Realisationswahrscheinlichkeit unter H_0 geringer ist als die der beobachteten Tafel[9]. Wir illustrieren die Testvorschrift am Beispiel der Verfasser.

Datentafel

Wir geben dem Zahlen- und Auswertungsbeispiel der beiden Autoren, anhand dessen ihr exakter Mehrfelder-Kontingenztest demonstriert wird, folgenden *Sinn*:

---

[9] Man muß sich der Tatsache bewußt sein, daß diese Testvorschrift nicht die einzig mögliche, wenngleich eine plausible ist. Trotz dieses Mankos einer bloß intuitiven Begründung ist sie in chronologisch später folgenden Tests ohne Diskussion übernommen worden (vgl. BENNETT und NAKAMURA, 1963). Eine andere Vorschrift hat erstmals KRAUTH (1973) eingeführt, um einen exakten Mehrfeldertest zu konstruieren: Er definiert die Überschreitungswahrscheinlichkeit P als Summe der Punktwahrscheinlichkeiten all jener Tafeln unter H_0, deren χ^2 größer oder gleich dem χ^2 der beobachteten Mehrfeldertafel ist. Dabei ist χ^2 in klassischer Weise definiert, ohne Rücksicht auf die Höhe der Erwartungswerte. Beide Tests sind zwar asymptotisch offenbar gleich, unter finiten Bedingungen lassen sich allerdings Bedingungen definieren, unter denen der eine Test besser anspricht als der andere (vgl. dazu Abschnitt 15.2.5).

Zwei unabhängige Gruppen von $N_1 = 5$ und $N_2 = 12$ Lehrgangswerber sind (nach Zufall im Verhältnis von 5 : 12) den *Unterweisungsmethoden* 1 und 2 zugeteilt worden. Die N = 17 Lehrgangswerber haben bei einer Abschlußbeurteilung ihres Unterweisungsprofits die *Zensuren* A (beste), B und C (schlechteste) erhalten; sie konstituieren die monobservable 2 x 3-Feldertafel der Tabelle 15.2.4.1.

Tabelle 15.2.4.1

Unter- weisungen:	Zensuren A	B	C	f_i
1	0	3	2	5
2	6	5	1	12
$f_{.j}$	6	8	3	N = 17

Die Frage lautet: Hat eine der beiden Methoden bessere Zensuren erbracht als die andere? Oder: Sind die beiden ternär abgestuften Stichproben *homogen* verteilt (H_0) oder nicht (H_1).

Wegen *zu niedriger* Erwartungswerte — der niedrigste beträgt 5(3)/17 = = 0,88 — muß auf Homogenität mittels des exakten FREMAN-HALTON-Tests geprüft werden. Zu diesem Zweck müssen alle bei den gegebenen Randsummen möglichen Tafeln (Nulltafeln) konstruiert und ausgezählt (enumeriert) werden. (Weil es sich nur um eine Erkundungsstudie handelt, wird $\alpha = 0,10$ gesetzt.)

Enumeration der Nulltafeln

Wie stellen wir uns nun die unter der Nullhypothese möglichen 2 x 3-Feldertafeln her? Da ein Algorithmus derzeit noch *fehlt*, empfehlen wir dem Untersucher, der auf Tischrechenmaschinen angewiesen ist, wie folgt vorzugehen:

Da eine 2 x 3-Tafel 2 Fge besitzt, können wir *2* Frequenzen der Tafeln *frei* wählen; die übrigen ergeben sich als Differenzen zu den Randsummen. Wir wählen zweckmäßigerweise 2 Felder (die rechtsseitigen) der *schwächer* besetzten Zeile (der oberen Zeile 1) und *permutieren* deren Frequenzen, wobei wir darauf achten, daß die Spaltensummen *nicht* überschritten werden. In Tabelle 15.2.4.2 wurde so permutiert, daß die Summe der beiden Frequenzen zunächst (in den Tafeln 1–4) gleich der zugehörigen Randsumme ist (Tafelzeile 1), und sich dann schrittweise um je 1 vermindert (Tafeln 5–8 usf.). Dieses Vorgehen bedingt, daß die Tafelzeilen 1–6 je konstante (umkreiste) Frequenzen in ihren rechten Spalten aufweisen. Als

Ergebnis dieses Vorgehens erhalten wir 18 Tafeln, die wir zeilenweise durchnumeriert haben (vgl. Tabelle 15.2.4.2).

Tabelle 15.2.4.2

Tafel.Nr.	Nulltafeln															Bemerkungen	
1–4	⓪ 2 3	0 3 2	0 4 1	0 5 0	Die unterstrichenen Frequenzen	
	⑥ 6 0	6 5 1	6 4 2	6 3 3	ergeben als Zeilen-Summe 5	
					(als Spalten-Summen 8 und 3)	
5–8	① 1 3	1 2 2	1 3 1	1 4 0	Die unterstrichenen Frequenzen	
	⑤ 7 0	5 6 1	5 5 2	5 4 3	ergeben als Zeilen-Summe 4	
					(als Spalten-Summen 8 und 3)	
9–12	② 0 3	2 1 2	2 2 1	2 3 0	Die unterstrichenen Frequenzen	
	④ 8 0	4 7 1	4 6 2	4 5 3	ergeben 3	
13–15	③ 0 2	3 1 1	3 2 0		Die unterstrichenen Frequenzen	
	③ 8 1	3 7 2	3 6 3		ergeben 2	
16–17	④ 0 1	4 1 0			Die unterstrichenen Frequenzen	
	② 8 2	2 7 3			ergeben 1	
18	⑤ 0 0				Die unterstrichenen Frequenzen	
	① 8 3				ergeben 0	

Statt die Null-Tafeln nach dem Quasi-Algorithmus der Tabelle 15.2.4.2 zu bilden und auszuzählen (zu enumerieren), hätten wir auch die Frequenzen der *schwächer* besetzten Zeile 1 unter Beachtung der Restriktionen durch die Spaltensummen wie folgt permutieren können

```
5 0 0   0 5 0   — —     —       —       —
4 1 0   4 0 1   0 4 1   1 4 0   —       —
3 2 0   3 0 2   2 3 0   2 0 3   0 3 2   0 2 3
3 1 1   1 3 1   1 1 3
2 2 1   2 1 2   1 2 2
```

Es ergeben sich, wie oben, 18 Felderanordnungen, mit den dazugehörigen und als Differenzen zu den Spaltensummen definierten Frequenzen der Zeile 2. Die durch Restriktionen unzulässigen Permutationen wurden durch einen Strich ersetzt.

Testanwendung

Um den FREEMAN-HALTON-Test lege artis anzuwenden, müssen wir die *Punktwahrscheinlichkeiten* p aller 18 Tafeln nach (15.2.4.2) berechnen. Für die beobachtete Tafel mit der Nr. 2 in Tabelle 15.2.4.2 erhalten wir den folgenden p-Wert

$$p_2 = \frac{(5!)\,(12!)\,(3!)\,(8!)\,(6!)}{(17!)\,(2!)\,(3!)\,(0!)\,(1!)\,(5!)\,(6!)}$$

Da sich mehrere Faktoren (Fakultäten) wegkürzen, und da $0! = 1! = 1$ definiert ist, verbleibt

$$p_2 = \frac{(12!)\,(8!)}{(17!)\,(2!)} = \frac{1\,(8 \cdot 7 \cdot 6 \cdot 5 \cdot 4 \cdot 3)}{(17 \cdot 16 \cdot 15 \cdot 14 \cdot 13)\,1} = 0{,}027149$$

Analog (oder über Tafel XV−2) werden die p-Werte der übrigen 17 Tafeln berechnet; sie sind in Tabelle 15.2.4.3 *zusammengestellt*.

Tabelle 15.2.4.3

$p_{1(1)4}$	0,0045*	0,0271*	0,0339	0,0090*
$p_{5(1)8}$	0,0078*	0,0815	0,1629	0,0679
$p_{9(1)12}$	0,0024*	0,0582	0,2037	0,1357
$p_{13(1)15}$	0,0097*	0,0776	0,0905	
$p_{16(1)17}$	0,0073*	0,0194		$\Sigma p^* = 0{,}0882 = P$
p_{18}	0,0010*			$\Sigma p = 1{,}0000$

Die Punktwahrscheinlichkeit der beobachteten Tafel $p = 0{,}0271$ (unterstrichen) wird von 8 weiteren p-Werten (mit Stern signiert) *unter*schritten, deren Summe $P = 0{,}0882$ als *Überschreitungswahrscheinlichkeit* ergibt.

Da $P = 0{,}0882 < 0{,}10 = \alpha$, verwerfen wir die Nullhypothese der Homogenität beider Stichproben.

Auswertungsökonomisierung

Die p-Werte lassen sich einfacher und ökonomischer berechnen, wenn man sie in *zwei Faktoren*, einen konstanten Faktor c und einen variablen, vom jeweiligen Feld $t = 1(1)18$ abhängigen Faktor v_t nach

$$p_t = c/v_t \qquad (15.2.4.6)$$

zerlegt. Dabei enthält der *konstante Faktor* c nur die (konstanten) Randsummen und den (konstanten) Stichprobenumfang N,

$$c = \prod_{i=1}^{k} (f_{i.}!)\, \prod_{j=1}^{m} (f_{.j}!) \qquad (15.2.4.7)$$

Der *variable Faktor* wird von den Felderfrequenzen f_{ij} der Tafel t bestimmt und nach

$$v_t = \prod_{i=1}^{k} \prod_{j=1}^{m} (f_{ij}!) \qquad (15.2.4.8)$$

berechnet. Man kann nun v_t als *Prüfgröße* ansehen und all jene v_t-Werte in die *Ablehnungsregion* des FREEMAN-HALTON-Tests einbeziehen, die größer oder gleich sind dem v_t-Wert der beobachteten Tafel. Von diesen v_t-Werten berechnet man dann die p-Werte und summiert sie zu dem gesuchten P-Wert.

Wir werden diese *Ökonomisierung* anhand einer 3 x 3-Feldertafel in Beispiel 15.2.4.2 kennen- und anwenden lernen.

Beispiel 15.2.4.2

Untersuchung: Ein neues Antibiotikum (Propicillin) wurde an einer Stichprobe von N = 9 Patienten, die an eitriger Mittelohrentzündung litten, angewandt, und der Therapieerfolg (++,+,0) nach m = 3 Stufen beurteilt. Gleichzeitig wurde untersucht, welche von k = 3 Erregern der Entzündung zugrunde lagen (adapt. aus DIEFENBACH und ZYLKA, Arzneimittelforschung 1962, S. 779). Die binobservable 3 x 3-Feldertafel bringt die Ergebnisse:

Tabelle 15.2.4.4

Erreger	Behandlungserfolg			
	++	+	0	$f_{i.}$
Staphylokokken	3	1	0	4
Streptokokken	2	0	0	2
Pyocyaneus-Bkt.	0	0	3	3
$f_{.j}$	5	1	3	N = 9

Hypothesen: H_0 (Unabhängigkeit) versus H_1 (Kontingenz zwischen Erregern und Erfolg) mit $\alpha = 0{,}10$ wegen des kleinen Stichprobenumfangs N = 9.

Testwahl: Wegen zu schwacher Besetzung der Tafel kommt für eine Kontingenzprüfung nur der exakte Test von FREEMAN und HALTON in Betracht.

Auswertungsvorbereitung: Die Tafel hat 4 Fge, und zwar je 2 in Richtung eines jeden Mms. Wir suchen uns die je 2 niedrigsten Randsummen, $f_{1.} = 4$ und $f_{2.} = 2$ sowie $f_{.1} = 1$ und $f_{.2} = 3$, und variieren die Frequenzen der 4 Felder rechts unten in der 9-Feldertafel. Das geschieht zweckmäßig in der Weise, daß wir zuerst die Besetzungsmöglichkeiten der 2 zur niedrigsten Randsumme (1) gehörigen Felder (0,0) erkunden; sie sind (0,0), (0,1) und (1,0). Zu jeder dieser 3 Möglichkeiten finden wir nach dem Vorgehen in Tabelle 15.2.4.5 die verschiedenen 9-Feldertafeln (Nulltafeln) durch Bildung der Differenzen zu den festen Randsummen in Tab. 15.2.4.5.

Tabelle 15.2.4.5

Mittelspalte (0)	0 Rechte Spalte Summe:	9-Felder-Nulltafeln			v_t-Werte		
0 0 | 0 1 0 2 0 3 | 0 2 0 1	3	3 1 0 2 0 0 0 0 3	3 1 0 1 0 1 1 0 2	3 1 0 0 0 2 2 0 1	72	12	24
0 1 2 2 1 0	2	2 1 1 2 0 0 1 0 2	2 1 1 1 0 1 2 0 1	2 1 1 0 0 2 3 0 0	8	4	24
0 1 1 0	1	1 1 2 2 0 0 2 0 1	1 1 2 1 0 1 3 0 0		8	12	
0 0	0	0 1 3 2 0 0 3 0 0			72		

Mittelspalte (1)	0 Rechte Spalte Summe:	9-Felder-Nulltafeln			v_t-Werte		
0 1 | 0 2 1 2 | 1 1	3	4 0 0 1 0 1 0 1 2	4 0 0 0 0 2 1 1 1		48	48	
0 1 2 2 1 0	2	3 0 1 2 0 0 0 1 2	3 0 1 1 0 1 1 1 1	3 0 1 0 0 2 2 1 0	24	6	24
0 1 1 0	1	2 0 2 2 0 0 1 1 1	2 0 2 1 0 1 2 1 0		8	8	
0 0	0	1 0 3 2 0 0 2 1 0			24		

Zwischenwerte: Der konstante Faktor c ergibt sich nach (15.2.4.7) zu

$$c = \frac{(4!)\,(2!)\,(3!)\,(5!)\,(1!)\,(3!)}{9!} = 4$$

Wir berechnen nun den variablen Faktor v_t für jede der 24 Verteilungen nach (15.2.4.8), wobei wir t = 1 ... 24 zeilen- und spaltenweise durchnumerieren.

$v_1 = (3!)(1!)(0!)(2!)(0!)(0!)(0!)(0!)(3!)(3!)(2!)(3!) = 72$

$v_2 = (3!)(2!) = 12$

$v_3 = (3!)(2!)(2!) = 24$

....

$v_{24} = (3!)(3!) = 36$

Man kann die v_t-Werte — wie dies oben geschehen ist — bei kleinem N gleich nach Erhalt der Nulltafeln im Kopf ausrechnen, wobei man nur die $f''_{ij} > 1$ zu berücksichtigen braucht.

Fortsetzung Tabelle 15.2.4.5

Mittelspalte (0)	1 Rechte Spalte Summe:	9-Felder-Nulltafeln	v_t-Werte
1 0 1 1 0 3 0 2	3	4 0 0 4 0 0 1 1 0 0 1 1 0 0 3 1 0 2	144 48
0 1 2 1	2	3 0 1 3 0 1 1 1 0 0 1 1 1 0 2 2 0 1	12 12
0 1 1 0	1	2 0 2 2 0 2 1 1 0 0 1 1 2 0 1 3 0 0	8 24
0 0	0	1 0 3 1 1 0 3 0 0	36

Endauswertung: Wir suchen nach jenen Nulltafeln, deren v_t-Wert größer als 72 ist und bestimmen deren p*-Werte. Einschließlich der beobachteten Tafel mit $p^*_1 = 4/72$ sind das die Tafeln mit $p^*_9 = 4/72$ und $p^*_{18} = 4/144$. Daraus ergibt sich die Überschreitungswahrscheinlichkeit

$$P = \frac{4}{72} + \frac{4}{72} + \frac{4}{144} = 0{,}138$$

Entscheidung: Da $P = 0{,}138 > 0{,}10 = \alpha$, verwerfen wir die Nullhypothese, wonach der Behandlungserfolg unabhängig vom Erregertyp ist, nicht.

Interpretation: Auch wenn H_0 hätte verworfen werden müssen, wäre dies kein Nachweis für eine differentielle Behandlungswirkung, da die Ptn nicht nach Zufall mit verschiedenen Erregern infiziert wurden, sondern ihre Erreger spontan aquirierten. Damit sind Erregertyp und Individualität der Ptn als Mme konfundiert, und es ist bei Nachweis einer Kontingenz mit dem Behandlungserfolg nicht zu entscheiden, ob diese der Erregertyp oder die unterschiedliche Ansprechbarkeit der Ptn auf die Behandlung betrifft.

Wie anhand des Beispiels 15.2.4.2 leicht einzusehen, erspart man viel Aufwand, wenn man von vornherein nur jene Tafeln konstruiert, die eine *stärkere Abweichung von* H_0 indizieren. Allerdings besteht die Gefahr, daß man extremere Tafeln mit größeren als dem beobachteten v_t-Wert nicht sogleich als solche erkennt. Um diese Gefahr zu bannen, muß man alle p-Werte berechnen und kontrollieren, ob deren Summe gleich 1 ist. Sicher arbeitet nur das einschlägige EDV-Programm von MARCH (1972).

Die FREEMAN-HALTON-KRÜGER-Tafeln

Das Beispiel 15.2.4.2 erforderte eine aufwendige Auswertung. Hat man die (s.u.) von KRÜGER (1975) erstellten Tafeln für einen exakten 3 x 3-Felder-Kontingenztest zur Hand, so kann man bei Verzicht auf die Kenntnis der exakten Überschreitungswahrscheinlichkeit einer gegebenen 9-Feldertafel entscheiden, ob die Nullhypothese der Unabhängigkeit von Zeilen- und Spalten-Mm auf der Stufe α zu verwerfen ist oder nicht. Wie man die Tafel XV-2-4-4 des Anhangs zur Signifikanzprüfung im Sinne von FREEMAN und HALTON benutzt, zeigt die folgende Ablesung:

Man sucht zunächst den Tafelabschnitt N = 9 für die 9 Beobachtungspaare des Beispiels 15.2.4.2 auf. Sodann bezeichnet man die höchste Randsumme, das ist die höchste *Spaltensumme* 5, mit N1. Die zweithöchste Spaltensumme N2 = 3. Die höchste *Zeilensumme* ist N3 = 4 und die zweithöchste Zeilensumme ist N4 = 3. Wir lesen nun unter der Parameter-Kombination N = 9, N1 = 5, N2 = 3, N3 = 4 und N4 = 3 unter dem (etwa) vereinbarten α eine Schranke von S_α ab (vgl. auch KRÜGER et al. 1979).

Die *Prüfgröße* S ist von KRÜGER (1975). definiert als die Summe der Zehner Logarithmen der Fakultäten der 9 Felderfrequenzen, die man ihrerseits aus Tafel XV-2 des Anhangs entnimmt. Da 0! = 1! = 1 und log 1 = 0, können alle Frequenzen von 0 und 1 außer acht bleiben, so daß für Beispiel 15.2.4.2 S = log 3! + log 2! + log 3! = 0,77815 + 0,30103 + 77815 = 1,85733. Diese Prüfgröße unterschreitet die oben angegebene 1%-Schranke von $S_{0,01}$ = 2,158, womit die Entscheidung in Beispiel 15.2.4.2 bestätigt wird. Bis N = 9 sind alle Randsummenkombinationen vertafelt; ab N = 10 bis N = 20 sind nur jene Kombinationen vertafelt, deren 9-Felder-Erwartungswerte sich mindestens um eine Einheit unterscheiden. Nicht vertafelte Randsummenkombinationen sind nach CRADDOCK-FLOODS χ^2-Test (15.2.6) asymptotisch zu prüfen.

Die 3 x 3-Feldertafeln, wie sie mittels des FREEMAN-HALTON-KRÜGER-Tests exakt zu beurteilen sind, spielen eine Sonderrolle unter den k x m-Feldertafeln insofern, als viele augenscheinlich binären Mme eine *Restklasse* aufweisen und damit *ternäre* Mme sind: Man denke an vorhandene gegen fehlende Symptome (+,−) mit einer Restklasse ‚nicht zu beurteilen' oder ‚nicht dokumentiert worden'. Andere Binär-Mme sind hierarchisch ternarisiert, wie bilaterale gegen unilaterale E-Schock-Applikation, wobei die unilaterale eine rechtsseitige (dominante) oder linksseitige (subdominante) sein kann.

Eine andere Funktion von 3 x 3-Feldertafeln besteht darin, 2 stetig (wenngleich nicht normal) verteilte Mme so zu *diskretisieren*, daß auch *nicht-monotone Zusammenhänge* zwischen ihnen nachzuweisen sind. Die einfachst mögliche Diskretisierung, die sich bei kleinem Stichprobenumfang als einzig sinnvolle anbietet, ist die *Trichotomierung* (nach Tertilen etwa, wenn Vorkenntnisse über die Art des Zusammenhangs fehlen). Einen Sonderfall einer Trichotomie stellt die Messung von *Veränderungen* in 2 stetigen Mmn dar, wobei nur zwischen Steigen (+), Gleichbleiben (=) und Fallen (−) unterschieden wird. Auch Veränderungen in 2 binären Mmn können als 3 x 3-Feldertafel repräsentiert werden, wenn man das Auftreten des Mms mit (+), das Bestehen- oder Fehlenbleiben mit (=) und das Verschwinden mit (−) symbolisiert.

Aus den vielseitigen Anwendungsmöglichkeiten ist die Vertafelung eines 3 x 3-Felder-Kontingenztests sehr zu begrüßen, zumal sie auf so ökonomische (und bislang unübliche) Weise erfolgt ist[10].

15.2.5 KRAUTHS exakter χ^2-Kontingenztest

Wir haben in Beispiel 15.2.4.2 gesehen, daß die Punktwahrscheinlichkeiten zweier Nulltafeln, der beobachteten Tafel 1 und der Tafel 9 *numerisch gleich* waren. Das hat nach dem Rationale von FREEMAN und HALTON dazu geführt, daß beide p-Werte in die Überschreitungswahrscheinlichkeit P eingingen, wodurch im *FH-Test* P $>$ α wurde.

Bezeichnet nun aber die Frequenzverteilung der Tafel 9 wirklich die gleiche Abweichung von der Unabhängigkeit wie die Tafel 1? Berechnet man unbeschadet zu niedriger Erwartungswerte analog dem asymptotischen HALDANE-DAWSON-Test den χ^2-*Wert* für beide Tafeln, so stellt man fest, daß die nach χ^2 beurteilte Abweichung in Tafel 9 *geringer* ist als in Tafel 1. Nach diesem Kriterium brauchte man also Tafel 9 bzw. deren p-Wert nicht in die Summe der p*-Werte einzubeziehen. Möglicherweise wäre ein exakter Test mit dem empirischen χ^2-Wert als Prüfgröße *signifikant* ausgefallen?

---

10 Die Idee, dem Auswerter eine kurze Rechnung wie das Addieren von Tafelwerten zuzumuten, ist u.W. bislang noch nicht genutzt worden, um Tafeln auf einen vertretbaren Umfang zu reduzieren. Ohne Verwirklichung dieser Idee hätten 9 statt 5 Tafeleingänge vorgesehen werden müssen, da 4 den Fgn entsprechende Felderfrequenzen hinzugekommen wären.

Tatsächlich läßt sich – wie KRAUTH (1973) gezeigt und empfohlen hat – ein exakter Mehrfelder-Kontingenztest in der Weise konstruieren, daß man für alle Nulltafeln die χ^2-Werte berechnet und einen *Ablehnungsbereich* für χ^2 so definiert, daß das χ^2 der beobachteten Tafel und alle höheren χ^2-Werte in diesen Bereich fallen. Man hat dann die p-Werte all dieser Tafeln (p*) zu summieren, um das P des *K-Tests* zu erhalten.

Um χ^2 für so viele Tafeln möglichst *ökonomisch* zu berechnen, bedient man sich zweckmäßigerweise der Formel (15.2.1.2), wonach

$$\chi^2 = \sum_{i,j} \frac{f_{ij}^2}{e_{ij}} - N$$

Da die Erwartungswerte für alle Nulltafeln die *gleichen* sind, berechnet man ökonomisch f_{ij}^2 ($1/e_{ij}$) dadurch, daß man alle korrespondierenden f_{ij}^2 mit dem konstanten *Kehrwert* $1/e_{ij}$ multipliziert. Wie man dabei vorgeht, erhellt das Beispiel 15.2.5.1.

Beispiel 15.2.5.1

Datenrückgriff: Wir greifen auf das Beispiel 15.2.4.2 zurück und bilden sogleich die Nulltafeln mit f_{ij}^2 als Eintragungen (vgl. 15.2.5.1).

Tabelle 15.2.5.1

9 1 0	9 1 0	9 1 0	16 0 0	16 0 0		16 0 0	16 0 0
4 0 0	1 0 1	0 0 4	1 0 1	0 0 4		1 1 0	0 1 1
0 0 9	1 0 4	4 0 1	0 1 4	1 1 1		0 0 9	1 0 4
4 1 1	4 1 1	4 1 1	9 0 1	9 0 1	9 0 1	9 0 1	9 0 1
4 0 0	1 0 1	0 0 4	4 0 0	1 0 1	0 0 4	1 1 0	0 1 1
1 0 4	4 0 1	9 0 0	0 1 4	1 1 1	4 1 0	1 0 2	4 0 1
1 1 4	1 1 4		4 0 4	4 0 4		4 0 4	4 0 4
4 0 0	1 0 1		4 0 0	1 0 1		1 1 0	0 1 1
4 0 1	9 0 0		1 1 1	4 1 0		4 0 1	9 0 0
0 1 9			1 0 9			1 0 9	
4 0 0			4 0 0			1 1 0	
9 0 0			4 1 0			9 0 0	

Reziproke Erwartungswerte: Nunmehr berechnen wir die Erwartungswerte der 9-Feldertafel in bekannter Weise nach $e_{ij} = N_i N_j / N$ und erhalten z. B. $e_{11} = 4 \cdot 5/9 = 20/9$. In Tabelle 15.2.5.2 wurden jedoch sogleich die Reziproken der Erwartungswerte $1/e_{ij} = N/N_i N_j$ eingetragen:

Tabelle 15.2.5.2

9/20 = 0,45	9/4 = 2,24	9/12 = 0,75
9/10 = 0,90	9/2 = 4,50	9/6 = 0,67
9/15 = 0,60	9/3 = 3,00	9/9 = 1,00

Prüfgröße: Das χ^2 der beobachteten Tafel (links oben) ergibt sich wie folgt:

$\chi^2 = 9(0,45) + 1(2,24) + 0(0,75) +$
$+ 4(0,90) + 0(4,50) + 0(0,67) +$
$+ 0(0,60) + 0(3,00) + 9(1,00) - 9 = 9,90$

Prüfverteilung: Die χ^2-Werte der übrigen 23 Nulltafeln sind in Tabelle 15.2.5.3 verzeichnet; sie wurden so berechnet, daß alle $f_{11}(0,45)$, alle $f_{12}(2,24)$ usf. bis f_{33} (1,00) gebildet werden. Dann wurde summiert und N = 9 subtrahiert.

Tabelle 15.2.5.3

χ^2:	9,90*	3,46	9,37	6,77	5,48		12,60*	7,97
	3,99	0,76	3,87	6,40	1,97	3,88	3,80	4,37
	3,69	3,66		4,00	2,77		4,60	6,37
	8,99			7,20			9,00	

Test: Das $\chi^2 = 9,90*$ der beobachteten Tafel wird von nur einem $\chi^2 = 12,60*$ überschritten. Die den beiden Tafeln zugeordneten Punktwahrscheinlichkeiten betragen nach Tabelle 15.2.4.5 p* = 4/72 und p* = 4/144; daraus resultiert eine Überschreitungswahrscheinlichkeit von P = (8+4)/144 = 0,0833 < 0,10 = α.

Entscheidung: Im Unterschied zum FREEMAN-HALTON-Test muß aufgrund des Tests von KRAUTH die Unabhängigkeitshypothese verworfen werden. Der K-Test ist offenbar gegenüber der hier in diesem Beispiel vorliegenden Abweichung der Beobachtungs- von den Erwartungswerten sensitiver als der FH-Test.

Wie man aus dem vorstehenden Beispiel erkennt, ist KRAUTHS (1973) Test im allgemeinen nicht mit dem Test von FREEMAN und HALTON identisch, wenngleich in den meisten praktischen Fällen der Unterschied nicht allzu groß ausfallen wird[11]. Offenbar ist KRAUTHS Test gegenüber jenen Tafeln sensitiver, in welchen das Gesamt-χ^2 im wesentlichen von einer einzigen (oder — bei größeren Tafeln — ganz wenigen) Felderkomponent(en) getragen wird. Asymptotisch sind vermutlich beide Tests gleich effizient.

---

11 Der Test wurde nicht primär zur Kontingenzprüfung in kleinen schwach besetzten Mehrfeldertafeln entwickelt, sondern zur Prüfung von Tafeln, die sich aus den Vorzeichen der ersten Differenzen von Verlaufskurven in 2 oder k Stichproben ergaben.

Der Test von KRAUTH hat den Vorteil, daß der Untersucher jene Nulltafeln leichter findet, die ein höheres χ^2 liefern als die beobachtete Tafel (EDV-Programm bei AGRESTI und WACKERLY, 1977).

15.2.6 CRADDOCK-FLOODS approximierter χ^2-Test

Im HALDANE-DAWSON-Test wurde die empirische χ^2-Verteilung einer k x m-Felder-Kontingenztafel an eine Normalverteilung angenähert. Das war und ist nur möglich, wenn die Zahl der Felder bzw. der Fge einer Kontingenztafel groß ist. Für kleinere Tafeln mit weniger Fgn kann die empirische χ^2-Verteilung unter der Nullhypothese durch *Monte-Carlo-Methoden* via EDV *approximiert* werden. Diesem Ziel hat sich für die 3 x 3-Feldertafel CRADDOCK (1966) verschrieben. Zusammen mit FLOOD (CRADDOCK and FLOOD, 1970 Table 1) wurden die empirischen Nullverteilungen von χ^2 bis auf 5 x 5-Tafeln erweitert.

α-Perzentil-Schranken p = 100 (1-α)

Tafel XV-2-6 enthält die (graphisch) geglätteten χ^2-Nullverteilungen für Kontingenztafeln von 3 x 2 bis 5 x 5 für Stichprobenumfänge von etwa N = km bis N = 5 km. Überschreitet das in klassischer Weise berechnete χ^2 einer k x m-Feldertafel die α-Schranke, die für den beobachteten Stichprobenumfang N = n der Tafel gilt, so besteht eine auf der Stufe α signifikante Kontingenz zwischen Zeilen- und Spalten-Mm.

Beispiel 15.2.6.1

Datenrückgriff: Betrachten wir nur die reihungsersten k = 4 Vpn in unserem Farbpyramidentest der Tabelle 15.2.3.1, so resultiert die folgende Kontingenztafel 15.2.6.1 mit m = 3 Unbunt-Farbwahlen.

Tabelle 15.2.6.1

Vp	Farbwahl			S
	weiß	grau	schwarz	
SM	0	5	3	8
Hf	3	1	3	7
Pe	4	0	6	10
Kn	0	0	4	4
S	7	6	16	N = 29

Fragestellung: Es soll geprüft werden, ob die Farbwahlen über die Vpn homogen verteilt sind (H_0) oder nicht (H_1), $\alpha = 0,05$.

Testwahl: Da ein exakter 4 x 3-Feldertest zu aufwendig ist und ein asymptotischer χ^2-Test wegen zweier Erwartungswerte < 1 bei 6 weiteren Erwartungswerten < 5 nicht zulässig erscheint, prüfen wir nach dem Test von CRADDOCK und FLOOD.

Testdurchführung: Wir berechnen in klassischer Weise die Erwartungswerte und er-

1,93	1,655	4,41
1,69	1,45	3,86
2,41	2,07	5,52
0,97	0,83	2,21

halten das χ^2 der 4 x 3-Feldertafel wie folgt:

$$\chi^2 = (0 - 1,93)^2/1,93 + (5 - 1,655)^2/1,655 + \ldots + (4 - 2,21)^2/2,21 = 13,95$$

mit $(4-1)(3-1) = 6$ Fgn.

Entscheidung: Die auf dem 5%-Niveau gültige Schranke des CRADDOCK-FLOOD-Tests beträgt nach Tafel XV–2–6(e) des Anhangs für $N = 29 \approx 30$ als Stichprobenumfang 12,3. Da unser $\chi^2 = 13,95$ diese Schranke übersteigt, verwerfen wir H_0 und akzeptieren H_1. Aufgrund von nur $N = 4$ Vpn läßt sich mithin der gleiche Nachweis führen wie aufgrund aller Vpn der Tabelle 15.2.3.1.

Anmerkung: Hätten wir für $N = \infty$ eine Schranke von 12,6 zugrunde gelegt, d. h. in klassischer Weise geprüft, dann hätten wir zwar die gleiche Entscheidung gefällt, hätten aber wegen verletzter Voraussetzungen nicht darauf vertrauen können.

Wie man sieht, prüfen die Tafeln XV–2–6(a–i) *schärfer* als der asymptotische χ^2-Test, da die χ^2-Schranken für endlichen Stichprobenumfang stets *kleiner* sind als die für unendlichen Umfang ($N = \infty$). Daraus ergibt sich die *Folgerung*, daß man bei Anwendung des (üblichen) asymptotischen χ^2-Tests auf Kontingenztafeln mit Erwartungswerten zwischen 5 und 1 stets auf der sicheren Seite ist, wenn man sie nach dem α-Perzentil der theoretischen χ^2-Verteilung (mit $N = \infty$) beurteilt.

15.2.7 Der χ^2-Kontingenztest bei gleichverteilten Randsummen

CRADDOCK-FLOODS asymptotischer χ^2-Test approximiert den klassischen χ^2-Test (15.2.1) um so genauer, je weniger sich cet. par. die Erwartungswerte der k x m Felder einer Kontingenztafel numerisch unterscheiden. Die Erwartungswerte e_{ij} sind durchweg gleich e, wenn sowohl die Zeilensummen wie die Spaltensummen *gleich verteilt* sind.
Bezeichnet man die Zeilensummen mit $K = N/m$ und die Spaltensummen mit $M = N/k$, dann sind die *Erwartungswerte* aller Felder gleich $e_{ij} =$

= KM/N = N/km. Damit geht die allgemeine χ^2-Formel (15.2.1.1) über in die handliche Form

$$\chi^2 = \frac{km}{N} \sum_i^k \sum_j^m f_{ij}^2 - N \quad \text{mit } (k-1)(m-1) \text{ Fgn} \qquad (15.2.7.1)$$

Wie WISE (1963) gezeigt hat, ist der χ^2-Test mit gleichen Erwartungswerten auch dann noch valide, wenn die e $\leq$ 5 sind. CONOVER (1971, S. 161) begnügt sich bei großen Kontingenztafeln (für welche bei ungleichen Erwartungswerten der HALDANE-DAWSON-Test, vgl. 15.2.3, indiziert ist) mit Erwartungswerten von e $\geq$ 1.

Kontingenztafeln mit *gleichverteilten Randsummen* entstehen im allgemeinen unter einer der folgenden beiden Bedingungen:

CONOVERS Korrelationstrendtest

Eine Korrelationstafel mit N *singulären Beobachtungspaaren*, N = $K \cdot m \cdot C$ mit ganzzahligem C, wird in k Zeilen und m Spalten so gruppiert, daß gleich verteilte Randsummen resultieren. Es handelt sich hierbei um eine *Äqui-Areal-Transformation* für 2 Mme von der Art, wie sie für 1 Mm im Äqui-Areal-χ^2-Anpassungstest vorgenommen wurde (vgl. Abbildung 5.2.2).

Wie eine Korrelationstafel in eine *binordiale Kontingenztafel* mit gleichverteilten Randsummen umgewandelt wird, zeigt unmittelbar einsichtig Abbildung 15.2.7.1 (aus CONOVER, 1971, Fig.2) mit N = 24 Beobachtungspaaren, die nach k = 3 Zeilen und m = 4 Spalten gruppiert worden sind.

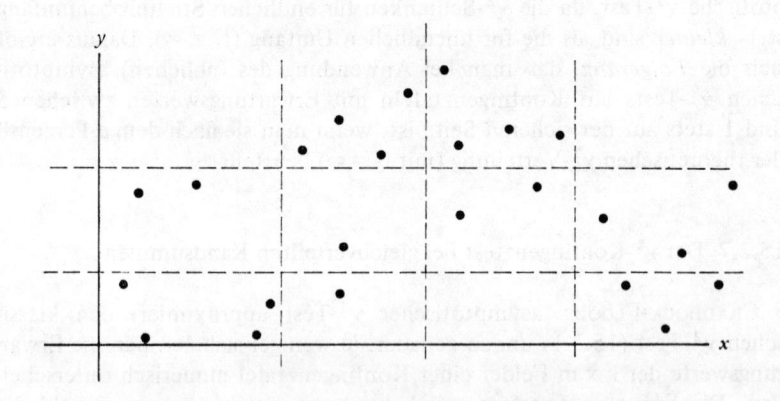

Abb. 15.2.7.1:
Gruppierung einer Korrelationstafel mit N = 24 Beobachtungspaaren in eine binordiale Kontingenztafel mit gleichverteilten Randsummen (k = 3, m = 4).

Die aus der *Gruppierung* resultierende Kontingenztafel der Tabelle 15.2.7.1 hat Erwartungswerte von durchweg e = N/km = 24/3 · 4 = 2 bei gleichverteilten Randsummen von N/m = 24/3 = 8 pro Zeile und N/k = = 24/4 = 6 pro Spalte: Die Zeilen sind *Tertile* von X, die Spalten *Quartile* von Y als Observablen.

Tabelle 15.2.7.1

	1	2	3	4	Total
1	0	4	4	0	8
2	2	1	2	3	8
3	4	1	0	3	8
Total	6	6	6	6	24

Die Frage, ob die Observablen X und Y unabhängig (H_0) oder im Sinne eines (wie immer gearteten) *Korrelationstrends* verknüpft sind (H_1) beantworten wir mit der Prüfgröße χ^2 nach (15.2.7.1)

$$\chi^2 = \frac{3 \cdot 4}{24}(0^2 + 4^2 + \ldots + 3^2) - 24 = 14{,}0 \text{ mit 6 Fgn.}$$

Wir verwerfen H_0 und akzeptieren H_1, da $\chi^2 = 14{,}0$ die 5%-Schranke von 12,69 (für 6 Fge) überschreitet und interpretieren die nachgewiesene Kontingenz als Ausdruck eines *bitonen* (umgekehrt U-förmigen) Trends (vgl. 9.8). Der χ^2-Test ist als Kontingenztrendtest valide, weil die Erwartungswerte zwar klein, aber numerisch gleich sind. Interessiert den Untersucher, ob die stetigen Observablen X und Y in einem bestimmten Teilbereich der Korrelationstafeln zusammenhängen, so braucht er nur die diesen Bereich betreffende χ^2-Komponente zu berechnen und nach der entsprechenden Zahl von Fgn zu beurteilen; dies ist eine *Bereichsspezifizierung* des CONOVERschen Korrelationstrendtests (EHLERS und LIENERT, 1976, vgl. Kap. 16.1.3).

Der Gleichverteilungs-Kontingenztest

CONOVERS Korrelationstrendtest setzt stetig verteilte und bindungsfrei entlang einer Intervallskala gemessene Observablen voraus. Ein *Gleichverteilungskontingenztest* kann aber auch bei schwächeren Skalenvoraussetzungen angewandt werden, wenn N Individuen, obschon nicht i.e.S. meßbar, je Mm nach Art einer Gleichverteilung skaliert, d. h. in eine *subjektive*

Rangordnung (vgl. 3.2.2) mit k oder m Gruppen gleicher Ränge gebracht werden können[12].

Die *Anwendungsmöglichkeiten* eines Gleichverteilungs-Kontingenztests lassen sich leicht veranschaulichen, wenn man gleichverteilte Schulnoten in 2 Fächern und deren Kontingenz in einer k x m-Feldertafel betrachtet. Voraussetzung für die Erstellung solch einer Tafel ist die Bereitschaft des Lehrers, seine N = kmC Schüler nach ihrer Schulleistung in gleichgroße Gruppen nach dem einen und in m gleichgroße Gruppen nach dem anderen Fach entlang je einer gruppierten Rangskala anzuordnen.

Die *Zahl der Rangstufen* (Notenskala) k und m wird (1) danach zu bestimmen sein, daß kmC die Stichprobe der verfügbaren N Schüler möglichst vollständig ausschöpft und (2) davon, daß bei k $\neq$ m das besser zu differenzierende Schulfach die höhere Zahl von Stufen zuerkannt erhält.

Statt N Individuen (Schüler) durch *einen* Experten (Lehrer) nach 2 Mmn (Schulfächern) skalieren zu lassen, kann man auch die Punkt-Skalierungen *mehrerer* gleich kompetenter Experten je Individuum und Fach ‚Summieren' und die Summenpaare nach CONOVERS Test auswerten.

15.2.8 Kontingenztests bei bekannten Randverteilungen
Der polynomiale Kontingenztest

Ist eine Mehrfeldertafel sehr schwach *besetzt*, aber deren *Randverteilung* empirisch *bekannt* oder theoretisch zu postulieren, dann prüft man mit dem auf zwei Dimensionen verallgemeinerten *Polynomialtest* (vgl. 5.2.1) wirksamer als wenn man die beobachteten Randverteilungen zugrunde legt, wie dies bei den exakten Tests für die Kontingenz in schwach besetzten Mehrfeldertafeln (FREEMAN-HALTON oder KRAUTH) der Fall ist.

Nehmen wir an, in Beispiel zu 5.2.1 wären die *Mißbildungen* von Neugeborenen einmal nach dem Typ (1 = Becken, 2 = Extremitäten und 3 = Andere) und zum anderen nach der Behandlung der Mütter (mit und ohne Schlafmittel) aufgegliedert worden. Eine Großerhebung habe $\pi_{1.} = 40\%$

---

12 Eine Skalierung durch Zuordnung von N Individuen zu einer vorgegebenen Verteilung (Gleichverteilung oder Quasi-Normalverteilung) nennt man auch R-Skalierung, da sie meist der sog. R-Faktorenanalyse (als klassischer FA) von Mmn dient, die einer direkten Messung nicht zugänglich sind; sie ist eine normative Skalierung i.S. CATTELS (1946), da die Populationsnorm als Bezugssystem der Beurteilung gilt. Im Unterschied dazu ist die sog. Q-Skalierung (vgl. BLOCK, 1961) eine Gruppierung von Mmn eines Individuums nach der relativen Stärke ihrer intraindividuellen Ausprägung, die als ipsative Beurteilung zu gelten hat, da das ‚Selbst' hier als Bezugssystem fungiert. Ipsative oder Q-Skalierungen dienen der sog. Q-Faktorenanalyse als Ausgangsdaten zur Interkorrelation (Ähnlichkeitsmessung) von Individuen (vgl. dazu REVENSTORF, 1976, Kap. 8).

Mütter ergeben, die während der Schwangerschaft Schlafmittel genommen haben, und $\pi_{2.} = 60\%$, die keine Medikamente genommen haben. Aus der Bevölkerungsstatistik ist bekannt, daß der Anteil von Beckenmißbildungen $\pi_{.1} = 70\%$, die der Extremitätenmißbildungen $\pi_{.2} = 20\%$ und andere Mißbildungen $\pi_{.3} = 10\%$ ausmachen.

Nach dem Multiplikationssatz der Wahrscheinlichkeit ergeben sich für eine 2 x 3-Feldertafel folgende, theoretisch zu erwartenden *Anteilsparameter* π_{ij}, $i = 1(1)2$ und $j = 1(1)3$, wobei z. B. in Tab. 15.2.8.1 gilt, daß $\pi_{11} = (0,40)(0,70) = 0,28$.

Tabelle 15.2.8.1

	1	2	3	
1	$\pi_{11} = 0,28$	$\pi_{12} = 0,08$	$\pi_{13} = 0,04$	0,40
2	$\pi_{21} = 0,42$	$\pi_{22} = 0,12$	$\pi_{23} = 0,06$	0,60
	0,70	0,20	0,10	1,00

Wenn sich nun zeigt, daß alle $N = x_2 = 3$ Extremitätenmißbildungen aus 5.2.1 der Klasse 12 zugehören, so entsteht die *Kontingenztafel* der Tabelle 15.2.8.2.

Tabelle 15.2.8.2

	1	2	3	Σ
1	$x_{11} = 0$	$x_{12} = 3$	$x_{13} = 0$	3
2	$x_{21} = 0$	$x_{22} = 0$	$x_{23} = 0$	0
	$x_1 = 0$	$x_2 = 3$	$x_3 = 0$	$N = 3$

Die *Punktwahrscheinlichkeit*, bei Geltung der Nullhypothesen (Unabhängigkeit von Behandlung und Mißbildungstyp) die beobachtete 2 x 3-Felderverteilung zu erhalten, ergibt sich analog (5.2.1.1) zu

$$p_0^* = \frac{N!}{x_{11}! \ldots x_{23}!} (\pi_{11})^{x_{11}} \ldots (\pi_{23})^{x_{23}} \qquad (15.2.8.1)$$

Bedenkt man, daß $0! = 1$ definiert ist und $N! = x_{12}! = 3! = 6$, so resultiert

$$p_0^* = \frac{6}{6}(0,28)^0 (0,08)^3 (0,04)^0 \ldots (0,06)^0 = (0,08)^3 = 0,000512.$$

Es gibt nur noch 2 andere Felderverteilungen, die eine *kleinere* als die beobachtete Punktwahrscheinlichkeit liefern, und das sind die Verteilungen der Tabelle 15.2.8.3

Tabelle 15.2.8.3

	1	2	3		1	2	3
1	0	0	3	1	0	0	0
2	0	0	0	2	0	0	3

$p_2^* = (0{,}04)^3 = 0{,}000064$ $\qquad$ $p_1^* = (0{,}06)^3 = 0{,}000216$

Die *Überschreitungswahrscheinlichkeit*, die beobachtete oder eine noch weniger mit der Erwartung aufgrund von Tabelle 15.2.8.2 übereinstimmende Verteilung zu erhalten, beträgt analog (5.1.2.2)

$$P = \Sigma p_i^* \quad \text{mit } i = 0(1)2 \tag{15.2.8.2}$$

Sie ist in unserem Beispiel mit $P = 0{,}000512 + 0{,}000216 + 0{,}000064 = 0{,}000792$ kleiner als $\alpha = 0{,}001$, womit H_0 auf dieser Stufe zu verwerfen ist.

Die *Alternative* zu H_0 ist dahin zu interpretieren, daß zwischen Behandlung und Mißbildungstyp eine Kontingenz besteht, die bewirkt, daß Extremitätenmißbildungen bei Müttern, die Schlafmittel (Thalidomid?) genommen haben, viel häufiger als theoretisch zu erwarten, aufgetreten sind.

Der hier vorgestellte Polynomialtest ist das exakte *Pendant* zum asymptotischen *Globalanpassungstest* aus 9.3.6, der eine beobachtete mit einer theoretisch zu erwartenden Kontingenztafel zu vergleichen gestattet; er bezieht neben Abweichungen zu Lasten von Kontingenz auch solche zu Lasten mangelnder Übereinstimmung zwischen beobachteten und erwarteten Randsummen mit ein. In unserem Beispiel reicht die Marginalabweichung, wie das Beispiel in Abschnitt 5.2.1 gezeigt hat, allein aus, um H_0 auf dem 5%-Niveau zu verwerfen.

Der binomiale Kontingenztest

Sind nur die 2 Spaltenparameter $\pi_{.1}$ und $\pi_{.2}$ bekannt, nicht aber die Zeilenparameter $\pi_{i.}$, $i = 1(1)k$, dann sind letztere aus den Zeilensummen nach $p_{i.} = N_i/N$ zu schätzen, ansonsten ist wie beim polynomialen Kontingenztest zu verfahren, wenn N klein ist, und wie beim Globalanpassungstest nach 9.3.6, wenn N groß ist. Der *binomiale Kontingenztest* — wie er genannt werden soll — spricht naturgemäß nur auf Spalten- nicht auch auf Zeilenabweichungen an, da letztere nicht bekannt, sondern nur aus der Stichprobe geschätzt sind.

Eine biomedizinisch interessante Variante ist der binomiale Kontingenztest mit *gleichen Spaltenanteilen* $\pi_{.1} = \pi_{.2} = 1/2$. Dieser Test ist dann indiziert, wenn in der k x 2-Feldertafel unter H_0 nicht nur gefordert wird, daß der Erfolg einer Behandlung 1 ebenso groß sei wie der einer Kontrollbehandlung 2, sondern darüber hinaus, daß dies für alle k Schichten (Diagnosen oder Kliniken bei multizentrischen Studien) gelte.

Die Nullhypothese des Spaltengleichheits-Kontingenztests lautet also: die Behandlungen 1 und 2 führen in allen k Schichten zu je $N_i/2$ Behandlungserfolgen. Die Alternativen zu H_0 sind wie folgt zu formulieren: H_1 besagt, daß eine neue Behandlung in allen k Schichten in gleichem Maße besser wirkt als die Kontrollbehandlung, was einer *homeopoietischen Behandlungswirkung* entspricht. Die Alternative H_2 besagt, daß die neue Behandlung in einigen Schichten besser, in anderen schlechter als die Kontrollbehandlung wirkt, was einer *heteropoietischen Behandlungswirkung* entspricht (LIENERT, 1978).

Gegen H_1 prüft man exakt mittels des Vorzeichentests, der auf die Spaltensumme der x = A *Behandlungserfolge* unter den N Patienten anzuwenden ist; asymptotisch prüft man zweiseitig mittels χ^2 nach

$$\chi^2 = (A - B)^2 / N \text{ mit 1 Fg}, \tag{15.2.8.2}$$

wobei N-x = B die Mißerfolge bezeichnet, und 2α statt α zugrunde zu legen ist, wenn einseitig geprüft wird, ob die neue Behandlung besser ist als die alte.

Gegen H_2 prüft man exakt mittels FH- oder K-Tests gemäß (15.2.4–5) oder mittels eines der in Abschnitt 15.2.9 aufgeführten Tests; asymptotisch prüft man mittels χ^2 für die k x 2-Feldertafel via BRANDT-SNEDECOR (5.4.1). Wird sowohl gegen H_2 wie gegen H_1 geprüft, muß das Alpha-Risiko nach $\alpha^* = \alpha/2$ adjustiert werden.

Obige Tests sind u.a. dann indiziert, wenn eine Stichprobe von k-fach *geschichteten Patienten* im *Überkreuzungsplan* (Cross-over design) einmal mit den neuen und ein anderes Mal mit der alten Behandlung versorgt wird, und der Arzt nur entscheiden soll, welche der beiden Behandlungen (Arzneimittel-Chargen) besser angesprochen hat. Unter H_0 hat jede Charge in jeder Schicht die Chance 1/2, als die bessere beurteilt zu werden.

Wie ein Tranquilizer (T) und ein Standard (S) nach der Selbsterfahrung von N = 45 Ptn in k = 3 Versorgungsbereichen (Klinik, Fach- und Allgemeinpraxis) tatsächlich gewirkt haben, ist in Tabelle 15.2.8.3 verzeichnet (aus LIENERT, 1978, Tab. 2).

Nach Tabelle 15.2.8.3 haben 25 Ptn besser auf T, 20 Ptn besser auf S angesprochen, woraus $\chi_1^2 = (25-20)^2 /45 = 0{,}56$ n.s. resultiert, also T *nicht homeopoietisch* (oder schichtdurchgängig) besser ist als S. Die Inspektion von Tabelle 15.2.8.3 läßt vielmehr eine *heteropoietische* (oder schichtab-

Tabelle 15.2.8.3

Bereich	T > S	S > T	N_i
Klinik	12	4	16
Fachpraxis	9	5	14
Allg.praxis	4	11	15
Σ	A=25	B=20	N=45

hängige) Wirkung von T zugunsten der Klinik und zu ungunsten der Allgemeinpraxis bzw. ihrer Patientenpopulation vermuten:

$$\chi^2 = \frac{45^2}{25 \cdot 20} \left(\frac{12^2}{16} + \frac{9^2}{14} + \frac{4^2}{15} - \frac{25^2}{45} \right) = 7{,}95 \text{ mit 2 Fgn}$$

Tatsächlich ist der BRANDT-SNEDECOR-χ^2-Test signifikant (5%), selbst wenn man ihn als einen von 2 simultanen Tests (nach 2,5%) beurteilt. Im konkreten Fall hat sich T dort als besser erwiesen, wo es zuerst erprobt wurde (in der Klinik) an Neurotikern und dort als schlechter, wo es zuletzt erprobt wurde (in der Allgemeinpraxis an Psychosomatikern).

Die χ^2-Werte des homeopoietischen und des heteropoietischen Wirkungsanteils sind *additiv* und ergeben einen Testwert für die *Gesamtwirkung* von T im Vergleich zu S, das mit $\chi^2 = 0{,}56 + 7{,}95 = 8{,}51$ nach 1+2 = = 3 Fgn zu beurteilen ist. Das Gesamtwirkungs-χ^2 erhält man direkt, wenn man $\chi^2 = \Sigma(f-e)^2/e$ so ermittelt, daß die e's nicht auf den beobachteten, sondern auf den unter H_0 erwarteten Spaltensummen N/2 gründen, also auf den als bekannt angenommenen Spaltenanteilen $\pi_{.1} = \pi_{.2} = 1/2$.

Zur Zusammenfassung von drei oder mehr Einzelversuchsergebnissen aus multizentrischen Studien lese man bei HAUFE und GEIDEL (1978) nach.

15.2.9 Homogenität und Unabhängigkeit in k x 2-Feldertafeln

Nach dem binomialen Fall einer k x 2-Feldertafel kehren wir nun zu dem Trivialfall einer k x 2-Feldertafel zurück und fragen: Wie prüfen wir global auf Homogenität oder Unabhängigkeit, wenn die Bedingungen der χ^2-Prüfung nach BRANDT-SNEDECOR (vgl. 5.4.1.1) wegen *zu schwach* besetzter Felder nicht erfüllt sind? Wie prüfen wir — was auf das gleiche hinausläuft — auf Homogenität und Unabhängigkeit in einer k x 2-Feldertafel?

Wie im vorigen Abschnitt, so werden wir auch in diesem mit asymptotischen, auf *große* schwach besetzte Tafeln zugeschnittenen Tests beginnen und uns danach den exakten, für *kleine* schwach besetzte Tafeln konstruierten Tests zuwenden und hier einige bereits vertafelte Tests bekanntmachen.

Zur besseren Übersicht greifen wir wiederum auf die *Notation* des Abschnittes 5.4.1 zurück und bezeichnen mit a_i und b_i die beobachteten Frequenzen der beiden Spalten, mit N_a und N_b die beiden Spaltensummen und mit N_i, i = 1(1)k, die k Zeilensummen.

Wir beginnen im folgenden mit einem k x 2-Feldertest von HALDANE (1955), der als Spezialfall des HALDANE-DAWSON-Tests auf k > 5 schwach besetzte Zeilen anzuwenden ist, gehen sodann – gewissermaßen im Nachtrag zu Abschnitt 5.4.1 – mit BAUERS Median-Quartile Test zu k = 4 Zeilen über und beschließen den Abschnitt mit den Tests für k = 3 Zeilen.

HALDANES *quasi-exakter k x 2-Felder-χ^2-Test*

Hat eine Mehrfeldertafel k > 5 Zeilen und m = 2 Spalten, und sind deren Erwartungswerte zu mehr als einem Fünftel kleiner als 5, dann prüft man auf *Homogenität* der k Stichproben von Alternativdaten mittels eines, dem exakten k x 2-Feldertest angenäherten (quasi-exakten) Chiquadrattests wie folgt[13]:

$$\chi_h^2 = \frac{N^2}{N_a N_b (h+1)^2} \left(\sum_{i=1}^{k} \frac{(ha_i - b_i)^2}{N_i} - \frac{(hN_a - N_b)^2}{N} \right) \quad \text{mit k-1 Fgn} \quad (15.2.9.1)$$

Darin sind a_i die Ja- und b_i die Nein-Frequenzen der Stichprobe i mit dem Umfang N_i, i = 1(1)k, ferner ist $N_a < N_b$ zu vereinbaren und das ganzzahlig definierte Vielfache der Ja-Frequenzen N_a relativ zu den Nein-Frequenzen N_b, d. h. $h = [N_b/N_a]$.

Die *Prüfgröße* χ_h^2 ist unter der Nullhypothese der Homogenität der k Stichproben, bzw. der Unabhängigkeit der k Zeilen und der 2 Spalten, wie χ^2 mit k-1 Fgn verteilt. Überschreitet ein beobachtetes χ_h^2 die zugehörige Schranke χ_α^2 für k-1 Fge, dann ist H_0 zu verwerfen.

Beispiel 15.2.9.1

Fragestellung: In k = 11 bedingungsverschiedenen Kreuzungsexperimenten mit Hybridvarianten der Drosophila und der Drosophila vestigialis sollen die Zahl der nicht lebensfähigen (a_i) Vestigialis-Rückkreuzungen in jeder der k Stichproben mit je N_i Individuen gezählt und die Differenzen $b_i = N_i - a_i$ gebildet werden.

Hypothesen: In den k Populationen ist der Anteil der nicht lebensfähigen Rückkreuzungen gleich (H_0) bzw. ungleich (H_1).

---

13 Ist k > 30, und sind alle k Stichproben von gleichem Umfang N_i = n, so kann der quasi-exakte Test durch einen asymptotischen Test ersetzt werden (vgl. SNEDECOR und COCHRAN, 1967, Ch. 8.9). Da dieser Test in praxi jedoch kaum benötigt wird, verzichten wir auf seine Diskussion.

Signifikanzniveau: Da H_0 erwartet wird, wenn die Nicht-Lebensfähigkeit erbbiologisch bedingt ist, setzen wir $\alpha = 0,01$ niedrig an.

Datensatz: Tabelle 15.2.9.1 bringt die $N = 487$ Ergebnisse der $k = 11$ Experimente mit einigen Vorauswertungsschritten nach (15.2.9.1), wobei $h = 419/68 = 6$ (Daten aus HALDANE, 1955, Tabelle 1).

Tabelle 15.2.9.1

a_i (e_i)	b_i	N_i	$6a_i-b_i$	$(6a_i-b_i)^2/N_i$
1 (3,6)	25	26	+19	13,885
15 (13,3)	80	95	−10	1,053
12 (7,0)	38	50	−34	23,120
8 (8,4)	52	60	+ 4	0,267
0 (1,2)	9	9	+ 9	9,000
7 (3,9)	21	28	−21	15,750
6 (5,4)	33	39	− 3	0,231
2 (3,6)	24	26	+12	5,538
7 (5,2)	30	37	−12	3,892
7 (8,1)	51	58	+ 9	1,397
3 (8,2)	56	59	+38	24,475
$N_a= 68$ $N_b=419$		$N=487$	+11	98,608

Testwahl: Der für eine k x 2-Feldertafel übliche k x 2-Felder-χ^2-Test ist wegen der zahlreichen niedrigen Erwartungswerte in der a-Spalte durch HALDANES k x 2-Felder-χ^2-Test zu ersetzen.

Entscheidung: Wir setzen die Zwischendaten aus Tabelle 15.2.9.1 in (15.2.9.1) ein und erhalten

$$\chi^2 = \frac{487^2}{68 \cdot 419(6+1)} (98,608 - 11^2/687) = 16,708$$

Dieses χ^2 übersteigt nicht die für Fg = 11−1 = 10 Fge geltende 1%-Schranke von 23,21, so daß wir H_0 beibehalten.

Interpretation: Die Letalitätsrate unter den Rückkreuzungsnachkommen der Hybriden aus Drosophila melanogaster und Drosophila vestigialis beträgt unter H_0 (Homogenität) offenbar 68/487 = 0,14 = 14% einheitlich für alle k = 11 Untersuchungsbedingungen.

Testvergleich: Prüfen wir unter Nicht-Beachtung der niedrigen Erwartungswerte nach der BRANDT-SNEDECOR-Formel (5.4.1.1)

$$\chi^2 = \frac{487^2}{68 \cdot 419} \left(\frac{1^2}{26} + \frac{15^2}{95} + \ldots + \frac{3^2}{59} - \frac{68^2}{487} \right) = 9,447$$

so resultiert für die gleiche Zahl von 11−1 = 10 Fgn ein wesentlich niedrigeres χ^2, das im Unterschied zu χ_h^2 nicht einmal auf der 10%-Stufe signifikant wäre. Der quasi exakte HALDANE-Test ist mithin in unserem Datensatz wirksamer als der asymptotische BRANDT-SNEDECOR-Test.

Anmerkungen

Der HALDANE-Test kann auch als 2 x m-Feldertest angewendet werden, um k = 2 unabhängige, nach m Intervallen *gruppierte* Stichproben eines stetig verteilten Mms nach Art eines *Omnibustests* zu vergleichen, wenn eine Stichprobe (N_a) *klein* ist im Verhältnis zur anderen Stichprobe ($N_b\cdot$). Unter dieser Bedingung ist er effizienter als der indikationshomologe 2 x m-Felder-χ^2-Test (vgl. 5.4.3).

Beide 2 x m-Tests sind als *Zweistichprobentests* vor allem dann sinnvoll anzuwenden, wenn sich die zugehörigen Populationen weniger bezüglich ihrer Lage als bezüglich anderer Verteilungscharakteristika (Dispersion und/oder Asymmetrie und/oder Modalität = Zahl der Verteilungsgipfel) unterscheiden[14].

Die m Spalten des 2-Stichprobentests können ebenso wie die k Zeilen des k-Stichprobentests paarweise miteinander verglichen werden (Alphaadjustierung vgl. 16.1.8). Wirksamere Methoden des Vergleichs dichotomer Observablen beschreibt KNOKE (1976).

BAUERS Median-Quartile-Test

Soll der Zusammenhang zwischen einem stetig und einem binär verteilten Mm untersucht werden, prüft man bekanntlich am wirksamsten über einen punktbiserialen Rangkorrelationstest (vgl. 9.5.2 oder 9.5.9), wenn sich die nach dem binären Mm aufgegliederten Beobachtungsreihen des stetigen Mms nur hinsichtlich ihrer Lage unterscheiden; Unterschiede der Dispersion oder der Schiefe gehen beim Rangkorrelationstest verloren. Will man sie − falls auftretend − mitberücksichtigen, so muß man das stetige Mm nach m Quantilen aufgliedern und einen Zweistichproben-Omnibustest, wie den 2 x m-Felder-χ^2-Test, durchführen.

Kann sich der Untersucher damit begnügen, statt der m Quantile die 4 Quartile abzugrenzen, dann resultiert der von BAUER (1962) beschriebene *Median-Quartile-Test*. Wie der Test funktioniert, sei am folgenden Beispiel illustriert.

---

14 Unterschieden sich zwei unabhängige, m-fach gruppierte Stichproben (z.B. Mathematikzensuren von Mädchen und Jungen) nur bzgl. ihrer Lokation oder interessiert den Untersucher nur ein Lageunterschied, dann prüft er am wirksamsten mittels eines für gruppierte Beobachtungen justierten Rangsummentests (vgl. 6.1.3).

Angenommen, eine Stichprobe von N = 40 Schülern sei nach Lösung (+) oder Nichtlösung (−) eines Denkproblems (als dem binären Mm) und der dazu benötigten Lösungszeit oder der Zeit, die bis zum Anerkenntnis der Nichtlösung verstreicht (als dem stetigen Mm) bivariat klassifiziert worden. Das Klassifikationsergebnis ist in Tabelle 15.2.9.2 dargestellt, wobei die Lösungszeiten sogleich nach den m = 4 Quartilen (zu je n = 10 Schülern) unterteilt wurden.

Tabelle 15.2.9.2

Denk- problem	Quartile (der Lösungszeiten)				
	1	2	3	4	Σ
(+)	00000 00	0 0	0 0 0	000000 000	21 = N_a
(−)		0 00	0 00 00000	000 00 00	0	19 = N_b
n	10	10	10	10	N = 40

Nach Tabelle 15.2.9.2 besteht offenbar eine U-förmige Beziehung zwischen Bearbeitungszeit (Lösungs- oder Nichtlösungszeit) und dem Lösungserfolg: Es scheint überzufällig viele ‚Löser' mit kurzen Lösungszeiten (1. Quartil) und überzufällig viele mit langen Lösungszeiten (4. Quartil) zu geben. Läßt sich dieser Eindruck statistisch verifizieren?

BAUER (1963) schlägt vor, die 2 × 4-Feldertafel der Tabelle 15.2.9.2 mittels eines 2 × m-Felder-χ^2-Tests auszuwerten und dabei die den 4 Quartilen entsprechenden χ^2-Komponenten gesondert auszuweisen und zu beurteilen. Zweckmäßigerweise bedient man sich hierzu einer modifizierten BRANDT-SNEDECOR-Formel, die den Umstand, daß die Spaltensummen mit n = N/4 gleich sind, in Rechnung stellt:

$$\chi^2 = \sum_{i=1}^{4} \chi_i^2, \qquad (15.2.9.3)$$

wobei die χ^2-Komponenten für das i-te Quartil gegeben ist durch die Formel[15]

---

15 Die Formel ergibt sich aus folgender Überlegung: Die Erwartungswerte $E(a_i)$ sind bei gleichen Zeilensummen n = N/4 gleich $nN_a/N = N_a/4$; analog ist $E(b_i) = N_b/4$, so daß $\chi^2 = (a_i - N_a/4)^2/(N_a/4) + (b_i - N_b/4)^2/(N_b/4) = \dfrac{(2a_i - \frac{N_a}{2})^2}{N_a} + \dfrac{(2b_i - \frac{N_b}{2})^2}{N_b}$.

Da wegen $a_i + b_i = E(a_i) + E(b_i) = n$, ist $(2a_i - N_a/2) = (2b_i - N_b/2) = A_i$, gilt $\chi^2 = A_i^2/N_a + A_i^2/N_b = A_i^2(N_a + N_b)/(N_a N_b)$ wie oben ausgeführt. Für den allgemeineren Fall von k > 4 gleichen Zeilensummen ist $A_i^2 = (ka_i - N_a)^2/k$ definiert, wenn man in (15.2.9.4) einsetzt.

$$\chi_i^2 = A_i^2 \left(\frac{N_a + N_b}{N_a N_b} \right) \tag{15.2.9.4}$$

mit

$$A_i^2 = (2a_i - N_a/2)^2 \tag{15.2.9.5}$$

Aus Tabelle 15.2.9.2 entnehmen wir, daß $N_a = 21$ und $N_b = 19$, so daß $(N_a+N_b)/N_aN_b = (21+19)/21 \cdot 19 = 0{,}10025$; ferner sind $a_1 = 7$, $a_2 = 2$, $a_3 = 3$ und $a_4 = 9$. In Tabelle 15.2.9.3 sind die 4 Quartil-Komponenten von χ^2 je gesondert nach (15.2.9.3–5) berechnet worden.

Tabelle 15.2.9.3

Quartil i	a_i	$2a_i - N_a/2$	A_i^2	$\chi_i^2 = A_i^2 (0{,}10025)$
1	7	3,5	12,25	1,228
2	2	–6,5	42,25	4,236
3	3	–4,5	20,25	2,030
4	9	7,5	56,25	5,639
$N_a = 21$				$\chi^2 = 13{,}133$ mit 3 Fgn

Ein $\chi^2 = 13{,}133$ ist nach Tafel III (Tafelband) bei $(2-1)(4-1) = 3$ Fgn auf der 1%-Stufe signifikant, womit eine Kontingenz zwischen Lösung (Ja, Nein) und Bearbeitungszeit für das Denkproblem nachgewiesen ist.

Entgegen dem Augenschein nach Tabelle 15.2.9.3 ist nur das vierte Quartil mit $\chi_4^2 = 5{,}639$, nicht aber das erste Quartil mit $\chi_1^2 = 1{,}228$ unterschiedlich besetzt. Wirft man die beiden mittleren Quartile wegen des gleich gerichteten Unterschiedes, sgn $(2a_i - N_a/2)$, zusammen, so ergeben sich folgende 3 additiven Komponenten:

unteres Quartil	beide mittlere Quartile	oberes Quartil
$\chi^2 = 1{,}228$	$\chi^2 = 6{,}266$	$\chi^2 = 5{,}134$

Zu interpretieren wäre diese Kontingenz in dem Sinne, daß Schüler, die die Denkaufgabe lösen, höhere und stärker streuende Bearbeitungszeiten aufweisen als Schüler, die sie nicht lösen bzw. aufgeben.

In Tabelle 15.2.9.2 wurde impliziert, daß der *Stichprobenumfang* N durch 4 teilbar sei, d. h. $N = 4m$. Ist $N = 4m + 1$, so läßt man den Medianwert außer acht; ist $N = 4m + 2$, so läßt man den unteren *und* den oberen Quartilwert außer acht. Ist schließlich $N = 4m + 3$, so läßt man den Medianwert und die beiden Quartilwerte außer acht.

Bindungen sind für den Median-Quartile-Test solange zugelassen, als sie nicht auf einen Quartilwert (Q_1, $Q_2 = $ Md oder Q_3) fallen. Will man den

Test auch auf quartilgebundene Beobachtungen des stetig verteilten Mms anwenden, so sollte man (1) den *Medianschnitt* so führen, daß supra- und submediane Beobachtungen ihrer Zahl nach möglichst gleich sind und (2) daß die inneren beiden Quartile — der *Hälftenspielraum* nach BAUER — nicht weniger Beobachtungen enthalten als die äußeren beiden Quartile[16].

Ist die resultierende 2 x 4-Feldertafel *schwach* besetzt, so prüft man schärfer, wenn man Tafel XV–2–6(b) des Werkes zu Rate zieht, d. h. nach dem χ^2-Test von CRADDOCK und FLOOD (1970) für eine 4 x 2-Feldertafel entscheidet.

Der Median-Quartile-Test wurde von BAUER als *Zweistichproben-Homogenitätstest* gegen ‚unspezifizierte Verteilungsunterschiede' eingeführt. In dieser Anwendung rivalisiert er allerdings mit dem i.a. wirksameren KOLMOGOROV-SMIRNOV-Test (vgl. 7.2.1) und dem etwa vergleichbar effizienten WALD-WOLFOWITZ-Test (vgl. 8.1.3)[17]. In der *hier* empfohlenen Anwendung als Kontingenztest hat der Median-Quartile-Test hingegen *keinen Rivalen.*

Exakte k x 2-Feldertests nach FREEMAN-HALTON

Wir haben bei der Indikation für den HALDANEschen Test die Einschränkung vermerkt, daß keines der 2k Felder einen Erwartungswert kleiner als 1 aufweisen sollte. Ist nun aber eine k x 2-Feldertafel so schwach besetzt, daß diese Einschränkung nicht hingenommen werden darf, so stellt sich die Frage, wie man exakt auf Unabhängigkeit oder Homogenität (der k Zeilen oder der 2 Spalten) prüft.

Die Antwort auf diese Frage kann derzeit nur lauten: Man wendet das Rationale des für k x m-Feldertafeln konstruierten exakten Tests von FREEMAN und HALTON (1951) oder den homologen Test von KRAUTH (1973) an. Die Punktwahrscheinlichkeit einer beobachteten k x 2-Feldertafel beträgt für beide Tests

$$p = \frac{(f_{.1}!)(f_{.2}!) \prod_{}^{k}(f_{i.}!)}{N! \prod_{}^{k}(f_{i1}!) \prod_{}^{k}(f_{i2}!)} \qquad (15.2.9.6)$$

Die Auswertung erfolgt zweckmäßig über Tafel XV–2 nach

---

16 Diese Spezifikation des Median-Quartile-Tests geht in die Verantwortung des Verfassers, nicht in die des Testautors. Das gleiche gilt für die Anwendung als Kontingenztest anstelle seiner Anwendung als Homogenitätstest.
17 Allerdings muß BAUER zugestanden werden, daß sein Test u.U. mehr an Information darüber liefert, in welcher Weise sich die zu den zwei Stichproben gehörigen Populationen unterscheiden: In unserem Beispiel war es die Dispersion der beiden Verteilungen.

$$\log p = \log(f_{.1}!) + \log(f_{.2}!) + \overset{k}{\Sigma}\log(f_{i.}!) - \qquad (15.2.9.7)$$
$$- \log N! - \overset{k}{\Sigma}\log(f_{i1}!) - \overset{k}{\Sigma}(f_{i2}!)$$

Als extremer als die beobachtete Tafel werden im FREEMAN-HALTON-Rationale der Tafeln mit niedrigeren p-Werten, im KRAUTHschen Rationale die mit höheren χ^2-Werten definiert. Bezeichnet man die p-Werte der beobachteten und der extremeren Tafeln mit p*, so resultiert die gesuchte Überschreitungswahrscheinlichkeit aus

$$P = \Sigma p^* \qquad (15.2.9.8)$$

Die Anwendung dieses Tests ist bereits im Textbeispiel zum Test von FREEMAN und HALTON (vgl. 15.2.4) vorweggenommen worden.

Rechenprogramme für die k x 2-Felderversion des FREEMAN-HALTON-Tests haben STUCKY und VOLLMAR (1975, 1976) angegeben.

LEYTONS exakter 3 x 2-Feldertest

Unter den k x 2-Feldertests spielt in der Forschungspraxis der 3 x 2-Feldertest die größte Rolle. Sind die Felder einer 3 x 2-Tafel ausreichend besetzt, so prüft man — wie bekannt — mittels des χ^2-Tests, ob zwei Merkmale, ein 3-klassiges (ternäres) Zeilen- und ein 2-klassiges (binäres) Spalten-Mm aut vice versa unabhängig (H_0) oder kontingent (H_1) sind. Sind die Felder hingegen schwach besetzt, dann muß der asymptotische χ^2-Test durch einen exakten Test ersetzt werden. Wie dies geschieht, haben wir bereits für den allgemeinen Fall einer k x m-Feldertafel mit den Tests von FREMAN-HALTON und KRAUTH kennengelernt. Beide Tests leiden jedoch unter dem Nachteil, daß ein Algorithmus, mit dessen Hilfe man die je extremeren (kontingenteren) Nulltafeln bestimmen könnte, derzeit noch fehlt.

Allein für den speziellen Fall einer 3 x 2-Feldertafel existiert ein solcher Algorithmus; er macht es möglich, Tafeln dieses Typs auch von Hand auszuwerten. Originator dieses Algorithmus ist LEYTON (1968), weswegen wir den 3 x 2-Feldertest in Gestalt eines 2 x 3-Feldertest mit seinem Namen verknüpfen.

Wir gehen zwecks vereinfachter Notation von LEYTONS Symbolen aus und definieren die 3 x 2-Feldertafel der Tabelle 15.2.9.4

Die *Punktwahrscheinlichkeit* für das Auftreten der Frequenzen i und j in Tabelle 15.2.9.4 bei den dort gegebenen Randsummen (die die Frequenzen der übrigen 4 Felder bestimmen), ergibt sich aufgrund der verallgemeinerten *hypergeometrischen Verteilung* zu

$$p(i,j) = \frac{\binom{k}{i}\binom{m}{j}\binom{N-k-m}{n-i-j}}{\binom{N}{n}} \qquad (15.2.9.9)$$

Tabelle 15.2.9.4

i	j	n-i-j	n
k-i	m-j	N-n-k-m+i+j	N-n
k	m	N-k-m	N

Wie man sieht, ist der Nenner konstant für alle Tafeln mit gleichem Stichprobenumfang N und gleichen Zeilensummen n und N-n.

Wenn wir vereinbaren, es solle $n \leq N-n$ und $k \leq N-k-m$ sein bzw. die Tafel so angeordnet werden, daß diese Vereinbarung erfüllt ist, dann brauchen wir nur i und j jeweils um eine Einheit zu reduzieren, soweit es die Randsummen erlauben, um alle extremeren 3 x 2-Feldertafeln zu erhalten; addiert man die Punktwahrscheinlichkeiten der extremeren Tafeln zu der der beobachteten Tafel, so gewinnt man die gesuchte *Überschreitungswahrscheinlichkeit* $P = \Sigma p^*(i,j)$.

Um die Auswertung zu systematisieren und zu ökonomisieren, schlägt LEYTON vor, nur den Zähler von Formel (15.2.9.9) zu berechnen und als Prüfgröße r_{ij} zu definieren[18].

$$r_{ij} = \binom{k}{i}\binom{m}{j}\binom{N-k-m}{n-i-j} \qquad (15.2.9.10)$$

Um die *Prüfverteilung* der r_{ij} zu gewinnen, berechnen wir alle r_{ij}-Werte für $i = 0(1)k$ und $j = 0(1)m$ oder benutzen dazu die Tafel XV-2-4 mit den Binomialkoeffizienten $\binom{n}{x}$. Die Summe aller r_{ij}-Werte der Prüfverteilung definieren wir als

$$r = \sum_{i,j} r_{ij} \qquad (15.2.9.11)$$

Die gesuchte *Überschreitungswahrscheinlichkeit* P ergibt sich bei diesem Algorithmus dadurch, daß wir die r_{ij}^* als die extremeren r_{ij} summieren und durch r dividieren:

$$P = \Sigma r_{ij}^*/r \qquad (15.2.9.12)$$

Zweckmäßigerweise benutzt man für $k,m \geq 3$ die Tafel XV-2-4 der Binomialkoeffizienten, die von $k = 2(1)20$ reicht und damit allen praktischen Bedürfnissen genügt.

Im folgenden werden wir uns mit speziellen k x 2-Feldertafeln befassen, voran mit der wichtigen 3 x 2-Feldertafel und den Möglichkeiten ihrer ex-

---

[18] In gleicher Weise verfuhr LESLIE (1955), um die Auswertung des exakten Vierfeldertests von FISHER-YATES zu ökonomisieren.

akten Auswertung. Wir werden abschließend darauf zurückkommen, wie auch 4 x 2-Feldertafeln ökonomischer ausgewertet werden können.

Beispiel 15.2.9.4

Datensatz: Betrachten wir die 2 x 3-Kontingenztafel von LEYTON (1968) und nehmen wir an, i sei 2 und j sei 2 in Tabelle 15.2.9.4.

Tabelle 15.2.9.5

i=2	j=2	1	n = 5
0	1	9	10
k =2	m=3	10	N = 15

Es wird gefragt, ob Zeilen- und Spalten-Mm unabhängig (H_0) sind oder nicht (H_1).

Auswertung: Wegen der niedrigen Besetzungszahlen und der ungleichen Spaltensummen prüfen wir nach LEYTONS exaktem 2 x 3-Felder-Kontingenztest gemäß (15.2.9.10–12) und erhalten Tabelle 15.2.9.6 ggf. über Tafel XV–2–4.

Tabelle 15.2.9.6

i	j	$\binom{k}{i}$	$\binom{m}{j}$	$\binom{N-k-m}{n-i-j}$	r_{ij}	$p(i,j) = \frac{r_{ij}}{r}$
0	0	1	1	252	252	
	1	1	3	210	630	
	2	1	3	120	360	
	3	1	1	45	45	
1	0	2	1	210	420	
	1	2	3	120	720	
	2	2	3	45	270	
	3	2	1	10	20*	0,006660
<u>2</u>	0	1	1	120	120	
	1	1	3	45	135	
	<u>2</u>	1	3	10	30*	0,009990
	<u>3</u>	1	1	1	1*	0,000333

P=(30+20+1)/3003 = 0,016983   r = Σr_{ij} = 3003 P= 0,016983

Entscheidung: Hätten wir ein α = 0,05 vereinbart, wären Zeilen und Spaltenmerkmal der Tabelle 15.2.9.4.2 kontingent: Offenbar besteht ein Kontingenztrend von links oben nach rechts unten.

Interpretation: Angenommen, die beiden Mme seien die Eiigkeit von N = 15 Zwillingspaaren (gleichgeschlechtlich zweieiig in der erste Zeile und eineiig in der zweiten

Zeile) und deren Konkordanz bezüglich der in einem Fragebogen nach Tertilen gemessenen Extraversion–Introversion (diskordant = ein Eiling extra- und der andere introvertiert in der ersten Spalte, nicht-diskordant = einer der beiden Eilinge im mittleren, der andere in einem extremen Tertil und konkordant = beide Eilinge extra- oder beide introvertiert in der dritten Spalte). In diesem Fall ist die nachgewiesene Kontingenz zwischen den beiden Mmn dahin zu interpretieren, daß eineiige Zwillingspaare viel häufiger konkordant sind als zweieiige Zwillinge.

Die LEYTON-STEGIE-WALL-Tafeln

Wie man sieht, ist eine von Hand-Auswertung nach LEYTONS Algorithmus aufwendig und fehlanfällig. STEGIE und WALL (1974) haben den Algorithmus *vertafelt*, und zwar für Stichprobenumfänge von $N = 6(1)15$. Die Tafel XV–2–4–1 basiert auf 6 durch den Algorithmus geforderten Randsummen und Felderfrequenzen, die als *Parameter-Sextupel* einer 3 x 2-Feldertafel bezeichnet werden sollen.

Zwecks Ablesung der Überschreitungswahrscheinlichkeit P zu bestimmten Parameter-Sextupeln kehren wir zu der üblichen, in Tabelle 15.2.9.7 dargestellten *Notation* zurück:

Tabelle 15.2.9.7

i	b_i	a_i	N_i
3	2	0	$N_3 = 2$
2	2	1	$N_2 = 3$
1	1	9	$N_1 = 10$
	$N_b = 5$	$N_a = 10$	$N = 15$
Bedingungen: $N_a \geqslant N_b$; $N_1 \geqslant N_2 \geqslant N_3$			

Wir gehen mit den Parametern $N = 15$, $N_a = 10$, $N_1 = 10$, $N_2 = 3$, $a_1 = 9$ und $a_2 = 1$ der Tabelle 15.2.9.4.4 in Tafel XV–2–4–1 ein und lesen unter dem Sextupel 15 10 10 3 9 1 ein $P = 0{,}0170$ ab; das ist derselbe Wert ($P = 0{,}016983$), den wir auch in Beispiel 15.2.9.4 erhalten haben.

Tafel XV–2–4–1 enthält *nicht alle* möglichen *Parameterkombinationen*, sondern nur diejenigen, deren P-Werte 0,2 *nicht* übersteigen. Kombinationen, die sich in der Tafel nicht finden, haben daher p-Werte größer als 0,2.

Die KRÜGER-WALLschen Tafeln für den 2-Stichprobenvergleich

Will man den LEYTON-Test dazu benutzen, *zwei unabhängige Stichproben* (k = 2) hinsichtlich der Verteilung einer 3-fach (ternär) abgestuften

Observablen (m = 3) zu vergleichen, so kann man immer dann, wenn die Stichproben *gleiche Umfänge* n = N_a = N_b haben, die von KRÜGER und WALL (1975) erstellten Tafeln benutzen.

Hat man etwa N = 20 Depressive nach Zufall in zwei Stichproben zu je 10 unterteilt und die eine Hälfte der Ptn mit Elektroschock (A) und die andere mit Indiklon-Schock (B) behandelt, dann mag sich das *Ergebnis* der Tabelle 15.2.9.8 ergeben haben

Tabelle 15.2.9.8

Therapieerfolg	Therapie		
	A	B	
leicht gebessert +	$a_1=7$	$b_1=2$	$N_1=$ 9
stark gebessert ++	$a_2=3$	$b_2=5$	$N_2=$ 8
genesen +++	$a_3=0$	$b_3=3$	$N_3=$ 3
	10 =	n=10	N =20

Bedingungen: $N_1 \geqslant N_2 \geqslant N_3$ sowie $a_1 \leqslant N_1/2$

Nach Abschluß der Behandlung wurde das Behandlungsergebnis durch Ärzte-Rating als leicht gebessert (+) stark gebessert (++) und als Genesung (+++) eingestuft. In unserem Beispiel ist $a_1 \geqslant N_1/2$, womit die Bedingung für die Tafelablesung erfüllt ist; andernfalls müßten die beiden Spalten vertauscht werden.

Tafel XV–2–4–2 enthält diejenigen Parameter-Sextupel für Stichproben von N = 6(2)20 bzw. n = 3(1)10, die P-Werte $\leqslant$ 0,20 enthalten. Nichtverzeichnete Tupel haben Wahrscheinlichkeiten > 0,20. In unserem Beispiel lesen wir unter n = 10 $N_1=$ 9 $N_2=$ 8 $a_1=$ 7 und $a_2=$ 3 eine Wahrscheinlichkeit von P = 0,0443 ab.

Wir verwerfen damit die Nullhypothese, wonach die beiden ternären Stichproben homogen verteilt sind. Diese Entscheidung impliziert, daß sich Behandlung A und B hinsichtlich des Behandlungserfolges unterscheiden.

Die BENETT-NAKAMURA-Tafeln für den 3-Stichprobenvergleich

Will man in einer 2 x 3-Feldertafel nicht auf Homogenität zweier ternärer, sondern auf Homogenität dreier *binärer Stichproben gleichen Umfangs* mit $N_1 = N_2 = N_3 =$ A prüfen, so bedient man sich zweckmäßigerweise der von BENNETT und NAKAMURA (1963) erstellten und auf dem FREEMAN-HALTON Rationale basierenden Tafeln.

Zur Benutzung der Tafeln ordnet man die *Spaltensummen* gemäß $a = N_a \leqslant N_b$ und die *Frequenzen* der a-Spalte gemäß $a_1 \leqslant a_2 \leqslant a_3$, wie dies Tabelle 15.2.9.9 am Beispiel der Autoren veranschaulicht.

Tabelle 15.2.9.9

| Cyto- | Versuchstier | | |
statikum	verendet	überlebt	
1	$a_1 = 1$	14	A = 15
2	$a_2 = 1$	14	A = 15
3	7	8	A = 15
	a = 9	36	N = 45

In Tabelle 15.2.9.9 wurden k = 3 *Zufallsgruppen* zu je A = N/k = 15 Meerschweinchen in einem Toxizitätsversuch mit k = 3 Cytostatica behandelt, in deren *Alternativ-Wirkung* (Tod, Überleben) sich die Toxizität bemißt.

In Tafel XV–2–4–3 lesen wir in den Spalten A = 15, a = 9, $a_1 = 1$ und $a_2 = 1$ ein P = 0,01015 ab, so daß mit einem Alpha-Risiko von 1% angenommen werden kann, daß die 3 Cytostatica unterschiedlich toxisch sind.

Die Tafel XV–2–4–3 erstreckt sich über *Stichprobenumfänge* von A = 3(1)20 und über jene P-Werte, die den konventionellen Signifikanzschranken (5%, 2 1/2%, 1% und 0,1%) für a_2 bei gegebenen A, a, a_1 am nächsten stehen[19].

Alle vertafelten Versionen des 2 x 3-Feldertests besitzen unter den gegebenen Umständen ein Höchstmaß an *Effizienz*, was für den BENNETT-NAKAMURA-Test eigens nachgewiesen wurde (BENNETT und NAKAMURA, 1964).

Verallgemeinerungen des LEYTON-Algorithmus

Der Algorithmus von LEYTON basiert auf dem gleichen Rationale wie der von FREEMAN und HALTON, er hat jedoch den Vorteil, ökonomischer und ‚narrensicher' zu sein. Die Ökonomie kommt insbesondere dann zur Auswirkung, wenn k und m relativ groß sind und Binomialkoeffizientenntafeln zur Verfügung stehen.

Der Algorithmus von LEYTON läßt sich auch auf *2 x 4-Feldertafeln* anwenden, wenn man ihnen die gleichen Beschränkungen auferlegt wie der 2 x 3-Feldertafel. Für die 2 x 4-Feldertafel bestimmt man die Nullverteilung der Prüfgröße

---

[19] Wird die Alternative zu H_0 (1=2=3) als Trendhypothese im Sinne PFANZAGLS (1974, II, S. 193) formuliert (1<2<3), dann kann für die Schranke α unter 2α abgelesen werden.

$$r_{ij1} = \binom{k}{i}\binom{m}{j}\binom{q}{l}\binom{N-k-m-q}{n-i-j-l} \qquad (15.2.9.13)$$

analog zu Tabelle 15.2.9.4.3. Unter den neuen Symbolen ist l die Frequenz des dritten oberen Feldes und q die zugehörige Spaltensumme.

Hätte man Tafeln der Trinomialverteilung $(p+q+r)^N$ mit $p+q+r = 1$ zur Verfügung, dann ließen sich auch *3 x 4-Feldertafeln* in ökonomischer Weise exakt nach LEYTONS Algorithmus auswerten.

Niedrige Erwartungswerte in k x 2-Feldertafeln

Alle vorstehenden exakten Tests für k x 2-Feldertafeln gehen von der Befürchtung aus, daß der k x 2-Felder-χ^2-Test bei *niedrigen Erwartungswerten* nicht mehr valide sei. Diese Feststellung gilt nur bedingt und wirkt sich mehrheitlich in konservativen Entscheidungen aus, wenn trotz niedriger Erwartungswerte ein χ^2-Test durchgeführt wird.

So haben LEWONTIN und FELSENSTEIN (1965) wie SLAKTER (1966) hervorgehoben, daß mehr als ein Fünftel der Erwartungswerte unter 5 liegen dürfe, ja sogar nahe 1 liegen möge, ohne daß die *Validität* des χ^2-Tests beeinträchtigt wird. Die erstgenannten Autoren gehen sogar so weit festzustellen, daß ‚The 2 x c table can be tested by the conventional chi-square criterion if all the expectations are 1 or greater'.

Der LEWONTIN-FELSENSTEIN-Optimismus scheint nur gerechtfertigt, wenn die Erwartungswerte wenig differieren, wie schon von WISE (1963) hervorgehoben. Als *Entscheidungsregel* kann man aus ihm lediglich ableiten, daß ein ‚eindeutig signifikantes' Chi-Quadrat durch einen exakten Test nicht kontrolliert zu werden braucht. Überschreitet jedoch χ^2 seine Schranke nur wenig ober bleibt es unterhalb der Schranke, dann sollte ein exakter k x 2-Feldertest nachgeschoben werden.

Steht eine EDV-Anlage zur Verfügung, dann kann jeder exakte Test mittels des MARCHschen (1972) Programms für k x m-Tafeln oder des auf k x 2-Tafeln spezifizierten Programms von STUCKY und VOLLMAR (1975) ausgewertet werden.

15.2.10 Kontingenzmaße in Mehrfeldertafeln

Um bei nachgewiesener Kontingenz auch Maße für die Enge des Zusammenhangs zweier diskreter Mme zu berechnen, haben wir in 9.3.2 bereits PEARSONS Kontingenzkoeffizienten und CRAMERS Kontingenzindex kennengelernt. Beide basieren auf der Prüfgröße χ^2 des Kontingenztests ebenso wie der Kontingenzkoeffizient von KENDALL und STUART (1961, Vol.2, Ch.33) bzw. der quadrierte *TSCHUPROW*-Koeffizient

$$T = \frac{\chi^2/N}{\sqrt{(k-1)(m-1)}}, \qquad (15.2.10.1)$$

der bei Unabhängigkeit der beiden Mme gleich Null und bei perfekter Abhängigkeit gleich 1 ist.

Ebenfalls kennengelernt haben wir in Kapitel 9 den *Lambda-Koeffizienten* als Maß zur Vorhersage eines abhängigen Mms von einem Unabhängigen Mm (Dependenzmaß). Alle die genannten Maße gelten für nominal wie für ordinal oder hybrid (nom-ordinal) skalierte Mme.

Für zwei ordinal skalierte Mme bzw. für eine binordinale Kontingenztafel haben wir den RAATZschen Rho-Koeffizienten für gruppierte Mms-Paare (9.5.1) und das GOODMAN-KRUSKALsche tau' (9.5.8) als Maße des monotonen Zusammenhangs eines Zeilen-Mms mit k Graduierungen und eines Spalten-Mms mit m Graduierungen.

Nicht kennengelernt haben wir das auf dem tau-Rationale aufbauende *Dependenzmaß von SOMERS* (1962). Das SOMERsche d entspricht dem KRUSKALschen gamma (= tau') mit

$$d_{yx} = \frac{P - I}{P + I + Y_0}, \qquad (15.2.10.2)$$

wobei P und I wie in (9.5.8.1) die Pro- und die Inversionen bezeichnen und Y_0 die Zahl der Beobachtungen in der abhängigen Observablen Y (Spalten-Mm), die mit stärkeren Ausprägungen an der unabhängigen Observablen gebunden sind. Analog ist X_0 in

$$d_{xy} = \frac{P + I}{P + I + X_0} \qquad (15.2.10.3)$$

definiert, wobei sich d_{yx} und d_{xy} wie die Regressionskoeffizienten b_{yx} und b_{xy} verhalten, indem sie ein *KENDALLsches tau* für k und m Gruppen von Bindungen definieren (KENDALL and STUART, 1961, Vol. 2 Ch. 33)

$$tau_b^2 = d_{yx} d_{xy}, \qquad (15.2.10.4)$$

ähnlich wie die parametrischen Regressionskoeffizienten den Korrelationskoeffizienten definieren: $r^2 = b_{yx} b_{xy}$.

In Tabelle 9.5.8.1 von Band 1 ist $Y_0 = 3(1+2) + 1(2) + 2(5+3) + 5(3) + 1(2+6) + 2(6) = 62$, so daß mit P = 103 und I = 37 ein $d_{yx} = (103-37)/(103+37+62) = +0,33$ resultiert; es zeigt an, daß der Prüfungserfolg um 0,33 Stufeneinheiten wächst, wenn das Äußere einer Studentin von 1 = unauffällig nach 2 = nett, oder von 2 nach 3 = attraktiv, also um 1 Stufeneinheit wächst.

Das SOMERsche d ist mithin analog einem *Regressionskoeffizienten* zu interpretieren, wenn das m-stufige Mm Y monoton von einem k-stufigen Mm X abhängt.

Man beachte, daß die verschiedenen Zusammenhangsmaße nicht direkt miteinander vergleichbar sind und meist für ad-hoc-Zwecke konstruiert wurden, um einem bestimmten Interpretationsbedürfnis zu genügen (vgl. EVERITT, 1977, S. 66).

15.3 Kontingenzauswertung von Vierfeldertafeln

Kehren wir nun von den Mehrfeldertafeln zum Spezialfall einer Vierfeldertafel zurück und sehen wir, welche Auswertungsmöglichkeiten in den Kapiteln 5.3 und 9.2 noch *nicht behandelt* worden sind. Vor allem wollen wir aber die dort getrennte Besprechung des Homogenitäts- und des Assoziationsaspektes unter einem Dach zusammenfassen.

Terminologisch wollen wir so verfahren, daß wir von *Kontingenz* in Vierfeldertafeln sprechen, wenn wenigstens eine der beiden Alternativ-Mme nur nominal skaliert ist (wie das Geschlecht von Vpn oder Ptn); sind beide mindestens ordinal skaliert, dann wollen wir von positiver oder negativer *Assoziation* sprechen. Beide, Kontingenz und Assoziation setzen voraus, daß eine einzige Stichprobe von Individuen, die nach zwei Alternativ-Mmn klassifiziert werden, erhoben worden ist.

Von *Homogenität* in Vierfeldertafeln als einer anderen Form der Wechselwirkung zwischen deren Zeilen und Spalten wollen wir sprechen, wenn zwei Stichproben erhoben worden sind, deren jede nach einem und nur einem Alternativ-Mm klassifiziert worden ist.

Wir beginnen im folgenden damit, die Vierfeldertafel als einen Spezialfall der Mehrfeldertafel zu behandeln und zunächst die Frage der Kontingenz im Lichte des exakten Mehrfelder-Kontingenztests von FREEMAN und HALTON zu erörtern.

15.3.1 Der exakte Vierfelderkontingenztest (FREEMAN-HALTON-WALL-Test)

Das Rationale eines exakten Kontingenztests von FREEMAN und HALTON (1951) läßt sich auch auf Vierfeldertafeln anwenden. Man gewinnt hierdurch einen *Vierfelderkontingenztest*, der gegenüber allen Alternativen zur Nullhypothese der Unabhängigkeit beider Alternativmerkmale etwa gleich sensitiv ist[20].

20 Der Test ist zwar weniger effizient als der einseitige Homogenitätstest aus 5.2.1, aber effizienter als der zweiseitige Homogenitätstest, den wir in Abschnitt 15.4.3 kennenlernen werden. Sind beide Mme ordinal skaliert, prüft man bei gegebenen Voraussetzungen mittels des einseitigen Homogenitätstests schärfer als mittels des auf Mme jeden Skalenniveaus gültigen Kontingenztests. Im Unterschied zum ein- und zweiseitigen FISHER-YATES-Test spricht man auch vom FISHER-YATES-Omnibustest oder α-sum-up-Test.

Das Prinzip des exakten Vierfelderkontingenztests beruht darauf, daß man alle bei festen Randsummen möglichen Vierfeldertafeln (Nulltafeln) erstellt und nach Formel 5.3.2.1 ihre *Punktwahrscheinlichkeiten* p_i, $i = 0(1)r$ unter der Nullhypothese ermittelt.

Die *Überschreitungswahrscheinlichkeit* P einer beobachteten Vierfeldertafel ergibt sich aus der Summe jener Punktwahrscheinlichkeiten p_i^*, die den p-Wert der beobachteten Tafel nicht unterschreiten. Man beachte, daß die p-Werte nichts anderes sind als die Glieder der hypergeometrischen Prüfverteilung mit einer Felderfrequenz – z.B. der Frequenz a – als Prüfgröße.

Die Glieder der hypergeometrischen Verteilung lassen sich bei kleinem Stichprobenumfang berechnen, wenn man in der Tafel mit $a = i = 0(1)k$

i	n–i	$n \leqslant k$
k–i	N–n–k–i	N–n
k	$\leqslant$ N–k	N

$k \leqslant n \leqslant N/2$ vereinbart und nach dem folgenden Schema (LESLIE, 1955) vorgeht (vgl. Tab. 15.2.4.2), um die k+1 Nulltafeln zu erstellen:

$$i \quad \binom{k}{i} \quad n-i \quad \binom{N-k}{n-i} \quad r_i = \binom{k}{i}\binom{N-k}{n-i} \quad p_i = r_i/\binom{N}{n}$$

Dieses Vorgehen zur Ermittlung der p_i-Werte empfiehlt sich für Stichprobenumfänge bis N = 20, bei welchen man noch die Tafel XV–2–4 der Binomialkoeffizienten benutzen kann.

Für *größere* Stichprobenumfänge erhält man die Glieder der hypergeometrischen Verteilung ökonomischer nach einer *Rekursionsformel* aus dem Anfangsglied in einer Weise, die nachfolgend beschrieben wird.

Die FELDMAN-KLINGER-Rekursionsformel

Um die Punktwahrscheinlichkeiten der r+1 Nulltafeln rasch zu ermitteln, ordnen wir die Vierfeldertafel so an, daß folgende Beziehung gilt

$$a + b \leqslant a + c \leqslant N/2 \quad (15.3.1.1)$$

Dann definieren wir die Frequenz a als *Prüfgröße* und setzen $a = A_i =$ $= 0(1)r$, wobei $r = a+c$ die Zahl der möglichen Nulltafeln bezeichnet. Sodann geht man nach FELDMAN und KLINGER (1963) in die *hypergeometrische Verteilung*

$$p_0 = \frac{\binom{a+b}{a}\binom{c+d}{c}}{\binom{N}{a+b}} \quad (15.3.1.2)$$

oder

$$p_0 = \frac{(a+b)!\,(c+d)!\,(a+c)!\,(b+d)!}{N!\,a!\,b!\,c!\,d!} \quad (15.3.1.3)$$

ein, wobei man a = A_0 setzt und b=B_0, c=C_0 und d=D_0 über die festen Randsummen ermittelt.

Nächst dem ersten erhält man alle folgenden Glieder der hypergeometrischen Verteilung nach der ‚*anterograden*' Rekursionsformel (vgl. JOHNSON, 1972) über

$$p_i = p_{i-1}(B_{i-1}C_{i-1}/A_iD_i) \qquad (15.3.1.4)$$

Man kann auch a = Min(a+b, a+c) setzen und dann nach der ‚*retrograden*' Rekursionsformel

$$p_{i-1} = p_i(A_iD_i/B_{i-1}C_{i-1}) \qquad (15.3.1.5)$$

a schrittweise um je eine Einheit vermindern, bis man sämtliche r+1 Nulltafeln erhält.

Bezeichnet man den p_i-Wert der beobachteten Tafel und alle kleineren p_i-Werte mit einem Stern, so ergibt sich die *Überschreitungswahrscheinlichkeit* P nach dem Rationale von FREEMAN und HALTON zu

$$P = \Sigma p_i^* \qquad (15.3.1.6)$$

Dieser P-Wert entspricht dem P-Wert eines üblichen (zweiseitigen) Vierfelder-χ^2-Tests als Kontingenztest, setzt also keinerlei Spezifizierung der Art oder Richtung einer etwa bestehenden Vierfelderkontingenz voraus.

Beispiel 15.3.1.1

Fragestellung: Es soll untersucht werden, ob zwischen familiärer Belastung (+, -) und Manifestationsalter (prä-, postpuberal) jugendlicher Epilepsien ein Zusammenhang besteht.

Erhebungsdaten: N = 40 Epileptiker werden je binär nach Belastung und Manifestationsalter (7–12, 13–18 Jahre) klassifiziert und in einer Vierfeldertafel so angeordnet, daß a+b $\leqslant$ a+c $\leqslant$ N/2.

Tabelle 15.3.1.1

	Manifestationsalter		
	7–12	13–18	Σ
Familiäre +	5	5	10
Belastung −	6	24	30
Σ	11	29	40

Hypothesen: H_0: Beide Mme sind unabhängig. H_1: beide Mme sind kontingent.

Testwahl: Wir wählen trotz des relativ großen N = 40 den exakten Kontingenztest, da der asymptotische Vierfelder-χ^2-Test wegen der starken Asymmetrie der Tafel verzerrt ausfallen kann.

Signifikanzniveau: Um eine etwa bestehende Kontingenz nicht zu übersehen, wählen wir $\alpha = 0{,}10$ hoch (um β in Grenzen zu halten).

Nulltafeln: Bei den gegebenen Randsummen existieren r = a+c = 11 Tafeln mit unterscheidbarer Felderbesetzung; sie sind in Tabelle 15.3.1.2 zusammen mit den dazugehörigen p-Werten aufgeführt. Die p-Werte wurden nach 15.3.1.4 aus der Anfangstafel berechnet.

Tabelle 15.3.1.2

A_i	Nulltafel i		FELDMAN-KLINGER-Alg.	p_i
0	0 11	10 19	$p_0 = \binom{0+10}{0}\binom{11+19}{11} / \binom{40}{10}$	= 0,02363
1	1 10	9 20	$p_1 = p_0(10 \cdot 11/1 \cdot 20)$	= 0,12997
2	2 9	8 21	$p_2 = p_1(9 \cdot 10/2 \cdot 21)$	= 0,27851
3	3 8	7 22	$p_3 = p_2(8 \cdot 9/3 \cdot 22)$	= 0,30383
4	4 7	6 23	$p_4 = p_3(7 \cdot 8/4 \cdot 23)$	= 0,18494
5*	5 6	5 24	$p_5 = p_4(6 \cdot 7/5 \cdot 24)$	= 0,06473
6	6 5	4 25	$p_6 = p_5(5 \cdot 6/6 \cdot 25)$	= 0,01295
7	7 4	3 26	$p_7 = p_6(4 \cdot 5/7 \cdot 26)$	= 0,00142
8	8 3	2 27	$p_8 = p_7(3 \cdot 4/8 \cdot 27)$	= 0,00008
9	9 2	1 28	$p_9 = p_8(2 \cdot 3/9 \cdot 28)$	= 0,000002
10	10 1	10 29	$p_{10} = p_9(1 \cdot 2/10 \cdot 29)$	= 0,000000
Kontrolle:			$\Sigma p_i =$	0,99999

Auswertung: Die Punktwahrscheinlichkeit der beobachteten Vierfeldertafel p_5 = = 0,06473 wird von p_0 auf dem linken Ast und von p_6 bis p_{10} auf dem rechten Ast der hypergeometrischen Verteilung unterschritten. p_0 wurde nach (5.3.2.1) berechnet, und zwar auf 6 Stellen genau. Wie man sieht, reicht diese Genauigkeit aus, um Σp_i = = 1,0000 zu erhalten.

Entscheidung: Gemäß FREEMAN-HALTON ist P = 0,02363 + 0,06473 + 0,01295 + + 0,00142 + 0,00008 + 0,00000 + 0,00000 = 0,10281 größer als das vereinbarte α = 0,10. Wir behalten die Nullhypothese bei, wonach zwischen familiärer Belastung und Manifestationsalter einer Epilepsie kein Zusammenhang besteht.

Anmerkung: Wegen des kanppen Ergebnisses und der heuristischen Zielsetzung werden wir ‚in pectore' jedoch mit einem solchen Zusammenhang weiterhin rechnen.

Einseitiger Test: Bestünde eine begründete Vermutung, daß früh auftretende Epilepsien eine Folge hereditärer (familiärer) Belastung seien, dann wäre der Nullhypothese die folgende Alternative gegenüberzustellen: Es besteht eine Kontingenz in dem Sinne, daß kindliche Epilepsien bei familiärer Belastung früher manifest werden als ohne familiäre Belastung. Der Ablehnungsbereich setzt sich bei einseitigem Test nur aus jenen Gliedern der hypergeometrischen Verteilung zusammen, für die $A_i \geq a$ gilt, so daß P = 0,06473 + ... + 0,00000 = 0,07918 = 0,08 < 0,10 = α einem einseitigen Kontingenznachweis entspräche.

Die Fakultäten-Auswertung

Hat man eine Tafel der Fakultäten und ihrer Logarithmen zur Verfügung, wie sie Tafel XV−2 enthält, dann läßt sich das Anfangsglied (Startglied) der hypergeometrischen Prüfverteilung wegen a=o, a+b = b und a+c = c wie folgt berechnen, und zwar direkt über seinen Prozentanteil

$$p_0\% = 100 \frac{(c+d)!\,(b+d)!}{N!\,d!} \qquad (15.3.1.7)$$

oder indirekt über die algebraische Summe der dekadischen Logarithmen nach

$$\log p_0\% = 2 + \log(c+d)! + \log(b+d)! - \log N! - \log d! \qquad (15.3.1.8)$$

Im Beispiel der Tabellen 15.3.1−2 ist N=40, d=19, c+d = 20 und b+d = 29. Aus Tafel XV−2 entnehmen wir log 40! = 47,91165, log 19! = 17,08509, log 30! = 32,42366 und log 29! = 30,94654, so daß log p_0% = 0,37346 und p_0% = 2,363%, wie in Tabelle 15.3.1.2 verzeichnet.

Will man nun bestimmte Glieder − etwa die für A_i = 0, 1, 5, 10 − berechnen, dann stützt man sich zweckmäßigerweise auf Tafel XV−2 als einzigem Hilfsmittel. Man berechnet dann

$$S = \log(a+b)! + \log(c+d)! + \log(a+c)! + \log(b+d)! - \log N! \qquad (15.3.1.9)$$

als für alle Glieder geltende Konstante und daraufhin

$$p_i\% = 2 + S - \log a! - \log b! - \log c! - \log d! \qquad (15.3.1.10)$$

für die den Untersucher interessierenden Nulltafeln mit $a = A_i$, $b = B_i$, $c = C_i$ und $d = D_i$. Hat man auf diesem Wege etwa für $i = 1(1)4$ die $p_i\%$-Werte 12,996, 27,850, 30,380 und 18,493 erhalten, dann beträgt die Überschreitungswahrscheinlichkeit für $a = 5$ im exakten Kontingenztest $P = 1 - 0{,}12996 - 0{,}27850 - 0{,}30380 - 0{,}18493 = 0{,}10281$; es ist derselbe Wert, den wir aufgrund der Gesamtverteilung in Tabelle 15.3.1.2 erhalten haben.

Der exakte Kontingenztest, wie er hier vorgestellt wurde, sollte auch bei großem Stichprobenumfang immer dann gegenüber einem asymptotischen Test bevorzugt werden, wenn *je eine* der 2 x 2 Randsummen *klein* ist, etwa kleiner als N/5 bei $N \leq 50$. In diesem Fall resultiert nämlich eine asymmetrische, durch den Vierfelder-χ^2-Test nur schlecht prüfbare Vierfeldertafel.

Die WALLschen Tafeln

Enthält eine Vierfelderkontingenztafel bis zu $N = 6(1)25$ Beobachtungen, so kann man die von WALL (1975) nach dem Rationale von FREEMAN und HALTON (1951) erstellten Tafeln dazu benutzen, die exakte Überschreitungswahrscheinlichkeit P einer beobachteten Tafel mit gegebenen 4 *Kennwerten* (Parameter Quadrupel) direkt in Tafel XV–3–1–3 des Anhangs abzulesen.

Formaliter ordnet man dazu die Tafel so an oder um, daß die Beziehungen der Tabelle 15.3.1.3 gelten:

Tabelle 15.3.1.3

Bedingung:

a	A, $A \geq B \geq N/2$
B	N

In Tafel XV–3–1–3 findet man auf jeder Seite 3 *Blöcke* zu je 5 Spalten: Die erste Spalte eines Blockes bezeichnet N, den Stichprobenumfang, die zweite Spalte A bezeichnet die größte der 4 Randsummen; die dritte B bezeichnet die größere Spaltensumme, wenn A eine Zeilensumme war, und die größere Zeilensumme, wenn A eine Spaltensumme war. Die vierte Spalte das letzte Glied des Parameter-Quadrupels bezeichnet die Frequenz in dem von A und B gebildeten Feld, bei obiger Anordnung ist dies die Frequenz a. Befolgt man diese Anweisung, so kann auf eine Umordnung einer gegebenen Vierfeldertafel verzichtet werden.

Fassen wir etwa Beispiel 5.3.2 als *Kontingenz*problem auf, und signieren wir die Felderfrequenzen wie dort, so treffen wir die Bedingungen

a = 4	b = 1	5	4	1	5
c = 3	d = 7	10	3	a = 7	A = 10
7	8	15	7	B = 8	N = 15

Wir lesen für N = 15, A = 10, B = 8 und a = 7 in Tafel XV–3–1–3 ein P = 0,1189 ab, das den P-Wert des *ein*seitigen FISHER-YATES-Tests (P = = 0,1002 vgl. auch die Tafel XV–4–3 mit N = 15, A = 7, B = 5 und a = 4) überschreitet. Dieses Ergebnis ist plausibel, da der Kontingenztest ein *Omnibustest* ist und die Art der erwarteten Kontingenz nicht spezifiziert[21].

Tafel XV–3–1–3 ist auch auf *größere* Stichproben anzuwenden, wenn deren Umfänge durch 5 teilbar sind: N = 25(5)60 und sowohl N–A wie N–B kleiner oder gleich N/5 sind; in diesen Fällen ist die hypergeometrische Verteilung trotz großen N's noch stark asymmetrisch und daher durch einen asymptotischen χ^2-Test nur unzureichend zu approximieren.

15.3.2 Asymptotische Vierfelderkontingenztests

Ist eine Vierfeldertafel ausreichend besetzt, so wird man – wie schon im Zusammenhang mit Abschnitt 5.3.1 vermerkt – asymptotisch über den Vierfelder-χ^2-Test auf Kontingenz prüfen. Um einer *antikonservativen* Entscheidung vorzubeugen, benutzt man die Stetigkeitskorrektur nach (5.3.1.3).

Prüfen wir in dieser Weise Tabelle 15.3.1.1, deren niedrigster Erwartungswert $10 \cdot 11/40 = 2,75$ beträgt, so erhalten wir

$$\chi^2 = \frac{40(5 \cdot 24 - 5 \cdot 6 - 40/2)^2}{(5+5)(6+24)(5+6)(5+24)} = 2,05$$

Diesem χ^2-Wert entspricht ein $u = \sqrt{\chi^2} = 1,43$, dessen zweiseitig abzulesende Überschreitungswahrscheinlichkeit P = 2(0,0764) = 0,1528 beträgt, während der exakte Test in Beispiel 15.3.1 ein P = 0,10281 ergab.

Eine *Alternative* zum stetigkeitskorrigierten Vierfelder-χ^2-Test ist der sog. G-Test von WOOLF (1957), ein informationsanalytischer Test mit Stetigkeitskorrektur, den wie in Kapitel 16 kennenlernen wollen, weil er

---

21 Ist mindestens ein Paar von Randsummen numerisch gleich, dann ist das P des Kontingenztests mit dem des zweiseitigen FISHER-YATES-Test identisch; dessen P-Wert ist hier gleich dem doppelten P des einseitigen Tests.

dort zusammen mit anderen informationsanalytischen Tests besser placiert erscheint.

15.3.3 Kontingenzmessung in Vierfeldertafeln

Haben wir den Zusammenhang zwischen zwei Alternativ-Mmn nachgewiesen, so stellt sich die Frage nach seiner Enge. Ist mindestens eines der beiden Mme nur *nominal* skaliert, dann ist der *Phi'Koeffizient* von CRAMER (vgl. 9.2.1)

$$\phi' = +\sqrt{\chi^2/N} \qquad (15.3.3.1)$$

das Kontingenzmaß der Wahl, wenn χ^2 oder $G \approx \chi^2$ als Prüfgrößen eines *asymptotischen* Kontingenztests fungierten.

Wurde ein *exakter* Vierfelder-Kontingenztest durchgeführt und eine Überschreitungswahrscheinlichkeit P ermittelt, so kann man das zu P gehörige u_P in Tafel I aufsuchen und

$$\phi' = u_P/\sqrt{N} \qquad (15.3.3.2)$$

als CRAMERscher Phi-Koeffizient definieren, da $\chi^2/N = u_P^2/N$ für 1 Fg gilt.

Sind beide Mme mindestens *ordinal* skaliert, dann geht das bei a+b = a+c = N/2 zwischen 0 und 1 variierende Phi' Kontingenzmaß in das zwischen −1 und +1 variierende *Phi-Assoziationsmaß* nach PEARSON über (vgl. 9.2.1)

$$\phi = \underset{+,-}{\sqrt{\chi^2/N}}$$

Das *Vorzeichen* des Wurzelwertes wird dabei von der Kreuzproduktdifferenz ad − bc bestimmt. Phi-Koeffizienten sind untereinander nur vergleichbar, wenn sie aus Tafeln mit paarweise gleichen Ja-Anteilen stammen. Phi's aus Tafeln mit ungleichen Ja-Anteilen sollten so ‚aufgewertet' werden, als ob ihnen Ja-Anteile von je 1/2 zugrunde lägen, ehe sie z.B. faktorisiert werden (JÄGER, 1976; GEBERT, 1977; BÖSSER, 1979).

Andere, nicht auf Prüfgrößen aufbauende Kontingenz- und Assoziationsmaße sind in Abschnitt 15.4.6 und bei GOODMAN und KRUSKAL (1954, 1959, 1963) beschrieben.

15.3.4 Korrelationsschätzung aus Vierfeldertafeln

Häufig besteht für den Anwender das Bedürfnis, aus Vierfelder-Korrelationskoeffizienten einen Produktmoment-Korrelationskoeffizienten zu schätzen. Der Phi-Koeffizient ist hierzu nicht geeignet, da er mit einem

PEARSON-r und mit anderen Ph's inkommensurabel ist außer, wenn die Phi's aus mediandichotomierten Korrelationstafeln stammen.

Hat man guten Grund zu der Annahme, daß zwei Variablen, obzwar sie nur dichotom beobachtet worden sind, in der Population *bivariat normal* verteilt sind, dann ist die *tetrachorische* Korrelation (vgl. KENDALL und STUART, 1967, Bd.2, Ch. 26.27) die unter den gegebenen Bedingungen bestmögtliche Schätzung ihres Zusammenhangs.

Der tetrachorische Korrelationskoeffizient

Sind die beiden Observablen so dichotomiert worden, daß sie eine *annähernd symmetrische* Vierfeldertafel mit größenordnungsmäßig gleichen Randsummen liefern, dann schätzt man den tetrachorischen Korrelationskoeffizienten r_{tet} am einfachsten über die von PEARSON (1901) angegebene *Cosinus-Pi-Formel*. Setzt man $\pi = 180°$, so lautet diese Formel in der Schreibweise von HOFSTÄDTER und WENDT (1967, S. 165)

$$r_{tet} = \cos\left(\frac{180°}{1+\sqrt{ad/bc}}\right) \qquad (15.3.4.1)$$

Hierbei wird ad > bc angenommen, andernfalls geht man mit bc/ad in die Formel ein (negatives r_{tet}). Gefordert wird, daß a, b, c, d ≠ 0, weil r_{tet} sonst nicht definiert ist.

Um die Berechnung des tetrachorischen Korrelationskoeffizienten aus dem (später noch zu besprechenden) *Kreuzproduktquotienten* ad/bc zu erleichtern, haben DAVIDOFF und GOHEEN (1953) (15.3.4.1) vertafelt. Die (aus EDWARDS, 1954, Table X entnommene) Tafel ist als Tafel XV–3–4 (Tafelband) abgedruckt: Man liest zu ad/bc > 1 einen positiven und zu bc/ad > 1 einen negativen Wert von r_{tet} ab[22].

Die Begründung, warum in einem verteilungs*freien* Textbuch auch verteilungs*gebundene* Kennwerte, wie r_{tet}, behandelt werden, ergibt sich daraus, daß die Beobachtung zweier stetiger Mme nur binär-stufig erfolgt (also quasi eine nichtparametrische Messung ist), wogegen aber der theoretische Hintergrund die Benutzung eines parametrischen Zusammenhangsmaßes rechtfertigt. Dazu das folgende Beispiel 15.3.4.1.

Beispiel 15.3.4.1

Datensatz: N = 100 Verkäufer wurden durch ihre Abteilungsleiter hinsichtlich ihres Verkaufserfolges als ‚eher erfolgreich' (+) oder eher erfolgsarm (-) eingeschätzt. Zugleich wurden die Verkäufer bzgl. ihrer sozialen Anpassung getestet und nach einem

---

22 Da hier eine bivariate Normalverteilung zugrunde liegt, sei darauf hingewiesen, daß eigentlich parametrische Implikationen vorliegen.

kritischen Punktwert als gut (+) und weniger gut (−) angepaßt klassifiziert. Das Ergebnis (aus EDWARDS, 1954, Tab. 10.4) ist in Tabelle 15.3.4.1 verzeichnet.

Tabelle 15.3.4.1

		Verkaufserfolg		
		+	−	Σ
Sozial-	+	35	25	60
anpassung	−	10	30	40
Σ		45	55	N=100

Korrelationsschätzung: Da beide Observablen an einer Stichprobe erhoben stetig verteilt, aber nur dichotom beobachtet worden sind, ist eine Schätzung des tetrachorischen Korrelationskoeffizienten am Platze, wenn sie zugleich auch als bivariat normal verteilt angenommen werden dürfen.

Tafelablesung: Wir bilden ad/bc = 35 · 30/25 · 10 = 4,2 und gehen damit in Tafel XV−3−4 ein und lesen ein r_{tet} = +0,51 ab; das positive Vorzeichen der mittelhohen Korrelation resultiert aus sgn (ad − bc) und besagt, daß gute Sozialanpassung eher auch einen guten Verkaufserfolg bedingt et vice versa.

Signifikanztest: Ob ein ermitteltes r_{tet} signifikant von Null verschieden ist, beurteilt man am besten indirekt über der χ^2- oder den G-Test. Sind diese Tests wegen zu niedriger Erwartungswerte nicht indiziert, dann ist auch die r_{tet}-Schätzung nicht verläßlich.

Vierfelder-Regression

Sind 2 Merkmale in der Population bivariat normal verteilt, in der Stichprobe aber nur dichotom gemessen worden (wie Sozialanpassung = X und Verkaufserfolg = Y in Tabelle 15.3.4.1), dann stellt sich die Frage, wie gut Sozialanpassung den Verkaufserfolg vorherzusagen gestattet.

Beantwortet hat diese Frage als erster DEUCHLER (1915). Wiederentdeckt haben DEUCHLERS *Vierfelder-Regressionskoeffizienten*

$$MD_{yx} = a/(a+b) - c/c+d \qquad (15.3.4.2)$$

EBERHARD (1970) und STEINGRÜBER (1970). EBERHARD (1977) interpretiert MD als *Manifestationsdifferenz* wie folgt: In Tabelle 15.3.4.1 gilt a/(a+b) = 35/60 = 58% und c/(c+d) = 10/40 = 25%, so daß MD = 58%−25% = +33% die Prozentdifferenz ist, in der sich der bessere Erfolg der sozial gut Angepaßten gegenüber den schlechter Angepaßten manifestiert.

Wie Verkaufserfolg aus Sozialanpassung zu *prädizieren*, so ist Sozialanpassung aus dem Verkaufserfolg zu *retrodizieren*, indem man MD_{xy} = a/(a+c) − b/(b+d) definiert und wie oben interpretiert: In Tabelle 15.3.4.1 ist MD_{xy} = 35/45 − 25/55 = 32%, die Vierfelder-Regression von X auf Y.

Wie für die lineare Regression $b_{yx} b_{xy} = r^2$, so gilt auch für die Vierfelder-Regression $(MD_{yx})(MD_{xy}) = Phi^2$, welche Beziehung zu einem *Vierfelder-Regressionstest* $\chi^2 = N(MD_{yx})(MD_{xy}) = 100(33\%)(32\%) = 10{,}56$ mit 1 Fg führt.

15.3.5 Erhebungsmodelle für Vierfeldertafeln

Wir haben bereits einleitend unter den k x m-Feldertafeln zwischen *mon-* und *bin*observablen Kontingenztafeln unterschieden und die ersteren für die Homogenitätsprüfung, die letzteren für die damit identische Kontingenzprüfung vorgesehen.

Die größte Bedeutung kommt dieser Einteilung bei 2x2-Feldertafeln zu, wenn man die *Zielrichtung* einer Untersuchung von ihrem Erhebungsmodell her versteht.

1. Das *binobservable Erhebungsmodell*, bei dem zwei Alternativ-Mme an einer einzigen Stichprobe von Individuen untersucht werden, ist praktisch immer dann als gegeben anzunehmen, wenn eine sog. *retrospektive* Untersuchung durchgeführt wird, etwa indem Männer und Frauen anamnestisch als Raucher oder Nichtraucher identifiziert werden. Wenn der Stichprobencharakter einer solchen Untersuchung nicht abgeklärt werden kann, spricht man besser von einer Fall-Studien-Untersuchung und begnügt sich mit einer deskriptiven Auswertung nach Abschnitt 15.3.3. Aber auch wenn die Stichprobe als Zufallsstichprobe aus einer definierten 2x2-klassigen Population angesehen werden kann, muß man sich mit der Feststellung, die zwei Alternativ-Mme hingen zusammen, begnügen und strikt vermeiden, von einem Mm als Faktor auf das andere Mm als Variable zu schließen, denn die binobservable Erhebung entspricht einer sog. *Einstichprobenkohorte*.

2. Das *monobservable Erhebungsmodell* ist dann realisiert, wenn eine *prospektive* Untersuchung geplant und durchgeführt wird, bei der je eine Zufallsstichprobe von nach einem Alternativmerkmal unterscheidbaren Individuen (z. B. männliche und weibliche Raucher) bezüglich einer Alternativ-Observablen (z. B. zukünftige Morbidität) in einer sog. *Zweistichprobenkohorte* (follow up study) beobachtet wird.

Im monobservablen Erhebungsmodell sind zwei *Varianten* zu unterscheiden:

(1) Das Mm, nach dem die Individuen unterschieden werden, ist ein individuumsinhärentes, *nicht randomisierbares* Mm, wie oben das Geschlecht der Raucher: Hier besteht eine Verwandtschaft zum Einstichprobenerhebungsmodell insofern, als prospektiv unterschiedliche Beobachtungen (z.B. höhere Morbidität der männlichen, niedrigere der weiblichen Raucher) nicht notwendig auf das unterschiedliche Geschlecht zurückzu-

führen sein brauchen, sondern auf nicht kontrollierte, mit dem Geschlecht vermengte Mme zurückzuführen sein können (wie dem, daß etwa Männer mehr als Frauen ‚bis zur Kippe' rauchen bei sonst gleichem Zigarettenkonsum).

(2) Das Mm, nach dem die Individuen unterschieden werden, ist ein *randomisierbares* Behandlungs-Mm, dessen zwei Stufen den Individuen nach Zufall (Los) zugeteilt worden sind. Hier besteht keinerlei Verwandtschaft zur Einstichprobenerhebung mehr, da die prospektiven Beobachtungen (etwa Morbidität mit und ohne Vorsorgeuntersuchungen) allein und ausschließlich auf die unterschiedliche Behandlung zurückzuführen sind; man spricht auch von einer kontrollierten prospektiven Untersuchung, da mögliche Vermengung des Behandlungs-Mm mit einem anderen Mm durch die Zufallzuteilung der 2 Behandlungen zu den N Individuen (oder umgekehrt) kontrolliert wird.

Aus diesen Überlegungen zum Erhebungsmodell einer Vierfeldertafel folgt für die Forschungspraxis: Das binobservable Einstichprobenmodell der retrospektiven Untersuchung ist für den Nachweis von *Ursache-Wirkungsbeziehungen* völlig ungeeignet. Das monobservable Zweistichprobenmodell der prospektiven Untersuchung ist nur dann voll konklusiv, wenn das Unterscheidungs-Mm für die beiden Stichproben randomisiert werden kann (cohort vs. trohoc research nach FEINSTEIN, 1977, Ch. 14).

Haben wir uns bislang nur mit dem binobservablen Einstichprobenmodell befaßt, indem wir auf Kontingenz zweier Alternativ-Mme hin untersuchten, so wollen wir uns im nächsten Abschnitt dem Zweistichprobenmodell zuwenden, wobei wir sogleich damit beginnen, ein und dasselbe Beispiel unter beiden Erhebungsmodellen zu betrachten.

15.4 Homogenitätsauswertung von Vierfeldertafeln

In Beispiel 15.3.1.1 ist eine einzige Stichprobe von Ptn nach zwei Alternativ-Mmn klassifiziert und nach der *Kontingenz* dieser beiden Mme gefragt worden. Wäre eine Stichprobe von familiär belasteten und eine andere von familiär unbelasteten Epileptikern erhoben und die Ptn nach dem Manifestationsalter (präpuberal, postpuberal) der Epilepsie klassifiziert worden, dann hätte sich die Frage gestellt, ob beide Stichproben bzgl. des Manifestationsalters *homogen* sind oder nicht. Es handelt sich hier nicht um die Kontingenz zweier Alternativ-Mme, sondern um die Homogenität *zweier* Stichproben *eines* Alternativ-Mms.

Wie prüfen wir nun, ob die Observable ‚Manifestationsalter' in beiden Stichproben (Belastete und Unbelastete) homogen verteilt ist? Betrachten wir zunächst den Fall, daß der *Nullhypothese* der Homogenität die ungerichtete Alternative der Heterogenität gegenübergestellt wird. Je nach Größe der Stichprobenumfänge $N_1+N_2 = N$ hat man einen exakten oder einen asymptotischen Homogenitätstest in Erwägung zu ziehen.

15.4.1 Der asymptotische Test auf Anteilshomogenität

Bezeichnet man — um bei unserem Beispiel zu bleiben — den Anteil der ‚Frühmanifesten' unter den N_1 familiär Belasteten (1) mit $p_1 = a/N_1 = 5/10$ und den Anteil der Frühmanifesten unter den N_2 familiär nicht Belasteten (2) mit $p_2 = c/N_2 = 6/24$, so kann man eine *Prüfgröße*

$$d = p_1 - p_2 \qquad (15.4.1.1)$$

definieren und zu $d = 60/120 - 30/120 = +30/120 = +1/4$ berechnen. Diese Prüfgröße d ist unter der *Nullhypothese*, wonach beide Stichproben aus Populationen mit gleichen Anteilen $\pi_1 = \pi_2$ von Frühmanifesten stammen, mit einem *Erwartungswert* von Null und einer *Varianz* von

$$\text{Var}(d) = \bar{p}(1-\bar{p})\left(\frac{1}{N_1} + \frac{1}{N_2}\right) \qquad (15.4.1.2)$$

mit $\bar{p} = (a+c)/N$ asymptotisch normal verteilt (vgl. FLEISS, 1973, S. 18), so daß gilt

$$u = \frac{|d|-C}{\text{Var}(d)} \qquad (15.4.1.3)$$

Die *Kontinuitätskorrektur* C ist dabei wie folgt definiert

$$C = \frac{1}{2}\left(\frac{1}{N_1} + \frac{1}{N_2}\right) \qquad (15.4.1.4)$$

Die Normalapproximation ist hinreichend gut, wenn $N > 20$ und wenn a+c und zugleich a+b nicht zu stark von N/2 abweichen.

In unserem *Beispiel* weicht a+b = N_1 = 10 und zugleich a+c = 11 deutlich, wenngleich nicht extrem von N/2 = 20 ab. Wir prüfen daher nur unter diesem Vorbehalt asymptotisch nach (15.4.1.4) zweiseitig auf *Anteilshomogenität*:

$$d = \frac{5}{10} - \frac{6}{24} = +0,2500$$

$$\text{Var}(d) = \frac{11}{40} \cdot \frac{29}{40} \cdot \left(\frac{1}{10} + \frac{1}{30}\right) = 0,02658$$

$$C = \frac{1}{2}\left(\frac{1}{10} + \frac{1}{30}\right) = 0,0167$$

$$u = \frac{|+0{,}2500| - 0{,}0167}{\sqrt{0{,}02658}} = 1{,}43$$

Dieser u-Wert bleibt weit unterhalb der Schranke $u_{0,05} = 1{,}96$, die für einen zweiseitigen u-Test bei $\alpha = 0{,}05$ gilt. Wir verwerfen daher die Nullhypothese der Homogenität für unser Beispiel *nicht*.

15.4.2 Konfidenzgrenzen des Anteilsunterschiedes

Betrachtet man den *Anteilsunterschied* d als ein *Maß der Heterogenität* der beiden Stichproben, dann läßt sich asymptotisch ein α-*Konfidenzintervall* für den zugehörigen Parameter Δ schätzen. Die untere und die obere Grenze des *zweiseitigen* Intervalls betragen

$$\underline{d} = d - u_{\alpha/2}\sqrt{\text{Var}(d)} \qquad (15.4.2.1)$$

$$\overline{d} = d + u_{\alpha/2}\sqrt{\text{Var}(d)} \qquad (15.4.2.2)$$

Man beachte jedoch, daß die Schätzwerte nur dann erwartungstreu sind, wenn N (> 60) groß ist und zugleich p_1 und p_2 weder nahe bei Null noch nahe bei 1 liegen. Hingegen wird zugelassen, daß p_1 nahe bei 1 und p_2 nahe bei Null liegt et vice versa, auch wenn N < 60 ist.

In unserem Beispiel beträgt der Schätzwert von Δ, d = +0,25, und dessen Standardabweichung $\sqrt{\text{Var}(d)}$ haben wir zu 0,163 berechnet. Für ein zweiseitiges Konfidenzintervall beträgt $u_{0,025}$ (einseitig) = 1,96, so daß

$\underline{d} = +0{,}25 - 1{,}96\,(0{,}163) = -0{,}07$ und

$\overline{d} = +0{,}25 + 1{,}96\,(0{,}163) = +0{,}57$

In der negativen *unteren* Schranke manifestiert sich die Tatsache, daß ein d = 0,25 nicht auf der oben geforderten 5%-Stufe signifikant war.

Interessiert den Untersucher nicht das Konfidenzintervall, sondern nur die *obere* α-Konfidenzgrenze als ein Maß der maximalen Heterogenität der beiden Stichproben, so berechnet er mit

$\overline{d} = d + u_{\alpha}\sqrt{\text{Var}(d)}$

$\phantom{\overline{d}} = +0{,}25 + 1{,}65\,(0{,}163) = +0{,}52$

die *einseitige* obere Konfidenzgrenze. Bezogen auf unser Beispiel bedeutet dies, daß die familiär Belasteten höchstens 52% mehr frühmanifeste Epileptiker aufweisen sollten als die familiär nicht belasteten, wo ein Anteilsunterschied von 25% beobachtet worden ist. Die Sicherheit für diese Aussage (Konfidenzkoeffizient) beträgt 1 − 0,05 = 0,95 oder 95%, bei den gegebenen Stichprobenumfängen von $N_1 = 10$ familiär belasteten und $N_2 = 24$ familiär nicht belasteten Epileptikern.

15.4.3 Der exakte Vierfelder-Homogenitätstest (FISHER-YATES-HENZE-Test)

Wie man exakt und *einseitig* prüft, ob zwei *kleine* Stichproben von Alternativdaten homogen verteilt sind, haben wir bereits mit dem FISHER-YATES-Test in Kapitel 5.3.2 behandelt. Wir haben in Tafel V–3 auch ein Mittel in der Hand, aufgrund bestimmter Informationen aus der Vierfeldertafel sofort zu entscheiden, ob die Nullhypothese der Homogenität auf einer vereinbarten Stufe α verworfen werden muß oder nicht.

Umfangsgleiche Stichproben

Wie man *zweiseitig* prüft, ist in Abschnitt 5.3.2 nicht näher expliziert worden; es genügte der Hinweis, daß bei annähernd gleichen Stichprobenumfängen die einseitig abgelesene Überschreitungswahrscheinlichkeit zu *verdoppeln* sei, um ein zweiseitiges P zu gewinnen. Tatsächlich gilt diese Regel jedoch nur dann, wenn die beiden Stichproben *gleichen* Umfang haben, $N_1 = N_2 = N/2$, oder wenn die Positivvarianten und die Negativvarianten des Beobachtungsmerkmals in den vereinten Stichproben ausnahmsweise *gleich häufig* vertreten sind, wenn also die Spaltensummen a+c = b+d sind. Denn in diesem Fall ist die Prüfverteilung *symmetrisch*.

Umfangsverschiedene Stichproben

Wie ist nun die zweiseitige Überschreitungswahrscheinlichkeit P' definiert, wenn weder die Zeilen- noch die Spaltensummen der Vierfeldertafel gleich sind, wenn die Prüfverteilung – die hypergeometrische Verteilung – *asymmetrisch* ist?

Um diese Frage zu beantworten, gehen wir von der Annahme aus, es liege die *Prüfverteilung* für die Felderfrequenz $a = A_i$ in Tabelle 15.3.1.2 vor mit dem Beobachtungswert a = 5.

1. Bei einseitigem Test – dem auch sogenannten α-Test – schneiden wir vom *oberen Ast* der hypergeometrischen Prüfverteilung mit a = 5 als Prüfgröße die Fläche $\Sigma p_o = P_o$

$$\Sigma p_o = P_o = 0{,}06473 + 0{,}01295 + \ldots + 0{,}00000 = 0{,}07918$$

ab. Der *zweiseitige* – auch sogenannte $(\frac{\alpha}{2}, \frac{\alpha}{2})$-Test – ist nun so definiert, daß vom unteren Ast der Prüfverteilung $P'_u \geqslant P_o$ abgeschnitten wird, so daß

$\Sigma p'_u = P'_u = 0{,}02363 + 0{,}12997 = 0{,}15360$

und die zweiseitige Überschreitungswahrscheinlichkeit gleich ist der Summe der beiden P-Werte:

$P' = P_0 + P'_u = 0{,}7918 + 0{,}15360 = 0{,}23278$

2. Für eine Prüfgröße am *unteren Ast* der hypergeometrischen Prüfverteilung gilt bei zweiseitigem Test analog die Definition

$P' = P_u + P'_0$

Bezogen auf Tabelle 15.3.1.2 bedeutet dies, daß für $a = A_i = 1$ gilt $P_u =$ = 0,12990 + 0,02363 = 0,15360 und $P'_0 \geqslant P_u$, d.h. $P'_0 = 0{,}00000 + \ldots +$ + 0,18494 = 0,26405, so daß $P' = 0{,}15360 + 0{,}26405 = 0{,}41765$.

Wie man schon aus diesen zwei Beispielen sieht, ist der zweiseitige im Unterschied zum einseitigen Test ein *konservativer* Test. In der Tat ist auch nur der einseitige Test ein sog. *unverfälschter* (unbiased) Test, während der klassische zweiseitige ein verfälschter Test (mit ‚zu hohem' nominellem P'-Wert) ist. Das ist wohl auch der Grund, daß er selbst dann, wenn er indiziert wäre, nicht verwendet wird.

Die HENZE-Tafeln

Unter Zugrundelegung einer schwächeren Unverfälschtheitsbedingung (weakly unbiased) hat nun HENZE (1973) einen unter dieser Bedingung *optimalen zweiseitigen Homogenitätstest* konstruiert und dessen ‚unverfälschte' Überschreitungswahrscheinlichkeiten P zusammen mit denen des einseitigen Tests vertafelt. Die Tafeln XV–4–3 umfassen alle Vierfeldertafeln bis zum Umfnag von N = 20 und alle einseitigen P-Werte innerhalb des Intervalls von 0,0001 und 0,2 für die zugehörigen Frequenzen a des linken oberen Feldes[23].

Zum *Gebrauch* der im Anhang wiedergegebenen HENZE-Tafel XV–4–3 wird die beobachtete Vierfeldertafel so umgeordnet, daß für das im Spaltenkopf angegebene Randsummentripel N, A, B die Ungleichung

$B = a + c \leqslant A = a + b \leqslant N/2$ \hfill (15.4.3.1)

gilt, daß also die obere Zeilensumme a+b = A = N_1 größer oder gleich ist der rechten Spaltensumme a+c = B und beide höchstens gleich sind dem halben Stichprobenumfang N/2. Unter diesen Voraussetzungen genügt es,

---

23 Gemäß schriftlicher Mitteilung des Verfassers v. 6.3.74 werden die Tabellen bis N=80 extendiert. Eine Fortsetzung für gerade N bis N=100 ist vom Verfasser fest geplant.

die als *Prüfgröße* in Anspruch genommene Frequenz a abzulesen, um die zu a gehörigen ein- und zweiseitigen P-Werte aus Tafel XV–4–3 zu entnehmen. Randsummentripel, die in der Tafel nicht verzeichnet sind, haben einseitige P-Werte größer als 0,2. Die P-Werte wurden ohne Null und Komma kodiert, so daß 0,0001 =: 0001 und 0,2 =: 2000.
Leider reichen die HENZE-Tafeln derzeit nur bis N = 20, so daß wir den Vergleich anhand des folgenden Beispiels vornehmen müssen und nicht auf das Beispiel der Tabelle 15.3.1.2 zurückgreifen können.

Beispiel 15.4.3.1

Untersuchung: An 16 kinderlosen Elternpaaren zufolge väterlicher Azoospermie soll die Wirksamkeit der Zeitwahlmethode von Otfried Hatzold zur Geschlechtsbestimmung des Kindes überprüft werden. (1) Acht nach Los ausgewählte Mütter in spe werden zum Zeitpunkt ihrer Ovulation (definiert durch den Anstieg der rektal gemessenen Basaltemperatur) künstlich befruchtet, durch welche Zeitwahl nach Hatzold ein männliches Kind entstehen sollte. (2) Die restlichen 8 Mütter in spe werden 2 Tage vor der frühesten Ovulation innerhalb des Zyklus (def. durch den über 1/2 Jahr gemessenen Anstieg der Basaltemperatur) befruchtet, wodurch ein weibliches Kind entstehen sollte.

Ergebnis: Nach z.T. mehrmaligen Befruchtungsversuchen unter konstanten Bedingungen treten N = 11 Schwangerschaften ein, und zwar N_1 = 5 aus einer Befruchtung *während* der Ovulation, aus der a = 5 Buben und b = 0 Mädchen geboren werden, und N_2 = 6 aus einer Befruchtung *vor* der Ovulation, aus der c = 1 Bub und d = 5 Mädchen geboren werden.

Hypothesen vor dem Versuch: H_0: Die Geschlechter der erwarteten Kinder sind in beiden Befruchtungsmethoden (1 und 2) homogen verteilt. H_1: Die Geschlechter der Kinder sind heterogen verteilt, wobei H_1 mit Bedacht zweiseitig formuliert wird, da der kritische Untersucher eine einseitige Hypothese aus dem Stand der Forschung heraus für unbegründet erachtet.

Signifikanzniveau: Trotz des Erkundungscharakters und der kleinen Stichprobenumfänge (N_1 = 5 und N_2 = 6) wird α = 0,05 gesetzt.

Testwahl: Es handelt sich um einen Zweistichprobentest mit Alternativ-Observablen; für ihn ist ein exakter Vierfelder-Homogenitätstest nach FISHER-YATES die Methode der Wahl. Als zweiseitigen unverfälschten Test benutzen wir den von HENZE vertafelten Test.

Entscheidung: Zur Benutzung der Tafel ordnen wir die vier Felder so um, daß N_1 = a+b $\leq$ N/2 und daß a+c $\leq$ N (Tabelle 15.4.3.1ab).

Sodann lesen wir in Tafel XV–4–3 unter dem Randsummentripel 11 5 5 in der Zeile a = 0 ein zweiseitiges P = 0,0288 < 0,05 = α ab. Damit muß H_0 verworfen und angenommen werden, daß die Zeitwahl der Befruchtung die heterogene Geschlechterverteilung der Kinder bedingt habe (H_1).

Tabelle 15.4.3.1ab

	♂	♀			♀	♂	
während	5	0	5=N_1	a=0	5		5=A
vor Ov.	1	5	6=N_2		5	1	
	6	5	11=N		5 = B		11=N

Zwischen den beiden Tabellen: →

Testvergleich: Hätten wir den zulässigen, aber weniger effizienten ($\alpha/2$, $\alpha/2$)-Test gewählt, so wäre dieser gemäß Tabelle 15.3.1.2 auszuwerten (Tabelle 15.4.3.2).

Tabelle 15.4.3.2

$$\begin{matrix} 0 & 5 \\ 5 & 1 \end{matrix} \quad p_0 = \frac{5!\,6!\,5!\,6!}{11!\,0!\,5!\,5!\,1!} = \frac{6!\,6!}{11!} = \frac{6}{462} = 0{,}0130$$

$$\begin{matrix} 1 & 4 \\ 4 & 2 \end{matrix} \quad p_1 = \frac{6}{462}\left(\frac{5 \cdot 5}{1 \cdot 2}\right) = \frac{75}{462} = 0{,}1623$$

$$\begin{matrix} 2 & 3 \\ 3 & 2 \end{matrix} \quad p_2 = \frac{75}{462}\left(\frac{4 \cdot 4}{2 \cdot 3}\right) = \frac{200}{462} = 0{,}4392$$

$$\begin{matrix} 3 & 2 \\ 2 & 4 \end{matrix} \quad p_3 = \frac{200}{462}\left(\frac{3 \cdot 3}{2 \cdot 4}\right) = \frac{150}{462} = 0{,}3247$$

$$\begin{matrix} 4 & 1 \\ 1 & 5 \end{matrix} \quad p_4 = \frac{150}{462}\left(\frac{2 \cdot 2}{4 \cdot 5}\right) = \frac{30}{462} = 0{,}0649$$

$$\begin{matrix} 5 & 0 \\ 0 & 6 \end{matrix} \quad p_5 = \frac{30}{462}\left(\frac{1 \cdot 1}{5 \cdot 6}\right) = \frac{1}{462} = 0{,}0022$$

Nach 15.4.3 ist $P_u = 0{,}0130$ und $P'_0 = 0{,}0022 + 0{,}0649 = 0{,}0671$, so daß $P' = 0{,}0130 + 0{,}0671 = 0{,}0801$. Aufgrund dieses weniger effizienten Tests wäre H_0 nicht zu verwerfen gewesen.

Erhebungsvergleich: Unsere Zweistichproben Vergleichsuntersuchung ist uneingeschränkt konklusiv in bezug auf die Zeitwahl als Einflußgröße. Hätte der Untersucher es den Elternpaaren (statt dem Los) überlassen, sich eine bestimmte Befruchtungsmethode im Glauben an die Zeitwahl auszusuchen, dann läge eine binobservable (statt einer monobservablen) Einstichproben-Erhebung vor. Unter gleichen Bedingungen und Ergebnissen – 5 Elternpaare haben sich einen Buben gewünscht und einen Buben bekommen, 6 Eltern haben sich ein Mädchen gewünscht und 5 davon eines bekommen – ergäbe der exakte Kontingenztest nach 15.3.1 ein $P = 0{,}0130 + 0{,}0022 = 0{,}0152$. Denselben P-Wert lesen wir in der WALLschen Tafel XV–3–1 unter dem Parameter Quadrupel $N = 11$, $A = 6$, $B = 6$ und $a = 1$ ab, wobei $A = N_2 \geqslant N_1$, $B = b+d \geqslant a+c$ und a wie in der spaltenvertauschten Tabelle 15.4.3.1a definiert sind.

Kritik: Es besteht danach zwar eine auf der 5%-Stufe signifikante Kontingenz zwischen Zeitwahl der Befruchtung und dem Geschlecht des Wunschkindes, was jedoch mangels Randomisierung nicht impliziert, daß die Zeitwahl das Geschlecht determiniert. Sachlogisch plausibel begründen läßt sich dies durch die Annahme, daß Elternpaare, die sich Buben (Mädchen) wünschen, auch ohne eine bestimmte Zeitwahl, etwa zufolge familiärer Disposition der Mutter, Buben (Mädchen) bekommen würden. Ein analog aufgebauter und in der Zeitschrift ‚ELTERN' 1974 präpublizierter Versuch von O. Hatzold ist daher nur eingeschränkt konklusiv.

Anmerkungen

Für einige Kombinationen von Randsummen (N, A und B) der Tafel XV−4−3 fehlen *extreme Prüfgrößenwerte* (a), und zwar immer dann, wenn deren einseitiges P *kleiner* als 0,0001 ist. Die zugehörigen P-Werte sind dann als Ungleichungen abzulesen: In einer Vierfeldertafel mit N = 19 und A = B = 7 gilt für das extreme aber nicht ausgedruckte a = 7 ein P (einseitig) < 0,0001 in der zweiten Spalte und ein P(zweiseitig) < 0,039 in der ersten Spalte.

Da die Tafel von HENZE (1974) auch die *einseitigen* Überschreitungswahrscheinlichkeiten enthält, wird man sie auch für einen einseitigen FISHER-YATES-Test benutzen, wenn die Tafel X−3 mit ihren α-Schranken hierfür nicht ausreicht.

Zusammenfassend sei noch einmal hervorgehoben: Unsere Unterscheidung zwischen exaktem Kontingenztest (WALLsche Tafeln) und exaktem zweiseitigem Homogenitätstest (HENZE-Tafeln) ist nur *indikationslogisch*, nicht formallogisch zu rechtfertigen. Um zu vermeiden, daß der Untersucher je nach ‚heimlicher Inklination' für oder gegen H_0 bei zweiseitiger oder ungerichteter Alternative H_1 die HENZE-Tafeln oder die WALLschen Tafeln benutzt, wird empfohlen, die HENZE-Tafeln allein und ausschließlich für die ein- und zweiseitige Homogenitätsprüfung sowie für die ein- und zweiseitige Kontingenzprüfung in *binordinalen* Kontingenztafeln (Assoziationstafeln) heranzuziehen. Nicht-binordinale Vierfelderkontingenztafeln sollten allein mit den WALLschen Tafeln geprüft werden.

15.4.4 Heterogenitätsmessung in Vierfeldertafeln

Wie man bei nachgewiesener Kontingenz binärer Mme Kontingenzmaße, wie den CRAMER-Index für nominal skalierte und den Phi-Koeffizienten für ordinal skalierte Mme, als Maßzahlen für die Enge des Zusammenhangs dieser beiden Mme berechnen kann, so kann man auch im Fall nachgewiesener Heterogenität das Ausmaß der Heterogenität durch eine Maßzahl kennzeichnen[24].

[24] Falls die beiden Stichproben nicht binär, sondern stetig verteilt sind, kann der punktbiseriale Rangkorrelationskoeffizient (rho-bis oder tau-bis, vgl. 9.5.2 oder

Die Anteilsdifferenz

Eine Maßzahl, die *Anteilsdifferenz* bei zwei großen unabhängigen Stichproben $d = p_1 - p_2$ und deren Konfidenzgrenzen haben wir bereits in Abschnitt 15.3.2 kennengelernt. Aufschlußreicher als die Anteilsdifferenz ist die standardisierte Anteilsdifferenz

$$u_d = d/\sqrt{Var(d)} \qquad (15.4.4.1)$$

da sie den Stichprobenfehler der Differenz d in Rechnung stellt und praktisch in den Grenzen zwischen –3 und +3 variiert. Die Varianz der Anteilsdifferenz ist bereits in (15.4.1.2) vorweggenommen worden.

Das relative Risiko

Ein Maß für die Heterogenität zweier Stichproben von Alternativen, deren kritische Alternative (z.B. Erfolg) selten bzw. deren Erfolgsanteil niedrig ist, hat CORNFIELD (1951) vorgeschlagen: Das sog. *relative Risiko* rR ist wie folgt definiert

$$rR = \frac{p_{11}/p_{1.}}{p_{21}/p_{2.}} = \frac{a/(a+b)}{c/(c+d)} \qquad (15.4.4.2)$$

oder

$$rR = \frac{p_{11} p_{2.}}{p_{21} p_{1.}} = \frac{a(c+d)}{c(a+b)} \qquad (15.4.4.3)$$

Darin bedeuten $p_{11}/p_{1.}$ den Erfolgsanteil in der Stichprobe 1 und $p_{21}/p_{2.}$ den Erfolgsanteil in der Stichprobe 2, wobei die p-Werte auf den vereinten Stichprobenumfang $N_1 + N_2 = N$ bezogen sind.

Das relative Risiko, z.B. eines Lungenkrebses bei Rauchern im Vergleich zu Nichtrauchern, gibt an, *wieviel Mal größer* die Wahrscheinlichkeit ist, daß ein Raucher an Lungenkrebs erkrankt im Vergleich zu einem Nichtraucher; rR variiert demgemäß zwischen 0 und ∞ und ist nur definiert, wenn alle 4 Felder besetzt sind.

Beispiel 15.4.4.1

Um zu beurteilen, wie hoch das relative Risiko ist, daß eine junge Mutter ein untergewichtiges Kind zur Welt bringt, erheben wir zwei Stichproben; Stichprobe 1 mit $N_1 = 50$ Müttern unter 20 Jahren, Stichprobe 2 mit $N_2 = 150$ Müttern ab 20 Jahren, deren Kinder als untergewichtig (u) oder normalgewichtig (n) eingestuft werden.

9.5.9) die Funktion eines Heterogenitätsmaßes übernehmen; dabei wird allerdings vorausgesetzt, daß sich die zugehörigen 2 Populationen nur bzgl. ihres Lageparameters unterscheiden.

Tabelle 15.4.4.1

	u	n	Σ
< 20	a=10	b= 40	N_1 = 50
≥ 20	c=15	d=135	N_2 = 150
			N = 200

Das relative Risiko ergibt sich nach (15.4.4.3) zu

$$rR = \frac{10 \cdot 150}{15 \cdot 50} = 2,00,$$

d.h., daß junge Mütter mit einer doppelt größeren Wahrscheinlichkeit untergewichtige Kinder zur Welt bringen.

Anteilsdifferenz und relatives Risiko verknüpfen Felderfrequenzen mit Randsummen. Die nachfolgenden Heterogenitätsmaße verknüpfen Felderfrequenzen untereinander.

15.4.5 Der Kreuzproduktquotient (odd ratio) als Heterogenitätsmaß

Ein Heterogenitätsmaß, das zunehmend an Bedeutung gewinnt, ist die sog. Odd ratio (CORNFIELD 1951, MOSTELLER 1968) oder der Kreuzproduktquotient (FISHER 1962). Bezeichnet man die Anteile in den vier Feldern mit p_{11} bis p_{22}, dann ist der *Kreuzproduktquotient* (cross product ratio or cross ratio) wie folgt definiert

$$o = \frac{p_{11} p_{21}}{p_{21} p_{12}} \qquad (15.4.5.1)$$

oder, auf die beobachteten Frequenzen a bis d bezogen,

$$o = \frac{ad}{bc} \qquad (15.4.5.2)$$

Falls die Ja-Anteile p_{11} und p_{21} gegenüber den Nein-Anteilen p_{12} und p_{22} klein sind, kann o auch als relatives Risiko interpretiert werden, da $p_{12} \rightarrow p_{1.}$ und $p_{22} \rightarrow p_{2.}$, womit (15.4.5.1) in (15.4.4.2) übergeht.

In unserem Beispiel (Tabelle 15.4.4.1) ist $p_{11}p_{22} = 0,3375$ und $p_{21}p_{12} = 0,015$, womit o = 2,25. Damit entspricht o *annähernd* dem relativen Risiko rR. Das Risiko, ein untergewichtiges Kind zu gebären, ist für junge Mütter doppelt (genauer 2,25 Mal) so groß wie für normalaltrige Mütter.

Statt von einem relativen Risiko, wird man immer dann, wenn die kritische Alternative positiv connotiert ist, von einer *relativen Chance* sprechen, obschon dieser Ausdruck noch nicht eingeführt wurde: Man denke an seltene Heilungen sonst infauster Erkrankungen durch eine neue ätiologisch wirksame Behandlung im Vergleich zu einer tradierten, nur symptomatisch wirksamen Behandlung.

Man beachte, daß der Kreuzproduktquotient o zwischen 0 und +∞ variiert, und daß er *nicht definiert* ist, wenn eines der vier Felder unbesetzt ist. Um auch in diesem Fall ein Heterogenitätsmaß, wie das relative Risiko, verfügbar zu machen, redefiniert man o wie nachfolgend beschrieben.

Der nullenkorrigierte Kreuzproduktquotient

Um Vierfeldertafeln mit und ohne *Null-Besetzungen* bezüglich Heterogenität zu messen und untereinander vergleichen zu können, soll o einheitlich als o' wie folgt definiert werden[25]:

$$o' = \frac{(a+\frac{1}{2})(d+\frac{1}{2})}{(b+\frac{1}{2})(c+\frac{1}{2})} = \frac{a'd'}{b'c'} \qquad (15.4.5.3)$$

Durch diese Definition erhöht sich N, der Stichprobenumfang, auf N' = = N+2. Im Beispiel (Tabelle 15.4.4.1) erhalten wir ein o' = 2,26, das sich von o = 2,25 wegen des großen Stichprobenumfangs von N = 200 bzw. N' = 202 nur um 0,01 unterscheidet.

Interpretation des Kreuzproduktquotienten

Wir haben festgestellt, daß o (oder o') als relatives Risiko interpretiert werden darf, wenn die kritische Alternative selten im Vergleich zur unkritischen ist. Wie ist nun aber o zu interpretieren, wenn dies nicht der Fall ist?

Die folgenden Überlegungen zum sog. *Logistischen Modell* werden zeigen, daß man o in jedem Fall wie ein relatives Risiko interpretieren kann.

Betrachten wir den *natürlichen Logarithmus* ln(o) und nicht o selbst als Maß der Vierfelderheterogenität, so erhalten wir für Tabelle 15.4.4.1 ln(2,25) = +0,81. Demnach kann man o auch als Exponentialfunktion

$$o = e^{0,81} = 2,25$$

---

[25] Wie zuletzt GART und ZWEIFEL (1967) gezeigt haben, ist o' als Prüfgröße unter der Nullhypothese der Homogenität beider Stichproben 1 und 2 über einem Erwartungswert von 1 mit einer *Varianz* von

$$\text{Var}(o') = \frac{1}{a'} + \frac{1}{b'} + \frac{1}{c'} + \frac{1}{d'}$$

asymptotisch normal verteilt. Ein Signifikanztest für o' ist jedoch insofern obsolet, als die Heterogenität bereits nachgewiesen worden sein sollte (via 15.3.1−2), ehe man ein Heterogenitätsmaß berechnet.

auffassen. Schreibt man den Exponenten 0,81 als Differenz zu Null, so resultiert

$$o = e^{0,81-0} = e^{0,81}/e^{0} = 2,25/1,00$$

Diese *Explikation* von o läßt sich nun, wenn wir abermals unser Beispiel bemühen, wie folgt deuten. Setzt man den Bedingungsfaktor, der bei normalaltrigen Müttern zu untergewichtigen Kindern führt, gleich 1, so ergibt sich der Bedingungsfaktor, der bei jungen Müttern zu untergewichtigen Kindern führt, zu 2,25. Der Faktoreinfluß ist im letzteren Fall zweieinviertel-mal so groß als im ersteren Fall.

Über den *Logitquotienten* $L = \ln(o)$ gelangt man somit zu einer Einflußgrößeninterpretation von o, ohne die Restriktionen, die das relative Risiko impliziert.

15.4.6 Die Kreuzproduktquotienten-Agglutination

Neben dem Vorzug, im Sinne eines relativen Risikos interpretiert werden zu können, hat der Kreuzprodukt-Quotient o als Assoziations- und Homogenitätsmaß noch mehrere andere Vorzüge (vgl. MOSTELLER, 1968). Einer dieser Vorzüge ist der, daß o-Maße aus mehreren Vierfeldertafeln zu einem Gesamt-o-Maß *agglutiniert* werden können[26]. MANTEL und HAENSZEL (1959) sowie MANTEL (1963) haben ein ähnliches Verfahren wie COCHRAN (vgl. 8.3.4) zur Agglutination von Vierfeldertafeln entwickelt; sie empfehlen — falls die k Vierfeldertafeln als homogen angesehen werden können — die folgende Schätzung für einen Gesamt-Kreuzprodukt-Quotienten

$$\bar{o} = \frac{\sum_{i=1}^{k} \left(\frac{N_{i1} N_{i2}}{N_i}\right) p_{i1}(1 - p_{i2})}{\sum_{i=1}^{k} \left(\frac{N_{i1} N_{i2}}{N_i}\right) p_{i2}(1 - p_{i1})} \quad (15.4.6.1)$$

Darin bedeuten $N_{i1} = a_i$ und $N_{i2} = c_i$ die Ja-Frequenzen in den Stichproben 1 und 2 der Vierfeldertafel i, $i = 1(1)k$ und $N_i = N_{i1} + N_{i2} = a_i + c_i$ die Ja-Frequenz der Tafel i. Ferner bedeuten $p_{i1} = a_i/(a_i+b_i)$ und $p_{i2} = c_i/(c_i+d_i)$ die Ja-Anteile in den beiden Stichproben.

---

[26] Diese Möglichkeit wurde im Zusammenhang mit der Agglutination von Vierfeldertafel (8.3.4) nicht diskutiert, da sie die Kenntnis des Kreuzprodukt-Quotienten vorausgesetzt hätte.

Beispiel 15.4.6.1

Datenrückgriff: Wenn wir das Beispiel 8.3.4.1 daraufhin ansehen, welche der vier Vierfeldertafeln die Agglutination verhindert hat, so stoßen wir sogleich auf die Tafel Nr. 4. Lassen wir diese Tafel außer acht, so fällt die letzte Zeile in Tabelle 8.3.4.2 fort und es ergibt sich u = $244{,}58/\sqrt{16598{,}4}$ = 1,90, das für α = 0,01 mit $u_{0{,}01}$ = 2,33 nicht signifikant ist. Wir könnten mithin die Tafeln Nr. 1–3 agglutinieren und erhielten a = 2+2+6 = 10, b = 21+40+33 = 94, c = 0+0+0 = 0 und d = 10+18+10 = 38 mit einem Vierfelder-χ^2 = 39,3 und 1 Fg.

Der Kreuzprodukt-Quotient: Wollen wir wissen, wieviel schädlicher die Transfusion ‚männlichen' (väterlichen) Blutes im Vergleich zur Transfusion ‚weiblichen' (mütterlichen) Blutes für den Erythroblastosekranken Neugeborenen ist, bilden wir – da o wegen des einen Nullfeldes nicht definiert ist – o′ = $(10{,}5 \cdot 38{,}5)/(0{,}5 \cdot 94{,}5)$ = 8,56. Setzen wir die Mortalitätsrate also für mütterliches Blut gleich 1 so ist sie für väterliches Blut gleich 8,56; das relative Risiko ist mithin achteinhalb Mal so groß. Diese Aussage gilt – man erinnere sich – nur für die Tafeln 1–3 der nicht zu schweren Erythroblastosekranken.

Kritik: Wir haben die 3 Vierfeldertafeln zusammengeworfen und erst danach o berechnet. Um eine erwartungstreue Schätzung des Populationsparameters für o zu gewinnen, müssen wir nach Formel (15.4.5.1) vorgehen und nach Tabelle 15.4.6.1 auswerten.

Tabelle 15.4.6.1

Tafel i	Stichproben	verstorben	überlebend	N_{i1} N_{i2}	N_i	p_{i1} p_{i2}
1	1 = m	2,5	21,5	24	35	0,1042
	2 = w	0,5	10,5	11		0,0455
2	1 = m	2,5	40,5	43	62	0,0625
	2 = w	0,5	18,5	19		0,0263
3	1 = m	6,5	33,5	40	52	0,1625
	2 = w	0,5	10,5	11		0,0455

In Tabelle 15.4.6.1 haben wir sogleich die Nullenkorrektur für den Kreuzpunktquotienten $\bar{o}'$ eingebracht, da jede der 3 Vierfeldertafeln ein Nullfeld besaß (auch wenn nur eine Tafel ein Nullfeld hat, sollten alle k Tafeln nullkorrigiert werden, um die Vergleichbarkeit der Tafeln zu wahren.).

Die Kreuzproduktquotienten-Schätzung nach MANTEL-HAENSZEL: Um (15.4.6.1) auszuwerten und einen nullenkorrigierten Schätzwert $\bar{o}'$ zu erhalten, verfahren wir nach Tabelle 15.4.6.2 unter Bezug auf Tabelle 15.4.6.1

Wie wir sehen, ist der nach MANTEL-HAENSZEL geschätzte Kreuzproduktquotient mit $\bar{o}'$ = 3,0 wesentlich kleiner als der naiv durch Tafelüberlagerung geschätzte Quotient o′ = 8,5.

Tabelle 15.4.6.2

Tafel i	(1) $N_{i1}N_{i2}/N_i$	(2) $p_{i1}(1-p_{i2})$	(3) $p_{i2}(1-p_{i1})$	(4) (1)×(2)	(5) (1)×(3)
1	7,543	0,09946	0,04076	0,7502	0,3074
2	13,178	0,06086	0,02466	0,8020	0,3250
3	8,462	0,15511	0,03811	1,3125	0,3225
Kreuzproduktquotientenschätzung: $\bar{o}' = 2{,}8647/0{,}9549 = 3{,}0$					

Interpretation: Die Letalgefährdung erythroblastosekranker Neugeborener ist demnach 3 Mal so groß, wenn man väterliches Blut transfundiert, als wenn man mütterliches Blut im Austauschverfahren an das Kind überträgt; man muß mit einer 3 Mal so hohen Mortalitätsrate rechnen.

Anmerkung: Da $\bar{o}'$ bei seltenen Ereignissen (wie dem Tod eines Kindes nach Blutaustausch) ein Maß für das relative Risiko rR ist, betrachten und vergleichen wir die relativen Risiken rR_i in den i = 1(1)3 Stichproben aus Tabelle 15.4.6.1 gemäß (15.4.4.3)

$rR_1 = (2{,}5)(11)/(0{,}5)(24) = 2{,}29$

$rR_2 = (2{,}5)(19)/(0{,}5)(43) = 2{,}21$

$rR_3 = (6{,}5)(11)/(0{,}5)(40) = 3{,}58$

Der Anteil der nach Austauschtransfusion verstorbenen Neugeborenen liegt mithin je nach dem Schweregrad der Erythroblastose (Stichproben 1 bis 3) bei väterlichem Blut 2 1/4–3 1/2 Mal höher als bei mütterlichem Blut. Das oben gewonnene $\bar{o}' = 3$ ist daher eine gute Schätzung auch des relativen Risikos, das der Arzt eingeht, wenn er väterliches anstelle von mütterlichem Blut transfundiert.

Ob – wie in Beispiel 15.6.4.1 – k Vierfeldertafeln als homogen angesehen werden dürfen oder nicht, prüft man nach dem *Agglutinationstest* von COCHRAN (vgl. 8.3.4) oder nach einem analogen von GART (1962) stammenden Verfahren (vgl. FLEISS 1973, Ch. 10.3). Auf diese Weise können relative Risiken (bei befürchteten Positiv-Varianten des Alternativ-Mms) bzw. relative Chancen (bei erstrebten Positiv-Varianten) aus zeitlich und/ oder örtlich verschiedenen Stichproben kombiniert werden, wenn sie aus der *gleichen Grundgesamtheit* stammend aufzufassen sind. Von besonderer Bedeutung sind solche Kombinationen in retrospektiven und epidemiologischen Untersuchungen (vgl. SHEEHE, 1966).

15.5 Planungsüberlegungen zum Anteilsvergleich

Der Untersucher, der eine neue Therapie mit einer überkommenen vergleichen will, tut gut daran, den Umfang n, den er je Stichprobe voraussichtlich benötigt, um eine etwas größere Erfolgsquote der neuen gegenüber der alten Therapie nachzuweisen, *im voraus zu schätzen*. So vermeidet er, einen tatsächlich bestehenden Unterschied wegen zu kleiner Stichproben aufgrund des Beta-Risikos nicht zu entdecken.

Um eine solche Schätzung des zum Heterogenitätsnachweis benötigten n vornehmen zu können (vgl. 15.5.4) muß der Untersucher zunächst entscheiden, wie hoch die *Erfolgsquote* P ansteigen soll, damit sie ‚praktisch signifikant' (vgl. 2.2.7), will heißen klinisch bedeutsam erscheint. FLEISS (1973, Ch. 3.1) gibt hierzu folgende Überlegungen:

15.5.1 Die Erfolgsquoten-Konzeption

Wenn die alte Therapie eine Erfolgsquote von P_1 gewährleistet, so bedeutet dies, daß $1 - P_1$ Prozent der Ptn auf die alte Therapie *nicht* ansprechen. Fordert der Untersucher nun, daß f% von jenen Ptn, die auf die *alte* Therapie nicht angesprochen haben, auf die neue ansprechen soll, dann muß die Erfolgsquote der *neuen* Therapie

$$P_2 = P_1 + f(1 - P_1) \tag{15.5.1.1}$$

betragen. Wie diese Formel anzuwenden ist, wollen wir uns an folgendem Beispiel überlegen.

Angenommen, ein Standard-Neuroleptikum führe bei $P_1 = 0{,}60 = 60\%$ der akuten Psychosen zu prompter Remission. Von einem *neu* einzuführenden Neuroleptikum wird nun gefordert, es solle f = 0,50 = 50% jener 40% der Ptn remittieren, die auf das Standard-Neuroleptikum *nicht* remittiert sind. Aufgrund dieser Forderung wäre für das neue Neuroleptikum eine Remissionsquote Vpn $P_2 = P_1 + f(1-P_1) = 0{,}60 + 0{,}50(1-0{,}60) = 0{,}80 = 80\%$ anzusetzen.

Wird dasselbe neue Neuroleptikum auf eine Ptn-Population angewendet, bei welcher das Standard-Neuroleptikum nur eine Remissionsquote von $P_1 = 0{,}40$ aufwies, dann erwarten wir von ihm bei *gleichem* Wirkungsverhältnis eine Remissionsquote von $P_2 = 0{,}40 + 0{,}50(1-0{,}40) = 0{,}70$. Je geringer mithin die Remissionsquote P_1 unter der Standardbehandlung, um so größer muß cet. par. die *Steigerungsrate* $P_2 - P_1$ sein, wenn alle übrigen Bedingungen konstant gehalten werden. Auf diese Weise lassen sich Erfolgsquoten einer neuen Behandlung mit denen einer Standardbehandlung auch dann vergleichen, wenn die Erfolgsquoten unter der Standardbehandlung differieren. Wie man dabei vorgeht, zeigen die folgenden Überlegungen.

15.5.2 Die relative Erfolgsdifferenz nach Sheps

Bezeichnet man die Erfolgsquote einer neuen Behandlung mit P_2 und die einer Standardbehandlung mit P_1, so läßt sich die *Wirksamkeitsveränderung* (Wirksamkeitssteigerung bei $P_2 > P_1$) durch den Faktor

$$f = (P_2 - P_1)/(1 - P_1) \tag{15.5.2.1}$$

aus (15.5.1.1) bestimmen[27]. Der Faktor f heißt nach Sheps (1959) auch die *relative Differenz*, genauer: die relative Erfolgsdifferenz. Über diesen Faktor f sind verschiedene Vierfeldertafeln deskriptiv zu vergleichen, zu vergleichen bezüglich des Grades ihrer Heterogenität, wie sie sich in dem unterschiedlichen Erfolg bei neuer und alter Behandlung manifestiert.

Der Faktor f ist damit ein Maß für die *relative Wirksamkeit* der neuen im Vergleich zur alten Therapie, wenn beide Therapien zu verschiedenen Zeiten oder an verschiedenen Orten angewendet werden: Wenn wir etwa feststellen, daß in einer bestimmten Klinik mit bislang 50% Remissionen nunmehr 80% Remission beobachtet werden, so bedeutet dies nach (15.5.2.1) eine relative Differenz von (80% − 60%)/(100% − 60%) = 0,50. Wenn in einer Klinik mit andersgearteter Patientenpopulation bislang 20% Remissionen und nunmehr 40% Remissionen erzielt wurden, so ergibt dies eine relative Differenz von (40% − 20%)/(100% − 20%) = 0,25. Wir schließen daraus, daß das neue Neuroleptikum in der 2. Klinik weniger gut wirkt als in der 1. Klinik.

Im folgenden werden wir sehen, daß die relative Differenz oder die *Erfolgssteigerungsquote* in enger Beziehung zu dem voran behandelten Kreuzproduktquotienten steht.

---

27 In praxi verfügen wir nur über Schätzwerte p_2 und p_1 der Erfolgsquoten und damit auch nur über einen Schätzwert p_e der relativen Differenz $(p_2 - p_1)/(1 - p_1)$. p_e ist nach Sheps (1959) über einem Erwartungswert von Null mit einer Varianz von A(B+C) asymptotisch normal verteilt: $A = 1/(1-p_1)^2$, $B = p_2(1-p_2)/N_2$ und $C = (1-p_e)^2 p_1(1-p_1)/N_1$.

15.5.3 Der Kreuzproduktquotient als relative Erfolgsdifferenz

Wenn P_1 die Erfolgsrate in der Population 1 (alte Behandlung) ist, dann beträgt die Erfolgs-*Chance* für einen Ptn dieser Population zu remittieren, $P_1 : (1 - P_1)$, also etwa 60 : 40. Wenn P_2 die Erfolgsrate in der Population 2 ist (neue Behandlung), dann ist die Erfolgschance $P_2 : (1-P_2)$ also etwa 70 : 30. Setzen wir die so definierten Erfolgchancen zueinander in Beziehung, so resultiert der uns schon bekannte *Kreuzproduktquotient*

$$\omega = \frac{P_2(1-P_1)}{P_1(1-P_2)} \tag{15.5.3.1}$$

dessen Bezeichnung auf R. A. FISHER (1962) zurückgeht.

Ist der Quotient (Omega als Parameter) in einer *vorauf*gehenden Untersuchung durch o geschätzt worden, so kann eine *nach*folgende Kontrolluntersuchung diese Schätzung benutzen, um einen Erfolgsanteil P_2 für die neue Therapie zu bestimmen, wenn der Erfolgsanteil P_1 unter der Standardtherapie in der Kontrollpopulation *bekannt* ist (vgl. FLEISS, 1973, Ch. 3.1)

$$P_2 = \frac{\omega P_1}{\omega P_1 + (1-P_1)} \tag{15.5.3.2}$$

Wird dieser Erfolgsanteil in der Kontrolluntersuchung durch die neue Therapie erreicht, dann kann sie als gleich wirksam wie in der Erstuntersuchung bezeichnet werden.

15.5.4 Vorausschätzung von Vierfelder-Stichprobenumfängen

Unsere Vorüberlegungen zur Planung eines Zweistichprobenvergleiches mit Binärobservablen dienten dem Ziel, die Voraussetzungen für eine sinnvolle *Vorschätzung* der zum Heterogenitätsnachweis benötigten Stichprobenumfänge zu erbringen. Wir kennen den Erfolgsanteil unter einer Standardbehandlung (P_1) und postulieren aufgrund unserer Vorüberlegungen den Erfolgsanteil P_2 einer neuen Behandlung; es stellt sich die Frage, wie groß wir zwei umfangsgleiche Stichproben zum Vergleich der neuen mit der alten Behandlung wählen müssen, um den postulierten *Populationsunterschied* $P_2 - P_1$, falls er existiert, auch nachweisen zu können.

Aus Abschnitt 2.2.7 wissen wir, daß der Nachweis eines Unterschieds nicht nur (1) von der Differenz der Populationsparameter – hier mit P_1 und P_2 bezeichnet – abhängt, sondern auch (2) von der Wahl des Risikos *erster* Art (α), einen fehlenden Unterschied irrtümlich als existent zu deklarieren, und (3) von der Wahl des Risikos *zweiter* Art (β), einen bestehenden Unterschied nicht als solchen zu identifizieren.

Es läßt sich nun zeigen (vgl. FLEISS, 1973, Ch. 3.2), daß die zum Nachweis eines zwischen P_1 und P_2 bestehenden Unterschiedes erforderlichen Stichprobenumfänge $N_1 = N_2 = n$ bei vereinbarten α und β durch die folgende *Formel* geschätzt werden können:

$$n = \left(\frac{u_{\alpha/2}\sqrt{2P(1-P)} - u_{1-\beta}\sqrt{P_1(1-P_1) + P_2(1-P_2)}}{P_2 - P_1} \right)^2 \quad (15.5.4.1)$$

Darin bedeuten: P_1 und P_2 die postulierten Erfolgsanteile und $P = (P_2 + P_1)/2$ deren arithmetisches Mittel. Die Variablen $u_{\alpha/2}$ und $u_{1-\beta}$ bezeichnen die zu $\alpha/2$ und zu $1-\beta$ gehörigen Abszissenpunkte der Einheitsnormalverteilung; sie betragen z.B. 1,96 für $\alpha/2 = 0,025$ bzw. $\alpha = 0,05$ und $-1,28$ (man beachte das negative Vorzeichen!) für $1-\beta = 0,80$ bzw. $\beta = 0,20$.

Hat der Untersucher, wie üblich, nur α festgelegt und keine Veranlassung, die beiden Risiken als gleich bedeutsam zu erachten, d.h. $\alpha = \beta$ zu setzen, dann empfiehlt COHEN (1969, S. 54) β etwa 4 Mal so groß wie α zu wählen, was oben geschehen ist, wenn $\alpha = 0,05$ und $\beta = 0,20$ gesetzt wurde.

Berücksichtigt man nach dem Vorschlag von KRAMER und GREENHOUSE (1959) bei der Schätzung von n eine Stetigkeitskorrektur, dann müssen die beiden Stichprobenumfänge mit

$$n' = \frac{n}{4}\left(1 + \sqrt{1 + \frac{8}{n \, |P_2 - P_1|}} \right) \quad (15.5.4.2)$$

etwas größer als nach (15.5.4.1) gewählt werden. Nach dieser stetigkeitskorrigierten Schätzung hat FLEISS (1973, Table A.3) n' als Funktion von P_2, P_1, α und $1-\beta$ (power) vertafelt. Die Tafel ist als Tafel XV–5–4 übernommen und anstelle von (15.5.4.1) zu benutzen.

Auf die Globalanalyse zweier unabhängiger Stichproben eines Alternativ-Mms sollte die Globalanalyse zweier abhängiger Stichproben und damit auf die Heterogenitätsprüfung die *Symmetrie*prüfung (vgl. 5.5.1) folgen. Wir wollen diesen Fall der Symmetrie in Vierfeldertafeln jedoch als einen Spezialfall der Symmetrieprüfung in (quadratischen) Mehrfeldertafeln ansehen und ihn unter den Tests über spezifizierte Kontingenzhypothesen in Kapitel 16 abhandeln (vgl. 16.7.4).

Aus Kapitel 15 nicht verdrängen lassen sich jedoch diejenigen globalen Kontingenztests, die wir bereits in Kapitel 9 als *informationsanalytische* Tests angesprochen haben; sie sollen das Kapitel abschließen, indem sie noch einmal den Weg vom allgemeinen Fall einer k x m-Feldertafel zum Spezialfall einer 2 x 2-Feldertafel durchschreiten. Im Unterschied zu Kapitel 9, wo der sog. 2I-Test als wichtigster informationsanalytischer Test nur von seinen Anwendungsmöglichkeiten her gesehen wurde, soll in diesem letzten Abschnitt von seinen theoretischen Grundlagen her soviel aufgerollt werden, als dies für das Verständnis des Anwenders wünschenswert erscheint.

15.6 Likelihoodverhältnis-Kontingenztests

Wie wir schon festgestellt haben, klafft zwischen dem HALDANE-DAWSON-Test und dem FREEMAN-HALTON-Test eine Lücke: Kontingenztafeln mittlerer Größe (zwischen 4 und 30 Fgn) lassen sich bei niedrigen Erwartungswerten (zwischen 1 und 5) weder exakt noch asymptotisch in befriedigender Weise prüfen. Diese Lücke zu füllen, war Ziel des CRADDOCK-FLOOD-Tests (15.2.6), doch scheinen sich schwach besetzte Mehrfeldertafeln – wie schon in Abschnitt 9.4.5 vermerkt wurde – mit *informationsanalytischen Tests* besser als mit dem CRADDOCK-FLOOD-Chiquadrattest prüfen zu lassen, besonders, wenn man von einigen bislang entwickelten Modifikationen Gebrauch macht.

Da wir in Kapitel IX die Informationsstatistik nur beiläufig erwähnt haben, wollen wir hierorts ihre formallogische Begründung, soweit sie zum Verständnis des von WILKS (1941) eingeführten und von WOOLF (1957) bekanntgemachten *Likelihoodquotiententest* erforderlich ist, nachholen. Wir werden uns dabei an die von KULLBACK (1959) empfohlene *Prüfgröße 2I* halten, weil sie ausführlich vertafelt vorliegt und so eine ökonomische Durchführung des Likelihoodquotiententests zur Kontingenzprüfung ermöglicht.

15.6.1 Der Likelihood-Anpassungstest

Das Likelihoodverhältnis bzw. die 2I-Statistik von KULLBACK (1959, S. 113) sind – ebenso wie die χ^2-Statistik – Prüfgrößen für die Güte der *Anpassung* einer beobachteten Häufigkeitsverteilung mit den Frequenzen $f_1, f_2, ..., f_i, ..., f_k$ und $\Sigma f_i = n$ an eine theoretische Verteilung mit den Frequenzen $e_i = N\pi_i$, wobei π_i den Anteil bezeichnet, mit dem die Mm Klasse i in der theoretischen Verteilung vertreten ist.

Die Prüfgröße 2I ist definiert als Funktion des Likelihoodquotienten p_0/p_1 gemäß

$$2I = -2 \ln (p_0/p_1) \qquad (15.6.1.1)$$

Darin bezeichnet p_0 die Punktwahrscheinlichkeit, daß die beobachtete Verteilung eine Zufallsstichprobe der theoretischen Verteilung ist, H_0.

Anderseits bezeichnet p_1 die Punktwahrscheinlichkeit, daß die beobachtete Verteilung eine Zufallsstichprobe einer mit ihr identischen Verteilung ist, also ein Idealabbild einer zu H_0 alternativen Verteilung H_1 darstellt.

Bezeichnen wir die Klassenanteile unter H_0 mit π_i und die Klassenanteile unter H_1 mit p_i, so ergeben sich die beiden Punktwahrscheinlichkeiten nach dem *Polynomialtest* (5.2.1.1) wie folgt:

$$p_0 = \frac{N!}{f_1! \ldots f_k!} (\pi_1)^{f_1} \ldots (\pi_k)^{f_k} \qquad (15.6.1.2)$$

$$p_1 = \frac{N!}{f_1! \ldots f_k!} (p_1)^{f_1} \ldots (p_k)^{f_k} \qquad (15.6.1.3)$$

Darin bedeuten die $p_i = f_i/N$ die tatsächlich beobachteten Klassenanteile.

Das Likelihoodverhältnis p_0/p_1, bei dem sich der ‚Bruchstrichfaktor' wegkürzt, beträgt sodann

$$\frac{p_0}{p_1} = \left(\frac{\pi_1}{p_1}\right)^{f_1} \ldots \left(\frac{\pi_k}{p_k}\right)^{f_k} \qquad (15.6.1.4)$$

wenn die Faktoren mit gleichen Potenzexponenten zusammengesetzt werden.

Setzt man Formel (15.6.1.4) in Formel (15.6.1.1) ein und benutzt den Produktoperator, so erhält man die gesuchte *Prüfgröße* 2I nach

$$2I = -2 \ln \prod_{i=1}^{k} \left(\frac{\pi_i}{p_i}\right)^{f_i} \qquad (15.6.1.5)$$

Erweitert man Zähler und Nenner des Bruches mit dem Stichprobenumfang N, so ist $N\pi_i = e_i$ und $Np_i = f_i$, und es resultiert die für eine *numerische Berechnung* geeignete Formel

$$2I = -2 \ln \prod_{i=1}^{k} \left(\frac{e_i}{f_i}\right)^{f_i} \qquad (15.6.1.6)$$

Da wir in Tafel IX–4–5 die Hilfsgrößen 2N ln N direkt ablesen können, berechnet man die Prüfgröße 2I nach einer Formel, die man aus (15.6.1.6) erhält, wenn man $\ln(x)^y = y \ln(x)$ bzw. $\ln\pi(x)^y = \Sigma y \ln(x)$ setzt:

$$2I = -2 \Sigma f_i \ln \left(\frac{e_i}{f_i}\right) \qquad (15.6.1.7)$$

Die Prüfgröße 2I ist asymptotisch wie χ^2 mit k-1 Fgn verteilt und demgemäß zu beurteilen.

Da $\ln(x/y) = -\ln(y/x)$ gilt, erhalten wir durch Einsetzen von f_i/e_i anstelle von e_i/f_i die von KULLBACK (1959, S.113) gegebene Definitionsformel für seine Prüfgröße

$$2I = 2\Sigma(f_i)\ln\left(\frac{f_i}{e_i}\right) \qquad (15.6.1.8)$$

Man kann diese Formel für den Gebrauch der Tafel weiter *vereinfachen*, indem man sie wie folgt schreibt:

$$2I = \Sigma(2f_i)\ln(f_i) - \Sigma(2f_i)\ln(e_i) \qquad (15.6.1.9)$$

Den ersten Term kann man in Tafel IX–4–5 ablesen, den letzten Term muß man berechnen, da der Faktor $\Sigma\, 2f_i = 2N$ vor dem Logarithmus nicht – wie in Tafel IX–4–5 – gleich dem Numerus ist. Wir werden sogleich sehen, daß man bei der als Kontingenztest deklarierten Anpassungsprüfung auch dieser Mühe des Rechnens enthoben wird, da die Erwartungswerte e_i durch die Randsummen der Tafel bestimmt sind.

Vorerst wollen wir jedoch die Anpassungsprüfung nach dem 2I-Test anhand eines einfachen Beispiels kennenlernen und einen Vergleich mit dem Chiquadrat-Anpassungstest (vgl. 5.2.2) vornehmen.

Beispiel 15.6.1.1

Um eine Anpassungsprüfung mittels des 2I-Tests zu illustrieren, gehen wir von dem einfachsten Sonderfall einer theoretischen Gleichverteilung aus. Wir haben etwa von Montag bis Samstag folgende Unfallszahlen beobachtet: $f_1 = 11, f_2 = 20, f_3 = 16, f_4 = 13, f_5 = 22$ und $f_6 = 18$. Unter der Nullhypothese unterstellen wir eine Gleichverteilung mit $e_1 = ... = e_6 = \Sigma f_i/6 = 100/6$ bzw. mit $\pi_i = 1/6$.

Die Prüfgröße 2I errechnet sich unter diesen Bedingungen nach 15.6.1.8 mit $f_i/e_i =$ $= f_i/(100/6) = 6f_i/100$ wie folgt

$$2I = 2\left(11 \cdot \ln\frac{6 \cdot 11}{100} + 20 \cdot \ln\frac{6 \cdot 20}{100} + ... + 18 \cdot \ln\frac{6 \cdot 18}{100}\right)$$

$$= 22 \cdot \ln(0{,}66) + 40 \cdot \ln(1{,}20) + ... + 36 \cdot \ln(1{,}08)$$

$$= 22(-0{,}41552) + 40(0{,}18232) + ... + 36(0{,}07696) = 5{,}37144$$

Ein $\chi^2 = 5{,}37$ ist – nach $k-1 = 6-1 = 5$ Fgn beurteilt – nicht signifikant, wenn man $\alpha = 0{,}05$ vereinbart hat, so daß die Nullhypothese zureichender Anpassung der beobachteten an eine Gleichverteilung im Bereich $i = 1(1)6$ beibehalten werden muß.

Tafelauswertung: Unter Benutzung der Tafel IX–4–5 erhalten wir 2I nach (15.6.1.9) mit dem zweiten Term $2N \cdot \ln(e_i) = 200 \cdot \ln(100/6) = 562{,}682$ wie folgt:

$$
\begin{aligned}
2(11)\ln(11) &= 52{,}754 \\
2(20)\ln(20) &= 119{,}829 \\
2(16)\ln(16) &= 88{,}723 \\
2(13)\ln(13) &= 66{,}689 \\
2(22)\ln(22) &= 136{,}006 \\
2(18)\ln(18) &= 104{,}053 \\
\hline
-2(100)\ln(100/6) &= -562{,}682 \\
2I &= 5{,}372
\end{aligned}
$$

Beide Berechnungen haben also zum gleichen 2I-Wert geführt.

Chiquadratanpassung: Fragen wir, ob ein χ^2-Anpassungstest nach 5.2.2 zum gleichen Ergebnis, nämlich $\chi^2 = 2I$, geführt hätte. Für eine Gleichverteilung mit konstanten Erwartungswerten $e_i = e$ geht $\Sigma(f_i-e)^2/e = \Sigma(f_i^2/e) - N$ über in $\frac{1}{e}\Sigma f_i^2 - N$, und wir erhalten

$$\chi^2 = \frac{6}{100}(11^2 + 20^2 + \dots + 18^2) - 100 = 5{,}24$$

Dieser χ^2-Wert stimmt mit der Prüfgröße $2I = 5{,}37$ numerisch weitgehend überein, wenngleich er unverkennbar etwas niedriger liegt, woraus man auf die etwas größere Effizienz des 2I-Tests schließen darf.

Fragt man nach der *Beziehung* zwischen den Prüfgrößen 2I und der Prüfgröße χ^2, so gilt für $\Sigma f = \Sigma e = N$ die folgende Näherungsgleichung

$$2I = \Sigma(2f)\ln(f/e) \approx \chi^2 = \Sigma(f-e)^2/e \qquad (15.6.1.10)$$

Daß diese Beziehung gilt, läßt sich zeigen, wenn man die *Approximation*, $\ln(f/e) \sim (f^2-e^2)/2fe$, wobei $f > 0$ und $e > 0$ gefordert wird, zugrundelegt[28]. Die Näherung gilt asymptotisch, also für großes N, was mithin nicht ausschließt, daß sich 2I und χ^2 bei kleinen Stichprobenumfängen durchaus auch *substantiell* unterscheiden können, wovon wir im folgenden auch Gebrauch machen werden.

15.6.2 Der Likelihood-Kontingenztest (2T-Test)

Wir haben die Kontingenzvariante des 2I-Anpassungstests bereits in Abschnitt 9.4.5 vorweggenommen, dort aber nur das *Rechenkalkül* für die Ermittlung der Prüfgröße 2I (9.4.5.3) angegeben und darauf hingewiesen, daß es bei ausreichend besetzten Kontingenztafeln ökonomisch vorteilhafter ist, 2I anstelle von χ^2 zu berechnen.

---

28 Man vergleiche KULLBACK (1959, S. 114).

Um von der Anpassungsprüfung auch theoretisch zur Kontingenzprüfung überzugehen, müssen wir i.S. eines bedingten Tests die Erwartungswerte einer k · m-Feldertafel e_{ij} (i = 1, ... k, j = 1, ... m) als durch feste Randsummen bestimmt annehmen, wie dies ja auch vom χ^2-Kontingenztest her bekannt ist.

Weil wir im Fall der Kontingenzprüfung mit je 2 Indizes arbeiten müssen, scheint es zweckvoll, an dieser Stelle die sogenannte *Punktindex-Notation*, die wir bereits im 1. Abschnitt eingeführt haben, wieder aufzugreifen. Danach ist f_{ij} die beobachtete Frequenz im Feld ij, $f_{i.}$ die Zeilensumme und $f_{.j}$ die Spaltensumme der Zeile i bzw. der Spalte j. $f_{..} = N$ ist dann die Gesamtsumme bzw. der Umfang der bivariaten Stichprobe.

In dieser Notation ergibt sich unter der Nullhypothese der *Unabhängigkeit* von Zeilen- und Spaltenmerkmal die erwartete Frequenz bekanntermaßen zu

$$e_{ij} = f_{i.}f_{.j}/N \qquad (15.6.2.1)$$

Setzt man diesen Ausdruck in (15.6.1.8) ein, so ergibt sich die Prüfgröße 2I für die Kontingenzprüfung

$$2I = \Sigma\Sigma(f_{ij})\ln\left(\frac{f_{ij}}{e_{ij}}\right) \qquad (15.6.2.2)$$

$$2I = \Sigma\Sigma(f_{ij})\ln\left(\frac{f_{ij}N}{f_{i.}f_{.j}}\right)$$

Bedenkt man, daß $\Sigma\Sigma(f_{ij}) = \Sigma(f_{i.}) = \Sigma(f_{.j}) = N$, und daß $\ln(xy/uw) = \ln(x) + \ln(y) - \ln(u) - \ln(w)$, so resultiert aus (15.6.2.2)

$$2I = 2\Sigma\Sigma(f_{ij})\ln(f_{ij}) + 2\Sigma(f_{ij})\ln(N) - 2\Sigma(f_{ij})\ln(f_{i.}) - 2\Sigma(f_{ij})\ln(f_{.j}) =$$
$$= 2N \cdot \ln(N) + \Sigma\Sigma(2f_{ij})\ln(f_{ij}) - \Sigma(2f_{i.})\ln(f_{i.}) - \Sigma(2f_{.j})\ln(f_{.j}) \quad (15.6.2.3)$$

Die Formel (15.6.2.3) ist für den Gebrauch der Tafel IX–4–5 *am besten geeignet*, denn in ihr treten nur noch Terme des Typs $2N \cdot \ln(N)$ auf, die wie in Tafel IX–4–5 direkt nachlesen können. Durch Anwendung dieser Formel wird die Kontingenzprüfung ökonomischer, wenngleich man den *Nachteil* in Kauf nimmt, daß die Erwartungswerte e_{ij} explizit nicht berechnet werden und damit für eine Interpretation einer etwa nachgewiesenen Kontingenz nicht zur Verfügung stehen.

Wir wollen uns diese ökonomische Anwendung des 2I-Kontingenztests an einem Beispiel vor Augen führen, bei dem interpretative Bezugnahme auf die Erwartungswerte nicht erforderlich (weil trivial) ist.

473

Beispiel 15.6.2.1

Problem: Es wird gefragt, ob die von Lehren geforderten Urteilskategorien, ein Schüler sei eher begabt oder eher fleißig, wie sie in den Reifezeugnissen abgegeben werden, mit dem Gesamtdurchschnitt des Reifezeugnisses zusammenhängen (H_1) oder nicht (H_0).

Datenerhebung: Die Reifezeugnisse von N = 64 Abiturienten werden in eine 5×2-Feldertafel übernommen, wobei k = 5 die 5 Intervallklassen des Gesamtdurchschnitts und m = 2 die beiden Urteilskategorien bezeichnen. Im Fall einer Doppelbeurteilung (z. B. begabt und fleißig) wurde nur die erstgenannte Urteilskategorie berücksichtigt.

Erhebungsdaten: Tabelle 15.6.2 1 gibt die Frequenzen f_{ij} der 5×2-Feldertafel wieder (aus ORLIK, 1966, Tab. 24).

Tabelle 15.6.2.1

Zeugnisdurchschn. Zensur	Beurteilung		
	begabt	fleißig	
1,25–1,75	7 (6,0)	4 (5,0)	11
1,76–2,25	7 (5,5)	3 (4,5)	10
2,26–2,75	10 (9,3)	7 (7,7)	17
2,76–3,25	9 (10,9)	11 (9,1)	20
3,25–3,75	2 (3,3)	4 (2,7)	6
Summe	35	29	N = 64

Inspektiv beurteilt, scheint keine Kontingenz zwischen den beiden Mmn zu bestehen, wenn man die beobachteten mit den bei Mms-Unabhängigkeit erwarteten Frequenzen (in Klammer) vergleicht.

Tabelle 15.3.2.2

Positive Terme	Negative Terme
2 (64) ln (64) = 523,337	2 (11) ln (11) = 52,754
2 (7) ln (7) = 27,243	2 (10) ln (10) = 46,052
2 (4) ln (4) = 11,090	2 (17) ln (17) = 96,329
2 (7) ln (7) = 27,243	2 (20) ln (20) = 119,829
2 (3) ln (3) = 6,592	2 (6) ln (6) = 21,501
2 (10) ln (10) = 46,052	2 (35) ln (35) = 248,874
2 (7) ln (7) = 27,243	2 (29) ln (29) = 195,303
2 (9) ln (9) = 39,550	
2 (11) ln (11) = 52,754	
2 (2) ln (4) = 2,773	
2 (4) ln (4) = 11,090	
Fg = 4 2I = (783,967	− 780,642) = 3,325

Testwahl: Da 2 der 10 Erwartungswerte kleiner als 5 sind und weitere 5 Erwartungswerte um 5 liegen, ist der Chiquadrattest (2 · m-Feldertest nach 5.4.3) nicht optimal. Da andererseits der exakte FREEMAN-HALTON-Test bei N = 64 viel zu aufwendig wäre, der CRADDOCK-FLOOD-Test nicht genug ‚vertrauenswürdig' erscheint und der asymptotische HALDANE-DAWSON-Test wegen zu geringer Zahl von Fgn ausscheidet, entscheiden wir uns für den 2I-Kontingenztest.

Auswertung: Wir lesen aus Tafel IX–4–5 gemäß (15.6.2.3) die Tafelwerte ab und tragen sie in Tabelle 15.6.2.2 wie geschehen ein: (vgl. Tabelle 15.6.2.1).

Entscheidung: Die inspektive Beurteilung wird durch das Testergebnis bestätigt: Ein 2I = 3,325 ist für (5-1) (2-1) = 4 Fge nicht einmal auf der 5%-Stufe signifikant.

Interpretation: Entgegen intuitiver Vermutung beurteilen Lehrer ihre Abiturienten offenbar unabhängig von ihrem Zensurendurchschnitt als ‚eher begabt' oder ‚eher fleißig'. Möglicherweise wird mangelnde Begabung durch erhöhten Fleiß kompensiert, so daß sich beide gleichermaßen auf den Zensurendurchschnitt auswirken.

Allgemein und ohne Einschränkung gilt, daß der 2I-Test *jederzeit* anstelle des Chiquadrattests mit

$$\chi^2 = \Sigma \frac{(f-e)^2}{e} = \Sigma \frac{f^2}{e} - N \qquad (15.6.2.4)$$

angewendet werden kann, sofern die Erwartungswerte nicht sowieso für Zwecke der Interpretation benötigt werden. Der 2I-Test nimmt – wie BLÖSCHL (1966) empirisch gezeigt hat – etwa die Hälfte der Rechenzeit des χ^2-Tests in Anspruch, wenn man auf Tischrechenmaschinen angewiesen ist. Die Prüfgrößen χ^2 und 2I sind asymptotisch gleich, unterscheiden sich also für Kontingenztafeln mit hohen Erwartungswerten praktisch nicht, insbesondere, wenn die Randsummen der Kontingenztafeln größenordnungsmäßig gleich sind.

15.6.3 Kus nullenkorrigierter 2I-Test

Obschon KULLBACKS 2I-Test die theoretische Chiquadratverteilung angeblich besser approximiert als der PEARSONsche Chiquadrattest, wenn H_0 gilt, wonach Zeilen- und Spaltenmerkmal unabhängig sind (vgl. WOOLF, 1957, S. 397), sollte er – wie SACHS (1965) verlangt – auf *zu schwach* besetzte Kontingenztafeln nicht ohne weiteres angewendet werden.

Für den speziellen Fall, daß *unbesetzte Felder* (Nullfrequenzen) auftreten, empfiehlt KU (1963), für jedes Nullfeld eine *Eins* von der in vorschriftsmäßiger Weise berechneten Prüfgröße 2I zu *subtrahieren*; damit entscheidet man in jedem Fall konservativ, während sonst eine radikale Entscheidung möglich ist.

Kus Vorschlag resultiert aus der Überlegung, daß eine Frequenz f = 0 ‚ungerechterweise ' einen gleichen Anteil zur Prüfgröße 2I beisteuert, nämlich 2(0)ln(0) = 0, wie ein f = 1 mit ebenfalls 2(1)ln(1) = 0. Dabei wird f = 0 als ein *Abrundungsergebnis* aufgrund zu kleinen Stichprobenumfangs N aufgefaßt, das bei großem N nicht zu erwarten wäre.

Da in Beispiel 15.6.2.1 Nullfrequenzen nicht auftreten, braucht Kus Nullenkorrektur nicht angewendet zu werden. Wie man nun aber für die dort auftretenden niedrigen Erwartungswerte korrigiert, zeigt die folgende 2I-Korrektur von GART (1966).

15.6.4 GARTS besetzungskorrigierter 2I-Test

Sind die Felder einer k x m-Kontingenztafel schwach besetzt bzw. die Erwartungswerte zu mehr als einem Fünftel unterhalb von 5, so wendet man zur *besseren Approximation* der empirischen 2I-Verteilung an die theoretische Chiquadratverteilung eine von GART (1966) empfohlene Korrektur an: Dazu vermehrt man alle Felderfrequenzen um eine *halbe Einheit*, setzt also

$$m_{ij} = f_{ij} + \frac{1}{2} \quad \text{mit } i = 1(1)k \text{ und } j = 1(1)m \quad (15.6.4.1)$$

und berechnet die *besetzungskorrigierte Prüfgröße* 2I* des 2I-Kontingenztests wie folgt

$$2I^* = \frac{1}{2C}[(2m_{..}\ln m_{..} + \Sigma\Sigma 2(m_{ij})\ln(m_{ij}) - \Sigma 2(m_{i.})\ln(m_{i.}) - \Sigma 2(m_{.j})\ln(m_{.j})] \quad (15.6.4.2)$$

Darin bedeuten $m_{ij} = 2f_{ij} + 1$, $m_{i.} = f_{i.} + k$, $m_{.j} = f_{.j} + m$ und $m_{..} = 2f_{..} + km = 2N + km$ gemäß der Punkt-Index-Notation.

Die *Korrekturgröße C* errechnet sich für k Zeilen und m Spalten der Kontingenztafel wie folgt:

$$C = 1 + \frac{1}{3(k-1)(m-1)}\left[\frac{1}{m_{..}} + \Sigma\Sigma\frac{1}{m_{ij}} - \Sigma\frac{1}{m_{i.}} - \Sigma\frac{1}{m_{.j}}\right] \quad (15.6.4.3)$$

Die GARTsche Korrektur basiert auf einer Verbesserung des Likelihoodverhältnistests für kleine Stichproben durch BARTLETT (1935).

Eine *noch* bessere Approximation für kleine Stichproben erreicht man nach Cox (1955); sie ist jedoch zu aufwendig und daher für den praktischen Gebrauch entbehrlich. Der interessierte Leser findet sie bei JESDINSKI (1968).

Selbstverständlich *entfällt* die Korrektur von KU, wenn die Korrektur von GART in Aussicht genommen wird, und zwar auch dann, wenn Nullbesetzungen auftreten, da zu jedem f = 0 ein m = 2(0) + 1 = 1 gehört.

15.6.5 Der G-Test von WOOLF

Wir haben bereits in Kapitel 9, Abschnitt 9.2.1, einen informationsanalytischen Test, den G-Test von WOOLF (1957) als Alternative zum Vierfelder-χ^2-Test erwähnt; wir werden ihn in diesem Abschnitt *explizieren*, da er die Lücke zwischen dem exakten Vierfelderkontingenztest (15.3.1) und dem asymptotischen χ^2-Test bestmöglich zu schließen verspricht.

Um den G-Test anzuwenden, bilden wir die *stetigkeitskorrigierten Beobachtungswerte* a′, b′, c′ und d′, indem wir diejenigen 2 Beobachtungswerte, die *über* ihrem Erwartungswert liegen, um eine halbe Einheit *vermindern* und umgekehrt diejenigen 2 Beobachtungswerte, die *unter* ihrem Erwartungswert liegen, um 1/2 *erhöhen*.

Auf die Tafel 15.3.1.1 angewendet, ergeben sich a′ = 4,5, b′ = 5,5, c′ = 6,5 und d′ = 23,5. Diese Feststellung kann sogleich getroffen werden, da wir wissen, daß a=5 größer ist als sein Erwartungswert e_a = 2,75, den wir bereits berechnet haben.

Nunmehr bilden wir die Prüfgröße G gemäß (9.2.1.6) bzw. (15.6.1.9) und erhalten

$$G = 2a'(\ln a' - \ln e_a) + \\ 2b'(\ln b' - \ln e_b) + \\ 2c'(\ln c' - \ln e_c) + \\ 2d'(\ln d' - \ln e_d) \,. \tag{15.6.5.1}$$

Da e_a = (a+b)(a+c)/N und analog e_b usf. definiert sind, berechnet man G nach folgender Formel

$$G = S' - S \tag{15.6.5.2}$$

Dabei gilt für die *Felderwerte* a′ bis d′ der Minuend

$$S' = 2a' \ln a' + \ldots + 2d' \ln d' \tag{15.6.5.3}$$

und für die *Randsummen* gilt entsprechend der Subtrahent

$$S = 2(a+b) \ln (a+b) + \ldots + 2(b+d) \ln (b+d) \tag{15.6.5.4}$$

Die g-Werte für $2a'\ln a'$ usf. lesen wir in Tafel XV–7–5 des Anhangs nach (aus WOOLF 1957, Table 2) und die g-Werte für $2(a+b)\ln(a+b)$ usf. lesen wir in der Tafel IX–4–5 nach.

Die Prüfgröße G ist unter H_0 (Unabhängigkeit bzw. Homogenität) wie χ^2 für 1 Fg verteilt und kann daher auch via $u = \sqrt{G}$ über die Normalverteilung *ein*- oder *zweiseitig* beurteilt werden. Wie dies im einzelnen geschieht, illustriert das Beispiel 15.6.5.1.

Beispiel 15.6.5.1

Datenrückgriff: In Tafel 15.3.1.1 hatten wir die Felderwerte a=5, b=5, c=6 und d=24 einer Vierfeldertafel auf Kontingenz zu beurteilen. H_0: Beide Alternativ-Mme sind unabhängig.

Testwahl: Statt des exakten Vierfelderkontingenztests benutzen wir den G-Test zur Kontingenzprüfung, da der χ^2-Test wegen eines zu niedrigen Erwartungswertes – e(a) = 10 · 11/40 = 2,75 – problematisch ist. Wir vereinbaren α = 0,10.

Testdurchführung: Wir adjustieren die Beobachtungswerte in Richtung ihrer Erwartungswerte um je 1/2 und erhalten a' bis d'

5 (2,75) 5 (7,25)   4,5   5,5
6 (8,25) 24 (21,75) →   6,5   23,5

Unter Benutzung von Tafel XV–7–5 ergibt sich S' wie folgt:

S' = 13,5367 + 18,7522 + 24,3334 + 148,3790 = 205,0013 .

Aus Tafel IX–4–5 lesen wir die g-Werte für a+b = 10, c+d = 30, a+c = 11 und b+d = 29 bzw. N = 40 ab und erhalten

S = 46,0517 + 204,0718 + 52,7537 + 195,3032 – 295,1104 = 203,0700

Entscheidung: Ein G = 205,0013 – 203,0700 = 1,9313, das für 1 Fg nicht auf der 10%-Stufe signifikant ist ($\chi^2_{0,10}$ = 2,71). Die Überschreitungswahrscheinlichkeit beträgt P = 2(0,0823) = 0,1646 für u = $\sqrt{G}$ = 1,39. Wir verwerfen die Nullhypothese der Unabhängigkeit beider Alternativ-Mme nicht.

Vergleich: Der P-Wert des exakten Kontingenztests betrug 0,1028 und der des Vierfelder-χ^2-Tests mit YATES-Korrektur 0,1528 (vgl. 15.3.2).

Der G-Test ist gegenüber dem stetigkeitskorrigierten Vierfelder-χ^2-Test immer dann zu *bevorzugen*, (1) wenn – wie in Beispiel 15.6.5.1 – mindestens ein Erwartungswert kleiner als 5 ist, oder (2) wenn die Vierfeldertafel stark asymmetrisch besetzt ist. In diesen Fällen entscheidet der G-Test konservativer als der χ^2-Test. Im Zweifelsfall, wenn G nahe seiner Schranke zu liegen kommt, wird man aber trotz größeren Aufwandes den exakten Kontingenztest nach 15.3.2 zu Rate ziehen und auf dessen Entscheidung vertrauen.

Mit dem G-Test beschließen wir die informationsanalytischen Kontingenztests, weisen aber jetzt schon darauf hin, daß wir sie im Zusammenhang mit der Auswertung *mehrdimensionaler* Kontingenztafeln wieder aufgreifen werden.

Abschließend sei noch darauf hingewiesen, daß die Auswertung von Vierfeldertafeln, die von den 2 Binärvariablen her als Realisationen eines sog. linearen logistischen Modells aufgefaßt werden können, als Spezialfall des folgenden Abschnittes gehandhabt werden kann (Cox, 1970).

15.7 Das Log-lineare Modell der Kontingenzprüfung

Der voran besprochene Likelihood-Verhältnistest basiert implizit auf einem *Modell*, das kurz expliziert werden soll, ohne den Anspruch, daß dies auch nur einigermaßen erschöpfend geschieht. In seinen Grundgedanken läuft das Modell darauf hinaus, 2-dimensionale Kontingenztafeln in ähnlicher Weise durch eine lineare Gleichung zu beschreiben, wie dies innerhalb der zweifaktoriellen Varianzanalyse (bzw. der ANOVA überhaupt) möglich ist. Der Einfachheit halber illustrieren wir das *log-lineare Modell* anhand einer Schreib- und Denkweise, bei welcher wir EVERITT (1977, Ch. 5) folgen.

15.7.1 Grundgedanken des Unabhängigkeitsmodells

Die Unabhängigkeitsprüfung in k x m-Kontingenztafeln geht bekanntlich von der Nullhypothese aus, wonach Zeilen- und Spalten-Mm *unabhängig* sind, so daß mit $p_{ij} = p_{i.} p_{.j}$ die Felderwahrscheinlichkeiten (bzw. deren Schätzwerte) gleich sind dem Produkt der zugehörigen Randwahrscheinlichkeiten, wobei alle p's als Schätzungen unbekannter Populationswahrscheinlichkeiten (Parameter π) aufgefaßt werden.

Ein Produkt läßt sich als Summe darstellen, d.h. als *Linearkombination* zweier Summanden, in dem man es logarithmiert

$$\ln p_{ij} = \ln p_{i.} + \ln p_{.j} \ . \tag{15.7.1.1}$$

Ersetzt man die p-Werte des Modells (15.7.1.1) durch ihre *theoretischen Frequenzen* $F = Np$ mit N als dem Stichprobenumfang der beobachteten Kontingenztafel, so resultiert die Gleichung

$$\ln F_{ij} = \ln F_{i.} + \ln F_{.j} - \ln N \ , \tag{15.7.1.2}$$

in der $F_{ij} = Np_{ij} = F_{i.} F_{.j}/N$ als Summe von Logarithmen vorliegt und für das *Feld* ij der Tafel gilt.

Für die Frequenzen der *Zeile* i gilt dann die Summe

$$\sum_i \ln F_{ij} = \sum_i \ln F_{i.} + k \ln F_{.j} - k \ln N \ , \tag{15.7.1.3}$$

in welcher Summe $\sum_i \ln F_{.j} = k \ln F_{.j}$, weil nur über i, nicht auch über j summiert wird. Analog gilt für die Frequenzen der *Spalte* j

$$\sum_j \ln F_{ij} = m \ln F_{i.} + \sum_i \ln F_{.j} - m \ln N \ , \tag{15.7.1.4}$$

wobei, analog (15.7.1.3) $\Sigma \ln N = m \ln N$ die Summe über die konstante N ist.

Für *alle Felder* ij der Kontingenztafel ist (15.7.1.2) über i wie über j zu summieren, woraus folgt

$$\sum_i \sum_j \ln F_{ij} = \sum_i \ln F_{i.} + \sum_j \ln F_{.j} - km \ln N, \qquad (15.7.1.5)$$

welche Gleichung wir bereits aus dem Likelihood-Verhältnistest her kennen, um die Erwartungswerte e_{ij} (die nicht gleich sind den auf den unbekannten Parametern $p_{i.}$ und $p_{.j}$ beruhenden theoretischen Frequenzen F_{ij}) bzw. die Summe ihrer Logarithmen zu schätzen.

Kehren wir nun wieder zu Formel (15.7.1.2) zurück, so können wir die theoretische (aus den p-Werten der bivariaten Population abzuleitende) Frequenz des Feldes ij bzw. ihren natürlichen Logarithmus durch folgende 3 Summanden beschreiben (*Grundgleichung*)

$$\ln F_{ij} = u + u_{1(i)} + u_{2(j)}. \qquad (15.7.1.6)$$

1. Der erste Summand, u, ist eine Konstante, die sich aus der Höhe aller (theoretischen) Felderfrequenzen ergibt als Durchschnitt ihrer Logarithmen, der *Niveau-Parameter* des Log-linearen Models:

$$u = (\sum_i \sum_j \ln F_{ij})/km \qquad (15.7.1.7)$$

2. Der zweite Summand in (15.7.1.6) beschreibt den Einfluß des Zeilen-Mms 1, den dessen Zeile i auf Ausprägungen von F_{ij} nimmt

$$u_{1(i)} = (\sum_j \ln F_{ij})/m - u \qquad (15.7.1.8)$$

Der *Zeilen-Parameter* $u_{1(i)}$ ist also gleich dem durchschnittlichen Logarithmus der Zeile i, den man dadurch erhält, daß man die m Log-Frequenzen F der Zeile i summiert und durch die Anzahl der Spalten dividiert. Da der Zeilen-Parameter nach (15.7.1.6) nicht auch den Niveau-Parameter mit enthalten darf, ihn aber tatsächlich im ersten Summanden von (15.7.1.8) enthält, muß u subtrahiert werden. Der Zeilen-Parameter des Log-linearen Modells wird mithin als Abweichung vom Niveau-Parameter definiert, so daß mit $\Sigma u_{1(i)} = 0$ die Summe aller k Zeilen-Parameter gleich Null ist. Hohe (theoretische) Zeilensummen entsprechen also *positiven*, niedrige Zeilensummen *negativen* u_1-Werten.

3. Analog gewinnen wir den *Spalten-Parameter* des Log-linearen Modells für die Spalte j des Spalten-Ms 2 zu

$$u_{2(j)} = (\sum_i \ln F_{ij})/k - u \qquad (15.7.1.9)$$

als den durchschnittlichen Logarithmus der (modell-theoretischen) Frequenzen F_{ij} der Spalte j, indem wir über deren k Zeilenfelder summieren und durch k dividieren. Auch der Spalten-Parameter ist als Abweichungs-Parameter definiert, so daß $\Sigma u_{2(j)} = 0$ ergibt.

Während also im Unabhängigkeitsmodell der Zeilen-Parameter $u_{1(i)}$ die Unterschiede zwischen den (theoretischen) Zeilensummen repräsentiert, repräsentiert der Spaltenparameter die Unterschiede zwischen den Spaltensummen, wobei hohen Spaltensummen positive und niedrigen Spaltensummen negative u-Werte entsprechen.

15.7.2 Die Alternative des Kontingenzmodells

Man kann nun auf dem Weg der Anpassungsprüfung beurteilen, ob eine als Stichprobe aufzufassende Kontingenztafel mit dem log-linearen Modell der Unabhängigkeit von Zeilen-Mm 1 und Spalten-Mm 2 zu vereinbaren ist oder nicht; das ist Aufgabe der *Anpassungsprüfung*, wie sie im Likelihood-Verhältnistest vorgenommen wird. Zeigt sich dabei, daß die Nullhypothese der Unabhängigkeit beider Mme verworfen werden muß, dann ist auch das Unabhängigkeitsmodell zu verwerfen und ggf. durch ein log-lineares *Abhängigkeitsmodell* zu ersetzen, das der bestehenden Abhängigkeit Rechnung trägt:

Das Log-lineare Unabhängigkeitsmodell der Formel (15.7.1.6) muß im Fall bestehender Abhängigkeit durch einen *Interaktions-* oder Zeilen x Spalten-Wechselwirkungs-*Parameter* $u_{12(ij)}$ wie folgt erweitert werden:

$$\ln F_{ij} = u + u_{1(i)} + u_{2(j)} + u_{12(ij)} \, . \tag{15.7.1.10}$$

Darin bezeichnet $u_{12(ij)}$ den *nicht-additiven Einfluß* des Zeilen-Mms 1 in Zeile i, den es im Verein mit dem Spalten-Mm 2 in Zeile j ausübt.

Auch die Interaktionsparameter sind als Abweichungswerte im Kontingenzmodell (15.7.1.10) definiert, so daß (theoretische) Felderfrequenzen F_{ij}, die höher sind als es das Unabhängigkeitsmodell (15.7.1.6) zuläßt, *positiven* u_{12}-Parametern entsprechen, und Felderfrequenzen, die niedriger sind, *negativen* u_{12}-Werten entsprechen (über- und unterfrequentiert in Relation zum Unabhängigkeitsmodell). Es gilt auch für das Kontingenzmodell, daß $\Sigma u_{1(i)} = \Sigma u_{2(j)} = 0$ und zusätzlich, daß $\Sigma u_{12(ij)} = 0$.

Der Vorteil der Log-linearen Modelle ist der gleiche wie der der varianzanalytischen Modelle: sie lassen sich ebenso auf *mehrdimensionale Kontingenztafeln* verallgemeinern, wie sich das varianzanalytische Modell auf mehrfaktorielle Versuchspläne verallgemeinern läßt. Man muß das Kontingenzmodell (15.7.1.10) dann im Interaktions-Parameter höherer Ordnung erweitern.

Um die Einführung des Log-linearen Modells zur Auswertung von Kontingenztafeln, auch und insbesondere mehrdimensionaler Kontingenztafeln (wie sie ab Kap. 17 besprochen werden) haben sich vor allen die Autoren BIRCH (1963), GOODMAN (1971), GRIZZLE und WILLIAMS (1972) nach GRIZZLE et al. (1969), KU und KULLBACK (1974) und insbesondere BISHOP et al. (1975) verdient gemacht. In den folgenden Kapiteln wird dieses Modell jedoch *nicht* benutzt werden, weil es die Fähigkeit des biomedizinischen und sozialwissenschaftlichen Anwenders, in Modellen und Modellanpassungskonzepten zu denken, in aller Regel überfordert, und in seinen Augen die verteilungsfreie wieder auf eine parametrische Statistik zurückführt. Für die praktische Anwendung dürfte es einfacher sein, anstatt mit der Methode der Modellanpassung mit direkten Schätzungen und Tests für die Parameter des Log-linearen Modells zu arbeiten (BISHOP et al., 1975, Chap. 4.4.2).

Dem Anwender wird empfohlen, die vereinfachten Darstellungen des Log-linearen Modells bei FIENBERG (1970) oder bei EVERITT (1977) vorzulesen, ehe er die Originalarbeiten nachzulesen beginnt. Eine sehr gute, an den Leser wenig Voraussetzungen stellende Arbeit ist soeben von UPTON (1978) erschienen.

KAPITEL 16: SPEZIFIZIERTE KONTINGENZPRÜFUNGEN IN MEHRFELDERTAFELN

In Kapitel 15 haben wir uns ausschließlich mit dem Gesamtzusammenhang zweier Mme innerhalb einer k x m-Feldertafel befaßt bzw. die Gesamthomogenität von k Stichproben eines m-fach klassifizierten Mms betrachtet. Erschöpfend zu interpretieren ist eine solche Gesamtkontingenz nur in Vierfeldertafeln im Sinne eines Vierfelderkontingenz- oder eines Vierfelderheterogenitätsmaßes: Hier geht der Mehrfelder-Omnibustest in einen Vierfelderassoziationstest über, wenn eine binordinale Kontingenztafel mit je 2 Zeilen und Spalten zur Diskussion steht. Sie erlaubt, einseitig auf positive oder negative Assoziation zu prüfen.

Wir werden in der Folge — Abschnitt 16.1 — auch für Mehrfeldertafeln überlegen, ob wir auf Existenz eines Zusammenhangs zwischen bestimmten Merkmalsausprägungen zu prüfen vermögen.

In Abschnitt 16.2 werden wir sodann versuchen, eine k x m-Felder-Kontingenztafel in *Untertafeln* zu zerlegen, um so nähere Einblicke in die Art des Zusammenhanges zu gewinnen. Wir werden dabei zwischen einer hypothesengebundenen oder apriorischen und einer bloß hypothesengeleiteten oder aposteriorischen Zerlegung von Mehrfeldertafeln unterscheiden. Die Zerlegung wird sich im letzteren Fall ausschließlich darauf richten, Vierfelderhypothesen innerhalb von Mehrfeldertafeln zu prüfen.

Einen neuen Zugang zur erschöpfenden Interpretation einer bestehenden Kontingenz werden wir in Abschnitt 16.3 mit der sog. Konfigurationsfrequenzanalyse (LIENERT, 1968) kennenlernen: Sie zielt auf die Abweichung einer beobachteten von der unter H_0 erwarteten Frequenz eines Feldes, mehrerer oder aller Felder einer Kontingenztafel.

In Abschnitt 16.4 werden wir von Kontingenztafeln ausgehen, deren Zeilenklassen nominal und deren Spaltenklassen ordinal oder intervallskaliert sind. Wir werden untersuchen, ob die k Spaltenfrequenzen über den m Zeilen homogen verteilt sind. Nichthomogenität im Sinne eines *Trends* bei ordinal-skalierten Zeilen und Spalten wird in Abschnitt 16.5 zur Sprache kommen.

In einem Zwischenabschnitt 16.6 werden wir Kontingenztafeln mit k Zeilen und einer einzigen (m=1) Spalte unter dem Gesichtspunkt des sog. Positionstrends und seiner Zerlegung behandeln.

In Kap. 16.7 werden wir uns mit Kontingenztafeln befassen, die aus zwei verbundenen Stichproben mit gruppierten Meßwerten aufgestellt werden können; bei ihnen stellt sich die Frage nach der *Symmetrie* solcher Tafeln in ähnlicher Weise, wie sie bereits in Band 1 mit dem Symmetrie-

483

Test von MCNEMAR (vgl. 5.5.1) und BOWKER (vgl. 5.5.4) angesprochen worden ist.

Im Abschnitt 16.8 werden wir Kontingenztafeln behandeln, die sich nur auf ein einziges Individuum beziehen (individuumszentrierte KTn) und daher bestimmten Fragen der sog. Einzelfallstatistik dienen.

Im letzten Abschnitt 16.9 werden wir uns dann den sog. Kreuzklassifikationen in Vier- und Mehrfeldertafeln widmen und dabei einige Voraussetzungen der *subjektiven Merkmalsbeurteilung* (Rating, Bonitur) wie Zuverlässigkeit (Reliabilität) und Gültigkeit (Validität) von qualitativen oder quantitativ abgestuften qualitativen Merkmalen diskutieren.

16.1 Mehrfelderaufteilung von Mehrfeldertafeln

Häufig interessiert den hypothesengeleiteten Untersucher weniger die Gesamtkontingenz zweier Mme innerhalb einer $k \times m$-Feldertafel als die Kontingenz zwischen $z \leqslant k$ Klassen des Zeilen-Mms und $s \leqslant m$ Klassen des Spalten-Mms: Man spricht von *Teilkontingenz* in einer Gesamttafel, wobei die Gesamttafel auch als *Referenztafel* und die Teiltafel als *Inferenztafel* bezeichnet wird.

Voraussetzung für die Definition einer *Teilkontingenz* ist die Aufteilung der *Gesamttafel* in eine *Teiltafel* und einen Tafelrest, wobei die Gesamttafel und nur sie die Ausprägungen der beiden Mme vollständig ausschöpft, nicht aber die Teiltafel, die nur die hypothesenrelevanten Ausprägungen der beiden Mme berücksichtigt. Dazu ein Beispiel: Sind etwa N Ptn einmal nach k Diagnosen und zum anderen nach m Berufsgruppen klassifiziert worden, so resultiert eine $k \times m$-Feldertafel. Aus dieser Tafel interessieren den Psychosomatiker jedoch nur psychosomatische Diagnosen (wie Asthma und Gastritis) sowie jene Berufsgruppen, die (wie Manager) hoher oder (wie Beamte) niedriger Streßbelastung unterliegen; er fragt, ob innerhalb der Gesamttafel eine Teilkontingenz derart besteht, daß *Streß* und *Psychosomatosen* überzufällig oft gemeinsam auftreten.

Wie man eine Mehrfeldertafel *hypothesengerecht aufteilt* und die Kontingenz innerhalb der aus der Aufteilung resultierenden Teiltafel prüft, davon handelt der folgende Abschnitt[1].

---

1 Der naive Untersucher wird u.U. in einem solchen Fall einfach aus der Gesamttafel eine Teiltafel mit den ihn interessierenden Stufen des einen und des anderen Mms konstruieren und diese lege artis auswerten. Dieses Vorgehen ist jedoch statistisch unstatthaft, insbesondere, wenn die Entscheidung über die auszuwählenden Stufen erst angesichts der Gesamttafel – also posthoc – erfolgt. Tatsächlich kann man auf diese Weise auch in Tafeln, für die die Nullhypothese der Unabhängigkeit beider Mme nicht zu verwerfen ist, stets Teiltafeln finden, für die sie zu verwerfen wäre. D.h. die willkürliche Selektion einer Teiltafel aus einer Gesamttafel führt im Regel-

16.1.1 χ^2-Zerlegung von Gesamt- und Teilkontingenz

Wir haben in Kapitel 9.3.6 eine Mehr-Felderkontingenztafel unter der Annahme, die Randverteilungen seien bekannt, analysiert und eine χ^2-Zerlegung durchgeführt, die 3 additive Komponenten erbrachte: je eine zu Lasten der Zeilen- und Spaltenanpassung der beobachteten an die erwartete Kontingenztafel und eine dritte zu Lasten dessen, was wir dort Kontingenzanpassung genannt haben.

Wenn wir im folgenden auf Kontingenz innerhalb eines z x s-*Felder-Ausschnittes*, einer Teiltafel, der gesamten k x m-Felderkontingenztafel prüfen wollen, so können wir uns folgende Überlegung zunutze machen: Wir betrachten die Gesamttafel als theoretischen Bezugsrahmen (Referenztafel) und leiten aus ihr unsere Annahme über die Randverteilungen der zu prüfenden Teiltafel (Inferenztafel) ab. Im übrigen verfahren wir wie in Kapitel 9.3.6 und erhalten so 3 *additive* χ^2-Komponenten eines z x s-Felderausschnitts aus einer k x m-Felderkontingenztafel. Die Kontingenzkomponente erlaubt uns nun, den Zusammenhang zwischen dem auf z Klassen reduzierten Zeilen-Mm und dem auf s Klassen reduzierten Spalten-Mm asymptotisch zu beurteilen, wenn die Erwartungswerte, auf die sich die χ^2-Komponente stützt, nicht zu niedrig (< 5) sind.

Nachfolgend wollen wir uns die χ^2-Zerlegung aus Kapitel 9 nochmals für die vorliegenden Bedingungen adjustiert vor Augen halten.

Globalanpassung einer Teiltafel

Bezeichnet man die beobachteten Frequenzen der zur χ^2-Zerlegung anstehenden z x s-Felder*teil*tafel einer k x m-Felder*gesamt*tafel mit f_{ij}, i = 1(1)z und j = 1(1)s, so ist die *Prüfgröße*

$$\chi^2 = \sum_{j}^{s} \sum_{i}^{z} \frac{(f_{ij} - np_{i.}p_{.j})^2}{np_{i.}p_{.j}} \text{ mit zs-1 Fgn} \qquad (16.1.1.1)$$

wie χ^2 verteilt, wenn die *Nullhypothese*, wonach die beobachteten Frequenzen f_{ij} der Teiltafel von den aufgrund der *Randverteilungen* der Gesamttafel erwarteten Frequenzen $np_{i.}p_{.j}$ nur zufällig abweichen, gilt. Die *Zeilen-* und *Spaltenanteile* $p_{i.}$ und $p_{.j}$ und n sind wie folgt definiert.

$$p_{i.} = f_{i.}/N_z \text{ mit } N_z = \sum_{i}^{z} f_{i.} \qquad (16.1.1.2)$$

$$p_{.j} = f_{.j}/N_s \text{ mit } N_s = \sum_{j}^{s} f_{.j} \qquad (16.1.1.3)$$

fall zu einer antikonservativen Entscheidung im Sinne der Hoffnungen des Untersuchers („optimistische Entscheidung').

$$n = \sum_{i}^{z}\sum_{j}^{s} f_{ij} \qquad (16.1.1.4)$$

Darin sind $f_{i.}$ die Zeilensummen und $f_{.j}$ die Spaltensummen der Gesamttafel (nicht der Teiltafel!) und n der Stichprobenumfang der Teiltafel (nicht der Gesamttafel). Der Stichprobenumfang der Gesamttafel wird unverändert mit N bezeichnet.

Die Prüfgröße χ^2 ist ein Maß für die *Globalanpassung* der beobachteten Frequenzen der z x s-Teiltafel an die aufgrund der kxm-Gesamttafel erwarteten Frequenzen; sie setzt sich aus 3 Komponenten additiv zusammen, nämlich aus 2 Komponenten der Marginalanpassung (Zeilen- und Spaltenanpassung) und aus 1 Komponente der Interaktions- oder Kontingenzanpassung.

Die Marginalanpassung einer Teiltafel

Kontrolliert der Untersucher, wie gut die Randsummen der von ihm ausgewählten *Teiltafel* mit denen der Gesamttafel übereinstimmen, so beurteilt er für Zeilen- und Spaltensummen die folgenden χ^2-Komponenten

$$\chi_z^2 = \sum_{i}^{z} \frac{(f_{ij} - n_{i.}p_{i.})^2}{n_{i.}p_{.j}} \quad \text{mit z-1 Fgn} \qquad (16.1.1.5)$$

$$\chi_s^2 = \sum_{j}^{s} \frac{(f_{ij} - n_{.j}p_{.j})^2}{n_{.j}p_{.j}} \quad \text{mit s-1 Fgn} \qquad (16.1.1.6)$$

Darin bezeichnen $n_{i.}$ und $n_{.j}$ die Randsummen der zxs-Teiltafel. Wurde z = k gewählt, so verschwindet die Zeilenanpassungskomponente χ_z^2, wurde s = m gewählt, so verschwindet die Spaltenanpassungskomponente.

Die Kontingenzanpassung einer Teiltafel

Subtrahiert man vom Gesamt-χ^2 der Teiltafel die beiden Marginalkomponenten, so bleibt die den Untersucher meist allein interessierende *Kontingenzkomponente*, die wie folgt definiert ist:

$$\chi_k^2 = \chi_{zs}^2 = \chi^2 - \chi_z^2 - \chi_s^2 \quad \text{mit (z-1)(s-1) Fgn} \qquad (16.1.1.7)$$

Setzt man (16.1.1.1–6) in (16.1.1.7) ein, so resultiert

$$\chi_k^2 = \chi_{zs}^2 = \sum_{i}^{z}\sum_{j}^{s} \frac{(f_{ij} - n_{i.}p_{.j} - n_{.j}p_{i.} + np_{i.}p_{.j})^2}{np_{i.}p_{.j}} \qquad (16.1.1.8)$$

Die *Prüfgröße* χ^2 entscheidet über die Frage, ob die vom Untersucher aus einer kxm-Feldertafel ausgewählten z Stufen des Zeilen-Mms und die s Stufen des Spalten-Mms als unabhängig angenommen werden dürfen (H_0) oder nicht (H_1).

In der beschriebenen Weise läßt sich auf Kontingenz beliebiger z Klassen des Zeilen-Mms und beliebiger s Klassen des Spalten-Mms in einer kxm-Feldertafel prüfen. Wie dies numerisch geschieht, zeigt das folgende Beispiel.

Beispiel 16.1.1.1

Datensatz: N = 1175 aufgrund verschiedener Fehldiagnosen blinddarmoperierte Kinder verteilten sich auf verschiedene Altersstufen gemäß Tabelle 16.1.1.1 (aus JESDINSKY, 1968, Tab. 2).

Tabelle 16.1.1.1

Fehldia-gnosen	Alter in Jahren						Summe $f_{i.}$
	2–3	4–5	6–7	8–9	10–11	12–14	
j:	1	2	3	4	5	6	
1	3	10	7	9	11	10	50
2	119	165	145	105	113	97	744
3	9	23	32	24	11	17	116
i: 4	42	37	32	14	11	17	153
5	1	10	9	14	7	16	57
6	10	8	11	10	7	9	55
Summe $f_{.j}$	184	253	236	176	160	166	N=1175

Fehldiagnosenschlüssel: 1 = ‚Appendizitische Reizung'
                      2 = Enteritis, Gastroduodenitis, etc.
                      3 = ‚Wurmenteritis'
                      4 = Infekt der oberen Luftwege
                      5 = Infekt der Harnwege
                      6 = kein krankhafter Befund erhoben

Fragestellung: Den Pädiater interessiert allein die Beantwortung der Frage: Nimmt die Fehldiagnose 4 (Luftwegsinfekt) vom 2. bis zum 7. Lebensjahr ab und die Fehldiagnose 5 (Harnwegsinfekt) vom 2. bis zum 7. Lebensjahr zu, wie dies seine klinische Erfahrung nahelegt?

Hypothesen:

H_0: Die z = 2 Diagnosen und die s = 3 Altersstufen sind innerhalb der k = 6 Diagnosen und der m = 6 Altersstufen voneinander unabhängig.

H_1: Die z = 2 Diagnosen und die s = 3 Altersstufen sind voneinander abhängig (kontingent).

Testwahl: Da es sich um Kontingenzhypothesen einer Teiltafel innerhalb einer Gesamttafel handelt, muß anstelle des sonst indizierten z x s-Felder-χ^2-Kontingenztests ein Kontingenzanpassungstest in Aussicht genommen werden. Wir vereinbaren dazu ein $\alpha = 0{,}01$ und stellen fest, daß die Erwartungswerte der 2 x 3 = 6 Felder dem Eindruck nach durchweg über 5 liegen.

Testdurchführung: Statt den Kontingenzanpassungstest nach einer ökonomischen Kreuzformel durchzuführen, bedienen wir uns aus didaktischen Gründen der umständlicheren χ^2-Zerlegung. Wir unterscheiden dabei zweckmäßigerweise eine Vorauswertung von einer Zwischen- und Endauswertung. Der Einfachheit halber verzichten wir darauf, die 2 x 3-Felderteiltafel bzgl. Zeilen und Spalten neu zu indizieren und benutzen anstelle neuer Indizes die alten Indizes der 6 x 6-Felder-Gesamttafel.

Vorauswertung: Wir berechnen zunächst die Anteilswerte für die Zeilen 4 und 5, mit $153 + 57 = 210 = N_z$ und erhalten nach (16.1.1.2):

$p_{4.} = 153/210 = \phantom{1 - p_{4.}} = 0{,}7286$

$p_{5.} = 57/210 = 1 - p_{4.} = \underline{0{,}2714}$

$\phantom{p_{5.} = 57/210 = 1 - p_{4.} = } 1{,}0000$

Sodann berechnen wir die Anteilwerte für die 3 Spalten 1, 2 und 3 mit $N_s = 184 + 253 + 236 = 673$ und erhalten nach (16.1.1.3):

$p_1 = 184/673 = 0{,}2734$
$p_2 = 253/673 = 0{,}3759$
$p_3 = 236/673 = \underline{0{,}3507}$
$ 1{,}0000$

Ferner ermitteln wir die Randsummen der 2 x 3-Felder-Teiltafel aus Tabelle 16.1.1.1

$n_{4.} = 42 + 37 + 32 = 111$	$n_{.1} = 42 + 1 = 43$
$n_{5.} = 1 + 10 + 9 = \underline{20}$	$n_{.2} = 37 + 10 = 47$
$\phantom{n_{5.} = 1 + 10 + 9 = }n = 131$	$n_{.3} = 32 + 9 = \underline{41}$
	$n = 131$

Zwischenauswertung: Weiter berechnen wir die folgenden Zwischenwerte für (16.1.1.4)

$n_{4.}p_{.1} = 111(0{,}2734) = 30{,}3474$	$n_{.1}p_{4.} = 43(0{,}7286) = 31{,}3298$
$n_{4.}p_{.2} = 111(0{,}3759) = 41{,}7249$	$n_{.2}p_{4.} = 47(0{,}7286) = 34{,}2442$
$n_{4.}p_{.3} = 111(0{,}3507) = 38{,}9277$	$n_{.3}p_{4.} = 41(0{,}7286) = 29{,}8726$
$n_{5.}p_{.1} = 20(0{,}2734) = 5{,}4680$	$n_{.1}p_{5.} = 43(0{,}2714) = 11{,}6702$
$n_{5.}p_{.2} = 20(0{,}3759) = 7{,}5180$	$n_{.2}p_{5.} = 47(0{,}2714) = 12{,}7558$
$n_{5.}p_{.3} = 20(0{,}3507) = \underline{7{,}0140}$	$n_{.3}p_{5.} = 41(0{,}2714) = \underline{11{,}1274}$
$n = 131{,}0000$	$n = 131{,}0000$

Da der Stichprobenumfang der Teiltafel $n = 42 + 37 + 32 + 1 + 10 + 9 = 131$ beträgt, ergeben sich folgende Nennerwerte für (16.1.1.7)

$np_{4.}p_{.1} = 131(0,7286)(0,2734) = 26,0951$
$np_{4.}p_{.2} = 131(0,7286)(0,3759) = 35,8784$
$np_{4.}p_{.3} = 131(0,7286)(0,3507) = 33,4731$
$np_{5.}p_{.1} = 131(0,2714)(0,2734) = 9,7203$
$np_{5.}p_{.2} = 131(0,2714)(0,3759) = 13,3645$
$np_{5.}p_{.3} = 131(0,2714)(0,3507) = \underline{12,4686}$
$n = 131,0000$

End-Auswertung: Wir berechnen die χ^2-Komponenten χ^2_{ij} für die 2 x 3 Felder der Teiltafel nach (16.1.1.7) und erhalten

$\chi^2_{41} = (42 - 30,3474 - 31,3298 + 26,0951)^2 / 26,0951 = 1,5784$
$\chi^2_{42} = (37 - 41,7249 - 34,2442 + 35,8784)^2 / 35,8784 = 0,2662$
$\chi^2_{43} = (32 - 38,9277 - 29,8726 + 33,4731)^2 / 33,4731 = 0,3307$
$\chi^2_{51} = (1 - 5,4680 - 11,6702 + 9,7203)^2 / 9,7203 = 4,2375$
$\chi^2_{52} = (10 - 7,5180 - 12,7558 + 13,3645)^2 / 13,3645 = 0,7148$
$\chi^2_{53} = (9 - 7,0140 - 11,1274 + 12,4686)^2 / 12,4686 = \underline{0,8879}$
$\chi^2_{zs} = 8,0155$

Entscheidung: Ein $\chi^2 = 8,0155$ ist für $(2-1)(3-1) = 2$ Fge auf der vereinbarten 1%-Stufe nicht signifikant, da die Schranke $\chi^2_{0,01} = 9,21$ nicht überschritten wird; H_0 ist beizubehalten.

Interpretation: Die augenscheinliche Gegenläufigkeit: Anstieg der Harnwegsdiagnosen und Abfall der Luftwegsdiagnosen mit steigendem Alter ist aufgrund der erhobenen Daten nicht schlüssig nachzuweisen.

Testvergleich: Hätten wir verfahrenswidrig die 2 x 3-Feldertafel aus der Gesamttafel herausgelöst und gesondert auf Kontingenz geprüft, so hätte Formel 5.4.1.1 ein

$$\chi^2 = \frac{131^2}{111 \cdot 20} \left(\frac{1^2}{43} + \frac{10^2}{47} + \frac{9^2}{41} - \frac{20^2}{131} \right) = 8,2958$$

erhalten, das numerisch ein wenig höher und damit näher an der Signifikanzschranke gelegen ist als das von uns erhaltene $\chi^2 = 8,0155$. Die gute Übereinstimmung resultiert aus der Vergleichbarkeit der Randverteilungen in der Untertafel mit denen der Gesamttafel. Bei Nicht-Übereinstimmung differieren die beiden χ^2-Werte erheblich.

In Beispiel 16.1.1.1 hatte die Teiltafel sowohl weniger Zeilen wie auch weniger Spalten als die Gesamttafel. Ist eine Teiltafel *zeilengleich* mit der Gesamttafel, dann entfällt ihre Zeilenanpassung an die Gesamttafel, ist sie *spaltengleich*, entfällt analog ihre Spaltenanpassung. In beiden Fällen verbleiben nur jeweils zwei χ^2-Komponenten, in die das χ^2 der Gesamttafel additiv zu zerlegen ist[2].

---

[2] Das Prinzip der χ^2-Zerlegung einer Gesamttafel in die Komponenten einer ausgewählten Teiltafel läßt sich auch auf mehrdimensionale Kontingenztafeln anwenden; zu den Zeilen und Spalten kommen bei einer dreidimensionalen Kontingenztafel noch die Lagen hinzu.

16.1.2 χ^2-Zerlegung einer Korrelationstafel nach Conover

Betrachten wir nach dem allgemeinen Fall einer k x m-Felderkontingenztafel zunächst den Spezialfall einer Tafel mit 2 stetig verteilten aber gruppiert gemessenen Mmn. Auch hier läßt sich eine Korrelation zwischen den beiden Mmn in einem Teilbereich der *Korrelationstafel* so beurteilen wie bei einer Kontingenztafel:

Man zählt die beobachteten *Frequenzen* n_{ij} in den von den z benachbarten Zeilen und den s benachbarten Spalten gebildeten Zellen und vergleicht sie mit den unter Unabhängigkeit erwarteten Frequenzen, e_{ij} = (ZS).(SS)/N, wobei ZS und SS die Zeilen- und Spaltensummen der Gesamttafel bezeichnen. Für die z x s-Teiltafel gilt dann

$$\chi_n^2 = \overset{z}{\Sigma}\overset{s}{\Sigma}(n_{ij} - e_{ij})^2/e_{ij} \qquad (16.1.2.1)$$

oder

$$\chi_n^2 = \overset{z}{\Sigma}\overset{s}{\Sigma}(n_{ij}^2/e_{ij}) - n \qquad (16.1.2.2)$$

welche *Prüfgröße* asymptotisch wie χ^2 nach (z-1).(s-1) Fgn verteilt ist, wenn H_0 gilt.

Wurden 2 stetig verteilte Observablen (äquirealiter) so gruppiert, daß gleiche Zeilen- und gleiche Spaltensummen resultieren (wie bei einer bivariaten Gleichverteilung), dann sind alle Erwartungswerte konstant, $e_{ij} = e =$ N/km bei N Beobachtungspaaren und k Zeilen und m Spalten in der Gesamttafel. Setzt man ein, so resultiert die für eine bivariate Gleichverteilungs-H_0 geltende Formel

$$\chi_n^2 = \frac{km}{N}(\overset{z}{\Sigma}\overset{s}{\Sigma}n_{ij}^2) - n \qquad (16.1.2.3)$$

Diese *Prüfgröße* χ_n^2 ist nach (z-1)(s-1) Fgn zu beurteilen. In obiger Formel bezeichnet $n = \Sigma e_{ij} = \Sigma n_{ij}$ den Umfang des z x s-Feldertafelausschnitts, N den der Gesamttafel (Conover, 1971, Fig. 2).

Das Gesamt-χ^2 der kxm-Feldertafel setzt sich demnach *additiv* aus 2 Komponenten zusammen, einer Komponente χ_n^2 zu Lasten des Kontingenztrends *innerhalb* des Tafelausschnittes und einer Residualkomponente χ_r^2 zu Lasten der Kontingenz *außerhalb* dieses Ausschnitts

$$\chi^2 = \chi_n^2 + \chi_r^2$$
$$Fg = Fg(n) + Fg(r)$$
$$(k-1)(m-1) = (z-1)(s-1) + km-k-m-zs+z+s \qquad (16.1.2.4)$$

Über die *Restkomponente* läßt sich beurteilen, ob neben den im Ausschnitt bestehenden (aber seiner Natur nach möglicherweise trivialen)

Kontingenz- oder *Korrelationstrends* noch eine signifikante Restkontingenz besteht.

Nichts spricht dagegen, die Teilkontingenz, wie sie in der Prüfgröße χ_n^2 zum Ausdruck kommt, auch durch einen *Kontingenzkoeffizienten* $C_n^2 = \chi_n^2/(n + \chi_n^2)$ zu beschreiben (vgl. (9.3.2.10)).

16.1.3 Korrelationstrendtest nach EHLERS

Wir haben in Abschnitt 15.2.7 eine Korrelationstafel mit N *singulären* Beobachtungspaaren in eine binordinale Kontingenztafel so transformiert, daß dabei gleiche Zeilen- und gleiche Spaltensummen resultieren. Auf diesem Weg wurde gegen Korrelationstrend im Gesamtbereich der Tafel geprüft.

Interessiert den Untersucher nun nur der Korrelationstrend in einem Teilbereich der Tafel, so läßt sich durch χ^2-Zerlegung prüfen, ob ein *bereichsspezifischer Korrelationstrend* existiert (EHLERS und LIENERT 1976), wenn man nach (16.1.2.3) prüft.

Angenommen, Abbildung 15.2.7.1 bezeichne die Abhängigkeit einer *Testleistung* Y von der Dauer des *Schlafentzuges* X, und es habe N=24 Vpn ergeben, daß bei geringgradigem Schlafentzug die Leistung ansteigt, um bei hochgradigem erwartungsgemäß wieder abzufallen. Da der terminale Abfall trivial ist, nicht jedoch der initiale Anstieg, soll ein Korrelationstrendtest nur für die ersten drei Quartile von χ durchgeführt werden.

Aus Tabelle 15.2.7.1 entnehmen wir mit n=18 alle Werte, um in Formel (16.1.2.3) *einsetzen* zu können:

$$\chi_n^2 = \frac{3 \cdot 4}{24}(0^2 + 4^2 + 4^2 + 2^2 + \ldots + 0^2) - 18 = 11{,}0^* \text{ mit 4 Fgn}$$

Die Nullhypothese der Unabhängigkeit muß danach bei $\alpha = 0{,}05$ zugunsten der *Alternative* eines bereichsspezifischen Korrelationstrends aufgegeben werden. Der Korrelationstrend darf als ein monoton-steigender gedeutet (und nur gedeutet!) werden[3]; er legt die Vermutung nahe, daß geringgradiger Schlafentzug aktivierend wirkt.

Da das Gesamt-χ^2 der Tabelle 15.2.7.1 mit 14,0 nur unwesentlich höher liegt als obige Komponente, erübrigt es sich, die *Residualkomponente* $\chi_r^2 = 14{,}0 - 11{,}0 = 3{,}00$ für $6-4 = 2$ Fge auf Signifikanz zu beurteilen. Abgesehen davon würde ein zusätzlicher Test dieser Art die Adjustierung $\alpha^* = \alpha/2$ erforderlich machen und den Test schwächen.

---

3 Der Test ist ein Omnibustest und daher als solcher nicht in der Lage, einen monotonen Trend nachzuweisen, sondern nur in der Lage, einen Trend schlechthin nachzuweisen. Deshalb kann die Art des Trends nur aus der Inspektion der Daten erschlossen, im strengen Sinne also nur gedeutet werden.

16.1.4 Vierfeldertests in Mehrfeldertafeln

Interessiert den Untersucher nicht die globale Kontingenz zwischen 2 Mmn A und B in einer k×m-Feldertafel, sondern nur die Kontingenz zwischen *je zwei* sachlogisch zu begründenden Klassen (Stufen) dieser beiden Mme, dann fragt er implizit nach der *Kontingenzanpassung* der seligierten *Vier-Felder-Teiltafel* an die Gesamttafel[4]. Die Kontingenzanpassung kann nach dem Vorgang von Abschnitt 16.1.1 oder — ökonomischer — wie folgt geprüft werden.

Gehen wir von der schon bekannten *Punkt-Index-Notation* einer Mehr-Feldertafel aus, so mögen f_{ij} und f_{il} die Frequenzen der oberen Zeile und f_{kj} und f_{kl} die Frequenzen der unteren Zeile der 4-Feldertafel bezeichnen, $f_{i.}$ und $f_{k.}$ die Zeilensummen und $f_{.j}$ und $f_{.l}$ die Spaltensummen der Gesamttafel. Wegen des auftretenden Index k ‚erweitern' wir die Gesamttafel auf r Zeilen und s Spalten, wie dies in Tabelle 16.1.4.1 gemäß der Notation bei JESDINSKY (1968) geschehen ist.

Tabelle 16.1.4.1

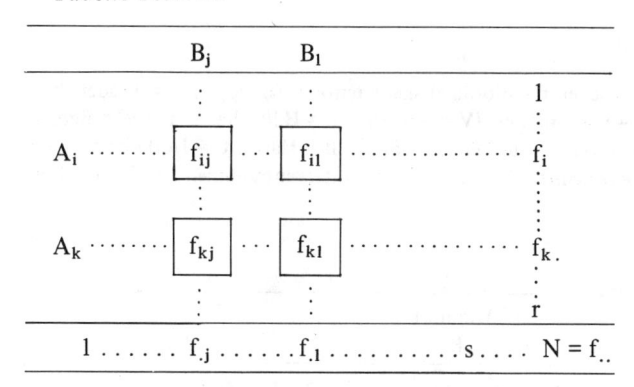

	B_j	B_l	
	⋮	⋮	1
A_i ········	f_{ij} ···	f_{il}	············· $f_{i.}$
			⋮
A_k ········	f_{kj} ···	f_{kl}	············· $f_{k.}$
	⋮	⋮	r
1 ····· $f_{.j}$ ····· $f_{.l}$ ············ s ····			$N = f_{..}$

Man prüft auf Anpassungs-*Kontingenz* der Mme A und B bezüglich je zweier fest vereinbarter Klassen A_i, A_k und B_j, B_l nach JESDINSKY (1968) über die Nullhypothese

$$H_0(ik, jl): \quad p_{ij}/p_{il} = p_{kj}/p_{kl} \qquad (16.1.4.1)$$

Dabei ist $p_{ij} = f_{ij}/N = f_{i.}f_{.j}/N$ usf. definiert und $f_{i.}$ und $f_{.j}$ sind die Zeilen- und Spaltensummen.

---

[4] Der naive Untersucher geht hier meist so vor, daß er die ihn interessierenden 4 Felder aus der Gesamttafel herausgreift und in klassischer Weise über ein Vierfelder-χ^2 prüft. Dieses Vorgehen ist unzulässig, da es zu einer antikonservativen Entscheidung führt.

Bei ausreichend hohen Erwartungswerten $Np_{ij} = e_{ij}$ ist die *Prüfgröße*

$$\chi^2 = \frac{N}{f_{.j}f_{.1}(f_{.j}+f_{.1})} \left[\frac{d_{ij1}^2}{f_{i.}} + \frac{d_{hj1}^2}{f_{h.}} - \frac{(d_{ij1}+d_{hj1})^2}{f_{i.}+f_{h.}} \right] \qquad (16.1.4.2)$$

mit 1 Fg asymptotisch wie χ^2 verteilt[5]. Die Differenzen d sind wie folgt definiert

$$d_{ij1} = f_{ij}f_{.1} - f_{i1}f_{.j} \qquad (16.1.4.3)$$

$$d_{hj1} = f_{hj}f_{.1} - f_{h1}f_{.j} \qquad (16.1.4.4)$$

Überschreitet χ^2 eine vorvereinbarte Schranke χ^2_α, dann wird die Nullhypothese verworfen und angenommen, daß eine Vierfelderkontingenz oder – in binordinalen Tafeln – eine Assoziation zwischen den *je zwei Stufen* der Mme A und B existiert. Wurde das Vorzeichen der Assoziation unter der Alternativhypothese vorausgesagt, so kann auch *einseitig* geprüft werden mit der Schranke $\chi^2_{2\alpha}$.

Wie man einen *selektiven Vierfeldertest* handhabt, wird im folgenden Beispiel illustriert.

Beispiel 16.1.4.1

Ausgangsdaten: Zwischen r = 6 ordinal skalierten Berufsgruppen (I = Akademiker, II = Angestellte, III = Facharbeiter, IV = Arbeiter, V = Hilfsarbeiter und VI = Berufslose) und ebenso skalierten Wohnorten (A = Stadt, B = Markt, C = Dorf) besteht der in Tabelle 16.1.4.1 verzeichnete Zusammenhang (Daten entnommen aus TENT, 1969, Tab. 6.1.1).

Tabelle 16.1.4.2

Berufsgruppe	Wohnort			$f_{i.}$
	A	B	C	
I	23	4	5	32
II	44	27	19	90
III	62	91	82	235
IV	68	175	140	383
V	44	39	68	151
VI	7	18	9	34
$f_{.j}$	248	354	323	925 = N

---

[5] Die Formel läßt sich aus einer χ^2-Zerlegung nach (16.1.1.1) herleiten; sie basiert auf der Annahme, daß die Erwartungswerte der Vierfelder-Untertafel nach den Randsummen der Gesamttafel adjustiert worden sind.

Fragestellung: Aufgrund der Dateninspektion möchte der Untersucher erfahren, ob — entgegen dem allgemeinen Kontingenztrend — zwischen den Berufsgruppen V und VI und den Wohnorten B und C eine (in anderem Zusammenhang beobachtete) negative Assoziation besteht. $\alpha = 0{,}01$ einseitig.

Testwahl und Test: Da die Kontingenz in einer Vierfeldertafel innerhalb der 6×3-Feldertafel zu eruieren ist, prüfen wir nach (16.1.4.2) und erhalten

$$\chi^2 = \frac{925}{354 \cdot 323(354+323)} \left[\frac{(-11475)^2}{151} + \frac{2628^2}{34} - \frac{(-8847)^2}{185} \right] = 7{,}79$$

Zuvor haben wir ein $d_{ijl} = 39(323) - 68(354) = -11475$ und ein $d_{kjl} = 18(323) - 9(354) = 2628$ ausgerechnet.

Entscheidung und Interpretation: Da ein Chiquadrat dieser Größe bei 1 Fg auf der geforderten 1%-Stufe signifikant ist, vertrauen wir auf unsere Beobachtung, wonach Arbeiter, obschon sozial überlegen, eher auf dem flachen Land (C), Berufslose, obschon sozial unterlegen, eher in größeren Gemeinden (B) residieren.

Monitas: Wäre die posthoc gestellte Frage anthac gestellt und als solche gezielt untersucht worden, so hätten wir ein Vierfelder-$\chi^2 = 134(39 \cdot 9 - 68 \cdot 18)^2/(107 \cdot 27 \cdot 57 \cdot 77) = 26{,}22^{***}$ erhalten, also eine auf der 0,1%-Stufe signifikante Assoziation. Hier dokumentiert sich die höhere Effizienz (und der mögliche Mißbrauch) des gezielten gegenüber dem ungezielten Vierfeldertest.

Die Frage, ob in einem selektiven Vierfeldertest eine *einseitige Fragestellung* von der Art des Beispiels 16.1.4 zulässig ist oder nicht, ist wie folgt zu beantworten: Wird die Tafel, für die ein selektiver Test in Aussicht genommen ist, *erst erhoben*, dann ist einseitig zu prüfen, wenn H_1 einseitig formuliert wurde. Liegt die Tafel, für die ein selektiver Test intendiert wird, *bereits vor*, dann kann einseitig geprüft werden, wenn die Einseitigkeit unabhängig von der Dateninspektion theoretisch begründet werden kann. Ist eine theoretische posthoc-Begründung nicht möglich, muß *zweiseitig* geprüft werden.

16.1.5 χ^2-Zerlegung in verdichteten Mehrfeldertafeln

Von *verdichteten* (kondensierten) *Kontingenztafeln* spricht man, wenn in einer k×m-Feldertafel einzelne Zeilen und/oder Spalten *zusammengefaßt* bzw. einzelne Mms-Klassen *aufgelassen* wurden. Je nachdem, ob es sich hierbei um Zeilen- oder Spaltenklassen handelt, spricht man von zeilen- oder spaltenverdichteten Kontingenztafeln.

Faßt man in Tabelle 16.1.1.1 die nominal skalierten *Diagnoseklassen* 1 (Appendizitische Reizung) und 6 (ohne Befund) unter der sachlogischen Begründung, beide seien *nicht-pathologische* Befunde, zu einer einzigen Klasse 1+6 zusammen, so liegt eine *zeilenverdichtete* 5×6-Feldertafel vor;

faßt man darüber hinaus auch die Diagnosen 2+3+4+5 zu einer einzigen Klasse der *pathologischen* Befunde zusammen, so resultiert eine *zeilenverdichtete* 2x6-Feldertafel.

Faßt man andererseits je zwei aufeinanderfolgende der intervallskalierten *Altersklassen* in Tabelle 16.1.1.1 unter der formallogischen Begründung, das Alter sei zu differenziert angegeben, zu einer einzigen zusammen, so resultiert eine *spaltenverdichtete* 6x3-Feldertafel.

Faßt man schließlich sowohl die Zeilen 1+6 und 2+3+4+5 wie auch die Spalten 1+2, 3+4, 5+6 in Tabelle 16.1.1.1 zusammen, so ergibt sich eine *zeilen- und spaltenverdichtete* 2x3-Feldertafel; jedes der 6 Felder dieser *Verdichtungstafel* ist seinerseits eine *Teiltafel*, die entweder 2x2 Felder (wie 1;6/2-3;4-5) oder 4x2 Felder (wie 2;3;4;5/6-7;8-9) umfaßt.

Verdichtete Kontingenztafeln, deren Felder ebenfalls aus Kontingenztafeln (Teiltafeln) bestehen, lassen sich nun in der Weise analysieren, daß man eine χ^2-*Zerlegung* der Gesamttafel und ihrer Teiltafeln durchführt. Von diesem Prinzip wird im folgenden Gebrauch gemacht.

16.1.6 JESDINSKY-Tests in Mehrfeldertafeln

Vier-Fuß-Kontingenztafeln und -tests

Statt nur jeweils zwei Zeilen und zwei Spalten zur Bildung einer Vierfeldertafel heranzuziehen, wie dies in 16.1.5 geschah, können auch *mehr als 2 Zeilen und/oder Spalten* aufgrund einer formal- oder sachlogischen Begründung so zusammengefaßt werden, daß ein *Vier-Fuß-Schema* der Tabelle 16.1.6.1 entsteht[6].

Man beachte, daß die Klassen eines nominal skalierten Mms (wie des Zeilen-Mms in 16.1.6.1) *beliebig* verdichtet werden, während die Klassen eines ordinalen Mms (wie des Spalten-Mms) nur *nachbarschaftlich* (vizinal) verdichtet werden dürfen.

Die durch Verdichtung entstandene *Vier-Fuß-Tafel* der Tabelle 16.1.6.1 haben wir mit JESDINSKY (1968) durch *Mengen von Indizes* mit Großbuchstaben bezeichnet. So ist z.B. f_{IJ} die Summe der Frequenzen aus jenen Feldern ij, die aus $i \in I$ Zeilen und $j \in J$ Spalten gebildet worden sind. Analog sind die übrigen *Fuß-Frequenzen* und deren Randsummen $f_{I.}$ und $f_{.J}$ etc. definiert.

---

[6] Eine formallogische Begründung wäre etwa die Zusammenfassung von je zwei aufeinanderfolgenden Altersklassen in Tabelle 16.1.1.1 unter dem Argument, daß die Spaltenzahl halbiert werden soll. Eine sachlogische Begründung für die Zusammenfassung der (nominal skalierten) Diagnosen liefert z.B. das Argument, daß die Zeilen 1+2+3 Enteraldiagnosen, die Zeilen 4+5 Extraenteraldiagnosen sind und die Zeile 6 eine Sine-Aliquid-Diagnose ist.

Tabelle 16.1.6.1

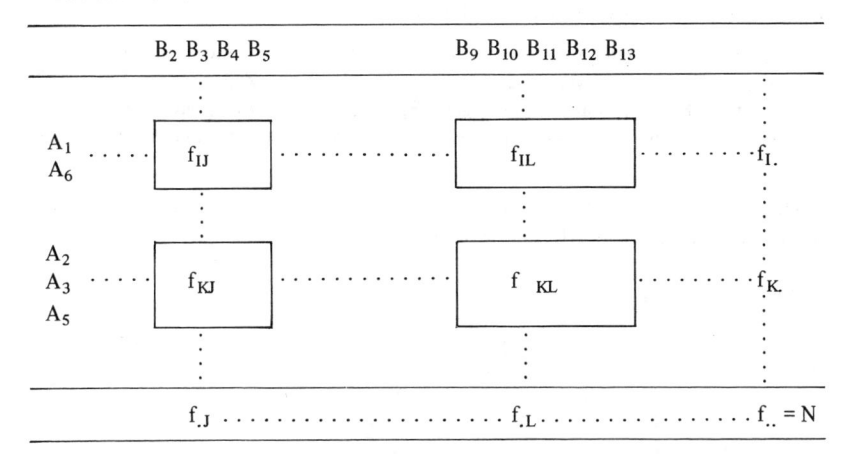

	$B_2\ B_3\ B_4\ B_5$	$B_9\ B_{10}\ B_{11}\ B_{12}\ B_{13}$	
A_1 A_6	f_{IJ}	f_{IL}	$f_{I.}$
A_2 A_3 A_5	f_{KJ}	f_{KL}	$f_{K.}$
	$f_{.J}$	$f_{.L}$	$f_{..} = N$

Wie bei der Vierfeldertafel, so bilden wir auch bei der Vier-Fuß-Tafel eine zu (16.1.4.2) analoge *Prüfgröße*

$$\chi^2 = \frac{N}{f_{.J} f_{.L} (f_{.J} + f_{.L})} \left[\frac{d_{IJL}^2}{f_{I.}} + \frac{d_{KJL}^2}{f_{K.}} - \frac{(d_{IJL} + d_{KJL})^2}{f_{I.} + f_{K.}} \right] \qquad (16.1.6.1)$$

Die Differenzen d sind wie folgt gemäß (16.1.4.3−4) definiert

$$d_{IJL} = f_{IJ} f_{.L} - f_{IL} f_{.J} \qquad (16.1.6.2)$$

$$d_{KJL} = f_{KJ} f_{.L} - f_{KL} f_{.J} \qquad (16.1.6.3)$$

Wegen der *Symmetriebeziehung* sind die Zeilen-Indexmengen I und K mit den Spaltenindexmengen J und L zu vertauschen, ohne daß dies etwas am Wert χ^2 ändert. Die Prüfgröße χ^2 ist nach 1 Fg zu beurteilen und zwar je nach apriorischer Formulierung der Alternativhypothese ein oder zweiseitig.

Wie der *Vier-Fuß-Test* anzuwenden ist, wollen wir uns an einem Beispiel mit je 2 Feldern pro Rechteck illustrieren, dem Beispiel 16.1.1.1, das wir dortselbst dazu benutzt haben, eine 2x3-Felder-Teiltafel auf Kontingenz zu prüfen.

Beispiel 16.1.6.1

Hypothesen: Wir wollen der Nullhypothese, wonach die 2 Fehldiagnosen 4 (Luftwegsinfekte) und 5 (Harnwegsinfekte) von den 4 Altersklassen 2+3; 4+5; 6+7 und 8+9 unabhängig sind, gegen die Alternativhypothese prüfen, wonach Vorschulkinder (der Altersklassen 2 + 3 und 4 + 5) eher zu Luftwegs-Fehldiagnosen

Anlaß geben, während Schulkinder (der Altersklassen 6 + 7 und 8 + 9) eher Harnwegs-Fehldiagnosen veranlassen (Tabelle 16.1.1.1).

Testwahl und Signifikanzniveau: Es handelt sich um die Beurteilung der Kontingenz zwischen zwei Klassen eines 6-klassigen Zeilen-Mms und 2×2 verdichteten Klassen eines 6-klassigen Spalten Mms. Wir prüfen nach dem gezielten Vier-Fuß-Test einseitig und vereinbaren wie in Beispiel 16.1.1.1 ein $\alpha = 0{,}01$.

Datenübertragung: Wir entnehmen der Tabelle 16.1.1.1 die hier relevanten Frequenzen und übertragen sie in Tabelle 16.1.6.2.

Tabelle 16.1.6.2

	2–3	4–5	6–7	8–9	–	–	
–	x	x	x	x	x	x	x
–	x	x	x	x	x	x	x
–	x	x	x	x	x	x	x
4	42	+37	32	+14	x	x	153
5	1	+10	9	+14	x	x	57
–	x	x	x	x	x	x	x
	184	+253	236	+176	x	x	1175

Unter H_1 wird angenommen, daß die Vierfeldertafel mit $a = 42 + 37 = 79$, $b = 32 + 14 = 46$, $c = 1 + 10 = 11$ und $d = 9 + 14 = 23$ der Unabhängigkeits-H_0 widerspricht.

Testdurchführung: Die Differenzen von (16.1.6.2–3) berechnen sich zu

$$d_{IJL} = 79(412) - 46(437) = 12446$$

$$d_{KJL} = 11(412) - 23(437) = -5519$$

Daraus resultiert (16.1.6.1) das gesuchte, für 1 Fg zu beurteilende

$$\chi^2 = \frac{1175}{412 \cdot 437 \cdot 847} \left[\frac{12446^2}{153} + \frac{(-5519)^2}{57} - \frac{6927^2}{210} \right] = 1{,}92$$

Entscheidung: Da $\chi^2 = 1{,}92$ die einseitige 1%-Schranke von $\chi^2 = u_\alpha^2 = 2{,}33^2 = 5{,}43$ nicht überschreitet, behalten wir H_0 bei und gehen weiterhin davon aus, daß entgegen klinischer Erfahrung kein Zusammenhang zwischen der Art der Fehldiagnose (Luft- versus Harnweginfekte) und dem Alter der zu Unrecht appendektomierten Kinder (Vorschul- und Schulalter) besteht.

Cave Fehlentscheidung: Hätten wir entgegen der Vorschrift die eingebettete Vierfeldertafel als nicht-eingebettete ausgewertet, so hätten wir mit $\chi^2 = 159(79 \cdot 23 - 46 \cdot 11)^2 / 125 \cdot 34 \cdot 90 \cdot 69 = 10{,}35 > 5{,}43$ eine Fehlentscheidung zugunsten von H_1 gefällt.

Vierfenster-Kontingenztafeln und -tests

In *binominal* skalierten $k \times m$-Feldertafeln können Zeilen und Spalten stets so rearrangiert werden, daß die vier Rechtecke in Tabelle 16.1.6.1 unmittelbar aneinander *anschließen*.

Es versteht sich, daß die vier Rechtecke (1) sowohl aus je einem Feld, wie (2) aus je c zeilen- oder spaltenweise verdichteten Feldern bestehen können. Der Spezialfall (1) ist der schon bekannte Vierfeldertest (16.1.2), der Spezialfall (2) ist — anschaulich gesprochen — ein *Fenstertest*, beide innerhalb einer Mehrfeldertafel.

Sind beide Mme ordinal oder gruppiert intervallskaliert, dann können nur benachbarte Zeilen und/oder Spalten zu einem Fenster herausgeformt werden: Interessiert z.B. nur, ob die Schulnoten 2, 3 und 4 (nicht 1 und 5+6) mit dem Sozialstatus des Mittelbereiches (unter, im und über dem Modalstatus) zusammenhängen, dann prüft man auf Kontingenz in einem 3×3-Fenstertest (*Vizinalkontingenz*). Interessiert hingegen (etwa aus ideologischen Gründen), ob ein Zusammenhang zwischen den Extremausprägungen: 1 versus 5+6 bei Schulnoten und niedrigster versus höchster Sozialstatus, dann resultiert ein 3×2-Vierfußtest (*Extremalkontingenz*).

Tetrachorische Kontingenztafeln und -tests

Nimmt man an, die 2 Mme einer Kontingenztafel seien binormal verteilt, dann schätzt man deren Zusammenhang, die *tetrachorische Korrelation* wie sie bei linearem Zusammenhang heißt, über median-nahe Dichotomien nach Zeilen und Spalten-Mm. Die resultierenden 4 Felder a, b, c und d schöpfen dann alle Meßwertepaare aus. Ein Als-Ob-tetrachorischer Korrelationskoeffizient kann dann über die Odd-Ratio ad/bc geschätzt werden (vgl. EDWARDS, 1967). Geprüft wird ein *exhaustiver* Als-Ob-Koeffizient über einen Vierfeldertest, d.h. nach FISHER (1934, 1935) und YATES (1934), bei kleinen und nach χ^2 (5.3.1.1) bei großen Stichproben (mit dem Limit $\chi^2_{2\alpha}$ bei dem üblicherweise einseitig durchgeführten Korrelationstest).

Werden nicht alle Zeilen- und/oder Spalten einer binordinalen Mehrfeldertafel bei der Dichotomierung der beiden Mme berücksichtigt, so resultiert eine *inexhaustive* tetrachorische Kontingenztafel, die nur nach Formel (16.1.5.1) auszuwerten ist. Inexhaustive tetrachorische Tafeln resultieren auch, wenn *skalenhybride* Mme zueinander in Beziehung gesetzt werden: Man denke an psychiatrische Symptomskalen, in denen neben 3 ordinalen Klassen (fehlend, schwach- stark ausgeprägt) meist noch eine kategoriale Klasse (nicht zu beurteilen) zur erschöpfenden Beurteilung aller Ptn klinischerseits gefordert wird.

Interkorreliert man solche Skalen tetrachorisch — etwa zum Zwecke einer Cluster- oder Faktorenanalyse der Symptome — dann kann man sich dabei sinnvollerweise nur auf die ordinalen Bereiche der Skalen stützen; das gleiche gilt naturgemäß auch für die Signifikanz der tetrachorischen Interkontingenztafeln.

16.1.7 Teiltafel-Tests in verdichteten Mehrfeldertafeln

Zwei-Streifen-Tests nach JESDINSKY

In den Abschnitten 16.1.3–4 wurde jeweils sowohl das Zeilen- wie das Spalten-Mm einer k×m-Feldertafel um mindestens eine Ausprägungsklasse mit oder ohne Verdichtung reduziert. Bleibt eines der beiden Mme in *allen* (k oder m) *Ausprägungsklassen erhalten*, während das andere reduziert und/oder verdichtet wird, so besteht die Teiltafel aus zwei (horizontalen oder vertikalen) Streifen der Gesamttafel. Wir nennen den zugehörigen Kontingenztest einen *Zwei-Streifentest* und unterstellen ohne Einschränkung des Allgemeinheitsgrades, daß das *Zeilen*-Mm reduziert und/oder verdichtet worden ist. Tab. 16.1.7.1 symbolisiert den Tatbestand.

Tabelle 16.1.7.1

	B_1	B_2	B_3	B_4	B_5	
A_2 A_3						$f_I.$
A_6						$f_K.$
	$f_{.1}$	$f_{.2}$	$f_{.3}$	$f_{.4}$	$f_{.5}$	N

In Tabelle 16.1.7.1 wurde der Spezialfall, daß die Indexmenge K nur aus einem einzigen Index besteht, veranschaulicht.

Benutzen wir wie bislang die Indexmengennotation, so ist die *Prüfgröße* des Zwei-Streifentests definiert durch

$$\chi^2 = \sum_{j}^{s} \frac{N}{f_{.j}} \left[\frac{f_{Ij}^2}{f_{I.}} + \frac{f_{Kj}^2}{f_{K.}} - \frac{(f_{Ij} + f_{Kj})^2}{f_{I.} + f_{K.}} \right] \text{ mit s-1 Fgn} \qquad (16.1.7.1)$$

und unter der Nullhypothese, wonach die I und K Ausprägungen des Zeilen-Mms von allen s Ausprägungen des Spalten-Mms unabhängig sind, wie χ^2 für s−1 Fg verteilt. Auch hier können die Zeilen-Indexmengen I und K durch die Spalten-Indexmengen J und L ersetzt werden, wenn man darauf verzichtet, Zeilen und Spalten zu vertauschen.

Die BRANDT-SNEDECOR-χ^2-Zerlegung

Wie in 16.1.3, können am Zwei-Streifentest *alle k Zeilen* beteiligt sein; in diesem Fall ist der Minuend in (16.1.4.1) gleich 1 zu setzen oder nach der BRANDT-SNEDECOR-Formel (5.4.1.1) zu prüfen. Diese Testversion ist als BRANDT-SNEDECOR-χ^2-Zerlegung bekannt (vgl. CASTELLAN, 1965) und wie folgt auszuwerten:

Man teilt eine $k \times 2$-Feldertafel nach einem *Außenkriterium* in $k_1 \times 2$- und $k_2 \times 2$ Felder auf, berechnet deren χ^2-Werte in klassischer Weise und subtrahiert sie vom Gesamt-χ^2 der $k \times 2$-Feldertafel; es resultiert dann eine Restkomponente, die man als Vierfelder-χ^2 ohne Stetigkeitskorrektur auch direkt erhält, wenn man die k_1 und die k_2 Zeilen zu je einer Zeile verdichtet[7]. Dazu das folgende Beispiel.

Beispiel 16.1.7.1

Erhebungsdaten: Eine Stichprobe von N = 570 Wiener Studenten verschiedener Fachrichtungen (k = 4) wurde zur Gehirnabhängigkeit des Erlebens befragt. Die Antworten wurden alternativ (m = 2) bewertet nach (+) Zustimmung oder (−) Vorbehalt und Ablehnung. Die Ergebnisse der Erhebung (aus MITTENECKER, 1958, S. 46) sind in Tabelle 16.1.7.1 zusammengestellt.

Tabelle 16.1.7.1

Studienrichtung k = 4			Einstellung Zustimmung (+)	Ablehnung (−)	Summe
$k_1 = 2$	Naturwiss. Techniker	1	135 / 31 ⟩ 166	108 / 40 ⟩ 148	243 / 71 ⟩ 314
$k_2 = 2$	Geisteswiss. Juristen	2	57 / 39 ⟩ 96	95 / 65 ⟩ 160	152 / 104 ⟩ 256
	Summe		262	308	570

---

[7] Durch Anwendung der Stetigkeitskorrektur geht sowohl die Additivität wie ein Teil der Effizienz verloren. Über neuere Arbeiten zur Anwendung und Vermeidung der Korrektur vgl. GRIZZLE (1967) und CONOVER (1968).

Hypothesen: H_0: Es besteht keine Kontingenz zwischen Studienrichtung und Einstellung (Zustimmung oder Ablehnung). Dieser H_0 wird folgende Alternative gegenübergestellt.

H_3: Es besteht ein spezifizierter Zusammenhang derart, daß die $k_1 = 2$ ‚Substanzwissenschaftler' (Naturwiss. + Techniker) eine andere Einstellung aufweisen als die $k_2 = 2$ ‚Konstruktwissenschaftler' (Geisteswissenschaftler + Juristen), repräsentiert durch das zugehörige Vierfelder-χ^2 der zeilenverdichteten 4x2-Feldertafel

Testwahl: Wir führen eine χ^2-Zerlegung nach BRANDT-SNEDECOR durch, berechnen die Dreier-Komponente des Gesamt-χ^2 und beurteilen sie nach 1 Fg unter Zugrundelegung eines vereinbarten $\alpha = 0{,}01$.

Auswertung: Das Gesamt-χ^2 der 4x2-Feldertafel beträgt nach Formel (5.4.1.1)

$$\chi^2 = \frac{570^2}{262 \cdot 308}\left(\frac{135^2}{243} + \frac{31^2}{71} + \frac{57^2}{152} + \frac{39^2}{104} - \frac{262^2}{570}\right) = 16{,}54 \text{ mit 3 Fg}.$$

Das (ohne Stetigkeitskorrektur) nach Formel (5.3.1.1) berechnete χ^2 für die verdichtete 2x2-Feldertafel beträgt

$$\chi^2 = \frac{570(166 \cdot 160 - 148 \cdot 96)^2}{314 \cdot 256 \cdot 262 \cdot 308} = 13{,}41 \text{ mit 1 Fg}$$

Entscheidung: χ_3^2 überschreitet die 1%-Schranke für 1 Fg von 6,65 und erlaubt H_0 zugunsten von H_3 zu verwerfen. Da $16{,}54 - 13{,}42 = 3{,}12$ für $3-1 = 2$ Fg nicht signifikant ist, geht die Gesamtkontingenz innerhalb der 4x2-Feldertafel auf die Teilkontingenz von H_3 zurück.

Interpretation: Die durch Tafelverdichtung definierten Substanzwissenschaftler neigen – nach Augenschein aus Tabelle 16.1.7.1 – vornehmlich dazu, das Erleben als gehirnabhängig anzusehen; die analog definierten Konstruktwissenschaftler sehen es hingegen mehrheitlich als nicht oder nur bedingt gehirnabhängig an. Studienrichtungstypen (Verdichtung) und Einstellungsmodalitäten sind danach kontingent.

Anmerkung: Werden der Nullhypothese nicht nur eine, sondern mehr Alternativen (entsprechend χ_1^2, χ_2^2 und χ_3^2) gegenübergestellt, so muß das vereinbarte Alpha-Risiko für simultane Tests adjustiert werden; näheres darüber findet sich in Abschnitt 16.1.8.

EDWARDS ‚Test of Technique'

Ist eine kx2-Felder-Kontingenztafel so in k_1 und k_2 Zeilen unterteilt, daß die k_1 Zeilen eine Behandlung und die k_2 Zeilen eine Kontrolle implizieren, wobei die k Zeilen insgesamt den Stufen eines Schichtungsfaktors zur *Kontrolle der Untersuchungstechnik* entsprechen, dann liegt ein Versuchsplan vor, den EDWARDS (1968) als Test of technique bzw. als *Test zur Kontrolle der Testtechnik* (EDWARDS 1971, S. 82) bezeichnet.

Tests zur Kontrolle der Testtechnik spielen überall dort eine gewichtige Rolle, wo ein Experiment nicht unter *gleichbleibenden Versuchsbedingungen* durchgeführt werden kann, wo etwa mehrere Versuchsleiter (Assistentinnen etc.) beteiligt sind oder Untersuchungen an mehreren Orten oder als sog. *multizentrische Studien* zusammengefaßt werden sollen (vgl. HAUFE und GEIDEL, 1978)

Unter welchen Bedingungen ein Test zur Kontrolle der Versuchstechnik indiziert ist und wie er funktioniert, beleuchtet das folgende (inhaltlich modifizierte) Beispiel des Autors.

Beispiel 16.1.7.2

Fragestellung: Es soll untersucht werden, ob das verbale Entspannungstraining nach der Suggestionsmethode von JACOBSON oder das nichtverbale Entspannungstraining nach der Biofeedback-Methode (Rückmeldung des Nackenmuskelelektromyogramms an die Vp) wirksamer sei.

Versuchsplan: Da zu vermuten ist, daß die Wirkung der einen wie der anderen Methode u.U. von der Person desjenigen abhängt, der sie anwendet, wurde statt eines einfachen 2x2-Felder-Versuchsplanes (Jacobson versus Biofeedback, vollständige versus unvollständige Entspannung) ein kx2-Felder-Plan mit k Entspannungstrainern in Aussicht genommen. Von den k Trainern beherrschten und benutzten $k_1 = 4$ die Jacobson-Methode, $k_2 = 5$ die Biofeedback-Methode. Jeder der k = 9 Trainer behandelte $N_i = n = 10$ ihm nach Zufall zugeteilte Vpn. Registriert wurde, ob eine Vp innerhalb von 20 Minuten eine vollständige Muskelentspannung (mit isoelektrischem EMG) erreichte (1) oder nicht (0).

Ergebnisse: Die Ergebnisse der $k_1 \times 2$- und der $k_2 \times 2$-Feldertafel sind in Tabelle 16.1.7.2 verzeichnet und nach (5.4.1.1) ausgewertet:

Tabelle 16.1.7.2

Behandlung	Trainer i	f_1	f_0	N_i	f_1^2	f_1^2/N_i
Jacobson	1	5	5	10	25	2,5
	2	6	4	10	36	3,6
	3	3	7	10	9	0,9
	4	8	2	10	64	6,4
	—	22	18	40	—	13,4
Feedback	5	3	7	10	9	0,9
	6	4	6	10	16	1,6
	7	2	8	10	4	0,4
	8	3	7	10	9	0,9
	9	2	8	10	4	0,4
	—	14	38	50	—	4,2

Nullhypothesen: Die Jacobson-Entspannungswirkung ist trainerunabhängig (H_0^J). Die Feedback-Entspannungswirkung ist trainerunabhängig (H_0^F), beide mit $\alpha = 0,05$. Die Entspannungswirkung ist behandlungsunabhängig (H_0^B), mit $\alpha = 0,01$.

Hypothesenprüfung: Wir zerlegen das (nicht interessierende) Gesamt-χ^2 der 9×2-Feldertafel in die 3 den Teilhypothesen entsprechenden Komponenten und erhalten für die 2 Tests zur Kontrolle des Trainereinflusses

$$\chi_J^2 = \frac{40^2}{22 \cdot 18}\left(13{,}4 - \frac{22^2}{40}\right) = 5{,}26 \text{ mit 3 Fgn n.s.}$$

$$\chi_F^2 = \frac{50^2}{14 \cdot 38}\left(4{,}2 - \frac{14^2}{50}\right) = 1{,}32 \text{ mit 3 Fgn n.s.}$$

Der Einfluß der unterschiedlichen Behandlung ergibt sich nach (5.3.1.1) aus dem Vierfelder-χ^2

$$\chi_B^2 = \frac{90(22 \cdot 38 - 18 \cdot 14)^2}{40 \cdot 50(22+14)(18+38)} = 7{,}61 \text{ mit 1 Fg s.}$$

Die Summe der 2 χ^2-Komponenten ist gleich dem Gesamt-χ^2 der 9×2-Feldertafel $\chi^2 =$
$= 5{,}26 + 1{,}32 + 7{,}61 = 14{,}19$ mit 8 Fgn, wovon man sich via Formel (5.4.1.1) überzeugen kann.

Entscheidung: Da χ_B^2 die 1%-Schranke von 6,64 für 1 Fg überschreitet, verwerfen wir H_0^B und interpretieren die Alternative zu H_0^B im Sinne einer wirksameren Entspannung durch das (verbale) Training nach JACOBSON.

Interpretation: Wir interpretieren das Ergebnis des zweiseitigen Tests dahin, daß Suggestionstraining häufiger zu völliger Entspannung führt als Biofeedbacktraining. Diese Interpretation ist uneingeschränkt zulässig, da die Trainer beider Methoden homogene Erfolgsanteile aufweisen, wie man aus den nicht signifikanten χ^2-Komponenten der Tests zur Testkontrolle erschließt. Hätte etwa χ_J^2 die 5%-Schranke 7,82 für 3 Fge überschritten, so wäre das Suggestionstraining nicht unter Kontrolle der 4 Trainer, und eine andere Zusammensetzung des Trainerteams könnte zu einem anderen Ergebnis führen. Die Aussageunsicherheit wäre noch größer, wenn auch χ_F^2 die Signifikanzschranke überschritte.

Anmerkung: Wir haben aufgrund ein und desselben Datensatzes über BRANDT-SNEDECOR-χ^2-Zerlegung gleichzeitig drei Tests durchgeführt und jeden Test nach einem für ihn vereinbarten Alpha-Risiko beurteilt. Wie wir nachfolgend sehen werden, bedarf es in diesem Fall einer sog. Alpha-Adjustierung: Das hier allein interessierende $\chi_B^2 = 7{,}61$ wäre danach für $\alpha^* = 0{,}01/3 = 0{,}0033$ zu beurteilen.

Tests gegen homeo- und heteropoietische Wirkungen

Aus Tabelle 16.1.7.2 entnimmt man, daß Trainer 4 bei 8 und Trainer 3 nur bei 3 von jeweils 10 Ptn mit Erfolg Entspannung suggeriert. Dieser Tatbestand, die *heteropoietische* (trainerabhängige) Wirkung der Suggestionsbehandlung, kommt im $\chi_J^2 = 5{,}26$ mit 3 Fgn zum Ausdruck. Die homeopoietische (trainerunabhängige) Wirkung der Entspannungssuggestion ergibt sich aus einem *Zweifelder*-χ^2 der beiden Spaltensummen zu

$\chi^2 = (22-18)^2/(22+18) = 0{,}40$, das für 1 Fg ebensowenig signifikant ist wie χ_j^2 für 3 Fge (LIENERT, 1978). Die homeopoietische Wirkung der Biofeedbackbehandlung ist hingegen mit $\chi^2 = (14-38)^2/(14+38) = 11{,}08$ bei 1 Fg eindeutig nachzuweisen.

Die beiden χ^2-*Tests auf homeopoietische Wirkungen* von Suggestions- und Biofeedbackbehandlung sind zusätzliche, in EDWARDS Test of technique nicht vorgesehene Tests, geben aber darüber Auskunft, ob wenigstens eine der beiden Behandlungen nachweisbar wirksam ist, wo in Beispiel 16.1.7.2 nur nach ihrem Wirkungsunterschied gefragt worden ist.

Die χ^2-Tests gegen homeo- und gegen heteropoietische Wirkungen sind orthogonale Teiltests einer Gesamtkontingenztafel mit den Zeilensummen N_i und den unter H_0 (weder homeo- noch heteropoietische Wirkungen) erwarteten Spaltensummen $N_a = N_b = N/2 = N\pi$, mit $\pi = 1/2$; als orthogonale Tests können sie simultan nach $\alpha^* = 1 - 1(1-\alpha)^2$ oder – ein wenig konservativer – nach $\alpha^* = \alpha/2$ beurteilt werden.

Wir konnten in EDWARDS Test zur Kontrolle der Testbedingungen bis zu 3 apriorische Tests gleichzeitig am gleichen Datenmaterial durchführen, und hier stellt sich – wie bei den multiplen Vergleichen in Kapitel 6 – die Frage, inwieweit durch $r \leqslant 3$ *simultane Tests* das faktische gegenüber dem nominell vereinbarten Alpha-Risiko verändert wird. Dieser Frage nach simultanen Tests in Mehrfelderkontingenztafeln wollen wir im folgenden Abschnitt diskutieren.

16.1.8 Simultane Tests und Alpha-Adjustierung

Wird eine k x m-Felderkontingenztafel in *mehrere* (abhängige oder unabhängige) *Teiltafeln* aufgegliedert und für jede dieser Teiltafeln mit oder ohne Klassenverdichtung *gesondert* χ^2-Tests durchgeführt, so *erhöht sich das Risiko* α, unechte Kontingenzen als echte nachzuweisen, in unkontrollierbarer Weise über das nominell vereinbarte Risiko α hinaus[8]. Um nun den daraus resultierenden antikonservativen Entscheidungen vorzubeugen, bieten sich *zwei Wege* an: Der eine Weg besteht darin, daß man die Prüfgrößen χ^2 nach einer höheren als der angemessenen Zahl von Fgn beurteilt, der andere darin, daß man das Alpha-Risiko *niedriger* ansetzt als α, das Testergebnis aber nach α interpretiert.

---

[8] Simultane Tests liegen nicht vor, wenn für jeden Test bzw. jede Aufteilung eine eigene bivariate Stichprobe gezogen wird; in diesem Fall bleibt das Alpha-Risiko uneingeschränkt gültig. Wann simultane Tests als unabhängig zu gelten haben, lese man bei JESDINSKY (1968) nach. Unabhängigkeit verringert aber beseitigt nicht die Alpha-Problematik.

Einen *dritten Weg*, das Alpha-Risiko zu kontrollieren, haben wir im Zusammenhang mit den multiplen Vergleichen zwischen k unabhängigen Stichproben kennengelernt (vgl. 6.2.3), indem wir zwischen vergleichsbezogenen und experimentbezogenem Alpha-Risiko unterschieden. Wir wollen uns im folgenden jedoch nur auf die ersten beiden Wege, einer antikonservativen Testentscheidung vorzubeugen, beschränken.

Alpha-Protektion nach GOODMAN und SCHEFFÉ

Wie GOODMAN (1964) unter Berufung auf SCHEFFÉ (1953) gezeigt hat, ist man bei *simultanen Tests* stets auf der *sicheren* Seite, wenn man jeden einzelnen von r simultan durchgeführten χ^2-Tests nach *soviel* Fgn beurteilt, als die *Gesamttafel* an Fgn besitzt (vgl. auch MILLER, 1966, Ch.6.2.2). Im Fall der 6x6-Feldertafel unseres Beispiels 16.1.2.1 wäre mithin jedes einzelne χ^2 nach (6-1) (6-1) = 25 Fgn nach einem fest vereinbarten Alpha-Risiko zu beurteilen.

Die *Alpha-Protektion* durch Bezugnahme auf die höchstmögliche Zahl von Fgn nimmt keine Rücksicht darauf, *wieviele* simultane Tests geplant und durchgeführt werden, sofern gesichert ist, daß diese Tests *unabhängig* voneinander (orthogonal) sind (vgl. 16.1.7). Die Zahl der möglichen orthogonalen Tests einer Mehrfeldertafel ist höchstens gleich der Zahl ihrer Fge, wie wir später in den aposteriorischen χ^2-Tests ersehen werden (vgl. 16.2.1).

Wenn der Untersucher nicht alle möglichen Tests, sondern nur einige wenige, vor der Datenerhebung vereinbarte simultane Tests möglichst *effizient* durchzuführen wünscht, empfiehlt sich die folgende Methode.

Alpha-Adjustierung nach BONFERRONI und KRAUTH

1. Liegen r wechselseitig unabhängige, d.h. orthogonale Kontrasthypothesen vor, prüft man wie WILKS (1962, S. 290–291) zeigt, am wirksamsten, wenn man die r simultanen Tests zwar nach soviel Fgn beurteilt als sie tatsächlich besitzen, aber das Alpha-Risiko entsprechend dem *Binomialentwicklungsargument* von WILKINSON (vgl. 8.3.1) wie folgt adjustiert[9].

---

9 Die Wahrscheinlichkeit, in r unabhängigen Kontrasttests zufällig eine signifikante Kontingenz zu finden, ist durch die Entwicklung des Binoms $(\alpha - (1-\alpha))^r$ gegeben. Unter Zugrundelegung von r=2 und α=0,05 resultiert $(0,05 - 0,95)^2 = 0,05^2 -$ $- 2(0,09)(0,95) + 0,95^2 = 0,0025 - 0,0950 + 0,9025$. Das bedeutet: Die Wahrscheinlichkeit, daß bei Geltung von H_0 beide Kontrasttests signifikant ausfallen, ist mit 0,0025 sehr gering. Die Wahrscheinlichkeit, daß einer der beiden Tests signifikant wird, ist mit 0,0950 bereits ein wenig größer; die Wahrscheinlichkeit, daß mindestens einer der beiden Tests signifikant wird, beträgt daher $0,025 + 0,0950 =$ $= 0,0975$ und ist damit etwa doppelt so groß als das vereinbarte und zugelassene α-Risiko. Wollen wir die Schranke α einhalten, müssen wir also den beiden Tests ein halbiertes α, d.h. $\alpha^* = \alpha/2$ zugrunde legen. Analog wäre für r=3 zu prozedieren.

$$\alpha = 1 - (1-\alpha^*)^r \qquad (16.1.8.1)$$

Darin ist α das vereinbarte und α^* das *adjustierte* Alpha. Löst man nach α^* hin auf, so resultiert die praktikable Bonferroni-Ungleichung (MILLER, 1966, S. 8 mit Bonferroni-χ^2-Schranken bei KRES, Tafel 22):

$$\alpha^* \leq \alpha/r \qquad (16.1.8.2)$$

Das bedeutet: Man ist stets auf der *sicheren Seite*, wenn man jeden der r geplanten und simultan durchgeführten χ^2-Tests nach dem für ihn zutreffenden Zahl von Fgn, aber nach dem adjustierten α^* beurteilt.

2. Wie KRAUTH (1973) in KRAUTH und LIENERT (1973, Kap.2) ergänzend gezeigt hat, gilt die Beziehung (2) auch, wenn *nicht-orthogonale* gezielte Kontrasttests geplant und durchgeführt werden. Dabei prüft man nur unwesentlich konservativer als bei *orthogonalen* Kontrasttests.

Alpha-Adjustierung nach BRUNDEN

Nicht angewendet werden darf die BONFERRONI-KRAUTHsche Alpha-Adjustierung, wenn ein und dieselbe Spalte (Zeile) einer Kontingenztafel mit mehreren anderen Spalten (Zeilen) gepaart wird, etwa um ein Placebo (Spalte 1) mit k-1 Non-Placebos (Spalten 2 bis k) zu vergleichen, es sei denn, man adjustiert nach $\binom{k}{2}$ als der Zahl der überhaupt möglichen Spaltenvergleiche (Zeilenvergleiche). Diese Adjustierung ist jedoch wiederum zu konservativ im Vergleich zu der nachfolgend für diesen Fall empfohlenen *Alpha-Adjustierung nach BRUNDEN* (1972)

$$\alpha^* = \alpha/(2k-2) \qquad (16.1.8.3)$$

Diese Adjustierung wird von EVERITT (1977, Ch. 3.4.2) speziell für den Fall der *binären* Wirkungsbeurteilung (Behandlung hat Erfolg = 1 oder nicht = 0), und also für k x 2-Feldertafeln empfohlen; sie ist jedoch auch auf k x 3-Feldertafeln mit *ternärer* Wirkungsbeurteilung (+, =, -) oder auf k x m-Feldertafeln mit *multinärer* Wirkungsbeurteilung (+, =, - und ‚nicht zu beurteilen' mit m = 4) anzuwenden.

Die genannten und einige andere Methoden zur Alpha-Protektion sind bei BERGER (1978) beschrieben und vergleichend beurteilt worden.

WILKINSON (1951) hat die Wahrscheinlichkeit zufallsmäßig bedingter Signifikanzen in unabhängigen Tests für r = 1(1)25 Tests vertafelt. Die Benutzung der vereinfachten Beziehung $\alpha^* = \alpha/2$ macht diese Tafeln jedoch entbehrlich. Ein Desiderat besteht lediglich für die zu diesen Wahrscheinlichkeiten bei gegebener Zahl von Fgn gehörigen χ^2-Schranken.

16.1.9 Kontingenz-Kontraste in Mehrfeldertafeln

Unter bestimmten Bedingungen lassen sich, wie Kastenbaum (1960) gezeigt hat, apriorische Kontingenzanpassungshypothesen so formulieren, daß wechselseitig unabhängige K Tests, hier als *Kontingenz-Kontrasttests* bezeichnet, resultieren. Statt diese Bedingungen vorweg zu formulieren und entsprechende *Kontrasthypothesen* zu erstellen, wollen wir mit Jesdinsky (1968) den didaktisch glücklicheren Weg in umgekehrter Richtung gehen.

χ^2-Kontingenztests nach Jesdinsky

Wir werden im folgenden unter Bezugnahme auf Tabelle 16.1.1.1 einige Kontingenzhypothesen formulieren, die zugehörigen χ^2-Tests durchführen und schließlich untersuchen, ob die durchgeführten Tests als *orthogonal* zu betrachten und zu interpretieren sind.

Neue *Kalküle* für apriorische Kontingenzanpassungstests brauchen wir nicht mehr zu entwickeln, denn wir kommen für alle hier zu besprechenden Fälle mit den in den Abschnitten 16.1.2–5 angegebenen Rechenformeln aus. Gehen wir also gleich mit Beispiel 16.1.9.1 medias in res.

Beispiel 16.1.9.1

Datensatz: Tabelle 16.1.9.1 enthält die Frequenzen f_{ij}, mit denen bestimmte r = 6 Diagnosen bei N = 1175 als Appendizitis fehldiagnostizierten und appendektomierten Kindern von c = 6 Altersklassen aufgetreten sind.

Hypothesen: Vor der Erhebung des obigen Datensatzes waren klinischerseits folgende Fragen gestellt worden:

1) Ist Diagnose 5 (Harnwegsinfekte) im Vergleich zu Diagnose 4 (Luftwegsinfekte) bei Kindern über 7 Jahren (ältere Kinder) relativ häufiger als bei Kindern unter 7 Jahren (jüngere Kinder)?

2) Besteht eine Altersabhängigkeit (Alterstrend) im Häufigkeitsverhältnis von Diagnose 1 (Reizung) zu Diagnose 6 (o.B. = ohne Befund)?

3) Ist der Anteil der verdichteten Diagnosen 1 und 6 (als eigentliche, weil befundfreie, Fehldiagnosen) altersabhängig?

Testwahl: Da es um Kontingenzen innerhalb einer Mehrfeldertafel geht, und die Tafel ausreichend besetzt ist, prüfen wir mittels dreier selektiver χ^2-Kontingenzanpassungstests und legen ein $\alpha^* = 0,001/3 = 0,00033$ zugrunde. Unter den 3 Fragen ist die erste einseitig, die anderen beiden zweiseitig zu prüfen.

Test 1 impliziert die Selektion der Zeilen $I_1 = (4)$ und $K_1 = (5)$ und die Paraglutination der Spalten $J_1 = (1, 2, 3)$ und $L_1 = (4, 5, 6)$; er basiert daher auf der Vierfeldertafel der Tabelle 16.1.9.1.

Tabelle 16.1.9.1

i j	J_1	L_1	J_1+L_1	Summe j
I_1	111	42	153	153
K_1	20	37	57	57
I_1+K_2	131	79	210	210
Summe i	673	502	1175	1175

Der Test 1 bzw. dessen Prüfgröße χ_1^2 gründet auf den Differenzen

$$d_{IJL} = 111(502) - 42(673) = 27456$$

$$d_{KJL} = 20(502) - 37(573) = -14861 \text{, so daß}$$

$$\chi_1^2 = \frac{1175}{693 \cdot 502 \cdot 1175} \left(\frac{27456^2}{153} + \frac{(-14861)^2}{57} - \frac{12595^2}{210} \right) = 23{,}82$$

Wegen der einseitigen Frage beurteilen wir $\chi^2 = 23{,}82$ für 1 Fg nach $2\alpha^* = 2(0{,}00033) = 0{,}00067$. Die zugehörige Schranke von $\chi^2 = u^2 = 3{,}21^2 = 10{,}30$ wird überschritten, so daß die Frage 1 zu bejahen ist. Unter den mit Appendizitis-Verdacht operierten Kindern sind mithin Harnwegsinfekte bei älteren, Luftwegsinfekte bei jüngeren Kindern häufiger die richtigen Diagnosen.

Test 2 impliziert die Selektion der Zeilen $I_2 = (1)$ und $K_2 = (6)$ und die Nicht-Zusammenfassung der m = 6 Spalten; er basiert daher auf der 2×6-Feldertafel der Tabelle 16.1.9.2

Tabelle 15.1.9.2

i j:	1	2	3	4	5	6	Summe j
I_2	3	10	7	9	11	10	50
K_2	10	8	11	10	7	9	55
I_2+K_2	13	18	18	19	18	19	105
Summe i	184	253	236	176	160	166	1175

Die Auswertung nach der Teilkontingenz der 2×6-Feldertafel innerhalb der 6×6-Feldertafel gemäß (16.1.7.1) ergibt

$$\chi_2^2 = \frac{1175}{50} \left(\frac{3^2}{184} + \ldots + \frac{10^2}{166} \right) + \frac{1175}{55} \left(\frac{10^2}{184} + \ldots + \frac{9^2}{166} \right) -$$

$$- \frac{1175}{105} \left(\frac{13^2}{184} + \ldots + \frac{19^2}{166} \right) = 5{,}21$$

Eine $\chi_2^2 = 5{,}21$ ist kleiner als die für 5 Fge gültige 5%-Schranke ($\alpha^* = 0{,}0167$) von $\chi^2 = 13{,}8$, so daß wir H_0, wonach die Diagnosen 1 und 6 vom Alter unabhängig sind, nicht verwerfen können. Es besteht daher kein Anlaß anzunehmen, daß es bei den eigentlich gesunden Kindern (1+6) von deren Alter abhängt, ob die Verlegenheitsdiagnose ‚Appendizitische Reizung' (1) gestellt oder ganz auf diese Diagnose verzichtet wird (6).

Test 3 erfordert, daß wir die erste und die letzte Zeile der Tabelle 16.1.9.2 zum Zeilenindex I und die übrigen Zeilen zum Index K zusammenfassen: Es gilt also $I_3 = (1, 6)$ und $K_3 = (2, 3, 4, 5)$ bei unverdichteten m=6 Spalten. Die resultierende 2×6-Feldertafel ist in Tabelle 16.1.9.3 aufgeführt.

Tabelle 16.1.9.3

i j:	1	2	3	4	5	6	Summe j
I_3	13	18	18	19	18	19	105
K_3	171	235	218	157	142	147	1070
Summe i	184	253	236	176	160	166	1175

Die Auswertung der 2×6-Feldertafel gemäß Formel (16.1.7.1) ergibt dasselbe Chiquadrat wie die folgende Auswertung nach der BRANDT-SNEDECOR Formel (5.4.1.1), da sämtliche N = 1175 Ptn in der Verdichtungstafel 16.1.9.3 vertreten sind:

$$\chi_3^2 = \frac{1175^2}{105 \cdot 1070}\left(\frac{13^2}{184} + \frac{18^2}{253} + \ldots + \frac{19^2}{166} - \frac{105^2}{1175}\right) = 5{,}41 \quad \text{mit 5 Fgn}$$

Auch dieser Kontingenztest ist für das adjustierte $\alpha^* = 0{,}0167$ nicht signifikant, da die Schranke 13,8 nicht erreicht wird. Es darf daher nicht geschlossen werden, der Anteil der praktisch gesunden (6 = kein Befund und 1 = Verlegenheitsdiagnose ‚Reizung') an den obsoleterweise appendektomierten Kindern ändere sich (steige) mit dem Alter, wie es nach $p_1 = 3/184 = 1{,}6\%$, $p_2 = 10/253 = 4{,}0\%$, $p_3 = 7/236 = 3{,}0\%$, $p_4 = 9/176 = 5{,}1$, $p_5 = 11/160 = 6{,}9\%$ und $p_6 = 10/166 = 6{,}0\%$ den Anschein hat.

Zusammenfassung: Die 3 gezielt durchgeführten Kontingenz-Tests haben somit gezeigt, daß nur die dem Test 1 entsprechende Nullhypothese verworfen und die zugehörige Alternative angenommen werden muß: Danach führen bei jüngeren Kindern vornehmlich Luftwegsinfekte, bei älteren vornehmlich Harnwegsinfekte zur Fehldiagnose einer Blinddarmentzündung bzw. zu einer kontraindizierten Blinddarmoperation. Die übrigen 2 Nullhypothesen müssen (bis auf weiteres) beibehalten werden.

2I-Test-Äquivalente

Wie JESDINSKY an numerischen Beispielen gezeigt hat, lassen sich die in Beispiel 16.1.9.1 durchgeführten χ^2-Tests auch als *2I-Tests* (vgl. 19.4.5) durchführen, wobei man sich mit Vorteil der Tafel XIV−4−5 bedient. Die entsprechenden Kalküle lassen sich unschwer aus der Grundformel (9.2.1.6) ableiten, wenn man im Auge behält, daß die Erwartungswerte für die Teiltafeln jeweils aus der Gesamttafel berechnet werden müssen. Allgemein gilt die Formel

$$2I = \Sigma 2(f_{ij})\ln(f_{ij}) - \Sigma 2(n_{i.})\ln(f_{i.}) - \Sigma 2(n_{.j})\ln(f_{.j}) + 2(n)\ln(N), \quad (16.1.9.1)$$

wobei die Prüfgröße 2I (KULLBACK, 1962) wie χ^2 mit (k–1)(m–1) Fgn verteilt ist. Darin bedeuten: f_{ij} = Frequenzen der Teiltafel, $n_{i.}$ und $n_{.j}$ die Randsummen der Teiltafel, $f_{i.}$ und $f_{.j}$ die Randsummen der Gesamttafel, sowie n und N die Stichprobenumfänge von Teil- und Gesamttafel. Das folgende Beispiel 16.1.9.2 illustriert die 2I-Auswertung.

Beispiel 16.1.9.2

Zielsetzung: Zur Illustration des ökonomischen Gewinns einer 2I-Auswertung des Beispiels 16.1.9.1 führen wir diese unter Benutzung von Tafel IX–4–5 und Tafel XIX des Anhangs durch und erhalten nach (16.1.9.1) für die einzelnen Tests folgende Prüfgrößen 2I:

Test 1: $2I = 2(111)\ln(111) + 2(42)\ln(42) + 2(20)\ln(20) - 2(153)\ln(153) -$
$- 2(57)\ln(57) - 2(131)\ln(673) - 2(79)\ln(502) + 2(210)\ln(1175) =$
$= 26{,}67$ mit 1 Fg

Test 2: $2I = 2(3)\ln(3) + 2(10)\ln(10) + \ldots + 2(9)\ln(9) - 2(55)\ln(55) - 2(13)\ln(184) -$
$- \ldots - 2(19)\ln(166) + 2(105)\ln(1175) = 10{,}73$ mit 5 Fgn

Test 3: $2I = 2(13)\ln(13) + 2(18)\ln(18) + \ldots + 2(147)\ln(147) - 2(105)\ln(105) -$
$- 2(1070)\ln(1070) - 2(184)\ln(184) - 2(253)\ln(253) - \ldots - 2(166)\ln(166)$
$+ 2(1175)\ln(1175) = 5{,}34$ mit 5 Fgn.

Ergebnisvergleich: Wie man sieht, führen die 2I-Tests zu prinzipiell gleichen Entscheidungen wie die χ^2-Tests. Allerdings liegen 2 der 3 2I-Werte höher als die korrespondierenden χ^2-Werte; das gilt vornehmlich für den Test 2, der auf niedrigen Erwartungswerten aufbaut. Und bei niedrigen Erwartungswerten ist der 2I-Test (1) eher gerechtfertigt und (2) wirksamer als der χ^2-Test.

Deckt sich bei kleinen Erwartungswerten eine Entscheidung aus dem 2I-Test nicht mit jener aus dem χ^2-Test, dann sollten die konservativere Entscheidung respektiert oder exakte Kontingenz-Kontrasttests nach dem FREEMAN-HALTON-Prinzip (15.2.4) vorgenommen werden; konsequenter ist es allerdings, den exakten χ^2-Test nach KRAUTH (1973) zur Anwendung zu bringen (15.2.5).

16.1.10 Kontingenz-Kontrast-Analyse

Wir haben im vorstehenden Beispiel 16.1.9.1 drei apriorische Kontingenzhypothesen formuliert und die entsprechenden apriorischen χ^2-Tests durchgeführt. Wir haben dabei jedoch weder gefragt noch geprüft, ob die drei Tests von einander unabhängig (orthogonal) sind. Orthogonalitätsprüfungen oder besser vorausgehende *Orthogonalitätsüberlegungen* sind immer dann von Belang, wenn der Untersucher nur solche Hypothesen zu prüfen wünscht, die formallogisch unabhängig, sachlogisch klar voneinander zu trennen und je eigenständig zu interpretieren sind, wie dies für *orthogonale Vergleiche* im Rahmen der parametrischen Varianzanalyse gilt (vgl. SNEDECOR und COCHRAN, 1967, Ch. 10.7, oder KIRK, 1968, Ch. 3.2).

Um nachzuprüfen, ob die 3 Kontingenztests in Beispiel 16.1.9.2 orthogonal sind, ordnen wir den Indexmengen I und K der Zeilen sowie den Indexmengen J und L der Spalten die *Kontrast-Koeffizienten* u_i und v_j i = 1(1)k und j = 1(1)m so zu, daß (1) die u_i für i ∈ I ein anderes Vorzeichen haben als die u_i für i ∈ K und daß (2) die *Summe* der Koeffizienten gleich *Null* ist, und zwar für jeden einzelnen der r = 3 Tests.

$$\Sigma u_i^{(r)} = \Sigma v_j^{(r)} = 0 \text{ für alle n Tests} \qquad (16.1.10.1)$$

Orthogonal sind die 3 Tests nur dann, wenn gilt, daß (3) die *Produkte* korrespondierender Koeffizienten $u_i^{(r)} u_i^{(r')}$ als Summe *Null* ergeben

$$\Sigma u_i^{(r)} u_i^{(r')} = \Sigma v_j^{(r)} v_j^{(r')} = 0 \text{ für } r \neq r' \qquad (16.1.10.2)$$

Was unter diesen Orthogonalitätsforderungen in concreto zu verstehen ist, wollen wir uns sogleich an Beispiel 16.1.9.1 vor Augen halten.

Kontrastkoeffizienten-Zuordnung

Wir haben in Test 1 die *Zeilen* 4 und 5 einander gegenübergestellt (kontrastiert) und die übrigen 4 Zeilen außer acht gelassen: Daher ordnen wir den Zeilen 4 und 5 wahlweise die Kontrast-Koeffizienten u = +1 oder u = –1 und den übrigen Zeilen die Koeffizienten 0 zu:

	i	1	2	3	4	5	6	
Test 1:	u_i	0	0	0	–1	+1	0	mit $\Sigma u_i = 0$

Wir haben im selben Test 1 die *Spalten* 1 bis 3 und 4 bis 6 verdichtet, sie also zu je einer Spalte zusammengefaßt. Deshalb ordnen wir den Spalten 1 bis 3 analog oben je einem Koeffizienten v = –1/3 und den Spalten 4 bis 6 je ein v = +1/3 zu und erhalten

	j	1	2	3	4	5	6	
Test 1:	v_j	$-\frac{1}{3}$	$-\frac{1}{3}$	$-\frac{1}{3}$	$+\frac{1}{3}$	$+\frac{1}{3}$	$+\frac{1}{3}$	mit $\Sigma v_j = 0$
		_____			_____			
		–1			+1			

Ferner haben wir uns bereits davon überzeugt, daß die Summe der zugeordneten Koeffizienten u und v für Test 1 je gleich Null wie dies in Formel (16.1.10.1−2) gefordert wird.

Orthogonalitätsbeurteilung

1. Für die Tests 2 und 3 brauchen wir nur noch *u-Koeffizienten* zu ordnen, da nur Zeilen selegiert oder verdichtet wurden, die Spalten hingegen blieben erhalten, so daß v-Koeffizienten für Test 2 und 3 *nicht* zugeordnet werden müssen. Wir gehen mit den Zeilen analog wie bei Test 1 vor und erhalten Tabelle 16.1.10.1

Tabelle 16.1.10.1

i	$u_i^{(1)}$	$u_i^{(2)}$	$u_i^{(3)}$	j	$v_j^{(1)}$	$v_j^{(2;3)}$
1	0	−1	+1	1	−1/3	0
2	0	0	−1/2	2	−1/3	0
3	0	0	−1/2	3	−1/3	0
4	−1	0	−1/2	4	+1/3	0
5	+1	0	−1/2	5	+1/3	0
6	0	+1	+1	6	+1/3	0
Summe	0	0	0	Summe	0	0

Um zu beurteilen, ob die r = 3 apriorischen (oder gezielten) Tests tatsächlich *orthogonal* sind und damit als Kontrasttests gelten dürfen, bilden wir die Produktsummen der Koeffizienten und erhalten für die r(r−1)/2=3 *Paarkombinationen*

$\Sigma u_i^{(1)} u_i^{(2)} = 0(-1) + 0(0) + 0(0) + (-1)0 + 1(0) + 0(1) = 0$

$\Sigma u_i^{(1)} u_i^{(3)} = 0(1) + 0(-1/2) + ... + 0(1) = 0$

$\Sigma u_i^{(2)} u_i^{(3)} = (-1)1 + 0(-1/2) + ... + 1(1) = 0$

Die Produktsummen der u-Koeffizienten sind, wie gefordert, gleich Null; das gleiche gilt für die Produktsummen der v-Koeffizienten, da $v_j^{(2)} = v_j^{(3)} = 0$. Daraus folgt, daß die geplanten r = 3 Tests orthogonale oder Kontrasttests sind; ihre Ergebnisse können reallogisch unabhängig von einander interpretiert werden[10].

2. Sind ausschließlich *orthogonale* Kontingenzhypothesen formuliert und damit ausschließlich Kontrasttests durchgeführt worden, dann können

---

10 Diese Feststellung ist in bezug auf Beispiel 16.1.9.1 irrelevant, da nur einer der 3 Tests signifikant ausfiel.

die Kontingenzkomponenten dieser Tests als *additive Anteile* an der Gesamtkontingenz der k×m-Feldertafel aufgefaßt werden. Man verfährt dann mit den χ^2-Komponenten so wie bei einer parametrischen Varianzanalyse mit den Varianzkomponenten. Tabelle 16.1.10.2 enthält die Daten der *Kontingenzanalyse* unseres Beispiels 16.1.9.1.

Tabelle 16.1.10.2

Kontingenzquelle	χ^2	Fg
1. Diagnose 4 vs. 5 bei jüngeren vs. ältere Kdn	23,82	1*
2. Diagnose 1 vs. 6 bei allen 6 Altersgruppen	5,21	5
3. Diagnose 1+6 vs. übrige b. allen 6 Altersgruppen	5,41	5
4. Restkontingenz zwischen Diagnosen u. Altersgruppen	33,03	14*
Gesamtkontingenz zwischen Diagnosen u. Altersgruppen	67,47	25

In Tabelle 16.1.10.2 sind die χ^2-*Komponenten* der 3 Kontrasttests samt den zugehörigen Fgn aufgeführt worden. Darüber hinaus wurde für die gesamte 6×6-Feldertafel ein $\chi^2 = 67{,}47$ für 25 Fge in üblicher Weise berechnet und die Differenz zwischen dem Gesamt-χ^2 und den 3 Kontrastkomponenten zu $\chi^2 = 33{,}03$ für die verbleibenden 14 Fge beurteilt.

Wäre die additive χ^2-Aufteilung der Tabelle 16.1.10.2 geplant gewesen, d.h. zu den 3 gezielten Hypothesen noch die Hypothese einer *Restkontingenz* formuliert worden, wäre jede χ^2-Komponente nach $\alpha^* = \alpha/4$ zu beurteilen, bei $\alpha = 0{,}05$ also nach $\alpha^* = 0{,}0125$. Legen wir im konservativen Sinne ein $\alpha^* = 0{,}01$ zugrunde, so beträgt die χ^2-Schranke für 1 Fg 6,64, für 5 Fg 15,09 und für 14 Fge 29,14. Die einschlägigen Schranken werden von Test 1 und von Test 4 überschritten. Das Ergebnis des Tests 4 ist nicht zu interpretieren, da er einem *Konglomerat von Teilkontingenzen* entspricht und den Untersucher dazu herausfordert, diese Teilkontingenzen dezidierter in den Griff zu bekommen, ggf. durch eine aposteriorische Kontingenzbetrachtung, wie wir sie im nächsten Abschnitt kennenlernen werden.

16.1.11 Strukturell unvollständige Kontingenztafeln

In schwach besetzten Kontingenztafeln beobachtet man häufig unbesetzte Felder. Solch *‚inzidentelle' Nullfelder* stören nicht, solange ein von Null verschiedener Erwartungswert für diese Felder existiert, denn sie sind lediglich Ausdruck des Stichprobenfehlers der Erhebung *(‚sampling zeros')* und verschwinden, wenn der Stichprobenumfang vergrößert wird.

Es gibt jedoch auch Kontingenztafeln, bei welchen Nullfelder aus sachlogischem Zwang heraus notwendig entstehen müssen, wie das Beispiel der Tabelle 16.1.11.1 (aus EVERITT, 1977, Table 6.1) zeigt:

Tabelle 16.1.11.1

Probleme	Männer	Frauen
Sexualität	6	16
Menstruation	–	12
Gesundheit	49	29
Keine	77	102

Unumgänglicherweise können Männer keine Menstruations-Probleme haben, weswegen das entsprechende Feld in der Erhebung der Tabelle 16.1.11.1 ‚leer' sein muß, was durch einen Querstrich symbolisiert wurde (‚*structural zeros*').

Tafeln mit *strukturellen Nullfeldern* nennt man unvollständige, oder genauer: strukturell-unvollständige Kontingenztafeln, die mit den bislang beschriebenen Kontingenztests nicht auszuwerten sind. Wie solche Tafeln (mit aufwendigen Mitteln), wie Tabelle 16.1.11.1 auf Homogenität (oder Kontingenz) zu prüfen sind, lese man bei MANTEL (1970) oder in BISHOP et al. (1975, Ch.5) nach.

16.1.12 Quasi-Unabhängigkeit in Kontingenztafeln

Strukturelle Leerfelder resultieren auch dann, wenn in *quadratischen Kontingenztafeln (k × k-Tafeln)* die Diagonalfelder aus sachlogischen Argumenten nicht berücksichtigt werden dürfen: In Tabelle 16.1.12.1 (aus EVERITT, 1977, Tab. 6.3) geht es um die Frage, ob Söhne, wenn sie einmal den Sozialstatus ihrer Väter verlassen haben, in ihrer sozialen Mobilität von den Vätern unabhängig sind (wie eine H_0-Theorie behauptet) oder nicht (H_1).

Tabelle 16.1.12.1

| Status des Vaters | Status des Sohnes | | |
	hoch	mittel	niedrig
hoch	566(343)	395(467)	159(322)
mittel	349(454)	714(617)	447(439)
niedrig	114(250)	320(345)	411(246)

Berechnet man in der üblichen Weise $\chi^2 = 505{,}5$, dann ist dieser Wert bei 4 Fgn auf der 0,1%-Stufe signifikant, besagt aber nichts anderes, als daß Söhne meist den Sozialstatus der Väter behalten, da nur die *Diagonalfelder* überfrequentiert sind (in Tabelle 16.1.12.1).

Ob der Status der Söhne von dem der Väter unabhängig ist, wenn man im Sinne der von GOODMAN (1968) so genannten *Quasi-Unabhängigkeit* von den Diagonalfeldern absieht, kann man nicht entscheiden, indem man einfach für die restlichen Felder in üblicher Weise χ^2 berechnet; ebensowenig wie dadurch, daß man nach BOWKER (vgl. 5.5.4) auf *Diagonalsymmetrie* prüft. Vielmehr muß Tabelle 16.1.12.1 wie eine Tafel mit strukturellen Nullfeldern ausgewertet werden in einer Weise wie bei BISHOP et al. (1975, Ch. 5.2) und bei EVERITT (1977, Ch. 6.3) nachzulesen ist.

16.2 Vierfelderaufteilung von Mehrfeldertafeln

Wir haben bereits im vorigen Abschnitt von der Möglichkeit Gebrauch gemacht, eine 4×2-Feldertafel in 3 Vierfeldertafeln aufzuteilen. Die 4×2-Feldertafel hatte $(4-1)(2-1) = 3$ Fge, und jede der Vierfeldertafeln hatte 1 Fg. Offenbar läßt sich mithin eine Mehrfeldertafel in soviele Vierfeldertafeln aufteilen als die Mehrfeldertafel an Fgn besetzt. Man nennt solche Aufteilungen *orthogonale*, d.h. wechselseitig unabhängige *Aufteilungen*; für sie gilt, daß die χ^2-Komponenten der einzelnen Vierfeldertests das Gesamt-χ^2 der Mehrfeldertafel ergeben.

Die Vierfelderaufteilung von Mehrfeldertafeln kommt deshalb besondere Bedeutung zu, weil Vierfeldertests stets *eindeutig zu interpretieren* sind, etwa im Sinn der *Assoziation* bei binordinalen Kontingenztafeln. Wir werden uns daher mit der Vierfelderaufteilung im folgenden eingehender befassen als mit anderen Aufteilungsmöglichkeiten einer Mehrfeldertafel.

16.2.1 Die aposteriorische χ^2-Zerlegung nach IRWIN-LANCASTER

Wir haben anhand der *apriorischen* BRANDT-SNEDECOR-χ^2-Zerlegung demonstriert, daß man offenbar das Gesamt-Chiquadrat einer 4×2-Feldertafel in soviele additive Komponenten zerlegen kann als Fge vorhanden sind; in unserem Beispiel waren es 3 Fge und ebensoviele Komponenten. Wie nun zuerst IRWIN (1949) und LANCASTER (1950) sowie später KIMBALL (1954), KASTENBAUM (1960) und CASTELLAN (1965) gezeigt haben, gilt auch für eine *aposteriorische* Zerlegung: Das Gesamt-χ^2 einer Kontingenztafel kann stets in soviele additive Komponenten zerlegt werden, als die Tafel an Fgn besitzt.

Wie eine aposteriorische χ^2-Zerlegung vorgenommen werden muß, damit die *Additivität* der χ^2-*Komponenten* gewahrt bleibt, wollen wir uns zunächst anhand einer 3×2-Feldertafel und danach anhand einer 3×3-Feldertafel vor Augen führen.

16.2.2 Kimball-Tests für 3 × 2-Feldertafeln

Um eine Kontingenztafel mit k = 3 Zeilen und m = 2 Spalten (aut vice versa) gemäß ihren 2 Fgn in zwei Vierfeldertafeln orthogonal aufzuteilen, geht man bei *ordinalem* Zeilen-Mm so vor, wie dies in Tabelle 16.2.2.1 veranschaulicht ist:

Tabelle 16.2.2.1

a_1	b_1	N_1	a_1+	b_1+
a_2	b_2	N_2	a_2	b_2
		N_3	a_3	b_3
(1)			(2)	
N_a	N_b	N	N_a	N_b

Bei *nominalem* Zeilen-Mm ist es gleichgültig, ob man die Zeilen 1 und 2 oder die Zeilen 1 und 3 oder die Zeilen 2 und 3 verdichtet, da es im Ermessen des Untersuchers liegt, die Zeilen entsprechend zu rearrangieren.

Um sich die aufwendige Berechnung der auf die Gesamttafeln bezogenen Erwartungswerte der Teiltafeln (1) und (2) zu ersparen (vgl. 16.1.1) hat Kimball (1954) die folgenden *Vierfelderformeln* berechnet:

(1) $\quad \chi_1^2 = \dfrac{N^2(a_1 b_2 - a_2 b_1)^2}{N_a N_b N_1 N_2 (N_1 + N_2)} \quad$ mit 1 Fg $\hspace{2em}$ (16.2.2.1)

(2) $\quad \chi_2^2 = \dfrac{N[b_3(a_1+a_2) - a_3(b_1+b_2)]^2}{N_a N_b N_3 (N_1 + N_2)} \quad$ mit 1 Fg $\hspace{2em}$ (16.2.2.2)

Wie man sieht, gleicht nur die Formel (2) dem klassischen Vierfelder-χ^2 (5.3.1.1), da nur sie alle N Beobachtungspaare (Individuen) in den Test miteinbezieht.

Jeder der beiden χ^2-Tests ist für 1 Fg nach $\alpha^* = \alpha/2$ zu beurteilen, wobei man zweckmäßigerweise die Beziehung χ^2 (1 Fg) = z^2 benutzt, um die *Schranke* $\chi_{\alpha^*}^2$ zu ermitteln. Die Summe der beiden χ^2-Komponenten ist gleich dem Gesamt-χ^2 der 3×2-Feldertafel, das seinerseits nach Formel (5.4.1.1) am einfachsten zu berechnen ist.

Selbstverständlich kann jeder der beiden Tests (1) und (2) auch als *apriorischer* Test durchgeführt werden[11]. Diesen Vorgang zeigt das folgende Beispiel 16.2.2.1.

Beispiel 16.2.2.1

Datenrückgriff: Wir hatten seinerzeit k = 3 Stichproben von Ptn verschiedener Schizophrenieformen auf Homogenität der Geschlechterverteilung hin untersucht (Beispiel 5.4.1) und die 3×2-Felder-Kontingenztafel der Tabelle 5.4.1.2 erhalten. Der globale Homogenitätstest nach χ^2 ergab keine Signifikanz. Dem wäre nicht so gewesen, wenn wir eine spezifizierte Alternative zur globalen Nullhypothese formuliert hätten, wie dies nachfolgend geschieht.

Hypothesen: H_0: Die k = 3 Schizophrenieformen der Tabelle 16.2.2.2 verteilen sich unabhängig auf die beiden Geschlechter (m = 2).
Gezielte H_1: Männer neigen stärker zu hebephrenen, Frauen zu paranoiden Verlaufsformen der Schizophrenie.

Signifikanzniveau: Da eine gezielte H_1 vorliegt, erübrigt sich eine α-Adjustierung, und es soll α = 0,01 für die einseitig formulierte H_1 gelten.

Tabelle 16.2.2.2

S-Formen	Patienten männl.	weibl.	S.
Hebephrene	30	25	55
Paranoide	61	93	154
Katatone	(60	55)	115
Summe	151	173	N=324

Testwahl: Da eine spezifizierte Vierfelder-Homogenitätshypothese innerhalb einer Kontingenztafel geprüft werden soll, kommt bei hinreichend großen Erwartungswerten eine Vierfelder-χ^2-Zerlegung in Betracht. Um H_1 mittels des χ_1^2-Tests zu prüfen, wurde in Tabelle 5.4.1.2 die dritte mit der zweiten Zeile vertauscht und so Tabelle 16.2.2.2 gewonnen. Die den Untersucher nicht interessierende Zeile der Katatonen wurde in Parenthese gesetzt (vgl. die gezielte H_1).

Testentscheidung: Wir setzen in Formel 16.2.2.1 ein und erhalten

$$\begin{array}{c|c} 30 & 25 \\ \hline 61 & 93 \end{array} \rightarrow \chi_1^2 = \frac{324^2(30 \cdot 93 - 25 \cdot 61)^2}{91 \cdot 118 \cdot 55 \cdot 154 \cdot (55 + 154)} = 8{,}84 \ .$$

---

[11] In diesem Fall ändern sich das α-Risiko und die ‚Seitigkeit' des Tests, nicht aber die Testprozedur.

Dieses χ^2 ist für 1 Fg auf der geforderten 1%-Stufe signifikant, da die einseitige Schranke $\chi^2_{0,02} = u^2_{0,01} = 2{,}33^2 = 5{,}43$ überschritten wird. Wir vertrauen daher auf die Geltung von H_1, wonach Männer stärker zu Hebephrenien, Frauen stärker zu Paranoien neigen.

Testvergleich: Der naive Untersucher hätte zur Überprüfung von H_1 gegenüber H_0 nicht berücksichtigt, daß die interessierende Vierfeldertafel Teil einer 3x2-Feldertafel ist; er hätte schlicht $\chi^2 = 324(30 \cdot 93 - 25 \cdot 61)^2/55 \cdot 154 \cdot 91 \cdot 118 = 5{,}70$ berechnet und aufgrund dieses überhöhten χ^2-Wertes u.U. unzulässigerweise H_0 zugunsten von H_1 verworfen.

Wie aus dem vorstehenden Beispiel erhellt, kann eine spezifizierte Kontingenzhypothese auch *einseitig* formuliert werden, wenn dies sachlogisch begründbar ist. In diesem Fall ist anstelle der Schranke χ^2_α die Schranke $\chi^2_{2\alpha}$ dem Vierfelder-χ^2-Test zugrunde zu legen.

Wie man weiterhin aus dem Beispiel entnimmt, führt ein Vierfelder-χ^2-Test, der nicht als *Teiltest* aus einer Mehrfeldertafel begriffen und via χ^2-Zerlegung gewonnen wird, u.U. zu einer ungerechtfertigten Ablehnung der Nullhypothese der Unabhängigkeit oder Homogenität.

16.2.3 KIMBALL-Tests für monordinale 3 x 3-Feldertafeln

Eine 3x3-Feldertafel läßt sich entsprechend ihren 4 Fgn in vier orthogonale Vierfeldertafeln unterteilen. Wie dies formaliter geschieht, geht aus Tabelle 16.2.3.1 hervor:

Tabelle 16.2.3.1

a_1	b_1	N_1	a_1	b_1	c_1
a_2	b_2	N_2	a_2	b_2	c_2
(1)			(3)		
a_1	b_1	N_1	a_1	b_1	c_1
a_2	b_2	N_2	a_2	b_2	c_2
a_3	b_3	N_3	a_3	b_3	c_3
(2)			(4)		
N_a	N_b N_c	N	N_a	N_b	N_c

Die zu den 4 Aufteilungen der Tabelle 16.2.3.1 gehörigen χ^2-*Formeln* nach KIMBALL (1954) lauten:

(1) $$\chi_1^2 = \frac{N[N_b(N_2 a_1 - N_1 a_2) - N_a(N_2 b_1 - N_1 b_2)]^2}{N_a N_b N_1 N_2 (N_a + N_b)(N_1 + N_2)} \text{ mit 1 Fg} \quad (16.2.3.1)$$

(2) $$\chi_2^2 = \frac{N^2[b_3(a_1 + a_2) - a_3(b_1 + b_2)]^2}{N_a N_b N_3 (N_a + N_b)(N_1 + N_2)} \text{ mit 1 Fg} \quad (16.2.3.2)$$

(3) $$\chi_3^2 = \frac{N^2[c_2(a_1 + b_1) - c_1(a_2 + b_2)]^2}{N_c N_3 (N_a + N_b)(N_1 + N_2)} \text{ mit 1 Fg} \quad (16.2.3.3)$$

(4) $$\chi_4^2 = \frac{N[c_3(a_1 + a_2 + b_1 + b_2) - (a_3 + b_3)(c_1 + c_2)]^2}{N_c N_3 (N_a + N_b)(N_1 + N_2)} \text{ mit 1 Fg} \quad (16.2.3.4)$$

Das folgende Beispiel 16.2.3.1 betrifft den Fall eines gezielten Vierfeldertests in einer 9-Feldertafel.

Die *Symbole* in den 4 Formeln entsprechen denen in Tabelle 16.2.3.1. Addiert man die 4 Chiquadratkomponenten, so resultiert das Gesamt-χ^2 der 3x3-Feldertafel. Diese Beziehung kann zur Kontrolle der Rechnung benutzt werden.

Orthogonale Aufteilungen

Zweckmäßigerweise unterscheidet man zwischen *mon-* und *bin-*ordinalen 3x3-Feldertafeln, wenn es darum geht, die Tafel sinnvoll aufzuteilen: Die Aufteilung nach Tabelle 16.2.3.1 ist auf *binordinale* Kontingenztafeln gemünzt und kann unverändert nur auf solche Tafeln angewendet werden.

Ist ein Merkmal, sagen wir das Zeilen-Mm, *nominal* skaliert, dann muß der Untersucher entscheiden, wie er seine 3 Zeilen anordnet. Liegt eine sachlogische Begründung für eine bestimmte Aufteilung vor, wie in dem folgenden Beispiel 16.2.3.1, dann werden keine *Anordnungsambiguitäten* auftreten; liegt keine Begründung vor, so muß der Untersucher geeignete Hypothesen erst erstellen, um die adäquate Aufteilung vorzunehmen.

Gelingt es nicht, eine und nur eine Aufteilung zu begründen, so können im heuristischen Sinne *verschiedene Aufteilungen* erwogen und entsprechend viele simultane Tests durchgeführt werden. Das folgende Beispiel benutzt verfügbare und bereits interpretierte Daten zu einer hypothesengeleiteten *orthogonalen* Aufteilung.

Beispiel 16.2.3.1

Problem: Nach dem Gesetz der Umweltwirkung von ROHRACHER hängt der Grad, in dem ein Mensch von der Umwelt beeinflußt werden kann, vom Grad der Extremausprägung seiner Anlagen ab.

Untersuchung: Um obige Hypothese zu prüfen, klassifizierte PRELINGER seine N = 90 Vpn nach der (weitgehend Anlagebedingten) Mms-Kombination i = 1: Introvertierte Formseher, i = 2: Extravertierte Farbseher und i = 3: Kreuzfälle (Introvertierte Farbseher und extravertierte Formseher). Weiter klassifizierte er dieselben 90 Vpn aufgrund von Lebenslaufschilderungen danach, ob eine Umweltwirkung j = 1: offenbar fehlt, j = 2: möglich und j = 3: wahrscheinlich sei.

Ergebnisse: Die Ergebnisse der Untersuchung sind in Tabelle 16.2.3.1 zusammengefaßt (aus ROHRACHER, H.: Kleine Charakterkunde, 1959, S. 244, unter Fortlassung der Mittelfälle):

Tabelle 16.2.3.2

Anlage-varianten	Umweltwirkungen			Summen
	fehlend	möglich	wahrscheinl.	
Introv. Formseher	25	7	0	32
Extrav. Farbseher	22	2	0	24
Kreuzfälle	10	14	10	34
Summen	57	23	10	N = 90

Da die Umweltwirkung bei den extremen Anlagevarianten (IF, EF) meistens fehlt, bei der Mittelvariante (KF) jedoch zu wesentlichen Anteilen möglich oder sogar wahrscheinlich zu sein scheint, schließt PRELINGER auf die Geltung des Gesetzes der Umweltwirkung.

Reanalyse a posteriori: Läßt sich diese Schlußfolgerung auch inferenzstatistisch begründen? Wenn ja, mit welchem Test und aufgrund welcher Hypothesen? Wie sind die Hypothesen zu formulieren, damit sie der Konklusivargumentation PRELINGERS entsprechen?

Hypothesen a posteriori: H_0: Es besteht keine Kontingenz zwischen den k = 3 Anlagevarianten und den m = 3 Umweltwirkungen.

H_1: Es besteht eine Kontingenz derart, daß bei Extremvarianten (IF+EF) die Umweltwirkung fehlt, bei der Mittelvariante (KF) hingegen möglich oder wahrscheinlich ist.

Signifikanzniveau: Die globale Nullhypothese soll gegen die post-hoc spezifizierte Alternative von PRELINGER mit einem Alpha-Risiko von 0,01 geprüft werden. Weil die Hypothesen erst aufgrund einer inspektiven Datenanalyse formuliert worden sind, wird der unter H_1 implizierte Vierfelder-Test als einer von (2-1)(3-1) = 4 möglichen Aufteilungs-Vierfeldertests aufgefaßt und entsprechend ein adjustiertes $\alpha^* = 0,01/4 = 0,0025$ zugrunde gelegt.

Testwahl: Der unter H_1 angezielte Vierfeldertest erfaßt die Teilkontingenz innerhalb der bzgl. zweier Zeilen und zweier Spalten verdichteten 3x3-Feldertafel und entspricht der folgenden Aufteilung in KIMBALLS Vierfelder-Teilkontingenztest.

25	7	0
22	2	0
10	14	10

Da diese Aufteilung unter den Aufteilungen von 16.2.3.1 fehlt, rearrangieren wir die Spalten im Sinne der hier einschlägigen Aufteilung (4) und erhalten

0	7	25
0	2	22
10	14	10

Testdurchführung: Durch Einsetzen in (16.2.3.4) ergibt sich die Prüfgröße

$$\chi_4^2 = \frac{90[10(0+0+7+2) - (10+14)(25+22)]^2}{57 \cdot 34(10+23)(32+24)} = 27{,}08$$

Die für $\alpha^* = 0{,}0025$ geltende χ^2-Schranke für 1 Fg beträgt $\chi_{0,005}^2 = U_{0,0025}^2 = 2{,}81^2 = 7{,}90$ (vgl. Tafel II des Anhangs).

Entscheidung: Da das beobachtete $\chi^2 = 35{,}89$ die vereinbarte Schranke weit übersteigt, verwerfen wir H_0 zugunsten von H_1 und vertrauen auf die Existenz der untersuchten Teilkontingenz zwischen Anlagevarianten und Umweltwirkungen.

Interpretation: Sofern die Erhebungsmethoden als gültig und die theoretischen Implikationen der Untersuchung als zulänglich angesehen werden dürfen, ist PRELINGERS Deutung der eigenen Daten im Sinne des Gesetzes der Umweltwirkung gerechtfertigt.

Beispiel 16.2.3.2

Da im Beispiel 16.2.3.1 die Dichotomie zwischen fehlender und möglicher oder wahrscheinlicher Umweltwirkung offenbar aufgrund der Dateninspektion gewählt wurde, stellt sich die Frage, ob auch eine Dichotomie zwischen fehlender oder möglicher gegen wahrscheinlicher Umweltwirkung zu vergleichbarem Resultat geführt hätte: Der aufgrund von Tabelle 16.2.3.2 durchzuführende (aber zu dem durchgeführten Test nicht orthogonale) Vierfeldertest erbringt ein

$$\chi_4^2 = \frac{90[10(25+22+7+2) - (10+14)(0+0)]^2}{10 \cdot 34(57+23)(32+24)} = 18{,}53 \quad \text{mit 1 Fg}$$

das größenordnungsmäßig dem oben erhaltenen χ_4^2 entspricht und somit zur gleichen Entscheidung geführt hätte.

Nicht-orthogonale Aufteilungen

Zu ROHRACHERS Gesetz der Umweltwirkung läßt sich in zwei weiteren Aufteilungen der 3x3-Feldertafel (Tabelle 16.2.3.1) heuristisch Stellung nehmen, wenn auch *nicht-orthogonale* Aufteilungen zugelassen werden.

1. Will man sich auf die Einstufung ‚Umwelteinwirkung möglich' nicht verlassen und nur die polaren Einstufungen ‚fehlend' und ‚wahrscheinlich' der Entscheidung zugrunde legen, so bildet man nach Spaltenumordnung die Aufteilung

25	0	(7)
22	0	(2)
10	14	(10)

Diese Aufteilung (die zu der in 16.2.3.1 gewählten Aufteilung nicht orthogonal ist) liefert ein Vierfelder-Chiquadrat von

$$\chi_2^2 = \frac{90^2 [14(25+22) - 10(0+0)]^2}{57 \cdot 14 \cdot 34 \, (57+14)(32+24)} = 32{,}51 \text{ mit 1 Fg,}$$

das ebenfalls auf der adjustierten 0,025-Stufe signifikant ist.

2. Da nur die Zeilenverdichtung sachlogisch durch das Gesetz der Umweltwirkung festgelegt wird, nicht jedoch die Spaltenverdichtung, kann die Spaltenverdichtung auch entfallen: Man prüft dann die zeilenverdichtete 2×3-Feldertafel

47	9	0	(56)
10	14	10	(34)
(57)	(23)	(10)	(90)

auf Kontingenz, wobei man — da alle N Beobachtungen mit eingehen — die BRANDT-SNEDECOR-Formel (5.4.1.1) benutzen kann:

$$\chi^2 = \frac{90^2}{56 \cdot 34} \left(\frac{47^2}{57} + \frac{9^2}{23} + \frac{0^2}{10} - \frac{56^2}{90} \right) = 31{,}61$$

Dieses χ^2 müßte im Sinne der Alpha-Protektion nach GOODMAN-SCHEFFÉ nach den $(3-1)(3-1) = 4$ Fgn der Ausgangstafel beurteilt werden: Dessen 1%-Schranke von 13,28 wird überschritten, so daß auch nach dieser Testversion H_0 zu verwerfen ist.

16.2.4 KIMBALLS Tests in binordinalen 3 × 3-Feldertafeln

In Beispiel 16.2.3.2 war nur das Spalten- nicht das Zeilen-Mm ordinal skaliert. Im folgenden Beispiel 16.2.4.1 sind *beide Mme ordinal* skaliert, und wir wollen uns anhand dieses Beispiels eine typisch aposteriorische χ^2-Zerlegung vor Augen führen. Dabei werden wir mehr als bisher darauf achten müssen, ob und inwieweit die Voraussetzungen eines χ^2-Tests bezüglich seiner *Erwartungswerte* erfüllt sind, wenn KIMBALL-Tests durchzuführen sind.

Beispiel 16.2.4.1

Untersuchungsziel: Drei Ovulationshemmer I, II und III, sollen auf Nebenwirkungen, + = objektiv vorhanden, (+) = subjektiv vorhanden und − = fehlend, hin untersucht werden. Eine Stichprobe von N = 50 Frauen, die einen der 3 Ovulationshemmer als Antikonzipiens benutzen, werden auf Nebenwirkungen (von harmloser Gewichtszunahme bis zu gefährlicher Thromboseneigung) untersucht und bzgl. subjektiver Verträglichkeit befragt.

Erhebungsdaten: Die folgende 3×3-Feldertafel (Zahlen aus KIMBALL, 1954, S.455) enthält die Ergebnisse der Untersuchung:

Tabelle 16.2.4.1

		Ovulationshemmer			
		III	II	I	
	+	3	2	2	7
Nebenwirkungen	(+)	4	8	6	18
	−	15	5	5	25
		22	15	13	50

Das Zeilenmerkmal (Nb-Wirkungsart) wurde nach seinen 3 Stufen (ordinal) angeordnet, das Spalten-Mm (Ovulationshemmer) ist nach seinen 3 Entwicklungsstufen (Generationen) chronologisch geordnet, wobei III die jüngste Generation bzw. die neueste Entwicklung bezeichnet.

Hypothesen: H_0: Es besteht keine Kontingenz zwischen den 3 Ovulationshemmern und den 3 Nebenwirkungsarten.
H_1: Es bestehen Kontingenzen entsprechend den 4 χ^2-Komponenten der 3×3-Feldertafel (Tab. 16.2.4.1).
Zeilen und Spalten wurden bereits so angeordnet, daß die 4 Komponenten bestmögliche Interpretationsgrundlagen abgeben.

Testwahl: Hypothesengemäß prüfen wir trotz dreier Erwartungswerte < 5 nach KIMBALLS Tests.

Signifikanzniveau: Wegen des Erkundungscharakters der Studie wird ein $\alpha = 0{,}10$ vereinbart. Die simultan durchzuführenden 4 Tests werden daher nach einem adjustierten $\alpha^* = 0{,}10/4 = 0{,}025$ beurteilt. Da $u_{0{,}025} = 1{,}96$, gilt $\chi^2 = u^2 = 1{,}96^2 = 3{,}84$ als Signifikanzschranke für jeden der 4 Tests.

Testdurchführung: Wir teilen die 3×3-Feldertafel orthogonal auf und erhalten die zugehörigen χ^2-Komponenten nach den Formeln 16.2.3.1−4 wie folgt:

3	2
4	8

$$\chi_1^2 = \frac{50[15(18 \cdot 3 - 7 \cdot 4) - 22(18 \cdot 2 - 7 \cdot 8)]^2}{22 \cdot 15 \cdot 7 \cdot 37 \cdot 25} = 0{,}895571$$

3	2
4	8
15	5

$$\chi_2^2 = \frac{50^2(5 \cdot 7 - 15 \cdot 10)^2}{22 \cdot 15 \cdot 25 \cdot 37 \cdot 25} = 4{,}332514^*$$

3	2	2
4	8	5

$$\chi_3^2 = \frac{50^2(6 \cdot 5 - 2 \cdot 12)^2}{13 \cdot 7 \cdot 18 \cdot 37 \cdot 25} = 0{,}059400$$

3	2	2
4	8	6
15	5	5

$$\chi_4^2 = \frac{50(5 \cdot 17 - 8 \cdot 20)^2}{13 \cdot 25 \cdot 37 \cdot 25} = 0{,}935551$$

$$\chi^2 = 6{,}22304$$

Die Summe der 4 Komponenten ergibt das Gesamt-χ^2 der 3x3-Feldertafel, wovon man sich durch Nachrechnung überzeugen kann.

Entscheidung: Von den 4 Tests ist nur einer auf der geforderten 10%-Stufe signifikant, der Test 2. Sein Ergebnis besagt, daß zwischen der letzten Generation (III) und der vorletzten Generation (II) des Ovulationshemmers sowie vorhandenen und fehlenden Nebenwirkungen ein Zusammenhang besteht: Die Nebenwirkungen (objektive + subjektive) nehmen von der vorletzten zur letzten Generation des Ovulationshemmers ab. Damit ist der intendierte Generationsfortschritt nachgewiesen.

Interpretation: Wenn man unterstellt, daß die 3 Ovulationshemmer nach Zufall den 50 Frauen verordnet wurden (was nur im Rahmen einer prospektiven, nicht einer retrospektiven Untersuchung zu kontrollieren ist), darf man schließen, daß der jüngst entwickelte Ovulationshemmer (III) seltener zu Nebenwirkungen führt als sein Vorgänger (II). Genau um die Stützung dieser Alternativhypothese zu H_0 ging es in dieser Untersuchung.

Ergänzungstest: Um zu prüfen, ob III auch gegenüber den vereinten Chargen II+I einen Entwicklungsfortschritt in Richtung auf Nebenwirkungsvermeidung darstellt, ordnen wir Tafel 16.2.4.1 wie folgt um und berechnen χ_4^2

	I	II	III
+	2	2	3
(+)	6	8	4
−	5	5	15

$$\chi_4^2 = \frac{50(15 \cdot 18 - 7 \cdot 10)^2}{22 \cdot 25 \cdot 28 \cdot 25} = 5{,}19$$

welches signifikant ist.

Adjustierungskorrektur: Wäre der nicht-orthogonale Zusatztest mit eingeplant gewesen, so hätte $\alpha^* = 0{,}10/5 = 0{,}02$ angesetzt und $\chi^2 = u_{0,02}^2 = 2{,}06^2 = 4{,}24$ als adjustierte Signifikanzschranke vereinbart werden müssen.

Im vorstehenden Beispiel wurde von der Möglichkeit, *einseitige* Hypothesen zu formulieren, ausdrücklich abgesehen, da solche nur bei apriorischer Zerlegung sinnvoll sind.

Sofern die Vierfeldertests auf *binordinal* skalierten Mm beruhen, kann die Teilkontingenz als *Teilassoziation* interpretiert und durch einen Assoziationskoeffizienten wie PEARSONS *Phi* (vgl. 9.2.1)

$$\text{Phi}(n) = \sqrt{\chi_n^2/n} \tag{16.2.4.1}$$

beschrieben werden. Es versteht sich, daß das χ_n^2 des auf n Beobachtungspaaren gegründeten Vierfeldertests auch auf eben diese n Beobachtungen zu beziehen ist (und nicht auf das Gesamt-N). Das *Vorzeichen* von Phi(n) richtet sich nach dem der Kreuzproduktdifferenz sgn(ad–bc) in der zugehörigen Vierfeldertafel (vgl. 9.2.1.3).

Der Teilkontingenz in *nominal* oder *monordinal* skalierten Vierfeldertafeln kann analog nach CRAMERS *Phi'* (vgl. 9.2.1.1) beschrieben werden; es ist mit Phi(n) bis auf das stets positive Vorzeichen identisch.

16.2.5 KIMBALL-Tests in k x 2-Feldertafeln

Ist das Zeilenmerkmal k-fach, das Spaltenmerkmal 2-fach (binär, dichotom) abgestuft, so resultiert eine *ordinale* k x 2-Feldertafel. Diese Tafel läßt sich durch *fortlaufende Zusammenfassung der Zeilen*: 1 versus 2, 1+2 versus 3, 1+2+3 versus 4 usf. in Vierfeldertafeln aufteilen, so daß deren Chiquadrate in bezug auf das Gesamtchiquadrat additiv sind.

Bezeichnet man die Frequenzen der ersten Spalte mit a_i und die der zweiten Spalte mit b_i, wobei i = 1(1)k, und die Zeilen, nach welchen die Teilung erfolgt, mit t = 1(1)k–1, so ergeben sich die *k–1 Chiquadratkomponenten* nach KIMBALL (1954) wie folgt

$$\chi_t^2 = \frac{N^2(b_{k+1}S_k^a - a_{k+1}S_k^b)^2}{N_a N_b N_{k+1} S_k^n S_{k+1}^n} \text{ mit t Fgn} \tag{16.2.5.1}$$

Darin bedeuten $S_k^a = \Sigma a_i$, $S_k^b = \Sigma b_i$ und $S_k^n = \Sigma N_i$ mit i = 1(1)k.

Für eine *4 x 2-Feldertafel* lassen sich aus Formel (16.2.5.1) die folgenden χ^2-Komponenten berechnen

$$\chi_1^2 = \frac{N^2(b_2 \cdot a_1 - a_2 b_1)^2}{N_a N_b N_2 N_1 (N_1 + N_2)} \text{ mit 1 Fg} \tag{16.2.5.2}$$

$$\chi_2^2 = \frac{N^2(b_3(a_1+a_2) - a_3(b_1+b_2))^2}{N_a N_b N_3 (N_1+N_2)(N_1+N_2+N_3)} \text{ mit 1 Fg} \tag{16.2.5.3}$$

$$\chi_3^2 = \frac{N^2(b_4(a_1+a_2+a_3) - a_4(b_1+b_2+b_3))^2}{N_a N_b N_4 (N_1+N_2+N_3)(N_1+N_2+N_3+N_4)} \text{ mit 1 Fg} \tag{16.2.5.4}$$

Nach diesen expliziten Formeln werden im folgenden Beispiel 16.2.5.1 anhand einer 4×2-Feldertafel 3 simultane und nach Hypothesen spezifizierte Kontingenztests durchgeführt.

Beispiel 16.2.5.1

Datensatz: N = 145 Heuschrecken-Neuroblasten wurden im Verhältnis 3:3:3:4 geteilt und k = 4 Bestrahlungsarten (Röntgen–weich, Röntgen–hart, Beta, Licht=Kontrolle) ausgesetzt. Ausgezählt wurde, wieviele Zellen das Mitosestadium innerhalb von 3 Studen erreicht hatten (a_i) und wieviele nicht (b_i). Das Ergebnis ist in Tabelle 16.2.5.1 verzeichnet (Daten umgedeutet aus CASTELLAN, 1965, Tab. 3).

Tabelle 16.2.5.1

	(−) Mitose (+)		
	nicht erreicht	erreicht	
1. Rö – weich	21	14	35
2. Rö – hart	18	13	31
3. Beta	24	12	36
4. Licht-Kontr.	13	30	43
	76	69	145

Nullhypothese: Es besteht Unabhängigkeit zwischen Zeilen (Behandlungen) und Spalten (Reaktionen).

Testwahl: Wir haben die Zeilen bereits so angeordnet, daß die folgenden Partialkontingenz-Hypothesen formuliert und mittels der KIMBALLschen k×2-Felder-χ^2-Zerlegung geprüft werden können. Es sollen 3 simultane Tests mit $\alpha^* = 0{,}001/3 = 0{,}00033$ durchgeführt werden.

Teilhypothese H_1: Die Zeilen 1 und 2 sind inhomogen bzgl. der Spalten (−) und (+). Diese H_1 brauchen wir gar nicht zu prüfen, da ad−bc=21 · 13−14 · 18 nahe bei Null liegt, also Homogenität angenommen werden muß.

Teilhypothese H_2: Die Zeilen 1+2 und 3 sind inhomogen bzgl. der Spalten (−) und (+). Auch diese Hypothese brauchen wir nicht zu prüfen, da (21+18)12−(14+13)24 ebenfalls nahe bei Null liegt; H_0 wird beibehalten.

Teilhypothese H_3: Die Zeilen 1+2+3 und 4 sind homogen bzgl. der Spalten (−) und (+).
Diese Hypothese müssen wir nach (16.2.5.4) prüfen, da das entsprechende Kreuzprodukt hoch über Null liegt.

$$\chi_3^2 = \frac{145^2(30 \cdot 63 - 13 \cdot 39)^2}{76 \cdot 69 \cdot 43 \cdot 102 \cdot 145} = 12{,}06$$

Die Prüfgröße χ_3^2 überschreitet die χ^2-Schranke $u_{0{,}00033}^2 = 3{,}40^2 = 11{,}56$, so daß wir H_0 zugunsten von H_3 verwerfen.

Interpretation: Es bestehen offenbar keine Wirkungsunterschiede (1) zwischen weicher und harter Rö-Bestrahlung und (2) zwischen Rö- und Beta-Bestrahlung auf das Mitoseverhalten der Neuroblasten von Heuschrecken. Dagegen bestehen (3) Unterschiede zwischen Bestrahlung (Rö oder Beta) und Nichtbestrahlung (was für den Untersucher, der auf Unterschiede zwischen Bestrahlungsarten sein Augenmerk richtete, trivial erscheint).

Gesamtkontingenz-Vergleich: Wäre Tabelle 16.2.5.1 auch als inhomogen erschienen, wenn wir unser Urteil nur auf die Gesamtkontingenz gestützt hätten? Um diese Frage ökonomisch zu beantworten, berechnen wir die Prüfgröße 2I anstelle der Prüfgröße χ^2 nach Tafel IX—4—5 wie folgt:

Tabelle 16.2.5.2

```
21 - - - 127,870      35 - - -  248,874
18 - - - 104,053      31 - - -  212,907
24 - - - 152,547      36 - - -  258,013
13 - - -  66,689      43 - - -  323,463
14 - - -  73,894      76 - - -  658,271
13 - - -  66,689     169 - - -  584,307
12 - - -  59,638
30 - - - 204,072 (-) 145 - - - -1443,253
─────────────────────────────────────────
2I =   855,452   -       842,582 = 12,870
```

Der 2I-Test erfordert für $\alpha = 0,001$ eine Schranke von $\chi^2 = 16,27$ für 3 Fge, welche Schranke von 2I nicht erreicht wird; wir hätten somit ohne spezifizierte Kontingenzprüfung die Nullhypothese beibehalten müssen:

Wie das Beispiel zeigt, bedeutet eine spezifizierte Kontingenzprüfung u. U. auch dann eine *Testverschärfung*, wenn mit simultanen Tests gearbeitet und das Alpha-Risiko entsprechend der Zahl dieser Tests reduziert wird. Um *Widersprüche* zu vermeiden, muß sich der Untersucher vor der Datenerhebung oder zumindest vor ihrer Signifikanzprüfung für eine der beiden Möglichkeiten entscheiden: Entweder für eine *globale* oder aber für eine *spezifizierte* Kontingenzprüfung, wobei die letztere auch aus mehreren simultanen Tests bestehen kann.

Bei der Anwendung von KIMBALLS kx2-Feldertests auf *nominale* Kontingenztafeln sind die k Zeilen beliebig zu vertauschen. Zweckmäßigerweise ordnet man die Zeilen von vornherein so an, daß die fortschreitenden Zeilenzusammenfassungen *sachlogisch sinnvoll* erscheinen. Ist das Zeilen-Mm, wie in obigem Beispiel, ordinal skaliert, dann ergibt sich die Zeilenanordnung aus eben dieser Ordinalskalierung. In diesem Fall sucht man jene Vierfelder-Aufteilung zu finden, die die Gesamtkontingenz möglichst weitgehend ausschöpft.

16.2.6 Vierfeldertests in k x m-Feldertafeln

Maximalkontingenz-Aufteilung

Im allgemeinen Fall einer k x m-Felder-Kontingenztafel geht man in Ermangelung gezielter Hypothesen *aposteriorisch* so vor wie im Fall einer k x 2-Feldertafel: Man sucht nach jener Felderfrequenz, die am *stärksten* von den zugehörigen Erwartungswert abweicht und ordnet die Zeilen und Spalten der Tafel nun so um, daß dies die Frequenz im *rechten unteren Feld* k_m ist; sonach resultiert die Vierfeldertafel der Tabelle 16.2.6.1 als Aufteilung mit der *höchstmöglichen Vierfelderkontingenz*

Tabelle 16.2.6.1

a_1	b_1	.....	j_1	k_1	N_1
a_2	b_2	.....	j_2	k_2	N_2
.....	.....	.....	.....	.....	.....
a_{m-1}	b_{m-1}		j_{m-1}	k_{m-1}	N_{m-1}
a_m	b_m		j_m	k_m	N_m
N_a	N_b		N_j	N_k	N

Die durch die Strichlierungsaufteilung in Tabelle 16.2.6.1 gebildete Vierfeldertafel liefert folgende *Chiquadratkomponente*

$$\chi^2_{km} = NN_m (A - B)^2 / C \quad \text{mit 1 Fg,} \tag{16.2.6.1}$$

wobei die Großbuchstaben in Formel 16.2.6.1 wie folgt definiert sind:

$$A = N_k (S^a_{m-1} + S^b_{m-1} + ... + S^j_{m-1}) - N_a + N_b + ... + N_j) S^k_{m-1} \tag{16.2.6.2}$$

$$B = S^n_{m-1} [N_k (a_m + b_m + ... + j_m) + (N_a + N_b + ... + N_j) k_m] \tag{16.2.6.3}$$

$$C = N_m S^n_{m-1} S^n_m (N_a + N_b + ... + N_j)(N_a + N_b + ... + N_j + N_k) \tag{16.2.6.4}$$

Die obigen Symbole sind analog definiert wie im Fall einer k x 2-Feldertafel. Formel (16.2.6.1) ist weniger kompliziert als sie aussieht, denn man kann für jede k x m-Tafel zu den möglichen Aufteilungen *explizite Formeln* entwickeln, die unschwer auszuwerten sind.

Aufteilung in 3 x 4-Feldertafeln

Bezeichnet man die Felderfrequenzen wie bislang üblich, so resultieren in einer 4 x 3-Feldertafel die *insgesamt möglichen* Aufteilungen der Tabelle 16.2.6.2.

Tabelle 16.2.6.2

a_1 $\|$ b_1	$a_1 + b_i$ $\|$ c_1	$a_1 + b_1 + c_1$ $\|$ d_1	N_1
a_2 $\|$ b_2	$a_2 + b_2$ $\|$ c_2	$a_2 + b_2 + c_2$ $\|$ d_2	N_2
a_1 $\|$ b_1 $+$ $\|$ $+$ a_2 $\|$ b_2	a_1 b_1 $\|$ c_1 $+$ $+$ $\|$ $+$ a_2 b_2 $\|$ c_2	a_1 b_1 c_1 $\|$ d_1 $+$ $+$ $+$ $\|$ $+$ a_2 b_2 c_2 $\|$ d_2	N_1 $+$ N_2
a_3 $\|$ b_3	a_3 b_3 $\|$ c_3	a_3 b_3 c_3 $\|$ d_3	N_3
N_a $\quad$ N_b	N_a $\quad$ N_b $\quad$ N_c	N_a $\quad$ N_b $\quad$ N_c $\quad$ N_d	N

Die Formeln für die *linken* vier Aufteilungen sind bereits beim 3x3-Feldertest expliziert worden. Für die *rechte* untere Aufteilung ergeben sich folgende Hilfsgrößen

$$A = N_4(a_1+a_2+b_1+b_2+c_1+c_2) - (N_a+N_b+N_c)(d_1+d_2) \quad (16.2.6.5)$$

$$B = (N_1+N_2+N_3)[N_4(a_3+b_3+c_3) + (N_a+N_b+N_c)d_3] \quad (16.2.6.6)$$

$$C = N_3(N_1+N_2)(N_1+N_2+N_3)(N_a+N_b+N_c) \quad (16.2.6.7)$$

Analog lassen sich explizite Formeln für Aufteilungen in *4x4-Feldertafeln* entwickeln, wobei (4-1)(4-1) = 9 Aufteilungen möglich sind.

Man kann auf all diese Formeln *verzichten*, wenn man sich das eingangs (16.1.1) aufgezeigte Prinzip vor Augen hält, nach welchem die Kontingenz in *Teiltafeln* innerhalb von Gesamttafeln zu beurteilen ist: Man vergleicht eine Teiltafel von Beobachtungswerten mit einer Teiltafel von Erwartungswerten, die man aus der *Gesamttafel* ermittelt, und führt eine χ^2-Zerlegung nach dem Vorbild von Abschnitt 9.3.6 durch oder errechnet direkt nach Formel (16.1.1.4) die allein interessierende Kontingenzkomponente des Chiquadrats der auf die Gesamttafel bezogenen Teiltafel.

16.2.7 Brunden-Everitt-Tests in k x 2-Feldertafeln

Wir haben bereits im Zusammenhang mit der Alpha-Adjustierung (Brunden, 1972) erfahren, daß es verschiedentlich von sachlogischem Interesse ist, in *k x 2-Feldertafeln* mit k Behandlungen und 2 Behandlungswirkungen (Ja, Nein) eine bestimmte Behandlung (z.B. Placebo in Zeile 1) mit allen k-1 übrigen Behandlungen (Vera, in den Zeilen 2 bis k) zu vergleichen.

Tabelle 16.2.7.1 enthält ein Untersuchungsergebnis (auszugsweise aus EVERITT, 1977, Tab. 3.5), in welchem ein Placebo mit 3 verschiedenen Antidepressiva an je $N_i = 30$ Ptn verglichen wurde, wobei nach 2 Wochen beurteilt wurde, ob sich die Depression aufgehellt habe ($X = 1$) oder nicht ($X = 0$).

Tabelle 16.2.7.1

X	Placebo	Antidepressivum			
		1	2	3	
0	8	12	21	15	56
1	22	18	9	15	64
	30	30	30	30	N = 120

Unter den $k-1 = 4-1 = 3$ *Paarvergleichen* des Placebos mit jedem der 3 Antidepressiva gibt nur das Antidepressivum 2 ein ausreichend hohes Vierfelder-χ^2 in Tabelle 16.2.7.2.

Tabelle 16.2.7.2

Placebo	Verum 2	
8	21	
22	9	$\chi^2 = 11{,}28$

Dieses $\chi^2 = 11{,}28$ ist für 1 Fg nach *BRUNDENS Alpha-Adjustierung* (16.1.8.3) zu beurteilen, also bei $\alpha = 0{,}05$ nach $\alpha^* = 0{,}05/(2 \cdot 4 - 2) = 0{,}0083$. Da die einschlägige einseitige Schranke von $\chi^2(2 \cdot 0{,}0083) = z^2(0{,}0167) = 2{,}13^2 = 4{,}53$ weit überschritten wird (und die einseitige Frage klinisch gerechtfertigt ist), ist das Antidepressivum 2 nach dem *BRUNDEN-EVERITT-Test* als wirksam zu betrachten.

16.2.8 GARTS Tests für Überkreuzungspläne

Ein anderer Fall, wo starke Abhängigkeit zwischen 2 Vierfeldertafeln aus ein und demselben Datensatz besteht, ergibt sich, wenn ein Placebo und ein Verum im *Überkreuzungsplan* (Cross-Over-Design) an eine Stichprobe von N Ptn verabreicht werden. Hier kann eine einfache Auswertung nach McNEMARS Test (5.5.1) zu einer Fehlentscheidung führen, der vorzubeugen ein Test zur *Abfolgebeurteilung* ermöglicht (GART, 1969). Wir werden den GARTschen Test anhand des einschlägigen Beispiels 5.5.1.1 aus Bd. 1 besprechen:

In Tabelle 16.2.8.1 wurde ein Verum (Roborans) mit einem Placebo in *Zufallsabfolge* an N = 38 Ptn verglichen und die Wirkung (nach 4 Wochen) als stark (1) oder schwach (0) beurteilt (aus Tabelle 5.5.1.2):

Tabelle 16.2.8.1

		Placebo	
		1	0
Verum	1	9	15
	0	4	10

Nach Tabelle 16.2.8.1 haben 9 Ptn auf beide Chargen gut angesprochen. 15 Ptn haben nur auf Verum reagiert *(Verum-Reaktoren)*, 4 Ptn haben nur auf Placebo reagiert *(Placebo-Reaktoren)* und 10 Ptn haben auf keine der beiden Chargen angesprochen. MCNEMARS Test liefert ein $\chi^2 = (15-4)^2 /$

Tabelle 16.2.8.2

Pt.	Abfolge	
	(V,P)	(P,V)
2	V+P−	
3		P+V−
4		P−V+
6		P−V+
7	V+P−	
11	V+P−	
12		P+V−
15		P−V+
19	V+P−	
20	V+P−	
24	V+P−	
26		P+V−
29		P−V+
30	V+P−	
31		P−V+
32	V+V−	
35	V+P−	
36		P+V−
37		P−V+
v,p-Werte	$v_1=8\ p_2=0$	$p_1=4\ v_2=7$

/(15+4) = 6,37, das auf der 1%-Stufe signifikant ist, womit nachgewiesen scheint, daß Verum stärker wirkt als Placebo.

Der Skeptiker wird nun mit GART (1969) fragen, ob Verum nicht vielleicht öfter vor dem Placebo verabreicht wurde, denn es ist klinischerseits bekannt, daß es so etwas wie einen *Novitätseffekt* gibt, der bewirkt, daß das zuerst verabfolgte Mittel (was immer es sein mag) besser wirkt als das danach verabfolgte Mittel.

Um diesem Einwand zu begegnen, betrachten wir in Tabelle 16.2.8.2 die Chargenabfolge (V, P; P, V) der n = 15+4 = 19 Ptn, die nur auf eines der beiden Mittel reagiert haben *(Heteronym-Reaktoren)* und lassen die 9+10 = 19 Ptn, die auf beide oder auf keines der beiden Mittel reagiert haben *(Homonym-Reaktoren)* außer acht, da sie nichts zur Entscheidung über Verum (V) und Placebo (P) beigetragen haben (und daher auch in McNemars Test nicht berücksichtigt wurden): Statt 0 und 1 setzen wir + und − in Tabelle 16.2.8.2.

Unsere Befürchtung finden wir in Tabelle 16.2.8.2 tendenziell bestätigt; das zuerst verabreichte Präparat ist in 8+4 = 12 Fällen wirksam, daß danach verabreichte Präparat nur in 1+7 = 8 Fällen.

Um nach GART (1969) *simultan* auf Präparat- und Abfolgewirkung zu prüfen, zählen wir ab

(1) wie oft Verum, wenn es als erste Charge gegeben wurde, wirksam war, und finden $v_1 = 8$ Ptn dieses Reaktionstyps, weiter

(2) wie oft Verum, wenn es als zeite Charge (in Abfolge 2) verabreicht wurde, wirksam war, und finden $v_2 = 7$ Ptn dieses Reaktionstyps, ferner

(3) wie oft Placebo wirksam war, wenn es als erste Charge gegeben wurde, und finden $p_1 = 4$ Ptn dieses Typs, sowie schließlich

(4) wie oft Placebo wirksam war, wenn es als zweite Charge verabreicht wurde, und finden $p_2 = 0$ Ptn dieses Typs.

Die ausgezählten (v,p)-Werte sind in Tabelle 16.2.8.2 als Spaltensummen und in Tabelle 16.2.8.3 als Vierfelderfrequenzen dargestellt, links zur Beurteilung der *Drogenwirkung* und rechts zur Beurteilung der *Abfolgewirkung*.

Tabelle 16.2.8.3

	Drogenwirkungstest				Abfolgewirkungstest		
	(V,P)	(P,V)			(V,P)	(P,V)	
1 wirkt	$v_1=8$	$p_2=0$	8	V wirkt	$v_1=8$	$v_2=7$	15
2 wirkt	$p_1=4$	$v_2=7$	11	P wirkt	$p_1=4$	$p_2=0$	4
P=0,007	12	7	19	P=0,128	12	7	19

Legen wir α = 0,05 zugrunde, so gilt für 2 simultane Tests α^* = 0,025, welches Risiko vom Drogenwirkungstest eindeutig unterschritten wird, so daß wir auf die Wirksamkeit des Roborans V vertrauen. Der Novitätseffekt war zwar auffällig, ist aber mit P = 0,128 nicht signifikant. In beiden Fällen wurde wegen der Null-Besetzung nach FISHER-YATES geprüft, und zwar einseitig, wie aufgrund des klinischen Vorwissens erlaubt ist.

Man beachte, daß im Drogenwirkungstest geprüft wird, ob V in beiden Abfolgen (1, 2) wirksam ist, und daß im Abfolgetest der Tabelle 16.2.8.3 geprüft wird, ob die *Erstwirkung* (Novitätseffekt) bei beiden Chargen (V,P) auftritt (was mit v_2 = 7 und p_1 = 4 tendentiell der Fall ist). Man beachte ferner, daß beide Tests dieselben Vierfelderfrequenzen in unterschiedlicher Anordnung enthalten, womit ihre Abhängigkeit begründet wird.

Der Drogen- und der Abfolgewirkungstest sind je für sich zu *interpretieren*. Das bedeutet, daß eine Drogenwirkung auch dann als nachgewiesen gilt, wenn die Folgewirkung signifikant ist. In Tabelle 16.2.8.3 ist das Ergebnis des MCNEMAR-Tests mit den Zeilensummen des Abfolgewirkungstests (15 und 4) bestätigt worden; das hätte jedoch nicht zu sein brauchen, da MCNEMARS Test beide Wirkungen konfundiert bzw. von der Wirkung der Abfolge absieht, in der Annahme, sie sei ein Zufallseffekt.

GARTS Tests prüfen 2 Spezifikationen des MCNEMARschen Tests, indem sie – das unterscheidet sie von den bislang erörterten Spezifikationen – ein Außenkriterium (die Abfolge) dazu benutzen, um die Quellen einer durch MCNEMARS Test nachgewiesenen *Asymmetrie* aufzuklären; dabei kann eine Quelle (die Behandlung) so gut wie die andere (die Abfolge) bedeutsam erscheinen.

Wie ZIMMERMANN und RAHLFS (1978) gezeigt haben, wirkt GARTS Test in bestimmten Fällen konservativ, da er nicht alle Zellenfrequenzen benutzt. Der von den Autoren als Alternative vorgeschlagene und zur ANOVA-Auswertung eines Überkreuzungsplans homologe Test benutzt eine sog. Minimum-χ^2-Statistik, um je gesondert auf Behandlungs- und Abfolgewirkungen zu prüfen. Andere Tests für Überkreuzungspläne stammen von BENNETT (1971), GEORGE und DESU (1973) und BERCHTOLD (1976).

16.2.9 Implikationen der Vierfelderaufteilung

Es wurde eingangs bereits darauf verwiesen, daß es unzulässig sei, beliebige Vierfeldertafeln aus einer r×s-Felder-Kontingenztafel herauszugreifen und gesondert in üblicher Weise auszuwerten. Die Begründung, so zu verfahren wie vorstehend geschildert, ergibt sich aus folgenden zwei Überlegungen:

(1) Kontingenztests sind sogenannte *bedingte Tests* insofern, als sie davon ausgehen, daß die Randsummen der Kontingenztafel als *fest vorgegeben* angesehen werden. Wenn wir nun beliebige Vierfeldertafeln herausgreifen und in üblicher Weise auswerten würden, lägen jeder Tafel andere Randverteilungen desselben Merkmals (derselben zwei Merkmale) zugrunde und die resultierenden Vierfeldertests, die ebenfalls bedingte, von den Randverteilungen abhängige Tests sind, wären untereinander *nicht vergleichbar*.

(2) Beliebig herausgegriffene Vierfeldertafeln einzelner oder zusammengeworfener Frequenzen sind i.a. *nicht unabhängig* und die resultierenden χ^2-Werte daher korreliert. Signifikanz in der Teiltafel bedingt also, daß Signifikanz in einer anderen Teiltafel begünstigt wird; damit wird (1) das Alpha-Risiko unkontrolliert erhöht und (2) die Interpretation einer signifikanten Assoziation erschwert.

Es sprechen mithin wichtige Gründe gegen die in der Forschungspraxis nur allzuoft geübte *‚Strategie'*, Kontingenztafeln (1) ihrem Umfang nach zu reduzieren, (2) schwach besetzte Zeilen und/oder Spalten fortzulassen oder mit anderen Zeilen und/oder Spalten posthoc zu verdichten sowie (3) heuristisch interessant erscheinende Teiltafeln herauszulösen und mit diesen ohne Bezugnahme auf die ursprünglich erhobene Tafel Kontingenztests durchzuführen. Man kann jederzeit demonstrieren, daß mit einer dieser ‚Forschungsstrategien' selbst aus einer ‚völlig leeren' Kontingenztafel interpretationswürdige Zusammenhänge nachzuweisen sind, wenn man nur einfallsreich auswählt, verdichtet oder fortläßt.

Will der Untersucher dennoch auf die Möglichkeit, Vierfelder-Teiltafeln aus einer Mehrfelder-Gesamttafel herauszugreifen und zu beurteilen, nicht verzichten, dann muß er sein Alpha-Risiko nach allen $\binom{k}{2}\binom{m}{2}$ möglichen Vierfeldertafeln ausrichten, d.h. nach der Kreuz- und Quermethode adjustieren (vgl. 16.1.8), oder sich mit einer *‚heurostatistischen Beurteilung'* (LIENERT und LIMBOURG, 1977) begnügen.

16.3 Einfelderaufteilung von Mehrfeldertafeln

Die Vierfelderaufteilung von Mehrfeldertafeln versucht, die in der Mehrfeldertafel existierende Kontingenz auf Vierfelderkontingenzen bzw. Vierfelderassoziationen zu reduzieren, um alle *Interpretationsmöglichkeiten* auszuschöpfen. Vielfach läßt sich jedoch eine Mehrfeldertafel nicht sinnvoll in Vierfeldertafeln aufteilen oder aber — was häufiger vorkommt — nicht *sachlogisch eindeutig* begründen, womit die Interpretation durch die Wahl der Vierfeldertafeln zu beeinflussen ist. Eine Methode, die solch eine Beeinflussung nicht zuläßt, alle Kontingenzinformationen ausschöpft und damit eine objektive Interpretationsgrundlage abgibt, ist die *Einfelderaufteilung* von Mehrfeldertafeln, die im folgenden als *Konfigurationsfrequenzanalyse* bezeichnet wird[12].

16.3.1 Die Konfigurationsfrequenzanalyse (KFA)

Das Gesamt-Chiquadrat einer k x m-Felder-Kontingenztafel setzt sich bekanntlich aus so vielen χ^2-Komponenten zusammen als Felder vorhanden sind. Jede einzelne Komponente ist ein Maß für die *Abweichung* der beobachteten Frequenz f dieses Feldes von der unter der Nullhypothese der Unabhängigkeit beider Mme erwarteten Frequenz e.

Ist die beobachtete Frequenz *größer* als die erwartete Frequenz, ist also sgn(f–e) positiv, dann sprechen wir von einer *Überfrequentierung* dieses Feldes; ist die beobachtete Frequenz kleiner als die erwartete Frequenz, also sgn(f–e) negativ, dann wollen wir dies *Unterfrequentierung* nennen. Über- wie Unterfrequentierung von Feldern ist Ausdruck mangelnder Übereinstimmung von Beobachtung und Erwartung und damit Ausdruck einer zwischen den beiden Mmn bzw. ihren Stufen bestehenden Kontingenz.

Mms-Konfigurationen

Aus Gründen, die historisch bedingt sind (LIENERT 1968) bezeichnen wir die Einfelderaufteilung und die Einfelderbeurteilung einer Kontingenztafel als Konfigurationsfrequenzanalyse. Eine *Konfiguration* ist dabei jede der km möglichen Kombinationen von Ausprägungen (Klassen, Stufen) der beiden Mme. Frequenzanalyse soll heißen, daß die Frequenzen einiger oder aller Felder der Kontingenztafel durch einen Vergleich zwischen Beobachtung und Erwartung unter H_0 analysiert werden. Wie diese Analyse vor sich geht, sei am Beispiel der Tabelle 16.3.1.1 illustriert.

Konfigurations-χ^2-Komponenten

Wir hatten in Beispiel 16.1.7.1 eine Stichprobe von N=570 Studierenden einmal nach ihrer Studienrichtung (S) und zum zweiten nach ihrer Einstellung (E) zur Gehirnabhängigkeit des Erlebens klassifiziert. Die k = 4 Stu-

---

[12] Die KFA wurde als heuristische Methode vom Vf. (1968) konzipiert und zusammen mit KRAUTH (KRAUTH und LIENERT, 1973) als inferentielle Methode vorgestellt. Sie gewinnt ihre besondere Bedeutung und für sie spezifische Bedeutung erst bei der Auswertung mehrdimensionaler Kontingenztafeln, wie im Kapitel 17 näher ausgeführt. Modifikationen sind in einer bisher elfteiligen Artikelserie der Z. klin. Psychol.Psychother. zusammengefaßt (LIENERT 1971, 1972, LIENERT u. KRAUTH 1973, 1974, LIENERT u. STRAUBE 1980, LIENERT u. WOLFRUM 1979).

dienrichtungen (n = Naturwissenschaftler, t = Techniker, g = Geisteswissenschaftler und j = Juristen) und die beiden Einstellungen (+ = Zustimmung, - = Ablehnung) sind in Tabelle 16.3.1.1 hinsichtlich der 4x2 = 8 möglichen Kombinationen (Konfigurationen) samt ihren Beobachtungs- und Erwartungswerten verzeichnet.

Tabelle 16.3.1.1

Konfiguration S E		f_{ij}	e_{ij}	$(= f_{i.}f_{.j}/N)$	$\chi^2_{ij} = \frac{(f-e)^2}{e}$	$\chi^2_{i.}$
n	+	135	112	(= 243·262/570)	4,72+	8,76*
n	-	108	131	(= 243·308/570)	4,04-	
t	+	31	33	(= 71·262/570)	0,12	0,23
t	-	40	38	(= 71·308/570)	0,11	
g	+	57	70	(= 152·262/570)	2,41	4,47*
g	-	95	82	(= 152·308/570)	2,06	
j	+	39	48	(= 104·262/570)	1,69	3,14
j	-	65	56	(= 104·308/570)	1,45	
243	262	570	570		$\chi^2 = 16{,}60$	16,60
71	308				Fg = 2	
152					P < 0,001	
104						
$f_{i.}$	$f_{.j}$	N	N		$\chi^2_c = 4$	

Konfigurationstypen

Die KFA beurteilt die *Felderkomponenten* des Gesamt-χ^2 nun daraufhin, ob sie eine vereinbarte Schranke, hier die Schranke $\chi^2_c = 4$ (entsprechend $\chi^2_{0,01} = 3{,}84$ für 1 Fg) überschreitet. ‚Signifikant' überfrequentierte Konfigurationen werden als *Konfigurationstypen* bezeichnet und mit einem apponierten Pluszeichen versehen. Signifikant unterfrequentierte Konfigurationen werden als *Antitypen* bezeichnet und mit einem Minuszeichen signiert.

In Tabelle 16.3.1.1 findet sich ein Typ (SnE+), der positiv (zur Gehirnabhängigkeit des Erlebens) eingestellten Naturwissenschaftler. Die Konfiguration SnE+ (= Studienrichtung Naturwissenschaft und positive Einstellung zur Gehirnabhängigkeit des Erlebens) wurde bei 135 Studenten beobachtet, wird aber unter H_0 (Unabhängigkeit von S und E) nur bei 112 Studenten erwartet, wie man nach e = Zeilensumme x Spaltensumme/N aus Tabelle 16.1.7.1 berechnen kann. Die Konfiguration SnE+ ist wegen 135 > 112 überfrequentiert und trägt zum Gesamt-χ^2 = 16,60 mit einem Anteil von $(135-112)^2/112 = 4{,}72$ bei. Wir werden nachfolgend beurteilen, ob dieser Beitrag ausreicht, um die Überfrequentierung als signifikant zu bezeichnen. Weiter findet sich ein dazu komplementärer Antityp der negativ eingestellten Naturwissenschaftler.

Je nachdem wie konservativ Typen oder Antitypen definiert werden sollen, setzt man die χ^2-Schranke zur Beurteilung einer Konfigurationskomponente höher oder niedriger an: Je höher man die Schranke ansetzt, um so ausgeprägter müssen die Typen (multivariate Klassen von Ptn, vgl. Bock, 1974) sein, um mittels der KFA identifiziert zu werden.

Prägnanz von Konfigurationstypen

Will man Typen und Antitypen aus *Stichproben verschiedenen Umfangs* bezüglich ihrer Ausgeprägtheit (Prägnanz) vergleichen, so beschreibt man sie durch einen zwischen 0 und 1 variierenden *Prägnanzkoeffizienten* Q, der wie folgt definiert ist (Krauth und Lienert, 1973, S. 34):

$$Q = \frac{2|f-e|}{N+|2e-N|} \tag{16.3.1.1}$$

Der *Prägnanzkoeffizient* entspricht seinen numerischen Werten nach dem parametrischen *Bestimmtheitsmaß* $B = r^2$, wobei r den parametrischen Produktmoment-Korrelationskoeffizienten bezeichnet. Will man die Prägnanz entsprechend r beschreiben, so hat man $Q_r = \sqrt{Q}$ zu bilden.

In Tabelle 16.3.1.1 hat der Typ der zur Gehirnabhängigkeit des Erlebens positiv eingestellten Naturwissenschaftler eine Prägnanz von Q = = 2|135-112|/(570+|270-570|) = 0,0529 oder Q_r = 0,23, was einer nur geringen praktischen Bedeutsamkeit dieses Typs entspricht.

16.3.2 Simultane Tests zur Einstichproben-KFA

Vorstehend wurde die KFA als ein *heuristisches* Verfahren zum Aufsuchen von Typen gekennzeichnet. Der heuristische Charakter der KFA ergab sich formal aus dem Umstand, daß es dem Untersucher überlassen bleibt, die zur Typenidentifizierung benötigte χ^2-Schranke nach Ermessen oder nach Prägnanzüberlegungen festzusetzen. Spätestens an dieser Stelle ist nun aber zu fragen, wie die im Rahmen der KFA auftretende Einfelderaufteilung einer k×m-Felderkontingenztafel auch *inferenzstatistisch* zu behandeln ist, wie also die Abweichung einer beobachteten von einer unter H_0 erwarteten Frequenz zufallskritisch zu beurteilen ist.

Wie im Fall der aposteriorischen Vierfeldertests haben wir auch im Fall eventueller aposteriorischer Einfeldertests unser Alpharisiko so zu adjustieren, daß der Tatsache mehrerer simultaner Tests Rechnung getragen wird. Bezeichnet r die Zahl der vereinbarten *Einfeldertests*, so ist $\alpha^* = \alpha/r$ als adjustiertes Alpha zu benutzen, welchen Test immer wir benutzen, um die Existenz eines Typs (oder eines Antityps) nachzuweisen (KRAUTH und LIENERT, 1973, Kap. 2).

χ^2-Komponententests nach KRAUTH

1. Das einfachste Testverfahren, mit dem sich Unterschiede zwischen Beobachtung und Erwartung in einzelnen oder allen Feldern einer k x m-Feldertafel nachweisen lassen, ist der χ^2_{ij}-*Komponententest*: Man beurteilt die r vorher vereinbarten Prüfgrößen χ^2_{ij} der Tafel 16.3.1.1 nach χ^2 für ein Fg und legt ein $\alpha^* = \alpha/r$ zugrunde. Je nachdem, ob alle möglichen Einfeldertests oder nur einzelne hypothesengeleitete r Tests durchgeführt werden, wird eine beobachtete Prüfgröße χ^2_{ij} nach α/km oder nach α/r zu beurteilen sein (KRAUTH, in KRAUTH u. LIENERT, 1973, Kap. 2.3).

2. Ohne *gezielte* Alternativhypothesen über Typen im voraus zu formulieren, hätten wir für Tabelle 16.3.1.1 r = 8 Einfeldertests planen und $\alpha^* = \alpha/8$ setzen müssen, was für $\alpha = 0,05$ ein $\alpha^* = 0,05/8 = 0,00625$ ergibt. In diesem Fall läge die Signifikanzschranke für r = 8 simultane χ^2-Komponententests bei $\chi^2_{2\alpha^*} = z^2_{\overline{\alpha}^*} = z^2_{0,00625} = 2,50^2 = 6,25$. Keine unserer χ^2_{ij}-Komponenten erreicht diese Schranke, weswegen die Nullhypothese fehlender Typen nicht verworfen werden darf (Tab. 16.3.1.1).

3. Am schärfsten wäre zu prüfen, wenn man r < km *gezielte Typenhypothesen* formuliert und etwa vor der Datenerhebung behauptet hat, daß Naturwissenschaftler einen Bejahungstyp und Geisteswissenschaftler einen Verneinungstyp konstituieren. In diesem Fall sind nur r = 2 einseitige χ^2_{ij}-Komponententests durchzuführen und $\alpha^* = 0,05/2 = 0,025$ zu setzen, was bedeutet, daß die Schranke mit $\chi^2_{2\alpha^*} = \chi^2_{0,05} = z^2_{0,025} = 1,96^2 = 3,84$ sehr niedrig liegt. Dennoch wird sie nur von $\chi^2_{n+} = 4,72$ nicht von $\chi^2_{g-} = 2,06$ überschritten, wie Tabelle 16.3.1.1 ausweist.

Binomialtests nach KRAUTH

Die Anwendung des *asymptotischen* χ^2-*Komponententests* setzt voraus, daß die Erwartungswerte e_{ij} durchweg größer als 5 sind (COCHRAN, 1954) oder zumindest größer als 3, wenn sie sich größenordnungsmäßig ähneln (WISE, 1963). Sind diese Bedingungen nicht erfüllt oder liefert der χ^2-Komponententest ein kritisches Ergebnis, dann muß an seinerstatt der *exakte Binomialtest* mit $x = f_{ij}$ als Variabler und N wie $p = f_{i.}f_{.j}/N^2 = e_{ij}/N$ als Parametern durchgeführt werden, um Typen nachzuweisen (KRAUTH, in KRAUTH u. LIENERT, 1973. Kap. 2.3):

$$B = \sum_{j=x}^{N} \binom{N}{j} p^j (1-p)^{N-j} \qquad (16.3.2.1)$$

Nur wenn die *einseitige* Überschreitungswahrscheinlichkeit B des Binomialtests kleiner ist als das adjustierte Alpha-Risiko $\alpha^* = \alpha/r$, darf die Existenz eines Typus als gesichert gelten.

In unserem Beispiel wäre (Tab. 16.3.1.1) für die Konfiguration (n+) $p = 243 \cdot 262/570^2 = 0,1959557$ und $x = 135$ zu setzen, so daß

$$B = \sum_{j=135}^{570} \binom{570}{j} (0,1959557)^j (1 - 0,1959557)^{570-j} = 0,007$$

Ohne eine EDV-Anlage und ohne Tafeln der kumulativen *Binomialverteilung* (z.B. OFFICE OF THE CHIEF OF ORDONANCE, 1952) werte man über die parametrische Prüfgröße F aus, falls die Erwartungswerte e_{ij} kleiner als 5 sind (vgl. PFANZAGL, 1974, S. 117 und 11.2.3).

2. Ist e_{ij} größer als 5, und zugleich $N > 60$, dann wertet man asymptotisch über die *Normalverteilung* aus:

$$u = \frac{f - e}{\sqrt{e(1 - p)}} \qquad (16.3.2.2)$$

In unserem Beispiel gilt $u = (135-112)/\sqrt{112(0,8040443)} = 2,42$, dem ein P-Wert von 0,0078 entspricht. Falls wir $\alpha^* = 0,05/8$ zugrunde legen, ist der Nachweis eines Typus zu verneinen.

Ist p klein, so ist 1–p nahe 1 und kann in (16.3.2.2) fortfallen. Setzt man $u^2 = \chi^2(1 \text{ Fg})$, dann ist der eingangs empfohlene χ^2-Komponententest als Näherungslösung für einen Binomialtest zu erkennen.

*Residual-Adjustierungstest nach H*ABERMAN

Ein liberaleres Verfahren der Einzelfeldbeurteilung, das die Abweichungen der beobachteten von den unter H_0 erwarteten Frequenzen *(Residuen)* regressionsanalytisch prüft, hat HABERMAN (1972) angegeben: Er zeigt, daß – falls eine Kontingenztafel dem sog. *Log-linearen Modell* (15.7) folgt (vgl. EVERITT, 1977, Ch.5) – die Residuen $d = f - e$ unter H_0 über einem Erwartungswert von $E(d) = 0$ mit einer Varianz von $Var(d) = e(1-Z/N)(1-S/N)$ asymptotisch normal verteilt sind, so daß

$$u = \frac{f - e}{\sqrt{e(1 - Z/N)(1 - S/N)}} \qquad (16.3.2.3)$$

wie eine Standardnormalvariable zu beurteilen ist. In (16.3.2.3) bezeichnet Z die Zeilensumme und S die Spaltensumme des Feldes mit der beobachteten Frequenz f und der erwarteten Frequenz e.

Auf das Beispiel der Tabelle 16.3.1.1 angewandt, gilt für $f = 135$ und $e = 112$, daß $Var(d) = 112(1 - 243/570)(1 - 262/570) = 34,72$, woraus

$u = (135-112)/\sqrt{34{,}72} = 3{,}90$ folgt. Dieses u liegt wesentlich über dem $u = 2{,}42$ aus dem asymptotischen Binomialtest und entspricht einem $P = 0{,}00005 < 0{,}05/8 = \alpha*$. HABERMANS Residual-Adjustierungstest unterliegt allerdings der oben genannten Modell-Einschränkung (vgl. 15.7), weshalb wir ihn zum Typennachweis in der KFA nicht nutzen wollen.

16.3.3 Die Zweistichproben-KFA

Besetzungshomogenität zweier Kontingenztafeln

Wir hatten bereits in Kapitel 9 unter 9.3.5 die Möglichkeit, zwei unabhängige und *homomorphe* k×m-Feldertafeln bezüglich der *Homogenität ihrer Besetzungszahlen* zu vergleichen[13]. Der dort benutzte Test von STEINGRÜBER (1971) sah bereits die Möglichkeit, einzelne oder alle Paare korrespondierender Felder mit einander zu vergleichen (zumindest im Beispiel 9.3.5.1), ausdrücklich vor. Dieser Vergleich kann auch als eine Version der KFA, nämlich als sogenannte *Zweistichproben-KFA* umgedeutet werden. Wir wollen dies unter Rückgriff auf STEINGRÜBERS Datenmaterial illustrieren und die Frage einer echt inferentiellen anstelle der dort empfohlenen heuristischen Beurteilung diskutieren.

Wir haben seinerzeit eine Stichprobe von $N = 482$ Suizidanten einmal nach $k = 3$ Motiv-Kategorien (k = Krankheit, g = Geisteskrankheit und t = Trunksucht) und nach dem ‚Erfolg' im versuchten (−) und vollendeten (+)

Tabelle 16.3.3.1

Nr.d.Konfig. i	M	E	Männer a_i	Frauen b_i	Beide N_i	$\dfrac{N}{N_i}\left(\dfrac{a_i^2}{N_a}+\dfrac{b_i^2}{N_b}\right) - N_i = \chi^2$
1	k	+	86	64	150	3,213(28,229+18,618)−150= 0,519
2	k	−	16	18	34	14,176(0,977+ 1,473)− 34= 0,731
3	g	+	61	76	137	3,518(14,202+26,255)−137= 5,327
4	g	−	25	47	72	6,694(2,385+10,041)− 72=11,180
5	t	+	47	7	54	8,926(8,431+ 0,223)− 54=23,246
6	t	−	27	8	35	13,771(2,782+ 0,291)− 35= 7,456
			$N_a=262$	$N_b=220$	$N=482$	Fg = (6−1)(2−1) = 5, χ^2 =48,459

---

13 Als homomorph bezeichnet man zwei Kontingenztafeln, wenn sie gleichen Zeilen- und gleiche Spalteneingänge aufweisen; das impliziert gleiche Zahl von k Zeilen und m Spalten. k x m-Tafeln mit ungleichen Eingängen bezeichnet man als heteromorph.

Selbstmord in zwei 3×2-Feldertafeln eingeordnet und zwar je eine für Männer (N_a = 262) und für Frauen (N_b = 220). Tabelle 16.3.3.1 gibt die beiden Tafeln noch einmal in *konfiguraler Schreibweise* wieder. Wir benutzen dabei die für k×2-Feldertafeln übliche Notation mit a_i und b_i, i = 1(1)k als Felderfrequenzen und N_a, N_b sowie N_i als Spalten- und Zeilensummen.

In Tabelle 16.3.3.1 wurde die bekannte BRANDT-SNEDECOR-Formel zur Berechnung eines k×2-Felder-χ^2 so umgeformt, daß die Beiträge χ_i^2 der k Spalten als Summanden auftreten[14] (vgl. GEBHARDT u. LIENERT, 1978).

$$\chi^2 = \Sigma\chi_i^2 = \Sigma \frac{N}{N_i} \left(\frac{a_i^2}{N_a} + \frac{b_i^2}{N_b} \right) - N_i \qquad (16.3.3.1)$$

Auf diesem Wege ergab sich in Tabelle 16.3.3.1 χ^2 = 48,459, das für 6−1 = 5 Fge hoch signifikant wäre.

Wie sind nun aber seine 6 *Komponenten*, χ_i^2, zu beurteilen? Offenbar diskriminiert die Konfiguration MtE+ (Trunkenheit in Kombination mit vollendetem Selbstmord) zwischen Männern und Frauen am stärksten; vermutlich bildet sie − wie wir sagen werden − einen *Diskriminationstyp*, denn sie hat die höchste χ^2-Komponente von 23,246. Vielleicht differenziert auch die nächst niedrigere χ^2-Komponente von 11,180 bzw. deren Konfiguration MgE− (Geisteskrankheit und versuchter Selbstmord) signifikant? Wir wollen im folgenden von der heuristischen auf die statistische Sichtweise überleiten.

Simultane Vierfelder-χ^2-Tests

Um eine Zweistichproben-KFA durchzuführen, müssen *korrespondierende Frequenzpaare* a_i, b_i nach Art von spaltenverdichteten Vierfelder-χ^2-Tests miteinander verglichen werden. Dies wird für das Paar Nr.1 in Tabelle 16.3.3.2 demonstriert (vgl. KRAUTH in KRAUTH und LIENERT, 1973, Kap. 6.1)

---

14 Man beachte, daß die 6 χ^2-Komponenten auch in konventioneller, wenn auch aufwendiger Form berechnet werden können, gemäß $\chi^2 = \Sigma(f-e)^2/e$. Nach dieser Formel ergibt sich für die Konfiguration Nr. 1:

$$\chi_1^2 = \frac{(86 - \frac{150 \cdot 262}{482})^2}{\frac{150 \cdot 262}{482}} + \frac{(64 - \frac{150 \cdot 220}{482})^2}{\frac{150 \cdot 220}{482}} = 0,519$$

Man erkennt durch Vergleich sofort den ökonomischen Vorzug der vorgeschlagenen (in der Literatur offenbar nicht aufgeführten) Alternativ-Formel (15.3.3.1).

Tabelle 16.3.3.2

	a	b	
1	$a_1 = 86$	$b_1 = 64$	$150 = N_1$
2–6	$N_a - a_1 = 176$	$N_b - b_1 = 156$	$332 = N - N_1$
	$N_a = 262$	$N_b = 220$	$482 = N$

$$\chi_1^2 = \frac{482(86 \cdot 156 - 64 \cdot 176)^2}{150 \cdot 332 \cdot 262 \cdot 220} = 0{,}78$$

Wie in Tabelle 16.3.3.1 vorweggenommen, kann die klassische *Vierfelder-χ^2-Formel* in einer Weise *modifiziert* werden, die das aufwendige Erstellen aller km Vierfeldertafeln erspart. Diese Umformung lautet in der Schreibweise einer k×2-Feldertafel

$$\chi_i^2 = \left[\frac{N-1}{N_a N_b} \right] \frac{(N a_i - N_i N_a)^2}{N_i (N - N_i)} \quad \text{mit 1 Fg} \tag{16.3.3.2}$$

Die *Prüfgröße* χ^2 ist unter der Nullhypothese homogen verteilter Konfigurationsfrequenzen a_i und b_i wie χ^2 mit 1 Fg verteilt und nach $\alpha^* = \alpha/k$ zu beurteilen (k = 6).

Diskriminationstypen

Führt man gemäß Formel (16.3.3.2) alle k = r = 6 simultanen Vierfelder-χ^2-Tests durch, so erhält man Tabelle 16.3.3.3 aus 16.3.3.1

Tabelle 16.3.3.3

K	I	$(N/N_a N_b)(N a_i - N_i N_a)^2/N_i(N-N_i) =$	χ_i^2
k+	1	0,083449(41452 – 39300)² /498000 =	0,78
k–	2	0,083449(7712 – 8908)² / 15232 =	7,84
g+	3	0,083449(29402 – 35894)² / 47265 =	7,44
g–	4	0,083449(12050 – 18864)² / 29520 =	13,12*
t+	5	0,083449(22654 – 14148)² / 23112 =	261,24*
t–	6	0,083449(13014 – 9170)² / 15645 =	78,81*

Da $\alpha = 0{,}01$ gelten soll und das adjustierte $\alpha^* = 0{,}01/6 = 0{,}00167$ ausmacht, gilt eine zweiseitige χ^2-Schranke von $u_{0,00167}^2 = 2{,}94^2 = 8{,}64$, welche von den KFA-Tests i = (4, 5, 6) überschritten wird (mit Stern signiert).

Drei Konfigurationen (g–, t+, t–) differenzieren also signifikant zwischen den beiden Geschlechtern, bilden *Diskriminationstypen*. Unter Bezug auf Tabelle 16.3.3.1 interpretieren wir: Die Frauen dominieren unter den Geisteskranken, die einen Selbstmordversuch unternehmen (g−); die Männer dominieren unter den Trunksüchtigen, die einen Versuch unternehmen (t−) oder Suizid verüben (t+).

Prägnanz von Diskriminationstypen

Will man analog der *Prägnanz* von Konfigurationstypen, auch für *Diskriminationstypen* einen Q-analogen Prägnanzkoeffizienten definieren, so empfiehlt sich hierzu der *Diskriminanzkoeffizient*

$$\emptyset_i^2 = \chi_i^2/N \tag{16.3.3.3}$$

Die höchste Prägnanz hat offenbar der mit dem höchsten χ_i^2 einhergehende (t+)-Typ. Bei N = 482 ist sein Koeffizient $\emptyset_5^2$ = 261,24/482 = 0,54, während der Koeffizient des am schwächsten ausgeprägten (g−)-Typs $\emptyset_4^2$ = 13,12/482 = 0,03 praktisch nicht mehr bedeutsam ist. Die Wurzelwerte sind $\emptyset_5$ = 0,73 und $\emptyset_4$ = 0,18.

Interpretation von Diskriminanztypen

(1) Angenommen, wir erfahren, daß ein Trunksüchtiger Suizid verübt hat, der aus der gleichen Population wie die Stichprobe in Tabelle 16.3.3.1 stammt, ohne daß wir sein Geschlecht erfahren. Wir können dann $\emptyset_i^2$ als r^2 (Bestimmtheitsmaß) interpretieren und argumentieren: Mit 54% Wahrscheinlichkeit handelt es sich um einen Mann; mit Restwahrscheinlichkeit von 46% handelt es sich um einen Mann oder um eine Frau. Insgesamt spricht also bei gleichem Geschlechteranteil (54+23)% = 77% dafür, auf einen Mann ‚zu tippen'. Diese Art der Interpretation dient zur *Klassifikation* von Individuen bzw. zur *Identifikation* im Sinne von RIEDWYL und KREUTER (1976).

(2) In gleicher Weise können wir interpretieren, wenn die a_i in Tabelle 16.3.3.1 erfolgreich behandelte und die b_i weiter behandlungsbedürftige Patienten sind, und wenn k, g und t drei Diagnosen sind, deren Träger mit einer neuen (+) oder einer tradierten (−) Methode behandelt worden sind. Offenbar ist die neue Behandlung in Anwendung auf die Diagnose t viel wirksamer als die tradierte Behandlung. Unter der Voraussetzung, daß die 2 Behandlungen (+, −) nach Los auf die N Ptn aufgeteilt worden sind, ist diese Interpretation i.S. der *Anwendungsindikation* konklusiv und verbürgt eine durchschnittlich 77%ige Heilung.

(3) Wenn umgekehrt die a_i mit A behandelte und b_i mit B behandelte Patienten sind (*ohne* Los und mit Indikationszuteilung der 2 Behandlungsarten), und k, g und t stark (+) oder schwach (−) ausgeprägte Krankheitssymptome sind, dann wurden überzufällig viele Patienten des Symptoms t

behandelt (47+27 = 69) und überzufällig wenige (7+8 = 15) mit B, wie ein Vierfelder-χ^2-Test aus Tabelle 16.3.3.1 ergibt

$$\chi^2 = 482 \cdot (193 \cdot 15 - 205 \cdot 69)^2 / (393 \cdot 89 \cdot 262 \cdot 220) = 30{,}26 \;,$$

das für 1 Fg auf jeder beliebigen Stufe signifikant ist. Die Präferenz der Behandlung A für das Symptom t gilt aber unabhängig davon, ob das Symptom t stark oder schwach ausgeprägt ist, da beide Ausprägungsgrade signifikant diskriminieren. Bevorzugt mit B behandelt wurde (nach ärztlicher Indikation) ein schwach ausgeprägtes Symptom g mit dem Diskriminanztyp (g–). Offenbar hatten die behandelnden Ärzte den klinischen Eindruck, daß A besser gegen t und B besser gegen (g–) wirke, ein *Wirkungsvorurteil*.

(4) Sind die Behandlungen A und B nach Zufall auf die N = 482 Patienten verteilt worden, wobei k, g und t Remissionsverläufe (prompt, lytisch und intermittierend) und (+, –) Remissionsgrade (voll, partiell) einer chronischen Krankheit sind, dann besagt der Diskriminanztyp (t+) in Tabelle 16.3.3.1: Die Behandlung A bringt in höherem Maße intermittierend verlaufende Vollremissionen als die Behandlung B. Die Chance einer solchen Vollremission beträgt im Schnitt 77% für diese Behandlung (A). Eine solche Interpretation dient der *Wirkungsvoraussage*.

Apriorische und Aposteriorische KFA-Tests

Auch die Prüfgröße des Zweistichproben-KFA muß entsprechend der Zahl r der *spezifizierten Alternativen* zu H_0 bzw. der Zahl der apriori geplanten und simultan durchzuführenden Vierfeldertests nach einem *adjustierten Alpha-Risiko* von $\alpha^* = \alpha/r$ beurteilt werden. Die Schranke $\chi^2_{\alpha^*}$ ist wegen Fg = 1 in gleicher Weise wie in der Einstichproben-KFA über z^2 zu bestimmen. Sind die Alternativen zu H_0 einseitig formuliert – also etwa $a_i/N_a > b_i/N_b$ – so ist die Schranke $\chi^2_{2\alpha^*}$ einem, mehreren oder allen r Tests zugrunde zu legen.

Ohne Spezifizierung der Alternativen ergibt eine aposteriorische Auswertung von Tabelle 16.3.3.3 r = 6 simultane Vierfelder-χ^2-Tests; für sie ist bei $\alpha = 0{,}05$ ein adjustiertes $\alpha^* = 0{,}05/6 = 0{,}00833$ zugrunde zu legen. Für dieses adjustierte α^* gilt eine Schranke von $\chi^2_{\alpha^*} = z^2_{\alpha^*} = 2{,}39^2 = 5{,}71$. Diese Schranke wird von 5 der 6 simultanen Tests überschritten, d.h. 5 der 6 Konfigurationen treten bei Männern und Frauen in unterschiedlichen Anteilen auf.

Exakte versus asymptotische KFA-Tests

Die simultanen Vierfelder-χ^2-Tests der Zweistichproben-KFA sind nur zulässig, wenn alle Erwartungswerte der 2x4-Feldertafeln den Wert 5 überschreiten, d.h., wenn die Stichprobe groß ist und die 4 Randsummen nicht allzu stark differieren.

Im Zweifelsfall wird man bei χ^2-Tests (5.3.1.3) mit Stetigkeitskorrektur arbeiten, indem man vom Betrag der Zählerdifferenz den Wert $N/2$ subtrahiert, ehe man ihn quadriert.

Kleine Stichproben mit niedrigen Erwartungswerten analysiert man mittels exakter Vierfeldertests nach FISHER-YATES (vgl. 5.3.2), indem man sie auf Vierfelder-Schemata vom Typ der Tabelle 16.3.3.2 zur Anwendung bringt und P zweiseitig berechnet. Der exakte Vierfeldertest der Zweistichproben-KFA korrespondiert zum exakten Binomialtest der Einstichproben-KFA.

Zur Routine-Durchführung simultaner FISHER-YATES-Tests benutzt man ein EDV-Programm oder ausführliche Tafeln der hypergeometrischen Verteilung (vgl. LIEBERMAN und OWEN, 1961). Nur in Ausnahmefällen wird man auch mit den HENZE-Tafeln XIV−4−3 das Auslangen finden.

16.3.4 Die Mehrstichproben-KFA

Die Zweistichproben-KFA muß zu einer *Mehrstichproben-KFA* verallgemeinert werden, wenn es darum geht, *mehr als zwei* homomorphe $k \times m$-Feldertafeln auf Homogenität ihrer (bivariaten) Besetzungszahlen zu prüfen. Diese *Verallgemeinerung* wurde in Kapitel 9.3.6 nicht mehr angesprochen, verdient aber Beachtung, wenn statt der beiden Geschlechter in Tabelle 16.3.3.1 verschiedene soziale Schichten oder verschiedene Diagnoseklassen bezüglich zweier beobachteter Mme miteinander zu vergleichen sind.

Haben wir die Daten zu einer Zweistichproben-KFA in Form einer $km \times 2$-Feldertafel dargestellt (vgl. Tabelle 16.3.3.1), so müssen wir eine *K-Stichproben-KFA* analog als $km \times K$-Feldertafel zur Darstellung bringen: Den km Zeilen entsprechen die km Mms-Konfigurationen, d.h. die Kombinationen der k Stufen des Zeilen Mms und der m Stufen des Spalten-Mms, und den K Spalten entsprechen die K Stichproben.

Asymptotische KFA-Tests

Für eine Kontingenztafel mit km Zeilen (Mms-Konfigurationen) und K Spalten (Stichproben) prüft man, ob die Konfiguration i, i = 1(1)km zwischen den K Stichproben diskriminiert, einen *Diskriminanztypus* bildet, mit der Formel von BRANDT-SNEDECOR (vgl. Formel 5.4.1.1)

Die in der Formel auftretenden Symbole sind durch Tabelle 16.3.4.1 definiert:

Tabelle 16.3.4.1

a_1	a_2	.....	a_K	N_a
N_1-a_1	N_2-a_2	...	N_K-a_K	$N-N_a = N_b$
N_1	N_2	.....	N_K	N

In Zeile 1 der Tabelle 16.3.4.1 stehen die Frequenzen der zu prüfenden Konfiguration a_i und in Zeile 2 die Frequenzen $N_i-a_i = b_i$ der restlichen km-1 Konfigurationen.

Die Prüfgröße χ^2 in (5.4.1.1) ist wie χ^2 mit K-1 Fgn zu beurteilen, wenn alle oder fast alle Erwartungswerte größer als 5 sind (COCHRAN, 1954). Überschreitet χ^2 die für km simultane Konfigurationstests geltende Schranke $\chi^2_{\alpha*}$ mit $\alpha* = \alpha/km$, dann ist ein Diskriminationstyp nachgewiesen.

Sind die 2 beobachteten Mme *Alternativsymptome* (vorhanden, fehlend) wie Angst und Unsicherheit, dann gibt es $2 \cdot 2 = 4$ Konfigurationen (A+U+ bis A-U-). Sind 3 Stichproben Diagnoseklassen, wie Neurose, Depression und Psychopathie, dann kann die Konfiguration A+U+ am häufigsten bei Neurotikern und am seltensten bei Psychopathen auftreten, wie in Tabelle 16.3.4.2 (Daten aus KRAUTH und LIENERT, 1973, Tab. 30): A = Angst, U = Unsicherheit, N = Neurose, D = Depression und P = Psychopathie.

Tabelle 16.3.4.2

Sympt. AU	Diagnosen N	D	P	
++	19	11	3	33
andere	81	137	129	347
	100	148	132	380

Die Auswertung nach (5.4.1.1) ergibt folgendes Chiquadrat:

$$\chi^2 = \frac{380^2}{33 \cdot 347} \left(\frac{19^2}{100} + \frac{11^2}{148} + \frac{3^2}{132} - \frac{33^2}{380} \right) = 20{,}55$$

Wegen der $2 \cdot 2 = 4$ Konfigurationen (die in gleicher Weise zu prüfen wären) ist $\alpha* = 0{,}05/4 = 0{,}0125$ anzusetzen. Die zugehörige χ^2-Schranke beträgt nach Tafel II (des Tafelbandes) $u^2_{0,0125} = 2{,}24^2 = 5{,}02$. Diese

Schranke wird weit überschritten, so daß die untersuchte Symptom-Konfiguration A+U+ zwischen den 3 Diagnosen diskriminiert.

Prägnanzüberlegungen

Einen *Prägnanzkoeffizienten* für die Diskrimination zwischen Neurose einerseits und Nichtneurosen (D, P) andererseits gewinnt man aus den Vierfelderfrequenzen a = 19, b = 11+3 = 14, c = 81 und d = 137+129 = = 266. Nach Formel (16.3.3.3) gilt $\emptyset^2$ = 18,21/380 = 0,048. Eine so niedrige Prägnanz in bezug auf N berechtigt nicht dazu, aufgrund von Angst und Unsicherheit als Symptomen die Diagnose ‚Neurose' zu stellen. Depression und Psychopathie müssen durchaus in Differentialdiagnose gezogen werden. Das (A+U+)-Syndrom ist also nicht ‚pathognomonisch' für die Neurosendiagnose. Ebenso gut könnte man fragen, ob die Konfiguration A+U+ nicht die Diagnose P ausschließt? Man würde dann N und D poolen und P gegenüberstellen: a = 19+11 = 30, b = 3, c = 81+137 = 218 und d = 129 ergeben ein $\emptyset^2$ = (30 · 129 − 3 · 218)²/33 · 347 · 248 · 132) = = 0,027, das ebenfalls keine Ausschlußdiagnose erlaubt.

Exakte KFA-Tests

Sind einzelne Konfigurationen *schwach* besetzt, dann verbietet sich u. U. eine asymptotische χ^2-Auswertung von 2×K-Feldertafeln des Typs von Tabelle 16.3.4.1. Ist auch nur ein Erwartungswert kleiner als 2, dann sollte ein exakter k×2-Feldertest an seine Stelle treten. Bei K = 3 Stichproben gleichen Umfangs N_i = N/3 können die Tafeln von BENNET und NAKAMURA (vgl. XIV–3–2–3) eine Entscheidung treffen. Im allgemeinen Fall kann man bis K = 5 Stichproben die Tafeln von KRÜGER et al. (1979, Bd. 2) benutzen. Ansonsten benutze man ein geeignetes EDV-Programm, wie das von STUCKY und VOLLMAR (1975) oder das von MARCH (1972). Die damit gewonnenen exakten Überschreitungswahrscheinlichkeiten P vergleiche man mit dem adjustierten Alpha-Risiko, α^* = α/km und entscheide für die Diskrimination einer Konfiguration i, wenn P < α^*.

16.3.5 Die Prädiktions-KFA

Kehren wir nochmals zur Einstichproben-KFA zurück und nehmen wir an, das Zeilen-Mm sei ein unabhängiges Mm und das Spalten-Mm sei ein von ihm abhängiges Mm: Sucht man in diesem Fall zu jeder der k Ausprägungen des Zeilen-Mms jene Ausprägung des Spalten-Mms, die einen Konfigurationstyp definiert, so entsprechen diese Konfigurationstypen sogenannten *Prädiktionstypen* (LIENERT und KRAUTH, 1972). Durch Prädiktionstypen wird die Ausprägung des abhängigen Mms *(Prädikands)* aufgrund von ausgewählten Ausprägungen des unabhängigen Mms *(Prädiktors)* vorhergesagt (vgl. HEILMANN et al., 1979).

Wenn wir in Tabelle 16.3.1.1 das Mm Studienrichtung (S) als den Prädiktor und das Mm Einstellung (zur Gehirnabhängigkeit des Erlebens) als den Prädikanden betrachten, so liefert die *Prädiktions-KFA* zwei Vorhersagemöglichkeiten: Naturwissenschaftler (SnE+) glauben überzufällig häufig (135 gegen 112) an die Gehirnabhängigkeit, Geisteswissenschaftler (SgE–) überzufällig häufig (95 gegen 82) *nicht* an die Gehirnabhängigkeit des Erlebens.

Nicht nur die *Einstichproben-KFA*, sondern auch die *Zweistichproben-KFA* kann als Prädiktions-KFA interpretiert werden: Wenn wir in Tabelle 16.3.3.1 gefunden haben, daß sich Männer und Frauen in ihrer Suizidal-Motivation (M) und ihrem Suizidal‚erfolg‘ (E) unterscheiden, so können wir auch fragen: Läßt sich aufgrund der unabhängigen Mme Geschlecht (G) und Motivation (M) die Vitalgefährdung (der ‚Erfolg‘) eines Suizidanten vorhersagen? Um diese Vorhersage mittels einer Prädiktions-KFA zu leisten, brauchen die Mme G und E in Tabelle 16.3.3.1 nur vertauscht zu werden: Die 3 x 2 = 6 Motivations-Geschlechts-Kombinationen bilden dann die Zeilen eines Prädiktor-Mms und die 2 Suizidalausgänge (+, –) bilden die 2 Spalten eines Prädikanden-Mms.

Abschließend sei vorweggenommen, daß die KFA als Einstichproben wie als Mehrstichproben-Methode nicht auf zweidimensionale Kontingenztafeln beschränkt ist; gerade erst in Anwendung auf *mehrdimensionale Kontingenztafeln* (vgl. Kapitel 17 und 18) liegt ihre eigentliche Bedeutung. Da sich die KFA ihrer Zielsetzung nach jedoch am einfachsten anhand zweidimensionaler Kontingenztafeln darstellen läßt, wurde sie bereits in diesem Kapitel einführend behandelt.

16.4 Lokationshomogenität in monordialen Kontingenztafeln

In Kapitel 15.1 haben wir allgemein von Homogenität gesprochen und angenommen, k gruppierte Stichproben seien bezüglich der Verteilungsform eines m-stufigen Mms verglichen worden. Dabei könnten sich die Verteilungen bezüglich Lage, Dispersion, Schiefe oder Exzeß unterscheiden; es blieb der *Interpretation* vorbehalten, eine nachgewiesene Inhomogenität näher zu kennzeichnen.

Im folgenden wollen wir uns auf Inhomogenität konzentrieren, die ausschließlich zu Lasten *unterschiedlicher Lokation* der k Stichproben eines m-stufigen Mms gehen und Tests entwickeln, die auf solche Lageunterschiede bestmöglich ansprechen.

Wir gehen im folgenden von Kontingenztafeln mit einem *nominal* skalierten *Zeilen*-Mm und einem *ordinal* oder *kardinal* skalierten *Spalten*-Mm aus und greifen zunächst auf einen Test zurück, den wir bereits in Kapitel 6.2.1 kennengelernt haben.

16.4.1 Der Lagehomogenitäts-H-Test von RAATZ

Wir betrachten ein *ordinal* skaliertes, m-stufiges Mm, das in k unabhängigen Stichproben beobachtet wurde. Daraus resultiert eine kxm-Feldertafel mit den Frequenzen f_{ij}, i = 1(1)k und j = 1(1)m. Die Zeilensummen N_i sind die *Stichprobenumfänge* und die Spaltensummen N_j sind die *Stufenhäufigkeiten*.

Wir fassen die kxm-Feldertafel als eine Darstellungeform von k Stichproben zu m Gruppen von Beobachtungen auf und wenden zur Prüfung auf *Lagehomogenität* der ordinal skalierten Observablen den für gruppierte Meßwerte von RAATZ (1966) adaptierten H-Test an (vgl. 6.2.1).

1. Unter Bezugnahme auf die Notation der Tabelle 6.2.1.4, in der Zeilen und Spalten vertauscht worden sind, ergibt sich die *Prüfgröße* H des *RAATZschen H-Tests* wie folgt

$$H = \frac{3}{N(N+1)} \sum_{i=1}^{k} \frac{(2T_i)^2}{N_i} - 3(N+1) \qquad (16.4.1.1)$$

Darin bedeuten $2T_i$ die nach RAATZ' Algorithmus zu berechnenden k Rangsummen und N_i die zugehörigen Stichprobenumfänge.

2. Berücksichtigt man, daß die Beobachtungen in den k Stichproben in Gruppen zu je m diskretisiert sind, erhält man die *bindungskorrigierte Prüfgröße*

$$H_{corr} = H/C , \text{ die mit} \qquad (16.4.1.2)$$

$$C = 1 - \sum^{k}(N_j^3 - N_j)/(N^3 - N) \qquad (16.4.1.3)$$

asymptotisch wie χ^2 mit m−1 Fgn verteilt ist, wenn H_0 (Lokationshomogenität) zutrifft. Die Gruppierungsumfänge N_j entsprechen den f_j in Tabelle 6.2.1.4.

Die *Anwendung* des Lagehomogenitätstests von RAATZ ist in Tabelle 6.2.1.4 bereits für k = 3 Zeilen (Stichproben) und m = 6 Spalten (Mms-Intervalle) numerisch illustriert worden.

An Voraussetzungen impliziert der H-Test, daß die k Zeilen *homomer*, also bis auf Lageunterschiede identisch verteilt sind, daß insbesondere die Dispersionen in den k Zeilen vergleichbar sind. Ist die Homomeritätsannahme zu negieren, dann verliert der H-Test rasch an Effizienz und ein an sich schwächerer Test, der k-Stichproben-Mediantest (vgl. 5.4.2) kann sich als wirksamer erweisen.

16.4.2 Der Lagehomogenitäts-Q-Test von YATES

Ist die Beobachtungsvariable *intervallskaliert* (wie die Gewichte G in Tabelle 9.3.2.1), dann können — insbesondere bei ungleichen Intervallen — die Spalten (Stufen) der k Zeilen (Stichproben) durch gruppierte Meßwerte bzw. deren Intervallmitten repräsentiert werden. Auf *Lagehomogenität* intervallskalierter und m-fach gruppierter Stichproben prüft man schärfstmöglich mittels eines von YATES (1948) erstellten Homogenitätstests für k×m-Feldertafeln.

Sind die m Spalten zwar nicht von Hause aus intervallskaliert, wohl aber unter bestimmten Annahmen vom Untersucher nach Intervallen zu skalieren — zu ‚metrifizieren‘, wie man auch sagt —, dann kann endständigen Stufen ein *größeres Gewicht* als mittständigen dadurch gegeben werden, daß man ihnen höhere Skalenwerte zuordnet. Eine solch *arbiträre Metrifizierung* rangskalierter Mme muß allerdings vor der Datenerhebung erfolgen und sachlogisch begründet werden.

Wir gehen von einer Mehrfeldertafel aus, in der die k Zeilen *nominal* skalierte Stichproben repräsentieren und die m Spalten *intervallskalierte* Stufen einer Beobachtungsvariablen (Observablen). Wie üblich bezeichnen wir mit f_{ij} die Felderfrequenzen und mit $f_{i.}$ und $f_{.j}$ die Randsummen, wobei die j als Meßwerte aufgefaßt werden.

YATES schlägt nun vor, folgende quasi-parametrische *Prüfgröße* zu definieren

$$Q = \frac{N^2}{A} [\Sigma U_i^2/N_i - (U_i)^2/N] \qquad (16.4.2.1)$$

Dabei sind die *Hilfsgrößen* A und U wie folgt definiert

$$A = N\Sigma U_i^2 - (\Sigma U_i)^2 \qquad (16.4.2.2)$$

$$U_i = \sum_j (j \cdot f_{ij}) \qquad (16.4.2.3)$$

$$U_i^2 = \sum_j (j^2 \cdot f_{ij}) \qquad (16.4.2.4)$$

Die Prüfgröße Q ist bei Geltung der Nullhypothese wie χ^2 mit k−1 Fgn verteilt und entsprechend zu beurteilen.

Wie man den hier der Kürze halber als *YATESschen Q-Test* bezeichneten Test praktisch nutzbar macht, und welcher Indikation er dient, zeigt das folgende Beispiel 16.4.2.1. In diesem Beispiel wird eine Intervallskala durch den *Konsens kompetenter Beurteiler* definiert bzw. nach einem konzeptorientierten Rating (LANGER und SCHULZ V. THUN, 1974, Kap.3) konstituiert.

Beispiel 16.4.2.1

Fragestellung: Es soll untersucht werden, ob k = 5 unterschiedliche Familienkonstellationen, nämlich

A = Vollständige Familie, Vater berufstätig, Mutter im Haushalt;
B = Vollständige Familie, Vater und Mutter berufstätig,
C = Vaterlose Familie, Mutter im Haushalt tätig;
D = Vaterlose Familie, Mutter berufstätig;
E = Mutterlose Familie, Vater berufstätig,

mit unterschiedlichen Erfolgen der Kinder in der Lehrlingsausbildung verknüpft sind. Der 3-stufig beurteilte Erfolg in der Gesellenprüfung wurde vom Rater-Team gemäß seinen Konsequenzen anthac wie folgt metrifiziert:

gut bestanden j = +1
bestanden j = 0
nicht bestanden j = –3

Hypothesen: H_0: Alle k = 5 Familienkonstellationen bedingen den gleichen metrifizierten Erfolg;

H_1: Die 5 Familienkonstellationen bedingen ungleiche Erfolge (wobei angenommen wird, daß andere Einflußgrößen, wie IQ, nicht wirken oder kontrolliert worden sind).

Signifikanzniveau: Es wird ein α = 0,01 vereinbart, da eine große Stichprobe von N = 1019 Lehrlingen erhoben werden soll.

Testwahl: Der übliche Mehrfelder-χ^2-Test ist (1) kein Lage-, sondern ein Omnibustest und trägt (2) der vereinbarten Metrifizierung (nicht bestanden 3 Mal stärker zu gewichten als gut bestanden) in keiner Weise Rechnung; daher prüfen wir mittels des YATESschen Q-Tests auf Lagehomogenität der Prüfungserfolge.

Datentafel: Es haben sich für die 5x3-Feldertafel aufgrund von N = 1019 Schülern die Frequenzen der Tabelle 16.4.2.1 ergeben (entnommen aus YATES, 1948, S. 176, und reanalysiert).

Tabelle 16.4.2.1

Familien-konstellation	Leistungsurteile			N_i	U_i	U_i^2
	j=+1	j=0	j=–3			
A	141	131	36	308	+33	465
B	114	143	38	295	0	456
C	67	66	14	147	+25	193
D	79	72	28	179	– 5	331
E	39	35	16	90	– 9	183
Summen:	440	447	132	1019	+44	1628

Auswertung: Die U- und U^2-Werte erhalten wir aus den Formeln (16.4.2.3–4):

$U_1 = 141(+1) + 131(0) + 36(-3) = +33$ usf. für U_2 bis U_5

$U_1^2 = 141(+1)^2 + 131(0)^2 + 36(-3)^2 = 465$ usf. für U_2^2 bis U_5^2

Dann berechnen wir den Zwischenwert A und die Prüfgröße Q nach den Formeln 16.4.1.1–2) und erhalten

$A = 1019 \cdot 1628 - (+44)^2 = 1656996$

$$Q = \frac{1019^2}{1656996} \left(\frac{465}{308} + \frac{456}{295} + \frac{193}{147} + \frac{331}{179} + \frac{183}{90} - \frac{44^2}{1019} \right) = 3{,}98$$

Entscheidung: Ein Q = 3,98 liegt unterhalb der für 5-1 = 4 Fge geltenden 5%-Schranke von $\chi^2 = 9{,}49$, weswegen die Nullhypothese gleicher Lokationen der 5 Familienkonstellationen beizubehalten ist.

Interpretation: Die Unterschiede in der Benotung von Kindern aus verschiedenen Familienkonstellationen, wie sie in den Rang-Durchschnitten U_j/N_j der Tabelle zum Ausdruck kommt, können als zufallsbedingt angenommen werden.

1. Der Q-Test von YATES unterscheidet sich von einer gleich indizierten einfachen *Varianzanalyse* dadurch, daß die Observable weder normal verteilt noch homogen variant zu sein braucht. Allerdings muß sie wie bei der VA intervallskaliert sein; wenn sie nur ordinal skaliert ist, muß der Q-Test durch die (im allgemeinen weniger effiziente) *Rangvarianzanalyse* (H-Test für gruppierte Meß- oder Rangwerte) ersetzt werden (vgl. 6.2.1 und 16.4.1).
2. Die Frage, ob der Q-Test nicht nur als *asymptotischer,* sondern auch als *exakter* Test anzuwenden ist, stellt sich dann, wenn m Stichproben kleinen Umfangs bezüglich k-fach gruppierter Meßwerte zu vergleichen sind. Man kann hier analog dem für singuläre Meßwerte gültigen *Randomisierungstest* von PITMAN (vgl. 7.1.3) vorgehen und alle Z unter der Nullhypothese möglichen Q-Werte berechnen und jene a Q-Werte auszählen, die den beobachteten Q-Wert erreichen oder überschreiten (einseitiger Test). Die Überschreitungswahrscheinlichkeit beträgt dann P = a/Z. Allerdings ist die Durchführung dieses exakten Q-Tests nur unter Benutzung eines EDV-Programms ökonomisch.

16.4.3 Das Rangkorrelationsverhältnis Eta^2

Sind die Spalten nicht — wie unter 16.4.1 angenommen — nominal, sondern *ordinal* skaliert, dann ist der Lagehomogenitäts-H-Test identisch mit einem Test gegen monotone wie nicht-monotone *Abhängigkeit des*

Zeilen- vom Spalten-Mm. Da sich die Abhängigkeit auf gruppierte Ränge des Zeilen-Mms stützt, die mit dem ordinal skalierten Spalten-Mm, entspricht der Test einem auf Zusammenhänge aller Art reagierenden Rangkorrelations-Omnibustest.

Will man die Enge des monotonen oder nicht-monotonen Zusammenhangs zwischen Zeilen- und Spalten-Mm durch einen Korrelationskoeffizienten erfassen, so bietet sich hierzu ein zum parametrischen Korrelationsverhältnis (correlation ratio, vgl. etwa HAYS, 1963, S. 547) homologes *Rangkorrelationsverhältnis* an.

Ein Korrelationsverhältnis für Rangdaten wurde ursprünglich von WALLIS (1939) vorgeschlagen, später von LIENERT und RAATZ (1971) auf die Prüfgröße H gegründet und wie folgt definiert

$$\text{Eta}_H^2 = H/(N-1) \tag{16.4.3.1}$$

Das Rangkorrelationsverhältnis Eta_H^2 ist als der durch das Spalten-Mm aufgeklärte Anteil der Rangvarianz des Zeilen-Mms zu interpretieren; sein positiv definierter Wurzelwert entspricht einem Korrelationskoeffizienten.

Das auf H gegründete Eta_H^2 kann sowohl auf *singuläre* wie auf *gruppierte* Rangwerte (des Zeilen-Mms) angewendet werden, im letzteren Fall möglichst unter Bezug auf die gruppierungskorrigierte Testgröße H_{corr} von Formel (16.4.1.2). Ob ein Eta_H^2 seinen Erwartungswert unter der Nullhypothese eines vom Spalten-Mm unabhängigen Zeilen Mms signifikant überschreitet, ergibt sich aus der Beurteilung der Prüfgröße H nach dem RAATZ-Test (16.4.1).

Zur Illustration der *Anwendung* greifen wir auf Tabelle 6.2.1.3 zurück und nehmen an, die m = 3 Spezies (Heckenbraunelle, Teichrohrsänger und Zaunkönig) seien nach ihrem Körpergewicht fallend geordnet, und die Größe ihrer Eier in k = 6 Intervallklassen ebenfalls fallend geordnet. Das resultierende H_{corr} = 22,14 entspricht bei einem N = 45 einem Rangkorrelationsverhältnis von Eta_H^2 = 22,14/(45-1) = 0,503. Das bedeutet: 50% der Größenvarianz der Eier werden von der Größe der Vogel-Spezies determiniert. Oder: Es besteht eine Rangkorrelation von $(+)\sqrt{0,503}$ = +0,71 zwischen Eier- und Vogelgröße. Das positive Vorzeichen ergibt sich aus der gleichsinnigen Rangordnung beider Mme.

16.4.4 Lagehomogenität in 2×m-Feldertafeln

Es liegt nahe, die drei beschriebenen Lagehomogenitätstests auf den Spezialfall von k = 2 Zeilen (Stichproben) anzuwenden. Auf diese Weise gewinnen wir *Zweistichproben-Tests* für gruppierte Meß- oder Rangwerte. Da diese Tests als *Kontingenztrendtests* zwischen einem Alternativ Mm

($k = 2$) und einem ordinal skalierten Mm (m) aufzufassen und zu interpretieren sind, behandeln wir die Lagehomogenitätstests für 2 Stichproben wie Kontingenztrendtests in $2 \times m$-Feldertafeln:

Als Homologa des RAATZschen H-Tests werden wir den U-Test von WALTER (für große N) und von ULEMAN (für kleines N) kennenlernen; als Homologon des YATES-Q-Tests werden wir dessen Spezifikation durch ARMITAGE (1954) behandeln.

Nachfolgend wollen wir jedoch erst jenen Spezialfall einer $k \times 2$-Feldertafel behandeln, der sich aus einer $k \times m$-Feldertafel ergibt, indem man je 2 ihrer Spalten miteinander vergleicht. Es kann sich dabei um zwei ausgewählte Spalten handeln (gezielter Vergleich) wie auch um den Vergleich aller möglichen ($\binom{m}{2}$) Spaltenpaare (multipler Vergleich).

16.4.5 Multiple Lagevergleiche in $k \times m$-Feldertafeln

Oft interessiert den Untersucher weniger eine globale Lageinhomogenität zwischen k Zeilen (Stichproben) in bezug auf m Spalten (gruppierte Beobachtungen) als Inhomogenitäten zwischen je zwei der k Zeilen. Wir haben es hier mit der Frage der *multiplen Vergleiche* zu tun, wie sie für nicht gruppierte (singuläre) Beobachtungen ausführlich in Kapitel 6.3 besprochen worden sind.

Der einfachste Weg, multiple Vergleiche sowohl als *Einstichprobenpaarvergleiche* (vgl. 6.3.1) wie als *k-Stichproben-Paarvergleiche* (vgl. 6.3.2) durchzuführen, besteht darin, entsprechende Teilkontingenzhypothesen zu formulieren und zu prüfen. Das gilt auch für *Kontrastvergleiche* (vgl. 6.3.3), bei welchen bestimmte Zeilenkombinationen anderen gegenübergestellt werden. Ob man global oder multipel vergleicht, muß sachlogisch begründet werden, denn es handelt sich um inkomparable Alternativen zur Nullhypothese der Lagehomogenität.

Wenn der globale Lagevergleich in Beispiel 16.4.2.1 insignifikant ausfiel, so besagt das nicht, daß auch ein *gezielter Vergleich* — etwa der zwischen den Zeilen A und B (als Auswirkung mütterlicher Berufstätigkeit) — insignifikant ausgefallen wäre. Noch mehr gilt dies für den Kontrastvergleich der Zeilen A+C mit den Zeilen B+D+E (als Auswirkung des Ausfalls der Mutter als Erziehungsperson).

Wie gezielte und/oder multiple Vergleiche bestimmter Zeilen oder Zeilenkombinationen (Streifen) in einer $k \times m$-Feldertafel durchzuführen sind, wurde in dem Abschnitt über simultane Kontingenztests (16.1.4–5) ausführlich beschrieben; man beachte die dabei u.U. notwendige Alpha-Adjustierung.

16.5 Kontingenztrend in binordinalen Mehrfeldertafeln

Sind beide Mme einer Kontingenztafel mindestens *ordinal* skaliert, läßt sich eine etwa bestehende Kontingenz als *Kontingenztrend* spezifizieren. Im Fall eines monotonen als des wichtigsten Kontingenztrends bedeutet dies, daß mit wachsenden Rangnummern des Spalten-Mms j = 1(1)m auch die Ausprägungsgrade des Zeilen-Mms, i = 1(1)k, wachsen.

Wir haben Kontingenztafeln dieser Art als *binordinale* Kontingenztafeln bezeichnet und den Kontingenztrend in solchen Tafeln in Kapitel 9.5.8 über einen *Rangkorrelationstest* (tau') für zweifach gruppierte Beobachtungen nachgewiesen. Auf diesen Test wollen wir hierorts wieder zurückgreifen, um die Nullhypothese der Unabhängigkeit zweier Mme gegen die Alternativhypothese eines monotonen Trends zu prüfen (vgl. EVERITT, 1977, Ch. 3.6).

16.5.1 GOODMAN-KRUSKALS tau in kxm-Feldertafeln

Der tau**-Koeffizient und GOODMAN-KRUSKALS tau'-Koeffizient

Bezeichnen wir eine kxm-Feldertafel nach der *Standardnotation* mit f_{ij} als den Felderfrequenzen und $f_{i.}$ bzw. $f_{.j}$ als den Zeilen- und Spaltensummen, dann ist die für diese Tafeln geltende *Prüfgröße* S^{**} (KENDALL-Summe) nach Formel (9.5.3.4) wie folgt definiert

$$S^{**} = P - I \qquad (16.5.1.1)$$

Die Zahl der *Proversionen* in solch einer Tafel ergibt sich zu

$$P = f_{11}\left(\sum_{i=2}^{k}\sum_{j=2}^{m} f_{ij}\right) + f_{21}\left(\sum_{i=3}^{k}\sum_{j=2}^{m} f_{ij}\right) + \ldots + f_{IJ}\left(\sum_{I+1}^{k}\sum_{J+1}^{m} f_{ij}\right) \qquad (16.5.1.2)$$

Die Zahl der *Inversionen* ergibt sich analog durch die Komplementärformel

$$I = f_{11}\left(\sum_{i=1}^{2-1}\sum_{j=1}^{2-1} f_{ij}\right) + f_{21}\left(\sum_{i=1}^{3-1}\sum_{j=1}^{2-1} f_{ij}\right) + \ldots + f_{IJ}\left(\sum_{i=1}^{I}\sum_{j=1}^{J} f_{ij}\right) \qquad (16.5.1.3)$$

Mit Hilfe von P und I definieren wir einen Rangkorrelationskoeffizienten für kxm-Tafeln nach GOODMAN und KRUSKAL *tau'* wie folgt (9.5.8.1)

$$\text{tau}' = \frac{P - I}{P + I} \qquad (16.5.1.4)$$

Es sollte konsistenterweise BURRS tau** = S^{**}/S^{**}_{max} definiert werden, doch ist S^{**}_{max} zu umständlich zu berechnen, als daß verlohnte, nach Formel (9.5.5.8) tau** zu ermitteln. Dennoch wollen wir ein tau' mittels der Prüfgröße S^{**} darauf prüfen, ob es signifikant von Null abweicht.

Der asymptotische tau**-Test (GOODMAN-KRUSKAL-Test)

Es läßt sich zeigen, daß die Prüfgröße S** unter der *Nullhypothese* (Unabhängigkeit von Zeilen- und Spalten-Mm) über einem *Erwartungswert* von Null mit einer *Varianz* von (9.5.5.3) asymptotisch normal verteilt ist:

$$\text{Var}(S^{**}) = \frac{N(N-1)(2N+5) - T_1 - U_1}{18} + \frac{T_2 U_2}{9N(N-1)(N-2)} + \frac{T_3 U_3}{2N(N-1)}$$

(16.5.1.5)

Die Symbole $T_{1(1)3}$ und $U_{1(1)3}$ sind für eine Kontingenztafel wie folgt definiert (vgl. 9.5.5.4–6)

$T_1 = \Sigma f_{i.}(f_{i.}-1)(2f_{i.}+5)$ und $U_1 = \Sigma f_{.j}(f_{.j}-1)(2f_{.j}+5)$ (16.5.1.6)

$T_2 = \Sigma f_{i.}(f_{i.}-1)(f_{i.}-2)$ und $U_2 = \Sigma f_{.j}(f_{.j}-1)(f_{.j}-2)$ (16.5.1.7)

$T_3 = \Sigma f_{i.}(f_{i.}-1)$ und $U_3 = \Sigma f_{.j}(f_{.j}-1)$ (16.5.1.8)

Man prüft gegen *monotonen Kontingenztrend* bzw. gegen Rangkorrelation tau (9.5.8.1) in einer k×m-Feldertafel über die Standardnormalverteilung nach

$$u = (|S^{**}| - \frac{c}{2})/\sqrt{\text{Var}(S^{**})}$$

(16.5.1.9)

Die Stetigkeitskorrektur setzt man am besten wie folgt mit

$c = \text{Min.}(f_{i.}, f_{.j})$ (16.5.1.10)

an, denn die Prüfgröße S ist mit den Intervallen c verteilt, wenn H₀ gilt.

Wie der Test durchzuführen ist, wurde bereits in Kapitel 9.5.8 illustriert; dennoch soll ein weiteres Beispiel die *Anwendung* dieses wichtigen Korrelationstests veranschaulichen. Dabei wollen wir die Gelegenheit wahrnehmen, auch eine deskriptive Auswertung durchzuführen und nach Formel (9.5.8.1) einen tau'-Koeffizienten zu berechnen.

Beispiel 16.5.1.1

Fragestellung: Es wird gefragt, ob die psychologische Beurteilung der Schulreife eines Kindes und die pädagogische, vom Lehrer (während oder nach dem ersten Schuljahr) festgestellte Schulreife monoton korreliert sind. Die psychologische Beurteilung soll m = 3 Stufen, die pädagogische k = 6 Stufen einschließen.

Hypothesen: H₀: Psychologische und pädagogische Beurteilungen sind voneinander unabhängig
H₁: Psychologische und pädagogische Beurteilungen sind positiv monoton korreliert (einseitige Alternative).

Signifikanzniveau: Weil ein nachzuweisender Kontingenztrend auch praktisch (nicht nur statistisch) signifikant sein soll, setzen wir α mit 0,001 niedrig an.

Ergebnisse: Die Erhebung an N = 185 Schulanfängern erbrachte die 6×3-Feldertafel der Tabelle 16.5.1.1 (aus BESCHEL, 1956)

Tabelle 16.5.1.1

$i = 1(1)6 \quad j = 1(1)3$	Schul-reif	schwach schulreif	schul-unreif	Summen $f_{i.}$
Überdurchschnittl.	19	1	0	20
Gut durchschnittl.	30	13	2	45
Durchschnittlich	12	34	1	47
Schwach	0	39	15	54
Zurückgestellt	0	2	10	12
Sitzengeblieben	0	2	5	7
Summen $f_{.j}$	61	91	33	N=185

Testwahl: Da der gewöhnliche k×m-Felder-χ^2-Test nicht gezielt auf Kontingenztrend anspricht und außerdem nicht einseitig anzuwenden ist, entscheiden wir uns für den Kontingenztrendtest von GOODMAN und KRUSKAL, für welchen beides zutrifft.

Deskriptive Auswertung: Wir berechnen nach Formel (16.5.1.1) die Zahl der Proversionen und erhalten

$$\begin{aligned}
P = &\ 19(13+2+34+..+5) + 1(2+1+...+5) + 0(0) + \\
&+ 30(34+1+39+..+5) + 13(1+15+..+5) + 2(0) + \\
&+ 12(39+15+......+5) + 34(15+......+5) + 1(0) + \\
&+ 0(2+10.........+5) + 39(10+5) \quad + 15(0) + \\
&+ 0(2+5) \quad\quad\quad + 2(5) \quad\quad + 10(0) + \\
&+ 0(0) \quad\quad\quad\quad + 2(0) \quad\quad + 5(0) = \\
= &\ 2337 + 33 + 3240 + 403 + 876 + 1020 + 585 + 10 = 8504
\end{aligned}$$

Die Zahl der Inversionen ergibt sich analog unter Weglassung der Nullterme zu

$$I = 1(30+12) + ... + 13(12) + 2(12+...+2) + 1(39+2+2) + 15(2+2) + 10(2) = 499$$

Die Prüfgröße S** = 8504 − 499 = +8005 entspricht nach Formel (9.4.8.1) einem Rangkorrelationskoeffizienten tau' = (8504−499)/(8504+499) = 0,89, was einen engen, nur selten erreichten Zusammenhang anzeigt.

Inferentielle Auswertung: Wie berechnen zunächst die Hilfsgrößen T und U für die Berechnung der Varianz von S** und erhalten aus Tabelle 16.5.1.1 nach (16.5.1.5–8)

$T_1 = 20(19)(45) + 45(44)(95) + 47(46)(99) + 54(53)(113) + 12(11)(29) + 7(6)(19) =$
$ = 747270$

$U_1 = 33(32)(71) + 91(90)(187) + 61(60)(127) = 2071326$

$T_2 = 20(19)(18) + 45(44)(43) + 47(46)(45) + 54(53)(52) + 12(11)(10) + 7(6)(5) =$
$= 339624$

$U_2 = 33(32)(31) + 91(90)(89) + 61(60)(59) = 977586$

$T_3 = 20(19) + 45(44) + 47(46) + 54(53) + 12(11) + 7(6) = 7558$

$U_3 = 33(32) + 91(90) + 61(60) = 12906$

Da $T_1 + U_1 = 747270 + 2071326 = 2818596$, ergibt sich die Varianz von S^{**} wie folgt

$$\text{Var}(S^{**}) = \frac{185(184)(375) - 2818596}{18} + \frac{339624 \cdot 977586}{9 \cdot 185(184)(183)} + \frac{7558 \cdot 12906}{2 \cdot 185(184)} =$$

$= 552581 + 5914 + 1433 = 559928$

Entscheidung: Da $S^{**} = +8005$ und $c = 7$ und da die Quadratwurzel aus $\text{Var}(S^{**})$ gleich ist $748{,}29$, resultiert nach Formel (16.5.1.9) ein $u = (8005-3{,}5)/738{,}29 = 10{,}69$. Dieser u-Wert überschreitet die für die einseitige Alternative gültige 0,1%-Schranke von $u_{0,001} = 3{,}29$, so daß H_0 zu verwerfen ist.

Interpretation: Es besteht ein enger (tau' = +0,9) positiver Kontingenztrend zwischen psychologischer und pädagogischer Schulreifebeurteilung; seine Höhe gibt zu der Vermutung Anlaß, daß die zeitlich nachfolgenden Lehrerurteile von den zeitlich vorangegangenen Psychologen-Urteilen beeinflußt worden sind.

GOODMAN-KRUSKALS-*Test* ist, wie Beispiel 16.5.1.1 gezeigt hat, hoch effizient und auch auf schwach besetzte Tafeln wirksam anzuwenden. Davon kann man sich leicht überzeugen, wenn man die Frequenzen der Tabelle 16.5.1.1 durch 10 dividiert und auf die so reduzierte Kontingenztafel einmal den GOODMAN-KRUSKAL-Test und zum anderen den gewöhnlichen (wegen zu niedriger Erwartungswerte eigentlich kontraindizierten) χ^2-Test appliziert.

16.5.2 HÁJEKS rho in k×m-Feldertafeln

Statt des tau'-Koeffizienten (GOODMAN-KRUSKALS tau) hätten wir in Beispiel 16.5.1.1 auch einen *rho-Koeffizienten* als Maß für die Enge des Zusammenhangs zwischen Zeilen- und Spalten-Mm berechnen können. Einen Weg hat RAATZ (1971) gewiesen (vgl. Beispiel 9.5.1.3). RAATZ' rho hat jedoch den Nachteil, inferenzstatistisch gegen Null nicht prüfbar zu sein.

Ein rho-Koeffizient, der sich für k×m-Feldertafeln definieren und zugleich statistisch *prüfen* läßt, stammt von HAJEK (1969, S.119 und 137). Rangaufteilungen lassen sich nach HAJEK nicht über Differenzen $R_x - R_y$, sondern nur über *Produkte* $R_x R_y$ prüfen. Man muß daher eine k×m-Feldertafel nach beiden Mmn rangaufteilen und die *Prüfgröße*

$$S = \sum_{i=1}^{N} R_x R_y \qquad (16.5.2.1)$$

bilden. Diese Prüfgröße ist *mit* und *ohne* Rangaufteilungen mit einem *Erwartungswert* von

$$E(S) = \tfrac{1}{4} N(N+1)^2 \qquad (16.5.2.2)$$

asymptotisch normal verteilt.

SPEARMANS Rangkorrelationskoeffizient ist eine *lineare Transformation* von S, so daß Min. S = -1 und Max. S = +1 nach

$$\text{rho} = \frac{S - E(S)}{(N^3 - N)/12} \qquad (16.5.2.3)$$

Ohne Rangbindungen ist die Varianz von S asymptotisch gleich

$$\text{Var}(S) = \frac{1}{144} N^2 (N+1)^2 (N-1) \qquad (16.5.2.4)$$

Mit Rangbindungen der Länge t in X und der Länge u in Y ist die Varianz gleich

$$\text{Var}(S) = \frac{1}{144(n-1)} [N^3 - N - \Sigma(t^3 - t)][N^3 - N - \Sigma(u^3 - u)] \qquad (16.5.2.5)$$

In einer k×m-Feldertafel mit den Zeilensummen N_i als X-Rangbindungen und den Spaltensummen N_j als Y-Rangbindungen beträgt die Varianz sonach

$$\text{Var}(S) = \frac{1}{144(N-1)} [N^3 - N - \sum_{}^{k}(N_i^3 - N_i)][N^3 - N - \sum_{}^{m}(N_j^3 - N_j)] \qquad (16.5.2.6)$$

Man beurteilt folglich einen berechneten rho-Koeffizienten *asymptotisch* über HAJEKS S nach

$$u = \frac{S - E(S)}{\sqrt{\text{Var}(S)}} \qquad (16.5.2.7)$$

Man prüft in aller Regel *einseitig*, da die Alternative zu H_0 (Unabhängigkeit zwischen Zeilen- und Spalten-Mm) unter H_1 meist ihrem Vorzeichen nach spezifiziert ist.

Man bedenke, daß HAJEKS rho-Test und BURRS tau**-Test *nicht* gegen gleiche Alternativen *gleich gut* ansprechen. Es muß also *vor* der Datenerhebung entschieden werden, welcher Test durchgeführt werden soll: Erwartet der Untersucher gut besetzte Eckenfelder 11 und km und unbesetzte Eckenfelder 1m und k1, dann ist der rho-Test, weil er auf *Extremalkorrelation* stärker anspricht als der tau-Test, die Methode der Wahl; andernfalls ist der tau-Test zu bevorzugen, insbesondere, wenn der Untersucher Ausreißer gegen seine Korrelationshypothese befürchtet.

Beispiel 16.5.2.1

Wertet man Beispiel 9.5.1.3 bzw. die zugehörige 9×8-Feldertafel nach HAJEK aus, so resultieren die Rangaufteilungen der Tabelle 16.5.2.1

Tabelle 16.5.2.1

R_x	R_y	R_xR_y	R_x	R_y	R_xR_y	N_i	N_j
1,0	3,0	3,00	11,5	17,5	201,25		
3,5	3,0	10,50	15,0	17,5	262,50	1	5
3,5	7,5	26,25	19,0	12,5	237,50	4	4
3,5	12,5	43,75	19,0	12,5	237,50	3	6
3,5	12,5	43,75	19,0	12,5	237,50	6	4
7,0	3,0	21,00	19,0	17,5	332,50	1	0
7,0	3,0	21,00	19,0	20,5	389,50	7	2
7,0	7,5	49,00	19,0	20,5	389,50	3	4
11,5	3,0	34,50	19,0	23,5	446,50	0	1
11,5	7,5	86,50	24,0	23,5	564,00	1	
11,5	7,5	86,50	24,0	23,5	564,00		
11,5	12,5	143,75	24,0	23,5	564,00		
11,5	17,5	201,25	26,0	26,0	676,00		
N = 26					S = 5876,00	26	26

Rho-Berechnung: Der Erwartungswert der Prüfgröße S beträgt

$$E(S) = \tfrac{1}{4}26(26+1)^2 = 4738,5$$

$$\text{rho} = \frac{5876 - 4738,5}{(26^3-26)/12} = +0,78$$

Nullhypothesenprüfung: Ob ein rho = +0,78 von Null in positiver Richtung abweicht, prüfen wir über seine Var(S). Dazu berechnen wir die Summen

$$\Sigma(N_i^3-N_i) = 3(1^3-1)+(4^3-4)+2(3^3-3)+(6^3-6)+(7^3-7) = 654$$
$$\Sigma(N_j^3-N_j) = (5^3-5)+3(4^3-4)+(6^3-6)+(2^3-2)+(1^3-1) = 516$$

und setzen in die Varianzformel (16.5.2.6) ein

$$\text{Var}(S) = \frac{1}{144(26-1)}(26^3-26-654)(26^3-26-516) = 79946,24$$

Der asymptotische u-Test ergibt sodann nach Formel (16.5.2.7)

$$u = (5876 - 4738,5)/\sqrt{79946,24} = +4,02$$

Dieser u-Wert überschreitet die einseitige 1%-Schranke von u = 2,22, so daß wir auf die Existenz einer positiven rho-Korrelation vertrauen dürfen.

Konfidenzgrenze: Die untere 1%-Konfidenzgrenze für den rho-Parameter ergibt sich näherungsweise aus den Beziehungen

$\underline{S} = S - u_{0,01}\sqrt{Var(S)}$

$\underline{S} = 5876 - 2,33\sqrt{79946,24} = 5217$

Min. $\underline{rho} = (5217 - 4738,5)/[(26^3 - 26)/12] = +0,33$

Der Populations-rho ist also mit 99% Sicherheit nicht kleiner als +0,33; das entspricht einer mindestens substantiellen Rangkorrelation zwischen Zeilen und Spalten-Mm der 8x9-Feldertafel des Beispiels 9.5.1.3.

Vergleich: Das nach HAJEK erhaltene rho = +0,78 ist etwas kleiner als das nach RAATZ erhaltene rho = 0,80. Der Unterschied ist auf die unterschiedliche Behandlung der Bindungen zurückzuführen; ohne Bindungen führt HAJEKS rho zum gleichen Wert wie das nach SPEARMAN berechnete rho, es ist also gleichgültig, ob man auf der Produktsumme $R_x R_y$ oder auf der quadrierten Differenz $(R_x - R_y)^2$ aufbaut. Geprüft werden darf bei Bindungen jedoch nur über das HAJEKsche, auf der Produktsumme aufbauende rho.

Wie aus dem Beispiel 16.5.2.1 zu ersehen, lassen sich mittels der HAJEKschen Varianzformel auch *Konfidenzgrenzen* für ein aus einer binordialen k x m-Feldertafel ermitteltes rho asymptotisch bestimmen.

Der *asymptotische* Test wird als solcher um so eher zu vertreten sein, je *größer* die Stichprobe der Beobachtungspaare ist (N > 30) und je mehr sich die beiden Randverteilungen einer Gleichverteilung nähern, so daß $N_i \sim N/k$ und $N_j \sim N/m$.

Kleine Stichproben von *gruppierten* Beobachtungspaaren aus binordinalen Kontingenztafeln lassen sich über HAJEKS SPEARMAN-Summe S in analoger Weise *exakt* gegen E(rho) = 0 prüfen wie *singuläre* Beobachtungspaare (vgl. 9.7.1), nur daß man anstelle der Produktsumme PS der Meßwerte die Produktsumme S der Rangwerte benutzt.

16.5.3 YATES k x m-Felder-Regressionstest

Sind die beiden Mme einer k x m-Felderkontingenztafel nicht nur ordinal, sondern *kardinal* skaliert, wobei die Intervalle zwischen aufeinanderfolgenden Skalenpunkten nicht notwendig gleich zu sein brauchen, geht die Kontingenztafel in eine *Korrelationstafel* mit gruppierten Meßwertpaaren (x, y) über.

Betrachtet man das Spalten-Mm als *Regressor* Y und das Zeilen-Mm als *Regressand* X bzw. als *Prädiktor* (unabhängige Variable) oder *Prädikand* (abhängige Variable), so stellt sich die Frage (1) nach der Regression von Y auf X, und (2) nach ihren *linearen* und ihren *nichtlinearen* Anteilen.

Hier war es YATES (1948), der sich als erster diese Frage gestellt und eine noch heute gültige Antwort gegeben hat (vgl. dazu BHAPKAR 1968).

Regressionshypothesen

Wir gehen von einer k x m-Feldertafel in der gleichen Notation wie in 16.5.1 aus und formulieren folgende *Regressions-Hypothesen*:
H_0: Das Zeilen-Mm mit k Intervallen und das Spalten-Mm mit m Intervallen, beide kardinalskaliert, sind statistisch *unabhängig*.
H_1: Das Spalten-Mm ist *linear abhängig* vom Zeilen-Mm (aut vice versa).
H_2: Das Spalten-Mm ist *nicht-linear abhängig* vom Zeilen-Mm (aut vice versa).
Wie man optimal und *verteilungsfrei* auf H_0 oder gegen H_1, H_2 prüft, ggf. auch einseitig, wenn die Richtung der Regression unter H_1 spezifiziert wird, zeigt der folgende Ansatz:

Der Regressionskoeffizient

Bezeichnen wir die *Skalenwerte* der Zeilen mit i = 1(1)k und die Skalenwerte der Spalten mit j = 1(1)m und die Felderfrequenzen mit f_{ij}, dann läßt sich über die folgenden *Zwischenwerte*

$$\sum_j i f_{ij} = U_i \quad \text{und} \quad \sum_j i^2 f_{ij} = U_i^2 \tag{16.5.3.1}$$

$$\sum_i j f_{ij} = U_j \quad \text{und} \quad \sum_i j^2 f_{ij} = U_j^2 \tag{16.5.3.2}$$

$$\sum_i \sum_j ij f_{ij} = U_{ij} \tag{16.5.3.3}$$

ein *Regressionskoeffizient* b_{ij} = Cov(ij)/Var(j) definieren:

$$b_{ij} = \frac{U_{ij} - U_i U_j / N}{U_j^2 - (U_j)^2 / N} \tag{16.5.3.4}$$

Dieser Regressionskoeffizient gibt als Maßzahl die Abhängigkeit des Zeilen- vom Spalten-Mm an, genauer: deren lineare Komponente.

Der Linearitätstest

Als *Prüfgröße* ist b_{ij} über einem *Erwartungswert* von Null mit einer *Varianz* von

$$\text{Var}(b_{ij}) = \frac{U_i^2 - (U_i)^2 / N}{N(U_j^2 - (U_j)^2 / N)} \tag{16.5.3.5}$$

asymptotisch normal verteilt, wenn das Zeilen-Mm vom Spalten-Mm linear unabhängig ist. Damit gilt, daß

$$u = b_{ij}/\sqrt{\text{Var}(b_{ij})} \qquad (16.5.3.6)$$

wie eine Standardnormalvariable zu beurteilen ist. Da $u^2 = \chi^2$ für 1 Fg, gilt nach Einsetzen und Vereinfachen

$$\chi^2_{\text{lin}} = \frac{N(U_{ij} - U_i U_j/N)^2}{(U_i^2 - (U_i)^2/N)(U_j^2 - (U_j)^2/N)} \qquad (16.5.3.7)$$

Die Prüfgröße χ^2_{lin} ist auf den *linearen Anteil* des Trends (Regression oder Korrelation) bezogen und nach 1 Fg ein- oder zweiseitig zu beurteilen.

Der Nichtlinearitätstest

Will man prüfen, ob neben dem linearen noch ein *nicht-linearer* Trend existiert, so braucht man wegen der *Additivität* der 2 Chiquadratkomponenten

$$\chi^2_{\text{tot}} = \chi^2_{\text{lin}} + \chi^2_{\text{nonlin}} \qquad (16.5.3.8)$$

vom Gesamt-χ^2 der Kontingenztafel die Komponente des linearen Trends zu subtrahieren, und die *Differenz*

$$\chi^2_{\text{nonlin}} = \chi^2_{\text{tot}} - \chi^2_{\text{lin}} \qquad (16.5.3.9)$$

für $(k-1)(m-1) -1 = km - m - k$ Fgn zu beurteilen. Wird auf die Beurteilung des Gesamt-χ^2 verzichtet, so braucht das Alpha-Risiko wegen der Additivität der Fge *nicht* adjustiert zu werden, wenn nur auf *Nichtlinearität* geprüft wird.

Die Ergebnisse des Linearitäts- und des Nichtlinearitätstests sind wie folgt zu *interpretieren:* Ist nur die lineare Komponente signifikant, besteht ein linearer Trend; ist die lineare wie die nicht-lineare signifikant, so besteht ein kombinierter Trend; ist nur die nicht-lineare Komponente signifikant, so besteht ein U-förmiger, S-förmiger oder allgemein ein nichtmonotoner Trend.

Konfidenzintervall des Regressionskoeffizienten

Soll die Abhängigkeit des Zeilen- vom Spalten-Mm nicht nur rein deskriptiv durch einen Regressionskoeffizienten b_{ij} gekennzeichnet, sondern durch ein Sicherheitsmarginal eingegrenzt werden, bestimmt man das zum Signifikanzniveau α gehörige *Konfidenzintervall* des Regressionskoeffizienten asymptotisch nach

$$\underline{b}_{ij} = b_{ij} - u_{\alpha/2}\sqrt{\text{Var}(b_{ij})} \qquad (16.5.3.10)$$

$$\overline{b}_{ij} = b_{ij} + u_{\alpha/2}\sqrt{\text{Var}(b_{ij})} \qquad (16.5.3.11)$$

Darin ist $\underline{b}_{ij}$ die untere und $\overline{b}_{ij}$ die obere Konfidenzgrenze von b_{ij} zum Niveau α.

Interessiert den Untersucher nur *eine* der beiden Konfidenzgrenzen, dann ist u_α anstelle von $u_{\alpha/2}$, also etwa $u_{0,05} = 1,65$ anstelle von $u_{0,025} = 1,96$ in die passende der beiden Formeln (16.5.2.10–11) einzusetzen (vgl. Kap.11).

Metrifizierungshinweise

Die Regressionstrendtests von YATES sind nicht auf originär intervallskalierte Mme beschränkt, sondern können auch auf *metrifizierte* Mme angewendet werden. Für die *Metrifikation* gelten dabei die gleichen Leitlinien wie beim Lagehomogenitätstest (vgl. 16.5.1): Die Metrifikation muß vor der Datenerhebung etabliert, sachlogisch begründet und ‚notariell beglaubigt' werden; nach der Datenerhebung hingegen darf sie, wenn überhaupt, nur formallogisch gehandhabt werden (vgl. WILLIAMS, 1952).

Im folgenden Beispiel 16.5.3.1 greifen wir auf Beispiel 16.5.1.1 zurück und skalieren (metrifizieren) die beiden Mme aufgrund vorgängiger *Expertenerfahrung* als Abweichungswerte von einem mediannahe angenommenen Nullpunkt (Ankerpunkt der metrifizierten Mms-Skala).

Beispiel 16.5.3.1

Schulreife-Metrifikation: Betrachtet man die psychologische Schulreifebeurteilung als Prädiktor (Regressor) für die pädagogische Beurteilung des Einschulungserfolgs als Prädikand (Regressand), müssen X und Y metrifiziert werden, um Voraussagen für den Einschulungserfolg zu treffen.

Das Psychologenteam vereinbart vor der unter 16.5.1.1 anstehenden Untersuchung, volle Schulreife mit i = +1 zu skalieren, schwache Schulreife mit i = 0 und Schulunreife mit i = -2 zu skalieren, da das Urteil ‚schulunreif' nur nach gewissenhafter Abwägung aller Indizien vergeben wird. Wie die Psychologen, so beschließen auch die Pädagogen eine partiell inäquidistante Skalierung ihrer 6 Beurteilungsstufen j = -3, -2, 0(1)3, wie in Tabelle 16.5.3.1 angegeben.

Darstellung: Da durch die Metrifizierung der beiden Mme aus der biordinalen Kontingenztafel eine bikardinale, d.h. eine Korrelationstafel wird, ordnen wir Zeilen und Spalten so an, wie dies bei Korrelationstafeln üblich ist. Tabelle 16.5.3.1 enthält bereits alle für die Hypothesenprüfung nötigen Zwischenwerte.

Hypothesen: H_0: Der Einschulungserfolg I ist unabhängig von der Schulreifevoraussage J.

H_1: Der Einschulungserfolg ist linear positiv abhängig von der Schulreifevoraussage.

H_2: Der Einschulungserfolg ist (auch) nicht-linear abhängig von der Schulreifevoraussage.

Signifikanzniveau: Es soll für beide simultanen Tests $\alpha^* = 0,001$, also $\alpha^*/2 = 0,0005$

Tabelle 16.5.3.1

Erfolg \ Voraussage	schul-unreif j: -2	schwach schulreif 0	schul-reif +1	N_i	U_i	U_i^2
Überdurchschnittl. i:3	0	1	19	20	19	19
Gut durchschnittl. 2	2	13	30	45	26	38
Durchschnittlich 1	1	34	12	47	10	16
Schwach 0	15	39	0	45	-30	60
Zurückgestellt -2	10	2	0	12	-20	40
Sitzengeblieben -3	5	2	0	7	-10	20
N_j	33	91	61	185	-15	193
U_j	-30	+53	+129	152		
U_j^2	94	121	303	518	ΣU_{ij}=189	

$\Sigma U_{ij} = 0(3)(-2) + 1(3)(0) + 19(3)(1) + 2(2)(-2) + \ldots + 0(-3)(1) = 189$

gelten. Falls H_1 akzeptiert wird, soll eine Punkt- und eine Intervallschätzung des Regressionsparameters erfolgen.

Linearitätstest: Da N = 185 groß ist und weniger als 1/5 der Erwartungswerte kleiner als 5 sind, prüfen wir asymptotisch mittels des Trendtests von YATES, da die für eine parametrische Regressionsanalyse nötige Annahme normal und homoskedastisch verteilter Spaltenfrequenzen vermieden werden soll. Wir setzten in (16.5.3.7) ein und erhalten für die Linearitätsprüfung aus Tabelle 16.5.3.1

$$\chi^2_{lin} = \frac{185(189 - (-15)(152)/185)^2}{(193 - (-15)^2/185)(518 - 152^2/185)} = 102{,}96$$

Dieser χ^2-Wert ist für 1 Fg bei einseitigem Test auf dem vereinbarten 0,1%-Niveau signifikant und numerisch so hoch, daß eine Punktschätzung des Regressionsparameters β_{ij} durch b_{ij} sinnvoll erscheint:

Der Regressionskoeffizient: Setzen wir in (16.5.3.4) die entsprechenden Werte der Tabelle 16.5.3.1 ein, so resultiert

$$b_{ij} = \frac{189 - (-15)(152)/185}{518 - 152^2/185} = 0{,}45$$

Eine um 1 Einheit bessere Voraussage bringt somit einen um ca. 1/2 Einheit besseren Erfolg gemäß der Regressionsgleichung

$$(i - \bar{i}) = (j - \bar{j})b_{ij} + a,$$

wobei $\bar{i} = (3-3)/2 = 0$ und $\bar{j} = (1-2)/2 = -1/2$ die Spannweiten der beiden Skalen bezeichnen. Der Achsabschnitt a interessiert den Untersucher nicht.

Konfidenzintervall für b_{ij}: Um das 1%ige Konfidenzintervall für b_{ij} = +0,45 zu bestimmen, berechnen wir dessen Fehlervarianz nach (16.5.3.5) und erhalten aus Tabelle 16.5.3.1

$$\text{Var}(b_{ij}) = \frac{193 - (-15)^2/185}{185 \cdot 518 - 152^2} = 0,002637$$

Die Wurzel aus 0,002637 ist 0,0504 und $u_{0,01/2}$ = 2,58. Daraus resultiert eine obere Intervallgrenze von +0,45 + 2,58(0,0504) = +0,58 und eine untere Grenze von +0,45 - - 2,58(0,0504) = +0,32. Wir können also mit 99% Sicherheit darauf vertrauen, daß der Regressionsparameter β_{ij} im Intervall zwischen +0,32 und 0,58 gelegen ist.

Nichtlinearitätstest: Zwar besteht nach dem Augenschein aus Tabelle 16.5.1.1 keine nicht-lineare Regressionskomponente, doch wollen wir uns dessen gemäß (16.5.3.9) versichern, indem wir das Gesamt-χ^2 nach (5.4.4.1) berechnen

$$\chi^2 = \frac{185}{33}\left(\frac{0^2}{20} + \frac{2^2}{45} + \frac{1^2}{47} + \frac{15^2}{54} + \frac{10^2}{12} + \frac{5^2}{7}\right) +$$

$$+ \frac{185}{91}\left(\frac{1^2}{20} + \frac{13^2}{45} + \frac{34^2}{47} + \frac{39^2}{54} + \frac{2^2}{12} + \frac{1^2}{7}\right) +$$

$$+ \frac{185}{61}\left(\frac{19^2}{20} + \frac{30^2}{45} + \frac{12^2}{47} + \frac{0^2}{54} + \frac{0^2}{12} + \frac{0^2}{7}\right) - 185 = 104,15$$

Die nichtlineare Komponente entpsricht also einer χ^2-Differenz von 104,15 - 102,96 = = 1,19; sie ist für (6-1) (3-1) -1 = 9 Fge nicht auf der 0,1%-Stufe signifikant und bestätigt geradezu den Eindruck, daß die Kontingenz allein ihrer linearen Trendkomponente zuzuschreiben ist.

Entscheidung: Unter der Annahme, daß die Metrifizierung der beiden Mme in der Weise wie sie durchgeführt wurde, rechtens ist, besteht eine lineare Regression zwischen der Beurteilung der Kritzelschrift und dem späteren Schulerfolg eines Schulanfängers; eine nichtlineare Regressionskomponente braucht dabei nicht berücksichtigt zu werden.

In Beispiel 16.5.3.1 konnte wegen des großen Stichprobenumfangs ohne weiteres angenommen werden, daß die Bedingungen zur Anwendung des *asymptotischen* Kontingenztrendtests erfüllt seien. Bei kleinen Stichprobenumfängen mit Erwartungswerten unter 5 wird man an die Möglichkeit denken, den Test als *exakten Test* anzuwenden. Wie man einen solchen exakten Test nach dem Randomisierungsprinzip konstruiert, wird in nachfolgendem Abschnitt 16.5.4 erläutert.

16.5.4 ARMITAGES $k \times 2$-Felder-Regressionstest

Wendet man den YATESschen Regressionstest auf den *Spezialfall* einer $k \times 2$-Feldertafel an, bei dem die Positivvariante des Alternativ-Mms mit 1 und die Negativvariante mit 0 bewertet (metrifiziert) wurde, dann ergibt sich der *biseriale Regressionskoeffizient* wie folgt

$$b_{ji} = \frac{N\Sigma ia_i - N_a \Sigma iN_i}{N\Sigma i^2 N_i - (\Sigma iN_i)^2} \qquad (16.5.4.1)$$

Darin bezeichnet a_i die Frequenzen der ersten Spalte der $k \times 2$-Felder und N_a deren Summe; die N_i sind die Zeilensummen der k Zeilen und N ist die Gesamtsumme aller bivariaten Beobachtungen.

Der Linearitätstest

Faßt man den linearen Regressionskoeffizienten b_{ji} als *Prüfgröße* auf, so läßt sich zeigen (ARMITAGE, 1954), daß diese unter der Nullhypothese der Unabhängigkeit beider Mme über einem *Erwartungswert* von Null mit einer *Varianz* von

$$\text{Var}(b_{ji}) = \frac{N_a(N-N_a)/N}{N\Sigma i^2 N_i - (\Sigma iN_i)^2} \qquad (16.5.4.2)$$

asymptotisch normal verteilt ist. Damit ist der Quotient

$$u = b_{ji}/\sqrt{\text{Var}(b_{ji})}$$

u-verteilt und dessen Quadrat mit 1 Fg χ^2-verteilt

$$\chi^2_{\text{lin}} = \frac{b_{ji}^2}{\text{Var}(b_{ji})} \qquad (16.5.4.3)$$

Indem wir (16.5.4.1–2) in Formel (16.5.4.3) einsetzen, resultiert

$$\chi^2 = \frac{(N\Sigma ia_i - N_a \Sigma iN_i)^2}{N_a(N-N_a)[\Sigma i^2 N_i - (\Sigma iN_i)^2/N]} \qquad (16.5.4.4)$$

Je nachdem, ob die Richtung linearen Trends unter H_1 spezifiziert wurde oder nicht, ist *ein-* oder *zwei*seitig zu beurteilen.

Der Nichtlinearitätstest

Interessiert die Frage, ob unabhängig von der Existenz eines linearen Trends auch ein *nicht-linearer* Trend in der $k \times 2$-Feldertafel besteht, macht man sich die *Additivitätsrelation* der χ^2-Komponenten zunutze

$$\chi^2_{nonlin} = \chi^2 - \chi^2_{lin} \qquad (16.5.4.5)$$

$$Fg_{nonlin} = (k-1) - 1 = k-2 \qquad (16.5.4.6)$$

Das Gesamt-χ^2 der $k \times 2$-Feldertafel berechnet man am einfachsten über die BRANDT-SNEDECOR-Formel (5.4.1.1).

Nur wenn die nicht-lineare χ^2-Komponente *insignifikant* ist, darf bei signifikanter linearer χ^2-Komponente ein linearer Kontingenztrend in der $k \times 2$-Feldertafel angenommen werden.

Wie man einen Trend und die Frage seiner Linearität anhand der *Prozentanteile* 100% a_i/N_i beurteilt, zeigt das Beispiel 16.5.4.1.

Beispiel 16.5.4.1

Datensatz: N = 531 Blattläuse hatten Gelegenheit, den Saftstrom einer radioaktiv markierten Blattpflanze (vicia faba) zu erreichen. Registriert wurde die (intervallskalierte) Saugzeit (x in Minuten mit steigenden Intervallen) als k = 12-stufiges Mm und das Alternativ-Mm, ob die Blattlaus mit einer bestimmten Saugzeit dabei selbst radioaktiv geworden ist oder nicht (Geiger-Zähler-Alternative).

Hypothesen: H_0: Der Anteil (Prozentsatz) der radioaktiven Blattläuse ist unabhängig davon, wie lange sie gesaugt haben.

H_1: Der Anteil der radioaktiven Läuse nimmt linear oder nicht-linear mit dem Logarithmus der Saugzeit zu (i = log x).

Tabelle 16.5.4.1

Saugzeit in Min. (x)	i = log x	Anzahl (a_i) d. radioaktiven Läuse	Anzahl (b_i) d. nicht radioaktiven Läuse	N_i
1	0,00	0 (0%)	30	30
3	0,48	0 (0%)	28	28
5	0,70	0 (0%)	47	47
7	0,85	3 (5%)	57	60
10	1,00	6 (10%)	52	58
20	1,30	10 (19%)	42	52
30	1,48	21 (35%)	39	60
40	1,60	24 (44%)	30	54
60	1,78	26 (62%)	16	42
120	2,08	31 (86%)	5	36
180	2,26	30 (98%)	1	31
300	2,48	33 (100%)	0	33
k = 12		N_a = 184	N_b = 347	N = 531

Signifikanzniveau: Wir vereinbaren ein $\alpha = 0{,}01$ für die beiden Alternativhypothesen.

Testwahl: Es handelt sich um die Frage eines linearen oder nicht-linearen Kontingenztrends in einer $k \times 2$-Feldertafel mit einem metrischen Zeilen-Mm (Saugzeit). Genau dafür ist der Test von ARMITAGE indiziert.

Ergebnisse: Das durchgeführte Experiment erbrachte die Resultate der Tabelle 16.5.4.1 (aus EHRHARDT, 1962/3).

Linearitätstest: Die Zwischenwerte für den Linearitätstest ergeben sich aus Tabelle 16.5.1.1. wie folgt

$\Sigma ia_i \quad = 0{,}00(0) + 0{,}48(0) + \ldots + 2{,}48(33) = \quad = 351{,}43$

$\Sigma iN_i \quad = 0{,}00(30) + 0{,}48(28) + \ldots + 2{,}48(33) \quad = 699{,}68$

$\Sigma i^2 N_i = 0{,}00^2(30 + 0{,}48^2(28) + \ldots + 2{,}48^2(33) = 1138{,}4412$

Einsetzen in (16.5.4.3) ergibt die Prüfgröße des linearen Regressionstests

$$\chi^2_{\text{lin}_D} = \frac{[531(351{,}43) - 184(699{,}68)]^2}{184(531-184)\, 1138{,}4412 - 699{,}68^2/531} = 242{,}26$$

Dieses χ^2 ist als eine von zwei χ^2-Komponenten (der linearen und der nicht-linearen) nach einer einseitigen Schranke von $u^2 = \chi^2 = 2{,}58^2 = 6{,}66$ für 2 simultane Tests bei $\alpha^* = 0{,}01/2 = 0{,}005$ zu beurteilen.

Nicht-Linearitätstest: Das Gesamt-χ^2 der 12×2-Feldertafel beträgt nach Formel (5.4.1.1)

$$\chi^2 = \frac{531^2}{184 \cdot 347} \left(\frac{0^2}{30} + \frac{0^2}{28} + \ldots + \frac{33^2}{33} - \frac{184^2}{531} \right) = 554{,}37 \text{ , so daß}$$

$\chi^2_{\text{nonlin}} = 554{,}37 - 242{,}26 = 312{,}11$ mit $12-2 = 10$ Fgn.

Die Schranke für dieses χ^2 kann wegen 10 Fg nicht wie oben bestimmt werden. Die 0,1%-Schranke beträgt bei 10 Fgn 29,59. Da diese Schranke von dem beobachteten χ^2 überschritten wird, gilt dies auch für (die nicht vertafelte) 0,5%-Schranke ($\alpha^* = 0{,}005$).

Entscheidung und Interpretation: Es besteht ein monotoner Kontingenztrend, der sich aus einer linearen und einer nicht-linearen Komponente zusammensetzt. Aus einer Inspektion der Tabelle 16.5.4.1 ist zu vermuten, daß es sich um einen ogivenförmigen Trend handelt, wie man ihn bei Wachstumskurven findet. Angesichts dieses Befundes erscheint es nicht sinnvoll, einen Regressionskoeffizienten zu berechnen und diesen über eine Regressionsgleichung zu interpretieren.

Der hier beschriebene, im Prinzip bereits von COCHRAN (1954) vorweggenommene Test gegen linearen Trend in einer $k \times 2$-Feldertafel wurde hinsichtlich seiner *Effizienz* von verschiedenen Seiten (MITRA 1958,

DIAMOND 1963) untersucht. Aufgrund dieser Effizienzstudien ist es möglich, jenen Stichprobenumfang abzuschätzen, der nötig ist, einen bestehenden Trend auf der gewünschten Stufe nachzuweisen (vgl. CHAPMAN and NAM, 1968).

16.5.5 ULEMANS $k \times 2$-Felder-U-Test

Geht es um die Frage, ob ein *monotoner Kontingenztrend* in einer $k \times 2$-Feldertafel als ein wichtiger Spezialfall einer $k \times m$-Feldertafel existiert, dann kann man diese Frage zwar mittels des KENDALL-BURRschen $k \times m$-Feldertest (15.5.1–2) beantworten, aber ebensogut mittels des ULEMANschen (1968) U-Tests auf *Lageunterschiede* zwischen 2 unabhängigen k-fach gruppierten Stichproben prüfen (6.1.1). Denn die Kendall-Summe S ist mit der Prüfgröße U wie folgt *algebraisch verknüpft*:

$$U = U' - S = (N_a N_b - U) - S = \tfrac{1}{2}(N_a N_b - S) \qquad (16.5.5.1)$$

Darin bezeichnen N_a und N_b die beiden Spaltensummen der $k \times 2$-Feldertafel, wobei gilt, daß $N_a + N_b = N = \Sigma N_i$ (Zeilensummen, mit i = 1 bis k).

Bezeichnet man, wie in einer $k \times 2$-Feldertafel üblich (vgl. Tab. 5.4.1.1), die *Felderfrequenzen* der ersten Spalten mit a_i und die der zweiten Spalte mit b_i, wobei i = 1(1)k, dann erhält man die *Prüfgröße* U am einfachsten über folgende Kalküle (LIENERT und LUDWIG, 1975)

$$U_a = a_1(\tfrac{1}{2}b_1 + b_2 + ... + b_k) + a_2(\tfrac{1}{2}b_2 + b_3 + ... + b_k) + ... + a_k(\tfrac{1}{2}b_k) \quad (16.5.5.2)$$

$$U_b = b_1(\tfrac{1}{2}a_1 + a_2 + ... + a_k) + ... + b_k(\tfrac{1}{2}a_k)$$

Man bedenke, daß (1) $U_a + U_b = N_a N_b$ und daß (2) es bei dem folgenden asymptotischen Test gleichgültig ist, ob man U_a oder U_b als Prüfgröße berechnet. Bilden aber a und b eine natürliche Ordnung, sind sie zwei Stufen eines *ordinalen* Mms, dann ist U_b die adäquate Größe.

WALTERS asymptotischer U-Test

Sind die Besetzungszahlen in der $k \times 2$-Feldertafel so, daß (1) kein Erwartungswert unter 1 und 4/5 der Erwartungswerte über 5 sind oder daß (2) alle Erwartungswerte über 2 liegen und annähernd gleich groß sind (WISE, 1963), dann prüft man *asymptotisch*: WALTER (1951, S.82) hat gezeigt, daß U in diesem Fall genähert normal verteilt ist mit einem *Erwartungswert*

$$E(U) = N_a N_b / 2 \qquad (16.5.5.3)$$

und einer *Varianz* von

$$\operatorname{Var}(U) = \frac{N_a N_b}{12N(N-1)} [N^3 - N - \sum_{}^{k}(N_i^3 - N_i)] \tag{16.5.5.4}$$

so daß

$$u = (U - E(U))/\sqrt{\operatorname{Var}(U)} \tag{16.5.5.5}$$

bei Geltung von H_0 (Unabhängigkeit zwischen Zeilen- und Spalten-Mm) *standardnormalverteilt* ist. Dabei ist $U = U_a$ zu setzen, wenn das Vorzeichen von u mit dem des biserialen tau identisch sein soll.

Beispiel 16.5.5.1

Versuchsplan: Eine Stichprobe von N = 20 Migräne-Ptn werden befragt (1) einmal nach dem von ihnen bevorzugten Migränemittel und (2) nach der Wirkungseinschätzung dieses Mittels (1 = W. fraglich, 2 = W. schwach, 3 = W. deutlich und 4 = W. prompt). Die von den Ptn genannten Mittel wurden danach binarisiert, ob sie Hydergin enthalten (H+ = B) oder nicht (H- = A).

Hypothesen: H_0: Es besteht kein Kontingenztrend (tau-Korrelation) zwischen Hyderginhaltigkeit (- = A, + = B) und Wirkungsgrad (Selbstbonitur).
H_1: Es besteht ein positiver Kontingenztrend (positive tau-Korrelation) zwischen H und W.

Erhebungsergebnis: Zufällig fanden sich $N_a = 10$ und $N_b = 10$ Ptn mit und ohne hyderginhaltige Medikamente, deren Verteilung auf die Wirkungsgrade in Tabelle 16.5.5.1 aufgeführt ist.

Tabelle 16.5.5.1

Wirkungs-grad:	Mittel		
	H-	H+	N_i
i = 1	$a_1 = 2$	$b_1 = 0$	2
2	4	2	6
3	3	5	8
4	1	3	4
	$N_a = 10$	$N_b = 10$	N = 20

Es scheint, daß die hyderginhaltigen Mittel (bei jenen Ptn, die sie bevorzugen oder vertragen) wirksamer sind als die hyderginfreien Mittel.

Testwahl: Da die (nachfolgend zu besprechende) Tafel eines exakten U-Tests für eine k×2-Tafel nur bis N = 10 reicht, prüfen wir asymptotisch mit $\alpha = 0{,}05$.

Testdurchführung: Wir berechnen Prüfgröße U_b, deren Erwartungswert und Varianz und erhalten nach 16.5.5.2–5:

$$U_b = 0(\tfrac{2}{2} + 4 + 3 + 1) + 2(\tfrac{4}{2} + 3 + 1) + 5(\tfrac{3}{2} + 1) + 3(\tfrac{1}{2}) = 26$$

$$E(U) = 10 \cdot 10/2 = 50$$

$$Var(U) = \frac{10 \cdot 10}{12 \cdot 20 \cdot 19}(20^3 - 20 - 2^3 + 2 - 6^3 + 6 - 8^3 + 8 - 4^3 + 4) = 158{,}33$$

$$u = (26-50)/\sqrt{158{,}33} = -1{,}91$$

Entscheidung: Das erhaltene $|u| = 1{,}91 > 1{,}65 = u_{0,05}$ entspricht einer signifikanten tau-Korrelation zwischen Hyderginhaltigkeit eines Mittels und dessen (subjektivem) Wirkungsgrad.

Anmerkung: Die Untersuchung sagt nicht, daß Mittel mit Hydergin wirklich wirksamer sind als solche ohne Hydergin, da die Zuordnung der beiden Mitteltypen nicht nach Zufall, sondern nach Wahl der Patienten erfolgte. Man kann deshalb nur bedingt folgern: die Ptn, die hyderginhaltige Mittel nehmen, berichten bessere Erfolge gemäß der in Tabelle 16.5.5.1 manifesten tau-Korrelation. Die Vorzeichen von u und tau stimmen nur deshalb überein, weil U_a statt U_b berechnet wurde.

Man beachte, daß WALTERS U-Test für k x 2-Feldertafeln nur eine Spezifikation seines U-Tests für *Rangbindungen* ist (vgl. Formel (6.1.1.9)), bei welcher die Bindungen t_i mit den Zeilensummen der k x 2-Feldertafel identisch sind. Um diese Analogie zu erhalten, wurde die Varianzformel (16.5.5.4) bzw. ihr Klammer-Term *nicht* zu $N^3 - \Sigma N_i^3$ vereinfacht. Zu Rangbindungen vergleiche man BÜHLER (1967) und KRAUTH (1973).

*B**UCKS** exakter U**LEMAN**-Test*

Sind die Felder einer k x 2-Feldertafel für einen asymptotischen Test zu schwach besetzt und gleichzeitig N kleiner-gleich 10, dann kann mittels der von BUCK (1976) erstellten *Tafeln* des ULEMANschen U-Tests *exakt* entschieden werden, ob ein Kontingenztrend zwischen den k Zeilen und den 2 Spalten bzw. ein Lokationsunterschied zwischen zwei unabhängigen Stichproben gruppierter Randwerte besteht.

Um Tafel XV-5-5 (Tafelband) zu benutzen, setze man $M = Min(N_a, N_b)$ und $N_i = T_i$ mit $i = 1(1)9$ und suche jene Untertafel mit $k = 2(1)9$ Zeilen bzw. *Bindungsgruppen* auf, die der beobachteten k x 2-Feldertafel entspricht. Sodann suche man unter der Spalte $N = 7(1)10$ den beobachteten Stichprobenumfang auf und die kleinere Spalte (M) der beiden Spaltensummen. In der Zeilennummer ZN mit den Zeilensummen T1 bis Tk als Eingangsparametern lese man sodann die untere und die obere einseitige *Schranke* U_α, UL (links unten) und UR (rechts oben) unter der Kopfzeile von $\alpha(\%) = 0{,}50, 1{,}0, 2{,}5$ und $5{,}0$ ab. Erreicht oder überschreitet das für die k x 2-Feldertafel nach (16.5.5.2) berechnete U die *obere* Schranke, dann besteht ein *positiver* Kontingenztrend bzw. ein Lageunterschied zugunsten der Stichprobe 1 (Zeile 1) zwischen den beiden Stichproben (Zeilen), sofern *einseitig* geprüft wird.

Wird *zweiseitig* geprüft und $\alpha^* = 2\alpha$ gesetzt, muß eine der beiden Schranken U_α erreicht bzw. unterschritten (UL) oder überschritten (UR) werden, um H_0 (Unabhängigkeit zwischen Zeilen und Spalten) zugunsten eines positiven oder negativen Kontingenztrends (H_1) abzulehnen.

Für einige Parametersätze mit k = 2(1)9 Bindungsgruppen existieren für bestimmte α *keine* unteren Schranken, so z.B. wenn die Punktwahrscheinlichkeit des niedrigsten U-Wertes der Nullverteilung bereits größer als α ist; für andere fehlen entsprechend die oberen Schranken. In diesen Fällen sind nur die zugehörigen *einseitigen* Tests möglich bzw. sinnvoll. Ist in Tafel XV–5–5 weder eine untere noch eine obere Schranke ausgedruckt, dann ist weder das höchst- noch das niedrigstmögliche U auf der 5%-Stufe (einseitig) bzw. der 10%-Stufe (zweiseitig) signifikant.

Die Zeilensummen T1 bis Tk sind in ‚*lexikographischer Reihenfolge*' referiert, bei der die k T-Werte als k-ziffrige Zahlen mit der Summe N erscheinen. Findet man also eine bestimmte Zeilensummenkombination, sagen wir T1 = 5 und T2 = 2 in der Untertafel für 2 Bindungsgruppen unter N = 7 und M = 2 nicht, dann vertausche man Zeilen und Spalten (der Vierfeldertafel) und suche unter der Folge T1 = 2 und T2 = 5: Dort findet man die untere Schranke UL(5,0) = 0,0.

Die zu BUCKS Tafel gehörige Prüfgröße ist $U = U_a$, wenn $M = N_b$ gilt und $U = U_b$, wenn $M = N_a$ gilt (Formeln 16.5.5.2–3).

Beispiel 16.5.5.2

Datenrückgriff: Greifen wir auf das Originalbeispiel 6.1.1.2 zum ULEMANschen U-Test zurück, so stellt sich Tabelle 16.5.5.2 zur Auswertung

Tabelle 16.5.5.2

	i:	1	2	3	4	
A:	j = 1	0	1	2	1	$N_a = 4 = M$
B:	j = 2	2	3	1	0	$B_b = 6$
	Ti:	2	4	3	1	N = 10

Auswertung: Da $M = N_a$ zu setzen ist, berechnen wir U_b und erhalten nach (16.5.5.3) die nach Tafel XV–5–5 auszuwertende Größe

$$U_b = 2(\tfrac{0}{2} + 1 + 2 + 1) + 3(\tfrac{1}{2} + 2 + 1) + 1(\tfrac{2}{2} + 1) + 0(\tfrac{1}{2}) = 20{,}5$$

Tafelentscheidung: Wir suchen in der Untertafel für k = 4 Bindungsgruppen die Parameter-Kombination N = 10, M = 4, T1 = 2, T2 = 4, T3 = 3 und T4 = 1 auf. Dort lesen wir für das 5%-Testniveau die (hier indizierte) obere Schranke von UR = 24,0 ab. Da unser U-Wert unterhalb dieser Schranke bleibt, behalten wir H_0 bei.

Anmerkung: Bei zweiseitiger Frage wäre unter dem Testniveau 2,5% abzulesen gewesen. Da hier ein Eintrag für UL fehlt, kann H_0 nur verworfen werden, wenn UR = = 24,0 erreicht oder überschritten wird. Unter dem 10%-Niveau betrügen die 2 Schranken UL = 2,0 und UR = 24,0 für einen zweiseitigen Test; für U-Werte zwischen 2 und 24 kann daher H_0 nicht verworfen werden.

Für Parameter-Kombinationen, die in Tafel XV–5–5 nicht verzeichnet sind, existieren keine Schranken auf den berücksichtigten Testniveaus.

Wegen der im allgemeinen asymmetrischen Nullverteilung von ULEMANS U ist es nicht gleichgültig, ob man nach UL oder UR beurteilt: U muß stets so berechnet werden, daß a_i die schwächer besetzte Spalte mit N_a = = M als Summe ist. Dann gilt nach BUCKS Kalkül

$$U = a_2(b_1) + a_3(b_1+b_2) + \ldots a_k(b_1+\ldots b_{k-1}) +$$
$$+ \tfrac{1}{2}(a_1 b_1 + a_2 b_2 + \ldots + a_k b_k) \qquad (16.5.5.6)$$

Aus Tabelle 16.5.5.2 ergäbe sich wegen N_a = M für die a_i der oberen und die b_i der unteren Zeile i = 1(1)4, ein U = 1(2) + 2(2+3) + 1(2+3+1) + + $\tfrac{1}{2}(0 \cdot 2 + 1 \cdot 3 + 2 \cdot 1 + 1 \cdot 0)$ = 20,5; das ist der gleiche Wert, den wir auch über U_b erhalten haben.

Man beachte: Sind die k Zeilen wie auch die 2 Spalten ordinal skaliert, so entspricht ein niedriges U einem positiven Kontingenztrend und ein hohes U einem negativen Kontingenztrend.

Der k x 2-Felder-tau-Koeffizient

Will man im Fall einer (gut besetzten) binordinalen k x 2-Feldertafel einen *punktbiserialen tau-Koeffizienten* direkt aus U und dem Marginalschema N, N_a und N_b, wie in den N_i berechneten, so gehe man von (9.5.9.3) mit

tau-bis = S/S_{max} \qquad (16.5.5.7)

aus und berechne S nach (16.5.5.1) zu

$S = N_a N_b - 2U$ \qquad (16.5.5.8)

S_{max} ergibt sich aus (9.5.9.2) für k Bindungsgruppen der Längen N_i zu

$S_{max} = \sqrt{N_a N_b (N^2 - \Sigma N_i^2)/2}$ \qquad (16.5.5.9)

Für Beispiel 16.5.5.1 ergäbe sich S = 10 · 10 – 2(26) = +48 und

$S_{max} = \sqrt{10 \cdot 10(20^2 - 2^2 - 6^2 - 8^2 - 4^2)/2} = 118{,}32$

Daraus ergibt sich ein positives punktbiseriales tau mit tau = +48/118,32 = = +0,41, das einen mäßigen Zusammenhang zwischen Hydergingehalt und

Wirksamkeit anzeigt. Man beachte, daß U_b die richtige Prüfgröße ist, wenn a < b eine natürliche Ordnung bilden.

16.5.6 ULEMAN-LUDWIGS Äquiarealskalen-U-Test

In der Forschungspraxis kommt den k x 2-Feldertafeln mit einem *objektiven* biosozial gegebenen Alternativ-Mm (wie dem Geschlecht) und einem *subjektiv* zu schätzenden k-Stufen-Mm (wie den Schulnoten) meist die Aufgabe zu, einen Lageunterschied der *Einschätzungen* (Schulnoten-Ratings) in bezug auf die Alternative (Mädchen vs. Buben) möglichst wirksam zu erfassen.

Dieses Ziel wird erreicht, wenn man den Beurteiler (Rater) instruiert, statt der konventionellen, bezüglich ihrer Verteilungsform nicht festgelegten Ratings (Zensuren), unkonventionelle, eine Rechteck- oder Gleichverteilung bildende ‚*Äquiarealratings*' (vgl. 5.2.2) zu vergeben. Bei diesem sog. *Q-Rating* wird vorausgesetzt, daß die Zahl N der zu beurteilenden Individuen (Ratees) durch die Zahl k der Ratingstufen ohne Rest teilbar ist, so daß die Zahl m der Individuen (Schüler) mit gleichen Ratings (Zensuren) m = N/k beträgt.

Der asymptotische Test

Bringt man die bivariaten Erhebungsdaten in eine k x 2-Feldertafel (mit k Zensuren als Zeilen und 2 Geschlechtern als Spalten) ein, wobei m die Zeilensummen und N_a bzw. N_b die Spaltensummen bezeichnen, so ist bei *großem* $N = N_a + N_b = km$ die nach (16.5.5.1) zu bestimmende Prüfgröße U unter der Nullhypothese (Unabhängigkeit oder Homogenität) über einem *Erwartungswert* von

$$E(U) = N_a N_b / 2 \qquad (16.5.6.1)$$

genähert normal verteilt. Die *Varianz* von U errechnet sich aus WALTERS (1951) Formel zu

$$\mathrm{Var}(U) = \frac{N_a N_b (N+m)(N-m)}{12(N-1)} \qquad (16.5.6.2)$$

Sind die Besetzungszahlen für die k x 2 Felder genügend *groß*, so berechnet man die Standardnormalvariable

$$u = \frac{|U - E(U)| - \frac{m}{2}}{\sqrt{\mathrm{Var}(U)}} \qquad (16.5.6.3)$$

und beurteilt sie je nach Fragestellung ein- oder zweiseitig. Die Stetigkeitskorrektur m/2 ergibt sich daraus, daß bei gleichen Spaltensummen die Intervalle zwischen aufeinanderfolgenden U-Werten gleich m sind.

Der exakte Test

Sind die Besetzungszahlen für die k×2 Felder *klein*, so muß wiederum nach ULEMANS Rangaufteilungs-U-Test ausgewertet werden. In dem *speziellen Fall* aber, wenn die k Zeilensummen gleich m und die beiden Spaltensummen N_a und N_b *gleich* (oder fast gleich) $N_a = N_b = N/2$ sind, kann die von LUDWIG erstellte und von LIENERT und LUDWIG (1975) publizierte *Tafel* XVI–5–4 benutzt werden.

Tafel XVI–5–4 enthält die zu ausgewählten *Parameter-Kombinationen* von k = 3(1)9 und N bzw. $N_a = N_b \leq 15$ berechneten U-Werte des linken Astes der Prüfverteilung und die zu den U-Werten gehörigen *einseitigen* Überschreitungswahrscheinlichkeiten bis P^+, wobei P^+ der erste, die Stufe $\alpha = 0{,}05$ eben überschreitende P-Wert ist. Ist der abgelesene P-Wert kleiner als das vereinbarte α, dann verwirft man H_0 (Lagehomogenität) und akzeptiert H_1 (Lageunterschied der Äquiarealzensuren).

Einen *zweiseitigen* P-Wert erhält man nach der Beziehung

$$P' = P(U) + P(U-m) \hspace{4cm} (16.5.6.4)$$

Darin bezeichnet P(U) den für U abzulesende P-Wert und P(U–m) den für $U' = U - m$ abzulesenden P-Wert.

Beispiel 16.5.6.1

Datenerhebung: N = 28 Vpn wurden nach Zufall in 2 Gruppen zu je $N_a = N_b = 14$ unterteilt. Die $N_a = 14$ Vpn erhielten ein Stimulans, die $N_b = 14$ Vpn ein Placebo. Nach 100 Minuten hatten alle N = 28 Vpn einen projektiven Test (Farbpyramidentest nach PFISTER-HEISS) durchzuführen. Die Testergebnisse wurden von einem am Versuch nicht beteiligten Experten nach dem Grad der in den 28 Testprotokollen zum Ausdruck kommenden Anregungswirkung über k = 4 Stufen (1 = fehlende, 4 = maximale Anregungswirkung) äquiarealskaliert. Eine gruppenspezifische Aufgliederung der N = 28 Protokolle ergab Tabelle 16.5.6.1 (Daten aus LIENERT und LUDWIG, 1975)

Tabelle 16.5.6.1

Stufen	Stimulans A	Placebo B	m
1	2	5	7
2	2	5	7
3	4	3	7
k = 4	6	1	7
	$N_a = 14$	$N_b = 14$	N = 28

Hypothesen: H_0: Unter der Voraussetzung, daß der projektive Test Anregungswirkungen erfaßt, haben beide Behandlungen A und B gleiche Wirkungen (Lagehomogenität)
H_1: Die Behandlung A hat höhere Anregungswirkung als die Behandlung B (Lageinhomogenität).

Testwahl: Wegen der zur bestmöglichen Differenzierung durchgeführten Äquiarealskalierung der nicht-metrisch erfaßbaren Anregungswirkung ist der Äquiarealskalen-U-Test bestindiziert. Wir vereinbaren $\alpha = 0{,}05$ bei einseitiger H_1.

Testdurchführung: Wir berechnen die Prüfgröße U nach Formel (16.5.6.1) und erhalten

$$U = 2(\tfrac{5}{2} + 5 + 3 + 1) + 2(\tfrac{5}{2} + 3 + 1) + 4(\tfrac{3}{2} + 1) + 6(\tfrac{1}{2}) = 49$$

Entscheidung: Da nicht nur gleiche Zeilen-, sondern auch gleiche Spaltensummen vorliegen und $N < 30$, beurteilen wir U nach Tafel XV–5–6 und lesen ein $P = 0{,}0144 < 0{,}05 = \alpha$ ab. Damit wird die Vermutung unter H_1 statistisch erhärtet.
Zum gleichen Ergebnis führt der asymptotische Test nach (16.5.6.1–3)

$$E(U) = 14 \cdot 14/2 = 98$$
$$\mathrm{Var}(U) = 14 \cdot 14(28 + 7(28-7))/12(28-1) = 444{,}63$$
$$u = (|49-98| - \tfrac{7}{2})/\sqrt{444{,}63} = 2{,}16$$

Diesem u-Wert entspricht ein einseitiges $P = 0{,}0154$, das mit dem exakten $P = 0{,}0144$ gut übereinstimmt.

Interpretation: Offenbar besteht eine, sich in der Gestaltung von Farbpyramiden manifestierende Anregungswirkung. Die Beibehaltung von H_0 hätte 2 Interpretationsmöglichkeiten offengehalten: Entweder gilt H_0 oder aber deren Voraussetzung ist falsch (der Test erfaßt keine Anregungswirkungen).

Der Multi-Rater-U-Test

Will sich der Untersucher nicht vom Urteil eines *einzigen* Raters (Uni-Rater-Prozedur) abhängig machen, kann er *mehrere* (m) Rater heranziehen (Multi-Rater-Prozedur) und jeden dieser m Rater veranlassen, k Individuen oder Objekte, von welchen k/2 der Behandlung A und k/2 der Behandlung B unterworfen wurden, in eine *Rangordnung* zu bringen.

Die Zuordnung der N_a und der N_b Individuen zu den k Ratern muß *zufällig* erfolgen und die Behandlungszugehörigkeit der Individuen muß den Ratern verborgen bleiben. Um Manipulationen auszuschließen und so den Multi-Rater-U-Test zu *objektivieren,* kann anstelle einer zufälligen eine *pseudozufällige* Zuordnung der N Individuen zu den m Ratern erfolgen, etwa in der Art wie nachfolgend beschrieben:

Die je $N_a = 14$ und $N_b = 14$ *Testprotokolle* des Beispiels 16.5.6.1 wurden auf $m = 7$ Studenten, die einen Kurs in projektiver Technik absolviert hatten, wie folgt *aufgeteilt*: Der dem Alphabet nach erste Rater (I) erhielt die k/2 = 2 Protokolle, der dem Alphabet nach ersten beiden Vpn aus der Gruppe A und die k/2 = 2 Protokolle der dem Alphabet nach ersten beiden Vpn aus der Gruppe B. So ging es weiter bis zum letzten Rater (VII), der die dem Alphabet nach letzten je 2 Vpn bzw. deren Testprotokolle zugeteilt erhielt mit der Anweisung, ihnen Ratings von 1 bis 4 zuzuordnen.

Durch diese Zuordnung von Individuen zu Ratern entstehen *sieben* kx2-Feldertafeln mit den Zeilensummen 1 und den Spaltensummen k/2. Da diese 7 Tafeln *unabhängig* voneinander sind, können sie zusammengeworfen (gepoolt) werden. Die resultierende *Gesamttafel* mit m als Zeilensummen und $N_a = N_b = N/2$ als Spaltensummen können mittels eines Äquiarealskalen-U-Tests ausgewertet werden.

Tabelle 16.5.6.2 gibt hierfür das einschlägige *Beispiel* (aus LIENERT und LUDWIG, 1975), worin Rater I den A-Vpn die Ränge 2 und 3 etc. vergeben hat.

Tabelle 16.5.6.2

Rater m=7	I		II		III		IV		V		VI		VII		Alle		
Behandlungen	A	B	A	B	A	B	A	B	A	B	A	B	A	B	A	B	m
Rating Stufen: k = 4 — 1	0	1	0	1	0	1	0	1	0	1	1	0	0	1	1	6	7
2	1	0	1	0	0	1	1	0	1	0	0	1	0	1	4	3	7
3	1	0	0	1	1	0	1	0	0	1	0	1	1	0	4	3	7
4	0	1	1	0	1	0	0	1	1	0	1	0	1	0	5	2	7
Summen	2	2	2	2	2	2	2	2	2	2	2	2	2	2	14	14	28

Aus Tabelle 16.5.6.2 errechnet man ein U = 56, und zu diesem U findet man in Tafel XVI–5–4 unter k = 4 und N = 28 ($N_a = N_b = 14$) ein P = = 0,0331 < 0,05 = α. Damit hat auch ein *Multi-Rater-U-Test* die Anregungswirkung des Stimulans nachgewiesen. Ohne Äquiarealskalierung von Ratings (oder Normaltransformation von Rangordnungen, vgl. BASLER, 1974) wäre der Nachweis wahrscheinlich nicht gelungen.

Die im allgemeinen *hohe Wirksamkeit* einer Äquiarealskalierung ist dem Umstand zu danken, daß sie den (die) Beurteiler (Rater) zwingt, alle k Stufen der Skala voll und gleichmäßig auszunutzen, was die Schulnoten-Skala explizit vermeidet. Die Äquiarealskalierung hat überdies den Vorteil, von Rater zu Rater *vergleichbare Ratings* zu liefern, ein Vorteil, der den Schulnoten, die von Lehrer zu Lehrer variieren, ermangelt.

16.5.7 R- und Q-Rating-Korrelationen

Ratings eines Raters oder eines Raterteams über ein an N Individuen beobachtetes (aber nicht meßbares) Mm nennt man *normative* oder *R-Ratings*. Schulnoten in einem Schulfach sind normative oder R-Ratings, weil sie eine Hypothese der Populationsnorm (Verteilung der Schulleistungen in der Population) voraussetzen; sie haben meist 5, 7 oder 9 Stufen.

Die Bezeichnung R leitet sich daraus her, daß *Ratings* aus verschiedenen Mmn (Schulfächern) paarweise *ranginterkorreliert* und mittels der nach CATTELL (1966 Chp. 3 u. 6) sogenannten *R-Faktorenanalyse* ausgewertet werden können; dabei gewinnt man R-Faktoren als hypothetische Mme bzw. deren R-Ratings (vgl. ÜBERLA, 1968, Kap. 8.1).

Beurteilt ein Rater *mehrere Mme* an einem einzelnen Individuum (Ratee) hinsichtlich ihrer relativen Ausprägung zueinander, so spricht man von einem *ipsativen* oder *Q-Rating*. Gibt ein Klassenlehrer (als Rater) einem Schüler (als Ratee) in seinem besten Schulfach eine Eins, in seinen 2 nächstbesten Fächern eine Zwei, eine Drei, eine Vier und in seinem schlechtesten Fach eine Fünf, gleichgültig, welche Noten er bei normativer Beurteilung verdient haben würde, so urteilt er ipsativ, er vergibt auf das Selbst des Schülers bezogene ('pädagogische') Schulnoten, eben Q-Ratings zwischen 1 und 5 mit n = 5 ausgewählten Schulfächern.

Werden n *Schüler* paarweise über die Q-Ratings ihrer Schulfächer *ranginterkorreliert* und die n(n–1)/2 Ranginterkorrelationen faktorenanalytisch ausgewertet, so spricht man mit CATTELL von einer *Q-Faktorenanalyse* mit Q-Faktoren als hypothetischen Schülern bzw. deren Q-Ratings.

Wie R-Ratings von 2 Behandlungen auf Lagehomogenität, so sind Q-Ratings von 2 Individuen dann am besten auf Korrelation *(Ähnlichkeit)* zu prüfen, wenn sie äquiarealskaliert sind[15]. Q-Ratings können im Unterschied zu R-Ratings auch von der Vpn über sich selbst erstellt werden, z.B. als Rangordnung von Interessen oder als Ausprägungsgrade verschiedener Symptome in Fragebogen oder Symptomlisten. Im folgenden Beispiel 16.5.7.1 haben zwei neusprachliche Gymnasiasten n = 70 Persönlichkeitseigenschaften einer k = 7-stufigen Äquiarealskala im *Selbstbeurteilungsver-*

---

[15] Allerdings werden in der Forschungspraxis meist 'hochästige' (cauchy-verteilungsartige) Unimodalverteilungen den sogenannten Q-Sortierungen zugrundegelegt (vgl. BLOCK, 1961). Die Bezeichnung Q-Sortierung (Q-Sort) führt daher, daß Q-Ratings meist 'quotenweise' vorgenommen werden, indem 1 Vp N Feststellungen (statements) über Verhaltens- oder Erlebnisweisen, die auf Kärtchen gedruckt sind, so zu sortieren haben, daß sie eine vorgegebene p-Punkt-Unimodalverteilung abdecken, z.B. 5 mit dem Skalenpunkt 1, 8 mit dem Skalenpunkt 2, 12 mit dem Skalenpunkt 3, 16 mit 4, 18 mit 5, 16 mit 6, 12 mit 7, 8 mit 8, 5 mit 9 bei N = 100 Feststellungen. Im Gleichverteilungs-Q-Rating wären 10 Skalenpunkte je 10 Feststellungen zuzuordnen mit Quoten von 10% je Skalenpunkt.

fahren zugeordnet (Adjectiver Q-Set von BLOCK, 1961, App. H). Zur Bewahrung der Bedeutungstreue wird die englische Fassung im Beispiel beibehalten, um die Q-Ratings der Gymnasiasten A und B zu korrelieren.

Beispiel 16.5.7.1

Eigenschaftswörterliste. You have been asked to describe yourself as you honestly see yourself. You are to use the adjectives listed below (and ordered alphabetically):

A–B
2–3	1. absent-minded	1–1	36. lazy
3–5	2. affected	6–5	37. likable
6–7	3. ambitious	3–4	38. perserving
2–5	4. assertive, dominant	5–6	39. personally charming
2–1	5. bossy	5–7	40. reasonable
5–7	6. calm	1–1	41. rebellious
3–3	7. cautious	2–4	42. resentful
7–7	8. competitive	3–7	43. reserved, dignified
5–2	9. confident	4–6	44. restless
6–6	10. considerate	1–2	45. sarcastic
7–4	11. cooperative	7–7	46. poised
1–1	12. cruel, mean	7–7	47. self-controlled
4–5	13. defensive	5–6	48. self-indulgent
4–5	14. dependent	3–5	49. selfish
5–1	15. disorderly	2–4	50. self-pitying
2–3	16. dissatisfied	7–2	51. sense of humor
2–2	17. dramatic	4–1	52. sentimental
1–5	18. dull	5–5	53. shrewed, clever
4–2	29. easily ambarassed	6–2	54. sincere
4–5	20. easily hurt	7–7	55. sophisticated
5–6	21. energetic	1–3	56. stubborn
6–2	22. fair-minded, objective	4–6	57. suspicious
2–1	23. feminine	5–3	58. sympathetic
4–3	24. frank	6–6	59. timid, submissive
7–6	25. friendly	3–7	60. touchy, irritable
1–4	26. guileful	1–2	61. tactless
2–2	27. helpless	7–6	62. unconventional
1–4	28. hostile	3–1	63. undecided, confused
5–1	29. idealistic	1–1	64. unhappy
6–3	30. imaginative	3–4	65. uninterested, indifferent
3–4	31. impulsive	4–5	66. unworthy, inadequate
6–4	32. intelligent	6–3	67. warm
7–3	33. versatile	6–7	68. withdrawn, introverted
3–3	34. introspective	2–4	69. worried and anxious
4–3	35. jealous	7–6	70. wise

Anweisung: As a first step, look through the list and then pick out the *ten* adjectives or phrases you feel are most characteristic of you. Put the number 7 in front of these words. Now, look through the list again and pick out the ten words which you feel are quite characteristic of you (excluding from consideration those words you have already given the number 7 to). Write the number 6 in front of these words. Now of those words that remain, pick out the *ten* adjectives that you feel are fairly descriptive of you and place the number 5 in front of them.

Now work from the opposite end toward the middle. Of those words not yet numbered, pick out the *ten* adjectives that are most uncharacteristic of you and give them the number 1. Pick out the *ten* adjectives that you feel are quite uncharacteristic of you and give them the number 2. Now choose the *ten* adjectives fairly uncharacteristic of you and give them the number 3.

As a check, count the words that still have no numbers. If the total is *ten* then you have followed the procedure properly. In this case place the number 4 in front of the *ten* words remaining without numbers. Otherwise check whether you have ten words numbered 7, ten 6's, ten 5's, ten 3's, ten 2's and ten 1's.

Durchführung: Die zwei Vpn A and B haben die Anweisung befolgt und wie in den beiden Vorspalten geantwortet. Die Korrelation (Ähnlichkeit) der Q-Sorts (Eigenschaftswörter) ist in Tabelle 16.5.7.1 als 7 x 7-Feldertafel mit den Zeilen i und den Spalten j repräsentiert:

Tabelle 16.5.7.1

A	B=j:	1	2	3	4	5	6	7	ΣA
1		4	2	1	2	1	0	0	10
2		2	2	2	3	1	0	0	10
3		1	1	1	3	2	0	2	10
i:4		1	1	2	0	4	2	0	10
5		2	1	1	0	1	3	2	10
6		0	2	2	1	1	2	2	10
7		0	1	1	1	0	3	4	10
ΣB		10	10	10	10	10	10	10	n=70

Eindrucksbeurteilung: Die zwei Gymnasiasten A und B haben offenbar bezüglich ihrer Eigenschaftswörter-Q-Sorts eine beträchtliche Ähnlichkeit. (Tatsächlich handelt es sich um eine einzige Vpn, die sich unter A so beurteilt hat, wie sie sich selbst sieht – Autostereotyp – und unter B so, wie sie glaubt, von anderen gesehen zu werden – Heterostereotyp).

Die *Q-Ähnlichkeit* der zwei Vpn A und B in Tabelle 16.5.7.1 gründet hauptsächlich auf f_{11} = 4 (von 10 möglichen) Übereinstimmungen in den beiderseits als für die eigene Person als uncharakteristisch abgelehnten Eigenschaften der *Eigenschaftswörterliste* mit n = 70 Eigenschaften und auf den $f_{77} = 4$ Übereinstimmungen in den als für die eigene Person als höchst charakteristisch angenommenen Eigenschaften; sie gründet weiter auf fehlenden Übereinstimmungen $f_{17} = f_{71} = 0$ im Q-Rating *(Q-Sort)*, und auf wenigen Übereinstimmungen $f_{ij} \lesseqgtr f_{ji} > 0$.

Die Nichtübereinstimmungen der Vpn A und B manifestieren sich in den *Q-Unähnlichkeiten (Distanzen)* $d_{ij} = (f_{ij} + f_{ji})(j-i)$ für $j > i$, die nach ihren *Rangdifferenzen* j–i gewichtet werden. Wie man aufgrund der Übereinstimmungen f_{ij} und ihrer Rangdifferenzen zu einem *Ähnlichkeitsmaß* (analog einem Korrelationskoeffizienten) gelangt, wird nachfolgend besprochen.

Rho-Korrelation von Q-Ratings als Multobservablen-Ähnlichkeit

In Beispiel 16.5.7.1, wie überall dort, wo zwei Individuen im Q-Rating bezüglich der relativen Ausprägung von n Mm beurteilt werden, stellt sich die Frage, wie ihre Q-Ähnlichkeit *global* erfaßt werden soll. In der Wahl zwischen dem *tau-* und dem *rho-*Korrelationskoeffizienten hat man sich für rho entschieden, um grobe Nichtübereinstimmungen zwischen zwei Mmn stärker ins Spiel zu bringen und damit dem intuitiven Konzept der *Multobservablen-Ähnlichkeit* besser zu genügen.

Ein *Kalkül* für die rasche und sichere *Berechnung von rho* aus *Korrelationstafeln* hat RAATZ (1971) entwickelt (vgl. 9.5.1). Spezifiziert man dieses Kalkül für den Fall *gleichverteilter Randsummen* in einer k×k-Feldertafel, so resultiert

$$\text{rho} = 1 - \frac{6 \cdot \sum_{j>i} d_{ij}^2}{n(k^2 - 1)} \qquad (16.5.7.1)$$

mit

$\sum d_{ij}^2 = \sum f_{ij}(i-j)^2 \quad$ mit $i, j = 1(1)k \qquad$ oder mit

$\sum d_{ij}^2 = \sum (f_{ij} + f_{ji})(j-i)^2 \quad$ mit $j > i \qquad (16.5.7.2)$

Auf das *Beispiel* der Tabelle 16.5.7.1 angewandt, ergibt sich nach (16.5.7.2) eine Differenzenquadratsumme mit $k(k-1)/2 = 21$ Termen

$$\begin{aligned}\sum d_{ij}^2 =\ & (2+2)(2-1)^2 + (1+1)(3-1)^2 + (2+1)(4-1)^2 + (1+2)(5-1)^2 + \\ & + (0+0)(6-1)^2 + (0+0)(7-1)^2 + (2+1)(3-2)^2 + (3+1)(4-2)^2 + \\ & + (1+1)(5-2)^2 + (0+2)(6-2)^2 + (0+1)(7-2)^2 + (3+2)(4-3)^2 + \\ & + (1+1)(5-2)^2 + (0+2)(6-2)^2 + (0+1)(7-2)^2 + (4+0)(5-4)^2 + \\ & + (2+1)(6-4)^2 + (0+1)(7-4)^2 + (3+1)(6-5)^2 + (2+0)(7-5)^2 + \\ & + (2+3)(7-6)^2 = 285\end{aligned}$$

Setzen wir in Formel (16.5.7.1) mit k = 7 und n = 70 ein, so erhalten wir den gesuchten *Ähnlichkeitskoeffizienten* für die Individuen (Pbn) A und B:

rho = $1 - 6(285)/70(7^2-1) = +0{,}49$.

Interpretiert man rho^2 wie r^2 als *Bestimmtheitsmaß* (Determinationskoeffizient), so läßt sich feststellen, daß $rho^2 = +0{,}49^2 = 0{,}24$ oder 24% der Q-Rating-Varianz der Pbn A und B *gemeinsame* Varianz und der Rest von 76% *individualspezifische* (instruktionsspezifische) Varianz ist.

Werden Q-Sort-Ratings von N Pbn eingeholt, so lassen sich N(N−1)/2 rho(Q)-Interkorrelationen als Ähnlichkeitskoeffizienten berechnen und *multivariat* (mittels Cluster- oder Faktorenanalyse) auswerten. Im günstigen Fall lassen sich wenige Pbn als Repräsentanten für Q-Typen identifizieren (vgl. BAUMANN, 1971, Kp. 9; HOFSTÄTTER und WENDT, 1974, Kp. 15).

Rho-Korrelationstest von Q-Ratings

Will man einen beobachteten Ähnlichkeitskoeffizienten gegen die *Nullhypothese* (zufallsmäßiger Ähnlichkeit) bzw. gegen E(rho) = 0 prüfen, so bedient man sich der aus HAJEK (1969, 31.2) abgeleiteten Formel für die Varianz von rho(Q)

$$\mathrm{Var(rho)} = \frac{1}{n-1}\left(\frac{n^3 - km^3}{n^3 - n}\right)^2 \qquad (16.5.7.3)$$

Wie man sieht, wird der quadratische Faktor 1, wenn je Zeile und Spalte nur m = 1 (vgl. Formel (9.5.1.17)) gilt, wenn also singuläre statt k-fach gruppierte Rangpaare vorliegen. Man *prüft* asymptotisch nach

$$u = \frac{\mathrm{rho(Q)}}{\sqrt{\mathrm{Var(rho)}}} \qquad (16.5.7.4)$$

und beurteilt u *einseitig*, wenn man unter H_1 Ähnlichkeit (Similarität) oder Unähnlichkeit (Dissimilarität) vorausgesagt hat; ohne Richtungsvoraussage beurteilt man *zweiseitig*.

Für große n und nicht zu extreme rho-Werte lassen sich auch *Konfidenzgrenzen* über die Varianz von rho(Q) bestimmen: So liegt die untere α-Konfidenzgrenze bei positivem rho bei

$$\underline{\mathrm{rho}}\ (Q) = \mathrm{rho} - u_\alpha \sqrt{\mathrm{Var(rho)}} \qquad (16.5.7.5)$$

In unserem Beispiel ist bei $u_{0{,}01} = 2{,}32$ und einer Varianz von

$$\mathrm{Var(rho)} = \frac{1}{70-1}\left(\frac{70^3 - 7 \cdot 10^3}{70^3 - 70}\right)^2 = 0{,}013913$$

$\underline{\mathrm{rho}}\ (Q) = +0{,}49 - 2{,}33\sqrt{0{,}013913} = +0{,}215$

die untere 1%-Konfidenzgrenze. Das (zweiseitige) *Konfidenzintervall* ergäbe sich durch Einsetzen von $u_{\alpha/2} = \pm 2{,}58$.

Die Varianzformel 16.5.7.3 gilt nicht nur für Q-, sondern auch für gleichverteilte *R-Ratings* (Schulnoten), wenn man N (Individuen) anstelle von n (Items, Mmn) einsetzt, um rho(R) − den Zusammenhang zwischen 2 stetig verteilten, aber analog Tabelle 16.5.7.1 beurteilten Mmn − auf Signifikanz zu prüfen.

Rho(R)-Korrelationen können aber ebenso wie *Rho(Q)-Korrelationen* immer dann, wenn sie auf Äquiarealskalen gründen, mit ULEMAN-LUDWIGS Äquiarealskalen-U-Test geprüft werden, und zwar nicht nur asymptotisch für große, sondern auch exakt für kleine Stichproben von Mms-Trägern (vgl. 16.5.6), denn HAJEKS rho-Test spricht genau wie ULEMAN-LUDWIGS Test nur auf monotonen Trend in einer binordinalen Kontingenztafel an.

16.5.8 Anteilsgradiententafeln

Die k × 2-felderbezogenen Varianten des U-Tests sind − sic venia verbo − *Omnibustrendtests*, da sie auf generelle Anteilsänderungen bzw. auf Lageunterschiede ansprechen. Für sie macht es keinen Unterschied, ob ein *Gradiententrend*, wie in Tabelle 16.5.8.1 oder ein Omnibustrend, wie in Tabelle 16.5.8.2, vorliegt, wenn *beide* Trends denselben U-Wert ergeben:

Tabelle 16.5.8.1

		i	1	2	3	4	5	
Gradiententrend	a_i		0	1	2	3	4	$N_a = 10$
mit U = 60	b_i		2	2	2	2	2	$N_b = 10$
	N_i		2	3	4	5	6	$N = 20$

Angenommen, die a_i = (0 1 2 3 4) in Tabelle 16.5.8.1 seien $N_a = 10$ hirngeschädigte Kinder mit den Zensuren i = 1 2 3 4 5 in einem Gedächtnistest und die $b_i = 2$ seien normale Kinder in einer 5 × 2-Feldertafel (mit vertauschten Zeilen und Spalten). Offenbar wächst der Anteil hirngeschädigter Kinder von guten (i=1) zu schlechten (i=5) Testleistungen *monoton* mit $p_1 = 0/2 = 0{,}00$, $p_2 = 1/3 = 0{,}33$, $p_3 = 2/4 = 0{,}50$, $p_4 = 3/5 = 0{,}60$ und $p_5 = 4/6 = 0{,}67$; es besteht − wie oben gesagt − ein Gradiententrend.

Nehmen wir nun für Tabelle 16.5.8.2 an, die a_i = (1 2 0 5 2) seien neurotisch leistungsgehemmte Kinder ($N_a = 10$), die derselben Gruppe normaler Kinder ($N_b = 10$) wie in Tabelle 16.5.8.1 gegenübergestellt worden sind.

Wie man sieht, wächst der Anteil neurotisch-gehemmter Kinder *nicht monoton* von guten zu schlechten Gedächtnisleistungen, denn $p_1 = 1/3 = 0{,}33$, $p_2 = 2/4 = 0{,}50$, $p_3 = 0/2 = 0{,}00$, $p_4 = 5/7 = 0{,}71$ und $p_5 = 2/4 = 0{,}5$, wohl aber sind die neurotischen Kinder im gleichen Ausmaß (U = 60) leistungsschwächer als die Normalkinder; es besteht in Tabelle 16.5.8.2 zwar auch ein Trend, nur eben kein Gradiententrend.

Tabelle 16.5.8.2

		i	1	2	3	4	5	
Omnibustrend	a_i		1	2	0	5	2	$N_a = 10$
mit U = 60	b_i		2	2	2	2	2	$N_b = 10$
	N_i		3	4	2	7	4	N = 20

Der asymptotische U-Test nach Walter (1951) ergibt für beide Trends einen *Erwartungswert* von $E(U) = 10 \cdot 10/2 = 50$ (vgl. Formel 6.1.1.2) und nur wenig unterschiedliche *Varianzen* (vgl. Formel 6.1.1.9)

$$\text{Var}(U) = \frac{10 \cdot 10}{20 \cdot 19}\left(\frac{20^3 - 20}{12} - \frac{2^3 - 2}{12} - \frac{3^3 - 3}{12} - \frac{4^3 - 4}{12} - \frac{5^3 - 5}{12} - \frac{6^3 - 6}{12}\right) = 165{,}79$$

$$\text{Var}(U) = \frac{10 \cdot 10}{20 \cdot 19}\left(\frac{20^3 - 20}{12} - \frac{3^3 - 3}{12} - \frac{4^3 - 4}{12} - \frac{2^3 - 2}{12} - \frac{7^3 - 7}{12} - \frac{4^3 - 4}{12}\right) = 164{,}34$$

Die beiden U-Tests führen demnach zu praktisch gleichen Ergebnissen (Formel 6.1.1.8)

$$u = (|60-50| - \tfrac{1}{2})/\sqrt{165{,}79} = 0{,}738$$
$$u = (|60-50| - \tfrac{1}{2})/\sqrt{164{,}34} = 0{,}741$$

Wie werden in der Folge sehen, daß wir zwischen den Trends in Tabelle 16.5.8.1−2 *besser* unterscheiden können, wenn wir einen Test zur Anwendung bringen, der gegenüber der Alternativhypothese eines Anteilsgradienten sensitiver ist als gegenüber der Omnibustrendhypothese, wie sie mit dem U-Test erfaßt wird.

16.5.9 Der $\overline{\chi}^2$-Gradiententest von Bartholomew

Ein Gradiententest spricht offenbar dann optimal an, wenn der unter H_1 erwartete Trend in einer $k \times 2$-Feldertafel auch realisiert wird. Einige Tests sprechen optimal auf die Alternative eines *Rangordnungstrends* an, wie der T-Test von Pfanzagl (1974, in 16.5.10) und der Test von

CHASSAN (1960, 1962); sie verlieren jedoch bei Abweichungen von diesem Trend rasch an Effizienz.

Gesucht wird also ein Gradiententest, der von einem Rangordnungstrend unter H_1 ausgeht, aber gegenüber Abweichungen von diesem Trend nicht mit Effizienzminderung anspricht. Ein solcher Trendtest wurde von BARTHOLOMEW (1959) entwickelt und von FLEISS (1973, Ch.9.3) zur Anwendung empfohlen. Wir beginnen mit einem für den Test essentiellen Prinzip, der *Wirksamkeitsoptimierung*.

Die Anteilsangleichung

BARTHOLOMEWS Test geht von der Nullhypothese aus, wonach kein Trend besteht, also bei k = 5 Stichproben die Positivanteile $p_1 = p_2 = ... = p_5$ gleich sind. Die Alternativhypothese lautet, daß sie gemäß $p_1 < p_2 < ... < p_5$ ansteigen. Tatsächlich möge die *Stichprobenerhebung* aber eine Alternative von $p_1 > p_2 < p_3 < p_4 < p_5$, wie z.B. $0{,}3 > 0{,}1 < 0{,}4 < 0{,}5 < 0{,}7$ ergeben haben; wir deuten sie als Anteile von Rauchern bei $N_1 = 10$ Freiberuflern, $N_2 = 22$ Beamten und ltnd. Angestellten, $N_3 = 25$ Angestellten und Facharbeitern, $N_4 = 28$ gelernten und angelernten Arbeitern und $N_5 = 15$ ungelernten und Hilfsarbeitern.

Um die eine Anteilsinversion $p_1 > p_2$ $(0{,}3 > 0{,}1)$ gegen den Gradienten so wenig wie möglich zur Auswirkung kommen zu lassen, wird eine sog. *Anteilsangleichung* vorgenommen, in dem die Anteile $p_1' = p_2'$ wie folgt gleich gesetzt werden

$$p_1' = p_2' = \frac{N_1 p_1 + N_2 p_2}{N_1 + N_2} = \frac{10(0{,}3) + 22(0{,}1)}{10 + 22} = 0{,}1625 \qquad (16.5.9.1)$$

Die hypothesengerechten Anteile brauchen mit $p_3' = p_3$ bis $p_5' = p_5$ nur übernommen zu werden.

Sind 3 statt 2 Anteilsinversionen beobachtet worden, so gilt die analog *gewichtete Angleichung*. Für $p_1 < p_2 > p_3 > p_4 < p_5$ mit $0{,}1 < 0{,}5 > 0{,}4 > 0{,}3 < 0{,}8$ ergibt sich bei gleichen N_i wie oben

$$p_2' = p_3' = p_4' = \frac{N_2 p_2 + N_3 p_3 + N_4 p_4}{N_2 + N_3 + N_4} \qquad (16.5.9.2)$$

$$= \frac{22(0{,}5) + 25(0{,}4) + 28(0{,}3)}{22 + 25 + 28} = 0{,}3920$$

Analog verfährt man bei mehr als 3 Anteilsinversionen, wenn k, die Zahl der Stichproben entsprechend groß ist. Es gilt dann stets die Angleichungsalternative $p_1' \leqslant p_2' \leqslant ... \leqslant p_k'$.

Prüfgrößenberechnung

Mit den angeglichenen oder nicht anzugleichenden, weil gradientenrecht geordneten Anteilswerten p_i ergibt sich BARTHOLOMEWS Prüfgröße wie folgt

$$\overline{\chi}^2 = \frac{1}{\overline{p}(1-\overline{p})} \sum_{i=1}^{k} N_i(p_i' - \overline{p})^2 \qquad (16.5.9.3)$$

Die Konstante $\overline{p}$ ist der Gesamtanteil der Positivvariante des Mms in den k Stichproben der k x 2-Feldertafel, definiert als

$$\overline{p} = N_a/N = \sum^{k} \frac{N_i p_i}{N_i} \qquad (16.5.9.4)$$

Die Prüfgröße $\overline{\chi}^2$ (Chiquadrat-quer) ist nun aber nicht nach χ^2 für k–1 Fge asymptotisch verteilt, sondern hat eine asymptotische, *von χ^2 abweichende Nullverteilung:* Diese Verteilung wurde vom Autor für k = 3(1)4 bei beliebigem Stichprobenumfang (N_i) vertafelt und reicht bei gleichen Stichprobenumfängen, $N_i = N/k$ bis k = 2(1)12. Die Stichprobenumfänge N_i sind die Zeilensummen der k x 2-Feldertafel mit den Spaltensummen N_a und $N_b = N - N_a$.

Tafeln für den 3 x 2-Feldertest

Um den 3 x 2-Felder-Gradiententest auf k = 3 *ungleich* besetzte Zeilensummen N_i anzuwenden, berechnen wir einen für die Tafelablesung benötigten *Parameter* C nach der Formel

$$C = \sqrt{\frac{N_1 N_3}{(N_1 + N_2)(N_2 + N_3)}} \qquad (16.5.9.5)$$

Mit dieser Konstante C gehen wir in Tafel XVI–5–8–1 des Tafelbandes ein und suchen in der Spalte des gewählten Alpha-Risikos die zugehörige Schranke $\overline{\chi}_\alpha^2$ auf. Überschreitet das berechnete $\overline{\chi}^2$ die für den Parameter C (Zeilen) gültige Schranke, dann besteht ein Gradiententrend; andernfalls ist H_0 (kein Trend) beizubehalten[16].

Liegt C halbwegs zwischen zwei auf 1 Dezimalstelle vertafelten C-Werten, dann suche man eine genäherte Schranke durch lineare Interpolation.

---

16 Man beachte, daß die Schranken im Mittelbereich (um C = 0,5) unterhalb der χ_1^2-Schranken, im Extrembereich von C, aber oberhalb der zugehörigen χ_1^2-Schranken liegen. BARTHOLOMEWS Verteilung hat offenbar bei extremem C einen flacheren Rechtsauslauf als die χ^2-Verteilung für 1 Fg, die sonst für Trendprüfungen benutzt wird (vgl. 16.5.2.7).

Tafeln für den 4 x 2-Feldertest

Für k = 4 Stichproben ungleicher Größe, $N_i \neq N/4$, müssen *zwei Parameter* zur Schrankenablesung berechnet werden: C1 = C ist bereits durch (16.5.9.5) gegeben und C2 ist wie folgt definiert:

$$C2 = \sqrt{\frac{N_2 N_4}{(N_2+N_3)(N_3+N_4)}} \qquad (16.5.9.6)$$

Mit C1 und C2 gehen wir dann in Tafel XVI–5–8–2 ein und lesen – ggf. durch Interpolation – die zugehörige Alpha-Schranke ab. Beide Tafeln stammen ursprünglich aus BARLOW et al. (1972, Tables A.1 und A.2).

Beispiel 16.5.8.1

Datensatz: N = 20 Betriebsunfallsbetroffene wurden betriebspsychologisch untersucht und (1) hinsichtlich ihrer Neurosebereitschaft einem von k = 4 Quartilen (1–2–3–4) zugeordnet sowie (2) danach interviewt und alternativ klassifiziert, ob sie am Umfallstag oder am Tag davor eine Frustration (Ärgernis) erlebt hatten (+) oder nicht (-).

Hypothesen: Es wird Unabhängigkeit zwischen Neurosebereitschaft und Frustrationstoleranz bei den Unfällen angenommen (H_0). Es wird angenommen, daß ein Gradiententrend existiert, der bedingt, daß mit zunehmender Neurosebereitschaft die Frustrationstoleranz sinkt bzw. der Anteil der frustrierten Unfäller steigt (H_1).

Signifikanzniveau: Es soll für die Erkundungsstudie $\alpha = 0{,}05$ gelten.

Testwahl: Da gegen monot. Gradiententrend geprüft werden soll, aber mit der Möglichkeit eines nicht ideal monotonen Gradiententrends ausdrücklich gerechnet wird, soll der Test von BARTHOLOMEW anstelle des sonst gleich indizierten Tests von PFANZAGL in Aussicht genommen werden (welche Entscheidung anthac und nicht erst posthoc gefällt werden muß).

Ergebnisse: Die sequentielle Erhebung einer anfallenden Stichprobe von männlichen Unfällern einer Maschinenfabrik ergab die Daten der Tabelle 16.5.8.3:

Tabelle 16.5.8.3

Neurose- bereitschaft i	Frustration (-) b_i	(+) a_i	N_i	p_i	p_i'	
gering = 1	4	1	5	1/5	$\underline{1+1}$	= 0,18
2	5	1	6	1/6	5+6	= 0,18
3	2	2	4	2/4		= 0,50
stark = 4	2	3	5	3/5		= 0,60
Σ	13	7	20	$\bar{p}=7/20=0{,}35$		

Tatsächlich ist der Gradiententrend, wie vermutet, nicht ideal monoton.

Testauswertung: Aufgrund der bereits in Tabelle 16.5.8.3 vorgenommenen Anteilsangleichung können wir sofort in (16.5.8.1) einsetzen und erhalten

$$\bar{\chi}^2 = \frac{5(0{,}18-0{,}35)^2 + 6(0{,}18-0{,}35)^2 + 4(0{,}50-0{,}35)^2 + 5(0{,}60-0{,}35)^2}{(0{,}35)(0{,}65)} = 3{,}17$$

Um die Prüfgröße $\bar{\chi}^2 = 3{,}17$ nach Tafel XVI–5–8–2 beurteilen zu können, berechnen wir noch die beiden Randsummenkonstanten

$$C1 = \sqrt{\frac{5 \cdot 4}{(5+6)(6+4)}} = 0{,}426$$

$$C2 = \sqrt{\frac{6 \cdot 5}{(6+4)(5+4)}} = 0{,}577$$

Entscheidung: Für C1 = 0,4 und C2 = 0,6 lesen wir in Tafel XVI–5–8–2 unter $\alpha = 0{,}05$ eine (einseitige) Schranke von $\bar{\chi}^2 = 4{,}52$ ab und stellen fest, daß sie von unserem $\bar{\chi}^2 = 3{,}17$ unterschritten wird. Wir haben mithin H_0 beizubehalten, wenn wir die $N_i \sim 5$ als für einen asymptotischen Test ausreichend ansehen.

Anmerkung: Tabelle 16.5.8.3 läßt sich auch mit PFANZAGLS Gradiententest auswerten: Es reultiert dabei allerdings ein T = 1,57, das die einseitige 5%-Schranke von u = 1,65 nicht überschreitet. Noch schwächer fiele der nicht auf Gradiententrend zugeschnittene BRANDT-SNEDECOR-χ^2-Omnibustest mit $\chi^2 = 5{,}13$ aus, wie nachstehend gezeigt wird.

Omnibusvergleich: Um wieviel niedriger die Schranken von BARTHOLOMEWS $\bar{\chi}^2$-Test liegen als die des BRANDT-SNEDECOR-χ^2-Tests, ergibt ein Vergleich korrespondierender Schranken: Für k = 4 Zeilen gilt nach Tafel XVI–9–9 eine 5%-Schranke von $\bar{\chi}^2_{0{,}05} = 4{,}528$; für k-1 = 4-1 = 3 Fg gilt hingegen die wesentlich höhere Schranke $\chi^2_{0{,}05} = 7{,}82$. Selbst wenn man den BRANDT-SNEDECOR-Test (vgl. 5.4.1.1) quasi-einseitig anwendet, indem man Alpha verdoppelt, reduziert man die Schranke nur auf $\chi^2_{2\alpha} = \chi^2_{0{,}10} = 6{,}25$ und erreicht noch lange nicht die Schranke 4,528 des Gradiententests.

Tests für spezielle k × 2-Feldertafeln

Ist k = 2(1)12 und sind zugleich alle Stichproben gleich groß, $N_i = N/k$, dann benutzt man Tafel XVI–5–9 des Tafelbands. In diesem Fall brauchen keine Tafelparameter berechnet zu werden, da die beobachtete nach (16.5.8.1) zu berechnende Prüfgröße bei nicht zu kleinen Stichproben ($N_i > 5$) näherungsweise einer Verteilung folgt, deren obere Perzentile (1-α) vertafelt sind. Wie man den *k-Stichproben-Gradiententest* praktisch anwendet, wird im folgenden Beispiel veranschaulicht. Obwohl darin die Bedingung $N_i = N/k$ nur in grober Näherung erfüllt ist, kann die Testaussage dennoch als valide angesehen werden, weil alle $N_i > 10$ sind.

Beispiel 16.5.9.1

Problem: Zur Überprüfung, ob das Symptom Kopfschmerz zwischen verschiedenen Graden der Anfälligkeit für Psychosomatosen differenziert, wurde ein Fragebogen für psychosomatische Beschwerden an eine Stichprobe von N = 100 Ptn einer Poliklinik vorgegeben und ausgezählt, wie oft in jedem der k = 5 Quintile von niedrigen bis hohen Beschwerdewerten das Symptom Kopfschmerz bejaht wurde.

Ergebnis: Wegen des Auftretens von Testwert-Bindungen konnte die Bedingung $N_1 = N_2 = N_3 = N_4 = N_5 = N/5$ nur näherungsweise erfüllt werden. Die Zahl der Ja-Antworten je Quintil ist in Tabelle 16.5.9.1 verzeichnet.

Tabelle 16.5.9.1

Quintil	a_i	N_i	p_i	p_i'
1	6	20	0,300	0,30
2	10	19	0,526	0,50
3	12	23	0,521	0,50
4	8	18	0,444	0,50
5	15	20	0,750	0,75
	$N_a = 51$	$N = 100$	$\bar{p} = 51/100 = 0,51$	
$p_2' = p_3' = p_4' = (10+12+8) / (19+23+18) = 0,50$				

Hypothesen: H_0: Die Anteile der Ptn mit Kopfschmerz sind in den 5 Quintilen wachsender Beschwerdenzahl gleich;

H_1: Die Anteile steigen im Sinne eines monotonen Trends mit wachsender Quintil-Nummer.

Testwahl: Da mit Abweichungen von dem unter H_1 vorausgesagten Trend gerechnet wird, wählen wir statt des T-Tests von PFANZAGL den $\bar{\chi}^2$-Test von BARTHOLOMEW zur Prüfung von H_0 (Homogenität) gegen H_1 (Gradienten-Inhomogenität).

Signifikanzniveau: Da es um die Entscheidung geht, ob die Frage nach Kopfschmerzen in die Beschwerdeliste mit aufgenommen werden soll (H_1) oder nicht (H_0), vereinbarten wir ein $\alpha = 0,05$ bei unter H_1 impliziertem einseitigem Test.

Auswertung: Das in Tabelle 16.5.8.3 vorweggenommene Ergebnis und seine Vorauswertung mittels Anteilsangleichung über die 3 mittleren Quintile liefert nach Formel (16.5.8.1) folgende Prüfgröße

$$\bar{\chi}^2 = \frac{1}{0,51 \cdot 0,49} [20(0,30-0,51)^2 + 19(0,50-0,51)^2 + \ldots + 20(0,75-0,51)^2] = 8,163$$

Entscheidung: Wenn wir davon ausgehen, daß die N_i praktisch gleich und hinreichend groß sind (– beides trifft zu –), so können wir $\bar{\chi}^2$ nach Tafel XVI–5–9 beurteilen: Für k = 5 und $\alpha = 0,05$ lesen wir dort die Schranke 5,049 ab; sie wird von dem beobachteten Wert 8,163 überschritten, so daß wir H_0 verwerfen und H_1 akzeptieren.

Interpretation: Kopfschmerz als Symptom nimmt mit wachsender Zahl psychosomatischer Beschwerden an Häufigkeit des Auftretens zu und erfüllt damit die Forderung zwischen verschiedenen Graden der Psychosomatose-Anfälligkeit zu differenzieren, d.h. selbst als psychosomatisches Symptom zu gelten und als solches in die Beschwerdeliste mit aufgenommen zu werden.

Der $\bar{\chi}^2$-Test mit gleichen Zeilensummen dient in praxi mehr der *Homogenität* als der Kontingenztrend-Prüfung: Denn gleiche Zeilensummen erzielt man in einer k x 2-Feldertafel nur dann, wenn man k unabhängige Stichproben von Individuen (Vtn, Vpn) erhebt, sie k natürlich abgestuften Behandlungen (steigende Dosen einer Noxe, fallende Zeitlimits für die Lösung einer Testaufgabe) unterwirft und die Behandlungswirkung alternativ beurteilt (Tod oder Überleben, Erfolg oder Versagen).

Man beachte, daß auch BARTHOLOMEWS Test ein *asymptotischer Test* ist, bei dem vorausgesetzt wird, daß die Erwartungswerte N_a/k und N_b/k nicht zu klein sind. Ist aber $N_a \sim N_b$, dann können nach WISE (1963) Erwartungswerte bis 2 zugelassen werden, insbesondere, wenn die Zeilensummen N_i etwa gleich sind.

Weitere Anwendungs- und *Verallgemeinerungsmöglichkeiten* von ‚BARTHOS' Anteilsgradiententests finden sich in der Monographie von BARLOW et al. (1972); desgleichen andere Trendtests auch für Mehrfeldertafeln.

16.5.10 PFANZAGLS Gradienten-T-Test (*Kontingenztrendtest*)

Ein einfacher und hoch effizienter Anteilsgradiententest ist der auf metrifizierten Rangwerten aufbauende *T-Test von PFANZAGL* (1960 und 1974, S. 193). Seine Prüfgröße T basiert auf den gleichen Überlegungen wie der Test von ARMITAGE mit dem Unterschied, daß die Intervallmitten durch *Rangwerte* i ersetzt werden.

Unter der *Nullhypothese* der Unabhängigkeit des k-stufigen Zeilen- und des 2-stufigen Spalten-Mms ist PFANZAGLS *Prüfgröße,* in unserer Notation wie folgt definiert,

$$T = \frac{N\Sigma i a_i - N_a \Sigma i N_i}{\sqrt{\frac{N_a N_b}{N-1}[N\Sigma i^2 N_i - (\Sigma i N_i)^2]}} \qquad (16.5.10.1)$$

asymptotisch standardnormalverteilt, so daß T wie u je nach Alternativhypothese ein- oder zweiseitig beurteilt werden darf.

Wertet man die Tabellen 16.5.8.1−2 nach dem T-Test aus, so ergibt sich für die Tabelle 1 ein T = 1,65, das einen auf der 5%-Stufe signifikanten *Gradiententrend* ausweist, während Tabelle 2 mit T = 1,18 plausiblerweise keinen Trend nachzuweisen gestattet, weil offenbar kein Gradiententrend vorliegt.

Man beachte, daß PFANZAGLS T-Gradiententest Rangwerte wie Meßwerte behandelt, wie dies in ähnlicher Weise auch beim rho-Koeffizienten geschieht. Dies unterscheidet ihn von BARTHOS Gradiententests, die mehr dem tau-Koeffizienten ähneln, wenn es den Ausprägungsgrad des Trends zu messen gilt.

Beispiel 16.5.10.1

Frage: Wenn der Nikotinkonsum von Schwangeren einen Einfluß auf das Geschlecht des geborenen (nicht notwendig auch des gezeugten) Kindes haben soll, muß man annehmen, daß zunehmender Konsum das Austragen von Buben- oder (robusteren?) Mädchenfoeten begünstigt; es sollte sich ein Anteilsgradient in einer Kontingenztafel mit den m = 2 Spalten als Geschlechtern und k Stufen des Nikotinkonsums ergeben. (Andere Trends interessieren nicht, da sie nicht im Licht obiger Hypothese zu deuten sind.)

Hypothesen: Für eine Aufteilung von N Gebärenden nach k = 4 Stufen des Nikotin-Konsums und den Geschlechtern ihrer Kinder gilt die Unabhängigkeitshypothese (H_0).

Wenn H_0 nicht gilt, gilt die Anteilsgradientenhypothese (H_1); dabei bleibt offen, wie der Gradient verläuft (zweiseitige H_1).

Wegen der schwerwiegenden Konsequenzen von H_1 wird $\alpha = 0{,}001$ gesetzt und die Erhebung einer großen Stichprobe in Aussicht gestellt.

Testwahl: Weil nicht etwa interessiert, ob die Mütter von Buben mehr (weniger) rauchen als die Mütter von Mädchen (U-Testindikation), sondern, ob mit zunehmendem Nikotinkonsum der Mütter auch häufiger Buben (Mädchen) geboren werden, ist der effiziente Anteilsgradiententest von PFANZAGL optimal indiziert.

Erhebung und Ergebnisse: In einer geburtshilflichen Klinik wurden die Mütter nach ihren Rauchgewohnheiten befragt und nach der während der Schwangerschaft konsumierten Zahl von Zigaretten in k = 4 Konsumstufen eingeteilt (0, < 2000, 2000–4000, > 4000).

Tabelle 16.5.9.2

Zigaretten	i	Mädchen a_i	Knaben b_i	N_i	Knaben $b_i\%$	ia_i	iN_i	$i^2 N_i$
0	1	150	171	321	53%	150	321	321
< 2000	2	118	123	241	51%	236	482	964
2–4000	3	98	98	196	50%	294	588	1764
> 4000	4	171	167	338	49%	684	1352	5408
		537	559	1096	51%	1364	2743	8457

Testdurchführung: Setzen wir die Zwischenergebnisse der Tabelle 16.5.9.2 in (16.5.9.1) ein, so resultiert

$$T = \frac{1096 \cdot 1364 - 537 \cdot 2743}{\sqrt{\frac{537 \cdot 559}{1096-1}(1096 \cdot 8457 - 2743^2)}} = +1{,}003$$

Entscheidung: Ein T = +1,00 erreicht die für α = 0,001 und zweiseitigen Test geltende Schranke von u = 3,29 bei weitem nicht, so daß H_0 trotz gegenteiligen Anscheins aufgrund des mit zunehmendem Zigarettenkonsum abnehmenden Anteils von Knaben (b_i% in Tabelle 16.5.9.2) beizubehalten ist.

PFANZAGLS *Gradienten-T-Test* ist ein praktisch bedeutsamer Test für k x 2-Feldertafeln, der oben nur in seiner *asymptotischen* Version besprochen wurde.

Eine *exakte* Version läßt sich erstellen, wenn man die Prüfgröße $T' = ia_i$ in Tabelle 16.5.9.2 für alle möglichen Tafeln mit konstanten Zeilen- und Spaltensummen, aber variierenden Felderbesetzungen a_i berechnet und nach FREEMAN-HALTON (1951) und KRAUTH (1973) die Punktwahrscheinlichkeiten (vgl. 5.2.1)

$$p^* = \frac{N_a!N_b!(N_1!\ldots N_k!)}{N!(a_1!\ldots a_k!)(b_1!\ldots b_k!)} \qquad (16.5.10.2)$$

all jener Tafeln summiert, deren Prüfgrößen T' die Prüfgröße der beobachteten Tafel *nicht* überschreiten. Hierbei wird vorausgesetzt, daß die a_i entsprechend den i geordnet worden sind, so daß $T' = ia_i$ bei bestehendem Trend hohe Werte annimmt.

Die Frage, wie man 2 unabhängige kx2-Feldertafeln global auf Homogenität prüft, wurde bereits in (9.3.5) vorweggenommen. Die spezielle Frage, wie *Gradientenunterschiede* auf einer ausgewählten Stufe i zu vergleichen sind, wird bei WALTER (1974, S. 99) beschrieben und durch Überlebenswahrscheinlichkeiten (i=5 Jahre) bei Nephritikern und Nephrotikern numerisch illustriert.

16.6 Positionstrendtests

Mit der Spezifikation einer k x m-Feldertafel auf 2 Zeilen und m Spalten haben wir auf den Vergleich zweier unabhängiger Stichproben k-stufiger Beobachtungen (vgl. 5.4.1) zurückgegriffen. Wenn wir die Zahl der Spalten auf m = 1 reduzieren, bleibt eine *einzige Stichprobe* k-stufiger Beobachtungen mit den Frequenzen a_i, wobei i = 1(1)k die k Stufen als *Positionen* der Ordinalskala bezeichnen. Diese Stichprobe mit dem Umfang N = Σa_i läßt sich nun nur noch mit einer theoretischen Verteilung vergleichen, z.B. mit einer Gleichverteilung, deren Erwartungswerte e_i = N/k sind (vgl. 5.2.3).

Gehen wir von der Nullhypothese einer *Gleichverteilung* aus, so können wir dieser Nullhypothese eine *Omnibusalternative* gegenüberstellen, wie dies in Abschnitt 5.2.3 geschehen ist; ein entsprechender Omnibustest spricht auf abweichungen aller Art von der Gleichverteilung an.

Wir können der Nullhypothese aber auch eine *spezifizierte Alternative* in Form einer *Trendhypothese* (Positionshypothese) entgegenstellen. Die praktisch bedeutsamste Positionshypothese ist die, daß die Besetzungszahlen a_i mit den Positionsnummern i steigen ($a_1 < a_2 \ldots < a_K$) oder fallen; man spricht von einem *monotonen* (steigenden oder fallenden) *Positionstrend*. Der Trend kann sich auf k zeitlich oder räumlich geordnete Stufen (Poitionen) beziehen[17].

Wie kann man nun auf Existenz eines *Positionstrends* von zeitlich oder räumlich unter H_0 gleichverteilten Ereignissen *prüfen*?

16.6.1 Der Positionstrendtest von PFANZAGL
Der asymptotische Test

Zur Beantwortung der Frage, ob N zeitlich ober räumlich geordnete Beobachtungen mit den Rangnummern i = 1(1)k und den Frequenzen a_i einem *monotonen Positionstrend* folgen, hat PFANZAGL (1960, 1974, Bd. 2 S. 191) einen asymptotischen Test angegeben. Danach ist die Prüfgröße

$$T = \overset{k}{\Sigma} i a_i \quad \text{mit } i = 1(1)k \qquad (16.6.1.1)$$

unter H_0 eines fehlenden Positionstrends (Gleichverteilung der a_i) über einem Erwartungswert

$$E(T) = N(k+1)/2 \qquad (16.6.1.2)$$

mit einer Varianz von

$$Var(T) = N(k^2-1)/12$$

genähert normal verteilt, wenn N/k nicht kleiner als 3 ist (vgl. WISE, 1963). Man prüft also über einen Gaußschen u-Test gemäß

$$u = (T - E(T))/\sqrt{Var(T)} \qquad (16.6.1.3)$$

---

17 Beispiele für zeitliche Positionstrends sind epochale (dezenniale) Zunahme bestimmter Erkrankungen (wie Lungen- oder Brustkrebs) i. S. eines monotonen Trends oder die Aus- und Rückbildung schädigungssensibler Phasen im Laufe der Embryonalentwicklung (wie bei der Thalidomidwirkung) i.S. eines bitonen Trends. Beispiele für räumliche Positionstrends sind die Abnahme des Pflanzenwuchses mit steigender Höhenlage etc.

Wir werden Indikation und Anwendung dieses Tests anhand des folgenden Beispiels, bei dem eine einseitige Beurteilung von u gerechtfertigt erscheint, kennenlernen.

Beispiel 16.6.1.1

Fragestellung: Es wird aufgrund einschlägiger Erfahrung vermutet, daß die Chancen für ein Rennpferd zu gewinnen mit der Startnummer (1 am inneren und 8 am äußeren Rand der Startbahn) abnehmen.

Hypothesen: H_0: Auf jede der k = 8 Startpositionen entfällt der gleiche Anteil von $\alpha_i = N/m$ von ‚Gewinnern';

H_1: Auf die Startpositionen 1 bis 8 entfällt ein zunehmend geringerer Anteil von Gewinnern: $\alpha_1 > \alpha_2 > \alpha_3 \ldots > \alpha_k$.

Testwahl: Es handelt sich um die Anpassung einer beobachteten Verteilung an eine Gleichverteilung, wobei die Alternativhypothese einen Trend impliziert. Deshalb prüfen wir schärfer mittels PFANZAGLS Test als mit dem gewöhnlichen χ^2-Anpassungstest (den SIEGEL 1956, S. 45 verwendet).

Signifikanzniveau: Wegen der praktischen Konsequenzen für den Rennsport setzen wir $\alpha = 0{,}01$ nicht zu hoch an.

Untersuchungsergebnis: In einer Saison mit N = 144 Rennen (und je einem Sieger) ergab sich die Gewinnverteilung der Tabelle 16.6.1.1 für die k = 8 jeweils ausgelosten Startpositionen (aus PFANZAGL, 1974, Bd. 2, S. 191)

Tabelle 16.6.1.1

i	a_i	(a_i%)	ia_i
1	29	(20%)	29
2	19	(13%)	38
3	18	(12%)	54
4	25	(17%)	100
5	17	(12%)	85
6	10	(7%)	60
7	15	(10%)	105
8	11	(8%)	88
$N = N_a = $ 144		(99%)	$\Sigma ia_i = 559$

Tabelle 16.6.1.1 läßt die Alternative zu H_0, einem monoton degressiven Trend von i = 1(1)8 plausibel erscheinen, besonders wenn man die Prozentwerte betrachtet.

Testdurchführung: Die Prüfgröße T = 559 ist unter H_0 über einem Erwartungswert von E(T) = 144(8+1)/2 = 648 mit einer Varianz von Var(T) = 144(8^2-1)/12 = = 756 genähert normal verteilt, so daß u = (559 − 648)/$\sqrt{745}$ = −3,24, was einem P = 0,0006 < 0,01 = α entspricht.

Entscheidung: Wir verwerfen H_0 und akzeptieren H_1, wonach die Siegeschancen tatsächlich mit steigender Startnummer fallen, d.h. die auf Innenbahnen startenden Pferde bessere Siegeschancen haben als die auf Außenbahnen startenden Pferde.

Bemerkung: Hätten wir die beobachteten a_i mit ihren Erwartungen $e = 144/8 = 18$ nach dem trendinsensitiven χ^2-Anpassungstest vergleichen, so wäre

$$\chi^2 = \frac{(29-18)^2}{18} + \frac{(19-18)^2}{18} + \ldots + \frac{(11-18)^2}{18} = 16{,}33$$

nach $m-1 = 8-1 = 7$ Fgn zu beurteilen und H_0 beizubehalten gewesen. Darin äußert sich die höhere Effizienz des Positionstrendtests gegenüber dem Omnibus Anpassungstest.

Pfanzagls Positionstrendtest geht implizit von der Annahme aus, die Positionen $i = 1(1)k$ seien intervallskaliert. Trifft diese Implikation zu, dann prüft der Test am schärfsten gegen *linearen Positionstrend*; trifft sie nicht zu, dann prüft er um so schärfer gegen monotonen Trend, je mehr sich dieser einem quasi-linearen (auf Rangwerte bezogenen) Positionstrend annähert.

Eine exakte Testversion

Sind die unter der Gleichverteilungs-Nullhypothese erwarteten Häufigkeiten $e = N/k$ kleiner als 3, ist die Anwendung des asymptotischen Tests u. U. problematisch. Man prüft in diesem Fall exakt nach Fishers *Randomisierungsprinzip:*

Die k Frequenzen a_i werden allen k! möglichen Positionen zugeordnet und die zugehörigen k! Prüfgrößen $T = \Sigma i a_i$ berechnet. Bezeichnet man mit a die Zahl der Prüfgrößen, die die beobachtete Prüfgröße erreichen oder überschreiten (bzw. erreichen oder unterschreiten), dann ergibt der *exakte Positionstrendtest* eine *einseitige* Überschreitungswahrscheinlichkeit von

$$P = a/k!$$

Nehmen wir auf Beispiel 16.6.1.1 Bezug, so wäre auszuzählen, wieviele der $8! = 40320$ T-Werte der Nullverteilung den beobachteten Wert $T = 559$ erreichen oder *unter*schreiten (negativer Positionstrend bei einseitigem Test).

Bei *zweiseitigem Test* müßten zusätzlich zu den a T-Werten $\geqslant 559$ noch jene a' T-Werte ausgezählt werden, deren Komplementärgrößen $T' = N(k+1) - T = 144(9) - 559 = 737$ *über*schreiten. Es gälte sodann $P' = (a+a')/k!$ für die zweiseitige Überschreitungswahrscheinlichkeit.

Im speziellen Fall von $k = 3$ Positionen kann ein exakter Positionstrendtest auf die Tafeln der *Trinomialverteilung* (Heinze und Lienert, 1979a) gegründet werden, wobei die Gleichverteilungs-H_0 gegen eine Trendalternative zu prüfen ist (vgl. HEINZE und LIENERT, 1979b), wobei der Vorzeichentest mit *strukturellen Nulldifferenzen* (die nicht zu eliminieren sind) als Vorbild dient.

Tests gegen nicht-monotonen Trend

Soll gegen die Alternative eines *nicht-monotonen Positionstrends* geprüft werden, so muß die Prüfgröße T auf eine geeignete Weise redefiniert werden. Erwartet der Untersucher einen U-förmigen Positionstrend für die k = 8 Startpositionen einer Rennbahn, wonach *extreme* Positionen (1, 2, 7, 8) bessere Siegeschancen hätten als *zentrale* Positionen (3, 4, 5, 6), dann wäre nach dem SIEGEL-TUKEY-Prinzip (vgl. 6.7.2) vorzugehen und die Rangreihe der Positionen wie folgt umzuordnen

i =	1	4	5	8	7	6	3	2
a_i =	29	19	18	25	17	10	15	11

$\Sigma i a_i = 592$

Die resultierende Prüfgröße T = $\Sigma i a_i$ wäre sodann in gleicher Weise zu beurteilen wie bei monotonem Positionstrendtest (vgl. Beispiel 16.6.1.1).

Wird ein bestimmter nicht-monotoner Trend unter der Positionsalternative H_1 vorausgesagt und theoretisch begründet, dann muß diese Voraussage in der Anordnung der i-Werte ihren Niederschlag finden, wenn genau gegen diesen Positionstrend geprüft werden soll (LIENERT u. LIMBOURG, 1978).

Wir werden im folgenden Beispiel gegen einen theoretisch vorausgesagten nicht-monotonen Positionstrend prüfen, und zwar — wegen kleinen Stichprobenumfangs — unter Benutzung eines exakten Tests. Dabei werden wir den nicht-monotonen Trend durch *Positionsumstellung* in einen monotonen Trend überführen.

Beispiel 16.6.1.2

Fragestellung: Es soll untersucht werden, ob die klinische Erfahrung, wonach 7-Monats-Kinder (i = 2) zwar eine geringere Überlebenschance haben als 10-Monatskinder (i = 3), aber eine größere Chance als 8-Monats-Kinder (i = 1).

Hypothesen: H_0: Frühgeborene (M7- und M8-) Kinder haben die gleiche Überlebenschance wie übertragene (M10-) Kinder ($a_1 = a_2 = a_3$).

H_1: M8-Frühgeborene haben geringere Chancen als M7-Frühgeborene und diese wiederum geringere Chancen als M10-Übertragene (H_1 = Positionstrend): $a_1 < a_2 < a_3$ mit k = 3 Positionen.

Testwahl: Es wird ein exakter Positionstrendtest in Aussicht genommen.

Signifikanzniveau: Es soll zunächst eine Heuristik mit $\alpha = 0{,}20$ erstellt werden, da ein niedrigeres Alpha durch die Untersuchungsanordnung (s. unten) auch bei günstigstem Ergebnis nicht unterschritten werden kann.

Untersuchung und Ergebnisse: Von je n = 5 Neugeborenen der k = 3 Reifungsgrade, die ab einem bestimmten Zeitpunkt in einer Perinatalstation einer Kinderklinik behandelt werden, überleben a_1 = 2 M8, a_2 = 4 M7 und a_3 = 5 M10.

Entscheidung: Die Prüfgröße T = 1(2) + 2(4) + 3(5) = 25 des beobachteten Positionstrends wird von keinem der 3! = 6 randomisierten T-Werte erreicht oder überschritten wie Tabelle 16.6.1.2 zeigt.

Tabelle 16.6.1.2

i:	1	2	3	T
	2	4	5	25*
	2	5	4	24
	4	2	5	23
	4	5	2	20
	5	2	4	21
	5	4	2	19

Die einseitige Überschreitungswahrscheinlichkeit ist daher P = 1/6 = 0,17 und damit kleiner als das vereinbarte Alpha-Risiko, so daß H_0 zu verwerfen und H_1 anzunehmen ist.

Statt auf *U-förmigen Positionstrend* mittels der SIEGEL-TUKEYschen Rangzuordnung zu prüfen, kann man auch die Koeffizienten orthogonaler Polynome 2-ten Grades in Tafel XIX–10 des Tafelbandes aufsuchen (für m = k Positionen) und deren Rangwerte den Frequenzen a_i zuordnen. Für k = 8 Positionen finden wir die Koeffizienten 7 1 -3 -5 -5 -3 1 7, zu welchen die Rangwerte 7,5 5,5 3,5 1,5 1,5 3,5 5,5 7,5 mit Paaren von Rangbindungen gehören. Die Prüfgröße T ergibt sich im *Polynomialen Positionstest* für Tabelle 16.6.1.1 nach KAUN und LIENERT (1980) wie folgt:

T = 7,5(29) + 5,5(19) + 3,5(18) + 1,5(25) + ... + 7,5(11) =
 = 7,5(29+11) + 5,5(19+15) + 3,5(18+10) + 1,5(25+17) = 648

Die resultierende Prüfgröße ist praktisch gleich der des SIEGEL-TUKEYschen Rangzuordnung (T = 641).

Bei einem Erwartungswert von E(T) = 144(8+1)/2 = 648 und einer Varianz von Var(T) = $144(8^2-1)/12$ = 756 ergibt sich ein u = (641 - -648)/$\sqrt{756}$ = - 0,03 für die ST-Zuordnung und ein u = 0 für die Polynomialzuordnung.

In analoger Weise lassen sich *S-förmige Positionstrends* mittels orthogonaler Polynome 3. Grades erfassen: Man ersetzt die Koeffizienten -7 5 7 3 -3 -7 -5 7 aus Tafel XIX–10 durch die Rangwerte 1,5 6,0 7,5 5,0 4,0 1,5 3,0 7,5 und verfährt wie in Tab.16.6.1.1 (KAUN & LIENERT, 1980).

Man beachte, daß *einseitig* nur geprüft werden darf, wenn die Art des nicht-monotonen U- oder S-förmigen Positionstrends unter H_1 (als U-förmig vs. umgekehrt U-förmig z.B.) spezifiziert worden ist; andernfalls muß *zweiseitig* geprüft werden.

16.6.2 Positionskomponenten-Zerlegung

Geht man an eine k x 1-Feldertafel heuristisch mit der Frage heran, ob neben einem *monotonen* auch noch ein *nicht-monotoner* Positionstrend wirksam ist, so führt man unter asymptotischen Bedingungen eine Chiquadrat-Zerlegung wie folgt durch:

Residualkomponententest

Man berechnet das χ^2 für die Anpassung der beobachteten Positionsverteilung an eine Positionsgleichverteilung (vgl. 5.2.3) und subtrahiert hiervon die χ^2-Komponenten zu Lasten des monotonen Positionstrends aus PFANZAGLS Test. Da $u^2 = \chi^2$ für 1 Fg, gilt für die *Residualkomponente*

$$\chi^2_{rest} = \chi^2 - u^2 \quad \text{mit m-2 Fgn} \tag{16.6.2.1}$$

Überschreitet χ^2_{rest} die zugehörige α-Schranke, dann besteht neben dem monotonen auch noch ein ihn *überlagernder* nicht-monotoner Trend.

Sehen wir zu, ob nebem dem monotonen Positionstrend in *Beispiel 16.6.1.1* auch noch eine nicht monotone Trendkomponente nachzuweisen ist. Tabelle 16.6.2.1 liefert das χ^2 des *k x 1-Feldertests*

Tabelle 16.6.2.1

Position i:	1	2	3	4	5	6	7	8=k
a_i:	29	19	18	25	17	10	15	11 N=144
e = N/k:	18	18	18	18	18	18	18	18 144

$$\chi^2 = \sum \frac{(a_i-e)^2}{e} = \frac{121}{18} + \frac{1}{18} + \frac{0}{18} + \frac{49}{18} + \frac{1}{18} + \frac{64}{18} + \frac{9}{18} + \frac{49}{18} = 16{,}33$$

Die χ^2-Komponente zu Lasten des *linearen* Positionstrends beträgt in Beispiel 16.6.1.1 $u^2 = (-3{,}237)^2 = 10{,}48$, so daß die Restkomponente

$$\chi^2_{rest} = 16{,}33 - 10{,}48 = 5{,}85$$

für k-2 = 8-2 = 6 Fge auf der geforderten 1%-Stufe nicht signifikant ist. Wir können somit darauf vertrauen, daß die Abweichungen der beobachteten Positionsverteilung in Beispiel 16.6.1.1 hinreichend durch den linearen Positionstrend zu erklären sind.

Trendanpassungstest

Die Restkomponente χ^2_{rest} zu Lasten des nicht-linearen Positionstrends läßt sich auch *direkt* berechnen, wenn man die Erwartungswerte e_i in Tabelle 16.6.2.1 dem *linearen Regressionskoeffizienten*

$$b_{ai} = \frac{\Sigma ia_i - \frac{k+1}{2}\Sigma a_i}{\frac{k(k^2-1)}{12}} \qquad (16.6.2.2)$$

ansteigen bzw. abfallen läßt. In unserem Beispiel 16.6.1.1 beträgt der Zähler $559 - (9/2)144 = -90$ und der Nenner $8(63)/12 = 42$, so daß $b_{ai} = -89/42 = -2,12$.

Die *Erwartungswerte* e_i aufgrund des linaren Positionstrends betragen daher im Trendanpassungstest

$$e_1 = -2,12\left(1 - \frac{8+1}{2}\right) + 18 = 25,42$$

$$e_2 = -2,12\left(2 - \frac{8+1}{2}\right) + 18 = 23,30 = 25,42 - 2,12$$

$$\dots\dots\dots\dots\dots\dots\dots\dots\dots\dots\dots\dots\dots\dots\dots\dots$$

$$e_8 = -2,12\left(8 - \frac{8+1}{2}\right) + 18 = 10,58 = 12,70 - 2,12$$

Setzt man diese Erwartungswerte in Tabelle 16.6.2.1 anstelle der $e = 18$ ein, so resultiert $\chi^2_{rest} = 5,85$ wie oben im Residualkomponententest.

16.6.3 Einzelpositionen-Tests

Manchmal läßt sich theoretisch oder empirisch begründen, daß eine bestimmte (i) von k Positionen unter H_1 über- oder unterbesetzt (bevorzugt oder benachteiligt) sein wird.

Man prüft gegen solch eine *Ausreißerposition*, indem man die betreffende Position i den restlichen k–1 Positionen als Gesamtheit gegenüberstellt. Solches Vorgehen ergibt für die Position i=1 in Tabelle 16.6.2.1 einen *Ausreißerpositionstest*.

Es handelt sich hier um den Vergleich einer beobachteten mit einer theoretisch erwarteten *Zweipunktverteilung* mit $e_1 = N/k = 144/8 = 18$. Ist e_i größer als 5 (wie hier), so prüft man mittels des χ^2-Anpassungstests (vgl. 5.2.3) und erhält nach Formel (5.2.3.1) für die 1×2-Feldertafel der Tab.

Tabelle 16.6.3.1

$a_1 = 29$	$N-a_1 = 115$	144
$e_1 = 18$	$N-e_1 = 126$	144

16.6.3.1 ein $\chi^2 = (29-18)^2/18 + (115-126)^2/126 = 7{,}68$, das für $k-1 = 2-1 = 1$ Fg auf der 1%-Stufe signifikant ist, da es die zweiseitige Schranke $\chi^2_\alpha = 5{,}99$, wie natürlich auch (die für 1 Fg zulässige) einseitige Schranke $\chi^2_{2\alpha} = 5{,}41$ überschreitet.

Wird unter H_1 vorausgesagt, daß die Position $i = 1$ überfrequentiert (bevorzugt) und zugleich die Position $i = k = 8$ in bezug auf Rennsiege unterfrequentiert (benachteiligt) sei, so prüft man gegen 2 *Polarpositionen* nach Tabelle 16.6.3.2, mittels χ^2, das *quasi-einseitig* nach $\chi^2_{2\alpha}$ zu beurteilen ist.

Tabelle 16.6.3.2

$a_1 = 29$	$N-a_1-a_8 = 104$	$a_8 = 11$
$e_1 = 18$	$N-e_1-e_8 = 108$	$e_8 = 18$

Das Anpassungs-χ^2 setzt sich hier aus den Komponenten $(29-18)^2/18 + (103-108)^2/108 + (11-18)^2/18 = 9{,}64$ und ist nach $3-1 = 2$ Fgn zu beurteilen. Da die 1%-Schranke 7,82 für 2 Fge überschritten wird, vertrauen wir auf die Geltung der Voraussage unter H_1.

Sind die Erwartungswerte im *Polarpositionstest* kleiner als 5, so prüfe man exakt nach dem *Trinomialtest*, hier mit den Parametern $\pi_1 = \pi_8 = 1/k = 1/8 = 0{,}125$ und $\pi_{2-7} = 6/8 = 0{,}750$ (5.2.1). Wenn die resultierende Überschreitungswahrscheinlichkeit $P < \alpha$ ist, stützt dies die Polarpositionshypothese. Der exakte wie der asymptotische Bipositionstest spricht aber ebenso an, wenn beide Positionen überbesetzt oder beide Positionen unterbesetzt sind.

Im Fall der Ausreißerposition ist der exakte Text besonders einfach, denn der Polynomialtest geht für $k = 2$ Positionen in den *Binomialtest* über. Für Tabelle 16.6.3.1 wäre ein $\pi = 1/k = 1/8 = 0{,}125$ und $(1-\pi) = 0{,}875$ anzusetzen und in Formel (5.1.1.1) bei einseitiger oder in Formel (5.1.1.4) bei zweiseitiger Frage einzusetzen.

Nachfolgend gehen wir von k x 1-Feldertafeln zu quadratischen k x k-Feldertafeln über und sehen zu, was eine Symmetrie-Betrachtung an substanzwissenschaftlicher Erkenntnis bringt.

16.7 Diagonalsymmetrie in k x k-Feldertafeln

Die Frage, ob eine quadratische Kontingenztafel bezüglich der *Hauptdiagonale* (von links oben nach rechts unten) *symmetrisch besetzt* ist, haben wir zuerst im Symmetrietest von MCNEMAR (vgl. 5.5.1−2) angeschnitten. Dort ging es um die Symmetrie einer Vierfeldertafel, d.h. um den Vergleich der beiden quer zur Haupt-Diagonale gelegenen Besetzungszahlen.

Geht man von einer 2 x 2-Feldertafel zu einer 3 x 3-Feldertafel über, so bekommt die Frage der Diagonalsymmetrie *zwei Perspektiven*. Die eine − allgemeinere − Perspektive haben wir bereits in dem Symmetrietest von BOWKER (vgl. 6.5.4) kennengelernt; der zweiten − spezielleren − Perspektive wollen wir uns im folgenden zuwenden. Für beide Perspektiven werden wir aus mnemotechnischen Gründen eigens zu diesem Zweck gebildete Wortmarken einführen.

16.7.1 Varianten der Diagonalasymmetrie

Isoasymmetrie

Knüpfen wir an das Beispiel der Tabelle 5.5.4.1 an, in welchem N = 100 Ptn einmal mit einem Vollpräparat (Verum) und zum andernmal mit einem Leerpräparat behandelt wurden. Das Behandlungsergebnis wurde als starke (+), geringe (±) oder als fehlende (−) Wirkung *ternär* abgestuft. Tabelle 16.7.1.1 reproduziert das Ergebnis der *2 abhängigen Stichproben* von *Ternärdaten:*

Tabelle 16.7.1.1

	Placebo j: i:	1 +	2 ±	3 −	Summe
	1 +	f_{11} = 14	f_{12} = 7	f_{13} = 9	30
Verum:	2 ±	f_{21} = 5	f_{22} = 26	f_{23} = 19	50
	3 −	f_{31} = 1	f_{32} = 7	f_{33} = 12	20
	Summe	20	40	40	100

Tabelle 16.7.1.1 ist eine *isoasymmetrische* Tafel mit den Zeilen i = 1(1)3 und den Spalten j = 1(1)3, da alle Frequenzen der rechten oberen Hälfte der Tafel größer sind als die korrespondierenden Frequenzen der linken unteren Hälfte: $f_{ij} > f_{ji}$, i < j.

Isoasymmetrie geht stets mit *Lokationsunterschieden* zwischen den beiden abhängigen (weil von den gleichen N Ptn stammenden) Beobachtungsreihen (Randsummen) einher: In Tabelle 16.7.1.1 liegen die Spaltensummen erwartungsgemäß höher als die Zeilensummen, was mit LEHMACHERS (1980) Zeilen-Spalten-Homogenitätstest zu prüfen ist.

Isoasymmetrie ist Ausdruck einer *homoiopoietischen* Behandlungswirkung, bei der (fast) alle reagierenden Ptn (außerhalb der Hauptdiagonale) auf Verum stärker ansprechen als auf Placebo. Die homoiopoietische Behandlungswirkung äußert sich im Unterschied zur heteropoietischen Wirkung (vgl. 6.7) auch darin, daß die Behandlung mit Verum nur zu einer Lokationserhöhung (der Spaltensummen) und nicht auch zu einer Dispersionserhöhung (der Spaltensummen gegenüber den Zeilensummen) führt.

Wie wir auf Isoasymmetrie bzw. auf Lageunterschiede zwischen Zeilen- und Spaltensummen *prüfen*, wenn gruppierte, ternär abgestufte Beobachtungen vorliegen, werden wir im Isoasymmetrietest von FLEISS und EVERITT (1971) kennenlernen[18]. Zunächst betrachten wir jedoch den Fall fehlender Isoasymmetrie.

Anisoasymmetrie

Sind in einer k x k-Feldertafel nicht alle $f_{ij} > f_{ji}$ oder alle $f_{ij} < f_{ji}$, dann liegt eine *anisoasymmetrische* Tafel vor. Den Unterschied zu einer isoasymmetrischen Tafel wollen wir uns anhand der Tabelle 16.7.1.2, in der $f_{23} = 19$ und $f_{32} = 7$ aus Tabelle 16.7.1.1 vertauscht wurden, veranschaulichen:

Tabelle 16.7.1.2

		Placebo			
	i/j	1	2	3	S
Verum	1+	14	7	9	30
	2±	5	26	7	38
	3−	1	19	12	32
	S	20	52	28	100

[18] Eine andere Möglichkeit, auf Lageunterschiede zwischen zwei abhängigen, k-stufigen Stichproben zu prüfen, besteht darin, die gruppierten Beobachtungen in Rangaufteilungen umzuwandeln und RAATZ' Gruppierungsversion des Vorzeichenrangtests von WILCOXON (16.7.9) auf sie anzuwenden. Von dieser Möglichkeit wird man bei $k \geqslant 4$ Gebrauch machen, da Isoasymmetrietests mit $k > 3$ hier nicht mehr behandelt werden, sofern man nicht den Matrizen-Algebra voraussetzenden Isoasymmetrietest von STUART (1955) einzusetzen beabsichtigt.

Tabelle 16.7.1.2 ist wegen $f_{23} < f_{32}$ bei sonst geltenden $f_{ij} > f_{ji}$ eine anisoasymmetrische Tafel. Die Anisoasymmetrie ist dadurch zustandegekommen, daß (1) erwartungswidrig viele Ptn ($f_{32} = 19$) auf Placebo mäßig (±) und auf Verum gar nicht (–) ansprechen, und (2) daß nur wenig Ptn ($f_{23} = 7$) auf Verum mäßig (±) und auf Placebo gar nicht (–) ansprechen.

Das erwartungswidrige Verhalten vieler Ptn, der sog. Placebo-Reaktoren, ist Ausdruck *heteropoietischer* Behandlungswirkung (vgl. 6.7) und führt zu einer Dispersionserhöhung der Zeilensummen (Verum-Behandlung) gegenüber den Spaltensummen (Placebo = Kontrolle). In der hohen Zeilensummendispersion kommt zum Ausdruck, daß viele Ptn stark und ebensoviel Ptn gar nicht auf Verum ansprechen; in der niedrigen Spaltensummendispersion manifestiert sich andererseits, daß mehr als die Hälfte der 100 Ptn bereits auf Placebo mäßig (±) ansprechen und nur relativ wenige nicht oder stark ansprechen[19].

Allasymmetrie

Faßt man iso- und anisoasymmetrische Tafeln zu einer Gruppe schlechthin asymmetrischer Tafeln zusammen, so kann man dafür die Bezeichnung der *Allasymmetrie* einführen. Diese Bezeichnung ist deshalb lohnend, weil ein Test, der ausschließlich auf Anisoasymmetrie anspricht, derzeit noch nicht existiert. Dagegen existiert ein Symmetrie-Test, der sowohl auf Iso- wie auf Anisoasymmetrie anspricht: der Symmetrietest von BOWKER (vgl. 5.5.4), der nach der vorgeschlagenen Nomenklatur als *Allasymmetrietest* zu bezeichnen wäre.

Tatsächlich spricht der BOWKER-Test auf Tabelle 16.7.1.1 in genau der gleichen Weise an wie auf Tabelle 16.7.1.2, *unterscheidet* also *nicht* zwischen Iso- und Anisoasymmetrie. Wendet man ihn, wie dies in Beispiel 5.5.4 geschehen ist, auf eine isoasymmetrische Tafel an, so muß durch Inspektion sichergestellt werden, daß sich die beiden Randverteilungen (Zeilen- und Spaltensummen) lagemäßig unterscheiden.

Wir fassen zusammen: Der Nullhypothese der Symmetrie in einer k x k-Feldertafel lassen sich zwei Alternativhypothesen gegenüberstellen: (1) eine *Omnibusalternative* der Allasymmetrie (Iso- oder Anisoasymmetrie), die mittels des BOWKERschen Symmetrietests zu prüfen ist, und (2) eine *Marginalhomogenitätsalternative* der Isoasymmetrie, die im speziellen Fall einer 3 x 3-Feldertafel mittels des folgenden Tests zu prüfen ist. Dabei hal-

---

19 Es handelt sich hierbei um eine Placebohemmer-Wirkung insofern, als eine mäßige Placebo-Reaktion in 19 von 52 Fällen dazu führt, daß das Verum nicht wirkt (in seiner Wirkung gehemmt wird). Würde in Tabelle 16.7.1.1 $f_{13} = 9$ und $f_{31} = 1$ vertauscht, so handelte es sich um eine Placeboprohibitivwirkung, bei der mit keiner starken (+) Verum-Wirkung zu rechnen ist, wenn ein Pt nicht wenigstens schwach auf Placebo reagiert.

ten wir fest: Isoasymmetrie geht notwendig mit Lokationsunterschieden in den Randsummenverteilungen einher, Anisoasymmetrie ist nicht notwendig mit Randverteilungsunterschieden verknüpft.

16.7.2 Der Marginalhomogenitätstest von FLEISS und EVERITT

Soll geprüft werden, ob eine 3-stufige Wirkung zweier Behandlungen (Verum vs. Placebo) an ein und derselben Stichprobe von N Individuen (oder von N Paßpaaren von Individuen) zugunsten der einen Behandlung (Verum) ausfällt, muß ein Test benutzt werden, der gut auf *Isoasymmetrie* bzw. auf marginale Lageunterschiede anspricht.

Tests dieser Art laufen auf den Vergleich der beiden Randverteilungen der Kontingenztafel, d.h. auf den Vergleich zweier *abhängiger* (verbundener) *Stichproben* gruppiert ordinaler Observablen hinaus; sie sind von STUART (1955), IRELAND et al. (1969) und MAXWELL (1970) beschrieben worden, aber zu kompliziert, um hier erörtert zu werden.

FLEISS und EVERITT (1971) haben die STUART-MAXWELL-Statistik für den wichtigen Fall zweier *termär* (+, 0, −) abgestufter Stichproben in einer Weise vereinfacht, die eine ökonomische Isoasymmetrieprüfung gewährleistet, obschon sie u.U. auch auf Anisoasymmetrie reagiert.

Die χ^2-Statistik

Wir definieren für eine 3 x 3-Feldertafel die *Hilfsgrößen*

$n_{ij} = (f_{ij} + f_{ji})/2$ mit i, j = 1(1)3   und

$d_i = f_{i.} - f_{.i}$, (16.7.2.1)

wobei $f_{i.}$ und $f_{.i}$ korrespondierende Zeilen- und Spaltensummen der 3x3-Feldertafel bezeichnen, auf deren Differenz d_i die *Prüfgröße* χ^2 gründet:

$$\chi^2 = \frac{n_{23} d_1^2 + n_{13} d_2^2 + n_{12} d_3^2}{2(n_{12} n_{13} + n_{12} n_{23} + n_{13} n_{23})} \quad \text{mit 2 Fgn} \qquad (16.7.2.2)$$

Die Prüfgröße χ^2 ist unter der Nullhypothese identisch verteilter Randsummen bzw. um die Hauptdiagonale symmetrisch verteilter Frequenzen wie χ^2 mit 2 Fgn verteilt, wenn die e_{ij} nicht zu klein sind.

Überschreitet χ^2 eine vereinbarte Schranke χ^2_α, dann besteht Isoasymmetrie; zum Nachweis, daß die Zeilensummen *höher loziert* sind als die Spaltensummen, prüfe man *quasi-einseitig* nach $\chi^2_{2\alpha}$.

P-Wert-Ablesung

Die genaue *Überschreitungswahrscheinlichkeit* zu einem gegebenen $\chi_2^2 = \chi^2$ für 2 Fge erhält man nach der Beziehung

$$\ln P = -\chi^2/2 \qquad (16.7.2.3)$$

Wenn wir also etwa — wie im folgenden Beispiel 16.7.2.1 — ein $\chi^2 = 20{,}23$ berechnet haben, so gilt $\ln P = -20{,}23/2 = -10{,}115$. Daraus resultiert nach Tafel XIX des Anhangs via $-10{,}115 = -6{,}908 - 3{,}207$ durch Ablesung bei $-3{,}219 \approx -3{,}207$ ein $P \approx 0{,}00004^*$.

Aus der Tafel der Überschreitungswahrscheinlichkeiten für χ^2 von VAHLE und TEWS (1969) lesen wir zu einem $\chi^2 = 20$ ein $P = 0{,}0000454$ und zu einem $\chi_2^2 = 21$ ein $P = 0{,}0000275$. Durch lineare Interpolation ergibt sich für $\chi_2^2 = 20{,}23$ ein $P = 0{,}0000413$ (vgl. Tafel III−2 mit der Tabellierung extremer χ^2-Perzentile $(1-\alpha)$ durch KRAUTH und STEINEBACH (1976) für χ^2-Verteilungen bis zu 10 Fgn).

Beispiel 16.7.2.1

Angenommen, als Verum fungiere in Tabelle 16.7.1.1 ein Androgenhormon A und als Placebo ein Fertilitätsvitamin V. N = 100 Studenten wurden gewonnen, beide Chargen daraufhin zu erproben, ob sie sexuelle Bedürfnisse eher wecken (+), diesbezüglich indifferent bleiben (=) oder solche Bedürfnisse eher dämpfen (-).

Hypothesen: Die Behandlungen A und V sind gleich wirksam (unwirksam), d.h. die 3 x 3-Feldertafel ist um die Hauptdiagonale symmetrisch verteilt (H_0).
Die Behandlung A ist wirksamer als die Behandlung V, d.h. die 3 x 3-Feldertafel ist isoasymmetrisch verteilt (H_1-einseitig).

Testwahl: Da es um Lageunterschiede zwischen Zeilen- und Spaltenverteilungen bzw. um Isoasymmetrie geht, ist der Symmetrietest von FLEISS-EVERITT indiziert.

Signifikanzniveau: Wir wählen wegen der einseitigen H_1 und der 2 Fge des gewählten χ^2-Tests eine Schranke von $\chi_{2\alpha}^2$ mit $\alpha = 0{,}01$.

Testdurchführung: Wir bilden $n_{12} = (7+5)/2 = 6$, $n_{13} = (9+1)/2 = 5$ und $n_{23} = (19+7)/2 = 13$; ferner berechnen wir $d_1 = (30-20)^2 = 100$, $d_2 = (50-40)^2 = 100$ und $d_3 = (20-40)^2 = 400$. Damit gehen wir in (16.7.2.2) ein und erhalten

$$\chi^2 = \frac{13(100) + 5(100) + 13(400)}{2(6 \cdot 5 + 6 \cdot 13 + 5 \cdot 13)} = 20{,}23$$

Entscheidung: Ein $\chi^2 = 20{,}23$ mit 2 Fgn überschreitet bei weitem die für $2(0{,}01) = 0{,}02$ gültige χ^2-Schranke von 7,82. Damit ist H_0 zugunsten von H_1 zu verwerfen.

Interpretation: Die Beobachtung, wonach unter A mehr Vpn (30) Anregungswirkungen verspüren als unter V (mit 20) und zugleich unter A weniger (20) Dämpfungswirkungen verspürt werden als unter V (mit 40), ist damit statistisch gesichert.

Anmerkung: Die Auswertung nach dem BOWKER-Test war mit $\chi^2 = 12{,}27 > 11{,}34 = \chi^2_{0,01}$ für 3 Fge nur knapp auf der geforderten Stufe signifikant. Daraus erkennt man, daß der Isoasymmetrietest von FLEISS-EVERITT wesentlich effizienter ist als der Allasymmetrietest, wenn die Isoasymmetrie-H_1 gilt.

Im Unterschied zum All-Asymmetrietest von BOWKER läßt sich der Isoasymmetrietest von FLEISS-EVERITT leider nicht auf mehr als 3×3-Felder extendieren; jedenfalls ist eine analog definierte Prüfgröße nicht mehr ohne weiteres an eine χ^2-Verteilung zu approximieren. Hier muß der nachfolgend empfohlene *Isoasymmetrie-Vorzeichentest* eingesetzt werden, wenn eine EDV-Anlage fehlt.

16.7.3 Andere Marginalhomogenitätstests

Der Test von FLEISS und EVERITT (1971) auf Isoasymmetrie einer 3×3-Feldertafel war nur ein *Spezialfall* des von STUART (1955) und MAXWELL (1970) entwickelten kxk-Felder-Isoasymmetrietests, der mit den Differenzen $d_{1(1)k}$ anstelle der Differenzen $d_{1(1)3}$ arbeitet. Der STUART-MAXWELL-Test erfordert jedoch ebenso wie seine Vorgänger (BHAPKAR, 1966, GRIZZLE et al. 1969 und IRELAND et al. 1969) die *Inversion von Matrizen*. Da Matrizenrechnung in diesem Buch nicht vorausgesetzt wird, muß der Untersucher, der es mit 4- oder mehrfach abgestuften Mmn (z.B. Symptomausprägungen) zu tun hat, auf die Originalliteratur verwiesen werden.

Auf die Benutzung des STUART-MAXWELL-Tests kann verzichtet werden, wenn man gewillt ist, Information aufzugeben und die Randsummen in Beispiel 16.7.2.1 via *Vorzeichentest* zu vergleichen: Man signiert ein Plus, wenn ein Pt auf A besser reagiert als auf V, eine Null, wenn er auf beide gleich reagiert und ein Minus, wenn er auf A schlechter reagiert als auf V. Die $N' = N-n$ Vorzeichen und n Nullen beurteilt man sodann nach dem Vorzeichentest (vgl. 5.1.2) auf Isoassymmetrie.

Auf Tabelle 16.7.1.1 angewendet, ergeben sich n = 14+26+12 = 52 Null- und x(+) = 7+9+19 = 35 Plus- und x(-) = 5+1+7 = 13, so daß $N' = 48$. Nach (5.1.2.2) resultiert daraus über die NV ein $u = (2 \cdot 35-48-1)/\sqrt{48} = +3{,}03 > 2{,}33 = u_{0,01}$, das zur gleichen Entscheidung wie Beispiel 16.7.2.1 führt: Das Androgen A ist stärker sexualstimulierend als das Vitaminplacebo V. Das ließe sich auch nach Tabelle 5.5.4.2 nachweisen.

symmetrie-Indizes in McNemar-Tafeln

haben bereits des öfteren mit McNemarschen Tafeln zu tun gehabt, stets unter *inferenzstatistischem* Aspekt. Merkwürdigerweise ist weit von McNemar (vgl. McNemar, 1962) noch von einem der zahlreichen Benutzer seines Asymmetriekonzepts explizit eine Maßzahl zur *deskriptiven* Beurteilung des Grades der Asymmetrie angegeben worden. Überlegen wir, welche Maßzahlen dafür in Betracht kommen.

Ein B-Koeffizient nach Bartoszyk

Es liegt am nächsten, als *Asymmetrie-Maßzahl* ein Äquivalent eines Korrelationskoeffizienten zu wählen, das auf einem Vierfelder-χ^2 aufbaut. Eine solche Maßzahl ist bekanntlich Pearsons Phi-Koeffizient (vgl.9.2.1.5) nach Phi$^2 = \chi^2/N$. Setzt man $\chi^2 = (b-c)^2/(b+c)$ und $N = b+c$ (vgl.5.5.1.1) ein, so resultiert ein Phi-Koeffizient

$$B = \text{Phi}(\text{McNemar}) = \frac{b-c}{b+c} \qquad (16.7.4.1)$$

der dem Holleyschen G-Index (vgl. 9.2.4) strukturell entspricht (Bartoszyk und Lienert, 1975) und auch als G (McNemar) zu bezeichnen ist. In G ist b die Zahl der homonymen (++, − −) und c die Zahl der heteronymen (+ −, − +) Mms-Kombinationen, in B ist b die Zahl der invers-heteronymen (+ −) und c die Zahl der provers-heteronymen Mms-Kombinationen in einer Vierfeldertafel. Andere Indizes der Vierfeldersymmetrie werden bei Kleiter und Timmermann (1977) rekapituliert.

Ob ein B von seinem *Erwartungswert* Null unter H_0 (Symmetrie) signifikant abweicht, prüft man bei kleinem b+c = N mit dem Vorzeichentest, wobei x = b und N−x = c, und bei großem b+c = N über McNemars χ^2-Test.

Der Kreuzquotient nach Mantel

Geht es in einer Vierfeldertafel um 2 *Behandlungen* (als Zeilen) und zwei alternative Behandlungs*wirkungen* (als Spalten), wobei die beiden Behandlungen an ein und derselben Stichprobe von Individuen (oder Paßpaaren von Individuen) erprobt wurden, dann handelt es sich um zwei *abhängige* Stichproben von Alternativen. Hier stellt sich die Frage, ob die Behandlungswirkung in ähnlicher Weise deskriptiv beurteilt werden kann wie in 2 *unabhängigen* Stichproben von Alternativdaten.

Für 2 unabhängige Stichproben von Alternativdaten ist bekanntlich der *Kreuzproduktquotient* (die ‚*odds ratio*') o = ad/bc ein Maß dafür, wieviel mal wirksamer eine neue Behandlung 1 gegenüber einer tradierten Behandlung 2 ist. MANTEL und HAENSZEL (1959) haben nun auch für 2 abhängige Stichproben einen analog zu interpretierenden Quotienten, den *Kreuzquotienten*

$$o = b/c \qquad (16.7.4.2)$$

definiert und zur Anwendung empfohlen. Der Kreuzquotient o ist als Asymmetriemaß *nicht* definiert, wenn c = 0 ist. In diesem Fall redefiniert man

$$o' = (b + \tfrac{1}{2})/(c + \tfrac{1}{2}) \qquad (16.7.4.3)$$

als Maß der *relativen Wirksamkeit* von Behandlung 1 im Vergleich zu Behandlung 2.

Ob ein Kreuzquotient o von seinem Erwartungswert 1 signifikant (nach oben und/oder nach unten) abweicht, beurteilt man indirekt über McNEMARS χ^2-Test (asymptotisch) oder über den Vorzeichentest (exakt).

Die relative Differenz nach FLEISS

Geht man bei sachlogischer Betrachtung einer therapieerfolgsbezogenen McNEMAR-Tafel von der berechtigten Frage aus, wieviel Prozent derjenigen Ptn, die durch eine überkommene Behandlung 2 nicht geheilt werden konnten, durch eine neue Behandlung 1 geheilt werden können, dann empfiehlt es sich, die sog. *relative Differenz* (FLEISS, 1973, S. 86) als Asymmetriemaß zu definieren:

$$p_e = \frac{b - c}{b + d} \qquad (16.7.4.4)$$

Dieses Maß des relativen Therapieerfolgs ist zwar für beliebige b und c definiert, aber sinnvoll nur für b ⩾ c zu interpretieren: Ein p_e = +0,5 besagt z.B., daß 50% der Ptn, die mit der alten Behandlung 2 nicht geheilt werden konnten, mit der neuen Behandlung 1 geheilt werden können. Bleiben beide Behandlungen in Gebrauch (etwa weil die alte Behandlung weniger Nebenwirkungen verursacht als die neue), dann läßt sich ein p_e = +0,5 auch als Zweitstufenbehandlungserfolg interpretieren: Von jenen Ptn, die nicht bereits auf die (harmlosere) alte Behandlung 2 angesprochen haben, sprechen in einem zweiten Behandlungsschritt noch 50% auf die (weniger harmlose) neue Behandlung an.

Ob eine relative Differenz p_e von ihrem *Erwartungswert* 0 unter H_0 (Symmetrie) signifikant abweicht oder nicht, beurteilt man asymptotisch über die Standardnormalverteilung nach

$$u = \frac{p_e}{\sqrt{\mathrm{Var}(p_e)}} \qquad (16.7.4.5)$$

wobei

$$\text{Var}(p_e) = \frac{(b+c+d)(bc+bd+cd) - bcd}{(b+d)^4} \qquad (16.7.4.6)$$

einzusetzen ist. Man beachte, daß die Frequenz a, die Zahl der unter beiden Behandlungen genesenden Ptn, weder in der *Punktschätzung* (16.7.4.4) noch in der Varianz (16.7.4.6) auftritt.

Beispiel 16.7.4.1

Datenrückgriff: In Beispiel 5.5.1.1 waren N = 38 leistungsbeeinträchtigte Ptn sowohl mit einem als wirksam erachteten Roborans (Vollpräparat) wie mit einer indifferenten Charge (Leerpräparat) behandelt worden. Nach dem Wirkungsbericht der Ptn stuft der behandelnde (selbst nach Doppelblindversuchsmanier in Unkenntnis bleibende) Arzt die Wirkungen nach stark (+) und schwach (−) ein. Dabei ergibt sich die Verteilung der Tabelle 16.7.4.1 (mit 5.5.1.2 identisch).

Tabelle 16.7.4.1

		Leerpräparat		
		+	−	
Vollpräparat	+	9	15	24
	−	4	10	14
		13	25	38

Testergebnis: Wir haben bereits in Beispiel 5.5.1.1 erwiesen, daß das Vollpräparat, nach McNemars Test beurteilt, tatsächlich, wie unter H_1 erwartet, wirksamer ist als das Leerpräparat, daß also der Wirkungsanteil 24/38 = 63% größer ist als der Wirkungsanteil 13/38 = 37%. Wir wollen nun aber auch einen Indikator der praktischen Bedeutsamkeit dieses Unterschiedes dadurch ermitteln, daß wir einen oder alle der vorgenannten Asymmetrie-Koeffizienten berechnen.

Asymmetrie-Masse: Wir berechnen die 3 empfohlenen Asymmetriemaße und erhalten:

McNemars Phi = B = (15−4)/(15+4) = +0,58

Mantels odd ratio o = 15/4 = 3,75

Fleiss' relative Differenz p_e = (15−4)/(15+10) = +0,44.

Interpretation: Ein B = +0,58 bedeutet, daß Vollpräparat mit starker und Leerpräparat mit schwacher Wirkung assoziiert ist und zwar so, daß $0{,}58^2$ = 34% der Varianz durch die Behandlung und der Rest von 66% durch die individuelle Disposition (Suggestibilität) der Ptn bedingt sind. B^2 wird hier wie r^2 als Determinationskoeffizient interpretiert.

Ein Kreuzquotient von o = 3,75 bedeutet, daß das Vollpräparat 3,75 mal öfter bei jenen Ptn wirkt, bei welchen das Leerpräparat versagt als das Leerpräparat bei jenen Ptn wirkt, bei welchen das Vollpräparat versagt.

Eine relative Differenz von p_e = +0,44 besagt, daß fast die Hälfte jener 25 Ptn, die auf Leerpräparat nicht reagieren, noch auf das Vollpräparat reagieren. (Tatsächlich sind es 15 von 25 Ptn, aber diese 15 müssen um die 4 reduziert werden, die wohl auf Leerpräparat (paradoxerweise), aber nicht auf Vollpräparat reagieren.

Man beachte, daß über die Fehlervarianz (16.4.7.6) der relativen Differenz auch deren Konfidenzintervall abgeschätzt werden kann: Man setzt z.B. für die untere 5%-Konfidenzgrenze $p_e = p_e - 1{,}65/\sqrt{\mathrm{Var}(p_e)}$ ein. Analog lassen sich auch Konfidenzintervalle für B mit Var(B) = 1/(b+c) und für O mit Var(O) = $(1+O)^2$ (O/(b+c)) angeben (vgl. FLEISS, 1973, Ch. 8.2).

16.7.5 Asymmetrie-Indizes in BOWKER-Tafeln

Geht man vom Vergleich zweier abhängiger Stichproben binärer Ovservablen (innerhalb einer McNEMAR-Tafel) zum Vergleich zweier abhängiger Stichproben *polynärer* Observablen (innerhalb einer BOWKER-Tafel) über (Vgl. 5.5.4), so stellt sich auch hier die Frage, wie man eine behandlungsbedingte Asymmetrie in geeigneter Weise mißt.

Der Isoasymmetriekoeffizient Beta

Sucht man nach einem Index für *Isoasymmetrie* in einer binordinalen k×k-Feldertafel, so kann man für jedes Felderpaar ij und ji einen B-Quotienten gemäß (16.7.4.1) bilden, die k(k−1)/2 B-Quotienten nach

$$w_{ij} = (i-j)^2 = w_{ji} \qquad (16.7.5.1)$$

gewichten und die gewichteten B-Quotienten aufsummieren. Soll dieser Index − wir nennen ihn Beta − zwischen −1 und +1 variieren, so dividiert man ihn durch die Summe der Gewichte:

$$\mathrm{Beta} = \left(\sum_{i<j} w_{ij} \frac{f_{ij} - f_{ji}}{f_{ij} + f_{ji}} \right) / \sum_{i<j} w_{ij} \qquad (16.7.5.2)$$

Der Beta-Koeffizient von BARTOSZYK und LIENERT (1975) variiert von −1 über 0 bis +1 mit 0 als Symmetrie und |1| als perfekter Isoasymmetrie.

Zu *interpretieren* ist ein Beta-Isoasymmetrie-Koeffizient wie folgt: Entspricht der Zeileneingang den Behandlungsbedingungen und der Spalteneingang den Kontrollbedingungen, dann bedeutet Beta = −1 maximale Hemmungswirkung und Beta = +1 maximale Förderungswirkung der Behandlung. Wie der Isoasymmetrietest von FLEISS-EVERITT bzw. MAXWELL-

STUART, so erfaßt der Beta-Koeffizient nur die *homoiopoietische* Wirkungskomponente der Behandlung, *nicht* eine etwaige *heteropoietische* Komponente.

Sehen wir zu, wie nahe die homoiopoietische Wirkungskomponente des Verums in Tabelle 16.7.1.2 einer höchstmöglichen Wirkung kommt, indem wir mit $w_{12} = (1-2)^2 = w_{23} = (2-3)^2 = 1$ und $w_{13} = (1-3)^2 = 4$ in Formel (16.7.5.2) eingehen:

$$\text{Beta} = \left(1\frac{7-5}{7+5} + 4\frac{9-1}{9+1} + 1\frac{7-19}{7+19}\right) / (1+4+1) = +0,48$$

Wie man sieht, ist der Beta-Koeffzient mäßig hoch positiv, was einer substantiellen homoiopoietischen Behandlungswirkung des Verums im Vergleich zur Kontrolle entspricht (Ein Beta = +1 wäre erreicht worden, wenn links unterhalb der Leitdiagonalen alle Felder unbesetzt geblieben wären.)

Der Allasymmetriekoeffizient Wita

Sollen Behandlungswirkungen ganz allgemein, homoio- wie heteropoietische, in einem auf Iso- wie Anisoasymmetrie ansprechenden Asymmetrie-Index gefaßt werden, so braucht man in Formel (16.7.5.2) nur die Zählerdifferenz als *Betrag* nehmen; man erhält sodann einen *Allasymmetriekoeffizienten*, den wir mit Wita bezeichnen (Wita = Beta, neugr.).

$$\text{Wita} = \left(\sum_{i<j} w_{ij} \frac{|f_{ij} - f_{ji}|}{f_{ij} + f_{ji}}\right) / \sum_{i<j} w_{ij} \qquad (16.7.5.3)$$

Der *Wita-Koeffizient* variiert von 0 (Symmetrie) bis 1 (höchstmögliche Asymmetrie)[21].

Auf Tabelle 16.7.1.2 angewandt, ergibt sich ein Wita-Koeffizient von

$$\text{Wita} = \left(1\frac{|7-5|}{7+5} + 4\frac{|9-1|}{9+1} + 1\frac{|7-19|}{7+19}\right) / (1+4+1) = 0,64$$

Die Gesamtwirkung des Verums im Vergleich zum Flacebo übersteigt also deren isoasymmetrische bzw. homoiopoietische Wirkungskomponente; das kommt daher, daß auch eine heteropoietische Wirkungskomponente in der negativen Differenz $f_{23} - f_{32} = 7-19 = -12$ vorliegt.

---

21 Der Wita-Koeffizient eignet sich als *Wita-1-Koeffizient* auch zur Beurteilung des Ausmaßes *k-kategorialer* (nominal skalierter) *Behandlungswirkungen*, wenn man die Gewichte durchweg $w_{ij} = 1$ setzt. Hier wird ein Wechsel eines Individuums (Pt) von einer zu jeder anderen Kategorie, z.B. von einem zu einem anderen Leitsymptom vor und nach einer Behandlung, gleich gewichtet, während sie in (16.7.5.3) mit dem Quadrat des Stufenabstandes gewichtet wurde (vgl. BARTOSZYK und LIENERT, 1975).

Der All-Asymmetrie-Index erfaßt also beide Varianten der Asymmetrie, die Iso- sowohl wie die Anisoasymmetrie; daher die Bezeichnung Allasymmetrie-Index (nach BARTOSZYK und LIENERT, 1975).

16.7.6 Isoasymmetrietest in Korrelationstafeln
(WILCOXON-RAATZ-BUCK-Test)

Ist eine Observable *diskret* verteilt und *kardinal* skaliert, so kann sie an ein und derselben Stichprobe von N Individuen vor und nach einer Behandlung gemessen werden. Diskrete Verteilung (oder Gruppierung einer stetigen Verteilung) führen zu einer *Korrelationstafel* (correlation chart), die unter H_0 (kein Einfluß der Behandlung) symmetrisch, unter H_1 (homeopoietische Lageverschiebung) isoasymmetrisch ist.

Einen Wilcoxon-Test für 2 große und abhängige Stichproben *gruppierter* Meßwerte, der in Bd.1 (6.1.4) noch fehlt, wurde inzwischen von RAATZ (1977) entwickelt und algorithmiert; er soll am Beispiel des Autors illustriert werden.

Bei N = 100 Rauchern wurde eine *Entwöhnungstherapie* durchgeführt. Vor und nach der Therapie wurde der Zigarettenkonsum pro Tag gruppiert entlang der Zahlengeraden gemessen. Das (fiktive) Ergebnis ist in Abb. 16.7.6.1 dargestellt.

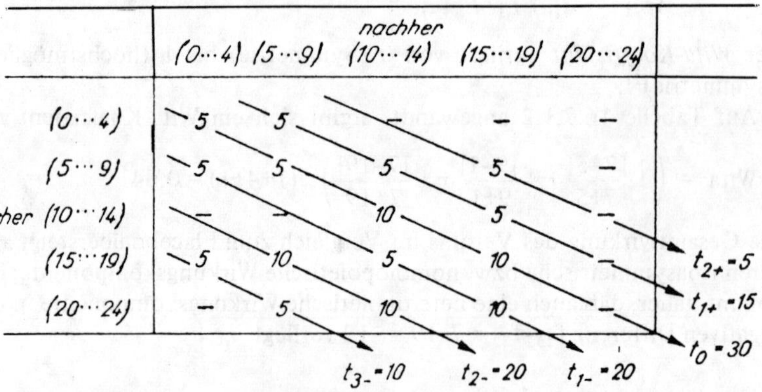

Abb. 16.7.6.1: Zigarettenkonsum vor und nach einer Therapie (aus RAATZ, 1977, Abb. 1)

Danach haben z.B. $f_{52} = 5$ Raucher, die vorher 20–24 Zigaretten täglich konsumiert haben, nachher ihren Konsum auf 5–9 Zigaretten reduziert. Die quadratische Kontingenztafel ist anscheinend isoasymmetrisch mit schwachen Besetzungszahlen re oben und starken li unten. Vergliche man (die nicht eingetragenen) Zeilensummen (vorher) und die Spaltensummen (nachher), so wäre offenkundig, daß die Therapie zu einer *Reduzierung* der mittleren Zahl gerauchter Zigaretten geführt hat. Ist dieser Anschein nun aber auch statistisch nachzuweisen?

Um diese Frage im Sinne von RAATZ zu beantworten, fertigen wir uns die *Bindungstafel* der Abb. 16.7.6.2 an, in der die Nulldifferenzen des Wilcoxon-Vorzeichenrangtests separat in Zeile 0 erscheinen

	(1)*	(2)	(3)	(4)	(5)	(6)
	t_i	t_i	t_{ic} .	t'_{ic}	t_i^3	
	+	−				
0	///	30	///	30	30	///
1	15	20	35	65	48	42875
2	5	20	25	90	78	15625
3	−	10	10	100	95,5	1000
	$S^+=20$	$S^-=50$				$A=59500$

Abb. 16.7.6.2: *Bindungstafel für Abb. 16.7.6.1 zur Isoasymmetrieprüfung*

Die Plusbindungen (t_{i+}) und die Minusbindungen (t_{i-}) ergeben sich aus Abb. 16.7.6.1 als *Paradiagonalsummen*, wobei i = 1(1)3 gilt, da die 4. Paradiagonalen unbesetzt sind. Die Summen der Plus- und Minusbindungen wurde mit S^+ und S^- bezeichnet. Die kumulierten Bindungsfrequenzen t_{ic} ergeben sich durch Aufsummieren der t_i; die auf die Intervallmitte bezogenen korrigierten Summenfrequenzen t'_{ic} erhält man aus $t_{ic} - (t_i-1)/2$ ohne t_{oc}. Die letzte Spalte (6) in Abb. 16.7.9.2 führt die t_i^3 auf, ebenfalls ohne Nullbindungen.

Zur weiteren Auswertung bezeichnen wir die Spalte mit dem Minimum (S^+, S^-) mit einem Stern (*) und bilden das Produkt T = (5) (*) = 15 · 48 + + 5 · 78 = 1110 als *Wilcoxon-Prüfgröße*. Dieses T ist bei einem *Erwartungswert* von

$$E(T) = (N(N+1) - t_0(t_0+1))/4 \quad (16.7.6.1)$$

$$= (100 \cdot 101 - 30 \cdot 31)/4 = 2292,5$$

mit einer *Varianz*, die als Ausdruck $A = \Sigma t_i^3$ enthält,

$$\text{Var}(T) = (N(N+1)(2N+1) - t_0(t_0+1) - \tfrac{1}{2}(A - S^+ - S^-))/24 = \quad (16.7.6.2)$$

$$= (100 \cdot 101 \cdot 201 - 30 \cdot 31 - \tfrac{1}{2}(59500 - 20 - 50))/24 = 80997$$

genähert normal verteilt, wenn N wie hier, groß ist. Deshalb gilt

$$u = (T - E(T))/\sqrt{\text{Var}(T)} \quad (16.7.6.3)$$

$$= (1110 - 2292{,}5)/\sqrt{80997} = -4{,}15$$

das bei der gebotenen einseitigen Frage (nach reduziertem Konsum) auf der 0,1%-Stufe signifikant ist.

Wie RAATZ gezeigt hat, lassen sich aus seinem Wilcoxon-Test für grupp. Meßwertepaare der Wilcoxon-Test mit Nulldifferenzen nach HEMELRIJK (1952) und die asymptotische Form des Vorzeichentests (vgl. Bd.1, Formel 5.1.2.2) als *Spezialfälle* ableiten. Auch der bekannte McNEMAR-Test (vgl. 5.5.1) in seiner univariaten Anwendung ist ein Spezialfall des Wilcoxon-Raatz-Tests.

Natürlich kann der Wilcoxon-Raatz-Test auch als *bivariater* Test auf Isoasymmetrie (mit unterschiedlicher Zeilen- und Spaltenobservablen) angewendet werden und nicht nur als *univariater* Test (wie oben mit identischer Zeilen- und Spaltenobservablen); er entspricht dann dem FLEISS-EVERITT-Test (16.7.2), der jedoch nur ordinales Meßniveau der beiden Observablen fordert, nicht kardinales, wie der Raatzsche Wilcoxon-Test.

Voraussetzung für eine optimal-effiziente Anwendung des WR-Tests ist, daß die Differenzen der grupp. Meßwertepaare *symmetrisch* (nicht normal) verteilt sind.

Ist der WILCOXON-RAATZ-Test wegen zu schwacher Zellenbesetzung bzw. zu *kleinem Stichprobenumfang* N nicht indiziert, benutze man den von BUCK vertafelten WILCOXON-Test mit Bindungen zum Isoasymmetrie-Nachweis bzw. zur Prüfung auf Lageunterschiede paarig-gruppierter Stichproben (BUCK, 1979). Beide Tests ergänzen einander zum WILCOXON-RAATZ-BUCKschen *Vorzeichenrangtest*. Der WRB-Test ist zugleich ein Test auf *Lagehomogenität* der Randtafeln einer k x k-Feldertafel. Die PRATTsche Version des BUCKschen Test ist bei RAHE (1974) bis n = 50 für konventionelle Alphas vertafelt.

16.7.7 Andere Symmetrie-Aspekte in Quadrattafeln

Die Diagonalsymmetrie (auch *Axialsymmetrie* genannt, vgl. WALL, 1976) ist nur einer von 3 möglichen Symmetrie-Aspekten in einer quadratischen Kontingenz- oder Korrelationstafel, wenngleich der wichtigste Aspekt.

Ein anderer Aspekt ist die *Punktsymmetrie* in einer k x k-Tafel, wie sie für k = 3 Zeilen und Spalten in Tabelle 16.7.7.1 veranschaulicht ist:

Tabelle 16.7.7.1

	i \ j:	Rater B 1	2	3	
	1	4	2	1	7
Rater A	2	3	7	3	13
	3	1	2	4	7
		8	11	8	N=27

In Tabelle 16.7.7.1 haben 2 Rater A und B eine Stichprobe von N = 27 Pbn (Schüler) als 1 = gut, 2 = mäßig oder 3 = schwach beurteilt mit der Restriktion, ebensoviele Einser wie Dreier zu vergeben. Wie man sieht, sind alle 8 zum Feld 22 punktsymmetrisch gelegenen Felderpaare gleich besetzt: Frequenzen von 3 rechts und links, Frequenzen von 2 oben und unten, Frequenzen von 4 links oben und rechts unten und eine Frequenz von 1 rechts oben und links unten.

Offensichtlich ist Tabelle 16.7.7.1 nicht diagonalsymmetrisch, da $f_{12} = 3 \neq 2 = f_{21}$. Nimmt man die Diagonalsymmetrie in die Punktsymmetrie als Forderung mit hinein, so entstehen *punkt-axial-symmetrische* k x k-Feldertafeln wie die der Tabelle 16.7.7.2.

Tabelle 16.7.7.2

		Observable X 1	2	3	
	3	0	1	1	2
Observable Y	2	1	1	1	3
	1	1	1	0	2
		2	3	2	N=7

Tabelle 16.7.7.2 ist zustande gekommen, in dem das *Korrelationsdiagramm* der Abb. 9.5.7.1 so trichotomiert wurde, daß je Observable das mittlere Tertil 3 Meßwerte umfaßte. Wie man sieht, entsteht auf diese Weise eine 3 x 3-Feldertafel, die sowohl punktsymmetrisch wie auch axialsymmetrisch (mit der Symmetrieachse von links unten nach rechts oben wegen der metrischen Skalierung) ausfällt: eine punkt-axial-symmetrische Neunfeldertafel.

Die 2 Rater der Tabelle 16.7.7.1 hätten ebenfalls eine punktaxialsymmetrische Tafel erhalten, wenn jedem Rater aufgegeben worden wäre, genau $f_{2.} = f_{.2}$ (= 11, z.B.) der Schüler als mäßig gut (2) zu beurteilen.

Wie man auf Punkt- und *Punkt-axialsymmetrie* prüft, wird in Kapitel 17 näher diskutiert werden. Vorläufig ist nur festzuhalten:

(1) Diagonal- oder axialsymmetrische Kontingenztafeln haben identisch verteilte Randsummen, (2) Punktsymmetrisch verteilte Kontingenztafeln haben symmetrisch (nicht notwendig identisch) verteilte Randsummen und (3) punkt-axial-symmetrisch verteilte Kontingenztafeln haben identisch und symmetrisch verteilte Randsummen. Aus diesen Symmetriebeziehungen lassen sich Tests für den Vergleich der beiden Randsummen (als abhängige Stichproben zweier gruppierter Mme) herleiten. Tests zum Symmetrievergleich von 2 oder K unabhängigen Quadrattafeln sind bei READ (1978) beschrieben.

16.8 Individuumszentrierte Kontingenztafeln

Unter *individuumszentrierten* Kontingenztafeln wollen wir N x m-Feldertafeln verstehen, in welchen die k Zeilen verschiedene (N) *Individuen* und die m Spalten verschiedene *Binärbeobachtungen* an diesen Individuen repräsentieren. Die Binär-Observablen können sich auf ein- und dasselbe Alternativ-Mm beziehen (wie m Alles- oder Nichts-Reaktionen auf m Standardreize, vgl. Beispiel 5.5.3) oder aber m unterschiedliche Alternativ-Mme betreffen (wie Ja–Nein-Antworten auf Fragebogenitems). Im ersten Fall spricht man sinngemäß von einer *univariaten* N x m-Feldertafel, im zweiten Fall von einer *multivariaten* N x m-Feldertafel.

16.8.1 Univariate N x m-Feldertafeln

Eine univariate N x m-Feldertafel haben wir bereits in COCHRANS *Q-Test* (vgl. 5.5.3) kennengelernt. Der Q-Test geht von einer Kontingenztafel aus, bei der die N Zeilen N Individuen und die m Spalten deren Alternativ-Reaktionen in m Situationen darstellen. Hierbei werden also Reaktionen nach zwei Mmn aufgegliedert (1). Zugehörigkeit zu einem von N Individuen und (2) Abhängigkeit von einer der m Situationen (Behandlungsvarianten). Das Besondere einer sog. *individuumszentrierten Tafel* ist also, daß Nm Reaktionen genau auf Nm Felder aufgeteilt werden, so daß jedes Feld entweder mit einer Null (–) oder mit einer Eins (+) besetzt ist; es resultiert eine *Null–Eins-Feldertafel.*

Statt einzelner Individuen pro Zeile lassen sich auch homogene Blöcke zu je m Individuen (Match-Tupels) organisieren, in welchem Fall man von *blockzentrierten* Kontingenztafeln sprechen sollte. Blockbildung ist dann vonnöten, wenn ein einzelnes Individuum nicht m Mal behandelt (gereizt) oder (bezüglich seiner Reaktion) beobachtet werden kann, ohne daß sich das Individuum (durch Anpassung und Lernen) in unerwünschter, durch die Alternativhypothese nicht gedeckter Weise verändert. Da die blockzentrierte Kontingenztafel soviele Individuen zählt als Felder vorhanden sind, entspricht sie einer klassischen Kontingenztafel (vgl. 15.2.3) mit der Spezifikation, daß jedes Feld ein oder kein Individuum enthält[22].

16.8.2 Multivariate N x m-Feldertafeln

Wird jedes von N Individuen nach m Alternativ-Mmn (z.B. Symptomen) klassifiziert, so entsteht rechtens eine 2^m-Feldertafel, also eine *m-dimensionale* 2 x 2 x ... x 2-Feldertafel. Faßt man etwa Tabelle 5.5.3 so auf, daß die m = 4 Spalten Verhaltensbesonderheiten (1 = Weglaufen, 2 = Stehlen, 3 = Lügen und 4 = Daumenlutschen) von N = 18 Problemkindern darstellen, so entsteht eine 2^4-Feldertafel mit den Feldern (Mms-Konfigurationen im Sinne der KFA, vgl. 15.3.1) der Tabelle 16.8.2.1.

Tabelle 16.8.2.1

m=4 1234	Kinder	f	m=4 1234	Kinder	f
++++	LP	2	–+++	CGN	3
+++–		0	–++–		0
++–+		0	–+–+		0
++––		0	–+––		0
+–++		0	––++	FMR	3
+–+–		0	––+–	H	1
+––+	K	1	–––+	BEI	3
+–––		0	––––	ADJOQ	5
				N = 18	

Wenn es darauf ankommt zu untersuchen, ob die m = 4 Symptome allseitig unabhängig von einander bei den N = 18 Zöglingen variieren, muß

---

[22] Kleine Kontingenztafeln dieser Art werden nach FREEMAN-HALTON, große nach HALDANE-DAWSON auf Kontingenz zwischen den N Blöcken und den m Situationen (Behandlungen) geprüft (vgl. 15.2.3–4).

auf *Unabhängigkeit* in einer 4-dimensionalen Kontingenztafel geprüft werden[23]. Diesen Zugang werden wir in Kapitel 18 aufgreifen.

Wenn es dem Untersucher aber nur darauf ankommt, die Auftretensanteile der m = 4 Symptome bzgl. *Homogenität* zu vergleichen, dann darf er die quadrivariaten Symptome als univariate Ausdrucksformen eines *übergreifenden Mms*, hier als Manifestationen *normdevianten Verhaltens* im Sinne einer individuumszentrierten N x m-Feldertafel *'auffalten'*.

Univariate wie − unter obiger Einschränkung − auch multivariate N x m-Feldertafeln können dann mittels des bereits bekannten *Q-Tests* von COCHRAN (vgl. 5.5.3) auf Homogenität der m Spalten (Plus-Reaktionen) geprüft werden. Da *Inhomogenität* (Trend) gleichbedeutend ist mit Kontingenz (Kontingenztrend), kann der Q-Test auch als *Kontingenztest* für individuumszentrierte (blockzentrierte) Kontingenztafeln fungieren; dabei ist die Kontingenz als *Wechselwirkung* zwischen Zeilen (Individuen) und Spalten (Situationen oder Behandlungen) zu definieren.

Da selten so große Stichproben von Individuen verfügbar sind, daß der χ^2-approximierte Q-Test uneingeschränkt gilt, wollen wir nachfolgend auch dessen *exakte Vertafelung* von TATE und BROWN (1964) kennen- und benutzen lernen.

16.8.3 Der Q-Test als Kontingenztest

COCHRANS Q-Test geht von der Nullhypothese H_0 aus, wonach die m Spalten von den N Zeilen unabhängig sind, und stellt ihr die Alternative H_1 gegenüber, wonach zwischen Zeilen und Spalten eine Kontingenz besteht. Die Kontingenz resultiert im allgemeinen daraus, daß einige der N Individuen auf viele der m Situationen (Reize) reagieren, andere auf wenige, einige auf diese andere auf jene der m Situationen (Reize).

Die χ^2-Approximation

Die *Prüfgröße* Q ist durch die Zeilensummen L_i, i = 1(1)r und durch die Spaltensummen T_j, j = 1(1)m mit *Nullen* und *Einsen* als Felderfrequenzen wie folgt definiert (vgl. 5.5.3.2)

$$Q = \frac{(m-1)(m\sum_{}^{m}T_j^2 - (\sum_{}^{m}T_j)^2)}{m\sum_{}^{r}L_i - \sum_{}^{r}L_i^2} \qquad (16.8.3.1)$$

---

[23] Zweidimensionale Kontingenztafeln sind Kontingenztafeln im engeren Sinne, 3-dimensionale bezeichnet man als solide und mehrdimensionals als hypersolide Kontingenztafeln.

wobei r ⩽ N die Zahl jener Zeilen (Individuen = Reaktionen) bezeichnet, die nicht ausschließlich Nullen oder ausschließlich Einsen enthalten. Bei großen r ⩽ N und m ist Q unter H_0 genähert wie χ^2 mit m-1 Fgn verteilt. Die Näherung ist generell dann hinreichend gut, wenn das Produkt mr > 24. Nach der Faustregel von TATE und BROWN (1970) ist der *asymptotische* Q-Test aber nur dann zu empfehlen, wenn r unbeschadet von N mindestens gleich 4 ist. Ist mr < 24, soll der *exakte*, durch Permutation der Nullen und Einsen in den N Zeilen zu gewinnende Q-Test angewendet werden. Dazu benutze man die folgenden Tafeln.

Die TATE-BROWN-Tafeln

In (16.8.3.1) wurde die Prüfgröße Q explizit bereits so definiert, daß sie nur für jene r Zeilen zu berechnen ist, die von den sog. *Heteronym-Reaktoren* (mit Nullen *und* Einsen) gebildet werden, während die N-r Zeilen der sog. *Homonym-Reaktoren* (mit Nullen *oder* Einsen) außer acht fallen.

Da Q bei gegebenen r Zeilensummen L_i, i = 1(1)r eine Funktion der m *Spaltensummen* T_j, j = 1(1)m ist, wurde aus Q die *einfachere Prüfgröße*

$$\text{SS (Quadratsumme)} = \sum_j^m T_j^2 \qquad (16.8.3.2)$$

abgeleitet und durch TATE und BROWN (1964) als *exakter Q-Test* umfangreich vertafelt. Tafel XVI−8−5 bringt einen Auszug für jene Kombinationen von m und r, die nach TATE und BROWN (1970) nur unzureichend durch den asymptotischen Q-Test approximiert werden können. Man beachte, daß der Spezialfall mit m = 2 Spalten mit dem Test von MCNEMAR identisch ist.

Tafel XVI−8−5 hat 4 Spalten: Die erste Spalte bezeichnet die Zahl m der Spalten, die zweite die Zahl r der Zeilen. Die dritte Spalte enthält (in Parenthesen) die Zeilensummen L_i und als Faktor davor die Häufigkeit z, mit der eine bestimmte Zeilensumme auftritt. Die vierte Spalte enthält ausgewählte Prüfgrößenwerte SS und dahinter (in Klammern) die zugehörige Überschreitungswahrscheinlichkeit P unter H_0. Die Prüfgrößen sind so ausgewählt worden, daß deren P-Werte in der Nähe der konventionellen Signifikanzniveaus (10%, 5%, 1%) liegen, die Grenzen von 0,005 bis 0,205 aber nach keiner Richtung hin überschreiten. Daraus ergibt sich: Ist ein beobachtetes SS kleiner als das ersttabellierte SS, dann ist dessen P > 0,205; ist SS größer als das letzttabellierte SS, dann ist P < 0,005.

Tafelauswertung

Lassen wir − um den Gebrauch der Tafel XV−8−5 zu illustrieren − die Spalten 4 in Tabelle 16.8.2.1 fort und alle in den verbleibenden 3 Spalten homonym reagierenden Individuen (Kinder). Ordnen wir ferner die Zeilen nach fallender Zahl von Einsen, dann resultiert Tabelle 16.8.3.1 mit r = 8 heteronym reagierenden Kindern und m = 3 Reaktionen (1 = Weglaufen, 2 = Stehlen, 3 = Lügen):

Tabelle 16.8.3.1

Kind	Reaktion			L_i	$Z(L_i)$
	1	2	3		
C	0	1	1	2	
G	0	1	1	2	$3(2) = Z_1(L_i = 2)$
N	0	1	1	2	
F	0	0	1	1	
H	0	0	1	1	
K	1	0	0	1	$5(1) = Z_2(L_i = 1)$
M	0	0	1	1	
R	0	0	1	1	
T_j:	1^2	3^2	7^2	11	8 = r
SS =	1	+ 9 +	49 =	59	

Zu Tabelle 16.8.3.1 lesen wir nun in Tafel XV–8–5 unter m = 3 Spalten und r = 8 Zeilen mit z = 3 Zeilensummen zu L_i = 2 und z = 5 Zeilensummen zu L_i=1, d.h. mit $Z(L_i)$ = 3(2), 5(1), für die Quadratsumme SS = 57 ein P = 0,055 und für die Quadratsumme SS = 61 ein P = 0,017 ab. Die in Tabelle 16.8.3.1 vorgefundene Quadratsumme SS = 59 hat daher eine *Überschreitungswahrscheinlichkeit* von etwa (0,055 + 0,017)/2 = 0,036.

Das Ergebnis des *exakten* Q-Tests nähert sich, weil mr = 3(8) = 24 bereits asymptotischen Bedingungen genügt, gut dem eines *asymptotischen* Q-Tests: Nach (16.8.3.1) ist

$$Q = \frac{2(3 \cdot 59 - 11^2)}{3 \cdot 11 - (3 \cdot 2^2 + 5 \cdot 1^2)} = 7,00$$

wie χ^2 mit m-1 = 2 Fgn verteilt und hat daher nach Tafel III–1 eine Überschreitungswahrscheinlichkeit von P = 0,030.

Beide Testversionen führen mithin zur Ablehnung der Nullhypothese auf dem 5%-Niveau. *Interpretativ* gesehen bedeutet dies, daß die m = 3 Reaktionen (Weglaufen, Stehlen, Lügen) bei den r = 8 Problemkindern unterschiedlich häufig auftreten; nach den Spaltensummen der Tabelle 16.8.3.1 ist Weglaufen offenbar am seltensten, Lügen am häufigsten.

16.8.4 Simultane McNemar-Tests als Rivalen des Q-Tests

Um das Ergebnis einer individuumzentrierten oder *Q-Kontingenztafel* möglichst differenziert interpretieren zu können, kann man statt des globalen Q-Tests auch einige oder alle m *Spalten* (abhängige Stichproben von Alternativdaten) paarweise und simultan via McNemar miteinander vergleichen. Führt man r solcher Vergleiche durch, so ist ein adjustiertes $\alpha^* = \alpha/r$ zugrunde zu legen (vgl. 16.1.5). Je nach Stichprobenumfang N benutzt man die *exakte* Version, den Vorzeichentest (vgl. 5.5.1, Anmerkungen) oder die *asymptotische* Originalversion nach $\chi^2 = (b-c)^2/(b+c)$ mit 1 Fg, die mit $u = (b-c)/\sqrt{(b+c)}$ identisch ist (vgl. 5.5.1.1).

Im Beispiel der Tabelle 16.8.3.1 sind $r = m(m-1)/2 = 3 \cdot 2/2 = 3$ Vergleiche zwischen je zwei der 3 abhängigen Stichproben möglich; sie ergeben die Vierfeldertafeln der Tabelle 16.8.4.1

Tabelle 16.8.4.1

1:2		Reaktion 2		1:3		Reaktion 3		2:3		Reaktion 3	
		1	0			1	0			1	0
Reak-	1	0	1	Reak-	1	0	1	Reak-	1	3	0
tion 1:	0	3	4	tion 1:	0	7	0	tion 2:	0	4	1
N=1+3=4; x=1; P>0,20				N=1+7=8; x=1; P=0,035				N=0+4=4; x=0; P>0,20			

Nach Tafel I–1 des Anhangs ist selbst bei (der unter einer Trendalternative zu rechtfertigenden) *einseitigen* Fragestellung keiner der 3 simultanen Vorzeichentests signifikant, da alle P's größer als $\alpha^* = 0,05/3 = 0,017$ sind. Nur wenn wir einen einzigen gezielten Vergleich, Reaktion 1 gegen 3, durchgeführt hätten, wäre $P = 0,035$ kleiner als $\alpha^* = 0,05/1 = 0,05 = \alpha$, aber auch dies nur bei einseitiger Alternativhypothese.

Wie man aus dem Beispiel ersieht, sind simultane McNemar-Tests anstelle des globalen Q-Tests im allgemeinen *weniger effizient*. Allerdings kann bei Vorliegen einer ‚*Kleiderhaken-Alternative*' (gleiche Spaltensummen-Differenzen zwischen den m Stichproben) ein auf die (anthac als solche definierten) 2 Extremstichproben angewandter McNemar-Test wirksamer sein als ein globaler (Trendalternativen nicht berücksichtigender) Q-Test.

Will man die Unterschiede zwischen je zwei Spalten durch eine *Maßzahl* beschreiben, so greife man auf den Asymmetrie-Koeffizienten von Bartoszyk (vgl. 16.7.5) oder ein anderes Asymmetriemaß zurück.

16.8.5 Die Q-Partitionierung

Ist die Zahl der m Spalten in einer Q-Kontingenztafel *groß*, dann werden posthoc mit $\alpha^* = \alpha/r$ durchgeführte McNemar-Tests wegen des exponentiell wachsenden $r = m(m-1)/2$ rasch ineffizient, und es stellt sich die Frage, ob man sinnvollerweise *Gruppen* von unter sich homogenen Spalten zusammenfassen kann, um zu einer detaillierteren Beurteilung der Inhomogenität der Spaltenanteile zu gelangen.

Die Aufteilung der m Spalten in $g \geqslant 2$ Gruppen von Spalten geht bereits auf Cochran (1950, S. 265) zurück und ist durch Tate und Brown (1970) weiter ausgebaut worden und zwar unter der Bezeichnung *Q-Partitionierung* (Q partitioning). Die Q-Partitionierung ist die Methode der Wahl, um Anteilsunterschiede *zwischen* als anteilshomogen angenommenen Gruppen von Spalten (abhängigen Stichproben von Alternativdaten) nachzuweisen.

Das *Prinzip* der Q-Partitionierung entspricht dem der χ^2-Zerlegung: Man ermittelt die Prüfgröße Q für die *Gesamttafel*, sodann die Prüfgrößen Q_i, $i = 1(1)g$ für die *Teiltafeln* zu m_i Spalten und setzt sie samt den ebenfalls additiven Fgn zueinander in Beziehung

$$Q = Q_1 + Q_2 + \ldots + Q_g + Q_{Rest} \qquad (16.8.5.1)$$

$$Fg = (m_1 - 1) + (m_2 - 1) + \ldots + 1 \qquad (16.8.5.2)$$

Der nach 1 Fg zu beurteilende Prüfgrößenanteil Q_{Rest} indiziert, ob *Anteilsunterschiede zwischen* den g Gruppen existieren (H_1) oder nicht (H_0).

Interessiert den Untersucher, ob *innerhalb* der einen und/oder anderen der g Gruppen Anteilsunterschiede bestehen, so muß er dies über *simultane Tests* mit den betreffenden *Binnen-Gruppen*-Q_i's nachweisen. Entsprechend der Zahl r dieser simultanen Tests ist das Alpha Risiko nach $\alpha^* = \alpha/r$ zu adjustieren, um einer antikonservativen Entscheidung vorzubeugen.

Die Aufteilung der m Spalten kann, wenn *bifaktorielle* Spaltenkombinationen vorliegen, auch nach beiden Funktionen vorgenommen werden: So können m = 4 Spalten mit den Bezeichnungen A1, A2, B1, B2 einmal nach den Behandlungen A und B (Chargen) und ein zweites Mal nach den Behandlungsbedingungen 1 und 2 (Dosen) zusammengefaßt werden.

Die Q-Partitionierung einer bifaktoriellen Null−Eins-Feldertafel würde ein Q mit 4−1=3 Fgn, ein Q_A aus den Spalten A1 und A2 mit 2−1=1 Fg, ein Q_B aus den Spalten B1 und B2 mit ebenfalls 2−1=1 Fg ergeben. Wenn man die Differenz

$$Q_d = Q - Q_A - Q_B \qquad (16.8.5.3)$$

bildet und nach dem restlichen 1 Fg beurteilt, hat man den gesuchten Wirkungsunterschied zwischen den *Chargen* A und B nachgewiesen (H_1) oder nicht (H_0). Ist nur dieser Nachweis geplant, braucht α nicht adjustiert zu werden, da ja auf Q, Q_A und Q_B nicht geprüft wird.

Wird die analoge Zerlegung nach den *Dosen* 1 und 2 vorgenommen, so liegen 2 simultane Tests vor, deren jeder nach $\alpha^* = \alpha/2$ zu beurteilen ist.

Wie man im Rückblick auf 5.5.5 erkennt, läßt sich die Q-Partitionierung mit dem *Lokationsmediantest* sinnvoll kombinieren, wenn man neben den g Gruppen aus den m Spalten auch noch 2 Gruppen aus den N Zeilen (z.B. männliche gegen weibliche Ptn) betrachtet.

Praktisch bedeutsamer als die relativ komplizierten Q-Aufteilungen nach 2 oder mehr Kriterien ist die Aufteilung der m Spalten in zwei — durch *ein* Außenkriterium definierte — Gruppen zu m_1 und m_2 Spalten, wobei m_1 nicht gleich m_2 zu sein braucht; wir kommen auf diesen Fall nachfolgend zu sprechen.

16.8.6 Der Zwei-Stichproben-Q-Test

Der Zwei-Gruppen Q-Test basiert auf der *Differenz* zwischen zwei den Stichproben (Behandlungen) 1 und 2 entsprechenden Q-Werten einerseits und dem Q-Wert der Gesamttafel andererseits:

$$Q_{diff} = Q - Q_1 - Q_2 \qquad (16.8.6.1)$$

$$Fg_{diff} = (m-1) - (m_1-1) - (m_2-1) = 1 \qquad (16.8.6.2)$$

Die *Prüfgröße* Q_{diff} ist unter H_0 mit 1 Fg wie χ^2 verteilt, wenn $Nm \geq 25$. Die Alternativhypothese ist, daß die (abhängigen) Stichproben der m_2 Spalten andere (höhere oder aber niedrigere) ‚Ja-Anteile' aufweisen als die Stichproben der m_1 Spalten der individuumzentrierten Q-Kontingenztafel.

Für die *Routine-Auswertung* eines Zweistichproben-Q-Tests benutzt man zweckmäßig den von FLEISS (1973, Ch. 8.4) angegebenen Kalküle

$$Q = \frac{m-1}{V}(m\sum_{j=1}^{m} T_j^2 - T^2) \quad \text{mit m-1 Fgn} \qquad (16.8.6.3)$$

$$Q_{diff} = \frac{m-1}{m_1 m_2 V}(m_2 U_1 - m_1 U_2)^2 \quad \text{mit 1 Fg} \qquad (16.8.6.4)$$

$$Q_1 = \frac{m(m-1)}{m_1 V}(m_1\sum_{j=1}^{m_1} T_j^2 - U_1^2) \quad \text{mit } m_1-1 \text{ Fgn} \qquad (16.8.6.5)$$

$$Q_2 = \frac{m(m-1)}{m_2 V}(m_2\sum_{j=m_1+1}^{m_2} T_j^2 - U_2^2) \quad \text{mit } m_2-1 \text{ Fgn} \qquad (16.8.6.6)$$

Die *Symbole* in diesen Kalkülen sind unter Bezug auf die Notation in 5.5.3 wie folgt definiert:

$$V = mT - \sum_{i=1}^{N} L_i^2 \qquad (16.8.6.7)$$

$$T = \sum_{j=1}^{m} T_j = \sum_{j=1}^{N} L_i \qquad (16.8.6.8)$$

$$U_1 = \sum_{j=1}^{m_1} T_j \quad \text{und} \qquad (16.8.6.9)$$

$$U_2 = \sum_{j=m_1+1}^{m} T_j \qquad (16.8.6.10)$$

In diesen Kalkülen mit N als Zeilen- und m als Spaltenzahl sind implizit die ausschließlich mit Nullen oder ausschließlich mit Einsen besetzten N–r Zeilen (Homonymreaktionen) eliminiert. Die Homonymreaktionen können, brauchen aber nicht vorher eliminiert zu werden. Nur bei der Abschätzung, ob der asymptotische Q-Test rechtens ist, muß kontrolliert werden, ob $mr \geq 24$, wobei $r \leq N$ die Zahl der Heteronymreaktoren bezeichnet.

Je nachdem, wieviele der Prüfgrößen Q, Q_1, Q_2 und Q_{diff} den Untersucher interessieren, müssen $r \leq 4$ *simultane Q-Tests* geplant werden. Ein posthoc ausgewählter Q-Test muß folgerichtig nach einem adjustierten $\alpha^* = \alpha/4$ beurteilt werden.

Wird Q_{diff} *gezielt* als einzig interessierende Testgröße beurteilt, dann kann dies *einseitig* nach der für 1 Fg gültigen Schranke $\chi^2_{2\alpha}$ geschehen, wenn H_1 einseitig formuliert worden ist.

Beispiel 16.8.6.1

Datenrückgriff: In Beispiel 5.5.5 wurden N = 10 Medizinstudenten befragt, in welchen 2 von m = 5 Rigorosumsfächern sie relativ viel hatten lernen müssen (+=2) und in welchen 2 nicht (–=0). Für je eines der Fächer brauchte keine Antwort gegeben zu werden (Leerfeld), um bei ungerader Zahl von m + 5 optimale Bedingungen für den Lokationsmediantest von Mood zu gewährleisten. (Es handelt sich um eine Q-sort Befragung Wiener Kommilitonen).

Datenadaptation und *Vorauswertung:* Ob die Leerfelder eher einer Plus- als Minus-Antwort entsprechen, ist für die Anwendung des Q-Tests irrelevant, da hierdurch nur die Spaltensummen um 1 vermehrt oder um 1 vermindert werden: Wir setzen also += 1 und erhalten Tabelle 16.8.6.1.

Tabelle 16.8.6.1

j	1	2	3	4	m=5		
i:	Pathologie	Pharmakologie	Innere Medizin	Kinderheilkde	Psychiatrie	L_i	L_i^2
1	1	0	0	0	1	2	4
2	1	1	0	0	0	2	4
3	0	1	0	0	1	2	4
4	1	0	0	0	1	2	4
5	1	0	1	0	0	2	4
6	0	1	0	0	1	2	4
7	1	1	0	0	0	2	4
8	0	0	0	1	1	2	4
9	1	0	0	0	1	2	4
N=10	1	0	1	0	0	2	4
T_j	7	4	2	1	6	T=20	40
T_j^2	49	16	4	1	36		106
U's	$U_1 = 7+4 = 11$		$U_2 = 2+1+6 = 9$			$V = 5 \cdot 20 - 40 = 60$	
	$m_1 = 2$		$m_2 = 3$			$m = 5$	

Hypothesen: H_0: Die m = 5 Fächer erfordern gleich viel Vorbereitungsarbeit

H_1: Die $m_1 = 2$ theoretischen Fächer (1+2) erfordern mehr Vorbereitungsarbeit als die $m_2 = 3$ klinischen Fächer (3+4+5); einseitig

H_2: Zwischen den klinischen Fächern 3, 4 und 5 bestehen Unterschiede im Vorbereitungsaufwand.

Testwahl: Da eine individuumzentrierte Kontingenztafel mit N=10 Individuen als Zeilen und m = 5 Alternativreaktionen (Antworten auf Fragen) als Spalten vorliegt und der Nullhypothese zwei gezielte Alternativen entgegengestellt werden, ist eine Q-Partitionierung bzw. ein Zweistichproben-Q-Test die Methode der Wahl.

Signifikanzniveau: Wir vereinbaren für jeden der r = 2 simultanen Q-Tests ein $\alpha = 0{,}05$ und damit ein adjustiertes $\alpha^* = 0{,}05/2 = 0{,}025$,

Testdurchführung: Aufgrund der Vorauswertung in Tabelle 16.8.6.1 prüfen wir gegen H_1 nach Formel (16.8.6.4) und erhalten

$$Q_{diff} = \frac{5-1}{2 \cdot 3 \cdot 60} (3 \cdot 11 - 2 \cdot 9)^2 = 2{,}50 \text{ mit 1 Fg}$$

$$Q_2 = \frac{5(5-1)}{3 \cdot 60} [3(4+1+36) - 9^2] = 4{,}67 \text{ mit } 3-1=2 \text{ Fgn}$$

Entscheidungen: Die Hypothese H_1 kann nicht angenommen werden, da ein $Q = 2,50$ die für 1 Fg geltende einseitige $\alpha^*\%$-Schranke von $\chi^2_{2\alpha^*} = \chi^2_{2(0,025)} = u^2_{0,05} = 1,65^2 = 2,72$ nicht überschreitet.

Die Hypothese H_2 muß ebenfalls offenbleiben, da ein $Q = 4,67$ nicht einmal die für 2 Fge geltende 5%-Schranke von 5,99 geschweige denn die noch höher liegende 2,5%-Schranke (von 7,38, vgl. Tafel III–2) erreicht.

Interpretation: Der Eindruck, wonach die theoretischen Fächer mehr Vorbereitungsarbeit erfordern als die klinischen, kann unter dem Vorbehalt eines erheblichen Beta-Risikos — nicht gestützt werden; das gleiche gilt für die Vermutung, wonach auch innerhalb der klinischen Fächer unterschiedliche Vorbereitungsarbeit geleistet werden muß. Angesichts der sehr unterschiedlichen Spaltensummen in Tabelle 16.8.6.1 ist eine Neuerhebung mit größerer Studentenzahl zu empfehlen.

Nachbemerkungen: 1. Unter der Annahme, daß zwischen Geschlecht und Vorbereitungsaufwand keine Unterschiede existieren, können die $N = 10$ Studenten und die $N = 5$ Studentinnen aus Tabelle 5.5.3 zusammengeworfen werden. Damit sinkt das Beta-Risiko bzw. steigt die Chance H_1 und/oder H_2 anzunehmen, falls sie tatsächlich zutrifft.

2. Die Anwendung des asymptotischen Tests für H_1 ist gerechtfertigt, weil $mN \geqslant 24$ und die für H_2, weil $m_2 N$ ebenfalls größer als 24 ist. Sollte auch Q_1 beurteilt werden, dann wäre $m_1 N < 24$ und damit der exakte Q-Test indiziert (Tafel XVI–8–5 für $m = m_1 = 2$ und $N = 10$).

Die Q-Partitionierung nach COCHRAN-TATE-BROWN impliziert, (1) daß der Null–Eins-Reaktion über die m-fachen Wiederholungen an ein und demselben Individuum *dieselbe* Beobachtungsvariable (Observable) X zugrunde liegt (wie der Zeitaufwand bei 5 Prüfungsvorbereitungen in obigem Beispiel), und (2) daß die m Null–Eins-Reaktionen eines jeden der N Individuen von einander *unabhängig* (also nicht etwa seriell korreliert) sind.

Ist eine der beiden Implikationen nicht erfüllt, dann muß anstelle einer univariaten eine multivariate Auswertung erfolgen, d.h. die Null–Eins-Reaktionen müssen in den 2^m Feldern eines m-dimensionalen *Kontingenzkubus* erscheinen. Einen Zugang dieser speziellen Art entwickelt auf asymptotischer Grundlage BENNETT (1967) als Alternative zu COCHRANS Q-Test. Entsprechende exakte Tests können auf kombinatorischer Grundlage entwickelt werden (vgl. WALL, 1972 in leicht faßlicher Darstellung).

Man beachte: Die Q-Partitionierung verlangt *nicht*, daß alle N Individuen *normativ* reagieren (also etwa nach dem Zeitaufwand aller Studenten den eigenen Zeitaufwand in Tab. 16.8.6.1 als über- oder unterdurchschnittlich beurteilen); vielmehr genügt, daß sie *ipsativ* (i.S. CATTELLS, 1966) reagieren, also das ‚Selbst' anstelle des ‚Man' zum *Bezugssystem* erheben (was durch die Ipsativ-Instruktion, man solle die 2 Fächer mit dem höchsten Zeitaufwand nennen, in Tab. 16.8.5 erzwungen wurde). Statistisch formuliert: Der Q-Test läßt zu, daß die N Individuen heterogen sind (aus verschiedenen Populationen stammen).

16.8.7 Der Lokationsmediantest von TATE-BROWN

In den Abschnitten 5.5.5−7 haben wir den Lokationsmediantest als einen Spezialfall des COCHRANschen Q-Tests kennengelernt, dort aber nur die asymptotische Version des Mediantests benutzt, weil Tafeln der exakten Verteilung der Prüfgröße fehlten. Seit nun aber TATE und BROWN (1964, App. Table B) die Prüfgröße QS auch für deren Anwendung als *Lokationsmediantest* vertafelt haben, steht einer *exakten Auswertung* von r x m-Tafeln mit r Individuen, deren jedes m singuläre Meßwerte eines *nicht-normal* verteilten Mms liefert, nichts mehr im Wege.

Werden die m Meßwerte je Zeile *mediandichotomiert*, so resultieren bei *geradzahligem* m je Zeile m/2 Einsen (supramediane Werte) und m/2 Nullen (submediane Werte), so daß alle r Zeilensummen gleich sind m/2 = L_i = constant, womit $Z_h(L_i)$ = r(m/2) in der einschlägigen Tafel XVI−8−7 (aus TATE und BROWN, 1964, App. B).

Bei *ungeradzahligem* m resultieren (m−1)/2 Einsen und Nullen, wenn der Zeilenmedian, wie in Abschnitt 5.5.5, fortgelassen bzw. durch ein *Leerfeld* repräsentiert wird. Damit sind die $Z_h(L_i)$ in Tafel XVI−8−5 gleich $r(\frac{m-1}{2})$ = constant in Tafel XVI-8-7.

Als *Prüfgröße* fungiert hier wie dort die Quadratsumme der Spaltensummen

$$QS = \overset{m}{\Sigma} T_j^2, \ j = 1(1)m. \qquad (16.8.7.1)$$

Für die in Parenthese neben sie gesetzten Überschreitungswahrscheinlichkeiten P gilt in Tafel XVI−8−7 die gleiche Auswahl-Vorschrift wie in Tafel XVI−8−5.

Im folgenden Beispiel (aus TATE und BROWN, 1964, Table 7) sind r Altersgruppen von Individuen anstelle von r Individuen und Prozentanteile anstelle von Meßwerten in einer r x m-Feldertafel mit m Kategorien (Tätigkeitsbereichen) ausgewiesen.

Beispiel 16.8.7.1

Datensatz: Zeitschriften der theoretischen Medizin wurden daraufhin ausgewertet, welchen von r = 9 Altersklassen die Autoren von Publikationen aus m = 4 Gebieten (Bakteriologie, Pathologie, Anatomie und Pharmakologie) angehören. Tabelle 16.8.7.1 enthält die Promille-Anteile in den 9 x 4-Feldern.

Tabelle 16.8.7.1

Alters-klasse	Bakt.	Path.	Anat.	Pharm.	Zeilen-Mediandichotomien			
20–24	10	6	22	46	0	0	1	1
25–29	30	24	31	54	0	0	1	1
30–34	40	31	44	74	0	0	1	1
35–39	50	55	53	47	0	1	1	0
40–44	25	33	36	34	0	0	1	1
45–49	35	26	34	50	1	0	0	1
50–54	11	19	5	31	0	1	0	1
55–59	22	34	28	6	0	1	1	0
60–64	23	21	9	0	1	1	0	0
					2	4	6	6

$P > 0{,}178$, da für m=4 und r=9: $\quad QS = 4 + 16 + 36 + 36 = 92$

0	0	0	1	1	1
1	0	–	1	1	1
1	1	1	1	4	16
1	1	1	1	4	16
–	1	1	0	2	4
1	–	1	–	2	4
0	0	0	0	0	0
0	1	0	0	1	1
0	0	0	0	0	0

Für m=9 und r=4: $\quad QS = 46$ und $P = 0{,}033$

Hypothesen: H_0: Die m = 4 von einander abhängigen Zeilenstichproben sind ebenso lagehomogen verteilt wie die r = 9 voneinander abhängigen Spaltenstichproben.
H_1: Die m = 4 Spaltenstichproben sind lageheterogen verteilt.
H_2: Die r = 9 Zeilenstichproben sind lageheterogen verteilt.

Signifikanzniveau: Für die in Aussicht genommenen beiden simultanen Tests soll ein adjustiertes $\alpha^* = \alpha/2$ mit $\alpha = 0{,}05$ gelten.

Testwahl: Von den zwei verteilungsfreien Tests, die auf Lagehomogenität abhängiger Stichproben stetig verteilter Beobachtungen ansprechen, entscheiden wir uns für den Lokationsmediantest, da der effizientere FRIEDMAN-Test homomer verteilte Stichproben (mit gleicher Streuung, gleicher Schiefe etc.) voraussetzt und diese Voraussetzung in Tabelle 16.8.7.1 nicht erfüllt zu sein scheint. Wegen des kleinen Beobachtungsumfangs mit m = 4 Spalten und r = 9 Zeilen prüfen wir mittels des exakten Lokationsmediantests nach TATE-BROWN.

Testdurchführung: Der Lagevergleich der m = 4 Spaltenstichproben ergibt nach

Tafel XVI–8–7 ein $P > 0{,}187 > 0{,}025$ und ein Lagevergleich der $r = 9$ Zeilenstichproben ein $P = 0{,}033 > 0{,}025 = \alpha/2$ wie in Tabelle 16.8.7.1 gezeigt.

Entscheidung und Interpretation: H_0 ist sowohl gegenüber H_1 wie gegenüber H_2 beizubehalten. Weder lassen sich Unterschiede in der Erforschung bestimmter Gebiete der theoretischen Medizin nachweisen noch Unterschiede in der Publikationstätigkeit von Forschern verschiedener Altersklassen (obwohl die 30–40jährigen die aktivsten zu sein scheinen).

Im Unterschied zu FRIEDMANS Rangvarianzanalyse ist der Lokationsmediantest praktisch *voraussetzungslos* anzuwenden: Weder brauchen Zeilen (oder Spalten) homomer verteilt zu sein noch brauchen die r Individuen ein und derselben Population anzugehören. Die m Beobachtungen an jedem Individuum brauchen nicht einmal normativ skaliert zu sein, sondern können, wie in Tabelle 5.5.5, ipsativ dichotomiert worden sein. Im letzteren Fall hat der Test höchstmögliche Effizienz zum Nachweis von Lageunterschieden zwischen den m Spalten.

16.9 Kreuzklassifikation in Beurteilertafeln

Eine wichtige Implikation einer oft unumgänglichen subjektiven Skalierung von qualitativen (nominalen) und quantitativ abgestuften qualitativen (gruppiert ordinalen) Mmn ist die Annahme, daß *zwei* wechselseitig unabhängige *gleich kompetente Beobachter* eine Stichprobe von N Mmsträgern übereinstimmend klassifizieren. Der Begriff der subjektiven Skalierung ist hier weit zu fassen; er kann neben Individuen auch Meßinstrumente oder Kombinationen von beiden bedeuten[24].

Betrachten wir zunächst den erstgenannten Fall eines individuellen Beobachters 1, der N Mmsträger subjektiv in k Klassen (Kategorien, Stufen) einteilt und einen individuellen Beobachter 2, der das gleiche in analoger Weise vollzieht: Hieraus resultiert eine *Kreuzklassifikation* in einer k x k-Feldertafel, die etwas über die Beobachtungsübereinstimmung (Reliabilität) der 2 Beobachter aussagt.

---

24 Kreuzklassifikationen dieser Art spielen in den Biowissenschaften deshalb eine forschungsstrategisch bedeutsame Rolle, weil der Untersucher oft vor der Alternative steht, ein Mm *subjektiv* und ökonomisch zu klassifizieren oder *objektiv* und unökonomisch. Um, vor solch eine Alternative gestellt, richtig zu entscheiden, empfiehlt es sich, die subjektive mit der objektiven Klassifikation in einem Vorversuch mit N Mms-trägern zu vergleichen (vgl. RUBIN et al. 1956), d.h. deren Übereinstimmung zu beurteilen.

16.9.1 Reliabilität der Beurteilung eines Alternativ-Merkmals

Der einfachste Fall einer Kreuzklassifikation resultiert aus der Betrachtung eines *Alternativ-Mms*. Werden N Träger eines Alternativ-Mms einmal durch einen Beurteiler (Rater) I und ein zweites Mal davon unabhängig durch einen gleich kompetenten Rater II beurteilt (bonitiert), dann erhält man eine Vierfeldertafel vom Typ der Tabelle 16.9.1.1 (aus LIENERT und v. KEREKJARTO, 1968, Tab. 11).

Tabelle 16.9.1.1

Symptom: Traurigkeit		Rater II		
		+	−	Σ
Rater I	+	9	1	10
	−	2	6	8
Σ		11	7	N = 18

Stimmen, wie in Tabelle 16.9.1.1, zwei Psychiater in der Beurteilung eines Symptoms bei N = 18 Depressiven überein, dann spricht man von hoher *Präzision* oder besser von hoher *Reliabilität* der Beurteilung, genauer: von hoher *Inter-Rater-Reliabilität* (i.V. zu anderen Reliabilitätsaspekten; vgl. LIENERT, 1969, Kap. 10).

Zur Messung der *Höhe* der Reliabilität von Binärurteilen benutzt man (1) PEARSONS *Phi-Koeffizient* (vgl. 9.2.1.3) oder (2) HOLLEY-GUILFORDS *G-Index* (vgl. 9.2.4.1)[25]. Gegen die Nullhypothese fehlender Reliabilität (zufallsmäßiger Kreuzklassifikation) prüft man (1) mittels eines Vierfelderkontingenztests (9.2.1.5 oder 5.3.2.2) bei Phi und (2) mittels des Vorzeichentests bei G (vgl. 5.1.2), wobei man x = a+d mit N−x = b+c vergleicht, d.h. homonyme gegen heteronyme Raterurteile (Ratings) setzt (LIENERT, 1972, 1973).

In Tabelle 16.9.1.1 ist z.B. nach 9.2.4.1 G = (a+d−b−c)/N = (9+6−1−2)/18 = +0,67 und nach 5.1.2.2 mit x = 9+6 = 15 und N = 18 das gesuchte u = = (|12 · 15 − 18|−1)/$\sqrt{18}$ = 2,59 bei der gebotenen einseitigen Frage auf der 1%-Stufe signifikant ($u_{0,01}$ = 2,32).

Ursachen für *mangelnde* Inter-Rater-Reliabilität sind (1) unterschiedliche *Erkennungsschwellen* für das Vorhandensein des Mms (Symptom:

---

[25] Der G-Index hat als Reliabilitätsmaß gegenüber dem Phi-Koeffizienten den Vorteil, auch auf k×k-Feldertafeln anwendbar zu sein (HOLLEY und LIENERT, 1974). Ein anderes, für k×k-Feldertafeln konstruiertes aber auf 2×2-Tafeln zu spezifizierendes Reliabilitätsmaß ist der in 6.9 behandelte kappa-Koeffizient von COHEN (1960, 1968).

Traurigkeit) und/oder (2) unterschiedliche *Wahrnehmungsaspekte* des Mms (Traurigkeit via Exploration oder via Verhaltensbeobachtung).Unter mehreren möglichen Ratern sollten nur jene zum Mms-Rating zugelassen werden, die untereinander hoch reliabel bonitieren.

16.9.2 Validität der Beurteilung eines Alternativ-Mms

Ein *psychiatrisches Symptom* von Typ der Traurigkeit kann im allgemeinen nur subjektiv beurteilt werden, da es objektiv als solches gar nicht faßbar ist. Nun gibt es aber eine Reihe von Mmn, die nicht nur subjektiv, sondern auch (wenngleich oft aufwendig) objektiv zu erfassen sind. Stimmen subjektive Beurteilung (Rating) und objektive Erfassung durch ein vom Rating unabhängiges *Kriterium* überein, so spricht man von hoher *Validität* des Ratings, genauer: von *Rater-Kriteriums-Validität* (auch empirische Validität genannt i. U. zu anderen Aspekten der Validität, vgl. LIENERT, 1969, Kap. 11)

Validitätsbeispiele

Beispiel für die Validität der Beurteilung eines *Alternativ-Mms* durch ein Alternativkriterium ist der im ‚Selbstrating' zugegebene (+,-) und der durch Röhrchenprobe nachgewiesene (1,0) Alkoholkonsum eines Verkehrsdelinquenten bzw. einer Stichprobe von N Delinquenten. Ein anderes Beispiel ist die aufgrund einer Eignungsuntersuchung vermutete (+,-) und im Verlauf der beruflichen Bewährung gesicherte (1,0) Eignung von N Ausbildungsbewerbern.

Weitere Beispiele sind die Validität der Lues-*unspezifischen* Wassermann-Reaktion (‚Rating') und des Lues-*spezifischen* Nelson-Tests (‚Kriterium') oder die Validität der Bauchtyphus-unspezifischen Diazoreaktion des Harns und der bauchtyphus-spezifischen Gruber-Widal-Reaktion des Blutserums, wie sie Tabelle 16.9.2.1 veranschaulicht (aus LIENERT, 1956, Tab. 2a).

Tabelle 16.9.2.1

		Gruber-Widal-Kriterium		
		+	−	
Diazo-	+	21	13	34
Rating	−	7	64	71
		28	77	N=105

Tabelle 16.9.2.1 enthält N = 105 Ptn, die wegen Typhusverdachts in die Isolierstation eines Krankenhauses eingeliefert wurden. Ein sofortiges Diazo-Harntest-Rating stützte den Verdacht bei 34 Ptn; das erst nach einer Woche verläßliche Gruber-Widal-Kriterium bestätigte den Verdacht bei 21 der 34 verdachtsgestützten Ptn[26].

Validitätsmessung und -prüfung

Gemessen wird die Validität eines Alternativ-Ratings in gleicher Weise wie seine Reliabilität über Phi oder G. So ist in Tabelle 16.9.2.1 G = = (85–20)/105 = +0,62, was einer für Screening-Zwecke ausreichenden Validität der Diazo-Reaktion als diagnostischem Schnell- und Initialtest entspricht.

Der G-Index ist im Unterschied zum Phi-Koeffizienten nur dann ein verläßliches Validitätsmaß, wenn die 4 Randsummen der 2 x 2-Feldertafel größenordnungsmäßig gleich sind[27]. Als Alternative zu Phi und G werden wir später den kappa-Index als ein verallgemeinertes Reliabilitätsmaß kennenlernen (vgl. 16.9.5).

Ob eine Validität der Beurteilung eines Mms überhaupt besteht, prüft man beim Phi-Koeffizienten über den zugehörigen Vierfeldertest (χ^2 oder FISHER-YATES), beim G-Index über einen *Kreuzsummenvergleich* (McNEMAR oder Binomialtest). Im allgemeinen aber fordert man, daß eine Validität nicht nur existiert, sondern entsprechend hoch ist, etwa einem Phi $\geq$ 0,6 entspricht, so wie die Reliabilität einem Phi $\geq$ 0,9 entsprechen soll. Deshalb kommt einer Signifikanzprüfung in beiden Fällen nur untergeordnete Bedeutung zu.

16.9.3 Fehlklassifikationsaspekte

Ein Alternativ-*Indikator* (Rating) kann eine hohe Validität in bezug auf ein Alternativ-Kriterium (*Indikandum*) aufweisen und dennoch *unterschiedlich* brauchbar sein: Man denke an eine klinische Krebsdiagnose (Rating) und deren histologische Verifikation oder Falsifikation (Kriterium), wie sie paradigmatisch aus Tabelle 16.9.3.1 ab zu entnehmen ist.

---

26 Die Frage, wie man den Kriteriumsanteil der Mms-Träger (positiv-varianten) aus dem Rating-Anteil schätzt, ist nur für die Epidemiologie von Bedeutung; sie wird bei FLEISS (1973, Ch. 12.1) unter Hinweis auf einschlägige Literatur (PRESS, 1968; TENNEBEIN, 1970) behandelt. Wie man aufgrund mehrerer Alternativen-Ratings (z.B. Med. Labortests) ein Kriterium (z.B. Leberschaden) diagnostiziert, wird bei LIENERT (1956) beschrieben.

27 In unserem Beispiel erscheint diese Implikation eben noch erfüllt, denn Phi = = $(21 \cdot 64 - 13 \cdot 7)/\sqrt{34 \cdot 71 \cdot 28 \cdot 77}$ = +0,56 ist dem berechneten G = +0,59 praktisch gleich.

Tabelle 16.9.3.1 a b

a)		Kriterium		b)		Kriterium	
		+	−			+	−
Rating	+	50	20	Rating	+	50	0
	−	0	30		−	20	30

Phi = +0,65	Validität	Phi = +0,65
50/(50+0) = 1,00	Sensitivität	50/(50+20) = 0,71
30/(20+30) = 0,60	Spezifität	30/(0+30) = 1,00
(20+1)/(20+0+1) = 1,00	Präventivität	(0+1)/(20+0+1) = 0,05

Beide Vierfeldertafeln zeigen eine *gleich hohe Validität* des Ratings gegenüber dem Kriterium an (Phi = +0,71), doch ist das Ergebnis der Tabelle a anders zu deuten als das der Tabelle b:

Das Rating a) klassifiziert b = 20 der N = 100 Patienten *falsch positiv* und c = 0 Ptn *falsch negativ*, wenn man die Richtigkeit der Klassifikation am Kriterium orientiert. Das Rating b) klassifiziert hingegen c = 20 der 100 Ptn *falsch negativ* und b = 0 *falsch positiv.* Wie wirken sich nun die beiden *Fehlklassifikationen* aus, und wie können sie *aspektiv* unterschieden werden?

Sensitivität

Ein klinisches Rating (Verdachtsdiagnose), das alle positiven Kriteriumsfälle (kranke Ptn) als solche entdeckt, d.h. keine falsch negativen Klassifikationen herbeiführt, ist ein sog. *sensitives* (gegenüber dem Kritierum empfindliches) Rating. Der Grad der *Sensitivität* des Ratings (Indikators) kann daher durch den *Sensitivitätsindex* einer wie üblich bezeichneten Vierfeldertafel

$$E = a/(a+c) \qquad (16.9.3.1)$$

zum Ausdruck gebracht werden. E variiert zwischen 0 und 1 und beträgt E = 1,00, wenn, wie in Tabelle 16.9.3.1a, falsch negative Ratings *fehlen.*

Geht man davon aus, daß in praxi nur jene der 100 Ptn, bei denen ein Krebsverdacht im Rating ausgesprochen wird, auch histologisch untersucht werden, wird bei perfekter Sensitivität des Ratings kein Krebsfall übersehen. Damit ist eine hohe Sensitivität des Ratings ein klinisch *günstiger* Fall.

Spezifität

Ein klinisches Rating (Verdachtsdiagnose), das alle negativen Kriteriumsfälle (gesunde Ptn) als solche entdeckt, d.h. falsch positive Klassifikationen nicht zuläßt, ist ein sog. *spezifisches* Rating. Die *Spezifität* eines Ratings (Indikators) wird durch den *Spezifitätsindex*

$$S = d/(b+d) \qquad (16.9.3.2)$$

der Vierfeldertafel 16.9.3.1 auf einer Skala von 0 bis 1 gemessen.

Weil in Tabelle 16.9.3.1b falsch negative Ratings fehlen, beträgt die Spezifität dieses Ratings S = 1,00.

Ein hoch spezifisches Rating, das, wie in Tabelle 16.9.3.1b, nicht zugleich auch hoch sensitiv ist, hat im klinischen Fall *ungünstige* Auswirkungen für den Ptn: Denn ein Krebs, der klinisch nicht wenigstens vermutet wird, hat keine Chance, auch histologisch objektiviert zu werden[28].

Präventivität

Wenn die *Vorsorgewirkung* eines klinischen Ratings darin besteht, falsch positive Klassifikationen zuzulassen und zugleich falsch negative Klassifikationen zu vermeiden, so läßt sich diese Wirkung (Prävention) durch einen *Präventivitätsindex*, der adhoc als

$$V = (b+1)/(b+c+1) \qquad (16.9.3.3)$$

definiert werden soll, numerisch kennzeichnen; V ist damit der Anteil der falsch positiven an der Gesamtzahl der Fehlklassifikationen (V = Vorbeugung).

Die Einsen in Zähler und Nenner von (16.9.3.3) sollen den undefinierten Bruch 0/0 verhindern und zugleich gewährleisten, daß *fehlende* Fehlklassifikationen den ihnen sachlogisch zustehenden Präventivitätsindex 1 erhalten. V variiert durch diese Modifikation zwischen $V = 1/(c+1)$ für b = 0 falsch positive Klassifikationen und V = 1 für c = 0 falsch negative Klassifikationen[29].

[28] Kommt es, wie in psychologischen Eignungsuntersuchungen, nicht auf die Identifikation von Positiv-Varianten (Geeignete), sondern auf die Identifikation von Negativ-Varianten (Versager) an, dann hat die Spezifität eines Ratings (psychologische Tests) Priorität gegenüber seiner Sensitivität. Tabelle 16.9.3.1b erfüllt dieses Desiderat, denn das einschlägige Rating hat alle 30 Probanden, die später in der beruflichen Bewährung versagt haben, frühzeitig als solche erkannt. Ein psychologisches Rating (Eignungsbeurteilung) sollte demnach hoch spezifisch und so sensitiv wie möglich sein.

[29] Der Präventivitätsindex muß als bedingtes Maß der Präventionswirkung eines klinischen Ratings (oder eines klinischen Laboratoriumstests) gewertet werden, denn er setzt hinreichende Validität des Ratings (Tests) voraus. Ein die Validität

Ein hoch präventives Rating, wie das in Tabelle 16.9.3.1b mit V = 1 bedeutet im Blick auf die Krebsvorsorge, daß alle Krebse entdeckt werden (wobei sich aber keineswegs jeder Verdacht auch bestätigt).

Klinische Interpretation

Klinisch sind die *Prototypen* der Tabelle 16.9.3.1 krebsbezogen wie folgt zu interpretieren:

In der linksseitigen Vierfeldertafel a sei R+ eine Verdachtdiagnose auf *Brustkrebs* und K+ dessen bioptische Bestätigung: In 50 der 50+20 = 70 Verdachtsfällen wird der Verdacht bestätigt, andererseits werden in keinem von 30 Kontrollfällen (R-) Krebszellen (K+) vorgefunden. Danach ist die Brustkrebsvorsorge hoch sensitiv und präventiv, aber relativ unspezifisch.

In der rechtsseitigen Vierfeldertafel b von Tabelle 16.9.3.1 sei R+ eine Verdachtsdiagnose ('höckerig-harte' Prostata) auf *'Männerkrebs'* und K+ seine Bestätigung durch Nadelbiopsie: In allen 50+0 = 50 Verdachtsfällen wird der Verdacht auch bestätigt; darüber hinaus wird bei 20 der 20+30 = = 50 Kontrollfälle (R-) ebenfalls ein Krebs entdeckt. Danach ist die Vorsorge-Untersuchung zwar hoch spezifisch und zureichend sensitiv, aber praktisch inpräventiv.

Man beachte, daß *Verdachtsdiagnose* (R) und *Definitivdiagnose* (K) bei Brust- und Männerkrebsen gleich eng zusammenhängen, daß sie gleiche *Diagnosenvalidität* besitzen: Phi(a) = Phi(b) = +0,65.

16.9.4 Reliabilität k-klassiger Merkmale

Geht man von einer Vierfelder- zu einer *Mehrfeldertafel* über, so muß man – was im Vierfelderfall obsolet erscheint – streng zwischen *nominal* und *ordinal* skalierten Mmn unterscheiden, wenn es darum geht, Reliabilität und Validität von subjektiven Mms-Einschätzungen (Ratings) zu beurteilen. Darum werden wir die für Mehrfeldertafeln geltenden Übereinstimmungsmaße nicht danach einteilen, was klassifiziert wird, sondern danach, auf welchem *Dignitätsniveau* der Beobachtung klassifiziert wird.

Beginnen wir, wie dies die Systematik nahelegt, mit der Kreuzklassifikation eines *nominal* skalierten k-klassigen Mms, und betrachten wir jeweils

---

mit einbeziehendes unbedingtes Maß der Prävention ließe sich durch $V' = V$ (Phi$_V$) definieren; V' könnte nur dann den Wert 1 annehmen, wenn auch Phi = 1, aber den Wert 0 auch schon dann, wenn Phi = 0. Im theoretischen Fall, daß ein Rating ausschließlich zu Fehlklassifikationen führt, b+c = N, betrüge der untere Grenzwert $V' = -1/2$.

nur den exemplarischen Fall der *Reliabilitätsschätzung*, bei welcher zwei gleich kompetente Beurteiler unabhängig von einander N Mmsträger in k einander ausschließende und die Mms-Mannigfaltigkeit erschöpfende *Kategorien* (Nominalklassen) einordnen. Für diesen Fall ist der von COHEN (1960) entwickelte *kappa*-Reliabilitätskoeffizient das erste nichtparametrische zur parametrischen *Intraklassen-Korrelation* (EBEL, 1951) analoge *Reliabilitätsmaß* (vgl. KRIPPENDORF, 1970)

Der kappa-Koeffizient ist später von seinem Originator (COHEN, 1968) als *Wichtungs-kappa* (weighted kappa) auf den Fall *intervall*skalierter Mme verallgemeinert worden[30]. Leider ist dabei die so wichtige *Ordinal*skalierung, die an WHITFIELDS Intraklassenrangkorrelation (9.5.1.1) hätte anknüpfen müssen, übergangen worden.

Die *nichtparametrische Reliabilitätsbeurteilung* ist mithin in der unbefriedigenden Situation, je einen kappa-Index für nominale und kardinale, und keinen kappa-Index für ordinale Mm verfügbar zu haben. Im folgenden wird, um eines einheitlichen Konzeptes willen, versucht werden, auch ein Kappa für ordinal skalierte Mme zu entwickeln.

Um die Kappa's zu *unterscheiden*, wollen wir sie nach dem Skalenniveau als kappa-nominale (original-kappa), kappa-ordinale (Derivations-kappa) und kappa-cardinale (Wichtungskappa) bezeichnen.

16.9.5 COHENS Kappa-Konzeption

COHEN (1960) ging von der Überlegung aus, daß ein auf χ^2 aufbauendes Kontingenzmaß wie PEARSONS Kontingenzkoeffizient (vgl. 9.3.2.10) als Reliabilitätsmaß *ungeeignet* sei, da es nur die Kontingenz zweier Rater ganz allgemein, nicht aber die speziell auf *Urteilsübereinstimmung* zielende Kontingenz mäße.

Was mit diesem Argument gemeint ist, sei am *Beispiel* der Tabelle 16.9.5.1 an einem nominal skalierten Mm (Diagnosen) erläutert. In Tabelle 16.9.5.1 sind jeweils 2 ärztliche Rater veranlaßt worden, eine Stichprobe von N = 70 jugendpsychiatrischen Ptn nach Verwahrlosung V (personality disorder), Neurose N und Psychose P zu klassifizieren: Die durch Indizes bezeichneten Rater 1 und 2 der linken 3 x 3-Tafel (a) stammen aus *verschiedenen* psychiatrischen Schulen und zeigen bezüglich der 3 vorgegebenen Diagnosen *keine* Diagnose-Übereinstimmung, die Rater

---

30 Einen anderen Weg hat der Vf. (LIENERT, 1973) beschritten, indem er den nur für Alternativ-Mme geeigneten G-Index von HOLLEY und GUILFORD auf mehrstufige Mme (ordinale Mme) verallgemeinert hat, dessen Nullverteilung jedoch derzeit noch unbekannt ist.

Tabelle 16.9.5.1

a)	V_2	N_2	P_2	Diagnosen	b) V_2	N_2	P_2	
V_1	0	0	10	Verwahrlosg.	40	0	0	V_3
N_1	40	0	0	Neurose	0	20	0	N_3
P_1	0	20	0	Psychose	0	0	10	P_3

2 und 3 der Tafel (b) stammen aus der *gleichen* Schule und zeigen daher *perfekte* Übereinstimmung in ihren Diagnosen (vgl. MÖLLER, 1976).

Man sieht sofort: Ein *Kontingenz*koeffizient als Funktion von χ^2 ist für die linke 3×3-Feldertafel ebenso hoch wie für die rechte 3×3-Feldertafel in Tabelle 15.9.5.1, obschon die *Reliabilität* − intuitiv betrachtet − links fehlt und rechts maximal ist. Offenbar kommt es bei der Reliabilität auf die Besetzung der k Felder der *Leitdiagonale* an, denn in Tabelle 16.9.5.1b sind alle N Beobachtungspaare in den k = 3 Diagonalfeldern konzentriert, während in Tabelle 16.9.5.1a die Diagonalfelder leer sind.

Das *Prinzip*, nach dem COHEN (1960) einen kappa-Reliabilitätskoeffizienten für Kategorialdaten definiert hat, basiert auf der Beantwortung der Frage, wie weit die *beobachtete* Besetzungszahl der Diagonalfelder die unter der Nullhypothese unabhängiger Zeilen und Spalten *erwarteten* Besetzungszahlen übersteigen (bzw. unterschreiten, bei negativer kappa-Reliabilität als einem unrealistischen Fall). In Tabelle 16.9.5.1b sind die *erwarteten* Besetzungszahlen für die drei Diagonalfelder $e_{11} = 40 \cdot 40/70 = 23$, $e_{22} = 20 \cdot 20/70 = 6$ und $e_{33} = 10 \cdot 10/70 = 1$; sie werden von den *beobachteten* Besetzungszahlen $f_{11} = 40$, $f_{22} = 20$ und $f_{33} = 10$ maximal überschritten.

COHEN (1960) definiert nun den Anteil *beobachteter Übereinstimmungen* in den k Diagonalfeldern durch $p_0 = (40+20+10)/70 = 1{,}00$ und den Anteil rein zufällig zu *erwartender* Übereinstimmungen durch $p_e = (23+6+1)/70 = 0{,}43$; er dividiert dann die beobachtete Differenz $p_0-p_e = 1{,}00 - 0{,}43 = 0{,}57$ durch die höchstmögliche Differenz $\max. p_0-p_e = 1 - p_e = 0{,}57$ und erhält so einen zwischen −1 und +1 variierenden Reliabilitätskoeffizienten, eben den *kappa-Koeffizienten*. Da in Tabelle 16.9.5.1b der Anteil beobachteter Übereinstimmungen $p_0 = 1{,}00$ gleich ist dem maximalen Anteil $\max. p_0 = 1$, ist kappa $= (p_0-p_e)/(1-p_e) = 0{,}57/0{,}57 = +1{,}00$.

Wir werden im folgenden den kappa-Koeffizienten für Nominal- und Ordinaldaten als Spezialfälle des Kappa's für Intervalldaten herleiten, um die *Zusammenhänge* zwischen den verschiedenen Kappa's durchsichtig zu machen.

16.9.6 Das Kardinalskalen-kappa

Der klassische (parametrische) *Reliabilitätskoeffizient* r_{tt} eines normal verteilten Mms X ist wie folgt definiert (vgl. LIENERT, 1967, Formel 50b)

$$r_{tt} = 1 - s_e^2/s_x^2 \qquad (16.9.6.1)$$

Darin bedeuten s_e^2 die Varianz des Beobachtungsfehlers und s_x^2 die Varianz des beobachteten Mms: Sind die N Beobachtungen (an N Individuen) fehlerfrei, dann ist $s_e^2 = 0$ und $r_{tt} = 1$. Sind die N Beobachtungen nur zufolge ihres Beobachtungsfehlers von einander verschieden, dann ist $s_e^2 = s_x^2$ und $r_{tt} = 0$.

Kappa-Reliabilität

Zwar nicht von diesen Überlegungen ausgehend, aber zu ihnen hinführend, hat COHEN (1968) einen *nichtparametrischen* Reliabilitätskoeffizienten *kappa*$_w$ (Gewichtungskappa) analog definiert:

$$\text{kappa} = 1 - \Sigma v_{ij}f_{ij}/\Sigma v_{ij}e_{ij} \qquad (16.9.6.2)$$

Darin bedeuten f_{ij} und e_{ij} die Beobachtungs- und Erwartungswerte in einer intervallskalierten k×k-Felder-Tafel, i, j = 1(1)k, und $v_{ij} = v_{ji}$. Die v-Werte sind die (prinzipiell arbiträren) Diskrepanz-Gewichte, die einer Rating-Nichtübereinstimmung (Rating-Diskrepanz) zuzumessen sind, wenn der Zeilen-Rater die Intervallklasse i, und der Spaltenrater die Intervallklasse j beobachtet (an ein bestimmtes Individuum vergibt). Bei *voll übereinstimmendem* Rating sind die Gewichte gleich Null, $v_{ii} = v_{jj} = 0$; bei maximal *nicht übereinstimmendem* Rating, wenn ein Rater die Intervallklasse 1 und der andere die Intervallklasse k beobachtet, erreicht $v_{1k} = v_{k1}$ seinen Höchstwert.

Man ersieht aus (16.9.6.2) sogleich: Sind alle *Felder außerhalb der Leitdiagonale* leer, $f_{ij} = 0$, dann ist die Zählersumme gleich Null und kappa$_w$ = 1; alle N Individuen wurden von beiden Ratern gleich beurteilt und füllen die Diagonalfelder f_{ii}, i = 1(1)k, der k×k-Feldertafel (perfekte kappa-Reliabilität). Verteilen sich die N beobachteten Individuen auf die Felder *gemäß ihren Erwartungswerten* unter H_0 (Zufallszuordnung der N Individuen zu den k^2 Feldern bei festen Randsummen), dann ist die Zählersumme gleich der Nennersummen und kappa$_w$ = 0 (fehlende kappa-Reliabilität)[31].

---

31 Der Fall negativer Reliabilität ist sowohl für (16.9.6.1) wie für (16.9.6.2) definiert, jedoch ohne praktische Bedeutung; er entspricht einer gegensinnigen Beurteilung von N Individuen durch 2 Rater und erreicht den Grenzfall kappa$_w$ = −1, wenn nur die Felder der Nebendiagonale besetzt, die übrigen Felder leer sind.

Diskrepanz-Gewichtungskonvention

Die Frage, wie die Nichtübereinstimmungsgewichte so festzulegen sind, daß eine Manipulation ausgeschlossen wird, wird hier durch folgende *Konvention* beantwortet:

$$v_{ij} = v_{ji} = |v_{i.}(v_{.j} - v_{i.})| \qquad (16.9.6.3)$$

Darin bezeichnen $v_{i.}$ und $v_{.j}$ die Mittelpunkte der Intervallklassen bei kardinal skaliertem Mm. Bei ordinal skaliertem Mm können die k Mms-Stufen ggf. nach einer der Methoden, die wir anläßlich des Regressionstrendtests von YATES (vgl. 15.5.5) kenngelernt haben, zu Intervallklassen ‚aufgewertet' werden.

Wie man *Diskrepanzgewichte* bei einem intervallskalierbaren Mm gemäß dieser Konvention berechnet und $kappa_w$ ermittelt, zeigt das folgende Beispiel.

Beispiel 16.9.6.1

Problem: Es soll die Reliabilität dessen, was Lehrer als Intelligenz begreifen, durch einen Interraterversuch abgeschätzt werden.

Versuch: Zwei Lehrer A und B, die eine Klasse von N = 40 Schülern gleich gut kennen, schätzen unabhängig voneinander jeden einzelnen der 40 Schüler hinsichtlich seines Intelligenzquotienten (IQ) nach k = 4 Quartilen (bis 90, von 90–100, 100–110, über 110 der Populationsverteilung des IQ).

Skalierung: Die Skalenwerte der 4 Intervallklassen des IQ ergeben sich aus der Normalverteilung des IQ mit $\mu(IQ) = 100$ und $\sigma(IQ) = 15$ wie folgt (Tafel II): Der Skalenwert des ersten Quartils (der unteren 25% der IQ-Werte) entspricht einer Standardnormalvariablen von u(P = 12,5%) = -1,15; der Skalenwert des zweiten Quartils entspricht einem u(P = 37,5%) = -0,32 und der Skalenwert des dritten Quartils einem u(P = 62,5%) = +0,32. Der Skalenwert des vierten Quartils (der oberen 25% der IQ-Werte) schließlich entspricht einem u(P = 97,5%) = +1,15. Die zugehörigen IQ-Punkte sind IQ(1) = 100 + 15(-1,15) = 83, IQ(2) = 100 + 15(-0,32) = 95, IQ(3) = 100 + + 15(+0,32) = 105 und IQ(4) = 100 + 15(+1,15) = 117.

Diskrepanzgewichte: Für die 4 x 4-Felder-Tafel des IQ-Ratings der beiden Lehrer A und B gelten nach (16.9.6.3) folgende Diskrepanzgewichte, wenn man die IQ-Skalenwerte zugrunde legt:

$v_{11} = v_{22} = v_{33} = v_{44} = 0$
$v_{12} = v_{21} = |-1{,}15(-0{,}32 + 1{,}15)| = 0{,}95$
$v_{13} = v_{31} = |-1{,}15(+0{,}32 + 1{,}15)| = 1{,}69$
$v_{14} = v_{41} = |-1{,}15(+1{,}15 + 1{,}15)| = 2{,}64$
$v_{23} = v_{32} = |-0{,}32(+0{,}32 + 0{,}32)| = 0{,}20$
$v_{24} = v_{42} = |-0{,}32(+1{,}15 + 0{,}32)| = 0{,}47$
$v_{34} = v_{43} = |-0{,}32(+1{,}15 - 0{,}32)| = 0{,}27$

Versuchsergebnisse: Die beobachteten Frequenzen f_{ij} des IQ-Ratings der N = 40 Schüler durch die Lehrer A (Zeilen) und B (Spalten) sind zusammen mit den erwarteten Frequenzen $e_{ij} = f_{i.}f_{.j}/N$ und den Diskrepanzgewichten v_{ij} in Tabelle 16.9.6.1 verzeichnet.

Tabelle 16.9.6.1

Rater			B			
IQ		bis 90	90–100	100–110	über 110	$f_{i.}$
	f_{ij}	4	3	1	0	8
bis 90	e_{ij}	1,2	2,0	2,8	2,0	
	v_{ij}	0,00	0,95	1,69	2,64	
	f_{ij}	1	5	2	2	10
90–100	e_{ij}	1,5	2,5	3,5	2,5	
	v_{ij}	0,95	0,00	0,20	0,47	
A						
	f_{ij}	1	1	6	2	10
100–110	e_{ij}	1,5	2,5	3,5	2,5	
	v_{ij}	1,69	0,20	0,00	0,27	
	f_{ij}	0	1	5	6	12
über 110	e_{ij}	1,8	3,0	4,2	3,0	
	v_{ij}	2,64	0,47	0,27	0,00	
	$f_{.j}$	6	10	14	10	N=40

Auswertung: Wir berechnen Zähler- und Nennersumme von (16.9.6.2)

$\Sigma v_{ij} f_{ij} = 0{,}00(4) + 0{,}95(3) + \ldots + 0{,}00(6) = 11{,}08$

$\Sigma v_{ij} e_{ij} = 0{,}00(1{,}2) + 0{,}95(2{,}0) + \ldots + 0{,}00(3{,}0) = 26{,}22$

und erhalten durch Einsetzen in (16.9.6.2) den kappa-Reliabilitätskoeffizienten

$\text{kappa}_w = 1 - 11{,}08/26{,}22 = +0{,}58$

Interpretation: Da $1 - s_e^2/s_x^2 = (s_x^2 - s_e^2)/s_x^2 = s_t^2/s_x^2$ als Anteil der beiden Ratern gemeinsamen Urteilsvarianz gedeutet werden kann (t steht für true), läßt sich $\text{kappa}_w =$ = +0,58 so interpretieren, daß 58% der Urteilsvarianz auf ‚wahre' IQ-Unterschiede zurückzuführen sind, während die restlichen 42% der Varianz auf Urteilsfehlern basieren; darin sind systematische Fehler, wie Lageunterschiede (A ratet höher als B, vgl. Zeilen- mit Spaltensummen in Tabelle 16.9.6.1), genau so enthalten wie zufällige Fehler.

Anmerkung: Wegen des kleinen Stichprobenumfangs von N = 40 Individuen stellt sich die Frage, ob ein kappa der gefundenen Größe überhaupt signifikant von Null verschieden ist. Diese wie auch die Frage der Abschätzung von Konfidenzgrenzen für kappa_w wird nachfolgend erörtert.

Ergänzung: Wären die IQs individuell, d.h. singulär (gemessen statt gruppiert) geschätzt worden, so wäre ein Intraklassen-Rangkorrelationskoeffizient (vgl. 9.5.11) als Reliabilitätsmaß zu ermitteln gewesen. Im Unterschied zur (Interklassen-) Rangkorrelation wirken sich Lageunterschiede zwischen den beiden Ratern bei der Intraklassenkorrelation ebenso reliabilitätsmindernd aus wie bei der $kappa_w$-Berechnung.

Sind die Beobachtungen nicht, wie in Beispiel 16.9.6.1, eo ipso intervallskaliert, wohl aber von Experten adäquat nach Intervallen zu skalieren, dann können die Diskrepanzgewichte auch einvernehmlich nach Konsens festgelegt werden, wenn diese Festlegung *anthac*, also vor der Datenerhebung erfolgt.

Im Beispiel 16.9.6.2 (aus COHEN, 1968, Table 1) wird ein auf den ersten Blick nur nominal skaliertes Mm, Psychopathologische Diagnosen, über das sie übergreifende *Kontinuums-Konstrukt* ihres Schweregrades (ihrer Sozialrelevanz) mittels *Schiedskonsens* (panel consensus) intervallskaliert und ihre Urteilsdiskrepanz nach (16.9.6.3) gewichtet. Zuvor wollen wir jedoch noch die Stichprobenverteilung von $kappa_w$ unter der Nullhypothese fehlender Übereinstimmung zwischen den beiden Ratern betrachten.

Nullverteilung von Kappa

Der $kappa_w$-Koeffizient ist unter H_0 (Zufallsratings) über einem *Erwartungswert* von $E(kappa_w) = 0$ mit einer *Varianz* von

$$\text{Var}(kappa_w) = \frac{N\Sigma v_{ij}^2 e_{ij} - (\Sigma v_{ij} e_{ij})^2}{N(\Sigma v_{ij} e_{ij})^2} \qquad (16.9.6.4a)$$

oder

$$\text{Var}(kappa_w) = \Sigma v_{ij}^2 e_{ij} / (\Sigma v_{ij} e_{ij})^2 - \frac{1}{N} \qquad (16.9.6.4b)$$

asymptotisch normal verteilt. Sofern alle $e_{ij} > 5$ sind, kann ein beobachtetes $kappa_w$ über die NV nach

$$u = kappa_w / \sqrt{\text{Var}(kappa_w)} \qquad (16.9.6.5)$$

einseitig beurteilt werden. Der asymptotische Test ist auch bei $2 < e_{ij} < 5$, d.h. bei kleinen, aber größenmäßig gleichen Erwartungswerten zulässig und kaum antikonservativ.

Über die Normalverteilung läßt sich auch die (meist allein interessierende) *untere Konfidenzgrenze* von $kappa_w$ nach

$$\underline{kappa_w} = kappa_w - u_\alpha \sqrt{\text{Var}(kappa_w)} \qquad (16.9.6.6)$$

berechnen; sie stellt eine *Minimum-Schätzung des Reliabilitätsparameters* dar und gibt $kappa_w$ auf der Stufe α als signifikant aus, wenn sie oberhalb von Null gelegen ist.

Beispiel 16.9.6.2

Datensatz: Greifen wir auf unser Eingangsbeispiel der Tabelle 16.9.5.1 zurück und füllen es mit Leben, indem wir 2 gleich kompetente Jugendpsychiater veranlassen, N = 100 poliklinisch untersuchte Jugendliche aufgrund von Anamnese und Katamnese als Verwahrloste, Neurotiker und Psychotiker (V, N, P) zu klassifizieren. Tabelle 16.9.6.2 bringt das Ergebnis und seine Teilauswertung.

Tabelle 16.9.6.2

Diagnosen u. Rater		V_2	N_2	P_2	Σ
V_1	v	0	1	3	
	f (e)	44 (30)	7 (18)	9 (12)	60 (60)
N_1	v	1	0	6	
	f (e)	5 (15)	20 (9)	5 (6)	30 (30)
P_1	v	3	6	0	
	f (e)	1 (5)	3 (3)	6 (2)	10 (10)
Σ		50 (50)	30 (30)	20 (20)	100 (100)

Skalierung: Verwahrlosung, Neurose und Psychose stellen zunehmende Schweregrade einer Persönlichkeitsstörung dar, und es wurde durch Panel-Konsens vor dem Rating vereinbart, v(V) = 0 v(N) = 1 und v(P) + 3 zu setzen, da zwischen Neurose und Psychose ein ‚doppelt so großer' Abstand sei als zwischen Verwahrlosung und Neurose.

Gewichtsbestimmung: Die Gewichte in der ‚Leitdiagonale' sind so gleich mit 0 einzusetzen; die Gewichte der ersten Zeile und der ersten Spalte entsprechen den vereinbarten Gewichten. Die Gewichte der dritten Querdiagonale (von links oben nach rechts unten abgezählt) ergeben sich zu 3(3-1) = 6 gemäß (16.9.6.3).

Reliabilitätsbestimmung: Wir haben in Tabelle 16.9.6.2 bereits in üblicher Weise die Erwartungswerte e unter H_0 berechnet und über die Summen der Produkte vf und ve

$\Sigma v_{ij} f_{ij}$ = 0(44) + 1(7) + 3(9) + 1(5) + ... + 0(6) = 90

$\Sigma v_{ij} e_{ij}$ = 0(30) + 1(18) + 3(12) + ... + 0(2) = 138

ein $kappa_w$ = 1 - 90/138 = +0,348 ermittelt.

Reliabilitätsprüfung: Zwecks Berechnung von Var(kappa) ermitteln wir die Hilfsgröße

$\Sigma v_{ij}^2 e_{ij} = 0^2(30) + 1^2(18) + 3^2(12) + \ldots + 0^2(2) = 510$ und erhalten:

$$\text{Var(kappa)} = \frac{100(510)-138^2}{100(138^2)} = 0{,}0168$$

u = +0,348/$\sqrt{0{,}0168}$ = +2,68

Entscheidung: Dieser u-Wert ist sinngemäß einseitig zu beurteilen und entspricht einem P = 0,0037. Das beobachtete kappa = +0,348 liegt – obschon für eine klinische Diagnostik unzureichend – dennoch auf der 1%-Stufe signifikant über Null.

Interpretation: Wie nach der Definition des nominalen Kappa einzusehen, bedeutet ein kappa = +0,348, daß, abzüglich der zufallsbedingten Übereinstimmung, die beiden Psychiater nur zu 34,8 Prozent ‚gewichtet' übereinstimmen. Das niedrige kappa ist hauptsächlich dadurch bedingt, daß die beiden Psychiater in der hoch gewichteten Diagnose P (Psychose) nur wenig öfter (6 Mal) als durch Zufall zu erwarten (2 Mal) übereinstimmen.

Gewicht-Metrifizierung

Im vorstehenden Beispiel sind die 3 Diagnosen als ein trichotomes Mm quoad prognosim aufgefaßt und im *Konsensverfahren* skaliert worden. Ohne einen solchen Konsens und unter der Annahme, daß die Schweregrade *normal* verteilt seien, ist eine *Ridit–Rankit–Probit-Transformation* (vgl. Tab. 4.3.4) indiziert und in Tabelle 16.9.6.3 durchgeführt worden, um die Diskrepanzgewichte zu metrifizieren.

Tabelle 16.9.6.3

Diagnose	$f = (f_{i.}+f_{.i})/2$	F	$F^* = F - \frac{f}{2}$	$r = \frac{F^*}{N}$	$u_r = \psi(r)$	$b = 5 + u_r$	$b - 4{,}4 = w_r$
V	55 = (60+50)/2	55	27,5	0,275	−0,61	4,4	0,0
N	30 = (30+30)/2	85	70,0	0,700	+0,85	5,8	1,4
P	15 = (10+20/2	100	92,5	0,925	+1,44	6,4	2,0
	N=100			Ridits	Rankits	Probits	Gewichte

Die Skalierung wird, wie ersichtlich, aufgrund der arithmetisch gemittelten Randsummen der beiden Rater gewonnen. Auf die Blissschen Probits (vgl. 4.3.2) kann man verzichten und von den Rankits direkt zu den kappa-Gewichten übergehen.

Legt man statt einer Normalverteilung eine *Gleich*verteilung der Schweregrade zugrunde, so wird man die Ridits zu kappa-Gewichten adjustieren: w(V) = 0, w(N) = 700−275 = 425 und w(P) = 925−275 = 650. Die Gewichte wurden hier mit dem konstanten Faktor 100 multipliziert, was am Ergebnis ebensowenig ändert wie die Multiplikation mit einem beliebigen anderen Faktor. Jede Gewichtsmetrifizierung aufgrund einer Stichprobe (von Patienten) setzt voraus, daß es sich um eine Zufallsstichprobe aus einer definierten Population (psychiatrischer Patienten) handelt, der eine *Konstruktvariable* (Schweregrad des Krankheitsbildes oder dessen Prognose) so zugrunde gelegt werden kann, daß sie die Nominalklassen (Diagnosen) übergreift.

Kappa als Validitätsmaß

COHEN (1968) hat ausdrücklich darauf hingewiesen, daß kappa auch als ein *Validitätsmaß* benutzt werden kann mit dem Vorzug, falsch positive und falsch negative Voraussagen des Raters mit sachlogisch begründeten Gewichten einzubringen. Was damit gemeint ist, wollen wir uns anhand der Gewichte der Tabelle 16.9.6.4 veranschaulichen:

Tabelle 16.9.6.4

	w_{ij}	Verlaufsverifikation		
		V_k	N_k	P_k
Computer diagnose	V_r	0	2	4
	N_r	2	0	6
	P_r	1	1	0

Die Diskrepanz-Gewichte wurden nach folgenden *Utilitäts-Überlegungen* im Schieds-Konsens vereinbart: Eine Fehldiagnose des Computers (Raters) bezüglich Verwahrlosung und Neurose soll mit 2 gleichgewichtet werden, da beide die ‚gleichen Kosten' verursachen (weil Soziotherapie so aufwendig ist wie Psychotherapie). Dagegen ist es ein schwerwiegender Fehler, wenn der Computer eine Verwahrlosung diagnostiziert, obschon eine Psychose besteht (weil hier die nötige Pharmakotherapie verabsäumt wird); daher wird eine solche Nichtübereinstimmung mit dem Gewicht 4 versehen. Mit einem noch höheren Gewicht, nämlich 6, wird eine Fehldiagnose des Computers ‚geahndet', wenn er eine Neurose statt der bestehenden Psychose diagnostiziert, weil eine Psychose unter dem Einfluß der (neurosen-indizierten) Psychotherapie aggravieren kann.

Falsch negative Diagnosen werden also sinnvollerweise durch hohe Nichtübereinstimmungsgewichte ‚bestraft'. *Falsch positive Diagnosen*, die entstehen, wenn der Computer eine Psychose diagnostiziert, obschon nur eine Verwahrlosung oder eine Neurose besteht, haben keine Versäumniskonsequenzen quoad therapiam, brauchen also nicht ‚hart bestraft' zu werden und können niedrige Nichtübereinstimmungsgewichte –1 und 1– zuerkannt bekommen.

Durch solch eine *folgenspezifische Gewichtung* kann unter mehreren möglichen Computer-Diagnose-Modellen jenes herausgefunden werden, daß im Sinne der konsensuell vereinbarten Gewichte die höchst mögliche Validität – das maximale kappa$_w$ – liefert.

Erachtet der Untersucher *beide Fehler* – falsch negative und falsch positive Diagnosen – als *gleich bedeutsam*, so wählt er die Gewichte nach den gleichen Überlegungen, wie sie für die Reliabilitätsschätzung, genauer: für die Inter-Rater-Reliabilitätsschätzung angestellt wurden[32].

Im folgenden wird das hier behandelte Kardinalskalenkappa auch auf Ordinalskalen angewendet, um für den praktisch wichtigen Bereich der Schulzensuren geeignete Reliabilitäts- und Validitätsmaße zu gewinnen.

16.9.7 Ein Ordinalskalen-Kappa

Betrachtet man die Meßdignität der Schulnotengebung, so handelt es sich um *gruppierte Rangskalen*. Für diesen Fall fehlt zwar ein entsprechender kappa-Koeffizient, doch läßt sich ein solcher in Analogie zu dem verallgemeinerten G-Index (LIENERT, 1973) definieren: Man benutzt als Gewichte die Rangwerte in ihrer Funktion als *Quasi-Meßwerte*.

Für eine 5-stufige *Schulnotenskala* ergäben sich die kappa-Gewichte v_{ij} der Tab. 16.9.7.1 für das *Rangskalen-kappa*, $kappa_r$:

Tabelle 16.9.7.1

Noten	1	2	3	4	5
1	0	1	4	9	16
2	1	0	1	4	9
3	4	1	0	1	4
4	9	4	1	0	1
5	16	9	4	1	0

Die Felder der Leitdiagonale haben somit die Gewichte $v_{ii} = 0$, die beiderseits angrenzenden Felder die Gewichte $v_{i(i+1)} = v_{i(i-1)} = 1^2 = 1$ usf. bis zu den Gewichten $v_{15} = v_{51} = 4^2 = 16$. Diese *Diskrepanzgewichtung* ist intuitiv plausibel, da die Bedeutung der Nichtübereinstimmung zweier Ratings (Schulnoten) quadratisch mit ihrem Rang-Abstand wächst, und zwar von 1^2 bis $(k-1)^2$.

Berechnet und geprüft wird das Rangskalen-Kappa auf gleiche Weise wie das Kardinalskalenkappa. Auf Tabelle 16.9.6.2 angewendet, ergeben sich die folgenden beiden Produktsummen für v's von 1 bis 4:

---

32 Eine Metrifizierung ordinal skalierter Mme sollte sich bei Validitätsmessung und -prüfung jedoch nur an der *Randverteilung des Kriteriums* (Spaltensummen) und nicht an den arithmetischen Mitteln orientieren, denn: Im Unterschied zur Reliabilität, wo zwei gleichwertige Beobachtungen kreuzklassifiziert werden, wird bei der Validität ein fehlerbehaftetes Rating mit einem ‚fehlerfreien' Kriterium kreuzklassifiziert.

$\Sigma v_{ij} f_{ij} = 0(44) + 1(7) + 4(9) + 1(5) + \ldots + 0(6) = 60$

$\Sigma v_{ij} e_{ij} = 0(30) + 1(18) + 4(12) + 1(15) + \ldots + 0(2) = 110$

$kappa_r = 1 - 60/110 = +0{,}455$

Unter der realistischeren Annahme, wonach Verwahrlosung, Neurose und Psychose lediglich eine *Rangskala* zunehmender Verhaltensstörungen bei Jugendlichen konstituieren (und nicht eine Intervallskala, wie in Beispiel 16.9.6.1 unterstellt), wächst die Inter-Rater-Reliabilität von $kappa_w = +0{,}348$ auf $kappa_r = +0{,}455$. Wie man sich überzeugen kann, liegt auch $kappa_r$ für N = 100 Ptn signifikant oberhalb von Null.

16.9.8 Das Nominalskalen-Kappa

Die ursprüngliche Version des Kappa-Koeffizienten (COHEN, 1960) diente als Reliabilitätsmaß für nominal skalierte Mme (wie psychiatrische Diagnosen).

Diese Originalversion kann als Gewichtungskappa mit Übereinstimmungsgewichten von $v_{ij} = 1$ aufgefaßt werden. Aus (16.9.6.2) folgt so

$$kappa = 1 - \Sigma f_{ij}/\Sigma e_{ij}$$
$$= 1 - q_o/q_e = (q_e - q_o)/q_e \qquad (16.9.8.1)$$

Ersetzen wir darin q = 1–p, so resultiert die Definitionsformel für das *Nominalskalen-Kappa* zu

$$kappa = \frac{p_o - p_e}{1 - p_e} \qquad (16.9.8.2)$$

In (16.9.8.1) ist p_0 der Anteil der beobachteten Übereinstimmungen in den Diagonalfeldern der k x k-Feldertafel und p_e der Anteil der unter H_0 erwarteten Übereinstimmungen.

Auf das Ausgangsbeispiel der Tabelle 16.9.6.2 angewandt, ergibt sich $p_o = (44+20+6)/100 = 0{,}70$ und $p_e = (30+9+2)/100 = 0{,}41$, so daß kappa = $(0{,}70 - 0{,}41)/(1 - 0{,}41) = +0{,}49$ eine mittlere Beurteilungsübereinstimmung zweier Psychiater aus verschiedenen Schulen in bezug auf die 3 Diagnosen (Verwahrlosung, Neurose, Psychose) andeutet *(Inter-Rater-Reliabilität)*.

Zum gleichen Ergebnis wie durch die Originalformel des Nominalskalenkappa gelangt man über eine (0, 1)-Gewichtungsmatrix der Form wie Tabelle 16.9.7.1, in der alle Nicht-Übereinstimmungen mit 1 gewichtet werden, d.h. in Tabelle 15.9.6.2 alle v_{ij} außerhalb der Diagonalfelder gleich 1 gesetzt werden.

Tatsächlich erreichen wir unter der Nominalskalenannahme mit kappa =
= +0,49 die höchste Inter-Rater-Reliabilität für die 3 Psychiatrischen Diagnosen, eben weil diese Diagnosen nicht mehr als eine Nominalskala konstituieren.

16.9.9 Kappa-Nachlese

Obzwar in der kappa-Definition von COHEN (1960) nicht vorgesehen, spricht nichts dagegen, die Übereinstimmung zweier Beurteiler in jeder der k Kategorien (Diagnosen) separat nach

$$\text{kappa}_k = (p_{ok} - p_{ek})/(1 - p_{ek}) \tag{16.9.9.1}$$

zu beschreiben. Kappa$_k$ ist dann das für die Kategorie k geltende kappa und bezeichnet damit die für diese Klasse k erzielte Beurteiler-Übereinstimmung; man kann daher vom *Singulärklassen-Kappa* sprechen.

In Tabelle 16.9.6.2 beträgt das Singulärklassen-Kappa der Verwahrlosungs-Diagnostik kappa(V) = (44/100 − 30/100)/(1 − 30/100) = +0,20. Das bedeutet: Der Diagnosen-Klasse Verwahrlosung werden durch die beiden Jugendpsychiater 20% mehr Ptn übereinstimmend zugeordnet als rein durch Zufall übereinstimmend zugeordnet würden.

Interessiert den Untersucher nicht nur die Übereinstimmung zweier Beurteiler bezüglich einer Klasse, sondern auch, worin sich 2 Beurteiler (Psychiater verschiedener Schulen) in ihren Zuordnungen (Diagnosen) unterscheiden, dann müssen Verschiebungshypothesen (slippage-hypotheses) in k × k-Feldertafeln geprüft werden. Diesem Ziel dient die von NEYMAN (1959) entwickelte und von JOHNSON (1975) und RAY (1976) elaborierte *C-Alpha-Methode* der Kontingenzprüfung.

Wird ein nominal skaliertes Mm von mehr als 2 Beurteilern bonitiert, dann lassen sich für je zwei Beurteiler Kappa-Reliabilitäten berechnen. Auf diese Weise können Beurteiler, die mit anderen Beurteilern wenig übereinstimmen, als inkompetent eliminiert werden. Eine Interkorrelationsanalyse von Kappa-Koeffizienten kann aber auch zu Gruppen gleich klassifizierender Beurteiler führen, die sich als Gruppen unterscheiden.

Will man die Urteilsübereinstimmung von 3 Beurteilern durch einen einzigen Kappa-Koeffizienten (statt durch 3 Paare von Koeffizienten) repräsentieren, so kann man ein *Drei-Rater-Kappa* nach (16.9.8.2) definieren, wenn man $p_0 = f_{iii}/N$ als die beobachtete und $p_e = e_{iii}/N$ als die unter H_0 (Unabhängigkeit der 3 Urteile) erwartete Zahl von Übereinstimmungen in der Klasse i des zu beurteilenden Mms definiert. Wie man Erwartungswerte in dreidimensionalen Beurteilertafeln (k×k×k-Tafeln) schätzt, wird im nachfolgenden Kapitel behandelt.

KAPITEL 17: ANALYSE DREIDIMENSIONALER KONTINGENZTAFELN

Bislang haben wir uns ausschließlich mit zweidimensionalen Kontingenztafeln, mit sog. *Zweiwegtafeln*, befaßt und gesehen, daß eine eindeutige Interpretation der hierbei auftretenden Mms-Zusammenhänge nur im Spezialfall einer Vierfelder- oder 2 x 2-Felder-Tafel möglich ist; in allen übrigen Fällen mußten — wie Kapitel 16 gezeigt hat — spezielle Kontingenzhypothesen formuliert und geprüft werden.

Noch komplexer als in zweidimensionalen Tafeln können sich Mme (vgl. RIEDWYL, 1975) und Mms-Zusammenhänge in dreidimensionalen Kontingenztafeln, in sog. *Dreiwegtafeln* darstellen.

17.1 Kontingenzen in Dreiwegtafeln

Dreiwegtafeln enthalten neben einem k-stufigen *Zeilen*- und einem m-stufigen *Spalten*-Mm noch ein s stufiges *Schichten* oder *Lagen*-Mm; sie bilden eine k x m x s-Feldertafel oder — anschaulich formuliert — einen *Kontingenzquader* mit k Zeilen, m Spalten und s Schichten[1].

Welche *Kontingenzaspekte* — so ist zu fragen — können in Dreiwegtafeln untersucht und ggf. interpretiert werden?

(1) Zunächst und vor allem sollte interessieren, ob zwischen den drei Mmn überhaupt ein Zusammenhang, eine *Dreiweg-Kontingenz*, existiert.

(2) Weiter wird interessieren, ob (a) zwischen bestimmten zwei anthac ausgewählten oder (b) zwischen den 3 möglichen Paaren von Mmn Zusammenhänge bestehen (*Zweiweg-Kontingenzen*).

Bestehen 2-Weg-Kontingenzen, so existiert auch eine 3-Wegkontingenz. Andersseits kann aber eine 3-Wegkontingenz bestehen, *ohne* daß 2-Weg-Kontingenzen nachzuweisen sind; wir kommen auf diesen zunächst plausibel erscheinenden Fall in Abschnitt 17.2.2 zurück.

17.1.1 Bedeutung von Dreiwegkontingenzen

Wenn man sich fragt, warum die Kontingenzanalyse in fast allen Lehrbüchern der Biostatistik auf *zwei*dimensionale Tafeln beschränkt geblieben

---

1 Dreiwegtafeln werden auch als solide Kontingenztafeln bezeichnet, Mehrwegtafeln entsprechend als hypersolide Kontingenztafeln.

ist, obschon meist *mehr* als 2 Mme simultan an N Individuen erhoben werden, so bieten sich vermutungsweise folgende Gründe an:

(1) Vom Anwender wird — zu Unrecht — angenommen, daß der Gesamtzusammenhang zwischen 3 Mmn durch die $3(3-1)/2 = 3$ Zusammenhänge zwischen je 2 Mmn durch sog. *unbedingte* Kontingenzen (Doublekontingenzen) bestimmt sei. Diese Vermutung trifft in der Tat nur unter parametrischen Bedingungen zu, wenn also eine trivariate Normalverteilung dreier stetiger Mme durch Intervallgruppierung in eine Dreiwegtafel überführt wird, nicht aber, wenn dies für eine beliebige trivariate Verteilung oder für Verteilungen stetiger (nominal oder ordinal skalierter) Mme geschieht: Hier wird der Zusammenhang zwischen 3 Mmn *keineswegs* immer durch die Zusammenhänge zwischen 2 Mmn aufgeklärt.

(2) In allen anderen Dreiwegtafeln treten neben den unter (1) genannten unbedingten Kontingenzen als Wechselwirkungen *erster* Ordnung zwischen je 2 Mmn auch sog. *bedingte* Kontingenzen zwischen je 2 Mmn auf. Es handelt sich hierbei um Wechselwirkungen (WWn) *zweiter* Ordnung zwischen 3 Mmn (Tripelkontingenzen). Diese WWn zweiter Ordnung können in verschiedener Weise definiert und interpretiert werden.

(3) Die bisher von statistischer Seite vorgelegten Modelle für die Auswertung von Dreiwegtafeln lassen die so notwendige Bezugnahme auf die *substanzwissenschaftliche Fragestellung* vermissen und erscheinen daher für den Anwender als rivalisierende Modelle[2].

Wenn im folgenden der Versuch unternommen wird, Dreiwegtafeln erschöpfend zu analysieren und das Analyseergebnis substanzwissenschaftlich zu interpretieren, dann aus der Überzeugung, daß zukünftige biomedizinische und sozioethologische Forschung von *multivariaten Kontingenzanalysen* viel mehr zu erwarten hat als von der bisher geübten *mehrfach bivariaten Analyse*[3].

---

2 Da der statistische Lehrbuchautor substanzwissenschaftliche Aspekte nicht zu berücksichtigen vermag und der biomedizinische Anwender die unterschiedlichen Implikationen dieser Modelle nicht immer durchschaut, fühlt sich der Anwender außerstande, sie sachgerecht einzusetzen (sofern sie ihm überhaupt vertraut sind).
3 Die mehrfach bivariate Analyse besteht darin, multivariate Kontingenztafeln (Mehrwegtafeln) auf die Betrachtung je zweier Merkmale (in den sog. Randtafeln der Mehrwegtafel) zu beschränken. Solches Vorgehen kann zur ‚Entdeckung' nichtvorhandener Kontingenzen (Scheinkontingenzen) und zur Nichtentdeckung bestehender Kontingenzen (Kontingenzverdeckung) führen (vgl. 17.2.10–11). Das klassische Beispiel einer mehrfach bivariaten Analyse ist die Faktorenanalyse, die sich auf Korrelationen von je zwei aus n Mmn stützt.

17.1.2 Der Kontingenzquader

Für die Kennzeichnung der Elemente eines Kontingenzquaders betrachten wir Abbildung 17.1.2.1, in der eine Dreiwegtafel mit k = 3 Zeilen, m = 4 Spalten und s = 2 Schichten als Paradigma perspektivisch dargestellt ist: Als *Kontingenzquader* bzw. als *solide Kontingenztafel:*
Jeder Kontingenzquader enthält k+m+s *Untertafeln* und bildet 3 *Randtafeln* und 3 *Randsummen*.

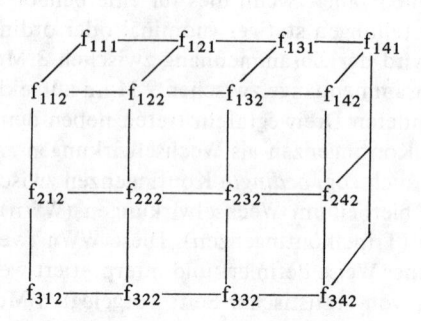

$$
\begin{array}{cccc}
f_{111} & f_{121} & f_{131} & f_{141} \\
f_{112} & f_{122} & f_{132} & f_{142} \\
f_{212} & f_{222} & f_{232} & f_{242} \\
f_{312} & f_{322} & f_{332} & f_{342}
\end{array}
$$

Abb. 17.1.2.1
Perspektivische Darstellung eines 3 x 4 x 2-Felder-Kontingenzquaders mit den beobachteten Frequenzen f_{ijl} (nur teilweise beschriftet)

Die Untertafeln

Der Kontingenzquader in Abb. 17.1.2.1 besteht aus 3 x 4 x 2 = 24 Zellen (Feldern), deren Frequenzen mit f_{ijl}, i = 1(1)k, j = 1(1)m und l = 1(1)s bezeichnet sind. Der Kontingenzquader besteht ferner aus 3+4+2 *Untertafeln*, und zwar (1) aus zwei k x m-Felder-Untertafeln (Zeilenspaltentafeln), (2) aus vier k x s-Felder-Untertafeln (Zeilen-Schichtentafeln) und (3) aus drei m x s-Felder-Untertafeln (Spalten-Schichtentafeln). Man spricht auch von *frontalen, sagitalen* und *horizontalen* Untertafeln.

Die *Indizierung* der Felder wurde so vorgenommen, daß der Kontingenzquader einmal von *vorne*, ein anderes Mal von *links* und ein drittes Mal von *oben* betrachtet wird. Daraus resultiert die Konsequenz, daß die hintere Frontaltafel mit l = 1, und die vordere mit l = 2 indiziert wird.

Die Randtafeln

Faßt man gleichartige Untertafeln bzw. deren Frequenzen zusammen, so resultieren sogenannte Randtafeln. Randtafeln entstehen — wie man auch sagt — durch *Kollabieren* von Untertafeln nach je einer Dimension.

In Abbildung 17.1.2.2 sind die möglichen 3 *Randtafeln* veranschaulicht und durch die zugehörigen *Randverteilungen* ergänzt: Die frontale Randtafel enthält die Randtafel-Frequenzen $f_{ij.}$, die saggitale Randtafel enthält die Randtafel-Frequenzen $f_{i.1}$ und die horizontale Randtafel enthält die Randtafel-Frequenzen $f_{.j1}$. Die Abbildung 17.1.2.2 stellt die 3 Randtafeln *perspektivisch* dar, wobei die horizontale Randtafel entgegen der Indexfolge auf die Decke des Kontingenzquaders projiziert worden ist, um eine Überschneidung mit der horizontalen Randtafel zu vermeiden.

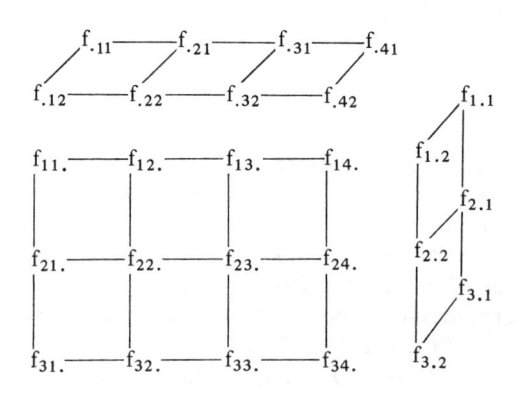

Abb. 17.1.2.2
Perspektivische Darstellung der 3 Rangtafeln eines Kontingenzquaders (frontale, saggitale und horizontale, vorne, rechts und oben)

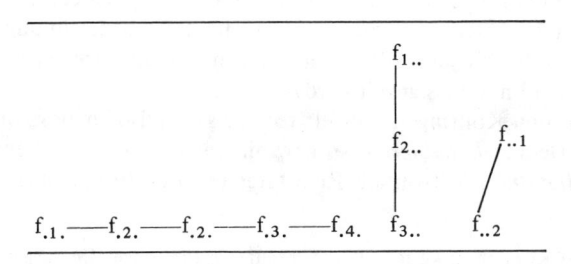

Abb. 17.1.2.3
Perspektivische Darstellung der Randsummen (Spaltensummen links, Zeilensummen mitte und Schichtensumme rechts)

Die Randverteilungen

Die Randtafeln einer Dreiwegtafel sind Zweiwegtafeln. Die *Randsummen* dieser Zweiwegtafeln sind ‚*Einwegtafeln'* und als solche in Abbildung 17.1.2.3 dargestellt. Gemäß der Punkt-Index-Notation sind die Zeilen-Randsummen mit $f_{i..}$, die Spalten-Randsummen mit $f_{.j.}$ und die Schichten-Randsummen mit $f_{..l}$ bezeichnet worden. Randsummen entstehen durch den *Kollaps* von Randtafeln nach je einer ihrer 2 Dimensionen bzw. durch den Kollaps des Kontingenzquaders nach je 2 seiner 3 Dimensionen.

Die Randsummen in Abbildung 17.1.2.3 werden auch als *eindimensionale Randverteilungen* bezeichnet und den zweidimensionalen Randverteilungen in Abbildung 17.1.2.2 an die Seite gestellt.

17.1.3 Der Kontingenzwürfel

Der wichtigste Spezialfall einer dreidimensionalen Kontingenztafel (Dreiwegtafel) ist die 2 x 2 x 2- oder 2^3-Feldertafel, die wir in Hinkunft als *Kontingenzwürfel* bezeichnen[4].

Der Kontingenzwürfel basiert auf 3 *zweistufigen* (binären) Mmn A, B und C, bildet also 2 x 2 x 2 = 8 Zellen (Felder) mit den Frequenzen f_{ijl}, i, j, l = 1, 2. Der erste Index i bezeichnet die Stufen des Zeilen-Mms A, der zweite Index j die Stufen des Spalten-Mms B und der dritte Index l die Stufen des Schichten-Mms C. Die Frequenzen f_{111}, f_{121}, f_{211} und f_{221} mit dem Dritt-Index 1 sind danach die Frequenzen der hinteren (distalen) Vierfelder-Untertafel und die Frequenzen f_{112}, f_{122}, f_{212} und f_{222} die Frequenzen der vorderen (proximalen) Vierfelder-Untertafel. Abbildung 17.1.3.1 gibt diese beiden Untertafeln des Kontingenzwürfels *quasiperspektivisch* wieder, in einer Darstellungsform, die auch künftig beibehalten wird, um Anschaulichkeit zu gewährleisten.

Man beachte in Abb. 17.1.3.1, daß die hintere Vierfelder-Untertafel mit 1 bezeichnet ist (nicht die vordere), da nur diese Bezeichnungsweise im Kontingenzwürfel zu jener der Vierfeldertafel analog ist (in welcher das linke obere Feld mit 11 signiert wird).

Läßt man den Kontingenzwürfel frontal, saggital oder horizontal (vom Boden zur Decke) *kollabieren*, so gewinnt man die entsprechenden *Vierfelder-Randtafeln*. Die frontale Randtafel mit den Frequenzen $f_{11.}$, $f_{12.}$,

---

[4] Der Begriff Kontingenzwürfel kann auch auf 3 mehrstufige Mme angewendet werden, wenn jedes Mm die gleiche Zahl von Stufen besitzt. Ein 3-stufiger Kontingenzwürfel hat demnach 3 x 3 x 3 = 27 Felder und ein vierstufiger 64. Ohne nähere Spezifikation wird jedoch des weiteren der Begriff des Kontingenzwürfels im Sinne eines zweistufigen Würfels verstanden.

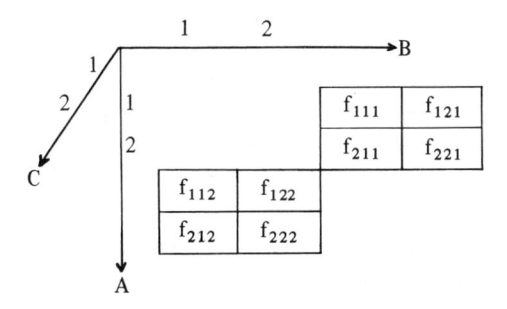

Abb. 17.1.3.1
Kontingenzwürfel und dessen Besetzungszahlen f_{ijl} als Kombination zweier frontaler Vierfelder-Untertafeln mit den 2-stufigen Mmn A, B und C.

f_{21}. und f_{22}. gibt die *Assoziation* zwischen dem Zeilen-Mm A und dem Spalten-Mm B wieder; denn Assoziation ist die übliche Bezeichnungsweise einer Vierfelderkontingenz. Analog stellen $f_{i.1}$ die Assoziation zwischen Zeilen- und Schichten-Mm, AC, dar und $f_{.j1}$ die Assoziation zwischen Spalten- und Schichten-Mm, BC. In allen 3 Fällen handelt es sich um *Double-Assoziationen* (s. dazu und zum folgenden Absatz Abb. 17.1.2.2).

Geben die Randtafeln die Assoziationen zwischen 2 Alternativ-Mmn, so geben die *Randsummen* — auch *Kantensummen* genannt — die Häufigkeitsverteilungen $f_{i..}$, $f_{.j.}$ und $f_{..1}$ der 3 Mme an: $f_{1..}$ ist die Häufigkeit der *Positivvariante* des Zeilen-Mms A, $f_{2..}$ entsprechend der *Negativvariante*. Analoges gilt für das Spalten-Mm B und das Schichten-Mm C.

Zwischen Felderfrequenzen, Randtafelfrequenzen und Randsummen bestehen folgende Relationen: Für die Zeilensummen gilt

$$f_{1..} = f_{11.} + f_{12.} = f_{1.1} + f_{1.2} \quad \text{analog} \quad f_{2..}$$

Die Mms-träger, Positivvarianten des Zeilen-Mms A, können also aus den Zeilen der frontalen oder der saggitalen Randtafel ausgezählt werden, desgleichen die Negativvarianten. Analoges gilt für $f_{.j.}$ und $f_{..1}$.

$$f_{11.} = f_{111} + f_{112} \quad \text{analog} \quad f_{ij.}.$$

Die Mms-träger, die Positivvarianten im Zeilen-Mm A *und* Positivvarianten im Spalten-Mm B aufweisen, ergeben sich aus den linken oberen Feldern 11 der hinteren (1) und der vorderen (2) Vierfelder-Untertafel. Analoges gilt für $f_{i.1}$ und für $f_{.j1}$ als Randtafelfrequenzen.

17.1.4 Kontingenzaspekte in Dreiwegtafeln

Anhand eines Kontingenzwürfels lassen sich am einfachsten die wesentlichen *Unterschiede* zwischen verschiedenen Aspekten der Kontingenz veranschaulichen und verständlich machen.

Quasiparametrische Kontingenz

Betrachten wir hierzu die Abbildungen 17.1.4.1 und nehmen wir an, beide Kontingenzwürfel enthielten N = 72 Individuen, die nach je 3 Alternativ-Mmn klassifiziert und auf die 8 Felder (Oktanten) verteilt worden sind.

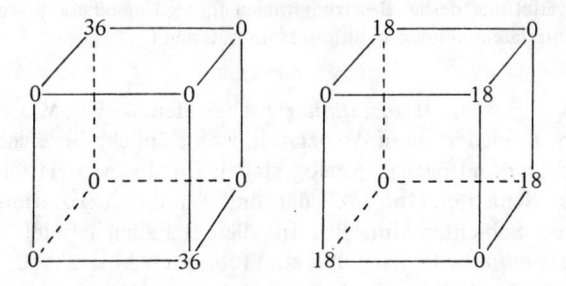

Abb. 17.1.4.1ab
Prototypen ‚quasiparametrischer' und ‚antiparametrischer' Kontingenz 3er Mme im linken (a) und im rechten (b) Würfel mit je N = 72 Mms-Trägern

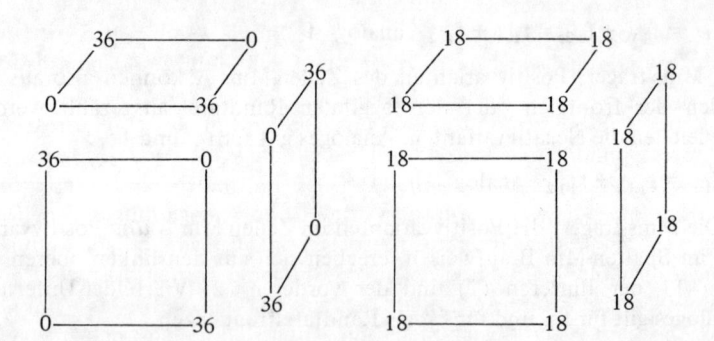

Abb. 17.1.4.2ab
Randverteilungen der Prototypen von quasi- und antiparametrischer Kontingenz in Abb. 17.1.4.1 mit perfekter (a) und fehlender (b) Randtafel-Kontingenz

Der Würfel 17.1.4.1.a ist dadurch gekennzeichnet, daß sich die N = 72 Individuen angenommenerweise je zur Hälfte auf die beiden *Oktanten* der Haupt-**Raum**diagonale (von oben-links-hinten nach unten-rechts-vorn) verteilen, während die übrigen 6 Oktanten leer sind: Komprimiert man den so besetzten Würfel einmal frontal (von hinten nach vorn), dann horizontal (von links nach rechts) und schließlich vertikal (von unten nach oben), so erhält man die in Abb. 17.1.4.2 veranschaulichten *Vierfelder-Randtafeln*.

Die 3 Randtafeln in Abb. 17.1.4.2a zeigen, daß je 2 Mme perfekt voneinander abhängen. Offenbar ist die Kontingenz zwischen allen 3 Mmn durch die Kontingenzen zwischen je 2 Mmn vollständig determiniert. Abb. 17.1.4.1 ist in der Tat ein Prototyp einer Dreiwegtafel, die als *quasi-parametrische Kontingenz* zu bezeichnen wäre. Denn sie tritt immer dann auf, wenn eine trivariate Normalverteilung nach jeder ihrer 3 Observabeln mediandichotomiert wird: Es resultieren dann stets 2 ‚übersetzte' und 6 ‚unterbesetzte' Raumdiagonalfelder, wenn je 2 der 3 Mme korreliert sind.

Antiparametrische Kontingenz

Betrachten wir nunmehr Abb. 17.1.4.1b: Dort sind die N = 72 Individuen gleichzahlig auf die 4, einen *Tetraeder* bildenden Oktanten aufgeteilt, während die restlichen 4 Oktanten leer sind. Komprimiert man, wie oben, auch diesen Würfel nach seinen 3 Dimensionen, erhält man die Vierfelder-Randtafeln der Abbildung 17.1.4.2b. Die je 4 gleichbesetzten Randtafeln zeigen an, daß je 2 Mme voneinander völlig unabhängig sind. Offenbar ist die Kontingenz im Würfel der Abbildung 17.1.4.1b nicht durch Kontingenzen zwischen je 2 Mmn zu erklären. Wir wollen Dreiwegkontingenzen, die sich nicht in 2-Wegkontingenzen niederschlagen, als *antiparametrische Kontingenzen* bezeichnen, da sie bei Mediandichotomie einer trivariaten NV niemals auftreten dürfen.

Semiparametrische Kontingenz

Die meisten in praxi auftretenden Würfelkontingenzen sind weder quasi- noch antiparametrische Prototypen, sondern enthalten para- und nichtparametrische Kontingenzkomponenten. Da sie mehrheitlich dem parametrischen Modell näher stehen als dem nichtparametrischen Modell, werden sie hier als *semiparametrische* Kontingenzen bezeichnet. Eine semiparametrische Kontingenz ergibt sich z.B., wenn man die Kontingenzwürfel der Abbildungen 17.1.4.1ab miteinander verschmilzt: Es resultiert dann ein Würfel, dessen hintere Untertafel die Frequenzen a = 36 + 18 = 54, b = 0 + = 0 + 0 = 0, c = 0 + 0 = 0 und d = 0 + 18 = 18 und dessen vordere Untertafel die Frequenzen a = 0 + 0 = 0, b = 0 + 18 = 18, c = 0 + 18 = 18 und d = 36 + 0 = 36 besitzt. Die zugehörigen 3 Randtafelfrequenzen lassen sich leicht auszählen.

In semiparametrischen Kontingenzwürfeln kann der Gesamtzusammenhand zwischen allen 3 Mmn wenigstens *teilweise* auf Zusammenhänge zwischen je 2 Mmn zurückgeführt werden. Davon kann man sich anhand der Randtafeln des aus Verschmelzung entstandenen Würfels überzeugen.

17.1.5 Kontingenzkomponenten in Dreiwegtafeln

Wir haben in den Abbildungen 17.1.4.1−2(a) gesehen, daß die Assoziationen zwischen je 2 Mmn eines Kontingenzwürfels in den 3 Vierfelder-Randtafeln manifest werden. Diese Feststellung gilt für Dreiwegtafeln ganz allgemein: In den Zweiweg-Randtafeln einer Dreiwegtafel kommt die Kontingenz zwischen je 2 Mmn zur Geltung. Wir werden die Kontingenzen in den Randtafeln künftig als *Doublekontingenzen*, genauer: als unbedingte Doublekontingenzen bezeichnen[5]. Doublekontingenzen sind die einzig möglichen Kontingenzen, die in *Zweiwegtafeln* (als den üblichen Kontingenztafeln) auftreten können, weswegen sie dort nicht als Doublekontingenzen spezifiziert worden sind.

In *Dreiwegtafeln* kann die Gesamtkontingenz i.a. entsprechend Abb. 17.1.4.1−2(b) nicht bloß durch die 3 Doublekontingenzen erklärt werden. Denn hier müssen neben Wechselwirkungen 1. Ordnung zwischen 2 Mmn (Doublekontingenzen) auch noch Wechselwirkungen 2. Ordnung zwischen allen 3 Mmn zugelassen werden, wie sie paradigmatisch in den Abbildungen 17.1.4.1−2(b) veranschaulicht wurden. Wir wollen solche WWn 2.Ordnung künftig als *Tripelkontingenzen* bezeichnen. Die Gesamtkontingenz einer Dreiwegtafel − auch *Globalkontingenz* genannt − setzt sich nach dieser Auffassung aus den 3 Doublekontingenzen AB, AC und BC sowie aus der Tripelkontingenz ABC zusammen.

Wie die einzelnen *Kontingenzkomponenten* definiert und numerisch gefaßt werden können, wollen wir im Anschluß an die χ^2-Zerlegung von Dreiwegtafeln (LANCASTER, 1969, Ch.12) erörtern (vgl. 17.2.2).

17.1.6 Erhebungsmodelle in Dreiwegtafeln

Dreiwegtafeln können bzgl. der 3 sie konstituierenden Mme unterschiedlich erhoben worden sein. Wird eine Stichprobe von Individuen er-

---

[5] Wir werden später (17.3.1) auch eine bedingte Doublekontingenz kennenlernen; sie setzt sich aus den Kontingenzen der Untertafeln einer Randtafel zusammen.

hoben und an jedem Individuum 3 Mme beobachtet, so wollen wir von einer *ternobservablen* Dreiwegtafel sprechen; es handelt sich um 3 gleichwertig voneinander abhängige Mme[6]. Enthält eine Dreiwegtafel statt 3 nur 2 abhängige Mme und ein unabhängiges Mm (Behandlungs- oder Schichtungsfaktor), so werden wir eine solche Tafel als *binobservable* Dreiwegtafel bezeichnen; sie entspricht einer Erhebung von mehreren Stichproben, an welchen je 2 Mme beobachtet wurden. Analog wollen wir eine Dreiwegtafel, die nur ein einziges abhängiges Mm enthält (neben 2 unabhängigen Mmn) eine *monobservable* Tafel nennen. Wie wir sehen werden, orientiert sich die vorgeschlagene Einteilung an den Bedürfnissen der klinischen Forschung.

Ternobservable Dreiwegtafeln

Wird aus *einer* trivariaten Population eine Stichprobe von N Individuen gezogen und jedes dieser N Individuen durch 3 Mme beschrieben, so entsteht eine *ternobservable Dreiwegtafel*. Beispiele ternobservabler Dreiwegtafeln sind Repräsentativerhebungen, in denen nominal skalierte Mme (wie Berufsgruppen) und/oder ordinal skalierte Mme (wie Schulabschlüsse) und/oder kardinal skalierte Mme (wie Kinderzahl) erfaßt werden.

Die in einer ternobservablen Dreiwegtafel erhobenen Mme können sog. Zustands-Mme (wie Diagnosen) oder sog. Reaktions-Mme (wie Labortests) sein; *Zustands-Mme* sind ohne weiteres Zutun des Untersuchers zu beobachten, *Reaktions-Mme* müssen, ehe sie beobachtet werden, durch den Untersucher als Reaktion auf einen ‚Reiz' (wie Instruktion oder Befragung) ausgelöst werden. Naturgemäß können Zustands- und Reaktions-Mme in ein und derselben Dreiwegtafel (wie Diagnosen, klinische und Labortestergebnisse) auftreten und eine *Dreiwegkontingenz* bedingen.

Binobservable Dreiwegtafeln

Werden aus k Populationen nach Zufall k Stichproben erhoben und an jeder Stichprobe von Individuen 2 Mme beobachtet, so entsteht eine *binobservable Dreiwegtafel*[7].

1. Ist das populationsunterscheidende (unabhängige) Mm eine Behandlung A mit k Modalitäten, die — wieder streng zufällig — je einer der k

---

[6] Solche ternobservable Tafeln werden bei VICTOR (1972, Biometrics) als symmetrische Dreiwegtafeln bezeichnet; binobservable und monobservable Tafeln werden von ihm als asymmetrische Dreiwegtafeln zusammengefaßt. Wir werden den Begriff der Symmetrie von Kontingenztafeln jedoch später in anderem Sinne verwenden.

[7] Man kann — mit PLACKETT (1974, Ch.7) — binobservable Tafeln auch in bivariate Zustands- oder Reaktionstafeln unterteilen, je nachdem, ob die beobachteten Mm bereits vorhanden sind oder erst ausgelöst werden müssen.

Stichproben zugeteilt wird, dann entsteht eine *Behandlungs-Dreiwegtafel*. Im klinischen Fall möge eines der beiden Beobachtungsmerkmale eine erwünschte Hauptwirkung B in m Stufen und das andere Mm eine unerwünschte Nebenwirkung C in s Stufen sein. Tafeln dieser Art erlauben die gleichzeitige Beurteilung von Wirkungen und Nebenwirkungen einer neuen (A_1) gegenüber einer überkommenen Behandlungsmethode (A_2); die Beurteilung ist wegen der Zufallszuteilung konklusiv.

2. Unterscheiden sich die k Populationen nach einem Schichtungs-Mm, etwa einer Behandlung, die nicht nach Zufall, sondern nach ärztlicher Indikation an die N Ptn verabreicht wurde, dann liegt eine *Schichtungs-Dreiwegtafel* vor, wenn Wirkungen (B in m Stufen) und Nebenwirkungen (C in s Stufen) dieser k Behandlungen zu beurteilen sind. Tafeln dieser Art erlauben keine konklusive Wirkungs- und Nebenwirkungsbeurteilung, da die Behandlung nicht nach Zufall zugeteilt wurde. Denn Wirkungen und Nebenwirkungen hängen nicht nur von der Behandlung, sondern auch von der Krankheitsanamnese ab, nach der ein Arzt dem einen Ptn diese, dem anderen jene Behandlung (A_1 bis A_k) verordnet hat. Dreiwegtafeln dieser Art liefert die Posthoc-Auswertung von Krankengeschichten im Rahmen epidemiologischer Untersuchungen. Das häufigste Schichtungs-Mm sind dabei die Diagnosen.

Wie bei ternobservablen, so kann man auch bei binobservablen zwischen abhängigen Zustands- und Reaktions-Mmn unterscheiden.

Monobservable Dreiwegtafeln

Wird aus jeder von k x m Populationen eine Stichprobe erhoben und an den Individuen dieser k x m Stichproben genau ein Mm in s Stufen beobachtet, so entsteht eine *monobservable Dreiwegtafel*. Sind die k x m Populationen von Individuen durch deren Behandlung und/oder durch deren Schichtzugehörigkeit definiert, dann können monobservable Dreiwegtafeln auch wie folgt gewonnen werden:

1. Wird aus einer Population von Individuen eine Stichprobe gezogen und diese nach Zufall in k x m Substichproben unterteilt, wobei eine Behandlung A in k Modalitäten und eine Behandlung B in m Modalitäten, ebenfalls nach Zufall, an die km Gruppen verabreicht wird, deren Erfolg C in s Stufen beobachtet wird, dann handelt es sich um eine *Kreuz-Behandlungs*-Dreiwegtafel. Tafeln dieser Art dienen zur Analyse von *Kombinationspräparaten* in der klinischen Arzneimittelforschung; sie entscheiden, ob 2 Chargen A und B *additiv* oder nicht additiv (interaktiv) zusammenwirken, ob voraussagbare oder nicht voraussagbare Wirkungen aus der Kombination resultieren.

2. Werden aus k Populationen (Diagnosen etwa) je eine Stichprobe von Patienten gezogen, diese k Stichproben nach Zufall in m Substichproben

unterteilt und die Substichproben mit m Chargen behandelt, so bilden die s Erfolgsstufen der Behandlung eine *Schicht-Behandlungs*-Dreiwegtafel. Solche Tafeln dienen der *differentiellen* (schicht- oder diagnosespezifischen) Behandlungsbeurteilung; sie entscheiden, ob die Chargen B auf die Schichten A gleichgradig wirken oder nicht.

3. Wird eine Population A mit k Schichten und eine andere Population B mit m Schichten ‚verkreuzt', und aus jeder der 2 x 2 = 4 Kreuzpopulationen (Diagnosen mal Vorbehandlungsarten) je eine Stichprobe gezogen und hinsichtlich ihres Genesungserfolges in s Stufen beobachtet, dann ergibt sich eine *Kreuzverschichtungs*-Dreiwegtafel. Solche Tafeln liefert die medizinische *Epidemiologie*, um zu beurteilen, ob bestimmte Schichtkombinationen bessere Genesungsprognosen haben als andere Kombinationen.

17.1.7 Fragestellungen in klinischen Erhebungen

Entsprechend den 3 Erhebungsmodellen lassen sich ausgewählte klinische Fragestellungen formulieren:

Kontingenzfragen in ternobservablen Tafeln

(1) Besteht eine allseitige oder *Global-Kontingenz* zwischen den 3 Kardinalsymptomen (Trias) eines Krankheitsbildes? Existiert z.B. bei der Basedowschen Erkrankung tatsächlich die sog. Merseburger Trias mit E = Exophthalmus, S = Struma und T = Tachykardie (wie sie der Merseburger Arzt C. A. v. Basedow klassisch beschrieben hat)?

(2) Bestehen *Doublekontingenzen* zwischen je 2 der 3 Kardinalsymptome als ExS, ExT und SxT?

(3) Ist die Globalkontingenz durch die 3 Doublekontingenzen hinreichend erklärt (quasiparametrische Kontingenz) oder muß eine *Tripelkontingenz* EST zwischen den 3 Leitsymptomen der Schilddrüsenüberfunktion angenommen werden?

Alle 3 Fragen werden wir bei großen Stichproben von Ptn (Basedow-Kranken) mittels der von LANCASTER (1951) begründeten und später (1960; 1969, Ch. 12) von ihm auf *Mehrwegtafeln* verallgemeinerten χ^2-Zerlegung beantworten (vgl. 17.2.2).

Kontingenzfragen in binobservablen-Tafeln

(1) Ist eine Behandlung A überhaupt wirksam im Blick auf 2 Wirkungsobservablen B und C (Haupt- und Nebenwirkungen etwa). Diese Frage werden wir später über die *Multiple Kontingenz* A (BC) beantworten (vgl.

17.3.3), obwohl sie auch durch die Globalkontingenz zu beantworten ist, wenn Haupt- und Nebenwirkungen *keine* Doublekontingenz aufweisen.

(2) Führt eine Behandlung A zu einer erwünschten *Hauptwirkung* B (Doublekontingenz A x B) und/oder zu einer unerwünschten *Nebenwirkung* C (Doublekontingenz A x C), welche 2 Fragen im Unterschied zu Frage (1) gesondert zu beantworten sind.

(3) *Hängen* Haupt- und Nebenwirkungen (als Doublekontingenz B x C) *zusammen*, etwa derart, daß eine antipsychotische Wirkung eines Neuroleptikums um so nachhaltiger ist, je stärker die extrapyramidale Nebenwirkung in Erscheinung tritt?

(4) Hängen Haupt- und Nebenwirkungen je nach Behandlungsart (A_1 bis A_k) in *unterschiedlicher Weise* zusammen, etwa derart, daß der unter (3) angedeutete Zusammenhang bei einem neuen Neuroleptikum (erwünschtermaßen) schwächer ist als bei einem Vergleichs-Neuroleptikum? Diese Frage ist zu bejahen, wenn der Nachweis einer *Tripelkontingenz* ABC gelingt.

Kontingenzfragen in monobservablen Tafeln

(1) Bewirkt eine Behandlung A in (k Stufen), *kombiniert* mit einer Behandlung B (in m Stufen) einen Behandlungserfolg C (in s Stufen)? Beantwortet wird diese Frage mittels Test auf multiple Kontingenz C(AB), wie später (17.3.3) beschrieben.

(2) Bewirkt die Behandlung A *allein* einen Erfolg C? (Doublekontingenz AxC). Bewirkt die Behandlung B allein und für sich einen Erfolg (BxC Doublekontingenz)?

(3) Wirken die Behandlungen A und B additiv oder *nicht-additiv* (potenzierend, nivellierend; hyperadditiv, hypoadditiv) zusammen, sofern Frage 1 bejaht werden muß? Beantwortet wird diese Frage bei genügend großer Gesamtstichprobe durch den Nachweis einer Tripelkontingenz ABC gemäß der χ^2-Zerlegung (vgl. 17.2.2).

Ist das Mm A ein nach Zufall zugeteiltes Behandlungs-Mm und das Mm B ein *individuumsinhärentes* (also nicht nach Zufall zuteilbares) Schichtungs-Mm (wie Diagnose oder Vorbehandlung in klinischen Untersuchungen), dann brauchen die Fragen 1–3 nur entsprechend reformuliert zu werden: (1) Verbürgt mindestens eine von k Behandlungesmethoden bei mindestens einer von m Diagnosen einen Erfolg? (2) Bewirkt die Behandlung auch dann einen Erfolg, wenn man von den verschiedenen Diagnosen absieht? (3) Ist die Wirkung der Behandlung diagnosespezifisch? Beantwortet werden diese Fragen wie oben anvisiert.

Man beachte, daß Behandlungswirkungen in mon- wie in binobservablen Kontingenztafeln *konklusiv* nur zu beurteilen sind, wenn den Ptn nach

Los eine der k Behandlungsmethoden zugeteilt wurde. Wurde nach ärztlicher Indikation behandelt, so sind die Behandlungen wie Vorbehandlungen, also wie Schichten eines Schichtungsmerkmals, nicht wie Stufen eines Behandlungs-Mms aufzufassen und entsprechend *restriktiv* zu interpretieren (epidemiologische Interpretation).

Wie die verschiedenen Kontingenzprüfungen bei Erwartungswerten größer als 5 (COCHRAN, 1954) oder bei Erwartungswerten zwischen 3 und 5 (WISE, 1963) durchzuführen sind, wird im folgenden systematisch beschrieben und an Beispielen illustriert.

17.2 Dreiweg-Kontingenztests

Wir beginnen in der Folge mit den weitaus wichtigsten *ternobservablen Dreiwegtafeln* und den Möglichkeiten, deren Zusammenhangsaspekte erschöpfend zu analysieren und plausibel zu interpretieren.

Zunächst wenden wir uns der Frage zu, ob Zusammenhänge irgendwelcher Art zwischen 3 Mmn A, B und C bestehen, d.h. ob mindestens 1 Mm mit mindestens einem anderen Mm zusammenhängt. Wir gehen dabei von der Nullhypothese aus, wonach die 3 Mme *allseitig unabhängig* sind und verwerfen diese H_0, wenn die Prüfgröße χ^2 des Tests auf *Globalkontingenz* signifikant ausfällt.

In der Folge beginnen wir mit dem allgemeinen Fall einer k x m x s-Felder-Kontingenztafel und deren χ^2-Auswertung; den wichtigen Sonderfall einer 2 x 2 x 2-Felder-Kontingenztafel (Kontingenzwürfel) lassen wir folgen.

17.2.1 Der kms-Felder-χ^2-Test auf allseitige Unabhängigkeit

Fragt man nach einer Globalkontingenz zwischen 3 Mmn A, B und C mit k, m und s Modalitäten, dann bietet sich für *große* Stichproben von N Individuen der *asymptotische* k x m x s-Felder-χ^2-Test als die Methode der Wahl an, zumal er leicht herzuleiten ist:

Wir bezeichnen die beobachteten Frequenzen der kms Felder einer Dreiwegtafel (*Kontingenzquader*) mit f_{ijl}, wobei $i = 1(1)k$, $j = 1(1)m$ und $l = 1(1)s$ die Indizes für Zeilen, Spalten und Schichten bezeichnen. Bei *allseitiger Unabhängigkeit* der 3 Mme (H_0) ist die Wahrscheinlichkeit p_{ijl}, daß eines der N Individuen in das Feld ijl fällt, nach dem Multiplikationssatz der Wahrscheinlichkeit (vgl. 1.1.4) gegeben durch

$$p_{ijl} = (p_{i..})(p_{.j.})(p_{..l}) \qquad (17.2.1.1)$$

Dabei ist $p_{i..}$ der Anteil der N Individuen, die das Mm A in der Ausprägung i aufweisen. Analog sind $p_{.j.}$ und $p_{..l}$ definiert.

Setzt man $p_{i..} = f_{i..}/N$ als Schätzwert in (17.2.1.1) ein, und analog $p_{.j.} = f_{.j.}/N$ wie $p_{..l} = f_{..l}/N$, so resultiert

$$p_{ijl} = (f_{i..})(f_{.j.})(f_{..l})/N^3 \qquad (17.2.1.2)$$

Aus den Punktwahrscheinlichkeiten p_{ijl} ergeben sich die unter H_0 *erwarteten Frequenzen* $e_{ijl} = N(p_{ijl})$ daher zu

$$e_{ijl} = (f_{i..})(f_{.j.})(f_{..l})/N^2 . \qquad (17.2.1.3)$$

Wie in einer Zweiwegtafel (flache Kontingenztafel), so ist auch in einer Dreiwegtafel (solide Kontingenztafel) die *Prüfgröße*

$$\chi^2 = \sum_{i,j,l} (f_{ijl} - e_{ijl})^2 / e_{ijl} \qquad (17.2.1.4)$$

oder

$$\chi^2 = \sum (f_{ijl}^2 / e_{ijl}) - N \qquad (17.2.1.5)$$

unter H_0 wie χ^2 verteilt und zwar mit der folgenden Zahl von Fgn

$$Fg = (kms - 1) - (k-1) - (m-1) - (s-1) \qquad (17.2.1.6)$$

oder

$$Fg = kms - k - m - s + 2 \qquad (17.2.1.7)$$

Die *Zahl der Fge* ergibt sich nach (17.2.1.6) daraus, daß die kms Felder wegen des festen N nur kms–1 Fge haben, daß ferner wegen der festliegenden Zeilen-, Spalten- und Schichten-Ausprägungsanteile der 3 Mme und dem Umstand, daß deren Summe 1 ist, nochmals k–1, m–1 und s–1 Fge verlorengehen[8].

Ein signifikantes Globalkontingenz-χ^2 beurteilt man nach dem Konzept der *Konfigurationsfrequenzanalyse* (vgl. 17.6.1) so, daß man die Felder betrachtet, deren beobachtete Frequenz über der erwarteten Frequenz liegt, $f_{ijl} > e_{ijl}$. Ist $(f_{ijl} - e_{ijl})^2 / e_{ijl}$ dann noch für 1 Fg signifikant, dann interpretiert man diese Abweichung als Folge oder als Teilausdruck der bestehenden *Globalkontingenz*. Nachgeschobene χ^2-Tests dieser Art sind jedoch keine inferenzstatistischen, sondern nur ‚heurostatistische' Tests (vgl. LIENERT und LIMBOURG, 1977); ihr Alpha-Risiko ist nicht geschützt

---

8 Man beachte, daß die Zahl der Fge einer Dreiwegtafel nicht gleich ist (k–1) (m–1) (s–1), so wie die einer Zweiwegtafel gleich ist (k–1) (m–1). Denn es gilt zwar, daß (k–1) (m–1) = km–k–m+1 (analog (17.2.1.7)), es gilt aber nicht, daß (k–1) (m–1) (s–1) gleich ist (17.2.1.7), wie man sich überzeugen kann.

und wird de facto meist überschritten, was auch für die nachgeschobenen Tests des Beispiels 17.2.1.1 gilt:

Beispiel 17.2.1.1

Daten: Eine Stichprobe von N = 482 Suizidanten wurde danach klassifiziert, (A) welchen Geschlechts (M = Männer, F = Frauen) die Suizidanten waren, (B) ob er gelungen ist (SM = Selbstmord) oder nicht (SMV = Selbstmordversuch) und (C) welche Motive (K = Krankheit, G = Geisteskrankheit, T = Trunksucht) den Suizid initiiert haben mögen (Daten aus Beispiel 9.3.5.1). Tabelle 17.2.1.1 gibt das Resultat einer 2 x 2 x 3-Felder-Kontingenztafel in Form einer 3 x 2 x 2-Tafel, die zwar perspektivisch ist, aber mit Abb. 17.1.2.1 nicht übereinstimmt:

Tabelle 17.2.1.1

	Männer SM	Männer SMV	Motiv	Frauen SM	Frauen SMV	Σ
	A1		K	64	18	184
	B1	B2	G	76	47	209
			T	7	8	89
C1	86	16	K			
C2	61	25	G	B1	B2	
C3	47	27	T	A2		
	(194)	(68)		(147)	(73)	482
	262			220		482
	341	141		341	141	482

Frage: Gefragt wird nach einem globalen Zusammenhang zwischen den 3 Mmn mit dem Auftrag, ihn ggf. zu interpretieren. Es wird α = 1 % vereinbart.

χ^2-*Test:* Zwecks Prüfung auf Global-Kontingenz benutzen wir den 3 x 2 x 2-Felder-χ^2-Test, da die Besetzungszahlen genügend groß erscheinen, um Erwartungswerte > 5 zu gewährleisten. Dazu benötigen wir die Erwartungswerte unter H_0, die nach (17.2.1.3) in Tab. 17.2.1.2 berechnet worden sind.

Entscheidung: Da der kritische χ^2-Wert von 18.48 für 7 Fge durch den nach 17.2.1.4 berechneten χ^2-Wert von 66,38 weit überschritten wird, ist H_0 (Unabhängigkeit) zu verwerfen und H_1 (Kontingenz) zu akzeptieren.

Interpretation: Die mit einem Stern bezeichneten χ^2-Komponenten $(f-e)^2/e$, wie sie in Tab. 17.2.1.2 berechnet wurden, überschreiten das für 1 Fg geltende 1%-Niveau von 5,99; sie dienen der folgenden Interpretation: (1) Männer unternehmen Selbstmordversuche aus Krankheitsmotiven überzufällig selten, 16 Mal statt 29,26 Mal; (2) Männer versuchen sich dagegen überzufällig häufig aus Trunksucht (oder der ihr oft zugrunde liegenden Depression) umzubringen, 27 Mal gegen 14,15 Mal. (3) Frauen töten sich überzufällig selten aus Trunksucht, 7 Mal gegen 28,74 Mal; (4) Dagegen

Tabelle 17.2.1.2

$f_{111} = 86$	$e_{111} = 184 \cdot 341 \cdot 262/482^2$		$= 70{,}76$	$3{,}28$
$f_{112} = 61$	$e_{112} = 209$	dito	$= 80{,}37$	$4{,}67$
$f_{113} = 47$	$e_{113} = 89$	dito	$= 34{,}23$	$4{,}76$
$f_{121} = 16$	$e_{121} = 184 \cdot 141 \cdot 262/482^2$		$= 29{,}26$	$6{,}01*$
$f_{122} = 25$	$e_{122} = 209$	dito	$= 33{,}23$	$2{,}04$
$f_{123} = 27$	$e_{123} = 89$	dito	$= 14{,}15$	$11{,}67*$
$f_{211} = 64$	$e_{211} = 184 \cdot 341 \cdot 220/482^2$		$= 59{,}42$	$0{,}35$
$f_{212} = 76$	$e_{212} = 209$	dito	$= 67{,}49$	$1{,}07$
$f_{213} = 7$	$e_{213} = 89$	dito	$= 28{,}74$	$16{,}44*$
$f_{221} = 18$	$e_{221} = 184 \cdot 141 \cdot 220/482^2$		$= 24{,}57$	$1{,}76$
$f_{222} = 47$	$e_{222} = 209$	dito	$= 27{,}91$	$13{,}06*$
$f_{223} = 8$	$e_{223} = 89$	dito	$= 11{,}88$	$1{,}27$
$N = 482$	$Fg = 3 \cdot 2 \cdot 2 - 3 - 2 - 2 + 2 = 7$		$482{,}01$	$66{,}38 = \chi^2$

versuchen sie sich überzufällig häufig (aber erfolglos) zu töten, wenn sie an einer Geisteskrankheit leiden, 47 Mal gegen 27,91 Mal.

Deutet man den versuchten Selbstmord als Appell an die soziale Umwelt des Patienten, sich mehr um ihn zu kümmern, so könnte mehr soziale Zuwendung bei trunksüchtigen Männern und geisteskranken Frauen hilfreich oder vorbeugend wirken. Eine umfassende Theorie der Globalkontingenz muß jedoch auch die vollendeten Selbstmorde in das Argumentationssystem mit einbeziehen.

Ein k x m x s-Felder-χ^2-Test gibt via χ^2-Komponenten nur punktuelle Hinweise auf die spezielle Art der Zusammenhänge zwischen den 3 Mmn. Wie man Dreiweg-Zusammenhänge *systematisch* analysiert, zeigt der Abschnitt 17.2.2 über die χ^2-Zerlegung einer Dreiwegtafel.

Einen *exakten* Test für *kleine* Stichproben werden wir nicht behandeln bzw. später auf den Spezialfall einer 2 x 2 x 2-Feldertafel beschränken, für welchen er bei KRÜGER et al. (1979, Band 4) vertafelt ist. Alle exakten Tests auf Globalkontingenz in Dreiwegtafeln beruhen auf den Prinzipien der kombinatorischen Analyse (vgl. WALL, 1972) und sind nur mit EDV-Programmen und Rechenautomaten zu bewältigen.

Für Stichproben, die so groß sind, daß die unter H_0 (allseitige Unabhängigkeit der 3 Mme) erwarteten Frequenzen 3 übersteigen, kann der χ^2-Test wenigstens als Näherungsverfahren in Anspruch genommen werden.

Mit geringen Erwartungen und sog. ‚Schwanz'-Wahrscheinlichkeiten (tail probabilities) beschäftigt sich HOMMEL (1978).

17.2.2 Dreidimensionale χ^2-Zerlegung nach Lancaster

Interessiert den Untersucher einer Dreiwegtafel, welche Zusammenhänge zwischen je 2 oder 3 Mme existieren, so betrachtet er in tradierter Manier die 3 *Randtafeln* (oft ohne sich ihrer Eigenschaft als Randtafeln bewußt zu sein). Die χ^2-Werte der 3 Randtafeln, AB, AC und BC, bilden in ihrer Summe einen Teil des globalen χ^2 einer Dreiwegtafel.

Kontingenzkomponenten der kms-Tafel

Um zu prüfen, ob das Gesamt-χ^2 durch die χ^2-Werte der 3 Randtafeln (Doublekontingenzen) ausgeschöpft wird oder nicht (Tripelkontingenz), zerlegt man das Gesamt-χ^2 nach Lancaster (1951, 1960, 1969, Ch. 12) *additiv* in folgende *Komponenten*

$$\chi^2 = \chi^2_{AB} + \chi^2_{AC} + \chi^2_{BC} + \chi^2_{ABC}, \qquad (17.2.2.1)$$

die mit den Freiheitsgraden

$$kms-k-m-s+2 = (k-1)(m-1) + (k-1)(s-1) + (m-1)(s-1) + (k-1)(m-1)(s-1)$$
$$(17.2.2.2)$$

auf Signifikanz zu beurteilen sind. Das Gesamt-χ^2 besteht also aus 4 Komponenten: den 3 Doublekontingenzen der Randtafeln und einer Tripelkontingenz. Wie man die 4 Komponenten berechnet und − bei großem Stichprobenumfang − auch interpretiert, wird nachfolgend beschrieben.

Doublekontingenztests (Randtafeltests)

1. Auf Kontingenz zwischen je 2 der 3 Mme prüft man asymptotisch mittels der folgenden 3 *Prüfgrößen*

$$\chi^2_{AB} = \sum_{i,j}(f_{ij.} - e_{ij.})^2/e_{ij.} \qquad (17.2.2.3)$$

$$\chi^2_{AC} = \Sigma(f_{i.l} - e_{i.l})^2/e_{i.l} \qquad (17.2.2.4)$$

$$\chi^2_{BC} = \Sigma(f_{.jl} - e_{.jl})^2/e_{.jl} \qquad (17.2.2.5)$$

Die Freiheitsgrade, nach welchen die 3 Doublekontingenzen zu beurteilen sind, wurden bereits in Formel 17.2.2.2 aufgeführt und entsprechen denen einer konventionellen Zweiwegtafel.

2. Wie man aus den Felderfrequenzen f_{ijl} zu den *Frequenzen der Randtafeln* gelangt, ist aus den Abbildungen 17.1.4.1−2 zu erkennen. Algebraisch umgesetzt, gilt

$$f_{ij.} = \sum_l f_{ijl}, \quad f_{i.l} = \sum_j f_{ijl} \quad \text{und} \quad f_{.jl} = \sum_i f_{ijl} \qquad (17.2.2.6)$$

Bildet man beispielsweise die Randtafel BC aus Tab. 17.2.1.1 gemäß (17.2.2.6), dann ergibt sich Tab. 17.2.2.1

Tabelle 17.2.2.1

Mme	A1		SM	A2		SMV
	B1	B2		B1	B2	
C1	86	$\begin{matrix}+\\+\\+\end{matrix}$	$\begin{matrix}150\\64=137\\76=54\\7=\\\end{matrix}$	16	$\begin{matrix}+\\+\\+\end{matrix}$	$\begin{matrix}34\\18=72\\47=35\\8=\end{matrix}$	184
C2	61			25			209
C3	47			27			89
			341			141	482

Aus den Frequenzen der Randtafeln erhält man die Frequenzen der *Randverteilungen* (eindimensionale Randtafeln) bzw. die *Randsummen* nach

$$f_{i..} = \sum_j f_{ij.} = \sum_l f_{i.1} \text{ bis } f_{..1} = \sum_i f_{i.1} = \sum_j f_{.j1} \qquad (17.2.2.7)$$

Die letztaufgeführte Summe in (17.2.2.7) ist in Tab. 17.2.2.1 für das Mm C in der rechten Randspalte berechnet worden. Analog wurden die Randverteilungen der Mme A und B in Tab. 17.2.1.1 gewonnen.

3. Eine k x 2-Feldertafel läßt sich *einfacher* als nach (17.2.2.3) mit dem von GEBHARDT (1980) angegebenen Kalkül zeilenweise auswerten

$$\chi^2 = \sum \frac{N}{n_i}(\frac{a_i^2}{A} + \frac{b_i^2}{B}) - n_i \quad \text{mit k-1 Fgn} \qquad (17.2.2.8)$$

Dabei sind a_i und b_i die Frequenzen der beiden Spalten mit A und B als deren Summen bei einem Tafelumfang von N.

Sind die Spaltensummen numerisch gleich, A = B = N/2, dann ist die Auswertung besonders einfach zeilenweise vorzunehmen:

$$\chi^2 = \Sigma(a_i - b_i)^2/(a_i + b_i) \quad \text{mit k-1 Fgn} \qquad (17.2.2.9)$$

Im Unterschied zur sonst gebräuchlichen *Brandt-Snedecor-Formel* (vgl. (5.4.3.1)) liefern die obigen Formeln χ^2 als Summe seiner k Komponenten, was der Interpretation zugute kommt.

Interpretation von Doublekontingenzen

Interpretiert werden Doublekontingenzen aus k x m-Feldertafeln in der schon aus Kapitel 16 bekannten Weise: Man berechnet die unter H_0 erwarteten Frequenzen und vergleicht sie mit den beobachteten Frequenzen inspektiv oder mittels KFA. In k x 2-Feldertafeln genügt ein Vergleich der

2 beobachteten Frequenzen je Zeile. Mittels der GEBHARDTschen Formel (17.2.2.8) kann dieser Vergleich auch im Sinn einer Zweistichproben-KFA durchgeführt werden, wie das folgende Beispiel der BC-Kontingenz in Tabelle 17.2.2.2 zeigt (Daten aus Tab. 17.2.2.1).

Tabelle 17.2.2.2

i	a_i	b_i	n_i	$(N/n_i)(a_i^2/A + b_i^2/B) - n_i =$	χ_i^2
	SM	SMV			
K	150	34	184	2,62 (65,9 + 8,2) − 184 =	10,14
G	137	72	209	2,31 (55,0 + 36,8) − 209 =	3,06
T	54	35	89	5,42 (8,6 + 8,7) − 89 =	4,76
A = 341	B=141	N=482	Fg = 3−1 = 2	χ^2 = 17,96

Wie man sieht, ist das Doublekontingenz-χ^2 in der Hauptsache durch die Komponente der Zeile K = Körperliche Erkrankung bestimmt. Wir interpretieren: Es sind mehr Menschen (150/341 = 44%), die bei schwerer körperlicher Erkrankung (Krebs?) Selbstmord (SM) begehen als bloß einen Suizidversuch (SMV) unternehmen (34/141 = 14%). Mit dieser Interpretation ist die signifikante Doublekontingenz praktisch erschöpfend interpretiert.

Tripelkontingenztest (Residualkomponententest)

1. Nach LANCASTERS (1969, Ch. 12) χ^2-Zerlegung ergibt sich das χ^2 für die *Tripelkontingenz* ABC wie folgt

$$\chi^2_{ABC} = \chi^2 - \chi^2_{AB} - \chi^2_{AC} - \chi^2_{BC} \quad \text{mit } (k-1)(m-1)(s-1) \text{ Fgn} \qquad (17.2.2.10)$$

Ist χ^2_{ABC} signifikant, so läßt sich die Gesamtkontingenz zwischen allen 3 Mmn *nicht* aus den paarigen Kontingenzen erklären.

Eine nachgewiesene Tripelkontingenz ist am einfachsten derart zu interpretieren, daß man den Kontingenzquader nach einem sachlogisch begründeten, möglichst binär abgestuften Mm in 2 Kontingenztafeln schichtet und diese nach Art eines Omnibustests (STEINGRÜBER, 1971) vergleicht (vgl. 9.3.5.2).

Um im Beispiel der Tabelle 17.2.2.1 auf Tripelkontingenz zu prüfen, benötigen wir nächst der Doublekontingenz BC noch die Doublekontingenz AC; deren χ^2 berechnen wir nach GEBHARDT (1980) in Tabelle 17.2.2.3:

Tabelle 17.2.2.3

a_i	b_i	n_i	$(N/n_i)(a_i^2/A + b_i^2/B) - n_i$	=	χ_I^2
m	w				
86 + 16 = 102	64 + 18 = 82	184	2,62 (39,7 + 30,6) − 184 =		0,19
61 + 25 = 86	76 + 47 = 123	209	2,31 (28,2 + 68,8) − 209 =		15,07
47 + 27 = 74	7 + 8 = 15	89	5,42 (20,9 + 1,0) − 89 =		29,70
A = 262	B = 220	N=482	Fg = 3−1=2	χ^2 =	44,96

Es besteht demnach eine signifikante Kontingenz zwischen Suizidmotiven und Geschlechtern, hauptsächlich in dem Sinne, daß Trunksucht bei Männern viel häufiger (74/262 = 28%) als Suizidauslöser wirkt denn bei Frauen (15/220 = 7%). Jedenfalls ist die χ^2-Komponente zu Lasten dieses Motivs in Tab. 17.2.2.3 am größten.

2. Die *Doublekontingenz* zwischen Geschlecht und Ernsthaftigkeit (SM, SMV) der Suizidhandlung kann über ein Vierfelder-χ^2 berechnet werden, da beide Mme zweistufig sind: Es gilt nach Tab. 17.2.2.1, daß a(m,SM) = 86 + 61 + 47 = 194, b(m,SMV) = 64 + 76 + 7 = 147, c = (w,SM) = 16 + 25 + 27 = 68 und d(w,SMV) = 18 + 47 + 8 = 73. Nach (5.3.1.1) gilt dann

$$\chi^2 = \frac{482(194 \cdot 73 - 147 \cdot 68)^2}{(194 + 147)(68 + 73)(193 + 68)(147 + 73)} = 3,02$$

Es besteht also keine signifikante Kontingenz (Assoziation) zwischen Geschlecht und Suizidalhandlungserfolg.

3. Das χ^2 der *Tripelkontingenz* ergibt sich deshalb nach der Differenzenformel (17.2.2.10) aus dem Gesamt-χ^2 = 66,38 (Tab. 17.2.1.2) und den Doublekontingenz-χ^2-Werten der Tabellen 17.2.2.1−2 und dem obigen Vierfelder-χ^2 zu

$$\chi^2_{ABC} = 66,38 - 44,96 - 3,02 - 17,96 = 0,44$$

Das Residual-χ^2 ist nach (2−1)(2−1)(3−1) = 2 Fgn zu beurteilen. Die Tripelkontingenz ist insignifikant, so daß die Gesamtkontingenz aus den Paarkontingenzen zu erklären ist: Es handelt sich um eine Form der quasi-parametrischen Dreiweg-Kontingenz.

Bei einer vollständigen χ^2-Zerlegung sind 3 Doublekontingenz- und ein Tripelkontingenztest durchzuführen. Es sind also insgesamt 4 *simultane Tests* zu beurteilen und $\alpha^* = \alpha/4$ zu adjustieren, wobei man sich zweckmäßigerweise der jüngst von KRES (1975, Tafel 22) vertafelten BONFERRONI-χ^2-Statistik bedient. Die Tafeln berücksichtigen α-Werte von 0,05, 0,025, 0,01 und 0,005 sowie r-Werte (Zahl der simultanen Tests) von r = 1(1)30, genügen also allen praktischen Bedürfnissen.

17.2.3 2I-Zerlegung von kms-Feldertafeln

Die χ^2-Zerlegung ist nur *asymptotisch additiv*; sie kann also bei *kleineren Stichproben* u.U. zu negativen χ^2-Resten führen (die wie Null-Terme zu interpretieren sind). Streng additiv hingegen ist eine *2I-Zerlegung* von Dreiwegtafeln gemäß dem Vorgang bei Zweiwegtafeln (vgl. (9.4.5.3)). Unter Benutzung von Tafel IX−4−5 beträgt die *Gesamt*prüfgröße

$$2I = \Sigma(2f_{ijl})\ln(f_{ijl}/e_{ijl}) \quad \text{mit kms-k-m-s+2 Fgn} \tag{17.2.3.1}$$

Ersetzt man $e_{ijl} = f_{i..}f_{.j.}f_{..l}/N^2$, so resultiert $\ln(N^2 f_{ijl}/f_{i..}f_{.j.}f_{..l}) =$
$= \ln N^2 + \ln f_{ijl} - \ln f_{i..} - \ln f_{.j.} - \ln f_{..l}$. Da $\Sigma f_{ijl} = N$ und $\ln N^2 = 2 \ln N$ ist, gilt

$$2I = 2(2N \ln N) + \sum_i\sum_j\sum_l 2f_{ijl}\ln(f_{ijl}) - \sum_i 2f_{i..}\ln(f_{i..}) - \sum_j 2f_{.j.}\ln(f_{.j.})$$
$$- \sum_l 2f_{..l}\ln(f_{..l}) \tag{17.2.3.2}$$

Die *Doublekontingenz*-Prüfgrößen 2I(AB), 2I(AC) und 2I(BC) können wie in (9.4.5.3) berechnet und von dem Gesamt-2I subtrahiert werden, um die Tripelkontingenz-Prüfgröße 2I(ABC) zu gewinnen. Wie dies geschieht, soll an dem folgenden Beispiel 17.2.3.1 veranschaulicht werden.

Beispiel 17.2.3.1

Daten: N = 272 klinisch und röntgeneologisch unauffällige Untertagearbeiter wurden bzgl. der 3 Mme (A) Alter (−34,35−49,50+), (B) Bronchialatmen (ja, nein) als Zeichen beginnender Staubkrankheit und (S) Schweratmigkeit (ja, nein) als Zeichen beginnender Rechtsherzbelastung untersucht. Das Ergebnis ist in der Dreiwegtafel 17.2.3.1 verzeichnet (adapt. aus KULLBACK und FISHER, 1975):

Tabelle 17.2.3.1

A	S	ja		nein		
	B	ja	nein	ja	nein	
bis 34		2	8	8	11	29
35−49		12	4	17	117	150
über 49		24	1	12	56	93
			51		221	
Σ		(38)	(13)	(37)	(184)	272 = N
			75		197	

Ziel: Es sollen alle Zusammenhänge zwischen den 3 Mmn aufgeklärt werden. Wegen der teilweise geringen Besetzungszahlen entscheiden wir uns für eine streng additive 2I-Zerlegung anstelle der sonst indizierten χ^2-Zerlegung, führen also, wie man auch sagt, Likelihoodquotiententests durch. Wir vereinbaren $\alpha = 0{,}05$, so daß bei 3 Double- und einem Tripelkontingenztest $\alpha^* = 0{,}0125$ zu berücksichtigen ist.

Gesamt-2I: Nach Tafel IX–4–5 ergibt sich für 2I

2I = 2(3049,5563) + (2,7726 + 33,2711 + 59,6378 + 96,3293 + 152,5466 + 59,6378
 + 33,2711 + 52,7537 + 11,0904 + 1114,3487 + 0,0 + 450,8394)
 −(195,3032 + 1503,1906 + 843,0635)
 −(647,6232 + 2081,5823) − (401,0462 + 2385,9879)
 = 107,8142 mit $3 \cdot 2 \cdot 2 - 3 - 2 - 2 + 2 = 7$ Freiheitsgraden

AB-Test: Der Double-2I-Test, für AB nach (9.4.5.3) durchgeführt, ergibt für die über S gepoolten Spalten in Tab. 17.2.2.1 die 3 x 2-Feldertafel der Tab. 17.2.3.2

Tabelle 17.2.3.2

A / B	ja	nein		ja%
bis 34	10	19	29	34
35–49	29	121	150	19
über 49	36	57	93	39
	75	197	272	28%

Dem Anschein nach besteht eine U-förmige Beziehung zwischen Bronchialatmen und Alter: Junge und alte Arbeiter sind anfälliger als solche mittleren Alters. Vermutlich scheiden junge Arbeiter zufolge geringer Robustheit rechtzeitig aus, so daß die Mittelgruppe günstiger dasteht. Mit zunehmendem Alter befällt die Staublunge jedoch auch die Robusten. So oder anders ließe sich der U-förmige Kontingenztrend klinisch-epidemiologisch deuten. Ob eine Deutung überhaupt rechtens ist, entscheidet der 2I(AB)-Test mit Tab. 17.2.3.2:

2I(AB) = 3049,5563
 +(46,0517 + 195,3032 + 258,0134
 +111,8887 + 1160,5813 + 460,9078)
 −(647,6232 + 2081,5823)
 −(195,3032 + 1503,1906 + 843,0635)
 = 11,5396 mit 2 Fgn

Tabelle 17.2.3.3

A / S	ja	nein		ja%
bis 34	10	19	29	34
35–49	16	134	150	11
über 49	25	68	93	27
	51	221	272	19%

Der beobachtete U-förmige Kontingenztrend ist auf der 1,25%-Stufe signifikant (Schranke = 8,9 für P = 0,9875 in Tab. III–2).

AS-Test: Der Double-2I-Test AS basiert auf Tab. 17.2.3.3, deren Spalten über S gepoolt aus Tab. 17.2.3.1 gewonnen wurden.

Schweratmigkeit steigt offenbar im Alter über 50 rapide an, und es fragt sich, ob dieser Anstieg einem signifikante Kontingenztrend entspricht?

$$\begin{aligned}2I(AC) = &\ 3049{,}5563 + \\ &+ (46{,}0517 + 111{,}8887 + \ldots + 573{,}8530) - \\ &- (195{,}3032 + 843{,}0635) - \\ &- (401{,}0462 + 2385{,}9879) = 15{,}0460^* \text{ mit 2 Fgn}\end{aligned}$$

Auch dieser Kontingenztrend ist auf der geforderten Stufe signifikant.

BS-Test: Der Double-2I-Test BS basiert auf der aus Tab. 17.2.3.1 extrahierten Vierfeldertafel 17.2.3.4

Tabelle 17.2.3.4

B / S	ja	nein		ja%
ja	38	37	75	51%
nein	13	184	197	7%
	51	221	272	19%
	75%	17%	28%	

Die positive Assoziation zwischen Bronchitis und Schweratmigkeit ist einigermaßen trivial, da beide Ausdruck beginnender Staubkrankheit (Pneumokoniose) sind. Der Assoziationsnachweis ergibt sich aus folgendem Test

$$\begin{aligned}2I(BS) = &\ 3049{,}5563 + \\ &+ (276{,}4565 + 267{,}2079 + 66{,}6887 + 1919{,}0964) - \\ &- (647{,}6232 + 2081{,}5823) - \\ &- (401{,}0462 + 2385{,}9879) = 62{,}7662^* \text{ mit 1 Fg}\end{aligned}$$

ABS-Test: Zum Nachweis einer Tripelkontingenz, die nicht durch die paarigen Kontingenzen bedingt ist, bilden wir die Differenz

$$2I(ABS) = 107{,}8142 - 11{,}5396 - 15{,}0460 - 62{,}7662 = 18{,}4624 \text{ mit 1 Fg.}$$

Auch die Tripelkontingenz ist auf der geforderten Stufe signifikant, und es stellt sich die kritische Frage nach ihrer sinnvollen Interpretation, nachdem die 3 Doublekontingenzen bereits angesichts der einschlägigen Zweiwegtafeln interpretiert wurden.

Tripelkontingenz-Interpretation: TK impliziert die Kontingenz 2er Mme in Abhängigkeit vom 3. Merkmal. Aus klinischer Sicht interessiert am meisten, wie sich die Assoziation zwischen Bronchitis und Schweratmigkeit (Rechtsherzbelastung) über die 3 Lebensabschnitte hinweg entwickelt. Wir reihen also die 3 Vierfeldertafeln chronologisch aneinander und betrachten die BS-Assoziationen in Tab. 17.2.2.5

Tabelle 17.2.2.5

Alter	bis 35		35 - 49		über 49	
	S+	S-	S+	S-	S+	S-
B+	2	8	B+ 12	17	B+ 24	12
B-	8	11	B- 4	117	B- 1	56
$\lambda=\dfrac{ad}{bc}$	0,34		20,65		112,00	
λ'			$\lambda_2/\lambda_1 = 60,74$		$\lambda_3/\lambda_1 = 329,41$	
					$\lambda_3/\lambda_2 = 5,42$	

Wie man aus Tabelle 17.2.2.5 intuitiv erkennt, sind Bronchitis und Schweratmigkeit mit zunehmendem Alter der Untertagearbeiter *enger* assoziiert; die Assoziation ist bereits nach dem 35. Lebensjahr heurostatistisch signifikant und deutet auf eine konkurrente Wirkung der Staubbelastung hin: Staubbelastung wirkt sich mit wachsender Dauer mehr und mehr auf beide Systeme nachteilig aus, auf das Atmungs- wie auf das Kreislaufsystem; die steigende Assoziation BC hat offenbar zu der nachgewiesenen Tripelkontingenz geführt.

(Eine gezielte Interpretation der Tripelkontingenz müßte allerdings auf den Abweichungen der beobachteten Frequenzen von den unter der Annahme fester Ein- und Zweiwegtafeln erwarteten Frequenzen ausgehen, die nicht explizit, sondern nur iterativ zu berechnen sind, vgl. 17.2.5)

Folgerung: Da eine zunehmend positive Assoziation zwischen Lungen- und Herzbelastung die Lebenserwartung stärker mindert als jede einzelne Belastung, ist es angezeigt, mit der Prophylaxe noch vor dem 35. Lebensjahr zu beginnen, d.h. doppelt gefährdete Bergarbeiter frühzeitig auf andere Berufe umzuschulen.

Über die in obigem Beispiel als Interpretationshilfen herangezogenen Lambda-Maße werden wir im nachfolgenden Abschnitt näher sprechen (9.3.3). Es handelt sich hierbei um den in (15.5.3) eingeführten *Kreuzproduktquotienten* von Vierfelder-Untertafeln der Gesamttafel in Tab. 17.2.2.5.

17.2.4 Assoziationsmaße in 2^3-Feldertafeln

Wie schon in der 2 x 2 x k-Feldertafel des Beispiels 17.2.3.1, stellt sich die Frage nach der Straffheit von Kontingenzen bzw. der Richtung und Enge von Assoziationen vornehmlich in 2^3-Feldertafeln. Statt Phi-Koeffizienten haben wir *Lambda-Maße* berechnet, und zwar aus folgendem Grund: Die Lambda-Maße sind — wie wir ebenfalls in Beispiel 17.2.3.1 vorweggenommen haben — auch für die Messung von Tripelassoziationen geeignet; sie lassen sich sogar auf Quadrupel und n-Tupelassoziationen verallgemeinern. Außerdem ist die Assoziationsmessung mittels Lambda-Koeffizienten auch dann sinnvoll, wenn eine der Felderfrequenzen gleich *null* ist, für welchen Fall eine Phi-Adjustierung nötig, aber nicht immer sinnvoll ist (vgl. GEBERT, 1977, oder BÖSSER, 1979).

Messung von Doubleassoziationen durch λ-Koeffizienten

Wie schon in Kapitel (9.3.3) ausgeführt, ist der Lambda-Koeffizient einer Vierfeldertafel – hier einer *Vierfelder-Untertafel* – mit den Frequenzen a, b, c und d definiert als

$$\lambda = ad/bc \qquad (17.2.4.1)$$

Wie PLACKETT (1974, S. 40) gezeigt hat, läßt sich Lambda auch für *Nullfelder-Tafeln* definieren bzw. erwartungstreu schätzen, wenn man die 4 Frequenzen je um eine halbe Einheit erhöht. Um Vergleichbarkeit von nullen-korrigierten mit nichtkorrigierten Lambdas zu gewährleisten, wird empfohlen, die PLACKETT-Korrektur für alle – auch die nullenfreien – Vierfeldertafeln vorzunehmen.

Berechnet man nach dieser *Empfehlung* die Lambdas in Tabelle 17.2.2.5 des obigen Beispiels neu, so ergibt sich statt eines Lambda $(24 \cdot 56/12 \cdot 1)$ = 112 ein Lambda $(24,5 \cdot 56,5)/(1,5 \cdot 12,5)$ = 74, also ein etwas niedrigerer Wert. Je näher Lambda an 1 liegt, um so weniger wirkt sich PLACKETTS Korrektur numerisch aus. In jedem Fall garantiert sie, daß Lambdas von 0 oder ∞ vermieden werden.

Messung von Tripelassoziationen durch λ'-Koeffizienten

Tripelassoziationen in 2^3-Felder- und 2^2 x k-Feldertafeln sind definiert durch Änderungen der Doubleassoziationen in den entsprechenden Vierfelder-Untertafeln, wie aus Beispiel 17.2.2.1 hervorging. Die Frage, ob eine mittels Lancaster-Test nachgewiesene *Assoziationsänderung* auch praktisch bedeutsam ist, kann mittels eines Lambda-Koeffizienten 2. Ordnung beantwortet werden: Man bildet das Lambda der ersten (hinteren) Untertafel und setzt es zum λ der zweiten (vorderen) Untertafel in Beziehung

$$\lambda' = \frac{\text{Lambda}(2)}{a_2 d_2 / b_2 c_2} = \frac{\text{Lambda}(1)}{a_1 d_1 / b_1 c_1} \qquad (17.2.4.2)$$

Das Lambda 2. Ordnung ist also definiert als Quotient aus 2 Lambdas 1. Ordnung. Für k Vierfeldertafeln einer 2 x 2 x k-Feldertafel läßt sich ein *Assoziationstrend* aus den Lambda-Quotienten aufeinanderfolgender Vierfeldertafeln entdecken, wie dies in Tab. 17.2.3.5 für Lambda(2)/Lambda(1) und Lambda(3)/Lambda(2) in fallenden Werten (60,74 > 5,42) von *Lambda-Strich* zum Ausdruck kam.

Auch für das Tripelassoziations-Lambda wird empfohlen, mit den PLACKETT-korrigierten Frequenzen zu rechnen, um nicht definierte 0- und ∞-Koeffizienten auszuschließen.

Assoziationsmessung durch ϕ-Koeffizienten

Will man eine Tripelassoziation analog einer Doubleassoziation durch einen *Phi-Koeffizienten* messen, so setze man

$$\text{Phi}(ABC) = \sqrt{\chi^2_{ABC}/N} = \phi' \qquad (17.2.4.3)$$

Das Vorzeichen von Phi leite man aus dem Lambda 2. Ordnung her: Für $\lambda' > 1$ ist Phi positiv, für $\lambda' < 1$ negativ. Positiv ist also ein *Tripel-Phi*-Koeffizient, wenn Phi(1) der hinteren Tafel algebraisch kleiner ist als Phi(2) der vorderen Tafel.

Bezeichnet Tafel 1 die *Erstbeobachtung* zweier Alternativ-Mme, und Tafel 2 deren *Zweitbeobachtung*, so gibt ein positives Tripel-Phi (sinnrechterweise) an, daß sich die Assoziation der beiden Mme vom negativen zum positiven Pol hin verändert habe. In Tabelle 17.2.2.5 bedeutet (1) das positive Tripel-Phi (21), daß sich Bronchitis und Schweratmigkeit aus einer negativen Assoziation in jungen Jahren (vor 35) in eine positive Assoziation in mittleren Jahren (35—49) verwandelt haben und (2) das ebenfalls positive Tripel-Phi (32), daß sich die schwach positive Assoziation in mittleren Jahren zu einer stark positiven Assoziation in reiferen Jahren (über 50) weiterentwickelt.

Um das ‚trendanzeigende' Vorzeichen des Phi-Koeffizienten als Information auch für den Lambda-Koeffizienten zu nutzen, braucht man nur *Log-Lambda-Koeffizienten* ln(lambda) anstelle von Lambda-Koeffizienten (17.2.4.1—2) zu berechnen und wie Phi-Koeffizienten interpretieren.

17.2.5 Tripelassoziationsinterpretation durch LANCASTER-Erwartungswerte

Ist es nicht möglich oder nicht sinnvoll, eine nachgewiesene Tripelkontingenz auf den Vergleich von Vierfelder-Untertafeln eines Kontingenzquaders zurückzuführen, dann bleibt folgende Interpretationsmöglichkeit: Man berechnet die *Erwartungswerte* E_{ijl} unter der Hypothese *fehlender* Tripelkontingenz, wobei die 3 Doublekontingenzen aus den 3 Randtafeln geschätzt werden.

Für *große Stichproben* von N trivariaten Beobachtungen gilt dann nach LANCASTER (1969, Formel 2.10)

$$E_{ijl} = \frac{f_{i..}f_{.jl}}{N} + \frac{f_{.j.}f_{i.l}}{N} + \frac{f_{..l}f_{ij.}}{N} - 2\frac{f_{i..}f_{.j.}f_{..l}}{N^2} \qquad (17.2.5.1)$$

wobei die E_{ijl} als *LANCASTER-Erwartungswerte* definiert sind, oder

$$E_{ijl} = (f_{i..}f_{.jl} + f_{.j.}f_{i.l} + f_{..l}f_{ij.} - 2f_{i..}f_{.j.}f_{..l}/N)/N \qquad (17.2.5.2)$$

In (17.2.5.1–2) sind $f_{i..}$ usw. die eindimensionalen Randsummen und $f_{ij.}$ usw. die zweidimensionalen Besetzungszahlen.

Zwecks *Interpretation* vergleicht man dann die beobachteten Felderfrequenzen f_{ijl} mit den bei fehlender Tripelkontingenz erwarteten Felderfrequenzen mittels KFA (vgl. 16.3.1).

Fragt man etwa, welches E_{3++} dem $f_{3++} = 24$ in Tab. 17.2.3.1 entspricht, so erhält man nach (17.2.5.1)

$$E_{3++} = \frac{93 \cdot 38}{272} + \frac{75(24+1)}{272} + \frac{51(24+12)}{272} - 2\frac{93 \cdot 75 \cdot 51}{272^2} = 17{,}02$$

Bronchial- und Kreislaufgeschädigte (24) sind also häufiger bei älteren Bergleuten anzutreffen als aufgrund der 3 Doublekontingenzen zu erwarten war (17).

Wie ZENTGRAF (1975) gezeigt hat, gibt es Dreiwegtafeln und 2^3-Feldertafeln, in welchen (17.2.5.1) zu *negativen Erwartungswerten* führt. Negative Erwartungswerte E entstehen offenbar dadurch, daß mindestens eine der 3 Doubleassoziationen durch (17.2.5.1) implizit fehlgeschätzt wird. Beschränkt man sich auf wenige Stellen hinter dem Komma bei der Berechnung der E, so ist die Summe der E gleich dem Stichprobenumfang N, nur daß manchmal — insbesondere bei kleinen Stichproben — negative E auftreten und zu einem negativen χ^2-Test für die Tripelassoziation führen.

17.2.6 χ^2-Zerlegung von 2^3-Feldertafeln

1. Sind $k = m = s = 2$, dann geht der Kontingenzquader in eine 2^3-Feldertafel (Kontingenzwürfel) über. Die Nullhypothese der allseitigen *Unabhängigkeit* der 3 binären Mme A, B, C prüft man über die Formel

$$\chi^2 = (f_{111} - e_{111})^2/e_{111} + \ldots + (f_{222} - e_{222})^2/e_{222}, \qquad (17.2.6.1)$$

wobei $e_{ijl} = f_{i..}f_{.j.}f_{..l}/N^2$ definiert ist und χ^2 acht Summanden besitzt. Das gleiche gilt für die Alternativformel

$$\chi^2 = N^2 (\Sigma \frac{f_{ijl}^2}{f_{i..}f_{.j.}f_{..l}}) - N \text{ mit } 2^3 - 3 \cdot 2 + 2 = 4 \text{ Fgn} \qquad (17.2.6.2)$$

Dieses Gesamt-χ^2 kann bei nicht zu kleinem Stichprobenumfang in 3 Double- und eine Tripelassoziationskomponente zerlegt werden.

2. Die *Double-Kontingenzen* errechnen sich am einfachsten über die Vierfelder-Chiquadrate der entsprechenden Randtafeln

$$\chi^2_{AB} = \frac{N(f_{11.}f_{22.} - f_{12.}f_{21.})^2}{f_{1..} \cdot f_{2..} \cdot f_{.1.} \cdot f_{.2.}}, \text{ analog } \chi^2_{AC} \text{ und } \chi^2_{BC} \qquad (17.2.6.3)$$

Die Double-χ^2 e sind entsprechend nach $2^2 - 2 \cdot 2 + 1 = 1$ Fg zu beurteilen.

3. Das *Tripel-Kontingenz-*χ^2 ergibt sich aus nach (17.2.2.10) und dessen Fg erhält man nach $4 - 3(1) = 1$ Fg. Die Summe der χ^2-Komponenten in (17.2.6.2) ist der auf die 8 Felder (Oktanten) entfallende Anteil des Gesamt-χ^2; er kann nach je 1 Fg beurteilt werden, wenn dies erwünscht ist.

Beispiel 17.2.6.1

Fragestellung: Es wird die unscharf formulierte Frage gestellt, ob zwischen den autoptischen Binär-Diagnosen X = Fettleber (ja, nein) Y = Lungenfettembolie (ja,nein) und Z = Herzinsuffizienz (ja, nein) Zusammenhänge bestehen, und die Forderung erhoben, ggf. alle zwischen den 3 Alternativ-Mmn bestehenden Zusammenhänge aufzudecken (aus VICTOR, 1972, Tab.1).

Ergebnisse: Die Erhebung einer ternobservablen Stichprobe von N = 203 unausgelesenen Akut-Todesfällen in der Klinik ergab die trivariate Aufteilung der f_{ijl}, i,j,l =+,- in Tabelle 17.2.6.1.

Tabelle 17.2.6.1

	Y+	Y-	
X+	1	19	Z+
X-	9	34	
20	20		Z-
22	78		

Auswertung: Wegen der unspezifizierten Fragestellung prüfen wir über LANCASTERS χ^2-Zerlegung, ob und ggf. welche Kontingenzen zwischen den 3 Mmn existieren. Wir beginnen aus rechenökonomischen Gründen mit der Prüfung auf Double-Kontingenzen.

Tabelle 17.2.6.2

	Y+	Y-	
X+	21	39	60
X-	31	112	143
	52	151	203

Doublekontingenz XY: Wir poolen Tabelle 17.2.6.1 über die zwei Klassen von Z und erhalten für den Zusammenhang zwischen Fettleber und Lungenembolie die Tabelle 17.2.6.2.

Es besteht offenbar eine schwach positive Assoziation zwischen X und Y, deren χ^2 wir rasch über die Vierfelderformel (17.2.6.3) erhalten:

$$\chi^2 = \frac{203(21 \cdot 112 - 39 \cdot 31)^2}{60 \cdot 143 \cdot 52 \cdot 151} = 3{,}94 \text{ mit 1 Fg}$$

Alpha-Adjustierung: Wir beabsichtigen, im Rahmen der χ^2-Zerlegung r = 5 Tests simultan durchzuführen und müssen daher die einzelnen Tests nach einem adjustierten $\alpha^* = 0{,}05/5 = 0{,}01$ beurteilen, falls wir $\alpha = 0{,}05$ vereinbart haben. Auf dem adjustierten Niveau ist die Doublekontingenz XY nicht signifikant, d.h. Fettleber und Lungenfettembolie sind entgegen plausibler Vermutung als wechselseitig unabhängig zu betrachten.

Doublekontingenz XZ: Wir poolen in Tabelle 17.2.6.1 über die zwei Klassen von Y und erhalten Tabelle 17.2.6.3.

Tabelle 17.2.6.3

	Z+	Z-	
X+	20	40	60
X-	43	100	143
	63	140	203

$$\chi^2 = \frac{203(20 \cdot 100 - 40 \cdot 43)^2}{60 \cdot 143 \cdot 63 \cdot 140} = 0{,}21 \text{ mit 1 Fg n. s.}$$

Zwischen Fettleber und Herzinsuffizienz braucht danach ebenfalls kein Zusammenhang angenommen zu werden.

Doublekontingenz YZ: Wir poolen Tabelle 17.2.6.1 über X und erhalten Tabelle 17.2.6.4

Tabelle 17.2.6.4

	Z+	Z-	
Y+	10	42	52
Y-	53	98	151
	63	140	203

$$\chi^2 = \frac{203(10 \cdot 98 - 42 \cdot 53)^2}{52 \cdot 151 \cdot 63 \cdot 140} = 4{,}55 \text{ mit 1 Fg n.s.}$$

Auch zwischen Lungenfettembolie und Herzinsuffizienz braucht kein Zusammenhang angenommen zu werden, denn die schwach negative Assoziation ist nicht auf der adjustierten 5%-Stufe signifikant.

Gesamtkontingenz: Wir berechnen das Gesamtkontingenz-χ^2 nach (17.2.6.1) und erhalten

$$\chi^2 = 203^2 \left(\frac{1^2}{60 \cdot 52 \cdot 53} + \frac{19^2}{60 \cdot 151 \cdot 63} + \frac{9^2}{143 \cdot 52 \cdot 63} + \frac{34^2}{143 \cdot 151 \cdot 63} \right) +$$

$$+ \frac{20^2}{60 \cdot 52 \cdot 140} + \frac{20^2}{60 \cdot 151 \cdot 140} + \frac{22^2}{143 \cdot 52 \cdot 140} + \frac{78^2}{143 \cdot 151 \cdot 140}) -$$

$$- 203 = 18{,}24 \text{ mit } 2^3 - 3 \cdot 2 + 3 - 1 = 4 \text{ Fgn.}$$

Trotz insignifikanter Doublekontingenzen ist die Gesamtkontingenz auf der adjustierten 5%-Stufe signifikant ($\chi^2_{1\%}$ = 13,28). Wir erwarten daher auch eine signifikante Tripelkontingenz.

Tripelkontingenztest: Gemäß LANCASTERS Residualdefinition der Tripelkontingenz (= Tripelassoziation in einer 2^3-Feldertafel) erhalten wir

$$\chi^2_{XYZ} = 18{,}24 - 3{,}94 - 0{,}21 - 4{,}55 = 9{,}54 \text{ mit } 1 \text{ Fg}$$

Die signifikante Tripelassoziation deutet darauf hin, daß die Doubleassoziation zwischen je 2 Variablen von der 3. Variablen bestimmt wird. Offenbar ist die Doubleassoziation zwischen Fettleber (X) und Lungenembolie (Y) nur bei fehlender Herzinsuffizienz (z–) positiv mit einem Phi von

$$\phi(XY \mid Z-) = (20 \cdot 78 - 20 \cdot 22)/\sqrt{40 \cdot 100 \cdot 42 \cdot 98} = +0{,}28$$

Bei vorhandener Herzinsuffizienz (Z+) hingegen ist sie negativ mit

$$\phi(XY \mid Z+) = (1 \cdot 34 - 19 \cdot 9)/\sqrt{20 \cdot 43 \cdot 10 \cdot 53} = -0{,}20$$

Interpretation: Die differentielle Assoziation ist nunmehr auch pathologisch unschwer zu interpretieren, wenn man annimmt, daß Fettleber mit fettreichem Knochenmark zusammen auftritt und Fettembolie hauptsächlich bei Fraktur der großen (knochenmarkhaltigen) Röhrenknochen (wie Oberschenkelhals) zu beobachten ist: Nur wenn sich der Kreislauf nach dem Initialschock nicht wieder erholt (Z–), führt die Fettembolie auch zum Tod des Patienten und wird damit ein Element des Beobachtungsgutes in der Tabelle. Erholt sich der Kreislauf wieder (Z+), dann gelangen die Fetttropfen aus dem Lungen- in den großen Kreislauf und führen zur u.U. tödlichen Hirnembolie. Damit wäre auch die negative Assoziation XY bei Z– plausibel zu deuten.

Beurteilt man die statistisch signifikante Tripelassoziation des obigen Beispiels auf praktische Signifikanz mittels (17.2.4.3), dann ergibt sich aus $\chi^2_{XYZ}/N = 18{,}24/203 = 0{,}0898$ ein *Tripel-Phi* = –0,30. Das Vorzeichen von Phi ist negativ, da $\lambda' = (1 \cdot 34/19 \cdot 9)/(20 \cdot 78/20 \cdot 22) < 1$. Sein numerischer Wert ist jedoch so niedrig, daß der obigen Tripelassoziationinterpretation kaum klinisch-diagnostische Bedeutung zukommt.

Der auf der χ^2-Zerlegung basierende Tripelkontingenz- bzw. Assoziationstest ist ein asymptotischer, auf großen Besetzungszahlen aufbauender Test. Ein *exakter Tripelassoziationstest*, der dem exakten Doubleassoziationstest von FISHER-YATES (vgl. 5.3.2) entspricht, wurde bereits von BARTLETT (1935) entwickelt. Erst ROY und KASTENBAUM (1956) ist es gelungen, den Test für k x m x s-Tafeln zu verallgemeinern. Eine Übersicht über die historische Entwicklung samt eigenem Ansatz findet der Leser bei WALL (1972), dessen Arbeit sich der kombinatorischen Analyse 3- und mehrdimensionaler Kontingenztafeln widmet.

17.2.7 Vergleich von χ^2- und 2I-Zerlegung

Bei kleinem Stichprobenumfang ist die asymptotische χ^2-Zerlegung zweckmäßiger durch eine exakte 2I-Zerlegung zu ersetzen. Um einen Eindruck davon zu vermitteln, wie sehr sich χ^2- und *2I-Zerlegung* einer Dreiwegtafel bei begrenztem Stichprobenumfang unterscheiden können, *vergleichen* wir die beiden Methoden anhand eines numerischen Beispiels mit N = 42 Individuen. Im Unterschied zu Beispiel 17.2.2.1 handelt es sich hier um eine *monobservable* Dreiwegtafel mit einem Behandlungs- und einem Schichtungsfaktor als unabhängigem Mmn.

Bezüglich der *2I-Notation* nehmen wir ein System vorweg, das wir — um den Zusammenhang zu wahren — erst in Abschnitt 17.5. en detail begründen. D.h. wir benutzen schon jetzt die Hilfsgrößen (17.5.1.1–8) für

$2I(H_1)$ als Prüfgröße für die Gesamtkontingenz,
$2I(H_{3abc})$ als Prüfgrößen für die 3 Doublekontingenzen und
$2I(H_5) = 2I(H_1) - \Sigma 2I(H_{3abc})$ als Prüfmaß der Tripelkontingenz.

Die *Freiheitsgrade* für die 2I-Maße aus (17.5.1.10–19) sind dieselben wie für die χ^2-Statistiken und betragen

$Fg(H_1)$ = kms - k - m - s + 2 für $2I(H_1)$
$Fg(H_{3a})$ = km - k - m + 1 = (k-1) (m-1) für $2I(H_{3a})$
$Fg(H_{3b})$ = ks - k - s + 1 = (k-1) (s-1) für $2I(H_{3b})$
$Fg(H_{3c})$ = ms - m - s + 1 = (m-1) (s-1) für $2I(H_{3c})$
$Fg(H_5)$ = (kms-k-m-s+2) - (km-k-m+1) - (ks-k-s+1) - (ms-m-s+1) =
= kms - km - ks - ms + k + m + s - 1 =
= (k-1) (m-1) (s-1)

Je nach der *Zahl der Alternativen* zu H_0, die geprüft werden sollen, ist $\alpha^* = \alpha/r$ zu setzen, wobei r die Zahl der r $\leqslant$ 5 Hypothesen ist.

Beispiel 17.2.7.1

Untersuchung: In einer klinischen Schlafmittelstudie wurden an N = 42 Ptn entweder ein Verum (V) in rotem Dragee oder ein Placebo (P) in blauem Dragee ausgegeben, wobei die Ptn unter den je 21 roten und blauen Dragees wählen durften, um den individuellen Farbpräferenzen als Determinanten einer suggestiven Wirkungskomponente gerecht zu werden. Die Ptn hatten am folgenden Morgen ihre subjektive Leistungsbereitschaft als + ≙ gehoben, 0 ≙ normal oder - ≙ herabgesetzt einzuschätzen. An der Untersuchung nahmen 22 männliche und 20 weibliche Ptn teil.

Untersuchungsziel: Es sollen alle Zusammenhänge zwischen den 3 Mmn B = Behandlungsmodus, (Zeilen-Mm), W = Behandlungswirkung (als Spalten-Mm) und G = Geschlecht (als Schichtungs-Mm) untersucht und die statistisch signifikanten Zusammenhänge interpretiert werden. Da die Studie bereits abgeschlossen war, und da keine Randomisierung der Zuteilung von V und P an die 42 Ptn erfolgte, muß ein ternobservables (statt eines bifaktoriell-monobservablen) Erhebungsmodell(s) zugrunde gelegt und dessen Ergebnisse mittels einer heuristischen χ^2-Zerlegung nach LANCESTER ausgewertet werden.

Untersuchungsergebnisse: Die N = 42 = Σf_{ijl} Ptn wurden auf die $2 \times 3 \times 2 = 12$ Felder des Kontingenzquaders der Tabelle 17.2.7.1 aufgeteilt

Tabelle 17.2.7.1

Wirkung				+	0	−	
			männlich	$f_{111}=13$	$f_{121}=1$	$f_{131}=0$	
+	0	−		$f_{211}=5$	$f_{221}=3$	$f_{231}=0$	
$f_{112}=2$	$f_{121}=5$	$f_{132}=0$	weiblich				Verum
$f_{212}=4$	$f_{222}=3$	$f_{232}=6$					Placebo

Erwartungswerte: Um uns einen inspektiven Eindruck von den ‚Chancen' einer Kontingenzanalyse zu verschaffen, berechnen wir die Erwartungswerte e_{ijl}, i = 1, 2, j = 1(1)3 und l = 1, 2 unter der Nullhypothese allseitiger Unabhängigkeit der 3 Mme und erhalten wegen $f_{1..} = f_{2..} = 21$ Dragees gleicher Farbe, Paare gleicher Erwartungswerte:

$f_{111}=13$ $e_{111}=e_{211}=21 \cdot 24 \cdot 22/42^2 = 6{,}29$ $f_{211}=5$
$f_{121}= 1$ $e_{121}=e_{221}=21 \cdot 12 \cdot 22/42^2 = 3{,}14$ $f_{221}=5$
$f_{131}= 0$ $e_{131}=e_{231}=21 \cdot 6 \cdot 22/42^2 = 1{,}57$ $f_{231}=0$
$f_{112}= 2$ $e_{112}=e_{212}=21 \cdot 24 \cdot 20/42^2 = 5{,}71$ $f_{212}=4$
$f_{122}= 5$ $e_{122}=e_{222}=21 \cdot 12 \cdot 20/42^2 = 2{,}86$ $f_{222}=3$
$f_{132}= 0$ $e_{132}=e_{232}=21 \cdot 6 \cdot 20/42^2 = 1{,}43$ $f_{232}=6$

Die Beobachtungswerte f_{ijl} der Tabelle 17.2.7.1 stimmen nur unzureichend mit diesen Erwartungswerten überein, so daß Kontingenzen zu vermuten sind.

χ^2-*Zerlegung:* Eine χ^2-Zerlegung liefert nach (17.2.1.5) und (17.2.2.8) ein Gesamt-χ^2 von 37,69, das für $2 \cdot 3 \cdot 2 - 2 - 3 - 2 + 2 = 7$ Fge auf der Stufe $\alpha^* = 0{,}05/5 = 0{,}01$ signifikant ist. Die Doublekontingenz BW ist mit $\chi^2 = 7{,}50$ für $2 \cdot 3 - 2 - 3 + 1 = 2$ Fge ebenfalls signifikant. Nicht signifikant ist die Doublekontingenz BG mit $\chi^2 = 3{,}44$ für $2 \cdot 2 - 2 - 2 + 1 = 1$ Fg. Dagegen ist die Doublekontingenz WG mit $\chi^2 = 13{,}27$ für $3 \cdot 2 - 3 - 2 + 1 = 2$ Fge wiederum signifikant. Auch die Tripelkontingenz BWG ist mit $\chi^2 = 37{,}69 - 7{,}50 - 3{,}44 - 13{,}27 = 13{,}48$ für $7 - 2 - 1 - 2 = 2$ Fge signifikant.

Ergebniswürdigung: Das Ergebnis ist im Sinne des Untersuchers, denn (1) ist der Wirkungsnachweis (Kontingenz zwischen B = Behandlung und W = Wirkung) gelungen und (2) ist das Randomisierungsprinzip offenbar nicht schwerwiegend verletzt worden, denn die Kontingenz zwischen Geschlecht und Behandlung war nicht signifikant. Nicht ganz im Sinn des Untersuchers ist der Befund, daß die beiden Geschlechter auf die Behandlungen unterschiedlich reagieren (Tripelkontingenz BWG war signifikant). Dieser Befund verhindert, die beiden 2 x 3-Feldertafeln in Tabelle 17.2.7.1 zusammenzuwerfen, was bei dem kleinen Stichprobenumfang von N = 42 Ptn besonders zu wünschen gewesen wäre.

Interpretation: Vergleicht man Verum- und Placebo-Frequenzen in bezug auf positive (+) Wirkung bei Männern und Frauen, so sieht man sogleich, daß $(13-5)^2/18 = 3{,}56$ wesentlich größer ist als $(2-4)^2/6 = 0{,}67$. Das Verum wirkt also offenbar nur bei Männern in dem erwünschten Sinne.

Beispiel 17.2.7.2

Kontrolle: In Beispiel 17.2.7.1 war die für 4 simultane Tests bei 2 Fgn gültige χ^2-Schranke selbst bei $\alpha = 0{,}10$ mit 7,38 (KRES, 1975, S. 333) in der Nähe der beobachteten χ^2-Werte von 7,50 (für BW) und 13,48 (für BWG). Wegen der durchweg niedrigen Erwartungswerte ist zudem die χ^2-Zerlegung problematisch. Deshalb führen wir ergänzend eine 2I-Zerlegung in der Hoffnung durch, daß diese in Anwendung auf so niedrige Erwartungswerte zuverlässiger entscheidet.

2I-Zerlegung: Wir berechnen zunächst die Hilfsgröße nach (17.5.1.8)

$$IJL = 2(f_{11.})\ln(f_{11.}) + \ldots + 2(f_{23.})\ln(f_{23.}) =$$
$$= 2(15)\ln(15) + 2(6)\ln(6) + \ldots + 2(6)\ln(6) =$$
$$= 81{,}242 + 21{,}501 + 0{,}000 + 39{,}550 + 21{,}501 + 21{,}501 = 185{,}295$$

unter Benutzung von Tafel IX–4–5 und erhalten die Prüfgröße 2I(BW) nach Formel (17.2.3.2)

$$2I(BW) = 313{,}964 + 185{,}295 - 255{,}740 - 233{,}686 = 9{,}833$$

Die letzten beiden Summanden ergeben sich nach (17.5.1.2-3) zu

$$ISS = 2(21)\ln(21) + 2(21)\ln(21) = 255{,}740 \text{ mit } f_{1..} = f_{2..} = 21$$
$$SJS = 2(22)\ln(22) + 2(20)\ln(20) = 233{,}686 \text{ mit } f_{..1} = 22 \text{ und } f_{..2} = 20$$

Die Prüfgröße 2I(BW) = 9,83 liegt numerisch über der Prüfgröße χ^2(BW) = 7,50, womit der bereits aufgefundene Zusammenhang zwischen B und W bestätigt wird.

Anmerkung: Im strengen Sinn ist es unzulässig, einen χ^2-Test mit einem 2I–Test zu kontrollieren', denn der Untersucher muß sich spätestens aufgrund des unausgewerteten Datensatzes für einen der beiden Tests entscheiden.

Der 2I- oder Likelihood-Test scheint vor allem bei *ungleich* großen Erwartungswerten zuverlässiger zu sein als der χ^2-Test. Bei größenordnungsmäßig *gleichen* Erwartungswerten – auch im Bereich von 3 bis 5 – ist, wie WISE (1963) gezeigt hat, auch der χ^2-Test bzw. die χ^2-Zerlegung noch hinreichend valide.

Tafel IX–4–5 (Tafelband) wurde mit gewisser Absicht auf N = 399 beschränkt, da der 2I-Test auf kleinere und mittelgroße Stichproben beschränkt bleiben soll. Untersucher, die große Stichproben nach 2I zerlegen wollen, werden auf die Tafeln von KULLBACK (1962) und BLÖSCHL (1966) verwiesen.

17.2.8 Der χ^2-Oktantentest (KEUCHELS χ^2-Test)

Sind 3 *stetig* verteilte Mme X, Y und Z *nicht trivariat normal verteilt,* so können die zwischen ihnen bestehenden Zusammenhänge (Korrelationen) nach Art eines Quadrantentests (vgl. 9.7.5) im 2^2-Felderfall analysiert werden: Unter der Annahme, daß nur monotone Korrelationen zwischen den 3 Paaren von Observablen bestehen, wird bei geradzahligem Stichprobenumfang N = 2n jedes Mm gesondert von jedem anderen *mediandichotomiert* und die Mms-Werte durch Vorzeichen (+,–) ersetzt. Stetigkeit wird also nur im Medianbereich gefordert (KEUCHEL und LIENERT, 1979).

Unter dieser Vereinbarung entsteht ein Kontingenzwürfel mit der Besonderheit, daß alle Kantensummen gleich N/2 und alle Erwartungswerte unter H_0 (allseitige Unabhängigkeit) gleich $N/2^3$ = N/8 sind. *Gleiche* Erwartungswerte aber ermöglichen nach WISE (1963) kleine Stichproben bis hinunter zu N = 16, wo e = 16/8 = 2 für alle 8 Felder (Zellen, Oktanten).

1. Das Gesamt-χ^2 eines Oktantentests mit e = N/8 ergibt sich sodann zu

$$\chi^2 = \frac{8}{N}(f_{111}^2 + \ldots + f_{222}^2) - N \quad \text{mit 4 Fgn} \quad (17.2.8.1)$$

2. Die χ^2-Werte für die 3 Vierfelder-Randtafeln betragen

$$\chi^2(XY) = \frac{4}{N}(f_{11.}^2 + \ldots + f_{22.}^2) - N \quad \text{mit 1 Fg} \quad (17.2.8.2)$$

für die XY-Tafel und analog für die übrigen 2 Randtafeln, XZ und YZ.

3. Das Residual-χ^2 ist, wenn signifikant, Ausdruck einer *torquierten Regressionsfläche* einer als abhängig gedachten, von den übrigen zwei als unabhängig gedachten Mmn:

$$\chi^2(XYZ) = \chi^2 - \chi^2(XY) - \chi^2(XZ) - \chi^2(YZ) \text{ mit 1 Fg} \qquad (17.2.8.3)$$

Bei signifikanten Tripelassoziations-χ^2 und fehlenden Doubleassoziations-χ^2 verläuft die Regressionsfläche nach Art eines rechtwinklig gedrehten Propellers. Ein nicht signifikantes Tripelassoziations-χ^2 läßt eine *trivariat symmetrische* (flachspindelartige) Verteilung der 3 Observablen zu; sie kann, muß aber nicht eine trivariat normale Verteilung sein. Ein nicht signifikantes $\chi^2(XYZ)$ ist also eine notwendige, aber keine hinreichende Voraussetzung, eine trivariate Normalverteilung in der Population zu vermuten (vgl. KRAUTH und LIENERT, 1973, S. 119).

Wenn aus n stetig verteilten und mutungsweise multivariat normalverteilten Variablen $\binom{n}{3}$ = n(n-1)(n-2)/6 *Variablentripel* gebildet und heuristisch in obiger Weise analysiert werden, können Variablen, die mit Paaren von anderen Variablen Tripelassoziationen bilden, *eliminiert* werden, ehe ein parametrisches Verfahren (z.B. eine Faktorenanalyse) auf sie angewendet wird.

Werden auch *nicht-monotone* Korrelationen zwischen 3 je stetig verteilten Variablen vermutet, dann genügt eine Mediandichotomierung nicht, um alle Arten von Abhängigkeiten zu entdecken. Wenn man jede Variable nach ihren beiden Tertilpunkten *trichotomiert*, so entsteht eine 3^3-Feldertafel mit Erwartungswerten von je e = N/27 als trivariate Gleichverteilung. Gegen sie kann in analoger Weise geprüft werden wie bei einer 2^3-Feldertafel.

Beispiel 17.2.8.1

Datensatz: N = 66 Vpn hatten unter Wirkung von LSD zwei Tests (KLT-Düker, IST-Amthauer) zu nehmen. Die Testskalen (Rohwerte) des KLT waren R ≙ Richtigantworten (im Kettenrechnen) und F ≙ Falschantworten. Vom IST wurde nur die IQ-Skala benutzt. Die Ergebnisse der ternobservablen Untersuchung sind in Tabelle 17.2.8.1 aufgeführt (aus LIENERT, 1964, Tafel I).

Fragestellung: Es geht darum zu entscheiden, ob die 3 Skalen interkorreliert und (zusammen mit anderen Skalen) faktorisiert werden dürfen. Die Testwerttripel müssen also aus einer trivariat symmetrischen (möglichst trivariat normalen) Verteilung stammen.

Testindikation: Der Oktantentest ist ein einfaches Verfahren, obige Frage zu beantworten, wenn r = 5 simultane χ^2-Kontingenztests (1 Gesamt-, 3 Double- und 1 Tripelassoziationstest) durchgeführt werden.

Datenjustierung: Die 3 Testwertskalen werden mediandichotomiert und mit Plus (über dem Median) oder Minus (unter dem Median) postsigniert, wie in Tab. 17.2.8.1 geschehen. Die 3 Medianbindungen in F wurden nach Losentscheid mit Vorzeichen (2 Minus, 1 Plus) versehen.

Tabelle 17.2.8.1

R	F	IQ		R	F	IQ	
89−	7−	98	−	56−	8−	97	−
156+	10−	104	−	109+	15+	104,5	+
86−	9−	106	+	130+	21+	104,4	−
128+	2−	109	+	100+	7−	107	+
165+	18+	108	+	166+	15+	106	+
58−	12+	100	−	72−	9−	101	−
183+	12+	104,7	+	53−	13+	99	−
54−	8−	108	+	51−	21+	94	−
63−	10−	104	−	24−	9−	90	−
145+	17+	92	−	155+	4−	111	+
70−	6−	102	−	85−	10−	107	+
171+	10−	104,5	+	150+	9−	101	−
84−	13+	94	−	107+	5−	110	+
24−	18+	100	−	113+	8−	111	+
24−	16+	100	−	78−	16+	96	−
139+	L11+	107	+	114+	26+	113	+
119+	4−	109	+	121+	14+	111	+
209+	17+	112	+	86−	15+	100	−
95+	38+	100	−	69−	6−	105,1	+
14−	4−	89	−	169+	10−	111	+
41−	L11+	99	−	25−	L11+	103	−
78−	9−	99	−	103+	18+	111	+
86−	15+	108	+	76−	8−	113	+
96+	3−	101	−	123+	5−	110	+
94+	23+	113	+	92−	16+	107	+
79−	28+	99	−	134+	8−	109	+
110+	14+	112	+	90−	21+	105,2	+
72−	19+	97	−	41−	10−	107	+
49−	3−	88	−	139+	9−	108	+
72−	6−	101	−	79−	3−	100	−
64−	10−	97	−	97+	17+	101	−
105+	13+	107	+	96+	12+	104	−
136+	10−	97	−	100+	14+	106	+

L=: Postsignierung durch Losentscheid für die seitengetrennte Urlistung (/.0) in Tab. 17.2.8.2.

Datenrepräsentation: Die $2^3 = 8$ Vorzeichenmuster sind in Tab. 17.2.8.2 samt ihren Frequenzen verzeichnet, und nach χ^2 auf Gleichverteilung mit e = 66/8 = 8,25 angepaßt (Formel 17.2.8.1) bzw. auf Allunabhängigkeit geprüft.

Tabelle 17.2.8.2

R F I	Urliste	mit N = 66	f	f²	$e = \frac{66}{8}$
+ + +	///////	000000	13	169	
+ + −	//	000	5	25	
+ − +	///	00000000	11	121	
+ − −	///	0	4	16	
− + +	/	00	3	9	
− + −	///////	00000	12	144	
− − +	//	0000	6	36	
− − −	////////	0000	12	144	

$Fg = 2^3 - 3 \cdot 2 + 2 = 4$ $\qquad\qquad \chi^2 = \frac{8}{66}(664) - 66 = 14{,}48$

Die Gesamtkontingenz ist für 4 Fge auf der $\alpha^* = 1\%$-Stufe signifikant, was nicht verwundert, da es sich um Leistungen handelt.

χ^2-*Zerlegung:* Die Randtafelassoziation RF ist durch die folgenden Vierfelderfrequenzen gegeben: $a = 13 + 5 = 18$, $b = 11 + 4 = 15$, $c = 3 + 12 = 15$ und $d = 6 + 12 = 18$. Es gilt $\chi^2(RF) = 66(18 \cdot 18 - 15 \cdot 15)^2/(33 \cdot 33 \cdot 33 \cdot 33) = 0{,}55$ ist für 1 Fg nicht signifikant, so daß R und F als unkorreliert angenommen werden können (was psychologisch nicht plausibel erscheint und eine Behandlungswirkung sein dürfte).

Die Randtafelassoziation RI basiert auf $a = 13 + 11 = 24$, $b = 5 + 4 = 9$, $c = 3 + 6 = 9$ und $d = 12 + 12 = 24$, so daß $\chi^2(RI) = 66(495)^2/33^4 = 13{,}66$ signifikant ist (1 Fg). Richtiges Kettenrechnen und IQ sind auch unter LSD positiv assoziiert (ad−bc = +495).

Die Randtafelassoziation FI gründet auf den Frequenzen $a = 13 + 3 = 16$, $b = 5 + 12 = 17$, $c = 11 + 6 = 17$ und $d = 4 + 12 = 16$, womit $\chi^2(FI) = 66(-33)^2 33^4 = 0{,}06$. Falsch Rechnen und IQ sind ebenfalls unkorreliert (was nur verständlich erscheint, wenn ‚aus Leichtfertigkeit' unter LSD falsch gerechnet wird und nicht aus Unvermögen).

Die Tripelassoziation ergibt sich zu $\chi^2(RFI) = 14{,}48 - 0{,}55 - 13{,}66 - 0{,}06 = 0{,}21$, das für 1 Fg auf der $\alpha^* = 1\%$-Stufe nicht signifikant ist. Es spricht also nichts dagegen, die 3 Variablen bzw. deren Phi-Interkorrelationen in eine Korrelationsmatrix einzubringen und zu faktorisieren.

Man beachte: fehlende Tripelassoziation im χ^2-Oktantentest impliziert nicht, daß die 3 stetig verteilten Observablen der Tabelle 17.2.8.1 trivariat *normal* verteilt, ja nicht einmal, daß sie trivariat *symmetrisch* verteilt seien (vgl. 17.7.1), sondern lediglich, daß die 3 Randtafelassoziationen die Gesamtassoziation der 3 Observablen ausschöpfen („quasi-parametrische' Assoziation). Diese Feststellung gilt auch für die 2I-Version des Oktantentests.

Ist die praktische Signifikanz einer Zerlegung des Gesamt-χ^2 aus einem Oktantentest geringer als seine statistische Signifikanz (wie im Fall großen

Stichprobenumfangs), dann nehme man eine *Phi²-Zerlegung* anstelle einer χ^2-Zerlegung vor: Man benutzt dazu $\text{Phi}^2 = \chi^2/N$ für die 3 Doubleassoziations-χ^2-Werte und für den einen Tripel-χ^2-Wert. Die 4 Phi²-Komponenten ergeben additiv das Gesamt-Phi² des Oktantentests.

17.2.9 Der 2I-Oktantentest (Keuchels 2I-Test)

Kleinere Stichproben nicht trivariat normal verteilter Variablen analysiert man besser mit einem 2I- als mit einem χ^2-Oktantentest: Man dichotomiert die 3 Observablen nach ihrem Stichprobenmedian (wobei man ggf. ein Mediantripel eliminiert) und teilt etwaige *Medianbindungen* nach Los so zu, daß je 50% der Beobachtungswerte über- und unter dem Median einer Observablen gelegen sind.

1. Ob *überhaupt* eine Form des monotonen Zusammenhangs zwischen den 3 Observablen A, B und C besteht, prüft man mittels des Gesamt-2I nach Keuchel u. Lienert (1979)

$$2I = (2f_{111})\ln(f_{111}) + \ldots + (2f_{222})\ln(f_{222}) + 2(2N)\ln(N) - $$
$$- 6(2n)\ln(n) \quad \text{mit 4 Fg, wobei } n = N/2 \qquad (17.2.9.1)$$

2. *Paarige* monotone Zusammenhänge prüft man mittels eines Vierfelder-2I-Tests der jeweiligen Randtafel, wie z.B. der Zeilen-Spaltentafel, nach

$$2I(AB) = (2f_{11.})\ln(f_{11.}) + \ldots + (2f_{22.})\ln(f_{22.}) + (2N)\ln(N) -$$
$$- 4(2n)\ln(n) \quad \text{mit 1 Fg, wobei } n = N/2 \qquad (17.2.9.2)$$

Analog prüft man Zeilen-Schichten- und Spalten-Schichten-Korrelationen.

3. Ob der Gesamtzusammenhang durch die 3 paarigen Zusammenhänge hinreichend erklärt ist, prüft man mittels des Residual-2I-Tests nach

$$2I(ABC) = 2I - 2I(AB) - 2I(AC) - 2I(BC) \text{ mit 1 Fg} \qquad (17.2.9.3)$$

Eine auf der $\alpha^* = \alpha/5$ signifikante *Tripelkorrelation* schließt die parametrische Analyse der 3 stetigen Observablen aus.

17.2.10 Der exakte 2^3-Felder-Kontingenztest (BHK-Test)

Sind die Erwartungswerte einer 2^3-Feldertafel *sehr niedrig* (unterhalb von 2.), oder ist mindestens ein Erwartungswert kleiner als 1, dann muß statt eines asymptotischen χ^2 oder 2I-Tests ein *exakter Kontingenztest* durchgeführt werden. Wir betrachten in der Folge nur den exakten Test auf allseitige Unabhängigkeit dreier binärer Mme, also den 2^3-Feldertest.

Rationale

1. Schreibt man die Frequenzen einer *Vierfeldertafel* in der Punkt-Index-Notation, dann baut der exakte Vierfeldertest nach FISHER-YATES auf der Punktwahrscheinlichkeit der beobachteten Tafel

$$p = \frac{(f_{1.}!)(f_{2.}!)(f_{.1}!)(f_{.2}!)/N!}{(f_{11}!)(f_{12}!)(f_{21}!)(f_{22}!)} \qquad (17.2.10.1)$$

auf (Formel 5.3.2.2). Man berechnet die Punktwahrscheinlichkeiten aller bei gegebenen 2 x 2 Randsummen möglichen Tafeln und summiert die p-Werte, die kleiner oder gleich dem beobachteten p-Wert sind, zur (einseitigen) Überschreitungswahrscheinlichkeit P.

2. Die *Punktwahrscheinlichkeit einer Achtfeldertafel* unter H_0 dreier allseitig unabhängiger Alternativ-Mme läßt sich in analoger Weise herleiten wie (17.2.10.1) und führt auf

$$p = \frac{(f_{1..}!)(f_{2..}!)\ldots(f_{..2}!)/(N!)^2}{(f_{111}!)\ldots(f_{222}!)} \qquad (17.2.10.2)$$

Auch hier gewinnt man die *Überschreitungswahrscheinlichkeit* P, indem man alle bei gegebenen 3 x 2 Randsummen möglichen Tafeln herstellt und die p-Werte jener Tafeln summiert, die kleiner oder gleich dem beobachteten p-Wert sind (vgl. 15.2.4).

Numeriert man die r+1 p-Werte von p_0 (beobachtete Tafel) bis p_r (Tafel mit dem kleinsten p) durch, so gilt für $p_i^* \leq p_0$

$$P = \sum_{i=0}^{r} p_i^*, \quad i = 0(1)r \qquad (17.2.10.3)$$

wobei P die gesuchte Überschreitungswahrscheinlichkeit eines 2^3-Feldertests bezeichnet.

Felderfrequenzen in Untertafeln

Während im 2^2-Feldertest mit 1 Fg nur *eine* Felderfrequenz, $a = f_{11}$, festliegen muß, um die restlichen 3 Frequenzen zu bestimmen, müssen beim 2^3-Feldertest entsprechend seinen 4 Fgn 4 Felderfrequenzen festgelegt werden, um die restlichen 4 zu bestimmen.

Legen wir z.B. in der oberen Vierfeldertafel eines Kontingenzwürfels (vgl. Tafel XVII−1−1) die Frequenzen f_{111} und f_{122} der *Hauptdiagonale* fest und in der unteren Vierfeldertafel die Frequenzen f_{212} und f_{221} der *Nebendiagonale*, so ergeben sich die übrigen 4 Frequenzen aus den 3 x 2 Randsummen wie folgt

$$f_{112} = (f_{1..} + f_{.1.} - f_{..1} + f_{221} - f_{111} - f_{122} - f_{212})/2 \qquad (17.2.10.4)$$

$$f_{121} = (f_{1..} + f_{..1} - f_{.1.} + f_{212} - f_{111} - f_{122} - f_{221})/2 \qquad (17.2.10.5)$$

Dies sind die Frequenzen der oberen Nebendiagonalfelder; die Frequenzen der unteren Hauptdiagonalfelder betragen

$$f_{211} = (f_{1..} + f_{.1.} - f_{1..} + f_{122} - f_{111} - f_{212} - f_{221})/2 \qquad (17.2.10.6)$$

$$f_{222} = N - (f_{1..} + f_{.1.} + f_{..1} + f_{122} + f_{212} + f_{221} - f_{111})/2 \qquad (17.2.10.7)$$

Zur *Frequenzbestimmung* wurden nur die Randsummen $f_{1..}$, $f_{.1.}$ und $f_{..1}$ benutzt, also die Zahl der Positivausprägungen der 3 Alternativ-Mme; die Negativausprägungen ergeben sich aus $f_{2..} = N - f_{1..}$ usw. als Komplemente zum Stichprobenumfang der trivariaten Beobachtungseinheiten.

Vertafelung

Zwecks *Vertafelung* des exakten 2^3-Feldertests vereinbaren wir, daß $f_{1..} \geqslant f_{2..}$, daß $f_{.1.} \geqslant f_{.2.}$ und daß $f_{1..} \geqslant f_{..2}$ sein soll. Anders formuliert: Wir bezeichnen die häufiger auftretenden Varianten in jedem der 3 Alternativ-Mme als die Positivvarianten, was keine Einschränkung der Allgemeinheit des Ansatzes bedeutet. Sodann suchen wir zu dem *Parameter-Oktupel* des Stichprobenumfangs N, das aus den 3 mit n statt f bezeichneten Positivvarianten-Häufigkeiten $n_{1..}$, $n_{.1.}$ und $n_{..1}$ sowie den 4 frei wählbaren Zellhäufigkeiten n_{111}, n_{122}, n_{212} und n_{221} besteht, die Überschreitungswahrscheinlichkeit P in Tafel XVII−1−1.

Wie die P-Werte in Tafel XVII−1−1 zustande kommen, zeigt das Beispiel der Abbildung 17.2.10.1 mit N = 5, $n_{1..} = n_{.1.} = n_{..1} = 3$, $n_{111} = 2$, $n_{122} = 1$ und $n_{212} = n_{221} = 0$. Die Frage lautet, ob die 3 Symptome A, B und C ‚irgendwie' zusammenhängen.

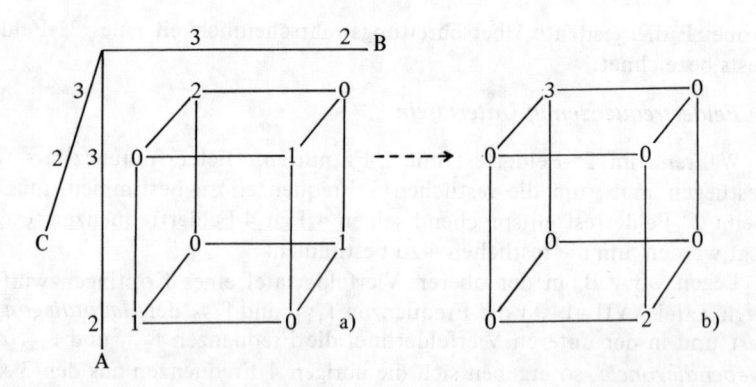

Abb. 17.2.10.1ab:
Beobachteter und extremerer Assoziationswürfel dreier Alternativ-Mme (Symptome) von N = 5 Individuen.

Die in Tafel VII−1−1 abgedruckten P-Werte des hier sogenannten *BHK-Tests* entstammen einem Typoskript von Brown, Heinze und Krüger (1975), dessen Tafelanhang in Krüger et al. (1979) erscheint, aber schon im Tafelband (Lienert, 1975) vorweggenommen ist.

Die Punktwahrscheinlichkeit des beobachteten Würfels hat nach (17.2.10.2) einen Zählerwert von $(3!)(2!)(3!)(2!)(3!)(2!)/(5!)^2 = 6\cdot 2\cdot 6\cdot 2\cdot 6\cdot 2/(5\cdot 4\cdot 3\cdot 2\cdot 1)^2 = 0{,}12$. Ihr Nennerwert ist $(2!)(0!)(0!)(1!)(0!)(1!)(1!)(0!) = 2\cdot 1\cdot 1\cdot 1\cdot 1\cdot 1\cdot 1\cdot 1 = 2$, so daß $p_0 = 0{,}12/2 = 0{,}06$. Es gibt nur einen einzigen Würfel, der bei gegebenen Randsummen ‚extremer' ist, d.h. eine kleinere Punktwahrscheinlichkeit als der beobachtete aufweist (Abb. 17.2.10.1.b). Dieser extremere Würfel hat ein p_1 mit gleichem Zählerwert 0,12, und einem Nennerwert von $(3!)(0!)(0!)(0!)(0!)(0!)(0!)(2!) = 6\cdot 1\cdot 1\cdot 1\cdot 1\cdot 1\cdot 1\cdot 2 = 12$, so daß $p_1 = 0{,}12/12 = 0{,}01$.

Unter der *Nullhypothese*, wonach die 3 Symptome allseitig unabhängig sind, ist also der in Abb. 17.2.10.1a beobachtete (tripelassoziationstypische) Symptomzusammenhang eine Überschreitungswahrscheinlichkeit von $P = p_0 + p_1 = 0{,}06 + 0{,}01 = 0{,}07$. Da dieser P-Wert noch nicht auf der 5%-Stufe signifikant ist, fehlt er in Tafel XVII−1−1.

Tafelbenutzung

Wäre der extremere Würfel in Abb. 17.2.10.1 beobachtet worden, so hätten wir unter dem *Parameter-Oktupel* (5 3 3 3 3 0 0 0) in Tafel XVII−1−1 einen P-Wert von .0100 abgelesen. Diese Überschreitungswahrscheinlichkeit entspricht der oben berechneten Punktwahrscheinlichkeit von $p = 0{,}01$, da für die extremsten Würfel gilt, daß $P = p$. In analoger Weise wurden die P-Werte für andere Parameter-Oktupel berechnet und vertafelt, für Stichproben von $N = 5(1)16$[9]. Parameter-Oktupel, die nicht in Tafel XVII−1−1 verzeichnet sind, haben P-Werte oberhalb von 5%, zeigen also keinen auf der 5%-Stufe signifikanten Dreifach-Zusammehang an. Die Tafeln XVII−1−1 sind ein Vorabdruck aus dem Tafelwerk von Krüger et al. (1979, Bd. 5), an welchem ursprünglich Brown, Heinze und Krüger (1975) gearbeitet haben[10].

Tafel XVII−1−1 dient in Sonderheit dem Nachweis des Zusammenhangs *seltener* Alternativ-Mme (Symptome), wie sie in der klinischen Me-

---

[9] Die BHK-Tafel konnte wegen des exponentiell zu N wachsenden Umfangs nicht über n = 16 hinaus erstellt werden. Für den Spezialfall *gleicher Randsummen* $n_{1..} = n_{.1.} = n_{..1} = N/2 = n$ ist sie als *Oktantentest* jedoch bis N = 24 in Tafel XVII−2 des Anhangs weitergeführt worden. Wir kommen später noch auf den Gebrauch dieser Tafel zurück.

[10] Die im Tafelband zitierte Arbeit von Brown-Heinze-Krüger (1975) ist wegen Aufnahme in den Tafelband Krüger et al. (1979) nicht wie geplant in EDV in Medizin und Biologie publiziert worden.

dizin postuliert und mit Namen (Basedow = Exophthalmus, Struma, Tachykardie bei Schilddrüsenüberfunktion; BEZOLD; CHARCOT; HUTCHINSON) belegt werden. Je nachdem, ob die Symptome einer *trias paarig* (quasiparametrisch) oder *nicht-paarig* (antiparametrisch) zusammenhängen, kann man zwischen *quasiparametrischen* und *antiparametrischen* Symptom-Triaden unterscheiden (LIENERT und WALL, 1978). Abb. 17.2.10.1a entspricht einer antiparametrischen Trias (5 3 3 3 2 1 1 1) mit Tetraederbesetzung, wie sie beim LEUNERschen Syndrom (Bewußtseinstrübung, Denkstörung und Affektivitätsbeeinflussung unter LSD) beobachtet wurde (LIENERT, 1970). Abbildung 17.2.10.1b illustriert eine quasiparametrische Trias (5 3 3 3 3 0 0 0), wie sie als Enzephalopathiesyndrom (Atemnot, Blau-Anlaufen und Krämpfen) bei 5 Risikogeburten beobachtet worden sein könnte.

Man beachte, daß der exakte 2^3-Feldertest auf parametrische wie nichtparametrische Zusammenhänge anspricht und insofern ein *Omnibustest* ist, der gegen alle möglichen Abweichungen von H_0 allseitiger Unabhängigkeit dreier Mme anspricht.

17.2.11 WOLFRUMS χ^2-Tests für spezifizierte Dreiwegtafeln

Das asymptotische Pendant zum BHK-Test (17.2.10) haben wir bereits im Abschnitt 17.2.1 vorweggenommen. Nachzutragen sind lediglich noch einige asymptotische χ^2-Tests, die in Anwendung auf *spezifizierte Dreiwegtafeln* leichter auszuwerten sind als (17.2.1.5), aber ebenso wie (17.2.1.5) gegen alle möglichen Abweichungen von H_0 allseitiger Unabhängigkeit in einer ternobservablen Dreiwegtafel ansprechen (LIENERT und WOLFRUM, 1979).

Tests für den allgemeinen Kontingenzquader (kms-Tafel)

Durch Einsetzen von $e_{ijl} = f_{i..} f_{.j.} f_{..l} / N^2$ in (17.2.1.5) erhält man die *kms-Formel*

$$\chi^2 = \sum_{i,j,l} \frac{N^2 f_{ijl}^2}{f_{i..} f_{.j.} f_{..l}} - N \qquad (17.2.11.1)$$

für den allgemeinen Kontingenzquader, wobei $f_{i..}$ etc. die Randverteilungen der 3 Mme bezeichnen.

Wurde das stetige der 3 Mme nach s Quantilen äquiarealdiskretisiert, so daß $f_{..l} = N/s$, wenn es als Schichtungs-Mm aufgefaßt wird, dann setze man in die *kms(g)-Formel* ein:

$$\chi^2 = Ns \sum_{i,j} \frac{f_{ij1}^2 + \ldots + f_{ijs}^2}{f_{i..} f_{.j.}} - N \qquad (17.2.11.2)$$

Wurde das stetige Zeilen-Mm nach k Quantilen und das stetige Spalten-Mm nach m Quantilen äqui-areal-diskretisiert, $f_{i..} = N/k$ und $f_{.j.} = N/m$, bei einem multinär verteilten Schichten-Mm, dann gilt die $k(g)m(g)s$-Formel

$$\chi^2 = km \sum_{l} \frac{f_{111}^2 + \ldots + f_{kml}^2}{f_{..l}} - N \qquad (17.2.11.3)$$

Wurden alle 3 stetigen Mme äquiarealdiskretisiert, so daß $f_{i..} = N/k$, $f_{.j.} = N/m$ und $f_{..l} = N/s$, dann gilt die $k(g)m(g)s(g)$-Formel

$$\chi^2 = \frac{kms}{N} \sum_{i,j,l} f_{ijl}^2 - N \qquad (17.2.11.4)$$

Wurden alle Mme nach derselben Zahl von $r = k = m = s$ Quantilen diskretisiert, dann ist r^3/N der Faktor vor dem Summenoperator und die kms-Tafel ein Kontingenzkubus. Für alle χ^2-Tests sind die Freiheitsgrade zu bestimmen nach

$$k \cdot m \cdot s - k - m - s + 2 \qquad (17.2.11.5)$$

Tests für den 2-Schichten-Kontingenzquader

Hat eines der 3 Mme nur 2 Ausprägungen (Ja-Nein), dann betrachte man dieses Mm als Schichtungs-Mm und setze in die *km2-Formel*

$$\chi^2 = \sum_{i,j} \frac{N^2}{f_{i.} f_{.j}} \left(\frac{a_{ij}^2}{N_a} + \frac{b_{ij}^2}{N_b} \right) - N \qquad (17.2.11.6)$$

ein. Darin bezeichnen a_{ij} die Felder der hinteren und b_{ij} die Felderfrequenzen der vorderen km-Untertafel mit den Umfängen $N_a = f_{..1}$ und $N_b = f_{..2}$.

Sind Zeilen- und Spalten-Mm k- und m-stufig diskret und das Schichten-Mm stetig aber mediandichotomiert, so daß $N_a = N_b = N/2$, dann gilt die *km2(g)-Formel*

$$\chi^2 = 2N \sum_{i,j} \frac{a_{ij}^2 + b_{ij}^2}{f_{i.} f_{.j}} - N \qquad (17.2.11.7)$$

Sind Zeilen- und Spalten-Mm stetig aber äquiarealdiskretisiert, so daß $f_{i..} = N/k$ und $f_{.j.} = N/m$, so gilt bei einem binären Schichten-Mm mit $N_a \neq N_b$ die *k(g)m(g)2-Formel*

$$\chi^2 = km \sum_{i,j} \left(\frac{a_{ij}^2}{N_a} + \frac{b_{ij}^2}{N_b} \right) - N \qquad (17.2.11.8)$$

Sind alle 3 Mme stetig und äquiarealdiskretisiert mit $f_{i..} = N/k$, $f_{.j.} = N/m$ und $N_a = N_b$ bei mediandichotomiertem Schichten-Mm, so gilt die *k(g)m (g)2(g)-Formel*

$$\chi^2 = \frac{2km}{N} \Sigma (a_{ij}^2 + b_{ij}^2) - N \qquad (17.2.11.9)$$

Für alle χ^2-Tests des 2-Schichten-Kontingenzquaders gelten $km \cdot 2 - k - m - 2 + 2 = 2km - k - m$ Fge nach (17.2.11.5).

Tests für die Vierfelder-Kontingenzsäule (22s-Tafel)

Bezeichnet man in einer 2x2xs-Tafel die 4 Felder der Schicht 1 mit a_1 bis d_1, die 4 Felder der Randtafel mit a bis d und die Schichtumfänge mit N_1, dann gilt für 2 binäre und 1 multinäres Mm die *22s-Formel*

$$\chi^2 = \left(\frac{N}{a+b}\right)\left(\frac{N}{a+c}\right) \Sigma (a_1^2/N_1) + ... + \left(\frac{N}{c+d}\right)\left(\frac{N}{b+d}\right) \Sigma (d_1^2/N_1) - N \quad (17.2.11.10)$$

Sind das Zeilen-Mm und das Spalten-Mm binär verteilt, das Schichten-Mm aber nach s Quantilen äuqiareal-diskretisiert, dann gilt mit $N_1 = N/s$ die *22s(g)-Formel*

$$\chi^2 = \frac{Ns \Sigma a_1^2}{(a+b)(a+c)} + ... + \frac{Ns \Sigma d_1^2}{(c+d)(b+d)} - N \qquad (17.2.11.11)$$

Ist das Zeilen-Mm binär verteilt, das Spalten-Mm mediandichotomiert und das Schichten-Mm multinär verteilt, dann gilt die *22(g)s-Formel*

$$\chi^2 = \frac{2N}{a+b} \Sigma (a_1^2 + b_1^2)/N_1 + \frac{2N}{c+d} \Sigma (c_1^2 + d_1^2)/N_1 - N \qquad (17.2.11.12)$$

Sind Zeilen- und Spalten-Mm mediandichotomiert und das Schichten-Mm multinär verteilt, dann gilt die *2(g)2(g)s-Formel*

$$\chi^2 = 4(\Sigma a_1^2/N_1 + ... + \Sigma d_1^2/N_1) - N \qquad (17.2.11.13)$$

Sind Zeilen- und Spalten-Mm mediandichotomiert und das Schichten-Mm nach s Quantilen diskretisiert, dann gilt die *2(g)2(g)s(g)-Formel*

$$\chi^2 = \frac{4s}{N}(\Sigma a_1^2 + ... + \Sigma d_1^2) - N \qquad (17.2.11.14)$$

Alls χ^2-Werte von *Vierfelder-Kontingenzsäulen* (22s-Tafeln) haben unter der Allunabhängigkeits-H_0 $2 \cdot 2 \cdot s - 2 - 2 - s + 2 = 3s - 2$ Fge (17.2.11.5).

Tests für den 2^3-Felder-Kontingenzwürfel

Bezeichnet man in einer 2^3-Feldertafel *(Kontingenzwürfel)* die Frequenzen der hinteren Vierfeldertafel mit a_1 bis d_1 und die der vorderen

Vierfeldertafel mit a_2 bis d_2, bezeichnet man ferner die Vierfelder-Randtafel-Frequenzen mit a bis d und die Schichtumfänge mit N_1 und N_2, dann gilt für 3 binär verteilte Mme die *222-Formel*

$$\chi^2 = \left(\frac{N}{a+b}\right)\left(\frac{N}{a+c}\right)\left(\frac{a_1^2}{N_1} + \frac{a_2^2}{N_2}\right) + ... + \left(\frac{N}{c+d}\right)\left(\frac{N}{b+d}\right)\left(\frac{d_1^2}{N_1} + \frac{d_2^2}{N_2}\right) - N \quad (17.2.11.15)$$

Ist das Zeilen- und das Spalten-Mm binär verteilt und das Schichten-Mm mediandichotomiert, so daß $N_1 = N_2 = N/2$, dann gilt die *222(g)-Formel*

$$\chi^2 = 2N \left(\frac{a_1^2 + a_2^2}{(a+b)(a+c)} + ... + \frac{d_1^2 + d_2^2}{(c+d)(b+d)}\right) - N \quad (17.2.11.16)$$

Sind Zeilen- und Spalten-Mm mediandichotomiert und das Schichten-Mm binär verteilt, dann gilt die *2(g)2(g)2-Formel*

$$\chi^2 = 4 \left(\frac{a_1^2 + ... + d_1^2}{N_1} + \frac{a_2^2 + ... + d_2^2}{N_2}\right) - N \quad (17.2.11.17)$$

Sind alle 3 Mme mediandichotomiert, dann gilt die *2(g)2(g)2(g)-Formel*

$$\chi^2 = \frac{8}{N}(a_1^2 + ... + d_1^2 + a_2^2 + ... + d_2^2) - N \quad (17.2.11.18)$$

Alle χ^2-Werte für ternobservable 2^3-Felder-Kontingenzwürfel sind nach $2 \cdot 2 \cdot 2 - 2 - 2 - 2 + 2 = 4$ Fgn zu beurteilen (vgl. 17.2.11.5).

17.2.12 Komponentenversionen von WOLFRUMS χ^2-Tests

Die in 17.2.11 aufgeführten χ^2-Tests sind interpretationsneutral, da sie Erwartungswerte nicht einbeziehen. Um sie partiell interpretationsrelevant zu gestalten, können sie von *Schichtenkomponenten* her aufgebaut werden (LIENERT und WOLFRUM, 1979):

Für die kms-Tafel ist $\chi^2 = \Sigma \chi_l^2$ wobei χ_l^2 den Beitrag der Schicht l zum Gesamt-χ^2 repräsentiert:

$$\chi_l^2 = \sum_{i,j} \frac{N^2 f_{ijl}^2}{f_{i..}f_{.j.}f_{..l}} - f_{..l} \quad (17.2.12.1)$$

Die Formel (17.2.12.1) gilt sowohl für den allgemeinen wie für den Zweischichten-Kontingenzquader, wo l=1 und l=2 zu setzen ist.

Für die 22s-Tafel ist gleichermaßen $\chi^2 = \Sigma \chi_l^2$, wobei χ_l^2 den Beitrag einer Vierfelder-Untertafel l zum Gesamt-χ^2 darstellt:

$$\chi_l^2 = \frac{N^2}{N_l} \left[\frac{a_l^2}{(a+b)(a+c)} + \frac{b_l^2}{(a+b)(b+d)} + \frac{c_l^2}{(c+d)(a+c)} + \frac{d_l^2}{(c+d)(b+d)}\right] - N_l \quad (17.2.12.2)$$

Formel (17.2.12.2) gilt sowohl für die Kontingenzsäule wie für den Kontingenzwürfel, wo l=1 und l=2 zu setzen ist.

Nicht auf den s Schichten, sondern auf den $2 \cdot 2 = 4$ Säulen baut der Komponententest $\chi^2 = \chi_a^2 + \ldots + \chi_d^2$ auf, wobei

$$\chi_a^2 = \frac{N^2}{(a+b)(a+c)} \Sigma a_l^2/N_l - a \qquad (17.2.12.3)$$

den Beitrag der Positivvarianten (++) beider Alternativ-Mme (Zeilen- und Spalten-Mm) repräsentiert.

Die Komponentenformeln geben über ihre Komponenten Hinweise dahin, welche Schicht (Säule) von der frontalen Randtafel (Randfrequenz) am stärksten abweicht, und welche andere Schicht am wenigsten abweicht. Eine orientierende *Interpretation* mag sich auf eine einzige stark abweichende Schichten-Untertafel stützen, indem sie deren Häufigkeitsanteile mit denen der Schichten-Randtafel vergleicht.

17.3 Zweiwegkontingenzen in Dreiwegtafeln

In dem Abschnitt 17.2 haben wir nur die auf der χ^2-Zerlegung basierenden Aspekte der Kontingenz in Dreiwegtafeln betrachtet als da sind: Gesamtkontingenz, Doublekontingenzen und Tripelkontingenz. Diese Aspekte spielen in *Routine-Auswertungen* von Dreiwegtafeln in der Tat die bedeutsamste Rolle.

Im folgenden werden wir neben den schon behandelten weitere Aspekte der Auswertung von Dreiwegtafeln kennenlernen; sie beziehen sich u.a. auf die verschiedenen *Zweiweg-Untertafeln* eines Kontingenzquaders (wie in 17.3.2) oder stellen Zweiweg-Untertafel- und Randtafelkontingenzen einander gegenüber. Andere Aspekte fassen 2 Mme zu einem *Kombinations-Mm* zusammen und untersuchen dessen Kontingenz mit dem dritten Mm. Diese und andere Aspekte der *Zweiweganalyse von Dreiwegtafeln* werden uns im folgenden beschäftigen.

17.3.1 Bedingte Kontingenzen in Dreiwegtafeln

In einer 2-dimensionalen Kontingenztafel existiert nur eine einzige Art von Kontingenzen zwischen 2 Mmn A und B: die Doublekontingenz, die hier zugleich auch die Gesamtkontingenz darstellt. In einer 3-dimensionalen Kontingenztafel mit den Mmn A, B und C mit k, m und s Ausprägungen müssen wir zwei Arten von Doublekontingenzen zwischen A und B unterscheiden: die bedingte und die unbedingte Kontingenz.

(1) Die *unbedingte Kontingenz* zwischen A und B haben wir bereits als die Doublekontingenz im engeren Sinne kennengelernt (vgl. 17.1.2); sie ist die Kontingenz in der frontalen Randtafel AB.

(2) Die *bedingte Kontingenz* zwischen A und B bezüglich C ist definiert als die Kontingenz zwischen A und B, wie sie in den s Untertafeln von C aufscheint; sie ist ein gewogenes Mittel aller s Untertafelkontingenzen und gibt die Kontingenz zwischen A und B bei festgehaltenem C an, was man — wie bei partieller Assoziation (vgl. 9.2.3) — als AB.C symbolisiert und auch als *partielle Kontingenz* bezeichnet (vgl. Escher und Lienert, 1971).

Entsprechend obiger Definition basiert ein Test für bedingte Kontingenz auf den *Prüfgrößen* χ^2 der AB-Kontingenzen in den s Untertafeln von C bzw. auf deren Summe

$$\chi^2(AB.C) = \chi^2(AB.C_1) + ... + \chi^2(AB.C_s) \text{ mit } s(k-1)(m-1) \text{Fgn} \quad (17.3.1.1)$$

In einem Kontingenzwürfel mit k = m = s = 2 besteht also χ^2 (AB.C) aus dem Vierfelder-χ^2 der hinteren und dem Vierfelder-χ^2 der vorderen Untertafel, und die Zahl der Fge ist 2(2-1)(2-1) = 2, entsprechend den 2 Summanden von χ^2.

(1) Die bedingte Kontingenz kann größer, kleiner oder gleich der unbedingten Kontingenz zweier Mme A und B sein: Sind z.B. 2 Alternativ-Mme in der einen Vierfelder-Untertafel eng positiv, in der anderen eng negativ assoziiert, dann besteht eine hohe bedingte Kontingenz, denn die beiden Kontingenzen ‚addieren' sich. Wirft man nun aber beide Vierfeldertafeln zu einer Randtafel zusammen, so überdecken sich positive und negative Assoziation zu einer Nullassoziation, d.h. die unbedingte Kontingenz ist hier nahe Null, wie in Fall (1) von Tab. 17.3.1.1.

(2) Auch der umgekehrte Fall kann eintreten: Sind 2 Alternativ-Mme in den Untertafeln nicht assoziiert, aber McNemar-asymmetrisch, dann können sie sich in der Randtafel so überdecken, daß die unbedingte Assoziation hoch und die bedingte nahe Null ist wie in Fall (2) von Tab. 17.3.1.1.

Tabelle 17.3.1.1

Fall (1)				Fall (2)			
12	2	4	14	19	7	1	6
3	13	11	1	6	0	5	22
↓				↓			
16	16			20	13		
14	14			11	22		

(mit + zwischen den Untertafeln in jeder Hälfte)

Sind die 2 Untertafeln eines Kontingenzwürfels *homogen* besetzt, dann ist die bedingte gleich der unbedingten Assoziation. Das kann man sich leicht vorstellen, wenn man eine Vierfeldertafel in Tab. 17.3.1.1 dupliziert und die beiden Duplikate poolt.

In Beispiel 17.2.6.1 war die *unbedingte* Kontingenz zwischen X = Fettleber und Y = Lungenembolie gegeben durch $\chi^2(XY) = 3{,}94$ und damit für 1 Fg nicht signifikant. Die *bedingte* Kontingenz XY.Z mit Z = Herzinsuffizienz ergibt sich aus Tabelle 17.2.6.1 zu

$$\chi^2(XY.Z) = \frac{63(1 \cdot 34 - 19 \cdot 9)^2}{20 \cdot 43 \cdot 10 \cdot 53} + \frac{140(20 \cdot 78 - 20 \cdot 22)^2}{40 \cdot 100 \cdot 42 \cdot 98} = 13{,}26$$

und ist damit für 2 Fge auf der 1%-Stufe signifikant. Es besteht also eine Assoziation zwischen Fettleber und Lungenembolie, nur ist sie eben, entsprechend den Vorzeichen der Kreuzproduktdifferenzen, bei vorhandener Herzinsuffizienz negativ und bei fehlender positiv. Die fehlende unbedingte Kontingenz ist also ein Überdeckungsartefakt (*Scheinunabhängigkeit*).

Welche Bedeutung bedingte und unbedingte Kontingenz für eine substanzwissenschaftliche *Interpretation* von Dreiwegzusammenhängen haben, ergibt sich aus nachfolgenden Statements.

17.3.2 Unbedingte und bedingte Kontingenz

Aus dem Vergleich von bedingter und unbedingter Doublekontingenz ergeben sich folgende Konsequenzen:

(1) Ist die bedingte Kontingenz AB.C *gleich* der unbedingten Kontingenz AB, so kann sich die Interpretation auf die unbedingte Kontingenz von A und B in der (frontalen) Randtafel stützen.

(2) Ist die bedingte Kontingenz AB.C *größer* als die unbedingte Kontingenz AB, dann darf sich die Interpretation nicht auf die Kontingenz in der Randtafel stützen, sondern muß die unterschiedlichen Kontingenzen AB in den Untertafeln von C mit in Betracht ziehen.

(3) Ist die bedingte Kontingenz AB.C *kleiner* als die unbedingte Kontingenz AB, dann muß von einer Interpretation der unbedingten Kontingenz abgesehen werden, denn die unbedingte Kontingenz ist hier durch eine Überdeckung inhomogen besetzter Untertafeln zustande gekommen und als sog. *Scheinkontingenz* zu interpretieren (vgl. 17.3.11).

Für obiges Beispiel, in dem die *bedingte* Kontingenz zwischen Fettleber und Lungenembolie signifikant war, die *unbedingte* Kontingenz jedoch insignifikant blieb, gilt demnach die Feststellung (2): Die Interpretation der Kontingenz muß sich auf die Kontingenzen bei vorhandener und bei fehlender Herzinsuffizienz stützen. Den Abschnitt 17.3.5 vorwegnehmend, finden wir folgende *Untertafelkontingenzen* bzw. -assoziationen in Tabelle 17.2.6.1:

$$\chi^2(XY \mid Z+) = \frac{63(1 \cdot 34 - 19 \cdot 9)^2}{20 \cdot 43 \cdot 10 \cdot 53} = 2{,}59 \text{ mit 1 Fg n.s.}$$

$$\chi^2(XY \mid Z-) = \frac{140(20 \cdot 78 - 20 \cdot 22)^2}{40 \cdot 100 \cdot 42 \cdot 98} = 10{,}67 \text{ mit 1 Fg s.}$$

Danach besteht also bei Herzinsuffizienz (Z+) keine signifikant negative, bei fehlender Herzinsuffizienz (Z−) aber eine signifikant positive Assoziation zwischen Fettleber und Lungenembolie.

Die positive Assoziation XY in der Untertafel Z− ist auch dann noch signifikant, wenn Alpha für die 4 simultanen χ^2-Tests (auf unbedingte und bedingte Kontingenz mit 2 Untertafelkontingenzen) adjustiert und also $\alpha^* = 0{,}05/4 = 0{,}0125$ gesetzt wird. In diesem Fall ist die Schranke für 1 Fg gegeben durch $z^2(0{,}0125) = 2{,}24^2 = 5{,}02 < 10{,}66$.

17.3.3 Test auf bedingte Kontingenz

Wir haben die bedingte Kontingenz zwischen 2 Mmn A und B definiert als ‚Mittlere' Kontingenz in den Schichten des Mms C. Entsprechend haben wir intuitiv eine Prüfgröße χ^2 als Summe von χ^2-Werten der s Schichten gebildet und nach $s(k-1)(m-1)$ Fgn beurteilt.

Das *Rationale* dieses Tests geht davon aus, daß A und B in allen Schichten von C unabhängig sind. Für die i-te Zeile, die j-te Spalte und die l-te Schicht gilt folglich unter der *Nullhypothese*

$$p_{ij \cdot l} = (p_{i \cdot l})(p_{\cdot j l})/(p_{\cdot \cdot l}) \qquad (17.3.3.1)$$

Schätzt man $p_{i \cdot l}$ durch $f_{i \cdot l}/N$ usf. und multipliziert beide Seiten von (17.3.3.1) mit N, so resultieren die Erwartungswerte

$$e_{ij \cdot l} = (f_{i \cdot l})(f_{\cdot j l})/(f_{\cdot \cdot l}) \qquad (17.3.3.2)$$

Diese Formel entspricht (Zeilensumme) · (Spaltensumme)/N, für jede der s Schichten gesondert berechnet.

Bei nicht zu kleinen Erwartungswerten ist dann die aus den beobachteten Frequenzen zu berechnende Prüfgröße

$$\chi^2(AB.C) = \sum_{ijl}(f_{ijl} - e_{ij \cdot l})^2/(e_{ij \cdot l}) \quad \text{mit} \qquad (17.3.3.3)$$

$$\text{Fgn} = s(k-1)(m-1) \qquad (17.3.3.4)$$

asymptotisch wie χ^2 mit der angegebenen Zahl von Fgn verteilt[11].

---

11 Jede der s Untertafeln hat − für sich genommen − (k−1)(m−1) Fge und die Gesamtzahl der Fge ist für s Untertafeln einfach s-mal so groß.

Die Prüfgröße für bedingte Kontingenz kann *größer*, gleich oder *kleiner* sein als die Prüfgröße $\chi^2(AB)$ für unbedingte Kontingenz. Wir werden später noch auf die Relationen und deren Bedeutung für die Identifikation von Kontingenztypen in Dreiwegtafeln (17.4.8) zu sprechen kommen.

In einem Kontingenzwürfel mit 3 ordinalskalierten Mmn A,B und C entspricht die bedingte Kontingenz einer partiellen Korrelation (vgl. 9.6.1) bzw. einer partiellen Assoziation, also einer Assoziation zwischen A und B unter Ausschaltung des Einflusses von C (Escher und Lienert, 1971), der Scheinunabhängigkeit wie Scheinkontingenz erzeugen kann.

Anwendung bedingter Kontingenztests

Wir sind bislang implizit davon ausgegangen, daß die 3 Mme A, B und C einer Kontingenztafel Beobachtungs-Mme seien, daß also eine *ternobservable* Dreiwegtafel vorliege.

Hauptanwendung für bedingte Kontingenztests sind aber *binobservable* Dreiwegtafeln, in welchen 2 Merkmale A und B in s Schichten von C beobachtet werden. Ein klinisches Beispiel ist der *Zusammenhang von Wirkungen* (in k Stufen) und Nebenwirkungen (in m Modalitäten) bei Patienten, die aus s klinischen Zentren (multizentrische Wirkungsstudie) stammen, oder denen s verschiedene Diagnosen zugeordnet worden sind. Nur wenn die *bedingte* Kontingenz insignifikant ist, darf darauf vertraut werden, daß eine erwünschte Wirkung nicht notwendigerweise auch zu einer unerwünschten Nebenwirkung führt. Aufgrund eines *unbedingten* Kontingenztests (Doublekontingenztest) ist solch eine Aussage nicht zulässig, denn eine insignifikante unbedingte Kontingenz kann als *Überlagerungsartefakt* zustandekommen und Wirkungs-Nebenwirkungs-Unabhängigkeit vortäuschen.

Statt Zusammenhänge zu identifizieren, kann die bedingte Kontingenz auch zum *Wirkungsnachweis* selbst benutzt werden, wenn k Wirkungsmodalitäten bei m Behandlungsarten in s Patientenklassen (Zentren, Diagnosen) beobachtet werden. Auch in solch einer *monobservablen* Dreiwegtafel ist nur die bedingte, nicht die unbedingte Kontingenz zwischen Behandlungen und Behandlungswirkungen konklusiv.

17.3.4 Messung der bedingten Kontingenz

Will man die bedingte Kontingenz zwischen zwei Mmn A und B in allen Schichten von C durch ein *Kontingenzmaß* beurteilen, das zwischen 0 und 1 variiert, so bietet sich hierzu der Pearsonsche Kontingenzkoeffizient an (Escher und Lienert, 1971). Man berechnet aufgrund des χ^2-Partialkontingenztests

$$CC(AB.C) = \sqrt{\frac{\chi^2(AB.C)}{N + \chi^2(AB.C)}} \qquad (17.3.4.1)$$

und hat hiermit ein Maß des *Innenzusammenhangs* von A und B in den Klassen von C. Sind A und B ordinal skaliert, so kann man den bedingten Kontingenzkoeffizienten in gleicher Weise zu einem Quasi-Korrelationskoeffizienten aufwerten, wie dies beim klassischen Kontingenzkoeffizienten geschah (9.3.1.11−12).

Die Kontingenz zwischen zwei Merkmalen A und B unter der Bedingung C kann auch als eine Kontingenz zwischen A und B aufgefaßt werden, die durch eine *Moderatorvariable* (i. S. SAUNDERS, 1956) alteriert wird (s. a. BARTUSSEK, 1970).

17.3.5 Kontingenz in Zweiweg-Untertafeln

Will der Untersucher im Anschluß an einen signifikanten Test auf bedingte Kontingenz erfahren, welche Untertafeln zu dieser Kontingenz am meisten beigetragen haben, dann prüft er auf *Kontingenz in Zweiweg-Untertafeln*.

Angenommen, das Zeilen-Mm A habe k Stufen und das Spalten-Mm B m Stufen, dann lassen sich bei s Schichten s voneinander unabhängige (orthogonale) Untertafeln auf AB-Kontingenz prüfen, wobei jede Untertafel als eine k x m-Zweiwegtafel behandelt wird. Geben r der s Untertafeln eine signifikante AB-Kontingenz, und s−r keine signifikante Kontingenz, so können die r *Untertafel-Kontingenzen* substanzwissenschaftlich interpretiert werden. Man beachte allerdings, daß die s Untertafel-Kontingenztests bei der Adjustierung des Alpha-Risikos zu berücksichtigen sind. In Abschnitt 17.3.2 kommen zu den 4 simultanen χ^2-Tests noch weitere 2 Tests für die Untertafel-Prüfgrößen $\chi^2(XY.Z+)$ und $\chi^2(XY.Z-)$ hinzu, so daß $\alpha^* = 0{,}05/(4+2) = 0{,}00833$ zu setzen wäre.

Auf eine Alpha-Adjustierung kann verzichtet werden, wenn anstelle der *nachgeschobenen* s Untertafeltests ein einziger *vorgeplanter* Untertafeltest durchgeführt wird. Für r vorgeplante Tests muß allerdings dann wieder nach $\alpha^* = \alpha/r$ Bonferroni-adjustiert werden.

Wird mit einer *Ausreißer-Untertafel* gerechnet, in welcher A und B zusammenhängen, ohne daß dies für die übrigen s−1 Untertafeln erwartet wird, dann ist ein geplanter und gezielter Test die beste Strategie. Aber auch s simultane Untertafeltests entdecken u. U. die Ausreißertafel, während ein globaler Test auf bedingte Kontingenz die Nullhypothese bedingter Unabhängigkeit möglicherweise nicht zu verwerfen erlaubt.

Man beachte, daß Unterschiede in der Kontingenz zwischen A und B in den Stufen von C nicht notwendig auch Unterschiede der Kontingenzkoeffizienten CC(AB) in den einzelnen Stufen von C (vgl. 9.3.2) bedingen: Die Enge des Zusammenhangs kann in den einzelnen Stufen *gleich* sein, die Art des Zusammenhangs sich aber von Stufe zu Stufe *unterscheiden*[12].

17.3.6 Bedingte Prädiktion durch KFA-Tests

Ist das Mm A ein unabhängiges *Faktor-Mm* (Prädiktor) und das Mm B ein von ihm abhängiges und *zeitlich* nachgeordnetes *Reaktions-* oder *Respons-Mm* (Prädikand), dann kann das Respons-Mm aus dem Faktor-Mm unter Berücksichtigung des Schichtungs-Mms C vorausgesagt (prädiziert) werden. Wir sprechen von schichtspezifischer oder *bedingter Prädiktion*, wenn wir *Ursache-Wirkungs-Beziehungen* unter verschiedenen Bedingungen (Schichten) untersuchen.

Wie wird nun etwa der *Erfolg B einer Behandlung A* unter den Behandlungsbedingungen C prädiziert?

Man geht hier vor wie bei der Suche nach Kontingenzen zwischen A und B in den s Untertafeln von C: Jede Untertafel wird als *eigenständige Zweiwegtafel* angesehen und deren Erwartungswerte in klassischer Weise nach Zeilensumme · Spaltensumme/N ermittelt. Aufgrund der Erwartungswerte werden χ^2-Komponenten berechnet, insgesamt kms Komponenten.

Die kms χ^2-Komponenten werden nun mittels *KFA-Tests* simultan für je 1 Fg geprüft und zwar unter Zugrundelegung eines adjustierten $\alpha^* =$ $= 2\alpha/(kms)$. Jene signifikanten Komponenten, für welche $f > e$, werden als *Prädiktions-Typen* interpretiert: Behandlungsstufe A_1 (Verum) führt bei Langzeitbehandlung C_2 überzufällig häufig zum Erfolg B_1, oder: Behandlungsstufe A_2 (Placebo) führt bei Kurzzeitbehandlung C_1 überzufällig häufig zu Mißerfolg B_2. (Zur Prädiktions-KFA vgl. 16.3.5)

Wie die χ^2-Werte der Untertafel-Kontingenztests, so summieren sich auch die χ^2-Komponenten der KFA-Tests zum χ^2 des bedingten Kontingenztests; beide sind also Spezifikationen dieses Tests. Im folgenden betrachten wir ein Beispiel zur *Risiko-Vorhersage*.

---

[12] Man denke an zwei umfangsgleiche Vierfeldertafeln C_1 und C_2, wobei die erste ein Phi = +0,40, die zweite ein Phi = -0,40 ergibt. Die beiden Tafeln unterscheiden sich nicht in der Enge, wohl aber in der Art des Zusammenhangs (Vorzeichen). Ist $N_1 = N_2 = 50$, dann ist χ^2 (AB.C_1) = χ^2(AB.C_2) = N(Phi^2) = 50(0,16) = 8,0 gleich, obschon die Phi's verschieden sind.

Beispiel 17.3.6.1

Problemregreß: Greifen wir abermals das Beispiel 17.2.6.1 auf, um die (meist tödliche) Fettembolie (B) aus Fettleber (A) und Herzinsuffizienz (C) vorauszusagen. Schichten wir die Patienten klinisch nach ihrem Kreislaufzustand in insuffiziente (C+) und nicht-insuffizienten Ptn (C-), und nehmen wir an, die Diagnose Fettleber werde (im Fall eines Knochenbruches) rasch durch eine Leberpunktion objektiviert. Wie ist dann das Embolierisiko zu beurteilen?

Erwartungswerte: Die Erwartungswerte für die Schicht der insuffizienten (C+) ergeben sich aus Tabelle 17.2.6.1 wie folgt

A+B+: $20 \cdot 10/63 = 3{,}17$ A+B-: $20 \cdot 53/63 = 16{,}83$
A-B+: $43 \cdot 10/63 = 6{,}83$ A-B-: $43 \cdot 53/63 = 36{,}17$

Die Erwartungswerte für die Schicht der nicht-insuffizienten Ptn (C-) ergibt sich entsprechend

A+B+: $40 \cdot 42/140 = 12{,}00$ A+B-: $40 \cdot 98/140 = 28{,}00$
A-B+: $100 \cdot 42/140 = 30{,}00$ A-B-: $100 \cdot 98/140 = 70{,}00$

Diese Erwartungswerte sind mit jenen identisch, die für einen Test auf bedingte AB-Kontingenz zu berechnen wären.

KFA-Tests: Unter Bezugnahme auf die beobachteten Frequenzen in Tabelle 17.2.6.1 ergeben sich folgende χ^2-Komponenten:

$\chi^2(A+B+|C+) = (1 - 3{,}17)^2/3{,}17 = 1{,}485$ mit 1 Fg
....
$\chi^2(A+B+|C-) = (20 - 12{,}00)^2/12{,}00 = 5{,}333$ mit 1 Fg
....
$\chi^2(A-B-|C-) = (78 - 70{,}00)^2/70{,}00 = 0{,}914$ mit 1 Fg

Entscheidung: Die χ^2-Komponenten sind nach $\alpha^* = 2(0{,}05)/8 = 0{,}0125$ zu beurteilen, müssen also eine Schranke von $z^2(0{,}0125) = 2{,}24^2 = 5{,}02$ überschreiten. Diese Bedingung und die weitere, daß die beobachtete über der erwarteten Frequenz liegen soll, erfüllt nur $\chi^2(A+B+|C-) = 5{,}33$ als eine von 8 Komponenten.

Interpretation: Wenn wir wissen, daß ein Pt (mit Knochenbruch) nicht kreislaufinsuffizient ist (C-) und (durch Punktion) feststellen, daß seine Leber fettig degeneriert ist (B+), dann droht ihm eine Lungen-Fettembolie (A+). Dies ist die einzig zulässige Voraussage aufgrund des Prädiktions-Typs A+B+ in der Schicht C-.

Die KFA-Tests mit den χ^2-Komponenten eines bedingten Kontingenztests setzen voraus, daß die *Schichtzugehörigkeit* eines Mms-trägers (Ptn) bekannt ist, ehe das Beobachtungsmerkmal (Fettleber) registriert wird. Hat die Schichtzugehörigkeit jedoch auch nur den Status eines Beobachtungsmerkmals (wie wenn Herzinsuffizienz nicht bekannt ist, sondern aktuell diagnostiziert wird), dann ist eine Vorhersage auf der Basis des nachfolgend beschriebenen Kontingenzaspektes sachlogisch besser gerechtfertigt (vgl. 17.3.7).

Statt der χ^2-Komponenten oder -tests können auch *2I-Komponenten* oder -tests zur Prüfung auf bedingte Kontingenz herangezogen werden, wie dies bei der χ^2-Zerlegung illustriert wurde.

Dreiwegtafeln mit *schwach besetzten* s Schichten müssen *exakt* je einzeln nach FREEMAN-HALTON oder einem EDV-Programm ausgewertet und die resultierenden Überschreitungswahrscheinlichkeiten zum Zweck eines bedingten Zeilen-Spalten-Kontingenztests *agglutiniert* werden, im allgemeinsten Fall nach FISHER-PEARSON (Formel (8.3.2.2)). KFA-Tests sind exakt als Binomialtests durchzuführen (vgl. 16.3.2 und 17.6.2).

17.3.7 Multiple Kontingenz in Dreiweg-Tafeln

In der bedingten Kontingenz haben wir 2 Beobachtungsmerkmale A und B vom Einfluß eines Faktor-Mms befreit und, implizit, mit einer *binobservablen* Dreiwegtafel operiert.

Haben wir 2 Faktor-Mme und ein Beobachtungs-Mm, also eine *monobservable* Dreiwegtafel, dann liegt es nahe, auf Kontingenz zwischen den vereinten beiden Faktor-Mmn einerseits und dem Beobachtungs-Mm andererseits zu prüfen. Ein solches Vorgehen entspricht der multiplen Korrelation (vgl. 9.6.3) und soll deshalb als Test auf *multiple Kontingenz* bezeichnet werden.

Das Prinzip der multiplen Kontingenz besteht darin, daß wir die Faktor-Mme A und B in allen ihren km Kombinationen bilden und das so entstehende *Super-Mm* mit km Ausprägungen dem Beobachtungs-Mm in einer *Zweiwegtafel* gegenüberstellen. Wenn wir das Beobachtungs-Mm, den Prädikanden, aus den Faktor-Mmn, den Prädiktoren, vorhersagen wollen, so operieren wir nach Art einer *multiplen Regression* mit 2 unabhängigen Prädiktoren und einem abhängigen Prädikanden.

Im folgenden wollen wir einen *globalen* Test benutzen um festzustellen, ob sich das beobachtete Mm überhaupt aus den Faktor-Mmn vorhersagen läßt; danach (17.3.8) werden wir *differentielle* Tests benutzen, um aus bestimmten Faktor-Kombinationen die Ausprägung des Beobachteten Mms vorauszusagen (KRAUTH und LIENERT, 1974).

Ohne zwischen abhängigen und unabhängigen Mmn zu unterscheiden, gilt unter der *Nullhypothese*, wonach das kombinierte Zeilen-Spalten-Mm AB unabhängig ist vom Schichtungs-Mm C, daß

$$p(ij)l = (p_{ij.}) (p_{..l}) \qquad (17.3.7.1)$$

oder, für die Erwartungswerte unter dieser H_0,

$$e(ij)l = (f_{ij.}) (f_{..l})/N \qquad (17.3.7.2)$$

Dabei sind die $f_{ij.}$ jene Frequenzen, mit denen die AB-Kombinationen realisiert sind. Die $f_{..l}$ sind jene Frequenzen, mit welchen die Ausprägungsgrade von C realisiert sind.

Bei Geltung von H_0 ist, wenn die Erwartungswerte nicht kleiner als 5 sind, die *Prüfgröße*

$$\chi^2 (AB)C = \Sigma(f_{ijl} - e(ij)l)^2/e(ij)l \qquad (17.3.7.3)$$

wie χ^2 mit Fg = (km-1) (s-1) verteilt und entsprechend zu beurteilen. Es versteht sich, daß über alle (km)s der Zweiwegtafel zu summieren ist, mit km Zeilen und s Spalten etwa.

Für *s = 2 Schichten* prüft man ökonomischer mittels der BRANDT-SNEDE-KOR-Formel (9.3.5.1), indem man km = K setzt. Diese Variante des Tests auf multiple Kontingenz ist mit dem Test auf Homogenität zweier Zweiwegtafeln nach STEINGRÜBER (vgl. 9.3.5) identisch. Die allgemeine Form (17.3.7.3) prüft zugleich auf Homogenität von s Zweiwegtafeln.

Im nachfolgenden Beispiel wird von einer ternobservablen Dreiwegtafel ausgegangen, jedoch gewünscht, daß ein (als abhängig angenommenes) Mm durch die beiden anderen (als unabhängig angenommene) Mme global vorausgesagt werden kann.

Beispiel 17.3.7.1

Erhebung: Eine Stichprobe von N = 1723 Muscheln wurde nach s = 5 Fundorten (C) und danach unterteilt, ob sie intakt oder (von Raubvögeln) aufgebrochen waren (A) und danach, ob sie schwarz gestreift waren oder nicht (B).

Untersuchungsziel: Es soll geprüft werden, ob man aus der Kombination von Intaktheit (A) und Streifung (B) der Muscheln auf deren Fundorte (C) schließen kann. Die Daten konstituieren eine (2x2) x 5 Feldertafel.

Hypothesen: H_0: Es besteht keine multiple Kontingenz zwischen den Prädiktor-Mmn A und B einerseits und dem Prädikanden-Mm C andererseits. H_1 negiert H_0; es wird $\alpha = 0{,}001$ vereinbart.

Tabelle 17.3.7.1

Intakt-heit	Strei-fung	Nr. des Fundortes				
		780	791	801	809	
+	+	342 (265)	237 (257)	61 (107)	79 (90)	719
+	-	195 (209)	276 (202)	32 (84)	63 (71)	566
-	+	68 (93)	48 (90)	99 (38)	37 (32)	252
-	-	30 (68)	54 (66)	65 (28)	37 (23)	186
Spaltensummen		635	615	257	216	1723

Testwahl: Wegen des großen N ist der asymptotische χ^2-Test gegen multiple Kontingenz indiziert. (Bei kleinem N wäre nach FREEMAN-HALTON oder nach HALDANE-DAWSON zu prüfen.)

Ergebnisse: Tabelle 17.3.7.1 repräsentiert eine Kontingenztafel mit 2 x 2 = 4 Zeilen und 5 Spalten (Daten auszugsweise aus Tab. 94 in SIMPSON et al., 1960).

Testdurchführung: In Tabelle 17.3.7.1 sind die Erwartungswerte unter H_0 gemäß Zeilensumme · Spaltensumme/N bereits berechnet worden und in Tabelle 17.3.7.2 sind die χ^2-Komponenten $(f-e)^2/e$ mit f als den Beobachtungswerten verzeichnet.

Tabelle 17.3.7.2

Intakt-heit	Strei-fung	Nummern-Code des Fundortes			
		780	791	801	809
+	+	22,37 (+)	1,56	19,78	1,34
+	-	0,94	27,11 (+)	32,19	0,90
-	+	6,72	19,60	97,92 (+)	0,78
-	-	21,24	2,18	48,89 (+)	8,52
χ^2(AB)C =		51,27 +	50,45 +	198,78 +	11,54 = 314,04

Entscheidung: Ein χ^2 = 312,04 ist für (2 · 2 - 1) (4 - 1) = 12 Fge auf der vereinbarten 0,1%-Stufe signifikant. Es besteht mithin eine multiple Kontingenz zwischen AB einerseits und C andererseits.

Interpretation: Wir interpretieren die multiple Kontingenz detailliert durch nachgeschobene KFA-Tests: Für α^* = 2(0,001)/16 = 0,000125 gilt bei je 1 Fg eine χ^2-Schranke von $\chi^2 = u^2 = 3,66^2 = 13,40$. Jene χ^2-Komponenten in Tabelle 17.3.7.2, die diese Schranke überschreiten, wurden mit (+) signifiziert, wenn sie häufiger als unter H_0 erwartet, an einem bestimmten Ort vorgefunden worden sind (vgl. Tab. 17.3.7.1). Danach stammen intakte und gestreifte aus Fundort 780, intakte ungestreifte aus Fundort 791 und nichtintakte (gestreifte oder ungestreifte) aus Fundort 801.

Anmerkung: Sollte der Untersucher vermutet haben, daß Raubvögel gestreifte Muscheln bevorzugt erkennen und an dem felsigen Gestein des Fundortes 801 aufbrechen, dann wird diese Vermutung durch die Maximum-χ^2-Komponente 97,92 gestützt.

Die Interpretation der nachgewiesenen multiplen Kontingenz wurde in obigem Beispiel auf der Basis von Tests vorgenommen, die wir im folgenden Abschnitt 17.3.8 erst en detail besprechen und begründen wollen.

Nachzutragen ist noch der Spezialfall, in welchem der Prädikand stetig verteilt und durch Mediandichotomie diskretisiert ist: Hierbei resultiert eine km x 2-Feldertafel mit zwei gleichen Randsummen von je N/2. Die Prüfgröße χ^2(AB)C ist in diesem Spezialfall besonders einfach nach der für k x 2-Feldertafeln geltenden Formel (GEBHARDT, 1980) zu berechnen:

$$\chi^2 = \overset{k}{\Sigma}(a_i-b_i)^2/(a_i+b_i) \text{ mit k-1 Fgn} \tag{17.3.7.4}$$

Die k bzw. km Komponenten $(a-b)^2/(a+b)$ sind je einzeln als χ^2-Werte für ein Fg zu beurteilen und als *Diskriminationstypen* (16.3.3) zu interpretieren.

17.3.8 Multiple Prädiktion durch KFA-Tests

Sind A und B zwei unabhängige Mme (Prädiktoren) und C ein von ihnen abhängiges Mm C (Prädikand), so können bestimmte Ausprägungen von C aus bestimmten Ausprägungskombinationen von A und B vorausgesagt werden. Hierzu bedient man sich der *multiplen Prädiktion* bzw. der sie begründenden *Interaktionsstrukturanalyse* (KRAUTH und LIENERT, 1974). Wiederum sind KFA-Tests für die Interpretation einer multiplen Kontingenz via *Prädiktions-Typen* am besten geeignet[13].

In Beispiel 17.3.7.1 wurde der Fundort aus Streifung und Intaktheit von Muscheln vorausgesagt, wozu KFA-Tests *nachgeschoben* wurden. Ebensogut hätten Streifung und Fundort als Prädiktoren dafür dienen können, Intaktheit oder Aufbruch von Muscheln vorauszusagen. Statt der (2x2)x4-Feldertafel (17.3.7.2) hätte eine (2x4)x2-Feldertafel zugrundegelegt werden müssen, um geeignete KFA-Tests nachzuschieben. In beiden Fällen bedarf es der gleichen Alpha-Adjustierung von $\alpha^* = 2\alpha/(kms)$ zur Berechnung der für 1 Fg geltenden χ^2-Schranken.

Hätte der Untersucher vorausgesagt, daß (schwarz) gestreifte Muscheln an einem (felsigen) Fundort gehäuft aufgebrochen werden (weil Raubvögel gestreifte Muscheln im felsigen Gestein am besten erkennen), dann wäre ein *vorgeplanter* KFA-Test durchzuführen und auf eine Alpha-Adjustierung zu verzichten gewesen.

Die multiple Prädiktion ist mit einer Mehrstichproben-KFA identisch (16.3.4), bei der km Prädiktorkonfigurationen den s Prädikandenmanifestationen gegenübergestellt werden.

Sind das Spalten-Mm eine *Behandlungswirkung* (Erfolg, Mißerfolg) und die Zeilenkonfigurationen zufallsmäßig zugeteilte Behandlungskombinationen (BC, Bc, bC und bc mit B = harte und b = weiche Bestrahlung sowie C = neues versus c = altes Cytostaticum), so kann mittels multipler Prädiktion festgestellt werden, ob wenigstens eine der 4 Behandlungskombinationen erfolgreich ist.

---

13 Zum Unterschied zur einfachen Kontingenz AB, die auch als Interaktion 1. Ordnung zu bezeichnen ist, kann die multiple Kontingenz (AB)C auch als Interaktion 2. Ordnung definiert werden, wie dies KRAUTH und LIENERT (1974) getan haben. Analysen auf der Basis von Interaktionen 2. und höherer Ordnung bezeichnet man dann folgerichtig als Interaktionsanalysen (vgl. Kap. 18.3).

Sind B und b Bestrahlungsarten, die nicht nach Zufall, sondern nach ärztlicher Indikation auf die Carcinomvarianten C und c angewendet wurden, dann sind die Behandlungswirkungen A (Erfolg) und a (Mißerfolg) die Spalten und BC etc. die Zeilenkonfigurationen einer Prädiktions-KFA, deren multiple Kontingenz anzeigt, ob eine schichtspezifische (variantenspezifische) Behandlungswirkung nachzuweisen ist.

17.3.9 Messung der multiplen Kontingenz

Wie im Fall der bedingten, so läßt sich auch im Fall der multiplen Kontingenz ein PEARSON-analoger Kontingenzkoeffizient über die Testgröße $\chi^2(AB)C$ wie folgt definieren

$$CC_{(AB)C} = \sqrt{\frac{\chi^2(AB)C}{N + \chi^2(AB)C}} \qquad (17.3.9.1)$$

Der *multiple Kontingenzkoeffizient* gibt die Straffheit der Kontingenz zwischen den km Mms-Konfigurationen der beiden Prädiktor-Mme und den s Stufen des Prädikanden-Mms an bzw. die Enge der multiplen Kontingenz ganz allgemein.

In *Beispiel* 17.3.7.1 mit $\chi^2(AB)C = 312,04$ und $N = 1723$ betrüge $(CC)^2 = 312,04/(1723 + 312,04) = 0,1533$ und $CC = \sqrt{0,1533} = 0,39$; danach ist der statistisch hoch gesicherte Zusammenhang numerisch nur als vergleichsweise schwach einzustufen. Die Prädiktion des Fundortes nach Intaktheit und Streifung der Muscheln auf ihren Fundort trifft nur in etwa 15% der Fälle zu, wenn man CC^2 wie ein Bestimmtheitsmaß r^2 interpretiert: $0,39^2 = 0,15$.

Sind alle 3 Mme *binär* skaliert, darf anstelle von CC der CRAMERsche Phi'-Koeffizient berechnet werden; er ist wie ein Phi-Koeffizient für multiple Korrelation zu beurteilen.

17.3.10 Kontingenzverdeckung in Zweiweg-Randtafeln

1. Dreidimensionale Kontingenztafeln entstehen formaliter und realiter oft durch *Aneinanderlagerung (Apposition)* zweier (oder mehrerer) zweidimensionaler Kontingenztafeln. Sind s zweidimensionale Untertafeln homogen besetzt, wobei im Idealfall gilt, daß

$$c_1 f_{ij1} = c_2 f_{ij2} = \ldots = c_s f_{ijs}, \qquad (17.3.10.1)$$

womit $c_1 = N/N_1$, $c_2 = N/N_2$ etc. als *Proportionalitätskonstanten* fungieren. Tabelle 17.3.10.1 apponiert 2 homogene Vierfeldertafeln zu einem Kontingenzwürfel, wobei $c_1 = 200/50 = 4$ und $c_2 = 200/150 = 4/3$.

Tabelle 17.3.10.1

	X+	X−		Y+	Y−		Y+	Y−
X+	15	10	+	45	30	=	60	40
X−	10	15		30	45		40	60
$\Sigma f_{ij1} = 50$			$\Sigma f_{ij2} = 150$			$\Sigma f_{ij.} = 200$		

Die positive Assoziation zwischen den Binär-Mmn X und Y in den beiden (frontalen) Untertafeln mit den Frequenzen f_{ij1} und f_{ij2} bleibt in der (frontalen) Randtafel mit $f_{ij.}$ voll erhalten, weil beide Untertafeln homogen besetzt sind: $c_1 = 200/50 = 4$ und $c_2 = 200/150 = 4/3$, so daß $4f_{ij1} = (4/3)f_{ij2}$ nach (17.3.10.1). Es handelt sich bei dieser Apposition von 2 Untertafeln um *Kontingenz-* bzw. *Assoziationsbewahrung*.

2. Überlagern sich 2 Vierfelder-Untertafeln hingegen so, daß deren Assoziationen verschwinden, so sprechen wir mit Victor (1972) von *Kontingenzverdeckung* bzw. *Assoziationsverdeckung*. Tabelle 17.3.10.2 stellt den Fall der Assoziationsverdeckung paradigmatisch anhand fiktiver Daten vor

Tabelle 17.3.10.2

	Y+	Y−		Y+	Y−		Y+	Y−
X+	20	10	+	20	40	=	50	50
X−	10	10		40	40		50	50
$\Sigma f_{ij1} = 50$			$\Sigma f_{ij2} = 150$			$\Sigma f_{ij.} = 200$		

Die in den Untertafeln 1 und 2 bestehenden Assoziationen werden in der Randtafel nicht bewahrt, sondern *verdeckt*, da die beiden Untertafeln in spezifischer Weise nicht homogen besetzt sind *(Komplementär-asymmetrische Untertafeln)*, was zu *Scheinunabhängigkeit* führt (17.3.1).

Ähnliche Verdeckungen wie in Vierfelder-Untertafeln mögen in Mehrfelder-Untertafeln zur Kontingenzverdeckung führen. Operational definiert ist *Kontingenzverdeckung* dadurch, daß die *bedingte* Kontingenz in den s Schichten eines Kontingenzquaders signifikant, die *unbedingte* Kontingenz (in der frontalen Randtafel) hingegen nicht signifikant ist.

In Tab. 17.3.10.2 führt die bedingte Kontingenz (Assoziation) zu einem $\chi^2 = 50(20 \cdot 10 - 10 \cdot 10)^2/30 \cdot 20 \cdot 30 \cdot 20 + 150(20 \cdot 40 - 40 \cdot 40)^2/60 \cdot 80 \cdot 60 \cdot 80 = 5{,}56$, das für 2 Fge auf der 10%-Stufe signifikant ist.

Die unbedingte Kontingenz entspricht einem $\chi^2 = 200(50 \cdot 50 - 50 \cdot 50)^2 / 100 \cdot 100 \cdot 100 \cdot 100 = 0{,}00$ für 1 Fg.

Ein konkret empirisches Beispiel von Kontingenzverdeckung liefert Beispiel 17.2.6.1, in welchem Fettleber und Fettembolie in der Randtafel nicht assoziiert erscheinen, obschon sie assoziiert sind (in den 2 Untertafeln, mindestens aber in einer davon).

Kontingenzverdeckung ist eine in der Forschungspraxis relativ oft auftretende Fehlerquelle im Sinne des *Beta-Risikos*[14]. Bestehende Kontingenzen werden übersehen, weil sie sich nur in den Untertafeln manifestieren und sich in den Randtafeln verdecken. Wenn der Untersucher Kontingenzen, die er als Substanzwissenschaftler erwartet, nicht findet, dann muß er überlegen, ob ein drittseitiges Mm, eine *Moderatorvariable*, die tatsächlich bestehende Kontingenz verdeckt haben mag[15].

17.3.11 Scheinkontingenz in Zweiweg-Randtafeln

Kontingenzverdeckung — so haben wir gesehen — ist gegeben, wenn die bedingte Kontingenz zwischen zwei Mmn signifikant, die unbedingte hingegen insignifikant ist. Ist umgekehrt die *unbedingte Kontingenz* zwischen 2 Mmn *signifikant*, nicht aber die bedingte Kontingenz, dann folgt daraus: Eine tatsächlich nicht bestehende Kontingenz zwischen zwei Mmn A und B wird durch die Schichtung nach einem dritten Mm C vorgetäuscht; man spricht zutreffend von einer *Scheinkontingenz* AB (vgl. auch 17.3.1).

Fatal sind Scheinkontingenzen vor allem dann, wenn sie substanzwissenschaftlich *plausibel* erscheinen, wie in dem folgenden *Beispiel*:

Beispiel 17.3.11.1

Daß A = Angst (+, -) und E = Erregung (+, -) als psychiatrische Symptome zusammengehören (positiv assoziiert sind), erscheint bei Depressiven Ptn unmittelbar einleuchtend. Dennoch erweist sich der *unbedingte* Zusammenhang als Scheinassoziation, wie aus den bedingten Zusammenhängen in Tabelle 17.3.11.1 hervorgeht (aus LIENERT und v. KEREKJARTO, 1968, Tab. 17).

---

14 Der Begriff Kontingenzverdeckung richtet sich auf die Randtafel, in der eine zwischen zwei Mmn in der Untertafel bestehende Kontingenz verdeckt wird, also nicht in Erscheinung tritt; der Begriff der Kontingenzüberdeckung hingegen bezieht sich auf die Untertafeln, deren Kontingenzen sich im Grenzfall kreuzweise überdecken.

15 Viele Interkorrelations- bzw. Interassoziationsmatrizen mit kaum von Null abweichenden Interassoziationen können die Folge zahlreicher Überdeckungen sein und verhindern, daß bestehende Zusammenhänge gesehen werden, sofern man versäumt, statt Paare Tripel von Mmn zu analysieren.

Tabelle 17.3.11 1

	Bedingte Kontingenz				Unbedingte Kontingenz	
	E+	E-	E+	E-	E+	E-
A+	27	8	3	14	30	22
A-	7	2	10	57	17	59
	G+		G-			
$\chi^2(AE.G) = 0{,}00 + 0{,}08 = 0{,}08$					$\chi^2(AE) = 16{,}58$ 1 Fg	

Berücksichtigt man nämlich, daß die N = 128 stationär aufgenommenen Ptn teilweise der *geschlossenen* Abteilung (G+) und teilweise der *offenen* Abteilung (G-) zugewiesen wurden (Psychotische vs. neurotische Depressionen) und inspiziert die *bedingte* Kontingenz zwischen Angst und Erregung, so erkennt man sogleich: Angst und Erregung (A+E+) häufen sich bei *psychotisch* Depressiven (G+), ohne assoziiert zu sein (Phi = -0,00); bei *neurotisch* Depressiven (G-) hingegen häufen sich fehlende Angst und fehlende Erregung (A-E-), ohne daß auch hier eine Assoziation zwischen A und E besteht (Phi = +0,36). Durch die Vermengung von psychotischen und neurotischen Depressiven entsteht dann die plausible Scheinassoziation AE mit einem auf der 1%-Stufe signifikanten $\chi^2(AE) = 16{,}58$ für 1 Fg[16].

Scheinkontingenzen sind *wissenschaftsheuristisch* viel schwerwiegender als Kontingenzverdeckungen, da sie zu falschen Hypothesen und Theorien führen, wenn sie nicht gerade als *Nonsense-Kontingenzen* imponieren[17].

Um Scheinkontingenzen und Kontingenzverdeckungen, wie sie in den Sozialwissenschaften wegen des *Mangels experimenteller Kontrolle* gang und gäbe sind, vorzubeugen, sollten stets *Tripel* von Mmn neben Paaren betrachtet werden. Wurden t Mme erhoben, so sind $\binom{t}{3} = t(t-1)(t-2)/6$ Tripel in Form von Dreiwegtafeln darzustellen, zu inspizieren und ggf. auf bedingte und unbedingte Doublekontingenzen zu überprüfen[18].

16 Daß es sich hierbei um eine *schichtungsbedingte Scheinassoziation* handelt, ergibt sich in Tab. 17.3.11.1 aus dem Nachweis, daß die bedingte Assoziation $\chi^2(AE.G)$ für 2 Fge nicht signifikant ist. Aber selbst wenn die bedingte Kontingenz im Sinne der Erwartung signifikant wäre und also ein echter Zusammenhang bestünde, könnte dieser als unbedingte Kontingenz *überhöht* erscheinen und somit eine starke Assoziation vortäuschen, obschon nur eine schwache Assoziation existierte.

17 Artefakte dieser Art finden sich oft in Aufgabenanalysen psychologischer Tests: Man braucht nur genügend heterogene (minder- und hochbegabte Pbn enthaltende) Stichproben zu erheben, um Scheinassoziationen zwischen je 2 Aufgaben (+ = gelöst, - = verfehlt) zu erzeugen; die oft gewünschte faktorielle Homogenität (mit einem Generalfaktor in der Faktorenanalyse) der n Aufgaben eines Tests läßt sich dann leicht auch ‚nachweisen'.

18 Bedingte und unbedingte Kontingenzen sind einfach nur anhand von Kontingenzwürfeln zu interpretieren, wie bisher geschehen, doch können in analoger Weise auch Kontingenzquader erstellt und analysiert werden; ihre Interpretation ist nur

Scheinkontingenz und Kontingenzverdeckung sind nur zwei Zusammenhangs-Manifestationen in Dreiwegtafeln, die sich in bedingter und unbedingter Doublekontingenz unterscheiden; andere Unterscheidungsmöglichkeiten hat VICTOR (1972) zur *Klassifikation* ternobservabler Kontingenztafeln vorgeschlagen.

17.3.12 Kanonische Kontingenz in Vierwegtafeln

Wir haben die multiple Kontingenz in 17.3.7 definiert als Kontingenz zwischen 2 Faktoren A und B mit ab Zeilen und einer Observablen C mit c Spalten, wobei eine monobservable Dreiwegtafel in eine Zweiwegtafel ‚aufgefaltet' wird.

Eine Form der Kontingenz, die erst in *Vierwegtafeln* auftreten kann, aber in Kapitel 17 schon vorweggenommen wird, ist die hier sogenannte *kanonische Kontingenz*: Hierbei wird eine binobservable Vierwegtafel mit 2 Faktoren A und B und 2 Observablen C und D in eine Zweiwegtafel mit ab Zeilen und cd Spalten aufgefaltet, d.h. die Kontingenz zwischen einer Faktorenkombination und einer Observablenkonfiguration analog der kanonischen Regression beurteilt (vgl. KRAUTH und LIENERT, 1974).

Die Nullhypothese fehlender kanonischer Kontingenz zwischen 2 Faktor-Mmn A, B und 2 Beobachtungs-Mmn C, D lautet analog zu (17.3.7.1)

$$p(ij)lm = (p_{ij..}) (p_{..lm}) \qquad (17.3.12.1)$$

Daraus ergibt sich analog zur H_0 fehlender multipler Kontingenz die χ^2-*Prüfgröße* der kanonischen Kontingenz

$$\chi^2(AB)CD = \Sigma(f_{ijlm} - e(ij)lm)^2 / e(ij)lm \qquad (17.3.12.2)$$

die wie χ^2 mit (ab-1)(cd-1) Fgn zu beurteilen ist; dabei sind ab die Zeilen und cd die Spalten der Zweiwegtafel, die aus der Vierwegtafel mit a Zeilen, b Spalten, c Schichten und d Lagen abgeleitet wurde.

Welche 2 Mme als abhängig und welche als unabhängig aufgefaßt werden, steht bei einer quarternobservablen Kontingenztafel in der Begründungspflicht des Untersuchers.

Erschöpfend interpretiert man eine kanonische Kontingenz (AB)CD über eine *Prädiktions-KFA* (17.3.8) analog zur multiplen Kontingenz: Man erstellt eine Zweiwegtafel mit ab Zeilen und cd Spalten und sucht nach überfrequentierten Zellen, um Prädiktionstypen zu identifizieren.

dann noch relativ einfach, wenn die 3 Mme durchweg ordinal skaliert (oder binär sind), nicht jedoch, wenn sie – auch nur teilweise – nominal skaliert sind.

Die kanonische Kontingenz läßt sich für mehr als 2 Faktor-Mme und/ oder mehr als 2 Beobachtungs-Mme in analoger Weise beurteilen und über nachgeschobene KFA-Tests interpretieren (vgl. z.B. Tabelle 18.4.4.4 mit 2 Beobachtungs- und 3 Faktor-Mmn).

17.4 Victors Dreiweg-Kontingenztypen

Wir haben in unseren Überlegungen zur *Homogenität von Untertafeln*, zur Kontingenzverdeckung und zur Scheinkontingenz stets nur die unbedingte, die bedingte und die multiple Kontingenz des Zeilen-Mms A und des Spalten-Mms B im Hinblick auf das Schichtungsmerkmal C betrachtet. Wenn wir in unsere Betrachtung nun neben dem Mms-Paar AB auch die Mms-Paare AC und BC hinsichtlich ihrer Kontingenzen mit einbeziehen, so können wir mit Victor (1972) folgende *Typen von sog. symmetrischen Dreiwegtafeln* ($\hat{=}$ ternobservable Tafeln mit 3 gleichwertigen Mmn) unterscheiden.

17.4.1 Der Allunabhängigkeitstyp

Sind alle drei Paare von Mmn sowohl unbedingt wie bedingt unabhängig, so sind die drei Mme auch allseitig unabhängig, und ihr Gesamt-χ^2 ist insignifikant. Victor nennt diesen ‚Kontingenztyp' die *totale Unabhängigkeit*, hier Allunabhängigkeit genannt (Typ A). Die drei Mme können bei Allunabhängigkeit je für sich betrachtet werden, d.h. bzgl. ihrer eindimensionalen Randverteilungen *(Kantenverteilungen)* analysiert werden.

Tabelle 17.4.1.1

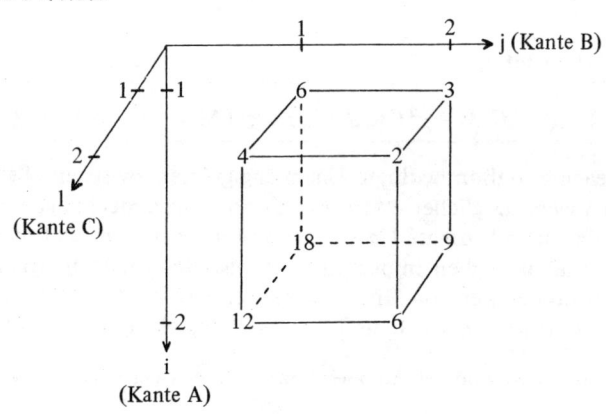

Tabelle 17.4.1.1 illustriert den theoretischen Idealfall eines *Allunabhängigkeitstyps* anhand von N = 60 Vpn, die 3 Einstellungsfragen so bejaht oder verneint haben mögen, daß $f_{ijl} = e_{ijl}$, womit $\chi^2 = 0$ resultiert. Wie man sich überzeugen kann, gilt auch $\chi^2(AB) = \chi^2(BC) = 0$, womit unbedingte Doublekontingenzen, und $\chi^2(AB.C) = \chi^2(AC.B) = \chi^2(BC.A) = 0$, womit bedingte Zweierkontingenzen fehlen.

Tabelle 17.4.1.2 veranschaulicht die bedingten und unbedingten Unabhängigkeiten der Tabelle 17.4.1.1: Wie man sieht, ist die Differenz der Kreuzprodukte ad–bc in allen 6 *Vierfelder-Untertafeln* und in allen 3 *Vierfelder-Randtafeln* gleich Null, so daß auch die korrespondierenden Vierfelder-χ^2-Werte gleich Null sein müssen.

Tabelle 17.4.1.2

Bedingte Unabhängigkeiten					Unbedingte Unabhängigkeiten	
l = 1		l = 2			B_1	B_2
6	3	4	2	⇒ A_1	10	5
18	9	12	6	A_2	30	15
j = 1		j = 2			C_1	C_2
6	4	3	2	⇒ A_1	9	6
18	12	9	6	A_2	27	18
i = 1		i = 2			B_1	B_2
6	3	18	9	⇒ C_1	24	12
4	2	12	6	C_2	16	8
Untertafeln					Randtafeln	

$\chi^2(AB.C) = \chi^2(AC.B) = \chi^2(BC.A) = 0 = \chi^2(AB) = \chi^2(AC) = \chi^2(BC)$

Man beachte, daß unbedingte Unabhängigkeiten zwischen allen Paaren von Mmn wegen möglicher dreifacher Kontingenzverdeckungen nicht implizieren, daß auch bedingte Unabhängigkeiten existieren, und merke also: Allseitige Unabhängigkeit impliziert wechselseitige Unabhängigkeiten zwischen allen drei Paaren von Mmn; wechselseitige Unabhängigkeit zwischen ihnen impliziert jedoch nicht allseitige Unabhängigkeit der drei Mme[19].

19 Wenn also t binäre oder dichotome Mme paarweise (wegen Verdeckung, vgl. 17.

Sind 3 *binäre* Mme *allseitig* unabhängig (wie Geschlecht, Lateralität = Rechts—Linkshänder, Sehschärfe = mit—ohne Brille), kann jedes Mm für sich analysiert werden: Man verliert nichts an Information, wenn man 3 *uni*variate anstelle einer *tri*variaten Analyse vornimmt, also etwa das Geschlechterverhältnis, den Lateralitätsquotienten und den Brillenträgeranteil in einer ternobservablen Stichprobe bestimmt oder gegen einen theoretisch erwarteten Anteilsparameter prüft.

17.4.2 Der Kontingenzhomogenitätstyp

Ist nur eines der 3 Mme, sagen wir das Mm A, unbedingt wie auch bedingt unabhängig von den beiden anderen Mmn, B und C aber untereinander unbedingt wie auch bedingt abhängig, dann handelt es sich um eine Dreiwegtafel des VICTORschen Typs B, den wir als *Kontingenzhomogenitätstyp* bezeichnen, da die beiden Zeilentafeln (obere und untere Horizontaltafel) homogen besetzt sind und ohne Informationsverlust zu einer Randtafel zusammengeworfen werden dürfen[20].

Abbildung 17.4.2.1 veranschaulicht Kontingenzhomogenität als *Assoziationshomogenität* in einem Kontingenzwürfel: N = 72 Kursteilnehmer wurden nach ihrem Geschlecht (C_1 = männlich) und danach klassifiziert, ob sie sich künstlerisch betätigen (B_1 = ja) oder Sport betreiben (A_1 = ja):

4.3—5) unkorreliert sind und daher eine Interkorrelationsmatrix mit Korrelationen nahe Null liefern, so bedeutet das keineswegs, daß die t Mme auch allseitig unabhängig sind; es können enge Abhängigkeiten zwischen Tripeln, Quadrupeln etc. von Mmn bestehen, ohne daß Abhängigkeiten zwischen Paaren von Mmn existieren. Eine FA, die nur auf Abhängigkeiten zwischen Paaren von Mmn (parametrische Abhängigkeiten) anspricht, kann diese komplexeren Abhängigkeiten nicht entdecken und in Faktoren abbilden. Sind paarige Abhängigkeiten mit komplexeren Abhängigkeiten zwischen t Mmn konfundiert, so bringt eine FA jeweils nur die paarigen Abhängigkeiten zutage, schöpft also die Kovarianzen nur unvollständig aus. Das ist noch zu tolerieren, wenn die paarigen Abhängigkeiten echt sind; sind sie unecht (Scheinassoziationen, vgl. 17.4.6—7), dann ist die resultierende Faktorenstruktur nicht nur inexhaustiv, sondern mehr oder weniger verfälscht (desexplikativ). Nur wenn man zu Recht annehmen darf, daß dichotomierte Variablen aus multivariat normal verteilten Grundgesamtheiten stammen, dürfen paarige Abhängigkeiten ohne vorherige Kontrolle interkorreliert und faktorisiert werden. Denn nur in multivariaten normalen Populationen sind alle bestehenden Abhängigkeiten durch paarige Abhängigkeiten zu erklären.

20 Genauer wäre von Untertafelhomogenität zu sprechen, da Homogenität der Untertafeln gleiche Kontingenz impliziert, gleiche Kontingenz (als Kontingenzkoeffizient CC gemessen), jedoch nicht homogene Untertafeln voraussetzt.

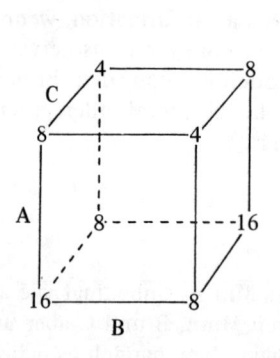

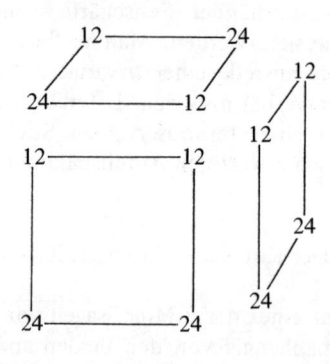

Kontingenzwürfel   Vierfelder-Randtafel

Abb. 17.4.2.1
Kontingenzhomogenität (Assoziationshomogenität) der Mme B und C in einem Kontingenzwürfel bei Unabhängigkeit der Mme A und B sowie A und C in den Vierfelder-Randtafeln: Die obere und die untere Vierfelder-Untertafel sind homogen (proportional besetzt) mit (4 8 8 4) und (8 16 16 8) von N = 72 Individuen.

Wie man aus Abb. 17.4.2.1 ersieht, ist musische (B) und sportliche Betätigung (C) *negativ assoziiert* (phi = −0,33), und zwar sowohl *unbedingt* mit $\chi^2(BC) = 72(12 \cdot 12 - 24 \cdot 24)^2/36^4 = 8,00$ bei 1 Fg, wie auch *bedingt* mit $\chi^2(BC.A) = 24(4 \cdot 4 - 8 \cdot 8)^2/12^4 + 48(8 \cdot 8 - 16 \cdot 16)^2/24^4 = 8,00$ bei 1+1 = 2 Fgn. Die unbedingte Assoziation kommt in der oberen Randtafel, die bedingte Assoziation BC in der oberen und in der unteren Untertafel von Abb. 17.4.2.1 zum Ausdruck. Alle übrigen Assoziationen sind gleich Null, wie Tabelle 17.4.2.1 ausweist.

Tabelle 17.4.2.1

χ^2	= 8	Fg = $(2^3-1) - (2-1) - (2-1) - (2-1)$
$\chi^2(AB)$	= 0	$(2-1)(2-1)$
$\chi^2(AC)$	= 0	$(2-1)(2-1)$
$\chi^2(BC)$	= 8 mit 1 Fg	= $(2-1)(2-1)$
$\chi^2(BC.A)$	= 8 mit 2 Fge	= $2(2-1)(2-1)$
$\chi^2(BC)A$	= 0	$(2 \cdot 2-1)(2-1)$

Die Kontingenzhomogenität von Studenten und Studentinnen bezüglich musischer und sportlicher Betätigung wird aber erst bestätigt, wenn sich zeigt, daß die BC-Kombinationen unabhängig von den A-Ausprägungen sind, daß also die *multiple Kontingenz* (BC)A in Tabelle 17.4.2.2 gleich Null ist.

Tabelle 17.4.2.2

	B_1C_1	B_1C_2	B_2C_1	B_2C_2	
A_1	4	8	8	4	24
A_2	8	16	16	8	48
	12	24	24	12	N = 72

Tatsächlich ergibt die 2 x (2x2)-Feldertafel der Tabelle 17.4.2.2 nach der BRANDT-SNEDECOR-Formel (5.4.3.1) ein χ^2 von Null:

$$\chi^2(BC)A = \frac{72^2}{24 \cdot 48} \left(\frac{4^2}{12} + \frac{8^2}{24} + \frac{8^2}{24} + \frac{4^2}{12} - \frac{24^2}{72} \right) = 0{,}00 \text{ mit 3 Fg.}$$

Mit $\chi^2(BC)A = 0$ und $\chi^2(BC.A) = \chi^2(BC) = \chi^2 = 8$ (vgl. Tab. 17.4.2.1) ist ideale Kontingenzhomogenität von musischer (B) und sportlicher Betätigung bei Studentinnen (A_1) und Studenten (A_2) nachgewiesen.

Wann darf nun Kontingenzhomogenität zwischen zwei Mmn B und C im *nicht-idealen Fall* angenommen werden? Die Antwort lautet: Wenn die bedingte Kontingenz mit $\chi^2(BC.A)$ nach k(m-1)(s-1) signifikant ist, die multiple Kontingenz mit $\chi^2(BC)A$ nach (ms-1)(k-1) Fgn insignifikant ist. In diesem Fall dürfen die k Untertafeln BC des k-stufigen Mms A zu einer BC-Randtafel *gepoolt* werden. Aus der Dreiwegtafel entsteht dann eine *Zweiwegtafel* mit gleichem Informationsgehalt und vereinfachter Interpretationsmöglichkeit[21].

17.4.3 Der Typ der Dreifach-Kontingenzverdeckung

Sind alle 3 Mme voneinander unbedingt unabhängig, aber jeweils bedingt voneinander abhängig, dann liegt nach VICTOR (1972) eine *Dreifach-Kontingenzverdeckung* vor; sie ist in Abb. 17.4.3.1 idealtypisch an N = 64 Mms-Trägern veranschaulicht:

---

21 Ein Verfahren zur Reduktion von mehrdimensionalen Kontingenztafeln um eine Dimension oder um mehrere Dimensionen gibt GOODMAN (1971) an, desgleichen ein EDV-Programm zur log-linearen Modellierung von Mehrwegtafeln (ECTA = Every Man's Contingency Analysis); es ist bei ihm (Dept. Stat. U. Chicago) zu bestellen. Andere Programme zur Modellierung bzw. Typisierung von Mehrwegtafeln sind bei EVERITT (1977, App.B) mit Bestell-Adressen angegeben.

Kontingenzwürfel   Vierfelder-Randtafeln

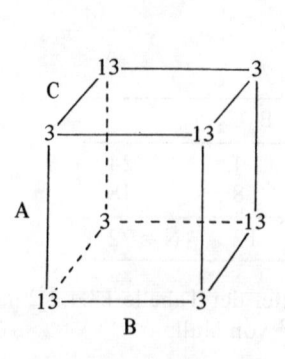

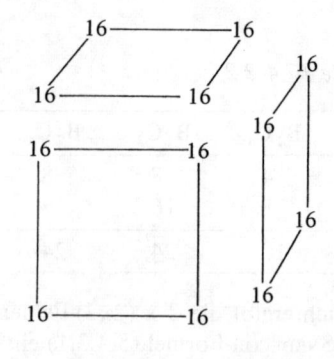

Abb. 17.4.3.1
Dreifache Kontingenzverdeckung (Assoziationsverdeckung) der Mms-Paare AB, AC und BC in der frontalen (AB), der saggitalen (AC) und der horizontalen (BC) Randtafel bei bestehenden Kontingenzen in den korrespondierenden Vierfelder-Untertafeln, z.B. mit (13 3 3 13) in der hinteren und mit (3 13 13 3) in der vorderen Untertafel, bei N = 64 Individuen.

Deutet man die 3 Alternativ-Mme der Abb. 17.4.2.1 als Symptome des LEUNERschen *Syndroms* der LSD-Wirkung (vgl. KRAUTH und LIENERT, 1973, Kap.1) mit A = Bewußtseinstrübung, B = Denkstörung und C = Affektivitätsbeeinflussung, so sieht man aus den Vierfelder-Randtafeln von Abb. 17.4.2.1, daß *Paare von Symptomen* (AB AC BC) unbedingt unabhängig sind, wie dies in $\chi^2(AB) = \chi^2(AC) = \chi^2(BC) = 0$ zum Ausdruck kommt (Tab. 17.4.2.1): Die 3 Symptome treten also vornehmlich zu dritt (13 Mal, lings hinten oben in Abb. 17.4.2.1) oder aber als einzelne (je 13 Mal) und nur selten in Paaren (je 3 Mal) bei den N = 64 Pbn auf, wenn Dreifach-Assoziationsverdeckung vorliegt.

Tabelle 17.4.3.1

		Freiheitsgrade
χ^2	= 12,5	
$\chi^2(AB)$	= 0	(2–1) (2–1)
$\chi^2(AC)$	= 0	(2–1) (2–1)
$\chi^2(BC)$	= 0	(2–1) (2–1)
$\chi^2(AB.C)$	= 12,5	(2–1) (2–1)2
$\chi^2(AC.B)$	= 12,5	(2–1) 2(2–1)
$\chi^2(BC.A)$	= 12,5	2(2–1) (2–1)

Wie man aus Tabelle 17.4.3.1 erkennt, sind bei *idealer* Dreifach-Assoziationsverdeckung alle 3 unbedingten Assoziationen gleich Null und zugleich alle 3 bedingten Assoziationen signifikant.

Wie ist nun 3-fache Kontingenzverdeckung im *nicht-idealen Fall* einer Dreiwegtafel (kms-Tafel) nachzuweisen? Die Antwort lautet: Alle 3 bedingten Kontingenzen müssen signifikant, alle 3 unbedingten Kontingenzen müssen insignifikant sein. Man erinnere, daß das bedingte χ^2(AB.C) nach (k-1) (m-1)s = (2-1) (2-1)2 = 2 Fgn zu beurteilen wäre, während das unbedingte χ^2(AB) nach (k-1) (m-1) Fgn zu beurteilen ist. Eine χ^2-Zerlegung nach (17.2.2) ergibt eine signifikante Tripelkontingenz bei insignifikanten Doublekontingenzen.

Was folgt an *Handlungskonsequenzen* aus dem Nachweis einer dreifachen Kontingenzverdeckung? Nun, die Mms-Zusammenhänge dürfen nur als *bedingte* angegeben und müssen für jede Stufe des jeweils 3. Mms gesondert interpretiert werden.

Dreifach-Kontingenzverdeckung ist der gröbste Verstoß gegen *parametrische Denkkonzepte*, weil bestehende Zusammenhänge zwischen 2 Mmn jeweils durch ein drittes Mm verdeckt werden. Solche Verdeckungen können bei mehr als 3 Mmn zu der falschen Vermutung führen, die betrachteten Mme seien als unabhängig von einander zu betrachten und können je einzeln analysiert werden[22].

17.4.4 Der Typ der Zweifach-Kontingenzverdeckung

Sind von den 3 Zweiwegkontingenzen zwischen 3 Mmn *zwei* verdeckt, die dritte aber manifest, dann liegt eine *Zweifach-Kontingenzverdeckung* vor. Abbildung 17.4.4.1 veranschaulicht diesen Typ anhand einer 2-fachen Assoziationsverdeckung mit den Alternativ-Mmn A = Kreislauflabilität (1 = Schellongtest positiv), B = Neurosebereitschaft (1 = vorhanden) und C = Introversion (1 = überdurchschnittlich), bei N = 144 Psychosomatikern.

---

22 Vermutlich sind viele ‚leere' Interkorrelationsmatrizen als fehlende unbedingte Korrelationen aufzufassen, obschon bedingte Korrelationen (hyper-nichtlineare Korrelationen) zwischen den beteiligten (diskreten oder stetigen) Mmn bestehen. Eine Faktorenanalyse ist dann ineffizient, nicht aber eine KFA.

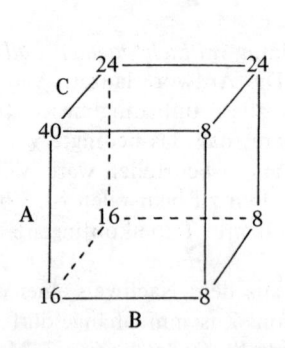

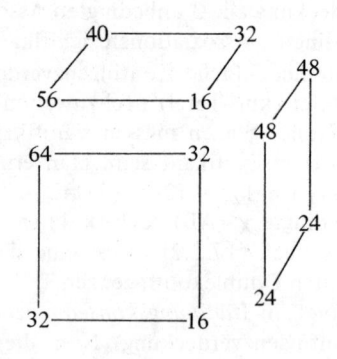

Kontingenzwürfel   Vierfelder-Randtafeln

Abb. 17.4.4.1
Kontingenzwürfel mit 3 an N = 144 Vpn erhobenen Binär-Mmn A, B, C und den dazu gehörigen Vierfelder-Randtafeln AB, AC und BC bei 2-facher Kontingenzverdeckung in den Randtafeln AB und AC.

Die χ^2-Werte der Tabelle 17.4.4.1 sind aus den fiktiven Felderfrequenzen des *Kontingenzwürfels* der Abb. 17.4.4.1 für die schon oben genannten Binär-Mme berechnet worden.

In der ternobservablen Dreiwegtafel sind die Assoziationen AB und AC in den *Randtafeln* verdeckt, in den *Untertafeln* aber vorhanden. Bezüglich der Assoziation AB resultiert eine unbedingte Kontingenz, die einem $\chi^2(AB) = 144(64 \cdot 16 - 32 \cdot 32)^2/96 \cdot 48 \cdot 96 \cdot 48 = 0$ entspricht; die bedingte Assoziation hingegen beträgt $\chi^2(AB.C) = 72(24 \cdot 8 - 24 \cdot 16)^2/48 \cdot 24 \cdot 40 \cdot 32 + 72(40 \cdot 8 - 8 \cdot 16)^2/48 \cdot 32 \cdot 56 \cdot 16 = 3{,}73$ und ist damit größer als Null (vgl. Abb. 17.4.4.1).

Es besteht also ein Zusammenhang zwischen Kreislauflabilität und Neurosebereitschaft (definiert durch eine Neurosenbehandlung in der Anamnese), nur ist er bei Introvertierten (definiert durch einen Fragebogenwert) mit $40 \cdot 8 - 8 \cdot 16$ positiv und bei Extravertierten mit $24 \cdot 8 - 24 \cdot 16$ negativ. Ähnliches gilt für den Zusammenhang zwischen Kreislauflabilität und Introversion, der in der Randtafel mit $64 \cdot 16 - 32 \cdot 32 = 0$ verdeckt ist, in den Untertafeln aber mit verschiedenen Vorzeichen manifest wird (positiv bei Neurotikern, negativ bei Nichtneurotikern). Nur die Assoziation zwischen Neurosebereitschaft und Introversion ist nicht verdeckt, also als bedingte wie als unbedingte *manifest* und positiv:

$\chi^2(BC) = 144(56 \cdot 32 - 16 \cdot 40)^2/96 \cdot 72 \cdot 72 \cdot 48 = 8{,}0$ und
$\chi^2(BC.A) = 96(40 \cdot 24 - 8 \cdot 24)^2/48 \cdot 48 \cdot 64 \cdot 32 +$
$\qquad + 48(16 \cdot 8 - 8 \cdot 16)^2/24 \cdot 24 \cdot 32 \cdot 16 = 12{,}00.$

Die unbedingte Assoziation BC ist nach (2-1) (2-1) = 1 Fg, die bedingte nach 2(2-1) (2-1) = 2 Fgn zu beurteilen, so daß beide Assoziationen auf der 5%-Stufe signifikant sind, wie Tabelle 17.4.4.1 zeigt.

Tabelle 17.4.4.1

χ^2 (AB)	= 0	Fg = (2-1) (2-1)
χ^2 (AC)	= 0	(2-1) (2-1)
χ^2 (BC)	= 8,00	(2-1) (2-1)
χ^2 (AB.C)	= 3,73	(2-1) (2-1)2
χ^2 (AC.B)	= 4,37	(2-1)2(2-1)
χ^2 (BC.A)	=12,00	2(2-1) (2-1)

Im *nicht-idealen Fall* liegt eine zweifache Kontingenzverdeckung in einem Kontingenzquader vor, wenn (1) 2 Mms-paare eine signifikante *bedingte* Kontingenz, aber keine signifikante *unbedingte* Kontingenz aufweisen, und wenn (2) das dritte Mms-paar eine bedingt wie unbedingt signifikante Kontingenz besitzt. Wie im Fall des Kontingenzwürfels muß sich jede Interpretation an dem Vergleich der Untertafeln der in der Randtafel verdeckten Kontingenz orientieren.

Für die *Anwendung* folgt: Auch bei zweifacher Kontingenzverdeckung ist es *unmöglich*, den Gesamtzusammenhang zwischen 3 Mmn durch Zusammenhänge zwischen je 2 Mmn (3 Zweiwegtafeln) darzustellen; bestenfalls entdeckt man jenen Zusammenhang, hier BC, unter den 3 bestehenden Zusammenhängen (AB.C, AC.B und BC.A), der am stärksten ausgeprägt ist. Über A zu poolen, bedeutet in jedem Fall einen Informationsverlust.

17.4.5 Der Typ der Einfach-Kontingenzverdeckung

Ist von den 3 Zweiwegkontingenzen zwischen 3 Mm nur *eine* verdeckt, die übrigen 2 aber manifest, spricht VICTOR (1972) von *einfacher Kontingenzverdeckung*.

Der praktisch wichtigste Fall einer Einfach-Kontingenzverdeckung ergibt sich bei Planung einer monobservablen Kontingenztafel mit *Kreuzklassifikation* zweier Schichtungsmerkmale. In Abb. 17.4.5.1 wird angenommen, daß aus den Akten einer Erziehungsberatungsstelle je 20 Kinder (11) mit Schulschwierigkeiten (A) und Verhaltensstörungen (B), (12) mit Schulschwierigkeiten ohne Verhaltensstörungen, (21) ohne SS mit VS und (22) ohne SS und ohne VS (sondern aus anderen Gründen beraten) entnommen worden sind. Erfragt (beobachtet) wird das Tätigkeitsfeld (C) der Kindesmutter (1 = Haushalt, 2 = Beruf) in der monobservablen Dreiwegtafel.

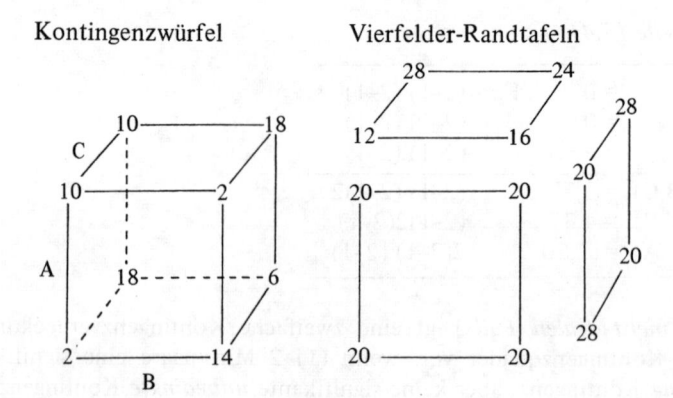

Kontingenzwürfel   Vierfelder-Randtafeln

Abb. 17.4.5.1
Einfach-Kontingenzverdeckung (Assoziationsverdeckung) des Mms-Paares AB in der frontalen (AB) Randtafel bei bestehenden Kontingenzen in der vorderen Untertafel mit (10 2 2 14) und in der hinteren Untertafel mit (10 18 18 6), bei N = 80 Individuen.

Die *unbedingten* und die *bedingten* Kontingenzen (Assoziationen) der Abb. 17.4.5.1 sind in Tabelle 17.4.5.1 durch die korrespondierenden χ^2-Werte repräsentiert:

Tabelle 17.4.5.1

χ^2	= 0	Fg = $2^3 - 2 \cdot 3 + 2 = 4$
χ^2(AB)	= 0	(2-1)(2-1)
χ^2(AC)	= 4,00	(2-1)(2-1)
χ^2(BC)	= 4,00	(2-1)(2-1)
χ^2(AB.C)	= 8,53 + 8,03 = 26,56	(2-1)(2-1)2
χ^2(AC.B)	= 7,62 + 15,00 = 22,62	(2-1)2(2-1)
χ^2(BC.A)	= 5,08 + 7,50 = 14,58	2(2-1)(2-1)

Durch den *Erhebungsmodus* ist gewährleistet, daß die *unbedingte* Assoziation AB entsprechend der frontalen Randtafel mit $20 \cdot 20 - 20 \cdot 20$ gleich Null sein muß. Die *bedingte* Assoziation zwischen A und B hingegen ist signifikant über Null mit χ^2(AB.C) = 16,56 für 2 Fge. Sie setzt sich zusammen aus einer negativen Assoziation mit 10 · 6 - 18 · 18 für im Haushalt tätige Mütter und aus einer positiven Assoziation mit 10 · 14 - - 2 · 2 für berufstätige Mütter. Im Haushalt tätige Mütter haben also überzufällig häufig Kinder, die nur eine der beiden Störungen (SS oder VS) aufweisen; berufstätige Mütter haben hingegen überzufällig häufig Kinder, die entweder beide oder keine der genannten Störungen aufweisen.

Die beiden *nicht-verdeckten* Kontingenzen bzw. Assoziationen sind trivial zu interpretieren: Im Haushalt tätige Mütter haben häufiger schulschwierige Kinder als berufstätige Mütter (saggitale Randtafel mit 28 · 16 - - 24 · 12). Eine analoge Feststellung gilt auch für Verhaltensstörungen (horizontale Randtafel mit 28 · 16 - 24 · 12).

Wann ist nun im *allgemeinen Fall* eines Kontingenzquaders einfache Kontingenzverdeckung anzunehmen? Die Antwort lautet: (1) Wenn 2 der 3 Mms-Paare bedingt wie unbedingt kontingent sind, aber (2) das dritte Mms-Paar wohl bedingt nicht aber unbedingt kontingent ist.

Die andere Frage, welche *Interpretationsfolgerungen* sich aus einfacher Kontingenzverdeckung ergeben, ist so zu beantworten: Die Dreiwegtafel muß nach den Stufen desjenigen Mms, dessen Kontingenz verdeckt ist, in Zweiwegtafeln aufgegliedert werden; diese sind je gesondert zu analysieren. Im obigen Beispiel betrifft dies die Vierfeldertafeln für haushalts- und berufstätige Mütter.

17.4.6 Der Typ der Scheinkontingenz

Tritt in der Randtafel eines Mms-Paares eine (unbedingte) Kontingenz in Erscheinung, die in den Untertafeln dieser Randtafel (als bedingte Kontingenz) fehlt, so spricht VICTOR (1972) von *Scheinkontingenz*. Für 2 scheinkontingente Mme A und B ist also $\chi^2(AB)$ signifikant, während $\chi^2(AB.C)$ insignifikant ist[23].

Scheinkontingenzen spielen in *Mc-Nemar-Situationen* (vgl. 5.5.1) eine u.U. fatale Rolle, wie das folgende (idealtypisierte) Beispiel illustriert: In einer Schlafmittelprüfung mit A = Wirkstoff (1 = gut, 2 = schlecht wirksam nach Patientenurteil) und B = Leerpräparat (1, 2, idem) mit N = 72 Testpersonen wird Tabelle 17.4.6.1 gewonnen

---

23 Ein seltener Fall von Scheinkontingenz, in welchem beide Mme sowohl bedingt wie unbedingt voneinander abhängen, ist gegeben, wenn in einem Kontingenzwürfel A und B bedingt negativ (positiv) und unbedingt positiv (negativ) assoziiert sind.

Tabelle 17.4.6.1

		L = Leerpräparat	
		1	2
W = Wirkstoff	1	10	26
	2	26	10

Aus dem McNemarschen $\chi^2 = (26-26)^2/(26+26) = 0$ wird gefolgert, daß W und L gleich wirksam seien, daß 26 Pbn W und ebensoviele L als gut wirksam befinden.

Der enttäuschte Hersteller von W läßt die 72 Ptn nach ihrem *Alter* mediandichotomieren (C1 = alt, C2 = jung) und nach Abb. 17.4.6.1 aufgliedern[24].

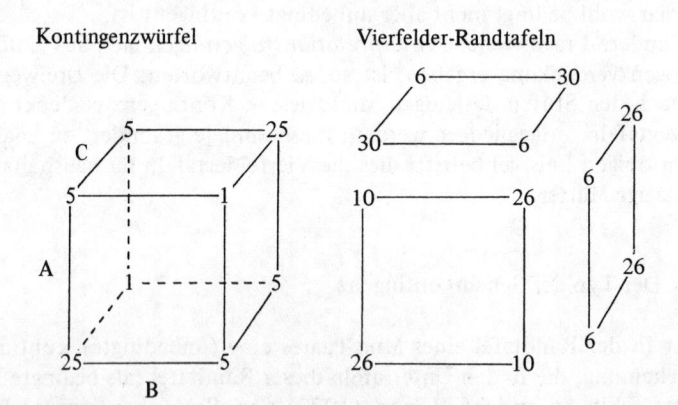

Abb. 17.4.6.1
Scheinkontingenz (Scheinassoziation) des Mms-Paares AB in der frontalen Randtafel bei fehlenden Assoziationen in der vorderen und der hinteren Vierfelder-Untertafel, mit N = 72 Individuen.

Das Charakteristikum der *Scheinkontingenz* ist die signifikante unbedingte Kontingenz AB bei fehlender bedingter Kontingenz AB.C, wie dies Tabelle 17.4.6.1 zum Ausdruck bringt.

24 In ähnlicher Weise lassen sich oft Korrelationen zwischen psychologischen Testaufgaben als Scheinkorrelationen aufdecken: Man braucht die Stichprobe der Pbn nur nach ihrem IQ zu dichotomieren um festzustellen, daß innerhalb der 2 Schichten nur niedrige Interkorrelationen herrschen, während die Gesamtstichprobe eine hohe Interkorrelation aufweist. Solche Schein-Korrelationen (meist zwischen Aufgaben unterschiedlicher Schwierigkeit) bedingen Cluster hoch interkorrelierender Aufgaben, deren Faktorenanalyse zu sog. Schwierigkeitsfaktoren führt.

Tabelle 17.4.6.2

χ^2(AB)	= 14,22	Fg = (2-1) (2-1)
χ^2(AC)	= 32,00	(2-1) (2-1)
χ^2(BC)	= 32,00	(2-1) (2-1)
χ^2(AB.C)	= 0	(2-1) (2-1)2
χ^2(AC.B)	= 22,16	(2-1)2(2-1)
χ^2(BC.A)	= 22,16	2(2-1) (2-1)

Wie Abb. 17.4.6.1 zeigt, wird W von alten Testpersonen viel besser beurteilt, $\chi^2 = (25-1)^2/26 = 22,16$, als L. Umgekehrt wird von jungen Testpersonen L im gleichen Maße besser beurteilt als W. Offenbar schätzen alte Personen die Schlafwirkungsförderung von W, während junge Personen (mit gutem Schlaf) dessen Nachwirkungen (Hang-over) stört, so daß sie L bei globaler Einschätzung besser finden als W.

Die fehlende bedingte Assoziation zwischen W und L kommt also nur nach der *Altersaufschichtung* zur Geltung mit χ^2(AB.C) = 0 wegen 5 · 5 - - 25 · 1 = 5 · 5 - 1 · 25 = 0. Die ausgeprägte unbedingte Assoziation zwischen W und L ist ein Artefakt zweier komplementär asymmetrischer McNemar-Tafeln, also eine Scheinassoziation; diese ließ W und L als gleich gut wirksam erscheinen, obschon W bei alten Personen besser, bei jungen aber schlechter wirkt als L.

Allgemein liegt eine Scheinkontingenz zwischen 2 Mmn einer Dreiwegtafel vor, wenn diese Mme eine signifikante unbedingte, aber eine nichtsignifikante bedingte Kontingenz ausweisen. Die Scheinkontingenz ist eine *einfache*, wenn die übrigen beiden Mms-Paare sowohl bedingte wie unbedingte Kontingenzen als signifikant erkennen lassen.

Was *folgt* aus dem Nachweis einer einfachen Scheinkontingenz? Es folgt daraus, daß die eine Scheinkontingenz produzierenden Untertafeln nicht zu einer Randtafel zusammengeworfen werden dürfen, sondern gesondert voneinander betrachtet und bzgl. ihrer Unterschiede untersucht und interpretiert werden müssen.

Scheinkontingenzen können in klinischen Untersuchungen zu typischen *Trugschlüssen* führen, wie RÜMKE (1970) anhand von Krankenblatterhebungen demonstriert hat.

17.4.7 Der Allabhängigkeitstyp

Ersetzt man in Tab. 17.4.6.1 die Fünfer- durch Neuner-Frequenzen, so entsteht zwischen den Mmn A und B so etwas wie eine *verkehrte* (fallacious) *Scheinkontingenz*. Beide frontalen Untertafeln zeigen dann positive

Assoziationen mit den Kreuzprodukt-Differenzen $9 \cdot 9 - 25 \cdot 1 = 9 \cdot 9 - 1 \cdot 25 = +56$, während die frontale Randtafel eine negative Assoziation mit $18 \cdot 18 - 26 \cdot 26 = -352$ ergibt. Da nunmehr χ^2 (AB.C) nicht gleich Null bzw. insignifikant ist, liegt ein Subtyp der allseitigen Abhängigkeit der 3 Mme, *Allabhängigkeit* genannt, vor. *Andere Subtypen* von VICTORS (1972) Typ der allseitigen Abhängigkeit in Dreiwegtafeln lassen sich ebenfalls nur für den Spezialfall eines Kontingenzwürfels definieren; einige von ihnen seien nachfolgend herausgehoben:

Lambda-gleiche Kontingenzwürfel

Ein Kontingenz- oder Assoziationswürfel, bei dem die sog. Bartlett-Roy-Kastenbaum- oder *BRK-Bedingung* gilt, hat *gleiche Lambda-Quotienten* in allen Paaren von Vierfelder-Untertafeln[25]. Für die 2 frontalen Tafeln z.B. gilt somit nach $\lambda = ad/bc$ als *Kreuzproduktquotienten* (odds ratio, 15.4.5)

$$\frac{f_{111} f_{221}}{f_{121} f_{211}} = \frac{f_{112} f_{222}}{f_{122} f_{212}} \qquad (17.4.7.1)$$

Sieht man vom Schichtungs-Index ab, so stehen im Zähler die *homonym* (11, 22) und im Nenner die *heteronym* indizierten Frequenzen (12, 21). *Gleiche Lambdas* bezeichnen gleiche Assoziationen in beiden Schichttafeln und implizieren je gleiche (aber numerisch verschiedene) Lambdas in den beiden Zeilen- und den beiden Spaltentafeln.

Die BRK-Bedingung gilt z.B. für einen Kontingenzwürfel mit $f_{111} = 9$, $f_{121} = 6$, $f_{211} = 3$ und $f_{221} = 4$ der hinteren Schichttafel und mit $f_{112} = 3$, $f_{122} = 2$, $f_{212} = 6$ und $f_{222} = 8$ der vorderen Schichttafel. Die Schichtenlambdas betragen $(9 \cdot 4)/(6 \cdot 3) = (3 \cdot 8)/(2 \cdot 6) = 2$. Die Spaltenlambdas (mit linker und rechter Untertafel) betragen 6 und die Zeilenlambdas (mit oberer und unterer Untertafel) betragen 1.

Obwohl BRK-Tafeln die Aussage erlauben, daß 2 Alternativ-Mme in den Stufen des dritten Mms *gleich assoziiert* sind (binobservable Dreiwegtafel), impliziert diese Aussage *nicht*, daß in den *Randtafeln* dieselbe Assoziation herrscht wie in den sie konstituierenden *Untertafeln*. So beträgt in obigem Beispiel das Lambda der horizontalen Randtafel $12 \cdot 10/10 \cdot 9 = 1{,}33$, während die Lambdas ihrer Untertafeln 1 betrugen.

Die BRK-Bedingung ist für *binobservable* Dreiwegtafeln dann von Bedeutung, wenn es darum geht festzustellen, daß A und B in den 2 Schichten von C *gleich assoziiert* sind. Diese Feststellung kann für Wirkungen

---

[25] Gleiche Assoziationen in beiden Untertafeln implizieren nicht auch Homogenität der beiden Tafeln selbst: In einer Untertafel mit z.B. $a = 5$, $b = 20$, $c = 5$ und $d = 5$ ist $\lambda = 1/4$, und in einer anderen Untertafel mit $a = 5$, $b = 10$, $c = 10$ und $d = 5$ ist ebenfalls $\lambda = 1/4$, ohne daß die vier Frequenzen proportional wären.

und Nebenwirkungen einer Behandlung bei 2 Diagnosen von Belang sein, ebenso wie ihre Widerlegung.

In einem lambda-gleichen Assoziationswürfel existiert *keine Tripelassoziation*, denn das Lambda 2. Ordnung ist für jedes Paar von Untertafeln gleich 1. Die Gesamtassoziation läßt sich also auf Doubleassoziationen zurückführen. Lambda-Gleichheit entsteht u.a. immer dann, wenn man einer gegebenen Vierfeldertafel die um 180° gedrehte Tafel anfügt (Punktsymmetrie, vgl. 17.7.2). Solche Tafeln implizieren Alternativ-Mme mit je 50% Positivvarianten.

Auf die Frage, wie man *prüft*, ob für einen Assoziationswürfel die BRK-Bedingung als gültig angenommen werden kann, soll hier mangels Anwendungsrelevanz nicht eingegangen werden.

Ebensowenig gehen wir auf die Definition von sog. *perfekten* Dreiwegtafeln nach DARROCH (1962) und PLACKETT (1969) ein. Sie fordert, daß die Felderfrequenzen durch die zwei- und eindimensionalen Randfrequenzen bestimmt sind nach

$$f_{ijl} = \frac{N(f_{ij.}f_{i.l}f_{.jl})}{f_{i..}f_{.j.}f_{..l}} \qquad (17.4.7.2)$$

Tabelle 17.4.7.1 ist *keine* perfekte Dreiwegtafel, denn $f_{111} = 5 \neq$ $\neq 22(6 \cdot 8 \cdot 7)/11 \cdot 11 \cdot 11 = 5,5$, aber einer perfekten Tafel recht gut angepaßt; das gilt für alle quasiparametrischen Tafeln im Sinne der LANCASTER-Forderung, wonach die Gesamtkontingenz durch die 3 Doublekontingenzen bestimmt sein soll.

Quasiparametrische Kontingenzquader

Sind die beobachteten Frequenzen f_{ijl} einer Dreiwegtafel gleich den unter der *LANCASTER-Bedingung* erwarteten Frequenzen e_{ijl} (17.2.5.1), dann kann eine dem Allabhängigkeitstyp angehörende Tafel als *quasiparametrisch* bezeichnet werden; denn auch im Fall einer diskretisierten Trinormalverteilung fehlt eine Tripelkontingenz.

Quasiparametrisch sind alle Kontingenzwürfel, die durch *Rotation* (um 180°) einer Vierfeldertafel entstanden sind, wie Tabelle 17.4.7.1 mit den Frequenzen a = 5, b = 3, c = 2, d = 1.

1. Um zu prüfen, ob die *LANCASTER-Bedingung* für die N = 22 Mms-Träger gilt, berechnen wir die unter H_0 (keine Tripelassoziation) erwartete Frequenz e_{111} dreifach positiver Träger und sehen zu, ob sie gleich der beobachteten Frequenz $f_{111} = 5$ (links oben) ist. Dazu benötigen wir die Kantenfrequenzen $f_{1..} = 5 + 3 + 2 + 1 = 11, f_{.1.} = 5 + 1 + 2 + 3 = 11$ und $f_{..1} = 5 + 3 + 1 + 2 = 11$. Ferner benötigen wir die Randtafelfrequenzen

Tabelle 17.4.7.1

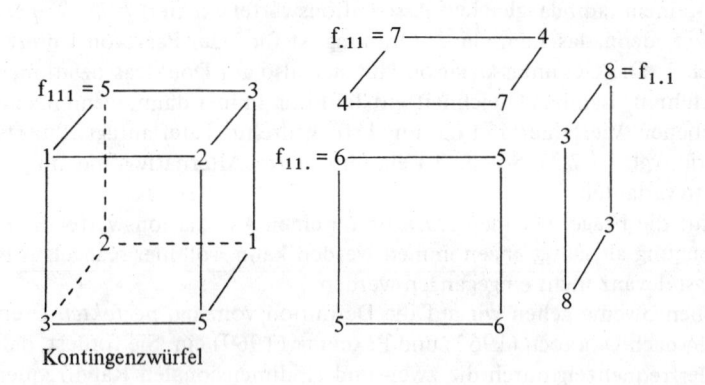

$f_{11.} = 1 + 5 = 6, f_{1.1} = 5 + 3 = 8$ und $f_{.11} = 5 + 2 = 7$, um in (17.2.5.1) einzusetzen:

$$e_{111} = \frac{6 \cdot 11}{22} + \frac{8 \cdot 11}{22} + \frac{7 \cdot 11}{22} - 2 \left(\frac{11 \cdot 11 \cdot 11}{22 \cdot 22} \right) = 5$$

In gleicher Weise ist die Lancaster-Bedingung für alle übrigen 7 Frequenzen erfüllt, so daß der (punktsymmetrische) Kontingenzwürfel ein idealtypischer Repräsentant einer *quasiparametrischen* Dreiwegtafel ist.

2. Ein *anderer Weg*, die gleiche Feststellung zu treffen, führt auf LANCASTERS χ^2-Zerlegung: Man berechnet das Gesamt-χ^2 und subtrahiert die 3 Randtafel-χ^2-Werte: Der Rest muß gleich Null sein (vgl. 17.2.2).

Bei totaler Unabhängigkeit der drei Mme A, B und C sind die 8 erwarteten Frequenzen alle gleich $e_{ijl} = 22/8 = 2,75$, und das Gesamt-χ^2 beträgt damit nach (17.2.1.5) $\chi^2 = (5^2 + ... + 5^2)/2,75 - 22 = 6,36$. Nach (17.2.6.3) erhalten wir $\chi^2(AB) = 0,18$, $\chi^2(BC) = 1,64$ und $\chi^2(AC) = 4,54$, womit $\chi^2(ABC) = 6,36 - 0,18 - 1,64 - 4,54 = 0$ wie vorausgesagt.

Im nicht-trivialen Fall einer quasiparametrischen Dreiwegtafel ist jede der drei χ^2-Komponenten nach 1 Fg zu beurteilen: Bei quasiparametrischer Allabhängigkeit sind alle 3 Double-χ^2-Werte signifikant, nicht aber das residuale Tripel-χ^2. Ist das Tripel-χ^2 ebenfalls signifikant, dann liegt der Subtyp einer semiparametrischen Allabhängigkeit vor (vgl. 17.1.4).

Im Unterschied zur BRK-Bedingung kann die *Lancaster-Bedingung* auch auf Kontingenzquader angewendet werden. In quasiparametrischen Würfeln und Quadern kann sich die Interpretation der Mms-Zusammenhänge allein auf die unbedingten Kontingenzen der 3 Randtafeln stützen und braucht bedingte Kontingenzen innerhalb der Untertafeln nicht mit einzubeziehen.

Im folgenden Abschnitt werden wir nur zwischen quasi- und nicht-parametrischen Dreiwegtafeln unterscheiden, je nachdem, ob sie das LANCASTERsche Additivitätspostulat $\chi^2 - \chi^2(AB) - \chi^2(AC) - \chi^2(BC) = 0$ erfüllen oder nicht.

17.4.8 Typen-Klassifikation von Dreiwegtafeln

Im folgenden wird versucht, Dreiwegtafeln schrittweise zu klassifizieren, und zwar in enger Anlehnung an VICTORS (1972) Klassifikationsverfahren. Die *Klassifikation von Dreiwegtafeln* wird so ergänzt, daß die Frage, ob eine Allabhängigkeitstafel als quasiparametrisch zu betrachten ist, höchstens am Ende der Klassifikationsprozedur relevant wird.

Wir unterstellen, eine Dreiwegtafel sei hinreichend besetzt, um χ^2- oder 2I-Tests unbedenklich durchführen zu können. Die Klassifikation gründet auf χ^2-*Prüfgrößen* nach der allgemeinen Formel $\chi^2 = \Sigma(f-e)^2/e$, wobei die Erwartungswerte je nach Klassifikationshypothese unterschiedlich zu berechnen sind (vgl. 17.4.8.2).

Die verschiedenen Prüfgrößen sind in der Aufeinanderfolge von Tabelle 17.4.8.1 zu berechnen. Der Klassifikationsvorgang ist zu stoppen, sobald eine beobachtete Dreiwegtafel einem der VICTORschen Typen zugeordnet werden kann.

Klassifikationsprozedur

Um eine empirische Dreiwegtafel einem der vorgeschlagenen und im vorigen Abschnitt idealtypisch veranschaulichten Typen (Modellen) zuzuordnen, schlägt VICTOR (1972) eine *mehrstufige Testprozedur* vor, bei der die Anzahl der Schritte von den Testergebnissen auf den einzelnen Stufen abhängt. Die Testprozedur ist in Tabelle 17.4.8.1 in 5 Schritten dargestellt

Die Testhypothese H_1 in Tabelle 17.4.8.1 betrifft die *Gesamtkontingenz*; die Testhypothesen H_2 betreffen die 3 *multiplen Kontingenzen* (AB)C, (AC)B und (BC)A. Die Hypothesen H_3 beziehen sich auf die 3 *unbedingten Kontingenzen* AB, AC und BC. Die Hypothesen H_4 betreffen die *bedingten Kontingenzen* AB.C, AC.B und BC.A. Die Hypothese H_5 bezieht sich bei VICTOR auf die Frage, ob die Tafel im Sinne von PLACKETT (1969) perfekt ist. Da diese Hypothese nicht direkt zu prüfen ist, ersetzen wir sie durch die Frage, ob die Tafel im Sinne von LANCASTER quasiparametrisch erscheint[26] (vgl. 17.2.2). Alle Hypothesen sind als Unabhängigkeits-Nullhypothesen aufzufassen und zu prüfen.

Tabelle 17.4.8.1

```
1. Schritt          ┌─────────────────┐   H₁ gilt
                    │  Testen von H₁  │ ─────────────→  (A)
                    └─────────────────┘
                            │
                       H₁ gilt nicht
                            ↓
        ┌           ┌─────────────────┐   H₂ₐ gilt
        │           │  Testen von H₂ₐ │ ─────────────→  (B₁)  ⎫
        │           └─────────────────┘                       │
        │                   │                                 │
        │              H₂ₐ gilt nicht                         │
        │                   ↓                                 │
2. Schritt ⎨         ┌─────────────────┐   H₂ᵦ gilt            ⎬  (B)
        │           │  Testen von H₂ᵦ │ ─────────────→  (B₂)  │
        │           └─────────────────┘                       │
        │                   │                                 │
        │              H₂ᵦ gilt nicht                         │
        │                   ↓                                 │
        │           ┌─────────────────┐   H₂c gilt            │
        └           │  Testen von H₂c │ ─────────────→  (B₃)  ⎭
                    └─────────────────┘
                            │
                       H₂c gilt nicht
                            ↓
3. Schritt       ┌──────────────────────────┐  alle 3 Hypothesen
                 │ Testen von H₃ₐ, H₃ᵦ und H₃c│ ───────────────→  (C)
                 └──────────────────────────┘    gelten
                            │
                            │                                  (D₁) ⎫
                            └──────→  2 Hypothesen gelten      (D₂) ⎬ (D)
                                       (3 Möglichkeiten)       (D₃) ⎭
```

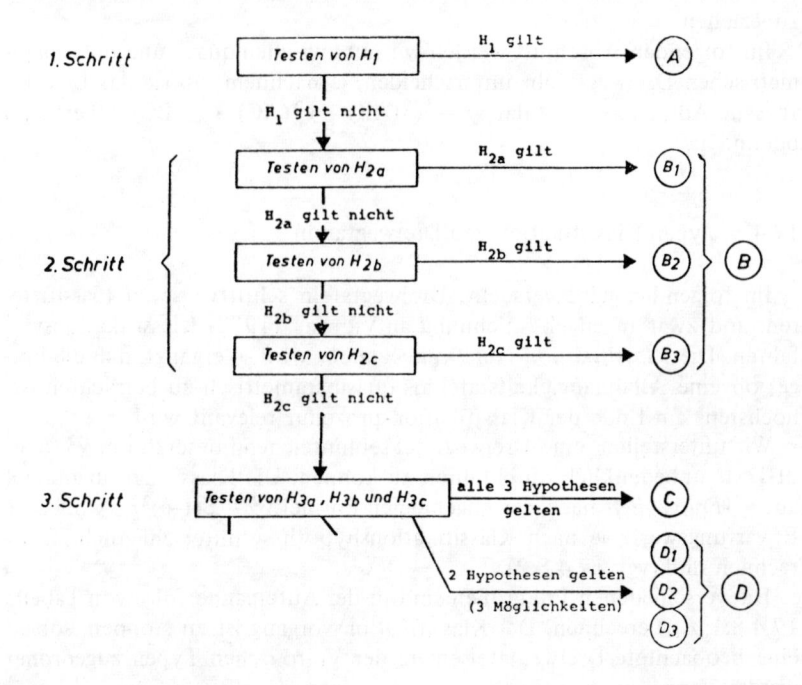

Klassifikations-Prüfgrößen

Die in Tabelle 17.4.8.1 mit Laufindizes bezeichneten Testhypothesen H_1 bis H_5 prüft man über folgende, auf χ^2 statt auf 2I bezogene *Klassifikationsprüfgrößen* $\chi^2 = \Sigma(f-e)^2/e$, deren Erwartungswerte nach Tabelle 17.4.8.2 berechnet werden.

Bei 3 Prüfgrößen bezeichnet in Tabelle 17.4.8.2 der *Nachindex* a die jeweilige Beziehung zwischen den Mmn A und B, b die Beziehung zwischen A und C und c die Beziehung zwischen B und C. So ist H_{2a} die multiple Unabhängigkeit (AB)C. In der Variantenbezeichnung der Typen entspricht a dem Subtyp 1 und c dem Subtyp 3 innerhalb des VICTORschen Klassifikationssystems von Dreiwegtafeln.

---

26 Nach mündlicher Mitteilung von VICTOR (18.1.78) ist in 95% der Fälle die Lancaster-Bedingung durch die Plackett-Bedingung abgedeckt. Im Zweifelsfall verfahre man so wie bei VICTOR (1972) als Näherungsverfahren beschrieben. Da diese Methode nicht ohne EDV-Benutzung zu realisieren ist, wurde sie in die Testprozedur nicht aufgenommen.

Tabelle 17.4.8.2

Testhypothese H		Erwartungswerte	Fge χ^2-Test
Allunabhängigkeit	H_1	$(f_{i..}f_{.j.}f_{..1})/N^2$	kms-k-m-s+2
Multiple Kontingenz	H_{2a}	$(f_{..1}f_{ij.})/N$	(s-1)(km-1)
	H_{2b}	$(f_{.j.}f_{i.1})/N$	(m-1)(ks-1)
	H_{2c}	$(f_{i..}f_{.j1})/N$	(k-1)(ms-1)
Unbedingte Kontingenz	H_{3a}	$(f_{i..}f_{.j.})/N$	(k-1)(m-1)
	H_{3b}	$(f_{i..}f_{..1})/N$	(k-1)(s-1)
	H_{3c}	$(f_{.j.}f_{..1})/N$	(m-1)(s-1)
Bedingte Kontingenz	H_{4a}	$(f_{i.1}f_{.j1})/f_{..1}$	s(k-1)(m-1)
	H_{4b}	$(f_{ij.}f_{.j1})/f_{.j.}$	m(k-1)(s-1)
	H_{4c}	$(f_{ij.}f_{i.1})/f_{i..}$	k(m-1)(s-1)
Residual ≙ Tripelkontingenz	H_5	(17.2.5.1–2)	(k-1)(m-1)(s-1)

Gemäß dem vereinbarten Alpha-Risiko und der in Tabelle 17.4.8.2 je Prüfgröße angegebenen Zahl von Fgn gelten für beobachtete Prüfgrößen entsprechende Schranken. Manchmal ist es sinnvoll, Alpha zu *ändern*, um einer Entscheidungsschwierigkeit zu begegnen.

Erwartungswert-Berechnung

Für alle Arten von Erwartungswerten gilt, daß die *Prüfgröße* $\chi^2 = \Sigma(f-e)^2/e = \Sigma f^2/e - N$ mit der in Tabelle 17.4.8.2 angegebenen Zahl von Fgn wie χ^2 verteilt ist, wenn die betreffende Testhypothese zutrifft. Wir betrachten sie als zutreffend, wenn sie aufgrund der Prüfgröße nicht verworfen zu werden braucht[27].

Die *Erwartungswerte* sind einfacher zu berechnen als dies aufgrund von Tab. 17.4.8.2 aussieht: Der Erwartungswert $f_{..1}f_{ij.}/N$ wird aus einer Zweiwegtafel mit km Zeilen und s Spalten nach Zeilensumme · Spaltensumme/ /N in üblicher Weise berechnet. Der Erwartungswert $f_{i..}f_{.j.}/N$ wird aus einer Zweiwegtafel mit k Zeilen und m Spalten berechnet, wobei die Zwei-

---

27 In der VICTORschen Klassifikationsprozedur wird sie nur dann als zutreffend betrachtet, wenn die einschlägige Prüfgröße gleich Null ist (wie im theoretischen Fall).

wegtafel die Randtafel der Mme A und B bezeichnet. Der Erwartungswert $f_{i.1} f_{.j1}/f_{..1}$ ist nichts anderes als der Erwartungswert für eine Zweiweg-Untertafel der Schicht 1 mit k Zeilen und m Spalten der Mme A und B.

Man beachte, daß die 10 Tests H_2 bis H_5 *nicht unabhängig* voneinander sind, und die Fge daher nicht die Fge des Tests H_1 ergeben. *Additiv* sind lediglich die Tests H_3 und der Test H_5 mit den Fgn (k-1) (m-1) + (k-1) (s-1) + (m-1) (s-1) + (k-1) (m-1) (s-1) = kms - k - m - s + 2 von H_1.

Typen-Identifikation

1. Mit H_1 prüfen wir auf Allunabhängigkeit bzw. gegen Gesamtkontingenz. Wird H_1 beibehalten, so identifizieren wir die Dreiwegtafel als Realisation eines *Allunabhängigkeitstyps* (Typ A) und stoppen die Klassifikationsprozedur nach dem 1. Schritt.

2. Gilt H_1 nicht, dann prüfen wir in einem 2. Schritt gegen *multiple Kontingenz* nach H_2. Wird eine der 3 Hypothesen beibehalten bzw. als geltend angenommen, so entscheiden wir uns für die entsprechende Variante der *Kontingenzhomogenität* (Typen B_1 bis B_3).

3. Gilt keine der 3 Hypothesen H_2, sind also alle 3 multiplen Kontingenzen signifikant, so prüfen wir in einem 3. Schritt auf *unbedingte Kontingenz* zwischen Paaren von Mmn. Je nach dem Ausgang der 3 Tests ergeben sich *4 Möglichkeiten,* VICTORS Typen zu identifizieren:

a) Die erste Möglichkeit besteht darin, daß alle *3* Hypothesen H_3 gelten bzw. beibehalten werden können. In diesem Fall klassifizieren wir unsere Dreiwegtafel als Typ der *3-fachen Kontingenzverdeckung* (Typ C)

b) Gelten nur *2* der 3 Hypothesen H_3, so liegt eine Variante der *zweifachen Kontingenzverdeckung* vor (Typen D_1 bis D_3). *Nicht* verdeckt ist nur die Kontingenz zwischen jenen beiden Mmn, deren unbedingte Kontingenz signifikant ist.

c) Gilt nur *eine* der 3 Hypothesen H_3, so liegt eine Variante der *einfachen Kontingenzverdeckung* vor (Typen E_1 bis E_3). Verdeckt ist hier nur die Kontingenz zwischen jenen beiden Mmn, deren unbedingte Kontingenz nicht signifikant ist. Diese Feststellung gilt für Kontingenzwürfel *immer*. Für Kontingenzquader gilt sie nur, wenn H_5 (keine Tripelkontingenz) *nicht* gilt. Gilt H_5, dann ist der Quader einem (hier nicht zu besprechenden) Typ (F) zuzuordnen, bei dem 2 Mme sowohl bedingt wie unbedingt unabhängig sind, ohne daß aber die von den 2 Mmn gebildeten Untertafeln homogen sind[28], weshalb sie zu einer Randtafel zusammengeworfen werden dürfen.

---

28 Im Sinne einer strengen Geltung von H_5 darf der Typ F in Kontingenzwürfeln nach VICTOR (1972) nicht auftreten, d.h. $\chi^2(H_5) = 0$ ist unmöglich, jedoch kann $\chi^2(H_5)$ natürlich insignifikant sein.

d) Ein 4. Schritt ist erforderlich, wenn keine der Hypothesen H_3 gilt, wenn also alle Paare von Mmn signifikante Doublekontingenzen nachweisen:

4. Gilt H_5, besteht also keine signifikante Tripelkontingenz, so wird die Tafel dem Subtyp H_2 einer *quasiparametrischen Allabhängigkeit* zugeordnet, in welchem die Gesamtkontingenz zwischen den 3 Mmn durch unbedingte Kontingenzen zwischen je 2 Mmn erklärt werden kann.

5. Gilt H_5 nicht, besteht also eine signifikante Tripelkontingenz, dann prüfen wir in einem 5. Schritt auf bedingte Unabhängigkeiten zwischen Paaren von Mmn bzw. gegen bedingte Kontingenzen. Gilt *eine* der 3 möglichen Hypothesen H_4, so identifizieren wir unsere Tafel als Typ der *Scheinkontingenz* (Typen G_1 bis G_3).

6. Gilt *keine* der Hypothesen H_4, sind also alle 3 bedingten Kontingenzen signifikant, dann klassifizieren wir unsere Tafel als eine vom Subtyp der *nichtparametrischen Allabhängigkeit* (Typ H_1).

7. Fügt sich eine reale Dreiwegtafel nicht der Klassifikationsprozedur, d.h. ergeben sich Widersprüche oder Ambiguitäten beim Entscheidungsprozeß, dann muß von einer Zuordnung zu VICTORS Typen (die nur eine Auswahl der praktisch wichtigsten aus den theoretisch möglichen Typen darstellen) abgesehen werden.

Obwohl die Testprozedur prinzipiell für alle Dreiwegtafeln gilt, wurde sie bislang nur für Kontingenzwürfel erprobt.

Wie das Klassifikationsverfahren von VICTOR (1972) arbeitet, und welchen Nutzen der Anwender aus ihm zu ziehen vermag, soll das folgende Beispiel illustrieren.

Beispiel 17.4.8.1

Fragestellung: Um die Zusammenhänge zwischen Berufstätigkeit der Mutter eines Vorschulkindes (A+, A-), seinem Kindergarten-Besuch (B+, B-) und der Existenz von Geschwistern (C+, C-) aufzuklären, wurden die N = 247 Teilnehmer einer Vorlesung in bezug auf die Mms-Kombinationen ihrer eigenen Kindheit befragt.

Ergebnisse: Tabelle 17.4.8.3 zeigt die Besetzungszahlen des ternobservablen Kontingenzwürfels und deren ein- und zweidimensionale Randverteilungen.

Auswertung: Um die Art der bestehenden Kontingenzen so sparsam wie möglich interpretieren zu können, führen wir eine Typenklassifikation nach VICTOR durch. Wegen des relativen großen N vereinbaren wir mit α = 0,001 ein niedriges Alpha-Risiko.

Schritt 1: Zuerst prüfen wir auf Allunabhängigkeit mittels des Gesamt-χ^2 des Kontingenzwürfels und erhalten das Ergebnis der Tabelle 17.4.8.4.

Tabelle 17.4.8.3

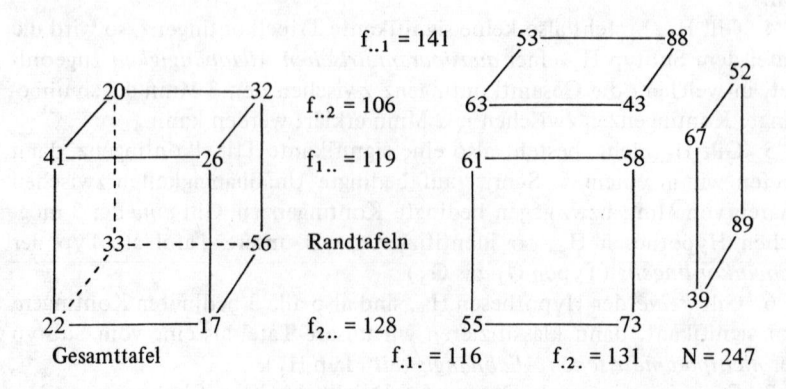

$f_{..1} = 141$ 53――――88

20――――32 $f_{..2} = 106$ 63――――43   52

41――――26 $f_{1..} = 119$ 61――――58   67

33――――56   Randtafeln   89

22――――17 $f_{2..} = 128$ 55――――73   39

Gesamttafel $f_{.1.} = 116$ $f_{.2.} = 131$ N = 247

Tabelle 17.4.8.4

ijl	e_{ijl}	f_{ijl}	$(f_{ijl} - e_{ijl})^2 / e_{ijl}$
111	31,903	20	4,441
112	23,984	41	12,072
121	36,028	32	0,450
122	27,085	26	0,043
211	34,318	33	0,051
212	25,798	22	0,559
221	38,753	56	7,676
222	29,134	17	5,054
Σ	247	247	$\chi^2 = 30,346$ mit 4 Fge

Das in Tabelle 17.4.8.4 berechnete χ^2 für Gesamtkontingenz ist für $2^3 - 2 \cdot 3 + 2 = 4$ Fge auf der 0,1%-Stufe signifikant, so daß wir zu Schritt 2 übergehen.

Tabelle 17.4.8.5

AB	a(C1)	b(C2)	n
11	20	41	61
12	32	26	58
21	33	22	55
22	56	17	73
	A = 141	B = 106	N = 247

Schritt 2: Zwecks Prüfung von H_{2a} stellen wir uns den Kontingenzwürfel als Zweiwegtafel mit 2 x 2 = 4 Zeilen (AB) und 2 Spalten (C) in Tabelle 17.4.8.5 dar.

Wir prüfen auf multiple Kontingenz (AB)C mittels der Brandt-Snedecor-Formel (5.4.1.1) und erhalten

$$\chi^2(H_{2a}) = \frac{247^2}{141 \cdot 106} \left(\frac{20^2}{61} + \frac{32^2}{58} + \frac{33^2}{55} + \frac{56^2}{73} - \frac{141^2}{247} \right) = 26{,}458$$

Das χ^2 ist für (4-1) (2-1) = 3 Fge auf der 0,1%-Stufe signifikant. Der Zusammenhang zwischen AB-Kombinationen einerseits und C andererseits basiert in der Hauptsache (1) auf der Zeile 22 mit den Erwartungswerten $141 \cdot 73/247 = 41{,}672$ und $106 \cdot 73/247 = 31{,}328$ bzw. χ^2-Komponenten von $(56 - 41{,}672)^2/4{,}1672 = 4{,}926$ und $(17 - 31{,}328)^2/31{,}328 = 6{,}553$ sowie (2) auf Zeile 11 mit χ^2-Komponenten von 6,309 und 8,392. Kindergarten-Kinder berufstätiger Mütter haben in 20/61 = 33% der Fälle Geschwister und in 100% - 33% = 66% der Fälle keine Geschwister, sind also mehrheitlich Einzelkinder (was plausibel ist). Das Umgekehrte gilt für Kinder, die nicht in den Kindergarten gehen und deren Mütter im Haushalt tätig sind.

Mittels der gleichen Formel berechnen wir die Prüfgrößen für H_{2b} und H_{2c}:

$$\chi^2(H_{2b}) = \frac{247^2}{116 \cdot 131} \left(\frac{20^2}{52} + \frac{41^2}{67} + \frac{33^2}{89} + \frac{22^2}{39} - \frac{116^2}{247} \right) = 11{,}845$$

$$\chi^2(H_{2c}) = \frac{247^2}{119 \cdot 128} \left(\frac{20^2}{53} + \frac{32^2}{88} + \frac{41^2}{63} + \frac{26^2}{43} + \frac{119^2}{247} \right) = 17{,}043$$

Da H_{2b} zutrifft bzw. nach $\alpha = 0{,}001$ beibehalten werden muß, ($\chi^2_{0,001} = 16{,}266$ für 3 Fge) klassifizieren wir die Tafel als kontingenzhomogen (Typ B_2). Die nach B aufgegliederten Untertafeln AB (linke und rechte Untertafel in Tab. 17.4.8.1) dürfen demnach zu der saggitalen Randtafel AC zusammengeworfen werden, ohne daß interpretationsrelevante Information verlorengeht.

Interpretation: Die so gewonnene Randtafel zeigt eine negative Assoziation zwischen A = Berufstätigkeit der Mutter und C = Vorhandensein von Geschwistern an, die einem

$$\chi^2(H_{3b}) = 247(52 \cdot 39 - 67 \cdot 89)^2/(119 \cdot 128 \cdot 116 \cdot 131) = 16{,}808$$

entspricht, das für 1 Fg auf der 0,1%-Stufe signifikant ist. Die Deutung ist einigermaßen trivial, wenn man annimmt, daß ein Einzelkind der Mutter eher erlaubt, berufstätig zu sein als 2 oder mehr Kinder. Nicht trivial ist der implizierte Befund, daß die elterliche Entscheidung, ob ein Vorschulkind im Kindergarten betreut wird, nicht von der Berufstätigkeits–Geschwister-Kombination beeinflußt worden zu sein scheint.

Nachbemerkung: Hätten wir $\alpha = 0{,}01$ vorvereinbart, wären alle H_2 Hypothesen anzunehmen und die Prozedur fortzusetzen gewesen. Die 2 restlichen χ^2-Prüfgrößen für die unbedingten Kontingenzen hätten sich nach Tabelle 17.4.8.1 wie folgt ergeben:

$$\chi^2(H_{3a}) = 247(61 \cdot 73 - 58 \cdot 55)^2/(119 \cdot 128 \cdot 116 \cdot 131) = 1{,}702 \text{ n.s.}$$

$$\chi^2(H_{3c}) = 247(53 \cdot 43 - 88 - 63)^2/(116 \cdot 131 \cdot 141 \cdot 106) = 11{,}593 \text{ s.}$$

Da die unbedingte Assoziation AB mit $\chi^2(AB) = 1{,}702$ nicht signifikant ist, wäre die Tafel 17.4.8.3 dem Typ der bedingten und unbedingten Unabhängigkeit der Mme A und B, dem Typ F nach VICTOR, zuzuordnen.

Kommentar: Nimmt man die beiden Untertafeln AB in Augenschein (hintere und vordere Vierfeldertafel in 17.4.8.3), so erkennt man in der Tat, daß Berufstätigkeit der Mutter (A) und Kindergartenbesuch des Kindes (B) in den Familien mit Geschwistern (C1) wie in den Familien ohne Geschwister (C2) nicht assoziiert erscheinen (ad-bc~0), und daß die gleiche Feststellung auch gilt, wenn man nach Geschwistern gar nicht unterteilt (Randtafel AB). Dennoch sind die beiden Untertafeln nicht homogen, sondern komplementär-asymmetrisch: In Familien mit Geschwistern (hintere Tafel) sind die Mütter nicht berufstätig und ihre untersuchten Kinder nicht im Kindergarten (56 von 141 Familien). In Familien mit Einzelkindern (vordere Tafel) sind die Mütter dagegen berufstätig und ihre Kinder im Kindergarten (41 von 106 Familien). Die beiden Feststellungen sind psychologisch plausibel.

Postscript: Formal gesehen besteht in beiden Tafeln bzgl. der Nebendiagonale (von c nach b) eine Asymmetrie. Diese Asymmetrie wird aber in der Randtafel (mit a = 61 berufstätigen Müttern, deren Kinder im Kindergarten versorgt werden) verdeckt, so daß die interpretationsrelevante Unterscheidung via Untertafeln nicht mehr möglich ist. Man kann den Typ F von VICTOR hier also als Asymmetrieverdeckung bezeichnen.

Aus dem vorstehenden Beispiel 17.4.8.1 wird *zweierlei* ersichtlich: (1) Die Beendigung der Testprozedur hängt cet. par. von dem vereinbarten Alpha-Risiko ab, und es gilt die Regel ‚je kleiner desto früher'. (2) Die Interpretation des Testergebnisses hängt vom identifizierten Typ ab, womit u. U. verschiedene, sich ergänzende oder einander widerstreitende Interpretationen möglich werden (vgl. auch ADAM und ENKE, 1974).

Das Beispiel bringt aber noch eine andere wichtige Erkenntnis im Rückblick auf die χ^2-*Zerlegung* einer Dreiwegtafel: Wäre der Kontingenzwürfel bloß nach χ^2 zerlegt worden, hätte man gefolgert, daß der Zusammenhang zwischen den 3 Mmn durch Zusammenhänge zwischen je 2 Mm hinreichend erklärt sei (wegen fehlender Tripelkontingenz), welche Folgerung aus VICTORS Testprozedur als unzulässig erkannt wird.

VICTORS Klassifikationsprozedur für Dreiwegtafeln ist ein *heuristisches* Verfahren, wenn man, was oft sinnvoll erscheint, eine Postfestum-Änderung des Alpha-Risikos zuläßt und es nicht für alle u. U. nötigen 11 Tests adjustiert. Um eines der VICTORschen Modelle im echt *inferentiellen* Sinn zu prüfen, empfiehlt sich eine Kreuzvalidierung nach dem *Split-half-Verfahren*: Man halbiert die trivariate Stichprobe nach Zufall, wendet auf die eine Hälfte die Testprozedur an und testet die andere Hälfte gegen den aus der ersten Hälfte identifizierten Kontingenztyp. In einem weiteren Schritt lassen sich ggf. noch spezifische Tests für substanzwissenschaftliche Fragen nachschieben.

17.4.9 Gezielte Typen-Klassifikation (Modellverifizierung)

Interessiert den Untersucher nicht, welcher der VICTORschen Kontingenztypen eine 2^3-Feldertafel folgt, sondern nur, ob sie mit der Annahme eines bestimmten, theoretisch postulierten oder empirisch voridentifizierten Typs übereinstimmt, so ist ein *gezielter Klassifikationstest* indiziert, wobei auf eine Alpha-Adjustierung zu verzichten ist.

Zielt die Identifikation eines Kontingenztyps auf die Beibehaltung einer bestimmten Hypothese als Nullhypothese, so kann das *Alpha-Risiko hoch* angesetzt werden, um das *Beta-Risiko* möglichst *klein* zu halten. Dieses Prinzip der *Modellverifizierung* wird im folgenden Beispiel illustriert.

Beispiel 17.4.9.1

Nachkontrolle eines Therapie-Versuches: Ein Untersucher behauptet, er habe seine N = 54 nach Diabetes (D+, D-) und Fettsucht (F+, F-) aufgeschichteten Ptn nach Zufall im Verhältnis 4:1 einem neuen Antidiabeticum (B+ = Novum) oder einem alten Antidiabeticum (B- = Vetum) zugeordnet. Wenn die Behandlungen B wirklich nach Zufall zugeordnet wurden (was bezweifelt wird), müssen die Vierfeldertafeln (DF)B+ und (DF)B- homogen verteilt sein, also einen Kontingenzhomogenitätstyp (DF)B bilden.

Nullhypothese: Die Kontingenz zwischen den 4 Diagnosekombinationen DF und der Behandlungsalternative B weicht nur zufällig von idealer Homogenität ab, d.h. DF einerseits und B andererseits sind unabhängig. Die Alternative negiert H_0.

Signifikanzniveau: Weil es darum geht, H_0 nicht nur beizubehalten, sondern so überzeugend wie möglich zu stützen, wählen wir $\alpha = 0{,}90$.

Ergebnis: Wir fassen D und F als Zeilen und Spalten, B hingegen als Schichten eines Kontingenzwürfels auf und zählen die auf die 8 Kombinationen entfallenden Patienten aus (Daten aus IMMICH, 1974, Tab. 12.13); es resultiert Abbildung 17.4.9.1:

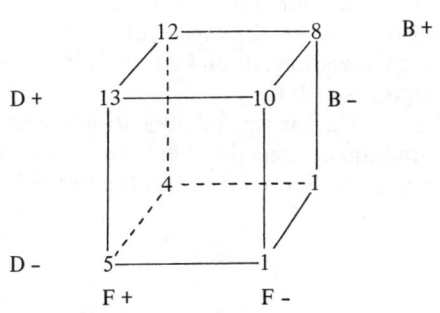

Abb. 17.4.9.1: Ternobservabler Kontingenzwürfel mit D = Diabetes, F = Fettsucht und B = Behandlungsart.

Testdurchführung: Obschon die Erwartungswerte unter H_0 teilweise unter 5 liegen, benutzen wir den χ^2-Test, da er in diesem Fall eher antikonservativ entscheidet, sich also u.U. zu Unrecht gegen die Behauptung des Untersuchers auswirkt (Argumentatio a fortiori). Den Test selbst rechnen wir nach der BRANDT-SNEDECOR-Formel in Tabelle 17.4.9.1.

Tabelle 17.4.9.1

DF	f(B+)	f(B-)	n	f_+^2/n
++	12	13	25	5,760
+-	8	10	18	3,556
-+	4	5	9	1,778
--	1	1	2	0,500
Summe	25	29	N = 54	11,594

Test $\quad \chi^2 = \dfrac{54^2}{25 \cdot 29} \left(11{,}594 - \dfrac{25^2}{54} \right) = 0{,}08$ mit 3 Fgn

Entscheidung: Da ein χ^2 für (4-1)(2-1) = 3 Fg höchstens die 90%-Schranke von 0,584 erreichen darf und das beobachtete χ^2 darunter bleibt, behalten wir H_0 trotz des hohen Alpha-Risikos bei.

Interpretation: Die Beibehaltung von H_0 auf so hohem Alpha-Niveau rechtfertigt die Annahme, daß die beiden Vierfeldertafeln (DF)B+ und (DF)B- nicht nur im Rahmen des Zufalls, sondern im Rahmen einer systematischen Planungsmaßnahme (alternierende Schichtzuordnung) gleich bzw. homogen frequentiert sind. Wir vertrauen daher auf die Behauptung des Untersuchers.

Die *gezielte Prüfung auf Kontingenztypen*, die nicht — wie in Beispiel 17.4.9.1 — durch einen einzigen Test abgedeckt werden können, erfordert, das Alpha-Risiko auf soviele Tests zu adjustieren wie zum Typennachweis unbedingt erforderlich sind. Für den Nachweis einer Scheinassoziation zwischen A und B wären r = 2 Tests erforderlich: ein Test zum Nachweis der unbedingten Assoziation AB und ein zweiter zur Beibehaltung der Unabhängigkeitshypothese AB.C.

Im folgenden werden wir von relativ *schwach* besetzten Kontingenztafeln ausgehen und annehmen, sie seien zureichend mittels *informationsanalytischer* Tests nach VICTOR (1972) zu typisieren.

17.5 Dreiweganalyse mit 2I-Tests

Verzichtet man auf die Kenntnis der Erwartungswerte unter den verschiedenen Unabhängigkeitshypothesen, so kann man Dreiwegtafeln mit Erwartungswerten um 5 auf multiple, unbedingte und bedingte Kontingenz besser mittels des informationsanalytischen *Likelihood-Quotiententests* (LQ-Test) prüfen (vgl. MORGENSTERN, 1964) und ggf. eine beobachtete k x m x s-Kontingenztafel i. S. VICTORS (1972, vgl. 17.4) klassifizieren.

17.5.1 2I-Auswertungsalgorithmen nach ADAM und ENKE

Zweckmäßigerweise berechnet man sich vorweg folgende *Hilfsgrößen* nach Tafel IX–4–5 (vgl. ADAM und ENKE, 1972):

$$SSS = (2N)\ln(N) \qquad (17.5.1.1)$$

$$ISS = \sum_i (2f_{i..})\ln(f_{i..}) \qquad (17.5.1.2)$$

$$SJS = \sum_j (2f_{.j.})\ln(f_{.j.}) \qquad (17.5.1.3)$$

$$SSL = \sum_l (2f_{..l})\ln(f_{..l}) \qquad (17.5.1.4)$$

$$IJS = \sum_i \sum_j (2f_{ij.})\ln(f_{ij.}) \qquad (17.5.1.5)$$

$$ISL = \sum_i \sum_l (2f_{i.l})\ln(f_{i.l}) \qquad (17.5.1.6)$$

$$SJL = \sum_j \sum_l (2f_{.jl})\ln(f_{.jl}) \qquad (17.5.1.7)$$

$$IJL = \sum_i \sum_j \sum_l (2f_{ijl})\ln(f_{ijl}) \qquad (17.5.1.8)$$

(1) Die Prüfgröße auf *globale* Kontingenz ist mit $\chi^2(H_1)$ in VICTORS Klassifikation analog und beträgt mit LQ =: 2I

$$2I(H_1) = 2(SSS) + IJL - ISS - SJS - SSL \qquad (17.5.1.9)$$
$$\text{mit kms-k-m-s+2 Fge}$$

(2) Die LQ-Prüfgrößen auf *multiple* Kontingenz zwischen AB und C, AC und B sowie BC und A entsprechen den Prüfgrößen $\chi^2(H_2)$ und lauten:

$$2I(H_{2a}) = SSS + IJL - IJS - SSL \text{ mit } (km-1)(s-1) \text{ Fg} \qquad (17.5.1.10)$$

$$2I(H_{2b}) = SSS + IJL - ISL - SJS \text{ mit } (ks-1)(m-1) \text{ Fg} \qquad (17.5.1.11)$$

$$2I(H_{2c}) = SSS + IJL - SJL - ISS \text{ mit } (ms-1)(k-1) \text{ Fg} \qquad (17.5.1.12)$$

(3) Die LQ-Prüfgrößen auf *unbedingte* Kontingenz zwischen A und B, A und C sowie B und C entsprechen den Prüfgrößen $\chi^2(H_3)$ und lauten:

$2I(H_{3a}) = SSS + IJS - ISS - SJS$ mit $(k-1)(m-1)$ Fgn (17.5.1.13)

$2I(H_{3b}) = SSS + ISL - ISS - SSL$ mit $(k-1)(s-1)$ Fgn (17.5.1.14)

$2I(H_{3c}) = SSS + SJL - SJS - SSL$ mit $(m-1)(s-1)$ Fgn (17.5.1.15)

(4) Die LQ-Testgrößen auf *bedingte* Kontingenz AB.C, AC.B oder BC.A sind analog den χ^2-Prüfgrößen $\chi^2(H_4)$ wie folgt bestimmt:

$2I(H_{4a}) = SSL + IJL - ISL - SJL$ mit $s(k-1)(m-1)$ Fgn (17.5.1.16)

$2I(H_{4b}) = SJS + IJL - IJS - SJL$ mit $m(k-1)(s-1)$ Fgn (17.5.1.17)

$2I(H_{4c}) = ISS + IJL - IJS - ISL$ mit $k(m-1)(s-1)$ Fgn (17.5.1.18)

(5) LANCASTERS Definition einer *Tripelkontingenz* als Wechselwirkung zweiter Ordnung zwischen A, B und C liefert die zu $\chi^2(H_5)$ analoge LQ-Statistik,

$2I(H_5) = IJL + ISS + SJS + SSL - SSS - IJS - ISL - SJL$, (17.5.1.19)

die mit $(k-1)(m-1)(s-1)$ Fgn wie Chiquadrat verteilt ist, wenn die globale Nullhypothese allseitiger Unabhängigkeit der 3 Mme gilt. Diese LQ-Statistik ist die Differenz zwischen $2I(H_1)$ einerseits und den $2I(H_3)$-Statistiken andererseits gemäß dem Residualcharakter von LANCASTERS asymptotisch gültiger Statistik.

17.5.2. 2I-Auswertung monobservabler Tafeln (Das ENKE-3-Modell)

Schichtungsabhängige Behandlungswirkung

Um 2I-Tests zum Nachweis von *schichtungsspezifischen Behandlungswirkungen* anwenden zu lernen, betrachten wir das folgende Beispiel, in dem eine 2-stufige Behandlung A (Verum vs. Placebo) in 2 Schichten von Individuen C (♂,♀) zu einer 3-stufigen Respondenz B (+, =, -) führt.

Das Erhebungsmodell, das obiger monobservabler Dreiwegtafel zugrunde liegt, setzt 2 x 2 Kombinationen (Subpopulationen) der Faktor-Mme A und C voraus, aus welchen je eine nach 3 Klassen abgestufte Stichprobe des Respondenz-Mms B gezogen worden ist. Es entspricht dem Untersuchungsmodell 3 nach ENKE (1973) mit A und C als *Auswahl-Mmn* und B als *Beobachtungsmerkmal*. Dasselbe Modell gilt für die im Anschluß an das Beispiel 17.5.2.1 zu besprechende Anwendung.

Beispiel 17.5.2.1

Versuch: N = 42 Vpn, 22 männliche und 20 weibliche (C), erhielten je zur Hälfte nach Los entweder ein Verum (V $\hat{=}$ 0,2 g Cycloheptenylbarbitursäure, Behandlung (A)) oder ein gleichaussehendes Placebo (P) als ‚Einschlafmittel' (A). Nach dem Erwachen hatten sich die Vpn bzgl. ihrer Leistungsbereitschaft (+ gehoben, = normal, - herabgesetzt) einzuschätzen (B).

Ergebnisse: Tabelle 17.5.2.1 zeigt die Ergebnisse (aus LIENERT, 1961, S. 1–8) mit dem Beobachtungs Mm-B und den Auswahl-Mmn A und C:

Tabelle 17.5.2.1

					+	=	−
				V	$f_{111}=13$	$f_{121}=1$	$f_{131}=0$
			männlich →				
+	=	−		P	$f_{211}=5$	$f_{221}=3$	$f_{231}=0$
$f_{112}=2$	$f_{122}=5$	$f_{132}=0$	V				
			← weiblich				
$f_{212}=4$	$f_{222}=3$	$f_{232}=6$	P				

Hypothesen: H_0: Die 3 Mme sind allseitig unabhängig, A und C planbedingt.

H_1: Die Behandlung (V,P) beeinflußt die Leistungsbereitschaft (L+, L=, L−): Kontingenz AB.

H_2: Die Behandlung beeinflußt die Leistungsbereitschaft bei beiden Geschlechtern in gleicher Weise: Kontingenz (AC)B.

Die Hypothesen H_1 und H_2 sind hierarchisch zu prüfen, d.h. H_2 ist nur dann zu prüfen, wenn H_0 angenommen werden kann.

Testwahl: Wegen der niedrigen Besetzungszahlen wählen wir statt des χ^2-Tests die entsprechenden LQ bzw. 2I-Tests. Die Hypothese H_1 prüfen wir gegen H_0 mittels der Prüfgröße $2I(H_{3a})$, da sie die Frage nach einer unbedingten Kontingenz zwischen Zeilen-Mm (Behandlungsart) und Spalten-Mm (Behandlungswirkung) impliziert.

Weiter — und vor allem — prüfen wir die Hypothese H_2 mittels der Prüfgröße $2I(H_{2a})$, da sie die Frage nach einer multiplen Kontingenz zwischen Behandlung und Behandlungswirkung in Abhängigkeit vom Geschlecht impliziert.

Signifikanzniveau: Wir führen maximal r = 2 simultane Tests durch und setzen bei $\alpha = 0{,}01$ ein $\alpha^* = 0{,}01/2 = 0{,}005$ an.

Vorauswertung: Wir berechnen zunächst die Hilfsgrößen (17.5.1.1–8) nach Tafel IX–4–5 und erhalten

SSS = 2 · 42 ln 42 = 313,964

ISS = 2 · 21 ln 21 + 2 · 21 ln 21 = 255,740

SJS = 2 · 24 ln 24 + 2 · 12 ln 12 + 2 · 6 ln 6 = 233,685

SSL = 2 · 22 ln 22 + 2 · 20 ln 20 = 255,835

IJS = $2 \cdot 15 \ln 15 + 2 \cdot 6 \ln 6 + ... + 2 \cdot 6 \ln 6 = 185,295$

ISL = $2 \cdot 14 \ln 14 + 2 \cdot 7 \ln 7 + ... + 2 \cdot 13 \ln 13 = 201,096$

SJL = $2 \cdot 18 \ln 18 + 2 \cdot 4 \ln 4 + ... + 2 \cdot 6 \ln 6 = 191,417$

IJL = $2 \cdot 13 \ln 13 + 2 \cdot 1 \ln 1 + ... + 2 \cdot 6 \ln 6 = 147,425$

Test gegen H_1: Wir prüfen nach (17.5.1.13) und erhalten

$2I(H_{3a}) = 313,964 + 185,295 - 255,740 - 233,685 = 9,834$.

H_1-Entscheidung: Dieser 2I-Wert überschreitet die χ^2-Schranke von $\chi^2_{0,005} = 10,6$ für 2 Fge (Tafel III) nicht, so daß wir H_0 annehmen und mit der Prüfung von H_2 fortfahren.

Test gegen H_2: Wir prüfen mittels (17.5.1.10) und erhalten

$2I(H_{2a}) = 313,964 + 147,425 - 185,295 - 255,835 = 20,259$.

H_2-Entscheidung: Dieser 2I-Wert überschreitet ebenfalls die für 5 Fge gültige 2,5%-Schranke von 12,832. Damit ist H_2 zugunsten von H_0 anzunehmen. Das bedeutet, daß Behandlung und Behandlungswirkung geschlechtsabhängig sind, daß also die beiden Geschlechter nicht zusammengeworfen werden dürfen, wenn eine Schlafmittel-Nachwirkung auf die Leistungsbereitschaft entdeckt werden soll.

Interpretation: Die Behandlung ist wirksam; Männer sprechen eher positiv auf ein Verum an, Frauen eher negativ auf Placebo; Frauen sind offenbar, wie man auch sagt, Placeboreaktoren in Richtung verminderter Leistungsbereitschaft nach vermeintlicher Schlafmitteleinnahme.

Wir haben mit unserer gezielten Hypothese H_1 einer *generellen* Behandlungswirkung insofern ‚Glück gehabt', als diese Wirkung nicht ‚durchgeschlagen' hat. Wäre $2I(H_{3a})$ bei zu hoch (5%) gewähltem α signifikant ausgefallen, dann hätten wir zu Unrecht angenommen, die Behandlung sei generell wirksam. Tatsächlich war sie aber geschlechtsspezifisch wirksam, und es wäre — in Vorwegnahme einer solchen Möglichkeit — sinnvoller gewesen, sogleich auf *differentielle* Behandlungswirkungen innerhalb der beiden Geschlechter zu testen, d.h. mit $2I(H_{4a})$ auf bedingte Kontingenz zu prüfen. Bei nachgewiesener bedingter Kontingenz AC.B hätte immer noch auf multiple Kontingenz (AC)B geprüft werden dürfen, um zu entscheiden, ob die Geschlechter-Unterteilung aufgelassen werden darf oder nicht.

Schichtspezifische Behandlungswirkungen bzw. entsprechende Untersuchungspläne spielen in der klinischen Forschung, wo die Schichten zumeist als Diagnosen imponieren, eine praktisch bedeutsame Rolle, wie JANKE (1964) gezeigt hat; *JANKE-Designs* rangieren eher vor als hinter den nachbesprochenen Behandlungsplänen[29].

[29] JANKE (1964) hat in seiner Habilitationsschrift erstmalig systematisch die differentielle Wirkung von Psychopharmaka auf Schichten neurotischer und nichtneurotischer Vpn nachgewiesen (Behandlungs-Schichtungs-Wirkungsplan).

Kombinierte Wirkung zweier Behandlungen

Monobservable Behandlungswirkungen resultieren in Dreiwegtafeln immer dann, wenn zwei Behandlungen miteinander kombiniert, d.h. kreuzklassifiziert werden und die Wirkung der kombinierten Behandlungen binär oder ternär beurteilt wird wie im hier sog. KRÜGER-*Design*[30].

Angenommen, in Tabelle 17.5.2.1 sei das Schichtungsmerkmal C eine zweite Behandlung, sagen wir: C ≙ Traumanregungsmittel und A ≙ Schlafmittel.

Will der Untersucher wissen, ob sich die 2 x 2 = 4 Schlafbehandlungskombinationen AC unterschiedlich auf die morgendliche Leistungsbereitschaft B auswirken, dann ist die gezielte Prüfung auf *multiple Kontingenz* (AC)B der adäquate Test auf kreuzkombinierte Behandlungswirkungen. Diese Kontingenz entspricht einem VICTORschen Test gegen die Hypothese H_{2b}, in der auf Unabhängigkeit zwischen den Kreuzklassen AC einerseits und den Wirkungen B andererseits geprüft wird.

Nach Formel (17.5.1.11) erhalten wir ein LQ-Maß von 313,964 + + 147,425 − 201,096 − 206,197 = 26,608, das für $(2 \cdot 2 - 1)(3-1) = 6$ Fge auf der für einen einzigen gezielten Test gültigen 5%-Stufe signifikant ist ($\chi^2_{0,05}$ = 10,46 bei 6 Fgn). Es handelt sich hierbei um die Kontingenz in einer zweidimensionalen 4 x 3-Feldertafel, die entsteht, wenn man in Tabelle 17.5.2.1 die beiden Untertafeln übereinander anordnet.

Die multiple Kontingenz (AC)B ist wegen offensichtlicher Überbesetzung im linken oberen und im rechten unteren Feld der 4 x 3-Feldertafel wie folgt zu *interpretieren:* VC+ (Schlafmittel mit Traumanregung) wirkt positiv, PC- (Placebo ohne Traumanregung) wirkt negativ.

Kreuzklassifizierte Dreiwegtafeln können — wenn man auf die Berechnung von Erwartungswerten verzichtet — auch mittels *2I-Tests* ausgewertet werden (vgl. ADAM und ENKE, 1972). Dabei kann die Auswertung unter Berücksichtigung simultaner Tests auch nach verschiedenen, u.U. von einander *abhängigen* Gesichtspunkten erfolgen, wie das Beispiel 17.5.2.1 illustriert. Es wird auf Kontingenz sowohl innerhalb der m saggitalen wie innerhalb der k horizontalen Untertafeln *quasivarianzanalytisch* geprüft[31].

---

30 Orthogonale, je Klasse gleich besetzte Kreuzklassifikationspläne (Behandlungs-Behandlungs-Wirkungspläne) mit stetiger und homomerer Wirkungsbeurteilung X sind optimal nach KRÜGER (1977) mittels simultaner U-Tests auszuwerten.

31 Um die k horizontalen mxs-Untertafeln auf Kontingenz zu beurteilen, wird die bedingte Kontingenz BC.A additiv in ihre k Komponenten zerlegt; desgleichen wird die bedingte Kontingenz AC.B in ihre m Komponenten zerlegt, wenn die m saggitalen kxs-Untertafeln auf Kontingenz beurteilt werden. Die Prozedur entspricht der Zerlegung einer ‚Varianz zwischen' den Gruppen in ihre additiven Komponenten, weswegen die Bezeichnung ‚quasivarianzanalytisch' gewählt wird.

Beobachtungen in kreuzklassifizierten Schichten

Statt zweier Behandlungen können auch zwei Schichten als unabhängige Mme dienen und Beobachtungen (z.B. epidemiologische Manifestationen) innerhalb dieser 2 x 2 = 4 Schichten als abhängige Mme. Einen Untersuchungsplan dieser Art (monobservable Dreiwegtafel) hat ENKE (1973) vorgestellt; er wird im folgenden Beispiel 17.5.2.2 als *ENKE-Design* unter ‚Beobachtungen in *kreuzklassifizierten Schichten*' exemplifiziert.

Beispiel 17.5.2.2

Erhebungsprozedur: Aus verschiedenen Wohngegenden (A_1 = Harzvorland, A_2 = Harzrand, A_3 = Harz) und aus verschiedenen Altersklassen (B_1 = Vorschulkinder, B_2 = 3. Schulklasse, B_3 = 6. Klasse, B_4 = 9. Klasse) wurden N = 2205 Kinder mittels eines Fragebogens auf Anzeichen einer chronischen Bronchitis (C_1 = unverdächtig, C_2 = verdächtig) untersucht. Die resultierende 3 x 4 x 2-Feldertafel ist in Tabelle 17.5.2.2 verzeichnet (aus ENKE, 1973, Tab. 7), wobei C das Beobachtungs-Mm ist.

Tabelle 17.5.2.2

A	B	C 1	2	Σ
1	1	97	19	116
	2	101	17	118
	3	61	17	78
	4	24	7	31
	Σ	283	60	343
2	1	226	84	310
	2	260	78	338
	3	213	43	256
	4	224	25	249
	Σ	923	230	1153
3	1	140	29	169
	2	160	65	225
	3	157	37	194
	4	105	16	121
	Σ	562	147	709
Σ	1	463	132	595
Σ	2	521	160	681
Σ	3	431	97	528
Σ	4	353	48	401
Σ		1768	437	2205

Hypothesen und Tests: Die in Tabelle 17.5.2.3 (adaptiert aus ENKE, 1973, Tab.8) verzeichneten r = 12 Hypothesen wurden mittels entsprechender 2I-Tests bei α = 0,01 für ein adjustiertes α^* = 0,01/12 = 0,00083 geprüft (nach Tafeln III und III-2 linear interpoliert).

Tabelle 17.5.2.3

Hypothese	Prüfgröße 2I	Fge	Schranke $2I_{\alpha^*}$
(AB)C	49,450*	3·4·2−3·4−2+1=11	31,89
AC	1,584	(3−1)(2−1) = 2	14,22
AC.B	23,632	(3−1)(2−1)4 = 8	26,64
BC	25,818*	(4−1)(2−1) = 3	16,70
BC.A	47,866*	(4−1)(2−1)3 = 9	28,41
$AC.B_1$	9,184	(3−1)(2−1) = 2	14,22
$AC.B_2$	9,584	2	14,22
$AC.B_3$	1,078	2	14,22
$AC.B_4$	3,822	2	14,22
$BC.A_1$	2,382	(4−1)(2−1) = 3	16,70
$BC.A_2$	30,780*	3	16,70
$BC.A_3$	14,704	3	16,70

Ergebnisse und Interpretation: 1. Die 3 · 4 = 12 Wohnort-Alters-Stichproben sind bzgl. Bronchitis nicht homogen gefährdet: (AB)C signifikant.

2. Die Wohngegend hat weder einen generellen noch einen differentiellen (vom Alter abhängigen) Einfluß auf die B-Gefährdung: AC und AC.B nicht signifikant.

3. Das Alter der Kinder hat einen generellen Einfluß auf die B-Gefährdung (unabhängig davon, ob man die Wohngegend berücksichtigt oder nicht): BC und BC.A signifikant.

4. Der Alterseinfluß auf die Gefährdung ist nur bei Kindern aus dem Harzrand nachzuweisen, nicht aber bei Kindern aus anderen Wohngegenden: $BC.A_2$ signifikant. Wie man aus Tabelle 17.5.2.2 ersieht (2. Zeilengruppe), fällt der Anteil der B-gefährdeten mit steigendem Alter von 84/310 = 27% auf 25/249 = 10%.

Anmerkung: Unter den 12 Hypothesen ist nur die letztaufgeführte Hypothese 4 eine substanzwissenschaftliche Interpretation wert. Die Hypothese 3 ist offenbar vornehmlich wegen Hypothese 4 signifikant. Für eine detailliertere Interpretation wären die Erwartungswerte innerhalb einer jeden der m = 3 saggitalen Untertafeln zu bilden und mit den Beobachtungswerten zu vergleichen.

Postscript: Eine Typenklassifikation i.S. VICTORS ist hier nicht indiziert, da eine monobservable, nicht aber — wie gefordert — eine ternobservable Dreiwegtafel vorliegt.

Im *ENKE-3-Modell* der Tabelle 17.5.2.2 entspricht die Hypothese (AB)C der Hypothese $2I(H_{2a})$ in Abschnitt 17.5.1. Die Hypothesen AC und BC entsprechen den Hypothesen $2I(H_{3bc})$ und die Hypothesen AC.B und BC.A entsprechen den Hypothesen $2I(H_{4bc})$. Die restlichen Hypothesen AC.B_j und BC.A_i sind vom Typ der Hypothesen $2I(H_{2bc})$, nur beziehen sie sich nicht auf Randtafeln, sondern auf Untertafeln.

Im obigen Beispiel sind 2I-Tests nicht aus *Effizienz-*, sondern aus *Ökonomie*gründen anstelle des sonst gleichermaßen indizierten χ^2-Tests getreten. Wie für monobservable, so kann der 2I-Test gleichermaßen auch auf die nachfolgend besprochenen binobservablen Tafeln mit Effizienz- und/oder Ökonomiegewinn angewendet werden (vgl. WEILING und UNGER, 1977).

17.5.3 2I-Auswertung binobservabler Tafeln (Das ENKE-2-Modell)

In der klinischen Medizin zeigen neue Behandlungsmethoden nicht nur gewünschte *Hauptwirkungen*, sondern leider ebensooft auch nichtgewünschte *Nebenwirkungen*. Bezeichnet man die Behandlungsstufen mit A_1 bis A_k, die Hauptwirkungen mit B_1 bis B_m und die Nebenwirkungen mit C_1 bis C_s, so sind folgende Tests im *ENKE-2-Modell* möglich und sinnvoll anzuwenden:

1. A(BC) ist die *multiple Kontingenz* zwischen Behandlung und Behandlungswirkungen (Haupt- und/oder Nebenwirkungen); sie stellt sich in einer Kontingenztafel mit k Zeilen und ms Spalten dar, so daß die Prüfgröße 2I(BC)A nach (k-1) (ms-1) Fgn zu beurteilen ist: Ist 2I signifikant, dann bedeutet dies, daß die Behandlung zu Haupt- und/oder Nebenwirkungen führt. Wie die Behandlung wirkt, muß aus den kms 2I-Komponenten erschlossen werden.

2. Will man Haupt- und Nebenwirkungen generell betrachten, so beurteilt man 2I(AB) und 2I(AC) nach (k-1) (m-1) bzw. (k-1) (s-1) Fgn. Wie Haupt- und Nebenwirkungen unter der Behandlung zusammenhängen, manifestiert sich durch die Prüfgröße 2I(BC), die nach (m-1) (s-1) Fgn zu beurteilen ist. Man betrachtet also jeweils eine der drei *unbedingten Kontingenzen* in den 2-dimensionalen Randtafeln der Dreiwegtafel.

3. Will man erfahren, wie Haupt- und Nebenwirkungen *differentiell*, d.h. in den einzelnen Behandlungsvarianten, zusammenhängen, beurteilt man 2I(BC.A) als *bedingte Kontingenz* zwischen den beiden Behandlungswirkungen. Klinisch bemerkenswert sind sowohl die Behandlungsvarianten mit starken, wie auch die mit fehlenden Kontingenzen zwischen B und C.

Es versteht sich, daß für alle Anwendungen auch χ^2 anstelle von 2I als Prüfgröße benutzt werden kann, wenn N genügend groß ist.

Das *Erhebungsmodell*, das binobservablen Dreiwegtafeln zugrunde liegt, ist wie folgt zu kennzeichnen: Es werden aus den k Klassen eines Faktor-Mms (Auswahl-Mms) bzw. aus den k Subpopulationen Stichproben gezogen und deren Elemente nach den Observablen (Beobachtungs-Mmn) B und C den ms Feldern einer m x s-Tafel zugeordnet (Modell 2 nach ENKE, 1973 oder *WHITNEY-Design* nach WHITNEY, 1951).

17.5.4 2I-Klassifikation von ternobservablen Tafeln
(Das VICTOR-ENKE-1-Modell)

Da die 2I-Auswertung von *Dreiwegtafeln* ökonomischer als die χ^2-Auswertung ist und die 2I-Komponenten nicht nur, wie χ^2, asymptotisch, sondern *exakt additiv* sind, läßt sich VICTORS Klassifikation mittels 2I leicht von 2 x 2 x 2- auf k x m x s-Tafeln verallgemeinern.

Betrachten wir hierzu Tabelle 17.5.3.2 und nehmen wir an, es handle sich um eine *ternobservable Erhebung* (mit ‚symmetrischer' Dreiwegtafel nach VICTOR), bei der N = 2205 Kinder nach 3 Wohngegenden (A), 3 Altersklassen (B) und 2 Bronchitis-Verdachts-Stufen (C) befragt worden sind. Welche Prüfgrößen benötigen wir zur Klassifikation nach Tabelle 17.4.8.1? Wir stellen dazu fest:

(1) Die *Gesamtkontingenz* ist bei $\alpha = 0,001$ signifikant, ohne daß wir 2I zu berechnen brauchen, weil (AB)C in Tab. 17.5.3.3 signifikant ist. Also gehört die Datentafel 17.5.3.2 nicht dem Allunabhängigkeitstyp an.

(2) Außer der bereits in Tab. 17.5.3.3 berechneten (AB)C-Kontingenz sind auch die 2 übrigen *multiplen Kontingenzen* (AC)B und (BC)A zu beurteilen.

(3) Ggf. ist auch noch die unbedingte Kontingenz AB zu beurteilen, da diese in Tab. 17.5.3.3 fehlt, während AC und BC dort vertreten sind.

(4) Unter den *bedingten Kontingenzen* fehlt in Tab. 17.5.3.3 der 2I-Wert für AB.C, wogegen AC.B und BC.A vertreten sind.

(5) Zur Beurteilung der *Tripelkontingenz* nach LANCASTER müssen dann noch 2I für die Gesamtkontingenz berechnet und die 2I-Werte der unbedingten Doublekontingenzen hiervon subtrahiert werden.

Die erforderliche ‚Nachauswertung' ist im Beispiel 17.5.4.1 en detail vollzogen worden und illustriert zugleich als Rekapitulation, wie man von Tab. 17.5.3.2 zu Tab. 17.5.3.3 gelangt.

Beispiel 17.5.4.1

Datenrückgriff und Vorauswertung: Wir beziehen uns auf die Dreiwegtafel der Tabelle 17.5.3.2 und berechnen nach (17.5.1.1–8) die 2I-Komponenten (Hilfsgrößen). Tafel IX–4–5 kann wegen der Beschränkung auf N = 399 keine Anwendung finden. Deshalb greifen wir auf die Originaltafeln nach WOOLF (1957) oder die Tafeln von

BLÖSCHL (1966) zurück. Auch eine Auswertung mittels Taschenrechner, der die Ln-Funktion umfaßt, ist höchst ökonomisch.

$SSS = 2(2205)\ln(2205) = 33950,3$

Einwegtafeln:

$ISS = 2(343)\ln(343) + 2(1153)\ln(1153) + 2(709)\ln(709) = 29569,8$

$SJS = 2(595)\ln(595) + ... + 2(401)\ln(401) = 27914,8$

$SSL = 2(1768)\ln(1768) + 2(437)\ln(437) = 31754,7$

Zweiwegtafeln:

$IJS = 2(116)\ln(116) + ... + 2(121)\ln(121) = 23576,8$

$ISL = 2(283)\ln(283) + ... + 2(147)\ln(147) = 27375,8$

$SJL = 2(463)\ln(463) + ... + 2(48)\ln(48) = 25745,0$

Dreiwegtafel:

$IJL = 2(97)\ln(97) + ... + 2(16)\ln(16) = 21430,6$

Prüfgrößenberechnung: Wir berechnen die 2I-Werte nach (17.5.1.9–19) und erhalten die Tabelle 17.5.4.1:

Tabelle 17.5.4.1

Kontingenz	2I-Wert	Fge
Gesamt	91,9*	17
Multiple		
(AB)C	49,4*	11
(AC)B	90,3*	15
(BC)A	66,1*	14
Unbedingte		
AB	42,5*	6
AC	1,6	2
BC	25,8*	3
Bedingte		
AB.C	64,5*	12
AC.B	23,6	8
BC.A	47,8*	9
Tripel		
ABC	22,0*	6

Signifikanzniveau: Um bei einem N über 2000 noch sinnvoll klassifizieren zu können, muß $\alpha = 0,01$ vereinbart und die Signifikanzbeurteilung mittels der Tafeln III–1 und III–2 vorgenommen werden. Die auf diesem Niveau signifikanten Werte sind in Tabelle 17.5.4.1 mit einem Stern versehen.

VICTORS Klassifikationsprozedur: Allunabhängigkeit besteht nicht wegen signifikanter Gesamtkontingenz. Kontingenzhomogenität fehlt gleichermaßen, da alle 3 multiplen Kontingenzen signifikant sind.

Unter den unbedingten Doublekontingenzen ist eine, nämlich AC, nicht signifikant, so daß nach Schema 17.4.8.1 nur eine AC-Kontingenzverdeckung in Betracht kommt, da die Tripelkontingenz nach LANCASTER signifikant ist, H_5 also nicht gilt.

Interpretation: Wegen der AC-Kontingenzverdeckung müssen die AC-Untertafeln nach den 4 Stufen von B gesondert analysiert werden, wie dies bereits in Tabelle 17.5.3.2 geschehen ist. Vergleicht man etwa die Schüler der 3. mit denen der 6. Klasse bezüglich Bronchitis-Verdacht (%-Werte), so ergibt sich für die 3 Wohngegenden Tabelle 17.5.4.2:

Tabelle 17.5.4.2

	Bronchitis		Bronchitis	
	–	+	–	+
Harzvorland	101	17 (14%)	61	17 (22%)
Harzrand	260	78 (23%)	213	43 (17%)
Harz	160	65 (28%)	157	37 (19%)
	3. Klasse		6. Klasse	

Wie man sieht, steigt bei den Drittkläßlern die Bronchitis mit wachsender Höhenlage (von 14% bis 28%), was bei Sechstkläßlern nicht (oder nicht mehr) der Fall ist. Zwischen dem 3. und dem 6. Schuljahr findet offenbar eine bioklimatische Anpassung statt, so daß die davor bestehende Kontingenz zwischen Höhenlage und Bronchitisneigung danach verloren geht (was man durch Einbezug der ersten und letzten AC-Tafel verifizieren kann).

17.5.5 2I-Vergleich von Untertafel-Kontingenzen: Der χ^2-Differenzentest

Die Frage, ob der *Zusammenhang* zwischen 2 Mmn A und B in einer Schicht von C (3. Klasse in Tab. 17.5.4.2) *enger* ist als in einer anderen Schicht von C (6. Klasse), läßt sich nicht durch einen Homogenitätstest à la STEINGRÜBER (vgl. 9.3.5) beantworten. Denn fehlende Homogenität bedeutet nicht notwendig unterschiedliche Kontingenz. Fehlende Homogenität ist nur eine notwendige, keine hinreichende Voraussetzung fehlender Kontingenz. Zwei Tafeln können unterschiedlich besetzt, also heterogen sein, können deshalb aber gleiche Kontingenzkoeffizienten aufweisen.

Einen Test auf *Unterschiede der Enge des Zusammenhangs* zweier unabhängiger und homologer Zweiwegtafeln, wie sie als Schichttafeln einer

Dreiwegtafel auftreten, haben D'AGOSTINO und ROSMAN (1971) angegeben. Auf die Prüfgrößen $2I(AB.C_1)$ und $2I(AB.C_2)$ bezogen und als $2I1$ und $2I2$ geschrieben, gilt unter H_0 gleich enger Kontingenzen in beiden Schichttafeln für $\chi^2 = 2I$

$$u = (\sqrt{2I1} - \sqrt{2I2})/\sqrt{(1 - 1/4v)} \qquad (17.5.5.1)$$

In (17.5.5.1) bezeichnet $v = (k-1)(m-1)$ die Zahl der Fge einer jeden der beiden homologen (auf die gleichen Mme A und B bezogenen) Zweiwegkontingenztafeln.

Nach Tabelle 17.5.2.3 ist $2I1 = 9{,}584$ und $2I2 = 1{,}078$. Die Zahl der Fge für beide *Altersgruppen* (Dritt- und Sechstkläßler) ist $v = (3-1)(2-1) = 2$ nach Tabelle 17.5.4.2. Die Differenz der Wurzelwerte ist $3{,}096 - 1{,}038 = +2{,}058$. Der Wurzelwert von $1 - 1/(4 \cdot 2) = 0{,}875$ beträgt $0{,}935$, so daß $u = +2{,}058/0{,}935 = +2{,}20$ die einseitige 1%-Schranke von $+2{,}33$ nicht überschreitet. Es kann also nicht behauptet werden, daß Bronchitisanfälligkeit und Wohngegend bei Drittkläßlern enger zusammenhingen als bei Sechstkläßlern, wie dies die PEARSON-Koeffizienten (9.3.2.10) nahelegen:

$$CC1 = \sqrt{\frac{9{,}584}{681 + 9{,}584}} = 0{,}12 \text{ gegen } CC2 = \sqrt{\frac{1{,}078}{528 + 1{,}078}} = 0{,}05$$

Die Stichprobenumfänge der Dritt- und Sechstkläßler, $N_1 = 681$ und $N_2 = 528$, sind Tabelle 17.5.2.2 entnommen.

Der Test (17.5.5.1) ist von den Autoren als χ^2-*Differenzentest* konzipiert worden. Er kann überall dort angewendet werden, wo zwei χ^2-Werte aus homologen und voneinander unabhängigen Tafeln stammen. Auf Unterschiede des PEARSONschen Kontingenzkoeffizienten spricht er aber nur dann wirksam an, wenn die Stichprobenumfänge N_1 und N_2 gleich oder doch größenordnungsmäßig vergleichbar sind wie in Tabelle 17.5.2.2.

Man beachte, daß die zwei χ^2- oder $2I$-Werte aus 2 *unabhängigen Stichproben* stammen. Es wäre somit unzulässig, den Test auf abhängige, etwa durch Erhebungswiederholung entstandene Kontingenztafeln anzuwenden.

Der χ^2- oder *2I-Differenzen-Test* ist nicht auf den Vergleich zweier homologer Zweiwegtafeln beschränkt; er kann auch auf 2 homologe Dreiwegtafeln in gleicher Weise angewendet werden, um die Stärke der Gesamtkontingenzen bzw. die Höhe der Gesamt-Kontingenzkoeffizienten oder deren Quadrate $C^2 = \chi^2/(N + \chi^2)$ zu vergleichen.

Werden in einer Dreiwegtafel die s Schichten als Untertafeln paarweise miteinander auf Zusammenhänge miteinander verglichen, so resultieren $s(s-1)/2$ simultane Tests, für welche das Alpha-Risiko nach BONFERRONI zu adjustieren ist.

17.5.6 2I-Vergleich von Untertafel-Assoziationen: Der Log-Lambda-Differenzentest

In Vierfeldertafeln als Schichttafeln eines 2 x 2 x s-Tafel stellt sich der Zusammenhang zwischen zwei Alternativ-Mmn A und B als positive oder negative Assoziation dar. Man kann also mittels des χ^2-Differenzentests von D'AGOSTINO und ROSMAN (1971) nur auf Unterschiede der Enge, nicht auf solche der Richtung zweier Assoziationen prüfen. In Beispiel 9.2.5.1 läßt sich als ein $phi_1 = +0{,}15$ von $phi_2 = -0{,}15$ nicht unterscheiden, da beide Assoziationen mit $phi^2 = 0{,}0225$ gleich eng sind und der χ^2-Differenzentest mit $v = 1$ daher nicht anspricht.

Betrachtet man nur die auf Kreuzprodukten ad und bc gründenden Assoziationskoeffizienten *Phi* und *Lambda*, die funktional verknüpft sind, so lassen sich Assoziationen aus 2 unabhängigen und homologen (gleiche Alternativ-Mme involvierenden) Vierfeldertafeln bzw. -untertafeln einer *Kontingenzsäule* (= 2 x 2 x s-Feldertafel) am einfachsten über den natürlichen Logarithmus von Lambda, über einen *Log-Lambda-Koeffizienten* (log-odds ratio) vergleichen (15.4.5)

$$L = \ln(ad/bc) \tag{17.5.6.1}$$

Das Assoziationsmaß Log-Lambda ist unter H_0 (Null-Assoziation in der Vierfelderpopulation) mit einem Erwartungswert $E(L) = 0$ und einer Varianz

$$Var(L) = 1/a + 1/b + 1/c + 1/d \tag{17.5.6.2}$$

asymptotisch normal verteilt (vgl. GART und ZWEIFEL, 1967).

Für die *Differenz* $L_1 - L_2$ zweier *Log-Lambdas* gilt daher unter H_0 (gleiche Assoziationen in den 2 Vierfelderpopulationen), daß $E(L_1 - L_2) = 0$ und daß $Var(L_1 - L_2) = Var(L_1) + Var(L_2)$. Der Quotient

$$2I = \frac{(L_1 - L_2)^2}{Var(L_1) + Var(L_2)} \tag{17.5.6.3}$$

ist folglich näherungsweise wie χ^2 mit 1 Fg verteilt, wenn H_0 gilt. Das bedeutet, daß der (mit dem Vorzeichen der Zählerdifferenz versehene) Wurzelwert von 2I als Standardnormalvariable zu beurteilen ist. Dazu das folgende Beispiel.

Beispiel 17.5.5.1

Datenrückgriff: Wir hatten in Beispiel 9.2.5.1 festgestellt, daß R = Risikobereitschaft und L = Leistungsmotivation bei 63 unfallfreien Elektrikern positiv, bei 86 unfallträchtigen negativ assoziiert sind, und zwar jeweils mit |Phi| = 0,15. Nach dem Homogenitätstest von LE ROY waren die beiden Tafeln als homogen zu betrachten.

Assoziationstest: Fragen wir gezielt nach Unterschieden der Assoziation, so erübrigt sich dies für die obigen Daten, da Homogenität gleiche Assoziationen einschließt.

Kreuzvalidierung: Da es um den Nachweis von Assoziationsunterschichten geht, führen wir die Erhebung an einer anderen Zufallsstichprobe der gleichen Population durch und erhalten die fiktiven Ergebnisse der Tabelle 17.5.5.1 für je 25 unfallfreie und verunfallte Elektriker

Tabelle 17.5.5.1

	$N_1 = 25$ Unfallfreie		$N_2 = 25$ Verunfallte	
	L		L	
	+	−	+	−
R +	8	4	2	10
−	5	8	8	5

Log-Lambda-Vergleich: Wegen fehlender Nullfrequenzen verzichten wir auf die Nullenkorrektur und erhalten $L_1 = \ln(8 \cdot 8/4 \cdot 5) = +1{,}163$ und $L_2 = \ln(10/80) = -2{,}079$ als Assoziationsmaße, womit das Erstergebnis tendentiell bestätigt wird (Tab. 9.2.5.1).

Log-Lambda-Differenzentest: Wir berechnen $\text{Var}(L_1) = 1/8 + 1/4 + 1/5 + 1/8 = 0{,}700$ und $\text{Var}(L_2) = 1/2 + 1/10 + 1/8 + 1/5 = 0{,}925$. Die Differenz $L_1 - L_2 = +1{,}163 - (-2{,}079) = +3{,}242$ hat einen Erwartungswert 0 und eine Varianz $\text{Var}(L_1 - L_2) = 0{,}700 + 0{,}925 = 1{,}625$, deren Wurzelwert 1,275 beträgt. Der u-Test ergibt also $u = +3{,}242/1{,}275 = +2{,}54$.

Entscheidung: Bei einem $\alpha = 0{,}01$ für den Retest und einseitige Frage (gemäß der Vorerfassung aus dem Ersttest) wird die 1%-Schranke von 2,33 überschritten, womit der aus Beispiel 9.2.5.1 vermutete Assoziationsunterschied bestätigt wird.

Folgerung: Einstellungsbewerbern mit hoher Risikobereitschaft und niedriger Leistungsmotivation und umgekehrt (Heteronym-Reaktoren) sollte unter Hinweis auf ihre Unfallgefährdung abgeraten werden, ihre Bewerbung aufrechtzuerhalten.

Tritt in einer der beiden Vierfeldertafeln eine *Nullfrequenz* auf, so erhöhe man die 4 Frequenzen beider Tafeln je um 1/2, ehe man die Log-Lambdas und deren Varianten berechnet und vergleicht (vgl. FLEISS, 1973, S. 49 bzw. Nullenkorrektur).

Der *Log-Lambda-Differenzentest* ist ein asymptotischer Test, der ohne Einschränkung nur gilt, wenn alle 4 Erwartungswerte einer jeden Tafel 5 überschreiten. Ist diese Bedingung nicht erfüllt, so sollte der exakte — zum LLD-Test korrespondierende *Phi-Differenzen*test (LIENERT et al. 1979) an seine Stelle treten. Für Stichproben gleichen Umfangs bis $N_1 = N_2 = 10$ ist dieser Test vertafelt; für größere Stichproben oder solche ungleichen Umfangs steht ein EDV-Programm zur Verfügung.

17.6 Die Dreiweg-KFA

Interessiert den Untersucher weniger die Kontingenz zwischen allen oder einigen der 3 Mme einer Dreiwegtafel, sondern mehr die Frage, welche Mms-Kombinationen (Konfigurationen) überzufällig *häufig* oder überzufällig *selten* auftreten (Typen versus Antitypen), dann wird er das Gesamt-χ^2 der Dreiwegtafel in dessen kms Komponenten zerlegen, d.h. eine *Dreiweg-Konfigurationsfrequenzanalyse* (KFA) durchführen, und zwar in analoger Weise, wie dies bereits anläßlich der Zweiweg-KFA beschrieben wurde (vgl. 16.3.1) (vgl. ROEDER, 1974; REY et al. 1978).

Je nachdem, ob die Erwartungswerte in den kms Zellen einer Dreiwegtafel ober- oder unterhalb von 5 liegen, beurteilt er die Abweichung einer beobachteten von einer unter der Unabhängigkeits-Nullhypothese erwarteten Zellenfrequenz mittels χ^2-*Zerlegung* oder mittels *simultaner Binomialtests*.

17.6.1 Asymptotische Einstichproben-KFA

Sind die *Erwartungswerte* unter der Nullhypothese allseitiger Unabhängigkeit,

$$e_{ijl} = (f_{i..})(f_{.j.})(f_{..l})/N^2, \qquad (17.6.1.1)$$

soweit sie für einen der r Tests in Betracht kommen, größer als 5, dann berechnet man die *Prüfgrößen* χ^2

$$\chi^2_{ijl} = (f_{ijl} - e_{ijl})^2/e_{ijl} \qquad (17.6.1.2)$$

und beurteilt sie nach je 1 Fg unter Zugrundelegung von $\alpha^* = \alpha/r$ ein- oder zweiseitig.

Ist nur ein einziger der r Tests nach (17.6.1.2) signifikant, dann ist die Nullhypothese allseitiger Unabhängigkeit der 3 Mme, von der die Dreier-KFA ausgeht, zu verwerfen[32].
Ist e > 5 bei N > 20 oder e > 1 bei N > 100 für einen von r Tests, so gilt auch

$$u = (|f_{ijl} - e_{ijl}| - \tfrac{1}{2})/\sqrt{e_{ijl}(1 - e_{ijl}/N)} \qquad (17.6.1.3)$$

wobei die Stetigkeitskorrektur 1/2 eine konservative Entscheidung begünstigt.

---

32 Um Entscheidungsambiguitäten zu vermeiden, darf zusammen mit einer KFA kein globales χ^2 berechnet und beurteilt werden; es könnte sonst vorkommen, daß nach der KFA H_0 beizubehalten ist, nicht aber nach χ^2 und umgekehrt.

Bei der notwendigen *Adjustierung* des Alpha-Risikos kommt es darauf an, ob den Untersucher alle möglichen kms Frequenzen oder nur r ⩽ kms davon interessieren. Entsprechend setzt man $\alpha^* = \alpha/r$ als adjustiertes Risiko.

17.6.2 Exakte Einstichproben-KFA

Sind die r Erwartungswerte einer Dreiwegtafel, auf die es ankommt, *sehr klein* ($e_{ij1} < 1$) und der gesamte Beobachtungsumfang N ebenfalls klein (N < 60), dann beurteilt man eine Abweichung $f_{ij1} - e_{ij1}$ exakt über die *kumulative Binomialverteilung* (KRAUTH und LIENERT, 1973, Kap.2.3), indem man prüft, ob

$$B_{ij1} = \sum_{h=f_{ij1}}^{N} \binom{N}{h} (p_{ij1})^h (1-p_{ij1})^{N-h} \leqslant \alpha^* \qquad (17.6.2.1)$$

oder − umgeformt − ob

$$B_{ij1} = 1 - \sum_{h=0}^{f_{ij1}-1} \binom{N}{h} (p_{ij1})^h (1-p_{ij1})^{N-h} \leqslant \alpha^* \qquad (17.6.2.2)$$

Die Felderwahrscheinlichkeiten unter H_0 sind durch die eindimensionalen Randverteilungen bestimmt:

$$p_{ij1} = (f_{i..})(f_{.j.})(f_{..1})/N^3 = e_{ijk}/N \qquad (17.6.2.3)$$

Es handelt sich demnach um *bedingte einseitige Binomialtests*, bedingt in dem Sinn, daß die den Parameter p bestimmenden Randverteilungen als fest angenommen werden, wie dies bei Kontingenztafeln allgemein üblich ist.

Beispiel 17.6.2.1

Datenrückgriff: Greifen wir auf Beispiel 17.5.2.1 zurück, um anstelle einer 2I-Analyse eine Dreiweg-KFA durchzuführen, und zwar − wegen der teilweise niedrigen Erwargungswerte − in Form von r = 2 · 3 · 2 = 12 exakten KFA-Tests: Tabelle 17.6.2.1 gibt die beobachteten und die unter der Nullhypothese allseitiger Unabhängigkeit erwarteten Frequenzen (in Klammern) wieder.

Tabelle 17.6.2.1

männlich			13 (6,29)	1 (3,14)	0 (1,57)
+	=	−	5 (6,29)	3 (3,14)	0 (1,57)
2 (5,71)	5 (2,86)	0 (1,43)	Verum		weiblich
4 (5,71)	3 (2,86)	6 (1,43)	Placebo		

Dreiweg-KFA-Tests als Binomialtests: Wir fragen, ob und ggf. welche der 12 Felder gegenüber der Erwartung unter H_0 übersetzt sind. Wir haben daher 12 simultane Tests mit $\alpha^* = \alpha/12 = 0{,}05/12 = 0{,}004$ durchzuführen. Zur Illustration rechnen wir den letzten der 12 Tests mit $f_{232} = 6$ und $e_{232} = 1{,}43$, so daß bei $N = 42$ $p_{232} = 1{,}43/42 = 0{,}0340$ (vgl. 17.6.2.3).

Exakter Test: Die binomiale Überschreitungswahrscheinlichkeit ergibt sich bei alleiniger Suche nach ‚Reaktionstypen' (ohne Suche nach Antitypen) als einseitiges $B = P$ wie folgt:

Statt von $f_{232} = 6$ bis $N = 42$ zu summieren (17.6.2.1), summieren wir (nach 17.5.2.2) von 0 bis $f_{232} - 1 = 6 - 1 = 5$ und erhalten:

$$B_{232} = 1 - \sum_{h=0}^{5} \binom{42}{h} (0{,}0340)^h (1 - 0{,}0340)^{42-h}$$

$$= 1 - \binom{42}{0}(0{,}034)^0 (0{,}966)^{42} - \binom{42}{1}(0{,}034)^1 (0{,}966)^{41} - $$

$$- \ldots - \binom{42}{5}(0{,}034)^5 (0{,}966)^{37} =$$

$$= 1 - (0{,}2339 + 0{,}3458 + 0{,}2495 + 0{,}1171 + 0{,}0418 + 0{,}0107) =$$

$$= 0{,}0012 < 0{,}004 = \alpha^*$$

Entscheidung: Da $B < \alpha^*$, ist der vermutete Reaktionstyp 232 als solcher nachgewiesen.

Interpretation: Es kann behauptet werden, daß Frauen (..2) auf Placebo (2.. mit verminderter (.3.) Leistungsbereitschaft reagieren. Allerdings sollte wegen des knappen Ergebnisses diese Möglichkeit gezielt (mit $\alpha^* = \alpha$) untersucht werden.

Asymptotischer Test: Wie man sieht, ist ein exakter Binomialtest ohne EDV-Einsatz zu aufwendig. Betrachtet man $N = 42$ als ausreichend groß, so kann man auch über die Normalverteilung prüfen und erhält nach (17.6.1.3)

$$u = \frac{|6 - 1{,}43| - 1/2}{\sqrt{1{,}43(1 - 1{,}43/42)}} = 3{,}46$$

Einem $u = 3{,}46$ entspricht ein einseitiges $P = 0{,}00027 < 0{,}004 = \alpha^*$. Auch nach dem asymptotischen Test wäre der vermutete Reaktionstyp nachzuweisen gewesen; offenbar ist trotz prokonservativer Stetigkeitskorrektur ($-1/2$ im Zähler) eine eher antikonservative Entscheidung gefallen; sie äußert sich darin, daß $P < B$.

Die *exakten KFA-Tests* sind ohne Tafeln der kumulativen Binomialverteilung (z.B. SCL, 1955) zu rechenaufwendig und müssen EDV-programmiert werden. Steht eine EDV-Anlage nicht zur Verfügung, dann ist ein exakter Binomialtest am ökonomischsten über die *F-Verteilung* durchzuführen (vgl. PFANZAGL, 1974 und 11.2.3): Man bildet für die beobachtete Zellenfrequenz f und die unter H_0 erwartete Zellenfrequenz e den Bruch $F = f(N-e)/(N-f+1)e$ und beurteilt ihn nach $2(N-f+1)$ Zähler- sowie $2f$ Nenner-Fgn. Geeignete Tafeln für diesen ‚*binomialen F-Test*' stehen zur Zeit noch nicht zur Verfügung (HEILMANN und LIENERT, 1980).

17.6.3 Zweistichproben-KFA in Dreiwegtafeln

Die vorgenannten Varianten der KFA beziehen sich auf *ternobservable* Tafeln mit 3 interdependenten Mmn.

In einer *binobservablen* Tafel mit 2 abhängigen Mmn A und B und einem unabhängigen Schichtungs- oder Behandlungs-Mm C mit s = 2 Ausprägungen stellt sich die Frage, ob alle km Mms-Kombinationen (Konfigurationen) in den 2 Schichten zu gleichen Anteilen in Erscheinung treten oder nicht. Genau dies aber ist die Fragestellung einer *Zweistichproben-KFA* mit den 2 Untertafeln einer k x m x 2-Feldertafel. Im folgenden Beispiel 17.6.3.1 einer binobservablen Tafel dieser Art sind A und B Reaktionen auf einen Standardreiz bei Vpn verschiedenen Geschlechts (C_m, C_w).

Beispiel 17.6.3.1

Erhebungsplan: Je einer Stichprobe von 128 Studenten (m) und Studentinnen (w) wurden Sexfilme unter Standardbedingungen dargeboten. Am darauffolgenden Tag wurden die Vpn befragt, ob sie (1) eine sexualphysiologische Reaktion R (wie Erektion bzw. Lubrikation) nach den Filmen beobachtet hätten und (2) ob sie sich sexuelle Betätigung B am Tag nach dem Versuch gewünscht hätten. Die erste Frage war 3-stufig (+, ?, - für R), die zweite war zweistufig (+ und - für B).

Erhebungsdaten: Tabelle 17.6.3.1 gibt die Frequenzen der RB-Kombinationen für beide Stichproben (m, w) wieder (kompiliert aus SIGUSCH, 1972, S. 86 und 88).

Tabelle 17.6.3.1

i	RB	m	w	$(m-w)^2/(m+w) = \chi_i^2$
1	++	28	14	196/42 = 4,667
2	+-	4	22	324/26 = 12,462*
3	?+	17	13	16/30 = 0,533
4	?-	12	10	4/22 = 0,182
5	-+	36	20	256/56 = 4,571
6	--	31	49	324/80 = 4,050
FG = 6-1 = 5		128	128	χ^2 = 26,465

χ^2-*KFA-Tests:* Bei einem α = 0,05 gilt für 6 simultane χ^2-Tests ein α^* = 0,05/6 = = 0,0083 mit einer Schranke von $\chi^2(\alpha^*) = z^2(\alpha^*) = 2,40^2 = 5,76$, die nur von der χ^2-Komponente 12,462 überschritten wird. Wegen des gleichen Umfangs beider Stichproben, $N_m = N_w = 128$, konnten die χ^2-Komponenten in der einfachst-möglichen Weise nach Tabelle 17.6.3.1 berechnet werden (vgl. 17.2.2.9).

Interpretation: Studenten und Studentinnen unterscheiden sich nur bezüglich ihres R+B--Reaktionsmusters, indem Studentinnen häufiger nur physiologisch, nicht auch motivational auf Sexfilme reagieren.

Die Summe der χ^2-Komponenten in Tab. 17.6.3.1 ist das χ^2 der multiplen Kontingenz (RB)G zwischen Reaktionsmustern und Geschlechtern. Diese Kontingenz ist bei 5 Fgn auf der 0,1%-Stufe signifikant, aber ohne den Nachweis von *Diskriminationstypen* (16.3.3) nicht zu interpretieren.
Man beachte, daß die χ^2-Komponenten in Tab. 17.6.3.1 nur dann zeilenweise nach $(a-b)^2/(a+b)$ berechnet werden dürfen, wenn $N_a = N_b$. Andernfalls ist nach $(\frac{N}{a+b})(a^2/N_a + b^2/N_b) - (a+b)$ zu rechnen, wenn man das Gesamt-χ^2 aus seinen Zeilenkomponenten gewinnen will (vgl. 17.2.2.8–9)

17.6.4 Mehrstichproben-KFA in Dreiwegtafeln

In einer monobservablen Dreiwegtafel mit einem Beobachtungs-Mm A und 2 Schichtungs- und/oder Behandlungs-Mmn B und C stellt sich natürlicherweise die Frage, ob das Beobachtungs-Mm in allen Schichtungskombinationen gleich ausgeprägt bzw. mit gleichen Anteilen vertreten ist. Bei dieser Frage sind die ms Schichten als Stichproben in einer *Mehrstichproben-KFA* oder als Prädiktoren einer *Prädiktions-KFA* (vgl. 16.3.4–5) aufzufassen und so auszuwerten, wie Beispiel 17.6.4.1 veranschaulicht.

Beispiel 17.6.4.1

• *Datensatz:* In Tafel 17.6.4.1 ist je eine Stichprobe etwa gleichen Umfangs aus männlichen und weiblichen Suizidenten (A) aus dem Kriegsjahr 1944 und dem Friedensjahr 1952 (B = Epochen) erhoben und nach den 7 Tötungsmitteln (C) aufgegliedert worden (aus ZWINGMANN, 1965, S. 72).

Tabelle 17.6.4.1

Geschlecht	m		w			
Epoche	1944	1952	1944	1952	n_i	χ^2
Gasvergiftung	16	52	61	47	176	26,427
Erhängen	76*	31	35	14	156	52,062
Schlafmittel	7	44	9	97*	157	136,450
Ertränken	19	20	54*	10	103	41,134
Pulsöffnen	15	22*	4	5	46	19,417
Erschießen	35*	3	11	0	49	50,742
Herabstürzen	9	2	2	2	15	9,626
Summen	N_1=177	N_2=174	N_3=176	N_4=175	N=702	χ^2=335,858

Fragestellung: Es interessiert zu wissen, welche Tötungsmittel zwischen Geschlechtern und/oder Epochen in der Häufigkeit ihrer Anwendung wechseln. H_0 unterstellt, sie sei für alle 4 Schichtungskombinationen konstant, z.B. gleich 176/702 = 25% für Gasvergiftung etc. Wir vereinbaren $\alpha = 0,01$ bzw. $\alpha^* = 0,01/7 = 0,0014$.

2x2-Stichproben-KFA-Tests: Wir berechnen für jede Zeile gesondert nach $\Sigma f^2/e$-n die Zeilenkomponente des 7 x 4-Felder-χ^2. Da e je Zeile gleich ist $n_i N_j/N$ mit n_i/N = constans, gilt $\chi^2 = (N/n_i)\Sigma f^2/N_j - n_i$, das nach 4-1=3 Fgn heuristisch zu beurteilen ist. Für die Zeile 1 ist $N/n_i = 702/176 = 3{,}9886$. Der Summenterm ergibt $16^2/177 + 52^2/174 + 61^2/176 + 47^2/175 = 50{,}7515$, so daß $\chi_1^2 = 3{,}9886(50{,}7515) - 176 = 26{,}427$. Dieses χ^2 überschreitet die für 7 simultane Tests gültige 1%-Schranke von 15,51. Offenbar ist Gasvergiftung bei Männern in Kriegszeiten eine Seltenheit.

In analoger Weise sind die übrigen 6 Zeilen-χ^2-Komponenten ermittelt worden, die bis auf die letzte signifikant sind.

Prädiktions-KFA-Tests: Das Gesamt-χ^2 von 335,858 ist eine Prüfgröße für multiple Kontingenz (AB)C mit $(2 \cdot 2 - 1)7 = 21$ Fgn. Aus Geschlecht des Suizidanten und der Epoche des Suizids wird das Tötungsmittel pro- bzw. retrognostiziert, und zwar für $4 \cdot 6 = 24$ Felder, wenn man 24 Tests zur besseren Interpretation für die 6 signifikanten Zeilen-χ^2-Werte nachschiebt. Für insgesamt 7+24 = 31 simultane Tests zu je 1 Fg ergibt sich danach eine einseitig adjustierte 1%-Schranke von $\chi^2(0{,}02/31) = z^2(0{,}00064) = 3{,}22^2 = 10{,}37$. Die Felder-$\chi^2$-Werte, die diese Schranke überschreiten, sind in Tab. 17.6.4.1 mit einem Stern signiert, sofern f > e (Prädiktionstyp) gilt.

Interpretation: Aus den Prädiktionstypen ergibt sich: (1) Männliche Suizidanten bevorzugten in Kriegszeiten Erhängen und Erschießen als Tötungsmittel, während sie (2) in Friedenszeiten zur Pulsöffnung neigten. (3) Weibliche Suizidanten neigten 1944 zum Ertränken und (4) 1952 zur Schlafmittelvergiftung. Offenbar herrschten in der 1944er Kohorte sog. harte Tötungsmittel vor, die in der Kohorte von 1952 weichen Mitteln wichen.

Sind in einer Mehrstichproben-KFA alle k *Stichprobenumfänge* gleich N/k, dann sind die Zeilen-χ^2-Komponenten am einfachsten wie folgt zu berechnen

$$\chi_i^2 = \frac{k}{n_i}\Sigma f^2 - n_i \qquad (17.6.4.1)$$

In obiger *2x2-Stichproben-KFA* war die Bedingung $N_j = N/k$ nur näherungsweise erfüllt, weswegen

$$\chi_i^2 = \frac{N}{n_i}\Sigma f_j^2/N_j - n_i \qquad (17.6.4.2)$$

berechnet und nach je k–1 Fge beurteilt wurde.

Das Gesamt-χ^2 der Tabelle 17.6.4.1 umfaßt die Einflüsse von Geschlechtern und Epochen sowie deren Wechselwirkung. Will man nur den Einfluß der *Geschlechter* auf die Prädiktion berücksichtigen, poolt man über die Epochen und erhält aus der 7x2-Feldertafel ein χ_G^2. Der Einfluß der *Epochen* ergibt sich, wenn man über die Geschlechter poolt, zu χ_E^2. Den Einfluß der Wechselwirkung beurteilt man sodann aus der Differenz $\chi^2 - \chi_G^2 - \chi_E^2$ nach 18–6 = 6 Fgn (vgl. 17.2.2).

17.6.5 Teilkontingenzen in Dreiwegtafeln

Wie in Zweiweg-, so können auch in Dreiwegtafeln bestimmte Zeilen, Spalten und Schichten *apriorisch*, d.h. vor der Datenerhebung, *ausgewählt* und einem globalen χ^2-Kontingenztest unterworfen werden. Das Prinzip ist das gleiche wie in einer Zweiwegtafel: Man berechnet die Erwartungswerte für die *selegierte Dreiweg-Teiltafel* aufgrund der *gesamten* Dreiwegtafel und beurteilt das χ^2 der selegierten Tafel nach der für diese Tafel gültigen Zahl von Fgn.

Wollten wir in Beispiel 17.6.2.1 die Gleichheitsreaktionen (=) in Mm B fortlassen, weil sie nichts zur klinischen Aussage beitragen, dann berechnen wir das folgende *Teilkontingenz*-χ^2:

$$\chi^2 = (13-6{,}29)^2/6{,}29 + (1-3{,}14)^2/3{,}14 + \ldots + (6-1{,}43)^2/1{,}43 = 28{,}1$$

Ein $\chi^2 = 28{,}1$ ist für $2 \cdot 2 \cdot 2 - 2 - 2 + 1 = 5$ Fge auf der 0,1%-Stufe signifikant, wenn man davon ausgeht, daß der χ^2-Test wegen zu niedriger Erwartungswerte überhaupt noch zulässig ist. Der χ^2-*Teilkontingenz-Test* ist durch unsere Vorausentscheidung, die $1+3+5+3 = 12$ indifferent reagierenden Vpn nur zur Berechnung der Erwartungswerte, nicht aber zur Berechnung der Prüfgröße heranzuziehen, *verschärft* worden, wenn man ihn mit dem Globaltest vergleicht.

Man beachte, daß von den $(2 \cdot 3 \cdot 2 - 1) - (2-1) - (3-1) - (2-1) = 7$ Fgn der Gesamttafel noch $(2 \cdot 2 \cdot 2-1) - (2-1) - (2-1) = 5$ Fge für die Teiltafel verblieben sind, weil bei Benutzung von nur 2 Spalten des 3-stufigen Spalten-Mms die Randtafel-Restriktion (3-1) entfällt.

Wie in Abschnitt 15.1.4 2^2-Feldertests in kxm-Feldertafeln als Teilkontingenztests durchgeführt worden, so ist hier ein 2^3-Feldertest in einer kxmxs-Feldertafel als Teiltest durchgeführt worden. Analog zu 15.1.5−6 könnte auch eine komplexere Auswahl von Zeilen, Spalten und Schichten getroffen werden, wenn dies *vor* der Datenerhebung geschieht.

17.6.6 KFA-Vergleich zweier Dreiwegtafeln

Wir haben mit dem Test von LE ROY (1962) und STEINGRÜBER (1971) zwei von einander unabhängige Zweiwegtafeln, die man sich als 2 Schichten einer Dreiwegtafel vorstellen darf, miteinander global verglichen. Analog lassen sich zwei *homologe Dreiwegtafeln* (als Schichten einer Vierwegtafel) miteinander vergleichen:

Wenn man die Felder der Tafel 1 mit h = 1(1) kms *durchnumeriert* und deren Frequenzen mit f_{1h} bezeichnet und die korrespondierenden Frequenzen der Tafel 2 mit f_{2h} symbolisiert, gibt (9.3.5.1) ein kms x 2-Felder-

χ^2, das nach kms−1 Fge zu beurteilen ist. Überschreitet χ^2 die vorgegebene Schranke, dann ist die Nullhypothese, wonach die beiden Dreiwegtafeln homogen (strukturgleich) seien, zugunsten der Omnibus-Alternative, wonach sie heterogen (strukturungleich) seien, zu verwerfen.

Wird H_0 verworfen, so stellt sich die Frage, worin sich die beiden Dreiwegtafeln unterscheiden. Schon STEINGRÜBER (1962) hat vorgeschlagen, die χ_h^2-Komponenten zu berechnen (Formel (9.3.5.2)) und sie nach je 1 Fg heuristisch zu beurteilen. Genau dies aber ist das Vorgehen einer *Zweistichproben-KFA* nach dem Vorbild von 17.6.3 mit dem Unterschied, daß nunmehr 2 Dreiweg-Untertafeln einer Vierwegtafel (k×m×s×2-Feldertafel) feldweise miteinander verglichen werden.

Wie ein Vergleich zweier Dreiwegtafeln mittels KFA funktioniert, und wie sein Resultat zu interpretieren ist, zeigt das folgende Beispiel aus der *pädagogischen Leistungsbeurteilung* mit Aufgabenmustern vs. -zahlen.

Beispiel 17.6.6.1

Evaluationsintention: Um den Leistungsstand zweier vom gleichen Mathematiklehrer unterrichteter Parallelklassen A und B zu vergleichen, gibt er beiden Schülerstichproben (A bis L, M bis Z) mit N_a = 30 und N_b = 31 dieselbe Klassenarbeit mit 3 richtig zu lösenden Textaufgaben. Er zählt dann je Klasse gesondert ab, wieviele Schüler x = 0 Aufgaben, wieviele x = 1 Aufgabe, x = 2 Aufgaben und x = 3 Aufgaben richtig gelöst haben. Zu seiner Genugtuung stellt er mittels eines 4 x 2-Felder-χ^2-Tests fest, daß sich die Häufigkeitsverteilungen in Tab. 17.6.6.1 nicht signifikant unterscheiden:

Tabelle 17.6.6.1

x	a	b	n	a^2/n	Fg
0	2	4	5	0,667	
1	10	12	22	4,545	
2	13	7	20	8,450	
3	5	8	13	1,923	
	N_a=30	N_b=31	N=61	15,585	4−1=3

$$\chi^2 = \frac{61^2}{30 \cdot 31}(15{,}585 - \frac{30^2}{61}) = 3{,}32 \text{ n.s. mit 3 Fgn}$$

Dreiweg-Homogenität: Die homogenen Punktwertverteilungen besagen nun noch nichts darüber, ob auch die sie bestimmenden Dreiwegtafeln zu vergleichen sind. Dieser Vergleich ist für die 3 Aufgaben 1, 2 und 3 in Tab. 17.6.6.2 nachgetragen worden, wobei 2^3 = 8 Antwortmuster und deren Frequenzen je Klasse gesondert aufgeführt werden. Es gilt (+) = Aufgabe gelöst, (−) = Aufgabe nicht oder unzureichend oder falsch gelöst.

Tabelle 17.6.6.2

1 2 3	a	b	n	$(N/n)(a^2/N_a+b^2/N_b) - n = \chi_1^2$
- - -	2	4	6	10,167(0,6494) - 6 = 0,602
- - +	0	9	9	6,778(2,6129) - 9 = 8,710*
- + -	3	3	6	10,167(0,5903) - 6 = 0,002
- + +	2	5	7	8,714(0,9398) - 7 = 1,189
+ - -	7	0	7	8,714(1,6333) - 7 = 7,233*
+ - +	5	2	7	8,714(0,9623) - 7 = 2,385
+ + -	6	0	6	10,167(1,2000) - 6 = 6,200
+ + +	5	8	13	4,692(2,8978) - 13 = 0,596
	$N_a=30$	$N_b=31$	N=61	Fg = 8-1 = 7 $\chi^2 = 26,917*$

Homogenitätstest: Wie der 8 x 2-Felder-χ^2-Test in Tab. 17.6.6.2 zeigt, sind die beiden Dreiwegtafeln nicht homogen, wenn man α = 1% zugrunde legt. Das bedeutet, daß die 8 möglichen Muster von Aufgabenlösungen in den 2 Parallelklassen wenigstens teilweise verschieden oft realisiert worden ist. So ist das Muster (++-) in Klasse A 6 mal realisiert worden (Aufgaben 1 und 2 gelöst, Aufgabe 3 nicht gelöst), in Klasse B hingegen überhaupt nicht (was in der Anmerkung aufgeklärt wird). Zunächst schieben wir aber KFA-Tests nach, um die Frequenzunterschiede in den 8 Mustern auf Bedeutsamkeit zu prüfen.

KFA-Tests für Zeilenhomogenität: Wir haben in Tab. 17.6.6.2 sogleich die zu den 8 Zeilen gehörigen χ^2-Komponenten nach (17.2.2.8) berechnet. Beurteilt man sie nach je 1 Fg für α^* = 0,05/(1+1+8) = 0,005, so resultiert eine Schranke von $\chi^2(\alpha^*)$ = = $z^2(0,005)$ = $2,58^2$ = 6,66. Nur 2 (mit Stern signierte) χ^2-Komponenten überschreiten diese Schranke: (1) Es gibt keinen Schüler in A, der die Aufgaben 1 und 2 nicht löst, wohl aber Aufgabe 3 löst (--+); davon aber gibt es in B 9 Schüler. (2) Umgekehrt gibt es 7 Schüler in A, die Aufgabe 1 und nur Aufgabe 1 lösen, in B fehlen solche Schüler gänzlich. Diese Unterschiede sind nicht zufallsbedingt, sondern systematisch verursacht (wovon noch zu sprechen ist).

Dreiweg- versus Einweghomogenität: Wie man sieht, erscheint die eindimensionale Verteilung der Punktwerte in Tab. 17.6.6.1 homogen, obschon die dreidimensionale Verteilung erwiesenermaßen inhomogen ist (Tab. 17.6.6.2); denn Tab. 17.6.6.1 ist aus Tab. 17.6.6.2 abzuleiten: Klasse A hat 0+3+7 = 10 Schüler mit 1 gelösten Aufgabe, Klasse B hat 5+2+0 = 7 Schüler mit 2 gelösten Aufgaben usf. Bezüglich der Punktwertverteilung besteht Klassenübereinstimmung, bzgl. der Punktmusterverteilung hingegen nicht. Woher kommt nun dieses merkwürdige Resultat?

Interpretation: Nachfrage über den Ablauf der Klassenarbeiten hat folgende interpretationsrelevante Information beigebracht: Die Instruktion erhielt keine Hinweise zur Reihenfolge der Aufgabenbearbeitung. Damit begnügte sich Klasse A; in Klasse B hingegen fragte ein Schüler, ob die Aufgaben ihrer Reihenfolge nach bearbeitet werden müßten, welche Frage verneint wurde.

Wenn man nun annimmt, Klasse A habe die Aufgaben ihrer Reihenfolge nach bearbeitet, verwundert nicht, daß das Muster +-- mit 7 gegen 0 in A häufiger auftritt als in B. Wenn man andererseits annimmt, die Schüler der Klasse B hätten die Aufgaben erst einmal auf ihre Schwierigkeit hin durchmustert und dabei entdeckt, daß die Aufgabe 3 leichter ist als 1 und 2, dann versteht sich das Verhältnis 0 gegen 9 im Muster (--+) von selbst. Damit sind die signifikanten χ^2-Komponenten in Tab. 17.6.6.2 zureichend erklärt.

Anmerkung (Interpretationsbegründung): Geht man davon aus, daß nur die Schüler der Klasse B alle 3 Aufgaben überhaupt in Angriff genommen haben, dann ist es legitim, die Aufgabenschwierigkeiten aus dieser Klasse B zu schätzen: Aufgabe 1 ist zu (0+2+0+8)/31 = 32% gelöst worden, Aufgabe 2 zu (3+5+0+8)/31 = 52% und Aufgabe 3 zu (9+5+2+8)/31 = 77% (s. Tabelle 17.6.6.2). Tatsächlich sind also die 3 Aufgaben entgegen dem pädagogischen Usus in fallender statt in steigender Schwierigkeitsfolge angeboten worden, was zu der nachgewiesenen Konfigurationsinhomogenität geführt hat, nachdem in Klasse B die Bearbeitungsfolge explizit, in Klasse A hingegen nur implizit freigestellt war.

Folgerung: In den beiden Klassen sind nur die Ankerpunkte der Leistungsskala, 0 und 3 vergleichbar. Die Skalenpunkte 1 und 2 sind nicht vergleichbar, denn 1 ist in B weniger ‚wert' als in A wegen (--+) und 2 ist in A mehr wert als in B wegen (++-). Dreiweghomogenität von Aufgaben ist eine notwendige, wenngleich nicht hinreichende Voraussetzung der Einweghomogenität der von ihnen konstituierten Vierpunkt-Skala.

Der χ^2-Vergleich von 2 unabhängigen Dreiwegtafeln (als Untertafeln einer Vierwegtafel) geht von *ausreichend besetzten* Feldern in beiden Tafeln aus. Wieder gilt Cochrans (1954) Forderung, daß 4/5 aller Erwartungswerte in Tab. 17.6.6.2 größer als 5 und der Rest größer als 1 ist. Im Beispiel 17.6.6.4, wo Cochrans Forderung nicht erfüllt ist, gilt zumindest Wises (1963) Forderung, daß die Erwartungswerte, falls sie zu einem größeren Anteil kleiner als 5 sind, eine kleine Spannweite haben (von 3 bis 6,5 in etwa).

Schwach besetzte Dreiwegtafeln, die auch Wises Forderung nicht erfüllen, müssen mittels eines *exakten* kms x 2-Feldertests global auf Homogenität geprüft werden (vgl. Stucky und Vollmar, 1975, die ein EDV-Programm vermitteln).

Im folgenden Abschnitt 17.7. wollen wir uns der im obigen Beispiel angeschnittenen Frage, wann 3 Binär-Mme in positiver Ausprägung additiv zu Skalen kombiniert werden dürfen, im Blick auf eine einzige Dreiwegtafel weiter und tiefer widmen.

17.7 Symmetrie in kubischen Dreiwegtafeln

Über Symmetrie und Symmetrietests in *Zweiwegtafeln* haben wir bereits im Zusammenhang mit dem Vergleich zweier abhängiger Stichproben von Alternativdaten gesprochen und hierbei den Symmetrietest von McNemar (5.5.1) kennen und nutzen gelernt.

Wir haben in Beispiel 5.5.1.2 zwei Testaufgaben an ein und derselben Stichprobe von N Pbn hinsichtlich ihrer *Schwierigkeit* verglichen und gesehen, daß 2 Aufgaben A und B nur dann als gleich schwierig (H_0) angenommen werden dürfen, wenn sie eine Vierfeldertafel bilden, die bezüglich ihrer Hauptdiagonalen (von a nach d) symmetrisch ist, wenn also die Felder b und c in etwa gleich besetzt sind.

Symmetrie bezüglich einer Symmetrieachse wollen wir mit Wall (1976) als *Axialsymmetrie* bezeichnen. McNemars Test ist danach ein Test auf Axialsymmetrie in einer 2 x 2-Feldertafel und Bowkers Test (5.5.4) ein Test auf Axialsymmetrie in einer k x k-Feldertafel. Beide Tests sind Axialsymmetrietests für *quadratische Zweiwegtafeln*.

Im folgenden wollen wir Axialsymmetrie mit Wall (1976) für den allgemeineren Fall einer *Mehrwegtafel* definieren, uns dabei aber auf 3 Alternativ-Mme beschränken, die eine 2 x 2 x 2-Feldertafel oder einen Kontingenzwürfel konstituieren, auf *kubische Dreiwegtafeln*.

17.7.1 Axialsymmetrie in 2^3-Feldertafeln

Beim Vergleich zweier Aufgaben (Alternativ-Mmn) bedeutet Axialsymmetrie *Schwierigkeitsgleichheit* (Ja-Anteilsgleichheit) der zwei Aufgaben. Vergleicht man 3 Aufgaben, so gilt zwar weiterhin, daß Axialsymmetrie Schwierigkeitsgleichheit impliziert, jedoch nicht mehr umgekehrt, daß gleiche Schwierigkeit dreier Aufgaben nur bei Axialsymmetrie auftreten kann.

Wir werden uns diesen Tatbestand der *Axialsymmetrie* anhand der von N = 100 Pbn bearbeiteten Aufgaben A, B und C der Abb. 17.7.1.1 in einer 2^3-*Feldertafel* veranschaulichen.

Wie die *Einweg-Randtafeln* zeigen, sind in (a) und (b) alle 3 Aufgaben gleich schwierig, mit einem Schwierigkeitsindex (Lösungsanteil) von p = = 0,6. Betrachtet man jedoch die *innere Struktur* der beiden Kontingenzwürfel, so fällt folgendes auf:

Vergleichen wir einmal den Lösungsanteil (Schwierigkeitsindizes) der Aufgabe A (oder einer anderen Aufgabe) in der *Subgruppe* jener Pbn, die genau 1 Aufgabe gelöst haben, mit dem der Subgruppe von Pbn, die genau 2 Aufgaben gelöst haben, dann stellen wir fest:

In Abb. 17.7.1.1a beträgt $p_A(1) = 9/(9+9+9) = 1/3$ und $p_A(2) = 16/(16+16+16) = 1/3$, d.h. die Aufgabe A ist in der Untergruppe der $9+9+9 = 27$ weniger erfolgreichen Pbn gleich schwierig wie in der Untergruppe der mehr erfolgreichen Pbn. Aufgaben, die diese Bedingung erfüllen – und alle 3 Aufgaben erfüllen diese Bedingung, wie man sich überzeugen kann – sind axialsymmetrisch. Gleich schwierige und axialsymmetrische Aufgaben kann man – wie von WALL vorgeschlagen[33] – auch *gleichwertig* nennen.

Daß gleiche Schwierigkeit dreier Aufgaben nun aber *keineswegs* auch Axialsymmetrie eines Kontingenzwürfels impliziert, erhellt aus Abb. 17.7.

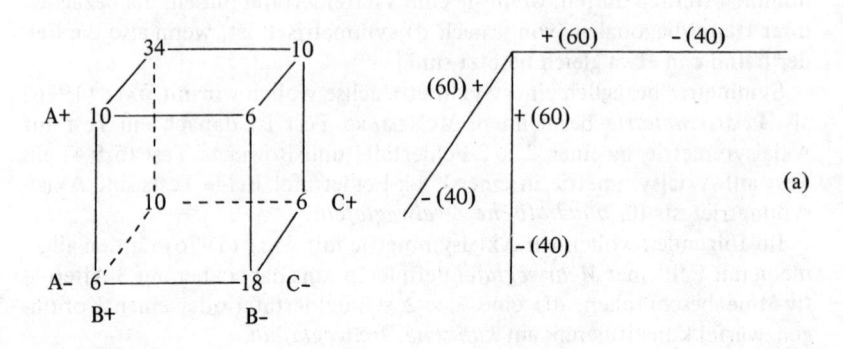

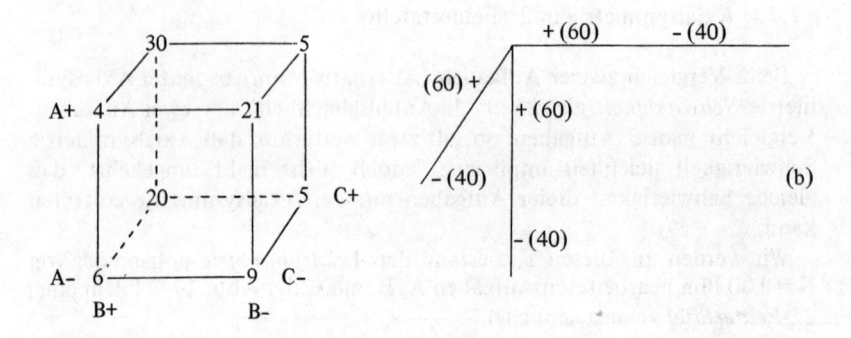

Abb. 17.7.1.1
(a) 3 gleichschwierige und axialsymmetrische Aufgaben A,B,C mit (+,-)-Beantwortung
(b) 3 gleichschwierige, nicht axialsymmetrische Aufgaben

[33] Der Vorspann zu Kapitel 17.7.1 folgt weitgehend einem (WALL, Brief vom 9.2.78) Ergänzungsvorschlag zum MS, in dessen Gefolge Abschnitte über Symmetrie und Skalabilität gestrichen bzw. in anderen Abschnitten, soweit vertretbar, untergebracht worden sind.

1.1b: Hier hat die Aufgabe A in der Subgruppe jener 20+9+5 Pbn, die genau 1 Aufgabe gelöst haben, eine Schwierigkeit von $p_A(1) = 5/(20+9+5) =$ $= 0,15$, während sie in der Gruppe jener 30+21+6 Pbn, die genau 2 Aufgaben gelöst haben mit $p_A(2) = 30/30+21+6) = 0,53$ viel leichter erscheint (wegen des größeren Lösungsanteils). Analoge Schwierigkeitsunterschiede zwischen den Subgruppen zeigen die Aufgaben B und C. Wir wollen solche Aufgaben, die nicht axialsymmetrisch verteilt sind, als ‚nur-gleichschwierig' bezeichnen.

Es ist nach dieser Überlegung unmittelbar einsichtig, daß Aufgaben *(Klassenaufgaben)*, die additiv kombiniert werden, also eine Punktskala konstituieren sollen, gleichwertig und nicht nur gleichschwierig sein müssen; dies wird nachfolgend noch näher beleuchtet.

Axial-Symmetrie von Aufgabentripeln

Wir rekapitulieren noch einmal: Sind 2 Aufgaben gleichschwierig, dann sind sie auch gleichwertig, wenn sie eine axialsymmetrische Vierfeldertafel mit b = c (und beliebigen a und d) konstituieren. Sind 3 Aufgaben A, B und C gleich schwierig, dann sind sie nur dann auch gleichwertig, wenn sie einen *axialsymmetrischen Kontingenzwürfel* konstituieren, wie er mit Achse und Symmetrieebenen in Abb. 17.7.1.2 nochmals veranschaulicht wird.

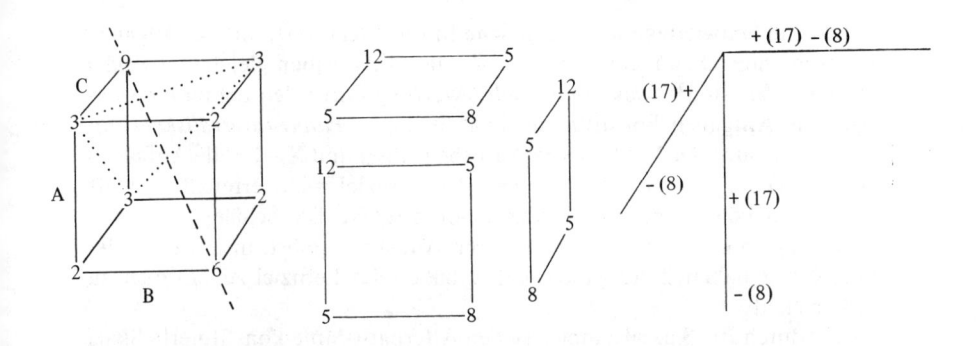

Abb. 17.7.1.2:
Axialsymmetrie dreier Testaufgaben mit Alternativbeantwortung (+, -).

Welches sind nun die *Charakteristika* der Axialsymmetrie, wenn wir Abb. 17.7.1.2 betrachten?

Die *Hauptdiagonale* (Raumachse) des Kontingenzwürfels erstreckt sich von der oberen, linken und hinteren ‚Polfrequenz' f_{111} zur unteren, rechten und vorderen Polfrequenz f_{222}. Die *Symmetrieebene* für die Aufgabenmuster mit genau einer gelösten Aufgabe geht durch die mit genau einer 1 indizierten Axialfrequenzen f_{122}, f_{212} und f_{221}. Die Symmetrieebene für die Aufgabenmuster mit genau 2 gelösten Aufgaben (punktiert) geht durch die mit genau 2 Einsen indizierten Axialfrequenzen $f_{112} = f_{121} = f_{112} = 3$.

Man beachte, daß das (punktierte) Dreieck, das von den *Zweier-Lösungsmustern* gebildet wird, in seinem Schwerpunkt vertikal von der Raumachse ‚durchbohrt' wird; dies ist die graphische Veranschaulichung der Tatsache, daß innerhalb einer Subgruppe von Schülern mit einer bestimmten (für alle gleichen) Anzahl von (zwei) richtigen Lösungen, die 3 Aufgaben bedingt unabhängig sind. Analoges gilt für das (nicht eingezeichnete) Dreieck, das von den *Einer-Lösungsmustern* gebildet wird.

Wie man aus den 3 *Einweg-Randtafeln* des Kontingenzwürfels in Abb. 17.7.1.1 ersieht, haben die 3 Aufgaben tatsächlich die *gleichen Lösungsanteile* (Schwierigkeits-, genauer: Leichtigkeitsindizes) mit $p(A) = p(B) = p(C) = 17/30 = 57\%$, wobei $17 = f_{1..} = f_{.1.} = f_{..1}$ die Zahl der Schüler bezeichnet, die Aufgabe A, Aufgabe B und Aufgabe C gelöst haben.

Aus den 3 *Zweiweg-Randtafeln* in Abb. 17.7.1.1 erkennt man überdies, daß 3 axialsymmetrische Alternativ-Mme (Aufgaben) *gleich interassoziiert* sind, mit Kreuzproduktdifferenzen von $12 \cdot 8 - 5 \cdot 5 = +71$ bzw. Phi-Koeffizienten von $\phi(AB) = \phi(AC) = \phi(BC) = +71/(17 \cdot 8) = +0,52$.

Austauschbarkeitseigenschaft

Gleiche Schwierigkeiten und gleiche Interkorrelationen dreier Aufgaben bedeutet nun aber nichts anderes, als daß 3 Aufgaben gleichwertig oder *austauschbar* sind[34], was ihre Gleichbewertung durch den Lehrer rechtfertigt. Die Aufgaben konstituieren hiermit eine *4-Punkt-Intervallskala* mit den Ankerpunkten $X = 0$ (keine Aufgabe gelöst) und $X = 3$ (alle Aufgaben gelöst). Die $f_{222} = 6$ Schüler haben das Lernziel nicht erreicht und die $f_{111} = 9$ Schüler haben das Lernziel voll erreicht. Die Schüler mit $X = 1$ Punkt haben eine der 3 austauschbaren Aufgaben gelöst, und die Schüler mit $X = 2$ haben 2 Aufgaben gelöst, haben das Lernziel zu 1/3 oder zu 2/3 erreicht.

Die durch die 3 axialsymmetrischen Alternativ-Mme konstituierte Skala beschreibt ein *hypothetisches Super-Mm*, dessen Allgemeinheitsgrad durch die Höhe der (3 gleichen) Interassoziationen bestimmt ist. Interassoziationen von 1 sind *trivial*, da sie entstehen, wenn man ein und dasselbe Alternativ-Mm (Aufgabe A) dreimal beobachtet (bewertet); denn sie liefern

---

[34] Für mehr als 3 Aufgaben müssen neben den Doubleassoziationen (Interkorrelationen) auch die Tripel-, Quadrupel- usw. Assoziationen gleich sein, wenn sie austauschbar sein sollen.

eine Skala, in welcher nur die Ankerpunkte 0 (A nicht gelöst) oder 3 (A gelöst) besetzt sind, nicht aber die Zwischenpunkte 1 und 2. Interassoziationen von 0 sind *obsolet*, da sie entstehen, wenn man *gemeinsamkeitsfremde Mme* (wie Geschlecht, Hautfarbe und Sehtüchtigkeit von N Schülern) beobachtet. Im Fall der Voll-Assoziation ist das Super-Mm mit dem Beobachtungs-Mm identisch, im Fall der Null-Assoziation ist das Super-Mm nicht oder nur über ein Konstrukt zu definieren.

Skalenkonstruktions-Relevanz

Nach WALL und WOLFRUM (1980) läßt sich die psychologische Testtheorie auf die multivariate Axialsymmetrie von t Aufgaben aufbauen. Dabei haben alle $\binom{t}{2}$ Paare von Aufgaben gleiche Assoziationen 1. Ordnung (Doubleassoziationen), alle $\binom{t}{3}$ Tripel von Aufgaben gleiche Assoziationen 2. Ordnung (Tripelassoziationen) usf., womit alle t Aufgaben im strengen Sinne parallel (austauschbar) sind und also eine metrische Skala konstituieren. Wie sich zeigen läßt (LIENERT und WALL, 1979) sind t *gemeinsamkeitsbehaftete* Alternativ-Mme (Aufgaben, Symptome, Feststellungen = Statements) besonders ausgezeichnet, wenn sie neben Axialsymmetrie der Aufgaben eine Binomialverteilung der Skalenwerte (Punktsummen = Zahl der gelösten Aufgaben) gewährleisten. Beide Ansätze (multivariate Axialsymmetrie ohne oder mit Binomialverteilung) eröffnen eine neue, multivariate und nichtparametrische Begründung der psychologischen *Skalenkonstruktion*, die von GULLIKSEN (1950) bis FISCHER (1974) univariat und parametrisch begründet wird, was ‚lokale Item-Unabhängigkeit' impliziert.

WALLS Axialsymmetrie-Test

Abb. 17.7.1.1a stellte den theoretischen Indealfall der Axialsymmetrie dar. Ob ein *beobachteter* Kontingenzwürfel axialsymmetrisch und die ihn konstituierenden Alternativ-Mme gegeneinander austauschbar sind, prüft man mittels des von WALL (1976) angegebenen und zu McNEMAR (5.5.1) homologen Tests.

Bezeichnet man die zu X = 1 führenden *Erwartungswerte* mit e_1 (die in Abb. 17.7.1.1 gleich den Beobachtungswerten 3 sind) sowie die zu X = 2 führenden Erwartungswerte mit e_2 (in Abb. 17.7.1.1 gleich 2), dann gilt für die beobachteten Frequenzen f_{ij1}, i = j = l = 1, 2 unter H_0 (Axialsymmetrie) bei $e_1, e_2 \geq 5$ der WALLsche χ^2 -*Test*

$$\chi^2 = (f_{112} - e_2)^2/e_2 + (f_{121} - e_2)^2/e_2 + (f_{211} - e_2)^2/e_2 +$$
$$+ (f_{122} - e_1)^2/e_1 + (f_{212} - e_1)^2/e_1 + (f_{221} - e_1)^2/e_1$$
$$\text{mit Fg} = (3-1) + (3-1) - 1 = 3 \qquad (17.7.1.1)$$

Schätzt man e_2 durch das arithmetische Mittel der 3 Beobachtungswerte, wie bei McNEMAR durch $(b+c)/2$, und analog e_1, so resultieren die *Erwartungswerte* unter der Axialsymmetriehypothese:

$$e_2 = (f_{112} + f_{121} + f_{211})/3$$
$$e_1 = (f_{122} + f_{212} + f_{221})/3 \qquad (17.7.1.2)$$

Erinnern wir uns, daß $\Sigma(f-e)^2/e$ für konstantes e gleich ist $(1/e)\Sigma f^2 - N$, so erhalten wir durch Einsetzen die *Rechenformel*

$$\chi^2 = \frac{3(f_{112}^2 + f_{121}^2 + f_{211}^2)}{f_{111} + f_{121} + f_{211}} + \frac{3(f_{122}^2 + f_{212}^2 + f_{221}^2)}{f_{122} + f_{212} + f_{221}} - n \quad \text{mit Fg=3,} \quad (17.7.1.3)$$

wobei $n = N - f_{111} - f_{222}$ die Summe der am Symmetrietest beteiligten Felderfrequenzen bezeichnet (wie $N-a-d = b+c$ in McNEMARs Test). Man beachte, daß die 2×3 χ^2-Komponenten in (17.7.1.1) wegen der Schätzung von e_1 und e_2 aus den Summen der Ein- und Zweipunktfrequenzen je 1 Fg verlieren, so daß nur $2 \times 2 = 4$ Fge verbleiben. Ein weiterer Fg geht dadurch verloren, daß $3(e_1 + e_2)$ gleich sein muß $N - f_{111} - f_{222}$.

Wir wollen im folgenden Beispiel den Symmetrietest von WALL zur Arzneimittelwirkungsbeurteilung in ähnlicher Weise anwenden, wie dies für den McNEMAR-Test in Beispiel 5.5.1.1 geschehen ist.

Beispiel 17.7.1.1

Untersuchung: An N = 60 über Schlafstörungen klagende Ptn über 70 wurden in Zufallsabfolge drei Schlafmitteltypen, ein Barbiturat (B), ein Diazepamderivat (D) und ein Phenothiazinderivat (P) in 1-wöchigem Abstand (Wash-out-Periode) verabreicht. Befragt, ob das Mittel im Sinne der Erwartung gewirkt habe (ja, nein), antworteten die Ptn dem behandelnden Allgemeinpraktiker wie in Tab. 17.7.1.3 vorgestellt.

Tabelle 17.7.1.3

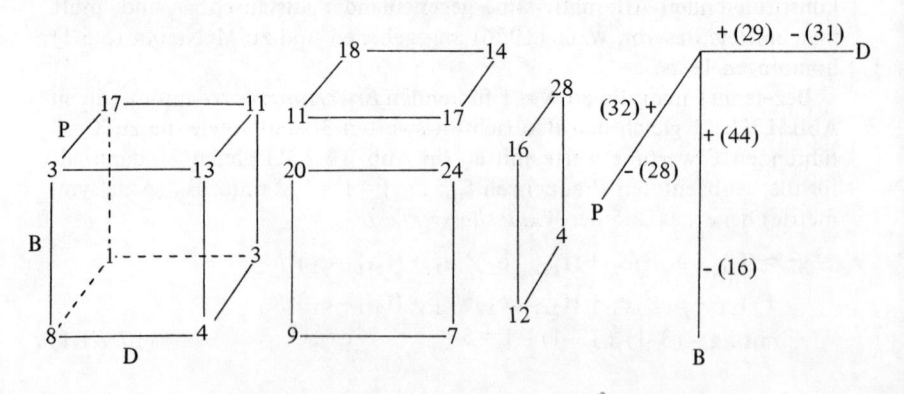

Fragestellung: Es wird gefragt, ob die 3 Schlafmitteltypen in Anwendung auf (vermutlich sklerotisch bedingte) Schlafstörungen untereinander austauschbar sind. Wegen der im Untersuchungsplan begründeten 3 abhängigen Stichproben von Alternativen (1 = +, 2 = -) wird ein Axialsymmetrietest nach WALL in Aussicht genommen und ein $\alpha = 0{,}01$ festgelegt. Der Test impliziert, daß die $f_{111} = 17$ Ptn, die auf alle 3 Mittel ansprachen, ebenso wie die $f_{222} = 7$ Ptn, die auf keines der 3 Mittel ansprachen, außer acht bleiben.

WALL-Test: Der Erwartungswert unter H_0 (Axialsymmetrie), daß e_1 Ptn genau auf *ein* Schlafmittel ansprechen, beträgt nach (17.7.1.2) $e_1 = (13+8+3)/3 = 8$; entsprechend beträgt $e_2 = (3+11+1)/3 = 5$, wieviele Ptn unter H_0 genau auf 2 Schlafmittel ansprechen sollten. Da die beiden Erwartungswerte ganzzahlig sind, rechnen wir nach der Definitionsformel (17.7.1.1) und erhalten die Prüfgröße

$$\chi^2 = (3-5)^2/5 + (11-5)^2/5 + (1-5)^2/5 +$$
$$+ (13-8)^2/8 + (8-8)^2/8 + (3-8)^2/8 = 17{,}45^* \text{ mit 3 Fgn.}$$

Entscheidung: H_0 muß verworfen und die Alternative H_1 (Axialasymmetrie) angenommen werden. Das bedeutet, daß die 3 Schlafmittel ungleich wirksam oder ungleichwertig bzw. nicht austauschbar sind.

Interpretation: Offenbar ist das Barbiturat mit $p(B) = 44/60 = 73\%$ wirkungsbejahenden Ptn effektiver als seine beiden Konkurrenten mit $p(D) = 29/60 = 48\%$ und mit $p(P) = 53\%$, welche Anteile aus den Einweg-Randtafeln in Tab. 17.7.1.3 zu errechnen sind. Die Nichtaustauschbarkeit ist also bereits durch die ungleiche Wirksamkeit zu erklären; letztere ist durch den Q-Test (s. später) zu prüfen.

Wirkungsähnlichkeiten: Betrachtet man die Zweiweg-Randtafeln in Tab. 17.7.1.3, so zeichnen sich in den Randtafel-Assoziationen (Phi-Koeffizienten) die Wirkungsähnlichkeiten von je 2 Schlafmitteln ab:

$\phi(BD) = (20 \cdot 7 - 24 \cdot 9)/\sqrt{44 \cdot 16 \cdot 29 \cdot 31} = -0{,}09$

$\phi(BP) = (28 \cdot 12 - 16 \cdot 4)/\sqrt{44 \cdot 16 \cdot 32 \cdot 28} = +0{,}34$

$\phi(DP) = (18 \cdot 17 - 14 \cdot 11)/\sqrt{29 \cdot 31 \cdot 32 \cdot 28} = +0{,}17$

Da 2 der 3 Phi-Koeffizienten nahe Null liegen, ist anzunehmen, daß die beteiligten Schlafmittel unterschiedlich bzw. auf unterschiedliche Ursachen von Schlafstörungen wirken. Nur B und P wirken wenigstens überzufällig häufig auf die gleichen Ptn ($\chi^2 = 0{,}34^2 \cdot 60 = 6{,}94^*$ für 1 Fg). Nach klinischer Erfahrung wirkt D schlafanstoßend, P schlafschützend und B schlafverlängernd, womit die niedrigen Assoziationen der Ptn-Selbstbeurteilungen gut zu erklären sind.

Asymmetrie in Zweiweg-Randtafeln

Die Entscheidung, die 3 Schlafmittel des Beispiels 17.7.1.1 seien nicht austauschbar, wurde dahin interpretiert, daß sie *ungleich wirksam* seien, was aufgrund der unterschiedlichen Wirkungsanteile nahe lag. Die 3 Schlafmittel hätten aber auch bei gleichen Wirkungsanteilen als ‚nicht-austauschbar', d.h. als *ungleichwertig* identifiziert werden können, und es stellt sich die Frage, wie man prüft, ob Nichtaustauschbarkeit bereits durch Ungleichwirksamkeit bedingt ist. Eine von 2 möglichen Antworten auf diese Frage gibt der Vergleich von je 2 der 3 Schlafmittel, d.h. der Nachweis von *Axialasymmetrie* in mindestens einer der 3 Zweiweg-Randtafeln.

Soll unter H_0 der Gleichwirksamkeit die Wirkung der einzelnen Schlafmittel verglichen werden, soll also auf *Nur-Gleichwirksamkeit* ('Nur-Gleichschwierigkeit') geprüft werden, dann sind 3 simultane McNemar-Tests (5.5.1) für die 3 Randtafeln des Kontingenzwürfels durchzuführen

$\chi^2(BD) = (24-9)^2/(24+9) = 6{,}82^*$ mit 1 Fg für $\alpha^* = 0{,}05/3$

$\chi^2(BP) = (16-4)^2/(16+4) = 7{,}20^*$ mit 1 Fg für $\alpha^* = 0{,}05/3$

$\chi^2(DP) = (14-11)^2/(14+11) = 0{,}36$ mit 1 Fg für $\alpha^* = 0{,}05/3$

Unter der Voraussetzung, daß jeder Pt erproben darf, welches der 3 Schlafmittel er bevorzugt (oder der Arzt nach vergleichender Erprobung patientenspezifisch verordnet), ist B (Barbiturat) wirksamer als D (Diazepam) oder als P (Phenothianzin), D und P aber etwa gleich wirksam.

Daraus ergibt sich: *Gleichwertigkeit* 3er Arzneimittel in dem Sinne, daß alle 3 Mittel auf alle N Ptn gleich wirken, ist nur anzunehmen, wenn die H_0 der *Axialsymmetrie im Kontingenzwürfel* nicht abgelehnt werden muß. *Gleichwirksamkeit* (besser: Nur-Gleichwirksamkeit) 3er Arzneimittel ist hingegen bereits dann anzunehmen, wenn *Axialsymmetrie in den Randtafeln* vorherrscht bzw. nicht widerlegt werden kann (Wall und Lienert, 1979).

Obwohl der Nachweis von Axialasymmetrie in Randtafeln Wirksamkeitsunterschiede aufdeckt und solche leicht zu interpretieren erlaubt in der Feststellung, das Barbiturat B sei wirksamer als jeder seiner Rivalen D und P, sind simultane McNemar-Tests weniger wirksam als ein globaler *Q-Test nach* Cochran (vgl. 5.5.3): Man ordnet den N=60 Ptn des Beispiels 17.7.1.1 entsprechend ihren Reaktionen auf die k=3 Schlafmittel Vorzeichenmuster zu, und prüft nach Tabelle 5.5.3, ob sich die Anteile von Plus-Reaktionen bei den 3 Schlafmitteln unterscheiden.

Fällt der Q-Test signifikant aus, so interpretiert man einen signifikanten Wall-Test im Sinne von Wirksamkeitsunterschieden; fällt der Q-Test insignifikant aus, so interpretiert man einen signifikanten Wall-Test im Sinne *unterschiedlicher Wertigkeit* der 3 Schlafmittel: Unterschiedliche Wertigkeit bei gleicher Wirksamkeit bedeutet, daß ein Schlafmittel in der Subgruppe jener (robusten) Ptn, die nur auf eines von 3 Schlafmitteln angesprochen haben, stärker (schwächer) wirkt als in der Subgruppe jener (sensiblen) Ptn, die auf zwei der 3 Schlafmittel reagiert haben. So haben z.B. in Beispiel 17.7.1.1 nur 8 von 13+8+3 = 24 Ptn, die genau auf eines der 3 Schlafmittel angesprochen haben, auf das Diazepamderivat D angesprochen, womit $p_1(D) = 8/24 = 33\%$; dagegen haben 11 von 3+11+1 = 15 Ptn, die auf 2 der 3 Schlafmittel angesprochen haben, auch auf D angesprochen, so daß $p_2(D) = 11/15 = 73\%$. Das Diazepamderivat ist also bei sensiblen Ptn wirksamer als bei robusten Ptn.

Wie man Wirksamkeit und Wertigkeit dreier Arzneimittel durch geeignete Indizes beschreibt, lese man bei WALL und LIENERT (1979) nach. Wie man von 3 auf m Arzneimittel verallgemeinert, wird in 18.5.1 besprochen.

Assoziation in Zweiweg-Randtafeln

Axialsymmetrie in einem *Assoziationswürfel* bedingt neben Gleichwirksamkeit auch paarweise gleich *wirkungsähnliche* Arzneimittel, wobei *Wirkungsähnlichkeit* zweier Arzneimittel durch deren Assoziation in der ihnen zugehörigen Randtafel definiert ist (vgl. Abb. 17.7.1.1). Da die Wirkungsähnlichkeiten von der Besetzung der *Polzellen* des Assoziationswürfels (die im Axialsymmetrietest außer acht bleiben) abhängen, kann sie für alle Paare von Arzneimitteln hoch oder niedrig sein, nur müssen sie eben gleich hoch oder gleich niedrig sein.

Im Beispiel 17.7.1.1 wurden die Wirkungsähnlichkeiten vorwegnehmend durch *Phi-Koeffizienten* der Vierfelder-Randtafeln gemessen: Die 3 Phi-Koeffizienten sind niedrig und ungleich niedrig, wie bei fehlender Axialsymmetrie zu erwarten. Signifikant größer als Null ist nur die Wirkungsähnlichkeit zwischen dem Barbiturat B und dem Phenothiazinderivat P mit $\chi^2(BP) = (28 \cdot 12 - 16 \cdot 4)^2/(44 \cdot 16 \cdot 32 \cdot 28) = 6{,}94^*$ bei 1 Fg.

Je ähnlicher 2 Arzneimittel bzgl. ihrer Wirkung sind, in um so höherer Zahl sprechen Ptn entweder auf beide Mittel *an* oder aber auf beide Mittel *nicht* an (positive *Ähnlichkeitskoeffizienten*). Je unähnlicher 2 Arzneimittel sind, in um so höherer Zahl sprechen Ptn entweder nur auf das eine oder nur auf das andere Mittel an (negative Ähnlichkeitskoeffizienten).

Ähnlichkeit ist nur eine von mehreren Deutungsmöglichkeiten der paarigen Assoziation dreier binär verteilter Mme. Andere Deutungen, wie die der Gemeinsamkeit (*Komunalität*) dessen, was 3 Symptome zu ihrem Auftritt veranlaßt, wird in ihren Interkorrelationen manifest (vgl. 18.5.1, insbes. Tabelle 18.5.1.3).

Axialsymmetrie mehrstufiger Merkmale

Sind 3 Mme nicht binär, sondern *ternär* (+, =, – oder ja, weiß nicht, nein) abgestuft, so resultiert ein 3^3-Felderkontingenzwürfel anstelle des 2^2-Felderwürfels. Die Prüfung auf Axialsymmetrie ergibt sich per analogiam. Ein numerisches Beispiel für die Auswertung solch eines Würfels entnehme man der Arbeit von LIENERT und WALL (1976).

Ein besonderes Anwendungsgebiet der Axialsymmetrieprüfung eröffnet die Frage, ob die quintinär abgestuften *Schulnoten* (1 2 3 4 5+6) dreier Schulfächer (z.B. Hauptfächer) deren Austauschbarkeit zulassen. Nur wenn die Symmetrie-H_0 des 5^3-Felderwürfels beibehalten werden kann, ist ihre additive Verknüpfung (wie arithmetische Mittelung) erlaubt. Auch die generelle Frage, ob *Durchschnittsnoten* von Zeugnissen mit t Fächern vergleichbar sind, läßt sich nur beantworten, wenn gezeigt werden kann, daß die Symmetrie-H_0 für den 5^t-Felderwürfel beizubehalten ist. Muß sie verworfen werden, dann sind implizit darauf gründende Verfahren (wie die der Hochschulzulassung aufgrund von Abiturzeugnissen) falsch und ungerecht[35].

17.7.2 Punktsymmetrie in 2^3-Feldertafeln

Betrachtet man nicht nur die Haupt-Raumdiagonale von f_{111} bis f_{222}, sondern alle 4 Raumdiagonalen eines Kontingenzwürfels, so treffen sich diese im Schwerpunkt als dem *Symmetriepunkt* des Kontingenzwürfels. Fordert man, daß sich die 8 Frequenzen bezüglich dieses Punktes paarweise symmetrisch verteilen, so herrscht *Punktsymmetrie* (WALL und LIENERT, 1976) in diesem Würfel, wie sie Abb. 17.7.2.1 idealiter an N=50 Beobachtungselementen (Individuen) illustriert.

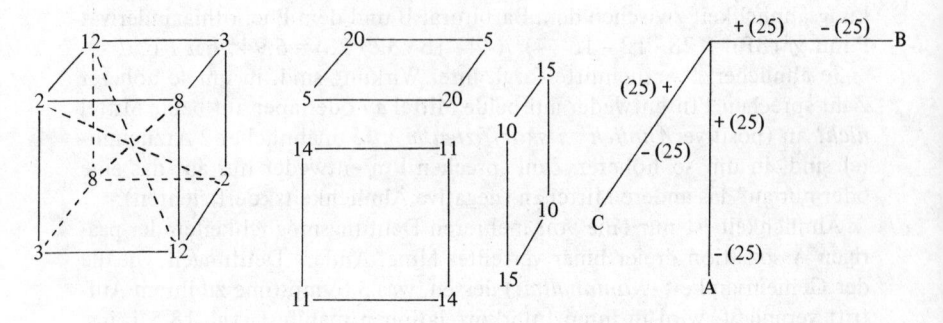

Abb. 17.7.2.1
Punktsymmetrie dreier Testaufgaben mit Alternativbeantwortung (+, -)

35 Eine notwendige, wenngleich nicht hinreichende Voraussetzung der Austauschbarkeit von Schulfächern ist, daß sie gleiche Notenverteilungen (homogene Einwegrandtafeln) und gleiche Noten-Interassoziationen (genauer: homogene Zweiweg-Randtafeln) aufweisen. Diese Voraussetzungen zumindest sollten erfüllt sein, ehe Schulnoten in der oben beschriebenen Weise zu Supernoten (Zeugnisdurchschnitten) kompiliert werden. Auf andere Möglichkeiten, die hier diskutierten Fragen zu beantworten, wie z.B. das RASCH-Modell oder verwandte Modelle (KEMPF, 1977) wird hier nicht eingegangen.

Wie man sich aus Tab. 17.7.2.1 überzeugen kann, sind alle 3 Zweiweg-*Randtafeln* einer punktsymmetrischen Dreiwegtafel ebenfalls punktsymmetrisch (mit a=d und b=c in jeder Vierfeldertafel). Für die Einweg Randtafeln gilt, daß deren 2 Frequenzen durchweg gleich $N/2 = 50/2 = 25$ sind. Das gilt jedoch nur für den Fall binärer Mme.

Wird der punktsymmetrische Kontingenzwürfel von 3 Testaufgaben mit Ja—Nein-Beantwortung gebildet, so gilt in Einschränkung zur Axialsymmetrie, daß alle 3 Aufgaben genau *mittlere Schwierigkeit* aufweisen müssen: $p(A) = p(B) = p(C) = 25/50 = 0,5$. In Erweiterung zur Axialsymmetrie hingegen brauchen die 3 Aufgaben *nicht gleich interassoziiert* zu sein. Wie man aus den Zweiweg-Randtafeln der Tab. 17.7.2.1 erkennt, ist $\phi(AB) =$
$= (14 \cdot 14 - 11 \cdot 11)/(25 \cdot 25) = +0,12$, $\phi(AC) = (15 \cdot 15 - 10 \cdot 10)/(25 \cdot 25) =$
$= +0,20$ und $\phi(BC) = (20 \cdot 20 - 5 \cdot 5)/(25 \cdot 25) = +0,60$. Den Aufgaben B und C ist also mehr gemein, sie sind näher ‚verwandt' als die Aufgabe A mit B und C.

Punktsymmetrie ist also in bezug auf die Einweg-Randtafeln restriktiver, in bezug auf die Zweiweg-Randtafeln hingegen liberaler als die Axialsymmetrie.

Das wichtigste Charakteristikum einer punktsymmetrischen Kontingenztafel, sei es eine 2^3- oder eine 2^m-Feldertafel, ist, daß für sie die LANCASTER-Bedingung der *Additivität der Randtafel-Kontingenzen* (χ^2) zur Gesamtkontingenz voll zutrifft: In Tab. 17.7.2.1 sind die Erwartungswerte für Allunabhängigkeit durchweg gleich $50/8 = 6,25$ und das Gesamt-$\chi^2 = (12 - 6,25)^2/6,25 + \ldots + (12 - 6,25)^2/6,25 = 20,72$. Die 3 Randtafel-$\chi^2$-Werte lassen sich leicht aus den Phi-Koeffizienten rückrechnen: $\chi^2(AB) = 50(+0,12)^2 = 0,72$, $\chi^2(AC) = 50(+0,20)^2 = 2,00$ und $\chi^2(BD) = 50(+0,60)^2 = 18,00$, woraus folgt, daß $\chi^2(ABC) = 20,72 - 0,72 - 2,00 - 18,00 = 0$, wie aufgrund der Additivität vorauszusagen.

Punktsymmetrische Kontingenzwürfel sind *quasiparametrische* Dreiwegtafeln mit fehlender Tripelkontingenz und additiven Doublekontingenzen. Man erhält solche Tafeln, wenn man eine trivariate normal verteilte Stichprobe von $N = 2n$ Individuen nach jedem der 3 Populationsmittel der stetigen Variablen A, B und C dichotomiert und sie als Kontingenzwürfel zur Darstellung bringt. Wenn man umgekehrt drei stetig verteilte Variablen (Observablen) in solcher Weise dichotomiert vorfindet, daß ein punktsymmetrischer Kontingenzwürfel entsteht, dann ist eine notwendige Bedingung für das Vorliegen einer trivariaten Normalverteilung erfüllt.

17.7.3 Punktaxial-Symmetrie in 2^3-Feldertafeln

Ist in einer *Vierfeldertafel* b = c, dann herrscht Axialsymmetrie; ist darüber hinaus a = d, dann besteht Punktsymmetrie. Eine andere Art der Symmetrie existiert in Vierfeldertafeln nicht.

Betrachtet man hingegen eine *Achtfeldertafel*, so kann diese axialsymmetrisch sein (vgl. Abb. 17.7.1a), sie kann punktsymmetrisch sein (Abb. 17.7.2.1), und sie kann schließlich sowohl punkt- wie axialsymmetrisch sein. Was unter der Kombination zwischen Punkt- und Axialsymmetrie, der *Punktaxial-Symmetrie* zu verstehen ist, erkennt man — obschon allgemeiner definiert (WALL und LIENERT, 1976) — am besten anhand des Kontingenzwürfels der Abb. 17.7.3.1, gebildet von 3 (+, −)-Aufgaben und 30 Pbn.

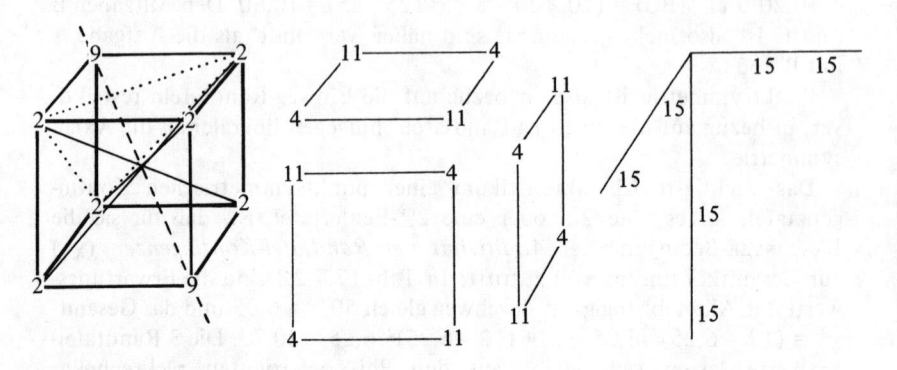

Abb. 17.7.3.1
Punktaxialsymmetrie dreier Testaufgaben mit Alternativbeantwortung (+, −).

Wie man aus Abb. 17.7.3.1 ersieht, sind die 8 Frequenzen des Kontingenzwürfels sowohl bzgl. des Schwerpunktes wie auch bzgl. seiner Hauptachse (von f_{111} nach f_{222}) symmetrisch verteilt: Es gilt in der Tat, daß alle 2 *homonym* indizierten Frequenzen $f_{111} = f_{222} = 9$ und alle 6 *heteronym* indizierten Frequenzen $f_{112} = ... = f_{212} = 2$.

Wie ebenfalls aus Abb. 17.7.3.1 zu ersehen, sind auch die *Zweiweg-Randtafeln* punktaxialsymmetrisch verteilt, denn a = d und b = c gilt für alle 3 Vierfelder-Randtafeln von Abb. 17.7.3.1. Das bedeutet, daß die 3 Alternativ-Mme auch je einzeln symmetrisch verteilt sind, wie die 3 *Einweg-Randtafeln* erkennen lassen.

17.7.4 Symmetrie und Multinormalitätsbeurteilung (Gebert-v.Eye-Tests)

Viele multivariate Methoden gehen von der Annahme aus, die t Mme seien multivariat normal verteilt, so auch die *Faktorenanalyse* (Weber, 1974; Revenstorf, 1976). Wenn überhaupt, so betrachtet der Anwender die bivariaten Randverteilungen, d.h. die Korrelationstafeln zwischen je 2 stetig verteilten Observablen, und läßt die Nullhypothese der t-variaten Normalverteilung gelten, wenn keine der $\binom{t}{2}$ bivariaten Randverteilungen von einer zweidimensionalen NV bedeutsam abweicht.

Überzeugender wäre es zu prüfen, ob die bivariaten Randverteilungen durch Dichotomie einer jeden Observablen an ihrem arithmetischen Mittel punktsymmetrische Vierfeldertafeln liefern, in denen a = d und b = c gilt: $\chi^2 = (a-d)^2/(a+d) + (b-c)^2/(b+c)$ mit 2 Fge. Wenn die H_0 der *bivariaten Punktsymmetrie* beibehalten werden kann und eine andere symmetrische Verteilung als die NV nicht in Betracht kommt, wird bei $\binom{t}{2}$-facher Bisymmetrie angenommen, die t Mme seien multivariat-normal verteilt.

Tatsächlich sollte jedoch geprüft werden, ob die t Mme auch *t-variat punktsymmetrisch* verteilt sind, ehe Multinormalität einer Beobachtungsmatrix mit N Zeilen (Individuen) und t Spalten (Observablen) angenommen wird. Der angemessene Test ist hier der χ^2-Test auf t-variate Punktsymmetrie der t Mittelwerte-dichotomierten Observablen (Wall und Lienert, 1976). Wie solch eine Symmetrietest zur *Multinormalitätsvereinbarkeit* durchzuführen ist, zeigt das Beispiel 17.7.4.1 anhand dreier Observablen, die auf *Trinormalität* zu beurteilen sind.

Beispiel 17.7.4.1

Problem: Um zu prüfen, ob t = 3 verbale Untertests des Intelligenz-Strukturtests von Amthauer, nämlich SE = Satzergänzen, WA = Wortauswahl und AN = Analogienbilden bei Studenten als trivariat-punktsymmetrisch (bzw. trivariat normal) verteilt angesehen werden, wurden die Testwerte von N = 65 Studenten (aus Lienert, 1964, Tab. IIa) in über- (+) und unterdurchschnittliche (-) Subtestwerte dichotomiert.

Tabelle 17.7.4.1

SE	WA	AN	f	SE	WA	AN	f'	$(f-f')^2/(f+f') = \chi_i^2$
+	+	+	14	−	−	−	18	16/32 = 0,50
+	+	−	7	−	−	+	4	9/11 = 0,82
+	−	+	8	−	+	−	5	9/13 = 0,69
+	−	−	3	−	+	+	6	9/ 9 = 1,00
Fg = (2-1) + (2-1) + (2-1) + (2-1) -1 = 3								χ^2 = 3,01

Test: Die resultierenden $2^3 = 8$ Vorzeichnmuster und ihre beobachteten Frequenzen f sind in Tab. 17.7.4.1 komplementär gepaart und nach Formel 17.3.6.1 ausgewertet worden, da f und sein Komplementärwert f' unter H_0 (trivariate Punktsymmetrie) gleich ihrem Erwartungswert e = (f+f')/2 sein müssen.

Entscheidung: Das $\chi^2 = 3{,}01$ des trivariaten Punktsymmetrietests ist für 3 Fge nicht auf der 5%-Stufe signifikant, weswegen wir annehmen, die 3 Subtests seien für die Population von Studenten, aus der die Stichprobe stammt, trivariat symmetrisch und erfüllen demzufolge eine wesentliche Bedingung für trivariate Normalität.

Anwendung: Die 3 Subtests können – wie vorgesehen – als Regressoren in eine multiple Regressionsanalyse mit eingebracht werden, um den Verbal-IQ des Hamburg-Wechsler-Intelligenztests vorherzusagen.

Wie aus Tab. 17.7.4.1 zu erschließen, besteht der *Punktsymmetrietest für mehr als 3 Observablen* aus folgenden Schritten: (1) Man dichotomiert die t Observablen (Meßwerte) nach ihrem Durchschnitt (nicht nach ihrem Medianwert!) und zählt die Vorzeichenkonfigurationen aus; (2) sodann stellt man komplementäre Konfigurationen einander gegenüber und berechnet χ^2-Komponenten für komplementäre Frequenzen unter H_0, sie seien gleich. (3) Schließlich addiert man die χ^2-Komponenten und beurteilt sie gemäß ihrer um 1 verminderten Zahl von Freiheitsgraden[36].

Für mehr als 3 Observablen bedarf es exponentiell wachsender Stichprobenumfänge N, um *global* auf t-variate Punktsymmetrie gemäß Tabelle 17.7.4.1 zu prüfen. Sind die Erwartungswerte (f+f')/2 für eine globale Beurteilung zu klein, dann empfiehlt sich eine *hierarchische Symmetriebeurteilung* nach GEBERT und v.EYE (in: v.EYE et al., 1979): Man beginnt mit bivariater Punktsymmetrie je 2er Mme und fährt über trivariate Punktsymmetrie von je 3 Mmn fort bis zu jener Zahl von Mmn, die eben noch ausreichende Erwartungswerte (4/5 größer 5, 1/5 größer 1, nach COCHRAN (1954) sichert (aszendierendes Verfahren). Kann H_0 für alle aszendenten GEBERT-v.EYE-Tests beibehalten werden, darf eine multivariate NV vermutet werden. Muß H_0 verworfen werden, sind jene Observablen auszuscheiden, die am meisten zur Punktasymmetrie beigetragen haben, wenn es darum geht, mit den restlichen Observablen eine Faktorenanalyse durchzuführen. Bei großem N mögen *GEBERT-v.EYE-Tests* auch deszendent-hierarchisch vorgenommen werden, um symmetrieverletzende Observablen auszusondern.

Der globale Multinormalitätstest ist ein *explorativer Test* im Sinne TUKEYS (1977), da im strengen Sinne nach dem (meist unbekannten)

---

36 Fällt das Punktsymmetriezentrum des Kontingenzwürfels in eine seiner Zellen, ist die Zahl der Freiheitsgrade gleich der Zahl der χ^2-Komponenten. Das ist der Fall in einer 3^3-Feldertafel.

Populationsmittelwert zu dichotomieren wäre (nicht nach dem Stichprobenmittel wie in Beispiel 17.7.4.1). Das gleiche gilt für die hierarchischen Tests und zwar auch dann, wenn Alpha adjustiert wird.

17.8 Vergleich einer beobachteten mit einer erwarteten Dreiwegtafel

Wir haben in Kapitel 9.3.4 eine beobachtete mit einer theoretisch erwarteten *Zweiwegtafel* verglichen und diesen Test als Anpassungsversion eines k x m-Felder-χ^2-Tests (2I-Tests) bezeichnet. Analog können wir auch mit einer Dreiwegtafel verfahren, wenn wir die *Anteilsparameter* $\pi_{i..}$, $\pi_{.j.}$ und $\pi_{..l}$ der Ausprägungen der 3 Mme *kennen* oder theoretisch *postulieren*; es ergäbe sich daraus eine *Anpassungsversion eines k x m x s-Felder-χ^2-Tests*, wie sie von HALDANE (1939) und SUTCLIFFE (1957) beschrieben worden ist.

17.8.1 SUTCLIFFES χ^2-Zerlegung

Prinzip des Vergleiches einer beobachteten mit einer erwarteten Dreiwegtafel ist, daß die Erwartungswerte e nicht aufgrund der *empirischen* Randverteilungen, sondern aufgrund der *theoretischen Randverteilungen* berechnet und mit den beobachteten Frequenzen f nach dem Schema der Tabelle 17.8.1.1 verglichen werden.

Tabelle 17.8.1.1

Nr.		χ^2	Fg
1	A	$\chi^2_A = \overset{a}{\Sigma}(f_{i..} - e_{i..})^2/e_{i..}$	(a-1)
2	B	$\chi^2_B = \overset{b}{\Sigma}(f_{.j.} - e_{.j.})^2/e_{.j.}$	(b-1)
3	C	$\chi^2_C = \overset{c}{\Sigma}(f_{..k} - e_{..k})^2/e_{..k}$	(c-1)
4	AB	$\chi^2_{AB} = \overset{a}{\Sigma}\overset{b}{\Sigma}(f_{ij.} - e_{ij.})^2/e_{ij.} - (1+2)$	(a-1)(b-1)
5	AC	$\chi^2_{AC} = \overset{a}{\Sigma}\overset{c}{\Sigma}(f_{i.k} - e_{i.k})^2/e_{i.k} - (1+3)$	(a-1)(c-1)
6	BC	$\chi^2_{BC} = \overset{b}{\Sigma}\overset{c}{\Sigma}(f_{.jk} - e_{.jk})^2/e_{.jk} - (2+3)$	(b-1)(c-1)
7	ABC	$\chi^2_{ABC} = \overset{a}{\Sigma}\overset{b}{\Sigma}\overset{c}{\Sigma}(f_{ijk} - e_{ijk})^2/e_{ijk} - (1+2+3+4+5+6)$	(a-1)(b-1)(c-1)
8	Total	$\chi^2_T = \overset{a}{\Sigma}\overset{b}{\Sigma}\overset{c}{\Sigma}(f_{ijk} - e_{ijk})^2/e_{ijk}$	(abc-1)

Test Nr. 8 in Tabelle 17.8.1.1 entspricht dem *Globalanpassungstest* in 9.3.6, die Tests 4 bis 6 entsprechen den zweidimensionalen und die Tests 1−3 den *eindimensionalen Marginalanpassungstests*. Der Test Nr. 7 spricht auf jene Abweichungen an, die weder durch die eindimensionalen noch durch die *zweidimensionalen Marginalanpassungstests* gedeckt sind.

Die 8 Tests basieren auf dem LANCASTER-Rationale der *dreidimensionalen χ^2-Zerlegung*, die gleichermaßen auch für die Prüfgröße 2I gilt.

1. Ist Test 1 signifikant, so bedeutet dies, daß sich die N Individuen der Stichprobe *anders* als in der Population auf die k *Klassen* des Mms A verteilen; analoges gilt für die Tests 2 und 3 bzgl. der Mme B und C: *Marginalabweichungen*.

2. Ist Test 4 signifikant, so bedeutet dies, daß sich die N Individuen auf die km Felder der frontalen Randtafel *anders* verteilen, als aufgrund der km *Klassen-Kombinationen* AB nach dem Multiplikationssatz $\pi_{ij.} = \pi_{i..} \pi_{.j.}$ zu erwarten; analoges gilt für die Tests 4 und 5 bzgl. AC und BC: *Doublekontingenzabweichungen*.

3. Ist der Test Nr. 7 signifikant, so bedeutet dies, es existieren Abweichungen der Beobachtung von der H_0-Erwartung, die nicht auf (1) oder (2) zurückzuführen sind: *Tripelkontingenzabweichungen*.

17.8.2 Mögliche χ^2-Anpassungstests in Dreiwegtafeln

Um die Anwendung des χ^2-Anpassungstests auf Dreiwegtafeln zu illustrieren, greifen wir auf die Zweiweg-Daten aus Abschnitt 9.3.4 zurück. Wir unterteilen die N = 100 nach dem *MN-Blutgruppensystem* (B) und dem *Geschlecht* (A) beobachteten Neugeborenen zusätzlich noch nach dem *Rh-Blutgruppensystem* (C), das in der Gesamtbevölkerung mit den Anteilen $\pi_{..1}$ (Rh+) = 0,85 und $\pi_{..2}$ (Rh-) = 0,15 verteilt ist.

Globalanpassungstest

Tabelle 17.8.2.1 illustriert die Auswertung der *Beobachtungs-Frequenzen* (obere Zeilen) mit den unter H_0 aufgrund der Anteile $\pi_{1..} = 0{,}51$ (männlich) und $\pi_{2..}$ (weiblich), $\pi_{.1.} = 0{,}36$ (MM), $\pi_{.2.} = 0{,}48$ (MN) und $\pi_{.3.} = 0{,}16$ (NN) erhaltenen *Erwartungswerte* (mittlere Zeilen, vgl. 9.3.4).

Die Summe der χ^2-Komponenten (untere Zeilen) beträgt $\chi^2 = 14{,}99$. Dieses χ^2 bleibt unterhalb der 5%-Schranke von 19,68 für $2 \cdot 2 \cdot 3 - 1 = 11$ Fge. Danach ist H_0 beizubehalten und darauf zu vertrauen, daß sich die N = 100 Neugeborenen bzgl. Geschlecht (A) und den beiden Blutgruppensystemen (B und C) *populationsgerecht* verteilen.

Tabelle 17.8.2.1

			51% männlich	
f			16	2
e	36%	MM	15,61	2,75
(f–e)²/e			0,01	0,20
			17	3
	48%	MN	20,81	3,67
			0,70	0,03
			7	2
	16%	NN	6,94	1,22
49% weiblich			0,00	0,50
17	4		Rh+	Rh–
14,99	2,65		85%	15%
0,27	0,69			
20	2			
29,99	3,53	= 100 (49%) (48%) (15%)		
0,00	0,66			
5	5			
5,66	1,18			
0,08	12,37 = (5–1,18)²/1,18			

Anpassungstypen

Auffällig ist und zur Vorsicht gemahnt die χ^2-Komponente $\chi^2_{322}=12{,}37$, die weit *außerhalb* der übrigen Komponenten liegt und offenbar infolge des niedrigen Erwartungswertes von 1,18 zustande gekommen ist (was den χ^2-Test fragwürdig erscheinen läßt).

Diese Abweichung hätte als einzelne nur entdeckt werden können, wenn statt des einen globalen χ^2-Anpassungstests $3 \cdot 2 \cdot 2 = 12$ simultane KFA-Anpassungstests mit $\alpha^* = 0{,}05/12 = 0{,}004$ geplant und über die Binomialverteilung durchgeführt worden wären.

‚Vergessen' wir die Globalanpassung und führen wir eine *Anpassungs-KFA* bei N = 100 über die Normalverteilung durch, so erhalten wir bei der Suche nach Typen (einseitige KFA-Tests) nach (17.6.1.3) ein

$$u = \frac{5 - 1{,}18 - 0{,}5}{\sqrt{1{,}18(1 - 1{,}18/100)}} = +3{,}02$$

Diesem u-Wert entspricht ein einseitiges P = 0,0013 < 0,004 = α^*, so daß nach diesem *einen* KFA-Test (unter 12 möglichen KFA-Tests) H_0 zu verwerfen und anzunehmen ist, daß die 3 Mme in einer Weise zusammenhängen, die zu einem Konfigurations-*Typus* der weiblichen Neugeborenen mit den Blutgruppen RH– und NN führt. Der Frage, warum diese Blutgruppenkombination bei Mädchen dieser (aus einer Klinik stammenden) Stichprobe von Neugeborenen überzufällig häufig auftritt, wäre nachzugehen.

Die restlichen 11 KFA-Anpassungstests brauchen erst gar nicht durchgeführt zu werden, denn es ist aus der inspektiven Beurteilung der 11 χ^2-Komponenten evident, daß kein weiterer Konfigurationstyp mehr existiert.

17.8.3 Gezielte χ^2-Anpassungstests in Dreiwegtafeln

Interessiert den Untersucher weder die Frage einer globalen Anpassung (weil sie interpretativ unergiebig ist), noch die Frage der Existenz von Anpassungstypen (weil sie ekklektische Antworten liefert), sondern die (theoriebezogene) Frage, ob bestimmte von ihm apriorisch begründete *Nicht-Anpassungshypothesen* gestützt werden können, dann prüft er *gezielt* auf die betreffenden r Hypothesen.

Angenommen, ein Serologe stellt der globalen Nullhypothese H_0 (Anpassung der beobachteten an die theoretisch erwartete Dreiwegtafel) für Tabelle (17.7.2.1) folgende r = 3 Alternativen gegenüber:

H_1: Die beobachtete Verteilung des MN-Systems weicht von der Populationsverteilung ab.

H_2: Die beobachtete Verteilung des Rh-Systems weicht von der Populationsverteilung ab, und zwar (anthac) in dem Sinn, daß Rh-negative häufiger beobachtet als erwartet werden (einseitige H_2).

H_3: Die beiden Glutgruppen-Systeme variieren in der untersuchten Stichprobe (bzw. der ihr zugrunde liegenden Population) abhängig und nicht, wie unter H_0 erwartet, unabhängig voneinander.

Tabelle 17.8.3.1

$f_{i..}$	$e_{i..}$	$(f-e)^2/e$
16+2+17+4 = 39	100 (36%) = 36,0	0,25
17+3+20+2 = 42	100 (48%) = 48,0	0,75
7+2+ 5+5 = 19	100 (16%) = 16,0	0,56
Fg = 3 – 1 = 2	nicht signifikant!	χ^2 = 1,56 n.s.

Für die Beurteilung der r = 3 nötigen χ^2-Tests soll ein α^* = 0,05/3 = = 0,017 gelten.
1. Der χ^2-Test gegen die *Marginalabweichungs*-H_1 ist in Tabelle 17.8.3.1 durchgeführt worden, wobei die Daten aus Tabelle 17.8.2.1 benutzt wurden.
2. Der χ^2-Test gegen die *Marginalabweichungs*-H_2 wird in Tabelle 17.8.3.2 vorgeführt:

Tabelle 17.8.3.2

	$f_{.j}$	$e_{.j}$	$(f-e)^2/e$
	16+17+17+20+7+5 = 82	100 (85%) = 85,0	0,11
	2+ 4+ 3+ 2+2+5 = 18	100 (15%) = 15,0	0,60
Fg = 2 - 1 = 1		nicht signifikant!	χ^2 = 0,71

Jedes einzelne der beiden Blutgruppensysteme paßt sich demnach hinreichend gut der Populationsverteilung des betreffenden Systems an. Das schließt aber nicht aus, daß beide gemäß H_3 zusammenhängen.
3. Der χ^2-Test gegen die *Kontingenzhypothese* H_3 ist in Tabelle 17.8.3.3 ausgeführt:

Tabelle 17.8.3.3

	$f_{.jl}$	$e_{.jl}$	$(f-e)^2/e$
	16+17 = 33	100 (36%) (85%) = 30,6	0,19
	2+ 4 = 6	100 (36%) (15%) = 5,4	0,07
	17+20 = 37	100 (48%) (85%) = 40,8	0,35
	3+ 2 = 5	100 (48%) (15%) = 7,2	0,67
	7+ 5 = 12	100 (16%) (85%) = 13,6	0,19
	2+ 5 = 7	100 (16%) (15%) = 2,4	8,82
Fg = (3-1) (2-1) = 2		signifikant!	χ^2=10,29

Ein χ^2 = 10,29 hat, für 2 Fge beurteilt, eine Überschreitungswahrscheinlichkeit von P = 0,006, wenn man in Tafel III—1 des Anhangs interpoliert. Da 0,006 < 0,017 = α^*, besteht ein auf der α = 0,05 Stufe signifikanter Zusammenhang zwischen den beiden Blutgruppensystemen, wie er sich in Tabelle 17.8.3.4 (aus 17.8.3.3) manifestiert.
Wie man sieht, tritt die Kombination N/Rh+ bei den N=100 Neugeborenen mit 7 gegen 2.4 viel häufiger als in der Gesamtpopulation auf; die übrigen Kombinationen treten etwa populationsproportional auf.

Die Frage, ob der *Abweichungstyp* N/Rh− Folge einer kontingenten Vererbung der beiden Blutgruppensysteme ist, beantwortet Tabelle 17.8.3.4.

Tabelle 17.8.3.4

Bl.gr.	M=MM	MN	N=NN	Z
Rh+	33 (32)	37 (34)	12 (16)	82 (82)
Rh−	6 (7)	5 (8)	7 (3)	18 (18)
S	39 (39)	42 (42)	19 (19)	100 (100)

Da die beobachteten mit den erwarteten (e) Frequenzen ZS/N in Tabelle 17.8.3.4 übereinstimmen, ist H_0 (unabhängige bzw. mendelsche Vererbung) beizubehalten. Damit ist obige Frage zu verneinen, zumal auch die χ^2-Komponente $(7 - 3{,}42)^2/3{,}42 = 3{,}75$ mit $e(N/Rh-) = 18 \cdot 19/100 = 3{,}42$ auf der Stufe $\alpha^* = 2(0{,}05)/6$ nicht signifikant ist. Offenbar sind (N) und (Rh−) unabhängig voneinander in der Neugeborenen-Population überrepräsentiert.

In analoger Weise wie oben können auch mehr als 3 Mme, d.h. Vier- und *Mehrwegtafeln* beobachtet und mit theoretisch erwarteten Tafeln gleicher Dimensionalität verglichen werden.

17.9 Vergleich zweier abhängiger Dreiwegtafeln

Bisher haben wir angenommen, jedes von N Individuen einer oder zweier Stichproben sei bezüglich 3er Mme nur je *einmal* beobachtet worden; nunmehr stellt sich die Frage, wie 2 Dreiwegtafeln zu vergleichen sind, in welchen N Individuen *2 mal* hinsichtlich dreier Mme beobachtet worden sind, etwa einmal vor und ein zweites Mal nach einer Behandlungsintervention. Um die Frage nach *Änderungen* in 2 Dreiwegtafeln zu beantworten, rekurrieren wir auf die einfacheren Fälle eines Mms oder zweier Mme, die je 2 mal beobachtet worden sind.

17.9.1 Krauth-Bowker- und Krauth-Straube-Tests

1. Haben wir *ein* Alternativ-Mm an N Individuen *zweimal* beobachtet, etwa die Wirkung eines Kräftigungsmittels (Roberans) im Vergleich zu einem unwirksamen Mittel (Placebo), wie in Beispiel 5.5.1, war McNemars Test (als Spezialfall des Bowkerschen Symmetrietests) die Methode der Wahl, um eine Beurteilungsänderung von Placebo zum Roborans nachzuweisen.

2. Wurden *2* Alternativ-Mme zweimal beobachtet, etwa W = Wirkungen und N = Nachwirkungen eines Schlafmittels (S) und eines Placebos (P), die in Zufallsabfolge an N Ptn erprobt wurden, dann resultiert eine (2x2) · (2x2)-Zweiwegtafel nach Art von Tab. 17.9.1.1, wie sie Krauth (1973) für *Dreipunkt-Verlaufskurven* (mit den Vorzeichen ihrer 2 Folgedifferenzen) postuliert.

Tabelle 17.9.1.1

S / P	W+N+	W+N−	W−N+	W−N−
W+N+	f++++	f+++−	f++−+	f++−−
W+N−	f+−++	f+−+−	f+−−+	f+−−−
W−N+	f−+++	f−++−	f−+−+	f−+−−
W−N−	f−−++	f−−+−	f−−−+	f−−−−

Unter H_0, wonach S und P gleich wirksam seien, sollte Tafel 17.9.1.1 bezüglich ihrer Hauptdiagonalen (von f++++ nach f−−−−) *axialsymmetrisch* sein.

Ob H_0 (gleiche Wirkungen und gleiche Nebenwirkungen) zutrifft oder nicht, entscheidet man mittels des *Bowkerschen Symmetrietests* (vgl. 5.5.5.4) unter Fortlassung der Diagonalfrequenzen. Ein signifikantes Bowker-χ^2 wird nach seinen Komplementärfelder-Komponenten im Sinne nachgeschobener KFA-Tests beurteilt. Sollte sich dabei etwa zeigen, daß f(+−−+) mit Wirkungen unter S und Nachwirkungen unter P größer ist als f(−++−) mit Nachwirkungen unter S und Wirkungen unter P, dann ist dies ein *Hinweis*, daß S wirksam und nachwirkungsarm ist[37].

Der Hinweis wird zum *Beweis*, wenn f(+−−+) = f_1 und f(−++−) = f_2 eine auf der α^*-Stufe signifikantes $\chi^2 = (f_1-f_2)^2/(f_1+f_2)$ für 1 Fg ergibt, wobei $\alpha^* = \alpha/\binom{4}{2} = \alpha/6$ die Zahl der extradiagonalen Frequenzpaare bezeichnet.

Statt Wirkungen und Nebenwirkungen zweier Behandlungen (S,P) an ein und derselben Stichprobe von Ptn binär zu beurteilen, werden im folgenden Beispiel 17.9.1.1 tranquilierende und/oder stimulierende Wirkungen (T+S+ bis T−S−) einer einzigen Behandlung unter 2 verschiedenen Methoden ihrer Erhebung verglichen. Es entstehen dabei 2 *abhängige Zweiwegtafeln*, die über *simultane McNmear-Tests* statt über einen globalen Bowker-Test verglichen werden.

[37] Wenn bei vielen Ptn unter S Wirkungen (W+) und keine Nachwirkungen (N−) auftreten, unter P hingegen keine Wirkungen, sondern Nachwirkungen auftreten, und nur bei wenigen Ptn das Gegenteil zu beobachten ist, dann ist das die typische Reaktion suggestibler Ptn auf ein wirksames S.

Beispiel 17.9.1.1

Methodenvergleich: Statt N Vpn wiederholt zu behandeln, kann auch die Wirkung einer einzigen Behandlung in zweifacher Weise erhoben werden (1) durch die tradierte Fragebogenerhebung und (2) durch die sog. freie Wirkungsbeschreibung (KOHNEN und LIENERT, Arzneimittelforschung, 1976). In Tab. 17.9.1.2 ist die Wirkung einer Kombination aus einem Tranquillizer (T) und einem Stimulizer (S) auf N = 60 subdepressive Ptn als beruhigend (T+) und/oder anregend (S+) durch beide Methoden beurteilt worden.

Tabelle 17.9.1.2

		Freie Wirkungsbeschreibung				Σ
		T+S+	T+S-	T-S+	T-S-	
Fragebogen- Erhebung	T+S+	6	2	0	1	9
	T+S-	5	4	9	4	22
	T-S+	8	1	3	7	19
	T-S-	7	4	1	0	10
	Σ	26	11	13	12	N=60

Eindrucksvergleich: Bei der Fragebogenbeurteilung (Zeilensummen) kommt vorzüglich eine der beiden Wirkungen, entweder die tranquilizierende (T+S-) *oder* die stimulierende (T-S+) zum Ausdruck. Umgekehrt fördert die freie Wirkungsbeschreibung der Ptn vornehmlich die tranquilizierende *und* die stimulierende Wirkung (T+S+) zutage (Spaltensummen).

Fragestellung: Unterscheiden sich die beiden Methoden hinsichtlich der von ihnen erfaßten Wirkungsaspekte (T,S)? Wenn nein (H_0), müssen die Frequenzen in Tab. 17.9.1.1 axialsymmetrisch sein. Wenn ja (H_1), in welcher Weise?

Tests: Um möglichst erschöpfend interpretieren zu können, führen wir $\binom{4}{2}$ McNE-MARsche Symmetrietests anstelle des globalen BOWKER-Tests durch und erhalten Tab. 17.9.1.3 aus Tab. 17.9.1.2, wobei $\chi^2 = (b-c)^2 / (b+c) = (2-5)^2 / 7 = 1{,}29$ etc.

Tabelle 17.9.1.3

	++	+-		++	-+		++	--		+-	-+		+-	--		-+	--
++	6	2	++	6	0	++	6	1	+-	2	0	+-	2	1	-+	3	7
+-	5	4	-+	8	3	--	7	0	-+	4	9	--	1	7	--	1	0
χ^2	1,29			8,00*			4,50			4,00			0,00			4,50	

Entscheidung: Für $\alpha = 0{,}05$ ist $\alpha^* \; 0{,}05/6 = 0{,}0083$ und $\chi^2 = z^2 = 2{,}41^2 = 5{,}81$ die gültige 5%-Schranke; sie wird nur von $\chi^2 = 8{,}00$ überschritten.

Interpretation: Die freie WB entdeckt signifikant häufiger (8 Mal) die doppel- und gegensinnige Wirkung (T+S+) des Kombinationspräparates als die Fragebogenerhebung (0 Mal).

Folgerung: Phänomenisch inkompatible Wirkungsaspekte von Psychopharmaka können offenbar besser dadurch entdeckt werden, daß man die Ptn die erlebten Wirkungen frei beschreiben läßt, als daß man danach fragt (in welchem Fall sie einen der beiden Wirkungsaspekte in den Vordergrund rücken).

3. Würden nun *3* Alternativ-Mme (wie Einschlaf-, Durchschlaf- und Nachschlafwirkung) zweimal beobachtet, also etwa bei S und P verglichen, so entstünden bei Anwendung jeder Droge auf N Ptn eine $2^3 \times 2^3$-Feldertafel, die analog wie Tab. 17.9.1.1 nach BOWKER auszuwerten wäre.

4. Interessiert nun in einer quadratischen $2^3 \times 2^3$-Tafel nicht die Symmetrie, sondern die *Unabhängigkeit* von Vor- und Nachbeobachtungen, so ist statt des BOWKER-Tests ein χ^2-Kontingenztest bzw. sind statt der simultanen McNEMAR-Tests *simultane Vierfeldertests* durchzuführen, wie nachfolgend in KRAUTH-STRAUBE-Tests (LIENERT und STRAUBE, 1980) gezeigt wird.

Eine klinisch bedeutsame Anwendung des Vergleichs zweier abhängiger Dreiwegtafeln ist der Nachweis, daß ein *Symptomwandel* unter dem Einfluß einer Therapie (oder der ‚Zeit' im Rahmen der Spontanremission) eintreten kann, ohne daß sich die Symptomverteilung zu ändern braucht (vgl. HEIMANN, 1977).

In Tabelle 17.9.1.3 sind die *LSD-Symptome* E = Einsamkeitsgefühle, T = Tagträume und G = ‚Gefühlsverletzbarkeit' einmal vor dem Rauschhöhepunkt (Zeile) und einmal nach dem Rauschhöhepunkt (Spalte) von N = 72 freiwilligen Vpn als vorhanden (+) oder fehlend (-) selbstbeurteilt worden (adapt. aus KRAUTH und LIENERT, 1973, Tab. 62).

Tabelle 17.9.1.3

GTE	+++	++-	+-+	+--	-++	-+-	--+	---	Z
+++	0	0	0	2	0	0	0	2	4
++-	1	0	0	0	1	0	1	0	3
+-+	0	8	0	2	10	3	0	0	23
+--	0	0	0	0	6*	2	0	0	8
-++	0	0	4	13*	0	0	0	0	17
-+-	3	0	10*	1	0	0	0	0	14
--+	0	0	1	0	0	1	0	0	2
---	0	0	0	0	0	0	1	0	1
S	4	8	15	18	17	6	2	2	N=72

Am häufigsten tritt in Tabelle 17.9.1.3 ein Symptomwandel von (G-T+E+) vor der Akme in Richtung auf (G+T-E-) nach der Akme auf (bei 13 Pbn). Wir prüfen auf Symptomwandel über die Vierfeldertafel mit a = 13, b = 17-13 = 4, c = 18-13 = 5 und d = 72-13-4-5 = 50, so daß χ^2 = = $72(13 \cdot 50 - 4 \cdot 5)^2/(17 \cdot 55 \cdot 18 \cdot 54)$ = 31,44 auf der adjustierten Stufe $0,05/(8 \cdot 8)$ = 0,0008 für 1 Fg signifikant (5%-Stufe): Tagträume (T+) und Einsamkeitsgefühle (E+) vor dem Höhepunkt weichen Gefühlsverletzbarkeit (G+ mit paranoiden Anwandlungen). Analog sind die übrigen (mit Stern bezeichneten) Typen des LSD-Symptomwandels in Tabelle 17.9.2.3 zu interpretieren.

In analoger Weise lassen sich Mehrwegtafeln vergleichen, abhängige wie unabhängige. Stets ergeben sich Zweiwegtafeln, die einmal auf Axialsymmetrie, das andere Mal auf Kontingenz zu prüfen sind.

17.9.2 Trivariate Vorzeichentests

Sind alle 3 Mms *stetig* verteilt oder in einer Weise ordinal skaliert, die (wie Schul- und Zwischennoten) eine *alternative Änderungsbeurteilung* (+, -) erlauben, dann werden nicht die Mme selbst, sondern deren Änderungen beobachtet bzw. beurteilt, Änderungen, die von einer zur anderen Beobachtung an der gleichen Stichprobe von N Individuen statthaben. *Zwei* abhängige Dreiwegtafeln werden dabei auf *eine* Dreiwegtafel von Änderungen so zurückgeführt, wie 2 abhängige Stichproben von Meßwerten auf eine Stichprobe von *Vorzeichen* zurückzuführen sind (vgl. 5.1.2).

Bei t = 3 Mmn, die je zweimal beobachtet werden, einmal unter Normalbedingungen und ein anderes Mal (vor oder nachher, je nach Los) unter experimentellen Bedingungen, ergibt sich dann ein *Kontingenzwürfel von Mms-Änderungen* (+, -); Individuen, die sich in mindestens 1 Mm *nicht* ändern, müssen ausgeschlossen werden (wie beim klassischen Vorzeichentest), es sei denn, man führt Mms-Änderungen (+ = Inkremente, - = Dekremente) durch Losentscheid herbei.

Unter der Nullhypothese fehlender Änderungen von der ersten zur zweiten Beobachtung treten je Observable Plus- und Minusänderungen mit gleicher Wahrscheinlichkeit von 1/2 in Erscheinung, womit auch die $2^3 = 8$ Änderungsmuster (+++ bis ---) gleichwahrscheinlich sind. Gegen H_0 lassen sich verschiedene Alternativen formulieren, unter welchen folgende 3 die wichtigsten sind:

(1) Die *Omnibus-Alternative* besagt, daß die 8 Muster von 1/8 abweichende Auftretenswahrscheinlichkeiten besitzen, und ggf. *Änderungstypen* ausbilden, was mittels einer Einstichproben-KFA (16.3.1) differentiell zu prüfen ist (KRAUTH und LIENERT, 1973, Kap. 10.3).

Zur Illustration der Test-Alternative (1) betrachten wir eine Stichprobe von N = 65 Studenten, die 3 Tests (SE, WA, AN des *IST AMTHAUER*, 1955) im Abstand einer Woche genommen und dabei die Tests X (erste Spalte) und Y (zweite Spalte) der Tabelle 17.9.2.1 erzielt haben (Daten aus LIENERT, 1964, Tab. IIab).

Tabelle 17.9.2.1

95 - 117 +	105 - 122 +	101 - 118 +	+++
111 - 111 = +	97 - 100 +	108 - 120 +	+++
108 - 111 +	108 - 103 -	108 - 111 +	+-+
114 - 111 -	92 - 114 +	107 - 109 +	-++
100 - 111 +	108 - 105 -	106 - 111 +	+-+
108 - 106 -	100 - 103 +	99 - 115 +	-++
97 - 108 +	114 - 114 = 3	100 - 109 +	+++
114 - 119 +	100 - 108 +	120 - 113 -	++-
111 - 117 +	108 - 103 -	115 - 111 -	+--
97 - 119 +	97 - 116 +	92 - 111 +	+++
108 - 111 +	105 - 103 -	104 - 113 +	+-+
(111 - 111 =	105 - 105 =	109 - 107 -)	
106 - 95 -	100 - 114 +	106 - 115 +	-++
(103 - 103 =	105 - 105 =	95 - 114 +)	
108 - 117 +	95 - 111 +	110 - 123 +	+++
(111 - 114 +	111 - 111 =	114 - 114 =)	
108 - 117 +	100 - 116 +	112 - 114 +	+++
(119 - 122 +	126 - 126 =	129 - 129 =)	
111 - 114 +	100 - 103 +	101 - 108 +	+++
84 - 119 +	97 - 125 +	92 - 120 +	+++
108 - 111 +	97 - 100 +	116 - 112 -	++-
97 - 105 +	105 - 102 -	98 - 103 +	+-+
119 - 117 -	111 - 105 -	114 - 116 +	--+
97 - 95 -	97 - 103 +	105 - 105 = +	-++
114 - 117 +	114 - 114 = +	113 - 115 +	+++
95 - 114 +	100 - 105 +	99 - 111 +	+++
106 - 114 +	97 - 97 = -	120 - 123 +	+-+
97 - 106 +	103 - 105 +	93 - 107 +	+++
92 - 117 +	89 - 116 +	92 - 116 +	+++
106 - 108 +	108 - 125 +	111 - 111 = -	++-
108 - 114 +	105 - 111 +	104 - 106 +	+++
114 - 117 +	114 - 116 +	111 - 106 -	++-
95 - 106 +	92 - 111 +	97 - 106 +	+++
106 - 117 +	103 - 111 +	111 - 111 = +	+++
111 - 119 +	105 - 105 = +	104 - 106 +	+++
106 - 119 +	102 - 103 +	114 - 114 = -	++-
111 - 114 +	105 - 100 -	111 - 115 +	+-+
108 - 117 +	105 - 105 = +	109 - 118 +	+-+
106 - 117 +	103 - 105 +	106 - 113 +	+++

Tabelle 17.9.2.1 (Fortsetzung)

103 - 106 +	108 - 114 +	106 - 113 +	+++
103 - 108 +	95 - 105 +	100 - 105 +	+++
99 - 102 +	91 - 91 = +	88 - 90 +	+++
114 - 111 -	108 - 116 +	120 - 118 -	-+-
97 - 108 +	105 - 114 +	115 - 118 +	+++
(100 - 114 +	103 - 103 =	94 - 94 =)	
106 - 106 = -	105 - 116 +	107 - 112 +	-++
103 - 111 +	116 - 116 = -	113 - 120 +	+-+
92 - 100 +	92 - 103 +	97 - 104 +	+++
111 - 114 +	114 - 108 -	116 - 121 +	+-+
106 - 103 -	100 - 114 +	113 - 118 +	-++
95 - 108 +	97 - 105 +	109 - 98 -	++-
111 - 119 +	108 - 111 +	106 - 115 +	+++
108 - 119 +	114 - 125 +	111 - 118 +	+++
106 - 114 +	105 - 95 -	99 - 115 +	+-+
113 - 111 -	106 - 111 +	116 - 120 +	-++
114 - 122 +	119 - 125 +	115 - 122 +	+++
111 - 119 +	116 - 114 -	115 - 111 -	+--
108 - 117 +	116 - 123 +	116 - 123 +	+++
111 - 108 -	97 - 108 +	115 - 118 +	-++
108 - 111 +	119 - 108 -	113 - 111 -	+--
111 - 117 +	114 - 119 +	115 - 122 +	+++

In Tabelle 17.9.2.1 bezeichnen positive Differenzen Y–X einen *Übungsgewinn*, der bei ‚Winners' positiv und bei ‚Loosers' negativ ist. Vpn, die in 2 der 3 Tests Übungsgewinne von Null (=) erzielten, wurden ausgeschieden; solche, die in nur einem der 3 Tests einen Nullgewinn erzielten, wurden nach Los als Winners oder Loosers in dem betreffenden Test definiert.

In Tabelle 17.9.2.2 sind die *Vorzeichenmuster* der Tabelle 17.9.2.1 ausgezählt (f) und den unter H_0 erwarteten Musterhäufigkeiten (e = 60/8 = = 7,5) gegenübergestellt worden. Der *trivariate KFA-Vorzeichentest* zeigt: In Tabelle 17.9.2.2 erscheint nur ein einziger Änderungstyp (+++), der besagt, daß in allen 3 Tests ein Übungsfortschritt von der ersten zur zweiten Testnahme erzielt wurde. $\chi^2(+++) = 31{,}52$ ist die numerisch größte der 8 χ^2-Komponenten, deren Summe nach $2^3-1 = 7$ Fgn zu beurteilen ist, wenn global auf Anpassung der beobachteten Dreiwegtafel an die unter H_0 (keine Änderung) erwarteten Dreiwegtafel geprüft wird.

(2) Wird in Tabelle 17.9.2.1 eine *trivariate Dislokations-Alternative* zu H_0 unter H_1 postuliert, dann prüft man schärfer mit dem *Positionstrendtest von* PFANZAGL (vgl. 16.6.1), wobei je 3 Rangwerte i aufzuteilen sind, indem für die Vorzeichenmuster mit einer positiven Änderung i =

Tabelle 17.9.2.2

ES	WA	AN	f	e	(f–e)²/e	i
+	+	+	28	> 7,5	31,52*	8
+	+	–	6	7,5	0,30	6
+	–	+	10	7,5	0,83	6
+	–	–	3	7,5	2,70	3
–	+	+	11	7,5	1,63	6
–	+	–	1	7,5	5,63	3
–	–	+	1	7,5	5,63	3
–	–	–	0	7,5	7,50	1

(2+3+4)/3 = 3 und für die Muster mit 2 positiven Änderungen i = (5+6+7)/3 = 6 gilt. Mit den aufgeteilten i-Werten rechnet man so wie in 16.6.1 beschrieben. PFANZAGLS Positionstrendtest ergibt für Tabelle 17.9. 2.2 die Frequenzen f(i=8) = 28, f(i=6) = 6+10+11 = 27, f(i=3) = 3+1+1 = 5 und f(i=1) = 0. Damit ist T = 8 · 28 + 6 · 27 + 3 · 5 + 1 · 0 = 401, ferner ist E(T) = 60 · 9/2 = 270 und Var(T) = 60(63)/12 = 315, so daß u = (401–270)/$\sqrt{315}$ = +7,38. Mithin ist ein Übungsgewinn in mindestens einem der 3 Tests (SE, WA, AN) nachgewiesen (vgl. auch BENNETTS Test in 19.7.2).

(3) Interessiert den Untersucher, ob die Übungsfortschritte in allen 3 Tests gleich groß sind (H_0) oder nicht (H_1), so wende er COCHRANS Q-Test auf die 3 Vorzeichenkolonnen in Tabelle 17.9.2.1 gemäß Tabelle 5.5.3 an. Anstatt oder im Gefolge eines Q-Tests können simultane McNEMAR-Tests (5.5.1) durchgeführt bzw. nachgeschoben werden, wenn gefragt wird, welche Paare von Tests (SE–WA, SE–AN, WA–AN) sich bezüglich ihres Übungsgewinnes unterscheiden: Aus der Änderungs-Dreiweg-Tafel 17.9. 2.2 ergeben sich die 3 Änderungs-Randtafeln der Tabelle 17.9.2.3.

Tabelle 17.9.2.3

		WA				AN				AN	
		+	–			+	–			+	–
SE	+	34	13	SE	+	30	9	WA	+	39	7
	–	12	1		–	12	1		–	11	3

Wie man selbst an χ_1^2(McNEMAR) = $(7-11)^2/(7+11)$ = 0,89 erkennt, ist keiner der 3 McNEMAR-Tests signifikant, womit gemäß H_0 anzunehmen ist, daß alle 3 IST-Tests gleiche Übungsfortschritte aufweisen.

(4) Bei gleichen Übungsfortschritten (mit insignifikantem Q-Test oder durchweg insignifikanten McNemar-Tests) stellt sich die weitere Frage, ob es genügt, einen einzigen IST-Test (statt 3er Tests) vorzugeben, um zu beurteilen, ob ein Übungsfortschritt statthat? Diese Frage ist zu bejahen, wenn die 3 IST-Tests bzgl. ihrer Übungsfortschritte *gleichwertig* sind: Walls *Axialsymmetrietest* (17.7.1) erfordert eine Musterumstellung in Tabelle 17.9.2.2 und liefert das Ergebnis der Tabelle 17.9.2.4.

Tabelle 17.9.2.4

SE WA AN	f	e_i	$(f-e_i)^2/e_i$
+ + +	28	—	—
+ + −	6	9,00	1,00
+ − +	10	$\frac{27}{3} = 9,00$	0,11
− + +	11	9,00	0,22
+ − −	3	1,67	3,20
− + −	1	$\frac{5}{3} = 1,67$	0,80
− − +	1	1,67	0,80
− − −	0	—	—
Fg = (3−1)+(3−1) = 4;			$\chi^2 = 6,13$ n.s.

Nach Tabelle 17.9.2.4 dürfen die 3 Übungsgewinne als axialsymmetrisch verteilt angenommen werden (H_0), womit dem Untersucher erlaubt ist, einen beliebigen der 3 IST-Tests für die Beurteilung des Übungsfortschrittes von Pbn (auch Testsophistikation genannt) auszuwählen bzw. nebeneinandersitzenden Schülern innerhalb einer Schulklasse unterschiedliche Tests vorzugeben.

Statt 3 stetige, an ein und derselben Stichprobe von N Individuen gemessene Mme über ihre Differenzen auszuwerten, können sie auch je gesondert diskretisiert (dichotomiert) und über Krauth-Bowkersche *Tests* (17.9.1) verglichen werden: Der Leser ist eingeladen, die 3 Tests der Tabelle 17.9.2.1 nach dem Median der je 2(65) = 130 Testwerte eines jeden Tests zu dichotomieren und die 2 voneinander abhängigen Meßwertetripel durch (abhängige) Vorzeichenmuster zu ersetzen, ehe er die Musterpaare in einer $2^3 \cdot 2^3$-Feldertafel gemäß Tabelle 17.9.1.2 analog zu einer $2^2 \cdot 2^2$-Feldertafel vergleicht.

Dreiwegtafeln, die von Mms-Änderungen statt von Mmn ausgehen, mögen mittels all jener Kontingenz-Tests beurteilt werden, mit denen auch Zusammenhänge zwischen Mmn beurteilt worden sind. Beispiel 17.9.2.1 bot biesbezüglich nur einen schmalen Ausschnitt möglicher Fragestellungen über Zusammenhänge zwischen Mms-Änderungen.

KAPITEL 18: MEHRDIMENSIONALE KONTINGENZTAFELN

Werden an einer Stichprobe von N Individuen mehr als 3 diskrete Mme registriert, so entstehen *mehrdimensionale* oder *hypersolide* Kontingenztafeln. Im Unterschied zu den dreidimensionalen oder *soliden* Kontingenztafeln können neben multiplen und partiellen Kontingenzen auch Kontingenzen untersucht werden, die den Zusammenhang zwischen zwei Gruppen von Mmn entsprechen: Man kann sie in Analogie zur parametrischen Korrelationsstatistik als *kanonische Kontingenzen* bezeichnen.

Wir werden die kanonischen im folgenden mit den multiplen Kontingenzen zu einer neuen Klasse sogenannter *Interaktions-Kontingenzen* (KRAUTH und LIENERT, 1974) zusammenfassen und darauf ein Verfahren aufbauen, das als *Interaktionsstrukturanalyse* bezeichnet wird.

Ein anderes Verfahren zur Auswertung mehrdimensionaler Kontingenztafeln werden wir als *Assoziations-* bzw. als *Kontingenzstrukturanalyse* kennenlernen; es baut auf der χ^2-Zerlegung mehrdimensionaler Kontingenztafeln auf und ist eine Verallgemeinerung der χ^2-Zerlegung dreidimensionaler Kontingenztafeln i.S. von LANCASTER (vgl. 17.2.2).

Im allgemeinen gilt, daß die Auswertung mehrdimensionaler Kontingenztafeln mit linear steigender Zahl von Dimensionen zu exponentiell steigender Zahl möglicher *Kontingenzhypothesen* führt. Nur wenn die Zahl der Hypothesen durch apriorische Argumente auf relativ wenige Hypothesen begrenzt werden kann, ist deren *gezielte* Prüfung sinnvoll und wirksam; andernfalls sinkt das adjustierte Alpha-Risiko in einem Maße, daß nur bei immens großen Stichproben reelle Chancen bestehen, einen in der multivariaten Population existenten Zusammenhang auch nachzuweisen (vgl. auch WEISS, 1978).

Um die *Notation* zu vereinfachen, werden wir bei mehrdimensionalen Tafeln (Mehrwegtafeln) die einzelnen Mme mit Großbuchstaben (A B C D) und deren Ausprägungen (Klassen = Kategorien oder Stufen) mit den zugehörigen Kleinbuchstaben (a cb c d) bezeichnen. Sofern Verwechslungen nicht möglich sind, werden wir auch die Indizes mit a, b, c usw. statt mit i, j, l, .. symbolisieren.

Im folgenden beginnen wir entsprechend bisherigem Usus mit der globalen Kontingenzprüfung von Mehrwegtafeln und schließen entgegen bisherigem Usus die auf dem gleichen Rationale aufbauende Konfigurationsfrequenzanalyse an: die übrigen vorgenannten Verfahren (Kontingenz- und Interaktionsstrukturanalyse) folgen dann nach. Abschließend behandeln wir die Frage der *Multisymmetrie* in quadratischen bzw. hyperkubischen Kontingenztafeln.

18.1 Unabhänbigkeitstests in Mehrwegtafeln

Eine für alle weiteren Analysen mehrdimensionaler Tafeln wichtige Frage ist die, ob die t Mme einer *multobservablen* Tafel *allseitig unabhängig* sind. Ist diese Frage zu verneinen, so kann man unter heuristischer Sicht untersuchen, ob bestimmte Mms-Kombinationen (Konfigurationen) überzufällig häufig (Konfigurationstypen) oder überzufällig selten (als Konfigurations-Antitypen) auftreten. Wir wollen diesen zweistufigen Weg im folgenden beschreiben und nächst einem globalen Kontingenztest sogleich eine KFA durchführen, um beim Nachweis einer Kontingenz auch eine Grundlage für deren sinnvolle Interpretation zu finden (vgl. 17.6.1).

18.1.1 Der globale Mehrweg-Kontingenztest

Der χ^2-Test auf allseitige Kontingenz

Sind je t Mme an einer Stichprobe von N Individuen beobachtet worden, so kann ein globaler Test auf Unabhängigkeit dieser t Mme in gleicher Weise konstruiert werden wie der Test auf Unabhängigkeit von t = 3 Mmn: Man geht von den t eindimensionalen Randverteilungen (Einweg-Randtafeln) aus und schätzt unter H_0 allseitiger Unabhängigkeit der t Mme die Erwartungswerte e = Np gemäß dem Multiplikationssatz der Wahrscheinlichkeit (vgl. 17.1.4 und 17.4.7).
Für t = 5 Mme A B C D E mit den Ausprägungen a, b, c d und e gilt danach

$$e_{ijklm} = N(p_{i....})(p_{.j...})(p_{..k..})(p_{...l.})(p_{....m})$$

Schätzt man die p-Werte durch p = f/N aus den Einweg-Randtafeln, so gilt

$$e_{ijklm} = (f_{i....})(f_{.j...}) \ldots (f_{....m})/N^4$$

Dann setzt man die abcde beobachteten Zellfrequenzen f zu den erwarteten Frequenzen nach $(f-e)^2/e$ in Beziehung und erhält die *Prüfgröße*

$$\chi^2 = \sum_{i}^{a} \ldots \sum_{m}^{e} (f_{ijklm} - e_{ijklm})^2/e_{ijklm} \qquad (18.1.1.1)$$

die nach

$$Fg = abcde - (a+b+c+d+e) + (5-1) \qquad (18.1.1.2)$$

zu beurteilen ist. Wird H_0 auf der Stufe α verworfen, so sind mindestens 2 der t Mme voneinander abhängig, und höchstens alle von allen abhängig.

Ein Sonderfall der globalen Kontingenz liegt vor, wenn alle t Mme nur paarweise voneinander abhängen oder voneinander unabhängig sind bzw.

sich die gesamte Kontingenz auf Doublekontingenzen zwischen je 2 Mmn zurückführen läßt: Wir sprechen hier von *quasiparametrischer Kontingenz in Mehrwegtafeln* analog zur Dreiwegtafel (vgl. 17.1.4).

Das folgende Beispiel 18.1.1.1 ist der Erstarbeit über die KFA entnommen (LIENERT, 1968) und betrifft den Zusammenhang zwischen t = 5 Depressionssymptomen, die als vorhanden (+) oder fehlend (-) beurteilt worden sind.

Beispiel 18.1.1.1

Datensatz: Aus den 50 Items der Hamburger Depresionsskala wurden die Items Q (qualvolles Erleben), G (Grübelsucht), A (Arbeitsunfähigkeit), N (Nicht-Aufstehen-Mögen) und D (Denkstörung) von N = 150 ambulanten Ptn alternativ (ja = +, nein = -) beantwortet, so daß q = g = a = n = d = 2. Es wird gefragt, ob die t = 5 Items allseitig unabhängige Aspekte des Leid-Erlebens von Ptn erfassen. (Aus LIENERT, 1968, Tab.1.)

Tabelle 18.1.1.1

QGAND	f	e	$\frac{(f-e)^2}{e}$	QGAND	f	e	$\frac{(f-e)^2}{e}$
+++++	12	3,4	21,8***	-++++	7	7,7	0,1
++++-	4	3,3	0,1	-+++-	4	7,4	1,6
+++-+	7	4,7	1,1	-++-+	11	10,6	0,0
+++--	1	4,5	2,7	-++--	7	10,3	0,7
++-++	7	3,9	2,5	-+-++	7	8,7	0,3
++-+-	2	3,8	0,9	-+-+-	8	8,5	0,0
++--+	7	5,3	0,5	-+--+	9	12,0	0,8
++---	1	5,2	3,4	-+---	17	11,7	2,4
+-+++	0	1,2	1,2	--+++	2	2,7	0,2
+-++-	2	1,2	0,6	--++-	1	2,6	1,0
+-+-+	1	1,6	0,2	--+-+	2	3,7	0,8
+-+--	0	1,6	1,6	--+--	9	3,6	8,1**
+--++	0	1,4	1,4	---++	0	3,1	3,1
+--+-	2	1,3	0,4	---+-	5	3,0	1,3
+---+	0	1,9	1,9	----+	4	4,2	0,0
+----	0	1,8	1,8	-----	11	4,1	11,6***
				N = 150		χ^2_{26} = 74,1***	

Erwartungswerte: Die e's ergeben sich aus den eindimensionalen Randsummen $f_{+....}$ = 46 und $f_{-....}$ = N-$f_{+....}$, analog $f_{.+...}$ = 111, $f_{..+..}$ = 70, $f_{...+.}$ = 63 und $f_{....+}$ = 76 wie folgt:

$e_{+++++} = (46 \cdot 111 \cdot 70 \cdot 63 \cdot 76)/150^{5-1} = 3{,}4$

$e_{++++-} = (46 \cdot 111 \cdot 70 \cdot 63 \cdot 74)/150^4 \quad = 3{,}3$ usf.

χ^2-*Test:* Da die e's z.T. unterhalb von 2 liegen, sollte der 2I-Test herangezogen werden; zur Illustration ist in Tabelle 18.1.1.1 dennoch der χ^2-Test durchgeführt worden; er ergibt ein χ^2, das bei $2^5 - 2 \cdot 5 + (5-1) = 26$ Fgn auf der 5%-Stufe signifikant ist.

Entscheidung: Die 5 Items erfassen erwartungsgemäß keine unabhängigen Aspekte des Leid-Erlebens, denn die Nullhypothese ihrer allseitigen Unabhängigkeit muß verworfen werden.

Interpretation: Die 5 Symptome bilden 3 (mit * signierte) Syndrome aus, und zwar ein pentasymptomatisches Syndrom der schweren Depression, ein asymptomatisches des leichten und ein monosymptomatisches Syndrom (--+--) der bloßen Arbeitsunfähigkeit.

Ob der nachgewiesene allseitige Zusammenhang auch praktisch bedeutsam ist, beurteilt man mittels des CRAMERschen *Phi-Koeffizienten* für das χ^2 von f-Wegtafeln, wonach $Phi'^2 = \chi^2/N(L-1)$ gilt (9.3.2.13). In Beispiel 18.1.1.1 ist $Phi'^2 = \chi^2/N = 74,1/150 = 0,4740$ und $Phi = 0,69$, da $L = \max(k, m, s \ldots) = 2$ in einem 5-dimensionalen wie in jedem anderen Kontingenzwürfel.

χ^2-*Tests auf quasiparametrische Kontingenz*

Wollte man die 5 Symptome auf *quasiparametrische Zusammenhangsstruktur* hin beurteilen, so hätte man die $5(5-1)/2 = 10$ Paare von Symptomen zu bilden und sie in Vierfeldertafeln einander gegenüberzustellen, deren χ^2-Werte zu berechnen und ihre Summe vom Gesamt-$\chi^2 = 74,1$ zu subtrahieren. Das Rest-χ^2 wäre dann nach $26-10 = 16$ Fgn auf Signifikanz zu beurteilen:

$$\chi_q^2 = \chi^2 - \chi_{AB}^2 - \chi_{AC}^2 - \chi_{AD}^2 - \chi_{AE}^2 - \chi_{BC}^2 - \chi_{BD}^2 - \ldots - \chi_{DE}^2 \qquad (18.1.1.3)$$

$$Fg = abcde - (a+c+c+d+e) + (5-1) - (a-1)(b-1) \ldots (d-1)(e-1) \quad (18.1.1.4)$$

Nur wenn H_0 (Quasiparametrische = Doubleassoziationsstruktur) nicht verworfen werden muß, dürfen die Symptome parametrisch ausgewertet also z.B. interkorreliert und faktorisiert werden. Wie man hierbei vorgeht, und sie dazu auf *Symmetrie* beurteilt, zeigt das folgende Beispiel 18.1.1.2.

Beispiel 18.1.1.2

Datenbezug: Wir prüfen auf quasiparametrische Struktur des 5-Wegwürfels in Tab. 18.1.1.1 und bilden dazu die Zweiweg-Randtafeln (Vierfeldertafeln) von je 2 Symptomen der $N = 150$ Ptn:
Die Vierfeldertafeln mit den Symptomen QG hat die Frequenzen $a = f++ = 12+4+ 7+1+7+2+7+1 = 41$, $b = f+- = 0+2+1+0+0+2+0+0 = 5$, $c = f-+ = 7+4+11+7+8+9+ 17 = 70$ und $d = f-- = 2+1+2+9+0+5+4+11 = 34$ mit den Randsummen $f+. = 41+5 = 46$, $f-. = 70+34 = 104$ und $f.+ = 41+70 = 111$, $f.- = 5+34 = 39$; so ist $\chi^2 = 150 (41 \cdot 34 - 5 \cdot 70)^2/(46 \cdot 104 \cdot 111 \cdot 39) = 7,95$.

Randtafeln: Analog bilden wir die Vierfeldertafel QA mit a = 12+4+7+1+0+2+1+0= = 27, b = 7+2+7+1+0+0+2+0+0 = 19, c = 7+4+11+7+2+1+2+9 = 43 und d = 7+8+9+ +17+0+5+4+11 = 61 und erhalten ein χ^2 = 150(27 · 61 − 19 · 43)²/(46 · 104 · 70 · 80)= = 3,89. Analog ergeben sich die restlichen 8 Doubleassoziations-χ^2-Werte aus den Zweiweg-Randtafeln der Tab. 18.1.1.2.

Tabelle 18.1.1.2

Mm-Paar	a	b	c	d	χ^2	Fg	a+b	a+c
QG	41	5	70	34	7,95*	1	46	111
QA	27	19	43	61	3,89	1	46	70
QN	29	17	34	70	8,30*	1	46	63
QD	34	12	42	62	14,34*	1	46	76
GA	53	58	17	22	0,20	1	101	70
GN	51	60	12	27	2,73	1	101	63
GD	67	44	9	30	15,64*	1	101	76
AN	32	38	31	49	0,00	1	70	63
AD	42	28	34	46	4,57	1	70	76
ND	35	28	41	46	1,04	1	63	76

Fg = 26−10=16 χ^2(Rest) = 74,1 − 58,7 = 15,4 mit 16 Fgn n.s.

Tests auf Doubleassoziationen: Die in Tab. 18.1.1.2 durchgeführten χ^2-Tests sind nach α^* = 0,05/(10+1) = 0,00454 zu beurteilen. Als Schranke gilt χ^2 = z^2(0,00454) = = 2,61² = 6,81 für 1 Fg. Für 16 Fg lesen wir in Tafel III−1 ein χ^2 = 27 zu P = 0,0041 näherungsweise ab. Der beobachtete χ^2-Wert 15,4 überschreitet diese Schranke nicht, so daß die 5 Symptome als quasiparametrisch verteilt angenommen und faktorisiert werden dürfen.

Tests auf Multisymmetrie: Die naheliegende Frage, ob die 5 quasiparametrischen Symptome auch additiv zu einem Symptomzahl-Punktwert verknüpft werden dürfen, ergibt sich WALLS Test auf Mehrweg-Axialsymmetrie (17.7.2). Man prüft dazu heuristisch wie in Tab. 18.1.1.3 vorgerechnet (vgl. auch 18.5.1).

Jede der 4 χ^2-Komponenten hat 5−1 = 4 oder 10−1 = 9 Fge, weil ihre Frequenzsummen festliegen, und das Gesamt-χ^2 verliert noch einmal 1 Fg, weil n = N − f+++++ − − f−−−−− = 150−12−11 = 137 = 35+25+37+30 ebenfalls festliegt. Der χ^2-Test auf Axialsymmetrie ist gegeben durch

$$\chi^2_W = 7,60 + 34,40 + 37,98 + 23,62 = 103,60$$

welcher Wert für 4+9+9+4−1 = 25 Fge die für r = 12 simultane Tests geltende 5%-Schranke von 31 weit überschreitet, so daß H_0 (Axialsymmetrie) zu verwerfen ist.

Folgerung: Die 5 Symptome dürfen nicht zu einer Symptomskala kumuliert werden, wenn man mit WALL fordert, daß sie gleich ‚populär' (= gleich schwierig bei Testaufgaben) und gleich interessoziiert sein sollen. Tatsächlich sind die Symptome weder

Tabelle 18.1.1.3

4-Punkt-Kn	f	e	(f-e)²/e	1-Punkt-Kn	f	e	(f-e)²/e
++++-	4	5	0,20	+----	0	7	7,00
+++-+	7	5	0,80	-+---	17	7	14,29
++-++	7	5	0,80	--+--	9	7	0,57
+-+++	0	5	5,00	---+-	5	7	0,57
-++++	7	5	0,80	----+	4	7	1,29
	e = 25/5 = 5		Σ = 7,60		e = 35/5 = 7		Σ = 23,62

3-Punkt-Kn	f	e	(f-e)²/e	2-Punkt-Kn	f	e	(f-e)²/e
+++--	1	3,7	1,97	++---	1	3	1,33
++-+-	2	3,7	0,78	+-+--	0	3	3,00
++--+	7	3,7	5,00	+--+-	2	3	0,33
+-++-	2	3,7	0,78	+---+	0	3	3,00
+-+-+	1	3,7	1,97	-++--	7	3	5,33
+--++	0	3,7	3,70	-+-+-	8	3	8,33
-+++-	4	3,7	0,02	-+--+	9	3	12,00
-++-+	11	3,7	14,40	--++-	1	3	1,33
-+-++	7	3,7	5,00	--+-+	2	3	0,33
--+++	2	3,7	0,78	---++	0	3	3,00
	e = 37/10=3,7		Σ = 34,40		e = 30/10 = 3		Σ = 37,98

popularitätsgleich mit p(Q) = 46/150 = 31%, p(G) = 101/150 = 67%, p(A) = 70/150 = = 47%, p(N) = 63/150 = 42% und p(D) = 51% (vgl. Tab. 18.1.1.2) noch paarweise gleich assoziiert, wie die zu $\phi^2 = \chi^2/N$ proportionalen χ^2-Werte in Tab. 18.1.1.2 anzeigen. Die 5 Depressions-Symptome dürfen also nur als Muster-, nicht als Skaleninformationen bewertet werden.

Wie im Fall einer Dreiwegtafel (vgl. 17.1.4 und 17.7.1), so kann auch im Fall einer Mehrwegtafel auf Axialsymmetrie geprüft werden, um die klinisch wichtige Frage zu beantworten, ob die Zahl der Symptome, die ein Depressiver aufweist, eine eindimensionale *Symptomskala* der Depression konstituiert. Falls die H_0 der Axialsymmetrie beibehalten werden darf, sind t = 5 Symptome nicht nur durch Vorzeichenmuster, sondern auch durch Skalenwerte (= Zahl der Symptome eines Ptn) zu beschreiben. Depression kann demnach als ein *eindimensionales Konstrukt* (‚Syndrom') einer fünfdimensionalen Mannigfaltigkeit (‚Symptome') aufgefaßt werden.

Nachfolgend wollen wir statt der *globalen* eine *differentielle* − auf Konfigurationen oder Symptommuster gegründete − Auswertung besprechen und durch das gleiche Beispiel (Depressionssymptomatik) illustrieren.

18.1.2 Die Mehrweg-KFA

Wir haben das signifikant Gesamt-χ^2 in Beispiel 18.1.1.1 nicht näher interpretiert, sondern in Beispiel 18.1.1.2 lediglich festgestellt, daß es hauptsächlich auf *Doubleassoziationen* zwischen Paaren von Symptomen zurückgeht: Die höchsten Assoziationen fanden sich zwischen den Symptomen Q = Qualvolles Erleben und D = Denkstörung mit $\phi(QD) = \sqrt{14,34/150} = +0,31$ und zwischen G = Grübelsucht und D = Denkstörung mit $\phi(GD) = \sqrt{15,64/150} = +0,32$ (vgl. Tab. 18.1.1.2).

Um festzustellen, wie sich die Symptomassoziationen in den Besetzungen der einzelnen Symptommuster (Kn = Konfigurationen) niederschlagen, beurteilen wie die χ^2-Komponenten der Tab. 18.1.1.1 nach je einem Fg und suchen nach *Symptom-Konfigurationstypen*.

Unter den 32 Chiquadrat-Komponenten der Tab. 18.1.1.1 überschreiten nur die mit 3 Sternen bezeichneten Kn (+++++) und (-----) diese Schranke. Man kann also nur zwischen einem *‚allsymptomatischen'* und einem *‚kryptosymptomatischen'* Typ unterscheiden, wobei kryptosymptomatisch nur meint, daß die erfragten Symptome fehlen, während nicht-erfragte durchaus vorhanden sind (sonst wären die Ptn nicht als Depressive diagnostiziert worden). Andeutungsweise kommt noch ein *monosymptomatischer Typ* (--+--) hinzu, der sich durch Arbeitsunfähigkeit als einzigem Symptom beschreiben läßt, wie schon im Beispiel vorweggenommen.

Die KFA über χ^2-Komponenten ist in Beispiel 18.1.1.1 nur eingeschränkt vertretbar, da die Erwartungswerte teilweise sehr niedrig sind. Lägen die χ^2-Werte der 2 identifizierten Typen nur knapp oberhalb der χ^2-Schranke, dann wäre es besser, r = 32 *simultane Binomialtests* mit p = e/N durchzuführen und einseitig auszuwerten. Solch ein exakter KFA-Test würde auch die Kn(--+--) als Typ zu identifizieren gestatten (vgl. 17.6.2).

18.1.3 Die hierarchische Mehrweg-KFA

Von den t Mmn, die in eine Mehrweg-KFA eingehen, tragen möglicherweise nur einige wenige Mme zur Ausbildung von Konfigurationstypen bei; die übrigen wirken u.U. bloß typenverschleiernd bzw. *kontingenzattenuierend*.

Damit stellt sich die Frage, wie man KFA-Typen aus möglichst wenigen Mmn gewinnt, von Mmn, die untereinander möglichst eng zusammenhängen. Ein heurostatistisches Verfahren (vgl. LIENERT und LIMBURG, 1977), das diesem Ziele dient, ist die sog. *hierarchische KFA* (KRAUTH und LIENERT, 1973, Kap. 3).

Das *Prinzip* der hierarchischen KFA (HKFA) besteht darin, daß man
(1) die Mehrwegtafel schrittweise um je 1 Mm reduziert und so zu t Tafeln
mit je t-1 Mmn gelangt. Wieder von der Gesamttafel ausgehend reduziert
man sie um je 2 Mme zugleich, um zu t(t-1)/2 Tafeln mit je t-2 Mmn zu
gelangen. So fortfahrend gewinnt man schließlich t(t-1)/2 Tafeln mit je
2 Mmn. Man betrachtet also alle möglichen *Randtafeln*[1] der Mehrwegtafeln, von welchen es bei t 2-stufigen Mmn

$$r = 2^t - t - 2 \tag{18.1.3.1}$$

gibt, und wählt im Sinne der HKFA diejenige Randtafel aus, deren Gesamt-χ^2 die *geringste* Überschreitungswahrscheinlichkeit P aufweist. Für *ganzzahlige* χ^2-Werte sind die P-Werte in Tafel III–1 abzulesen. Statt nach niedrigstem $P = P(u)$ ist auch nach *höchstem u* wie folgt zu entscheiden.

Normaltransformation von χ^2-Werten

1. Um die χ^2-Werte aus Randtafeln mit unterschiedlicher Zahl von Fgn direkt vergleichen zu können, transformiert man sie in die NV. Für mehr als 30 Fge gilt FISHERS *Transformation*, nach der

$$u = \sqrt{2\chi^2} - \sqrt{2v-1} \tag{18.1.3.2}$$

genähert normal verteilt ist (vgl. KENDALL and STUART, 1969, Vol.I, S.371), wobei v die Zahl der Fge bezeichnet. In Worten: Die Quadratwurzel von $2\chi^2$ ist mit einem Erwartungswert von $\sqrt{2v-1}$ und einer Varianz von 1 asymptotisch normal verteilt.

2. Zwischen 30 und 3 Fgn benutzt man die WILSON-HILFERTY-*Transformation* (vgl. KENDALL and STUART, 1969, Vol.I, S.371), wonach

$$u = [\sqrt[3]{\chi^2/v} - (1 - \frac{2}{9v})]/\sqrt{2/(9v)} \tag{18.1.3.3}$$

In Worten: Die Kubikwurzel von χ^2/v ist mit einem Erwartungswert von $1 - 2/(9v)$ und einer Varianz von $2/(9v)$ asymptotisch normal verteilt.

3. Für $v = 2$ Fge gilt die (aus Formel 16.2 in KENDALL and STUART, 1969 Vol. I, S.369 abzuleitende) Beziehung, daß

$$\ln P(u) = -\chi^2/2 \tag{18.1.3.4}$$

---

1 Im Unterschied zu den Zweiweg-Randtafeln einer Dreiwegtafel lassen sich die Dreiweg-Randtafeln einer Vierwegtafel nicht mehr in der bisher genutzten Weise veranschaulichen. Statt der Perspektive muß die Separation dazu dienen, die 4 Dreiweg-Randtafeln einer Vierwegtafel darzustellen. Analoges gilt für höher-dimensionale Kontingenztafeln. Die Felder der Randtafeln entstehen durch Poolen aus den Feldern der Gesamttafel (= Konfigurationen i.S. von BISHOP et al. 1975, S. 61).

Für ein $\chi^2 = 9{,}21$ mit 2 Fgn ist $-\chi^2/2 = -4{,}605$, wozu man in Tafel VIII–3–1 den Numerus P = 0,01 abliest; ihm entspricht ein einseitiges u = +2,33 nach Tafel I.

4. Es erübrigt sich festzustellen, daß für v = 1 Fg die einfache Beziehung

$$u = \sqrt{\chi^2} \qquad (18.1.3.5)$$

gilt, und zwar exakt, wie oben für v = 2 Fge. Im folgenden wird die HKFA anhand einer Fünfwegtafel unter Benutzung von NV-Transformationen durchgerechnet (Originaldaten in Tab. 18.2.1.1).

Hierarchische KFA einer Fünfwegtafel

Angenommen es seien t = 5 Alternativ-Mme (Aphasie-Indikatoren A, B, C, D, E) an N = 162 Aphasikern erhoben worden (s. GLONING et al. 1972).

1. Die resultierende *Fünfwegtafel* liefert ein Gesamt-χ^2 von 394,547 bei $2^5 - 2(5) + (5-1) = 26$ Fgn. Diesem Gesamt-χ^2 entspricht nach FISHERS Transformation ein

$$u = \sqrt{2(394{,}547)} - \sqrt{2(26) - 1} = 28{,}09 - 7{,}14 = 20{,}95.$$

2. Die $\binom{5}{4} = 5$ *Vierweg-Randtafeln* mit je 4 Mmn haben folgende Gesamt-χ^2-Werte ergeben:

$\chi^2(ABCD) = 254{,}980$ mit $2^4 - 2(4) + (4-1) = 11$ Fgn, so daß u = 13,16

$\chi^2(ABCE) = 181{,}778$ mit ebenfalls v = 11 Fgn, so daß u < 13,16

$\chi^2(ABDE) = 193{,}118$ mit ebenfalls v = 11 Fgn, so daß u < 13,16

$\chi^2(ACDE) = 184{,}272$ mit ebenfalls v = 11 Fgn, so daß u < 13,16

$\chi^2(BCDE) = 163{,}889$ mit ebenfalls v = 11 Fgn, so daß u < 13,16

Die u-Werte wurden nach WILSON-HILFERTY gewonnen, indem zuvor für alle 5 u-Werte die Konstanten $(1 - 2/9 \cdot 11) = 0{,}98$ und $\sqrt{2/9 \cdot 11} = 0{,}1421$ berechnet worden sind. So ist die Kubikwurzel aus 254,980/11 = 23,18 (via Logarithmen oder Kubikzahlentafel) gleich 2,85, womit u = (2,85 - 0,98)/0,1421 = 13,16 (18.1.3.2). Die restlichen 4 u-Werte brauchen wir explizit gar nicht zu berechnen, da sie bei kleineren χ^2-Werten und gleicher Zahl von je 11 Fgn durchweg kleiner als das erstberechnete u mit dem größten χ^2-Wert sein müssen.

3. Die $\binom{5}{3} = 10$ *Dreiweg-Randtafeln* mit je 3 Mmn haben folgende Gesamt-χ^2-Werte geliefert:

$\chi^2(ABC) = 168{,}334$ mit $2^3 - 2(3) + (3-1) = 4$ Fgn, so daß u = 5,46

$\chi^2(ABD) = 108{,}988$ mit ebenfalls v = 4 Fgn, so daß u < 5,46

$\chi^2(ABE) = 72{,}307$ mit ebenfalls v = 4 Fgn, so daß u < 5,46

χ^2(ACD) = 98,944 mit ebenfalls   v = 4 Fgn, so daß u < 5,46
χ^2(ACE) = 66,823 mit ebenfalls   v = 4 Fgn, so daß u < 5,46
χ^2(ADE) = 67,665 mit ebenfalls   v = 4 Fgn, so daß u < 5,46
χ^2(BCD) = 86,378 mit ebenfalls   v = 4 Fgn, so daß u < 5,46
χ^2(BCE) = 44,595 mit ebenfalls   v = 4 Fgn, so daß u < 5,46
χ^2(BDE) = 83,002 mit ebenfalls   v = 4 Fgn, so daß u < 5,46
χ^2(CDE) = 69,047 mit ebenfalls   v = 4 Fgn, so daß u < 5,46

Auch hier brauchen wir wiederum nur den u-Wert für das höchste χ^2 zu berechnen und erhalten via (18.1.3.2) für χ^2/v = 168,334/4 eine Kubikwurzel von 3,48. Mit (1 − 2/2 · 4) = 0,75 und $\sqrt{2/(2 \cdot 4)}$ = 0,50 ergibt sich u = (3,48 − 0,75)/0,50 = 5,46, wie oben verzeichnet.

4. Die $\binom{5}{2}$ = 10 *Zweiweg-Randtafeln* mit je 2 Mmn haben folgende Gesamt-χ^2-Werte (über Vierfelder-χ^2-Formeln berechnet) ergeben:

χ^2(AB) = 69,942 und u = 7,81 χ^2(BD) = 24,108 und u < 7,81
χ^2(AC) = 59,762 und u < 7,81 χ^2(BE) = 0,627 und u < 7,81
χ^2(AD) = 14,238 und u < 7,81 χ^2(CD) = 18,260 und u < 7,81
χ^2(AE) = 0,278 und u < 7,81 χ^2(CE) = 5,592 und u < 7,81
χ^2(BC) = 37,543 und u < 7,81 χ^2(DE) = 39,560 und u < 7,81

Die u-Werte wurden wegen des einen Fg (v = 1) als Quadratwurzeln aus den χ^2-Werten gewonnen.

Da keiner der 2^5 − 5 − 2 = 25 Randtafeln ein u ergibt, das größer als das u = 20,95 der Ausgangstafel ist, muß die KFA mit der Fünfwegtafel durchgeführt werden; *keines* der 5 Mme ist für die KFA *entbehrlich*.

18.1.4 Vergleich zweier Mehrwegtafeln (2-Stichproben-KFA)

Werden *zwei unabhängige Stichproben* aus je einer multivariat-diskreten Population erhoben, so stellt sich die Frage, ob die zugehörigen Mehrwegtafeln als homogen betrachtet werden können. Für 3 Mme wurde dieses Problem in Kapitel 17 behandelt; wir haben seine Verallgemeinerung auf t Mme nunmehr nachzutragen (vgl. 17.6.3).

Wie im Fall des Vergleichs zweier Zweiwegtafeln (9.3.5), so können auch zwei Mehrwegtafeln nach Art einer *Zweistichproben-KFA* verglichen werden: Man bildet z.B. für t = 4 Mme A, B, C und D alle abcd Mms-Konfigurationen in jeder der beiden Stichproben. Dann ordnet man die Konfigurationen als Zeilen und die 2 Stichproben als Spalten in einer abcd x 2-Feldertafel an.

Globaler und differentieller Vergleich

1. Das Gesamt-χ^2 dieser Tafel ist unter der Nullhypothese (Homogenität der beiden Mehrwegtafeln) wie χ^2 mit (abcd-1) (2-1) = abcd-1 Fgn verteilt und entsprechend einem *globalen* Homogenitätstest (vgl. STEINGRÜBER und LIENERT, 1971) zu beurteilen (17.6.6).

2. Die χ^2-Komponenten der abcd Zeilen können im Sinn eines *differentiellen* (konfigurationsanalytischen) Homogenitätstests je gesondert nach 1 Fg beurteilt und als *Diskriminationstypen* interpretiert werden, wobei man das Alpha-Risiko für $\alpha^* = \alpha/(abcd)$ zu adjustieren hat[2] (17.6.3).

Vollzählige und unvollzählige Konfigurationen

Bei der Zweistichproben-KFA unterscheidet man zweckmäßigerweise zwei Fälle: Bislang haben wir nur den Fall (1) mit *vollzählig realisierten Konfigurationen* betrachtet. Im folgenden Beispiel 18.1.4.1 werden wir den Fall (2) mit *unvollzählig* realisierten Konfigurationen vorfinden, d.h. feststellen, daß einige Mms-Kombinationen überhaupt nicht auftreten.

Da Zeilen aus einer k x 2-Feldertafel, die nicht besetzt sind, im klassischen χ^2-Kontingenztest (wegen seiner Eigenschaft als bedingter Test) schlicht fortgelassen werden dürfen, *reduziert* sich die Zahl der zu vergleichenden Zeilen auf r < abcd, wobei r die Zahl der besetzten Zeilen bzw. der realisierten Konfigurationen angibt. Das Alpha-Risiko braucht im Fall des KFA-Vergleichs dann nur auf $\alpha^* = \alpha/r$ adjustiert zu werden (vgl. KRAUTH und LIENERT, 1973, Kap. 5.4) wie Beispiel 18.1.4.1 illustriert.

Beispiel 18.1.4.1

Problem: Zwei Stichproben von $N_1 = 20$ und $N_2 = 26$ Primeln (1= Primula veris und 2 = Primula vulgaris) sollen hinsichtlich ihrer Ausprägungen in t = 4 Heterostylie-Mmn verglichen werden: A = Stempellänge (+, -), B = Abstand der Narbe vom Kelchrand (+, -), C = Abstand der Narbe vom Antherenscheitel (+, -) und D = Abstand von Stempelbasis bis Antherenscheitel (+, -). Die Alternativausprägungen (+, -) wurden durch mediannahe Dichotomierung von Meßwerten (aus WEBER, 1972, Tab. 74.1) gewonnen.

Ergebnis: Die $2^4 = 16$ Konfigurationen und deren Realisationsfrequenzen sind in Tabelle 18.1.4.1 verzeichnet.

---

[2] Im globalen wie im differentiellen Homogenitätstest zum Vergleich zweier Vierwegtafeln wird vorausgesetzt, daß die 2(abcd) Erwartungswerte hinreichend groß sind. Der differentielle Test ist immer dann zu bevorzugen, wenn Stichprobenunterschiede in den einzelnen Mms-Kombinationen interessieren. Der globale Test ist indiziert, wenn es darum geht, die beiden Stichproben bzgl. aller Kn zu vergleichen.

Tabelle 18.1.4.1

ABCD	f_1	e_1	f_2	e_2	f.	$\dfrac{(f_1-e_1)^2}{e_1} + \dfrac{(f_2-e_2)^2}{e_2}$	χ_2
++++	0	6,96	16	9,04	16	6,96 + 5,36 =	12,32*
+++−	0		4		4		
++−+	−		−		−		
++−−	−		−		−		
+−++	−		−		−		
+−+−	0		3		3		
+−−+	−		−		−		
+−−−	1		1		2		
−+++	−		−		−		
−++−	−		−		−		
−+−+	1		0		1		
−+−−	−		−		−		
−−++	−		−		−		
−−+−	1		1		2		
−−−+	4		0		4		
−−−−	11	5,22	1	6,78	12	6,40 + 4,93 =	11,33*
	$N_1=20$		$N_2=26$		$N=46$		

Hypothesen: Die beiden quadrivariaten Stichproben sind homogen (H_0). Die beiden Stichproben sind inhomogen im Sinne einer Zweistichproben-KFA mit unvollzählig realisierten Konfigurationen (H_1). Aus H_0 resultiert z.B. e_1 (++++) = 16 · 20/46 = = 6,96, wobei f. = 0 + 16 = 16 die Zeilensumme der Kn (++++) ist.

Signifikanzniveau: Wir vereinbaren $\alpha = 0,05$ und $\alpha^* = \alpha/r$, wobei r = 8 die Zahl der realisierten Kn, so daß $\alpha^* = 0,05/8 = 0,00625$. Die χ^2-Schranke für v = 1 Fg ergibt sich aus $\chi^2_{\alpha^*} = u^2_{\alpha^*} = 2,84^2 = 8,07$.

Entscheidung: Von den r = 8 möglichen χ^2-Komponenten wurden nur diejenigen tatsächlich berechnet, die auf Erwartungswerten > 5 basieren; das sind χ^2(++++) = = 12,32 und χ^2(−−−−) = 11,33. Beide χ^2-Komponenten überschreiten die Schranke von 8,07, so daß H_0 zugunsten von H_1 (Diskriminationstypen) zu verwerfen ist.

Interpretation: Es besteht eine ausgeprägte Heterostylie bzgl. aller 4 Mme in dem Sinne, daß Primula vulgaris in allen Mm hohe (supramediane) Meßwerte aufweist (++++), während Primula veris in ebenfalls allen Mmn niedrige (submediane) Meßwerte aufweist. (Der Median bezieht sich auf die zusammengeworfenen beiden Stichproben.) Konkreter formuliert: Kn(++++) ist nur bei Vulgaris, Kn(−−−−) fast nur bei Veris realisiert.

Ein *globaler Test* zum Vergleich der beiden Vierwegtafeln des Beispiels 18.1.4.1 wäre als exakter Test (vgl. 15.2.9) durchzuführen, da die meisten der r unvollzähligen Kn zu schwach besetzt sind, um nach einem r x 2-Felder-χ^2-Test asymptotisch auf Homogenität geprüft zu werden.

Sind unvollzählige Konfigurationen *schwach besetzt*, so daß Erwartungswerte weit unter e = 5 in den (oder den meisten) r x 2 Feldern entstehen, benutze man den exakten *Vorzeichentest* anstelle des asymptotischen χ^2-Tests, um eine Zweistichproben-KFA durchzuführen. So findet man für x = f_2(+++−) = 1 und N = 11+1 = 12 in Tafel I des Tafelbandes ein P = 0,006, das die adjustierte Alpha-Grenze von α^* = 0,00625 unterschreitet.

Apriorische und aposteriorische KFA-Tests

Das Vorgehen in Beispiel 18.1.4.1 entspricht einer *aposteriorischen* Zweistichproben-KFA, da erst angesichts der Datentafel über die Zahl r der durchzuführenden χ^2-Komponententests entschieden wurde.
Hätte der Untersucher aber von vornherein die substanzwissenschaftlich begründete (und ‚notariell' beglaubigte) Absicht gehabt, die 2 Stichproben nur bezüglich ausgewählter r Kn zu vergleichen, dann wäre eine − im allgemeinen wirksamere − *apriorische* Zweistichproben-KFA indiziert gewesen.
Hätte unser Untersucher in Beispiel 18.1.4.1 seine Heterostyliehypothese in dem posthoc nachgewiesenen Sinne anthac spezifiziert, dann wäre r = 2 zu setzen und α^* = 0,05/2 = 0,025 zu adjustieren gewesen. In diesem Fall hätte die χ^2-Schranke entsprechend niedriger gelegen, so daß auch geringere als die beobachteten Konfigurationsfrequenz-Unterschiede hätten nachgewiesen werden können. Dies gilt besonders für einseitig formulierte Hypothesen über *Diskriminationstypen* mit α^* = $2\alpha/r$.
Apriorische Zweistichproben-KFA-Tests empfehlen sich vor allem dann, wenn die Stichproben *klein* ausfallen. Man sollte in diesem Fall u.U. auf der Basis einer Voruntersuchung Kns-Hypothesen bilden und diese dann in einer Hauptuntersuchung testen, sofern theoretische Argumente für apriorische Hypothesen fehlen. Man spricht in diesem Zusammenhang von *Erkundungs-* und *Entscheidungs*experimenten, wenn Vor- und Hauptuntersuchung den Charakter von Experimenten haben.

Simultane Zweistichproben-KFA-Tests

In Beispiel 18.1.4.1 haben wir Kn mit kleinen Besetzungszahlen nicht differentiell beurteilt, da dies der asymptotische χ^2-Komponententest gar nicht zuließ. Hier hätten wir von vornherein gleich r *simultane Zweistichproben-KFA-Tests* planen und auf den globalen Test mit χ^2-Komponentenbeurteilung verzichten sollen, wie von KRAUTH (in KRAUTH und LIENERT, 1973, Kap.6) empfohlen: Simultane Tests zu aposteriorischen Kns-Vergleichen sind im Zweistichproben-Fall *Vierfeldertests*, und zwar je nach Besetzungszahlen asymptotische oder exakte Texts mit Bonferroniadjustiertem α^* = α/r, wobei r die Zahl der besetzten Zeilen (realisierten Kn) bezeichnet, und α als zweiseitig definiertes Alpha-Risiko gilt.

Beispiel 18.1.4.2

Daten: Zur Illustration der simultanen Zweistichproben-KFA-Tests werten wir Tabelle 18.1.4.1 danach aus und erhalten z.B. für Zeile (+++-) mit $f_1 = 0$ und $f_2 = 4$ durch Poolen über die restlichen Zeilen die Vierfeldertafel der Tab. 18.1.4.2.

Tabelle 18.1.4.2

Kn	Stichprobe		
	1	2	Σ
+++-	0	4	4
übrige	20	22	42
Σ	20	26	46

Test: Da Tab. 18.1.4.2 bei festen Randsummen ein Nullfeld aufweist, ist ihre einseitige Überschreitungswahrscheinlichkeit P gleich ihrer Punktwahrscheinlichkeit p. Nach Formel (5.3.2.2) ergibt der exakte FISHER-YATES-Test:

$$P = p = \frac{(4!)\,(42!)\,(20!)\,(26!)}{(46!)\,(0!)\,(4!)\,(20!)\,(22!)}$$

$$= \left(\frac{42!}{46!}\right)\left(\frac{26!}{22!}\right) = \left(\frac{1}{46 \cdot 45 \cdot 44 \cdot 43}\right)\left(\frac{26 \cdot 25 \cdot 24 \cdot 23}{1}\right) = 0{,}0916$$

Da wegen zu großen N's weder die einseitige noch die hier erforderliche zweiseitige Überschreitungswahrscheinlichkeit P' in Tafel XV−4−3 aufgeführt ist, vertauschen wir in Tab. 18.1.4.2 die beiden Frequenzen der Kn (+++-) und erhalten Tab. 18.1.4.3.

Tabelle 18.1.4.3

Kn	Stichprobe		
	1	2	Σ
+++-	4	0	4
übrige	16	26	42
Σ	20	26	46

Die zu dieser dem anderen Ast der Prüfverteilung gehörende Punktwahrscheinlichkeit beträgt

$$\frac{(4!)\,(42!)\,(20!)\,(26!)}{(46!)\,(4!)\,(0!)\,(16!)\,(26!)} = \left(\frac{42!}{46!}\right)\left(\frac{20!}{16!}\right) = \frac{20 \cdot 19 \cdot 18 \cdot 17}{46 \cdot 45 \cdot 44 \cdot 43} = 0{,}0297$$

Die zweiseitige Überschreitungswahrscheinlichkeit (Compound probability) beträgt daher $P' = 0{,}0916 + 0{,}0297 = 0{,}1213$; sie übersteigt somit die für $r = 8$ simultane 5%-Tests gültige Alpha-Risiko von $\alpha^* = 0{,}05/8 = 0{,}00625$ bei weitem.

Entscheidung: Die beobachteten Anteile 0/4 = 0% und 4/4 = 100% für die Kn (+++-) sind also mit der Nullhypothese der gegebenen Anteile 10/46 = 43% und 26/46 = 57% durchaus zu vereinbaren.

Anmerkung: In analoger Weise wären die übrigen 7 Zeilen zu prüfen, wobei für die 1. und letzte Zeile auch der χ^2-Test anstelle des exakten FISHER-YATES-Tests angewendet werden kann.

Wäre in Beispiel 18.1.4.1 unter H_1 vorausgesagt worden, daß die Kn (---+) in Stichprobe 1 häufiger anzutreffen sei als in Stichprobe 2, dann wäre ein *differentieller KFA-Test* mit einseitigem α indiziert gewesen: Für $f_1 = 4$ und $f_2 = 0$ hat Tafel 18.1.4.3 ein einseitiges P = 0,0297 ergeben, das $\alpha = 0,05$ unterschreitet, so daß H_1 anstelle von H_0 (Anteilsgleichheit) zu akzeptieren wäre. Auf eine alpha-Adjustierung darf allerdings nur dann verzichtet werden, wenn H_1 die *einzige* der 16 möglichen Voraussagen in Beispiel 18.1.4.1 ist, und wenn diese Voraussage *vor* dem Versuch als Diskriminations-Alternative ein- oder zweiseitig formuliert worden ist.

Im folgenden Abschnitt gehen wir vom Vergleich zweier auf den Vergleich mehrerer Mehrwegtafeln bzw. von der Zweistichproben- auf die Mehrstichproben-KFA über.

18.1.5 Vergleich mehrerer Mehrwegtafeln

Entspricht die nichtparametrische Zweistichproben-KFA in gewissem Sinne der parametrischen *Diskriminanzanalyse*, so entspricht eine auf k Stichproben verallgemeinerte Mehrstichproben-KFA der Zielsetzung des *verallgemeinerten Abstandes* nach MAHALANOBIS (vgl. WEBER, 1972, Kap. 74): Es ist zu prüfen, ob k Mehrwegtafeln homogen sind, d.h. als Stichprobe aus ein und derselben Mehrweg-Population stammen können.

Man prüft k Mehrwegtafeln auf *Homogenität* in analoger Weise wie 2 Mehrwegtafeln: Man erstellt eine *Zweiwegtafel*, in der die K Mms-Kn als Zeilen und die k Tafeln als Spalten fungieren. Sodann prüft man mittels eines k x m- bzw. eines K x k-Felder-χ^2-Tests (vgl. 5.4.4) auf Unabhängigkeit zwischen Zeilen und Spalten. Dieses Vorgehen entspricht einem *globalen* Homogenitätstest.

Will man untersuchen, ob sich die k Mehrwegtafeln bzgl. bestimmter Mms-Kn unterscheiden, dann beurteilt man die χ^2-Komponenten der K Zeilen nach je (k-1) Fgn und verwirft H_0 bzgl. einer Kn, wenn ihr χ^2 eine Schranke $\chi^2_{\alpha*}$ überschreitet. Im aposteriorischen Vergleich ist $\alpha^* = \alpha/K$ zu adjustieren, im apriorischen Vergleich ausgewählter r Kn ist $\alpha^* = \alpha/r$ mit $r \leq K$ zu adjustieren. Dieses Vorgehen entspricht einem differentiellen oder *lokalen* Homogenitätstest. Wir illustrieren dieses Vorgehen an nachfolgendem Beispiel 18.1.5.1.

Beispiel 18.1.5.1

Datenergänzung: Nehmen wir zu den 2 Stichproben des Beispiels 18.1.4.1 noch eine dritte Stichprobe von $N_3 = 25$ Primeln (F_1-Generation von 1 und 2) und dichotomieren wir die t = 4 Heterostylie-Mme erneut nach ihren jeweiligen (nunmehr anderen, weil aus N = 71 Meßwertequadrupeln stammenden) Medianen (aus WEBER, 1972, Tab. 74.1). Tabelle 18.1.5.1 bringt die beobachteten f und die dazu gehörigen, unter H_0 (Homogenität) erwarteten Frequenzen e.

Tabelle 18.1.5.1

ABCD	f_1	e_1	f_2	e_2	f_3	e_3	f.	$\Sigma(f-e)^2/e = \chi^2$
++++	0	6,49	17	8,42	6	8,10	23	15,77*
+++-	0	2,26	4	2,93	4	2,82	8	3,14
++-+	0	0		0	4		4	
++--	0	0		0	1		1	
+-++	–	–	–	–	–	–	–	
+-+-	0		2		0		2	
+--+	1		0		0		1	
+---	–	–	–	–	–	–	–	
-+++	–	–	–	–	–	–	–	
-++-	–	–	–	–	–	–	–	
-+-+	0		1		3		4	
-+--	0	1,97	0	2,57	7	2,47	7	12,85*
--++	–	–	–	–	–	–	–	
--+-	0		1		0		1	
---+	10*	2,82	0	3,66	0	3,52	10	25,46*
----	9*	2,82	1	3,66	0	3,52	10	18,99*
	N_1=20		N_2=26		N_3=25		N=71	

Hypothesen: Die k = 3 tetravariaten Stichproben sind homogen (H_0). Die 3 Stichproben sind inhomogen im Sinne einer 3-Stichproben-KFA mit unvollzählig realisierten Kn (H_1), die mit χ^2-Komponententests beurteilt werden sollen.

Signifikanzniveau: Es gilt $\alpha^* = \alpha/r$ mit $\alpha = 0{,}05$ und r = 11 realisierten Kn, so daß $\alpha^* = 0{,}05/11 = 0{,}0045$. Die χ^2-Schranke für (3-1) = 2 Fge je χ^2-Komponente beträgt nach Tafel III−1 $\chi^2(\alpha^*) = 11$.

Entscheidung: Unter der Voraussetzung, daß der χ^2-Test auch bei niedrigen Erwartungswerten noch valide ist, muß H_0 verworfen werden. Denn 4 der r = 11 χ^2-Komponenten (mit Stern) übersteigen die Schranke 11.

Interpretation: Die 3 Primelsorten unterscheiden sich offenbar bzgl. der Heterostylie-Kn (++++), (-+--), (---+) und (----) im Sinne der beobachteten im Vergleich zu den unter H_0 erwarteten Frequenzen.

In konkreto bedeutet dies: Die Vulgaris zeichnet sich mit 17 beobachteten gegen 8,42 erwarteten Frequenzen durch starke Ausprägung in allen 4 Heterostylie-Mmn (++++) aus; die Kreuzung F_1 imponiert mit 7 gegen 2,47 durch großen Abstand der Narbe vom Kelchrand (-+--). Die Veris ist mit 9 gegen 2,82 entweder durch schwache Ausprägungen in allen 4 Heterostylie-Mmn gekennzeichnet (----) oder aber durch schwache Ausprägungen in den ersten 3 Mmn und starke Ausprägung im vierten Mm (Abstand von Stempelbasis zum Antherenscheitel), wie in (---+) mit 10 gegen 2,82 Frequenzen.

Hinweis: Für die Interpretation wurden nicht nur die Rand-Komponenten (Zeilen-χ^2-Werte), sondern auch die Felder-χ^2-Komponenten mit eingebracht, d.h. es wurden jene Abweichungen f - e > 0 interpretiert, die die höchste Zeilenfeld-Komponente aufwiesen.

Global wären die k = 3 Primelsorten des Beispiels 18.1.5.1 bezüglich der t = 4 Heterostylie-Mme bzw. ihrer r = 11 realisierten Konfigurationen uneingeschränkt mit dem exakten r x k-Feldertest von FREEMAN und HALTON (15.2.4) oder mit dem asymptotisch gleichen exakten χ^2-Test von KRAUTH (15.2.5) zu vergleichen. Mit der Einschränkung, daß er auch für (11-1) (3-1) = 22 (statt für > 30) Fge gilt, kommt auch HALDANE-DAWSONS (15.2.3) asymptotischer r x k-Feldertest in Betracht.

18.1.6 Exakte Mehrstichproben-Vergleiche

Die χ^2-Komponententests in Beispiel 18.1.5.1 waren nur unter der Voraussetzung gültig, daß die beteiligten 2 Erwartungswerte über 5 liegen oder − nach WISE (1963) − etwa gleich groß sind, wenn sie nur über 2 liegen. Sind diese Voraussetzungen nicht oder nur näherungsweise erfüllt, empfiehlt es sich, statt der asymptotischen χ^2-Komponententests *exakte Mehrstichproben-KFA-Tests* analog den Zweistichproben-KFA-Tests durchzuführen. Bei k Stichproben entstehen dann k x 2-Feldertafeln, die bei fraglichen χ^2-Voraussetzungen exakt auszuwerten sind, entweder nach Tafel XV−2−4−2 bis N = 10 oder nach dem EDV-Programm von STUCKY und VOLLMAR (1975). Bei extrem besetzten Tafeln kommt auch eine „Von-Hand-Auswertung" nach dem Polynomialtest (5.2.1 oder GURIAN, 1964) in Betracht. Die letztgenannte Prozedur wird im folgenden Beispiel 18.1.6.1 vorgestellt.

Beispiel 18.1.6.1

Datenrückgriff: Ob der χ^2-Komponententest mit χ^2(-+--) = 12,85 > 11 auch bei exakter Beurteilung mittels r = 11 simultaner 3 x 2-Feldertests noch signifikant ist, soll mittels des auf 3 x 2 = 6 Klassen angewandten Polynomialtests entschieden werden. Wir gehen aus von den Daten der Tafel 18.1.5.1, die zu Tafel 18.1.6.1 führt.

Tabelle 18.1.6.1

Kn	Stichproben			Z
	1	2	3	
-+--	0	0	7	7
übrige	20	26	18	64
S	20	26	25	71

Test: Die Punktwahrscheinlichkeit der 2 x 3-Feldertafel unter H_0 (Unabhängigkeit von Zeilen und Spalten) ergibt sich wie folgt:

$$p_0 = \frac{(7!)\,(64!)\,(20!)\,(26!)\,(25!)}{(71!)\,(0!)\,(0!)\,(7!)\,(20!)\,(26!)\,(18!)} =$$

$$= (\frac{64!}{71!})(\frac{25!}{18!}) = \frac{25 \cdot 24 \cdot 23 \cdot 22 \cdot 21 \cdot 20 \cdot 19}{71 \cdot 70 \cdot 69 \cdot 68 \cdot 67 \cdot 66 \cdot 65} = 0{,}0003615$$

Von den 2 möglichen Vertauschungen der 7 in Zeile 1 gibt nur die Vertauschung 7 0 0 ein niedrigeres als das beobachtete p, wenn man das FREEMAN-HALTON-Prinzip anwendet: Es resultiert dann Tab. 18.1.6.2 mit gleichen Randsummen wie Tab.18.1.6.1.

Tabelle 18.1.6.2.2

Kn	Stichproben			Z
	1	2	3	
-+--	7	0	0	7
übrige	13	26	25	64
S	20	26	25	71

Die zu dieser extremen Tafel gehörige Punktwahrscheinlichkeit

$$p_1 = (\frac{64!}{71!})(\frac{20!}{13!}) = \frac{20 \cdot 19 \cdot 18 \cdot 17 \cdot 16 \cdot 15 \cdot 14}{71 \cdot 70 \cdot 69 \cdot 68 \cdot 67 \cdot 66 \cdot 65} = 0{,}0000583$$

Entscheidung: Da $P' = p_0 + p_1 = 0{,}0003615 + 0{,}0000583 = 0{,}0004198$ kleiner ist als $0{,}05/11 = 0{,}0045$, ist H_0 (keine Anteilsunterschiede) zu verwerfen.

Entscheidungsvergleich: Offenbar hat der χ^2-Komponententest mit $P(\chi_2^2 = 12{,}85) = 0{,}002$ konservativ entschieden und einen Anteilsunterschied nachgewiesen, der sich mittels des exakten 2 x 3-Feldertests auf dem 0,01-Niveau hat nachweisen lassen.

Anmerkung: Man kann H_0 bereits aufgrund der Punktwahrscheinlichkeit der beobachteten Tafel beibehalten, wenn sie größer ausfällt als das adjustierte Alpha-Risiko. Bei diesem Vorgehen hätte sich Aufstellung und Auswertung von Tab. 18.1.5.2.2 erübrigt, wenn bereits $p_0 > 0{,}0045$.

Verschiedentlich unterscheiden sich k Mehrwegtafeln nicht signifikant in den einzelnen Konfigurationen, wohl aber bezüglich neu zu bildender Kn, in welchen nicht alle t Mme mehr eingehen. Welche KFA-Tests in einem solchen Fall *nachgeschoben* werden können, zeigt der folgende Abschnitt 18.1.7 anhand des vorangehenden Beispiels.

18.1.7 Simultane Agglutinationsvergleiche

Exakte Mehrstichproben-KFA Tests lassen sich auch auf Mms-reduzierte, sog. *agglutinierte Kn* (vgl. KRAUTH und LIENERT, 1973, Kap. 5.5) anwenden. Angenommen, das Mm D werde in Beispiel 18.1.5.1 außer acht gelassen, dann entstehen die *Agglutinationskonfigurationen* der Tab. 18.1.7.1 mit der Notation (ABC.).

Tabelle 18.1.7.1

ABC.	f_1	f_2	f_3	Z
+++.	0	21	10	31
++-.	0	0	5	5
+-+.	0	2	0	2
+--.	1	0	0	1
-++.	–	–	–	–
-+-.	0	1	10	11
--+.	0	1	0	1
---.	19	1	0	20
Σ	20	26	25	71

Angenommen der Untersucher habe theoretisch vorausgesagt, daß die Kn (++-.) in Stichprobe 3 (als F_1-Generation von 1 und 2) neu auftreten werde. Ein exakter 2 x 3-Felder-KFA-Test ist dann auf Tab. 18.1.7.2 aufzubauen.

Tabelle 18.1.7.2

Kn	f_1	f_2	f_3	Z
++-.	0	0	5	5
übrige	20	26	20	66
S	20	26	25	N=71

Der exakte *Agglutinations-Test* selbst läuft dann nach dem Vorbild des Beispiels 18.1.6.1 und liefert ein p_0 = 0,0045, das wegen der gezielten H_1-Formulierung gleich ist der Überschreitungswahrscheinlichkeit P = = 0,0045. Damit ist die Voraussage auf der 5%-Stufe gestützt worden.

Hat der Untersucher vor der Datenerhebung damit ‚kokettiert', neben den vollzähligen Kn der 4 Mme auch die für das vierte Mm D agglutinierten Kn zu beurteilen, muß er den 2^4 = 16 Kn noch weitere $2^4/2^1$ = 8 Kn anfügen, im ganzen also 16+8 = 24 Kn beurteilen bzw. simultan testen. In unserem Beispiel mit 11 (statt 16) realisierten Kn kommen nicht 8, sondern nur 7 Kn hinzu, da die achte Kn (-++.) nicht realisiert worden ist.

Unser exakter KFA-Test in Beispiel 18.1.6.1 wäre danach nicht mehr auf der 5%-Stufe signifikant, denn α^* = 0,05/(11+7) = 0,0028 wird von P = 0,0045 nicht mehr unterschritten.

Will der Untersucher im Nachhinein alle möglichen Agglutinationen auf Zwei- oder k-Stichproben-Unterschiede beurteilen, so braucht er nur zu bedenken, daß eine Vierwegtafel 2^4 = 16 Kn liefert, daß jede seiner 4 Dreiweg-Randtafeln 2^3 = 8 Kn beistellt, daß jede seiner 6 Zweiweg-Randtafeln 2^2 = 4 Kn produziert und daß jede seiner 4 Einweg Randtafeln 2^1 = 2 Kn ergibt. Insgesamt resultieren also r = 16 + 4(8) + 6(4) + 4(2) = = 80 simultane KFA-Tests, die nach $\alpha^* = \alpha/80$ zu beurteilen sind, sofern sie nicht bloß heuristisch interpretiert werden.

Geht es einem Untersucher nicht darum, K Mehrwegtafeln zu vergleichen, sondern darum, eine einzige Mehrwegtafel hinsichtlich der sie beherrschenden Zusammenhangsstruktur aufzuklären, so bietet sich hierzu das im folgenden Abschnitt beschriebene (und auf 17.2.2 aufbauende) Verfahren an.

18.2 Assoziations- und Kontingenzstruktur in Mehrwegtafeln

Wird für eine Mehrwegtafel die Nullhypothese allseitiger Unabhängigkeit der t Mme verworfen, so lohnt es sich, die bestehende Zusammenhangsstruktur näher aufzuklären. Insbesondere verlohnt es zu fragen, ob der Zusammenhang zwischen allen t Mmn im wesentlichen auf Zusammenhänge zwischen je 2 Mmn, d.h. auf Kontingenzen 1. Ordnung (Doublekontingenzen) zurückzuführen sei (quasiparametrische Kontingenz) oder ob Kontingenzen höherer Ordnung mit im Spiele seien. Eine auf dem Additivitätsprinzip von Kontingenzkomponenten nach LANCASTER (1969, Ch.12) basierende Analyse der Kontingenzquellen haben KRAUTH und LIENERT (1973, Kap. 8-9) als *Assoziationsstrukturanalyse* (ASA) für binäre und als *Kontingenzstrukturanalyse* (KSA) für multinäre Mme beschrieben.

In einer *Vierwegtafel* nach Art von Tab. 18.1.5.1 mit den Mmn A, B, C und D resultieren aus der χ^2-Zerlegung des Gesamt-χ^2 die folgenden

Komponenten: (1) die $\binom{4}{2}$ = 6 Zweiweg-Randtafeln ergeben 6 Doublekontingenzen, (2) die $\binom{4}{3}$ = 4 Dreiweg-Randtafeln ergeben 4 Tripelkontingenzen (ABC, ABD, ACD und BCD) und der nach Subtraktion der 6+4 = 10 Kontingenzen verbleibende Rest der Gesamtkontingenz definiert die Quadrupelkontingenz als Residual-χ^2.

Beurteilt man die Gesamtkontingenz nach abcd − (a+b+c+d) + (4−1) Fgn, die Doublekontingenzen nach (a−1)(b−1) usw. Fgn, die Tripelkontingenzen nach (a−1)(b−1)(c−1) usw. Fgn, und die Quadrupelkontingenz nach (a−1)(b−1)(c−1)(d−1) Fgn, so hat man bereits eine *Vierweg-Kontingenzstrukturanalyse* (KSA) durchgeführt. Bei durchweg zweistufigen Mmn entsprechen die Kontingenzen den Assoziationen, die nach je 1 Fg zu beurteilen sind, da (2−1)(2−1) = (2−1)(2−1)(2−1) = (2−1)(2−1)(2−1)(2−1) = = 1 in diesem Spezialfall.

Mit der *Notation* wollen wir es bei ASA und KSA so halten, daß in Klammern nachgestellte Buchstaben die Gesamtkontingenz der durch Buchstaben bezeichneten Mme bezeichnet. So ist z.B. χ^2(ABCDE) die Gesamtkontingenz einer Fünfwegtafel, χ^2(ACDE) die Gesamt-Kontingenz ihrer Vierweg-Randtafel und χ^2(BCE) die Gesamtkontingenz einer Dreiwegtafel. Als Indizes tief gestellte Buchstaben hingegen bezeichnen die nach Abzug von Kontingenzen niedrigerer Ordnung verbleibenden Residualkontingenzen: So ist χ^2_{ABCDE} die Quintupelkontingenz einer Fünfwegtafel, χ^2_{ACDE} die Quadrupelkontingenz der korrespondierenden Vierweg-Randtafel und χ^2_{BCE} die Tripelkontingenz einer Dreiweg-Randtafel. Man beachte, daß für Zweiweg-Randtafeln die Gesamtkontingenzen gleich den Residualkontingenzen sind. So ist χ^2(AB) die Gesamtkontingenz einer Zweiweg-Randtafel und zugleich als χ^2_{AB} ihre Doublekontingenz, da in Zweiwegtafeln Doublekontingenzen die einzig möglichen Kontingenzen sind.

Wie eine *Assoziationsstrukturanalyse* (ASA) mit *fünf* binären Mmn durchzurechnen und zu interpretieren ist, zeigt der folgende Abschnitt 18.2.1 exemplarisch.

18.2.1 Die Assoziationsstrukturanalyse (ASA)

Wir gehen im folgenden von dem *5-Weg-Assoziationswürfel* der Tab. 18.2.1.1 aus und erinnern uns, daß die t = 5 Mme *Aphasie-Indikatoren* bezeichnen, und zwar A = Zeigen auf abgebildete Objekte (‚Zeigen Sie mir bitte das Schiff!'), B = Benennen von abgebildeten Objekten (Sagen Sie mir bitte, wie das heißt!'), C = Nachsprechen von Sätzen (‚Wiederholen Sie bitte genau, was ich Ihnen vorsage!'), D = Bilden von Wortalliterationen (‚Zählen Sie bitte rasch möglichst viele Worte auf, die mit M beginnen!') und E = Abzählen der in B, C und D produzierten Paraphrasien (verbale und phonemische Versprecher).

Die 5 Aphasie-Indikatoren (Testskalen) wurden bei N = 162 Aphasikern erhoben und die Testwerte so nahe wie möglich an ihrem Median *dichotomiert*. Die Dichotomien wurden *pathotrop* signiert, so daß supramediane (+) Testwerte pathologisches und submediane (−) quasi-normales Verhalten anzeigen. Die Frequenzen der 2^5 = 32 Mms-Kn sind in Tab. 18.2.1.1 verzeichnet und in Beispiel 18.2.2.2 (s. später) nach χ^2 evaluiert.

Tabelle 18.2.1.1

A	B	C	D	E	f_{ijklm}	e_{ijklm}	χ^2_{ijklm}	
+	+	+	+	+	5	3,549	0,594	
+	+	+	+	−	34	3,822	238,316	
+	+	+	−	+	14	4,905	16,861	
+	+	+	−	−	0	5,383	5,283	
+	+	−	+	+	0	3,637	3,637	
+	+	−	+	−	1	3,917	2,172	
+	+	−	−	+	7	5,028	0,773	
+	+	−	−	−	1	5,415	3,599	
+	−	+	+	+	0	3,637	3,637	
+	−	+	+	−	2	3,917	0,938	
+	−	+	−	+	4	5,028	0,210	
+	−	+	−	−	1	5,415	3,599	
+	−	−	+	+	0	3,728	3,728	
+	−	−	+	−	0	4,015	4,015	
+	−	−	−	+	3	5,154	0,900	
+	−	−	−	−	0	5,550	5,550	
−	+	+	+	+	1	4,436	2,661	
−	+	+	+	−	3	4,777	0,661	
−	+	+	−	+	2	6,132	2,784	
−	+	+	−	−	0	6,603	6,603	
−	+	−	+	+	0	4,547	4,547	
−	+	−	+	−	5	4,896	0,002	
−	+	−	−	+	7	6,285	0,081	
−	+	−	−	−	0	6,769	6,769	
−	−	+	+	+	0	4,547	4,547	
−	−	+	+	−	2	4,896	1,713	
−	−	+	−	+	5	6,285	0,263	
−	−	+	−	−	7	6,769	0,008	
−	−	−	+	+	7	4,660	1,175	
−	−	−	+	−	8	5,019	1,771	
−	−	−	−	+	23	6,442	42,557	
−	−	−	−	−	20	6,938	24,593	
Summen:					162	162,001	394,547*	26 Fge

$f_{+\ldots} = 72, f_{\cdot+\ldots} = 80, f_{\cdot\cdot+\ldots} = 80, f_{\cdot\cdot\cdot+\cdot} = 68, f_{\cdot\cdot\cdot\cdot+} = 78$
$f_{-\ldots} = 90, f_{\cdot-\ldots} = 82, f_{\cdot\cdot-\ldots} = 82, f_{\cdot\cdot\cdot-\cdot} = 94, f_{\cdot\cdot\cdot\cdot-} = 84$

Im Rahmen der Assoziationsstrukturanalyse (ASA) werden wir r = = $2^5 - 2(5) + (5-1) = 26$ *simultane Tests* durchzuführen haben, und zwar $\binom{5}{2}$ = 10 Doubleassoziationstests, $\binom{5}{3}$ = 10 Tripelassoziationstests und $\binom{5}{4}$ = 5 Quadrupelassoziationstests mit 1 Gesamtassoziationstest; von letzterem nehmen wir an, er sei signifikant. Die für 1 Fg geltende χ^2-Schranke beträgt $\chi^2 = z^2(0{,}05/26) = z^2(0{,}00192) = 2{,}89^2 = 8{,}35$.

Doubleassoziationstests

Um zu illustrieren, wie man auf *Doubleassoziationen* prüft, bilden wir Vierfelder-Frequenzen aus Tab. 18.2.1.1 gemäß Tab. 18.2.1.2 und berechnen das Vierfelder-χ^2.

Tabelle 18.2.1.2

	B+	B−	Σ
A+	5+34+14+0+0+1+7+1 = 62	0+2+4+1+0+0+3+0 = 10	72
A−	1+3+2+0+0+5+7+0 = 18	0+2+5+7+7+8+23+20 = 72	90
	80	82	162

$\chi^2 = 162(62 \cdot 72 - 10 \cdot 18)^2/(72 \cdot 90 \cdot 80 \cdot 82) = 69{,}942^*$ mit 1 Fg

In analoger Weise berechnet man alle übrigen Doubleassoziationsχ^2-Werte; man erhält dann Tab. 18.2.1.3.

Tabelle 18.2.1.3

			AB	AC	AD	AE	BC
a	+	+	62	60	42	33	59
b	+	−	10	12	30	39	21
c	−	+	18	20	26	45	21
d	−	−	72	70	64	45	61
N = 162 χ^2			69,942	59,762	14,238	0,278	37,543

			BD	BE	CD	CE	DE
a	+	+	49	36	47	31	13
b	+	−	31	44	33	49	55
c	−	+	19	42	21	47	65
d	−	−	63	40	61	35	29
N = 162 χ^2			24,108	0,627	18,260	5,592	39,560.

Wie man sieht, überschreiten alle χ^2-Werte bis auf 3 (AE, BE und CE) die 5%-Schranke von 8,35.

Auf eine Interpretation der signifikanten χ^2-Werte in Tab. 18.2.1.3 verzichten wir einstweilen noch, solange nicht feststeht, ob Mme, die an Doubleassoziationen beteiligt sind, nicht auch an Tripel- oder Quadrupelassoziationen teilhaben.

Tripelassoziationstests

Um die 10 *Tripelassoziationen* zu beurteilen, erstellen wir zunächst alle 10 Dreiweg-Randtafeln in gleicher Weise, wie wir die Zweiweg-Randtafeln nach Tab. 18.2.1.2 erstellt haben, wobei wir 8 statt 4 Frequenzen aus Tab. 18.2.1.1 gewinnen. Die Tabellen 18.2.1.4–13, die unter H_0 (allseitige Unabhängigkeit der 3 Mme) berechneten Erwartungswerte und die nach $(f-e)^2/e$ berechneten χ^2-Komponenten und deren Summe, χ^2(ABC) etc., an.

Tabelle 18.2.1.4

A	B	C	f	e	χ^2
+	+	+	53	17,558	71,540
+	+	−	9	17,997	4,498
+	−	+	7	17,997	6,720
+	−	−	3	18,447	12,935
−	+	+	6	21,948	11,588
−	+	−	12	22,497	4,898
−	−	+	14	22,497	3,209
−	−	−	58	23,059	52,946
Summen:			162	162,000	168,334

Tabelle 18.2.1.5

A	B	D	f	e	χ^2
+	+	+	40	14,925	42,130
+	+	−	22	20,631	0,091
+	−	+	2	15,298	11,559
+	−	−	8	21,147	8,173
−	+	+	9	18,656	4,998
−	+	−	9	25,789	10,930
−	−	+	17	19,122	0,235
−	−	−	55	26,433	30,872
Summen:			162	162,001	108,988

Tabelle 18.2.1.6

A	B	E	f	e	χ^2
+	+	+	26	17,119	4,607
+	+	—	36	18,436	16,733
+	—	+	7	17,547	6,340
+	—	—	3	18,897	13,373
—	+	+	10	21,399	6,072
—	+	—	8	23,045	9,822
—	—	+	35	21,934	7,783
—	—	—	37	23,621	7,577
Summen:			162	161,998	72,307

Tabelle 18.2.1.7

A	C	D	f	e	χ^2
+	+	+	41	14,925	45,558
+	+	—	19	20,631	0,129
+	—	+	1	15,298	13,363
+	—	—	11	21,147	4,869
—	+	+	6	18,656	8,585
—	+	—	14	25,789	5,389
—	—	+	20	19,122	0,040
—	—	—	50	26,433	21,011
Summen:			162	162,001	98,944

Tabelle 18.2.1.8

A	C	E	f	e	χ^2
+	+	+	23	17,119	2,020
+	+	—	37	18,436	18,692
+	—	+	10	17,547	3,246
+	—	—	2	18,897	15,109
—	+	+	8	21,399	8,390
—	+	—	12	23,045	5,294
—	—	+	37	21,934	10,348
—	—	—	33	23,621	3,724
Summen:			162	161,998	66,823

Tabelle 18.2.1.9

A	D	E	f	e	χ^2
+	+	+	5	14,551	6,269
+	+	−	37	15,671	29,031
+	−	+	28	20,115	3,091
+	−	−	2	21,663	17,847
−	+	+	8	18,189	5,708
−	+	−	18	19,588	0,129
−	−	+	37	25,144	5,590
−	−	−	27	27,078	0,000
Summen:			162	161,999	67,665

Tabelle 18.2.1.10

B	C	D	f	e	χ^2
+	+	+	43	16,583	42,084
+	+	−	16	22,923	2,091
+	−	+	6	16,997	7,115
+	−	−	15	23,496	3,072
−	+	+	4	16,997	9,939
−	+	−	17	23,496	1,796
−	−	+	15	17,422	0,337
−	−	−	46	24,084	19,944
Summen:			162	161,998	86,378

Tabelle 18.2.1.11

B	C	E	f	e	χ^2
+	+	+	22	19,021	0,466
+	+	−	37	20,485	13,315
+	−	+	14	19,497	1,550
+	−	−	7	20,997	9,330
−	+	+	9	19,497	5,652
−	+	−	12	20,997	3,855
−	−	+	33	19,984	8,477
−	−	−	28	21,522	1,950
Summen:			162	162,000	44,595

Tabelle 18.2.1.12

B	D	E	f	e	χ^2
+	+	+	6	16,168	6,395
+	+	−	43	17,412	37,603
+	−	+	30	22,350	2,618
+	−	−	1	24,070	22,111
−	+	+	7	16,572	5,529
−	+	−	12	17,847	1,916
−	−	+	35	22,909	6,381
−	−	−	28	24,671	0,449
Summen:			162	161,999	83,002

Tabelle 18.2.1.13

C	D	E	f	e	χ^2
+	+	+	6	16,168	6,395
+	+	−	41	17,412	31,955
+	−	+	25	22,350	0,314
+	−	−	8	24,070	10,728
−	+	+	7	16,572	5,529
−	+	−	14	17,847	0,829
−	−	+	40	22,909	12,751
−	−	−	21	24,671	0,546
Summen:			162	161,999	69,047

Tabelle 18.2.1.14

$\chi^2_{ABC} = 168{,}33 - 69{,}94 - 59{,}76 - 37{,}54 = 1{,}09$
$\chi^2_{ABD} = 108{,}99 - 69{,}94 - 14{,}24 - 24{,}11 = 0{,}70$
$\chi^2_{ABE} = 72{,}31 - 69{,}94 - 0{,}28 - 0{,}63 = 1{,}46$
$\chi^2_{ACD} = 98{,}94 - 59{,}76 - 14{,}24 - 18{,}26 = 6{,}68$
$\chi^2_{ACE} = 66{,}82 - 59{,}76 - 0{,}28 - 5{,}59 = 1{,}19$
$\chi^2_{ADE} = 67{,}67 - 14{,}24 - 0{,}28 - 39{,}56 = 13{,}59$
$\chi^2_{BCD} = 86{,}38 - 37{,}54 - 24{,}11 - 18{,}26 = 6{,}47$
$\chi^2_{BCE} = 44{,}60 - 37{,}54 - 0{,}63 - 5{,}59 = 0{,}84$
$\chi^2_{BDE} = 83{,}00 - 24{,}11 - 0{,}63 - 39{,}56 = 18{,}70$
$\chi^2_{CDE} = 69{,}05 - 18{,}26 - 5{,}59 - 39{,}56 = 5{,}64$

Die Tripelassoziations-χ^2-Werte gewinnen wir aus den Gesamt-χ^2-Werten durch Abzug der Doubleassoziations-χ^2-Werte nach dem Paradigma

$$\chi^2_{ABC} = 168{,}33 - 69{,}94 - 59{,}76 - 37{,}54 = 1{,}09$$

Auf gleiche Weise sind alle Tripelassoziations-χ^2-Werte in Tab. 18.2.1.14 berechnet worden.

Von den 10 nach je 1 Fg zu beurteilenden χ^2-Werten überschreiten nur 2 die adjustierte 5%-Schranke von 8,35, nämlich $\chi^2_{ADE} = 13{,}59$ und $\chi^2_{BDE} = 18{,}70$. Wie bei den Double-, so verzichten wir auch bei den signifikanten Tripelassoziationen zunächst auf eine Interpretation.

Quadrupelassoziationstests

Um *Quadrupelassoziationen* zu beurteilen, müssen wir zunächst in schon bekannter Weise die Vierweg-Randtafeln erstellen und deren Gesamt-χ^2-Werte berechnen. Dies ist unter der einschlägigen H_0 (Allunabhängigkeit der 4 Mme) in den Tabellen 18.2.1.15–19 geschehen.

Tabelle 18.2.1.15

A	B	C	D	f	e	χ^2
+	+	+	+	39	7,370	135,743
+	+	+	−	14	10,188	1,426
+	+	−	+	1	7,554	5,687
+	+	−	−	8	10,443	0,571
+	−	+	+	2	7,554	4,084
+	−	+	−	5	10,443	2,837
+	−	−	+	0	7,743	7,743
+	−	−	−	3	10,704	5,545
−	+	+	+	4	9,213	2,949
−	+	+	−	2	12,735	9,049
−	+	−	+	5	9,443	2,090
−	+	−	−	7	13,054	2,807
−	−	+	+	2	9,443	5,867
−	−	+	−	12	13,054	0,085
−	−	−	+	15	9,679	2,925
−	−	−	−	43	13,380	65,572
Summen:				162	162,000	254,980

Tabelle 18.2.1.16

A	B	C	E	f	e	χ^2
+	+	+	+	19	8,454	13,156
+	+	+	−	34	9,104	68,077
+	+	−	+	7	8,665	0,320
+	+	−	−	2	9,332	5,761
+	−	+	+	4	8,665	2,512
+	−	+	−	3	9,332	4,296
+	−	−	+	3	8,882	3,895
+	−	−	−	0	9,565	9,565
−	+	+	+	3	10,567	5,419
−	+	+	−	3	11,380	6,171
−	+	−	+	7	10,832	1,355
−	+	−	−	5	11,665	3,808
−	−	+	+	5	10,832	3,140
−	−	+	−	9	11,665	0,609
−	−	−	+	30	11,102	32,166
−	−	−	−	28	11,957	21,528
Summen:				162	161,999	181,778

Tabelle 18.2.1.17

A	B	D	E	f	e	χ^2
+	+	+	+	5	7,186	0,665
+	+	+	−	35	7,739	96,035
+	+	−	+	21	9,933	12,329
+	+	−	−	1	10,698	8,791
+	−	+	+	0	7,366	7,366
+	−	+	−	2	7,932	4,436
+	−	−	+	7	10,182	0,994
+	−	−	−	1	10,965	9,056
−	+	+	+	1	8,982	7,094
−	+	+	−	8	9,673	0,289
−	+	−	+	9	12,417	0,940
−	+	−	−	0	13,372	13,372
−	−	+	+	7	9,207	0,529
−	−	+	−	10	9,915	0,001
−	−	−	+	28	12,727	18,327
−	−	−	−	27	13,706	12,894
Summen:				162	162,000	193,118

Tabelle 18.2.1.18

A	C	D	E	f	e	χ^2
+	+	+	+	5	7,186	0,665
+	+	+	−	36	7,739	103,210
+	+	−	+	18	9,933	6,551
+	+	−	−	1	10,698	8,791
+	−	+	+	0	7,366	7,366
+	−	+	−	1	7,932	6,058
+	−	−	+	10	10,182	0,003
+	−	−	−	1	10,965	9,056
−	+	+	+	1	8,982	7,094
−	+	+	−	5	9,673	2,258
−	+	−	+	7	12,417	2,363
−	+	−	−	7	13,372	3,036
−	−	+	+	7	9,207	0,529
−	−	+	−	13	9,915	0,960
−	−	−	+	30	12,727	23,442
−	−	−	−	20	13,706	2,890
Summen:				162	162,000	184,272

Tabelle 18.2.1.19

B	C	D	E	f	e	χ^2
+	+	+	+	6	7,984	0,493
+	+	+	−	37	8,599	93,812
+	+	−	+	16	11,037	2,232
+	+	−	−	0	11,886	11,886
+	−	+	+	0	8,184	8,184
+	−	+	−	6	8,813	0,898
+	−	−	+	14	11,313	0,638
+	−	−	−	1	12,183	10,265
−	+	+	+	0	8,184	8,184
−	+	+	−	4	8,813	2,629
−	+	−	+	9	11,313	0,473
−	+	−	−	8	12,183	1,436
−	−	+	+	7	8,389	0,230
−	−	+	−	8	9,034	0,118
−	−	−	+	26	11,596	17,892
−	−	−	−	20	12,488	4,519
Summen:				162	161,999	163,889

Die Quadrupelassoziationen ABCD bzw. deren χ^2 ergibt sich aus Tab. 18.2.1.15 unter Berücksichtigung der Tabellen 18.2.1.3 und 18.2.1.14 wie folgt

$\chi^2_{ABCD} = 254{,}98 - 1{,}09 - 0{,}70 - 6{,}68 - 6{,}47 - 69{,}94 - 59{,}76 - 14{,}24 -$
$\phantom{\chi^2_{ABCD} =} - 37{,}54 - 24{,}11 - 18{,}26 = 16{,}19$

In analoger Weise wurden alle übrigen Quadrupelassoziations-χ^2-Werte (einschließlich des vorstehenden Wertes) berechnet und in Tab. 18.2.1.20 zusammengefaßt.

Tabelle 18.2.1.20

$\chi^2_{ABCD} = 254{,}98 - 1{,}09 - 0{,}70 - 6{,}68 - 6{,}47 - 69{,}94 -$
$\phantom{\chi^2_{ABCD} =} 59{,}76 - 14{,}24 - 37{,}54 - 24{,}11 - 18{,}26 = 16{,}19$

$\chi^2_{ABCE} = 181{,}78 - 1{,}09 - 1{,}46 - 1{,}19 - 0{,}84 - 69{,}94 -$
$\phantom{\chi^2_{ABCE} =} 59{,}76 - 0{,}28 - 37{,}54 - 0{,}63 - 5{,}59 = 3{,}46$

$\chi^2_{ABDE} = 193{,}12 - 1{,}09 - 1{,}46 - 13{,}59 - 18{,}70 - 69{,}94 -$
$\phantom{\chi^2_{ABDE} =} 14{,}24 - 0{,}28 - 24{,}11 - 0{,}63 - 39{,}56 = 9{,}52$

$\chi^2_{ACDE} = 184{,}27 - 6{,}68 - 1{,}19 - 13{,}59 - 5{,}64 - 59{,}76 -$
$\phantom{\chi^2_{ACDE} =} 14{,}24 - 0{,}28 - 18{,}26 - 5{,}59 - 39{,}56 = 19{,}48$

$\chi^2_{BCDE} = 163{,}89 - 6{,}47 - 0{,}84 - 18{,}70 - 5{,}64 - 37{,}54 -$
$\phantom{\chi^2_{BCDE} =} 24{,}11 - 0{,}63 - 18{,}26 - 5{,}59 - 39{,}56 = 6{,}55.$

Wie man sieht, überschreiten 3 der 5 χ^2-Werte die adjustierte 5%-Schranke von 8,35. Betroffen sind die Quadrupel ABCD, ABDE und ACDE.

Auch hier verzichten wir auf eine explizite Interpretation und vertrösten uns vorerst auf später (Abschnitt 18.2.2).

Quintupelassoziationstest

Um zu prüfen, ob alle 5 Mme in der komplexest-möglichen Weise miteinander zusammenhängen, subtrahieren wir vom Gesamt-χ^2 die 5 Quadrupel- und die je 10 Tripel- und Double-Assoziations-χ^2-Werte und erhalten mit χ^2 (ABCDE) = 394,55 aus Tab. 18.2.1.1

$\chi^2_{ABCDE} = 394{,}55 - 16{,}19 - 3{,}46 - 9{,}52 - 19{,}48 - 6{,}55 - 1{,}09 - 0{,}70 -$
$\phantom{\chi^2_{ABCDE} =} - 1{,}46 - 6{,}68 - 1{,}19 - 13{,}59 - 6{,}47 - 0{,}84 - 18{,}70 - 5{,}64 -$
$\phantom{\chi^2_{ABCDE} =} - 69{,}94 - 59{,}76 - 14{,}24 - 0{,}28 - 37{,}54 - 24{,}11 - 0{,}63 - 18{,}26 -$
$\phantom{\chi^2_{ABCDE} =} - 5{,}59 - 39{,}56 = 13{,}08$

Dieses χ^2 übersteigt die adjustierte 5%-Schranke von 8,35 und gibt Anlaß, die obige Vermutung eines höchst komplexen Zusammenhangs zwischen den 5 Aphasie-Indikatoren zu bejahen.

Assoziationsanalysenergebnis

Faßt man alle im Rahmen der ASA untersuchten Assoziationen der 5 Mme übersichtlich zusammen, so erhält man die *Assoziationskomponententabelle* der Tab. 18.2.1.21.

Tabelle 18.2.1.21

Double-Assoziations-Chiquadrate	Tripel-Assoziations-Chiquadrate	Quadrupel-Assoziations-Chiquadrate	Quintupel-Assoziations-Chiquadrat
AB 69,94*	ABC 1,09	ABCD 16,19*	ABCDE 13,08*
AC 59,76*	ABD 0,70	ABCE 3,46	
AD 14,24*	ABE 1,46	ABDE 9,52*	
AE 0,28	ACD 6,68	ACDE 19,48*	
BC 37,54*	ACE 1,19	BCDE 6,55	
BD 24,11*	ADE 13,59*		
BE 0,63	BCD 6,47		
CD 18,26*	BCE 0,84		
CE 5,59	BDE 18,70*		$\chi^2 = 394,55$
DE 39,56*	CDE 5,64		$= 100\%$
68%	14%	14%	3%

Wie man erkennt, sind 7 der 10 Doubleassoziationen, aber nur 2 der ebenfalls 10 Tripelassoziationen auf der 5%-Stufe signifikant, so daß man geneigt sein könnte, eine quasiparametrische Assoziationsstruktur zu vermuten. Dagegen spricht leider der Umstand, daß 3 der 5 Quadrupelassoziationen und die einzige Quintupelassoziation ebenfalls signifikant sind.

Tab. 18.2.1.21 läßt sich auch noch in ‚*Kontingenzanteilen*' beurteilen: Bedenkt man, daß die Summe der Doubleassoziations-χ^2-Werte gleich 269,91 beträgt, so sind 269,91/394,55 = 68% der Gesamtkontingenz durch Doublekontingenzen aufgeklärt. Auf die Tripelkontingenzen entfallen nur 56,36/394,55 = 14% und auf Quadrupel- und Quintupelassoziationen 55,20/394,55 = 14% und 13,08/394,55 = 3%. Der Zweidrittel-Anteile von Doubleassoziationen darf nicht dazu verleiten, die Assoziationsinterpretation auf ebendiese Assoziationen zu stützen, und zwar aus dem nachfolgend zu nennenden Grund.

Mit Ausnahme des Mms C (Alliterationen-Bilden) sind alle Mme in 2 signifikanten Tripelassoziationen eingebunden, in ADE und BDE, lassen sich also *nicht* als paarige Assoziationen interpretieren. Das Mm C ist zusätzlich noch in 2 der 3 signifikanten Quadrupelassoziationen vertreten, was eine Interpretation weiter kompliziert.

Ehe wir jedoch zur Interpretation übergehen, wollen wir uns die Assoziationskomponententabelle auch noch in anderer Weise verdeutlichen.

Assoziationsgraphenschemata

Die in Tab. 18.2.1.21 aufgeführten Assoziationen lassen sich auch graphisch veranschaulichen. Tab. 18.2.1.22 ist ein *Assoziationsgraphenschema* der signifikanten Assoziationen zwischen den 5 Mmn (nach KRAUTH und LIENERT, 1973, Tab. 33).

Tabelle 18.2.1.22

Double-Assoziationen	AB, AC, AD, BC, BD, CD, DE
Tripel-Assoziationen	ADE, BDE
Quadrupel-Assoziationen	ABCD, ACDE
Quintupel-Assoziation	ABCDE

Doubleassoziationen sind im Graphenschema durch *geradlinige* Verbindungen zwischen geeignet angeordneten Mmn A, B, C, D und E veranschaulicht, wobei Kreuzungen (wie A−D mit B−C) durch Überbrückungsbogen vermieden wurden.

Tripelassoziationen sind durch *Y-förmige* Verbindungen zwischen den beteiligten 3 Mmn symbolisiert. Aus dem Graphen erkennt man, daß der

Zusammenhang zwischen A und B über die Mme D und E in 2 Tripelassoziationen vermittelt wird.

Quadrupelassoziationen werden durch kreuz- oder *psi-förmige* Verbindungen zwischen den beteiligten 4 Mmn visualisiert. Aus dem Bild der Tab. 18.2.1.22 ist evident, daß B und E, die paarweise nicht assoziiert sind (χ^2_{BE} = 0,63), über A, D und C zusammenhängen. Die signifikante Assoziation ABDE ließ sich in diesem Graphen allerdings nicht unterbringen, ohne ihn räumlich auszuweiten (d.h. E in Verbindung mit dem linken Kreuzungspunkt zu bringen).

Die Quintupelassoziation schließlich wurde durch eine einfache *Sternanordnung* aller 5 Mme veranschaulicht.

Statt auf die signifikanten Assoziationen läßt sich ein Assoziationsgraphenschema auch auf ‚*kritische Phi-Koeffizienten*' gründen. Berücksichtigt man nur jene Assoziationen, die einem Phi' $\geqslant$ 0,5 (CRAMERS Phi) entsprechen, so reduziert sich das Graphenschema der Doubleassoziationen (‚Drachenstruktur') auf die Verbindung B−A−C (Kettenstruktur, vgl. DOLLASE, 1973, Abb.25). Denn nur die Assoziationen Phi'(AB)=$\sqrt{69,94/162}$ = 0,66 und Phi'(AC) = $\sqrt{59,76/162}$ = 0,61 überschreiten das kritische Phi' = 0,5. Man erinnere, daß phi^2 = phi'^{2} = χ^2/N für 1 Fg gilt, und zwar nicht nur für Double-, sondern auch für Tripel- usw. -assoziationen (vgl. 9.2.1).

Liegt dem Untersucher die *praktische Bedeutsamkeit von Assoziationen* näher als deren statistische, dann sollte er nicht nur den Assoziationsgraphen auf Phi- oder Phi^2-Koeffizienten, sondern auch die Ergebnistabelle der ASA darauf aufbauen. Er braucht dann nur die χ^2-Werte durch N, den Stichprobenumfang der Mehrwegtafel, zu dividieren, um Phi^2-Werte oder deren (vorzeichenfreie) Wurzelwerte, die CRAMERschen Phi'-Koeffizienten zu erhalten.

In analoger Weise wie im Beispiel 18.2.1.1 wären die *nicht-* oder *extraparametrischen Komponenten* der Fünfweg-Tafel in Tab. 18.2.1.1 zu identifizieren und zu interpretieren. Man geht von einer 3-Weg-Randtafel mit signifikanter Tripelkontingenz aus und berechnet Erwartungswerte e'=E (in 7.2.2) unter H'_0, daß nur Doublekontingenzen zwischen den 3 Mmn (die aus der Stichprobe geschätzt werden) bestehen[3]. Dieser Ansatz wird nachfolgend von 3 auf t Mme verallgemeinert.

---

[3] Die auf e in einer Dreiwegtafel gegründeten χ^2-Werte der 3 Randtafeln und auf e' gegründete χ^2 der Gesamttafel lassen sich nicht zu dem auf e gegründeten χ^2 der Gesamttafel addieren. Die Nichtadditivität ist um so auffälliger, je stärker die Gesamttafel von einer quasiparametrischen Tafel abweicht. Die Diskrepanz liegt daran, daß die e' keine erwartungstreuen Schätzer der zugehörigen Parameter sind.

18.2.2 Komplexassoziationsanalyse

Wir haben eingangs den Sinn einer ASA hauptsächlich darin gesehen, zwischen quasiparametrischen und nicht- oder *antiparametrischen Assoziationen* zu unterscheiden. Auf diese Unterscheidung soll daher auch die Interpretation eines ASA-Ergebnisses gegründet werden. Wir unterscheiden zu diesem Zweck lediglich zwischen Assoziationen 1. Ordnung (Doubleassoziationen) und solchen zweiter und höherer Ordnung (Tripel- und/ oder Quadrupel- und/oder Quintupelassoziationen bei t = 5 Mmn).

Die *Assoziationen 1. Ordnung* interpretieren wir in gewohnter Weise durch Vierfelder-Assoziationsmaße. So ist die Doubleassoziation zwischen den Aphasieindikatoren A und B mit einem χ^2 = 69,94 durch die Vierfelder-Tabelle 18.2.1.2 als positive Phi-Assoziation (Phi = +0,65) zwischen zwei Leistungsanforderungen (Objekte Zeigen, Objekte Benennen) bestimmt. Ähnliches gilt für die Assoziationen AC und BC, die beide direkt zu interpretieren sind wie parametrische Korrelationen zwischen (0,1)-Meßwerten der Indikatoren A, B und C (= Sätze Nachsprechen).

Die ZENTGRAF-KFA

Nicht direkt, sondern nur indirekt interpretieren wollen wir die *Assoziationen 2. und höherer Ordnung* über eine hier sog. ZENTGRAF-KFA, in der die Erwartungswerte nicht aufgrund von H_0 allseitiger Unabhängigkeit, sondern aufgrund von H_0' bestehender Assoziationen 1. Ordnung berechnet bzw. geschätzt werden (ZENTGRAF, 1975). Für t = 5 Mme lautet die einschlägige Formel

$$e'_{ijklm} = \frac{f_{ij...}f_{..k.}f_{...l.}f_{....m}}{N^3} + \frac{f_{i.k.}f_{.j..}f_{...l.}f_{....m}}{N^3} + \qquad (18.2.2.1)$$

$$+ ... + \frac{f_{...lm}f_{i...}f_{.j..}f_{..k.}}{N^3} - [\binom{5}{2}-1]\frac{f_{i...}f_{.j..}f_{..k.}f_{...l.}f_{....m}}{N^4}$$

Die ZENTGRAF-Formel gilt — sinngemäß verändert — für eine beliebige Zahl von Mmn, wobei die doppelt indizierten Frequenzen stets auf Zweiweg-, die einfach indizierten Frequenzen stets auf Einwegtafeln bezogen sind. Für t = 4 Mme lautet sie demnach

$$e'_{ijkl} = [(f_{ij..}f_{..k.}f_{...l}) + (f_{i.k.}f_{.j..}f_{...l}) + (f_{i..l}f_{.j..}f_{..k.}) + (f_{.jk.}f_{i...}f_{...l}) +$$
$$+ (f_{.j.l}f_{i...}f_{..k.}) + (f_{..kl}f_{i...}f_{.j..})]/N^2 - [\binom{4}{2}-1](f_{i...}f_{.j..}f_{..k.}f_{...l})/N^3$$

(18.2.2.2)

Die ZENTGRAF-Formeln haben stets $\binom{t}{2}$ positive und einen negativen Summanden und sind auf die Randtafeln gleichermaßen anzuwenden wie auf die Gesamttafel. Ihre χ^2-Komponenten identifizieren *Komplexassoziationstypen*.

Tripelassoziationstypen

Werden die Dreiweg-Randtafeln einer Gesamttafel nach ZENTGRAFS Formeln ausgewertet, so ergeben die χ^2-Komponenten $(f-e')^2/e'$ *Tripelassoziationstypen*, da in einer Dreiwegtafel nur Tripel- und keine höheren Assoziationen auftreten können.

Treten statistisch signifikante und sachlogisch interessante Tripelassoziationen in einer ASA auf, so kann es lohnend sein, nach Tripelassoziationstypen via ZENTGRAF-KFA zu suchen. Eine Tripelassoziation in Abschnitt 18.2.1, die beide Desiderate erfüllt, soll im folgenden Beispiel auf Tripelassoziationstypen untersucht werden. Es handelt sich um die Tripelassoziation der Aphasie-Indikatoren A, D und E (Tab. 18.2.1.21).

Beispiel 18.2.2.1

Datensatz: Wie aus Tab. 18.2.1.21 zu ersehen, bilden die Mme A, D und E der Aphasiker-Stichprobe eine signifikante Tripelassoziation. A und D sowie D und E sind außerdem aber signifikant doubleassoziiert, positiv und negativ, wie aus Tab. 18.2.1.3 zu erkennen und klinisch-psychologisch zu interpretieren (vgl. GLONING et al. 1972). Gefragt wird, in welcher Weise sich die Tripelassoziation auswirkt und wie sie zu interpretieren ist? Wir beantworten die Frage mittels einschlägiger ZENTGRAF-KFA.

Tripelassoziationstypen: Die Erwartungswerte e' für 3 Mme bei festen Zweiweg-Randtafeln lauten für die Dreiwegtafel mit $\binom{3}{2} - 1 = 2$

$$e'_{ijk} = \frac{f_{ij.}f_{..k}}{N} + \frac{f_{i.k}f_{.j.}}{N} + \frac{f_{.jk}f_{i..}}{N} - 2\left(\frac{f_{i..}f_{.j.}f_{..k}}{N \cdot N}\right) \quad (18.2.2.3)$$

Setzen wir z.B. für e'(-++) die Frequenzen aus Tab. 18.2.1.9 ein, so resultiert f(-+.) = 8+18 = 26, f(-.+) = 8+37 = 45 und f(.++) = 5+8 = 13. Aus der gleichen Tabelle entnehmen wir f(..+) = 5+28+8+37 = 78, f(.+.) = 5+37+8+18 = 68 und f(-..) = 4+17+ +15+46 = 72. Durch Einsetzen ergibt sich für N = 162

$$e'(-++) = \frac{26 \cdot 78}{162} + \frac{45 \cdot 68}{162} + \frac{13 \cdot 90}{162} - 2\left(\frac{90 \cdot 68 \cdot 78}{162 \cdot 162}\right) = 2{,}25$$

Da f(-++) = 8, ist $(f-e')^2/e' = (8-2{,}25)^2/2{,}25 = 14{,}69$ die zur Kn (-++) gehörige χ^2-Komponente. Auf analoge Weise sind die 7 übrigen χ^2-Komponenten zu berechnen, was in Tab. 18.2.2.1 bereits geschehen ist.

Tabelle 18.2.2.1

A D E	f	e'	(f-e')²/e'
+ + +	5	10,75	3,08
+ + -	37	31,25	1,06
+ - +	28	22,25	1,49
+ - -	2	7,75	4,29
- + +	8	2,25	14,69*
- + -	18	23,75	1,39
- - +	37	42,75	0,73
- - -	27	21,25	1,56
N=162		162,00	28,27 ≠ 13,59 = χ^2_{ADE}

Die zur Berechnung von e' nötigen Randtafel-Frequenzen sind in Tab. 18.2.2.2 verzeichnet (alle aus Tab. 18.2.1.9):

Tabelle 18.2.2.2

	Drei Einweg-Randtafeln		
f(+..) = 72	f(-..) = 90 f(.+.) = 68		f(.-.) = 94
	f(..+) = 78 f(..-) = 84		
	Drei Zweiweg-Randtafeln		
f(++.) = 42	f(+.+) = 33		f(.++) = 13
f(+-.) = 30	f(+.-) = 39		f(.+-) = 55
f(-+.) = 26	f(-.+) = 45		f(.+-) = 65
f(--.) = 64	f(-.-) = 45		f(.--) = 29

Interpretation: Die einzige Kn, die eine Tripelassoziation ADE bedingt, ist in Tab. 18.2.2.1 mit einem Stern signiert: Kn(-++). Es finden sich mehr (f = 8) Aphasiker, die Alliterationsstörungen aufweisen (D+) und Paraphasien produzieren (E+), ohne Objekt-Zeige-Störungen aufzuweisen, als durch die 3 Doubleassoziationen zu erklären sind. Ein Typ expressiv gestörter, rezeptiv intakter Aphasiker?

Anmerkung: Man lasse das Gesamt-χ^2 der Tab. 18.2.2.1 außer acht, denn es ist nicht identisch mit dem residualdefinierten Tripelassoziations-χ^2 aus Tab. 18.2.1.14.

Wie in Beispiel 18.2.2.1 die Mme A, D und E untersucht worden sind, können auch die ebenfalls tripelassoziierten Mme B, D und E (Tab. 18.2.1.21) auf *Tripelassoziationstypen* untersucht werden.

Eine ZENTGRAF-KFA ist nur zulässig, wenn alle Erwartungswertschätzungen e' *positiv* sind, da *negative Erwartungswerte* mit dem Lancaster-Modell unvereinbar sind. Solch eine Unvereinbarkeit tritt beispielsweise auf, wenn Doubleassoziationen zwischen 2 Mmn den Charakter von

Scheinassoziationen aufweisen, oder durch Scheinassoziationskomponenten überhöht sind. In einem solchen Fall werden Tripelassoziationsanteile in die auf Doubleassoziationen gegründeten Erwartungswerte e' mit einbezogen und letztere mithin unterschätzt.

Komplexassoziationstypen

Nachfolgende soll der zweite Schritt der Interpretationsstrategie getan und die Gesamttafel der 5 Mme auf Komplexassoziationstypen hin untersucht werden.

Beispiel 18.2.2.2

Datenrekurs: Wir gehen von den binarisierten Aphasis-Mmn der Tab. 18.2.1.1 aus und bilden in Tab. 18.2.2.3 die zum Komplex Assoziationstypen-Nachweis erforderlichen ein- und zweidimensionalen Randtafeln, letztere aus den Doubleassoziationstabellen (Tab. 18.2.1.2).

Tabelle 18.2.2.3

Einweg-Randtafeln				
f+.... = 72	f.+... = 80	f..+.. = 80	f...+. = 68	f....+ = 78
f-.... = 90	f.-... = 82	f...-. = 82	f...-. = 94	f....- = 84
Zweiweg-Randtafeln				
f++... = 62	f+.+.. = 60	f+..+. = 42	f+...+ = 33	f.++.. = 59
f+-... = 10	f+.-.. = 12	f+..-. = 30	f+...- = 39	f.+-.. = 21
f-+... = 18	f-.+.. = 20	f-..+. = 26	f-...+ = 45	f.-+.. = 21
f--... = 72	f-.-.. = 70	f-..-. = 64	f-...- = 45	f.--.. = 61
f.+.+. = 49	f.+..+ = 36	f..++. = 47	f..+.+ = 31	f...++ = 13
f.+.-. = 31	f.+..- = 44	f..+-. = 33	f..+.- = 49	f...+- = 55
f.-.+. = 19	f.-..+ = 42	f..-+. = 21	f..-.+ = 47	f...-+ = 65
f.-.-. = 63	f.-..- = 40	f..--. = 61	f..-.- = 35	f...-- = 29

Assoziationstypen-KFA: Zu Vergleichszwecken führen wir zunächst eine einfache KFA mit den Einwegtafeln durch und erhalten etwa für die Kn(++++-) ein e(++++-) = = $(72 \cdot 80 \cdot 80 \cdot 68 \cdot 84)/162^4$ = 3,822 und ein χ^2(++++-) = $(34-3,822)^2/3,822$ = = 238,316*, also einen hoch überrepräsentierten Aphasiker-Typ mit Störungen in allen Leistungsanforderungen (Tests), aber ohne spontane Sprechstörungen (Paraphasien). Dieser Typ ist aus Tab. 18.2.1.1 übernommen und in Tab. 18.2.2.4 mit Pfeil aufgeführt.

Wir sehen in Kn(+++-+) darüber hinaus in Tab. 18.2.1.2. einen Typ nur Assoziationsungestörter (alliterationsfähiger, D-) Aphasiker, einen Typ nur sprechgestörter Aphasiker (----+) und einen Typ von Aphasikern, die in keinem der 5 Indikatoren positiv ansprechen (-----), obschon sie klinisch als Aphasiker diagnostiziert worden

Tabelle 18.2.2.4

A	B	C	D	E	f_{ijklm}	e_{ijklm}	χ^2_{ijklm}	
+	+	+	+	+	5	3,549	0,594	
+	+	+	+	−	34	3,822	238,316	←
+	+	+	−	+	14	4,905	16,861	←
+	+	+	−	−	0	5,383	5,283	
+	+	−	+	+	0	3,637	3,637	
+	+	−	+	−	1	3,917	2,172	
+	+	−	−	+	7	5,028	0,773	
+	+	−	−	−	1	5,415	3,599	
+	−	+	+	+	0	3,637	3,637	
+	−	+	+	−	2	3,917	0,938	
+	−	+	−	+	4	5,028	0,210	
+	−	+	−	−	1	5,415	3,599	
+	−	−	+	+	0	3,728	3,728	
+	−	−	+	−	0	4,015	4,015	
+	−	−	−	+	3	5,154	0,900	
+	−	−	−	−	0	5,550	5,550	
−	+	+	+	+	1	4,436	2,661	
−	+	+	+	−	3	4,777	0,661	
−	+	+	−	+	2	6,132	2,784	
−	+	+	−	−	0	6,603	6,603	
−	+	−	+	+	0	4,547	4,547	
−	+	−	+	−	5	4,896	0,002	
−	+	−	−	+	7	6,285	0,081	
−	+	−	−	−	0	6,769	6,769	
−	−	+	+	+	0	4,547	4,547	
−	−	+	+	−	2	4,896	1,713	
−	−	+	−	+	5	6,285	0,263	
−	−	+	−	−	7	6,769	0,008	
−	−	−	+	+	7	4,660	1,175	
−	−	−	+	−	8	5,019	1,771	
−	−	−	−	+	23	6,442	42,557	←
−	−	−	−	−	20	6,938	24,593	←
Summen:					162	162,001	394,547***	26 Fge

sind. Diese 4 Typen gehen auf alle bestehenden Assoziationen zwischen den 5 Mmn zurück, wie sie in Tab. 18.2.1.21 verzeichnet sind.

Prägnanzargumentation: Unter den 4 nachgewiesenen KFA-Typen der Aphasie ist der Typus (++++−) mit einem χ^2-Anteil von 238,316/394,547 = 60% mit Abstand der prägnanteste, gefolgt von seinem Komplementärtyp (−−−−+) mit einem χ^2-Anteil von 42,557/394,547 = 11% (s. Tabelle 18.2.2.4). Da nach Tabelle 18.2.1.21 ganze 68% der Devianz der beobachteten von den unter der Unabhängigkeits-H_0 erwarteten Frequenzen auf Doubleassoziationen entfallen und also nur 32% für komplexere Assoziationen verbleiben, sollte − wenn überhaupt − der prägnanteste Typ (++++−) auch Komponenten komplexerer Assoziationen (Tripel- und/oder Quadrupelassoziationen, die mit je 14% in Tabelle 18.2.1.21 vertreten sind) enthalten; dafür sprechen auch substanzwissenschaftliche Argumente wie nachfolgend ausgeführt.

Komplexassoziationstypen: Wo wir sz. die signifikanten Doubleassoziationen AB, AC, AD, BC, BD und CD (Tab. 18.2.1.21) bereits als Leistungsinterassoziationen interpretiert haben – alle 4 Aphasikertests sind positiv interassoziiert –, und DE eine negative Assoziation zwischen geforderten und spontan erbrachten Sprechakten indiziert, stellt sich die Frage, welche Zusammenhänge noch bestehen, die mit diesen Doubleassoziationen nicht zu erklären sind.

Zur Beantwortung dieser Frage bilden wir aus Tab. 18.2.2.3 die ZENTGRAFschen Erwartungswerte nach Formel (18.2.2.1) z.B.

$$e'(++++-) = (68 \cdot 80 \cdot 68 \cdot 84 + 60 \cdot 80 \cdot 68 \cdot 84 + 42 \cdot 80 \cdot 80 \cdot 84 +$$
$$+ 39 \cdot 80 \cdot 80 \cdot 68 + 59 \cdot 72 \cdot 68 \cdot 84 + 49 \cdot 72 \cdot 80 \cdot 84 +$$
$$+ 44 \cdot 72 \cdot 80 \cdot 68 + 47 \cdot 72 \cdot 80 \cdot 84 + 49 \cdot 72 \cdot 80 \cdot 68 +$$
$$+ 55 \cdot 72 \cdot 80 \cdot 80)/162^3 - (10-1)(72 \cdot 80 \cdot 80 \cdot 68 \cdot 84)/162^4 = 19{,}183$$

In analoger Weise berechnen wir e'-Werte für all jene Kn in Tab. 18.2.2.4, die bereits einfache Assoziationstypen konstituieren, um zu sehen, welche von ihnen komplexe Assoziationen beinhalten. Typen, die nur auf Doubleassoziationen basieren, müssen verschwinden, wogegen sich Typen, die auch Tripel- und höhere Assoziationen in bedeutsamem Ausmaß enthalten, behaupten sollten. Tab. 18.2.2.5 führt die einschlägigen 4 Kn auf.

Tabelle 18.2.2.5

Kn	f	e'	$(f-e')^2/e'$
++++-	34	19,183	11,444*
+++-+	14	10,541	1,135
----+	23	26,475	0,456
-----	20	18,308	0,156

Unter den 4 Kn-Typen der Tab. 18.2.2.4 ist also nur ein einziger Typus (++++-), der auch komplexe Mms-Zusammenhänge aufweist: Es handelt sich um Aphasiker, die leistungsgestört (++++.) aber nicht sprechgestört (....-) sind.

Anmerkung: Bei vollständiger ZENTGRAF-KFA müssen alle 32 Kn in gleicher Weise analysiert und beurteilt werden wie die 4 Kn, die auf Assoziationen jeglicher Ordnung basieren. Es ist möglich, daß sich Komplextypen manifestieren, die durch die Doubleassoziationen verdeckt worden sind.

Treten in einer ASA neben Doubleassoziationen nur noch Tripelassoziationen in substantiellem Maße auf, dann sind diese u.U. substanzwissenschaftlich über geeignete *Aufspaltungen in Untertafeln* eines Mms besser zu interpretieren als formal über KFA-Typen. Dieses Prinzip hat WERMUTH (1976) auf mehr als 3 Mme (mit beliebiger Zahl von Ausprägungen je Mm) so verallgemeinert und algorithmisiert, daß die Aufspaltung zu Paaren von Mmn führt, die innerhalb der Untertafeln unabhängig (bedingt oder *partiell null-assoziiert*) sind (vgl. auch WERMUTH et al. 1976).

18.2.3 Die Kontingenzstrukturanalyse (KSA)

Hat eines von t Mmn *mehr als 2 Stufen* (Klassen), dann bestehen zwischen diesem Mm und den übrigen Mmn entsprechend dem Sprachgebrauch keine Assoziationen, sondern *Kontingenzen*. Die analoge Situation herrscht, wenn einige Mme zweistufig andere mehrstufig skaliert sind (nominal und/oder ordinal) und insbesondere, wenn alle t Mme mehrstufig skaliert sind. In all diesen Fällen benutzen wir für die χ^2-Zerlegung von t-dimensionalen Kontingenztafeln den Begriff der Kontingenzstrukturanalyse[4].

Im folgenden brauchen wir das Rationale der ASA nicht mehr auf die KSA zu übertragen, da beide Rationalia identisch sind. Da die KSA jedoch im Regelfall aufwendiger ist als eine ASA, wollen wir uns im folgenden *Algorithmen* ansehen, mit deren Hilfe auch eine KSA ökonomisch durchzuführen ist.

χ^2-Algorithmik von ASA und KSA

Wir haben die Assoziations-χ^2e höherer Ordnung in 18.2.1 recht umständlich und aufwendig gemäß der Residualdefinition berechnet. Tatsächlich kann man Assoziations-χ^2e beliebiger Ordnung *direkt* und ohne Rekurs auf die Assoziationen niedriger Ordnung berechnen, wenn man zuvor eine *hierarchische KFA* durchführt, d.h. die Gesamt-χ^2e aller möglichen Randtafeln berechnet.

Bezogen auf unsere Fünfwegtafel des Abschnittes 18.2.1 ergeben sich durch Einsetzen der Terme für Assoziations-χ^2e niedrigerer Ordnung in solche höherer Ordnung *einfache Formeln*, die im folgenden nur für jeweils einen *Prototyp* einer Assoziation angegeben werden:

$$\begin{aligned}
\chi^2{}_{AB} &= \chi^2(AB), \\
\chi^2{}_{ABC} &= \chi^2(ABC) - \chi^2(AB) - \chi^2(AC) - \chi^2(BC) \\
\chi^2{}_{ABCD} &= \chi^2(ABCD) - \chi^2(ABC) - \ldots - \chi^2(BCD) \\
&\quad + \chi^2(AB) + \ldots + \chi^2(CD) \\
\chi^2{}_{ABCDE} &= \chi^2(ABCDE) - \chi^2(ABCD) - \ldots - \chi^2(BCDE) \\
&\quad + \chi^2(ABC) + \ldots + \chi^2(CDE) \\
&\quad - \chi^2(AB) - \ldots - \chi^2(DE)
\end{aligned} \qquad (18.2.3.1)$$

Darin bezeichnet $\chi^2(AB)$ das Gesamt-χ^2 der zweidimensionalen Rand-

---

[4] Die gesonderte Bezeichnung hat vor allem darin ihren Sinn, daß der Zusammenhang zwischen 2-stufigen Mmn stets eindeutig, der zwischen mehrstufigen Mmn aber nicht mehr eindeutig als Kontigenztrend interpretiert werden kann.

tafel AB, χ^2(ABC) das Gesamt-χ^2 der dreidimensionalen Randtafel ABC usf. bis zu χ^2(ABCDE) als dem Gesamt-χ^2 der Fünfwegtafel.

Bei *multinär* skalierten Mmn sind die zugehörigen Fge gegeben durch

$$Fg_{AB} = (a-1)(b-1)$$
$$Fg_{ABC} = (a-1)(b-1)(c-1)$$
$$\dots\dots\dots\dots\dots\dots\dots\dots\dots\dots$$
$$Fg_{ABCDE} = (a-1)(b-1)(c-1)(d-1)(e-1)$$

(18.2.3.2)

Bei *binär* skalierten Mmn sind alle Fge gleich 1 und ihre Summe gleich der Zahl der simultan durchzuführenden Tests.

Wenn man das Prinzip des *Vorzeichenwechsels* in (18.2.3.1) beachtet, lassen sich diese Formeln unschwer für höher-dimensionale Kontingenz- bzw. Assoziationstafeln *verallgemeinern*. So ergäbe sich für t = 6 Mme A, B, C, D, E und F die Sextupelassoziation durch das folgende Chiquadrat:

$\chi^2_{ABCDEF} = \chi^2(ABCDEF)$ $\qquad$ $\binom{6}{6} = 1$ Term
Minus: $\quad -\chi^2(ABCDE) - \dots - \chi^2(BCDEF)$ $\qquad$ $\binom{6}{5} = 6$ Terme
Plus: $\quad +\chi^2(ABCD) + \dots + \chi^2(CDEF)$ $\qquad$ $\binom{6}{4} = 15$ Terme
Minus: $\quad -\chi^2(ABC) - \dots - \chi^2(DEF)$ $\qquad$ $\binom{6}{3} = 20$ Terme
Plus: $\quad +\chi^2(AB) + \dots + \chi^2(EF)$ $\qquad$ $\binom{6}{2} = 15$ Terme

mit $Fg_{ABCDEF} = (a-1)(b-1)(c-1)(d-1)(e-1)(f-1)$ $\qquad$ (18.2.3.3)

Man beachte, daß sämtliche χ^2-Komponenten größer als Null sein müssen, welchen Hinweis selbst LANCASTER (1969, S. 262) für geboten hält, da eine ASA mit negativen Komponenten modellwidrig und daher nicht zu interpretieren ist.

Numerik der ASA

Im folgenden Beispiel wird die *Numerik* einer ASA mit 6 Mmn illustriert; darin ist 1 Mm nominal, 2 Mme sind ordinal und 3 Mme intervallskaliert, aber median-dichotomiert (+,-).

Beispiel 18.2.3.1

Problem: Es soll die Kontingenzstruktur einiger Schüler- und Schulleistungs-Mme analysiert werden. Es sind dies die t = 6 Mme

G = Geschlecht (m, w)
N = Deutschnote (1–2=1, 3–4=2 und 5–6=3)
B = Berufsstatus des Vaters (1=hoch, 3=niedrig)
L = Leseverständnis (+, -) als Test
W = Wortschatz (+, -) als Test
R = Rechtschreibung (+, -) als Test.

831

Datensatz: Tabelle 18.2.3.1 zeigt die Frequenzen der 2x3x3x2x2x2 = 144 Felder der Sechswegtafel, gesondert für 941 Schüler und 898 Schülerinnen (N = 1839) des vierten Schuljahres.

Tabelle 18.2.3.1

GNBLWR	f	GNBLWR	f	GNBLWR	f	GNBLWR	f
m 11 ---	1	m 13 -+-	0	m 22 +--	19	m 31 ++-	1
m 11 --+	8	m 13 -++	3	m 22 +-+	10	m 31 +++	1
m 11 -+-	3	m 13 +--	1	m 22 ++-	38	m 32 ---	60
m 11 -++	7	m 13 +-+	1	m 22 +++	39	m 32 --+	1
m 11 +--	2	m 13 ++-	1	m 23 ---	27	m 32 -+-	11
m 11 +-+	3	m 13 +++	17	m 23 --+	7	m 32 -++	2
m 11 ++-	5	m 21 ---	28	m 23 -+-	6	m 32 +--	12
m 11 +++	71	m 21 --+	9	m 23 -++	12	m 32 +-+	0
m 12 ---	1	m 21 -+-	12	m 23 +--	7	m 32 ++-	10
m 12 --+	8	m 21 -++	16	m 23 +-+	6	m 32 +++	3
m 12 ---	2	m 21 +--	17	m 23 ++-	25	m 33 ---	34
m 12 -++	13	m 21 +-+	11	m 23 +++	16	m 33 --+	0
m 12 +--	0	m 21 ++-	33	m 31 ---	27	m 33 -+-	10
m 12 +-+	6	m 21 +++	42	m 31 --+	0	m 33 -++	0
m 12 ++-	9	m 22 ---	76	m 31 -+-	4	m 35 +--	5
m 12 +++	54	m 22 --+	20	m 31 -++	1	m 33 +-+	0
m 13 ---	0	m 33 -+-	29	m 31 +--	4	m 33 ++-	3
m 13 --+	6	m 22 -++	23	m 31 +-+	0	m 33 +++	2
						Schüler:	941

GNBLWR	f	GNBLWR	f	GNBLWR	f	GNBLWR	f
w 11 ---	4	w 13 -+-	1	w 22 +--	28	w 31 ++-	1
w 11 --+	12	w 13 -++	4	w 22 +-+	24	w 31 +++	0
w 11 -+-	1	w 13 +--	0	w 22 ++-	21	w 32 ---	42
w 11 -++	16	w 13 +-+	2	w 22 +++	40	w 32 --+	2
w 11 +--	2	w 13 ++-	3	w 23 ---	26	w 32 -+-	6
w 11 +-+	9	w 13 +++	11	w 23 --+	18	w 32 -++	1
w 11 ++-	7	w 21 ---	26	w 23 -+-	6	w 32 +--	4
w 11 +++	79	w 21 --+	16	w 23 -++	3	w 32 +-+	1
w 12 ---	6	w 21 -+-	7	w 23 +--	6	w 32 ++-	4
w 12 --+	27	w 21 -++	8	w 23 +-+	8	w 32 +++	2
w 12 -+-	3	w 21 +--	15	w 23 ++-	8	w 33 ---	23
w 12 -++	9	w 21 +-+	13	w 23 +++	6	w 33 --+	0
w 12 +--	1	w 21 ++-	18	w 31 ---	4	w 33 -+-	2
w 12 +-+	19	w 21 +++	25	w 31 --+	0	w 33 -++	0
w 12 ++-	7	w 22 ---	81	w 31 -+-	2	w 33 +--	4
w 12 +++	83	w 22 --+	45	w 31 -++	0	w 33 +-+	1
w 13 ---	4	w 22 -+-	12	w 31 +--	3	w 33 ++-	5
w 13 --+	5	w 22 -++	16	w 31 +-+	0	w 33 +++	0
						Schülerinnen:	898

Doublekontingenzen: Tab. 18.2.3.2 führt die χ^2-Werte der $\binom{6}{2} = 15$ Doublekontingenzen und deren Summe auf.

Tabelle 18.2.3.2

Merkmalspaare	χ^2	FG	Merkmalspaare	χ^2	Fg
GN	41,494+	2	BL	53,279+	2
GB	8,587	2	BW	46,122+	2
GL	0,134	1	BR	44,934+	2
GW	15,731+	1	LW	391,638+	1
GR	25,659+	1	LR	161,491+	1
NB	86,765+	4	WR	203,007+	1
NL	210,427+	2			
NW	234,525+	2	$\Sigma\chi^2_{..}$ =	2088,132	26
NR	564,339+	2			

Die engste Doublekontingenz besteht zwischen Deutschnote N und Rechtschreibungstest R sowie zwischen Leseverständnis L und Wortschatz. Der Anteil der Doublekontingenzen an der Gesamtkontingenz in Tab. 18.2.3.2 beträgt 2088/2751 = 76% und ist damit so hoch, daß für höhere Kontingenzen kaum noch Raum bleibt.

Tripelkontingenzen: Tab. 18.2.3.3 enthält die χ^2-Werte der 20 Tripelkontingenzen und deren Summe. Interessanterweise ist an allen Tripeln von Mmn die Deutschnote N beteiligt, während eine Tripelkontingenz zwischen den 3 Tests LWR fehlt.

Tabelle 18.2.3.3

Merkmalstripel	χ^2	Fg	Merkmalstripel	χ^2	Fg
GNB	1,835	4	NBL	7,150	4
GNL	11,162	2	NBW	10,102	4
GNW	24,434+	2	NBR	27,244+	4
GNR	7,060	2	NLW	15,999	2
GBL	1,696	2	NLR	54,219+	2
GBW	2,858	2	NWR	42,181+	2
GBR	2,664	2	BLW	0,260	2
GLW	0,244	1	BLR	0,903	2
GLR	0,135	1	BWR	3,112	2
GWR	2,603	1	LWR	0,231	1
			$\Sigma\chi^2_{...}$ =	244,214	44

Insgesamt machen Tripelkontingenzen nur 244/2751 = 9% der Gesamtkontingenz aus, sind also unbedeutend.

Quadrupelkontingenzen: Tab. 18.2.3.4 gibt die χ^2-Werte der 15 Quadrupelkontingenzen und deren Summe an:

Tabelle 18.2.3.4

Merkmals-quadrupel	χ^2	Fg	Merkmals-quadrupel	χ^2	Fg
GNBL	7,746	4	GBWR	1,467	2
GNBW	0,793	4	GLWR	5,063	1
GNBR	5,693	4	NBLW	34,360+	4
GNLW	7,578	2	NBLR	38,556+	4
GNLR	11,259	2	NBWR	39,417+	4
GNWR	6,682	2	NLWR	202,254++	2
GBLW	4,281	2	BLWR	28,339+	2
GBLR	2,016	2	$\Sigma\chi^2... =$	388,684	41

Bemerkenswerterweise besteht die einzig hohe Quadrupelkontingenz NLWR zwischen Deutsch und den 3 Tests, was darauf hindeutet, daß die Deutschnote nicht aus einer Linearkombination der 3 Tests vorhergesagt werden kann (wie in Beispiel 18.3.2.1 gezeigt wird).

Quintupelkontingenzen: Tab. 18.2.3.5 zeigt, daß Quintupelkontingenzen praktisch fehlen.

Tabelle 18.2.3.5

$$\chi^2_{ABCDE} = \chi^2(ABCDE) - \chi^2_{ABCD} - ... - \chi^2_{BCDE} - \chi^2_{ABC} - ... - \chi^2_{CDE} - \chi^2_{AB} - ... - \chi^2_{DE}$$

Merkmals-quintupel	χ^2	Fg	Merkmals-quintupel	χ^2	Fg
GNBLW	1,627	4	GNLWR	0,617	2
GNBLR	5,466	4	GBLWR	1,100	2
GNBWR	2,285	4	NBLWR	8,011	4
			$\Sigma\chi^2... =$	19,106	20

Alle 6 χ^2-Werte in Tab. 18.2.3.5 sind nahe an ihren Medianen, der Zahl ihrer Fge.

Die *Sextupelkontingenz* berechnet sich zu χ^2(GNBLWR) = 11,003 und ist mit 4 Fgn nicht signifikant.

Tab. 18.2.3.6 faßt das Ergebnis der KSA in einer *Übersicht* zusammen. Wie man sieht, finden sich unter den 6 Mmn 76% Double- und 14% Quadrupelkontingenzen, wobei die letzteren durch die Mme NLWR zur Hälfte bedingt sind (vgl. Tab. 18.2.3.4).

Berücksichtigt man nur diese 4 Mme, die Deutschnote und die 3 Leistungstests, und schließt Geschlecht und Sozialstatus aus, dann kann eine KFA deren lokale Zusammenhänge aufdecken und interpretieren.

Tabelle 18.2.3.6

Wechselw.-ordnung	Bezeichnung	Chiquadratanteil:	Anteil der Fg	χ^2%
1.	Double-Kn	2088,132 +	22	76%
2.	Tripel-Kn	244,214 +	44	9%
3.	Quadrupel-Kn	388,784 +	41	14%
4.	Quintupel-Kn	19,106	20	1%
5.	Sextupel-Kn	11,003	4	0%
Σ	Gesamt-χ^2 =	2751,139 +++	135 = Σ Fg	

$\Sigma \text{Fg} = 2 \cdot 3 \cdot 3 \cdot 2 \cdot 2 \cdot 2 - (2+3+3+2+2+2) + 6 - 1 = 135$

18.2.4 Kritik von ASA und KSA

Die Assoziationsstrukturanalyse (ASA) binärer Mme und die Kontingenzstrukturanalyse (KSA) multinärer Mme hat einen für ihre Anwendung wesentlichen Nachteil, auf den schon VICTOR (1970) hingewiesen hat: Die Assoziationen und Kontingenzen höherer Ordnung sind nur implizit als Differenzen definiert und nicht immer sinnvoll zu interpretieren.

Wegen ihrer Analogie zur *Varianzanalyse* wären ASA und KSA auf durchweg ordinal skalierte Observablen anzuwenden um zu beurteilen, ob die zugrunde liegenden (stetig verteilt gedachten) Variablen *multivariat normal verteilt* sein können. Leider schließt, wie KRAUTH (1973, S. 120 in KRAUTH und LIENERT, 1973) gezeigt hat, das Fehlen von Tripel- und höheren Assoziationen zwischen dichotomierten oder trichotomierten Observablen keineswegs die Möglichkeit, daß diese in der Grundgesamtheit normal verteilt sind, völlig aus. In praxi wird man allerdings anteilsmäßig unbedeutende höhere Assoziationen – auch wenn sie statistisch signifikant sind – denn auch nicht als Hinderungsgrund dafür ansehen, daß solche Observablen tatsächlich multivariat normal verteilt sind.

ASA und KSA sind *post-hoc Tests* mit multiobservablen Mmn: Sie garantieren auf der einen Seite ein Minimum möglicher Post-hoc-Tests auf höhere Assoziationen, auf der anderen Seite muß α so adjustiert werden, daß alle möglichen Post-hoc-Tests darin berücksichtigt sind. Für t = 5 binäre Mme sind das $2^5 - 5 - 1 = 26$ simultane Tests, wenn man auf den Gesamttest verzichtet.

Interessiert den Untersucher nur, ob die t-Weg-Tafel als *quasiparametrisch* angesehen werden kann oder nicht, dann genügt es, die ($\frac{t}{2}$) Doubleassoziationstests und einen Test auf höhere Assoziationen (welcher Art immer) durchzuführen. Im Fall von t = 5 binären Mmn ergeben sich dann $\binom{5}{2}$ = 10 Tests auf Doubleassoziationen und ein Test auf höhere Assoziationen, insgesamt also 11 simultane Tests.

Zum *globalen Test auf höhere Assoziationen* benutzt man die Differenz der Gesamtprüfgröße einerseits und der Summe der Doubleassoziationsprüfgrößen anderseits und beurteilt diese nach dem Rest der zugehörigen Fge. Für t = 5 binäre Mme ist das Gesamt-χ^2 nach $2^5 - 5(2) + (5-1) =$ = 26 Fgn zu beurteilen, die 10 Doubleassoziations-χ^2-Werte nach je 1 Fg, so daß für das Residual-χ^2 26–10 = 16 Fge verbleiben.

Wie wir im folgenden sehen werden, ist LANCASTERS Definition von Assoziationen, oder allgemein von *Wechselwirkungen (WWn)* oder *Interaktionen* höherer Ordnung weder die einzig *mögliche* noch die *beste* (vgl. PLACKETT, 1969), obschon sie ihres parametrischen Analogons wegen unmittelbar einleuchtet.

Eine mehr auf sachlogischen als auf formallogischen Überlegungen aufbauende *Redefinition von WWn höherer Ordnung*, die den bio- und sozialwissenschaftlichen Fragestellungen besser entspricht, wurde von KRAUTH und LIENERT (1974) vorgeschlagen. Wir werden auf dieser Definition aufbauen und im folgenden Abschnitt neue Möglichkeiten kennenlernen, mehrdimensionale Kontingenztafeln in anderer Weise zu analysieren, als dies im Rahmen von ASA und KSA geschehen ist.

18.3 Die Interaktionsstrukturanalyse (ISA) nach KRAUTH

Assoziations- und Kontingenzstrukturanalyse sind explizit von multiobservablen Mehrwegtafeln ausgegangen und basieren auf dem Grundgedanken der *Korrelation* zweier oder mehrerer untereinander abhängiger Beobachtungs-Mme. Die t Mme werden hierbei als gleichwertig und interdependent angesehen; sie bilden eine *multobservable Mehrwegtafel*.

Vielfach bestehen Mehrwegtafeln jedoch sowohl aus unabhängigen oder Auswahl-Mmn wie aus abhängigen oder Beobachtungs-Mmn. Hier bietet sich die Möglichkeit, die abhängigen Mme durch die unabhängigen Mme etwa im Sinne einer Ursache–Wirkungsbeziehung determiniert zu sehen, was dem Grundgedanken der *Regression* entspricht.

Eine Methode, *hybride* (aus abhängigen und unabhängigen Mmn konstituierte) *Mehrwegtafeln* im Sinne einer einseitigen (statt einer wechselseitigen) Abhängigkeit auszuwerten, bietet die von KRAUTH und LIENERT (1973, Kap. 9, und 1974) publizierte (aber von KRAUTH initiierte) Methode der *Interaktionsstrukturanalyse*.

18.3.1 Interaktions-Definitionen

Die Interaktion zwischen einem abhängigen Mm B und einem unabhängigen Mm A entspricht der Regression von B auf A in einer k x m-Feldertafel, wie sie in den *Dependenzmaßen* und Tests des Kapitels 9.3.3 abgehandelt wurden.

Um das abhängige Mm B vom unabhängigen Mm A formal zu unterscheiden, soll die Notation (A)B eine *Interaktion erster Ordnung* in einer Zweiwegtafel definieren. Die zugehörige Prüfgröße χ^2(A)B entscheidet, ob eine Interaktion 1. Ordnung existiert oder die Nullhypothese der Unabhängigkeit (Nicht-Interaktion) beizubehalten ist.

Bestimmen zwei unabhängige Mmn A und B ein abhängiges Mm C, dann bezeichnet (AB)C eine *Interaktion zweiter Ordnung*. Die Prüfgröße χ^2(AB)C der Dreiwegtafel entscheidet dann über die Existenz einer Interaktion 2. Ordnung und ist − nach (17.3.7) − mit der Prüfgröße für multiple Kontingenz (AB)C einer Dreiwegtafel identisch. Die Interaktion (AB)C entspricht einer multiplen Regression (XY)Z im parametrischen Fall.

Eine Interaktion 2. Ordnung zwischen 3 Mmn ist aber auch dadurch definiert, daß ein unabhängiges Mm A zwei abhängige Mme B und C bzw. deren Ausprägungskombinationen determiniert wie in (A)BC. Die Prüfgröße χ^2(A)BC ist identisch mit der Prüfgröße χ^2(BC)A für *multiple Kontingenz* (vgl. 17.3.7) und mit der einer *Mehrstichproben-KFA* (vgl. 17.6.4).

Um die beiden Interaktionen 2. Ordnung in Dreiwegtafeln zu unterscheiden, wollen wir bei (AB) von einer monobservablen (oder gradualen) und bei (A)BC von einer *binobservablen* (oder konfiguralen) Interaktion 2. Ordnung (IA2m und IA2b) sprechen.

In einer Vierwegtafel mit den unabhängigen Mmn A, B, C und dem abhängigen Mm D existiert neben den Interaktionen 1. Ordnung (IA1) mit (A)D, (B)D (C)D und den Interaktionen 2. Ordnung (IA2) mit (AB)D, (AC)D und (BC)D noch eine *Interaktion 3. Ordnung*, nämlich (ABC)D. Ihre Prüfgröße χ^2(ABC)D entspricht der Prüfgröße χ^2(ABC)D der multiplen Kontingenz der abc Zeilen und den d Spalten einer Zweiwegtafel.

Steht in einer Vierwegtafel ein unabhängiges Mm A drei abhängigen Mmn B, C und D gegenüber, so resultiert neben Interaktion erster und zweiter Ordnung auch eine Interaktion 3. Ordnung, die mit (A)BCD zu bezeichnen wäre. Im Unterschied zu (ABC)D als einer *monobservablen IA3* ist (A)BCD als *ternobservable IA3* zu benennen. Geprüft wird auf IA3t in gleicher Weise wie auf IA3m mittels χ^2(BCD)A wie oben.

Vereinigt eine Vierwegtafel zwei unabhängige Mme A und B mit zwei abhängigen Mmn C und D, dann resultiert eine *binobservable Interaktion 3. Ordnung*, IA3b, vom Typ (AB)CD neben Interaktionen erster und zweiter Ordnung, (B)C oder (AB)D und (B)CD. Diese Art der Interaktion entspricht der *kanonischen Regression* von Y und Z auf W und X, weshalb (AB)CD auch als *kanonische IA3* zu bezeichnen ist. Die Prüfgröße χ^2(AB)CD gegen *kanonische Kontingenz* wurde schon in (17.3.12) vorweggenommen.

Analog lassen sich Interaktionen höherer Ordnung aus Fünf- und Sechswegtafeln definieren, worauf jedoch nicht näher einzugehen ist. Mehr als in der ASA und der KSA sollen in einer Interaktionsstrukturanalyse (ISA) die zu prüfenden IA-Hypothesen *anthac* spezifiziert werden, weil *Posthoc*-Hypothesen in zu großer Zahl formuliert werden können und die Testeffizienz allzusehr reduzieren (vgl. ADAM und ENKE, 1974).

18.3.2 Die monobservable Mehrweg-ISA

Die *monobservable ISA* dient der Vorhersage *eines* Prädikanden-Mms aus *mehreren* Prädiktor-Mmn. Wenn die Behandlungsinterventionen A, B und C in ihren abc Kombinationen einen Behandlungserfolg D in d Stufen (Graduationen) herbeiführen, so kann die *Vierweg-ISA* folgenden Hypothesen involvieren

(1) Die Behandlung A verbürgt den Erfolg D, analog B und C.
(2) Die Behandlungskombination AB verbürgt den Erfolg D, analog die Behandlungskombinationen AC und BC.
(3) Die Behandlungskombination ABC verbürgt den Erfolg D.

Hypothese 1 prüft man mittels χ^2(A)D in einer Zweiwegtafel mit a Zeilen und d Spalten *global*, oder mittels einer Prädiktions-KFA *differentiell*. Beide Auswertungen basieren auf der IA1 zwischen Behandlungsart und Erfolg. Die Interpretation erfolgt über *Prädiktionstypen* (16.3.5).

Hypothese 2 prüft man mittels χ^2(AB)D in einer Zweiwegtafel mit ab Zeilen und d Spalten *global* oder mittels einer Prädiktions-KFA *differentiell* (vgl. 16.3.5 und 17.3.8). Beide Auswertungen basieren auf der IA1 zwischen Behandlungsart und Erfolg (*Prädiktionstypen des Erfolgs*).

Hypothese 3 prüft mittels χ^2(ABC)D in einer Zweiwegtafel mit abc Zeilen und d Spalten *global* oder mittels einer Prädiktions-KFA *differentiell*. Diese Tests gründen auf einer IA3 zwischen 3 Behandlungsarten und dem Behandlungserfolg. (Zur *multiplen Prädiktion* vgl. 17.3.8)

Wie und mit welchem interpretativen Nutzen man die ISA in *Mmshybriden Mehrwegtafeln* anwendet, zeigt Beispiel 18.3.2.1 mit 5 angenommenerweise unabhängigen, einer ursprünglich hexobservablen Fünfwegtafel entnommenen Mmn.

Beispiel 18.3.2.1

Problem: In Beispiel 18.2.3.1 sollen die Deutschnoten (1−2=1, 3−4=2 und 5−6=3) als Prädikanden aus den Prädiktoren Geschlecht G(m, w) und Sozialstatus S (1 = hoch,

Tabelle 18.3.2.1

Prädiktoren GSLWR	Prädikandenstufen							Zeilensumme
	1-2			3-4		5-6		
	f	e	χ^2	f	f	e	χ^2	
m1---	1	16,4	14,4	28	27	9,1	35,4*	56
m1--+	8	5,0	1,9	9	0	2,8	2,8	17
m1-+-	3	5,5	1,2	12	4	3,1	0,3	19
m1-++	7	7,0	0,0	16	1	3,9	2,1	24
m1+--	2	6,7	3,3	17	4	3,7	0,0	23
m1+-+	3	4,1	0,3	11	0	2,3	2,3	14
m1++-	5	11,4	3,6	33	1	6,3	4,5	39
m1+++	71	33,3	42,7*	42	1	18,5	16,5	114
m2---	1	40,0	38,0	76	60	22,2	64,4*	137
m2--+	8	8,5	0,0	20	1	4,7	2,9	29
m2-+-	2	12,3	8,6	29	11	6,8	2,6	42
m2-++	13	11,1	0,3	23	2	6,2	2,8	38
m2+--	0	8,1	8,1	19	12	5,0	9,7*	31
m2+-+	6	4,7	0,4	10	0	2,6	2,6	16
m2++-	9	16,6	3,5	38	10	9,2	0,1	57
m2+++	54	28,0	24,1*	39	3	15,6	10,1	96
m3---	0	17,8	17,8	27	34	9,9	58,8*	61
m3--+	6	3,8	1,3	7	0	2,1	2,1	13
m3-+-	0	4,7	4,7	6	10	2,6	21,2*	16
m3-++	3	4,4	0,4	12	0	2,4	2,4	15
m3+--	1	3,8	2,1	7	5	2,1	4,0	13
m3+-+	1	2,0	0,5	6	0	1,3	1,3	7
m3++-	1	8,5	6,6	25	3	4,7	0,6	29
m3+++	17	10,2	4,5	16	2	5,7	2,4	35
w1---	4	9,9	3,5	26	4	5,5	0,4	34
w1--+	12	8,2	1,8	16	0	4,5	4,5	28
w1-+-	1	2,9	1,3	7	2	1,6	0,1	10
w1-++	16	7,0	11,5*	8	0	3,9	3,9	24
w1+--	2	5,8	2,5	15	3	3,2	0,0	20
w1+-+	9	6,4	1,0	13	0	3,6	3,6	22
w1++-	7	7,6	0,0	18	1	4,2	2,5	26
w1+++	79	30,4	77,9*	25	0	16,9	16,9	104
w2---	6	37,7	26,6	81	42	20,9	21,3*	129
w2--+	27	21,6	1,3	45	2	12,0	8,3	74
w2-+-	3	6,1	1,6	12	6	3,4	2,0	21
w2-++	9	7,6	0,3	16	1	4,2	2,5	26
w2+--	1	9,6	7,7	28	4	5,3	0,3	33
w2+-+	19	12,8	2,9	24	1	7,1	5,3	44
w2++-	9	9,3	0,6	21	4	5,2	0,3	32
w2+++	83	36,5	59,2*	40	2	20,3	16,5	125
w3---	4	15,5	8,5	26	23	8,6	24,2*	53
w3--+	5	6,7	0,4	18	0	3,7	3,7	23
w3-+-	1	2,6	1,0	6	2	1,5	0,2	9
w3-++	4	2,0	1,9	3	0	1,1	1,1	7
w3+--	0	2,9	2,9	6	4	1,6	3,5	10
w3+-+	2	3,2	0,5	8	1	1,8	0,3	11
w3++-	3	4,7	0,6	8	5	2,6	2,2	16
w3+++	11	5,0	7,3	6	0	2,8	2,8	17
Spaltensumme	537			1004	298			1839

2 = mittel, 3 = niedrig) einerseits sowie den Testleistungen L = Leseverständnis (+, -), Wortschatz W (+, -) und Rechtschreiben R (+, -) vorhergesagt werden. Daraus ergibt sich die Zweiwegtafel der Tab. 18.3.2.1 mit 3 Spalten und $2 \cdot 3 \cdot 2 \cdot 2 \cdot 2 = 48$ Zeilen (LIENERT und KRAUTH, 1974).

Test: Es wird eine monobservable 5-Weg-ISA durchgeführt und über KFA-Tests interpretiert. Für r = 96 simultane KFA-Tests resultiert ein adjustiertes $\alpha^* = 2 \cdot 0{,}05/96 = 0{,}00104$. Dazu gehört eine χ^2-Schranke von $\chi^2 = u^2 = 3{,}08^2 = 9{,}49$. Trotz teilweise niedriger Erwartungswerte e = Zeilensumme x Spaltensumme/N wurden χ^2-Komponenten in Tab. 18.3.2.1 berechnet und, wenn sie die Schranke 9,49 überschreiten, als Prädiktionstypen interpretiert.

Prädiktionstypen des Erfolgs: Nach Tab. 18.3.2.1 können nur jene Schüler und Schülerinnen gute Deutschnoten erwarten, die in allen 3 Tests überdurchschnittlich abschneiden und zugleich der sozialen Oberschicht angehören. Nota: Bezeichnenderweise versagen die Testprädiktoren, wenn sie Deutschnoten von Schülern der sozialen Unterschicht vorhersagen sollen.

Prädiktionstypen des Mißerfolgs: Jungen, die in allen 3 Tests schlecht abschneiden, müssen auch mit schlechten Deutschnoten rechnen, gleich welcher Sozialschicht sie zugehören. Bei Jungen der sozialen Unterschicht genügt schon schlechtes Abschneiden in L und R, um mit schlechten Deutschnoten rechnen zu müssen. Bei Mädchen sind schlechte Deutschnoten nur dann zu erwarten, wenn sie in allen 3 Tests schlecht abschneiden und zugleich der sozialen Unter- oder Mittelschicht zugehören. (Gehören sie zur sozialen Oberschicht, so brauchen sie auch bei durchweg schlechten Testergebnissen nicht mit einer schlechten Deutschnote zu rechnen.)

Agglutinationstypen: In unserem Beispiel lassen sich sinnvollerweise folgende Agglutinationen bilden:
(1) Ein Erfolgstyp (1–2), bestehend aus den Prädiktorkonfigurationen m1+++, m2+++, w1+++, w2+++ ergibt .$^2_.$+++ mit f = 287 und e = 128,2. Dieser Typ läßt gute D-Noten bei durchweg guten Tests erwarten, sofern der Schüler aus Schicht 1 oder 2 stammt.
(2) Ein Mißerfolgstyp (5–6) für Mädchen, bestehend aus w2--- und w3--- ergibt w^2_3--- mit f = 65 und e = 29,5. Dieser Typ läßt schlechte D-Noten nur dann erwarten, wenn es sich um Mädchen aus sozialer Mittel- oder Unterschicht handelt, die in allen 3 Tests versagt haben.
(3) Ein Mißerfolgstyp (5–6) für Jungen, bestehend aus m1--- bis m3--- ergibt m.+++ mit f = 121 und e = 41,2.

Um in obigem Beispiel die Zahl der unabhängigen Mme (Prädiktoren) zur Vorhersage des abhängigen Mms von 5 auf 4 oder 3 zu reduzieren, führt man eine hierarchische KFA durch, wobei man das abhängige Mm grundsätzlich nicht eliminiert. Das Ergebnis der HKFA zeigt, daß die 2 Tests L und R eine ebensogute Vorhersage erlauben als alle 3 Tests.

Im vorstehenden Beispiel 18.3.2.1 haben wir den Schulerfolg im Fach Deutsch (als ordinalen Prädikanden) nicht nur durch Tests (als metrische

Prädiktoren), sondern auch durch Geschlecht (als nominalem Prädiktor) und durch den Sozialstatus der Familie (als ordinalem Prädiktor) vorausgesagt und mithin eine nichtparametrische *multiple Regression* — zumindest dem Sinne nach — durchgeführt.

Sind alle t-1 Prädiktoren wie auch der Prädikand stetig verteilte Mme, so können sie in geeigneter Weise diskretisiert und einer analogen multiplen Regression unterzogen werden. Werden nur *monotone* Relationen zwischen den Mmn vermutet, dann genügt es, sie zu dichotomieren, möglichst nahe an ihrem Median. Kommen auch *nicht-monotone* Relationen in Betracht, dann muß zumindest über eine Trichotomie diskretisiert werden, um keinen Informationsverlust zu erleiden. Mit solch diskretisierten stetigen Mmn kann dann in gleicher Weise wie mit diskreten (nominalen, ordinalen oder metrischen) Mmn eine t-Weg Interaktionsstrukturanalyse durchgeführt werden.

18.3.3 Die multobservable Mehrweg-ISA

Führt eine einzige *Behandlung* A zu *mehreren Behandlungswirkungen* B, C und D etwa, dann läßt sich diese Wirkungskombination ebenfalls mittels eines Tests auf Interaktion 3. Ordnung (IA3m) nachweisen. Man faltet die Vierwegtafel in eine Zweiwegtafel auf, mit a Zeilen und bcd Spalten, und prüft die Interaktion A(BCD), die mit der *multiplen Kontingenz* (BCD)A identisch ist, auf Signifikanz. Zur Interpretation dient eine Prädiktions-KFA mit a Stufen des Prädiktors Behandlung und bcd Stufen des Prädikanden Wirkungskombination (vgl. 17.3.7).

Eine multobservable Mehrweg-ISA wäre z.B. indiziert, wenn aufgrund eines Schulerfolgstrainings (Ja, Nein) mit den Ergebnisstufen sehr gut, gut und genügend der Zeugniserfolg (E, –) in den Fächern Deutsch, Englisch und Mathematik prädiziert werden soll. Sie wäre weiterhin indiziert, wenn aufgrund einer Behandlung über 1, 2 oder 3 Wochen, Wirkungen (E, –), Nebenwirkungen (+, –) und Spätwirkungen (+, –) vorausgesagt werden sollen. Es entstehen *Prädiktionstypen des Mehrfach-Erfolgs*.

Statt einer Behandlung kann auch eine *Schichtung* als Prädiktor eingeführt werden: So könnte oben der Zeugniserfolg aufgrund des Schichtungs-Mms Intelligenzquotient (unteres bis oberes Quartil) vorausgesagt werden. Dabei mag sich ergeben, daß hoher IQ gute Noten in Deutsch verbürgt, niedriger IQ aber schlechte Noten in Mathematik bedingt. Die Tatsache, daß hohe Ausprägung des Prädiktors (IQ) zu hohen Ausprägungen des einen Prädikanden (Deutschnote) und eine niedrige Ausprägung des Prädiktors zu niedrigen Ausprägungen eines *anderen* Prädiktors (Math.-Note) führt, ist die Folge einer komplexen Wechselwirkung zwischen den beteiligten Mmn.

18.3.4 Die kanonische Mehrweg ISA

Sind in einer Vierwegtafel zwei unabhängige mit 2 abhängigen Mmn vereint, so ist die Voraussetzung für eine kanonische Vierweg-ISA gegeben: Aus der Kombination der beiden Prädiktor-Mme A und B wird *die* Kombination der beiden Prädikanden-Mme vorhergsesagt, die überzufällig häufig realisiert wird, was einer multivariaten Regressionsanalyse entspricht (vgl. MAGER und MAGER, 1975).

Ob überhaupt eine Vorhersage der kombinierten Prädikanden aufgrund der kombinierten Prädiktoren möglich ist, entscheidet man mittels des globalen χ^2-Tests auf *kanonische Kontingenz* (AB)CD. Wird der globale Test auf Kontingenz zwischen den ab Zeilen und den cd Spalten einer Zweiwegtafel durchgeführt, und − falls er signifikant ist für (ab−1)(cd−1) Fge − die abcd = r KFA-Tests nachgeschoben, dann ist für die r nachgeschobenen Tests $\alpha^* = 2\alpha/r$ zu setzen, und nur jene überfrequentierten Felder zu identifizieren, deren χ^2 die für α^* adjustierte χ^2-Schranke überschreiten.

Im folgenden sind 2 biologische Mme (Geschlecht und Alter) zur Voraussage je eines physiologischen (Geschmacksempfindlichkeit) und eines Verhaltens-Mms (Rauchen) einer erst globalen und danach differentiellen Auswertung mittels kanonischer ISA unterworfen worden.

Beispiel 18.3.4.1

Hypothese: Es wird vermutet, daß zwischen Geschlecht und Alter von Pbn einerseits und Geschmackssensorik und Rauchgewohnheit andererseits eine Abhängigkeit besteht.. Zur Beantwortung der implizierten Frage wurden je 60 männliche und weibliche, bis und über 50jährige Vpn erhoben (Mme A und B), die dann auf 3 Stufen von Geschmacksempfindlichkeit (C_1 = gut, C_3 = schlecht) untersucht und nach Rauchgewohnheit (D_1 = ja) befragt wurden.

Tabelle 18.3.4.1

Mme		D1 C_1	C_2	C_3	D2 C_1	C_2	C_3	Z
A1	B1	12	11	9	17	8	3	60
	B2	6	14	25*	3	5	7	60
A2	B1	3	5	4	22	21	5	60
	B2	4	4	2	24	18	8	60
S		25	34	40	66	52	23	240
e		6,25	8,50	10,00	16,50	13,00	5,75	60

Datensatz: Tabelle 18.3.4.1 ist die einschlägige ISA-Zweiwegtafel mit ab = 4 Zeilen und cd = 6 Spalten; sie entspricht der kanonischen Kontingenz (AB)CD.

Globaler Test: Da die Erwartungswerte wegen gleicher Spaltensummen für alle 4 Zeilen gleich sind (Zeile e) ergibt sich das Gesamt-χ^2 der 4 x 6-Feldertafel zu

$$\chi^2 = (12^2 + 6^2 + 3^2 + 4^2)/6{,}25 + (11^2 + 14^2 + 5^2 + 4^2)/8{,}50 + \ldots$$
$$\ldots + (3^2 + 7^2 + 5^2 + 8^2)/5{,}75 - 240 = 81{,}08^* \text{ mit } (4\text{-}1)\,(6\text{-}1) = 15 \text{ Fgn,}$$

welches χ^2 für 15 Fge auf der 5%-Stufe signifikant ist und damit eine IA vierter Ordnung vom (AB)CD-Typ anzeigt.

KFA-Tests: Bei r = 4 · 6 = 24 simultanen χ^2-Komponententests gilt für α = 0,05 ein α^* = 0,05/24 = 0,002083 und damit eine χ^2-Schranke von $z^2(0{,}002083) = 2{,}87^2 =$ = 8,24. Diese Schranke wird nur von einer einzigen Komponente, nämlich $(25-10)^2/$ $/10 = 22{,}5$ für (A1B2)C3D1 überschritten.

Interpretation: Ältere Männer (nicht Frauen) sind überzufällig häufig Raucher mit Störung der Geschmacksempfindlichkeit. Diese Feststellung klärt fast die gesamte kanonische Interaktion 4. Ordnung auf.

Nachfolgend befassen wir uns mit Interaktionen, die sich nicht auf eine Mehrwegtafel, sondern auf deren Randtafeln beziehen, um Abhängigkeiten im Sinne multipler oder kanonischer Regressionen in diesen Randtafeln aufzudecken.

18.3.5 Interaktionen in Randtafeln

ISA in 3-dimensionalen Randtafeln

Eine Vierwegtafel hat $\binom{4}{3}$ = 4 Dreiweg-Randtafeln. Werden die Randtafeln auf solche Mms-Kombinationen beschränkt, in welchen 2 von 3 Faktor-Mmn (A, B, C) einem Respondenz-Mm (D) gegenübergestellt werden, so resultieren Interaktionen 2. Ordnung vom Typ der *monobservablen ISA*, als da sind (AB)D, (AC)D und (BC)D.

Werden die Randtafeln so gebildet, daß 1 Faktor-Mm zwei Respondenz-Mmn gegenübergestellt wird, so ergeben sich Interaktionen 2. Ordnung vom Typ der *binobservablen ISA* (s. 18.3.1), als da sind A(BC), A(BD) und A(CD) mit A als Faktor Mm und B, C, D als Respondenz-Mmn.

Ob *Interaktionen in den 3-dimensionalen Randtafeln* einer Vierwegtafel signifikant sind, prüft man mittels χ^2: Die Interaktion (AB)D ergibt sich aus einer Zweiwegtafel mit ab Zeilen und d Spalten aufgrund der Prüfgröße χ^2(AB)D, die nach (ab-1) · (d-1) Fgn zu beurteilen ist. Analoges gilt für die Interaktion A(BC) mit χ^2A(BC) = χ^2(BC)A mit (bc-1) (a-1) Fgn (vgl. 17.3.7−8).

Da die Interaktionen 2. Ordnung aus den Randtafeln in die Interaktion 3. Ordnung aus der Gesamttafel nach der KRAUTHschen Interaktionsdefinition *mit eingehen*, sind signifikante Interaktionen *höherer* Ordnung nur dann als solche zu interpretieren, wenn die zugehörigen Interaktionen *niedrigerer* Ordnung nicht signifikant sind. So ist χ^2(ABC)D-signifikant nur dann zu interpretieren (etwa via Prädiktions-KFA), wenn weder χ^2(AB)D noch χ^2(AC)D noch X^2(BC)D signifikant sind. Sind bei signifikantem χ^2(ABC)D als Interaktion 3. Ordnung zwischen 3 unabhängigen und einem abhängigen Mm entweder χ^2(AB)D und/oder χ^2(AC)D und/oder χ^2(BC)D als Interaktionen 2. Ordnung signifikant, dann sind nur die signifikante(n) Interaktion(en) 2. Ordnung zu interpretieren.

ISA in 2-dimensionalen Randtafeln

Eine vollständige Interaktionsstrukturanalyse muß neben den 3-dimensionalen auch die $\binom{4}{2}$ = 6 2-dimensionalen Randtafeln betrachten, um festzustellen, ob und inwieweit sich etwa signifikante Interaktionen 2. Ordnung weiter auf solche *1. Ordnung* zurückführen lassen. Um bei obigem Beispiel zu bleiben: Ist χ^2(AB)D signifikant, so ist (AB)D als Interaktion 2. Ordnung nur zu interpretieren, wenn χ^2(A)D = χ^2(AD) und χ^2(B)D = χ^2(BD) *nicht* signifikant sind. Ist mindestens eine der beiden Interaktionen 1. Ordnung signifikant, so ist nur diese, nicht aber die Interaktion 2. Ordnung zu interpretieren.

Die Interaktionsstrukturanalyse folgt mithin streng dem Prinzip der wissenschaftlichen Sparsamkeit, dem *Parsimonitätsprinzip*, nach welchem Zusammenhänge auf der einfachst möglichen Strukturebene zu deuten sind. Die ISA hat weiterhin den unschätzbaren Vorteil, allein auf Zweiwegkontingenztafeln aufzubauen, deren Interpretation jedem Anwender absolut geläufig ist. Die einzige Leistung, die der Untersucher zu vollbringen hat, besteht darin, seine Fragestellung so zu formulieren, daß sie auf eine Zweiwegtafel zu projizieren ist. Diese Zweiwegtafel kann schließlich nach jedem der in den Kapiteln 15 und 16 beschriebenen Methoden ganz oder ausschnittsweise analysiert werden.

Ehe wir uns die Vorteile der ISA an einem Beispiel zu eigen machen, betrachten wir die möglichen Interkationen zwischen 3 Faktoren und 2 Observablen, die je einzeln in fünfdimensionalen Kontingenztafeln erfragt werden können.

18.3.6 Interaktionen einer Fünfwegtafel

Eine ISA kann unschwer von Vier- auf Fünf- und Mehrwegtafeln erweitert werden. Betrachten wir eine binobservable Fünfwegtafel mit 3 Faktoren (A, B, C) und 2 Observablen (D, E), dann lassen sich folgende Interaktionen prüfen und interpretieren:

1. Die Interaktionen 1. Ordnung zwischen je einem Faktor und einer Observablen sind durch die Double-Kontingenzen AD, AE, ferner BD und BE sowie schließlich CD und CE bestimmt. Die $\binom{3}{1}\binom{2}{1} = 6$ Interaktionen entsprechen den Wirkungen (D) und den Nebenwirkungen (E) dreier Wirkstoffe (A, B, C), die in allen möglichen Kombinationen verabreicht worden sind.

2. Die Interaktionen 2. Ordnung zwischen 2 Faktoren auf der einen und einer Observablen auf der anderen Seite sind durch die multiplen Kontingenzen (AB)D und (AB)E, ferner (AC)D und (AC)E sowie schließlich (BC)D und (BC)E bestimmt. Diese $\binom{3}{2}\binom{2}{1} = 6$ *monobservablen* Interaktionen 2. Ordnung werden durch 3 *binobservable* Interaktionen 2. Ordnung ergänzt: (A)DE, B(DE) und (C)DE.

3. Die Interaktionen 3. Ordnung zwischen allen 3 Faktoren auf der einen Seite und einer der 2 Observablen auf der anderen Seite, (ABC)D und (ABC)E, sind ebenfalls multiple Kontingenzen, $\binom{3}{3}\binom{2}{1} = 2$ an der Zahl, sind monobservable IAn 3. Ordnung. Die binobservablen IAn sind nachstehend aufgelistet:

4. Die Interaktionen 3. Ordnung zwischen 2 Faktoren auf der einen und den 2 Observablen auf der anderen Seite sind *kanonische Kontingenzen*; es handelt sich um (AB)(DE), (AC)(DE) und (BC)(DE), $\binom{3}{2}\binom{2}{2} = 3$ an der Zahl. Ebenfalls vom kanonischen Typ ist die noch verbleibende $\binom{3}{3}\binom{2}{2} = 1$ Interaktion 4. Ordnung zwischen den 3 Faktoren einerseits und den 2 Observablen andererseits (ABC)(DE).

Man beachte: Geprüft werden nur jene Interaktionen 2. Ordnung, die nicht bereits durch Interaktionen 1. Ordnung aufgeklärt sind. Weiter werden analog nur jene Interaktionen 3. Ordnung geprüft und interpretiert, die nicht bereits durch Interpretationen 2. Ordnung abgedeckt sind. Dies jedenfalls fordert die ISA, die Interpretationen höherer Ordnung mit Absicht so definiert, daß sie möglichst selten auftreten.

Die Prüfung von Interaktionen wird im allgemeinen mittels χ^2 zu erreichen sein; nur wenn die Erwartungswerte weithin niedrig sind, mag ein Likelihood-Quotienten-Ansatz, wie im folgenden Abschnitt illustriert, besser zu vertreten sein.

18.3.7 Fünfweg-ISA mittels 2I-Tests

Im folgenden wollen wir eine Fünfweg-ISA anhand eines medizinisch-soziologischen Beispiels (adaptiert aus ADAM und ENKE, 1972, Tab.9) in der oben beschriebenen Weise *hierarchisch* durchführen. Da es sich in diesem Beispiel um eine schwach besetzte Kontingenztafel handelt, soll anstelle der Prüfgröße χ^2 die Prüfgröße 2I herangezogen und inferenzstatistisch beurteilt werden.

Beispiel 18.3.7.1

Problem: Es soll untersucht werden, ob der Gebißzustand A (1 = vollbezahnt oder einseitige Lücken, 2 = doppelseitige Lücken oder unbezahnt) und die Gaumenneigung (1 = steil, 2 = mittel, 3 = flach) als unabhängige Mme von N = 298 Blasmusikern deren berufliche Qualifikation C (1 = Sonderklasse, 2 = übrige) und deren Streßanfälligkeit D (1 = überdurchschnittliche und 2 = unterdurchschnittliche Pulsfrequenzsteigerung im Orchestereinsatz) als abhängige Mme beeinflußt.

Hypothesen: H_0: Es bestehen keinerlei Interaktionen zwischen den 2 unabhängigen Mmn A, B einerseits und den 2 abhängigen Mmn andererseits.

H_1: Es bestehen Interaktionen 1. Ordnung oder (wenn nicht) Interaktionen höherer Ordnung zwischen unabhängigen und abhängigen Mmn.

ISA-Strategie: Wir beginnen mit der Prüfung von Interaktionen 1. Ordnung und schreiten fort bis zur Prüfung von Interaktionen 3. Ordnung und interpretieren nur jene Interaktionen höherer Ordnung, die nicht bereits durch Interaktionen niedrigerer Ordnung zu erklären sind.
Eine vollständige ISA umfaßt $r_1 = \binom{2}{1}\binom{2}{1} = 4$ Interaktionen 1. Ordnung (AC AD BC BD), $r_{2a} = \binom{2}{2}\binom{2}{1} = 2$ monobservable Interaktionen 2. Ordnung − (AB)C und (AB)D − und $r_{2b} = \binom{2}{1}\binom{2}{2} = 2$ binobservable Interaktionen 2. Ordnung − (A)CD und (B)CD − und $r_3 = \binom{2}{2}\binom{2}{2} = 1$ (kanonische) Interaktion 3. Ordnung. Im ganzen sind also r = = 4+4+1 = 9 Interaktionen simultan zu prüfen.

Tabelle 18.3.7.1

ABCD	f	ABCD	f	ABCD	f
1111	10	1211	16	1311	5
1112	8	1212	6	1312	2
1121	28	1221	33	1321	9
1122	36	1222	49	1322	17
2111	3	2211	3	2311	1
2112	1	2212	1	2312	0
2121	2	2221	12	2321	27
2122	3	2222	17	2322	9

Testwahl: Wegen teilweise niedriger Erwartungswerte prüfen wir über den 2I-Test.

Signifikanzniveau: Wir setzen wegen des explorativen Charakters der Untersuchung $\alpha = 0{,}10$ und $\alpha^* = 0{,}10/(9+1) = 0{,}01$, weil wir abschließend noch einen gezielten Zusatztest durchführen werden.

Datenerhebung: Tabelle 18.3.7.1 gibt die Konfigurationsfrequenzen der (2x3) (2x2)-Feldertafel für die 4 Mme wieder (ergänzt aus ADAM u. ENKE, 1972, Tab. 9).

AC-Interaktionen 1. Ordnung: Wir prüfen zunächst die Interaktion 1. Ordnung (A)C zwischen Gebißzustand A und Berufsqualifikation C in einer Vierfeldertafel (Tabelle 18.3.7.2).

Tabelle 18.3.7.2

	C_1	C_2	Z
A_1	10+16+5+8+6+2 = 47	28+33+9+36+49+17 = 172	219
A_2	3+3+1+1+1+0 = 9	2+12+27+3+17+9 = 70	79
S	56	242	N=298

Offenbar besteht eine IA1 im Sinn der klinischen Erwartung (gutes Gebiß bedingt Berufsqualifikation et vice versa), jedoch bleibt die Prüfgröße (Tafel IX—4)

2I(A)C = 3395,468 + 361,914 + 1770,738 + 39,550 + 594,789 −
        − 2360,413 − 690,373 − 450,839 − 2656,646 = 4,188

unterhalb der 10%-Schranke von 6,64 für 1 Fg.

AD-Interaktion 1. Ordnung: Wir prüfen nunmehr auf IA1 zwischen Gebißzustand A und Stressbelastung D über Tabelle 18.3.7.3.

Tabelle 18.3.7.3

	D_1	D_2	Z
A_1	10+16+5+28+33+9 = 101	8+6+2+36+49+17 = 118	219
A_2	3+3+1+2+12+27 = 48	1+1+0+3+17+9 = 31	79
S	149	149	298

Ob die IA1 (gutes Gebiß bedingt seltener Stress et vice versa) signifikant ist, beurteilen wir abermals nach der Prüfgröße

2I(A)D = 3395,468 + 932,254 + 1125,882 + 371,635 + 212,907 −
        − 2366,413 − 690,373 − 1391,176 − 1491,176 = 5,328

und stellen fest, daß sie für 1 Fg nicht auf der geforderten 10%-Stufe signifikant ist.

BC-Interaktion 1. Ordnung: Wir prüfen nun auf IA1 zwischen Gaumenneigung B (als anthropologischem Mm) und Berufsqualifikation C gemäß Tabelle 18.3.7.4 (Auszug aus Tabelle 18.3.7.1):

Tabelle 18.3.7.4

	C_1	C_2	Z
B_1	10+8+3+1 = 22 (17)	28+36+2+3 = 69 (74)	91
B_2	16+6+3+1 = 26 (26)	33+49+12+17 = 111 (111)	137
B_3	5+2+1+0 = 8 (13)	9+17+27+9 = 62 (57)	70
S	56	242	298

Die angedeutete IA1 (B)C (steiler Gaumen bedingt häufiger Qualifikation et vice versa) ist offenbar nicht signifikant, denn

2I = 3395,468 + 136,006 + 584,307 + 169,421 + 1045,516 + 33,271 + 511,765 −
− 820,976 − 1348,075 − 594,789 − 450,839 − 2656 = 4,429.

Dieser 2I-Wert überschreitet die für 2 Fge geltende 10%-Schranke von χ^2 = 9,21 nicht.

BD-Interaktion 1. Ordnung: Wir prüfen schließlich auf IA1 zwischen Gaumenneigung B und Stressanfälligkeit D nach Tabelle 18.3.7.5

Tabelle 18.3.7.5

	D_1	D_2	Z
B_1	10+28+3+2 = 43 (46)	8+36+1+3 = 48 (46)	91
B_2	16+33+3+12 = 64 (68)	6+49+1+17 = 73 (68)	137
B_3	5+9+1+27 = 42 (35)	2+18+0+9 = 28 (35)	70
S	149	149	298

Die Prüfung ergibt einen 2I-Wert der folgenden Größe

2I(B)D = 3395,468 + 323,463 + 371,635 + 532,337 + 626,407 + 313,964 + 186,603 −
− 820,976 − 1348,075 − 594,789 − 1491,176 − 1491,176 = 3,675.

Das bedeutet, daß auch B und D als unabhängig angesehen werden können, da die Schranke 9,21 für 2 Fge bei weitem nicht erreicht wird. Damit sind sämtliche Interaktionen 1. Ordnung als nicht signifikant ausgewiesen und wir schreiten zur Beurteilung von Interaktionen 2. Ordnung.

(AB)C-Interaktion 2. Ordnung. Wir machen den Tabellenauszug 18.3.7.6 aus 18.3.7.1 und erhalten die folgenden Beobachtungs- und Erwartungswerte.

2I(AB)C = 3395,468 + 108,053 + 532,337 + 246,006 + 722,702 + 27,243 + 169,421 +
+ 11,090 + 26,094 + 22,090 + 295,303 + 0,000 + 258,013 −
− 722,702 − 966,033 − 230,770 − 39,550 − 230,770 − 267,208 − 450,839 −
− 2656,646 = 14,296

Tabelle 18.3.7.6

Mme	C_1	C_2	Z
A_1B_1	10+8 = 18 (15)	28+36 = 64 (67)	82
A_1B_2	16+6 = 22 (20)	33+49 = 82 (84)	104
A_1B_3	5+2 = 7 (6)	9+17 = 26 (27)	33
A_2B_1	3+1 = 4 (2)	2+3 = 5 (7)	9
A_2B_2	3+1 = 4 (6)	12+17 = 29 (29)	33
A_2B_3	1+0 = 1 (7)	27+ 9 = 36 (30)	37
S	56	242	298

Die nach (6-1) (2-1) = 5 Fgn zu beurteilende Prüfgröße überschreitet die 10%-Schranke von 15,09 nicht, so daß kein Einfluß der Gebißzustands-Gaumenneigungskombinationen auf die Bläserqualifikation nachzuweisen ist (IA2-monobservabel).

(AB)D-Interaktion 2. Ordnung: Wir erstellen den Tabellenauszug 18.3.7.7 aus 18.3.7.1 und erhalten die f- und (e)-Werte:

Tabelle 18.3.7.7

	D_1	D_2	Z
A_1B_1	10+18 = 38 (36)	8+36 = 44 (36)	82
A_1B_2	16+33 = 49 (52)	6+49 = 55 (52)	104
A_1B_3	5+ 9 = 14 (21)	2+17 = 19 (21)	33
A_2B_2	3+ 2 = 5 (5)	1+ 3 = 4 (5)	9
A_2B_2	3+12 = 15 (16)	1+17 = 18 (16)	33
A_2B_3	1+27 = 28 (19)	0+ 9 = 9 (19)	37
S	149	149	298

2I(AB)D = 3395,468 + 276,457 + 333,009 + 381,398 + 440,807 + 73,894 + 111,889 +
+ 16,094 + 11,090 + 81,242 + 104,053 + 186,603 + 39,550 −
− 722,702 − 966,033 − 230,770 − 39,550 − 230,770 − 267,208 − 1491,167 −
− 1491,167 = 13,787

Auch diese Prüfgröße − für 5 Fge zu beurteilen − erreicht die 10%-Schranke von 15,09 nicht. Gebißzustand und Gaumenneigung haben als gemeinsame Faktoren offenbar keinen signifikanten Einfluß auf die Stressbelastbarkeit (IA2m).

A(CD)-Interaktion 2. Ordnung: Die binobservable IA2 zwischen dem Faktor-Mm A und den Observablen C und D ergibt sich aus dem Tabellenauszug 18.3.7.8 aus Tabelle 18.3.7.1:

Tabelle 18.3.7.8

	C_1D_1	C_1D_2	C_2D_1	C_2D_2	Z
A_1	10+16+5 = 31 (28)	8+6+2 = 16 (13)	28+33+9 = 70 (82)	36+49+17 = 102 (96)	219
A_2	3+3+1 = 7 (10)	1+1+0 = 2 (5)	2+12+27 = 41 (29)	3+17+9 = 29 (35)	79
S	38	18	111	131	298

2I-A(CD) = 3395,468 + 212,907 + 88,723 + 594,789 + 943,494 +
+ 27,243 + 2,773 + 304,513 + 195,303 -
- 2360,417 - 690,373 - 276,457 - 104,053 -
- 1045,516 - 1277,302 = 11,099.

Die für 3 Fge geltende 10%-Schranke von χ^2 = 13,35 wird nicht erreicht, so daß ein Einfluß des Gebißzustandes auf die Kombinationen von Berufsqualifikation und Stressbelastung nicht angenommen zu werden braucht.

B(CD)-Interaktion 2. Ordnung: Die binobservable IA2 zwischen B einerseits und CD andererseits erhellt aus dem Tabellenauszug 18.3.7.9.

Tabelle 18.3.7.9

	C_1D_1	C_1D_2	C_2D_1	C_2D_2	Z
B_1	10+3 = 13(11)	8+1 = 9(6)	28+2 = 30(34)	36+3 = 39(40)	91
B_2	16+3 = 19(18)	6+1 = 7(8)	33+12 = 45(51)	49+17 = 66(60)	137
B_3	5+1 = 6(9)	2+0 = 2(4)	9+27 = 36(26)	17+ 9 = 26(31)	70
S	38	18	111	131	298

2I-A(CD) = 3395,468 + 66,689 + 39,550 + 204,072 + 285,758 + 111,889 + 27,243 +
+ 342,600 + 553,034 + 21,501 + 2,773 + 258,013 + 169,421 -
- 820,976 - 1348,075 - 594,789 - 276,457 - 104,053 - 1045,516 -
- 1277,302 = 14,439

Die 2I-Größe überschreitet die für (3-1) (4-1) = 6 Fge geltende 10%-Schranke von χ^2 = 16,8 nicht; die Gaumenneigung beeinflußt mithin Berufsqualifikation in Kombination mit Stressbelastung bei Bläsern nicht signifikant. Damit sind alle Interaktionen 2. Ordnung zwischen Faktor- und Respondenz-Mmn erschöpft, und es bleibt nur noch die Frage nach einer Interaktion 3. Ordnung, als welche allein die kanonische IA3 (AB) (CD) in Betracht kommt.

(AB) (CD)-Interaktion 3. Ordnung: Ordnen wir die Daten der Tabelle 18.3.7.1 so an, daß die Zeilen von den 2 Faktor-Mmn, die Spalten von den 2 Respondenz-Mmn gebildet werden, so resultiert die Tabelle 18.3.7.10 als Repräsentantin einer kanonischen IA3 zwischen je 2 Mmn.

Tabelle 18.3.7.10

	$C_1 D_1$	$C_1 D_2$	$C_2 D_1$	$C_2 D_2$	Z
$A_1 B_1$	10 (11)	8 (5)	28 (31)	36 (25)	82
$A_1 B_2$	16 (13)	6 (8)	33 (39)	49 (44)	104
$A_1 B_3$	5 (4)	2 (2)	9 (12)	17 (17)	33
$A_2 B_1$	3 (1)	1 (1)	2 (3)	3 (4)	9
$A_2 B_2$	3 (4)	1 (2)	12 (12)	17 (15)	33
$A_2 B_3$	1 (5)	0 (2)	27 (14)	9 (16)	37
S	38	18	111	131	298

2I(AB) (CD) = 3395,468 + 46,502 + 33,271 + 186,603 + 256,013 + 88,723 + 21,501+
  + 230,770 + 381,398 + 16,094 + 2,773 + 39,550 + 96,329 + 6,592 +
  + 0,000 + 2,773 + 6,592 + 6,592 + 0,000 + 59,638 + 96,327 + 0,000 +
  + 177,975 + 39,550 −
  − 711,901 − 966,033 − 230,770 − 39,550 − 230,770 − 267,208 −
  − 276,457 − 104,053 − 1045,516 − 1277,302 = 51,674

Entscheidung: Die Prüfgröße der kanonischen Kontingenz (AB) (CD) überschreitet als erste und einzige die 10%-Schranke von χ^2 = 30,6 für (6-1) (4-1) = 15 Fge. Damit beeinflussen die kombinierten Faktoren A und B die kombinierten Observablen C und D.

Zu deuten ist dieser Einfluß aus dem Unterschied zwischen beobachteten und erwarteten Frequenzen (e = Z · S/N) bzw. aus den zugehörigen 2I-Komponenten 2I = 2f ln (f/e) ≈ (f−e)²/e:

Den höchsten 2I-Beitrag zur kanonischen IA3 liefert danach das Feld ($A_2 B_3$) ($C_2 D_1$) entsprechend χ^2 = (27−14)²/14 = 12,0. Dieser Beitrag ist als einziger auf der 10%-Stufe signifikant, wenn er nach 1 Fg beurteilt wird; er besagt, daß Blasmusiker mit unvollständigem Gebiß A_2 und steilem Gaumen B_3 schlechtere Chancen der Qualifikation C_2 haben und zugleich einer höheren Stressbelastung D_1 unterliegen als Blasmusiker anderer Gebiß-Gaumen-Kombinationen.

Der interpretierte KFA-Test wurde als 10. simultaner Test für obiges Feld aufgrund vorgängiger Erfahrung in Aussicht genommen; er kann exakt als Vierfeldertest mit a = 27, b = 10, c = 84 und d = 177 ausgewertet werden.

Anmerkung: Die Interaktion 3. Ordnung, (AB) (CD) ist auf keine Interaktionen 2. Ordnung, A(CD), B(CD), (AB)C und (AB)D zurückzuführen, da keine dieser Interaktionen signifikant war. Andernfalls hätte die IA3 nicht interpretiert werden dürfen.

Die ISA arbeitet im obigen Beispiel mit allen Hypothesen, die sich als substanzwissenschaftliche Vermutungen aus der Frage, wie Observablen von Faktoren abhängen, ergeben. Im allgemeinen orientiert sich die ISA jedoch nur an wenigen der möglichen Hypothesen über die Abhängigkeit der Observablen von den Faktoren. Die ISA ist somit dem Sinne nach eine Regressionsmethode, die mit ausgewählten, apriorisch formulierten Interaktionshypothesen Observablen aus Faktoren vorhersagt. Das schließt aber nicht aus, daß auch aposteriorische Hypothesen geprüft werden, wenn bestimmte Mme als ‚verursachend' und andere als ‚verursacht' interpretiert werden können.

18.3.8 Apriorische und aposteriorische ISA

In der binobservablen *Vierwegtafel* des Beispiels 18.3.7.1 ließen sich, wie wir gesehen haben, bei 2 Faktoren und 2 Observablen aposteriori 4+4+1 = 9 Interaktionshypothesen formulieren und prüfen, wobei ein $\alpha^* = \alpha/9$ zugrunde zu legen war. Wie man zeigen kann, ergeben sich in einer *Fünfwegtafel* mit 2 Faktoren (AB) und 3 Observablen (CDE) 6+9+ +5+1 = 21 *aposteriorische* Interaktionshypothesen und dem entsprechend ein $\alpha^* = \alpha/21$, nach welchem die 21 IAn zu beurteilen sind:

$\binom{2}{1}\binom{3}{1}$ = 6 Interaktionen 1. Ordnung: AC AD AE BC BD BE

$\binom{2}{2}\binom{3}{1}$ = 3 monobservable IAn 2. Ordnung: (AB)C (AB)D (AB)D

$\binom{2}{1}\binom{3}{2}$ = 6 binobservable IAn 2. Ordnung: (A)CD (A)CE (A)DE und
(B)CD (B)CE (B)DE

$\binom{2}{2}\binom{3}{2}$ = 3 binobservable IAn 3. Ordnung: (AB)CD (AB)CE (AB)DE

$\binom{2}{1}\binom{3}{3}$ = 2 ternobservable IAn 3. Ordnung: (A)CDE und (B)CDE

$\binom{2}{2}\binom{3}{3}$ = 1 ternobservable IA 4. Ordnung: (AB)CDE

Wie oben vorweggenommen, gibt es also 6 Interaktionen 1. Ordnung, 6+3 = 9 Interaktionen 2. Ordnung, 3+2 = 5 Interaktionen 3. Ordnung und 1 Interaktion 4. Ordnung.

Interessieren den Untersucher nur Interaktionen 1. und 2. Ordnung, dann braucht er nur die einschlägigen 6+9 = 15 Hypothesen zu überprüfen. Interessieren ihn nur die Interaktionen, in welchen das Faktor-Mm A und das Beobachtungs-Mm E involviert sind, dann braucht er nur die 7 Interaktionen AE, (AB)E, (A)CE, (A)DE, (AB)CE, (AB)DE, (A)CDE und (AB)CDE zu beurteilen. In beiden Fällen muß die Auswahl der *apriorischen* ISA-Hypothesen sachlogisch begründet werden.

Die ISA ist auf eine Unterscheidung zwischen Faktor- und Beobachtungs-Mmn (Regressionsprinzip) angelegt, aber nicht auf sie beschränkt; sie kann auch auf *nur-observable Tafeln* angewendet werden, wenn man (gemäß dem Korrelationsprinzip) eine Gruppe von Mmn als abhängig von einer anderen Gruppe von Mmn betrachten kann. In nur-observablen Tafeln wächst jedoch die Zahl der aposteriorischen ISA-Hypothesen exponentiell mit der Zahl der Mme. Bei t Mmn ergeben sich

$$r = \tfrac{1}{2}(3^t + 1) - 2^t \qquad (18.3.8.1)$$

mögliche Interaktionshypothesen, das sind 14-8 = 6 bei t = 3 Mmn, 51-16 = 25 Hypothesen bei t = 4 Mmn und 58 Hypothesen bei t = 5 Mmn.

Um die Zahl der ISA-Hypothesen in nur-observablen Tafeln vernünftig einzugrenzen, empfiehlt es sich, nur apriorische, d.h. *gezielte* und sachlogisch begründete Hypothesen zu formulieren und zu prüfen, wie dies im folgenden Beispiel anhand einer binobservablen Vierwegtafel illustriert wird.

Beispiel 18.3.8.1

Versuch: In einem Belastungsversuch mit den Behandlungsfaktoren A in den Stufen A_1 = LSD (1 gamma/kg), A_2 = Alkohol (30 g) und A_3 = Vitaminplacebo (1 Tabl.) wurden je 100 Studenten und Studentinnen (G_m, G_w) den 3 Behandlungen nach Zufall zugeordnet und einem Zeichentest (HTP-Buck) unterworfen, der nach Q = künstlerischer Qualität und K = klinischer Auffälligkeit im Half-and-Half-Rating (+, -) ausgewertet wurde. Das Ergebnis des Versuchs ist in Tabelle 18.3.8.1 zusammengefaßt.

Tabelle 18.3.8.1

AG	QK ++	QK +-	QK -+	QK --	Z
1m	3 (8,64)	5 (7,36)	14 (7,36)	10 (8,64)	32
1w	9 (8,64)	1 (7,36)	15 (7,36)	7 (8,64)	32
2m	8 (8,64)	9 (7,36)	4 (7,36)	11 (8,64)	32
2w	10 (8,64)	4 (7,36)	6 (7,36)	12 (8,64)	32
3m	8 (9,72)	18 (8,28)	4 (8,28)	6 (9,72)	36
3w	16 (9,72)	9 (8,28)	3 (8,28)	8 (9,72)	36
S	54	46	46	54	200

ISA-Hypothesen: (1) Die Behandlung A beeinflußt in Kombination mit der Schichtung G = Geschlecht die künstlerische Qualität (Q) und die klinische Auffälligkeit (K) der N = 200 Zeichnungen.
(2) Die Behandlung A beeinflußt Q und K.
(3) Die Behandlung A beeinflußt Q.
(4) Die Behandlung A beeinflußt K.

Die 4 Hypothesen sind Alternativen zu H_0, wonach die Observablen Q und K unabhängig sind von den Faktoren A und G.

ISA-Tests: Zur Prüfung von H_1 wurden die Erwartungswerte der Tabelle 18.3.8.1 in üblicher Weise berechnet: 8,64 = 32 · 54/200 etc. Der Test gegen H_1 ergibt sich aus der Prüfgröße

$\chi_1^2 = (3 - 8{,}64)^2/8{,}64 + \ldots + (8 - 9{,}72)/9{,}72 = 53{,}90$ mit 15 Fgn

Zur Prüfung von H_2 poolen wir f und e über die beiden Geschlechter und erhalten aus Tab. 18.3.8.1

$\chi_2^2 = (12 - 17{,}28)^2/17{,}28 + \ldots + (14 - 19{,}44)^2/19{,}44 = 21{,}03$ mit 6 Fgn.

Zur Prüfung von H_3 poolen wir nicht nur über die Geschlechter, sondern auch über das Auffälligkeits-Rating und erhalten

	Q+	Q-
LSD	21 (32)	42 (32)
Alkohol	31 (32)	23 (32)
Placebo	48 (36)	24 (36)

$\chi_3^2 = (21 - 32)^2/32 + \ldots + (24 - 36)^2/36 = 15{,}22$ mit 2 Fgn.

Zur Prüfung gegen H_4 poolen wir über das Qualifikations-Rating und erhalten

	K+	K-
LSD	37 (32)	26 (32)
Alkohol	28 (32)	26 (32)
Placebo	34 (36)	38 (36)

$\chi_4^2 = (37 - 32)^2/32 + \ldots + (38 - 36)^2/36 = 3{,}75$ mit 2 Fgn.

Entscheidung: Mit $\alpha = 0{,}01$ ergibt sich für 4 simultane Tests ein $\alpha^* = 0{,}0025$, welches Risiko von $P_1 = 0{,}000002$, $P_2 = 0{,}002$ und $P_3 = 0{,}0006$ unterschritten wird (Tafel III–1).

Interpretation: Nach dem ISA-Prinzip ist die signifikante Interaktion niedrigster Ordnung, also die auf H_3 bezogene Interaktion A(K) zu interpretieren: Danach wächst die künstlerische Qualität der Zeichnung mit sinkender Belastung (LSD-Alkohol-Placebo).

Aus heuristischer Sicht wird man allerdings die Interaktion mit dem niedrigsten P-Wert, also die Interaktion (AS)(QK) interpretieren, am besten mittels einer Prädiktions-KFA nach Tabelle 18.3.8.1:

Nach Tabelle 18.3.8.1 finden sich folgende Prädiktionstypen für $\alpha = 1\%$:

$\chi^2(1m, Q\text{-}K+) = (14 - 7{,}36)^2/7{,}36 = 5{,}99^*$

$\chi^2(1w, Q\text{-}K+) = (15 - 7{,}36)^2/7{,}36 = 7{,}93^*$

$\chi^2(3m, Q+K\text{-}) = (18 - 8{,}28)^2/8{,}28 = 11{,}41^*$

Unter LSD leidet bei beiden Geschlechtern die künstlerische Qualität der Zeichnungen (Q-), wobei klinische Auffälligkeiten hinzutreten, wie von einem Psychotomimetikum zu erwarten. Gute Qualität ohne Auffälligkeiten tritt vermehrt bei Studenten unter Placebo in Erscheinung.

Wie aus Beispiel 18.3.8.1 zu ersehen, hängt es von der Wahl des Alpha-Risikos mit ab, welche Interaktion zur Interpretation gelangt: Bei $\alpha = 1\%$

war die Interaktion A(K) erster Ordnung zu interpretieren. Wäre $\alpha = 0{,}1\%$ gewählt worden, so muß — wie oben geschenen — die Interaktion (AS) (QK), eine Interaktion 3. Ordnung und 2. Art interpretiert werden.

Um Ambiguitäten bezüglich der jeweils nachgewiesenen Interaktion zu vermeiden, muß Alpha vorab definitiv festgelegt werden, wenn im formalen Sinn *inferentiell* entschieden wird; wird hingegen *heuristisch* vorgegangen, dann kann Alpha hintan so festgelegt werden, daß die resultierende Interaktion substanzwissenschaftlich am besten zu interpretieren ist. Auch die Möglichkeit, jene Interaktion zu interpretieren, deren Prüfgröße ‚*am besten gesichert*', d.h. mit der niedrigsten Überschreitungswahrscheinlichkeit assoziiert ist, darf — wie in 18.3.9 — genutzt werden, wenn apriorische Interaktionshypothesen nicht formuliert werden können, weil einschlägiges Vorwissen fehlt.

18.3.9 ISA-Graphen-Schemata

Wir sind in Beispiel 18.3.8.1 mit 2 Faktor-Mmn und 2 *Respondenz-Mmn* (BHAPKAR und KOCH, 1968) von der höchsten zur niedrigsten Interaktion fortgeschritten und haben dabei den einen Behandlungsfaktor festgehalten. Interpretiert haben wir jene ISA, die das am besten gesicherte χ^2 lieferte.

Haben wir nun *mehr als einen Behandlungsfaktor*, so muß man in verzweigter Weise alle Kombinationen in diesem *hierarchischen Prozeß* mitführen. Für 3 Faktor- und 2 Respondenz-Mme verfährt man nach dem *Graphen-Schema* der Abbildung 18.3.9.1 von oben nach unten, wenn die monobservablen Interaktionen interessieren, und von unten nach oben, wenn die binobservablen Interaktionen interessieren.

Um das Schema zu illustrieren, nehmen wir an, A seien medikamentöse Behandlungen (A_1 = Insulin, A_2 = Sulfonylharnstoff) von *Diabetikern mit Kimmelstiel-Wilson-Syndrom* (Nierenschädigung und Nervenentzündung). Ferner sei B eine diätetische Behandlung (B_1 = eiweißreiche und B_2 = eiweißarme Nahrung) und C eine Vitaminbehandlung (C_1 = Vitamin-B-Komplex, C_2 = Vitamin C). Als Erfolgsindikatoren seien D = Harneiweiß (D_1 = verschwindet, D_2 = bleibt) und E = Neuropathie (E_1 = verschwindet, E_2 = bleibt) klinisch beurteilt worden.

Verfährt man *aszendierend* in Abbildung 18.3.9.1, dann entdeckt man mittels hierarchischer ISA nur die Interaktion AD erster Ordnung, die alle Interaktionen höherer Ordnung mit A (einfach unterstrichen) erklärt. Die Interaktion AD (doppelt unterstrichen) mag etwa dahin interpretiert werden, daß unter A_1 (Insulin) das Harneiweiß verschwindet, nicht aber unter A_2 (ohne daß diese Interpretation durch Daten gestützt wird).

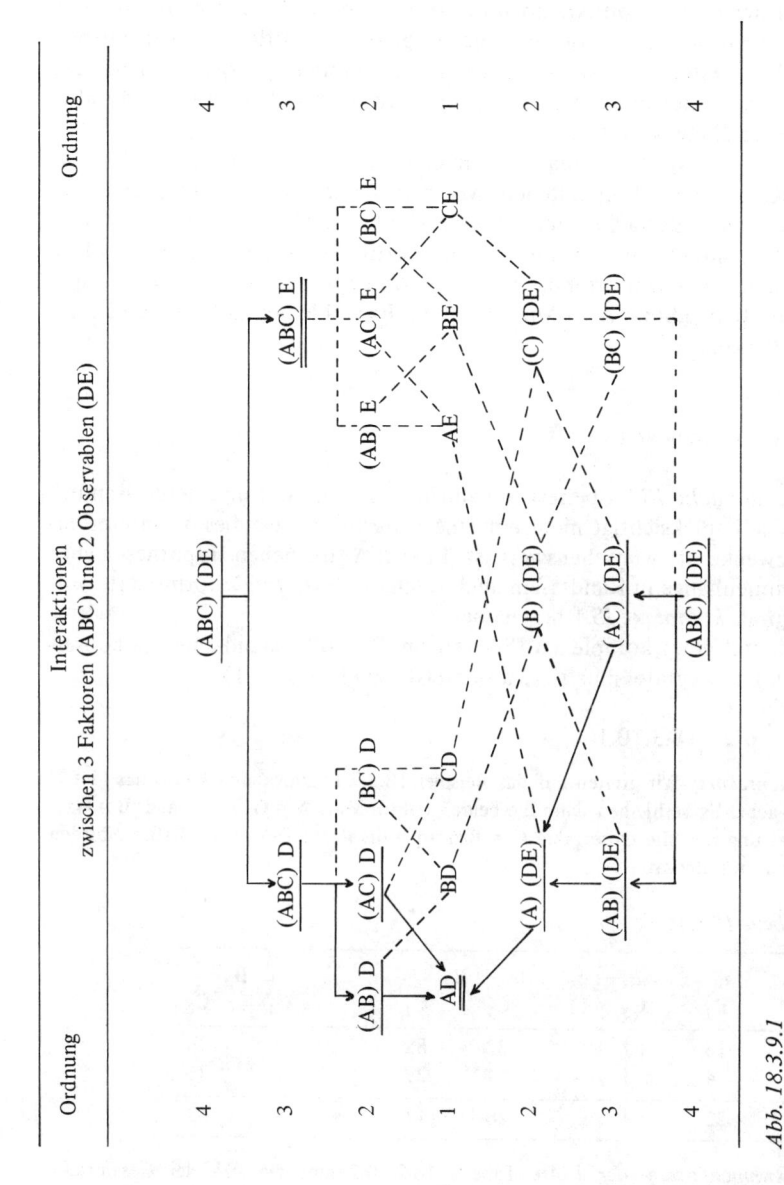

Abb. 18.3.9.1
ISA-Hypothesen einer 5-Wegtafel (1) zur ‚deszendierenden' Beurteilung monobservabler Wirkungen (C oder D) dreier Behandlungsarten (A,B,C) und (2) zur ‚aszendierenden' Beurteilung binobservabler Wirkungen (C und D).

Verfährt man *deszendierend* in Abbildung 18.3.9.1, so entdeckt man neben der Interaktion AD noch die Interaktion (ABC)E (IA 3. Ordnung, 2. Art) als interpretationsrelevant (doppelt unterstrichen): Bei entsprechendem Datensatz mag diese IA so interpretiert werden, daß nur die kombinierte Behandlung $A_1 B_2 C_1$ die Neuropathie bekämpft, nicht aber die Behandlung $A_2 B_1 C_2$.

Analoge Graphenschemata lassen sich für beliebige Zahlen von Faktor- und Respondenz-Mmn erstellen, wobei u.U. auf bestimmte IAn verzichtet werden kann. Betrachtet man z.B. in Abbildung 18.3.9.1 A als die spezifische Behandlung und B wie C als unspezifische (adjunktive) Behandlungen, dann brauchen offenbar nur jene IAn geprüft zu werden, die die spezifische Behandlung A als Mm enthalten. Es verbleiben dann noch 12 ISA-Hypothesen.

18.3.10 Komplexe ISA

Die *einfache ISA* operiert nur mit der Gesamttafel und deren Randtafeln. Sie berücksichtigt nicht einzelne Untertafeln, wie dies für Interpretationszwecke oft wünschenswert ist. Eine ISA, die neben Hypothesen über Zusammenhänge in Randtafeln auch solche in *Untertafeln* formuliert, wollen wir als *komplexe ISA* bezeichnen.

Was mit einer komplexen ISA gemeint ist, soll anhand einer monobservablen Dreiwegtafel illustriert werden (Beispiel 18.3.10.1).

Beispiel 18.3.10.1

Datenrekurs: Wir greifen auf das Beispiel 18.3.7.1 zurück und lassen das Mm D außer acht. Es verbleiben dann die beiden Faktor-Mme A = Gebißzustand, B = Gaumenneigung und die Observable C = Bläserqualifikation. Tabelle 18.3.10.1 gibt den reduzierten Datensatz.

Tabelle 18.3.10.1

Mme	B_1		B_2		B_3	
	C_1	C_2	C_1	C_2	C_1	C_2
A_1	18	64	22	82	7	26
A_2	4	5	4	29	1	36
	22	69	26	111	8	62

Zusammenfassung der ISAn: Tabelle 18.3.10.2 gibt die ISA der Gesamttafel (AB)C, die ISAn der 2 Randtafeln AC und BC. Darüber hinaus finden sich ISAn der 3 Untertafeln des Mms B (Gaumenneigung) mit 2I-Werten ihrer IAn 1. Ordnung AC.B_i.

Tabelle 18.3.10.2

ISA	2I	Fg	berechnet aus:	Interpretation
(AB)C	14,296	5	Gesamttafel	AB beeinflußt C n.s.
AC	4,188	1	Randtafel AC	A beeinflußt C n.s.
BC	4,429	2	Randtafel BC	B beeinflußt C n.s.
AC.B_1	2,045	1	Untertafel B_1	A beeinflußt C n.s.
AC.B_2	1,436	1	Untertafel B_2	A beeinflußt C n.s.
AC.B_3	6,472**	1	Untertafel B_3	A beeinflußt C s.s.

Wie man sieht, besteht keine unbedingte oder generelle Abhängigkeit der Bläserqualifikation C von Gebißzustand A (in dem Sinne, daß ein vollständiges Gebiß bessere Bläserleistungen verbürgt als ein unvollständiges Gebiß), sondern eine bedingte oder differentielle, auf steilen Gaumen (B_3) beschränkte Abhängigkeit.

Schlußfolgerung: Ohne komplexe ISA mit Einschluß der Untertafeln hätte der bestehende Einfluß nicht entdeckt werden können.

Anmerkung: Der 2I-Wert von 6,472 ergibt sich aus der rechten Vierfeldertafel in Tabelle 18.3.10.1 mit den Zeilensummen 33 und 37 und einem N = 70 wie folgt:

594,789 + 27,243 + 169,421 + 0,000 + 258,013 −
− 230,770 − 267,208 − 33,271 − 511,765 = 6,472

Der Wert ist bei $\alpha = 0,05$ und r = 6 simultanen Tests signifikant, weil er die Schranke $\chi^2 = z^2(0,05/6 = 0,0083) = 2,40^2 = 5,76$ überschreitet.

In einer komplexen ISA mit t = 3 Mmn treten nur *bedingte* Kontingenzen vom Typ AC.B (vgl. Tab. 18.3.10.2) als Summe der AC.B_i auf, die wir künftig bedingte Kontingenzen *erster Ordnung* nennen wollen. Eine ISA mit t = 4 Mmn ermöglicht auch bedingte Kontingenzen *zweiter Ordnung*, wie z.B. (AB)C.D, die wir in der Notation von ENKE (1974) als (ABxC).D schreiben wollen. Die bedingte Kontingenz 2. Ordnung (ABxC).D ist die Kontingenz (AB)C in den Untertafeln von D, also eine *multiple bedingte Kontingenz*.

Eine komplexe ISA mit t = 5 Mmn muß nun nicht nur bedingte Kontingenzen *dritter Ordnung* vom Typ (ABC)D.E oder — nach ENKES Notation — (ABCxD).E in Betracht ziehen, sondern auch zwischen *zwei Arten* von bedingten Kontingenzen 3. Ordnung unterscheiden: Die Kontingenz (ABC x D).E soll als Kontingenz *erster Art*, die Kontingenz (ABxCD).E als Kontingenz *zweiter Art* bezeichnet werden.

Je nach dem Aufbau einer Mehrwegtafel kommen nur bestimmte Kontingenzen des bedingten Typs für ISA-Hypothesen in Betracht. In einer monobservablen Vierwegtafel mit den Behandlungs-Mmn A und B, dem Schichtungs-Mm C und dem Beobachtungs-Mm D ergeben sich die allein sinnvollen Hypothesen der Tabelle 18.3.10.3, wenn eine komplexe ISA geplant und nach 2I ausgewertet wird.

Tabelle 18.3.10.3

ISA-Hypothesentyp		Prüfgrößen		Freiheitsgrade	Zahl
	1. Ordnung	2I(A x D)		(a-1) (d-1)	1
Unbedingt	1. Ordnung	2I(B x D)		(b-1) (d-1)	1
	2. Ordnung	2I(AB x D)		(ab-1) (d-1)	1
	1. Ordnung	2I(A x d).C_i	je	(a-1) (d-1)	c
Bedingt	1. Ordnung	2I(B x D).C_i	je	(b-1) (d-1)	c
	2. Ordnung	2I(AB x D).C_i	je	(ab-1) (d-1)	c

Die Prüfgröße 2I(A x D) entscheidet, ob die a Behandlungsstufen von A unterschiedliche Wirkungsstufen ausgelöst haben. Analoges gilt für die Prüfgröße 2I(B x D). Sind A und B allein und als solche unwirksam, dann entscheidet 2I(AB x D) darüber, ob die kombinierten ab Behandlungsstufen wirksam bzw. unterschiedlich wirksam waren.

Die Prüfgröße 2I(A x D).C_i entscheidet über die Wirkung von A auf D in der Schicht C_i, i = 1(1)c. Analoges gilt für die Prüfgröße 2I(B x D).C_i. Schließlich entscheidet 2I(AB x D).C_i über die kombinierte Wirkung von A und B auf D in der Schicht C_i.

Da in Tabelle 18.3.10.3 insgesamt r = 1+1+1+c+c+c = 3(c+1) ISA-Hypothesen geprüft werden, ist $\alpha^* = \alpha/r$ zu adjustieren.

Man beachte, daß die Summe der Untertafelkontingenzen (A x D).C_i die bedingte Kontingenz (A x D).C oder AD.C ergibt, deren Prüfgröße global nach c(a-1) (d-1) Fgn zu beurteilen ist. In dem nachfolgenden Abschnitt spielt diese globale Prüfgröße für bedingte Kontingenzen 1. und 2. Ordnung eine konstitutive Rolle.

18.4 Kontingenzkettenanalyse (KKA) nach ENKE

Eine mehrdimensionale Kontingenzanalyse, die, wie die KSA auf der Additivität von Kontingenzkomponenten aufbaut, die Kontingenzkomponenten aber nicht à la LANCASTER, sondern als unbedingte und bedingte Kontingenzen erster und höherer Ordnung (vgl. Tab. 18.3.10.3) definiert, hat ENKE (1974) mit seiner ‚Prüfung von Hypothesenketten' in Mehrwegtafeln vorgestellt. Die Kontingenzkettenanalyse (KKA), wie sie genannt werden soll, teilt die Gesamtkontingenz so in Komponenten auf, daß (1) Aussagewidersprüche (vgl. 18.4.6), wie sie bei nicht additiver Aufteilung eintreten können, vermieden, und daß (2) Ketten einander ergänzender Hypothesen in sachlogisch sinnvoller Weise geprüft werden können.

ENKE (1974) unterscheidet zwei Strategien der KKA, die wie folgt zu beschreiben sind:

(1) Die *Ergänzungsstrategie* der KKA geht von einer substanzwissenschaftlich begründeten *Zielhypothese* aus und ergänzt jene Hypothesen, die die Gesamtkontingenz voll ausschöpfen und zugleich sinnvoll zu begründen sind.

(2) Die *Entwicklungsstrategie* geht von der Gesamtkontingenz aus und teilt diese in multiple, bedingte und unbedingte Kontingenzen so auf, wie es (1) die Struktur der Kontingenztafel (mon-, bin- bis nur-observable) zuläßt und wie (2) sich untergeordnete (spezifizierte) aus übergeordneten (globaleren) Fragestellungen so entwickeln lassen, daß eine substanzwissenschaftlich begründete Kette von Zielhypothesen entsteht.

Im folgenden werden wir die KKA anhand einer Vierwegtafel durch Prototypen der einen und der anderen Strategie illustrieren und interpretieren.

18.4.1 Die Ergänzungsketten-Kontingenzanalyse (EKKA)

ENKE (1974) unterscheidet bei der Ergänzungskettenanalyse (EKKA) zwischen *unbedingten* und *bedingten Zielhypothesen*, von welchen die Fragestellung ihren Ausgang nimmt. Wir wollen beide Varianten der EKKA je an einem typischen Beispiel aus der Therapieforschung illustrieren.

EKKA mit unbedingter Zielhypothese

Die häufigste Anwendungsform einer Vierweganalyse in der klinischen Prüfung von Arzneimittelkombinationen geht von einem Behandlungsfaktor A in a Stufen, einem Behandlungsfaktor B mit b Stufen und einem Schichtungsfaktor C mit c Stufen (Begleitbehandlungen) aus, und beobachtet die Wirkung D der Behandlung in d Stufen. Da stets mit schichtspezifischen Wirkungen zu rechnen ist, fragt man i. S. einer *unbedingten Zielhypothese*, ob eine *multiple Kontingenz* (zweiter Ordnung) des Typs (ABC)D = (ABxD) nachzuweisen ist, um jene ABC-Kombinationen zu identifizieren, die den gewünschten Behandlungserfolg verbürgen.

Die Kontingenz (ABCxD) ist jedoch *nicht konklusiv* zu interpretieren, wenn die Behandlungskombinationen AB den Schichten C nicht streng zufallsmäßig zugeteilt wurden. Ob die ab Kombinationen, wie vom Supervisor gefordert, wirklich streng zufällig den c Schichten zugeordnet worden sind, läßt sich post festum überprüfen, indem man die zu (ABCxD) *additiv-komplementäre Hypothese* der Unabhängigkeit der 3 Faktor-Mme (A x B x C) ‚ergänzt'. Denn da aus

(ABC x D) und (A x B x C) folgt (A x B x C x D),   (18.4.1.1)

erstellt man die 2-gliedrige Ergänzungskette, indem man die Kombination (ABC) durch die Unabhängigkeitsforderung (A x B x C) ‚substituiert'.

Ist die unbedingte *Zielkontingenz* (ABC x D) signifikant für (abc–1)(d–1) Fge, dann ist mindestens eine der ab Behandlungskombinationen bei mindestens einer der c Patientengruppen wirksam. Ist zugleich die *Ergänzungskontingenz* (A x B x C) insignifikant, dann ist der Wirkungsnachweis konklusiv, braucht an der Zufallszuteilung *(Randomisierung)* nicht gezweifelt zu werden.

EKKA mit bedingter Zielhypothese

Betrachten wir nun den umgekehrten Fall einer *ternobservablen Vierwegtafel*, etwa eine Krankheit mit den Leitsymptomen A, B und C als Beobachtungs-Mmn und dem Behandlungs-Mm als Faktor D. Hier interessiert den klinischen Untersucher, ob die Kontingenz der 3 Symptome unter den d Behandlungen variiert, ob sie etwa bei unbehandelten Ptn (D_1) sehr eng ist und bei behandelten Ptn (D_2) verschwindet.

Um den Unterschied der Kontingenz zu erfassen, bedarf es der *bedingten Kontingenz*, hier der bedingten Kontingenz A x B x C in den Stufen von D. Wir haben daher zu prüfen, ob die *bedingte Zielhypothese*, wonach (AxBxC).D bedingt kontingent sei, signifikant ist; dazu sind (a–1) (b–1) (c–1)d Fge zugrunde zu legen.

Ergänzt wird die bedingte Kontingenz (A x B x C).D durch die unbedingten Kontingenzen zwischen D und jedem der 3 Symptome A, B und C. Denn es gilt, daß aus

(AxBxC).D und (AxD) und (BxD) und (CxD) folgt (AxBxCxD) (18.4.1.2)

Die Ergänzungskontingenzen (A x D) usw. sind nun aber klinisch selbst höchst bedeutsam, denn sie indizieren die *prognostische Valenz* jedes einzelnen Symptoms, zeigen also an, ob das Verschwinden eines Symptoms Ausdruck der Behandlungswirkung ist. Ist etwa (A x D) für (a–1) (d–1) Fge signifikant, dann ist A ein prognostisch valentes Symptom; gleiches gilt ggf. für B und C.

Aber auch wenn keines der 3 Symptome prognostisch valent ist, wenn also (A x D) usw. nicht signifikant sind, kann (A x B x C).D signifikant sein: Hier äußert sich die Behandlungswirkung nicht darin, daß die Symptome verschwinden, sondern darin, daß sie sich rekombinieren, welches Phänomen klinisch unter dem Begriff ‚*Symptomwandel*' figuriert (vgl. LIENERT und STRAUBE, 1980).

Will man den Symptomwandel einer Therapiegruppe von Ptn im Vergleich zu einer ‚Wartegruppe' näher spezifizieren, so vergleiche man beide Gruppen mittels einer 2-Stichproben-KFA der 3 Symptome und interpretiere die differenten Symptomkonfigurationen (Syndrome).

Numerisch ist zu beachten: Die Prüfgröße (χ^2 oder 2I) für die *bedingte* Zielhypothese (AxBxC).D gewinnt man, wenn die Prüfgröße für die Gesamtkontingenz (AxBxCxD) vorliegt, am einfachsten, indem man von ihr die Prüfgrößen der *unbedingten* Kontingenzen (AxD) usw. subtrahiert und das gleich für die Fge tut.

Nicht zu vergessen ist, daß α hier für r = 4 (nicht für 2, wie oben) simultane Tests adjustiert werden muß.

18.4.2 Verzweigungsketten-Kontingenzanalyse (VKKA)

Da die Entwicklungsketten nach ENKE (1974) im Regelfall *verzweigte* Ketten sind, soll wegen differenter Abkürzungsmöglichkeit von *Verzweigungsketten-Kontingenzanalyse* (VKKA) gesprochen werden.

Kettenglieder-Entwicklung

Im Unterschied zu den Ergänzungsketten gehen Verzweigungsketten auch von all- oder *nur-observablen Mehrwegtafeln* aus, in welchen jedes Mm sowohl als (verursachendes) Faktor-Mm wie auch als (verursachtes) Beobachtungs-Mm fungieren kann. Statt von einer Zielhypothese, geht die VKKA von der *Allunabhängigkeitshypothese* aus, die für t = 4 Mme in der Notation von ENKE lautet: Die Gesamtkontingenz (AxBxCxD) ist insignifikant. Ist sie signifikant, dann kann sie in folgende *additive Kontingenzkomponenten* ‚verzweigt' werden.

Aus (AxBxCxD) folgt (AxB).CD und daraus folgen hierarchisch

$$(AxC).D \qquad (BxC).D$$
$$(AxD) \qquad (CxD) \qquad (BxD) \qquad (18.4.2.1)$$

Die Entwicklung der Kette folgt dem Prinzip der *sukzessiven Klammerhereinnahme*: Zuerst wird C in die Klammer hereingenommen und ‚verdrängt' hier B oder A. Dann wird D hereingenommen und verdrängt A, B oder das im ersten Schritt hereingenommene C. Jede der 3 bedingten Kontingenzen kann in ihre Komponenten zerlegt werden wie etwa

$(AxB).CD = (AxB).C_1D_1 + (AxB).C_1D_2 ...$ \qquad (18.4.2.2)
$(a-1)(b-1)cd = (a-1)(b-1) + (a-1)(b-1) + ...$

Die Zerlegung ermöglicht es, den Zusammenhang zwischen A und B in jeder Kombination von C und D zu beurteilen. Analog gibt die Zerlegung (AxB).D = (AxB).D_1 + ... + (AxB).D_d die Zusammenhänge zwischen A und B in den Stufen von D. Sind diese Zusammenhänge *homogen*, dann ist auch der unbedingte Zusammenhang zwischen A und C zu interpretieren. Ähnliches gilt für die bedingte Kontingenz (BxC).D und die unbedingte Kontingenz zwischen B und C.

Kettenglieder-Interpretation

Anders als bei ISA interpretiert man bei der VKKA Kontingenzen auf allen möglichen *Bedingtheitsniveaus*: Ist (AxB).CD signifikant, aber keines der 2 folgenden Kettenglieder (AxB).D und (BxC).D, dann hängt die Kontingenz (AxB) von den Interaktionen zwischen B und D ab und muß auf diesem Niveau interpretiert werden. Sind alle Kettenglieder in (18.4.2.1) signifikant, so wird jedes unabhängig von jedem anderen Kettenglied interpretiert.

Werden die Mme nach ihrer *sachwissenschaftlichen Bedeutung* mit Buchstaben bezeichnet, wobei etwa A und B bedeutsame Beobachtungs-Mme (wie Geschmacksempfindlichkeit und Rauchen) und C und D weniger bedeutsame Schichtungsmerkmale (Geschlecht und Alter) bezeichnen, dann nimmt auch die Bedeutung der Kettenhypothesen (18.4.2.1) zunehmend ab. In diesem Fall empfiehlt sich eine *degressive Alpha-Adjustierung* nach MORGENSTERN (1975): Man beurteilt die wichtige Kontingenz (AxB). CD nach $\alpha/2$, die Kontingenzen (AxC).D und (BxC).D je nach $(\alpha/4)/2$ und die ebenfalls minder wichtigen Kontingenzen (AxD), (BxD) und (CxD) je nach $(\alpha/4)/3$, womit $\alpha = \alpha/2 + 2(\alpha/8) + 3(\alpha/12)$ völlig ausgeschöpft wird.

Interessiert den Untersucher – wie in epidemiologischen Untersuchungen – der Zusammenhang zweier Mme (etwa A = Luftverschmutzung und B = Krankheitsanfälligkeit) in *mehr als 2 Schichten* (etwa C = Geschlecht, D = Alter und E = Berufsgruppe) bei Werksangehörigen eines Chemiebetriebes, dann folgt aus (AxB).CDE durch sukzessive Hereinnahme (AxC).DE als erstes Kettenglied, daraus (AxD).E als zweites Kettenglied und (AxE) als letztes Glied des linken Astes der Verzweigungskette (18.4.2.1). Analog sind die Glieder des mittleren und des rechten Astes zu bilden und ggf. als bedingte oder unbedingte Kontingenzen zu interpretieren.

18.4.3 ISA-Kontingenzkettenanalyse (IKKA)

Unterscheidet man zwischen unabhängigen Faktor-Mmn und von ihnen abhängigen Beobachtungs-Mmn, so sind die Bedingungen einer ISA erfüllt. Statt alle möglichen ISA-Hypothesen zu erstellen und zu prüfen, kann man sich auf die wechselseitig unabhängigen (orthogonalen) Hypothesen beschränken und diese kettenartig aus einer globalen ISA-Hypothese entwickeln. Dadurch gelangt man zu einer *ISA-Kettenkontingenzanalyse* (IKKA).

Strukturelle Hypothesenketten

Angenommen, wir haben zwei Behandlungsfaktoren A und B, einen Schichtungsfaktor C und eine Response-Größe D, dann geht man von der Interaktion 3. Ordnung (ABCxD) aus und entwickelt eine *strukturelle Hypothesenkette* wie folgt:

(1) Aus (ABCxD) folgt (ABxD).C u. zugleich (CxD) (18.4.3.1)

Nach ENKES Algorithmus wird C im ersten Kettenglied herauspartialisiert und im zweiten Kettenglied in Verbindung mit D wieder hereingebracht, so daß C und D in jedem der beiden Kettenglieder, A und B aber nur im ersten Kettenglied auftreten.

Die Entwicklung (18.4.3.1) ist sachlogisch sinnvoll, denn (ABCxD) zeigt an, ob überhaupt eine Behandlungswirkung vorliegt, (ABxD).C identifiziert die Schicht, in der sie sich am stärksten manifestiert und (CxD) indiziert, welche Schicht unabhängig von jeder Behandlung (oder, wie hier, Behandlungskombination) mehr oder weniger respondiert, als *Responder-* oder *Nonrespondergruppe* imponiert.

Nach einem analogen Algorithmus läßt sich die obige ISA-Hypothese (ABCxD), wenn A ein Behandlungs-Mm ist und B, C zwei Schichtungs-Mme sind, auch sinnvoll in die folgenden 2 Ketten entwickeln:

(2) Aus (ABCxD) folgt (AxD).BC und (BCxD) (18.4.3.2)

(3) Aus (ABCxD) folgt (AxD).BC und (BxD).C und (CxD) (18.4.3.3)

Die Entwicklung (2) bringt im 1. Glied die Wirkung von A in den Schichtungskombinationen BC zum Ausdruck, sowie eine etwa unterschiedliche Responderbereitschaft dieser Schichtungskombinationen im 2. Glied. Die Entwicklung (3) wäre sinnvoll, wenn die Schicht B für die Responderbereitschaft *eingenistet* ist in die Schicht C (wie eine Vorbehandlung B, die den Patienten sensibilisiert hat, in einer der Diagnosen C).

Die Entwicklung (2) ist zur Entwicklung (1) völlig analog. Die Entwicklung (3) *partialisiert* BC heraus (im 1. Glied) und (im 2. Glied) B bzw. (im 3. Glied) C wieder herein; sie ist am besten indiziert, wenn A, B und C Behandlungs-Mme sind und D ein Beobachtungs-Mm ist. Hier kommt im 1. Glied die Wirkung von A, im 2. Kettenglied die Wirkung von B und im 3. Glied die Wirkung von C zum Ausdruck. Implizit wird unterstellt, daß

A nur in bestimmten Kombinationen mit BC wirkt, daß B nur in bestimmten Stufen von C wirkt und daß allein C unabhängig von A und/oder B wirksam ist.

Funktionelle Hypothesenketten

Der *Algorithmus* zur Entwicklung von Kontingenz-Kettenhypothesen läßt sich analog auf mehr als 4 Mme verallgemeinern. Wie das folgende Beispiel 18.4.3.1 zeigt, setzt eine KKA nicht notwendig eine eindeutige Trennung zwischen Faktor- und Beobachtungs-Mm voraus; eines von 4 Mmn kann z.B. einmal als Faktor-Mm, das andere Mal als Beobachtungs-Mm fungieren, wodurch (hier sog.) *funktionelle Hypothesenketten* begründet werden.

Beispiel 18.4.3.1

Datenrückgriff: Sehen wir zu, ob sich für Beispiel 18.3.4.1 eine Hypothesenkette bilden und sinnvoll interpretieren läßt. Wir betrachten dazu A (Geschlecht) und B (Altersgruppen) eindeutig als Faktor-Mme und C (Geschmacksempfindlichkeit) eindeutig als Beobachtungs-Mm, während D (Rauchen) seine Funktion ändern dürfen soll.

Hypothesenkette: Wir gehen von der Nullhypothese (ABxCxD) aus und zerlegen diese wie folgt orthogonal:

Aus $\underline{(AB \times C \times D)}$ folgt $\underline{(ABD \times C)}$ und $(AB \times D)$

In dieser Zerlegung ist (ABxCxD) eine Dreiwegtafel mit den Geschlechts-Altersgruppen-Kombinationen als den ab Stufen eines Faktor-Mms, wobei C und D Beobachtungs-Mme sind. Die dazugehörige Hypothese ist das (unterstrichene) Ausgangsglied der Hypothesenkette. Das zweite Glied der Kette (ebenfalls unterstrichen) ist eine ISA-Hypothese (ABDxC) aus einer Zweiwegtafel mit abd Faktorkombinationen und c Beobachtungsstufen.

Das zweite Glied der Hypothesenkette zerlegen wir durch Ausgliedern des Mms D weiter orthogonal wie folgt:

Aus (ABDxC) folgt $\underline{(AB \times C).D}$ und (CxD)

Das dritte (unterstrichene) Glied der Kette, (ABxC).D, betrachtet die Abhängigkeit des Mms C von den Kombinationen der Mme A und B innerhalb einer jeden der d Schichten des Mms D (Rauchen), das nunmehr als Faktor-Mm fungiert.

Das vierte Glied der Hypothesenkette ergibt sich aus dem dritten Glied, indem wir eines der Faktor-Mme als Schichtungs-Mm ausgliedern, etwa das binäre Geschlechts-Mm:

Aus (ABxC).D folgt $\underline{(B \times C).AD}$ und (AxC).D.

Das unterstrichene vierte Glied der Kette bezeichnet die Abhängigkeit der Geschmacksempfindlichkeit C vom Alter B der Vpn innerhalb der Geschlechterkombinationen von Rauchern und Nichtrauchern.

Hypothesenprüfung: Die Ergebnisse der Kontingenzkettenprüfung sind in Tabelle 18.4.3.1 mittels 2I-Tests aufgrund der Daten des Beispiels 18.3.4.1 durchgeführt und nach $\alpha^* = 0{,}05/4 = 0{,}0125$ beurteilt worden (KRES, 1975, Tafel 22).

Tabelle 18.4.3.1

Nr.	Hypothese	2I-Prüfgröße	Freiheitsgrade	χ^2-Schranke
1	(ABxCxD)	104,559*	$4 \cdot 3 \cdot 2 - 4 - 3 - 2 + 2 = 17$	32,64
2	(ABDxC)	43,741*	$(8-1)(3-1) = 14$	28,42
3	(ABxC).D	23,534	$(4-1)(3-1)\,2 = 12$	25,53
4	(BxC).AD	18,926	$(2-1)(3-1)(2 \cdot 2) = 8$	19,48

Entscheidung: Zwei der 4 Kontingenzen sind signifikant auf der 5%-Stufe, und zwar die unbedingten Kontingenzen 1 und 2. Die nichtsignifikanten bedingten Kontingenzen 3 und 4 wären bei Festlegung von $\alpha = 0{,}10$ (statt 0,05) ebenfalls signifikant, weswegen sie nachfolgend auch tentativ interpretiert werden sollen.

Die Kontingenz 1 ist en detail mittels einer Dreiweg-KFA zu interpretieren, wobei die Mme A und B zu den $2 \cdot 2 = 4$ Zeilen eines Kombinations-Mms zusammenzufassen sind. Für die beobachtete Ausreißerfrequenz f(A1B1xC3xD1) = 25 der Tabelle 18.3.4.1 ergibt sich danach eine erwartete Frequenz von $e = 60(40+23)(25+34+40)/240^2 = 6{,}497$ und damit eine χ^2-Komponente von $(25-6{,}497)^2/6{,}497 = 52{,}7^*$ mit 1 Fg: Ältere Männer sind demnach weit überzufällig oft Raucher und haben eine gestörte Geschmacksempfindlichkeit. Analog sind alle übrigen möglicherweise überfrequentierten Mms-Kombinationen der Tabelle 18.3.4.1 zu beurteilen.

Die Kontingenz 2 ist mittels einer Zweiweg-KFA zu interpretieren, wobei $2 \cdot 2 \cdot 2 = 8$ Zeilen und 3 Spalten zu bilden sind. Der Erwartungswert für f = 25 (s. oben) beträgt hier $e = (12+11+9)(40+23)/240 = 8{,}40$ und $\chi^2 = (25-8{,}40)^2/8{,}40 = 32{,}80$ zeigt ebenfalls einen Typ an, der hier (im Unterschied zu oben) wie folgt zu interpretieren ist: Ältere Männer, die rauchen, haben überzufällig oft Geschmacksstörungen.

Die Kontingenz 3 erfaßt die Abhängigkeit der Geschmacksempfindlichkeit C von den Geschlechter-Altersgruppen-Kombinationen AB bei Rauchern und Nichtrauchern (D). Für Raucher beträgt die Kontingenz

$$2I = 2(25+34+40)\ln(25+34+40) + 2(12)\ln(12) + \ldots + 2(2)\ln(2) - \\ - 2(12+11+9)\ln(12+11+9) - \ldots - 2(40)\ln(40) = 10{,}900$$

und für Nichtraucher beträgt sie $25{,}48 - 10{,}90 = 14{,}58$. Beide 2I-Werte sind nach $(4-1)(3-1) = 6$ Fgn zu beurteilen, womit die Kontingenz nur bei Nichtrauchern signifikant ist ($\alpha = 5\%$).

Wie die Nichtraucher-Kontingenz (ABxC) zu interpretieren ist, ergibt sich aus den Zeilenkomponenten des 4×3-Felder-χ^2-Tests in Tabelle 18.4.3.2 (da 2I-Komponenten – obschon hier wünschenswert – grundsätzlich nicht zu berechnen sind).

Tabelle 18.4.3.2

a	b	c	n	$\frac{N}{n}(a^2/A + b^2/B + c^2/C) - n =$	χ_i^2
17	8	3	28	5,036(4,38+1,23+0,39) − 28 =	2,216
3	5	7	15	9,400(0,14+0,48+2,13) − 15 =	10,850
22	21	5	48	2,938(7,33+8,48+1,09) − 48 =	1,652
24	18	8	50	2,820(8,73+6,23+2,78) − 50 =	0,027
A=66	B=52	C=23	N=141	df = (4−1)(3−1) = 6 χ^2 =	14,745

Wie man sieht, basiert die Kontingenz (AB×C).D2 fast ausschließlich auf der Faktorkombination A1B2.D2 (Raucher über 50), die zu selten (5 Mal) geschmackstüchtig und zu oft (7 Mal) geschmacksgestört erscheinen, wo die restlichen 3 Kombinationen einem gegensinnigen Trend folgen.

Die Kontingenz 4 wäre wie in Tabelle 18.4.3.2 für jede der 2 · 2 = 4 Faktorkombinationen AB getrennt zu prüfen, wobei 2×3-Feldertafeln resultieren (statt 4×3-Feldertafeln, wie oben).

Zusammenfassung: Von den 4 Kontingenzen in Tabelle 18.4.3.1 wurden bei einem α = 5% nur 1 und 2 als signifikant anerkannt. Praktisch bedeutsam ist nur die Kontingenz 1, da allein deren Kontingenzkoeffizient C^2 = 104,559/(240 + 104,559) = 0,3035 bzw. C = 0,55 beachtlich oberhalb von Null liegt.

In Tabelle 18.4.3.2 wurden die Zeilenkomponenten des Gesamt-χ^2 einer k×3-Feldertafel nach der von McDonald-Schlichting (1979) empfohlenen Formel berechnet. Für den allgemeinen Fall einer k×m-Feldertafel lautet die *McDonald-Schlichting-Formel* wie folgt:

$$\chi^2 = \sum_{i=1}^{k} \left[\frac{N}{n_i}\left(\frac{a_i^2}{A} + \ldots + \frac{m_i^2}{M}\right) - n_i \right] \tag{18.4.3.4}$$

Die Prüfgröße χ^2 ist nach (k−1)(m−1) Fgn zu beurteilen. Die Notation entspricht dem k×m-Felder-χ^2-Test bzw. der Tabelle 5.4.4. Die McDonald-Schlichting-Formel ist das m-Spalten-Pendant der *Brandt-Snedecor-Formel* für den k×2-Felder-χ^2-Test.

Andere Hypothesenketten

Statt der in Beispiel 18.4.3.1 betrachteten Hypothesenkette können auch *andere Hypothesenketten* (vgl. Roy und Kastenbaum 1956, und dazu Fink, 1975) gebildet und ausgewertet werden. Abb. 18.4.3.1 gibt die beim Originator Enke (1974, Tab.1) bezeichneten Möglichkeiten für Beispiel 18.4.3.1 wieder:

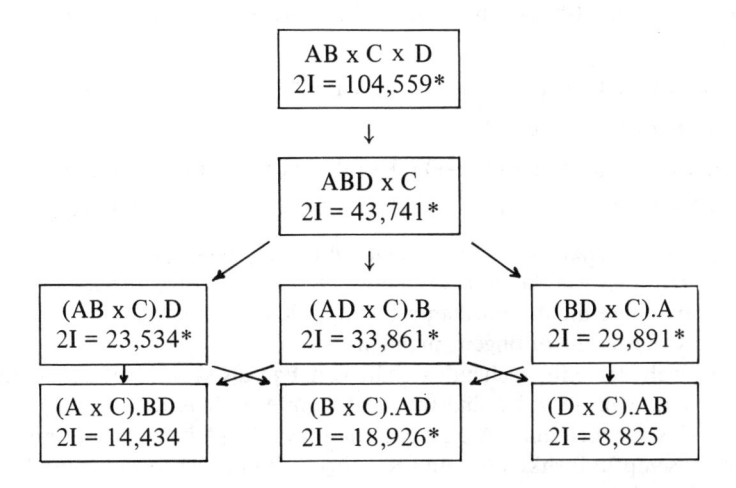

```
        ┌─────────────────┐
        │   AB x C x D    │
        │  2I = 104,559*  │
        └─────────────────┘
                 ↓
          ┌─────────────┐
          │   ABD x C   │
          │ 2I = 43,741*│
          └─────────────┘
                 ↓
   ↙              ↓              ↘
┌──────────┐ ┌──────────┐ ┌──────────┐
│(AB x C).D│ │(AD x C).B│ │(BD x C).A│
│2I=23,534*│ │2I=33,861*│ │2I=29,891*│
└──────────┘ └──────────┘ └──────────┘
     ↓     ⤫       ⤫      ↓
┌──────────┐ ┌──────────┐ ┌──────────┐
│(A x C).BD│ │(B x C).AD│ │(D x C).AB│
│2I=14,434 │ │2I=18,926*│ │2I= 8,825 │
└──────────┘ └──────────┘ └──────────┘
```

Abb. 18.4.3.1
Hypothesenketten mit 1 Beobachtungs-Mm C, 2 Faktor-Mmn A und B und 1 Schichtungs-Mm D.

In obiger Hypothesenverkettung ist C das einzige Beobachtungsmerkmal, was sich darin äußert, daß C stets nach einem Malzeichen zu stehen kommt.

Die *bedingten Kontingenzen* der unteren beiden Kasten-Reihen können weiter additiv aufgespalten werden nach den Stufen des Schichtungs-Mms, wie (ABxC).D = (ABxC).D1 + (ABxC).D2, bzw. den Kombinationen zweier Schichtungs-Mme, wie (AxC).BD = (AxC).B1D1 + (AxC).B1D2 + + (AxC).B2D1 + (AxC).B2D2 in Abbildung 18.4.3.1. Spaltet man die nicht signifikante Kontingenz (DxC).AB in dieser Weise auf, so ist (DxC).A1B1 durch die aus Tabelle 18.4.3.1 zu extrahierende 2x3-Feldertafel bestimmt:

12	11	9	32
17	8	3	28
29	19	12	50

$2I = 2(50)\ln(50) + 2(12)\ln(12) + \ldots + 2(3)\ln(3) -$
$ - 2(32)\ln(32) - 2(28)\ln(28) - 2(29)\ln(29) - \ldots - 2(12)\ln(12) =$
$ = 4{,}096$ n.s. für $(2-1)(3-1) = 2$ Fge.

Rauchen und Geschmacksempfindlichkeit sind also bei jungen (B1) Männern (A1) nicht nachweislich kontingent, obschon der Dateneindruck dafür spricht.

Die Fge der 2I-Werte in Abb. 18.4.3.1 ergeben sich exemplarisch wie folgt:

Fg(AB x C x D) = ab · c · d - ab - c - d + 3 - 1

Fg(ABD x C)   = (abd-1) (c-1)

Fg(AB x C).D = (ab-1) (c-1) · d = (ab-1) (c-1) für d Untertafeln

Fg(A x C).BD = (a-1) (c-1) · bd = (a-1) (c-1) für bd Untertafeln.

Zwecks *erschöpfender Interpretation* sollten die bedingten Kontingenzen stets nach den sie konstituierenden *Untertafeln* aufgegliedert werden. Denn auch eine nicht-signifikante bedingte Kontingenz kann in eine signifikante Untertafel-Kontingenz münden.

Die nach der entsprechenden Zahl von Fgn als signifikant beurteilten 2I-Werte in Abb. 18.4.3.1 sind wie folgt zu interpretieren:

(1) Geschlechts- und Alterskombinationen (AB) hängen eng mit Geschmacksempfindlichkeit (C) und Rauchgewohnheit (D) zusammen.

(2) Die Kombinationen von Geschlecht, Alter und Rauchgewohnheit (ABD) bestimmen das Ausmaß der Geschmacksempfindlichkeit (C).

(3) Geschlechts- und Alterskombinationen bestimmen das Ausmaß der Geschmacksempfindlichkeit bei Rauchern, Nichtrauchern oder bei beiden Gruppen. Analoge Aussagen gelten für Geschlechts- und Rauchgewohnheitskombinationen sowie für Alters- und Rauchgewohnheitskombinationen.

(4) Das Geschlecht allein und als solches hat keinen nachweislichen Einfluß auf die Geschmacksempfindlichkeit. Gleiches gilt auch für die beiden Rauchgewohnheitsalternativen. Nur das Alter (B) hat einen solchen Einfluß (im Sinn abnehmender Empfindlichkeit mit wachsendem Alter).

Sollen Unterschiede in den Verteilungen von Untertafeln beurteilt werden, so leistet dies in einfacher Weise eine k-Stichproben-KFA. Für (AB x C).D vergleicht man dazu die d = 2 Untertafeln mit ab Zeilen und c Spalten in einer 2-Stichproben-KFA. Der Leser ist eingeladen, diese Auswertung nachzuholen.

18.4.4 Enkes Algorithmen für 2I-Tests

Um eine hypothesengerichtete Auswertung von Mehrwegtafeln zu erleichtern, hat Enke (1974) einfach zu handhabende *Algorithmen* für 2I-Tests angegeben, die im folgenden anhand einer *Vierwegtafel* veranschaulicht werden. Enke geht dabei von folgenden Hilfsgrößen H aus (Tafel IX–4):

$H(ABCD) = \Sigma_i \Sigma_j \Sigma_k \Sigma_l 2(f_{ijkl}) \ln(f_{ijkl})$

$H(ABC) = \Sigma_i \Sigma_j \Sigma_k 2(f_{ijk}) \ln(f_{ijk})$ und analog $H(ABD)$ etc.

$H(AB) = \Sigma_i \Sigma_j 2(f_{ij}) \ln(f_{ij})$ und analog $H(AC)$ etc.

$H(.) = 2(N) \ln(N)$

Zu dem 2I-Wert für eine bestimmte Kontingenzhypothese gelangt man nach folgender *Verfahrensvorschrift* (ENKE, 1974, S. 377): ‚Von einer Hilfsgröße, die im Argument alle Buchstaben enthält, die in H_0 miteinander verknüpft sind, werden Hilfsgrößen abgezogen, die im Argument jeweils die durch x voneinander getrennten, sowie die hinter der Klammer stehenden Buchstaben enthalten. Addiert wird eine Hilfsgröße, die im Argument die hinter der Klammer stehenden Buchstaben enthält bzw. bei unbedingten Hypothesen H(.), und zwar so oft, daß die Anzahl der negativen Summanden gleich der positiven wird.'

‚Die zur Hypothese gehörenden *Freiheitsgrade* gewinnt man aus der entsprechenden algebraischen Summe der jeweiligen Anzahlen von Summanden, aus denen die Hilfsgrößen bestehen.' Der ENKE-Algorithmus wird an folgenden 5 Beispielen illustriert in dem Verständnis, daß die Prüfgröße 2I nach WILLIAMS (1976) der Prüfgröße χ^2 generell vorzuziehen sei.

$2I(A \times B \times C \times D) = H(ABCD) - H(A) - H(B) - H(C) - H(D) + 3H(.)$

$Fg(A \times B \times C \times D) = abcd - a - b - c - d + 3$

Man beachte, daß 3H(.) gleich ist H(.) + H(.) + H(.), womit die Bedingung einer *gleichen Zahl* von 4 positiven und 4 negativen Gliedern in der Vierweg-Gesamtkontingenz erfüllt ist und analoges für die Fge gilt. Für die Dreiweg-Kontingenz (AB x C x D) gilt entsprechend

$2I(AB \times C \times D) = H(ABCD) - H(AB) - H(C) - H(D) + 2H(.)$

$Fg(AB \times C \times D) = abcd - ab - c - d + 2$

Und die *unbedingte* Zweiweg-Kontingenz der Abb. 18.4.3.1 ergibt sich nach ENKES Algorithmus ebenfalls zwingend zu

$2I(ABD \times C) = H(ABCD) - H(ABD) - H(C) + H(.)$

$Fg(ABD \times C) = abcd - abd - c + 1$.

Die bedingte Zweiweg-Kontingenz (ABxC).D ist danach mit folgender 2I-Größe zu beurteilen:

$2I(AB \times C).D = H(ABCD) - H(ABD) - H(CD) + H(D)$

$Fg(AB \times C).D = abcd - abd - cd + d$

Man beachte, daß das Schichtungs-Mm D in die Hilfsgrößenterme mit hineinzunehmen ist, da es *hinter* der Klammer steht. Bei 2 Schichtungs-Mmn sind *beide* in die Hilfsgrößen einzubeziehen:

$2I(A \times C).BD = H(ABCD) - H(ABD) - H(BCD) + H(BD)$

$Fg(A \times C).BD = abcd - abd - bcd + bd$

Eine *bedingte* Dreiweg-Kontingenz hat wiederum für gleiche Zahl positiver und negativer Glieder zu sorgen, wie etwa

$2I(B \times C \times D).A = H(ABCD) - H(AB) - H(AC) - H(AD) + 2H(A)$

$Fg(B \times C \times D).A = abcd - ab - ac - ad + 2a$

Mittels des ENKEschen Algorithmus lassen sich mithin ohne Ambiguitäten die hypothesengerechten 2I-Werte und deren Fge bestimmen. Der Algorithmus ist keinesfalls auf Kettenhypothesen beschränkt und auf eine beliebige Zahl von t Mmn anzuwenden, sofern mindestens eines dieser Mme ein Beobachtungs-Mm ist.

Nachfolgend wenden wir den ENKE-Algorithmus auf eine *Fünfwegtafel* an, in der 3 Faktor-Mme und 2 Beobachtungs-Mme interagieren.

Beispiel 18.4.4.1

Untersuchung: N = 366 Werktätige eines Chemiebetriebes wurden befragt, wie sie sich verhalten würden (V1 = nichts tun, V2 = selber behandeln und V3 = zum Arzt gehen), wenn sie Appetitlosigkeit – ein Intoxikations-Frühsymptom – bemerkten.

Tabelle 18.4.4.1

UAGBV	f	UAGBV	f	UAGBV	f	UAGBV	f	UAGBV	f	UAGBV	f
11111	11	12111	9	13111	14	21111	15	22111	24	23111	16	89
11112	10	12112	16	13112	9	21112	10	22112	7	23112	3	55
11113	4	12113	8	13113	15	21113	3	22113	5	23113	2	38
11121	9	12121	7	13121	6	21121	7	22121	8	23121	1	38
11122	5	12122	1	13122	7	21122	3	22122	0	23122	0	16
11123	0	12123	2	13123	2	21123	0	22123	0	23123	1	5
11211	5	12211	11	13211	5	21211	7	22211	14	23211	10	52
11212	13	12212	6	13212	9	21212	4	22212	6	23212	1	39
11213	2	12213	3	13213	4	21213	1	22213	2	23213	0	12
11221	5	12221	1	13221	2	21221	0	22221	4	23221	1	13
11222	1	12222	2	13222	0	21222	0	22222	1	23222	1	5
11223	1	12223	1	13223	0	21223	1	22223	1	23223	1	4
	66		67		73		51		72		37	366

Zugleich wurde gefragt, ob sie jemals Bekanntschaft mit dem Symptom Appetitlosigkeit gemacht hätten (B1 = Ja, B2 = nein). Mitregistriert wurden die Schichtungs-Mme Alter (A1 = bis 30, A2 = bis 45 und A3 = über 45), Geschlecht (G1 = männlich, G2 = weiblich) und Tätigkeitsart der Werktätigen (U1 = Arbeiter, U2 = Intelligenzler).

Ergebnis: Die resultierende Fünfwegtafel ist in Tab. 18.4.4.1 verzeichnet (aus dem nicht veröffentlichten, der Tab. 11 von ENKE 1972 zugrunde liegenden Datenmaterial).

Fragestellungen: Den Untersucher interessiert, ob (1) das Vorsorge-Verhalten (V) von der Symptombekanntschaft (B) abhänge, ob (2) eine solche Abhängigkeit nur in bestimmten Schichtungskombinationen nachzuweisen sei und (3), ob die Schichtungskombinationen sowohl die Symptombekanntschaft wie das Vorsorgeverhalten bestimmen? Demgemäß sind die Kontingenzhypothesen (BxV), (BxB).UAG und (UAGxBV) zu überprüfen. Wir vereinbaren $\alpha = 0{,}05$, woraus $\alpha^* = \alpha/3 = 0{,}0167$ folgt. Die einschlägigen 2I-Werte sind wie folgt zu berechnen

$2I(B \times B) = H(BV) - H(B) - H(V) + H(.)$ mit
$Fg(B \times B) = bv - b - v + 1 = 6 - 2 - 3 + 1 = 2$

$2I(B \times B).UAG = H(UAGBV) - H(UAGB) - H(UAGV) + H(UAG)$ mit
$Fg(B \times V).UAG = uagbv - uagb - uagv + uag =$
$= uag(bv - b - v + 1) = 2 \cdot 3 \cdot 2(2) = 24$

$2I(UAG \times BV) = H(UAGBV) - H(UAG) - H(BV) + H(.)$ mit
$Fg(UAG \times BV) = uagbv - uag - bv + 1 =$
$= uag(bv - 1) - bv + 1 = 12(6-1) - 6 + 1 = 55$

Man beachte, daß die Merkmale U, B und G je $u = b = g$ je 2 Modalitäten aufweisen, während die Mme B und V je $a = v = 3$ Modalitäten haben.

Hilfsgrößenberechnung: Wir benötigen die oben angegebenen H-Werte und berechnen sie schrittweise aus Tabelle 18.4.4.1 nach Tafel IX–4:

$H(UAGBV) = 2(11)\ln(11) + 2(10)\ln(10) + \ldots + 2(1)\ln(1) = 1546{,}687$

Durch Poolen je dreier aufeinanderfolgender Frequenzen erhalten wir aus Tabelle 18.4.4.1

$H(UAGB) = 2(11+10+4)\ln(11+10+4) + \ldots + 2(1+1+1)\ln(1+1+1) = 2185{,}249$

Poolen wir die erste mit der vierten, die zweite mit der fünften usf. Frequenz in Tabelle 18.4.4.1, so ergibt sich

$H(UAGV) = 2(11+9)\ln(11+9) + \ldots + 2(0+1)\ln(0+1) = 1875{,}031$

Wir poolen des weiteren die ersten 6, die zweiten 6 usf. bis zu den letzten 6 Frequenzen und erhalten aus Tabelle 18.4.4.1 nach Tafel IX–4

$H(UAG) = 1(11+10+4+0+5+0)\ln(30) + \ldots + 2(10+1+0+1+1+1)\ln(14) = 2561{,}298$

Um H(BV) zu gewinnen, machen wir uns den Tabellenauszug Tabelle 18.4.4.2 aus Tabelle 18.4.4.1.

Tabelle 18.4.4.2

11+9+14+15+24+16	+ 5+11+5+7+14+10	= 141	B1V1
10+16+9+10+7+3	+ 13+6+9+4+6+1	= 94	B1V2
4+8+15+3+5+2	+ 2+3+4+1§2+0	= 49	B1V3
9+7+6+7+8+1	+ 5+1+2+0+4+1	= 51	B2V1
5+1+7+3+0+0	+ 1+2+0+0+1+1	= 21	B2V2
0+2+2+0+0+1	+ 1+1+0+1+1+1	= 10	B2V3

$H(BV) = 2(141(\ln(141) + \ldots + 2(10)\ln(10) = 3206{,}055$

$H(B) = 2(141+94+49)\ln(284) + 2(51+21+10)\ln(82) = 3931{,}319$

$H(V) = 2(141+51)\ln(192) + \ldots + 2(49+10)\ln(59) = 3591{,}361$

$H(.) = 2(366)\ln(366) = 4320{,}728$

Damit sind alle Hilfsgrößen zur Prüfung der 3 Kontingenzhypothesen verfügbar.

Prüfgrößenberechnung: Durch Einsetzen in ENKES oben explizierte Formeln ergeben sich die 2I-Prüfgrößen

$2I(B \times V) = 3206{,}055 - 3931{,}319 - 3591{,}361 + 4320{,}728 = 4{,}103$

$2I(B \times V).UAG = 1546{,}687 - 2185{,}249 - 1875{,}031 + 2561{,}298 = 47{,}705$

$2I(UAG \times BV) = 1546{,}687 - 2561{,}298 - 3206{,}055 + 4320{,}728 = 100{,}062$

Entscheidung: Für 3 simultane 2I-Tests betragen die adjustierten 5%-Schranken $\chi^2 = 8{,}189$ für 2 Fge, $\chi^2 = 40{,}998$ für 24 Fge und $\chi^2 = 79{,}609$ für 55 Fge (nach KRES, 1975, Tafel 22), womit die Kontingenzen 2 und 3 signifikant und interpretationsbedürftig sind.

Ad-2-Interpretation: Es besteht keine generelle Abhängigkeit des Vorsorgeverhaltens (V) von der Symptombekanntschaft (B) etwa in dem Sinn, daß Werktätige, die Appetitlosigkeitserfahrung haben, eher den Arzt aufsuchen als solche ohne Erfahrung. Wohl aber existiert eine differentielle Abhängigkeit, wenn man die $2 \cdot 3 \cdot 2 = 12$ soziobiologischen Schichten daraufhin inspiziert, wie in Tabelle 18.4.4.3 auszugsweise geschehen.

Tabelle 18.4.4.3

V B	U1A2G1		U1A3G1		U1A1G2		U1A2G2		U2A3G2	
	1	2	1	2	1	2	1	2	1	2
1	9	7	14	6	5	5	11	1	10	1
2	16	1	9	7	13	1	6	2	1	1
3	8	2	15	2	2	1	3	1	0	1
2I	7,097*		4,474		6,015*		1,249		5,073	

Unter den 12 Schichten zeigen nur 2 eine ‚heurostatistisch signifikante' Abhängigkeit, wenn man die 2I-Komponenten von 2I(B x V).UAG zur Beurteilung heranzieht:

$$2I(U1A2G1) = 2(9)\ln(9) + \ldots + 2(1)\ln(1) + 2(43)\ln(43) - \\ - 2(16)\ln(16) - \ldots - 2(10)\ln(10) = 7{,}097^* \text{ für 2 Fge.}$$

Bei Arbeitern (U1) mittleren Alters (A2) und männlichen Geschlechts (G1) besteht die Abhängigkeit offenbar darin, daß Symptombekanntschaft (B1) vermehrt zu Selbstbehandlung (V2) führt. Diese Interpretation gilt anscheinend auch für Arbeiter (U1) jungen Alters (A1) und weiblichen Geschlechts (G2).

Ad-3-Interpretation: Symptombekanntschaft (B) und Vorsorgeverhalten (V) lassen sich aus den soziobiologischen Schichtungskombinationen mittels Prädiktions-KFA vorhersagen, wie Tabelle 18.4.4.4 ausweist (vgl. 17.3.8 und 18.3.4)

Tabelle 18.4.4.4

BV	\multicolumn{12}{c}{UAG}
	111	112	121	122	131	132	211	212	221	222	231	232	Z
11	11	5	9	11	14	5	15	7	24	14	16	10*	141
12	10	13*	16	6	9	9	10	4	7	6	3	1	94
13	4	2	8	3	15*	4	3	1	5	2	2	0	50
21	9	5	7	1	6	2	7	0	8	4	1	1	51
22	5*	1	1	2	7*	0	3	0	0	1	0	1	21
23	0	1	2	1	2	0	0	1	0	1	1	1	9
S	39	27	43	24	53	20	38	13	44	28	23	14	366
11	15	10	17	9	20	8	15	5	17	11	9	5	141
12	10	7	11	6	14	5	10	3	11	7	6	4	94
13	5	4	6	3	7	3	5	2	6	4	3	2	50
21	6	4	6	3	7	3	5	2	6	4	3	2	51
22	2	2	2	1	3	1	2	1	3	2	1	1	21
23	1	1	1	1	1	0	1	0	1	1	1	0	9

Wie ein Vergleich der beobachteten (obere Hälfte) mit den erwarteten (untere Hälfte) Frequenzen ergibt, $\chi^2 = (f-e)^2/e$, finden sich Prädiktionstypen der folgenden Art: Junge Arbeiter (111) haben keine Appetitlosigkeitserfahrung und würden sich im Bedarfsfall selbst behandeln (22); junge Arbeiterinnen (112) haben Appetitlosigkeitserfahrung und würden sich ebenfalls selbst behandeln. Alte Arbeiter (131) haben entweder Appetitlosigkeitserfahrung und gehen bei Appetitlosigkeit zum Arzt (13); oder sie haben keine Erfahrung und behandeln sich dann selbst (22). Alte Intelligenzlerinnen (232) haben (überzufällig oft) Appetitlosigkeitserfahrung, tun aber im Fall auftretender Appetitlosigkeit nichts (11) dagegen (verdrängen also das kritische Symptom).

Folgerungen: Die fehlende Kontingenz 1 zeigt, daß Symptomerfahrung generell nicht dazu veranlaßt, einen Arzt aufzusuchen, wenn dieses Symptom beobachtet wird (wie klinisch zu wünschen wäre). Die Kontingenz 2 zeigt, daß selbst in jenen Schichtungskombinationen, in welchen (wie in 111) eine Kontingenz besteht, diese nicht von der klinisch erwünschten Art ist. Die Kontingenz 3 überzeugt, daß nur alte Arbeiter (131) Appetitlosigkeit kennen und im Fall ihres Auftretens das erwünschte Vorsorgeverhalten (zum Arzt gehen) in Betracht ziehen. Es bedarf also intensiver Aufklärung, um die Belegschaft zu richtigem Vorsorgeverhalten zu veranlassen.

Anmerkungen: Kontingenz 1 ist ein Kettenglied der Kontingenz 3; das andere Kettenglied ist (U×A×G), welche Kontingenz 4 nicht signifikant ist und damit anzunehmen erlaubt, daß U = Tätigkeitsart, A = Alter und G = Geschlecht allseitig unabhängig in dem genannten Chemiebetrieb verteilt sind: $2I(U \times A \times G) = 13{,}934$ mit $2 \cdot 3 \cdot 2 - 2 - 3 - 2 + 2 = 7$ Fgn. Wegen der Additivität der Prüfgrößen 2I der Kettenglieder ist die Gesamtkontingenz aller 5 Mme gegeben durch $2I(U \times A \times G \times B \times V) = 4{,}103 + 13{,}934 + 100{,}036 = 118{,}073$ mit $2 \cdot 3 \cdot 2 \cdot 2 \cdot 3 - 12 + 2 = 64$ Fgn.

Alternativauswertung: Betrachtet man Symptombekanntschaft als Schichtungs-Mm, dann ist eine Prädiktions-KFA mit den Prädiktoren U, A, G und B und dem Prädikanden V die Methode der Wahl, um jene Schichtungskombination aufzufinden, die zu dem erwünschten Vorsorgeverhalten führt oder – umgekehrt – solches vermeidet. Vorausgesetzt wird bei der KFA, daß die Kontingenz (UAGB×V) signifikant ist.

In Tabelle 18.4.4.4 wurde inkonsistenterweise über χ^2-Tests nach Prädiktionstypen gefahndet, da 2I-Komponenten analog den χ^2-Komponenten nicht definiert sind. Wenn man nun aber Prädiktionstypen über *simultane Vierfeldertests* identifiziert, so können Prädiktionstypen über *WOOLFsche G-Tests* (vgl. 16.3.2) identifiziert werden: Um den Typus (111-22) in Tabelle 18.4.4.4 nachzuweisen, ist die Vierfeldertafel mit a = 5, b = 21-5= =16, c = 39-5 = 34 und d = 366-5-16-34 = 311 nach dem G-Test auszuwerten. Schwach besetzte Vierfeldertafeln sollten aber besser mit FISHER-YATES-Tests (vgl. 5.3.2) denn mit WOOLFschen 2I-Tests ausgewertet werden.

Dienen die Prädiktionstypen der bloßen Interpretation, kann Alpha unadjustiert bleiben, wie in der χ^2-Beurteilung von Tabelle 18.4.4.4; dienen sie der Inferenz, muß Alpha entsprechend adjustiert werden, um Fehlschlüsse zu vermeiden.

18.4.5 2I-Komponententests

In Beispiel 18.4.4.1 wurde implizit eine Kette *unbedingter* Kontingenzhypothesen erstellt und von ihren Gliedern herkommend geprüft, wie im oberen Zeilenblock der Tabelle 18.4.5.1 zusammengefaßt.

Da die unbedingte Kontingenz (B×V) insignifikant, die bedingte Kontingenz (B×V).UAG aber signifikant ist, wurde diese bedingte Kontingenz im unteren Zeilenblock der Tabelle 18.4.5.1 in ihre 12 Komponenten additiv zerlegt. Die so *nachgeschobenen Komponententests* müssen allerdings

Tabelle 18.4.5.1

Unbedingte Hypothesen	2I	Fg	$\chi^2(0,05/3)$
H1: B x V	4,103	2	8,189
U x A x G	13,934	7	–
H3: UAG x BV	100,062*	55	79,609
U x A x G x B x V	118,099	64	–

Bedingte Hypothesen	2I	Fg	$\chi^2(0,05/36)$
H2: (B x V). UAG	47,705	24	13,14
(B x V). U1A1G1	4,299	2	.
U1A1G2	6,015	2	.
U1A2G1	7,097	2	.
U1A2G2	1,249	2	.
U1A3G1	4,474	2	.
U1A3G2	4,627	2	.
U2A1G1	2,236	2	.
U2A1G2	4,278	2	.
U2A2G1	5,736	2	.
U2A2G2	0,466	2	.
U2A3G1	2,165	2	.
U2A3G2	5,073	2	13,14

nach einem $\alpha^* = (0,05/3)/12 = 0,05/36 = 0,0014$ beurteilt werden. Für je 2 Fge ergibt sich die χ^2-Schranke aus der Beziehung $\chi^2 = (-2)\ln(0,0014) = 13,14$; sie liegt demnach so hoch, daß auch die in Tabelle 18.4.4.3 interpretierten Komponenten nicht signifikant sind.

Interessiert den Epidemiologen nur die *bedingte* Abhängigkeit des Vorsorgeverhaltens V von der Symptombekanntheit B innerhalb der Tätigkeits-Geschlechterkombinationen, so sind alters-*agglutinierte Komponententests* wie folgt durchzuführen:

2I(BxV).U1G1A = 15,867 mit 6 Fgn

2I(BxV).U1G2A = 11,891 mit 6 Fgn

2I(BxV).U2G1A = 10,136 mit 6 Fgn

2I(BxV).U2G2A = 9,821 mit 6 Fgn.

Die 2I-Werte ergeben sich durch *Poolen* der Einzelkomponenten aus Tabelle 18.4.4.5. Werden die 4 anstelle der 12 Tests nachgeschoben, so sind sie nach $\alpha^* = (0,05/3)/4 = 0,0042$ zu beurteilen. Werden sie zusätzlich nachgeschoben, so gilt $\alpha^* = (0,05/3)/(12+4) = 0,0010$.

Werden die Komponenten bedingter Kontingenzen von vornherein in den *Testplan* miteinbezogen (statt nachträglich getestet), dann entfällt der eine globale Test auf bedingte Kontingenz (B×V).UAG zugunsten der — in unserem Beispiel 12 — Komponententests. Das vereinbarte $\alpha = 0{,}05$ wird dann gleichmäßig für alle 2+12 = 14 simultanen Tests aufgeteilt, so daß $\alpha^* = 0{,}05/14 = 0{,}0036$ resultiert. Eine solche Umwidmung ändert jedoch nichts an den Signifikanzaussagen der Tabelle 18.4.4.5.

18.4.6 Kontingenz-Ambiguitäten

Prüft man beliebige Kontingenzhypothesen in Mehrwegtafeln simultan und nicht nach Art einer Hypothesenkette (wie von ENKE, 1972, vorgeschlagen), dann muß mit *Aussagewidersprüchen* gerechnet werden. Solche Aussagewidersprüche im Sinn der formalen Logik führen dann zu Ambiguitäten in der inhaltlichen Interpretation von Kontingenzen:

In Beispiel 18.4.4.1 war die bedingte Kontingenz (B×V).UAG signifikant und demnach zu interpretieren. Die daraus abgeleiteten und nachgeschobenen 12 Komponententests blieben jedoch insignifikant, womit eine Interpretation entfällt (vgl. Tab. 18.4.5.1). Wir haben dem Widerspruch in Tabelle 18.4.4.3 durch eine *heurostatistische Interpretation* (LIENERT und LIMBOURG, 1977) zu begegnen versucht, also inspektiv und tentativ interpretiert.

Aussagelogischen Widersprüchen kann in Kontingenzanalysen von Mehrwegtafeln nur dann im strengen Sinn begegnet werden, wenn man *Prioritäten* für Einzelkontingenzen innerhalb einer Kontingenzkette setzt. Wie dies zu geschehen hat, illustrieren ADAM und ENKE (1974) anhand von VICTORS (1972) Klassifikationsprozedur von Dreiwegtafeln, wovon Abb. 18.4.6.1 ein Beispiel gibt.

Die von ADAM und ENKE in Abb. 18.4.6.1 durchgerechneten 4 Beispiele implizieren folgende Interpretationsambiguitäten:

Beispiel 1: Beginnt man die Hypothesenkette (in der 1. Spalte von Abb. 18.4.6.1) mit der Globalkontingenz A×B×C und stellt fest, daß sie nicht signifikant ist (0), dann muß nach VICTOR abgebrochen werden, um Widersprüche mit signifkanten Kontingenzen (+!) zu vermeiden. Geht man (nach ENKE) von der multiplen Kontingenz (AB×C) aus (+) und zur unbedingten Kontingenz (A×B) über (0), so ist evident, daß A und B hinsichtlich ihrer bedingten und unbedingten Kontingenz mit C zu untersuchen sind.

Beispiel 2: Ähnliche Ambiguitäten finden sich in Spalte 2 von Abb. 18.4.6.1: Die Kontingenz A×B×C (++) ist auf dem 1%-Niveau signifikant. Entgegen der Aussagelogik (die nur für Populationen, nicht für Stichpro-

H_0	Prüfungsergebnisse für die Einzelhypothesen			
A×B×C	o	+ +	+ +	+ +
AB × C	+ !	o !	+ +	+ +
AC × B	o	o !	o	+ +
BC × A	o	+	+ +	+ +
A × B	o	o	+ !	+ +
A × C	+ !	+ +	+ +	+ +
B × C	o	+ +	o	+ +
$W_2^*(A,B,C)$	o	o	o	o
(A×B)/C	o	o	o	+
(A×C)/B	+ !	+ +	+ +	o !
(B×C)/A	o	+	o	+ +
Klassifiz.-Klasse	(A)	(B_1) ? (F_1) ?	(B_2)	(H_2)

o nicht sign.   + sign.(5%); + + sign.(1%).

Abb. 18.4.6.1:
Kontingenzkette in einer Dreiweg-Kontingenztafel mit Klassifikations-Ambiguitäten.

ben gilt), ist AB×C (0!) nicht signifikant und gleichermaßen AC×B (0!). Stoppt man die Testprozedur beim 2. Schritt (wie durch die Treppenkurve in Abb. 18.4.6.1 angezeigt), so würde zu Unrecht angenommen, daß A und B von C unabhängig seien (Typ B_1 nach VICTOR). Stoppt man nicht, so findet man, daß A und B unbedingt und bedingt von einander unabhängig sind (Typ F_1), was durch A×B (0) und A×B)/C = (A×B).C (0) gestützt wird. Nach ENKE wäre von BC×A (+) auszugehen und zu (B×C) fortzuschreiten, ohne daß aber hierdurch die starke unbedingte und bedingte Kontingenz zwischen A und C (++, ++) identifiziert würde.

Wie man an diesen und den weiteren 2 Beispielen der Abb. 18.4.6.1 erkennt, ist keine der beiden Testprozeduren (VICTOR und ENKE) voll zufriedenstellend. Die *beste Informationsausbeute* ergibt sich daraus, daß man alle möglichen Kontingenzen in Abb. 18.4.6.1 betrachtet und simultan beurteilt, auch wenn sie — entgegen dem ENKESchen Argument — voneinander abhängen: Man sieht dann sofort, daß A und C stark bzw. A und B nicht kontingent sind. Allerdings muß man Alpha dann für alle in Abb. 18.4.6.1 verzeichneten Kontingenzhypothesen adjustieren.

Bei mehr als 3 Mmn wird man nur die *substanzwissenschaftlich sinnvollen*, nicht alle möglichen *Hypothesen* erstellen. Knüpft man an Beispiel 18.4.5.1 an, so können die in Tabelle 18.4.6.1 verzeichneten Hypothesen als epidemiologisch sinnvoll angesehen und geprüft werden.

Tabelle 18.4.6.1

Kontingenzhypothesen	
H unbedingte	H bedingte
1. UAG x BV	
2. UAG x V	8. (UAG x V).B
3. UAG x B	
4. U x V (und U x B)	9. (U x V).B
5. A x V (und A x B)	10. (A x V).B
6 G x V (und G x B)	11. (G x V).B
7. B x V	12. (B x V).UAG

Die *kanonische Kontingenz* H1 gibt an, ob bestimmte Schichtungskombinationen von Werktätigen gehäuft bestimmte Erfahrungen (Symptombekanntschaften) mit bestimmten Vorsorgeverhalten verbinden. H2 und H3 als *multiple Kontingenzen* indizieren, welche Schichtungskombinationen Voraussagen bezüglich Symptombekanntschaft oder Vorsorgeverhalten ermöglichen. Die *unbedingten Doublekontingenzen* H4 bis H6 identifizieren jene Schichten von Werktätigen, die das Vorsorgeverhalten mitbedingen. Die Hypothese H7 fragt ebenfalls nach einer unbedingten Doublekontingenz zwischen Symptombekanntschaft und Vorsorgeverhalten. Die *bedingte multiple Kontingenz* H8 betrachtet die Abhängigkeit des Vorsorgeverhaltens von den Schichtungskombinationen bei Werktätigen mit und ohne Symptomerfahrung. Die *bedingten Doublekontingenzen* H9 bis H11 beurteilen die Vorsorgeverhaltensweisen als Funktion der einzelnen Schichten getrennt für Werktätige mit und ohne Symptombekanntschaft.

18.4.7 ISA-Aufspaltung von Mehrwegtafeln

Sind mehr als 3 Mme an einer Stichprobe von N Individuen erhoben worden, so stellt sich die Frage, ob man diese t Mme in 2 (oder mehr als 2) Gruppen so aufspalten kann, daß keine Information verlorengeht und jede der beiden Kontingenztafeln gesondert analysiert werden kann. Eine solche *Aufspaltung* ist möglich und zulässig, wenn die zwei Gruppen von Mmn *kanonisch unabhängig* oder – wie man auch sagt – *orthogonal* sind.

Kanonische Unabhängigkeit zweier durch Aufspaltung entstandener Mehrwegtafeln zu v und t–v Mmn ist dann gegeben, wenn die kanonische Kontingenz der beiden Gruppen von Mmn nicht signifikant ist[5].

Wie geht man nun vor, wenn etwa t = 6 wechselseitig abhängige Mme in 2 orthogonale Gruppen aufzuspalten sind? Die heuristisch zu wertende Antwort lautet: (1) Man bildet zunächst alle möglichen $\binom{6}{2}$ = 6 · 5/2 = 15 Aufspaltungen zu 2 und 4 Mmn und prüft auf kanonische Kontingenz. Sind alle 15 kanonischen Kontingenzen ,signifikant', so darf die 6-Wegtafel *nicht* in eine Zwei- und eine Vierwegtafel aufgespalten werden, ohne daß Information verlorengeht. Ist nur *eine* der 15 Kontingenzen insignifikant, dann darf nur nach dieser Gruppierung aufgespalten werden. Sind 2 oder mehr als 2 Aufspaltungen insignifikant, dann wird jene Aufspaltung bevorzugt, die sachlogisch am besten zu vertreten ist. Fehlt ein sachlogisches Argument, so spaltet man nach jener Gruppierung, deren kanonische Kontingenz mit der höchsten Überschreitungswahrscheinlichkeit verbunden ist.

(2) Gelingt es nicht, eine 6-Wegtafel *orthogonal* in eine Zwei- und eine Vierwegtafel aufzuspalten, versuche man es mit einer Aufspaltung in 2 Dreiwegtafeln. Ist mindestens eine unter den $\binom{6}{3}$ = 6 · 5 · 4/3 · 2 · 1 = 20 kanonischen Kontingenzen insignifikant, dann ist eine orthogonale Aufspaltung gerechtfertigt. Im übrigen verfahre man so wie bei der Aufspaltung nach 2 und 4 Mmn empfohlen.

Eine besondere Variante der orthogonalen Aufspaltung von Kontingenztafeln ist die Aufspaltung in 1 und t–1 Mme, die man als *orthogonale Abspaltung* bezeichnen kann: Man bildet die $\binom{6}{1}$ = 6/1 = 6 Gruppierungen zu 1 und 5 Mmn und läßt jenes Mm außer acht, dessen multiple Kontingenz mit den restlichen Mmn insignifikant ist.

Wurde eine höher-dimensionale Mehrwegtafel in 2 niedriger-dimensionale Mehrwegtafeln aufgespalten, so wird jede der beiden Tafeln unabhängig von den anderen Tafeln mittels ISA analysiert.

---

[5] Andere Methoden zur orthogonalen Aufspaltung mehrdimensionaler Kontingenztafeln haben GOODMAN (1971) und WERMUTH (1976; 1978) entwickelt; auf sie soll hier nicht eingegangen werden, da sie dem Vf. nicht vertraut sind.

18.5 Symmetrie in quadratischen Mehrwegtafeln

Wir haben die Prinzipien der *Multisymmetrie*, der Axial- und Punktsymmetrie, bereits anhand von Dreiwegtafeln (17.3.6) kennengelernt und wollen uns in diesem Abschnitt mit ihrer Anwendung auf Mehrwegtafeln befassen.

Im folgenden beginnen wir mit Tests auf Axialsymmetrie in multiobservablen Vier- und Mehrwegtafeln, denen wir analoge Tests auf Punktsymmetrie in solchen Tafeln folgen lassen (18.5.2). Wir betrachten zunächst den Fall der Multaxialsymmetrie von t = 5 Binär-Mmn.

18.5.1 Axialsymmetrie in 2^t-Feldertafeln

Haben wir aus Ja-Nein-Fragen (oder Alternativsymptomen) einen *Fünfweg-Kontingenzkubus* gebildet, so herrscht dann *Fünfweg-Axialsymmetrie*, wenn die 5 Fragen gleich häufig bejaht werden, wenn sie — wie man auch sagt — gleich populär sind, und wenn Paare von Fragen gleiche Interassoziationen aufweisen. Unter diesen Bedingungen sind die 5 Fragen austauschbar und konstituieren mithin eine Intervallskala der *Ja-Nein-Antwort-Konfigurationen* (JaNAKs)

Unter der *Nullhypothese* einer Fünfweg-Axialsymmetrie müssen demnach alle Ja-Antwortmuster (JaNAKs) mit der Ja-Häufigkeit X = 1 den gleichen Erwartungswert e_l aufweisen. Die e_l schätzt man aus den Häufigkeiten f_l der beobachteten JaNAKs mit X = l Ja-Antworten, indem man $\Sigma f_l = n_l$ durch Z_l (Zahl der möglichen JaNAKs mit X = 1) dividiert:

$$e_l = \Sigma f_{li}/Z_l = n_l/Z_l, \qquad (18.5.1.1)$$

wobei i von 1 bis $l = \binom{5}{l}$ läuft, also über alle Frequenzen von Antwortmustern mit genau l Ja-Antworten summiert wird (vgl. 17.7.1).

Multaxialsymmetrietests

Hat man die Erwartungswerte für alle 5−1 = 4 möglichen JaNAKs mit 1, 2, 3 und 4 Ja-Antworten in obiger Weise ermittelt, dann prüft man auf Fünfweg-Axialsymmetrie mittels der χ_l^2-*Komponenten*

$$\chi_l^2 = \Sigma(f_{li} - e_l)^2/e_l \qquad (18.5.1.2)$$

für genau l Ja-Antworten unter Weglassung von l = 0 und l = 5, die zur Axialsymmetrie einer 5-Wegtafel so wenig beitragen wie die Diagonalfelder in McNemars 2-Wegtafel (vgl. Tab. 18.5.1.1).

Das *Gesamt*-χ^2 der Fünfweg-Axialsymmetrie ergibt sich sodann aus der Summe seiner χ_l^2-Komponenten wie folgt

$$\chi^2 = \sum_{1}^{4}\chi_l^2 \qquad (18.5.1.3)$$

Da die Zahl der Pbn, die genau l Ja-Antworten gegeben haben, für jedes l festliegt, geht je 1 Fg für die Gesamtzahl der Fge verloren, und es resultiert für die 5-Wegtafel mit

$$Fg = (n_5 - 1) + \ldots + (n_1 - 1) \qquad (18.5.1.4)$$

die *Zahl der Fge*, nach welcher χ^2 zu beurteilen ist wie χ^2_{Fg}.

Muß H_0 für eine beobachtete *Quadrattafel* verworfen werden, so ist nachgewiesen, daß die 5 Fragen nicht axialsymmetrisch und damit nicht untereinander austauschbar sind. Interpretiert wird eine nachgewiesene Asymmetrie durch die am stärksten von H_0 abweichenden χ_l^2-Komponenten.

Randtafel-Symmetrietests

Liegt die Asymmetrie hauptsächlich darin begründet, daß eine der 5 Fragen zu sehr oder zu wenig populär ist, so kann diese Frage *eliminiert* und die restlichen 4 Fragen abermals auf Axialsymmetrie geprüft werden, welcher Heuristik das Beispiel 18.5.1.1 denn auch folgt, indem es eine 2^4-Felder-*Randtafel* auf Axialsymmetrie (*Tetraxialsymmetrie*) prüft.

Beispiel 18.5.1.1

Erhebungsdaten: Eine Depressions-Symptomliste mit t = 5 Symptomen: Q = Qualvolles Erleben, G = Grübelsucht, A = Arbeitsunfähigkeit, N = Nichtaufstehen-Mögen und D = Denkstörung, wurden N = 150 neurotisch depressiven Ptn zur Ja–Nein-Beantwortung vorgegeben. Das Erhebungsresultat ist in Tab. 18.5.1.1 verzeichnet (aus LIENERT, 1969, Tab. 1, vgl. auch Beispiel 18.1.1.1).
Die Symbole in Tab. 18.5.1.1 sind wie folgt definiert: Die f_l's sind die Frequenzen, mit welchen die JaNAKs zu l = 5, l = 4 bis l = 0 Ja-Antworten aufgetreten sind, wobei die Zahl Z_l der JaNAKs gegeben ist durch $\binom{5}{5} = 1$, $\binom{5}{4} = 5$, $\binom{5}{3} = 10$, $\binom{5}{2} = 10$, $\binom{5}{1} = 5$ und $\binom{5}{0} = 1$. Die n_l symbolisieren die Summe der f_{li} einer JaNAK-Gruppe, aus der sich die Erwartungswerte $e_l = n_l/Z_l$ für die betreffende Gruppe ergeben (18.5.1.1).
Multaxialsymmetrie-H_0: Die H_0 der pentavariaten Axialsymmetrie des 5-Wegwürfels ergibt sich aus der Annahme, daß alle JaNAKs mit gleicher Zahl von Ja-Antworten, l = 0(1)5, gleich häufig auftreten. Diese Annahme wird von den JaNAKs mit l = 1 Ja-Antwort schwerwiegend verletzt, da sich deren Häufigkeiten $f_{1i} = (17\ 0\ 9\ 5\ 4)$ stark unterscheiden bzw. von ihrem Erwartungswert (17+0+9+5+4)/5 = 7,0 abweichen. Ähnliches trifft für die JaNAKs mit l = 2 Ja-Antworten zu.

Multaxialsymmetrietest: Das χ^2 aus (18.5.1.1) ergibt sich aus Tabelle 18.5.1.1 zu 95,17, wobei die Ausreißerfrequenz $f_{1i} = 17$ allein $(17-7)^2/7 = 14,286$ zu diesem χ^2-Wert beiträgt (G ist als einziges Symptom bei 17 der 150 Ptn vertreten). Die Zahl

Tabelle 18.5.1.1

l	QGAND	f_{li}	Z_l	n_l	$n_l/Z_l = e_l$	$(f-e)^2/e$
5	+++++	12	1	12	–	–
	++++–	4			5,0	0,200
	+++–+	7			5,0	0,800
4	++–++	7	5	25	25/5 = 5,0	0,800
	+–+++	4			5,0	5,000
	–++++	4			5,0	0,800
	+++––	1			3,7	1,970
	++–+–	2			3,7	0,781
	+–++–	2			3,7	0,781
3	–+++–	4	10	37	37/10 = 3,7	0,081
	++––+	7			3,7	2,943
	+–+–+	1			3,7	1,970
	–++–+	11			3,7	14,403
	+––++	0			3,7	3,700
	–+–++	7			3,7	2,943
	––+++	2			3,7	0,781
	++–––	1			3,0	1,333
	+–+––	0			3,0	3,000
	–++––	7			3,0	5,333
	+––+–	2			3,0	0,333
	–+–+–	8			3,0	8,333
	––++–	1			3,0	1,333
2	+–––+	0	10	30	30/10 = 3,0	3,000
	–+––+	9			3,0	12,000
	––+–+	2			3,0	0,333
	–––++	0			3,0	3,000
	+––––	0			7,0	7,000
	–+–––	17			7,0	14,286
1	––+––	9	5	35	35/5 = 7,0	0,571
	–––+–	5			7,0	0,571
	––––+	4			7,0	1,286
0	–––––	10	1	10	–	–
	JaNAK	N=150	Fg = 0+4+9+9+4+0 = 26			$\chi^2 = 95,17*$

der Fge ergibt sich aus (18.5.1.2) zu 32-5-1 = 26, so daß χ^2 auf der 0,1%-Stufe signifikant bzw. H_0 zu verwerfen ist.

Interpretation: Die 5 Symptome sind nicht austauschbar und konstituieren daher keine Symptomzahlskala mit Punktwerten von 0 bis 5 mit Frequenzen (10 35 30 37 25 12) als Intervallskala; die Skala hat bestenfalls ordinale Skalendignität.

Folgerungen: Da das Symptom G = Grübelsucht die Pentaxialsymmetrie am stärksten verletzt, indem es mit einem Anteil von (12+4+7+7+4+1+2+4+7+11+7+1+7+8+9+ +17)/150 = 72% zu ‚populär' ist, wird es außer acht gelassen und die restlichen 4 Symptome auf Tetraxialsymmetrie geprüft. Tabelle 18.5.1.2 liefert das Ergebnis des 2^4-Felder-Randtafeltests:

Tabelle 18.5.1.2

4	+.+++	12+ 4 = 16	1	16		–	–
	+.++–	4+ 2 = 6				6,75	0,008
3	+.+–+	7+ 1 = 8	4	27	27/4 =	6,75	0,231
	+.–++	7+ 0 = 7				6,75	0,001
	–.+++	4+ 2 = 6				6,75	0,008
	+.+––	1+ 0 = 1				6,17	4,332
	+.–+–	2+ 2 = 4				6,17	0,763
2	+.––+	7+ 0 = 7	6	37	37/6 =	6,17	0,112
	–.++–	4+ 1 = 5				6,17	0,222
	–.+–+	11+ 2 = 13				6,17	7,561
	–.–++	7+ 0 = 7				6,17	0,112
	+.–––	1+ 0 = 1				10,75	8,843
	–.+––	7+ 9 = 16				10,75	2,564
1	–.–+–	8+ 5 = 13	4	43	43/4 =	10,75	0,471
	–.––+	9+ 4 = 13				10,75	0,471
0	–.–––	17+10 = 27	1	27		–	–
JaNAK		N = 150	Fg = 0+3+5+3+0 = 11			χ^2 = 25,70	

Das berechnete χ^2 für Tetraxialsymmetrie ist nichtmehr auf dem 0,1%-Niveau signifikant, so daß es zulässig erscheint, die verbleibenden 4 Symptome Q, A, N und D bzw. deren Konfiguration zu einem Summen-Score ihrer Ja-Ausprägungen zu kumulieren, um den Schweregrad der Depression zu messen.

Ob das Symptom G im Beispiel 18.5.1.1 wirklich, wie aufgrund seiner hohen *Popularität* (Bejahungsanteil) vermutet, zur Asymmetrie beiträgt, ist vergleichend zu beurteilen, wenn man alle $\binom{5}{4}$ = 5 2^4-Felder-Randtafeln heuristisch auf Axialsymmetrie prüft. Eliminiert wird dann jenes Mm, dessen Fortlassung das niedrigste χ^2 erbringt. Erbringt die Fortlassung eines einzigen Mms kein insignifikantes χ^2, dann sind alle $\binom{5}{3}$ = 10 2^3-Felder-Randtafeln auf Axialsymmetrie zu prüfen und jene 2 Mme zu eliminieren, deren Fortlassung zu einem insignifikanten χ^2 führt usf.

Auf die beschriebene Weise können aus t Alternativ-Mmn (Symptomen) durch *hierarchisch-deszendierende Randtafel-Beurteilung* all jene Mme eliminiert werden, die einer Intervallskalierung von JaNAKs widerstehen.

Symmetrie-Komponententests

Wie aus Beispiel 18.5.1.1 zu entnehmen ist, berechnet man wegen der gruppenweise gleichen Erwartungswerte die χ_1^2-Komponenten am besten nach

$$\chi_1^2 = Z_1 \Sigma f_{1i}^2 / n_1 - n_1 \qquad (18.5.1.5)$$

und summiert die Komponenten nach Formel 18.5.1.2 zum Gesamt-χ^2 der quadratischen t-Wegtafel. In Formel 18.5.1.3 ist $Z_1 = \binom{t}{1}$ die Zahl der möglichen JaNAKs mit 1 Ja-Antworten und n_1 die die Zahl der Pbn, die genau 1 Ja-Antworten gegeben bzw. einen Punktwert X = 1 erzielt haben.

Die *Komponenten-Berechnung* von χ^2 erlaubt auch, das implizit in Beispiel 18.5.1.1 definierte *Super-Mm* Depressivität komponentenweise zu beurteilen: In Tab. 18.5.1.2 ist $\chi_1^2 = 12{,}35$ nach 4-1 = 3 Fgn auf der 1%-Stufe signifikant, nicht aber $\chi_2^2 = 13{,}11$ mit 6-1 = 5 Fgn. Das bedeutet, daß die JaNAKs mit 1 Ja-Antwort nicht austauschbar sind, wohl aber die JaNAKs mit 2 Ja-Antworten. Geradezu ideale Austauschbarkeit herrscht bei den JaNAKs mit 3 Ja-Antworten, da sie ein $\chi_3^2 = 0{,}41$ für 4-1 = 3 Fge ergeben.

Statt der globalen mag also auch eine *komponentenbezogene Symmetrie-Beurteilung* von 5 Fragen oder Alternativsymptomen vorgesehen werden, wobei man allerdings $\alpha^* = \alpha/(t-1)$ für die Komponententests zu setzen hat.

Die Symmetrie von t Aufgaben oder Symptomen ist analog der Symmetrie von 5 Aufgaben zu beurteilen.

Axialsymmetrie in Zweiweg-Randtafeln

Wie wir gesehen haben, impliziert eine 2^5-Wegtafel von Alternativsymptomen, daß diese Symptome gleich populär und gleich interassoziiert sind. Fordert man unter H_0 gleiche Popularität, läßt aber *unterschiedliche Interkorrelationen* zu, dann postuliert man eine 2^5-Wegtafel, deren 2^2-Weg-Randtafeln axialsymmetrisch verteilt sind (vgl. Abb. 17.7.1.1).

Dieses Postulat ist plausibel, weil wir aus McNemars (5.5.3) Symmetrietest wissen, daß 2 gleich populäre (schwierige) Items eine *axialsymmetrische Vierfeldertafel* aufmachen. Werden t gleich populäre Items zu Paaren einander gegenübergestellt, so resultieren $\binom{t}{2}$ axialsymmetrische Vierfeldertafeln, wie Tabelle 18.5.1.3 anhand fiktiver 4 Symptome von N = 50 Ptn veranschaulicht.

Tabelle 18.5.1.3

ABCD	f		$f_{ij..}$	$f_{i.k.}$	$f_{i..l}$	$f_{.jk.}$	$f_{.j.l}$	$f_{..kl}$
++++	13	f(++)=a	21	18	20	22	16	18
+++−	4							
++−+	1							
++−−	3							
+−++	1	f(+−)=b	8	11	9	7	13	11
+−+−	0							
+−−+	5							
+−−−	2							
−+++	1	f(−+)=c	8	11	9	7	13	11
−++−	4							
−+−+	1							
−+−−	2							
−−++	3	f(−−)=d	13	10	12	14	8	10
−−+−	3							
−−−+	4							
−−−−	3							
Σ	50		50	50	50	50	50	50
Phi's			+0,34	+0,10	+0,26	+0,43	−0,07	+0,10

Die Vierfeldertafel der Symptome AB liefert die Frequenzen a = = 13+4+1+3 = 21, b = 1+0+5+2 = 8, c = 1+4+1+2 = 8 und d = 3+3+4+3 = = 13. Aus diesen Frequenzen erkennt man, daß die beiden Symptome mit p(A) = (a+b)/N = (21+8)/50 = 58% und p(B) = (a+c)/N = (21+8)/50 = 58% gleich populär sind. Ihre Interkorrelation entspricht einem Phi(AB) = = (21 · 13 − 8 · 8)/(29 · 21) = +0,34, das in der Schlußzeile von Tabelle 18.5.1.3 verzeichnet ist.

Analog ergibt die Vierfeldertafel AC die Frequenzen a = 13+4+1+0 = 18, b = 1+3+5+2 = 11, c = 1+4+3+3 = 11 und d = 1+2+4+3 = 10, und ein Phi(AC) = (18 · 10 − 11 · 11)/(29 · 21) = +0,10, das sich von Phi(AB) deutlich unterscheidet. In gleicher Weise sind die restlichen 4 Vierfeldertafeln zu erstellen und deren Phi-Koeffizienten auszurechnen.

Um zu prüfen, ob die t = 4 Symptome sich hinsichtlich ihrer Popularitäten (Ja-Anteile) unterscheiden, wurde die Cochran-Tafel der Tabelle 18.5.1.4 gemäß Tab. 5.5.3 aus Tab. 18.5.1.3 erstellt und mittels des *Q-Tests* von COCHRAN ausgewertet (Formel (5.5.3.2)).

Tabelle 18.5.1.4

A	B	C	D	$f(L_i)$	$f(L_i^2)$
+	+	+	+	13(4) = 52	13(16) = 208
+	+	+	−	4(3) = 12	4(09) = 12
....	....	....	....	....	....
−	−	−	−	3(0) = 0	3(00) = 0
T_j:29	29	29	29	m=4 $\Sigma f(L_i) = 116$	$\Sigma f(L_i^2) = 346$

$$Q = \frac{(4-1)[4(29^2 + ... + 29^2) - 116^2]}{4 \cdot 116 - 346} = 0{,}00 \text{ mit } 4-1 = 3 \text{ Fg}$$

Wegen der gleichen Zahl von je 29 Symptomträgern unter N = 50 Ptn, d.h. *ideal gleicher Popularitäten* der m = 4 Symptome, gilt $\chi^2 = 0{,}00$ oder P = 1,00 nach Tafel XVI−8−5. Muß H_0 (gleiche Popularitäten) abgelehnt werden, so sind die m Symptome unterschiedlich populär. Kann H_0 beibehalten werden, so können sie als gleich populär angesehen werden. Die t = m = 4 Symptome unterscheiden sich dann nur mehr bezüglich ihrer Interkorrelationen (Phi-Koeffizienten)

Axialsymmetrie und Interkorrelationen

Sind − wie in Tabelle 18.5.1.4 − die *Popularitäten* von t = m Items (Anteile von m Binär-Mmn) *gleich*, dann spricht WALLS Axialsymmetrietest nur noch auf *Unterschiede der Korrelationen* zwischen je 2 Items an. Tabelle 18.5.1.5 wendet WALLS Test auf Tabelle 18.5.1.3 an um zu prüfen, ob die in Tabelle 18.5.1.3 aufgeführten Interkorrelationen (Phi-Koeffizienten) zwischen den 4 Symptomen gleich sind: Es ist χ^2 (Fg = 11) = 11,36.

Da χ^2 nicht signifikant ist, darf angenommen werden, daß sich die Phi-Interkorrelationen in Tabelle 18.5.1.3 nur zufallsbedingt unterscheiden.

Die t = 4 Symptome ABCD in Tabelle 18.5.1.3 sind mit einer Ausnahme positiv interkorreliert (interassoziiert) mit einem *Interkorrelationsparameter* phi(pop), der über die gepoolten Vierfelderfrequenzen a = = 21+18+...+18 = 115, b = 59, c = 59 und d = 67 zu schätzen ist: Phi(pop) = $(115 \cdot 67 - 59 \cdot 59)/\sqrt{174 \cdot 126 \cdot 174 \cdot 126} = +0{,}19$, was etwa dem arithmetischen Mittel der $\binom{4}{2} = 6$ Phi-Koeffizienten entspricht.

Axialsymmetrie und Faktorenanalyse

Was besagt nun ein Interkorrelationsparameter von Phi (pop) = +0,19? Er besagt, daß die 4 Symptome in ihrem Auftreten (oder Nicht-Auftreten) eine gewisse *Gemeinsamkeit* besitzen, daß sie möglicherweise aus einer

Tabelle 18.5.1.5

1	ABCD	f	e	$(f-e)^2/e$	Fge
4	++++	13	–	–	
3	+++–	4	1,750	2,893	4–1 = 3
	++–+	1	1,750	0,321	
	+–++	1	1,750	0,321	
	–+++	1	1,750	0,321	
2	++––	3	2,667	0,042	6–1 = 5
	+–+–	0	2,667	2,667	
	+––+	5	2,667	2,041	
	–++–	4	2,667	1,042	
	–+–+	1	2,667	0,666	
	––++	3	2,667	0,042	
1	+–––	2	2,750	0,205	4–1 = 3
	–+––	2	2,750	0,205	
	––+–	3	2,750	0,023	
	–––+	4	2,750	0,568	
0	––––	3	–	–	
		N = 50	50,002	$\chi^2 = 11,36$ n.s.	Fg = 11

gemeinsamen Quelle gespeist werden. Diese gemeinsame Quelle wird in einer Faktorenanalyse der 6 Interkorrelationen in Tabelle 18.5.1.3 als ‚Generalfaktor' der durch ihre 4 Symptome definierten Krankheitseinheit (z.B. Depression) bezeichnet.

Weil t-variate Axialsymmetrie nicht nur gleiche Popularität von t Symptomen (gleiche Schwierigkeit von Testaufgaben), sondern auch *gleiche Interkorrelationen* der Symptome (Aufgaben-Items) impliziert, muß deren Faktorenanalyse notwendig zu einem Generalfaktor, zu einem hypothetischen *Super-Mm* führen, dessen Ausprägung im Einzelfall durch die Zahl der beobachteten Symptome (gelösten Items) bestimmt ist. Unterstellt wird theoretisch, daß die binären Symptome (Items) als Dichotomien t-variat normal verteilter Symptomkontinuen (Fähigkeiten zur Itemlösung) zur Beobachtung gelangen. Die gleiche Popularität (Schwierigkeit) der t Symptome ist Ausdruck einer weiteren theoretischen Unterstellung: nämlich, daß die Dichotomien für alle Symptome am gleichen Quantil der NV erfolgen.

Gleichwirksamkeit und Gleichwertigkeit

Überträgt man das Konzept der multivariaten Axialsymmetrie von binären Items auf alternative Behandlungswirkungen (+ = wirkt, - = wirkt nicht), so kann man zwischen *Gleichwirksamkeit* und *Gleichwertigkeit* von t Behandlungen, die sämtlich an N Ptn vorgenommen wurden, unterscheiden (LIENERT und WALL, 1980), wie schon in 17.7.1 besprochen wurde:

Drei oder t Arzneimittel sind danach *gleich wirksam*, wenn sie zu gleichen Erfolgsraten (entsprechend gleichen Popularitäten) führen, was man mittels des Q-Tests von COCHRAN (vgl. 5.5.3) überprüft.

Drei oder t Arzneimittel sind dann *gleichwertig*, wenn sie austauschbar sind (entsprechend gleichen Popularitäten mit gleichen Interassoziationen), was mittels des Axialsymmetrietests zu überprüfen ist.

Gleichwertige Arzneimittel müssen notwendig auch gleich wirksam sein, gleich wirksame Arzneimittel brauchen aber nicht gleichwertig zu sein. Denn gleichwertige Arzneimittel wirken beim individuellen Ptn, sukzessiv verabreicht, gleich. *Gleichwirksame* Arzneimittel führen zwar auch zu gleichen Erfolgsraten, wirken sich aber beim individuellen Ptn u.U. sehr unterschiedlich aus. Gleichwertige Arzneimittel wirken mit gleicher Wahrscheinlichkeit bei allen Ptn, gleichwirksame Arzneimittel unterscheiden die Ptn in solche, die auf das eine und in solche, die auf das andere Arzneimittel besser (oder überhaupt) ansprechen.

Für die *Behandlungsindikation* folgt daraus: Gleichwertige Behandlungsmaßnahmen können generell verordnet werden, wobei die Wahl unter den t Behandlungsangeboten nur vom Arzt, nicht vom Ptn bestimmt wird. Gleich wirksame Maßnahmen hingegen dürfen nur differentiell (patientenspezifisch) verordnet werden, wobei alle t Angebote bei jedem Ptn erprobt und das für ihn wirksamste für die Therapie ausgewählt wird.

Die Gleichwirksamkeit von Behandlungen entspricht der *Gleichschwierigkeit von Testaufgaben*, die bei 2 Aufgaben mit dem MCNEMAR-Test, bei t Aufgaben aber mit dem Q-Test zu beurteilen ist. Die Gleichwertigkeit von Behandlungen entspricht der *Austauschbarkeit von Testaufgaben* oder der *Parallelität* von (dichotomierten) Testskalen und *rivalisierenden Meßmethoden* wie drei verschiedenen Blutdruckmeßmethoden (vgl. FINK, 1977).

18.5.2 Punkt- und Punktaxialsymmetrie

Neben der Axialsymmetrie sind Punkt- und Punktaxialsymmetrie neue Gesichtspunkte der Symmetrie in quadratischen Mehrwegtafeln (WALL und LIENERT, 1976, und LIENERT und WALL, 1976), von welchen die schon in 17.2.3 behandelte 2x2x2-Dreiwegtafel ein Spezialfall ist.

Eine *Vierwegtafel* (Kontingenzhyperkubus) ist axialsymmetrisch, wenn gilt, daß $f_{1112} = f_{1121} = \ldots = f_{2111}$ für X = 3 Ja-Antworten, $f_{1122} = f_{1212} = f_{2211}$ für X = 2 Ja-Antworten und $f_{1222} = f_{2122} = \ldots = f_{2221}$ für X = 1 Ja-Antwort. Zellen mit 3, 2 und 1 positiver Mms-Ausprägung müssen danach gleich besetzt sein. Analoges gilt für mehr als 4 Items.

Sind raumsymmetrisch gelegene Paare von Zellen gleich besetzt, dann herrscht *Punktsymmetrie*; sie hat zur Bedingung, daß bei 4 Items $f_{1111} = f_{2222}$, $f_{1112}, \ldots, f_{1122} = f_{2211}$; sie hat zur Folge, daß die 4 Items mittlere Schwierigkeit (Popularität), aber *unterschiedliche Interassoziationen* aufweisen. Analoges gilt für mehr als 4 Items (Symptome, Testaufgaben, Fragen, Feststellungen).

Gelten für einen mehrdimensionalen Kontingenzwürfel sowohl die Bedingungen der Axialsymmetrie wie die der Punktsymmetrie (s. oben), dann herrscht *Punktaxialsymmetrie*. Bei t = 4 Items gilt dann, daß

(1) $f_{1111} = f_{2222}$,
(2) $f_{1112} = f_{1121} = f_{1211} = f_{2111} = f_{2221} = f_{2212} = f_{2122} = f_{1222}$ und
(3) $f_{1122} = f_{1212} = f_{1221}$ = Axialsymmetrie
    $= f_{2211} = f_{2121} = f_{2112}$ = Punktsymmetrie

Analoge Frequenzbeziehungen gelten für mehr als 4 Items. Punktaxialsymmetrische Items sind mittelschwierig und gleich interassoziiert; sie liefern symmetrisch verteilte Punktwerte X eines *Super-Mms*, das i. S. eines Generalfaktors zu deuten ist.

18.5.3 Test auf Punktsymmetrie

Punktsymmetrie existiert in einem t-dimensionalen Kontingenzwürfel immer dann, wenn komplementäre Paare von Feldern, wie (+---) und (-+++) in einer 2^4-Feldertafel, gleich besetzt sind (vgl. 17.7.2). Ob diese Bedingung als erfüllt gelten kann, prüft man bei ausreichend besetzten Felderpaaren über den χ^2-Punktsymmetrietest (WALL und LIENERT, 1976) wie folgt, wenn t = 4 Binär-Mme vorliegen

$$\chi^2 = \Sigma \frac{(f_{ijkl} - f_{i'j'k'l'})^2}{(f_{ijkl} + f_{i'j'k'l'})} \quad \text{mit} \quad \frac{2^4}{2} - 1 \text{ Fgn} \qquad (18.5.3.1)$$

Dabei ist i'j'k'l' die zu ijkl komplementäre JaNA-konfiguration. Analog ist bei t = 5 Mmn i'j'k'l'm' komplementär zu ijklm usf. bis zu t Binär-Mmn, mit $2^{t-1} - 1$ Fgn für das zugehörige χ^2. Zu summieren ist in Formel 18.5.3.1 über alle 2^{t-1} Paare von Quotienten $(f - f')^2/(f + f')$.

Der Punktsymmetrietest dient — in Anwendung auf Symptom- oder auf Fragebogenitems — zur Prüfung der Frage, ob solche Items *medianpopulär* sind, also mittlere Auftretenshäufigkeiten zeigen, und damit bestmöglich zwischen den N Pbn differenzieren (wegen Var. p = pq = Maximum für p = 1/2).

Halbanteils-Beurteilung

Im folgenden Beispiel 18.5.3.1 soll geprüft werden, ob die t = 5 Depressionssymptome des Beispiels 18.5.1.1 unbeschadet etwaiger Interassoziations- bzw. Korrelationsunterschiede *mittlere Popularität* besitzen, also unabhängig von ihrer Skalierbarkeit (Austauschbarkeit) zwischen Depressiven bestmöglich diskriminieren, in dem sie je bei einem *Halbanteil* von Ptn auftreten und ausbleiben.

Beispiel 18.5.3.1

Datenrearrangement: Ordnen wir die Daten der Tabelle 18.5.1.1 so an, wie es der Punktsymmetrietest erfordert, nämlich in Komplementärpaaren von Symptommustern mit Frequenzen f und f', dann resultiert Tab. 18.5.3.1:

Tabelle 18.5.3.1

QGAND	f	QGAND	f'	$(f-f')^2/(f+f')$
+++++	12	-----	10	4/22 = 0,182
++++-	4	----+	4	0/08 = 0,000
+++-+	7	---+-	5	4/12 = 0,333
+++--	1	---++	0	1/01 = 1,000
++-++	7	--+--	9	4/16 = 0,250
++-+-	2	--+-+	2	0/04 = 0,000
++--+	7	--++-	1	36/08 = 4,500
++---	1	--+++	2	1/03 = 0,333
+-+++	4	-+---	17	169/21 = 8,048
+-++-	2	-+--+	9	49/11 = 4,455
+-+-+	1	-+-+-	8	49/09 = 5,444
+-+--	0	-+-++	7	49/07 = 7,000
+--++	0	-++--	7	49/07 = 7,000
+--+-	2	-++-+	11	81/13 = 6,231
+---+	0	-+++-	4	16/04 = 4,000
+----	0	-++++	4	16/04 = 4,000
Fg = 2^4 - 1 = 15		N	N = 150	χ^2 = 52,78*

Punktsymmetrietest: Der in Tabelle 18.5.3.1 durchgeführte Punktsymmetrietest liefert ein χ^2, das für 15 Fge auf der 0,1%-Stufe signifikant ist. Die 5 Items sind nicht zu je 50% bejaht worden, wie dies in der Halbanteils-H_0 des Tests impliziert war.

Interpretation: Die nachgewiesene Punktasymmetrie basiert auf den folgenden Ja-Antwort-Anteilen (Popularitätsindizes):

p(Q) = (12+4+7+1+7+2+7+1+4+2+1+0+0+2+0+0)/16 = 31,25%
p(G) = (12+4+7+1+7+2+7+1+17+9+8+7+7+11+4+4)/16 = 67,50%
p(A) = (12+4+7+1+4+2+1+0+9+2+1+2+7+11+4+4)/16 = 44,38%
p(N) = (12+4+7+2+4+2+0+2+5+0+1+2+8+7+4+4)/16 = 40,00%
p(D) = (12+7+7+7+4+1+0+0+4+0+2+2+9+7+11+4)/16 = 48,12%

Qualvolles Erleben (Q) ist offenbar ein zu seltenes und Grübelsucht (G) ein zu häufiges Symptom der Depression unter der Forderung nach mittlerer Popularität und optimaler Diskrimination von Depressiven nach ihren Symptommustern (oder Symptomwerten bei Punktaxialsymmetrie der 5 Symptome).

Folgerung: Will man nur eines der devianten Symptome (Q oder G) eliminieren, so sollte man sich für Q entscheiden, obschon p(D) weniger von p = 50% abweicht. Denn das arithmetische Mittel der Indizes ohne Q liegt mit (72% + 47% + 43% + 51%)/4 = = 53% näher bei 50% als das arithmetische Mittel der Indizes ohne G. Das Ergebnis dieser Folgerung ist heuristisch aus Tabelle 18.5.3.2 zu beurteilen.

Tabelle 18.5.3.2

QGAND	f	QGAND	f'	$(f-f')^2/(f+f')$
.++++	12+ 4 = 16	.----	0+10 = 10	36/26 = 1,385
.+++-	4+ 4 = 8	.---+	0+ 4 = 4	16/12 = 1,333
.++-+	7+11 = 18	.--+-	2+ 5 = 7	81/25 = 3,240
.++--	1+ 7 = 8	.--++	0+ 0 = 0	64/08 = 8,000
.+-++	7+ 7 = 14	.-+--	0+ 9 = 9	25/23 = 1,087
.+-+-	2+ 8 = 10	.-+-+	1+ 2 = 3	49/13 = 3,769
.+--+	7+ 9 = 16	.-++-	2+ 1 = 3	169/19 = 8,895
.+---	1+17 = 18	.-+++	4+ 2 = 6	144/24 = 6,000
Fg = 2^3 - 1 = 7		N = 150		χ^2 = 33,71*

Folgerungsbewertung: Durch die Elimination von Q ist keine Punktsymmetrie erzielt worden. Denn $P(\chi^2_7 = 34)$ = 0,00172, während ohne Elimination $P(\chi^2_{15} = 53)$ = = 0,00039 nur wenig niedriger war (Tafel II des Tafelbandes). Nur wenn man auch G eliminiert, gewinnt man für die restlichen 3 Symptome A, N und D die erwünschte Punktsymmetrie mit Halbanteiligkeit ihres Auftretens.

Wie in 17.7.1 (Axialsymmetrie in *Randtafeln*) haben wir auch im Beispiel 18.5.3.1 (Tab. 18.5.3.2) von der Möglichkeit Gebrauch gemacht, eine 4-Weg-Randtafel des 5-Weg-Würfels auf Axialsymmetrie zu untersuchen, nachdem ein *axialdeviantes Mm* (Symptom Q) eliminiert wurde. Es gibt $\binom{5}{1}$ = 5 Möglichkeiten, ein einzelnes Symptom zu eliminieren, $\binom{5}{2}$ Möglichkeiten, ein Paar von Symptomen (wie Q und G) zu eliminieren etc. und die jeweils niedriger dimensionierten Randtafeln auf Punktsymmetrie zu beurteilen. In Beispiel 18.5.3.1 stößt man mit der 2^3-Felder-Randtafel der Symptome Arbeitsunfähigkeit (A), Nicht-Aufstehen-Können (N) und Denkstörungen (D) auf das erste punktsymmetrisch verteilte Symptom-Tripel, das der *Halb-Ja/Halb-Nein*-Anteils-Forderung genügt.

Multinormalitätsbeurteilung

Da Punktsymmetrie impliziert, daß bloß Doubleassoziationen (phi-Interkorrelationen) zwischen Paaren von Alternativ-Mmn existieren (und komplexe Assoziationen wie Tripel- und Quadrupelassoziationen fehlen), sind punktsymmetrische Mehrwegtafeln stets *quasiparametrisch* strukturiert; ihre Interkorrelationen können daher faktorisiert werden, wobei i.a. jedoch nur Gruppenfaktoren resultieren, da die Forderung gleich hoher Interkorrelationen (wie bei Axialsymmetrie mit einem Generalfaktor als Resultante) entfällt.

Werden t-variat normal verteilte Observablen nach ihren Populations-Mittelwerten dichotomiert, so resultiert eine *punktsymmetrische 2^t-Feldertafel*. Werden t stetige Observablen, die an einer Stichprobe von N Individuen beobachtet wurden, an ihren Mittelwerten dichotomiert, so können sie dann als t-variat symmetrisch bzw. normal verteilt angesehen werden, wenn die resultierende 2^t-Feldertafel mit der Punktsymmetrie-H_0 vereinbar ist. Auf diesem Argument basiert ein Test, der zu beurteilen gestattet, ob t Observablen faktorisiert werden dürfen; (der GEBERT-v. EYE-Test wurde schon in 17.7.4 vorweggenommen, ist aber nur in der Originalarbeit (von EYE et al. 1979) durch ein Mehrweg-Beispiel illustriert.)

Punktsymmetrie in schwach besetzten Mehrwegtafeln

Sind die Erwartungswerte $(f+f')/2$ teilweise kleiner als 5, dann ist der χ^2-Symmetrietest nur bedingt valide. Man prüft in einem solchen Fall mittels *agglutinierter 2^{t-1} Vorzeichentests* mit $x = \text{Min}(f, f')$ als Prüfgröße für $N = f + f'$ Beobachtungen. Den einseitig abzulesenden P-Wert für ein Frequenzpaar setzt man sodann in die Formel

$$\chi^2 = (-2)\sum_1^L \ln(2P_l) \text{ mit 2L Fgn} \qquad (18.5.3.2)$$

ein, wobei $2P_l$ die für das Frequenzpaar l geltende zweiseitige Überschreitungswahrscheinlichkeit ist (vgl. Tafel VIII–3–1).

Wird in Beispiel 18.5.3.1 neben Ja- und Nein-Beantwortung auch Nicht-Beantwortung (0) als *dritte Antwortkategorie* zugelassen, so entsteht eine 3^5-Feldertafel. Die t = 5 Items dieser Tafel sind dann punktsymmetrisch verteilt, wenn die Ja-Antworten und die Nein-Antworten gleiche Anteile für jedes der 5 Items aufweisen, während der Anteil der Nicht-Antworten von Item zu Item variieren kann.

Ob t Items mittlere (und damit gleiche) Popularität besitzen, prüft man also über ihre Punktsymmetrie. Ob sie *bloß gleiche Popularität* besitzen, prüft man über COCHRANS Q-Test (vgl. 5.5.3) oder eine seiner neueren Varianten (BHAPKAR und SOMES, 1977). Beide Tests lassen zu, daß die t Items unterschiedlich hoch assoziiert sind, während der Axialsymmetrietest gleiche Assoziationen fordert, aber unterschiedliche Popularitäten zuläßt. Sollten t Items JaNAK-halbanteilig *und* gleich interassoziiert sein, benütze man zum Nachweis den folgenden Test, in welchem Punkt- und Axialsymmetrie vereint worden sind.

18.5.4 Test auf Punktaxialsymmetrie

Sollten t Items einen Generalfaktor i.S. der FA aufspannen *und* bestmöglich diskriminieren, so ist eine hinreichend (wenngleich nicht notwendige) Bedingung ihre *Punktaxialsymmetrie*. Man erinnere, daß punktasymmetrische Items nicht nur mittelschwierig, sondern auch paarweise gleich interkorreliert sein müssen.

Auf *t-variate Punktaxialsymmetrie* prüft man analog wie auf trivariate Punktasymmetrie (vgl. 17.7.3). Für t = 6 binäre Items ergeben sich $\binom{6}{1}$ = = 6 Muster mit 1 Ja-Antwort, $\binom{6}{2}$ = 15 Muster mit 2 Ja-Antworten, $\binom{6}{3}$ = = 20 Muster mit 3 Ja-Antworten, $\binom{6}{4}$ = 15 Muster mit 4 Ja-Antworten und $\binom{6}{5}$ = 6 Muster mit 5 Ja-Antworten. Die 6-Item-Muster erhält man rekursiv aus den 5-Item-Mustern der Tabelle 18.5.2.1, indem man deren Mustern einmal ein Plus und das andere Mal ein Minus voranstellt: *Mms-Apposition*.

Testprozedur

Zur *Punktaxialsymmetrieprüfung* reiht man komplementäre JaNAKS zweckmäßig nebeneinander, wie dies in Tabelle 18.5.4.1 geschehen ist, indem die 5 Depressionssymptome durch ein Anamnesedatum (R = Rezidiv, + = Ja, - = Nein) ergänzt wurden. In Tabelle 18.5.4.1 finden sich mithin f(+.....) = 80 Ptn, die wegen gleicher Diagnose schon mindestens einmal in Behandlung waren (linke Kolonne) und f(-.....) = 70 Ptn, die zum ersten Mal in Behandlung sind (aus Tabelle 18.5.3.1 durch R-Apposition).

Tabelle 18.5.4.1

RQGAND	f	e	$(f-e)^2/e$	RQGAND	f	e	$(f-e)^2/e$
++++++	8	–	–	– – – – – –	4	–	–
+++++–	3	3,0	0,000	– – – – – +	1	3,0	1,333
++++–+	5	3,0	1,333	– – – – +–	2	3,0	0,333
+++–++	4	3,0	0,333	– – – +– –	3	3,0	0,000
++–+++	2	3,0	0,333	– – +– – –	2	3,0	0,333
+–++++	2	3,0	0,333	– +– – – –	2	3,0	0,333
–+++++	4	3,0	0,333	+– – – – –	6	3,0	3,000
++++– –	1	2,4	0,817	– – – – ++	0	2,4	2,400
+++–+–	1	2,4	0,817	– – – +–+	1	2,4	0,817
+++– –+	3	2,4	0,150	– – – ++–	4	2,4	1,067
++–++–	1	2,4	0,817	– – +– –+	1	2,4	0,817
++–+–+	1	2,4	0,817	– – +–+–	0	2,4	2,400
++– –++	0	2,4	2,400	– – ++– –	0	2,4	2,400
+–+++–	3	2,4	0,250	– +– – –+	1	2,4	0,817
+–++–+	7	2,4	8,817	– +– –+–	4	2,4	1,067
+–+–++	4	2,4	1,067	– +–+– –	3	2,4	0,250
+– –+++	1	2,4	0,817	– ++– – –	1	2,4	0,817
–++++–	1	2,4	0,817	+– – – –+	3	2,4	0,250
–+++–+	1	2,4	0,817	+– – –+–	4	2,4	1,067
–++–++	5	2,4	2,817	+– –+– –	4	2,4	1,067
–+–+++	8	2,4	13,067	+–+– – –	9	2,4	18,150
– –++++	0	2,4	2,400	++– – – –	0	2,4	2,400
+++– – –	0	1,5	1,500	– – – +++	1	1,5	0,167
++–+– –	0	1,5	1,500	– –+–++	0	1,5	1,500
++– –+–	2	1,5	0,167	– –++–+	0	1,5	1,500
++– – –+	0	1,5	1,500	– –+++–	0	1,5	1,500
+–++– –	3	1,5	1,500	– +– –++	4	1,5	4,167
+–+–+–	4	1,5	4,167	– +–+–+	4	1,5	4,167
+–+– –+	4	1,5	4,167	– +–++–	5	1,5	8,167
+– –++–	0	1,5	1,500	+– –++–	1	1,5	0,167
+– –+–+	2	1,5	0,167	– ++–+–	0	1,5	1,500
+– – –++	0	1,5	1,500	– +++– –	0	1,5	1,500
Fg = (2·6–1)+(2·15–1)+(20–1) = 59				N = 150		χ^2 = 124,31*	

Die *Erwartungswerte* unter der Nullhypothese (Punktaxialsymmetrie) ergeben sich für die JaNAKs mit 1, 2, 3, 4 und 5 Ja-Antworten wie folgt:

$e_1 = e_5 = (3+5+4+2+2+4+6+2+2+3+2+1)/(2 \cdot 6) = 3{,}0$

$e_2 = e_4 = (1+1+3+1+1+0+3+7+4+1+1+1+5+8+0+$
$\qquad\qquad + 0+9+4+4+3+1+3+4+1+0+0+1+4+1+0)/(2 \cdot 15) = 2{,}4$

$e_3 = (0+0+2+0+3+4+4+0+2+0+0+0+1+5+4+4+0+0+0+1)/20 = 1{,}5$

Der χ^2-*Test auf Punktaxialsymmetrie* ist zwar wegen zu niedriger Erwartungswerte kontraindiziert, doch approximiert er einen exakten Anpassungstest immer noch gut, wenn die Erwartungswerte — obzwar unter 5 — größenordnungsmäßig gleich sind, wie in Tabelle 18.5.4.1. Einfacher als dort berechnet man nach der Formel $(\Sigma f^2)/e - n$ die 3 Komponenten und erhält mit $(12-1) + (30-1) + (20-1) = 59$ Fgn ein

$\chi^2 = (9+25+...+1)/3{,}0 + (1+2+...+0)/2{,}4 + (0+0+...+1)/1{,}5 = 124{,}167$,

also einen genaueren Wert als in Tabelle 18.5.4.1. Auch dieser χ^2-Wert ist auf der 0,1%Stufe signifikant und zeigt an, daß die 6 Items keine faktoriell eindimensionale Skala der kumulierten Ja-Antworten (Ja-Zahl = Zahl der Plus-Zeichen in einem JaNAK) konstituiert, die wegen halbanteiliger Ja-Antworten für alle 6 Items bestmöglich zwischen den N = 150 Pbn diskriminiert, d.h. die höchstmögliche *Trennschärfe* erreicht (vgl. LIENERT, 1969, Kap. 2BV).

Testkonsequenzen

Muß, wie in Tabelle 18.5.4.1, die Punktaxialsymmetrie-Hypothese verworfen werden, so kann dies an fehlender Halbanteiligkeit der Ja-Antworten liegen (Punktasymmetrie) wie an ungleichen Interkorrelationen der t Items (Axialasymmetrie) oder an beiden Erfordernissen (All-Halbanteiligkeit und Interkorrelationshomogenität), wie im Fall des obigen Beispiels. Je nach Intention verfährt man bei nachgewiesener Punktaxialsymmetrie dreifach alternativ wie folgt:
(1) Man eliminiert solche und soviele Items, wie erforderlich, um Punktaxialsymmetrie zu gewährleisten, indem man — wie bei Punktsymmetrie (Tab. 18.5.3.2) — *Randtafeln* zunehmend niedriger Dimensionalität auf Punktaxialsymmetrie beurteilt.
(2) Man begnügt sich damit, auf *Punktsymmetrie* zu prüfen und also die Forderung gleicher Item-Interkorrelationen fallenzulassen; ggf. muß auch hierbei das eine oder andere Item eliminiert werden, ehe man auf Punktsymmetrie vertrauen und eine Faktorenanalyse durchführen kann, um die Dimensionalität (Zahl der Gruppenfaktoren) des verbleibenden Item-Pools zu eruieren.
(3) Man fordert wenigstens *Axialsymmetrie* anstelle von Punktaxialsymmetrie, läßt also die Forderung mittlerer Ja-Anteile (mittlere Populari-

tät bei Symptomen, mittlere Schwierigkeit bei Testaufgaben) fallen. Dieser *Forderungsregreß* lohnt immer dann, wenn alle t Items Ja-Anteile von mehr (oder weniger) als 50% aufweisen und die Interkorrelationen aus den Zweiweg-Randtafeln nur wenig streuen. Gehen die t Items − oder die Mehrzahl davon − mit der Axialsymmetrie-Hypothese konform, dann ist das durch die Items operational definierte Super-Mm als eindimensional zu betrachten und bei positiven Interkorrelationen durch einen Generalfaktor zu repräsentieren. Sind axial symmetrische Residual-Items unkorreliert, dann konstituieren die JaNAKs formal zwar auch eine Skala, doch muß diese auf logisch-semantische Gemeinsamkeiten der sie konstituierenden Items gegründet werden (*Konstruktiv-Skala*).

Man achte auf die Möglichkeit, Items *umzupolen*, indem man eine Nein-Antwort als Ja-Antwort redefiniert, um Anteilhomogenität und Axialsymmetrie zu erreichen. So kann das Fehlen eines seltenen Symptoms (wie Halluzinieren eines Depressiven) zu einem häufigen Fehl-Symptom umgepolt werden, wenn die übrigen Symptome ebenfalls häufig (bei Depressiven) in Erscheinung treten.

Items, die sich − und sei es nur auswahlweise − weder auf punkt- noch auf Axialsymmetrie zurückführen lassen, sollten nicht additiv kombiniert, d.h. skaliert, sondern einer ASA (vgl. 18.2.1) unterworfen werden, wenn es darauf ankommt, ihre *Assoziationsstruktur* zu erhellen. Gleiches wie für binäre Items gilt für dichotomierte Mme mit stetiger Verteilung, von denen nachfolgend zu sprechen ist.

18.5.5 Punktsymmetrie mediandichotomierter Observablen

Eines der wichtigsten multivariaten Forschungsmittel der Sozialwissenschaften ist die FA; sie setzt *multivariat normal* verteilte Observablen voraus, zeigt aber keinen praktikablen Weg zu prüfen, ob diese Voraussetzung erfüllt ist.

Leider genügt es nicht, die 2-dimensionalen Randverteilungen (Paare von Observablen) daraufhin zu inspizieren, ob grobe Abweichungen von einer *bivariaten* NV vorliegen, und schon gar nicht, die einzelnen Observablen auf *univariate* Normalverteilungen zu inspizieren. Denn selbst wenn ein- und 2-dimensionale Tafeln eine NV gut approximieren, besteht keine Gewähr, daß alle t Observablen auch *t-variat normal* verteilt sind. Eine gewisse Gewähr für eine multivariate NV besteht nur dann, wenn die beobachtete t-variate Verteilung nicht signifikant von einer t-variat symmetrischen Verteilung abweicht. Wie kann man nun solch eine Abweichung erkennen?

Ein einfacher Weg zur *heuristischen Symmetrieprüfung* stetiger Observablen führt dazu, jede der t Observablen an ihrem Stichprobenmedian zu *dichotomieren* und so einen t-dimensionalen Kontingenzwürfel zu etablieren. Dieser Kontingenzwürfel muß *punktsymmetrisch* sein bzw. darf von der Punktsymmetrie nicht signifikant abweichen, wenn eine multivariate NV vorliegt.

Die *Mediandichotomie* der t Observablen setzt voraus, daß alle Paare von Observablen (1) *monoton korreliert* sind und (2) als einzelne *unimodal verteilt* sind; sie setzt im Unterschied zur Multinormalitätsbeurteilung nach 17.7.4 nicht voraus, daß Paare von Observablen bivariat normal und jede einzelne Observable univariat normal verteilt ist.

Sind die Minimalbedingungen (1) und (2) erfüllt bzw. nicht zu widerlegen, dann können die *mediandichotomierten Observablen* als binäre Observablen mittels Phi-Koeffizienten interkorreliert und cluster- oder faktoranalysiert werden. Bestenfalls dürfen Rang-Interkorrelationen (rho oder tau) berechnet und faktorisiert werden, keinesfalls aber Produkt-Moment-Interkorrelationen, wie dies bei positiver Multinormalitätsbeurteilung nach 17.7.4 zulässig erscheint.

Während der *Multinormalitätstest* nach 17.7.4 auf Abweichungen von uni- und multivariater Punktsymmetrie anspricht, weil er nach dem arithmetischen Mittel einer jeden Observablen dichotomiert, spricht der hier diskutierte Test nur auf nichtparametrische Assoziationen (Tripel- und komplexere Assoziationen) zwischen den mediandichotomierten Observablen an, wobei die einzelnen Observablen weder symmetrisch noch gar normal verteilt zu sein brauchen.

Aus dem *Vergleich beider Tests* erhellt: Der Test auf Punktsymmetrie mediandichotomierter Observablen hält u.U. auch dann noch an H_0 fest, wenn sie aufgrund des Multinormalitätstests 17.7.4 bereits verworfen werden muß. Denn die Alternative zu H_0 (Punktsymmetrie) heißt in 17.7.4 multivariate Asymmetrie und in 18.5.5 nichtparametrische Verknüpfung der t Observablen.

18.5.6 Punktsymmetrie trichotomierter Observablen

Rechnet der Untersucher damit, daß *nichtlineare Korrelationen* zwischen Paaren stetig verteilter Observablen auftreten (oder *hyper-nichtlineare Korrelationen* zwischen Tripeln etc.), dann können solche Nichtlinearitäten (Hyper-Nichtlinearitäten) nur dann in den Symmetrietest mit eingehen, wenn mindestens 3 diskrete Intervallklassen gebildet werden.

Diese Klassen müssen eindimensional symmetrisch zueinander liegen, also etwa die drei Tertile (unteres, mittleres, oberes) umfassen.

Eine solch differenzierte ‚Symmetrie-Beurteilung' mittels *trichotomisch* diskretisierten Observablen erfordert naturgemäß einen höheren Stichprobenumfang als die dichotome Diskretisierung. Reicht bei vermuteten Nichtlinearitäten der Stichprobenumfang für alle Observablen nicht aus zu vermeiden, daß kritische Erwartungswerte unterschritten werden, kann man mit einer *reduzierten* Zahl von Observablen in einer Weise arbeiten, oder Vorzeichentests komplementärer Felder agglutinieren (Formel 18.5.3.2).

Werden stetige Observablen – wie die *Schulnoten* – bereits *diskretisiert erhoben*, so können sie – als Zeugnisnoten etwa – nur dann multivariat punktsymmetrisch verteilt sein, wenn sie je einzeln univariat symmetrisch verteilt sind. Will man Schulnoten oder allgemein: Mehrpunktskalen auf multivariate Punktsymmetrie beurteilen, um sie ggf. interkorrelieren und faktorisieren zu können, empfiehlt es sich, sie auf *Dreipunktskalen* zu reduzieren: Man faßt dazu etwa die Schulnoten 1 und 2 einerseits und die Schulnoten 4, 5 und 6 andererseits zu je einer Notenstufe zusammen und stellt sie der häufigsten Note 3 als Modalstufe gegenüber.

In Tabelle 18.5.6.1 sind N = 160 Abiturienten hinsichtlich ihrer Noten in Deutsch (D), Englisch (E) und Mathematik nach guten (1), mittleren (2)

Tabelle 18.5.6.1

DEM	f	DEM	f'	$(f-f')^2/(f+f')$
111	19	333	17	4/36 = 0,111
112	10	332	10	0/20 = 0,000
113	8	331	0	64/08 = 8,000
121	4	323	2	4/06 = 0,667
122	2	322	5	9/07 = 1,286
123	2	321	7	25/09 = 2,778
131	2	313	2	0/04 = 0,000
132	2	312	1	1/03 = 0,333
133	1	311	4	9/05 = 1,800
211	1	233	9	64/10 = 6,400
212	4	232	6	4/10 = 0,400
213	5	231	1	16/06 = 2,667
221	10	223	4	36/14 = 2,571
222	22			
Fg = $(3^3-1)/2$ = 13		N = 160		χ^2 = 24,44* (1%)

und schwachen (3) Noten aufgeteilt und bzgl. Notensymmetrie geprüft bzw. heuristisch beurteilt worden.

Die 3 Abiturnoten verteilen sich – wenn man das 1%-Niveau zugrunde liegt – *nicht trivariat symmetrisch* und damit auch nicht trivariat normal. Die Abweichung ist in der Hauptsache auf den Umstand zurückzuführen, daß die *Notenkonfiguration* 113 (gut in Deutsch und Englisch, aber schwach in Mathematik) häufig (8 Mal), ihr Komplement 331 hingegen überhaupt nicht in Erscheinung tritt. Einen ähnlich hohen χ^2-Beitrag wie das Konfigurationen-Paar liefert Paar 211–233, wonach schwache Noten in Englisch *und* Mathematik viel häufiger sind als gute Noten, wenn Deutsch mittelmäßig beurteilt wurde.

Legt man – wie bislang – die 0,1%-Stufe für die Ablehnung der Punktsymmetrie zugrunde, so können die 3 Schulnoten noch als trivariat symmetrisch angesehen und durch Intervallskalen-Meßwerte (-1, 0, +1 oder 1, 2, 3) repräsentiert und damit z.B. arithmetisch gemittelt werden.

Wie man aus der Zahl der χ^2-Komponenten des Punktsymmetrietests für trichotomierte Observablen erkennt, ist die *Zahl der Fge* = $(3^3-1)/2$ statt – wie bei Dichotomie – $2^3/2 - 1$. Analoges gilt für mehr als 3 Diskretisierungen: So ist Fg = $4^4/2 - 1$ bei *Quartil-Diskretisierung* von 4 Observablen und Fg = $(5^5-1)/2$ bei Quintil-Diskretisierung.

Wie man tertilierte Schulnoten und ternäre Items *deskriptiv* weiter verarbeitet, zeigt der folgende Abschnitt 18.5.7.

18.5.7 Punkt-Symmetrie und Korrelation ternärer Mme

Unter den 3 Symmetriebeziehungen erlaubt nur die Punktsymmetrie, daß *ternäre Mme* (Items, Symptome) je einzeln ('im Rand') unterschiedlich verteilt sind, wie man aus den Randsummen der Mms-Paare in Tabelle 18.5.7.1 erkennt.

Axialsymmetrie und Punktaxialsymmetrie legen, wie aus Tabelle 18.5.7.1 erhellt, alle Mms-Verteilungen fest und bedingen darüber hinaus, daß sie paarweise gleich korreliert sind. Da ternäre Mme (Items etc.) aber im Regelfall weder identisch verteilt noch konstant interkorreliert sind, kommt der Punktsymmetrie, die dergleichen nicht voraussetzt, die größte Bedeutung zu.

Im folgenden sei angenommen, die zwei ternären Items A und B in Tabelle 18.5.7.1 seien Einstellungsfragen mit den Antwort-Kategorien Ja (+), Weiß nicht (0) und Nein (-), die von N = 90 Pbn *ideal-symmetrisch* beantwortet worden sind. Wie lassen sich solche Items als einzelne kennzeichnen und als Item-Paare interkorrelieren?

Tabelle 18.5.7.1

	Axialsymmetrie				Punktsymmetrie			
		B				B		
	+	0	–	Σ	+	0	–	Σ
+	23	16	1	40	12	7	1	20
A 0	16	14	10	30	15	20	15	50
–	1	10	9	<u>20</u>	1	7	12	<u>20</u>
Σ	40	30	20	90	28	34	28	90

	Punktaxialsymmetrie			
		B		
	+	0	–	Σ
+	12	11	1	24
A 0	11	20	11	42
–	1	11	12	<u>24</u>
Σ	24	42	24	90

Um Tabelle 18.5.7.1 inhaltlich auszufüllen, sei unterstellt, daß Item A die *Einstellung* von 90 Poll-Pbn zu ihrer Regierung (zustimmend, keine Meinung, ablehnend) und B die Einstellung der gleichen 90 Pbn zu einer parlamentarischen Opposition symbolisieren. Offenbar sind Zustimmung und Ablehnung der Opposition mit je 28/90 = 31% viel häufiger als Zustimmung und Ablehnung der Regierung mit 20/90 = 22%. Beide Items, A und B, können aber intervallskaliert werden (–1, 0, +1 oder 1, 2 und 3), da sie je einzeln symmetrisch verteilt sind, womit der mittlere Skalenpunkt stets gleichen Abstand von den beiden extremen Skalenpunkten einhält.

Im folgenden wollen wir uns zunächst mit der Kennzeichnung eines *einzelnen ternären Items* befassen und sodann zur Korrelation zwischen zwei Dreipunkt-Items übergehen.

Popularität und Aktualität ternärer Items

Für ternär abgestufte Items aus Fragebögen (ja, weiß nicht, nein) haben HELLER und KRÜGER (1976) die *Popularität* eines Items mit den Stufen (+, 0, –) wie folgt angegeben

$$p_{i+} = N_{i+}/N \qquad (18.5.7.1)$$

In Formel 18.5.2.1 ist p_{i+} Popularitätsindex der Einstellungsfrage i, wobei N_{i+} die Zahl der in Schlüsselrichtung antwortenden der insgesamt N Pbn ist[6].

Setzt man in ternär abgestuften Items Ja- und Nein-Antworten zueinander in Beziehung, so läßt sich ein von HOFSTÄTTER (1963, S. 136) angegebenes *Aktualitätsmaß* nach HELLER und KRÜGER (1976) wie folgt normieren

$$a = \frac{4\sqrt{p_+ \cdot p_-}}{2 - p_0} \qquad (18.5.7.2)$$

Eine Frage ist danach inaktuell (a = 0), wenn sie entweder von allen N Pbn bejaht ($p_+ = 1$) oder verneint ($p_+ = 0$) wird; sie ist höchst aktuell (a = 1), wenn sie von einer Hälfte ($p_+ = 1/2$) der N Pbn bejaht, von der anderen Hälfte verneint wird. Je mehr Pbn sich cet. par. einer eindeutigen Antwort (Stellungnahme) entziehen (p_0 = wachsend), um so inaktueller wird ein Fragebogenitem (vgl. auch LIENERT, 1979).

Auf Tabelle 18.5.7.1 angewandt, ist die Punktsymmetrie der Items A und B durch *Popularitätsindizes* von 20/90 = 22% für die Regierung und 28/90 = 31% für die Opposition gekennzeichnet. Die Einstellung zur Opposition ist mit einem *Aktualitätsindex* von $4 \cdot \sqrt{31\% \cdot 31\%}/(200\% - (34/90)\%) = 124\%/162\% = 0{,}77$ aber auch aktueller (kontroverser) als zur Regierung mit $4 \cdot 22\%/(200\% - 56\%) = 0{,}56$.

Wären die Antworten zu den beiden Einstellungsfragen wie bei Axialsymmetrie in Tabelle 18.5.7.1 verteilt, so wären Regierung und Opposition mit 40/90 = 44% gleich populär und die Einstellung der Pbn zu ihnen mit $4\sqrt{40\% \cdot 20\%}/(200\% - 33\%) = 0{,}68$ gleich aktuell.

Interkorrelation ternärer Items

Die *Korrelation* zwischen zwei ternären Fragebogenitems i und j definieren HELLER und KRÜGER (1976) auf der Basis der KIMBALLschen (1954) χ^2-Zerlegung von 3x3-Feldertafeln wie folgt:

$$r_{ij}^* = \frac{(aN_{i-} - cN_{i+})N_{j-} - (bN_{j-} - dN_{j+})N_{j+}}{\sqrt{(N_{i+})(N_{i-})(N_{j+})(N_{j-})(N - N_{i0})(N - N_{j0})}} \qquad (18.5.7.3)$$

Die Symbole in (18.5.7.3) sind wie in Tabelle 18.5.7.2 definiert, die im Unterschied zu Tabelle 18.5.7.1 empirische Daten enthält.

---

6 Wenn Einstellungsfragen negativ formuliert sind, ist eine Nein-Antwort eine Antwort in Schlüsselrichtung.

Tabelle 18.5.7.2

		Item j		
	+	0	−	
Item i +	a = 15	g = 16	b = 5	N_{i+} = 36
Item i 0	e = 30	h = 8	f = 10	N_{i0} = 48
Item i −	c = 4	k = 2	d = 10	N_{i-} = 16
	N_{j+} = 49	N_{j0} = 26	N_{j-} = 25	N = 100

Durch Einsetzen der in Tabelle 18.5.7.2 beobachteten Häufigkeiten ergibt sich im konkreten Fall ein *Item-Korrelations-Koeffizient* von

$$r_{ij}^* = \frac{(16 \cdot 15 - 36 \cdot 4)25 - (16 \cdot 5 - 36 \cdot 10)49}{\sqrt{36 \cdot 16 \cdot 49 \cdot 25(100-48)(100-26)}} = +0,31$$

Die HELLER-KRÜGER-Korrelation zwischen ternären Items entspricht jener χ^2-Komponente der 3×3-Felder-Kontingenz, die die extrem liegenden 4 Felder (a, b, c und d) beisteuern (vgl. 16.2.3–4).

Interpretiert man die Items i und j wie A und B als Stellungnahmen zur Regierungs- bzw. zur Oppositionstätigkeit einer parlamentarischen Republik (Tab.18.5.2.3), dann bedeutet ein r* = +0,31, das ein Teil der N = 100 Befragten beider Leistungen positiv oder negativ beurteilt.

Itemsymmetrie und Testkonstruktion

Will man prüfen, ob t ternäre Items *gleich populär* sind, so wirft man die Nicht-Ja-Kategorien (0) und (−) zusammen und beurteilt die so binarisierten ternären Items auf Symmetrie in allen $\binom{t}{2}$ Zweiweg-Randtafeln. Der einschlägige Test ist COCHRANS Q-Test auf gleiche Anteile in t Binärstichproben.

Will man prüfen, ob t Items *gleich aktuell* sind, so wirft man die Ja-Kategorie (+) und die Nein-Kategorie zusammen und beurteilt die so binarisierten ternären Items wie oben auf Randtafel-Symmetrie mittels Q-Test.

Will man prüfen, ob t ternäre Items gleich populär *und* gleich interkorreliert sind, so beurteilt man die 3^t-Feldertafel auf Axialsymmetrie. Axialsymmetrische ternäre Items sind wie binäre Items untereinander auszutauschen und kumulativ zu skalieren.

Zur Intervallskalierung bestgeeignet sind *mittelpopuläre und gleich interkorrelierte* ternäre Items, derer man sich durch einen Punktaxialsymmetrietest versichert, bzw. die man nach solch einem Test auswählt.

Die praktische *Konstruktion von Fragebogen* und Leistungstest sollte sich nach dieser Argumentation auf die Sammlung und Analyse mittelpopulärer (oder mittelschwieriger) und gleich interkorrelierter, also punktaxialsymmetrischer Items, beschränken. Ist Punktaxialsymmetrie wegen durchweg zu geringer Item-Popularitäten nicht zu erreichen, dann sollte zumindest Axialsymmetrie erreicht werden können. Beide Symmetrien implizieren *Item-Homogenität* im multivariat verstandenen Sinne und gewährleisten eine unidimensionale Skalierung der Zahl der Ja-Antworten.

Die Punktsymmetrie allein verbürgt keine Skalierbarkeit, es sei denn, daß alle Items die *gleiche Faktorenstruktur* aufweisen, wenn sie faktorisiert werden (was bei PS zulässig ist). Die Punktsymmetrie bietet aber, wie aus dem letzten Abschnitt dieses Kapitels zu ersehen, eine gute Möglichkeit, stetige Observablen in einer Weise zu diskretisieren, die grobe Abweichung von der multivariaten Normalverteilung und ihrem Linearitätspostulat zu entdecken.

18.5.8 Punktsymmetrie und Hyperlinearität

Wie man sich aus Tab. 18.5.8.1 überzeugen kann, führt eine *lineare Beziehung* zwischen 2 stetig verteilten aber nach ihren Tertilen diskretisierten Observablen Y (Spalten-Mm) und X (Zeilen-Mm) zur *Punktsymmetrie* in einer 3x3-Feldertafel (Teil a).

Tabelle 18.5.8.1

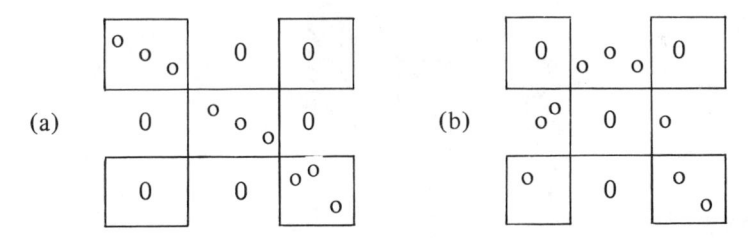

(a) [3x3 table with points in diagonal cells: upper-left, center, lower-right contain points; other cells contain 0]

(b) [3x3 table with points in top-right and bottom-left regions: upper-right and lower-left patterns]

Eine umgekehrt U-förmige Relation (Teil b in Tab. 18.5.8.1) hingegen führt zur *Punkt-Asymmetrie* in einander gegenüberliegenden Feldern. *Nichtlinearität* führt mithin gemäß dieser Abbildung zur *Asymmetrie*, wenn man eine Korrelationstafel tertiliert.

Betrachten wir nunmehr 3 Observablen X, Y und Z in der tertilierten 3-Weg-Korrelationstafel von Abb. 18.5.8.1 in dem Sinne, daß die punktierten Felder über- und die nicht punktierten Felder unterdurchschnittlich oder mit Nullen, wie in Tab. 18.5.8.1, besetzt sind.

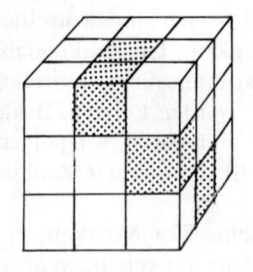

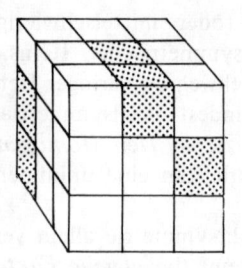

Abb. 18.5.8.1
Hyper-Nichtlinearität in einer tertil-diskretisierten 3-Weg-Korrelationstafel

Die Relation der 3 diskretisierten Observablen, wie sie sich in Abb. 18.5.8.1 manifestiert, bezeichnet man als *Hyper-Nichtlinearität* (vgl. auch Kap. 9.11); *Hyperlinearität* wäre durch alleinige (oder vorwiegende) Besetzung der 3 Zellen der Raumhaupt-Diagonale (von links-oben hinten nach rechts-unten vorne) veranschaulicht.

Die in Abb. 18.5.8.1 illustrierte Form der Hyper-Nichtlinearität geht auf *Nichtlinearitäten zwischen Paaren von Observablen* zurück, wie aus den 2-dimensionalen Randverteilungen der Abb. 18.5.8.2 hervorgeht.

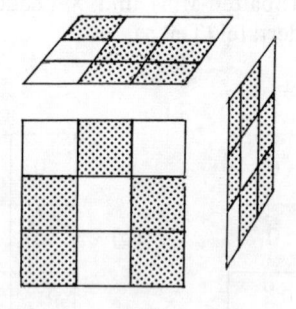

Abb. 18.5.8.2
Hyper-Nichtlinearität in den Randtafeln von Abb. 18.5.8.1

Bivariate Nicht-Linearitäten wie die der Abb. 18.5.8.2 sind ‚ungefährlich', da sie aus den 2-dimensionalen Korrelationsdiagrammen ohne weiteres zu erkennen sind. Nicht zu erkennen aus Korrelationsdiagrammen hingegen sind *multivariate Nicht-Linearitäten*, die sich nur im Raum, nicht in der Fläche, d.h. in den 2-dimensionalen Randtafeln manifestieren.

Zur Veranschaulichung einer *aus den Randtafeln nicht erkennbaren Nicht-Linearität* nehme man den Kontingenzwürfel der Abb. 18.5.8.1 und besetze die 3 Deckenzellen der Hauptdiagonale (von links hinten oben nach rechts vorne oben), ferner die Raummitten-Zelle und die 3 Basiszellen der Nebendiagonale (von links vorne unten nach rechts hinten unten). Dieser Würfel ist zwar ebenfalls punktasymmetrisch (wie der Würfel in Abb. 18.5.8.1), doch sind seine 2-dimensionalen Randtafeln symmetrisch (und ihre Felder gleich besetzt). Es handelt sich hierbei um das ternäre Pendant zur binären Tripelassoziation (vgl. 17.2.2).

Sofern Paare von Observablen also monoton korreliert sind und die Observablen als solche symmetrisch verteilt sind, geht eine fehlende Punktsymmetrie (signifikanter PS-Test) auf *hyper-nichtlineare Beziehungen* zwischen mehr als 2 Observablen zurück. Beziehungen dieser Art kommen entweder nicht oder aber verzerrt in Beziehungen zwischen je 2 Observablen zum Ausdruck, so daß eine Interkorrelationsmatrix die bestehenden Zusammenhänge nicht oder falsch wiedergibt.

Da eine Analyse der Interkorrelationsmatrix nur dann aussagekräftig und zulässig ist, wenn hyper-nichtlineare Beziehungen *fehlen*, die Zusammenhänge zwischen t Observablen also *parametrisch strukturiert* sind, ist multivariate Punktsymmetrie eine notwendige (wenngleich nicht hinreichende) Voraussetzung einer jeden Faktoren- oder Clusteranalyse. Man versäume daher nicht, auf Punktsymmetrie zu prüfen, ehe man eine Interkorrelationsanalyse vornimmt.

18.6 Vergleich zweier abhängiger Mehrwegtafeln

Wurde ein und dieselbe Stichprobe von N Individuen (Schülern) zu Beginn (Schuljahr 1) und zu Ende (Schuljahr 2) eines Zeitintervalls hinsichtlich derselben t Observablen beobachtet, so entstehen 2 *abhängige* (verbundene, paarige) *Mehrwegtafeln*.

1. Sind t *stetige Mme* (wie *Zeugnisnoten*) diskret skaliert, so können systematische Änderungen zwischen Beginn und Ende des Beobachtungsintervalls durch *Änderungs-Observablen* (+ = Verbesserung, 0 = Gleichbleiben und − = Verschlechterung) gekennzeichnet werden. Jedes der N Individuen (Schüler) ist dann durch ein *Änderungsmuster* (wie +−00 als Besserung in Deutsch, Verschlechterung in Mathe und Gleichbleiben in Geschichte und Biologie) repräsentiert. Ersetzt man die Null-Zeichen nach Los durch Vorzeichen, so entstehen Vorzeichenmuster (wie +−−+ aus +−00), die für die N Individuen ausgezählt werden können.

Ohne Losentscheid entstehen Vorzeichenmuster, wenn t stetige Observablen auch stetig gemessen wurden; von dieser Annahme gehen wir im Folgenden aus.

18.6.1 Multivariate Vorzeichentests

Unter der Nullhypothese, wonach vom Anfang zum Ende des Beobachtungsintervalls keine systematischen Einflüsse wirken, sind alle 2^t *Vorzeichenmuster* gleichwahrscheinlich mit $\pi = 1/2^t$ mit Erwartungswerten von $e = N/2^t$ unter H_0. Ein *globaler Test* zum Vergleich der beiden abhängigen Mehrwegtafeln ergibt sich somit nach $\Sigma f^2 /e - N$ zu

$$\chi^2 = (2^t/N)\Sigma f_{ij...z}^2 - N, \tag{18.6.1.1}$$

wobei χ^2 nach 2^t-1 Fgn zu beurteilen ist, und $f_{ij...z}$ die beobachtete Häufigkeit des Vorzeichenmusters ij...z mit t Vorzeichen symbolisiert.

Verfährt man mit Tabelle 17.9.2.2 gemäß Formel (18.6.1.1), dann gewinnt man mit $e = 60/2^3 = 7,5$ ein $\chi^2 = (8/60)(28^2+6^2+...+0^2) - 60 = 80,27$, das für $2^3-1 = 7$ Fge auf der 0,1%-Stufe signifikant ist: Offenbar zeigen weit überzufällig viele − nämlich 28 − der 60 Vpn einen Übungsfortschritt in allen 3 Tests (+++), wo ein trivariates Vorzeichenmuster (+++) unter H_0 (Zufallsänderung) nur bei 7,5 Vpn erwartet wird (17.9.2).

Statt eines globalen Tests können differentielle KFA-Tests benutzt werden, um 2 abhängige t-Wegtafeln über *Änderungstypen* zu vergleichen, wie dies in Tabelle 17.9.2.2 geschehen ist.

Der obige Test ist eine t-variate Form eines bivariaten Vorzeichentests von KRAUTH (in LIENERT und KRAUTH 1974, IX/2), der auf *Verteilungsänderungen* von Vor- zu Nachbeobachtung anspricht (Omnibustest). Ein t-variater Vorzeichentest, der nur auf *Lageänderungen* (homeopoietische Wirkungen) anspricht, stammt von BENNETT (1962). KRAUTHS wie BENNETTS Test werden als bivariate Tests zusammen mit einem auf *Dispersionsänderungen* (heteropoietische Wirkungen) reagierenden Test (KOHNEN und LIENERT 1979) in 19.7.2 nachgetragen.

18.6.2 Multivariate KRAUTH-STRAUBE-Tests

Sind t *nominal-diskrete Mme* wiederholt beobachtet worden, so müssen − weil *Kategorienwechsel* statt *Stufungsänderungen* resultieren − alle Mms-Konfigurationen der Erstbeobachtung in den Zeilen und alle Mms-Kn der Zweitbeobachtung in den Spalten einer Zweiwegtafel eingetragen werden, wie es der KRAUTH-STRAUBE-Test (17.9.1) für 2 abhängige Dreiwegtafeln erfordert. Wegen der auch in großen Stichproben meist kleinen Zellbesetzungen sind exakte FISHER-YATES-Tests die Methode der Wahl, um *Änderungstypen (Symptomwandeltypen)* nachzuweisen. Für t Alternativsymptome resultiert eine $(2^t)(2^t)$-Feldertafel, die bei t = 4 Symptomen bereits $(2^4)(2^4) = 256$ mögliche Typen des Symptomwandels von einer

Erst- zu einer Zweitbeobachtung bei N psychiatrischen Ptn zuläßt, und daher ebenso viele simultane Vierfeldertests nötig macht, sofern gezielte Hypothesen über Symptomwandeltypen fehlen (LIENERT und STRAUBE, 1980).

Auf dichotomierte stetige t Observablen angewandt führt der KRAUTH-STRAUBE-Test zu Änderungstypen (*Gradwandeltypen*), die man erhält, wenn in Tab. 17.9.2.2 die Vor- und Nachbeobachtungen (nicht deren Differenzen!) dichotomiert und als Zeilen- und Spalten-Kn repräsentiert.

18.7 Vergleich einer beobachteten mit einer erwarteten Mehrwegtafel

Kennt man die Anteilsparameter einer multobservablen Mehrwegtafel aus *Totalerhebungen* der Mms-Träger, dann läßt sich eine beobachtete Mehrwegtafel nach denselben Methoden vergleichen, die wir bei der Dreiwegtafel kennengelernt haben:

Eine χ^2-Zerlegung nach SUTCLIFFE (1957) entspricht der χ^2-Zerlegung nach LANCASTER (1969, Ch.12), die wir bei der KSA (18.2.3) benutzt haben. Der einzige Unterschied besteht darin, daß SUTCLIFFES Zerlegung auch auf Abweichungen der beobachteten von den unter H_0 (*Globalanpassung* der beobachteten an die erwartete Tafel) erwarteten *Einweg-Randverteilungen* anspricht, die in der KSA ohne Bedeutung sind, da in ihr nur Kontingenzen zwischen 2 und mehr als 2 Observablen betrachtet werden.

Sind von $s < t$ Observablen einer Mehrwegtafel die *Anteilsparameter* bekannt und von den verbleibenden t–s Observablen unbekannt, dann muß die beobachtete Mehrwegtafel über die t–s Observablen gepoolt werden, ehe eine χ^2-Zerlegung nach SUTCLIFFE durchgeführt werden kann: Man betrachtet sodann die beobachtete s-dimensionale Randtafel der t-dimensionalen Mehrwegtafel hinsichtlich ihrer Anpassung an die erwartete s-dimensionale Randtafel.

Nichts spricht dagegen, besonders interessierende und entsprechend ausgewählte $r < s$ Randtafeln zu bilden und auf Anpassung an die erwartete s-dimensionale Randtafel zu prüfen. Anwendungen dieser Art spielen in der Sozialforschung, wo Total- oder repräsentative *Quasi-Totalerhebungen* vorliegen, eine größere Rolle als in der Biostatistik, weshalb auf die Frage nach möglichen und sinnvollen Anpassungstests mit dem Hinweis auf die Dreiwegtafel (17.8.2) zu antworten ist.

KAPITEL 19: VERTEILUNGSFREIE AUSWERTUNG UNI- UND MULTIVARIATER VERSUCHSPLÄNE

Wir haben in Band 1 bereits einige einfache Versuchspläne besprochen, in welchen *eine Einflußgröße* (ein Faktor) auf *eine Zielgröße* (eine Observable) wirkt und deren Lage (Lokation) verändert. Hier war für k Modalitäten (Stufen) eines Faktors der *H-Test* (6.2.1) ein nichtparametrisches Analogon der einfachen Varianzanalyse (ANOVA, vgl. AHRENS, 1968) ohne Meßwiederholung am gleichen Individuum und der χ^2-Test (6.5.1) ein Analogon einer ANOVA mit Meßwiederholung.

Verallgemeinerungen der Rangtests sowohl auf mehrere Faktoren (multifaktorielle Pläne) wie auf mehrere Observablen (multivariate Pläne) finden sich in der Monographie von PURI und SEN (1971). Da multivariate Rangtests jedoch nicht ohne Matrixalgebra auszuwerten und selbst bei deren Beherrschung nur schwer zu interpretieren sind, wird im folgenden davon ausgegangen, daß multifaktorielle und/oder multivariate Untersuchungsergebnisse entweder aus *diskreten Beobachtungen* stammen oder in geeigneter Weise so *diskretisiert* (vor allem dichotomiert) werden können, daß sie als Kontingenztafeln darzustellen und auszuwerten sind. Ein Paradigma solchen Vorgehens wurde bereits im *Mediantest* von BROWN und MOOD (5.5.5–7) in Band 1 abgehandelt.

19.1 Fragen zur Untersuchungsplanung

Wenn wir Beobachtungen planvoll vornehmen, tun wir dies stets explizit oder implizit unter jeder der folgenden Fragestellungen:

Frage 1: Handelt es sich um Beobachtungen eines Experimentes, eines Quasi-Experimentes i.S. von CAMPBELL und STANLEY (1966) oder um Beobachtungen einer Erhebung (auch Pseudo-Experiment genannt)? Zu dieser Frage ist festzustellen:

Ein *Experiment* liegt vor, wenn der Untersucher mindestens eine unabhängige Variable (einen Faktor) in mindestens 2 Modalitäten (Stufen) planvoll variiert und eine Stichprobe von Individuen, die er auf die Stufen des Experiments nach Zufall verteilt hat, bezüglich mindestens einer abhängigen Variablen (Observablen) stufenweise beobachtet hat.

Ein *Quasi-Experiment* liegt vor, wenn eine Stichprobe von Individuen nach mindestens einer unabhängigen Variablen (wie Geschlecht oder Sozialstatus) *geschichtet* und nach mindestens einer abhängigen Variablen (wie ‚Leistung') schichtenweise beobachtet hat. Man beachte, daß im

Quasi-Experiment die Individuen nicht durch Zufall, sondern durch ‚Natur und Kultur' den Schichten zugeteilt worden sind.

Eine *Erhebung* (ein Pseudo-Experiment) liegt vor, wenn eine Stichprobe von Individuen hinsichtlich mindestens einer (abhängigen) Variablen beobachtet wird.

Frage 2: Wird in einem Experiment (oder einem Quasi-Experiment) nur ein Faktor variiert (klassisches Experiment) oder werden simultan 2 oder mehr als 2 Faktoren variiert (faktorielles Experiment)?

Die Unterscheidung zwischen *klassischem* und *faktoriellem* Experiment ist deshalb bedeutsam, weil im klassischen Experiment nur eine Hauptwirkung des Faktors nachzuweisen ist, während im faktoriellen Experiment neben den Hauptwirkungen der einzelnen Faktoren auch deren Wechselwirkungen erster oder höherer Ordnung nachzuweisen sind.

Frage 3: Wird in einer Untersuchung nur *eine* Variable beobachtet (wie bei der Varianzanalyse = ANOVA) oder werden simultan mehrere Variablen beobachtet (wie bei der multivariaten Varianzanalyse = MANOVA, vgl. GAENSLIN und SCHUBÖ, 1973; MOOSBRUGGER, 1978).

Die Unterscheidung zwischen *univariaten* und *multivariaten* Untersuchungen ist deshalb essentiell, weil in univariaten Untersuchungen nur interessiert, ob sich die Observable einer theoretisch postulierten Verteilung anpaßt (bei der Erhebung) oder ob sie Lageunterschiede ausbildet (im Experiment); in multivariaten Untersuchungen interessieren darüber hinaus, ob kombinierte Lageunterschiede oder Unterschiede in den Zusammenhängen zwischen 2 (oder mehr als 2) Observablen auftreten.

Frage 4: Wird in einer Untersuchung jede Variable nur ein einziges Mal beobachtet oder wird eine Variable (werden 2 oder mehr als 2 Variablen) mehr als einmal sukzessiv (in zeitlicher Folge) beobachtet (wie bei den Repeated measurements designs innerhalb der ANOVA)?

Die Unterscheidung zwischen *Untersuchungen mit und ohne Meßwiederholung* ist deshalb unabweisbar, weil sie zwischen inter- und intraindividueller Varianz zu differenzieren und Zeitreihenmodelle einzuführen nötigt. Nur der Spezialfall einer einmaligen Meßwiederholung kann durch Differenzenbildung auf den der *Veränderungsmessung* zurückgeführt werden, wenn die betreffende Observable intervallskaliert ist. Auf diesem Prinzip beruht der Vorzeichenrangtest (6.4.1) wie der BUCKsche (1977) Paardifferenzen-U-Test. *Veränderungstests* implizieren allerdings, daß die Observable durch den wiederholten Meßvorgang nicht in unkontrollierter Weise hinsichtlich dessen, was sie repräsentiert, verändert wird (Zeitreihendignität), was im parametrischen Fall nur bei homogener Varianz-Kovarianz-Matrix und fehlenden *Wechselwirkungen zweiter und höherer Ordnung* zwischen den m Meßwiederholungen anzunehmen ist (vgl. KIRK, 1968, S. 139).

Muß die *Zeitreihendignität* einer Meßwiederholung bezweifelt werden, dann müssen die m-fach wiederholten Messungen einer Observablen wie m verschiedene Observablen (multivariat) ausgewertet werden; dies gilt auch für den Fall einer einzigen Meßwiederholung, die dann zu einer bivariaten Untersuchung wird und Veränderungsbetrachtungen ausschließt (vgl. BOCK, 1963, S. 85 in HARRIS, 1963).

Wir fassen zusammen: Eine Untersuchung kann eine Erhebung oder ein Experiment sein, eine oder mehrere unabhängige Variablen (Faktoren) umfassen, eine oder mehrere abhängige Variablen betreffen und mit oder ohne Meßwiederholung ablaufen. Neben dem Einen und dem Vielen spielt das Doppelte, die Zwei, eine besondere Rolle, wie aus dem folgenden Abschnitt erhellt.

19.1.1 Eine Systematik der Untersuchungspläne

In Tabelle 19.1.1.1 sind alle Kombinationsmöglichkeiten von *Faktoren, Observablen* und *Meßwiederholungen* systematisch zusammengefaßt worden (aus LIENERT und KRAUTH, 1974, IXa, Tab.1), wobei unter I die Zahl der Faktoren (0, 1, 2, n), unter II die Zahl der Observablen (1, 2, t) und unter III die Zahl der Meßwiederholungen oder Repetitionen (0, 1, m) verzeichnet ist. Um die Übersicht und die spätere Bezugnahme zu erleichtern, wurden die *Untersuchungspläne* von 1 bis 36 durchnumeriert.

Alle 36 *Untersuchungspläne* in Tabelle 19.1.1.1 sehen vor, daß jede Stufe eines Faktors oder jede Stufenkombination bei mehr als 1 Faktor gleich viele Individuen umfaßt (n an der Zahl). Sie gehen weiter davon aus, daß eine einfache Meßwiederholung (Repetition) als Veränderungsmessung aufgefaßt und durch *Differenzenbildung* ausgewertet werden kann und daß eine mehrfache Meßwiederholung als individuelle Zeitreihe aufgefaßt und durch geeignete *Verlaufs-Kennwerte* (wie Niveau, Steigung und Krümmung) beschrieben werden kann.

Ehe wir uns den einzelnen Untersuchungsplänen und ihrer Auswertung zuwenden, betrachten wir den Fall, der sich daraus ergibt, daß man eine Untersuchung mit mehreren Observablen je Observable getrennt auswertet.

Tabelle 19.1.1.1

Plan Nr.	Faktoren	Observablen	Wiederholungen	Bezeichnung des Untersuchungsplans
1	0	1	0	afaktoriell-univariat-irrepetiv
2	0	2	0	bivariat-
3	0	t	0	multivariat-
4	1	1	0	unifaktoriell-univariat-
5	1	2	0	bivariat-
6	1	t	0	multivariat-
7	2	1	0	bifaktoriell-univariat-
8	2	2	0	bivariat-
9	2	t	0	multivariat-
10	n	1	0	multifaktoriell-univariat-
11	n	2	0	bivariat-
12	n	t	0	multivariat-
13	0	1	1	afaktoriell-univariat-unirepetiv
14	0	2	1	bivariat-
15	0	t	1	multivariat-
16	1	1	1	unifaktoriell-univariat-
17	1	2	1	bivariat-
18	1	t	1	multivariat-
19	2	1	1	bifaktoriell-univariat-
20	2	2	1	bivariat-
21	2	t	1	multivariat-
22	n	1	1	multifaktoriell-univariat-
23	n	2	1	bivariat-
24	n	t	1	multivariat-
25	0	1	m	afaktoriell-univariat-multirepetiv
26	0	2	m	bivariat-
27	0	t	m	multivariat-
28	1	1	m	unifaktoriell-univariat-
29	1	2	m	bivariat-
30	1	t	m	multivariat-
31	2	1	m	bifaktoriell-univariat-
32	2	2	m	bivariat-
33	2	t	m	multivariat-
34	n	1	m	multifaktoriell-univariat-
35	n	2	m	bivariat-
36	n	t	m	multivariat-

19.1.2 Uni- und multivariate Auswertungsmethoden

Das klassische in den Biowissenschaften lange nicht mehr vorherrschende Experiment ist das *univariate Experiment*; in ihm wird nur eine einzige Observable registriert und analysiert[1]. Werden – was die Regel ist – mehrere Observablen registriert, so werden sie gemäß einer langen Tradition je einzeln, also univariat ausgewertet: Man spricht von einer *mehrfach univariaten Auswertung* eines multivariaten Experimentes. Solch eine mehrfach univariate Auswertung eines multivariaten Experimentes hat verschiedene Nachteile:

(1) Der wichtigste, und oft gar nicht gesehene *Nachteil* besteht darin, daß bestehende *Zusammenhänge* zwischen den Observablen nicht berücksichtigt werden, die Observablen also so analysiert werden, als ob sie unabhängig von einander wären (wie Schuhgröße und Intelligenzquotient). Sind 2 Observablen tatsächlich eng miteinander korreliert (wie Länge und Gewicht von Individuen), oder gar identisch (wie 2 aufeinanderfolgende Längemessungen), dann findet man trivialerweise Unterschiede in beiden Observablen, wenn ein Behandlungsfaktor wirksam war. Eine *multivariate Auswertung* würde den Zusammenhang in Rechnung stellen und für beide Observablen nur einen einzigen Signifikanznachweis liefern in dem Ver-

---

[1] Das klassische Experiment operiert mit von WEBB et al. (1966) so genannten reaktiven Observablen, wo ein Individuum auf einen Reiz (eine Instruktion) reagiert (wie bei der Reaktionszeitmessung oder der Fragenbeantwortung) und vermeidet nicht-reaktive Observablen (wie Anamnesedaten oder Zustandsbeschreibungen). Ferner benutzt das klassische Experiment nur nach Zufall zuteilbare (randomisierbare) Behandlungsfaktoren (wie verschiedene Drogen) und schließt Schichtungsfaktoren (oder organismische Faktoren, nach EDWARDS, 1971) aus. Das klassische Experiment dient schließlich der Entscheidung zwischen 2 Hypothesen (H_0 und H_1) und wird daher als Entscheidungsexperiment dem der Hypothesenfindung dienenden (meist multivariaten) Erkundungsexperiment gegenübergestellt (METZGER, 1952). Das klassische Experiment ist ein Laborexperiment mit großer interner Validität (Konklusivität) und geringer externer Validität (Generalisierbarkeit) im Unterschied zum sog. Feldexperiment (Quasi-Experiment) mit geringer interner und großer externer Validität (CAMPBELL und STANLEY, 1966) Wegen seines unifaktoriellen Charakters kann das klassische Experiment nur Hauptwirkungen aufdecken, das moderne (von R.A. FISHER in der ANOVA begründete) multifaktorielle Experiment hingegen kann neben Hauptwirkungen auch Wechselwirkungen zwischen den Faktoren nachweisen. Klassisches und modernes Experiment untersuchen nur Lageverschiebungen einer Observablen zufolge des Wirkens von Faktoren, das supermoderne (ebenfalls von R.A. FISHER mit der MANOVA initiierte) multifaktoriell-multiobservable Experiment bezieht hingegen auch Zusammenhangsänderungen zwischen den Observablen unter dem Einfluß von Faktoren in die Untersuchung mit ein (vgl. 19.1.3). Das supermoderne Experiment unterscheidet also zwischen lokationsbezogenen Haupt- und Wechselwirkungen einerseits und zwischen korrelationsbezogenen Hauptwirkungen (Korrelationsänderungen) und Wechselwirkungen (nicht-additive Korrelationsänderungen) andererseits.

ständnis, daß beide Observablen als eine einzige oder als 2 vereinte Observable(n) anzusehen sind.

(2) Ein wichtiger *Nachteil* der mehrfach univariaten Auswertung multivariater Experimente wird so gut wie nie bedacht: Wenn zwischen 2 Observablen *nicht-lineare* (oder zwischen mehreren hyper-nichtlineare) Zusammenhänge bestehen, dann kann folgendes passieren: Bei mehrfach univariater Auswertung zeigt keine der beiden Observablen ‚Signifikanz', und man schließt zu Unrecht, daß die Behandlung unwirksam sei. Tatsächlich mag jedoch die Behandlung die *Korrelation* zwischen beiden Observablen so beeinflußt oder mit-beeinflußt haben, daß nur in einer bivariaten Auswertung die Behandlungswirkung sichtbar wird und nachzuweisen ist.

Tabelle 19.1.2.1 zeigt den illustrativen (wenngleich in praxi nicht auftretenden Fall) einer *Korrelationsumkehr* zweier Observablen X (= Leistungsmenge) und Y (= Leistungsgüte) in einer Behandlungsgruppe (m = 4 Pbn) im Vergleich zu einer Kontrollgruppe (n = 4 Pbn).

Tabelle 19.1.2.1

Kontrollgruppe	Behandlungsgruppe
Y	Y
o o	o o
o o	o
o o	o
o o	o o
└─o──o──o──o	└─o──o──o──o──X

Vergleicht man nur die Leistungsmenge X von Versuchs- und Kontrollgruppe (X-Achsenpunkte), so findet man keinen Unterschied. Ebensowenig findet man einen Unterschied, wenn man die Leistungsgüten Y vergleicht (Y-Achsenpunkte in Tabelle 19.1.2.1). Ein *zweifach univariater* Vergleich der Faktorstufen (Kontrolle, Behandlung) ist mithin völlig unergiebig.

Der *einfach-bivariate* Vergleich hingegen bringt sofort zutage, daß sich — bei Mediandichotomie — die Beobachtungspaare in verschiedenen Quadranten der beiden Korrelationsdiagramme in Tabelle 19.1.2.1 befinden. Die Behandlung hat keine Lageunterschiede, wohl aber Zusammenhangsunterschiede herbeigeführt, die sich nur bei bivariater Auswertung des Experimentes nachweisen lassen[2].

---

2 Eine zweifach univariate Auswertung des bivariat angelegten Experimentes kann mithin den äußerst wichtigen Befund, daß die Behandlung die positive Korrelation zwischen Leistungsmenge und Leistungsgüte in eine negative Korrelation verwan-

Allgemein ist also festzustellen: Eine mehrfach univariate Auswertung eines multivariaten Experiments kann sowohl zu einer Verdeckung bestehender Behandlungswirkungen führen, wie auch bestehende Behandlungswirkungen mehrfach sichtbar werden lassen (Schein-Signifikanzen). In jedem Fall resultiert ein Informationsverlust gegenüber der notwendigen multivariaten Auswertung.

Als Folgerung bleibt daher zu beachten: Multivariate Untersuchungen sind adäquat nur multivariat, nicht mehrfach univariat auszuwerten, wie dies LANGE (1978) für epidemiologische Studien (Quasi-Versuche) fordert.

19.2 Afaktorielle Pläne ohne Meßwiederholung

Wir betrachten zunächst den Fall, daß an einer Zufallsstichprobe von N Individuen eine Observable oder mehrere Observablen beobachtet worden sind, wobei wir annehmen wollen, daß alle Observablen in geeigneter Weise diskretisiert worden sind, soweit sie nicht bereits als diskrete (ordinal skalierte) Observablen erhoben wurden. Die einschlägigen Untersuchungspläne sind in Tabelle 19.1.1.1 als *afaktorielle Pläne* bezeichnet worden, da in ihnen nur Observablen, keine Faktoren in Erscheinung treten.

Der Systematik wegen gehen wir vom Fall einer einzigen Observablen über den Fall zweier Observablen zum allgemeinen Fall von t Observablen über.

19.2.1 Ein-Observablen-Tests (Plan 1)

Der Untersuchungsplan 1 in Tabelle 19.1.1.1 geht von der Annahme aus, daß an einer Stichprobe von N Individuen nur eine *einzige* Observable X in x Abstufungen (Diskretisierungsstufen) beobachtet worden sei. Wir haben es danach mit einem *univariaten Einstichprobenproblem* zu tun.

In einem Einstichprobenfall lassen sich sinnvollerweise nur 2 praktisch relevante Fragen stellen:

(1) Weicht die beobachtete Stichprobenverteilung mit den Frequenzen f_i, $i = 1(1)x$, der x-stufig diskretisierten (oder diskreten) Observablen X

delt (wo gute Mengenleistung mit schwacher Güteleistung kombiniert ist et vice versa) nicht verifizieren. Andererseits hätte bei Aufrechterhaltung der perfekt positiven Korrelation eine signifikante Steigerung der Leistungsmenge durch die Behandlung eo ipso auch zu einer signifikanten Steigerung der Leistungsgüte geführt, was sich in Tabelle 19.1.2.1 dadurch veranschaulichen läßt, daß man die Beobachtungspaare der Kontrollgruppe in Richtung ihrer Trendachse nach rechts oben verschiebt.

von einer bekannten oder theoretisch postulierten Verteilung mit den Populationsanteilen p_i *global* ab?
(2) Weicht die beobachtete Verteilung bezüglich einer *speziellen* Abstufung i von der bekannten Verteilung ab?
Beide Fragen lassen sich mit sog. *Anpassungstests* (vgl. 5.2.1–2) exakt oder asymptotisch beantworten, wie das folgende Beispiel 19.2.1.1 zeigt.

Beispiel 19.2.1.1

Stichprobenanteile: Von N = 75 Erstschwangeren, die eine angebotene Geburtsvorbereitung (nach READ) auch angenommen haben, stammen f_1 = 15 aus der sozialen Unterschicht, f_2 = 27 aus der sozialen Mittelschicht und f_3 = 33 aus der sozialen Oberschicht X.

Populationsanteile: Die Gesamtpopulation der Erstschwangeren (ES) setzt sich aufgrund einer Totalerhebung aus 32%, 40% und 28% für die 3 Sozialschichten zusammen: p_1 = 0,32, p_2 = 0,40 und p_3 = 0,28.

Globalanpassungstest: Unter der Nullhypothese, wonach die N = 75 ESn eine Zufallsstichprobe der Population der ESn sind, betragen die erwarteten Frequenzen e_1 = 75(0,32) = 24, e_2 = 75(0,40) = 30 und e_3 = 75(0,28) = 21. Der χ^2-Anpassungstest nach 5.2.2.1 liefert ein

$$\chi^2 = (15-24)^2/24 + (27-30)^2/30 + (33-21)^2/21 = 10,53^* \text{ mit 2 Fgn}$$

Offenbar ist die Unterschicht (mit 15 gegen 24) zu selten und die Oberschicht (mit 33 gegen 21) zu häufig unter den ESn, die ein READ-Angebot annehmen, vertreten.

Spezialanpassungstest: Interessiert nur, ob die ESn der Unterschicht zu selten das READ-Angebot annehmen, so ist ein Zwei-Felder-χ^2-Test durchzuführen mit f_1 und e_1 wie oben und f_r = 27+33 = 60 bzw. e_r = 30+21 = 51, so daß

$$\chi^2 = (15-24)^2/24 + (60-51)^2/51 = 4,96^* \text{ mit 1 Fg}$$

Nach dem Testergebnis ist die gestellte Frage zu bejahen, wenn man – wie oben – α = 5% zugrunde legt.

Man beachte, daß in Beispiel 19.2.1.1 die Schichtzugehörigkeit als Observable X fungiert; sie lag bereits als diskrete Observable mit x = 3 Abstufungen vor, die an bestimmten soziologischen Kriterien ausgerichtet worden sind.

Theoretisch bildet eine diskrete oder eine diskretisierte Observable eine ‚Einweg-Tafel' mit x Zeilen und einer Spalte, eine (x · 1)-Feldertafel, die asymptotisch über χ^2 (wie im Beispiel) und exakt über einen Polynomialtest ($\triangleq$ Multinomialtest, vgl. 5.2.1) an eine Einweg-Population anzupassen ist.

19.2.2 Zwei-Observablen-Tests (Plan 2)

Plan 2 in Tabelle 19.1.1.1 unterscheidet sich von Plan 1 nur dadurch, daß zwei Observablen X und Y mit x und y Abstufungen eine binordinale *Zweiwegtafel* aufspannen. Möglich und praktisch wichtig sind folgende Tests:

(1) Test auf globale Abweichung der beobachteten von der theoretisch gegebenen Tafel mittels eines *bivariaten Anpassungstests*

$$\chi^2 = \Sigma (f_{ij} - Np_{ij})^2/Np_{ij} \tag{19.2.2.1}$$

oder

$$\chi^2 = \Sigma f_{ij}^2/Np_{ij} - N, \tag{19.2.2.2}$$

wobei f_{ij} die beobachteten Frequenzen und p_{ij} die dazugehörigen Felderanteile bezeichnen, $i = 1(1)x$ und $j = 1(1)y$. Das berechnete χ^2 ist nicht nach $(x-1)(y-1)$, sondern nach $xy-1$ Fgn zu beurteilen, da nur ein Parameter — der Stichprobenumfang N — fest vorgegeben ist.

(2) Eine χ^2-*Zerlegung* von (1) in 2 Marginalkomponenten χ_S^2 und χ_Z^2 und 1 Kontingenzkomponente χ_K^2 gemäß Abschnitt 9.3.6, wobei χ_K^2 — die Kontingenz der beobachteten Variablen unabhängig von den bekannten Anteilen p_{ij} und deren Kontingenz auch nach

$$\chi^2 = \sum_{i=1}^{k}\left[\frac{N}{N_i}\left(\frac{a_i^2}{N_a} + \frac{b_i^2}{N_b} + \ldots + \frac{m_i^2}{N_m}\right) - N_i\right] \tag{19.2.2.3}$$

berechnet werden kann. Diese Formel (von MCDONALD-SCHLICHTING, 1979) gibt im Unterschied zu (5.4.4.1−2) die Zeilenkomponenten von $\chi^2 = \chi_K^2$ an.

(3) Test auf lokale Abweichung einer beobachteten Felderfrequenz f_{ij} von dem in (19.2.2.1−2) gegebenen Erwartungswert Np_{ij}. Solche Tests mögen im Sinne der KFA als *Abweichungstypen-Tests* bezeichnet werden.

Das folgende Beispiel 19.2.2.1 zeigt die 3 Auswertungsmöglichkeiten eines *bivariaten Einstichproben-Problems:*

Beispiel 19.2.2.1

Datensatz: Die N = 75 READ-Kurs-Teilnehmerinnen des Beispiels 19.2.1.1 wurden nicht nur hinsichtlich ihres Sozialstatus (X), sondern auch hinsichtlich ihres Schulabschlusses (Y) beurteilt (OS = Ohne Abschlueß, HS = Hauptschulabschluß, WS = Abschluß einer weiterführenden Schule) und in Tabelle 19.2.2.1 verzeichnet. Dortselbst sind auch — in Parenthese — die Populationsanteile der aus der Totalerhebung resultierenden 3x3-Status-Abschluß-Kombinationen als Prozentwerte enthalten.

Tabelle 19.2.2.1

Sozial-status	Schulabschluß OS	HS	WS	Zeilen-summe
U	0 (6%)	4 (21%)	11 (5%)	15 (32%)
M	2 (2%)	12 (14%)	13 (24%)	27 (40%)
O	1 (1%)	10 (8%)	22 (19%)	33 (28%)
Spalten-S.	3 (9%)	26 (43%)	46 (48%)	75 (100)

Der *bivariate Anpassungstest:* Um zu prüfen, ob die Stichprobe der 75 Erstschwangeren in bezug auf beide Observablen (Sozialstatus und Schulabschluß) populationsrepräsentativ sei, bilden wir die Erwartungswerte $e_{11} = 75(6\%) = 4$ (ganzzahlig gerundet) bis $e_{33} = 75(19\%) = 14$ und setzen in die allgemeine χ^2-Formel (19.2.2.1) ein

$$\chi^2 = (0-4)^2/4 + (4-16)^2/16 + \ldots + (22-14)^2/14 =$$
$$= 4{,}00 + 9{,}00 + 12{,}25 + 0{,}00 + 0{,}40 + 1{,}39 + 0{,}00 + 2{,}67 + 4{,}57 =$$
$$= 24{,}28^* \text{ mit } (3 \cdot 3) - 1 = 8 \text{ Fgn.}$$

Die Anpassung ist bei $\alpha = 1\%$ unzureichend, hauptsächlich, weil Unterschicht-Teilnehmerinnen mit Abschluß in einer weiterführenden Schule überrepräsentiert sind ($\chi^2_{13} = 12{,}25$).

χ^2-*Zerlegung:* Zerlegt man χ^2, wie in Abschnitt 9.3.6 beschrieben, in seine Komponenten $\chi^2_Z = 10{,}53^*$ (vgl. Beispiel 19.2.1.1) und $\chi^2_S = (3-7)^2/7 + (26-32)^2/32 + (46-36)^2/36 = 6{,}15^*$ mit 2 Fgn, so resultiert ein $\chi^2_K = 24{,}28 - 10{,}53 - 6{,}15 = 7{,}60$ mit $8-2-2 = 2 \cdot 2 = 4$ Fgn. Da χ^2_Z und χ^2_S auf der 5%-Stufe signifikant sind, nicht aber χ^2_K, ist die unzureichende Anpassung der beobachteten an die erwartete Zweiwegtafel im wesentlichen durch die unzureichende Zeilen- und Spaltenanpassung zu erklären: Niedriger Sozialstatus und fehlender Schulabschluß sind unter den Kurs-Teilnehmerinnen unterrepräsentiert.

Abweichungs-Typen-Test: Die klinische Erfahrung geht dahin, daß Erstschwangere der Unterschicht nur dann am READ-Kurs teilnehmen, wenn sie eine weiterführende Schule absolviert haben. Der einschlägige KFA-Test ergibt ein $\chi^2_{13} = (11 - 15 \cdot 3/75)^2 / (15 \cdot 3/75) = 4{,}17^*$ mit 1 Fg, das die Schranke $\chi^2_{0{,}02} = 5{,}41$ des einseitigen Tests nicht überschreitet, so daß obige Erfahrung nicht bestätigt werden kann.

Man beachte, daß die Kontingenz in der Stichprobe auch dann von der Kontingenz in der Population, wie sie durch die Prozentwerte in Tabelle 19.2.2.1 bestimmt ist, abweichen kann (χ^2_K signifikant), wenn die zugehörigen *Kontingenzkoeffizienten* C und C-pop numerisch gleich sind. Denn C gibt nur die Enge, nicht die je besondere Art des Zusammenhangs zwischen 2 Observablen (Sozialstatus und Schulabschluß) wieder, und 2 Kontingenzen können trotz gleicher Enge verschiedenartig sein.

19.2.3 Mehr-Observablen-Tests (Plan 3)

Werden an einer Stichprobe von N Individuen t Observablen diskret registriert – man denke an Zeugnisse von N Schülern –, dann entsteht eine *t-Wegtafel*, die bei *unbekannten Felderanteilen p* u.a. wie folgt auszuwerten ist.

(1) Man prüft auf *globale Kontingenz* zwischen den t-Observablen (Schulfächern), wobei man die Schulnoten am besten paramedian dichotomiert (vgl. 18.1.1). Das Resultat einer globalen Kontingenz ist jedoch im Fall der Schulnoten trivial, da gute Schüler in allen t Fächern besser sind als schwache Schüler.

(2) Interessanter ist eine *lokale Kontingenzprüfung* mittels KFA (18.1.2), um Schülertypen zu finden, die in bestimmten Fächern gut, in anderen schwächer sind.

(3) Eine Analyse der *Double-Kontingenzen* zwischen je 2 Observablen (Fächern), um festzustellen, welche Fächer untereinander jeweils enger zusammenhängen (Interkorrelationsanalyse).

(4) Ein Vergleich der univariaten *Observablen-Verteilungen*, sofern diese im gleichen Skalensystem (wie dem der Schulnoten-Skala) gemessen bzw. bonitiert worden sind, mit k Stufen je Observable.

Da die Auswertungsmöglichkeiten (1) und (2) schon vorgestellt wurden, sollen hier nur die Möglichkeiten (3) und (4) nachgetragen werden.

Schulnoten können am besten nach der RAATZschen Version des SPEARMANschen *Rangkorrelationskoeffizienten* interkorreliert werden (vgl. Beispiel 9.5.1.3). Eine einfachere und robustere Methode der *Schulnoten-Interkorrelation* besteht darin, der Modalnote eines Faches eine 0, den besseren Noten ein Plus und den schlechteren Noten ein Minus zuzuordnen. Die aus der Überkreuzung zweier Fächer entstehenden 3 x 3-Feldertafeln sind dann mittels des 9-Felder-Phi-Koeffizienten von HELLER und KRÜGER (1976) auszuwerten (vgl. 18.5.7).

Die aus t Schulnoten (Schulzeugnissen) resultierenden $t(t-1)/2$ Schulnoten-Interkorrelationen sind dann unter der Annahme, daß Wechselwirkungen zweiter und höherer Ordnung (Tripel- und Quadrupelkorrelationen) zwischen den Schulnoten fehlen, einer *Faktoren-* oder einer *Clusteranalyse* (vgl. ANDERBERG, 1973) zu unterwerfen, um Gruppen untereinander verwandter Schulfächer zu identifizieren.

Um zu prüfen, ob die Verteilungen der Noten in 2 Schulfächern homogen sind, allgemein ob die univariaten Randverteilungen einer bivariaten Verteilung homogen sind, prüft man, indem man unter Fortlassung der Diagonalfrequenzen der k x k-Feldertafel die 1. Zeilensumme mit der 1. Spaltensumme etc. bis zu der letzten Zeilen- und Spaltensumme nach McNEMAR vergleicht und die für 1 Fg auf dem Niveau $\alpha^* = \alpha/k$ signifikanten Häufigkeitsunterschied interpretiert (LEHMACHER, 1979).

Zu Mehr-Observablentests ist noch anzumerken: Während sich uni- und bivariate Observablen leicht als Punkte auf einer Geraden oder als Vektoren in einem Koordinatensystem darstellen lassen, bedarf es zur Darstellung multivariater Beobachtungen einfallsreicher Kunstgriffe von der Art, wie sie bei RIEDWYL und SCHAFROTH (1976) beschrieben worden sind.

19.3 Unifaktorielle Pläne ohne Meßwiederholung

Unifaktorielle Untersuchungen gehen von dem Modell aus, daß aus jeder von a Populationen eine Stichprobe von n = N/a Individuen gezogen wird. Den a Populationen entsprechen entweder a experimentelle *Behandlungen* oder a *Schichten* eines bio-sozialen Mms. Je nachdem, ob eine Observable, zwei oder mehr als zwei Observablen erhoben werden, tritt einer der Pläne mit den Nummern 4–6 aus Tabelle 19.1.1.1 hierbei in sein Recht.

Wir werden die unifaktoriellen, wie überhaupt alle faktoriellen Pläne nach dem KRAUTHschen Prinzip der *Interaktionsstrukturanalyse* (ISA) auswerten, um schwer interpretierbare Wechselwirkungen (Interaktionen) höherer Ordnung nicht in Betracht ziehen zu müssen. Denn die ISA (18.3) definiert Interaktionen höherer Ordnung nur ‚per exclusionem' dadurch, daß eine Behandlungswirkung durch Interaktionen niedrigerer Ordnung nicht zu erklären ist.

19.3.1 Ein-Faktoren-ISA mit einer Observablen (Plan 4)

Wird unter einer Behandlung A mit a Stufen eine diskretisierte Observable X mit x Abstufungen beobachtet, so resultiert eine *Zweiwegtafel* mit x Zeilen (Spalten) und a Spalten (Zeilen), die bei hinreichenden Besetzungszahlen f_{ij}, i = 1(1)x und j = 1(1)a mit χ^2 (oder 2I) zu prüfen ist. Es gibt mehrere Möglichkeiten, der Nullhypothese (die a Spalten sind homogen verteilt) eine Alternativhypothese gegenüberzustellen und sie mit ISA-Tests zu beurteilen.

Der Globalwirkungstest

Interessiert nur, ob die a Behandlungen *überhaupt* unterschiedlich wirksam waren, ob die a Faktorstufen mit den x Observablenabstufungen interagieren, dann bilde man das Gesamt-χ^2 der Zweiwegtafel, $\chi^2(A.X)$ und beurteile die Interaktion A.X nach (x-1)(a-1) Fgn[3].

---

[3] Wurde die Observable *mediandichotomiert* (x = 2), dann ist der Globalwirkungstest

Der Globalwirkungstest in seinem allgemeinen Format spricht hauptsächlich auf *homeopoietische* (lageverschiebende) Behandlungswirkungen und nur schwach auf *heteropoietische* (streuungs- oder schiefeändernde) Wirkungen an. Sind die a Stichprobenumfänge gleich groß, n = N/a, dann berechnet man das $x \cdot a$-Felder-χ^2 am besten nach der Formel

$$\chi^2 = \frac{N}{n} \sum_i^x (\sum_j^a f_{ij}^2/N_i) - N \qquad (19.3.1.1)$$

und beurteilt es nach $(x-1)(a-1)$ Fgn wie χ^2. Überschreitet χ^2 die α Schranke von χ^2, ist eine Interaktion A.X, d.h. eine Behandlungswirkung nachgewiesen. Die Interpretation gründet auf einer vergleichenden Inspektion der a Observablen-Verteilungen.

Der Faktorstufen-Bewertungstest

Der Globalwirkungstest läßt eine Interpretation, die über den Wirkungsnachweis eines Faktors A hinausgeht, praktisch nicht zu. Interessiert den Untersucher nun aber eine ganz bestimmte Behandlungsstufe – etwa eine neue gegenüber a–1 konventionellen Behandlungsmaßnahmen –, dann stellt er die neue Maßnahme A_j den gepoolten konventionellen Maßnahmen gegenüber. Die resultierende $x \cdot 2$-Feldertafel mit den x Abstufungen der Observablen X und den 2 Stufen des Faktors, A_j versus übrige A, wird dann auf Interaktion A_j.X beurteilt.

Statt der üblicherweise benutzten BRANDT-SNEDECOR-Formel (vgl. Beispiel 19.3.1.1) kann wahlweise die Formel von GEBHARDT (1980) benutzt werden:

$$\chi^2 = \sum^x [\frac{N}{N_i} (\frac{a^2}{N_a} + \frac{b^2}{N_b}) - N_i] \text{ mit x-1 Fgn} \qquad (19.3.1.2)$$

Diese Formel (19.3.1.1) hat den Vorteil, die χ^2-Komponenten für alle x Abstufungen von X als Interpretationshilfen anzugeben.

Werden alle a Behandlungsstufen in obiger Weise beurteilt, dann resultieren a simultane Tests, deren Alpha entsprechend $\alpha^* = \alpha/a$ zu adjustieren ist. Weil Tests dieser Art jede einzelne Faktorstufe relativ zu den übrigen Faktorstufen bewerten, soll er *Faktorstufen-Bewertungstest* genannt werden.

mit dem nur auf Lageunterschiede ansprechenden Mediantest (vgl. 5.3.3) identisch, sofern nur a = 2 Faktorstufen (experimentelle vs. Kontrollbehandlung) wirken. Wurde die Observable an ihren Quartilgrenzen quadrotomiert, so resultiert BAUERS (1962) Median-Quartile-Test, der auch auf Dispersionsunterschiede anspricht. Wirft man die beiden mittleren Quartile zusammen und stellt sie den ebenfalls zusammengeworfenen extremen Quartilen gegenüber, so ergibt sich der Interquartilgrenzen-Test (vgl. Tabelle 5.3.4.1), der nur auf Dispersionsunterschiede reagiert.

Der Faktorstufen-Vergleichstest

Um zu prüfen, ob sich eine Behandlungsstufe A_i von einer anderen Behandlungsstufe A_j in ihrer Wirkung auf eine Observable X in x Abstufungen unterscheidet, stellt man sich die beiden Behandlungen in einer x · 2-Feldertafel dar und prüft auf die Interaktion $A_iA_j.X$ mittels χ^2 durch einen *Faktorstufen-Vergleichstest.*

Unterscheiden sich die beiden Behandlungsstufen nur bezüglich der Lokation von X, ist PFANZAGLS Kontingenztrendtest (vgl. 16.6.1) wesentlich wirksamer als der übliche k x 2-Felder-χ^2-Test.

Unterscheiden sich die beiden Behandlungsstufen nicht nur bezüglich der Lage, sondern auch bezüglich anderer Verteilungscharakteristika von X, dann prüft man auf *heteropoietische* Wirkungsunterschiede mittels der Prüfgröße

$$\chi^2 = \chi^2_{ij} - T^2 \quad \text{mit x--2 Fgn} \tag{19.3.1.3}$$

Darin ist χ^2_{ij} die Prüfgröße $\chi^2(A_iA_j.X)$ und T^2 die PFANZAGL-Prüfgröße bzw. deren Quadrat (vgl. Beispiel 19.3.1.1).

Werden Faktorstufenvergleiche nicht geplant, sondern nachgeschoben, so sind $\binom{a}{2}$ simultane Tests nach $\alpha^* = \alpha/\binom{a}{2}$ zu beurteilen.

Der Interaktionstypentest

Erwartet der Untersucher von einer bestimmten Behandlungsstufe A_j eine Wirkung in Richtung auf eine bestimmte Observablenabstufung X_i, dann sucht er in der x · a-Feldertafel die Frequenz f_{ij} = a und poolt die übrigen Felder so, daß eine Vierfeldertafel entsteht. Diese Tafel enthält die Interaktion $A_j.X_i$ und der zugehörige Vierfelder-χ^2-Test kann als Faktorstufen-Wirkungsartentest bezeichnet werden. Tatsächlich handelt es sich nur um eine Variante eines (auch für mehrere Faktoren und Observablen) geltenden *Interaktionstypentests.*

Für die x · a Felder einer Zweiwegtafel sind ax Interaktionstypentests möglich. Ohne Begründung für einen speziellen Test muß für alle möglichen Tests nach $\alpha^* = \alpha/ax$ adjustiert werden.

Interaktionstests können – wenn die Fragestellung dies erfordert – auch für Paare von Behandlungsstufen in Aussicht genommen und durchgeführt werden, wie Beispiel 19.3.1.1 illustriert. Es handelt sich um das Pendant zum Faktorstufenvergleichstest, einem Vierfelderausschnitt aus der x · a-Feldertafel. Man kann ihn als *Faktorstufen-Wirkungsvergleichtest* bezeichnen.

Beispiel 19.3.1.1

Daten: Ein Fernlehrkurs erprobt die Lehrbriefe A, B und C an je n = 20 Kursteilnehmern und bewertet die schriftliche Abschlußprüfung X nach dem Schulnotensystem gemäß Tabelle 19.3.1.1 anonym.

Tabelle 19.3.1.1

Note	A	B	C	N_i
1	4	6	3	13
2	7	10	0	17
3	5	3	8	16
≥4	4	1	9	14
n	20	20	20	N = 60

1. *Globalwirkungstest:* Ob die 3 Lehrbriefe unterschiedlich effizient sind, prüft man nach dem 4 x 3-Felder-χ^2-Test via (19.3.1.2) und erhält

$$\chi^2 = \frac{60}{20}(\frac{4^2 + 6^2 + 3^2}{13} + ... + \frac{4^2 + 1^2 + 9^2}{14}) - 60 = 19{,}74*,$$

das auf der 1%-Stufe für (4-1)(3-1) = 6 Fge signifikant ist. Offenbar wurden die Abschlußleistungen der Kursteilnehmer mit Lehrbrief B am besten und die der Kursteilnehmer mit Lehrbrief C am schlechtesten beurteilt.

2. *Faktorstufen-Bewertungstest:* Wenn vor der Untersuchung bereits vermutet wurde, daß der Lehrbrief C schlechter ist als die anderen beiden Lehrbriefe, prüft man C gegen A und B und erhält nach (5.4.1.1) ein

$$\chi^2 = \frac{60^2}{20 \cdot 40}(\frac{3^2}{13} + ... + \frac{9^2}{14} - \frac{20^2}{60}) = 17{,}15* \text{ für 3 Fge,}$$

das die Vermutung bestätigt. Der Lehrbrief C ist mithin zu revidieren oder auszuscheiden.

3. *Faktorstufen-Vergleichstest:* Wenn C zu eliminieren ist, stellt sich die Frage, ob A oder B beibehalten werden soll. Die Entscheidung trifft ein Faktorstufen-Vergleichstest nach PFANZAGLS Formel (vgl. 16.6.1), die in Tabelle 19.3.1.2 ausgewertet wurde.

Tabelle 19.3.1.2

i	f_{i1}	f_{i2}	N_i	if_{i1}	iN_i	$i^2 N_i$
1	4	6	10	4	10	10
2	7	10	17	14	34	68
3	5	3	8	15	24	72
4	4	1	5	16	20	80
	20	20	N=40	49	88	230

Die Prüfgröße

$$T = \frac{40 \cdot 49 - 20 \cdot 88}{\sqrt{(20 \cdot 20/39)(40 \cdot 230 - 88^2)}} = +1{,}64$$

ist bei der gebotenen zweiseitigen Fragestellung nicht auf dem 5%-Niveau gesichert ($u_{0,05} = 1{,}96$), so daß die Lehrbriefe A und B bis auf weiteres als gleichwertig angesehen werden müssen.

4. *Faktorstufen-Wirkungsvergleichstests:* (a) Wenn sich A und B insgesamt nicht unterscheiden, vielleicht unterscheiden sie sich hinsichtlich der Vermeidung der Note 4 (und schlechter)? Der einschlägige Vierfeldertest mit a = 4+7+5 = 16, b = 6+10+3 = = 19, c = 4 und d = 1 ergibt bei exakter Auswertung nach (5.3.2.1) eine Punktwahrscheinlichkeit von

$$p = \frac{\binom{16+4}{4}\binom{19+1}{1}}{\binom{40}{5}} = \frac{\dfrac{20 \cdot 19 \cdot 18 \cdot 17}{4 \cdot 3 \cdot 2 \cdot 1} \cdot \dfrac{20}{1}}{\dfrac{40 \cdot 39 \cdot 38 \cdot 37 \cdot 36}{5 \cdot 4 \cdot 3 \cdot 2 \cdot 1}} = 0{,}1473$$

Da $p > \alpha$, brauchen wir die Punktwahrscheinlichkeit für die extremere Verteilung mit d = 0 gar nicht zu berechnen, um die obige Frage zu verneinen. (b) Wird die Frage nach der ‚Vierervermeidung' vor der Elimination des Lehrbriefs C gestellt, dann resultiert aus Tabelle 19.3.1.1 die Vierfeldertafel mit den Frequenzen a = 4+7+4 + 3+0+8 = 26, b = 6+10+3 = 19, c = 4+9 = 13 und d = 1, so daß

$$\chi^2 = \frac{60(26 \cdot 1 - 19 \cdot 13)^2}{(26+19)(13+1)(26+13)(19+1)} = 5{,}96^* \text{ mit 1 Fg}$$

auf der 5%-Stufe signifikant ist. B vermeidet danach Vierer besser als A oder C.

Zusammenfassung: Da alle Behandlungsunterschiede praktisch lokationsbedingt sind, ist festzustellen, daß der Lehrbrief C· schlechter ist als die Lehrbriefe A oder B, daß sich die letzten beiden aber nicht signifikant unterscheiden. Diese Feststellung gilt auch, wenn man α für 5 simultane Tests adjustiert.

Protest: Es wird bezweifelt, daß nur lokationsbedingte (homoiopoietische) Wirkungsunterschiede existieren, sondern vermutet, daß sich die Lehrbriefe B und C auch bezüglich ihren Noten-Dispersion (heteropoietisch) unterschieden. Wir prüfen nach (19.3.1.3) und erhalten für B=:i und C=:j aus Tab. 19.3.1.1 ein BRANDT-SNEDECOR

$$\chi_{ij}^2 = \frac{40^2}{20 \cdot 20} \cdot \left(\frac{6^2}{6+3} + \frac{10^2}{10+0} + \frac{3^2}{3+8} + \frac{1^2}{1+9} - \frac{20^2}{40}\right) = 19{,}67$$

Es resultiert ein T^2 nach PFANZAGL, das in Tab. 19.3.1.3 berechnet worden ist und zwar analog zu Tab. 19.3.1.3

Der Test ergibt mithin ein $\chi^2 = 19{,}67 - 1{,}64^2 = 16{,}98$, das für (4−1)−1 = 4−2 = 2 Fge hoch signifikant ist: Der Protest des Außenbeobachters ist rechtens: Lehrbrief B führt nicht nur zu besseren Noten als Lehrbrief C ($T^2 = \chi_1^2 = 8{,}09^*$), sondern auch zu weniger streuenden Noten mit mehrheitlich ‚Zweiern'.

Tabelle 19.3.1.3

1	6	3	9	6	9	9
2	10	0	10	20	20	40
3	3	8	11	9	33	99
4	1	9	10	4	40	160
–	20	20	40	39	102	308

$$T^2 = \frac{(40\cdot 39 - 20\cdot 102)^2}{(20\cdot 20/39)(40\cdot 185 - 68^2)} = 8{,}09^* \text{ mit 1 Fg}$$

Alpha-Risiko: Vergleicht man alle 3 Lehrbriefe paarweise auf ‚Notendurchschnitt' und Notenstreuung, dann ergeben sich $2\binom{3}{2} = 6$ simultane χ^2-Tests, für welche $\alpha^* = \alpha/6$ zu setzen ist, wobei $\alpha = 0{,}05$ vereinbart wurde.

Ist die Observable X nicht, wie in Beispiel 19.3.1.1, bereits als diskrete Observable vorgegeben, sondern als stetige erhoben worden, so ist der *H-Test* von KRUSKAL und WALLIS (1952) der wirksamste Test zum Nachweis von Lokationsunterschieden zwischen den a Behandlungen. Für a = 2 Behandlungen gilt der U-Test wenn die Observable stetig, und ULEMANS U-Test (BUCK, 1977 mit Tafeln), wenn X diskret verteilt und $N = N_1 + N_2$ klein ist.

Ergibt der Faktorstufen-Vergleichstest, daß zwei Behandlungsstufen sich nicht signifikant unterscheiden, so können diese beiden Stufen zusammengeworfen werden, wenn dies — wie bei 2 Dosierungen ein und desselben Wirkstoffes — substanzwissenschaftlich gerechtfertigt ist. In Beispiel 19.3.1.1 könnten die Lehrbriefe A und B formaliter danach zusammengeworfen werden, realiter ist dies natürlich unmöglich, weil 2 Lehrbriefe keine neue Faktorstufe definieren, wie dies 2 Dosierungen tun. Faktorstufenvergleiche können daher auch der *Homogenitätsprüfung* dienen und ggf. die Zahl der Faktorstufen reduzieren helfen.

19.3.2 Ein-Faktoren-ISA mit 2 Observablen (Plan 5)

Soll untersucht werden, wie sich ein Behandlungsfaktor A in a Stufen auf zwei Observablen X und Y mit x und y Abstufungen auswirkt, so erstellt man eine Zweiwegtafel mit xy Zeilen und a Spalten, um folgende ISA-Tests durchführen zu können:

(1) Einen Globalwirkungstest zum Wirkungsnachweis
(2) Faktorbewertungstest zur Beurteilung bestimmter Faktorstufen
(3) Faktorvergleichstest zum Vergleich zweier Faktorstufen

(4) Interaktionstypentests zum Nachweis bestimmter Wirkungstypen
(5) Observablen-Korrelationstest
(6) Observablen-Korrelationsvergleiche.

Zur Ein-Faktoren-ISA mit 1 Observablen kommen bei zwei Observablen nur noch die *Korrelationsdifferenzentests* hinzu. Denn eine Behandlungsstufe 1 kann eine positive, Stufe 2 eine negative XY-Korrelation (ϕ, r, ρ, τ') bewirken (vgl. LIENERT et al. 1979; THÖNI, 1977).
Unter (1) bis (6) nicht aufgeführt wurde die Möglichkeit, bivariate Untersuchungspläne auch *zweifach univariat*, getrennt nach jeder einzelnen Observablen auszuwerten. Von dieser Möglichkeit wollen wir nachfolgend prinzipienwidrig Gebrauch machen, um zu demonstrieren, daß eine bivariate Auswertung ‚mehr bringen' kann als eine zweifach univariate Auswertung (wie sie von alle jenen Forschern, die mit bivariaten Daten nicht umzugehen vermögen, bevorzugt wird).

Beispiel 19.3.2.1

Datensatz: Die N = 60 Kursteilnehmer des Beispiels 19.3.1.1 mit den Lehrbriefen A, B und C wurden bzgl. ihrer Abschlußklausur nicht global-univariat, sondern differentiell-bivariat nach I = Informationsgehalt und O = Originalität beurteilt. Das Beurteilerteam hatte je Observable (I, 0) drei gleiche ‚Häufchen' mit je 20 unterdurchschnittlichen (1), durchschnittlichen (2) und überdurchschnittlichen (3) Klausuren zu bilden (Q-Sort-Methode), wobei die Signatur 31 bedeutet, daß die betreffende Klausur überdurchschnittlich viel Information enthält, aber unterdurchschnittlich originell ist.

Zweifach-univariate Auswertung: Tabelle 19.3.2.1 gibt die 3-fach Q-Sorts je gesondert für I und 0 wieder.

Tabelle 19.3.2.1

Information	A	B	C	Originalität	A	B	C	Σ
Q = 3	5	7	8	Q = 3	4	9	7	20
Q = 2	8	8	4	Q = 2	8	6	6	20
Q = 1	7	5	8	Q = 1	8	5	7	20
n	20	20	20	n	20	20	20	N = 60

Wie man ohne χ^2-Test sieht, sind die Q-Werte der 3 Lehrbriefe in beiden Observablen (Information und Originalität) homogen verteilt, so daß zu folgern wäre: Die 3 Lehrbriefe unterscheiden sich weder bezüglich Informationsvermittlung noch bezüglich Originalitätsanregung. Eine zweifach univariate Auswertung (mit Alpha-Adjustierung) ist also unergiebig; sie wurde hier nur quoad demonstrationem vorgestellt und realiter gar nicht durchgeführt.

Der bivariate Globalwirkungstest: Tabelle 19.3.2.2 zeigt nun die 3 bivariaten Verteilungen der Q-Werte (= unteres, mittleres und oberes Tertil einer stetigen Observablen) als Auswirkungen der 3 (didaktisch unterschiedlich aufgebauten) Lehrbriefe:

Tabelle 19.3.2.2

IO	A	B	C	S	$(N/Sn)\Sigma f^2 - S$	
33	0	2	1	3	$1(0+4+1) - 3 =$	2,000
32	4	0	5	9	$(1/3)(16+0+25) - 9 =$	4,667
23	3	6	0	9	$(1/3)(9+36+0) - 9 =$	6,000
31	1	5	2	8	$(3/8)(1+25+4) - 8 =$	3,250
22	2	2	1	5	$(3/5)(4+4+1) - 5 =$	0,400
13	5	1	2	8	$(3/8)(25+1+4) - 8 =$	3,250
21	3	0	3	6	$(1/2)(9+0+9) - 6 =$	3,000
12	2	4	0	6	$(1/2)(4+16+0) - 6 =$	4,000
11	0	0	6	6	$(1/2)(0+0+36) - 6 =$	12,000
n	20	20	20	N=60	$Fg = 8 \cdot 2 = 16 \chi^2 =$	38,57**

In Tabelle 19.3.2.2 wurde sogleich global auf Wirkungsunterschiede mittels $\chi^2 = \Sigma f^2/e - N = (S/3)\Sigma f^2 - N$ für zeilenweise gleiches e geprüft und ein auf der 1%-Stufe signifikantes χ^2 gewonnen. Damit sind Wirkungsunterschiede in den bivariaten Homogenitätstests nachgewiesen, die in den 2-fach univariaten Tests nicht nachgewiesen werden konnten.

Am einfachsten zu interpretieren sind die Wirkungsunterschiede durch die größte χ^2-Komponente (12,000), die daraus resultiert, daß informationsarme und unoriginelle Klausuren (11) – 6 an der Zahl – nur bei Lehrbrief C anzutreffen sind. Die Interpretation steht unter dem Vorbehalt, daß der χ^2-Test trotz zu niedriger Erwartungswerte der Zeile 11 (6/3 = 2) und anderer Zeilen noch valide ist.

Der Interaktionstypentest: Um den Lehrbrief C eliminieren zu können, prüfen wir, ob f(11) = 6 einem Wirkungstyp im Sinne der ISA entspricht und erstellen dazu die Vierfeldertafel mit den Frequenzen a = 6, b = 0+0 = 0, c = 1+5+0+2+1+2+3+0 = = 20-6 = 14 und d = 0+4+3+1+2+5+3+2+0 + 2+0+6+5+2+1+0+4 = 10-0 + 20-0 = 40. Da ihr

$$\chi^2 = \frac{60(6 \cdot 40 - 0 \cdot 14)^2}{(6+0)(14+40)(6+14)(0+40)} = 13,33**$$

auch bei $9 \cdot 3 = 27$ simultanen Tests mit $\alpha^* = 0,05/27 = 0,00185$ und $\chi^2(\alpha^*) = = z^2(0,00185) = 2,90^2 = 8,41$ signifikant ist, vertrauen wir auf die obige Interpretation und eliminieren Lehrbrief C. Zur gleichen Entscheidung führt der (hier besser indizierte) Vierfeldertest von FISHER-YATES nach Formel (5.3.2.3).

Faktorstufen-Vergleichstest: Um zwischen den Lehrbriefen A und B zu unterscheiden, berechnen wir ein $(3 \cdot 3) \times 2- = 9 \times 2$-Felder-$\chi^2$ zur Prüfung der bivariaten Homogenität und erhalten aus Tabelle 19.3.2.2 die Tabelle 19.3.2.3

Tabelle 19.3.2.3

$(0-2)^2/(0+2) = 2{,}000$

$(4-0)^2/(4+0) = 4{,}000$
$(3-6)^2/(3+6) = 1{,}000$

$(1-5)^2/(1+5) = 2{,}667$
$(2-2)^2/(2+2) = 0{,}000$
$(5-1)^2/(5+1) = 2{,}667$

$(3-0)^2/(3+4) = 3{,}000$
$(2-4)^2/(2+4) = 0{,}667$

$\chi^2 = 16{,}00^*$ mit 7 Fgn

Die beiden Lehrbriefe unterscheiden sich signifikant und dürfen nicht als gleichwertig gelten (und etwa wahlweise versandt werden). Der Unterschied manifestiert sich hauptsächlich in der Observablenkonfiguration 32 mit einem $\chi^2 = 4{,}00$: Hoher Informationsgehalt (3.) und mittlere Originalität (.2) werden durch den Lehrbrief A häufiger als durch den Lehrbrief B vermittelt.

Korrelationsvergleiche: Informationsgehalt (I) und Originalität sollten möglichst unabhängige Aspekte der Klausurbeurteilung sein. Inwieweit dieses Desiderat von den 3 Lehrbriefen verwirklicht wird, zeigt Tabelle 19.3.2.4.

Tabelle 19.2.3.4

	O	A 1	2	3	Σ	B 1	2	3	Σ	C 1	2	3	Σ
	1	0	2	5	7	0	4	1	5	6	0	2	8
I	2	3	2	3	8	0	2	6	8	3	1	0	4
	3	1	4	0	5	5	0	2	7	2	5	1	8
	n	4	8	8	20	5	6	9	20	11	6	3	20

Wie man aus den Besetzungszahlen der Hauptdiagonalen der drei 3 x 3-Feldertafeln A, B und C erkennt, sind I und O bei A und B eher negativ korreliert, wie mittels des RAATzschen Rho oder des GOODMAN-KRUSKALschen Tau (9.5.1/8) nachzurechnen ist. Wäre dem bei allen 3 Lehrbriefen so, so könnte man die negative Korrelation als ein Urteils-Bias in dem Sinne sehen, daß der Beurteiler ‚kompensatorisch' benotet und entweder mehr für I oder mehr für O plädiert.

Leider fehlt ein Test zum Vergleich zweier (oder mehrerer) Rangkorrelationskoeffizienten, so daß nicht zu entscheiden ist, ob der Lehrbrief C dem Unabhängigkeits- (genauer: Unkorreliertheits-)desiderat näher kommt bzw. dieses Desiderat mehr begünstigt als die Lehrbriefe A und B.

Unter der H_0 gleicher Korrelationen von I und O in den 3 Teiltafeln der Tabelle 19.2.3.4 können diese Tafeln zu einer einzigen zusammengeworfen und die Gesamttafel auf Unabhängigkeit von I und O geprüft werden (vgl. 9.5.1./8).

Zusammenfassung: Es ist mithin festzustellen, daß sich die 3 Lehrbriefe (als Stufen eines Behandlungsfaktors) auf die nach Informationsgehalt und Originalität beurteilten Abschlußklausuren bei der angemessenen bivariaten ISA als unterschiedlich wirksam erwiesen haben, während sie bei der unangemessenen zweifach bivariaten Auswertung (einmal nach Informationsgehalt und das andere Mal nach Originalität) nicht zu unterscheiden waren.

Die Prüfgröße χ^2(A.XY) der Einfaktoren-ISA mit 2 Observablen wurde im Beispiel nach der Formel

$$\chi^2 = \Sigma \chi_i^2 = \sum_i (N/N_i N_j) \sum_{j=1}^{a=k} f_{ij}^2 - N \text{ mit } (xy-1)(a-1) \text{ Fgn} \qquad (19.3.2.1)$$

berechnet (Tabelle 19.3.2.2), worin N_i die Zeilen- und N_j die Spaltensummen der Zweiwegtafel bezeichnen. Formel (19.3.2.1) kann auch wie folgt geschrieben werden (vgl. Tabelle 19.3.2.5):

$$\chi^2 = N \sum_{i,j} (f_{ij}^2/N_i N_j) - N \qquad (19.3.2.2)$$

Sie vereinfacht sich bei gleichen Spaltensummen $N_j = n = N/a$ wegen $N/n = a$ zu

$$\chi^2 = a \sum_i (\sum_j f_{ij}^2/N_i) - N \qquad (19.3.2.3)$$

Alle Formeln sind Umformungen der allgemeinen χ^2-Formel, wonach $\Sigma(f-e)^2/e = \Sigma f^2/e - N$ mit $e_{ij} = N_i N_j/N$ gilt.

Der Umstand, daß χ^2-Tests trotz teilweise sehr niedriger Erwartungswerte durchgeführt wurden, läßt sich nur rechtfertigen, wenn man nach WISE (1962) annimmt, daß niedrige Erwartungswerte dann nicht invalidieren, wenn sie durchweg gleich niedrig sind (vgl. auch SLAKTER, 1966).

19.3.3 Ein-Faktoren-ISA mit t Observablen (Plan 6)

Müssen t = 3 Wirkungen X, Y und Z unter den a Stufen eines Behandlungsfaktors A beurteilt werden, dann ist eine Zweiwegtafel mit xyz Zeilen (Spalten) und a Spalten (Zeilen) zu erstellen und mit mindestens einem der folgenden *ISA-Tests* auszuwerten.

(1) Ein Globalwirkungstest zum Nachweis, ob die Behandlung überhaupt wirksam ist, via Interaktion A.XYZ
(2) Faktorstufenbewertungstests zum Nachweis, ob sich eine Behandlungsstufe A_j von den restlichen Behandlungsstufen abhebt, via Interaktion A_j.XYZ

(3) Faktorstufen-Vergleichstests zum Nachweis, ob sich zwei Behandlungsstufen A_j und A_k unterscheiden via A_jA_k.XYZ
(4) Faktorstufen-Wirkungstests, um nachzuweisen, ob eine bestimmte Behandlung A_j zu einer bestimmten Wirkungskonfiguration $X_kY_lZ_m$ führt via $A_j.X_kY_lZ_m$ (Interaktionstypentest)
(5) *Kontingenzwirkungstests* zum Nachweis, ob die Behandlung den Zusammenhang zwischen den 3 Observablen verändert.

Ob die Behandlung A auch zu Änderungen der Korrelation zwischen je 2 Observablen (Doubleassoziationen) führt, wird nur dann zu untersuchen sein, wenn dies die Fragestellung nahelegt. Im folgenden Beispiel 19.3.3.1 sind neben der Gesamtkontingenz der 3 Observablen auch die Doublekontingenzen zwischen je 2 Observablen von Interesse.

Beispiel 19.3.3.1

Datensatz: N_1 = 30 Depressive, N_2 = 30 Psychosomatiker und N_3 = 30 gesunde Kontrollpersonen wurden bezüglich der t = 3 Observablen K = Separation im Kindesalter (wie Heimaufenthalt), A = Aktuelle Separation (wie Partnerverlust durch Tod) und M = Milieu-Separation (wie nötiger Wohnungswechsel) durch einen Rater entlang einer Punkteskala eingeschätzt, und — unter der Annahme ihrer stetigen Verteilung — mediannahe dichotomiert (+, -). Tabelle 19.3.3.1 enthält die (von Lilian BLÖSCHL, 1976, für 1 und 3 erhobenen und für 2 fiktiv ergänzten) Daten in Form einer $2^3 \times 3$-Felder-Zweiwegtafel mit Auswertung nach (19.3.2.3).

Tabelle 19.3.3.1

K	A	M	f_1	f_2	f_3	N_i	$a(\Sigma_i^2/N_i) - N_i = \chi_i^2$	
+	+	+	7	1	1	9	3(49+1+1)/9	- 9 = 8,000
+	+	-	3	2	7	12	3(9+4+49)/12	- 12 = 3,500
+	-	+	2	0	1	3	3(4+0+1)/3	- 3 = 2,000
+	-	-	5	14	6	25	3(25+196+36)/25	- 25 = 5,840
-	+	+	2	10	0	12	3(4+100+0)/12	- 12 = 14,000
-	+	-	7	3	8	18	3(49+9+64)/18	- 18 = 2,033
-	-	+	(0	0	0	0)		
-	-	-	4	0	7	11	3(16+0+49)/11	- 11 = 6,727
			30	30	30	90	Fg = 6 · 2 = 12	χ^2 = 42,10**

Globalwirkungstest: Die 3 Personengruppen D, P und K sind nicht homogen über die 7 realisierten Observablen-Konfigurationen hinweg verteilt. Die größte Inhomogenitätsquelle stellt die psychosomatosentypische Kn (K-A+M+) mit einer χ^2-Komponente von 14,0 bei, die zweitgrößte Quelle ist die depressionstypische Kn (K+A+M+).

Faktorstufen-Vergleich: Von klinischem Interesse ist nur eine konfigurale Differentialdiagnose zwischen D und P, weswegen wir den Vergleich auf diese 2 Schichten beschränken. (Tab. 19.3.3.2)

Tabelle 19.3.3.2

K A M	a	b	$(a-b)^2/(a+b)$
+ + +	7	1	4,500
+ + −	3	2	0,200
+ − +	2	0	2,000
+ − −	5	14	4,263
− + +	2	10	5,333
− + −	7	3	1,600
− − +	(0	0)	
− − −	4	0	4,000
n	30	30	$\chi^2 = 21{,}90^{**}$ mit 6 Fgn

Depressive (a) und Psychosomatiker (b) unterscheiden sich nach Tabelle 19.3.3.2 bedeutsam hinsichtlich der 3 Separationsvarianten, wenn diese (K, A, M) trivariat ausgewertet werden. Eine 3-fach univariate Auswertung ‚bringt nichts', wie Tabelle 19.3.3.3 veranschaulicht:

Tabelle 19.3.3.3

| | K | | A | | M | |
	a	b	a	b	a	b
+	15	18	19	15	11	11
−	13	12	11	15	19	19

Tabelle 19.3.3.4

K A M	a	b	n	$(N/n)(a^2/A+b^2/B) - n$
+ + +	8	1	9	10,00(1,100) − 9 = 2,000
+ + −	5	7	12	7,50(2,050) − 12 = 3,375
+ − +	2	1	3	30,00(0,100) − 3 = 0,000
+ − −	19	6	25	3,60(9,350) − 25 = 8,660
− + +	12	0	12	7,50(2,400) − 12 = 6,000
− − +	(0	0)		
− − −	4	7	11	8,18(1,900) − 11 = 4,542
	A=60	B=30	N=90	Fg = 6 $\chi^2=25{,}08^{**}$

Tatsächlich ist keiner der 3 Vierfelder-χ^2-Werte zu Tabelle 19.3.3.3 signifikant, woraus zu Unrecht geschlossen würde, daß die 3 Separations-Observablen nichts zur Unterscheidung der 3 Personengruppen beitragen.

Faktorstufen-Bewertungstest: Den Faktorstufen-Vergleich komplettiert eine klinische Zusatzfrage, die da lautet: Unterscheiden sich Kontrollpersonen (Gruppe 3) von Patienten (Gruppen 1+2)? Tabelle 19.3.3.4 beantwortet diese Frage positiv wie folgt:

Nach den χ^2-Komponenten der Tabelle 19.3.3.4 zu interpretieren, unterscheiden sich Patienten von Kontrollpersonen am besten nach der Observablen-Konfiguration (K+A-M-), die bei Ptn häufig (19 Mal) bei Kontrollpersonen selten (6 Mal) in Erscheinung tritt.

Man beachte, daß die χ^2-Komponenten bei gleichen Umfängen der beiden Gruppen (wie in Tabelle 19.3.3.2) einfach nach $(a-b)^2/(a+b)$ zu gewinnen sind, während sie bei ungleichen Umfängen (wie in Tabelle 19.3.3.4) aufwendiger nach $(N/n)(a^2/A + b^2/B) - n$ zu berechnen sind, wobei n die Zeilensummen und A bzw. B die Spaltensummen der k x 2-Feldertafel bezeichnen: MCNEMAR- versus GEBHARDTKomponenten.

Interaktionstypentests: Ob die Konfiguration K+A+M+ tatsächlich, wie aus Tabelle 19.3.3.1 vermutet, depressionstypisch ist, prüfen wir nach einem Vierfelder-χ^2-Test; mit den Frequenzen a = 7, b = 1+1 = 2, c = 30-7 = 23 und d = 60-2 = 58 erhalten wir aus Tab. 19.3.3.1 ein

$$\chi^2 = \frac{90(7 \cdot 58 - 2 \cdot 23)^2}{(7+2)(23+58)(7+23)(2+58)} = 8{,}88*$$

In gleicher Weise prüfen wir, ob die Kn K+A-M- psychosomatosetypisch ist und erhalten mit a = 14, b = 5+6 = 11, c = 30-14 = 16 und d = 60-11 = 49 ein

$$\chi^2 = \frac{90(14 \cdot 49 - 11 \cdot 16)^2}{(14+11)(16+49)(14+16)(11+49)} = 8{,}00*$$

Nach diesen beiden Tests ist die bei beiden Gruppen häufige Kn als psychosomatosetypisch anzusehen. Kontrollpersonentypische Kn gibt es offenbar in Tabelle 19.3.3.4, was klinisch plausibel erscheint, nicht.

Kontingenzhomogenität: Untersuchen wir, ob die 3 Separationsobservablen in der Depressions-Ptn-Gruppe — wie klinisch zu vermuten — kontingent sind.

Wir berechnen dazu die Gesamtkontingenz von K, A und M in Gruppe 1 nach $\chi^2 = \Sigma(N^2 f^2_{ijk}/N_{i..}N_{.j.}N_{..k}) - N$ und erhalten mit $N_{+..} = 7+3+2+5 = 15$ und $N_{-..} = 30-15 = 15$, $N_{.+.} = 7+3+2+7 = 19$ und $N_{.-.} = 30-19 = 11$, sowie $N_{..+} = 7+2+2+0 = 11$ und $N_{..-} = 30-11 = 19$ aus Tabelle 19.3.3.1 das gesuchte χ^2 in Tabelle 19.3.3.5.

Nur wenn man die 10%-Stufe vereinbart hat, ist die Observablen-Kontingenz der Depressiven in Tabelle 19.3.3.5 signifikant, erfassen K, A und M einen gemeinsamen Aspekt der Separation.

Für die Kontrollpersonen der Tabelle 19.3.3.1 ist die Observablenkontingenz hingegen eindeutig insignifikant, wie aus Tabelle 19.3.3.6 zu entnehmen.

Tabelle 19.3.3.5

K A M	f_{ijk}	K+	A+	M+	N_i	N_j	N_k	$N^2 f_{ijk}^2/N_i N_j N_k$
+ + +	7	7	7	7	17	19	11	900 · 49/3553 = 12,412
+ + −	3	3	3		17	19	19	900 · 09/6137 = 1,320
+ − +	2	2		2	17	11	11	900 · 04/2057 = 1,750
+ − −	5	5			17	11	19	900 · 25/3553 = 6,333
− + +	2		2	2	13	19	11	900 · 04/2717 = 1,325
− + −	7		7		13	19	19	900 · 49/4693 = 9,397
− − +	0			0	13	11	11	900 · 00/1573 = 0,000
− − −	4				13	11	19	900 · 16/2717 = 5,300

N=30   17   19   11   Fg = 2^3 − 3(2)+3−1 = 4 χ^2 = 37,84−30 = 7,84

Tabelle 19.3.3.6

K A M	f_{ijk}	K+	A+	M+	N_i	N_j	N_k	$N^2 f_{ijk}^2/N_i N_j N_k$
+ + +	1	1	1	1	15	16	2	900 · 01/4800 = 1,875
+ + −	7	7	7		15	16	28	900 · 49/6720 = 6,562
+ − +	1	1		1	15	14	2	900 · 01/4200 = 2,143
+ − −	6	6			15	14	28	900 · 36/5880 = 5,510
− + +	0		0	0	15	16	2	900 · 00/4800 = 0,000
− + −	8		8		15	16	28	900 · 64/6720 = 8,571
− − +	0			0	15	14	2	900 · 00/4200 = 0,000
− − −	7				15	14	28	900 · 49/5880 = 7,500

N=30   15   16   2   Fg = 2^3 − 3(2)+3−1 = 4 χ^2 = 32,16−30 = 2,16

In der Kontrollgruppe besteht offenbar keine Kontingenz (Dreiweg-Korrelation) zwischen den 3 Observablen und die χ^2-Differenz zur D-Gruppe ist insignifikant (17.5.6).

Es bleibt sinnvollerweise noch zu fragen, ob die 3 Separations-Observablen innerhalb der beiden gepoolten Ptn-Gruppen (1 und 2) kontingent sind, wo eine Kontingenz in der Kontrollgruppe fehlt. Die Antwort gibt Tabelle 19.3.3.7 aufgrund von Tabelle 19.3.3.4, Zeile a.

In der vereinten Ptn-Gruppe besteht damit eine auf der 1%-Stufe signifikante Dreiwegkontingenz (Dreifach-Korrelation) zwischen den 3 Observablen, wie sie klinisch zu vermuten ist, wenn Separation − in welcher Form immer − einen pathoplastischen Einfluß ausübt, der in der Kontrollgruppe gesunder Personen fehlt. Ptn- und Kontrollgruppe sind bezüglich ihrer Observablenkontingenz nicht homogen, wie nach (17.5.6) zu überprüfen ist.

Interassoziations-Homogenität: Statt Globalkontingenzen in 2^3-Wegtafeln zu vergleichen, lassen sich die Interassoziationen zwischen Paaren von Observablen von Gruppe zu Gruppe vergleichen. Für die Depressiven der Gruppe 1 aus Tabelle 19.3.3.1

Tabelle 19.3.3.7

K	A	M	f_{ijk}	K+	A+	M+	N_i	N_j	N_k	$N^2 f^2_{ijk}/N_i N_j N_k$
+	+	+	8	8	8	8	34	35	22	3600 · 064/26180 = 8,801
+	+	–	5	5	5		34	35	38	3600 · 025/45220 = 1,990
+	–	+	2	2		2	34	25	22	3600 · 004/18700 = 0,770
+	–	–	19	19			34	25	38	3600 · 361/32300 = 40,235
–	+	+	12		12	12	26	35	22	3600 · 144/20020 = 25,894
–	+	–	10		10		26	35	38	3600 · 100/34580 = 10,411
–	–	+	0			0	26	25	22	3600 · 000/14300 = 0,000
–	–	–	4				26	25	38	3600 · 004/24700 = 5,830
			N=60	34	35	22	\multicolumn{3}{	c	}{Fg = 2^3 – 3(2)+3–1 = 4}	χ^2 = 93,87–60=33,87

ergeben sich die Interassoziationen, deren Vierfelder-Frequenzen in Tabelle 19.3.3.8 verzeichnet sind.

Tabelle 19.3.3.8

Depressive	A				M				M	
	+	–			+	–			+	–
K +	10	7	K	+	9	8	A	+	9	10
–	9	4		–	2	11		–	2	9
χ^2 = 0,30				χ^2 = 4,47*				χ^2 = 2,56		

Wider klinisches Erwarten sind bei Depressiven kindliche Separation (Heimaufenthalt) und Milieuseparation (Wohnungswechsel) signifikant positiv assoziiert, K und A hingegen tendentiell negativ assoziiert.

In der Gruppe 3 der Kontrollpersonen (Tabelle 19.3.3.1) herrschen die Interassoziationen der Tabelle 19.3.3.9.

Tabelle 19.3.3.9

Kontrollen	A				M				M	
	+	–			+	–			+	–
K +	8	7	K	+	2	13	A	+	1	15
–	8	7		–	0	15		–	1	13
χ^2 = 0,00				χ^2 = 2,14				χ^2 = 0,01		

Vergleicht man die χ^2-Werte paarweise, so darf man Homogenität annehmen, ohne hier nach (17.5.6) prüfen zu dürfen. Offenbar ist die bei Depressiven beobachtete Assoziation von ϕ^2 = 4,47/30 = 0,1490 oder ϕ = +0,39 nicht depressionsspezifisch, da sie auch bei Kontrollpersonen mit ϕ^2 = 2,14/30 = 0,0713 bzw. ϕ = +0,27 in Erscheinung tritt.

Zusammenfassung: Es wurde nachgewiesen, daß sich Depressive und Psychosomatiker in bezug auf 3 Separations-Observablen konfigural in einer Weise unterscheiden, die bei bestimmten Observablen-Kn eine Differentialdiagnose ermöglicht. Bezüglich der Observablen-Korrelationen bzw. Assoziationen ließen sich Depressive und Kontrollpersonen nicht erwartungsgerecht unterscheiden.

Ob kindliche (K) und Milieuseparation (M) bei Depressiven eventuell doch höher korreliert sind als bei Kontrollpersonen wäre mit einem Test zum *Vergleich von Phi-Koeffizienten* aus zwei unabhängigen Stichproben (Depressive, Kontrollen) zu prüfen. Ein solcher Test ist für Kleinststichproben vertafelt und für größere Stichproben durch ein EDV-Programm ausgewiesen (LIENERT et al. 1979).

19.4 Bifaktorielle Pläne ohne Meßwiederholung

Bifaktorielle Untersuchungen stellen sich in der biomedizinischen Forschung meist als Untersuchungen mit einem *Behandlungsfaktor* (wie Novum gegen Stanum) und einem *Schichtungsfaktor* (wie Erst- oder Rezidiverkrankung) dar; sie gehen von der Vermutung aus, daß die Behandlungswirkung durch die Schichtung moderiert wird, daß also die Behandlung A mit der Schichtung B interagiert[4].

In der sozialwissenschaftlichen und epidemiologischen Forschung sind beide Faktoren oft nicht-randomisierbare Schichtungsvariablen (wie Lebensalter und Berufstätigkeit als Determinanten der Morbidität).

Als Modell für eine bifaktorielle Untersuchung kann sowohl LANCASTERS χ^2-Zerlegung (17.1.7) wie KRAUTHS Interaktionsstrukturanalyse = ISA (18.3) dienen. Obschon nur die χ^2-Zerlegung der parameterischen ANOVA bzw. MANOVA entspricht, entscheiden wir uns für die leichter auszuwertenden und plausibler zu interpretierende ISA[5]. Die ISA hat überdies für

---

[4] In der pharmazeutischen Forschung entscheidet die Frage, ob zwei Arzneimittel nicht nur additiv, sondern hyperadditiv (= interaktiv) zusammenwirken, d.h. ob deren Kombination zu einer neuen Charge gerechtfertigt erscheint. Hier sind beide Faktoren randomisierbare Behandlungsfaktoren. Ein lang bekanntes Beispiel einer hyperadditiven Wirkung ist die Verstärkung eines schmerzstillenden Mittels (wie Acetylsalizylsäure = Aspirin[R]) durch Schlafmittel (wie Barbiturate). In analoger Weise könnten Nebenwirkungen des einen Wirkstoffes durch Zusatz eines Begleitwirkstoffes koupiert werden, wenn man sowohl erwünschte Wirkungen (Zielwirkungen) wie unerwünschte Wirkungen (Nebenwirkungen) simultan beobachtet.

[5] Hier ist daran zu erinnern, daß die χ^2-Zerlegung von t-Wegtafeln mit t = Zahl der Faktoren + Zahl der Observablen gelegentlich zu negativen χ^2-Termen für die Interaktionen führt, was bedeutet, daß zuviel an Hauptwirkungen extrahiert wurde. Der ISA hingegen kann solches nicht ‚zustoßen', da sie Interaktionen nur dann annimmt, wenn Hauptwirkungen überhaupt nicht nachzuweisen sind, obschon eine globale Behandlungswirkung existiert. Die implizite Definition der Interaktion in einer ISA

die Auswertung multifaktorieller und multivariater Untersuchungspläne den *Vorteil*, die Faktorkombinationen als Zeilen und die Abstufungskombinationen der Observablen als Spalten einer *zwei*dimensionalen Kontingenztafel aut vice versa aufzufassen, so daß die Erwartungswerte für alle möglichen ISA-Hypothesen sich auf dieses einfachste aller Kontingenzmodelle reduzieren lassen (vgl. 18.3).

Wir beginnen im folgenden mit der verteilungsfreien ISA-Auswertung des klassischen Versuchsplans mit 2 Faktoren A und B und einer Observablen, wobei je n Individuen unter jeder der ab Faktorstufenkombinationen beobachtet worden sind (vgl. 18.3.2).

19.4.1 Zwei-Faktoren-ISA mit 1 Observablen (Plan 7)

Betrachten wir also den Fall *zweier* Faktoren (Behandlungen, Schichtungen) A und B mit a und b Ausprägungen (Modalitäten) und *eine* Observable X mit x Abstufungen (Intervallklassen) und nehmen wir an, alle ab Faktorkombinationen sind mit je n Individuen besetzt.

Nach der ISA (18.3) ausgewertet wird dieser Plan, indem man die *Interaktionen* AB.X (Gesamtwirkung), A.X (Hauptwirkung von A) und B.X (Hauptwirkung von B) der korrespondierenden Kontingenztafeln auf Signifikanz beurteilt. Nur wenn A.X und B.X bei signifikantem AB.X *in*signifikant sind, ist eine Wechselwirkung zwischen A und B i.S. der Varianzanalyse anzunehmen, denn AB.X bezeichnet die mit den Hauptwirkungen konfundierte Wechselwirkung. Man erinnere, daß AB.X als Inter-

---

entspricht ihrem Sinngehalt nach der disordinalen Wechselwirkung nach BREDENKAMP (1974).

Die ISA geht, wie wir uns erinnern (18.3) wie folgt vor: Sie prüft, ob eine Gesamtwirkung beider Faktoren nachzuweisen ist, und erklärt diese Gesamtwirkung durch jenen der beiden Faktoren, der eine signifikante Hauptwirkung entfaltet bzw. durch jeden der beiden Faktoren, wenn beide Faktoren signifikante Hauptwirkungen zutage fördern. Nur wenn keiner der beiden Faktoren eine Hauptwirkung entfaltet, wird die Gesamtwirkung als Ausdruck einer Wechselwirkung angesehen.

Die ISA folgt insofern dem Gesetz der Sparsamkeit, als sie Wechselwirkungen nur dort annimmt, wo die Gesamtwirkung nicht mindestens durch einen Faktor zu erklären ist. Bei mehr als 2 Faktoren nimmt sie höhere WWn analog nur dort an, wo Gesamtwirkungen weder durch Hauptwirkungen noch durch WWn niedrigerer Ordnung zu erklären sind.

Man beachte: Die ISA setzt voraus, daß das Alpha-Risiko vor der Untersuchung eindeutig festgelegt worden ist, da man andernfalls posthoc alpha oft so verändern kann, daß eine WW nachzuweisen ist: Man denke nur daran, α posthoc so festzusetzen, daß die beiden Hauptwirkungen nicht, wohl aber die Gesamtwirkung signifikant ist.

aktion 2. Ordnung und A.X bzw. B.X als Interaktionen 1. Ordnung innerhalb der ISA definiert sind[6].

Interessiert die Wirkung einer bestimmten Stufe i des Faktors A, so prüft man mittels eines *Faktorstufentests* die Interaktion $A_i.X$ oder entsprechend $B_j.X$ für die Stufe j des Faktors B. Interessiert die Wirkung einer bestimmten Faktorkombination ij, so prüft man die Interaktion $A_iB_j.X$ mit einem *Faktorkombinationstest*. Man beachte, daß α nach der Zahl der geplanten Tests adjustiert werden muß, $\alpha^* = \alpha/r$ und daß r nach den 3 ISA-Tests des vorangehenden Absatzes gleich 3 zu setzen ist.

Die 3 Interaktionstests gehören zur *Grundauswertung* des Plans 7 in Tabelle 19.1.1.1. Eine *Ergänzungsauswertung* kann a+b *Faktorstufenvergleiche* und ab *Faktorkombinationenvergleiche* umfassen, wie aus dem Beispiel 19.4.1.1 zu ersehen.

Beispiel 19.4.1.1

Versuchsplan: N = 120 Goldfische wurden auf Schockvermeidung X trainiert und nach Los auf 2 x 3 = 6 Faktorkombinationen verteilt. Die a = 2 Stufen des Behandlungsfaktors A bilden Versuchs- und Kontrollgruppe. Die Goldfische der Versuchsgruppe erhielten 200 µg Puromycin (V) intracranial injiziert, die Goldfische der Kontrollgruppe (K) die gleiche Menge einer physiologischen Kochsalzlösung. Die b = 3 Stufen des Bedingungsfaktors B bezeichnen das Zeitintervall (0 Stunden, 24 und 48 Stunden), zu welchem die Injektion nach Abschluß des Vermeidungstrainings erfolgt ist (sofort, einen Tag oder 2 Tage später).

Fragestellung: Da Puromycin als Hemmstoff der Ribonukleinsäurebildung ‚verdächtigt' wird (also die Gedächtnisspurenbildung beeinträchtigt), sollte die Behandlung mit ihm zu einem Abfall der antrainierten Schockvermeidung führen (die Versuchsgruppe sollte das Erlernte in höherem Maße vergessen als die Kontrollgruppe). Weiterhin wird vermutet, daß sich eine sofortige P-Injektion stärker hemmend auswirkt als eine Injektion nach 1 oder 2 Tagen. Wir vereinbaren $\alpha = 5\%$.

Hypothesen: H_0 besagt, daß A und B keinen Einfluß auf die Vermeidungsleistung X haben, daß also AB.X nicht signifikant ist. Die beiden Alternativen besagen, daß A_1 die Leistung X mindert (einseitige Alternative H_1) und als A.X signifikant ist bzw. daß A_2B_1 die Leistung stärker mindert als A_2B_3 (einseitige Alternative H_2). Die dritte mögliche Alternative (H_3), daß B einen Einfluß auf X ausübt, wird nur der Vollständigkeit halber geprüft: Es gilt $\alpha^* = 5\%/3 = 1,67\%$ (zweiseitige Alternative H_3).

Ergebnisse: Tabelle 19.4.1.1 enthält als Observablen Änderungsmessungen X = X (Posttest) - X (Praetest), wobei der Prätest die Vermeidungsleistung vor der Behandlung und der Posttest die Leistung nach der Behandlung, 3 Tage nach dem Prätest für alle 6 Gruppen erhoben (Daten aus Helga HUBER, Rer. nat. Diss. U. Düsseldorf,1972, Tabellen 28, 33 und 38 d. Anhangs) bezeichnet.

[6] Verwiesen sei hier noch auf die Arbeit von PATEL und HOEL (1973), die einen anderen Test vorgeschlagen haben.

Tabelle 19.4.1.1

	K–0	V–0	K–24	V–24	K–48	V–48	
	+4	-6	+4	+6	+6	+4	
	+17	+0	+4	+10	+6	+0	
	+8	-4	+8	+2	+10	+3	
	+1	-1	+2	-4	+7	+1	
	-5	-2	-2	-2	+5	-1	
	+11	-2	+2	-4	+2	-1	
	-2	-10	+4	+1	+2	+5	
	-4	-5	+0	-8	-11	+13	
	-1	-4	+0	+0	+2	-2	
	-1	-1	-4	-5	+14	+8	
	+0	-2	-6	-7	-12	+9	
	-6	+0	+0	-6	-6	-2	
	+2	+1	+8	+0	-2	-15	
	-2	-3	+1	-1	-5	+5	
	+3	-6	+7	-3	+3	-1	
	+0	+1	-2	-2	-2	-3	
	-3	-2	+6	-4	+0	+2	
	+1	-3	+5	-3	+0	-4	
	+1	-10	+2	-1	-1	+4	
	+1	-10	+5	+0	-1	+3	Σ
f(-)	8	16	4	13	8	8	57
f(+)	12	4	16	7	12	12	63
χ^2	0,541	10,165*	11,027*	4,845	0,541	0,541	

In Tabelle 19.4.1.1 fügt es sich, daß die X-Werte gar nicht dichotomiert zu werden brauchen, da sie bereits annähernd im Verhältnis 1:1 durch ihr Vorzeichen dichotomiert sind; ein positives Vorzeichen indiziert einen Leistungsgewinn, ein negatives Vorzeichen einen Leistungsverlust unter der betreffenden Faktoren-Kombination (K–0, V–0, K–24, V–24, K–48 und V–48) mit K = Kontrollgruppe und V = Versuchsgruppe. Nulldifferenzen wurden mit einem Pluszeichen versehen, um gegen H_1 zu wirken.

Tabelle 19.4.1.2

	A.X	X –	+	Σ
A	K	8+4+8 = 20	60-20 = 40	60
	V	57-20 = 37	60-37 = 23	60
	Σ	57	63	120

Test gegen Behandlungswirkung (H_1-Test): Aus Tabelle 19.4.1.1 bilden wir die Vierfeldertafel der Tabelle 19.4.1.2 mit den a = 2 Behandlungen als Zeilen und den x = 2 Differenzen-Vorzeichen als Spalten.

Wie unter H_1 erwartet, findet man unter Puromycin mit c = 37 häufiger einen Leistungsabfall als in der Kontrollgruppe mit a = 20 von je 60 Goldfischen: Der Unterschied ist nach dem χ^2-Test für die Interaktion A.X als echt anzusehen:

$$\chi^2 = \frac{120(20 \cdot 23 - 40 \cdot 37)^2}{60 \cdot 60 \cdot 57 \cdot 63} = 9{,}66^* \text{ mit 1 Fg}$$

Puromycinbehandlung mindert somit das Speichern (Behalten) des Trainingserfolges, denn ein $\chi^2 = 9{,}66$ ist bei einseitiger Frage (2α) und r = 3 simultanen ISA-Tests auf der Stufe $\alpha^* = 2(0{,}01)/3 = 0{,}0067$ signifikant, da es die Schranke $\chi^2_{\alpha^*} = u^2_{0{,}0067} = 2{,}47^2 = 6{,}10$ überschreitet.

Test gegen Bedingungswirkung (H_3-Test): Dazu bilden wir aus Tabelle 19.4.1.1 die Sechsfeldertafel der Tabelle 19.4.1.3 mit den b = 3 Bedingungen als Zeilen und den x = 2 Differenzen-Vorzeichen als Spalten für die Interaktion B.X.

Tabelle 19.4.1.3

	B.X	−	X +	Σ
	0	8+16 = 24	40−24 = 16	40
B	24	4+13 = 17	40−17 = 23	40
	48	8 + 8 = 16	40−16 = 24	40
	Σ	57	63	120

Wie man sieht, nimmt die Zahl der ‚vergessenden' Goldfische von $a_1 = 24$ bei sofortiger Injektion nach $a_3 = 16$ bei Injektion nach 48 Stunden monoton ab. Das scheint plausibel, wenn man annimmt, daß eine Störung um so weniger wirkt, je weiter die Konsolidierung von Gedächtnisspuren fortschreitet. Der (zweiseitige) BRANDT-SNEDECOR-Test (5.4.1.1) liefert jedoch ein für 3−1 = 2 Fg nicht auf der Stufe $\alpha^*/2 = 0{,}0033$ signifikantes $\chi^2 = 0{,}95$, so daß die 3 Bedingungen als unwirksam anzunehmen sind.

Test gegen bedingungsabhängige Behandlungswirkung (H_2-Test): Um zu prüfen, ob Puromycin stärker hemmend wirkt, wenn es sofort (0) verabfolgt wird, als wenn es nach 24 oder nach 48 Stunden verabfolgt wird, prüfen wir die Interaktion A_2B.X. Aus Tabelle 19.4.1.1 erhalten wir die 3 x 2-Feldertafel der Tabelle 19.4.1.4

Tabelle 19.4.1.4

	A_2B.X	−	X +	Σ
	0	16	4	20
B	24	13	7	20
	48	8	12	20
	Σ	37	23	60

$$\chi^2 = \frac{60^2}{37 \cdot 23} \left(\frac{4^2+7^2+12^2}{20} - \frac{23^2}{60} \right) = 6{,}91 \text{ mit 2 Fgn}$$

Der χ^2-Test nach BRANDT-SNEDECOR ist nicht signifikant, aber auch nicht indiziert, da er auf den in H_2 implizierten Kontingenztrend nicht anspricht. Um die trendspezifizierte Interaktion $A_2 B.X$ angemessen zu erfassen, prüfen wir mittels des Kontingenztrendtests nach PFANZAGL (s. 16.5.10) und erhalten Tabelle 19.4.1.5.

Tabelle 19.4.1.5

i	a_i	n_i	ia_i	in_i	$i^2 n_i$
1	4	20	4	20	20
2	7	20	14	40	80
3	12	20	36	60	180
Σ	23	60	54	120	280

$$\chi^2 = T^2 = \frac{(60 \cdot 54 - 23 \cdot 120)^2}{\frac{23(60-23)}{(60-1)}(60 \cdot 280 - 120^2)} = 6{,}66 \text{ mit 1 Fg}$$

Der Trendtest ist signifikant, weswegen H_2 angenommen wird. Danach sind Leistungsgewinne bei sofortiger Puromycin-Injektion selten (4 von 20), bei 48 Stunden verzögerter Injektion relativ häufig (12 von 20 Fischen). Puromycin hemmt also die Leistung umso weniger, je später es verabreicht wird.

Faktorkombinationstest (FK-Test): Um zu prüfen, ob bestimmte Bedingungen bzw. Injektionsintervalle die Puromycinwirkung stärker oder schwächer zur Geltung kommen lassen, schieben wir 2 x 3 = 6 Faktorkombinationstests (als Ergänzungsauswertung) nach und erhalten aus der Fußspalte von Tabelle 19.4.1.1 die folgenden Vierfelder-χ^2-Werte der Interaktionen $A_i B_j.X$

K – 0: $\chi^2(A_1 B_1 .X) = 0{,}541$ mit 1 Fg n.s.
P – 0: $\chi^2(A_2 B_1 .X) = 10{,}165^*$ mit 1 Fg
K – 24: $\chi^2(A_1 B_2 .X) = 11{,}027^*$ mit 1 Fg
P – 24: $\chi^2(A_2 B_2 .X) = 4{,}845$ mit 1 Fg n.s.
K – 48: $\chi^2(A_1 B_3 .X) = 0{,}541$ mit 1 Fg n.s.
P – 48: $\chi^2(A_2 B_3 .X) = 0{,}541$ mit 1 Fg n.s.

Unter Puromycin (P) ergeben sich bei sofortiger Injektion (0) nach Tabelle 19.4.1.1 a = 16 negative und nur b = 4 positive Zuwächse im Vergleich zum Vortest (Ausgangsniveau), so daß mit c = 57 – 16 = 41 und d = 63 – 4 = 59 ein $\chi^2 = 10{,}165$ resultiert, das nach 6 Ergänzungstests für $\alpha^* = 0{,}01/6 = 0{,}0017$ zu beurteilen ist, sofern auf die 3 Grundtests verzichtet wurde. Die Schranke $z^2_{0,0017} = 2{,}93^2 = 8{,}58$ wird von 2 der 6 χ^2-Werte überschritten.

940

FK-Interpretation: Die Behandlungsbedingung P–0 (Puromycin sofort nach dem Training injiziert) führt zu einem Leistungsabfall im Test entsprechend H_1, da 16 von 20 Goldfischen ihren Trainingsstand verschlechtern. Die Behandlungsbedingung K–24 (Kochsalz nach 24 Stunden injiziert) führt (wegen der ungestörten 24-ständigen Spurenkonsolidierung) zu einem Leistungsanstieg (vgl. Tabelle 19.4.1.1).

Faktorstufen-Vergleich: Obige Interpretation, wonach P bei sofortiger Injektion hemmend wirkt, stützt auch ein Vergleich der Faktorstufen P–0 mit K–0 (sofortiger Puromycin- gegen sofortige Kochsalz-Injektion) in einem nachgeschobenen Vierfeldertest der ersten beiden Spalten aus Tab. 19.4.1.1:

FK-Vergleich: Tatsächlich besteht bei Behandlungsbedingung P–0 der größte Leistungsunterschied zwischen Versuchs- und Kontrollgruppe i.S. der Erwartung, wie ein Behandlungsvergleich zu diesem Zeitpunkt anzeigt: Die Interaktion $AB_1.X$ entspricht einer Vierfeldertafel, die ein

$$\chi^2 = 40(4 \cdot 8 - 16 \cdot 12)^2 / (20 \cdot 20 \cdot 16 \cdot 24) = 6{,}67$$

liefert. Dieses χ^2 ist sinngemäß einseitig nach der für 4 simultane Tests adjustierten 5%-Schranke von $2(0{,}05/4) = 2{,}5\%$ zu beurteilen (wie auch H_1, H_2 und H_3), wenn die Interaktion als H_4 vorab mit eingeplant wurde.

Cave conclusionem: Der wichtigste Befund, wonach Puromycin seine Hemmwirkung mit zunehmendem Abstand zum vorausgegangenen Training einbüßt (H_2) ist nur unter der Voraussetzung, daß bei Kochsalz-Injektion ein analoger Trend fehlt, konklusiv zu interpretieren. Diese Voraussetzung trifft zu, da die K-Frequenzen in Tabelle 19.4.1.1 keinen T^2-Trend nachzuweisen gestatten.

Die bedingungsabhängige Behandlungswirkung konnte in Beispiel 19.4.1.1 nur durch eine *trendspezifizierte Interaktionshypothese* nachgewiesen werden. Denn da A.X signifikant war, konnte das ebenfalls signifikante AB.X nicht als Wechselwirkung im Sinne der Varianzanalyse interpretiert werden. Wie man vorgeht, um mittels ISA auch nichtspezifizierte Interaktionen nachzuweisen, zeigt der folgende Abschnitt 19.4.2.

19.4.2 Zweifaktoren-ISA mit Alignement (Exkurs)

Im Beispiel 19.4.1.1 ist es nicht gelungen, eine AB-Wechselwirkung direkt nachzuweisen, weil eine Hauptwirkung von A vorhanden war. Wir mußten uns einiger Umwege bedienen, um zu zeigen, daß Puromycin nicht generell, sondern latenzspezifisch (bis 24 Stunden) hemmt, was einer Wechselwirkung im ANOVA-Sinne entspricht. Damit stellt sich die Frage, ob eine ISA so modifiziert werden kann, daß sie Interaktionen 2. Ordnung auch dann erfaßt, wenn eine Interaktion 1. Ordnung (Hauptwirkung) vorliegt.

Einen Zugang zu dieser Frage eröffnet das Konzept, Hauptwirkungen durch Datenadjustierung (vgl. 5.5.6) zu eliminieren, ehe auf eine Interaktion AB.X mittels χ^2 (oder 2I) geprüft wird. Die Vorgehensweise, das hier sogenannte *Alignement* für Interaktionen 1. Ordnung, ist bereits im Zusammenhang mit Interaktionsmediantest (5.5.6) en detail beschrieben worden und braucht hierorts nicht rekapituliert zu werden. Die Interaktion AB.X aufgrund alignierter Beobachtungen entspricht weitgehend der varianzanalytisch definierten Wechselwirkung 1. Ordnung zwischen 2 Faktoren. Man sollte aber damit rechnen, daß eine ISA mit Alignement (vgl. LEHMANN, 1975, Ch.4) u.U. zu einer antikonservativen Entscheidung für eine Interaktion AB.X führt.

Im allgemeinen Fall werden die Mediane der Faktorenstufen von den Beobachtungswerten subtrahiert, um *lokationsalignierte Beobachtungswerte* zu gewinnen. In symmetrischen oder als symmetrisch verteilt angenommenen Observablen kann jedoch mit Vorteil auf die Mittelwerte der Faktorkombinationen aligniert werden, indem man setzt

$$Y_{ij} = X_{ij} + \bar{X} - \bar{X}_{i.} - \bar{X}_{.j} , \qquad (19.4.2.1)$$

wobei Y_{ij} ein alignierter Wert der Faktorkombination ij und X_{ij} der zugehörige Beobachtungswert ist. Berechnet man zuvor die *Alignationsterme*

$$C_{ij} = \bar{X} - \bar{X}_{i.} - \bar{X}_{.j} \qquad (19.4.2.2)$$

für jede der a · b Faktorkombinationen, wobei $\bar{X}$ der Gesamtmittelwert und $\bar{X}_{i.}$ bzw. $\bar{X}_{.j}$ die Mittelwerte der Faktorstufen i und j von A und B sind, dann werden die Observablenwerte einfach durch

$$Y_{ij} = X_{ij} + C_{ij} \qquad (19.4.2.3)$$

lagejustiert (aligniert). Dieses Vorgehen zeigt Beispiel 19.4.2.1 anhand von *symmetrisch* über Null verteilten Änderungsbeobachtungen.

Beispiel 19.4.2.1

Datenrekurs: Wir betrachten die Veränderungswerte X der Tabelle 19.4.1.1 und nehmen an, sie stammten aus symmetrisch verteilten Populationen, wobei die Puromycinbehandlung im folgenden mit P (statt mit V) abgekürzt wird.
Alignement: Wir berechnen den Gesamtdurchschnitt der X und erhalten aus den (in Tabelle 19.4.1.1 nicht ausgerechneten) Spaltensummen der mit Vorzeichen versehenen Differenzen (Zuwachswerte) einen Differenzendurchschnitt von

$\bar{X} = (25-89+44-31+17+28)/120 = -0{,}05$.

Die Durchschnitte der 2 Behandlungen und der 3 Bedingungen ergeben sich aus Tabelle 19.4.1.1 zu

$$\overline{X}_K = (25+44+17)/60 = 1{,}43 \qquad \overline{X}_0 = (25-89)/40 = -1{,}60$$
$$\overline{X}_P = (-89-31+28)/60 = -1{,}53 \qquad \overline{X}_{24} = (44-31)/40 = 0{,}33$$
$$\overline{X}_{48} = (17+28)/40 = 1{,}12$$

Die Alignationsterme ergeben sich gemäß (19.4.2.2) in Tabelle 19.4.2.1

Tabelle 19.4.2.1

K–0	P–0	K–24	P–24	K–48	P–48	Terme
−0,05	−0,05	−0,05	−0,05	−0,05	−0,05	$\overline{X}$
−1,43	+1,53	−1,43	+1,35	−1,43	+1,53	$-\overline{X}_{.j}$
+1,60	+1,60	−0,33	−0,33	−1,12	−1,22	$-\overline{X}_{i.}$
+0,12	+3,08	−1,81	+1,15	−2,60	+0,36	C_{ij}

Tabelle 19.4.2.2

	K–0	P–0	K–24	P–24	K–48	P–48	
	+	−	+	+	+	+	
	+	+		+	+	+	
	+	−	+	+	+	+	
	+	+	+	−	+	+	
	−	+	−	−	+	−	
	+		+	+	−	−	
	−	−	+	+		+	
	−		−	−	−	+	
	−		−	+			
	−	+		−	+	+	
	+	+	−	−	−	+	
	−	−	−	−	−	−	
	+	+	+	+	−	−	
	−	+	−	+		+	
	+	−	+	−	+	−	
	+	+	−	−	−		
	−	+	+		−	+	
	+	+	+	−	−		
	+	−	+	+	−	+	
	+	−	+	+	−	+	
a=f(−)	8	8	9	11	13	8	$N_a = 57$
b=f(+)	12	12	11	9	7	12	$N_b = 63$
N_i	20	20	20	20	20	20	N = 120

Die X-Werte der ersten Spalte von Tabelle 19.4.1.1 werden mithin um 0,12 vermehrt, die der dritten Spalten von Tabelle 19.4.1.1 um 1,81 vermindert usf. bis zur letzten Spalte, deren Werte um 0,36 erhöht werden. Läßt man nur die Vorzeichen der alignierten Werte Y gelten, sgn(Y_{ij}), so erhält man Tabelle 19.4.2.2

Alignations-Interaktionstest: Nach dem Alignement prüfen wir die 6 x 2-Feldertafel in Tabelle 19.4.2.2 auf Interaktion AB.Y und erhalten nach der BRANDT-SNEDECOR-Formel (5.4.1.1)

$$\chi^2 = \frac{120^2}{57 \cdot 63} \left(\frac{8^2 + 8^2 + 9^2 + 11^2 + 13^2 + 8^2}{20} - \frac{57^2}{120} \right) = 4{,}31 \text{ mit 5 Fgn}$$

Der Test zeigt, daß eine (klassische) Wechselwirkung zwischen Behandlungen A und Bedingungen B in dem Sinne, wie es H_2 des Beispiels 19.4.1.1 unterstellt, nicht angenommen zu werden braucht.

Zusammenfassung: Puromycin hemmt die Speicherung des Gelernten, woran kein Zweifel besteht. Die Beobachtung, wonach die Hemmung bei sofortiger Injektion nach dem Lernen stärker als nach späterer Injektion ist, konnte durch ISA mit Alignment nicht bestätigt werden.

Ist die Observable asymmetrisch verteilt, sollte nach dem Median aligniert werden. Da aber der Median ein ineffizienter Lageschätzwert ist, wird an seinerstatt ein GINI-homologes Lagemaß, ein *GINI-Median G* empfohlen (LIENERT, 1980): Man bildet aus einer Stichprobe von N Meßwerten $\binom{N}{3}$ Tripel und mittelt deren Mediane. Für x = (1 2 4 9) ergeben sich die 4 Tripel 124, 129, 149 und 249 mit den Medianen 2 2 4 4 und ihrem Durchschnitt G = 3, der hier mit dem Median zusammenfällt, i.a. aber zwischen Median und Durchschnitt liegt ($\bar{x}$ = 4).

Mit den GINI-Medianen aligniere man so wie mit den Durchschnitten in Beispiel 19.4.2.1, wenn die Observable schief verteilt ist oder Ausreißerwerte die Durchschnitte verzerren (vgl. auch HEILMANN, 1979).

19.4.3 Zweifaktoren-ISA mit 2 Observablen (Plan 8)

Wirkt ein Behandlungsfaktor A und ein Bedingungsfaktor (Schichtungsfaktor) B nicht nur auf eine Observable (Plan 7), sondern auf 2 Observablen X (z.B. Therapiewirkung) und Y (z.B. Nebenwirkung von A), dann prüft man auf *Gesamtwirkung* mittels der Interaktion AB.XY nach einer der in Plan 7 beschriebenen Methoden (vgl. auch LIENERT, 1978).

Als Ausgangsinformation dient eine *Zweiwegtafel* mit a · b Zeilen und x · y Spalten, wobei a und b die Faktorenstufen bzw. x und y die Oservablenabstufungen bezeichnen. Als Prüfgrößen kommen in Betracht und ggf. zum Zuge

(1) Die Größe χ^2(AB.XY) mit (ab–1) (xy–1) Fgn, wenn es darum geht, überhaupt eine Behandlungswirkung (Globalwirkung) nachzuweisen.

(2) Die Größe χ^2(A.XY) mit (a–1) (xy–1) Fgn, wenn nur die Hauptwirkung von A (IA 1. Ordnung) interessiert.

(3) Die Signifikanzrelation zwischen AB.XY und A.XY: Ist AB.XY signifikant, nicht aber A.XY, dann ist AB.XY als Wechselwirkung zwischen A und B (IA 2. Ordnung) nachgewiesen.

(4) Die Größe χ^2(AB.X) mit (ab–1) (x–1) Fgn, wenn eine Therapiewirkung X nachzuweisen ist und χ^2(A.X) mit (a–1) (x–1) analog zu (3);

(5) die Größe χ^2(AB.Y) mit (ab–1) (y–1) Fgn, wenn eine Nebenwirkung nachzuweisen ist, und χ^2(A.Y) mit (a–1) (y–1) Fgn analog zu (3).

(6) Die Größe $\chi^2(A_i.XY)$ mit xy–1 Fgn, wenn (2) signifikant ist oder nur eine bestimmte Faktorstufenwirkung interessiert und

(7) die Größe $\chi^2(A_iB_j.XY)$ mit (x–1)(y–1) Fgn, wenn (1), nicht aber (2) signifikant ist oder nur eine bestimmte Faktorstufenkombination interessiert.

Eventuell interessiert auch die Kontingenz χ^2(XY) oder Kontingenzunterschiede zwischen den Stufen von A. Ist beispielsweise A_1 die einfache und A_2 die doppelte therapeutische Dosis eines Arzneimittels, dann erwartet man u. U., daß X (= Heilwirkung) und Y (= Schadwirkung) unter A_2 enger zusammenhängen als unter A_1.

Man beachte, daß (1) ein bifaktorieller und bivariater *Globalwirkungstest* ist, daß (2) ein unifaktorieller Globalwirkungstest ist, daß (3) ein indirekter Faktoren-Interaktionstest ist, daß (4) und (5) univariate Globalwirkungstests sind, daß (6) ein unifaktorieller und (7) ein bifaktorieller *Faktorstufenbewertungstest* ist, wobei der letztere im folgenden Beispiel als Interaktion $(A_2B_3.XY) = A_2(B_1+B_2).XY$ zum Tragen kommt.

Werden die Abstufungen der Observablen X und Y unter H_1 ebenso spezifiiert wie die Stufen der Faktoren, dann resultieren *bifaktoriellbivariate Interaktionstypen* nach Art von $A_iB_j.X_kY_l$; darin wird die Faktoren-Kombination A_iB_j hinsichtlich der Observablen-Konfigurationen X_kY_l beurteilt, indem über alle restlichen Faktoren-Kombinationen und Observablen-Konfigurationen gepoolt wird.

Wird aus sachlogischen Gründen nicht über die Faktoren-Kombinationen gepoolt, sondern etwa die Faktor-Kombination A_1B_1 der Faktor-Kombination A_iB_3 gegenübergestellt, wie in Beispiel 19.4.3.1 die Interaktion $A_2(B_1B_3)$, dann entstehen Paarvergleichs-Interaktionstypen (Tab. 19.4.3.6), die als Zwitter von *Faktorstufen-Vergleichstests* (wie in Tab. 19.4.3.5) und von Interaktionstypentests aufzufassen sind. Gezielte Alternativhypothesen können – wie im folgenden Beispiel – derart *spezifizierte Interaktionstypentests* erforderlich machen.

Beispiel 19.4.3.1

Datenergänzung: Die N = 120 Goldfische des Beispiels 19.4.1.1 wurden nicht nur bezüglich Lernanstieg Y (s. Tabelle 19.4.1.1), sondern auch bezüglich des erreichten Niveaus X = X(Posttest) + X(Prätest) gemessen, wie Tabelle 19.4.3.1 ausweist: Der erste Fisch der Kontrollgruppe K, der mit 0 Stunden Zeitverzögerung nach dem Training Kochsalzlösung (K) injiziert bekam, erreichte ein Niveau von 34 nach einem Anstieg von +4 vom Prä- zum Post-Test. Die Niveauwerte X wurden an ihrem Median dichotomiert und mit Vorzeichen (+,−) postsigniert. Die Puromycinbehandlung wird mit P (statt V) bezeichnet.

Tabelle 19.4.3.1

K–0		P–0		K–24		P–24		K–48		P–48	
X	Y	X	Y	X	Y	X	Y	X	Y	X	Y
34+	+04	8−	−06	36+	+04	30−	+06	6−	+06	12−	+04
19−	+17	2−	+00	28−	+04	26−	+10	20−	+06	40+	+00
28−	+08	30−	−04	32−	+08	36+	+02	26−	+10	37+	+03
39+	+01	35+	−01	38+	+02	36+	−04	27−	+07	39+	+01
35+	−05	36+	−02	38+	−02	10−	−02	19−	+05	39+	−01
23−	+11	38+	−02	38+	+02	34+	−04	38+	+02	21+	−01
38+	−02	28−	−10	34+	+04	39+	+01	34+	+02	27−	+05
36+	−04	13−	−05	40+	+00	30−	−08	21−	−11	17−	+13
33−	−01	36+	−04	38+	+00	30−	+00	38+	+02	30−	−02
29−	−01	37+	−01	36+	−04	33−	−05	24+	+14	18−	+08
40+	+00	38+	−02	22−	−06	31−	−07	28−	−12	19−	+09
34+	−06	40+	+00	28−	+00	34+	−06	32−	−06	8−	−02
38+	+02	35+	+01	22−	+08	32−	+00	36+	−02	15−	−15
38+	−02	35+	−03	33−	+01	39+	−01	29−	−05	5−	+05
37+	+03	28−	−06	27−	+07	37+	−03	37+	+03	39+	−01
40+	+00	37+	+01	28−	−02	36+	−02	34+	−02	33−	−03
33−	−03	38+	−02	34+	+06	34+	−04	34+	+00	34+	+02
39+	+01	37+	−03	35+	+05	33−	−03	38+	+00	32−	−04
39+	+01	30−	−10	34+	+02	39+	−01	1−	−01	36+	+04
39+	+01	30−	−10	31−	+05	24−	+00	39+	−01	31−	+03

Tabelle 19.4.3.2

Kn	K–0	P–0	K–24	P–24	K–48	P–48	N_i
f(++)	9	3	9	2	7	5	35
f(+−)	5	9	2	8	3	2	29
f(−+)	3	1	7	5	5	7	28
f(−−)	3	7	2	5	5	6	28
n	20	20	20	20	20	20	N=120

ISA-Tabulierung: Tabelle 19.4.3.2 zeigt die Frequenzen f, mit welchen die $2 \cdot 2 = 4$ Vorzeichenkonfigurationen in Tabelle 19.4.3.1 auftraten, und zwar unter allen $2 \cdot 3 = 6$ Faktorkombinationen.

H Hypothesen: Mit H_1 wird gefragt, ob Puromycin unabhängig von der Injektionszeit wirksam sei, also Niveau X und/oder Anstieg der Trainingsleistung Y beeinflußt.

Mit H_2 wird gefragt, ob Puromycin spätestens 24 Stunden nach dem Training injiziert werden muß, um wirksam zu sein. H_2 unterstellt, daß H_1 angenommen wurde.

Mit H_3 wird gefragt, ob sich die Puromycinwirkungen 0 Stunden und 48 Stunden nach dem Training unterscheiden, und mit H_4 wird gefragt, ob sich Puromycin, wenn H_3 angenommen wird, in einer spezifischen Observablen-Konfiguration auswirkt, wobei an X+Y- und an X-Y- gedacht worden ist.

Alpha: Da 5 simultane Tests geplant sind (2 für H_4) gilt bei $\alpha = 0{,}05$ ein adjustiertes $\alpha^* = 0{,}05/5 = 0{,}01$ für jeden einzelnen Test.

Test gegen H_1: Ob Puromycin P unabhängig von den Injektionszeiten (0 24 48) den Lernprozeß (X und/oder Y) beeinflußt, prüft man über die Interaktion A.XY nach Tabelle 19.4.3.3 über McNemar-Komponenten des 4×2-Felder-χ^2-Tests:

Tabelle 19.4.3.3

Kn	K	P	$(K-P)^2/(K+P)$
f(++)	25	10	6,429 (!)
f(+-)	10	19	2,793
f(-+)	15	13	0,143
f(--)	10	18	2,286
	60	60	$\chi^2 = 11{,}65^*$ mit 3 Fgn

Wie man aus Tabelle 19.4.3.3 ersieht, wirkt sich Puromycin offenbar vornehmlich in der Weise aus, daß hohe (+.) und ansteigende (.+) Trainingskurven bei den kontrollbehandelten 60 Fischen häufig (25 Mal), bei den Puromycinbehandelten 60 Fischen nur selten (10 Mal) auftreten. H_1 ist danach anzunehmen, womit H_2 relevant wird.

Tabelle 19.4.3.4

XY	P–0/24 a	Rest b	n	$\frac{N}{n}(\frac{a^2}{A} + \frac{b^2}{B}) - n$
++	3+2= 5	30	35	5,708
+-	9+8=17	12	29	8,345 (!)
-+	1+5= 6	22	28	1,786
--	7+5=12	16	28	1,143
	A=40	B=80	N=120	$\chi^2 = 16{,}98^*$ mit 3 Fgn

Test gegen H_2: Wird gefragt, ob Puromycin wirke, wenn es bis 24 Stunden nach dem Training injiziert wird, dann prüft man die Interaktion $A_2(B_1+B_2)$.YX gemäß Tab. 19.4.3.4, wobei A_2 die Puromycinbehandlung und B_1+B_2 die Injektionslatenzzeit (0 und 24 Stunden zusammengefaßt) bezeichnet, über GEBHARDT-Komponenten von χ^2.

Tabelle 19.4.3.4 wurde aus Tabelle 19.4.3.2 gewonnen und ergibt ein signifikantes χ^2 für H_2: Die zweite χ^2-Komponente deutet an, daß die Puromycinwirkung das Altgedächtnis (+.) erhält, aber das Neugedächtnis (.-) beeinträchtigt. Für 3 Fge gilt die Schranke 13,28 bei $\alpha^* = 1\%$ zur Beurteilung der Prüfgröße $\chi^2(A_2.XY)$.

Test gegen H_3: Stellt man P–0 und P–48 einander gegenüber, um die Unterschiede zwischen Früh- und Spätwirkung von Puromycin zu erfassen, so resultiert Tabelle 19.4.3.5 aus Tabelle 19.4.3.2; es geht um die Interaktion $A_2(B_1B_3)$.XY in diesem ISA-Test.

Tabelle 19.4.3.5

XY	0 a	48 b	n	$(a-b)^2/n$
++	3	5	8	0,500
+-	9	2	11	4,455
-+	1	7	8	4,500
--	7	6	13	0,077
	20	20	40	$\chi^2 = 9{,}53$ mit 3 Fgn

Die χ^2-Komponenten deuten auf Unterschiede in den heteronymen Konfigurationen (+- und -+), welche in H_4 angesprochen werden.

Test gegen H_4: Wir prüfen, ob Tabelle 19.4.3.5 zu einem Interaktionstyp $A_1(B_1B_3)$.X+Y- führt, indem wir geeignet poolen und so Tabelle 19.4.3.6 erhalten.

Tabelle 19.4.3.6

XY	0	P	48	
+-	9*		2	11
andere	11		18	29
	20		20	40

$$\chi_1^2 = \frac{40(9 \cdot 18 - 2 \cdot 11)^2}{11 \cdot 29 \cdot 20 \cdot 20} = 6{,}14^*$$

Der signifikante Interaktionstyp ist so zu interpretieren, daß Puromycin bei sofortiger Injektion mit X+Y- (bei 9 von 20 Fischen) nieveauerhaltend (+.) und zuwachshemmend (.-) wirkt, bei späterer Injektion hingegen wie eine Kontrollbehandlung wirkt (s. Tabelle 19.4.3.2, vorletzte Spalte).

Typenkontrolle: Wenn P–48 wie eine Kontrollbehandlung wirkt, dann muß obiger Interaktionstyp auch aus der Gegenüberstellung von Puromycin- und Kochsalzbehandlung bei 0 und 24 Stunden Injektionslatenz führen. Tabelle 19.4.3.7 gibt den einschlägigen Auszug aus Tabelle 19.4.3.2.

Tabelle 19.4.3.7

XY	P–0/24	K–0/24	
+–	9+8=17*	7	24
andere	23	33	56
	40	40	80

$$\chi_1^2 = \frac{80(17 \cdot 33 - 7 \cdot 23)^2}{24 \cdot 56 \cdot 40 \cdot 40} = 5{,}95*$$

Der Wirkungstyp wird durch den Kontrollgruppenvergleich bestätigt.

Zusammenfassung: Es wird nachgewiesen via H_1, daß Puromycin wirkt, und in H_2 sichergestellt, daß es nur wirkt, wenn die Injektion bis 24 Stunden nach dem Training (Neulernen) erfolgt. Wahrscheinlich gemacht wurde, daß Puromycin die Ausbildung von Observablen-Konfigurationen X+Y– fördert, also das Altgedächtnis X begünstigt und den Neuerwerb Y benachteiligt.

Hinweis: Im Beispiel wurde auf die Möglichkeit, zweifach univariate ISA-Tests zu planen und nach AB.X und AB.Y Interaktionen auszuwerten, verzichtet, obschon AB.X einer Analyse bedurft hätte, nachdem AB.Y im Beispiel 19.4.1.1 analysiert wurde.

Biologische und medizinische Probleme mit Ausgangswerten (Niveaus) X und Änderungswerten Y werden häufig unter dem Ansatz des WILDERschen *Ausgangswertgesetzes* gesehen und univariat statt, wie im obigen Beispiel 19.4.3.1, bivariat ausgewertet (vgl. WALL, 1977).

Wie im univariaten, so kann auch im bivariaten Fall aligniert werden, wenn Hauptwirkungen der Faktoren auf die beiden Observablen nicht interessieren. Man hat dann je Observable gesondert so zu verfahren, wie man mit einer einzigen Observablen verfährt (vgl. 19.4.2).

In Beispiel 19.4.3.1 wurden die stetig verteilten Observablen X und Y ‚binarisiert', ehe sie mittels ISA-Tests ausgewertet wurden. Werden die Observablen X und Y als *Binärvariablen* (+,–) erhoben, so sind ISA-Tests, wie in Beispiel 19.4.3.2 ohne Informationsverlust anzuwenden (LIENERT, 1977), um bifaktorielle Versuche bivariat auszuwerten (Plan 8).

Beispiel 19.4.3.2

Versuchsplan: N = 96 Studenten wurden nach Zufall in 2 x 2 = 4 Gruppen zu je n = 6 Vpn unterteilt, und angewiesen, vor dem Einschlafen die ihnen zugeteilte Kombination eines Schlafmittels (B = Butobarbital) und eines Trenquilizers (P = Promazin) einzunehmen:

$P_1 B_1$ = Placebo + Placebo $\qquad$ $P_2 B_1$ = Promazin + Placebo
$P_1 B_2$ = Placebo + Butobarbital $\qquad$ $P_2 B_2$ = Promazin + Butobarbital

Am nächsten Vormittag wurden die Vpn befragt, ob sie besser (X+) oder schlechter (X−) als sonst geschlafen hätten und ob sie irgendwelche Nachwirkungen (hangover-effects) bemerkt hätten (Y+) oder nicht (Y−).

Versuchsergebnisse: Tab. 19.4.3.8 bringt das Ergebnis des bifaktoriellen und bivariaten Schlafmittelversuchs mit den binären Selbstbeurteilungen in der erwünschten Hauptwirkung X und in der unerwünschten Nebenwirkung Y.

Tabelle 19.4.3.8

	X+Y+	X+Y−	X−Y+	X−Y−
P1B1	3	4	8	9
P1B2	4	3	4	13
P2B1	4	6	7	7
P2B2	5	11	3	5

Promazin-Wirkungen: Die Interaktion P(XY) gibt Aufschluß über die Haupt- und Nebenwirkung von Promazin P_2 im Vergleich zu Placebo P_1:

	++	+−	−+	−−
P1..	7	7	12	22
P2..	9	17	10	12

$\chi^2 = 7{,}54$ mit 3 Fgn

Offenbar führt Promazin zu gutem Schlaf ohne Nebenwirkungen (+−) mit 17 Vpn gegen 7 Vpn unter Placebo, was bei gleichen Zeilensummen einer χ^2-Komponente von $(7-17)^2/(7+17) = 4{,}17$ entspricht, die das Gesamt-χ^2 von 7,54 fast ausschöpft.

Butobarbital-Wirkungen: Die Interaktion B(XY) entspricht den Barbitursäurewirkungen B_2 im Vergleich zu den Placebowirkungen B_1:

	++	+−	−+	−−		−+	andere
..B1	7	10	15	16	---→	15	33
..B2	9	14	7	18		7	41

Zwar ist das Interaktions-χ^2 von 3,77 nicht signifikant, doch deutet sich in der obigen Vierfeldertafel ein Placebo-Effekt an: Placebo (B1) führt häufiger als Barbiturat (B2) zu schlechterem Schlaf mit Nachwirkungen (−+).

Kombinations-Wirkungen wären als Interaktion 2. Ordnung, PB(XY) nachgewiesen, wenn das χ^2 der Tab. 19.4.3.8 signifikant wäre, ohne daß eine der Interaktionen 1. Ordnung signifikant ist. Da die Interaktion P(XY) signifikant ist, braucht eine Wechselwirkung zwischen P und B (etwa im Sinne einer ‚Potenzierungswirkung') nicht angenommen zu werden (H_0).

Interessiert den Untersucher nur, wie die Kombination P2B2 im Vergleich zu Placebo P1B2 wirkt, so vergleicht man die korrespondierenden Faktorenstufen-Kombinationen:

	++	+−	−+	−−		+−	andere
P1B1	3	4	8	9	- - →	4	20
P2B2	5	11	3	5		11	13

Nur wenn man den Vergleich auf die klinisch wichtigste Observablenkonfiguration (+−= guter, nachwirkungsfreier Schlaf) beschränkt, resultiert ein signifikantes Vierfelder-χ^2.

Anmerkung: Um Tab. 19.4.3.8 erschöpfend und quasi-varianzanalytisch auszuwerten, muß man sie als eine 2^4-Feldertafel auffassen und eine χ^2-Zerlegung nach LANCASTER vornehmen (vgl. 18.2.1−3).

Zusammenfassung: Mittels ISA-Tests kann nur die Wirkung des Promazin eindeutig nachgewiesen werden, auch wenn man auf die klinisch erwünschte Wirkungskonfiguration (X+Y−) rekurriert und über die anderen Wirkungskonfigurationen poolt.

In Beispiel 19.4.3.2 wurde die therapeutische Wirkung stets im Verein mit der Nebenwirkung betrachtet, wie es das Ziel einer bivariaten Versuchsauswertung sein sollte. Nichts spricht jedoch dagegen, Wirkung (X) und Nebenwirkung (Y) gesondert zu betrachten, also *zweifach univariat* statt jeweils einfach bivariat auszuwerten. Nur hat man zu bedenken, daß dann viele simultane Tests resultieren, sofern man auf die Vorwegformulierung bestimmter Wirkungshypothesen verzichtet.

19.4.4 Zwei-Faktoren-ISA mit t Observablen (Plan 9)

Um eine bifaktorielle Untersuchung mit drei oder t Observablen mittels ISA auszuwerten, vollzieht man folgende Schritte:
(1) Man prüft mittels der Interaktion AB.XYZ, ob überhaupt eine Wirkung der Faktoren auf die Observablen nachzuweisen ist.
(2) Man prüft mittels der Interaktion A.XYZ, ob der Faktor A wirksam ist; analog prüft man via B.XYZ, ob B wirksam ist.
(3) Eine *Wechselwirkung* zwischen A und B nimmt man an, wenn (1) signifikant ist, ohne daß eine der Hauptwirkungen aus (2) signifikant ist.

(4) Erwartet man für eine bestimmte Faktorkombination eine bestimmte Observablenkonfiguration, so prüft man auf Interaktionstypen wie im letzten Test des Beispiels 19.4.3.

Je mehr Observablen in eine bifaktorielle (oder multifaktorielle) Untersuchung mit eingehen, um so schwieriger sind die Interaktionen (1) bis (4) zu interpretieren. Eine radikale Konsequenz, aus dieser Schwierigkeit herauszufinden, besteht darin, jeder Faktorkombination möglichst eine für sie typische Observablenkonfiguration zuzuordnen, wobei ‚typisch' im Sinne der *Interaktionstypen* gemeint ist.

Beispiel 19.4.4.1

In Beispiel 19.4.3.1 wurde neben Niveau X und Zuwachs Y auch noch der Zeitbedarf Z (- = kurz, + = lang) für den Lernzuwachs gemessen und paramedian dichotomiert, so daß die Zwei-Observablen-Konfigurationen in Tabelle 19.4.3.2 zu Drei-Observablen-Kn umgewandelt und in Tabelle 19.4.4.1 dargestellt werden.

Tabelle 19.4.4.1

Kn	K–0	P–0	K–24	P–24	K–48	P–48	N_i	e_i
f(+++)	8	0	2	1	2	4	17	2,83
f(++−)	1	3	7	1	5	1	18	3,00
f(+−+)	3	0	1	6	2	2	14	2,33
f(+−−)	2	9	1	2	1	0	15	2,50
f(−++)	2	0	3	3	2	4	14	2,33
f(−+−)	1	1	4	2	3	3	14	2,33
f(−−+)	3	2	0	4	0	6	15	2,50
f(−−−)	0	5	2	1	5	0	13	2,17
n	20	20	20	20	20	20	N=120	20,0

Globalwirkung: Um die Wirkung der Behandlungs-Bedingungskombinationen global zu beurteilen, ist die Prüfgröße χ^2(AB.XYZ) wie folgt zu berechnen und nach (6-1)(8-1) = 35 Fge zu beurteilen:

$$\chi^2 = \frac{120}{20} \left(\frac{64+0+...+16}{17} + ... + \frac{0+25+...+0}{13} \right) - 120 = 86{,}15*$$

Hauptwirkung: Der Wirkungsunterschied von Puromycin (P) im Vergleich zu Kochsalz (K) ist unter den 3 Injektionsbedingungen (0, 24 und 48 Stunden nach dem Training) signifikant, auch wenn man $\alpha^* = 0{,}05/(1+48) = 0{,}001$ zugrunde legt.

Wirkungstypen: Zwecks Interpretation der Wirkung schieben wir 6 · 8 = 48 simultane KFA-Tests nach und benutzen dabei die zeilenweise gleichen Erwartungswerte der Tabelle 19.4.4.1 mit $e_i = N_i(n/N)$: Auf der 5%-Stufe signifikant überfrequentiert sind die folgenden Observablenkonfigurationen für das einseitige $2\alpha^* = 0{,}002$:

$\chi^2(K-0, +++) = (8 - 2{,}83)^2/2{,}83 = 9{,}44*$

Sofortige Kochsalzinjektion (K–0) führt zu überdurchschnittlicher Lernkapazität (+..), zu positivem Lernzuwachs (.+.), zu verlängertem Zeitbedarf (..+) für den erreichten Lernzuwachs:

$\check{\chi}^2(P-0, +--) = (9 - 2{,}50)^2/2{,}50 = 16{,}90*$.

Sofortige Puromycininjektion (P–0) führt zu überdurchschnittlicher Lernkapazität, zu negativem Lernzuwachs und zu verkürztem Zeitbedarf.

Die Maximalfrequenzen anderer Spalten sind nicht signifikant bei $2\alpha* = 0{,}002$ und dürfen höchstens heuristisch interpretiert werden. Puromycininjektion nach 24 Stunden (P–24) scheint sich, wenn überhaupt, von der sofortigen Injektion nur durch den verlängerten Zeitbedarf zu unterscheiden (was entsprechend als Ausdruck verbesserter Reaktionskontrolle zu deuten ist).

Ist einer der beiden Faktoren als nicht signifikant wirksam identifiziert worden — etwa die Injektionszeit in Beispiel 19.4.4.1 via $\chi^2(\text{B.XYZ})$ —, dann poolt man über die Stufen dieses Faktors, ehe man den signifikant wirksamen Faktor mittels Wirkungstypen-Tests beurteilt.

Um die Zahl der Observablen zu reduzieren, betrachtet man deren Interkorrelationen: Sind 2 Observablen hoch korreliert, so werfe man sie nach Standardisierung via *T-Transformation* zu einer einzigen zusammen, sofern dies auch substanzwissenschaftlich zu vertreten ist.

19.5 Multifaktorielle Pläne ohne Meßwiederholung

Untersuchungspläne mit *mehr als 2 Faktoren* und je n Individuen pro Faktorstufenkombination (= Orthogonale Pläne) lassen sich gemäß den Fragestellungen für bifaktorielle Untersuchungen auswerten (vgl. 19.4.1).

Je nachdem, ob an den je n Individuen eine Observable, zwei oder mehr als 2 Observablen erhoben werden, spricht man von uni- bi- oder polyvariaten Untersuchungen. Werden die Observablen je gesondert diskretisiert (dichotomiert), dann entstehen Kontingenz-Tafeln (Zweiwegtafeln) mit den Faktorkombinationen als Zeilen und den Observablenkonfigurationen als Spalten.

Entsprechend ihrer praktischen Bedeutung werden wir die *multifaktorielle* Untersuchung mit einer einzigen Observablen en detail betrachten und per ISA hypothesengerichtet auswerten. Polyvariate multifaktorielle Untersuchungen hingegen sollen nur wie bifaktorielle Untersuchungen (19.4.4) behandelt und nach *Wirkungstypen* ausgewertet werden.

19.5.1 Mehr-Faktoren-ISA mit 1 Observablen (Plan 10)

Sind A, B und C drei Faktoren mit a, b und c Stufen und X eine Observable mit x Abstufungen, dann ist die Gesamtwirkung der 3 Faktoren durch die Interaktion ABC.X definiert. In dieser Interaktion 3. Ordnung sind die Interaktionen 2. Ordnung, AB.X, AC.X und BC.X sowie die Interaktionen 1. Ordnung A.X, B.X und C.X mit einbegriffen.

Nach dem ISA-Prinzip ist ACB.X nur dann entsprechend einer Wechselwirkung 2. Ordnung im Sinne der ANOVA zu interpretieren, wenn weder AB.X, noch AC.X noch BC.X signifikant sind. Und AB.X ist nur dann als Wechselwirkung 1. Ordnung im Sinne der ANOVA zu interpretieren, wenn weder A.X noch B.X noch C.X signifikant ist. Dieses ISA-Prinzip verbürgt, daß alle Wirkungen als Interaktionen niedrigst-möglicher Ordnung zu deuten sind.

Das folgende Beispiel 19.5.1.1 mit 3 Bedingungsfaktoren soll den Modus procedendi der ISA mit n = 3 Faktoren und t = 1 Observablen und den den Nachweis einer *Interaktion 2. Ordnung* (IA$-$2 $\triangleq$ WW$-$1) illustrieren.

Beispiel 19.5.1.1

Versuchsplan: Aus 2 Flüssen (A_1 und A_2) werden mit einer Standardtechnik Wasserproben entnommen und die Zahl X der Wasserinsekten gezählt. Die Erhebung erfolgt in 2 Jahreszeiten (B_1 = Frühjahr, B_2 = Herbst) und zu 2 Tageszeiten (C_1 = mittags, C_2 = abends).

Ergebnisse: Tabelle 19.5.1.1 gibt die Zahl X der Wasserinsekten für jede der 2x2x2= =8 Bedingungskombinationen wieder. Die Nachzeichen von X sind das Resultat seiner Mediandichotomie (Daten umgedeutet aus SIMPSON et al., 1960, Example 82).

Tabelle 19.5.1.1

B	C	A_1		A_2	
1	1	29−	37−	35−	45+
		114+	49+	22−	29−
		24−	64+	18−	27−
	2	124+	51+	20−	44+
		63+	81+	26−	127+
		83+	106+	38−	52+
2	1	72+	87+	40+	45+
		100+	68+	263+	100+
		67+	9−	129+	115+
	2	7−	9−	25−	9−
		19−	1−	16−	28−
		18−	15−	10−	14−

ISA-Tests auf Hauptwirkungen: Poolt man nach je 2 der 3 Faktoren, so gewinnt man die 3 Vierfeldertafeln der Tabelle 19.5.1.2, die den Interaktionen A.X, B.X und C.X entsprechen.

Tabelle 19.5.1.2

	X+	X−		X+	X−		X+	X−
A_1	14	10	B_1	13	11	C_1	15	9
A_2	10	14	B_2	11	13	C_2	9	15
$\chi^2 = 1{,}33$			$\chi^2 = 0{,}33$			$\chi^2 = 3{,}00$		

Keiner der 3 Vierfelder-χ^2-Tests ist signifikant ($\alpha = 5\%$), womit Hauptwirkungen der 3 Faktoren nicht nachzuweisen sind: Weder unterscheiden sich die 2 Flüsse, noch die 2 Jahreszeiten noch die 2 Tageszeiten bzgl. der Häufigkeit erhobener Wasserinsekten.

ISA-Tests auf Wechselwirkungen: Poolt man nach je 1 der 3 Faktoren, so gewinnt man die 4 x 2-Feldertafeln der Tabelle 19.5.1.3.

Tabelle 19.5.1.3

AB	X+	X−	AC	X+	X−	BC	X+	X−
11	9	3	11	8	4	11	4	8
12	5	7	12	6	6	12	9	3
21	4	8	21	7	5	21	11	1
22	6	6	22	3	9	22	0	12
$\chi^2 = 5{,}26$			$\chi^2 = 4{,}67$			$\chi^2 = 24{,}67*$		

Tabelle 19.5.1.4

ABC	X+ a	X− b	$(a-b)^2/n$
111	3	3	0/6
112	6	0	36/6
121	5	1	16/6
122	0	6	36/6
211	1	5	16/6
212	3	3	0/6
221	6	0	36/6
222	0	6	36/6
Fg = 7	24	24	$176/6 = 29{,}33* = \chi^2$

Wie man sieht, ist nur χ^2(BC.X) mit (4-1)(2-1) = 3 Fgn signifikant, obschon weder B.X noch C.X signifikant war. Damit ist eine Wechselwirkung nachgewiesen, die bewirkt, daß im Herbst (B_2) um die Mittagszeit (C_1) überzufällig oft (11 Mal) viele Wasserinsekten ausgemacht werden, und im Herbst (B_2) um die Abendstunden (C_2) besonders oft (12 Mal) wenige Insekten vorgefunden werden (Tab. 19.5.1.3 rechterseits).

Wechselwirkung zwischen allen 3 Faktoren: Die Interaktion ABC.X brauchen wir nicht zu prüfen, da in sie die Interaktion BC.X mit eingeht, so daß eine etwa signifikante Interaktion ABC.X durch die signifikante Interaktion BC.X erklärt ist.

Nur wenn BC.X nicht signifikant ausgefallen wäre, hätten wir χ^2(ABC.X) aus Tabelle 19.5.1.4 nach 7 Fgn beurteilen und ggf. als IA-2 zeilenweise deuten müssen.

In Tabelle 19.5.1.4 ist das Gesamt-χ^2 wegen gleicher Zeilen- und gleicher Spaltensummen besonders einfach nach $\chi^2 = \frac{1}{n}\Sigma(a-b)^2$ zu berechnen, was übrigens auch für Tabelle 19.5.1.3 gilt (McNemar-Komponenten-Version des k x 2-Felder-χ^2-Tests).

Hinweis: Wenn χ^2(ABC.X) auf einer wesentlich höheren Stufe signifikant wäre als χ^2(BC.X), dann bestünde Verdacht auf eine ABC-Wechselwirkung, die u.U. durch Alignation nachzuweisen ist.

Monitas: Es wurden isngesamt 3+3+1 = 7 simultane Tests geplant und — bis auf den letzten — auch evaluiert. Das Alpha-Risiko ist daher für r = 7 simultane Tests nach $\alpha^* = 0{,}05/7 = 0{,}007$ zu adjustieren und die einschlägigen Schranken in Tafel II–1 nachzulesen. Die Schranke beträgt 19,4 bei 7 Fgn, so daß χ^2(BC.X) = 29,33 weiterhin signifikant bleibt.

Interessieren Hauptwirkungen in Beispiel 19.5.1.1 nicht, dann kann die Observable X für die abc Faktorkombinationen aligniert werden, mittels der Durchschnitte bei symmetrischen Verteilungen und der Mediane oder der Gini-Mediane (vgl. 19.4.2) bei asymmetrischer Verteilung von X. Den Verfahrensmodus schildert Abschnitt 19.5.2.

19.5.2 Mehr-Faktoren-ISA mit Alignement (Exkurs)

Bezeichnet man die hauptwirkungsalignierten Beobachtungen mit x, dann entsprechen die Interaktionen 2. Ordnung AB.x etc. den varianzanalytisch definierten Wechselwirkungen 1. Ordnung und sind entsprechend zu interpretieren, wenn sie signifikant ausfallen.

Interessiert den Untersucher nur, ob eine Wechselwirkung zwischen allen 3 Faktoren besteht, dann kann er gegen solch eine Wechselwirkung 2. Ordnung im ANOVA-Sinne auch mittels ISA prüfen, wenn er die Beobachtungen X so aligniert, daß sowohl Hauptwirkungen wie Wechselwirkungen 1. Ordnung verschwinden. Dies wird erreicht, wenn man die Lagekennwerte (Mediane, Mittelwerte) aller Stufenkombinationen von je 2 Faktoren aligniert, um *Interaktionen 3. Ordnung* (IA-3 ≙ WW-2) nachzuweisen.

Ist nur eine der 3 Interaktionen 2. Ordnung signifikant, wie BC.X in Beispiel 19.5.1.1, dann prüft man konservativ, wenn man nur die Lagekennwerte von B_1C_1, B_1C_2, B_2C_1 und B_2C_2 einander angleicht, ehe man ABC.X beurteilt. Subtrahiert man von den X-Werten des Zeilenblockes B_1C_1 deren Median 31, von B_1C_2 den Median 57,5, von B_2C_1 den Median 79,5 und von B_2C_2 den Median 14,5 und berücksichtigt nur die Vorzeichen der Differenzen, dann ergibt die 8 x 2-Feldertafel der Tabelle 19.5.1.4 ein χ^2 (ABC.x) bzw. erlaubt deutbare *Interaktionstypentests*.

19.5.3 Mehr-Faktoren-ISA mit polychotomen Observablen (Exkurs)

Bei Mediandichotomie zweier stetiger Observablen X und Y wird nicht nur viel an Information aufgegeben, sondern auch angenommen, die beiden Observablen seien *monoton* korreliert. Soll diese Annahme vermieden und Information erhalten werden, kann man die 2 Observablen äquiarealskalieren (vgl. 5.2.2) oder − ganz allgemein − *polychotomieren*, ehe man sie einer ISA unterwirft.

Im folgenden Beispiel 19.5.3.1 wird eine 5x2x3-Faktoren-ISA mit 1 Observablen mittels Interaktion-Tests zum Nachweis von Wirkungstypen ausgewertet, wobei N = 90 Observablenwerte in *Äquiarealschulnoten* transformiert wurden.

Beispiel 19.5.3.1

Datensatz: Die in Tabelle 19.5.3.1 verzeichneten a = 5 Gerstensorten (A), die an b = 6 verschiedenen Orten (B) angebaut worden sind, ergaben (in 3 aufeinanderfolgenden Jahren) die darin verzeichneten Ernteerträge X (aus Erna WEBER, 1972, Tab.43.3).

Quintil-Diskretisierung: Die $N = 5 \cdot 6 \cdot 3 = 90$ Observablenwerte wurden zur Informationsbewahrung in 5 Quintile Q(X) = 1(1)5 transformiert, wobei wegen der Bindungen in X nur eine Fast-Gleichverteilung mit f(1) = 17, f(2) = 18, f(3) = 18, f(4) = 18 und f(5) = 19 erzielt wurde (Tabelle 19.5.3.1).

Auswertung: Unter H_0 wird angenommen, daß sich die Konfigurationen aus 3 Quintilwerten homogen über die $5 \cdot 6 = 30$ Faktorkombinationen verteilen. Unter H_1 interessiert, ob unter mindestens einem Faktor oder mindestens einer Faktorkombination nur 1er- oder nur 5er-Quintile als Interaktionstypen auftreten. Es gilt $\alpha = 0,05$.

Eindruckbeurteilung: Offenbar ist der Anbau-Ort B_2 bevorzugt, da bei ihm 4 der 5 Sorten allein 5er-Quintilerträge ausweisen. Weiter ist die Sorten-Anbauorte-Kombination A_1B_1 benachteiligt, da sie als einzige nur 1er-Quintilerträge erbringt.

Faktorstufentest: Zählen wir an jedem Anbauort aus, wieviele 5er Erträge er bringt, so ergibt solche Vorauswertung die Vierfeldertafel der Tabelle 19.5.3.2

Tabelle 19.5.3.1

Faktor	A_1	A_2	A_3	A_4	A_5
B_1	29 = 1	45 = 4	41 = 4	38 = 4	44 = 4
	25 = 1	39 = 4	40 = 4	30 = 2	37 = 3
	27 = 1	46 = 4	37 = 3	30 = 2	36 = 3
B_2	48 = 5	55 = 5	64 = 5	41 = 4	61 = 5
	52 = 5	53 = 5	64 = 5	52 = 5	58 = 5
	47 = 5	57 = 5	64 = 5	53 = 5	57 = 5
B_3	24 = 1	28 = 1	42 = 4	25 = 1	32 = 2
	25 = 1	26 = 1	42 = 4	30 = 2	26 = 1
	34 = 2	33 = 2	47 = 5	35 = 3	31 = 2
B_4	38 = 3	40 = 4	53 = 5	40 = 4	45 = 4
	38 = 3	38 = 3	40 = 4	37 = 3	59 = 5
	44 = 4	37 = 3	47 = 5	47 = 5	46 = 4
B_5	34 = 2	21 = 1	38 = 4	36 = 4	32 = 2
	27 = 1	30 = 2	29 = 1	39 = 4	36 = 3
	38 = 3	36 = 3	22 = 1	29 = 1	36 = 3
B_6	29 = 1	31 = 2	37 = 3	35 = 3	30 = 2
	27 = 1	33 = 2	33 = 2	28 = 1	30 = 2
	32 = 2	35 = 3	32 = 2	33 = 2	35 = 3

Tabelle 19.5.3.2

	5er	andere	Quintile
B_2	14	1	15
andere	5	70	75
	19	71	90

Der Vierfelder-χ^2-Test liefert ein $\chi^2 = 56{,}38$, das für 1 Fg auf jeder, wie immer adjustierten, 1%-Stufe signifikant ist.

Interaktionstypentest: Wir zählen an jeder Sorten-Orte-Kombination aus, wieviele 1er Erträge sie bringt, und erhalten für A_1B_1 die Vierfeldertafel der Tabelle 19.5.3.3.

Tabelle 19.5.3.3

	1er	andere	Quintile
A_1B_1	3	0	3
andere	14	73	87
	17	73	90

Wegen zweier zu kleiner Erwartungswerte prüfen wir exakt nach FISHER-YATES (vgl. Formel (5.3.2.2)) und erhalten eine Punktwahrscheinlichkeit

$$p = \frac{3!\,87!\,17!\,73!}{90!\,3!\,0!\,14!\,73!} = \frac{17 \cdot 16 \cdot 15}{90 \cdot 89 \cdot 88} = 0{,}0058$$

die, da eine extreme Tafel wegen des Nullfeldes nicht existiert, zugleich die (einseitige) Überschreitungswahrscheinlichkeit P ist.

Mehrere Faktorkombinationen in Tabelle 19.5.3.1 haben zwei 1er Quintile zusammen mit einem höheren Quintil, und es liegt nahe, die Höhe des 3. Quintils zu berücksichtigen, um die obigen Vierfeldertests zu verschärfen.

Testverschärfung: Um zu prüfen, ob ein Quintilvektor (112 121 211) überzufällig niedrige Erträge anzeigt, bilden wir für $A_2 B_3$ die 5 x 2-Feldertafel der Tabelle 19.5.3.4

Tabelle 19.5.3.4

	1er	2er	3er	4er	5er	Qtl
$A_2 B_3$	2	1	0	0	0	3
andere	15	17	18	18	19	87
	17	18	18	18	19	90

Ist der sich abzeichnende Trend in Tabelle 19.5.3.4 signifikant, so gilt die Ertragsaussage. Asymptotisch prüft man mittels des PFANZAGLschen Trendtests (vgl. 16.5.10). Exakt prüft man nach einem trendadaptierten Polynomialtest wie folgt

$$p_0 = \frac{3!\,87!\,17!\,18!\,18!\,18!\,19!}{90!\,2!\,1!\,0!\,0!\,0!\,15!\,17!\,18!\,18!\,19!} = \frac{3 \cdot 16 \cdot 17 \cdot 18}{90 \cdot 89 \cdot 88} = 0{,}020838$$

Zu diesem p-Wert kommt noch der p-Wert für die extreme Verteilung – extremer im Sinne des Trends – mit 3 1er Quintilen hinzu (3 0 0 0 0)

$$p_1 = \frac{3!\,87!\,17!\,18!\,18!\,18!\,19!}{90!\,3!\,0!\,0!\,0!\,0!\,14!\,18!\,18!\,18!\,19!} = \frac{17 \cdot 16 \cdot 15}{90 \cdot 89 \cdot 88} = 0{,}005788$$

so daß ein P = 0,027 als (einseitige) Überschreitungswahrscheinlichkeit resultiert, die das adjustierte Alpha (siehe unten) bereits übersteigt.

Alpha-Adjustierung: Die Zahl der möglichen aposteriorischen ISA-Tests beträgt 6+5 = 11 für die Faktorstufen und $6 \cdot 5 = 30$ für die Faktorkombinationen, also insgesamt r = 11+30 = 41. Damit ist $\alpha^* = 0{,}05/41 = 0{,}00122$ das alle Wirkungstypen (einschließlich der Antitypen) protegierende Alpha-Risiko.

Wie man aus Beispiel 19.5.3.1 ersieht, lassen sich univariate Versuchspläne höchst effizient auswerten, wenn man von der Möglichkeit einer Polychotomie stetiger Observablen Gebrauch macht, sofern man sie nach *gleichen Anteilen* polychotomieren kann.

Wenn man die Auswertung auf Interaktionstypen-Tests beschränkt und sachlogisch sinnvoll definiert, was als extremere als die beobachtete Observablen-Konfiguration einer Faktorkombination zu gelten hat, dann lassen sich *konfigurale Trendtests* konstruieren, die an Effizienz unter den gegebenen Bedingungen nicht zu übertreffen sind.

19.5.4 Mehr-Faktoren-ISA mit 2 Observablen (Plan 11)

Falls 3 oder mehr als 3 Faktoren gleichzeitig auf *zwei* Observablen X und Y einwirken, kann diese Wirkung in analoger Weise wie bei einer Observablen (19.5.1) mittels ISA beurteilt werden. Für die 3 Faktoren A, B und C entspricht die Interaktion ABC.XY der globalen Wirkung der 3 Faktoren auf die 2 Observablen. Entsprechend repräsentiert die Interaktion A.XY die Hauptwirkung des Faktors A und die Interaktion AB.XY die Hauptwirkungen von A und B einschließlich einer etwaigen *bivariaten Wechselwirkung* A x B.

Wie allgemein bei der ISA gilt, daß AB.XY nur dann als Wechselwirkung zu interpretieren ist, wenn weder A.XY noch B.XY signifikant sind. Analog ist ABC.XY nur dann als Zweifach-Wechselwirkung zu interpretieren, wenn weder AB.XY noch AC.XY noch BC.XY signifikant sind.

Die 3 Faktoren und die 2 (diskretisierten) Observablen bilden eine Zweiwegtafel mit abc Zeilen und xy Spalten, die am einfachsten über *Interaktionstypen* zu interpretieren sind, wenn es dem Untersucher nicht darauf ankommt, zwischen Haupt- und Wechselwirkungen zu unterscheiden, sondern nur darauf, bestimmten Faktorkombinationen bestimmte Observablenkonfigurationen als Typen (Wirkungstypen) zuzuordnen.

Das folgende Beispiel 19.5.4.1 betrachtet Leistungsniveau X und (intraindividuelle) Leistungsvariabilität (Leistungsschwankung) Y als zwei interpretativ wichtige Aspekte einer in Teilzeiten untergliederten Leistungsanforderung und wertet sie nach n = 4 Faktoren mittels ISA neuristisch aus.

Beispiel 19.5.4.1

Datenergänzung: In Beispiel 18.5.3.1 wurde der d2-Test in 6 Teilzeiten durchgeführt und die Teilzeiten x separat ‚geskort'. Dadurch ergibt sich für jede Vp neben dem Leistungsniveau X (= Teilzeitmittel, in Tabelle 18.5.3.1) auch ein Maß der Leistungsschwankung Y (= Varianz der Teilzeitscores einer Vpn) als zweite Observable. Der Versuch wurde unter gleichen Bedingungen ein Jahr später (1978 nach 1977) repliziert und ergab die Observablenpaare der Tabelle 19.5.4.1 für die 2 x 56 = 112 = N Vpn und die 4 Faktoren (Alkohol, Coffein, Geschlecht (A, C, G) und Jahr).

Tabelle 19.5.4.1

G	A+C+		A+C-		A-C+		A-C-		Jahr
	X	Y	X	Y	X	Y	X	Y	
M	1665-	1042+	1516-	0531-	1978-	1008+	1490-	1623+	
	1923-	1471+	2190+	1301+	2045-	0412-	1846-	2158+	
	1958-	0654+	2143+	0472-	1990-	0375-	1991-	0407-	
	1490+	1073+	2005-	0954+	2006-	0274-	2205+	0762+	1977
	2335+	0395-	1936-	0245-	2083-	0384-	2431+	0537-	
	2340+	0662+	2383+	2569+	2235+	1181+	2780+	0220-	
	2623+	4552+	2351+	0600+	2573+	0568-	3126+	0228-	
	1670-	2560+	1290-	0766+	1298-	0258-	1773-	0212-	
	1718-	0688+	1546-	0078-	1831-	0631+	2215+	0755+	
	1868-	1334+	1923-	2135+	1795-	0125-	2248+	0364-	
	2208+	0141-	2095+	0145-	2423+	0508-	2108+	0461-	1978
	2440+	0696+	2281+	1114+	2743+	0402-	2803+	0445-	
	2493+	0925+	3150+	0043-	2848+	0728+	2905+	0202-	
	2038-	1811+	4009+	3656+	2027-	0455-	3462+	0453-	
W	1511-	0261-	2080-	1394+	1532-	0600+	1300-	0176-	
	1941-	2996+	1785-	1188+	2111+	1117+	1892-	1221+	
	1896-	0758+	1850-	2229+	2143+	0752+	1858-	0261-	
	1920-	0360-	2442+	1557+	2276+	2313+	1961-	1008+	1977
	1958-	0394-	2093-	0594-	2481+	0844+	2120+	0412-	
	2425+	1261+	2453+	2377+	2580+	0305-	1925-	1525+	
	2493+	2322+	2688+	0844+	2791+	0374-	3087+	0222-	
	1875-	0375-	1483-	0328-	1952-	0534-	1932-	0891+	
	1985-	0255-	1665-	0335-	2035-	0509-	2038-	0298-	
	1868-	0261-	2080-	0800+	2078-	0504-	2095-	0626+	
	1966-	0955+	2356+	0285-	2096+	0105-	2280+	0336-	1978
	2348+	1754+	2076-	0538-	2160+	0140-	2147+	0552-	
	2306+	0925+	1860-	0733+	2461+	0561-	2498+	0598+	
	2131+	0758+	2858+	0778+	2760+	0586-	2736+	0545-	

Die Vp mit X = 1665 (= 166,5) und Y = 1042 (= 104,2) z.B. hatte die Teilzeitskores x = (156 151 166 175 171 180) mit 104,2 = (156^2 + ... + 180^2)/6 – $166,5^2$.

Diskretisierung: Zwecks ISA-Auswertung wurden die Observablen X und Y je gesondert nach ihren Medianen dichotomiert und mit (+) und (-) in Tabelle 19.5.4.1 postsigniert, woraus die Observablenkonfigurationen X+Y+ (hohes Niveau mit großer Schwankung), X+Y- (hohes Niveau mit geringer Schwankung), X-Y+ (niedriges Niveau mit großer Schwankung) und X-Y- (niedriges Niveau mit geringer Schwankung) resultieren. Ihre den 2^4 = 16 Faktorkombinationen zugeordneten Frequenzen sind in Tabelle 19.5.4.2 verzeichnet.

Tabelle 19.5.4.2

ACGJ	X+Y+	X+Y-	X-Y+	X-Y-
++m7	3	1	3	0
++m8	2	1	4	0
++w7	2	0	2	3
++w8	3	0	1	3
+-m7	3	1	1	2
+-m8	2	2	2	1
+-w7	3	0	3	1
+-w8	1	1	2	3
-+m7	1	1	1	4
-+m8	1	2	1	3
-+w7	4	2	1	0
-+w8	0	4	0	3
--m7	1	3	2	1
--m8	1	5	0	1
--w7	0	2	3	2
--w8	1	3	2	1

Replikationshomogenität: Um die Untersuchungen aus 1977 und 1978 zusammenwerfen zu können, müssen ihre Ergebnisse als homogen verteilt angesehen werden dürfen. Da die Stichprobenumfänge mit N(1977) = N(1978) = 56 gleich sind, läßt sich der 2^3 x 2-Felder-χ^2-Test am einfachsten nach $\Sigma(a-b)^2/(a+b)$ wie folgt berechnen:

$$\chi^2 = (3-2)^2/5 + (1-1)^2/2 + ... + (2-1)^2/3 =$$
$$= 1/5 + 0/2 + 1/7 + (0/0 \text{ entfällt}) + ... + 1/3 = 18,65$$

Dieses χ^2 ist für $(2^5-1)(2-1) - 2 = 29$ Fge auf der 1%-Stufe nicht signifikant, so daß die 2 Untersuchungen als homogen angesehen werden dürfen (die 2 Fge, die subtrahiert worden sind, entsprechen den beiden Nullfelderpaaren der Tabelle 19.5.4.2).

Observablen-Korrelation: Eine bivariate Auswertung lohnt nur, wenn Niveau X und Schwankung Y nicht allzuhoch korreliert sind. Die Vierfelder-Korrelation ist in Tabelle 19.5.4.2 idealiter gleich Null, da a = f(X+Y+) = 28, und analog b = f(X+Y-), c und d gleich 28 sind. Die bivariate Auswertung würde nicht lohnen, wenn X und Y linear höher als 0,7 korreliert wären, da Messungen ein und derselben Observablen oft nicht höher als 0,7 korreliert sind (vgl. LIENERT, 1969, S.309).

Gesamtwirkungstest: Das Gesamt-χ^2 der Zweiwegtafel der Tabelle 19.5.4.3 ist signifikant und seine Zeilenkomponenten lassen bestimmte Faktorkombinationen als wirksam erscheinen.

Tabelle 19.5.4.3

	Faktoren		X+Y+	X+Y-	X-Y+	X-X-	Chi²
M	A+C+	1977 1978	$\genfrac{}{}{0pt}{}{3}{2})5$	$\genfrac{}{}{0pt}{}{1}{1})2$	$\genfrac{}{}{0pt}{}{3}{4})7$	$\genfrac{}{}{0pt}{}{0}{0})0$	8,286
	A+C-	1977 1978	$\genfrac{}{}{0pt}{}{3}{2})5$	$\genfrac{}{}{0pt}{}{1}{2})3$	$\genfrac{}{}{0pt}{}{1}{2})3$	$\genfrac{}{}{0pt}{}{2}{1})3$	0,857
	A-C+	1977 1978	$\genfrac{}{}{0pt}{}{1}{1})2$	$\genfrac{}{}{0pt}{}{1}{2})3$	$\genfrac{}{}{0pt}{}{1}{1})2$	$\genfrac{}{}{0pt}{}{4}{3})7$	4,857
	A-C-	1977 1978	$\genfrac{}{}{0pt}{}{1}{1})2$	$\genfrac{}{}{0pt}{}{3}{5})8$	$\genfrac{}{}{0pt}{}{2}{0})2$	$\genfrac{}{}{0pt}{}{1}{1})2$	7,714
W	A+C+	1977 1978	$\genfrac{}{}{0pt}{}{2}{3})5$	$\genfrac{}{}{0pt}{}{0}{0})0$	$\genfrac{}{}{0pt}{}{2}{1})3$	$\genfrac{}{}{0pt}{}{3}{3})6$	6,000
	A+C-	1977 1978	$\genfrac{}{}{0pt}{}{3}{1})4$	$\genfrac{}{}{0pt}{}{0}{1})1$	$\genfrac{}{}{0pt}{}{3}{2})5$	$\genfrac{}{}{0pt}{}{1}{3})4$	2,571
	A-C+	1977 1978	$\genfrac{}{}{0pt}{}{4}{0})4$	$\genfrac{}{}{0pt}{}{2}{4})6$	$\genfrac{}{}{0pt}{}{1}{0})1$	$\genfrac{}{}{0pt}{}{0}{3})3$	3,714
	A-C-	1977 1978	$\genfrac{}{}{0pt}{}{0}{1})1$	$\genfrac{}{}{0pt}{}{2}{3})5$	$\genfrac{}{}{0pt}{}{3}{2})5$	$\genfrac{}{}{0pt}{}{2}{1})3$	3,143
	Chi²		5,143	14,285	8,000	9,771	37,14* = χ^2

Interaktionstyp: Die Faktorkombination A+C+M liefert für die Observablen-Kn X-Y+ eine χ^2-Komponente von

$$\chi^2 = (5-3{,}5)^2/3{,}5 + \ldots + (0-3{,}5)^2/3{,}5 =$$
$$= 0{,}654 + 0{,}643 + 3{,}500 + 3{,}500 = 8{,}286^*,$$

die für 4-1 = 3 Fge signifikant ist und indiziert, daß Alkohol im Verein mit Coffein bei den meisten Männern das Niveau der Konzentrationsleistung senkt und ihre Schwankung erhöht (X-Y+).
Coffein allein (A-C+) führt bei 7 von 14 Männern (Studenten) hingegen zu einer Verstetigung einer niveautieferen Leistung (X-Y) mit χ^2 = 4,857. Ohne Wirkstoffe (A-C-) arbeiten Studenten mehrheitlich (8 von 14) mit hohem Niveau und geringer Schwankung, mit χ^2 = 7,714. Bei Studentinnen treten keine ausgeprägten Komponenten-Unterschiede auf, so daß eine Interpretation nicht gerechtfertigt erscheint.

Schichtungshomogenität: Da Studenten und Studentinnen tendenziell ähnlich auf die Faktorkombinationen reagieren, stellt sich die Frage, ob sie bezüglich ihrer Observablenkonfigurationen homogen anzusehen sind. Ein χ^2-Homogenitätstest mit 4 x 4 = = 16 Zeilen und 2 Spalten (M, W) ergibt bei gleichen Stichprobenumfängen N(M) = N(W) = 56 aus Tabelle 19.5.4.3 ein

$$\chi^2 = (5-5)^2/10 + (2-0)^2/2 + \ldots + (2-3)^2/5 = 17{,}47 \, ,$$

das für (16-1) (2-1) = 15 Fge nicht signifikant ist und mithin erlaubt, die beiden Geschlechter als homogene Schichten zusammenzuwerfen, wie dies in Tabelle 19.5.4.4 geschehen ist.

Tabelle 19.5.4.4

Faktoren	X+Y+	X+Y-	X-Y+	X-Y-	Chi²
A+C+	10	2	10	6	6,286
A+C-	9	4	8	7	2,000
A-C+	6	9	3	10	4,286
A-C-	3	13	7	5	8,000
Chi²	4,285	10,571	3,714	2,000	20,57* = χ^2

Bivariate ISA-Tests: Die Zweiwegtafel der Tabelle 19.5.4.4 entspricht der Interaktion AB.XY und liefert ein $\chi^2 = 20,57$, das für (4-1) (4-1) = 9 Fge auf der 5%-Stufe signifikant ist.

Ob diese IA auf A oder auf C oder auf deren Wechselwirkung zurückzuführen ist, entscheidet Tabelle 19.5.4.5 mittels der Interaktionen A.XY und B.XY bzw. deren χ^2-Prüfgrößen.

Tabelle 19.5.4.5

Faktoren	X+Y+	X+Y-	X-Y+	X-Y-	Chi²
A+	19	6	18	13	7,571
A-	9	22	10	15	7,571
Chi²	3,571	9,143	2,286	0,143	15,14*
C+	16	11	13	16	1,285
C-	12	17	15	12	1,285
Chi²	0,571	1,286	0,143	0,571	2,57 = χ^2

Wie man sieht, ist nur χ^2(A.XY) = 15,14* mit 4-1 = 3 Fgn signifikant, nicht aber χ^2(B.XY) = 2,57. Damit ist die Gesamt-Interaktion AB.XY durch die Interaktion Y.XY zureichend erklärt, und es braucht keine Wechselwirkung zwischen Alkohol und Coffein angenommen zu werden.

Wie ebenfalls aus Tabelle 19.5.4.5 hervorgeht und durch die χ^2-Komponenten gestützt wird, bewirkt Alkohol (A+) nicht nur, daß sich die Schwankung vergrößert (was psychologisch plausibel ist), sondern auch, daß sich das Niveau verbessert (was mit DÜKERS Theorie der reaktiven Leistungssteigerung zu erklären ist).

Noch typischer ist, daß durch Alkohol eine Niveauanhebung bei gleichzeitiger Leistungsverstetigung (X+Y-) praktisch blockiert wird (nur bei 6 von 28 Vpn auftritt), während sie ohne Alkohol (A-) bei 22 von 28 Vpn auftritt. Coffein (C+) erwies sich entgegen der Erwartung als nicht signifikant wirksam (vgl. Tabelle 19.5.4.5).

Univariate ISA-Tests: Die Interaktion A.XY ist eine bivariate Interaktion mit den Observablen X und Y; sie kann auf die 2 univariaten Interaktionen A.X und A.Y bezogen werden, um festzustellen, ob u.U. A.X bereits die Signifikanz der Interaktion A.XY zureichend erklärt. Die zugehörigen Prüfgrößen sind in Tabelle 19.5.4.6, die aus Tabelle 19.5.4.5 durch Poolen entsteht, berechnet worden.

Tabelle 19.5.4.6

	X+	X-		Y+	Y-
A+	25	31	A+	37	19
A-	31	25	A-	19	37
	$\chi^2 = 1,29$			$\chi^2 = 13,00*$	

Die Wirkung von A auf Y ist mit $\chi^2 = 13,00$ bei 1 Fg selbst unter Berücksichtigung aller bislang durchgeführten simultanen Tests auf dem 5%-Niveau signifikant. Damit ist die schwankungsvergrößernde Wirkung des Alkohols (Verunstetigungswirkung) allein und für sich geeignet, alle in Tabelle 19.5.4.2 auftretenden Devianzen der beobachteten von den unter H_0 (wonach weder A noch C wirkt) erwarteten Frequenzen zu erklären.

Heuristische Nachauswertung: Aufgrund der Erkenntnis, daß es in der Hauptsache die Observable Y ist, die von den Faktoren A und C beeinflußt zu werden scheint, wäre eine univariate ISA mit den Interaktionen ACG.Y, AC.Y, AG.Y, CG.Y und A.Y, C.Y einschließlich des obsoleten G.Y nachzuschieben.

Beispiel 19.5.4.1 hat neben den ISA-Tests einige *andere Auswertungsaspekte* berücksichtigt:

(1) Es wurde über geeignete *Homogenitätstests* vorgeprüft, ob alle n Faktoren beibehalten oder mindestens 1 Faktor aufgelassen werden kann;

(2) es wurde sichergestellt, daß die beiden Observablen *nicht* (zu hoch) *korreliert* sind, um sie andernfalls via T-Transformation additiv nach $T = T_x + T_y$ zu verknüpfen und univariat auszuwerten;

(3) es wurde in Betracht gezogen, die bivariate Untersuchung *zweifach univariat* auszuwerten.

Nicht angegangen wurde die Frage, ob bestimmte Faktoren oder Faktorkombinationen zu *Korrelationsänderungen* zwischen den beiden Observablen führen: So findet man in Beispiel 19.5.4.1 Leistung X und Schwankung Y unter der Kontrollbedingung (A-C-) mit phi = -0,41 negativ korreliert, unter den 3 Behandlungsbedingungen aber unkorreliert mit Phi = = 0,12 für die gepoolten 3 Gruppen von Vpn.

Vorausgesetzt, dieser *Korrelationsunterschied* ist signifikant (vgl. LIENERT et al. 1979), dann bedeutet dies, daß der naturaliter bestehende negative Zusammenhang zwischen Leistungshöhe X und Leistungsschwankung Y durch jede Art von Behandlung (A und/oder C) gelöst wird.

19.5.5 Mehr-Faktoren-ISA mit t Observablen (Plan 12)

Würde in Beispiel 19.5.3.1 neben Ertrag X und Klebergehalt Y noch die Keimbereitschaft Z der Gerstenaussaaten (N = 90) als dritte Observable registriert, so entstünde ein Zwei-Faktoren Plan mit t = 3 Observablen. Welche Faktorenkombinationen A_iB_j zu erwünschten Observablenkonfigurationen führen, wäre mit *Interaktionstypentests* zu untersuchen.

Ob die Faktoren A und B auf die Observablen X, Y und Z überhaupt einwirken, wäre mit einer Prüfung auf Interaktion AB.XYZ festzustellen. Fällt die Interaktion AB.XYZ signifikant aus, ohne daß eine der Interaktionen A.XYZ oder B.XYZ signifikant wird, dann entspricht dies einer *trivariaten Wechselwirkung* zwischen den beiden Faktoren. Die Interaktionen A.XYZ und B.XYZ selbst sind als trivariate Hauptwirkungen von A und B zu interpretieren.

Wieder wird unterstellt, daß die 3 Observablen paarweise nicht zu hoch interkorreliert sind, da dies sonst zur gleichen Redundanz führt, wie wenn man ein und dieselbe Observable dreimal registriert.

Sind 2 unter t Observablen hoch interkorreliert, dann empfiehlt es sich, sie je gesondert nach TERMAN zu transformieren (vgl. 4.3.5) und die Paare von T-Werten additiv zu kombinieren, etwa nach T(X) + T(Y) = 2T(Z), um die Zahl der Observablen um 1 zu reduzieren. Sind mehrere Paare von Observablen monoton korreliert, so kann die Zahl der Observablen um mehr als 1 verringert werden.

Auch die Zahl der Faktoren sollte nicht tabuiert bleiben: Schichtungsfaktoren können bei homogenen Schichten außer acht fallen. Behandlungsfaktoren sollten − nachdem sie anthac eingeführt worden sind − nicht posthoc wieder aufgelassen werden, es sei denn, daß sie weder Hauptwirkungen entfalten noch Wechselwirkungen mit anderen Faktoren eingehen.

Die Frage der *Diskretisierung* von Observablen behandle man nicht schematisch, sondern frage nach der substanzwissenschaftlichen Bedeutsamkeit der Abstufung einer jeden Observablen. Aus der Beantwortung solch einer Frage mag sich durchaus ergeben, daß − auch bei relativ kleinem Stichprobenumfang − die eine oder andere Observable zu polychotomieren statt zu dichotomieren sei, selbst wenn dies den Aufwand exakter Tests zur Folge hat (vgl. Beispiel 19.5.3.1).

Parametrisch wertet man Untersuchungspläne mit mehreren Observablen mittels MANOVA aus, wobei man am besten nach WOTTAWAS (1974) ‚allgemeinem linearen Modell' vorgeht; Rangtests nach dem allgemeinen linearen Modell werden bei MCKEAN und HETTMANSPERGER (1976) abgeleitet.

19.6 Untersuchungspläne mit einmaliger Meßwiederholung

In den Untersuchungsplänen der Abschnitte 19.1–5 sind wir davon ausgegangen, daß jedes Individuum (oder Versuchseinheit, wie die Gerstenaussaat) nur ein einziges Mal beobachtet worden ist. Untersuchungen ohne Meßwiederholung betreffen meist prompt eintretende Behandlungswirkungen (kurzzeitige Arzneimittelwirkungen) oder reiz- und instruktionsbedingte Reaktionen (wie Beantwortung von Tests und Fragebögen). Typisch dafür ist der sog. *akute Versuch*, in welchem ein Arzneimittel verabreicht und nach dessen Wirkungseintritt eine Observable (Leistung) erhoben wird.

Langzeitig wirksame Behandlungen arbeiten in der Regel mit Meßwiederholung einer oder mehrerer Observablen, um den Wirkungsverlauf eines Krankheitsprozesses oder eines sog. *chronischen Versuchs* zu beurteilen.

Bei *Meßwiederholungsversuchen* wird vorausgesetzt, daß die Observable das, was sie zu messen vorgibt, auch während aller Wiederholungen mißt, daß sie eine *zeitkonstante Gültigkeit* (Validität) besitzt. Die Observable ‚Einstellige Zahlen addieren' prüft bei der ersten Vorgabe gewiß so etwas wie Rechengewandtheit; mit zunehmender Zahl von Vorgaben aber prüft er mehr und mehr das, was man gemeinhin als Konzentrationsfähigkeit bezeichnet, so daß eine *zeitvariable Gültigkeit* vorliegt.

Observablen mit *zeitvariabler Gültigkeit* sollten bei wiederholter Messung wie *multivariate* Untersuchungen ausgewertet werden, wobei zwei Messungen wie 2 und t Observablen gemäß den Plänen 3,6 und 9 zu analysieren sind. Der Fall zweier Messungen, die sog. *einmalige Meßwiederholung,* wird nachfolgend behandelt.

19.6.1 Untersuchungen mit Ausgangs- und Endwerten

Untersuchungen mit einfacher, genauer: mit einmaliger Meßwiederholung haben meist zum Ziel, *Änderungen* von einer ersten unter Kontrollbedingungen durchgeführten Beobachtung (*Ausgangswert*) zu einer zweiten unter experimentellen Bedingungen durchgeführten Untersuchung (*Endwert*) zu beurteilen; solches leistet bei einem Vergleich *zweier abhängiger Stichproben* von Beobachtungswerten der Vorzeichentest (5.1.2) oder der Vorzeichenrangtest (6.4.1), bei welchen Tests man die *Differenzen* von der Erst- zur Zweitbeobachtung bildet und als eine einzige Stichprobe von Änderungsbeobachtungen auswertet (mit Differenzen-Bindungen als PRATTscher Test vgl. GEBERT et al. 1977).

Daß man Versuchspläne mit einmaliger Meßwiederholung über deren Differenzen $X_2 - X_1 = D$ von Zweit- minus Erstmessung auswerten darf, setzt voraus, daß die Messungen *Intervallakalencharakter* besitzen, also etwa dem klassischen cm-g-sec-System entnommen sind.

Von Messungen mit Ordinalskalencharakter, wie Schulnoten oder Fremdbeurteilungen über *Steigerungsreihen* (1 = amotil, 2 = submotil bis 7 = hypermotil), dürfen i.a. keine Differenzen gebildet werden, es sei denn, sie wären normiert (wie bei Stanine-Skalierung). Sofern jedoch nicht die Differenzen D, sondern nur ihre Vorzeichen in die Auswertung mit eingehen, sind auch Ordinalskalenbeobachtungen einer Differenzen-Auswertung fähig.

Wenn es auf interindividuell unterschiedliche Niveaus von Untersuchungen mit einmaliger Meßwiederholung nicht ankommt, sondern nur auf die Zuwächse von der Erst- zur Zweitbeobachtung, dann sind auch sog. *ipsative Intervallskalen* zugelassen: die Selbstbeurteilung nach ‚*Thermometerskalen*' macht davon Gebrauch, indem Vpn oder Ptn ihre Befindlichkeit, wie z.B. ‚Innere Spannung' auf einer Geraden mit den Ankerpunkten 0 (schlafentspannt) und 100 (angstgespannt) graphisch markieren, wodurch eine ‚quasi-stetige' Observable resultiert, deren Messung beliebig oft wiederholt werden kann. *Thermometer-Ratings* (CANTRIL, 1946; BARTENWERFER, 1969; HELLER, 1979) sind jedoch nur intraindividuell vergleichbar und nicht auch interindividuell wie bei sog. *normativen Intervallskalen*.

Im folgenden Abschnitt 19.6.2 werden wir uns mit ipsativen Meßwiederholungen begnügen, im darauffolgenden Abschnitt 19.6.3 aber wiederum normative Meßwiederholungen fordern.

19.6.2 Differenzen als Quasi-Observablen

Im folgenden soll die Differenz einer *Nachbeobachtung* X_2 zu einer *Vorbeobachtung* X_1 als *Quasi-Observable* $D = X_2 - X_1$ bezeichnet und wie eine echte Observable behandelt werden.

Sind Vor- und Nachbeobachtung bei einer Stichprobe von N Individuen Werte einer *stetigen* und beliebig genau zu messenden Observablen, dann treten nur positive und negative Differenzen als Änderungsmaße auf.

Unter der *Nullhypothese* einer unwirksamen Behandlungsintervention zwischen Vor- und Nachbeobachtung müssen die Differenzen als Quasi-Observablen über einem Populationsmedian von Null symmetrisch verteilt sein, also je zur Hälfte positives und negatives Vorzeichen tragen.

Sind Vor- und Nachbeobachtungen zwar stetig ausgeprägt, aber *diskret* gemessen worden (wie natürliche Zahlen als Meßwerte X), dann treten auch *Nulldifferenzen* auf, die einer Nichtänderung von der Vor- zur Nachbeobachtung entsprechen.

Will man Nulldifferenzen unter H_0 bewerten, so muß man ihnen nach Los Vorzeichen zuordnen oder sie — wie beim Vorzeichentest — aus der Stichprobe der N Differenzen herausnehmen. Da die Herausnahme aber in faktoriellen Versuchen dazu führt, daß die einzelnen Felder ungleich besetzt sind, und die Los-Vorzeichnung einer subjektiven Willkür Tür und Tor öffnet, sollte eine *Pseudozufallsentscheidung* vorgesehen werden. Vpn können z.B. nach ihrem Geburtsjahr (geradzahlig = + und ungeradzahlig = –) mit Vorzeichen bedacht werden.

Werden N Individuen hinsichtlich zweier oder mehrerer Observablen U, V, W, X vor- und nachbeobachtet und Null-Differenzen nach Pseudozufall mit Plus oder Minus signiert, entstehen Vorzeichenmuster, die wir als *Änderungskonfigurationen* bezeichnen wollen. Die N Individuen verteilen sich dann auf die 2^t Änderungskonfigurationen, wobei einzelne Kn auch unbesetzt bleiben, also *Nullfrequenzen* aufweisen können.

Nachfolgend wollen wir nicht sofort mit der Auswertung von Differenzen als Quasi-Observablen starten, sondern zunächst eine andere Betrachtungsweise für die Auswertung von Änderungsmessungen diskutieren: die *Geradenanpassung*.

19.6.3 Geradenkennwerte als Pseudo-Observablen

Eine allgemeingültige Methode, mehrfache Messungen einer Observablen durch möglichst wenige Kennwerte zu beschreiben, ist die von KRAUTH (1973) empfohlene Anpassung individueller Verlaufskurven durch Polynome. Eine aus 2 Messungen (Vorher–Nachher) bestehende Kurve kann durch eine *Gerade* bzw. durch eine Geradengleichung

$$x = a_0 + a_1 t \qquad (19.6.3.1)$$

angepaßt werden, wobei a_0 das *Niveau* (Ordinatenabschnitt) und a_1 die *Steigung* der Geraden bezeichnet mit x, der Observablenausprägung als Funktion von t, dem *Beobachtungszeitpunkt*.

Ein einzelnes Individuum, daß zum Zeitpunkt t_1 mit X_1 vor- und zum Zeitpunkt t_2 mit X_2 nachbeobachtet wurde, hat eine *Observablensteigung* von

$$a_1 = (X_2 - X_1)/(t_2 - t_1) \qquad (19.6.3.2)$$

und ein *Observablenniveau* von

$$a_0 = (X_1 t_2 - X_2 t_1)/(t_2 - t_1) \qquad (19.6.3.3)$$

Die aus X_1 und X_2 abgeleiteten *Geraden-Kennwerte* sollen als *Pseudo-Observablen* bezeichnet werden. Die Steigung a_1 ist anstelle der Differenz D immer dann indiziert, wenn die *Beobachtungsintervalle* von Individuum zu Individuum *variieren*.

Sind die Beobachtungsintervalle bei allen Individuen *konstant*, dann gilt – wenn man das Niveau zum Zeitpunkt der Behandlungsintervention mißt, also in der Intervallmitte zwischen Vor- und Nachbeobachtung –, daß die *Geradenkennwerte* wie folgt definiert sind:

$$a_1 = X_2 - X_1 \qquad (19.6.3.4)$$

$$a_0 = (X_2 + X_1)/2 \qquad (19.6.3.5)$$

Diese Gleichungen ergeben sich daraus, daß man $t_1 = -1/2$ und $t_2 = +1/2$ in den Gleichungen (19.6.3.2–3) setzt. Die Steigung a_1 ist in diesem Fall gleich der Differenz D, und das Niveau gleich dem arithmetischen Mittel (der halben Summe) von Vor- und Nachbeobachtung, wobei statt a_0 auch die Summe $S = X_2 + X_1$ als Niveaumaß vereinbart werden kann[7].

Im folgenden wollen wir annehmen, daß den Untersucher nur die Veränderung D und nicht auch das Niveau, auf dem sie abläuft, interessiert. Deshalb operieren wir anschließend zunächst mit Differenzen als Quasi-Observablen.

19.7 Afaktorielle Untersuchungen mit Differenzen

Wird eine Stichprobe von N Individuen bezüglich einer oder mehrerer Observablen (X,Y,Z) vor- und nachbeobachtet, so entsteht eine Stichprobe von Differenzen $D_x = X_2 - X_1$ bzw. ein *Differenzenvektor* D_x, D_y, D_z. Unter der Nullhypothese, wonach die Meßwiederholung keinen Einfluß auf die uni- oder multivariate Verteilung der Observablen nimmt, haben die Differenzen einen Erwartungswert (Erwartungsvektor) von Null bzw. sind bezüglich Null symmetrisch verteilt (uni- oder multivariat).

Jeder der folgenden Auswertungspläne geht davon aus, daß zwischen Vor- und Nachbeobachtung eine *Behandlungsmaßnahme* eingeschaltet wurde, wobei auch das Zeitintervall selbst als *Intervention* gilt. Wenn die Intervention bewirkt, daß die Nachbeobachtungen *höher* liegen als die Vorbeobachtungen (Reifung und Lernen) ist zu prüfen, ob die Differenzen der N Individuen noch mit H_0 vereinbar, d. h. über Null symmetrisch verteilt sind.

---

[7] Unter parametrischen Bedingungen sind die Differenz D und die Summe S zweier bivariat normal verteilter Observablen stochastisch unabhängig und damit auch unkorreliert, selbst wenn X und Y hoch korreliert sind.

Betrachtet man nicht die Differenzen D, sondern nur deren *Vorzeichen* (+, −), so sind die Sgn(D) unter H_0 *bernoulli-verteilt* (positive und negative Vorzeichen im Verhältnis 1:1) und mittels Vorzeichentest gegen H_0 zu prüfen. Der folgende Abschnitt beginnt mit dem Vorzeichentest und seiner Anwendung auf afaktorielle Untersuchungen.

19.7.1 Ein-Differenzen-Vorzeichentests (Plan 13)

Aus klinischer Erfahrung ist bekannt, daß legasthenische Kinder durch orthographisches Training ihre Schulleistungen verbessern bzw. ihre Rechtschreibfehler vermindern. Wie kann diese Erfahrung objektiviert werden?

In einem Versuch wurden N = 28 *Legastheniker* zunächst einem Vortest X_1 unterworfen (Diktatschreiben), um ihr Ausgangsniveau zu messen. Nach vierwöchigem Training wurde ein Nachtest X_2 durchgeführt und die Zahl der Fehler in beiden Tests verglichen: Es wurden f(+) = 17 positive Differenzen $X_2 - X_1$ (Verbesserungen), f(0) = 8 Nulldifferenzen und f(−) = = 3 negative Differenzen (Verschlechterungen) registriert (Daten aus KRAUTH und LIENERT, 1974, Tab.1).

Ob eine Leistungsverbesserung eingetreten ist, beurteilt man, wie bekannt (vgl. 5.1.2), nach dem *univariaten Vorzeichentest* unter Weglassung der Nulldifferenzen. Für N = 28−8 = 20 Nichtnull-Differenzen finden wir in Tafel I unter x = 3 (Verschlechterungen) ein (einseitiges) P = 0,001 < < 0,05 = α, das die klinische Vermutung stützt.

An die Stelle des Vorzeichentests kann auch ein *Zweifelder*-χ^2-Test treten, um *Änderungstypen* nachzuweisen. Tabelle 19.7.1.1 zeigt, daß f = 17 positive unter 20 Nichtnull-Differenzen bei e = 20/2 = 10 unter H_0 erwarteten positiven Differenzen einen ‚Verbesserungstyp' ausbilden: $\chi^2 = (17-10)^2/10 + (3-10)^2/10 = 9{,}80$ mit 2−1 = 1 Fg.

Tabelle 19.7.1.1

sgn(D)	f	e	Chi²
+	17	10	4,90
0	8	−	−
−	3	10	4,90

Da für den Typennachweis à la KFA stets einseitig (auf Überfrequentierung) zu prüfen ist, gilt für das 5%-Niveau die Schranke $\chi^2(2 \cdot 0{,}05) = 2{,}71$ bei 1 Fg.

Sollen die Nulldifferenzen nicht außer acht bleiben, so prüft man am wirksamsten über den Positionstrendtest von PFANZAGL (1974, Bd. 2, S. 192), wie in Tabelle 19.7.1.2 ausgeführt (vgl. 16.6.1).

Tabelle 19.7.1.2

sgn(D)	i	f_i	if_i
+	1	17	17
0	2	8	16
−	k=3	3	9
		28	42

$$\chi_1^2 = \frac{[(42 - 28(3+1)/2)]^2}{28(3^2-1)/12} = 10{,}50^{**}$$

Nach diesem Test, der hier als χ^2-Test mit 1 Fg (statt als u-Test) angewendet wird, ist das Diktatschreiben auf dem 0,1%-Niveau im Posttest besser als im Prätest. Die hohe Effizienz des Tests rührt daher, daß die Nulldifferenzen nicht fortgelassen werden, wie im Vorzeichentest, sondern eine von 3 Abstufungen der Quasi-Observablen D_x = Zuwachs in der Testleistung darstellen.

Obige Interpretation steht unter dem Vorbehalt, daß nicht das Legastheniker-Training, sondern schlicht ein zeitabhängiger Reifungsprozeß die besseren Posttestleistungen verantwortet. Wir werden zur Kontrolle des Reifungseinflusses später (19.8.1) eine nicht-trainierte Gruppe von Legasthenikern zum Vergleich heranziehen.

19.7.2 Zwei-Differenzen Vorzeichentests (Plan 14)

Angenommen, die N = 28 Legastheniker des Beispiels aus 19.7.1 sind nicht nur nach ihren Rechtschreibleistungen (X), sondern auch nach ihren Leseleistungen (Y) gemessen worden. Die Differenzen D_x und D_y haben dabei die in Tabelle 19.7.2.1 verzeichneten *Vorzeichen-Konfigurationen* und deren Frequenzen geliefert.

Unter H_0 (kein Trainingseinfluß) sind positive und negative Änderungen je Observable gleich wahrscheinlich, so daß die Erwartungswerte e für die 2 x 2 = 4 Vorzeichen-Kn gleich N/4 = 28/4 = 7 sind.

KRAUTHS bivariater Vorzeichentest

Um global zu beurteilen, ob die zwischen den 2 Messungen ablaufende Intervention bzw. das dazwischen liegende Zeitintervall einen Einfluß auf die Nachbeobachtungen und damit auf deren Differenzen zu den Vorbeobachtungen hatte, prüfen wir auf Anpassung der beobachteten (f) an die unter H_0 in Tabelle 19.7.2.1 erwarteten Frequenzen für die 2 x 2 = 4 Vorzeichenkonfigurationen (vgl. LIENERT und KRAUTH, 1973, IX/2). Es resultiert ein χ^2 = 14,00, das für 4-1 Fge zu beurteilen ist, da nur N und nicht auch die 2 Randverteilungen der Vierfeldertafel (a = 13 bis d = 0) festliegen.

Tabelle 19.7.2.1

D_x	D_y	f	e
+	+	13	7
+	−	10	7
−	+	5	7
−	−	0	7

Der signifikante *Vorzeichentest nach KRAUTH* ist nach seinen χ^2-Komponenten dahin zu beurteilen, daß Leistungsminderungen im Schreiben *und* im Lesen (−−) überzufällig selten sind, was einem Antityp i.S. der KFA entspricht. Das Legastheniker-Training ist also jedenfalls nicht schädlich, um dies einfach zu sagen.

Wäre unter H_1 gefordert worden, es solle nützlich sein und sowohl zu einer Schreib- wie zu einer Leseverbesserung führen (++), wäre auf Existenz eines *bivariaten Änderungs-*, eines (++)-*Typs* zu prüfen gewesen: Die gezielte H_1 liefert mit f_1 = 13, e_1 = 7, f_2 = b+c+d = 10+5+0 = 15 und e_2 = 7+7+7 = 21 ein Zweifelder χ^2 = 6,86, das die einseitige 5%-Schranke 2,71 mit 2-1 = 1 Fg. übersteigt und H_1 (S+L-Verbesserungstyp) verifiziert.

Wie man sieht, ist ein ISA-Test mit gezielter Alternative schärfer als ein KFA-Test ohne eine gezielte Alternative.

BENNETTS bivariater Vorzeichentest

Tabelle 19.7.2.1 entspricht einem Omnibustest, der nicht nur auf Lageänderungen der einen (X) und/oder anderen Observablen (Y), sondern auch auf Änderungen ihres Zusammenhangs anspricht.

Interessieren den Untersucher nur *Lageänderungen*, die in einer oder in *beiden* Observablen auftreten, dann ist der *bivariate Vorzeichentest* von BENNETT (1962) der bestindizierte Test; seine Prüfgröße

$$\chi^2 = \frac{(f(++) - f(--))^2}{f(++) + f(--)} + \frac{(f(+-) - f(-+))^2}{f(+-) + f(-+)} \tag{19.7.2.1}$$

oder in der üblichen Vierfelder-Notation

$$\chi^2 = (a-d)^2/(a+d) + (b-c)^2/(b+c), \tag{19.7.2.2}$$

deren Symbole in Tabelle 19.7.2.2 definiert sind, ist nach 2 Fgn zu beurteilen.

Tabelle 19.7.2.2

		D_y	
		+	−
D_x	+	13	10
	−	5	0

Zu interpretieren ist ein signifikatner BENNETT-Test am plausibelsten über eine *Einstichproben-KFA*, deren Erwartungswerte aus den homonym (++, −−) und den heteronym indizierten Beobachtungswerten geschätzt werden: $e(++,--) = (13+0)/2 = 6{,}5$ und $e(+-,-+) = (10+5)/2 = 7{,}5$. Tabelle 19.7.2.3 zeigt die einschlägigen KFA-Tests.

Tabelle 19.7.2.3

d_x	d_y	f	e	Chi²
+	+	13	6,5	6,50*
+	−	10	7,5	0,83
−	+	5	7,5	0,83
−	−	0	6,5	6,50
		N = 28	28,0	$\chi^2 = 14{,}67^*$ mit 2 Fgn

Rechnet man nach BENNETTS Formel (19.7.2.1), so prüft man auf *Punktsymmetrie* in einer Vierfeldertafel (vgl. WALL und LIENERT, 1976) und erhält je eine χ^2-Komponente für die Haupt- und die Nebendiagonale der Vierfeldertafel mit

$$\chi^2 = \frac{(13-0)^2}{13} + \frac{(10-5)^2}{15} = 13{,}00 + 1{,}67 = 14{,}67.$$

Da die Hauptdiagonalkomponente viel größer ist als die Nebendiagonalkomponente, profitieren beide Observablen (Lesen und Schreiben) von dem Training. Wäre die Nebendiagonale größer als die Hauptdiagonale, dann profitierte nur eine der beiden Leistungen (Lesen oder Schreiben) von dem Training.

Worauf BENNETT (1962) nicht hinweist, ist der Vorzug, daß beide χ^2-Komponenten seines bivariaten Vorzeichentests je gesondert für 1 Fg beurteilt werden dürfen, wenn man $\alpha^* = \alpha/2$ vereinbart. In obigem Beispiel ist $\chi_1^2 = 13{,}00$ signifikant, nicht aber $\chi_1^2 = 1{,}67$, womit nachgewiesen wird, daß das Training beide Leistungen (und nicht nur eine von ihnen) begünstigt.

BENNETTS Test ist also zwecks Interpretation am besten in 2 Komponententests mit je 1 Fg aufzulösen und jeder Test nach $\alpha/2$ zu beurteilen.

SARRIS' bivariater Vorzeichentest

Ist nur die erste Komponente von BENNETTS χ^2 mit $(a-d)^2/(a+d)$ signifikant, so bedeutet dies stets, daß beide Leistungen durch die Behandlung begünstigt werden. Ist nur die zweite Komponente mit $(b-c)^2/(b+c)$ signifikant, so bedeutet dies, daß eine der beiden Leistungen stärker begünstigt wird als die andere, bzw. daß eine Leistung begünstigt und die andere beeinträchtigt wird. Genau diese und nur diese Komponente benutzt der von SARRIS (1967) vorgeschlagene bivariate Vorzeichentest, um Zuwachsraten in 2 verschiedenen Leistungen (X, Y) zu vergleichen bzw. festzustellen, ob eine Leistung stärker gefördert wird als die andere. SARRIS' Test ist optimal indiziert, wenn an der Lokationswirkung einer Behandlung kein Zweifel besteht und nur die Frage offen steht, in welcher von 2 Beobachtungsgrößen sie sich signifikant stärker auswirkt. Ein Anwendungsbeispiel zu *SARRIS' bivariatem Vorzeichentest* findet der Leser in Abschnitt 5.5.2 des Bandes 1.

KOHNENS bivariater Vorzeichentest

BENNETTS Test spricht nur auf *homeopoietische* (lageändernde) Wirkungen einer Behandlung in einer oder in beiden Observablen an. Wirkt sich eine Behandlung nun aber *heteropoietisch* (streuungsverändernd) aus, indem ein Teil der N Individuen in beiden Observablen begünstigt und ein anderer Teil in beiden Observablen benachteiligt wird, dann ist BENNETTS Test unwirksam und KRAUTHS Test nur schwach wirksam.

Stark wirksam hingegen ist eine Version des bivariaten Tests, die von KOHNEN (vgl. KOHNEN und LIENERT, 1979) vorgeschlagen wurde: Man prüft, ob die *Vorzeichenpaare* der als Vierfeldertafel rearrangierten Tabelle 19.7.2.2 *positiv assoziiert* sind, und zwar mittels des bekannten Vierfelder-χ^2-Tests oder des exakten FISHER-YATES-Tests. Ist KOHNENS bivariater Vorzeichentest signifikant, dann besteht eine heteropoietische Wirkung.

In einer Untersuchung an 2N = 56 Vpn wurden *Paßpaare* von Vpn gleicher Vortestleistung gebildet. Ein nach Los ausgewählter Paarling erhielt Alkohol+Coffein (Experimentepaarling) und der andere Paarling nur Alkohol, jeweils in einem Bitter-Limonaden-Getränk verabreicht. Eine halbe Stunde später wurde auf X = Konzentration und Y = Konzentrationsschwankungen geprüft. Die Differenzen D_x = X(A+C) - X(A) der Paßpaare und analog D_y wurden nach ihren Vorzeichen klassifiziert und ergaben die Tabelle 19.7.2.4 (Daten aus Tab. 19.5.4.1).

Tabelle 19.7.2.4

		sgn(D_y) +	−	
sgn(D_x)	+	10	2	12
	−	7	9	16
		17	11	N = 28

$$\chi^2 = \frac{28(10 \cdot 9 - 2 \cdot 7)^2}{12 \cdot 16 \cdot 17 \cdot 11} = 4{,}50^* \text{ mit 1 Fg}$$

Wie man aus Tabelle 19.7.2.4 erkennt, haben 10 der N = 28 Paßpaare unter Alkohol+Coffein höhere Konzentrationsniveaus (D_x^+) aber auch höhere Konzentrationsschwankungen (D_y^+) produziert als unter Alkohol; andererseits haben 9 der 28 Paßpaare unter A+C niedrigere Konzentrationsniveaus, aber auch niedrigere Schwankungen erzielt. Die Hinzugabe von Coffein zu Alkohol hat also zu einer heteropoietischen Wirkung geführt, die nach KOHNENS *bivariatem Vorzeichentest* auch bei der gebotenen zweiseitigen Fragestellung auf dem 5%-Niveau signifikant ist.

Eine signifikant *positive Assoziation* der paarigen Vorzeichen bedeutet mithin eine *gleichsinnige* Beeinflussung beider Variablen (hier Vergrößerung von Niveau und Schwankung oder Verringerung von beiden); eine signifikant negative Assoziation bedeutet entsprechend *gegensinnige* Beeinflussung durch die Behandlung, z.B. Niveausteigerung mit Schwankungsminderung bei einem Teil der Pbn (erwünschte Wirkung der Coffeinzugabe) und Niveauminderung und Schwankungssteigerung bei einem anderen Teil der Vpn (als unerwünschte Wirkung). Die negative Assoziation in Tab. 19.7.2.2 ist nicht signifikant und daher nicht zu interpretieren.

Sind homeopoietische Wirkungen von heteropoietischen Wirkungen *überlagert*, dann prüft man zunächst mit BENNETTS bivariatem Vorzeichentest auf die homeopoietischen Wirkungen einer Behandlung und danach auf heteropoietische Wirkungen mit KOHNENS bivariatem Vorzeichentest. Obwohl beide Tests voneinander unabhängige Behandlungseinflüsse erfassen, sollte α für 2 simultane Tests adjustiert werden. Als Alternative zur simultanen Anwendung beider Tests bietet sich der bivariate Vorzeichentest nach KRAUTH und dessen Deutung nach Änderungstypen (Tab. 19.7.2.1).

19.7.3 Mehr-Differenzen-Vorzeichentests (Plan 15)

Sind mehr als 2 stetig verteilte Observablen, etwa X, Y und Z, je zweimal beobachtet worden, dann sind die Differenzentripel D_x, D_y und D_z Ausdruck einer multivariaten Änderung, die durch die zwischen beiden Beobachtungen eingeschobene Behandlung ausgelöst worden ist.

Man kann multivariate Änderungen global oder differential auffassen und nachweisen, wie aus dem folgenden Beispiel erhellt.

1. In Tabelle 19.7.3.1 sind Änderungen von Stimmungslage (S), Konzentrationsfähigkeit (K) und Leistungs-Ausdauer (L) von N = 72 Schülerinnen vor und nach ihrer letzten Menstruation anhand einer Thermometerskala (von 0 bis 100) selbstbeurteilt und die resultierenden Vorzeichenmuster ausgezählt worden (komp. n. SCHNEIDER-DÜKER, 1973).

Tabelle 19.7.3.1

SKL	+++	++−	+−+	+−−	−++	−+−	−−+	−−−
f	1	4	3	12	8	6	18	20
e	9	9	9	9	9	9	9	9

$(f-e)^2/e$ 7,11 + ... + 1,00 + ... + 13,44 = 38,44 = χ^2

Der *globale Test* auf *trivariate Gleichverteilung* (mit e = 72/8 = 9) liefert bei 8−1 = 7 Fgn eine auf dem 1%-Niveau signifikante Abweichung, die als trivariate Änderung zu interpretieren ist: Die höchsten χ^2-Komponenten gehen zu Lasten des Änderungsmusters S−K−L+ und S−K−L−.

2. Die beiden Änderungsmuster (−−.) sind es auch, die *multivariate Änderungstypen* ergeben, wie Tabelle 19.7.3.2 aufzeigt.

Tabelle 19.7.3.2

	(−−+)	andere	Σ	(−−−)	andere	Σ
f	18	54	72	20	52	72
e	9	63	72	9	63	72
χ^2	9,00 + 1,29 = 10,29			13,44 + 1,92 = 15,36		

Beide Zweifelder-χ^2-Werte überschreiten die für 8 simultane Tests geltende Schranke von $\chi^2(2 \cdot 0{,}05/8) = u^2(0{,}0125) = 2{,}24^2 = 5{,}02$. Es gibt danach zwei Typen der prämenstruellen Indisposition: (1) einen trivialen Typ (---) mit allgemeinem Beeinträchtigungsgefühl und einen nicht-trivialen Typ mit herabgesetzter Stimmungslage und verminderter Konzentrationsfähigkeit bei (kompensatorisch?) erhöhter Leistungs-Ausdauer (--+).

3. Interessiert den Untersucher nur, ob im Prämenstruum die Selbsteinschätzungen *schlechter* sind als im Postmenstruum, dann ist BENNETTS *trivariater Vorzeichentest* (vgl. 19.7.2) wie folgt durchzuführen

$$\chi^2 = (1-20)^2/21 + (4-18)^2/22 + (3-6)^2/9 + (12-8)^2/20 = 27{,}90$$

und nach 4 Fgn auf der 1%-Stufe signifikant. Ohne Zweifel ist die prämenstruelle Disposition schlechter als die postmenstruelle Disposition der 72 Schülerinnen.

4. Interessiert den Untersucher, ob Stimmungslage, Konzentrationsfähigkeit und Leistungsmotivation im *gleichen Ausmaß* prämenstruell leiden, so vergleicht er $\binom{3}{2}$ = Paare von Selbsteinschätzungen nach SARRIS' *bivariatem Vorzeichentest,* wie in Tabelle 19.7.3.3 geschehen (Daten aus 19.7.3.1 gepoolt):

Tabelle 19.7.3.3

SKL	+-./-+.	+.-/-.+	.+-/.-+
	$\chi_1^2 = \dfrac{(15-25)^2}{15+25} = 2{,}50$	$\chi_1^2 = \dfrac{(16-27)^2}{16+27} = 2{,}81$	$\chi^2 = 0{,}02$
	15 = 3+12, 25 = 9+16	16 = 4+12, 27 = 9+18	20 = 4+16

Obwohl es scheint, als würde die Stimmungslage (S), die bei 9+16+18+ +20 = 63 der 72 Schülerinnen prämenstruell gedrückt ist, p(S-) = 63/72 = = 88%, stärker beeinträchtigt als die Leistungs-Ausdauer (L) mit p(L-) = = (4+12+16+20)/72 = 72%, ist der Unterschied mit $\chi^2 = 2{,}81$ für 1 Fg nicht signifikant; denn die einseitige, für 3 simultane Tests gültige Schranke von $\chi^2(2 \cdot 0{,}01/3) = u^2(0{,}00667) = 2{,}47^2 = 6{,}10$ wird nicht überschritten.

Wie man sieht, war in diesem Beispiel die Typenanalyse aufschlußreich, die Lokationsanalyse (BENNETT-Test) trivial und der Dislokationsvergleich (SARRIS-Test) unergiebig. Post hoc durchgeführt, wäre jeder der 1+8+1+3 = = 13 simultanen Tests nach $\alpha^* = 0{,}01/13$ bei $\alpha = 0{,}01$ zu beurteilen gewesen. Als globaler Vorzeichentest kommt der multivariate Differenzentest von SARRIS und HEINEKEN (1976) in Betracht.

19.8 Unifaktorielle Untersuchungen mit Differenzen

Wird eine Gruppe von Legasthenikern zwischen Vor- und Nachbeobachtung (X_1, X_2) trainiert, eine andere nicht trainiert (,kontrolliert'), so liegt die einfachste Variante einer *unifaktoriellen Untersuchung* mit einer experimentellen und einer Kontrollstichprobe vor. Nur solch eine Kontrolle durch eine nicht-behandelte Gruppe von Individuen gewährleistet einen *konklusiven* Nachweis der Behandlungswirkung.

Je nachdem, ob eine Observable, zwei oder t Observablen vor- und nachbeobachtet werden unter den 2 oder k Stufen eines Behandlungsfaktors, entstehen unifaktorielle Untersuchungen mit Differenzen (Quasi-Observablen), Differenzenpaaren oder -tupeln.

Faktorielle Untersuchungen werden im Unterschied zu den vorher besprochenen afaktoriellen Untersuchungen nicht mittels Anpassungs-Tests, sondern mittels der auf Kontingenztafeln von Faktorstufen als Zeilen und *Differenzen-Konfigurationen* als Spalten basierenden Interaktionsstrukturanalyse (ISA) ausgewertet.

19.8.1 Ein-Faktoren-ISA mit 1 Quasi-Observablen (Plan 16)

Wir hatten vermerkt, daß die Wirkung des Legasthenie-Trainings in Tabelle 19.7.1.1 mangels Kontrollgruppe nicht behandelter Legastheniker *inkonklusiv* war. Zur Kontrolle, ob das dort benutzte Training A wirklich effektiv ist, wurden N = 36 Legastheniker-Kinder je zur Hälfte einer Behandlungsgruppe A_1 und einer Wartegruppe A_2 im Losverfahren zugeteilt. Beide Gruppen wurden im Diktatschreiben X vor- und nachbeobachtet,

Tabelle 19.8.1.1

d_1	+2 +2 +1 +2	+3 +3 +4 +5 +7 +9 +3 +4 +5 +6 +7 +8 +9 +16	$N_1 = 18$
d_2	-2 -1 0̇ +1 +2 -1 0̇ +1 0̇ +1 0̇ +1 0̇ +1 0̇	+4 +5 +12	$N_2 = 18$
	Sgn(d) Md(d)		N = 36

wobei sich die *Zuwächse* $d_1 = x_1$ (nach) $- x_1$ (vor) und analog d_2 der Tabelle 19.8.1.1 ergaben.

Der Paardifferenzen-Vorzeichentest

Zur Beantwortung der Frage, ob die Trainingsgruppe 1 tatsächlich, wie Tabelle 19.8.1.1 eindrucksmäßig vermittelt, höhere Lehrnzuwächse aufweist als die Wartegruppe 2 (die später behandelt werden soll), beurteilen wir die *Interaktion* A.D der beiden Behandlungen mit den Differenzen bzw. ihren Vorzeichen (+,-), wie sie Tabelle 19.8.1.2 als Vierfeldertafel darstellt, wobei $N' = 30$ die Zahl der Nichtnull-Differenzen bezeichnet:

Tabelle 19.8.1.2

sgn(d)	f_1	A	f_2	
+	18		9	27
−	0		3	3
	18		12	$N' = 30$

Nach Tabelle 19.8.1.2 haben 18 Legastheniker der Trainingsgruppe und nur 9 der Kontrollgruppe positive Lernzuwächse erfahren, was für die Wirkung des Trainings spricht.

Wertet man nun aber die Interaktion A.D in Tabelle 19.8.1.2 mittels Vierfelder-χ^2 aus, so resultiert $\chi^2 = 5{,}00$, das auf der vorvereinbarten Stufe $\alpha = 0{,}01$ ‚enttäuschenderweise' nicht signifikant ist, da es die einseitige 1%-Schranke von $\chi^2(2 \cdot 0{,}01) = 5{,}41$ nicht erreicht.

Warum nun ist der (hier sog.) *Paardifferenzen-Vorzeichentest* entgegen der eindrucksgestützten Erwartung nicht signifikant? Der Grund erhellt aus den folgenden Überlegungen zu einer Modifikation, die unsere Erwartungen erfüllt.

Der Paardifferenzen-Median-Test

Offenbar ist die ISA der Tabelle 19.8.1.2 so ineffizient, weil fast durchweg *positive* Differenzen in Tabelle 19.8.1.1 auftreten, was verständlich wird, wenn man bedenkt, daß bei allen $N = 36$ Schülern, gleich ob sie trainiert werden oder nicht, ein gewisser Lernzuwachs aus dem Schulbesuch resultiert. Wären alle 36 Zuwächse d positiv ausgefallen, so hätten die Differenzenvorzeichen nicht mehr zwischen größerem und geringerem Zuwachs unterscheiden können, da dann die untere Zeilensumme in Tabelle 19.8.1.2 Null geworden wäre.

Ein Weg, um auch bei durchweg positiven Zuwächsen in einer Observablen X noch mit einem Interaktionstest arbeiten zu können, ist die (hier) sog. *Medianalignation der Differenzen*: Man wirft die $N = N_1 + N_2$ Differenzen einschließlich der Nulldifferenzen zusammen und dichotomiert die zusammengeworfenen Differenzen an ihrem Median oder so nahe an ihrem Median, wie dies bei gruppierten Differenzen möglich ist. Solch eine Mediandichotomierung steht unter dem Vorbehalt, daß der aus den vereinten Gruppen resultierende Medianwert eine gute Schätzung des Populationsmedians ist, was nur bei genügend großen Stichproben plausibel ist.

In Tabelle 19.8.1.1 wurde die Differenzen bereits durch eine Vertikale *median-dichotomiert*. Bezeichnet man die supramedianen Differenzen (rechts der Vertikalen) mit (+) und die submedianen Differenzen mit (−), so resultiert die Vierfeldertafel der Tabelle 19.8.1.3.

Tabelle 19.8.1.3

Md(d)	f_1	A	f_2	
(+)	14		4	18
(−)	4		14	18
	18		18	N = 36

Die *alignierten Differenzen* in Tabelle 19.8.1.3 ergeben eine Interaktion A.D mit einem bei durchweg gleichen Randsummen leicht nach der Formel

$$\chi^2 = 4(2a - N/2)^2 / N \text{ mit 1 Fg} \qquad (19.8.1.1)$$

zu berechnenden $\chi^2 = 4(2 \cdot 14 - 36/2)^2/36 = 11{,}11$. Dieses χ^2 ist selbst bei zweiseitiger Frage (Welche der beiden Gruppen hat höhere Zuwächse aufzuweisen?) auf der 0,1%-Stufe signifikant ($\chi^2_{0,001} = 10{,}83$) und entspricht vollauf der intuitiven Erwartung aufgrund von Tabelle 19.8.1.1.

Bucks Paardifferenzen-U-Test

Die Daten in Tabelle 19.8.1.1 entsprechen einem *Vergleich zweier unabhängiger Stichproben von Differenzen* (statt, wie üblich, von Meßwerten), die als positive oder negative Lernzuwächse (vom Prä- zum Posttest) zu deuten sind. Dieses sog. Solomon-*Design* (vgl. Klauer, 1973, S. 74) wird bei normal verteilten Differenzen optimal mit dem Zweistichproben-t-Test, bei symmetrisch verteilten Differenzen mit dem *Paardifferenzen-U-Test* (Buck, 1975) ausgewertet.

Buck ordnet den Differenzen d_1 und d_2 in Tab. 19.8.1.1 unter Fortlassung der Nulldifferenzen, aber unter Beibehaltung ihres Vorzeichens die — großenteils gebundenen — *Rangwerte* R_1 und R_2 der Tab. 19.8.1.4 zu

Tabelle 19.8.1.4

R_1				11,5	15,0						
				11,5	15,0	18,0	21,0		24,5		27,5	
$N_1 = 18$			6,5	11,5	15,0	18,0	21,0	23,0	24,5	26,0	27,5	30
	1,0	2,5	6,5	11,5		18,0	21,0				29	
		2,5	6,5									
			6,5									
R_2			6,5									
$N_2 = 12$			6,5									
T =	1,0 + 5,0 + 32,5 + 11,5			+	18,0 + 21,0		+	29,0	=	89***		

Die ebenfalls in Tab. 19.8.1.4 berechnete Prüfgröße T = 89 des Rangsummentests unterschreitet die einseitige 0,1 %-Schranke von 115 aus Tafel VI–1–2 des Tafelbandes bei weitem ($N_1=12$ und $N_2=18$). Auch nach BUCKS Paardifferenzentest gibt das Legastheniker-Training A_1 höhere Leistungszuwächse d_1 als das bloße Abwarten mit den Leistungszuwächsen d_2.

Stehen a statt 2 Stichproben von Paardifferenzen (Leistungszuwächsen) zum Vergleich, dann ist statt des U-Tests (Rangsummentests, 6.1.1) der *Paardifferenzen-H-Test* einzusetzen, um höchst effizient auf Lageunterschiede zu prüfen. In gleicher Weise kann der Paardifferenzen-Vorzeichentest von 2 auf a Stichproben verallgemeinert werden, wobei eine 2 x a-Feldertafel anstelle der 2 x 2-Feldertafel in Tab. 19.8.1.3 auf Kontingenz zu prüfen ist.

Stammen die Differenzen (Leistungszuwächse) nicht aus 2 unabhängigen, sondern aus 2 *abhängigen* (paarigen) Stichproben (wie Brüdern und Schwestern), dann ersetzt man BUCKS U-Test durch den homologen *Paardifferenzen-W-Test* VON STEGIE (1976).

19.8.2 Ein-Faktoren-ISA mit 2 Quasi-Observablen (Plan 17)

Werden Trainings- und Wartegruppe nicht nur bezüglich Schreiben (X), sondern auch bezüglich Lesen (Y) verglichen, dann resultiert ein Plan mit einem Faktor A und *2 Quasi-Observablen* D_x und D_y. Betrachtet man nur die Vorzeichen von D_x und D_y, dann entstehen 2 x 2 = 4 Vorzeichenkonfigurationen.

Angenommen, N = 35 Ptn hätten Vorzeichenkonfigurationen mit den Frequenzen f_1 (Training) und f_2 (Warten) der Tabelle 19.8.2.1 ergeben.

Tabelle 19.8.2.1

D_x D_y	f_1	A f_2	Σ
+ +	13*	2	15
+ −	5	7	12
− +	0	8*	8
− −	(0	0	0)
Σ	18	17	35

1. Die *globale Interaktion* $A.D_x D_y$ entspricht, da eine Zeile in Tabelle 19.8.2.1 nicht besetzt ist, einem 3 x 2-Felder-χ^2 von

$$\chi^2(A.D_x D_y) = (35^2/18 \cdot 17)(13^2/15 + 5^2/12 - 18^2/35) = 16{,}38,$$

das für 3−1 = 2 Fge auf der 1%-Stufe signifikant ist. Die Signifikanz ist hauptsächlich durch die mit einem Stern bezeichneten Frequenzen der Tabelle 19.8.2.1 bedingt, wie man durch *Interaktionstypentest* zeigen kann: Für die Interaktion $A_1.D_+ D_+$ gilt

$$\chi^2(A_1.D_+ D_+) = 35(13 \cdot 15 - 2 \cdot 5)^2/(15 \cdot 20 \cdot 18 \cdot 17) = 13{,}05,$$

womit erwiesen ist, daß der Lernzuwachs im Lesen *und* im Schreiben bei der Trainingsgruppe größer ist als bei der Wartegruppe.

Der Zweistichproben-McNemar-Test (Sarris-Carl-Test)

Will der Untersucher wissen, ob das Training Schreiben (X) und Lesen (Y) in *unterschiedlichem* Maße fördert, dann betrachtet er die *heteronymen* Vorzeichenkonfigurationen in den beiden Gruppen und prüft mit dem auf 2 Stichproben angewendeten bivariaten Vorzeichentest von Sarris (1967) gemäß Tabelle 19.8.2.2 auf Assoziation in Tab. 19.8.2.1

Tabelle 19.8.2.2

XY	f_1	A f_2	Σ
+ −	5	7	12
− +	0	8	8
Σ	5	15	20

Nach Tafel V−3 fehlt für a+b = 12 und c+d = 8 bei a = 7 eine Eintragung, so daß P > 0,05 sein muß. Tatsächlich ergibt sich nach Formel (5.3.2.2) ein P = 0,05108, bzw. ein P' = 2P = 0,102 bei der hier gebotenen zweiseitigen Ablesung. Nach Sarris' bivariatem *Zweistichproben-Vorzei-*

chentest läßt sich mithin der Eindruck, daß Nur-Schreibleistungszuwächse (+-) in der Trainingsgruppe häufiger sind ($f_1 = 5$) als Nur-Leseleistungszuwächse (-+), nicht bestätigen.

Da Spalte 1 in Tabelle 19.8.2.2 einem Einstichproben-McNEMAR-Test entspricht (vgl. 5.5.1), desgleichen Spalte 2, wird der Test von CARL und LIENERT (1979) als *Zweistichproben-McNEMAR-Test* bezeichnet

Zweistichproben-Korrelationsvergleiche

Es kommt vor, daß eine Behandlung den Zusammenhang zwischen 2 Observablen X und Y verändert und ebenso, daß der *Zusammenhang zwischen Quasi-Observablen* (Differenzen) verändert wird.

Ob die Korrelation zwischen Lese- und Schreibleistungszuwächsen D_x und D_y in der Trainingsgruppe eine andere ist als in der Wartegruppe der Legastheniker, prüft man im parametrischen Fall durch einen r-Koeffizientenvergleich (u-Test n. THÖNI, 1977). Ein analoger Rangkorrelationskoeffizientenvergleich (rho, tau) ist dem Vf. nicht bekannt.

Benutzt man nur die Vorzeichen der Zuwächse zur *Korrelationsmessung*, so erhält man aus Spalte 2 der Tabelle 19.8.2.1 einen Phi-Koeffizienten von Phi(2) = -0,79. Das bedeutet, daß in der Wartegruppe (2) Schreib- und Lesefortschritte negativ korreliert sind, was besagt, daß sich ohne Training bei einigen Kindern die Schreibleistungen verbessern und die Leseleistungen verschlechtern, et vice versa bei anderen Kindern. Für die Trainingsgruppe (1) ist Phi(1) wegen der 2 Nullfrequenzen leider nicht zu berechnen, so daß ein Vergleich entfällt. Wäre Phi(1) positiv, so bedeutete dies, daß mit Training sich einige Kinder in beiden Leistungen verbessern (stark verbessern) oder sich in beiden Leistungen verschlechtern (wenig verbessern). Diese Behandlungswirkung wäre psychologisch höchst bedeutsam, wenn sie nachzuweisen wäre.

Asymptotisch kann Phi(1) mit Phi(2) dadurch *verglichen* werden, daß man beide Vierfeldertafeln zu einem Kontingenzkubus kombiniert und wia χ^2-Zerlegung (vgl. 17.2.2) auf Tripelkontingenz prüft. Einen exakten Test dieser Zielsetzung haben LIENERT et al. (1979) angegeben.

Zweistichproben-Vergleiche mit Alignation

Haben D_x und/oder D_y überwiegend positive Vorzeichen, wie man dies bei lern- und übungsabhängigen Observablen von der Erst- zur Zweitbeobachtung auch erwartet, dann sind Zweistichproben-Vergleiche der beschriebenen Art nur effizient, wenn die Differenzen je gesondert nach ihrem Median aligniert werden.

Die mit (+) zu bezeichnenden Differenzen sind dann als hoch-positive Zuwächse und die mit (-) zu signierenden als niedrige, fehlende oder negative Zuwächse zu interpretieren. Entsprechendes gilt für die Interpretation von Vorzeichenmustern alignierter Differenzen. Mit den *Als-Ob-Vorzeichen* alignierter Differenzen ist so zu verfahren wie mit den natürlichen Vorzeichen nicht-alignierter Differenzen.

Medianalignierte Differenzen stehen unter dem Vorbehalt, daß der Median der vereinigten (gepoolten) Differenzen als gute Schätzung des Populationsmedians gilt. Bei kleinen Stichproben ist dies zu bezweifeln; hier sollte der *GINI-Median* (19.4.2) bei asymmetrisch verteilten und der Stichproben-Durchschnitt bei symmetrisch verteilten Differenzen gelten.

19.8.3 Ein-Faktoren-ISA mit t Quasi-Observablen (Plan 18)

Werden mehr als 2 Observablen in Abhängigkeit von einem Behandlungsfaktor A in a Stufen je zweimal erhoben, so analysiert man sie analog zur Ein-Faktoren-ISA mit 2 Quasi-Observablen.

1. Für t = 3 durch ihr Vorzeichen diskretisierte Differenzen D_x, D_y und D_z ist die Prüfgröße $\chi^2(A.D_x D_y D_z)$ mit $(2^3-1)(a-1)$ Fgn Ausdruck der Interaktion zwischen Faktorstufen und Vorzeichenkonfigurationen, also ein Indikator der globalen Behandlungswirkung *(Globalwirkungstest)*.

2. Die Interaktion $A_j.D_x D_y D_z$ einer Faktorstufe j entspricht einem *Faktorstufenbewertungstest* und die Interaktion $A_i A_j.D_x D_y D_z$ einem *Faktorstufenvergleichstest*, beide nach $(2^3-1)(2-1)$ Fgn als χ^2-Werte zu beurteilen.

3. Interessiert, ob eine bestimmte Faktorstufe A_j zu einer bestimmten Änderungskonfiguration, z.B. $D_x^+ D_y^+ D_z^+$, führt, dann ist die Interaktion $A_j.D_x^+ D_y^+ D_z^+$ durch ein Vierfelder-χ^2 zu beurteilen und signifikantenfalls i.S. eines *Interaktionstypus* von Observablen-Änderungen zu interpretieren.

Alle Tests (1) bis (3) werden ineffizient, wenn fast alle Differenzen das gleiche Vorzeichen tragen; um diesen Effizienzverlust zu vermeiden, muß *medianaligniert* werden, womit stets eine Vorzeichenrelation von 1:1 erzielt wird, wenn Medianbindungen fehlen.

Im folgenden Beispiel wird entgegen bisheriger Übung eine von t = 3 Quasi-Observablen *äquiarealtrichotomiert* (+ 0 -), womit jede der 3 Abstufungen N/3 Differenzwerte enthält.

Beispiel 19.8.3.1

Versuch: N = 150 Studenten (Pb) wurden bezüglich X = Schnelligkeit, Y = Genauigkeit und Z = Intelligenz vor und nach einer Behandlung A getestet. Eine Schicht von N_1 = 70 Pbn blieb unbehandelt, eine andere Schicht von N_2 = 50 Pbn wurde mit 30 g Alkohol belastet und eine 3. Schicht von N_3 = 30 Pbn durfte über 24 h hinweg nicht schlafen.

Medianalignement: X und Z bzw. D_x und D_z wurden nach ihrem Median dichotomiert, Y bzw. D_y wurden wegen ihrer größeren Bedeutung nach ihren Tertilen trichotomiert und alle Änderungskonfigurationen in Tabelle 19.8.3.1 registriert.

Tabelle 19.8.3.1

D_x D_y D_z	f_1		f_2		f_3		Σ
+ + +	26	32,59*	0		1		27
+ + −	4		1		0		5
+ 0 +	15	11,05*	2		1		18
+ 0 −	3		2		0		5
+ − +	3		0		0		3
+ − −	2		22	43,75*	0		24
− + +	12	14,91*	0		0		12
− + −	2		2		0		4
− 0 +	2		1		3		6
− 0 −	0		7		11	21,61*	18
− − +	1		4		2		7
− − −	0		9		12	21,06*	21
Σ	70		50		30		150

Interaktionstypentests: Offenbar wird nur unter Kontrollbedingungen (1) ein trivariater Leistungszuwachs (+++) erzielt, denn die Prüfgröße $\chi^2(1,+++)$ ergibt sich zu

$$\chi^2 = \frac{150(26 \cdot 79 - 1 \cdot 44)^2}{(26+1)(44+79)(26+44)(1+79)} = 32{,}59^* \text{ mit 1 Fg}$$

Die zugehörige Vierfeldertafel hat die Frequenzen a = 26, b = 27−26 = 1, c = 70−26 = = 44 und d = 150−26−1−44 = 79, die sich durch Poolen aus Tabelle 19.8.3.1 herleiten lassen. Analog lassen sich die übrigen stark besetzten Felder der Tabelle 19.8.3.1 auf Interaktionstypen testen. Dabei ist $\alpha^* = 2\alpha/(12 \cdot 3) = \alpha/18$ zugrunde zu legen, wenn posthoc getestet wird. Für α = 1% gilt α^* = 0,056%, womit $u^2_{\alpha^*} = 3{,}26^2 = 10{,}63$.

Interpretation: Unter Normalbedingungen (1) finden sich 3 Änderungstypen. Der Typ (+++) repräsentiert den bekannten Übungsfortschritt bei Testwiederholung (Testsophistication), der zweite Typ (+0+) entspricht einem Übungsfortschritt, der sich in der Genauigkeit *nicht* auswirkt, und der dritte Typ (−++) einen Übungsfortschritt, der mit Schnelligkeits*verlust* bezahlt wird.

Unter Alkoholeinfluß (2) findet sich nur ein Änderungstyp (+−−), der größere Schnelligkeit (Flüchtigkeit?) mit Genauigkeits- und Intelligenzleistungseinbuße verbindet (was den bekannten Alkoholwirkungen entspricht).

Unter Schlafentzug (3) finden sich zwei Änderungstypen: Der Typ (−0−) zeigt eine Beeinträchtigung an, die sich lediglich auf die Genauigkeit nicht auswirkt. Der Typ (−−−) zeigt das Syndrom der trivariaten Beeinträchtigung.

Hinweis: Ein globaler Interaktionstest erübrigt sich, da die Typentests auf der für

$\alpha = 1\%$ geforderten $\alpha^* = 0{,}0006$ signifikant sind. Faktorstufentests erübrigen sich ebenfalls, da die Zahl der Interaktionstypen pro Faktorstufe ein Indiz der Faktorwirkung ist.

Monitas: Da die Pbn den 3 Behandlungen nicht nach Zufall, sondern nach Verfügbarkeit zugeordnet wurden, sind die Veränderungstypen keine Wirkungs-, sondern Schichtungstypen eines Quasi-Experiments.

Die Interaktionstypentests sprechen auf Behandlungswirkungen aller Arten und Genesen an, können also durch Unterschiede der Lokation, der Dispersion und der Korrelation zwischen den Behandlungsstufen bedingt sein; sie können sogar auf Unterschieden der Komplexität der Korrelation zwischen den 3 Pseudo-Observablen basieren. Deshalb ist die Interaktionstypenauswertung jene Auswertung, die den praktischen Zielen der Wirkungsbeurteilung am besten dient; theoretische Einsichten wird sie in den meisten Fällen hingegen nicht erbringen.

19.9 Bifaktorielle Untersuchungen mit Differenzen

Die bifaktoriellen Untersuchungspläne 19–21 unterscheiden sich von den unifaktoriellen Plänen 16–18 nur darin, daß zu einem Behandlungsfaktor A ein Behandlungs- oder *Schichtungsfaktor* B hinzutritt. Je nach der Zahl der vor- und nachbeobachteten Observablen handelt es sich um uni-, bi- oder multivariate Pläne.

Wir werden bifaktorielle Pläne abermals mit ISA auswerten, wobei die Faktorkombinationen die Zeilen und die Änderungskonfigurationen die Spalten einer Zweiwegtafel konstituieren. Wie schon im Fall eines Faktors, so werden wir bei 2 oder mehr Faktoren vornehmlich von der Möglichkeit Gebrauch machen, auf Interaktionen durch Interaktionstypentests zu prüfen.

19.9.1 Zwei-Faktoren-ISA mit 1 Quasi-Observablen (Plan 19)

Wird ein Wirkungsindikator X einmal vor und das andere Mal nach einer kombinierten Behandlung durch die Faktoren A und B beobachtet, so ist D_x ein Änderungsmaß, das nur nach seinem Vorzeichen zu beurteilen ist.

Im nichtparametrischen Fall betrachten wir die *Interaktion* AB.X und interpretieren sie im Sinne einer Wechselwirkung zwischen A und B, falls weder A.X noch B.X signifikant ist, wobei $X = D_x$ eine *Änderungsobservable* bezeichnet. Ist A.X und/oder B.X signifikant, dann wird keine Wechselwirkung zwischen A und B angenommen, auch wenn AB.X signifikant ist. Um Behandlungswirkungen überhaupt effizient nachweisen zu können, müssen die Änderungsmaße teils positiv, teils negativ sein oder medianaligniert werden.

Wenn *Interaktionstests* in Aussicht genommen werden, lohnt es nicht, zwischen den Interaktionen 1. Ordnung und 2. Ordnung (AB.X) zu unterscheiden, zumal eine solche Unterscheidung nicht im varianzanalytischen Sinne zu interpretieren ist.

Tabelle 19.9.1.1 enthält die Frequenzen einer 3 x 4-Feldertafel, in der die 3 Zeilen (+0-) Genauigkeitsabstufungen einer Testleistung Y bezeichnen. Die 2 x 2 = 4 Spalten sind *Kombinationen der Faktoren* A = Beeinträchtigung (- = keine, + = Alkohol oder Schlafentzug) und I = Intelligenzniveau (- unter, + über dem Median). N(A-) = 70 Pbn wurden ohne Beeinträchtigung, N(A+) = 50+30 = 80 Pbn unter einer der beiden Beeinträchtigungen getestet. Gemessen wurde die Leistungsveränderung D_y von einem Vortest aus (vgl. Beispiel und Tab. 19.8.3.1).

Tabelle 19.9.1.1

D_y	A-I-	A-I+	A+I-	A+I+	Σ
+	24*	20*	2	2	48
0	8	12	14	13	47
-	2	4	26*	23*	55
Σ	34	36	42	38	N=150

Die Interaktion AI.D_y ist signifikant, was den 4 mit Stern bezeichneten Frequenzen in Tabelle 19.9.1.1 zu danken ist: Für a = 26, b = 2+4+23=29, c = 2+14 = 16 und d = 150-26-29-16 = 79 ergibt sich ein χ^2(A+I-.D+) = = 16,00, das auf dem adjustierten 1%-Niveau signifikant ist.

Beeinträchtigung (A+) führt demnach zu Qualitätseinbuße (-) und Nichtbeeinträchtigung (A-) zu Qualitätszuwachs (+). Über den Faktor I kann gepoolt werden, so daß aus den je 2 Interaktionstypen nur je ein Typ wird. Über I darf aber im strengen Sinne nur dann gepoolt werden, wenn die Interaktion I.D_y nicht signifikant, die Interaktion AI.D_y aber signifikant ist.

Man beachte, daß die 3 · 12 simultanen Interaktionstests nach einem adjustierten Alpha von $\alpha^* = 2\alpha/12$ zu beurteilen sind, wenn nur Änderungstypen (und nicht auch -antitypen) interessieren.

19.9.2 Zwei-Faktoren-ISA mit 2 Quasi-Observablen (Plan 20)

Beeinflussen die in Tabelle 19.9.1.1 aufgeführten Faktoren A und I *Quantität* (X) und *Qualität* (Y) der Konzentrationsleistung, wenn man die beiden Leistungen von ihren Ausgangswerten her mißt?

Die Antwort auf diese Frage gibt Tabelle 19.9.2.1 über die durch Sterne gekennzeichneten Felderfrequenzen.

Tabelle 19.9.2.1

D_x D_y	A-I-	A-I+	A+I-	A+I+	Summe
+ +	13	17*	1	1	32
+ 0	6	12	2	3	23
+ -	2	3	19*	3	27
- +	11*	3	1	1	16
- 0	2	0	12	10	24
- -	0	1	7	20*	28
Summe	34	36	42	38	150

Wie man sieht, ist das bivariate Ergebnis nicht so trivial wie das univariate Ergebnis war (vgl. Tabelle 19.9.1.1). Die resultierenden *Interaktionstypen* lassen sich wie folgt interpretieren, nachdem sie via χ^2 auf Signifikanz beurteilt worden sind, wobei $\alpha^* = 2(\alpha/24)$ mit $\alpha = 0{,}01$.

(1) Die Beeinträchtigung (A+) führt zur Quantitätsverbesserung mit Qualitätsverschlechterung (+-), wenn die Pbn einen niedrigen IQ haben (I-). Haben sie einen hohen IQ (I+), dann verschlechtert sich sowohl Qualität wie Quantität (--), was nur scheinbar paradox ist, da intelligente Pbn im Vortest bereits ihr Bestes gegeben haben.

(2) Die Nichtbeeinträchtigung (A-) bzw. der Übungsfortschritt führen bei niedrigem IQ (I-) zur Qualitätsverbesserung bei Quantitätseinbuße (-+); bei hohem IQ (I+) steigen Quantität und Qualität (++).

Wie man leicht via Interaktionsprüfgrößen nachrechnen kann, ist die Intelligenz ein Schichtungsfaktor, der zwar selbst keinen Einfluß auf die Zuwächse nimmt, wohl aber den Behandlungsfaktor A ‚moderiert', d.h. mit ihm interagiert.

Wie die mit Stern signierten Frequenzen in Tabelle 19.9.2.1 als *Interaktionstypen* erkannt wurden, zeigt das folgende Beispiel

$$\chi^2(\text{A-I-}.\text{D-D+}) = 150(11 \cdot 111 - 5 \cdot 23)^2 / (16 \cdot 134 \cdot 34 \cdot 116) = 10{,}85.$$

Dieses χ^2 ist bei $\alpha = 5\%$ nach $\alpha^* = 2(0{,}05/24) = 0{,}0042$ zu beurteilen. Die für 1 Fg gültige Schranke beträgt daher $\chi^2 = 8{,}20$ (Tafel III–2), womit sie unterhalb des berechneten χ^2-Wertes liegt.

19.9.3 Zwei-Faktoren-ISA mit t Quasi-Observablen (Plan 21)

Wirken zwei Faktoren A und B auf drei wiederholt gemessene Observablen D_x, D_y und D_z, so wertet man die Faktorenwirkungen analog dem Plan 20 aus mit dem Unterschied, daß xyz Spalten (Zeilen) für die ab Zeilen (Spalten) gebildet werden müssen, wie in Tab. 19.9.3.1 illustriert.

Tabelle 19.9.3.1

	A+C+	A+C-	A-C+	A-C-	
	– + –	– – +	– + +	– + –	
	– + +	+ + +	– – –	– + –	
	– + –	+ – –	– – –	– – +	
	+ + +	– – +	– – –	+ + –	1977
	+ – +	– – –	– – –	+ – +	
	+ + –	+ + +	+ + +	+ – +	
	+ + –	+ + +	+ – –	+ – +	
M	– + –	– + +	– – –	– – –	
	– + +	– – –	– + +	+ + +	
	– + +	– + +	– – –	+ – –	
	+ – –	+ – +	+ – –	+ – +	1978
	+ + –	+ + +	+ – –	+ – +	
	+ + –	+ – +	+ + –	+ – –	
	– + +	+ + +	– – +	+ – +	
	– – +	– + +	– + +	– – +	
	– + +	– + –	+ + +	– + –	
	– + –	– + +	+ + +	– – –	
	– – +	+ + +	+ + –	– + –	1977
	– – +	– – –	+ + +	+ – +	
	+ + –	+ + +	+ – –	– + –	
	+ + –	+ + +	+ – –	+ – +	
W	– – +	– – +	– – –	– + –	
	– – +	– – +	– – –	– – –	
	– – +	– + +	– – –	– + +	
	– + –	+ – –	+ – –	+ – +	1978
	+ + –	– – –	+ – –	+ – –	
	+ + –	– + +	+ – –	+ + –	
	+ + –	+ + +	+ – –	+ – +	

Je nach *Fragestellung* untersucht man die globale Interaktion $AB.D_xD_y D_z$ bzw. $B.D_zD_yD_z$. Interessiert nur die Wirkung bestimmter Faktorkombinationen A_iB_j auf bestimmte Differenzen-Konfigurationen $D_kD_lD_m$, dann sind Interaktionstypentests am besten indiziert. Werden alle möglichen Interaktionstypen geprüft, dann ist nach $\alpha^* = \alpha/abxyz$ zu adjustieren.

Man erinnere: Die Interaktionstypentests sind Vierfeldertests, die je nach Felderbesetzung asymptotisch über χ^2 oder exakt nach FISHER-YATES auszuwerten sind.

Im folgenden Beispiel 19.9.3.1 wird eine trivariat-zweifaktorielle Untersuchung allein via *Interaktionstypen* ausgewertet, wobei mit medianalignierten Differenzen gearbeitet wird.

Beispiel 19.9.3.1

Datenergänzung: In Beispiel 19.5.4.1 wurde neben Niveau und Schwankung auch die Observable Z = Fehleranteil vor und nach der Behandlung gemessen und D_z mediandichotomiert (+,-), woraus sich die Konfigurationen der Tabelle 19.9.3.1 ergeben, wenn man D_x und D_y aus Tab. 19.5.4.1 hinzunimmt. Unter den 4 Faktoren in Tab-19.9.3.1 (Alkohol, Coffein, Geschlecht und Jahrgang) werden nachfolgend nur Alkohol (A) und Coffein (C) berücksichtigt.

Zusammenschau: Tabelle 19.9.3.2 zählt aus, wie oft jede der 8 Konfigurationen, signata $(D_xD_yD_z)$ unter jeder der 4 Behandlungskombinationen in Erscheinung tritt:

Tabelle 19.9.3.2

Kn	A+C+	A+C-	A-C+	A-C-	Σ
+++	1	8*	2	1	12
++-	10*	0	4	2	16
+-+	1	2	0	10*	13
+--	0	2	9*	3	14
-++	5	8*	3	1	17
-+-	4	1	0	6	11
--+	7	3	1	2	13
---	0	4	9*	3	16
Σ	28	28	28	28	N = 112

Interaktionstypen-Heuristik: Aus Tabelle 19.9.3.2 geht hervor: (1) A+C+ bewirkt am häufigsten (++-), führt also zu einem Leistungsverlauf mit hohem Niveau und großer Schwankung bei geringem Fehleranteil, (2) A+C- bewirkt gleich häufig (+++) und (-++), führt also bei beliebigem Niveau zu großer Schwankung und erhöhtem Fehleranteil, (3) A-C+ führt meistens zu (+--) oder (---), also hohem oder niedrigem Niveau mit geringer Schwankung und kleinem Fehleranteil, (4) A-C- führt meist (10 Mal) zu hohem Niveau mit geringer Schwankung, aber – entgegen psychologischer Erwartung – bei erhöhtem Fehleranteil.

Interaktionstypentests: Ob Alkohol allein (A+C-) zwei Änderungstypen ausbildet, wie oben vermutet, ergibt sich aus den Vierfelder-χ^2-Tests für die Interaktionstypen A+C-.D+D+D- der Tabelle 19.9.3.3.

Tabelle 19.9.3.3

Kn	A+C-	alia		Kn	A+C-	alia	
+++	8	4	12	-++	8	9	17
andere	20	80	100	andere	20	75	95
	28	84	N=112		28	84	N=112

Wir brauchen nur die Interaktion mit der niedrigeren Erst-Zeilensumme 12 — also die linke Tafel in Tabelle 19.9.3.3 zu prüfen und erhalten

$$\chi^2 = 112(8 \cdot 80 - 4 \cdot 20)^2/(12 \cdot 100 \cdot 28 \cdot 84) = 12{,}44 \quad \text{mit 1 Fg für } \alpha^*.$$

Die rechte Tafel muß bei gleichen Spaltensummen ebenfalls signifikant sein, woraus die 2 Sternchen in Tabelle 19.9.3.2 begründet und in Spalten A+C- verzeichnet sind. Desgleichen sind alle Besetzungszahlen über 8 signifikant und mit Stern signiert.

Heuristisch nicht vorweggenommen wurde die 6-fach besetzte Kn (-+-) unter Placebo (A-C-), so daß sie im Nachtrag wie folgt zu prüfen ist:

$$\chi^2 = 112(6 \cdot 79 - 5 \cdot 22)^2/(11 \cdot 101 \cdot 28 \cdot 84) = 5{,}68 \quad \text{mit 1 Fg für } \alpha^*.$$

Signifikanzbeurteilung: Jeder der post hoc möglichen 8x4 = 32 Interaktionstests ist bei vereinbartem α = 5% nach α^* = 2(0,05)/32 = 0,003125 einseitig auf Typen (nicht auch auf Antitypen) der Veränderung zu beurteilen. Für je 1 Fg ist $\chi^2 = u^2 = 2{,}73^2 = 7{,}45$ die adjustierte Schranke. Alle mit Stern versehenen Feldfrequenzen indizieren behandlungsbedingte Veränderungstypen.

Interpretation: Unter Alkohol existiert ein Agglutinationstyp ($\cdot$++), der durch Schwankungsvergrößerung und Fehlervermehrung gekennzeichnet ist: A+C-.·++ mit 8+8 = 16 aus 28 Pbn. Unter Coffein (A-C+) ändert sich die Leistung in gegensinniger Richtung und bildet einen Agglutinationstyp ($\cdot$--) mit Schwankungs- und Fehlerverminderung, der bei 9+9 = 18 Pbn realisiert ist. Unter der kombinierten Behandlung (A+C+) bildet sich ein Typus (++-) mit steigendem Niveau und wachsender Schwankung, der als reaktive Leistungssteigerung nach DÜKER (1963) interpretiert werden kann. Beide Wirkungs- bzw. Änderungstypen deuten darauf hin, daß die ungünstige Alkoholwirkung durch Coffein nicht kompensiert werden kann; andernfalls hätte sich unter A+C+ derselbe oder fast derselbe Typ wie unter Kontrollbedingungen (A-C-) ergeben müssen.

Alpha-Adjustierung: Plant man die Möglichkeit einer Zweier-Agglutination für jede der 4 Faktorkombinationen mit ein, so sind bei 4 Faktorkombinationen und 8 Konfigurationen je Kombination $4\binom{8}{2} = 4 \cdot 8 \cdot 7/2 = 112$ fällig; sie kommen zu den 32 Typentests hinzu, woraus α^* = 2(0,05)/144 = 0,00069 resultiert.

Quasi-Observablen-Interkorrelation: Betrachtet man die Korrelationen zwischen je 2 der 3 Quasi-Observablen, so resultieren die Vierfeldertafeln der Tabelle 19.9.3.4.

Tabelle 19.9.3.4

		A+C+		A+C−		A−C+		A−C−		Gepoolt	
		D_y		D_y		D_y		D_y^*		D_y	
		+	−	+	−	+	−	+	−	+	−
D_x	+	10	2	9	4	6	9	3	13	28	28
	−	10	6	8	7	3	10	7	5	28	28
		D_z^*		D_z		D_z		D_z^*		D_z	
		+	−	+	−	+	−	+	−	+	−
D_x	+	2	10	11	2	4	11	11	5	28	28
	−	11	5	10	5	4	9	3	9	28	28
		D_z^*		D_z^*		D_z^*		D_z^*		D_z	
		+	−	+	−	+	−	+	−	+	−
D_y	+	6	14	16	1	7	2	2	8	31	25
	−	7	1	5	6	1	18	12	6	25	31

Wie man aus dem Pool ersieht, sind Niveauzuwächse (D_x) und Schwankungszuwächse (D_y) unkorreliert, desgleichen Niveau- und Fehlerzuwächse (D_z). Schwankungs- und Fehlerzuwächse erscheinen schwach positiv korreliert. Die 3 Quasi-Observablen sind damit paarweise praktisch unkorreliert und für eine trivariate Auswertung bestens geeignet.

Behandlungsspezifische Interkorrelationen: Die in Tabelle 19.9.3.4 mit einem Stern bezeichneten Vierfeldertafeln sind Paare von Quasi-Observablen, die auf dem 5%-Niveau korreliert erscheinen. Beachtenswert ist, daß Niveau und Fehlerrate (D_x, D_z) unter Kontrollbedingungen (A−C−) positiv korreliert sind, unter kombinierter Behandlung (A+C+) hingegen negativ: Offenbar wirkt sich diese Behandlung entweder nur niveausteigernd (erwünscht) oder nur fehlerratenvergrößernd (unerwünscht) aus, was bei 24 von 28 Pbn in Spalte 1 von Tabelle 19.9.3.1 zu entnehmen ist.

Weiter ist beachtenswert, daß sowohl Alkohol (A+C−) wie auch Koffein (A−C+) Schwankung und Fehlerraten gleichsinnig beeinflussen (positive $D_y D_z$-Korrelation), während deren Kombination (A+C+) sie gegensinnig beeinflußt (negative Korrelation), wie dies unter Kontrollbedingungen (A−C−) der Fall ist. Die kombinierte Behandlung ‚normalisiert' mithin die $D_y D_z$-Korrelation in dem Sinne, daß einige Pbn (14) eher unstet, andere (7) eher ‚schlampig' arbeiten, wie dies auch unter Kontrollbedingungen zutrifft. Alkohol wie auch Koffein hingegen führen dazu, daß einige Pbn unstet und schlampig, andere stetig und ‚gewissenhaft' arbeiten.

Werden wie hier behandlungsspezifische Korrelationen zwischen den Quasi-Observablen analysiert, so muß die Zahl der simultanen Tests um weitere 3 · 4 = 12 erhöht und alpha entsprechend nachverändert werden.

Hinweis: Statt der Korrelationen zwischen Paaren von Observablen können auch die 2^3-Assoziationen zwischen Tripeln analysiert werden, jedoch sind diese kaum noch sinnvoll zu interpretieren.

Wir haben uns in Beispiel 19.9.3.1 ohne einschlägige Vorankündigung auch mit den *Korrelationen* zwischen den 3 Quasi-Observablen (Differenzen D_x, D_y und D_z) befaßt, ohne deren Unterschiede geprüft zu haben, da (1) korrekte Verfahren zu rechenaufwendig sind (vgl. LIENERT et al., 1979), und (2), da die Stichproben zu klein waren, um χ^2-Zerlegungen in 3-dimensionalen Assoziationstafeln der Vorzeichenvektoren durchzuführen, und da (3) eventuell durchgeführte Zerlegungen zum Nachweis von Tripelassoziationen nicht unabhängig voneinander wären.

Derzeit fehlt es auch noch an nichtparametrischen Methoden, Paare von Observablen aus t Observablen hinsichtlich ihrer Korrelationen zu *vergleichen*, zumal dieses Problem auch im parametrischen Anwendungsbereich noch einer praktikablen Lösung harrt. Die Korrelationsverändernde Wirkung von Behandlungen auf t Observablen bzw. Quasi-Observablen sollte nur angesprochen, nicht eigentlich behandelt werden. Darauf soll in den folgenden Abschnitten nicht mehr Bezug genommen werden.

19.10 Multifaktorielle Untersuchungen mit Differenzen (Pläne 22–24)

Werden t = 1(1)t Observablen unter mehr als 2 Faktoren vor- und nach einer Intervention registriert, so entstehen uni- oder *multifaktorielle* Untersuchungspläne mit Quasi-Observablen, die analog den bifaktoriellen Plänen des vorangehenden Abschnittes 19.9 auszuwerten sind. Wieder betrachtet man den Zuwachs von der ersten zur folgenden Beobachtung und definiert die verschiedenen Zuwächse als Quasi-Observablen.

In der Dermatologie wird z.B. gefragt, wie drei Allergene A, B und C als Faktoren auf einen allergen-behandelten Unterarm (= Nachbeobachtung) im Vergleich zu einem placebo-behandelten Kontrollunterarm (= Vorbeobachtung) wirken, wobei ein Wirkungsindikator (X = Rötung) und ggf. auch ein zweiter Indikator (Y = Schwellung) beobachtet wird.

Komplexe Pläne dieser Art werden am einfachsten mit *Interaktionstypentests* ausgewertet um festzustellen, ob bestimmte Behandlungsschichtungskombinationen zu bestimmten Konfigurationen der Quasi-Observablen führen. Der Leser ist eingeladen, Beispiel 19.9.3.1 unter Berücksichtigung des Geschlechts als drittem Faktor via Interaktionstypen auszuwerten.

Zur vierfaktoriellen Auswertung von Beispiel 19.9.3.1 braucht nur noch zwischen den 2 Untersuchungs-Epochen (1977 und 1978) unterschieden zu werden.

19.11 Afaktorielle Untersuchungen mit Verlaufskurven
(Pläne 25−27)

Eine Untersuchung, bei der ein Individuum bezüglich einer stetigen Observablen X nach einem festgelegten *Zeitmuster* beobachtet wird, liefert eine Verlaufskurve, genauer: eine univariate Verlaufskurve, die man sich als *Linienzug* in der Ebene veranschaulichen kann. Werden 2 Observablen X und Y in derselben Weise beobachtet, so resultiert eine bivariate Verlaufskurve, die sich als Linienzug im Raum darstellen läßt. Werden schließlich t Observablen in dieser Weise an einem Individuum beobachtet, so entsteht eine t-variate Verlaufskurve, die nur mehr als Linienzug in einem (t+1)-dimensionalen Raum ‚gedacht' werden kann.

In einer afaktoriellen Untersuchung von Verläufen wird eine Stichprobe von N Individuen in der obigen Weise beobachtet, wobei für alle N Individuen das gleiche Zeitmuster gilt wie für das einzelne Individuum. Im einfachsten Fall handelt es sich um ein *äquidistantes Zeitmuster*, wo die N Individuen stündlich, täglich, wöchentlich oder jährlich beobachtet werden, die Intervalle also konstant sind. Vielfach werden wachsende Intervalle benutzt, etwa wenn man am 1., 2., 4., 8. und 16. Tag beobachtet in der Vermutung, daß Änderungen zu Beginn der Beobachtungszeit ausgeprägter oder konsequenzenreicher sind als zu ihrem Ende.

Verlaufskurven können *synchron* erhoben werden (wie Längen- und Gewichtszunahme eines Wurfes von Jungtieren pro Woche) oder *asynchron* (wie Längen- und Gewichtszunahme von Neugeborenen) unter der Annahme, daß biorhythmische (circadiane, circannuale) oder soziorhythmische (septemdiane, kalendare) Einflüsse nicht wirken oder nur als Zufallsfehler einwirken. Asynchrone Verläufe können am ehesten dann als Realisationen eines Verlaufsprozesses aufgefaßt werden, wenn der Zeitpunkt des Beobachtungsbeginnes (die Geburt) als zufallsgesteuert angesehen werden kann.

Asynchrone Verlaufskurven können einander zeitlich folgen *(asynchron-subsequent)*, wie täglich mit je einem anderen Individuum durchzuführende Einzelfallexperimente (vgl. HUBER, 1973) oder einander zeitlich überlappen *(asynchron-praesequent)*, wie Schwangerschafts-Kontrolluntersuchungen (vgl. DFG, 1977).

In den afaktoriellen Verlaufsplänen der folgenden Abschnitte gehen wir davon aus, (1) daß sich die Zeitmuster einer Stichprobe von Verlaufsträgern nicht unterscheiden (oder deren Unterschiede irrelevant sind), ferner (2) daß die Träger von einander unabhängig sind (was für verwandte Individuen nicht zutrifft) und (3) daß die Zeit oder eine mit ihr konfundierte Behandlung (wie biometerologische Einflüsse) unwirksam oder irrelevant ist.

19.11.1 KRAUTHS Folgedifferenzen als Verlaufsobservablen

Angenommen, es sei eine einzige stetig verteilte Observable m Mal gemessen worden, und zwar an jedem von N Merkmalsträgern. Gefragt wird, ob das Mm in der Beobachtungszeit seine Lage trendhaft ändert (H_1) oder nicht (H_0), also *lokations-stationär* bleibt.

Ist m = 2, dann betrachten wir einfach die *Differenzen* $D = X_2 - X_1$ wie bei einfacher Meßwiederholung und prüfen mit dem Vorzeichentest, ob die Zahl der negativen Differenzen, sgn(D), gleich ist der Zahl der positiven Differenzen, wobei N die Zahl der Individuen bezeichnet. Ist die Zahl der positiven Differenzen nach dem Vorzeichentest signifikant größer als die der negativen Differenzen, dann ist ein steigender *Verlaufstrend* nachgewiesen.

Für m = 3 Messungen der Observablen X ergeben sich die Differenzen $D_1 = X_2 - X_1$ und $D_2 = X_3 - X_2$ als sog. *Folgedifferenzen* (auch Erstdifferenzen genannt). Steigt die Kurve in ihrem ersten Abschnitt, dann ist D_1 positiv; fällt sie in ihrem 2. Abschnitt, dann ist D_2 negativ. Dabei resultiert das Vorzeichenmuster (+-) der beiden Folgedifferenzen. Unter H_0 (kein Zeiteinfluß) sind alle 4 Vorzeichenmuster (++, +-, -+, --) gleichwahrscheinlich, so daß der Erwartungswert je Muster gleich ist N/4 (vgl. KRAUTH, 1973).

Univariate Verlaufstypen

Univariate Verlaufstypen definiert man über den Binomialtest für p = = 1/4 und N, indem man ein bestimmtes Verlaufsmuster, z.B. (++) heraus-

Tabelle 19.11.1.1

Verlaufstyp	Kn	f	F	e	E	$(F-E)^2/E$
Steigend	++	11	11*	5	5	7,20
n-förmig	+-	5		5		
u-förmig	-+	3	9	5	15	2,40
fallend	--	1		5		
Summe		N = 20		20		$\chi^2 = 9{,}60$

greift und es den restlichen 3 Verlaufsmustern gegenübergestellt. Asymptotisch prüft man auf Verlaufstypen gemäß dem Lernexperiment in Tabelle 19.11.1.1, in welchem die Zahl richtiger Reproduktionen in jedem von m = 3 Durchgängen registriert und die Verlaufs-Konfigurationen bei N=20 Vpn ausgezählt wurden.

Der χ^2-Test für die Anpassung zeigt einen Typ der monoton *steigenden* (++) Lernkurve, der für $\alpha^* = 2(0,05)/4 = 0,025$ signifikant ist.

Global wäre auf Homogenität mittels eines 4 x 1-Felder-Anpassungstests zu prüfen gewesen, wobei sich aus Tabelle 19.11.1.1 ein $\chi^2 =$ $= (11-5)^2/5 + ... + (1-5)^2/5 = 11,20$ ergeben hätte, das bei 4-1 = 3 Fgn ebenfalls auf der 5%-Stufe signifikant ist.

Man beachte, daß ein univariater Verlaufstyp auch als *bivariater Änderungstyp* aufgefaßt werden kann: Wenn X+ den Anstieg des Blutzuckers unter Glukosebelastung und Y+ den Anstieg der Harnausscheidung von einem auf den nächsten Morgen bezeichnet, dann ist X+Y+, wenn es bei 11 von 20 Untersuchten auftritt, Ausdruck einer latenten Zuckerkrankheit mit vermehrter Harnausscheidung und erhöhtem Blutzucker.

Bivariate Verlaufstypen

Beobachtet man zwei Observablen X und Y je 3 Mal und repräsentiert die bivariaten Verlaufskurven durch die 16 möglichen Muster von X++Y++ bis X--Y--, dann hat jedes Muster unter H_0 (kein Zeiteinfluß) die Realisierungswahrscheinlichkeit von 1/16. Ob ein bestimmtes Muster einen *bivariaten Verlaufstyp* konstituiert, prüft man abermals mit dem Binomialtest (p = 1/16 und N) oder − asymptotisch mit χ^2 wie in Tabelle 19.11.1.1.

Um Tabelle 19.11.1.1 *bivariat zu modifizieren,* wurden neben den Reproduktionsleistungen (Speicherkapazität) auch die Reproduktionszeiten (Speicherzugriffszeit) je Durchgang gesondert gemessen. Dabei ergab sich Tabelle 19.11.1.2 bei N = 32 Vpn für die 2 Folgedifferenzen von X und Y.

In Tabelle 19.11.1.2 wurden nur die Zeilen-χ^2-Komponenten als Minimumschätzungen des für die Typendefinition nötigen Zwei-Felder-χ^2-Tests berechnet. Bei kleinem N − wie hier − ist eigentlich ein *binomialer Verlaufstypentest* mit x = 8, p = 1/16 und N = 32 durchzuführen, der aber zu den gleichen Resultaten führt, die ihrerseits wie folgt zu interpretieren sind.

(1) Der Verlaufstyp X++Y++ entspricht den slow-learners, die sich monoton verbessern, aber lange dazu brauchen. (2) Der Typ X++Y-- entspricht den ‚fast learners', die sich ebenfalls monoton verbessern, aber nur kurze Zeiten dazu benötigen.(3) Der Verlaufstyp X-+Y+- umfaßt

Tabelle 19.11.1.2

Verlaufstyp		f	e	$(f-e)^2/e$
X++	Y++	8*	2	18,0
	Y+–	3	2	
	Y–+	1	2	
	Y– –	7*	2	12,5
X+–	Y++	2	2	
	Y+–	0	2	
	Y–+	0	2	
	Y– –	1	2	
X–+	Y++	0	2	
	Y+–	7*	2	12,5
	Y–+	0	2	
	Y– –	0	2	
X– –	Y++	1	2	
	Y+–	0	2	
	Y–+	1	2	
	Y– –	1	2	

offenbar die ‚retarded learners', die eines Anlaufes bedürfen, nachdem sie initial lange (Y+.) brauchen und dennoch nichts (X–.) bringen.

Summiert man alle 16 χ^2-Komponenten in Tabelle 19.11.1.2, so ergibt sich das χ^2 des *Kurvenhomogenitätstests*, das für 32–1 = 31 Fge die bereits in den Verlaufstypen manifeste Heterogenität anzeigt.

Um mehr als 2 Observablen auf multivariate Verlaufshomogenität in der beschriebenen Weise prüfen zu wollen, bedarf es unverhältnismäßig großer Stichproben von Verlaufsträgern. In noch höherem Maße gilt diese Einschränkung, wenn jede Observable mehr als 3 Mal beobachtet wird. Für diesen Fall ist die Methode der Folgedifferenzen und deren Vorzeichenmuster praktisch ungeeignet; wir werden sogleich (19.11.2) Alternativen hierzu erörtern.

Alternativen zur Folgedifferenzen-Auswertung

Für univariate Verlaufskurven ist noch nachzutragen, daß neben dem KRAUTHschen Prinzip der Folgedifferenzen auch das *Rangordnungsprinzip* von IMMICH und SONNEMANN (1975) zur Homogenitätsprüfung genutzt werden kann: Man ersetzt die Kurven-Meßwerte durch Rangwerte und zählt aus, wie oft in einer Stichprobe von N Verlaufsträgern jede der p!

möglichen Rangordnungen auftritt, wobei p = m+1 die Zahl der ‚Stützstellen' der Verlaufskurve bezeichnet. Unter H_0 sind alle p! Permutationen gleich besetzt, unter H_1 ist mindestens eine signifikant überbesetzt (Verlaufstyp nach IMMICH-SONNEMANN, vgl. 14.6.4).

Andere Methoden zur Subgruppierung inhomogener Verlaufskurven in Cluster homogener Verlaufskurven sind in Kap. 14.7 unter den Einstichproben-Zeitreihentests nachzulesen.

19.11.2 Polynomkoeffizienten als Verlaufs-Observablen

Werden mehr als m = 3 Meßwiederholungen je Observable geplant, dann empfiehlt KRAUTH (1973), jede individuelle Verlaufskurve durch ein *Polynom* möglichst niedrigen Grades (h–1) zu approximieren und die h *Polynomialkoeffizienten* wie Observablen auszuwerten, nachdem sie in geeigneter Weise diskretisiert worden sind. Wir wollen die für alle N Individuen geltenden Polynomialkoeffizienten a_0, a_1 etc. als *Pseudo-Observable* behandeln (vgl. 13.2 und 13.3), was über GHOSH et al. (1973) hinausführt.

Die Entscheidung, wie klein die *Zahl h der Glieder des Polynoms* sein darf, hängt von der Komplexität der Kurvenverläufe ab, aber auch davon, welche Aspekte des Kurvenverlaufes den Untersucher substanzwissenschaftlich interessieren. Oft interessiert bloß *Niveau* (a_0), Steigung (a_1) und eventuell Krümmung einer Verlaufskurve, also h = 3 Koeffizienten, mit welchen eine aus m Messungen bestehende Kurve zureichend beschrieben werden kann.

In jedem Fall können auch längere Verlaufskurven durch Polynome niedriger Ordnung zureichend approximiert, d.h. durch 2 oder 3 Polynomialkoeffizienten (Niveau, Steigung, Krümmung) gekennzeichnet werden. Anstelle der m Meßwiederholungen einer Verlaufskurve brauchen dann nur die 2 oder 3 sie beschreibenden Polynomkoeffizienten als ‚Pseudo-Observablen' ausgewertet zu werden.

Orthogonalpolynome und ihre Anwendung

Approximiert man eine individuelle Verlaufskurve durch ein allgemeines Polynom der Art $y = a_0 + a_1 x + a_2 x^2 + \ldots a_h x^h$, dann nimmt man zwei Nachteile in Kauf:

(1) Die Approximation ist nur durch eine EDV zu bewältigen (vgl. DRAPER und SMITH, 1966, Ch.5+6);

(2) Die vorangehenden Polynomkoeffizienten (z.B. a_1 und a_2) ändern sich, wenn man ein weiteres Polynomglied (mit a_3) hinzunimmt, um eine bessere Annäherung zu erzielen.

Sind die Beobachtungen äquidistant und von gleichem Gewicht, dann vermeidet man die zwei Nachteile, wenn man ein sog. *Orthogonalpolynom* an die Verlaufskurve anpaßt (vgl. KRAUTH u. LIENERT, 1978). Orthogonalpolynome sind – wie der Name sagt – so konstruiert, daß das Hinzutreten eines Schwingungskoeffizienten A_3 weder den Steigungskoeffizienten A_1 noch den Krümmungskoffizienten A_2 der approximierten Verlaufskurve beeinflußt (ändert).

$$y = B_0 + B_1 X_1 + B_2 X_2 + \ldots + B_h X_h \qquad (19.11.2.1)$$

Da das Verfahren bereits in Abschnitt 13.3.2 beschrieben wurde, betrachten wir sogleich seine Anwendung, wobei wir das *Niveau-Mass* S_o für B_o und die *Trendmasse* S_i für $B_i X_i$ benutzen.

Polynomiale Verlaufstypen

Hat man für jede von N Verlaufskurven die vereinbarten 2–4 S-Maße berechnet, dann stellt sich die Frage: Sind die N Verlaufskurven *homogen* (H_0), und wenn nicht (H_1), bilden sie Gruppen homogener Kurven. *Verlaufstypen* genannt. Die Homogenitäts-H_0 kann das Niveau-Maß S_0 einschließen, es aber auch außer acht lassen, wenn allein die Verlaufsform interessiert.

Beispiel 19.11.2.1

In Tabelle 19.11.2.1 finden sich *Konditionierungskurven* von N = 40 Goldfischen aus m = 8 aufeinanderfolgenden Versuchen (zu je 5 Durchgängen). Gemessen wurde X = Zahl der Schockvermeidungen (Lernerfolg) je Versuch bei jedem der 40 Goldfische, die in 2 hier nicht zu beachtende Gruppen 1 und 2 unterteilt worden sind.

An den N = 40 Kurven interessieren *Steigung* S_1, *Krümmung* S_2 und *Schwingung* S_3, da ihr Niveau durch die Versuchsanordnung eng begrenzt worden ist. Die 3 S-Maße sind in Tabelle 19.11.2.2 aufgeführt.

Für Versuchstier (Vt) Nr.1 wurden S_1, S_2 und S_3 nach Tafel XIX–10 mit m = 8 wie folgt berechnet:

$S_1 = 0(-7) + 0(-5) + 1(-3) + 0(-1) + 1(+1) + 2(+3) + 1(+5) + 1(+7) = +15$

$S_2 = 0(+7) + 0(+1) + 1(-3) + 0(-5) + 1(-5) + 2(-3) + 1(+1) + 1(+7) = +6$

$S_3 = 0(-7) + 0(+5) + 1(+7) + 0(+3) + 1(-3) + 2(+7) + 1(-5) + 1(+7) = -8$

Die Vte Nr. 4 und 5 entfallen für die Auswertung, da deren X-Werte durchweg Null sind und das gleiche notwendig für die S-Werte gilt, die – wie die X-Werte – als *stetig* verteilt angenommen werden, so daß Nullwerte von S nicht auftreten dürfen.

Treten *Nullwerte* nicht in *allen* S-Maßen einer Lernkurve auf, so entscheidet man zugunsten von H_0, wenn man den Nullwerten das seltenere der beiden Vorzeichen zuordnet. Weniger konservativ entscheidet man, wenn man ihnen je ‚ein *halbes* Plus- und Minuszeichen' zuerkennt, wie dies in Tabelle 19.11.2.3 mit den Vorzeichen-Konfigurationen der S-Maße geschehen ist.

Tabelle 19.11.2.1

	Vs.-Tier	\multicolumn{8}{c}{Training 1. Tag Trialblöcke}	Σ 1–8	\multicolumn{8}{c}{Training 2. Tag Trialblöcke}	Σ 1–8
		1	2	3	4	5	6	7	8		1	2	3	4	5	6	7	8	
	1	0	0	1	0	1	2	1	1	6	1	2	0	3	3	4	4	5	22-
	2	0	0	0	0	0	0	1	0	1	3	4	0	4	3	4	5	4	27-
	3	0	1	3	3	0	4	3	4	21	1	1	4	5	2	3	2	1	19-
	(4	0	0	0	0	0	0	0	0	0	0	0	0	0	0	0	0	0	0)
	(5	0	0	0	0	0	0	0	0	0	0	0	2	2	0	0	0	0	4)
	6	0	0	0	0	1	2	1	0	4	0	0	1	1	1	1	0	0	4-
	7	2	2	4	3	1	2	2	3	19	3	3	4	3	3	4	4	4	28-
	8	2	2	2	3	0	3	2	4	18	5	4	5	5	5	5	4	5	38+
	9	0	0	0	0	0	0	1	0	1	1	2	1	1	3	2	4	1	15-
Gr. 1	10	0	1	1	2	3	2	4	4	17	2	4	3	5	3	2	2	4	25-
	11	1	5	5	5	4	5	5	5	35	2	5	5	1	4	5	4	4	30-
	12	2	2	4	2	4	4	3	4	25	4	5	4	5	5	5	4	4	36+
	13	0	3	2	4	5	1	4	3	22	0	3	4	5	4	4	4	4	28-
	14	0	2	2	3	2	3	5	5	22	5	5	5	5	5	4	5	5	39+
	15	0	1	0	2	3	5	4	5	20	5	5	5	3	5	5	5	5	38+
	16	1	2	3	5	3	5	5	5	29	5	5	5	3	4	4	5	2	33o
	17	0	0	0	1	2	4	3	3	13	3	5	5	3	4	5	5	5	35+
	18	0	0	0	0	0	0	0	1	1	4	5	5	5	5	5	5	4	38+
	19	1	1	2	1	0	1	1	1	8	4	5	4	3	1	1	2	2	22-
	20	0	0	1	0	0	1	3	4	9	4	5	5	4	2	5	5	4	34+
	21	1	0	0	2	4	3	4	2	16	4	4	5	5	5	5	5	4	37+
	22	2	1	0	0	2	0	0	0	5	4	2	2	2	3	2	2	5	22-
	23	0	1	0	4	5	5	4	5	24	4	5	5	5	5	5	5	3	37+
	24	0	0	1	3	2	4	2	0	12	5	5	5	4	3	4	0	5	31-
	25	2	5	3	4	2	5	2	3	26	5	5	5	5	5	5	5	4	39+
	26	1	5	4	2	5	5	3	1	26	5	5	5	5	5	5	5	5	40+
	27	2	2	3	3	5	4	4	4	27	5	5	5	4	5	5	5	3	37+
	28	3	1	2	5	5	5	5	5	31	5	5	5	5	5	4	5	2	36+
	29	1	2	2	5	3	5	4	4	26	4	5	5	3	5	5	4	3	34+
Gr. 2	30	1	0	0	2	2	2	2	2	11	4	4	5	4	4	3	4	5	33o
	31	1	0	3	2	1	0	2	1	10	3	2	4	5	2	5	3	2	26-
	32	0	0	0	0	1	0	4	0	5	4	4	4	3	3	4	4	1	27-
	33	0	0	0	0	1	2	1	1	5	5	4	4	5	3	3	4	4	32-
	34	0	0	1	3	0	3	4	4	15	5	5	5	5	4	3	4	3	34+
	35	1	0	0	1	3	5	4	3	17	4	5	3	4	5	4	5	4	34+
	36	0	2	3	1	5	1	5	2	19	4	5	4	3	4	1	1	0	22-
	37	0	1	1	2	0	3	4	5	16	4	1	5	5	2	4	1	4	26-
	38	4	3	4	4	5	3	1	2	26	4	5	5	5	5	5	5	5	39+
	39	2	3	3	1	3	1	3	4	20	5	5	5	5	4	5	4	5	38+
	40	0	2	4	1	2	4	4	2	19	5	5	1	3	4	4	4	4	30-

Tabelle 19.11.2.2

Vt	S_0	S_1	S_2	S_3	Vt	S_0	S_1	S_2	S_3
1	6	+15	+ 6	- 8	21	16	+38	-14	- 1
2	1	+ 5	+ 1	- 5	22	5	-17	+ 5	-15
3	21	+53	- 1	+15	23	24	+56	-20	-18
4	0	0	0	0	24	12	+18	+38	-32
5	0	0	0	0	25	26	- 4	-22	+14
6	4	+11	-10	-22	26	26	- 4	-40	- 6
7	19	- 1	+ 1	+11	27	27	+29	-13	- 9
8	18	+14	+16	+16	28	31	+43	+ 1	-13
9	1	+ 5	+ 1	- 5	29	26	+38	-10	- 4
10	17	+47	- 1	- 2	30	11	+23	- 3	-17
11	35	+27	-23	+ 9	31	10	0	- 8	+14
12	25	+21	- 7	+ 3	32	5	+21	- 1	-23
13	22	+24	-26	+20	33	5	+19	- 3	-15
14	22	+52	+ 2	+16	34	15	+51	+ 5	+ 3
15	20	+66	0	-18	35	17	+51	- 3	-47
16	19	+17	- 5	+ 5	36	19	+27	-11	+ 1
17	13	+63	- 3	-25	37	16	+54	+18	+ 7
18	1	+ 7	+ 7	+ 7	38	26	-26	-10	+ 1
19	8	- 4	+ 2	+10	39	20	+10	+18	+21
20	9	+43	+25	+13	40	19	+25	-19	+ 1

Tabelle 19.11.2.3

Vz–Kn	f	e	χ^2
+ + +	7	4,75	
+ + –	5,5	4,75	
+ – +	7,5	4,75	
+ – –	11,5	4,75	9,59* > 7,45
– + +	2	4,75	
– + –	1	4,75	
– – –	2,5	4,75	
– – –	1	4,75	
$N' = 38$		38,00	– – –

$$\chi^2 = \frac{(11,5 - 4,75)^2}{4,75} + \frac{(26,5 - 33,25)^2}{33,25} = 10,96*$$

Unter H_0 (kein Lernen) sind alle Vorzeichen-Kn gleich wahrscheinlich, so daß alle Erwartungswerte gleich $N'/8 = 38/8 = 4,75$ sind, wobei N' die Zahl der Kurven bezeichnet, die mindestens einen von Null verschiedenen Beobachtungswert (Lernscore) aufweisen.

Ob die höchste Konfigurationsbesetzung f(+--) = 11,5 einen *Verlauftyp* bildet, prüfen wir mittels eines 2-Felder-χ^2-Tests, indem wir alle übrigen Kn zusammenfassen, für welche f = 26,5 und e = 33,25 gelten. Daraus ergibt sich die Prüfgröße

$$\chi^2 = (11{,}5 - 4{,}75)^2/4{,}75 + (26{,}5 - 33{,}25)^2/33{,}25 = 10{,}96,$$

die für 1 Fg auf dem für 8 simultane Test geltenden $\alpha^* = 2(0{,}05)/8 = 0{,}0125$ signifikant ist, da sie die Schranke $\chi^2 = u^2 = 2{,}24^2 = 5{,}02$ weit übersteigt.

Der nachgewiesene Verlaufstyp der Vermeidungskonditionierung von Goldfischen enthält eine Komponente des *linearen* Anstiegs (+..), eine Komponente der umgekehrt u-förmigen Krümmung (.-.) und eine Komponente einer S-förmigen Schwingung (..-). Die 11 ihn konstituierenden Vte mit der Vorzeichen-Kn (+--) sind *verlaufshomogen* und ihre Lernkurven sind in Tabelle 19.11.2.4 durch eine Typenkurve ersetzt worden[8].

Tabelle 19.11.2.4

Vt	X_1	X_2	X_3	X_4	X_5	X_6	X_7	X_8
6	0	0	0	0	1	2	1	0
10	0	1	1	2	3	2	4	4
17	0	0	0	1	2	4	3	3
21	1	0	0	2	4	2	4	2
23	0	1	0	4	5	5	4	5
27	2	2	3	3	5	4	4	4
29	1	2	2	5	3	5	4	4
30	1	0	0	2	2	2	2	2
32	0	0	0	0	1	0	4	0
33	0	0	0	0	1	2	1	1
35	1	0	0	1	3	5	4	3
$11\overline{X}_i$	6	6	6	20	30	34	35	28

Stellt man sich diese *Mittelkurve* graphisch dar, so erkennt man ihren sigmoiden Verlauf, der von einer klassischen Lernkurve denn auch erwartet wird. Der Verlaufstyp (+--) in der Fußzeile von Tab. 19.11.2.4 ist mithin auch theoretisch gut begründet.

Will man auf Homogenität nicht via Verlaufstypen, sondern *global* prüfen, so berechnet man das Gesamt-χ^2 der Tabelle 19.11.2.3 zu

$$\chi^2 = (7 - 4{,}75)^2/4{,}75 + \ldots + (1 - 4{,}75)^2/4{,}75 = 20{,}95 \,,$$

das für 8-1 = 7 Fge auf der 1%-Stufe signifikant ist, womit die Homogenitätshypothese zu verwerfen ist. Daraus folgt, daß es *unzulässig* ist, aus den N = 40 Kurven eine Durchschnitts- oder Mediankurve berechnen zu wollen. Ein Versuch dieser Art führt notwendig zu einer Artefakt-Mittelkurve.

---

[8] Fast hätte sich in Tabelle 19.11.2.3 noch ein zweiter Verlaufstyp (+-+) ergeben, der statt des S-förmigen einen umgekehrt S-förmigen Verlauf ausweist, also Anstieg, Abflachung und Wiederanstieg erkennen läßt.

Verlaufstypen-Agglutination

Oft werden Verlaufskurven schon durch 3 Trendmaße allzu differenziert beschrieben, und es stellt sich die Frage, ob man dadurch, daß man das eine oder andere Trendmaß S außer Acht läßt, prägnantere Verlaufstypen erhält. Beispiel 19.11.2.2 läßt wahlweise das Schwingungs- und das Krümmungsmaß außer Acht, und agglutiniert die Vorzeichen-Konfigurationen dieser Maße, um zu *agglutinierten Verlaufstypen* für Beispiel 19.11.2.1 zu gelangen.

Beispiel 19.11.2.2

Inspiziert man Tabelle 19.11.2.3, so liegt es nahe, die Vorzeichen Kn (+--) und (+-+) zu agglutinieren, um einen *Agglutinationstyp* (+-.) mit 19 Vtn zu bilden, deren Schockvermeidungskurven degressiv ansteigen. Hierbei wird auf die Information aus der sigmoiden *Schwingung* von Lernkurven explizit verzichtet.

Verzichtet man auf die Information aus der *Krümmung* S_2, dann können auch die Kn (+--) und (++-) zu (+.-) agglutiniert werden, womit ein Cluster von f(+.-) = = 11,5 + 5,5 = 18 Vtn resultiert, die Steigung und S-förmige Schwingung gemein haben.

Interessiert den Untersucher nur, ob ein Lerneffekt überhaupt eintritt, dann kann er über Krümmung S_2 und Schwingung S_3 agglutinieren und erhält einen Agglutinationstypus (+..), der alle f(+..) = 7 + 5,5 + 7,5 + 11,5 = 31,5 Vte umfaßt, die eine *Steigung* in ihren Lernkurven aufweisen.

$$\chi^2(+.-) = (18 - 9,5)^2/9,5 + (20 - 28,5)^2/28,5 = 10,14$$
$$\chi^2(+..) = (31,5 - 19)^2/19 + (6,5 - 19)^2/19 = 16,45$$

Werden *post festum* alle möglichen Agglutinationen erprobt, so kommen zu den 8 simultanen Tests der Tabelle 19.11.2.3 noch 3(4) = 12 für einfach agglutinierte Typen und ebensoviele für zweifach agglutinierte Typen hinzu, womit $\alpha^* = 2(0,05)/32 =$ = 0,003125 zu setzen ist. Die Schranke $\chi^2 = 3,02^2 = 9,12$ wird aber von beiden χ^2-Werten (10,14 und 16,45) noch überschritten, womit die 2 Agglutinationstypen als existent gelten dürfen.

In Beispiel 19.11.2.1 wurde gegen Verlaufstypen mittels 2-Felder-χ^2-Test geprüft unter der Annahme, alle Erwartungswerte seien größer als 5 oder doch wenigstens größer als 2 (vgl. WISE, 1963). Bei kleinen Erwartungswerten muß *binomial* geprüft werden, wobei p = 1/8 bei 3 Pseudo-Observablen S_1, S_2 und S_3.

Werden bestimmte Verlaufstypen theoretisch erwartet und diese Erwartung begründet (wie im Fall der Lernkurve als Wachstumsprozeß), dann kann *gezielt* auf den erwarteten Verlaufstyp geprüft werden, wobei auf eine Alpha-Adjustierung zu verzichten ist. Das gleiche gilt für agglutinierte Verlaufstypen.

Interessiert den Untersucher neben Verlaufskennwerten auch das Niveau, auf dem die Kurven verlaufen, dann dichotomiert er die Niveau-Maße S_0 an ihrem *Median* und ersetzt die supramedianen S_0-Werte durch ein Plus-, die submedianen durch ein Minuszeichen, ehe die Vorzeichenmuster gebildet und ausgezählt werden. Die Benutzung des Stichprobenmedians anstelle des Populationsmedians führt allerdings zu einer konservativen Entscheidung über die Homogenität von *univariaten Verlaufskurven (Plankurven)*.

19.11.3 Polynomkoeffizienten bivariater Verläufe

Werden zwei Observablen X und Y an einer Stichprobe von N Individuen (Mms-Trägern) je m Male beobachtet, so entstehen *bivariate Verlaufskurven* (Raumkurven). Um zu prüfen, ob die N *Raumkurven* homogen sind, ersetzt man die X-Verläufe durch die Orthogonalpolynome

$$X' = A_0 + A_1 X_1 + A_2 X_2 + \ldots + A_h X_h \qquad (19.11.3.1)$$

und die Y-Verläufe durch die Polynome

$$Y' = B_0 + B_1 X_1 + B_2 X_2 + \ldots + B_h X_h \ . \qquad (19.11.3.2)$$

Zur Vereinfachung werden die A_i durch S_i und die B_i durch T_i ersetzt und nach ihrem Vorzeichen dichotomiert.

Bivariate Verlaufstypen

Beschränkt man sich auf *Steigungen* S_1 und T_1 und auf *Krümmungen* S_2 und T_2 der bivariaten Verlaufskurven, dann ergeben sich $(2^2) \cdot (2^2) = 16$ Vorzeichenkonfigurationen zur Beschreibung der Verläufe. Unter H_0 (kein Zeiteinfluß auf die beiden Observablen) sind alle 16 Kn gleichwahrscheinlich mit Erwartungswerten von e = N/16. Signifikant überfrequentierte Kn bilden *bivariate Verlaufstypen*, die mittels 2-Felder-χ^2-Tests wie in Abschnitt 19.11.2 nachzuweisen sind.

In Tabelle 19.11.2.1 wurde nur das Training des 1. Tages mit seinen m = 8 Versuchsdurchgängen (Trialblöcken) ausgewertet und das Training am 2. Tag außer acht gelassen. Werden die Vermeidungskurven des 2. Tates in gleicher Weise polynomial angepaßt, wie die des ersten Tages in Tabelle 19.11.2.2 angepaßt wurden, so entstehen Vorzeichenmuster der bivariaten Verlaufskurven mit den *Trendmaßen* $S_1 S_2 S_3 T_1 T_2 T_3$, deren Zahl $2^6 = 64$ beträgt. Wegen der kleinen Erwartungswerte unter H_0 (kein Lernen an keinem der beiden Tage) mit e = 38/64 = 0,59375 wären binomiale Typentests mit p = 1/64 durchzuführen. Der Leser ist eingeladen, solche Tests zu Übungszwecken vorzunehmen.

Wir werden im folgenden eine andere Möglichkeit, bivariate Verlaufstypen zu identifizieren, kennenlernen.

Verlaufsprädiktion

Angenommen, der Untersucher sei daran interessiert, aus den Verläufen des 1. Trainings in Tabelle 19.11.2.1 das Ergebnis des 2. Trainings (rechte Summenspalte) vorherzusagen. Dieses Ergebnis entspricht dem Niveau-Maß T_0, und so ist unsere Aufgabe, die Vorzeichenkonfigurationen der *Prädiktoren* $S_1 S_2 S_3$ zu benutzen, um T_0 (+ = über, - = unter dem Median) als *Prädikanden* vorherzusagen. Allgemein sollen aus unabhängigen X-Verläufen von ihnen abhängige Y-Verläufe erkundet werden.

Im besonderen wird gefragt, *welche Verläufe* im 1. Training zu hohen Leistungsniveaus im 2. Training führen. Zur Beantwortung dieser Frage bilden wir Tabelle 19.11.3.1 aus den Tabellen 19.11.2.1–2.

Tabelle 19.11.3.1

$S_1 S_2 S_3$	T_0	f	e	Chi^2	Fg
+ + +	+	6	2,375	5,90*	1
+ + +	−	1			
+ + −	+	1,5			
+ + −	−	4			
+ − +	+	2			
+ − +	−	5,5			
+ − −	+	7	2,375	9,61*	1
+ − −	−	4,5			
− + +	+	0			
− + +	−	2			
− + −	+	0			
− + −	−	1			
− − +	+	2			
− − +	−	0,5			
− − −	+	1			
− − −	−	0			

Es gibt offenbar nur 2 S-Konfigurationen (+++ und +−−) im 1. Training, die zu einem hohen Leistungsniveau im 2. Training führten (+); möglicherweise ist mindestens eine davon als *Verlaufsprädiktionstypus* zu identifizieren.

Wir prüfen mit 2-Felder-χ^2-Anpassungstests und erhalten durch Poolen über die restlichen Konfigurationen:

$$\chi^2 (+++\ +) = (6 - 2{,}375)^2 / 2{,}375 + (32 - 35{,}625)^2 / 35{,}625 = 5{,}90$$

$$\chi^2 (+--\ +) = (7 - 2{,}375)^2 / 2{,}375 + (31 - 35{,}625)^2 / 35{,}625 = 9{,}61$$

Für ein adjustiertes $\alpha^* = 2(0{,}05)/16 = 0{,}00625$ und eine χ^2-Schranke von $2{,}50^2 = 6{,}25$ ist nur die *stärker* besetzte Kn als Prädiktionstyp anzusehen. Er besagt, daß Verläufe des Vorzeichenmusters (+--), also klassische Lernkurven mit ogivenartigem Verlauf zur Asymptote im 1. Training, zu hohen Leistungsniveaus (+) im 2. Training führen.

Wenn, wie bei uns, die Prädiktion nur auf hohe (nicht auch auf niedrige) Leistungen gerichtet ist, fallen die 8 Typentests mit negativ gesetztem T_0 fort, und es resultiert ein *verschärfter Test* mit $\alpha^* = 2(0{,}05)/8 = 0{,}0125$, dessen χ^2-Schranke bei $2{,}24^2 = 5{,}02$ liegt. Bei dieser Schranke ist auch das Verlaufsmuster (+++) ein Prädiktor für gute Folgeleistungen.

Weil die Schranke 5,02 von 5,90 nur knapp überschritten wird und der χ^2-Test bei einem Erwartungswert von 2,375 möglicherweise nicht mehr valide ist, prüfen wir exakt nach dem *Binomialtest* und erhalten für $p = 1/16$ und $N = 38$ mit $x = 6$ ein

$$P = \binom{38}{6} (\tfrac{1}{16})^6 (\tfrac{15}{16})^{32} + \ldots + \binom{38}{38} (\tfrac{1}{16})^{38} (\tfrac{15}{16})^0 =$$

$$= 1 - \binom{38}{0} (\tfrac{1}{16})^0 (\tfrac{15}{16})^{38} - \ldots - \binom{38}{5} (\tfrac{1}{16})^5 (\tfrac{15}{16})^{33} = 0{,}01821$$

das die obige Entscheidung nicht bestätigt, da $P = 0{,}018 > 0{,}0125 = \alpha^*$. Erst für $x = 7$ ergibt sich ein $P = 0{,}00845 < 0{,}0125 = \alpha^*$, womit der Prädiktionstyp (+-- +) bestätigt wird: Positive Steigung (S_1+), negative Krümmung (S_2-) und negative (sigmoide) Schwingung (S_3-) im ersten Training führen überzufällig häufig zu hohen Leistungsniveaus (T_0+) im zweiten Training.

Bivariat-polynomiale Verlaufstypen

Univariat-polynomiale Verläufe mit den Trendmaßen S_1, S_2 und S_3 etwa, bilden univariate Verlaufstypen aus, die sich als Büschel ‚konkomitant' verlaufender Linienkurven veranschaulichen lasssen (19.11.1). Werden nun N Individuen nicht nur nach einer Verlaufsobservablen X, sondern gleichzeitig durch eine zweite Verlaufsobservable Y beschrieben, so entstehen *bivariat-polynomiale Verläufe* bzw. bivariate Verlaufstypen. So ist die Fieber-Pulskurvenschreibung bei stationären Ptn eine bivariate Verlaufskurve, die man sich als ‚Hochspannungsleitung über Berg und Tal' in einem durch die Himmelrichtungen West-Ost (X) und Süd-Nord (Y) gebildeten Koordinatensystem vorstellen mag (*Raumkurven* nach 19.11.3).

In einer Stichprobe stationärer Ptn, deren Fieberverlauf (X) durch Steigung (S_1) und Krümmung (S_2) polynomial beschrieben wird, und deren Pulsverlauf (Y) analog durch T_1 und T_2 approximiert wurde, mögen Überlebende Herzinfarkt-Patienten einen *bivariaten Verlaufstyp* ausbilden, der durch fallende Pulse (T_1-) bei umgekehrt U-förmig verlaufender Fieberkurve (S_2-) gekennzeichnet ist. Die Trendmaße ($S_1 S_2 \ T_1 T_2$) bilden dann ggf. einen Agglutinationstyp ($-..-$), der mittels KFA nachzuweisen ist.

Verlaufstypenerkundung

Wie bei der KFA ganz allgemein, steigt die Zahl der bivariaten Verlaufstypentests mit wachsender Zahl von Polynomialkoeffizienten. Wegen der notwendigen Alpha-Adjustierung sinkt damit die Chance, auch nur einen einzigen Verlaufstyp statistisch nachzuweisen.

Hat man keine Vorweg-Hypothesen, um die Zahl der geplanten Typentests einzugrenzen, empfiehlt sich bei ausreichend großen Stichproben von Verlaufsträgern folgende *Erkundungsstrategie* (vgl. METZGER, 1952): Man zieht eine Teilstichprobe von $n \leq N/2$ Verlaufsträgern aus der Gesamtstichprobe aller N Träger und formuliert nach Art eines *Erkundungsexperimentes* r Typenhypothesen, über die dann an der Reststichprobe von N–n Trägern mit $\alpha^* = \alpha/r$ entschieden wird (*Entscheidungsexperiment* nach METZGER, 1952).

Ein analoger Weg von *Typenerkundung* zum *Typennachweis* ist die sog. *Kreuzvalidierung*: Man erkundet in einer ersten Erhebung, welche Verlaufstypen sich andeuten und ggf. welche davon auch theoretisch zu begründen sind. In einer nachfolgenden zweiten Erhebung aus der gleichen Population von Verlaufsträgern prüft man sodann, ob die erkundeten Verlaufstypen auch nachzuweisen sind.

19.11.4 Polynomkoeffizienten multivariater Verläufe

Sind t Observablen hinsichtlich ihres Verlaufes über m Stützstellen durch orthogonale Polynome beschrieben worden, so läßt sich die *Homogenität der multivariaten Verläuft* (*Hyperraumkurven*) ebenfalls durch Verlaufstypentests beurteilen. Allerdings muß man sich dabei auf wenige Kurvencharakteristika, wie Steigung, Krümmung und Schwingung, beschränken, um die Zahl der Typentests sinnvoll zu begrenzen.

Denn schon für *t = 3 Observablen* X, Y und Z, die m+1 Mal beobachtet worden sind, ergeben sich bei vorzeichen-dichotomierten Polynomkoeffizienten $2^3 = 8$ Steigungskonfigurationen $a_1^+ b_1^+ c_1^+$ bis $a_1^- b_1^- c_1^-$, wenn man nur zwischen steigenden (+) und fallenden (–) Verläufen unterscheidet. Unterscheidet man darüber hinaus zwischen U- und umgekehrt U-förmigen Verläufen, sind $2^6 = 64$ Steigungs-Krümmungs-Konfigurationen zu unterscheiden, die sich von $a_1^+ a_2^+ b_1^+ b_2^+ c_1^+ c_2^+$ bis $a_1^- a_2^- b_1^- b_2^- c_1^- c_2^-$ erstrecken.

Sind die N Verläufe aller 3 Observablen monoton steigende *Wachstumskurven*, so kann auf die Steigungskoeffizienten verzichtet werden, womit die $2^3 = 8$ Krümmungskonfigurationen $a_2^+ b_2^+ c_2^+$ bis $a_2^- b_2^- c_2^-$ resultieren. Läßt man die Steigungskoeffizienten außer acht, so ändert man implizit die Nullhypothese der Homogenität: sie lautet dann, daß allen N Verlaufskurven der gleiche Steigungsparameter zugrunde liegt und sie sich ggf. nur durch ihre Krümmungsparameter unterscheiden. Oft interessiert – wie in Therapieverlaufskontrollen – nur, ob sich Ptn in t Wirkungsindikatoren verbessern, ob also ein *multivariater Steigungstyp* nachzuweisen ist: Man denke an eine Stichprobe lithiumbehandelter Depressiver, die allwöchentlich nach X = psychomotorischer Entfaltung, nach Y = Reizansprechbarkeit und nach Z = Stimmungslage beurteilt worden sind. Als Resultat einer erfolgreichen Behandlung sollte ein *trivariater Steigungstyp* $a_1^+ b_1^+ c_1^+$ jene Ptn umfassen, die sich bzgl. aller 3 Indikatoren gebessert haben. Sieht man noch jene Ptn als Erfolge, die sich in mindestens 2 der 3 Indikatoren gebessert haben, dann ist gegen $1+3 = 4$ Verlaufstypen ($a_1^+ b_1^+ c_1^+$, $a_1^+ b_1^+ c_1^-$, $a_1^+ b_1^- c_1^+$, $a_1^- b_1^+ c_1^+$) zu prüfen.

Verfährt man in analoger Weise mit t = 4 Verlaufsindikatoren einer Behandlung, indem man Besserung in mindestens 3 der 4 Indikatoren fordert, so sind statt der $2^4 = 16$ möglichen nur $1 + \binom{4}{3} = 5$ Verlaufstypen von klinischem Interesse. Statt $\alpha^* = 2\alpha/16$ braucht dann nur nach $\alpha^* = 2\alpha/5$ adjustiert zu werden, womit die Chancen eines Therapiewirkungsnachweises oder einer Verlaufsprognose (LANGE, 1977) steigen[9].

Man beachte, daß eine mehrfach univariate Verlaufskurvenauswertung eine multivariate Auswertung nicht ersetzen kann, sowenig wie eine mehrfache ANOVA den Informationsgehalt einer MANOVA ausschöpft.

19.12 Faktorielle Untersuchungen mit Verlaufskurven

Verlaufsbeobachtungen in *Längsschnittuntersuchungen* sind, an einer einzigen Stichprobe von Individuen (Verlaufsträgern) durchgeführt, unkontrollierte, nur auf der *Entdeckungslogik* basierende Untersuchungen (vgl. SCHMIDT, 1974). Kontrollierte, auf der *Bestätigungslogik* des Neopositivismus basierende Untersuchungen bedürfen mindestens zweier Stichpro-

---

[9] Sind die 3 Verlaufsindikatoren nicht metrisch, sondern nur ordinal gemessen worden, so genügt es, sie per inspectionem je einzeln als steigend oder fallend zu kategorisieren und sie durch ein Vorzeichenmuster zu beschreiben (z.B. ++ - = steigend in X und in Y, fallend in Z). In analoger Weise können auch 3 metrische Verlaufskurven beschrieben werden, wenn man das Rechnen mit Polynomen sparen oder auch nur auf Kurven anwenden will, die sich anschaulich nicht eindeutig beurteilen lassen.

ben von Verlaufsträgern, einer Versuchsgruppe 1 und einer Kontrollgruppe 2 von N_1 und N_2 Verlaufsträgern (vgl. FERNER, 1977).

Wird jeder der $N = N_1 + N_2$ Verlaufsträger bzgl. mindestens einer Observablen m + 1 Mal beobachtet, so entstehen *zwei unabhängige Stichproben* von uni- oder multivariaten Verlaufskurven, die bezüglich bestimmter oder aller möglichen Verlaufscharakteristika zu vergleichen sind. Es handelt sich um den Zweistichprobenfall einer *uni*faktoriellen Untersuchung mit mehrfacher Meßwiederholung, wobei 2 Stufen eines *Behandlungsfaktors* die beiden Stichproben unterscheiden (vgl. HORBACH, 1974; 1978).

Tritt zu dem Behandlungsfaktor (Verum vs. Placebo) noch ein *Schichtungsfaktor* (männlich vs. weiblich), dann geht der unifaktorielle in einen *bi*faktoriellen Untersuchungsplan von Verlaufskurven über. Bei n binär gestuften Faktoren entsteht so ein 2^n-faktorieller Untersuchungsplan mit Verläufen anstelle von Einzelbeobachtungen.

Untersuchungspläne mit *zwei* Stichproben von Verlaufskurven lassen sich nichtparametrisch in analoger Weise auswerten wie Untersuchungen mit einer einzigen Stichprobe von Verlaufskurven: Man beschreibt jede einzelne Verlaufskurve bei festem Zeitmuster durch die *Koeffizienten eines orthogonalen Polynoms* möglichst niedriger Ordnung, ersetzt die Koeffizienten durch ihre Vorzeichen und vergleicht die k Vorzeichenmuster beider Stichproben hinsichtlich ihrer Frequenzen, global mittels eines Interaktionstests (ISA-Tests) oder differentiell mittels einer Zweistichproben-KFA.

Im folgenden Abschnitt wollen wir uns nur mit dem Vergleich uni- und bivariater Verlaufskurven befassen und den Fall der multivariaten Verlaufskurven in Ermangelung genügend großer Stichproben dem Leser zur Verallgemeinerung überlassen.

19.12.1 Unifaktorielle Untersuchungen mit Verlaufskurven (Pläne 28–30)

Wirkt ein Behandlungsfaktor A in a Stufen auf Verlaufskurven von Wirkungsindikatoren X, Y und Z, dann äußert sich seine Wirkung global in einer Interaktion zwischen dem Faktor und den die Verlaufskurven beschreibenden Polynomialkoeffizienten bzw. deren Vorzeichen-Konfigurationen. Die Interaktion A.XYZ bezeichnet dann die *trivariate* Gesamtwirkung des Faktors, die Interaktion A.XY eine *bivariate* und die Interaktion A.X eine *univariate* Gesamtwirkung, d.h. die Wirkung des Faktors auf den Verlauf der Observablen X. Im Zweistichprobenfall mit a = 2 bezeichnet A.X den Unterschied der Verläufe in Versuchs- und Kontrollgruppe. Alle Interaktionen sind im Sinn der ISA definiert.

Der univariate Verlaufskurvenvergleich

Betrachten wir nur eine einzige Observable X und die ihren Verlauf über m + 1 Beobachtungen beschreibenden Polynomkoeffizienten a_1 = Steigung und a_2 = Konvexkrümmung (U-förmig) als Pseudo-Observablen, dann ist die *Interaktion* A.$a_1 a_2$ Ausdruck von Steigungs- und Krümmungsunterschieden zwischen den Stufen des Behandlungsfaktors A.

Der *globale* ISA-Test sieht vor, die $2^2 = 4$ Vorzeichen-Konfigurationen von a_1 und a_2 als Zeilen und die a Stufen des Faktors A als Spalten einer 4 x a-Feldertafel darzustellen und auf Zeilen-Spalten-Kontingenz zu prüfen. Ein *differentieller* Wirkungstest fordert den Nachweis von Interaktionstypen der Verläufe, wie ihn Beispiel 19.12.1.1 vor Augen führt.

Beispiel 19.12.1.1

Datenrückgriff: In Beispiel 19.11.2.1 wurden zwei Gruppen von Goldfischen am gleichen Tag konditioniert, Gruppe 1 mit N_1 = 18 Fischen am Morgen und Gruppe 2 mit N_2 = 20 Fischen am Nachmittag. Es wird gefragt, ob sich die Kurven des Konditionierungserfolgs X hinsichtlich ihres Verlaufes, speziell hinsichtlich Krümmung a_2 und Schwingung a_3 unterscheiden, ob die Tageszeit einen Einfluß ausübt (Test of technique im Experiment).

Datendarstellung: Wir stellen die Vorzeichen-dichotomierten Polynomialkoeffizienten a_2 und a_3 bzw. deren Frequenzen in Tabelle 19.12.1.1 der beiden Gruppen einander gegenüber, indem wir die Vorzeichen der Trendmasse S_2 und S_3 aus Tabelle 19.11.2.2 übernehmen.

Tabelle 19.12.1.1

$a_2 a_3$	f_1	f_2
+ +	6	2
+ -	3,5	4
- +	5	5
- -	3,5	9
Σ	18	20

Der auffälligste Gruppenunterschied besteht bzgl. der Verlaufskonfiguration (++): 6 Fische der Morgengruppe gegen 2 der Nachmittagsgruppe zeigen Verläufe mit U-förmiger Krümmung (+.) und sinoider (umgekehrt S-förmiger) Schwingung (.+); sie können unter Bezug auf Tafel XIX–10 für den einfachsten Fall von m = 4 Stützstellen durch die Polynomwerte 1 -1 -1 +1 und -1 +3 -3 +1 veranschaulicht werden.

Interaktionstest: Wir stellen die kritische Verlaufskonfiguration (++), in welcher sich die beiden Gruppen ersichtlich unterscheiden, in einer Vierfeldertafel gegenüber und erhalten Tabelle 19.12.1.2.

Tabelle 19.12.1.2

$a_2 a_3$	f_1	f_2	n
+ +	6	2	8
andere	12	18	30
	18	20	N = 38

Die Auswertung ergibt ein $\chi^2 = 38(6 \cdot 18 - 2 \cdot 12)^2/(8 \cdot 30 \cdot 18 \cdot 20) = 3{,}10$, das für $\alpha^* = 2(0{,}05)/4 = 0{,}025$, einseitig beurteilt, nicht auf dem 5%-Niveau signifikant ist, da es die Schranke 3,84 unterschreitet. Zum gleichen Ergebnis führt der exakte Interaktionstest nach (5.3.2.3) wie folgt mit C = 8! 30! 18! 20! als Zählerkonstanten

$$p_0 = \frac{C}{38!\, 6!\, 2!\, 12!\, 18!} = 0{,}0721249$$

$$p_1 = \frac{C}{38!\, 7!\, 1!\, 11!\, 19!} = 0{,}0721249 (2 \cdot 12/7 \cdot 19) = 0{,}0130150$$

$$p_2 = \frac{C}{38!\, 8!\, 0!\, 10!\, 20!} = 0{,}0130150 (1 \cdot 11/8 \cdot 20) = 0{,}0008948$$

P = 0,0721249 + 0,0130150 + 0,0008948 = 0,0860347 > 0,025

Interpretation: Entgegen dem Eindruck unterschieden sich morgens und nachmittags konditionierte Goldfische nicht hinsichtlich der Häufigkeit von Lernkurve mit U-förmig sinoidem Trend; die beiden Gruppen können als verlaufshomogen betrachtet werden. Die Alternative hierzu wäre ein entsprechender Verlaufstyp für die Morgen-Konditionierung.

Folgerung: Die beiden Gruppen verlaufshomogener Goldfische dürfen zu einer einzigen Gruppe zusammengeworfen (gepoolt) werden, wie dies in Tabelle 19.11.2.1 vorwegnehmend geschehen ist.

Der Grund, warum wir in diesem Abschnitt 19.12.1 von den Trendmaßen S_i zu den *Polynomkoeffizienten* a_i zurückkehren, ergibt sich aus der Notwendigkeit, nachfolgend zwischen den Trendmaßen zweier Verlaufsobservablen X und Y zu unterscheiden. Wir werden zwar auch bei bivariaten Verlaufskurven mit Trendmaßen $S_i(X)$ und $S_i(Y)$ rechnen, sie jedoch notationsmäßig durch die Polynomkoeffizienten a_i für X und b_i für Y ersetzen. Analoges gilt für die Niveau-Maße $S_0(X)$ und $S_0(Y)$, die durch a_0 bzw. b_0 substituiert werden.

Der bivariate Verlaufskurvenvergleich

Werden zwei Observablen, X und Y, je m + 1 Male gemessen und die bivariaten Verläufe durch Steigungen $a_1 b_1$ und Krümmungen $a_2 b_2$ beschrieben, dann resultieren $2^4 = 16$ Verlaufskonfigurationen von Vorzeichen.

Wird eine Gruppe von N_1 Verlaufsträgern unter Behandlungs-, die andere unter Kontrollbedingungen beobachtet, so entsteht ein Plan zum *Vergleich zweier unabhängiger Stichproben bivariater Verlaufskurven (Raumkurven)*, der mittels ISA bzw. KFA auszuwerten ist.

In der folgenden Tabelle 19.12.1.3 wird die *Krümmung* a_2 aus X mit dem *Niveau* b_0 von Y kombiniert und also die Interaktion A.$a_2 b_0$ untersucht, wobei die Daten aus den Tabellen 19.11.2.1−2 stammen und die Gruppen wie in Beispiel 19.12.1.1 definiert sind.

Tabelle 19.12.1.3

$a_2 b_0$	f_1	f_2	Σ
+ +	4,5	3	7,5
+ −	5	3	8
− +	3	8,5	11,5
− −	5,5	5,5	11
$N_1 = 18$	$N_2 = 20$	N=38	

Es sieht so aus, als verbinde die *Kontrollgruppe* 2 häufiger (8,5) als die *Versuchsgruppe* (3 Fische) eine n-förmige Krümmung in X (−.) mit einem hohen Kurvenniveau in Y (.+). Der Vierfelder-χ^2-Test mit a = 3, b = 8,5, c = 18−3 = 15 und d = 20 − 8,5 = 11,5 identifiziert jedoch keinen (−+)-Verlaufstyp für Gruppe 2. Die beiden Gruppen dürfen also auch bzgl. dieser bivariaten Kurvencharakteristika als *homogen* betrachtet und gepoolt werden.

Der multivariate Verlaufskurvenvergleich

Werden t (= 3) Observablen, etwa X, Y und Z, je m + 1 Male beobachtet und zwar unter den a = 2 Stufen (Versuch, Kontrolle) eines Behandlungsfaktors, dann liegt ein *uni*faktorieller und *multi*variater Plan zu Vergleich von Verlaufskurven (*Hyperraumkurven*) vor.

In der Therapiebeurteilung und in der *Erfolgsprognose* spielen im wesentlichen Anstieg oder Abfall klinischer Indikatoren eine Rolle: Wenn ein Kliniker vermutet, daß alkoholbedingte Leberzirrhosen eine bessere Prognose haben als posthepatitische Zirrhosen, so registriert man fortlaufend X = Serumalbumin, Y = Serumcholesterin, Z = Serumbilirubin und W = Serumtransaminasen. Ist die Zahl der Ptn, die bezüglich der ersten 2 Indikatoren absinken und bzgl. der letzten 2 ansteigen, bei hepatitischen Zirrhosen signifikant größer als bei alkoholischen, dann ist die klinische Vermutung bestätigt.

In Tabelle 19.12.1.4 sind $N_1 = 13$ alkoholische und $N_2 = 9$ hepatitische Zirrhosen über Monate bei gleicher Therapie verfolgt worden, wobei $f_1 = 2$ alkoholische und $f_2 = 6$ hepatitische Zirrhosen die prognostisch ungünstige *Verläufekonfiguration* $a_1^- b_1^- c_1^+ d_1^+$ aufweisen; darin sind a_1 bis d_1 die Steigungskoeffizienten der Verlaufsobservablen X bis W.

Tabelle 19.12.1.4

$a_1 b_1 c_1 d_1$	f_1	f_2	n
Andere	11	3	14
- - + +	2	6	8
	$N_1=13$	$N_2=9$	$N=22$

Der exakte Vierfelder-Interaktionstest liefert eine Überschreitungswahrscheinlichkeit von $P = 0{,}022$ (Tafel V–3) $< 0{,}05 = \alpha$. Die Frequenzen in Tabelle 19.12.1 4 wurden so angeordnet, daß $P = 0{,}022$ unmittelbar in Tafel V–3 abzulesen ist. Wegen der gezielten Verlaufshypothese braucht α nicht adjustiert zu werden, womit ein *tetravariater Verlaufstyp* der hepatitischen Zirrhose (--++) nachgewiesen worden ist.

19.12.2 Bifaktorielle Untersuchungen mit Verlaufskurven (Pläne 31–33)

Wird der in den Plänen 28–30 auftretende Behandlungsfaktor A durch einen Schichtungsfaktor B ergänzt und möglichst dafür gesorgt, daß die $a \cdot b$ Faktorkombinationen gleich besetzt sind, dann ergeben sich je nach *Observablenzahl* folgende Möglichkeiten einer Verlaufs-Observablen-Auswertung:

(1) Wird nur eine *einzige Observable* X hinsichtlich ihres Verlaufes polynomial repräsentiert, so ist die Interaktion $AB.a_1 a_2$ zu beurteilen, wenn nur Steigung und Krümmung der je $n = N/ab$ Verläufe interessieren. Ein Interaktionstyp $A_3 B_2 . a_1^+ a_2^-$ brächte zum Ausdruck, daß die Stufe 3 des Faktors A in Verbindung mit der Stufe 2 des Faktors B zu Verlaufskurven mit positiver Steigung aber negativer (degressiver) Krümmung führt.

(2) Werden *zwei Observablen* X und Y verlaufsbeobachtet, dann ist, wenn nur die Steigungen a_1 und b_1 interessieren, die Interaktion $AB.a_1 b_1$ mit $a \cdot b$ Zeilen und $2 \cdot 2 = 4$ Spalten zu beurteilen. Ist A_1 eine neue und A_2 eine überkommene Leberschutztherapie bei B_1 alkoholischen und B_2 bei hepatitischen Zirrhosen, so besagt ein mittels ISA nachgewiesener

Interaktionstyp $A_1 B_2 . a_1^- b_1^-$, daß hepatitische Leberzirrhosen im Verlauf der neuen Therapie ihre Serumalbumine (X) und -cholesterine (Y) senken (vgl. Tabelle 19.11.1.4).

(3) Werden *t Observablen* an N Individuen m + 1 Mal beobachtet, und zwar unter jeder von a·b Stufen der Faktoren A und B, dann ist bei t = 3 Observablen die Interaktion $AB.a_1 b_1 c_1$ zu beurteilen, wenn nur die Steigungen der 3 Observablen (X, Y, Z) bzw. deren Steigungskoeffizienten a_1, b_1 und c_1 interessieren.

Faktorenreduktion

In der Planung bifaktorieller Untersuchungen wird unterstellt, daß beide Faktoren wirksam sind. Zeigt nun eine ISA, daß nur *einer* der beiden Faktoren wirksam ist, dann kann der andere Faktor *aufgelassen* werden.

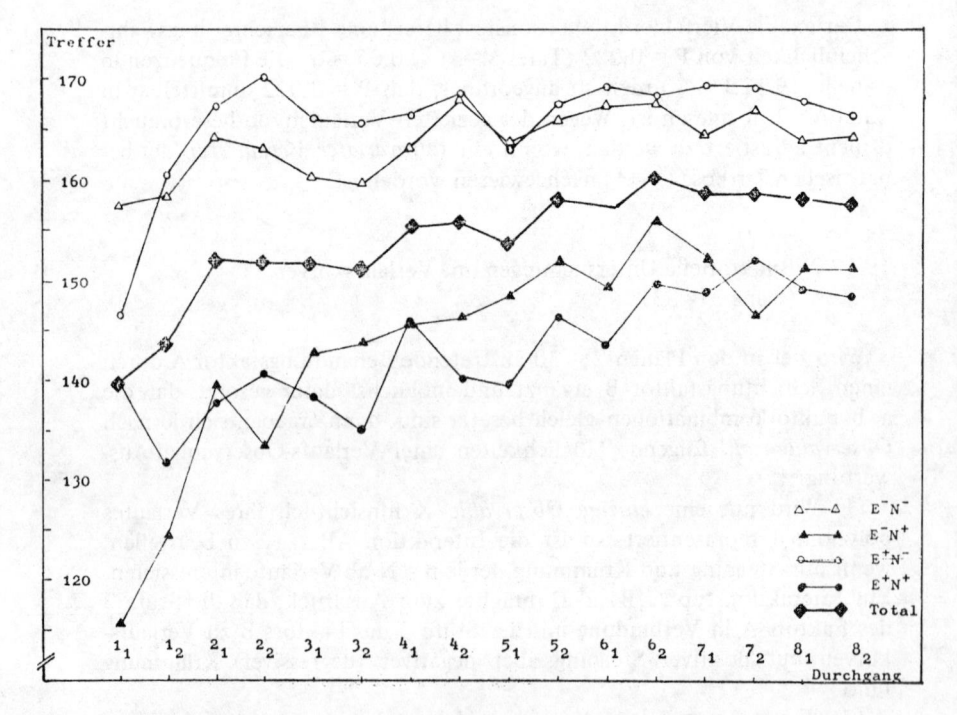

Abb. 19.12.2.1:
Anzahl der Treffer in einem psychomotorischen Koordinationstest (Kieler Determinationsgerät) für 8 · 2 = 16 Durchgänge: Mittelkurven von 2 · 2 = 4 Gruppen zu je 6 Vpn mit den 2-stufigen Schichtungsfaktoren E = Extraversion (+, -) und N = Neurosebereitschaft (+, -), einschließlich Gesamtkurve (aus MEYER-BAHLBURG, 1970, Abb.11).

Abb. 19.12.2.1 gibt ein Beispiel aus einem bifaktoriellen Plan, bei welchem beide Faktoren dichotome *Schichtungen* von Vpn nach den Persönlichkeitsmerkmalen E = Extraversion und N = Neurosebereitschaft indizieren: E^+ und N^+ bezeichnen supramediane Ausprägungen. E^- und N^- submediane Ausprägungen der beiden durch das EYSENCKsche Persönlichkeits-Inventar (EPI) erfaßten Mme.

Abb. 19.12.2.1 zeigt die *Mittelkurven* der 4 Schichtungskombinationen aus je 6 Vpn (die sich in jeder der 4 Gruppen als homogen erwiesen) und deren Mittelkurve, wobei die Observable X = Zahl der Treffer in einem psychomotorischen Test (Kieler Determinationsgerät) 2mal täglich über die Dauer von 8 Tagen hinweg erhoben worden ist.

Da die Mittelkurven von Extravertierten (E^+) und Introvertierten (E^-) in Abb. 19.12.2.1 annähernd *gleich verlaufen*, wurde das Mm Extraversion aufgelassen. Das Mm Neurosebereitschaft (Neurotizismus) ergab eine signifikante Interaktion $N.a_0 a_1$ in Form zweier Interaktionstypen $N^+.a_0^- a_1^+$ und $N^-.a_0^+$, wobei die Niveaus a_0 und die Steigungen a_1 der $4 \cdot 6 = 24$ Einzelkurven mediandichotomiert wurden: Neurotische Vpn (N^+) haben danach niedrige Niveaus (a_0^-), aber steilere Anstiege (a_1^+) im psychomotorischen Lernprozeß (Auge-Hand-Koordination) als nichtneurotische Vpn (N^-).

Faktorenreduktion enthebt nicht von der Verpflichtung, Alpha so zu adjustieren, als ob alle Faktoren verblieben und alle möglichen oder anthac geplanten Interaktionen wie $NE.a_0 a_1$, $N.a_0 a_1$, $E.a_0 a_1$ geprüft worden wären.

Observablenelimination

Wie die Zahl der Faktoren, so läßt sich u.U. auch die Zahl der Observablen, die einen multivariaten Verlauf definieren, ohne wesentlichen Informationsverlust reduzieren. Nach welchen Kriterien man eine einzelne Verlaufsobservable folgenlos *eliminiert*, zeigt das Beispiel 19.12.2.1, in welchem t = 3 Verlaufsobservablen in 2 x 2 = 4 *Extremalschichten*-Kombinationen analysiert werden.

Beispiel 19.12.2.1

Extremalschichtung: Um festzustellen, ob bestimmte Persönlichkeitstypen (E+N+= Hysteriker, E-N+ = Dysthamiker, E+N- = Extravertierte und E-N- = Introvertierte) in unterschiedlicher Weise lernen, wurden N = 335 freiwillige Vpn bzgl. Extraversion (E) und Neurosebereitschaft (N) nach dem Vorbild der Abb. 19.12.2.2 extremal geschichtet und zwar so, daß je 6 Vpn auf jede der 2 x 2 = 4 Schichtungskombinationen (Persönlichkeitstypen) entfielen.

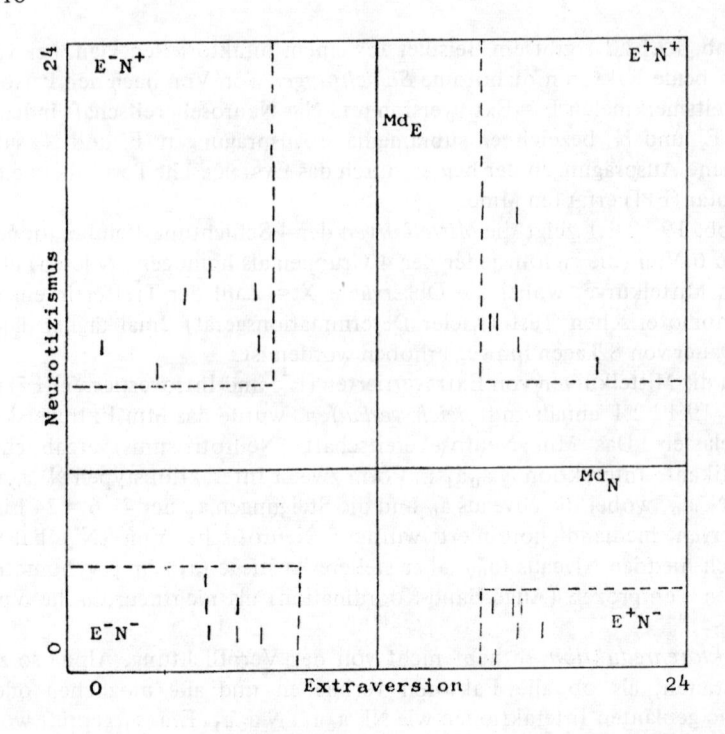

Abb. 19.12.2.2
Extremschichtung von N Individuen (Vpn) nach zwei Schichtungs-Mmn (E = Extraversion, N = Neurotizismus) mit je 6 Individuen pro Schichtenkombination (aus MEYER-BAHLBURG, 1970, Abb.2).

Verlaufserhebung: Die N = 24 Vpn der Tabelle 19.12.2.1 wurden hinsichtlich folgender Observablen gemessen: RT = Mittlere Reaktionszeit in Zehntelsekunden auf Zischlaute, die in weißes Rauschen eingebettet waren, F = Fehler als Zahl der überhörten Zischlaute und FR = Falschreaktionen als Zahl der vermeintlich gehörten Zischlaute. Die 3 Observablen wurden in halbstündigem Abstand je 3 Mal gemessen. Nur einmal gemessen wurde die vierte Observable Schwelle = Hörschwelle für die Zischlaute. Tabelle 19.12.2.1 bringt das Ergebnis des Versuchs (aus MEYER-BAHLBURG, 1970, Tab.43 Anh. IV mit Änderung bei Vp Mai von RT_2 = 7,37 nach 7,17 und von F_2 = 0 nach F_2 = 1).

Observablenelimination: Da die Zustandsobservable Schwelle nicht zwischen den 2 x 2 Extremalschichten diskriminiert, wird sie außer acht gelassen. Da andererseits die Verlaufsobservable FR = Falschreaktion wegen zu vieler Nullen keine Verlaufscharakteristik zeigt und durch Zeilensummierung auf eine Zustandsobservable reduziert, auch keine Schichtungsunterschiede zeigt, wird sie ebenfalls fortgelassen.

Tabelle 19.12.2.1

Gruppe	Pb	Schwelle	RT_1	RT_2	RT_3	F_1	F_2	F_3	FR_1	FR_2	FR_3
E^-N^-	Roe	4	8.87	8.44	9.17	7	3	7	0	0	0
	Tha	4	5.47	6.32	6.16	0	0	1	0	0	1
	Kir	4	5.26	5.42	5.73	0	4	4	0	0	1
	Hae	4.5	8.90	9.42	9.02	0	1	4	0	0	1
	Heu	4.5	5.18	5.11	5.07	1	0	3	1	0	0
	Mol	5.5	10.64	9.60	7.82	1	1	3	0	0	0
E^-N^+	Ohl	5	7.27	9.87	9.45	2	2	0	0	0	2
	Kön	5.5	6.66	6.88	8.05	1	2	6	0	1	0
	Wie	4.5	4.05	5.22	5.62	2	1	2	0	0	0
	Ran	3	6.07	6.57	8.67	2	6	12	0	0	0
	Mai	2.5	8.25	7.17	6.10	0	1	0	0	0	0
	Web	4	5.48	5.86	6.38	2	2	8	0	0	0
E^+N^-	Ter	3.5	7.40	8.24	8.34	0	2	0	0	0	0
	Schn	5.5	7.34	6.95	9.03	0	0	7	0	0	0
	San	5	5.86	5.74	5.87	0	0	0	0	0	0
	Ras	5.5	7.22	11.54	10.73	4	6	15	2	0	0
	Jun	6	4.72	5.03	5.40	0	2	5	3	1	1
	Hor	3.5	8.28	9.05	7.25	8	13	1	0	1	0
E^+N^+	Wol	5.5	7.87	8.32	8.88	2	3	3	0	0	0
	Schw	5.5	6.64	7.18	7.06	2	2	2	0	0	0
	Kat	4.5	9.24	9.39	10.05	6	13	12	0	0	0
	Mar	2.5	6.56	8.83	7.63	4	2	7	0	0	0
	Grü	4.5	6.48	6.24	6.50	0	4	0	0	0	0
	Arn	5.5	6.65	7.66	7.95	1	4	0	0	0	1

Bivariate Verlaufsrepräsentation: Abb. 19.12.2.3 stellt die Durchschnittsverläufe für die 4 Gruppen zu je 6 Vpn graphisch je Observable getrennt dar (Reaktionszeit und Fehler), obzwar jedes Paar korrespondierender Verläufe als ein einziger bivariater Verlauf in einem 3-dimensionalen Koordinatensystem mit den Achsen X = Beobachtungsabfolge, Y = Reaktionszeit und Z = Fehlerzahl darzustellen wäre.

Wie man sieht, zeigen alle 4 Gruppen ‚Ermüdungssymptome', indem ihre Reaktionszeiten wachsen und ihre Fehler (Nichtreaktionen auf Zischlaute) zunehmen.

Hypothesen: Betrachtet man Abb. 19.12.2.3 als Ergebnis einer Voruntersuchung zur Hypothesenbildung (Erkundungsexperiment nach METZGER, 1952), dann wären für die Hauptuntersuchung (Entscheidungsexperiment) folgende Interaktionshypothesen gezielt zu prüfen:

(1) Introvertierte (E-N-) verkürzen ihre Reaktionszeit (a_1^-) und bilden mithin einen Interaktionstyp E-N-.a_1^- mit 2 Faktoren und einer Pseudo-Observablen (a_1 vom Verlauf in X).

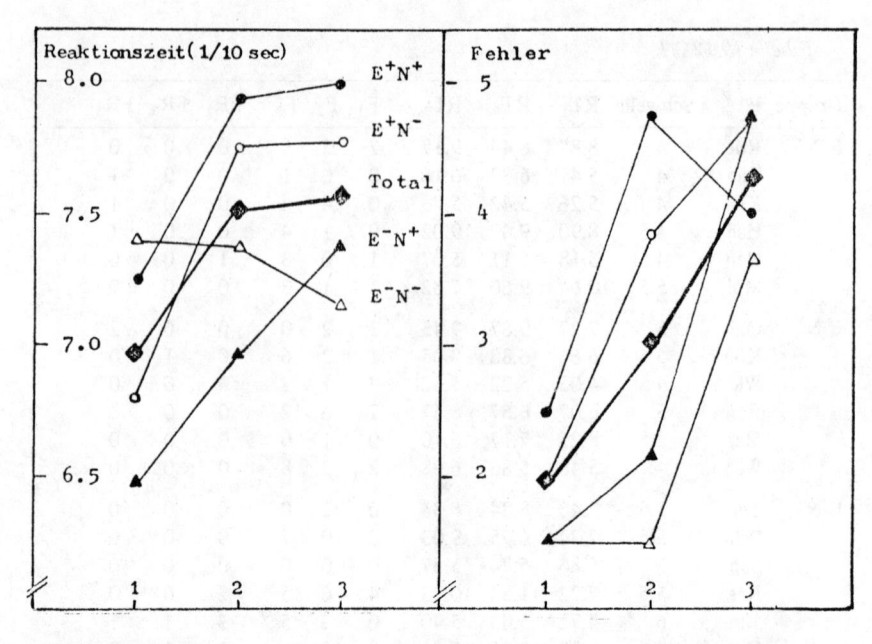

Abb. 19.12.2.3
Bivariate Verläufe von Reaktionszeit und Fehlerzahl als zweifach univariate Verläufe von 2 x 2 Extremalschichten von Vpn (aus MEYER-BAHLBURG, 1970, Abb. 9) in Plankurven-Darstellung.

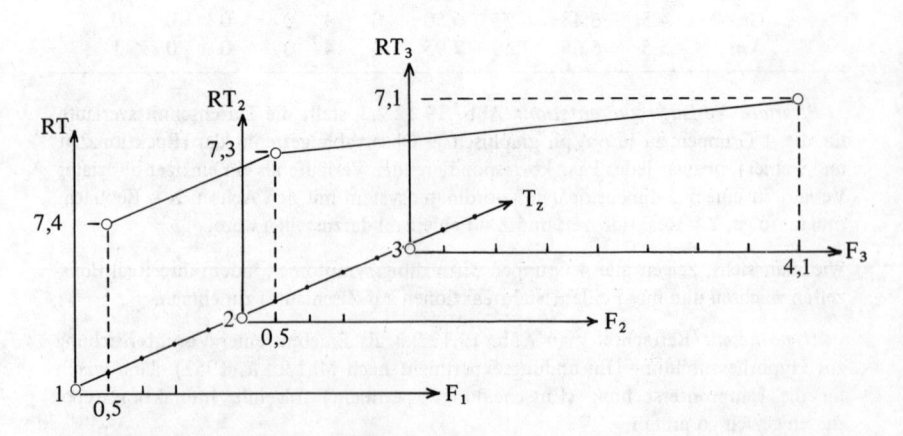

Abb. 19.12.2.4:
Bivariater Verlauf von Reaktionszeit RT und Fehlerzahl F über 3 Teilzeiten (Wiederholungen) der Introvertierten (E–N+) aus Abb. 19.12.2.3 in Raumkurven-Darstellung.

(2) Hypothese (1) kann dahin spezifiziert werden, daß die monotone Verkürzung der Reaktionszeit RT mit einem steilen, U-förmig gekrümmten Anstieg der Fehlerzahl F verknüpft ist, wie dies der bivariate Verlauf in Abb. 19.12.2.4 (aus Abb. 19.12.2.3) veranschaulicht.

Abb. 19.12.2.4 entspricht einem Interaktionstyp E-N-.$a_1^- b_1^+ b_2^+$ mit fallenden Reaktionszeiten (a_1^-) und U-förmig steigenden Fehlerzahlen ($b_1^+ b_2^+$), wobei b_1 und b_2 Steigung und Krümmung des Fehlerverlaufes bezeichnen. Da die Fehlerzahlen aller 4 Gruppen von Vpn in Abb. 19.12.2.3 monoton steigen, genügt es, den Interaktionstyp E-N-.$a_1^- b_2^+$ zu identifizieren, um nachzuweisen, daß Introvertierte (E-N-) durch fallende Reaktionszeiten und U-förmig steigende Fehlerzahlen gegenüber den anderen 3 Gruppen ausgezeichnet sind.

(3) Die einfachste Hypothese über das Leistungsverhalten von Introvertierten (E-N-) ist wie folgt zu formulieren: sie verringern ihre Reaktionszeit und steigern ihre Fehlerzahl, was als E-N-.$a_1^- b_1^+$ zu symbolisieren ist.

Tabelle 19.12.2.2

Gruppe	$RT_3 - RT_1 = a_1$		$F_3 - F_1 = b_1$	
E-N-	917 - 887 = + 30	1	7 - 7 = 0	1
	616 - 547 = + 69	2	1 - 0 = + 1	1
	573 - 526 = + 47	1	4 - 0 = + 4	2
	902 - 890 = + 12	1	4 - 0 = + 4	2
	507 - 518 = - 11	1	3 - 1 = + 2	2
	782 - 1064 = -282	1	3 - 1 = + 2	2
E-N+	945 - 727 = + 18	1	0 - 2 = - 2	1
	805 - 666 = +139	2	6 - 1 = + 5	2
	562 - 505 = + 57	1	2 - 2 = 0	1
	867 - 607 = +260	2	12 - 2 = +10	2
	610 - 825 = -215	1	0 - 0 = 0	1
	638 - 548 = + 90	2	8 - 2 = + 6	2
E+N-	834 - 740 = + 94	2	0 - 0 = 0	1
	903 - 734 = +169	2	7 - 0 = + 7	2
	587 - 586 = + 1	1	0 - 0 = 0	1
	1073 - 722 = +351	2	15 - 4 = +11	2
	540 - 472 = + 68	2	5 - 0 = + 5	2
	725 - 828 = -103	1	1 - 8 = - 7	1
E+N+	888 - 787 = +101	2	3 - 2 = + 1	1
	706 - 664 = + 42	1	2 - 2 = 0	1
	1005 - 924 = + 81	2	12 - 6 = + 6	2
	763 - 656 = +107	2	7 - 4 = + 3	2
	650 - 648 = + 2	1	0 - 0 = 0	1
	795 - 665 = +130	2	0 - 1 = - 1	1

Da $a_1 = -1(RT_1) + 0(RT_2) + 1(RT_3) = RT_3 - RT_1$ bei m = 3 Beobachtungen nach Tafel XIX–10 gilt und analog $b_1 = F_3 - F_1$ ist, ergeben sich a_1 und b_1 in Tabelle 19.12.2.2 aus Tabelle 19.12.2.1.

Interaktionstypen-Test: Betrachtet man nur die Vorzeichen der a_1 und der ihnen zugeordneten b_1 und läßt die 7 Paare (a_1, b_1 = 0) außer acht, so gilt für die Introvertierten (E-N-) der Interaktionstypentest in Tabelle 19.12.2.3.

Tabelle 19.12.2.3

Kn	E-N-	Andere	
-+	2	1	3
Andere	3	11	14
	5	12	17 = 24-7

Die einseitige Auswertung nach dem exakten FISHER-YATES-Test ergibt ein $P = p_0 + p_1$, wobei

$$p_0 = \frac{3!\,14!\,5!\,12!}{17!\,2!\,1!\,3!\,11!} = \frac{3}{17} = \frac{12}{68}$$

$$p_1 = \frac{3}{17}\left(\frac{1\cdot 3}{3\cdot 12}\right) = \frac{1}{68}$$

so daß $P = (12+1)/68 = 0{,}19$ größer ist als das vorgegebene $\alpha = 0{,}05$. Damit ist der postulierte Verlaufstyp nicht nachgewiesen.

(4) Formuliert man die Verlaufshypothese für die Introvertierten (E-N-) so, daß die Fehlerzahl F stärker ansteigt als die Reaktionszeit im Verlauf der 3 Teilzeiten (während die übrigen 3 Gruppen gleiche Anstiege in beiden Observablen aufweisen), dann sind die a_1 und die b_1 in Tabelle 19.12.2.2 je gesondert nach ihren Medianen zu dichotomieren.

Der Median der a_1 beträgt $(+57+68)/2 = +62{,}5$ und der Median der b_1 beträgt $(7\cdot 0 + 2\cdot 1)/(2\cdot 9) = +0{,}17$. In Tabelle 19.12.2.2 sind die supramedianen a_1-Werte mit 2, die submedianen mit 1 markiert, so daß der Kn (-+) in Tabelle 19.12.2.3 die Kn (1 2) in Tabelle 19.12.2.4 entspricht, wobei b_1 analog zu a_1 dichotomiert wurde.

Tabelle 19.12.2.4

Kn	E-N-	Andere	
1 2	4	2	6
Andere	0	18	18
	4	20	24

$$P = p = \frac{6!\,18!\,4!\,20!}{24!\,4!\,2!\,0!\,18!} = 0{,}0014$$

Die Interaktionshypothese (4) ist mit Tabelle 19.12.2.4 anzunehmen, da $P < \alpha =$ = 0,05. Das besagt, daß Introvertierte (E-N-) in RT weniger steil ansteigen (oder abfallen) als in F, konkret, daß ihre Reaktionszeit leicht abfällt, während die Fehlerrate stark ansteigt (vgl. Abb. 19.12.2.3).

Hinweis: In analoger Weise mögen andere Schichtungsgruppen bzgl. ihrer bivariaten Verläufe heuristisch betrachtet und inferentiell geprüft werden.

Im vorstehenden Beispiel wurde nur die Schichtungsgruppe der Introvertierten hypothesengerichtet analysiert. In analoger Weise hätten Hypothesen für die übrigen 3 Schichtungsgruppen formuliert und interaktionsanalytisch überprüft als *Plan-* oder *Raumkurven* dargestellt werden können.

Der *allgemeine Fall* zweier Faktoren A und B mit $a > 2$ und $b > 2$ Stufen ist in der Untersuchungspraxis von geringerem Interesse und wird hier nicht weiter verfolgt. Mehr als für $a = 2$ und $b = 2$ Stufen gilt für ihn das Desiderat, Vorweghypothesen zu entwickeln und gezielt zu überprüfen, da sonst zu viele simultane ISA-Tests resultieren.

19.12.3 Median- versus vorzeichendichotomierte Trendmaße (Exkurs)

In Tab. 19.12.2.2 wurden die Trendmaße $a_1 = X_3 - X_1$ und $b_1 = Y_3 - Y_1$ zuerst nach ihrem Vorzeichen dichotomiert, ohne daß wir den postulierten Verlaufstyp nachweisen konnten. In einem nachfolgenden zweiten Schritt haben wir die Trendmaße dann nach ihrem Median dichotomiert, und hiermit ‚Erfolg' gehabt: Die *mediandichotomierten Trendmaße* waren offenbar deshalb erfolgreicher als die *vorzeichendichotomierten Trendmaße*, weil ein Vorzeichen (+) sehr häufig, das andere (−) sehr selten auftrat.

Erwartet der Untersucher ein *asymmetrisches Vorzeichenverhältnis* in X und/oder Y unter seiner Verlaufstypenhypothese, dann sollte er von vorneherein eine *Mediandichotomie* der betreffenden Trendmaße in Aussicht nehmen. Tab. 19.12.2.4 zeigt überzeugend, daß auf diese Weise bivariate Verlaufstypen nachzuweisen sind, die mit *Vorzeichendichotomie* nicht nachzuweisen waren.

Von besonderer Bedeutung ist die Mediandichotomie von *Steigungsmaßen* dann, wenn sowohl in der Behandlungs- wie in der Kontrollgruppe zufolge des Suggestiveffektes „Besserungen" in beiden Wirkungsindikatoren zu erwarten sind. Hier kommt es darauf an nachzuweisen, daß die Besserung unter der Behandlung *rascher* fortschreitet (steiler verläuft) als unter der Kontrolle.

Was für einen Faktor mit 2 Stufen (Versuch, Kontrolle) und 2 Verlaufsobservablen zutrifft (und in Beispiel 19.12.2.1 gezeigt wurde), gilt naturgemäß auch für mehr als einen Faktor und mehr als 2 Observablen.

19.12.4 Multifaktorielle Untersuchungen mit Verlaufskurven
(Pläne 34–36)

Wird neben einem Behandlungsfaktor A mit a Stufen und einem Schichtungsfaktor B mit b Stufen etwa noch ein Situationsfaktor C mit c Stufen in einen Versuchsplan mit Meßwiederholungen auf mehreren Observablen eingeführt, dann resultiert ein *n-faktorieller Plan* mit n = 3 Faktoren und t *Verlaufsobservablen*. Je nach der Zahl der Observablen unterscheidet man zweckmäßigerweise verschiedene Sonderfälle der Interaktionsprüfung:

(1) Wird nur *eine* einzige Verlaufsobservable X bezüglich Niveau (a_0) und Steigung (a_1) betrachtet, dann ist die Interaktion ABC.$a_0 a_1$ zu beurteilen bzw. auf Interaktionstypen hin zu untersuchen.

(2) Werden *zwei* Observablen registriert, X und Y etwa, dann ist die Interaktion ABC.$a_1 b_1$ zu beurteilen, wenn nur die Steigungen, a_1 für X und b_1 für Y, interessieren, wie bei Langzeit-Therapien mit Wirkungs- (X) und Nebenwirkungsregistrierung (Y).

(3) Werden mit gleicher Zielsetzung (Langzeittherapie-Wirkungsbeurteilung) *vier* Observablen, X, Y, Z und W registriert (fortlaufend beobachtet), dann ist die Interaktion ABC.$a_1 b_1 c_1 d_1$ auf Interaktionstypen hin zu untersuchen.

Faktorielle Pläne mit mehr als 3 Faktoren und mehr als 3 Observablen, die wiederholt registriert werden, fordern zu ihrer Auswertung mittels ISA zu große Stichprobenumfänge, um praktisch bzw. klinisch bedeutsame Interaktionstypen zu identifizieren.

19.12.5 Untersuchungen mit fraktionierten Verläufen

In der Therapiekontrolle rezidivierender Erkrankungen werden Ptn bzgl. einer einzigen Observablen X (Wirkungsindikator) bei jedem Rezidiv erneut beobachtet. Man spricht hier von fraktionierter Verlaufsbeobachtung und betrachtet die Verläufe X_1, X_2, ... X_t als je eigene Verlaufsobservablen: Wie ist die Befindlichkeit X eines Depressiven am Tag seiner Klinikaufnahme, in der ersten, zweiten usw. Woche nach der sofort einsetzenden Behandlung mit dem *bislang wirksamen* Antidepressivum?

Der obige Untersuchungsplan ist ein *Ein-Stichprobenproblem* mit *fraktionierten Verläufen* in einem Indikator X_1 = X, X_2 = Y etc. Interessiert nur die Zeit bis zur Remission in t = 3 Episoden, so sind die Steigungskonfigurationen $a_1 b_1 c_1$ zu betrachten und auf Gleichverteilung (H_0) zu beurteilen. Ein *Fraktionierungstyp* $a_1^- b_1^- c_1^-$ wäre dahin zu deuten, daß die Depression in jeder der 3 Episoden nach einsetzender Behandlung degressiv abklingt.

Kommt ein *neues* Antidepressivum auf den Markt, so besteht die Möglichkeit, die bislang behandelte Stichprobe der N Depressiven nach Los in eine Neu- und eine Altbehandlungsgruppe mit N_1 und N_2 Ptn zu unterteilen und so einen Behandlungsfaktor A mit den Stufen A_1 (neu) und A_2 (alt) einzuführen. Damit entsteht ein *Zweistichprobenproblem*, das mittels einer Einfaktoren-ISA anzugehen bzw. nach fraktionierten Verläufen zu beurteilen ist.

Steht wiederum nur die Frage an, wie rasch ein Pt entlassen werden kann, wobei a_1^+ raschere und a_1^- weniger rasche Entlassung in der Episode $X = a$ und b_1^+ und b_1^- die Entlassung in der nächsten Episode $Y = b$, dann bezeichnet $A.a_1 b_1$ die Interaktion des Therapievergleiches; ein Typus $A_1.a_1^+ b_1^+$ zeigt an, daß das neue Antidepressivum A_1 in beiden Episoden eine raschere Klinikentlassung ermöglicht hat als A_2.

Sollen die Ptn vor ihrer Behandlung geschichtet werden — etwa in uni- oder bipolare (manisch-depressive) —, ehe sie auf die 2 Antidepressiva verteilt werden, entsteht ein *zweifaktorieller Plan fraktionierter Verläufe*, wobei die Interaktion $AB.a_1 b_1$ zeigt, ob mindestens in einer Schicht (B_1 oder B_2) eine kürzere Behandlung durch A_1 im Vergleich zu A_2 erreicht wird, und zwar in zwei aufeinanderfolgenden Episoden ($X = a$, $Y = b$).

Fraktionierte Verläufe treten im unifaktoriellen Experiment dann auf, wenn von ein- und demselben Individuum 2, 3 oder k Verläufe erhoben werden. Damit entsteht ein *FRIEDMAN-Plan* (6.5.1), in welchem Verläufe anstelle von Einzelbeobachtungen treten. Interessiert nur ein Verlaufsaspekt, wie die Steigung a_1 der Observablen X, dann können die k Trendmaße als Quasi-Observablen anstelle der Observablenwerte in das FRIEDMAN -Design eingebracht werden, um Verlaufsunterschiede zwischen den k Stufen des Faktors A (A_1 bis A_k) nachzuweisen. Interessieren 2 Aspekte, wie Steigung a_1 und Krümmung a_2 in einem *Block von k Verläufen*, dann muß im Sinn des ISA-Tests im Abschnitt 19.12.1 vorgegangen werden, wobei die Trendmaße a_1 und a_2 mediandichotomiert werden sollen, wenn sie gleiche Vorzeichen tragen.

Werden von N Individuen je 2 Verlaufskurven erhoben, so resultiert der Spezialfall zweier gebundener (paariger, abhängiger) Stichproben von Verlaufskurven; bei wenigen Stützstellen sind solche Kurven über Folgedifferenzen zu vergleichen (14.6.2), bei vielen Stützstellen ($m > 3$) müssen sie durch Trendmaße (a_1 für die erste und b_1 für die zweite Kurve eines Individuums etwa) beschrieben und auf *Fraktionierungstypen* $a_1 b_1$ untersucht werden.

19.12.6 Interaktionsbeurteilung von Verlaufskurven

Im Kapitel 19.12 wurden Interaktionen zwischen (mindestens) einem Faktor A und (mindestens) einer Verlaufsobservablen X, die durch (mindestens) eine Pseudo-Observable a_1 repräsentiert war, betrachtet. Wie sind nun solche Interaktionen zwischen Faktoren und Pseudo-Observablen zu interpretieren?

Im einfachsten Fall eines Faktors A mit a=2 Faktorstufen (Versuchs- und Kontrollgruppe) und einer Observablen X mit a_1 als Steigung einer Verlaufskurve besagt die *Interaktion erster Ordnung* A.a_1 folgendes: Versuchs- und Kontrollgruppe unterscheiden sich in der Steigung ihrer univariaten Verläufe (Plan- oder *Linienkurven*).

Beeinflußt ein Faktor A mit a=2 Stufen zwei Observablen X und Y, bzw. deren Steigungen a_1 und b_1, dann ist die *Interaktion zweiter Ordnung*, A.$a_1 b_1$ wie folgt zu interpretieren: Versuchs- und Kontrollgruppe unterscheiden sich hinsichtlich ihrer bivariaten Verläufe (Raumkurven oder *Oberflächenkurven*, wie Hochspannungsleitungen), etwa derart, daß die Versuchsgruppen-Kurven mehr in Richtung X („nach Osten hin'), die Kontrollgruppenkurven mehr in Richtung Y (nach Norden hin) ansteigen, wobei z. B. X die spezifische Wirkung der Behandlung und Y die unspezifische Wirkung der Klinikaufnahme bezeichnet. Sind A.a_1 und A.b_1 bei signifikantem A.$a_1 b_1$ nicht signifikant, dann entspricht A.$a_1 b_1$ einer Wechselwirkung im Sinne der ANOVA: die 2 Gruppen von Kurven unterschieden sich in ihren univariaten *Randtafel-Projektionen* (gegen den Nordhimmel, gegen den Osthimmel) nicht, sondern lediglich in ihren bivariaten Manifestationen, wobei z. B. die Oberflächenkurven der Versuchs- den einen, die der Kontrollgruppe den anderen Arm einer Schere bilden.

Trivariate Verlaufskurven und deren Interaktionen lassen sich nicht mehr in analoger Weise veranschaulichen, da der euklidische Raum bereits mit bivariaten Verlaufskurven ausgeschöpft wird. Die zwischen ihnen ggf. auftretende *Interaktion dritter Ordnung* A.$a_1 b_1 c_1$ ist nur dann im Sinne einer Wechselwirkung zweiter Ordnung im Sinn der ANOVA zu interpretieren, wenn alle 3 Interaktionen zweiter Ordnung, A.$a_1 b_1$, A.$a_1 c_1$ und A.$b_1 c_1$, nicht signifikant sind.

Alle Interaktionstests der ISA sprechen nur dann effizient an, wenn die Kurven innerhalb der Versuchsgruppe ebenso *homogen* verlaufen wie die Kurven innerhalb der Kontrollgruppe, wenngleich jeweils anders. Behandlungsstufen, die solches bewirken, induzieren homoiopoietische Verlaufswirkungen; gegen heteropoietische Verlaufswirkungen (mit inhomogenen Verläufen innerhalb der Versuchsgruppe etwa) fehlen derzeit noch geeignete ISA-Tests.

19.13 Multivariate Zweistichprobentests

Mit Abschnitt 13 dieses Kapitels verlassen wir die systematische Klassifikation von Untersuchungsplänen nach Tabelle 19.1.1.1 und wenden uns jenen Plänen zu, die in der biomedizinischen und ethopsychologischen Forschung fast ausnahmslos planungsinadäquat ausgewertet werden: den Plänen zum *Vergleich zweier unabhängiger Stichproben* multivariat erhobener Beobachtungen.

Im Zweistichprobenplan werden eine *Untersuchungs-* und eine *Kontrollgruppe* verglichen, und zwar höchst selten nur nach einer Observablen X, sondern − meist schon aus Ökonomiegründen − nach 2 oder t Observablen. Ausgewertet werden solche multivariat geplanten Zweistichprobenvergleiche praktisch immer nach jeder Observablen gesondert, so als ob jede Observable an einer anderen Gesamtgruppe (Untersuchungs- plus Kontrollgruppe) erhoben worden wäre, also mehrfach univariat (vgl. SIDAK, 1975) statt, wie geboten, einfach multivariat[10].

Im folgenden wird vorausgesetzt, daß der Leser die Methoden des nichtparametrischen Zweistichprobenvergleiches einer einzigen Observablen − hauptsächlich den Mediantest und den Rangsummentest (5.3.3 und 6.1.2) − kennt oder rekapituliert (vgl. Pläne 4−6 in Tab. 19.1.1.1).

19.13.1 Multivariate Mediantests nach KRAUTH
(Median-Kodislokations-Tests)

Erwartet der Untersucher, daß die Experimentalgruppe in allen von ihm erhobenen Observablen ‚höher' liegt als die Kontrollgruppe − wenn auch vielleicht nur um ein Geringes −, dann ist der von KRAUTH (in LIENERT und KRAUTH, 1974, IX/2) inferentiell begründete *multivariate Mediantest* ein *robuster Test* gegen multivariate Dislokation. Wie der Test funktioniert, sei an folgendem Beispiel mit t = 3 Observablen exemplarisch dargetan.

Eine (subsequent anfallende) Stichprobe von N = 100 Ptn mit Halswirbelsyndrom (HWS-Syndrom mit Kopf−Nacken- und Schulter−Arm-Schmerzen) wurde je zur Hälfte physiotherapeutisch (P) und zur anderen (losbestimmten) Hälfte mit einem muskelrelaxierenden Tranquilizer (T)

---

[10] Wenn bei einer mehrfach univariaten Auswertung wenigstens das Alpha-Risiko entsprechend der Zahl t der Observablen nach $\alpha^* = \alpha/t$ adjustiert würde, wäre zumindest antikonservativen Entscheidungen in Form ‚zahlreicher Signifikanzen' vorgebeugt; aber selbst darauf wird in praxi verzichtet, da das Konzept des simultanen Testens bislang in die Elementarlehrbücher der Experimental Designs noch keinen Eingang gefunden hat. Aber auch wenn Alpha adjustiert wird, bringen mehrfach univariate Vergleiche oft Ergebnisse, die mit denen eines einfach multivariaten Vergleiches rivalisieren.

behandelt. Drei Wochen nach Behandlungsbeginn erhielten die Ptn eine *HWS-Beschwerdenliste*, auf der sie alle noch bestehenden Beschwerden anzukreuzen hatten (X). Weiter bekamen sie einen *Psychosomatose-Fragebogen*, auf dem sie alle sonstigen (mit dem HWS vorgeblich nicht zusammenhängenden und vermutlich psychosomatisch bedingten) Symptome anzukreuzen hatten (Y). Als objektiver Krankseins-Indikator diente die *Schmerzschwelle* bei faradischer Reizung der HWS-Segmente (Z).

Die nicht-trivariat normal verteilten Meßwertetripel (X, Y, Z) waren von mehreren uni-, bi- und trivariaten Ausreißern durchsetzt, so daß keiner der 3 *univariaten* Mediantests nach Kap. 5.3.3 zwischen P und T zu unterscheiden erlaubte, obzwar jeder einzelne Krankseins-Indikator unter T niedriger lag als unter P (*Median-Kodislokation*).

In Tabelle 19.13.1.1 wurde jede der 3 Observablen an ihrem Median der vereinten P- und T-Gruppe *dichotomiert* und durch ein Vorzeichen (+ = über dem Gesamtmedian, − = unter dem Gesamtmedian) ersetzt und die 8 Vorzeichenkonfigurationen je Gruppe gesondert ausgezählt.

Tabelle 19.13.1.1

X Y Z	f_P	f_T	$(f_P - f_T)^2 / (f_P + f_T)$
+ + +	15	3	8,000
+ + −	5	7	0,333
+ − +	7	6	0,077
+ − −	3	4	0,143
− + +	3	2	0,200
− + −	7	8	0,067
− − +	6	8	0,286
− − −	4	12	4,000
N = 100	50	50	$\chi^2 = 13,106$ mit 7 Fgn n.s.

Der Vergleich beider Gruppen mittels einer *Zweistichproben-KFA* (vgl. 16.3.3) in Tabelle 19.13.1.1 führt zu *keinem* signifikanten Unterschied, da die KFA einem Omnibustest entspricht und nicht speziell auf Lageunterschiede reagiert, was auch für Ein-Faktoren-ISA-Tests nach 19.3.3 zutrifft.

Der trivariate Mediantest

Berücksichtigt man hingegen in Tabelle 19.13.1.1 nur die beiden *homonymen Konfigurationen* (+++ und −−−) für eine Zweistichproben-KFA und läßt die heteronymen Kn schlicht außer acht, dann resultiert der *trivariate Mediantest* nach KRAUTH: Die Felderfrequenzen a = 15, b = 3, c = 4 und d = 12 ergeben eine Vierfeldertafel mit reduziertem Stichprobenumfang n = 15+3+4+12 = 34, deren therapie-vergleichendes

$$\chi^2 = \frac{34(15 \cdot 12 - 3 \cdot 4)^2}{(15+3)(4+12)(15+4)(3+12)} = 11{,}69^* \text{ mit 1 Fg}$$

auf der 1%-Stufe signifikant ist: Unter physikotherapeutischer Behandlung behalten 15 von 34 Ptn alle 3 Krankseinzeichen, unter tranquilisierender Therapie verlieren 12 der 34 Ptn mit gleichsinnig von ihren Medianen abweichenden Krankseinzeichen eben diese Zeichen, wobei ‚behalten' und ‚verlieren' im Sinne eines Mehr oder Minder zu verstehen ist.

Der bivariate Mediantest

Läßt man die unspezifischen Beschwerden (Y) des HWS-Syndroms in Tabelle 19.13.1.1 außer acht, so resultieren die 4 Vorzeichen-Kn der Tabelle 19.13.1.2 mit X = HWS-Beschwerden und Z = Schmerzschwelle.

Tabelle 19.13.1.2

X Z	f_P	f_T	
+ +	22	9	31
(+ −	8	11)	
(− +	9	10)	
− −	11	20	31
	33	29	n=62

$$\chi_1^2 = \frac{62(22 \cdot 20 - 9 \cdot 11)^2}{31 \cdot 31 \cdot 33 \cdot 29} = 7{,}84^*$$

Der *bivariate Mediantest* in Tabelle 19.13.1.2 ist − wie ein Vergleich zeigt − wiederum wirksamer als eine Zweistichproben-KFA mit den Observablen X und Z. Behandlungsstufen (P, T) und Observablen-Kn (++,−−) ergeben eine hoch signifikante Interaktion A.XZ, wenn man nur die homonymen Kn (++,−−) benutzt und die heteronymen (+−,−+) fortläßt.

In analoger Weise könnte eine vierte Observable in Tabelle 19.13.1.1 eingeführt und mit einem *tetravariaten Mediantest* auf gleichgerichtete (kodirektionale) Lageunterschiede in den 4 Observablen geprüft werden. Da mit wachsender Zahl von Observablen bei gegebenem Stichprobenumfang N die Besetzungszahlen der homonymen Konfigurationen sinken, muß u.U. statt des Vierfelder-χ^2-Tests der FISHER-YATES-Test (5.3.2) eingesetzt werden. Man bedenke aber, daß der *Median-Kodislokations-Test* mit wachsender Zahl von Observablen an Wirksamkeit verliert.

Anwendungshinweise

Multivariate Mediantests sind unter 2 Umständen besonders ergiebig: (1) wenn Ausreißer innerhalb des Meßwertetupels eines Individuums bei mehreren Individuen in verschiedenen Richtungen auftreten, und (2) wenn sich die multivariate Verteilung der Versuchsgruppe nicht nur lagemäßig von der multivariaten Verteilung der Kontrollgruppe unterscheidet, sondern auch ‚gestaltmäßig' (wie Eiform gegen Tropfenform in einer trivariaten Verteilung). Unergiebig und durch ISA-Tests (19.4.1–2) zu ersetzen ist der Multimediantest, wenn nur einige, nicht alle der t Observablen ‚kodisloziiert' sind, also etwa in der Behandlungsgruppe durchweg höher liegen als in der Kontrollgruppe.

Der multivariate Mediantest kann im Sinne eines *Solomon-Designs* mit Vor- und Nachtest bei Versuchs- und Kontrollgruppe auch auf *Zuwächse* angewendet werden; er entspricht in dieser Anwendung dem medianalignierten multivariaten Vorzeichentest von Bennett (1962), mit dem Unterschied allerdings, daß er nur 2 der 2^t Vorzeichen-Konfigurationen zur Auswertung heranzieht (vgl. 19.7.2).

Man beachte, daß im multivariaten Mediantest alle t Observablen so gepoolt sein sollen, daß die erwartete Lageverschiebung jeder einzelnen Observablen in die *gleiche Richtung* geht. Im Beispiel der Tabelle 19.13.1.1 wurde z.B. ‚pathotrop' gepoolt, jede der 3 Observablen also so skaliert, daß hohe Observablenwerte Kranksein bzw. Noch-Kranksein anzeigen (+++). Meist wird in Therapieerfolgskontrollen ‚*physiotrop*' gepoolt, so daß hohe Observablenwerte Gesundsein bzw. Wieder-Gesundsein anzeigen. Bei physiotroper Poolung ist (+++) ein erwünschtes, bei pathotroper Poolung ist (+++) ein klinisch unerwünschtes Beobachtungsergebnis[11].

Man beachte weiter: der multivariate Mediantest impliziert, daß alle t Observablen unter Experimentalbedingungen höher (niedriger) liegen als unter Kontrollbedingungen. Ggf. beurteile man durch t univariate Mediantests, ob diese Implikation für alle t Observablen zutrifft und eliminiere jene Observablen, für die dies nicht (oder nicht sicher) zutrifft.

---

11 Mediantest auf heteronyme bzw. heteronym-komplementäre Konfigurationen (wie ++– versus ––+) anzuwenden ist zwar möglich, aber bei Beachtung des Poolungsdesiderates nicht erforderlich, abgesehen davon, daß die Interpretation des Testergebnisses hierdurch erschwert wird.

19.13.2 Hierarchische Multimediantests
(Multimediandiskriminanzanalyse)

Geht es dem Untersucher nicht darum, *multivariate Lokationsunterschiede* durch multivariate Mediantests (Multimediantests) aufzudecken, sondern darum, den Beitrag der einzelnen Observablen und ihrer möglichen Kombinationen zu beurteilen, dann prozediere er im Sinne sog. informeller Tests (vgl. MOSTELLER und ROURKE, 1973, S. 38) hierarchisch wie folgt:

(1) Es wird ein Multimediantest mit allen t Observablen gerechnet.

(2) Es werden ($_t^t{}_{-1}$) Multimediantests mit je t−1 Observablen gerechnet, usf. i.S. der hierarchischen KFA (vgl. 18.1.3) bis

(3) zur Berechnung von t Unimediantests für jede einzelne Observable.

Das Vorgehen entspricht einer *hierarchischen Zweistichproben-KFA* (die bei KRAUTH und LIENERT, 1973, nicht behandelt wird) mit dem Unterschied, daß jene Observablen gesucht werden, deren homonyme Konfigurationen (+.+ und −.− z.B.) bestmöglich zwischen den 2 Stichproben (Behandlungsarten) unterscheiden.

Wie *hierarchische Multimediantests* durchzuführen sind, illustriert das folgende Beispiel, in welchem 2 Schichtungsstichproben von Ptn (Gut- und Schlechtschläfer) durch t = 4 Observablen (Befragungsantworten) verglichen werden. Wegen des großen Stichprobenumfangs N und der unterschiedlich stark besetzten Vierfeldertafeln der *Multimediantests* mit n Individuen, berechnen wir $Phi^2 = \chi^2/n$ als Maß der *Trennschärfe* (*Validität*) eines einzelnen Multimediantests, einer *Multimediananalyse*.

Beispiel 19.13.2.1

Erhebung: In einer multizentrischen Studie ließ W. G. ZELVELDER (Therapeutic evaluation of hypnotics, Assen, 1970) von den Nachtschwestern N = 1966 Ptn nach Schlafbeobachtungskriterien objektiv als Gut- oder Schlechtschläfer klassifizieren. Am Morgen der Schwesternbeurteilung wurden die Ptn nach der subjektiven Schlafgüte wie folgt befragt (X) How did you sleep? (+ = good or very good, − = poor or moderate), (Y) How long did it take you to fall asleep? (+ = less than half an hour, − = more than half an hour), (Z) How long did you sleep? (+ = more than 5 hours, − = less than 5 Hours), (U) How did you feel after awakening? (+ = clear-headed, − = still sleepy, tired, worne-out, miserable).

Erhebungsergebnisse: Tabelle 19.13.2.1 verzeichnet die 16 Konfigurationen der 4 Observablen und ihre Auszählung nach Gutschläfern (S+) und Schlechtschläfern (S−).

Fragestellung: Es werden jene Schlafgüte-Fragen gesucht, deren Ja-Ja-Beantwortung am klarsten für einen Gutschläfer und deren Nein-Nein-Beantwortung ebenso klar für einen Schlechtschläfer sprechen. Wir analysieren Tabelle 19.13.2.1 nach der Multimediananalyse hierarchisch wie folgt:

Tabelle 19.13.2.1

XYZU	S+	S-	XYZU	S+	S-
+ + + +	490	136	- + + +	13	6
+ + + -	114	38	- + + -	7	3
+ + - +	14	13	- + - +	19	29
+ + - -	7	1	- + - -	19	36
+ - + +	180	52	- - + +	29	15
+ - + -	59	13	- - + -	20	7
+ - - +	17	12	- - - +	74	114
+ - - -	11	6	- - - -	144	268
N = 1966				N_+ =1217	749 = N-

Ein tetravariater Mediantest (Tetramediantest): Wir setzen a = 490, b = 136, c = 144 und d = 268 und erhalten ein Vierfelder χ^2 von 192 entsprechend einem ϕ^2 = 192/ /1038 = 0,1850, das wir in Erinnerung behalten.

Trivariate Mediantests: Wir bilden die 4 Kombinationen XYZ, XYU, XZU und YZU zu je 3 Observablen und erhalten folgende Vierfeldertafel und deren χ^2-Werte bzw. ϕ^2-Validitäten:

(1) Der Mediantest XYZ ergibt mit a = 604, b = 174, c = 218 und d = 382 ein χ^2 = 240 bzw. ein ϕ^2 = 240/1378 = 0,1742.

(2) Der Mediantest SYU ergibt mit a = 504, b = 149, c = 164 und d = 275 ein χ^2 = 138 bzw. ein ϕ^2 = 0,1264.

(3) Der Mediantest XZU ergibt mit a = 670, b = 188, c = 163 und d = 304 ein χ^2 = 140 und damit ein ϕ^2 = 140/1325 = 0,1057.

(4) Der Mediantest YZU ergibt mit a = 503, b = 142, c = 155 und d = 274 ein χ^2 = 190 und damit ein ϕ^2 = 0,1769 = 190/1074.

Von den 4 Fragen kann (X) am ehesten fortgelassen werden, da das Phi² von YZU nur knapp unterhalb des Phi²(XYZU) = 1850 bleibt.

Bivariate Mediantests: Wir bilden die 6 Kombinationen XY, XZ, XU, YZ, YU und ZU zu je 2 Observablen und erhalten folgende Vierfeldertafeln:

(1) Der Test XY liefert mit a = 625, b = 188, c = 267 und d = 434 ein χ^2 = 234 bzw. ein ϕ^2 = 234/1514 = 0,1546.

(2) Der Test XZ liefert mit a = 843, b = 239, c = 256 und d = 447 ein χ^2 = 310 oder ein ϕ^2 = 0,1737 = 310/1785.

(3) Der Test XU liefert mit a = 701, b = 213, c = 190 und d = 314 ein χ^2 = 300, so daß ϕ^2 = 300/1413 = 0,2116 > 0,1850.

(4) Der Test YZ liefert mit a = 6124, b = 183, c = 264 und d = 400 ein χ^2 = 230 und damit ein ϕ^2 = 230/1453 = 0,1583.

(5) Der Test YU liefert mit a = 536, b = 184, c = 234 und d = 294 ein χ^2 = 117 und damit ein ϕ^2 = 117/1248 = 0,0938.

(6) Der Test ZU liefert mit a = 712, b = 209, c = 181 und d = 311 ein χ^2 = 264, so daß ϕ^2 = 253/1413 = 0,1868 > 0,1850.

Unter den letzten 6 Phi^2-Maßen hat das Fragenpaar XU (Schlafgüte und Erwachensbefindlichkeit) wie auch das Fragenpaar ZU mit Phi^2-Maßen größer als 0,1850 = Phi^2 (XYZU) die gleiche Diagnosevalidität wie alle 4 Fragen. Sehen wir noch zu, ob nicht bereits eine einzelne Frage eine noch höhere Validität aufweist.

Univariate Mediantests: Mit je 1 Observablen X, Y, Z und U ergeben sich Vierfeldertafeln, in die jeweils alle N = 1966 Ptn miteingehen.

(1) Der Test X bringt mit a = 892, b = 271, c = 325 und d = 478 ein χ^2 = 264, so daß ϕ^2 = 264/1966 = 0,1343.

(2) Der Test Y bringt mit a = 683, b = 262, c = 543 und d = 487 ein χ^2 = 83 und damit ein ϕ^2 = 83/1966 = 0,0422.

(3) Der Test Z bringt mit a = 843, b = 239, c = 305 und d = 479 ein χ^2 = 278 und damit ein ϕ^2 = 278/1966 = 0,1414.

(4) Der Test U bringt mit a = 836, b = 381, c = 372 und d = 372 ein χ^2 = 66 und damit ein ϕ^2 = 66/1966 = 0,0336.

Man beachte, daß $\phi^2(X)$ = 0,1343 und $\phi^2(U)$ = 0,0336, daß aber $\phi^2(XU)$ = 0,2116. Das bedeutet, daß die Kombination der Fragen X und U eine viel höhere Validität zur Schlaflosigkeitsdiagnose besitzt als jede der beiden Fragen allein und für sich.

Folgerung: Da keine der hierarchisch reduzierten 4 Fragen eine deutlich höhere Validität aufweist als die nicht-reduzierten Fragen, entscheiden wir über die Schlaflosigkeit eines Ptn aufgrund von Tabelle 19.13.2.1 wie folgt: Eine Observablen-Kn, die signifikant mehr (S+)- denn (S-)-Schläfer aufweist, indiziert einen Gutschläfer et vice versa. Antwort-Konfigurationen, die zwischen (S+) und (S-) nicht signifikant unterscheiden, indizieren einen nichtklassifizierbaren Schläfer. Die Signifikanzbeurteilung folgt der Zweistichproben-KFA:
Man klassifiziere alle Ptn, die die Fragen X = Schlafgüte und U = Wohlbefinden beim Erwachen i.S. einer Minus-Einstufung beantworten als Schlechtschläfer, denen auf Wunsch ein Schlafmittel zu verordnen ist.

Wie man aus obiger Folgerung erkennt, kann der hierarchische Multimediantest auch als Substitut für eine *nichtparametrische Diskriminanzanalyse* (z. B. RANDLES et al., 1978) dienen. Diese Feststellung gilt auch für eine Zweistichproben-KFA ganz allgemein: Man klassifiziert aufgrund jener Observablen-Konfigurationen, die zwischen den beiden Stichproben allein und als solche signifikant diskriminieren (REPGES, 1975, RIEDWYL und KREUTER 1976).

Soll etwa die Kn (++--) in Tabelle 19.13.2.1 danach beurteilt werden, ob sie zwischen S+ und S- diskriminiert, bildet man a = 7, b = 1, c = = 1217-7 = 1210 und d = 749-1 = 748 und erhält ein Vierfelder-χ^2 von 15,3, das auch bei 16 simultanen *Diskriminationstypentests* auf der 1%-Stufe signifikant ist. Damit indiziert die Kn (++--) einen Gutschläfer: Wer gut schläft und prompt einschläft — beides auf Befragung geantwortet — bedarf keines Schlafmittels, auch wenn er seiner Meinung nach nicht lang genug geschlafen hat.

19.13.3 Multimediantests mit Verlaufskurven

Hat man *zwei unabhängige Stichproben von Verlaufskurven* (statt von Einzelbeobachtungen) zu vergleichen, so beschreibt man jede einzelne Kurve durch orthogonale Polynomkoeffizienten a_0, a_1, a_2 usf. oder durch die dazu proportionalen S-Maße S_0 für das Niveau der Kurve, S_1 für deren Steigung und S_2 für deren Krümmung, wenn man sich auf diese 3 Kennwerte beschränkt. Da man nur die Vorzeichen der S-Maße für einen multivariaten Mediantest benötigt, kann man eine individuelle Kurve meist schon per inspectionem danach beurteilen, (1) ob sie ein supramedianes Niveau (+..) oder ein submedianes Niveau (−..) besitzt, (2) ob sie steigt (.+.) oder fällt (.−.) und (3) ob sie eine u-förmige (..+) oder eine n-förmige (..−) Krümmung aufweist.

Interessiert einen Lerntheoretiker allein die Frage, ob eine lernbegünstigte Experimentalgruppe 1 von Vtn mehr Lernkurven der *rechten* Hälfte einer *Ogive* ausbildet (hochliegend + anteigend + n − gekrümmt (++−) und eine lernbenachteiligte Kontrollgruppe 2 mehr Lernkurven der *linken* Hälfte einer Ogive (als Lernkurvenmodell) produziert (tiefliegend + ansteigend + u − gekrümmt = −++), dann prüft er multimedian gemäß Tabelle 19.13.3.1 mit $N_1 = N_2 = 20$ Vtn:

Tabelle 19.13.3.1

$S_0 S_1 S_2$	f_1	f_2	Σ
+ + −	7	1	8
− + +	1	6	7
(übrige 6	12	13	25)
Σ	8	7	n=15

Der einseitige FISHER-YATES-Test (Tafel V−3) ergibt ein P = 0,0087, womit obige Frage zu bejahen ist.

Wie man aus Tabelle 19.13.3.1 abliest, sind für den *trivariaten Mediantest* gemäß der theoretisch begründeten Alternativhypothese nur jene Verlaufskurven einander gegenübergestellt worden, die bezüglich Niveau (S_0) und Krümmung (S_2) komplementär, bezüglich Steigung (S_1) aber identisch konfiguriert sind.

Verlaufskurven mit nur 2 Messungen (Vor- und Nachtest) sind voll durch Niveau $S_0 = X_2 + X_1$ und durch Steigung $S_1 = X_2 - X_1$ zu beschreiben. Wenn man z.B. erwartet, daß bei Altersherz-Ptn hoher Blutdruck (S_0^+) unter Reserpinbehandlung sinkt, niedriger aber unter Digitalis-Behandlung eher ansteigt, dann ist solch eine Behandlungswirkung zu prüfen, indem man einen *bivariaten Mediantest* auf die Kn $S_0^+ S_1^-$ und $S_0^- S_1^+$ anwendet, nachdem man N Altersherz-Ptn je zur Hälfte einer der beiden Behandlungen unterworfen hat: er prüft, ob WILDERS Ausgangswerte-Regel gilt.

19.13.4 WALLS Multimedian-Kontingenztrendtest

Sind t Observablen, wie Symptome, Alternativfragen oder Testaufgaben binär (+,-) skaliert, gleich *populär* ($p_1 = p_2 = ... = p_t$) und gleich interassoziiert ($\phi_{12} = \phi_{13} = ... = \phi_{t-1,t}$), dann sind die t Observablen *gleichwertig* (vgl. LIENERT und WALL, 1980). Unter der Gleichwertigkeitsannahme sind die t Observablen *axial-symmetrisch* verteilt und damit untereinander austauschbar (WALL, 1976).

Austauschbare Alternativ-Observablen (Symptome, Testfragen) konstituieren nun eine *Super-Observable* S, die durch die Zahl der Positivvarianten in den 2^t Binär-Konfigurationen numerisch bestimmt ist: Für t = 3 Symptome ergibt die Kn (---) ein S = 0, die 3 Kn (+--, -+-, --+) ergeben je ein S = 1, die 3 Kn (++-, +-+, -++) ergeben ein S = 2 und die Kn (+++) ergibt ein S = 3. Damit ist S schlicht die Zahl der beobachteten Symptome eines Ptn oder die Zahl der von einem Pbn mit Ja beantworteten Testfragen, ist S ein *kumulativer Punktwert*.

Reinterpretiert man X, Y und Z in Tabelle 19.13.3.1 als t = 3 *Indikatoren des Halswirbelsäulensyndroms* (X = Nackensteife, Y = Schiefhals, Z = Schulter-Arm-Schmerz) und betrachtet sie als gleichwertige Indikatoren des HWS-Syndroms, dann läßt sich die tranquilisierende gegenüber der physikalischen (P) Behandlung schärfstmöglich wie folgt vergleichen: Man erstellt eine monordinale S x 2-Felder-Kontingenztafel mit S als der Zahl der manifesten Symptome und prüft mittels *PFANZAGLS Kontingenztrendtest* (16.5.9) auf Interaktion S.A., wobei A den Behandlungsfaktor mit den Stufen P und T bezeichnet. Dieser (nicht publizierte) Test stammt von WALL[12].

Tabelle 19.13.4.1 wendet *WALLS Multimedian-Kontingenztrendtest* auf die Daten der Tabelle 19.13.3.1 an, um den Wirkungstrend von P(+++) nach T(---) zu überprüfen. Wir setzen $f_P = f$ und $f_P + f_T = n$.

---

12 Die vorgesehene Publikation kam nicht mehr zustande, da Priv. Doz. Dr. Wall (Abtlg. f. Statistik d. Univ. Dortmund) am 11. 3. 78 an den Folgen eines tragischen Verkehrsunfalls verstarb. Mit ihm hat der Vf. einen Koautor verloren, der neue Probleme (wie das der Gleichwertigkeit, vgl. WALL, 1976) kreativ zu lösen und alte Probleme (wie das des Ausgangswertgesetzes, vgl. WALL, 1977) in neuartiger Weise zu sehen vermochte.

Tabelle 19.13.4.1

XYZ	i	f	n	if	in	i^2n	f/n
+++	1	15	18	15	18	18	0,83
++-,+-+,-++	2	15	30	30	60	120	0,50
+--,-+-,--+	3	16	36	48	108	324	0,44
---	4	4	16	16	64	256	0,25
		50	100	109	250	718	

$$\chi^2 = \frac{(100 \cdot 109 - 50 \cdot 250)^2}{\frac{50(100-50)}{100-1}(100 \cdot 718 - 250^2)} = 10{,}90^* \text{ mit 1 Fg}$$

Nach Tabelle 19.13.4.1 besteht ein auf dem 0,1%-Niveau signifikanter Kontingenztrend, womit die höhere Wirksamkeit des Tranquilizers T gegenüber der Physikotherapie P überzeugend nachgewiesen ist, sofern die Gleichwertigkeitsvoraussetzung für die 3 Symptome zutrifft.

Ob die Gleichwertigkeitsimplikation als zutreffend angenommen werden darf, prüfen wir nach dem *WALLschen Trisymmetrietest* (vgl. 18.5.7) für die gepoolten beiden Stichproben der Tabelle 19.13.3.1 und erhalten Tabelle 19.13.4.2 mit $f_P + f_T = f$.

Tabelle 19.13.4.2

XYZ	f	e	$(f-e)^2/e$	Fge
+++	18	–	–	
++–	12		10	0,40	
+–+	13	$\frac{12+13+5}{3}=10$	0,90	3-1 = 2
–++	5		10	2,50	
+––	7		12	2,08	
–+–	15	$\frac{7+15+14}{3}=12$	0,75	3-1 = 2
––+	14		12	0,33	
–––	16	–	–	
N=100		$\chi^2 = 6{,}96$ n.s. mit 4 Fgn		

Wie man aus Tabelle 19.13.4.2 entnimmt, weichen die beobachteten Frequenzen f des von den 3 Binär-Observablen gebildeten Kontingenzwürfels nicht signifikant von der Erwartung unter der Axialsymmetrie-Nullhypothese ab. Die 3 Symptome dürfen als gleichwertig betrachtet und ihrer Zahl nach summiert, oder, wie man auch sagt, *kumulativ skaliert* werden.

Mit dem WALLschen Symmetrietest in Tabelle 19.13.4.2 wurde sichergestellt, daß der multivariate Kontingenztrendtest in der Form, wie er zum Vergleich zweier unabhängiger Stichproben (Behandlungen) eingesetzt wurde, zulässig und konklusiv ist.

19.13.5 Mehr-Stichproben-Multimediantests

Der multivariate Mediantest kann in gleicher Weise wie der univariate Mediantest von 2 auf k Stichproben *verallgemeinert* werden (vgl. 5.3.4), wobei man statt einer 2 x 2-Feldertafel eine 2 x k-Feldertafel erhält. *Kodislokationen* zwischen den k Stichproben bestehen dann, wenn die Interaktion A.XYZ signifikant ist, wobei die Behandlung A in a Stufen und die Observablen in ihren Homonymausprägungen vorliegen.

Nichts spricht dagegen, *eine* der a Stichproben mit den vereinten k−1 Stichproben zu vergleichen, wenn dies planungslogisch zu begründen ist wie im Fall einer neuen Behandlung mit 2 tradierten Behandlungen. Ebensowenig spricht dagegen, *eine* mit einer *anderen* Stichprobe via Multimediantest zu vergleichen wie etwa zwei Applikationsformen (oral, parenteral) eines Antibiotikums. Werden post hoc alle a Behandlungsarten mit den jeweils restlichen verglichen ('bewertet') und alle Paare von Behandlungsarten verglichen, dann ist Alpha für $k + k(k-1)/2$ simultane Tests zu adjustieren (vgl. 19.3.1).

Wird ein Behandlungsfaktor A in a = 2 Stufen mit einem Schichtungsfaktor B in b = 2 Stufen kombiniert, so entstehen k = 4 Stichproben multivariater Observablen. Interessieren nur faktorbedingte Haupt- oder Wechselwirkungen, die sich in Kodislokationen aller t Observablen äußern, dann ist auch hier ein Multimediantest die Methode der Wahl, *Kodislokationstypen* nachzuweisen. Einschlägige Beispiele für 2^2- und 2^3-faktorielle Versuchspläne mit t = 3 Observablen findet der interessierte Leser bei LIENERT und KRAUTH (1973, VIII).

Ein n-Faktoren-t-Observablen-Mediantest kann bei unbekannter und vermutungsweise hyperexzessiver Observablenverteilung nicht nur eine parametrische MANOVA wirksam ersetzen (vgl. PRESS, 1972, und KRES, 1975), sondern auch die bei PURI und SEN (1971) angesprochenen Ranghomologa der MANOVA an Effizienz übertreffen, wenn die Populationen, aus welchen die 2 (oder 2 x 2 oder a) Stichproben stammen, nicht homomer verteilt sind (vgl. LUBIN, 1962).

19.14 Rangvarianzanalysen faktorieller Versuchspläne

Die frühen Tests zur nichtparametrischen Auswertung einfacher varianzanalytischer Versuchspläne mit einer Observablen nannten sich *Rangvarianzanalysen* (H- und χ_r^2-Test, LANGEHEINE, 1977; SCHULZE, 1978; KRÜGER, 1979). Ein später Versuch, diese Tests auf faktorielle Versuchspläne mit und ohne Meßwiederholungen zu generalisieren, ist BREDENKAMP (1974) zu danken; auch wenn sein Ansatz in einem strengen Verständnis sich als nicht verteilungsfrei erweisen sollte, ist ein heuristischer Wert unbestreitbar.

BREDENKAMP (1974) unterscheidet zwischen ‚unabhängigen' (oder besser: gruppenbildenden) Faktoren von der Art, wie sie in Tabelle 19.1.1.1 verstanden wurden, und ‚abhängigen' (oder blockbildenden) Faktoren von der Art, wie sie in Tabelle 19.1.1.1 als Meßwiederholungen definiert wurden. Wir werden im folgenden von faktoriellen Versuchen mit *Gruppierungs-* und *Wiederholungsfaktoren* sprechen und stets, ohne ausdrücklich darauf hinzuweisen, unterstellen, daß Meßwiederholungen die gemessene Observable (abhängige Variable) nicht verändern (wie dies der Forderung nach homogenen Varianz-Kovarianzmatrizen in der ANOVA entspricht).

Im folgenden gehen wir anhand eines Beispiels sogleich medias in res unter der Annahme, daß dem Leser die Grundlagen der ‚Planung und Auswertung von Experimenten' (MITTENECKER, 1974) noch gegenwärtig sind.

19.14.1 BREDENKAMPS H-Test mit 2 Gruppierungsfaktoren

In einem *pädagogischen Experiment* wurden die N = 45 Schüler einer Klasse nach ihrem Schulzeugnis in 3 Tertile B_1 (unterdurchschnittliche), B_2 (durchschnittliche) und B_3 (überdurchschnittliche) geschichtet. Jede Schicht des Schichtungsfaktors B wurde nach Zufall gedrittelt und jedes Drittel erhielt eine von 3 Test-Instruktionen: A_1 = Leiste im (nachfolgenden) Haupttest soviel wie im (vorangegangenen) Vortest, A_2 = Leiste im Haupttest mindestens soviel wie im Vortest und A_3 = Leiste im Haupttest 50% mehr als im Vortest. Tab. 19.14.1.1 bringt die Ergebnisse.

Obiger Versuchsplan mit einem *Behandlungsfaktor* A und einem *Schichtungsfaktor* B, jeweils in a = b = 3 Stufen, wird nach BREDENKAMP (1974) wie folgt ausgewertet: Man betrachtet die a · b = 3 · 3 = 9 Gruppen zu je 5 Schülern wie k = 9 Stichproben im klassischen H-Test und berechnet die Prüfgröße H in bekannter Weise (vgl. 6.2.1). Dann poolt man unter der Annahme (H_0), der Behandlungsfaktor sei unwirksam, über die 3 Stufen des Behandlungsfaktors und erhält so die Prüfgröße H(B). Poolt man unter der analogen Annahme über die 3 Schichten, so erhält man die Prüfgröße H(A), die den Einfluß der Instruktion (Hauptwirkung) widerspiegelt.

Da der Einfluß der Schichtung trivial ist (die besseren Schüler haben auch die besseren Testleistungen), interessiert nur eine etwaige Wechselwirkung 1. Ordnung im Sinne der Varianzanalyse; für sie gilt nach dem *Additivitätspostulat* die Prüfgröße

$$H(AB) = H - H(A) - H(B) \qquad (19.14.1.1)$$

$$Fg(AB) = Fg - Fg(A) - Fg(B) \qquad (19.14.1.2)$$

Die Prüfgröße H wird also in BREDENKAMPS *bifaktoriellem H-Test* in 3 unabhängige Komponenten zerlegt analog den Quadratsummen innerhalb der ANOVA. Jede Komponente ist nach $\alpha^* = 1 - (1-\alpha)^3$ zu beurteilen, da die 3 simultanen Tests *orthogonal* sind. Der Unterschied zu einer, auch *nicht-orthogonale* Tests einschließenden Bonferroni-Adjustierung nach $\alpha^* = \alpha/3$ ist jedoch unerheblich.

Wie ein bifaktorieller H-Test durchzuführen ist, zeigt das folgende Beispiel 19.14.1.1 mit den Ergebnissen des oben geplanten Experiments.

Beispiel 19.14.1.1

Datensatz: Aus dem eingangs besprochenen Textbeispiel sind die Observablenwerte X in Rangwerte R umgewandelt und in Tabelle 19.14.1.1 verzeichnet worden (Daten aus BREDENKAMP, 1974).

Tabelle 19.14.1.1

	B_1			B_2			B_3		
A_1	A_2	A_3	A_1	A_2	A_3	A_1	A_2	A_3
3	1	2	6	16	30	29	8	41
12	10	4	13	24	31	36	9	42
15	11	5	14	25	32	37	19	43
20	23	7	17	26	33	38	21	44
40	35	18	22	27	34	39	28	45
90	80	36	72	118	160	179	85	215

Tabelle 19.14.1.2

Faktor	A_1	A_2	A_3	Σ
B_1	90 (68)	80 (56)	36 (82)	206
B_2	72 (115)	118 (96)	160 (139)	350
B_3	179 (158)	85 (131)	215 (190)	479
Σ	341	283	441	1035

Gesamt-Test: Nach (6.2.1.2) erhalten wir für die k = 9 Rangsummen T_i der Fußzeile von Tabelle 19.14.1.1 ein H = 31,26, das für 9-1 = 8 Fge zu beurteilen wäre.

Hauptwirkungstests: Tabelle 19.14.1.2 gibt die Rangsummen der Tabelle 19.14.1.1 als 3 x 3-Feldertafel wieder; deren Randsummen (T_A, T_B) sind nach (6.2.1.1) auszuwerten.

Wir berechnen aus den Spaltensummen von Tabelle 19.14.1.2 ein H(A) = 3,17 und aus den Zeilensummen ein H(B) = 14,42. Instruktionsunterschiede existieren nicht, und Schichtungsunterschiede interessieren nicht.

Wechselwirkungstest: Interessieren muß uns vielmehr eine Wechselwirkung AxB mit der Prüfgröße H(AB) = 31,26 - 3,17 - 14,42 = 13,67, das für 8-2-2 = 4 Fge auf der 5%-Stufe signifikant ist, da es die für 2 simultane Tests geltende Schranke $\chi_4^2(0,05/2) =$ = 11,14 überschreitet.

Interpretation: Um die nachgewiesene Wechselwirkung AxB zu interpretieren, fassen wir Tabelle 19.14.1.2 als Kontingenztafel auf und berechnen erwartete Rangsummen e unter H_0 fehlender Wechselwirkung (in Klammern). Vergleiche mit den beobachteten Rangsummen f ergibt $(36-82)^2/82 = 26$ die höchste Pseudo-χ^2-Komponente;
Diese Komponente ($A_3 B_1$-Rangsumme $< A_3 B_1$-Erwartung) ist so zu interpretieren, daß schwache Schüler (B_1) durch die Überforderungsinstruktion (A_3 = Leiste 50% mehr als im Vortest) entmutigt werden und völlig versagen.

Visualisierungs-Hinweis: Zur Veranschaulichung stelle man Tabelle 19.14.1.2 graphisch dar als Leistungsverläufe der b Schichten unter den a Instruktionen: Man sieht dann, daß die Schwachen (B_1) in A_1 und A_2' gut (d.h. über ihrem ‚Erwartungsverlauf') liegen, aber unter A_3 stark ‚absacken' (d.h. den Erwartungsverlauf nach unten durchkreuzen), wie in Abb. 19.14.1.1 gezeigt:

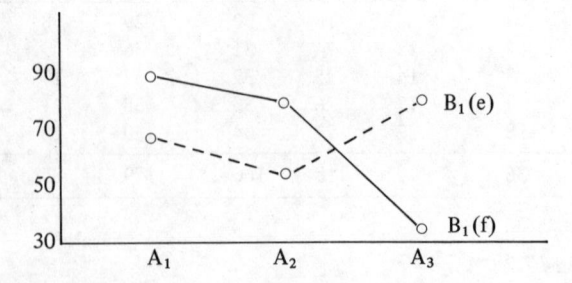

Abb. 19.14.1.1
Beobachtete (f) und erwartete (e) Testleistungen der schwachen Schüler (B_1) unter steigenden Testleistungsanforderungen (A_1 bis A_3): Die Kreuzung der f-Linie mit der e-Linie ist Ausdruck der Wechselwirkung A x B.

Die übrigen Wechselwirkungskomponenten in Tabelle 19.14.1.2 lassen sich in analoger Weise via $(f-e)^2/e$ beurteilen und wie in Abb. 19.14.1.1 veranschaulichen.

Man bedenke, daß der bifaktorielle H-Test gegenüber Homomeritätsverletzungen genau so empfindlich ist wie der unifaktorielle Test (vgl. 6.1.1, S. 269). Haben z.B. die 3 x 3 Substichproben in Tabelle 19.14.1.1 sehr unterschiedliche Rangspannweiten, so liegt vermutlich eine *Dispersionsinhomomerität* der Meßwerte vor, die die Effizienz des H-Tests so mindert, daß ein bifaktorieller Median- (5.5.6) oder ISA-Test (19.4.1–2) die bessere Alternative ist. Diese Feststellung gilt auch für einzelne Ausreißer gegen den Lokationstrend der jeweiligen Substichprobe.

Interessiert den Untersucher bei nach B geschichteten 2 Stichproben nur die *Hauptwirkung* der Behandlung A (in a = 2 Stufen), dann prüft man bei fehlender Wechselwirkung A x B am schärfsten nach dem Subgruppen-H-Test von LIENERT und SCHULZ (1967), der in 6.1.4 en detail beschrieben wurde.

19.14.2 BREDENKAMPS H-Test mit n Gruppierungsfaktoren

Sind mehr als 2, sagen wir n = 3 Faktoren A, B und C auf Haupt- und Wechselwirkungen (1. und 2. Ordnung) zu beurteilen, so verfährt man nach BREDENKAMP (1974) analog: Man berechnet die Prüfgröße H zunächst für alle $a \cdot b \cdot c$ Substichproben mit je r = N/abc Meßwerten und beurteilt das globale H = H(A, B, C), wenn erwünscht, nach abc–1 Fgn wie χ^2.

Die *Hauptwirkungen* des Faktors A gewinnt man durch Poolen der Substichproben über die Faktoren B und C, woraus H(A) resultiert und nach a–1 Fgn zu beurteilen ist. Analog verfährt man, um H(B) mit b–1 Fgn, und H(C) mit c–1 Fgn zu beurteilen.

Die *Wechselwirkung 1. Ordnung* der Faktoren A und B gewinnt man dadurch, daß man über C poolt und dann so verfährt, wie unter 19.14.1 beschrieben: Man berechnet H(A,B) mit ab–1 Fgn und erhält

$$H(AB) = H(A,B) - H(A) - H(B) \text{ mit } (a-1)(b-1) \text{ Fgn} \quad (19.14.2.1)$$

wobei sich (a–1)(b–1) aus (ab–1) – (a–1) – (b–1) herleiten läßt. Analog gewinnt man die übrigen Wechselwirkungen 1. Ordnung H(AC) mit (a–1)(c–1) Fgn und H(BC) mit (b–1)(c–1) Fgn als Prüfgrößen.

Die *Wechselwirkung 2. Ordnung* H(ABC) erhält man als Residualterm aus der Globalwirkung H(A, B, C) und den Haupt- und W-Wn 1. Ordnung.

$$H(ABC) = H(A,B,C) - H(A) - H(B) - H(C) - \\ - H(AB) - H(AC) - H(BC) \text{ mit } (a-1)(b-1)(c-1) \text{ Fgn} \quad (19.14.2.2)$$

Die 3 Hauptwirkungs- und die 4 Wechselwirkungstests sind nach $\alpha^* = 1 - (1-\alpha)^7$ wie z simultane, wechselseitig unabhängige Tests zu beurteilen. Wegen des asymptotischen Charakters dieser Tests fordert BREDEN-

KAMP eine Zellenbesetzung von $r \geq 10$ und mehr als 1 Fg je H-Test. Ferner wird eine stetige Verteilung der abhängigen Variablen (Observablen) vorausgesetzt und damit Bindungen im strengen Sinne nicht zugelassen, welcher Einschränkung homologe ISA-Tests in 19.4.1−2 nicht unterliegen.

Gruppierte Meßwerte sind im unifaktoriellen H-Test nach RAATZ (1966) auszuwerten (6.1.3) und im multifaktoriellen Plan mittels einer χ^2-Zerlegung nach SUTCLIFFE (1957) zu beurteilen. Schwach besetzte Faktorkombinationen (= kleine Substichproben mit $r \leq 5$) sind entweder mittels der FISHER-analogen Tests von MYERS (1958) oder – bei $r \leq 10$ – nach KRÜGERS (1976) *U-Tests* auszuwerten. KRÜGERS U-Tests sind unabhängig von r auch auf 2^n-faktorielle Pläne anzuwenden, da bei 2 Stufen in jedem von n Faktoren BREDENKAMPs H-Tests nur nach 1 Fg zu beurteilen wären, was nicht zugelassen wird.

Da Pläne mit 2 oder 3 Faktoren zu je 2 Faktorstufen aber in praxi oft schon deswegen erstellt werden, um auftretende Wechselwirkungen möglichst einfach – als Assoziationen in Vierfeldertafeln – deuten zu können, wird dem KRÜGERschen U-Tests der folgende Abschnitt gewidmet.

19.14.3 KRÜGERS simultane U-Tests

Wir gehen aus von einem Versuchsplan mit 2 Faktoren A (einem Behandlungsfaktor) und B (einem Schichtungsfaktor) zu je 2 Stufen und daher $2 \cdot 2 = 4$ Stufenkombinationen, denen je $r = N/4$ Individuen nach Zufall zugeteilt worden sind, also ein 2^2-*faktorieller Versuchsplan* entsteht (vgl. Plan 7 in Tab. 19.1.1.1 mit ISA-Tests in 19.4.1).

Das Rationale von KRÜGERS (1976) *U-Test* gründet nun auf folgenden Auswertungsanweisungen:

(1) Poole über die Schichten B, um die Hauptwirkung der Behandlung A nach dem U-Test (6.1.1−2) beurteilen zu können.

(2) Poole über die Behandlungen A, um die Hauptwirkung der Schichtung beurteilen zu können.

(3) Poole kreuzweise $A_1 B_1$ mit $A_2 B_2$ (als homonyme Faktorkombinationen), und $A_1 B_2$ mit $A_2 B_1$ (als heteronymen Faktorkombinationen), um die Wechselwirkung A x B via U-Test zu beurteilen.

Die durch (3) definierte *Wechselwirkung* ist mit der des H-Tests nur identisch, wenn Hauptwirkungen *fehlen*; sonst zieht die Hauptwirkung des einen und/oder anderen Faktors einen Teil der Wechselwirkung ‚zu sich hinüber'. Die KRÜGERsche Wechselwirkung ist damit offenbar zwischen der varianzanalytischen (H-Test-analogen) und der interaktionsanalytischen Definition einer Wechselwirkung 1. Ordnung angesiedelt. Das bedeutet:

Bei vorhandenen Hauptwirkungen sind Wechselwirkungen ‚schwieriger' nachzuweisen.

KRÜGERS simultane U-Tests sind leicht auf 3 Faktoren zu verallgemeinern, was im folgenden Beispiel zu 3+1 = 4 *Überkreuzungs-U-Tests* führt, um 3 Wechselwirkungen 1. Ordnung und eine solche 2. Ordnung nachzuweisen.

Um die Zahl der simultanen U-Tests — die nachfolgend als *Rangsummentests* durchgeführt werden — klein zu halten, werden 3 gezielte Alternativen zu H_0 formuliert und anstelle der 3+3+1 = 7 möglichen Alternativen geprüft.

Beispiel 19.14.3.1

Versuch: In einem Mastversuch wurden je 32 männliche (F- = male) und weibliche (F+ = female) Ferkel mit folgenden Zusätzen gefüttert: Mit der Aminosäure Lysin (L) in den Dosen L- = 0% und L+ = 0,6% und mit Sojabohnenmehl (P) des Proteingehalts P- = 12% und P+ = 14%. Registriert wurde die Gewichtszunahme im Fütterungszeitraum, in kodierten Gewichtseinheiten X, wie sie in Tabelle 19.14.3.1 für den 2^3-faktoriellen Plan mit 2 Behandlungsfaktoren (L und P) und einem Schichtungsfaktor (F = Geschlecht) aufscheinen (Daten adapt. aus SNEDECOR und COCHRAN, 1967, Tabelle 12.9.1).

Tabelle 19.14.3.1

L P F	X = Gewichtszuwächse bei N = 64 Vtn								ΣX
- - -	111	97	109	99	85	121	129	96	847
- - +	103	97	99	99	99	121	119	124	861
- + -	152	145	127	122	167	124	134	132	1103
- + +	148	122	153	119	116	157	113	143	1071
+ - -	122	113	134	141	134	119	125	132	1020
+ - +	87	100	116	129	100	114	136	132	914
+ + -	138	108	140	121	146	139	117	121	1030
+ + +	109	109	147	143	124	117	101	113	963

Hypothesen: Aufgrund empirischer Vorinformationen wurden folgende Alternativen der H_0 (Behandlungen sind ohne Einfluß auf die Gewichtszunahme) formuliert:

H_1: Der höhere Proteingehalt (P+) bedingt höhere Gewichtszunahmen als der niedrigere Proteingehalt (P-) des Sojamehls (einseitig).

H_2: Der höhere Proteingehalt (P+) wirkt nur dann im Sinne von H_1, wenn kein Lysin (L-) dem Futter zugesetzt wird (einseitige Wechselwirkung P x L).

H_3: Die Alternative H_2 trifft für männliche Ferkel (F-) in höherem oder minderem Ausmaß zu als für weibliche Ferkel (F+), was einer zweiseitig zu prüfenden Wechselwirkung P x L x F entspricht.

Testwahl und -niveau: Weil BREDENKAMPS H-Test auf 2^n-Pläne nicht anzuwenden ist, werden 3 simultane U-Tests nach KRÜGER als asymptotische Rangsummentests durchgeführt und nach $\alpha^* = 0{,}01/3 = 0{,}0033$ beurteilt. Die einseitige Schranke des asymptotischen Rangsummentests liegt bei $u(0{,}003) = 2{,}71$ und die zweiseitige bei $u(0{,}0033/2) = 2{,}93$ (Tafel I).

Rangtransformation: Die Meßwerte X der Tabelle 19.14.3.1 erscheinen in Tabelle 19.14.3.2 als Rangwerte $R = 1(1)64 = N$, wobei wegen der nötigen Rangaufteilung bei Meßwertbindungen zur Vermeidung von Dezimalrängen $R' = 10(R)$ gesetzt wurde.

Tabelle 19.14.3.2

L P F	$R' = 10R$, R = Rangwerte von X, N = 64								ΣX
- - -	180	45	160	75	10	315	425	30	124,0
- - +	130	45	75	75	75	315	280	380	137,5
- + -	610	570	410	350	640	380	480	450	389,0
- + +	600	350	620	280	235	630	200	555	347,0
+ - -	350	200	480	540	480	280	400	450	318,0
+ - +	20	105	235	425	105	220	500	450	206,0
+ + -	510	140	530	315	580	520	255	315	316,5
+ + +	160	160	590	555	380	255	120	200	242,0
Kontrolle: $\Sigma R = 64(64+1)/2 = N(N+1)/2 =$									2080,0

Vorauswertung: Alle 3 KRÜGERschen Rangsummentests basieren auf dem Vergleich zweier Stichproben mit je $N_1 = N_2 = 32$ Rangwerten, so daß der Erwartungswert unter H_0 für beide Rangsummen T gleich ist $E(T) = 32(64+1)/2 = 1040$; deren Varianz beträgt $Var(T) = 32 \cdot 32(64+1)/12 = 5546{,}67$ (vgl. Formeln (6.1.2.2–3)), so daß die Standardabweichung von T gleich ist $S(T) = 74{,}48$ als Wurzel aus 5546,67.

Test gegen H_1: Wir berechnen die Prüfgröße T für die Stichprobe P+ aus der rechten Randspalte von Tabelle 19.14.3.2 und erhalten $T = 389{,}0 + 347{,}0 + 316{,}5 + 242{,}0 = 1294{,}5$. Dieses T entspricht einem $u = (1294{,}5 - 1040)/74{,}48 = +3{,}42$, das die einseitige Schranke 2,71 weit überschreitet. Das proteinreichere Sojamehl bedingt somit eine höhere Gewichtszunahme als das proteinarme Mehl (H_1 wird akzeptiert).

Test gegen H_2: Wir berechnen T für die Stichprobe der homonym indizierten Faktorkombinationen (L-P-, L+P+) aus Tabelle 19.14.3.2 und erhalten $T = 124{,}0 + 137{,}5 + 316{,}5 + 242{,}0 = 820{,}0$. Daraus resultiert ein $u = (820{,}0 - 1040)/74{,}48 = -2{,}95$. Da |T| die einseitige Schranke 2,71 überschreitet, vertrauen wir auf die in H_2 explizierte Wechselwirkung: Die heteronymen Behandlungskombinationen (L-P+, L+P-) ergeben H_2 entsprechend eine Rangsumme von $T' = 64(64+1)/2 - 820 = 1260$ und ein $u' = 2{,}95$, die (algebraisch) höher liegen als T und u. Die Gewichtszunahme, die durch Lysin (L+) mit wenig Protein (P-) oder durch fehlendes Lysin (L-) bei viel Protein (P+) erzielt wird, ist höher als die Gewichtszunahme, die durch (L+P+) oder durch (L-P-) erreicht wird.

Test gegen H_3: Wir berechnen T für die 4 Zeilen mit positivem Vorzeichen-Produkt in der Vorspalte von Tabelle 19.14.3.2, nämlich für die Zeilen (-) (-) (+) = +, (-) (+) (-) = +, (+) (-) (-) = + und (+) (+) (+) = +, und erhalten T = 137,5 + 389,0 + 318,0 + + 242,0 = 1086,5. Daraus resultiert ein u = (1086,5 - 1040)/74,48 = +0,64, das die 2-seitige Schranke 2,95 bei weitem nicht erreicht. Damit ist eine Wechselwirkung 2. Ordnung, wie in H_3 postuliert, nicht nachzuweisen: Männliche und weibliche Ferkel verhalten sich beide wie in H_2 beschrieben.

Folgerung: Da proteinreiches Sojamehl generell wirksamer ist als proteinarmes Mehl (H_1), und da andererseits diese Wirkung ohne Lysinzugabe stärker ist als mit Lysinzugabe (H_2), sollte dem Standardfutter nur proteinreiches Sojamehl zugesetzt werden. Diese Folgerung steht nicht im Widerspruch zu einem nachgeschobenen U-Test, der zeigt, daß die 16 (L+P+)- behandelten Ferkel signifikant höhere Gewichtsgewinne erzielen als die (L-P-)-behandelten Ferkel.

KRÜGERS U-Tests prüfen gegen *homeopoietische* Behandlungswirkungen, also gegen Lokationsunterschiede zwischen je 2 aus den 2^n-Faktorkombinationen gebildeten Stichproben.

Vermutet der Untersucher *heteropoietische* Wirkungen eines Behandlungsfaktors, dann wendet er statt des Rangsummentests auf Lokationsunterschied den SIEGEL-TUKEY-Test auf Dispersionsunterschiede an (vgl. 6.7.2). Der Leser möge prüfen, ob in Tabelle 19.14.3.1 die Gewichtszunahmen unter Lysin (L+) weniger streuen (homogener sind) als ohne Lysin (L-), wie dies aufgrund der Spannweiten 146-87 = 61 gegen 167-85 = = 82 der Fall sein könnte.

Es versteht sich, daß bei schwach besetzten Faktorkombinationen der asymptotische durch den exakten U-Test zu ersetzen bzw. Tafel VI-1-2 in Anspruch zu nehmen ist, um über H_0 zu befinden.

Interessiert den Untersucher lediglich die ANOVA-analog definierte Wechselwirkung zwischen 2 Faktoren, A x B, dann prüft er mittels Überkreuzungs-U-Test, nachdem er die Hauptwirkungen von A und B durch *Lokationsalignation* eliminiert hat, etwa indem er Md(A+) = Md(A-) und Md(B+) = Md(B-) herstellt. Interessiert den Untersucher gar nur die ANOVA-analoge Wechselwirkung A x B x C, dann muß er für die Wechselwirkungen zwischen 2 Faktoren alignieren, indem er Md(A+B+) = ... = = Md(B-C-) iterativ herstellt, oder indem er wenigstens für die Hauptwirkungen alignieren. Alignationen dieser Art können jedoch zu antikonservativen Entscheidungen führen, da nach den Stichproben- statt, wie zu fordern, nach den Populationsmedianen aligniert wird (vgl. 19.4.2).

19.14.4 Zur Auswertung nicht-orthogonaler Versuchspläne (Exkurs)

Häufig bedingt die sog. *experimentelle Mortalität* (Tod von Vtn, Entlassung von Ptn, Verhinderung von Vpn), daß nicht alle Faktorkombinationen (Zellen) gleich besetzt sind, wie in orthogonalen Versuchsplänen gefordert. Die durch Ausfälle entstehenden nicht-orthogonalen Versuche sind nur höchst umständlich und oft auch nur näherungsweise auszuwerten (vgl. KIRK, 1968, Ch. 7.9 und ABT, 1976).

Eine einfache Methode, *Orthogonalität* so herzustellen, daß eine konservative Entscheidung daraus folgt, besteht darin, die Mediane der Zellen mit r Beobachtungen zu eliminieren, wenn in den übrigen Zellen wegen je 1 Beobachtungsausfalles nur r−1 Beobachtungen verblieben sind.

Eine nicht weniger konservative Methode besteht darin, Mediane komplementär zu verlagern: Man entnimmt z.B. einer überbesetzten Zelle A+B−C+ die Medianbeobachtung und verlagert sie auf die komplementäre aber unterbesetzte Zelle A−B+C− in einem 2^3-faktoriellen Plan.

Am häufigsten geübt wird die Methode, ausgefallene Beobachtungen durch den Median aller Beobachtungen zu ersetzen, um Gleichbesetzung aller Zellen herzustellen. Kommt es speziell auf den Nachweis einer Wechselwirkung zwischen 2 Faktoren an, dann ersetzt man einen Ausfallwert am besten durch seinen ‚Erwartungswert' unter der H_0 einer fehlenden Wechselwirkung (vgl. Tabelle 19.14.1.2, deren Klammerwerte Erwartungswerte von Rangwerten sind).

Pseudo-Experimente mit Schichten als Faktoren sind regelhaft nicht orthogonal und haben oft sehr unterschiedlich besetzte Zellen. Solche Pläne wertet man nach DYKE und PATTERSON (1952) aus, indem man alle N Meßwerte nach ihrem Median dichotomiert und für jede Zelle den Anteil der supramedianen Werte, p, bestimmt und diese logit-transformiert (4.3.2.4), ehe sie varianzanalytisch weiterverwendet werden. Leicht verständlich dargestellt und an einem Beispiel durchgerechnet ist das Verfahren in der Monographie von MAXWELL (1961). Raumgründe lassen seine Wiedergabe an dieser Stelle nicht zu. Ohne Informationsverlust arbeitet das 2^n-faktorielle nichtorthogonale Design bzw. seine Auswertung nur, wenn die Observablen von vornherein alternativ oder dichotom erhoben und nach dem log-linearen Modell ausgewertet werden, das bei GOKHALE und KULLBACK (1978) und KEREN und LEWIS (1976) behandelt wird.

19.14.5 BREDENKAMPS F-Tests mit Wiederholungsfaktoren

Die in Kapitel 19.14.1–3 behandelten Pläne waren sog. *Zufallsgruppenpläne* (randomized group designs), in welchen jedes Individuum nur ein einziges Mal beobachtet wurde und dies nur unter einer einzigen, nach Los zugeteilten, Faktorenkombination. Wird jedes Individuum unter allen Faktorenkombinationen beobachtet (sofern dies möglich ist), bildet es einen *Block* von Beobachtungen, den man mittels eines *Zufallsblöckeplans* (randomized block design) – auch KENDALL-Plan genannt – auswertet.

Einen *unifaktoriellen KENDALL-Plan* haben wir bereits im Zusammenhang mit FRIEDMANS Rangvarianzanalyse kennen- und auswerten gelernt (vgl. 6.5.1). Eine multifaktorielle Verallgemeinerung des KENDALL-Plans samt Rang-Auswertung hat wiederum BREDENKAMP (1974) vorgeschlagen und gut begründet zur Diskussion gestellt. Wir erörtern sein Prinzip anhand des einfachsten Falles zweier ‚abhängiger' Faktoren A und B, wo jedes Individuum unter allen ab Faktorstufenkombinationen beobachtet wird, wie in *Wiederholungsplänen* (repeated measurements designs) oder wo ab Individuen als Block homogener Individuen (wie die Jungen eines Wurfes oder die Besten einer Schulklasse) zu einem *‚Super-Individuum'* zusammengefaßt werden.

Obwohl die ab Beobachtungswiederholungen an einem Individuum eine Verlaufskurve definieren, wird von der *zeitlichen Aufeinanderfolge* der ab Faktorkombinationen ausdrücklich abgesehen, womit die Zeit-Wirkungskurve in eine Behandlungs-Wirkungskurve (*Profilkurve*) übergeht.

Der bifaktorielle FRIEDMAN-Test

Wir haben bereits in Zusammenhang mit der sog. multifaktoriellen Anwendung des FRIEDMAN-Tests (Beispiel 6.5.1.2) einen Weg zur Beurteilung von Haupt- und Wechselwirkungen zweier Wiederholungsfaktoren kennengelernt, dessen Rationale jedoch viel komplizierter erscheint als das folgende von BREDENKAMP (1974):

Wie im H-Test, so betrachten wir auch im *bifaktoriellen FRIEDMAN-Test* zunächst alle a · b Faktorkombinationen wie k Stufen eines einzigen Faktors und berechnen eine Gesamt-Prüfgröße $\chi_r^2 = F$. Dann poolen wir über b die Stufen des Faktors B und erhalten F(A) als Ausdruck der Hauptwirkung von B. Die *Wechselwirkung* A x B ergibt sich wiederum nach dem Additivitätspostulat zu

$$F(AB) = F - F(A) - F(B) \qquad (19.14.5.1)$$

$$Fg(AB) = (ab-1) - (a-1) - (b-1) = (a-1)(b-1) \qquad (19.14.5.2)$$

Alle Prüfgrößen F (= Friedman) sind nach Formel (6.5.1.1) zu berechnen und nach (a-1) (b-1) Fgn mit adjustiertem α oder über die Gammaverteilung nach KANNEMANN (1978) zu beurteilen.

Bindungen sind im F-Test sowenig zugelassen wie im H-Test, doch wirken sie bei asymptotischer Auswertung über Rangaufteilungen in konservativem Sinn. Im folgenden greifen wir Beispiel 6.5.1.5 aus Band 1 wieder auf und werten seine Daten nach BREDENKAMP aus. Als Individuen fungieren hierbei Anbaugebiete (Felder) für Agrarprodukte, die in a · b Flächeneinheiten unterteilt worden sind.

Beispiel 19.14.5.1

Datenrückgriff: N = 6 Anbauflächen wurden mit einer Feldfrucht bebaut und zwecks Insektenlarvenvertilgung mit A_1 = Wasser (Kontrolle), A_2 = DDT und A_3 = Malathion-Lösung besprüht (A = Behandlungsfaktor) auf einem Drittel jeder Anbaufläche. Jedes Drittel wird nun halbiert und auf einer Hälfte nach 1 Woche, auf der anderen (ausgelosten) Hälfte nach 2 Wochen die lebend gebliebenen Insektenlarven ausgezählt X (B_1 und B_2 sind Stufen eines Wirkungseintrittsfaktors). Die Ergebnisse sind in Tabelle 6.5.1.5 als Meßwerte X und in Tabelle 19.14.5.1 als Rangwerte (mit Bindungen bzw. Rangaufteilungen) verzeichnet.

Tabelle 19.14.5.1

Feld	$A_1 B_1$	$A_1 B_2$	$A_2 B_1$	$A_2 B_2$	$A_3 B_1$	$A_3 B_2$	k = 6
1	5,5	5,5	3	3	3	1	
2	6	5	1	2,5	4	2,5	
3	6	5	1,5	1,5	4	3	
4	6	4	5	2	2	2	
5	5	6	2,5	2,5	4	1	
N=6	5	6	2	1	4	3	
T_j:	33,5	31,5	15,0	12,5	21,0	12,5	

Nota bene: In Beispiel 6.5.1.2 wurde angenommen, daß jedes der 3 Flächen-Drittel einmal nach der ersten, ein zweites Mal nach der zweiten Woche abgesucht wurde, was einem hierarchischen Meßwiederholungsplan (nested repeated measurements design) entspricht. Nunmehr wird angenommen, daß Flächensechstel gebildet worden sind und jedes Sechstel (als Teil des Blockes Anbaufläche) nur einmal abgesucht worden ist. Wir erwarten daher nicht die gleichen Ergebnisse wie in Beispiel 6.5.1.2.

Vorauswertung: Wir bilden die Prüfgröße F für alle 3 · 2 = 6 Spaltensummen in Tabelle 19.14.5.1 und erhalten nach (6.5.1.5)

$$F = (12/6 \cdot 6 \cdot 7)(33{,}5^2 + \ldots + 12{,}5^2) - 3 \cdot 6 \cdot 7 = 21{,}29 \text{ mit 5 Fgn}$$

Wir stellen nun die Rangsummen T_j aus Tabelle 19.14.5.1 in Form einer 3 x 2-Feldertafel dar und erhalten so Tabelle 19.14.5.2

Tabelle 19.14.5.2

	B_1	B_2	
A_1	33,5	31,5	65,0
A_2	15,0	12,5	27,5
A_3	21,0	12,5	33,5
	69,5	56,5	126,0 = Nk(k+1)/2

Test auf Hauptwirkung A: Wir haben in Tabelle 6.5.1.6 bereits über B gepoolt und mit k = 3 Behandlungsstufen ein F(A) = 9,33 für 3-1 = 2 Fge erhalten, womit erwiesen ist, daß unter DDT (mit T = 8) weniger Larven verbleiben als unter Kontrolle (mit T = 18 in Tabelle 6.5.1.6).

Test auf Hauptwirkung B: Dieser Test wurde ebenfalls bereits in Tabelle 6.5.1.7 vorweggenommen und erbrachte ein F(B) = 6,00 mit 1 Fg. Damit ist erwiesen, daß 2 Wochen nach der Insektizidapplikation weniger Larven überleben (T = 6) als eine Woche danach (T = 12 in Tabelle 6.5.1.7).

Test auf Wechselwirkung A x B: Dieser Test ergibt sich aus (19.14.5.1–2) zu F(AB) = 21,29 – 9,33 – 6,00 = 6,66 mit 5-2-1 = 2 Fgn, das — wie F(A) und F(B) — auf der für 3 simultane Tests adjustierten 5%-Stufe signifikant ist.

Interpretation: F(A) und F(B) wurden bereits interpretiert und F(AB) ist anhand von Tabelle 19.14.5.2 durch den Vergleich der beobachteten mit den unter H_0 (fehlende Wechselwirkung) erwarteten Frequenzen zu interpretieren. Unterschiede ergeben sich nur für A_3 = Malathion mit den beobachteten Rangsummen T_1 = 21,0 und T_2 = 12,5 und den erwarteten Rangsummen E_1 = (33,5 · 69,5)/126 = 18,48 und E_2 = (33,5 · 56,5)/126 = 15,02. Malathion hat demnach eine größere Wirkungslatenz, da es erst in der 2. Woche post applicationem voll larvenvernichtend wirkt.

Der multifaktorielle FRIEDMAN-Test

Nach dem Prinzip der χ^2-Zerlegung läßt sich der bifaktorielle FRIEDMAN-Test unschwer multifaktoriell verallgemeinern. Die n = 3 Faktoren A, B und C zu a, b und c Stufen liefern mit den *Hilfsgrößen*

$$Q = \frac{12}{Nabc(abc+1)} \qquad (19.14.5.3)$$

und

$$K = 3N(abc+1), \qquad (19.14.5.4)$$

die FRIEDMAN-Prüfgrößen F nach folgenden Kalkülen, worin F(A,B) das F der *Gesamtwirkung* von A und B (Randtafel-F) und F(AB) das F der *Wechselwirkung* A x B (Residual-F) bezeichnet:

$$F = Q(\Sigma T_{ijl}^2) - K \quad \text{mit abc–1 Fgn} \qquad (19.14.5.5)$$

$$F(A,B) = \frac{Q}{a}(\Sigma T_{ij.}^2) - K \text{ mit ab-1 Fgn} \qquad (19.14.5.6)$$

Analog F(A,B) sind F(A,C) und F(B,C) die übrigen beiden Gesamtwirkungsprüfgrößen. Die Prüfgröße für die *Hauptwirkung* von A ist

$$F(A) = \frac{Q}{bc}(\Sigma T_{i..}^2) - K \text{ mit a-1 Fgn} \qquad (19.14.5.7)$$

Analog sind F(B) und F(C) die Prüfgrößen für die Hauptwirkungen von B und C. Die 3 Wechselwirkungen *erster* Ordnung ergeben sich als Differenzen

$$F(AB) = F(A,B) - F(A) - F(B) \text{ mit } (a-1)(b-1) \text{ Fgn.} \qquad (19.14.5.8)$$

Analog sind die Wechselwirkungen F(AC) und F(BC) zu berechnen und nach (a-1)(c-1) bzw. (b-1)(c-1) Fgn zu beurteilen. Die Wechselwirkung *zweiter* Ordnung resultiert aus

$$F(ABC) = F - F(A,B) - F(A,C) - F(B,C) \qquad (19.14.5.9)$$
$$\text{mit } (a-1)(b-1)(c-1) \text{ Fg}$$

Die Rangsummen T_{ij} in den Feldern der Tabelle 19.14.5.2 gehen im trifaktoriellen FRIEDMAN-Test in die Rangsummen T_{ijl}, $i = 1(1)a$, $j = 1(1)b$ und $l = 1(1)c$ über, wobei $T_{ij.}$ die Rangsummen bezeichnet, die man gewinnt, wenn man die N Zeilenmeßwerte X_{ijl} über die Stufen des Faktors C poolt. Analoges gilt für die übrigen punkt-index-notierten Rangsummen T.

BREDENKAMP (1974) empfiehlt unter Berufung auf HAYS und WINKLER (1971, S. 839), asymptotische FRIEDMAN-Tests der beschriebenen Art nur durchzuführen, wenn $N \geq 10$ und die Zahl der Fg je Test größer als 2 ist. Beide Forderungen waren in Beispiel 19.14.3.1 nicht erfüllt, so daß seine Ergebnisse u.U. nicht verläßlich sind.

Was tut man unter dieser Einschränkung in dem so häufigen Fall je zweifach klassifizierter Faktoren mit 1 Fg je Test? Eine heuristisch zu wertende Antwort gibt der folgende Abschnitt 19.14.6.

19.14.6 GEBERTS simultane W-Tests

Wird jedes von N Individuen unter $2 \times 2 = 4$ Faktorkombinationen beobachtet, dann läßt sich der resultierende KENDALL-Plan mit N Zeilen und 4 Spalten auf 3 *simultane WILCOXON-Tests* (W-Tests) zurückführen, wenn man in geeigneter Weise über die 4 Spalten poolt. Poolt man über die 2 Stufen des Faktors B, dann entstehen paarige Stichproben mit den 2 Stufen des Faktors A. Poolt man über die 2 Stufen von A, so resultieren paarige Stichproben für B. Poolt man nun *kreuzweise* die homonym (11 und

22) gegen die heteronym indizierten Spalten (12 und 21), dann entstehen paarige Stichproben, die nach GEBERT (1977) die Wechselwirkung der beiden Faktoren repräsentieren.

Wie man sieht, folgt das Rationale des W-Tests für 2 abhängige Stichproben dem Rationale der simultanen U-Tests (KRÜGER, 1977) für 2 unabhängige Stichproben. Wie beim Überkreuzungs-U-Test, so ist auch beim *Überkreuzungs-W-Test* die Wechselwirkung nur dann im varianzanalytischen Sinne definiert, wenn Hauptwirkungen fehlen bzw. nicht signifikant sind (vgl. 19.14.3).

Wie GEBERTS *simultane W-Tests* numerisch durchgeführt und sachlogisch interpretiert werden, zeigt das folgende Beispiel 19.14.6.1. Dabei versteht sich, daß α nach 3 simultanen Tests zu adjustieren ist, und daß der Vorzeichenrangtest (WILCOXON-Test für Differenzen) bei kleinem N exakt nach Tafel VI−4−1−1, bei großem N asymptotisch nach (6.4.1.6) auszuwerten ist.

Beispiel 19.14.6.1

Versuch: Zwei Düngemittel A und B in je 2 Stufen (1 = mit, 2 = ohne) werden an N = 6 Anbauflächen ausgestreut und die Ernteerträge X an jeder Anbaufläche unter jeder Faktorkombination (A_1B_1 bis A_2B_2) gewogen, wobei das Ergebnis der Tabelle 19.14.6.1 resultiert (adapt. aus WEBER, 1974, Kap. 39.6).

Tabelle 19.14.6.1

Block	A_1B_1	A_1B_2	A_2B_1	A_2B_2
1	41,2	42,8	42,2	50,7
2	39,2	41,2	35,8	48,2
3	42,7	43,3	39,2	51,8
4	45,8	45,7	40,5	50,0
5	46,1	49,7	40,8	55,8
N=6	50,4	44,5	48,9	54,1

Tabelle 19.14.6.2

Block	A_1	A_2	D_a	$(sgn)R_a$
1	84,0	92,9	+8,9	6
2	80,4	84,0	−0,4	(−)1
3	86,0	91,0	+5,0	4
4	91,5	90,5	−1,0	(−)3
5	95,8	96,6	+0,8	2
6	94,9	103,0	+8,1	5

W-Test auf Ertragswirkung von A: Wir poolen in Tabelle 19.14.6.1 über B und erhalten mit $D_a = X(A_2) - X(A_1)$ Tabelle 19.14.6.2.

Die Summe der Rangwerte mit negativem Vorzeichen beträgt T = W = 1+3 = 4, welche Prüfgröße nach Tafel VI–4–1–1 auf der adjustierten 5%-Stufe $\alpha^* = 0{,}05/3 = 0{,}017$ nicht signifikant ist (N=6 Blöcke).

W-Test auf Ertragswirkung von B: Wir poolen in Tabelle 19.14.6.1 über A und erhalten mit $D_b = X(B_2) - X(B_1)$ Tabelle 19.14.6.3.

Tabelle 19.14.6.3

Block	B_1	B_2	D_b	(sgn)R_b
1	83,4	93,5	+10,1	3
2	75,0	89,4	+14,4	5
3	81,9	95,1	+13,2	4
4	86,3	95,7	+ 9,4	2
5	86,9	105,5	+18,6	6
6	99,3	98,6	– 0,7	(–)1

Mit 1 negativen Rangwert $R_b = (-)1$ ist P(W=1) = 0,031 für N=6 bei der gebotenen einseitigen Fragestellung größer als $\alpha^* = 0{,}017$, womit auch B unwirksam erscheint.

Test auf Wechselwirkung A x B: Wir poolen kreuzweise in Tabelle 19.14.6.1 und erhalten mit $D_{ab} = X(A_1B_1+A_2B_2) - X(A_1B_2+A_2B_1)$ Tabelle 19.14.6.4.

Tabelle 19.14.6.4

Block	$A_1B_1+A_2B_2$	$A_1B_2+A_2B_1$	D_{ab}	R_{ab}
1	91,9	85,0	+ 6,9	1
2	87,4	77,0	+10,4	3
3	94,5	82,5	+12,0	6
4	95,8	86,2	+ 9,6	2
5	101,9	90,5	+11,4	5
6	104,5	93,4	+11,1	4

Der Wechselwirkungstest ergibt ein W = 0, das nach Tafel VI–4–1–1 auf der adjustierten 5%-Stufe signifikant ist. Beide Düngungen zusammen ergeben somit eine Ertragssteigerung, die jede einzelne Düngung nicht ergibt. Die beiden Düngungen wirken hyperadditiv, wie man auch sagt.

Hinweis: Die Voraussetzungen für die Anwendung von GEBERTS W-Tests sind in diesem Beispiel voll erfüllt, wenn die Wechselwirkung im varianzanalytischen Sinne interpretiert werden soll, da beide Hauptwirkungen insignifikant waren.

Will man bei vorhandenen Hauptwirkungen nach GEBERTS simultanem W-Test effizient auf Wechselwirkung A x B prüfen, dann *aligniert* man die

Spalten-Meßwerte in Tabelle 19.14.6.1 so, daß die Hauptwirkung(en) verschwinden, und prüft dann mit dem Überkreuzungs-W-Test auf Wechselwirkung.

19.14.7 BREDENKAMPS F-Tests mit gemischten Faktoren

Ist einer von 2 Faktoren ein Schichtungsfaktor, so ist dieser Faktor eo ipso ein Gruppierungsfaktor B, der die N Individuen in b Gruppen zu N/b Individuen unterteilt. Wenn jedes der N Individuen nun unter a Stufen eines Behandlungsfaktors A beobachtet wird, so liegt ein Untersuchungsplan mit 2 *gemischten Faktoren* i.S. von BREDENKAMP (1974) vor: ein *bifaktorieller Versuchsplan mit Meßwiederholung auf einem Faktor.*
In solch einem Plan – auch *Subgruppen-KENDALL-Plan* genannt – interessiert nur die Hauptwirkung der Behandlung A und deren Wechselwirkung mit der Schichtung B, da eine Hauptwirkung von B meist trivial ist. Die Wechselwirkung von A und B ist hier keine Wechselwirkung im Sinne zweier Behandlungsfaktoren, sondern eine differentielle (schichtenspezifische) Wirkung der Behandlung A.
Ein *gemischter Plan* (mixed design) mit 3 Faktoren kann zwei Gruppierungs- und einen Wiederholungsfaktor enthalten oder umgekehrt. Wir beginnen im folgenden mit dem einfachsten Plan eines Gruppierungs- und eines Wiederholungsfaktors und illustrieren dessen Auswertung an einem numerischen Beispiel (adaptiert aus BREDENKAMP, 1974, Tabelle 3.3).

Ein Gruppierungs- und ein Wiederholungsfaktor

Angenommen, je n = 5 Oberschüler (B_1), Hauptschüler (B_2) und Sonderschüler (B_3) seien mit folgenden Anweisungen elektroenzephalographiert worden: A_1 = dia-exponierte Zahlen addieren, A_2 = Augen offen halten und Flimmerlicht beobachten, A_3 = Augen schließen und an nichts denken. Gemessen wurde X als Anteil der Alpha-Wellen im EEG unter jeder der 3 Instruktionen bei jedem der N = 15 Schüler, gemäß einem Subgruppen-KENDALL-Plan. Die Meßwerte X eines jeden Schülers wurden in Rangwerte von 1 bis 3 transformiert und sind als solche in Tabelle 19.14.7.1 verzeichnet.
1. Es liegt nahe zu fragen, ob die 3 *Instruktionen* (A) zu einem unterschiedlichen Alpha-Anteil geführt haben, und zwar abhängig von der Schichtzugehörigkeit eines Schülers. Da jede Schicht einem KENDALL-Plan entspricht und deren Prüfgrößen F (wie χ^2-Werte) additiv sind, berechnen wir F(A|B) als Prüfgröße dafür, ob A innerhalb der 3 Schichten von B wirksam war,

$$F(A|B) = F(A|B_1) + F(A|B_2) + F(A|B_3) \quad \text{mit} \quad (19.14.7.1)$$
$$Fg(A|B) = (3-1) + (3-1) + (3-1) = 6 \text{ Fgn}$$

Für Tabelle 19.14.7.1 ergibt die Rechnung gemäß (6.5.1.5) mit $N = n$

$$F(A|B) = \frac{12}{na(a+1)} (\Sigma\Sigma T_{ij}^2) - 3nb(a+1) \text{ mit } b(a-1) \text{ Fgn} \quad (19.14.7.2)$$

$$F(A|B) = \frac{12}{5 \cdot 3 \cdot 4}(14^2 + 8^2 + 8^2 + 7^2 + ... + 15^2) - 3 \cdot 5 \cdot 3 \cdot 4 = 20{,}80,$$

das für $3(3-1) = 6$ Fge auf der für 2 simultane Tests adjustierten 5%-Stufe signifikant ist, aber nicht beurteilt wird.

2. Der vorstehende Test prüft auf Hauptwirkung von A plus Wechselwirkung von A x B und ist ein Test für A unter den Bedingungen B, ein Test auf *bedingte* Wirkung von A (vgl. 17.3.2-4).

Tabelle 19.14.7.1

Schichtungs-faktor B	R(X)	Behandlungsfaktor A		
		A_1	A_2	A_3
	Block 1	3	1	2
	„ 2	3	2	1
B_1	„ 3	3	2	1
	„ 4	2	1	3
	„ 5	3	2	1
Schichtsummen		14	8	8
	Block 6	2	1	3
	„ 7	1	2	3
B_2	„ 8	1	2	3
	„ 9	2	1	3
	„ 10	1	2	3
Schichtsummen		7	8	15
	Block 11	2	1	3
	„ 12	2	1	3
	„ 13	2	1	3
B_3	„ 14	1	2	3
	„ 15	2	1	3
Schichtsummen		9	6	15
Totalsummen:		30	22	38

Einen Test auf *unbedingte* Wirkung von A, d.h. einen Test auf *Hauptwirkung* von A erhalten wir, wenn wir die Totalsummen T_i in (6.5.1.5) einsetzen mit $N = 3n = 15$.

$$F(A) = \frac{12}{Na(a+1)}(\Sigma T_i^2) - 3N(a+1) \text{ mit a--1) Fgn} \qquad (19.14.7.3)$$

$$F(A) = \frac{12}{15 \cdot 3 \cdot 4}(30^2 + 22^2 + 38^2) - 3 \cdot 15 \cdot 4 = 8{,}53 \text{ mit 2 Fgn}$$

Dieses $F = \chi^2$ ist bei 2 Fgn ebenfalls auf der 5%-Stufe signifikant und zeigt gemäß Tabelle 19.14.7.1 (Totalsummen), daß ‚Augenschließen und an nichts denken' (A_3) zu einem höheren Alpha-Wellen-Anteil (und damit höherer Entspannung) führt als ‚Augen offenhalten und Flimmerlicht beobachten' (A_2 mit $T = 22$ gegen $T_3 = 38$).

3. Die *Wechselwirkung* zwischen A und B bzw. die differentielle (schichtspezifische) Wirkung von A ergibt sich als Differenz der bedingten und der unbedingten Wirkung von A durch die Prüfgröße

$$F(AB) = F(A|B) - F(A) \text{ mit} \qquad (19.14.7.4)$$
$$b(a-1) - (a-1) = (a-1)(b-1) \text{ Fgn}$$

$F(AB) = 20{,}80 - 8{,}53 = 12{,}27$ mit $2 \cdot 2 = 4$ Fgn.

Die signifikante Wechselwirkung A x B bedeutet, daß sich A in den 3 Schichten von B unterschiedlich auswirkt: Oberschüler (B_1) entspannen offenbar besser beim stillen Zählen ($T_{11} = 14$) als bei dem Bemühen, an Nichts zu denken ($T_{31} = 8$); bei Hauptschülern ist dies gerade umgekehrt und bei Sonderschülern ist das Augenöffnen schon entspannungshemmend ($T_{22} = 8$) im Vergleich zum Augenschließen ($T_{32} = 15$).

Zwei Gruppierungsfaktoren und ein Wiederholungsfaktor

In Tabelle 19.14.7.1 hat es sich um je $n = 5$ männliche Schüler (C_1) gehandelt; wären in gleicher Weise auch je 5 weibliche Schüler (C_2) untersucht worden, so wäre ein 3 x 2-*Subgruppen-KENDALL-Plan* analog dem 3-Subgruppen-Plan nach BREDENKAMP (1974) auszuwerten: Tabelle 19.14.7.2 gibt die je 3 Rangwerte für Oberschülerinnen (B_1), Hauptschülerinnen (B_2) und Sonderschülerinnen (B_3) ihrer Alpha-Wellen-Anteile unter den Entspannungsinstruktionen A_1 bis A_3.

1. Betrachtet man Tabelle 19.14.7.2 als den C_2-Teil und Tabelle 19.14.7.1 als den C_1-Teil eines gemeinsamen Plans zweier Gruppierungs- und eines Meßwiederholungsfaktors, dann beträgt die *bedingte Wirkung* von A innerhalb der 3 x 2 Gruppen (Schichtungskombinationen) von B und C (Wirkung A bedingt nach B und C):

$$F(A|BC) = \frac{12}{5\cdot 3\cdot 4}(14^2 + ... + 15^2 + 13^2 + ... + 8^2) - 3\cdot 5\cdot 3\cdot 2\cdot 4 = 32,80*$$

$Fg(A|BC) = 3 \cdot 2(3-1) = 12$.

2. Um die bedingte Wirkung von A innerhalb der 3 Gruppen von B zu gewinnen, muß man die Tabellen 19.14.7.1–2 übereinanderlagern und die Rangsummen $T_{11} = 14+13 = 27$ bis $T_{33} = 15+8 = 23$ nachfolgend einsetzen

$$F(A|B) = \frac{12}{10 \cdot 3 \cdot 4}(27^2 + 14^2 + ... + 23^2) - 3 \cdot 10 \cdot 3 \cdot 4 = 20,94$$

$Fg(A|B) = 3(2-1) = 6$

Tabelle 19.14.7.2

C_2		R(X)	A_1	A_2	A_3
	Block	16	3	1	2
		17	2	1	3
B_1		18	3	2	1
		19	3	1	2
		20	2	1	3
			13	6	11
	Block	21	1	2	3
		22	3	1	2
B_2		23	2	1	3
		24	1	2	3
		25	2	1	3
			9	7	14
	Block	26	2	1	3
		27	2	3	1
B_3		28	3	2	1
		29	1	3	2
		30'	2	3	1
			10	12	8
$T_i(C_2)$ weiblich			32	25	33
$T_i(C_1)$ männlich			30	22	38
$T_i(C)$			62	47	71

3. Die bedingte Wirkung von A innerhalb der 2 Gruppen von C ergibt sich aus den Fußzeilen der beiden Geschlechter in Tabelle 19.14.7.2 zu

$$F(A|C) = \frac{12}{15 \cdot 3 \cdot 4}(30^2 + 22^2 + ... + 33^2) - 3 \cdot 15 \cdot 2 \cdot 4 = 11{,}07$$

Fg(A|C) = 2(3−1) = 4.

4. Die *unbedingte Wirkung* von A berechnen wir aus der Fußzeile von Tabelle 19.14.7.2 und erhalten als Hauptwirkung von A

$$F(A) = \frac{12}{30 \cdot 3 \cdot 4}(62^2 + 47^2 + 71^2) - 3 \cdot 30 \cdot 4 = 9{,}80^* \text{ mit } 3-1 = 2 \text{ Fg}.$$

Die Wechselwirkung von A mit B ergibt sich aus dem Additivitätspostulat wie die Wechselwirkung von A mit C zu

F(AB) = 20,94 − 9,80 = 12,14 mit 6−2 = 4 Fgn

F(AC) = 11,07 − 9,80 = 1,27 mit 4−2 = 2 Fgn

Die Wechselwirkung A x (B x C) resultiert als Restterm zur gesamten Wirkung von A wie folgt

F(ABC) = 32,80 − 9,80 − 12,14 − 1,27 = 9,59 mit 12−2−4−2 = 4 Fg.

5. Von den unter (4) berechneten 4 Prüfgrößen ist nur F(A) = 9,80 auf dem adjustierten Niveau $\alpha^* = 0{,}05/4 = 0{,}0125$ signifikant und gemäß der letzten Fußzeile von Tabelle 19.14.7.2 zu interpretieren: ‚Augenschließen und an nichts denken' führt zu höherer Entspannung ($T_3 = 71$) als ‚Offenen Auges Flimmerlicht beobachten' ($T_2 = 47$).

Tabelle 19.14.7.3

		A_1	A_2	A_3	
	f	27	14	19	60
B_1	e	20,67	15,67	23,67	
	χ^2	1,94			
	f	16	15	29	60
B_2	e	20,67	15,67	23,67	
	χ^2			1,20	
	f	19	18	23	60
B_3	e	20,67	15,67	23,67	
	χ^2		0,35		
		62	47	71	180

Heuristisch gilt als *Interpretationsleithilfe:* $\chi^2(T_1) = (62-60)^2/60 = 0,07$, $\chi^2(T_2) = (47-60)^2/60 = 2,82$ und $\chi^2(T_3) = (71-60)^2/60 = 2,02$, wobei $60 = (62+47+71)/3$ der unter H_0 erwartete T-Wert ist.

Knapp unterhalb der Signifikanzgrenze liegt die Wechselwirkung A x B mit $F(AB) = 12{,}14$ zu 4 Fgn. Eine analoge Interpretation wäre auf die 3 x 3-Feldertafel der Tabelle 19.14.7.3 zu gründen.

Die höchste χ^2-Komponente — wie üblich aus Zeilensumme x Spaltensumme/Gesamtsumme (der Rangwerte) berechnet — ergibt die Faktorkombination $A_1 B_1$: Nach ihr tritt bei Oberschülern (B_1) durch Augenschließen und Zählen (A_1) eine größere Entspannung ($T_{11} = 27$) ein als unter H_0 (keine Wechselwirkung A x B) erwartet wird.

Ein Gruppierungsfaktor und zwei Wiederholungsfaktoren

Angenommen, die n = 5 Ober-, Haupt- und Sonderschüler seien nicht nur unter den 3 Entspannungsinstruktionen (A), sondern auch unter b=2 Geräuschpegeln ($C_1 = 25$ db, $C_2 = 40$ db) elektrographiert worden, um die (U-förmig verteilten) Alpha-Wellen-Anteile X zu messen. Hier liegt ein KENDALL-*Plan mit 3 Subgruppen* und 3 x 2 Wiederholungen (pro Individuum oder Block) vor, deren 6 Wiederholungen je Schüler die Zeilen-Rangwerte in Tabelle 19.4.7.4 ergeben haben mögen.

Die bedingte Wirkung der Faktoren A und B innerhalb der Schichten von B ergibt sich aus der Prüfgröße (bedingter Test)

$$F(AC|B) = \frac{12}{5 \cdot 6 \cdot 7}(28^2 + 14^2 + \ldots + 23^2) - 3 \cdot 5 \cdot 3 \cdot 7 = 36{,}94 \text{ mit 17 Fgn.}$$

Die unbedingte Wirkung der 3 x 2 = 6 Faktorenkombinationen resultiert aus der Prüfgröße (des unbedingten Tests):

$$F(AC) = \frac{12}{15 \cdot 6 \cdot 7}(63^2 + 42^2 + \ldots + 54^2) - 3 \cdot 15 \cdot 7 = 20{,}14 \text{ mit 5 Fgn.}$$

Die *Wechselwirkung* zwischen den 6 Faktorenkombinationen AC einerseits und den 3 Subgruppen B andererseits ergibt sich als Differenz

$$F(AC \times B) = 36{,}94 - 20{,}14 = 16{,}80 \text{ mit } 17-5 = 12 \text{ Fgn.}$$

Der signifikante Test (2) besagt, daß die Faktorkombination $A_3 C_1$ (Augenschließen bei Geräuscharmut) die beste Entspannung verbürgt (T = 75) und $A_2 C_2$ (Augen-Öffnen bei Geräuschwahrnehmung) die geringste Entspannung ermöglicht (T = 36 in Tabelle 19.14.7.4).

Ein signifikanter Test (3) wäre dahin zu *interpretieren*, daß die Spaltensummen T_{ijl} von ihren Erwartungswerten $T_{i.1}/b = 63/3 = 21$ für die erste Spalte abweichen, also die Behandlungskombinationen in den 3 Subgrup-

Tabelle 19.14.7.4

Faktoren		A_1C_1	A_1C_2	A_2C_1	A_2C_2	A_3C_1	A_3C_2
	1	6	4	2	1	5	3
	2	6	2	5	4	3	1
B_1	3	5	1	6	4	3	2
	4	5	2	4	1	6	3
	5	6	5	2	3	4	1
		28	14	19	13	21	10
	6	5	3	4	1	6	2
	7	4	1	3	2	6	5
B_2	8	3	2	1	5	6	4
	9	4	2	1	3	5	6
	10	2	1	6	3	5	4
		18	9	15	14	28	21
	11	3	5	1	2	6	4
	12	4	2	3	1	5	6
B_3	13	3	4	1	2	6	5
	14	1	3	5	2	6	4
	15	6	5	6	2	3	4
		17	19	11	9	26	23
$T_{i.j}$		63	42	45	36	75	54

pen unterschiedlich wirken. Die größte Abweichung betrifft A_3C_2 mit $\chi^2 = (10 - 54/3)^2/18 = 3{,}56$; sie wäre bei signifikantem Test (3) so zu interpretieren, daß Oberschüler auch und gerade bei Geräuschhintergrund gut entspannen, wenn sie die Augen geschlossen halten.

Zur Beurteilung der Wechselwirkungen der Wiederholungsfaktoren (A,C) mit dem Gruppierungsfaktor und der Wiederholungsfaktoren untereinander bedarf es der Originalmeßwerte, da nach diesen Dreier- und Zweier-Rangreihen im Sinne des Beispiels 19.14.4.1 gebildet werden müssen.

19.14.8 Seidenstückers F-Tests für lateinische Quadrate

Werden in der Therapieforschung N Klienten (Zeilen) in k = N Sitzungen (Spalten) von a = N Therapeuten behandelt, so handelt es sich um ein *Lateinisches Quadrat* als Versuchsplan. Wie man solch einen Plan mittels

FRIEDMANschem F-Test auswertet, hat Ellen SEIDENSTÜCKER (1977) beschrieben und am Beispiel der *Pulsfrequenz* als Entspannungsindikator X illustriert.

Tabelle 19.14.8.1 führt die Pulsfrequenzen (X) von 5 Klienten in 5 aufeinanderfolgenden Sitzungen (S) unter Betreuung von 5 Entspannungstherapeuten (T) im autogenen Training auf.

Tabelle 19.14.8.1

Klient	Sitzungsposition					Summen
	1	2	3	4	5	
	(Therapeut)					
I	68(B)	72(E)	59(D)	55(C)	56(A)	310
II	61(C)	60(A)	53(B)	63(E)	59(D)	296
III	75(D)	59(B)	54(C)	58(A)	64(E)	310
IV	81(E)	61(C)	74(A)	68(D)	63(B)	349
V	79(A)	63(D)	66(E)	53(B)	52(C)	313
Summen	364	315	306	297	296	1578

1. Die *erste* Frage, ob mit zunehmender Zahl von Sitzungen S die Klienten mehr und mehr entspannen, prüft man unter Absehung von den Therapeuten (A, B, C, D, E) mittels des klassischen FRIEDMAN-Tests (F-Test nach 6.5.1.5). Man erhält ein F(S) = 7,04, das für 5−1 = 4 Fge nicht signifikant ist, womit Frage 1 offenbleibt.

2. Die *zweite* Frage lautet: Erzielen die 5 Therapeuten in unterschiedlichem Grade Entspannung (unabhängig von den Klienten, mit denen sie das autogene Training üben)? Zur Beantwortung dieser Frage lassen wir die Sitzungen bzw. die Sitzungspositionen (S) in Tabelle 19.14.8.2 außer acht und rearrangieren die 5 Klienten nach den Buchstaben der Therapeuten (A bis E).

Tabelle 19.14.8.2

Therapeuten									
A		B		C		D		E	
X	R	X	R	X	R	X	R	X	R
56	2	68	4	55	1	59	2,5	72	5
60	3	53	1	61	4	59	2,5	63	5
58	2	59	3	54	1	75	5	64	4
74	4	65	2	61	1	68	3	81	5
79	5	53	2	52	1	63	3	66	4
	16		12		8		16		23

Der F-Test ist nach Tafel VI–5–1–2 von MICHAELIS (1971) auf der 5%-Stufe signifikant: Offenbar gelingt dem Therapeuten C, die Pulsfrequenzen der 5 Klienten zu senken, während E eher das Gegenteil zuwege bringt: $F(T) = 9{,}92$ mit 4 Fgn.

3. Die *dritte* Frage lautet, ob die 5 Klienten (K) in gleichem Maße auf die Entspannungstherapie ansprechen. Zur Beantwortung dieser letzten Frage rangiert man spaltenweise in Tabelle 19.14.8.1 von 1 bis 5 und erhält ein $F(K) = 6{,}88$, das für 4 Fge nicht signifikant ist.

SEIDENSTÜCKERS *F-Tests* sind nur dann effizient, wenn sie nur eine der 3 möglichen Lokationsalternativen prüfen unter der Annahme, (1) daß die übrigen beiden Faktoren insignifikant sind und daß (2) keine Wechselwirkungen zwischen je 2 oder zwischen allen 3 Faktoren existieren. Vorhandene Lokationswirkungen kann man durch *Alignation* eliminieren, gegen Wechselwirkungen gibt es — wie auch bei varianzanalytischer Auswertung — kein Remedium.

Offenbar konnte Frage (1), ob mit zunehmender Zahl von Sitzungen (S) die Spannung bzw. die Pulsfrequenz abnehme, deshalb nicht bejaht werden, weil die Therapeutenunterschiede (T) in Test (2) interveniert haben. Wir alignieren daher nach den *Therapeutenmedianen* aus Tabelle 19.14.8.1 wie folgt (Tabelle 19.14.8.3):

Tabelle 19.14.8.3

Therapeut	A	B	C	D	E
Mediane (Mde)	60	59	55	63	66
Ränge d. Mde	3	2	1	4	5
Medianalignation	0	+1	+5	–3	–6

Aus Tabelle 19.14.8.3 erhalten wir die *alignierten Pulsfrequenzen* Y der Tabelle 19.14.8.4 mit S=Sitzungsposition und K=Klient.

Tabelle 19.4.8.4

S	1		2		3		4		5	
K	Y	R	Y	R	Y	R	Y	R	Y	R
I	69	5	66	4	56	2,5	60	1	56	2,5
II	66	5	60	4	54	1	57	3	56	2
III	72	5	60	4	59	3	58	1,5	58	1,5
IV	75	5	66	3	74	4	65	2	64	1
V	79	5	60	3,5	60	3,5	54	1	57	2
T		25		20,5		14		8,5		9

Das resultierende $F(S) = (12/5 \cdot 5 \cdot 6)(25^2 + ... + 9^2) - 3 \cdot 5 \cdot 6 = 21{,}56$ mit 4 Fgn ist nach Medianalignation für die Therapeuten hoch signifikant[13]. Da die Frage (1) einer Trendalternative entspricht, läßt sich die Antwort noch bekräftigen, wenn man statt des FRIEDMAN-Tests den Positionstrendtest nach PFANZAGL (vgl. 16.6.1) einsetzt und ihn einseitig beurteilt. Die Verspannung nimmt ab, von Sitzung zu Sitzung.

Es versteht sich, daß SEIDENSTÜCKERS Friedman-Tests soviele simultane Tests umfaßt als Fragen gestellt werden. Sollen alle 3 Wiederholungsfaktoren geprüft werden — mit oder ohne Lokationsalignation der je 2 übrigen Faktoren —, müssen $\alpha^* = \alpha/3$ gesetzt und die F-Werte entsprechend beurteilt werden.

Wie lateinische Quadrate aufzubauen und ggf. zu replizieren sind, entnehme man der einschlägigen Literatur (z.B. WINER, 1971, Ch.10). Welche Bedeutung ihnen im Rahmen der Einzelfallanalyse zukommt, lese man bei HUBER (1977) und bei MAXWELL (1961) nach.

Wie KENDALL-Pläne nicht nur auf Lokationsunterschiede im Meßwiederholungsfaktor, sondern auf *Unterschiede aller Art* zu prüfen sind, und zwar höchst effizient, hat KANNEMANN (1976) mit seinem *Inzidenztest* gezeigt. Um antikonservativen Entscheidungen mit dem Inzidenztest vorzubeugen, verwende man die von SCHACH (1976) hierzu angegebene Korrektur (vgl. allgemein dazu ANDERSON, 1959).

19.14.9 F-Auswertung von Überkreuzungsplänen

Wird ein Pt mit den Chargen A_1 und A_2 in der *Abfolge* (Sequenz) S_1 und S_2 behandelt, und ein anderer Pt mit denselben Chargen in der Abfolge S_2 und S_1, dann entsteht mit N = 2 Ptn, a = 2 Behandlungen und s = 2 Sequenzen die einfachste Form eines lateinischen Quadrates. Wird dieser Plan mehrfach an je anderen 2 Ptn wiederholt, so entstehen 2 KENDALL-Pläne: Im *ersten* KENDALL-Plan werden die Chargen A_1 und A_2 in der Sequenz S_1 und S_2, im *zweiten* KENDALL-Plan in der Sequenz S_2 und S_1 verabreicht. Der erste KENDALL-Plan liefert Differenzen $d_1 = X(A_1 S_1) - X(A_2 S_2)$ und der zweite KENDALL-Plan Differenzen $d_2 = X(A_1 S_2) - X(A_2 S_1)$. Da die Differenzen d_1 aus einer anderen Stichprobe von Pbn stammen als die Differenzen d_2, sind sie wie 2 unabhängige Stichproben von Differenzen auf Lageunterschiede hin zu vergleichen. Sind d_1 und d_2

---

[13] SEIDENSTÜCKER (1977) prüft auf Therapeutenunterschiede effizienter, indem sie sowohl nach Zeilen wie nach Spalten Ränge zuordnet, diese Ränge addiert und wie alignierte Meßwerte X in dem beschriebenen Sinne auswertet. Es handelt sich hierbei um eine Art simultaner Lagealignation für Zeilen und Spalteneinflüsse auf die Therapeuten.

homomer verteilt (haben sie also etwa gleiche Spannweiten), dann ist der *Paardifferenzen-U-Test* von BUCK (1975) am besten geeignet, Wirkungsunterschiede zwischen A_1 und A_2 nachzuweisen.

In einem *Überkreuzungsversuch* (Cross-over-design) sind N = 11 Ptn nach Losentscheid entweder zuerst 3 Wochen mit einem Geriatricum und dann 3 Wochen mit einem Placebo behandelt worden oder umgekehrt. Nach jedem Behandlungsabschnitt wurde eine Befindlichkeitsscore X erhoben. Zufolge des sog. *Novitätseffektes* sind die Befindlichkeitswerte nach den ersten 3 Wochen in beiden Gruppen von N_1 = 6 und N_2 = 5 Ptn höher als nach den zweiten 3 Wochen (Spalten 1. A und 2. A in Tab. 19.14.9.1):

Tabelle 19.14.9.1

1.A_1	2.A_2	d_1	R_1	1.A_2	2.A_1	d_2	R_2
20	11	9	7	18	12	6	4
31	24	7	5	13	13	0	2
34	24	10	8	29	24	5	3
42	28	14	10	45	37	8	6
31	10	21	11	36	38	-2	1
27	16	11	9				T = 14

In Tabelle 19.14.9.1 wurden die beiden Differenzen d_1 und d_2 mit dem Paardifferenzen-U-Test (19.8.1) unter der Alternative verglichen, daß die Differenzen d_1 stochastisch höher lägen als die Differenzen d_2. Diese Alternative läßt sich statistisch erhärten, womit erwiesen ist, daß A_1 (das Geriatricum) wirksamer ist als A_2 (das Placebo).

Der Vergleich von Differenzen nach dem Paar-Differenzen-U-Test von BUCK (1975) prüft nur auf *homeopoietische* (lagebezogene) Wirkungsunterschiede. Wie man auf homeo- und auf *heteropoietische* (streuungsbezogene) Wirkungsunterschiede prüft, ist bei LIENERT und WALL (1980) diskutiert. Ranganalysen komplexer Designs behandeln HETTMANSPERGER und MCKEAN (1978).

19.14.10 Rang-Kovarianzanalysen

Die Versuchspläne ohne Meßwiederholung, also mit einmaliger Beobachtung eines Individuums unter einer der ab Kombinationen zweier Behandlungsfaktoren A und B sind deshalb insuffizient, weil die *interindividuelle Streuung* innerhalb der n Individuen einer Kombinationsgruppe sehr groß ist. Gelingt es in einem solchen Fall, eine mit der untersuchten Variablen Y (Observablen) positiv korrelierte Kovariable X *(Konobserva-*

ble) begleitend mitzuregistrieren, so hat man die Möglichkeit einer kovarianzanalytischen Auswertung solch eines varianzanalytischen Versuchsplans[14] (vgl. auch COCHRAN, 1957).

Sind die Variablen entweder nicht bivariat normal verteilt oder nicht linear, sondern nur *monoton korreliert* (mit homogenen Rangkorrelationskoeffizienten), dann scheint es gerechtfertigt, die X- und die Y-Meßwerte je gesondert in Rangwerte von 1 bis N zu transformieren und mit den Rangwerten in gleicher Weise wie mit den Originalmeßwerten eine *Kovarianzanalyse* durchzuführen (vgl. BORTZ, 1977)[15].

Die Rang-Kovarianzanalyse in der beschriebenen Form arbeitet mit *bivariat rechteckig* verteilten Rangwerten statt mit bivariat normal verteilten Meßwerten und ist daher − im Sinne des zentralen Grenzwertsatzes − nur bei *großen* Stichproben zu empfehlen.

Bei *kleinen* Stichproben wird folgende Alternative zur Rangvarianzanalyse empfohlen: Man bringt die n Individuen je Faktorkombinationsgruppe nach der Konobservablen X in eine Rangfolge und bildet n *Blöcke* von Vpn mit steigenden Konobservablenwerten. Man erhält dann aus dem Versuchsplan mit Gruppierungsfaktoren einen *Versuchsplan mit Wiederholungsfaktoren*, der mittels des BREDENKAMPschen F-Tests effizient auszuwerten ist. In dem wichtigsten Fall zweier (oder dreier) Gruppierungs-Faktoren zu je 2 Stufen, der lege artis nach KRÜGERS simultanen U-Tests auszuwerten wäre, wird unter Hereinnahme der Kovariablen ein Plan mit zwei (oder drei) Wiederholungsfaktoren, der dann mit GEBERTS simultanen W-Tests auszuwerten ist (19.14.3/6).

Blockbildung mit F-Auswertung nach BREDENKAMP ist einer Rang-Kovarianzanalyse immer dann *vorzuziehen*, wenn die Konobservable nicht stetig, sondern − wie Schulnoten − diskret gemessen wurde. Allerdings ist hier wie dort erforderlich, daß Observable und Konobservable *möglichst hoch* monoton korreliert sind, da andernfalls die kovarianzanalytische gegenüber der varianzanalytischen Auswertung − auch mit Rängen − keinen Effizienzvorteil verbürgt.

Man merke: Zur Reduzierung interindividueller Varianzen dienen 3 Methoden (1) die Kovarianzanalyse, wenn neben der Observablen noch eine mit ihr korrelierte Konobservable gemessen wurde, (2) eine Varianz-

---

14 Gefordert werden im parametrischen Fall lineare Korrelationen zwischen X und Y innerhalb einer jeden der ab Gruppen mit homogenen Regressionskoeffizienten, welche Bedingung sicher erfüllt ist, wenn Y und X bivariat normal verteilt sind in der Population, aus der die ab Stichproben gezogen wurden, und die Behandlungen keinen Einfluß auf die Korrelation zwischen den Variablen nehmen.

15 Noch wirksamer als eine Rangtransformation ist eine T-Transformation (vgl. 4.3.5), wenn sie dazu führt, daß nicht nur jede Variable, X wie Y, univariat normal verteilt ist, sondern beide gemeinsam bivariat normal verteilt erscheinen bzw. von einer solchen Verteilung nicht substantiell abweichen.

analyse mit einfacher Meßwiederholung, wenn die Konobservable eine vorbeobachtete Observable ist und (3) die Varianzanalyse von Differenzen zwischen Vor- und Nachbeobachtung, wenn Vor- und Nachbeobachtungen als zu Rho(pop) = 1 korreliert angenommen werden können.

19.15 Trendauswertung von Blockplänen

Alle FRIEDMAN-analogen Tests zur Auswertung von Blockplänen (KENDALL-Plänen) sprechen zwar auf Lageunterschiede zwischen k abhängigen Stichproben (Behandlungen) an, berücksichtigen aber keinerlei Lagetrend.

Einen FRIEDMAN-analogen Test, der auf monotonen Behandlungstrend besser anspricht als der FRIEDMAN-Test, haben wir bereits mit PAGES (1963) Trend-Test kennen und auswerten gelernt (vgl. 6.5.2). Andere Tests gegen monotonen Behandlungstrend, die auf dem Rationale der *tau-Korrelation* (statt auf dem der rho-Korrelation) basieren, wurden von FERGUSON (1965), STILL (1967) und SARRIS (1968) entwickelt und auf nicht monotonen Trend verallgemeinert. All diese Tests benutzen *orthogonale Polynome* ersten, zweiten und höheren Grades (Tafel XIX–10), um die N Blöcke eines k x N-Blockplans durch Trendmasse S_i zu beschreiben. Statt der Funktionswerte $X_i = c_i$ der orthogonalen Polynome werden dabei deren Rangäquivalente benutzt, die im strengen Sinne allerdings nicht mehr orthogonal sind (vgl. SARRIS et al. 1969)[16].

Die Prozedur ist einfach: Jeder der N Blöcke wird durch eine Rangreihe $1(1)R_k$ repräsentiert; dann wird sie mit den *Polynomrängen* verglichen und ergibt die KENDALL-Summe S_1 für ihre monotone und S_2 für ihre bitone Trendkomponente. Die Trendkomponenten werden dann über die N Blöcke (Individuen) zu den FERGUSON-*Summen* $S_1^+ = T_1$.

19.15.1 FERGUSONS FRIEDMAN-Tests

FERGUSON (1965) hat in seiner Monographie gezeigt, daß sich in einem KENDALL-Plan jeder der N Blöcke (Individuen) mit k *Behandlungen von monoton steigender Wirksamkeit* (z.B. steigende Dosen eines Arzneimittels) durch eine KENDALL-Summe S_i, i = 1(1)N repräsentieren läßt. Summiert man diese KENDALL-Summen über alle N Blöcke auf, so gewinnt man

---

16 Statt der Polynomwerte $X_1 = (-2\ -1\ 0\ 1\ 2)$ bei N = 5 werden die Polynomränge $(1\ 2\ 3\ 4\ 5) = R_1$ zur Beurteilung eines monotonen Trends herangezogen; statt der Polynomwerte $X_2 = (2\ -1\ -2\ -1\ 2)$ werden die Polynomränge $R_2 = (4,5\ 2,5\ 1,0\ 2,5\ 4,5)$ bzw. deren Rangaufteilungen zur Beurteilung eines bitonen Trends herangezogen etc.

durch Komponentensummation (vgl. 9.5.3.7) die *Totalsumme* der individuellen KENDALL-Summen gemäß

$$T = \Sigma S_i \text{ mit } i = 1(1)N \tag{19.15.1.1}$$

Die Totalsumme T ist unter H_0 (kein Behandlungstrend) über einem Erwartungswert Null mit *Varianz*

$$\text{Var}(T) = Nk(k-1)(2k+5)/18 \tag{19.15.1.2}$$

genähert normalverteilt und daher wie eine Standardnormalvariable

$$u = T/\sqrt{\text{Var}(T)} \tag{19.15.1.3}$$

je nach Alternativhypothese einseitig (z.B. gegen steigenden Trend mit positivem T) oder zweiseitig (gegen steigenden oder fallenden Trend) zu beurteilen.

In FERGUSONS Trend Test gegen *monotonen Trend* benutzt man als *Ankerreihe* für die Blockreihe der k Rangwerte die Rangäquivalente eines orthogonalen Polynoms 1. Ordnung, also anstelle von $X_1 = c_1 = (-2\ -1\ 0\ 1\ 2)$ bei k = 5 Behandlungsstufen die $R_1 = (1\ 2\ 3\ 4\ 5)$.

Einen FERGUSON-Test gegen *bitonen Trend* gewinnt man aus der Ankerreihe $R_2 = (4,5\ 2,5\ 1\ 2,5\ 4,5)$, die sich aus einem orthogonalen Polynom 2. Ordnung mit $X_2 = (+2\ -1\ -2\ -1\ +2)$ herleitet (vgl. Tafel XIX−10), wobei Rangaufteilungen vorzunehmen sind. Analog lassen sich FERGUSON-Tests gegen tritonen, tetratonen usw. Trend über die Rangäquivalente der Funktionen orthogonaler Polynome konstruieren. Im folgenden wird simultan gegen mehrere Trendmöglichkeiten in ein und demselben KENDALL-Plan geprüft.

19.15.2 SARRIS' Trendkomponentenanalyse

Tabelle 19.15.2.1 enthält die Leistungswerte x_{ij}, $i = 1(1)N = 6$ und $j = 1(1)k=5$ von N=6 Vpn, die jeweils unter k=5 steigenden Dosen eines Sedativums (Heptobarbital) gewonnen wurden (Daten adaptiert aus FORTH, 1966, Abb.2).

Nach den *Testwertsummen* in Tabelle 19.15.2.1 zu schließen, steigt die Leistung von 50 zu 100 mg Heptobarbital leicht an, fällt dann von 100 zu 150 mg steil ab, steigt von 150 zu 300 mg nochmals an und fällt von 300 zu 450 mg abermals ab. Der Leistungsverlauf entspricht einem *tetratonen Trend*, der offenbar mit einem monotonen Trend von höheren Leistungen bei niedrigen Dosen und niedrigen Leistungen bei höheren Dosen verknüpft ist.

Welcher der 4 möglichen Trends, ein monotoner, ein bitoner, ein trito-

Tabelle 19.15.2.1

VP	50	100	Dosen mg 150	300	450
I	49	46	38	42	35
II	32	34	28	29	27
III	16	19	15	14	10
IV	25	25	18	24	20
V	29	30	24	28	14
VI	19	19	18	19	18
Σ	170	173	141	157	134

ner und/oder ein tetratoner Trend liegt hier vor, wie hängt die Leistung X als Observable von der Behandlungsdosierung K in den k = 5 Stufen tatsächlich ab? Diese Frage beantwortet SARRIS (1968) durch seine *Trendkomponentenanalyse*, die nachfolgend auf Tabelle 19.15.2.1 angewendet wird, wobei die KENDALL-Summen via *Paarvergleich* ermittelt werden.

Prüfgrößenberechnung durch Paarvergleich

SARRIS' Algorithmus zur *Paarvergleichsberechnung* der Totalsummen S_i basiert auf der schwachen Annahme, daß die k Testwerte nur innerhalb eines jeden Blockes vergleichbar sein müssen und läßt zu, daß die Leistungen X gar nicht gemessen, sondern nur paarweise verglichen werden, wobei Gleichurteile — so sie selten sind — zugelassen werden. Der Algorithmus wird in Tabelle 19.15.2.2 ausgewertet bzw. auf die Daten der Tabelle 19.15.2.1 wie folgt appliziert.

1. Im oberen Zeilenblock sind alle k(k-1)/2 = 5(4)/2 = 10 *Dosenpaare* des Sedativums verzeichnet. Im Zeilenblock darunter wurden die Testleistungen der N = 6 Vpn paarweise verglichen: Für Vp I hat die niedrigere Dosis 1 von 50 mg mit x = 49 zu einer höheren Leistung geführt als die höhere Dosis 2 von 100 mg mit x = 46, welch diskordanter Paarvergleich mit -1 bewertet wird; nur der Paarvergleich von Dosis 3 mit Dosis 4 führt mit 38 : 42 zu einem konkordanten Paarvergleich, der mit +1 zu bewerten ist. Analoge Paarvergleiche gelten für die übrigen 6-1 = 5 Vpn. In der Zeile 3 der Tabelle 19.15.2.2 sind die Spaltensummen der Paarvergleichsbewertungen (*Paarvergleichsummen*) verzeichnet.

2. Die *Paarvergleichsgewichte* im zweiten Zeilenblock gewinnt man aus der Inspektion von Tafel XIX–10: Für k = 5 Dosen gelten bei monotonem Trend die Polynomwerte X_1 = (-2 -1 0 1 2) und die Gewichte +1 (da -1

Tabelle 19.15.2.2

Vp	Dosenpaare									
	1–2	1–3	1–4	1–5	2–3	2–4	2–5	3–4	3–5	4–5
I	-1	-1	-1	-1	-1	-1	-1	+1	-1	-1
II	+1	-1	-1	-1	-1	-1	-1	+1	-1	-1
III	+1	-1	-1	-1	-1	-1	-1	-1	-1	-1
IV	0	-1	-1	-1	-1	-1	-1	+1	+1	-1
V	+1	–	-1	-1	-1	-1	-1	+1	0	-1
VI	0	-1	0	-1	-1	0	-1	+1	0	-1
Paarvgl.-summe	+2	-6	-5	-6	-6	-5	-6	+4	-2	-6

Trend	Paarvergleichsgewicht									
monoton	+1	+1	+1	+1	+1	+1	+1	+1	+1	+1
biton	-1	-1	-1	0	-1	0	+1	+1	+1	+1
triton	+1	+1	-1	+1	-1	-1	-1	-1	+1	+1
tetraton	-1	+1	-1	0	+1	0	+1	-1	-1	+1

Trend	Paarvergleichssumme x Paarvergleichsgewicht									T_i^*
monoton	+2	-6	-5	-6	-6	-5	+6	+4	-2	-6	-36
biton	-2	+6	+5	+6	+6	-0	-6	+4	-2	-6	+ 5
triton	+2	-6	+5	-6	+6	+5	+6	-4	-2	-6	+ 1
tetraton	-2	-6	-5	6	-6	0	-6	+4	+2	-6	-33

algebraisch größer ist als -2) bis +1 (da 2 größer ist als 1), wie sie in Zeile 1 des zweiten Zeilenblocks verzeichnet sind.

Die Polynomwerte X_2 = (+2 -1 -2 -1 +2) für bitonen Leistungstrend ergeben folgende Paarvergleichsgewichte: -1 (da -1 kleiner ist als +2) usw. bis +1 (da +2 größer ist als -1), wobei 2 Nullgewichte daraus resultieren, daß 2 Zweierbindungen in X_2 vorliegen. Die Polynomwerte X_3 = (-1 +3 0 -3 +1) für tritonen (umgekehrt S-förmigen) Trend ergeben Paarvergleichsgewichte, die in der dritten Zeile des mittleren Zeilenblocks vertreten sind. Analog sind die Paarvergleichsgewichte für den tetratonen Trend aus Tafel XIX—10 ermittelt worden.

3. Im unteren Zeilenblock der Tabelle 19.15.2.2 sind die Paarvergleichsgewichte des mittleren Zeilenblocks mit den ihnen zugeordneten Paarvergleichssummen multipliziert worden: Es gilt (+2) (+1) = +2 bis (-6) (+1) = = -6 für Zeile 1, deren Quersummen die gesuchte Prüfgröße T_1 = -36 für monotonen Leistungstrend ist. Analog findet man die *Prüfgrößen* T_2 = +5

für bitonen, $T_3 = +1$ für tritonen und $T_4 = -33$ für tetratonen Leistungstrend.

Simultane FERGUSON-Tests

Sieht man von den Bindungen bei den Leistungswerten x und den Polynomwerten X_i ab, so sind die Erwartungswerte aller T_i gemäß (19.15.1.1) gleich Null und deren Varianz ist gleich $6 \cdot 5(5-1)(2 \cdot 5+5)/12 = 100$ gemäß (19.15.1.2). Daraus ergeben sich die 4 simultanen FERGUSON-*Trendtests* der Tabelle 19.15.2.3 gemäß (19.15.1.3):

Tabelle 19.15.2.3

i	Trend	T_i	Var(T_i)	$u_i = T_i/\sigma(T_i)$
1	monoton	-36	100	$-36/10 = -3{,}60^+$
2	biton	$+5$	100	$+5/10 = +0{,}05$
3	triton	$+1$	100	$+1/10 = +0{,}01$
4	tetraton	-33	100	$-33/10 = -3{,}30^+$

Da die zweiseitigen Überschreitungswahrscheinlichkeiten $P' = 2P$ der mit einem Plus verzeichneten u-Werte in Tabelle 19.15.2.3 oberhalb der adjustierten 5%-Schranke von $u(0{,}05/4) = 2{,}24$ liegt, ist ein degressiv-monotoner Trend mit $u = -3{,}60$ und ein negativ tetratoner Trend (von der eingangs beschriebenen Form) durch SARRIS' Trendkomponentenanalyse nachgewiesen worden[17].

19.15.3 Tests für prädizierten Trend

Die FERGUSONschen Trendtests und damit die SARRISsche Trendkomponentenanalyse setzen voraus, daß die Trends innerhalb der N Blöcke nur zufallsmäßig vom Trend in den k Spaltensummen abweichen, daß die

---

[17] Will man die SARRISschen Trendtests verschärfen, dann benutze man anstelle der Varianzenformel (19.15.1.2) für bindungsfreie Rangreihen die Varianzenformel (9.5.5.3) für zweireihig gebundene Rangreihen. Treten — wie in unserem Beispiel — nur Zweierbindungen in den Polynomwerten und keine Bindungen in den Meßwerten auf, dann subtrahiere man von (19.15.1.2) das Glied $2N = 2 \cdot 6 = 12$, so daß Var(T_2) = Var(T_4) = 100 − 12 = 88 in Tabelle 19.15.2.3 einzusetzen wäre. Will man verhindern, daß die Testverschärfung zu einer antikonservativen Entscheidung führt, so subtrahiere man bei kleiner Zahl von N < 20 Blöcken eine Einheit von einem positiven T_i bzw. addiere eine Einheit zu einem negativen T_i, ehe man nach Tabelle 19.15.2.3 prüft.

Blöcke also *trendhomogen* sind wie dies näherungsweise auf Tab. 19.15.2.1 zutrifft.

Sind die Blöcke *trendinhomogen*, indem etwa ein Teil der Blöcke (Individuen) einen steigenden, ein anderer Teil einen fallenden Trend produziert, dann ist ein Test indiziert, der die verschiedenen *Trendtypen* entdeckt und auseinanderhält, sofern sie unter H_1 vorausgesagt (prädiziert) worden sind. Einen *Test für prädizierten Trend*, den von MOSTELLER (1955, S. 36–37), haben wir bereits in der Sequenzanalyse vorgestellt, und wir wollen ihn nachfolgend in der Originalversion besprechen.

MOSTELLERS binomialer Trendtest

Angenommen, wir hätten in Tabelle 19.15.2.1 an die N = 6 Vpn nur k = 3 *Dosen* A_1, A_2 und A_3 von 50 mg, 150 und 450 mg des Sedativums verabreicht und die dazu gehörigen *Leistungen* X in Tabelle 19.15.3.1 erzielt.

Tabelle 19.15.3.1

X			R		
A1	A2	A3			
49	38	35	3	2	1
32	28	27	3	2	1
16	15	10	3	2	1
25	18	20	3	1	2
29	24	14	3	2	1
19	18	18	3	1,5	1,5
170	141	134	24	10,5	7,5

Transformieren wir die Meßwerte- in Rangtripel, so zeigen 4 der 6 Vpn mit (3 2 1) fallende Trends. Wurde diese Wirkung unter H_1 vorausgesagt, so kann man gegen den vorausgesagten Trend wie folgt prüfen:

Unter H_0 (wonach die N Blöcke trendfrei sind) haben alle k(k–1)/2 möglichen Rangordnungen die gleiche Wahrscheinlichkeit von $\pi = 1/k!$ realisiert zu werden. Die Zahl der Individuen x mit vorausgesagter Rangordnung ist mithin *binomial* verteilt mit den Parametern π und N.

In obigem Beispiel ist x = 4 und $\pi = 1/(3 \cdot 2 \cdot 1) = 1/6$ bei N = 6 Individuen, so daß der *Binomialtest* nach (5.1.1.2–3) ein einseitiges

$$P = 1 - \binom{6}{5}(\tfrac{1}{6})^1(\tfrac{5}{6})^5 - \binom{6}{6}(\tfrac{1}{6})^0(\tfrac{5}{6})^6 = 1 - 5^5/6^5 - 5^6/6^6 = 0,263$$

ergibt, das die 5%-Signifikanz verfehlt. Immerhin sind bei einer Erwartung unter H_0 von $N\pi = 6(1/6) = 1$ fallenden Meßwertetripel 4 Tripel dieser Art beobachtet worden[18].

Wird auf alle möglichen Rangordnungen von k Behandlungen getestet, so sind k! simultane MOSTELLER-Tests durchzuführen, um Typen von überfrequentierten Rangordnungen (Rangordnungstypen) zu entdecken. In dieser Indikation angewendet, ist MOSTELLERS Test mit einer *Rangordnungs-KFA* identisch (vgl. 16.3.1), wobei die Erwartungswerte für alle Rangordnungen gleich N/k! sind.

Man beachte, daß die Verläufe in Tabelle 19.15.2.2 keine Zeitreihen darstellen, da die 3 Dosen in Zufallsreihenfolge verabreicht wurden. Es handelt sich also nicht um *Zeit-*, sondern um *Dosis-Wirkungs-Kurven*.

SARRIS-WILKENINGS *Folgevorzeichentests*

Interessiert den Untersucher nicht eine bestimmte Rangfolge der Meßwerte in Abhängigkeit von natürlich geordneten Faktorstufen, sondern eine Gruppe von Rangordnungen, die bestimmte *Nachbarschaftsbedingungen* (IMMICH und SONNEMANN, 1975) aufweisen, so bediene er sich der von SARRIS und WILKENING (1977) stammenden *Folgevorzeichentests*:

Angenommen, es interessiere die Frage, ob die 5 Leistungswerte in Tabelle 19.15.2.1 oder eine Gruppe von ihnen einen *oszillierenden Trend* aufweisen, wie er auch in der Summenkurve manifest wird. Ein oszillierender Trend herrscht dann vor, wenn die Folgedifferenzen $x_{i+1} - x_i$ Vorzeichenwechsel erkennen lassen, also (+ - + - oder - + - +).

Lassen wir zur Vereinfachung die Dosis 50 mg in Tabelle 19.15.2.1 außer acht, so ergeben sich für die N = 6 Vpn mit den verbleibenden k = 4 Dosen die *Folgevorzeichenmuster* mit je k-1 Vorzeichen aus Tabelle 19.15.3.2.

Tatsächlich zeigen x = 5 der N = 6 Vpn den prädizierten Vorzeichenwechsel bzw. den oszillierenden Trend, nach dem mit steigender Dosierung die Leistung erst fällt (-..), dann steigt (.+.) und schlußendlich wieder fällt (..-). Wie groß ist die Apriori-Wahrscheinlichkeit für solch einen oszillierenden Trend?

---

[18] Wurde unter H_1 nicht nur ein fallender, sondern auch ein U-förmiger Leistungstrend vorausgesagt, dann wird ausgezählt, wieviele der N = 6 Rangordnungen in Tabelle 19.15.3.1 einen U-förmigen Trend aufweisen: Es ist dies genau y = 1 Rangordnung (3 1 2). Unter H_0 erwarten wir aber in den k! = 3! = 6 Rangpermutationen (123 132 213 231 312 321) zwei mit U-förmigem Trend (213 und 312), so daß in diesem Test $\pi = 2/6 = 1/3$ einzusetzen und sonst wie oben zu verfahren ist. Das Alpha-Risiko muß natürlich für 2 simultane Binomialtests adjustiert werden.

Tabelle 19.15.3.2

Vp	Dosen						
	100		150		300		450
I	46	–	38	+	42	–	35
II	34	–	28	+	29	–	27
III	19	–	15	–	14	–	10
IV	25	–	18	+	24	–	20
V	30	–	24	+	28	–	14
VI	19	–	18	+	19	–	18

Zur Beantwortung dieser Frage betrachten wir die möglichen k! = 4! = = 24 *Rang-Permutationen* der als stetig verteilt angenommenen Leistungswerte und erhalten Tabelle 19.15.3.3

Tabelle 19.15.3.3

Rangpermutationen					Folgevorzeichenmuster	π
1234					+ + +	1/24
1243	1342	2341			+ + –	3/24
1324	1423	2314	2413	3412	+ – +	5/24
1432	2431	3421			+ – –	3/24
4123	3124	2134			– + +	3/24
4231	4132	3241	3142	2143	– + –	5/24
4312	4213	3214			– – +	3/24
4321					– – –	1/24

Die von uns prädizierte Vorzeichenfolge (–+–) bzw. deren Realisierungsfrequenzen verteilt sich binomial mit den Parametern $\pi = 5/24$ und $N = 6$, so daß nach (5.1.1.3) für $x = 5$ gilt

$P = 1 - \binom{6}{5} (\frac{5}{24})^1 (\frac{19}{24})^5 - \binom{6}{6} (\frac{5}{25})^0 (\frac{19}{24})^6 = 1 - 6 \cdot 5 \cdot 19^5/24^6 - 19^6/24^6 = 0,048$.

Damit ist die Voraussage auf dem 5%-Niveau gesichert, die Voraussage, daß in Tabelle 19.15.3.2 ein oszillierender Trend in überzufällig vielen der N Individuen vorherrscht[19].

---

19 Man beachte: Wenn 5 von 6 Individuen den gleichen Trend zeigen, kann Trendhomogenität angenommen werden; diese ist wirksamer mittels des FERGUSON-Tests auf tritonen Trend nachzuweisen. Wären andererseits 3 der 6 Individuen monoton steigend (+++) und die restlichen 3 monoton fallend (– – –), so wäre FERGUSONS Test unwirksam, während ein SARRIS-WILKENING-Test beide Trendtypen zu identifizieren erlaubte.
Wollte man den oszillierenden Trend in Tabelle 19.15.2.1 nachweisen, wären die

Die SARRIS-WILKENING-Tests sind nicht auf Folgevorzeichen-Trendtypen beschränkt, sondern auf alle möglichen Zusammenfassungen von Zeilen-Rangordnungen zu verallgemeinern; insofern kann jede theoretisch zu begründende Gruppe von Rangordnungen zusammengefaßt und via Binomialtest gezielt oder via KFA heuristisch ausgewertet werden. Einige andere Methoden der heuristischen *Trendtypenanalyse* sind bei BIERSCHENK und LIENERT (1977) beschrieben worden (vgl. 14.6.5).

Entstehen durch Realisierung eines KENDALL-Planes 2 oder mehr als 2 Trendtypen, so ist dies Ausdruck einer heteropoietischen Behandlungswirkung der k Behandlungsgraduierungen; homeopoietische Wirkungen führen stets nur zu einem einzigen Trendtyp.

19.15.4 Trendvergleich zweier Blockpläne

Wäre Tabelle 19.15.3.1 ein Blockplan mit $N_1 = 6$ männlichen Vpn, so kann gefragt werden, ob $N_2 = 7$ weibliche Vpn in einem analog aufgebauten Blockplan die gleiche Abhängigkeit der Leistung von der Dosierung der Sedativbehandlung zeigen (*Dosis-Wirkungskurven-Homogenität*).

Bei homogenen Blocktrends innerhalb eines jeden der beiden Blockpläne ist eine FRIEDMAN-Analyse mit einem Gruppierungsfaktor (Geschlechter) und einem Wiederholungsfaktor (Dosen) die Methode der Wahl; sie wurde bereits unter dem Test für ‚gemischte Faktoren' i. S. BREDENKAMPS (1974) beschrieben (vgl. 19.14.7).

Sind die individuellen Trends innerhalb eines jeden der beiden Blockpläne *heterogen*, dann ist BREDENKAMPS F-Test für gemischte Faktoren ineffizient. Bilden männliche Vpn andere Leistungsverläufe aus als weibliche Vpn, wobei sie sich u. U. in einem Verlaufstyp gleichen und in 2 anderen Verlaufstypen unterscheiden, dann ist bei geringer Zahl k von Behandlungsstufen der bereits in 14.6.4 auf 2 Stichproben von Zeitreihen angewandte und nachfolgend re-zitierte Rang-Permutationstest bestindiziert.

Der IMMICH-SONNEMANN-Trendvergleich

Angenommen, $N_2 = 7$ weibliche Vpn haben die *Leistungen* der Tabelle 19.15.4.1 analog zu den Leistungen von $N_1 = 6$ männlichen Vpn in Tabelle 19.15.3.2 erbracht. Dabei wurden nur die Dosen 150, 300 und 450 mg berücksichtigt.

Binomial-Wahrscheinlichkeiten der 5! = 120 Rangpermutationen bzw. der 4! = 24 Vorzeichenfolgen zu bestimmen und ansonsten analog zu verfahren; ggf. detrendisiere man die individuellen Blöcke von ihrer monotonen Trendkomponente, wie sie durch Anpassung einer Geraden an die Spaltensummen gewonnen wird (vgl. 13).

Tabelle 19.15.4.1

Vpn	Dosen			Rang-
	150	300	450	ordnung
VII	19 −	13 +	17	312
VIII	21 −	15 +	20	312
IX	14 −	13 +	17	213
X	23 −	21 +	26	213
XI	13 −	12 +	17	213
XII	17 −	16 +	21	213
XIII	12 −	7 +	10	312

IMMICH und SONNEMANN (1975) vergleichen nun die *Dosis-Wirkungskurven* der beiden Stichproben von männlichen und weiblichen Vpn, indem sie sie durch Rangordnungen (123 bis 321) ersetzen, wie in Tabelle 19.15.4.1 geschehen.

Zählt man die beobachteten *Rang-Permutationen* je Stichprobe gesondert aus, erhält man die 6 x 2-Feldertafel der Tabelle 19.15.4.2, in der f_1 aus Tabelle 19.15.3.2 entnommen und Vp VI mit 18–19–18 weggelassen wurde.

Tabelle 19.15.4.2

Ränge	f_1	f_2	n
123	−	−	−
132	1	0	1
213	0	4	4
231	3	0	3
312	0	3	3
321	1	0	1

Wegen einer Bindung (18 19 18) wurde die Vpn VI in Tabelle 19.15.3.2 fortgelassen; wegen Nichtbesetzung des Rangmusters 123 reduziert sich ferner die Tabelle auf eine 5 x 2-Feldertafel. Ihre exakte Auswertung nach FREEMAN-HALTON bzw. STUCKY und VOLLMAR (1975) weist eine auf dem 5%-Niveau gesicherte *Inhomogenität* die Häufigkeitsverteilungen f_1 (männliche Vpn) und f_2 (weibliche Vpn) aus.

Prüft man *gezielt,* ob Männer hauptsächlich umgekehrt U-förmige (132 oder 231) und Frauen hauptsächlich U-förmige Dosis-Wirkungskurven produzieren (213 oder 312), dann resultiert aus Tab. 19.15.4.2 eine *Vierfeldertafel* mit den Frequenzen a = 1+3 = 4, b = 0+0 = c = 0+0 = 0 und d = 4+3 = 7. Daraus folgt aus Tafel V−3 ein einseitiges P = 0,003, das den vorausgesagten Dosis-Wirkungsunterschied bestätigt.

Die Möglichkeit, Rangfolgen (wie 213 und 312 als *Nachbarschafts-Permutationen*) zusammenzufassen, ist bei IMMICH und SONNEMANN (1975) explizit vorgesehen. Bei genügend Vorwissen lassen sich so die k! Folgen auf wenige Folge-Klassen reduzieren, womit der Test eine hohe Anwender-Flexibilität erlangt (Cave Posthoc- statt Anthac-Klassenbildung!).

Der KRAUTH-SARRIS-Trendvergleich

Betrachtet man nur die Folgevorzeichen in den Tabellen 19.15.4.1 und in 19.15.3.2 und zählt die $2^2 = 4$ Vorzeichenmuster (++ +- -+ --) je Stichprobe für die Dosierungen 15--300-450 aus, so erhält man die 4x2-Feldertafel der Tabelle 19.15.4.3 der Zweistichproben-Version des SARRIS-WILKENING-Tests, die auf KRAUTH (1973) zurückgeht (vgl. 14.6.1).

Tabelle 19.15.4.3

Vz.	f_1	f_2	n
+ +	−	−	−
+ −	4	0	4
− +	1	7	8
− −	1	−	−

Läßt man Muster (−−) außer acht, so reduziert sich Tabelle 19.15.4.3 auf eine Vierfeldertafel, deren *Spaltenhomogenität* nach FISHER-YATES (5.3.2.3) ein P = p = (4! 8! 5! 7!)/(12! 4! 0! 1! 7!) = 1/99 bzw. ein hier gebotenes P' ≈ 2P = 2/99 = 0,0202 liefert, das auf der 5%-Stufe signifikant ist.

Der KRAUTH-SARRIS *Vorzeichenvektortest* bringt noch klarer als der IMMICH-SONNEMAN-Test zutage, daß Männer eine umgekehrt U-förmige, Frauen eine U-förmige Abhängigkeit ihrer Leistung von der Dosierung aufweisen; denn er spricht nur auf U-förmigkeit (-+) und inverse U-förmigkeit (+-) an, wenn man − wie hier unterstellt − vor der Untersuchung vereinbart hat, nur U- und umgekehrt-U-förmige Verläufe in den Stichproben 1 und 2 zu vergleichen.

Beide Zweistichproben-Tests gehen von der Nullhypothese aus, wonach die Rang- bzw. die Folgevorzeichenmuster mit den aus den Randsummen der k x 2-Feldertafel geschätzten Erwartungswerten (Zeilensumme x Spaltensumme/N) frequentiert werden, so daß die Apriori-Wahrscheinlichkeit eines Musters, i.U. zu den Einstichprobentests in 14.6.1/4 irrelevant ist.

Wird unter H_1 prädiziert, in *welchen* Vorzeichen-Mustern sich die beiden Stichproben unterscheiden, dann werden nur diese m Muster zusammen mit einer Restklasse von Mustern („andere") dazu benutzt, eine (m+1) x 2-Feldertafel aufzustellen.

Erwartet der Untersucher nur Unterschiede in einem *einzigen* Muster (z.B. 231 in Tabelle 19.15.4.2), dann stellt er dieses Muster allen übrigen k-1 Mustern gegenüber und prüft die resultierende Vierfeldertafel auf Stichproben-Homogenität (mit a = 3, b = 0, c = 2 und d = 7 oder mit a = 4, b = 0, c = 2 und d = 7 für Muster +− in Tab. 19.15.4.3).

Werden alle k Muster via Vierfeldertests verglichen, dann ist das Alpha-Risiko nach k simultanen Tests zu adjustieren. Solche Post-hoc-Tests sind naturgemäß zweiseitig zu beurteilen.

19.15.5 Zeitabhängige Behandlungswirkungen in Blockplänen (Das Medizinische Modell)

Untersuchungspläne, in welchen Patienten als Blöcke fungieren (Zufallsfaktor) und einer von zwei konkurrierenden Behandlungen (Versuchs- und Kontrollpatienten) unterworfen werden, um dann über mehrere Tage (oder Wochen) hinweg beobachtet zu werden, entsprechen dem sog. *Medizinischen Modell*: In diesem Modell wird unterstellt, daß eine Behandlung nicht sofort und definitiv anspricht, sondern eine Verlaufskurve ausbildet, die von einem Wirkungsindikator gestellt wird (vgl. HINKELMANN, 1967; ACKERKNECHT, 1970; GOOD, 1976; BÜTTNER et al., 1977; FEINSTEIN, 1977; WITTENBORN, 1977; JESDINSKY, 1978, 1979; SCHNEIDER, 1978).

Wie in mehreren Arbeiten hervorgehoben wird (vgl. RAHLFS und BEDALL, 1971, oder ÜBERLA, 1968), sind parametrische speziell *lineare Ansätze zur Verlaufsauswertung* nur sehr beschränkt anzuwenden (vgl. auch FERNER, 1977). Denn Blockpläne des medizinischen Modells sind dadurch ausgezeichnet, daß (1) der Zeitfaktor als ein Als-Ob-Behandlungsfaktor zur Kontrolle der Spontanremission als Blockfaktor eingeführt wird, daß (2) die Beobachtungen an einem Ptn nicht unabhängig, sondern seriell korreliert sind, und daß (3) die Indikatorvariable u.U. über die Zeit hinweg ihre Validität (Aussagekraft über den Genesungsfortschritt) ändert.

Die voran beschriebenen Tests (19.15.3-4) implizieren das medizinische Modell, wonach 2 Behandlungsmodalitäten (Novum, Standard) zeitabhängige Wirkungskurven produzieren; sie lassen serielle Korrelationen zu, nehmen aber konstante Validität des Genesungsindikators an, da sie *univariat* konzipiert worden sind. Nur wenn ein Blockplan des medizinischen Modells (auch *‚parallele Gruppen'* genannt) *multivariat* konzipiert wird, d.h. annimmt, daß aufeinanderfolgende Beobachtungen X verschiedene Indikatoren des Genesungsprozesses erfassen, ist auch dem Spezifikum (3) des Medizinischen Modells Genüge getan[20],[21].

20 Multivariate Ansätze zur Analyse von Blockplänen des Medizinischen Modells sind von COLE und GRIZZLE (1966) sowie von KOCH (1969) entwickelt worden, wo-

Wird eine Untersuchung nach dem medizinischen Modell — wie üblich und organisatorisch bedingt — mit *zeitverschobenen Blöcken* (aufeinanderfolgenden Ptn) mit oder ohne Zeitüberschneidung durchgeführt, dann muß post hoc kontrolliert werden, ob die Blockkennwerte (z.B. die Ausgangswerte) eine stationäre ZRe bilden (H_0) oder einem kalendarischen Trend folgen (H_1).

Wird ein Trend der Ausgangswerte (oder der Verweilzeiten in der Klinik) nachgewiesen (etwa mit SHEWHARTS Test in 8.1.2 oder mit dem Punktpaaretest in 14.3.3), dann sollten je n aufeinanderfolgende Ptn zu einer Stufe eines Zeitfaktors gruppiert und der Behandlungserfolg über einen *Verschachtelungsplan* beurteilt werden: Die aufeinanderfolgenden Zeitabschnitte innerhalb einer Klinik werden hierbei wie verschiedene Kliniken im Rahmen einer multizentrischen Studie (vgl. 19.16.1) ausgewertet. Grundlegendes hierzu ist bei MARTINI et al. (1968) nachzulesen.

19.16 Rangauswertung von Verschachtelungsplänen (Nested Designs)

Bislang nicht behandelt wurden Untersuchungspläne, in welchen sog. *vorgefundene Gruppen*, wie Ptn verschiedener Klinken oder Klassen verschiedener Schulen, g Stufen eines *Gruppierungsfaktors* G bilden. Solch vorgefundene Gruppen können — meist schon aus organisatorischen Gründen — nicht in Einzelindividuen aufgebrochen werden, sondern müssen als ganze einer von b Stufen eines *Behandlungsfaktors* B ausgesetzt werden. Wird dabei sichergestellt, daß aus jeder Gruppe n Individuen ausgewählt und jede von b Behandlungen nach Zufall zugeteilt werden, dann entsteht ein hierarchischer Untersuchungsplan, in welchem der Gruppierungsfaktor G (die vorgefundenen Gruppen bzw. n Individuen daraus) im Behandlungsfaktor B (bzw. dessen b Chargen) *verschachtelt* oder eingebettet (nested) ist.

---

bei nur der letztgenannte Ansatz auch als nichtparametrisch gelten kann. An dieser Stelle ist auf diese Verfahren nur hinzuweisen mit der Empfehlung, sie nur in Zusammenarbeit mit einem Fachstatistiker auch zu erproben.

[21] Wertet man eine Untersuchung nach dem Medizinischen Modell im Sinne eines Blockplans mit ‚gemischten Faktoren' nach BREDENKAMP-FRIEDMAN (vgl. 19.14.7) aus, muß man mit einer antikonservativen Entscheidung zugunsten nichtexistenter Behandlungsunterschiede rechnen (vgl. LANA und LUBIN, 1963).

19.16.1 H-Test für den einfachen Verschachtelungsplan

Bezeichnenderweise macht die klinische Arzneimittelprüfung von Verschachtelungsplänen dann Gebrauch, wenn es schwierig oder unzumutbar erscheint, mehrere Chargen eines Arzneimittels innerhalb ein und derselben Klinik vergleichend zu prüfen, als sog. *unizentrische Studie*. *Multizentrische Studien* an mehreren Kliniken umgehen diese Schwierigkeit, wenn sie als sogenannte Verschachtelungspläne durchgeführt werden, bei denen jede Charge in mindestens 2 Kliniken (die auszulosen sind) geprüft wird, wie nachfolgend in einem *einfachen Verschachtelungsplan* illustriert:

Angenommen, B_3 sei eine neue Charge eines *Geriatrikums* und B_2 wie B_1 seien 2 Vergleichs-Chargen, deren Wirkungskomponenten in B_3 vereint worden sind. Die b = 3 Geriatrika werden nun, so wird beschlossen, nach Los zu zweit auf g = 6 *Altersheime* verteilt und dort an je n = 6 (nach vereinbarten Indikationsaspekten ausgewählten) Ptn eine bestimmte Zeit verabreicht. Danach wird mit einem geeigneten Test das (bei alten Ptn meist reduzierte) *Kurzzeit-Gedächtnis* gemessen, dessen Testwerte in Tabelle 19.16.1.1 verzeichnet sind (adaptiert aus GLASER, 1978, Tab. 40):

Tabelle 19.16.1.1

B	G	Testwerte X						Summe
B_1	G1	121	124	132	136	147	143	803
	G2	164	123	115	150	117	126	795
B_2	G3	122	129	175	163	165	158	912
	G4	161	138	166	125	146	172	908
B_3	G5	195	201	219	167	186	192	1052
	G6	198	162	181	193	197	160	1091

Tabelle 19.16.1.2

B	G	Rangwerte R						T=Rang-S.	
B_1	G1	3	6	10	11	15	13	58	112
	G2	22	5	1	16	2	8	54	
B_2	G3	4	9	27	21	23	17	76	177
	G4	18	12	24	7	14	26	101	
B_3	G5	32	35	36	25	29	30	187	335
	G6	34	20	28	31	33	18	148	

Zwecks *Wirkungsbeurteilung* von B wird zunächst gemäß BREDENKAMP (1974) der H-Test auf alle 6 Gruppen angewandt, wie in Tabelle 19.16.1.2 geschehen.

Für $N = 36$ Ptn, aufgeteilt in $N_i = n = 36/6 = 6$ Ptn je Gruppe ergibt sich für $k = g = 6$ Behandlungen nach Formel (6.2.1.2) ein

$$H(G) = \frac{12 \cdot 6}{36 \cdot 36(37)} (58^2 + 54^2 + \ldots + 148^2) - 3(37) = 26{,}087 \text{ mit 5 Fgn.}$$

Die Wirkung der $k = b = 3$ Behandlungen beurteilen wir — vorerst bedingt — nach den entsprechend in Tabelle 19.16.1.2 zusammengefaßten T-Werten

$$H(B) = \frac{12 \cdot 3}{36 \cdot 36(37)} (112^2 + 177^2 + 335^2) - 3(37) = 6{,}191 \text{ mit 2 Fgn.}$$

Ehe wir interpretieren, daß offenbar die neue Charge B_3 mit einer Rangsumme von 335 wirksamer sei als die Komponenten-Charge 1 mit einer Rangsumme von 112, prüfen wir im Sinne eines ‚Tests of Technique', eines *Aussagezulässigkeitstests*, ob sich die je 2 Kliniken innerhalb einer jeden der 3 Behandlungen unterscheiden

$$H(GiB) = 26{,}087 - 6{,}191 = 19{,}896 \text{ mit } 5-2 = 3 \text{ Fgn s.s.}$$

Da sich die Gruppen innerhalb der Behandlungen (GiB) signifikant unterscheiden, besteht offenbar eine Wechselwirkung zwischen Behandlungen und Kliniken in dem durch die T-Werte der Tabelle 19.16.1.2 beschriebenen Sinne. Diese Wechselwirkung erlaubt es nicht, die Hauptwirkung von B zu interpretieren, auch wenn sie für die 2 interpretationsrelevanten simultan durchgeführten Tests, H(B) und H(GiB) auf der 5%-Stufe signifikant ausgefallen wäre[22].

Dem Augenschein nach zu schließen, hat Klinik G5 mit dem neuen Geriatricum mehr Erfolg gehabt als Klinik G6 ($T = 187$ gegen $T = 148$). Um nähere Aufschlüsse zu gewinnen und Konsequenzen zu ziehen, müssen die je 6 Ptn der beiden Kliniken hinsichtlich aller therapieerfolgsrelevanten Kriterien verglichen werden.

---

22 Betrachtet man H als eine χ^2-Variable, dann ist $h^2 = H/df$ eine Varianzschätzung. Betrachtet man nun $6{,}191/2 = 3{,}096$ als Behandlungsvarianz $h^2(B)$ und $h^2(GiB) = 19{,}896/3 = 6{,}632$ als Fehlervarianz, dann ist $F_h = 3{,}096/6{,}632 = 0{,}47$ mit 2 und 3 Fgn annähernd F-verteilt, und erreicht die 5%-Schranke von 9,55 bei weitem nicht. Diese Überlegung gilt jedoch nur, wenn die beiden Varianzschätzungen voneinander unabhängig sind, wie dies hier durch deren Additivität zu H(A) gewährleistet wird.

19.16.2 H-Tests für den zweifachen Verschachtelungsplan

Wenn ein Gruppierungsfaktor A in einem Gruppierungsfaktor B und diese in einem Behandlungsfaktor C verschachtelt sind, spricht man von einem *zweifach verschachtelten* trifaktoriellen Untersuchungsplan, dessen varianzanalytische Auswertung z.B. bei GLASER (1978, Kap. 6.11) nachzulesen ist. Nichtparametrisch kann man in folgender Weise vorgehen, um die wichtige Frage nach der Hauptwirkung des Behandlungsfaktors konklusiv zu beantworten.

In der vergleichenden Lehrmittelforschung findet man meist folgenden *Tatbestand* als gegeben vor: b = Biologielehrer (B) werden nach organisatorischen Aspekten auf a = 8 Klassen (A) einer Mittelpunktschule so verteilt, daß jeder Lehrer 2 Klassen unterrichtet, wie dies in der Verschachtelung von A in B zum Ausdruck kommt (Tabelle 19.16.2.1). Wenn nun jedes von c = 2 Biologie-Lehrbüchern (C) nach Los je 2 Lehrern mit dem Auftrag, danach vorzugehen, zugeordnet wird, kann ‚unter günstigen' Bedingungen entschieden werden, ob die 3 Lehrbücher als gleichwertig (H_0) anzusehen sind oder nicht (H_1 = Hauptwirkung von C).

Wie man aus Tabelle 19.16.2.1 erkennt, ist B in C verschachtelt, womit C die höchste, B die zweithöchste und A die niedrigste Stufe einer *Faktorenhierarchie* bezeichnet. R(X) sind Ränge von 32 Schülern im Biologie-Test.

Tabelle 19.16.2.1

C	B	A	Rangwerte R				Rangsummen ΣR		
C1	B1	A1	03	10	14	24	51	97	186
		A2	05	06	16	19	46		
	B2	A3	02	08	07	20	37	89	
		A4	04	09	13	26	52		
C2	B3	A5	01	22	27	28	78	147	342
		A6	11	17	18	23	69		
	B4	A7	12	21	25	30	88	195	
		A8	15	29	31	32	107		

Die H-Werte vom hierarchisch höchsten Faktor C bis zum hierarchisch tiefsten Faktor A ergeben sich nach (6.2.1.2) für N = 32 Schüler in Klassengruppen zu n = 32/8 = 4 wir folgt:

$$H(C) = \frac{12 \cdot 2}{32 \cdot 32 \cdot 33}(186^2 + 342^2) - 3(33) = 8{,}642 \quad \text{mit 1 Fg s.s.}$$

$$H(B) = \frac{12 \cdot 4}{32 \cdot 32 \cdot 33}(97^2 + \ldots + 195^2) - 3(33) = 10{,}324 \text{ mit 3 Fgn}$$

$$H(A) = \frac{12 \cdot 8}{32 \cdot 32 \cdot 33}(51^2 + \ldots + 107^2) - 3(33) = 11{,}432 \text{ mit 7 Fgn.}$$

Die Wirkung von C, die Unterschiede zwischen den Biologiebüchern, ist, obschon signifikant, nur zu interpretieren, wenn H(BiC) nicht signifikant ist, was zutrifft:

$$H(BiC) = 10{,}324 - 8{,}642 = 1{,}682 \text{ mit } 3-1 = 2 \text{ Fgn n.s.}$$

Lehrbuch C2 ist demnach didaktisch wirksamer als Lehrbuch C1, welche Schlußfolgerung wegen der Zufallszuteilung der Lehrbücher zu den Lehrern konklusiv ist.

Wären auch die Lehrer den Klassen nach Zufall (oder Los) zugeteilt worden, dann wäre auch deren didaktische Qualifikation vergleichend wie folgt zu beurteilen:

$$H(AiB) = 11{,}432 - 10{,}324 = 1{,}108 \text{ mit } 7-3 = 4 \text{ Fgn n.s.}$$

Da H(B) = 10,324 mit 3 Fgn signifikant ist, nicht aber H(AiB), ist anzunehmen, daß die 4 Biologielehrer unterschiedlich qualifiziert bzw. erfolgreich sind, wenn am Schuljahresende ein objektiver lernzielorientierter Test über den Erfolg entscheidet. Der *zweifache Verschachtelungsplan* erlaubt in diesem Fall nicht nur eine Lehrmittel-, sondern auch eine Lehrer-Beurteilung.

19.17 Rangauswertung bivariater Zweistichprobenpläne

Werden im einfachsten und häufigsten aller Versuchspläne, dem *Zweistichprobenplan*, zwei Observablen X und Y beobachtet statt einer einzigen, dann kann dieser Plan 2 Zielsetzungen verfolgen:

(1) Die *eine* Observable, etwa Y, dient der Wirkungsbeurteilung eines 2-stufigen Faktors (Versuchs- gegen Kontrollgruppe), die andere Observable (X) dient der Testverschärfung. Klassische Anwendung dieser Zielsetzung ist die Kovarianzanalyse, in der die Observable Y als Abweichung von der durch X und Y bestimmten Regressionsgeraden gemessen wird, ehe sie einem *Dislokationstest* (wie dem Rangsummentest, vgl. 6.1.2) unterworfen wird.

(2) *Beide* Observablen, X und Y, dienen der Wirkungsbeurteilung eines 2-stufigen Faktors, wobei z.B. X eine erwünschte und Y eine unerwünschte Wirkung bezeichnet. Wichtigste Anwendung dieser Zielsetzung ist der bivariate Lokationsvergleich zweier unabhängiger Stichproben; als Pendant

des univariaten Lokationsvergleiches (vgl. 6.1.1), der auch als Dislokationstest bezeichnet wird, kann er auch als *Kodislokationstest* (oder Kollokationstest) bezeichnet werden.

Wir werden im folgenden beide Zielsetzungen mit Rang-Observablen zu erreichen suchen und hierzu auf frühe Arbeiten von DAVID und FIX (1961) zurückgreifen. Zielsetzung (1) beschreibt summarisch QUADE (1967), Zielsetzung (2) unabhängig von (1) CHATTERJEE und SEN (1964).

19.17.1 Der kovariate Rangsummentest (DAVID-FIX-Test)

Wurde nur eine *Observable* Y unter Behandlungsbedingungen 1 und 2 an 2 unabhängigen Stichproben erhoben, dann ist unter H_0 zu erwarten, daß $E(Y_2) = E(Y_1)$, wenn für die Kovariable *(Konobservable)* X gilt, daß $E(X_2) = E(X_1)$.

Zur Prüfung der obigen Nullhypothese haben DAVID und FIX (1961) die *Prüfgröße*

$$W_1 = \sum_{}^{n}(R_1 - r_s C_1) \qquad (19.17.1.1)$$

angegeben; darin bezeichnet R_1 (response variable) einen Rangwert von Y in der *Versuchsstichprobe* 1 mit n Paaren von Observablen (X,Y), und C_1 bezeichnet analog einen Rangwert von X (control variable) in Stichprobe 1. Beide Rangwerte – das ist wichtig – gelten als von ihrem Rangmittel $N(N+1)/4$ aus gemessen, sind also als *Abweichungsränge* definiert. Da für Abweichungsränge der Regressionskoeffizient b gleich ist dem Korrelationskoeffizienten r, ist r_s SPEARMANS Rang-Korrelationskoeffizient für alle N Beobachtungspaare der vereinten beiden Stichproben unter H_0. Der Ausdruck in Klammer von (19.17.1.1) ist also die Rangabweichung der Y-Werte von der durch X mitbestimmten Regressionsgeraden, und die Prüfgröße W_1 ist die Summe dieser Abweichungen in der Stichprobe 1 (Versuchsgruppe).

DAVID und FIX (1961) haben nun gezeigt, daß für größere, aber nicht zu ungleich große 2 Stichproben gilt: W_1 ist mit einem Erwartungswert von Null und mit einer *Varianz* von

$$\mathrm{Var}(W_1) = n(N-n)(N+1)(1-r_s^2)/12 \qquad (19.17.1.2)$$

genähert normal verteilt und je nach Alternativhypothese ein- oder zweiseitig zu beurteilen.

Man beachte, daß bei Abweichungsrängen der r_s-*Koeffizient* besonders einfach nach

$$r_s = 12(\Sigma R_i C_i)/(N^3 - N) \text{ mit } i = 1(1)N \qquad (19.17.1.3)$$

zu berechnen ist, wobei $|r_s| = 1$ nicht zugelassen ist und durch $|r_s| = 1-\alpha$ ersetzt werden sollte, wenn es tatsächlich einmal beobachtet wird.

Indiziert ist der *kovariate Rangsummentest* immer dann, wenn 2 Gruppen bezüglich einer Observablen zu vergleichen sind, die ihrerseits (1) interindividuell stark variiert, und die (2) von einer ebenso stark interindividuell variierenden Konobservablen (mit möglichst geringem Meßfehler) abhängt. Es kann so der Fall eintreten, daß — wie im folgenden Beispiel — zwei Gruppen bezüglich ihrer Observablenmittelwerte gleich sind und sich erst unterscheiden, wenn die Observable Y von einer geeigneten Konobservablen X aus gemessen wird. Der Vergleich von 2 Gruppen, die vorgefunden und nicht durch Zufallshalbierung einer Gesamtgruppe gebildet werden, ist (3) die praktisch wichtigste Indikation des kovariaten Rangsummentests. Alle 3 Indikationen bedeuten Informationsgewinn (THÖNI, 1977).

Beispiel 19.17.1.1

Datensatz: In einem Kurs mit N = 15 Teilnehmern hatten sich n = 5 freiwillig zu einem ‚mentalen Training' nach E. ULICH gemeldet, um den Erfolg des investierten Studienfleißes zu verbessern; sie bilden die Versuchsgruppe 1 und wurden den restlichen 10 Teilnehmern als Kontrollgruppe 2 gegenübergestellt. Nach Abschluß des Trainings erhielten alle N = 15 Teilnehmer einen Gedächtnistest mit 200 Aufgaben, deren Lösungszahlen Y in Tabelle 19.17.1.1 verzeichnet sind (Daten aus QUADE, 1967, Table 1).

Tabelle 19.17.1.1

Fr.	Y	X	R	C	RC	r_sC	$(R - r_sC)$
1	44	21	-4	-2	8	-1,38	-2,62
	67	28	-2	0	0	0	-2,00
	87	5	0	-6	0	-4,14	+4,14
	100	12	1	-4	-4	-2,96	+3,96
$\bar{Y}=88$	142	58	5	7	35	4,83	+0,17
2	16	26	-7	-1	7	-0,69	$W_1 = +3,65$
	17	1	-6	-7	42	-4,83	
	28	19	-5	-3	15	-2,07	
	60	10	-3	-5	15	-3,45	
	80	42	-1	3	-3	2,07	
	105	41	2	2	4	1,38	
	126	49	3	5	15	3,45	
	137	55	4	6	24	4,14	
	149	48	6	4	24	2,96	
$\bar{Y}=88$	160	35	7	1	7	0,69	
	1320	450	0	0	$r_s=145/(15^3-15) = 0,69$		

Plausibilitätskontrolle: Aus Tabelle 19.17.1.1 ersehen wir, daß Versuchs- und Kontrollgruppe den gleichen Durchschnitt $\overline{Y} = 88$ im Gedächtnistest erzielen; das ist unplausible, denn das Training ist nach der Selbstbeobachtung der Trainingsteilnehmer wirksam und hilfreich gewesen. Vielleicht haben sich aber zum Training mehrheitlich ‚Hilfsbedürftige' gemeldet?

Um diese Frage zu beantworten, wurde allen 15 Kursteilnehmern unter anderem Vorwand ein IQ-Test gegeben, dessen Werte X = IQ-80 in Tabelle 19.17.1.1 verzeichnet sind: Wie $\overline{X}_1 = 25$ und $\overline{X}_2 = 33$ zeigen, trifft unsere Vermutung zu, und wir sehen, daß die Versuchs-Vpn von einem niedrigen IQ aus zur gleichen Gedächtnisleistung (im assoziativen Gedächtnis als einem Primärfaktor der Intelligenz) wie die Kontroll-Vpn kommen.

DAVID-FIX-Test: Um den höheren Zuwachs der Trainings- gegenüber der Kontrollgruppe rangstatistisch nachzuweisen, setzen wir den kovariaten Rangsummentest ein und erhalten in Tabelle 19.17.1.1 mit $r_s = +0{,}69$ eine Prüfgröße $W_1 = +3{,}65$, deren positives Vorzeichen bereits die Wirkungsrichtung des Trainings anzeigt. Die Varianz der Prüfgröße beträgt nach (19.17.1.2) $\text{Var}(W_1) = 5 \cdot 10(11)(0{,}31)/12 = 14{,}2083$ bzw. $s(W_1) = 3{,}77$, so daß $u = +3{,}65/3{,}77 = +0{,}97$ auf der einseitigen 5%-Stufe (Schranke 1,65) nicht signifikant ist.

Folgerung: Es bedarf weiterer Untersuchungen, vor allem mit randomisiert-erstellten Versuchs- und Kontrollgruppen, um zu entscheiden, ob der Wirkungseindruck erhärtet werden soll. Immerhin läßt der DAVID-FIX-Test mit IQ-Kontrolle solche Untersuchungen überhaupt erst aussichtsreich erscheinen.

Zur Konstruktion eines *exakten DAVID-FIX-Tests* für n = 5 und N−n = 10 bildet man alle möglichen $\binom{15}{5} = 3003$ W_1-Werte in Tabelle 19.17.1.1, indem man jeweils 5 andere Rangpaare in die Versuchsgruppe nimmt, wobei $r_s = 0{,}69$ für alle 15 Paare konstant bleibt. Dann stellt man fest, ob der beobachtete W_1-Wert unter die $\alpha\%$ algebraisch höchsten Werte fällt (einseitiger Test) oder zu den ihrem Betrage nach höchsten W_1-Werten gehört (zweiseitiger Test).

An *Voraussetzungen* geht in den kovariaten Rangsummentest mit ein, (1) daß X und Y bivariat stetig verteilt sind, (2) daß die Randverteilungen von Y in beiden Stichproben homomer sind, ohne daß auch die der X homomer zu sein brauchen, und (3) daß die Rangregressionsgeraden in beiden Stichproben die gleiche, durch r_s gegebene Steigung haben.

19.17.2 Der bivariate Rangsummentest (CHAT-SEN-Test)

Wäre in Beispiel 19.17.1.1 nicht nur die Zahl (X), sondern auch die Gestalttreue (Y) der erinnerten Elemente (Figuren) in beiden Gruppen registriert worden, so könnte der *Nullhypothese*

$$E(X_1) - E(X_2) = E(Y_1) - E(Y_2) = 0 \qquad (19.17.2.1)$$

eine Dislokationsalternative gegenübergestellt werden, die besagt, daß sich Quantität (X) *und* Qualität (Y) durch das Training signifikant verbessere, ohne daß sich jede einzelne Observable (bei zweifach univariatem Rangtest) signifikant verbessere.

Der *bivariate Rangsummentest* ist eine Ergänzung zum bivariaten Vorzeichentest (BENNETT, 1962, vgl. 19.7.2) und dann indiziert, wenn beide Observablen von einer Behandlung (wie dem Training) beeinflußt werden. Der Test wird CHATTERJEE und SEN (1964) zugeschrieben (vgl. BHATTACHARYYA et al. 1971), obschon er auch bei DAVID und FIX (1961) besprochen und intuitiv begründet wurde. Der bivariate Rangsummentest — $CHAT$-SEN-*Test* im Fachjargon von Kongressisten — ist das verteilungsfreie Analogon von HOTELLINGS T^2-Test (vgl. BORTZ, 1978, S.699); im Fall der oben angezogenen *Kodislokation* zweier unabhängiger Stichproben ist er selbst in Anwendung auf bivariat normal verteilte Observablen kaum weniger effizient als der T^2-Test (vgl. BHATTACHARYYA et al. 1971).

Unter Benutzung der gleichen Symbole R für Abweichungsrang Y und C für Abweichungsrang X ist die *Prüfgröße* des CHAT-SEN-Tests wie folgt zu berechnen (vgl. QUADE, 1967)

$$\chi_2^2 = \frac{12(\Sigma R_1^2 - 2r_s \Sigma R_1 C_1 + \Sigma C_1^2)}{(N-n)(N+1)(1-r_s^2)} \qquad (19.17.2.2)$$

wobei die Symbole wie in Tabelle 19.17.1.1 definiert sind. Diese Prüfgröße ist unter H_0 (zweier bivariat identischer Populationsverteilungen) wie χ^2 mit 2 Fgn zu beurteilen. Man erinnere, daß die zugehörige Überschreitungswahrscheinlichkeit aus $\ln P = \dot{} -\chi_2^2/2$ zu berechnen ist (Formel (8.3.2.1)), und daß dieses P — wie bei allen χ^2-Tests — einem *Omnibustest* entspricht, der einen zweiseitigen Kodislokationstest einschließt[23].

In Tabelle 19.17.2.1 wird angenommen, die n = 5 Trainings-Pbn und die N−n = 10 Kontroll-Pbn hätten die *Quantitäts*- (X) und *Qualitätsleistungen* (Y), die dort verzeichnet sind, erzielt.

---

23 Tatsächlich spricht der bivariate Rangsummentest auf Lageunterschiede in einer, in der anderen oder in beiden Observablen (als Kodislokation) an, theoretisch sogar auf Unterschiede der bivariaten Verteilungen der beiden Stichproben ganz allgemein. In praxi ist der CHAT-SEN-Test jedoch dann am wirksamsten, wenn die beiden univariaten Rangsummentests, simultan angewendet, keine Lageverschiebung nachzuweisen gestatten.

Tabelle 19.17.2.1

Gr.	X	Y	C	R	RC	R²	RC	C²
1	126	12	-1	-3	3	9	3	1
	110	21	-5	0	0	0	0	25
	142	24	3	1	3	1	3	9
	149	29	5	3	15	9	15	25
	155	34	6	4	24	16	24	36
2	121	17	-2	-1	2	$35-\frac{2}{3}\cdot(45)+$		$96=101$
	128	2	0	-6	0			
	105	40	-6	7	-42			
	112	38	-4	6	-24			
	158	36	7	5	35			
	101	8	-7	-5	35	$\chi_2^2 = \dfrac{12(101)}{10\cdot 11(1-\frac{1}{9})} = 12{,}40$		
	119	1	-3	-7	21			
	141	9	2	-4	-8			
	148	28	4	2	8			
	135	16	1	-2	-2			
	1950	315			$r_s = +70/(15^3-15) = 1/3$			

Tabelle 19.17.2.1 erlaubt nachzurechnen, daß die Trainingsgruppe 1 in X wie in Y höher liegt als die Kontrollgruppe 2: $\bar{X}_1 = 136{,}4$ gegen $\bar{X}_2 = 126{,}8$ und $\bar{Y}_1 = 24{,}0$ gegen $\bar{X}_2 = 19{,}5$. Keiner der beiden Lageunterschiede ist jedoch mittels des univariaten Rangsummentests (6.1.2) nachzuweisen. Dagegen liefert der bivariate Rangsummentest nach (19.17.2.1) ein $\chi^2 = 12{,}40$, das für 2 Fge auf der 1%-Stufe signifikant ist[24]. Das mentale Training führt demnach zu quantitativer wie qualitativer Verbesserung der Merkfähigkeit.

Der bivariate Rangsummentest impliziert, daß beide Stichproben *bivariat homomer* verteilt sind, also bis auf zugelassene Unterschiede des Lagevektors gleiche zweidimensionale Verteilungen aufweisen, was gleiche eindimensionale Randverteilungen einschließt. Ohne diese Voraussetzung

---

[24] Wurde dieses Ergebnis unter H_1 vorausgesagt, dann kann – dem Sinne nach – der Unterschied zwischen den beiden Mittelwertsvektoren $E(X_1) > E(X_2)$ und $E(Y_1) > E(Y_2)$ einseitig beurteilt werden: Man bildet $\ln P = -X^2/2 = -12{,}40/2 = -6{,}20$, woraus nach Tafel VIII–3–1 ein $1/P = 6{,}20051$ (S. 215) = 493 und damit $P = 1/493 = 0{,}002028$ folgt. Dieses P ist zu halbieren und indiziert so eine auf der 0,1%-Stufe gesicherte Kodislokation zugunsten der Trainingsgruppe.

prüft der Test bestenfalls *vornehmlich* auf bivariate Lokationsunterschiede[25].

19.17.3 Der paarig-univariate Rangsummentest (KRAUTH-SEN-Test)

Sind die beiden Observablen X und Y in jeder von 2 unabhängigen Stichproben *wiederholte Messungen* ein und desselben Mms, dann vergleicht man die Versuchsgruppe 1 mit der Kontrollgruppe 2 am wirksamsten mit dem Paardifferenzen-U-Test von BUCK (1976), wenn X einen Ausgangswert *vor* der Behandlung und Y einen Endwert *nach* der Behandlung (mit Verum in 1 und Placebo in 2 etwa) bezeichnet: Man berechnet die Differenzen $D_1 = Y_1 - X_1$ Differenzen $D_2 = Y_2 - X_2$ und vergleicht sie nach dem univariaten Rangsummentest. Zum gleichen Ergebnis sollte der kovariate Rangsummentest, wenn Versuchs- und Kontrollgruppe — wie bei indikationsbezogener Arzneibehandlung — nicht nach Losentscheid gebildet worden sind und sich daher bezüglich ihrer Ausgangswerte systematisch unterscheiden.

Werden nun aber *beide* Observablenmessungen *nach* Einsetzen der Behandlung gemessen, etwa die Erythrozythenzahl eine (X) und zwei Wochen (Y) nach Einsetzen einer Anämie-Behandlung, dann entstehen *Zweipunkt-Verlaufskurven* in Versuchs- und Kontrollgruppe, die nicht mit dem Paardifferenzen-U-Test zu vergleichen sind. Erwartet der Kliniker, daß das neue Antianaemicum höher liegende *und* steil ansteigende Wirkungskurven produziert als das bislang verwendete, dann prüft er schärfstmöglich mit dem (hier sog.) *paarig-univariaten Rangsummentest* wie folgt:

Der Untersucher berechnet für alle N Zweipunktverläufe ein *Niveaumaß* $S_0 = Y+X$ und ein *Steigungsmaß* $S_1 = Y-X$ und betrachtet S_0 und S_1 als 2 Pseudo-Observablen, die nach dem Vorbild des bivariaten Rangsummentests für Versuchs- und Kontrollgruppe zu vergleichen sind, wobei S_0 und S_1 in der Versuchsgruppe stochastisch höher liegen sollen als in der Kontrollgruppe, wenn die Arbeitshypothese unseres Klinikers zutrifft.

Der paarig-univariate Rangsummentest ist ein Spezialfall des von KRAUTH (1973) vorgeschlagenen multivariaten Rangsummentests zum Vergleich von 2 (oder k) Stichproben von Verlaufskurven, die durch Polynome approximiert und durch 2 (oder r) Polynomkoeffizienten repräsentiert

---

[25] Der CHAT-SEN-Test reagiert auf Inhomomeritäten gegen den Dislokationstrend mit Effizienzminderung in einem Maße, daß BENNETTS bivariater — sonst schwächerer — Vorzeichentest sich als wirksamer erweisen kann als der bivariate Rangsummentest. Man überzeuge sich davon, indem man 2 birnenförmige Verteilungen stielwärts entlang einer $45°$-Linie überlagert.

worden sind; seine Verknüpfung mit dem CHAT-SEN-Test wird hier als
KRAUTH-SEN-Test bezeichnet.

19.17.4 Multivariate und Mehrstichproben-Rangsummentests

Bivariate Zweistichproben-Rangsummentests lassen sich einmal auf k Stichproben, zum andern auf t Observablen verallgemeinern. Es resultieren daraus im allgemeinsten Fall *multivariate k-Stichproben-Rangtests*, die von PURI und SEN (1966, 1971) entwickelt worden sind.

Wie die bivariaten, so lassen sich auch die multivariaten 2- oder k-Stichprobentests anwendungsbezogen spezifizieren:

(1) Ein kovariater Rangsummentest für k Stichproben und p Konobservablen wird explizit bei QUADE (1967) abgehandelt und als *Rangkovarianzanalyse* bezeichnet. Ein Test mit einer Observablen Y und zwei Konobservablen X_1 und X_2 wird für k = 3 Stichproben numerisch illustriert. Der QUADE-Test ist besonders wirksam, wenn Y mit X_1 wie mit X_2 hoch korreliert, X_1 und X_2 aber niedrig oder unkorreliert sind.

(2) Praktisch bedeutsam sind *multivariate Rangsummentests* für 2 unabhängige Stichproben, analog zum bivariaten Rangsummentest (19.17.2) und homolog zu HOTELLINGS T^2-Test (vgl. BORTZ, 1978, S.699). Ein solcher Test sollte für 3 bis 4 Observablen ohne die Matrixalgebra beherrschen zu müssen, algorithmiert werden. Die multivariaten Lageunterschiede zwischen Versuchs- und Kontrollgruppe sollten in je einem ‚Wirkungsprofil' veranschaulicht werden, in welchem jede Observable entlang der gleichen Skala (z.B. der T-Skala, vgl. 4.3.5) durch einen Lagekennwert (Mittelwert, Median, GINI-Median) zu beschreiben ist.

(3) Eine weitere, praktisch nicht minder bedeutsame Verallgemeinerung, entsprechend 19.17.3, wäre der Rangsummenvergleich von *Mehrpunktverlaufskurven*, die nach KRAUTH (1973) und GHOSH et al. (1973) durch Polynome möglichst niedriger Ordnung zu beschreiben sind. Versuchs- und Kontrollgruppe können dann auf Niveauhomogenität durch die Polynomkoeffizienten nullter Ordnung und auf Verlaufshomogenität (= Profilhomogenität nach MORRISON, 1967) d.h. auf Parallelität der Mittel- oder Medianwerteverläufe durch die Polynomkoeffizienten erster und höherer Ordnung geprüft werden.

Wie man Verlaufskurven multivariat ohne Bezug auf Polynome in mehr als zwei Stichproben nach Niveau- und Verlaufshomogenität vergleicht, wird bei KOCH (1969) beschrieben.

19.18 Versuchsauswertung und Ausreißerbeobachtung

Wir haben den größen Teil dieses Kapitels 19 jenen Methoden gewidmet, die mit radikal transformierten Observablen, mit mediandichotomierten Meßwerten oder vorzeichen-signierten Differenzen operieren: Erst die letzten Abschnitte haben wir durch einige Methoden ergänzt, die auf einer weniger radikalen Transformation der Originalbeobachtungen, der Rangtransformation basieren. Neben dem Hauptmotiv der einfachen und praktikablen Handhabung haben die radikal transformierten Observablen, Medianalternativen oder Vorzeichendifferenzen, noch folgende bedeutsamen Vorzüge:

(1) Mit nichtparametrischen Tests, die auf Medianalternativen oder Differenzenvorzeichen von Observablen arbeiten, ist ein statistisch signifikantes Resultat im Rahmen der üblichen Stichprobengrößen meist auch praktisch signifikant. Damit erübrigt es sich, nächst der statistischen auch die *praktische Signifikanz* eines Versuchsergebnisses noch zu beurteilen (vgl. 2.2.7), was für parametrische Tests nicht zutrifft und zu Maßen der praktischen Signifikanz geführt hat (vgl. BREDENKAMP, 1970).

(2) Nichtparametrische Tests, die auf Alternativen-Transformationen basieren, sind bei nicht zu kleinen Stichprobenumfängen praktisch unempfindlich gegen die in den Bio- und Sozialwissenschaften so häufig auftretenden *Ausreißerbeobachtungen*; sie sind in univariaten Datensätzen leicht zu erkennen und ggf. als solche zu identifizieren und ihre Träger zu eliminieren (vgl. dazu die Monographie von BARNETT und LEWIS, 1978).

In bivariaten Untersuchungen ist das Ausreißerproblem bereits komplizierter: Hier kann ein Merkmalsträger (Individuum) bzgl. eines Ms ‚ausreißen' bzgl. des anderen aber ‚in der Norm verbleiben', und so einen *univariaten Ausreißer* produzieren. Reißt der Träger in beiden Merkmalen aus — in gleicher oder in entgegengesetzter Richtung — so produziert er einen *bivariaten Ausreißer*. In einer kleinen Stichprobe von Meßwertepaaren kann ein bivariater Ausreißer eine bestehende X,Y-Korrelation ‚vernichten' oder eine fehlende Korrelation ‚errichten' (vgl. BORTZ, 1978, Abb. 6.1.7).

Vergleicht man 2 bivariate Stichproben, so können — wie Abb. 19.18.1.1 zeigt — zwei bivariate Ausreißer gegen den Dislokationstrend verhindern, daß *distinkt lozierte Stichproben* von Meßwertepaaren (x = Versuchs- und o = Kontrollgruppe) als disloziert nachgewiesen werden.

Gegenüber bivariaten Ausreißern, wie sie Abb. 19.18.1.1 veranschaulicht, ist der bivariate Vorzeichentest (BENNETT, 1962) wirksamer als der bivariate Rangsummentest (vgl. 19.7.2 mit 19.17.2).

Sind die beiden Ausreißer in Abb. 19.18.1.1 nicht *meßtechnische Artefakte*, so müssen sie als Ausdruck der *bivariaten Inhomomerität* der beiden

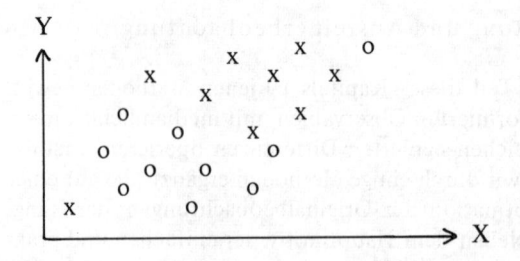

Abb. 19.18.1.1:
Versuchsgruppe (x) mit hohen (x,y)-Paaren und Kontrollgruppe (o) mit niedrigen (x,y)-Paaren bei je einem bivariaten Ausreißer gegen die Dislokation der beiden Gruppen.

Gruppen gedeutet werden: Der Versuchsgruppe liegt dann offenbar eine ‚birnenförmige Population mit Stiel nach links unten', der Konteollgruppe eine ebensolche mit ‚Stiel nach rechts oben' zugrunde. Und gegenüber Inhomomerität sind Rangtests sensitiv, Vorzeichentests aber robust – das gilt für den bivariaten sogut wie für den univariaten Fall (vgl. 7.1.1).

Noch komplizierter wird das Ausreißerproblem in *multivariaten* Untersuchungen (mit einer oder 2 Stichproben): Hier kann ein Individuum bezüglich einer Observablen, bzwgl. zweier Observablen und sogar bzgl. aller Observablen ausreißen. Tun solches mehrere unter relativ wenigen Individuen, dann bieten multivariate Rangtests geringe Chancen, multivariate Vorzeichen- oder Mediantests aber gute Chancen, Zusammenhänge (innerhalb einer Stichprobe) oder Unterschiede (zwischen 2 Stichproben) auch nachzuweisen.

Da man Ausreißer in multivariaten Untersuchungen kaum identifizieren kann, und wenn man dies könnte, nicht zu entscheiden vermag, ob sie Ausdruck grober Meßfehler oder Ausdruck heteromerer Populationen sind, kommen *Trägereliminationen* nicht in Betracht. Das einzige Mittel, dem Ausreißerproblem in multivariaten Untersuchungen wirksam zu begegnen, ist die Strategie, *robuste* Methoden der Versuchsauswertung, wie wir sie in der Interaktionsstrukturanalyse (KRAUTH und LIENERT, 1974) kennegelernt haben, gegenüber effizienten Methoden, wie den Rangtests der letzten Abschnitte dieses Kapitels, zu bevorzugen (vgl. HUBER, 1972).

(3) Es gibt noch einen letzten Grund, robuste nichtparametrische Tests gegenüber effizienten Rangtests vorzuziehen: Die sog. *externe Validität* eines Experiments nach CAMPBELL und STANLEY (1966): Wenn ein Versuch im Sinne der Arbeitshypothese signifikant ausgefallen ist, und man wiederholt ihn unter vergleichbaren Bedingungen, dann wird er am ehesten dann

wiederum signifikant ausfallen, wenn man im Erstversuch robust getestet hat.

Warum die externe Validität (die Verallgemeinerungsfähigkeit) eines Versuchsergebnisses bei robuster Auswertung größer ist als bei effizienter Auswertung, hängt offenbar mit dem *Homomeritätspostulat* zusammen: Es gibt wohl kaum zwei multivariate Populationen realer Individuen, die sich einzig und allein in ihren Lokationsparametern unterscheiden, und also homomer sind. Da das Ziel jeglicher Wissenschaft aber Verallgemeinerung ist, sollte ein Unterschied, ein Zusammenhang auch für nicht-homomere Populationen gelten.

Daß vorgefundene oder hypostasierte Gesetzmäßigkeiten i.S. der externen Validität zu verallgemeinern sind, verbürgen am besten die gegenüber Inhomomeritäten aller Art robusten Tests der Interaktionsstrukturanalyse. Das ist der Grund, warum sie in diesem Kapitel, entgegen aller Tradition in Richtung auf Effizienz, zur Versuchsauswertung empfohlen worden sind.

KAPITEL 20: ANALYSE VON RICHTUNGS- UND ZYKLUSMASSEN

20.1 Richtungs- und Zyklusmasse

In den Kapiteln 1–19 sind wir stets davon ausgegangen, daß Merkmale, soweit sie mindestens ordinal skaliert waren, entlang einer *linearen* Skala mit oder ohne echten Nullpunkt gemessen wurden. Die Möglichkeit, auf einer kreisförmigen *(zirkulären)* Skala zu messen, ergibt sich aber in der Biostatistik notwendig dann, wenn Bewegungen von Individuen beobachtet und zahlenmäßig erfaßt werden: Wir erhalten *Richtungsmaße*, wenn Brieftauben freigelassen werden und an einem bestimmten Punkt des sichtbaren Horizonts verschwinden, die wir in *Winkelgraden* auf einer *Kompaßskala* ablesen. Das Besondere solcher Messungen besteht darin, daß ein Winkel von 360° identisch ist mit einem Winkel von 0°, daß die Skala, entlang der wir messen, kreisförmig geschlossen ist.

Eine kreisförmige Skala anderer Art finden wir, wenn wir Zyklusmaße wie Tageszeiten registrieren, zu welchen biologische Ereignisse, wie Geburten oder Todesfälle, eintreten. Die 24-Stunden-Skala ist ebenfalls eine kreisgeschlossene Skala, bei der Ende eines Tages (24 Uhr) und Anfang des jeweils nächsten Tages (0 Uhr) die gleiche Zeigerstellung auf einer ‚24-Stunden-Uhr' erkennen lassen. Vorgänge an Individuen, die von tages- oder jahreszeitlichen Einflüssen bestimmt werden, nennt man *Biorhythmen*, und biorhythmische Mme sind die Konstituenten von biomathematischen Modellen und biostatistischen Test innerhalb der sog. Chronobiologie (vgl. KNAPPEN, 1978).

20.1.1 Richtungs- und Ortungsmessung

Bewegt sich ein Individuum, eine Brieftaube etwa wiederum, nicht nur in eine bestimmte Richtung, sondern hin zu einem bestimmten Ort, dann produziert sie ein *Ortungsmaß*, das durch einen Winkel θ und eine *Entfernung* r als paarige Observable definiert ist. Wenn es auf Ortsfindung einer verfrachteten und dann freigelassenen Taube ankommt, dann muß eine zirkuläre Observable (das Winkelmaß) mit einer linearen Observablen (der Entfernung, der Distanz des Zielortes vom Ausgangsort) kombiniert werden. Damit geht aber zugleich die univariate Betrachtung von Richtungsmaßen in eine bivariate Betrachtung von Ortungsmaßen über.

Auch Zyklusmaße können bivariat verallgemeinert werden, wenn ein biologisches Ereignis (wie der Beginn des Traumschlafs eines Menschen) nicht nur durch seine Uhrzeit θ, sondern auch durch seine Dauer r beschrieben wird. Hier wird die zirkuläre Zyklusobservable Uhrzeit mit der linearen Zeitdauer (der zeitlichen Entfernung von Anfang und Ende des Traumes) zu einem *temporalem Ortungsmaß* verknüpft.

Wir werden uns im folgenden Abschnitt zunächst mit Richtungsmaßen befassen, die an einer Stichprobe von Individuen erhoben worden sind, und an ihrem Beispiel die wichtigsten Methoden der beschreibenden Statistik sog. *zirkulärer Observablen* kennenlernen (vgl. BRODDA, 1975).

20.1.2 Darstellung von Richtungsmaßen

Richtungsskalen (Kompaßskala) und Zyklusskalen (Uhrzeitskala) sind beide in (kartographischer) Himmelsnordrichtung bei 0 (0° bzw. 0 Uhr) verankert und verlaufen im Sinne des Uhrzeigers. Wie *Winkelgrad-* und *Uhrzeitskala* korrespondieren, zeigt Abb. 20.1.2.1 graphisch und Tafel XX−1 samt Winkelfunktionen numerisch[1].

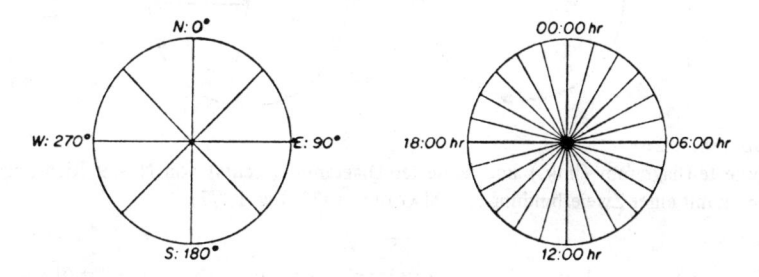

Abb. 20.1.2.1
Kompaßskala (links) mit den 4 Himmelsrichtungen N = 0°, E(Ost) = 90°, S = 180°, W = 270°, und Uhrzeitskala mit den 24 Stunden hr = 00:00 (1:00) 24:00 (aus ZAR, 1974, Fig. 22.1).

Tafel XX−1−4 transformiert den *Tageszyklus* mit 24 Stunden (Tafel 1), den *Monatszyklus* mit 28 Tagen (Tafel 2) und mit 30 Tagen (Tafel 3) so-

---

[1] Gelegentlich werden Richtungsmaße in Radianten statt in Winkelgraden angegeben. Der Radiant eines Winkels β, rad(β) ist dabei definiert als der Kreisbogen des Einheitskreises (mit dem Radius 1), der zu dem Winkel β gehört. Da der Umfang des Einheitskreises 2π beträgt, ist rad(0°) = 0 und rad(360°) = 2(3,142) = 6,284; umgekehrt entspricht 1 Radiant einem Winkel von 360°/2π = 57,3248° oder − genauer − 57°17'45" der Winkelgradskala.

wie den *Jahreszyklus* mit 365 Tagen auf die Winkelgradskala ab. Damit können Zyklusmaße einfach in Winkelmaßen ausgedrückt werden, ohne erst rechnen zu müssen.

Singuläre Richtungsmaße

Wird eine *Stichprobe* von sagen wir N = 9 kanadischen Teilnehmern eines (europäischen) Kongresses daraufhin beobachtet, zu welcher Tageszeit sie sich registrieren lassen, so bilden die 9 Uhrzeiten X = (11:55 Uhr = = 165° + 13°45′ = 178°45′ bis 17:38 Uhr = 255° + 9°30′ = 264°30′) bzw. ihre nach Tafel XX–1–4 transformierten Winkelgrad-Äquivalente eine Stichprobe singulärer Richtungsmaße.

Die *singulären Richtungsmaße* (Uhrzeiten) der N = 9 Registranden sind in Abb. 20.1.2.2 einmal als sog. *Roulette-Diagramm* und ein weiteres Mal als sog. *Rosettendiagramm* veranschaulicht worden.

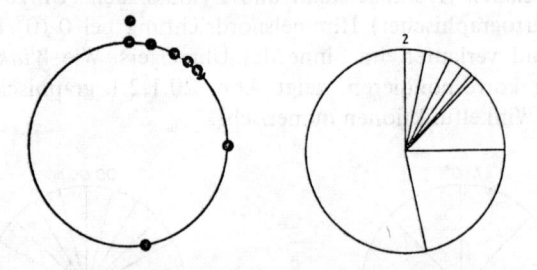

Abb. 20.1.2.2:
Roulette-Diagramm (links) und Rosetten-Diagramm (rechts) von N = 9 Richtungsmaßen mit einer Zweierbindung (aus MARDIA, 1972, Fig. 1.1/2).

Die 2 Kongreßteilnehmer in Abb. 20.1.2.2, die zur gleichen Zeit (weil gemeinsam) bei den 2 Schalterdamen registriert wurden, entsprechen einer *Zweierbindung*; sie sind im Roulette-Diagramm als radial angeordnete Doppelkugeln, im Rosetten-Diagramm durch Zusetzung einer ‚2' zur korrespondierenden Rosettenlinie gekennzeichnet worden.

Gruppierte Richtungsmaße

Werden Richtungs- oder Zyklus-Observablen in Intervallen einer zirkulären Skala gemessen, so resultieren *gruppierte Richtungsmaße*, die meist als sog. Zirkulärhistogramm dargestellt werden.

Abbildung 20.1.2.3 zeigt ein *Zirkulärhistogramm* von N = 714 Brieftauben, die, nach Verfrachtung freigelassen, am sichtbaren Horizont, der in 5°-Intervallen auf einer Kompaßscheibe unterteilt war, verschwanden.

1093

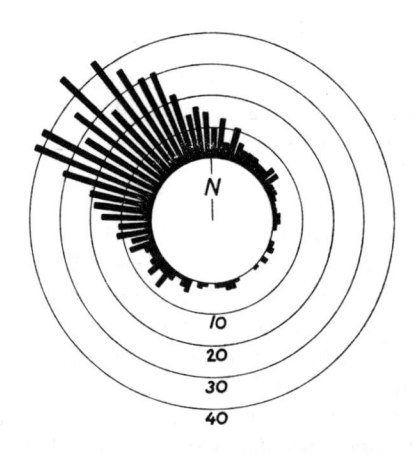

Abb. 20.1.2.3
Zirkulärhistogramm von N = 714 Flugrichtungsmaßen, deren Genauigkeit auf 5° gemessen wurde (aus BATSCHELET, 1965, Fig. 12.1).

In Abb. 20.1.2.3 sind die individuellen Flugrichtungen einem der k = 360°/5° = 72 *Richtungsintervalle* zugeordnet worden, wobei ‚N' die Kompaß-Nordrichtung bezeichnet. Die Frequenzen f, mit denen jedes der 72 Intervalle besetzt ist, sind aus 4 konzentrischen Zusatzkreisen mit f = 10(10)40 zum Skalenkreis mit f = 0 abzuschätzen[2].

20.1.3 Richtungsmaß-Statistiken

Wurde eine Stichprobe von N Richtungsmaßen β_i (oder Zyklusmaßen) erhoben unter der Annahme, sie stammten aus ein und derselben Population, dann lassen sich Punktschätzungen von Lage- und Streuungsparametern in ähnlicher Weise angeben wie für lineare Maße. Wir beschränken uns im folgenden auf die nichtparametrisch bedeutsamen Richtungsstatistiken.

Die Durchschnittsrichtung

1. Stammen Richtungsmaße aus einer über dem Kreisumfang symmetrisch (wenngleich nicht normal) verteilten Population, dann definiert man eine *Durchschnittsrichtung* über die in Tafel XX–1 verzeichneten Winkelfunktionen (Sinus und Kosinus) der N Richtungsmaße β_i wie folgt:

[2] Wählt man statt der Säulen des Zirkulärhistogramms in Abb. 10.1.1.2 Keile mit der Höhe $\sqrt{f}$ je Intervallbesetzung, dann gewinnt man ein sog. Kuneogramm, in welchem die Keilflächen proportional zu den Besetzungszahlen f der k Intervallklassen sind.

$$\bar{x} = (\Sigma \cos \beta_i)/N \quad \text{und} \quad \bar{y} = (\Sigma \sin \beta_i)/N \qquad (20.1.3.1)$$

Darin sind x und y die kartesischen Koordinaten der Durchschnittsrichtung. Die Durchschnittsrichtung selbst ergibt sich aus der ebenfalls in Tafel XX–1 verzeichneten Tangens-Funktion

$$\tan \bar{\beta} = (\bar{y}) / (\bar{x}) \qquad (20.1.3.2)$$

Bei der Ablesung ist zu beachten, daß β zwischen $0°$ und $180°$ liegt, wenn $\bar{x}$ positiv ist, und zwischen $180°$ und $360°$, wenn $\bar{x}$ negativ ist.

2. Verteilen sich N Richtungsmaße β_i *asymmetrisch* über einem Sektor der Kreisskala, der $180°$ nicht überschreitet, dann definiert man die *Richtungspräferenz* durch einen linearen Richtungsmedian $\tilde{\beta}$ analog zum Richtungsdurchschnitt in (20.1.3.1).

Asymmetrisch über den ganzen Kreis verteilte Richtungsmaße beschreibt man durch einen zirkulären Richtungsmedian, wobei anstelle der Durchschnittskoordinaten x und y die Mediankoordinaten x und y zu benutzen sind. Man gewinnt so einen Richtungsmedian $\tilde{\beta}_0$, der dem Richtungsdurchschnitt symmetrisch verteilter Winkelmaße entspricht.

Die Medianrichtung

Stammen Richtungsmaße aus einer über dem Kreis asymmetrisch verteilten Population, dann ist die *Medianrichtung* eine bessere Schätzung der vorherrschenden Richtung (Richtungspräferenz) als die Durchschnittsrichtung.

Die Medianrichtung ist jener Punkt auf dem Einheitskreis der N Richtungsmaße β_i, der sie in 2 gleiche Hälften zu je N/2 Richtungsmaßen teilt, wenn man von ihm aus einen Durchmesser zeichnet. Da es u.U. mehrere Möglichkeiten gibt, den Kreis in 2 gleichbesetzte Hälften zu teilen, ist die Medianrichtung nicht immer eindeutig bestimmt. Hier wird vorgeschlagen, jene Teilung zu wählen, bei welcher die Medianrichtung am besten mit der Durchschnittsrichtung übereinstimmt.

Wie im linearen Fall wird bei geradzahligem Stichprobenumfang die Medianrichtung durch die Winkelhalbierende zwischen den beiden mediannächsten Richtungsmaßen definiert.

Beispiel 20.1.3.1

Angenommen, die N = 9 Winkelmaße β_i = (43 45 52 61 75 88 88 279 und 357) in Abb. 20.1.2.2 sind von Kompaß-Ost entgegen dem Uhrzeigersinn (d.h. nach der geometrischen Winkelgradskala) als Heimflugrichtungen von Brieftauben gemessen worden. Offenbar sind die Richtungsmaße asymmetrisch verteilt und es stellt sich die Frage, welches die Hauptrichtungs-Kennwerte sind?

Durchschnittsrichtung: Zur Illustration berechnen wir $\bar{\beta}$ nach (20.1.3.1–2) und erhalten Tabelle 20.1.3.1

Tabelle 20.1.3.1

β_i^0	$\cos \beta_i$	$\sin \beta_i$
43	0,7314	0,6820
45	0,7071	0,7071
52	0,6157	0,7880
61	0,4848	0,8746
75	0,2588	0,9659
88	0,0349	0,9994
88	0,0349	0,9994
279	0,1564	-0,9877
357	0,9986	-0,0523
N=9	4,0226	4,9764

$\tan \bar{\beta} = 4{,}9764/4{,}0226 = 1{,}2371$

Zu $\tan \beta = +1{,}2371$ lesen wir in Tafel XX–1 die Winkel $\bar{\beta} = 51°$ und $\bar{\beta} = 231°$, wovon nur $\bar{\beta} = 51°$ zutrifft, weil $N\bar{x} = 4{,}0226$ positiv ist (vgl. Tab. 20.1.3.1)

Medianrichtung: Es gibt nur eine Möglichkeit, die Kreisverteilung in Abb. 20.1.2.2 exakt zu halbieren, nämlich einen Durchmesser von $\beta_s^0 = 75°$ aus zu ziehen, weshalb die Medianrichtung $\beta = 75°$ beträgt. Offenbar ist die Medianrichtung eine bessere Schätzung der Hauptrichtung als die Durchschnittsrichtung, wenn man sich beide in Tabelle 20.1.2.2 veranschaulicht.

Richtungsdispersionskennwerte

1. Für unimodal-*symmetrische* Kreisverteilungen ist der Durchschnittsvektor bzw. dessen Länge

$$r = \sqrt{\bar{x}^2 + \bar{y}^2} \tag{20.1.3.3}$$

ein Maß der *Winkeldispersion* der N Richtungsmaße um die Durchschnittsrichtung: Je näher r an den Einheitskreis heranreicht, um so dichter zentriert sind die Richtungsmaße, wie man aus Abb. 20.1.3.1 erkennt.

Die in Abb. 20.1.3.1 analog zur linearen Standardabweichung definierte *zirkuläre Standardabweichung*

$$s = (180°/\pi)\sqrt{2(1-r)} \tag{20.1.3.4}$$

variiert von $s = 0°$ (für $r = 1$) bis $s = 81{,}03°$ (für $r = 0$), wie an den 6 Rouletteverteilungen der Abb. 20.1.3.1 veranschaulicht wird.

2. Für *asymmetrisch* oder bimodal verteilte Richtungsmaße ist die zirkuläre GINI-Dispersion ein geeigneter Streuungskennwert: Man bildet die Winkeldifferenzen

$$d_{ij} = |\theta_i - \theta_j| \text{ modulo } (360°) \tag{20.1.3.5}$$

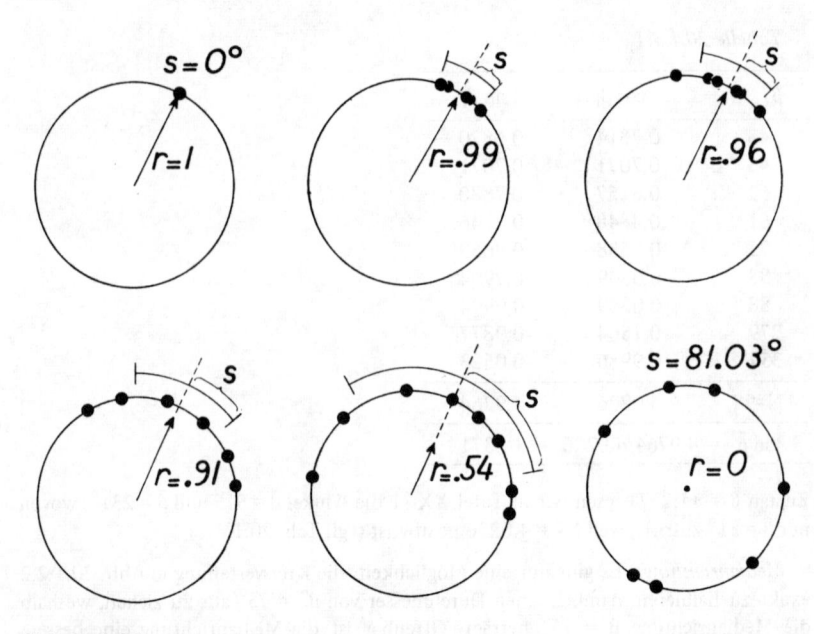

Abb. 20.1.3.1
Die Winkeldispersion s als Funktion des Durchschnittsvektors r, veranschaulicht an 6
Roulettediagrammen (aus BATSCHELET, 1965, Fig. 10.2).

für alle $N(N-1)/2$ Paare von N Richtungsmaßen und mittelt sie arithmetisch, woraus

$$d = \Sigma d_{ij}/\binom{N}{2} \qquad (20.1.3.6)$$

resultiert. Das GINI-Maß entspricht der 'mean circular deviation' nach MARDIA (1972, Ch.2.6.3).

Für kleine Stichproben sektoral begrenzter Richtungsmaße ist die *Winkelspannweite* $w(\beta)$ der kleinste Winkel, der alle N Richtungsmaße (Roulettekugeln in Abb. 20.1.2.2) umschließt.

Wie *Lage-* und *Streuungsstatistiken* von Richtungsmaßen, einschließlich Winkelspannweite und *zirkulärer GINI-Dispersion* berechnet werden, zeigt Beispiel 20.1.3.2.

Beispiel 20.1.3.2

Zielsetzung: Um sich auf größeren Andrang vorzubereiten, zählt ein Imbißstuben-Inhaber aus, wieviele Studenten einer FH an einem ausgelosten Samstag (wo die Mensa geschlossen ist) zu welcher Zeit bei ihm speisen: Es sind die N = 6 Studenten der Abb.

20.1.3.1 der rechten oberen Kreisverteilung mit den nach Tafel XX–1 winkeltransformierten Ankunfts-Uhrzeiten: $\beta_i^0 = (176\ 181\ 185\ 193\ 198\ 213)$.

Lage-Statistiken: Es resultieren für die N = 6 (annähernd symmetrisch verteilten) Richtungsmaße gemäß (20.1.3.1) unter Benutzung von Tafel XX–1 die Vektorkomponenten

$\bar{x} = (-0{,}9976 - 0{,}9994 - \ldots - 0{,}8387)/6 = -0{,}9161$

$\bar{y} = (+0{,}0698 - 0{,}0175 - \ldots -0{,}5446)/6 = -0{,}2835$

Nach (20.1.3.2) ist $\tan \bar{\beta} = -0{,}9161/(-0{,}2835) = 0{,}32314$ und aus Tafel XX–1 lesen wir hierzu $\bar{\beta} = 198$ bzw. eine Uhrzeit h = 13:12 als Speisezeiten-Durchschnitt ab.

Streuungs-Statistiken: Die Spannweite der Richtungsmaße beträgt w(β) = 213° – – 176° = 37° in Richtungsmaßstab und w(h) = 14:12 – 11:44 = 2:28 Stunden im Uhrzeit-Maßstab.

Die Richtungsdispersion nach (20.1.3.6) ergibt sich aus (20.1.3.3-4) mit $r^2 = (-0{,}9161)^2 + (-0{,}2835)^2 = 0{,}9229$ und r = 0,961 (wie in Abb. 20.1.3.1 angegeben) zu s = $(180°/3{,}1415)\sqrt{2(1-0{,}961)}$ = 16° im Richtungsmaßstab oder – nach Tafel XX–1 – 1:04 Stunden im Uhrzeit-Maßstab.

Folgerung: Der Imbißstuben-Wirt darf also in der Zeit von 13:12 – 1:04 = 12:08 und 13:12 + 1:04 = 14:16 etwa 2/3 seiner studentischen Kunden erwarten und bedienen, da s = 16° wie eine lineare Standardabweichung interpretiert werden darf.

Nachtrag: Die zirkuläre GINI-Dispersion ergibt sich nach (20.1.3.5) aus den Winkeldifferenzen d_{12} = 181–176 = 5, d_{13} = 185–176 = 9, d_{14} = 193–176 = 17, d_{15} = 198– –176 = 22, d_{16} = 213–176 = 37, d_{23} = 185–181 = 4, d_{24} = 193–181 = 11, d_{25} = 198– –181 = 17, d_{26} = 213–181 = 32, d_{34} = 193–185 = 8, d_{35} = 198–185 = 13, d_{36} = 213– –185 = 28, d_{45} = 198–193 = 5, d_{46} = 213–193 = 20 und d_{56} = 213–198 = 15 zu d = (5+9+17+22+37+4+11+17+32+8+13+28+5+20+15)/(6·5/2) = 16,2°, welcher Wert dem der zirkulären Standardabweichung praktisch gleicht.

Neben Lage- und Streuungskennwerten für Richtungsmaße ist ggf. auch ein *Schiefe-Kennwert* von Interesse. Der einfachste Schiefekennwert stammt von PEARSON und ist definiert als S = $(\beta_0 - \tilde{\beta})/s$ (vgl. LIENERT, 1973, S. 48), wobei β_0 den Durchschnitt und $\tilde{\beta}$ den Median Md(β) der Richtungsmaße bezeichnet. Positive S-Werte sind so zu deuten, daß der längere Verteilungsast in Richtung des Uhrzeigers ausläuft.

20.1.4 Axiale Richtungsmaße

Kann zwischen Richtung und Gegenrichtung einer zirkulären Observablen nicht unterschieden werden (wie bei Mikado-Stäbchen), so spricht man von *axialen Richtungsmaßen*. Axiale Richtungsmaße können in der Eigenart des untersuchten Mms begründet sein (wie Fasern in Geweben)

oder Resultate einer ausgangsorientierten Messung eines Mms, wie der Neigung von Ober- und Unterlängen handgeschriebener Buchstaben (die vom Mittelband aus gemessen werden), sein.

1. Ist eine Axialsymmetrie *konstitutiv* für ein zirkulär verteiltes Mm, wie die Lage magnetischer Partikel in der Geologie oder die Zielrichtung von Fußspuren, dann bilden sich *echt* bimodal-symmetrische Verteilungen aus, von der Art der Abb. 20.1.4.1.

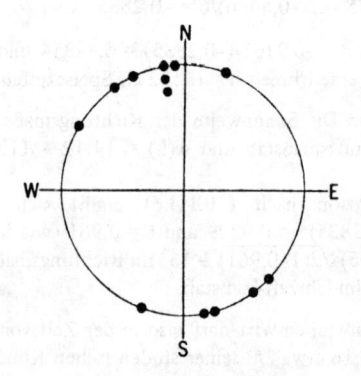

Abb. 20.1.4.1
Richtungen von Nervenfasern in N = 13 Gewebsschnitten, beobachtet in Richtung ihres vermuteten Verlaufes, dargestellt im Roulettdiagramm (aus BATSCHELET, 1972, Fig. 9).

Abb. 20.1.4.1 ist eine axialsymmetrische Verteilung von Faserverläufen aus N = 13 Gewebsschnitten mit einem Hauptgipfel in Richtung NNW und einem Nebengipfel in Richtung SSO. Offenbar verlaufen mehr Fasern in die eine als in die andere Richtung (Gegenrichtung).

2. Ist die Axialsymmetrie *nicht konstitutiv* für das gemessene Mm, oder soll sie – obschon konstitutiv – vernachlässigt werden (wie bei der Richtungsbeurteilung eiförmiger Kieselsteine in einem vermuteten Flußbett), dann transformiert man die *unecht* bimodale in eine unimodale Stichprobe von Richtungsträgern durch *Winkelverdoppelung*

$$\beta'_i = \begin{matrix} 2\beta_i, \text{ wenn } 2\beta_i < 360° \\ 2\beta_i - 360°, \text{ wenn } 2\beta_i > 360° \end{matrix} \qquad (20.1.4.1)$$

Die *Winkelverdoppelungs-Transformation* axialer Richtungsmaße wurde von KRUMBEIN (1939) eingeführt; sie ergibt, auf die n = 5 Winkelmaße des Nebengipfels in SSO angewendet, folgende KRUMBEIN-transformierten Richtungsmaße: $\beta'_2 = 2(135°) = 270°$, usf. bis $\beta'_6 = 2(200°) - 360° = 40°$. Analog sind die übrigen N–n = 13–5 = 8 axialen Winkelmaße aus Abb.

20.1.3.1 zu transformieren, um aus der bimodalen eine unimodale Verteilung *anaxialer Richtungsmaße* zu gewinnen[3].

20.1.5 Darstellung von Ortungsmaßen

Wird die Fortbewegung (Lokomotion) eines Individuums in der Ebene nicht nur nach Richtung, sondern auch nach Entfernung gemessen, dann liegt — wie eingangs vermerkt — eine bivariate (vektorwertige) *Ortungsmessung* anstelle einer univariaten (zahlwertigen) Richtungsmessung vor. Für die Ortung in der Ebene soll die genauere Bezeichnung *Flächenortung* stehen, um sie ggf. von der *Raumortung* (vgl. 20.7) zu unterscheiden.

Ortung durch kartesische Koordinaten

1. Der Zielort P, zu dem sich ein Individuum vom Nullpunkt eines *kartesischen Koordinatensystems* geradlinig hinbewegt, läßt sich durch seine kartesischen Koordinaten (x,y) lokalisieren, und die Gerade OP stellt den *Richtungsvektor* der individuellen Ortung dar (Abb. 20.1.5.1).

Bewegt sich eine *Stichprobe* von N Individuen in der beschriebenen Weise Zielorten P_i zu, dann entstehen Vektoren v_i mit den Koordinaten (x_i, y_i), wie in Abb. 20.1.5.1 für N = 3 Ortungsmaße veranschaulicht.

Homogene, als Stichprobe aus einer Population aufzufassende Vektoren v_i können durch einen *Durchschnittsvektor* repräsentiert werden; dessen kartesische Koordinaten berechnen sich als Durchschnitte der N individuellen Koordinaten nach

$$\bar{x} = \Sigma x_i/N \text{ und } \bar{y} = \Sigma y_i/N \qquad (20.1.5.1)$$

In Abb. 20.1.5.1 hat der Durchschnittsvektor v die Koordinaten $\bar{x}$ = (7+2+6)/3 = 5 und $\bar{y}$ = (7+4+1)/3 = 4. Die Länge r des Durchschnittsvektors v ergibt sich nach (20.1.3.3) zu $\sqrt{5^2 + 4^2}$ = 6,40.

Ortung durch Polarkoordinaten

Oft wird eine individuelle Flächenbewegung nicht durch kartesische, sondern durch sog. *Polarkoordinaten* angegeben: Man bezeichnet mit v_i = = (β_i, r_i) die Richtung β_i und die Entfernung r_i, die ein Individuum vom Koordinaten-Nullpunkt aus zurücklegt.

---

[3] Wir werden in den späteren Abschnitten sehen, daß es von Vorteil ist, eine bimodalzentral-symmetrische in eine unimodale Verteilung überzuführen, da eine Hauptrichtung (Richtungslokation) im letzteren Fall leichter nachzuweisen ist. Aber auch Lage- und Streuungsbeschreibung sind nur für unimodale Verteilungen sinnvoll definiert. Der Leser ist eingeladen, für die KRUMBEIN-transformierten Richtungsmaße der Abb. 20.1.4.1 Lokation und Dispersion zu berechnen.

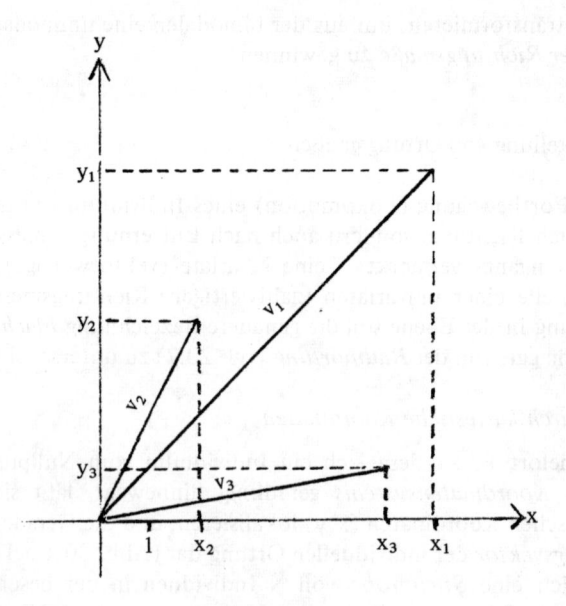

Abb. 20.1.5.1:
Flächenortung von N = 3 Individuen durch Vektoren OP_i mit den Koordinaten (x_i, y_i), i = 1(1)3, mit Durchschnittsvektor v.

Wie der *Ortungsmittelpunkt* bei kartesischen Koordinaten durch die Koordinatendurchschnitte $\bar{x}$ und $\bar{y}$ gegeben ist, so ist er im Polarkoordinatensystem als Endpunkt des vom Nullpunkt ausgehenden Durchschnittsvektors mit der Länge

$$r = \Sigma r_i / N \qquad (20.2.5.2)$$

und die Durchschnittsrichtung via

$$\cos \bar{\beta} = \Sigma \cos \beta_i / N \qquad (20.2.5.3)$$

zu berechnen ist, wozu man Tafel XX−1 benutzt. Der Ortungsmittelpunkt (β, r) aus den Polar-Koordinaten muß naturgemäß mit dem Ortungspunkt $(\bar{x}, \bar{y})$ aus den kartesischen Koordinaten übereinstimmen.

3. Ortungsmittel als Lagemaße setzen voraus, daß die individuellen Ortungspunkte *bivariat symmetrisch* verteilt sind, also etwa einen ellipsenförmigen Punkteschwarm mit N Punkten umschreiben. Ist der beobachtete Punkteschwarm nicht bivariat-symmetrisch (also z.B. birnenförmig), dann ist es sinnvoller, die Lage der N Ortungspunkte in der Ebene durch

Mediankoordinaten $(\bar{x}, \bar{y})$ in kartesischen oder $(\bar{\beta}, \bar{r})$ in Polar-Koordinaten zu beschreiben.

20.1.6 Zeit- und Zyklusmaße

Wie schon vorweggenommen, können Zeit-Observablen entweder eine *Zeit-Skala* (Kalenderskala) oder eine *Zyklusskala* definieren. Tage, Gezeiten, Jahre sind geophysikalische Zyklen, Fertilitäts- und Generationsfolgen sind biologische Zyklen, die oft, aber nicht immer, an geophysikalische Auslöser gebunden sind.

Alle *Zyklusmaße*, welcher Genese sie auch sein mögen, können auf die *Kompasskala* abgebildet werden, indem man sich der Transformation

$$\beta = 360°(t/C) \tag{20.1.6.1}$$

bedient, um einen beobachteten Zeitpunkt t innerhalb eines Zyklus der Länge C als Winkelmaß β zu definieren. So entspricht der 2. März eines beliebigen Nicht-Schaltjahres mit t = 31+28+2 = 61 bei C = 365 einem Winkel von 360°(61/365) = 60°, der 4. Tag eines 28-tägigen Menstruationszyklus einem Winkel von 360°(4/28) = 51° usw. Dagegen sind alle *Zeitmaße* als Vektorlängen r zu definieren.

Wann sind nun Zeit-Observablen als Richtungsmaße θ, wann als Vektorlängen r aufzufassen und auszuwerten? Diese Frage ist immer ohne Ambiguität zu beantworten, wenn die Zielsetzung des Untersuchers eindeutig formuliert ist. Das *Geburtsdatum* eines Menschen ist eine Zeitobservable, wenn es darum geht, sein Alter zu messen. Geht es hingegen darum, ihn einem Tierkreis (der Astrologen) zuzuordnen, ist das Geburtsdatum eine Zyklus-Observable, da hier das Geburtsjahr nicht als kalendarische, sondern nur als zyklische Einheit aufzufassen ist.

Ggf. können Zeit- und Zyklusmaße als ‚Zeitungsmaße' analog den Ortsmaßen fungieren, z.B. wenn man das Geburtsdatum nach Jahreszahl und Tierkreiszugehörigkeit ‚bemißt'.

20.2 Vergleich einer beobachteten mit einer Gleichverteilung von Richtungsmaßen: Lokationstests

In diesem Abschnitt 20.2 gehen wir von der Nullhypothese aus, wonach eine Stichprobe von N Richtungsmaßen β_i, i = 1(1)N, über dem Kreis äquidistant (bei singulären) oder ringförmig (bei gruppierten Maßen) verteilt ist; unter der Alternativhypothese postulieren wir, es gäbe eine (und nur eine) vorherrschende Richtung, eine *Richtungspräferenz*. Die H_0 einer *zirkulären Gleichverteilung* bestimmt eine theoretisch erwartete, von jeglicher Richtungspräferenz freie Verteilung, und es stellt sich die Frage, ob die beobachtete Verteilung der Stichprobenmaße β mit H_0 zu vereinbaren ist.

Wir werden im folgenden sehen, daß gegen die Alternative einer bevorzugten Richtung mehrere ‚*zirkuläre Lokationstests*' entwickelt worden sind, in größerer oder geringerer Nähe zur Alternative einer *zirkulären Normalverteilung* (vgl. MARDIA, 1972, Ch.6), einer dem Kreisumfang überlagerten Normalverteilung, deren beide Äste sich diametral vom Gipfel berühren[4].

20.2.1 RAYLEIGHS Test gegen Richtungspräferenz

Bewegen sich Amöben von ihren Startpositionen bei Einschalten einer (diffusen) Lichtquelle (Phototaxis) in deren Richtung, so sind die N Amöben durch das Mm Bewegungsrichtung gekennzeichnet. Angenommen, die N = 8 Amöben der Abb. 20.1.3.1 (unten Mitte) hätten auf eine in Polarsternposition angehende Lichtquelle mit den Bewegungen der Richtung $\bar{\beta}$ (strichliert) und der Länge r (ausgezogen) = 0,54 reagiert. Liegt hier eine *Phototaxis* vor, die unimodal-symmetrische Richtungsmaße β produziert?

Der Richtungstest

Unter H_0 zentrifugaler Bewegungen β_i, i = 1(1)8, wäre ein Vektor der Länge r = 0 zu erwarten (wie in Abb. 20.1.2.1 rechts unten) und unter H_1 richtungsparalleler Bewegungen ein Vektor der Länge r = 1 (wie in Abb. 20.1.3.1 links oben). Die Länge r des Durchschnittsvektors eines Einheitskreises von Richtungsmaßen β_i kann damit offenbar als Prüfgröße dafür dienen, ob eine *Richtungspräferenz* nachzuweisen ist (H_1) oder nicht (H_0).

---

[4] Die zirkuläre Normalverteilung wurde durch VON MISES (1918) in die Statistik eingeführt und von GUMBEL (1953) als zirkuläre NV bezeichnet. Die ZNV ist eine biparametrige Verteilung mit der Dichtefunktion

$$f(\beta) = \frac{1}{2\pi I_0(k)} \exp[k \cdot \cos(\beta-\theta)],$$

wobei θ den Winkelparameter des Modalwertes und k einen von der Länge des Richtungsvektors r bzw. ρ abhängigen Konzentrationsparameter kappa (vertafelt in BATSCHELET, 1965, Table B) bezeichnet. $I_0(k)$ ist eine Besselfunktion von K der Ordnung Null. Die ZNV ist bei großer Konzentration k eine auf den Kreisumfang aufgesetzte NV, bei kleinem k ähnelt ihre Verteilung einem ‚Siegelring'.

Wie sich die *Prüfgröße* r unter H_0 (Gleichverteilung über dem Kreis = *zirkuläre Gleichverteilung*) verteilt, hat KLUYVER (1905) berechnet und STEPHENS (1939) bestätigt:

Für kleinere Stichproben gibt Tafel XX−2−1 (aus ZAR, 1974, Table D.38) die einseitigen Schranken r_α für N = 6(1)30(2)50(5)80(10)100(20) 200, 300, 500 für $0{,}20 \geqslant \alpha \geqslant 0{,}001$ an; ihre Überschreitung zeigt eine in der Population bestehende Präferenz an.

Größere als die in Tafel XX−2−1 angegebenen Stichproben prüft man asymptotisch über die Prüfgröße
$$\chi^2 = 2Nr^2, \qquad (20.2.1.1)$$
die annähernd wie χ^2 mit 2 Fgn verteilt ist, wenn H_0 zutrifft.

Für die N = 8 Richtungsmaße unseres Amöben-Beispiels mit r = 0,54 gilt nach Tafel XX−2−1 eine 5%-Schranke von 0,6020 und eine 10%-Schranke von 0,5340, so daß eine Richtungspräferenz in der strichlierten Radiallinie (Abb. 20.1.2.1 unten Mitte) mit dem exakten *RAYLEIGH-Test* nachgewiesen ist. Die asymptotische Prüfgröße des RAYLEIGH-Tests betrüge $\chi^2 = 2 \cdot 8(0{,}54)^2 = 4{,}67$; sie ist ebenfalls auf der 10%-Stufe signifikant.

Der Ortungstest

RAYLEIGHS Test gegen Richtungspräferenz ist nicht auf zahlwertige (univariate) Richtungsmaße beschränkt, sondern kann auch auf vektorwertige (bivariate) *Ortungsmaße* angewendet werden, weil er nur auf der Länge des Durchschnittsvektors basiert.

Hat man etwa N = 7 freistehende Bäume in einer umschriebenen Landschaft durch ihre Neigungswinkel β_i und ihre Höhen r_i beschrieben um zu prüfen, ob eine bestimmte Windrichtung dortigenorts vorherrscht, so bildet man nach Kapitel 20.1.5 den Durchschnittsvektor $\bar{r}$ = r und beurteilt r nach Tafel XX−2−1 exakt oder nach $2Nr^2$ asymptotisch wie χ_2^2.

Auf Ortungsmaße angewendet, werden die Richtungsmaße (Baumneigungen) durch die Vektorlängen (Baumhöhen) *gewichtet*, was sinnvoll ist, wenn die Windrichtungspräferenz bis in die Zeit zurückverfolgt werden soll, wo die höchsten Bäume gepflanzt wurden.

20.2.2 DURANDS Test auf Richtungsanpassung

Hätte im Beispiel des Abschnittes 20.2.1 eine punktförmige Lichtquelle genau in Kompaßrichtung Nord (0°) (anstelle diffusen Lichts in Polarsternposition) aufgeleuchtet, dann wäre unter der Phototaxis-Alternative $\beta_0 = 0°$ vorauszusagen (zu prädizieren) gewesen.

Diese Alternative einer beobachteten mit einer prädizierten Richtungspräferenz *(Richtungsanpassung)* betrachten DURAND und GREENWOOD (1958) mit ihrem *V-Test*, dessen Prüfgröße

$$V = N(r)\cos(\bar{\beta} - \beta_0) \tag{20.2.2.1}$$

in Tafel XX−2−2 ihre Schranken ausweist, und zwar für Stichproben praktisch aller Größen mit N = 8(1)30(2)50(10)100(20)200 und Alphas zwischen 0,10 und 0,001. Wird die zu N und α gehörige Schranke von einem beobachteten Absolutbetrag von V überschritten, so ist die Alternative der prädizierten Richtung gegenüber H_0 (zirkuläre Gleichverteilung) anzunehmen.

Man beachte, daß H_0 nicht nur bei fehlender Richtungspräferenz (wie in Abb. 20.1.3.1 rechts unten), sondern auch bei bestehender, aber ‚falsch' prädizierter Präferenz (wie in Abb. 20.1.3.1 Mitte oben mit NNO statt N) H_0 beibehalten werden muß. Welcher Fall zutrifft, muß aus der Dateninspektion beurteilt werden.

Beispiel 20.2.2.1

Heimfindeversuch: Die N = 11 Brieftauben eines Züchters wurden blind verfrachtet und an einem Ort freigelassen, von dem aus gesehen der heimische Taubenschlag die Kompaßrichtung $\beta_0 = 279°$ (home) besaß. Abb. 20.2.2.1 gibt das Ergebnis der mit Feldstecher verfolgten und auf 5° genau gemessenen Flugrichtungen als Roulettediagramm wieder.

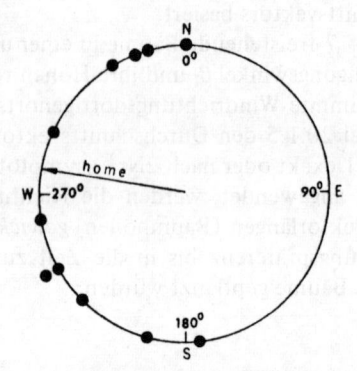

Abb. 20.2.2.1
Flugrichtungen von N = 11 Brieftauben in Bezug auf die Richtung des heimischen Taubenschlags (home) (aus BATSCHELET, 1972, Fig. 4).

Frage: Die H_0, wonach die N = 11 Tauben in alle Windrichtungen entfliehen, wird H_1 gegenübergestellt: danach entfliehen sie vornehmlich in Richtung ‚home' mit

$\beta_0 = 279°$ (Pfeilrichtung). Stimmt die beobachtete mit der heimfinde-theoretisch postulierten Richtung überein?

V-Test: Die 11 Flugrichtungen $\beta_i = (0°, 175°, 195°, 225°, 240°, 240°, 260°, 295°, 330°, 340°$ und $345°$) ergeben nach dem Vorbild des Beispiels 20.1.3.1 ein $\bar{\beta} = 274°$ und ein $r = 0{,}5614$. Die Prüfgröße $V = 11(0{,}5614)\cos(274° - 279°) = 6{,}1754(\cos 355°) = 5{,}589$ ist nach Tafel XX-2-2 auf der 1%-Stufe signifikant, da die 1%-Schranke 5,378 überschritten wird.

Interpretation: Die Flugrichtungen verteilen sich zwar über den westlichen Nord-Süd-Halbkreis, haben jedoch trotz der großen Winkelstreuung eine mit der Theorie des Heimfindevermögens von Brieftauben übereinstimmende Richtungspräferenz.

Bei großem Stichprobenumfang N ist die Prüfgröße V des Richtungsanpassungstests näherungsweise normal verteilt mit einem *Erwartungwert* von Null und einer *Varianz* von

$$\mathrm{Var}(V) = N/2, \qquad (20.2.2.2)$$

so daß

$$u = V\sqrt{(2/N)} \qquad (20.2.2.3)$$

wie eine Standardnormalvariable *einseitig* zu beurteilen ist, da der Kosinus von $(\bar{\beta} - \beta_0)$ nicht vom Vorzeichen der Winkeldifferenz abhängt: Für Beispiel 20.2.2.1 gilt $u = 5{,}589\sqrt{(2/11)} = 2{,}38$, das bei der gebotenen einseitigen Beurteilung durch den asymptotischen Test ebenso auf der 1%-Stufe signifikant ist wie im exakten Test des Beispiels 20.2.2.1, d.h. die vorausgesagte Richtung β_0 wird auch eingehalten.

Man beachte: Für eine Winkeldifferenz von Null geht der V-Test in den RAYLEIGH-Test über, in welchem Beobachtung und Erwartung zusammenfallen, da die Erwartung nicht spezifiziert wird.

20.2.3 SCHACHS Tests gegen Richtungsabweichung

Im V-Test wurde geprüft, ob eine unter H_1 vorausgesagte Richtung eingehalten wird; es wurde auf Übereinstimmung von Beobachtung und Erwartung geprüft.

Fragt man umgekehrt, ob eine unter H_0 postulierte Richtung β_0 von den beobachteten Richtungsmaßen nicht eingehalten wird, bildet man das Intervall $\beta_0 + 180$ (Halbkreis) und zählt aus, wieviele β_i in dieses Intervall fallen. Unter H_0 (Gleichvereilung) ist die Zahl x nach dem Vorzeichentest für die N Richtungsmaße zu beurteilen. Die Prozedur ist eine von SCHACH (1969) als zirkulärer Symmetrietest beschriebener *Vorzeichentest für Richtungsmaße*.

In Abb. 20.2.2.1 bezeichnet der Pfeil ‚home' die postulierte Richtung β_0. In dem durch die Pfeilrichtung bestimmten oberen Halbkreis finden sich x = 5 unter N = 11 Flugrichtungen, was nach Tafel I einem $P(x \geqslant 5)$ = = 0,500, so daß keine Richtungsabweichung nachzuweisen ist.

Sind die Richtungsmaße β_i, i = 1(1)N mit kleiner Dispersion in etwa symmetrisch verteilt (was für die β_i der Abb. 20.2.2.1 kaum zutrifft), dann prüft man schärfer mit dem von SCHACH (1969) begründeten *Vorzeichenrangtest für Richtungsmaße* auf Abweichung der beobachteten β_i vom postulierten β_0: Man bildet die Differenzen $\delta_i = \beta_i - \beta_0$ und setzt $\delta_i' = \delta_i -$ $- 180$, wenn die Differenz 180° überschreitet. Dann numeriert man die Differenzen ihrem Absolutbetrag nach durch, summiert die Ränge des einen der beiden Vorzeichen zur Prüfgröße T und beurteilt T nach Tafel VI–4–1/2.

Beispiel 20.2.3.1

In einem Heimfindeversuch wurden N = 15 Brieftauben in Richtung $\beta_0 = 149°$ verfrachtet und nahmen nach Freilassung die folgenden Heimfinderichtungen β_i (adaptiert aus MARDIA, 1972, S. 195)

β_i: 85 135 140 145 150 160 185 200 210 220 225 270
       135   160
                     160

δ_i: -64 -14 -9 -4 1 11 36 51 61 71 76 121
           -14   11
                       11

R_i -12 -7,5 -3 -2 1 5 9 10 11 13 14 15
          -7,5   5
                       5

T = 12+15+3+2 = 32

Ein T = 32 hat nach Tafel VI–4–1–1 ein $P(T \leqslant 32) = 0{,}060$ und die hier einschlägige, weil bzgl. der Abweichungsrichtung nicht spezifizierte zweiseitige H_1 ist deshalb mit einem $P = 0{,}12 > 0{,}05 = \alpha$ assoziiert, womit H_0 (Tauben fliegen in Richtung ‚Heimat') beizubehalten ist.

SCHACH (1969) hat gezeigt, daß der *zirkuläre Vorzeichenrangtest* im Fall zirkulär-normal verteilter Richtungsmaße (genauer: im Fall einer *von-MISES-Verteilung*) mit einer A.R.E. von $3/\pi^2$ praktisch ebenso wirksam ist wie der in diesem Fall optimale parametrische Test, wenn die Dispersion der Winkelmaße *klein* ist. Ist sie *groß*, insbesondere so groß, daß die Winkelmaße den ganzen Kreis umgreifen, dann ist der Vorzeichenrangtest mit einer A.R.E=$6/\pi^2$ weniger wirksam als der Vorzeichentest mit $8/\pi^2$. Letztere Feststellung gilt meist auch für schief- oder zweigipfelig verteilte Winkelmaße.

SCHACH (1969) hat neben *zirkulärem Vorzeichentest* und zirkulärem Rangvorzeichentest einen gegenüber der sog. Rotationsalternative höchst effizienten verteilungsfreien Test entwickelt, auf den hierorts mangels Voraussetzungen nicht eingegangen wird.

20.2.4 AJNES A-Test gegen Sichelpräferenz

RAYLEIGHS Test ist am schärfsten, wenn eine eingipfelige und symmetrische Verteilung mit geringer Winkeldispersion als Alternative zu H_0 (Gleichverteilung) vorliegt. Liegt nun aber eine Verteilung mit großer Winkeldispersion vor, dann ist ein von AJNE (1968) konstruierter Test gegen Richtungspräferenz wesentlich schärfer.

AJNES Test gegen *‚Sichelpräferenz'* geht von folgender Überlegung aus: Man legt zwischen je zwei aufeinanderfolgende Richtungsmaße einen Kreisdurchmesser (Diameter) und vergleicht die Zahl der Winkelmaße in beiden Kreishälften. Gilt H_0 (Gleichverteilung), so werden bei N Richtungsmaßen alle $N(N-1)/2$ Halbierungen zu etwa gleichen Zahlen führen. Gilt die Sichelalternative, dann gibt es ein Zahlenpaar x und N-x, dessen Paarlinge sich maximal unterscheiden. AJNES *Prüfgröße* A ist aber nicht auf dem Zahlenpaar x und N-x gegründet, sondern basiert auf den Abständen (Minimum-Differenzen) zwischen den $N(N-1)/2$ Paaren von Richtungsmaßen:

(1) Man ordne die N Winkelmaße der Stichprobe aufsteigend, so daß $\beta_1 \leqslant \beta_2 \leqslant \ldots \leqslant \beta_N$.

(2) Dann bilde man die Winkeldifferenzen $m_{12} = \beta_2 - \beta_1$, $m_{13} = \beta_3 - \beta_1$ etc. bis $m_{N-1,N} = \beta_N - \beta_{N-1}$, wobei $m' = 360 - m$ zu setzen ist, wenn $m > 180°$.

(3) Sodann berechne man die Winkelprüfgröße A, die wie folgt definiert ist:

$$A = N(90) - 2Z/N \qquad (20.2.4.1)$$

wobei Z als *GINI-Summe* definiert ist (vgl. LIENERT, 1980)

$$Z = \sum_{i<j} m_{ij} \qquad (20.2.4.2)$$

Die Summe Z des *Zwischenwertes* erstreckt sich über alle $\binom{N}{2}$ Winkeldifferenzen m_{ij} eines Winkels i gepaart mit einem Winkel j. Unter H_0 (Gleichverteilung über dem Kreis) sind die m_{ij} groß und A ist klein, unter H_1 (Sichelverteilung, etwa über dem Halbkreis), dann sind die m_{ij} klein und A ist groß.

STEPHENS (1969) hat die Prüfgröße A unter H_0 für alle praktisch wichtigen Stichprobenumfänge vertafelt.

In Tafel XX—1—6 sind, wie bei BATSCHELET (1972, Table 4), die Schranken in Winkelgraden (statt in Radianten) abgedruckt, entsprechend der Prüfgröße in (20.2.4.1) mit $\pi/2 = 90°$. Überschreitet ein beobachteter Wert die für das entsprechende N geltende α-Schranke, dann ist H_0 zu verwerfen und die Alternative inspektiv zu interpretieren, da der A-Test auf verschiedene Arten semizirkulärer Verteilungen und nicht nur auf sichelförmige Verteilungen anspricht.

Beispiel 20.2.4.1

Rotations-Versuch: Eine Vp wurde im Drehstuhl rotiert und aufgefordert, eine gegensinnig rotierende Schallquelle zu lokalisieren, nachdem ihr rechtes Ohr verschlossen wurde (monaurale Wahrnehmung). Der Versuch wurde mit 13 weiteren Vpn repliziert und ergab die Lokalisationsmaße β_1^0 = (115 120 120 130 135 140 150 150 150 165 185 210 235 270 und 345).

Hypothesen: Der physikalisch plausiblen H_0 wird eine Lokationspräferenz (H_1) mit weiter Dispersion gegenübergestellt.

AJNE-Test: Die Winkeldifferenzen betragen m_{12} = 120-115 = 5, 120-115 = 5 usf. bis 345-115 = 230, wofür 360-230 = 130 zu setzen ist. Die m_{ij} ergeben als Summe Z = 6660 und A = 15(90) - 2(6660)/15 = 462 (20.2.4.1—2).

Entscheidung: Die Prüfgröße A = 462 liegt außerhalb der 1%-Schranke von 338 in Tafel XX—1—6 für N = 15, so daß H_1 gegen H_0 anzunehmen ist.

Interpretation: Die monaurale Wahrnehmung links führt zu bevorzugter Lokalisation der Schallquelle in Richtung Md(β) = 150 (SO), also etwa kontralateral zur Ebene der linken Ohrmuschel.

AJNES Test wurde unabhängig von einem mit ihm identischen bivariaten Vorzeichentest von HODGES (1955) entwickelt, weshalb ihn MARDIA (1972 Ch.7.2.3) als HODGES-AJNE-Test bezeichnet[5]. HODGES benutzt statt der Winkelprüfgröße A die Frequenz m des am schwächsten besetzten Halbkreises. Im Beispiel 20.2.4.1 liegen bis auf m = 1 alle N = 15 β's zwischen 115° und 115° + 180° = 295°. Die Überschreitungswahrscheinlichkeit, daß m ≤ 1, beträgt nach HODGES (1955)

$$P = \binom{N}{m} \frac{N - 2m}{2^{N-1}} \qquad (20.2.4.3)$$

---

[5] Paarige Differenzen aus der Vor- und Nachbeobachtung je eines Mms liefern Vektoren, deren Schnittpunkte mit dem Einheitskreis die Ausgangsdaten des AJNE-Tests ergeben. Haben die Vektoren eine bevorzugte Richtung (einen bevorzugten Halbkreis), dann hat sich die zwischen Vor- und Nachbeobachtung intervenierende Behandlung als bivariat lokationsverschiebend ausgewirkt.

falls, wie in unserem Beispiel, m < N/3 gilt. Da $2^{14} = 16384$ und $\binom{15}{1} = 15$, gilt P = 15(15 - 2 · 1)/16384 = 0,012, was mit dem Ergebnis des A-Tests übereinstimmt. HODGES m-Test ist jedoch schwächer als der A-Test, wenn die Sichel einen Halbkreis nicht voll ausfüllt.

20.2.5 Zirkuläre ‚Spacing-Tests' (Radspeichentests)

Eine Gruppe von Präferenztests für N Richtungsmaße geht von der Nullhypothese aus, daß die N Richtungsmaße mit gleichen Intervallen von 360°/N über dem Kreis verteilt sind. Diese *Spacing-Tests* stellen der H_0 gleicher Intervalle (Speichen-Intervalle) die Alternative ungleicher Intervalle gegenüber und gründen ihre Prüfgröße auf das jeweils beobachtete Spacing, auf die je spezifische *Speichenverteilung* der Richtungsmaße.

Von den 2 im folgenden behandelten Radspeichentests spricht der erste auf ‚Speichenbüschelung', der zweite auf ‚Speichenstrahlung' an.

Der LAUBSCHER-RUDOLPH-Test

Sind die N Richtungsmaße über einem begrenzten Kreissektor verteilt, so kann man die Winkelspannweite w° als Prüfgröße heranziehen, wie dies im *zirkulären Spannweitentest* von LAUBSCHER und RUDOLPH (1968) geschehen ist. Die beiden Autoren haben gezeigt, daß die Prüfgröße w° mit einem Erwartungswert von

$$E(w°) = (360°/N) \cdot (Z + N - 1) \qquad (20.2.5.1)$$

und einer Varianz von

$$Var(w°) = (360°/N)^2 \left[Z^2 - \frac{2}{N+1} \sum_{i=1}^{N} (N-i) Z_i / i \right] \qquad (20.2.5.2)$$

asymptotisch normal verteilt ist, wobei die Größe Z wie folgt definiert ist

$$Z = \sum_{i=1}^{N-1} Z_i \text{ mit } Z_i = (-1)^i \binom{N}{i} \frac{1 - i/N}{i} \qquad (20.2.5.3)$$

Da die Z_i nicht von den Richtungsmaßen, sondern nur von deren Zahl N abhängen, lassen sie sich leicht vertafeln: So ist $Z_1 = (-1)^1 \binom{5}{1} (1 - 1/5)/1 =$ $= -4,0$, $Z_2 = (-1)^2 \binom{5}{2} (1 - 2/5)/2 = +3,0$, $Z_3 = (-1)^3 \binom{5}{3}(1 - 3/5)/3 = -4/3$, $Z_4 = (-1)^4 \binom{5}{4} (1-4/5) 4 = +1/4$ und $Z_5 = (-1)^5 \binom{5}{5} (1-5/5)/5 = 0$, so daß $Z = -4 + 3 - 4/3 + 1/4 - 0 = -2,08$ für N = 5, wobei der letzte Summand immer gleich Null sein muß (s. 20.2.5.3 mit Summe bis N−1).

Der Spacing Test von LAUBSCHER und RUDOLPH ist gegenüber jener Alternative zu H_0 (Gleichverteilung) besonders sensitiv, die eine sektorale

Radspeichen-Büschelung der Richtungsmaße involviert, wie der Urlaubsbeginn in der Sommersaison.

Beispiel 20.2.5.1

Datenerhebung: N = 5 Mitarbeiter eines Betriebes beginnen ihren Jahresurlaub in der Zeit vom 1. Mai (erster Urlauber) bis zum 30. August (letzter Urlauber), was eine Spanne von 122 Tagen ausmacht, die einer Winkelspannweite von $w° = (122/366) \cdot 360° = 120°$ in dem laufenden Schaltjahr mit 366 Tagen entspricht.

Asymptotischer Test: Bei N = 5 ist $e(w°) = (360°/5)(-2{,}08 + 5 - 1) = 138°$ und $Var(w°)$ erhalten wir aus der Summe der Z_i-Terme wie folgt

$$(5-1)Z_1/1 + (5-2)Z_2/2 + (5-3)Z_3/3 + (5-4)Z_4/4 = -12{,}326,$$

wenn man — wie oben vorberechnet — $Z_1 = -4$, $Z_2 = +3$, $Z_3 = -4/3$ und $Z_4 = +1/4$ einsetzt. Daraus ergibt sich nach (20.2.5.2)

$$Var(w°) = 72° \cdot [(-2{,}08)^2 - (2/6)(-12{,}326)] = 43727°,$$

wenn man $Z = (-4 + 3 - 4/3 + 1/4)\,3 - 4/3$ einsetzt. Der u-Test ergibt sodann

$$u = (120° - 138°)/\sqrt{43727} = -0{,}086,$$

das bei der Alternative zu kleiner Winkelspannweite (zu enger Speichenbüschelung) negativ ausfallen und einseitig beurteilt werden muß.

Entscheidung: Abgesehen davon, daß der u-Test wegen zu kleinem N nicht statthaft ist, muß die Nullhypothese einer intervallgleichen Urlaubsnahme aufrechterhalten bleiben, obschon sie unplausibel erscheint.

Für einen *exakten Test* nach LAUBSCHER und RUDOLPH kann die Prüfgrößenverteilung auch kombinatorisch ermittelt werden, jedoch ist er als exakter Test in Anwendung auf kleine Stichproben zu wenig effizient, um praktisch bedeutsam zu sein. Das Beispiel 20.2.5.1 hat deshalb nur prozedurale Bedeutung.

RAOs Radspeichen-Tests

Prüft der LAUBSCHER-RUDOLPH-Test gegen Häufung von Speichen in einem Sektor des Kreises (vgl. Abb. 20.1.1.1), so prüft ein Test von RAO (1969) — richtig angewandt — gegen zu gleichmäßige Verteilung der Speichen über den Kreis gegen das, was hier als *Radspeichen-Strahlung* bezeichnet werden soll.

RAO (1969) geht von der Abweichung der beobachteten N *Radspeichenintervalle*

$$\delta_i^0 = \beta_{i+1} - \beta_i \qquad (20.2.5.4)$$

von den unter H_0 ('equal spacing') erwarteten Radspeichen-Intervallen $360°/N$ aus und definiert eine Prüfgröße als Summe der N Abweichungsbeträge wie folgt

$$L° = \frac{1}{2} \cdot \Sigma \left| \delta_i° - \frac{360°}{N} \right| \quad (20.2.5.5)$$

$L°$ ist unter H_0 asymptotisch normal verteilt mit den Parametern

$E(L°) = 360°/e = 132{,}4°$ und

$$Var(L°) = 360° \left(\frac{360}{N \cdot e}\right)(2 - 5/e) = \frac{7656{,}9°}{N}, \quad (20.2.5.6)$$

wobei $e = 2{,}7183$ die Basis des natürlichen Logarithmus bedeutet. Ist $L°$ klein und so klein, daß

$$u = \frac{L° - E(L°)}{\sqrt{Var(L)}} = \frac{L° - 132{,}4°}{\sqrt{7656{,}9°/N}} \quad (20.2.5.7)$$

algebraisch kleiner als die α-Schranke von $L°$ wird, ist die Radspeichen-Strahlungs-Alternative anzunehmen.

Beispiel 20.2.5.1

Anweisung: Eine Wachtpostengruppe wurde angewiesen, N = 12 mal in 24 Stunden in Zufallsintervallen ein Objekt zu sichern und Protokoll zu führen, wobei die Intervalle zwischen den Dienstgängen aus einer Zufallszahlentabelle abzulesen waren.

Tabelle 20.2.5.1

Posten	Dienstgang	Winkeläquiv. δ	$\|\delta° - 30°\|$
1	2 h 32 min	38°	8
2	1 h 56 min	29°	1
3	2 h 36 min	39°	9
4	3 h 8 min	47°	17
5	2 h 0 min	30°	0
6	1 h 40 min	25°	5
7	1 h 32 min	23°	7
8	2 h 40 min	40°	10
9	1 h 12 min	18°	12
10	1 h 8 min	17°	13
11	1 h 36 min	24°	6
12	2 h 0 min	30°	0
N=12	24 h	360°	L = 44°

Kontrolle: Eine Kontrolle eines Protokolls wurde an jenem Tag vorgenommen, an welchem ein Unbefugter das Objekt betreten hatte, ohne entdeckt zu werden. Aus den Dienstgängen in Tabelle 20.2.5.1 ließen sich folgende Zeit- und Winkelintervalle (nach XX–1 transformiert) gemäß (20.2.5.4) errechnen:

Radspeichen-Intervalle-Test: Da $E(L) = 132{,}4°$ und $Var(L) = 7656{,}9°/12 = 638{,}08°$ und $\sigma(L) = 25{,}26$, so daß $u = (44° - 132{,}4°)/25{,}26 = -3{,}45$, was die 1%-Schranke von $-u = -2{,}33$ weit unterschreitet.

Folgerung: Die Wachtposten wechseln nicht nach Zufallsintervallen einer Gleichverteilung über dem 24-h-Zyklus, sondern nach der Radspeichenalternative mit einem 2-Stunden-Intervall. Damit hat ein Eindringling im Abstand von 1 Stunde nach Postenwechsel die beste Chance, von keinem neuen Postenwechsel überrascht zu werden.

Neu-Anweisung: Es ist nach 2-stellig gleichverteilten Zufallszahlen in Tafel IV zu wechseln, deren Spalte durch Werfen dreier Würfel auszulosen ist. Ein Dreierwurf $2+5+4 = 11$ verpflichtet zur Wachablösung nach den 12 Zahlenpaaren (65 14 72 29 49 14 34 76 02 77 67 11). Deren Summe 510 ergibt den Divisor für die 12 Winkelintervalle $360° \cdot 65/510 = 46°$ usf. bis $11(360°/510) = 8°$. Die Winkelintervalle sind sodann nach Tafel XX–1–4 in Zeitintervalle zu transformieren, woraus 3 h 4 min für den ersten und 32 min für den letzten Wachtposten resultieren.

In der hier vorgeschlagenen Anwendung ist der Radspeichen-Intervalle-Test ein Test gegen *zu gute* Anpassung einer beobachteten an eine unter H_0 erwartete Verteilung. Eine *zu schlechte* Anpassung herrscht u.a. vor, wenn die Radspeichen zwei oder drei Büschel bilden, wie im Fall einer bi- oder trimodalen Verteilung von Richtungsmaßen. Hier ist – ebenfalls einseitig – gegen zu großes $L°$ zu prüfen. Tatsächlich spricht der *Radspeichentest* gegen bi- oder multimodale Alternativen zur Gleichverteilungs-H_0 unter den genannten Tests am besten an.

20.2.6 LEHMACHERS sektoraler Binomialtest

Vermutet der Untersucher, daß eine Ja-Nein-Observable innerhalb eines durch H_1 *spezifizierten Sektors* des Kreises eintritt bzw. relativ häufiger eintritt als im Komplementär-Sektor, dann ist der *sektorale Binomialtest* (LEHMACHER und LIENERT, 1979) bestindiziert.

Unter H_0, wonach leukämische Neuerkrankungen über das ganze Jahr hinweg gleichverteilt auftreten, ist die *Wahrscheinlichkeit* $p = 1/4$, daß dies entgegen klinischer Erwartung (H_1) auch für die 3 Sommermonate (J,J,A) gilt. Eine retrospektive Erhebung hat hierzu die Frequenzen f_i für die $i = 1(1)12$ Monate (aus 14 Jahren) geliefert (aus MARDIA, 1972, Tab.1.7) und zwar für $N = 506$ lymphatische Leukämien (Tabelle 20.2.6.1).

Tabelle 20.2.6.1

i	Jan.	Feb.	März	Apr.	Mai	Juni	Juli	Aug.	Sept.	Okt.	Nov.	Dez.
f_i	40	34	30	44	39	<u>58</u>	<u>51</u>	<u>55</u>	36	48	33	38
N = 506							x = 164			N−x = 342		

Der *einseitige Binomialtest* nach (1.2.3.4) ergibt für x = 58+51+55=164 Neuerkrankungen in den Sommermonaten einen Erwartungswert E(x) = = Np = 506/4 = 126,5 und eine Varianz von Np(1−p) = 506(1/4)(3/4) = = 94,875 mit einer Standardabweichung von 9,74, so daß u = (164−126,5)/ /9,74 = +3,85 auf der 0,1%-Stufe signifikant ist.

Der auf H_1 bezogene Sektor braucht nicht geschlossen zu sein, sondern kann sich auf distinkt gelegene *Teilsektoren* beziehen: Die Teilsektoren brauchen auch nicht kollektiv (6−8, 12−14, 18−20 Uhr) definiert zu sein, sondern können individuell bestimmt sein, wie das folgende Beispiel zeigt.

Beispiel 20.2.6.1

Sektorspezifikation: Aufgrund einschlägiger Vorerfahrung mit LSD-Rauschzuständen wurde vermutet, daß sog. Nachräusche (Reflashes) 2 Stunden vor den Mahlzeiten, also in Sektoren des Tageszyklus, in welchen eine relative Hypoglykämie herrscht, häufiger als zu anderen Tages- oder Nachtzeiten auftreten.

Beobachtungsergebnisse: Unter N = 18 Vpn, die einen Nachrausch nach einem LSD-Versuch erfahren hatten, berichteten x = 9, daß dieser Nachrausch innerhalb von 2 Stunden vor einer Hauptmahlzeit (Frühstück, Mittagessen, Nachtmahl) aufgetreten sei. Spricht diese Häufigkeit für die Blutzuckermangel-Hypothese?

LEHMACHERS *sektoraler Binomialtest:* Unter H_0 einer zirkulären Gleichverteilung haben die 3 mal 2 Stunden vor den Hauptmahlzeiten eine Nachrausch-Wahrscheinlichkeit von π = (2+2+2)/24 = 1/4 mit einem Erwartungswert von N/4 = 18/4 = 4,5 Nachräuschen in den 3 Teilsektoren. Für x = 9 Nachräusche ist jedoch P(x⩽9) = 0,0139 < < 0,05 = α nach Tafel V, so daß wir H_0 zugunsten der Alternative ablehnen, wonach eine Präferenz für einen aus 3 Teilen bestehenden Sektor des Tageszyklus besteht.

Es versteht sich, daß der Sektor hinsichtlich Lage und Länge *vor* der Datenerhebung zu spezifizieren ist, da andernfalls das vereinbarte Alpha-Risiko modo grosso überschritten werden kann. Der sektorale Binomialtest ist ein Pendant zu DURANDS V-Test mit dem Unterschied, daß statt einer Richtung β_0 ein Richtungsintervall als bekannt vorausgesetzt wird.

20.3 Vergleich einer beobachteten mit einer Gleichverteilung von Richtungsmaßen: Omnibustests

Bislang haben wir als Alternative zu H_0 (zirkuläre Gleichverteilung) stets *eine* Richtungspräferenz (zirkuläre Unimodalverteilung) im Auge gehabt. Treten nun z.B. *zwei* Klumpen (Cluster) von Kugeln im Roulette-Diagramm auf (wie in Abb. 20.1.3.1), so ist auf 2 Richtungspräferenzen zu prüfen. Genauer: Es ist zu prüfen, ob die beobachtete *Bimodalverteilung* der Richtungsmaße über dem Einheitskreis mit der Nullhypothese, wonach eine Zufallsstichprobe aus einer Gleichverteilung (Ringverteilung) vorliegt, zu vereinbaren ist.

20.3.1 Multiple Richtungspräferenzen

Sind Richtungsmaße nicht eingipfelig, sondern mehrgipfelig über dem Kreis verteilt, dann kann dies verschiedene Gründe haben:
Einen Grund haben wir in den axialen Richtungsmaßen bereits kennengelernt: Sind Richtung und Gegenrichtung sachlogisch nicht zu unterscheiden (wie bei längserstreckten Kristallen in geologischen Fundstätten), dann entstehen *zweigipfelige Verteilungen*, deren Gipfel diametral gegenüberliegen: Um gegen H_0 (Gleichverteilung) zu prüfen, transformiert man monoaxial-symmetrischen Richtungsmaße nach KRUMBEIN gemäß

$$\beta' = 2\beta \mod(360°) \qquad (20.3.1.1)$$

und erhält so eine eingipfelige Verteilung, die man bei geringer Dispersion am besten mit RAYLEIGHS Test, bei großer Dispersion besser mit AJNES Test auf H_0 überprüft.

Sind Richtungsobservablen in ihrem Auftreten von Gezeiten abhängig, so entstehen u.U. binaxialsymmetrische Verteilungen von Richtungs- oder Zyklusmaßen mit 4 Gipfeln im Abstand von je 90°. Solch *viergipfelige Verteilungen* können in analoger Weise in eingipfelige Verteilungen umgewandelt werden, wenn man $\beta' = 4\beta \mod(360°)$ setzt. Analoges gilt für 3-gipfelige Verteilungen mit einem Gipfelabstand von 120°, die nach $\beta' = 3\beta \mod(360°)$ eingipfelig zu transformieren und mit Präferenztests auf Gleichverteilung zu prüfen sind.

Nicht-axialsymmetrische *mehrgipfelige Verteilungen* entstehen durch substanzwissenschaftlich begründete *multiple Präferenzen*, wie z.B. Futtersuche zu mehreren Tageszeiten oder Paarungsbereitschaft zu verschiedenen Jahreszeiten, die keinem periodischen Wechsel folgen. Hier kommt einer der beiden folgenden Tests zum Einsatz, wobei der erste vorwiegend auf singuläre, der zweite vornehmlich auf gruppierte Richtungsmaße anzuwenden sein wird.

20.3.2 KUIPERS zirkulärer KOLMOGOROFF-Test

Wird die Alternative H_1 zur Nullhypothese (Gleichverteilung = Ringverteilung) nicht in Richtung auf eine Hauptrichtung bzw. eine Richtungspräferenz spezifiziert, so muß anstelle eines Präferenztests ein *Omnibustest* gegen Abweichungen aller Art von H_0 in Betracht gezogen werden. Im linearen Fall haben wir den KOLMOGOROFF-SMIRNOV-Test (vgl. 7.3.1) zum Omnibus-Vergleich einer beobachteten mit einer theoretisch erwarteten Verteilung herangezogen.

KUIPER (1960) hat den KS-Test nun für die Anpassung zirkulär verteilter Richtungsmaße an eine Gleichverteilung wie folgt adaptiert:

Man numeriert die Richtungsmaße β_i von 1 bis N größenmäßig durch, erstellt eine *empirische Treppenfunktion* der Größen

$$U_i = \beta_i/360 \qquad (20.3.2.1)$$

und zeichnet dazu die Diagonale der kumulativen Gleichverteilung

$$G_i = i/N \qquad (20.3.2.2)$$

Dann mißt man den größten Abstand der Treppenkurve von der Diagonale ‚nach oben‘, $\max(U_i-G_i)$ und den größten Abstand ‚nach unten‘. Die algebraische Summe der beiden Abstände plus dem Korrekturglied $1/N$

$$K = \max(U_i-G_i) - \min(U_i-G_i) + \frac{1}{N} \qquad (20.3.2.3)$$

ergibt die Prüfgröße von *KUIPERS KOLMOGOROFF-Test*. Wie KUIPER (1960) gezeigt hat, ist die so definierte Prüfgröße ursprungsinvariant, also unabhängig davon, ob man die Richtungsmaße von Kompaß-Nord oder von einem beliebigen Punkt des Einheitskreises aus mißt.

Die *Nullverteilung* von K ist zu kompliziert, um hier als exakte Verteilung abgehandelt zu werden. STEPHENS (1970) hat jedoch gezeigt, daß Stichproben vom Umfang $N \geqslant 8$ bereits hinreichend genau über die von ihm abgeleitete *Prüfgröße*

$$K^* = K(\sqrt{N} + 0{,}155 + 0{,}24/\sqrt{N}) \qquad (20.3.2.4)$$

nach Tabelle 20.3.2.1 auf Abweichung aller Art von der Gleichverteilung zu beurteilen sind, wenn man sich mit $\alpha = 0{,}10$ bis $0{,}01$ begnügt.

Tabelle 20.3.2.1

α	0,100	0,050	0,025	0,010
K^*	1,620	1,747	1,862	2,001

Zur genaueren Beurteilung benutze man die bei BATSCHELET (1972, Table

7) und bei MARDIA (1974, Table 7.1) abgedruckten Schranken der Tabelle 20.3.2.1; sie sind jedoch für die Mehrzahl aller praktischen Anwendungen zu entbehren, wie das folgende Beispiel zeigt.

Beispiel 20.3.2.1

Versuch: In einem haptomotorischen Versuch hatten N = 10 Vpn bei verbundenen Augen mit der führenden Hand (rechte Hand bei Rechtshändern) den kegelförmig erhöhten Mittelpunkt einer 30 cm entfernten Scheibe wiederzufinden, nachdem sie ihn zuvor ein Mal ertasten durften. Der Versuch wurde mit jeder Vp 20 Mal in der beschriebenen Weise repetiert. Gemessen wurden bei jedem Versuch x und y als Kartesische Koordinaten; diese wurden summiert zu Σx und Σy, woraus tan $\beta_i = \Sigma y / \Sigma x$ als ‚gewogenes' Richtungsmaß der Abweichung der Vpn i definiert wurde.

KUIPERS-KS-Test: Da interindividuell unterschiedliche Abweichungspräferenzen vermutet wurden, wird auf die Richtungsmaße β_i, i = 1(1)10 KUIPERS Omnibustest in Aussicht genommen und in Tabelle 20.3.2.2 durchgeführt sowie nach STEPHENS ausgewertet.

Tabelle 20.3.2.2

i	β_i	$U_i = \beta_i/360$	i/N	$U_i - i/N$
1	55	0,153	0,1	+0,053 = $\max(U_i - \frac{i}{N})$
2	60	0,167	0,2	-0,033
3	65	0,181	0,3	-0,119
4	95	0,264	0,4	-0,136
5	100	0,278	0,5	-0,222
6	110	0,306	0,6	-0,294 = $\min(U_i - \frac{i}{N})$
7	260	0,722	0,7	+0,022
8	275	0,764	0,8	-0,036
9	285	0,792	0,9	-0,108
10	295	0,819	1,0	-0,181

$K = 0,053 - (-0,294) + \frac{1}{10} = 0,447$

$K^* = 0,447(\sqrt{10} + 0,155 + 0,24/\sqrt{10}) = 1,517$

Das resultierende K-Stern überschreitet nicht einmal die 10%-Schranke der Tabelle 20.3.2.1, so daß angenommen werden muß, die Richtungsabweichungen der 10 Vpn ‚gingen in alle Himmelsrichtungen'

Graphik: Abbildung 20.3.2.1 gibt den Test der Tabelle 20.3.2.2 in graphischer Darstellung wieder: Es deutet sich zwar eine Präferenz in Richtung Ostabweichung (ca. 100°) an und eine Non-Präferenz in Richtung NO (50°), doch reichen die Präferenzen nicht aus, um H_0 zu verwerfen.

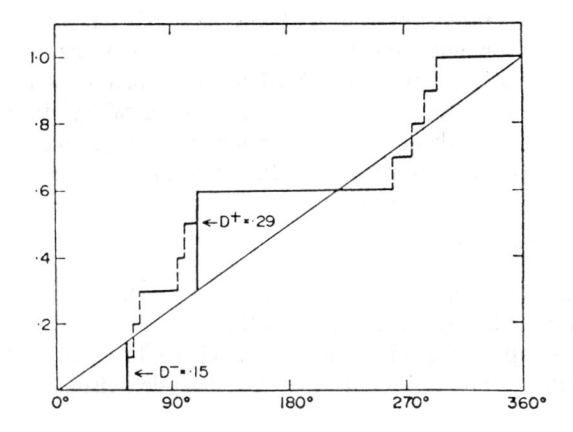

Abb. 20.3.2.1:
Graphische Veranschaulichung von KUIPERS KS-Test anhand der Daten aus Tabelle 20.3.2.2 (aus MARDIA, 1974, Fig. 7.1).

Ergänzung: Um zu prüfen, ob einzelne Individuen konstant in bestimmter Richtung abweichen, sind 10 Einzelfalltests unter der Annahme durchzuführen, daß aufeinanderfolgende Versuche einer einzelnen Vpn als experimentell unabhängig anzusehen sind. Sollte sich dabei zeigen, daß einige Vpn signifikante KUIPER-Tests produzieren, dann wäre deren haptomotorische Verzerrung (Bias) näher zu untersuchen.

KUIPERS KS-Test ist, wie STEPHENS (1969) gezeigt hat, gegenüber der *Sichelalternative* einer unimodalen Präferenz fast ebenso wirksam wie der hierzu empfohlene AJNE-Test (20.2.4). Auch gegenüber der Alternative einer bimodalen Verteilung von Richtungsmaßen, wie sie im Zweistichprobenfall mit dem U^2-Test geprüft wird (WATSON, 1961), ist KUIPERS Test sehr wirksam, wenn sich die beiden Stichproben nur wenig überlappen. Selbst gegenüber der Alternative einer *zirkulären Normalverteilung* besitzt KUIPERS KS-Test, wie RAO (1969) gezeigt hat, eine asymptotische Effizienz (ARE) von $8/\pi^2 = 81\%$ im Vergleich zu RAYLEIGHS Test (20.2.1), der auf Abweichungen in Richtung einer ZNV bestmöglich anspricht.

20.3.3 Der zirkuläre χ^2-Anpassungstest

KUIPERS KOLMOGOROFF-Test setzt singuläre Richtungsmaße voraus und verliert an Effizienz, wenn er auf gruppierte Maße angewendet wird.

Für Richtungsmaße, die in k Intervallen erhoben worden sind oder — unabhängig von der Erhebung — in k Intervallen gruppiert worden sind, ist der *zirkuläre* χ^2-*Anpassungstest* die Methode der Wahl um zu prüfen, ob Abweichungen von einer zirkulären Gleichverteilung nachzuweisen sind.

Bei einer Zufallsstichprobe mit N Richtungsmaßen in k Gruppen ist die unter H_0 (Gleichverteilung) erwartete Besetzungszahl je Intervall gleich N/k = e. Man prüft dann, ob die beobachteten Frequenzen f_i, i = 1(1)k hinreichend gut mit den erwarteten Frequenzen e übereinstimmen, etwa durch die Formel

$$\chi^2 = (1/e)\Sigma(f_i - e)^2 \qquad (20.3.3.1)$$

und beurteilt χ^2 nach k-1 Fgn. Bei numerisch gleichen e's genügt es, wenn diese den Wert 3 überschreiten (WISE, 1963).

Daß der Gruppierung nach Lage und Zahl der Intervalle auf dem Kreis erhebliche Bedeutung zukommt, zeigt das folgende Beispiel.

Beispiel 20.3.3.1

Erhebung: In Tabelle 20.3.3.1 sind N = 60 Todesfälle in einer Intensivstation einer chirurgischen Klinik auf k = 12 Zwei-Stundenintervalle des Tageszyklus aufgeteilt worden.

Tabelle 20.3.3.1

i	1	2	3	4	5	6	7	8	9	10	11	12
n_i	6	5	10	3	7	2	1	6	4	5	3	8	60
$\Sigma(n_i-5)^2 =$	1	+ 0	+ 25	+ 4	+ 4	+ 9	+ 16	+ 1	+ 1	+ 0	+ 4	+ 9	= 74

χ^2 = 74/5 = 14,80 mit 12-1 = 11 Fgn n.s. (α = 0,05)

Test 1: Das nach Formel (20.3.3.1) berechnete χ^2 = 14,80 ist für 12-1 = 11 Fge nicht signifikant, obschon die H_0 der Gleichverteilung der Todeszeiten per inspectionem nicht recht plausibel erscheint.

Test 2: Aufgrund vorgängiger Beobachtung und in Übereinstimmung mit der Hypothese, daß die Nachstunden (von 22 Uhr bis 6 Uhr) wegen der bestehenden Vagusdominanz stärker kreislaufgefährdet sind, wird nach k = 3 Intervallen zu je 8 Stunden gruppiert: Aus Tabelle 20.3.3.1 resultieren dann die beobachteten Frequenzen f_1 = = 8+6+5+10 = 29 für den Nachtstunden-Sektor, f_2 = 3+7+2+1 = 13 für den Tagessektor und f_3 = 6+4+5+3 = 18 für den Abendsektor. Da der Erwartungswert je Sektor N/k = 60/3 = 20 beträgt, ist

$$\chi^2 = (1/20)(9^2 + 7^2 + 2^2) = 6{,}70 \text{ mit } 3-1 = 2 \text{ Fgn}$$

auf der vereinbarten 5%-Stufe signifikant.

Interpretation: Offenbar sind Todesfälle in den Nachtstunden (22-6) häufiger als tagsüber (6-14), was nicht nur der Vagus-Sympathikus-Umschaltung (am Morgen), sondern auch der unterschiedlichen Personalpräsenz zugeschrieben werden mag.

Will man in Beispiel 20.3.3.1 post hoc prüfen, ob zwischen 4 und 6 Uhr morgens (i = 3 mit f_i = 10) überzufällig viele Ptn verstorben sind, so bildet man das *Zweifelder-χ^2* mit f_1 = 10 und e_1 = 5 sowie f_2 = 60–10 = 50 und e_2 = 60–5 = 55 und erhält $\chi^2 = (10-5)^2/5 + (50-55)^2/55 = 5,45$, das nach r = 12 simultanen Tests zu beurteilen und daher nicht einmal auf der 10%-Stufe signifikant ist.

Es versteht sich, daß zirkulär gruppierte Meßwerte nicht nur auf Anpassung an eine Gleichverteilung, sondern auf Anpassung an jede andere theoretische Kreisverteilung (wie die zirkuläre Normalverteilung, vgl. GUMBEL, 1954) mittels χ^2 geprüft werden können.

Mit dem χ^2-Anpassungstest für Richtungsmaße nach BATSCHELET (1965, Ch. 19) beschließen wir die Gruppe der Einstichprobentests und gehen zum Vergleich zweier unabhängiger Stichproben von Richtungsmaßen über.

20.4 Vergleich zweier unabhängiger Stichproben von Richtungsmaßen

Die Möglichkeiten, *zwei unabhängige* (unpaarige) *Stichproben von Richtungsmaßen* nach Hauptrichtung (Richtungspräferenz) zu vergleichen, sind erheblich gewachsen, seit SCHACH (1967) eine ganze Klasse von Rangtests entwickelt hat, deren Prüfgrößen auf Lageunterschied auf der Kreisskala ansprechen. BERAN (1969) hat ergänzend gezeigt, daß sich alle in 20.2–4 genannten Einstichprobentests zu Zweistichprobentests modifizieren lassen.

In den folgenden 5 Abschnitten wollen wir zunächst einen Test auf Präferenzunterschiede kennenlernen, dann entgegen bisheriger Übung zu 2 Omnibustests übergehen und schließlich einen dritten Omnibustest so adaptieren, daß er als Dispersionstest zur Wirkung gelangt.

20.4.1 Der MARDIA-WHEELER-WATSON-Test

Wir betrachten eine *Versuchsgruppe* von N_1 Individuen, die die Richtungsmaße β_i geliefert hat, und eine von ihr unabhängige *Kontrollgruppe* von N_2 Individuen, die die Richtungsmaße β_j erbracht hat. Die *vereinigte Gruppe* der $N_1 + N_2 = N$ Individuen ist in Abb. 20.4.1.1 dargestellt, wobei die Versuchsgruppe durch volle und die Kontrollgruppe durch leere Rouletten gekennzeichnet ist.

Abb. 20.4.1.1 illustriert sogleich auch das Prinzip des von WHEELER und WATSON (1964) entwickelten *zirkulären Rangtests*: Man ordnet die Rich-

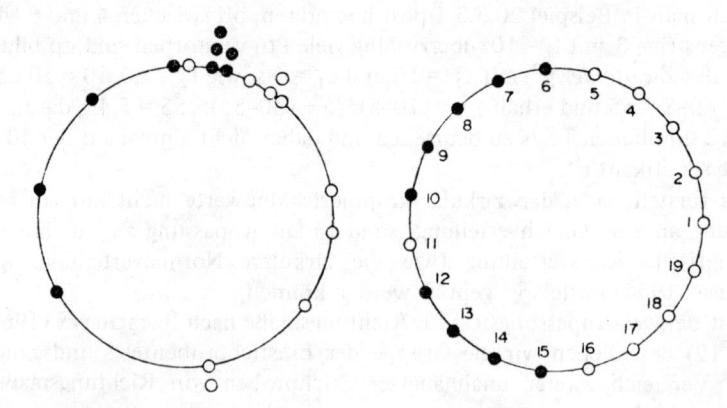

Abb. 20.4.1.1:
$N_1 = 9$ Richtungsmaße einer Versuchsgruppe (volle Kreise) und $N_2 = 10$ Richtungsmaße einer Kontrollgruppe (leere Kreise) und deren äquidistante Ranganordnung auf dem Kreis (aus MARDIA, 1972, Fig. 7.2).

tungsmaße in winkeläquidistante Richtungsränge um, wie in Abb. 20.4.1.1 bereits geschehen.

Unter H_0 (zirkuläre Gleichverteilung) erwarten wir, daß volle und leere Rouletten bunt durchmischt erscheinen. Unter H_1 (dislozierte eingipfelige Verteilungen) erwarten wir, was in Abb. 20.4.1.1 zu sehen ist: die vollen Rouletten finden sich in der einen, die leeren in der anderen Hälfte des Kreises, wenn N_1 etwa gleich ist N_2.

WHEELER-WATHONS *Prüfgröße*

Wir können nun gemäß dem Einstichproben-RAYLEIGH-Test verfahren und für jede Gruppe einen *Durchschnittsvektor* berechnen; dabei stellen wir fest, daß $r_1 = r_2$ der Länge (nicht der Richtung) nach gleich und beide Vektoren um so länger sind, je weiter die Gipfel von Versuchs- und Kontrollmaßen auseinanderliegen bzw. je weniger sie sich überdecken.

Als Prüfgröße für den Lageunterschied der beiden Stichproben von rangtransformierten Richtungsmaßen β definierten WHEELER und WATSON (1964).

$$R_1^2 = N_1 r_1^2 \qquad (20.4.1.1)$$

oder

$$R_1^2 = (\Sigma \cos \beta_i)^2 + (\Sigma \sin \beta_i)^2 = X_1^2 + Y_1^2 \qquad (20.4.1.2)$$

mit

$$\beta_i = 360(r_i/N), \qquad (20.4.1.3)$$

wobei R_1 anschaulich folgendes bedeutet: Man fügt die mit Rangnummern $r = 1(1)N$ bezeichneten Winkel β_i aus Gruppe 1 unter Wahrung ihrer Richtung zusammen (Vektoraddition) und zieht vom Endpunkt eine Gerade zum Koordinatenursprung.

Abb. 20.4.1.1 stellt die *Heimfinde-Richtungen* von N = 19 Tauben dar, wobei die innere Uhr der Versuchstauben verstellt, die der Kontrolltauben erhalten blieb. Die $N_1 = 9$ Versuchstauben haben — entlang der Winkelskala von Ost über Nord nach West und Süd — folgende Rangwerte r_i:

$r_i = (6\ 7\ 8\ 9\ 10\ 12\ 13\ 14\ 15)$

Die dazugehörigen *'Äqui-Intervallwinkel'* betragen $\beta_1 = 360(6/19) = 114°$ bis $\beta_9 = 360°(15/19) = 284°$. Die Summe der Cosinusfunktionen dieser 9 Winkel beträgt $X_1 = -5{,}1229$ und die der Sinusfunktionen beträgt $Y_1 = +0{,}5267$, so daß $R_1^2 = X_1^2 + Y_1^2 = (-5{,}1229)^2 + (0{,}5267)^2 = 26{,}52$ den numerischen Wert der Prüfgröße ergibt.

Für 2 *kleine* Stichproben hat MARDIA (1967, 1969) die Prüfgröße R_1^2 vertafelt. Unsere $R_1^2 = 26{,}52$ überschreitet die bei MARDIA verzeichnete 1%-Schranke von 21,07, so daß die Versuchsgruppe eine andere Heimfinderichtung bevorzugt als die Kontrollgruppe der Tauben.

Tafel XX–4–1 gibt die exakten Schranken für die Prüfgröße R_1^2 nur bis N = 16 und $N_1 = 7$.

MARDIAS asymptotischer Test

Zum Lokations- bzw. Präferenzvergleich größerer Stichproben bedient man sich der von MARDIA (1967) abgeleiteten *Sekundärprüfgröße*

$$\chi^2 = 2(N-1)R_1^2/(N_1 N_2) \text{ mit 2 Fgn}, \qquad (20.4.1.4)$$

die unter H_0 (Gleichverteilung beider Populationen über dem Kreis) annähernd wie χ^2 mit 2 Fgn verteilt ist.

In unserem Beispiel war N = 19, $N_1 = 9$ und $N_2 = 10$, so daß mit $R_1^2 = 26{,}52$ ein $\chi^2 = 2(19-1)(26{,}52)/(9 \cdot 10) = 10{,}61$, das für 2 Fge auf der 1%-Stufe signifikant ist wie im exakten Test.

Der von MARDIA (1967) als ‚uniform scores' Test und von BATSCHELET (1972) als *MARDIA-WHEELER-WATSON-Test* bezeichnete *Zweistichprobentest für Richtungsmaße* ist nur dann ein reiner Dislokationstest, wenn die beiden Stichproben *homomer* über dem Kreis verteilt sind, wenn vor allem in beiden Stichproben gleiche Dispersion herrscht. In dieser Forderung gleicht er dem Rangsummentest (vgl. 6.1.2) für lineare Observablen.

Der MWW-Test ist konsistent, wenn zwei unimodale Stichproben verglichen werden und erreicht eine ARE von fast 1, wenn es sich um 2 zirkuläre Normalverteilungen handelt (SCHACH, 1969).

20.4.2 Zirkuläre KOLMOGOROFF-SMIRNOV-Tests

Ein Zweistichprobentest für Richtungsmaße, der auf Verteilungsunterschiede aller Art über dem Kreis anspricht, wurde von KUIPER (1960) in Analogie zum KS-Test (vgl. 7.2.1) entwickelt und propagiert; dieser und ein anderer Test von WATSON (1962) sind *zirkuläre Omnibustests*, die nachfolgend separat besprochen werden.

KUIPERS *KSO-Test für 2 umfangsgleiche Stichproben*

Wie im Einstichprobenfall (20.3.1) stellt man sich die *Treppenkurven* F_1 der Versuchsgruppe 1 mit N_1 Richtungsmaßen und die der Kontrollgruppe F_2 mit N_2 Richtungsmaßen graphisch dar, wie in Abb. 20.4.2.1 für 2 umfangsgleiche Stichproben mit $N_1 = N_2 = 10$ geschehen.

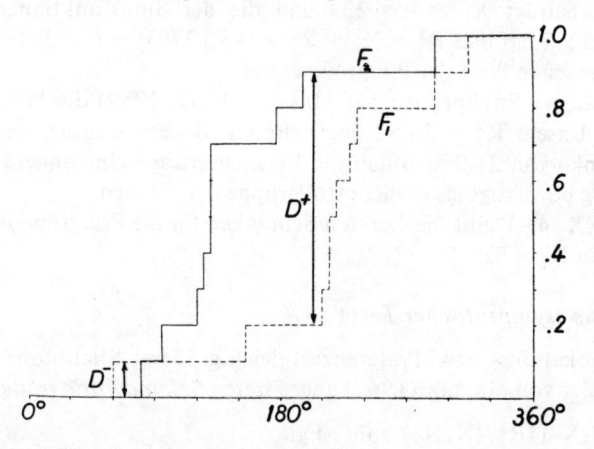

Abb. 20.4.2.1
Treppenfunktionen zweier unabhängiger Stichproben von je 10 Winkelgraden mit den Maximalabständen D^+ und D^- (aus BATSCHELET, 1965, Fig. 23.2).

Die beiden Treppenkurven bilden einen positiven Abstand $D^+ = \max |F_2 - F_1|$ und einen negativen Abstand $D^- = \max |F_1 - F_2|$. Als *Prüfgröße* dient die Summe der beiden Maximalabstände

$$K^* = (D^+ + D^-)\sqrt{n} \qquad (20.4.2.1)$$

multipliziert mit der Wurzel aus dem Umfang jeder der beiden Gruppen, wobei $n = N_1 = N_2 = N/2$ in *KUIPERS KSO-Test*.

Die konventionellen *Schranken* dieser Prüfgröße sind für n = 10(10)100 in Tabelle 20.4.2.1 verzeichnet, wobei mit $n = N_1 = N_2$ gleiche Stichprobenumfänge vorausgesetzt werden.

Tabelle 20.4.2.1

P	n = 10	20	30	40	100	∞
.10	2.2429	2.2663	2.2743	2.2783	2.2855	2.2905
.05	2.4041	2.4376	2.4488	2.4543	2.4643	2.4710
.01	2.6125	2.6988	2.7352	2.7556	2.7974	2.8298

Kritische Werte der Prüfgröße K* des Zweistichproben-KUIPER-KSO-Tests für n = = 10(10)40, 100, ∞ Richtungsmaße je Stichprobe (aus KUIPER, 1960, S. 46).

Für unterschiedliche Stichprobenumfänge hat STECK (1969) ein Verfahren zur Auswertung angegeben, das allerdings zu aufwendig ist, um hier wiedergegeben zu werden. Wir beschränken uns daher in Beispiel 20.4.2.1 auf gleiche Stichprobenumfänge mit $n = N_1 = N_2$ gemäß (20.4.2.1).

Beispiel 20.4.2.1

Datenbezug: Die Treppenkurven F_1 (- - -) und F_2 (——) in Abb. 20.4.2.1 basieren auf Richtungsmaßen β_1 = (80 95 120 125 130 130 130 175 195 und 290) und β_2 = = (60 155 210 215 215 220 230 235 290 und 315). Die β's sind gerundete Transformationen von Konzeptionstagen eines genau 28-tägigen Menstruationszyklus von $n = N_1 = N_2 = 10$ Frauen, die einen Buben (1) oder ein Mädchen (2) geboren und im konzeptionsfähigen Intervall ihres Zyklus nur einen einzigen nach Tag und Stunde notierten Sexualkontakt gehabt haben (lt. gewissenhaft geführten Menstruations- und Kohabitationskalender). Vgl. Tafel XX–1–4, Subtafel 2.

Daten-Inspektion: Wie aufgrund der Zeitwahlmethode zu erwarten, haben Frauen mit Sexualkontakt um den 10. Tag nach Einsetzen der letzten Menses, d.h. mit Richtungsmaßen um 128° hauptsächlich Mädchen geboren (steiler Anstieg der Treppenkurve 2 nach 120°). Umgekehrt haben Frauen mit Sexualkontakt um den 17. Tag, d.h. mit β's um 218° nur Buben geboren (steiler Anstieg der Treppenkurve 1 nach 210° bei horizontal verlaufender TK 2). Danach scheint die Zeitwahlmethode nach HATZOLD zu ‚funktionieren'.

KUIPERS KS-Test: Wie man aus Abb. 20.4.2.1 entnimmt, ist D^+ = 0,9–0,2 = +0,7 und D^- = 0,1–0,0 = +0,1, so daß K = (0,7 + 0,1)$\sqrt{10}$ = 2,5298 die 5%-Schranke von 2,4041 für $N_1 = N_2 = n = 10$ übersteigt.

Interpretation: Die Prüfgröße K* basiert zu 7/8 auf Lageunterschieden und nur zu 1/8 auf Streuungsunterschieden der Konzeptionszeiten von Buben und Mädchen innerhalb des 28-Tage-Zyklus, so daß der Omnibustest wie ein Lokationstest interpretiert werden darf: Die retrospektive Studie mit je n = 10 Müttern, die einen strikt 28-tägigen Zyklus und einen exakten Kohabitationskalender nachzuweisen hatten, spricht für die Geschlechsbestimmung durch Zeitwahl: Drei Tage vor dem 14. Tag (Intermenstrum) werden meist Mädchen, 3 Tage danach meist Buben konzipiert.

1124

Ist einer der beiden Treppenabstände, D^+ oder D^- im zirkulären KS-Test gleich Null, dann geht der zirkuläre in den linearen KSL-Test (vgl. 7.2.2) asymptotisch über und kann wie dieser durchgeführt und als Dislokationstest für Richtungsmaße interpretiert werden.

W_{ATSONS} U^2-Test für ungleiche Stichprobenumfänge

Bei 2 *ungleich* großen Stichprobenumfängen $N_1 \neq N_2$ ist WATSONS U^2-Test (WATSON, 1962) als zirkuläre Modifikation des KS-Tests (vgl. 7.2.1) leichter auszuwerten als die schon erwähnte Variante des KUIPERschen Tests (STECKL, 1969): Man berechnet die *Prüfgröße*

$$U^2 = \frac{N_1 N_2}{N}\left[\Sigma d_k^2 - \frac{1}{N}(\Sigma d_k)^2\right] \qquad (20.4.2.2)$$

wobei $k = 1(1)N = N_1 + N_2$ und $d_k = i/N_1 - j/N_2$ definiert sind, wie in Tabelle 20.4.2.2 mit einem *numerischen Beispiel* aus ZAR (1974, Example 22.10) illustriert wird.

Tabelle 20.4.2.2

i	β_{1i}	i/N_1	j	β_{2j}	j/N_2	$d_k = i/N_1 - j/N_2$	d_k^2
		0.00000	1	35	0.11111	−0.11111	0.01235
		0.00000	2	36	0.22222	−0.22222	0.04938
1	38	0.09091			0.22222	−0.13131	0.01724
2	40	0.18182			0.22222	−0.04040	0.00163
3	45	0.27273	3	45	0.33333	−0.06060	0.00367
4	47	0.36364			0.33333	0.03031	0.00092
		0.36364	4	48	0.44444	−0.08080	0.00653
		0.36364	5	50	0.55556	−0.19192	0.02683
5	52	0.45455			0.55556	−0.10101	0.01020
		0.45455	6	61	0.66667	−0.21212	0.04499
6	65	0.54545	7	65	0.77778	−0.23233	0.05398
		0.54545	8	70	0.88889	−0.34344	0.11795
7	73	0.63636			0.88889	−0.25253	0.06377
		0.63636	9	77	1.00000	−0.36364	0.13223
8	82	0.72727			1.00000	−0.27273	0.07438
9	87	0.81818			1.00000	−0.18182	0.03306
10	90	0.90909			1.00000	−0.09091	0.00826
11	94	1.00000			1.00000	0.00000	0.00000
$N_1 = 11$			$N_2 = 9$			$\Sigma d_k = 2{,}85858$	$\Sigma d_k^2 = 0{,}66737$

Nach (20.4.2.2) ergibt sich die Prüfgröße U^2 für die $N_1 = 11$ Richtungsmaße der Versuchsgruppe und die $N_2 = 9$ Richtungsmaße der Kontrollgruppe zu

$$U^2 = \frac{11 \cdot 9}{20} (0{,}66737 - 2{,}85858^2/20) = 0{,}0641.$$

$U^2 = 0{,}0641$ bleibt weit unterhalb der einschlägigen *5%-Schranke* 0,186 der Tabelle 20.4.2.3 für $n_1 = \text{Min}(N_1, N_2) = 9$ und $n_2 = \text{Max}(N_1, N_2) = 11$ (aus ZAR, 1974, Table D.44 für $\alpha = 0{,}05$ entnommen):

Tabelle 20.4.2.3

n_1	n_2	$U^2_{0,05}$	n_1	n_2	$U^2_{0,05}$	n^1	n^2	$U^2_{0,05}$
6	6	0,2060	7	7	0,1986	8	11	0,1842
	7	0,1941		8	0,1817		12	0,1854
	8	0,1964		9	0,1818		13	0,1853
	9	0,1926		10	0,1866		14	0,1855
	10	0,1896		11	0,1839		15	0,1855
	11	0,1872		12	0,1855		16	0,1854
	12	0,1829		13	0,1842	9	9	0,1867
	13	0,1849		14	0,1840		10	0,1860
	14	0,1839		15	0,1845		11	0,1845
	15	0,1852		16	0,1848		12	0,1852
	16	0,1823		17	0,1827		13	0,1850
	17	0,1833		18	0,1841		14	0,1843
	18	0,1840		19	0,1832		15	0,1850
	19	0,1832		20	0,1836	10	10	0,1850
	20	0,1824	8	8	0,1863		11	0,1856
	21	0,1834		9	0,1852		12	0,1848
	22	0,1824		10	0,1842		13	0,1853

Für Stichproben mit $n_1 < 10$ und $n_2 > 13$ bzw. $n_1, n_2 \to \infty$ ergibt sich die *α-Schranke* für beliebige α's zu

$$U^2_\alpha = \left(\frac{1}{2\pi^2}\right)\left[\frac{\alpha}{2} - \ln(1 + \frac{\alpha^3}{8})\right], \qquad (20.5.2.3)$$

woraus für $\alpha = 0{,}05$ ein $U^2_{0,05} = 0{,}1869$ als eher konservative Schranke resultiert.

Da $U^2 = 0{,}0641 < 0{,}1845 = U^2_{0,05}$ muß H_0 beibehalten, d.h. angenommen werden, daß die beiden Stichproben von Richtungsmaßen β_1 und β_2 in Tabelle 20.4.2.2 entgegen dem Augenschein aus ein und derselben Population stammen.

WATSONS U^2-Test ist kein KS-Test im engeren Sinn, sondern ein *CRA-MER-VON-MISES-Test*, da er nicht auf dem Maximalabstand zweier Treppenkurven, sondern auf der Summe der quadrierten Abstände aufbaut (vgl. 7.2.5); er gehört aber nach HAJEK und SIDAK (1967, S. 90–94) zur Gruppe der Tests vom KS-Typ und wurde deshalb dem vorstehenden Abschnitt zugeschlagen.

Soll WATSONS U^2-Test dazu benutzt werden, nicht-lokationsbedingte Unterschiede zwischen 2 unabhängigen Stichproben von Richtungsmaßen β_1 und β_2 nachzuweisen, so müssen die β_1-Maße so rotiert werden, daß sie die gleiche Medianrichtung wie die β_2-Maße haben, was auf eine *Präferenzalignation* hinausläuft.

20.4.3 Der zirkuläre WALD-WOLFOWITZ-Test

Wir haben in Kapitel 8.1.3 den WALD-WOLFOWITZ-Test (WW-Test) benutzt, um 2 unabhängige lineare Stichproben zu vergleichen. Wie BARTON und DAVID (1958; 1962, S. 94–95 und 132–133) gezeigt haben, läßt sich der Test auf 2 zirkuläre Stichproben adaptieren:

Wenn N_1 Richtungsmaße β_i einer Versuchsgruppe und N_2 Richtungsmaße β_j einer Kontrollgruppe auf dem Kreis so verteilt sind, daß sie r *Iterationen* gleicher Gruppenzugehörigkeit ausbilden, so gilt für große Stichprobenumfänge, daß die Prüfgröße r+1 über einem *Erwartungswert*

$$E(r+1) = (2N_1 N_2 + N)/N \qquad (20.4.3.1)$$

mit einer *Varianz* von

$$Var(r+1) = \frac{2N_1 N_2 (2N_1 N_2 - N)}{N^2 (N-1)} \qquad (20.4.3.2)$$

genähert normal verteilt, so daß man gegen ‚*zu wenig*' Iterationen einseitig über die Normalverteilung prüft:

$$u = \frac{(r+1) - (E(r+1)}{\sqrt{Var(r+1)}} \qquad (20.4.3.3)$$

Der Test gegen ‚zu viele' Iterationen ist zwar ebenfalls möglich, aber praktisch bedeutungslos, da er eine zu gute Durchmischung der beiden Gruppen über dem Kreis, etwa eine Alternation 121212121 vom zirkulären Typ, wie sie nur artifiziell herzustellen ist, anzeigt.

In Abb. 20.4.1.1 finden sich r = 4 Iterationen, wobei auch ein einzelnes Richtungsmaß, wie r_{11}, als Iteration zählt. Da $N_1 = 9$ und $N_2 = 10$ mit $N = 19$, gilt $E(r+1) = (2 \cdot 9 \cdot 10 + 19)/19 = 10{,}47$ und $Var(r+1) = 2 \cdot 9 \cdot 10 (180-19)/(361 \cdot 18) = 4{,}4598$, so daß $u = (5 - 10{,}47)/2{,}11 = -2{,}59$ auf der 1%-Stufe unterscheidet, wie schon mittels des nur auf Präferenzunterschiede ansprechenden MARDIA-WHEELER-WATSON-Tests (20.4.1) gezeigt worden ist.

ASANO (1965) hat den zirkulären Iterationshäufigkeitstest bis N = 40 *exakt* vertafelt (vgl. MARDIA, 1972, App. 2.16) und als 1%-Limit r = 4 Iterationen angegeben, was mit dem Ergebnis des asymptotischen − durch Benutzung von r+1 anstelle von r − Tests übereinstimmt.
Man beachte, daß sich die zirkuläre Prüfgröße r+1 zwar asymptotisch wie die lineare Prüfgröße r verteilt (vgl. 8.1.1.1.10−11), daß sich die exakten Nullverteilungen des linearen und der zirkulären Iterationshäufigkeit aber unterscheiden, weshalb Tafel VIII−1−1 nicht anstelle der ASANO-Tafeln benutzt werden darf.

20.4.4 LEHMACHERS sektorale Vierfeldertests

Geht es um die Frage, ob Richtungsmaße β_1 einer Versuchsgruppe von N_1 Individuen innerhalb eines definierten *Sektors* der Kreisskala relativ häufiger auftreten als die Richtungsmaße β_2 einer Kontrollgruppe mit N_2 Individuen, dann kann LEHMACHERS sektoraler Einstichprobentest (vgl. 20.2.6) in einen Zweistichprobentest gegen *sektorale Anteilsunterschiede* umformuliert werden (LEHMACHER und LIENERT, 1979); je nachdem, ob der *Anteilsparameter* für den ausgewählten Kreissektor als bekannt vorausgesetzt werden darf oder nicht, ergeben sich zwei *sektorale Vierfeldertests:*

LEHMACHERS sektoraler BARNARD-Test

Geht der Untersucher von der Nullhypothese aus, wonach sich beide Populationen von Richtungsmaßen β_1 und β_2 über dem Kreis gleich verteilen, dann ist der Anteil der auf einen bestimmten Sektor des Kreises entfallenden Richtungsmaße gegeben durch $\pi = 360°/\alpha$, wobei α der *Zentriwinkel* des Sektors ist: H_0 besagt also, daß $\pi_1 = \pi_2 = \pi$; ihr kann die einseitige Alternative $\pi_1 > \pi_2$ oder die zweiseitige Alternative $\pi_1 \neq \pi_2$ gegenübergestellt werden (H_1).
Das folgende Beispiel 20.4.4.1 geht davon aus, daß ein von 0^h bis 24^h gleich wahrscheinliches Ereignis mit Wahrscheinlichkeit $\pi = 1/6 = 4/24$ in den 4-Stundensektor zwischen 6 und 10 Uhr morgens fällt, und zwar gleichermaßen bei 2 Populationen von Vpn. Der Nullhypothese $\pi_1 = \pi_2 = \pi$ wird die einseitige Alternative H_1: $\pi_1 > \pi_2$ entgegengesetzt, wonach in Population 1 das kritische Ereignis mit größerer Wahrscheinlichkeit auftritt als in Population 2. Bei *bekanntem* bzw. theoretisch aus der zirkulären Gleichverteilungsannahme deduzierten *Sektoralanteil* ist LEHMACHERS sektoraler BARNARD-Test (vgl. 5.3.2.4) der einzig legitime Test, um auf sektorale Anteilsunterschiede im Sinne von H_1 zu prüfen.

Beispiel 20.4.4.1

Problem: Es soll geprüft werden, ob morgendliche Hypoglykämie (Ausfall des Frühstücks) einen Nachrausch (re-flash) nach einem LSD-Rausch am Tag zuvor begünstigt. Dazu werden die N = 18 Vpn, die einen Nachrausch erfuhren (aus insgesamt 72 Vpn, LIENERT, 1964) in N_1 = 8 Vpn, die nach 9 Uhr oder überhaupt nicht, und N_2 =10 Vpn, die bis 9 Uhr gefrühstückt hatten, geteilt.

Datensatz: Tabelle 20.4.4.1 enthält die Uhrzeiten, zu welchen der Nachrausch (oder der erste von 2 oder 3 Nachräuschen) eingetreten ist, und zwar beginnend mit 0 Uhr des dem Versuchsnachmittag folgenden Tages (dessen Rest durch einen Tranquilizer nachrauschgeschützt war). Es interessiert, wie sich die beiden Gruppen 1 und 2 bezüglich der Nachräusche im Zeitsektor zwischen 6:00 und 10:00 unterscheiden.

Tabelle 20.4.4.1

Frühstück:	Nach 9	Vor 9	
		0:40	
		4:30	
6:00	---------	---------	---------
	6:10		
	7:30		
a=5	8:00	7:40	c=1
	8:20		
	9:45		
10:00	---------	---------	---------
	11:50	11:20	
	13:00	12:30	
		13:45	
b=3		16:15	d=7+2=9
		18:05	
	23:15	20:55	

Datenumordnung: Stellt man sich Tabelle 20.4.4.1 als Vierfeldertafel dar, so resultiert Tabelle 20.4.4.2.

Tabelle 20.4.4.2

	6–10	Rest	
Nach 9	5	3	8 = N_1
Vor 9	1	9	10 = N_2
	M^+ = 6	M^- = 12	18 = N

Wie man aus Tabelle 20.4.4.2 sieht, treten bei jenen 8 Vpn, die nicht oder nach 9 Uhr gefrühstückt hatten, im Sektor (6–10) von 4 Stunden mehr Nachräusche auf als in den restlichen 20 Stunden. Offenbar begünstigt spätes Frühstück das Auftreten eines Nachrausches im vorvereinbarten Sektor des Tageszyklus („Morgenstund hat Rausch im Mund' nach den Worten einer Vp). Bestätigt ein Test diese Vermutung auf dem 1%-Niveau?

Der sektorale BARNARD-Test: Nach (5.3.2.5) ist in bezug auf Tabelle 20.4.4.2 mit $\pi = 4/24 = 1/6$ die Anteilsdifferenz der Nachräusche $d = 5/8 - 1/10 = 0{,}525$ und deren Standardfehler gleich

$$\sigma_d = \sqrt{(\tfrac{1}{6})(\tfrac{5}{6})(\tfrac{1}{8} + \tfrac{1}{10})} = 0{,}1768 \qquad (5.3.2.6)$$

womit $u = 0{,}525/0{,}1768 = +2{,}97$ die einseitige 1%-Schranke von 2,33 so weit überschreitet, daß sich ein exakter Test für $P = \Sigma p$ mit $p_0 + p_1$ zu erübrigen scheint.

Exakter Test: Zur Kontrolle berechnen wir die 2 Punktwahrscheinlichkeiten und erhalten nach (5.3.2.4)

$$\begin{aligned}
p_0 &= (8!10!)\,(1/6)^6(5/6)^{12}/(5!3!1!9!) &= 0{,}0135 \\
p_1 &= (8!10!)\,(1/6)^6(5/6)^{12}/(6!2!0!10!) &= \underline{0{,}0010} \\
&\qquad\qquad P &= 0{,}0145
\end{aligned}$$

Der exakte Test bzw. sein P-Wert überschreitet eben die 1%-Schranke, so daß wir unsere Arbeitshypothese (Hypoglykaemie -Auslösung von Nachräuschen) nur gestützt, nicht bestätigt sehen.

Konklusivität: Man beachte, daß es sich um eine retrospektive Studie handelt, die mangels Zufallszuteilung von Vpn zu einer der 2 Bedingungen (vor oder nach 9 Uhr zu frühstücken) nur bedingt konklusiv ist. Es könnte z.B. sein, daß Nachrauschen und Nichtfrühstücken Ausdruck ein- und desselben Persönlichkeits-Mms, der psychovegetativen Labilität ist, womit die Blutzucker-Hypothese aus dem Spiele wäre.

LEHMACHERS sektoraler FISHER-YATES-Test

Wird in Beispiel 20.4.4.1 von der Annahme abgesehen, daß die Auftretenswahrscheinlichkeit des kritischen Ereignisses (Nachrausch) zirkulär gleichverteilt sei, d.h. mit der Möglichkeit gerechnet, daß ein Nachrausch am Morgen in beiden Populationen größer sei als $\pi = 1/6$, wie eine Schätzung von π aus $(a+c)/24 = (5+1)/24 = 1/4$ nahelegt (vgl. Tab. 20.4.4.1), dann ist BARNARDS Test mit bekanntem Sektoralanteil durch den FISHER-YATES-Test mit *unbekanntem Sektoralanteil* zu ersetzen:

LEHMACHERS sektoraler FISHER-YATES-Test (vgl. 5.3.2.1) ergibt, auf Tabelle 20.4.4.2 angewandt, ein $P = 0{,}032$, wenn man in Tafel V–3 unter $a+b = 9+1$, $c+d = 3+5$, $a = 0$ und $c = 3$ nachliest. Damit führt der FY-Test zu einem ähnlichen P-Wert wie BARNARDS Test und zu einer prinzipiell gleichsinnigen Stützung der Hypoglykämie-Hypothese.

Man beachte, daß LEHMACHERS sektoraler FISHER-YATES-Test *allgemeiner anzuwenden* ist, da er keine Annahme darüber macht, wie sich die Observablenwerte (Richtungsmaße, Uhrzeiten) von Versuchs- und Kontrollgruppe über dem Kreis verteilen, ja nicht einmal, daß sie sich homomer (bis auf Lageunterschiede gleich) verteilen. Wegen der schwächeren Voraussetzung ist der FY-Test im allgemeinen weniger effizient als der BARNARD-Test; er kann unter besonderen Bedingungen jedoch auch einmal effizienter sein.

Nachfolgend wenden wir uns wieder einem Zweistichprobentest zu, der die ganze Kreisskala und nicht nur einen bestimmten ihrer Sektoren betrifft, jedoch mit der Absicht, Unterschiede der Dispersion von Richtungsmaßen nachzuweisen, wofür ein spezifizierter Test derzeit noch fehlt.

20.4.5 BATSCHELETS zirkulärer U-Test

Der U-Test zum Vergleich zweier Gruppen linearer Beobachtungen kann, wie BATSCHELET (1965, S. 37) empfohlen hat, auch auf zirkuläre Beobachtungen angewendet werden.

In Abb. 20.4.5.1 wurden $N_1 = 4$ Studentinnen und $N_2 = 8$ Studenten nach ihrer bevorzugten Arbeitszeit befragt und auf dem Kreis so angeordnet, daß Kompaß-N mit 12:00 Uhr und Kompaß-W mit 18:00 übereinstimmen.

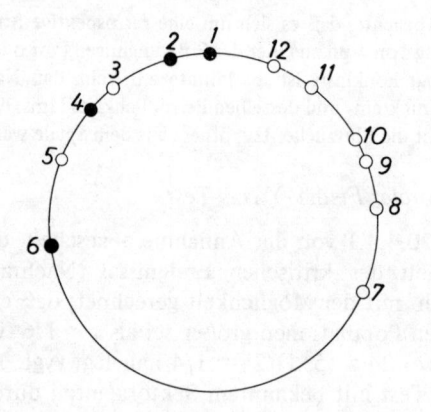

Abb. 20.4.5.1:
Rangnumerierung zweier Stichproben von $N_1 = 4$ und $N_2 = 8$ Richtungsmaßen mit dem Ziel einer Minimum-Rangsumme von $T = 1+2+4+6 = 13$ (aus BATSCHELET, 1965, Fig. 23.5).

Die $N_1 = 4$ Studentinnen wurden nun zirkulär so mit Rangnummern bezeichnet, daß ihre Rangsumme zum Minimum wird, was entgegen dem Uhrzeigersinn mit $T = 1+2+4+6 = 13$ erreicht wurde. Daraus ergibt sich nach (6.1.1.3) ein $U_r = 13 - 4 \cdot 5/2 = +3$.

Die exakte Nullverteilung der Prüfgröße U_r ist in Tafel XX—4—4 für $N_1 \geqslant N_2$ abgedruckt (aus BATSCHELET, 1965, Tabelle 23.3). Wir finden dort zu $N_2 = 4$ und $N_1 = 8$ unter $U_r = 3$ kein P eingetragen, was bedeutet, daß $P > 0{,}155$. Man beachte, daß der U_r-Test einem zweiseitigen U-Test entspricht, da stets die kleinere Rangsumme gleich welcher Gruppe als Prüfgröße dient.

BATSCHELETS zirkulärer U-Test ist im Unterschied zum linearen U-Test ein *Omnibustest*, der auch auf Dispersionsunterschiede anspricht. Wenn man die Richtungsmaße so *aligniert*, daß die beiden Medianrichtungen übereinstimmen, dann spricht der U_r-Test ausschließlich auf Dispersionsunterschiede an. Mit BATSCHELETS *medianaligniertem U-Test* hat man damit einen *Dispersionstest für Richtungsmaße* homolog zum SIEGEL-TUKEY-Test (vgl. 6.7.2) gewonnen.

20.4.6 Der zirkuläre Zweistichproben-χ^2-Omnibustest

Sind Richtungsmaße — aus welchen Gründen immer — gruppiert erhoben worden, dann sind zwei Stichproben von Richtungsmaßen β_i mit $i = 1(1)N_1$ und β_j mit $j = 1(1)N_2$ gegen *Verteilungsunterschiede aller Art* mit dem k x 2-Felder-χ^2-Test zu vergleichen. BATSCHELET (1965, S. 34) benutzt den Test, um auf Präferenzunterschiede (Lokationsunterschiede) zu prüfen, wenn die beiden Stichproben über dem Kreis homomer verteilt sind, also im wesentlichen gleiche Dispersionen und gleiche Schiefen haben.

Wie ein *zirkulärer Zweistichproben-χ^2-Omnibustest* numerisch zu handhaben ist, zeigt das Beispiel 20.4.7.1 des nachfolgenden Abschnittes, in welchem sich 2 Stichproben gruppierter Richtungsmaße hauptsächlich durch ihre Lokation bzw. ihre Richtungspräferenz unterscheiden.

20.4.7 PFANZAGLS zirkulärer Kontingenztrendtest

Gegen *Präferenzunterschiede* gruppierter Richtungsmaße prüft man allerdings schärfer, wenn man anstelle des Omnibus-χ^2-Tests den Kontingenztrendtest von PFANZAGL einsetzt, wie dies im folgenden Beispiel vergleichend geschieht (vgl. 16.5.10).

Beispiel 20.4.7.1

Umlernversuch: Fische hatten gelernt, Futter morgens jeweils in Kompaß-Richtung Morgensonne Ost = 90° zu finden. Aus dieser Fischpopulation wurde eine Versuchsgruppe von $N_1 = 43$ Fischen und eine Kontrollgruppe von $N_2 = 48$ Fischen entnommen. Die Versuchsgruppe 1 erhielt eine ‚künstliche Morgensonne' aus Süd = 180° und die Kontrollgruppe 2 erhielt diffuses Licht. Es wurde registriert, in welchen von k = 8 Kreiskompartements zu je 360°/8 = 45° die Fische beider Gruppen ihr ‚Frühstück' suchten. Tabelle 20.4.7.1 zeigt das Ergebnis.

Tabelle 20.4.7.1

Richtung	0°	45°	90°	135°	180°	225°	270°	315°	Summe
a_i	2	0	7	10	11	8	5	0	43 = N_a
b_i	5	10	13	9	6	4	1	0	48 = N_b
N_i	7	10	20	19	17	12	6	0	91 = N
a_i^2/N_i	0,57	0,00	2,45	5,26	7,12	5,33	4,17	0,00	24,90

Test: $\chi^2 = \dfrac{91^2}{43 \cdot 48}(24{,}90 - \dfrac{43^2}{91}) = 18{,}38$ mit 8-1-1 = 6 Fgn

χ^2*-Omnibus-Vergleich:* Wie der χ^2-Test auf der 1%-Stufe zeigt, sind die beiden Gruppen mit den Frequenzen a_i (für Gruppe 1) und b_i (für Gruppe 2) unterschiedlich verteilt: Offenbar besteht ein Präferenzunterschied in dem Sinne, daß die Versuchsgruppen-Fische der künstlichen Morgensonne folgen, während die Kontrollgruppen-Fische eher die Vorerfahrungsrichtung Ost einhalten. Dieser Präferenzunterschied ist jedoch mit dem χ^2-Omnibustest nicht nachgewiesen, sondern nur aus der Dateninspektion heraus interpretiert.

Kontingenztrendtest: In Tabelle 20.4.7.2 ist speziell auf Präferenzunterschied geprüft und dazu PFANZAGLS Trendtest über χ^2 ausgewertet worden, wobei – wie in Tabelle 20.4.7.1 – das unbesetzte Intervall um 315° weggelassen wurde.

Tabelle 20.4.7.2

i	a_i	N_i	ia_i	iN_i	$i^2 N_i$
1	2	7	2	7	7
2	0	10	0	20	40
3	7	20	21	60	180
4	10	19	40	76	304
5	11	17	55	85	425
6	8	12	48	72	432
7	5	6	35	42	294
	$N_1 = 43$	N = 91	201	362	1682

$$\chi_1^2 = \frac{(91 \cdot 201 - 43 \cdot 362)^2}{(43 \cdot 48/90)(91 \cdot 1682 - 362^2)} = 14{,}71$$

Das aus Tabelle 20.4.7.2 resultierende χ^2 ist fast ebensogroß wie das aus Tabelle

20.4.7.1, jedoch ist es für 1 Fg statt für 6 Fge zu beurteilen, überdies einseitig gemäß der Umlernhypothese, also nach 2α statt nach α = 1%, wofür die Schranke nach Tafel II–1 nur $2{,}05375^2 = 4{,}22$ beträgt.

Entscheidung und Interpretation: Die Präferenzverschiebung in Richtung der Arbeitshypothese ist mit PFANZAGLS Test nicht nur auf höchstem Niveau gesichert, sondern auch im strengen Sinne konklusiv, da der Test auf — hier zirkuläre — Lokationsverschiebungen und nur auf sie anspricht.

Das χ^2 des zirkulären k x 2-Felder-χ^2-Tests läßt sich gemäß dem Beispiel 20.4.7.1 in *zwei Komponenten zerlegen*:

$$\chi^2_{k-1} = \chi^2_1 + \chi^2_{k-2}, \qquad (20.4.7.1)$$

wobei die erste Komponente $\chi^2_1 = 14{,}71$ den zirkulären Lokationstrend anzeigt (PFANZAGL-Komponente) und die zweite Komponente $\chi^2_5 = 18{,}38 - 14{,}71 = 3{,}67$ andere Arten zirkulärer Verteilungsunterschiede repräsentiert (Restkomponente).

Da die Restkomponente $\chi^2 = 3{,}67$ für k–2 = 5 Fge nicht auf der 5%-Stufe signifikant ist, nehmen wir an, daß sich die 2 zirkulären Verteilungen praktisch nur bezüglich ihrer Lokation unterscheiden, d.h., daß die eine durch Teilrotation aus der anderen hervorgegangen ist.

20.4.8 BAUERS zirkulärer Median-Quartile-Test

In Beispiel 20.4.7.1 war zu erwarten, daß das Umlernen bei einigen Tieren prompt, bei anderen gar nicht funktionieren und daher eine *heteropoietische* Behandlungswirkung resultieren würde. Man konnte neben der ‚südlicheren' Winkellokation (*homoiopoietische* Wirkung) eine größere *Winkeldispersion* bei den Versuchstieren als bei den Kontrolltieren erwarten.

Wie prüft man nun im zirkulären Fall gegen Unterschiede der Winkeldispersion?

Ein einfacher und praktikabler Weg besteht darin, den *Median-Quartile-Test von BAUER* (1962) für zirkuläre Maße zu adaptieren, wie dies anhand der Abb. 20.4.8.1 geschehen ist: $N_1 = 9$ hospitalisierte und $N_2 = 13$ ambulatorisch behandelte Depressive wurden bezüglich ihrer jeweils letzten Verdauungszeit (Stuhlgang) befragt und die Uhrzeiten der Abb. 20.4.8.1 erhalten.

Wir zeichnen einen (strichlierten) *Mediandurchmesser* Md, der die N=22 Punktmarken auf dem Kreis halbiert. Dann zählen wir vom Median der varienten Stichproben je N/4 Marken in und gegen die Richtung des Uhrzeigers ab. Fällt das untere (Q_1) und das obere Quartil (Q_3) auf eine

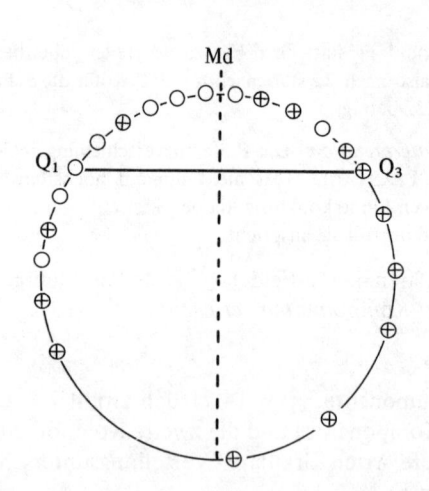

Abb. 20.4.8 1:
Verdauungszeiten von hospitalisierten (o) und ambulatorischen Depressiven (aus BATSCHELET, 1965, Fig. 23.1, uminterpretiert).

Punktmarke (wie in Abb. 20.4.8.1), dann lassen wir die beiden Punktmarken außer acht. Die Linienverbindung der beiden Quartilmarken ergibt ein *mediannahes* (oberes) und ein *medianfernes* (unteres) Kreissegment.

In beiden Segmenten wird nun abgezählt, *wieviel Punktmarken* zur Hospitalgruppe (a, c) und wieviele zur Ambulanzgruppe (b, d) gehören, wie Tabelle 20.4.8.1 zeigt.

Tabelle 20.4.8.1

Quartil	Hospital	Ambulanz	
mediannah	6	4	10
medianfern	2	8	10
	8	12	20

Die hospitalisierten Ptn liegen mehrheitlich (a = 6 von a+c = 8) mediannah und defäzieren am Vormittag. Die ambulanten Ptn hingegen liegen mehrheitlich medianfern (d = 8 von b+d = 12) und defäzieren nicht zu einer bevorzugten Zeit.

Gelte der Befund von Tabelle 20.4.8.1 unter H_1 gegen H_0 (H und A defäzieren in gleichen Zeitspannen), so ist einseitig auf Homogenität zu testen, am besten exakt mittels Tafel V–3, wo die Parameter-Kombination a+b=10, c+d=10, a=6 und c=1 nicht mehr verzeichnet ist, so daß H_0 beibehalten werden muß, obschon der Augenschein dagegen spricht.

Nur wenn man die Hospitalisierten in Abb. 20.4.8.1 so im Sinne des Uhrzeigers verschiebt, daß ihr Median auf den der Ambulanten fällt, also eine *Lokationsalignation* vornimmt, läßt sich der Dispersionsunterschied eindeutig nachweisen. Die Alignationsvereinbarung hätte jedoch vor der Datenerhebung getroffen werden müssen.

Der Median-Quartile-Test setzt stetig und homomer verteilte Richtungsoder Zyklusmaße voraus, ist jedoch gegenüber gruppierten und/oder heteromerẹn (z.B. links- gegen rechtsgipfeligen) Verteilungen robust.

Gruppierte Winkelmaße (Rosettendiagramme) lassen sich nur näherungsweise in 4 Quartile unterteilen; man wählt aus Objektivitätsgründen die bestmögliche Näherung, d.h. diejenige Unterteilung, die einer Vierpunkt-Gleichverteilung am nächsten kommt.

20.5 Vergleich mehrerer unabhängiger Stichproben von Richtungsmaßen

Unter jenen Zweistichproben-Tests, die vorzüglich auf Lageunterschiede zwischen kreisverteilten Observablen ansprechen, hat der von MARDIA-WHEELER und WATSON (MWW-Test) entwickelte Test die größte praktische Bedeutung. Deshalb werden wir im folgenden den MWW-Test auf *k Stichproben* stetig verteilter Richtungsmaße verallgemeinern; auf gruppiert verteilte k Stichproben werden wir den χ^2-Test aus 20.4.5 entsprechend verallgemeinern.

Wir setzen voraus, daß k Stichproben stets auch durch k(k−1)/2 Zweistichprobentests verglichen werden können, wenn dies die Fragestellung erfordert und das Alpha-Risiko entsprechend adjustiert wird.

20.5.1 MADRIAS k-Stichproben-W-Test

Sind k Stichproben von Richtungsmaßen β_{ij}, i = 1(1)k und j = 1(1)N_i erhoben worden, so lautet die Nullhypothese: die k Stichproben stammen aus ein und derselben Population von (wie immer über dem Kreis verteilten) Richtungsmaßen bzw. deren Trägern. Die Alternativhypothese, der die größte Bedeutung zukommt, lautet: die k Stichproben stammen aus Populationen mit *unterschiedlicher Lokation* (Präferenz), sind aber sonst verteilungshomomer, unterscheiden sich also weder bezüglich Dispersion noch bezüglich Schiefe.

Unter obiger Voraussetzung läßt sich der W-Test zirkulär verallgemeinern, wenn man die k Stichproben zu einer einzigen Stichprobe (unter H_0) zusammenwirft und den N Richtungsmaßen β_{ij} von 0° bis 360° Rangwerte r_{ij} von 1 bis N zuordnet. Aus den Rangwerten r_{ij} bildet man die *Hilfsgrößen*

$$X_i = \sum_j \cos(360° r_{ij}/N) \qquad (20.5.1.1)$$

$$Y_i = \sum_j \sin(360° r_{ij}/N) \qquad (20.5.1.2)$$

MARDIAS (1970) *Prüfgröße* W ergibt sich dann als Funktion dieser Hilfsgrößen wie folgt:

$$W = 2\Sigma(X_i^2 + Y_i^2)/N_i \text{ mit } 2(k-1) \text{ Fgn} \qquad (20.5.1.3)$$

Die Prüfgröße W ist asymptotisch wie χ^2 mit $2(k-1)$ Fgn verteilt und entsprechend zu beurteilen, wenn die N_i nicht zu klein sind.

Für den Spezialfall dreier Stichproben (k = 3) gibt Tafel XX−5−1 die W-Schranken für verschiedene Kombinationen von $N_i = n_i \leqslant 5$ wieder (aus MARDIA, 1972, Table 2.17).

Im folgenden Beispiel führen wir zur Vereinfachung der Schreibweise in den Formeln (20.5.1.1−2) die zu den beobachteten Richtungsmaßen β_{ij} gehörigen rangtransformierten Richtungsmaße

$$\beta'_{ij} = 360 \cdot r_{ij}/N \qquad (20.5.1.4)$$

als − hier sog. *Speichenwinkel* − oder Uniformitätswinkel ein. Es versteht sich, daß die Rangtransformation ursprungsinvariant ist, es also keinen Unterschied macht, ob man bei Kompaßnord im Uhrzeigersinn oder bei Kompaß-West gegen den Uhrzeigersinn abzählt.

Beispiel 20.5.1.1

Datensatz: Die allwöchentlich an einem Sonntag zwischen 11−12 Uhr an einem bestimmten Ort gemessenen Kompaß-Windrichtungen sind in Tabelle 20.5.1.1 den 4 Jahreszeiten zugeordnet worden.

Tabelle 20.5.1.1

Jahreszeit	Windrichtungen in Grad
Winter	50, 120, 190, 210, 220, 250, 260, 290, 290, 320, 320, 340,
Frühling	0, 20, 40, 60, 160, 170, 200, 220, 270, 290, 340, 350,
Sommer	10, 10, 20, 20, 30, 30, 40, 150, 150, 150, 170, 190, 290
Herbst	30, 70, 110, 170, 180, 190, 240, 250, 260, 260, 290, 350

Hypothesen: Unter H_0 werden keine jahreszeitlich bedingten Unterschiede in den Windrichtungen vermutet; unter H_1 wird vermutet, daß die beobachteten Medianrich-

1137

tungen $\bar{\beta}$ (Winter) = 255, $\bar{\beta}$ (Frühling) = 185, $\bar{\beta}$ (Sommer) = 40 und $\bar{\beta}$ (Herbst) = 215 u.U. wahren Unterschieden entsprechen. Offenbar fällt die Sommer-Windrichtung nach NO aus den anderen Median-Windrichtungen heraus.

Testwahl: Wir beurteilen, ob die Windrichtungsspannen in den 4 Jahreszeiten homogene Dispersionen andeuten: S(Winter) = 340-50 = 290, S(Frühling) = 350-0 = 350, S(Sommer) = 290-10 = 280 und S(Herbst) = 350-30 = 320. Damit darf Homomerität angenommen und der W-Test zur Prüfung auf Richtungsunterschiede in Aussicht genommen werden: Es wird $\alpha = 0{,}05$ vereinbart.

Testauswertung: Wir transformieren die Winkelwerte β_{ij} in Rangwerte r_{ij} und erhalten Tabelle 20.5.1.2:

Tabelle 20.5.1.2

Jahreszeit	Winkel-Rangwerte r_{ij}
Winter	12 16 27 29 30 33 37 40 41 44 45 46
Frühling	1 4 10 13 20 22 28 31 38 43 47 48
Sommer	2 3 5 6 8 9 11 17 18 19 21 25 42
Herbst	7 14 15 23 24 26 32 34 35 36 39 49

Die Weiterverarbeitung der Daten aus Tab. 20.5.1.2 im Sinne der Formeln (20.5.1.1–2) zeigt Tab. 20.5.1.3:

Tabelle 20.5.1.3

	Winter			Frühling			Sommer			Herbst	
β'^{0}_{1j}	cosin.	sinus	β'^{0}_{2j}	cosin.	sinus	β'^{0}_{3j}	cosin.	sinus	β'^{0}_{4j}	cosin.	sinus
88	+0349	+9994	7	+9925	+1219	15	+9659	+2588	51	+6293	+7771
118	-4695	+8829	29	+8746	+4848	22	+9272	+3746	103	-2250	+9744
198	-9511	-3090	73	+2924	+9563	37	+7986	+6018	110	-3420	+9397
213	-8387	-5446	96	-1045	+9945	44	+7193	+6947	169	-9816	+1908
220	-7660	-6428	147	-8387	+5446	59	+5150	+8572	176	-9976	+0698
242	-4695	-8828	162	-9511	+3090	66	+4067	+9135	191	-9816	-1908
272	+0349	-9994	206	-8988	-4384	81	+1564	+9877	235	-5736	-8192
294	+4067	-9135	228	-6691	-7431	125	-5736	+8192	250	-3420	-9397
301	+5150	-8572	279	+1564	-9877	132	-6691	+7431	257	-2250	-9744
323	+7986	-6018	316	+7193	-6947	140	-7660	+6428	264	-1045	-9945
331	+8764	-4848	345	+9659	-2588	154	-8988	+4384	287	+2924	-9563
338	+9272	-3746	353	+9925	-1219	184	-9976	-0698	360	+1	0
						309	+6293	-7771			
12	+0,097	+4,292	12	+1,531	+0,166	13	+1,213	+6,485	12	-2,851	-1,923
N_1	X_1	Y_1	N_2	X_2	Y_2	N_3	X_3	Y_3	N_4	X_4	Y_4

Aus Tabelle 20.5.1.3 sind die Speichenwinkel $\beta' = 360(r/N)$ auf Grade, Minuten und Sekunden genau berechnet und aus einer (umfangreichen) Tafel der Winkelfunktionen deren Kosinus x und deren Sinus y abgelesen worden. Die Summen der N_i Kosinus X_i und der N_i Sinus Y_i sind in Tabelle 20.5.1.4 verzeichnet und gemäß (20.5.1.3) ausgewertet worden.

Tabelle 20.5.1.4

i	N_i	Jahreszeit	Kosinus X_i	Sinus Y_i	$2(X_i^2+Y_i^2)$
1	12	Winter	+0,1133	−4,7425	44,983
2	12	Frühling	+1,5282	+0,1947	4,747
3	13	Sommer	+1,2155	+6,4761	86,845
4	12	Herbst	−2,8570	−1,9283	23,762

$$W = \frac{44{,}983}{12} + \frac{4{,}747}{12} + \frac{86{,}845}{13} + \frac{23{,}762}{12} = 12{,}805$$

Entscheidung: Die Windrichtungen in den k = 4 Jahreszeiten unterscheiden sich knapp signifikant, da W = 12,805 > 12,592 = W_α für 2(4−1) = 6 Fge, wonach der Verdacht, daß der Frühling mit NO-Windrichtungen aus dem Rahmen fällt, bestätigt wird.

Bemerkung: Die Richtungsmaße in Tabelle 20.5.1.1 wurden bei den bestehenden Bindungen zwischen den 4 Jahreszeiten nach Los tranformiert, obschon Rangaufteilungen hätten vorgenommen werden sollen. Der Leser ist eingeladen, den W-Test unter Benutzung von Rangaufteilungen zu wiederholen.

Ist die Homomeritätsbedingung nicht erfüllt, treten etwa Unterschiede in Dispersion und Schiefe der Richtungsmaße in den k Stichproben auf, dann wirkt der W-Test wie ein *Omnibustest*, wenngleich er weiterhin hauptgewichtig auf Lage- bzw. Präferenzunterschiede anspricht.

MARDIA (1972) hat gezeigt, daß die A.R.E. des W-Tests, die sog. BAHADUR-*Effizienz*, im Vergleich zu einem quasi-varianzanalytischen Test gegenüber zirkulär-normal verteilten Richtungsmaßen, gegen 1 tendiert, wenn — wie in unserem Beispiel — eine hohe Dispersion besteht.

Der zirkuläre W-Test entspricht dem linearen H-Test (6.2.1). Ein zirkuläres Pendant zu JONCKHEERES Test (6.2.3), der auf eine spezifizierte Rangordnung der Medianrichtungen (etwa 1 = Sommer, 2 = Frühling, 3 = Herbst und 4 = Winter) anspricht, fehlt derzeit noch.

20.5.2 Andere Mehrstichprobentests für Richtungsmaße

Sind die Richtungsmaße von k Stichproben über dem Kreis so verteilt, daß sie — zu einer Stichprobe vereint — einen Halbkreis nicht überschreiten, dann können *Sekundärmaße* so gebildet werden, daß sie wie lineare

Maße ausgewertet werden können. Dazu können alle in Kapitel 6.2 und in Kapitel 19.3 beschriebenen Tests herangezogen werden.

Liegen a · b = k Stichproben aus 2 Faktoren A und B mit gleichen Stichprobenumfängen vor, so können unter obiger Bedingung die in Kapitel 19.14.1 beschriebenen *H-Testversionen* von BREDENKAMP (1974) zur Beurteilung von Faktorwirkungen benutzt werden. Eine Prüfgrößen-Zerlegung von H, wie sie BREDENKAMP vorgenommen hat, müßte auch für die Prüfgröße W von MARDIA (1972) möglich gemacht werden. Wege zur faktoriellen Auswertung von Untersuchungsplänen mit *quasilinearen Richtungsmaßen* eröffnet Kapitel 19 in den Abschnitten 4.1 und 5.1.

Sind Lageunterschiede trivial, wie die Körpertemperatur am Morgen, zu Mittag, am Abend und in der Nacht, dann kann H_0 im Sinne eines Zyklus reformuliert werden: Wenn hypostasiert wird, daß die rektale Morgentemperatur 36,2°, die Mittagstemperatur 36,5°, die Abendtemperatur 36,8° und die Nachttemperatur 36,5° beträgt, also einem *Sinusrhythmus* folgt, dann sind die beobachteten Temperaturen von 4 Gruppen von Ptn (mit einmaliger Messung anläßlich eines Arztbesuches etwa) entsprechend zu adjustieren, ehe sie einem W-Test unterworfen werden.

Wie bei 2 Stichproben, so können auch für k Stichproben von Richtungsmaßen die über dem Kreis gebildeten Iterationen ausgewählt und wie im linearen Fall mit einem *multiplen Iterationstest* (vgl. 8.1.5) geprüft werden. Einen zirkulären multiplen Iterations-Häufigkeitstest (MIH) haben BARTON und DAVID (1958) konstruiert.

20.6 Vergleich zweier abhängiger Stichproben von Richtungsmaßen

Hat eine Vpn verbundenen Auges von einem Startpunkt 0° entlang einem Schlangenpfad zu einem Zielpunkt zu gehen und dann ohne den Pfad zum Startpunkt zurückzufinden, so produziert sie ein Richtungsmaß β_a. Hat die Vpn den Versuch (vor oder nachher) mit einem Spiralpfad zu wiederholen, so produziert sie ein mit β_a *gepaartes Richtungsmaß* β_b. Wird der Versuch mit einer Stichprobe von N Vpn repliziert, so entstehen 2 abhängige Stichproben von Richtungsmaßen β_{ai} und β_{bi}, i = 1(1)N.

Die unterschiedlichen Pfadführungen (a = Schlangenpfad, b = Spiralpfad) sind für die produzierten Richtungsmaße dann unerheblich (H_0), wenn sich die Differenzen $\delta_i = \beta_{ai} - \beta_{bi}$ symmetrisch über Null verteilen. Verteilen sie sich symmetrisch über einem von Null verschiedenen Richtungsmaß, dann hat die Pfadführung zu einer *Richtungsverschiebung* geführt, deren Bedeutsamkeit es zu beurteilen gilt.

Wenn man das Problem der zwei abhängigen (paarigen, verbundenen) Stichproben von Richtungsmaßen auf das Problem einer einzigen Stichprobe von *Paardifferenzen* δ_i, i = 1(1)N zurückführt, lassen sich die SCHACHschen Tests gegen Richtungsabweichung (20.2.3) zu seiner Lösung einsetzen. Im folgenden Abschnitt 20.6.1 werden der Vorzeichen- und der Rangvorzeichentest auf *zwei abhängige Stichproben von Richtungsmaßen* angewendet.

20.6.1 SCHACHS zirkulärer Vorzeichentest

Geht es dem Untersucher um die Beantwortung der Frage, ob sich die *Medianrichtungen* der zwei abhängigen Stichproben zu je N Richtungsmaßen unterscheiden, dann betrachtet er die Vorzeichen der *Winkeldifferenzen* und zählt etwa die Zahl x der negativen Winkeldifferenzen aus. Als Prüfgröße ist x unter H_0 (kein Unterschied in der Medianrichtung) gemäß dem *Vorzeichentest* verteilt und je nach Stichprobenumfang exakt oder asymptotisch zu beurteilen (5.1.2).

Im Unterschied zum linearen ist beim zirkulären Vorzeichentest zu beachten, daß Winkeldifferenzen° größer als 180° mit entgegengesetztem Vorzeichen in den Test eingehen müssen. Nulldifferenzen werden, wie im linearen Vorzeichentest, am besten fortgelassen und der Stichprobenumfang entsprechend ihrer Zahl reduziert. Das gleiche gilt für Differenzen von 180°: auch sie sollen außer acht fallen, ehe der Vorzeichentest angewendet wird.

Beispiel 20.6.1.1

Versuch: N = 20 Vpn hatten vom Startpunkt aus zu einem Drehstuhl im Zentrum eines Kreises zu gehen, ihn – den Drehstuhl – zu besteigen, um dann entweder (a) 5 Mal um 360° nach rechts (im Uhrzeigersinn) rotiert zu werden oder (b) 5 Mal nach links rotiert zu werden (jeweils 1 Rotation in 2 sec.). Dann hatte die Vpn mit verbundenen Augen zum Startpunkt zurückzukehren. Die Abweichungen des Zielpunktes vom Startpunkt β_a und β_b wurden auf 10° genau gemessen und sind in Tabelle 20.6.1.1 verzeichnet.

Eindrucksurteil: Es scheint, daß unter Rechtsdrehung (a) mehr Linksabweichungen (160 70 30 10 120 50 110 100) als Rechtsabweichungen (210 350 330) resultieren. Unter Linksdrehung (b) finden wir etwa gleich viele Rechts- und Linksabweichungen. Rechtsdrehung führt offenbar zu einem Linksdrall im Vergleich zur Linksdrehung (Post-hoc-H_1).

Vorzeichentest: Da die Winkeldifferenzen δ_i linksgipfelig verteilt sind, ist der Vorzeichentest indiziert; er bringt mit x = 2 Minusdifferenzen unter N' = 11 Nichtnull-Dif-

Tabelle 20.6.1.1

β_{ai}	β_{bi}	δ_i	δ_i sgn	$R|\delta_i|P$	$R|\delta_i|H$
160	40	+120	+	10	9
180	150	+ 30	+	4	3
70	20	+ 50	+	6	5
30	30	00	=	(1)	—
10	350	+ 20	+	3	2
120	160	− 40	−	(−)5	(−)4
210	150	+ 60	+	7	6
350	00	− 10	−	(−)2	(−)1
50	310	+100	+	9	8
100	290	+170	+	12	11
330	250	+ 80	+	8	7
100	310	+150	+	11	10
$\tilde{\beta}_a = 40$	$\tilde{\beta}_b = 155$	$\tilde{\delta} = +55$		$T(E) = 7$	$T(H) = 5$

ferenzen bei einseitiger Alternative (d.h. bei entsprechender Ant-hac-H_1) ein P = 0,033 (Tafel I), womit die Linksdrall-Hypothese bei Rechtsdrehung gestützt wird.

Bemerkung: Man beachte, daß die Vorzeichen der Winkeldifferenzen positiv sind, wenn man von (a) nach (b) im Uhrzeigersinn gelangt und negativ in umgekehrter Richtung. Die letzten 2 Spalten in Tabelle 20.6.1.1 kommen im folgenden Abschnitt 20.6.2 zur Sprache.

Der zirkuläre Vorzeichentest ist immer dann indiziert, wenn aus Vorerfahrungen oder aus theoretischen Überlegungen mit einer asymmetrischen oder durch Ausreißer belasteten Verteilung von Winkeldifferenzen zu rechnen ist. Obligatorisch ist er in all jenen Fällen, in welchen die N Individuen nicht der gleichen Population entstammen, also *heterogen* sind (wie Vpn verschiedenen Alters und sozialen Herkommens).

20.6.2 Schachs zirkulärer Vorzeichenrangtest

Die N = 12 Vpn aus Beispiel 20.6.1.1 waren ‚bunt zusammengewürfelt' (Ad-hoc-Stichprobe), womit deren Homogenität sehr fraglich scheint. Unter der Annahme einer *homogenen* Stichprobe von Vpn (wie Schüler einer Klasse) darf der schärfere *Vorzeichenrangtest* anstelle des robusteren Vorzeichentests treten, auch im zirkulären Fall: Die Winkeldifferenzen werden ihrem Betrag (der 180° nicht übersteigen darf) nach in eine Rangordnung gebracht und mit dem Vorzeichen ihrer Differenz ‚versehen' (in

Klammer, vgl. Tabelle 20.6.1.1). Dabei soll eine Nulldifferenz oder — was dasselbe ist — eine 180°-Differenz mitnumeriert werden, wie in der PRATT-schen Version des Vorzeichenrangtests (vgl. BUCK, 1975) vorgeschrieben. Hat man die BUCKschen Tafeln nicht zur Hand, dann läßt man — nach HEMELRIJK (1952) — die 0°- und 180°-Differenzen fort und reduziert den Stichprobenumfang um die Zahl dieser Differenzen, wie in der letzten Spalte von Tabelle 20.6.1.1 geschehen.

Läßt man für Tabelle 20.6.1.1 die Homogenitätsannahme gelten, so beträgt nach HEMELRIJKS Version des Vorzeichenrangtests die Prüfgröße T=5; sie ist nach Tafel VI−4−1−1 mit einem einseitigen P = 0,005 bzw. mit dem hier gebotenen zweiseitigen P = 0,01 verknüpft und bestätigt unter den genannten Voraussetzungen die Linksdrall-Wirkung der Rechtsdrehung (was sinnesphysiologisch unschwer zu erklären ist, wenn man annimmt, daß die meisten Vpn ‚Rechtshörer' sind).

Liegen die Winkeldifferenzen δ_i paariger Richtungsmaße innerhalb eines *Halbkreises*, also zwischen −90° und +90°, dann können die zirkulären wie *lineare Differenzen* d_i nach den in Kapitel 19.6.7 beschriebenen Methoden ausgewertet und interpretiert werden.

20.6.3 Korrelation von Richtungsmaßen

Paare von Richtungsmaßen sind zu +1 korreliert, wenn beide Paarlinge numerisch gleich sind, und zu −1 korreliert, wenn sie um 180° gegeneinander verschoben sind. Die höchstmögliche Verschiebung von 180° hat aber kein Vorzeichen, genau wie die Verschiebung von 0°, wenn es sich um kreisverteilte Stichproben von N Richtungsmaßen handelt.

Wie geht man nun vor, um zu beurteilen, ob die Richtungsorientierungen bei Rechts- und Linksdrehung in Tabelle 20.6.1.1 positiv, nicht oder negativ korreliert sind?

Der einfachste Weg besteht darin, die beiden paarigen Stichproben durch ihre *Winkeldistanzen* D zu repräsentieren, wie dies in Tabelle 20.6.3.1 mit den *Winkelpaaren* aus Tabelle 20.6.1.1 geschehen ist.

Kleine Winkeldistanzen von 0° bis 90° indizieren eine *positive* Korrelation und wurden mit V_i = +1 in Tabelle 20.6.3.1 bewertet; *große* Winkeldistanzen von 135° bis 180° indizieren eine *negative* Korrelation und wurden mit V_i = −1 bewertet. Alle übrigen Distanzen indizieren eine Nullkorrelation und wurden deshalb mit V_i = 0 bewertet.

Ein einfaches Maß der Korrelation zweier stetiger Observablen mit Paarbewertung (+1 und −1) liefert der FECHNERsche *Korrelationskoeffizient* (vgl. Biometrisches Wörterbuch, 1966, Bd. 1, S. 166) mit der Definition

$$F = \Sigma V_i / N \qquad (20.6.3.1)$$

Tabelle 20.6.3.1

β_{ai}	β_{bi}	$|\delta_i|$	V_i
160	40	120	0
180	150	30	+1
70	20	50	+1
30	30	0	+1
10	350	20	+1
120	160	40	+1
210	150	60	+1
350	00	10	+1
50	310	100	0
100	290	170	-1
330	250	80	+1
100	310	150	-1

In Tabelle 20.6.3.1 ist $\Sigma V_i = +8-2 = +6$ und $N = 12$, so daß $F = +6/12 = +0{,}5$, was einen mäßigen Zusammenhang andeutet.

Ob F signifikant positiv ist, beurteilt man nach dem *Vorzeichentest* mit $x = 2$ und $N' = 12-2 = 10$ (Nichtnull-Bewertungen). Ein $P = 0{,}145$ ist nicht einmal auf der 10%-Stufe signifikant (vgl. Tafel I).

Korrelationsmaß und Test sind nur für größere Stichproben sinnvoll zu berechnen, da ihre Effizienz gering ist. Tests mit höherer Effizienz hat ROTHMAN (1971) aus dem zirkulären KOLMOGOROFF-Test abgeleitet. Ein Rangkorrelationstest mit höchster Effizienz ist unbedenklich dann anzuwenden, wenn die Winkeldistanzen zwischen $-90°$ und $+90°$ variieren.

20.7 Raumrichtungs- und Raumortungsmaße

20.7.1 Möglichkeiten der Koordinatendarstellung

Werden N Beobachtungen als Richtungen im Raum definiert, so spricht man von *Raumrichtungsmaßen*; werden die Beobachtungen darüber hinaus im Raum lokalisiert, spricht man von *Raumortungsmaßen*. Raumrichtungen wie Raumortungen können durch kartesische wie durch Polarkoordinaten festgelegt werden. Wir betrachten zunächst den Fall der Raumortung, dann den Fall der Raumrichtung.

Darstellung von Raumortungsmaßen

Bewegt sich ein Vogel aus seinem Nest O (als Ursprung eines kartesischen Koordinatensystems) zu einem Futterziel P, so kann diese Bewegung durch Länge x, Breite y und Höhe z als *kartesische Koordinaten* angegeben werden. Die Bewegung kann aber ebenso durch 3 *Polarkoordinaten*, den Polabstand θ (90°- geographische Breite) und durch das Azimuth (östliche geographische Länge) sowie durch die Entfernung r des Ausgangspunkts O zum Zielpunkt P beschrieben werden, wie dies Abb. 20.7.1.1 veranschaulicht.

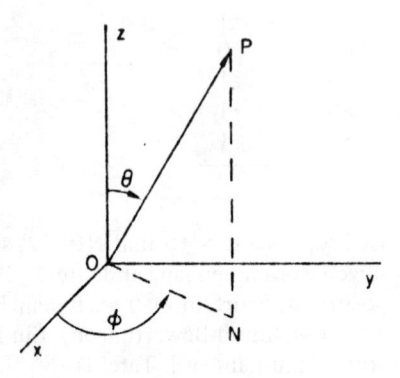

Abb. 20.7.1.1:
Ortungsvektor OP mit den Polarkoordinaten r = Länge (OP), ϕ = Kompaßrichtung und θ = Polabstand (aus MARDIA, 1972, Fig. 8.1).

Wir interpretieren Abb. 20.7.1.1 ad-hoc als Ergebnis eines individuellen *Raumorientierungsversuches*: Eine ‚blinde' Vp hatte den Punkt O mit einer Bleistiftspitze zu ertasten, die Bleistiftspitze dann zum Kinn zu führen und den vorab ertasteten Punkt erneut aufzufinden, wobei ihre Bleistiftspitze im Punkte P landete.

Wird der Versuch mit einer Stichprobe von N Vpn in gleicher Weise wiederholt, so entsteht statt des *Einzelvektors* OP in Abb. 20.7.1.1 ein *Büschel von N Vektoren* OP_i mit den kartesischen Koordinaten (x_i, y_i, z_i) oder den Polarkoordinaten (θ_i, ϕ_i, r_i) mit i = 1(1)N, wobei die r_i die Längen der Vektoren OP_i bezeichnen.

Je nachdem, ob die N Vpn zufällig nach allen 3 Raumrichtungen vom Zielort abweichen oder eine bestimmte Abweichungsrichtung (z.B. hinten, links, oben) bevorzugen, wird das Vektorenbüschel ‚igelförmig' oder ‚pinselförmig' ausfallen. Man kann es veranschaulichen, indem man Nadeln der Längen r_i mit den Winkeln θ_i und ϕ_i in eine Schaumgummi-Kugel einsticht und sich ein Urteil bildet, ob eine bestimmte Raumrichtung präferiert wird.

Darstellung von Raumrichtungsmaßen

Interessiert den Untersucher die Länge des Vektors in Abb. 20.7.1.1 und damit die Entfernung des Punktes P vom Punkt 0 *nicht*, sondern lediglich die Raumrichtung des Vektors, also die Winkel θ und ϕ, dann reduziert er ein Ortungsmaß auf ein *Richtungsmaß* (was sachlogisch zu begründen ist). Dieses Richtungsmaß kann als Punkt auf einer Einheitskugel markiert werden und z.B. die Abweichungsrichtung einer einzelnen Vp sein (vgl. auch BRODDA, 1975).

Werden auf diese Weise Stichproben von *Raumrichtungsmaßen* erhoben, so können sich die Punktmarken entweder auf der Kugeloberfläche *gleich* verteilen (H_0) oder mehr oder weniger typische Abweichung von der Gleichverteilung zeigen, wovon 3 in Abb. 20.7.1.2 veranschaulicht sind: eine eingipfelige, eine zweigipfelige und eine gürtelförmige *sphärische Verteilung:*

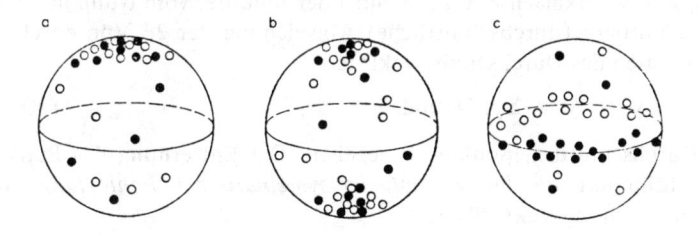

Abb. 20.7.1.2:
Drei typische Kugelverteilungen (a) eine unimodale, (b) eine bimodal-axialsymmetrische und (c) eine Gürtelverteilung als Alternativen zu einer Gleichverteilung über der Kugel. Die vollen Kreise liegen an der sichtbaren, die leeren an der unsichtbaren Kugelkalotte (aus MARDIA, 1972, Fig. 8.3).

Eine *unimodale* Kugelverteilung nach Abb. 20.7.1.2 (a) entsteht bei obigem Versuch, wenn fast alle N Vpn eine Relokalisationsverzerrung (Bias) ‚nach oben' produzieren. Eine *bimodale* Verteilung nach 20.7.1.2 (b) entsteht, wenn die Vpn teils nach oben, teils nach unten abweichen, also in Richtung der Vertikalachse verzerren. Die *Gürtelverteilung* der Abb. 20.7.1.2 (c) schließlich resultiert, wenn die Vpn den Nullpunkt horizontal ‚umkreisend' wiederfinden. Man beachte, daß die Relokalisationspunkte in Abb. 20.7.1.2 gefüllt oder leer sind, je nachdem, ob sie auf der dem Betrachter zu- oder abgewandten Kugelkalotte liegen.

Will man die 3 Alternativen zu einer *sphärischen Gleichverteilung* durch Kennwerte verdichtend beschreiben, so genügt für (a) offenbar ein Raumrichtungsvektor mit den Polkoordinaten (θ, ϕ), für (b) genügt je ein Ortungsvektor für die obere und für die untere Kalotte und für (c) genügt die Angabe, ob der Gürtel mehr oder weniger um die Äquatoriallinie streut.

20.7.2 Raumbeschreibende Lokations-Statistiken

Angenommen, die N = 26 Vpn der Abb. 20.7.1.2 haben die unimodale Kugelverteilung (c) produziert. Damit stellt sich die Frage, in welcher Richtung und in welchem Grade die Vpn ihren ‚Greifraum' verzerren (sich ‚nach oben' vergreifen)?

Raumortungslokation

Sind die *Ortungsvektoren* (x_i, y_i, z_i) der i = 1(1)N Vpn durch ihre kartesischen Koordinaten gemessen worden (X = Sagittalachse, d.h. hin zum oder weg vom Brustbein, Y = Lateralachse, d.h. nach rechts oder nach links, Z = Vertikalachse, d.h. hinauf oder hinunter vom Nullpunkt), dann ist die mittlere (durchschnittliche) Abweichung der 26 Vpn durch die 3 Koordinaten des Durchschnittsvektors

$$\bar{x} = \Sigma x_i/N, \quad \bar{y} = \Sigma y_i/N \quad \text{und} \quad \bar{z} = \Sigma z_i/N \tag{20.7.2.1}$$

des Durchschnittszielpunktes $\bar{P}$ gegeben. Die Entfernung des Punktes $\bar{P}$ vom Nullpunkt, das *lineare Maß der systematischen Fehlortung*, ist bestimmt durch die Vektorlänge

$$\bar{r} = \sqrt{\bar{x}^2 + \bar{y}^2 + \bar{z}^2} \tag{20.7.2.2}$$

Die *Polabweichung* der Durchschnittsortung $\bar{v} = (\bar{x}, \bar{y}, \bar{z})$ — das Komplement der geographischen Breite, ist gegeben durch die Winkelfunktion

$$\cos \theta = (\bar{z})/\sqrt{\bar{z}^2 + \bar{y}^2} \tag{20.7.2.3}$$

Die *Lateralabweichung* von $\bar{v}$ — die östliche geographische Länge, das Azimuth bestimmt man aus

$$\cos \phi = (\bar{x})/\sqrt{\bar{x}^2 + \bar{y}^2}, \tag{20.7.2.4}$$

wobei die Winkel ϕ und θ aufgrund ihrer Kosinusfunktionen aus Tafel XX–1 abzulesen sind.

Sind die Endpunkte der N Ortungsvektoren $v_i = (x_i, y_i, z_i)$ *nicht* trivariat symmetrisch verteilt, dann benutzt man anstelle der Durchschnitte $\bar{x}$, $\bar{y}$ und $\bar{z}$ die Mediane $\tilde{x}$, $\tilde{y}$ und $\tilde{z}$ als Koordinaten eines *Medianvektors*, dessen Länge $\tilde{r}$ sich analog zu (20.7.2.2) bestimmt; seine Polabweichung wird gemäß (20.7.2.3) und seine Lateralabweichung gemäß (20.7.2.4) aus den Mediankoordinaten $\tilde{x}$, $\tilde{y}$ und $\tilde{z}$ berechnet. Mediankoordinaten sind auch dann den Durchschnittskoordinaten vorzuziehen, wenn sich *Ausreißervektoren* (nach einer Richtung, zwei oder 3 Richtungen) unter den N Vektoren einer Stichprobe von Individuen (Vpn) befinden; das gilt auch dann, wenn die N Vektorendpunkte P_i annähernd trivariat symmetrisch verteilt sind.

Raumrichtungslokation

Wurde von den N = 26 Vpn der Abb. 20.7.1.2 gefordert, einen dreidimensional beweglichen Zeiger in jene Richtung einzustellen, aus der sie vermeinten, ein in weißes Rauschen eingebettetes Signal gehört zu haben, dann liegen nur die 2 Richtungsmaße θ und ϕ als Informationen vor. Wie schätzt man in diesem Fall einen Durchschnittsvektor, der das Signal bestmöglich lokalisiert?

Die 3 Koordinaten des Durchschnitts von N *Einheitsvektoren* mit den Polarkoordinaten (θ_i, ϕ_i) sind gegeben durch die Beziehungen

$$\bar{l}(x) = (\Sigma \sin \theta_i \cos \phi_i)/N \qquad (20.7.2.5)$$

$$\bar{m}(y) = (\Sigma \sin \theta_i \sin \phi_i)/N \qquad (20.7.2.6)$$

$$\bar{n}(z) = (\Sigma \cos \theta_i)/N \qquad (20.7.2.7)$$

Bei sphärischer Gleichverteilung sind alle 3 Koordinaten der mittleren ‚Zeigerstellung' nahe Null; bei unimodaler Verteilung, wie in Abb. 20.7.1.2 (a) sind sie durchweg von Null verschieden und bestimmen einen *sphärischen Durchschnittsvektor* mit der Länge

$$r_0 = \sqrt{\bar{l}^2 + \bar{m}^2 + \bar{n}^2} \qquad (20.7.2.8)$$

Je länger dieser Vektor r_0 ist, um so mehr stimmen die individuellen Zeigerrichtungen überein; bei $r_0 = 1$ fallen sie zu einer Richtung zusammen und bilden eine sphärische Punktverteilung aus. Also kann r_0 als *Maß der Konzentration* von ‚Raumzeigerrichtungen' fungieren, wenn eine unimodale Verteilung über der Kugel vorliegt[6].

---

6 Man beachte, daß ein $r_0 = 0$ keineswegs auf eine sphärische Gleichverteilung schließen läßt, denn auch die bimodale Verteilung der Abb. 20.7.1.2 (b) und die Gürtelverteilung (c) ergeben Durchschnittsvektoren der Länge (von fast) Null.
Man erinnere ferner, daß bei asymmetrisch auf der Kugeloberfläche verteilten Raumrichtungsmassen die Mediankoordinaten $\tilde{l}$, $\tilde{m}$ und $\tilde{n}$ den Durchschnittskoordinaten $\bar{l}$, $\bar{m}$ und $\bar{n}$ vorzuziehen sind, wenn $\tilde{r}_0$ als sphärischer Medianvektor zu berechnen ist.

Der Durchschnittsvektor r_0 hat einen *Polabstand*, der durch die Beziehung

$$\cos \theta_0 = \bar{n}/r_0 \tag{20.7.2.9}$$

gegeben ist und ein *Azimuth*, das durch die Beziehung

$$\cos \phi_0 = \bar{l}/r_0 \tag{20.7.2.10}$$

zu berechnen ist. Es handelt sich dabei um die durchschnittlichen Raumrichtungen bzw. deren Kosinusfunktionen. Die Raumrichtungen selbst sind aus Tafel XX−1 abzulesen.

20.7.3 Raumbeschreibende Dispersions-Statistiken

Wie im Fall der Lokation unterscheiden wir auch im Fall der Dispersion und ihrer Messung zwischen Ortungsmaßen, die durch kartesische Koordinaten (x_i, y_i, z_i) bestimmt sind, und Raumrichtungsmaßen, die durch Polabstand θ und Azimuth ϕ beschrieben werden.

Raumortungs-Dispersion

Trivariat symmetrisch verteilte Endpunkte P_i von N individuellen *Ortungsvektoren* $v_i = (x_i, y_i, z_i)$ lassen sich bzgl. ihrer Dispersion ebenso quasi-parametrisch beschreiben wie bzgl. ihrer Lokation: Man schätzt die *Varianzen* der Punkte P_i in der Sagittalrichtung (X) nach

$$\text{Var}(x) = \Sigma(x_i - \bar{x})^2/N \tag{20.7.3.1}$$

und entsprechend in der Lateral- und der Vertikalrichtung nach

$$\text{Var}(y) = \Sigma(y_i - \bar{y})^2/N \tag{20.7.3.2}$$
$$\text{Var}(z) = \Sigma(z_i - \bar{z})^2/N \tag{20.7.3.3}$$

Die Dispersionen in den 3 kartesischen Koordinaten mögen bei kleinen Stichproben nicht symmetrisch verteilter Raumrichtungsmaße auch durch die Spannweiten w(x), w(y) und w(z) ausreichend gekennzeichnet werden; bei großen asymmetrisch verteilten Stichproben werden die Interquartilabstände (2.1.6.2) geeignete Dispersionsmaße darstellen.

Raumrichtungs-Dispersion

Liegen statt Ortungsvektoren v_i nur Raumrichtungen bzw. *Richtungsmaßpaare* (θ_i und ϕ_i) als Ausgangsinformationen vor, so transformiert man sie entsprechend den Formeln (20.7.2.5−7) in 3 kartesische Koordinaten (l, m, n) auf der Einheitskugel und verfährt zur Dispersionsbeurteilung mit l, m, n wie oben mit Ortungskoordinaten geschehen. Dazu das folgende Beispiel, um das numerische Vorgehen zu illustrieren:

Beispiel 20.7.3.1

Versuch zum Richtungshören: N = 9 Vpn hatten leise Klicks in weißem Rauschen durch Einstellung eines Raumrichtungszeigers zu lokalisieren. Tabelle 20.7.3.1 gibt die Polabstände θ_i und die Azimuthwinkel ϕ_i für jede der 9 Vpn wieder (adaptiert aus MARDIA, 1972, Table 8.2), samt ihren Sinus- und Cosinusfunktionen (aus Tafel XX–1).

Tabelle 20.7.3.1

i	θ_i	ϕ_i	$\sin \phi$	$\cos \phi$	$\sin \theta$	$\cos \theta$
1	17,0	254,3	−0,0993	0,9951	0,2924	0,9563
2	7,9	333,0	−0,4540	0,8910	0,1374	0,9905
3	19,9	323,1	−0,6004	0,7997	0,3404	0,9403
4	38,6	316,0	−0,6947	0,7193	0,6239	0,7815
5	20,7	309,6	−0,7705	0,6374	0,3535	0,9354
6	21,3	298,0	−0,8829	0,4695	0,3633	0,9317
7	23,9	16,8	0,2890	0,9573	0,4051	0,9143
8	31,2	2,4	0,0419	0,9991	0,5180	0,8554
9	10,5	1,0	0,0175	0,9998	0,1822	0,9833
N=9	$\tilde{\theta}_i$= 20,7	$\tilde{\phi}_i$= 323,1	−3,1534	7,4682	+3,7162	+8,2887/9
						$\bar{n}$ = 0,9210

Koordinaten des Hauptrichtungsvektors: Gemäß den Formeln (20.7.2.5–6) bilden wir die benötigten Produkte der Winkelfunktionen in Tabelle 20.7.3.2.

Tabelle 20.7.3.2

$(\cos \phi)(\sin \theta)$	$(\sin \phi)(\sin \theta)$
0,2810	−0,0290
0,1224	−0,0624
0,2722	−0,2044
0,4488	−0,4334
0,2253	−0,2724
0,1706	−0,3208
0,3878	0,1171
0,5176	0,0217
0,1822	0,0032
$\bar{l}$ = 2,6179/9 = 0,2909	$\bar{m}$ = −1,1804/9 = −0,1312

Dispersion der Koordinaten: Die Vertikalkoordinate $\bar{n}$ = 0,9210 liegt nahe bei +1 und zeigt, daß die Klicks im Zenit gehört wurden. Tatsächlich ist die Spannweite w(n) = 0,9833 - 0,7815 = 0,2018 = w(cos θ) in Tabelle 20.7.3.1 nur gering, so daß die Zenitrichtung von allen 9 Vpn mehr oder weniger genau als die Klick-Richtung wahrgenommen wurde. Anders ist es mit der saggitalen und der Lateral- oder Frontalkoordinate:

Die Saggitalkoordinate $\bar{l}$ = +0,2909 zeigt an, daß die Vpn die Klicks ein wenig in Richtung ihres Hinterkopfes verlagern (vgl. Abb. 20.7.1.2 wegen des Vorzeichens), dabei aber in ihrem Urteil recht unsicher sind, wie die Spannweite w(l) = 0,5176 - - 0,1224 = 0,3955 = w(cos ϕ · sin θ) andeutet (Tabelle 20.7.3.2).

Die Lateralkoordinate $\bar{m}$ = -0,1312 zeigt an, daß die Vpn die Klickquelle nicht nur ‚hoch oben' und ‚etwas hinten', sondern auch eher links- als rechtsseitig vermuten (vgl. Abb. 20.7.1.2 wegen des negativen Vorzeichens); sie sind sich bezüglich der Laterallokalisation allerdings sehr unsicher, wie die Spannweite w(m) = 0,1171 - (-0,4334) = = 0,5505 = w(sin ϕ · sin θ) zu erkennen gibt.

Raumrichtungsschätzungen: Die Länge r_0 des Durchschnittsvektors der Raumrichtungsmaße beträgt nach (20.7.2.8)

$$r_0 = \sqrt{0,2909^2 + (-0,1312)^2 + 0,9210^2} = 0,9747$$

Ein r_0 nahe 1 deutet an, daß die 9 Vpn nur eine geringe Raumrichtungsdispersion aufweisen.

Der Kosinus von θ ist nach (20.7.2.9) gleich 0,9210/0,9747 = 0,9449 und der zugehörige Polabstand beträgt nach Tafel XX-1 θ = 19° oder 90°-19° = 71° nördlicher Breite vom Erdmittelpunkt aus gesehen. Der Kosinus von ϕ ist nach (20.7.2.10) gleich 0,2909/0,9747 = 0,2985 und ϕ = 287°, d.h. 287° östlicher Länge oder 360°-287° = = 73° westlicher Länge.

Interpretation: Die Stichprobe der 9 Vpn lokalisiert die Klick-Quelle in 287° östlicher Länge und 71° nördlicher Breite. Das ist vom Erdmittelpunkt aus gesehen der Golf von Boothia in Nord-Kanada. Tatsächlich lag die Klick-Quelle am geographischen Nordpol, womit eine raumverzerrte Hörwahrnehmung wahrscheinlich gemacht wird.

Wie Beispiel 20.7.3.1 gezeigt hat, kann die *Raumrichtungs-Dispersion* koordiantenspezifisch durch die Winkelspannweiten w(n, l, m) wie auch global durch die Länge r_0 des Raumrichtungsvektors geschätzt werden.

20.7.4 Kleinstichproben-Deskription von Richtungsmaßen

Eine einfache Methode, Dispersionen von Richtungsmaßen anzugeben, besteht darin, die *Winkelspannweiten* von Polabstand θ und Azimuth ϕ zu bestimmen. Gibt man zusätzlich noch die Winkelmediane Md(θ) und Md(ϕ), so läßt sich auch eine etwaige Schiefe der Richtungsmaße erschließen: In Tabelle 20.7.3.1 ist w(θ) 38,6°-7,9° die Spannweite der Polabstände und Md(θ) = 20,7° der Polabstandsmedian, der bei symmetrischen Richtungsmaßen in der Spannweitenmitte (38,6°-7,9°)/2 = 15,4° liegen sollte.

In analoger Weise geht man vor, wenn kleine Stichproben von Ortungsmaßen zu beurteilen sind. Man bestimmt die *Spannweiten der Koordinaten* w(x), w(y) und w(z) und ggf. dazu die Medianwerte Md(x) etc., um auf Schiefen in den Ortungsmaßen zu schließen.

20.8 Tests für Stichproben von Raumrichtungsmaßen

Wie für *ebene*, so können auch für *räumliche* Richtungsmaße Einstichprobentests gegen die Nullhypothese der Gleichverteilung über der Einheitskugel und Zweistichprobentests auf Homogenität zweier Stichproben von Raumrichtungsmaßen entwickelt werden. Wir werden nachfolgend 2 Einstichprobentests besprechen, die von der Nullhypothese einer *sphärischen Gleichverteilung* ausgehen und gegen sog. Kappen- oder Haubenalternativen prüfen.

20.8.1 Der RAYLEIGH-WATSON-Test gegen Kappenpräferenz

Sind die N Raumrichtungsmaße − wie in Abb. 20.7.1.2 (a) ähnlich einer *sphärischen Normalverteilung* (ARNOLD-FISHER-Verteilung als Pendant der zirkulären VON MISES-Verteilung, vgl. MARDIA, 1972, S. 245), dann ist RAYLEIGHS Test (20.2.1) vom Kreis auf die Kugel zu verallgemeinern (WATSON, 1967), um gegen die Nullhypothese einer *sphärischen Gleichverteilung* zu prüfen (WATSON, 1967).

Man braucht nur, wie in Formel (20.7.2.8), den Durchschnittsvektor bzw. seine Länge r_0 der N Raumrichtungsmaße zu berechnen und sein Quadrat mit 3N zu multiplizieren, um eine nach 3 Fgn annähernd χ^2-verteilte *Prüfgröße* zu gewinnen (MARDIA, 1972, Formel 8.7.4).

$$\chi^2 = 3Nr_0^2 \text{ mit 3 Fgn} \qquad (20.8.1.1)$$

Wenn die Stichprobe der N Raumrichtungsmaße als Zufallsstichprobe aus einer sphärischen Normalverteilung angesehen werden darf, ist der asymptotische Test auch schon bei kleinem N zulässig: Für die N = 9 Raumrichtungsmaße des Beispiels 20.7.3.1 mit r_0 = 0,9747 ergibt sich ein χ^2 = 3(9)0,9747² = 25,65, das für 3 Fge auf der 1%-Stufe signifikant ist. Offenbar liegt eine ‚*Polkappenverteilung*' (H_1) anstelle einer ‚*Hohlkugelverteilung*' (H_0) der Stichprobe zugrunde.

Für kleine Stichproben ist die Nullverteilung von r_0 bei STEPHENS (1964) vertafelt und im Bedarfsfall dort nachzulesen. Der RAYLEIGH-WATSON-Test ist bei starker Konzentration (geringer Dispersion) der Raumrichtungsmaße um ihren Durchschnittsvektor ein sehr wirksamer Test, wie aus dem Beispiel 20.7.3.1 zu erkennen war. Für schwach konzentrierte (hoch disperse) Stichproben von Raumrichtungsmaßen ist der nachfolgende Test i.a. besser indiziert.

20.8.2 Der AJNE-BERAN-Test gegen Haubenpräferenz

BERAN (1968) hat den für *zirkuläre* Richtungsmaße geltenden Test von AJNE (20.2.4) auf *sphärische* Richtungsmaße verallgemeinert und eine Prüfgröße zum Nachweis einer Raumrichtungspräferenz definiert, deren Umformung lautet:

$$B = 4N - 16(\Sigma \psi_{ij})/\pi^N \qquad (20.8.2.1)$$

Darin bedeutet Psi(ij) den jeweils kleineren der Winkeldifferenzenbeträge (θ_i, θ_j) und (ϕ_i, ϕ_j) einer Stichprobe von N Raumrichtungsmaßen in Polarkoordinatenbeobachtung. Zu summieren ist über alle $N(N-1)/2$ Paare von Richtungsdifferenzen (*GINI-Summe*).

Zur Illustration der *Prüfgrößen-Ermittlung* betrachten wir Tabelle 20.7.3.1. Den Summanden Psi(12) erhalten wir als Minimum von $|17,0-7,9|$ = = 8,1 und $|254,3-333,0|$ = 21,3, so daß Psi(12) = 8,1. Analog ergibt sich Psi(13) = Min.(2,9 und 31,2) = 2,9 usf. bis Psi(89), wie in Tabelle 20.8.2.1 ausgerechnet wurde.

Tabelle 20.8.2.1

i/j	2	3	4	5	6	7	8	9
1	8,1	2,9	21,6	3,7	4,3	6,9	14,2	6,5
2		9,9	17,0	12,8	13,4	16,0	23,3	2,6
3			7,1	0,8	1,4	4,0	11,3	9,4
4				6,4	18,0	14,7	7,4	28,1
5					0,6	3,2	10,5	10,2
6						2,6	9,9	10,8
7							7,3	13,4
8								1,4

$\Sigma \psi = 8{,}1 + 12{,}8 + 45{,}7 + 23{,}7 + 37{,}7 + 47{,}4 + 83{,}9 + 82{,}4 = 341{,}7$

Die Prüfgröße des AJNE-BERAN-Tests beträgt nach Formel (20.8.2.1) für Beispiel 20.7.3.1 mit N = 9 Raumrichtungsmaßen

$$B = 4(9) - 16(341{,}7)/(3{,}1415)^9 = 35{,}8$$

Die *finite Verteilung* von B unter H_0 ist noch nicht bekannt; eine asymptotische Entscheidung kann bei größerem x auf die Gleichung

$$P(B > x) = 1{,}65 P(\chi_3^2 > x) \qquad (20.8.2.2)$$

gestützt werden. In Worten: Die Überschreitungswahrscheinlichkeit, daß B größer als ein vereinbarter Wert x, z.B. die 5%-Schranke für χ^2 mit 3 Fgn ist, gleicht der 1,65-fachen Wahrscheinlichkeit, daß auch χ_3^2 diesen Wert überschreitet.

Einem $B > 34$ entspricht nach Tafel III–1 ein P von $P(\chi_3^2 = 34) = 1{,}65(0{,}0000002) = 0{,}0000003$, das damit weit unterhalb der 0,1-Stufe liegt. Offenbar ist der AJNE-BERAN-Test *schärfer* als der RAYLEIGH-WATSON-Test mit $P(\chi_3^2 = 26) = 0{,}0000095$, was darauf hinweist, daß die beobachtete von einer ARNOLD-FISHER-Alternative (sphärische Normalverteilung) abweicht: Solch eine Abweichung hatte die beschriebene Statistik bereits nahegelegt, da die Vertikalrichtungen stark gebündelt, die Lateralrichtungen hingegen ‚laubbesenartig' auseinanderstrebten.

Liegen alle Raumrichtungsmaße einer Stichprobe innerhalb einer *Halbkugel*, dann können ihre zirkulären Winkelkomponenten (θ und ϕ) als 2 quasilineare Observablen aufgefaßt und nach all den Methoden ausgewertet werden, die für bivariate Einstichproben-Untersuchungspläne in Frage kommen (vgl. 19.2.2).

Analoges gilt für Raumortungsmaße innerhalb einer Halbkugel: sie können mit ihren Polarkoordinaten (θ, ϕ und r) als trivariate Einstichproben-Pläne aufgefaßt und ausgewertet werden (vgl. 19.19.2.3). In beiden Fällen können durch geeignete Diskretisierung der 2 bzw. 3 Observablen *Raumrichtungs-* bzw. *Raumortungstypen* identifiziert werden, die als raumrichtungsdifferente Vektorenbüschel gleicher bzw. unterschiedlicher Längen zu denken sind.

20.8.3 Der WATSON-WILLIAMS-Test gegen Präferenzunterschiede

Der Versuch zum Richtungshören in Beispiel 20.7.3.1 ist mit fixiertem Kopf (im Zahnarztstuhl) durchgeführt worden. Wir hätten einen gleichen Versuch mit einer anderen Gruppe von Vpn durchführen und den Vpn erlauben können, ihren Kopf zu bewegen, wenn sie hierdurch die Klickquelle leichter lokalisieren können. Aus dem Einstichproben- wäre damit ein *Zweistichprobenproblem* geworden mit der Frage, ob sich die beiden Gruppen von Raumrichtungsmaßen homogen (H_0) oder heterogen (H_1) über der Kugel verteilen oder – wie man auch sagt – *coplanar* sind.

Unter der Voraussetzung, daß die ‚Raumrichtungsbüschel' der beiden unabhängigen Stichproben (1) relativ dicht gebündelt sind und (2) so zusammengeworfen werden können, daß keine bimodale Verteilung auf der Einheitskugel entsteht, ist nach Watson und Williams (1956) die *Prüfgröße*

$$F = (N-1)(R_1+R_2-R)/(N-R) \qquad (20.8.3.1)$$

genähert wie F mit 2 Zähler- und 2N-2 Nenner-Fgn verteilt und entsprechend zu beurteilen, wenn $N_1 \approx N_2$.

In Formel (20.8.3.1) ist $N = N_1 + N_2$ die vereinte Stichprobe, $R_1 = \bar{r}_1 N_1$ der Summenvektor (= Summe der N_1 Vektoren) von Gruppe 1 und $R_2 = \bar{r}_2 N_2$ der Summenvektor von Gruppe 2. R ist der Summenvektor der unter H_0 vereinten beiden Stichproben von N Richtungsmaßen. Der F-Test ist nur zulässig, wenn der durchschnittliche Summenvektor der vereinten Stichproben

$$\bar{R} = R/N > 0{,}7 \qquad (20.8.3.2)$$

ist; andernfalls sind – ebenso wie bei ungleich großen Stichproben – einschlägige Tafeln zu benutzen, um den Watson-Williams-Test auszuwerten (vgl. Mardia, 1972, Tables 3.8ab).

Tabelle 20.8.3.1

i	θ_i	ϕ_i	$\sin \phi_i$	$\cos \phi_i$	$\sin \theta_i$	$\cos \theta_i$
1	26	18	0,3090	0,3249	0,4384	0,8988
2	22	34	0,5592	0,6745	0,3746	0,9272
3	10	64	0,8988	0,4384	0,1736	0,9848
4	6	265	-0,9962	-0,0872	0,1045	0,9945
5	8	314	-0,7193	0,6947	0,1392	0,9903
6	6	334	-0,4384	0,8988	0,1045	0,9945
7	24	340	-0,3420	0,9397	0,4067	0,9135
8	20	342	-0,3090	0,9511	0,3420	0,9397
9	14	345	-0,2588	0,9659	0,2419	0,9703
10	8	355	-0,0872	0,9962	0,1392	0,9903
	$\bar{\theta}=12$	$\bar{\phi}=324$	-1,3839	6,7970	2,4646	9,5039

Beispiel 20.8.3.1

Bedingungsvariation: Der Versuch in Beispiel 20.7.3.1 wurde mit der Erlaubnis, den Kopf zu bewegen, mit $N_1 = 10$ Vpn als Versuchsgruppe durchgeführt, wobei sich die Richtungsmaße θ_1 und ϕ_1 der Tabelle 20.8.3.1 ergaben (siehe Seite 1154).

Koordinaten von R_1: Die Vertikalkoordinate $n_1 = 9{,}6039$ haben wir bereits aus Tabelle 20.8.3.1 gewonnen. Die Saggital- und Lateralkoordinaten erhalten wir gemäß Tabelle 20.7.3.2 in Tabelle 20.8.3.2 zu $l_1 = 1{,}7326$ und $m_1 = -0{,}0576$.

Tabelle 20.8.3.2

$(\cos \phi)(\sin \theta)$	$(\sin \theta)(\sin \theta)$
0,1424	0,1355
0,2527	0,2095
0,0761	0,1560
-0,0091	-0,1041
0,0967	-0,1001
0,0939	-0,0458
0,3822	-0,1391
0,3253	-0,1057
0,2337	-0,0626
0,1387	-0,0012
l = 1,7326	m = -0,0576

In Tabelle 20.8.3.3 sind die Koordinaten von R_1 denen von R_2 gegenübergestellt worden, wobei die Kontrollgruppe mit $N_2 = 9$ Vpn und deren Koordinaten R_2 dem Beispiel 20.7.3.1 entnommen wurden:

Tabelle 20.8.3.3

N_i	Gruppe	l	m	n	$R_i^2 = l^2 + m^2 + n^2$	R_i
10	i = 1	1,7326	-0,0576	9,6039	95,2401	9,759
9	i = 2	2,6179	-1,1804	8,2887	76,9493	8,772
N=19	R^2 =	\multicolumn{3}{l	}{$4{,}3505^2 + (-1{,}2380)^2 + 17{,}8926^2 =$}	340,5939;	R = 18,455

In Tabelle 20.8.3.3 ist auch gleich der Durchschnittsvektor der vereinten 2 Stichproben bzw. dessen Länge R nach

$$R^2 = (l_1 + l_2)^2 + (m_1 + m_2)^2 + (n_1 + n_2)^2 \qquad (20.8.3.3)$$

und die Längen R_i der Gruppenvektoren berechnet worden:

$$R_i^2 = l_i^2 + m_i^2 + n_i^2 \qquad (20.8.3.4)$$

Man beachte, daß $R_1 + R_2 \neq R$, auf welcher Ungleichung der Test basiert.

WATSON-WILLIAMS-Test: Da die Bedingung, wonach $\bar{R}$ = R/N = 18,455/19 = = 0,97 > 0,7 erfüllt ist, darf asymptotisch via F-Test geprüft werden, ob die beiden Stichproben von Raumrichtungsmaßen sphärisch homogen (coplanar) sind:

$$F = (19-1)(9{,}759 + 8{,}772 - 18{,}455)/(19 - 18{,}455) = 2{,}51$$

ist für 2 und 2 · 19 - 2 = 36 Fge auf der 10%-Stufe signifikant, wie man aus einer F-Tafel erfährt.

Interpretation: Die Versuchspersonen der Gruppe 1, die den Kopf beim Richtungshören bewegen durften, lokalisieren den Klick mit Medianwinkeln von $\theta_1 = 12°$ und $\phi_1 = 324°$ näher am Zenit als die Vpn der Kontrollgruppe, die mit $\theta_2 = 20{,}7°$ und $\phi_2 = 323{,}1°$ vom Zenit stärker abweichen. Kopfbewegungen begünstigen also die Richtungswahrnehmung von Schallquellen, zumindest wenn sich diese genau im Zenit befinden.

Der WATSON-WILLIAMS-Test ist die Zweistichprobenversion eines Tests auf *Coplanarität*, in welchem k Stichproben von Raumrichtungsmaßen daraufhin geprüft werden, ob sie den gleichen Kugeloberflächenanteil abdecken (WATSON, 1960). Coplanaritätstests sind quasiparametrische Tests, da sie gegenüber der Alternative kugeloberflächen-dislozierter sphärischer Normalverteilungen die höchste Effizienz besitzen.

Eigentlich nichtparametrische Zweistichprobentests lassen sich aus dem AJNE-HOGES-Einstichprobentest herleiten: Man teilt die Kugel so in 2 Halbkugeln, daß die eine Halbkugel maximal, die andere minimal besetzt ist. Der Algorithmus läuft auf einen *trivariaten Vorzeichentest* im Sinne des bivariaten HODGES-Tests (1955) hinaus.

Wieder unter der Voraussetzung, daß Raumrichtungsmaße auf die Oberfläche einer *Halbkugel* beschränkt bleiben, können Polabstand θ und Azimuth ϕ als 2 lineare Observablen aufgefaßt und nach den unifaktoriellen Plänen von Kapitel 19.3.2 oder den bifaktoriellen Plänen aus Kapitel 19.4.3 ausgewertet werden: Man blickt dabei gewissermaßen ‚von oben' auf die zur Halbkugel gehörige Kreisflächen-Basis als Projektionsebene, auf der die Raumrichtungsmaße als Punktmarken erscheinen.

20.8.4 Andere sphärische Tests

Nach dem Vergleich zweier unabhängiger Stichproben von Raumrichtungsmaßen hätte ein Test zum Vergleich *zweier abhängiger Stichproben* folgen sollen: Wenn Tabelle 20.7.3.1 und Tabelle 20.8.3.1 von denselben je 9 Vpn produziert worden wären, dann lägen abhängige Stichproben vor.

Das Problem wäre so anzugehen, daß man die beiden abhängigen Stichproben über Winkeldistanzen $|\theta_a - \theta_b| = \theta$ und $|\phi_a - \phi_b| = \phi$ auf eine

Stichprobe von *Raumrichtungsdifferenzen* zurückführt und prüft, ob der beobachtete Vektor R = Nr der N Raumrichtungspaare von dem unter H_0 theoretisch erwarteten Vektor R_z signifikant abweicht. Das Rationale dieses Tests war der Ausgangspunkt für den WATSON-WILLIAMS-Test, der von STEPHENS (1962) weiterentwickelt worden ist.

Bleiben die Polabstandsdifferenzen $\theta = \theta_a - \theta_b$ und die Azimuthdifferenzen $\phi = \phi_a - \phi_b$ innerhalb der Grenzen von $-90°$ bis $+90°$, dann dürfen sie als 2 lineare Quasi-Observablen aufgefaßt und nach den *Zwei-Differenzen-Vorzeichentests* des Kapitels 19.7.2 ausgewertet werden.

Wir haben in unseren sphärischen Tests, von der Gleichverteilung ausgehend, nur sog. *Kappenalternativen*, also kreisförmige oder ellipsenförmige Anhäufungen von Beobachtungen (Punkten) auf der Kugeloberfläche betrachtet. Wenn man zwei Zyklen sich überlagern läßt, z.B. den Tages- und den Jahreszyklus, dann entstehen sog. *Gürtelverteilungen* nach Art der Abb. 20.7.1.2(c), wobei die Meridiane den Tageszyklus und der Äquator den Jahreszyklus darstellen. Ist der Tageszyklus im Sommer stärker ausgeprägt als im Winter (wie der Stoffwechsel eines Winterschläfers), dann hat der Gürtel eine Sichelform oder die Form eines azentrischen Ringes. Geeignete Tests gegen sog. BINGHAM-Verteilungen lese man bei MARDIA (1972), Ch. 9.7.2 nach.

20.8.5 Hypersphärische und zylindrische Beobachtungen

Das Beispiel des Winterschläfers zeigt ganz allgemein, daß sphärische Beobachtungen als *bivariat-zirkuläre* Beobachtungen aufgefaßt werden können: Man mißt 2 Richtungen (θ und ϕ) oder 2 Zyklen (Tages- und Jahreszeit) am selben Individuum und lokalisiert das Meßergebnis auf der Oberfläche einer Kugel als Meßpunkt, wie in Abb. 20.7.1.2. Auch die Kombination eines Richtungs- und eines Zyklusmaßes (Migrationsrichtung und Jahreszeit bei Zugvögeln) läßt sich sphärisch repräsentieren und ggf. nach 19.7.2 auswerten.

Sphärisch repräsentieren lassen sich auch 2 Observablen (wie Mobilität und Stoffwechsel), die auf ein und derselben Zyklusskala (z.B. circadian) gemessen worden sind.

Beobachtet man t Richtungen (ϕ_1 bis ϕ_t) oder t Zyklen (Nahrungsaufnahme, Fertilität und Winterschlaf) oder t Kombinationen aus Richtungs- und Zyklusmaßen an ein und demselben Individuum, so lassen sich diese Beobachtungen als Punkt auf einer *Hyperkugel* darstellen; es handelt sich um t-variate Beobachtungen vom zirkulären Typ, die auch als *hypersphärische Beobachtungen* bezeichnet werden. Statistische Modelle für die Auswertung multivariater Richtungsmasse fehlen derzeit noch.

20.9 Einzelfallprobleme der Richtungsbeobachtung

Werden n Richtungs- oder Zyklusmaße (wie Nestanflüge oder Brutzeiten) von einem einzelnen Individuum produziert, so können sie wie Stichproben aus einer Population möglicher Verhaltensweisen dieses Individuums angesehen und ausgewertet werden. Ergibt eine deskriptive Auswertung für jedes von N Individuen einen Kennwert der Richtungspräferenz, dann können diese Kennwerte — wenn sie homogen verteilt sind — ihrerseits als Beobachtungs- bzw. *Richtungswerte der betreffenden Individuen* aufgefaßt und statistisch wie Ur-Beobachtungen weiterverarbeitet werden.

Präferenzhomogenität wäre — rein eindrucksmäßig beurteilt — dann *anzunehmen*, wenn die Präferenzkennwerte der N Individuen selbst eine eingipfelige Verteilung auf dem Einheitskreis ausbilden; sie wäre *abzulehnen*, wenn eine mehrgipfelige oder eine gipfellose (ringförmige) Verteilung dieser Kennwerte resultiert.

Produziert jedes einzelne Individuum eine eingipfelige Stichprobe intraindividueller Richtungsmaße, so kann man diese Feststellung nur dann auf N Individuen verallgemeinern, wenn man die *Einzelfallstatistiken*, z.B. RAYLEIGH-r's von N Individuen, nach Kap. 8.3 *agglutiniert*. Mittels Agglutination wird die Eingipfeligkeit als Alternative zur Gleichverteilung auch dann nachzuweisen sein, wenn die Gipfel der einzelnen Individuen sich beliebig über den Kreis verteilen. Im Beispiel der Nestanflüge bedeutet dies, daß jeder Nestinhaber sein Nest zwar aus einer anderen Präferenzrichtung anfliegt, aber eben für alle Nestinhaber der betreffenden Vogelart eine Präferenzrichtung existiert (die intraindividuell, etwa nach Windrichtung oder Startort variiert).

Ein besonderer Fall der Einzel-Beurteilung ist die Beschreibung *sakkadischer*, d. h. stückweise gradliniger Bewegungen (Hüpfen von Spatzen), die durch ein Vektorbüschel informativer als durch einzelne Zielvektoren zu beschreiben sind, wenn die Vektoren nach Art einer Zeitreihe durchnumeriert werden. Durch einen geeigneten Zeitraster können auch *athetotische* (wurmartige) Bewegungsabläufe in dieser Art analysiert werden (vgl. BATSCHELET, 1972, Fig. 7).

Die *zyklische Lokomotionsanalyse* — ein an sich zentrales Thema der Biostatistik — steht noch in den Anfängen ihrer Entwicklung, da geeignete Modelle für selbst- und arterhaltend wiederkehrende tierische Bewegungen in der Ebene oder im Raum (Vögel und Fische) noch fehlen und verfügbare Modelle (wie das des Random walk) nicht realistisch erscheinen. Dies gilt nicht nur für die annuale (zielbezogene) Navigation und Migration von Vögeln, sondern auch für die auf angeborenen Auslösern basierenden Bewegungsfolgen von Einzelindividuen, und ebenso für die *Kollokomotion* zu Paaren (Elterntiere) oder in Kleingruppen (Tierfamilien, Schwärme oder Rudel) zusammenlebender Individuen.

Bislang verfügbare *Modelle* zyklischer Bewegungs- oder Stoffwechseländerungen, wie die sog. COSINOR-Methode der Biorhythmik (HALBERG et al., 1965) basieren ebenso wie andere Methoden der biorhythmischen Analyse (vgl. BLISS, 1970, Ch. 17) auf der parametrischen Periodogrammanalyse (vgl. 13.5.2 und 13.5.4). Erst wenn die Periodogrammanalyse multivariat verallgemeinert und nichtparametrisch umgestaltet wird, besteht Hoffnung, die Mannigfaltigkeit wiederkehrender Bewegungsabfolgen, aber auch die Konstanten sog. Instinktbewegungen biometrisch zu erfassen.

Bis auf weiteres scheint die ethologische Methode des abstrahierenden Beobachtens ähnlich ablaufender Bewegungsvollzüge bei Tier und Mensch durch biometrische Methode nicht ersetzbar zu sein.

Die Analyse von Richtungs- und Zyklusmassen konnte daher nur einen Einstieg in allereinfachste Probleme der Verhaltensanalyse bieten.

ÜBERSICHTSTABELLE
ZU DEN WICHTIGSTEN TESTINDIKATIONEN DER PRAXIS

I. Tests für die Güte der Beurteiler-Übereinstimmung

Gestellte Aufgabe	Indizierte Methode	Anmerkungen
1. Übereinstimmung 2er Beurteiler hinsichtlich 1es an N Individuen (Ptn) beobachteten Alternativ-Mms	G-Index von HOLLEY und GUILFORD mit Test (9.2.4)	Ursprünglich konzipiert zur Messung der Ähnlichkeit 2er Individuen nach N Alternativ-Mmn
2. Übereinstimmung mehrerer Beurteiler hinsichtlich 1es an N Individuen (Ptn) beobachteten *Alternativ-Mms*	GEBERTS oder FRICKES Konkordanzkoeffizient mit Test (10.2.5–6)	Spezifikationen von KENDALLS Konkordanzkoeffizient von Rangreihen auf 0–1-Reihen
3. Übereinstimmung 2er Beurteiler hinsichtlich 1es an N Individuen (Ptn) beobachteten k-kategorialen Mms (Diagnosen)	COHENS Nominalskalen-Kappa mit Test (16.9.7)	Basiert auf den Diagnosen-Übereinstimmungen und gewichtet alle Nichtübereinstimmungen gleich
4. Übereinstimmung 2er Beurteiler hinsichtlich eines an N Ptn beobachteten k-stufigen Mms (Prognosen)	COHENS Ordinalskalen-Kappa mit Test (16.9.7) oder GOODMAN-KRUSKALS Tau mit Test (9.2.8)	Wie (3), gewichtet aber die Prognosen-Nichtübereinstimmungen nach ihrer Diskrepanz ordinal
5. Übereinstimmung 2er Beurteiler hinsichtlich eines an N Ptn beobachteten stetigen aber nur nach k Intervallklassen schätzbaren Mms (voraussichtliche Behandlungsdauer)	COHENS Kardinalskalen-Kappa mit Test (16.9.6) oder SPEARMANS Rho mit Test (9.5.1)	Wie (3) gewichtet aber die nichtübereinstimmenden Vorausschätzungen der Behandlungsdauer nach ihrer Diskrepanz metrisch
6. Übereinstimmung von m Beurteilern, die N Ptn hinsichtlich eines stetigen Mms (wie Lebenserwartung) in eine Rangreihe gebracht haben	KENDALLS Konkordanzkoeffizient mit Test (10.2.3)	Ist ein testbares Maß aller m(m-1)/2 in SPEARMANS Rho zu messenden Übereinstimmungen zwischen je 2 Beurteilern.

II. Tests für die Güte der Anpassung von Zwei- und Mehrwegtafeln

Gestellte Aufgabe	Indizierte Methode	Anmerkung oder Aufgabenbeispiel
1. Vergleich einer beobachteten mit einer erwarteten *Zweiwegtafel* mit k Stufen eines Zeilen- und m Stufen eines Spalten-Mms (N bivariat klassifizierte Mms-Träger)	χ^2-Anpassungstests für Vier- und Mehrfeldertafeln (9.3.6) oder Likelihood-Anpassungstest (15.6.1)	Komponentenzerlegung einer binobservablen Stichprobe, deren Felderanteile aus einer Totalerhebung bekannt sind und nicht (wie sonst) aus den Randsummen geschätzt werden.
2. Vergleich einer beobachteten mit einer erwarteten *Mehrwegtafel* (N multivariat klassifizierte Mms-Träger)	SUTCLIFFS χ^2-Zerlegung und χ^2-Anpassungstests für Mehrwegtafeln (17.8)	Komponentenzerlegung einer multobservablen Stichprobe N, deren Felderanteile aus Totalerhebungen bekannt sind (Verallgemeinerung von 1)
3. Vergleich einer beobachteten mit einer erwarteten Mehrwegtafel bzgl. der einzelnen Mms-Konfigurationen (N multivariat klassifizierte Mms-Träger	Anpassungs-KFA für Mehrwegtafeln (17.8.3) mit simultanen Ein-Felder-χ^2-Tests	Suche nach jenen Mms-Kn, in welchen sich die Stichprobe von der Population (Totalerhebung) bedeutsam unterscheidet (Abweichungstypen)

III. Tests für 2^2- und 2^3-Feldertafeln

Gestellte Aufgabe	Indizierte Methode	Anmerkungen oder Aufgabenbeispiel
1. Ja-Anteils-Vergleich zweier unabhängiger Stichproben von Alternativdaten mit N_1 und N_2 Mms-Trägern	Vierfelder-χ^2-Test (5.3.1) bei großem N und FISHER-YATES-HENZE-Test bei kleinem N (15.4.3)	Wie 5.3.2 mit dem Unterschied, daß auch bei kleinem N ein exakter zweiseitiger Test möglich ist
2. Assoziation zweier Alternativ-Mme innerhalb einer Stichprobe von N Mms-Trägern	Vierfelder-χ^2-Test (5.3.1) bei großem N und FREEMAN-HALTON-WALLTest (15.3.1) bei kleinem N	Wie 9.2.1 mit dem Unterschied, daß auch bei kleinem N gegen positive wie gegen negative Assoziationen geprüft wird

Gestellte Aufgabe	Indizierte Methode	Anmerkungen oder Aufgabenbeispiel
3. Korrelation zweier stetiger Mme, die in einer Korrelationstafel dargestellt und durch Medianlinien dichotomiert worden sind	Quadrantentest nach QUENOUILLE (9.7.5), auch als Vierfelder-χ^2-Test auszuwerten	Erfaßt nur eine monotone Korrelation oder ihren monotonen Anteil und ist ein Test auf Punktsymmetrie einer Vierfeldertafel
4. Interassoziation von je zwei aus 3 Alternativ-Mmn	χ^2-Zerlegung von 2^3-Feldertafeln (17.2.6)	Entscheidet, ob die Gesamtassoziation durch paarige Assoziationen zu erklären ist
5. Interkorrelation von je 2 aus 3 stetigen und mediandichotomierten Mmn	Oktantentest nach KEUCHEL (17.2.8)	Kann auf Tripel aus t Mmn angewendet werden, um Faktorenanalysen zu rechtfertigen
6. Gesamtassoziation von 3 Alternativ-Mmn, die an N Mms-Trägern beobachtet wurden	a) BHK-Test (17.2.10) bei kleinem N_2 b) WOLFRUMS 222-χ^2-Test bei großem N (17.2.12)	Am einfachsten über eine Dreier-KFA (17.6.1–2) zu interpretieren (Assoziationstypen)
7. Analyse der Gesamtassoziation von 3 Alternativ-Mmn, die an N Mms-Trägern beobachtet wurden	a) nach ASA (18.2) b) nach VICTORS Typologie (17.4) c) durch Dreiweg-KFA (17.6)	Es dient (a) der Strukturaufklärung, (b) der Rand- und Untertafel-Interpretation und (c) der Einzelfelder-Interpretation

IV. Globale Tests für k×2-Feldertafeln

Gestellte Aufgabe	Indizierte Methode	Anmerkungen
1. Homogenität in *ausreichend* besetzten k×2-Feldertafeln mit einem k-klassig-nominalem Mm (a), einem k-stufig-ordinalen Mm (b,c) oder einem stetigen Mm (d)	a) BRANDT-SNEDECOR-χ^2-Test (5.4.1) b) WALTERS U-Test (16.5.5) c) BAUERS Median-Quartile-Test (15.2.9) d) Der k-Stichproben-Mediantest (5.4.2)	Omnibustest: Ja-Anteils-Inhomogenität in k Binärstichproben Lageinhomogenitätstest für 2 Stichproben eines k-stufigen Mms (Zensuren) Streuungsinhomogenitätstest für 2 St.pr.n. Art (b) Lageinhomogenität für k Stichproben mit unterschiedlichen Streuungen

Gestellte Aufgabe	Indizierte Methode	Anmerkungen
2. Homogenität in *schwach* besetzten 3x2-Feldertafeln mit 3 Stichproben eines binären oder 2 Stichproben eines ternären Mms Kontingenz eines ternären mit einem binären Mm	a) LEYTONS Test mit STEGIE-WALL-Tafeln (15.2.9) b) KRÜGER-WALL-Test (15.2.9) c) BENNETT-NAKAMURA-Test (15.2.9)	Omnibustest gegen Inhomogenität und Kontingenz Verteilungshomogenität in 2 Stichproben Anteilshomogenität in 3 Stichproben
3. Homogenität in schwach besetzten kx2-Feldertafeln oder Kontingenz analog zu 2.	a) kx2-FREEMAN-HALTON-Test (15.2.9) für sehr kleines N b) HALDANES kx2-χ^2-Test (15.2.9) für kleines N c) ULEMANS U-Test (16.5.5) d) BAURS exakter MQ-Test (15.2.9)	Nach STUCKY-VOLLMARS EDV-Programm auszuwertender Omnibustest Omnibustest gegen Inhomogenität und Kontingenz Lageinhomogenitätstest mit BUCK-Tafeln Streuungsinhomogenitätstest
4. Kontingenztrend in kx2-Feldertafeln: Rangkorrelation eines k-stufigen und eines Alternativ-Mms. Gradiententrend: Ja-Anteilzunahme in k geordneten Stichproben	PFANZAGLS T-Test (16.5.10) a) als Kontingenztrendtest b) als Gradiententest	Korrelation zwischen Aufgabenlösung (+,-) und Schulstufe als Kontingenztest Zunahme des Brillenträgeranteils mit steigender Schulstufe als Homogenitätstest
5. Regression und Maßkorrelation in kx2-Feldertafeln mit k Intervallklassen eines stetigen Mms	ARMITAGES Regressionstests (16.5.4)	Test gegen lineare Regression bei stetigem aber nicht normalverteiltem Zeilen-Mm

V. Globale Tests für kxm-Feldertafeln

Gestellte Aufgabe	Indizierte Methode	Anmerkungen etc.
1. Kontingenz und Homogenität in *ausreichend* besetzten kxm-Feldertafeln	kxm-Felder-χ^2-Test (15.2.1) mit a) Felder-χ^2-Komponenten (16.3.1) b) Zeilen-χ^2-Komponenten	Omnibustest: Reagiert auf alle Arten des Zusammenhangs zwischen einem Zeilen- und einem Spalten-Mm bei Kontingenzinterpretation (2 Mme) bei Inhomogenitätsinterpretation (k Stichproben)

Gestellte Aufgabe	Indizierte Methode	Anmerkungen etc.
2. Kontingenz und Homogenität *schwach* besetzter kxm-Feldertafeln	a) FREEMAN-HALTON-Test (15.2.4) oder KRAUTHS exakter χ^2-Test (15.2.5)	Omnibustests für Tafeln bis zu 4 Fgn
	b) CRADDOCK-FLOODS approximierter χ^2-Test (15.2.6)	Omnibustest für Tafeln von 4 bis 25 Fgn
	c) HALDANE-DAWSON-Test (15.2.3)	Omnibustest für Tafeln mit mehr als 25 Fgn
3. Lagehomogenität von k Stichproben eines m-stufigen Mms	Lagehomogenitätstest von RAATZ (16.4.1)	Basiert auf dem Prinzip des H-Tests und fordert homomer verteilte Stichproben (sonst 1d)
4. Rangkorrelation eines k-stufigen und eines m-stufigen Mms	HAJEKS Rho-Test (16.5.2) GOODMAN-KRUSKALS tau'-Test (9.5.7)	Bei Rangkorrelationsmessung durch RAATZENS Rho (9.5.1) oder GOODMANS tau'
5. Lageunterschied eines k-stufigen Mms vor und nach einer Behandlung (2 abhängige Stichproben k-stufiger Beobachtungen)	WILCOXON-RAATZ-BUCK-Test (26.7.6) für kxk-Feldertafeln	Pendant des WILCOXON-Tests für Paardifferenzen (6.4.1) auf gruppiert erhobene Beobachtungen angewendet
6. Symptomverschiebung bei t vor und nach einer Behandlung beobachteten Alternativ-Symptomen	KRAUTH-STRAUBE-Tests für kxk-Feldertafeln mit $k = 2^t$ Symptommustern (17.9.1)	Auswertung und Interpretation über Prädiktions-KFA (16.3.5) nach Symptomwandeltypen
7. Vergleich 2er binobservabler Zweiwegtafeln (Deutsch-Mathe-Notenkombinationen bei ♂ und ♀)	Zweistichproben-KFA mit Zweiwegtafeln (16.3.3) = STEINGRÜBER-Test (9.3.5)	Interpretation über die χ^2-Komponenten korrespondierender Felder (vgl. 9.3.5)

VI. Simultane Vierfelder-Tests in kx2-Feldertafeln

Gestellte Aufgabe	Indizierte Methode	Anmerkungen etc.
1. Vierfelder-Assoziationen in 3x2-Feldertafeln mit einem 3-stufigen Zeilen- und einem binären (2-klassigen oder 2-stufigen) Spalten-Mm	KIMBALL-Tests (16.2.3) für 3x2-Tafeln mit 3 Behandlungen und 2 Behandlungswirkungen	Sind (+,-) die Wirkungen (2 Spalten) der doppelten, einfachen und fehlenden Dosis (3 Zeilen) eines Arzneimittels (2,1,0), dann kann auf Dosis-Unterschiede (2 gegen 1) wie auf Wirkung schlechthin (2+1 gegen 0) geprüft werden

Gestellte Aufgabe	Indizierte Methode	Anmerkungen etc.
2. Vierfelder-Assoziationen in kx2-Feldertafeln	KIMBALL-Tests (16.2.5) für kx2-Tafeln	Wie oben mit k-fach abgestuften Behandlungsdosen
3. Vierfelder-Assoziationen in kx2-Feldertafeln, in welchen ein Felderpaar mit jedem der übrigen k-1 Paare verglichen wird	BRUNDEN-EVERITT-Tests (16.2.7)	Wie unter 2, wobei jede der k-1 Dosen mit der Dosis 0 verglichen wird. Statt der k-1 Dosen können auch k-1 Arzneimittel gegen 1 Placebo geprüft werden
4. Vierfelder-Assoziationen in kx2-Feldertafeln, in welchen jedes Felderpaar mit den gepoolten anderen Felderpaaren verglichen wird	Simultane Vierfelder-Tests (16.3.3) einer Zweistichproben-KFA nach KRAUTH	Wie unter 2, wobei jede der k Behandlungen darauf geprüft wird, ob sie sich vom Gesamt der übrigen k-1 Behandlungen unterscheidet

VII. Simultane Tests in kxm-Feldertafeln

Gestellte Aufgabe	Indizierte Methode	Anmerkungen etc.
1. Kontingenz zwischen 2 aus k Ausprägungen eines Zeilen-Mms und den m Ausprägungen eines Spalten-Mms	JESDINSKY-Zwei-Streifen-Tests (16.1.7)	Beurteilung, ob 2 aus k Behandlungen sich bezüglich der m Wirkungen (+,0,-) stärker unterscheiden als dies für alle k Behandlungen gilt
2. Vierfelder-Assoziationen in kxm-Feldertafeln mit 2 ausgewählten Ausprägungen des Zeilen-Mms und 2 Ausprägungen des Spalten-Mms	JESDINSKY-Vier-Fuß-Tests (16.1.6)	Beurteilung, ob 2 aus k Behandlungen sich bzgl. 2 aus k Wirkungen stärker unterscheiden als dies für alle k Behandlungen und alle m Wirkungen gilt
3. Voraussage der Ausprägung eines Spalten-Mms (Mms-Kombination) aufgrund der Ausprägung eines Zeilen-Mms (Mms-Kombination).	Prädiktions-KFA-Tests nach KRAUTH (16.3.5)	Beurteilung, ob 1 der k Behandlungen überzufällig häufig eine von m Wirkungen entfaltet

VIII. Tests mit dreidimensionalen Kontingenztafeln

Gestellte Aufgabe	Indizierte Methode	Anmerkungen etc.
1. Unabhängigkeit 3er Mme (k Zeilen, m Spalten, s Schichten), die an *einer* Stichprobe von Mm-Tn beobachtet wurden	a) kxmxs-Felder-χ^2-Test (17.2.1) b) χ^2-Zerlegung nach LANCASTER (17.2.2) c) Typenanalyse nach VICTOR (17.4.8) d) Dreiweg-KFA (17.6)	Omnibustest 3 Double-, 1 Tripelkontingenz(en)-Tests Interpretations-Wegweisertests Einzelfeldertests
2. Unabhängigkeit eines Beobachtungs-Mms (s Schichten) von 2 Faktor-Mmn (k Zeilen, m Spalten)	a) Test gegen multiple Kontingenz (17.3.7) via kmxs-Felder-χ^2 b) Prädiktions-KFA-Tests (17.3.8)	Globale Wirkungsbeurteilung 2er Behandlungen (Faktoren) Differentielle Wirkungsbeurteilung nach VII/3 in einer 2-Wegtafel mit km Zeilen und s Spalten
3. Vergleich von 2 homologen kxm-Feldertafeln (STEINGRÜBER-Aufgabe, vgl. 9.3.5)	a) Wie bei 2a) mit s=2 b) Zweistichproben-KFA (16.3.3 und 17.3.7) mit Diskriminationstypen	a) Globale Homogenitätsbeurteilung (von ♂ und ♀ nach Schulabschluß-Berufsfeldkombinationen b) Differentielle HB mit Retro- statt Prädiktion
4. Vergleich von s Vierfeldertafeln (Gen. LEROY-Aufgabe, vgl. 9.2.5)	Wie 2a) mit k=m=2 über eine 2-Wegtafel mit 2x2=4 Zeilen und s Spalten mit Interpretation nach 2b)	Untertafelspezifische Homogenitätsbeurteilung: Welche von s Schulklassen weicht in ihrer Geschlechter–Brillenträger-Kreuzklassifikation vom Klassenpool wie ab?
5. Unabhängigkeit 2er Beobachtungs-Mme (k Zeilen, m Spalten) innerhalb (aller s Schichten) eines Faktor-Mms	a) Test gegen bedingte Kontingenz (17.3.3) b) Untertafel-Kontingenztests (17.3.5) bzw. -Assoziationstests (Vierfelder-χ^2-Tests)	Ist Fehlsichtigkeit (Brilletragen) vom Geschlecht in allen s Schulklassen unabhängig? Wenn nein nach (a), dann nach (b) Abhängigkeitsunterschiede zw.d.s Klassen interpretieren.
6. Assoziationsverdeckung (Scheinunabhängigkeit) 2er Beobachtungs-Mme (1 Zeilen, 2 Spalten) durch Überlagerung der s Schichten eines Faktor-Mms	a) Test gegen bedingte Assoziation (17.3.3), dann b) Test gegen unbedingte Assoziation (17.3.10)	Wenn (6a) signifikant und (6b) insignifikant, dann liegt Assoziationsverdeckung vor! Es besteht z. B. Fehlsichtigkeits–Geschlechter-Assoziation in den Pubertätsklassen, die aber in den vereinten s Klassen verdeckt erscheint.

Gestellte Aufgabe	Indizierte Methode	Anmerkungen etc.
7. Scheinassoziation 2er Beobachtungs-Mme (2 Zeilen, 2 Spalten) durch Überlagerung der s Schichten eines Faktor-Mms	Tests nach 6ab, wobei, wie dort, $\alpha/2$ anstelle von α zugrunde zu legen ist	Wenn (6a) insignifikant und (6b) signifikant, dann liegt Scheinassoziation vor: Es besteht keine FG-Assoziation innerhalb der s Klassen wohl aber eine solche in deren Pool, weil in der 1. Klasse viele Buben Brille tragen und in der letzten Klasse viele Mädchen keine Brille tragen
8. Tripelassoziation 3er Beobachtungs-Mme (2 Zeilen, 2 Spalten und 2 Schichten) in einem Kontingenzwürfel	a) χ^2_3-Zerlegung von 2^3-Feldertafeln (17.2.6) mit Restkomponententest b) Dreiweg-KFA (17.6.1)	Gesamtassoziation ist nicht über 3 Doubleassoziationen (zwischen je 2 der 3 Mme) zu interpretieren, wenn (8a) signifikant, sondern nur über (8b)
9. Intervall-Skalierbarkeit 3er Alternativ-Mme (k=m=s=2) durch Auftretenshäufigkeiten (0, 1, 2, 3)	WALLS Test auf Axialsymmetrie (17.7.1) mit Intention AS-H_0 beizubehalten	AS dreier Aufgaben einer Klassenarbeit impliziert, daß sie gleich schwierig und paarweise gleich interassoziiert sind
10. Trinormalitätsvereinbarkeit 3er stetiger, aber mediandichotomierter Mme (k=m=s=2)	GEBERT-v.EYE-Tests auf Punktsymmetrie (17.7.2+4) mit Intention PS-H_0 beizubehalten	PS dreier mediandichotomierter Testskalen impliziert, daß sie quasi-parametrisch interassoziiert sind (3 Phi- anstelle von 3 r-Koeffizienten)
11. Vergleich 2er ternobservabler Dreiwegtafeln (Deutsch-Mathe-Bio-Notenkombinationen bei ♂ und ♀)	Zweistichproben-KFA (17.6.3) mit Dreiwegtafeln = Dreiweg-STEINGRÜBER-Test	Interpretation über die χ^2-Komponenten korrespondierender Felder (vgl. 9.3.5)

IX. Tests mit mehrdimensionalen Kontingenztafeln

Gestellte Aufgabe	Indizierte Methode	Anmerkungen etc.
1. Unabhängigkeit von 4 (oder t) Beobachtungs-Mmn mit (möglichst) nur 2 Ausprägungen (Ja-Nein, So-anders, Stark-Schwach etc.) in (möglichst) 1:1-nahen Anteilen	a) Assoziationsstrukturanalyse = ASA (18.2) b) Vierweg-(t-Weg)-KFA (18.1.2) c) Hierarchische KFA (18.1.3)	Als $4 \cdot 3/2 = 6$ Doubleassoziationen interpretieren, wenn Restassoziation nach 1a) insignifikant, sonst nach 1b) interpretieren, wenn KFA-Tests signifikant sind. Nach 1c) vorgehen, wenn Zahl der Mme reduziert werden soll
2. Abhängigkeit 1es Beobachtungs-Mme von 3 Faktor-Mmn (möglichst wenig Ausprägungen je Mm)	a) Interaktionsstrukturanalyse = ISA (18.3) b) Prädiktions-KFA (18.3.1 analog zu 17.3.8)	Mit (2a) begnügen, wenn Interaktionen 2.und höherer Ordnung insignifikant, so daß nur Hauptwirkungen der 3 Faktoren zu interpretieren sind, sonst nach (2b) interpretieren!
3. Abhängigkeit 2er Mme, die als Beobachtungs-Mme fungieren von 2 Mmn, die als Faktor-Mme fungieren oder adhoc als solche gedeutet werden	a) kanonische Kontingenz (18.3.4) b) Kontingenzkettenanalyse = KKA (18.4.1–4) c) Prädiktions-KFA analog 2b) (analog 17.3.8)	Ohne gezielte Hypothesen mit (3c) nach signifikantem (3a) begnügen; mit Hypothesen – auch adhoc gebildeten – (3b) verfolgen
4. Multinormalitätsvereinbarkeit von t mediandichotomierten Mmn	GEBERT-v.EYE-Tests (17.2.4)	Test auf multivariate Punktaxialsymmetrie (vgl. 18.5.4)
5. Vergleich 2er multobservabler Mehrwegtafeln (Zeugnisnotenprofile bei ♂ und ♀)	Zweistichproben-KFA mit Mehrwegtafeln (18.1.4) = Mehrweg-STEINGRÜBER-Test	Interpretation über die χ^2-Komponenten korrespondierender Felder (vgl. 9.3.5)

X. Tests für varianzanalytische Untersuchungspläne ohne Meßwiederholung

Gestellte Aufgabe	Indizierte Methode	Anmerkungen etc.
1. Unifaktorielle ANOVA mit k Faktorstufen	a) H-Test (6.2.1) b) Ein-Faktoren-ISA (19.3.1)	k homomere Stichproben k inhomomere Stichproben
2. Bifaktorielle ANOVA mit ab Faktorkombinationen und n Individuen je Stufenkombination	a) BREDENKAMPS bifaktorieller H-Test (19.14.1) b) Zwei-Faktoren-ISA (19.4.1) c) KRÜGERS simultane U-Tests (19.14.3) mit 2 Faktoren	a·b homomere Stichproben singulärer Observablen a·b inhomomere Stichpro- oder grupp. Observablen 2·2 homomere Stichproben gleichen Umfangs mit WW-Interpretation bei fehlenden Hauptwirkungen
3. Multifaktorielle ANOVA mit n Individuen je Faktorstufenkombination	a) BREDENKAMPS multifaktorieller H-Test (19.14.2) b) Mehr-Faktoren-ISA (19.5.1) c) KRÜGERS simultane U-Tests (19.14.3) mit 3 Faktoren	Homomere Stichproben singulärer Observablenwerte als Rang-ANOVA Inhomomere oder gruppierte Observablenwerte 2·2·2 homomere Stichproben gleichen Umfangs mit WW-2-Interpretation bei fehlenden WW-1- und Hauptwirkungen
4. Trifaktorielle ANOVA mit 1 Individuum je Faktorstufenkombination im Lateinischen Quadrat	SEIDENSTÜCKERS F-Tests (19.14.8)	Basiert auf simultanen U-Tests nach KRÜGER (vgl. 19.14.3) und impliziert, daß keine Wechselwirkungen, sondern nur Hauptwirkungen existieren

XI. Tests zum Nachweis von Änderungen zwischen Ausgangs-End-Beobachtungen

Gestellte Aufgabe	Indizierte Methode	Anmerkungen etc.
1. Ändert sich der Anteil der Ja-Antworten von einer Erst- zu einer Zweiterhebung in einer 2-stufigen (+,-) Observablen bei N Individuen?	McNEMARS Test (5.5.1) mit univariatem Zugang	Eine intervenierende Behandlung ist mit (1) nur dann nachgewiesen, wenn zeitbedingte Spontanänderungen nicht in Betracht kommen
2. Ändert sich das Ja-Nein-Verhältnis von Erst- zu Zweiterhebung in einer 3-stufigen (+,0,-) Observablen?	Der FLEISS-EVERITT-Test (16.7.2)	Muß an die Stelle von (1) treten, wenn Nicht-Antworten (0) zugelassen werden müssen (wie bei Einstellungsbefragungen)

Gestellte Aufgabe	Indizierte Methode	Anmerkungen etc.
3. Ändert sich die Lage (der Median) einer nicht-stetigen Observablen (Kinderzahl) bei N Individuen (Familien)	WILCOCON-RAATZ-BUCK-Tests (16.7.6) für gruppierte Paardifferenzen	Verschlechtern sich die Mathematik-Noten einer Schulklasse von einem zum nächstfolgenden Schuljahr?
4. Ändert sich der Ja-Anteil einer Ja-Nein-Observablen behandlungs- und/oder abfolgespezifisch (im Cross-Over-Design)?	GARTS Tests für Überkreuzungspläne (16.2.8)	Modifizierte McNEMAR-Tests zum Nachweis, ob eine Behandlung trotz Abfolgeeinfluß wirksam ist

XII. Tests für varianzanalytische Untersuchungspläne mit stetigen ‚Nach-Vor'-Beobachtungen (Zuwächsen)

Gestellte Aufgabe	Indizierte Methode	Anmerkungen etc.
1. Vergleich 2er unabhängiger Stichproben von Zuwächsen in einer Behandlungs- und in einer Kontrollgruppe	a) BUCKS Paardifferenzen-U-Test (19.8.1) b) Der Paardifferenzen-Mediantest (19.8.1)	Singuläre und homomere (gleichstreuende) Zuwächse Gruppierte und/oder inhomomere Zuwächse in beiden Stichproben
2. Vergleich mehrerer unabhängiger Stichproben von Zuwächsen (Unifaktorielle ANOVA mit Differenzen)	a) H-Test (6.2.1) mit Differenzen statt Meßwerten b) Ein-Faktoren-ISA mit 1 Quasi-Observablen (19.8.1)	Bei homomeren Zuwächsen ist ein Paardifferenzen H-Test analog (1a) wirksamer als eine ISA, und ggf. durch simultane U-Tests nach (1a) zu ersetzen
3. Bifaktorielle ANOVA mit Differenzen (Zuwachswirkungen und Wechselwirkung 2er Behandlungsfaktoren)	a) BREDENKAMPS H-Test (19.14.1) mit Differenzen b) Zwei-Faktoren-ISA mit 1 Quasi-Observablen (19.9.1)	Singuläre und homomere Zuwächse Gruppierte und/oder inhomomere Zuwächse
4. Vergleich zweier überkreuzt behandelter Stichproben von Individuen (Cross-Over-Design)	BREDENKAMPS F-Test für Überkreuzungspläne (19.14.9)	bei meßbaren Behandlungswirkungen sonst nach XI/4 über GRATS Test
5. Vergleich von 2x2 Alternativ-Behandlungen nach Zuwächsen (2x2-factors-Design)	GEBERTS simultane W-Tests (19.14.6) für 2x2-faktorielle Pläne	Basiert auf simultanen WILCOXON-Tests nach dem Muster der simultanen U-Tests (19.14.3)

XIII. Test zur Beurteilung singulärer Verlaufskurven (Zeitreihen-Tests)

Gestellte Aufgabe	Indizierte Methode	Anmerkungen etc.
1. Zeigt eine Binärdatenkurve einen monotonen Trend (z.B. Zunahme von Einsen 0010110111 entlang der Positionen 1 bis 10)?	MEYER-BAHLBURGS Rangsummentest (14.1.3)	Ist äquivalent mit dem Test gegen biseriales Tau (9.5.9) als Korrelation einer Binär- mit einer Positions-Rangvariablen.
2. Zeigt eine Boniturenkurve (aus Schulnoten z.B.) einen monotonen Trend?	JONCKHEERES S_J-Test (14.2.3)	Ist äquivalent zu (1) als Tau-Korrelation einer polynären mit einer Rangvariablen
3. Zeigt eine Meßwertekurve einen monotonen Trend?	MANN-KENDALL-Test (14.4.1)	Tau-Korrelation der rangtransformierten Meßwerte mit den Positionswerten
4. Zeigt eine Häufigkeitskurve (Geburtenzahl/ Jahr) einen steigenden Trend?	Positionstrend-Test von PFANZAGL (16.6.1)	Der Test geht von H_0 gleich verteilter Häufigkeiten aus (Geburtenzahl/ Jahr = constans)
5. Ändert eine Meßwertekurve ab einem bestimmten Meßpunkt (Behandlungsintervention) ihr Niveau?	Sprung-Test von COCHRAN (14.4.6)	Der Test ist für Behandlungswirkungen nur konklusiv, wenn die Kurve vor der Behandlung stationär verläuft

XIV. Tests für Stichproben von Verlaufskurven

Gestellte Aufgabe	Indizierte Methode	Anmerkungen etc.
1. Verlaufen N individuelle Kurven homogen (steigend) oder herogen (teils steigend, teils fallend)?	Hierarchische Verlaufsklassifikation (14.7.2)	Heuristische Tests zur Identifikation monotoner, bitoner, polytoner und atoner Kurven mit je T Stützstellen
2. Liegen aufeinanderfolgende Stützstellen einer Stichprobe individueller Verlaufskurven unterschiedlich hoch?	LEHMACHERS Stützstellen-Lokationstests (fehlt in Bd.2, vgl.Lit.L+L, 1979)	Simultane WILCOXON-Tests zum Vergleich jeder Stützstelle mit jeder nachfolgenden Stützstelle (Tests auf Lokationsänderungen im Kurvenverlauf)

Gestellte Aufgabe	Indizierte Methode	Anmerkungen etc.
3. Haben 2 unabhängige (von verschiedenen Individuen stammende) Stichproben von Kurven denselben Verlauf (z.B. monoton steigend)?	T_1-Test von KRAUTH (14.6.2) bei kurzen Kurven mit $T \leq 5$ Stützstellen	Es wird angenommen, daß die Kurven innerhalb einer jeden Stichprobe homogen verlaufen, wobei Niveauunterschiede zwischen den beiden Stichproben nicht berücksichtigt werden
4. Unterscheiden sich 2 unabhängige Stichproben von Kurven in mindestens einer ihrer T Stützstellen bzgl. ihres Niveaus?	LEHMACHER-WALLS Stützstellen-Lokationstests (14.6.6)	Es handelt sich um simultane U-Tests für jede der T Stützstellen; ein analoger Test für 2 abhängige Stichproben von Kurven (LEHMACHER u. LIENERT, 1979) basiert auf simultanen W-Tests
5. Unterscheiden sich 2 unabhängige Stichproben von Verlaufskurven nach Niveau und/oder Steigung?	KRAUTHS polynomialer Verlaufskurvenvergleich (14.6.3 und 19.12.1)	Basiert auf Anpassung jeder einzelnen Kurve durch eine Gerade mit Achsabschnitt und Steigung

HINWEISE ZUR SEKUNDÄRLITERATUR

Wie der Band 1, so schließt auch Band 2 mit ausgewählten Hinweisen zur Sekundärliteratur der Verteilungsfreien Methoden und ihrer Nachbargebiete.

In deutscher Sprache ist eben das Lehrbuch von BÜNING und TRENKLER (1978) erschienen, dessen Aufbau und Inhalt Band 1 mit seinen uni- und bivariaten Methoden vortrefflich ergänzt. Band 2 mit seinen multivariaten Methoden wird am besten durch die Monographie von BISHOP et al. (1975) ergänzt und bereichert. Beide Bücher sind allerdings von Statistikern geschrieben und sagen dem anwendenden Statistiker mehr als dem statistischen Anwender. Weniger anspruchsvoll sind die Bücher von GIBBONS (1976) und von MOSTELLER und ROURKE (1973) und die Kontingenzbüchlein von KRAUTH und LIENERT (1973) einerseits und EVERITT (1977) andererseits. Ausgesprochen anwendungsnah und auf den Sozialwissenschaftler bezogen ist das Lehrbuch von MARASCUILO und McSWEENEY (1977), das Schätzen und Testen etwa gleichgewichtig behandelt und Kap. 11 von Band 2 sinnvoll erweitert. Rigoros konzipiert, aber verständlich geschrieben ist das Standardwerk der Rangtests von E. L. LEHMANN (1975), bereichernd und anregend das Buch von HOLLANDER und WOLFE (1973), grundlegend das Buch von HAJEK (1969).

Ein Buch, das mehr dem ‚Data snooping' als dem Data-testing dient, wird inzwischen liebevoll als EDA (Explorative Data Analysis) bezeichnet (TUKEY, 1977); es lehrt, wie man Zahlenmaterial veranschaulicht, sinnvoll mittels ‚Quick and Ditry-Methods' inferentiell abschätzt. Ähnliche Zielsetzungen verfolgen LEBART et al. (1977), GNANADESIKAN (1977) und RIEDWYL (1975).

Ein Buch, das ähnlich der EDA die Nichtparametrik aus dem Titel läßt, sie aber in der Sache nachdrücklich vertritt, liegt in FEINSTEINS (1977) ‚Klinischer Biostatistik' vor; sie ist originell konzipiert (wie MARTINIS Erstauflage 1932, vgl. MARTINI et al. 1968), und kontrastiert zu konventionellen Büchern gleicher Intention (wie GOOD 1976). Im übrigen wird der Mediziner begrüßen, daß die ‚Sequential Medical Trials' wieder zu haben sind (ARMITAGE 1975, 2. Auflage) und daß nunmehr auch eine Stichprobenerhebungsanleitung (HESS et al. 1977) à la COCHRAN (1972) verfügbar ist.

Wer als Nichtparametriker einen BAYESschen Zugang zur Inferenzstatistik (wie ihn etwa WINKLER 1974 vertritt) sucht, der konsultiere den Mediziner HOFER (1974) und lese − zwecks Vergleich mit NEYMAN-PEARSONS Zugang − bei WOTTAWA (1977) und KRAUTH (1975) vor!

Psychiater und klinische Psychologen seien auf die von BOCHNIK und PITTRICH (1976) gesammelten Beiträge zu ‚Multifaktoriellen Problemen in der Medizin' hingewiesen, u.a. auf ein darin enthaltenes Übersichtsreferat zur multivariaten Analyse qualitativer Daten (LIENERT und KRAUTH 1976), die auch MAXWELL (1975) behandelt. Mit uni- und multifaktoriell abhängigen Prozentwerten verfahre man ggf. nach den Büchern von FLEISS (1973) und LINDER und BERCHTOLD (1976), mit kategorialen Daten nach PLACKETT (1974). Andere biostatistische Anwendungen mit nichtparametrischen Implikationen finden Mediziner, Biologen, Psychologen und Erziehungswissenschaftler in einem von CORSTEN und POSTELNICU (1975) herausgegebenen Kongreßbericht, sowie in dem Standardtext von BÜTTNER et al. (1977).

Wer, wie Psychiater und Psychologen, an Methoden der Klassifikation von Individuen (Pbn, Ptn) nach Merkmalen Ausschau hält, der lese eines von vielen Büchern über Clusteranalyse. Nächst den anspruchsvollen Monographien von BOCK (1974) und HARTIGAN (1975) sei auf die Textbücher von ANDERSON (1973) und BIJNEN (1973), die Kurzdarstellungen von BAUMANN (1971, 1973) und SCHLOSSER (1976) sowie ROLLETT und BARTRAM (1976) hingewiesen.

Methoden der metrischen und nicht-metrischen Skalierung – auch in multidimensionaler Verallgemeinerung – werden erschöpfend in der 2. Auflage von SIXTELS (1979) ‚Meßmethoden der Psychologie' behandelt (vgl. auch GUTJAHR, 1972). Leider entsprechen die Methoden der sensorischen Prüfung, wie sie von AMERINE et al. (1965) zur Lebensmittelbonitur beschrieben werden, nicht mehr dem Stand der Skalierungsforschung.

Der Sozialpsychologe und Sprachwissenschaftler wird auf eine Sammlung von Aufsätzen zur Verteilungsfreien Auswertung von Kommunikationsbeziehungen und -wirkungen hingewiesen (PAPANTONI-KAZAKOS und KAZAKOS 1977), der Soziobiologe auf das lesenswerte Werk von WILSON (1975).

Unter den Lehrbüchern der angewandten Statistik enthalten Erna WEBER (1972), PFANZAGL (1974), BORTZ (1977), BRADLEY (1968, 1976) und CAMPBELL (1977) eigene Kapitel über verteilungsfreie Methoden, um nur einige zu nennen. Unter den wenigen, für Sozial- und Biowissenschaftler lesbaren Textbüchern der mathematischen Statistik (wie MOOD et al. 1974, HOFER und FRANZEN 1975 oder RIEDWYL 1978) ist nur das kurz gefaßte von KRAUTH (1975) weithin nichtparametrisch fundiert.

In Ergänzung zum Tafelband bleibt noch darauf hinzuweisen, daß die spätestens in Kapitel 15 benötigten Bonferroni-Schranken der χ^2-Verteilung (allg. zur χ^2-Verteilung vgl. LANCASTER 1969) in KRES' (1975) ‚Statistischen Tafeln zur Multivariaten Analyse' (Tafeln 22 und 23) abgedruckt sind; diese Tafeln, denen 2 Textbände folgen sollen, werden nachdrücklich zur Anschaffung empfohlen. Graphische Netztafeln für Rangsummen- und Vorzeichentests findet der interessierte Leser bei KOLLER

(1969, Tafeln 13—14). EDV-Programme, auch für nichtparametrische Tests, sind in den ‚Biomedical Computer Programs' (Dixon, 1967, 1970) und in dem ‚Statistical Package for Social Scientists' (Nie et al. 1975) verfügbar. Umfangreiche Tabellen mit EDV-Programmen erscheinen in dem 5-bändigen Tafelwerk von Krüger et al. (ab 1979).

Die Beobachtung, daß die Zahl der Textbücher, die ‚nichtparametrisch' im Titel (wie schon früh z.B. Siegel 1956) führen, gegenüber jenen, die ‚robust' an seine Stelle setzen (Andrews et al. 1972, Mosteller und Rourke 1973, Tukey 1977) wächst, läßt hoffen, daß parametrische und nichtparametrische Methoden durch sie überdacht und fürderhin Methoden entwickelt werden, die — gleichviel welcher Provenienz — gegenüber Verletzungen ihrer Voraussetzungen und gegenüber Ausreißerbeobachtungen (Barnett und Lewis 1978) relativ unempfindlich sind.

Band 2 soll nicht enden ohne einen persönlichen Dank an zwei Wissenschaftler, denen ich, der Vf., zu Dank verpflichtet bin: Während Band 1 dem Andenken meines 1971 verstorbenen Psychologie-Lehrers Prof. Dr. Dr. H. Rohracher (Psychol. Inst. d. U. Wien), der mich zu dem Zweitstudium meines späteren Lehr- und Forschungsgebietes ermutigt hat, gewidmet war, ist Band 2 der Herausgeberin des ‚Biometrical Journal', Frau Prof. Dr. Dr. h.c. Erna Weber (Zentralinst. f. Mathematik d. Akad. d. Wiss. d. DDR zu Bln.) zu ihrem 81. Geburtstag am 2. 12. 1979 gewidmet; ihr ‚Grundriß der biologischen Statistik' (1948, 1. Auflage) war es, der dem Medizinstudenten von damals die ersten Erfolgserlebnisse bei der Auswertung klinischer Daten vermittelt und damit jene Motivation begründet hat, der beide Auflagen der ‚Verteilungsfreien' ihre Entstehung verdanken.

LITERATURVERZEICHNIS

Das Literaturverzeichnis enthält alle im Text zitierten Arbeiten und Bücher aus Band I und Band II, sofern sie nicht bereits in Band I aufgeführt und nicht mehr in Band II zitiert wurden. Wenn im Text verschiedene Auflagen ein und desselben Buches zitiert werden, so sind jeweils die letzte Ausgabe komplett angeführt, die früheren Ausgaben jedoch nur mit der Jahreszahl vermerkt.

ABT, K.: Fitting constants in cross-classification models with irregular patterns of empty cells. In: W. J. ZIEGLER (1976), 141–158.
ACKERKNECHT, E. H.: Therapie von den Primaten bis zum 20. Jahrhundert. Stuttgart: Enke 1970.
ADAM, J., und H. ENKE: Analyse mehrdimensionaler Kontingenztafeln mit Hilfe des Informationsmaßes von Kullback. Biom. Z. 14 (1972), 305–323.
– Zur Problematik einer Auswahlstrategie für Strukturhypothesen. Biom. Z. 16 (1974), 361–367.
AGRESTI, A., and D. WACKERLY: Some exact conditional tests of independence for RxC cross-classification tables. Psychometrika 42 (1977), 111–125.
AHRENS, H.: Varianzanalyse. Berlin: Akademie Verlag 1968.
AJNE, B.: A simple test for uniformity of a circular distribution. Biometrika 55 (1968), 343–354.
ALAM, K., K. SEO and J. R. THOMPSON: A sequential sampling rule for selecting the most probable multinomial event. Ann. Inst. Statist. Math. 23 (1971), 365–374.
ALDENDERFER, M. S., and R. K. BLASHFIELD: Computer programs for performing hierarchical cluster analysis. Appl. Psychol. Measmt. 2 (1978), 405–413.
ALLING, D. W.: Early decision in the Wilcoxon two-sample test. J. Amer. Statist. Assoc. 58 (1963), 713–720.
– Closed sequential tests for binomial probabilities. Biometrika 53 (1966), 73–84.
AMERINE, M. A., R. M. PANGBORN and E. B. ROESSLER: Principles of sensory evaluation of food. New York: Academic Press 1965.
AMTHAUER, R.: Intelligenz-Struktur-Test. 2. Aufl. Göttingen: Hogrefe 1955.
ANDERBERG, M. R.: Cluster analysis for application. New York: Academic Press 1973.
ANDERSON, O.: Verteilungsfreie Testverfahren in den Sozialwissenschaften. Allg. Statist. Archiv 40 (1956), 117–127.
– Ein exakter nichtparametrischer Test der sog. Nullhypothese im Fall von Autokorrelation und Korrelation. In: O. ANDERSON (1963), 864–877.
– Ausgewählte Schriften. Tübingen: Mohr 1963.
– Cluster analysis for applications. New York: Academic Press 1973.
ANDERSON, R. L.: Distribution of the serial correlation coefficient. Ann. Math. Statist. 13 (1942), 1–13.
– Use of contingency tables in the analysis of consumer preference studies. Biometrics 15 (1959), 582–590.

ANDERSON, T. W., and H. BURSTEIN: Approximating the upper bionomial confidence limit. J. Amer. Statist. Assoc. 62 (1967), 857–861.
- Approximating the lower binomial confidence limit. J. Amer. Statist. Assoc. 63 (1968), 1413–1415.

ANDREWS, D. F., P. J. BICKEL, F. R. HAMPEL, P. J. HUBER, W. H. ROGERS and J. W. TUKEY: Robust estimation of location; survey and advances. Princeton/NJ: Princeton Univ. Press 1972.

ARMITAGE, P.: Sequential medical trials. 2. ed. Oxford: Blackwell Scientific Publications 1975 (1954).

ARMITAGE, P., L. M. BLENDIS and H. C. SMYLLIE: The measurement of observer disagreement in the recording of signs. J. Royal Statist. Soc. (A) 129 (1966), 98–109.

ASANO, C.: Runs test for a circular distribution and a table of probabilities. Ann. Math. Statist. 17 (1965), 331–346.

ATTNEAVE, F.: Informationstheorie in der Psychologie. 3. Aufl. Bern: Huber 1974 (1965).

BAHADUR, R. R., and L. J. SAVAGE: The nonexistence of certain statistical procedures in nonparametric problems. Ann. Math. Statist. 27 (1956), 1115–1122.

BARLOW, R. E., D. J. BARTHOLOMEW, J. M. BREMNER and H. D. BRUNK: Statistical inference under order restrictions. New York: Wiley & Sons 1972.

BARNARD, G. A.: Sequential tests in industrial statistics. J. Royal Statist. Soc. (B) 8 (1946), 1–26.

BARNARD, G. A.: Significance tests for 2x2 tables. Biometrika 34 (1947), 128–138.
- 2x2 tables. A note on E. S. Pearson's paper. Biometrika 34 (1947), 168–169.

BARNETT, V., and T. LEWIS: Outliers in statistical data. New York: Wiley 1978.

BARTENWERFER, H.: Einige praktische Konsequenzen aus der Aktivierungstherapie. Z. exp. angew. Psychol. 16 (1969), 195–225.

BARTHOLOMEW, D. J.: A test of homogeneity of ordered alternatives. Biometrika 46 (1959), 38–48 and 328–335.

BARTLETT, M. S.: Contingency table interaction. J. Royal Statist. Soc. (B) 2 (1935), 248–252.
- The square root transformation in analysis of variance. Suppl. J. Royal Statist. Soc. 8 (1936).
- Fitting a straight line when both variables are subjects to error. Biometrics 5 (1949), 207–212.

BARTON, D. E., and F. N. DAVID: Runs in a ring. Biometrika 45 (1958), 572–578.

BARTOSZYK, G. D., und G. A. LIENERT: Ein Phi-Koeffizient als Asymmetrie-Maß in McNemar-Versuchsplänen. Z. exp. angew. Psychol. 22 (1975), 15–21.
- Beta-Koeffizienten als Asymmetrie-Maße in Bowker-Versuchsplänen. Z. exp. angew. Psychol. 22 (1975), 175–182.
- Tables for straight-line parameters in testing binomial treatment effects sequentially. Biom. Z. 18 (1976), 563–578.
- Konfigurationsanalytische Typisierung von Verlaufskurven. Z. exp. angew. Psychol. 25 (1978), 1–9.

BARTUSSEK, D.: Eine Methode zur Bestimmung von Moderatoreffekten. Diagnostica 16 (1970), 57–76.

BASLER, H.-D.: Ridit-Analyse: ein nichtparametrisches Verfahren zum Vergleich von Verteilungen. Meth. Inform. Med. 13 (1974), 48–53.
BATSCHELET, E.: Statistical methods for the analysis of problems in animal orientation and certain biological rhythms. Washington/D.C.: The American Institut of Biological Sciences 1965.
– Recent statistical methods for orientation data. In: S.R.GALLER, K.SCHMIDT-KOENIG, G. J. JACOBS and R. E. BELLEVILLE: Animal orientation and navigation. Washington/DC: Government Printing Office, 1972, 61–90.
BAUER, P., V. SCHREIBER and F. X. WOHLZOGEN: Sequential estimation of the parameter π of a binomial distribution. In: ZIEGLER (1976), 99–109.
BAUER, R. K.: Der ‚Median-Quartile-Test': Ein Verfahren zur nichtparametrischen Prüfung zweier unabhängiger Stichproben auf unspezifizierte Verteilungsunterschiede. Metrika 5 (1962), 1–16.
BAUMANN, U.: Psychologische Taxometrie. Eine Methodenstudie über Ähnlichkeitskoeffizienten, Q' und Q-Faktorenanalyse. Bern: Huber 1971.
– Die Konfigurationsfrequenzanalyse, ein taxometrisches Verfahren. Psychol. Beiträge 15 (1973), 153–168.
BEINHAUER, R.: Spezielle diskrete Verteilungen. In: E. WALTER (Hrsg.): Statistische Methoden I. Heidelberg: Springer 1970, 82–85.
BENNETT, B. M.: On multivariate sign tests. J. Royal Statist. Soc. (B) 24 (1962), 159–161.
– Tests of hypotheses concerning matched samples. J. Royal Statist. Soc. (B) 29 (1967), 468–474.
– On estimation of a ratio of multivariate means by nonparametric methods. Metrika 12 (1967/68), 22–28.
– On tests for order and treatment differences in a matched 2x2. Biom. Z. 13 (1971), 95–99.
– Quantal assays using ranks. Biom. Z. 13 (1971), 203–207.
BENNETT, B. M., and E. NAKAMURA: Tables for testing significance in a 2x3 contingency table. Technometrics 5 (1963), 501–511.
– The power function of the exact test for 2x3 contingency table. Technometrics 6 (1964), 430–458.
BERAN, R. J.: Testing for uniformity on a compact homogeneous space. J. Appl. Probab. 5 (1968), 177–195.
– The derivation of nonparametric two-sample tests for uniformity of a circular distribution. Biometrika 56 (1969), 561–570.
BERCHTOLD, W.: Analyse eines Cross-Over-Versuchs mit Anteilsziffern. In: W. J. ZIEGLER (1976), 173–182.
BERGER, M. P. F.: A note on the use of simultaneous test procedures. Psychol. Bull. 85 (1978), 895–897.
BERKSON, J.: A note on the chi-square test, the Poisson and the binomial. J. Amer. Statist. Assoc. 35 (1940), 362–367.
BERRY, D. A., and M. SOBEL: An improved procedure for selecting the better of two Bernoulli populations. J. Amer. Statist. Accoc. 68 (1973), 979–984.
BESCHEL, Gertrud: Kritzelschrift und Schulreife. Psychol. Rundschau 7 (1956), 31–44.

BEUS, G. B., and D. R. JENSEN: Percentage points of the Bonferroni chi-square statistics. Rechnical Report No.2, Dept. of Statistics, Virginia Polytechnic Institute and State University. Blacksburg/Virginia 1967.
BHAPKAR, V. P.: A nonparametric test for the problem of several samples. Ann. Math. Statist. 32 (1961), 1108–1117.
— A note on equivalence of two test criteria for hypotheses in categorial data. J. Amer. Statist. Assoc. 61 (1966), 228–235.
— On the analysis of contingency tables with a quantitative response. Biometrics 24 (1968), 329–338.
BHAPKAR, V. P., and G. G. KOCH: Hypotheses of "no interaction" in multidimensional contingency tables. Technometrics 10 (1968), 107–123.
BHAPKAR, V. P., and G. W. SOMES: Distribution of Q when testing equality of matched proportions. J. Amer. Statist. Assoc. 72 (1977), 658–661.
BHATTACHARYYA, G. K., R. A. JOHNSON and H. R. NEAVE: A comparative power study of the bivariate rank sum test and T^2. Technometrics 13 (1971), 191–198.
BIERSCHENK, B., and G. A. LIENERT: Simple methods for clustering profiles and learning curves. Didaktometry 56 (1977), 1–21.
BIJNEN, E. J.: Cluster analysis. Tilburg: Tilburg Univ. Press 1973.
BIRCH, W. M.: Maximum likelihood in three-way contingency tables. J. Royal Statist. Soc. (B) 25 (1963), 220–223.
BIRNBAUM, Z. W.: Numerical tabulation of the distribution of Kolmogorv's statistic for finite sample size. J. Amer. Statist. Assoc. 47 (1952), 425–441.
BISHOP, Y. M. M., S. E. FIENBERG and P. W. HOLLAND: Discrete multivariate analysis: Theory and Practice. Cambridge–London: The MIT Press 1975.
BISPING, R.: Experimente zum biochemischen Gedankentransfer. Unveröffentl. Diplomarbeit, Psychol. Institut der Universität Düsseldorf, 1969.
BLASHFIELD, R. K., and M. S. ALDENDERFER: Computer programs for performing iterative partitioning cluster analysis. Appl. Psychol. Measmt. 2 (1978), 533–541.
BLISS, C. J.: The calculation of the dosage-mortality curve. Ann. Appl. Biol. 22 (1935), 134–167.
— The comparison of dosage-mortality data. Ann.Appl. Biol. 22 (1935), 307–333.
— Statistics in biology, Vol. 2. New York: McGraw-Hill 1970.
BLOCK, J.: The Q-Sort method in personality assessment and psychiatric research. Springfield/Ill.: Thomas 1961.
BLÖSCHL, Lilian: Kullbacks 2I-Test als ökonomische Alternative zur χ^2-Probe. Psychol. Beiträge 9 (1966), 397–406.
BLUMEN, I.: A new bivariate sign test. J. Amer. Statist. Assoc. 53 (1958), 448–456.
BLUMENTHAL, S.: Sequential estimation of the largest normal mean when the variance in unknown. Commun. Statist. 4 (1975), 655–669.
BLUMENTHAL, S., and R. L. GREENSTREET: A sequential sample spacings test of two sample problem. Sankhya (A) 33 (1971), 461–474.
BOCHNIK, H. J., und U. PITTRICH: Multifaktorielle Probleme in der Medizin. Wiesbaden: Akademische Verlagsgesellschaft 1976.

BOCK, H. H.: Automatische Klassifikation. Göttingen: Vandenhoek und Ruprecht 1974.
BOCK, R. D.: Programming univariate and multivariate analysis of variance. Technometrics 5 (1963), 95–117.
BÖSSER, Th.: Phi-Interkorrelationen seltener Symptome. Psychol. Beiträge 21 (1979) (im Druck).
BÖTTGE, H., und J. HOLOCH: Ein Erkennungssystem für spektrale Muster im spontanen Elektroenzephalogramm und seine Anwendung in der Wachsamkeitsforschung. Psychol. Beiträge 15 (1973), 341–374.
BORGATTA, E. F. (Ed.): Sociological methodology. San Francisco: Jossey-Bass 1970.
BORTKIEWICZ, L.: Die Iterationen, ein Beitrag zur Wahrscheinlichkeitsrechnung. Berlin: Springer 1917.
BORTZ, J.: Lehrbuch der Statistik. Heidelberg: Springer 1977.
– Statistik für Sozialwissenschaftler. Heidelberg: Springer 1978.
BOSE, R. C.: Paired comparison designs for testing concordance between judges. Biometrika 43 (1956), 113–121.
BOWKER, A. H.: A test for symmetry in contingency tables. J. Amer. Statist. Assoc. 43 (1948), 572–574.
BOX, G. E. P.: A general distribution theory for a class of likelihood criteria. Biometrika 36 (1949), 317–346.
– Time series analysis, forcasting and control. San Francisco: Holden Day 1970.
BRADLEY, J. V.: Distribution-free statistical tests. London: Prentice-Hall 1968.
– Probability; Decision; Statistics. London: Prentice-Hall 1976.
BRADLEY, R. A., S. D. MERCHANT and F. WILCOXON: Sequential rank tests II. Modified two-sample procedures. Technometrics 8 (1966), 615–623.
BRADLEY, R. A., and M. E. TERRY: Rank analysis of incomplete block designs. I. The method of paired somparisons. Ann. Math. Statist. 23 (1952), 299–300; abstract.
BREDENKAMP, J.: Über Masse der praktischen Signifikanz. Z. Psychol. 177 (1970), 310–318.
– Nichtparametrische Prüfung von Wechselwirkungen. Psychol. Beiträge 16 (1974), 398–416.
– Experiment und Feldexperiment. In: GRAUMANN (1975), 332–374.
BREJCHA, V.: Der Rangkonkordanzkoeffizient als geeigneter Test für die Bewertung von Gewichtszunahme und Futterverbrauch bei Hühnern. Biom. Z. 7 (1965), 145–150.
BRODDA, K.: Deskriptiv-statistische Methoden für richtungsabhängige Größen. EDV in Medizin und Biologie 6 (1975), 110–117.
BRONSTEIN, I. N., und K. A. SEMENDJAJEW: Taschenbuch der Mathematik. 17. Aufl. Frankfurt: Deutsch 1977 (1961, ^{11}1971).
BROSS, I. D. J.: Sequential medical plans. Biometrics 8 (1952), 188–205.
– Sequential clinical trials. J. Chronic Deseases 8 (1958), 349–365.
– Taking a covariable into account. J. Amer. Statist. Assoc. 59 (1964), 725–736.
– How case-for-case matching can improve design efficiency. Amer. J. Epidemiol. 89 (1969), 359–363.

BROWN, G. W., and A. M. MOOD: On median tests for linear hypotheses. Proceedings of the Second Berkeley Symposium on Probability and Statistics, University of California Press 1951, 159–166.

BROWN, C. C., B. HEINZE und H.-P. KRÜGER: Tafeln eines exakten 2^3-Felder-Kontingenztests. Unveröffentl. Typoskript, auszugsweise wiedergegeben in LIENERT (1975), Tafel XVII–1–1a.

BRUNDEN, M. N.: The analysis of non-independent 2x2 tables using rank sums. Biometrics 28 (1972), 603–607.

BUCK, W.: Der Paardifferenzen-U-Test. Arzneimittelforschung 25 (1975), 825–827.

– Der Vorzeichenrangtest nach Pratt. Meth. Inform. Med. 14 (1975), 224–230.

– Der U-Test nach Uleman. EDV in Medizin und Biologie 7 (1976), 65–75.

– Signed rank test in the presence of ties. Biom. J. 21 (1979), (in press).

BÜHLER, W. J.: The treatment of ties in the Wilcoxon test. Ann. Math. Statist. 38 (1967), 519–522.

BÜNING, H., und G. TRENKLER: Nichtparametrische statistische Methoden. Berlin: De Gruyter 1978.

BÜTTNER, G., et al. (Hg.: Kuratorium der deutschen Hufelandgesellschaft): Biologische Medizin. Grundlagen ihrer Wirksamkeit. Heidelberg: Verlag für Medizin E. Fischer 1977.

BUNKE, O.: Neue Konfidenzintervalle für den Parameter der Binomialverteilung. Wiss. Z. Humboldt-Univ. Berlin, Math.-Nat. R. IX (1959), 335–363.

CAMPBELL, D. T., and J. C. STANLEY: Experimental and quasi-experimental design for research. Chicago: Rand McNally 1966.

CAMPBELL, R. C.: Statistische Methoden für Biologie und Medizin. Stuttgart: Thieme 1971.

– Statistics for biologists. 2nd ed. London: Cambridge Univ. Press 1974 (^{1}1967).

CANTRIL, H.: The intensity of an attitude. J. abnorm. soc. Psychol. 41 (1946), 129–135.

CARL, W., und G. A. LIENERT: Eine Zweistichprobenversion von SARRIS' bivariatem Vorzeichentest und ihre Anwendung in der Marktforschung. Psychol. Beiträge (1979) (im Druck).

CASTELLAN, N. J.: On the partitioning of contingency tables. Psychol. Bull. 64 (1965), 330–338.

CATTELL, R. B.: Description and measurement of personality. New York: World Books 1946.

– The data box. In: R. B. CATTELL (Ed.) (1966), 67–128.

– (Ed.): Handbook of multivariate experimental psychology. Chicago: Rand-McNally 1966.

CHAPMAN, D. G., and Jun-Mo NAM: Asymptotic power of chi square test for linear trends in proportions. Biometrics 24 (1968), 315–327.

CHASSAN, J. B.: Statistical inference and the single case in clinical design. Psychiatry 23 (1960), 173–184.

– An extension of a test for order. Biometrics 18 (1962), 245–247.

CHATTERJEE, S. K., and P. K. SEN: Non-parametric tests for the bivariate two-sample location problem. Calcutta Statist. Assoc. Bull. 12 (1964), 18–58.

CLOPPER, C. J., and E. S. PEARSON: The use of confidence or fiducial limits illustrated in the case of the binomial. Biometrika 26 (1934), 404–413.
COCHRAN, W. G.: The comparison of percentages in matched samples. Biometrika 37 (1950), 256–266.
— Some methods for strengthening the common χ^2 test. Biometrics 10 (1954), 417–451.
— Analysis of covariance: its nature and its use. Biometrics 13 (1957), 261–281.
— The effectivness of adjustement by subclassification in removing bias in observed studies. Biometrics 24 (1968), 295–314.
— Stichprobenverfahren. Berlin: de Gruyter 1972.
COCHRAN, W., and Gertrude M. COX: Experimental designs. 2nd ed. New York: Wiley & Sons 1957.
COHEN, A. C.: Curtailed attribute sampling. Technometrics 12 (1970), 295–298.
COHEN, J.: A coefficient of agreement for nominal scales. Educ. Psychol. Measmt. 20 (1960), 37–46.
— Weighted kappa: nominal scale agreement with provision for scaled disagreement or partial credit. Psychol. Bull. 70 (1968), 213–220.
— Statistical power analysis for the behavioral sciences. New York: Academic Press 1969.
COLE, J. W. L., and J. E. GRIZZLE: Applications of multivariate analysis of variance to repeated measurements experiments. Biometrics 22 (1966), 810–828.
COLE, L. C.: The measurement of interspecific association. Ecology 30 (1949), 411–424.
— The measurement of partial interspecific association. Ecology 38 (1957), 226–233.
— A closed sequential test design for toleration experiments. Ecology 43 (1962), 749–753.
COLE, R. H.: An R-ply range estimation of mean and standard deviation. Mimeographed Report No. 20, Statistical Research Group, Princeton University, 1949.
COLTON, T.: A rebuttal of statistical ward rounds-4. In: D. MAINLAND: Statistical ward rounds-7. Clin. Pharmacol. Therapeutics 9 (1968), 113–119.
CONOVER, W. J.: Two k-sample slippage tests. J. Amer. Statist. Assoc. 63 (1968), 614–626.
— Practical nonparametric statistics. New York: Wiley 1971.
— Rank tests for one sample, two samples, and k samples without the assumption of a continuous distribution function. Ann. Statist. 1 (1973), 1105–1125.
— On methods of handling ties in the Wilcoxon signed-rank test. J. Amer. Statist. Assoc. 68 (1973), 985–988.
COOMBS, C. H.: Theory and methods of social measurement. In: L. FESTINGER and D. KATZ (Eds.): Research methods in the behavioral sciences. New York: The Dryden Press, 1953, Chap. 11.
— A theory of data. 2. ed. New York: Wiley 1967.
CORNFIELD, J.: A method of estimating comparative rates from clinical data. Applications to cancer of lung, breast and cervix. J. nat. Cancer Inst. 11 (1951), 1269–1275.

CORNFIELD, J., M. HALPERIN and S. W. GREENHOUSE: An adaption procedure to sequential cilinical trials. J. Amer. Statist. Assoc. 64 (1969), 759–770.
CORSTEN, L. C. A., and T. POSTELNICU: Proceedings of the 8th international biometric conference. Bucaresti: Editra Akademiei Republicii socialista Romaniae 1975.
COX, D. R.: Some systematic experimental designs. Biometrika 38 (1951), 312–323.
– Some statistical methods connected with series of events. J. Royal Statist. Soc. (B) 17 (1955), 129–164.
– Two further applications of a modell for binary regression. Biometrika 45 (1958), 562–565.
– The regression analysis of binary sequences. J. Royal Statist. Soc. (B) 20 (1958), 215–232.
– The analysis of binary data. London: Methuen 1970.
COX, D. R., and P. A. W. LEWIS: The statistical analysis of series of events. New York: Methuen 1966.
COX, D. R., and A. STUART: Some quick sign tests for trend in location and dispersion. Biometrika 42 (1955), 80–95.
CRADDOCK, J. M.: Testing the significance of a 3x3 contingency table. The Statistican 16 (1966), 87–94.
CRADDOCK, J. M., and C. R. FLOOD: The distribution of χ^2 statistic in small contingency tables. Appl. Statist. 19 (1970), 173–181.
D'AGOSTINO, B. R., and B. ROSMAN: A normal approximation for testing the equality of two independent chi-square variables. Psychometrika 36 (1971), 251–253.
DANIELS, H. E.: Rank correlation and population models. J. Royal Statist. Soc. (B) 12 (1950), 171–181.
DARROCH, J. N.: Interaction in multifactor contingency tables. J. Royal Statist. Soc. (B) 24 (1962), 251–263.
DARWIN, J. E.: Note on a three-decision test for comparing two binomial populations. Biometrika 46 (1959), 106–113.
DAVID, F. N.: Two combinatorial tests of whether a sample has come from a given population. Biometrika 37 (1950), 97–110.
DAVID, F. N., and Evelyn FIX: Rank correlation and regression in a non normal surface. Proc. Fourth Berkely Sympos. on Math. Statist. and Prob. I (1961), 177–197.
DAVID, H. T.: A three-sample Kolmogorov-Smirnov test. Ann. Math. Statist. 29 (1958), 842–851.
DAVIDOFF, M. D., and H. W. GOHEEN: A table for rapid determination of the tetrachoric correlation coefficient. Psychometrika 18 (1953), 115–121.
DAVIES, O. L.: Design and analysis of industrial experiments. 2nd ed. London: Oliver-Boyd 1956.
DAWSON, R. B.: A simplified expression for the variance of the χ^2-function on a contingency table. Biometrika 41 (1954), 280.
DE BOER, J.: Sequential tests with three possible decisions for testing an unknown probability. Appl. Sci. Res. 3 (1953), 249–259.

DEUCHLER, G.: Über die Methode der Korrelationsrechnung in der Pädagogik und Psychologie, I–V. Z. pädagog. Psychol. u. exp. Pädagogik 15 (1914), 114–131, 145–159 und 229–242.
– Über die Bestimmung einseitiger Abhängigkeit in pädagogisch-psychologischen Tatbeständen mit alternativer Variabilität. Z. pädagog. Psychol. und exp. Pädagogik 16 (1915), 550–566.
Deutsche Forschungsgemeinschaft: Schwangerschaftsverlauf und Kindesentwicklung. Boppard: Bolt 1977.
DIAMOND, E. L.: The limiting power of categorial data chi-square tests analogous to normal analysis of variance. Ann. Math. Statist. 34 (1963), 1432–1440.
DIEFENBACH, B., und W. ZYLKA: Propicillin. Arzneimittelforschung 12 (1962), 779–781.
DIXON, J. W.: Simplified estimation from censored normal samples. Ann. Math. Statist. 31 (1960), 385–391.
DIXON, W. J. (Ed.): BMD – Biomedical Computer Programms. Univ. of California Publ. in Autom. Comp., No.2, 1967, No.3, 1970.
DIXON, W. J., and A. M. MOOD: The statistical sign test. J. Amer. Statist. Assoc. 41 (1946), 557–566.
DIXON, W. J., and F. J. MASSEY, Jr.: Introduction to statistical analysis. 2. ed. New York: McGraw-Hill 1957.
DOCUMENTA GEIGY. Wissenschaftliche Tabellen. 7. Aufl. Basel: J. R. Geigy A.G. 1968 (1960).
DOLLASE, R.: Soziometrische Techniken. Weinheim: Beltz 1973.
DRAPER, N. R., and H. SMITH: Applied regression analysis. New York: Wiley & Sons 1966.
DÜKER, H.: Leistungsfähigkeit und Keimdrüsenhormone. München: Barth 1957.
DURAND, D., and J. A. GREENWOOD: A modification of the Rayleigh test for uniformity in analysis of two-dimensional orientation data. J. Geol. 66 (1958), 229–238.
DÜKER, H.: Über reaktive Anspannungssteigerung. Z. exp. angew. Psychol. 10 (1963), 46–72.
DURBIN, J.: Incomplete blocks in ranking experiments. Brit. J. Psychol. 4 (1951), 85–90.
DURBIN, J., and A. STUART: Inversions and rank correlation coefficients. J. Royal Statist. Soc. (B) 13 (1951), 303–309.
DURBIN, J., and G. S. WATSON: Testing serial correlation in least squares regression. Biometrika 37 (1950), 409–428.
DWASS, M.: Some k-sample rank order tests. Contributions to Prob. Statistics Essays in Honor of H. Hotelling (ed.: Olking et al.). Stanford Univ. Press, Stanford, Calif. 198–202.
– Random crossings of cumulative distribution functions. Pacific J. Math. 11 (1961), 127–134.
DYKE, G. V., and H. D. PATTERSON: Analysis of factorial arrangements when the data are proportions. Biometrics 8 (1952), 1–12.
EBBINGHAUS, H.: Über das Gedächtnis. Leipzig: Duncker & Humboldt 1885.

EBEL, R. L.: Estimation of the reliability of ratings. Psychometrika 16 (1951), 407–424.
EBERHARD, K.: Die Manifestationsdifferenz – ein Maß für den Voraussagewert einer alternativen Variablen in einer Vierfeldertafel. Z. exp. angew. Psychol. 17 (1970) 592–599.
– Einführung in die Wissenschaftstheorie und Forschungsstatistik. 2. Aufl. Neuwied: Luchterhand 1977.
ECKENSBERGER, L. H., und U. S. ECKENSBERGER (Hrsg.): Bericht über den 28. Kongreß DGfP in Saarbrücken 1972. Göttingen: Hogrefe 1974.
EDGINGTON, E. S.: Probability table for number of runs of signs of first differences in ordered series. J. Amer. Statist. Assoc. 56 (1961), 156–159.
EDWARDS, A. L.: Statistical methods. 2. ed. New York: Holt 1967 (1954).
– Experimental design in psychological research. 3rd ed. New York: Holt & Rinehart 1968.
– Versuchsplanung in der psychologischen Forschung. Weinheim: Beltz 1971.
EHLERS, Th.: Über persönlichkeitsbedingte Unfallgefährdung. Arch. ges. Psychol.117 (1965), 252–279.
EHLERS, W., und G. A. LIENERT: Bereichsspezifizierung des Conover-Korrelationstrendtests. Psychol. Beiträge 18 (1976), 54–61.
EHRENFELD, S.: On group sequential sampling. Technometrics 14 (1972), 167–174.
EHRHARDT, P.: Untersuchungen über Bau und Funktion des Verdauungstrakts von megoura viciae Buckt. Z. Morph. Ökol. Tiere 52 (1963), 597–677.
ECKENSBERGER, L. H., und Uta S. ECKENSBERGER (Hrsg.). Bericht über den 28. Kongreß der Deutschen Gesellschaft für Psychologie in Saarbrücken 1972, Bd. 1–5. Göttingen: Hogrefe 1974.
ENKE, H.: Hypothesenbildung und -prüfung in mehrdimensionalen Kontingenztafeln unter der Berücksichtigung des Untersuchungsmodells. Biom. Z. 15 (1973), 53–64.
– Untersuchungsmodelle und Hypothesenprüfung bei 3- bis 5-dimensionalen Kontingenztafeln. Biom. Z. 16 (1974), 473–481.
EPSTEIN, B.: Tables for the distribution of the number of exceedances. Ann. Math. Statist. 25 (1954), 762–768.
ERTEL, S.: Soziometrische Perspektiven. Psychol. Forschg. 28 (1965), 329–362.
ESCHER, H., und G. A. LIENERT: Ein informationsanalytischer Test auf partielle Kontingenz in Dreiwegtafeln. Meth. Inform. Med. 10 (1971), 48–55.
ESSER, U.: Skalierungsverfahren. In W. FRIEDRICH (Hrsg.): Methoden der marxistisch-leninistischen Sozialforschung. Berlin: VEB Deutscher Verlag der Wissenschaften 1970.
EVERITT, B. S.: The analysis of contingency tables. London: Chapman and Hall 1977.
– Graphical techniques for multivariate data. London: Heineken Educ. Books 1978.
FAHRENBERG, J.: Psychophysiologische Persönlichkeitsforschung. Göttingen: Hogrefe 1967.
– Aufgaben und Methoden der psychologischen Verlaufsanalyse (Zeitreihenanalyse). In: GROFFMANN und WEWETZER (1968), 41–82.

FECHNER, G. Th.: Elemente der Psychophysik. Leipzig: Breitkopf und Härtel 1860.
FEINSTEIN, A. R.: Clinical biostatistics. St. Louis: Mosby 1977.
FELDMAN, S. E., and E. KLINGER: Short cut calculation of the FISHER-YATES 'exact test'. Psychometrika 28 (1963), 289–291.
FELLER, W.: An introduction to probability theory and its applications. New York: Wiley 1957.
– An introduction to probability theory and its applications. Vol. II New York: Wiley 1965.
FERGUSON, G. A.: Nonparametric trend analysis. Montreal: McGill Univ. Press 1965.
FERNER, U.: Parametrische und nichtparametrische Ansätze zur Analyse von Verlaufskurven. Basel: Sandoz AG, Biometrisches Labor.
FIEANDT, K., und R. NÄÄTÄNEN: Zum Einfluß der Urbanisierung auf Reaktions- und Bewegungsschnelligkeit, Präferenzurteil und Zeitschätzungsvermögen. In: REINERT (1973), 939–946.
FIENBERG, S. E.: The analysis of multidimensional contingency tables. Ecology 51 (1970), 419–433.
FINK, H.: Kontingenzanalyse unabhängiger Daten in der Arzneimittelprüfung. Meth. Inform. Med. 14 (1975), 212–217.
– Biometrische Gesichtspunkte zum Taxometervergleich. EDV in Medizin und Biologie 8 (1977), 16–23.
FINNEY, D. J.: The Fisher-Yates test of significance in 2x2 contingency tables. Biometrika 35 (1948), 145–156.
FISCHER, G. H.: Einführung in die Theorie psychologischer Tests. Bern: Huber 1974.
FISHER, R. A.: On the "probable error" of a coefficient of correlation deduced from a small sample. Metron 1 (1921), 1–32.
– Theory of statistical estimation. Proc. Cambridge Phil. Soc. 22 (1925), 700–725.
– Tests of significance in harmonic analysis. Proc. Royal Soc. London (A) 125 (1925), 54–59.
– On a property connecting the χ^2 measure of discrepancy with the method of maximum likelihood. Bologna 1928. Atti Congr. Int. Mat. 6 (1932), 94–100.
– The use of simultaneous estimation in the evaluation of linkage. Ann. Eugenics 6 (1934), 71–76.
– The effect of methods of ascertainment upon the estimation of frequencies. Ann. Eugenics 6 (1934), 13–25.
– The detection of linkage with recessive abnormalities. Ann. Eugenics 6 (1935), 339–351.
– The design of experiments. Edinburgh: Oliver-Boyd 1935.
– Confidence limits for a cross-product ratio. Austral. J. Statist. 4 (1962), 41.
FISHER, R. A., and R. YATES: Statistical tables for biological, agricultural and medical research. 5. ed. Edinburgh: Oliver-Boyd 1957.
FLEISS, J. L.: Statistical methods for rates and proportions. New York: Wiley 1973.
FLEISS, J. L., and B. S. EVERITT: Comparing the marginal totals of square contingency tables. Brit. J. math. statist. Psychol. 24 (1971), 117–123.
FORMANN, A. K.: The latent class analysis of polychotomous data. Biom. J. 20 (1978), 755–762.

FORTH, H.: Über die Wirkung verschiedener Dosen eines Schlafmittels auf einige psychische Leistungen. Psychol. Beiträge 9 (1966), 3–46.

FOSTER, F. G., and A. STUART: Distribution-free tests in time-series based on the breaking of records. J. Royal statist. Soc. (B) 16 (1954), 1–22.

FRAWLEY, W. H., and W. R. SCHUCANY: Tables of the distribution of the concordance statistic. Dept. Statist., Southern Methodist Univ., Tech. Rep. 116, 1972.

FREEMAN, G. H., and J. H. HALTON: Note on an exact treatment of contingency, goodness of fit and other problems of significance. Biometrika 38 (1951), 141–149.

FRICKE, R.: Faktorenanalyse qualitativer Variablen: Über die Verwendung von Phi- und G-Koeffizienten in der Faktorenanalyse. Unveröffentl. Manuskript Hamburg: Inst. f. Med. Statistik u. Dokumentation, 1968.

– Testgütekriterien bei lernzielorientierten Tests. Z. erziehungswiss. Forschung 6 (1972), 150–175.

FRIEDMAN, M.: The use of ranks to avoid the assumption of normality implicit in the analysis of variance. J. Amer. Statist. Assoc. 32 (1937), 675–701.

FRIEDRICH, W. (Hg.): Methoden der marxistisch-leninistischen Sozialforschung. Berlin: VEB Deutscher Verlag der Wissenschaften 1970.

FRÖHLICH, W. D., und J. BECKER: Forschungsstatistik. Bonn: Bouvier 1971.

FRUCHTER, B.: Introduction to factor analysis. Princeton/N.J.: Van Nostrand 1954.

FU, K. S.: Sequential methods in pattern recognition and machine learning. New York: Academic Press 1968.

FÜLGRAFF, G., und H. KEWITZ: Arzneimittelprüfung durch den niedergelassenen Arzt. Stuttgart: Fischer 1979.

GAENSLIN, H., und W. SCHUBÖ: Einfache und komplexe statistische Analyse. München: Reinhardt 1973.

GART, J. J.: On the combination of relative risks. Biometrics 18 (1962), 601–610.

– A median test with sequential application. Biometrika 50 (1963), 55–62.

– Alternative analysis of contingency tables. J. Royal Statist. Soc. (B) 28 (1966), 164–179.

– An exact test for comparing matched proportions in cross-over designs. Biometrika 56 (1969), 75–80.

GART, J. J., and J. R. ZWEIFEL: On the bias of various estimators of the logit and its variance, with application to quantal bioassay. Biometrika 54 (1967), 181–187.

GASTWIRTH, J. L.: Percentile modifications of two sample rank tests. J. Amer. Statist. Assoc. 60 (1965), 1127–1141.

– The first-median test: A two sided version of the control median test. J. Amer. Statist. Assoc. 63 (1968), 692–706.

GEBELEIN, H.: Anwendung gleitender Durchschnitte zur Herausarbeitung von Trendlinien und Häufigkeitsverteilungen. Mitteilungsblatt math. Statist. 3 (1951), 45–68.

GEBERT, A.: Jäger's Phi (G) als Item-Interkorrelationsmaß für Faktorenanalysen. Psychol. Beiträge 19 (1977), 336–339.

GEBERT, A., und G. A. LIENERT: Konkordanz von Ja–Nein-Beurteilungen. Psychol. Beiträge 13 (1971), 600–607.

GEBERT, A., G. A. LIENERT und W. BUCK: Zur Anwendungsindikation des Vorzeichenrangtests nach Pratt – demonstriert an einem Beispiel. Meth. Inform. Med. 16 (1977), 54–57.
GEBHARDT, Renate: Eine Komponentenmodifikation des Brandt-Snedecor-χ^2-Tests. Psychol. Beiträge (1980) (eingereicht).
GEBHARDT, R., und G. A. LIENERT: Vergleich von k Behandlungen nach Erfolgs- und Mißerfolgsbeurteilung. Z. klin. Psychol. Psychotherapie 26 (1978), 215–222.
GEERTSEMA, J. C.: Sequential confidence intervals based on rank tests. Ann. Math. Statist. 41 (1970), 1016–1026.
– Nonparametric sequential procedures for selecting the best of k populations. J. Amer. Statist. Assoc. 67 (1972), 614–616.
GEORGE, S., and M. M. DESU: Testing for order effect in a cross over design. Biom. Z. 15 (1973), 113–116.
GHOSH, M., J. E. GRIZZLE and P. K. SEN: Nonparametric methods in longitudinal studies. J Amer. Statist. Assoc. 68 (1973), 29–36.
GIBBONS, J. D.: Nonparametric methods for quantitative analysis. New York: McGraw-Hill 1976.
GIBSON, W. M., and G. H. JOWETT: Three-group-regression analysis. Appl. Statist. 6 (1957), 114–122.
GLASER, W. R.: Varianzanalyse. Stuttgart: Fischer 1978.
GLASS, G. V., V. L. WILLSON and J. M. GOTTMAN: Design and analysis of time-series experiments. Boulder, Colorado: University Press 1975.
GLASSER, G. J., and R. F. WINTER: Critical values of the coefficient of rank correlation for testing hypothesis of independence. Biometrika 48 (1961), 444–448.
GLEISBERG, W.: Ein Kriterium für die Realität zyklischer Variationen. Revue de la Faculté des Sciences de l'Université d'Istanbul (A) 10 (1945), 36–42.
GLONING, K., R. QUATEMBER und G. A. LIENERT: Konfigurationsfrequenzanalyse aphasie-spezifischer Testleistungen. Z. klin. Psychol. Psychother. 20 (1972), 115–122.
GNANADESIKAN, R.: Methods for statistical data analysis of multivariate observations. New York: Wiley & Sons 1977.
GNEDENKO, B. W.: Lehrbuch der Wahrscheinlichkeitsrechnung. 5. Aufl. Berlin: Akademie-Verlag 1968.
GOKHALE, D. V., and S. KULLBACK: The information in contingency tables. New York: Dekker 1978.
GOLLNICK, H.: Einführung in die Ökonometrie. Stuttgart: Ulmer 1968.
GOOD, C. S. (Ed.): The principles and practice of clinical trials. Edinburgh–London–New York: Chruchill Livingstone 1976.
GOODMAN, L. A.: Simple methods of analyzing three-factor interaction in contingency tables. J. Amer. Statist. Assoc. 59 (1964), 319–352.
– On simultaneous confidence intervals for multinomial proportions. Technometrics 7 (1965), 247–254.
– The analysis of cross-classification data: independence, quasi-independence, and interaction in contingency tables with or without missing cells. J. Amer. Statist. Assoc. 63 (1968), 1091–1131.

- Partitioning of chi-square of marginal contingency tables, and estimation of expected frequencies in multidimensional contingency tables. J. Amer. Statist. Assoc. 66 (1971), 339–344.
- The analysis of multidimensional contingency tables: Stepwise procedures and direct estimation methods for building models for multiple classification. Technometrics 13 (1971), 33–61.

GOODMAN, L. A., and W. H. KRUSKAL: Measures of association for cross classifications. J. Amer. Statist. Assoc. 49 (1954), 732–764.
- Measures of association for cross-classification: II. Further discussion and references. J. Amer. Statist. Assoc. 54 (1959), 123–163.
- Measures of association for cross classifications. III. Approximate sampling theory. J. Amer. Statist. Assoc. 58 (1963), 310–364.

GOVINDARAJULU, Z.: Sequential statistical procedures. New York–San Francisco–London: Accademic Press 1975.

GRANT, D. A.: New statistical criteria for learning and problem solution in experiments involving repeated trials. Psychol. Bull. 43 (1946), 272–282.

GRAUMANN, C. F. (Hg.): Sozialpsychologie (Handbuch der Psychologie Band 7). Göttingen: Hogrefe 1969 (1.Halbbd., 2.Aufl.1975) und 1972 (2.Halbbd.).

GREENHOUSE, S. W., and S. GEISSER: On methods in the analysis of profile data. Psychometrika 24 (1959), 95–112.

GREGG, J. V., C. H. HOSSEL and J. T. RICHARDSON: Mathematical trend curves: an aid to forecasting. London: Oliver & Boyd 1964.

GRENANDER, U., and M. ROSENBLATT: Statistical analysis of stationary time series. New York: Wiley & Sons 1957.

GRIZZLE, J. E.: Continuity correction in the χ^2-test for 2x2 tables. The Am. Statistican 21 (1967), 28–32.

GRIZZLE, J. E., C. F. STARMER and G. G. Koch: Analysis of categorial data by linear models. Biometrics 25 (1969), 489–504.

GRIZZLE, J. E., and O. WILLIAMS: Log-linear models and tests of independence. Biometrics 28 (1972), 137–156.

GROFFMANN, K. J., und K. H. WEWETZER: Person als Prozeß. Bern: Huber 1968.

GRÜNEWALD-ZUBERBIER, Erika, A. RASCHE, G. GRÜNEWALD und H. KAPP: Ein Verfahren zur telemetrischen Messung der Bewegungsaktivität für die Verhaltensanalyse. Arch. Psychiatrie Nervenkr. 214 (1971), 165–182.

GUILFORD, J. P.: Psychometric methods. New York: McGraw-Hill 1954.

GULLIKSEN, H.: Theory of mental tests. New York: Wiley 1950.

GUMBEL, E. J.: On the reliability of the classical chi-square test. Ann. Math. Statist. 14 (1953), 253–263.
- Application of the circular normal distribution. J. Amer. Statist. Assoc. 49 (1954), 267–297.

GUMBEL, E. J., and H. von SCHELLING: The distribution of the number of exceedances. Ann. Math. Stat. 21 (1950), 247–262.

GUPTA, A. K., and B. K. KIM: On a distribution-free discriminant analysis. Biom. J. 20 (1978), 729–736.

GURIAN, J. M., J. CORNFIELD and J. E. MOSIMANN: Comparison of power for some exact multinomial significance tests. Psychometrika 29 (1964), 409–419.

GUTJAHR, W.: Die Messung psychischer Eigenschaften. Berlin: VEB Deutscher Verlag der Wissenschaften 1972.
HABERMAN, S. J.: Loglinear fit for contingency tables (algorithm AS 51). Appl. Statist. 21 (1972), 218–225.
HÁJEK, J.: A course in nonparametric statistics. San Francisco: Holden-Day 1969.
HÁJEK, J., and Z. SIDÁK: Theory of rank tests. Prague: Academia publishing house of the czechoslovak academy of Science 1967.
HALBERG, F., Y. L. TONG and E. A. JOHNSON: Circadian system phase. An aspect of temporal morphology: procedures and illustrative examples. In: H. MAYERSBACH (Ed.): The cellular aspects of biorhythms. Berlin: Springer 1965, 20–48.
HALDANE, J. S. B.: Note on the preceeding analysis of Mendelian seggregations. Biometrika 31 (1939), 67–71.
— The rapid calculation of χ^2 as a test of homogeneity from a 2xn table. Biometrika 42 (1955), 519–520.
HANNAN, E. J.: Time series analysis. London: Methuen 1960.
HARRIS, C. W.: Problems in measuring change. 2nd ed. Madison: The University of Wisconsin Press 1967 (1962).
HART, B. I.: Significance levels for the ratio of the mean square successive difference to the variance. Ann. Math. Statist. 13 (1942), 445–447.
HARTIGAN, J. A.: Clustering algorithms. New York: Wiley & Sons 1975.
HARVARD UNIVERSITY: Tables of cumulative Binomial probability distribution. Ann. Comp. Lab. Vo. 35, Cambridge/MA 1955.
HAUFE, W., und H. GEIDEL: Probleme bei der Zusammenfassung von Einzelversuchen. EDV in Medizin und Biologie 9 (1978), 12–20.
HAVELEC, L., V. SCHEIBER und F. X. WOHLZOGEN: Gruppierungspläne für sequentielle Testverfahren. Internat. Z. f. klin. Pharmakologie, Therapie und Toxologie 3 (1971), 342–345.
— Sequentielle Mehrstufenpläne für die klinische Forschung. Wiener klinische Wochenschrift 86 (5) (1974), 135–140, 1–18.
HAYS, W. L.: Statistics for the social sciences. 2. ed. London: Holt, Rinehart and Winston 1974 (1963).
HAYS, W. L., and R. L. WINKLER: Statistics: Probability, inference and decision. New York: Holt 1971.
HEDAYTE, A., and W. T. FEDERER: An easy method of constructing partially replicated Latin squares. Biometrics 26 (1970), 327–330.
HEILMANN, W.-R.: Basic distribution theory for nonparametric GINI-like measures of location and dispersion. Biom. J. (1979) (in press).
HEILMANN, W.-R., and G. A. LIENERT: Tests for point and axial symmetry in square contingency tables. Biom. J. (1980) (submitted).
— Tables for binomial testing via F-distribution in configural frequency analysis. Biom. J. (1980) (submitted).
HEILMANN, W.-R., G. A. LIENERT and V. MALY: Prediction models in configural frequency analysis. Biom. J. 21 (1979), 79–86.
HEIMANN, H.: Typologische und statistische Erfassung depressiver Syndrome. In: HIPPIUS und SELBACH (1965), 279–290.

HEINZE, B., and G. A. LIENERT: Tables of a trinomial test for evaluating ternary ratings of change (+, 0, -). EDV in Medizin und Biologie (1979) (im Druck).
— Trinomial testing: tables for rectangular and triangular parameter triplets. EDV in Medizin und Biologie (1979) (im Druck).
HELLER, O.: Zur Quantifizierung psychischer Anspannung. In: L. TENT (1979, im Druck).
HELLER, O., und H.-P. KRÜGER: Analyse dreistufig zu beantwortender Fragebogenitems. Psychol. Beiträge 18 (1976), 431—442.
HELMERT, F. R.: Über die Wahrscheinlichkeit der Potenzsummen und über eine damit im Zusammenhang stehende Frage. Z. Math. Phys. 21 (1876), 192.
HEMELRIJK, J.: A theorem of the sign test when ties are present. Proc. Kon. Ned. Ak. Wet. (A) 55 (1952), 322.
HENGST, M.: Einführung in die mathematische Statistik. Mannheim: Bibl. Inst. 1967.
HENZE, F.: Tabelle für den exakten Fisher-Test. Vortrag am 19. Biometrischen Kolloquium in Westberlin, 1973.
— Tabelle für einen exakten Fisher-Test. Unveröff. Typoskript, 1974.
HESS, I., D. C. RIEDEL and T. B. FITZPATRICK: Probability sampling of hospitals and patients. Washington/DC: Health Administration Press 1975.
HETTMANSPERGER, T. P., and J. W. McKEAN: Statistical inference based on ranks. Psychometrika 43 (1978), 69—79.
HETZ, W., und H. KLINGER: Untersuchungen zur Frage der Verteilung von Objekten auf Plätze. Metrika 1 (1958), 3—20.
HINKELMANN, K.: Statistische Modelle und Versuchspläne in der Medizin. Meth. Inform. Med. 6 (1967), 116—124.
HIPPIUS, H., und H. SELBACH (Hrsg.): Das depressive Syndrom. München: Urban & Schwarzenberg 1968.
HODGES, J. L., Jr.: A bivariate sign test. Ann. Math. Statist. 26 (1955), 523—527.
HOEFFDING, W.: A class of statistics with asymptotically normal distribution. Ann. Math. Statist. 19 (1948), 293—325.
HOFER, E.: Angewandte Statistik. Grundgedanken und Methoden der Statistik in der klinischen und experimentellen Medizin. Berlin: VEB Verlag Volk und Gesundheit 1974.
HOFER, M., und U. FRANZEN: Theorie der angewandten Statistik. Weinheim: Beltz 1975.
HOFSTÄDTER, P. R.: Einführung in die Sozialpsychologie. 3. Aufl. Stuttgart: Kröner 1963.
HOFSTÄDTER, P. R., und D. WENDT: Quantitative Methoden der Psychologie. 4. Aufl. München: Barth 1974 (1964, ²1966, ³1967).
HOLLANDER, M., and D. A. WOLFE: Nonparametric statistical methods. New York: Wiley & Sons 1973.
HOLLEY, J. W., and J. P. GUILFORD: A note on the G index of agreement. Educ. Psychol. Measmt. 24 (1964), 749—753.
HOLLEY, J. W., and G. A. LIENERT: The G index of agreement in multiple ratings. Educ. Psychol. Measmt. 34 (1974), 817—822.
HOLTZMANN, W. H.: Statistical models for the study of change in the singel case. In: HARRIS (1962), 199—211.

HOMANS, G. C.: Social behavior: Its elementary forms. New York: Harcourt 1961.
HOMMEL, G.: Tail probabilities for contingency tables with small expectations. J. Amer. Statist. Assoc. 73 (1978), 764–766.
HOPE, K.: Methoden multivariater Analyse. Weinheim-Basel: Beltz 1975.
HORBACH, L.: Verlaufsbeurteilung beim therapeutischen Vergleich. Arzneimittelforschung 24 (1974), 1001–1004.
- Statistische Analyse von Verlaufsbeobachtungen. In: LANGE et al. (1978), 116–135.
HORNKE, L.: Verfahren zur Mitteilung von Korrelationen. Psycholog. Beiträge 15 (1973), 87–105.
HOTELLING, H., and M. R. PABST: Rank correlation and tests of significance involving no assumption of normality. Ann. Math. Statist. 7 (1936), 29–43.
HSI, B. P., and T. A. LOUIS: A modified play-the-winner rule as sequential trials. J. Amer. Statist. Assoc. 70 (1975), 644–647.
HUBER, Helga: Bericht über die 2. Tagung der Psychologen aus den Donauländern vom 28. September bis 2. Oktober 1970 in Smolenice in der CSSR. Psychol. Rundschau 22 (1971), 149–150.
- Untersuchungen der Konsolidierungsphase des Gedächtnisses im Tierexperiment unter Anwendung des Antibiotikums Puromycindihydrochlorid. Unveröffentl. Rer. Nat. Diss., Univ. Düsseldorf 1972.
HUBER, H. P.: Zeitreihenanalyse im diagnostischen Einzelfall. In: MERZ (1967), 288–294.
- Psychometrische Einzelfalldiagnostik. Weinheim-Basel: Beltz 1973.
- Single-case analysis. Behav. Anal. Modif. 2 (1977), 1–15.
- Kontrollierte Fallstudie. In: Handbuch der Psychologie, Band 8/2. Halbband. Göttingen: Hogrefe 1978, 1153–1199.
HUBER, H. P., und G. A. LIENERT: Ein Wilcoxon-Vorzeichenrangtest für stratifizierte Stichproben. Meth. Inform. Med. 11 (1972), 121–124.
HUBER, P. J.: Robust statistics: A review. Ann. Math. Statist. 43 (1972), 1041–1067.
- Robust methods of estimation of regression coefficients. Math. Operationsforschung Statist. 8 (1977), 141–153.
HUBER, R.: Sexualität und Bewußtsein. Frankfurt: Klostermann 1971.
IMMICH, H.: Medizinische Statistik. Stuttgart: Schattauer 1974.
IMMICH, H., and E. SONNEMANN: Which statistical models can be used in practice for the comparison of curves over a few time-dependent measure points? Biometrie-Praximetrie 14 (1975), 43–52.
IRELAND, C. T., H. H. KU and S. KULLBACK: Symmetry and marginal homogeneity of an rxr contingency table. J. Amer. Statist. Assoc. 64 (1969), 1323–1341.
IRLE, M. (Hrsg.): Bericht über den 26. Kongreß DGfP in Tübingen 1968. Göttingen: Hogrefe 1969.
IRWIN, J. O.: A note on the subdivision of chi-square into components. Biometrika 36 (1949), 130–134.
JÄGER, R.: $\phi(G)$ – ein statistischer Test zur Bestimmung der Differenzierungsfähigkeit psychologischer Skalen. Psychol. Beiträge 18 (1976), 214–223.

JANKE, W.: Experimentelle Untersuchungen zur Abhängigkeit der Wirkung psychotroper Substanzen von Persönlichkeitsmerkmalen. Frankfurt: Akademische Verlagsges. 1964.
JESDINSKY, H. J.: Einige χ^2-Tests zur Hypothesenprüfung bei Kontingenztafeln. Meth. Inform. Med. 7 (1968), 187–200.
– Memorandum zur Planung und Durchführung kontrollierter klinischer Therapiestudien. Stuttgart–New York: Schattauer 1978.
– Statistische Auswertung. In: FÜLGRAFF und KEWITZ (1979).
JONES, H. E.: The nature of regression in the correlation analysis of time series. Econometrica 5 (1937), 305–325.
JOHNSON, E. M.: The Fisher-Yates exact test and unequal sample sizes. Psychometrika 37 (1972), 103–106.
JOHNSON, N. S.: C-methods for testing for significance in the rxc contingency table. J. Amer. Statist. Assoc. 70 (1975), 942–947.
JONCKHEERE, A. R.: A distribution-free k-sample test against ordered alternatives. Biometrika 41 (1954), 133–145.
JONES, J. A.: An index of consensus on rankings in small groups. Amer. Sociol. Rev. 24 (1959), 533–537.
KAISER, H. F., and R. C. SERLIN: Contributions to the method of paired comparisons. Appl. Psychol. Measmt. 2 (1978), 421–430.
KANNEMANN, K.: An inzidence test for k related samples. Biom. J. 18 (1976), 3–11.
– A report on a Monte-Carlo simulation of the sampling distribution of the incidence test and its two related tests. Biom. J. 20 (1978), 169–195.
KASTENBAUM, M. A.: A note on the additive partitioning of chi-square in contingency tables. Biometrics 16 (1960), 416–422.
KAUN, H., und G. A. LIENERT: Multinomiale and andere Modifikationen von Pfanzagls Einstichproben-Trendtest. Meth. Inform. Med. (1980) (in Vorbereitung).
KAZDIN, A. E.: Methodological and interpretive problems of single-case experimental designs. J. Consulting Clinical Psychol. 46 (1978), 629–642.
KELLERER, H.: Theorie und Technik des Stichprobenverfahrens. Würzburg: Physika-Verlag 1953.
KELLERER, H. G.: Zur Existenz analoger Bereiche. Z. Wahrscheinlichkeitstheorie verw. Gebiete 1 (1963), 240–246.
KEMENY, J. G., and J. L. SNELL: Finite Markov chains. Princeton/NJ: Van Nostrand 1960.
KEMPF, W. F.: Dynamic models for the measurement of 'traits' in social behavior. In: W. F. KEMPF and B. H. REPP: Mathematical models for social psychology. Bern: Huber 1977, Chap. 1.
KENDALL, M. G.: On semiinvariant statistics. Ann. Eugen. 11 (1942), 300–306.
– A new measure of rank correlation. Biometrika 30 (1938), 81–93.
– Further contributions to the theory of paired comparisons. Biometrics 43 (1955), 113–121.
– Rank correlation methods. 3rd ed. London: Griffin 1962 (1948).
KENDALL, M. G., and B. B. BABINGTON-SMITH: The problem of m rankings. Ann. Math. Statist. 10 (1939), 275–287.

KENDALL, M. G., and A. STUART: The advanced theory of statistics, Vol. 1–3. 3rd ed. London: Griffin 1963, 1973, 1976.
KEREN, G., and C. LEWIS: Nonorthogonal designs: sample vs. population. Psychol. Bull. 83 (1976), 817–826.
KEUCHEL, I., and G. A. LIENERT: Der χ^2-Oktantentest als Zuverlässigkeitskriterium für Faktorenanalysen. Psychol. Beiträge (1979) (im Druck).
KIEFER, J.: K-sample analogues of the Kolmogorov-Smirnov and Cramér-von Mises tests. Ann. Math. Statist. 30 (1959), 420–447.
KIMBALL, A. W.: Short-cut formulae for the exact partition of χ^2 in contingency tables. Biometrics 10 (1954), 452–458.
KIMBALL, A. W., W. T. BURNETT Jr. and D. G. DOHETY: Chemical protection against ionizing radiation. I. Sampling methods for screening compounds in radiation protection studies with mice. Radiation research 7 (1957), 1–12.
KIRK, R. E.: Experimental design: Procedures for the behavioral sciences. Belmont/CA: Brooks & Cole 1968.
KLAUER, K. J.: Lernen und Intelligenz. Weinheim: Beltz 1969.
– Das Experiment in der pädagogischen Forschung. Düsseldorf: Schwann 1973.
KLEITER, E. F., und G. TIMMERMANN: Über einen Algorithmus zur hierarchischen Voraussetzungs-Struktur-Analyse. Psychol. Beiträge 19 (1977), 355–390.
KLUYVER, J. C.: A local probability problem. Proc. Kon. Ned. Ak. Wet. (A) 8 (1905) 341–350.
KNAPPEN, F.: Biomathematische Modelle und statistische Tests in der Chronobiologie. EDV in Medizin und Biologie 9 (1978), 26–29.
KNOKE, J. D.: Multiple comparisons with dichotomous data. J. Amer. Statist. Assoc. 71 (1976), 849–853.
KOCH, G.: Myocardinfarkt, Gedanken zur Pathogenese und Therapie. Die Medizinische 1957, 1. Halbband, 824–827.
KOCH, G. G.: Some aspects of the statistical analysis of 'splitplot'-experiments in completely randomized layouts. J. Amer. Statist. Assoc. 64 (1969), 485–505.
KOELLA, P., and P. LEVIN (Eds.): Sleep. Basel: Karger 1973.
KOHNEN, R., und G. A. LIENERT: Freie und gebundene Wirkungsbeschreibung eines Schlafmittels (Flurazepam) durch gesunde Versuchspersonen. Arzneimittelforschung 26 (1976), 1111–1145.
– Bivariate sign tests sensitive to homeo- and heteropoetic treatment effects. Biom. J. (1979) (submitted).
KOLLER, S.: Statistische Auswertung der Versuchsergebnisse. In: HOPPE-SEYLER und THIERFELDER: Handbuch der physiologisch- und pathologisch-chemischen Analyse. 10. Aufl. Berlin–Heidelberg: Springer 1955, Band 2, 1011–1016.
– Neue graphische Tafeln zur Beurteilung statistischer Zahlen. 2. Aufl. Darmstadt: Steinkopff 1969.
KOLMOGOROFF, A. N.: Sulla determinazione empirica di une legge di distribuzione. Giornale dell'Istituto Italiano degli Attuari 4 (1933) 83–91.
– Confidence limits for an unknown distribution. Ann. Math. Statist. 12 (1941), 461–463.
KONIJIN, H. S.: Nonparametric, robust, and short-cut methods in regression and structural analysis. Austral. J. Statist. 3 (1961), 77–86.

KOPP, B.: Hierarchical classification I: single-linkage method. Biom. J. 20 (1978), 495—501.
- Hierarchical classification III: Average-linkage, median, centroid, WARD, flexible strategy. Biom. J. 20 (1978), 703—711.
KOWALSKI, C. J.: The OC and ASN functions of some SPR-tests for the correlation coefficient. Technometrics 13 (1971), 833—841.
KRAFT, C. H., and C. van EEDEN: Asymptotic efficiencies of quick methods of computing efficient estimates based on ranks. J. Amer. Statist. Assoc. 67 (1972), 199—202.
KRAMER, M., and S. W. GREENHOUSE: Determination of sample size and election of cases. Nat. Acad. Sci.-Nat. Res. Council Publ. No.583, Psychopharmacology: Problems in evaluation. Washington/DC: 1959, 356—371.
KRAUTH, J.: A locally most powerful tied rank test in a Wilcoxon situation. Ann. Math. Statist. 42 (1971), 1949—1956.
- An asymptotic UMP sign test in the presence of ties. Ann. Statist. 1 (1973), 166—169.
- Inferenzstatistischer Nachweis von Typen und Syndromen. In: J. KRAUTH und G. A. LIENERT (1973), 39—51.
- Inferenzstatistische Probleme der hierarchischen und agglutinierenden Konfigurationsfrequenzanalyse. In: J. KRAUTH und G. A. LIENERT (1973), 71—74.
- Inferenzstatistische Auswertung der Mehrstichproben-Konfigurationsfrequenzanalyse. In: J. KRAUTH und G. A. LIENERT (1973), 87—95.
- Inferenzstatistische Behandlung von Interaktionen höherer Ordnung. In: J. KRAUTH und G. A. LIENERT (1973), 117—132.
- Nichtparametrische Ansätze zur Auswertung von Verlaufskurven. Biom. Z. 15 (1973), 557—566.
- Grundlagen der mathematischen Statistik für Bio-Wissenschaftler. Meisenheim: Hain 1975.
KRAUTH, J., und G. A. LIENERT: KFA — Die Konfigurationsfrequenzanalyse. Freiburg—München: Karl Alber 1973.
- Nichtparametrischer Nachweis von Syndromen durch simultane Binomialtests. Biom. Z. 15 (1973), 13—20.
- Ein lokationsinsensitiver Dispersionstest für zwei unabhängige Stichproben. Biom. Z. 16 (1974), 83—90.
- Ein lokationsinsensitiver Dispersionstest für zwei abhängige Stichproben. Biom. Z. 16 (1974), 91—96.
- Zum Nachweis syndromgenerierender Symtominteraktionen in mehrdimensionalen Kontingenztafeln (Interaktionsstrukturanalyse). Biom. Z. 16 (1974), 203—211.
- Nonparametric two-sample comparisons of learning curves based on orthogonal polynomials. Psychol. Res. 40 (1978), 159—171.
KRAUTH, J., and J. STEINEBACH: Extended tables of the percentage points of the chi-square distribution for at most ten degrees of freedom. Biom. Z. 18 (1976), 13—22.
KRES, H.: Statistische Tafeln zur multivariaten Analyse. Berlin: Springer 1975.

KRETSCHMER, F. J., und G. HILDEBRANDT: Die Einsatzmöglichkeit von Dreientscheidungsplänen in der amtlichen Lebensmittelkontrolle. Fleischwirtschaft 55 (1975), 686–693.
KREYSZIK, E.: Statistische Methoden und ihre Anwendung. Göttingen: Vandenhoeck und Ruprecht 1965.
KRIPPENDORFF, K.: Bivariate agreement coefficients for reliability of data. In: BORGATTA (1970), 139–150.
KRISHNA IYER, P. V.: Further contributions to the theory of probability distributions of points on a line, II. J. Indien Soc. Agric. Stat. 3 (1951), 80–93.
KRÜGER, H.-P.: Tafeln für einen exakten 3x3-Felder-Kontingenztest. In: G. A. LIENERT: Verteilungsfreie Methoden in der Biostatistik, Tafelband. Meisenheim: Hain 1975 als Vorabdruck und in dem Tafelwerk von KRÜGER et al. (1979) als Endabdruck.
— Simultane U-Tests zur exakten Prüfung von Haupt- und Wechselwirkungen an 2-faktoriellen Versuchsplänen. Psychol. Beiträge 19 (1977), 110–120.
— Zur Anwendungsindikation von nichtparametrischen Prädiktionsverfahren. Z. Sozialpsychol. 10 (1979), 94–104.
KRÜGER, H.-P., W. LEHMACHER und K.-D. WALL: Statistische Tafeln für Sozial- und Biowissenschaften. 5 Bände. Weinheim: Beltz 1979 (im Druck).
KRÜGER, H.-P., und G. A. LIENERT: Eine exakte nichtparametrische Prüfung auf Kovariation zweier autokorrelierter Zeitreihen. Z. exp. angew. Psychol. (1980) (im Druck).
— Kendall's Konsistenz- und Übereinstimmungskoeffizient bei Präferenzurteilen. Z. Sozialpsychol. (1980) (in Vorbereitung).
KRÜGER, H.-P., und K. D. WALL: Tafeln für die exakte Homogenitätsprüfung in einer 2x3-Feldertafel mit zwei Stichproben gleichen Umfangs. In: G. A. LIENERT (1975, S. 367) vorabgedruckt und zum Erscheinen in KRÜGER et al. (1979) vorgesehen.
KRUMBEIN, W. C.: Preferred orientation of pebbles in sedimentary deposits. J. Geol. 47 (1939), 673–706.
KRUSKAL, W. H.: A nonparametric test for several sample problems. Ann. Math. Statist. 23 (1952), 525–540.
— Historical notes on the Wilcoxon unpaired two-sample test. J. Amer. Statist. Assoc. 52 (1957), 356–360.
KU, H. H.: A note on contingency tables involving zero frequencies and the 2I-test. Technometrics 5 (1963), 398–400.
KU, H. H., and S. KULLBACK: Interaction in multidimensional contingency tables: an information theoretic approach. J. Res. Nat. Bur. Standards Sect. (B) 72 (1968), 159–199.
— Log-linear models in contingency analysis. Amer. Statist. 28 (1974), 115–122.
KUIPER, N. H.: Tests concerning random points on a circle. Proc. Kon. Ned. Ak. Wet. (A) 63 (1960), 38–47.
KULLBACK, S.: Information theory and statistics. New York: Wiley & Sons 1959.
— Information theory and statistics. New York: Dover Publ. 1968.
KULLBACK, S., and M. FISHER: On multivariate logit analysis. Biom. Z. 17 (1975), 139–146.

KULLBACK, S., M. KUPPERMANN and H. H. KU: An application of information theory to the analysis of contingency tables, with a table of 2n ln n, n = 1(1)10000. J. Res. Nat. Bur. Standards Sect. (B) 66 (1962), 217–243.
KURTZ, T. E.: Basic statistics. Englewood-Cliffs/NJ: Prentice-Hall 1963.
LAHAYE, D., D. ROOSELS and J. VIAENE: The value of subjective appreciation in the medical record, I, II. Meth. Inform. Med. 17 (1978), 100–103, 103–105.
LANA, R. E., and A. LUBIN: The effect of correlation on repeated measurement designs. Educ. Psychol. Measmt. 23 (1963), 729–739.
LANCASTER, H. O.: The derivation and partition of χ^2 in certain discrete distributions. Biometrika 36 (1949), 117–129.
- The exact partition of chi-square and its application to the problem of pooling small expectations. Biometrika 37 (1950), 267–270.
- Complex contingency tables treated by the partition of χ^2. J. Royal Statist. Assoc. 12/13 (1950/51), 242–249.
- On test of independence in several dimensions. J. Austral. Math. Soc. 1 (1960), 241–254.
- The combination of probabilities. Biometrics 23 (1967), 840–842.
- The Chi-squared distribution. New York: Wiley & Sons 1969.
LANGE, H.-J.: Multivariate Ansätze in der medizinischen Prognostik. In: H. W. PABST und G. MAURER (1977).
- Statistik und Epidemiologie. In: LANGE et al. (1978), 63–99.
LANGE, H.-J., J. MICHAELIS und K. ÜBERLA (Hrsg.): 15 Jahre medizinische Statistik und Dokumentation. Heidelberg: Springer 1978.
LANGEHEINE, R.: ONEWAY: An integrated parametric/nonparametric analysis of variance program package. EDV Med. Biol. 8 (1977), 33–35.
LANGER, I., und F. SCHULZ v. THUN: Messung komplexer Merkmale in Psychologie und Pädagogik. München: Reinhardt 1974.
LATTER, O.: The egg of cuculus canorus. Biometrika 1 (1901), 164–176.
LAUBSCHER, N. F., and G. J. RUDOLPH: A distribution arising from random points on the circumference of a circle. Res. Report No.268, CSIR Pretoria 1968.
LEBART, L., A. MORINEAU and N. TABARD: Techniques de la description statistique. Paris: Dunod 1977.
LEHMACHER, W.: A new nonparametric approach to the comparison of k independent samples of response curves II: A k sample generalization of the FRIEDMAN test. Biom. J. 21 (1979), 123–130.
- Tests for profile analysis of paired curves based on FRIEDMAN ranking procedures. Biom. J. 22 (1980) (im Druck).
- Simple simultaneous tests for marginal homogeneity of squared contingency tables. Biom. J. 22 (1980) (im Druck).
LEHMACHER, W., and G. A. LIENERT: Note on a binomial test against sectoral preferences of circular observations. Biom. J. (1979) (submitted).
- Nichtparametrischer Vergleich von Testprofilen und Verlaufskurven vor und nach einer Behandlung. Psychol. Beiträge (1979) (im Druck).
LEHMACHER, W., und K.-D. WALL: A new nonparametric approach to the comparison of k independent samples of response curves. Biom. J. 20 (1978), 261–273.

LEHMANN, E. L.: Consistency and unbiasedness of certain nonparametric tests. Ann. Math. Statist. 22 (1951), 165–179.
- Nonparametric confidence intervals for a shift parameter. Ann. Math. Statist. 34 (1963), 1507–1512.
- Nonparametrics: Statistical methods based on ranks. San Francisco: Holden Day 1975.

LE ROY, H. L.: Ein einfacher Chi^2-Test für den Simultanvergleich der inneren Struktur von zwei analogen 2x2-Häufigkeitstabellen mit freien Kolonnen- und Zeilentotalen. Schweiz. Landw. Foschg. 1 (1962), 451–454.

LESLIE, P. H.: The calculation of χ^2 for an rxc contingency table. Biometrics 7 (1951), 283–286.
- A simple method of calculating the exakt probability in a 2x2 contingency table with small marginal totals. Biometrika 42 (1955), 522–523.

LEVENE, H.: Robust tests for equality of variances. In: I. OLKIN et al. (Eds.): Contributions to probability and statistics. Essays in honor of Harald Hotelling. Stanford: University Press 1960, 278–292.

LEVENE, H., and J. WOLFOWITZ: The covariance matrix of runs up and down. Ann. Math. Statist. 15 (1944), 58–69.

LEWIS, D.: Quantitative methods in psychology. New York: McGraw-Hill 1960.

LEWIS, G. H., and R. G. JOHNSON: Kendall's coefficient of concordance for sociometric rankings with self excluded. Sociometry 34 (1971), 496–503.

LEWONTIN, R. C., and J. FELSENSTEIN: The robustness of homogeneity tests in 2xN tables. Biometrics 21 (1965), 19–33.

LEYTON, K. M.: Rapid calculation of exakt probabilities for 2x3-contingency tables. Biometrics 24 (1968), 714–717.

LI, L., and W. R. SCHUCANY: Some properties of a test for concordance of two groups of rankings. Biometrika 62 (1975), 417–423.

LIEBERMANN, G. J., and D. B. OWEN: Tables of the hypergeometric probability distribution. Stanford: University Press 1961.

LIENERT, G. A.: Die statistische Analyse medizinisch-klinischer Laboratoriumsuntersuchungen. Ärztliche Forschung 8 (1956), 2–8.
- Die Farbwahl im Farbpyramidentest unter Lysergsäurediätylamid (LSD). Z. exp. angew. Psychol. 8 (1961), 110–121.
- Die zufallskritische Beurteilung psychologischer Variablen mittels verteilungsfreier Schnelltests. Psychol. Beiträge 7 (1962), 183–217.
- Über die Anwendung von Variablen-Transformationen in der Psychologie. Biom. Z. 4 (1962), 145–181.
- Verteilungsfreie Methoden in der Biostatistik. Meisenheim: Hain 1962.
- Die ‚Konfigurationsfrequenzanalyse' als Klassifikationsmethode in der klinischen Psychologie. In: M. IRLE (1969), 244–253.
- Testaufbau und Testanalyse. 3. Aufl. Weinheim–Basel: Beltz 1969 (1961).
- Konfigurationsfrequenzanalyse einiger Lysergsäure-di-äthylamid-Wirkungen. Arzneimittelforschung 20 (1970), 912–914.
- Hierarchische Klassifikation individueller Verlaufskurven. Psychol. Beiträge 13 (1971), 487–498.

- Die Konfigurationsfrequenzanalyse I. Ein neuer Weg zu Typen und Syndromen. Z. klin. Psychol. Psychother. 19 (1971), 99—115.
- Die Konfigurationsfrequenzanalyse II. Hierarchische und agglutinierende KFA in der klinischen Psychologie. Z. klin. Psychol. Psychother. 19 (1971), 207—220.
- Die Konfigurationsfrequenzanalyse III. Zwei- und Mehrstichproben-KFA in Diagnostik und Differentialdiagnostik. Z. klin. Psychol. Psychother. 19 (1971), 292—300.
- Die Konfigurationsfrequenzanalyse IV. Assoziationsstruktur klinischer Skalen und Symptome. Z. klin. Psychol. Psychother. 20 (1972), 231—248.
- Note on tests concerning the G index of agreement. Educ. Psychol. Measmt. 32 (1972), 281—288.
- Auffinden von Typen und Syndromen. In: J. KRAUTH und G. A. LIENERT (1973), 15—37.
- Hierarchische und agglutinierende Konfigurationsfrequenzanalyse. In J. KRAUTH und G. A. LIENERT (1973), 53—69.
- Zwei- und Mehrstichproben-Konfigurationsfrequenzanalyse in Diagnostik und Differentialdiagnostik. In: J. KRAUTH und G. A. LIENERT (1973), 75—86.
- Assoziationsstruktur klinischer Skalen und Symptome. In: J. KRAUTH und G. A. LIENERT (1973), 97—116.
- On a generalized G index of agreement. Educ. Psychol. Measmt. 33 (1973), 767—772.
- Verteilungsfreie Methoden in der Biostatistik, Bd. I. 2. Aufl. Meisenheim/Glan: Hain 1973.
- Verteilungsfreie Methoden in der Biostatistik, Tafelband. 2. Aufl. Meisenheim/ Glan: Hain 1975.
- Nichtparametrischer Nachweis von homeo- und heteropoietischen Behandlungswirkungen in geschichteten Überkreuzungsplänen. Methods of Information in Medicine 17 (1978), 287—290.
- Contingency tests of binary ratings from therapeutic and/or side effects of drugs. Biom. J. 20 (1978), 583—591.
- Tests zu HOFSTÄTTERS Aktualitätsmaß. In: E. WITTE (Hg.), 1979.
- Nonparametric GINI-like measures of location and dispersion. Biom. J. (in press) (1980).

LIENERT, G. A., H. HUBER und K. HINKELMANN: Methode zur Analyse qualitativer Verlaufskurven. Biom. Z. 7 (1965), 184—193.

LIENERT, G. A., und J. KRAUTH: Die Konfigurationsfrequenzanalyse als Prädiktionsmodell in der angewandten Psychologie. In: ECKENSBERGER und ECKENSBERGER (1974, Bd. 2), 219—228.

- Die Konfigurationsfrequenzanalyse V. Kontingenz- und Interaktionsstrukturanalyse multinär skalierter Merkmale. Z. klin. Psychol. Psychother. 21 (1973), 26—39.
- Die Konfigurationsfrequenzanalyse VI. Profiländerungen und Symptomverschiebungen. Z. klin. Psychol. Psychother. 21 (1973), 100—109.
- Die Konfigurationsfrequenzanalyse VII. Konstellations-, Konstellationsänderungs- und Profilkonstellationstypen. Z. klin. Psychol. Psychother. 21 (1973), 197—209.

- Die Konfigurationsfrequenzanalyse VIII. Auswertung multivariater Versuchspläne. Z. klin. Psychol. Psychother. 21 (1973), 298–311.
- Kontingenz- und Interaktionsstrukturanalyse multinär skalierter Merkmale. In: J. KRAUTH und G. A. LIENERT (1973), 133–148.
- Profiländerungen und Symptomverschiebungen. In: J. KRAUTH und G. A. LIENERT (1973), 149–162.
- Konstellations-, Konstellationsänderungs- und Profilkonstellationstypen. In: J. KRAUTH und G. A. LIENERT (1973), 163–181.
- Die Konfigurationsfrequenzanalyse IX. Auswertung multivariater klinischer Untersuchungspläne, Teil 1 und Teil 2. Z. klin. Psychol. Psychother. 22 (1974) 3–17 und 106–121.
- Configural frequency analysis as a statistical tool for defining types. Educ. Psychol. Measmt. 35 (1975), 231–238.
- Multivariate Analysen qualitativer Daten. In: BOCHNIK und PITTRICH (1976), 161–166.

LIENERT, G. A., und Maria LIMBOURG: Beurteilung der Wirkung von Behandlungsinterventionen in Zeitreihen-Untersuchungsplänen. Z. klin. Psychol. Psychother. 25 (1977), 21–28.

LIENERT, G. A., und O. LUDWIG: Uleman's U-Test für gleichverteilte Mehrstufen-Ratings und seine Anwendung zur Therapieerfolgskontrolle. Z. klin. Psychol. Psychother. 23 (1975), 138–150.

LIENERT, G. A., and H. F. L. MEYER-BAHLBURG: Vorzeichentests zur Prüfung von Dispersionsunterschieden in paarigen Stichproben. Biom. Z. 15 (1973), 247–254.

LIENERT, G. A., und P. ORLIK: Eine Maßzahl zur Bestimmung der Präzision psychologischer Planversuche. Z. Psychol. 172 (1965), 203–216.
- Kindliche Verhaltensstörungen im Spiegel eines Elternfragebogens. In: WEWETZER (1966), 59–65.

LIENERT, G. A., und U. RAATZ: Das Rangkorrelationsverhältnis η_H^2 als nicht-lineares Abhängigkeitsmaß. Biom. Z. 13 (1971), 407–415.

LIENERT, G. A., J. R. REYNOLDS and K.-D. WALL: Comparing associations in two independent fourfold tables. Biom. J. (1979) (im Druck).

LIENERT, G. A., und V. SARRIS: Testing monotonicity of dosage-effect relationship by Mosteller's test and its sequential modification. Meth. Inform. Med. 4 (1968), 236–239.
- Eine sequentielle Modifikation eines nicht-parametrischen Trendtests. Biom. Z. 10 (1968), 133–147.

LIENERT, G. A., und H. SCHULZ: Zum Nachweis von Behandlungswirkungen bei heterogenen Patientenstichproben. Ärztliche Forschung 21 (1967), 448–455.

LIENERT, G. A., und E. STRAUBE: Die Konfigurationsfrequenzanalyse XI: Strategien des Symptom-Konfigurationsvergleichs vor und nach einer Therapie. Z. klin. Psychol. Psychother. 27 (1979) (im Druck).

LIENERT, G. A., und M. von KEREKJARTO: Möglichkeiten der Ex-post-Klassifikation depressiver Symptome und Patienten mittels Faktoren- und Konfigurationsanalyse. In: H. HIPPIUS und H. SELBACH (Hrsg.) (1968), 219–256.

LIENERT, G. A., and K. D. WALL: Scaling clinical symptoms by testing for multivariate point-axial symmetry. Meth. Inform. Med. 15 (1976) 179–184.
– Wirksamkeit und Wertigkeit von Psychopharmaka. Arzneimittelforschung (1980) (eingereicht).
LIENERT, G. A., und Christine WOLFRUM: Die Konfigurationsfrequenzanalyse X: Therapiewirkungsbeurteilung mittels Prädiktions-KFA. Z. klin. Psychol. Psychother. 27 (1979) (im Druck).
LIKEŠ, J., and J. LAGA: Supplementary critical values of the Wilcoxon matched pair signed rank statistics. Biom. J. 20 (1978), 773–778.
LILLIEFORS, H. W.: On the Kolmogorov-Smirnov test for normality with mean and variance unknown. J. Amer. Statist. Assoc. 62 (1967), 399–402.
LINDER, A.: Statistische Methoden. 4. Aufl. Basel: Birkhäuser 1964.
LINDER, A., und W. BERCHTOLD: Statistische Auswertung von Prozentzahlen. Basel: Birkhäuser 1976.
LORENZ, P.: Der Trend. Orthogonale Polynome als Werkzeug für die Forschung. Berlin: Duncker und Humbolt 1970.
LUBIN, Ardie: Statistics. Ann. Rev. Psychol. 13 (1962), 345–370.
LUDWIG, W., R. WARTMANN und R. WETTE: Ein statistisches Problem in Theorie und Praxis. Math. Statist. 4 (1952), 231–242.
MacKINNON, W. J.: Table for both sign test and distribution-free confidence intervals of the Median for sample sizes to 1,000. J. Amer. Statist. Assoc. 59 (1964), 935–956.
MAGER, P. P., und H. MAGER: Die Auswertung multivariater Daten: multivariate Regressionsanalyse. Biom. J. 17 (1975), 325–328.
MAINLAND, D.: Statistical ward rounds – 4. Clin. Pharmacol. Therapeutic 8 (1967), 615–624.
– Statistical ward rounds – 8. Clin. Pharmacol. Therapeutics 9 (1968), 259–266.
MALÝ, V.: Sequenzprobleme mit mehreren Entscheidungen und Sequenzschätzungen. (Teil I). Biom. Z. 2 (1960), 45–64.
– Sequenzprobleme mit mehreren Entscheidungen und Sequenzschätzungen (Teile II, III, IV). Biom. Z. 3 (1961), 149–156, 157–165, 166–177.
MANN, H. B.: On a test for randomness based on signs of differences. Ann. Math. Statist. 16 (1945), 193–199.
MANTEL, N.: Chi-square tests with one degree of freedom: Extensions of the Mantel-Haenszel procedure. J. Amer. Statist. Assoc. 58 (1963), 690–700.
– Incomplete contingency tables. Biometrics 26 (1970), 291–304.
MANTEL, N., and W. HAENSZEL: Statistical aspects of the analysis of data from retrospective studies of disease. J. Natl. Cancer Inst. 22 (1959), 719–748.
MARASCUILO, L. A., and M. McSWEENEY: Nonparametric and distribution-free methods for the social sciences. Belmont/CA: Wadsworth 1977.
MARCH, D. L.: Exact probabilities for RxC contingency tables. Commun. of the ACM 15 (1972), 991.
MARDIA, K. V.: A nonparametric test for the bivariate two-sample location problem. J. Royal Statist. Soc. (B) 29 (1967), 320–342.
– On the null distribution of a nonparametric test for the bivariate two-sample problem. J. Royal Statist. Soc. (B) 31 (1969), 98–102.

- A bivariate non-parametric c-sample test. J.Royal Statist. Soc. (B) 32 (1970), 74–87.
- A multisample uniform scores test on a circle and its parametric competitor. J. Royal Statist. Soc. (B) 34 (1972), 102–113.
- Statistics of directional data. London: Academic Press 1972.

MARTINI, P.: Methodenlehre der therapeutischen Untersuchung. Berlin: Springer 1932.

MARTINI, P., G. OBERHOFFER und E. WELTE: Methodenlehre der therapeutisch-klinischen Forschung. 4. Aufl. Berlin–Heidelberg–New York: Springer 1968.

MASSEY, F. J.: The distribution of the maximum deviation between two sample cumulative step functions. Ann. Math. Statist. 22 (1951), 125–128.

MAXWELL, A. E.: Recent trends in factor analysis. J. Royal Statist. Soc. (A) 124 (1961), 49–59.
- Comparing the classification of subjects by two independent judges. Brit. J. Psychiatry 116 (1970), 651–655.
- Analysing qualitative data. London: Chapman and Hall 1975.
- Multivariate analysis in behavioural research. London: Chapman and Hall 1977.

McCALL, W. A.: How to measure in education. New York: McMillan 1922.
- Measurement. New York: McMillan 1939.

McCARTHY, P. J.: Stratified sampling and distribution-free confidence intervals for the median. J. Amer. Statist. Assoc. 60 (1965), 772–783.

McDONALD-SCHLICHTING, Uta: Note on simply calculating chisquare for rxc contingency tables. Biom. J. 21 (1979) (in press).

McGREGOR, J. R.: An approximate test for serial correlation in polynomial regression. Biometrika 47 (1960), 111–119.

McKEAN, J. W., and T. P. HETTMANSPERGER: Tests of hypotheses based on ranks in the general linear model. Commun. Statist.-Theor. Meth. A5 (1976), 693–709.

McNEIL, D. R.: Efficiency loss due to grouping in distribution-free tests. J. Amer. Statist. Assoc. 62 (1967), 954–965.

McNEMAR, Q.: Note on the sampling error of the difference between correlated proportions or percentages. Psychometrika 12 (1947), 153–157.
- Psychological statistics. New York: Wiley 1962.

McQUITTY, L.: Elementary linkage analysis for isolating orthogonal and oblique type and typal relevancies. Educ. Psychol. Measmt. 17 (1957), 207–229.

MERZ, F. (Hrsg.): Bericht über den 25. Kongreß der Deutschen Gesellschaft für Psychologie, Münster 1966. Göttingen: Hogrefe 1967.

METZGER, W.: Das Experiment in der Psychologie. Stud. Gen. 5 (1952), 142–163.

MEYER-BAHLBURG, H. F. L.: Spearmans rho als punktbiserialer Rangkorrelationskoeffizient. Biom. Z. 11 (1969), 60–66.
- A nonparametric test for relative spread in k unpaired samples. Metrika 15 (1970), 23–29.
- Katecholaminausscheidung unter Aktivierungs- und Entspannungsbedingungen in Beziehung zu Persönlichkeits- und Leistungsvariablen. Unveröffentl. Rer. Nat. Diss., Univ. Düsseldorf 1970.

MEYER-EPPLER, W.: Grundlagen und Anwendungen der Informationstheorie. 2. Aufl. Berlin: Springer 1969 (1959).

MICHAELIS, J.: Schwellenwerte des Friedman-Tests. Biom. Z. 13 (1971) 118–129.
MILLER, R. G. jr.: Simultaneous statistical inference. New York: McGraw-Hill 1966.
MITRA, S. K.: On limiting power function of the frequency χ^2-test. Ann. Math. Statist. 29 (1958), 1221–1233.
MITTENECKER, E.: Planung und statistische Auswertung von Experimenten. 6. Aufl. Wien: Deuticke 1966 (1952, ²1958).
MÖLLER, H.-J.: Probleme der psychiatrischen Wissenschaftssprache. Meth. Inform. Med. 15 (1976), 241–246.
MOLENAAR, W.: Simple approximations to the Poisson, Binomial, and Hypergeometric distributions. Biometrics 29 (1973), 403–407.
MOOD, A. M.: Introduction to theory of statistics. New York: McGraw-Hill 1950.
– On the asymptotic efficiency of certain nonparametric two-sample tests. Ann. Math. Statist. 25 (1954), 514–522.
MOOD, A. M., and F. A. GREYBILL: Introduction to the theory of statistics. New York: McGraw-Hill 1963.
MOOD, A. M., F. A. GREYBILL and D. C. BOES: Introduction to the theory of statistics. New York: McGraw-Hill 1974.
MOORE, G. H.: A significance test for time series. Nat. Bur. Economic Res. Tech. Paper No.1, 1941.
MOORE, G. H., and W. A. WALLIS: Time series significance tests based on sign of differences. J. Amer. Statist. Assoc. 38 (1943), 153–164.
MOORE, P. G.: A sequential test for randomness. Biometrika 40 (1953), 111–115.
– An example of the use of power curves. J. Inst. Actuar. Students' Soc. 11 (1953), 242–250.
MOOSBRUGGER, H.: Multivariate statistische Analyseverfahren. Stuttgart: Kohlhammer 1978.
MORAN, P. A. P.: A test for the serial independence of residuals. Biometrika 37 (1950), 178–181.
– Partial and multiple rank correlation. Biometrika 38 (1951), 26–32.
MORGENSTERN, D.: Einführung in die Wahrscheinlichkeitsrechnung und mathematische Statistik. Heidelberg: Springer 1964.
– Mehrdimensionale Überschreitungswahrscheinlichkeit. Metrika 12 (1967/68), 29–33.
MORRISON, D. F. Multivariate statistical methods. New York: McGraw-Hill 1967.
MOSES, L. E.: Non-parametric statistics for psychological research. Psych. Bull. 49 (1952), 122–143.
– Query: Confidence limits from rank tests. Technometrics 7 (1965), 257–260.
MOSTELLER, F.: Test of predicted order. In: Staff of the Computation Laboratory (1955), 36–37.
– Association and estimation in contingency tables. J. Amer. Statist. Assoc. 63 (1968), 1–28.
MOSTELLER, F., and R. E. K. ROURKE: Sturdy statistics. Reading/MA: Addison-Wesley 1973.
MOSTELLER, F., and J. W. TUCKEY: The uses and usefulness of binomial probability paper. J. Amer. Statist. Assoc. 44 (1949), 174–212.

MYERS, J. L.: Exact probability treatments of factorial designs. Psychol. Bull. 55 (1958), 59–61.
NAIR, K. R.: Table of confidence interval for the median in samples from any population. Sankhya 4 (1940), 551–558.
NELSON, L. S.: Tables for a precedence life test. Technometrics 5 (1963), 491–499.
NEYMAN, J.: Optimal asymptotic tests of composite hypotheses. In: U. GRENANDER (Ed.): Probability and statistics. New York: Wiley 1959.
NICHOLSON, W. L.: Occupancy probability distribution critical points. Biometrika 48 (1961), 175–180.
NIE, N. H., C. H. HULL, J. G. JENKINS, K. STEINBRENNER and D. H. BENT: SPSS – Statistical package for the social sciences. 2nd ed. New York: McGraw-Hill 1975.
NOETHER, G. E.: Two sequential tests against trend. J. Amer. Statist. Assoc. 51 (1956), 440–450.
– Introduction to statistics: a nonparametric approach. Boston: Houghton-Mifflin 1966.
– Wilcoxon confidence intervals for location parameters in the discrete case. J. Amer. Statist. Assoc. 62 (1967), 184–188.
– Elements of nonparametric statistics. New York: Wiley 1967.
– Distribution-free confidence intervals. Stat. Neerl. 32 (1978), 109–122.
NORDBROCK, E.: An improved play-the-winner sampling procedure for selecting the better of two binomial populations. J. Amer. Statist. Assoc. 71 (1976), 137–139.
O'BRIEN, P. C.: A nonparametric test for association with censored data. Biometrics 34 (1978), 243–250.
OFENHEIMER, Maria: Ein Kendall-Test gegen U-förmigen Trend. Biom. Z. 13 (1971), 416–420.
OKAMOTO, M.: On a nonparametric test. Osaka Math. J.4 (1952), 77–82.
OLDS, E. G.: Distributions of sums of squares of rank differences for small numbers of individuals. Ann. Math. Statist. 9 (1938), 133–148.
– The 5% significance levels for sums of squares of rank differences and a correction. Ann. Math. Statist. 20 (1949), 117–118.
OLMSTEAD, P. S.: Distribution of sample arrangements for runs up and down. Ann. Math. Statist. 17 (1946), 24–33.
– Runs determined in a sample by an arbitrary cut. Bell System Technical Journal 37 (1958), 55–82.
OLMSTEAD, P., and J. W. TUKEY: A corner test for association. Ann. Math. Statist. 18 (1947), 495–513.
OWEN, D. B.: Handbook of statistical tables. Reading/Mass.: Addison-Wesley 1962.
PABST, H. W., und G. MAURER (Hrsg.): Postoperative Thromboembolie-Prophylaxe. Stuttgart: Schattauer 1977.
PAGE, E. B.: Ordered hypotheses for multiple treatments. A significance test of linear ranks. J. Amer. Statist. Assoc. 58 (1963), 216–230.
PAPANTONI-KAZAKOS, P., and D. KAZAKOS: Nonparametric methods in communications. New York: Dekker 1977.

PATEL, K. M., and D. G. HOEL: A nonparametric test for interaction in factorial experiments. J. Amer. Statist. Assoc. 68 (1973), 615–620.

PAULSON, E.: Sequential procedures for selecting the best one of several binomial populations. Ann. Math. Statist. 38 (1967), 117–123.

PAWLIK, K.: Der maximale Kontingenzkoeffizient im Falle nichtquadratischer Kontingenztafeln. Metrika 2 (1959), 150–166.

PEARSON, E. S.: The choise of a statistical test illustrated on the interpretation of data classed in a 2x2 table. Biometrika 34 (1947), 139–167.

PEARSON, E. S., and H. O. HARTLEY: Biometrika tables for statisticans, Vol. I. 3rd ed. Cambridge: Univ. Press 1966 (1954, 1956, 1962 reprint).

PEARSON, K.: On the criterion that a given system of deviations from the probable in the case of a correlated system of variables is such that it can reasonably supposed to have arisen from random sampling. Philosophical Magazine 50 (5) (1900), 157–172.

— Mathematical contributions to the theory of evolution VII, VIII. Phil. Trans. Royal Soc. (A) 195 (1900), 1–47 and 79–150.

— Mathematical contributions to the theory of evolution X. Phil. Trans. Royal Soc. (A) 197 (1901), 372–373.

— On the theory of contingency and its relation to association and normal correlation. Drapers' Co. Memoires, Biometric Series, No. 1, London, 1904.

— On further methods of determining correlation. Drapers' Company Research Memoirs, Biometric Section IV, London, 1907.

— On a method of determining whether a sample of size n supposed to have drawn from a parent population having a known probability integral has probably been drawn at random. Biometrika 25 (1933), 397–410.

PFANZAGL, J.: On the decomposition of statistical series. Metrika 1 (1958), 130–147.

— Tests und Konfidenzintervalle für exponentielle Verteilungen und deren Anwendung auf einige diskrete Verteilungen. Metrika 3 (1960), 1–25.

— Über die Parallelität von Zeitreihen. Metrika 6 (1963), 100–113.

— Sampling procedures based on prior distributions and costs. Technometrics 5 (1963), 47–61.

— Allgemeine Methodenlehre der Statistik. Band I. Berlin: De Gruyter 1972.

— Allgemeine Methodenlehre der Statistik II. 4. Aufl. Berlin: De Gruyter 1974 (^{2}1966).

— Investigating the quantile of an unknown distribution. In: ZIEGLER (1976), 111–126.

PIERCE, A.: Fundamentals of nonparametric statistics. Belmont/CA: Dickenson 1970.

PITMAN, E. J. G.: Significance tests which may be applied to samples from any population. J. Royal Statist. Soc. 4 (1937), 119–130.

— Notes on nonparametric statistical inference. New York: Columbia University (mimeographed), 1948.

PLACKETT, R. L.: An introduction to the theory of statistics. London: Oliver-Boyd 1969.

— The analysis of categorial data. London: Griffin 1974.

PRATT, J. W.: Remarks on zeros and ties in the Wilcoxon signed rank procedures. J. Amer. Statist. Assoc. 54 (1959), 655–667.
PRESS, S. J.: Estimating from misclassified data. J. Amer. Statist. Assoc. 63 (1968), 123–133.
– Applied multivariate analysis. New York: Holt 1972.
PURI, M. L., and P. K. SEN: On a class of multivariate multisample rank-order tests. Sankhya (A) 28 (1966), 353–376.
– Nonparametric methods in multivariate analysis. New York: Wiley & Sons 1971.
QUADE, Dana: Rank correlation of covariance. J. Amer. Statist. Assoc. 62 (1967), 1187–1200.
QUENOUILLE, M. H.: Associated measurements. London: Butterworths Scientific Publications 1952.
– The analysis of multiple time-series. 2nd ed. London: Griffin 1968.
– Rapid statistic calculations. 2nd ed. London: Griffin 1972 (1959).
QUESENBERRY, C. P., and D. C. HURST: Large sample simultaneous confidence intervals for multinomial proportions. Technometrics 7 (1964), 247–254.
RAATZ, U.: Eine Modifikation des White-Tests bei großen Stichproben. Biom. Z. 8 (1966), 42–54.
– Wie man den White-Test bei großen Stichproben ohne die Verwendung von Rängen durchführen kann. Archiv für die gesamte Psychologie 118 (1966), 86–92.
– Die Berechnung des Spearmanschen Rangkorrelationskoeffizienten aus einer bivariaten Häufigkeitstabelle. Biom. Z. 13 (1971), 208–214.
– Die Anwendung des WILCOXON-Tests für Paardifferenzen bei gruppierten Meßwerten und großem Stichprobenumfang. Biom. J. 19 (1977), 201–206.
RAGHUNANDANAN, K.: On play the winner sampling rule. Commun. Statist. 3 (1974), 769–776.
RAHE, A. J.: Tables of cirtical values for the Pratt matched pair signed rank statistic. J. Amer. Statist. Assoc. 69 (1974), 368–373.
RAHLFS, V. W., und F. K. BEDALL: Die Analyse zeitabhängiger Daten in der biomedizinischen Forschung. Int. J. clin. Pharmacology, Therapy Toxicology 5 (1971), 96–109.
– Das Anpassen eines Varianzanalyse-Modells. Arzneimittelforschung 21 (1971), 1411–1414.
RANDLES, R. H., J. D. BROFFITT, J. S. RAMBERG and R. V. HOGG: Discriminant analysis based on ranks. J. Amer. Statist. Assoc. 73 (1978), 379–384.
– Generalized linear and quadratic discriminant functions using robust estimates. J. Amer. Statist. Assoc. 73 (1978), 564–568.
RAO, J. S.: Some contributions to the analysis of circular data. Ph. D. thesis. Indian Stat. Inst., Calcutta 1969 (zit. nach MARDIA, 1972).
RAY, R. M.: A new $C(\alpha)$ test for 2x2 tables. Commun. Statist.-Theor. Meth. A5 (1976), 545–563.
READ, C. B.: Tests of symmetry in three-way contingency tables. Psychometrika 43 (1978), 409–420.
REINERT, G. (Hrsg.): Bericht über den 27. Kongreß DGfP in Kiel 1970. Göttingen: Hogrefe 1973.

RENYI, A.: Neue Kriterien zum Vergleich zweier Stichproben (in ungarisch). Magyar Tudományos Akademia Matematikai Kutabo Intézetének Koezleményei 2 (1953), 243–265.
REPGES, R.: Ein sequentielles nichtparametrisches Trennverfahren. EDV in Medizin und Biologie 6 (1975), 9–13.
REVENSTORF, D.: Lehrbuch der Faktorenanalyse. Stuttgart: Kohlhammer 1976.
REY, E.-R., J. KLUG and R. WELZ: The application of Lienert's "Configuration Frequency Analysis" in psychiatric epidemiology. Social Psychiatry 13 (1978), 53–60.
RIEDWYL, H.: Graphische Gestaltung von Zahlenmaterial. Bern–Stuttgart: Haupt 1975.
– Angewandte mathematische Statistik in Wissenschaft, Administration und Technik. Bern-Stuttgart: Haupt 1975.
RIEDWYL, H., and U. KREUTER: Identification. In: ZIEGLER (1976), 209–212.
RIEDWYL, H., und M. SCHAFROTH: Grafische Darstellung mehrdimensionaler Beobachtungen. EDV in Medizin und Biologie 7 (1976), 21–24.
RIJKOORT, P. J.: A generalization of Wilcoxon's test. Indigationes mathematicae 14 (1952), 394–404, Errata 15 (1953), 407.
RIJKOORT, P. J., and M. E. WISE: Simple approximations and nomograms for two ranking tests. Indigationes mathematicae 15 (1953), 294–302.
ROBILLARD, P.: Kendall's S distribution with ties in one ranking. J. Amer. Statist. Assoc. 67 (1972), 453–455.
ROEDER, B.: Die Konfigurationsfrequenzanalyse (KFA) nach Krauth und Lienert. Ein handliches Verfahren zur Verarbeitung sozialwissenschaftlicher Daten, demonstriert an einem Beispiel. Kölner Z. Soziologie Sozialpsychol. 26 (1974), 819–844.
ROHRACHER, H.: Kleine Charakterkunde. 13. Aufl. Wien-München: Urban & Schwarzenberg 1975 (1959)
ROLLETT, Brigitte, und M. BARTRAM (Hrsg.): Einführung in die hierarchische Clusteranalyse. Stuttgart: Klett 1976.
ROSENBAUM, S.: Tables for a nonparametric test of location. Ann. Math. Statist. 25 (1954), 146–150.
ROSENBLATT, M.: Limit theorems associated with variants of the von Mises statistic. Ann. Math. Statist. 23 (1952), 617–623.
ROSENTHAL, I., and T. S. FERGUSON: An asymptotic distribution-free multiple comparison method with application to the problem of n ranking m objects. Brit. J. math. statist. Psychol. 18 (1965), 243–254.
ROSENTHAL, R., and L. JACOBSON: Pygmalion in the class room. New York: Holt 1968.
ROTHMAN, E. D.: Tests of coordinate independence for a bivariate sample on a torus. Ann. Math. Statist. 42 (1971), 1962–1969.
ROUNDS, J. B. jr., T. W. MILLER and R. V. DAWIS: Comparability of multiple rank order and paired comparison methods. Appl. Psychol. Measmt. 2 (1978), 413–420.
ROY, S. N., and M. KASTENBAUM: On the hypothesis of no interaction in a multiway contingency table. Ann. Math. Statist. 27 (1956), 749–757.

RUBIN, T., J. ROSENBAUM and S. COBB: The use of interview data for the detection of association in field studies. J. chron. Dis. 4 (1956), 253–266.
RÜMKE, Ch. L.: Über die Gefahr falscher Schlußfolgerungen aus Krankenblattdaten. Meth. Inform. Med. 9 (1970), 249–254.
RYTZ, C.: Ausgewählte parameterfreie Prüfverfahren im 2- und k-Stichprobenfall. Metrika 12 (1967), 189–204.
– Ausgewählte parameterfreie Prüfverfahren im 2- und k-Stichprobenfall. Metrika 13 (1968), 17–71.
SACHS, L.: Der Vergleich zweier Prozentsätze – Unabhängigkeitstests für Mehrfeldertafeln. Biom. Z. 7 (1965), 55–60.
SACHS, L.: Angewandte Statistik. 5. Aufl. Berlin–Heidelberg: 1978 (1968, 1969, 1972, 1974).
SADEGH-ZADEH, K.: Zur Logik und Methodologie der ärztlichen Urteilsbildung. Meth. Inform. Med. 11 (1972), 203–212.
SALOMON, R. L., and M. R. COLES: A case of failure of generalization of imitation across drives and across situations. J. Abnorm. soc. Psychol. 49 (1954), 7–13.
SARRIS, V.: Verteilungsfreie Prüfung paariger Beobachtungsdifferenzen auf Lokationsunterschiede. Psychol. Beiträge 10 (1967), 3–14.
– Nichtparametrische Trendanalysen in der klinisch-psychologischen Forschung. Z. exp. angew. Psychol. 15 (1968), 291–316.
– Kontrasteffekte in der Psychophysik. In: REINERT (1973), 789–795.
SARRIS, V., and E. HEINEKEN: An application of a nonparametric procedure to test experimental effects on more than one dependent variable. Meth. Inform. Med. 15 (1976), 184–187.
SARRIS, V., D. REVENSTORFF und R. FRICKE: Überprüfung polytoner Trendkomponenten auf wechselseitige Unabhängigkeit mittels Fergusons nichtparametrischer Trendanalysen. Z. exp. angew. Psychol. 16 (1969), 473–478.
SARRIS, V., and F. WILKENING: On some nonparametric tests of predicted order. Biom. J. 19 (1977), 339–345.
SAUNDERS, D. R.: Moderator variables in prediction. Educ. Psychol. Measmt. 16 (1956), 209–222.
SAVAGE, I. R.: Bibliography of nonparametric statistics and related topics. J. Amer. Statist. Assoc. 48 (1953), 844–906. Correction 53 (1958), 1031.
SAVAGE, I. R.: Bibliography of nonparametric statistics. Cambridge/MA: Harvard Univ. Press 1962.
SCHACH, S.: Nonparametric tests of location for circular distributions. Tech. Report No.95, Dept. of Statist., Minnesota Univ. 1967 (zit. nach MARDIA, 1972).
– Nonparametric symmetry tests for circular distributions. Biometrika 56 (1969), 571–583.
– The asymptotic distribution of the test statistic of the incidence test proposed by Kannemann – a correction. Biom. J. 18 (1976), 505–508.
– An alternative to the FRIEDMAN test with certain optimality properties. Report 76/2 der Abteilung Statistik der Universität Dortmund, 1976.
SCHEFFE, H.: A method for judging all contrasts in the analysis of variance. Biometrika 40 (1953), 87–104.

SCHEFFE, H., and J. W. TUKEY: A formula for sample sizes for population tolerance limits. Ann. Math. Statist. 15 (1944), 217.
SCHEIBER, V.: Berechnung der OC- und ASN-Funktionen geschlossener Sequentialtests bei Binomialverteilung. Computing 8 (1971), 107–112.
SCHLOSSER, O.: Einführung in die sozialwissenschaftliche Zusammenhangsanalyse. Hamburg: Rohwohlt 1976.
SCHMETTERER, L.: Einführung in die Sequentialanalysis. Statist. Vierteljahresschrift 2 (1949), 101–105.
- Nichtparametrische Test- und Schätzverfahren. Jahresbericht Deutscher Mathem. Verein. 61 (1959), 104–126.
- Einführung in die mathematische Statistik. 2. Aufl. Wien: Springer 1966.
SCHMID, P.: Praktische Beispiele der Anwendung nichtparametrischer Methoden in Land- und Forstwirtschaft. Vortrag am Biometrischen Seminar der ROes in Linz 1969.
SCHMIDT, H.-D.: Zum Problem des Konstruktbegriffs in der empirischen Persönlichkeitsforschung und -diagnostik. Z. Psychol. 182 (1974), 1–17.
SCHMITZ, N.: Sequentielle Mehrentscheidungsverfahren mit vorgeschriebenem Irrtumsvektor. Operations Research-Verfahren 17 (1973), 317–340.
SCHNEIDER, B.: Einführung in die multivariate Analyse. Biom. Z. 9 (1967), 269–284.
- Aspekte des Fachgebiets der medizinischen Statistik und Dokumentation. In: LANGE et al. (1978), 92–115.
SCHNEIDER-DÜKER, M.: Psychische Leistungsfähigkeit und Ovarialzyklus. Bern–Frankfurt: Lang 1973.
SCHUCANY, W. R., and W. H. FRAWLEY: A rank test for two group concordance. Psychometrika 38 (1973), 249–258.
SCHULZ, H.: Information processing during sleep. In: P. KOELLA and P. LEVIN (Eds.): Sleep. Basel: Karger 1973, 457–462.
SCHULZE, G.: Ein Verfahren zur multivariaten Analyse der Bedingungen von Rangvariablen: Hierarchische Rangvarianzanalyse. Z. Sozialpsychol. 9 (1978), 129–141.
SCORGO, M., and I. GUTTMAN: On the empty cell test. Technometrics 4 (1962), 235–247.
SEIDENSTÜCKER, Ellen: Therapie, Therapeut und Klient auf dem Prüfstand des Lateinischen Quadrats. Z. Klin. Psychol. Psychother. 25 (1977), 196–202.
SEN, P. K., and M. GHOSH: Sequential rank tests for lokation. Ann. Statist. 2 (1974), 540–552.
SHAH, D. K., and A. G. PHATAK: A simplified form of the ASN for a curtailed sampling plan. Technometrics 14 (1972), 125–130.
SHANNON, C. E., and W. WEAVER: The mathematical theory of communications. Urbana: University of Illinois Press 1949.
SHEEHE, P. R.: Combination of log relative risk in retrospective studies of disease. Amer. J. public Health 20 (1966), 832–839.
SHEPS, M. C.: An examination of some methods of comparing several rates or proportions. Biometrics 15 (1959), 87–97.

SHEWHART, W. A.: Contributions of statistics to the science of engeneering. Bell Telephone System Monograph B-1319, New York 1941. Zit. nach MOSTELLER (1941) und SAVAGE (1962, S. 825).
SIDÁK, Z.: Tables for the two-sample median test. Aplikace Matematiky 20 (1975), 406–420.
SIEGEL, S.: Non-parametric statistics for the behavioral sciences. New York: McGraw-Hill 1956.
SIEGEL, S., and J. TUKEY: A nonparametric sum of ranks procedure for relative spread in unpaired samples. J. Amer. Statist. Assoc. 55 (1960), 429–444.
SIGUSCH, V., und G. SCHMIDT: Experimentelle Untersuchungen über die Wirkungen psychosexueller Stimuli. Nervenarzt 43 (1972), 367–376.
SIMON, R., G. H. WEISS and D. G. HOEL: Sequential analysis of binomial clinical trials. Biometrika 62 (1975), 195–200.
SIMPSON, G. G., A. ROE and R. C. LEWONTIN: Qualitative zoology. New York: Harcourt 1960.
SITTENFELD, P.: Die Konditionierung der Theta-Aktivität des EEG durch akustische Rückmeldung in Abhängigkeit von der Muskelspannung der Stirnmuskulatur. Unveröffentl. Rer. Nat. Diss. Univ. Düsseldorf 1973.
SIXTL, F.: Meßmethoden der Psychologie. 2. Aufl. Weinheim: Beltz 1979 ([1] 1967).
SKARABIS, H., R. SCHLITTGEN, K. H. BUSEKE and N. APOSTOLOPOULOS: Sequentializing nonparametric tests. In: H. SKARABIS and P. P. SINT (Eds.): Compstat Lectures 1. Wien–Würzburg: Physika 1978, 57–93.
SKORY, J.: Automatic machine method of calculating contingency χ^2. Biometrics 8 (1952), 380–382.
SLAKTER, M. J.: A comparison of the Pearson chi-square and Kolmogorov goodness-of-fit tests with respect to validity. J. Amer. Statist. Assoc. 60 (1965), 854–858.
— Comparative validity of the chi-square and two modified chi-square goodness of fit tests for small but equal expected frequencies. Biometrika 53 (1966), 619–623.
SLUTSKY, E.: The summation of random causes as the source of cyclic processes. Econometrika 5 (1937), 105–146.
SMID, L. J.: De symmetrietoests van Wilcoxon, indien "gelijken" optreden. Stat. Neerl. 13 (1959), 463–464.
SMIRNOV, N. V.: Sur les ecarts de la courbe de distribution empirique. Rec. Math. (NS) 6 (1939), 3–26 (Russian; French summary).
— Table for estimating the goodness of fit of empirical distributions. Ann. Math. Statist. 19 (1948), 279–281.
SMITH, F. B., and P. E. BROWN: The diffusion of carbon dioxide through soils. Soil Science 35 (1933), 413–423.
SNEDECOR, G. W.: Statistical methods. 4th ed. Ames: Iowa State Univ. Press 1950.
SNEDECOR, G. W., and W. G. COCHRAN: Statistical Methods. 6. ed. Ames: Iowa State Univ. Press 1967.
SOBEL, M., and G. H. WEISS: Play-the-winner sampling for selecting the better of two binomial populations. Biometrika 57 (1970), 357–365.
SOLTH, K.: Über die Ermittlung der analytischen Form der Regression. Klin. Wochenschr. 34 (1956), 599–600.

SOMERS, R. H.: A new asymmetric measure of association for ordinal variables. Amer. Sociol. Rev. 27 (1962), 799–811.
SPEARMAN, C.: The proof and measurement of association between two things. Am. J. of Psychol. 15 (1904), 72–101.
– A footrule for measuring correlation. Brit. J. Psychol. 2 (1906), 89–108.
SPICER, C. C.: Some new closed sequential designs for clinical trials. Biometrics 18 (1962), 203–211.
STAFF OF THE COMPUTATION LABORATORY: Tables of the cumulative binomial distribution. Cambridge: Harvard Univ. Press 1955.
STECK, G. P.: The Smirnov two-sample tests as rank tests. Ann. Math. Statist. 40 (1969), 1449–1466.
STEGIE, R.: Zur Beziehung zwischen Trauminhalt und der während des Träumens ablaufenden Herz- und Atmungstätigkeit. Rer. nat. Diss. d. Univ. Düsseldorf (unveröffentlicht) 1973.
– Der Paardifferenzen-W-Test zur Wirkungsbeurteilung klinischer Behandlungen in paarigen Stichproben. Arzneimittelforschung 26 (1976), 1708–1709.
STEGIE, R., und K.-D. WALL: Tabellen für den exakten Test in 3x2-Felder-Tafeln. EDV in Medizin und Biologie 5 (1974), 73–82.
STEINGRÜBER, H.-J.: Empirische Untersuchungen zur Erfassung und klinischen Bedeutung der Linkshändigkeit. Unveröffentl. Phil. Diss., Universität Düsseldorf 1968.
– Indikation und psychologische Anwendung verteilungsfreier Äquivalente des Regressionskoeffizienten. Psychologie und Praxis 14 (1970), 179–185.
– Zur Messung der Händigkeit. Z. exp. angew. Psychol. 18 (1971), 337–357.
STEINGRÜBER, H.-J., und G. A. LIENERT: Ein Test nach Le Roy zum Vergleich von zwei Kontingenztafeln und seine Anwendung in der klinischen Psychologie. Psychol. Beiträge 12 (1970), 401–415.
– Hand-Dominanz-Test. Göttingen: Hogrefe 1971.
STEPHENS, M. A.: Exact and approcimate tests for directions, I, II. Biometrika 49 (1962), 463–477 and 547–552.
– A goodness-of-fit statistic for the circle, with some comparisons. Biometrika 56 (1969), 169–181.
– Tests for randomness of directions against two circular alternatives. J. Amer. Statist. Assoc. 64 (1969), 280–289.
– Use of the Kolmogorov-Smirnov, Cramer-von Mises and related statistics without extensive tables. J. Royal Statist. Soc. (B) 32 (1970), 115–122.
STEPHENS, W. E.: Anomalous scattering of neutrons by helium. Phys. Rev. 11 (1939), 131–139.
STEPHENSON, W.: The study of behavior. Chicago: Chicago Univ. Press 1953.
STEVENS, W. L.: Significance of grouping and a test for uniovula twins in mice. Ann. Eugen. 8 (1937), 57–69.
– Distribution of groups in a sequence of alternatives. Ann. Eugen. 9 (1939), 10–17.
– Tables for the recombination fraction estimated from the product ratio. J. Genet. 39 (1939), 171–180.

STILL, A. W.: Use of orthogonal polynomials with nonparametric tests. Psych. Bull. 68 (1967), 327–329.
STRECKER, H.: Ein Beitrag zur Analyse von Zeitreihen: Die Quotientenmethode, eine Variante der variate difference method. Metrika 16 (1970), 130–186.
STUART, A.: A test for homogeneity of the marginal distribution in a two-way classification. Biometrika 42 (1955), 412–416.
– The efficiencies of tests of randomness against normal regression. J. Amer. Statist. Assoc. 51 (1956), 285–287.
STUCKY, W., und J. VOLLMAR: Ein Verfahren zur exakten Auswertung von 3xc-Häufigkeitstafeln. Biom. Z. 17 (1975), 147–162.
– Exact probabilities for tied linear rank tests. J. Statist. Comp. Simul. 5 (1976), 73–81.
STUDENT: The probable error of a mean. Biometrika 6 (1908), 1–25.
SUNDRUM, R. M.: On Lehmann's two-sample test. Ann. Math. Statist. 25 (1954), 139–145.
SUTCLIFFE, J. P.: A general method of analysis of frequency data for multiple classification designs. Psychol. Bull. 54 (1957), 134–138.
TAGIURI, R., R. R. BLAKE and J. S. BRUNER: Some determinants of the perception of positive and negative feelings in others. J. abnorm. soc. Psychol. 48 (1953), 585–592.
TATE, M. W., and S. M. BROWN: Tables for comparing related-sample percentages and for the median test. Philadelphia/Penn.: Graduate School of Education, Univ. of Pennsylvania 1964.
– Note on the Cochran Q-test. J. Amer. Statist. Assoc. 65 (1970), 155–160.
TENNEBEIN, A.: A double sample scheme for estimating from binomial data with misclassifications: sample sizes determination. Biometrics 27 (1971), 935–944.
– A double sampling scheme for estimating from misclassified binomial data. J. Amer. Statist. Assoc. 65 (1970), 1350–1361.
TENT, L.: Die Auslese von Schülern für weiterführende Schulen. Göttingen: Hogrefe 1969.
– (Hg.): Erkennen – Wollen – Handeln (Beiträge zur allgemeinen und angewandten Psychologie). Göttingen: Hogrefe 1979 (im Druck).
TERPSTRA, T. J.: The exact probability distribution of the T statistic for testing against trend and its normal approximation. Indagationes mathematicae 15 (1953), 433–437.
THEIL, H.: A rank-invariant method of linear and polynomial regression analysis, I and II. Indagationes mathematicae 12 (1950), 85–91 and 173–177.
THÖNI, H.: Informationsgewinn durch Einbezug zusätzlicher Merkmale. EDV in Medizin und Biologie 8 (1977), 30–32.
– Testing the difference between two coefficients of correlation. Biom. J. 19 (1977), 355–360.
THOMAS, Marjorie: A generalization of Poisson's binomial limit for use in ecology. Biometrika 36 (1949), 18–25.
– Some tests for randomness in plant populations. Biometrika 38 (1951), 102–111.

THOMPSON, W. R.: On confidence ranges for the median and other expectation distributions for populations of unknown distribution form. Ann. Math. Statist. 7 (1936), 122–128.
THURSTONE, L. L.: The unit of measurements in education. J. Educ. Psychol. 18 (1927), 505–524.
– A law of comparative judgement. Psychol. Review 34 (1927), 273–286.
TIAO, G. C., and S. C. HILLMER: Some considerations of decomposition of a time series. Biometrika 65 (1978), 497–502.
TORGERSON, W. S.: Theory and methods of scaling. 5th ed. New York: Wiley 1965 (1958, ²1962).
TRAMPISCH, H. J.: Nichtparametrische Dichteschätzungen. In: S. KOLLER, P. L. REICHERTZ und K. ÜBERLA (Hrsg.): Medizinische Informatik und Statistik, Band 12. Heidelberg–Berlin: Springer 1980.
TRYON, R. C.: Cluster analysis; correlation profile and orthometric (factor) analysis for the isolation of units in mind and personality. Ann Arbor/MI: Edwards Brothers Inc. 1939.
TUKEY, J. W.: One degree of freedom for non-additivity. Biometrics 5 (1949), 232–242.
– The simplest signed-rank tests. Princeton Univ.: Statistical research group 1949, Report No. 17.
– The problem of multiple comparisons. Princeton/NJ: Princeton Univ. Press 1953.
– A quick, compact, two-sample test to Duckworth specifications. Technometrics 1 (1959), 31–48.
– Exploratory data analysis. Reading/Mass.: Addison-Wesley 1977.
TUKEY, J. W., and D. H. McLAUGHIN: Less vulnerable confidence and significance procedures for location based on a single sample. Sankhya (A) 25 (1963), 331–352.
ÜBERLA, K.: Faktorenanalyse. 2. Aufl. Berlin–Heidelberg: Springer 1971 (1968).
UHLMANN, W.: Stochastische Prozesse in Biologie und Medizin. Biom. Z. 3 (1961), 186–198.
ULEMAN, J. S.: A nonparametric comparison of two small samples with many ties. Psych. Bull. 70 (1968), 794–797.
UPTON, G. The analysis of cross-tabulated data. New York: Wiley & Sons 1978.
URY, H. K.: A note on taking a covariable into account. J. Amer. Statist. Assoc. 61 (1966), 490–495.
VAHLE, H., und G. TEWS: Wahrscheinlichkeiten einer χ^2-Verteilung. Biom. Z. 11 (1969), 175–202.
VICTOR, N.: Analyse mehrdimensionaler Kontingenztafeln. Rer. nat. Dissertation der Univ. Mainz 1970 (unveröffentl.).
– Zur Klassifizierung mehrdimensionaler Kontingenztafeln. Biometrics 28 (1972), 427–442.
– Alternativen zum klassischen Histogramm. Meth. Inform. Med. 17 (1978), 120–126.
VICTOR, N., H. J. TRAMPISCH and R. ZENTGRAF: Diagnostic rules for qualitative variables with interactions. Meth. Inform. Med. 13 (1974), 184–186.

VON EYE, A., A. GEBERT und G. A. LIENERT: Testskalen-Beurteilung nach multivariater Punktsymmetrie. Diagnostica (1979) (im Druck).
VON EYE, A., and M. WIRSING: An attempt for a mathematical foundation and evaluation of MACS, a method for multidimensional automatical cluster analysis. Biom. J. 20 (1978), 655–666.
VON MISES, R.: Über die „Ganzzahligkeit" der Atomgewichte und verwandte Fragen. Physikal. Z. 19 (1918), 490–500 (zit. nach MARDIA, 1972).
– Wahrscheinlichkeitsrechnung und ihre Anwendung in der Statistik und theoretischen Physik. Leipzig–Wien: 1931 (zitiert nach: R. VON MISES: Mathematical theory of probability and statistics. New York: Academic Press 1964).
– Wahrscheinlichkeit, Statistik und Wahrheit. 3. Aufl. Wien: Springer 1951.
VON NEUMANN, J.: Distribution of the ratio of the mean square successive difference to the variance. Ann. Math. Statist. 12 (1941), 367–395.
VORLIČKOVÁ, D.: Asymptotic properties of rank tests under discrete distributions. Z. Wahrscheinlichkeitstheorie und verw. Gebiete 14 (1970), 275–289.
VOTAW, D. F. jr.: Testing compound symmetry in a normal multivariate distribution. Ann. Math. Statist. 19 (1948), 447–473.
WALD, A.: The fitting of straight lines if both variables are subject to error. Ann. Math. Statist. 11 (1940), 284–300.
– Sequential analysis of statistical data: Theory. Statist. Research Group, Columbia Univ. Rep. 1943.
– Sequential analysis of statistical data: Applications. Statist. Research Group, Columbia Univ. Rep. 1944.
– A general method of deriving the operating characteristics of any sequential probability test. Statist. Research Group, Columbia Univ. Memorandum 1944.
– On cumulative sums of random. variables. Ann. Math. Statist. 15 (1944), 283–296.
– Sequential tests of statistical hypotheses. Ann. Math. Statist. 16 (1945), 117–186.
– Sequential analysis. New York: Wiley 1947.
WALD, A., and J. WOLFOWITZ: An exact test for randomness in the nonparametric case based on serial correlation. Ann. Math. Statist. 14 (1943), 378–388.
– Statistical tests based on permutation of the observations. Am. Math. Statist. 15 (1944), 358–372.
WALKER, Helen, and J. LEV: Statistical inference. New York: Holt 1953.
WALL, K.-D.: Kombinatorische Analyse von Kontingenztafeln. Berlin: Unveröffentl. Dr.-Ing. Diss. TU Berlin, FB 20, 1972.
– Tafeln des exakten Vierfelderkontingenztests nach FREEMAN-HALTON. In: G. A. LIENERT (1975, Tafelband, S. 442) vorabgedruckt mit Endabdruck in KRÜGER et al. (1979) vorgesehen.
– Ein Test auf Symmetrie in einer J-dimensionalen Kontingenztafel. EDV in Medizin und Biologie 7 (1976), 57–64.
– Statistical methods to study WILDER's law of initial values. Biom. J. 19 (1977), 613–628.
WALL, K.-D., and G. A. LIENERT: A test for point-symmetry in J-dimensional contingency cubes. Biom. Z. 18 (1976), 259–264.

– Scaling clinical symptoms by testing for multivariate point-axial symmetry. Meth. Inform. Med. 15 (1976), 179–184.
WALL, K.-D., und C. WOLFRUM: Ein strenges True-Score Modell ohne die Annahme der lokalen Unabhängigkeit von Testitems. Psychol. Beiträge (1980) (submitted).
WALLIS, W. A.: The correlation ratio for ranked data. J. Amer. Statist. Assoc. 34 (1939), 533–538.
WALLIS, W. A., and G. H. MOORE: A significance test for time series analysis. J. Amer. Statist. Assoc. 36 (1941), 401–409.
WALSH, J. E.: On the range-midrange test and some tests with bounded significance levels. Ann. Math. Statist. 20 (1949), 257–267.
– Applications of some significance tests for the median which are valid under very general conditions. J. Amer. Statist. Assoc. 44 (1949), 342–355.
WALTER, E.: Über einige nichtparametrische Testverfahren, I, II. Mitteilungsblatt Mathematische Statistik 3 (1951), 31–44 und 73–92.
– Über die Ausnützung der Irrtumswahrscheinlichkeit. Mitteilungsblatt für Mathematische Statistik 6 (1954), 170–179.
– Nichtparametrische Testverfahren zur Prüfung der Symmetrie bezüglich Null. Unveröffentl. Rer. nat. Dissertation, Universität Göttingen 1956.
– Einige einfache nichtparametrische überall wirksame Tests zur Prüfung der Zweistichprobenhypothese mit paarigen Beobachtungen. Metrika 1 (1958), 81–88.
– Rangkorrelation und Quadrantenkorrelation. Die Frühdiagnose in der Züchtung und Züchtungsforschung 2, Sonderheft 6 (1963), 7–11.
– Markoffsche Ketten. In: E. WALTER (Hrsg.): Statistische Methoden I. Heidelberg: Springer, 1970, 107–113.
– (Hg.): Statistische Methoden I, II. Berlin–Heidelberg–New York: Springer 1970.
– Biomathematik für Mediziner. Stuttgart: Teubner 1974.
WARTMANN, R., und R. WETTE: Ein statistisches Problem in Theorie und Praxis. Teil 2. Mitteilungsblatt Mathem. Statist. 4 (1952), 231–242.
WATSON, G. S.: More significance tests on the sphere. Biometrika 47 (1960), 87–91.
– Goodness-of-fit test on a circle. Biometrika 48 (1961), 109–114.
– Goodness-of-fit tests on a circle II. Biometrika 49 (1962), 57–63.
WATSON, G. S., and E. J. WILLIAMS: On the construction of significance tests on the circle and the sphere. Biometrika 43 (1956), 344–352.
WEBB, E. J., D. T. CAMPBELL, R. D. SCHWARTZ and L. SECHREST: Unobtrusive measures: nonreactive research in the social sciences. Chicago: Rand McNally 1966.
– Nichtreaktive Meßverfahren. Weinheim: Beltz 1975.
WEBER, Erna: Grundriß der biologischen Statistik. 7. Aufl. Jena: VEB G. Fischer 1972 (1948, ^{5}1964, ^{6}1967).
– Die Faktorenanalyse. Jena: Fischer 1974.
WEED, H., jr., and R. A. BRADLEY: Sequential one-sample grouped signed rank tests for symmetry: basic procedures. J. Amer. Statist. Assoc. 66 (1971), 321–326.
WEED, H. D., R. A. BRADLEY and Z. GOVINDARAJULU: Stopping times of some one-sample sequential rank tests. Ann. Statist. 2 (1974), 1314–1322.
WEICHSELBERGER, K.: Über eine Theorie der gleitenden Durchschnitte und verschiedene Anwendungen dieser Theorie. Metrika 8 (1964), 185–230.

WEILING, F., und C. UNGER: Über einige praktische Erfahrungen zur Leistungsfähigkeit der verschiedenen, in der multivariaten Varianzanalyse (MANOVA) verwendeten Testverfahren. Biom. J. 19 (1977), 549–559.
WEINTRAUB, S.: Tables of the cumulative Binomial probability distribution for small values of p. New York: McMillan 1963.
WEISS, H.-R.: Approximative und exakte Tests zur Analyse mehrdimensionaler Kontingenztafeln. Würzburg: Physica 1978.
WEISS, H., G. HILDEBRANDT und J.-J. SINELL: Statistische Beurteilung histometrischer Analysen im Rahmen der Lebensmittelüberwachung. 4. Mitteilung: Konstruktion geschlossener sequentieller Stichprobenpläne zur Qualitätsbeurteilung von Fleisch- und Wurstwaren. Fleischwirtschaft 54 (1974), 93–101.
WEISS, L.: Tests of fit based on the number of observations falling in the shortest sample spacing determined by earlier observations. Ann. Math. Statist. 32 (1961) 838–845.
WERMUTH, Nanny: Model search among multiple models. Biometrics 32 (1976), 253–263.
– Zusammenhangsanalyse medizinischer Daten. Heidelberg: Springer 1978.
WERMUTH, N., V. HODAPP und G. WEYER: Die Methode der Kovarianzselektion als Alternative zur Faktorenanalyse, dargestellt an Persönlichkeitsmerkmalen. Z. exp. angew. Psychol. 23 (1976), 320–338.
WERMUTH, N., B. K. YUN und H. GÖNNER: Hintergrundfaktoren bei qualitativen Variablen – ein Computerprogramm. EDV in Medizin und Biologie 7 (1976), 104–110.
WESTPHAL, K.: Körperbau und Charakter des Epileptikers. Nervenarzt 4 (1931), 96–99.
WETHERILL, G. B.: Sequential methods in statistics. 2nd ed. London: Methuen 1975 (1966).
WETTE, R.: Das Ergebnis-Folge-Verfahren. Z. Naturforschung (B) 8 (1953), 698–700.
WETZEL, W.: Statistische Methoden der Zeitreihenanalyse und ihre praktischen Anwendungsmöglichkeiten. Allg. Statist. Archiv 53 (1969), 3–34.
WETZEL, W., H. SKARABIS, P. NAEVE und H. BÜNING: Mathematische Propädeutik für Wirtschaftswissenschaftler. Berlin: De Gruyter 1975.
WEWETZER, K. H. (Hrsg.): Jugendpsychiatrische und psychologische Diagnostik. Bern: Huber 1966.
WHEELER, S., and G. S. WATSON: A distribution-free two sample test on a circle. Biometrika 51 (1964), 256–257.
WHITE, C.: The use of ranks in a test of significance for comparing two treatments. Biometrics 8 (1952), 33–41.
WHITFIELD, J. W.: Rank correlation between two variables, one of which is ranked, the other dichotomous. Biometrika 34 (1947), 292–296.
WHITNEY, D. R.: A bivariate extension of the U-statistic. Ann. Math. Statist. 22 (1951), 274–282.
WHITTLE, P.: Hypothesis testing in time series analysis. New York: Hafner 1951.
WHO: Diagnoseschlüssel und Glossar psychiatrischer Krankheiten. 8. Revision. 4. Aufl. Heidelberg-Berlin: Springer 1975.

WIENER, N.: Cybernetics. New York: Wiley & Sons 1948.
WILCOXON, F.: Individual comparisons by ranking methods. Biometrics 1 (1945), 80–83.
– Probability tables for individual comparisons by ranking methods. Biometrics 3 (1947), 119–122.
– Some rapid approximate statistical procedures. New York: Cyanamid Co. 1949.
WILCOXON, F., S. K. KATTI and Roberta A. WILCOX: Critical values and probability levels for the Wilcoxon rank sum test and the Wilcoxon signed rank test. New York: Cynamid Co. 1963.
WILDER, J.: Das ‚Ausgangswertgesetz', ein unbeachtetes biologisches Gesetz und seine Bedeutung für Forschung und Praxis. Z. Neurologie 137 (1931), 317–338.
WILKINSON, B.: A statistical consideration in psychological research. Psychol. Bull. 48 (1951), 156–158.
WILKS, S. S.: Determination of sample sizes for setting tolerance limits. Ann. Math. Statist. 12 (1941), 91–96.
– Mathematical statistics. 2nd ed. New York: Wiley 1963 (1962).
WILLIAMS, C. A., jr.: On the choice of the number and width of classes for the chi-square test of goodness of fit. J. Amer. Statist. Assoc. 45 (1950), 77–86.
WILLIAMS, E. J.: Use of scores for the analysis of association in contingency tables. Biometrika 39 (1952), 274–289.
WILLIAMS, K.: The failure of Pearson's goodness of fit statistic. The Statistican 25 (1976), 49–xx.
WILSON, E. B., and M. M. HILFERTY: The distribution of chi-square. Proc. Nat. Acad. Sciences 17 (1931), 684–688.
WILSON, O. E.: Sociobiology. Cambridge/MA: Belknap 1975.
WINER, B. J.: Statistical principles in experimental design. 2nd ed. New York: McGraw-Hill 1971 (1957, 1962).
WINKLER, R. L.: An introduction to Bayesian inference and decision. New York: Rinehart & Holt 1972.
WISE, M. E.: Multinomial probabilities and the χ^2 distribution. Biometrika 50 (1963), 145–154.
WITTE, E.: Beiträge zur Sozialpsychologie. Weinheim: Beltz 1979 (im Druck).
WITTENBORN, J. R.: Guidelines for clinical trials of psychotropic drugs. Pharmakopsychiat. 10 (1977), 205–231.
WOHLZOGEN, F. X., und V. SCHEIBER: Sequentialtests mit gruppierten Stichproben. Vorträge der II. Ungarischen Biometrischen Konferenz. Budapest: Akademiai Kiado 1970, 271–276.
WOHLZOGEN, F. X., und E. WOHLZOGEN-BUKOVICS: Sequentielle Parameterschätzung bei biologischen Alles-oder-Nichts-Reaktionen. Biom. Z. 8 (1966), 84–120.
WOLFOWITZ, J.: Asymptotic distribution of runs up and down. Ann. Math. Statist. 15 (1944), 163–172.
WOOLF, B.: The log likelihood ratio test (the G-test). Methods and tables for the heterogeneity in contingency tables. Ann. Human Genetics 21 (1957), 397–409.

WOTTAWA, H.: Das ‚allgemeine lineare Modell' — Ein universelles Auswertungsverfahren. EDV in Medizin und Biologie 5 (1974), 65—73.
— Psychologische Methodenlehre. München: Juventa 1977.
YAMANE, T.: Statistics — an introductory analysis. New York: Harper 1964.
YATES, F.: Contingency tables involving small numbers and the χ^2 test. J. Royal Statist. Soc. (B) 1 (1934), 217—235.
— The analysis of contingency tables with groupings based on quantitative characters. Biometrika 35 (1948), 176—181.
YEOMANS, K. A.: Introducing statistics. Middlesex: Penguin 1968.
— Applied statistics. Middlesex: Penguin 1968.
— Applied statistics: statistics for the social scientist: Vol. two. Harmondsworth: Penguin 1968.
YOUDEN, W. J.: Use of incomplete block replications in estimating tobacco-mosaic virus. Contrib. Boyce Thompson Inst. 9 (1937), 41—48.
YOUDEN, W. J., and J. S. HUNTER: Partially replicated Latin squares. Biometrics 11 (1955), 399—405.
YULE, G. U., and M. G. KENDALL: An introduction to the theory of statistics. 14. ed. London: Griffin 1950 (1953, 1965 reprintings).
ZAR, J. H.: Biostatistical Analysis. Englewood Cliffs/NJ: Prentice Hall 1974.
ZELEN, M.: Play-the-winner rule and the controlled trial. J. Amer. Statist. Assoc. 64 (1969), 134—146.
— The analysis of several 2x2 contingency tables. Biometrika 58 (1971), 128—138.
ZELVELDER, W. G.: Therapeutic evaluation of hypnotics. Utrecht: Univ. Med. Fak. Diss. 1971.
ZENTGRAF, R.: A note on Lancaster's definition of higher order interactions. Biometrika 62 (1975), 375—378.
ZIEGLER, W. J.: Zum Problem der Optimum-Eigenschaften von SRP-Tests. In: ZIEGLER (1976), 257—262.
— (Ed.): Contributions to applied statistics dedicated to Arthur Linder. Basel: Birkhäuser 1976.
ZIMMERMANN, H., and V. W. RAHLFS: Testing hypotheses in the two-period change-over with binary data. Biom. J. 20 (1978), 133—141.
ZSCHOMMLER, G. H. (Red.): Biometrisches Wörterbuch, Bd. 1 und 2. Berlin: VEB Deutscher Landwirtschaftsverlag 1968.
ZUBIN, J.: Symposium on statistics for clinicians. J. Clin. Psychol. 6 (1950), 1—6.
ZWINGMANN, Ch. (Hrsg.): Selbstvernichtung. Frankfurt: Akademische Verlags-Gesellschaft 1965.

AUTORENVERZEICHNIS

Die Zahlen bezeichnen die entsprechenden Seiten, Hochzahlen verweisen auf Anmerkungen auf dieser Seite, V verweist auf das *Vorwort* und S auf die *Hinweise zur Sekundärliteratur*.

Abt, K. 1044
Ackerknecht, E. H. 1074
Adam, J. 734, 737, 741, 837, 845 f., 876
Agresti, A. 416
Ahrens, H. 908
Ajne, B. 1107
Alam, K. 193
Aldenderfer, M. S. 352
Alling, D. W. 156, 176[20], 189
Amerine, M. A.   S
Amthauer, R. 784
Anderberg, M. R. 918
Anderson, M. R. S
Anderson, O. 311, 352
Anderson, R. L. 313 f.
Anderson, T. W. 79
Andrews, D. F. S
Armitage, P. 67, 117, 553, 566, S
Asano, C. 1127

Babington-Smith, B. B. 5
Barlow, R. E. 587, 590
Barnett, V. 1087, S
Bartenwerfer, H. 333, 967
Bartholomew, D. J. 585
Bartlett, M. S. 112, 377, 475, 679
Barton, D. E. 1126, 1139
Bartoszyk, G. D. 135[7], 337, 348, 607, 610 ff., 611[21]
Bartram, M. 378, S
Bartussek, D. 699
Basler, H.-D. 577
Batschelet, E. 256, 1093, 1096, 1098, 1102, 1104, 1108, 1115, 1119, 1121 f., 1130 f., 1134, 1158
Bauer, P. 137

Bauer, R. K. 427 f., 920[3], 1133
Baumann, U. 582, S
Becker, J. 212
Bedall, F. K. 1074
Beinhauer, R. 79[9]
Bennett, B. M. 332, 405[9], 435 f., 532, 626, 906, 972 ff., 1028, 1083, 1087
Beran, R. J. 1119, 1152
Berchtold, W. 532, S
Berger, M. P. F. 505
Berkson, J. 363
Berry, D. A. 193
Beschel, G. 556
Beus, G. B. 396
Bhapkar, V. P. 391[6], 561, 606, 854, 893
Bhattacharyya, G. K. 1083
Bierschenk, B. 337, 1071
Bijnen, E. L. S
Birch, W. M. 480
Bishop, Y. M. M. V, 67, 481, 513 f., 796[1], S
Blashfield, R. K. 352
Bliss, C. I. 256, 1159
Block, J. 12, 420[12], 578[15], 579
Blöschl, L. 474, 682, 746
Blumenthal, S. 192, 194
Bochnik, H. J. S
Bock, H. H. 536, S
Bock, R. D. 910
Bösser, Th. 446, 673
Böttge, H. 321
Bortz, J. 1062, 1083, 1086 f., S
Bose, R. C. 59 f., 62
Box, G. E. P. 259
Bradley, J. V. 278, 285, 356 ff.
Bradley, R. A. 142*, 154, 193, S

Bredenkamp, J. 935[5], 1036 f., 1039, 1045, 1048, 1051, 1053, 1071, 1077, 1087, 1139
Brejcha, V. 10
Brodda, K. 1091, 1145
Bross, I. D. J. 156
Brown, S. M. 618 f., 622, 627, 689, 689[10]
Brunden, M. N. 505, 528
Buck, W. 95, 571, 614, 909, 924, 980, 1061, 1085, 1142
Bühler, W. J. 571
Büning, H. S
Büttner, G. 1074, S
Bunke, O. 76, 81
Burstein, H. 79

Campbell, D. T. 192, 385, 908, 912[1], 1088
Campbell, R. C. 68[1], 382 f., S
Cantril, H. 967
Carl, W. 983
Castellan, N. J. 499, 514, 525
Cattell, R. B. 12[3], 420[12], 578, 626
Chapman, D. G. 569
Chassan, J. B. 585
Chatterjee, S. K. 1080, 1083
Clopper, C. J. 74
Chochran, W. G. 14, 23 f., 234, 235[8], 237 f., 304, 361[22], 363 ff., 367, 395, 425[13], 510, 537, 544, 568, 622, 661, 760, 774, 1041, 1062, S
Cohen, A. C. 156
Cohen, J. 467, 630[25], 636 ff., 641, 644, 646 f.
Cole, J. W. L. 1074
Coles, 156
Colton, T. 117
Conover, W. J. 74, 90, 90[14], 95 f., 98 ff., 113, 115, 418, 489, 499[7]
Cornfield, J. 150, 458 f.
Corsten, L. C. A. S
Cox, D. R. 259, 265, 268, 291 f., 294 ff., 305, 382, 475, 477

Cox, G. M. 23 f.
Craddock, J. M. 399, 416, 430

D'Agostino, B. R. 748 f.
Daniels, H. E. 107, 287
Darroch, J. N. 725
Darwin, J. E. 133
David, F. N. 355 f., 1080, 1083, 1126, 1139
Davidoff, M. D. 447
Davis, O. L. 117[1]
Dawson, R. B. 367, 400
DeBoer, J. 119
Desu, M. M. 532
Deuchler, G. 64 f., 448
Diamond, E. L. 569
Diefenbach, B. 409
Dixon, W. J. 74, 125, 128, 177
Dollase, R. 822
Draper, N. R. 998
Düker, H. 991
Durand, D. 1104
Durbin, J. 20, 317
Dyke, G. V. 1044

Ebbinghaus, H. 222
Ebel, R. L. 636
Eberhard, K. 448
Edgington, E. S. 278
Edwards, A. L. 204, 447 f., 497, 500, 912[1]
Ehlers, W. 490
Ehrenfeld, S. 148
Ehrhardt, P. 568
Enke, H. 734, 737 f., 741 ff., 837, 845 f., 857 ff., 866, 868 f., 876
Epstein, B. 178
Ertel, S. 30
Escher, H. 695, 698
Esser, U. 4
Everitt, B. S. 399, 439, 478, 481, 505, 513 f., 529, 538, 554, 561, 604, 606, 715[21], S

Fahrenberg, J. 333, 346[17]
Fechner, G. Th. 20
Federer, W. T. 20, 24
Feinstein, A. R. 347, 450, 1074, S
Feldman, S. E. 187[28], 440
Felsenstein, J. 437
Ferguson, G. A. 1063
Ferguson, T. S. 31
Ferner, U. 1074
Fieandt, K. 292
Fienberg, S. E. 481
Fink, H. 866, 888
Fischer, G. H. 765
Fisher, M. 669
Fisher, R. A. 21, 70[2], 233, 361, 397, 459, 466, 497
Fix, E. 1080, 1083
Fleiss, J. L. 451, 463 f., 466 f., 585, 604, 606, 608, 610, 623, 632[26], 750, S
Flood, C. R. 399, 416, 430
Forth, H. 1064
Foster, F. G. 296 ff.
Frane, S
Franzen, U. S
Frawley, W. H. 33, 35 f.
Freeman, G. H. 324, 367, 399, 404 f., 430, 439, 444, 592
Fricke, R. 16 ff.
Friedrich, W. 3
Fröhlich, W. D. 212
Fruchter, B. 378
Fu, K. S. 117

Gaenslin, H. 909
Gart, J. J. 181[25], 460[25], 463, 475, 529, 531, 749
Gastwirth, J. L. 181
Gebelein, H. 232
Gebert, A. 14 ff., 446, 673, 966, 1049
Gebhardt, R. 540, 666 f., 704, 920
Geertsema, J. C. 193 f.
Geidel, H. 424, 501
Geisser, S. V
George, S. L. 532

Ghosh, M. 259, 998, 1086
Gibbons, J. D. S
Gibson, W. M. 112[21]
Glaser, W. R. 1076, 1078
Glass, G. V. 306, 385
Gleisberg, W. 303
Gloning, K. 797, 824
Gnanadesikan, R. S
Goheen, H. W. 447
Gokhale, D. V. 1044
Gollnick, H. 220
Good, C. S. 1074, S
Goodman, L. A. 83, 446, 480, 504, 514, 715[21], 879[5]
Govindarajulu, Z. 117
Greenhouse, S. W. V
Greenstreet, R. L. 192
Greenwood, J. A. 1104
Gregg, J. V. 226
Grenander, U. 259
Grizzle, J. E. 480 f., 499[7], 606, 1074
Grünewald-Zuberbier, E. 327
Guilford, J. P. 17, 31, 31[5], 152
Gulliksen, H. 765
Gumbel, E. J. 178 f., 179[22], 1102[4], 1119
Gurian, J. M. 805
Guttman, I. 355, 356[20], 357, 360

Haberman, S. J. 538
Haenszel, W. 461, 608
Hájek, J. 557, 582, 1125
Halberg, F. 256, 1159
Haldane, J. S. B. 367, 400, 425 f., 775
Halton, J. H. 324, 367, 399, 404 f., 430, 439, 444, 592
Hannan, E. J. 259
Harris, C. W. 910
Hart, B. I. 310[10], 315
Hartigan, J. A. S
Hartley, H. O. 80, 233 f.
Haufe, W. 424, 501
Havelec, L. 148, 155
Hays, W. L. 552, 1048
Hedayte, A. 20, 24

Heilmann, W. R. 547, 753, 943
Heimann, H. 378, 783
Heineken, E. 977
Heinze, B. 355, 595 f., 689, 689[10]
Heller, O. 900 f., 918, 967
Hemelrijk, J. 614, 1142
Hensel, H. S
Henze, F. 454, 457
Hess, I. S
Hettmansperger, T. P. 965, 1061
Hetz, W. 357
Hildebrandt, G. 118
Hilferty, M. M. 396
Hill, S
Hillmer, S. C. 210
Hinkelmann, K. 1074
Hodges, J. L. 1108, 1156
Hoel, D. G. 138, 936[6]
Hofer, E. S
Hofer, M. S
Hofstätter, P. R. 225, 447, 578, 582, 901
Hollander, M. S
Holley, J. W. 17, 152, 630[25]
Holoch, J. 321
Holtzman, W. H. 378 f.
Homans, G. C. 30
Hommel, G. 664
Hope, K. V
Horbach, L. 1009
Hornke, L. 4[2]
Hsi, B. P. 194
Huber, H. 936
Huber, H. P. 198[1], 380, 385, 994, 1060
Huber, P. J. 227, 1088
Hunter, J. S. 20
Hurst, D. C. 83

Ihm, P. 68[1]
Immich, H. 334, 337, 382[27], 735, 997, 1069, 1072 f.
Ireland, C. T. 604, 606
Irwin, J. O. 514
Jacobson, L. 65
Jäger, R. 446

Janke, W. 740, 740[29]
Jensen, D. R. 396
Jesdinsky, H. J. 475, 486, 491, 494, 503[8], 506, 1074
Johnson, E. M. 441
Johnson, N. S. 647
Johnson, R. G. 28
Jones, H. E. 303
Jones, J. A. 28
Jowett, G. H. 112[21]

Kaiser, H. F. 37
Kannemann, K. 343, 1046, 1060
Kastenbaum, M. A. 506, 514, 679, 866
Kaun, H. 597
Kazakos, D. S
Kazdin, A. E. 385
Kemeny, J. G. 244
Kempf, W. F. 770[35]
Kendall, M. G. 2 f., 5, 7, 10, 20, 39, 43, 45, 49, 51, 57, 59, 104 f., 108, 228, 252, 264, 318, 437 f., 447, 796
Keren, G. 1044
Keuchel, I. 682, 686
Kimball, A. W. 181, 514 f., 518, 522, 524, 901
Kirk, R. E. 510, 909, 1044
Klauer, K.J. 192, 385, 980
Kleiter, E. F. 607
Klinger, E. 187[28], 440
Klinger, H. 357
Kluyver, J. C. 1103
Knappen, F. 1090
Knoke, J. D. 427
Koch, G. G. 391[6], 854, 1074, 1086
Koella, P. 282
Kohnen, R. 782, 906, 974
Koller, S. 72[5], 319[14], S
Konijn, H. S. 112, 227
Kopp, B. 378
Kowalski, C. J. 193
Kraft, Ch. H. 76[8]
Kramer, M. 467
Krauth, J. V, 90[14], 169, 204, 320 ff., 332, 334, 338, 367, 390[3], 396, 399,

405[9], 414 f., 430, 505, 509, 534[12],
536 f., 540, 545 f., 571, 592, 605,
683, 702, 705, 705[13], 752, 781, 783 f.,
789, 795, 799, 801, 807, 821, 834 f.,
839, 906, 910, 968, 970, 972, 995,
999, 1025, 1029, 1035, 1073, 1085 f.,
1088, S
Kres, H. 396, 505, 668, 681, 1035, S
Kretschmer, F. J. 118
Kreuter, U. 542, 1031
Kreyszig, E. 286
Krippendorf, K. 636
Krüger, H.-P. 53, 373, 412, 546, 664,
689, 689[10], 741[30], 900 f., 918, 1036,
1040, 1049, S
Krumbein, W. C. 1098
Kruskal, W. H. 64, 446
Ku, H. H. 474, 481
Kuiper, N. H. 1115, 1122 f.
Kullback, S. 468 f., 471[28], 481, 509,
669, 682, 1044
Kurtz, T. E. 91[16]

Lahaye, D. 63
Lana, R. E. 1075[21]
Lancaster, H. O. 346, 365, 514, 656,
659, 665, 667, 674, 830, 907, S
Lange, H.-J. 914, 1008
Langeheine, R. 1036
Langer, I. 550
Laubscher, N. F. 1109
Lebart, L. S
Lehmacher, W. 339, 341, 343, 345, 602,
918, 1112, 1127
Lehmann, E. L. V, 91[16], 169, 941, S
Le Roy, H. L. 757
Leslie, P. H. 432[18], 440
Lev, J. 90
Levene, H. 100, 279
Levin, P. 282
Lewis, C. 1044
Lewis, D. 212
Lewis, G. H. 28
Lewis, P. A. W. 259
Lewis, T. 1087, S

Lewontin, R. C. 437
Leyton, K. M. 431, 433
Li, L. 34
Lieberman, G. J. 544
Lienert, G. A. V, 14 f., 39 f., 53, 63, 84,
111, 135[7], 141, 152, 169, 173, 204,
304[8], 306, 337, 348, 355, 358, 373,
378, 387, 390[3], 396, 401, 419, 423,
482, 490, 505, 533 ff., 534[12],540,
545 f., 552, 569, 575, 577, 595 ff.,
607, 610 ff., 611[21], 630 f., 630[25], 632[26],
636[30], 638, 645, 662, 682 f., 686,
689 f., 693, 695, 698, 702, 705,
705[13], 708, 739, 750, 752 f., 765,
768 ff., 772 f., 783 ff., 789, 791, 795,
799, 801, 807, 821, 834 f., 839, 860,
876, 888 f., 895, 901, 906 f., 910,
925, 934, 943, 948, 961, 964, 970,
972 f., 974, 983, 993, 999, 1025,
1029, 1033, 1035, 1039, 1061, 1071,
1088, 1097, 1112, 1127, S
Lilliefors, H. W. 104[19]
Limbourg, M. 304[8], 306, 533, 596, 662,
795, 876
Linder, A. S
Lorenz, P. 214[6], 235, 240
Louis, T. A. 194
Lubin, A. 1035, 1075[21]
Ludwig, O. 569, 575, 577

MacKinnon, W. J. 84
Mager, H. 841
Mager, P. P. 841
Mainland, D. 117
Maly, V. 118
Mann, H. B. 285
Mantel, N. 461, 513, 608
Marascuilo, L. A. S
March, D. L. 412, 437, 546
Mardia, K. V. 1092, 1096, 1106, 1108,
1112, 1116 f., 1120 f., 1127, 1136,
1138 f., 1144 f., 1151, 1154, 1157
Martini, P. 1075, S
Massey, F. J. 74, 104, 125, 128

Maxwell, A. E. 265 ff., 400, 604, 606, 1044, 1060, S
McCarthy, P. J. 95
McDonald-Schlichting, U. 393, 866 916
McGregor, J. R. 311
McKean, J. W. 965, 1061
McLaughlin, D. H. 177[21]
McNeil, D. R. 95
McNemar, Q. 607
McQuitty, L. L. 378
McSweeney, M. L. S
Metzger, W. 121, 912[1], 1007, 1017
Meyer-Bahlburg, H. F. L. 141, 263 f., 1014, 1016, 1018
Michaelis, J. 1059
Miller, R. G. 504 f.
Mitra, S. K. 568
Mittenecker, E. 499, 1036
Möller, H.-J. 637
Molenaar, W. 81
Mood, A. M. 108, 386, S
Moore, G. H. 273 ff., 289
Moore, P. G. 160, 232
Moosbrugger, H. 909
Moran, P. A. P. 317
Morgenstern, D. 180, 737
Morrison, D. F. 1086
Moses, L. E. 96
Mosteller, F. 74[6], 172, 353, 459, 461, 1068, S
Myers, J. L. 1040

Näätänen, R. 292
Nair, K. R. 84
Nakamura, E. 405[9], 435 f.
Nam, J.-M. 569
Nelson, L. S. 179[22], 182 f.
Neyman, J. 647
Nicholson, W. L. 357
Nie, N. S
Noether, G. E. 83[10], 100, 104 f., 107, 113, 164
Nordbrock, E. 194

O'Brien, P. C. 346
Ofenheimer, M. 265, 288
Okamoto, M. 356[20]
Olmstead, P. S. 280, 352
Owen, D. B. 75, 84, 280, 356, 544

Page, E. B. 33, 35, 172, 175, 1063
Papantoni-Kazakos, P. S
Patel, K. M. 936[6]
Patterson, H. D. 1044
Paulson, E. 194
Pearson, E. S. 74, 80, 233 f.
Pearson, K. 447
Pfanzagl, J. 89, 203, 208 f., 371 ff., 436[19], 538, 584, 590, 593 f., 753, 939, 971, S
Phatak, A. G. 156
Pittrich, U. S
Plackett, R. L. 657[7], 673, 725, 835
Postelnicu, T. S
Pratt, J. W. 95
Press, S. J. 632[26], 1035
Puri, M. L. 332, 908, 1035, 1086

Quade, D. 1080 f., 1083, 1086
Quenouille, M. H. 246, 253, 281 ff., 373, 378
Quesenberry, C. P. 83

Raatz, U. 548, 552, 557, 581, 612, 1040
Raghunandanan, K. 193
Rahe, A. J. 614
Rahlfs, V. W. 532, 1074
Randles, R. H. 1031
Rao, J. S. 1110
Ray, R. M. 647
Read, C. B. 616
Reinert, G. 292
Repges, R. 1031
Revenstorf, D. 420, 773
Rey, E.-R. 751
Riedwyl, H. 542, 648, 919, 1031, S
Robillard, P. 264, 288
Roeder, B. 751

Rohracher, H. 519
Rollett, B. 378, S
Rosenbaum, S. 182
Rosenblatt, M. 259
Rosenthal, I. 31
Rosenthal, R. 65
Rosman, B. 748 f.
Rothman, E. D. 1143
Rourke, R. E. K. S
Roy, S. N. 679, 866
Rubin, T. 629[24]
Rudolph, G. J. 1109
Rümke, Ch. L. 723
Rytz, C. 177

Sachs, L. 74, 117, 156. 369, 474
Sadegh-Zadeh, K. 67
Sarris, V. 44, 145, 173, 974, 977, 982, 1063, 1065, 1069
Saunders, D. R. 699
Schach, S. 343, 1060, 1105 ff., 1119, 1121
Schafroth, M. 919
Scheffé, H. 115, 504
Scheiber, V. 131[5], 148
Schlosser, O. S
Schmetterer, L. 108, 117
Schmidt, H.-D. 1008
Schneider, B. 1074
Schneider-Düker, M. 976
Schubö, W. 909
Schucany, W. R. 33 ff.
Schulz, H. 282, 1039
Schulz von Thun, F. 550
Schulze, G. 1036
Scorgo, M. 355, 356[20], 357, 360
Seidenstücker, E. 1058, 1060
Sen, P. K. 332, 908, 1035, 1080, 1083 1086
Serlin, R. C. 37
Shah, D. K. 156
Sheehe, P. R. 463
Sheps, M. C. 465, 465[27]
Shewhart, W. A. 160
Sidák, Z. 1025, 1125

Siegel, S. 100, 594, S
Sigusch, V. 754
Simon, R. 138
Simpson, G. G. 704, 953
Sittenfeld, P. 187
Sixtl, F. 3, 31, S
Skarabis, H. 195
Slakter, M. J. 437
Slutzky, E. 318
Smith, H. 998
Snedecor, G. W. 234, 235[8], 237 f., 425[13], 510, 1041
Snell, J. L. 244
Sobel, M. 193
Somers, R. H. 438
Somes, G. W. 893
Sonnemann, E. 334, 337, 382[27], 997, 1069, 1072 f.
Spicer, C. C. 156
Stanley, J. C. 192, 385, 908, 912[1], 1088
Steck, G. P. 1123 f.
Stegie, R. 139, 434, 981
Steinebach, J. 396, 605
Steingrüber, H.-J. 448, 539, 667, 757 f., 799
Stephens, M. A. 1003, 1107, 1115, 1117, 1152, 1157
Stephenson, W. 12
Stevens, W. L. 261, 355 f., 358
Still, A. W. 1063
Straube, E. 534[12], 783, 860, 907
Strecker, H. 221
Stuart, A. 108, 277, 291 ff., 296 ff., 305, 318, 437 f., 447, 602[18], 604, 606, 796
Stucky, W. 431, 437, 546, 760, 805
Sundrum, R. M. 169
Sutcliffe, J. P. 775, 907, 1040

Tagiuri, R. 30
Tate, M. W. 618 f., 622, 627
Tennebein, A. 632[26]
Tent, L. 492
Tews, G. 396, 605
Theil, H. 296

Thöni, H. 108, 925, 983, 1081
Thomas, M. 358, 362
Thompson, W. R. 84
Thurstone, L. L. 20
Tiao, G. C. 210
Timmermann, G. 607
Torgerson, W. S. 31
Trampisch, H. J. 116
Trenkler, G. S
Tryon, R. C. 378
Tukey, J. W. 74[6], 90, 90[14], 100, 115, 177[21], 774, S

Überla, K. 248[11], 378, 578, 1074
Uhlmann, W. 212[4]
Uleman, J. S. 569
Unger, C. 744

Vahle, H. 396, 605
Van Eeden, C. 76[8]
Victor, N. 116, 657[6], 676, 707, 710 f., 715, 719, 721, 727, 728[26], 730[28], 731, 736 f., 876
Vollmar, J. 431, 437, 546, 760, 805, 1072
von Eye, A. 774, 892
von Kerekjarto, M. 630, 708
von Mises, R. 1102[4]
von Neumann, J. 220, 310[10]
von Schelling, H. 178 f., 179[22]
Vorličková, D. 95

Wackerly, D. 416
Wald, A. 112, 117, 121[3], 124[4], 139[8], 307
Walker, H. 90, 90[14], 96
Wall, K.-D. 333, 339, 343, 345, 444, 614, 626, 664, 679, 690, 761, 765, 768 ff., 772 f., 888 f., 948, 973, 1033, 1033[12], 1061
Wallis, W. A. 273 ff., 289, 552
Walter, E. 91 f., 107, 244, 569, 574, 584, 592
Watson, G. S. 317, 1117, 1119 f., 1121, 1124, 1151, 1154, 1156

Webb, E. J. 192, 304[9], 385, 912[1]
Weber, E. 76, 78, 117, 118[2], 155, 362, 773, 799, 803, 956, 1049, S
Weed, H. 142*, 154, 193
Weichselberger, K. 227
Weiling, F. 744
Weintraub, S. 76
Weiss, G. H. 193
Weiss, H. 156
Weiß, H.-R. 789
Weiss, L. 138, 192
Wendt, D. 225, 447, 578, 582
Wermuth, N. 828, 879[5]
Westphal, K. 386
Wetherill, G. B. 117
Wette, R. 117, 119
Wetzel, W. 207
Wheeler, S. 1119 f.
Whitney, D. R. 745
Whittle, P. 259
Wilcoxon, F. 192 f., 264
Wilder, J. 333
Wilkening, F. 1069
Wilkinson, B. 505[9]
Wilks, S. S. 113, 468, 504
Williams, E. J. 563
Williams, K. 869, 1156
Williams, O. 480
Wilson, E. B. 396
Wilson, O. E. S
Winer, B. J. 20, 24, 33 1060
Winkler, R. L. 1048, S
Wise, M. E. 326, 363, 399, 418, 537, 590, 593, 661, 682, 760, 805, 1003, 1118
Wittenborn, J. R. 1074
Wohlzogen, F. X. 133 f., 136, 139, 143, 148, 157 f.
Wohlzogen-Bukovics, E. 133 f., 136, 139, 142, 157 f.
Wolfe, D. A. S
Wolfowitz, J. 279, 281, 307
Wolfrum, Chr. 534[12], 690, 693, 765
Woolf, B. 445, 468, 474, 476, 745
Wottawa, H. 965, S

Yamane, T. 220, 312[12], 315
Yates, R. 21, 233, 497, 549 f., 561
Yeomans, K. A. 214, 216, 218, 223, 226, 228 ff., 232, 241[9]
Youden, W. J. 20
Yule, G. U. 228, 252

Zar, J. H. 1124
Zelen, M. 193

Zelvelder, W. G. 1029
Zentgraf, R. 675, 823
Zimmermann, H. 532
Zschommler, G. H. 199
Zubin, J. 380
Zweifel, J. R. 460[25], 749
Zwingmann, Ch. 755
Zylka, W. 409

SACHVERZEICHNIS

Die Zahlen bezeichnen die entsprechenden Seiten, Hochzahlen verweisen auf Anmerkungen auf dieser Seite.

A-Akkordanz 53, 55, 61
A-Test 1107, 1117
Ähnlichkeitskoeffizient 582, 769
Änderungskonfiguration 968
Äqui-Arealskalen-U-Test 574, 583
— nomialverteilung 355
afaktorieller Versuchsplan
 — Differenzen 969
 — ohne Meßwiederholung 914
 — Verlaufskurven 994
Agglutinationstest 167
AJNE-BERAN-Test 1152
AJNES Sichelpräferenz 1107, 1117
Akkordanzanalyse
 — Gleichurteile 51
 — KENDALL 45
 — KENDALL-BURR 59
 — Konkordanz 55
 — Konsistenz 58
 — Test 57
 — Zählung 48
Akkordanzkoeffizienten
 — A 53, 55, 61
 — J 47, 49, 61
Aktualitätsindex 901
Alignement 941
Allabhängigkeit 723
Allasymmetrie 603
 — Koeffizient 611
Alles-oder-Nichts-Prinzip 132
allgemeines lineares Modell 965
Allunabhängigkeit 711
Alpha-Adjustierung 503 f., 538, 935[5]
 — Protektion 504
 — Residual 538
analytische Trendschätzung 213
Anisoasymmetrie 602

ANOVA 327, 551, 908 f., 912[1], 934, 955, 1008, 1024, 1036, 1043
Anpassungs-KFA 777
Anteilsangleichung 585
Anteilsgradiententafel 583
antiparametrische Kontingenz 655
Antityp 535
apriorischer Test 543
aposteriorischer Test 543
arbiträr 549
ARE 11, 277
ARMITAGES Regressionstest 566
ASN 129 ff., 148, 156
Assoziations
 — messung 674
 — strukturanalyse (ASA) 808 ff., 896
 — tests 811 ff.
Asymmetrie 607, 612, 614
Asymmetrieindizes
 — BARTOSZYKS B 607, 610, 621
 — BOWKER-Tafeln 610
 — MANTELS Kreuzquotient 607
 — relative Differenz 608
Ausgangswertgesetz 333, 948
Ausreißerbeobachtung 1087
Autokorrelation 200, 241, 290
 — Autokorrelogramm 244
 — Koeffizient 310
 — Konkomitanz 373
 — modell 317
 — partielle 246, 376
 — Punkt-Paar 283
 — sfunktion 244
 — zirkuläre 307
 — ZRe 307, 311, 313 ff.
Autokovarianz siehe Autokorrelation
autoregressives Modell 317, 378

axiale Richtungsmaße 1097
Axialsymmetrie 614, 788, 794
— Interkorrelation 886
— 2^3-Feldertafel 761
— 2^t-Feldertafel 880

B-Asymmetriekoeffizient 607
— Bestimmtheitsmaß 536
BARNARD-Test 1127
BARTHOLOMEWS Gradiententest 584
BARTOSZYKS Asymmetriekoeffizient 607
BAUERS Median-Quartile Test 427, 920^3
— zirkulärer 1133
bedingte Kontingenz 649, 694, 878
besetzungskorrigierter 2I-Test 475
Beta-Koeffizient 610
Beurteiler-
— Bonitur 1
— Konkordanz 8
— Kreuzklassifikation 629
— Qualifikation 3
bifaktorieller Versuchsplan
— Differenzen 986
— ohne Meßwiederholung 934
— Verlaufskurven 1013
— FRIEMAN-Test 1046
Binarisierungstest 337
Bindungstafel 613
Binärdaten
— sequentieller Testplan 157
— ZRn-Tests 260
binobservabel 391
binomialer Kontingenztest 423
Binomialtest (Verteilung) 73 ff., 301, 326
— sektoraler 1112
— sequentieller 119, 133, 167 ff.
— simultane 537
— ZRn-Modell 366
Biorhythmus 1090
Blockpläne 1063
BONFERRONI-Schranke 396, 504, 668
Bonitur 1, 20, 68
BOWKER-Test 603, 761, 781
BRANDT-SNEDECOR-Test 424, 540

BREDENKAMPS
— F-Test 1036, 1039, 1139
— H-Test 1045, 1051, 1062, 1071
BRUNDEN-EVERITT-Test 528
BUCKS Paardifferenzen-U-Test 980, 1061, 1085
BUNKES Konfidenzintervalle 76

C-Alpha-Methode 647
C-Kontingenz 104, 917
C_n^2-Kontingenz 490
ceiling effect 333
CHATTERJEE-SEN-Test 1082, 1085^{25}
χ^2-
— Normaltransformation 796
— Normalverteilungsapproximation 396, 796
— tafelkondensiertes 398
χ^2-Feldertests
— kxm 392, 437
— kx2 424, 430, 437, 524, 528
— nx2 366
— xx1 915
— 1-Felder siehe dort
— 2xm 427
— 2x2 439, 540, 632, siehe auch Vierfeldertafel
— 2^3 686
— 3x2 431, 515
— 3x3 517, 521
— 4x2 524
χ^2-Komponententests 537
— Gradientest 584
— Positionstest 598
χ^2-Zerlegung 484, 665, 675, 916, 934^5
— additive 484, 512, 562, 665
— aposteriori 515
— BRANDT-SNEDECOR 499, 514
— COCHRAN 365, 366^{25}
— KIMBALL 901
— Komponententest 537, 598
— Korrelationstabelle 489
— KRAUTH 537, 934

– LANCASTER 514, 665 ff., 907, 934, 950
 – nichtorthogonale 520
 – orthogonale 518
 – Residualkomponenten 490
 – SUTCLIFFE 775, 907
 – in 3x4 Tafeln 527
χ_h^2 426
CLOPPER-PEARSON-Konfidenzintervall 74
Clusteranalyse 352, 378, 582, 905, 918
COCHRAN-GRANT-Test 225
COCHRAN-Test 304
Coefficient of agreement 47
COHENS Kappa 636, siehe auch kappa
COLEscher Vierfelderkoeffizient 699
CONOVERS Korrelationstrendtest 418
correlation ratio 552
Coplanaritätstest 1156
Cosinor-Methode 256 ff., 1159
COX-Tests
 – Kumulierung 265
 – Markov-Ketten 268
 – S_1 291
CRADDOCK-FLOOD-Test 399, 412, 416, 430, 468
CRAMER-Index 457, 524
CRAMERS Phi 822
Chronobiologie 1090
Cross-over-Design 423, 529, siehe auch Überkreuzungstest
cross-ratio 459

d 438
DAVID-FIX-Test 1080
Dependenzmaß 438
DEUCHLERS Paarvergleichskorrelation 64
Diagonalsymmetrie 601, 614
dichotomiert 908
 – median 919^3, 1021
 – vorzeichen 1021
Dichteschätzung 116
Differenzen 333, 910
 – Anteils- 458

 – als Observale 967
 – Trendschätzung 219 f., 333
Differenzen-Versuchspläne
 – afaktoriell 969
 – bifaktoriell 989
 – multifaktoriell 993
 – unifaktoriell 978
diskret 908, 965
 – ZRe 204
Diskriminanzanalyse 803, 1031
 – Multimedian 1029
Diskriminationstypen 541, 544, 704, 799
Dispersionsindex 361
Dispersionsunterschiede 100
Doubleassoziation 672, 810
Double-Kontingenz 918, siehe auch Kontingenz, unbedingte
Dreifachkontingenzverdeckung 715
Dreigruppenregression 111
Dreipunktmethode 223
Dreiwegtafel 648, 656, siehe auch Kontingenztafel, dreidimensionale
DURANDS Richtungsanpassungstest 1103, 1113

EDWARDS Test of technique 500
EHLERS Korrelationstrendtest 489
Einfachklassifikation 387
Einfachkontingenzverdeckung 719
Einfelderaufteilung 533 ff.
Einfelder-χ^2 534
Einflußgröße siehe Faktor
Einstichproben-
 – erhebung 389, 914 ff.
 – KFA 536, 751
 – Richtungsmaße 1101
 – ZRentests 346
Einwegtafel 915
Einzelfall
 – Richtungsbeobachtung 1158
 – ZRe 198, 379 ff.
Einzelpositionentest 599
ENKE-Design 742

Entscheidungsexperiment 801, 912[1], 1007
EPSTEINS Exedenzentest 178, 180[23]
Ereignis
— Disperionstest 360
— Häufungstest 363
Erfolgsquoten-
— differenz 465
— konzept 464
Ergänzungskettenanalyse (EKKA) 859 ff.
Erhebungsmodell 656, 909
Erkundungsexperiment 801, 912[1]
Erstdifferenzen 200, 995
— Test 289, 314, 345
— Vorzeichenmuster 325, 348, 995
Eta^2 551
Evaluation 1
exhaustiv 497
Experiment 908
externe Validität 1088
Extremalkontingenz 497
Exzedenz 178, 192

Faktor 908
— reduktion 1014
— stufen 908, 921, 944
— test 921, 936
Faktorenanalyse 578, 582, 649[3], 709[17], 773, 886, 905, 908, 918
faktorielle Versuchspläne siehe auch Einzelpunkte
— afaktoriell 914, 969, 994
— bifaktoriell 934, 986, 1013, 1045
— multifaktoriell 952, 993, 1022, 1046
— unifaktoriell 919, 978, 1009
— Rangvarianzanalyse 1036
Fakultätenauswertung 443
Fehlklassifikation 632, 635[29]
Feldertafel siehe Kontingenztafel
Feldertafel
— kxm 386, 392, 553, 557, 694
— kx2 424, 514, 528, 566, 584
— 2xm 552

— kxk 601
— Nxk 616
— kms 648, 661, 694, 711, 737, 751
— 2^3 675, 761
Feldexperiment 912[1]
Fenstertest 497
FISHER-Transformation 796
FISHER-YATES-Test 187, 187[28], 323, 337, 432[18], 439[20], 453 ff., 532, 906, 926, 974, 1027
— sektoraler 1129
Flächenortung 1099
floor effect 333
Folgedifferenzen 337, 995
folgenspezifische Gewichtung 644
Folgevorzeichentest 1069
fraktionieren 1022
FREEMAN-HALTON-Test 324, 336, 404, 412, 423, 430, 441, 468, 509, 617[22]
FRIEDMAN-Test 10, 14[4], 32, 35, 175, 331, 331[16], 339, 628
— bifaktorieller 1045
— multifaktorieller 1047
— gemischte Faktoren 1051
— lateinisches Quadrat 1057
— Überkreuzungspläne 1060
— Wiederholungsfaktoren 1045
FRIEDMAN-Plan 1023

G-Index 152, 153[11], 607, 630, 630[25], 636, 645
— sequentieller Test 152
— Test 476, 874
GART-Test 529
GEBERT-v. EYE-Test 773, 892
GEBERTS W-Test 1048, 1062
Generalisierbarkeit 912[1]
Gesamtkontingenz 484
geschichtet 908
geschlossener Testplan 156
gestutzte Skala 333
GINI-
— Dispersion 1096
— Median 943, 955, 984
— Summe 1152

Gleichurteilsakkordanz 51
Gleichverteilungskontingenztrend 419
Gleichwertigkeit 888
Gleichwirksamkeit 888
gleitender Durchschnitt 227, 249, 263, 310, 318
Gleithistogramm 116
Gleitspanne 228, 232, 276
Globalanpassung 485, 777
Globalauswertung von Kontingenztafeln
— dreidimensionale 661
— mehrdimensionale 790
— Vierfelder 439
— zweidimensionale 392
Globalkontingenz siehe Kontingenz
Gompertz-Kurve 226
GOODMAN-KRUSKAL-tau siehe tau
Gradiententest 584, 590
Gruppierung 148, 155

H-Test 332
— adaptierter 548
— BREDENKAMP 1036, 1039
— Verschachtelungspläne 1076
— ZRn 270
HAJEKS rho 557, siehe auch rho
Halbanteilsbeurteilung 890
HALDANE-DAWSON-Test 399, 413, 416, 468, 617[22]
Haubenpräferenz 1152
Heterogenität 388
heteropoietisch 423, 502, 602, 611, 920, 1043
HETZ-KLINGER-Tafel 357
hierarchische
— KFA 795
— Multimediantests 1029
— ZRn-Klassifikation 348
Höhenrekord 296
homeopoietisch 423, 502, 602, 611, 920, 1043
Homogenität 387, 618
— sprüfung 924
— in kx2-Feldertafeln 424
Hyperlinearität 903

hypersphärische Beobachtung 1157
hypersolide Kontingenztafel 648[1], 789 ff.
Hypothesenkette 863

IMMICH-SONNEMANN-Test 334, 1071
Individualereignis 355 ff.
— Häufungstest 363
— Verteilungsmodell 355, 366
— ZRe 379
— Zeitverteilung 366
individuumszentrierte Tafel 616 f.
Inferenztafel 483
Interaktion 909 f., 935
— ZRn 1024
Interaktions-
— anpassung 485
— kontingenz 789
— strukturanalyse siehe ISA
— typen 921, 951
Interkorrelation 886, 901
Inter-Rater-Reliabilität 31, 67, 630, 646
Intervall-
— agglutination 367
— schätzung 70, 110 siehe auch Konfidenz
Intra-class-Korrelation 636
Inversion 554
Inzidenztest 918, 1060
ipsativ 578, 626
ISA 705, 835 ff., 934, 935[5], 948, 972, 1088
— Alignement 941, 955
— aposteriorische 851
— apriorische 851
— Aufspaltung 878
— Einfaktoren 919, 928 ff., 978 ff.
— Graphenschemata 854
— kanonische 841
— komplexe 856
— Kontingenzkettenanalyse (IKKA) 862
— Mehrfaktoren 953 ff.
— monobservable 837
— multobservale 840

– Randtafel 842
– ZRn 1009
– Zweifaktoren 986 ff.
Isoasymmetrie 601
– index 610
– test 602[18], 604, 606, 610, 614
Itemsymmetrie 902
Iterationstest 261, 281, 345, 349
– multipler 269, 1139
– sequentieller 160 ff.
– zirkulärer 1139

J-Akkaordanz 47, 49, 61
JANKE-Design 740
JESDINSKY-Tests
– Kontrast 506
– Vier-Fuß 494
– Zwei-Streifen 498
JONCKHEERE-Test 272

kanonische
– ISA 841
– Kontingenz 789, 841, 844, 878
kappa-Koeffizient 67, 630[25], 636 ff.
– Kardinalskalen 638
– Mehrbeurteiler 646
– Nominalskalen 646
– Ordinalskalen 645
– Reliabilität 638
– Singulärklassen 647
Kardinalskalenkappa 638
karthesische Koordinaten 1099
KENDALLS
– Akkordanzanalyse 45, 59
– BURRS tau 554
– Konkordanzanalyse 23
– Plan 1045, 1051
– Summe 554, 1064
– tau siehe dort
– Trendauswertung 1063
Kernschätzer 116
KEUCHEL Tests 682, 686
KFA 534 ff., 534[12], 617, 972
– Anpassungs- 777
– aposteriorische 543

– apriorische 543
– asymptotische 1029
– Dreiweg 751
– Einstichproben 536, 547, 751, 783, 973
– exakte 543, 546
– hierarchische 1029
– Mehrstichproben 544, 755, 805
– Mehrweg 795
– Prädiktions- 546, 700, 705, 710, 755, 840
– Zeitreihen 204, 348
– ZENTGRAF 823
– Zweistichproben 539, 547, 754, 798, 861, 1029
KIMBALL-Test 515 ff.
Klassifikation
– gezielte 735
– Kreuz- 629, 741
– Strategien 352
– Typen 727
– 2I 744
kleinste Quadrate, Methode der 214, 220
Komplexassoziationsanalyse 823
kondensiert 398, 493
Konfidenzgrenzen 69 ff., siehe auch Konfidenzintervall
– Anteilsunterschiede 452
– Differenzen 93
– Korrelation 104
– NOETHER 105
– Regression 108
– TUKEY 90, 93
– WALTER 91
Konfidenzgürtel 102 ff.
Konfidenzintervall 70, 70[3], 73 ff., siehe auch Konfidenzgrenzen
– Approximation 77
– BUNKE 76
– CLOPPER-PEARSON 74, 95
– Differenzen 81, 93
– Disperionsunterschiede 100
– Häufigkeitsanteil 73
– LEVENE 100

1237

– Lokationsparameter 83 ff.
– MOSES 96
Konfigurationsfrequenzanalyse siehe KFA
Konfigurations-
– prägnanz 536
– typ 535
Kongregation 356
Konklusivität 912[1]
Konkomitanz 203, 341
– Autokorrelation 373
– Koeffizient 369
– Lag 370
– multiple 377
– tests 372
– ZRn 248, 368
Konkordanzanalyse 1 ff., 347
– Binärdaten 14
– KENDALL 3
– Lokation 32
– YOUDEN-DURBIN 20
– Zweigruppen 33
Konkordanzkoeffizienten siehe auch dort
– L 33
– Q 14
– Ü 16
– W 3
– YOUDEN 21
Konsensindex 28
Konsistenz-
– analyse 36
– innere 39
– Koeffizient 2 f., 38
– Tests 41, 43
– Vergleich 57
Kontingenz-
– maße 437
– messung 446, 698
– modell 478, 480
– Kettenanalyse (KKA) 858 ff., siehe auch dort
– strukturanalyse (KSA) 808, 829 ff., 907
– tafeln siehe dort

– test siehe Kontingenztafel
– würfel 652, 652[4], 662
Kontingenzkettenanalyse KKA 858 ff.
– Ergänzungs-KKA 859 ff.
– ISA 862
– Verzweigungsketten-KKA 861
– 2I 868
Kontingenz(tafeln) dreidimensionale 648, 661 ff.
– Aspekte 654, 696
– bedingte 649, 694 ff., 878
– Double- 665, 697, 709
– globale 659
– kanonische 710
– KEUCHEL 682, 686
– klinische Fragestellung 659
– multiple 659
– Prädiktion 702, 705
– Schein- 708, 715 ff.
– Teil- 757
– Tripel 660, 667
– Typen 711, 727 ff.
– unbedingte 649, 659, 695 ff., 878
– Verdeckung 706, 715 ff.
– WOLFRUM 690 ff.
– 2^3-Felder 686
– Zweiweg- 694 ff.
Kontingenz(tafeln), mehrdimensionale 789 ff.
– abhängige 905 ff.
– Ambiguitäten 876
– erwartete 907 ff.
– globaler Test 790
– Interaktionen 789
– Randtafelsymmetrie 881, 884
– Symmetrie 880
Kontingenz(tafeln), zweidimensionale 389 ff.
– Anpassung 485, 491
– binomialer Test 422
– Gleichverteilungstrend 419
– globale 918
– Koeffizient 490, 917
– Kontrast 507
– Likelihood 468

- Log-lineares Modell 478
- Teil- 483
- Test 399, 468, 918
- Trend 418, 554, 921, 939, 1033
- verdichtete 493

Kontrast-
- analyse 509
- koeffizient 510
- test 504^9, 505 ff.

kontrollierte Einzelfall ZRe 382

Korrelation 913
- χ^2-Zerlegung 490
- Intraclass 636
- Konfidenzgrenzen 104
- Punktsymmetrie 899
- Richtungsmaße 1142
- sequentieller Test 193
- tetrachorische 497
- Vierfelder 446
- ZRn 241

Korrelations-
- änderungen 912^1, 964
- differenzentest 925
- tabellenzerlegung 489
- trendtest 489
- vergleiche 983

KRAUTH-Tests
- bivariater Vorzeichentest 972
- BOWKER 780, 788
- χ^2 413, 430
- Median 1026
- Polynomial 332
- SEN 1085
- STRAUBE 783, 906
- T_1 320
- T_2 325

Kreuzklassifikation 629, 741
Kreuzproduktquotient 459, 466, 724
Kreuzquotient 607
Kreuzsummenvergleich 632
Kreuzvalidierung 1007
KRÜGER-Design 741
KRÜGER-U-Test 741^{30}, 1040, 1049, 1062
KRUMBEIN-Transformation 1098

KSO-Test 430
- zirkulärer 1115, 1122

kubischer ZRn-Trend 219
KUIPERS zirkulärer Test 1115, 1122
Kumulierungstest 265
kumulierte Zre 205

L-Konkordanz 33
L-Wktsverhältnis 122
Laborexperiment 912^1
Längstphasentest 280
Lag-Korrelation 250, 370
Lagehomogenitätstests 547 ff.
- Äquiarealskalen 574
- gezielter 553
- kxm 553
- RAATZ 548
- ULEMAN 569
- YATES 549

Lambda-Koeffizient 27, 438, 672, 724
LANCASTER-
- χ^2-Zerlegung siehe dort
- Erwartungswerte 674

Lateinisches Quadrat 1057
LAUBSCHER-RUDOLPH-Test 1109
LEHMACHERS sektoraler
- Binomialtest 1112
- Vierfeldertest 1127

LEVENES Konfidenzintervall 100
LEYTONS 3x2-Feldertest 431
Likelihood 120 ff., 468 f., 737, 844
Limitationskoeffizient 287
lineare Zre 203, 214
Linearitätstest 560, 566
Linkage Analyse 378

Log-Lambda-
- Differenztest 749
- Koeffizient 674

Log-lineares Modell 478, 538
Lokationsmediantest 623, 627 ff.
Lokomotionsanalyse 1158

MANN-KENDALL-Test 349
MANOVA 204^3, 834, 909, 912^1, 934, 1008, 1035

MARDIAS W-Test 1135
Marginalanpassung 485, 779
Marginalhomogenitätstest 604, 606
Markov-Prozeß 244, 268, 310^{10}, 317, 373
Maßkorrelation 242
Maximalkontingenz 527
Maximumtest 90
MCNEMAR-Test 529, 607, 619, 761
 – sequentieller 144
 – simultane 621, 768, 787
 – Zweistichproben 982
Median 282
 – Dichotomierung 896, 919, 1021
 – GINI 943
 – Konfidenzintervall 83 ff., 89
 – Richtung 1094
 – Tests 920^3, 1025, siehe auch Mediantests
Mediantest
 – hierarchischer 1029
 – Iterations- 349, 352
 – Kontingenztrend 1033
 – Lokation 627
 – Mehrstichproben 1035
 – Paardifferenzen 979
 – Quartile 427, 920^3, 1133
 – sequentieller 154, 181, 189, 192
 – ZRn 1032
 – Zweistichproben 1025
Medizinisches Modell 1074
Mehr-Beurteiler-kappa 646
mehrdimensionale Kontingenztafeln 789 ff., siehe auch Kontingenz
Mehrfeldertafel siehe auch Kontingenztafel
 – Aufteilung 483, 514
 – Fenstertest 497
 – Symmetrie 601, siehe auch dort
 – Trendtest 554
 – verdichtete 498
 – kxk 581
 – kxm 560
 – kx1 598
 – kx2 566, 569, 588

– 3x2 586
– 4x2 586
Mehrstichproben-
 – KFA 544, 755
 – Kontingenztafel 803
 – Mediantest 1035
Mehrstufenplan 155
Mehrweg-ISA 837
Mehrweg-KFA 795
Mehrwegtafel siehe Kontingenztafel
Merkmalsbeurteilung
 – Reliabilität 630
 – Validität 631
Merkmalskonkordanz 8
Meßreihen-
 – Sequentialtests 158
 – ZRntests 272
Meßwiederholungspläne 966 ff.
Metrifizierung 549, 563, 643
MEYER-BAHLBURG-Rangsummentest 263 ff., 271
MIH-Test für ZRn 269
Mittelwertskonfidenzintervall 89
mixed Design 1051
Modellverifizierung 735
Moderatorvariable 699
monobservabel 391
MOORES Iterationstest 160, 160^{12}
MOSES' Konfidenzintervall 96
MOSTELLER-Test 353 f., 1068
MOSTELLER-SARIS-Test 172, 1068
moving average 228, 249
Multaxialsymmetrie 880
multifaktorieller Versuchsplan
 – Differenzen 993
 – FRIEDMAN-Test 1047
 – ohne Meßwiederholung 952
 – Verlaufskurven 1022
Multimediananalyse 1029
Multimediantest
 – hierarchischer 1029
 – Kontingenztrend 1033
 – Mehrstichproben 1035
 – ZRn 1032
Multinormalitätsbeurteilung 892

multiple
– Konkomitanz 377
– Kontingenz 659, 702, 836, 859, 878
– Lagevergleiche 553
Multi-Rater-U-Test 576
multvariat 908, 912 ff.
– ZRe 203
multizentrische Studie 423, 501

NELSONS Präzedenztest 182 ff., 191
nested design 1075
Nichtlinearitätstest 562, 566
NOETHERS Omnibustests
– Konfigurenzgrenzen 104
– sequentieller 163
– ZRn 300 ff.
Nominalskalenkappa 646
Normalrangtransformation 240
nullenkorrigierter 2I-Test 474
Nullklassentest 355, 358

Observable 908
– Differenzen- 967
– Pseudo 968
– reaktive 912[1]
– zirkuläre 1091
Observablenelimination 1015
OC-Kurve 126, 131[5], 148
odd ratio 459, 497, 607, 724
OFENHEIMER-Rangsummentest 264
offener Testplan 156
Okkupanztest 355
Oktantentest 682, 686
Omni-Rater-Reliabilität 67
operationscharakteristische Kurve siehe OC
Ordinalskalenkappa 645
orthogonaler Test 504, 509, 863, 1037
orthogonaler Versuchsplan 380, 741, 879, 952, 1044
orthogonales Polynom 214[6], 233 ff. 338, 597, 998, 1063
Ortungsmaß 1090, 1099, siehe auch Raumortungsmaß

Paardifferenzen 86
– Mediantest 979
– U-Test 909, 980, 1061, 1085
– Vorzeichentest 979
Paarling 147, 153
Paarvergleich 59, 62
Paarvergleichs-
– adaptation 44
– bonitur 37, 44
– interaktion 944
– korrelationskoeffizient 64
– urteil 36
– validität 63
PAGE-Trendtest 331
Partitionierung 622
PEARSONS phi siehe phi-Koeffizient
Periodogrammanalyse 250, 1159
– trendadjustierte 255
PANZAGL-Trendtest 921, 939, 958, 1033
– Gradienten 590
– Positions 593, 786, 971, 1060
Phasenhäufigkeitstest 233, 240, 273, 281, 345
Phasenverteilungstest siehe Phasenhäufigkeitstest
phi-Koeffizient 107, 111, 193, 369, 446, 457, 524, 607, 674, 698, 769, 822, 1029
– Vergleich 934
PLACKETT-Korrektur 673
Play-the-Winner-Sampling 193
Poisson-Verteilung 355
Polarkoordinaten 1099
Polynärdaten 269
Polynomanpassung 348, 968, 998, siehe auch orthogonale
polynomialer Kontingenztest 420
Polynomialtest (Verteilung) 355, 469, 600, 915, 958
Polynomrang 1063
Popularitätsindex 901
Positions-
– komponentenzerlegung 598
– trendtest 592, 593[17], 786, 971, 1060

Prädiktions-
- KFA 546, siehe auch KFA
- typen 546
Präferenz 2
- bonitur 37
- Gruppen 53
Prägnanzkoeffizient 536, 542, 546
Präventivitätsindex 634
Präzedenzentest 182, 192
Produkt-Moment-Korrelation siehe r-Korrelation
Proversion 554
Pseudosequentialtest 175 ff.
Punktaxialsymmetrie 772, 893 ff.
Punkt-Paare-Test 281, 1075
Punktschätzung 69, 73, 90, 104, siehe auch Konfidenzgrenzen
Punktsymmetrie 615, 893, 903, 973
- 2^3Feldertafel 770
- 2^t-Feldertafel 888
- schwach besetzte Tafel 892

Q-Koeffizient 107
Q-Konkordanz 11
Q-Partitionierung 622, 626
Q-Rating 578
Q-Sort 12, 578[15]
Q-Test siehe COCHRANS Q-Test
Q-Zweigruppentest 623
quadratische Feldertafel 601
quadratischer ZRn-Trend 215
Quadrupeltest 168
qualitative ZRe 202
Quantil 88
quantitative ZRe 202
Quartettentest 302
Quasi-
- experiment 908, 912[1]
- observable 967, 978
- unabhängigkeit 513
Quasimediantest 154
quasiparametrische Kontingenz 654, 725
Quasipseudosequentialtest 190

QUENOUILLE-Test 281
Quotientenmethode 221

r-Korrelation 108, 111, 193, 248, 264, 369, 376
- Vergleich 983
r_h 307
r_{pb} 369
r_{pv} 65
r_s 1080
r_{tet} 638
r_{tt} 638
R-Rating 578
RAATZ-Test 548, 552, 612, 1040
Radspeichentest 1109
Randomisierungs-
- prinzip 595
- test 551
Randtafeltest siehe Kontingenztest
Rangdevianz 5 f.
Rangkorrelations-
- koeffizient 3, 242, 369, 457[24], 554, 918, siehe auch tau
- test 427
- verhältnis 551
Rang-
- kovarianzanalyse 1061 ff., 1086
- ordnungstrend 584
- ordnungs-KFA 534, 1069
- permutationstest 334
- regression 108 ff.
- test 908, 1088
- test, zirkulärer 1119
- varianzanalyse 1036 ff., siehe auch FRIEDMAN-Test, H-Test
Rangsummentest 180, 191, 263, 427[14], 981, 1086
- bivariater 1085
- kovariater 1080
- paariger 1085
- pseudosequentieller 189
RAOS Radspeichentest 1110
RASCH-Modell 770[35]
Ratee 578
Rating 578, 630

– Präventivität 634, 634²⁹
– Reliabilität 630
– Sensitivität 633, 634²⁸
– Spezifität 634, 634²⁸
– Validität 631
Raumortung 1099
– Dispersion 1148
– Lokation 1146
– Maße 1143 ff.
Raumrichtungsmaß 1143
– Dispersion 1148
– Lokation 1147
RAYLEIGHS Richtungspräferenztest
1102, 1114, 1151
Referenztafel 483
Regression
– Dreigruppen 112
– Hypothesen 561
– Koeffizient siehe dort
– periodische 256
– Rang 108
– Vierfelder 448
– ZRn 211
– Zweigruppen 110
Regressionskoeffizient 226, 561, 599
– Konfidenzgrenzen 104
– Konfidenzintervall 562
Rekordbrechertest 296
Rekordsummentest 299
relative Erfolgsdifferenz 465
relatives Risiko 458
Reliabilität 630, 635
Residual-
– adjustierung 538
– Komponententest 598, 669
– ZRn 263
rho 438, 557 ff., 927, siehe auch r
– Interkorrelation 581
– Konfidenzintervall 583
– Korrelation 582
Richtungsanpassung 1105
Richtungsabweichung 1103
Richtungsdispersion 1095, 1148
Richtungsmaß 1091
– axiales 1097

– gepaartes 1139
– gruppiertes 1092
– Korrelation 1142
– Raum- siehe Raumrichtung
Richtungspräferenz 1094
– multiple 1114
Richtungstest
– Einstichproben 1102 ff.
– Zweistichproben 1119 ff., 1139 ff.
Rosettendiagramm 1092
Roulettediagramm 1092
Round-trip-Test 299

S_J-Test 272
SARRIS-Tests
– bivariater Vorzeichentest 974, 982
– Folgevorzeichentest 1069
– Trendkomponenten 1064
– WILKENING 1069, 1073
SCHACHS Richtungsabweichungstest
1105
Schätzmethoden 68 ff.
Scheinkontingenz 708, 721
Scheinunabhängigkeit 696
Schichtungsplan 423
Schiefe 1097
SEIDENSTÜCKERS F-Test 1057
Segregationstest 357
selektive Vierfeldertafel 491
semiparametrische Kontingenz 655
Sensitivität 633
Sequenzanalyse 117 ff., 132 ff., 160 ff.,
siehe auch Sequentialtest
Sequentialtest 117 ff., 132 ff.,
160 ff.
– Binärdaten 119, 132, 157, 160
– Meßreihen 158, 163
– Omnibus 164
– Pseudo 175
– Quasipseudo 190
– Stichprobenumfang 118, 128 ff.
– Vierfelder 150, 153
– Wahrscheinlichkeitsverhältnis 122 ff.
– Zufallsmäßigkeit 160

SHEWHARDS Iterationstest 160, 160^{12},
   263, 284, 345, 349, 1075
Sichelpräferenz 1107
SIEGEL-TUKEY-Test 265, 271, 350,
   1043
Signifikanz, praktische 118
simultane Tests 503
   – Agglutination 807
   – Einstichproben 536
   – FERGUSON 1067
   – KFA 801
   – U 741^{30}, 1040
   – Vierfelder 540
   – WILCOXON 1048
Singulärskalenkappa 647
Skalenkonstruktionsrelevanz 765
SLUTZKY-Effekt 318
solide Kontingenztafel 648^1
SOLOMON-Design 980, 1028
Spacing-Test 192, 1109
SPEARMAN-Koeffizient 3, 107, 264,
   376, 558, 918, 1080, siehe auch rho
Spezifität 634
SPR 118, 134
Sprungstellen-Detektionstest 364
State-ZRe 197
Stationarität 199, 261
stetige ZRe 204
STEVENS-Test 261
Stichprobenspur 124, 156
   – DARWIN 132, 139, 158, 165,
     169
   – MOORE 161
   – WALD 125, 132, 161^{13}, 174
Stichprobenumfang 128 ff., 466
stochastischer Prozeß 196, 212^4
Stützstellentest
   – Lokation 339
   – Omnibus 341
Subgruppen-KENDALL-Plan 1051
Symmetrie 601, 614, 761, 880
   – Axial 761, 880
   – Diagonal 601 ff.
   – Multaxial 880
   – Punkt 770, 888 f., 899, 903

   – Punktaxial 772, 888, 893
Syndrom 794

T-Test 590, 596
T_1-Test 320
T^2-Test 1083, 1086
T-Transformation 952
tafelkondensiert 398
TATE-BROWN-Tafel 620, 627
tau 56, 61, 63, 248, 264, 290, 306,
   348, 369, 438, 554 ff., 927, 1063
   – Konfidenzgrenzen 104
tau' 554
tau** 554
Teilkontingenz 483
Terzettentest 300
Testkonstruktion 902
test of technique 500
testen 68
tetrachorische Korrelation 447
Tiefenrekord 296
Toleranzgrenze 112 ff.
Trait-ZRe 197
trendadjustiertes Periodogramm 255
Trend- 202
   – hypothese 212
   – komponentenanalyse 1064
   – Kontingenz 554, 921
   – logistischer 265
   – Maße 1004, 1021
   – monotoner 285
   – oszillierender 1069
   – prädizierter 1067
   – Rangordnung 584
   – Schätzung siehe dort
   – Tests siehe dort
   – Typenanalyse 1071
   – undulierender 276
   – Vergleich 1071
   – ZRe 201
Trendschätzung 211
   – Differenzmethode 219
   – Dreipunktmethode 223
   – hypothesenfreie 227
   – Quotientenmethode 221

- spezifizierte 211
- Zweipunktmethode 226

Trendtest siehe auch Trend
- Anpassung 599
- Blockplan 1071
- FERGUSON 1063
- Gradienten 583
- Kontingenztafel 554
- Positions 592
- prädizierter Trend 1067
- sequentieller 164, 172

Tripelassoziation 673, 812, 826
Tripelkontingenz 660
trivariater Vorzeichentest 784
TSCHUPROW-Koeffizient 437
TUKEY-Konfidenzgrenzen 89

u-Koeffizient 510
U-Test siehe auch Rangsummentest
- Äquiarealskalen 574
- BUCK 571, 980
- KRÜGER 1040
- Paardifferenzen 978, 1085
- sequentieller 192
- ULEMAN 569
- WALTER 569, 584
- zirkulärer 1130

U^2-Test 1124
Ü-Konkordanz 16
Überkreuzungstest siehe auch cross-over-design
- F 1060
- GART 529
- U 1041
- W 1049

ULEMAN-Tests 569
Unabhängigkeitsmodell 478, 513
unbedingte Kontingenz 649, 654, 695 ff., 878
unifaktorieller Versuchsplan 919
- Differenzen 978
- ohne Meßwiederholung 919
- Verlaufskurven 1009

univariat 912

- ZRe 203

Untersuchungsplanung 908 ff.

V-Test 1104
Validität 912[1], 1088
- Beurteilung 631
- Kreuz- 1007

Varianzanalyse siehe ANOVA und MANOVA
Variate difference method 219
Vektorvorzeichentest 141
Veränderungstest 909
verdichtet 493
Verkettungsanalyse 378
Verkopplungsanalyse 378
Verlaufsklassifikation 347
Verlaufskurve siehe ZRe
Verlaufskurven-Versuchspläne
. - afaktorielle 994
- faktorielle 1008

Verschachtelungsplan 1075
Versuchsplanung 908 ff.
- Blockplan 1063
- Differenzen siehe dort
- faktorielle siehe dort
- Gruppierungsfaktoren 1036, 1056
- Meßwiederholung 966
- multivariate 1025
- nicht-orthogonale 1044
- Rangvarianzanalyse 1036
- sequentielle 117
- Trend 1063
- Verlaufskurven siehe dort
- Verschachtelungsplan 1075
- Wiederholungsfaktor 1051
- Zweistichproben 1025, 1079

Verteilungsmodell 355
Verzweigungsketten-Kontingenzanalyse (VKKA) 861

VICTORS
- Gleithistogramm 116
- Kontingenztypen 711

Vierfeldertafel-
- Anteilsunterschied 452
- Erhebungsmodell 449

— Heterogenitätsmessung 457
— Homogenitätsauswertung 450
— Kontingenzauswertung 439, 445
— Kontingenzsäule 692
— Korrelationsschätzung 446
— innerhalb von Mehrfeldertafeln 491, 514, 527
— selektive 491
— Stichprobenschätzung 466
— tests siehe Vierfeldertests
Vierfeldertests 248, 1027
— sektorale 1127
— sequentielle 150, 153
— simultane 540, 801
Vier-Fuß-Tafel 494
Vizinalkontingenz 497
Von NEUMANN-Verhältnis 314
Vorzeichen-
— dichotomierung 1021
— muster 320, 332, 968
— rangtest siehe dort
— test siehe dort
— vektortest 1073
Vorzeichenrangtest 89^{13}, 90^{14}, 91, 93 f., 285, 345, 602^{18}, 909, 966
— multivariater 332
— Richtungsmaße 1106
— sequentieller 142*, 193
— zirkulärer 1141
Vorzeichentest 305, 326, 330, 621, 801, 966, 970, 1088
— bivariater 972
— Differenzen 970
— multivariater 906, 976, 1028
— Paardifferenzen 979
— Richtungsmaße 1105
— sequentieller 138, 144, 153 f., 167, 192 f.
— Symmetrieprüfung 606
— trivariater 784
— zirkulärer 1140

W-Konkordanz 3 ff.
— Definition 4
— Prüfung 10

— Rangbindungen 7
W-Test 1048, 1062
— zirkulärer 1135
Wahrscheinlichkeitsverhältnis 120 ff.
— test 122 ff., 131, 134
WALDS SPR-Test 122, 131, 147, 155
WALD-WOLFOWITZ-Test 430
— zirkulärer 1126
WALLS
— Axialsymmetrietest 766, 788
— Multimediankontingenztrendtest 1033
— WALTERS Maximum-Test 90
WATSON-WILLIAM-Test 1153
Wechselwirkung 909 siehe auch Interaktion
WHITNEY-Design 745
Wichtungskappa 636
WILCOXONS
— RAATZ-Test 612
— Vorzeichenrangtest siehe dort
WILSON-HILFERTY-Transformation 397, 796
Winsorisieren 177
Wirksamkeitsoptimierung 585
Wirkungsvergleich 921, 944
Wita-Koeffizient 611
Wita-1-Koeffizient 611^{21}
WOLFRUMS χ^2-Test 690

Y-Koeffizient 107
YATES-
— Lagehomogenitätstest 549
— Regressionstest 560
YOUDEN-Konkordanz 20
YOUNG-Prozeß 376
YULE-Prozeß 318

Zeitmaß 1101
Zeitreihe siehe ZRe
zensurieren 177
ZENTGRAF-KFA 823
zirkuläre
— Gleichverteilung 1102
— Observable 1091

– Skala 1090
– Triade 37, 40
– ZRe 203, 307
zirkulärer Test
– χ^2-Anpassung 1117
– KSO 1115
– Rang 1119
– Vorzeichen(rang) 1107, 1140
zirkuläres Histogramm 1092
ZRen-
– analyse 196 ff., 994 ff., siehe auch ZRn-Tests
– anpassung siehe dort
– autokorrelation 242
– dignität 909 f.
– Einzelfall 379
– glättung siehe ZRn-Anpassung
– Interaktion 1024
– interkorrelation 247, 368
– Klassifikation 196 ff.
– Korrelation 241 ff.
– Lag-Korrelation 250
– modelle 206 ff., siehe auch dort
– Parallelität 372
– Periodogrammanalyse 250 ff.
– tests 260 ff., 994 ff., siehe auch dort
– Trendschätzung 211 ff.
– verlauf siehe dort
– versuchsplanung 994 ff., 1008 ff.
ZRn-Anpassung 227
– gleitender Durchschnitt 227, 249
– Kurzauswertung 239
– orthogonale Polynome 233, 998
ZRn-Modelle 206 ff.
– additives 206
– Dekomposition 209
– kombiniertes 208
– multilpikatives 208
ZRn-Tests
– Autokorrelation 307
– Binärdaten 260 ff.
– Einstichproben 346
– Homogenität 996
– Interkorrelation 368

– Median 1032
– monotoner Trend 285
– Omnibustests 272 ff.
– Polynärdaten 269 ff.
– Verlauf 319
– Zweistichproben 319
ZRn-Verlaufs-
– cluster 347
– fraktionierung 1022
– heterogenität 346, 368
– homogenität 346, 995
– klassifikation 347
– klumpung 346
– kompatibilität 352
– prädiktion 353, 1005
– tests 319 ff., 1010, siehe auch dort
– typen 995, 1007, 1013
zweidimensionale Kontingenztafeln 386 ff.
Zweifach-Kontingenzverdeckung 717
Zweifelder-χ^2 502
Zweigruppenregression 109
Zweipunktmethode 226
2I-
– Klassifikation 745
– Tests siehe dort
– Zerlegung 669
2I-Test 468, 508, 868
– besetzungskorrigierter 475
– ISA 845
– Komponenten 874
– nullenkorrigierter 474
Zweistichproben-
– KFA 539, 754, 798
– Richtungsmaße 1119, 1135
– Tests 1025, 1079
– ZRn 319
Zwei-Streifen-Test 498
Zweitdifferenzen 348
Zweiwegkontingenz 694 ff., siehe auch Kontingenz
Zweiwegtafel siehe Kontingenz, zweidimensionale
Zyklusmaß 1101
zylindrische Beobachtung 1157